U0279163

电工类实用手册大系

# 电 工 手 册

(第 5 版)

吕如良　沈汉昌　陆慧君　郭文华　主编

上海科学技术出版社

**图书在版编目(CIP)数据**

电工手册/吕如良等主编. —5 版. —上海：上海科学技术出版社，2014. 1(2023. 4 重印)

ISBN 978 - 7 - 5478 - 1512 - 0

Ⅰ. ①电… Ⅱ. ①吕… Ⅲ. ①电工-技术手册 Ⅳ. ①TM - 62

中国版本图书馆 CIP 数据核字(2012)第 250502 号

**电工手册**(第 5 版)

**吕如良　沈汉昌　陆慧君　郭文华　主编**

上海世纪出版(集团)有限公司
上海科学技术出版社　出版、发行
(上海市闵行区号景路 159 弄 A 座 9F - 10F)
邮政编码 201101　www. sstp. cn
上海中华商务联合印刷有限公司印刷
开本 787×1092　1/32　印张 55. 125　插页 5
字数 1800 千字
2014 年 1 月第 5 版　2023 年 4 月第 45 次印刷
ISBN 978 - 7 - 5478 - 1512 - 0/TM · 33
印数：2521581—2522600
定价：120. 00 元

## 内 容 提 要

本手册共分十四章，主要内容包括：电工常识，变压器，三相异步电动机及其修理，直流电动机、微特电机、小型同步发电机、风力发电机、弧焊电源、低压电器、电子电路及其应用、晶闸管及其应用，常用机械电气控制线路，照明，常用电工仪器仪表，安全用电，常用电工材料等。

本手册第五版在第四版的基础上作了较大程度的修订，书中文字符号和图形符号均按新的国家标准做了订正，增加了不少新内容，使全书内容更丰富、更实用，内容更符合当前生产的需要和电气工作者的需求。第五版在第四版的基础上，增加了近20%的内容，主要包括：增加了三相异步电动机的主要技术数据，在原有的专用电机的基础上，增加了小型同步发电机、风力发电机的内容，并删去了一些较老的内容，在照明一章中增加了常用LED灯具、电磁感应灯（无极灯）等内容；在常用电工材料一章中，增加了绝缘电线、低压电力电线、通信电缆和通信光缆等内容。另外，对原有内容相关数据进行了更新，以力求做到参考标准最新，数据准确。

本书可供初、中等级的电工及工农业各部门中从事电气设计、制造、维修的工程师和技术人员使用，也可供其他电气工作者参考。

# 第五版前言

第五版《电工手册》是在前版的基础上作了一次修改，指导思想是删旧增新，使其跟上当前各行各业的生产实际，更好地为读者、为生产服务。为读者们解决生产实践中的技术问题提供帮助是编写本书的目的。

本书是一本内容丰富的工具书，但并不是说它是一本“百科全书”。本书还是14章，每章节均有删增，其中第7章低压电器是特请蔡敬春先生负责修改。本书增加了当前生产中新出现的一些设备、元器件，书中涉及的元器件等符号均已按新的国家标准做了订正，以保证本书的实用性。我们的目标是希望《电工手册》成为广大读者的好“助手”。

至本书第一版发行以来，《电工手册》累计印数已达240多万册，可以说在一定程度上帮助了不少电工朋友，这也是我们感到欣慰和促使我们继续第五版修订工作的动力所在。多年来，好心的读者们提出过宝贵意见、建议与疑问，我们作了认真的修改与说明，我们期待修改后的手册再次与读者见面时，能使大家有较为新颖的感觉，我们真诚希望读者提出宝贵意见。诚致谢意！

编　者

2013年10月

# 目　录

# 第1章 电工常识

## 1-1 常用计算公式

| 项目 | 公式 |
| --- | --- |
| 直流电路中电压、电流、电阻之间的关系(欧姆定律) | 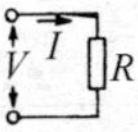 $I = \dfrac{V}{R}$ |
| 直流电路功率 | $P = VI = I^2 R = \dfrac{V^2}{R}$ |
| 电阻与导体长度、横截面及材料性质的关系 | $R = \rho \dfrac{l}{S}$ |
| 电阻与温度关系 | $R_t = R_{20}[1 + \alpha(t - 20)]$ |
| 电阻串联的总值 | 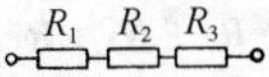 $R = R_1 + R_2 + R_3$ |
| 电阻并联的总值 | 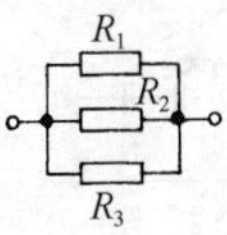 $\dfrac{1}{R} = \dfrac{1}{R_1} + \dfrac{1}{R_2} + \dfrac{1}{R_3}$ |
| 电阻复联的总值 | 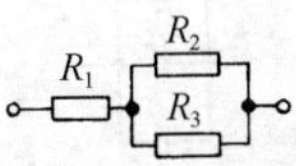 $R = R_1 + \dfrac{R_2 R_3}{R_2 + R_3}$ |

（续表）

| 项 目 | 公 式 | |
|---|---|---|
| 电阻、电感串联的阻抗值 | 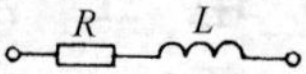 $Z=\sqrt{R^2+X_L^2}$<br>其中 $X_L=2\pi fL$ | 式中 $Z$——阻抗(Ω)<br>$R$——电阻(Ω)<br>$X_L$——感抗(Ω)<br>$X_C$——容抗(Ω)<br>$X$——电抗(Ω)<br>$L$——电感(H)<br>$C$——电容(F)<br>$f$——频率(Hz) |
| 电阻、电容串联的阻抗值 | 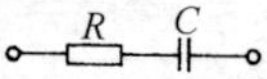 $Z=\sqrt{R^2+X_C^2}$，$X_C=\dfrac{1}{2\pi fC}$ | |
| 电阻、电感、电容串联的总阻抗值 |  $Z=\sqrt{R^2+(X_L-X_C)^2}$<br>$=\sqrt{R^2+X^2}$<br>其中 $X=X_L-X_C$ | |
| 阻抗串联的总值 | 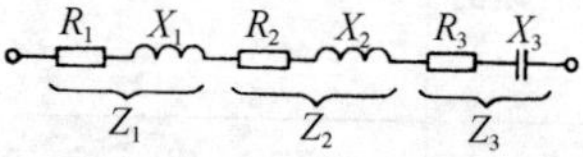 $Z=\sqrt{(R_1+R_2+R_3)^2+(X_1+X_2-X_3)^2}$<br>$=\sqrt{R^2+X^2}$<br>$R=R_1+R_2+R_3$，$X=X_1+X_2-X_3$<br>注意：$Z\neq Z_1+Z_2+Z_3$ | |
| 电容串联的总值 | 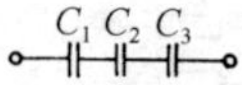 | $\dfrac{1}{C}=\dfrac{1}{C_1}+\dfrac{1}{C_2}+\dfrac{1}{C_3}$ |
| 电容并联的总值 | 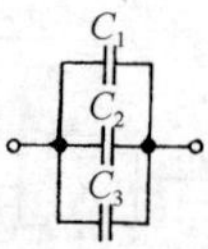 | $C=C_1+C_2+C_3$ |

（续表）

| 项目 | 公 | 式 |
|---|---|---|
| 电感串联的总值 | 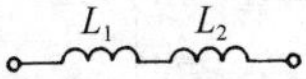 $L = L_1 + L_2$ | 式中 $L$——电感(H)<br>$M$——互感(H) |
| 电感并联的总值 | 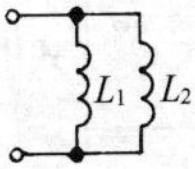 $L = \dfrac{L_1 L_2}{L_1 + L_2}$ | |
| 具有互感的电感串联的总值 |  $L = L_1 + L_2 + 2M$<br>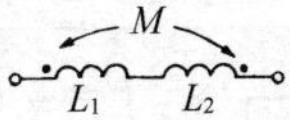 $L = L_1 + L_2 - 2M$ | |
| 具有互感的电感并联的总值 | 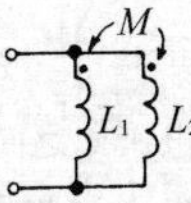 $L = \dfrac{L_1 L_2 - M^2}{L_1 + L_2 - 2M}$<br>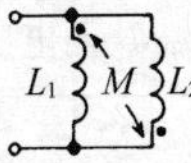 $L = \dfrac{L_1 L_2 - M^2}{L_1 + L_2 + 2M}$ | |
| 电阻星形三角形连接互换：星形化为三角形 | 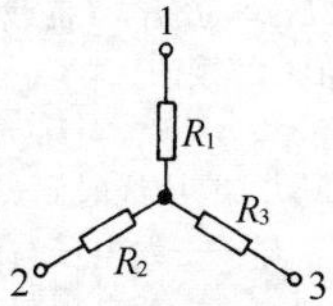 | $R_{12} = R_1 + R_2 + \dfrac{R_1 R_2}{R_3}$<br>$R_{23} = R_2 + R_3 + \dfrac{R_2 R_3}{R_1}$<br>$R_{31} = R_3 + R_1 + \dfrac{R_3 R_1}{R_2}$ |
| 电阻星形三角形连接互换：三角形化为星形 | 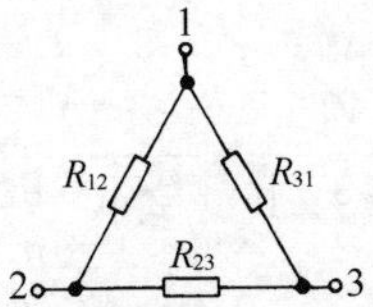 | $R_1 = \dfrac{R_{12} R_{31}}{R_{12} + R_{23} + R_{31}}$<br>$R_2 = \dfrac{R_{23} R_{12}}{R_{12} + R_{23} + R_{31}}$<br>$R_3 = \dfrac{R_{31} R_{23}}{R_{12} + R_{23} + R_{31}}$ |

（续表）

| 项　　目 | 公　　　式 |
| --- | --- |
| 交流电路中电压、电流、阻抗三者之间关系(欧姆定律) | 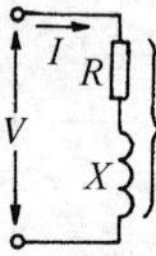 $I=\dfrac{V}{Z}$<br>$Z=\sqrt{R^2+X^2}$ |
| 交流电路功率 | $P=VI\cos\varphi=I^2R$<br>$Q=VI\sin\varphi=I^2X$<br>$S=VI=I^2Z$<br>$\cos\varphi=\dfrac{R}{Z},\ \sin\varphi=\dfrac{X}{Z}$<br>式中　$P$——有功功率(W)<br>$Q$——无功功率(var)<br>$S$——视在功率(V·A)<br>$\cos\varphi$——功率因数 |
| 交流并联电路的总电流 | 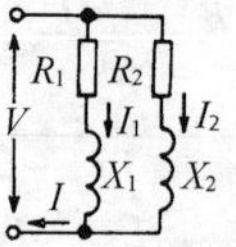 $I=\sqrt{I_1^2+I_2^2+2I_1I_2\cos(\varphi_1-\varphi_2)}$<br>$\varphi=\operatorname{arctg}\dfrac{I_1\sin\varphi_1+I_2\sin\varphi_2}{I_1\cos\varphi_1+I_2\cos\varphi_2}$<br>$\varphi_1=\operatorname{arctg}\dfrac{X_1}{R_1},\ \varphi_2=\operatorname{arctg}\dfrac{X_2}{R_2}$<br>式中　$\varphi$——总电流 $I$ 与电压 $V$ 之间的相角<br>$\varphi_1$——第一支路电流 $I_1$ 与电压 $V$ 之间的相角<br>$\varphi_2$——第二支路电流 $I_2$ 与电压 $V$ 之间的相角 |
| 三相交流电路中线电压与相电压以及线电流与相电流的关系 | 负载三角形(△)接法：<br>$V_L=V_{LN}$<br>$L_L=\sqrt{3}I_{LN}$（负载对称时此式才成立）<br>负载星形(Y)接法：<br>$I_L=I_{LN}$<br>$V_L=\sqrt{3}\ V_{LN}$（有中线时此式才成立，与负载是否对称无关）<br>式中　$V_L$，$I_L$——线电压与线电流<br>$V_{LN}$，$I_{LN}$——相电压与相电流 |
| 对称三相交流电路功率 | $P=\sqrt{3}\ VI\cos\varphi$　式中　$V$——线电压(V)<br>$Q=\sqrt{3}\ VI\sin\varphi$　　$I$——线电流(A)<br>$S=\sqrt{3}\ VI$　　$\varphi$——相电压与相电流之间的相角 |
| 直流电磁铁吸引力 | $F=4B^2S\times10^3$　式中　$F$——吸引力(N)<br>$B$——磁感应强度(T)<br>$S$——磁路的截面积($m^2$) |

（续表）

| 项　目 | 公　式 |
|---|---|
| 电动机额定转矩 | $M=9\ 550\,\frac{P}{n}$　式中 $M$——电动机额定转矩(N·m)<br>$P$——电动机额定容量(kW)<br>$n$——电动机转速(r/min) |

## 1－2　常用物理量名称、符号和单位

| 名　称 | 符　号 | 单　位 | |
|---|---|---|---|
| 长度 | $l(L)$ | 米 | m |
| 面积 | $S$ | 米$^2$<br>公顷 | m$^2$<br>hm$^2$ |
| 体积 | $V$ | 米$^3$<br>升 | m$^3$<br>l、L |
| 时间 | $t(T)$ | 秒<br>分<br>小时 | s<br>min<br>h |
| 质量 | $m$ | 千克 | kg |
| 力 | $F$ | 牛〔顿〕 | N |
| 力矩 | $M$ | 牛〔顿〕米 | N·m |
| 压力、压强 | $p$ | 帕〔斯卡〕 | Pa |
| 频率 | $f$ | 赫〔兹〕 | Hz |
| 角频率 | $\omega$ | 弧度/秒 | rad/s |
| 波长 | $\lambda$ | 米 | m |
| 周期 | $T$ | 秒 | s |
| 光通量 | $\Phi$ | 流〔明〕 | lm |
| 发光强度 | $I$ | 坎〔德拉〕 | cd |
| 亮度 | $L$ | 坎〔德拉〕/米$^2$ | cd/m$^2$ |

（续表）

| 名称 | 符号 | 单位 | |
|---|---|---|---|
| 照度 | $E$ | 勒〔克斯〕 | lx |
| 绝对(热力学)温度<br>摄氏温度<br>华氏温度 | $T$ | 开〔尔文〕<br>摄氏度<br>华氏度 | K<br>℃<br>℉ |
| 电荷量 | $Q$ | 库〔仑〕 | C |
| 电流 | $I$ | 安〔培〕 | A |
| 电流密度 | $J(\delta)$ | 安〔培〕/平方毫米 | $A/mm^2$ |
| 电压、电位 | $V$ | 伏〔特〕 | V |
| 电动势 | $E$ | 伏〔特〕 | V |
| 电场强度 | $E$ | 伏〔特〕/米 | V/m |
| 电阻 | $R$ | 欧〔姆〕 | Ω |
| (复)阻抗 | $Z$ | | |
| 电抗 | $X$ | | |
| 电导 | $G$ | 西〔门子〕 | S |
| (复)导纳 | $Y$ | | |
| 电纳 | $B$ | | |
| 电阻率 | $\rho$ | 欧〔姆〕/米 | Ω/m |
| 电导率 | $r$ | 西〔门子〕/米 | S/m |
| 电容 | $C$ | 法〔拉〕 | F |
| 电感、自感 | $L$ | 亨〔利〕 | H |
| 互感 | $M(L_{12})$ | | |
| 磁通量 | $\Phi$ | 韦〔伯〕 | Wb |
| 磁感应强度、磁通密度 | $B$ | 特〔斯拉〕 | T |
| 磁场强度 | $H$ | 安〔培〕/米 | A/m |

（续表）

| 名　　称 | 符　　号 | 单　　位 | |
|---|---|---|---|
| 磁阻 | $R_m$ | 1/亨〔利〕 | 1/H |
| 磁导 | $\Lambda$ | 亨〔利〕 | H |
| 磁导率 | $\mu$ | 亨〔利〕/米 | H/m |
| 真空磁导率 | $\mu_0$ | | |
| 相对磁导率 | $\mu_r$ | 量纲无 | |
| 介电常数 | $\varepsilon$ | 法〔拉〕/米 | F/m |
| 真空介电常数 | $\varepsilon_0$ | | |
| 相对介电常数 | $\varepsilon_r$ | 量纲无 | |
| (有功)功率 | $P$ | 瓦〔特〕 | W |
| 无功功率 | $Q$ | 乏 | var |
| 视在(表观)功率 | $S$ | 伏安 | V·A |
| 电能 | $W$ | 千瓦小时(度) | kW·h |

# 1－3　常用表格

表 1－1　公制长度单位及换算

| 单　位 | 旧名称 | 符号 | 换　　算 |
|---|---|---|---|
| 公里(千米) | | km | 1 km＝1 000 m |
| 米 | 公　尺 | m | |
| 分　米 | 公　寸 | dm | 1 dm＝10 cm＝0.1 m |
| 厘　米 | 公　分 | cm | 1 cm＝10 mm＝0.01 m |
| 毫　米 | 公　厘 | mm | 1 mm＝0.001 m |
| 微　米 | 公　忽 | μm | 1 μm＝0.001 mm＝0.000 001 m |

表1-2 长度单位换算表

| 单位 | 符号 | m | cm | mm | yd | ft | in |
|---|---|---|---|---|---|---|---|
| 米 | m | 1 | 100 | 1 000 | 1.093 61 | 3.281 | 39.37 |
| 厘米 | cm | 0.01 | 1 | 10 | 0.010 936 1 | 0.032 81 | 0.393 7 |
| 毫米 | mm | 0.001 | 0.1 | 1 | 0.001 093 6 | 0.003 28 | 0.039 4 |
| 码 | yd | 0.914 4 | 91.44 | 914.4 | 1 | 3 | 36 |
| 英尺 | ft | 0.304 8 | 30.48 | 304.8 | 0.333 33 | 1 | 12 |
| 英寸 | in | 0.025 4 | 2.54 | 25.4 | 0.027 778 | 0.083 33 | 1 |

表1-3 面积单位换算表

| 单位 | 符号 | $m^2$ | $in^2$ | $ft^2$ | $yd^2$ | acre |
|---|---|---|---|---|---|---|
| 平方米 | $m^2$ | 1 | 1 550 | 10.76 | 1.196 | $2.471\times10^{-4}$ |
| 平方英寸 | $in^2$ | $6.452\times10^{-4}$ | 1 | $6.944\times10^{-3}$ | $7.716\times10^{-4}$ | $1.594\times10^{-7}$ |
| 平方英尺 | $ft^2$ | $9.29\times10^{-2}$ | 144 | 1 | 0.111 1 | $2.296\times10^{-5}$ |
| 平方码 | $yd^2$ | 0.836 1 | 1 296 | 9 | 1 | $2.066\times10^{-4}$ |
| 英亩 | acre | $4.047\times10^{3}$ | $6.273\times10^{6}$ | $4.356\times10^{4}$ | 4 840 | 1 |

注：1亩(中国市制)＝666.67 $m^2$，15亩＝1公顷。

表1-4 体积单位换算表

| 单位 | 符号 | $m^3$ | $dm^3$ | $in^3$ | $ft^3$ | UKgal | USgal |
|---|---|---|---|---|---|---|---|
| 立方米 | $m^3$ | 1 | 1 000 | $6.102\times10^{4}$ | 35.31 | 220.0 | 264.2 |
| 升(立方分米) | L($dm^3$) | 0.001 | 1 | 61.02 | $3.531\times10^{-2}$ | 0.220 | 0.264 2 |
| 立方英寸 | $in^3$ | $1.639\times10^{-5}$ | $1.639\times10^{-2}$ | 1 | $5.787\times10^{-4}$ | $3.605\times10^{-3}$ | $4.329\times10^{-3}$ |
| 立方英尺 | $ft^3$ | $2.832\times10^{-2}$ | 28.32 | 1 728 | 1 | 6.229 | 7.481 |
| 英制加仑 | UKgal | $4.546\times10^{-3}$ | 4.546 | 277.4 | 0.160 5 | 1 | 1.201 |
| 美制加仑 | USgal | $3.785\times10^{-3}$ | 3.785 | 231 | 0.133 7 | 0.832 7 | 1 |

注：液量单位1 UKpt(英制品脱)＝0.57 L＝1/2 UKqt(英制夸脱)＝1/8 UKgal。

表 1-5 质量单位换算表

| 单位 | 符号 | kg | g | lb | oz |
| --- | --- | --- | --- | --- | --- |
| 公斤 | kg | 1 | 1 000 | 2.205 | 35.27 |
| 克 | g | 0.001 | 1 | $2.205\times10^{-3}$ | $3.527\times10^{-2}$ |
| 磅 | lb | 0.454 | 454 | 1 | 16 |
| 盎司 | oz | $2.835\times10^{-2}$ | 28.35 | $6.25\times10^{-2}$ | 1 |

① 金衡制中，1 lb=12 oz。

② 1 克拉（钻石的重量单位）=0.2 克。

表 1-6 角度单位换算表

| 单位 | 符号 | (°) | (′) | (″) | rad | circle |
| --- | --- | --- | --- | --- | --- | --- |
| 度 | (°) | 1 | 60 | 3 600 | $1.745\times10^{-2}$ | $2.778\times10^{-3}$ |
| 分 | (′) | $1.667\times10^{-2}$ | 1 | 60 | $2.909\times10^{-4}$ | $4.630\times10^{-5}$ |
| 秒 | (″) | $2.778\times10^{-4}$ | $1.667\times10^{-2}$ | 1 | $4.848\times10^{-6}$ | $7.716\times10^{-7}$ |
| 弧度 | rad | 57.30 | 3 438 | $2.063\times10^{5}$ | 1 | 0.159 2 |
| 圆周 | circle | 360 | $2.16\times10^{4}$ | $1.296\times10^{6}$ | 6.283 | 1 |

表 1-7 力单位及换算

| 单位 | 符号 | N | kgf | lbf | dyn |
| --- | --- | --- | --- | --- | --- |
| 牛顿 | N | 1 | $1.02\times10^{-1}$ | $2.25\times10^{-1}$ | $10^{5}$ |
| 千克力 | kgf | 9.81 | 1 | 2.21 | $9.81\times10^{5}$ |
| 磅力 | lbf | 4.45 | 0.454 | 1 | $4.45\times10^{5}$ |
| 达因 | dyn | $10^{-5}$ | $1.02\times10^{-6}$ | $2.25\times10^{-6}$ | 1 |

表 1-8 功率单位及换算

| 单 位 | 符号 | kgf·m/s | PS | HP | kW | erg/s |
| --- | --- | --- | --- | --- | --- | --- |
| 千克力米/秒 | kgf·m/s | 1 | $1.333\times10^{-2}$ | $1.315\times10^{-2}$ | $0.981\times10^{-2}$ | $9.81\times10^{7}$ |
| 米制马力 | PS | 75 | 1 | 0.986 | 0.736 | $7.36\times10^{9}$ |
| 英制马力 | HP | 76.4 | 1.014 | 1 | 0.746 | $7.46\times10^{9}$ |
| 千瓦 | kW | 102.0 | 1.36 | 1.34 | 1 | $10^{10}$ |
| 尔格/秒 | erg/s | $1.02\times10^{-8}$ | $1.36\times10^{-10}$ | $1.34\times10^{-10}$ | $10^{-10}$ | 1 |

表 1-9 功、能单位及换算

| 单 位 | 符号 | kgf·m | PS·h | kW·h | J | erg |
|---|---|---|---|---|---|---|
| 千克力米 | kgf·m | 1 | $0.37\times10^{-5}$ | $2.72\times10^{-6}$ | 9.81 | $9.81\times10^{7}$ |
| 米制马力 | PS·h | $27\times10^{4}$ | 1 | 0.736 | $2.65\times10^{5}$ | $2.65\times10^{12}$ |
| 千瓦时 | kW·h | $36.7\times10^{4}$ | 1.36 | 1 | $3.60\times10^{6}$ | $3.60\times10^{13}$ |
| 焦耳 | J | $1.02\times10^{-1}$ | $0.38\times10^{-6}$ | $2.77\times10^{-7}$ | 1 | $10^{7}$ |
| 尔格 | erg | $1.02\times10^{-8}$ | $0.38\times10^{-13}$ | $2.77\times10^{-14}$ | $10^{-7}$ | 1 |

表 1-10 常用词头与因数对照表

| 因 数 | 英文译名 | 国际符号 | 词头名称 | 中国古数词 |
|---|---|---|---|---|
| $10^{18}$ | exa | E | 艾 | 穰($10^{10}$) |
| $10^{15}$ | peta | P | 拍 | 秭($10^{9}$) |
| $10^{12}$ | tera | T | 太 | 垓($10^{8}$) |
| $10^{9}$ | giga | G | 吉 | 京($10^{7}$) |
| $10^{6}$ | mega | M | 兆 | 兆($10^{6}$) |
| $10^{3}$ | kilo | k | 千 | 千($10^{3}$) |
| $10^{2}$ | hecto | h | 百 | 百($10^{2}$) |
| $10^{1}$ | deca | da | 十 | 十(10) |
| $10^{-1}$ | deci | d | 分 | 分($10^{-1}$) |
| $10^{-2}$ | centi | c | 厘 | 厘($10^{-2}$) |
| $10^{-3}$ | milli | m | 毫 | 毫($10^{-3}$) |
| $10^{-6}$ | micro | μ | 微 | 微($10^{-6}$) |
| $10^{-9}$ | nano | n | 纳 | 纤($10^{-7}$) |
| $10^{-12}$ | pico | p | 皮 | 沙($10^{-8}$) |
| $10^{-15}$ | femto | f | 飞 | 尘($10^{-9}$) |
| $10^{-18}$ | atto | a | 阿 | 渺($10^{-11}$) |

表 1-11 公英制线规对照表

| S.W.G 规号 | mm | S.W.G 规号 | mm | S.W.G 规号 | mm |
|---|---|---|---|---|---|
| 1 | 7.620 | 3 | 6.401 | 5 | 5.385 |
| 2 | 7.010 | 4 | 5.893 | 6 | 4.877 |

（续表）

| S. W. G 规号 | mm | S. W. G 规号 | mm | S. W. G 规号 | mm |
|---|---|---|---|---|---|
| 7 | 4.470 | 22 | 0.711 | 37 | 0.173 |
| 8 | 4.064 | 23 | 0.610 | 38 | 0.152 |
| 9 | 3.658 | 24 | 0.559 | 39 | 0.132 |
| 10 | 3.251 | 25 | 0.508 | 40 | 0.122 |
| 11 | 2.946 | 26 | 0.457 | 41 | 0.112 |
| 12 | 2.642 | 27 | 0.417 | 42 | 0.102 |
| 13 | 2.337 | 28 | 0.376 | 43 | 0.091 |
| 14 | 2.032 | 29 | 0.345 | 44 | 0.081 |
| 15 | 1.829 | 30 | 0.315 | 45 | 0.071 |
| 16 | 1.626 | 31 | 0.295 | 46 | 0.061 |
| 17 | 1.422 | 32 | 0.274 | 47 | 0.051 |
| 18 | 1.219 | 33 | 0.254 | 48 | 0.041 |
| 19 | 1.016 | 34 | 0.234 | 49 | 0.031 |
| 20 | 0.914 | 35 | 0.213 | 50 | 0.025 |
| 21 | 0.813 | 36 | 0.193 | | |

表1-12 英美线规对照表

| 线规号 | 相当于线规号的线径 (mm) | | 线规号 | 相当于线规号的线径 (mm) | |
|---|---|---|---|---|---|
| | A. W. G (B. S) | S. W. G | | A. W. G (B. S) | S. W. G |
| 0000 | 11.68 | 10.16 | 6 | 4.115 | 4.877 |
| 000 | 10.40 | 9.449 | 7 | 3.665 | 4.470 |
| 00 | 9.266 | 8.839 | 8 | 3.264 | 4.064 |
| 0 | 8.252 | 8.230 | 9 | 2.906 | 3.658 |
| 1 | 7.348 | 7.620 | 10 | 2.588 | 3.251 |
| 2 | 6.544 | 7.010 | 11 | 2.305 | 2.946 |
| 3 | 5.827 | 6.401 | 12 | 2.053 | 2.642 |
| 4 | 5.189 | 5.893 | 13 | 1.828 | 2.337 |
| 5 | 4.621 | 5.835 | 14 | 1.628 | 2.032 |

（续表）

| 线规号 | 相当于线规号的线径（mm） | | 线规号 | 相当于线规号的线径（mm） | |
|---|---|---|---|---|---|
| | A. W. G（B. S） | S. W. G | | A. W. G（B. S） | S. W. G |
| 15 | 1.450 | 1.829 | 33 | 0.179 8 | 0.254 0 |
| 16 | 1.291 | 1.626 | 34 | 0.160 1 | 0.223 7 |
| 17 | 1.150 | 1.422 | 35 | 0.142 6 | 0.214 3 |
| 18 | 1.024 | 1.219 | 36 | 0.127 0 | 0.193 0 |
| 19 | 0.911 6 | 1.016 | 37 | 0.113 1 | 0.172 7 |
| 20 | 0.811 8 | 0.914 4 | 38 | 0.100 7 | 0.152 4 |
| 21 | 0.722 9 | 0.812 3 | 39 | 0.089 69 | 0.132 1 |
| 22 | 0.643 9 | 0.711 2 | 40 | 0.079 85 | 0.121 9 |
| 23 | 0.573 3 | 0.609 6 | 41 | 0.071 12 | 0.111 8 |
| 24 | 0.510 6 | 0.558 8 | 42 | 0.063 35 | 0.101 6 |
| 25 | 0.454 7 | 0.508 0 | 43 | 0.056 41 | 0.091 44 |
| 26 | 0.404 9 | 0.457 2 | 44 | 0.050 24 | 0.081 28 |
| 27 | 0.360 6 | 0.416 6 | 45 | 0.044 73 | 0.071 12 |
| 28 | 0.321 1 | 0.375 9 | 46 | 0.039 84 | 0.060 96 |
| 29 | 0.285 9 | 0.345 4 | 47 | 0.035 47 | 0.050 80 |
| 30 | 0.254 8 | 0.335 3 | 48 | 0.031 59 | 0.040 64 |
| 31 | 0.226 8 | 0.294 6 | 49 | 0.028 13 | 0.030 48 |
| 32 | 0.201 9 | 0.274 3 | 50 | 0.025 05 | 0.025 40 |

注：S. W. G是英国标准线规，A. W. G是美国线规（明布朗·夏普线规）。

表1－13 电工常用符号

| 符号 | | 名称 | 符号 | | 名称 | 符号 | | 名称 |
|---|---|---|---|---|---|---|---|---|
| 单独时用 | 组合时使用 | | 单独时用 | 组合时使用 | | 单独时用 | 组合时使用 | |
| R | R | 电阻器 | L | L | 电抗器 | M | M | 电动机 |
| L | L | 电感器 | R | RP | 电位器 | M | MG | 励磁机 |
| C | C | 电容器 | G | G | 发电机 | A | A | 放大器 |

（续表）

| 符号 | | 名称 | 符号 | | 名称 | 符号 | 名称 |
|---|---|---|---|---|---|---|---|
| 单独时用 | 组合时使用 | | 单独时用 | 组合时使用 | | | |
| L | LC | 绕组或线圈 | V | VE | 电子管 | PA | 电流表 |
| T | T | 变压器 | U | UR | 整流器 | A | 安培表 |
| T | TA | 电流互感器 | B | BM | 传声器 | mA | 毫安表 |
| T | TV | 电压互感器 | B | BS | 扬声器 | μA | 微安表 |
| P | PM | 测量仪表 | S | SS | 选择器 | kA | 千安表 |
| RA | RA | 分流器 | K | KT | 中继器 | PV | 电压表 |
| RV | RV | 分压器 | Z | ZF | 滤波器 | V | 伏特表 |
| A | AB | 电桥 | H | HL | 灯 | mV | 毫伏表 |
| S | | 开关 | G | GB | 电池 | kV | 千伏表 |
| S | SK | 电键 | F | FA | 避雷器 | PJ | 电度表 |
| S | SB | 按钮 | W | WB | 母线 | W | 瓦特表 |
| Q | QF | 断路器 | | PE | 保护接地 | kW | 千瓦表 |
| F | FU | 熔断器 | | PEN | 保护接地与中性线共用 | Var | 乏表 |
| K | KA | 继电器 | | | | Wh | 瓦时表 |
| K | KM | 接触器 | | | | Ah | 安时表 |
| K | KS | 起动器 | | | | Varh | 乏时表 |
| Q | QC | 控制器 | | | | Hz | 频率表 |
| A | AR | 调节器 | | | | cos φ | 功率因数表 |
| V | VT | 晶体管 | | | | Ω | 欧姆表 |
| | | | | | | MΩ | 兆欧表 |
| | | | | | | φ | 相位表 |
| | | | | | | n | 转速表 |
| | | | | | | T | 温度表 |

表1-14 电工常用辅助符号

| 辅助符号 | | | 名称 | 辅助符号 | | | 名称 |
|---|---|---|---|---|---|---|---|
| 并列 | | 角注 | | 并列 | | 角注 | |
| 单组合 | 多组合 | | | 单组合 | 多组合 | | |
| H | High | *h* | 高 | M | Main | *m* | 主 |
| L | Low | *l* | 低 | S | Sec | *s* | 副 |
| | Up | *u* | 升 | M | Medium | *m* | 中 |
| D | Down | *d* | 降 | FW | Dir | *d* | 正 |

（续表）

| 辅助符号 | | | 名称 | 辅助符号 | | | 名称 |
|---|---|---|---|---|---|---|---|
| 并列 | | 角注 | | 并列 | | 角注 | |
| 单组合 | 多组合 | | | 单组合 | 多组合 | | |
| O | OPP | *o* | 反 | O | OP | *o* | 断开 |
| E | End | *e* | 终 | S | SP | *sp* | 备用 |
| RD | RD | *r* | 红 | A | AD | *ad* | 附加 |
| GN | GN | *g* | 绿 | | Asyn | *a* | 异步 |
| YE | YE | *y* | 黄 | | SYN | *s* | 同步 |
| WH | WH | *w* | 白 | D | Dis | *d* | 放电 |
| BL | BL | *b* | 蓝 | L | Ch | *c* | 联锁 |
| BK | BK | | 黑 | A | Aut | *a* | 自动 |
| DC | DC | *dc* | 直流 | M | MAN | *m* | 手动 |
| AC | AC | *ac* | 交流 | | ST | *s* | 起动 |
| V | V | *v* | 电压 | | STP | *s* | 停止 |
| A | A | *i* | 电流 | | Op | *o* | 工作 |
| T | T | *t* | 时间 | C | Con | *c* | 控制 |
| C | CL | *c* | 闭合 | S | Sig | *s* | 信号 |

表1-15　专用文字符号

| 文字符号 | 名称 | 文字符号 | 名称 | 文字符号 | 名称 |
|---|---|---|---|---|---|
| RR | 变阻器 | LST | 起动电抗器 | GDC | 直流发电机 |
| RST | 起动电阻 | LCT | 限流电抗器 | GAC | 交流发电机 |
| RB | 制动电阻 | LTS | 饱和电抗器 | GSY | 同步发电机 |
| RVV | 调速电阻 | GVM | 测速发电机 | GI | 感应发电机 |
| RME | 励磁电阻 | MS | 伺服电动机 | GS | 汽轮发电机 |
| RDS | 放电电阻 | GFC | 变频机 | GW | 水轮发电机 |
| RAD | 附加电阻 | MC | 整流子电动机 | MDC | 直流电动机 |
| ROS | 光敏电阻 | GSG | 自同步发送机 | MAC | 交流电动机 |
| RT | 热敏电阻 | GSR | 自同步接收机 | MSY | 同步电动机 |
| CP | 电力电容 | GCC | 变流机 | MAS | 异步电动机 |
| CDS | 放电电容 | MA | 电机放大机 | MI | 感应电动机 |

（续表）

| 文字符号 | 名　　称 | 文字符号 | 名　　称 | 文字符号 | 名　　称 |
|---|---|---|---|---|---|
| MSC | 笼型电动机 | TVP | 调相器(移相器) | KL | 线路接触器 |
| MSR | 滑环电动机 | TA | 电流互感器 | KDR | 正转接触器 |
| MC | 换向器电动机 | TV | 电压互感器 | KRR | 逆转接触器 |
| MMS | 多速电动机 | QN | 刀开关 | KST | 起动接触器 |
| MVV | 调速电动机 | QS | 隔离开关 | KB | 制动接触器 |
| LME | 励磁绕组 | QA | 自动开关(自动电气开关) | KSE | 强励接触器 |
| LPC | 并联绕组 | | | KAC | 加速接触器 |
| LSC | 串联绕组 | QLD | 负荷开关 | KCC | 联锁接触器 |
| LS | 起动绕组 | QT | 转换开关(组合开关) | YSD | 减速起动器 |
| LAR | 电枢绕组 | | | YSY | 综合起动器 |
| LSR | 定子绕组 | QAP | 万能转移开关 | YM | 磁力起动器 |
| LRR | 转子绕组 | QC | 控制开关 | YDS | 星三角起动器 |
| LCM | 换向绕组 | QTS | 脚踏开关 | YSC | 自耦变压起动器 |
| LCL | 补偿绕组 | QPS | 水银开关 | LIC | 感应线圈 |
| LC | 控制绕组 | QLS | 限位开关 | LCC | 扼流线圈 |
| LG | 给定绕组 | QS | 换接器(连接器) | L | 电感器 |
| LFB | 反馈绕组 | QHV | 高压断路器 | LDC | 鼓形控制器 |
| LDF | 差动绕组 | KCR | 控制继电器 | LMC | 主令控制器 |
| LSD | 稳定绕组 | KM | 中间继电器 | LSC | 屏形控制器 |
| TST | 起动变压器 | KA | 电流继电器 | LCC | 凸轮控制器 |
| TSD | 稳定变压器 | KTH | 热继电器 | LPC | 程序控制器 |
| TSC | 自耦变压器 | KV | 电压继电器 | AM | 磁放大器 |
| TRT | 旋转变压器 | KT | 时间继电器 | MA | 电机放大器(机) |
| TC | 控制变压器 | KTM | 温度继电器 | AE | 电子放大器 |
| TM | 电力变压器 | KAR | 加速继电器 | ATS | 半导体放大器 |
| TSU | 升压变压器 | KDF | 差动继电器 | AP | 功率放大器(机) |
| TSD | 降压变压器 | KSG | 信号继电器 | APS | 脉冲放大器 |
| TIS | 隔离变压器 | KF | 频率继电器 | HBL | 电　铃 |
| TSA | 饱和变压器 | KP | 极化继电器 | HMS | 电　笛 |
| TL | 照明变压器 | KPR | 压力继电器 | HBR | 蜂鸣器 |
| TR | 整流变压器 | KVC | 速度继电器 | HIL | 指示器 |
| TVV | 调压器 | KG | 瓦斯继电器 | HSL | 信号灯 |

（续表）

| 文字符号 | 名　　称 | 文字符号 | 名　　称 | 文字符号 | 名　　称 |
|---|---|---|---|---|---|
| BTE | 热电变换器 | EF | 电　炉 | WP | 动力母线 |
| PCO | 示波器 | YA | 电磁铁 | WL | 照明母线 |
| BLS | 扬声器 | TAW | 电焊机 | WC | 控制母线 |
| SPB | 电键(按键) | FA | 避雷器 | WB | 制动母线 |
| BT | 电话机 | ECS | 稳流器 | WE | 接地母线 |
| ZF | 滤波器 | EVS | 稳压器 | ZCS | 控制站 |
| A | 放大器 | EH | 电热器 | ZCB | 控制板 |
| UT | 中继器 | FSG | 火花放电器 | ZSC | 控制屏 |
| ZD | 衰减器 | YAD | 直流电磁铁 | ZCP | 控制台 |
| ZM | 匹配器 | YAA | 交流电磁铁 | ZCC | 控制箱 |
| UR | 检波器 | YAT | 三相交流电磁铁 | RRC | 电阻箱 |
| GB | 蓄电池 | YC | 电磁离合器 | | |

## 1-4 常用电工设备图形符号

| 图形符号 | 说　明 | 图形符号 | 说　明 |
|---|---|---|---|
| — 或 ═ | 直流 | | 导线对机壳绝缘击穿 |
| ～ | 交流 | | 导线对地绝缘击穿 |
| ≂ | 交直流 | 3 | 三根导线 |
| + | 正极 | | 柔软导线 |
| − | 负极 | | 屏蔽导线 |
| | 一般接地符号 | | 导线的连接 |
| | 接机壳或底板 | | 导线，母线，线路 |
| | 故障（用以表示假定故障位置） | | 导线的多线连接 |
| | 线间绝缘击穿 | | |

（续表）

| 图形符号 | 说　明 | 图形符号 | 说　明 |
|---|---|---|---|
| | 端子<br>注：必要时圆圈可画成圆黑点 | | 热敏极性电容器 |
| | 可拆卸端子 | 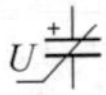 | 压敏极性电容器 |
| 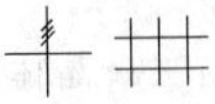 | 导线的不连接 |  | 电感器，线圈绕组，扼流圈 |
| 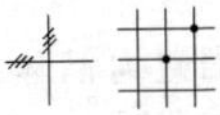 | 导线的交叉连接 | 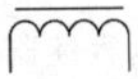 | 带铁芯的电感器 |
| 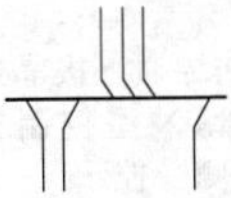 | 导线或电缆的合并和分支 |  | 磁芯有间隙的电感器 |
| 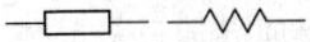 | 电阻符号 |  | 带磁芯连续可调的电感器 |
| 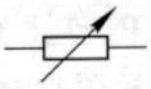 | 可调电阻变阻器 |  | 有两个抽头的电感器<br>注：① 可增加或减少抽头数目<br>② 抽头可在外侧两半圆交点处引出 |
| 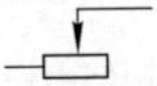 | 带滑动触点的电阻器 | | 可变电感器 |
| 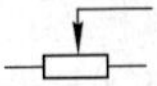 | 滑动触点电位器 | | 铁氧体磁芯 |
| 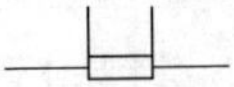 | 带分流和分压端子的电阻器 | 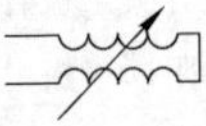 | 一个绕组的铁氧体磁芯<br>斜线可以被认为是反射器，显示出电流与磁通方向的关系，如下图所示：<br>电流 磁通 或<br>电流<br>磁通 |
| 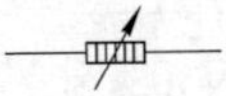 | 碳柱电阻器 | | |
|  | 加热元件 | | |
| 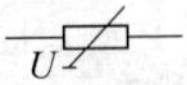 | 压敏电阻器 | 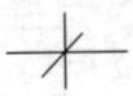 | 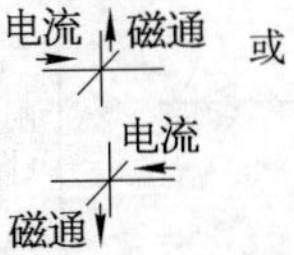 |
| 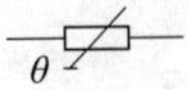 | 热敏电阻器 | | |
|  | 电容器一般符号 | | |
| 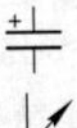 | 极性电容器 | | |
| 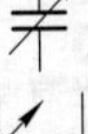 | 可变电容器<br>可调电容器 | | |
| 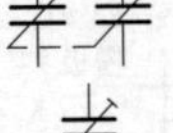 | 双联可调可变电容器<br>注：可增加同调联数 | 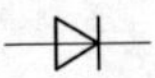 | |
| 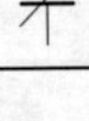 | 微调电容器 | | 半导体二极管一般符号 |

（续表）

| 图形符号 | 说　明 | 图形符号 | 说　明 |
| --- | --- | --- | --- |
| 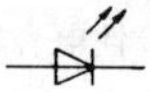  | 发光二极管一般符号 | 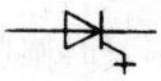  | 可关断三极晶体闸流管，P型控制极（阴极侧受控） |
| 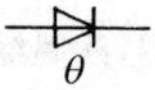 $\theta$ | 利用温度效应的二极管<br>注：$\theta$ 可以用 $t^{\circ}$ 代替 | 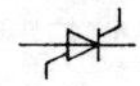  | 反向阻断四极晶体闸流管 |
| 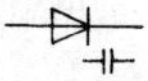  | 用作电容性器件的二极管（变容二极管） | 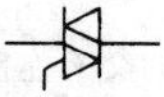  | 双向三极晶体闸流管<br>三端双向晶体闸流管 |
| 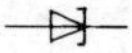  | 隧道二极管 |   | 反向导通三极晶体闸流管，N型控制极（阳极侧受控） |
|   | 单向击穿二极管<br>电压调整二极管<br>江崎二极管 |   | 反向导通三极晶体闸流管，P型控制极（阴极侧受控） |
|   | 双向击穿二极管 | 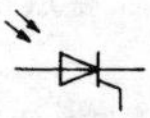  | 光控晶体闸流管 |
|   | 反向二极管（单隧道二极管） |   | PNP型半导体管 |
| 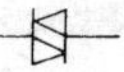  | 双向二极管<br>交流开关二极管 | 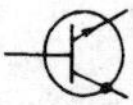  | NPN型半导体管，集电极接管壳 |
|   | 反向阻断二极晶体闸流管 | 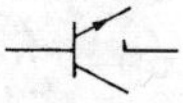  | NPN型雪崩半导体管 |
| 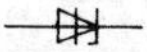  | 反向导通二极晶体闸流管 | 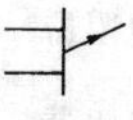  | 具有P型基极单结型半导体管 |
| 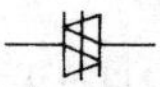  | 双向二极晶体闸流管 | 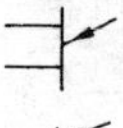  | 具有N型基极单结型半导体管 |
|   | 反向阻断三极晶体闸流管，N型控制极（阳极侧受控） | 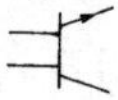  | 有横向偏压基极的NPN型半导体管 |
| 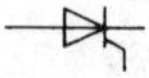  | 反向阻断三极晶体闸流管，P型控制极（阴极侧受控） |   | N型沟道结型场效应半导体管<br>注：栅极与源极的引线应绘在一直线上 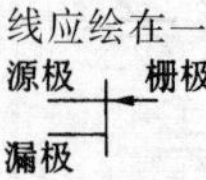<br>源极　栅极<br>漏极 |
| 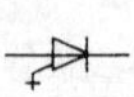  | 可关断三极晶体闸流管，N型控制极（阳极侧受控） |  |  |

（续表）

| 图形符号 | 说明 | 图形符号 | 说明 |
| --- | --- | --- | --- |
| | P型沟道结型场效应半导体管 | | 光耦合器<br>光隔离器<br>（示出发光二极管和光电半导体管） |
| | 光敏电阻<br>具有对称导电性的光电器件 | | 1个绕组<br>注：①独立绕组的个数应用短线的数目或在符号上加数字表示出来 |
| | 光电二极管<br>具有非对称导电性的光电器件 | | 示例：3个独立绕组 |
| | 光电池 | 6 | 6个独立绕组<br>②本符号也可用于表示各种外部连接的绕组 |
| | 光电半导体管<br>（示出NPN型） | 3～ | 示例：互不连接的三相绕组 |
| | 半导体激光器 | m<br>m～ | $m$个互不连接的$m$相绕组 |
| | 发光数码管 | | 两相四端绕组 |
| | 有四个欧姆接触的霍尔发生器 | | 两相绕组 |
| | 磁敏电阻器<br>（示出线性型） | | 中性点引出的四相绕组 |
| | 磁敏二极管 | | T形连接的三相绕组 |
| | NPN型磁敏半导体管 | | 三角形连接的三相绕组<br>注：本符号用加注数码以表示相数，可用于代表多边形连接的多相绕组 |
| | 光电二极管型光耦合器 | | 星形连接的三相绕组<br>注：本符号用加注数码以表示相数，可用于代表星形连接的多相绕组 |
| | 达林顿型光耦合器 | | |
| | 光电三极管型光耦合器 | | |

（续表）

| 图形符号 | 说　明 | 图形符号 | 说　明 |
|---|---|---|---|
|  | 中性点引出的星形连接的三相绕组 | IS | 圆感应同步器 |
|  | 星形连接的六相绕组 | IS | 直线感应同步器 |
|  | 换向绕组或补偿绕组 | M | 直线电动机一般符号 |
|  | 串励绕组 | M | 步进电动机 |
|  | 并励或他励绕组 | G | 手摇发电机 |
|  | 集电环或换向器上的电刷 | * | 自整角机<br>注：对于特定的自整角机其星号必须用适当的字母代替，根据自整角机的功能使用下列字母：<br>第一位字母　功能<br>C　控制式<br>T　力矩式<br>R　旋转变压器（解算器）<br>第二位字母　功能<br>D　差　动<br>R　接收机<br>T　变压器<br>X　发送机 |
| G | 直流发电机 |  |  |
| M | 直流电动机 |  |  |
| G | 交流发电机 |  |  |
| M | 交流电动机 |  |  |
| C | 交直流变流机 |  |  |
| SM | 交流伺服电动机 |  |  |
| SM | 直流伺服电动机 |  |  |
| TG | 交流测速发电机 | TM | 永磁式直流力矩电动机 |
| TG | 直流测速发电机 | TM | 交流力矩电动机 |
| TM | 交流力矩电动机 |  |  |
| TM | 直流力矩电动机 | MS 1~ | 单相同步电动机 |

（续表）

| 图形符号 | 说　明 | 图形符号 | 说　明 |
|---|---|---|---|
|  | 单相永磁同步电动机 |  | 两相伺服电动机 |
| 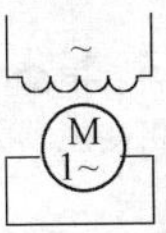 | 单相推斥电动机 |  | 电磁式直流伺服电动机 |
| 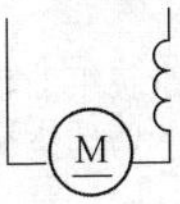 | 串励直流电动机 | 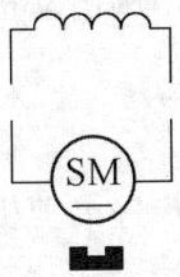 | 永磁式直流伺服电动机 |
| 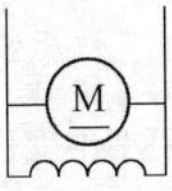 | 并励直流电动机 |  | 交流测速发电机 |
| 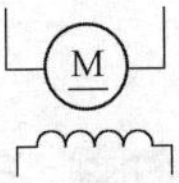 | 他励直流电动机 |  | 电磁式直流测速发电机 |
| 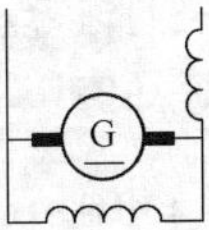 | 短分路复励直流发电机示出接线端子和电刷 |  | 永磁式直流测速发电机 |
| 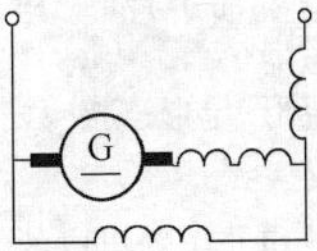 | 短分路复励直流发电机<br>示出换向绕组和补偿绕组，以及接线端子和电刷 |  | 三相永磁同步电动机 |
| 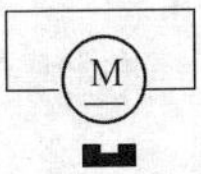 | 永磁直流电动机 |  | 三相笼型异步电动机 |
| 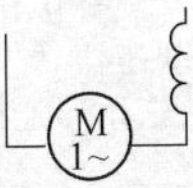 | 单相交流串励电动机 | 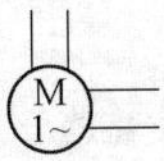 | 单相笼型有分相端子的异步电动机 |
| | |  | 三相线绕转子异步电动机 |

（续表）

| 图形符号 | 说　明 | 图形符号 | 说　明 |
| --- | --- | --- | --- |
| | 有自动起动器的三相星形连接的异步电动机 | | 电流互感器<br>脉冲变压器 |
| | 三相串励电动机 | | 绕组间有屏蔽的双绕组单相变压器 |
| | 永磁步进电动机 | | 在1个绕组上有中心点抽头的变压器 |
| | 三相步进电动机<br>注：对多相步进电动机用多根出线表示，如四相则用四根线表示，以此类推 | | 耦合可变的变压器 |
| | 铁心 | | |
| | 带间隙的铁心 | | 三相变压器<br>星形-三角形连接 |
| | 双绕组变压器<br>注：黑点表示对应端 | | 具有4个抽头（不包括主抽头）的三相变压器<br>星形-星形连接 |
| | 三绕组变压器 | | |
| | 自耦变压器 | | 单相变压器组成的三相变压器<br>星形-三角形连接 |
| | 电抗器、扼流圈 | | 具有有载分接开关的三相变压器<br>星形-三角形连接 |

（续表）

| 图形符号 | 说　明 | 图形符号 | 说　明 |
|---|---|---|---|
| 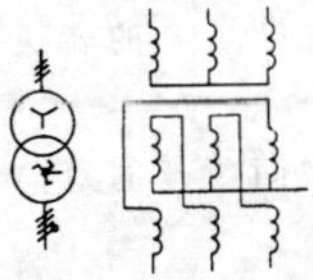 | 三相变压器<br>星形-曲折形连接 | 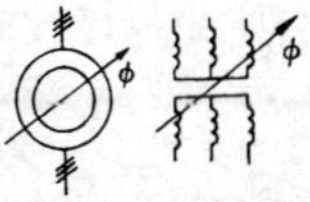 | 三相移相器 |
| 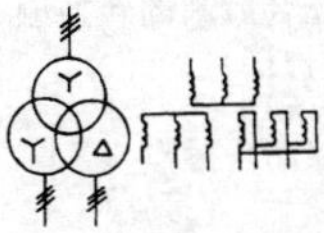 | 三相变压器<br>星形-星形-三角形连接 | 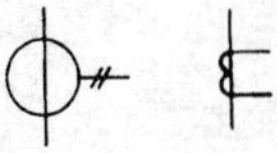 | 电流互感器<br>脉冲变压器 |
| 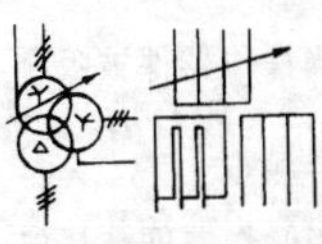 | 具有有载分接开关的三相三绕组变压器,有中性点引出线的星形-有中性点引出线的星形-三角形连接 | 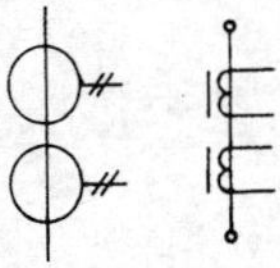 | 具有2个铁心和2个二次侧绕组的电流互感器 |
| | 单相自耦变压器 | 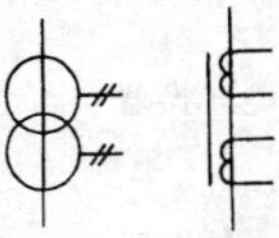 | 在1个铁心上具有2个二次侧绕组的电流互感器 |
| | 三相自耦变压器<br>星形连接 | | 二次侧绕组有3个抽头(包括主抽头)的电流互感器 |
| | 可调压的单相自耦变压器 | | 频敏变阻器 |
| | 单相感应调压器 | | 分裂电抗器 |
| | 三相感应调压器 | | 理想电流源 |
| | |  | 理想电压源 |
| 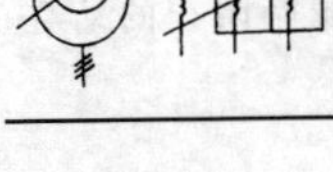 | | 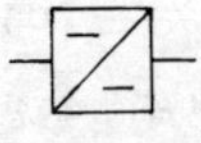 | 直流变流器 |

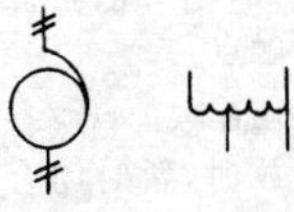

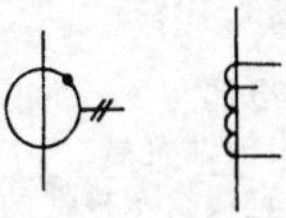

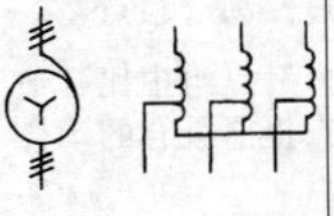

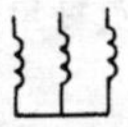

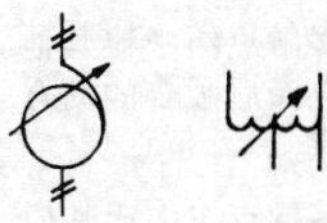

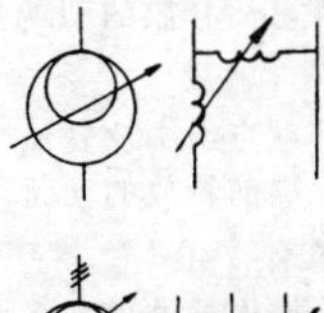

（续表）

| 图形符号 | 说　明 | 图形符号 | 说　明 |
|---|---|---|---|
| 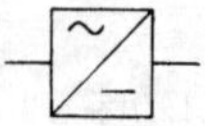 | 整流器 | 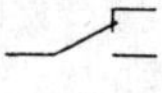 | 先断后合的转换触点 |
| 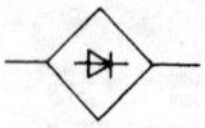 | 桥式全波整流器 | 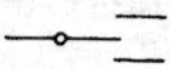 | 中间断开的双向触点 |
|  | 逆变器 |  | 先合后断的转换触点（桥接） |
|  | 幅-频变换器 |  | 双动合触点 |
|  | 频-幅变换器 |  | 双动断触点 |
|  | 光电转换器 |  | 当操作器件被吸合时，暂时闭合的过渡动合触点 |
|  | 电光转换器 |  | 当操作器件被释放时，暂时闭合的过渡动合触点 |
| | 热电偶（示出极性符号） | | 当操作器件被吸合或释放时，暂时闭合的过渡动合触点 |
| | 带直接指示极性的热电偶，负极用粗线表示 | | 多触点组中比其他触点提前吸合的动合触点 |
| | 原电池或蓄电池<br>注：长线代表正极，短线代表负极，为了强调短线可画粗些 | | 多触点组中比其他触点滞后吸合的动合触点 |
| | 蓄电池组或原电池组 | | 多触点组中比其他触点滞后释放的动断触点 |
| | | | 多触点组中比其他触点提前释放的动断触点 |
| | 动合（常开）触点<br>注：本符号也可以用作开关一般符号 | | 当操作器件被吸合时延时闭合的动合触点 |
| | 动断（常闭）触点 | | |

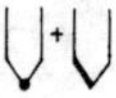

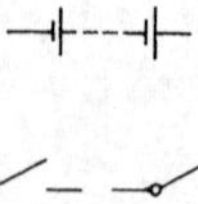

（续表）

| 图形符号 | 说　明 | 图形符号 | 说　明 |
| --- | --- | --- | --- |
| 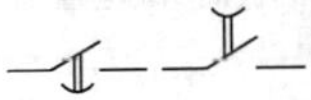 | 当操作器件被释放时延时断开的动合触点 | 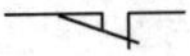 | 位置开关，动断触点<br>限制开关，动断触点 |
| 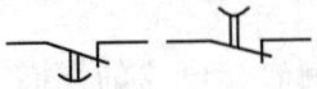 | 当操作器件被释放时延时闭合的动断触点 | 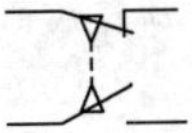 | 对2个独立电路作双向机械操作的位置或限制开关 |
| 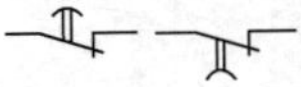 | 当操作器件被吸合时延时断开的动断触点 | 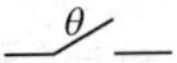 | 热敏开关，动合触点<br>注：$\theta$可用动作温度代替 |
| 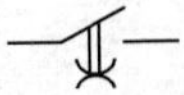 | 吸合时延时闭合和释放时延时断开的动合触点 | 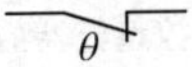 | 热敏开关，动断触点<br>注：$\theta$可用动作温度代替 |
|  | 有弹性返回的动合触点 |  | 单极开关 |
| 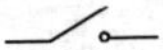 | 无弹性返回的动合触点 | 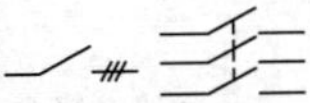 | 多极开关 |
|  | 有弹性返回的动断触点 |  | 接触器（在非动作位置触点断开） |
| 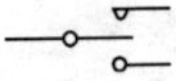 | 上边弹性返回，下边无弹性返回的中间断开的双向触点 |  | 具有自动释放的接触器 |
| 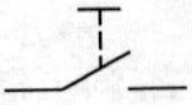 | 手动开关的一般符号 |  | 接触器（在非动作位置触点闭合） |
| 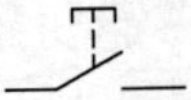 | 按钮开关（不闭锁） |  | 断路器 |
| 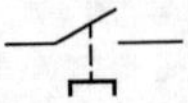 | 拉拔开关（不闭锁） |  | 隔离开关 |
| 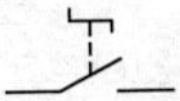 | 旋钮开关、旋转开关（闭锁） | 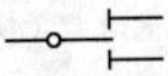 | 具有中间断开位置的双向隔离开关 |
|  | 位置开关，动合触点<br>限制开关，动合触点 | 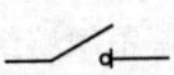 | 负荷开关（负荷隔离开关） |
| | |  | 具有自动释放的负荷开关 |
| | |  | 步进起动器<br>注：起动步数可以示出 |

（续表）

| 图形符号 | 说　明 | 图形符号 | 说　明 |
| --- | --- | --- | --- |
|   | 调节-起动器 | 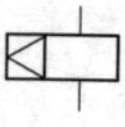  | 机械保持继电器的线圈 |
|   | 带自动释放的起动器 | 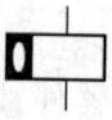  | 极化继电器的线圈 |
|   | 星-三角起动器 | 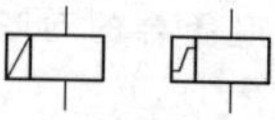  | 剩磁继电器的线圈 |
|   | 自耦变压器式起动器 | 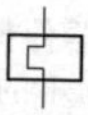  | 热继电器的驱动器件 |
|   | 带可控整流器的调节-起动器 |   | 热继电器动断触点 |
| 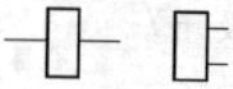  | 操作器件一般符号 |  V | 电压表 |
|  | 具有两个独立绕组的操作器件 | A $I\sin\varphi$ | 无功电流表 |
|  |  | var | 无功功率表 |
|  | 缓慢释放（缓放）继电器的线圈 | $\cos\varphi$ | 功率因数表 |
|  | 缓慢吸合（缓吸）继电器的线圈 | $\varphi$ | 相位表 |
|  | 缓吸和缓放继电器的线圈 | Hz | 频率表 |
|  | 快速继电器（快吸和快放）的线圈 |  | 同步表（同步指示器） |
|  | 对交流不敏感继电器的线圈 | $n$ | 转速表 |
|  |  |  | 示波器 |
| ~ | 交流继电器的线圈 | V $U_d$ | 差动电压表 |
|  | 机械谐振继电器的线圈 |  | 检流计 |

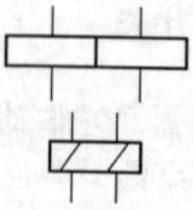

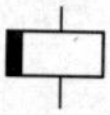

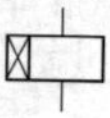

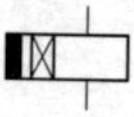

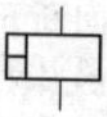

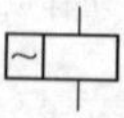

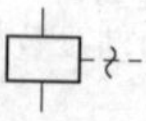

（续表）

| 图形符号 | 说　明 | 图形符号 | 说　明 |
|---|---|---|---|
| Wh | 电能（度）表（瓦特小时计） |  | 交流电焊机 |
| varh | 无功电能（度）表 | * | 探伤设备一般符号<br>注：星号“*”必须用不同的字母代替，以表示不同的探伤设备<br>X——X射线探伤<br>γ——γ射线探伤<br>S——超声波探伤<br>M——磁力探伤 |
|  | 灯一般符号<br>信号灯一般符号 |  |  |
|  | 电警笛　报警器 |  |  |
|  | 蜂鸣器 |  |  |
|  | 电铃 |  | 热水器（示出引线） |
|  | 电喇叭 | ∞ | 风扇一般符号（示出引线）<br>注：若不引起混淆，方框可省略不画 |
|  | 熔断器一般符号 |  |  |
|  | 进线端用粗线表示的熔断器 |  | 屏、台、箱、柜一般符号 |
|  | 避雷器符号 |  |  |
|  | 跌开式熔断器 |  | 动力或动力-照明配电箱<br>注：需要时符号内可标示电流种类符号 |
|  | 熔断器式开关 |  |  |
|  | 熔断器式隔离开关 |  | 信号板、信号箱（屏） |
|  | 熔断器式负荷开关 |  |  |
|  | 具有独立报警电路的熔断器 |  | 照明配电箱（屏）<br>注：需要时允许涂红 |
|  | 电阻加热装置 |  |  |
|  | 电弧炉 |  | 事故照明配电箱（屏） |
|  | 感应加热炉 |  | 多种电源配电箱（屏） |
|  | 电解槽或电镀槽 |  |  |
|  | 直流电焊机 |  | 直流配电盘（屏） |

（续表）

| 图形符号 | 说明 | 图形符号 | 说明 |
|---|---|---|---|
| | 交流配电盘(屏) | | 局部照明灯 |
| | 带熔断器的插座 | | 矿山灯 |
| | 带保护接点(电源)插座 | | 安全灯 |
| | 具有护板的(电源)插座 | | 隔爆灯 |
| | 开关一般符号 | | 在专用电路上的事故照明灯 |
| | 单极开关 | | 自带电源的事故照明灯 |
| | 暗装 | | 天棚灯 |
| | 密闭(防水) | | 花灯 |
| | 防爆 | | 弯灯 |
| | 双极开关 | | 壁灯 |
| | 暗装 | | 深照型灯 |
| | 密闭(防水) | | 广照型灯（配照型灯） |
| | 防爆 | | 防水防尘灯 |
| | 三极开关 | | 投光灯一般符号 |
| | 暗装 | | 聚光灯 |
| | 密闭(防水) | | 泛光灯 |
| | 防爆 | | 荧光灯一般符号 |
| | 单极拉线开关 | | 三管荧光灯 |
| | 单极双控拉线开关 | 5 | 五管荧光灯 |
| | 球形灯 | | 防爆荧光灯 |

# 第2章 变压器

变压器是将某一种电压、电流、相数的交流电能转变成另一种电压、电流、相数的交流电能的电器。本章介绍一些中、小型变压器的技术资料及其计算方法，供修理或制造时参考。

## 2-1 变压器的基本知识

### 一、变压器的基本原理和额定数据

图2-1为双圈式单相变压器的原理图。在闭合的铁心上绕有两组绕组，其中接受电能的一侧叫做一次侧绕组，输出电能的一侧叫做二次侧绕组。变压器的基本工作原理是电磁感应原理。

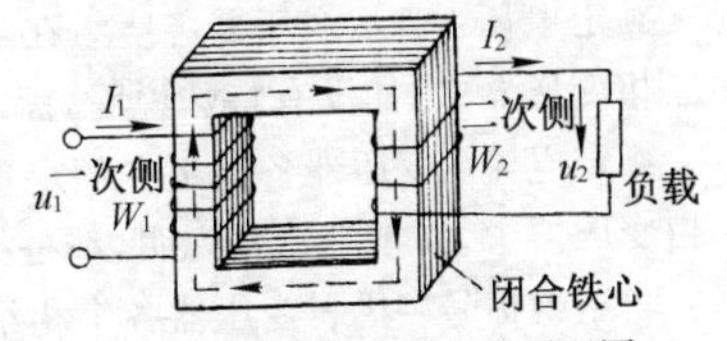

图2-1 单相变压器的原理图

$$\frac{E_1}{E_2}=\frac{W_1}{W_2}$$

式中 $E_1$——一次侧绕组感应电动势；

$E_2$——二次侧绕组感应电动势；

$W_1$——一次侧绕组的匝数；

$W_2$——二次侧绕组的匝数。

如果忽略绕组本身压降，则可认为$U_1\approx E_1$，$U_2\approx E_2$，于是

$$\frac{U_1}{U_2}\approx\frac{E_1}{E_2}=\frac{W_1}{W_2}$$

这个关系说明了一、二次侧电压之比近似等于一、二次侧绕组匝数之比。这个比值称为变压器的变压比。

变压器通过电磁耦合关系将一次侧的电能输送到二次侧，假如两侧绕组没有漏磁①，功率输送过程中又没有任何损失（无损耗）的话，那么，由能

---

① 漏磁是没有经过铁心而闭合的那部分磁通。

量守恒原理可知输出的功率应该等于输入功率，即

$$U_2 I_2 = U_1 I_1$$

或

$$\frac{I_1}{I_2} = \frac{U_2}{U_1} \approx \frac{W_2}{W_1}$$

即变压器的一、二次侧电流之比近似等于一、二次侧绕组匝数的反比。

以上是变压器计算的基本关系式。总之，在容量一定的条件下，一台变压器如果工作电压设计得越高，绕组匝数就要绕得越多，通过绕组内的电流却越小，导线截面可选用得越细。反之，工作电压设计得越低，绕组匝数就越少，通过绕组的电流则越大，导线截面就要选得越粗。

变压器外壳上附有铭牌数据，它表示其额定工作状态下的性能。一般常用的额定数据如下：

额定容量：表示在额定使用条件下变压器的输出能力，以视在功率kV·A表示。对三相变压器而言，额定容量是三相容量之和。

额定电压：表示变压器各绕组在空载时额定电压值，以V或kV表示。在三相变压器中，如没有特殊说明，额定电压都是指线电压。

额定电流：变压器各绕组在额定负载情况下的电流值，以A表示。在三相变压器中，如没有特殊说明，都是指线电流。

联结组标号：代表变压器各个相绕组的连接法和相角关系的符号。如Y，yn0（$Y/Y_0-12$）、Y，d11（Y/△-11）标号中（注：括号外为国家新标准，括号内为国家老标准，下同。）Y表示星形连接，d表示三角形连接，yn表示有中性点引线的星形连接。各符号中由左至右代表一、二次侧绕组连接方式，数字代表二次侧与一次侧电压的相角位移。

阻抗压降比：表示变压器通入额定电流时的阻抗压降对额定电压之比。

温升：变压器指定部位的温度和变压器周围空气温度之差。

对变压器油面温升的限值，仅系为保证油的长期使用而不迅速老化变质所规定的数值，不可直接作为运行中变压器负载能力的依据。

电力变压器的标准容量等级及高低压的电压等级：

1）变压器的容量等级　5、10、20、30、50、75、100、135、180、240、320、420、560、750、1 000、…（kW）。

10、20、30、40、50、63、80、100、125、160、200、250、315、400、500、630、800、1 000、1 250、1 600、…（kW）。

2）变压器的高低压的电压等级　低压侧的电压一般采用400/230 V，

即线电压为 400 V、相电压为 230 V；高压侧的电压有 3 000、3 150、3 300、6 000、6 300、6 600、10 000、13 200、35 000、60 000、110 000、220 000、…(V)。

变压器的型号及其含义见表 2-1。

表 2-1 变压器的型号及意义

| 电力变压器 | |
|---|---|
| D | 单相 |
| J | 油浸 |
| G | 干式 |
| C | 干式浇注 |
| S | 油浸水冷 |
| F | 油浸风冷 |
| S | 三绕组、三相 |
| FP | 强油风冷 |
| Z | 有载 |
| SP | 强油水冷 |
| T | 成套 |
| D | 移动式 |
| L | 铝线 |

| 整流变压器 | |
|---|---|
| Z | 整流变压器 |
| K | 电抗器 |
| J | 电力机车用 |
| S、D、J、F、FP | 同电力 |

| 起动变压器 | |
|---|---|
| Q | 起动 |
| S、J | 同电力 |

| 试验变压器 | |
|---|---|
| Y | 试验 |
| D、J、G、S | 同电力 |

| 中频淬火用变压器 | |
|---|---|
| R | 中频 |
| G | 同电力 |

| 调压变压器 | |
|---|---|
| T | 调压器 |
| O | 自耦 |
| Y | 移圈 |
| A | 感应 |
| C | 接触 |
| P | 强油循环 |
| X | 线端 |
| Z | 中性点 |
| C | 串联 |
| S、D、G、F、J、Z | 同电力 |

| 矿用变压器 | |
|---|---|
| K | 矿用变压器 |
| D、G、S | 同电力 |

| 船用变压器 | |
|---|---|
| S | 防水 |
| D、G | 同电力 |

| 电阻炉用变压器 | |
|---|---|
| ZU | 电阻炉用 |
| S、D、J、SP | 同电力 |

| 电炉用变压器 | |
|---|---|
| H | 电炉 |
| K | 附电抗器 |
| S、J、FP、SP | 同电力 |

| 封闭电弧炉用变压器 | |
|---|---|
| BH | 封闭电弧炉 |
| S、J | 同电力 |

| 自耦变压器 | |
|---|---|
| O | 自耦<br>注：O 在前为降压<br>O 在后为升压 |
| S、D、J、F、FP、Z | 同电力 |

| 干式变压器 | |
|---|---|
| G | 干式 |
| Q | 加强的 |
| H | 防火 |
| D、S | 同电力 |

| 低电压变压器 | |
|---|---|
| D | 低电压 |
| S | 水冷 |
| D、J | 同电力 |

| 串联变压器 | |
|---|---|
| C | 串联 |
| S、D、J、SP | 同电力 |

| 消弧线圈 | |
|---|---|
| X | 消弧 |
| D、J | 同电力 |
| L | 滤波 |
| F | 放大器 |
| C | 磁放大器 |
| T | 调幅 |
| TN | 电压调整器 |
| TX | 移相器 |

注：在变压器型号后面的数字部分：斜线的左面表示额定容量(kW)；斜线的右面表示一次侧的额定电压(kV)。例如有台电力变压器 SJL-560/10，由电力变压器项中查得为三相油浸自冷式铝线 560 kV·A、高压侧电压 10 kV。

## 二、变压器的分类和结构

### 1. 变压器的分类

变压器分类的方法很多，按相数可分为单相和三相两种，前者多为小容量的变压器，后者大多是较大容量的变压器以及电力变压器等。按绕组数目分为单圈式（自耦变压器）、双圈式（一般中小型电力变压器），以及多圈式（电源变压器）。按耦合的介质可分为空心变压器与铁心变压器两种，目前大多为铁心变压器。按铁心结构分成心式与壳式（图2-2）。壳式变压器的铁轭包在绕组外面，导热性能较好，但制造工艺复杂，除了很小的电源变压器外，目前已很少使用。心式变压器绕组包在铁心外面，制造工艺也较简单。按冷却介质不同又分为油浸变压器、干式变压器（空气冷却式）以及水冷变压器。干式变压器多用在低电压、小容量或防火防爆的场合，电压较高、容量较大的变压器多用油浸式或水冷式。电力变压器大多采用油浸式。

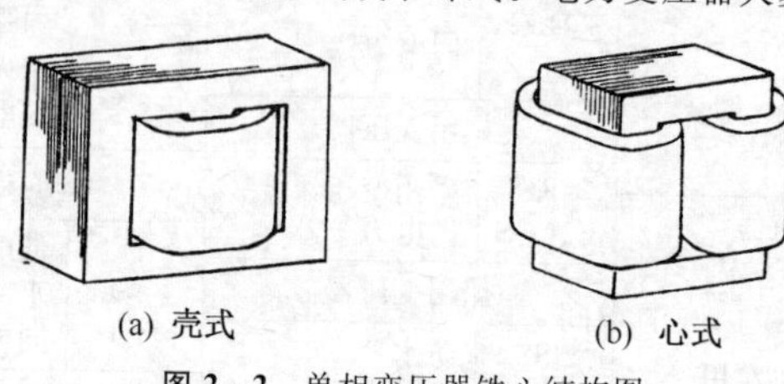

(a) 壳式　　(b) 心式

图2-2　单相变压器铁心结构图

### 2. 铁心结构

铁心由铁心柱和铁轭两部分组成。绕组套装在铁心柱上，而铁轭则用来使整个磁路闭合。为了减少铁心磁滞及涡流损耗起见，一般都采用D41、D42、D43-0.35～0.5热轧硅钢片及D310、D320、D330等冷轧硅钢片叠成，冷轧硅钢片在导磁性能与减少损耗方面都比热轧硅钢片好得多。

变压器铁心一般采用交叠方式进行叠装，应使上层和下层叠片的接缝互相错开（图2-3、图2-4）。

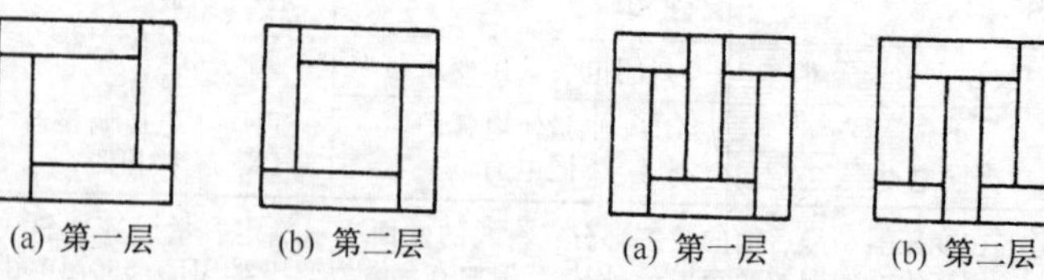

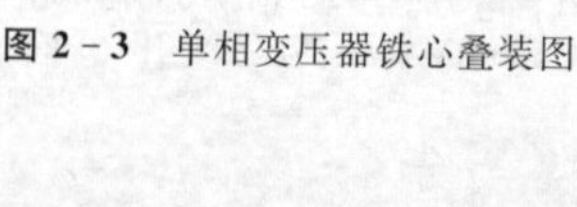

(a) 第一层　(b) 第二层

图2-3　单相变压器铁心叠装图

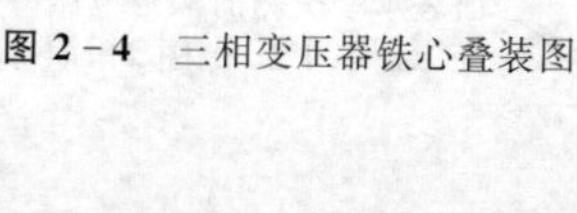

(a) 第一层　(b) 第二层

图2-4　三相变压器铁心叠装图

在微型变压器中，为了简化工艺，常采用如图 2-5 所示的叠片形状。互感器、单相小变压器（<500 W）和采用长条冷轧硅钢片卷成的卷片式铁心为 C 型铁心，如图 2-6 所示；图 2-7 为 R 型铁心；图 2-8 为 O 型铁心。

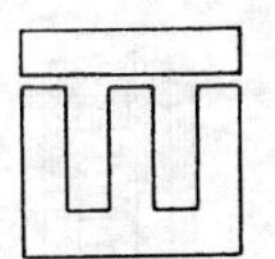

(a) 山字形（或称 E 形）

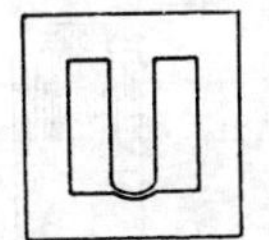

(b) 日字形

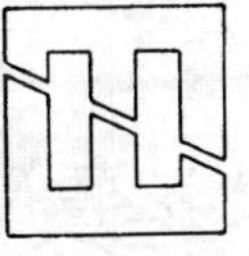

(c) F 形

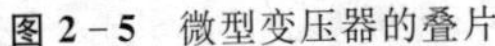

图 2-5　微型变压器的叠片

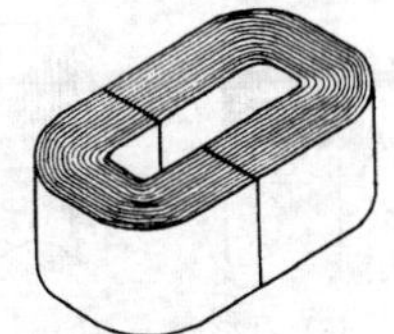

图 2-6　C 型铁心

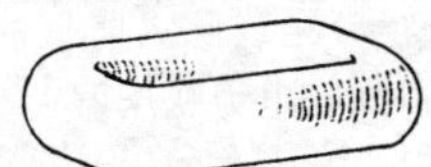

图 2-7　R 型铁心

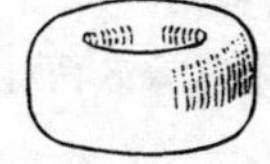

图 2-8　O 型铁心

铁心柱的断面形状必须从简化工艺和提高利用率两方面考虑。小型变压器可以采用正方形的或长方形的铁心柱的断面。较大容量的变压器，为了充分利用绕组内圆的空间，铁心柱断面常采用多级阶梯形，如图 2-9 所示。当铁心柱直径大于 350 mm 时，为了改善铁心冷却，铁心柱中放置油道。

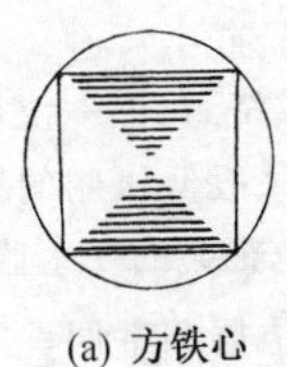

(a) 方铁心

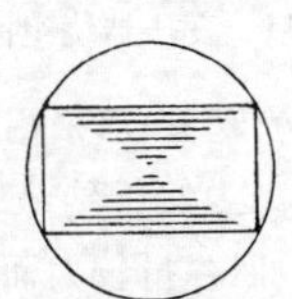

(b) 长方形铁心

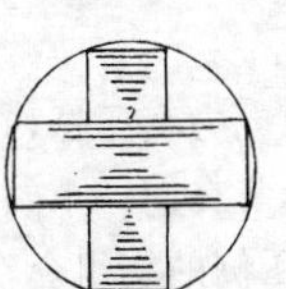

(c) 十字形铁心

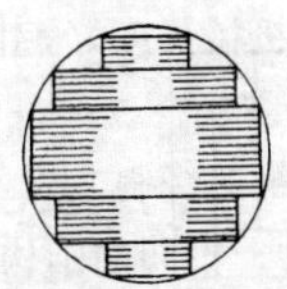

(d) 无油道多级铁心

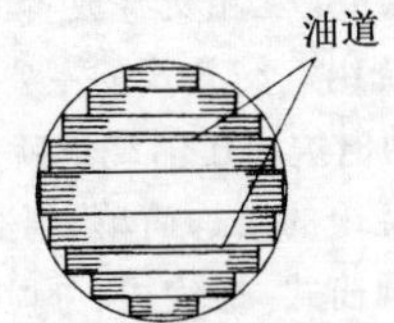


(e) 有油道阶梯形多级铁心

图 2-9　几种形状的铁心柱断面

铁轭的断面一般约比铁心柱大5%～10%，以便减少励磁安匝和铁损耗。断面形状有正方形、十字形、T形和倒T形、多级阶梯形和同级阶梯形等，如图2-10所示。

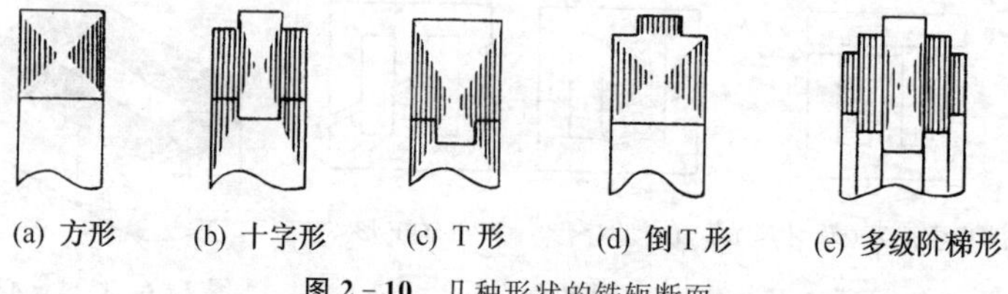


图2-10 几种形状的铁轭断面

3. 绕组结构

有同心式和交叠式两种，如图2-11所示。

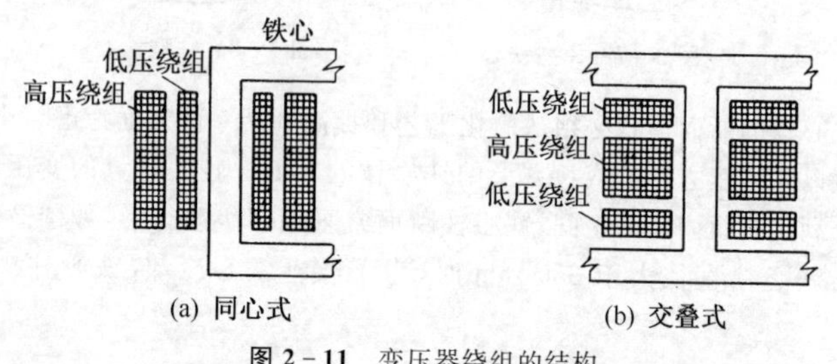


图2-11 变压器绕组的结构

多数电力变压器(1 800 kW以下)都采用同心式绕组，即一次侧与二次侧绕组套装在同一个铁心柱上。为便于绝缘起见，一般低压侧的绕组放在里面，高压侧的绕组套在外面。但容量较大而电流也很大的变压器，由于低压绕组引出线的工艺困难，亦往往把低压侧放在高压侧的外面。交叠式绕组的高、低绕组是互相交叠放置的，为便于绝缘，一般最上和最下的二组绕组都是低压绕组。交叠式的主要优点是漏抗小，机械强度好，引线方便。大于400 kW的电炉变压器绕组就是采用这样的布置。

同心式绕组的结构简单，制造方便。按其绕组的绕制方式不同，同心式绕组又分成圆筒式、螺旋式、分段式和连续式四种。不同的结构具有不同的电气、机械及散热的特性。

图2-12a、b所示皆为圆筒式绕组，线匝沿高度(轴向)绕制，如螺旋形

状。它制造工艺简单，但机械强度、轴向承受短路能力都较差，所以大多用在电压低于 500 V、容量为 10～750 kW 的变压器中。图 2-12c 为多层圆筒式绕组，用在容量为 10～560 kW，电压为 10 kV 及以下的变压器中。

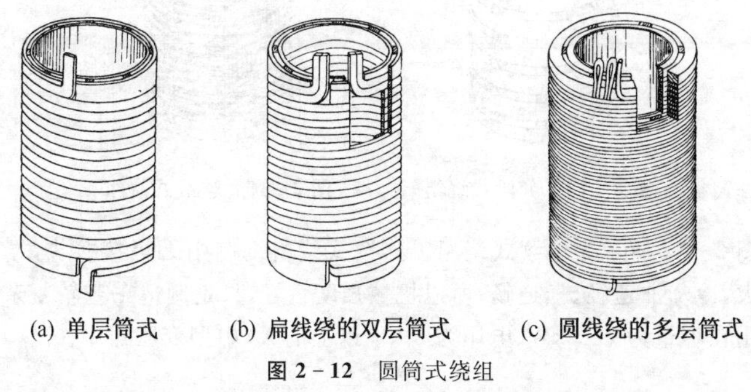

(a) 单层筒式　(b) 扁线绕的双层筒式　(c) 圆线绕的多层筒式

**图 2-12**　圆筒式绕组

图 2-13 所示为螺旋式绕组，它由若干并联导线沿径向平绕，轴向线匝间有油道，并具有较大的支撑面和冷却面，所以可应用在较大电流（300 A 以上）的低压绕组中。为使并联导体电流均匀分配，在绕制过程中需进行换位。螺旋式绕组一般用在大于 1 000 kW，而不宜采用双层圆筒式绕组的变压器中。

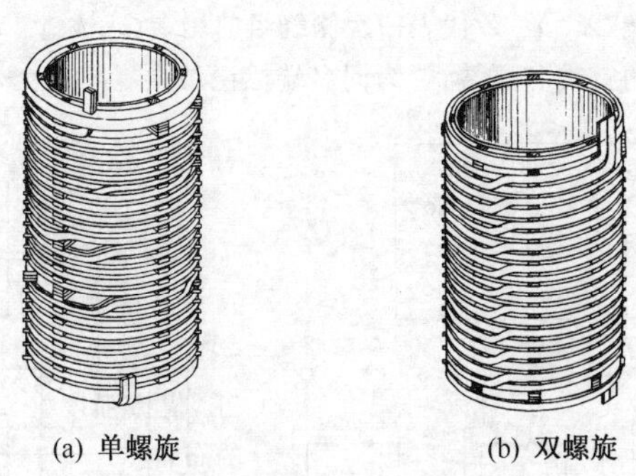

(a) 单螺旋　(b) 双螺旋

**图 2-13**　螺旋式绕组

图 2-14 所示为由若干单独线段串成的分段式绕组。每个线段与圆筒式绕组相同，但比圆筒式机械强度好。因制造工艺复杂，一般用在每柱容量为 350 kW 变压器的高压绕组中。

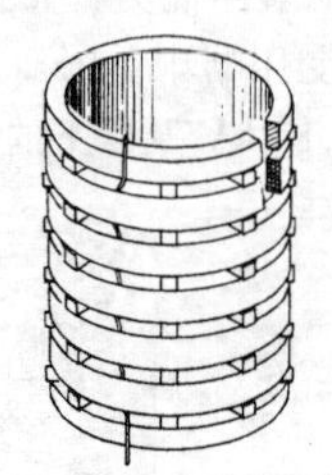

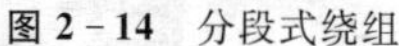
图 2-14 分段式绕组

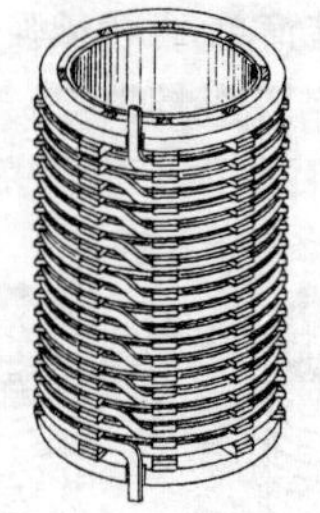
图 2-15 连续式绕组

图 2-15 所示为连续式绕组。连续式绕组绕制中无焊接接头，端部支撑面大，冷却油道径、横通畅，所以机械强度较好，只是制造工艺较复杂。一般宜用在容量为 750 kW、电压为 6 kV 以上的大、中型变压器中。

## 三、变压器的联结组别

对称的三相连接，通常有 Y、D、Z 三种接法，其中常用的是现行国家标准所规定的 Y,yn0(Y/$Y_0$-12)、Y,d11(Y/△-11)、YN,d11($Y_0$/△-11)等三种。

变压器绕组连接的标记如图 2-16 所示，其中 *A*、*B*、*C* 代表变压器一次侧绕组的首端，*X*、*Y*、*Z* 代表一次侧绕组的尾端，*a*、*b*、*c*，*x*、*y*、*z* 分别代表二次侧绕组的首端和尾端，◎为同名端标记。

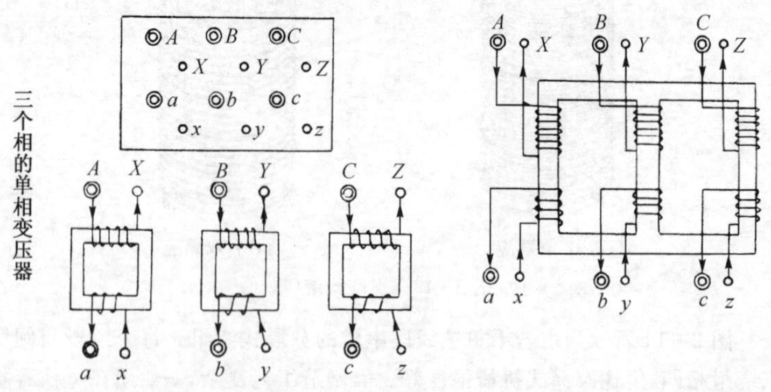

图 2-16 变压器绕组连接标记

1. 变压器联结组的时钟表示法

各种联结组的一次侧电压与二次侧电压间的相角差，有的为0°，有的为30°的倍数。在时钟的表面上，每两相邻数字间有30°的角差，因此采用时钟表示连接组标号较为方便。

把变压器一次侧的线电压矢量 $AB$ 作为时钟的长针（分针），它固定地指向钟面数字12上。把二次侧相应的线电压矢量 $ab$ 作为时钟的短针（时针）。如果短针也指向12，则表示矢量 $AB$ 与 $ab$ 同相，按照钟表读数为12点钟。这种连接方法便记为0。例如我们经常遇到Y，y0（Y/Y-12），它表示一次侧绕组用星形连接，二次侧绕组也用星形连接，如图2-17a所示，图2-17b所示为矢量图，其一次侧线电压与相应的二次侧线电压间的相角差为0°。

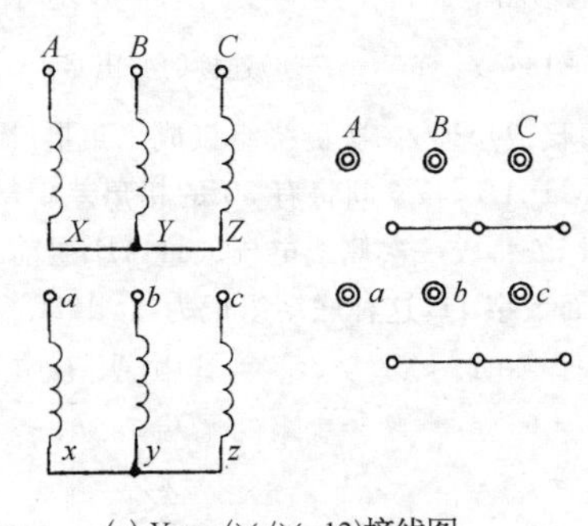


(a) Y，$y_0$（Y/Y-12）接线图

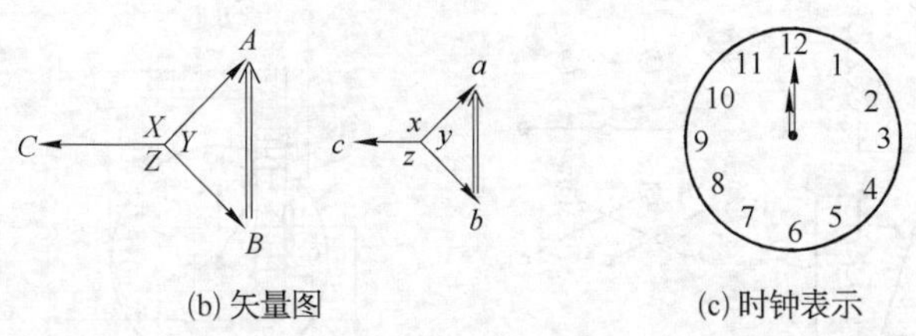


(b) 矢量图　(c) 时钟表示

**图2-17**　Y，y0（Y/Y-12）连接的变压器

假如把Y，y0（Y/Y-12）的二次侧头尾互换（图2-18a），那么二次侧线电压矢量 $ab$ 便将与一次侧线电压 $AB$ 矢量反相，用时钟表示时，短针将指向钟面数字6，这样的联结组便记为Y，y6（Y/Y-6）。

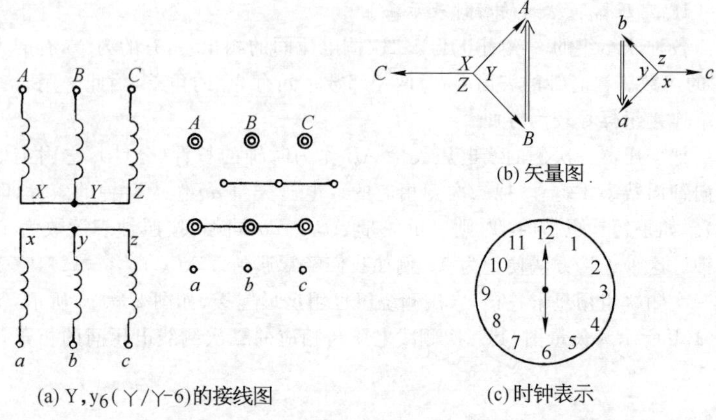


图 2-18　Y，y6(Y/Y-6)连接的变压器

如果把一次侧绕组接成星形，二次侧绕组接成三角形(图2-19a)，那么一次侧与二次侧电压矢量 $AB$ 与 $ab$ 间将有30°的相角差。从矢量图中可以看到二次侧线电压矢量 $ab$ 将较一次侧线电压矢量 $AB$ 超前30°。用时钟表示时，短针便将指向钟面数字11，这种联结组记为Y，d11(Y/△-11)。

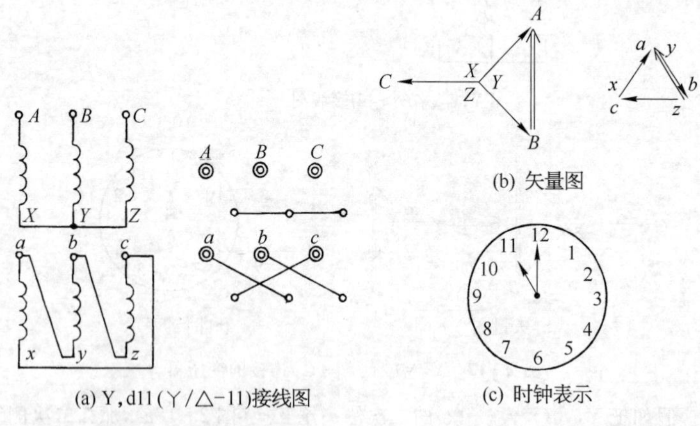


图 2-19　Y，d11(Y/△-11)连接的变压器

假如把Y，d11(Y/△-11)连接的变压器二次侧各绕组的头尾互换(图

2-20a)，这时二次侧线电压矢量 $ab$ 便相应地改变了位置，短针 $ab$ 将指向钟面数字 5，这种联结组便记为 Y，d5(Y/△-5)。

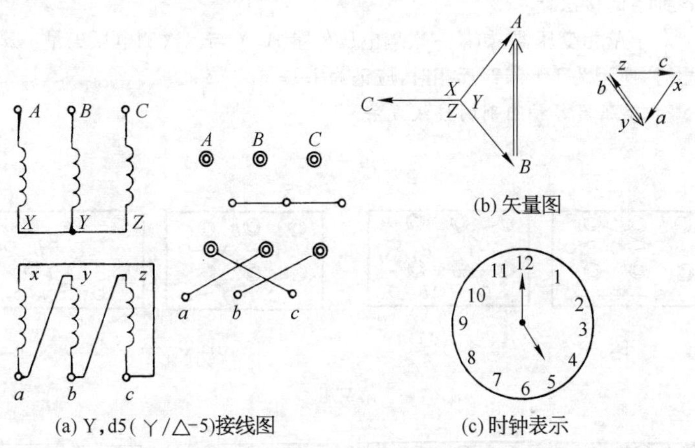


(a) Y，d5(Y/△-5)接线图　　(c) 时钟表示

**图 2-20**　Y，d5(Y/△-5)连接的变压器

又如在 Y，y0(Y/Y-12)连接组中，将二次侧绕组的端点 $a$ 改标为 $b$，$b$ 改标为 $c$，$c$ 改标为 $a$ 使用，则可得 Y，y8(Y/Y-8)联结组(图 2-21)。

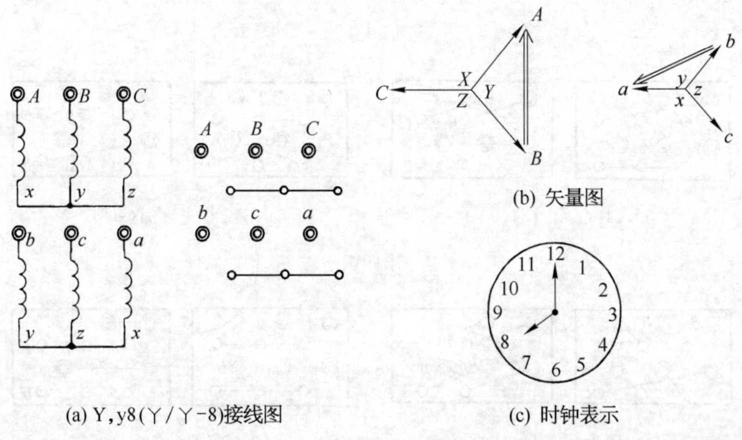


(a) Y，y8(Y/Y-8)接线图　　(c) 时钟表示

**图 2-21**　Y，y8(Y/Y-8)连接的变压器

从以上的例子中可以看出，三相变压器由于一、二次侧绕组的端点标志互换，以及它们接成三角形或星形等连接方式不同，可得到12组48种以上的各种不同接法。

对于单相变压器，如果一次侧电压矢量$A$、$X$与二次侧电压矢量$a$、$x$为同相时，应记为I/I－12，反相时，应记为I/I－6。

2. 变压器各种组别的接线方法

第一组

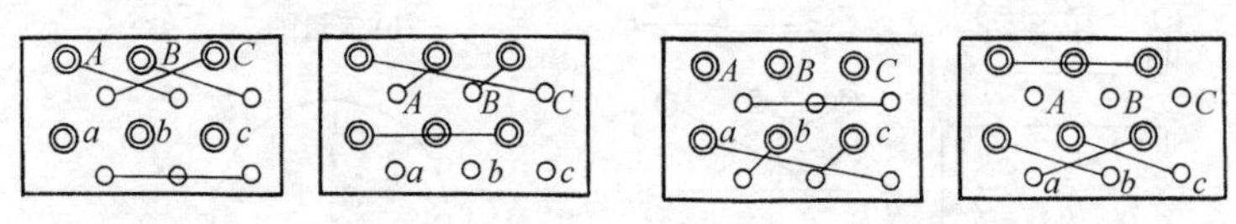


D,y1(△/Y－1)(30°)　　Y,d1(Y/△－1)(30°)

第二组

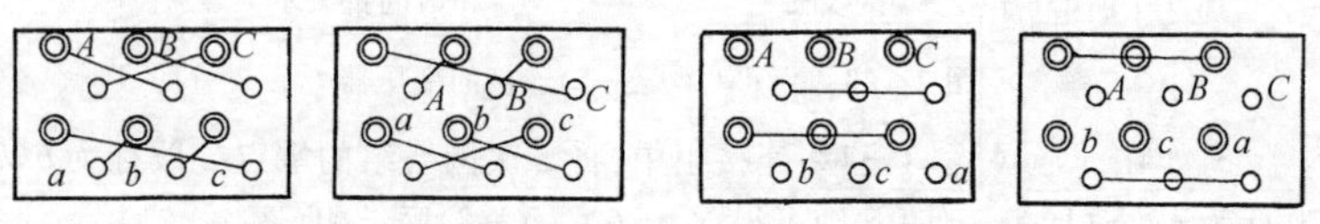


D,d2(△/△－2)(60°)　　Y,y2(Y/Y－2)(60°)

第三组

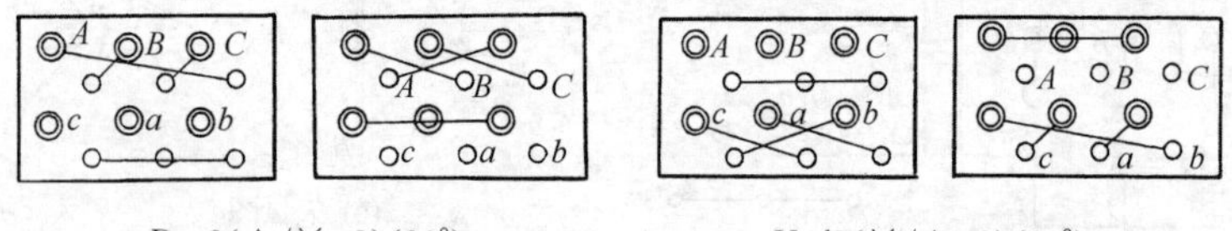


D,y3(△/Y－3)(90°)　　Y,d3(Y/△－3)(90°)

第四组

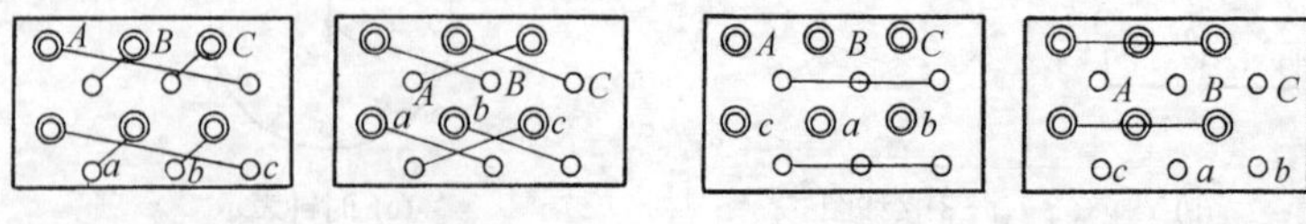


D,d4(△/△－4)(120°)　　Y,y4(Y/Y－4)(120°)

第五组

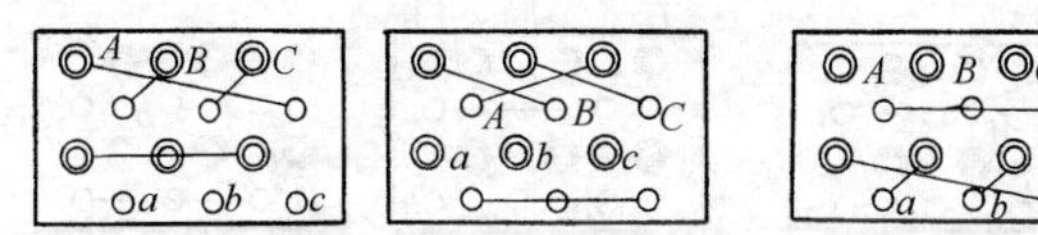

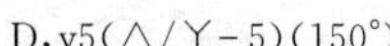

D,y5(△/Y-5)(150°)

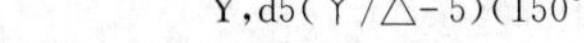

Y,d5(Y/△-5)(150°)

第六组

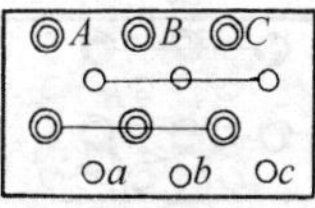
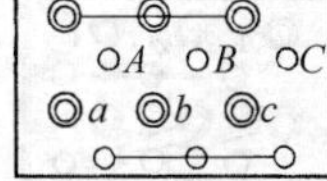
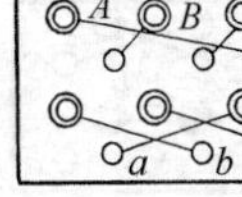
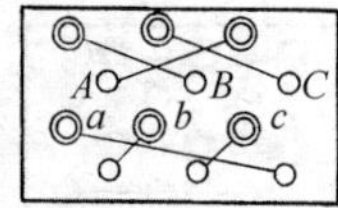

Y,y6(Y/Y-6)(180°)　　D,d6(△/△-6)(180°)

第七组

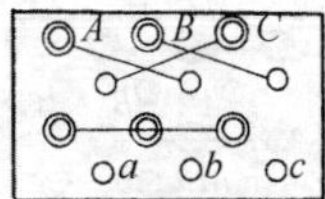
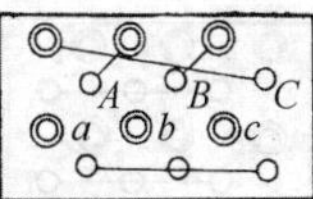
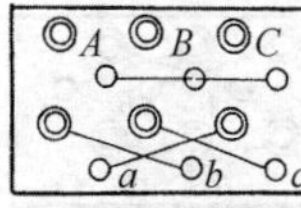
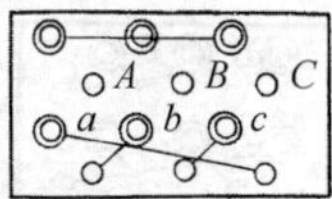

D,y7(△/Y-7)(210°)　　Y,d7(Y/△-7)(210°)

第八组

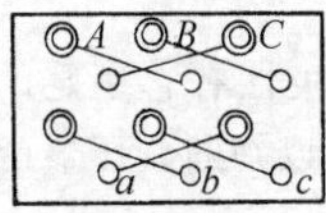
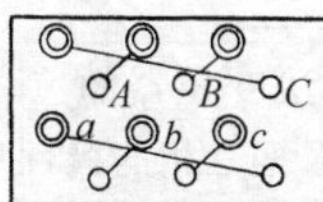
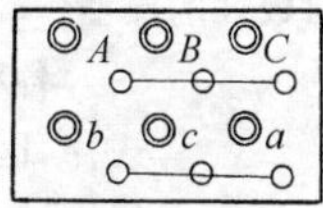
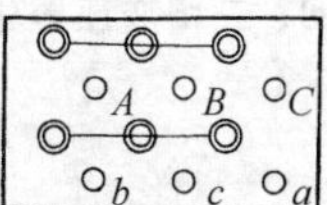

D,d8(△/△-8)(240°)　　Y,y8(Y/Y-8)(240°)

第九组

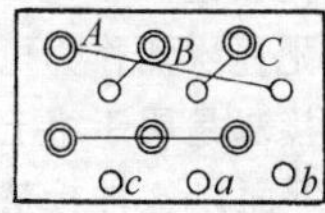
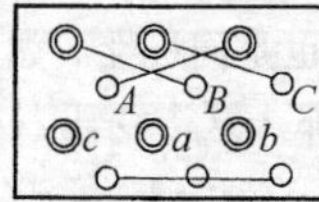
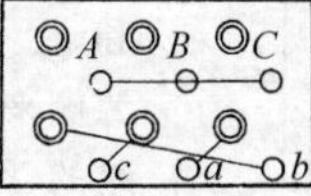
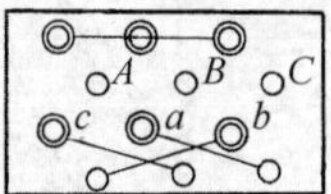

D,y9(△/Y-9)(270°)　　Y,d9(Y/△-9)(270°)

第十组

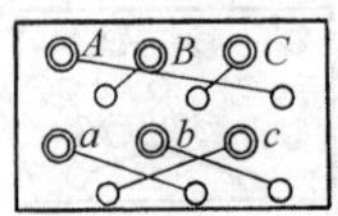


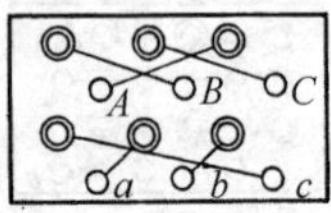


D,d10(△/△-10)(300°)

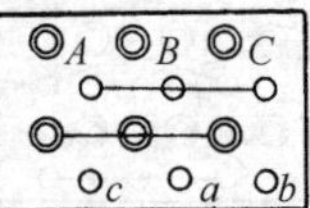


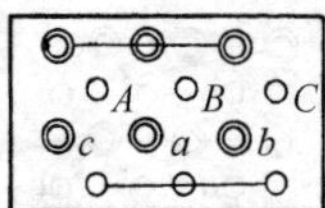


Y,y10(Y/Y-10)(300°)

第十一组

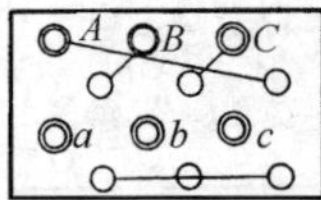


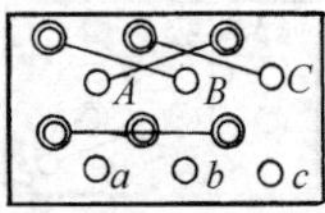


D,y11(△/Y-11)(330°)

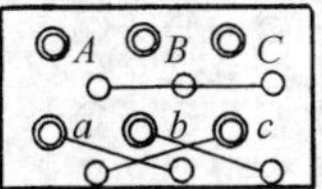


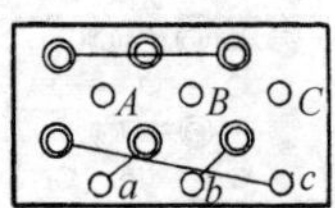


Y,d11(Y/△-11)(330°)

第十二组

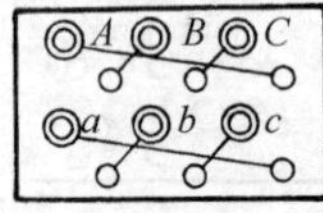


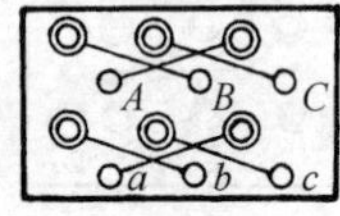


D,d0(△/△-12)(0°)

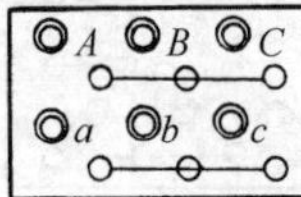


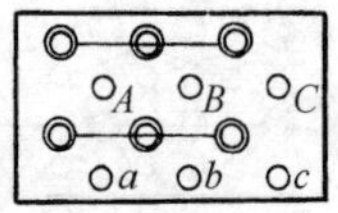


Y,y0(Y/Y-12)(0°)

## 四、三相变压器组别极性的测量

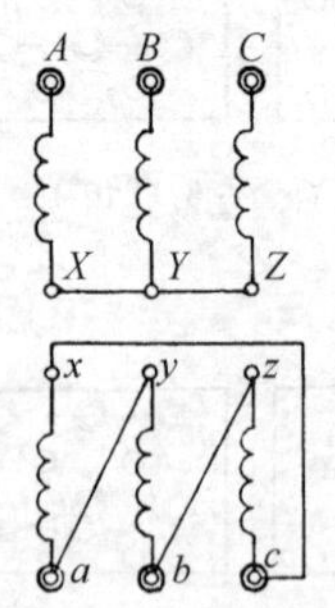


**图 2-22**　Y,d5(Y/△-5)变压器的接线图

各种接法变压器的三相极性有它一定的规律,因此根据三相的极性可以判断变压器的组别。

图 2-22 所示为一次侧接成星形,二次侧接成三角形的三相变压器接线图,在12个接线头中,*A*、*B*、*C* 和 *a*、*b*、*c* 是同极性,*X*、*Y*、*Z* 和 *x*、*y*、*z* 也是同极性。如果把一次侧作为电源侧来看,那么这个变压器的接法是属于第五组的 Y,d5(Y/△-5)接法。下面以这种接法的变压器为例,测量其三相的极性。

先在一次侧 *A*、*B* 间接上一直流电源(电池)和开关SA,$A$接电源正极,$B$接负极。再用一直流毫安表或直流毫伏表分别测量二次侧$a$、$b$、$c$三相的极性,也可用万用电表的直流毫安档或直流毫伏档来测量。直流电表一定要按照图2-23a所示的正负极性进行连接,不可接错。按规定如果电流是从表"+"流进去的,电表的指示记为"+";如果电流是从表"-"流进去的,电表的指示记为"-"。

按图2-23a所示电路接线以后,将开关SA合上,于是在一次侧绕组$AX$、$YB$中就有电流通过。在刚合上开关的瞬间,由于一、二次侧绕组的相互感应作用,二次侧绕组$xa$、$by$中也将感应出电流,电流的方向和一次侧绕组相反(即相差180°),如图中箭头所示。在$a$、$b$间的电表,它跨接在$b$组绕组上,电流的方向是$b \to y \to a \to b$,通过电表时从表"+"流进,根据规定电表的指示应记为"+",即$a$、$b$测量的结果为"+"。

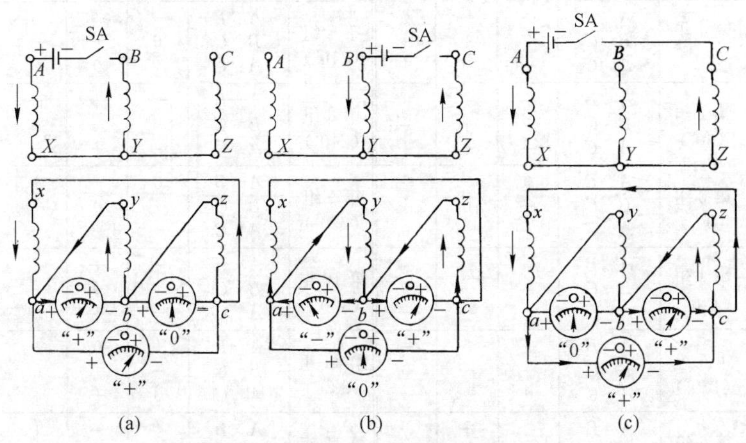


**图2-23** Y,d5(Y/△-5)变压器的极性测量接线图

接着看接在$b$、$c$间的电表。这一电流表跨接在$c$相上,由图中可以看到,$c$相绕组一次侧没有电流,二次侧当然也不会有电流流过,因而电表的指针应该不动,指示为"零",即$b$、$c$测量结果为"0"。

最后看接在$a$、$c$两点间的电表。这一电表两端跨接在$a$相绕组上,电流的方向为$x \to a \to c \to x$,电流从表"+"流进,于是电表应指示"+",即$a$、$c$测量结果为"+"。将上述结果列于表2-2中。

表 2-2 Y, d5(Y/△-5)接法变压器极性规律

| 进电 + | 进电 − | 测量(电表指示) $a^+$ $b^-$ | $b^+$ $c^-$ | $a^+$ $c^-$ |
|---|---|---|---|---|
| $A$ | $B$ | + | 0 | + |
| $B$ | $C$ | − | + | 0 |
| $A$ | $C$ | 0 | + | + |

同样,也可按图 2-23b、c 分别进行测量,并将测量结果列于表 2-2 中。

表 2-3 三相变压器组别极性的规律

| 组别及接法 | 进电(一次侧) + | − | 测量(二次侧) $a^+b^-$ | $b^+c^-$ | $a^+c^-$ | 组别及接法 | 进电(一次侧) + | − | 测量(二次侧) $a^+b^-$ | $b^+c^-$ | $a^+c^-$ |
|---|---|---|---|---|---|---|---|---|---|---|---|
| 第1组(30°) | $A$<br>$B$<br>$A$ | $B$<br>$C$<br>$C$ | +<br>0<br>+ | −<br>+<br>0 | 0<br>+<br>+ | 第7组(210°) | $A$<br>$B$<br>$A$ | $B$<br>$C$<br>$C$ | −<br>0<br>− | +<br>−<br>0 | 0<br>−<br>− |
| 第2组(60°) | $A$<br>$B$<br>$A$ | $B$<br>$C$<br>$C$ | +<br>+<br>+* | −*<br>+<br>− | −<br>+*<br>+ | 第8组(240°) | $A$<br>$B$<br>$A$ | $B$<br>$C$<br>$C$ | −<br>−<br>−* | +*<br>−<br>+ | +<br>−*<br>− |
| 第3组(90°) | $A$<br>$B$<br>$A$ | $B$<br>$C$<br>$C$ | 0<br>+<br>+ | −<br>0<br>− | −<br>+<br>0 | 第9组(270°) | $A$<br>$B$<br>$A$ | $B$<br>$C$<br>$C$ | 0<br>−<br>− | +<br>0<br>+ | +<br>−<br>0 |
| 第4组(120°) | $A$<br>$B$<br>$A$ | $B$<br>$C$<br>$C$ | −<br>+*<br>+ | −<br>−<br>−* | −*<br>+<br>− | 第10组(300°) | $A$<br>$B$<br>$A$ | $B$<br>$C$<br>$C$ | +<br>−*<br>− | +<br>+<br>+* | +*<br>−<br>+ |
| 第5组(150°) | $A$<br>$B$<br>$A$ | $B$<br>$C$<br>$C$ | −<br>+<br>0 | 0<br>−<br>− | −<br>0<br>− | 第11组(330°) | $A$<br>$B$<br>$A$ | $B$<br>$C$<br>$C$ | +<br>−<br>0 | 0<br>+<br>+ | +<br>0<br>+ |
| 第6组(180°) | $A$<br>$B$<br>$A$ | $B$<br>$C$<br>$C$ | −*<br>+<br>− | +<br>−*<br>− | −<br>−<br>−* | 第12组(360°) | $A$<br>$B$<br>$A$ | $B$<br>$C$<br>$C$ | +*<br>−<br>+ | −<br>+*<br>+ | +<br>+<br>+* |

注:有*的表示电表的偏转角较大。

表 2-2 是 Y,d11(Y/△-11)接法变压器的极性规律。实验证明无论是 Y,d11(Y/△-11)还是 D,y11(△/Y-11),凡是第十一组的变压器就符合表 2-2 的极性规律。如果事先不知道某一变压器的组别,而测得极性规律的结果正符合表 2-2,那么这一变压器的联结组别一定是 Y,d11(Y/△-11)。

用同样方法,可以找出另外十一种组别的变压器极性规律,见表 2-3。

极性测量时应注意以下几点：

(1) 应在开关 SA 合上的一瞬间观察电表的指向。为使测量正确，应重复几次进行观察。同时记下偏转的读数，若不是使用检流计，要得到明显的负指向，须将电表进行反接来观察。但这时电表的指示仍应记为"—"。

(2) 直流电源电压一般在 6 V 以下，不宜太高，通常采用干电池。

(3) 一般电表指针不动或微动作为"0"，另外当三个偏转读数都有时，如果其中一个偏转读数比其他两个数中的最大一个偏转读数的一半还小，那么这个偏转读数，亦应作为"0"。

## 2-2　电力变压器安全运行装置

### 一、变压器测量装置

电力变压器是变配电的中心设备，必须配置安全运行保护和监视装置，一旦发生故障能够尽早发现并采取措施，减小或免受损失。

1. 瓦斯继电器

瓦斯继电器是变压器的重要保护装置之一，瓦斯继电器装在变压器储油柜及油箱的联管之间，它的底部高于变压器箱盖，顶盖高于储油柜的底部。

瓦斯继电器其结构形式较多，如 FJ-22 型浮子式、FJ3-80 型挡板式。使用瓦斯继电器的目的，在于对运行中的变压器发生意外因素时，能够及时察觉并采取应急措施，避免或减少事故。

当变压器内部发生轻微故障时，产生的气体作用于瓦斯继电器，能迅速发出信号。

当变压器内部发生严重故障时，产生大量气体，造成强烈的油流作用于继电器，使保护变压器的设备立即跳闸。

当变压器漏油，而油面下降时，继电器容器油面随之下降，继电器发出信号。

2. 温度计

变压器投入运行后，由于气候、电压、负荷等变化，使变压器油温升高，直接影响变压器安全运行。为了监视运行中变压器油温的变化，在变压器顶盖上均设有温度计座，以便安装温度计。额定容量在 1 000 kV·A 以上的变压器均装信号式温度计(压力温度计)，信号式温度计应装于油箱侧壁距滚轮高度约 1.5 m。

远距离油温测定器主要部件是热敏电阻(铂铑电阻)，它装在金属盒内放置在油顶层，装在开关柜板面上的量测仪器测得电阻值，并自动报警和控制动力系统。

## 二、变压器允许运行方式

变压器的允许运行方式，是指按国家标准所规定的条件及《变压器运行规程》所规定的内容和要求而允许的运行方式，如额定运行方式、允许过负荷、机械冷却的变压器的允许运行方式、允许的短路电流和不平衡电流等。在这些条件和要求下，可保证变压器的正常运行，并具有正常的使用寿命。

1. 额定运行方式

变压器在规定的冷却条件下可按铭牌上所规定的有关技术数据运行，如油温限值、变压器冷却介质的额定条件等。

对于空气冷却的变压器，其环境温度(周围气温自然变化值)：最高气温为40℃，最高日平均气温为30℃，最高年平均气温为20℃，最低气温为−40℃。

对于水冷变压器，其冷却水温度(自然变化值)：最高冷却水温度为30℃，平均水温为25℃。

在额定条件下，变压器各部分高于冷却介质温度不得超过下表数值。

表 2-4 变压器各部分的允许温升

<table>
<tr><th colspan="2">变压器的部分</th><th>温升限值(℃)</th><th>测量方法</th></tr>
<tr><td rowspan="3">线<br>圈</td><td>自然油循环</td><td rowspan="2">65</td><td rowspan="3">电阻法</td></tr>
<tr><td>强迫油循环</td></tr>
<tr><td>油导向强油循环</td><td>70</td></tr>
<tr><td colspan="2">铁心及变压器油接触(非导电部分)结构件</td><td>80</td><td>温度计法</td></tr>
<tr><td colspan="2">油顶层</td><td>55</td><td>温度计法</td></tr>
</table>

当环境气温为最高气温(40℃)时，变压器的顶层油温为95℃，为防止变压器油劣化过速，顶层油温不宜经常超过85℃。

2. 允许的电压变动

变压器在运行中，由于昼夜负荷的变化，电网电压有一定变动，因而变压器外加一次侧电压也有一定变动。当加于变压器的一次侧电压等于或低于变压器一次侧高压线圈的额定电压时，不会发生任何影响。若大于额定电压时，则不应超过允许数值。因此，国家标准和运行规程中都规定在额定容量下，电压最大值不超过相应分接电压的5%时可连续运行。

3. 允许的过负荷

变压器的额定容量是指在使用期限内所能不断输出的容量。但变压器在实际运行中，由于负荷是经常变化的，最大最小负荷相差较大，会经常过负荷运行。为使过负荷运行不至于减少变压器的正常使用寿命，和在事故负荷时不至于发生危险，就必须了解变压器的负荷能力问题。

变压器的负荷能力是指变压器在某一相当短的时间内，在不损害其正常使用和增加绝缘自然损坏情况下所能输出的最大容量，过负荷的倍数和过负荷下运行的时间均应保持在一定限度之内。

如果变压器的昼夜运行负荷率小于1，则在高峰负荷期间变压器的允许过负荷倍数和允许持续时间其曲线如图2-24所示。

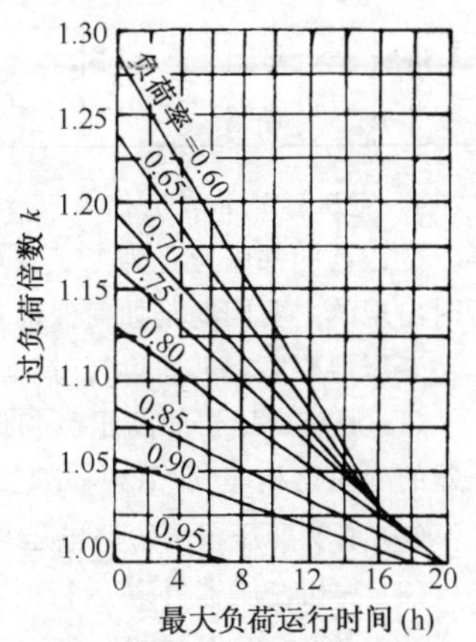


**图2-24**　变压器在负荷率低于1时允许的过负荷曲线

如果事先不知道负荷率，按《变压器运行规程》规定可从表2-5确定过负荷时间。

表2-5　过负荷前上层油不同温升时的允许过负荷和过负荷持续时间

| 过负荷倍数 | 过负荷前上层油的温升为下列数值时的允许过负荷持续时间 | | | | | | |
|---|---|---|---|---|---|---|---|
| | 18℃ | 24℃ | 30℃ | 35℃ | 42℃ | 43℃ | 51℃ |
| 1.0 | 连续运行 | | | | | | |
| 1.05 | 5 h 50 min | 5 h 25 min | 4 h 50 min | 4 h | 3 h | 1 h | — |
| 1.10 | 3 h 50 min | 3 h 25 min | 2 h 50 min | 2 h 10 min | 1 h 25 min | 10 min | — |
| 1.15 | 2 h 50 min | 2 h 25 min | 1 h 50 min | 1 h 20 min | 35 min | — | — |
| 1.20 | 2 h 05 min | 1 h 40 min | 1 h 15 min | 45 min | — | — | — |
| 1.25 | 1 h 35 min | 1 h 15 min | 30 min | 25 min | — | — | — |
| 1.30 | 1 h 10 min | 50 min | 20 min | — | — | — | — |
| 1.35 | 55 min | 35 min | 15 min | — | — | — | — |
| 1.40 | 40 min | 25 min | — | — | — | — | — |

（续表）

| 过负荷倍数 | 过负荷前上层油的温升为下列数值时的允许过负荷持续时间 | | | | | | |
|---|---|---|---|---|---|---|---|
| | 18℃ | 24℃ | 30℃ | 35℃ | 42℃ | 43℃ | 51℃ |
| | 连续运行 | | | | | | |
| 1.45 | 25 min | 10 min | — | — | — | — | — |
| 1.50 | 15 min | — | — | — | — | — | — |

4. 变压器的并联运行

变压器的并联运行为工矿企业提供了许多方便和经济效益，但并联运行时出现的主要问题是如何保证负荷在并联后的变压器之间的均衡分配。

变压器要实现并联运行时，必须符合下列条件：

(1) 所有变压器的高压侧和低压侧电压必须相等，实际上就是要求变压器的变压比相等，即 $K_1 = K_2 = \cdots = K_n$；

(2) 所有变压器的短路电压相等，即 $U_{d1} = U_{d2} = \cdots = U_{dn}$；

(3) 三相变压器并联运行时，它们的线圈组联结组标号必须相同，如 Y，yn0（Y/$\text{Y}_0$ - 12）或 Y，d11（Y/△ - 11）等，变压器并联运行连接如图 2 - 25 所示。

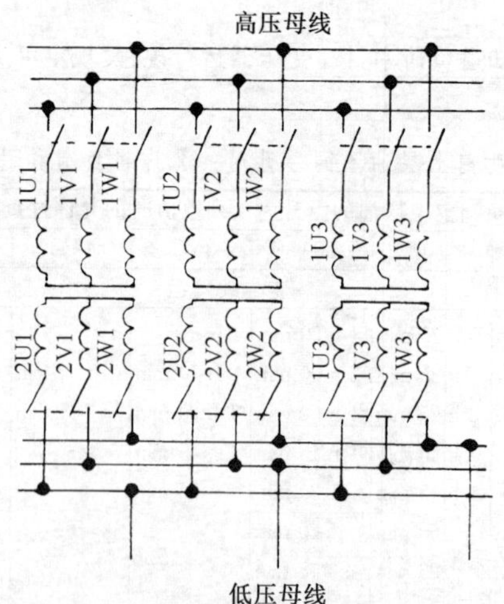


图 2 - 25 变压器并联运行连接图

## 三、部分电力变压器的技术数据

**图 2-26** DG-系列单相干式变压器外形结构

表 2-6 DG-系列单相干式变压器技术数据

| 型号 | 变压器容量(kV·A) | 额定电压(V) 初级 | 额定电压(V) 次级 | 空载损耗(W) | 负载损耗(W) | 空载电流(%) | 阻抗电压(%) | 联结组标号 | 外形尺寸 $L\times b\times h$ (mm×mm×mm) | 重量(约 kg) |
|---|---|---|---|---|---|---|---|---|---|---|
| Dg-5 | 5 | | | 60 | 190 | 12 | | | 330×240×390 | 60 |
| Dg-8 | 8 | | | 80 | 250 | | | | 360×280×410 | 70 |
| Dg-10 | 10 | | | 100 | 280 | 10 | | | 380×280×455 | 80 |
| Dg-12.5 | 12.5 | | | 100 | 350 | | | | 430×280×450 | 95 |
| Dg-16 | 16 | 650 | 380 | 130 | 430 | | | | 430×300×530 | 105 |
| Dg-20 | 20 | 400 | 220 | 160 | 450 | | | | 450×300×530 | 140 |
| Dg-25 | 25 | | | 200 | 500 | | 3.5 | I, I0 | 470×330×530 | 160 |
| Dg-30 | 30 | 380 | 110 | 230 | 600 | 8 | | | 480×340×570 | 180 |
| Dg-40 | 40 | 220 | 36 | 300 | 750 | | | | 530×380×660 | 230 |
| Dg-50 | 50 | | | 320 | 950 | | | | 560×380×680 | 290 |
| Dg-63 | 63 | | | 380 | 1 000 | | | | 560×420×680 | 320 |
| Dg-80 | 80 | | | 460 | 1 200 | 6 | | | 620×500×720 | 400 |
| Dg-100 | 100 | | | 550 | 1 500 | | | | 680×500×780 | 540 |

**图 2-27** S-系列三相油浸变压器外形结构

表 2-7 S-系列三相油浸变压器技术数据

| 规格容量(kV·A) | 额定电压(V) | | 联结组 | 阻抗电压(%) | 主要性能 | | | 油箱尺寸(mm) | | |
|---|---|---|---|---|---|---|---|---|---|---|
| | 输入 | 输出 | | | $P_o$ kW | $P_k$ kW | $I_o$ (%) | 长 | 宽 | 高 |
| 50 | 10 000±5% 或 ±2×2.5% | 400 或 3 300 | Yyn-12 Yd11 | 4 | 0.2 | 1.3 | 2.4 | 920 | 740 | 950 |
| 100 | | | | | 0.3 | 2.2 | 2.1 | 1 050 | 800 | 1 050 |
| 200 | | | | | 0.5 | 3.5 | 1.8 | 1 210 | 1 000 | 1 100 |
| 300 | | | | | 0.7 | 4.9 | 1.6 | 1 210 | 1 050 | 1 300 |
| 400 | | | | | 0.82 | 6.0 | 1.5 | 1 250 | 1 150 | 1 400 |
| 500 | | | | | 0.98 | 7.0 | 1.4 | 1 450 | 1 200 | 1 680 |
| 630 | | | Yyn12 Dyn11 | 4.5 | 1.20 | 8.2 | 1.3 | 1 450 | 1 200 | 1 680 |
| 1 000 | | | | | 1.70 | 12.0 | 1.1 | 1 560 | 1 400 | 1 700 |
| 1 500 | | | | | 2.30 | 16.5 | 1.0 | 1 600 | 1 400 | 1 800 |
| 1 600 | | | | | 2.40 | 17.0 | 0.9 | 1 750 | 1 450 | 1 900 |

上列表中大写 Y 和 D 表示一次侧绕组星形和三角形连接，小写 y 和 d 表示二次侧绕组星形和三角形连接，n 表示有中线连接。

# 2-3 小型单相变压器

## 一、小型单相变压器的设计

低频范围工作的灯丝变压器、电源变压器、控制用变压器及行灯变压器等小型单相变压器的设计，常用的有计算法和图算法两种，现分别介绍如下：

1. 计算法

小型单相变压器的计算大致有 6 个内容：求变压器的输出总视在功率 $P_s$；输入视在功率 $P_{s1}$ 及输入电流 $I_1$；确定铁心截面积 $S$ 及选用铁片尺寸；计算每个绕组的匝数 $W$；计算每个绕组的导线直径 $d$ 和选择导线；计算绕组总尺寸，核算铁心窗口面积是否合适。

1）根据用电的实际需要求出变压器的输出总视在功率 $P_s$　若二次侧为多绕组时，则输出总视在功率为二次侧各绕组输出视在功率的总和，

$$P_s = U_2 I_2 + U_3 I_3 + \cdots + U_n I_n \text{(W)}$$

式中　$U_2, U_3, \cdots, U_n$——二次侧各绕组电压有效值(V)；

$I_2, I_3, \cdots, I_n$——二次侧各绕组电流有效值(A)。

2）输入视在功率 $P_{s1}$ 及输入电流 $I_1$ 的计算　变压器负载时，由于绕组电阻发热损耗和铁心损耗，输入功率中有一部分被损耗掉，因此变压器输入功率与输出功率之间的关系是：

$$P_{s1} = P_s / \eta \text{(W)}$$

式中　$\eta$——变压器的效率。$\eta$ 总是小于 1，对于功率为 1 kW 以下的变压器

$$\eta = 0.8 \sim 0.9。$$

知道变压器输入视在功率 $P_{s1}$ 后，就可以求出输入电流 $I_1$

$$I_1 = \frac{P_{s1}}{U_1} \times (1.1 \sim 1.2)\ \text{(A)}$$

式中　$U_1$——一次侧的电压有效值(V)，一般就是外加电源电压；

1.1～1.2——考虑到变压器空载励磁电流大小的经验系数。

3）确定铁心截面积　$S$ 小型单相变压器常用的 E 型铁心尺寸如图 2-28所示。它的中柱截面 $S$ 的大小与变压器总输出视在功率有关，即

$$S = K_0 \sqrt{P_s}\ (\text{cm}^2)$$

式中 $P_s$——变压器总输出功率(W)；

$K_0$——经验系数，其大小与 $P_s$ 的关系可参考表2-8来选用。

表2-8 系数 $K_0$ 参考值

| $P_s$(W) | 0～10 | 10～50 | 50～500 | 500～1 000 | 1 000以上 |
|---|---|---|---|---|---|
| $K_0$ | 2 | 2～1.75 | 1.5～1.4 | 1.4～1.2 | 1 |

根据计算所得的 $S$ 值，还要结合实际情况来确定铁心尺寸 $a$ 与 $b$ 的大小，由图2-28得

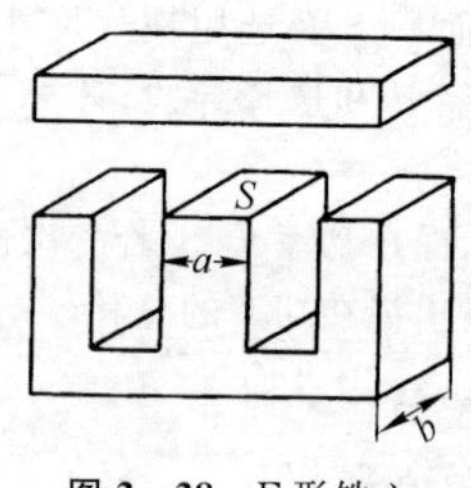

图2-28 E形铁心

$$S = a \cdot b(\mathrm{cm}^2)$$

式中 $a$——铁心中柱宽(cm)；

$b$——铁心净叠厚(cm)。

又由于铁心系用涂绝缘漆的硅钢片叠成，考虑到漆膜与钢片间隙的厚度，因此实际的铁心厚度 $b'$ 应将 $b$ 除以0.9使其为更大些，即 $b' \approx 1.1b$ cm。

表2-9列出目前通用的小型硅钢片规格，其中各尺寸符号如图2-29所示。

表2-9 不同型号E型铁心片的尺寸(mm)

| 型 号 | $a$ | $c$ | $L$ | $H$ | $h$ | $E$ | $F$ | 每1 000片质量(kg) |
|---|---|---|---|---|---|---|---|---|
| GE 10 | 10 | 6.5 | 36 | 24.5 | 18 | 6.5 | 6.5 | 2.338 |
| 12 | 12 | 8 | 44 | 30 | 22 | 8 | 8 | 3.489 |
| 14 | 14 | 9 | 50 | 34 | 25 | 9 | 9 | 4.49 |
| 16 | 16 | 10 | 56 | 38 | 28 | 10 | 10 | 5.63 |
| GEC 19 | 19 | 12 | 67 | 45.5 | 33.5 | 12 | 12 | 8.16 |
| GEB 19 | | | | | | | | 7.96 |
| GEC 22 | 22 | 14 | 78 | 53 | 39 | 14 | 14 | 10.94 |
| GEB 22 | | | | | | | | 10.73 |

（续表）

| 型　号 | $a$ | $c$ | $L$ | $H$ | $h$ | $E$ | $F$ | 每1 000片质量(kg) |
|---|---|---|---|---|---|---|---|---|
| GEC 26 | 26 | 17 | 94 | 64 | 47 | 17 | 17 | 15.93 |
| GEB 26 | | | | | | | | 15.52 |
| GEC 30 | 30 | 19 | 106 | 72 | 53 | 19 | 19 | 20.01 |
| GEB 30 | | | | | | | | 19.67 |
| GEC 35 | 35 | 22 | 123 | 83.5 | 61.5 | 22 | 22 | 27.15 |
| GEB 35 | | | | | | | | 26.8 |
| GEC 40 | 40 | 26 | 144 | 98 | 72 | 26 | 26 | 37.3 |
| GEB 40 | | | | | | | | 36.95 |

注：铁心片厚 0.35 mm。

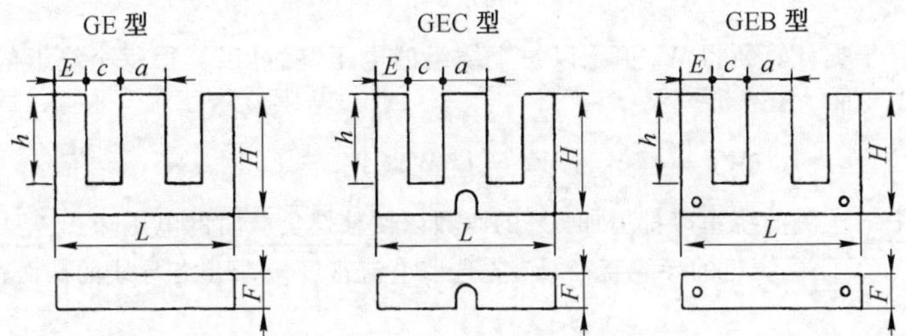


**图 2－29**　E 型铁心片的型号和尺寸

4）计算每个绕组的匝数　绕组感应电动势有效值

$$E = 4.44 f W B_m S \times 10^{-4}\,(\text{V})$$

设 $W_0$ 表示变压器每感应 1 V 电动势所需绕的匝数，即

$$W_0 = \frac{W}{E} = \frac{10^4}{4.44 f B_m S}(\text{匝}/\text{V})$$

式中　$B_m$——磁感应强度(T)。

不同的硅钢片，所允许的 $B_m$ 值也不同：

冷轧硅钢片 D310 取 1.2～1.4 T；

热轧硅钢片D41、D42 取 1～1.2 T，

D43 取 1.1～1.2 T；

对于 XED、XCD、BOD 晶粒取向冷轧硅钢带，$B_m$ 值可取 1.6～1.8 T。

一般电机用热轧硅钢片 D21～D22 取 0.5～0.7 T。

如果不知道硅钢片的牌号，按经验可以将硅钢片扭一扭，如硅钢片薄而脆的则磁性能较好(俗称高硅)，$B_m$ 可取得大些；若硅钢片厚而软的，则磁性能较差(俗称低硅)，$B_m$ 可取得小些。一般 $B_m$ 可取在 0.7～1 T 之间。

一般说来，$B_m$ 值取低限，将使匝数增加，用铜量增加，费用增加，但也带来空载损耗小，铁心损耗小、绕组发热小、绝缘不易老化等好处。另外，如果在取铁心截面时，取得稍大些时，用铁量增加，则会使绕组匝数减少，用铜量减少，即用铁量与用铜量成反比关系。

由于一般工频 $f=50$ Hz，于是上式可以改为

$$W_0=\frac{45}{B_m S}(\text{匝}/\text{V})$$

根据计算所得 $W_0$ 值乘以每个绕组的电压，就可以算得每个绕组的匝数 $W$，即

$$W_1=U_1W_0；W_2=U_2W_0；W_3=U_3W_0；\cdots$$

其中二次侧的绕组应都增加 5%的匝数以便补偿负载时的电压降。

5) 计算绕组的导线直径 $d$　先选取电流密度 $j$，求出各导线的截面积

$$S_t=\frac{I}{j}(\text{mm}^2)$$

然后查表 14－8 选得相近截面积时导线的线径 $d$，再由表 14－73 查得 Q 型漆包线带漆膜后的线径 $d'$。

上式中电流密度一般选用 $j=2\sim3$ A/mm$^2$，变压器短时工作时可以取 $j=4\sim5$ A/mm$^2$。如果取 $j=2.5$ A/mm$^2$ 时，则

$$d=0.715\sqrt{I}(\text{mm})$$

6) 核算　可分以下几种情况

(a) 对应与铁心配套的塑形模压骨架(通常由酚醛或尼龙等材料模压而成)，其外形如图 2－30 所示。王字形骨架便于高低压绕组可分隔开来绕制。

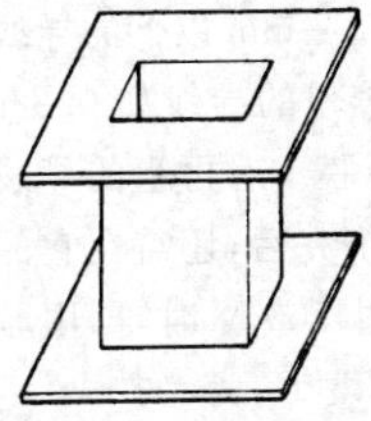
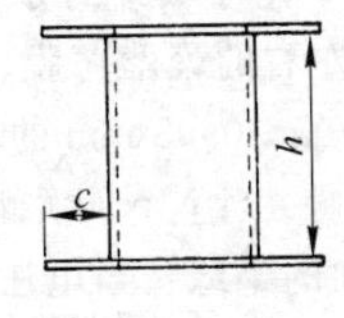

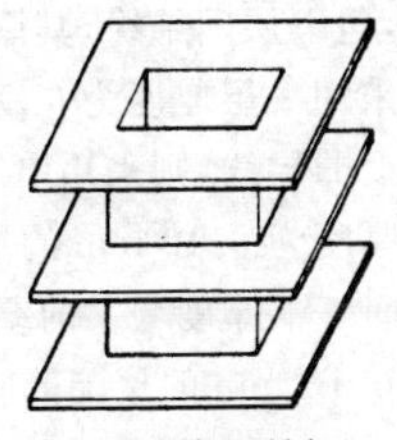

(a) 工字形骨架　(b) 王字形骨架

图 2－30　塑形模压骨架

根据选定的窗高 $h$ 计算绕组每层可绕的匝数 $n_i$。

$$n_i = \frac{h-(2\sim 4\ \mathrm{mm})}{d'}$$

式中　$d'$——包括绝缘厚的导线外径(mm)。

(b) 对于自制的无边框框架

$$n_i = \frac{0.9[h-(2\sim 4\ \mathrm{mm})]}{d'}$$

式中　$h$——铁心窗口高度；

0.9——考虑绕组框架两端各空出 5%地位不绕线；

2～4 mm——考虑到匝间绕得不够紧密的尺寸裕量。

于是每组绕组需绕的层数 $m_i$ 为

$$m_i = \frac{W}{n_i}(\text{层})$$

根据已知绕组的匝数、线径、绝缘厚度等来核算变压器绕组所占铁心窗口的面积，它应小于框架实际窗口(图 2－30 所示面积 $C\cdot h$)，或铁心实际窗口(图 2－31 所示面积 $C\cdot h$)，否则绕组有放不下的可能。

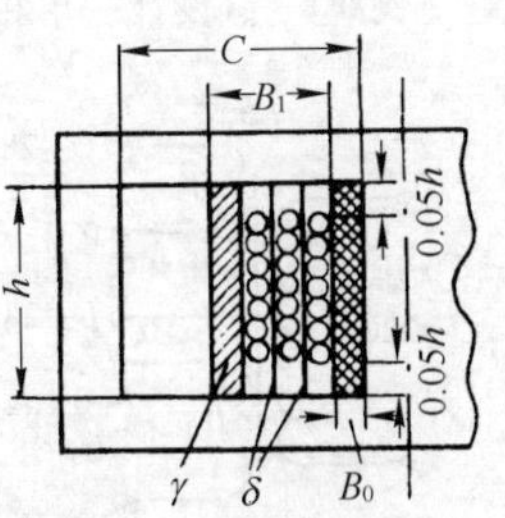


图 2－31　变压器绕组层间绝缘方法

图 2－31 表示变压器一次侧绕组的绕制情况。变压器铁心中柱外面套上由青壳纸或弹性纸做成的框架，包上二层 0.1 mm 的聚酯薄膜，厚度为 $B_0$。在框架外面每绕一层绕组

后，包上层间绝缘，其厚度为$\delta$。对于较细的导线，如0.2 mm以下的导线一般采用一层厚度为0.05 mm左右的聚酯薄膜；对于较粗的导线如0.2 mm以上的导线，则采用厚度为0.05～0.08 mm的聚酯薄膜。对再粗的导线可用厚度为0.10 mm的聚酯薄膜。当整个一次侧绕组绕完后，还需在它的最外面裹上厚度为$\gamma$的绕组之间的绝缘。当电压不超过500 V时，可用厚度为0.10 mm的聚酯薄膜2～3层。因此一次侧绕组厚度$B_1$为

$$B_1 = m_1(d' + \delta) + \gamma(\text{mm})$$

式中 $d'$——绝缘导线的外径(mm)；

$\delta$——绕组层间绝缘的厚度(mm)；

$\gamma$——绕组间绝缘的厚度(mm)。

同样可求出套在一次侧绕组外面的各个二次侧绕组厚度$B_2$、$B_3$、$B_4$…所有绕组的总厚度$B$为

$$B = (B_0 + B_1 + B_2 + B_3 + \cdots) \times (1.1 \sim 1.2)\ (\text{mm})$$

式中 $B_0$——绕组框架的厚度(mm)；

1.1～1.2——尺寸裕量。

显然，如果计算得到的绕组厚度$B$小于铁心窗口宽度$C$的话，这个设计是可行的。在设计时，经常遇到$B>C$的情况。这时有两种办法，一是加大铁心叠厚，使绕组匝数减少。一般叠厚$b=(1\sim2)a$比较合适，但不能任意加厚。另一种办法就是重选硅钢片的尺寸，按原法计算和核算直到合适为止。

目前在某些产品中也有省略层间绝缘的情况。

**[例1]** 试设计一单相电源变压器，规格要求如图2-32所示。

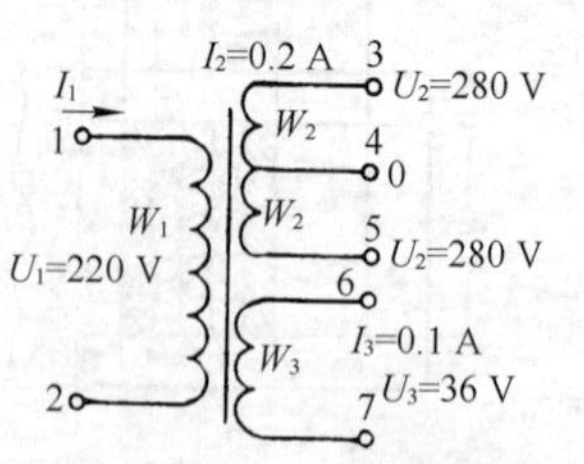


**图2-32** 变压器电路图

**解** (1) 计算$P_s$：图中$W_2$绕组供全波整流用，且用$\pi$型滤波器，因此实际输出功率应为绕组视在功率的0.7～0.8，通常取$k_B=0.77$，即

$$P_{s2} = k_B(2U_2I_2) = 0.77 \times 560 \times 0.2 = 86.2\ \text{W}$$

$$P_{s3} = U_3I_3 = 36 \times 0.1 = 3.6\ \text{W}$$

$$P_s = P_{s2} + P_{s3} \approx 90 \text{ W}$$

(2) 求 $P_{s1}$ 和 $I_1$：取效率 $\eta = 0.9$，

$$P_{s1} = \frac{P_s}{\eta} = \frac{90}{0.9} = 100 \text{ W}$$

$$I_1 = 1.1\frac{P_{s1}}{U_1} = 1.1 \times \frac{100}{220} = 0.5 \text{ A}$$

(3) 铁心截面 $S$：

$$S = K_0\sqrt{P_s} = 1.4 \times \sqrt{90} = 1.4 \times 9.5 = 13.3 \text{ cm}^2$$

式中 $K_0$ 按表 2-8 中取为 1.4。

选用 $a = 30$ mm 的硅钢片（表 2-9），则可算得铁心叠片厚 $b' = 1.1\frac{S}{a} = 1.1 \times 44.3 = 48.8$，取 $b' = 50$。

校验 $\frac{b'}{a} = \frac{50}{30} = 1.67$ 这个比值在 1～2 之间，所以是合适的。

(4) 每个绕组应绕的匝数：因为

$$W_0 = \frac{45}{B_m S} = \frac{45}{0.96 \times 13.3} \approx 3.5 \text{ 匝 /V}$$

式中 取 $B_m = 0.96 \text{ T} = 9\,600 \text{ Gs}$

$$W_1 = U_1 \cdot W_0 = 220 \times 3.5 = 770 \text{ 匝}$$

$$W_2 = 1.05U_2 \cdot W_0 = 1.05 \times 280 \times 3.5 \approx 1\,030 \text{ 匝}$$

$$W_3 = 1.05U_3 \cdot W_0 = 1.05 \times 36 \times 3.5 = 132 \text{ 匝}$$

式中 1.05 是考虑增加 5%匝数补偿负载压降。

(5) 导线直径计算：选取电流密度 $j = 3.0 \text{ A/mm}^2$，求出各绕组所用导线截面积。

$W_1$ 绕组： $S_{t1} = \frac{I_1}{j} = \frac{0.5}{3.0} = 0.167 \text{ mm}^2$

查表 14-8 选得相近截面积时导线的线径 $d_1 = 0.47$ mm，再由表 14-73查得 Q 型漆包线带漆膜后线径 $d_1' = 0.51$ mm。

$W_2$ 绕组：　　$S_{t2} = \frac{I_2}{j} = \frac{0.2}{3.0} = 0.067\ \text{mm}^2$

查表 14-8 选得相应截面的导线的直径 $d_2=0.29$ mm，再由表 14-73 查得 Q 型漆包线包括漆膜后外径 $d_2'=0.33$ mm。

$W_3$ 绕组：　　$S_{t3} = \frac{I_3}{j} = \frac{0.1}{3.0} = 0.033\ 3\ \text{mm}^2$

查表 14-8 选得相应导线截面的线径 $d_3=0.21$ mm，再由表 14-73 查得 Q 型漆包线包括漆膜的外径 $d_3'=0.24$ mm。

复核电流密度

$$j_3 = \frac{I_3}{S_{t3}} = \frac{0.1}{0.034\ 7} = 2.88\ \text{A/mm}^2$$

(6) 根据绕组尺寸核算窗口面积：由图 2-33 可知，已知铁心窗高 $h=53$ mm，可求得各绕组每层绕制匝数。

$$n_1 = \frac{0.9[h-(2\sim4)]}{d_1'} = \frac{0.9(53-3)}{0.52} = 87\ 匝$$

$$n_2 = \frac{0.9(53-3)}{0.33} = 136\ 匝$$

$$n_3 = \frac{0.9\times50}{0.24} = 188\ 匝$$

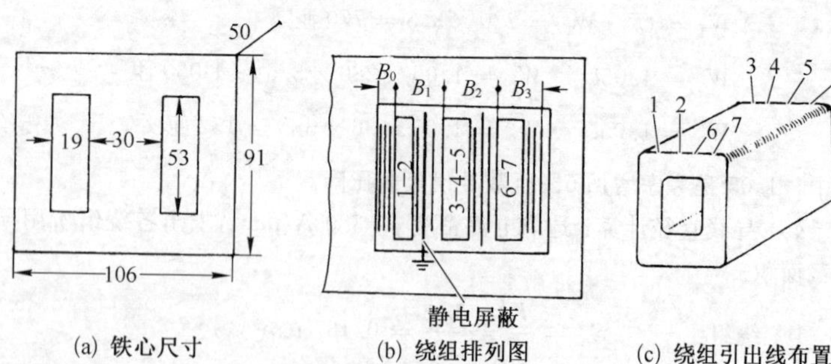


(a) 铁心尺寸　　(b) 绕组排列图　　(c) 绕组引出线布置

**图 2-33**　变压器绕组排列

各绕组所绕的层数如下：

$$m_1=\frac{W_1}{n_1}=\frac{770}{87}=8.86\approx 9\text{层}$$

$$m_2=\frac{2W_2}{n_2}=\frac{1\,030\times 2}{136}=15.14\approx 16\text{层}$$

$$m_3=\frac{W_3}{n_3}=\frac{132}{188}=0.70\approx 1\text{层}$$

各绕组排布如图 2-33b 所示，其中绝缘衬垫选用如下：

绕组框架用 1 mm 厚弹性纸，外包对地(铁心)绝缘：用 3 层 0.10 mm 的聚酯薄膜，其厚度为

$$3\times 0.10=0.30\ \text{mm}\quad B_0=1+3\times 0.10=1.30\ \text{mm}$$

绕组间绝缘：与对地(铁心)绝缘相同，$\gamma=0.30$ mm。

绕组层间绝缘：一次侧绕组较细，用厚度为 0.05 mm 的聚酯薄膜 1 层

$$\delta_1=0.05\ \text{mm}$$

二次侧绕组较粗，用厚度为 0.10 mm 的聚酯薄膜 1 层

$$\delta_2=\delta_3=0.10\ \text{mm}$$

因此，总的厚度 $B$ 可由下式求得：

$$\begin{aligned}B&=(B_0+B_1+B_2+B_3)\times(1.1\sim 1.2)\\&=\{B_0+[m_1(d_1'+\delta_1)+\gamma]+[m_2(d_2'+\delta_2)+\gamma]\\&\quad+[m_3(d_3'+\delta_3)+\gamma]\}\times 1.1\\&=\{1.30+9(0.52+0.05)+0.30+16(0.33+0.10)\\&\quad+0.30+(0.24+0.10)+0.30\}\times 1.1\\&=16.48\ \text{mm}\end{aligned}$$

此绕组厚度小于窗宽 19 mm，此方案可行。绕组的引出线布置如图 2-33c 所示。其中 8 为静电屏蔽层引线。

2. 图算法

图算法是常用的简化方法，它可以代替繁复的计算。对于50 Hz、1 kV·A以下的小型变压器比较适用。

在图 2-34 中，$P_s$ 表示变压器的容量(W)；$S$ 表示铁心截面($\text{cm}^2$)；

$W/U$ 表示每伏所需要绕的匝数(匝/V);$B$ 表示磁通密度(T)。这 4 根标尺中,$P_s$ 和 $S$ 在同一根直线上。如果已知变压器的输出容量 $P_s$,则在 $S$ 标尺上即能得出所需的铁心净截面积为多少 $cm^2$;根据所选择的钢片质量高低,确定磁通密度 $B$ 的数值(一般 $B$ 选在 0.8～1.0 T 左右),将所确定的 $S$ 点和 $B$ 点连成一直线,便得与 $W/U$ 标尺的交点,此交点便是该变压器每伏所需要绕的匝数 $W/U$(匝/V)。

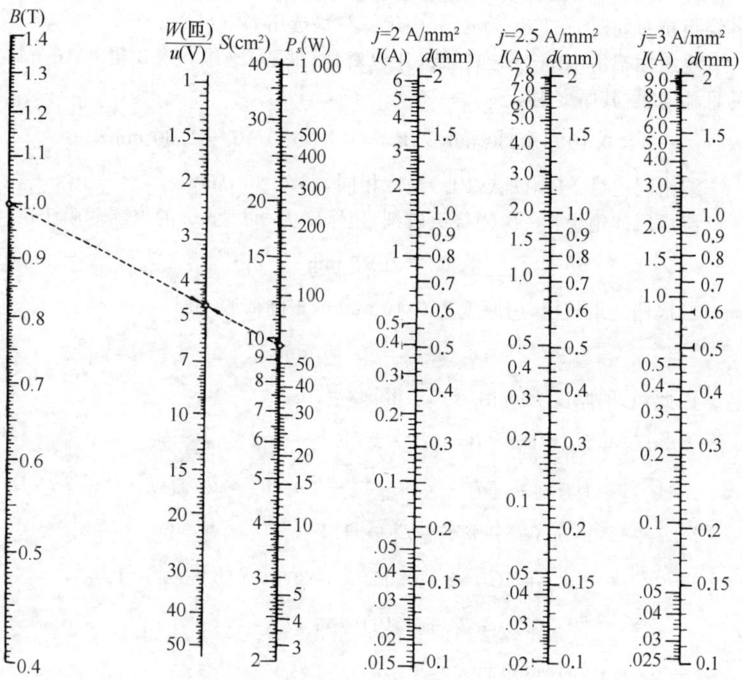


图 2－34　1 kW 以下小型变压器图算法

注：图 2－34 的关系近似地符合下列公式：

(1) $S=1.25\sqrt{P_s}$;　　(2) $\dfrac{W}{U}=\dfrac{36}{B\sqrt{P_s}}$;

(3) $P_s=I\cdot U$;　　(4) $d=1.13\sqrt{\dfrac{I}{j}}$。

图 2-34 中右侧的另外 3 根标尺表示在确定的电流下，取不同电流密度 $j$ 时所需的导线直径的大小。使用在精密仪表和仪器设备装置中，取 $j=2\ A/mm^2$；使用在一般仪器设备中，取 $j=2.5\ A/mm^2$；在其他设备中，取 $j=3\ A/mm^2$。使用时注意：

(1) 变压器容量是由二次侧绕组的电压与电流的乘积来决定的。当有 1 个以上的二次侧绕组时，它的输出总容量是全部二次侧绕组输出容量之和。

(2) 对于小变压器来说，由于电阻压降较大，所以一般用增加二次侧绕组匝数来补偿(增加二次侧绕组匝数 5%～10%)，若要求得精确一些，必须先计算绕组的电阻 $R$，然后计算补偿满载时电阻压降 $IR$ 所需要的匝数，即补偿匝数 $W = IR/W_0$。

**[例 2]** 若已知变压器容量 $P_s = 40$ W，磁通密度 $B_m = 1$ T, $U_1 = 220$ V, $U_2 = 36$ V, $I_1 = 0.182$ A, $I_2 = 1.11$ A。试用图算法设计此变压器。

**解** 如果取 $j = 2.5\ A/mm^2$，则从图 2-34 中可得

$$S = 7.8\ cm^2,\ \frac{W}{U} = 5.9\ 匝/V$$

$$d_1 = 0.3\ mm,\ d_2 = 0.75\ mm$$

于是

$$W_1 = 1\,298\ 匝,\ W_2 = 213\ 匝$$

## 二、小型变压器的绕制

1. 绕线前的准备工作

1) 选择导线和绝缘材料　根据计算的匝数和导线截面，选用相应规格的各种漆包线。经验表明，对小型低压(500 V 以下)变压器，当一、二次侧绕组裸线截面乘以相应匝数，所得总面积占窗口面积的 50%左右时，一般是能够绕得下，也是比较适当的。如经核算后，超过以上数值的范围时，则可考虑把匝数多的、总截面大的那组绕组改用小一号的导线，或者改用性能较好而较薄的绝缘材料，这样线包(绕好绕组的简称)不至于因装不进铁心而返工。

绕组的绝缘材料须考虑耐压要求和允许厚度，表 2-10 列出常用绝缘材料的性能和用途。层间绝缘厚度应按 2 倍层间电压的绝缘强度选用。对于 1 000 V 以内要求不高的变压器也有用电压峰值，即 1.414 倍层间电压为选用标准。对铁心绝缘及绕组间绝缘，按对地电压的 2 倍来选用。

表2-10 变压器常用绝缘材料

| 品名 | 颜色 | 常用规格 | | 特点 | 用途 |
|---|---|---|---|---|---|
| | | 厚度(mm) | 耐压(V) | | |
| 电话纸 | 白色 | 0.05～0.075 | 400 | 坚实不易破裂 | 线径小于0.4 mm的漆包线的层间绝缘垫纸 |
| 电缆纸 | 土黄色 | 0.08<br>0.13<br>0.17 | 300～800 | 柔、韧耐拉力强 | 线径大于0.5 mm的漆包线的层间绝缘垫纸，低压绕组间的绝缘(2～3层) |
| 青壳纸 | 青褐色 | 0.25 | 1 500 | 坚实耐磨 | 线包外层绝缘(2～3层) |
| 电容器纸 | 白、黄色 | 0.08 | 250 | 薄、密度高 | 线径小于0.4 mm的漆包线层间绝缘 |
| 电绝缘纸板(又名弹性纸) | 土黄色 | 0.8～3.0 | | 坚实、易弯曲 | 线包骨架 |
| 聚酯薄膜 | 透明 | 0.01～0.35 | 1 500～15 000 | 耐温120℃ | 层间、组间绝缘和外层绝缘 |
| 聚四氟乙烯薄膜 | 透明 | 0.015～0.20 | 900～6 000 | 耐温250℃ | |
| 聚酰亚氨薄膜 | 透明 | 0.03～0.05 | 1 500～2 500 | 耐温180℃ | |
| 玻璃漆布 | 黄色 | 0.10～0.25 | 2 000～5 000 | 耐温好 | 绕组间绝缘 |
| 油性漆布 | 糖浆色 | 0.15～0.30 | 4 000～7 000 | 光、滑、耐压高 | 高压绕组间绝缘 |
| 油性漆绸 | 糖浆色 | 0.08～0.15 | 2 500～4 000 | 细、薄、少针孔 | 高压绕组的层间绝缘和组间绝缘(2～3层) |
| 环氧树脂 | | | | 耐热、耐磨绝缘性能好 | 固化绕组等可免使受潮 |
| 绝缘漆 | 黄褐色透明 | | | | 绕组浸渍 |
| 青喷漆(又名罩光漆、蜡克) | 透明 | | | 粘料 | 粘合绝缘纸、压制板油性漆、油性绸，表面涂层保护等 |

2）选择模压框架或自制木芯　根据铁心截面积选择合适的铁心及模压框架。如果没有合适的模压框架，则须自制木芯。木芯是套在绕线机转轴上支撑绕组骨架的，以进行绕线。

通常用杨木或杉木按铁心尺寸($a'\times b'$)做成，如图2-35所示。木芯的截面稍比铁心中心柱截面($a\times b$)大一些，以便于镶插硅钢片。木芯的长度$h'$应比铁心窗口高度$h$大一些，$h'\approx(1+1/3)h$，木芯的中心孔直径为10 mm，必须钻得正直，木芯四周亦须互相垂直，否则绕线时将会发生晃动、绕组不易平齐等缺点。木芯的边角需用砂纸略磨成圆角，以便于套进骨架，绕好后抽取也容易。

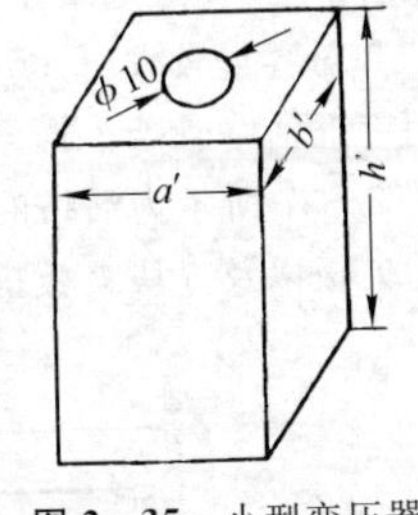

**图2-35**　小型变压器的木芯无框骨架

3）制作骨架(绕组架)　绕组骨架除起支撑绕组作用外，还起对地绝缘的作用。因此要求它既具有一定机械强度，还应具有一定的绝缘强度。对容量为1 kW以下的变压器，多采用纸芯无框骨架，如图2-36所示。不同容量变压器所用弹性纸的厚度$t$见表2-11。

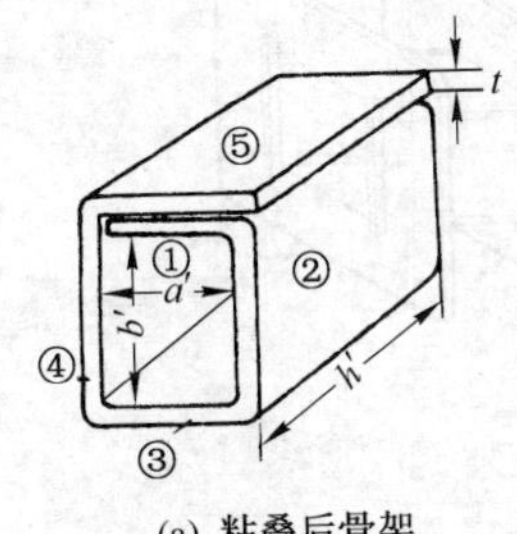

(a) **粘叠后骨架**

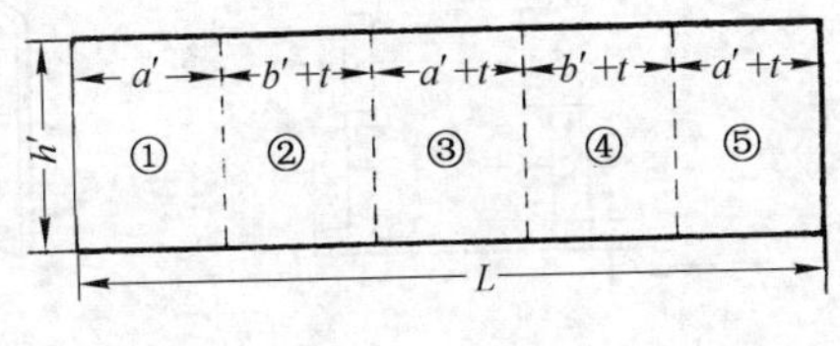

(b) **弹性纸尺寸**

**图2-36**　纸质无框骨架

表2-11　制作骨架的弹性纸厚度$t$

| 变压器容量 $P_s$(W) | 30 | 50 | 300以下 | 300～1 000 |
|---|---|---|---|---|
| 弹性纸厚度 $t$(mm) | 0.5 | 0.8 | 1.0 | 1.0～1.5 |

无框骨架的长度$h'$应比铁心窗高$h$稍短些(通常短2 mm左右)，骨架的边沿也必须平整垂直，可利用旧锯条磨成的裁纸刀来切割。弹性纸的长度取为

$$L=2(b'+t)+a'+2(a'+t)=2b'+3a'+4t$$

按照图 2-36b 中虚线用裁纸刀划出浅沟，以便弯折。沟的深度以不划穿纸厚为原则。沿沟痕把弹性纸折成四方形，第⑤面与第①面重叠，用胶水粘合。

对容量较大(1～5 kW)或高压等绝缘性能要求较高的变压器，可以采用有框活络骨架。框架可用钢纸(或称反白)以及玻璃纤维板等材料做成。图 2-37 所示为活络的框架结构，框架上下 2 块边框板，四侧采用两种形状的夹板以及 6 块夹板拼合而成 1 只完整的框架。

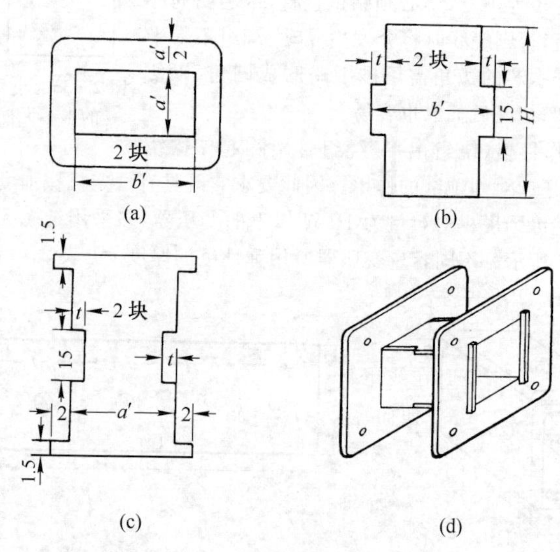


**图 2-37 活络框架的结构**

$t$—夹板厚度;图中尺寸均以 mm 计

2. 绕线

首先裁剪好各种绝缘纸(布)，它们的宽度应等于骨架的长度，而长度应稍大于骨架的周长，但需计入绕组逐渐绕大后所需的裕量。一般电压在 500 V 以下的变压器，层间绝缘按导线直径粗细而有所不同，例如线径大于 0.2 mm 的可采用一层 0.10 mm 聚酯薄膜；线径小于 0.2 mm 的可采用 0.05 mm聚酯薄膜。对铁心绝缘(对地绝缘)则采用三层 0.1 mm 聚酯薄膜。绕组间绝缘与对铁心绝缘相同。

开始绕线前，先在套好木芯的骨架上衬垫好对铁心的绝缘，用胶水粘牢。然后将木芯中心孔穿入绕线机轴固紧，如图 2－38a 所示。起绕时，在

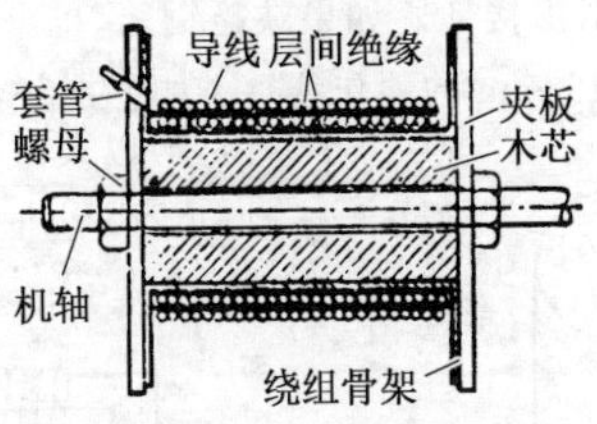


(a) 绕组框架在绕线机上的安装

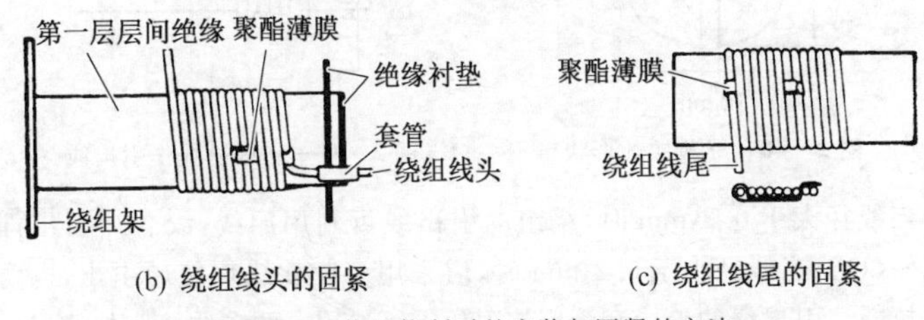


(b) 绕组线头的固紧　(c) 绕组线尾的固紧

**图 2－38**　绕组绕制时的安装与固紧的方法

导线引线头（或结束时在线尾）压入一条聚酯薄膜的折条（1 cm 宽）以便抽紧起始线头（或线尾），如图 2－38b 所示。导线不可过于靠近骨架边沿，大约须留出 2～3 mm 的空间，以免绕线时漆包线滑出（或称崩线），插片时碰伤导线绝缘。导线要求绕得紧密而整齐，不允许有叠线现象。注意掌握好如下要领：绕时要将导线稍微拉向绕组前进的相反方向（约 5°，图 2－39）。拉线的手顺绕组前进方向而移动。拉力大小随导线粗细而变化，这样导线就容易排齐。

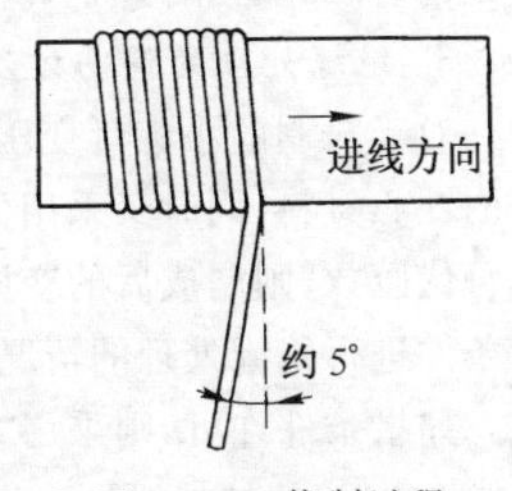


**图 2－39**　绕制过程持线的方法

绕组层次按照一次侧、静电屏蔽、二次侧高压绕组和二次侧低压绕组（如灯丝绕组）依次叠绕。当二次侧绕组数较多时，每绕好一组后，应用万用表测量是否通路。最后将整个绕组包好对铁心绝缘，用胶水粘牢。

一般电子设备中的电源变压器，需在一、二次侧绕组间放置静电屏蔽层，屏蔽层用薄铜箔（厚 0.1 mm 左右），其宽度比骨架长度 $k'$ 稍短 1～

3 mm,而长度比一次侧绕组的周长短10 mm左右,将铜箔夹在一、二次侧绕组的绝缘垫层间,注意不能碰触导线或自行短路,如图2-40所示。铜箔上焊接一条多股软线引出接地。如果缺乏铜箔,也可用铝箔或锡箔代替,或者密绕一层0.12～0.15 mm的漆包线,一端埋在绝缘层内,一端引出接地。

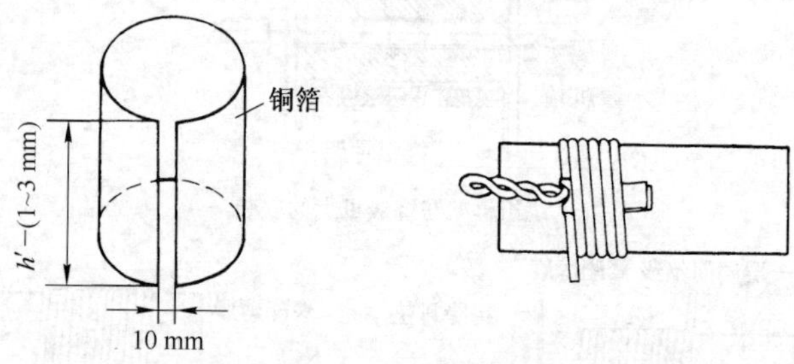


图2-40 屏蔽层的形状　　图2-41 利用原线作引出线

当线径大于0.2 mm时,绕组的引出线可利用原线,绞合后引出即可(图2-41)。当线径小于0.2 mm时,应采用多股软线焊接后引出,以防弯断或拉断。引出线的绝缘套管应按耐压等级选用。两导线接头处漆皮一定要刮清,然后用松香焊剂焊牢,不宜用焊膏,并要防止假焊。

3. 绝缘处理的简易方法

对于自制的小容量变压器,如果在制作过程中没有损伤绝缘,选用质量好的铁心材料,同时又采用低磁感应强度值和稍有余量的铁心截面值来计算每伏匝数,则制成后的变压器温升(绕组和铁心的发热)不会太高。在没有条件进行绝缘处理的情况下,不妨也可使用。

如果条件许可,则采用“浸泡法”处理,即将绕好的线包放在烘箱(电烘箱或300 W的红外线灯泡烘箱)内预热,加温到70～80℃,3～5 h取出后立即浸入凡立水(绝缘漆)中约0.5 h,取出后放在通风处滴干,然后再进烘箱加温到80℃烘12 h左右,进行烘干处理。

如果没有绝缘漆,也可用“浸蜡法”处理,即把白蜡熔化在容器内,放入已预烘过的绕组浸15～30 min,取出自然干燥凝固即可,不用烘烤。此法只能达到防潮的目的。

如果没有烘箱,在实验室条件下,也可用“涂刷法”处理,即在绕线过程中,每绕完一层,就涂刷一层薄凡立水,然后垫上绝缘,继续绕线。这样也有助于粘牢导线。绕组绕好后，通电烘干。其方法是用一个 500 W 的自耦变压器及交流电流表(10 倍于高压侧的电流额定值)与被测变压器高压侧绕组串联(低压侧短路)，如图 2-42 所示，逐渐增大自耦变压器的输出电压，使电流达到高压侧规定电流的 2～3 倍为止。线包温度将慢慢上升，半小时后如线包不烫手，可再适当增大电流，直到烫手为止(此时温度约 70～80℃)。线包通电 12 h 左右，即可烘干绕制时涂刷的多余凡立水。

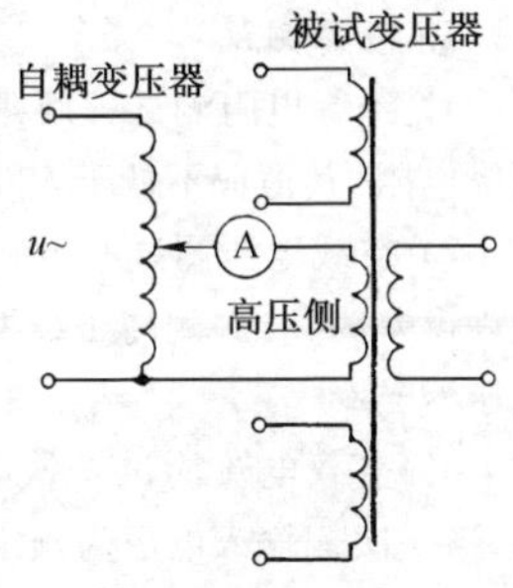


图 2-42 通电烘干法

4. 铁心镶片

镶片时，在线包两边，一片一次地交叉对镶，而在线包中部则应两片一次地交叉对镶。因为当线包中镶满钢片时，余下大约 1/6 的钢片往往比较难镶，俗称紧片。这部分紧片需用旋凿撬开每两片一组的钢片夹缝才能插入。并用木槌慢慢敲入。在插条形片时，切忌直向插片，以免擦伤线包。当骨架嫌小或线包体积嫌大时，切不可硬行将钢片插入，以免损伤骨架或线包。这时可将铁心间中心柱或两边柱锉小些，亦可将线包套在木芯上，用两块木板夹住线包两侧，在台钳上缓缓压扁一些。

镶片完毕后，应把变压器放在平板上，两头用木槌敲打平整，尤其对于 E 形，两钢片间不能留有空隙。最后用螺钉或夹板固紧钢心，并把引出线焊到焊片上。安装好的变压器引出线布置，如图 2-43 所示。

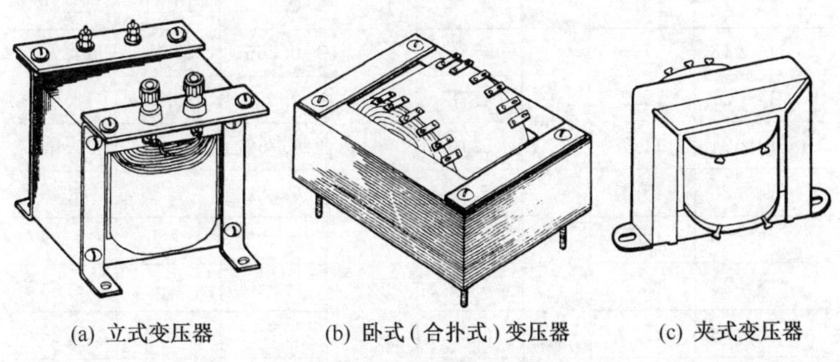

(a) 立式变压器　(b) 卧式(合扑式)变压器　(c) 夹式变压器

图 2-43 变压器的引出线布置

5. 成品测试

1）绝缘电阻测试　用兆欧表测试各组绕组之间和它们对铁心（地）的绝缘电阻，其值应不低于 500 MΩ。

2）空载电压测试　当一次侧电压加到额定值时，各组绕组的空载电压允许误差为：二次侧高压绕组≤±5%，二次侧低压绕组≤±5%，中心抽头电压≤±2%。

3）空载电流测试　铁心镶片后的电源变压器，应先用自耦变压器供电，当一次侧输入电压为额定值时，其空载电流约为 5%～8%的额定电流值，而不应大于满载电流的 10%～20%，否则表明绕组有短路现象。如空载电流大于额定电流的 10%时使用，损耗就较大；当空载电流超过额定电流的 20%时，就不能使用，因为它的温升将超过允许的数值。

表 2-12 列出了 GEB 型插片铁心（牌号 DW360-50 硅钢片）电源变压器计算数据。

表 2-12　GE、GEB 型插片铁心电源变压器计算数据（DW360-50）

| 铁心型号 | 输出功率 $P_2$ (W) | $B_0$ (T) | 电流密度 $J$ (A/mm²) | 电压调整率 $\Delta U$(%) | 空载损耗 (W) | 一次侧每伏匝数 (匝/V) | 二次侧每伏匝数 (匝/V) |
|---|---|---|---|---|---|---|---|
| GE12×15 | 2.3 | 1.60 | 3.64 | 20 | 0.385 | 16.46 | 20.58 |
| 12×18 | 3.2 | | 4.06 | | 0.462 | 13.72 | 17.15 |
| 12×21 | 4.2 | | 4.42 | | 0.538 | 11.76 | 14.70 |
| 12×24 | 5.3 | | 4.74 | | 0.615 | 10.29 | 12.86 |
| 14×18 | 7.0 | | 4.36 | | 0.566 | 11.76 | 14.70 |
| 14×21 | 9.2 | | 4.78 | | 0.660 | 10.08 | 12.60 |
| 14×24 | 11.7 | | 5.15 | | 0.757 | 8.82 | 11.02 |
| 14×28 | 15.1 | | 5.58 | | 0.882 | 7.56 | 9.450 |
| 16×20 | 13.0 | | 4.94 | | 0.788 | 9.261 | 11.58 |
| 16×24 | 17.9 | | 5.51 | | 0.946 | 7.717 | 9.647 |
| 16×28 | 23.3 | | 6.00 | | 1.10 | 6.615 | 8.269 |
| 16×32 | 29.2 | | 6.42 | | 1.26 | 5.788 | 7.235 |

（续表）

| 铁心型号 | 输出功率 $P_2$ (W) | $B_0$ (T) | 电流密度 $J$ (A/mm$^2$) | 电压调整率 $\Delta U$(%) | 空载损耗 (W) | 一次侧每伏匝数 (匝/V) | 二次侧每伏匝数 (匝/V) |
|---|---|---|---|---|---|---|---|
| 19×24 | 33.6 | 1.55 | 5.71 | 20 | 2.06 | 6.709 | 8.386 |
| 19×28 | 44.0 | | 6.25 | | 2.41 | 5.750 | 7.188 |
| 19×32 | 55.3 | | 6.93 | | 2.75 | 5.031 | 6.289 |
| 19×38 | 64.1 | | 6.33 | 17.2 | 3.27 | 4.237 | 5.117 |
| GEB 22×28 | 60.2 | 1.50 | 5.77 | 19.2 | 3.32 | 5.078 | 6.285 |
| 22×33 | 71.8 | | 5.64 | 17.3 | 3.92 | 4.308 | 5.209 |
| 22×38 | 84.1 | | 5.57 | 15.7 | 4.52 | 3.742 | 4.439 |
| 22×44 | 99.0 | | 5.53 | 14.3 | 5.22 | 3.231 | 3.770 |
| 26×32 | 111 | 1.45 | 4.94 | 14.8 | 5.09 | 3.890 | 4.566 |
| 26×39 | 136 | | 4.81 | 13.0 | 6.21 | 3.191 | 3.668 |
| 26×45 | 161 | | 4.75 | 11.5 | 7.15 | 2.766 | 3.125 |
| 26×52 | 184 | | 4.61 | 10.7 | 8.28 | 2.393 | 2.680 |
| 30×38 | 189 | | 4.37 | 11 | 6.19 | 2.840 | 3.191 |
| 30×45 | 226 | | 4.27 | 9.7 | 7.33 | 2.397 | 2.654 |
| 30×52 | 263 | | 4.19 | 8.8 | 8.48 | 2.704 | 2.274 |
| 30×60 | 303 | | 4.11 | 8.1 | 9.75 | 1.798 | 1.956 |
| 35×44 | 326 | 1.40 | 3.73 | 8.4 | 7.78 | 2.177 | 2.377 |
| 35×52 | 384 | | 3.64 | 7.5 | 9.19 | 1.842 | 1.991 |
| 35×60 | 445 | | 3.58 | 6.8 | 10.6 | 1.596 | 1.712 |
| 35×70 | 516 | | 3.50 | 6.2 | 12.4 | 1.368 | 1.458 |
| 40×50 | 523 | | 3.26 | 6.5 | 12.1 | 1.676 | 1.793 |
| 40×60 | 623 | | 3.17 | 5.8 | 14.6 | 1.396 | 1.482 |
| 40×70 | 727 | | 3.08 | 5.1 | 17.0 | 1.197 | 1.261 |
| 40×80 | 829 | | 3.01 | 4.6 | 19.4 | 1.047 | 1.097 |

## 三、C型变压器

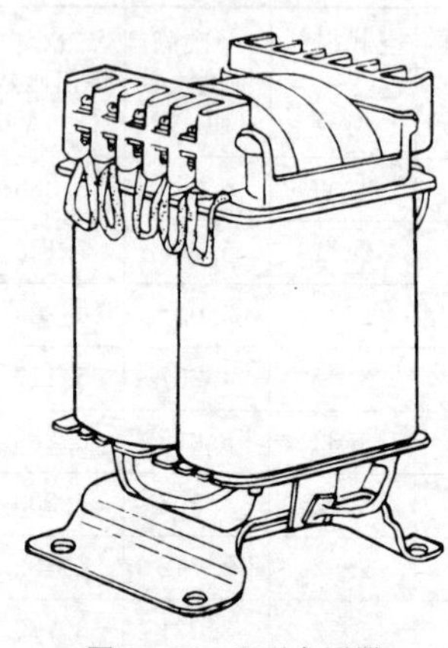

图 2-44 C型变压器

C型变压器的外形如图 2-44 所示。其铁心材料选用厚度为 0.35 mm 的晶粒取向冷轧硅钢带绕制成环形，然后再切割而成。其工作温度分为 2 个等级，B级最高温度为 +130℃，H级最高温度为 +180℃。由于其磁感应强度值 $B_0$ 可取 1.4～1.8 T，故相对于同等截面的 E 型变压器而言，每伏匝数为小，具有省铜的优点。

C型变压器的计算方法同前插片式变压器。铁心选择时要注意配对，即每对铁心的端面应吻合（在加工时保证），各对铁心相互间不宜互换。铁心应不散片、开裂、端面损伤。铁心装配时可在端面涂胶，装配后随即固化，涂胶材料可用 204 胶或其他合适的胶。为抑制铁心噪声，铁心的打包钢带要箍紧并焊牢，否则通电时会出现叫声或者空载电流过大。此外还可采取塞紧间隙、元件整体浸渍或用环氧树脂封装使成整体以降低噪声。

对绕组而言，如果为心式铁心，宜将各绕组平衡配置，即将各绕组匝数平均一分为二，分别绕于 2 个骨架上，然后各绕组再按极性相联，一次侧绕组千万不能联错，否则会使变压器因短路发热而烧毁。图 2-45为绕组极性相联的示意图。2 个一次侧绕组的端点相联应如图中所示，使它们在铁心中产生的磁通方向一致。

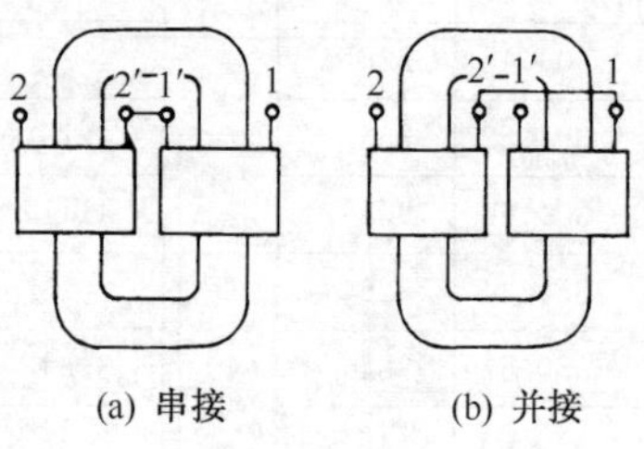


图 2-45 绕组的串、并联接示意图

C型铁心（壳式 XED 型、心式 XCD 型）的外形尺寸符号如图 2-46 所示。技术数据见表 2-13、表 2-14。底筒（骨架）的外形尺寸如图 2-47 所示。尺寸见表 2-15。

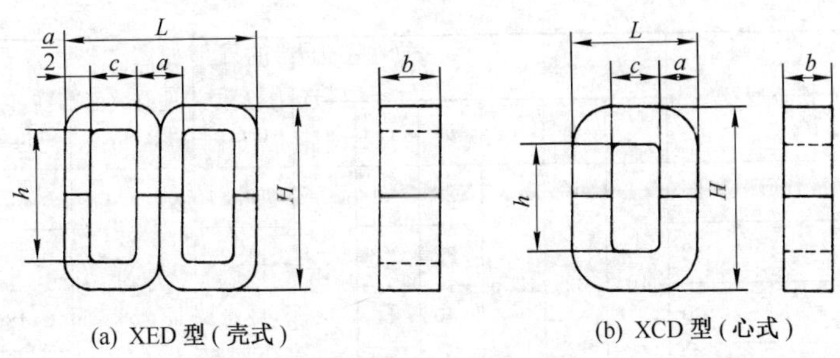


图 2-46　C 型铁心外形尺寸符号

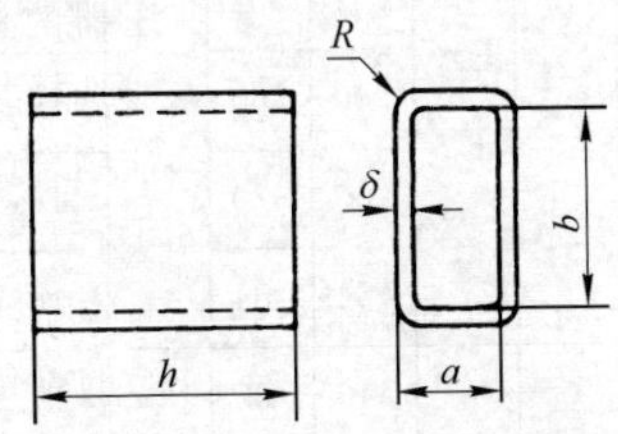


图 2-47　C 型变压器底筒(骨架)

表 2-13　不同型号 XED 型铁心的技术数据

| 铁心型号 | 尺寸 (mm) | | | | | | 平均磁路长度 (cm) | 中间铁心柱有效面积($cm^2$) | 铁心质量 (kg) |
|---|---|---|---|---|---|---|---|---|---|
| | *a* | *b* | *c* | *h* | *H* | *L* | | | |
| XED 10×20×16 | 10 | 20 | 8 | 16 | 26 | 36 | 6.20 | 1.84 | 0.087 2 |
| 20 | | | | 20 | 30 | | 7.00 | | 0.098 5 |
| 25 | | | | 25 | 35 | | 8.00 | | 0.113 |
| 32 | | | | 32 | 42 | | 9.40 | | 0.132 |
| XED 12×25×20 | 12 | 25 | 10 | 20 | 32 | 44 | 7.71 | 2.76 | 0.163 |
| 25 | | | | 25 | 37 | | 8.71 | | 0.184 |
| 32 | | | | 32 | 44 | | 10.1 | | 0.214 |
| 40 | | | | 40 | 52 | | 11.7 | | 0.247 |

（续表）

| 铁心型号 | 尺寸（mm） | | | | | | 平均磁路长度（cm） | 中间铁心柱有效面积（$cm^2$） | 铁心质量（kg） |
|---|---|---|---|---|---|---|---|---|---|
| | a | b | c | h | H | L | | | |
| XED 16×32×25 | 16 | 32 | 12.5 | 25 | 41 | 57 | 9.84 | 4.71 | 0.355 |
| 32 | | | | 32 | 48 | | 11.2 | | 0.405 |
| 40 | | | | 40 | 56 | | 12.8 | | 0.485 |
| 50 | | | | 50 | 66 | | 14.8 | | 0.535 |
| XED 20×40×32 | 20 | 40 | 16 | 32 | 52 | 72 | 12.5 | 7.36 | 0.703 |
| 40 | | | | 40 | 60 | | 14.1 | | 0.793 |
| 50 | | | | 50 | 70 | | 16.1 | | 0.905 |
| 64 | | | | 64 | 84 | | 18.9 | | 1.06 |
| XED 25×50×40 | 20 | 50 | 20 | 40 | 65 | 90 | 15.7 | 11.5 | 1.38 |
| 50 | | | | 50 | 75 | | 17.7 | | 1.55 |
| 64 | | | | 64 | 89 | | 20.5 | | 1.80 |
| 80 | | | | 80 | 105 | | 23.7 | | 2.08 |
| XED 32×64×50 | 32 | 64 | 25 | 50 | 82 | 114 | 19.8 | 18.8 | 2.85 |
| 64 | | | | 64 | 96 | | 22.6 | | 3.25 |
| 80 | | | | 80 | 112 | | 25.8 | | 3.71 |
| 100 | | | | 100 | 132 | | 29.8 | | 4.29 |
| XED 40×80×64 | 40 | 80 | 32 | 64 | 104 | 144 | 25.2 | 29.4 | 5.68 |
| 80 | | | | 80 | 120 | | 28.4 | | 6.40 |
| 100 | | | | 100 | 140 | | 32.4 | | 7.30 |
| 125 | | | | 125 | 165 | | 37.4 | | 8.43 |

表 2-14　不同型号 XCD 型铁心的技术数据

| 铁心型号 | 尺寸 (mm) | | | | | | 平均磁路长度 (cm) | 中间铁心柱有效面积($cm^2$) | 铁心质量 (kg) |
|---|---|---|---|---|---|---|---|---|---|
| | *a* | *b* | *c* | *h* | *H* | *L* | | | |
| XCD 10×20×20 | 10 | 20 | 12.5 | 20 | 40 | 32.5 | 9.47 | 1.84 | 0.133 |
| 25 | | | | 25 | 45 | | 10.5 | | 0.148 |
| 32 | | | | 32 | 52 | | 11.9 | | 0.167 |
| 40 | | | | 40 | 60 | | 13.5 | | 0.190 |
| XCD 12.5×25×25 | 12.5 | 25 | 16 | 25 | 50 | 41 | 11.9 | 2.88 | 0.261 |
| 32 | | | | 32 | 57 | | 13.3 | | 0.292 |
| 40 | | | | 40 | 65 | | 14.9 | | 0.327 |
| 50 | | | | 50 | 75 | | 16.9 | | 0.371 |
| XCD 16×32×32 | 16 | 32 | 16 | 32 | 64 | 48 | 14.4 | 4.71 | 0.518 |
| 40 | | | | 40 | 72 | | 16.0 | | 0.575 |
| 50 | | | | 50 | 82 | | 18.0 | | 0.647 |
| 64 | | | | 64 | 96 | | 20.8 | | 0.748 |
| XCD 20×40×40 | 20 | 40 | 20 | 40 | 80 | 60 | 18.0 | 7.36 | 1.01 |
| 50 | | | | 50 | 90 | | 20.0 | | 1.13 |
| 64 | | | | 64 | 104 | | 22.8 | | 1.28 |
| 80 | | | | 80 | 120 | | 26.0 | | 1.47 |
| XCD 25×50×50 | 25 | 50 | 25 | 50 | 100 | 75 | 22.6 | 11.5 | 1.99 |
| 64 | | | | 64 | 114 | | 25.4 | | 2.23 |
| 80 | | | | 80 | 130 | | 28.6 | | 2.52 |
| 100 | | | | 100 | 150 | | 32.6 | | 2.87 |
| XCD 32×64×64 | 32 | 64 | 32 | 64 | 128 | 96 | 29.0 | 18.8 | 4.18 |
| 80 | | | | 80 | 144 | | 32.2 | | 4.64 |
| 100 | | | | 100 | 164 | | 36.2 | | 5.22 |
| 125 | | | | 125 | 189 | | 41.2 | | 5.94 |

（续表）

| 铁心型号 | 尺寸（mm） | | | | | | 平均磁路长度（cm） | 中间铁心柱有效面积（$cm^2$） | 铁心质量（kg） |
|---|---|---|---|---|---|---|---|---|---|
| | *a* | *b* | *c* | *h* | *H* | *L* | | | |
| XCD 40×80×80 | 40 | 80 | 40 | 80 | 160 | 120 | 36.2 | 29.4 | 8.16 |
| 100 | | | | 100 | 180 | | 40.2 | | 9.06 |
| 125 | | | | 125 | 205 | | 45.2 | | 10.2 |
| 160 | | | | 160 | 240 | | 52.2 | | 11.8 |
| XCD 50×100×100 | 50 | 100 | 50 | 100 | 200 | 150 | 45.4 | 46.0 | 16.0 |
| 125 | | | | 125 | 225 | | 50.4 | | 17.7 |
| 160 | | | | 160 | 260 | | 57.4 | | 20.2 |
| 200 | | | | 200 | 300 | | 65.4 | | 23.2 |

表2-15 XCD、XED型变压器底筒尺寸 (mm)

| 型号 | 尺寸 | | | | | 型号 | 尺寸 | | | | |
|---|---|---|---|---|---|---|---|---|---|---|---|
| | *a* | *b* | *h* | *δ* | *R* | | *a* | *b* | *h* | *δ* | *R* |
| XCD 10×20×20 | 11.5 | 20.5 | 19 | 1 | 1.2 | XCD 20×40×40 | 21.5 | 41 | 38.5 | 1.2 | 1.4 |
| 10×20×25 | | | 24 | | | 20×40×50 | | | 48.5 | | |
| 10×20×32 | | | 31 | | | 20×40×64 | | | 62.5 | | |
| 10×20×40 | | | 39 | | | 20×40×80 | | | 78.5 | | |
| XCD 12.5×25×25 | 14 | 25.8 | 23.5 | 1 | 1.2 | XCD 25×50×50 | 27 | 51 | 48 | 1.5 | 1.7 |
| 12.5×25×32 | | | 30.5 | | | 25×50×64 | | | 62 | | |
| 12.5×25×40 | | | 38.5 | | | 25×50×80 | | | 78 | | |
| 12.5×25×50 | | | 48.5 | | | 25×50×100 | | | 98 | | |
| XCD 16×32×32 | 17.5 | 33 | 30.5 | 1 | 1.2 | XCD 32×64×64 | 34 | 65.5 | 62 | 1.7 | 1.9 |
| 16×32×40 | | | 38.5 | | | 32×64×80 | | | 78 | | |
| 16×32×50 | | | 48.5 | | | 32×64×100 | | | 98 | | |
| 16×32×64 | | | 62.5 | | | 32×64×125 | | | 123 | | |

（续表）

| 型号 | 尺寸 | | | | | 型号 | 尺寸 | | | | |
|---|---|---|---|---|---|---|---|---|---|---|---|
| | $a$ | $b$ | $h$ | $\delta$ | $R$ | | $a$ | $b$ | $h$ | $\delta$ | $R$ |
| XCD 40×80×80 | 42.5 | 81.5 | 78 | 2 | 2.2 | XED 20×40×32 | 21.5 | 41 | 30.5 | 1.2 | 1.4 |
| 40×80×100 | | | 98 | | | 20×40×40 | | | 38.5 | | |
| 40×80×125 | | | 123 | | | 20×40×50 | | | 48.5 | | |
| 40×80×160 | | | 158 | | | 20×40×64 | | | 62.5 | | |
| XCD 50×100×100 | 52.5 | 102 | 98 | 2.5 | 2.7 | XED 25×50×40 | 27 | 51 | 38.5 | 1.5 | 1.7 |
| 50×100×125 | | | 123 | | | 25×50×50 | | | 48.5 | | |
| 50×100×160 | | | 158 | | | 25×50×64 | | | 62.5 | | |
| 50×100×200 | | | 198 | | | 25×50×80 | | | 78.5 | | |
| XED 10×20×16 | 11 | 20.5 | 15 | 1 | 1.2 | XED 32×64×50 | 34 | 65.5 | 48.5 | 1.7 | 1.9 |
| 10×20×20 | | | 19 | | | 32×64×64 | | | 62.5 | | |
| 10×20×25 | | | 24 | | | 32×64×80 | | | 78.5 | | |
| 10×20×32 | | | 31 | | | 32×64×100 | | | 98.5 | | |
| XED 12×25×20 | 13 | 25.5 | 19 | 1 | 1.2 | XED 40×80×64 | 42.5 | 81.5 | 62.5 | 2 | 2.2 |
| 12×25×25 | | | 24 | | | 40×80×80 | | | 78.5 | | |
| 12×25×32 | | | 31 | | | 40×80×100 | | | 98.5 | | |
| 12×25×40 | | | 39 | | | 40×80×125 | | | 123.5 | | |
| XED 16×32×25 | 17.5 | 33 | 23.5 | 1 | 1.2 | | | | | | |
| 16×32×32 | | | 30.5 | | | | | | | | |
| 16×32×40 | | | 38.5 | | | | | | | | |
| 16×32×50 | | | 48.5 | | | | | | | | |

不同型号的 XED 型和 XCD 型铁心（Ⅰ、Ⅱ、Ⅲ级品）绕制的 50 Hz 电源变压器计算数据见表 2-16 和表 2-17。

表 2-16 XED铁心(Ⅰ、Ⅱ、Ⅲ级品)50 Hz电源变压器计算数据

<table>
<tr><th rowspan="2">铁心型号</th><th colspan="3">二次侧容量 $P_2$ (W)</th><th colspan="3">电流密度 $J$ (A/mm$^2$)</th><th colspan="3">一次侧匝数 (220 V时)(匝)</th><th colspan="3">二次侧每伏匝数 (匝/V)</th><th colspan="3">$B_0$ (T)</th></tr>
<tr><th>Ⅰ</th><th>Ⅱ</th><th>Ⅲ</th><th>Ⅰ</th><th>Ⅱ</th><th>Ⅲ</th><th>Ⅰ</th><th>Ⅱ</th><th>Ⅲ</th><th>Ⅰ</th><th>Ⅱ</th><th>Ⅲ</th><th>Ⅰ</th><th>Ⅱ</th><th>Ⅲ</th></tr>
<tr><td>XED 10×20×16</td><td>2.01</td><td>1.76</td><td>1.53</td><td rowspan="4">4.71</td><td rowspan="4">4.44</td><td rowspan="4">4.17</td><td rowspan="4">3 078</td><td rowspan="4">3 264</td><td rowspan="4">3 475</td><td rowspan="4">18.7</td><td rowspan="4">19.8</td><td rowspan="4">21.1</td><td rowspan="8">1.75</td><td rowspan="8">1.65</td><td rowspan="8">1.55</td></tr>
<tr><td>10×20×20</td><td>3.01</td><td>2.66</td><td>2.31</td></tr>
<tr><td>10×20×25</td><td>4.30</td><td>3.79</td><td>3.31</td></tr>
<tr><td>10×20×32</td><td>6.25</td><td>5.52</td><td>4.83</td></tr>
<tr><td>12×25×20</td><td>8.75</td><td>7.73</td><td>6.77</td><td rowspan="4">5.77</td><td rowspan="4">5.44</td><td rowspan="4">5.11</td><td rowspan="4">2 052</td><td rowspan="4">2 176</td><td rowspan="4">2 316</td><td rowspan="4">12.4</td><td rowspan="4">13.2</td><td rowspan="4">14.0</td></tr>
<tr><td>12×25×25</td><td>12.6</td><td>11.2</td><td>9.82</td></tr>
<tr><td>12×25×32</td><td>17.7</td><td>15.7</td><td>13.8</td></tr>
<tr><td>12×25×40</td><td>24.9</td><td>22.1</td><td>19.4</td></tr>
<tr><td>16×32×25</td><td>33.1</td><td>30.8</td><td>28.5</td><td colspan="3">5.36</td><td rowspan="4">1 168</td><td rowspan="4">1 238</td><td rowspan="4">1 315</td><td>6.48</td><td>6.96</td><td>7.50</td><td rowspan="6">1.80</td><td rowspan="6">1.70</td><td rowspan="6">1.60</td></tr>
<tr><td>16×32×32</td><td>42.6</td><td>39.7</td><td>36.8</td><td colspan="3">4.77</td><td>6.32</td><td>6.77</td><td>7.28</td></tr>
<tr><td>16×32×40</td><td>51.6</td><td>48.2</td><td>44.8</td><td colspan="3">4.40</td><td>6.23</td><td>6.67</td><td>7.17</td></tr>
<tr><td>16×32×50</td><td>62.6</td><td>58.5</td><td>54.3</td><td colspan="3">4.14</td><td>6.17</td><td>6.60</td><td>7.08</td></tr>
<tr><td>20×40×32</td><td>74.0</td><td>69.1</td><td>64.3</td><td colspan="3">4.70</td><td rowspan="2">748</td><td rowspan="2">792</td><td rowspan="2">842</td><td>3.89</td><td>4.16</td><td>4.46</td></tr>
<tr><td>20×40×40</td><td>89.8</td><td>84.0</td><td>78.2</td><td colspan="3">4.29</td><td>3.84</td><td>4.10</td><td>4.40</td></tr>
</table>

（续表）

| 铁心型号 | 二次侧容量 $P_2$ (W) | | | 电流密度 $J$ (A/mm$^2$) | | | 一次侧匝数 (220 V 时)(匝) | | | 二次侧每伏匝数 (匝/V) | | | $B_0$ (T) | | |
|---|---|---|---|---|---|---|---|---|---|---|---|---|---|---|---|
| | Ⅰ | Ⅱ | Ⅲ | Ⅰ | Ⅱ | Ⅲ | Ⅰ | Ⅱ | Ⅲ | Ⅰ | Ⅱ | Ⅲ | Ⅰ | Ⅱ | Ⅲ |
| 20×40×50 | 114 | 107 | 99.8 | | 3.80 | | 748 | 792 | 842 | 3.79 | 4.04 | 4.32 | 1.80 | 1.70 | 1.60 |
| 20×40×64 | 142 | 133 | 125 | | 3.50 | | | | | 3.75 | 4.00 | 4.28 | | | |
| 25×50×40 | 172 | 161 | 151 | | 3.72 | | 479 | 507 | 539 | 2.37 | 2.52 | 2.69 | | | |
| 25×50×50 | 211 | 198 | 185 | | 3.35 | | | | | 2.35 | 2.49 | 2.66 | | | |
| 25×50×64 | 264 | 248 | 232 | | 3.01 | | | | | 2.33 | 2.47 | 2.64 | | | |
| 25×50×80 | 314 | 295 | 276 | | 2.85 | | | | | 2.32 | 2.46 | 2.63 | | | |
| 32×64×50 | 405 | 380 | 356 | | 2.94 | | 292 | 309 | 329 | 1.40 | 1.48 | 1.58 | | | |
| 32×64×64 | 505 | 474 | 445 | | 2.61 | | | | | 1.39 | 1.47 | 1.57 | | | |
| 32×64×80 | 605 | 569 | 533 | | 2.41 | | | | | 1.38 | 1.47 | 1.56 | | | |
| 32×64×100 | 714 | 671 | 629 | | 2.29 | | | | | 1.38 | 1.47 | 1.56 | | | |
| 40×80×64 | 870 | 818 | 766 | | 2.32 | | 192 | 204 | 217 | 0.903 | 0.96 | 1.02 | 1.75 | 1.65 | 1.55 |
| 40×80×80 | 1 054 | 991 | 928 | | 2.10 | | | | | 0.900 | 0.957 | 1.02 | | | |
| 40×80×100 | 1 366 | 1 284 | 1 203 | | 1.79 | | | | | 0.896 | 0.952 | 1.02 | | | |
| 40×80×125 | 1 664 | 1 566 | 1 467 | | 1.64 | | | | | 0.895 | 0.950 | 1.01 | | | |

表 2-17 XCD 型铁心(Ⅰ、Ⅱ、Ⅲ级品)50 Hz 电源变压器计算数据

| 铁心型号 | 二次侧容量 $P_2$ (W) | | | 电流密度 $J$ ($A/mm^2$) | | | 一次侧匝数 (220 V时)(匝) | | | 二次侧每伏匝数 (匝/V) | | | $B_0$ (T) | | |
|---|---|---|---|---|---|---|---|---|---|---|---|---|---|---|---|
| | Ⅰ | Ⅱ | Ⅲ | Ⅰ | Ⅱ | Ⅲ | Ⅰ | Ⅱ | Ⅲ | Ⅰ | Ⅱ | Ⅲ | Ⅰ | Ⅱ | Ⅲ |
| XCD 10×20×20 | 5.27 | 4.64 | 4.06 | 4.94 | 4.66 | 4.37 | 3 078 | 3 264 | 3 474 | 18.7 | 19.8 | 21.1 | 1.75 | 1.65 | 1.55 |
| 10×20×25 | 7.42 | 6.55 | 5.74 | | | | | | | | | | | | |
| 10×20×32 | 10.8 | 9.55 | 8.38 | | | | | | | | | | | | |
| 10×20×40 | 14.2 | 12.6 | 11.1 | | | | | | | | | | | | |
| 12.5×25×25 | 21.9 | 20.4 | 17.9 | 5.90 | 5.84 | 5.48 | 1 966 | 2 086 | 2 220 | 11.9 | 12.6 | 13.5 | | | |
| 12.5×25×32 | 29.8 | 27.7 | 24.3 | 5.55 | 5.56 | 5.22 | | | | 11.7 | 12.6 | 13.5 | | | |
| 12.5×25×40 | 37.0 | 34.3 | 31.5 | 5.15 | | | | | | 11.4 | 12.3 | 13.4 | | | |
| 12.5×25×50 | 46.4 | 43.0 | 39.7 | 4.75 | | | | | | 11.2 | 12.1 | 13.1 | | | |
| 16×32×32 | 45.6 | 42.3 | 38.9 | 6.66 | | | 1 202 | 1 276 | 1 356 | 6.90 | 7.43 | 8.06 | | | |
| 16×32×40 | 58.8 | 54.6 | 51.4 | 5.90 | | | | | | 6.69 | 7.20 | 7.78 | | | |
| 16×32×50 | 74.6 | 69.4 | 64.2 | 5.35 | | | | | | 6.55 | 7.04 | 7.60 | | | |
| 16×32×64 | 94.3 | 87.8 | 81.3 | 4.93 | | | | | | 6.46 | 6.92 | 7.47 | | | |
| 20×40×40 | 111 | 104 | 96.3 | 4.57 | | | 768 | 816 | 868 | 3.89 | 4.21 | 4.52 | | | |
| 20×40×50 | 133 | 124 | 115 | 4.24 | | | | | | 3.89 | 4.17 | 4.48 | | | |
| 20×40×64 | 176 | 156 | 146 | 3.88 | | | 748 | | | 3.76 | 4.13 | 4.43 | | | |
| 20×40×80 | 220 | 206 | 192 | 3.65 | | | | 792 | 842 | 3.72 | 3.97 | 4.24 | | 1.70 | 1.60 |

（续表）

| 铁心型号 | 二次侧容量 $P_2$（W） | | | 电流密度 $J$（A/mm²） | | | 一次侧匝数（220 V时）（匝） | | | 二次侧每伏匝数（匝/V） | | | $B_0$（T） | | |
|---|---|---|---|---|---|---|---|---|---|---|---|---|---|---|---|
| | Ⅰ | Ⅱ | Ⅲ | Ⅰ | Ⅱ | Ⅲ | Ⅰ | Ⅱ | Ⅲ | Ⅰ | Ⅱ | Ⅲ | Ⅰ | Ⅱ | Ⅲ |
| 25×50×50 | 263 | 247 | 231 | | 3.81 | | 478 | 506 | 538 | 2.35 | 2.50 | 2.67 | 1.80 | 1.70 | 1.60 |
| 25×50×64 | 322 | 303 | 283 | | 3.51 | | | | | 2.33 | 2.48 | 2.65 | | | |
| 25×50×80 | 398 | 374 | 350 | | 3.21 | | | | | 2.32 | 2.46 | 2.63 | | | |
| 25×50×100 | 484 | 455 | 426 | | 3.02 | | | | | 2.31 | 2.45 | 2.62 | | | |
| 32×64×64 | 634 | 596 | 559 | | 2.82 | | 292 | 308 | 328 | 1.39 | 1.47 | 1.57 | | | |
| 32×64×80 | 741 | 697 | 653 | | 2.68 | | | | | 1.38 | 1.47 | 1.56 | | | |
| 32×64×100 | 918 | 864 | 810 | | 2.44 | | | | | 1.38 | 1.46 | 1.56 | | | |
| 32×64×125 | 1 128 | 1 061 | 995 | | 2.27 | | | | | 1.37 | 1.46 | 1.55 | | | |
| 40×80×80 | 1 437 | 1 351 | 1 267 | | 2.28 | | 192 | 204 | 216 | 0.90 | 0.96 | 1.02 | 1.75 | 1.65 | 1.55 |
| 40×80×100 | 1 767 | 1 662 | 1 559 | | 2.06 | | | | | | 0.95 | 1.02 | | | |
| 40×80×125 | 2 154 | 2 026 | 1 900 | | 1.91 | | | | | | 0.95 | 1.01 | | | |
| 40×80×160 | 2 700 | 2 540 | 2 383 | | 1.76 | | | | | | 0.95 | 1.01 | | | |
| 50×100×100 | 3 191 | 3 003 | 2 818 | | 1.68 | | 122 | 130 | 138 | 0.57 | 0.60 | 0.66 | | | |
| 50×100×125 | 3 827 | 3 611 | 3 390 | | 1.55 | | | | | | | 0.64 | | | |
| 50×100×160 | 4 724 | 4 447 | 4 176 | | 1.43 | | | | | | | 0.64 | | | |
| 50×100×200 | 5 681 | 5 347 | 5 023 | | 1.34 | | | | | | | 0.64 | | | |

## 四、R型变压器

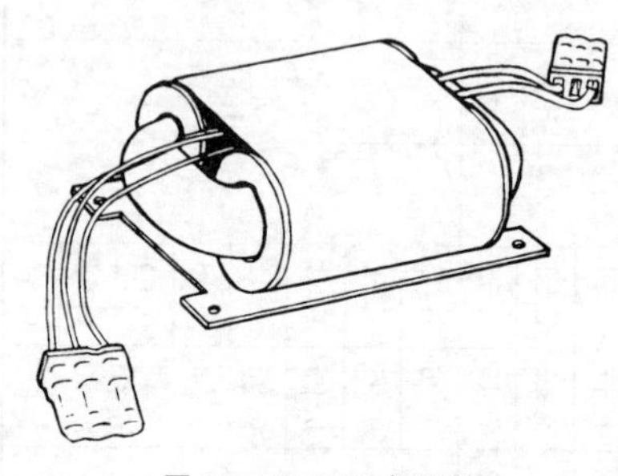

图 2-48　R型变压器

R型变压器是在综合C型、环形变压器优点的基础上产生的。外形如图2-48所示，与传统的变压器一样，它也是由铁心、绕组、结构件组成。其核心部分铁心是由1根由开料机切割成由窄到宽、再由宽到窄连续均匀过渡的晶粒取向冷轧硅钢带卷绕经浸漆成型而成。铁心不切割、截面近似圆形。铁心外形与外形尺寸符号如图2-49所示，磁感应强度$B$取1.7 T左右。

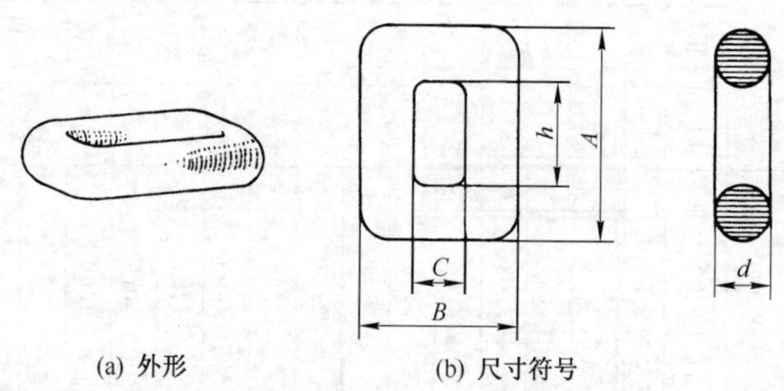


(a) 外形　(b) 尺寸符号

图 2-49　R型铁心外形及其尺寸符号

R型变压器铁心不切断带来磁路无气隙，因此漏磁小，为E型变压器的1/10以下。空载损耗小，温升低，与E形变压器相比，温升降低一半以下。由于为圆截面，绕组呈圆形，用铜量也降低，因此体积、重量皆减少，且噪声低。常用卧式结构、薄形化，适合于高密度安装的设备中。

R型变压器的骨架是用PBT阻燃工程塑料模压制成，由内外2个圆柱形骨架构成。每个圆柱形骨架又由2个半圆柱形薄壳构成。其尺寸符号如图2-48所示。绕线时将2个半圆柱形薄壳拼装在圆形铁心上，构成可在铁心上转动的圆形骨架，然后通过专用绕线机的压轮，摩擦骨架边缘使骨架转动而绕线。绕完内层绕组后，再在外面套上外层骨架，绕制外层绕组。在

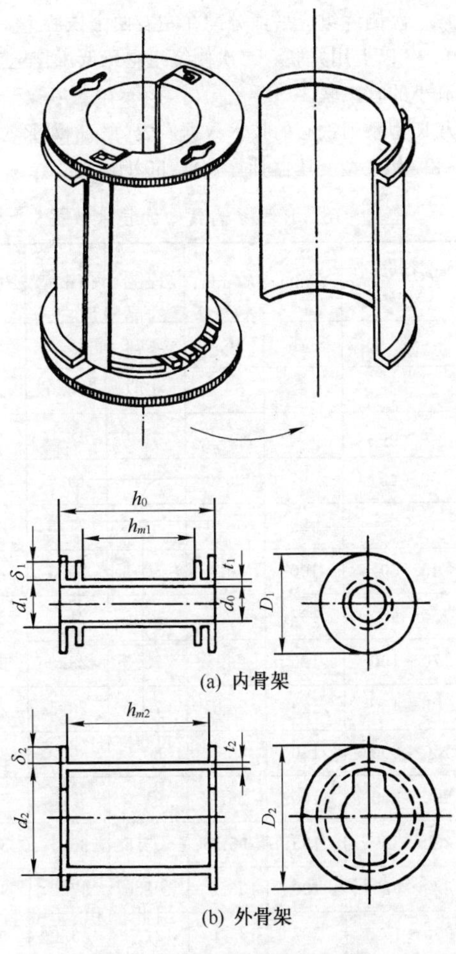


(a) 内骨架

(b) 外骨架

**图 2－50**　R 型变压器线圈骨架

缺乏专用设备的情况下，也可手工摩擦骨架边缘，使其转动而绕线。绕线时绕组的配置为平衡配置，即 1 个绕组的各 1/2 分别绕在左右 2 个骨架上，并按极性相联（同 C 型变压器）。一般高压绕组绕在内层骨架上，低压绕组绕在外层骨架上，也可只用 1 个内层骨架，低压绕组经组间绝缘直接绕在高压绕组外面。通常一次侧绕组应平衡分配在左右两个铁心上。功率在 300 W 以下用串联，300 W 以上用并联。二次侧绕组电压低工作电流大的宜并联，电压高工作电流小的宜串联。

表 2-18 为 R 型系列铁心的技术数据。表 2-19 为 R 型变压器线圈骨架尺寸。表 2-20 为 R 型变压器计算数据(50 Hz)。

表 2-18 R 型系列铁心的技术数据

| 系列 | 型号 | 容量(V·A) | A(mm) | B(mm) | h(mm) | C(mm) | d(mm) | 质量(kg) |
|---|---|---|---|---|---|---|---|---|
| 标准系列 | R-10 | 15 | 75 | 46.0 | 43.0 | 16.0 | 16.5 | 0.235 |
| | R-20 | 20～28 | 82 | 52.5 | 43.0 | 18.0 | 18.5 | 0.310 |
| | R-26 | 25～35 | 83 | 53.0 | 43.0 | 18.0 | 19.5 | 0.365 |
| | R-30 | 30～45 | 97 | 56.0 | 54.5 | 19.5 | 20.0 | 0.425 |
| | R-35 | 35～55 | 99 | 58.0 | 53.5 | 21.5 | 20.5 | 0.515 |
| | R-40 | 45～60 | 100 | 60.0 | 53.5 | 20.5 | 21.5 | 0.525 |
| | R-50 | 50～65 | 102 | 63.0 | 52.5 | 21.5 | 23.5 | 0.615 |
| | R-80 | 70～100 | 125 | 66.5 | 73.5 | 23.0 | 24.5 | 0.830 |
| | R-100 | 90～130 | 126 | 74.5 | 70.5 | 28.5 | 26.0 | 0.960 |
| | R-160 | 150～200 | 140 | 80.0 | 80.5 | 30.0 | 28.0 | 1.260 |
| | R-260 | 200～300 | 160 | 86.0 | 91.0 | 32.0 | 30.0 | 1.620 |
| | R-320 | 280～380 | 163 | 95.5 | 95.5 | 36.5 | 32.0 | 1.970 |
| | R-600 | 380～620 | 190 | 106.0 | 102.0 | 37.0 | 38.0 | 3.05 |
| | R-1000 | 650～1 200 | 227 | 135.0 | 127.0 | 43.0 | 45.0 | 4.80 |
| 特薄系列 | R-18D | 18～25 | 81 | 55.0 | 43.0 | 26.0 | 16.5 | 0.270 |
| | R-80L | 70～95 | 131 | 63.5 | 81.0 | 20.5 | 22.5 | 0.722 |
| | R-150L | 140～190 | 149 | 77.0 | 90.5 | 28.0 | 26.5 | 1.18 |
| | R-220L | 200～250 | 163 | 78.0 | 103.0 | 28.0 | 27.3 | 2.80 |

表 2-19 R型变压器骨架尺寸 (mm)

| 型号 | 内骨架 | | | | | | | 外骨架 | | | | |
|---|---|---|---|---|---|---|---|---|---|---|---|---|
| | $d_0$ | $d_1$ | $t_1$ | $\delta_1$ | $D_1$ | $h_0$ | $h_{m1}$ | $d_2$ | $t_2$ | $\delta_2$ | $h_{m2}$ | $D_2$ |
| RB-10 | 16.8 | 19.2 | 1.2 | 2.3 | 30 | 39 | 29.2 | 25.9 | 1 | 2.05 | 27.8 | 30 |
| 20 | 18.8 | 21.4 | 1.3 | 2.6 | 34 | 41 | 31 | 28.7 | 1 | 2.65 | 31 | 34 |
| 30 | 20.5 | 23.4 | 1.3 | 2.8 | 36.5 | 52.5 | 42.5 | 30.8 | 1 | 2.85 | 42.5 | 36.5 |
| 40 | 22 | 24.6 | 1.3 | 2.7 | 38 | 52.5 | 42.5 | 32.1 | 1 | 2.95 | 42.5 | 38 |
| 50 | 24 | 26.6 | 1.3 | 3.2 | 42 | 50.5 | 40.5 | 35.1 | 1 | 3.45 | 40.5 | 42 |
| 80 | 25 | 27.6 | 1.3 | 3.4 | 44 | 71 | 59 | 36.5 | 1 | 3.75 | 59 | 44 |
| 100 | 26.5 | 29.1 | 1.3 | 4.6 | 51 | 68.5 | 58 | 40.6 | 1.1 | 5.2 | 58 | 51 |
| 160 | 29 | 31.6 | 1.3 | 5.0 | 55 | 73 | 66 | 43.9 | 1.1 | 5.55 | 66 | 55 |
| 260 | 31 | 34 | 1.5 | 5.3 | 59 | 88.5 | 78 | 47.1 | 1.2 | 5.95 | 75 | 59 |
| 320 | 32.5 | 35.5 | 1.5 | 6.4 | 64.5 | 94.5 | 82 | 50.8 | 1.2 | 6.85 | 78 | 64.5 |
| 600 | 39 | 42.4 | 1.7 | 6.0 | 71 | 102 | 92 | 57.3 | 1.4 | 6.85 | 85 | 71 |
| 1000 | 46 | 49.6 | 1.8 | 7.4 | 83 | 126.5 | 111 | 67.3 | 1.4 | 7.85 | 109 | 83 |

表 2-20 R型变压器计算数据(50 Hz)

| 铁心型号 | 功率容量(W) | $B_0$(T) | 电流密度 $J$ (A/mm$^2$) | 电压调整率 $\Delta U$(%) | $U_1=220$ V时的数据 | | 一次侧绕组连接法 |
|---|---|---|---|---|---|---|---|
| | | | | | 一次侧线径 $d_1$(mm) | 一次侧匝数 $N_1$ | |
| R-10 | ~15 | 1.70 | 4.0~4.5 | 16~20 | $\phi$0.15 | 1 575×2 | 串联 |
| 20 | 20~28 | | 3.8~4.5 | 14~18 | $\phi$0.19 | 1 267×2 | |
| 30 | 30~45 | | 3.5~4.0 | 12~15 | $\phi$0.25 | 1 088×2 | |
| 40 | 35~55 | | 3.3~3.8 | 10~13 | $\phi$0.28 | 911×2 | |
| 50 | 50~65 | | 3.2~3.5 | 9~12 | $\phi$0.315 | 792×2 | |
| 80 | 70~100 | | 3.0~3.3 | 8~10 | $\phi$0.425 | 713×2 | |
| 100 | 90~130 | | 2.8~3.2 | 8~9 | $\phi$0.50 | 643×2 | |

（续表）

| 铁心型号 | 功率容量（W） | $B_0$（T） | 电流密度 $J$（$A/mm^2$） | 电压调整率 $\Delta U$（%） | $U_1 = 220$ V时的数据 | | 一次侧绕组连接法 |
|---|---|---|---|---|---|---|---|
| | | | | | 一次侧线径 $d_1$（mm） | 一次侧匝数 $N_1$ | |
| 160 | 150～200 | | 2.6～3.0 | 7～8 | $\phi$0.63 | 540×2 | |
| 260 | 200～300 | | 2.6～3.0 | 7～8 | $\phi$0.75 | 468×2 | 串联 |
| 320 | 280～380 | 1.70 | 2.5～3.0 | 6～8 | $\phi$0.85 | 408×2 | |
| 600 | 380～650 | | 2.4～3.0 | 5～7 | $\phi$0.80 | 570 | 并联 |
| 1000 | 650～1 000 | | 2.2～2.5 | 4～6 | $\phi$1.0 | 431 | |

## 五、O型（环形）变压器

O型（环形）变压器如图2-51所示。其铁心也是由晶粒取向的冷轧硅钢带或合金钢带制成的。制造简单，能充分利用材料的磁性能，漏磁小。其特点与计算方法基本同R型变压器。其缺点是线圈结构复杂，绕线困难。一般用专用绕线机绕制。线细和匝数多的尽可能先绕，抽头多的绕组后绕。需手工绕的绕组放在外层。一般情况是在内径一侧密绕，绕匝成辐射状，匝数较少时为减少漏磁，沿圆周均匀分布疏绕。

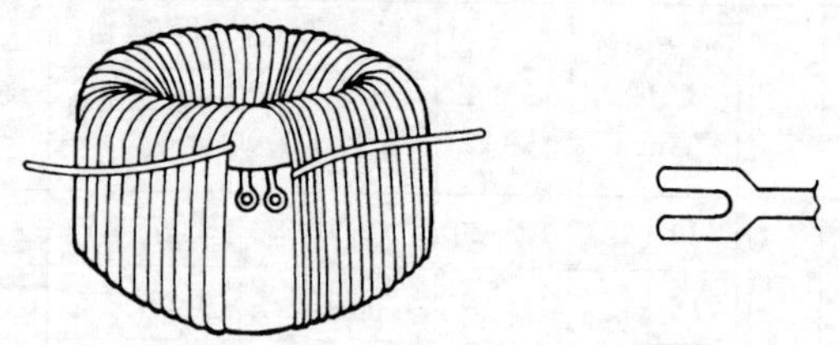

**图2-51** O型（环形）变压器　　**图2-52** 串绕用梭子

在无绕线机情况下，也可自制工具手工绕制。工具为用板形材料制成如图2-52所示的梭子，其长度根据需要定。根据铁心截面尺寸及绕组匝数，考虑绝缘厚度，由最外层每匝长度和最内层每匝长度计算出每匝平均匝长度，并乘以匝数来截取导线长度绕于梭子的凹槽中，然后来进行串绕。

O型铁心外形如图2－53所示。表2－21列出了不同型号BOD型铁心的技术数据。

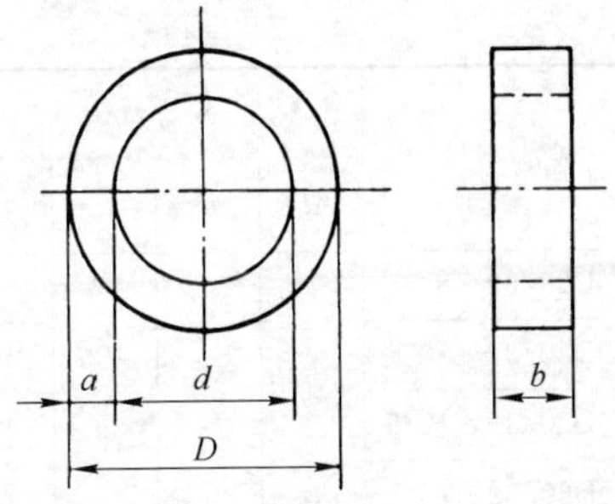


**图2－53**　O型铁心外形尺寸符号

除工频环形铁心外，目前随着电子技术的发展，高频变压器、开关电源、脉冲变压器和逆变器中也大多采用环形铁心（非晶态、超微晶态合金和铁氧体材料）来制成各类变压器，其频率可高达数十万Hz。由于材料、工作频率和使用条件等不同，因此它们与一般工频变压器的计算与绕制也有所不同，要考虑到导线的集肤效应，绕组的分布电容和漏感等影响。

表2－21　不同型号BOD型铁心的技术数据

| 铁心型号 | 尺寸(mm) | | | | 铁心有效面积(cm²) | 磁路平均长度(cm) | 铁心净重(g) |
|---|---|---|---|---|---|---|---|
| | *d* | *D* | *a* | *b* | | | |
| BOD10/16－4 | 10 | 16 | 3 | 4 | 0.104 | 4.08 | 3.26 |
| BOD10/16－5 | | | | 5 | 0.131 | | 4.08 |
| BOD10/16－6.5 | | | | 6.5 | 0.170 | | 5.30 |
| BOD10/16－8 | | | | 8 | 0.209 | | 6.25 |
| BOD12/20－5 | 12 | 20 | 4 | 5 | 0.174 | 5.03 | 6.70 |
| BOD12/20－6.5 | | | | 6.5 | 0.226 | | 8.70 |
| BOD12/20－8 | | | | 8 | 0.278 | | 10.7 |
| BOD12/20－10 | | | | 10 | 0.348 | | 13.4 |
| BOD16/25－5 | 16 | 25 | 4.5 | 5 | 0.198 | 6.45 | 9.76 |
| BOD16/25－6.5 | | | | 6.5 | 0.257 | | 12.7 |
| BOD16/25－8 | | | | 8 | 0.317 | | 15.6 |
| BOD16/25－10 | | | | 10 | 0.396 | | 20.0 |

（续表）

| 铁心型号 | 尺寸(mm) | | | | 铁心有效面积($cm^2$) | 磁路平均长度(cm) | 铁心净重(g) |
|---|---|---|---|---|---|---|---|
| | *d* | *D* | *a* | *b* | | | |
| BOD20/32－8 | 20 | 32 | 6 | 8 | 0.422 | 8.17 | 26.4 |
| BOD20/32－10 | | | | 10 | 0.528 | | 33.0 |
| BOD20/32－12.5 | | | | 12.5 | 0.660 | | 41.2 |
| BOD20/32－16 | | | | 16 | 0.845 | | 53.0 |
| BOD20/40－8 | 20 | 40 | 10 | 8 | 0.704 | 9.43 | 50.8 |
| BOD20/40－10 | | | | 10 | 0.880 | | 63.5 |
| BOD20/40－12.5 | | | | 12.5 | 1.10 | | 79.3 |
| BOD20/40－16 | | | | 16 | 1.41 | | 102 |
| BOD25/50－10 | 25 | 50 | 12.5 | 10 | 1.10 | 11.8 | 99.1 |
| BOD25/50－12.5 | | | | 12.5 | 1.38 | | 124 |
| BOD25/50－16 | | | | 16 | 1.76 | | 159 |
| BOD25/50－20 | | | | 20 | 2.20 | | 198 |
| BOD32/64－12.5 | 32 | 64 | 16 | 12.5 | 1.76 | 15.1 | 203 |
| BOD32/64－16 | | | | 16 | 2.25 | | 260 |
| BOD32/64－20 | | | | 20 | 2.82 | | 325 |
| BOD32/64－25 | | | | 25 | 3.52 | | 406 |
| BOD40/80－16 | 40 | 80 | 20 | 16 | 2.82 | 18.9 | 406 |
| BOD40/80－20 | | | | 20 | 3.52 | | 508 |
| BOD40/80－25 | | | | 25 | 4.40 | | 635 |
| BOD40/80－32 | | | | 32 | 5.63 | | 812 |
| BOD50/100－20 | 50 | 100 | 25 | 20 | 4.40 | 23.6 | 793 |
| BOD50/100－25 | | | | 25 | 5.50 | | 991 |
| BOD50/100－32 | | | | 32 | 7.04 | | 1 270 |
| BOD50/100－40 | | | | 40 | 8.80 | | 1 590 |

# 2-4　特殊用途变压器

## 一、自耦变压器

自耦变压器是一种单圈式变压器，一、二次侧共同用1个绕组，其变压比有固定的和可调的两种。降压起动器中的自耦变压器的变压比是固定的，而接触式调压器的变压比是可变的。自耦变压器与同容量的一般变压器相比较，具有结构简单、用料省、体积小等优点。在调压、控温、调速、调光、功率控制等场合使用较多，使用范围十分广泛。尤其在变压比接近于1的场合显得特别经济，所以在电压相近的大功率输电变压器中用得较多，此外在10 kW以上异步电动机降压起动器中得到广泛使用。但是，由于一、二次侧共用1个绕组，有电的联系，因此在某些场合不宜使用，特别是不能用作行灯变压器。

图2-54是单相自耦变压器的电路，在忽略变压器的励磁电流和损耗的情况下，近似有以下一些关系：

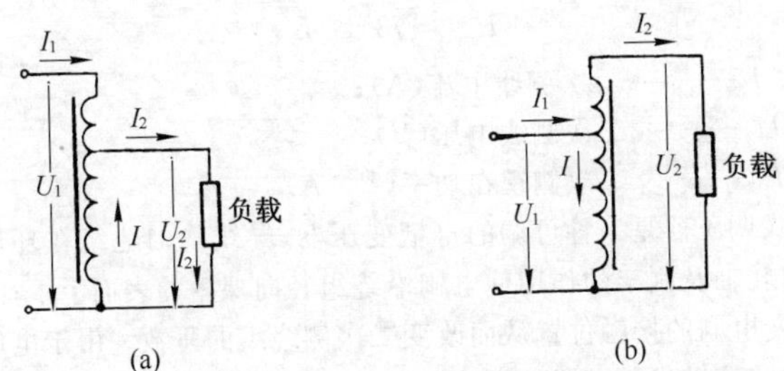


**图2-54**　单相自耦变压器的电路

电流

$$I_2 = I_1 + I(\text{降压})$$

$$I_2 = I_1 - I(\text{升压})$$

容量

$$P_{s1} = U_1 I_1$$

$$P_{s2} = U_2 I_2$$

式中　$I_1$、$I_2$——自耦变压器一、二次侧电流(A)；

$U_1$、$U_2$——一、二次侧电压(V)；

$P_{s1}$、$P_{s2}$——一、二次侧视在功率(W)。

三相自耦变压器用作降压起动器中的变压器的电路如图 2-55 所示。在忽略变压器的励磁电流和损耗的情况下，近似有以下一些关系：

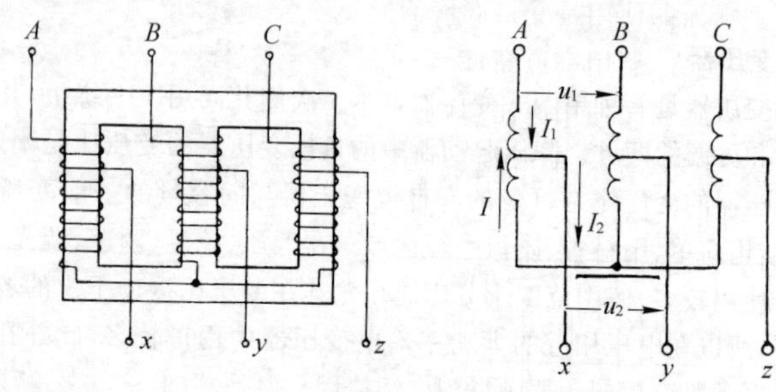


图 2-55 三相降压自耦变压器的电路

电流
$$I_2 = I_1 + I$$

容量
$$P_{s1} = \sqrt{3}\ U_1 I_1$$

$$P_{s2} = \sqrt{3}\ U_2 I_2$$

式中 $I_1$、$I_2$——一、二次侧线电流(A)；

$U_1$、$U_2$——一、二次侧线电压(V)；

$P_{s1}$、$P_{s2}$——一、二次侧视在功率(V·A)。

接触式调压器是一种可调的自耦变压器，导线均匀地绕在环形铁心的四周，凭借转轴及刷架的作用使电刷沿绕组径向裸露的表面上下往复滑动，以此来改变电刷的接触位置从而改变二次侧绕组的匝数。由于电压与匝数成正比，因此接触式调压器二次侧电压可以改变，它既可升压又可降压。

单相接触式调压器的电路如图 2-56 所示。

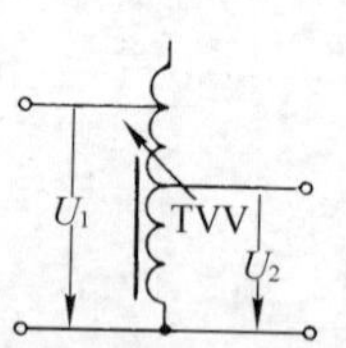


图 2-56 单相接触式调压器的电路图

$U_1$—输入电压；$U_2$—输出电压

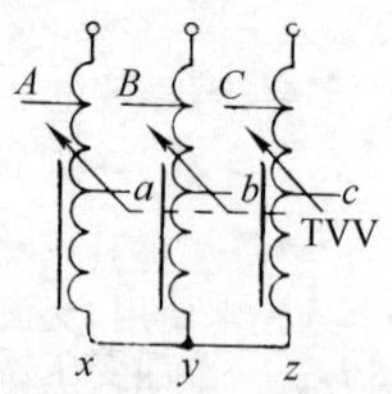


图 2-57 三相调压器电路原理图

三相调压器是由3个单相调压器组成的。刷架装在同一轴上，绕组连成星形(Y形)接法，电路如图2-57所示。

由于调压器的使用是受二次侧的额定电流限制的，因此二次侧电压愈大，输出容量愈大，利用率愈高；反之，二次侧电压愈低，输出容量愈低，利用率也愈低。在低压时使用应注意，不可使二次侧电流超过铭牌规定的额定电流值。另外，调压器不宜长期当作固定的自耦变压器来使用。

表2-22 TDGC2、TSGC2系列接触式调压器技术数据

| 型 号 | TDGC2 | | | | | | | | | | | TSGC2 | | | | | |
|---|---|---|---|---|---|---|---|---|---|---|---|---|---|---|---|---|---|
| 容量(kV·A) | 0.2 | 0.5 | 1 | 2 | 3 | 5 | 7 | 10 | 15 | 20 | 30 | 3 | 6 | 9 | 15 | 20 | 30 |
| 输出电流(A) | 0.8 | 2 | 4 | 8 | 12 | 20 | 28 | 40 | 60 | 80 | 120 | 4 | 8 | 12 | 20 | 27 | 40 |
| 相数 | 单相 | | | | | | | | | | | 三相 | | | | | |
| 输入电压(V) | 220±10% | | | | | | | | | | | 三相380±10% | | | | | |
| 输出电压(V) | 0～250可调 | | | | | | | | | | | 三相0～430可调 | | | | | |
| 频率(Hz) | 50/60 | | | | | | | | | | | | | | | | |
| 效率 | >90% | | | | | | | | | | | | | | | | |
| 波形失真 | 无附加波形失真 | | | | | | | | | | | | | | | | |
| 电气强度 | 1 500 V/1 min | | | | | | | | | | | | | | | | |
| 绝缘电阻 | 单相>5 MΩ | | | | | | | | | | | 三相>2 MΩ | | | | | |

## 二、交流稳压器

无线电通信、自动控制、电子计算机等许多设备都要求电源电压比较稳定。通常电源电压的波动会直接影响到设备的质量和性能，许多高档家用电器如计算机、空调、彩电、音响等也会因电源电压的波动而无法正常运行。严重时，甚至可能会导致电器设备的损坏。我国大中城市电压通常的波动范围为－20%～＋10%(即176～242 V)，而小城市或农村地区的电压波动范围可高达－40%～＋15%(即132～253 V)。因此为保护用电设备和保证家用电器的正常使用，交流稳压器正日益获得广泛使用。常见的交流稳压器从其稳压原理来看，大致可分继电器式、伺服式和补偿式三类。

### 1. 继电器式交流稳压器

这类稳压器电路简单、成本低。其电压通过继电器触点换接而改变，不

可避免地会导致瞬时失电(触点切换时间约为 100 ms),在某些情况下(如家用计算机和带有计算机控制的高档电器)是不宜采用的。图 2-58 为继电器式交流稳压器的原理图。它基本上是1个自耦变压器,通过切换抽头改变一次侧的匝数(匝比)来调节输出的电压。图中由输入电压$U_入$经过 V9 整流后在$R_2$上的电压$U_A$作为采样电压与各运放正端电压$U_R$相比较,来决定各继电器 KA 的动作,当$U_R < U_A$时,运放输出低电平,对应的继电器 KA 不动作。当$U_R > U_A$时,运放输出高电平,对应的继电器 KA 动作,

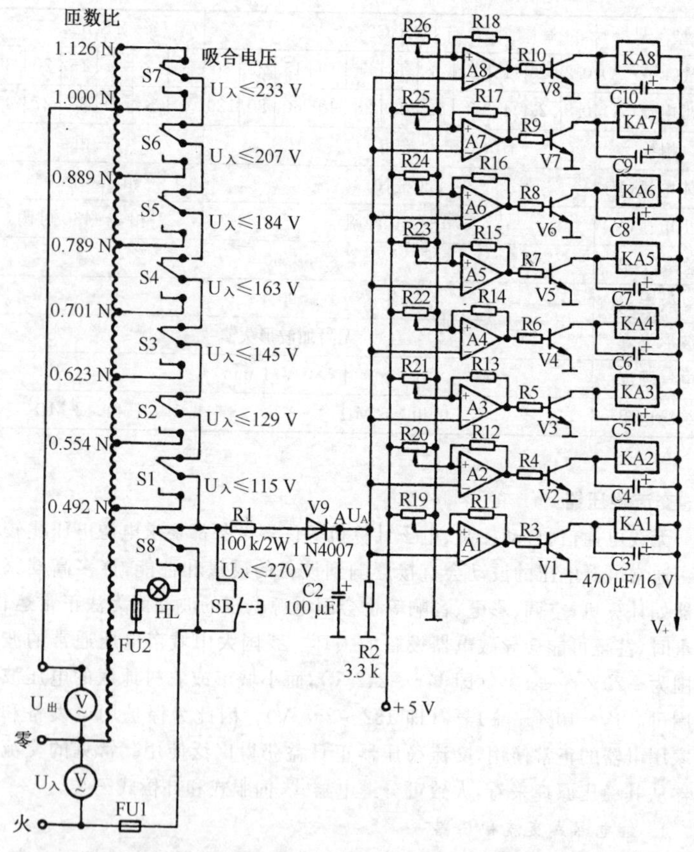


图 2-58 继电器式交流稳压器原理图

与自耦变压器相连的对应常开触头闭合，常闭触头断开。通过调节 $R_{19}\sim R_{26}$，设定不同的 $U_{R1}\sim U_{R8}$ 置定值，便能在不同的输入电压范围内，接通对应的触头 S1～S8，使输出电压在所允许的波动范围内。

2. 伺服式交流稳压器

这类稳压器是 1 个闭环反馈自动平衡系统，其简单原理如图 2-59 所示。当电压一有波动时，其检测控制电路就会采样，根据电压的波动情况，驱动伺服电机带动电刷平滑移动，改变 K 的位置，即改变自耦变化器一次侧与二次侧的匝比，从而将输出电压调整到指定的范围并具有良好的电压波形。自耦变压器通常为在环形铁心上绕线圈构成。由于电刷上所流过的电流较大，在频繁的调压过程中，电刷极易磨损。一旦电刷表面出现了凹凸不平时，在电刷与线圈之间就会产生显著的打火现象，因而为了确保安全，除了必须避开易燃物质外，电刷也需定期更换。

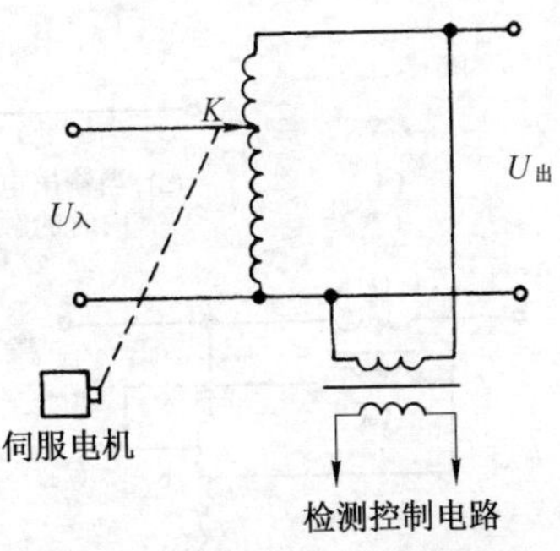


**图 2-59**　伺服交流稳压器原理图

3. 补偿式交流稳压器

补偿式交流稳压器又可分为有触点和无触点两类。后者正被日趋推广，特别是在大容量的交流稳压器中。

有触点的补偿式交流稳压器通常由 1 个补偿变压器、1 个伺服驱动机构、1 个带有滑动触点的自耦变压器及检测反馈控制电路等部分构成。相对伺服式而言，其滑动触点电流较小，故电刷寿命较伺服式长。但即使如此，对于大容量的交流稳压器，它正逐渐被无接触式的感应补偿式所取代。图 2—60 所示为补偿式交流稳压器的原理图。图中 $B_B$ 为补偿变压器，$B_T$ 为由伺服机构驱动的自耦变压器。当输出电压在额定范围内时，检测驱动机构使触头 K 处于图 2-60a 中位置 2，这时补偿变压器一次侧输入电压为零，二次侧输出电压 $\Delta U=0$，于是 $U_{出}=U_{入}+\Delta U=U_{入}$。当输入电压引起输出电压低于额定值时，检测驱动机构将触头 K 向上端移动，于是补偿变压器有输出电压 $\Delta U$，极性如图 2-60b 所示，此时 $U_{出}=U_{入}+\Delta U$ 增大，达到使输出电压维持恒定。反之当输入电压变化引起输出电压高于额定值时，检测驱动机构将触头 K 向下端移动，于是补偿变压器有输出电压 $\Delta U$，极性如图 2-60c 所示，此时 $U_{出}=U_{入}-\Delta U$ 减小，达到使输出电压维持恒定值为止。大容量的三相补偿式稳压器原理与上同，它有三相统调和三相分调两种。其优点是容量大、效率高、稳压范围宽、无相移、无波形失真等。

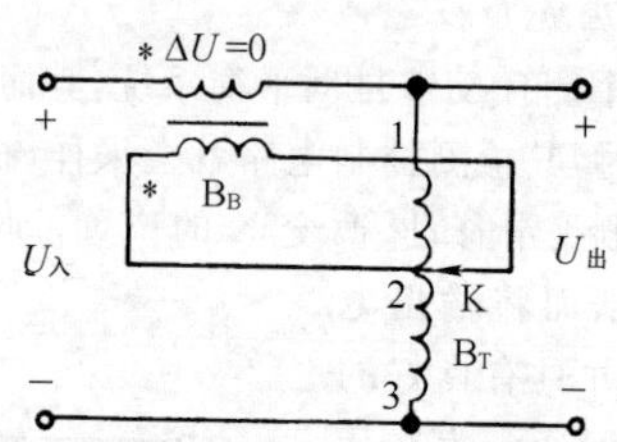


(a) 当输出电压在额定值范围内时的触头位置

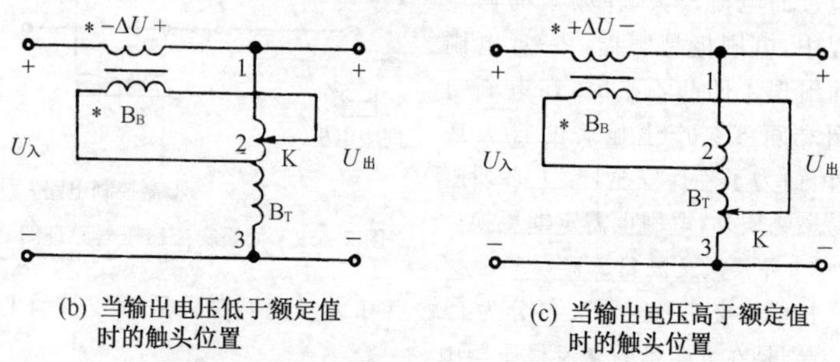


(b) 当输出电压低于额定值时的触头位置

(c) 当输出电压高于额定值时的触头位置

图 2-60　补偿式交流稳压器原理图

无触点补偿式交流稳压器的原理如图 2-61 所示，可以把图 2-60a、b、c 三个图用一个电压调整模块来替代，如图 2-61 所示。

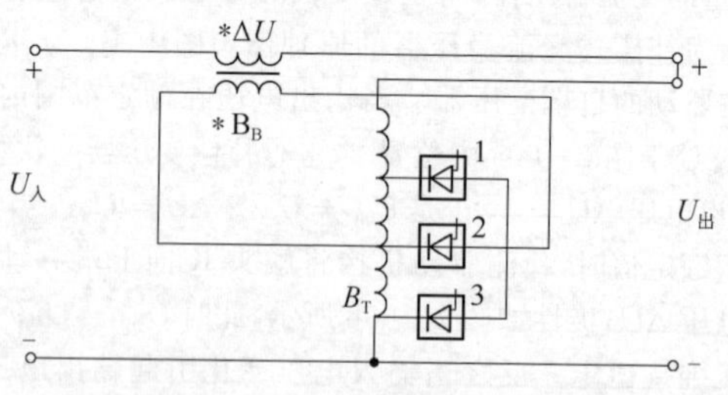


图 2-61　电压调整模块示意图

通过检测电路和控制电路对三个无触点开关(晶闸管1、2、3)进行分别接通与断开,便测得了$\pm\Delta U$值,于是使得输出电压$U_{出}$达到稳定值。如果采用多个(例如3个)模块串联在电路中,如图2-62所示,并设定每个模块的$\Delta U$值不同,分别为$\Delta U_1$,$\Delta U_2$,$\Delta U_3$。通过对$\Delta U_1$、$\Delta U_2$和$\Delta U_3$的正负不同取值则可获得$U_{出}=220\ \text{V}\pm(\Delta U_1+\Delta U_2+\Delta U_3)$大范围内的稳压。

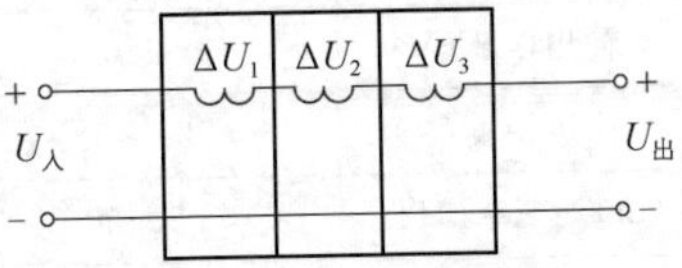

不同系列的稳压器技术数据见表2-23~表2-29。



**图2-62** 多个电压调整模块串联示意图

表2-23 TSD系列伺服式交流稳压器技术数据

| 型 号 | TSD3000 | TSD4000 | TSD5000 | TSD6000 | TSD7000 |
|---|---|---|---|---|---|
| 额定输出容量(V·A) | 3 000 | 4 000 | 5 000 | 6 000 | 7 000 |
| 额定输入电压范围(V) | 140~250 | | | | |
| 保护电流(输入)(A) | 15.5 | 21 | 26 | 31 | 36 |
| 延时时间(s) | 约20 | | | | |
| 声音报警时间(min) | 约2 | | | | |
| 220 V稳压精度 | ±3% | | | | |
| 110 V稳压精度 | ±3% | | | | |
| 欠压保护电压(V) | 184±4 | | | | |
| 过压保护电压(V) | 246±4 | | | | |
| 延时时间(min) | 5±2 | | | | |
| 调压速度(V/s) | 7.5 | | | | |

表2-24 TM系列稳压器技术数据

| 型 号 | TMF-A2 kVA TM-3 kVA TM-5 kVA TM-8 kVA TM-10 kVA | | |
|---|---|---|---|
| 输入电压(V) | 150~250 | 环境温度(℃) | -10~+40 |
| 输出电压(V) | 220 | 温升(℃) | <80(满载) |
| 稳压精度(V) | 220±10% | 负载功率因素 | 0.8 |
| 频 率(Hz) | 50/60 | 相对湿度 | <95% |
| 过压保护电压(V) | 246±4 | 效率 | >90% |

表2-25 TJ系列伺服式交流稳压器技术数据

| 型　号 | TJ-3000 VA, TJ-3000 VA, TJ-8000 VA, TJ-10000 VA | | |
|---|---|---|---|
| 输入电压(V) | 150～250 | 环境温度(℃) | －10～＋40 |
| 输出电压(V) | 220 | 温升(℃) | ＜80(满载条件下) |
| 稳压精度(V) | 220±3% | 波形失真 | ＜1.0% |
| 频　率(Hz) | 50/60 | 负载功率因素 | 0.8 |
| 过压保护电压(V) | 246±4 | 效率 | ＞90% |

表2-26 TJ-S系列伺服式三相交流稳压器技术数据

| 型　号 | TJ-S15 kVA　TJ-S20 kVA　TJ-S30 kVA　TJ-S45 kVA　TJ-S50 kVA | | |
|---|---|---|---|
| 输入电压(V) | (相电压)150～250 | 环境温度(℃) | －10～＋40 |
| | (线电压)260～430 | 温升(℃) | ＜80 |
| 输出电压(V) | (相电压)220 | 波形失真 | 无附加波形失真 |
| | (线电压)380 | | |
| 稳压精度(V) | (相电压)220±3% | 负载功率因素 | 0.8 |
| | (线电压)380±3% | | |
| 频　率(Hz) | 50/60 | 相对湿度 | ＜95% |
| 调整时间(s) | ＜1(输入电压变化10%时) | 耐压 | 符合部颁标准 |
| 效　率 | ＞90% | | |

表2-27 SVC系列伺服式交流稳压器技术数据

| 型　号 | SVC-0.5 kVA　SVC-1 kVA　SVC-1.5 kVA　SVC-2 kVA<br>SVC-3 kVA　SVC-5 kVA　SVC-7.5 kVA　SVC-10 kVA<br>SVC-15 kVA　SVC-20 kVA　SVC-30 kVA　SVC-40 kVA |
|---|---|
| 输入电压(V) | 150～250(0.5～3 kV·A) |
| | 160～250(5～10 kV·A) |
| | 176～264 (15～30 kV·A) |

（续表）

| | |
|---|---|
| 输出电压(V) | 220±3% 110±6% |
| 频率(Hz) | 50～60 |
| 调整时间(s) | <1(当输入电压变化 10%时) |
| 温升(℃) | <60(满载) |
| 波形失真 | 无附加波形失真 |
| 相对湿度 | 20%～85% |
| 环境温度(℃) | -5～+40 |
| 效率 | >90% |

表 2-28 DJW、SJW 无触点补偿式交流稳压器技术数据

| | |
|---|---|
| 输入电压(V) | 单相电压 176～264 三相电压 304～456 |
| 输出电压(V) | 单相电压 220±(1～5)% 三相电压 380±(1～5)% |
| 频率(Hz) | 50/60 |
| 规格(kV・A) | 单相：20，30，50，100，150，180，200，225，250，300，320，350，400，450<br>三相：20，30，50，100，150，180，200，225，300，320，350 |
| 绝缘电阻(MΩ) | >2 |
| 效率 | ≥98% |
| 稳压精度 | (1%～5%)可设置 |
| 电气强度 | 工频正弦电压 2 000 V 历时 1 min 无击穿及闪络现象 |
| 过载能力 | 二倍的额定电流，维持 1 min |
| 响应时间(ms) | ≤30(当外界电压变化 10%时) |
| 环境温度(℃) | -10～+40 |
| 波形失真 | ≤2% |
| 功能特点 | 具有无触点、无噪声、无机械和碳刷磨损等优点，具有过压、欠压、缺相、故障诊断、信号显示、延时、旁路、报警和保护功能 |

表 2-29 三相 SBW 系列，单相 DBW 系列补偿式交流稳压器技术数据

| 序号 | 型 号 | 容量 (kV·A) | 输入电压 (V) | 输出电压 (V) | 额定电流 (min/max) (A) | 箱柜 | 外形尺寸 ($M\times L\times H$)/柜 (mm×mm×mm) | 重量 (kg) |
|---|---|---|---|---|---|---|---|---|
| 1 | SBW-10 | 10 | 304～456 | 380 | 15/19.2 | 1 | 750×580×1 350 | 125 |
| 2 | SBW-15 | 15 | 304～456 | 380 | 22.7/28.9 | 1 | 750×580×1 350 | 150 |
| 3 | SBW-20 | 20 | 304～456 | 380 | 30.3/38.5 | 1 | 750×580×1 350 | 175 |
| 4 | SBW-30 | 30 | 304～456 | 380 | 45.4/57.8 | 1 | 800×620×1 450 | 280 |
| 5 | SBW-50 | 50 | 304～456 | 380 | 75.2/96.3 | 1 | 800×620×1 450 | 320 |
| 6 | SBW-100 | 100 | 304～456 | 380 | 151.5/192.6 | 1 | 920×680×1 750 | 450 |
| 7 | SBW-180 | 180 | 304～456 | 380 | 272.7/346.8 | 1 | 1 080×730×2 140 | 560 |
| 8 | SBW-225 | 225 | 304～456 | 380 | 340.9/433.5 | 1 | 1 080×730×2 140 | 620 |
| 9 | SBW-320 | 320 | 304～456 | 380 | 484.8/616.5 | 2 | 920×660×2 140 | 420×2 |
| 10 | SBW-400 | 400 | 304～456 | 380 | 606/770 | 2 | 1 000×700×2 140 | 470×2 |
| 11 | SBW-500 | 500 | 304～456 | 380 | 757.5/963.3 | 2 | 1 080×730×2 140 | 550×2 |
| 12 | SBW-600 | 600 | 304～456 | 380 | 909/1 156 | 4 | 920×660×2 140 | 420×4 |
| 13 | SBW-800 | 800 | 304～456 | 380 | 1 212/1 541 | 4 | 1 080×730×2 140 | 470×4 |
| 14 | SBW-1000 | 1 000 | 304～456 | 380 | 1 515/1 926 | 4 | 1 080×780×2 140 | 570×4 |
| 15 | SBW-1200 | 1 200 | 304～456 | 380 | 1 818/2 312 | 4 | 1 080×780×2 140 | 630×4 |
| 16 | SBW-1600 | 1 600 | 304～456 | 380 | 2 424/3 080 | 4 | 1 080×800×2 140 | 720×4 |
| 17 | DBW-30 | 30 | 175～265 | 220 | 136.2/173.4 | 1 | 800×620×1 450 | 280 |
| 18 | DBW-100 | 100 | 175～265 | 220 | 454.5/578 | 1 | 920×660×1 750 | 450 |

4. *磁饱和铁磁谐振式交流稳压器*

并联磁饱和铁磁谐振式交流稳压器的等效电路如图 2-63 所示。图中，$L_0$ 为线性电感，$L_1$ 为非线性电感(铁心)，$C$ 为并联谐振电容。

电压和电流间有下列相量关系

$$\dot{U}_{\mathrm{i}} = \dot{U}_{\mathrm{L0}} + \dot{U}_2$$

$$\dot{I} = \dot{I}_{\mathrm{L}} + \dot{I}_{\mathrm{C}} + \dot{I}_2$$

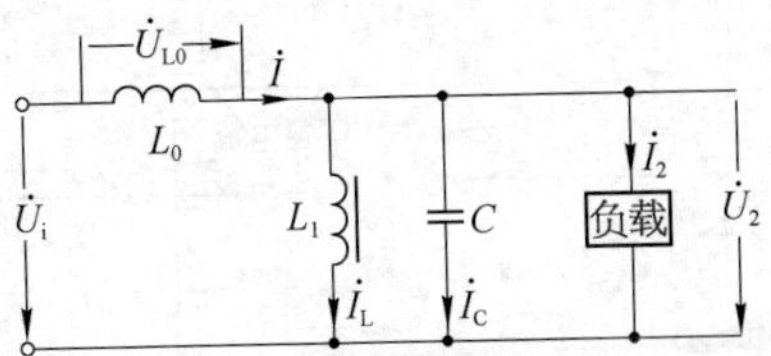


**图 2-63**　铁磁谐振式稳压器的等效电路

设计时使得 $L_1$ 和 $C_1$ 在负载电压 $U_2$ 等于额定电压 $U_2'$ 时谐振，则此时 $\dot{I}_L$ 和 $\dot{I}_C$ 反相，$\dot{I}_L+\dot{I}_C=0$。

下面用相量图来分析当外加电压正常和发生正负波动三种情况下，负载电压 $U_2$ 是如何保持稳定的。

(1) 正常工作 $U_2=U_2'$ 时

相量关系：$\dot{I}_L+\dot{I}_C=0$　　$\dot{I}=\dot{I}_L+\dot{I}_C+\dot{I}_2=\dot{I}_2(I=I_2)$

$\dot{U}_i=\dot{U}_{L0}+\dot{U}_2$

电流相量图和电压相量图分别如图 2-64a、b 所示(以 $\dot{U}_2$ 为参考相量，下同)。

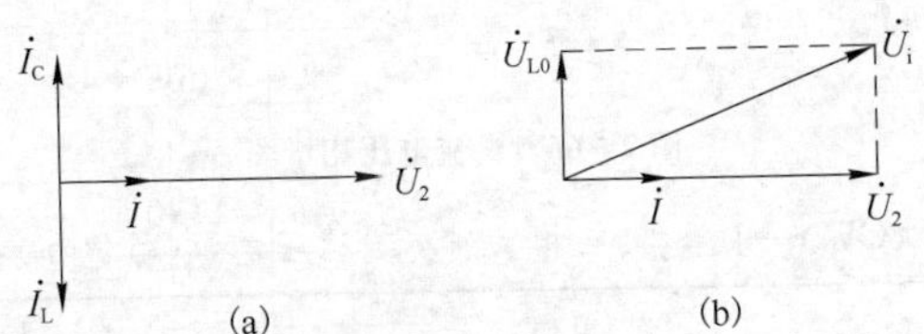


**图 2-64**　电流电压相量图(正常工作 $U_2=U_2'$ 时)

(2) $U_i$ 变大情况

$U_i$ 变大使 $U_2>U_2'$ 时，由于 $L$ 的非线性使 $L$ 的感抗大大减小，使得 $\dot{I}_L$ 的增加大于 $\dot{I}_C$ 的增加，于是使 $\dot{I}_L+\dot{I}_C>0$；$\dot{I}=\dot{I}_2+\dot{I}_L+\dot{I}_C$；$I>I_2$ 且 $\dot{I}$ 滞后 $\dot{U}_2$。电流相量图如图 2-65a 所示。

$\dot{I}$ 增大使 $\dot{U}_{L0}$ 也增大，此时 $\dot{U}_i=\dot{U}_{L0}+\dot{U}_2$，其大小与相量关系如图 2-65b所示。从相量图可看出，虽然 $U_i$ 增大，但仍可使得 $U_2$ 维持原来大小不变，从而保持稳定。电压相量图如图 2-65b 所示。

(3) $U_i$ 变小情况

同样，当 $U_i$ 变小使 $U_2<U_2'$ 时，由于 $L$ 的非线性使 $L$ 的感抗大大增加，

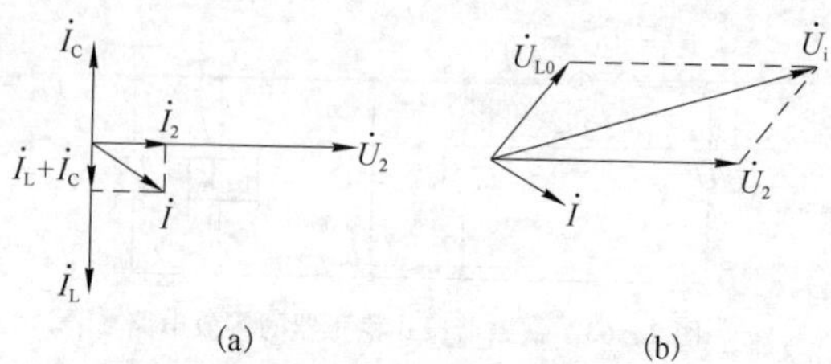


**图 2-65** 电流电压相量图($U_i$ 变大情况)

使 $\dot{I}_L$ 的减小甚于 $\dot{I}_C$ 的减小,于是 $\dot{I}_L+\dot{I}_C>0$, $\dot{I}=\dot{I}_2+\dot{I}_L+\dot{I}_C$;$I>I_2$ 且 $\dot{I}$ 超前 $\dot{U}_2$。电流相量图如图 2-66a 所示。$\dot{I}$大小增大虽使 $\dot{U}_{L0}$ 增大,但其相位也有变化,从图 2-66b 相量图可看出,虽然 $U_i$ 减小,$U_{L0}$ 增大,但仍可使 $U_2$ 维持原来大小不变,从而保持稳定。

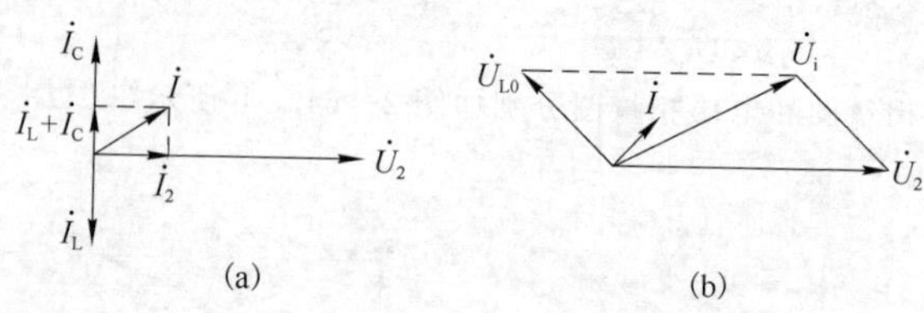


**图 2-66** 电流电压相量图

表 2-30 CWY-J 单相、三相系列交流稳压电源(磁饱和)技术数据

| 相数 | 单相 | 三相 |
|---|---|---|
| 额定功率(kV·A) | 0.5;1;2.2;3.2;5.2;10;15;20;30 | 2.2;3.2;6;10;15;30;45;60;100;150 |
| 输入电压(V) | 140～300 | 260～460 |
| 输出电压(V) | 220±1%(输入 176～260) | 380(+2%～-7%) |
| | 220±2%(输入 160～260) | |
| | 220±2%(输入 140～300) | |
| 应变时间(ms) | <30 | <30 |
| 抗干扰能力 | 输入迭加 2 kV/1 ms 尖峰脉冲时,输出小于 30 V | |
| 过压保护 | 输出无过压出现 | |

（续表）

| 相数 | 单相 | 三相 |
|---|---|---|
| 短路保护 | 输出或负载短路时，输出电压自动降为零，故障排除后恢复正常工作 | |
| 功率因素 | ＞0.95 | |
| 尖峰吸收 | 输入迭加 2 kV/1 ms 脉冲，输出≤30 V | |
| 绝缘等级 | B 级 | |
| 谐波失真 | ≤3.8％ | |
| 噪声 | ＜53 dB | ＜56 dB |
| 运行方式 | 连续工作 | |
| 防雷通流量(kA) | 75 | |

## 三、电子变压器(开关电源变压器)

随着大功率晶体管开关电路越来越多的应用。电子变压器又叫开关电源变压器，已形成变压器的一个新领域，凡是需要直流电源来供电的各种电子仪器和设备，从航天到家用，在医疗仪器、电子计算机、电视机、照明充电器等方面都得到愈来愈广泛的应用。

图 2-67 所示为最简单最基本的电子变压器原理电路，先将交流输入

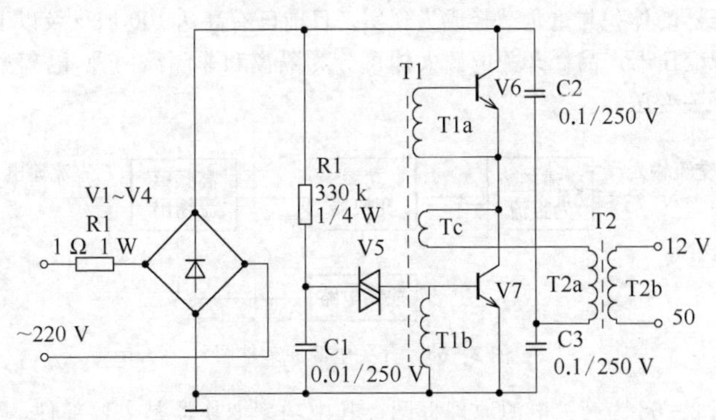


图 2-67 电子变压器原理电路

电压经整流变成直流电压，由电阻 R2 和电容 C1 和双向触发二极管 V5 构成自启动触发电路，再由振荡变压器 T1 和三极管 V6、V7 组成高频振荡电路，将脉动直流变成高频电流后，由铁氧体输出变压器 T2 变成高频高压电流，便可构成节能照明灯的供电电路。也可通过铁氧体输出变压器 T2 二次侧对高频高压脉冲进行降压并整流，以获取所需的直流电压与功率，便构成简易充电器或直流供电电源。

电子变压器的发展与应用得益于新材料、新工艺、新技术的发展。

从本章单相变压器的设计和绕制一节中可以知道，变压器每伏需绕的匝数 $W_0$ 与工作频率 $f$(Hz)、磁性材料工作允许的磁感应强度 $B_m$(T)，以及磁性材料（铁心）的截面 $S$($cm^2$)有下列关系：

$$W_0 = \frac{10^8}{4.44 f B_m S}\ (\text{匝/V})$$

如果设想电路工作的频率由 50 Hz 提高 1 000 倍到 50 kHz 的话，那么从理论上讲，$W_0 \cdot B_m \cdot S$ 三者的乘积就可缩小 1 000 倍。这无疑给变压器磁性材料面积 $S$ 的缩小和导线每伏所需绕的匝数的降低带来极大的空间。前者缩小了变压器的空间，减少了重量；后者节约了铜线，降低了原材料消耗、降低了成本。当然与此同时，$B_m$ 的取值也相当重要，要求磁性材料高频工作的频率下，功耗要尽可能小，饱和磁感应强度 $B_m$ 要高，温度稳定性要好。电子变压器的工作频率一般约在 20～50 kHz 左右。但随着在高频具有低损耗的非晶态和超微晶合金的问世和大功率开关电子元件的出现，使得变压器的体积与重量减轻成为现实。目前已有高达 100 kHz 及以上的开关电源变压器产品。开关电源大体可分为隔离和非隔离两种，隔离型的必定有开关变压器。

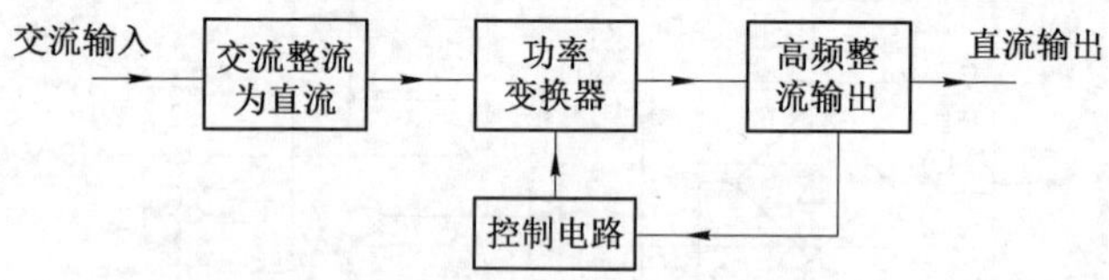


**图 2-68** 开关电源原理框图

图 2-68 为开关电源原理框图。其中功率变换器是主要部件，电路部分主要是高频脉冲技术与开关变换技术构成的电路。电路元件主要是大功

率、高反压和高速开关晶体管。高频整流输出部分主要由高频脉冲变压器构成。其所用的磁性材料坡莫合金、非晶体合金和铁氧体软磁材料的磁性能见表2-31。

表2-31 几种磁性材料的磁性能

| 材料 | 饱和磁感应强度(T) | 剩余磁感应强度(T) | 矫顽力(A·$m^{-1}$) | 居里温度(℃) | 比损耗(20 kHz、0.5 T时)(W·$kg^{-1}$) | 工作频率(kHz) | 工作温度(℃) |
|---|---|---|---|---|---|---|---|
| Co基非晶态 | 0.7 | 0.47 | 0.5 | 350 | 22 | ~100 | ~120 |
| IJ85-I合金 | 0.7 | 0.6 | 1.99 | 480 | 30 | ~50 | ~200 |
| Mn-Zn铁氧体 | 0.4 | 0.14 | 24 | 150 | | ~300 | ~100 |

铁氧体材料的型号由四部分组成：

(1) 材料类别。用汉语拼音字母表示。

(2) 主要性能参数。用阿拉伯数字表示。

(3) 材料主要特征。用汉语拼音字母表示。

(4) 序号。区别前三部分相同而其他部分不同的材料，用阿拉伯数字表示。

各类铁氧体材料的型号组成见表2-32。

表2-32 铁氧体材料型号组成

<table>
<tr><td colspan="2">1</td><td colspan="2">2</td><td colspan="2">3</td><td>4</td></tr>
<tr><td colspan="2">材料类别</td><td colspan="2">材料的主要性能参数</td><td colspan="2">材料的主要特征</td><td rowspan="2">序号</td></tr>
<tr><td>符号</td><td>意义</td><td>符号</td><td>意义</td><td>符号</td><td>意义</td></tr>
<tr><td rowspan="5">R</td><td rowspan="5">软磁</td><td colspan="2">磁导率μ的标称值</td><td>Q</td><td>高Q</td><td rowspan="5"></td></tr>
<tr><td>k</td><td>千</td><td>B</td><td>高$B_s$</td></tr>
<tr><td colspan="2"></td><td>U</td><td>宽温度范围</td></tr>
<tr><td colspan="2"></td><td>X</td><td>小温度系数</td></tr>
<tr><td colspan="2"></td><td>H</td><td>低磁滞损耗</td></tr>
</table>

（续表）

| 1 | | 2 | | 3 | | 4 |
|---|---|---|---|---|---|---|
| 材料类别 | | 材料的主要性能参数 | | 材料的主要特征 | | 序号 |
| 符号 | 意义 | 符号 | 意　义 | 符号 | 意　义 | |
| R | 软磁 | | | F | 高使用频率 | |
| | | | | D | 低磁心损耗 | |
| | | | | T | 高居里温度 | |
| | | | | Z | 正小温度系数 | |
| | | | | P | 大功率 | |
| | | | | R | 高电阻率 | |
| Y | 永磁 | (BH)max 的标称值 | | T | 各向同性 | |
| | | 10～40 | 6～40 kJ/m$^3$ | B | 高 $B_r$ | |
| | | $M_s$ 的标称值 | | H | 高 $H_{CB}$、$H_{CJ}$ | |
| X | 旋磁 | | | X | 小线宽 | |
| | | 10～5 000 | (10～5 000)×10$^2$ A/m | H | 有内场的材料 | |
| | | | | T | 高居里温度 | |
| J | 矩磁 | 矩形比 $R_r$ 的标称值 | | D | 低开关系数 | |
| | | 5～10 | 0.5～1 | I | 低驱动电流 | |
| | | | | X | 小温度系数 | |
| A | 压磁 | $\lambda_s$ 标称值的绝对值 | | Z | 正 $\lambda_s$ | |
| | | 1～1 000 | (1～1 000)×10$^6$ | | | |

软磁铁氧体材料是在开关变压器中使用得最多的磁性材料。虽然它有饱和磁感应强度值低，温度稳定性差，易碎等缺点，但其高频损耗小，易加工成各种所需形状的优点，使其在中小功率开关变压器中广泛应用。

开关变压器用 MnZn 铁氧体材料性能见表 2-33。

表 2-33　开关变压器用 MnZn 铁氧体材料性能

| 项　目 | | 单位 | H3T | R2KB | R2KBD | R2KD | H7Cl | H7C4 |
|---|---|---|---|---|---|---|---|---|
| 使用的频率范围 $f$ | | kHz | ＜400 | ＜400 | ＜400 | ＜400 | ＜400 | ＜500 |
| 初始磁导率 $\mu_i$ | | | 1 900 | 2 000 | 2 500 | 2 500 | 2 500 | 2 300 |
| 损耗角正切 $\tan\delta/\mu_i$ | | $\times 10^{-6}$ | 8 | 5 | | | | |
| | $f$ | MHz | 0.10 | 0.1 | | | | |
| 饱和磁感应强度 $B_s$ | 25℃ | mT | 500 | 350 | 510 | 480 | 510 | 510 |
| | 100℃ | mT | | | | | | |
| | $H$ | A/m | 1 194 | 800 | 1 194 | 800 | | |
| 剩余磁感应强度 $B_r$ | 25℃ | mT | 190 | | 117 | 120 | | |
| | 100℃ | mT | | | | | | |
| 矫顽力 $H_e$ | | A/m | 20 | 20 | 12 | 16 | 12 | 14 |
| 比损耗 $P_b$ | 25℃ | mW/g | | | 34 | 12 | | |
| | 60℃ | mW/g | | | 24 | 11 | 117 | 95 |
| | 100℃ | mW/g | 24 | | 32 | | | |
| | $f$ | kHz | 25 | | 25 | 16 | | |
| | $B$ | mT | 200 | | 200 | 150 | | |
| 居里温度 | | ℃ | ＞200 | ＞180 | ＞230 | ＞200 | | |
| 电阻率 $\rho$ | | Ω·cm | 30 | 100 | 1 000 | 100 | | |

磁性元件型号由四部分组成：

（1）元件的用途或形状类别。用汉语拼音字母或英语字母表示。

（2）区别第一部分相同而形状不同的元件。用汉语拼音字母表示。

(3) 元件的规格。用元件的特征尺寸和序号表示。

(4) 区别前三部分相同而有其他不同的元件。用英文字母表示。

各种铁氧体磁心元件的型号组成见表 2-34。

表 2-34 铁氧体磁心元件型号组成

| 1 | 2 | | | 3 | 4 |
|---|---|---|---|---|---|
| 类别 | 形 状 | | | 特征尺寸 | 序号 |
| 符号 | 意义 | 符号 | 意 义 | | |
| E | "E"形 | E | 中心柱为方形的双 E 形 | 底边长 | |
| | | I | 中心柱为方形的 EI 形 | 底边长×总高 | |
| | | C | 中心柱截面为圆形 | 底边长 | |
| | | TD | 圆柱截面螺钉固定 | 底边长×总高 | |
| G | 罐形 | | 有中心柱(有或无孔) | 外径×总高 | |
| | | K | 无中心柱,有孔 | 外径×总高 | |
| H | 环形 | | 截面为矩形 | 外径×内径×高 | |
| | | Q | 其他形截面 | 外径×内径×高 | |
| U | "U"形 | Y | 圆腿 | 底边宽 | |
| | | F | 方腿 | 底边宽 | |
| PM | PM 磁心 | | PM 形 | 外径×总高 | |
| RM | 方形 | | 方形 | 印刷电路板网格数 | |

各种形状的磁心元件外形如图 2-69 所示。

希望漏感小可采用环形或罐形磁心,要求低成本则可选用 E 形,EC 形的中心圆柱线圈绕制方便,漏感也比方截面小,ETD 形则可用螺钉固定,适合较大功率变压器。表 2-35 列出了各种形状磁心元件对成本、漏磁、抽头等因素的比较,可根据不同要求参照表 2-35 来选用不同形状的磁心元件(数字小者表示特性优)。

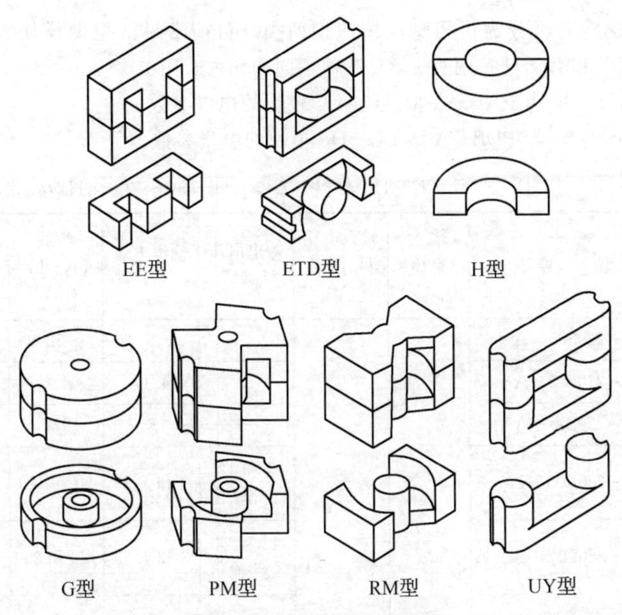


**图 2-69** 各种磁心元件外形

表 2-35 磁心元件形状与使用要求参考

| 磁心形状 | 磁心成本 | 线圈成本 | 漏 磁 | 抽 头 |
|---|---|---|---|---|
| 罐 形 | 3 | 1 | 1 | 4 |
| 环 形 | 2 | 3 | 1 | 1 |
| U 形 | 1 | 1 | 5 | 1 |
| E 形 | 2 | 1 | 4 | 1 |

开关电源的种类繁多,但从电路转换来看,可分为 AC-AC, AC-DC, DC-DC 和 DC-AC 四类。其中 AC-AC 称为变频器,它是把工频 50/60 Hz的交流电压变换成其他各种频率的交流电压,以实现对电机的变速运行,空调的变频调速即属此类。AC-DC 和 DC-DC 是分别将交流或直流的输入电压转换成不同功率的直流输出电压。DC-AC 称为逆变器,是将直流输入转换成正弦波(50/60 Hz)交流电压输出的电源。按电路输出

特点来分，又可分为恒压型和恒流型两类。目前常见的电源模块大多为AC－DC和DC－DC两类。

表2－36为PAB－A型AC－DC模块的电气参数。

表2－37为PDB－A型DC－DC模块的电气参数。

表2－36 PAB－A型AC－DC模块(工作频率160～200 kHz)技术数据

| 型号 | 输入电压 $U_{ac}$(V) | 输入电压 $U_{ac}$范围(V) | 输出电压 $U_{dc}$(V) | 输出电流(A) | 纹波 PK－PK(mV) | 效率 |
|---|---|---|---|---|---|---|
| PAB30－220S05－A | 220 | 176～264 | 5 | 6 | 50 | 81% |
| PAB50－220S12－A | | | 12 | 4.17 | 120 | 83% |
| PAB75－220S15－A | | | 15 | 5 | 150 | 83% |
| PAB30－220D05＋12－A | | | 5和12<br>二路输出 | 3和1.25 | 50和120 | 81% |
| PAB75－220D12＋24－A | | | 12和24<br>二路输出 | 3和1.63 | 120和200 | 86% |
| PAB30－220T05＋12－A | | | ±5和12<br>三路输出 | ±2和0.83 | 50和120 | 81% |
| PAB75－220T12＋05－A | | | ±12和5<br>三路输出 | ±2.3和4 | 120和120 | 84% |
| PAB75－220T12＋24－A | | | ±12和24<br>三路输出 | ±2.3和1.13 | 120和200 | 86% |

表2－37 PDB－A型DC－DC模块(工作频率160～200 kHz)

| 型号 | 输入额定电压 $U_{dc}$(V) | 输入电压 $U_{dc}$范围(V) | 输出电压 $U_{dc}$(V) | 输出电流(A) | 纹波 PK－PK(mV) | 效率 |
|---|---|---|---|---|---|---|
| PDB75－12S12－A | 12 | 9～18 | 12 | 6.25 | 120 | 83% |
| PDB75－12S15－A | 12 | 9～18 | 15 | 5 | 150 | 83% |
| PDB100－24S24－A | 24 | 18～36 | 24 | 4.16 | 200 | 88% |
| PDB125－24S28－A | 24 | 18～36 | 28 | 4.46 | 280 | 84% |

（续表）

| 型　　号 | 输入额定电压 $U_{dc}$(V) | 输入电压 $U_{dc}$范围 (V) | 输出电压 $U_{dc}$(V) | 输出电流 (A) | 纹波 PK－PK (mV) | 效率 |
|---|---|---|---|---|---|---|
| PDB75－48S12－A | 48 | 36～72 | 12 | 6.25 | 120 | 85% |
| PDB125－48S12－A | 48 | 36～72 | 12 | 10.4 | 120 | 88% |
| PDB75－48S24－A | 48 | 36～72 | 24 | 3.2 | 200 | 82% |
| PDB48－18S24－A | 18 | 9～36 | 24 | 2 | 200 | 80% |
| PDB50－18S12－A | 18 | 9～36 | 12 | 4.29 | 100 | 82% |
| PDB100－110S12－A | 110 | 70～140 | 12 | 8.3 | 100 | 84% |
| PDB100－110S24－A | 110 | 70～140 | 24 | 4.16 | 200 | 84% |

## 四、控制变压器

控制变压器是一种小型的干式变压器。它在工矿企业中用作局部照明电源，在电气设备中作为控制电路的电源，以及用作信号灯及指示灯的电源。

型号含义如下：

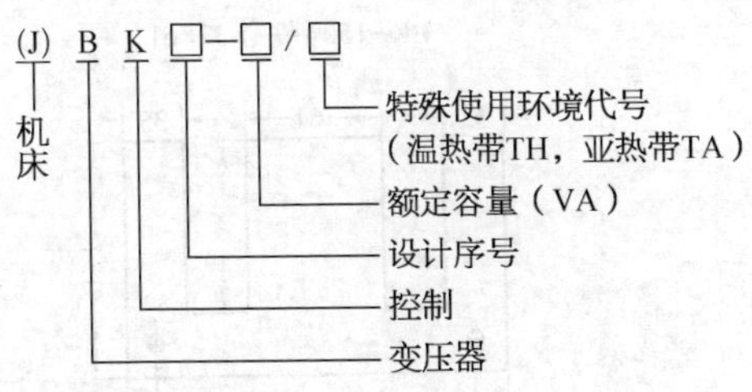

**图 2－70**　BK 系列控制变压器外形结构

BK 系列控制变压器外形结构如图 2－70 所示，其绕组结构特征如图 2－71 所示。

BK 系列单相控制变压器的铁心尺寸如图 2－72 所示。

BK1 系列单相控制变压器的技术数据见表 2－38。

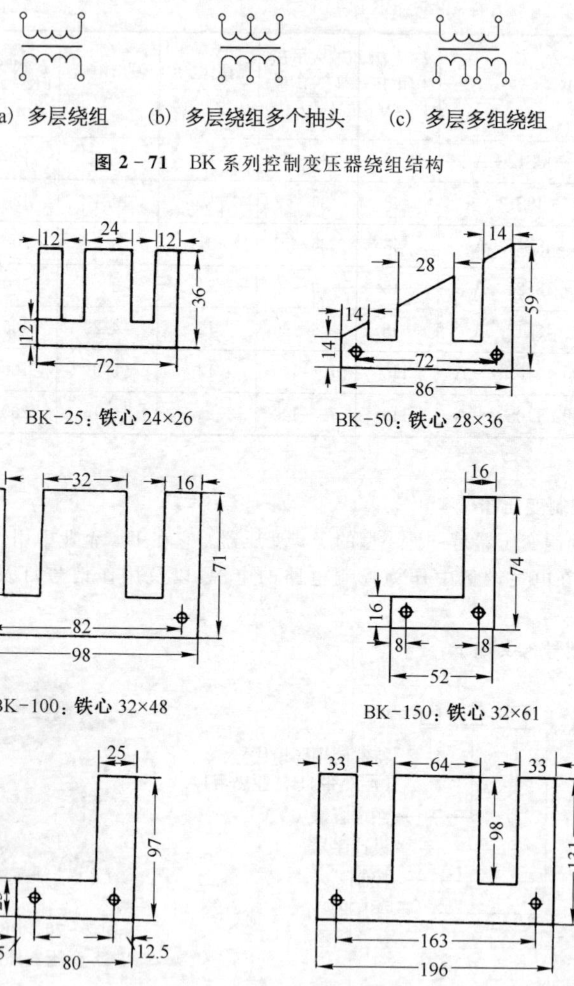


图 2-71 BK 系列控制变压器绕组结构



图 2-72 BK 系列单相控制变压器的铁心尺寸

表 2-38 BK1 系列单相控制变压器的技术数据

| 总容量(W) | 规格 | 电压(V) | 容量分配(W) | 匝数 | 导线直径(mm) | 导线质量(kg) |
|---|---|---|---|---|---|---|
| 25 | 220/36 | 220 | | 1 460 | 0.25 | 0.092 |
| | | 36 | 25 | 263 | 0.55 | 0.087 |
| | 220/18 | 220 | | 1 460 | 0.25 | 0.092 |
| | | 18 | 25 | 128 | 0.77 | 0.081 5 |
| | 220/6.3 | 220 | | 1 460 | 0.25 | 0.092 |
| | | 6.3 | 25 | 44 | 1.35 | 0.084 5 |
| | 380/36 | 380 | | 2 470 | 0.19 | 0.094 |
| | | 36 | 25 | 263 | 0.55 | 0.084 |
| | 380/18 | 380 | | 2 470 | 0.19 | 0.094 |
| | | 18 | 25 | 128 | 0.77 | 0.077 |
| | 380/6.3 | 380 | | 2 470 | 0.19 | 0.094 |
| | | 6.3 | 25 | 44 | 1.35 | 0.095 |
| 50 | 380-220/36-6.3 | 380 | | 1 580 | 0.25 | 0.054 2 |
| | | 220 | | 912 | 0.33 | 0.109 |
| | | 36 | 45 | 161 | 0.72 | 0.118 |
| | | 6.3 | 5 | 26 | 0.59 | 0.012 3 |
| | 220/36-6.3 | 220 | | 912 | 0.33 | 0.109 |
| | | 36 | 45 | 161 | 0.72 | 0.115 |
| | | 6.3 | 5 | 26 | 0.59 | 0.012 3 |
| | 380/36-6.3 | 380 | | 1 580 | 0.25 | 0.15 |
| | | 36 | 45 | 161 | 0.72 | 0.114 |
| | | 6.3 | 5 | 26 | 0.59 | 0.012 1 |
| | 380-220/127 | 380 | | 1 580 | 0.25 | 0.054 2 |
| | | 220 | | 912 | 0.33 | 0.109 |
| | | 127 | 50 | 568 | 0.41 | 0.138 |
| | 220/127 | 220 | | 912 | 0.33 | 0.109 |
| | | 127 | 50 | 568 | 0.41 | 0.135 |
| | 380/127 | 380 | | 1 580 | 0.25 | 0.15 |
| | | 127 | 50 | 568 | 0.41 | 0.133 |
| | 220/110 | 220 | | 912 | 0.33 | 0.109 |
| | | 110 | 50 | 487 | 0.44 | 0.137 |
| | 220/60 | 220 | | 912 | 0.33 | 0.109 |
| | | 60 | 50 | 265 | 0.59 | 0.131 |

（续表）

| 总容量（W） | 规　　格 | 电压（V） | 容量分配（W） | 匝　数 | 导线直径（mm） | 导线质量（kg） |
|---|---|---|---|---|---|---|
| 50 | 220/18 | 220<br>18 | <br>50 | 912<br>80 | 0.33<br>1.08 | 0.109<br>0.131 |
| | 380/110 | 380<br>110 | <br>50 | 1 580<br>487 | 0.25<br>0.44 | 0.15<br>0.134 |
| | 380/60 | 380<br>60 | <br>50 | 1 580<br>265 | 0.25<br>0.59 | 0.15<br>0.126 |
| | 380/18 | 380<br>18 | <br>50 | 1 580<br>265 | 0.25<br>1.08 | 0.15<br>0.126 |
| 100 | 380－220/127/36－6.3 | 380<br>220<br>127<br>36<br>6.3 | <br><br>50<br>45<br>5 | 1 185<br>687<br>418<br>119<br>19 | 0.35<br>0.49<br>0.41<br>0.72<br>0.59 | 0.093<br>0.216<br>0.114<br>0.107<br>0.012 6 |
| | 220/127/36－6.3 | 220<br>127<br>36<br>6.3 | <br>50<br>45<br>5 | 687<br>418<br>119<br>19 | 0.49<br>0.41<br>0.72<br>0.59 | 0.216<br>0.113<br>0.107<br>0.012 4 |
| | 380/127/36－6.3 | 380<br>127<br>36<br>6.3 | <br>50<br>45<br>5 | 1 185<br>418<br>119<br>19 | 0.35<br>0.41<br>0.72<br>0.59 | 0.196<br>0.11<br>0.105<br>0.011 |
| | 380－220/36－6.3 | 380<br>220<br>36<br>6.3 | <br><br>90<br>10 | 1 185<br>687<br>119<br>19 | 0.35<br>0.49<br>1.04<br>0.83 | 0.093<br>0.216<br>0.209<br>0.021 |
| | 220/36－6.3 | 220<br>36<br>6.3 | <br>90<br>10 | 687<br>119<br>19 | 0.49<br>1.04<br>0.83 | 0.216<br>0.208<br>0.021 |
| | 380/36－6.3 | 380<br>36<br>6.3 | <br>90<br>10 | 1 186<br>119<br>19 | 0.35<br>1.04<br>0.83 | 0.196<br>0.204<br>0.020 |
| | 380－220/127 | 380<br>220<br>127 | <br><br>100 | 1 185<br>687<br>418 | 0.35<br>0.49<br>0.59 | 0.093<br>0.216<br>0.238 |

（续表）

| 总容量(W) | 规格 | 电压(V) | 容量分配(W) | 匝数 | 导线直径(mm) | 导线质量(kg) |
|---|---|---|---|---|---|---|
| 100 | 220/127 | 220<br>127 | <br>100 | 687<br>418 | 0.49<br>0.59 | 0.216<br>0.238 |
| | 380/127 | 380<br>127 | <br>100 | 1 185<br>418 | 0.35<br>0.59 | 0.196<br>0.234 |
| | 220/110 | 220<br>110 | <br>100 | 687<br>363 | 0.49<br>0.62 | 0.216<br>0.23 |
| | 220/60 | 220<br>60 | <br>100 | 687<br>198 | 0.49<br>0.86 | 0.216<br>0.237 |
| | 220/18 | 220<br>18 | <br>100 | 687<br>60 | 0.49<br>1.56 | 0.216<br>0.234 |
| | 380/260 | 380<br>260 | <br>100 | 1 185<br>859 | 0.35<br>0.41 | 0.196<br>0.245 |
| | 380/220 | 380<br>220 | <br>100 | 1 185<br>726 | 0.35<br>0.47 | 0.196<br>0.234 |
| | 380/110 | 380<br>110 | <br>100 | 1 185<br>363 | 0.35<br>0.62 | 0.196<br>0.224 |
| | 380/60 | 380<br>60 | <br>100 | 1 185<br>198 | 0.35<br>0.86 | 0.196<br>0.23 |
| | 380/18 | 380<br>18 | <br>100 | 1 185<br>60 | 0.35<br>1.56 | 0.196<br>0.23 |
| 150 | 380-220/127/36-6.3 | 380<br>220<br>127<br>36<br>6.3 | <br><br>100<br>45<br>5 | 820<br>474<br>285<br>81<br>13 | 0.44<br>0.59<br>0.62<br>0.77<br>0.62 | 0.116<br>0.242<br>0.20<br>0.096<br>0.010 |
| | 220/127/36-6.3 | 220<br>127<br>36<br>6.3 | <br>100<br>45<br>5 | 474<br>285<br>81<br>13 | 0.59<br>0.62<br>0.77<br>0.62 | 0.242<br>0.198<br>0.096<br>0.009 7 |
| | 380/127/36-6.3 | 380<br>127<br>36<br>6.3 | <br>100<br>45<br>5 | 820<br>285<br>81<br>13 | 0.44<br>0.62<br>0.77<br>0.62 | 0.244<br>0.197<br>0.093<br>0.009 5 |

（续表）

| 总容量（W） | 规　格 | 电压（V） | 容量分配（W） | 匝　数 | 导线直径（mm） | 导线质量（kg） |
|---|---|---|---|---|---|---|
| 150 | 380－220/127 | 380<br>220<br>127 | 150 | 820<br>474<br>285 | 0.44<br>0.59<br>0.74 | 0.116<br>0.242<br>0.294 |
| | 220/127 | 220<br>127 | 150 | 474<br>285 | 0.59<br>0.74 | 0.242<br>0.292 |
| | 380/127 | 380<br>127 | 150 | 820<br>285 | 0.44<br>0.74 | 0.244<br>0.278 |
| | 220/110 | 220<br>110 | 150 | 474<br>247 | 0.59<br>0.80 | 0.242<br>0.298 |
| | 220/60 | 220<br>60 | 150 | 474<br>135 | 0.59<br>1.08 | 0.242<br>0.292 |
| | 220/18 | 220<br>18 | 150 | 474<br>40 | 0.59<br>2.02 | 0.242<br>0.296 |
| | 380/260 | 380<br>260 | 150 | 820<br>583 | 0.44<br>0.53 | 0.268<br>0.272 |
| | 380/220 | 380<br>220 | 150 | 820<br>494 | 0.44<br>0.57 | 0.268<br>0.280 |
| | 380/110 | 380<br>110 | 150 | 820<br>247 | 0.44<br>0.80 | 0.268<br>0.272 |
| | 380/60 | 380<br>60 | 150 | 820<br>150 | 0.44<br>1.08 | 0.268<br>0.262 |
| | 380/18 | 380<br>18 | 150 | 820<br>40 | 0.44<br>2.02 | 0.268<br>0.272 |
| 300 | 380－220/127/36－6.3 | 380<br>220<br>127<br>36<br>6.3 | 250<br>45<br>5 | 635<br>365<br>220<br>63<br>10 | 0.69<br>0.93<br>1.04<br>0.80<br>0.62 | 0.251<br>0.527<br>0.546<br>0.096<br>0.009 3 |
| | 220/127/36－6.3 | 220<br>127<br>36<br>6.3 | 250<br>45<br>5 | 366<br>220<br>63<br>10 | 0.93<br>1.04<br>0.80<br>0.62 | 0.527<br>0.542<br>0.096<br>0.009 3 |

（续表）

| 总容量（W） | 规　格 | 电压（V） | 容量分配（W） | 匝　数 | 导线直径（mm） | 导线质量（kg） |
|---|---|---|---|---|---|---|
| 300 | 380/127/36-6.3 | 380<br>127<br>36<br>6.3 | <br>250<br>45<br>5 | 635<br>220<br>63<br>10 | 0.69<br>1.04<br>0.80<br>0.62 | 0.532<br>0.525<br>0.103<br>0.009 1 |
| | 380-220/127/36-6.3 | 380<br>220<br>127<br>36<br>6.3 | <br><br>200<br>90<br>10 | 635<br>366<br>220<br>63<br>10 | 0.69<br>0.93<br>0.93<br>1.12<br>0.93 | 0.251<br>0.527<br>0.425<br>0.192<br>0.021 |
| | 220/127/36-6.3 | 220<br>127<br>36<br>6.3 | <br>200<br>90<br>10 | 366<br>220<br>63<br>10 | 0.93<br>0.93<br>1.12<br>0.90 | 0.527<br>0.422<br>0.191<br>0.020 |
| | 380/127/36-6.3 | 380<br>127<br>36<br>6.3 | <br>200<br>90<br>10 | 635<br>220<br>63<br>10 | 0.69<br>0.93<br>1.12<br>0.90 | 0.533<br>0.40<br>0.182<br>0.020 |
| | 380-220/127 | 380<br>220<br>127 | <br><br>300 | 635<br>366<br>220 | 0.69<br>0.93<br>1.12 | 0.251<br>0.527<br>0.642 |
| | 220/127 | 220<br>127 | <br>300 | 366<br>220 | 0.93<br>1.12 | 0.527<br>0.63 |
| | 380/127 | 380<br>127 | <br>300 | 635<br>220 | 0.69<br>1.12 | 0.532<br>0.64 |
| | 220/110 | 220<br>110 | <br>300 | 366<br>132 | 0.93<br>1.20 | 0.527<br>0.61 |
| | 380/260 | 380<br>260 | <br>300 | 635<br>453 | 0.69<br>0.80 | 0.533<br>0.642 |
| | 380/220 | 380<br>220 | <br>300 | 635<br>383 | 0.69<br>0.86 | 0.532<br>0.626 |
| | 380/110 | 380<br>110 | <br>300 | 635<br>192 | 0.69<br>1.20 | 0.532<br>0.61 |

（续表）

| 总容量（W） | 规格 | 电压（V） | 容量分配（W） | 匝数 | 导线直径（mm） | 导线质量（kg） |
|---|---|---|---|---|---|---|
| 500 | 380－220/127/36－6.3 | 380 | | 435 | 0.90 | 0.336 |
| | | 220 | | 251 | 1.20 | 0.758 |
| | | 127 | 450 | 151 | 1.40 | 0.742 |
| | | 36 | 45 | 43 | 0.80 | 0.076 8 |
| | | 6.3 | 5 | 7 | 0.62 | 0.007 5 |
| | 220/127/36－6.3 | 220 | | 251 | 1.20 | 0.758 |
| | | 127 | 450 | 151 | 1.40 | 0.74 |
| | | 36 | 45 | 43 | 0.80 | 0.075 7 |
| | | 6.3 | 5 | 7 | 0.62 | 0.007 5 |
| | 380/127/36－6.3 | 380 | | 435 | 0.90 | 0.735 |
| | | 127 | 450 | 151 | 1.40 | 0.733 |
| | | 36 | 45 | 43 | 0.80 | 0.075 2 |
| | | 6.3 | 5 | 7 | 0.62 | 0.007 45 |
| | 380－220/127/36－6.3 | 380 | | 435 | 0.9 | 0.336 |
| | | 220 | | 251 | 1.2 | 0.757 |
| | | 127 | 400 | 151 | 1.35 | 0.692 |
| | | 36 | 90 | 43 | 1.2 | 0.17 |
| | | 6.3 | 10 | 7 | 0.9 | 0.015 5 |
| | 220/127/36－6.3 | 220 | | 251 | 1.2 | 0.758 |
| | | 127 | 400 | 151 | 1.35 | 0.683 |
| | | 36 | 90 | 43 | 1.2 | 0.168 |
| | | 6.3 | 10 | 7 | 0.9 | 0.015 3 |
| | 380/127/36－6.3 | 380 | | 435 | 0.9 | 0.736 |
| | | 127 | 400 | 151 | 1.35 | 0.668 |
| | | 36 | 90 | 43 | 1.2 | 0.168 |
| | | 6.3 | 10 | 7 | 0.9 | 0.015 2 |
| | 380－220/127 | 380 | | 435 | 0.9 | 0.336 |
| | | 220 | | 251 | 1.2 | 0.758 |
| | | 127 | 500 | 151 | 1.5 | 0.852 |
| | 220/127 | 220 | | 251 | 1.2 | 0.752 |
| | | 127 | 500 | 151 | 1.5 | 0.847 |
| | 380/127 | 380 | | 435 | 0.9 | 0.736 |
| | | 127 | 500 | 151 | 1.5 | 0.844 |

（续表）

| 总容量（W） | 规格 | 电压（V） | 容量分配（W） | 匝数 | 导线直径（mm） | 导线质量（kg） |
|---|---|---|---|---|---|---|
| 500 | 220/110 | 220 | | 251 | 1.2 | 0.758 |
| | | 110 | 500 | 130 | 1.56 | 0.54 |
| | 380/260 | 380 | | 435 | 0.9 | 0.736 |
| | | 260 | 500 | 308 | 1.04 | 0.84 |
| | 380/110 | 380 | | 435 | 0.9 | 0.736 |
| | | 110 | 500 | 130 | 1.56 | 0.525 |
| 700 | 380-220/127/36-6.3 | 380 | | 422 | 1.12 | 0.548 |
| | | 220 | | 244 | 1.5 | 1.141 |
| | | 127 | 650 | 145 | 1.74 | 1.21 |
| | | 36 | 45 | 41 | 0.8 | 0.079 5 |
| | | 6.3 | 5 | 7 | 0.8 | 0.013 7 |
| | 220/127/36-6.3 | 220 | | 244 | 1.5 | 1.141 |
| | | 127 | 650 | 145 | 1.74 | 1.20 |
| | | 36 | 45 | 41 | 0.8 | 0.078 5 |
| | | 6.3 | 5 | 7 | 0.8 | 0.013 5 |
| | 380/127/36-6.3 | 380 | | 422 | 1.12 | 1.16 |
| | | 127 | 650 | 145 | 1.74 | 1.19 |
| | | 36 | 45 | 41 | 0.8 | 0.077 5 |
| | | 6.3 | 5 | 7 | 0.8 | 0.013 3 |
| | 380-220/127/36-6.3 | 380 | | 422 | 1.12 | 0.548 |
| | | 220 | | 244 | 1.5 | 1.141 |
| | | 127 | 600 | 145 | 1.68 | 1.11 |
| | | 36 | 90 | 41 | 1.2 | 0.18 |
| | | 6.3 | 10 | 7 | 0.9 | 0.017 |
| | 220/127/36-6.3 | 220 | | 244 | 1.5 | 1.141 |
| | | 127 | 600 | 145 | 1.68 | 1.10 |
| | | 36 | 90 | 41 | 1.2 | 0.188 |
| | | 6.3 | 10 | 7 | 0.9 | 0.016 9 |
| | 380/127/36-6.3 | 380 | | 422 | 1.12 | 1.16 |
| | | 127 | 600 | 145 | 1.68 | 1.08 |
| | | 36 | 90 | 41 | 1.2 | 0.177 |
| | | 6.3 | 10 | 7 | 0.9 | 0.016 8 |

（续表）

| 总容量（W） | 规格 | 电压（V） | 容量分配（W） | 匝数 | 导线直径（mm） | 导线质量（kg） |
|---|---|---|---|---|---|---|
| 700 | 380－220/127 | 380<br>220<br>127 | <br><br>700 | 422<br>244<br>145 | 1.12<br>1.5<br>1.74 | 0.548<br>1.141<br>1.21 |
| | 220/127 | 220<br>127 | <br>700 | 244<br>145 | 1.5<br>1.74 | 1.141<br>1.23 |
| | 380/127 | 380<br>127 | <br>700 | 422<br>145 | 1.12<br>1.74 | 1.16<br>1.19 |
| 1 000 | 380－220/127/36－6.3 | 380<br>220<br>127<br>36<br>6.3 | <br><br>950<br>45<br>5 | 305<br>177<br>104<br>30<br>5 | 1.35<br>1.74<br>1.56×2<br>0.8<br>0.8 | 0.615<br>1.22<br>1.54<br>0.068<br>0.011 6 |
| | 220/127/36－6.3 | 220<br>127<br>36<br>6.3 | <br>950<br>45<br>5 | 177<br>104<br>30<br>5 | 1.74<br>1.56×2<br>0.8<br>0.8 | 1.22<br>1.578<br>0.059<br>0.011 |
| | 380/127/36－6.3 | 380<br>127<br>36<br>6.3 | <br>950<br>45<br>5 | 305<br>104<br>30<br>5 | 1.35<br>1.56×2<br>0.8<br>0.8 | 1.33<br>1.52<br>0.062<br>0.012 3 |
| | 380－220/127/36－6.3 | 380<br>220<br>127<br>36<br>6.3 | <br><br>900<br>90<br>10 | 305<br>177<br>104<br>30<br>5 | 1.35<br>1.74<br>2.1<br>1.2<br>1.2 | 0.615<br>1.22<br>1.45<br>0.151<br>0.028 6 |
| | 220/127/36－6.3 | 220<br>127<br>36<br>6.3 | <br>900<br>90<br>10 | 177<br>104<br>30<br>5 | 1.74<br>2.1<br>1.2<br>1.2 | 1.22<br>1.39<br>0.15<br>0.035 |
| | 380/127/36－6.3 | 380<br>127<br>36<br>6.3 | <br>900<br>90<br>10 | 305<br>104<br>30<br>5 | 1.35<br>2.1<br>1.2<br>1.2 | 1.33<br>1.32<br>0.154<br>0.039 6 |

（续表）

| 总容量（W） | 规　格 | 电压（V） | 容量分配（W） | 匝　数 | 导线直径（mm） | 导线质量（kg） |
|---|---|---|---|---|---|---|
| 1 000 | 380-220/127 | 380 | | 305 | 1.35 | 0.615 |
| | | 220 | | 177 | 1.74 | 1.22 |
| | | 127 | 1 000 | 104 | 1.56×2 | 1.60 |
| | 220/127 | 220 | | 177 | 1.74 | 1.22 |
| | | 127 | 1 000 | 104 | 1.56×2 | 1.578 |
| | 380/127 | 380 | | 305 | 1.35 | 1.33 |
| | | 127 | 1 000 | 104 | 1.56×2 | 1.52 |
| 1 500 | 380-220/127/36-6.3 | 380 | | 232 | 1.68 | 0.832 |
| | | 220 | | 134 | 1.62×2 | 1.992 |
| | | 127 | 1 400 | 79 | 1.95×2 | 2.04 |
| | | 36 | 90 | 22 | 1.2 | 0.115 |
| | | 6.3 | 10 | 4 | 0.9 | 0.010 5 |
| | 220/127/36-6.3 | 220 | | 134 | 1.62×2 | 1.992 |
| | | 127 | 1 400 | 79 | 1.95×2 | 2.04 |
| | | 36 | 90 | 22 | 1.2 | 0.104 |
| | | 6.3 | 10 | 4 | 0.9 | 0.010 5 |
| | 380/127/36-6.3 | 380 | | 232 | 1.68 | 1.81 |
| | | 127 | 1 400 | 79 | 1.95×2 | 2.05 |
| | | 36 | 90 | 22 | 1.2 | 0.104 |
| | | 6.3 | 10 | 4 | 0.9 | 0.010 5 |
| | 380-220/127/36-6.3 | 380 | | 232 | 1.68 | 0.832 |
| | | 220 | | 134 | 1.62×2 | 1.992 |
| | | 127 | 1 350 | 79 | 1.95×2 | 2.04 |
| | | 36 | 135 | 22 | 1.2 | 0.115 |
| | | 6.3 | 15 | 4 | 0.9 | 0.010 5 |
| | 220/127/36-6.3 | 220 | | 134 | 1.62×2 | 1.992 |
| | | 127 | 1 350 | 79 | 1.95×2 | 2.04 |
| | | 36 | 135 | 22 | 1.2 | 0.104 |
| | | 6.3 | 15 | 4 | 0.9 | 0.010 5 |
| | 380/127/36-6.3 | 380 | | 232 | 1.68 | 1.81 |
| | | 127 | 1 350 | 79 | 1.95×2 | 2.05 |
| | | 36 | 135 | 22 | 1.2 | 0.104 |
| | | 6.3 | 15 | 4 | 0.9 | 0.010 5 |
| | 220/127 | 220 | | 134 | 1.62×2 | 1.992 |
| | | 127 | 1 500 | 79 | 1.95×2 | 2.04 |
| | 380/127 | 380 | | 232 | 1.68 | 1.81 |
| | | 127 | 1 500 | 79 | 1.95×2 | 2.05 |

表 2-39 JBK3 型单相控制变压器技术数据

| 容量 (V·A) | 额定输入电压 $U_1$ (V) | 额定输出电压 $U_2$(V) | | | 各绕组分配容量 (V·A) | | | 每伏匝数 (匝/V) | | 电流密度 ($A/mm^2$) | |
|---|---|---|---|---|---|---|---|---|---|---|---|
| | | 控制 | 照明 | 指示 | 控制 | 照明 | 信号 | 一次侧 | 二次侧 | 一次侧 | 二次侧 |
| 40 | 220±5%<br>380±5% | 110 (127)<br>220<br>380 | 24 (36) | 6 (12) | 40 | | | 4.15 | 4.46 | 2.8 | 3 |
| | | | | | | 40 | | | | | |
| | | | | | 37 | | 3 | | | | |
| 63 | | | | | 63 | | | 4.15 | 4.46 | 3 | 3.21 |
| | | | | | | 60 | 3 | | | | |
| | | | | | 20 | 40 | 3 | | | | |
| | | | | | 60 | | 3 | | | | |
| 100 | | | | | 100 | | | 2.68 | 2.89 | 3.2 | 3.85 |
| | | | | | | 100 | | | | | |
| | | | | | | 90 | 10 | | | | |
| | | | | | 90 | | 10 | | | | |
| | | | | | 40 | 60 | | | | | |
| | | | | | 50 | 40 | 10 | | | | |
| 160 | | | | | 160 | | | 2.21 | 2.39 | 3.19 | 3.8 |
| | | | | | 90 | 60 | 10 | | | | |
| | | | | | 100 | 60 | | | | | |
| | | | | | 150 | | 10 | | | | |
| 250 | | | | | 250 | | | 1.692 | 1.795 | 2.65 | 3.4 |
| | | | | | 240 | | 10 | | | | |
| | | | | | 170 | 80 | | | | | |
| 400 | | | | | 400 | | | 1.50 | 1.57 | 2.5 | 3.4 |
| | | | | | 390 | | 10 | | | | |
| | | | | | 320 | 80 | | | | | |

（续表）

| 容量(V·A) | 额定输入电压 $U_1$ (V) | 额定输出电压 $U_2$(V) | | | 各绕组分配容量(V·A) | | | 每伏匝数(匝/V) | | 电流密度($A/mm^2$) | |
|---|---|---|---|---|---|---|---|---|---|---|---|
| | | 控制 | 照明 | 指示 | 控制 | 照明 | 信号 | 一次侧 | 二次侧 | 一次侧 | 二次侧 |
| 400 | | | | | 310 | 80 | 10 | 1.50 | 1.57 | 2.5 | 3.4 |
| 630 | | | | | 630 | | | 1.23 | 1.274 | 2.3 | 3.4 |
| | | | | | 610 | | 20 | | | | |
| | | | | | 510 | 120 | | | | | |
| | | | | | 490 | 120 | 20 | | | | |
| 1 000 | | 110(127) | 24(36) | 6(12) | 980 | | 20 | 1.226 | 1.327 | 4 | 3.25 |
| | 220±5% | | | | 880 | 120 | | | | | |
| | | 220 | | | 860 | 120 | 20 | | | | |
| 1 600 | | | | | 1 600 | | | 0.972 | 1.025 | 2.85 | 2.5 |
| | 380±5% | 380 | | | 1 400 | 200 | | | | | |
| | | | | | 1 380 | 200 | 20 | | | | |
| 2 500 | | | | | 2 500 | | | 0.782 | 0.834 | 2.65 | 2.42 |
| | | | | | 2 460 | | 40 | | | | |
| | | | | | 2 200 | 300 | | | | | |
| | | | | | 2 160 | 300 | 40 | | | | |

**五、电流互感器**

在大电流的交流电路中，常用电流互感器将大电流转换为一定比例的小电流（一般为 5 A），以供测量和继电保护。

电流互感器是一种专用的变压器，其电路如图 2-73 所示。它的一次侧绕组串接在主电路中，二次侧绕组接在测量或控制电路中，如前所述，一、二次侧电流之比 $\frac{I_1}{I_2}\approx\frac{W_2}{W_1}$，为使二次侧获得很小电流，所以一次侧绕组的匝数很少（一匝或几匝），二次侧绕组的匝数较多，因此电流互感器相当于 1 个升压变压器。在使用时，其二次侧绕组不允许开路，否则将引起高电压，

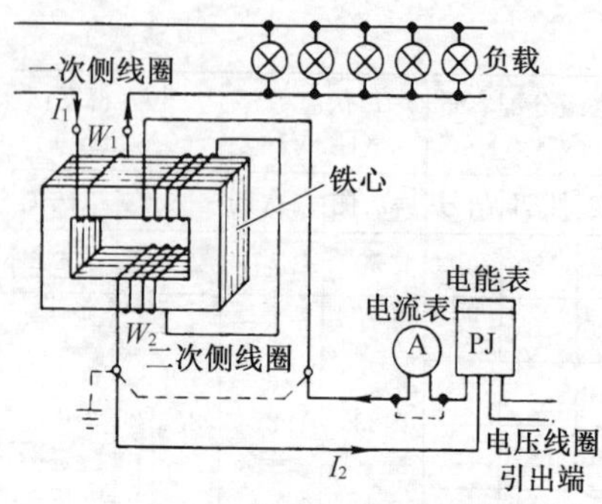


图 2-73 电流互感器原理电路图

对人身及设备带来危险，同时二次侧绕组还必须接地。所以在带负载情况下装拆仪表时，必须先把电流互感器的二次侧绕组短路后才能将仪表的连接线拆断。

电流互感器的连接应注意，二次侧电路中的仪表必须串联连接，并且串联的表数不宜过多(一般不超过 3 只)，连接导线也不宜过细(一般不小于 $\phi 1.3$ mm)，以免影响测量精确度。电流互感器的外形结构如图 2-74 所示。

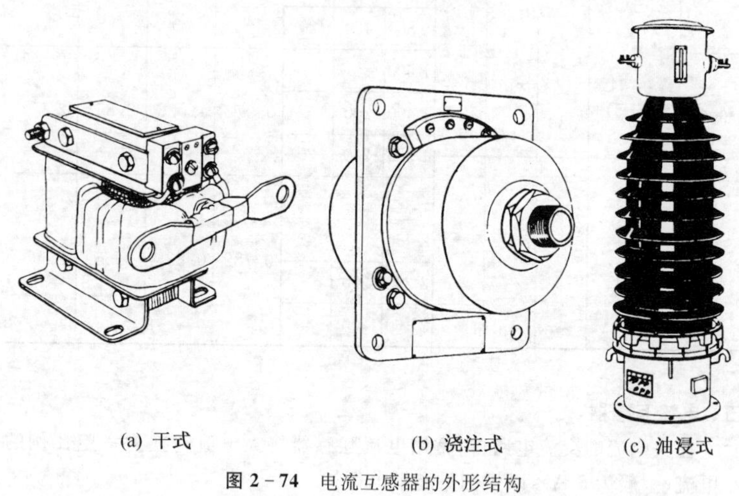

(a) 干式　(b) 浇注式　(c) 油浸式

图 2-74 电流互感器的外形结构

电流互感器的型号表示(字母含义见表 2-40)：

L □ □ □ □-□/□-□

- 额定电流
- 准确度等级
- 额定电压

表 2-40 电流互感器的字母含义

| 第一个字母 | 第二个字母 | | | | | | | |
|---|---|---|---|---|---|---|---|---|
| L | D | F | M | R | Q | C | Z | Y |
| 电流互感器 | 贯穿式单匝 | 贯穿式复匝 | 贯穿式母线型 | 装入式 | 线圈式 | 瓷箱式 | 支持式 | 低压型 |
| 第三个字母 | | | | 第四(或五)个字母 | | | | |
| Z | C | W | D | B | J | S | G | Q |
| 浇注绝缘 | 瓷绝缘 | 户外装置 | 差动保护 | 过流保护 | 接地保护或加大容量 | 速饱和 | 改进型 | 加强型 |

例如：LFC-10/0.5-300 表示 10 kV 的贯穿复匝(即多匝)式的瓷绝缘的电流互感器，其额定电流为 300 A，准确度等级为 0.5 级。

常用的电流互感器的型号与技术数据见表 2-41。

表 2-41 常用电流互感器的型号与技术数据

| 名称 | 型号 | 主要规格和技术数据 | | | |
|---|---|---|---|---|---|
| | | 额定电压(kV) | 准确级别 | 额定容量(V·A) | 一次侧电流/二次侧电流(A/A) |
| 绕线式电流互感器 | LQ-0.5 | 0.5 | 0.5 | 5 | 5～800/5 |
| 绕线式电流互感器 | LQG-0.5 | 0.5 | 0.5～1 | 10～15 | 5～800/5 |
| 绕线式电流互感器 | LQG2-0.5 | 0.5 | 1 | | 10～800/5 |
| 母线式电流互感器 | LYM-0.5 | 0.5 | 1 | | 750～5 000/5 |
| 速饱和电流互感器 | LQS-1 | 0.5 | | | 4～5/3.5 |
| 穿心汇流排式电流互感器 | LM-0.5 | 0.5 | 0.5～1 | 20 | 1 000～5 000/5 |
| 穿心汇流排式电流互感器 | LM-0.5 | 0.5 | 3 | 20 | 800～1 000/5 |
| 贯穿式电流互感器 | LDG-10 | 10 | 0.5～1～3 | | 600～1 500/5 |
| 贯穿式电流互感器(加强式) | LDCQ-10 | 10 | 0.5～1～3 | | 400～1 000/5 |

（续表）

| 名称 | 型号 | 主要规格和技术数据 | | | |
|---|---|---|---|---|---|
| | | 额定电压(kV) | 准确级别 | 额定容量(V·A) | 一次侧电流/二次侧电流(A/A) |
| 贯穿式电流互感器(差动保护) | LDCD-10 | 10 | D～0.5～1～3 | | 600～1 500/5 |
| 贯穿式电流互感器(加强式有差动保护) | LDCQD-10 | 10 | D～0.5～1～3 | | 600～1 000/5 |
| 贯穿式电流互感器 | LFC-10 | 10 | 0.5～1～3 | | 5～400/5 |
| 贯穿式电流互感器(加强式) | LFCQ-10 | 10 | 0.5～1～3 | | 5～300/5 |
| 贯穿式电流互感器(差动保护) | LFCD-10 | 10 | D～0.5～1～3 | | 75～400/5 |
| 贯穿式电流互感器(加强式有差动保护) | LFCQD-10 | 10 | D～0.5～1～3 | | 75～300/5 |
| | | | | 额定负荷(Ω) | |
| 穿心汇流排式电流互感器 | LMT1-0.5 | 0.5 | D～1.2 | 1.6～1.2 | 7 500/5 |
| 母线式电流互感器 | LYM1-0.5 | 0.5 | 1 | 0.8 | 2 000/5 |
| 线圈式电流互感器 | LQG1-0.5TH | 0.5 | 0.5 | 0.2 | 200，300/1 |
| 环氧树脂浇注电流互感器 | LMZ-0.5 | 0.5 | 1 | 0.2 | 75～600/5 |
| 环氧树脂浇注电流互感器 | LMJ-10 | 10 | 0.5～1～3 | 10/15 | 600～1 500/5 |
| 环氧树脂浇注电流互感器 | LMJC-10 | 10 | 1/C | 10/15 | 600～1 500/5 |
| 环氧树脂浇注电流互感器 | LMJ-10A | 10 | 0.5/3 | 15/30 | 600～1 500/5 |
| 环氧树脂浇注电流互感器 | LMJC-10A | 10 | 0.5/C | 15/30 | 600～1 500/5 |
| 环氧树脂浇注电流互感器 | LQJ-10 | 10 | 0.5～1～3 | 10/15 | 5～400/5 |
| 环氧树脂浇注电流互感器 | LQJ-10 | 10 | 3/3 | 10/10 | 1/5 |

（续表）

| 名　称 | 型　号 | 主要规格和技术数据 | | | |
|---|---|---|---|---|---|
| | | 额定电压(kV) | 准确级别 | 额定容量(V·A) | 一次侧电流/二次侧电流(A/A) |
| 环氧树脂浇注电流互感器 | LQJ-10A | 10 | 0.5～1～3 | 15/30 | 5～400/5 |
| 环氧树脂浇注电流互感器 | LQJC-10A | 10 | 0.5/C，1/C | 15/30 | 75～400/5 |
| 环氧树脂浇注电流互感器 | LQJ-15 | 15 | 0.5/3 | 10/15 | 5～400/5 |
| 零序电流互感器 | LJ-ϕ75 | 0.5 | | | |
| 35 kV电流互感器 | LCW-35 | 35 | 0.5～3 | | 15～1 000/5 |

注：1. 额定电流比 15～1 000/5 系指 15/5、20/5、30/5、40/5、50/5、75/5、100/5、150/5、200/5、300/5、400/5、600/5、750/5、1 000/5。
2. 额定一次侧电流一般分为 5、7.5、10、15、20、30、40、50、75、100、150、200、300、400、600、750、(800)、1 000、1 500、2 000、3 000、4 000、5 000、7 500、10 000、15 000、25 000 A。
3. 额定二次侧电流绝大多数为 5 A。

## 六、电压互感器

在高电压的交流电路中，利用电压互感器将高压转变为一定数值的电压(通常为 100 V)，以供给测量和继电保护及指示之用。电压互感器也是一种专用的变压器，其电路如图 2-75所示。

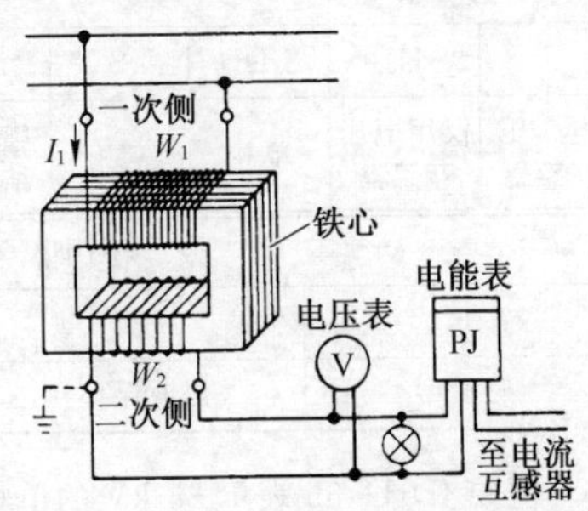

**图 2-75** 电压互感器的原理电路图

电压互感器的一次侧绕组并接在高压电路中，测量仪表、控制电路与指示电路都与二次侧绕组并接。如前所述，一、二次侧的电压之比约为一、二次侧绕组匝数之比，即 $\frac{U_1}{U_2}\approx\frac{W_1}{W_2}$。电压互感器的一次侧绕组的匝数是由高压电路电压的高低而定的，二次侧绕组一般固定以 100 V 计算。必须注意，在运行中，二次侧绕组绝对不允许短路，否则将会烧坏互感器。还需注意，不应使二次侧负载电流的总和超过二次侧电流的额定值。

图 2-76 所示为电压互感器的外形结构。电压互感器的型号表示：

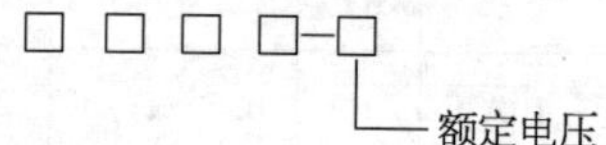


其字母含义见表 2-42。

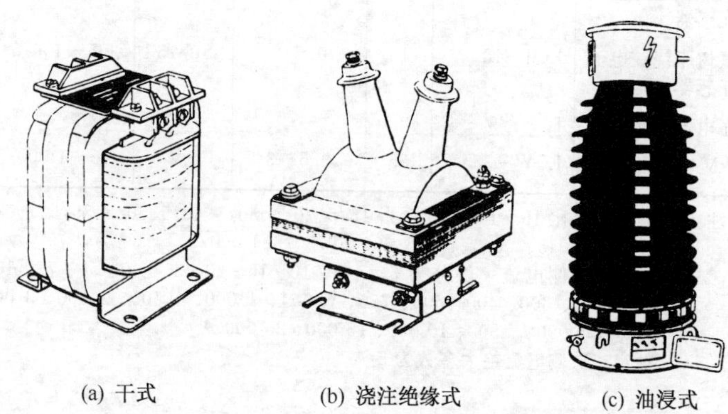

(a) 干式　(b) 浇注绝缘式　(c) 油浸式

**图 2-76**　电压互感器的外形结构

表 2-42　电压互感器型号字母的含义

<table>
<tr><td colspan="2">第一个字母</td><td colspan="3">第二个字母</td><td colspan="4">第三个字母</td></tr>
<tr><td>J</td><td>HJ</td><td>D</td><td>S</td><td>C</td><td>J</td><td>G</td><td>C</td><td>Z</td></tr>
<tr><td>电压互感器</td><td>仪用电压互感器</td><td>单相</td><td>三相</td><td>串级结构</td><td>油浸式</td><td>干式</td><td>瓷箱式</td><td>浇注绝缘</td></tr>
<tr><td colspan="9">第四个字母</td></tr>
<tr><td colspan="2">F</td><td colspan="2">J</td><td colspan="2">W</td><td colspan="3">B</td></tr>
<tr><td colspan="2">胶封型</td><td colspan="2">接地保护</td><td colspan="2">五柱三绕组</td><td colspan="3">三柱带补偿绕组</td></tr>
</table>

例如 JDJJ-35 表示 35 kV 的单相油浸式具有接地保护的电压互感器。常用的电压互感器的型号与技术数据见表 2-43。

表 2-43 常用电压互感器技术数据

| 名称 | 型号 | 装置类别 | 额定电压(V) | | | 额定容量(W) | | | 最大容量(W) | 绝缘型式 |
|---|---|---|---|---|---|---|---|---|---|---|
| | | | 原线圈 | 副线圈 | 辅助线圈 | 0.5 级 | 1 级 | 3 级 | | |
| 单相双圈式 | JDG-0.5 | 户内 | 220 | 100 | | 25 | 40 | 100 | 200 | 干式降低绝缘 |
| 单相双圈式 | JDG-0.5 | 户内 | 380 | 100 | | 25 | 40 | 100 | 200 | 干式降低绝缘 |
| 单相双圈式 | JDG-0.5 | 户内 | 500 | 100 | | 25 | 40 | 100 | 200 | 干式降低绝缘 |
| 船用 | JDG2-0.5H | 户内 | 380 | 127 | | | 40 | 100 | | 干式降低绝缘 |
| 船用 | JDG3-0.5 | 户内 | 380 | 100 | | | 15 | | 60 | 干式降低绝缘 |
| 单相叠接式 | JDJ-6 | 户内 | 3 000 | 100 | | 30 | 50 | 120 | 240 | 油浸式 |
| 单相叠接式 | JDJ-6 | 户内 | 6 000 | 100 | | 50 | 80 | 200 | 400 | 油浸式 |
| 单相叠接式 | JDJ-10 | 户内 | 10 000 | 100 | | 80 | 150 | 320 | 600 | 油浸式 |
| 三相双圈式 | JSJB-6 | 户内 | 3 000 | 100 | | 50 | 80 | 200 | 400 | 油浸式带补偿绕组 |
| 三相双圈式 | JSJB-6 | 户内 | 6 000 | 100 | | 80 | 150 | 320 | 640 | 油浸式带补偿绕组 |
| 三相双圈式 | JSJB-10 | 户内 | 1 000 | 100 | | 120 | 200 | 480 | 960 | 油浸式带补偿绕组 |
| 三相三圈式 | JSJW-6 | 户内 | 3 000 | 100 | 100/3 | 50 | 80 | 200 | 400 | 油浸式五柱三绕组 |
| 三相三圈式 | JSJW-6 | 户内 | 6 000 | 100 | 100/3 | 80 | 150 | 220 | 640 | 油浸式五柱三绕组 |
| 三相三圈式 | JSJW-10 | 户内 | 10 000 | 100 | 100/3 | 120 | 200 | 480 | 960 | 油浸式五柱三绕组 |
| 三相三圈式 | JSJW-15 | 户内 | 13 800 | 100 | 100/3 | 120 | 200 | 480 | 960 | 油浸式五柱三绕组 |
| 三相三圈式 | JSGW-0.5 | 户内 | 380 | 100 | 100/3 | 50 | 80 | 200 | 400 | 干式 |
| 单相浇注式 | JDZ-6 | 户内 | 3 000 | 100 | 100/3 | 30 | 50 | 120 | | 环氧树脂浇注 |
| 单相浇注式 | JDZ-6 | 户内 | $3\,000/\sqrt{3}$ | $100\sqrt{3}$ | 100/3 | 30 | 50 | 120 | | 环氧树脂浇注 |
| 单相浇注式 | JDZ-6 | 户内 | 6 000 | 100 | 100/3 | 50 | 80 | 200 | | 环氧树脂浇注 |
| 单相浇注式 | JDZ-6 | 户内 | $6\,000/\sqrt{3}$ | $100\sqrt{3}$ | 100/3 | 50 | 80 | 200 | | 环氧树脂浇注 |
| 单相浇注式 | JDZ-10 | 户内 | 10 000 | 100 | 100/3 | 50 | 80 | 200 | | 环氧树脂浇注 |
| 单相浇注式 | JDZ-10 | 户内 | $10\,000/\sqrt{3}$ | $100\sqrt{3}$ | 100/3 | 50 | 80 | 200 | | 环氧树脂浇注 |
| 单相浇注式 | JDZ-10 | 户内 | 15 000 | 100 | 100/3 | 80 | | | | 环氧树脂浇注 |

## 七、音频输送变压器(线间变压器)

1. 工作原理

音频输送变压器又名敷线变压器、线间变压器或用户变压器,用于有线广播中匹配扬声器音圈阻抗,亦适用于远距离输送音频信号。

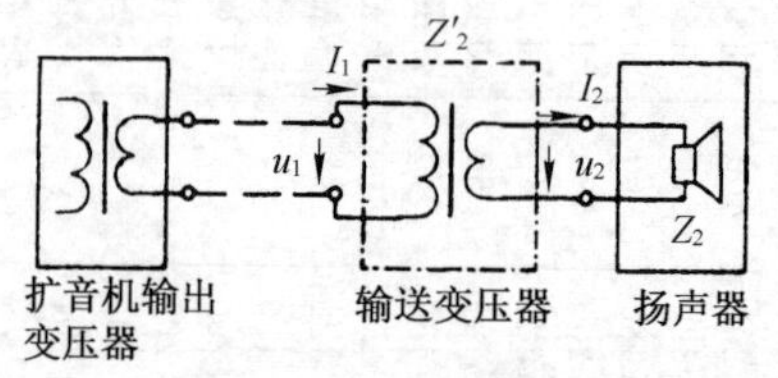


图 2-77　扩音机与扬声器之间的接线示意图

图 2-77 为扩音机与扬声器之间加接输送变压器的电路。输送变压器的作用是变换扬声器音圈阻抗值,以配合扩音机所需的负载阻抗大小,使它们之间达到最好的功率匹配。当扬声器音圈接到输送变压器的二次侧后,对扩音机来说,负载不再是扬声器阻抗 $Z_2$,而是图中虚线方框内的等效阻抗 $Z_2'$,至于 $Z_2'$与 $Z_2$ 的关系可按照变压器特性求得:

$$Z_2' = \frac{U_1}{I_1} = K^2 \frac{U_2}{I_2} = K^2 Z_2$$

式中　$K$——输送变压器的变压比。

譬如选用 $K=5$ 的输送变压器,扬声器的阻抗为 4.5 Ω,则

$$Z_2' = K^2 Z_2 = (5)^2 \times 4.5 = 112.5\ \Omega$$

由此可见,具有阻抗为 4.5 Ω 的扬声器经过输送变压器的变换以后,从变压器一次侧看去等效于一个阻抗为 112.5 Ω 的负载。因为这时 112.5 Ω 与扩音机输出阻抗 125 Ω 相接近,扬声器分配的功率将与扩音机输出功率接近相等。

输送变压器有定阻式、定压式和自耦式三种类型,它们的性能数据、技术规格分别列于表 2-44~表 2-46 中,在小型广播站中 150 W 以下的扩音机大多采用定阻式。它有多档抽头,例如常见的一次侧抽头阻抗有 500 Ω、1 000 Ω、2 000 Ω、3 000 Ω、6 000 Ω 等,二次侧抽头的阻抗值大多根据扬声器音圈阻抗值决定的。图 2-78 为定阻抗输送变压器的电路图,变压器二次侧抽头端子标志有各个阻抗值,图中附有不同功率的二次侧阻抗值。

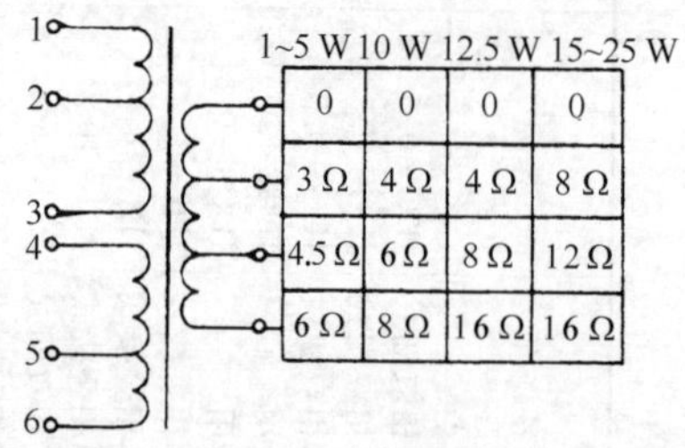


图 2-78　定阻抗式输送变压器电路图

变压器的一次侧抽头接线按表 2-44 中方法可以换接，由此得到不同的阻抗值。

表 2-44 定阻式输送变压器一次侧阻抗接法

| | 一次侧阻抗(Ω) | 一次侧 | | | 一次侧阻抗(Ω) | 一次侧 | | | 一次侧阻抗(Ω) | 一次侧 | |
|---|---|---|---|---|---|---|---|---|---|---|---|
| | | 端子 | 连接 | | | 端子 | 连接 | | | 端子 | 连接 |
| 1~2 W变换阻抗接法 | 250 | 1—6 | 1—5 2—6 | 3~5 W变换阻抗接法 | 500 | 1—6 | 1—5 2—6 | 10~25 W变换阻抗接法 | 250 | 1—6 | 1—5 2—6 |
| | 1 000 | 1—6 | 2—5 | | 1 000 | 2—5 | 2—4 3—5 | | 500 | 2—5 | 2—4 3—5 |
| | 4 000 | 2—5 | 2—4 3—6 | | 2 000 | 1—6 | 2—5 | | 1 000 | 1—6 | 2—5 |
| | 6 250 | 1—6 | 1—4 3—6 | | 3 000 | 1—6 | 1—4 3—6 | | 1 500 | 1—6 | 1—4 3—6 |
| | 9 000 | 1—6 | 2—4 3—5 | | 4 000 | 2—5 | 3—4 | | 2 000 | 2—5 | 3—4 |
| | 16 000 | 2—5 | 3—4 | | 6 000 | 1—6 | 2—4 3—5 | | 3 000 | 1—6 | 3—5 |
| | 20 000 | 1—5 | 3—4 | | 7 000 | 1—5 | 3—4 | | 3 500 | 1—5 | 3—4 |
| | 25 000 | 1—6 | 3—4 | | 12 000 | 1—6 | 3—4 | | 6 000 | 1—6 | 3—4 |

表 2-45 定阻式输送变压器技术数据

| 额定功率 | 线圈数据 | | | | 铁心尺寸 $a\times b$ (mm) |
|---|---|---|---|---|---|
| | | 一次侧 | | 二次侧 | |
| 2 W | 出线端子 | 1—2—3 | 4—5—6 | 0—3 Ω—4 Ω—6 Ω | GE 12×15 |
| | 圈数 | 0—230—1 150 | 0—920—1 150 | 0—28—32—39 | |
| | 导线直径 | (ϕ0.12)(ϕ0.09) | (ϕ0.09)(ϕ0.12) | (ϕ0.47) | |
| 5 W | 出线端子 | 1—2—3 | 4—5—6 | 0—3 Ω—4 Ω—6 Ω | GE 14×18 |
| | 圈数 | 0—410—990 | 0—580—990 | 0—35—40—48 | |
| | 导线直径 | (ϕ0.13)(ϕ0.11) | (ϕ0.11)(ϕ0.13) | (ϕ0.59) | |
| 10 W | 出线端子 | 1—2—3 | 4—5—6 | 0—4 Ω—8 Ω—16 Ω | GE 16×20 |
| | 圈数 | 0—320—770 | 0—450—770 | 0—42—59—83 | |
| | 导线直径 | (ϕ0.17)(ϕ0.15) | (ϕ0.15)(ϕ0.17) | (ϕ0.64) | |
| 15 W | 出线端子 | 1—2—3 | 4—5—6 | 0—4 Ω—8 Ω—16 Ω | GE 16×24 |
| | 圈数 | 0—300—725 | 0—425—725 | 0—38—55—77 | |
| | 导线直径 | (ϕ0.19)(ϕ0.17) | (ϕ0.17)(ϕ0.19) | (ϕ0.72) | |
| 25 W | 出线端子 | 1—2—3 | 4—5—6 | 0—4 Ω—8 Ω—16 Ω | GE 19×24 |
| | 圈数 | 0—360—870 | 0—510—870 | 0—48—68—94 | |
| | 导线直径 | (ϕ0.21)(ϕ0.17) | (ϕ0.17)(ϕ0.21) | (ϕ0.80) | |

表 2-46 定压式和自耦式输送变压器技术数据

| 型式 | 额定功率 | 线圈数据 | | | | 铁心尺寸 $a\times b$ (mm) |
|---|---|---|---|---|---|---|
| | | 一次侧 | | | 二次侧 | |
| 定压式 | 5 W | 出线端子 | 0—90 V—120 V | 0—90 V—120 V | 0—20 V—30 V—45 V | GE 14×18 |
| | | 圈数 | 0—800—1 070 | 0—800—1 070 | 0—195—285—420 | |
| | | 导线直径 | ($\phi$0.1) | ($\phi$0.1) | ($\phi$0.25) | |
| | 10 W | 出线端子 | 0—90 V—120 V | 0—90 V—120 V | 0—20 V—30 V—45 V | GE 16×20 |
| | | 圈数 | 0—630—840 | 0—630—840 | 0—150—220—330 | |
| | | 导线直径 | ($\phi$0.12) | ($\phi$0.12) | ($\phi$0.38) | |
| | 15 W | 出线端子 | 0—90 V—120 V | 0—90 V—120 V | 0—20 V—30 V—45 V | GE 16×24 |
| | | 圈数 | 0—520—690 | 0—520—690 | 0—123—185—270 | |
| | | 导线直径 | ($\phi$0.15) | ($\phi$0.15) | ($\phi$0.44) | |
| | 25 W | 出线端子 | 0—90 V—120 V | 0—90 V—120 V | 0—30 V—45 V—60 V | GE 19×24 |
| | | 圈数 | 0—435—580 | 0—435—580 | 0—155—230—304 | |
| | | 导线直径 | ($\phi$0.21) | ($\phi$0.21) | ($\phi$0.44) | |

（续表）

| 型式 | 额定功率 | | 线圈数据 一次侧 | 线圈数据 二次侧 | 铁心尺寸 $a\times b$（mm） |
|---|---|---|---|---|---|
| 定压式 | 60 W | 出线端子<br>圈数<br>导线直径 | 0—60 V—120 V　0—60 V—120 V<br>0—126—252　0—126—252<br>(ϕ0.41)(ϕ0.29)　(ϕ0.41)(ϕ0.29) | 0—60 V—90 V　0—60 V—90 V<br>0—132—198　0—132—198<br>(ϕ0.41)(ϕ0.33)　(ϕ0.41)(ϕ0.33) | GE 22×44 |
| 自耦式 | 10 W | 出线端子<br>圈数<br>导线直径 | 0—30 V—60 V—90 V—120 V—180 V—240 V—300 V—360 V—420 V<br>0—200—400—600—800—1 200—1 600—2 000—2 400—2 800<br>(ϕ0.31)　(ϕ0.23)　(ϕ0.17)　(ϕ0.1) | | GE 16×20 |
| 自耦式 | 15 W | 出线端子<br>圈数<br>导线直径 | 0—30 V—60 V—90 V—120 V—180 V—240 V—300 V—360 V—420 V<br>0—160—320—480—640—960—1 280—1 600—1 920—2 240<br>(ϕ0.38)　(ϕ0.27)　(ϕ0.15)　(ϕ0.1) | | GE 16×28 |
| 自耦式 | 25 W | 出线端子<br>圈数<br>导线直径 | 0—30 V—60 V—90 V—120 V—180 V—240 V—300 V—360 V—420 V<br>0—150—300—450—600—900—1 200—1 500—1 800—2 100<br>(ϕ0.47)　(ϕ0.33)　(ϕ0.25)　(ϕ0.15) | | GE 19×24 |

2. 扬声器配接输送变压器的方法

(1) 定阻抗式输送变压器的配接计算主要是确定变压器的容量和一次侧阻抗。输送变压器的功率应等于(或大于)它所接的扬声器功率,二次侧阻抗应等于所接扬声器的阻抗,而输送变压器的一次侧阻抗

$$Z_1 = \frac{P_0 Z_0}{P}$$

式中 $P_0$——扩音机额定输出功率(W);

$Z_0$——扩音机输出变压器的最高或较大输出阻抗(Ω);

$P$——分配给每只扬声器的功率(W)。

[例 7] 1台30 W扩音机,最高输出阻抗为250 Ω,需接15 W、10 W、5 W的扬声器各1只,求各输送变压器的一次侧阻抗值。

**解** 按公式可以求得各输送变压器的一次侧阻抗值

$$Z_1 = \frac{P_0 Z_0}{P_1} = \frac{30 \times 250}{15} = 500\ \Omega$$

15 W输送变压器选用一次侧阻抗为500 Ω的抽头。

$$Z_2 = \frac{P_0 Z_0}{P_2} = \frac{30 \times 250}{10} = 750\ \Omega$$

10 W输送变压器选用一次侧阻抗为750 Ω的抽头。

$$Z_3 = \frac{P_0 Z_0}{P_3} = \frac{30 \times 250}{5} = 1\ 500\ \Omega$$

5 W输送变压器选用一次侧阻抗为1 500 Ω的抽头。

如果计算结果与实际抽头阻抗有差别时,通常选用相近而较小于计算值的抽头,如果计算值大于或小于实际抽头阻抗一倍时,可以相应地将二次侧接到大于或小于原值一倍的抽头上。例如例7中10 W的扬声器计算出变压器一次侧阻抗为750 Ω,而扬声器音圈阻抗为8 Ω,现查得输送变压器实际抽头阻抗为500、1 500、3 000几种,因此可将750 Ω加大一倍接在1 500 Ω处,但其二次侧则相应也增大一倍接到16 Ω处(读者可自行计算,其结果是变压比不变,等效阻抗不变)。

当扬声器总功率小于扩音机总功率时,为了保障扩音机的输出变压器及功率放大管的安全使用,同时使扬声器不致过负载而损坏,就需加接假负

载来吸收剩余的功率。假负载采用线绕电阻较好，但有时为应急需要，也可采用1只220 V 40 W(或100 W)的灯泡作假负载。假负载的阻值

$$R=\frac{P_0 Z_0}{P}$$

式中 $P_0$——扩音机额定输出功率(W)；

$Z_0$——扩音机最高输出阻抗(Ω)；

$P$——假负载应吸收的功率(W)。

为了防止过载烧毁，假负载选取的功率要大于应吸收功率的一倍左右。

［**例8**］ 40 W扩音机输出阻抗为500 Ω，配用功率25 W及5 W的扬声器各1只，求输送变压器的一次侧阻抗为多大，还需加接多大的假负载。

**解**
$$Z_1=\frac{P_0 Z_0}{P_1}=\frac{40\times 500}{25}=800\ \Omega$$

由表2-44可知，25 W变压器选用一次侧阻抗为1 000 Ω的抽头。

$$Z_2=\frac{P_0 Z_0}{P_2}=\frac{40\times 500}{5}=4\ 000\ \Omega$$

由表2-44可知，5 W变压器选用一次侧阻抗为4 000 Ω的抽头。还需加接假负载以吸收多余的功率

$$P_3=P_0-(P_1+P_2)=40-(25+5)=10\ \mathrm{W}$$

因此
$$Z_3=\frac{P_0 Z_0}{P_3}=\frac{40\times 500}{10}=2\ 000\ \Omega$$

拟选用2 000 Ω，20 W的线绕电阻。其接线图如图2-79所示。

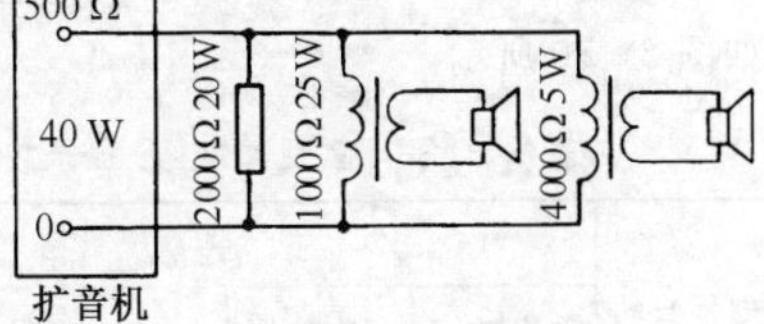


**图2-79** 接线图

假负载除作上述用途以外，在具有多路扬声器的电路中，如果需要将其中一路扬声器关掉，可用假负载代其工作，而不使整个电路功率分配受到影响。

(2) 定压式输送变压器的配接计算也是求取变压器的一次侧阻抗

$$Z_1=\frac{U_0^2}{P}$$

式中　$U_0$——扩音机(大型)的输出电压(V)；

$P$——分配给每只扬声器的功率(W)。

［例9］　500 W的扩音机,输出电压240 V,如要接20只25 W、8 Ω的扬声器,输送变压器一次侧应接多大阻抗抽头?

解　输送变压器一次侧阻抗

$$Z_1 = \frac{U_0^2}{P} = \frac{(240)^2}{25} = 2\,304\ \Omega$$

由表2-44查得相近的变压器阻抗抽头为2 000 Ω,这也是每只扬声器折算到扩音机输出端的阻抗为2 000 Ω,现共20只扬声器,所以总阻抗为

$$\Sigma Z_1 = \frac{2\,000}{20} = 100\ \Omega$$

校验500 W扩音机在240 V输出档的输出阻抗为

$$Z_0 = \frac{U_0^2}{P_0} = \frac{(240)^2}{500} = 115.2\ \Omega$$

所以尚可使用。

## 八、音频输出变压器

音频输出变压器供收音机或扩音机的最末级与扬声器阻抗匹配之用。如图2-77中,音频输出变压器与输送变压器的使用和效能是根本不同的,输出变压器是扩音机、收音机内部的主要零件,而输送变压器是扩音机外部的一个配件。表2-47列出常用的音频输出变压器的技术数据,其结构形式如图2-80所示。

表2-47　音频输出变压器技术数据(夹式、合扑式)

| 型　号 | 主　要　规　格 | | | | 外形安装尺寸(mm) | | | | |
|---|---|---|---|---|---|---|---|---|---|
| | 输出功率(V·A) | 一次侧阻抗(kΩ) | 二次侧阻抗(Ω) | 结构形式 | $L$ | $B$ | $H$ | $A$ | $E$ |
| CB-1-3 | 1 | 5 | 3.5 | 夹　式 | 77 | 28 | 35 | 64 | 4 |
| CB-1-4 | 1 | 5.5 | 3.5 | 夹　式 | 77 | 28 | 35 | 64 | 4 |
| CB-1-5 | 1 | 8 | 3.5 | 夹　式 | 77 | 28 | 35 | 64 | 4 |

（续表）

| 型　号 | 主　要　规　格 | | | | 外形安装尺寸(mm) | | | | |
|---|---|---|---|---|---|---|---|---|---|
| | 输出功率(V·A) | 一次侧阻抗(kΩ) | 二次侧阻抗(Ω) | 结构形式 | $L$ | $B$ | $H$ | $A$ | $E$ |
| CB-2-4 | 2 | 5 | 3.5 | 夹　式 | 76 | 32 | 40 | 64 | 4 |
| CB-2-5 | 2 | 5.5 | 3.5 | 夹　式 | 76 | 32 | 40 | 64 | 4 |
| CB-6-1 | 6 | 5～7 | 4～6～8 | 夹　式 | 90 | 40 | 50 | 76 | 4 |
| CB-10-9 | 10 | 10 | 4～8～16～250 | 合扑式 | 66 | 55 | 44 | 44 | 4 |
| CB-12-10 | 12 | 8 | 4～6～8～10～16 | 合扑式 | 66 | 55 | 44 | 44 | 4 |
| CB-15-1 | 15 | 8 | 4～8～16～250 | 合扑式 | 75 | 62.5 | 50 | 62.5 | 4 |
| CB-25-1 | 25 | 9 | 4～8～16～250 | 合扑式 | 75 | 62.5 | 50 | 62.5 | 4 |
| CB-40-1 | 40 | 4.5 | 4～8～16～250 | 合扑式 | 84 | 70 | 68 | 70 | 4 |
| CB-30-1 | 30 | 6 | 4～8～16～250 | 合扑式 | 84 | 70 | 56 | 70 | 4 |
| CB-10-1 | 10 | 10 | 9～8～16 | 合扑式 | 84 | 70 | 62 | 70 | |

注：CB-10-1为高传真输出变压器。

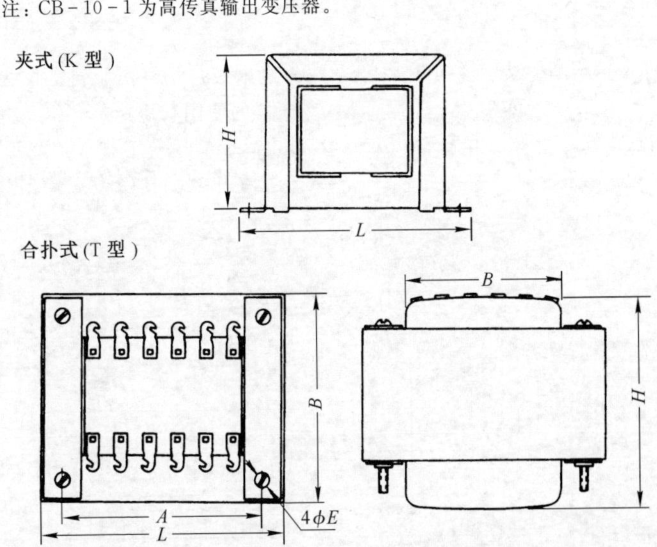

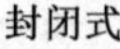

封闭式

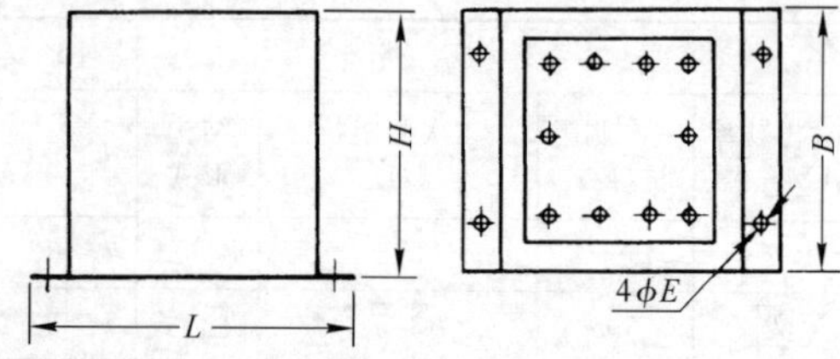


KB型（胶木板接线柱变压器）

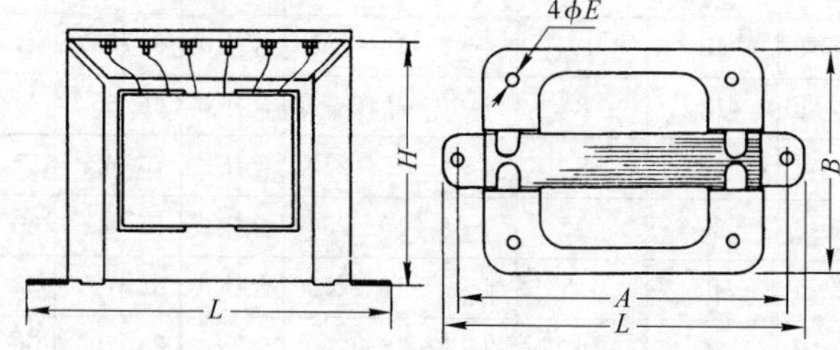


图 2-80 音频输出变压器结构形式

# 第 3 章　三相异步电动机及其修理

## 3-1　三相异步电动机的分类、型号和选型

### 一、三相异步电动机的分类

异步电机是基于气隙旋转磁场与转子绕组感应电流相互作用产生电磁转矩，从而实现电能转换成机械能的一种交流电动机。其运行转速与旋转磁场转速（同步转速）间存在一定差异，即异步，这也是产生转矩的必要条件。由于异步电动机具有结构简单，制造、使用、维护方便，运行可靠等优点，因而广泛用于驱动机床、水泵、鼓风机、压缩机、起重卷扬设备、矿山机械、轻工机械及农用机械等，电力传动机械中有 90%左右是由异步电动机驱动，其用电量约占电网总负荷的 60%以上。

异步电机一般为系列产品，其系列、品种、规格繁多，因而其分类也较为繁多。

(1) 按电机或功率大小分：

大型电机　定子铁心外径($D_1$)>1 000 mm 或机座号(中心高 $H$)>630 mm。

中型电机　$D_1$ 在 500～1 000 mm 或 $H$ 在 355～630 mm。

小型电机　$D_1$ 在 100～500 mm 或 $H$ 在 80～315 mm。

(2) 按系列产品用途分：

基本系列　产量最大，使用范围最广的通用电机系列。如：Y 系列(IP44)、(IP23)，Y2 系列(IP54)小型三相异步电动机。

派生系列　为满足不同使用要求，在基本系列的基础上作部分改动而派生的系列产品，其零部件与基本系列有较高的通用性和一定程度的统一性。如：YX 系列高效率电动机(属电气派生产品)，YR 系列绕线转子电动机(属结构派生产品)，Y-WF 系列户外防腐型电动机(属特殊环境派生产品)。

专用系列　为满足特殊使用要求而专门设计制造的系列产品。如：YZR、YZ 系列起重冶金用电动机。

(3) 按外壳防护结构型式分：

为满足不同使用环境条件的要求，电机结构设计时必须考虑其不同的防护等级，以符合国家标准 GB 4942.1—2001《电机外壳防护分级》所规定的要

求。如:常用的外壳防护型式有IP44、IP54(封闭型)和IP23(防护型)等。

(4) 按电机的冷却方式分:

电机的冷却方式按国家标准GB/T 1993—1993《旋转电机冷却方法》的规定,根据冷却介质和冷却回路分类,如:常用的电机冷却方式有IC411、IC01等。

(5) 按电机的安装型式分:

电机的安装型式按国家标准GB 997—2003《电机结构及安装型式代号》的规定,根据卧式安装或立式安装及轴伸向上或向下分类。如:常用的电机安装型式有$IMB_3$、$IMB_5$、$IMB_{35}$及$IMV_1$等。

(6) 按转子结构形式分:

笼型转子异步电动机和绕线型转子异步电动机。

(7) 对于各类电机,还可按电机的电源相数(单相、三相)、电源电压(380 V、3 kV、6 kV)、电源频率(50 Hz、60 Hz)、绝缘结构等级(E级、B级、F级、H级),以及运行工作制(连续工作制S1、短时工作制S2、周期性工作制S3～S8)等进行分类。

## 二、三相异步电动机的型号及选型

为了区别每一产品性能、用途和结构特征,一般情况下,可用产品型号加以区别。

我国电机产品型号的编制方法是采用国家标准GB 4831—1984《电机产品型号编制方法》。按该标准规定,电机产品型号采用汉语拼音字母,以及国际通用符号和阿拉伯数字组成。产品型号的构成部分及其内容的规定,按下列顺序排列:

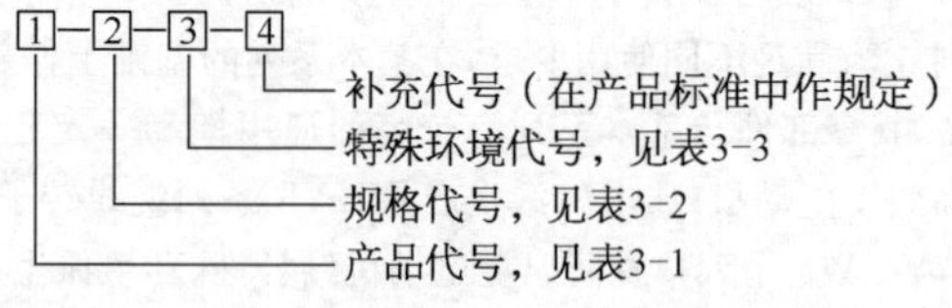


表3-1　产品(类型)代号

| 产品名称 | 异步电动机 | 同步电动机 | 同步发电机 | 直流电动机 | 直流发电机 | 汽轮发电机 | 水轮发电机 | 测功机 | 交流换向器电动机 | 潜水电泵 | 纺织用电机 |
|---|---|---|---|---|---|---|---|---|---|---|---|
| 产品代号 | Y | T | TF | Z | ZF | QF | SF | C | H | Q | F |

表 3-2　规格代号

| 产品名称 | 产品型号构成部分及其内容 |
| --- | --- |
| 小型异步电动机 | 中心高(mm)-机座长度(字母代号)-铁心长度(数字代号)-极数 |
| 大、中型异步电动机 | 中心高(mm)-铁心长度(数字代号)-极数 |
| 分马力电动机(小功率电动机) | 中心高(mm)或外壳外径(mm)(或/)机座长度(字母代号)-铁心长度、电压、转速(均用数字代号) |
| 交流换向器电机 | 中心高或机壳外径(mm)-(或/)铁心长度、转速(均用数字代号) |

表 3-3　特殊环境代号

| 汉字意义 | "热"带用 | "湿热"带用 | "干热"带用 | "高"原用 | "船"(海)用 | 化工防"腐"用 | 户"外"用 |
| --- | --- | --- | --- | --- | --- | --- | --- |
| 汉语拼音代号 | T | TH | TA | G | H | F | W |

主要产品型号举例：

(1) 小型异步电动机：

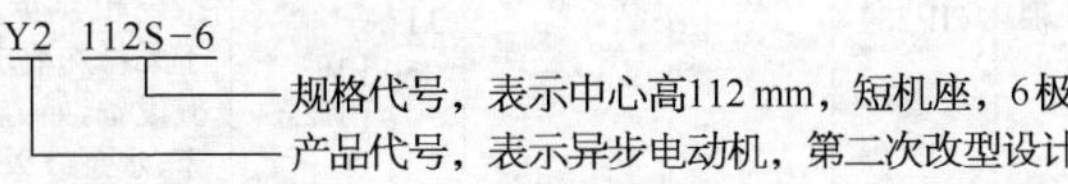


(2) 多速异步电动机：

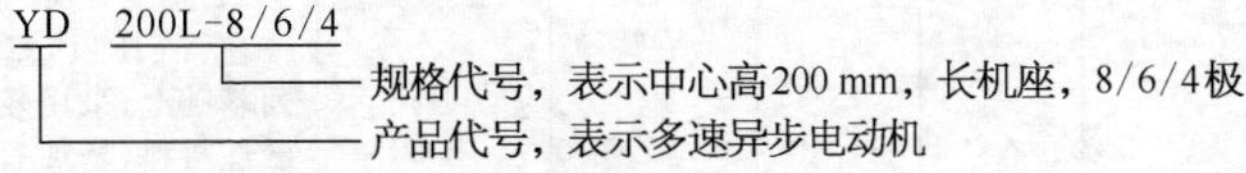


(3) 户外化工防腐用异步电动机：

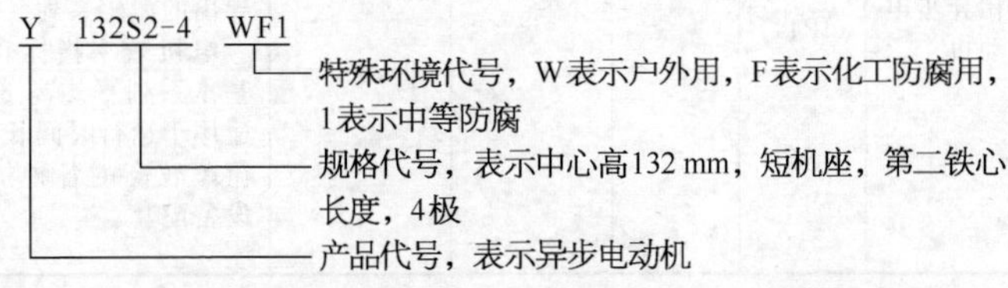

三相异步电动机的产品型号、用途及选型见表3-4。

表3-4　三相异步电动机的型号、用途及选型

<table>
<tr><th rowspan="2">序号</th><th rowspan="2">名　称</th><th colspan="2">型　号</th><th rowspan="2">型号汉字含　义</th><th rowspan="2">机座号与功率范围</th><th rowspan="2">结构特点及应用场合</th></tr>
<tr><th>新</th><th>老</th></tr>
<tr><td>1</td><td>小型三相异步电动机（封闭式）</td><td>Y2（IP54）</td><td>Y（IP44）JO2</td><td>异</td><td>H63～355 mm<br>0.12～315 kW</td><td rowspan="2">IP54（IP44）型外壳防护结构为封闭式，能防灰尘、水滴进入电机内部，适用灰尘多、水土溅飞的场所。<br>IP23型外壳防护结构为防护式，能防止直径大于12 mm的杂物或水滴从垂直线成60°角范围内进入电机内部，适用于周围环境较干净、防护要求较低的场所。<br>Y系列为B级绝缘结构，Y2系列为F级绝缘结构。均为一般用途笼型三相异步电动机，用于无特殊要求的各种机械设备，如：金属切削机床、水泵鼓风机、运输机械、农业机械</td></tr>
<tr><td>2</td><td>小型三相异步电动机（防护式）</td><td>Y（IP23）</td><td>J2</td><td>异</td><td>H160～315 mm<br>11～250 kW</td></tr>
<tr><td>3</td><td>高效率三相异步电动机</td><td>YX（IP44）</td><td>—</td><td>异效</td><td>H100～280 mm<br>1.5～90 kW</td><td>在Y（IP44）基本系列基础上，采用较好的磁性材料，增加有效材料用量，采取工艺措施降低损耗等改进设计导出的派生系列。<br>电机效率指标较Y基本系列平均高3%，适用于运行时间长、负荷率较高的各种机械设备配套</td></tr>
</table>

（续表）

| 序号 | 名　称 | 型　号 | | 型号汉字含　义 | 机座号与功率范围 | 结构特点及应用场合 |
|---|---|---|---|---|---|---|
| | | 新 | 老 | | | |
| 4 | 绕线转子三相异步电动机（封闭式） | YR (IP44) | JRO2 | 异绕 | H132～280 mm 4～75 kW | 转子为绕线式，在Y(IP44)、(IP23)基本系列基础上派生，功率等级与安装尺寸的关系比基本系列降低1～2级。<br>可以通过调节转子回路中增接的外加电阻，以获得起动电流小、起动转矩大的优点，并可在一定范围内分级调节电动机转速，因而适用于电源容量不足以起动笼型转子电动机，并要求起动电流小、起动转矩更高、小范围调速等场合 |
| 5 | 绕线转子三相异步电动机（防护式） | YR (IP23) | JR2 | 异绕 | H160～280 mm 7.5～132 kW | |
| 6 | 变极多速三相异步电动机 | YD (IP44) | JDO2 | 异多 | H80～280 mm 0.55～90 kW 转速有双速、三速、四速三种极数比有4/2、6/4、8/4、8/6、12/6、6/4/2、8/4/2、8/6/4、12/8/6/4等九种 | 在Y(IP44)基本系列上派生、利用改变定子绕组的接法以改变电动机的极数，来达到电动机的变速。<br>电动机具有可随负载的不同要求而有级地变化转速，从而达到功率的合理匹配和简化变速系统的特点，适用于各式万能、组合、专用切削机床及需要逐级调速的各种传动机构 |

（续表）

| 序号 | 名　称 | 型　号 | | 型号汉字含　义 | 机座号与功率范围 | 结构特点及应用场合 |
|---|---|---|---|---|---|---|
| | | 新 | 老 | | | |
| 7 | 高转差率三相异步电动机 | YH（IP44） | JHO2 | 异、高转差率 | H80～280 mm<br>0.55～90 kW 断续周期工作制 S3 | 在Y（IP44）基本系列上派生、除转子槽形采用深槽（梯形槽、圆底槽或凸形槽）及转子导电材料采用高电阻率铝合金外，其他均与Y系列（IP44）相同。<br>电动机具有转差率高、堵转转矩大、堵转电流小、机械特性软、能承受冲击负载的特性。其负载持续率（FC）分为15%、25%、40%、60%四种，适用于传动飞轮转矩较大和不均匀冲击负荷，以及反转次数较多的机械设备，如锤击机、剪切机、冲压机、锻冶机等 |
| 8 | 齿轮减速三相异步电动机 | YCJ | JTC | 异齿减 | 电动机：<br>（配Y系列）<br>H80～160 mm<br>0.55～15 kW<br>减速器：<br>H71～280 mm<br>输出转矩 9～3 400 N·m<br>输出转速 15～600 r/min | 齿轮减速电动机是由Y（IP44）系列电动机与齿轮减速器直接耦合而成。齿轮减速器采用啮合渐开线圆柱齿轮，可正反两个方向传递功率（转矩）。具有出轴转速低、传动转矩大的特点。专用于低速大转矩机械传动的驱动装置 |

（续表）

| 序号 | 名称 | 型号 | | 型号汉字含义 | 机座号与功率范围 | 结构特点及应用场合 |
|---|---|---|---|---|---|---|
| | | 新 | 老 | | | |
| 9 | 电磁调速三相异步电动机 | YCT | JZT | 异磁调 | 0.55～90 kW<br>H112～355 mm<br>H315 mm及以下的规格调速比1∶10<br>H355 mm规格调速比为1∶3～1∶2 | 由Y(IP44)系列电动机与电磁离合器、测速发电机和控制装置组合而成。YCT系列调速电动机为防护式，空气自冷，卧式安装。离合器的主要部件为电枢、磁极和静止励磁部分。无级调速是由电磁离合器来完成的，它是一种恒转矩无级调速电动机，具有结构简单、控制功率小、调速范围广等优点，适用于恒转矩无级调速的机械传动设备上，尤适用于风机、水泵等递减转矩负载机械，节能效果较好 |
| 10 | 电磁制动三相异步电动机 | YEJ | | 异、制动、附加电磁制动器 | H80～225 mm<br>0.55～4.5 kW<br>制动力矩：7.5～450 N·m | Y(IP44)基本系列电动机的非轴伸端的端盖上安装一个直流圆盘制动器组合而成的派生产品。适用于要求快速停止、准确定位、往复运转、频繁起动、防止滑行的各种机械中作传动用，如升降机械、运输机械、包装机械、食品机械、建筑机械、木工机械等 |

（续表）

| 序号 | 名　称 | 型　号 | | 型号汉字含　义 | 机座号与功率范围 | 结构特点及应用场合 |
|---|---|---|---|---|---|---|
| | | 新 | 老 | | | |
| 11 | 立式深井泵用三相异步电动机 | YLB | JLB2<br>DM<br>JTB | 异立泵 | H132～280 mm<br>5.5～132 kW | 是驱动JC/K型长轴立式深井泵的专用电动机。除H132机座在Y(IP44)系列上派生,其余五种机座均在Y(IP23)系列上派生。安装时将水泵轴通过电动机的空心轴与顶上轴端联轴器相连,采用钩头键连接传动。本电动机适用于工矿企业、农村及高原地带吸取地下水之用 |
| 12 | 低振动低噪声三相异步电动机 | YZC | JJO2 | 异振噪 | H80～160 mm<br>0.55～18.5 kW | 在Y(IP44)基本系列上采取提高加工精度、提高转子平衡度,选用低噪声专用轴承及改进电磁设计等措施。适用于要求低噪声、低振动的机械传动场合,如精密机床、磨床、低噪声风机、油泵、液压泵等 |
| 13 | 增安型三相异步电动机 | YA | JAO2 | 异安 | H80～280 mm<br>0.55～75 kW | 在Y(IP44)基本系列上对结构和防护上采取了加强措施,电动机主体外壳的防护等级为IP54,接线盒为IP55,定子绕组配有保护装置。适用于Q2、Q3类爆炸危险的场合 |

(续表)

| 序号 | 名 称 | 型 号 | | 型号汉字含 义 | 机座号与功率范围 | 结构特点及应用场合 |
|---|---|---|---|---|---|---|
| | | 新 | 老 | | | |
| 14 | 隔爆型三相异步电动机 | YB | BJO2 | 异爆 | H80～315 mm 0.55～200 kW | 在Y(IP44)基本系列上派生。电动机主体外壳防护等级IP44,也可制成IP54。接线盒为IP54。采用F级绝缘,温升按B级考核,机座、端盖、轴承盖均采用高强度灰铸铁制成。隔爆性能按GB 3836.1—83、GB 3836.2—83和IEC 79—1(1971)等标准规定要求。隔爆结构制成KB、B2d、B3d三级,分别适用于煤矿及工厂有1,2或3级a、b、c、d组可燃性气体与空气形成的爆炸性混合场合 |
| 15 | 户外型三相异步电动机 | Y-W | JO2-W | 异外 | H80～315 mm 0.55～160 kW | 在Y(IP44)基本系列上派生。采取加强结构密封和材料工艺防腐等措施,防护等级IP54或IP55。<br>Y-W系列电动机适用于户外环境用的各种机械配套 |
| 16 | 防腐型三相异步电动机 | Y-F | JO2-F | 异腐 | | |

（续表）

| 序号 | 名称 | 型号 | | 型号汉字含义 | 机座号与功率范围 | 结构特点及应用场合 |
|---|---|---|---|---|---|---|
| | | 新 | 老 | | | |
| 17 | 户外防腐型三相异步电动机 | Y－WF | JO2－WF | 异外腐 | H80～315 mm<br>0.55～160 kW | Y－F系列电动机适用于在一种或一种以上化学腐蚀介质环境中的各种机械配套。如石油、化工、化肥、制药企业用水泵、油泵、鼓风机、排风扇等机械配套。<br>Y－WF系列电动机适用于存在少量化学腐蚀介质的户外环境中的各种机械配套，如石油、化工、制药及印染等企业户外用水泵、油泵等一般机械设备 |
| 18 | 船用三相异步电动机 | Y－H | JO2－H | 异船 | H80～315 mm<br>0.55～200 mm | 在Y(IP44)基本系列上派生，根据船上使用特点，机座、端盖和轴承盖采用高强度灰口铸铁铸成，电机绕组和外露金属零部件、紧固件均经特殊的“三防”工艺处理，整机或部件须经严格的湿热试验。本电动机适用于海洋、江河船舶上的各种机械，如泵、通风机、分离器、液压机械及辅助设备等作驱动 |

（续表）

| 序号 | 名 称 | 型 号 | | 型号汉字含 义 | 机座号与功率范围 | 结构特点及应用场合 |
|---|---|---|---|---|---|---|
| | | 新 | 老 | | | |
| 19 | 起重冶金用三相异步电动机 | YZ<br>YZR | JZ2<br>JZR2 | 异重<br>异重绕 | YZ 系列：H112～250 mm 1.5～30 kW<br>YZR 系列：H112～400 mm 1.5～200 kW | YZ 系列为笼型转子电动机，YZR 系列为绕线转子电动机。一般环境用电动机外壳防护等级 IP44，冶金环境用为 IP54。绝缘等级分 F、H 级两种，分别用于环境温度不超过 40℃和 60℃的场所。电动机的同步转速为 1 000、750 和 600 r/min 三档，常用的工作制为 S3～S5 四种类型，每小时热等效次数分为 6、150、300 和 600 次四档。本电动机适用于各种型式的起重机械及冶金辅助设备的电力传统 |
| 20 | 井用潜水三相异步电动机 | YQS2 | JQS | 异潜水 | 井径 150～300 mm 3～185 kW | YQS2 系列电机为充水式密封结构，与潜水泵组合，立式运行。电机外径尺寸小，细长，导线采用耐水漆包线，电机内腔密封充满清水或防锈液。本系列电机专供驱动井用潜水泵，可潜入井下水中工作，吸取深层的地下水 |

（续表）

| 序号 | 名　称 | 型　号 | | 型号汉字含　义 | 机座号与功率范围 | 结构特点及应用场合 |
|---|---|---|---|---|---|---|
| | | 新 | 老 | | | |
| 21 | 换向器三相异步电动机 | JZS2 | JZS | 异整调 | H225～475 mm<br>3/1～160/53.3 kW | JZS2系列电机是一种恒转矩交流调速电动机，能在规定的转速范围内作均匀的连续无级调速。调速比通常为3∶1，必要时可以制成20∶1或更大些。电机的换向器转子槽内嵌有主绕组和调节绕组。本系列电动机具有效率高、功率因素较高、调速精细等优点，适用于印染、印刷、造纸、橡胶、制糖、制塑机械及各种试验设备中的动力机械，但不宜用于多尘埃、粉末、腐蚀气体及严重潮湿环境 |
| 22 | 力矩三相异步电动机 | YLJ | JLJ | 异力矩 | H63～180 mm<br>输出转矩：<br>IP21：2～200 N·m<br>IP44：0.3～25 N·m | YLJ系列电机的机械特性是通过增加转子电阻（采用高电阻率材料）来实现的，防护结构有IP21和IP44两种。IP44防护结构电机在后端盖上加装离心鼓风机进行强迫通风。本系列电动机适用于造纸、电线电缆、印染、橡胶等部门作卷绕、开卷、堵转和调速等设备的动力 |

（续表）

| 序号 | 名　称 | 型　号 | | 型号汉字含　义 | 机座号与功率范围 | 结构特点及应用场合 |
|---|---|---|---|---|---|---|
| | | 新 | 老 | | | |
| 23 | 木工用三相异步电动机 | YM | JM2<br>JM3 | 异木 | H71～100 mm<br>0.55～7.5 kW | YM 系列电机为全封闭自扇冷式笼型电动机，均为 2 极电动机。适用于驱动木工机械 |
| 24 | 电梯用三相异步电动机 | YTD | JTD | 异电梯 | H200～250 mm<br>0.67～22 kW<br>6 极、24 极两种转速<br>短时工作制：6 极 30 min，24 极 3 min | YTD 系列电机为笼型转子、开启式、定子绕组有两套，其中 24 极仅供电梯平层时使用。适用于交流客、货电梯及其他各类升降机驱动之用 |
| 25 | 锥形转子制动三相异步电动机 | | ZD | 锥动 | ZD1 型<br>♯1～5 机座<br>0.1～18.5 kW<br>ZDY1 型<br>♯1～2 机座<br>0.1～0.8 kW<br>ZDR 型：<br>1.5～8 kW<br>ZDD 型（双速）<br>0.4/0.1～7.5/2.0 kW | ZD 型电机定转子内外圆均为圆锥形，机座不带底脚，防护等级 IP44。ZD1 型电机适用于起重运输机械的提升机构或要求起动转矩较大的驱动装置；ZDY 型电机适用于电动葫芦的小车运行或起动转矩较小的机械装置的驱动；ZDR 型电机为锥形绕线转子电动机，是一种可串电阻起动，或可调速的自制动电动机，且与减速机配套，用于驱动起重运输机械 |

（续表）

| 序号 | 名　称 | 型　号 | | 型号汉字含　义 | 机座号与功率范围 | 结构特点及应用场合 |
|---|---|---|---|---|---|---|
| | | 新 | 老 | | | |
| 26 | 辊道用三相异步电动机 | YG | JG2 | 异辊 | H112～225 mm<br>堵转转矩：16～800 N·m<br>负载持续率(FC)：15%、25%、40%、60%四种，其中40%为基准定额 | YG系列电机外壳防护等级为IP54，机壳表面有环形散热筋。采用H级绝缘。该电动机适用于冶金工业的工作辊道辊子和传递辊道辊子的驱动 |
| 27 | 电动阀门用三相异步电动机 | YDF<br>YDF-WF | | 异电阀<br>异电阀（户外防腐型） | ♯1～5机座<br>0.025～30 kW<br>4极<br>短时运行，持续工作时间10 min | JDF系列电机采用无风扇、无散热筋的自冷结构。转子采用高电阻铝合金，无出线盒，电机引线从端盖端面引出。该电机用于起动转矩大、最大转矩大的场合，如启闭阀门 |
| 28 | 制冷机用耐氟利昂异步电动机 | YSR（三相）<br>YLRB（单相）<br>YSR-Za | | 异三制冷机用耐氟利昂<br>异单制冷机用耐氟利昂 | 0.6～180 kW | YSR、YLRB系列电动机基本为装入式结构。装入式的定子、转子铁心均经防锈处理。电机绝缘结构、所选电磁线、引出线、浸渍漆等绝缘材料均能保证在相应的R12、R22、R502等制冷机和冷冻机的混合物的制冷系统中，使用可靠安全。该电动机专供全封闭和半封闭制冷压缩机特殊配套用 |

（续表）

| 序号 | 名　称 | 型　号 | | 型号汉字含　义 | 机座号与功率范围 | 结构特点及应用场合 |
|---|---|---|---|---|---|---|
| | | 新 | 老 | | | |
| 29 | 交流变频调速三相异步电动机及其变频调速装置 | YVP<br>YVPZ | | 异变频<br>异变频调速装置 | YVP 型电机 0.55～45 kW<br>YVPZ 变频调速装置 1.5～62 kV·A | YVP 型电机采用笼型结构，单独装有轴流风机，转子采用特殊设计，确保电机低速运行时输出转矩保持恒定。YVP 型电机与 YVPZ 型变频调速装置配套，具有调速性能好、节能效果明显等优点，用于恒转矩调速和驱动风机、水泵类递减转矩场合时，调速系统输出特性能较好地适应负载的机械特性，有助于节能和实现自动控制 |
| 30 | 变频调速三相异步电动机 | YVF2<br>(IP54) | | 异变频 | H80～315 mm | 选用通用型变频器，控制方式为变压变频，在 Y2 系列电动机上派生，采用独立供电的轴向外风扇进行强迫冷却。用于驱动要求无级变速的机械设备 |
| 31 | 傍磁式制动三相异步电动机 | YEP | | 异傍 | H60～160 mm | Y(IP44)电动机转子非轴伸端装有分磁块及制动装置，与电动机组成一体。适用于频繁起动、制动的一般机械传动 |

### 三、三相异步电动机的选用

三相异步电动机应用广泛，是一种主要动力源。因此要特别强调合理选择电动机，包括电动机的额定功率、类型、防护等级、结构型式、电压、转速及其他各项性能等。要特别强调的是电动机的额定功率。功率选大了，不仅造成设备投资的增加，而且电动机处于轻载运行，它的效率和功率因数较低，浪费了电能；反之如功率选小了，电动机常处于过载运行，就不能保证机械设备的正常运行，并会使电动机过早损坏。

1. 三相异步电动机的选用要点

(1) 根据机械负载特性、生产工艺对电动机的起动、制动、反转、调速等要求以及电网要求、建设费用、运行费用等综合指标，合理选择电动机的类型。

(2) 根据机械负载所要求的过载能力、起动转矩、工作制及工况条件，合理选择电动机的功率，使功率匹配合理，并备有适当的备用功率，力求运行安全、可靠、经济。

(3) 根据使用场所的环境条件，如温度、湿度、灰尘、雨水、瓦斯及腐蚀性或易燃易爆气体含量等确定相适合的电动机防护等级和结构型式。

(4) 根据生产机械的最高机械转速和传动调速系统的要求，选择电动机的转速。

(5) 根据电网电压、频率选择电动机的额定电压及额定频率。

(6) 根据使用的环境温度、维护检查方便、安全可靠等要求，选择电动机的绝缘等级和安装方式。

考虑以上因素，根据电机产品样本或目录中的主要技术数据，就能选定合适的电动机。也可根据表3-4中三相异步电动机的型号、用途及选型来选择电动机的型号。

2. 三相异步电动机的选用步骤

选电动机类型→选电动机容量→校核起动转矩最大转矩→等效发热校核→经济性综合指标校核→电动机械特性与负载特性对比→电动机电压等级及频率→决定。

## 3-2 三相异步电动机的维护和常见故障的处理方法

### 一、电动机起动前的准备和检查

(1) 新的或停用3个月以上的电动机，起动前应该检查一下电动机绕组间和绕组对地的绝缘电阻。对绕线式转子电动机，除检查定子绝缘外，同时还应检查转子绕组及滑环对地和滑环之间绝缘。绝缘电阻每1 kV工作电压不得小于1 MΩ。一般三相380 V电动机的绝缘电阻应大于0.50 MΩ方可使用，如果低于此值则需将绕组烘干。

(2) 检查铭牌所示电压频率与电源电压频率等是否相符，接法是否正确。

(3) 检查电动机内部有无杂物。用干燥的压缩空气（不大于0.2 MPa）吹净内部，也可使用吹风机或皮风箱（皮老虎）等，但不能碰坏绕组。

(4) 检查电动机的转轴是否能自由旋转。对于滑动轴瓦，转子的轴向游动量每边约2～3 mm。

(5) 检查电动机接地装置是否可靠。电动机所用熔断器的额定电流是否符合要求。

(6) 绕线式电动机还应检查滑环上的电刷表面是否全部贴紧滑环，导线有否相碰，电刷提升机构是否灵活，电刷的压力是否正常（一般电动机工作面上的压力约为1.5～2.5 $N/cm^2$）。

(7) 对不可逆转的电动机，需检查运转方向是否与该电动机运转指示箭头方向相同。

(8) 检查起动设备接线是否正确，起动装置是否灵活，触头接触是否良好，起动设备的金属外壳是否可靠接地。

(9) 对新安装的电动机，还需检查地脚螺栓的螺母和轴承盖螺母是否拧紧，以及机械方面是否牢固。检查电动机机座与电源线钢管接地情况。

上述各检查全部达到要求后，可起动电动机。电动机起动后，空载运行30 min左右，注意观察电动机是否有异常现象，如发现噪声、振动、过热等不正常情况，应采取措施，待情况消除后才能投入运行。

起动绕线型电动机时，应将起动变阻器接入转子电路中。对有电刷提升结构的电动机，应放下电刷，并断开短路装置，合上定子电路开关，扳动变阻器。当电动机接近额定转速时，提起电刷，合上短路装置，电动机起动完毕。

## 二、电动机运行中的维护和定期维修

### 1. 运行中的维护

(1) 应经常保持清洁。不允许有水滴、油污或灰尘落入电动机内部。

(2) 电机通风必须良好，其进出风口必须保持畅通。

(3) 经常检查轴承有无发热、漏油现象。定期更换润滑脂。一般高速电动机应采用高速机油，低速电动机应采用机械油注入轴承内，并达到规定的油位。滚珠轴承的润滑脂采用 HSY103 硫化钼复合钙基脂(干湿热带电动机用)或钙钠基1号润滑脂(一般电动机用)。

(4) 对较大功率的电机应安装电流表来监视负载电流，其值不能超过额定值。

(5) 检查电机各部位最高容许温度是否符合表3-5规定的数值。

(6) 电机运行中应当观察其电源电压、频率的变化。电源电压三相不平衡或频率过高过低，均会引起电机过热或不正常运行。

(7) 对绕线式转子电动机，应经常检查电刷与集电环的接触、电刷的磨损以及火花情况。若发现火花较大、集电环表面粗糙时，应车光集电环表面，然后用0号砂布磨光，并调整电刷弹簧压力。集电环之间和集电环与转轴之间的绝缘管及绝缘垫圈常被电弧烧焦，会失去绝缘性能。如烧焦面积不大不深，可将烧焦点用砂布磨消，再涂一层环氧胶或醇酸绝缘漆；如烧焦严重，则应予以更换。

(8) 电机运行中有不正常杂声(如摩擦声、尖叫声或其他杂声)，应及时停车，消除故障后才可继续运行。

表3-5　三相异步电动机的最高容许温度
(周围环境温度为+40℃)

| 绝缘等级 | 测试项目 | 测试方法 | 定子绕组 | 转子绕组 | | 定子铁心 | 滑环 | 滑动轴承 | 滚动轴承 |
|---|---|---|---|---|---|---|---|---|---|
| | | | | 绕线式 | 笼型 | | | | |
| A | 最高容许温度(℃) | | 95<br>100 | 95<br>100 | —<br>— | 100<br>— | 100<br>— | 80<br>— | 95<br>— |
| | 最大容许温升(℃) | 温度计法<br>电阻法 | 55<br>60 | 55<br>60 | —<br>— | 60<br>— | 60<br>— | 40<br>— | 55<br>— |
| E | 最高容许温度(℃) | | 105<br>115 | 105<br>115 | —<br>— | 115<br>— | 110<br>— | 80<br>— | 95<br>— |
| | 最大容许温升(℃) | 温度计法<br>电阻法 | 65<br>75 | 65<br>75 | —<br>— | 75<br>— | 70<br>— | 40<br>— | 55<br>— |

（续表）

| 绝缘等级 | 测试项目 | 测试方法 | 定子绕组 | 转子绕组 | | 定子铁心 | 滑环 | 滑动轴承 | 滚动轴承 |
|---|---|---|---|---|---|---|---|---|---|
| | | | | 绕线式 | 笼　型 | | | | |
| B | 最高容许温度(℃) | | 110<br>120 | 110<br>120 | —<br>— | 120<br>— | 120<br>— | 80<br>— | 95<br>— |
| | 最大容许温升(℃) | 温度计法<br>电阻法 | 70<br>80 | 70<br>80 | —<br>— | 80<br>— | 80<br>— | 40<br>— | 55<br>— |
| F | 最高容许温度(℃) | | 125<br>140 | 125<br>140 | —<br>— | 140<br>— | 130<br>— | 80<br>— | 95<br>— |
| | 最大容许温升(℃) | 温度计法<br>电阻法 | 85<br>100 | 85<br>100 | —<br>— | 100<br>— | 90<br>— | 40<br>— | 55<br>— |
| H | 最高容许温度(℃) | | 145<br>165 | 145<br>165 | —<br>— | 165<br>— | 140<br>— | 80<br>— | 95<br>— |
| | 最大容许温升(℃) | 温度计法<br>电阻法 | 105<br>125 | 105<br>125 | —<br>— | 125<br>— | 100<br>— | 40<br>— | 55<br>— |

2. 定期维修

定期维修可分为小修及大修。小修一般一季度一次，主要是对电动机作一般的检查与清理，主要检查维修项目见表3-6。大修一般一年一次，应拆卸电动机，进行彻底检查和清理，主要检查维修项目见表3-7。

表3-6　电动机定期小修项目

| 项　目 | 内　容 |
|---|---|
| 清擦电动机 | (1) 清除和擦去电动机外壳污垢<br>(2) 测量绝缘电阻 |
| 检查各固定部件紧固情况 | (1) 检查地脚螺钉<br>(2) 检查端盖、轴承和螺钉<br>(3) 检查接地线连接<br>(4) 检查接线盒螺钉<br>(5) 检查接线盒接线螺钉是否松动或烧坏 |
| 检查轴承 | (1) 检查轴承是否缺油或损坏<br>(2) 检查轴承是否有杂声 |

（续表）

| 项　目 | 内　容 |
|---|---|
| 检查传动装置 | (1) 检查皮带或联轴器安装是否牢靠,皮带松紧是否适中<br>(2) 检查联轴器螺纹联接是否松动、损坏 |
| 检查集电环和电刷、刷架 | (1) 检查集电环表面是否异常磨损、圆度情况、火花痕迹程度及有无局部变色<br>(2) 检查集电环绝缘螺栓上的碳粉敷着程度<br>(3) 检查电刷磨损情况及电刷引线情况<br>(4) 检查弹簧的破损、固紧与弹簧压力情况 |
| 检查和清理起动设备 | (1) 擦去外部污垢,擦清触头、检查有否烧损<br>(2) 检查接地线情况<br>(3) 测量绝缘电阻 |

表 3-7　电动机定期大修项目

| 项　目 | 内　容 |
|---|---|
| 检查电动机绕组 | (1) 检查定子绕组和转子绕组有无接地、断路、短路现象<br>(2) 检查笼型转子是否断条<br>(3) 检查绝缘电阻是否符合要求<br>(4) 清擦绕组表面污染 |
| 清洗轴承并检查轴承磨损情况 | (1) 用汽油或煤油清洗轴承,并更换新的润滑油脂<br>(2) 检查轴承磨损、变形程度 |
| 检查传动装置与起动设备 | 同表 3-6 |
| 清擦电动机 | 同表 3-6 |
| 检查集电环、电刷、刷架 | 同表 3-6 |
| 安装基础检查 | 用水平仪测定基础的水平误差,用手锤和扳手检查螺栓紧固情况 |
| 修理后试车检查 | (1) 测量绝缘电阻<br>(2) 安装是否牢固<br>(3) 检查各转动部件是否灵活<br>(4) 空载运转半小时,检查电压、电流、振动、噪声是否正常<br>(5) 如绕组全部重绕,修复后电动机应进行绕组耐压试验 |

## 三、三相异步电动机的常见故障和处理方法

三相异步电动机的故障一般可分为电气和机械两部分。电气方面故障包括各种类型的开关、按钮、熔断器、电刷、定子绕组、转子绕组及起动设备等,机械方面故障包括轴承、风叶、机壳、联轴器、端盖、轴承盖、转轴等。下面主要介绍定子绕组和转子绕组的故障。

当电动机发生故障时,应仔细观察所发生的现象,如转速快慢程度、温度变化、是否有不正常响声和剧烈振动,开关和电动机绕组内是否有串火冒烟及焦臭味等等,根据故障现象分析原因,迅速判断故障所在。具体的故障及处理方法见表3-8。

表3-8 三相异步电动机的常见故障及处理方法

| 故障现象 | 可能原因 | 处理方法 |
|---|---|---|
| 不能起动 | 1. 电源未接通 | 1. 检查开关、熔丝、各对触点及电动机引出线头,将故障处查出修理 |
| | 2. 定子断路<br>3. 定子绕组相间短路<br>4. 定子绕组通地<br>5. 定子绕组接线错误 | 2、3、4、5参阅3-3节检查处理 |
| | 6. 熔丝烧断 | 6. 查出烧断原因,排除故障,然后按电动机规格配上新熔丝 |
| | 7. 绕线式转子电动机起动误操作 | 7. 检查滑环短路装置及起动变阻器的位置。起动时应分开短路装置、串接变阻器 |
| | 8. 过电流继电器调得太小 | 8. 适当调高 |
| | 9. 老式起动开关油杯缺油 | 9. 加新油至油面线 |
| | 10. 负载过大或传动机被轧住 | 10. 选择较大容量电动机或减轻负载;如传动机被轧住,应检查机器,消除障碍 |
| | 11. 控制设备接线错误 | 11. 校正接线 |
| 电动机带负载运行时转速低于额定值 | 1. 电源电压过低 | 1. 用电压表、万用表检查电动机输入端电源电压 |
| | 2. 笼型转子断条 | 2. 把断条侦察器放在转子铁心上逐槽检查,如转子断条,则毫伏表读数增大 |
| | 3. 绕线式转子一相断路 | 3. 用校验灯、万用表等检查断路处,排除故障 |
| | 4. 绕线式转子电动机起动变阻器接触不良 | 4. 修理变阻器接触点 |
| | 5. 电刷与滑环接触不良 | 5. 调整电刷压力及改善电刷与滑环接触面 |
| | 6. 负载过大 | 6. 选择较大容量电动机或减轻负载 |

（续表）

| 故障现象 | 可能原因 | 处理方法 |
|---|---|---|
| 轴承过热 | 1. 轴承损坏<br>2. 轴承与轴配合过松(走内圈)或过紧<br>3. 轴承与端盖配合过松(走外圈)或过紧<br>4. 滑动轴承油环轧煞或转动缓慢<br>5. 润滑油过多、过少或油质不好<br>6. 传动带过紧或联轴器装得不好<br>7. 电动机两侧端盖或轴承盖未装平 | 1. 更换轴承<br>2. 过松时转轴镶套;过紧时重新加工到标准尺寸<br>3. 过松时端盖镶套;过紧时重新加工到标准尺寸<br>4. 查明轧煞处,修好或更换油环。油质太厚时应掉换较薄的润滑油<br>5. 加油或换油,润滑脂的容量不宜超过轴承内容积的70%<br>6. 调整传动带张力,校正联轴器传动装置<br>7. 将端盖或轴承盖止口装进装平,旋紧螺钉 |
| 电动机温升过高或冒烟 | 1. 负载过大<br>2. 两相运转<br>3. 电机风道阻塞<br>4. 环境温度增高<br>5. 定子绕组匝间或相间短路<br>6. 定子绕组通地<br>7. 电源电压过低或过高 | 1. 选择较大容量电动机或减轻负载<br>2. 检查熔丝、开关接触点,排除故障<br>3. 清除风道油垢及灰尘<br>4. 采取降温措施<br>5. 参阅3-3节检查处理<br>6. 参阅3-3节检查处理<br>7. 用电压表、万用表检查电动机输入端电源电压 |
| 绕线式转子滑环火花过大 | 1. 电刷牌号及尺寸不合适<br>2. 滑环表面有污垢杂物<br>3. 电刷压力太小<br>4. 电刷在刷握内轧住 | 1. 更换合适电刷<br>2. 用0号砂布磨光滑环并擦净污垢,痕重时应车一刀<br>3. 调整电刷压力<br>4. 磨小电刷 |
| 电动机空载或负载时电流表指针来回摆动 | 1. 绕线式转子电动机一相电刷接触不良<br>2. 绕线式转子电动机滑环短路装置接触不良<br>3. 笼型转子断条<br>4. 绕线式转子一相断路 | 1. 调整电刷压力及改善电刷与滑环接触面<br>2. 修理或更换短路装置<br>3. 把断条侦察器放在转子铁心上逐槽检查,如转子断条,则毫伏表读数增大<br>4. 用校验灯、万用表等检查断路处,排除故障 |

（续表）

| 故障现象 | 可 能 原 因 | 处 理 方 法 |
|---|---|---|
| 接地失灵，电机外壳带电 | 1. 电源线与接地线搞错<br>2. 电动机绕组受潮、绝缘老化或引出线与接线盒碰壳 | 1. 纠正接线<br>2. 电动机绕组干燥处理，绝缘严重老化者要更换绕组，整理接地线 |
| 电动机运转时声音不正常 | 1. 定子与转子相擦<br>2. 电动机2相运转有嗡嗡声<br>3. 转子风叶碰壳<br>4. 转子擦绝缘纸<br>5. 轴承严重缺油<br>6. 轴承损坏 | 1. 锉去定转子硅钢片突出部分；轴承如有走外圈或走内圈，可采取镶套办法，或更换端盖，或更换转轴<br>2. 检查熔丝及开关接触点，排除故障<br>3. 校正风叶，旋紧螺钉<br>4. 修剪绝缘纸<br>5. 清洗轴承加新油，润滑脂的容量不宜超过轴承内容积的70%<br>6. 更换轴承 |
| 电动机振动 | 1. 转子不平衡<br>2. 皮带盘不平衡<br>3. 皮带盘轴孔偏心<br>4. 轴头弯曲 | 1. 校动平衡<br>2. 校静平衡<br>3. 车正或镶套<br>4. 校直或更换转轴。弯曲不严重时，可车去1～2 mm，然后配上套筒（热套） |

## 3-3　三相异步电动机绕组故障的检修

绕组是电动机的重要组成部分。由于电动机绝缘的老化、受潮、腐蚀性气体侵入，以及机械力和电磁力的冲击等都会造成绕组损伤。此外不正常的运行，如长期过载、欠电压或单相运行等也会引起绕组故障。下面介绍几种常见的绕组故障的检修方法。

### 一、定子绕组断路故障的检修

定子绕组断路故障有：(1) 绕组引接线、极相组连接线等断开或接头脱落、虚焊；(2) 一相绕组断路；(3) 并联支路断路；(4) 线圈导线断开，并绕导线中有一根或几根断路。

1. 造成断路故障的原因

(1) 制造或修理时操作疏忽，接线头焊接不良而松脱。

(2) 绕组受外界机械应力而断裂。

(3) 绕组匝间短路或接地故障而引起线圈导线烧断。

(4) 多路并联绕组中,因一路或几路断开引起另外支路中电流密度增大而烧断。

(5) 并联导线中有几根或1根导线断路,引起另外几根导线的电流密度增加而烧断。

2. 断路故障检查方法

1) 兆欧表、校验灯测试法 对于星形接法的电动机,检查时需每相分别测试,如图3-1所示,表不通或灯不亮的那一相绕组为断路。

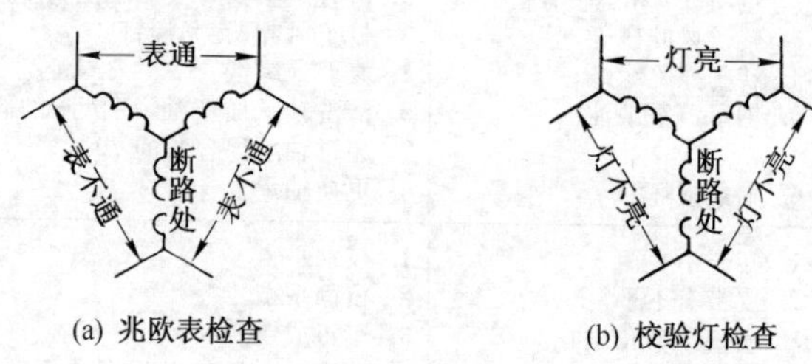


(a) 兆欧表检查 (b) 校验灯检查

图3-1 检查绕组断路(Y接法)

对于三角形接法的电动机,检查时必须把三相绕组的接线头拆开后,再每相分别测试,如图3-2所示。

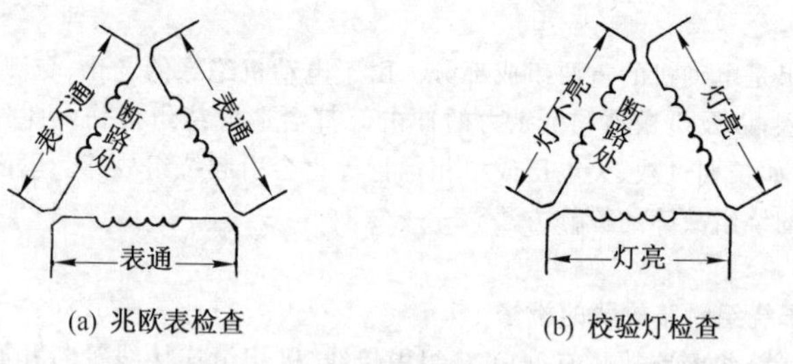


(a) 兆欧表检查 (b) 校验灯检查

图3-2 检查绕组断路(△接法)

2) 三相电流平衡法 星形接法的电动机三相绕组并联后,通入低电压大电流(一般可用单相交流弧焊机),如果三相电流值相差大于5%时,电流小的一相为断路相,如图3-3所示。

3) 电阻法 用电桥测量三相绕组的电阻,如三相电阻值相差大于5%

时，电阻较大的一相即为断路相。

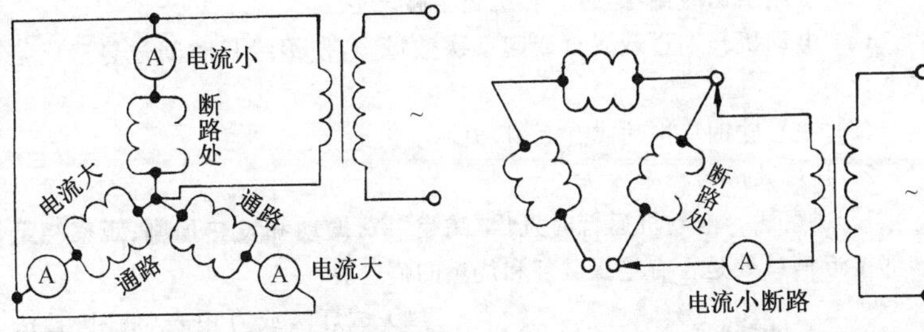


图 3－3 用电流平衡法检查多支路并联星形连接绕组断路

图 3－4 用电流平衡法检查多支路并联三角形连接绕组断路

对于三角形接法的电动机，先要把三角形的接头拆开一个，然后再把电流表接在每相绕组的两端，其中电流小的一相为断路相，如图 3－4 所示。

3. 断路故障的修理

(1) 绕组接线头脱落或接触不良造成的断路，可先套上绝缘管，再将接线头焊好，并把绝缘套管放于焊接处。

(2) 绕组引接线或过桥线脱焊，可将脱焊处清理干净，在待焊处附近线圈上垫上一层绝缘纸后再进行补焊。

(3) 绕组断路在槽内的修理。需加热线圈到 120℃左右，软化绝缘，然后抽出槽楔，从槽内拆出烧断的线圈，将烧断的线匝两端由端部剪断，使焊接点移在端部，用相同规格的导线焊接好，并在焊接处包好绝缘，处理好线匝后再嵌入槽内，垫好绝缘纸，插入槽楔，涂上绝缘漆。如果断路严重，则需更换绕组。

(4) 端部线圈烧断的修理。需将线圈加热，软化绝缘，然后将烧断的线匝撬起，分清每根导线的端头，用相同规格的导线连接在烧断的导线端点上，焊接好后包扎绝缘并涂漆处理。

## 二、定子绕组接地故障的检修

绕组绝缘损坏，绕组中的导线和机壳、铁心相碰，会造成定子绕组接地故障。

1. 绕组接地故障的原因

(1) 嵌线操作不当，将槽口底部绝缘压破，槽口绝缘损坏，造成隐患。

(2) 绕组绝缘受潮或绝缘老化,失去绝缘作用。

(3) 绕组引出线绝缘损坏,和机壳相碰。

(4) 电动机长期过载运行或起动次数过多,使绝缘长时间过热造成绝缘老化。

(5) 铁心硅钢片松动或有毛刺,损坏绕组绝缘。

2. 接地故障的检查方法

1) 观察法　电动机运行时发出"嗡嗡"声,振动和发热加剧;观察绕组端部接近槽口处是否有绝缘破裂和烧焦的痕迹。

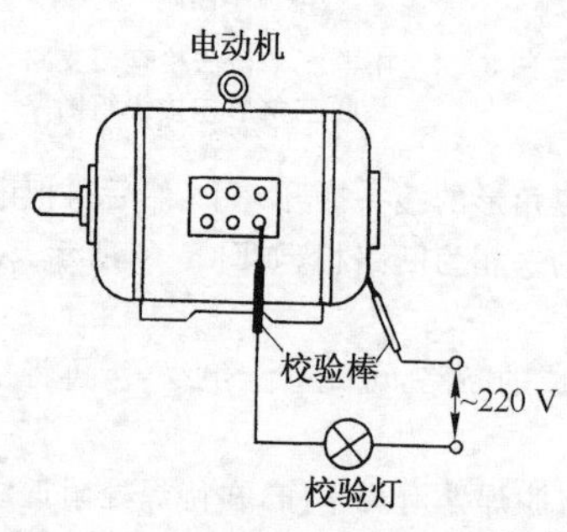


图3-5　用校验灯检查绕组碰地

2) 试灯法或万用表(低阻档)法　先将电动机接线盒内的三相绕组之间的连接片拆除,使之互不联通。按图3-5用校验灯或万用表(低阻档)逐相检查,如果校验灯发亮或万用表显示电阻读数为零,则该相绕组接地;如果校验灯暗红或万用表显示电阻读数很小,则表明该相绕组严重受潮。判断出接地故障后,再用观察法检查接地点,接地点常有绝缘破裂、烧焦痕迹,接地点易发生在铁心槽口处。若仍找不到接地点可能发生在槽内,这时,需将该相定子绕组的极相组间连接线剪断,再用试灯法进行分组检查。

3. 接地故障的修理

(1) 若接地点发生在槽口处,只有少数导线或个别地方绝缘没垫好,则可先将绕组加热,待绝缘软化后,可在导线与铁心之间插入相同规格的绝缘材料,将导线局部包扎,然后涂上绝缘漆。

(2) 若接地点发生在槽内,则应拆除该绕组重嵌,所用导线型号、规格和匝数应相同。

(3) 若接地是因硅钢片凸出划破绝缘造成的,则应敲去凸出的钢片,并把划破绝缘的地方重新包好绝缘、刷漆。

(4) 若绕组受潮,应进行烘干处理。烘干后其绕组对地的绝缘电阻应大于0.5 MΩ。

## 三、定子绕组短路故障的检修

定子绕组短路常见故障有线圈匝间短路、极相组间短路和相间短路。

1. 绕组短路故障的原因

(1) 相间绝缘不符合规定，绝缘垫本身有缺陷，层间垫条垫偏或嵌线不当使绝缘损坏。

(2) 电动机长期过载运行，连续起动次数过多或过电压运行，或单相运行，造成绕组绝缘过热而烧坏。

(3) 极相组之间的连接线或引接线的绝缘不良或被击穿。

(4) 绕组绝缘受潮严重，未经烘干处理就投入运行，造成绝缘击穿。

(5) 一般用途电动机用在特殊使用环境下(如化工腐蚀环境、高温冶金环境)，造成电机绝缘损坏。

2. 短路故障的检查方法

1) 利用兆欧表或万用表检查相间绝缘　检查任何二相绕组间绝缘电阻，如绝缘电阻很低，就说明该二相短路。

2) 电流平衡法　用图 3-3 及图 3-4 所示的方法分别测量三相绕组电流，电流大的相为短路相。

3) 用短路侦察器检查绕组匝间短路　短路侦察器是利用变压器原理来检查绕组匝间短路的，其外形如图 3-6a 所示。短路侦察器具有 1 个不闭合的铁心磁路，上面绕有励磁绕组，相当于变压器一次侧绕组。将已接通交流电源的短路侦察器放在定子铁心槽口构成闭合磁路，沿着各个槽口逐

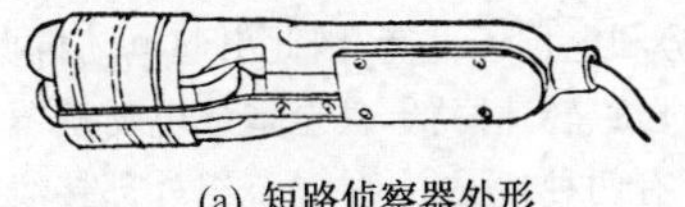

(a) 短路侦察器外形

磁感应线
被测线圈

(b) 用电流表检查

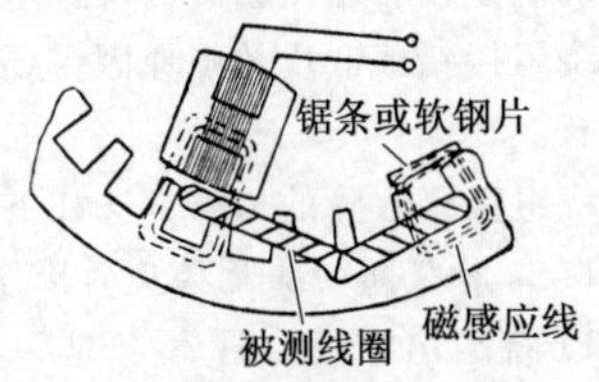


(c) 用钢片检查

图 3-6　短路侦察器外形与用短路侦察器检查绕组匝间短路

槽移动。当它经过一个短路绕组时，这短路绕组就相当于变压器的二次侧绕组。如果短路侦察器绕组中串联一只电流表，如图3-6b所示，此时电流表指示出较大电流。不用电流表，也可用一片厚0.5 mm钢片或旧锯条安放在被测绕组的另一个绕组边所在槽口上面，如图3-6c所示。如被测绕组短路，则此钢片就会产生振动。

必须指出，对于多路绕组的电动机，必须把各支路拆开，才能用短路侦察器测试，否则绕组支路上有环流，无法分清哪个槽的绕组是短路的。

4）电阻法　用电桥测量三相绕组电阻，电阻较小的一组为短路相。

3. 绕组短路故障的修理

（1）若线圈端部的极相组间短路，则先将线圈加热，软化绝缘，再将绝缘套管套好或重新垫上绝缘垫。

（2）若绕组端部连接线或过桥线绝缘损伤而引起的短路，则先将线圈加热软化，再在过桥线处增垫绝缘垫。

（3）若绕组端部线匝间短路，短路的线匝较少，则先将绕组加热软化，撬开并从两侧端部截断短路的线匝，并小心抽出槽外，接好余下线匝的断头，并进行绝缘处理。

（4）双层绕组短路线圈在下层时，可先将绕组加热软化，把上层线圈轻轻拉出槽外，然后按上述方法修理。

## 四、定子绕组接错或嵌反时的检修

定子绕组接错或嵌反后，电动机起动时，由于绕组中流过电流方向变反，使电动机的磁动势和电抗不平衡，因此引起电动机振动、噪声、三相电流严重不平衡、电动机过热、转速降低，甚至造成电动机不转，熔丝烧断。

绕组接错或嵌反有两种情况：一种是绕组外部接线错误；另一种是内部个别绕组或极相组接错或嵌反。

绕组接错或嵌反故障原因主要是对绕组的连接规律不熟悉，或工作粗心大意。

绕组接错故障的检修方法如下：

1. 三相绕组的头尾接反的检修方法

1）绕组串联法　图3-7是一相绕组接通36 V低电压交流电（对小容量的电动机可直接用220 V电源，中大型电动机不宜用220 V电源），另外二相绕组串联起来接上灯泡，如果灯泡发亮，说明三相绕组头尾连接是正确的，作用在灯泡上的电压是两相绕组感应电动势的矢量和；如果灯泡不亮，说明两相绕组头尾接反，作用在灯泡上的电压是两相绕组感应电动势的矢量差，正好抵消。应该对调后重试。

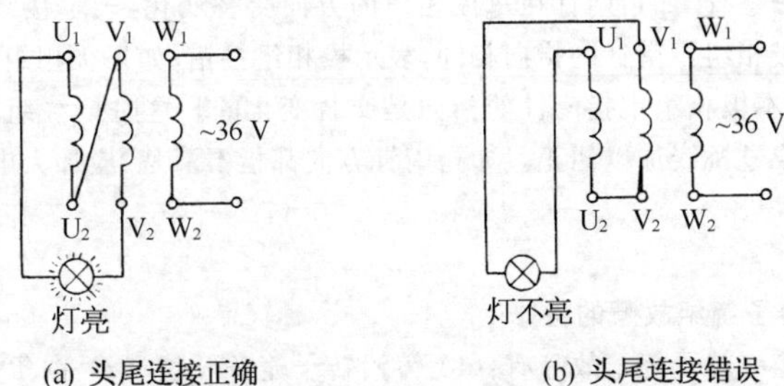


(a) 头尾连接正确　　(b) 头尾连接错误

图 3-7　绕组串联法检查三相绕组头尾

2）用万用表检查　如图 3-8 所示的接法，用万用表（毫安档）进行测试，此时转动电动机转子，如万用表指针不动，则说明绕组头尾连接是正确

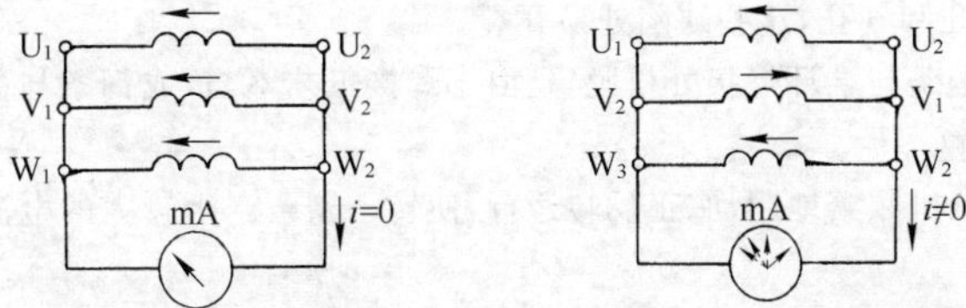


(a) 指针不动，绕组头尾连接正确　　(b) 指针动，绕组头尾连接错误

图 3-8　用万用表检查绕组头尾接反方法之一

的；如万用表指针转动了，说明绕组头尾连接是错误的，应该对调后重试。这一方法是利用转子中剩磁在定子三相绕组内感应出电动势的方向来判断绕组头尾。

如图 3-9 所示接法，当接通开关瞬间，如万用表（毫安档）指针摆向大于零的一边，则电池正极所接线头与万用表负端所接线头同为头或尾，如指针反向摆动，则电池正极所接线头与万用表正端所接线头同为头或尾。再将电池接

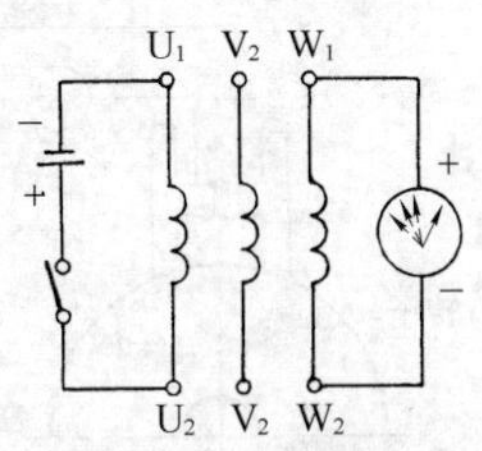


图 3-9　用万用表检查绕组头尾接反方法之二

到另一相的两个线头试验，就可确定各相的头与尾。

2. 内部个别绕组或极相组接错或嵌反的检修方法

将低压直流电源（一般用蓄电池）通入某相绕组，用指南针沿着定子铁心槽上逐槽检查，如指南针在每极相组的方向交替变化，表示接线正确；如果邻近的极相组指南针的指向相同，表示极相组接错；如果极相组中个别绕组嵌反，在本极相组中指南针的指向是交替变化的。这时把绕组故障部分的连接线或过桥线加以纠正。如指南针方向都指不清楚，应加大电源电压，再行检查。

## 五、笼型转子绕组故障的检修

常见笼型转子绕组故障有：(1) 铸铝转子笼条开裂；(2) 铜条笼型转子绕组铜端环焊接处松脱；(3) 伸出铁心部分的笼条拱起；(4) 端部笼条沿转子旋转方向弯曲等。

1. 笼型转子绕组故障的原因

(1) 铸铝转子制造过程中使用材料有杂质和制造工艺不当，使铸铝导条内有缩孔和气孔，这些缺陷处易开裂。

(2) 铜条与端环焊接处松脱，是由于焊接工艺不当，或铜条与端环配合间隙不正确。

(3) 电机频繁地起动、正反转运行，使转子笼条产生较大的电流和机械应力。

2. 笼型转子绕组故障的检查方法

1) 观察法　抽出电动机转子，观察转子铁心表面，铝笼条烧断时，可发现在槽口缝附近有暗灰色或黑色氧化物现象，而铜笼条断裂处的铁心，有蓝色氧化物痕迹。用手锤轻敲焊缝判别故障点。

2) 短路侦察器法　将短路侦察器开口部分紧贴在转子表面相邻齿上，逐槽测量，如图3-10所示，若发现电流表读数突然变小，则说明被测的该处有断条故障。

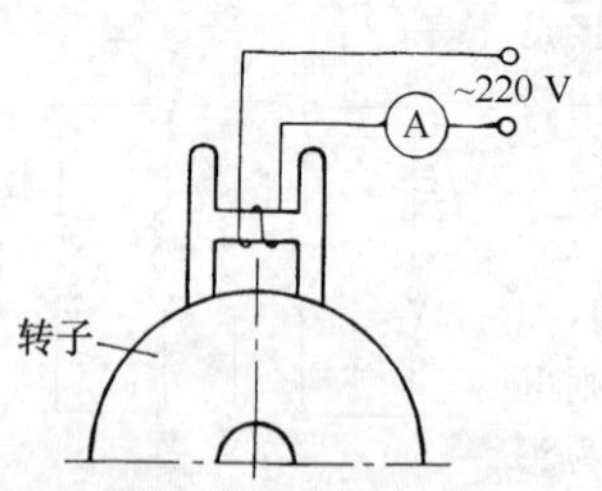


**图3-10**　用短路侦察器检查转子断条

3. 笼型转子的修理

(1) 若铸铝转子个别笼条断裂，查出

开裂部位，可在断裂处用1只与槽宽相近的钻头钻孔并攻螺纹，然后拧上1只螺钉，再将螺钉多余部分除去。或在钻孔处用氩弧焊补焊。

(2) 若铸铝转子断条严重，则采用铸铝笼改为铜笼的修复工艺。首先清除旧铝笼，测量和记录转子端环尺寸和风叶尺寸，将转子两端端环车去，压出转轴，用夹具将转子铁心夹紧(夹具不能堵住槽口)，然后将转子浸没于30％左右浓度的烧碱溶液中，溶液加热至80～90℃，经3～5 h，使铝条熔化。吊出转子用清水冲洗后再放入含有0.25％浓度的工业用冰醋酸溶液中煮沸15 min左右，再放入开水中煮沸1～2 h后取出，冲洗干净并烘干。最后插铜条及焊接，改为铜笼。铜条面积按槽截面积的70％左右，端环面积取原铝端环面积70％～80％。为保证铜条紧固在槽内，其上下边应顶在槽顶和槽底。铜条与端环焊接方法有两种：对小电机转子的端环可先在笼条伸出铁心20～30 mm处向一边打弯，使各槽的笼条互相搭接，整形后用氧乙炔焊接成整体，最后将转子端环车削成所需尺寸；对于中小型电机，可采用如图3－11所示的焊接方法，采用紫铜板弯成端环，并将其焊接在伸出铁心两端铜条的内圆上，铜条伸出的部分起到风扇作用。

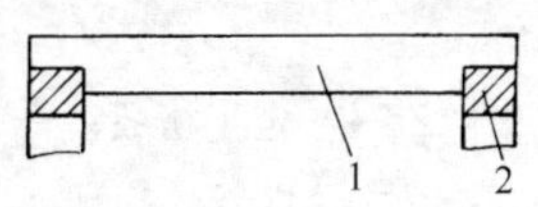


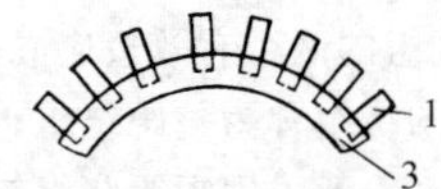


**图3－11**　端环与铜条的焊接结构

1—导条；2—端环断面；3—端环

经修复后的转子，应进行平衡校验。然后对转子表面进行喷漆处理，用6010清漆均匀喷涂在转子表面和风叶表面，晾干5 h，漆膜厚度为0.01～0.015 mm。

## 3－4　三相异步电动机定子绕组的重绕

### 一、绕组的基本概念

1. 绕组构成原则

(1) 符合对称的三相绕组条件：每相绕组的导体数、连接及排列都相同；相与相之间在槽内分布间隔120°电角度；使三相绕组的感应电动势大小相等且互差120°。

(2) 三相绕组在每个磁极下应均匀分布。先将定子绕组按极数分，再将每极下槽数分成均匀的3个相带。

(3) 同性极下的同相绕组的各有效边的电流方向应相同，而异性极下的同相绕组的各有效边的电流方向应相反。

(4) 同相线圈有效边之间的连接原则是应使有效边的电流在连接支路中的方向相同。

(5) 三相绕组6个引出线头，首端$U_1$、$V_1$、$W_1$的位置互差120°电角度，末端$U_2$、$V_2$、$W_2$的位置也互差120°电角度。

2. 构成三相绕组的参数

(1) 极距$\tau$：沿定子铁心内圆每个磁极所占的槽数。

$$\tau = Z_1/p$$

式中 $Z_1$——定子槽数；

$p$——极数。

(2) 节距：一个线圈两个有效边之间的槽数。为感应尽可能大的电动势，绕组的两个有效边应嵌在接近一个极距的两个槽内。绕组的节距等于极距的绕组称为整距绕组；小于极距的称为短距绕组；大于极距的称为长距绕组。一般采用短距绕组较多。它可缩短端部，省材，改善电机的起动和运行性能，降低电机的噪声和振动。

(3) 每极每相槽数$q$

$$q = \frac{Z_1}{pm}$$

式中 $m$——相数，取3。

(4) 电角度：计量电磁关系的角度单位。它与机械角度的关系为

$$\text{电角度} = \text{极对数} \times \text{机械角度}$$

(5) 相带：每极每相槽数$q$所占的电角度。

(6) 绕组线圈总数

单层绕组：线圈总数 $= Z_1/2$；双层绕组：线圈总数 $= Z_1$

(7) 绕组线圈组数

单层短距、双层绕组：线圈组数 $= pm$

单层整距绕组：线圈组数 $= pm/2$

(8) 极相组：同极同相线圈组中的$q$只线圈按一定方式串联成组。

(9) 并联支路数 $a$：每相绕组中并联的路数称为并联支路数。电动机的每相所有线圈可以串联成一条支路,也可以并联组成多条支路。

3. 三相异步电动机绕组分类

1) 单层绕组 单层绕组之间没有层间绝缘,不会发生槽内相间击穿,省工时。现大部分绕组形式上采用短距,电磁效果与整距绕组相同,缩短了绕组端部,节省了铜材。由于实际上为整距绕组,故磁场波形的改善不够理想。在保持电流分布不变的情况下,不同的端部联接方法,构成了同心式(图 3-12)、交叉式(图 3-13)、链式(图 3-14)3 种不同型式的单层绕组。单层绕组一般用于小容量电机中。

**图 3-12** 同心式线圈 **图 3-13** 交叉式线圈 **图 3-14** 链式线圈

2) 双层绕组 双层绕组如图 3-15 所示,可任意选用合适的短距绕组,改善磁场波形。但嵌线工时大,必须增加层间绝缘,以防槽内相间击穿。双层绕组分为整数槽绕组(每极每相槽数为整数)和分数槽绕组(每极每相槽数为分数)。对三相分数槽绕组,其三相必须含有相同的线圈数,以保持磁动势平衡和三相电流平衡。不论是线圈多的极相组,还是线圈少的极相组都应布置在对称位置,保持磁拉力平衡,使电动机的磁振动减少到最低。因此分数槽绕组必须遵循一定规律分布:

① 每极每相槽数(每一极相组线圈) $q=B\frac{c}{d}$($c,d$ 互为质数),则每极每相必须由 $B$ 个或 $(B+1)$ 个线圈组成,并按一定次序循环排列,每经 $d$ 个极相循环 1 次。② 每次循环的 $d$ 个极相组中,有 $c$ 个极相组含有$(B+1)$只线圈,$(d-c)$个极相组含有 $B$ 只线圈。③ 循环次数=总极相组数$/d$。

3) 单双层绕组 在双层绕组的基础上改接而成。同时具有单层绕组和双层绕组的优点。如图3-16所示。

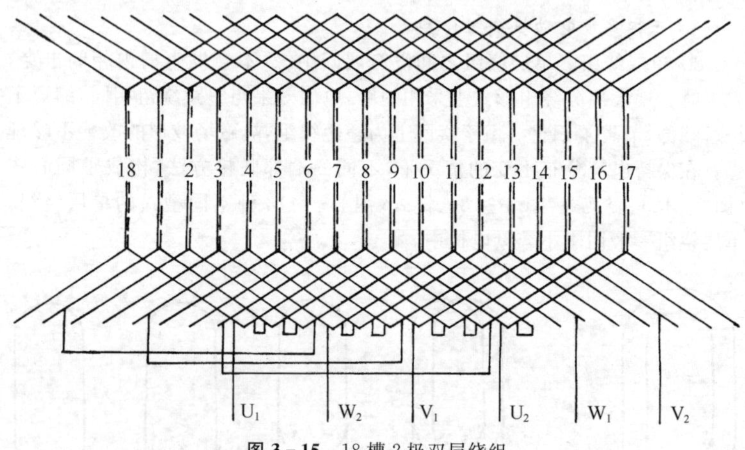


**图3-15** 18槽2极双层绕组

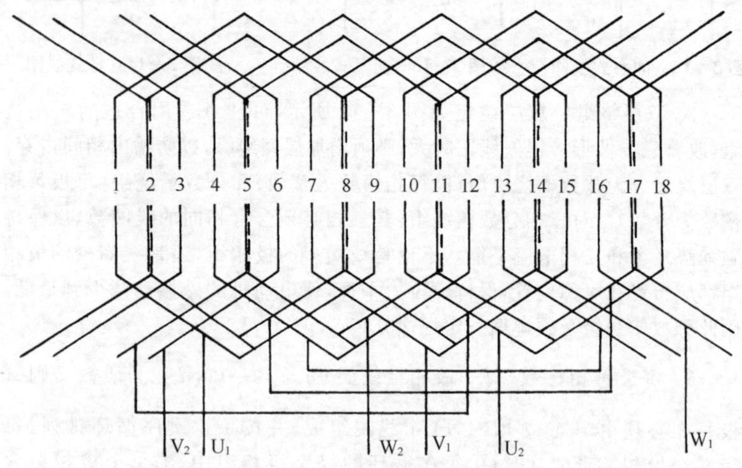


**图3-16** 18槽2极单双层绕组

4. 电动机线端标志与旋转方向

1）电机线端标志　根据国家标准GB 1971—2006规定，异步电动机定子三相绕组线端标志如图 3-17～图 3-25 所示。

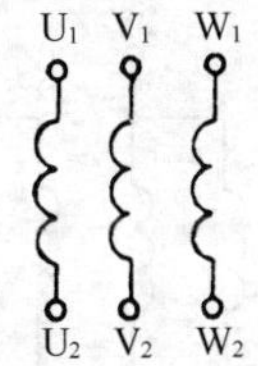


**图 3-17** 单绕组，6 个线端

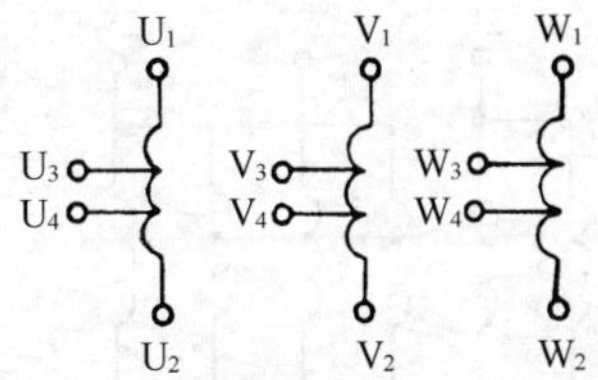


**图 3-18** 有分接线绕组，12 个线端

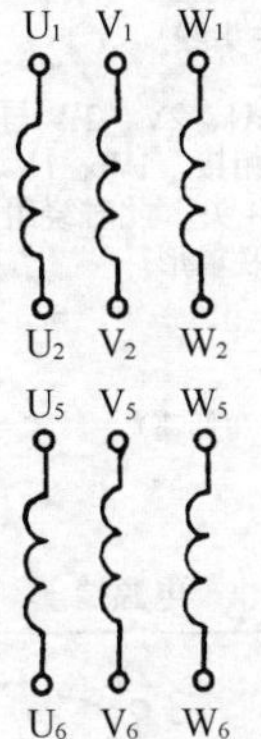


**图 3-19** 供串、并联用的绕组，12 个线端

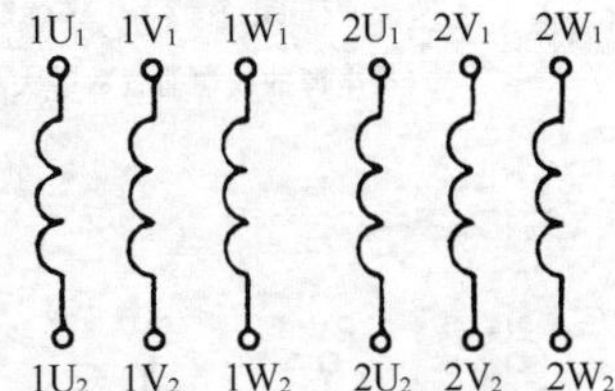


**图 3-20** 一对不供串、并联用的绕组，各 6 个线端

（用于双速变极电机；双绕组；前置数字大小用以区别高速和低速）

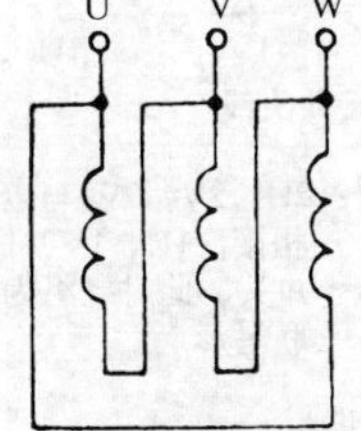


**图 3-21** 三角形联接绕组，3 个线端

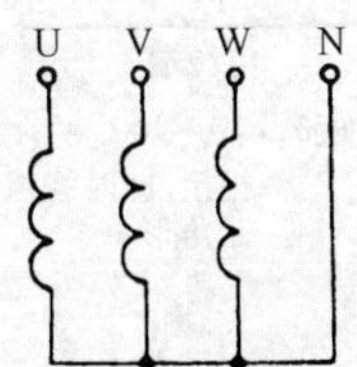


**图 3-22** 星形联接绕组，4 个线端

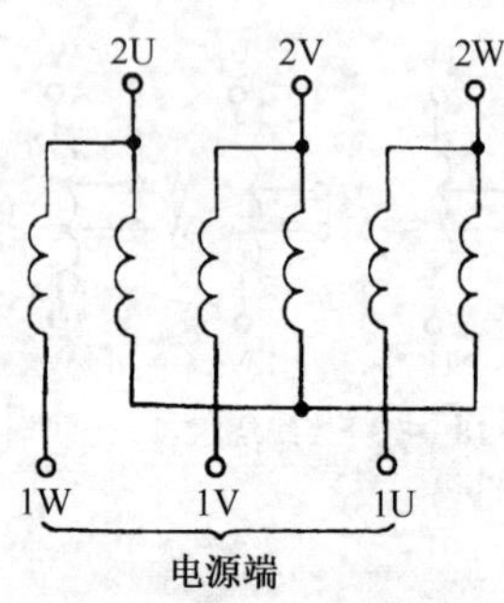


低速时：1W、1V、1U 与电源相接，此时绕组为串联星形

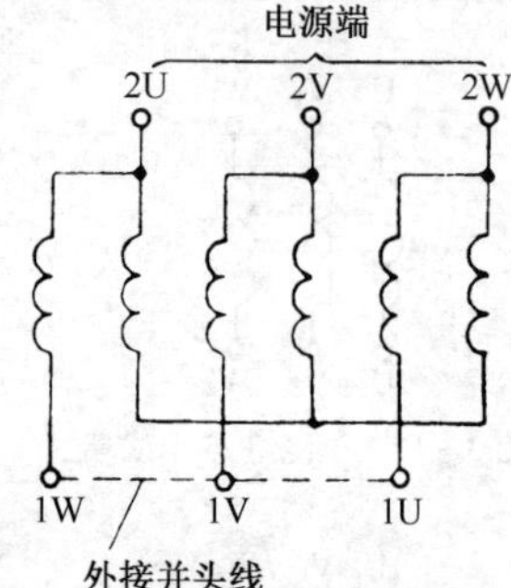


高速时：2U、2V、2W 与电源相接，1W、1V、1U 并头，此时绕组为并联星形

**图 3-23**　双速绕组，6 个线端

（接电源的线端前置数字大小用以区别高速和低速）

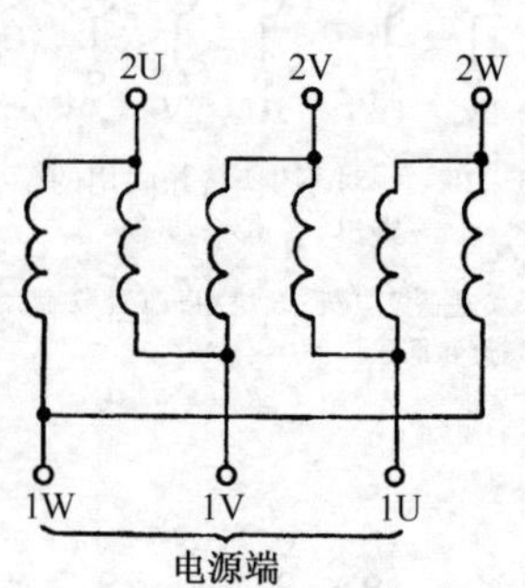


低速时：1W、1V、1U 与电源相接，此时绕组为串接三角形

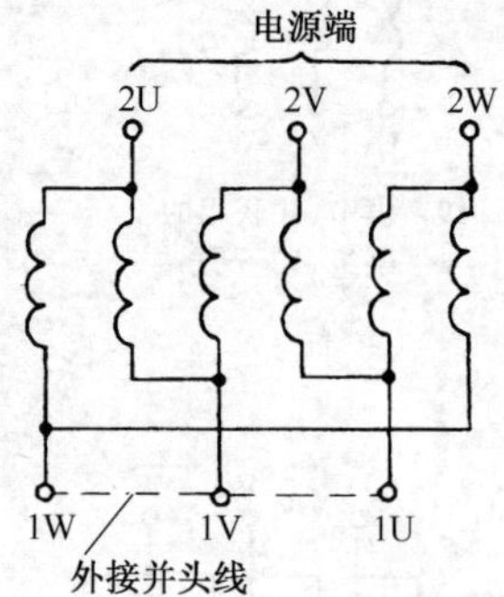


高速时：2U、2V、2W 与电源相接，1U、1V、1W 并头，此时绕组为并联星形

**图 3-24**　双速绕组，6 个线端

（接电源的线端前置数字大小用以区别高速和低速）

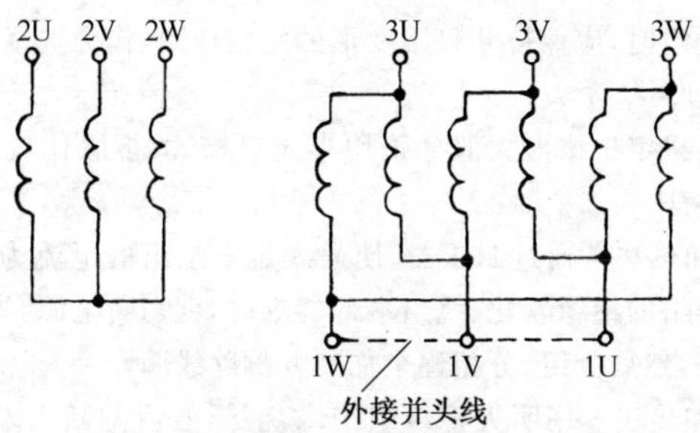


**图 3-25** 变极三速电机的两套绕组

(其中一套和图 3-24 相同,可得最高和最低 2 个速度,另一套单独的绕组产生中间速度,共 9 个线端。前置数字与速度的顺序相同)

绕线型异步电动机转子的三相绕组线端标志为 K、L、M、Q。

2) 电机旋转方向　在相组线端字母顺序与端电压相序同方向时,电机为顺时针方向旋转(即应从电机轴伸端方向看,如一端有集电环,则应在集电环的另一端看)。

## 二、绕组拆除的方法

定子绕组故障严重,无法局部修复时,须将绕组全部拆换,拆换的步骤如下:

1. 记录数据

在拆除旧绕组之前,必须详细记录铭牌、绕组和铁心有关数据,填入表 3-9 所示记录单中。

表 3-9 记录单

| 铭 牌 数 据 | 绕组及铁心数据 |
|---|---|
| 1. 送修单位:<br>2. 铭牌数据:<br>型号____ 功率____ 转速____<br>接法____ 电压____ 频率____<br>电流____ 绝缘等级____<br>出厂编号____ 制造厂名____<br>出厂日期____ | 1. 绕组数据:绕组型式____<br>线圈节距____ 并联支路数____<br>导线线径____ 并绕根数____<br>每槽导体数____ 线圈匝数____<br>线圈端部伸出长度____<br>2. 铁心数据:定子铁心外径____<br>定子铁心内径____<br>定子铁心长度____<br>定子槽数____<br>3. 槽形尺寸(图) |

拆除旧绕组时，应保持几只不变形的完整线圈，作为选择线模的参考。

2. 拆除旧绕组方法

中小型电机定子槽形大部分采用半闭口槽，故拆除比较困难。以下介绍几种拆除方法。

1）通电加热法　通过调压器，使通入定子绕组的电流为额定电流的2倍左右。当绕组的绝缘软化、绕组端部冒烟时，就切断电源，先拆除槽楔，打开各绕组接头，然后分组、分相逐个加热并拆除线圈。

2）明火加热法　用明火将绕组绝缘烧尽，然后割断一端导线，用钳子夹住另一端导线将其抽出，用明火加热。注意不要损坏硅钢片的磁性能，防止铁心变形，严禁火烧后立即放入水中冷却。

3）烘箱加热法　将带绕组定子铁心放入烘箱中加热，烘箱温度控制在200～250℃。待绕组的绝缘全部软化后，将绕组从烘箱中取出，拆除线圈。

## 三、绕组的绕制

1. 绕线模的制作

根据拆除旧绕组时保留的完整线圈尺寸，可以方便地制作绕线模。取该线圈中最小一匝的周长作为线模心的周长，然后再取定合适的直线边长度，其连接的尺寸就可以确定了。

通过测得的原始数据进行计算来确定绕线模的尺寸，往往可以使绕线模制作得更规范、更正确。

常见制作绕线模的方法：

1）双层叠绕组绕线模　模心形状尺寸如图3-26a所示。

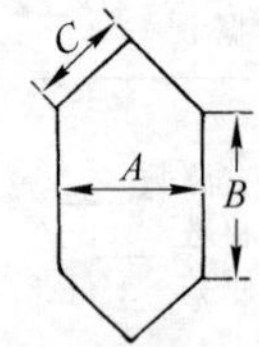


(a) 双层叠绕组绕线模尺寸

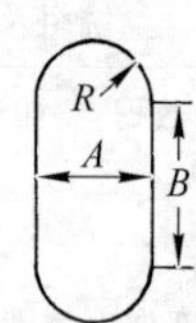


(b) 单层链式绕组绕线模尺寸

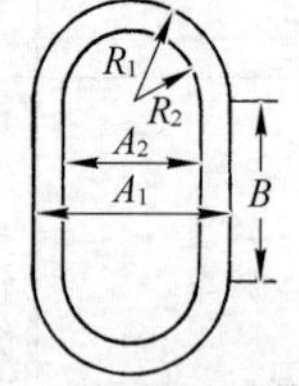


(c) 单层同心式绕组绕线模尺寸

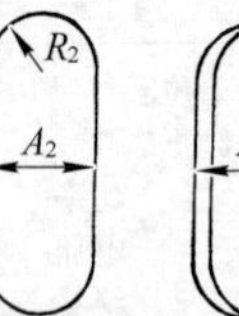


(d) 单层交叉链式绕组绕线模尺寸

图3-26　绕组绕线模心

模心各尺寸的计算公式如下：

$$\text{模心宽度}:A=\frac{\pi(D_i+h_s)}{Z_1}(y-x)(\text{mm})$$

$$\text{模心长度}:B=L_{Fe}+2L'(\text{mm})$$

$$\text{模心斜边长度}:C=\frac{A}{t}$$

式中 $h_s$——槽高,单位是 mm;

$D_i$——定子铁心内径,单位是 mm;

$L'$——定子线圈的直线部分伸出铁心的单边长度,单位是 mm,一般取 $L'=10\sim20$ mm,功率大,极数少的电动机取较大值,见表 3-10;

$L_{Fe}$——定子铁心长,单位是 mm;

$x$、$t$——经验系数,见表 3-11;

$y$——定子线圈以槽数表示的节距;

$Z_1$——定子槽数。

表 3-10 线圈直线部分伸出铁心的单边长度 $L'$(mm)

| 极数 | | 2 极 | 4 极 | 6、8、10 极 |
|---|---|---|---|---|
| $L'$ | 功率较小电动机 | 12～18 | 10～15 | 10～13 |
| | 功率较大电动机 | 20～25 | 18～20 | 12～15 |

注:功率大者取大值。

表 3-11 双层绕组经验系数

| 极数 | 2 | 4 | 6 | 8 |
|---|---|---|---|---|
| $x$ | 1.5～2 | 0.5～0.75 | 0～0.25 | 0～0.2 |
| $t$ | 1.49 | 1.53 | 1.58 | 1.58 |

模心厚度($b$)一般而言,选择为 $nd$ 的整数倍略大些,以保证线圈排列整齐。更简捷的方法是取 $b$ 等于平均槽宽。$n$ 为并绕导线根数;$d$ 为带绝缘的单根导线外径(mm)。

2) 单层链式绕组绕线模 模心形状尺寸如图 3-26b 所示,模心各尺寸的计算公式如下:

$$A=\frac{\pi(D_i+h_s)}{Z_1}(y-x_1)$$

$$B=L_{Fe}+2L'$$

$$R = \frac{A}{t_1}$$

式中　$x_1$、$t_1$——单层绕组的经验系数，见表3-12。

表3-12　单层绕组 $x_1$ 和 $t$ 的数据

| 绕组型式 | | $x_1$ | | | $t$ |
|---|---|---|---|---|---|
| | | 2极 | 4极 | 6极 | |
| 同心式 | 大线圈 | 2.1 | 1.1 | | 2 |
| | 小线圈 | 1.6 | 0.6 | | 2 |
| 交叉式 | 大线圈 | 2.1 | 1.1 | | 1.8 |
| | 小线圈 | 1.85 | 0.85 | | 1.9 |
| 链式 | | | 0.85 | 0.55 | 1.6 |

3）单层同心式绕组绕线模　模心形状尺寸如图3-26c所示。模心各尺寸的计算公式如下：

$$A_1 = \frac{\pi(D_i + h_s)}{Z_1}(y_{大} - x_{大})$$

$$A_2 = \frac{\pi(D_i + h_s)}{Z_1}(y_{大} - x_{小})$$

$$B = L_{Fe} + 2L'$$

$$R_1 = \frac{A_1}{2}$$

$$R_1 = \frac{A_2}{2}$$

式中　$A_1$——大线圈模心宽度(mm)；

$A_2$——小线圈模心宽度(mm)；

$y_{大}$——大线圈节距(以槽数计)；

$y_{小}$——小线圈节距(以槽数计)；

$x_{大}$、$x_{小}$——经验数据，按表3-12选取。

4）单层交叉链式绕组绕线模　模心形状尺寸如图3-26d所示。模心各尺寸的计算公式如下：

$A_1$、$A_2$ 的求法同单层同心式，但以绕组的 $x_{大}$、$x_{小}$ 值代入。

$$B = L_{Fe} + 2L'$$

$$R_1 = \frac{A_1}{t_{大}}$$

$$R_2 = \frac{A_2}{t_{小}}$$

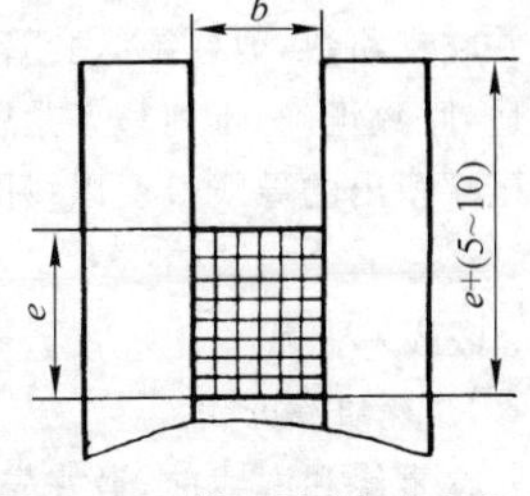

图 3-27　模心厚度与夹板尺寸

模心厚度与夹板尺寸的计算公式:其图形尺寸如图 3-27 所示。

模心厚度 $b$:

$$b = 1.1n_1 d_1 (\mathrm{mm})$$

式中　$n_1$——每层导体根数,若为多根并绕,则为每层导体根数×并绕根数;

$d_1$——带漆膜的单根导线线径(mm)。

夹板尺寸:

夹板形状与模心相同,每边长度留出线圈厚度($e$)+(5～10)mm,并在夹板上留出适当绑线槽。

$$e = \frac{Nnd_1}{0.9b}$$

式中　$N$——绕圈匝数;

$n$——并绕根数。

绕线模尺寸确定以后,就可选用优质木材或胶木制作绕线模(图 3-28)。

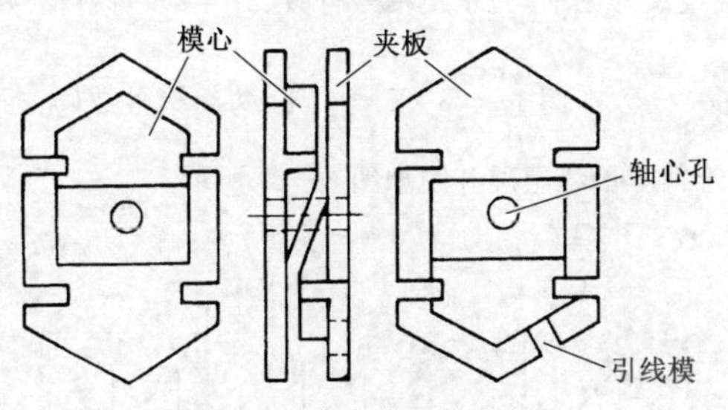

图 3-28　绕线模结构示意图

2. 线圈的绕制

(1) 电磁线规格可根据拆下的旧线圈导线规格而定,查阅拆除旧绕组记录单(表 3-9)。

(2) 绕制线圈时，首先按规定导线的规格和一次连续线圈个数、组数以及并联支路数，剪好绝缘套管，依次套入导线。绕制线圈的基本要求：张力合适，匝数正确，排列整齐紧密，不得交叉重叠，导线绝缘不允许破损，线圈首尾端留出的导线长度以线圈周长的 1/4 为宜。

## 四、嵌线

1. 绕组展开图

在重绕和嵌线前，最好先绘制绕组展开图，下面介绍展开图的简易绘制法，这样便于嵌线、接线，并可作为嵌线完毕后检查核对的依据。

1) 单层同心式绕组展开图　在绘制单层同心式绕组展开图时，首先把全部槽号分为 $2p$ 行（$p$ 为极对数），每行为 $3q$ 个槽号（每极每相槽数 $q = Z/2pm$），从左至右分为三组（每行每组为 $q$ 个槽号），并从左至右在每组上方依次标上 U、V、W 相序。第一行每组的槽号顺序自左至右为由小至大，第二行每组槽号顺序为从右至左依次增大。连接方法：每组上下行所对应的槽号（应等于线圈的节距 $y$）为同一线圈，用垂直线段连接，相邻列表示相邻线圈，用斜虚线相连，箭头指向槽号表示进电，箭头背向槽号表示出电。三相绕组的引出线应相隔 120°电角度，因此 U、W 相从上行最右槽号进电，V 相从下行最左槽号进电。

**例**　2 极，30 槽，节距 1—16，2—15，3—14，$a = 1$ 三相异步电动机，试绘制同心式绕组展开图。

在绘制绕组展开图前，先求出槽号行数（$2p=2$）、每行槽号数 $\left(3q,\ q = Z/2pm = \dfrac{30}{2\times 3} = 5\text{，本例 } 3q = 3\times 5 = 15\right)$，每组槽号数（$q$，本例，$q=5$），然后按上所述，绘得本例绕组展开图如图 3-29 所示。

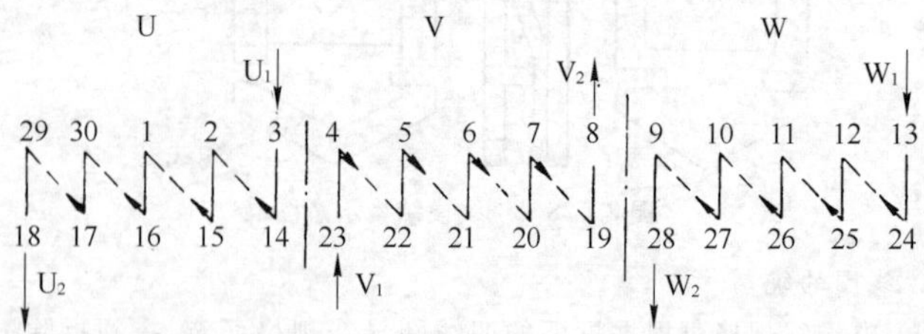


**图 3-29**　2 极，30 槽，节距 1—16、2—15、3—14 单层同心式绕组展开图

同心式绕组展开图传统绘法，如图 3-30、3-31 所示。

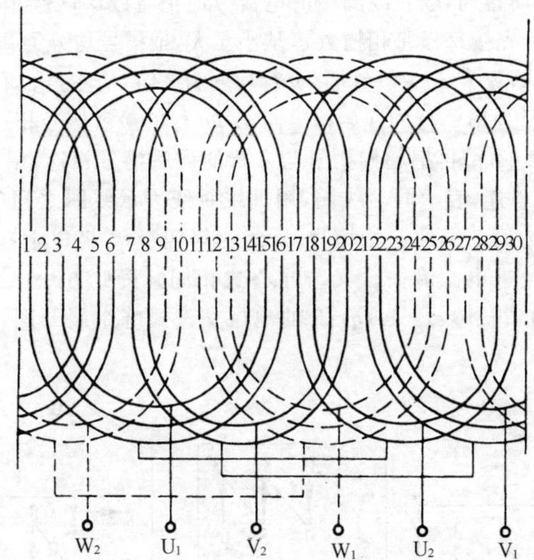


**图 3-30**　2 极，30 槽，节距 1—16、2—15、3—14 单层同心式展开图

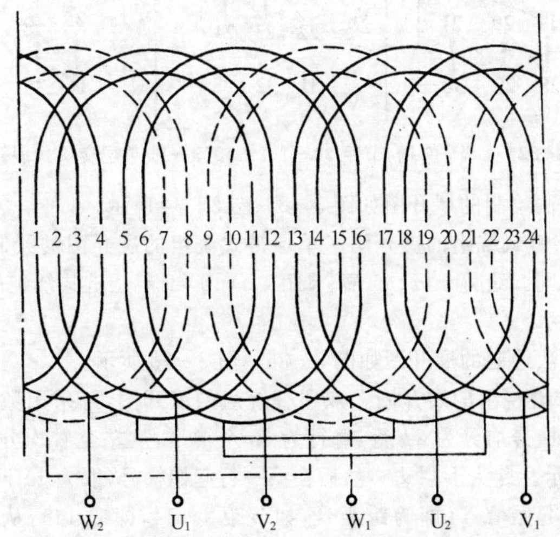


**图 3-31**　2 极，24 槽，节距 1—12、2—11 单层同心式展开图

2）单层交叉式绕组展开图 单层交叉式绕组的特点是端部叉开着向两个不同的方向排列，顺着线圈中的电流方向把各线圈联起来。因此在绘制展开图时，首先按每极每相槽数 $q$，从小至大，把槽号均分为 $2p$ 行（$p$ 为极对数），每行的槽数为 $3q$。然后把 $2p$ 行均分为3组，从左至右依次以U、V、W表示。U、W列第一行的起始槽号与第 $2p$ 行的最后槽号相连，V组的第 $2p$ 行上移成第一行，再把起始槽号与末行的最后槽号相连，余下的槽号用实线向左下方斜连，表示同一线圈，用虚线垂线表示线圈之间的连线。U、W组进电，均为第2行的起始槽号，V组为第四行（4极以上）或第二行（2极）的起始槽号进电。箭头含义与同心式相同。按此方法，绘得4极，36槽，节距30—1、2—10、3—11，$q=3$ 的单层交叉式绕组展开图，如图3-32所示。

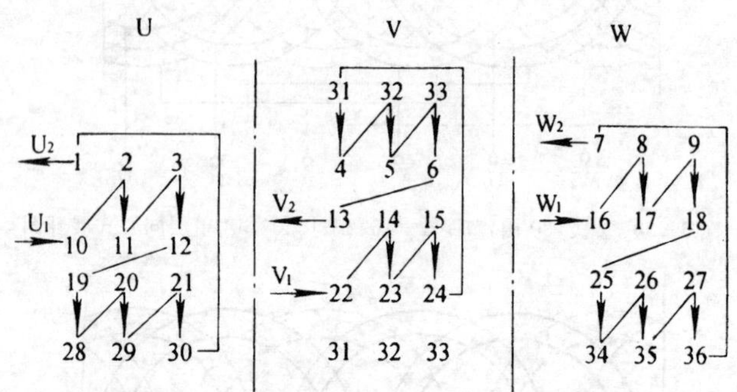


**图3-32** 4极，36槽，节距30—1、2—10、3—11单层交叉式展开图

传统方法绘制的展开图如图3-33、图3-34所示。

3）单层链式绕组的展开图 单层链式绕组的展开图的绘制规律和单层交叉式相同。绘得6极、36槽、节距1—6、$q=2$ 单层链式绕组的展开图如图3-35所示。

传统方法绘制的展开图如图3-36～图3-38所示。

4）双层叠绕组的展开图 双层叠绕组的展开图，可采用数列法表示。首先把全部槽号均分为 $2p$ 行，每行为 $3q$ 个槽号，从左至右均分为三组，以U、V、W表示。此为上层边。然后在第一行起始槽号（取为1）下，按跨距填入下槽边的起始槽号（即为跨距号，如节距1—14，即取14），从左至右，按 $2p$ 行依次写完全部下层边的槽号。用实线连接每一极下的上、下层边槽

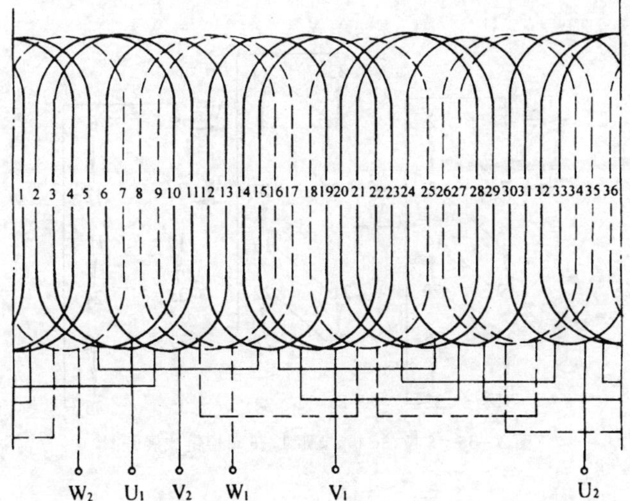


**图 3－33**　4 极，36 槽，节距 30—1、2—10、3—11 单层交叉式展开图

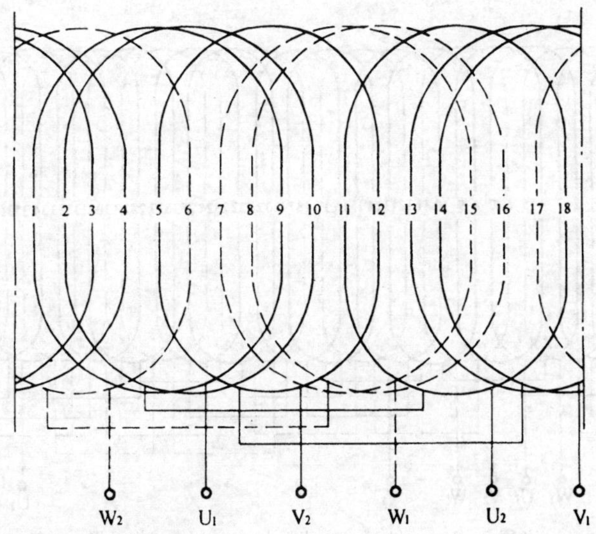


**图 3－34**　2 极，18 槽，节距 1—9、2—10、11—18 单层交叉式展开图

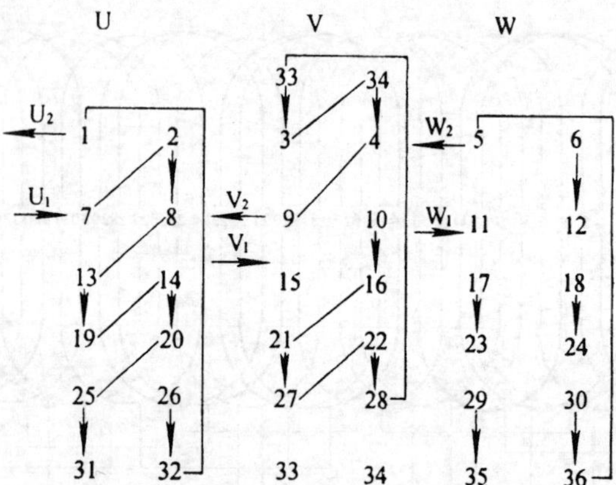


图3-35 6极,36槽,节距1—6单层链式展开图

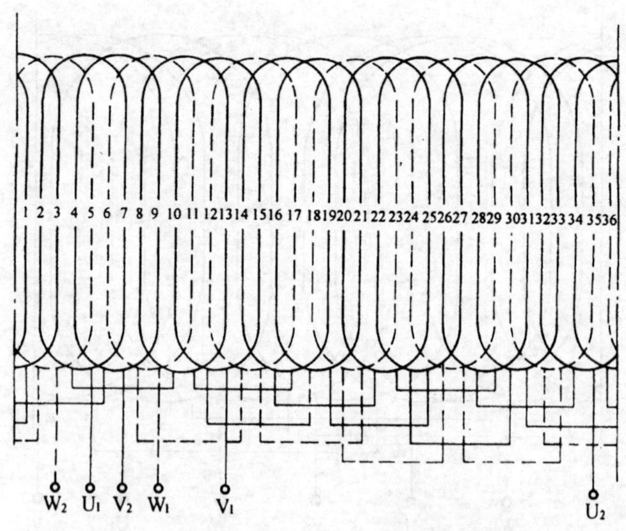


图3-36 6极、36槽、节距1—6单层链式展开图

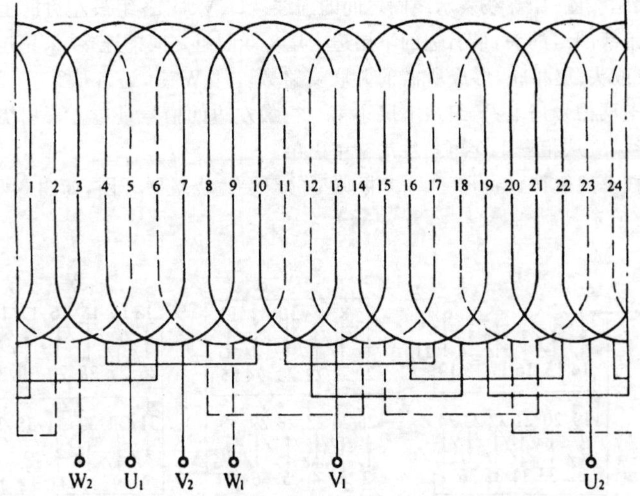


图 3－37　4 极、24 槽、节距 1—6 单层链式展开图

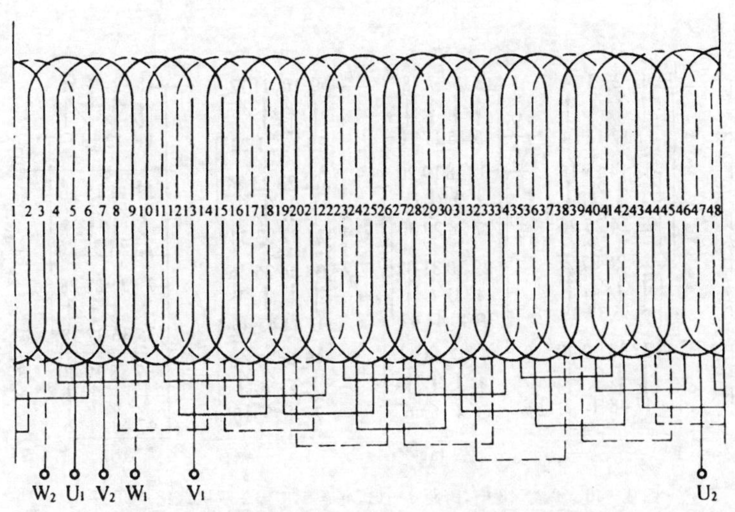


图 3－38　8 极、48 槽，节距 1—6 单层链式绕组展开图

号，表示线圈；用虚线表示线圈之间的连线。U、V、W各组最左边的上层槽号表示线圈组的头，最右边的下层边为尾。线圈组之间的连接，采用尾-尾，头-头或头-尾相联，形成所需的并联支路数。U、W组，通常从第一行的最左边上层槽号进电；V组从上层边第二行最左边的槽号进电。三相绕组的引出线，应从相隔120°电角度的槽中引出。

按上述规律，绘得2、4、6、8极典型的双层叠绕组展开图，如图3-39～3-42所示。

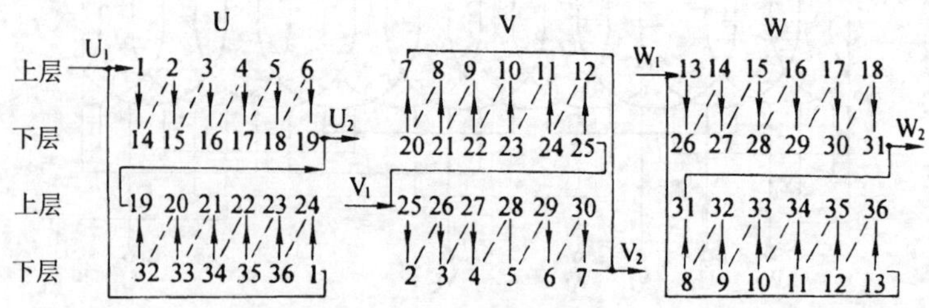


**图3-39**　2极，36槽，跨距1—14，$q=6$，$a=2$双层绕组展开图

（采用头尾联接。若$a=1$，则采用尾-尾联接法）

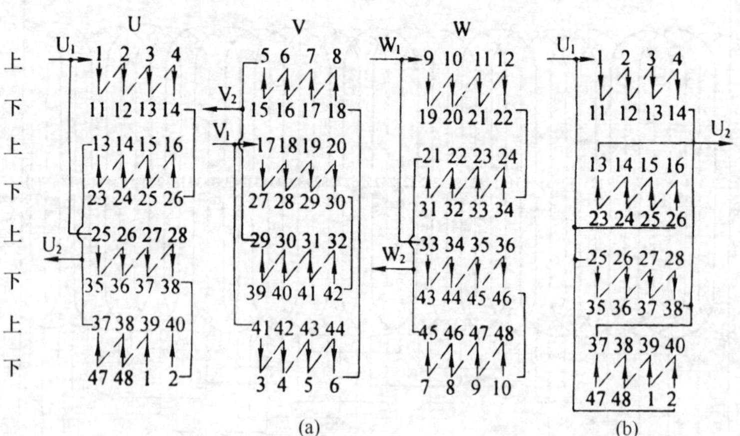


**图3-40**　4极，48槽，跨距1—11，$q=4$，$a=2$双层绕组展开图

（采用头-头、尾-尾联接法。$a=4$时采用头-尾、尾-头联接法。以U相为例示于图b）

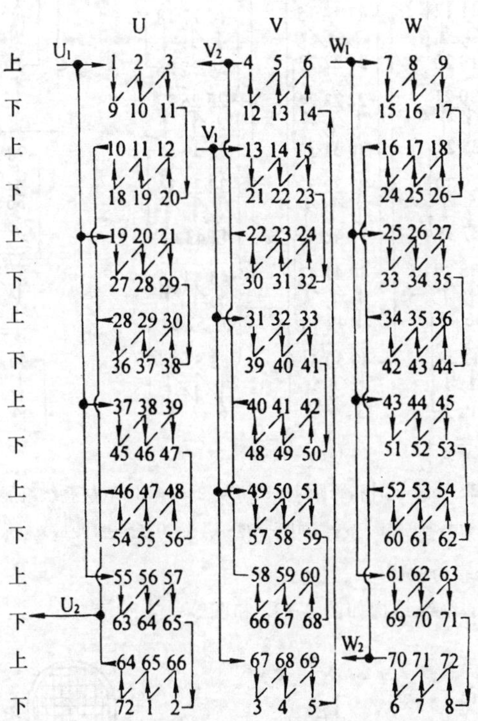


**图 3-41**　8 极，72 槽，跨距 1—9，$q=3$，$a=4$，双层叠绕组展开图

（采用头-头，尾-尾联接。当 $a=8$ 时，采用头-尾，尾-头接法）

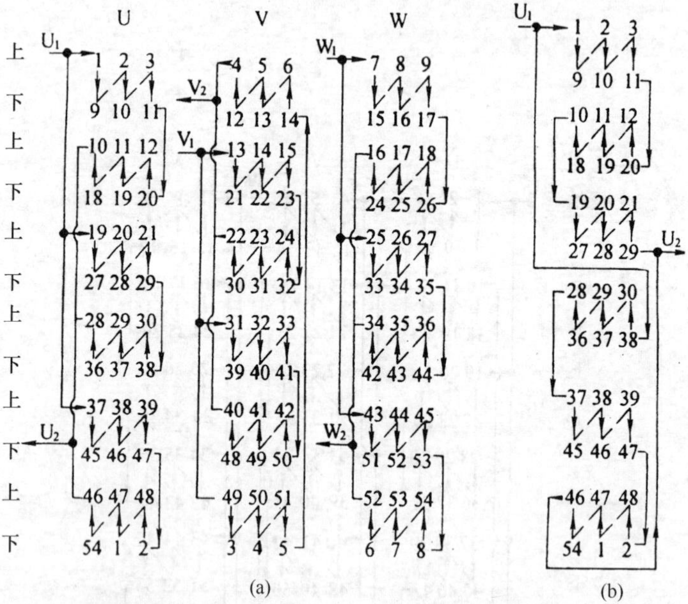

**图 3－42** 6 极，54 槽，跨距 1—9，$q=3$，$a=3$，双层叠绕组展开图

（采用头-头，尾-尾联接法。$a=2$ 时采用尾-头，头-头联接法，以 U 为例示于图 b）

2．定子绝缘的配置

定子绕组的绝缘结构如图 3－43 和图 3－44 所示。

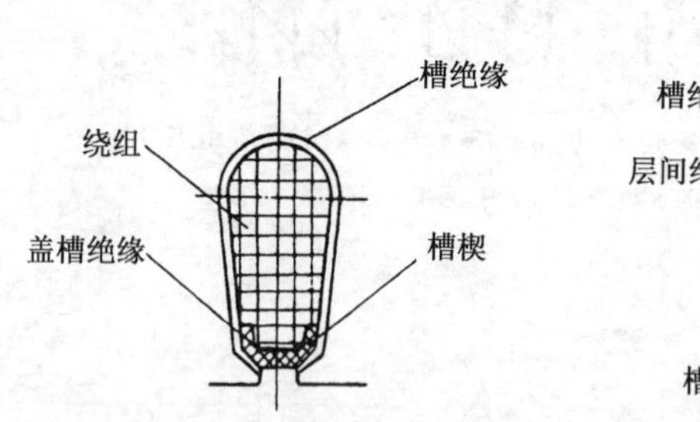


**图 3－43** 定子单层绕组绝缘结构图

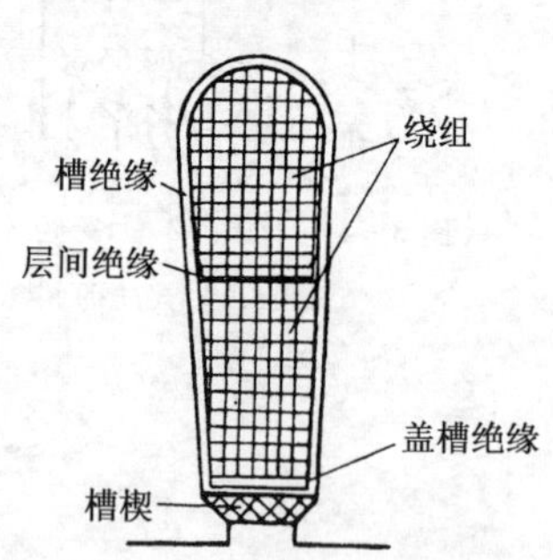


**图 3－44** 定子双层绕组绝缘结构图

嵌线前，将铁心清理好，槽内应无硬刺、杂物等，然后根据被修电动机的绝缘等级相应配置绝缘，按表 3-13 或表 3-14 选取。

表 3-13　Y、Y2 系列三相异步电动机定子绝缘配置

<table>
<tr><td rowspan="3" colspan="2">绝缘部位名称</td><td colspan="4">耐热等级</td><td rowspan="3">绝缘材料伸出铁心各端长度(mm)</td><td rowspan="3">适用功率(kW)</td></tr>
<tr><td colspan="2">B级</td><td colspan="2">F级</td></tr>
<tr><td>绝缘材料名称</td><td>绝缘材料厚度(mm)</td><td>绝缘材料名称</td><td>绝缘材料厚度(mm)</td></tr>
<tr><td colspan="2">槽绝缘</td><td>DMDM<br>DMD+M<br>DMD</td><td>0.25<br>0.25(0.2+0.05)<br>0.25</td><td rowspan="4">NMN<br>SMS<br>OMO</td><td>0.25</td><td>槽绝缘 6～7<br>层间绝缘 20</td><td>0.55～4</td></tr>
<tr><td colspan="2">相间绝缘</td><td>DMDM<br>DMD+M</td><td>0.3<br>0.3(0.25+0.05)</td><td>0.3</td><td>槽绝缘 7～10<br>层间绝缘 20</td><td>5.5～18.5</td></tr>
<tr><td colspan="2">层间绝缘</td><td>DMDM<br>DMD+M</td><td>0.35<br>0.35(0.30+0.05)</td><td>0.35</td><td>槽绝缘 12～15<br>层间绝缘 25</td><td>22～90</td></tr>
<tr><td colspan="2">盖槽绝缘</td><td>DMDM<br>DMD+DMD</td><td>0.5<br>0.5(0.20+0.30)</td><td>0.5</td><td>槽绝缘 20<br>层间绝缘 30</td><td>110～160</td></tr>
<tr><td colspan="2" rowspan="2">槽楔</td><td rowspan="2">3240 环氧酚醛层压玻璃布板</td><td>2</td><td rowspan="2">3240 环氧酚醛层压玻璃布板</td><td>2</td><td>2.5～6.5</td><td>0.55～90</td></tr>
<tr><td>3</td><td>3</td><td>10</td><td>110～160</td></tr>
<tr><td colspan="2">接头处绝缘</td><td colspan="2">2730 醇酸玻璃漆管或布带</td><td colspan="2">2750 有机硅玻璃漆管或布带</td><td></td><td>0.55～160</td></tr>
<tr><td rowspan="2">端部绑扎带</td><td>定子</td><td colspan="4">无碱玻璃纤维带</td><td rowspan="2"></td><td rowspan="2">0.55～160</td></tr>
<tr><td>转子</td><td colspan="2">聚酯带</td><td colspan="2">环氧带</td></tr>
</table>

注：D—聚酯纤维纸；M—聚酯薄膜；N—芳香族聚酰胺；S—聚砜酰胺；O—噁二唑。

表 3-14 J2、JO2 系列三相异步电动机定子槽绝缘配置(E 级绝缘)

| 型 号 | 机座号 | 槽 绝 缘 | 槽绝缘伸出铁心长度 | 槽楔材料 |
| --- | --- | --- | --- | --- |
| J2、JO2 | 1～2 | 0.22 mm 复合聚酯薄膜青壳纸或用一层 0.05 mm 聚酯薄膜一层 0.15 mm 青壳纸 | 7.5～10 mm | 厚度为 2～3 mm 的 #3020、#3021、#3022、#3023 或 #3025、#3027 酚醛层压板(比槽绝缘短 2～3 mm) |
| | 3～5 | 0.27 mm 复合聚酯薄膜青壳纸或用一层 0.05 mm 聚酯薄膜,一层 0.2 mm 青壳纸 | 10～15 mm | |
| | 6～9 | 0.27 mm 复合聚酯薄膜青壳纸(或用一层 0.05 mm 聚酯薄膜,一层 0.2 mm 青壳纸)加一层 0.15 mm 玻璃漆布 | 10～15 mm | |

注:1. 相间绝缘:绕组端部相间垫入与槽绝缘相同的绝缘材料。
2. 层间绝缘:对于双层绕组,同槽上、下层线圈之间垫入与槽绝缘相同的绝缘材料为层间绝缘。

3. 嵌线

在嵌线前,最好是先绘制绕组展开图,这样可保证嵌线、接线的正确,绕组布置整齐合理,另外,嵌线时需注意尽可能使出线位置互相靠近,并靠近电动机的出线口。现分别介绍不同类型绕组的嵌线工艺特点。

1) 单层同心式绕组嵌线　现以 2 极,24 槽,节距 1—12、2—11,$q=4$ 的定子绕组为例,其展开图如图 3-31 所示,嵌线步骤如下:

① 先嵌第一相线圈的小线圈带有引出线的一边(如带有 $U_1$ 的一边)嵌入槽内,另一边暂不嵌(这种线圈俗称“起把”线圈),接着把大线圈的下层边嵌入,上层边也暂不嵌。

② 隔二槽,把第二相第一组线圈的小线圈和大线圈(带有引出线 $W_2$ 的一组)的 2 个下层边嵌入槽内,而另 2 个上层边暂不嵌。

③ 再隔二槽,把第三相第一组线圈的小线圈和大线圈(带有引出线 $V_1$ 的一组)的 2 个下层边嵌入槽内,并根据节距 $y=9$ 或 $y=11$ 把 2 个上层边也嵌入槽内。

④ 按隔二槽,嵌二槽的规律,依次把其余线圈嵌完。最后把第一相、第二相线圈上层边(又称“起把”线圈上层边)嵌入槽内。

单层同心式绕组嵌线特点是：① 起把线圈数等于 $q$；② 在同一组线圈中，嵌线顺序是先嵌小线圈后嵌大线圈；③ 嵌线规律是嵌二槽，空二槽；④ 同相线圈的连接规律为上层边与上层边相连，下层边与下层边相连。

2）单层交叉式绕组嵌线　现以 4 极，36 槽，节距 30—1、2—10、3—11，$q=3$ 的定子绕组为例，其展开图如图 3-33 所示，嵌线步骤如下：

① 选好第一槽位置，把第一相的 2 个大线圈中带有引接线的线圈下层边（如 $U_1$）嵌入槽内，上层边暂不嵌，紧接着把另一个大线圈的下层边嵌入，上层边也暂不嵌；

② 向左空一槽，把第二相的小线圈带有引接线的线圈下层边（如 $W_2$）嵌入槽内，上层边暂不嵌入；

③ 向左再空二槽，把第三相的 2 个大线圈中带有引接线的一边（如 $V_1$）嵌入，按大线圈节距 2—10 把上层边嵌入，紧接着嵌入另 1 个大线圈的下层边与上层边；

④ 向左再空一槽，把第一相的小线圈下层边嵌入，这时应注意大线圈与小线圈的连接方式为上层边与上层边相连，下层边与下层边相连，然后按小线圈的节距 30—1 把上层边嵌入槽内；

⑤ 向左再空二槽，嵌入第二相的大线圈，按上层边与上层边相连，下层边与下层边相连的原则，把一个大线圈的下层边先嵌入槽内，再按节距 2—10 把上层边嵌入槽内，紧接着嵌另 1 个大线圈；

⑥ 向左再空一槽，嵌入第三相的小线圈，嵌线时注意本相的连接，再按上述方法，把第一、二、三相线圈嵌入槽内，最后把第一相、第二相的起把线圈的上层边嵌入。

单层交叉式绕组嵌线特点是：① 起把线圈数为 $q$；② 一、二、三相轮着嵌，先嵌双圈（双链），空一槽，嵌单圈（单链），再空二槽，再嵌双圈，再空一槽，嵌单圈，再空二槽嵌双圈……直至全部嵌完；③ 同相线圈的连接规律为上层边与上层边相连，下层边与下层边相连。

3）单层链式绕组嵌线　现以 4 极，24 槽，节距 1—6，$q=2$ 的定子绕组为例，其展开图如图 3-37 所示，嵌线步骤如下：

① 先把第一相第一个线圈带有引接线的线圈下层边（如 $U_1$）嵌入槽内，另一边暂不嵌；

② 向左空一槽，嵌入第二相第一个线圈带有引接线的线圈下层边（如 $W_2$），上层边暂不嵌；

③ 向左再空一槽，嵌入第三相第一个线圈带有引接线的线圈下层边（如 $V_1$），另一边按节距1—6的规定嵌入槽内；

④ 向左再空一槽，嵌入第一相的第二线圈，这时应注意与本相的第一个线圈的连接应是上层边与上层边相连。当以后再嵌本相第三个线圈时，则为下层边与下层边相连。

⑤ 以后第二、第三相仍按空一槽，嵌一槽的规律，轮流将第一、二、三相的线圈嵌完，最后把第一相和第二相的第一个线圈的上层边嵌入。

单层链式绕组的嵌线特点是：① 起把线圈数为 $q$；② 嵌完一个槽后，空一个槽，再嵌另一相的下层边；③ 同相线圈的连接规律为上层边与上层边相连，下层边与下层边相连。

4）双层叠绕组嵌线　双层绕组的线圈是按极相组绕制的，嵌线工艺较简单。嵌线步骤如下：

① 先嵌第一个极相组的下层边，用层间绝缘盖好，上层边暂不嵌起把线圈，然后用压线嵌将槽内导线压紧；

② 再嵌第二极相组和第三极相组，方法与①相同；

③ 按规定节距嵌入其余的下层边和上层边，直至下层边全部嵌完，才可把线圈嵌入上层，封槽。

线圈全部嵌完后，应检查相间绝缘是否垫好，用橡皮锤子或竹片板把端部打成喇叭口，端部整好形后，将端部相间绝缘纸修剪整齐，然后进行端部绑扎（参见本章定子绝缘的配置一节内容）。

## 五、接线

（1）连接极相组绕组。嵌完线后要进行端部接线，即把每相的极相组串联成一路或并联成多路（表3-15）。

表3-15　每相绕组可能的并联支路数

| 定子槽数 | 2极 | | 4极 | | 6极 | | 8极 | |
|---|---|---|---|---|---|---|---|---|
| | 单层绕组 | 双层绕组 | 单层绕组 | 双层绕组 | 单层绕组 | 双层绕组 | 单层绕组 | 双层绕组 |
| 12 | 1、2 | | 1、2 | 1、2、4 | | | | |
| 18 | 1 | 1、2 | | | 1、2 | 1、2、3、6 | | |
| 24 | 1、2 | | 1、2、4 | 1、2、4 | | | 1、2、4 | 1、2、4、8 |

（续表）

| 定子槽数 | 2 极 | | 4 极 | | 6 极 | | 8 极 | |
|---|---|---|---|---|---|---|---|---|
| | 单层绕组 | 双层绕组 | 单层绕组 | 双层绕组 | 单层绕组 | 双层绕组 | 单层绕组 | 双层绕组 |
| 27 | | 1 | | 1 | | 1、3 | | 1 |
| 29 | 1 | | | 1、2 | | | | 1、2 |
| 36 | 1、2 | | 1、2 | 1、2、4 | 1、2、3、6 | 1、2、3、6 | | 1、2、4 |
| 42 | 1 | | 1 | 1、2 | | | | |
| 48 | 1、2 | | 1、2、4 | 1、2、4 | | | 1、2、4、8 | 1、2、4、8 |
| 54 | 1 | | 1 | 1、2 | 1、3 | 1、2、3、6 | | 1、2 |
| 60 | 1、2 | | 1、2 | 1、2、4 | | | | 1、2、4 |
| 66 | 1 | 1、2 | 1 | 1、2 | | | | 1、2 |
| 72 | 1、2 | | 1、2、4 | 1、2、4 | 1、2、3、6 | 1、2、3、6 | 1、2、4 | 1、2、4、8 |
| 78 | 1 | | 1 | 1、2 | | | | 1、2 |
| 84 | 1、2 | | 1、2 | 1、2、4 | | | | 1、2、4 |
| 90 | 1 | | 1 | 1、2 | 1、3 | 1、2、3、6 | | 1、2 |
| 96 | 1、2 | | 1、2、4 | 1、2、4 | | | 1、2、4、8 | 1、2、4、8 |
| 108 | 1、2 | | 1、2 | 1、2、4 | 1、2、3、6 | 1、2、3、6 | | 1、2、4 |

（2）接上引接线。每相绕组的始端、末端各接上一根引接线。引接线规格根据额定电流的大小选用，一般引接线的电流密度为 6～8 $A/mm^2$。

线头连接的形式很多，一般采用以下三种：

① 绞接法。对于导线较细的线头，可直接把导线绞接在一起，有如图 3-45 所示的几种常用绞接方式。

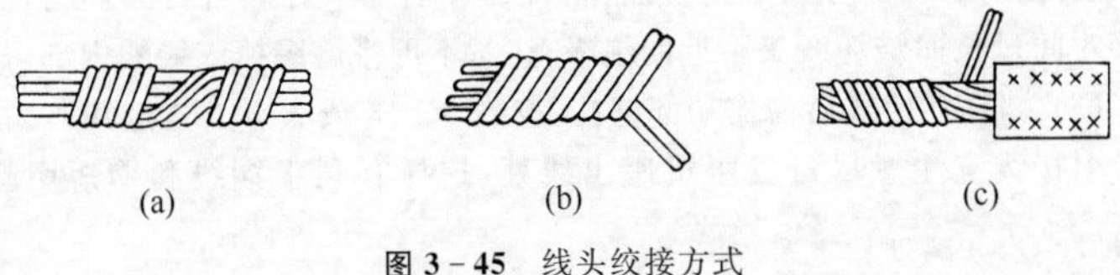


**图 3-45** 线头绞接方式

② 扎线法。对于较粗导线的连接，采用扎线方式。扎线采用 $\phi$0.3～$\phi$0.8 mm 的细铜线。常用几种扎线方式如图 3-46 所示。

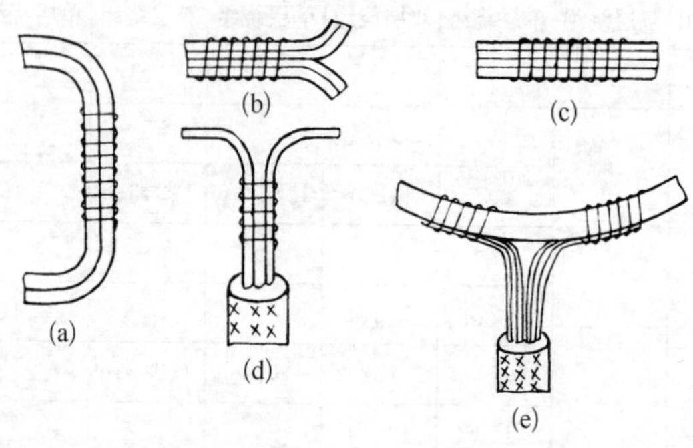


**图 3-46**　扎线连接方式

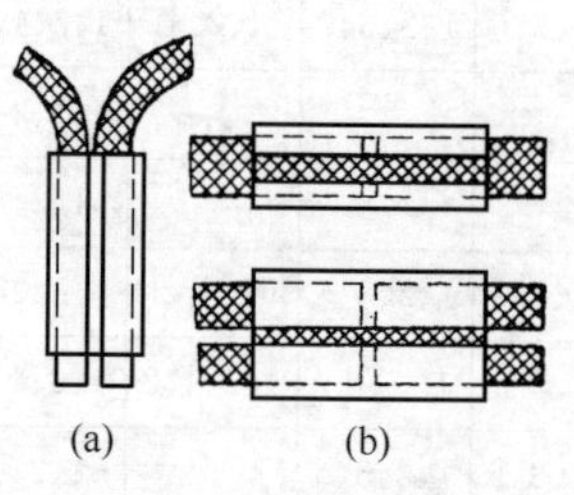


**图 3-47**　并头套连接方式

③ 并头套连接法。适用于扁导线的连接，可采用 0.5～1.0 mm 厚度的薄铜皮制成的并头套，并头套连接方式如图 3-47 所示。

④ 焊接。对于铜与铜的焊接，常用锡焊。焊料是锡铅合金，常用焊料牌号为 HISnPb39、HISnPb50、HISnbP58-2 等。焊剂是松香酒精溶液（腐蚀性小），或焊锡膏（有些腐蚀性，焊接后必须擦净）。焊接操作方法：在搪过锡的接头上涂上焊剂，把搪过锡烧热的烙铁头放在接头下面，紧贴接头，使接头上的焊剂沸腾时，快速把锡焊条触在线头和烙铁上，等焊接头挂满锡料，再将烙铁平移开焊点，并趁热用旧布将多余锡料擦去。

在焊锡时，烙铁不可烧得过热；不可使焊剂烧干冒烟后再涂焊锡；防止焊接时间过长而烧坏线头附近的绝缘；注意不可将熔锡掉入线圈内部。

(3) 绑扎。接线后需作端部绑扎（按表 3-13 或表 3-14 选用）。在绑扎时引接线应注意尽量置于机座出线处，这样有利于穿线和缩短引接线长度。

## 六、绕组检验

绕组接线完成后，应对绕组进行检查和试验。检查和试验的主要内容有：

(1) 检查三相绕组有否通地、短路、断路和接错、嵌反等错误。检查方法见3-3节。

(2) 检查三相电流是否平衡，在确认绕组接线正确后，将三相绕组并联，通入单相交流电(电压为24～36 V)，测量三相电流。若三相电流平衡，表示没有故障；若不平衡，则可能是绕组短路、断路或三相绕组电阻不平衡等原因。

(3) 绕组耐压试验：三相定子绕组在浸漆前应进行绕组对机壳及绕组相互间的绝缘强度试验(耐压试验)。绕组应能承受1 min的耐压试验而不发生击穿。对额定电压为380 V、额定功率为1 kW及以上的电动机，试验电压为交流50 Hz、有效值为1 760 V；对额定电压为380 V、额定功率小于1 kW的电动机，试验电压为50 Hz、有效值为1 260 V。

## 七、浸漆和烘干

电动机绕组浸漆的目的是提高绕组的绝缘强度、耐热性、耐潮性及导热能力，此外也增加了绕组的机械强度和耐腐蚀能力。电动机绕组浸烘质量好坏，直接影响到电机的温升和使用寿命。

对于E级和B级绝缘电机，一般采用三聚氰胺醇酸漆1032，绝缘处理采用二次浸烘工艺。其浸渍、干燥工艺规范见表3-16，浸渍漆黏度首次采用22～26 s，第二次采用30～38 s。

表3-16　1032漆沉浸的浸渍、干燥工艺规范

| 工序名称 | 处理温度(℃) | 时　间　(h) | 绝缘电阻稳定值(MΩ) |
|---|---|---|---|
| 工件预烘 | 120±5 | 5～7(H80～H160)<br>9～11(H180～H280) | ＞50<br>＞15 |
| 第一次浸漆 | 60～80 | ＞15 min | |
| 滴漆 | 室温 | ＞30 min | |
| 烘干 | 130±5 | 6～8(H80～H160)<br>14～16(H180～H280) | ＞10<br>＞2 |

（续表）

| 工序名称 | 处理温度(℃) | 时 间 (h) | 绝缘电阻稳定值(MΩ) |
|---|---|---|---|
| 第二次浸漆 | 60～80 | 10～15 min | |
| 滴漆 | 室温 | ＞30 min | |
| 烘干 | 130±5 | 8～10(H80～H160)<br>16～18(H180～H280) | ＞1.5<br>＞1.5 |

注：H 为电机中心高(mm)。

目前已开发出新一代 F 级绝缘等级的电动机，采用 319－5F 级无溶剂漆，其浸渍、干燥工艺规范见表 3－17。该浸渍漆黏度采用 30 s(20℃时涂料 4 号黏度计)。

表 3－17 319－5 漆沉浸的浸渍、干燥工艺规范

| 工序名称 | 处理温度(℃) | 时 间 (h) | 绝缘电阻稳定值(MΩ) |
|---|---|---|---|
| 工作预烘 | 120±5 | 1～2(H80～H160)<br>2～3(H180～H280) | ＞50<br>＞15 |
| 一次浸漆 | 60～80 | ＞0.25 | |
| 滴漆 | 室温 | ＞0.5 | |
| 烘干 | 155±5 | 2～3(H80～H160)<br>3～4(H180～H280) | ＞10<br>＞5 |

注：H 为电机中心高(mm)。

## 3－5 三相异步电动机的拆装和修复后的试验

### 一、电动机的拆装

电动机因发生故障或维护保养等原因经常需要拆装。如果拆装时操作不当，就会损坏机件。下面介绍几个主要部件的拆装。

1. 带轮(联轴器)拆卸

先在带轮(联轴器)的轴伸端上做好尺寸标记，如图 3－48 所示。然后将销子上的支头(压紧)螺钉松脱，装上如图 3－49 所示的拉具，把带轮慢慢

拉出。如果拉不出,可在支头螺钉孔内注入煤油,待半小时后再拉。如仍拉不出,可用喷灯或氧-乙炔火焰快速均匀加热带轮外侧轴套周围,但需注意温度不能太高(不超过250℃),以防轴变形。装设拉具时,要使各拉杆间距离和长度完全相等,爪钩平直地钩住带轮轮缘,使两爪钩受力一致。

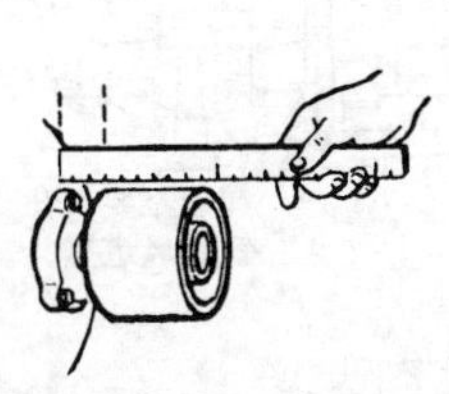

**图3-48**　带轮的位置标法

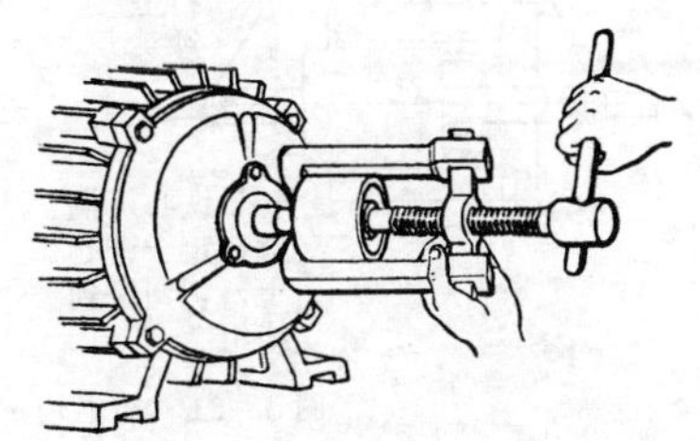

**图3-49**　拉具拆卸带轮

2. 拆卸端盖,抽出转子

先在端盖与机座的接缝处(止口上)做好标记,以便复位。绕线式电动机应提起或拆除电刷、电刷架和引出线。一般小型电动机应先拆前侧轴承盖、端盖以及后侧的风罩、风叶和端盖螺钉,然后将转子带着后侧端盖一起抽出,其步骤如图3-50所示。对于大风叶在机座内的电动机,可将转子连同大风叶及风叶侧的端盖一起抽出。对于30 kg以下重的转子,直接用手抽出。对于较重的转子要考虑使用起重工具和起重设备,可按图3-51所示步骤用起重设备分两次将转子吊住平移抽出。抽转子时要注意不能碰撞定子铁心和端部绕组。

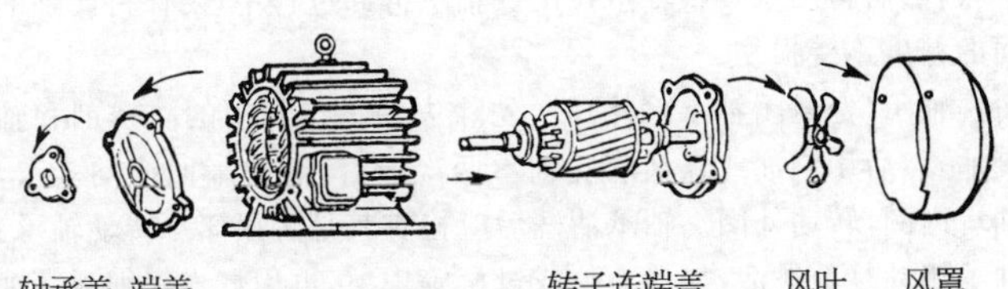


**图3-50**　小型电动机拆卸步骤

3. 轴承的拆卸

拆卸轴承会磨损配合表面,降低配合强度,故一般不应轻易拆卸轴承。只有当轴承缺油、换油、磨损或有故障时才考虑拆除轴承。

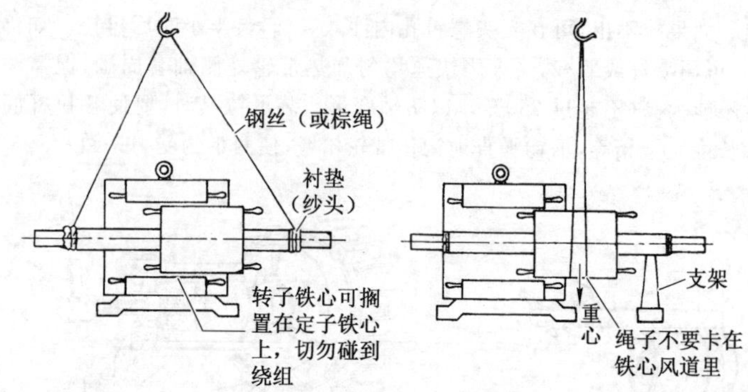


图 3－51　抽出较重转子的方法

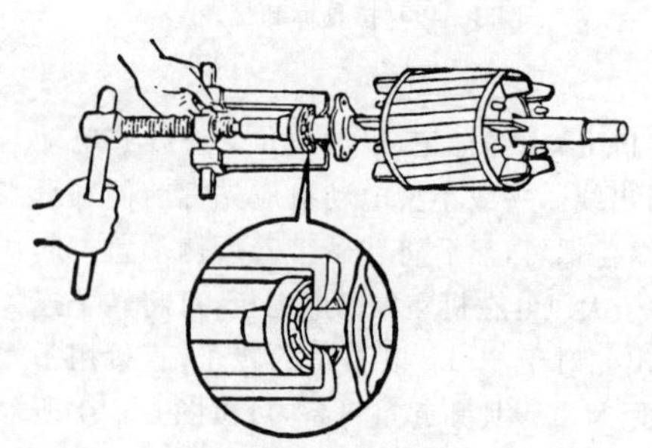

图 3－52　轴承的拆卸步骤

轴承拆卸时，应选用大小适宜的拉具，用图 3－52 所示方法，用拉具的爪钩平直地钩住轴承内圈，使轴承内圈均匀受力，将轴承拉出。对于热套装的轴承或配合强度过紧的轴承，最好采用热拆法，用石棉布先把轴承附近的转轴表面包上，将加热至 110℃左右的油（可用废变压器油）迅速浇在轴承内圈上，使其受热膨胀，然后再用拉具将轴承拉出。轴承拆卸过程中，要保持转轴的轴颈配合面的精度不受损伤。

清洗轴承（全封闭轴承除外）时，先除去轴承包封用的防锈剂和轴承盖上的废油，然后用汽油或煤油清洗轴承两次，在汽油中来回搅动多次，随后握住轴承内圈，转动外圈。轴承清洗后应检查其是否损坏。转动轴承外圈，观察轴承转动是否灵活，如遇卡住或过松等现象，再用灯光仔细观察轴承滚道间、保持器及滚动体表面有无锈迹、斑痕及坑凹等现象，最后决定轴承是否需要更换。

轴承漆加润滑脂的选择参见表 3－18，轴承内要塞满润滑脂，由轴承的一端挤入润滑脂，再从另一端挤出，使润滑脂充满在轴承内。轴承盖内腔所加的油量应占轴承盖内腔容积的 1/3～2/3。

表 3-18　中、小型电动机滚动轴承润滑脂的选择

| 名　称 | 代 号 | 外　观 | 滴点不低于(℃) | 抗水性 | 适 用 场 合 |
|---|---|---|---|---|---|
| 钠基润滑脂 | ZN-2<br>ZN-3<br>ZN-4 | 深黄色到暗褐色的均匀软膏 | 140<br>140<br>150 | 易溶于水，亲水性强 | 较高工作温度，清洁无水分条件，适用于开启式电动机 |
| 钙基润滑脂 | ZG-2<br>ZG-3<br>ZG-4<br>ZG-5 | 淡黄色到暗褐色的均匀软膏 | 80<br>85<br>95<br>120 | 不易溶于水，抗水性较强 | 一般工作温度，有水分或与水接触的条件，适用于封闭式电动机 |
| 钙钠基润滑脂 | ZGN-2<br>ZGN-3 | 黄色到棕色的均匀软膏 | 120<br>135 | 抗水性弱 | 较高工作温度，有水蒸气条件下，适用于开启式及封闭式电动机 |
| 复合钙基润滑脂 | ZFG-1<br>ZFG-2<br>ZFG-3 | 淡黄色到暗褐色的光滑透明软膏 | 180<br>200<br>220 | 抗水性强 | 高温工作条件，有水分接触或严重水分的场所，适用于封闭式电动机 |
| 复合铝基润滑脂 | ZFU-1<br>ZFU-2<br>ZFU-3 | 淡黄色到暗褐色的光滑透明油膏 | 180<br>200<br>200 | 抗水性强 | 高温工作条件，有水接触及严重水分的场所，适用于开启式及封闭式电动机 |
| 二硫化钼润滑脂 | 3 号<br>4 号 | 灰色或褐色的光泽软膏 | 220<br>210 | 抗水性强 | 高温工作条件及严重水分的场所，特别适用于湿热带电动机 |

电动机装配步骤与拆卸步骤相反。装配前，要先清除定转子铁心内外表面污垢和各配合面的锈迹与污垢，检查槽楔、齿压板、绕组端部绑扎及绝缘垫是否松动，检查合格后，用压缩空气吹净电机铁心和绕组上的尘埃，然后可开始装配。装配时，应将各部件按原先标记复位，然后检查轴承与轴及端盖的配合是否合适，转子转动是否灵活。

## 二、电动机修复后的试验

为了保证电动机的修理质量，对已修复的电动机应作以下检查和试验：

1. 外观检查

试验前应先检查电动机的装配质量。出线端的连接是否正确；装配坚固情况；转子转动是否灵活；轴伸径向偏摆情况。对于绕线转子电动机还应检查电刷装配质量，电刷与集电环接触是否良好。

2. 绝缘电阻的测定

绝缘电阻测定分热态测定和冷态测定。在修复试验中，一般只测绕组相与相、相对地的冷态(常温)绝缘电阻。绕线式电动机还应测量转子绕组的绝缘电阻。多速多绕组的电动机各绕组对机壳的绝缘电阻必须逐个测量，并逐个测量绕组间的绝缘电阻。

测量时，对于 500 V 以下的电动机用 500 V 的兆欧表；对于 500～3 000 V的电动机用 1 000 V 的兆欧表；对于 3 000 V 以上的电动机用 2 500 V 的兆欧表。

对于 500 V 以下的电动机，其绝缘电阻值一般应不低于 0.5 MΩ，全部更换绕组修复后的电动机的绝缘电阻一般应不低于 5 MΩ。

3. 耐压试验

全部更换绕组修复后的电动机，如有条件的话，应进行绕组对机壳及绕组相互间的绝缘强度试验(耐压试验)。绕组应能承受 1 min 的耐压试验。试验电压频率为 50 Hz，对额定电压为 380 V、额定功率为 1 kW 及以上的电动机，试验电压有效值为 1 760 V；对额定电压为 380 V、额定功率小于 1 kW 的电动机，试验电压有效值为 1 260 V。

4. 空载试验

电动机经过上述检验以后，应在电动机定子绕组上加以三相平衡的额定电压空转半小时以上。在运行中测量三相电流是否平衡，三相空载电流应不超过 10%，如超过此值，说明绕组匝数不等或绕组匝间短路；空载电流是否太大或太小，电动机空载电流与额定电流的百分比见表 3-19，如空载电流太大，表示定子与转子之间的气隙可能超出允许值，或定于绕组匝数太少；如空载电流太低，表示定子绕组匝数太多，或三角形连接误接成星形，二路改接成一路等。根据修理经验，笼型电动机空载电流太大(在各部分磁场电流密度不饱和条件下)或太小，相应调整定子绕组匝数的比例见表 3-20。

表 3－19　电动机空载电流与额定电流百分比　(%)

| 极数 | 容量 | | | | | |
|---|---|---|---|---|---|---|
| | 0.125 kW | 0.5 kW 以下 | 2 kW 以下 | 10 kW 以下 | 50 kW 以下 | 100 kW 以下 |
| 2 | 70～95 | 45～70 | 40～55 | 30～45 | 23～35 | 18～30 |
| 4 | 80～96 | 65～85 | 45～60 | 35～55 | 25～40 | 20～30 |
| 6 | 85～97 | 70～90 | 50～65 | 35～65 | 30～45 | 22～33 |
| 8 | 90～98 | 75～90 | 50～70 | 37～70 | 35～50 | 25～35 |

注:表中空载电流指三相平均值。一般功率大者取小值,功率小者取大值。

表 3－20　当空载电流太大或太小时,定子绕组匝数相应要增加或减少的比例

| 空载电流变化($\pm\Delta I_0$) | 15%～20% | 30% | 50% |
|---|---|---|---|
| 定子绕组匝数变化($\pm\Delta W$) | 5% | 10% | 20% |

此外,还应检查定转子铁心有否相擦;铁心是否过热;轴承的温度是否过高;轴承运转是否有异常声音等。绕线式电动机空转时,应检查电刷有无冒火花、过热等现象。

## 3－6　三相异步电动机技术数据

1. Y2 系列(IP54)小型三相异步电动机技术数据(表 3－21)
2. Y2－E 系列(IP54)小型三相异步电动机技术数据(表 3－22)
3. Y 系列(IP44)小型三相异步电动机技术数据(表 3－23)
4. Y 系列(IP23)小型三相异步电动机技术数据(表 3－24)
5. Y80～160(IP44)三相异步电动机绕线模尺寸和 Y180～315(IP44)三相异步电动机绕线模尺寸(表 3－25,表 3－26)
6. JO2 系列三相异步电动机技术数据(表 3－27)
7. J2 系列三相异步电动机技术数据(表 3－28)
8. JO2－1～5 三相异步电动机绕线模尺寸和 JO2－6～9 三相异步电动机绕线模尺寸(表 3－29,表 3－30)
9. YX 系列高效率三相异步电动机技术数据(表 3－31)

表3-21　Y2系列(IP54)小型三相

<table>
<tr><th rowspan="2">型　　号</th><th rowspan="2">额定功率(kW)</th><th rowspan="2">额定电流(A)</th><th rowspan="2">额定效率(%)</th><th rowspan="2">额定功率因数</th><th rowspan="2">堵转电流/额定电流</th><th rowspan="2">堵转转矩/额定转矩</th><th rowspan="2">最大转矩/额定转矩</th><th>铁心长度</th><th>气隙长度</th><th>定子冲片外径</th><th>定子冲片内径</th><th>转子冲片内径</th></tr>
<tr><th colspan="5">(mm)</th></tr>
<tr><td>Y2-631-2</td><td>0.18</td><td>0.51</td><td>65.0</td><td>0.80</td><td rowspan="2">5.5</td><td rowspan="2">2.2</td><td rowspan="4">2.2</td><td>36</td><td rowspan="4">0.25</td><td rowspan="4">96</td><td rowspan="2">50</td><td rowspan="4">14</td></tr>
<tr><td>Y2-632-2</td><td>0.25</td><td>0.67</td><td>68.0</td><td>0.81</td><td>42</td></tr>
<tr><td>Y2-631-4</td><td>0.12</td><td>0.43</td><td>57.0</td><td>0.72</td><td rowspan="2">4.4</td><td rowspan="2">2.1</td><td>42</td><td rowspan="2">58</td></tr>
<tr><td>Y2-632-4</td><td>0.18</td><td>0.61</td><td>60.0</td><td>0.73</td><td>52</td></tr>
<tr><td>Y2-711-2</td><td>0.37</td><td>0.98</td><td>70.0</td><td>0.81</td><td rowspan="2">6.1</td><td rowspan="2">2.2</td><td>2.2</td><td>40</td><td rowspan="6">0.25</td><td rowspan="6">110</td><td rowspan="2">58</td><td rowspan="6">17</td></tr>
<tr><td>Y2-712-2</td><td>0.55</td><td>0.33</td><td>73.0</td><td>0.82</td><td>2.3</td><td>58</td></tr>
<tr><td>Y2-711-4</td><td>0.25</td><td>0.76</td><td>65.0</td><td>0.74</td><td rowspan="2">5.2</td><td rowspan="2">2.1</td><td rowspan="2">2.2</td><td>45</td><td rowspan="2">67</td></tr>
<tr><td>Y2-712-4</td><td>0.37</td><td>0.07</td><td>67.0</td><td>0.75</td><td>53</td></tr>
<tr><td>Y2-711-6</td><td>0.18</td><td>0.71</td><td>56.0</td><td>0.66</td><td rowspan="2">4.0</td><td rowspan="2">1.9</td><td rowspan="2">2.0</td><td>60</td><td rowspan="2">71</td></tr>
<tr><td>Y2-712-6</td><td>0.25</td><td>0.92</td><td>59.0</td><td>0.68</td><td>70</td></tr>
<tr><td>Y2-801-2</td><td>0.75</td><td>1.78</td><td>75.0</td><td>0.83</td><td>6.1</td><td rowspan="2">2.2</td><td rowspan="4">2.3</td><td>60</td><td rowspan="2">0.3</td><td rowspan="8">120</td><td rowspan="2">67</td><td rowspan="8">26</td></tr>
<tr><td>Y2-802-2</td><td>1.1</td><td>2.49</td><td>77.0</td><td>0.84</td><td>7.0</td><td>75</td></tr>
<tr><td>Y2-801-4</td><td>0.55</td><td>1.54</td><td>71.0</td><td>0.75</td><td>5.2</td><td>2.4</td><td>60</td><td rowspan="6">0.25</td><td rowspan="2">75</td></tr>
<tr><td>Y2-802-4</td><td>0.75</td><td>1.99</td><td>73.0</td><td>0.76</td><td>6.0</td><td>2.3</td><td>70</td></tr>
<tr><td>Y2-801-6</td><td>0.37</td><td>1.27</td><td>62.0</td><td>0.70</td><td rowspan="2">4.7</td><td rowspan="2">1.9</td><td>2.0</td><td>65</td><td rowspan="4">78</td></tr>
<tr><td>Y2-802-6</td><td>0.55</td><td>1.74</td><td>65.0</td><td>0.72</td><td>2.1</td><td>85</td></tr>
<tr><td>Y2-801-8</td><td>0.18</td><td>0.86</td><td>51.0</td><td>0.61</td><td rowspan="2">3.3</td><td rowspan="2">1.8</td><td rowspan="2">1.9</td><td>75</td></tr>
<tr><td>Y2-802-8</td><td>0.25</td><td>1.14</td><td>54.0</td><td>0.61</td><td>90</td></tr>
</table>

异步电动机技术数据

<table>
<tr><th>每槽线数</th><th>定子线规（根-mm）</th><th>并联支路数</th><th>绕组型式</th><th>节距</th><th>定转子槽数（$Z_1/Z_2$）</th></tr>
<tr><td>234</td><td>1-ϕ0.315</td><td rowspan="4">1Y</td><td rowspan="2">单层交叉</td><td rowspan="2">1—9,2—10,11—18</td><td rowspan="2">18/16</td></tr>
<tr><td>196</td><td>1-ϕ0.355</td></tr>
<tr><td>284</td><td>1-ϕ0.28</td><td rowspan="2">单层链式</td><td rowspan="2">1—6</td><td rowspan="2">24/22</td></tr>
<tr><td>220</td><td>1-ϕ0.315</td></tr>
<tr><td>160</td><td>1-ϕ0.40</td><td rowspan="4">1Y</td><td rowspan="2">单层交叉</td><td rowspan="2">1—9,2—10,11—18</td><td rowspan="2">18/16</td></tr>
<tr><td>116</td><td>1-ϕ0.50</td></tr>
<tr><td>206</td><td>1-ϕ0.40</td><td rowspan="2">单层链式</td><td rowspan="2">1—6</td><td rowspan="2">24/22</td></tr>
<tr><td>166</td><td>1-ϕ0.45</td></tr>
<tr><td>214</td><td>1-ϕ0.355</td><td rowspan="10">1Y</td><td rowspan="2">双层叠式</td><td rowspan="2">1—5</td><td rowspan="2">27/30</td></tr>
<tr><td>178</td><td>1-ϕ0.40</td></tr>
<tr><td>109</td><td>1-ϕ0.60</td><td rowspan="2">单层交叉</td><td rowspan="2">1—9,2—10,11—18</td><td rowspan="2">18/16</td></tr>
<tr><td>87</td><td>1-ϕ0.67</td></tr>
<tr><td>129</td><td>1-ϕ0.53</td><td rowspan="4">单层链式</td><td rowspan="4">1—6</td><td rowspan="2">24/22</td></tr>
<tr><td>110</td><td>1-ϕ0.60</td></tr>
<tr><td>127</td><td>1-ϕ0.45</td><td rowspan="4">36/28</td></tr>
<tr><td>98</td><td>1-ϕ0.53</td></tr>
<tr><td>172</td><td>1-ϕ0.40</td><td rowspan="2">双层叠式</td><td rowspan="2">1—5</td></tr>
<tr><td>138</td><td>1-ϕ0.45</td></tr>
</table>

| 型　号 | 额定功率(kW) | 额定电流(A) | 额定效率(%) | 额定功率因数 | 堵转电流/额定电流 | 堵转转矩/额定转矩 | 最大转矩/额定转矩 | 铁心长度(mm) | 气隙长度(mm) | 定子冲片外径(mm) | 定子冲片内径(mm) | 转子冲片内径(mm) |
|---|---|---|---|---|---|---|---|---|---|---|---|---|
| Y2-90S-2 | 1.5 | 3.34 | 79.0 | 0.84 | 7.0 | 2.2 | 2.3 | 80 | 0.35 | 130 | 72 | 30 |
| Y2-90L-2 | 2.2 | 4.69 | 81.0 | 0.85 | | | | 105 | | | | |
| Y2-90S-4 | 1.1 | 2.80 | 75.0 | 0.77 | 6.0 | 2.3 | | 75 | 0.25 | | 80 | |
| Y2-90L-4 | 1.5 | 3.65 | 78.0 | 0.79 | | | | 105 | | | | |
| Y2-90S-6 | 0.75 | 2.23 | 69.0 | 0.72 | 5.5 | 2.0 | 2.1 | 85 | | | 86 | |
| Y2-90L-6 | 1.1 | 3.10 | 72.0 | 0.73 | | | | 115 | | | | |
| Y2-90S-8 | 0.37 | 1.47 | 62.0 | 0.61 | 4.0 | 1.8 | 1.9 | 100 | | | | |
| Y2-90L-8 | 0.55 | 2.10 | 63.0 | 0.61 | | | 2.0 | 125 | | | | |
| Y2-100L-2 | 3.0 | 6.14 | 83.0 | 0.87 | 7.5 | 2.2 | 2.3 | 90 | 0.40 | 155 | 84 | 38 |
| Y2-100L1-4 | 2.2 | 5.05 | 80.0 | 0.81 | 7.0 | 2.3 | | 90 | 0.30 | | 98 | |
| Y2-100L2-4 | 3.0 | 6.64 | 82.0 | 0.82 | | | | 120 | | | | |
| Y2-100L-6 | 1.5 | 3.89 | 76.0 | 0.75 | 5.5 | 2.0 | 2.1 | 85 | 0.25 | | 106 | |
| Y2-100L1-8 | 0.75 | 2.34 | 71.0 | 0.67 | 4.0 | 1.8 | 2.0 | 70 | | | | |
| Y2-100L2-8 | 1.1 | 3.22 | 73.0 | 0.69 | 5.0 | | | 90 | | | | |
| Y2-112M-2 | 4.0 | 7.83 | 85.0 | 0.88 | 7.5 | 2.2 | 2.3 | 90 | 0.45 | 175 | 98 | 38 |
| Y2-112M-4 | 4.0 | 8.62 | 84.0 | 0.82 | 7.0 | 2.3 | | 120 | 0.35 | | 110 | |
| Y2-112M-6 | 2.2 | 5.46 | 79.0 | 0.76 | 6.5 | 2.0 | 2.1 | 95 | 0.30 | | 120 | |
| Y2-112M-8 | 1.5 | 4.41 | 75.0 | 0.69 | 5.0 | 1.8 | 2.0 | 95 | | | | |
| Y2-132S1-2 | 5.5 | 10.7 | 86.0 | 0.88 | 7.5 | 2.2 | 2.3 | 90 | 0.55 | 210 | 116 | 48 |
| Y2-132S2-2 | 7.5 | 14.2 | 87.0 | 0.88 | | | | 105 | | | | |
| Y2-132S-4 | 5.5 | 11.5 | 85.0 | 0.83 | 7.0 | 2.3 | | 105 | 0.40 | | 136 | |
| Y2-132M-4 | 7.5 | 15.3 | 87.0 | 0.84 | | | | 145 | | | | |
| Y2-132S-6 | 3.0 | 7.1 | 81.0 | 0.76 | 6.5 | 2.1 | 2.1 | 85 | 0.35 | | 148 | |
| Y2-132M1-6 | 4.0 | 9.3 | 82.0 | 0.76 | | | | 115 | | | | |
| Y2-132M2-6 | 5.5 | 12.3 | 84.0 | 0.77 | | | | 155 | | | | |
| Y2-132S-8 | 2.2 | 6.0 | 78.0 | 0.71 | 6.0 | 1.8 | 2.0 | 85 | | | | |
| Y2-132M-8 | 3.0 | 7.6 | 79.0 | 0.73 | | | | 115 | | | | |

（续表）

| 每槽线数 | 定子线规（根－mm） | 并联支路数 | 绕组型式 | 节距 | 定转子槽数（$Z_1/Z_2$） |
|---|---|---|---|---|---|
| 77 | 1－ϕ0.80 | 1Y | 单层交叉 | 1—9,2—10,11—18 | 18/16 |
| 59 | 1－ϕ0.95 | | | | |
| 90 | 1－ϕ0.67 | | 单层链式 | 1—6 | 24/22 |
| 67 | 1－ϕ0.80 | | | | |
| 84 | 1－ϕ0.63 | | | | 36/28 |
| 63 | 1－ϕ0.75 | | | | |
| 110 | 1－ϕ0.56 | | 双层叠式 | 1—5 | |
| 84 | 1－ϕ0.63 | | | | |
| 43 | 2－ϕ0.80 | 1Y | 单层同心 | 1—12,2—11,13—24,14—23 | 24/20 |
| 44 | 1－ϕ0.67,1－ϕ0.71 | | 单层交叉 | 1—9,2—10,11—18 | 36/28 |
| 34 | 1－ϕ1.12 | | | | |
| 61 | 1－ϕ0.85 | | 单层链式 | 1—6 | |
| 79 | 1－ϕ0.71 | | | | 48/44 |
| 62 | 1－ϕ0.80 | | | | |
| 54 | 1－ϕ0.95 | 1△ | 单层同心 | 1—16,2—15,3—14<br>17—30,18—29 | 30/26 |
| 52 | 1－ϕ1.0 | | 单层交叉 | 1—9,2—10,11—18 | 36/28 |
| 50 | 1－ϕ1.0 | 1Y | 单层链式 | 1—6 | |
| 51 | 1－ϕ0.95 | | | | 48/44 |
| 44 | 2－ϕ0.90 | 1△ | 单层同心 | 1—16,2—15,3—14<br>17—30,18—29 | 30/26 |
| 38 | 1－ϕ0.95,1－ϕ1.0 | | | | |
| 47 | 1－ϕ1.18 | | 单层交叉 | 1—9,2—10,11—18 | 36/28 |
| 35 | 2－ϕ0.95 | | | | |
| 43 | 1－ϕ1.18 | 1Y | 单层链式 | 1—6 | 36/42 |
| 56 | 2－ϕ0.71 | 1△ | | | |
| 43 | 1－ϕ1.18 | | | | |
| 42 | 1－ϕ1.0 | 1Y | | | 48/44 |
| 33 | 2－ϕ0.80 | | | | |

| 型　号 | 额定功率(kW) | 额定电流(A) | 额定效率(%) | 额定功率因数 | 堵转电流/额定电流 | 堵转转矩/额定转矩 | 最大转矩/额定转矩 | 铁心长度(mm) | 气隙长度(mm) | 定子冲片外径(mm) | 定子冲片内径(mm) | 转子冲片内径(mm) |
|---|---|---|---|---|---|---|---|---|---|---|---|---|
| Y2-160M1-2 | 11 | 20.9 | 88.0 | 0.89 |  |  |  | 115 |  |  |  |  |
| Y2-160M2-2 | 15 | 27.9 | 89.0 | 0.89 | 7.5 |  |  | 140 | 0.65 |  | 150 |  |
| Y2-160L-2 | 18.5 | 33.9 | 90.0 | 0.90 |  | 2.2 | 2.3 | 175 |  |  |  |  |
| Y2-160M-4 | 11 | 22.2 | 88.0 | 0.84 | 7.0 |  |  | 135 | 0.50 |  | 170 |  |
| Y2-160L-4 | 15 | 29.8 | 89.0 | 0.85 | 7.5 |  |  | 180 |  | 260 |  | 60 |
| Y2-160M-6 | 7.5 | 16.7 | 86.0 | 0.77 | 6.5 | 2.0 | 2.1 | 120 |  |  |  |  |
| Y2-160L-6 | 11 | 23.6 | 87.5 | 0.78 |  |  |  | 170 |  |  |  |  |
| Y2-160M1-8 | 4.0 | 10.0 | 81.0 | 0.73 |  | 1.9 |  | 85 | 0.40 |  | 180 |  |
| Y2-160M2-8 | 5.5 | 13.3 | 83.0 | 0.74 | 6.0 | 2.0 | 2.0 | 120 |  |  |  |  |
| Y2-160L-8 | 7.5 | 17.8 | 85.5 | 0.75 |  |  |  | 170 |  |  |  |  |
| Y2-180M-2 | 22 | 40.5 | 90.0 | 0.90 |  | 2.0 |  | 165 | 0.80 |  | 165 |  |
| Y2-180M-4 | 18.5 | 36.1 | 90.5 | 0.86 | 7.5 | 2.2 | 2.3 | 170 | 0.60 |  | 187 |  |
| Y2-180L-4 | 22 | 42.6 | 91.0 | 0.86 |  |  |  | 190 |  | 290 |  | 70 |
| Y2-180L-6 | 15 | 30.7 | 89.0 | 0.81 | 7.0 | 2.0 | 2.1 | 170 | 0.45 |  | 205 |  |
| Y2-180L-8 | 11 | 24.9 | 87.5 | 0.76 | 6.6 |  | 2.0 | 165 |  |  |  |  |
| Y2-200L1-2 | 30 | 54.8 | 91.2 | 0.90 | 7.5 | 2.0 |  | 160 | 1.0 |  | 187 |  |
| Y2-200L2-2 | 37 | 66.6 | 92.0 | 0.90 |  |  | 2.3 | 195 |  |  |  |  |
| Y2-200L-4 | 30 | 57.2 | 92.0 | 0.86 | 7.2 | 2.2 |  | 195 | 0.7 | 327 | 210 | 75 |
| Y2-200L1-6 | 18.5 | 37.7 | 90.0 | 0.81 | 7.0 | 2.1 | 2.1 | 160 |  |  |  |  |
| Y2-200L2-6 | 22 | 44.1 | 90.0 | 0.83 |  |  |  | 185 | 0.5 |  | 230 |  |
| Y2-200L-8 | 15 | 33.3 | 88.0 | 0.76 | 6.6 | 2.0 | 2.0 | 175 |  |  |  |  |
| Y2-225M-2 | 45 | 81.0 | 92.3 | 0.90 | 7.5 | 2.0 |  | 175 | 1.1 |  | 210 |  |
| Y2-225S-4 | 37 | 69.6 | 92.5 | 0.87 | 7.2 | 2.2 | 2.3 | 180 | 0.8 |  | 245 |  |
| Y2-225M-4 | 45 | 84.0 | 92.8 | 0.87 |  |  |  | 220 |  | 368 |  | 80 |
| Y2-225M-6 | 30 | 58.4 | 91.5 | 0.84 | 7.0 | 2.0 | 2.1 | 180 |  |  |  |  |
| Y2-225S-8 | 18.5 | 40.1 | 90.0 | 0.76 | 6.6 | 1.9 | 2.0 | 160 | 0.55 |  | 260 |  |
| Y2-225M-8 | 22 | 46.8 | 90.5 | 0.78 |  |  |  | 190 |  |  |  |  |

（续表）

<table>
<tr><th>每槽线数</th><th>定子线规（根- mm）</th><th>并联支路数</th><th>绕组型式</th><th>节距</th><th>定转子槽数（$Z_1/Z_2$）</th></tr>
<tr><td>28</td><td>3－φ1.06</td><td rowspan="10">1△</td><td rowspan="3">单层同心</td><td rowspan="3">1—16,2—15,3—14<br>17—30,18—29</td><td rowspan="3">30/26</td></tr>
<tr><td>23</td><td>3－φ1.18</td></tr>
<tr><td>19</td><td>3－φ1.32</td></tr>
<tr><td>29</td><td>1－φ1.18,1－φ1.25</td><td rowspan="2">单层交叉</td><td rowspan="2">1—9,2—10,11—18</td><td rowspan="2">36/28</td></tr>
<tr><td>22</td><td>1－φ1.12,2－φ1.18</td></tr>
<tr><td>40</td><td>1－φ1.0,1－φ1.06</td><td rowspan="5">单层链式</td><td rowspan="5">1—6</td><td rowspan="2">36/42</td></tr>
<tr><td>29</td><td>2－φ1.25</td></tr>
<tr><td>56</td><td>1－φ1.06</td><td rowspan="3">48/44</td></tr>
<tr><td>41</td><td>1－φ0.85,1－φ0.9</td></tr>
<tr><td>30</td><td>2－φ1.6</td></tr>
<tr><td>34</td><td>2－φ1.25</td><td rowspan="5">2△</td><td rowspan="5">双层叠式</td><td>1—14</td><td>36/28</td></tr>
<tr><td>34</td><td>2－φ1.05</td><td rowspan="2">1—11</td><td rowspan="2">48/38</td></tr>
<tr><td>30</td><td>2－φ1.18</td></tr>
<tr><td>38</td><td>1－φ0.95,1－φ1.0</td><td>1—9</td><td>54/44</td></tr>
<tr><td>56</td><td>1－φ1.3</td><td>1—6</td><td>48/44</td></tr>
<tr><td>31</td><td>1－φ1.18,2－φ1.25</td><td rowspan="6">2△</td><td rowspan="6">双层叠式</td><td rowspan="2">1—14</td><td rowspan="2">36/28</td></tr>
<tr><td>26</td><td>2－φ1.12,2－φ1.18</td></tr>
<tr><td>26</td><td>3－φ1.18</td><td>1—11</td><td>48/38</td></tr>
<tr><td>34</td><td>2－φ1.06</td><td rowspan="2">1—9</td><td rowspan="2">54/44</td></tr>
<tr><td>30</td><td>1－φ1.12,1－φ1.18</td></tr>
<tr><td>46</td><td>1－φ1.06,1－φ1.12</td><td>1—6</td><td>48/44</td></tr>
<tr><td>24</td><td>3－φ1.5</td><td>2△</td><td rowspan="6">双层叠式</td><td>1—14</td><td>36/28</td></tr>
<tr><td>50</td><td>3－φ0.95</td><td rowspan="2">4△</td><td rowspan="2">1—12</td><td rowspan="2">48/38</td></tr>
<tr><td>41</td><td>2－φ1.3</td></tr>
<tr><td>44</td><td>2－φ1.3</td><td>3△</td><td>1—9</td><td>54/44</td></tr>
<tr><td>44</td><td>2－φ1.25</td><td rowspan="2">2△</td><td rowspan="2">1—6</td><td rowspan="2">48/44</td></tr>
<tr><td>38</td><td>4－φ0.95</td></tr>
</table>

| 型号 | 额定功率(kW) | 额定电流(A) | 额定效率(%) | 额定功率因数 | 堵转电流/额定电流 | 堵转转矩/额定转矩 | 最大转矩/额定转矩 | 铁心长度 (mm) | 气隙长度 (mm) | 定子冲片外径 (mm) | 定子冲片内径 (mm) | 转子冲片内径 (mm) |
|---|---|---|---|---|---|---|---|---|---|---|---|---|
| Y2-250M-2 | 55 | 99.6 | 92.5 | 0.90 | 7.5 | 2.0 | 2.3 | 190 | 1.2 | 400 | 225 | 85 |
| Y2-250M-4 | 55 | 102.9 | 93.0 | 0.87 | 7.2 | 2.2 | | 205 | 0.9 | | 260 | |
| Y2-250M-6 | 37 | 70.4 | 92.0 | 0.86 | 7.0 | 2.1 | 2.1 | 190 | 0.6 | | 285 | |
| Y2-250M-8 | 30 | 63.0 | 91.0 | 0.79 | 6.6 | 1.9 | 2.0 | 200 | | | | |
| Y2-280S-2 | 75 | 133.3 | 93.0 | 0.90 | 7.5 | 2.0 | 2.3 | 185 | 1.3 | 445 | 255 | 85 |
| Y2-280M-2 | 90 | 158.2 | 93.8 | 0.91 | | | | 215 | | | | |
| Y2-280S-4 | 75 | 138.0 | 93.8 | 0.87 | 7.2 | 2.2 | | 215 | 1.0 | | 300 | 100 |
| Y2-280M-4 | 90 | 165.6 | 94.2 | 0.87 | | | | 270 | | | | |
| Y2-280S-6 | 45 | 85.4 | 92.5 | 0.86 | 7.0 | 2.1 | 2.0 | 180 | 0.7 | | 325 | |
| Y2-280M-6 | 55 | 103.3 | 92.8 | 0.86 | | | | 215 | | | | |
| Y2-280S-8 | 37 | 76.2 | 91.5 | 0.79 | 6.6 | 1.9 | | 190 | | | | |
| Y2-280M-8 | 45 | 92.5 | 92.0 | 0.79 | | | | 235 | | | | |
| Y2-315S-2 | 110 | 195.1 | 94.0 | 0.91 | 7.1 | 1.8 | 2.2 | 250 | 1.5 | 520 | 300 | 95 |
| Y2-315M-2 | 132 | 231.6 | 94.5 | 0.91 | | | | 280 | | | | |
| Y2-315L1-2 | 160 | 279.6 | 94.6 | 0.92 | | | | 315 | | | | |
| Y2-315L2-2 | 200 | 347.7 | 94.8 | 0.92 | | | | 360 | | | | |
| Y2-315S-4 | 110 | 200.2 | 94.5 | 0.88 | 6.9 | 2.1 | | 280 | 1.1 | | 350 | 110 |
| Y2-315M-4 | 132 | 239.1 | 94.8 | 0.88 | | | | 315 | | | | |
| Y2-315L1-4 | 160 | 288.0 | 94.9 | 0.89 | | | | 370 | | | | |
| Y2-315L2-4 | 200 | 358.9 | 95.0 | 0.89 | | | | 435 | | | | |
| Y2-315S-6 | 75 | 140.2 | 93.5 | 0.86 | 7.0 | 2.0 | 2.0 | 245 | 0.9 | | 375 | |
| Y2-315M-6 | 90 | 167.0 | 93.8 | 0.86 | | | | 290 | | | | |
| Y2-315L1-6 | 110 | 202.3 | 94.0 | 0.86 | 6.7 | | | 360 | | | | |
| Y2-315L2-6 | 132 | 242.3 | 94.2 | 0.87 | | | | 415 | | | | |

（续表）

| 每槽线数 | 定子线规（根-mm） | 并联支路数 | 绕组型式 | 节距 | 定转子槽数（$Z_1/Z_2$） |
|---|---|---|---|---|---|
| 20 | 1－ϕ1.3,4－ϕ1.4 | 2△ | 双层叠式 | 1—14 | 36/28 |
| 20 | 1－ϕ1.4,3－ϕ1.5 | | | 1—11 | 48/38 |
| 28 | 1－ϕ1.3,1－ϕ1.4 | 3△ | | 1—12 | 72/58 |
| 22 | 3－ϕ1.25 | 2△ | | 1—9 | |
| 16 | 6－ϕ1.3,1－ϕ1.4 | 2△ | 双层叠式 | 1—16 | 42/34 |
| 14 | 6－ϕ1.3,2－ϕ1.4 | | | | |
| 28 | 3－ϕ1.4 | 4△ | | 1—14 | 60/50 |
| 22 | 1－ϕ1.3,3－ϕ1.4 | | | | |
| 26 | 3－ϕ1.18 | 3△ | | 1—12 | 72/58 |
| 22 | 3－ϕ1.3 | | | | |
| 42 | 1－ϕ1.12,1－ϕ1.18 | 4△ | | 1—9 | |
| 34 | 2－ϕ1.25 | | | | |
| 10 | 11－ϕ1.4,4－ϕ1.5 | 2△ | 双层叠式 | 1—18 | 48/40 |
| 9 | 7－ϕ1.4,9－ϕ1.5 | | | | |
| 8 | 7－ϕ1.4,11－ϕ1.5 | | | | |
| 7 | 13－ϕ1.4,8－ϕ1.5 | | | | |
| 17 | 2－ϕ1.4,4－ϕ1.5 | 4△ | | 1—16 | 72/64 |
| 15 | 3－ϕ1.4,4－ϕ1.5 | | | | |
| 13 | 3－ϕ1.4,5－ϕ1.5 | | | | |
| 11 | 8－ϕ1.4,2－ϕ1.5 | | | | |
| 40 | 1－ϕ1.18,3－ϕ1.25 | 6△ | | 1—11 | 72/58 |
| 34 | 2－ϕ1.3,2－ϕ1.4 | | | | |
| 28 | 4－ϕ1.5 | | | | |
| 24 | 3－ϕ1.4,2－ϕ1.5 | | | | |

<table>
<tr><th rowspan="2">型　号</th><th rowspan="2">额定<br>功率<br>(kW)</th><th rowspan="2">额定<br>电流<br>(A)</th><th rowspan="2">额定<br>效率<br>(%)</th><th rowspan="2">额定<br>功率<br>因数</th><th rowspan="2">堵转电流<br>额定电流</th><th rowspan="2">堵转转矩<br>额定转矩</th><th rowspan="2">最大转矩<br>额定转矩</th><th>铁心<br>长度</th><th>气隙<br>长度</th><th>定子<br>冲片<br>外径</th><th>定子<br>冲片<br>内径</th><th>转子<br>冲片<br>内径</th></tr>
<tr><th colspan="5">(mm)</th></tr>
<tr><td>Y2-315S-8</td><td>55</td><td>110.4</td><td>92.8</td><td>0.81</td><td rowspan="3">6.6</td><td rowspan="4">1.8</td><td rowspan="8">2.0</td><td>230</td><td rowspan="8">0.8</td><td rowspan="8">520</td><td rowspan="8">390</td><td rowspan="8">110</td></tr>
<tr><td>Y2-315M-8</td><td>75</td><td>148.1</td><td>93.0</td><td>0.81</td><td>315</td></tr>
<tr><td>Y2-315L1-8</td><td>90</td><td>177.6</td><td>93.8</td><td>0.82</td><td>375</td></tr>
<tr><td>Y2-315L2-8</td><td>110</td><td>215.8</td><td>94.0</td><td>0.82</td><td>6.4</td><td>440</td></tr>
<tr><td>Y2-315S-10</td><td>45</td><td>95.2</td><td>91.5</td><td>0.75</td><td rowspan="4">6.0</td><td rowspan="4">1.5</td><td>230</td></tr>
<tr><td>Y2-315M-10</td><td>55</td><td>116.7</td><td>92.0</td><td>0.75</td><td>280</td></tr>
<tr><td>Y2-315L1-10</td><td>75</td><td>156.3</td><td>92.5</td><td>0.76</td><td>375</td></tr>
<tr><td>Y2-315L2-10</td><td>90</td><td>187.2</td><td>93.0</td><td>0.77</td><td>440</td></tr>
<tr><td>Y2-355M-2</td><td>250</td><td>429.4</td><td>95.3</td><td>0.92</td><td rowspan="2">7.1</td><td rowspan="2">1.6</td><td rowspan="4">2.2</td><td>410</td><td rowspan="2">1.6</td><td rowspan="13">590</td><td rowspan="2">327</td><td rowspan="2">110</td></tr>
<tr><td>Y2-355L-2</td><td>315</td><td>538.9</td><td>95.6</td><td>0.92</td><td>495</td></tr>
<tr><td>Y2-355M-4</td><td>250</td><td>437.5</td><td>95.3</td><td>0.90</td><td rowspan="2">6.9</td><td rowspan="2">2.1</td><td>420</td><td rowspan="2">1.2</td><td rowspan="2">400</td><td rowspan="2">130</td></tr>
<tr><td>Y2-355L-4</td><td>315</td><td>547.4</td><td>95.6</td><td>0.90</td><td>520</td></tr>
<tr><td>Y2-355M1-6</td><td>160</td><td>287.9</td><td>94.5</td><td>0.88</td><td rowspan="3">6.7</td><td rowspan="3">1.9</td><td rowspan="9">2.0</td><td>370</td><td rowspan="9">1.0</td><td rowspan="3">423</td><td rowspan="9">148</td></tr>
<tr><td>Y2-355M2-6</td><td>200</td><td>358.4</td><td>94.7</td><td>0.88</td><td>440</td></tr>
<tr><td>Y2-355L-6</td><td>250</td><td>444.8</td><td>94.9</td><td>0.88</td><td>560</td></tr>
<tr><td>Y2-355M1-8</td><td>132</td><td>256.8</td><td>93.7</td><td>0.82</td><td rowspan="3">6.4</td><td rowspan="3">1.8</td><td>400</td><td rowspan="6">445</td></tr>
<tr><td>Y2-355M2-8</td><td>160</td><td>307.8</td><td>94.2</td><td>0.82</td><td>455</td></tr>
<tr><td>Y2-355L-8</td><td>200</td><td>383.0</td><td>94.5</td><td>0.83</td><td>560</td></tr>
<tr><td>Y2-355M1-10</td><td>110</td><td>224.7</td><td>93.2</td><td>0.78</td><td rowspan="3">6.0</td><td rowspan="3">1.3</td><td>380</td></tr>
<tr><td>Y2-355M2-10</td><td>132</td><td>270.0</td><td>93.5</td><td>0.78</td><td>455</td></tr>
<tr><td>Y2-355L-10</td><td>160</td><td>322.5</td><td>93.5</td><td>0.78</td><td>560</td></tr>
</table>

（续表）

| 每槽线数 | 定子线规（根- mm） | 并联支路数 | 绕组型式 | 节距 | 定转子槽数（$Z_1/Z_2$） |
|---|---|---|---|---|---|
| 64 | 2-$\phi$1.25 | 8△ | 双层叠式 | 1—9 | 72/58 |
| 48 | 1-$\phi$1.4,1-$\phi$1.5 | | | | |
| 40 | 3-$\phi$1.3 | | | | |
| 34 | 2-$\phi$1.18,2-$\phi$1.25 | | | | |
| 42 | 3-$\phi$1.25 | 5△ | | | 90/72 |
| 34 | 5-$\phi$1.06 | | | | |
| 26 | 1-$\phi$1.3,3-$\phi$1.4 | | | | |
| 22 | 4-$\phi$1.5 | | | | |
| 6 | 14-$\phi$1.4,19-$\phi$1.5 | 2△ | 双层叠式 | 1—18 | 48/40 |
| 5 | 20-$\phi$1.4,20-$\phi$1.5 | | | | |
| 11 | 7-$\phi$1.4,8-$\phi$1.5 | 4△ | | 1—16 | 72/64 |
| 9 | 6-$\phi$1.4,12-$\phi$1.5 | | | | |
| 24 | 6-$\phi$1.5 | 6△ | | 1—11 | 72/84 |
| 20 | 6-$\phi$1.4,2-$\phi$1.5 | | | | |
| 16 | 9-$\phi$1.5 | | | | |
| 36 | 3-$\phi$1.3,2-$\phi$1.4 | 8△ | | 1—9 | 72/86 |
| 32 | 3-$\phi$1.4,2-$\phi$1.5 | | | | |
| 26 | 2-$\phi$1.4,4-$\phi$1.5 | | | | |
| 46 | 2-$\phi$1.18,2-$\phi$1.25 | 10△ | | | 90/72 |
| 38 | 2-$\phi$1.3,2-$\phi$1.4 | | | | |
| 32 | 1-$\phi$1.4,3-$\phi$1.5 | | | | |

表 3-22　Y2-E 系列(IP54)小型

| 型号 | 额定功率(kW) | 额定电流(A) | 额定效率(%) | 额定功率因数 | 堵转电流/额定电流 | 堵转转矩/额定转矩 | 最大转矩/额定转矩 | 铁心长度 | 气隙长度 | 定子冲片外径 | 定子冲片内径 | 转子冲片内径 |
|---|---|---|---|---|---|---|---|---|---|---|---|---|
| | | | | | | | | (mm) | | | | |
| Y2-801-2E | 0.75 | 1.76 | 77.0 | 0.83 | 7.0 | 2.2 | 2.3 | 65 | 0.3 | 120 | 67 | 26 |
| Y2-802-2E | 1.1 | 2.49 | 79.0 | 0.84 | | | | 80 | | | | |
| Y2-801-4E | 0.55 | 1.49 | 73.5 | 0.75 | 6.0 | 2.4 | | 65 | 0.25 | | 75 | |
| Y2-802-4E | 0.75 | 1.95 | 75.5 | 0.77 | | | | 80 | | | | |
| Y2-90S-2E | 1.5 | 3.32 | 80.5 | 0.85 | 7.0 | 2.2 | 2.3 | 85 | 0.35 | 130 | 72 | 30 |
| Y2-90L-2E | 2.2 | 4.70 | 82.5 | 0.85 | | | | 115 | | | | |
| Y2-90S-4E | 1.1 | 2.76 | 76.5 | 0.78 | 6.5 | 2.3 | | 80 | 0.25 | | 80 | |
| Y2-90L-4E | 1.5 | 3.65 | 79.5 | 0.78 | | | | 115 | | | | |
| Y2-90S-6E | 0.75 | 2.19 | 72.5 | 0.71 | 5.6 | 2.1 | 2.1 | 95 | | | 86 | |
| Y2-90L-6E | 1.1 | 3.13 | 74.5 | 0.71 | | | | 130 | | | | |
| Y2-100L-2E | 3.0 | 6.08 | 84.0 | 0.87 | 8.0 | 2.2 | 2.3 | 100 | 0.40 | 155 | 84 | 38 |
| Y2-100L1-4E | 2.2 | 4.96 | 82.0 | 0.81 | 7.1 | 2.3 | | 105 | 0.30 | | 98 | |
| Y2-100L2-4E | 3.0 | 6.62 | 83.0 | 0.82 | | | | 130 | | | | |
| Y2-100L-6E | 1.5 | 3.83 | 78.0 | 0.74 | 6.4 | 2.1 | 2.1 | 100 | 0.25 | | 106 | |
| Y2-112M-2E | 4.0 | 7.76 | 86.0 | 0.90 | 8.0 | 2.2 | 2.3 | 100 | 0.45 | 175 | 98 | 38 |
| Y2-112M-4E | 4.0 | 8.59 | 86.0 | 0.82 | 7.1 | 2.3 | | 130 | 0.35 | | 110 | |
| Y2-112M-6E | 2.2 | 5.45 | 81.0 | 0.75 | 6.4 | 2.1 | 2.1 | 110 | 0.30 | | 120 | |
| Y2-132S1-2E | 5.5 | 10.4 | 88.0 | 0.90 | 8.0 | 2.2 | 2.3 | 105 | 0.55 | 210 | 116 | 48 |
| Y2-132S2-2E | 7.5 | 14.2 | 88.5 | 0.90 | | 2.1 | | 115 | | | | |
| Y2-132S-4E | 5.5 | 11.4 | 87.0 | 0.83 | 7.1 | 2.3 | | 115 | 0.40 | | 136 | |
| Y2-132M-4E | 7.5 | 15.1 | 88.0 | 0.85 | | | | 160 | | | | |
| Y2-132S-6E | 3.0 | 6.97 | 84.0 | 0.76 | 6.4 | 2.1 | 2.1 | 110 | 0.35 | | 148 | |
| Y2-132M1-6E | 4.0 | 9.18 | 85.5 | 0.76 | 7.0 | | | 135 | | | | |
| Y2-132M2-6E | 5.5 | 12.5 | 86.5 | 0.77 | | | | 165 | | | | |
| Y2-160M1-2E | 11 | 20.3 | 90.5 | 0.90 | 8.0 | | 2.3 | 130 | 0.65 | 260 | 150 | 60 |
| Y2-160M2-2E | 15 | 27.2 | 91.0 | 0.90 | | | | 160 | | | | |
| Y2-160L-2E | 18.5 | 33.0 | 92.0 | 0.90 | 8.2 | | | 195 | | | | |

三相异步电动机技术数据

| 每槽线数 | 定子线规（根- mm） | 并联支路数 | 绕组型式 | 节距 | 定转子槽数（$Z_1/Z_2$） |
|---|---|---|---|---|---|
| 104 | 1-ϕ0.60 | 1Y | 单层交叉 | 1—9,2—10,11—18 | 18/16 |
| 83 | 1-ϕ0.67 | | | | |
| 126 | 1-ϕ0.56 | | 单层链式 | 1—6 | 24/22 |
| 102 | 1-ϕ0.63 | | | | |
| 73 | 1-ϕ0.85 | 1Y | 单层交叉 | 1—9,2—10,11—18 | 18/16 |
| 54 | 1-ϕ0.67,1-ϕ0.71 | | | | |
| 86 | 1-ϕ0.71 | | 单层链式 | 1—6 | 24/22 |
| 62 | 1-ϕ0.85 | | | | |
| 79 | 1-ϕ0.67 | | | | 36/28 |
| 57 | 1-ϕ0.80 | | | | |
| 40 | 1-ϕ0.80,1-ϕ0.85 | 1Y | 单层同心 | 1—12,2—11,13—24,14—23 | 24/20 |
| 40 | 1-ϕ0.71,1-ϕ0.75 | | 单层交叉 | 1—9,2—10,11—18 | 36/28 |
| 32 | 1-ϕ0.80,1-ϕ0.85 | | | | |
| 55 | 1-ϕ0.90 | | 单层链式 | 1—6 | |
| 50 | 1-ϕ0.67,1-ϕ0.71 | 1△ | 单层同心 | 1—16,2—15,3—14<br>17—30,18—29 | 30/26 |
| 49 | 2-ϕ0.75 | | 单层交叉 | 1—9,2—10,11—18 | 36/28 |
| 45 | 1-ϕ1.06 | 1Y | 单层链式 | 1—6 | |
| 42 | 1-ϕ0.90,1-ϕ0.95 | 1△ | 单层同心 | 1—16,2—15,3—14<br>17—30,18—29 | 30/26 |
| 36 | 2-ϕ1.0 | | | | |
| 44 | 2-ϕ0.85 | | 单层交叉 | 1—9,2—10,11—18 | 36/28 |
| 34 | 1-ϕ0.95,1-ϕ1.0 | | | | |
| 37 | 1-ϕ1.25 | 1Y | 单层链式 | 1—6 | 36/42 |
| 51 | 1-ϕ1.06 | 1△ | | | |
| 40 | 2-ϕ0.85 | | | | |
| 26 | 3-ϕ1.12 | | 单层同心 | 1—16,2—15,3—14<br>17—30,18—29 | 30/26 |
| 21 | 3-ϕ1.25 | | | | |
| 18 | 1-ϕ1.3,2-ϕ1.4 | | | | |

| 型　　号 | 额定功率(kW) | 额定电流(A) | 额定效率(%) | 额定功率因数 | 堵转电流/额定电流 | 堵转转矩/额定转矩 | 最大转矩/额定转矩 | 铁心长度 (mm) | 气隙长度 (mm) | 定子冲片外径 (mm) | 定子冲片内径 (mm) | 转子冲片内径 (mm) |
|---|---|---|---|---|---|---|---|---|---|---|---|---|
| Y2－160M－4E | 11 | 21.6 | 90.5 | 0.85 | 7.7 | 2.1 | 2.3 | 145 | 0.50 | 260 | 170 | 60 |
| Y2－160L－4E | 15 | 29.1 | 91.0 | 0.85 | | | | 195 | | | | |
| Y2－160M－6E | 7.5 | 15.8 | 88.5 | 0.78 | 7.0 | 1.9 | 2.1 | 145 | 0.40 | | 180 | |
| Y2－160L－6E | 11 | 22.7 | 89.0 | 0.80 | | | | 195 | | | | |
| Y2－180M－2E | 22 | 39.8 | 91.7 | 0.90 | 8.2 | 2.1 | 2.3 | 180 | 0.80 | 290 | 165 | 70 |
| Y2－180M－4E | 18.5 | 34.9 | 92.5 | 0.86 | 7.7 | | | 195 | 0.60 | | 187 | |
| Y2－180L－4E | 22 | 41.2 | 92.8 | 0.86 | | | | 220 | | | | |
| Y2－180L－6E | 15 | 30.5 | 90.5 | 0.81 | 7.0 | 1.9 | 2.1 | 200 | 0.45 | | 205 | |
| Y2－200L1－2E | 30 | 53.1 | 92.7 | 0.90 | 7.6 | 1.9 | 2.3 | 180 | 1.0 | 327 | 187 | 75 |
| Y2－200L2－2E | 37 | 65.1 | 93.2 | 0.90 | | | | 205 | | | | |
| Y2－200L－4E | 30 | 56.0 | 93.2 | 0.86 | 7.3 | 2.1 | | 230 | 0.7 | | 210 | |
| Y2－200L1－6E | 18.5 | 36.8 | 91.5 | 0.81 | 7.0 | 1.9 | 2.1 | 185 | 0.5 | | 230 | |
| Y2－200L2－6E | 22 | 43.5 | 92.0 | 0.83 | | | | 210 | | | | |
| Y2－225M－2E | 45 | 78.3 | 94.2 | 0.90 | 7.6 | 1.7 | 2.3 | 200 | 1.1 | 368 | 210 | 80 |
| Y2－225S－4E | 37 | 67.5 | 94.0 | 0.87 | 7.3 | | | 200 | 0.8 | | 245 | |
| Y2－225M－4E | 45 | 81.7 | 94.2 | 0.87 | | 1.8 | | 235 | | | | |
| Y2－225M－6E | 30 | 56.7 | 93.5 | 0.85 | 7.0 | | 2.1 | 205 | 0.55 | | 260 | |
| Y2－250M－2E | 55 | 96.8 | 94.5 | 0.90 | 7.6 | 1.5 | 2.3 | 200 | 1.2 | 400 | 225 | 85 |
| Y2－250M－4E | 55 | 100.5 | 94.5 | 0.87 | 7.3 | 1.8 | | 235 | 0.9 | | 260 | |
| Y2－250M－6E | 37 | 68.5 | 93.5 | 0.86 | 7.0 | | 2.1 | 210 | 0.6 | | 285 | |
| Y2－280S－2E | 75 | 130.1 | 94.8 | 0.91 | 7.6 | 1.5 | 2.3 | 215 | 1.3 | 445 | 255 | |
| Y2－280M－2E | 90 | 155.1 | 95.2 | 0.91 | | | | 245 | | | | |
| Y2－280S－4E | 75 | 137.1 | 94.7 | 0.87 | 7.3 | 2.0 | | 255 | 1.0 | | 300 | 100 |
| Y2－280M－4E | 90 | 163.2 | 95.0 | 0.87 | | | | 310 | | | | |
| Y2－280S－6E | 45 | 83.5 | 93.5 | 0.86 | 7.0 | 1.8 | 2.0 | 215 | | | 325 | |
| Y2－280M－6E | 55 | 101.1 | 93.8 | 0.86 | | | | 260 | | | | |

（续表）

| 每槽线数 | 定子线规（根-mm） | 并联支路数 | 绕组型式 | 节距 | 定转子槽数（$Z_1/Z_2$） |
|---|---|---|---|---|---|
| 28 | 1-$\phi$1.25,1-$\phi$1.3 | 1△ | 单层交叉 | 1—9,2—10,11—18 | 36/28 |
| 21 | 2-$\phi$1.18,1-$\phi$1.25 | | | | |
| 38 | 1-$\phi$1.06,1-$\phi$1.12 | | 单层链式 | 1—6 | 36/42 |
| 28 | 2-$\phi$1.3 | | | | |
| 16 | 3-$\phi$1.18,2-$\phi$1.25 | 1△ | 双层叠式 | 1—14 | 36/28 |
| 34 | 1-$\phi$1.3,1-$\phi$1.4 | 2△ | | 1—11 | 48/38 |
| 30 | 1-$\phi$1.4,1-$\phi$1.5 | | | | |
| 34 | 1-$\phi$1.06,1-$\phi$1.12 | | | 1—9 | 54/44 |
| 30 | 1-$\phi$1.12,3-$\phi$1.18 | 2△ | 双层叠式 | 1—14 | 36/28 |
| 26 | 3-$\phi$1.25,1-$\phi$1.3 | | | | |
| 24 | 1-$\phi$1.3,2-$\phi$1.4 | | | 1—11 | 48/38 |
| 32 | 1-$\phi$1.18,1-$\phi$1.25 | | | 1—9 | 54/44 |
| 28 | 2-$\phi$1.3 | | | | |
| 12 | 10-$\phi$1.3 | 1△ | 双层叠式 | 1—14 | 36/28 |
| 26 | 1-$\phi$1.5,2-$\phi$1.6 | 2△ | | 1—12 | 48/38 |
| 22 | 1-$\phi$1.4,3-$\phi$1.5 | | | | |
| 30 | 1-$\phi$1.18,3-$\phi$1.25 | | | 1—9 | 54/44 |
| 10 | 9-$\phi$1.5 | 1△ | 双层叠式 | 1—14 | 36/28 |
| 38 | 3-$\phi$1.3,1-$\phi$1.4 | 4△ | | 1—11 | 48/38 |
| 28 | 2-$\phi$1.18,1-$\phi$1.25 | 3△ | | 1—12 | 72/58 |
| 16 | 3-$\phi$1.4,6-$\phi$1.5 | 2△ | | 1—16 | 42/34 |
| 14 | 3-$\phi$1.5,6-$\phi$1.6 | | | | |
| 24 | 1-$\phi$1.3,3-$\phi$1.4 | 4△ | | 1—15 | 60/50 |
| 20 | 4-$\phi$1.5 | | | | |
| 50 | 1-$\phi$1.18,1-$\phi$1.25 | 6△ | | 1—12 | 72/58 |
| 42 | 2-$\phi$1.3 | | | | |

表 3-23　Y 系列(IP44)小型

| 型　号 | 额定功率(kW) | 满载时 | | | | 堵转电流/额定电流 | 堵转转矩/额定转矩 | 最大转矩/额定转矩 | 铁心长度(mm) |
|---|---|---|---|---|---|---|---|---|---|
| | | 定子电流(A) | 转速(r/min) | 效率(%) | 功率因数 | | | | |
| Y801-2 | 0.75 | 1.8 | 2 830 | 75 | 0.84 | 7 | 2.2 | 2.2 | 65 |
| Y802-2 | 1.1 | 2.5 | | 77 | 0.86 | | | | 80 |
| Y801-4 | 0.55 | 1.5 | 1 390 | 73 | 0.76 | 6.5 | | | 65 |
| Y802-4 | 0.75 | 2.0 | | 74.5 | 0.76 | | | | 80 |
| Y90S-2 | 1.5 | 3.4 | 2 840 | 78 | 0.85 | 7 | | | 85 |
| Y90L-2 | 2.2 | 4.7 | | 82 | 0.86 | | | | 110 |
| Y90S-4 | 1.1 | 2.8 | 1 400 | 78 | 0.78 | 6.5 | | | 90 |
| Y90L-4 | 1.5 | 3.7 | | 79 | 0.79 | | | | 120 |
| Y90S-6 | 0.75 | 2.3 | 910 | 72.5 | 0.70 | 6 | 2.0 | 2.0 | 100 |
| Y90L-6 | 1.1 | 3.2 | | 73.5 | 0.72 | | | | 125 |
| Y100L-2 | 3.0 | 6.4 | 2 870 | 82 | 0.87 | 7 | 2.2 | 2.2 | 100 |
| Y100L1-4 | 2.2 | 5.0 | 1 430 | 81 | 0.82 | | | | 105 |
| Y100L2-4 | 3.0 | 6.8 | | 82.5 | 0.81 | | | | 135 |
| Y100L-6 | 1.5 | 4.0 | 940 | 77.5 | 0.74 | 6 | 2.0 | 2.0 | 100 |
| Y112M-2 | 4.0 | 8.2 | 2 890 | 85.5 | 0.87 | 7 | 2.2 | 2.2 | 105 |
| Y112M-4 | 4.0 | 8.8 | 1 440 | 84.5 | 0.82 | | | | 135 |
| Y112M-6 | 2.2 | 5.6 | 940 | 80.5 | 0.74 | 6 | 2.0 | 2.0 | 110 |
| Y132S1-2 | 5.5 | 11 | 2 900 | 85.5 | 0.88 | 7 | 2.0 | 2.2 | 105 |
| Y132S2-2 | 7.5 | 15 | | 86.2 | 0.88 | | | | 125 |

三相异步电动机技术数据

| 气隙长度(mm) | 定子外径(mm) | 定子内径(mm) | 定子线规(根-mm) | 每槽线数 | 并联支路数 | 绕组型式 | 节　距 | 槽数($Z_1/Z_2$) |
|---|---|---|---|---|---|---|---|---|
| 0.3 | 120 | 67 | 1-ϕ0.63<br>1-ϕ0.71 | 111<br>90 | 1 | 单层交叉 | 1—9<br>2—10<br>18—11 | 18/16 |
| 0.25 | | 75 | 1-ϕ0.56<br>1-ϕ0.63 | 128<br>103 | | 单层链式 | 1—6 | 24/22 |
| 0.35 | 130 | 72 | 1-ϕ0.8<br>1-ϕ0.95 | 74<br>58 | | 单层交叉 | 1—9<br>2—10<br>18—11 | 18/16 |
| 0.25 | | 80 | 1-ϕ0.71<br>1-ϕ0.8 | 81<br>63 | | 单层链式 | 1—6 | 24/22 |
| | | 86 | 1-ϕ0.67<br>1-ϕ0.75 | 77<br>60 | | | | 36/33 |
| 0.4 | 155 | 94 | 1-ϕ1.18 | 40 | | 单层同心 | 1—12<br>2—11 | 24/20 |
| 0.3 | | 98 | 2-ϕ0.71 | 41 | | 单层交叉 | 1—9<br>2—10<br>18—11 | 38/32 |
| | | | 1-ϕ1.18 | 31 | | | | |
| 0.25 | | 106 | 1-ϕ0.85 | 53 | | 单层链式 | 1—6 | 36/33 |
| 0.45 | 175 | 98 | 1-ϕ1.06 | 48 | | 单层同心 | 1—16,2—15,3—<br>4,1—14,2—13 | 30/26 |
| 0.3 | | 110 | 1-ϕ1.06 | 46 | | 单层交叉 | 1—9,2—10,18—<br>11 | 36/32 |
| | | 120 | 1-ϕ1.06 | 44 | | 单层链式 | 1—6 | 36/33 |
| 0.55 | 210 | 116 | 1-ϕ0.9<br>1-ϕ0.95 | 44 | | 单层同心 | 1—16<br>2—15<br>3—14<br>1—14<br>2—13 | 30/26 |
| | | | 1-ϕ1.0<br>1-ϕ1.06 | 37 | | | | |

<table>
<tr><th rowspan="2">型　号</th><th rowspan="2">额定功率(kW)</th><th colspan="4">满　载　时</th><th rowspan="2">堵转电流/额定电流</th><th rowspan="2">堵转转矩/额定转矩</th><th rowspan="2">最大转矩/额定转矩</th><th rowspan="2">铁心长度(mm)</th></tr>
<tr><th>定子电流(A)</th><th>转速(r/min)</th><th>效率(%)</th><th>功率因数</th></tr>
<tr><td>Y132S-4</td><td>5.5</td><td>12</td><td rowspan="2">1 440</td><td>85.5</td><td>0.84</td><td rowspan="2">7</td><td rowspan="2">2.2</td><td rowspan="2">2.2</td><td>115</td></tr>
<tr><td>Y132M-4</td><td>7.5</td><td>15</td><td>87</td><td>0.85</td><td>160</td></tr>
<tr><td>Y132S-6</td><td>3.0</td><td>7.2</td><td rowspan="3">960</td><td>83</td><td>0.76</td><td rowspan="3">6.5</td><td rowspan="8">2.0</td><td rowspan="5">2.0</td><td>110</td></tr>
<tr><td>Y132M1-6</td><td>4.0</td><td>9.4</td><td>84</td><td>0.77</td><td>140</td></tr>
<tr><td>Y132M2-6</td><td>5.5</td><td>13</td><td>85.3</td><td>0.78</td><td>180</td></tr>
<tr><td>Y132S-8</td><td>2.2</td><td>5.8</td><td rowspan="2">710</td><td>81</td><td>0.71</td><td rowspan="2">5.5</td><td>110</td></tr>
<tr><td>Y132M-8</td><td>3.0</td><td>7.7</td><td>82</td><td>0.72</td><td>140</td></tr>
<tr><td>Y160M1-2</td><td>11</td><td>22</td><td rowspan="3">2 930</td><td>87.2</td><td>0.88</td><td rowspan="6">7</td><td rowspan="6">2.2</td><td>125</td></tr>
<tr><td>Y160M2-2</td><td>15</td><td>29</td><td>88.2</td><td>0.88</td><td>155</td></tr>
<tr><td>Y160L-2</td><td>18.5</td><td>36</td><td>89</td><td>0.89</td><td>195</td></tr>
<tr><td>Y160M-4</td><td>11</td><td>23</td><td rowspan="3">1 460</td><td>88</td><td>0.84</td><td rowspan="3">2.2</td><td>155</td></tr>
<tr><td>Y160L-4</td><td>15</td><td>30</td><td>88.5</td><td>0.85</td><td>195</td></tr>
<tr><td>Y160M-6</td><td>7.5</td><td>17</td><td>86</td><td>0.78</td><td>145</td></tr>
<tr><td>Y160L-6</td><td>11</td><td>25</td><td>970</td><td>87</td><td>0.78</td><td>6.5</td><td rowspan="3">2.0</td><td rowspan="3">2.0</td><td>195</td></tr>
<tr><td>Y160M1-8</td><td>4.0</td><td>9.9</td><td rowspan="2">720</td><td>84</td><td>0.73</td><td rowspan="2">6</td><td>110</td></tr>
<tr><td>Y160M2-8</td><td>5.5</td><td>13</td><td>85</td><td>0.74</td><td>145</td></tr>
<tr><td>Y160L-8</td><td>7.5</td><td>18</td><td>720</td><td>86</td><td>0.75</td><td>5.5</td><td>2.0</td><td>2.0</td><td>195</td></tr>
</table>

（续表）

| 气隙长度（mm） | 定子外径（mm） | 定子内径（mm） | 定子线规（根-mm） | 每槽线数 | 并联支路数 | 绕组型式 | 节距 | 槽数（$Z_1/Z_2$） |
|---|---|---|---|---|---|---|---|---|
| 0.4 | 210 | 136 | 1-ϕ0.9<br>1-ϕ0.95 | 47 | 1 | 单层交叉 | 1—9<br>2—10<br>18—11 | 36/32 |
| | | | 2-ϕ1.06 | 35 | | | | |
| 0.35 | | 148 | 1-ϕ0.85<br>1-ϕ0.9 | 38 | | 单层链式 | 1—6 | 36/33 |
| | | | 1-ϕ1.06 | 52 | | | | 48/44 |
| | | | 1-ϕ1.25 | 42 | | | | |
| | | | 1-ϕ1.12 | 38 | | | | |
| | | | 1-ϕ1.30 | 30 | | | | |
| 0.65 | 260 | 150 | 2-ϕ1.18<br>1-ϕ1.25 | 28 | | 单层同心 | 1—16<br>2—15<br>3—14<br>1—14<br>2—13 | 30/26 |
| | | | 2-ϕ1.12<br>2-ϕ1.18 | 23 | | | | |
| | | | 3-ϕ1.12<br>2-ϕ1.18 | 19 | | | | |
| 0.5 | | 170 | 1-ϕ1.30 | 56 | 2 | 单层交叉 | 1—9<br>2—10<br>18—11 | 36/26 |
| | | | 2-ϕ1.25<br>1-ϕ1.18 | 22 | 1 | | | |
| 0.4 | | 180 | 2-ϕ1.12 | 38 | | 单层链式 | 1—6 | 36/33 |
| | | | 4-ϕ0.95 | 28 | | | | |
| | | | 1-ϕ1.25 | 49 | | | | 48/44 |
| | | | 2-ϕ1.0 | | | | | |
| | | | 1-ϕ1.12 | 39 | | | | |
| 0.4 | 260 | 180 | 1-ϕ1.18 | 30 | 1 | 单层链式 | 1—6 | 48/44 |

| 型　　号 | 额定功率(kW) | 满载时 定子电流(A) | 满载时 转速(r/min) | 满载时 效率(%) | 满载时 功率因数 | 堵转电流/额定电流 | 堵转转矩/额定转矩 | 最大转矩/额定转矩 | 铁心长度(mm) |
|---|---|---|---|---|---|---|---|---|---|
| Y180M－2 | 22 | 42 | 2 940 | 89 | 0.89 | | | | 175 |
| Y180M－4 | 18.5 | 36 | 1 470 | 91 | 0.86 | 7 | 2.0 | 2.2 | 190 |
| Y180L－4 | 22 | 43 | | 91.5 | 0.86 | | | | 220 |
| Y180L－6 | 15 | 31 | 970 | 89.5 | 0.81 | 6.5 | 1.8 | 2.0 | 200 |
| Y180L－8 | 11 | 25 | 730 | 86.5 | 0.77 | 6 | 1.7 | | 200 |
| Y200L1－2 | 30 | 57 | 2 950 | 90 | 0.89 | | | | 180 |
| Y200L2－2 | 37 | 70 | | 90.5 | 0.89 | 7 | 2.0 | 2.2 | 210 |
| Y200L－4 | 30 | 57 | 1 470 | 92.2 | 0.87 | | | | 230 |
| Y200L1－6 | 18.5 | 38 | 970 | 89.8 | 0.83 | 6.5 | | | 195 |
| Y200L2－6 | 22 | 45 | | 90.2 | 0.83 | | 1.8 | 2.0 | 220 |
| Y200L－8 | 15 | 34 | 730 | 88 | 0.76 | 6 | | | 195 |
| Y225M－2 | 45 | 84 | 2 970 | 91.5 | 0.89 | | 2.0 | | 210 |
| Y225S－4 | 37 | 70 | | 91.8 | 0.87 | 7 | | 2.2 | 200 |
| Y225M－4 | 45 | 84 | 1 480 | 92.3 | 0.88 | | 1.9 | | 235 |
| Y225M－6 | 30 | 60 | 980 | 90.2 | 0.85 | 6.5 | | | 210 |
| Y225S－8 | 18.5 | 41 | 730 | 89.5 | 0.76 | | 1.7 | 2.0 | 170 |
| Y225M－8 | 22 | 48 | 740 | 90 | 0.78 | 6 | 1.8 | | 210 |

（续表）

| 气隙长度(mm) | 定子外径(mm) | 定子内径(mm) | 定子线规(根-mm) | 每槽线数 | 并联支路数 | 绕组型式 | 节距 | 槽数($Z_1/Z_2$) |
|---|---|---|---|---|---|---|---|---|
| 0.8 | 290 | 160 | 2-φ1.3<br>2-φ1.4 | 16 | 1 | 双层叠式 | 1—14 | 36/28 |
| 0.55 | | 187 | 2-φ1.18 | 32 | 2 | | 1—11 | 48/44 |
| | | | 2-φ1.3 | 28 | | | | |
| 0.45 | | 205 | 1-φ1.5 | 34 | | | 1—9 | 54/44 |
| | | | 2-φ0.9 | 46 | | | 1—7 | 54/58 |
| 1.0 | 327 | 182 | 2-φ1.12<br>2-φ1.18 | 28 | | | 1—14 | 36/28 |
| | | | 1-φ1.4<br>2-φ1.5 | 24 | | | | |
| 0.65 | | 210 | 1-φ1.06<br>1-φ1.12 | 48 | 4 | | 1—11 | 48/44 |
| 0.5 | | 230 | 1-φ1.12<br>1-φ1.18 | 32 | 2 | | 1—9 | 54/44 |
| | | | 2-φ1.25 | 28 | | | | |
| | | | 1-φ1.06<br>1-φ1.12 | 38 | | | 1—7 | 54/58 |
| 1.1 | 368 | 210 | 3-φ1.4<br>1-φ1.5 | 22 | | | 1—14 | 36/28 |
| 0.7 | | 245 | 2-φ1.25 | 46 | 4 | | 1—12 | 48/44 |
| | | | 1-φ1.30<br>1-φ1.40 | 40 | | | | |
| 0.5 | | 260 | 2-φ1.40<br>1-φ1.30 | 26<br>38 | 2 | | 1—9 | 54/44 |
| | | | 2-φ1.40<br>2-φ1.50 | 32 | | | 1—7 | 54/58 |

| 型　号 | 额定功率(kW) | 满　载　时 | | | | 堵转电流/额定电流 | 堵转转矩/额定转矩 | 最大转矩/额定转矩 | 铁心长度(mm) |
|---|---|---|---|---|---|---|---|---|---|
| | | 定子电流(A) | 转速(r/min) | 效率(%) | 功率因数 | | | | |
| Y250M－2 | 55 | 103 | 2 970 | 91.5 | 0.89 | 7 | 2.0 | 2.2 | 195 |
| Y250M－4 | 55 | 103 | 1 480 | 92.6 | 0.88 | | | | 240 |
| Y250M－6 | 37 | 72 | 980 | 90.8 | 0.86 | 6.5 | 1.8 | 2.0 | 225 |
| Y250M－8 | 30 | 63 | 740 | 90.5 | 0.80 | 6 | | | 225 |
| Y280S－2 | 75 | 140 | 2 970 | 91.5 | 0.89 | 7 | 2.0 | 2.2 | 225 |
| Y280M－2 | 90 | 167 | | 92 | 0.89 | | | | 260 |
| Y280S－4 | 75 | 140 | 1 480 | 92.7 | 0.88 | | 1.9 | | 240 |
| Y280M－4 | 90 | 164 | | 93.6 | 0.89 | | | | 325 |
| Y280S－6 | 45 | 85 | 980 | 92 | 0.87 | 6.5 | 1.8 | 2.0 | 215 |
| Y280M－6 | 55 | 104 | | 92 | 0.87 | | | | 260 |
| Y280S－8 | 37 | 78 | 740 | 91 | 0.79 | 6 | | | 215 |
| Y280M－8 | 45 | 93 | | 91.7 | 0.80 | | | | 260 |
| Y315S－2 | 110 | 200 | 2 980 | 93 | 0.90 | 7 | | 2.2 | 290 |
| Y315M1－2 | 132 | 237 | | 94 | 0.90 | | | | 340 |
| Y315M2－2 | 160 | 286 | | 94.5 | 0.90 | | | | 380 |
| Y315S－4 | 110 | 201 | 1 480 | 93.5 | 0.89 | | | | 300 |

（续表）

| 气隙长度(mm) | 定子外径(mm) | 定子内径(mm) | 定子线规(根-mm) | 每槽线数 | 并联支路数 | 绕组型式 | 节　距 | 槽数($Z_1/Z_2$) |
|---|---|---|---|---|---|---|---|---|
| 1.2 | 400 | 225 | 6-$\phi$1.40 | 20 | 2 | 双层叠式 | 1—14 | 36/28 |
| 0.8 | | 260 | 3-$\phi$1.30 | 36 | 4 | | 1—12 | 48/44 |
| 0.55 | | 285 | 1-$\phi$1.12<br>2-$\phi$1.18 | 28 | 3 | | | 72/58 |
| | | | 3-$\phi$1.30 | 22 | 2 | | 1—9 | |
| 1.5 | 445 | 255 | 7-$\phi$1.50<br>8-$\phi$1.50 | 14<br>12 | | | 1—16 | 42/54 |
| 0.9 | | 300 | 2-$\phi$1.25<br>2-$\phi$1.30 | 26 | 4 | | 1—14 | 60/50 |
| | | | 5-$\phi$1.30 | 20 | | | | |
| 0.65 | | 325 | 2-$\phi$1.30<br>1-$\phi$1.40 | 26 | 3 | | 1—12 | 72/58 |
| | | | 1-$\phi$1.40<br>2-$\phi$1.50 | 22 | | | | |
| | | | 2-$\phi$1.30 | 40 | 4 | | | |
| | | | 1-$\phi$1.50<br>1-$\phi$1.40 | 34 | | | | |
| 1.8 | 520 | 300 | 6-$\phi$1.50<br>4-$\phi$1.60 | 9 | 2 | | 1—18 | 48/40 |
| | | | 5-$\phi$1.40<br>2-$\phi$1.50 | 8 | | | | |
| | | | 7-$\phi$1.60 | 7 | | | | |
| 1.1 | | 350 | 3-$\phi$1.30<br>4-$\phi$1.40 | 16 | 4 | | 1—17 | 72/64 |

| 型　号 | 额定功率(kW) | 满载时 | | | | 堵转电流/额定电流 | 堵转转矩/额定转矩 | 最大转矩/额定转矩 | 铁心长度(mm) |
|---|---|---|---|---|---|---|---|---|---|
| | | 定子电流(A) | 转速(r/min) | 效率(%) | 功率因数 | | | | |
| Y315M1－4 | 132 | 241 | 1 490 | 93.5 | 0.89 | 7 | 1.8 | 2.2 | 350 |
| Y315M2－4 | 160 | 291 | | 94 | 0.89 | | | | 400 |
| Y315S－6 | 75 | 141 | | 93 | 0.87 | | | | 300 |
| Y315M1－6 | 90 | 168 | 990 | 93.5 | 0.87 | | | | 350 |
| Y315M2－6 | 110 | 204 | | 94 | 0.87 | | | | 400 |
| Y315M3－6 | 132 | 245 | | 94 | 0.87 | | 1.6 | | 455 |
| Y315S－8 | 55 | 111 | | 92 | 0.82 | | | | 300 |
| Y315M1－8 | 75 | 150 | | 92.5 | 0.82 | 6.5 | | 2.0 | 350 |
| Y315M2－8 | 90 | 179 | 740 | 93 | 0.82 | | | | 400 |
| Y315M3－8 | 110 | 219 | | 93 | 0.82 | | | | 455 |
| Y315S－10 | 45 | 99 | | 91 | 0.76 | | | | 300 |
| Y315M1－10 | 55 | 120 | 590 | 91.5 | 0.76 | | 1.4 | | 400 |
| Y315M3－10 | 75 | 161 | | 92 | 0.77 | | | | 455 |

（续表）

| 气隙长度（mm） | 定子外径（mm） | 定子内径（mm） | 定子线规（根－mm） | 每槽线数 | 并联支路数 | 绕组型式 | 节　距 | 槽数（$Z_1/Z_2$） |
|---|---|---|---|---|---|---|---|---|
| 1.1 | 520 | 350 | 3－ϕ1.30<br>4－ϕ1.50 | 14 | 4 | 双层叠式 | 1—17 | 72/64 |
| | | | 2－ϕ1.40<br>6－ϕ1.50 | 12 | | | | |
| 0.8 | | 375 | 1－ϕ1.40<br>2－ϕ1.50 | 34 | 6 | | 1—11 | 72/58 |
| | | | 1－ϕ1.50<br>2－ϕ1.60 | 30 | | | | |
| | | | 1－ϕ1.40<br>3－ϕ1.50 | 25 | | | | |
| | | | 1－ϕ1.50<br>3－ϕ1.60 | 22 | | | | |
| | | 390 | 7－ϕ1.50 | 14 | 2 | | 1—9 | |
| | | | 1－ϕ1.50<br>1－ϕ1.60 | 46 | 8 | | | |
| | | | 4－ϕ1.30<br>2－ϕ1.40 | 20 | 4 | | | |
| | | | 1－ϕ1.40<br>2－ϕ1.50 | 34 | 8 | | | |
| | | | 1－ϕ1.12<br>1－ϕ1.18 | 66 | 10 | | | 90/72 |
| | | | 2－ϕ1.30 | 52 | | | | |
| | | | 2－ϕ1.40<br>2－ϕ1.50 | 22 | 5 | | | |

表3-24　Y系列(IP23)小型

| 型　号 | 额定功率(kW) | 满载时 | | | | 堵转电流/额定电流 | 堵转转矩/额定转矩 | 最大转矩/额定转矩 |
|---|---|---|---|---|---|---|---|---|
| | | 定子电流(A) | 转速(r/min) | 效率(%) | 功率因数 | | | |
| Y160M-2 | 15 | 29 | | 88 | 0.88 | | 1.7 | |
| Y160L1-2 | 18.5 | 36 | 2 910 | 89 | 0.89 | | 1.8 | |
| Y160L2-2 | 22 | 42 | | 89.5 | 0.89 | 7.0 | 2.0 | 2.2 |
| Y160M-4 | 11 | 23 | | 87.5 | 0.85 | | 1.9 | |
| Y160L1-4 | 15 | 30 | 1 460 | 88 | 0.86 | | | |
| Y160L2-4 | 18.5 | 37 | | 89 | 0.86 | | | |
| Y160M-6 | 7.5 | 17 | | 85 | 0.79 | | | |
| Y160L-6 | 11 | 25 | 960 | 86.5 | 0.78 | 6.5 | 2.0 | |
| Y160M-8 | 5.5 | 14 | | 83.5 | 0.73 | | | 2.0 |
| Y160L-8 | 7.5 | 18 | 720 | 85 | 0.73 | 6.0 | | |
| Y180M-2 | 30 | 57 | 2 940 | 89.5 | 0.89 | | 1.7 | |
| Y180L-2 | 72 | 70 | | 90.5 | 0.89 | | | |
| Y180M-4 | 22 | 43 | 1 460 | 89.5 | 0.86 | 7.0 | 1.9 | 2.2 |
| Y180L-4 | 30 | 58 | | 90.5 | 0.87 | | | |
| Y180M-6 | 15 | 32 | 970 | 88 | 0.81 | 6.5 | | |
| Y180L-6 | 18.5 | 38 | | 88.5 | 0.83 | | | |
| Y180M-8 | 11 | 26 | 720 | 86.5 | 0.74 | 6.0 | 1.8 | 2.0 |
| Y180L-8 | 15 | 34 | | 87.5 | 0.76 | | | |
| Y200M-2 | 45 | 84 | 2 940 | 91 | 0.89 | 7.0 | 1.9 | 2.2 |

三相异步电动机技术数据

| 铁心长度 | 气隙长度 | 定子外径 | 定子内径 | 定子线规（根-mm） | 每槽线数 | 并联支路数 | 绕组型式 | 节距 | 槽数（$Z_1/Z_2$） |
|---|---|---|---|---|---|---|---|---|---|
| (mm) | | | | | | | | | |
| 100 | | | | 2-ϕ1.06<br>1-ϕ1.12 | 24 | | | | |
| 125 | 0.8 | | 160 | 1-ϕ1.4<br>1-ϕ1.5 | 20 | 1 | | 1—14 | 36/28 |
| 135 | | | | 1-ϕ1.5<br>1-ϕ1.6 | 18 | | | | |
| 100 | | | | 1-ϕ1.18 | 54 | 2 | | | |
| 130 | 0.55 | 290 | 187 | 1-ϕ1.3 | 42 | | | 1—11 | 48/44 |
| 150 | | | | 1-ϕ1.4<br>1-ϕ1.5 | 18 | | | | |
| 95 | | | | 1-ϕ1.4 | 32 | 1 | | 1—9 | 54/44 |
| 125 | | | | 2-ϕ1.18 | 24 | | | | |
| 95 | 0.45 | | 205 | 1-ϕ1.3 | 42 | | 双层叠式 | 1—7 | 54/50 |
| 125 | | | | 1-ϕ1.0<br>1-ϕ1.06 | 32 | | | | |
| 135 | 1.0 | | 182 | 2-ϕ1.3 | 32 | | | 1—14 | 36/28 |
| 160 | | | | 2-ϕ1.4 | 27 | | | | |
| 135 | 0.65 | | 210 | 2-ϕ1.12 | 36 | | | 1—11 | 48/44 |
| 175 | | 327 | | 2-ϕ1.3 | 32 | 2 | | | |
| 125 | | | | 1-ϕ1.4 | 44 | | | 1—9 | 54/44 |
| 155 | 0.50 | | 230 | 2-ϕ1.06 | 36 | | | | |
| 125 | | | | 2-ϕ0.9 | 56 | | | 1—7 | 54/50 |
| 155 | | | | 2-ϕ1.0 | 44 | | | | |
| 155 | 1.1 | 368 | 210 | 2-ϕ1.25<br>2-ϕ1.3 | 24 | | | 1—14 | 36/28 |

<table>
<tr><th rowspan="2">型　　号</th><th rowspan="2">额定功率(kW)</th><th colspan="4">满　载　时</th><th rowspan="2">堵转电流/额定电流</th><th rowspan="2">堵转转矩/额定转矩</th><th rowspan="2">最大转矩/额定转矩</th></tr>
<tr><th>定子电流(A)</th><th>转速(r/min)</th><th>效率(%)</th><th>功率因数</th></tr>
<tr><td>Y200L－2</td><td>55</td><td>103</td><td>2 950</td><td>91.5</td><td>0.89</td><td rowspan="3">7.0</td><td>1.9</td><td rowspan="3">2.2</td></tr>
<tr><td>Y200M－4</td><td>37</td><td>71</td><td rowspan="2">1 470</td><td>90.5</td><td>0.87</td><td rowspan="2">2.0</td></tr>
<tr><td>Y200L－4</td><td>45</td><td>86</td><td>91.5</td><td>0.87</td></tr>
<tr><td>Y200M－6</td><td>22</td><td>44</td><td>970</td><td>89</td><td>0.85</td><td rowspan="2">6.5</td><td rowspan="3">1.7</td><td rowspan="4">2.0</td></tr>
<tr><td>Y200L－6</td><td>30</td><td>59</td><td>980</td><td>89.5</td><td>0.87</td></tr>
<tr><td>Y200M－8</td><td>18.5</td><td>41</td><td>730</td><td>88.5</td><td>0.78</td><td rowspan="2">6.0</td></tr>
<tr><td>Y200L－8</td><td>22</td><td>48</td><td>740</td><td>89</td><td>0.78</td><td rowspan="4">1.8</td></tr>
<tr><td>Y225M－2</td><td>75</td><td>140</td><td>2 960</td><td>91.5</td><td>0.89</td><td rowspan="2">7.0</td><td rowspan="2">2.2</td></tr>
<tr><td>Y225M－4</td><td>55</td><td>104</td><td>1 470</td><td>91.5</td><td>0.88</td></tr>
<tr><td>Y225M－6</td><td>37</td><td>71</td><td>980</td><td>90.5</td><td>0.87</td><td>6.5</td><td rowspan="2">2.0</td></tr>
<tr><td>Y225M－8</td><td>30</td><td>63</td><td>740</td><td>89.5</td><td>0.81</td><td>6.0</td><td rowspan="3">1.7</td></tr>
<tr><td>Y250S－2</td><td>90</td><td>167</td><td rowspan="2">2 960</td><td>92</td><td>0.89</td><td rowspan="4">7.0</td><td rowspan="4">2.2</td></tr>
<tr><td>Y250M－2</td><td>110</td><td>201</td><td>92.5</td><td>0.90</td></tr>
<tr><td>Y250S－4</td><td>75</td><td>141</td><td rowspan="2">1 470</td><td>92</td><td>0.88</td><td>2.0</td></tr>
<tr><td>Y250M－4</td><td>90</td><td>168</td><td>92.5</td><td>0.88</td><td>2.2</td></tr>
<tr><td>Y250S－6</td><td>45</td><td>87</td><td rowspan="2">980</td><td>91</td><td>0.86</td><td rowspan="2">6.5</td><td rowspan="2">1.8</td><td rowspan="4">2.0</td></tr>
<tr><td>Y250M－6</td><td>55</td><td>106</td><td>91</td><td>0.87</td></tr>
<tr><td>Y250S－8</td><td>37</td><td>78</td><td rowspan="2">740</td><td>90</td><td>0.80</td><td rowspan="2">6.0</td><td>1.6</td></tr>
<tr><td>Y250M－8</td><td>45</td><td>94</td><td>90.5</td><td>0.80</td><td>1.8</td></tr>
</table>

（续表）

| 铁心长度 (mm) | 气隙长度 (mm) | 定子外径 (mm) | 定子内径 (mm) | 定子线规 （根-mm） | 每槽线数 | 并联支路数 | 绕组型式 | 节　　距 | 槽数 ($Z_1/Z_2$) |
|---|---|---|---|---|---|---|---|---|---|
| 185 | 1.1 | 368 | 210 | 3-$\phi$1.4 | 21 | 2 | 双层叠式 | 1—14 | 36/28 |
| 155 | 0.7 | | 245 | 1-$\phi$1.12<br>2-$\phi$1.18 | 26 | | | 1—11 | 48/44 |
| 185 | | | | 3-$\phi$1.3 | 22 | | | | |
| 135 | 0.50 | | 260 | 2-$\phi$1.18 | 36 | | | 1—9 | 54/44 |
| 165 | | | | 1-$\phi$1.3<br>1-$\phi$1.4 | 30 | | | | |
| 135 | | | | 1-$\phi$1.6 | 44 | | | 1—7 | 54/50 |
| 165 | | | | 2-$\phi$1.25 | 36 | | | | |
| 185 | 1.2 | 400 | 225 | 3-$\phi$1.6 | 18 | | | 1—14 | 36/28 |
| 185 | 0.8 | | 260 | 1-$\phi$1.25<br>1-$\phi$1.3 | 40 | 4 | | 1—12 | 48/44 |
| 175 | 0.55 | | 285 | 1-$\phi$1.18<br>1-$\phi$1.25 | 30 | 3 | | | 72/58 |
| 175 | | | | 1-$\phi$1.4 | 50 | 4 | | 1—9 | |
| 170 | 1.5 | 445 | 225 | 2-$\phi$1.3<br>3-$\phi$1.4 | 16 | 2 | | 1—16 | 42/34 |
| 195 | | | | 4-$\phi$1.5<br>1-$\phi$1.6 | 14 | | | | |
| 185 | 0.9 | | 300 | 2-$\phi$1.25<br>3-$\phi$1.3 | 14 | | | 1—14 | 60/50 |
| 215 | | | | 4-$\phi$1.25<br>2-$\phi$1.3 | 12 | | | | |
| 165 | 0.65 | | 325 | 2-$\phi$1.4<br>4-$\phi$1.06 | 28 | 3 | | 1—12 | 72/58 |
| 195 | | | | 1-$\phi$1.06 | 24 | | | | |
| 165 | | | | 1-$\phi$1.12 | 46 | 4 | | 1—9 | |
| 195 | | | | 1-$\phi$1.18<br>1-$\phi$1.25 | 38 | | | | |

| 型　　号 | 额定功率（kW） | 满载时 | | | | 堵转电流/额定电流 | 堵转转矩/额定转矩 | 最大转矩/额定转矩 |
|---|---|---|---|---|---|---|---|---|
| | | 定子电流（A） | 转速（r/min） | 效率（%） | 功率因数 | | | |
| Y280M－2 | 132 | 241 | 2 970 | 92.5 | 0.90 | 7.0 | 1.6 | 2.2 |
| Y280S－4 | 110 | 205 | 1 480 | 92.5 | 0.88 | | 1.7 | |
| Y280M－4 | 132 | 245 | | 93 | 0.88 | | | |
| Y280S－6 | 75 | 143 | 980 | 91.5 | 0.87 | 6.5 | 1.8 | 2.0 |
| Y280M－6 | 90 | 169 | | 92 | 0.88 | | | |
| Y280S－8 | 55 | 115 | 740 | 91 | 0.80 | 6.0 | | |
| Y280M－8 | 75 | 154 | | 91.5 | 0.81 | | | |

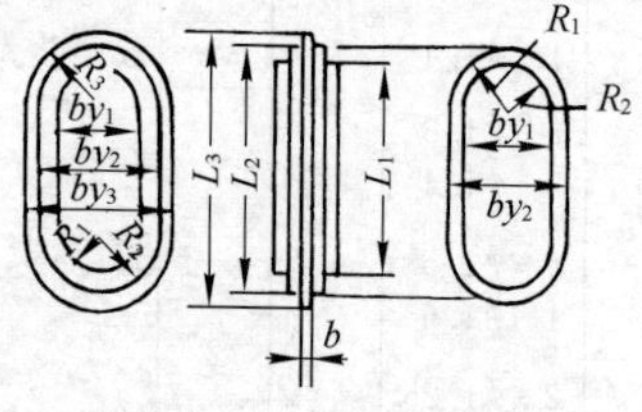


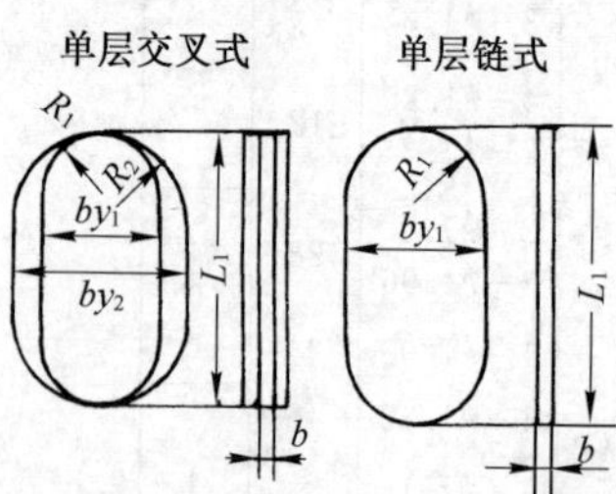


**图 3－53**　Y80～160(IP44)三相异步电动机绕线模示图

(续表)

| 铁心长度 (mm) | 气隙长度 (mm) | 定子外径 (mm) | 定子内径 (mm) | 定子线规(根-mm) | 每槽线数 | 并联支路数 | 绕组型式 | 节距 | 槽数($Z_1/Z_2$) |
|---|---|---|---|---|---|---|---|---|---|
| 200 | 1.6 | 493 | 280 | 6-φ1.5 | 12 | 2 | 双层叠式 | 1—16 | 42/34 |
| 200 | 1.0 | | 330 | 4-φ1.25 | 24 | 4 | | 1—14 | 60/50 |
| 240 | | | | 4-φ1.4 | 20 | | | | |
| 185 | 0.70 | | 360 | 3-φ1.4<br>3-φ1.5 | 22 | 3 | | 1—12 | 72/58 |
| 240 | | | | 1-φ1.3 | 18 | | | | |
| 185 | | | | 1-φ1.4 | 36 | 4 | | 1—9 | |
| 240 | | | | 1-φ1.5<br>1-φ1.6 | 28 | | | | |

表3-25 Y80～160(IP44)三相异步电动机绕线模尺寸

| 型号 | 功率(kW) | 绕组型式 | 线模尺寸(mm) $by_1$ | $by_2$ | $by_3$ | $L_1$ | $L_2$ | $L_3$ | $R_1$ | $R_2$ | $R_3$ | $b$ |
|---|---|---|---|---|---|---|---|---|---|---|---|---|
| Y801-2 | 0.75 | 单层交叉 | 58 | 71 | | 169 | | | 30 | 36 | | 8 |
| Y802-2 | 1.1 | | | | | 180 | | | | | | |
| Y90S-2 | 1.5 | | 66 | 79 | | 185 | | | 33 | 40 | | 9 |
| Y90L-2 | 2.2 | | | | | 213 | | | | | | |
| Y100L-2 | 3.0 | 单层同心式 | 87 | 104 | | 208 | 230 | | 44 | 52 | | 10 |
| Y112M-2 | 4.0 | | 88 | 104 | 120 | 230 | 244 | 275 | 44 | 52 | 60 | |
| Y132S1-2 | 5.5 | | 102 | 124 | 146 | 237 | 259 | 300 | 51 | 62 | 73 | |
| Y132S2-2 | 7.5 | | | | | 257 | 279 | 320 | | | | |
| Y160M1-2 | 11 | | 132 | 158 | 184 | 297 | 323 | 349 | 66 | 79 | 92 | 12 |
| Y160M2-2 | 15 | | | | | 327 | 353 | 379 | | | | |
| Y160L-2 | 18.5 | | | | | 367 | 393 | 419 | | | | |
| Y801-4 | 0.55 | 单层链式 | 50 | | | 119 | | | 31 | | | 8 |

（续表）

| 型号 | 功率(kW) | 绕组型式 | 线模尺寸(mm) | | | | | | | | | |
|---|---|---|---|---|---|---|---|---|---|---|---|---|
| | | | $by_1$ | $by_2$ | $by_3$ | $L_1$ | $L_2$ | $L_3$ | $R_1$ | $R_2$ | $R_3$ | $b$ |
| Y802-4 | 0.75 | 单层链式 | 50 | | | 129 | | | 31 | | | 8 |
| Y90S-4 | 1.1 | | | | | 146 | | | 36 | | | 9 |
| Y90L-4 | 1.5 | | 50 | | | 174 | | | | | | |
| Y100L1-4 | 2.2 | 单层交叉 | 59 | 67 | | 180 | | | 32 | 37 | | 10 |
| Y100L2-4 | 3.0 | | | | | 210 | | | | | | |
| Y112M-4 | 4.0 | | 67 | 72 | | 210 | | | 34 | 40 | | 10 |
| Y132S-4 | 5.5 | | 84 | 94 | | 195 | | | 53 | 65 | | |
| Y132M-4 | 7.5 | | | | | 245 | | | | | | |
| Y160M-4 | 11 | | 104 | | | 253 | | | 60 | | | 12 |
| Y160L-4 | 15 | | | | | 293 | | | | | | |
| Y90S-6 | 0.75 | 单层链式 | 36 | | | 146 | | | 22 | | | 9 |
| Y90L-6 | 1.1 | | | | | 165 | | | | | | |
| Y100L-6 | 1.5 | | 48 | | | 158 | | | 28 | | | 10 |
| Y112M-6 | 2.2 | | 53 | | | 171 | | | 30 | | | |
| Y132S-6 | 3.0 | | 65 | 116 | | 170 | | | 43 | 69 | | 9 |
| Y131M1-6 | 4.0 | | | | | 200 | | | | | | |
| Y132M1-6 | 5.5 | | | | | 240 | | | | | | |
| Y160M-6 | 7.5 | | 79 | | | 220 | | | 47 | | | 12 |
| Y160L-6 | 11 | | | | | 270 | | | | | | |
| Y132S-8 | 2.2 | | 49 | | | 165 | | | 30 | | | 9 |
| Y132M-8 | 3.0 | | | | | 195 | | | | | | |
| Y160M1-8 | 4.0 | | 60 | | | 178 | | | 37 | | | 12 |
| Y160M2-8 | 5.5 | | | | | 208 | | | | | | |
| Y160L-8 | 7.5 | | | | | 263 | | | | | | |

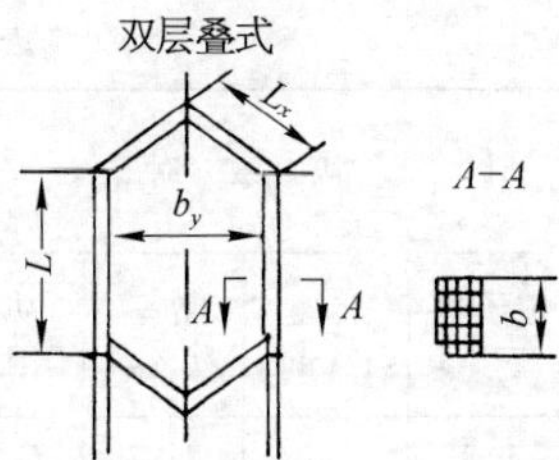


图 3-54　Y180～315(IP44)三相异步电动机绕线模示图

表 3-26　Y180～315(IP44)三相异步电动机绕线模尺寸

<table>
<tr><th rowspan="2">型　号</th><th rowspan="2">功率(kW)</th><th colspan="4">线模尺寸(mm)</th><th rowspan="2">型　号</th><th rowspan="2">功率(kW)</th><th colspan="4">线模尺寸(mm)</th></tr>
<tr><th>$b_y$</th><th>$L$</th><th>$L_x$</th><th>$b$</th><th>$b_y$</th><th>$L$</th><th>$L_x$</th><th>$b$</th></tr>
<tr><td>Y180M-2</td><td>22</td><td>202</td><td>215</td><td>126</td><td>9</td><td>Y280S-4</td><td>75</td><td rowspan="2">217</td><td>290</td><td rowspan="2">137</td><td rowspan="2">12</td></tr>
<tr><td>Y180M-4</td><td>18.5</td><td rowspan="2">132</td><td>230</td><td rowspan="2">79</td><td rowspan="2">7.5</td><td>Y280M-4</td><td>90</td><td>375</td></tr>
<tr><td>Y180L-4</td><td>22</td><td>260</td><td>Y280S-6</td><td>45</td><td rowspan="2">164</td><td>265</td><td rowspan="2">100</td><td rowspan="4">9</td></tr>
<tr><td>Y180L-6</td><td>15</td><td>100</td><td>235</td><td>61</td><td>6.5</td><td>Y280M-6</td><td>55</td><td>310</td></tr>
<tr><td>Y180L-8</td><td>11</td><td>74</td><td>235</td><td>45</td><td>6.5</td><td>Y280S-8</td><td>37</td><td rowspan="2">117</td><td>265</td><td rowspan="2">75</td></tr>
<tr><td>Y200L1-2</td><td>30</td><td rowspan="2">230</td><td>225</td><td rowspan="2">140</td><td rowspan="3">8</td><td>Y280M-8</td><td>45</td><td>310</td></tr>
<tr><td>Y200L2-2</td><td>37</td><td>255</td><td>Y315S-2</td><td>110</td><td rowspan="3">370</td><td>340</td><td rowspan="3">240</td><td rowspan="3">16</td></tr>
<tr><td>Y200L-4</td><td>30</td><td>150</td><td>275</td><td>87</td><td>Y315M1-2</td><td>132</td><td>390</td></tr>
<tr><td>Y200L1-6</td><td>18.5</td><td>113</td><td>230</td><td rowspan="2">65</td><td rowspan="3">7</td><td>Y315M-2</td><td>160</td><td>430</td></tr>
<tr><td>Y200L2-6</td><td>22</td><td>113</td><td>260</td><td>Y315S-4</td><td>110</td><td rowspan="3">264</td><td>355</td><td rowspan="3">165</td><td rowspan="14">10</td></tr>
<tr><td>Y200L-8</td><td>15</td><td>83</td><td>230</td><td>50</td><td>Y315M1-4</td><td>132</td><td>405</td></tr>
<tr><td>Y225M-2</td><td>45</td><td>260</td><td>250</td><td>159</td><td>12</td><td>Y315M2-4</td><td>160</td><td>455</td></tr>
<tr><td>Y225S-4</td><td>37</td><td rowspan="2">190</td><td>240</td><td rowspan="2">117</td><td rowspan="2">10</td><td>Y315S-6</td><td>75</td><td rowspan="4">175</td><td>350</td><td rowspan="4">115</td></tr>
<tr><td>Y225M-4</td><td>45</td><td>275</td><td>Y315M1-2</td><td>90</td><td>400</td></tr>
<tr><td>Y225M-6</td><td>30</td><td>124</td><td>250</td><td>76</td><td rowspan="3">6.5</td><td>Y315M2-6</td><td>110</td><td>450</td></tr>
<tr><td>Y225S-8</td><td>18.5</td><td rowspan="2">94</td><td>210</td><td rowspan="2">61</td><td>Y315M3-6</td><td>132</td><td>505</td></tr>
<tr><td>Y225M-8</td><td>22</td><td>250</td><td>Y315S-8</td><td>55</td><td rowspan="3">111</td><td>350</td><td rowspan="4">90</td></tr>
<tr><td>Y250M-2</td><td>55</td><td>284</td><td>259</td><td>173</td><td>12.5</td><td>Y315M1-8</td><td>75</td><td>400</td></tr>
<tr><td>Y250M-4</td><td>55</td><td>202</td><td>290</td><td>119</td><td>10</td><td>Y315M2-8</td><td>90</td><td>450</td></tr>
<tr><td>Y250M-6</td><td>37</td><td>145</td><td rowspan="2">265</td><td>92</td><td rowspan="2">7</td><td>Y315M3-8</td><td>110</td><td>141</td><td>505</td></tr>
<tr><td>Y250M-8</td><td>30</td><td>103</td><td>67</td><td>Y315S-10</td><td>45</td><td rowspan="3">113</td><td>350</td><td rowspan="3">73</td></tr>
<tr><td>Y280S-2</td><td>75</td><td rowspan="2">312</td><td>275</td><td rowspan="2">192</td><td rowspan="2">24</td><td>Y315M1-10</td><td>55</td><td>400</td></tr>
<tr><td>Y280M-2</td><td>90</td><td>310</td><td>Y315M3-10</td><td>75</td><td>505</td></tr>
</table>

表3-27 JO2系列三相

| 型号 | 额定功率(kW) | 满载时 | | | | 堵转电流/额定电流 | 堵转转矩/额定转矩 | 最大转矩/额定转矩 |
|---|---|---|---|---|---|---|---|---|
| | | 定子电流(A) | 转速(r/min) | 效率(%) | 功率因数 | | | |
| JO2-11-2 | 0.8 | 1.8 | 2 810 | 77.5 | 0.85 | 7.0 | 1.8 | 2.2 |
| JO2-12-2 | 1.1 | 2.4 | | 79.5 | 0.86 | | | |
| JO2-11-4 | 0.6 | 1.6 | 1 380 | 74 | 0.76 | | | 2.0 |
| JO2-12-4 | 0.8 | 2.1 | | 76.5 | 0.77 | | | |
| JO2-21-2 | 1.5 | 3.3 | 2 860 | 81 | 0.87 | | | 2.2 |
| JO2-22-2 | 2.2 | 4.6 | | 82.5 | 0.87 | | | |
| JO2-21-4 | 1.1 | 2.7 | 1 410 | 79 | 0.79 | | | 2.0 |
| JO2-22-4 | 1.5 | 3.5 | | 80.5 | 0.81 | | | |
| JO2-21-6 | 0.8 | 2.3 | 930 | 75 | 0.70 | 6.5 | | 1.8 |
| JO2-22-6 | 1.1 | 3.0 | | 77 | 0.7 | | | |
| JO2-31-2 | 3.0 | 6.1 | 2 860 | 84 | 0.88 | 7.0 | | 2.2 |
| JO2-32-2 | 4.0 | 8.1 | | 85.5 | 0.88 | | | |
| JO2-31-4 | 2.2 | 4.9 | 1 430 | 82 | 0.83 | | | 2.0 |
| JO2-32-4 | 3.0 | 6.5 | | 83.5 | 0.84 | | | |
| JO2-31-6 | 1.5 | 3.9 | 940 | 78.5 | 0.74 | 6.5 | | 1.8 |
| JO2-32-6 | 2.2 | 5.4 | | 80.5 | 0.76 | | | |
| JO2-41-2 | 5.5 | 11 | 2 920 | 86.5 | 0.88 | 7.0 | 1.6 | 2.2 |
| JO2-42-2 | 7.5 | 15 | | 87.5 | 0.88 | | | |
| JO2-41-4 | 4.0 | 8.4 | 1 440 | 85 | 0.85 | | 1.8 | 2.0 |
| JO2-42-4 | 5.5 | 11 | | 86 | 0.86 | | | |
| JO2-41-6 | 3.0 | 7.1 | 960 | 82.5 | 0.78 | 6.5 | | 1.8 |
| JO2-42-6 | 4.0 | 9.1 | | 84 | 0.79 | | | |

异步电动机技术数据

| 铁心长度(mm) | 气隙长度(mm) | 定子外径(mm) | 定子内径(mm) | 定子线规(根-mm) | 每槽线数 | 并联支路数 | 绕组型式 | 节　距 | 槽数($Z_1/Z_2$) |
|---|---|---|---|---|---|---|---|---|---|
| 65 | 0.3 | 120 | 67 | 1-ϕ0.67 | 94 | 1 | 单层同心 | 1—12<br>2—11 | 24/20 |
| 85 | | | | 1-ϕ0.77 | 72 | | | | |
| 85 | 0.2 | | 75 | 1-ϕ0.57 | 115 | | 单层链式 | 1—6 | 24/22 |
| 100 | | | | 1-ϕ0.67 | 96 | | | | |
| 75 | 0.4 | 145 | 82 | 1-ϕ0.83 | 80 | | 单层交叉 | 1—9<br>2—10<br>18—11 | 18/16 |
| 100 | | | | 1-ϕ0.96 | 60 | | | | |
| 85 | 0.25 | | 90 | 1-ϕ0.72 | 80 | | 单层链式 | 1—6 | 24/22 |
| 115 | | | | 1-ϕ0.83 | 62 | | | | |
| 85 | | | 94 | 1-ϕ0.67 | 81 | | | | 36/33 |
| 115 | | | | 1-ϕ0.77 | 61 | | | | |
| 95 | 0.45 | 167 | | 1-ϕ1.16 | 41 | | 单层同心 | 1—12<br>2—11 | 24/20 |
| 125 | | | | 1-ϕ1.0 | 56 | | | | |
| 95 | 0.3 | | 104 | 1-ϕ0.96 | 41 | | 单层交叉 | 1—9<br>2—10<br>18—11 | 36/26 |
| 135 | | | | 1-ϕ1.12 | 31 | | | | |
| 95 | | | 114 | 1-ϕ0.93 | 60 | | 单层链式 | 1—6 | 36/33 |
| 135 | | | | 1-ϕ1.04 | 42 | | | | |
| 110 | 0.5 | 210 | | 2-ϕ1.0 | 53 | | 单层同心 | 1—12<br>2—11 | 24/20 |
| 135 | | | | 2-ϕ1.12 | 44 | | | | |
| 100 | 0.35 | | 136 | 1-ϕ1.0 | 52 | | 单层交叉 | 1—9<br>2—10<br>18—11 | 36/26 |
| 125 | | | | 1-ϕ1.2 | 41 | | | | |
| 110 | | | 148 | 1-ϕ1.2 | 40 | | 单层链式 | 1—6 | 36/33 |
| 140 | | | | 1-ϕ1.04 | 55 | | | | |

| 型号 | 额定功率(kW) | 满载时 | | | | 堵转电流/额定电流 | 堵转转矩/额定转矩 | 最大转矩/额定转矩 |
|---|---|---|---|---|---|---|---|---|
| | | 定子电流(A) | 转速(r/min) | 效率(%) | 功率因数 | | | |
| JO2-41-8 | 2.2 | 6.1 | 720 | 80.5 | 0.68 | 5.5 | 1.8 | 1.8 |
| JO2-42-8 | 3.0 | 7.6 | | 82.5 | 0.72 | | | |
| JO2-51-2 | 10 | 20 | 2 920 | 87.5 | 0.88 | 7.0 | 1.4 | 2.2 |
| JO2-52-2 | 13 | 25 | | 88 | 0.88 | | | |
| JO2-51-4 | 7.5 | 15 | 1 450 | 87 | 0.87 | | | 2.0 |
| JO2-52-4 | 10 | 20 | | 87.5 | 0.87 | | | |
| JO2-51-6 | 5.5 | 12 | 960 | 85 | 0.80 | 6.5 | | 1.8 |
| JO2-52-6 | 7.5 | 16 | | 86 | 0.81 | | | |
| JO2-51-8 | 4.0 | 9.6 | 720 | 84 | 0.75 | 5.5 | 1.5 | |
| JO2-52-8 | 5 | 13 | | 85 | 0.77 | | | |
| JO2-61-2 | 17 | 32 | 2 940 | 88.5 | 0.96 | 7.0 | 1.3 | 2.2 |
| JO2-61-4 | 13 | 26 | 1 460 | 88 | 0.88 | | | 2.0 |
| JO2-62-4 | 17 | 33 | | 89 | 0.88 | | | |
| JO2-61-6 | 10 | 21 | 970 | 87 | 0.82 | 6.5 | 1.4 | 1.8 |
| JO2-62-6 | 13 | 27 | | 87.5 | 0.83 | | | |
| JO2-61-8 | 7.5 | 17 | 720 | 86 | 0.78 | 5.5 | 1.3 | |
| JO2-62-8 | 10 | 22 | | 87 | 0.80 | | | |
| JO2-71-2 | 22 | 42 | 2 940 | 88.5 | 0.90 | 7.0 | 1.2 | 2.2 |
| JO2-72-2 | 30 | 56 | | 89.5 | 0.91 | | | |

（续表）

| 铁心长度（mm） | 气隙长度（mm） | 定子外径（mm） | 定子内径（mm） | 定子线规（根-mm） | 每槽线数 | 并联支路数 | 绕组型式 | 节　距 | 槽数（$Z_1/Z_2$） |
|---|---|---|---|---|---|---|---|---|---|
| 110 | 0.35 | 210 | 148 | 1-ϕ1.12 | 37 | 1 | 单层链式 | 1—6 | 48/44 |
| 140 | | | | 1-ϕ1.3 | 31 | | | | |
| 120 | 0.6 | 245 | 136 | 1-ϕ1.35<br>1-ϕ1.4 | 40 | | 单层同心 | 1—12<br>2—11 | 24/20 |
| 160 | | | | 1-ϕ1.16<br>2-ϕ1.25 | 32 | | | | |
| 120 | 0.4 | | 162 | 2-ϕ1.0 | 38 | | 单层交叉 | 1—9<br>2—10<br>18—11 | 36/26 |
| 160 | | | | 2-ϕ1.12 | 29 | | | | |
| 130 | 0.35 | | 174 | 1-ϕ1.2 | 47 | | 单层链式 | 1—6 | 36/33 |
| 170 | | | | 1-ϕ1.4 | 37 | | | | |
| 130 | | | | 1-ϕ1.12 | 48 | | | | 48/44 |
| 170 | | | | 1-ϕ1.3 | 37 | | | | |
| 155 | 0.7 | 280 | 155 | 2-ϕ1.04 | 50 | 2 | 双层叠式 | 1—11 | 30/22 |
| 155 | 0.45 | | 182 | 1-ϕ1.35 | 54 | | | 1—8 | 36/28 |
| 190 | | | | 1-ϕ1.45 | 42 | | | | |
| 175 | 0.4 | | 200 | 1-ϕ1.16<br>1-ϕ1.12 | 22 | 1 | | 1—9 | 54/44 |
| 220 | | | | 2-ϕ1.3 | 18 | | | | |
| 175 | | | | 1-ϕ1.04 | 58 | 2 | | 1—7 | 54/58 |
| 220 | | | | 1-ϕ1.2 | 46 | | | | |
| 155 | 0.8 | 327 | 182 | 4-ϕ1.35 | 20 | 1 | | 1—13 | 36/28 |
| 200 | | | | 2-ϕ1.56<br>2-ϕ1.62 | 16 | | | | |

| 型号 | 额定功率(kW) | 满载时 | | | | 堵转电流/额定电流 | 堵转转矩/额定转矩 | 最大转矩/额定转矩 |
|---|---|---|---|---|---|---|---|---|
| | | 定子电流(A) | 转速(r/min) | 效率(%) | 功率因数 | | | |
| JO2-71-4 | 22 | 43 | 1 470 | 89.8 | 0.88 | 7.0 | 1.1 | 2.0 |
| JO2-72-4 | 30 | 58 | | 90 | 0.88 | | 1.2 | |
| JO2-71-6 | 17 | 35 | 970 | 88.5 | 0.84 | 6.5 | 1.4 | 1.8 |
| JO2-72-6 | 22 | 44 | | 89 | 0.85 | | | |
| JO2-71-8 | 13 | 28 | 720 | 87.5 | 0.81 | 5.5 | 1.3 | |
| JO2-72-8 | 17 | 36 | | 88 | 0.82 | | | |
| JO2-82-2 | 40 | 74 | 2 960 | 90 | 0.91 | 6.5 | 1.2 | 2.2 |
| JO2-82-4 | 40 | 75 | 1 470 | 91 | 0.89 | | | 2.0 |
| JO2-81-6 | 30 | 59 | 980 | 89.5 | 0.86 | | 1.4 | 1.8 |
| JO2-82-6 | 40 | 77 | | 90.5 | 0.87 | | | |
| JO2-81-8 | 22 | 46 | 730 | 88.5 | 0.82 | 5.5 | 1.3 | |
| JO2-82-8 | 30 | 62 | | 89 | 0.83 | | | |
| JO2-81-10 | 17 | 39 | 580 | 87.5 | 0.76 | | 1.2 | |
| JO2-82-10 | 22 | 49 | | 88 | 0.78 | | | |
| JO2-91-2 | 55 | 100 | 2 960 | 90 | 0.92 | 6.5 | | 2.2 |
| JO2-92-2 | 75 | 135 | | 91 | 0.92 | | 1.1 | |
| JO2-93-2 | 100 | 180 | | 91.5 | 0.92 | | | |
| JO2-91-4 | 55 | 103 | 1 470 | 91.5 | 0.89 | | 1.2 | 2.0 |
| JO2-92-4 | 75 | 138 | | 92 | 0.90 | | 1.1 | |
| JO2-93-4 | 100 | 184 | | 92.5 | 0.90 | | | |
| JO2-91-6 | 55 | 104 | 980 | 91.5 | 0.88 | | 1.2 | 1.8 |
| JO2-92-6 | 75 | 139 | | 92 | 0.89 | | | |
| JO2-91-8 | 40 | 81 | 730 | 90 | 0.84 | 5.5 | 1.3 | |
| JO2-92-8 | 55 | 109 | | 91 | 0.84 | | | |
| JO2-91-10 | 30 | 66 | 580 | 88.5 | 0.78 | | 1.2 | |
| JO2-92-10 | 40 | 87 | | 89.5 | 0.78 | | | |

（续表）

| 铁心长度(mm) | 气隙长度(mm) | 定子外径(mm) | 定子内径(mm) | 定子线规(根-mm) | 每槽线数 | 并联支路数 | 绕组型式 | 节距 | 槽数($Z_1/Z_2$) |
|---|---|---|---|---|---|---|---|---|---|
| 175 | 0.5 | 327 | 210 | 2-φ1.25 | 42 | 2 | 双层叠式 | 1—9 | 36/28 |
| 235 | | | | 2-φ1.5 | 32 | | | | |
| 200 | 0.45 | | 230 | 1-φ1.45<br>1-φ1.5 | 18 | 1 | | | 54/44 |
| 250 | | | | 2-φ1.2 | 28 | 2 | | | |
| 200 | | | | 1-φ1.35 | 42 | | | 1—7 | 54/58 |
| 250 | | | | 1-φ1.56 | 34 | | | | |
| 240 | 1.2 | 368 | 210 | 1-φ1.5<br>2-φ1.56 | 26 | | | 1—13 | 36/28 |
| 275 | 0.65 | | 245 | 3-φ1.4 | 22 | | | 1—11 | 48/38 |
| 240 | 0.5 | | 260 | 2-φ1.25 | 32 | 3 | | | 72/58 |
| 310 | | | | 2-φ1.45 | 24 | 3 | | | |
| 240 | | | | 2-φ1.35 | 24 | 2 | | 1—9 | |
| 310 | | | | 2-φ1.62 | 20 | 2 | | | |
| 240 | 0.45 | | | 2-φ1.25 | 34 | 2 | | 1—6 | 60/64 |
| 310 | | | | 2-φ1.45 | 26 | 2 | | | |
| 260 | 1.6 | 423 | 245 | 4-φ1.56 | 20 | 2 | | 1—15 | 42/34 |
| 300 | | | | 5-φ1.56 | 16 | 2 | | | |
| 365 | | | | 7-φ1.56 | 12 | 2 | | | |
| 260 | 0.85 | | 280 | 2-φ1.5 | 34 | 4 | | 1—13 | 60/50 |
| 340 | | | | 3-φ1.45 | 26 | 5 | | | |
| 380 | | | | 4-φ1.4 | 22 | 4 | | | |
| 320 | 0.6 | | 300 | 3-φ1.4 | 20 | 3 | | 1—11 | 72/58 |
| 420 | | | | 2-φ1.4 | 30 | 6 | | | |
| 320 | 0.5 | | | 2-φ1.3 | 34 | 4 | | 1—9 | |
| 420 | | | | 2-φ1.5 | 26 | 4 | | | |
| 320 | | | | 1-φ1.4 | 52 | 5 | | 1—6 | 60/64 |
| 400 | | | | 2-φ1.16 | 42 | 5 | | | |

表3-28 J2系列三相

| 机座号 | 功率(kW) | 满载时 | | | | 堵转电流/额定电流 | 堵转转矩/额定转矩 | 最大转矩/额定转矩 | 定 | | | |
|---|---|---|---|---|---|---|---|---|---|---|---|---|
| | | 定子电流(A) | 转速(r/min) | 效率(%) | 功率因数 | | | | 外径 | 内径 | 铁心长度 | 气隙长度 |
| | | | | | | | | | (mm) | | | |
| J2-61-2 | 17 | 33 | 2 910 | 88.5 | 0.90 | 7.0 | 1.2 | 2.2 | 280 | 155 | 110 | 0.8 |
| J2-62-2 | 22 | 42 | 2 910 | 89 | 0.90 | 7.0 | 1.2 | 2.2 | 280 | 155 | 130 | 0.8 |
| J2-71-2 | 30 | 56 | 2 940 | 89.5 | 0.91 | 7.0 | 1.1 | 2.2 | 327 | 182 | 130 | 0.8 |
| J2-72-2 | 40 | 74 | 2 940 | 90.5 | 0.91 | 6.5 | 1.1 | 2.2 | 327 | 182 | 155 | 0.8 |
| J2-81-2 | 55 | 100 | 2 950 | 91 | 0.92 | 6.5 | 1.0 | 2.2 | 368 | 210 | 180 | 1.1 |
| J2-82-2 | 75 | 135 | 2 950 | 91.5 | 0.92 | 6.5 | 1.1 | 2.2 | 368 | 210 | 230 | 1.1 |
| J2-91-2 | 100 | 180 | 2 960 | 92 | 0.92 | 6.5 | 1.1 | 2.2 | 423 | 245 | 220 | 1.25 |
| J2-92-2 | 125 | 223 | 2 960 | 92.5 | 0.92 | 6.5 | 1.0 | 2.2 | 423 | 245 | 260 | 1.50 |
| J2-61-4 | 13 | 26 | 1 460 | 88 | 0.88 | 7.0 | 1.1 | 2.0 | 280 | 182 | 120 | 0.5 |
| J2-62-4 | 17 | 33 | 1 460 | 89 | 0.88 | 7.0 | 1.1 | 2.0 | 280 | 182 | 155 | 0.5 |
| J2-71-4 | 22 | 43 | 1 460 | 89.5 | 0.88 | 7.0 | 1.1 | 2.0 | 327 | 210 | 145 | 0.5 |
| J2-72-4 | 30 | 58 | 1 460 | 90 | 0.88 | 7.0 | 1.1 | 2.0 | 327 | 210 | 175 | 0.5 |
| J2-81-4 | 40 | 75 | 1 470 | 91 | 0.89 | 6.5 | 1.1 | 2.0 | 368 | 245 | 180 | 0.65 |
| J2-82-4 | 55 | 103 | 1 470 | 91.5 | 0.89 | 6.5 | 1.1 | 2.0 | 368 | 245 | 240 | 0.65 |
| J2-91-4 | 75 | 138 | 1 470 | 92 | 0.90 | 6.5 | 1.0 | 2.0 | 423 | 280 | 210 | 0.85 |
| J2-92-4 | 100 | 183 | 1 470 | 92.5 | 0.90 | 6.5 | 1.0 | 2.0 | 423 | 280 | 260 | 0.85 |

异步电动机技术数据

| 子 | | | | | 线模尺寸(mm) | | | | | | |
|---|---|---|---|---|---|---|---|---|---|---|---|
| 每槽线数 | 并联支路数 | 绕组型式 | 线规 | | | | | | 节距 | 线质量(kg/台) | 定、转子槽数 $\frac{Z_1}{Z_2}$ |
| | | | 根数 | 直径(mm) | $\tau_1$ | $\tau_2$ | $A$ | $C$ | | | |
| 32 | 1 | 双层叠绕 | 1<br>1 | 1.40<br>1.35 | | | 158 | 100 | 1—13 | 5.04<br>4.7 | 36/22 |
| 26 | 1 | | 2 | 1.60 | | | 158 | 100 | 1—13 | 10.67 | 36/22 |
| 20 | 1 | | 4 | 1.30 | — | — | 190 | 135 | 1—13 | 15.75 | 36/28 |
| 16 | 1 | | 4 | 1.50 | — | — | 190 | 135 | 1—13 | 17.70 | 36/28 |
| 28 | 2 | | 2 | 1.50 | — | — | 202 | 155 | 1—13 | 26.9 | 36/28 |
| 22 | 2 | | 2<br>3 | 1.25<br>1.30 | — | — | 202 | 155 | 1—13 | 28.6 | 36/28 |
| 16 | 2 | | 5 | 1.45 | — | — | 245 | 185 | 1—15 | 32.7 | 42/34 |
| 14 | 2 | | 5 | 1.68 | — | — | 245 | 185 | 1—15 | 40.8 | 42/34 |
| 34 | 1 | 双层叠绕 | 2 | 1.20 | | | 125 | 75 | 1—8 | 7.1 | 36/28 |
| 54 | 2 | | 1 | 1.40 | | | 125 | 75 | 1—8 | 7.8 | 36/28 |
| 24 | 1 | | 3 | 1.30 | — | — | 170 | 90 | 1—9 | 12.05 | 36/28 |
| 38 | 2 | | 2 | 1.35 | — | — | 170 | 90 | 1—9 | 14.82 | 36/28 |
| 54 | 4 | | 1 | 1.50 | — | — | 180 | 110 | 1—11 | 18.9 | 48/38 |
| 20 | 2 | | 3 | 1.50 | — | — | 180 | 110 | 1—11 | 23.8 | 48/38 |
| 16 | 2 | | 4 | 1.50 | — | — | 195 | 125 | 1—13 | 31.8 | 60/50 |
| 26 | 4 | | 3 | 1.45 | — | — | 195 | 125 | 1—13 | 39.8 | 60/50 |

| 机座号 | 功率(kW) | 满载时 | | | | 堵转电流/额定电流 | 堵转转矩/额定转矩 | 最大转矩/额定转矩 | 定 | | | |
|---|---|---|---|---|---|---|---|---|---|---|---|---|
| | | 定子电流(A) | 转速(r/min) | 效率(%) | 功率因数 | | | | 外径 | 内径 | 铁心长度 | 气隙长度 |
| | | | | | | | | | (mm) | | | |
| J2-61-6 | 10 | 21 | 960 | 86.5 | 0.82 | 6.5 | 1.2 | 1.8 | 280 | 200 | 165 | 0.40 |
| J2-62-6 | 13 | 27 | 960 | 87 | 0.83 | 6.5 | 1.2 | 1.8 | 280 | 200 | 205 | 0.40 |
| J2-71-6 | 17 | 35 | 970 | 88 | 0.84 | 6.5 | 1.2 | 1.8 | 327 | 230 | 155 | 0.45 |
| J2-72-6 | 22 | 44 | 970 | 88.5 | 0.85 | 6.5 | 1.2 | 1.8 | 327 | 230 | 200 | 0.45 |
| J2-81-6 | 30 | 59 | 970 | 89.5 | 0.86 | 6.5 | 1.2 | 1.8 | 368 | 260 | 180 | 0.50 |
| J2-82-6 | 40 | 77 | 970 | 90.5 | 0.87 | 6.5 | 1.2 | 1.8 | 368 | 260 | 240 | 0.50 |
| J2-91-6 | 55 | 104 | 980 | 91.5 | 0.88 | 6.5 | 1.0 | 1.8 | 423 | 300 | 255 | 0.5 |
| J2-92-6 | 75 | 139 | 980 | 92 | 0.89 | 6.5 | 1.0 | 1.8 | 423 | 300 | 340 | 0.6 |
| J2-61-8 | 7.5 | 17 | 720 | 85.5 | 0.78 | 5.5 | 1.1 | 2.2 | 280 | 200 | 165 | 0.40 |
| J2-62-8 | 10 | 22 | 720 | 86 | 0.80 | 5.5 | 1.1 | 2.2 | 280 | 200 | 205 | 0.40 |
| J2-71-8 | 13 | 28 | 720 | 87 | 0.81 | 5.5 | 1.1 | 1.8 | 327 | 230 | 155 | 0.45 |
| J2-72-8 | 17 | 36 | 720 | 87.5 | 0.82 | 5.5 | 1.1 | 1.8 | 327 | 230 | 200 | 0.45 |
| J2-81-8 | 22 | 46 | 730 | 88.5 | 0.82 | 5.5 | 1.1 | 1.8 | 368 | 260 | 180 | 0.50 |
| J2-82-8 | 30 | 62 | 730 | 89 | 0.83 | 5.5 | 1.1 | 1.8 | 368 | 260 | 240 | 0.50 |
| J2-91-8 | 40 | 81 | 730 | 90 | 0.84 | 5.5 | 1.1 | 1.8 | 423 | 300 | 255 | 0.50 |
| J2-92-8 | 55 | 109 | 730 | 91 | 0.84 | 5.5 | 1.1 | 1.8 | 423 | 300 | 340 | 0.50 |
| J2-81-10 | 17 | 39 | 380 | 87 | 0.76 | 5.5 | 1.1 | 1.8 | 368 | 260 | 180 | 0.45 |
| J2-82-10 | 22 | 49 | 380 | 88 | 0.77 | 5.5 | 1.1 | 1.8 | 368 | 260 | 240 | 0.45 |
| J2-91-10 | 30 | 66 | 380 | 88.5 | 0.78 | 5.5 | 1.0 | 1.8 | 423 | 300 | 240 | 0.50 |
| J2-92-10 | 40 | 87 | 380 | 88.5 | 0.78 | 5.5 | 1.0 | 1.8 | 423 | 300 | 320 | 0.50 |

（续表）

| 子 | | | | | 线模尺寸(mm) | | | | | | |
|---|---|---|---|---|---|---|---|---|---|---|---|
| 每槽线数 | 并联支路数 | 绕组型式 | 线规 | | | | | | 节距 | 线质量(kg/台) | 定、转子槽数 $\frac{Z_1}{Z_2}$ |
| | | | 根数 | 直径(mm) | $\tau_1$ | $\tau_2$ | $A$ | $C$ | | | |
| 28 | 1 | 双层叠绕 | 2 | 1.12 | | | 105 | 62 | 1—9 | 7.9 | 54/44 |
| 22 | 1 | | 2 | 1.25 | | | 105 | 62 | 1—9 | 10 | 54/44 |
| 40 | 2 | | 1 | 1.40 | — | — | 120 | 70 | 1—9 | 10.1 | 54/44 |
| 32 | 2 | | 1 | 1.62 | — | — | 120 | 70 | 1—9 | 12.3 | 54/44 |
| 24 | 2 | | 2 | 1.40 | — | — | 130 | 80 | 1—11 | 18.9 | 72/58 |
| 28 | 3 | | 2 | 1.35 | — | — | 130 | 80 | 1—11 | 23.7 | 72/58 |
| 46 | 6 | | 1 | 1.56 | — | — | 145 | 90 | 1—11 | 28.1 | 72/56 |
| 34 | 6 | | 2 | 1.30 | — | — | 145 | 90 | 1—11 | 34 | 72/56 |
| 36 | 1 | 双层叠绕 | 1 | 1.45 | — | — | 74 | 46 | 1—7 | 8 | 54/58 |
| 54 | 2 | | 1 | 1.20 | — | — | 74 | 46 | 1—7 | 9.5 | 54/58 |
| 50 | 2 | | 1 | 1.30 | — | — | 90 | 55 | 1—7 | 9.88 | 54/58 |
| 20 | 1 | | 1<br>1 | 1.40<br>1.50 | — | — | 90 | 55 | 1—7 | 11.72 | 54/58 |
| 30 | 2 | | 2 | 1.25 | — | — | 100 | 65 | 1—9 | 17.6 | 72/58 |
| 46 | 4 | | 1 | 1.50 | — | — | 100 | 65 | 1—9 | 22.5 | 72/58 |
| 36 | 4 | | 2 | 1.16 | — | — | 112 | 75 | 1—9 | 22.8 | 72/56 |
| 28 | 4 | | 1<br>1 | 1.40<br>1.45 | — | — | 112 | 75 | 1—9 | 31.9 | 72/56 |
| 40 | 2 | 双层叠绕 | 1<br>1 | 1.16<br>1.25 | — | — | 80 | 50 | 1—6 | 16.4 | 60/64 |
| 30 | 2 | | 2 | 1.35 | — | — | 80 | 50 | 1—6 | 18.35 | 60/64 |
| 62 | 5 | | 1 | 1.35 | — | — | 90 | 55 | 1—6 | 19.4 | 60/64 |
| 48 | 5 | | 2 | 1.16 | — | — | 90 | 55 | 1—6 | 26.7 | 60/64 |

表 3-29 JO2-1～5 三相异步电动机绕线模尺寸

<table>
<tr><th rowspan="2">型　号</th><th rowspan="2">功率<br>(kW)</th><th rowspan="2">绕组型式</th><th colspan="7">线 模 尺 寸 (mm)</th></tr>
<tr><th>$b_{y_1}$</th><th>$b_{y_2}$</th><th>$L_1$</th><th>$L_2$</th><th>$R_1$</th><th>$R_2$</th><th>$b$</th></tr>
<tr><td>JO2-11-2</td><td>0.8</td><td rowspan="2">单层同心</td><td rowspan="2">69</td><td rowspan="2">86</td><td>151</td><td>170</td><td rowspan="2">35</td><td rowspan="2">43</td><td rowspan="2">8</td></tr>
<tr><td>JO2-12-2</td><td>1.1</td><td>171</td><td>190</td></tr>
<tr><td>JO2-21-2</td><td>1.5</td><td rowspan="2">单层交叉</td><td rowspan="2">73</td><td rowspan="2">86</td><td>196</td><td rowspan="2"></td><td rowspan="2">36.5</td><td rowspan="2">43</td><td rowspan="2">8.5</td></tr>
<tr><td>JO2-22-2</td><td>2.2</td><td>221</td></tr>
<tr><td>JO2-31-2</td><td>3.0</td><td rowspan="6">单层同心</td><td rowspan="2">95</td><td rowspan="2">116</td><td>215</td><td>240</td><td rowspan="2">47</td><td rowspan="2">58</td><td rowspan="4">10</td></tr>
<tr><td>JO2-32-2</td><td>4.0</td><td>245</td><td>270</td></tr>
<tr><td>JO2-41-2</td><td>5.5</td><td rowspan="2">115</td><td rowspan="2">138</td><td>251</td><td>283</td><td rowspan="2">57</td><td rowspan="2">70</td></tr>
<tr><td>JO2-42-2</td><td>7.5</td><td>276</td><td>308</td></tr>
<tr><td>JO2-51-2</td><td>10</td><td rowspan="2">143</td><td rowspan="2">175</td><td>273</td><td>312</td><td rowspan="2">72</td><td rowspan="2">87</td><td rowspan="2">12</td></tr>
<tr><td>JO2-52-2</td><td>13</td><td>313</td><td>352</td></tr>
<tr><td>JO2-11-4</td><td>0.6</td><td rowspan="4">单层链式</td><td rowspan="2">50</td><td rowspan="4"></td><td>134</td><td rowspan="22"></td><td rowspan="2">31</td><td rowspan="4"></td><td rowspan="2">8</td></tr>
<tr><td>JO2-12-4</td><td>0.8</td><td>149</td></tr>
<tr><td>JO2-21-4</td><td>1.1</td><td rowspan="2">60</td><td>141</td><td rowspan="2">36</td><td rowspan="2">9</td></tr>
<tr><td>JO2-22-4</td><td>1.5</td><td>171</td></tr>
<tr><td>JO2-31-4</td><td>2.2</td><td rowspan="6">单层交叉</td><td rowspan="2">65</td><td rowspan="2">73</td><td>175</td><td rowspan="2">34</td><td rowspan="2">39</td><td rowspan="4">10</td></tr>
<tr><td>JO2-32-4</td><td>3.0</td><td>215</td></tr>
<tr><td>JO2-41-4</td><td>4.0</td><td rowspan="2">84</td><td rowspan="2">94</td><td>185</td><td rowspan="2">53</td><td rowspan="4">65</td></tr>
<tr><td>JO2-42-4</td><td>5.5</td><td>210</td></tr>
<tr><td>JO2-51-4</td><td>7.5</td><td rowspan="2">99</td><td rowspan="2">110</td><td>218</td><td rowspan="2">56</td><td rowspan="2">11.5</td></tr>
<tr><td>JO2-52-4</td><td>10</td><td>258</td></tr>
<tr><td>JO2-21-6</td><td>0.8</td><td rowspan="12">单层链式</td><td rowspan="2">42</td><td rowspan="12"></td><td>132</td><td rowspan="2">25</td><td rowspan="12"></td><td rowspan="2">9</td></tr>
<tr><td>JO2-22-6</td><td>1.1</td><td>162</td></tr>
<tr><td>JO2-31-6</td><td>1.5</td><td rowspan="2">50</td><td>150</td><td rowspan="2">31</td><td rowspan="2">10</td></tr>
<tr><td>JO2-32-6</td><td>2.2</td><td>190</td></tr>
<tr><td>JO2-41-6</td><td>3.0</td><td rowspan="2">65</td><td>170</td><td rowspan="2">43</td><td rowspan="2">9</td></tr>
<tr><td>JO2-42-6</td><td>4.0</td><td>220</td></tr>
<tr><td>JO2-51-6</td><td>5.5</td><td rowspan="2">76</td><td>199</td><td rowspan="2">47</td><td rowspan="2">11</td></tr>
<tr><td>JO2-52-6</td><td>7.5</td><td>239</td></tr>
<tr><td>JO2-41-8</td><td>2.2</td><td rowspan="2">49</td><td>165</td><td rowspan="2">30</td><td rowspan="2">9</td></tr>
<tr><td>JO2-42-8</td><td>3.0</td><td>195</td></tr>
<tr><td>JO2-51-8</td><td>4.0</td><td rowspan="2">58</td><td>188</td><td rowspan="2">37</td><td rowspan="2">11</td></tr>
<tr><td>JO2-52-8</td><td>5.5</td><td>228</td></tr>
</table>

表 3-30 JO2-6～9 三相异步电动机绕线模尺寸

| 型 号 | 功率(kW) | 线模尺寸(mm) | | | | 型 号 | 功率(kW) | 线模尺寸(mm) | | | |
|---|---|---|---|---|---|---|---|---|---|---|---|
| | | $b_y$ | $L$ | $L_x$ | $b$ | | | $b_y$ | $L$ | $L_x$ | $b$ |
| JO2-61-2 | 17 | 158 | 195 | 110 | 11 | JO2-82-6 | 40 | 124 | 350 | 76 | 6.5 |
| JO2-61-4 | 13 | 125 | 190 | 75 | 9 | JO2-81-8 | 22 | 94 | 280 | 61 | |
| JO2-62-4 | 17 | | 225 | | | JO2-82-8 | 30 | | 350 | | |
| JO2-61-6 | 10 | 105 | 205 | 62 | 7 | JO2-81-10 | 17 | 74 | 280 | 46 | 7.5 |
| JO2-62-6 | 13 | | 250 | | | JO2-82-10 | 22 | | 350 | | |
| JO2-61-8 | 7.5 | 74 | 205 | 46 | | JO2-91-2 | 55 | 234 | 300 | 177 | 12.5 |
| JO2-62-8 | 10 | | 250 | | | JO2-92-2 | 75 | | 340 | | |
| JO2-71-2 | 22 | 182 | 195 | 130 | 11 | JO2-93-2 | 100 | | 400 | | |
| JO2-72-2 | 30 | | 250 | | | JO2-91-4 | 55 | 187 | 300 | 120 | 9.5 |
| JO2-71-4 | 22 | 162 | 230 | 92 | 10 | JO2-92-4 | 75 | | 380 | | |
| JO2-72-4 | 30 | | 300 | | | JO2-93-4 | 100 | | 420 | | |
| JO2-71-6 | 17 | 115 | 230 | 67 | 7 | JO2-91-6 | 55 | 138 | 360 | 86 | 8 |
| JO2-72-6 | 22 | | 280 | | | JO2-92-6 | 75 | | 460 | | |
| JO2-71-8 | 13 | 85 | 230 | 52 | | JO2-91-8 | 40 | 104 | 360 | 71 | |
| JO2-72-8 | 17 | | 280 | | | JO2-92-8 | 55 | | 460 | | |
| JO2-82-2 | 40 | 202 | 280 | 155 | 13 | JO2-91-10 | 30 | 84 | 360 | 56 | 7.5 |
| JO2-82-4 | 40 | 170 | 315 | 104 | 10 | JO2-92-10 | 40 | | 440 | | |
| JO2-81-6 | 30 | 124 | 280 | 76 | 6.5 | | | | | | |

表3-31 YX系列高效率

| 型号 | 额定功率(kW) | 额定电流(A) | 转速(r/min) | 效率(%)(输出功率/额定功率) | | | 功率因数 | 堵转转矩/额定转矩 | 堵转电流/额定电流 | 最大转矩/额定转矩 |
|---|---|---|---|---|---|---|---|---|---|---|
| | | | | 100 | 75 | 50 | | | | |
| YX100L-2 | 3 | 5.9 | 2 880 | 86.5 | 86.8 | 86.3 | 0.89 | 2.0 | 8.0 | 2.2 |
| YX112M-2 | 4 | 7.7 | 2 910 | 88.3 | 88.6 | 88 | | | | |
| YX132S1-2 | 5.5 | 10.6 | 2 920 | 88.6 | 89 | 88.2 | | 1.8 | | |
| YX132S2-2 | 7.5 | 14.3 | | 89.7 | 90.2 | 89.4 | | | | |
| YX160M1-2 | 11 | 20.9 | 2 950 | 90.8 | 91.2 | 90.4 | 0.88 | | | |
| YX160M2-2 | 15 | 27.8 | | 92 | 92.4 | 91.6 | 0.89 | | | |
| YX160L-2 | 18.5 | 34.3 | | | | 91.7 | | | | |
| YX180M-2 | 22 | 40.1 | | 92.5 | 92.5 | 92.1 | 0.90 | | | |
| YX200L1-2 | 20 | 54.5 | 2 960 | 93 | 93 | 92.7 | | | 7.5 | |
| YX200L2-2 | 37 | 67 | 2 950 | 93.2 | 93.4 | 93 | | | | |
| YX225M-2 | 45 | 80.8 | 2 970 | 94 | 94 | 93.5 | | | | |
| YX250M-2 | 55 | 99.7 | 2 980 | 94.2 | 94.2 | 93.6 | 0.89 | | | |
| YX280S-2 | 75 | 135.8 | 2 970 | | 94.4 | 93.7 | | | | |
| YX280M-2 | 90 | 162.6 | 2 980 | 94.5 | 94.6 | 94 | | | | |

三相异步电动机技术数据

| 定子铁心外径 (mm) | 定子铁心内径 (mm) | 铁心长度 (mm) | 气隙长度 (mm) | 定、转子槽数 ($Z_1/Z_2$) | 绕组型式 | 并联路数 | 节距 | 每槽线数 | 线规 (根-mm) |
|---|---|---|---|---|---|---|---|---|---|
| 155 | 84 | 115 | 0.4 | 24/20 | 单层同心式 | 1 | 1—12<br>2—11 | 38 | 2-$\phi$0.85 |
| 175 | 98 | 130 | 0.45 | 36/28 | | | 1—18<br>2—17<br>3—16 | 37 | 1-$\phi$1.18 |
| 210 | 116 | 110 | 0.55 | | | | | 34 | 1-$\phi$1.0<br>1-$\phi$1.06 |
| | | 145 | | | | | | 26 | 2-$\phi$1.18 |
| 260 | 150 | 150 | 0.65 | | | | | 20 | 3-$\phi$1.25 |
| | | 190 | | | | | | 16 | 2-$\phi$1.18<br>2-$\phi$1.25 |
| | | 215 | | | | | | 14 | 4-$\phi$1.3 |
| 290 | 160 | 205 | 0.8 | | 双层叠式 | 2 | 1—14 | 28 | 2-$\phi$1.25<br>1-$\phi$1.18 |
| 327 | 182 | 200 | 1.0 | | | | | | 3-$\phi$1.4 |
| | | 235 | | | | | | 24 | 4-$\phi$1.3 |
| 368 | 210 | 220 | 1.1 | | | | | 20 | 5-$\phi$1.4 |
| 400 | 225 | 240 | 1.2 | 42/34 | | | 1—17 | 16 | 5-$\phi$1.5<br>1-$\phi$1.6 |
| 445 | 255 | 245 | 1.5 | | | | 1—16 | | 9-$\phi$1.5 |
| | | 275 | 1.5 | | | | | 12 | 6-$\phi$1.5<br>4-$\phi$1.6 |

| 型号 | 额定功率(kW) | 额定电流(A) | 转速(r/min) | 效率(%)(输出功率/额定功率) 100 | 75 | 50 | 功率因数 | 堵转转矩/额定转矩 | 堵转电流/额定电流 | 最大转矩/额定转矩 |
|---|---|---|---|---|---|---|---|---|---|---|
| YX100L1-4 | 2.2 | 4.7 | 1 440 | 86.3 | 87 | 86.5 | 0.82 | 2.0 | 8.0 | 2.2 |
| YX100L2-4 | 3 | 6.4 | 1 440 | 86.5 | 87.2 | 86.6 | 0.82 | 2.0 | 8.0 | 2.2 |
| YX112M-4 | 4 | 8.3 | 1 460 | 88.3 | 89 | 88.5 | 0.83 | 2.0 | 8.0 | 2.2 |
| YX132S-4 | 5.5 | 11.2 | 1 460 | 89.5 | 90.2 | 89.5 | 0.83 | 2.0 | 8.0 | 2.2 |
| YX132M-4 | 7.5 | 14.8 | 1 460 | 90.3 | 90.7 | 90.3 | 0.85 | 2.0 | 8.0 | 2.2 |
| YX160M-4 | 11 | 20.9 | 1 470 | 91.8 | 92 | 91.6 | 0.87 | 2.0 | 8.0 | 2.2 |
| YX160L-4 | 15 | 28.5 | 1 470 | 91.8 | 92.2 | 91.7 | 0.87 | 2.0 | 8.0 | 2.2 |
| YX180M-4 | 18.5 | 35.2 | 1 480 | 93 | 93.2 | 92.8 | 0.86 | 1.8 | 7.5 | 2.2 |
| YX180L-4 | 22 | 41.7 | 1 480 | 93.2 | 93.5 | 93 | 0.86 | 1.8 | 7.5 | 2.2 |
| YX200L-4 | 30 | 56 | 1 480 | 93.5 | 93.8 | 93.5 | 0.87 | 1.8 | 7.5 | 2.2 |
| YX225S-4 | 37 | 68.9 | 1 490 | 93.8 | 94.2 | 93.7 | 0.87 | 1.8 | 7.5 | 2.2 |
| YX225M-4 | 45 | 83.5 | 1 480 | 94.1 | 94.5 | 94 | 0.88 | 1.8 | 7.5 | 2.2 |
| YX250M-4 | 55 | 100.2 | 1 480 | 94.5 | 94.8 | 94.2 | 0.88 | 1.8 | 7.5 | 2.2 |
| YX280S-4 | 75 | 136.7 | 1 490 | 94.7 | 95 | 94.6 | 0.88 | 1.8 | 7.5 | 2.2 |
| YX280M-4 | 90 | 161.7 | 1 490 | 95 | 95.2 | 94.8 | 0.89 | 1.8 | 7.5 | 2.2 |

（续表）

| 定子铁心外径 (mm) | 定子铁心内径 (mm) | 铁心长度 (mm) | 气隙长度 (mm) | 定、转子槽数 ($Z_1/Z_2$) | 绕组型式 | 并联路数 | 节距 | 每槽线数 | 线规 (根-mm) |
|---|---|---|---|---|---|---|---|---|---|
| 155 | 98 | 135 | 0.3 | 36/32 | 单层交叉式 | 1 | 2/1—9<br>1/1—8 | 35 | 1-$\phi$1.18 |
| | | 160 | | | | | | 29 | 1-$\phi$1.30 |
| 175 | 110 | 160 | 0.3 | | | | | 46 | 1-$\phi$1.25 |
| 210 | 136 | 145 | 0.4 | | | | | 40 | 1-$\phi$0.9<br>2-$\phi$0.86 |
| | | 180 | | | | | | 32 | 2-$\phi$1.18 |
| 260 | 170 | 175 | 0.5 | 48/44 | 单层链式 | | 1—11 | 20 | 2-$\phi$1.18<br>1-$\phi$1.25 |
| | | 215 | | | | | | 16 | 1-$\phi$1.12<br>3-$\phi$1.18 |
| 290 | 187 | 220 | 0.55 | | 双层叠式 | 4 | | 60 | 2-$\phi$0.95 |
| | | 250 | | | | | | 52 | 1-$\phi$1.06<br>1-$\phi$0.95 |
| 327 | 210 | | 0.65 | | | 2 | | 26 | 3-$\phi$1.40 |
| 368 | 245 | 235 | 0.7 | | | 4 | 1—12 | 42 | 1-$\phi$1.30<br>1-$\phi$1.50 |
| | | 260 | | | | | | 38 | 2-$\phi$1.50 |
| 400 | 260 | 260 | 0.8 | | | | | 34 | 2-$\phi$1.40<br>1-$\phi$1.30 |
| 445 | 300 | 290 | 0.9 | 60/50 | | | 1—14 | 24 | 4-$\phi$1.30<br>1-$\phi$1.40 |
| | | 345 | | | | | | 20 | 2-$\phi$1.40<br>3-$\phi$1.50 |

| 型号 | 额定功率(kW) | 额定电流(A) | 转速(r/min) | 效率(%)(输出功率/额定功率) 100 | 75 | 50 | 功率因数 | 堵转转矩/额定转矩 | 堵转电流/额定电流 | 最大转矩/额定转矩 |
|---|---|---|---|---|---|---|---|---|---|---|
| YX100L-6 | 1.5 | 3.8 | 960 | 82.4 | 82.8 | 82 | 0.72 | | | |
| YX112M-6 | 2.2 | 5.3 | 970 | 85.3 | 85.8 | 84.8 | 0.74 | | | |
| YX132S-6 | 3 | 6.9 | 980 | 87.2 | 87.5 | 86.8 | 0.76 | | | |
| YX132M1-6 | 4 | 9 | 970 | 88 | 88.4 | 87.6 | 0.77 | | | |
| YX132M2-6 | 5.5 | 12.1 | | 88.5 | 88.3 | 88.3 | 0.78 | 2.0 | | |
| YX160M-6 | 7.5 | 16 | | 90 | 90.4 | 89.6 | 0.79 | | | |
| YX160L-6 | 11 | 23.4 | | 90.4 | 91 | 90.2 | | | | |
| YX180L-6 | 15 | 30.7 | 980 | 91.7 | 92.2 | 91.5 | 0.81 | | 7.0 | 2.0 |
| YX200L1-6 | 18.5 | 36.9 | | | | | 0.83 | | | |
| YX200L2-6 | 22 | 43.2 | | 92.1 | 92.5 | 91.8 | 0.84 | | | |
| YX225M-6 | 30 | 57.7 | | 93 | 93.4 | 92.8 | 0.85 | 1.8 | | |
| YX250M-6 | 37 | 70.8 | | 93.4 | 93.8 | 93.2 | | | | |
| YX280S-6 | 45 | 84 | 990 | 93.6 | 94 | 93.4 | 0.87 | | | |
| YX280M-6 | 55 | 102.4 | | 93.8 | 94.2 | 93.6 | | | | |

10. YR系列(IP44)绕线转子三相异步电动机技术数据(表3-32)

12. YD系列变极多速三相异步电动机技术数据(表3-34),各种速比下绕组出线端数目及连接方法(表3-35)

14. YLB系列立式深井泵用三相异步电动机技术数据(表3-37)

16. JZS2系列三相换向器异步电动机绕组数据(表3-39)

（续表）

| 定子铁心外径 (mm) | 定子铁心内径 (mm) | 铁心长度 (mm) | 气隙长度 (mm) | 定、转子槽数 ($Z_1/Z_2$) | 绕组型式 | 并联路数 | 节距 | 每槽线数 | 线规 (根-mm) |
|---|---|---|---|---|---|---|---|---|---|
| 155 | 106 | 115 | 0.25 | 36/33 | 单层链式 | 1 | 1—6 | 50 | 1-φ0.95 |
| 172 | 120 | 130 | 0.3 | | | | | 41 | 1-φ1.18 |
| 210 | 148 | 125 | 0.35 | | | | | 35 | 1-φ1.0<br>1-φ0.95 |
| | | 150 | | | | | | 49 | 2-φ0.85 |
| | | 195 | | | | | | 38 | 2-φ0.95 |
| 260 | 180 | 165 | 0.4 | 54/44 | | | 1—9 | 24 | 1-φ1.25<br>1-φ1.30 |
| | | 220 | | | | | | 18 | 2-φ1.18<br>1-φ1.25 |
| 290 | 205 | 235 | 0.45 | | 双层叠式 | 3 | | 48 | 2-φ0.95 |
| 327 | 230 | 215 | 0.5 | 72/58 | | 2 | 1—12 | 24 | 2-φ1.0<br>1-φ1.06 |
| | | 225 | | | | | | 22 | 2-φ1.0<br>1-φ1.18 |
| 368 | 260 | 240 | 0.5 | | | 3 | | 28 | 2-φ1.18<br>1-φ1.06 |
| 400 | 285 | 235 | 0.55 | | | | | 30 | 3-φ1.25 |
| 445 | 325 | | 0.65 | | | | | 24 | 3-φ1.18<br>1-φ1.25 |
| | | 280 | | | | | | 20 | 2-φ1.25<br>1-φ1.60 |

11. YR系列(IP23)绕线转子三相异步电动机技术数据(表3-33)

13. YCT系列电磁调速三相异步电动机技术数据(表3-36)

15. YZR系列冶金及起重用三相异步电动机技术数据(表3-38)

17. 常用的QY型(充油式)、QS型(充水式)和QX型(下泵式)三相潜水电泵电动机主要技术数据(表3-40)

表 3－32 YR 系列(IP44)绕线转子

| 型 号 | 额定功率(kW) | 满载时 | | | | 转子 | | 定、转子槽数($Z_1/Z_2$) | 定 | |
|---|---|---|---|---|---|---|---|---|---|---|
| | | 转速(r/min) | 电流(A) | 效率(%) | 功率因数 | 电压(V) | 电流(A) | | 每槽线数 | 线规(根-mm) |
| YR132M1－4 | 4 | 1 440 | 9.3 | 84.5 | 0.77 | 230 | 11.5 | 36/24 | 102 | 1－$\phi$0.8 |
| YR132M2－4 | 5.5 | | 12.6 | 86 | | 272 | 13 | | 74 | 1－$\phi$0.95 |
| YR160M－4 | 7.5 | 1 460 | 15.7 | 87.5 | 0.83 | 250 | 19.5 | | 74 | 1－$\phi$1.12 |
| YR160L－4 | 11 | | 22.5 | 89.5 | | 276 | 25 | | 52 | 2－$\phi$0.95 |
| YR180L－4 | 15 | 1 465 | 30 | | 0.85 | 278 | 34 | | 32 | 2－$\phi$1.06 |
| YR200L1－4 | 18.5 | | 36.7 | 89 | 0.86 | 247 | 47.5 | 48/36 | 64 | 1－$\phi$1.18 |
| YR200L2－4 | 22 | | 43.2 | 90 | | 293 | 47 | | 54 | 1－$\phi$1.30 |
| YR225M2－4 | 30 | 1 475 | 57.6 | 91 | 0.87 | 360 | 51.5 | | 22 | 3－$\phi$1.25 |
| YR250M1－4 | 37 | 1 480 | 71.4 | 91.5 | 0.86 | 289 | 79 | | 40 | 2－$\phi$1.25 |
| YR250M2－4 | 45 | 1 480 | 85.9 | 91.5 | 0.87 | 340 | 81 | | 34 | 3－$\phi$1.12 |
| YR280S－4 | 55 | | 93.8 | | 0.88 | 485 | 70 | 60/48 | 26 | 2－$\phi$1.50 |
| YR280M－4 | 75 | 1 480 | 140 | 92.5 | 0.88 | 354 | 128 | | 18 | 1－$\phi$1.40<br>2－$\phi$1.50 |
| YR132M1－6 | 3 | 955 | 8.2 | 8.05 | 0.69 | 206 | 9.5 | 48/36 | 46 | 1－$\phi$1.0 |
| YR132M2－6 | 4 | | 10.7 | 82 | | 230 | 11 | | 70 | 1－$\phi$0.80 |
| YR160M－6 | 5.5 | 970 | 13.4 | 84.5 | 0.74 | 244 | 14.5 | | 66 | 1－$\phi$1.0 |
| YR160L－6 | 7.5 | | 17.9 | 86 | | 266 | 18 | | 50 | 1－$\phi$1.18 |
| YR180L－6 | 11 | 975 | 23.6 | 87.5 | 0.81 | 310 | 22.5 | 54/36 | 38 | 1－$\phi$1.25 |
| YR200L1－6 | 15 | | 31.8 | 88.5 | | 198 | 48 | | 34 | 1－$\phi$1.06<br>1－$\phi$1.12 |
| YR225M1－6 | 18.5 | 980 | 38.3 | 88.5 | 0.83 | 187 | 62.5 | | 36 | 1－$\phi$1.18<br>1－$\phi$1.25 |

三相异步电动机技术数据

| 子 | 绕 | 组 | | 转 | 子 | 绕 | 组 | | | 最大转矩/额定转矩 |
|---|---|---|---|---|---|---|---|---|---|---|
| 节距 | 并联路数 | 绕组型式 | 接法 | 每槽线数 | 线规（根-mm） | 节距 | 并联路数 | 绕组型式 | 接法 | |
| | | | | 28 | 3-$\phi$1.06 | | 1 | | | |
| | | | | 24 | 2-$\phi$1.12<br>1-$\phi$1.18 | | | | | |
| 1—9 | 2 | | | 44 | 2-$\phi$1.0<br>1-$\phi$1.06 | 1—6 | | | | |
| | | | | 34 | 3-$\phi$1.18 | | 2 | | | |
| | | | | 18 | 3-$\phi$1.30 | | | | | |
| | | | | 16 | 4-$\phi$1.40 | | | | | |
| | 4 | | | 8 | 1-2×5.6 | | 1 | | | |
| 1—11 | | | | 16 | 4-$\phi$1.40 | | 2 | | | 3.0 |
| | | | | 8 | 1-2.24×5.6 | 1—9 | 1 | | | |
| | | | | 16 | 6-$\phi$1.25 | | 2 | | | |
| | 2 | | | 8 | 1-2.5×5.6 | | 1 | | | |
| | | | | 12 | 8-$\phi$1.40 | | 2 | | | |
| 1—12 | 4 | | | 6 | 2-2×5.6 | | 1 | | | |
| | | 双层叠式 | △ | 12 | 8-$\phi$1.40 | | 2 | 双层叠式 | Y | |
| 1—12 | | | | 6 | 2-2×5.6 | 1—12 | 1 | | | |
| | 4 | | | 12 | 7-$\phi$1.40 | | 2 | | | |
| 1—14 | | | | 6 | 2-2×5 | 1—12 | 1 | | | |
| 1—14 | 4 | | | 12 | 7-$\phi$1.40 | | 4 | | | 3.0 |
| | | | | 6 | 2-2×5 | 1—12 | 2 | | | |
| | 1 | | | 20 | 3-$\phi$1.0 | | 1 | | | |
| | | | | 34 | 2-$\phi$0.95 | | | | | |
| 1—8 | | | | 34 | 2-$\phi$1.06 | | | | | |
| | | | | 28 | 2-$\phi$1.18 | | | | | |
| | | | | 28 | 4-$\phi$1.0 | 1—6 | 2 | | | 2.8 |
| | 2 | | | 16 | 2-$\phi$1.18<br>4-$\phi$1.25 | | | | | |
| 1—9 | | | | 8 | 1-2.24×5.6 | | 1 | | | |
| | | | | 16 | 8-$\phi$1.25 | | 2 | | | |
| | | | | 8 | 1-2.8×6.3 | | 1 | | | |

| 型　号 | 额定功率(kW) | 满　载　时 | | | | 转　子 | | 定、转子槽数($Z_1/Z_2$) | 定 | |
|---|---|---|---|---|---|---|---|---|---|---|
| | | 转速(r/min) | 电流(A) | 效率(%) | 功率因数 | 电压(V) | 电流(A) | | 每槽线数 | 线规(根-mm) |
| YR225M2-6 | 22 | 980 | 45 | 89.5 | 0.83 | 224 | 61 | 54/36 | 30 | 1-$\phi$1.30<br>1-$\phi$1.40 |
| YR250M1-6 | 30 | | 60.3 | 90 | 0.84 | 282 | 66 | 72/48 | 18 | 3-$\phi$1.12<br>1-$\phi$1.18 |
| YR250M2-6 | 37 | | 73.9 | 90.5 | | 331 | 69 | | 16 | 3-$\phi$1.40 |
| YR280S-6 | 45 | 985 | 87.9 | 91.5 | 0.85 | 362 | 76 | 72/48 | 14 | 3-$\phi$1.40<br>1-$\phi$1.50 |
| YR280M-6 | 55 | | 106.9 | 92 | | 423 | 80 | | 12 | 3-$\phi$1.50<br>1-$\phi$1.60 |
| YR160M-8 | 4 | 715 | 10.7 | 82.5 | 0.69 | 216 | 12 | 48/36 | 92 | 1-$\phi$0.90 |
| YR160L-8 | 5.5 | 715 | 14.2 | 83 | 0.71 | 230 | 15.5 | 48/36 | 70 | 1-$\phi$1.0 |
| YR180L-8 | 7.5 | 725 | 18.4 | 85 | 0.73 | 255 | 19 | 54/36 | 28 | 1-$\phi$1.06<br>1-$\phi$1.12 |
| YR200L1-8 | 11 | 735 | 26.6 | 86 | | 152 | 46 | | 44 | 2-$\phi$0.95 |
| YR225M1-8 | 15 | | 34.5 | 88 | 0.75 | 169 | 56 | | 40 | 2-$\phi$1.12 |
| YR225M2-8 | 18.5 | | 42.1 | 89 | | 211 | 54 | | 32 | 2-$\phi$1.30 |
| YR250M1-8 | 22 | | 48.7 | 88 | 0.78 | 210 | 65.5 | 72/48 | 48 | 1-$\phi$1.40 |
| YR250M2-8 | 30 | | 66.1 | 89.5 | 0.77 | 270 | 69 | | 74 | 1-$\phi$1.12 |
| YR280S-8 | 37 | | 78.2 | 91 | 0.79 | 281 | 81.5 | | 36 | 3-$\phi$1.0 |
| YR280M-8 | 45 | | 92.9 | 92 | 0.80 | 359 | 76 | | 28 | 2-$\phi$1.4 |

注：转子绕组机座号 132～180 为圆铜线；机座号 200～280 为圆铜线与扁铜线两

（续表）

| 子绕组 | | | | 转子绕组 | | | | | | 最大转矩/额定转矩 |
|---|---|---|---|---|---|---|---|---|---|---|
| 节距 | 并联路数 | 绕组型式 | 接法 | 每槽线数 | 线规（根-mm） | 节距 | 并联路数 | 绕组型式 | 接法 | |
| 1—9 | 2 | 双层叠式 | △ | 16 | 8-φ1.25 | 1—6 | 2 | 双层叠式 | Y | 2.8 |
| | | | | 8 | 1-2.8×6.3 | | 1 | | | |
| 1—12 | | | | 12 | 7-φ1.40 | 1—8 | 2 | | | |
| | | | | 6 | 2-2.24×5 | | 1 | | | |
| | | | | 12 | 3-φ1.40<br>5-φ1.30 | | 2 | | | |
| | | | | 6 | 2-2.24×5 | | 1 | | | |
| | | | | 12 | 3-φ1.30<br>6-φ1.40 | | 2 | | | |
| | | | | 6 | 2-2.5×5.6 | | 1 | | | |
| | | | | 12 | 9-φ1.40 | | 2 | | | |
| | | | | 6 | 2-2.5×6.6 | | 1 | | | |
| 1—6 | | | | 42 | 2-φ0.95 | 1—5 | 2 | | | 2.4 |
| | | | | 34 | 2-φ1.06 | | | | | |
| 1—7 | 1 | | | 34 | 1-φ1.25<br>1-φ1.30 | | | | | |
| | 2 | | | 16 | 2-φ1.18<br>4-φ1.25 | | | | | |
| | | | | 8 | 1-2.2×5.6 | | 1 | | | |
| | | | | 16 | 8-φ1.25 | | 2 | | | |
| | | | | 8 | 1-2.8×6.3 | | 1 | | | |
| | | | | 16 | 8-φ1.25 | | 2 | | | |
| | | | | 8 | 1-2.8×6.3 | | 1 | | | |
| 1—9 | 4 | | | 12 | 7-φ1.4 | 1—6 | 2 | | | |
| | | | | 6 | 2-2.24×5 | | 1 | | | |
| | 8 | | | 12 | 7-φ1.40 | | 2 | | | |
| | | | | 6 | 2-2.24×5 | | 1 | | | |
| | 4 | | | 12 | 9-φ1.40 | | 2 | | | |
| | | | | 6 | 2-2.5×5.6 | | 1 | | | |
| | | | | 12 | 3-φ1.30<br>6-φ1.40 | | 2 | | | |
| | | | | 6 | 2-2.5×5.6 | | 1 | | | |

种方案同时并存。

表 3-33　YR 系列(IP23)绕线转子

| 型　号 | 额定功率(kW) | 满　载　时 | | | | 转　子 | | 定、转子槽数($Z_1/Z_2$) | 定 | |
|---|---|---|---|---|---|---|---|---|---|---|
| | | 转速(r/min) | 电流(A) | 效率(%) | 功率因数 | 电压(V) | 电流(A) | | 每槽线数 | 线规(根-mm) |
| YR160M-4 | 7.5 | 1 420 | 16 | 84 | 0.84 | 260 | 19 | | 34 | 1-φ1.50 |
| YR160L1-4 | 11 | 1 435 | 22.7 | 86.5 | 0.85 | 275 | 26 | | 50 | 2-φ0.85 |
| YR160L2-4 | 15 | 1 445 | 30.8 | 87 | | 260 | 37 | | 38 | 2-φ1.0 |
| YR180M-4 | 18.5 | 1 425 | 36.7 | | | 197 | 61 | | 40 | 2-φ1.12 |
| YR180L-4 | 22 | 1 435 | 43.2 | 88 | | 232 | 61 | 48/36 | 34 | 1-φ1.18<br>1-φ1.25 |
| YR200M-4 | 30 | 1 440 | 58.2 | | | 255 | 76 | | 62 | 2-φ0.95 |
| YR200L-4 | 37 | 1 450 | 71.8 | 89 | 0.88 | 316 | 74 | | 50 | 2-φ1.0 |
| YR225M1-4 | 45 | 1 440 | 87.3 | | | 240 | 120 | | 24 | 1-φ1.12<br>3-φ1.18 |
| YR225M2-4 | 55 | 1 450 | 105.5 | 90 | | 288 | 121 | | 40 | 1-φ1.25<br>1-φ1.30 |
| YR250S-4 | 75 | | 141.5 | 90.5 | | 449 | 105 | | 14 | 2-φ1.25<br>3-φ1.30 |
| YR250M-4 | 90 | 1 460 | 168.8 | 91 | 0.89 | 524 | 107 | 60/48 | 12 | 4-φ1.25<br>2-φ1.30 |
| YR280S-4 | 110 | | 205.2 | 91.5 | | 349 | 196 | | 24 | 4-φ1.25 |
| YR280M-4 | 132 | | 243.6 | 92.5 | | 419 | 194 | | 20 | 4-φ1.40 |
| YR160M-6 | 5.5 | 950 | 13.2 | 82.5 | 0.77 | 279 | 13 | | 36 | 2-φ0.95 |
| YR160L-6 | 7.5 | | 17.5 | 83.5 | 0.78 | 260 | 19 | | 58 | 1-φ1.06 |
| YR180M-6 | 11 | 940 | 25.4 | 84.5 | | 146 | 50 | 54/36 | 46 | 1-φ1.40 |
| YR180L-6 | 15 | 950 | 33.7 | 85.5 | 0.79 | 187 | 53 | | 36 | 2-φ1.06 |
| YR200M-6 | 18.5 | | 40.1 | 86.5 | 0.81 | | 65 | | 36 | 2-φ1.18 |

三相异步电动机技术数据

| 子绕组 | | | | 转子绕组 | | | | | | 最大转矩/额定转矩 |
|---|---|---|---|---|---|---|---|---|---|---|
| 节距 | 并联路数 | 绕组型式 | 接法 | 每槽线数 | 线规（根-mm） | 节距 | 并联路数 | 绕组型式 | 接法 | |
| 1—11 | 1 | 双层叠式 | △ | 18 | 3-ϕ1.12 | 1—9 | 1 | 双层叠式 | Y | 2.8 |
| | 2 | | | 14 | 4-ϕ1.12 | | | | | |
| | | | | 10 | 3-ϕ1.30<br>1-ϕ1.40 | | | | | |
| | | | | 8 | 1-1.8×5 | | | | | |
| | | | | 8 | 1-1.8×5 | | | | | 3.0 |
| | 4 | | | 8 | 1-2×5.6 | | | | | |
| | | | | 8 | 1-2×5.6 | | | | | |
| 1—12 | 2 | | | 6 | 2-1.8×4.5 | | | | | 2.5 |
| | 4 | | | 6 | 2-1.8×4.5 | | | | | |
| 1—14 | 2 | | | 6 | 2-1.6×4.5 | 1—12 | | | | 2.6 |
| | | | | 6 | 2-1.6×4.5 | | | | | |
| | 4 | | | 4 | 2-2.24×6.3 | | | | | 3.0 |
| | | | | 4 | 2-2.24×6.3 | | | | | |
| 1—9 | 1 | | | 24 | 1-ϕ1.18<br>1-ϕ1.25 | 1—6 | | | | 2.5 |
| | 2 | | | 18 | 3-ϕ1.12 | | | | | |
| | | | | 8 | 1-1.8×4 | | | | | 2.8 |
| | | | | 8 | 1-1.8×4 | | | | | 2.8 |
| | | | | 8 | 1-1.85×5 | | | | | |

| 型　号 | 额定功率(kW) | 满载时 | | | | 转子 | | 定、转子槽数($Z_1/Z_2$) | 定 | |
|---|---|---|---|---|---|---|---|---|---|---|
| | | 转速(r/min) | 电流(A) | 效率(%) | 功率因数 | 电压(V) | 电流(A) | | 每槽线数 | 线规(根-mm) |
| YR200L-6 | 22 | 955 | 46.6 | 87.5 | 0.82 | 224 | 63 | 54/36 | 30 | 1-φ1.30<br>1-φ1.40 |
| YR225M1-6 | 30 | | 61.3 | | | 227 | 86 | | 38 | 2-φ1.12 |
| YR225M2-6 | 37 | 965 | 74.3 | 89 | 0.85 | 287 | 82 | | 30 | 1-φ1.18<br>1-φ1.25 |
| YR250S-6 | 45 | | 90.4 | | | 307 | 93 | 72/54 | 28 | 2-φ1.40 |
| YR250M-6 | 55 | | 108.6 | 89.5 | 0.80 | 359 | 97 | | 24 | 4-φ1.06 |
| YR280S-6 | 75 | 970 | 143.1 | 90.5 | 0.88 | 392 | 121 | | 22 | 3-φ1.40 |
| YR280M-6 | 90 | | 168.7 | 91 | 0.89 | 481 | 118 | | 18 | 3-φ1.50 |
| YR160M-8 | 4 | 705 | 10.6 | 81 | 0.71 | 262 | 11 | | 54 | 1-φ1.25 |
| YR160L-8 | 5.5 | | 14.4 | 81.5 | | 243 | 15 | | 43 | 1-φ1.40 |
| YR180M-8 | 7.5 | 690 | 19 | 82 | | 105 | 49 | 48/36 | 70 | 2-φ0.90 |
| YR180L-8 | 11 | | 27.6 | 83 | 0.73 | 140 | 53 | | 54 | 2-φ1.0 |
| YR200M-8 | 15 | 710 | 36.7 | 85 | | 153 | 64 | | 50 | 2-φ0.95 |
| YR200L-8 | 18.5 | | 41.9 | 86 | 0.78 | 187 | | | 43 | 2-φ1.30 |
| YR225M1-8 | 22 | 715 | 49.2 | 86 | 0.79 | 161 | 90 | | 62 | 1-φ1.25 |
| YR225M2-8 | 30 | 715 | 66.3 | 87 | | 200 | 97 | | 50 | 1-φ1.40 |
| YR250S-8 | 37 | 720 | 81.3 | 87.5 | 0.79 | 218 | 110 | | 46 | 2-φ1.06 |
| YR250M-8 | 45 | | 97.8 | 88.5 | | 264 | 109 | 72/48 | 38 | 1-φ1.18<br>1-φ1.25 |
| YR280S-8 | 55 | 725 | 114.5 | 89 | 0.82 | 279 | 125 | | 36 | 1-φ1.30<br>1-φ1.40 |
| YR280M-8 | 75 | | 154.4 | 90 | | 359 | 131 | | 28 | 1-φ1.50<br>1-φ1.60 |

（续表）

| 子　绕　组 | | | | 转　子　绕　组 | | | | | | 最大转矩/额定转矩 |
|---|---|---|---|---|---|---|---|---|---|---|
| 节距 | 并联路数 | 绕组型式 | 接法 | 每槽线数 | 线规（根-mm） | 节距 | 并联路数 | 绕组型式 | 接法 | |
| 1—9 | 2 | 双层叠式 | △ | 8 | 1-1.8×5 | 1—6 | 1 | 双层叠式 | Y | 2.8 |
| 1—12 | 3 | | | 6 | 2-1.6×4.5 | 1—9 | | | | 2.2 |
| | | | | 6 | 2-1.6×4.5 | | | | | |
| | | | | 6 | 2-1.8×4.5 | | | | | |
| | | | | 6 | 2-1.8×4.5 | | | | | |
| | | | | 6 | 2-2×5 | | | | | 2.5 |
| | | | | 6 | 2-2×5 | | | | | |
| 1—6 | 1 | | | 30 | 1-$\phi$1.06<br>1-$\phi$1.12 | 1—5 | | | | 2.2 |
| | | | | 22 | 2-$\phi$1.25 | | | | | |
| | 2 | | | 8 | 1-1.8×4 | | | | | |
| | | | | 8 | 1-1.8×4 | | | | | |
| | | | | 8 | 1-1.8×5 | | | | | |
| | | | | 8 | 1-1.8×5 | | | | | |
| 1—9 | 4 | | | 6 | 2-1.6×4.5 | 1—6 | | | | 2.0 |
| | | | | 6 | 2-1.6×4.5 | | | | | |
| | | | | 6 | 2-1.8×4.5 | | | | | |
| | | | | 6 | 2-1.8×4.5 | | | | | |
| | | | | 6 | 2-2×5 | | | | | 2.2 |
| | | | | 6 | 2-2×5 | | | | | |

表3-34　YD系列变极多速

| 型　　号 | 极数 | 额定功率(kW) | 接法 | 满载时 | | | | 堵转电流/额定电流 | 堵转转矩/额定转矩 |
|---|---|---|---|---|---|---|---|---|---|
| | | | | 转速(r/min) | 电流(A) | 效率(%) | 功率因数 | | |
| YD801-4/2 | 4 | 0.45 | △ | 1 420 | 1.4 | 66 | 0.74 | 6.5 | 1.5 |
| | 2 | 0.55 | 2Y | 2 860 | 1.5 | 65 | 0.85 | 7 | 1.7 |
| YD802-4/2 | 4 | 0.55 | △ | 1 420 | 1.7 | 68 | 0.74 | 6.5 | 1.6 |
| | 2 | 0.75 | 2Y | 2 860 | 2.0 | 66 | 0.85 | 7 | 1.8 |
| YD90S-4/2 | 4 | 0.85 | △ | 1 430 | 2.3 | 74 | 0.77 | 6.5 | 1.8 |
| | 2 | 1.1 | 2Y | 2 850 | 2.8 | 72 | 0.85 | 7 | 1.9 |
| YD90L-4/2 | 4 | 1.3 | △ | 1 430 | 3.3 | 76 | 0.78 | 6.5 | 1.8 |
| | 2 | 1.8 | 2Y | 2 850 | 4.3 | 74 | 0.85 | 7 | 2 |
| YD100L1-4/2 | 4 | 2.0 | △ | 1430 | 4.8 | 78 | 0.81 | 6.5 | 1.7 |
| | 2 | 2.4 | 2Y | 2 850 | 5.6 | 76 | 0.86 | 7 | 1.9 |
| YD100L2-4/2 | 4 | 2.4 | △ | 1 430 | 5.6 | 79 | 0.83 | 6.5 | 1.6 |
| | 2 | 3.0 | 2Y | 2 850 | 6.7 | 77 | 0.89 | 7 | 1.7 |
| YD112Y-4/2 | 4 | 3.3 | △ | 1 450 | 7.4 | 82 | 0.83 | 6.5 | 1.9 |
| | 2 | 4.0 | 2Y | 2 890 | 8.6 | 79 | 0.89 | 7 | 2 |
| YD132S-4/2 | 4 | 4.5 | △ | 1 450 | 9.8 | 83 | 0.84 | 6.5 | 1.7 |
| | 2 | 5.5 | 2Y | 2 860 | 11.9 | 79 | 0.89 | 7 | 1.8 |
| YD132M-4/2 | 4 | 6.5 | △ | 1 450 | 13.8 | 84 | 0.85 | 6.5 | 1.7 |
| | 2 | 8.0 | 2Y | 2 880 | 17.1 | 80 | 0.89 | 7 | 1.8 |
| YD160M-4/2 | 4 | 9 | △ | 1 460 | 18.5 | 87 | 0.85 | 6.5 | 1.6 |
| | 2 | 11 | 2Y | 2 920 | 22.9 | 82 | 0.89 | 7 | 1.8 |

三相异步电动机技术数据

| 最大转矩/额定转矩 | 定子铁心 外径(mm) | 定子铁心 内径(mm) | 铁心长度(mm) | 定、转子槽数($Z_1/Z_2$) | 绕组型式 | 节距 | 每槽线数 | 线规(根-mm) |
|---|---|---|---|---|---|---|---|---|
| 1.8 | 120 | 75 | 65 | 24/22 | 双层叠式 | 1—8或1—7 | 260 | 1-ϕ0.38 |
| 1.8 | 120 | 75 | 80 | 24/22 | 双层叠式 | 1—8或1—7 | 210 | 1-ϕ0.42 |
| 1.8 | 130 | 80 | 90 | 24/22 | 双层叠式 | 1—7 | 166 | 1-ϕ0.47 |
| 1.8 | 130 | 80 | 120 | 24/22 | 双层叠式 | 1—7 | 128 | 1-ϕ0.56 |
| 1.8 | 155 | 98 | 105 | 36/32 | 双层叠式 | 1—11 | 80 | 1-ϕ0.71 |
| 1.8 | 155 | 98 | 135 | 36/32 | 双层叠式 | 1—11 | 68 | 1-ϕ0.77 |
| 1.8 | 175 | 110 | 135 | 36/32 | 双层叠式 | 1—11 | 56 | 1-ϕ0.95 |
| 1.8 | 210 | 136 | 115 | 36/32 | 双层叠式 | 1—11 | 58 | 1-ϕ1.18 |
| 1.8 | 210 | 136 | 160 | 36/32 | 双层叠式 | 1—11 | 44 | 2-ϕ0.95 |
| 1.8 | 260 | 170 | 155 | 36/26 | 双层叠式 | 1—10 | 36 | 1-ϕ1.18<br>1-ϕ1.12 |

| 型　　号 | 极数 | 额定功率(kW) | 接法 | 满载时 | | | | 堵转电流/额定电流 | 堵转转矩/额定转矩 |
|---|---|---|---|---|---|---|---|---|---|
| | | | | 转速(r/min) | 电流(A) | 效率(%) | 功率因数 | | |
| YD160L-4/2 | 4 | 11 | △ | 1460 | 22.3 | 87 | 0.86 | 6.5 | 1.7 |
| | 2 | 14 | 2Y | 2920 | 28.8 | 82 | 0.90 | 7 | 1.9 |
| YD180M-4/2 | 4 | 15 | △ | 1470 | 29.4 | 89 | 0.87 | 6.5 | 1.8 |
| | 2 | 18.5 | 2Y | 2940 | 36.7 | 85 | 0.90 | 7 | 1.9 |
| YD180I-4/2 | 4 | 18.5 | △ | 1470 | 35.9 | 89 | 0.88 | 6.5 | 1.6 |
| | 2 | 22 | 2Y | 2940 | 42.7 | 86 | 0.91 | 7 | 1.8 |
| YD90S-6/4 | 6 | 0.65 | △ | 920 | 2.2 | 64 | 0.68 | 6 | 1.6 |
| | 4 | 0.85 | 2Y | 1420 | 2.3 | 70 | 0.79 | 6.5 | 1.4 |
| YD90L-6/4 | 6 | 0.85 | △ | 930 | 2.8 | 66 | 0.70 | 6 | 1.6 |
| | 4 | 1.1 | 2Y | 1400 | 3.0 | 71 | 0.79 | 6.5 | 1.5 |
| YD100I1-6/4 | 6 | 1.3 | △ | 940 | 3.8 | 74 | 0.70 | 6 | 1.7 |
| | 4 | 1.8 | 2Y | 1440 | 4.4 | 77 | 0.80 | 6.5 | 1.4 |
| YD100L2-6/4 | 6 | 1.5 | △ | 940 | 4.3 | 75 | 0.70 | 6 | 1.6 |
| | 4 | 2.2 | 2Y | 1440 | 5.4 | 77 | 0.80 | 6.5 | 1.4 |
| YD112M-6/4 | 6 | 2.2 | △ | 960 | 5.7 | 78 | 0.75 | 6 | 1.8 |
| | 4 | 2.8 | 2Y | 1440 | 6.7 | 77 | 0.82 | 6.5 | 1.5 |
| YD132S-6/4 | 6 | 3.0 | △ | 970 | 7.7 | 79 | 0.76 | 6 | 1.8 |
| | 4 | 4.0 | 2Y | 1440 | 9.5 | 78 | 0.82 | 6.5 | 1.7 |
| YD132M-6/4 | 6 | 4.0 | △ | 970 | 9.8 | 82 | 0.76 | 6 | 1.6 |
| | 4 | 5.5 | 2Y | 1440 | 12.3 | 80 | 0.85 | 6.5 | 1.4 |

（续表）

| 最大转矩/额定转矩 | 定子铁心 | | 铁心长度(mm) | 定、转子槽数($Z_1/Z_2$) | 绕组型式 | 节距 | 每槽线数 | 线规(根-mm) |
|---|---|---|---|---|---|---|---|---|
| | 外径(mm) | 内径(mm) | | | | | | |
| 1.8 | 260 | 170 | 195 | 36/26 | 双层叠式 | 1—10 | 30 | 1-ϕ1.30<br>1-ϕ1.25 |
| 1.8 | 290 | 187 | 190 | 48/44 | 双层叠式 | 1—13 | 20 | 3-ϕ1.25 |
| 1.8 | 290 | 187 | 220 | 48/44 | 双层叠式 | 1—13 | 18 | 4-ϕ1.12 |
| 1.8 | 130 | 86 | 100 | 36/33 | 双层叠式 | 1—7/1—8 | 152/146 | 1-ϕ0.45/<br>1-ϕ0.45 |
| 1.8 | 130 | 86 | 120 | 36/33 | 双层叠式 | 1—7/1—8 | 126/116 | 1-ϕ0.50/<br>1-ϕ0.53 |
| 1.8 | 155 | 98 | 115 | 36/32 | 双层叠式 | 1—7 | 100 | 1-ϕ0.63 |
| 1.8 | 155 | 98 | 135 | 36/32 | 双层叠式 | 1—7 | 86 | 1-ϕ0.69 |
| 1.8 | 175 | 120 | 135 | 36d33 | 双层叠式 | 1—7/1—8 | 76/76 | 1-ϕ0.80/<br>1-ϕ0.80 |
| 1.8 | 210 | 148 | 125 | 36/33 | 双层叠式 | 1—7/1—8 | 68/66 | 1-ϕ1.0/<br>1-ϕ0.95 |
| 1.8 | 210 | 148 | 180 | 36/33 | 双层叠式 | 1—7/1—8 | 52/48 | 2-ϕ0.75/<br>2-ϕ0.8 |

| 型号 | 极数 | 额定功率(kW) | 接法 | 满载时 | | | | 堵转电流/额定电流 | 堵转转矩/额定转矩 |
|---|---|---|---|---|---|---|---|---|---|
| | | | | 转速(r/min) | 电流(A) | 效率(%) | 功率因数 | | |
| YD160M-6/4 | 6 | 6.5 | △ | 970 | 15.1 | 84 | 0.78 | 6 | 1.5 |
| | 4 | 8 | 2Y | 1 460 | 17.4 | 83 | 0.84 | 6.5 | 1.5 |
| YD160L-6/4 | 6 | 9 | △ | 970 | 20.6 | 85 | 0.78 | 6 | 1.6 |
| | 4 | 11 | 2Y | 1 460 | 23.4 | 84 | 0.85 | 6.5 | 1.7 |
| YD180M-6/4 | 6 | 11 | △ | 980 | 25.9 | 85 | 0.76 | 6 | 1.6 |
| | 4 | 14 | 2Y | 1 470 | 29.8 | 84 | 0.85 | 6.5 | 1.7 |
| YD180I-6/4 | 6 | 13 | △ | 980 | 29.4 | 86 | 0.78 | 6 | 1.7 |
| | 4 | 16 | 2Y | 1 470 | 33.6 | 85 | 0.85 | 6.5 | 1.7 |
| YD90L-8/4 | 8 | 0.45 | △ | 700 | 1.9 | 58 | 0.63 | 5.5 | 1.6 |
| | 4 | 0.75 | 2Y | 1 420 | 1.8 | 72 | 0.87 | 6.5 | 1.4 |
| YD100L-8/4 | 8 | 0.85 | △ | 700 | 3.1 | 67 | 0.63 | 5.5 | 1.6 |
| | 4 | 1.5 | 2Y | 1 410 | 3.5 | 74 | 0.88 | 6.5 | 1.4 |
| YD112M-8/4 | 8 | 1.5 | △ | 700 | 5.0 | 72 | 0.63 | 5.5 | 1.7 |
| | 4 | 2.4 | 2Y | 1 410 | 5.3 | 78 | 0.88 | 6.5 | 1.7 |
| YD-132S-8/4 | 8 | 2.2 | △ | 720 | 7.0 | 75 | 0.64 | 5.5 | 1.5 |
| | 4 | 3.3 | 2Y | 1 440 | 7.1 | 80 | 0.88 | 6.5 | 1.7 |
| YD132M-8/4 | 8 | 3.0 | △ | 720 | 9.0 | 78 | 0.65 | 5.5 | 1.5 |
| | 4 | 4.5 | 2Y | 1 440 | 9.4 | 82 | 0.89 | 6.6 | 1.6 |

（续表）

| 最大转矩/额定转矩 | 定子铁心 | | 铁心长度(mm) | 定、转子槽数($Z_1/Z_2$) | 绕组型式 | 节距 | 每槽线数 | 线规(根-mm) |
|---|---|---|---|---|---|---|---|---|
| | 外径(mm) | 内径(mm) | | | | | | |
| 1.8 | 260 | 180 | 145 | 36/33 | 双层叠式 | 1—7/1—8 | 48/46 | 1-ϕ1.06<br>1-ϕ1.0<br>1-ϕ1.0<br>1-ϕ1.06 |
| 1.8 | 260 | 180 | 195 | 36/33 | 双层叠式 | 1—7/1—8 | 36/34 | 2-ϕ1.18/<br>2-ϕ1.18 |
| 1.8 | 290 | 205 | 200 | 36/32 | 双层叠式 | 1—7/1—8 | 32/30 | 1-ϕ1.25<br>1-ϕ1.30<br>3-ϕ0.95<br>1-ϕ0.90 |
| 1.8 | 290 | 205 | 230 | 36/32 | 双层叠式 | 1—7/1—8 | 28/26 | 3-ϕ0.95<br>1-ϕ1.0<br>2-ϕ1.18<br>1-ϕ1.12 |
| 1.8 | 130 | 86 | 120 | 36/33 | 双层叠式 | 1—6 | 172 | 1-ϕ0.42 |
| 1.8 | 155 | 106 | 135 | 36/33 | 双层叠式 | 1—6 | 114 | 1-ϕ0.56 |
| 1.8 | 175 | 120 | 135 | 36/33 | 双层叠式 | 1—6 | 94 | 1-ϕ0.71 |
| 1.8 | 210 | 148 | 125 | 36/33 | 双层叠式 | 1—6 | 84 | 1-ϕ0.85 |
| 1.8 | 210 | 148 | 180 | 36/33 | 双层叠式 | 1—6 | 60 | 1-ϕ0.67<br>1-ϕ0.71 |

| 型　号 | 极数 | 额定功率(kW) | 接法 | 满载时 | | | | 堵转电流/额定电流 | 堵转转矩/额定转矩 |
|---|---|---|---|---|---|---|---|---|---|
| | | | | 转速(r/min) | 电流(A) | 效率(%) | 功率因数 | | |
| YD160M－8/4 | 8 | 5.0 | △ | 730 | 13.9 | 83 | 0.66 | 5.5 | 1.5 |
| | 4 | 7.5 | 2Y | 1 450 | 15.2 | 84 | 0.89 | 6.5 | 1.6 |
| YD160L－8/4 | 8 | 7 | △ | 730 | 19 | 85 | 0.66 | 5.5 | 1.5 |
| | 4 | 11 | 2Y | 1 450 | 21.8 | 86 | 0.89 | 6.5 | 1.6 |
| YD180L－8/4 | 8 | 11 | △ | 730 | 26.7 | 87 | 0.72 | 6 | 1.5 |
| | 4 | 17 | 2Y | 1 470 | 32.6 | 88 | 0.91 | 7 | 1.5 |
| YD90S－8/6 | 8 | 0.35 | △ | 700 | 1.6 | 56 | 0.60 | 5 | 1.8 |
| | 6 | 0.45 | 2Y | 930 | 1.4 | 70 | 0.72 | 6 | 2 |
| YD90L－8/6 | 8 | 0.45 | △ | 700 | 1.9 | 59 | 0.60 | 5 | 1.7 |
| | 6 | 0.65 | 2Y | 920 | 1.9 | 71 | 0.73 | 6 | 1.8 |
| YD100L－8/6 | 8 | 0.75 | △ | 710 | 2.9 | 65 | 0.60 | 5 | 1.8 |
| | 6 | 1.1 | 2Y | 950 | 3.1 | 75 | 0.73 | 6 | 1.9 |
| YD112M－8/6 | 8 | 1.3 | △ | 710 | 4.5 | 72 | 0.61 | 5 | 1.7 |
| | 6 | 1.8 | 2Y | 950 | 4.8 | 78 | 0.73 | 6 | 1.9 |
| YD132S－8/6 | 8 | 1.8 | △ | 730 | 5.8 | 76 | 0.62 | 5 | 1.6 |
| | 6 | 2.4 | 2Y | 970 | 6.2 | 80 | 0.73 | 6 | 1.9 |
| YD132M－8/6 | 8 | 2.6 | △ | 730 | 8.2 | 78 | 0.62 | 5 | 1.9 |
| | 6 | 3.7 | 2Y | 970 | 9.4 | 82 | 0.73 | 6 | 1.9 |

（续表）

| 最大转矩/额定转矩 | 定子铁心 | | 铁心长度(mm) | 定、转子槽数($Z_1/Z_2$) | 绕组型式 | 节距 | 每槽线数 | 线规(根－mm) |
|---|---|---|---|---|---|---|---|---|
| | 外径(mm) | 内径(mm) | | | | | | |
| 1.8 | 260 | 180 | 145 | 36/33 | 双层叠式 | 1—6 | 54 | 1－ϕ1.40 |
| 1.8 | 260 | 180 | 195 | 36/33 | 双层叠式 | 1—6 | 40 | 2－ϕ1.12 |
| 1.8 | 200 | 205 | 260 | 54/58 | 双层叠式 | 1—6 | 22 | 2－ϕ1.30 |
| 1.8 | 130 | 86 | 100 | 36/33 | 双层叠式 | 1—6 | 208 | 1－ϕ0.40 |
| 1.8 | 130 | 86 | 120 | 36/33 | 双层叠式 | 1—6 | 170 | 1－ϕ0.45 |
| 1.8 | 155 | 106 | 135 | 36/33 | 双层叠式 | 1—6 | 116 | 1－ϕ0.63 |
| 1.8 | 175 | 120 | 135 | 36/33 | 双层叠式 | 1—6 | 98 | 1－ϕ0.67 |
| 1.8 | 210 | 148 | 110 | 36/33 | 双层叠式 | 1—5 | 94 | 1－ϕ0.53<br>1－ϕ0.56 |
| 1.8 | 210 | 148 | 180 | 36/33 | 双层叠式 | 1—5 | 62 | 1－ϕ0.67<br>1－ϕ0.71 |

| 型　号 | 极数 | 额定功率(kW) | 接法 | 满载时 | | | | 堵转电流/额定电流 | 堵转转矩/额定转矩 |
|---|---|---|---|---|---|---|---|---|---|
| | | | | 转速(r/min) | 电流(A) | 效率(%) | 功率因数 | | |
| YD160M-8/6 | 8 | 4.5 | △ | 730 | 13.3 | 83 | 0.62 | 5 | 1.6 |
| | 6 | 6 | 2Y | 980 | 14.7 | 85 | 0.73 | 6 | 1.9 |
| YD160L-8/6 | 8 | 6 | △ | 730 | 17.5 | 84 | 0.62 | 5 | 1.6 |
| | 6 | 8 | 2Y | 980 | 19.4 | 86 | 0.73 | 6 | 1.9 |
| YD180M-8/6 | 8 | 7.5 | △ | 730 | 21.9 | 84 | 0.62 | 5 | 1.9 |
| | 6 | 10 | 2Y | 980 | 24.2 | 86 | 0.73 | 6 | 1.9 |
| YD180L-8/6 | 8 | 9 | △ | 730 | 24.7 | 85 | 0.65 | 5 | 1.8 |
| | 6 | 12 | 2Y | 980 | 28.3 | 86 | 0.75 | 6 | 1.8 |
| YD160M-12/6 | 12 | 2.6 | △ | 480 | 11.6 | 74 | 0.46 | 4 | 1.2 |
| | 6 | 5 | 2Y | 970 | 11.9 | 84 | 0.76 | 6 | 1.4 |
| YD160L-12/6 | 12 | 3.7 | △ | 480 | 16.1 | 76 | 0.46 | 4 | 1.2 |
| | 6 | 7 | 2Y | 970 | 15.8 | 85 | 0.79 | 6 | 1.4 |
| YD180L-12/6 | 12 | 5.5 | △ | 490 | 19.6 | 79 | 0.54 | 4 | 1.3 |
| | 6 | 10 | 2Y | 980 | 20.5 | 86 | 0.86 | 6 | 1.3 |
| YD100L-6/4/2 | 6 | 0.75 | Y | 950 | 2.6 | 67 | 0.65 | 5.5 | 1.8 |
| | 4 | 1.3 | △ | 1450 | 3.7 | 72 | 0.75 | 6 | 1.6 |
| | 2 | 1.8 | 2Y | 2900 | 4.5 | 71 | 0.85 | 7 | 1.6 |
| YD112M-6/4/2 | 6 | 1.1 | Y | 960 | 3.5 | 73 | 0.65 | 5.5 | 1.7 |
| | 4 | 2.0 | △ | 1450 | 5.1 | 73 | 0.81 | 6 | 1.4 |
| | 2 | 2.4 | 2Y | 2920 | 5.8 | 74 | 0.85 | 7 | 1.6 |

（续表）

| 最大转矩/额定转矩 | 定子铁心 外径(mm) | 定子铁心 内径(mm) | 铁心长度(mm) | 定、转子槽数($Z_1/Z_2$) | 绕组型式 | 节距 | 每槽线数 | 线规(根-mm) |
|---|---|---|---|---|---|---|---|---|
| 1.8 | 260 | 180 | 145 | 36/33 | 双层叠式 | 1—5 | 56 | 2-φ0.95 |
| 1.8 | 260 | 180 | 195 | 36/33 | 双层叠式 | 1—5 | 42 | 3-φ0.9 |
| 1.8 | 290 | 205 | 200 | 36/32 | 双层叠式 | 1—5 | 36 | 2-φ1.0<br>1-φ0.95 |
| 1.8 | 290 | 205 | 230 | 36/32 | 双层叠式 | 1—5 | 32 | 1-φ1.30<br>1-φ1.25 |
| 1.8 | 260 | 180 | 145 | 36/33 | 双层叠式 | 1—4 | 74 | 1-φ0.80<br>1-φ0.85 |
| 1.8 | 260 | 180 | 205 | 36/33 | 双层叠式 | 1—4 | 52 | 1-φ1.40 |
| 1.8 | 290 | 205 | 230 | 54/58 | 双层叠式 | 1—6 | 32 | 1-φ1.06<br>1-φ1.12 |
| 1.8 | 155 | 98 | 135 | 36/32 | 单层链式 | 1—6 | 54 | 1-φ0.53 |
| | | | | | 双层叠式 | 1—10 | 68 | |
| 1.8 | 175 | 110 | 135 | 36/32 | 单层链式 | 1—6 | 45 | 1-φ0.67 |
| | | | | | 双层叠式 | 1—10 | 62 | 1-φ0.60 |

| 型　　号 | 极数 | 额定功率(kW) | 接法 | 满载时 | | | | 堵转电流/额定电流 | 堵转转矩/额定转矩 |
|---|---|---|---|---|---|---|---|---|---|
| | | | | 转速(r/min) | 电流(A) | 效率(%) | 功率因数 | | |
| YD132S-6/4/2 | 6 | 1.8 | Y | 970 | 5.1 | 75 | 0.71 | 5.5 | 1.4 |
| | 4 | 2.6 | △ | 1 460 | 6.1 | 78 | 0.83 | 6 | 1.3 |
| | 2 | 3.0 | 2Y | 2 910 | 7.4 | 71 | 0.87 | 7 | 1.7 |
| YD132M1-6/4/2 | 6 | 2.2 | Y | 970 | 6 | 77 | 0.72 | 5.5 | 1.3 |
| | 4 | 3.3 | △ | 1 460 | 7.5 | 80 | 0.84 | 6 | 1.3 |
| | 2 | 4.0 | 2Y | 2 910 | 8.8 | 76 | 0.91 | 7 | 1.7 |
| YD132M2-6/4/2 | 6 | 2.6 | Y | 970 | 6.9 | 80 | 0.72 | 5.5 | 1.5 |
| | 4 | 4.0 | △ | 1 460 | 9 | 80 | 0.84 | 6 | 1.4 |
| | 2 | 5.0 | 2Y | 2 910 | 10.8 | 77 | 0.91 | 7 | 1.7 |
| YD160M-6/4/2 | 6 | 3.7 | Y | 980 | 9.5 | 82 | 0.72 | 5.5 | 1.5 |
| | 4 | 5.0 | △ | 1 470 | 11.2 | 81 | 0.84 | 6 | 1.3 |
| | 2 | 6.0 | 2Y | 2 930 | 13.2 | 76 | 0.91 | 7 | 1.4 |
| YD160L-6/4/2 | 6 | 4.5 | Y | 980 | 11.4 | 83 | 0.72 | 5.5 | 1.5 |
| | 4 | 7 | △ | 1 470 | 15.1 | 83 | 0.85 | 6 | 1.2 |
| | 2 | 9 | 2Y | 2 930 | 18.8 | 79 | 0.92 | 7 | 1.3 |
| YD112M-8/4/2 | 8 | 0.65 | Y | 700 | 2.7 | 59 | 0.63 | 4.5 | 1.4 |
| | 4 | 2.0 | △ | 1 450 | 5.1 | 73 | 0.81 | 6 | 1.3 |
| | 2 | 2.4 | 2Y | 2 920 | 5.8 | 74 | 0.85 | 7 | 1.2 |

（续表）

| 最大转矩/额定转矩 | 定子铁心 外径(mm) | 定子铁心 内径(mm) | 铁心长度(mm) | 定、转子槽数($Z_1/Z_2$) | 绕组型式 | 节距 | 每槽线数 | 线规(根-mm) |
|---|---|---|---|---|---|---|---|---|
| 1.8 | 210 | 136 | 115 | 36/32 | 单层链式 | 1—6 | 45 | 1-ϕ0.83 |
| | | | | | 双层叠式 | 1—10 | 64 | 1-ϕ0.80 |
| 1.8 | 210 | 136 | 140 | 36/32 | 单层链式 | 1—6 | 37 | 1-ϕ0.90 |
| | | | | | 双层叠式 | 1—10 | 56 | 1-ϕ0.85 |
| 1.8 | 210 | 136 | 180 | 36/32 | 单层链式 | 1—6 | 30 | 2-ϕ0.75 |
| | | | | | 双层叠式 | 1—10 | 44 | 1-ϕ0.90 |
| 1.8 | 260 | 170 | 155 | 36/26 | 单层链式 | 1—6 | 27 | 2-ϕ0.90 |
| | | | | | 双层叠式 | 1—10 | 40 | 2-ϕ0.75 |
| 1.8 | 260 | 170 | 195 | 36/26 | 单层链式 | 1—6 | 22 | 3-ϕ0.80 |
| | | | | | 双层叠式 | 1—10 | 32 | 1-ϕ1.18 |
| 1.8 | 175 | 110 | 135 | 36/32 | 双层叠式 | 1—5 | 68 | 1-ϕ0.53 |
| | | | | | | 1—10 | 62 | 1-ϕ0.60 |

| 型号 | 极数 | 额定功率(kW) | 接法 | 满载时 | | | | 堵转电流/额定电流 | 堵转转矩/额定转矩 |
|---|---|---|---|---|---|---|---|---|---|
| | | | | 转速(r/min) | 电流(A) | 效率(%) | 功率因数 | | |
| YD132S-8/4/2 | 8 | 1.0 | Y | 720 | 3.6 | 69 | 0.61 | 4.5 | 1.4 |
| | 4 | 2.0 | △ | 1 460 | 6.1 | 78 | 0.83 | 6 | 1.2 |
| | 2 | 3.0 | 2Y | 2 910 | 7.1 | 74 | 0.87 | 7 | 1.4 |
| YD132M-8/4/2 | 8 | 1.3 | Y | 720 | 4.6 | 71 | 0.61 | 4.5 | 1.5 |
| | 4 | 3.7 | △ | 1 460 | 8.4 | 80 | 0.84 | 6 | 1.3 |
| | 2 | 4.5 | 2Y | 2 910 | 10 | 75 | 0.91 | 7 | 1.4 |
| YD160M-8/4/2 | 8 | 2.2 | Y | 720 | 7.6 | 75 | 0.59 | 4.5 | 1.4 |
| | 4 | 5.0 | △ | 1 440 | 11.2 | 81 | 0.84 | 6 | 1.3 |
| | 2 | 6.0 | 2Y | 2 910 | 13.2 | 76 | 0.91 | 7 | 1.4 |
| YD160L-8/4/2 | 8 | 2.8 | Y | 720 | 9.2 | 77 | 0.60 | 4.5 | 1.3 |
| | 4 | 7.0 | △ | 1 440 | 15.1 | 83 | 0.85 | 6 | 1.2 |
| | 2 | 9.0 | 2Y | 2 910 | 18.8 | 79 | 0.92 | 7 | 1.3 |
| YD112M-8/6/4 | 8 | 0.85 | △ | 710 | 3.7 | 62 | 0.56 | 5.5 | 1.7 |
| | 6 | 1.0 | Y | 950 | 3.1 | 68 | 0.73 | 6.5 | 1.3 |
| | 4 | 1.5 | 2Y | 1 440 | 3.5 | 75 | 0.86 | 7 | 1.5 |
| YD132S-8/6/4 | 8 | 1.1 | △ | 730 | 4.1 | 68 | 0.60 | 5.5 | 1.4 |
| | 6 | 1.5 | Y | 970 | 4.2 | 74 | 0.73 | 6.5 | 1.3 |
| | 4 | 1.8 | 2Y | 1 460 | 4.0 | 78 | 0.87 | 7 | 1.3 |

（续表）

| 最大转矩/额定转矩 | 定子铁心 | | 铁心长度(mm) | 定、转子槽数($Z_1/Z_2$) | 绕组型式 | 节距 | 每槽线数 | 线规(根-mm) |
|---|---|---|---|---|---|---|---|---|
| | 外径(mm) | 内径(mm) | | | | | | |
| 1.8 | 210 | 136 | 115 | 36/32 | 双层叠式 | 1—5 | 62 | 1-ϕ0.75 |
| | | | | | | 1—10 | 64 | 1-ϕ0.75 |
| 1.8 | 210 | 136 | 160 | 36/32 | 双层叠式 | 1—5 | 48 | 1-ϕ0.85 |
| | | | | | | 1—10 | 48 | 1-ϕ0.85 |
| 1.8 | 260 | 170 | 155 | 36/26 | 双层叠式 | 1—5 | 36 | 2-ϕ0.71 |
| | | | | | | 1—10 | 40 | 2-ϕ0.75 |
| 1.8 | 260 | 170 | 195 | 36/26 | 双层叠式 | 1—5 | 30 | 1-ϕ1.18 |
| | | | | | | 1—10 | 32 | |
| 1.8 | 175 | 120 | 135 | 36/33 | 双层叠式 | 1—6 | 100 | 1-ϕ0.53 |
| | | | | | 单层链式 | 1—6 | 46 | 1-ϕ0.56 |
| | | | | | 双层叠式 | 1—6 | 100 | 1-ϕ0.53 |
| 1.8 | 210 | 148 | 120 | 36/33 | 双层叠式 | 1—6 | 98 | 1-ϕ0.60 |
| | | | | | 单层链式 | 1—6 | 41 | 1-ϕ0.71 |
| | | | | | 双层叠式 | 1—6 | 93 | 1-ϕ0.60 |

| 型号 | 极数 | 额定功率(kW) | 接法 | 满载时 | | | | 堵转电流/额定电流 | 堵转转矩/额定转矩 |
|---|---|---|---|---|---|---|---|---|---|
| | | | | 转速(r/min) | 电流(A) | 效率(%) | 功率因数 | | |
| YD132M1-8/6/4 | 8 | 1.5 | △ | 730 | 5.2 | 71 | 0.62 | 5.5 | 1.3 |
| | 6 | 2.0 | Y | 970 | 5.4 | 77 | 0.73 | 6.5 | 1.5 |
| | 4 | 2.2 | 2Y | 1 460 | 4.9 | 79 | 0.87 | 7 | 1.4 |
| YD132M2-8/6/4 | 8 | 1.8 | △ | 730 | 6.1 | 72 | 0.62 | 5.5 | 1.5 |
| | 6 | 2.6 | Y | 970 | 6.8 | 78 | 0.74 | 6.5 | 1.7 |
| | 4 | 3.0 | 2Y | 1 460 | 6.5 | 80 | 0.87 | 7 | 1.5 |
| YD160M-8/6/4 | 8 | 3.3 | △ | 720 | 10.2 | 79 | 0.62 | 5.5 | 1.7 |
| | 6 | 4.0 | Y | 960 | 9.9 | 81 | 0.76 | 6.5 | 1.4 |
| | 4 | 5.5 | 2Y | 1 440 | 11.6 | 83 | 0.87 | 7 | 1.5 |
| YD160L-8/6/4 | 8 | 4.5 | △ | 720 | 13.8 | 80 | 0.62 | 5.5 | 1.6 |
| | 6 | 6.0 | Y | 960 | 14.5 | 83 | 0.76 | 6.5 | 1.6 |
| | 4 | 7.5 | 2Y | 1 440 | 15.6 | 84 | 0.87 | 7 | 1.5 |
| YD180L-8/6/4 | 8 | 7 | △ | 740 | 20.2 | 81 | 0.65 | 6.5 | 1.7 |
| | 6 | 9 | Y | 980 | 20.6 | 83 | 0.80 | 7 | 1.7 |
| | 4 | 12 | 2Y | 1 470 | 24.1 | 84 | 0.90 | 7 | 1.5 |
| YD180L-12/8/6/4 | 12 | 3.3 | △ | 480 | 13 | 72 | 0.55 | 5 | 1.6 |
| | 8 | 5.0 | △ | 740 | 16 | 79 | 0.62 | 6 | 1.5 |
| | 6 | 6.5 | 2Y | 970 | 14 | 82 | 0.88 | 6 | 1.3 |
| | 4 | 9.0 | 2Y | 1 470 | 19 | 83 | 0.89 | 7 | 1.3 |

注：表中6/4极的每槽线数和线规分子、分母分别为节距1—7、1—8时的数据。

（续表）

| 最大转矩/额定转矩 | 定子铁心 | | 铁心长度(mm) | 定、转子槽数($Z_1/Z_2$) | 绕组型式 | 节距 | 每槽线数 | 线规(根-mm) |
|---|---|---|---|---|---|---|---|---|
| | 外径(mm) | 内径(mm) | | | | | | |
| 1.8 | 210 | 148 | 160 | 36/33 | 双层叠式 | 1—6 | 78 | 1-ϕ0.67 |
| | | | | | 单层链式 | 1—6 | 32 | 1-ϕ0.85 |
| | | | | | 双层叠式 | 1—6 | 78 | 1-ϕ0.67 |
| 1.8 | 210 | 148 | 180 | 36/33 | 双层叠式 | 1—6 | 66 | 1-ϕ0.71 |
| | | | | | 单层链式 | 1—6 | 27 | 1-ϕ0.90 |
| | | | | | 双层叠式 | 1—6 | 66 | 1-ϕ0.71 |
| 1.8 | 260 | 180 | 145 | 36/33 | 双层叠式 | 1—6 | 58 | 2-ϕ0.75 |
| | | | | | 单层链式 | 1—6 | 25 | 2-ϕ0.75 |
| | | | | | 双层叠式 | 1—6 | 58 | 2-ϕ0.75 |
| 1.8 | 260 | 180 | 195 | 36/33 | 双层叠式 | 1—6 | 44 | 2-ϕ0.85 |
| | | | | | 单层链式 | 1—6 | 18 | 3-ϕ0.80 |
| | | | | | 双层叠式 | 1—6 | 44 | 2-ϕ0.85 |
| 1.8 | 290 | 205 | 260 | 54/50 | 双层叠式 | 1—8 | 22 | 2-ϕ1.0 |
| | | | | | | 1—9 | 10 | 2-ϕ1.12 |
| | | | | | | 1—8 | 22 | 2-ϕ1.0 |
| 1.8 | 290 | 205 | 260 | 54/50 | 双层叠式 | 1—6 | 36 | 2-ϕ0.75 |
| | | | | | | 1—8 | 24 | 1-ϕ0.80<br>1-ϕ0.75 |
| | | | | | | 1—6 | 36 | 2-ϕ0.75 |
| | | | | | | 1—8 | 24 | 1-ϕ0.80<br>1-ϕ0.75 |

表3-35　YD系列变极多速三相异步电动机各种速比下绕组出线端数目及连接方法

| | 双　速 | 三　速 | 四　速 |
|---|---|---|---|
| 绕组接法 | △/YY | Y/△/YY<br>或△/Y/YY | △/△/YY/YY |
| 出线数目 | 6 | 9 | 12 |
| 低　速 | 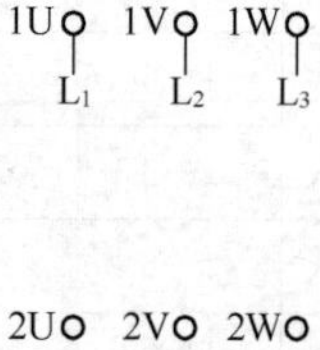 1U 1V 1W<br>$L_1$ $L_2$ $L_3$<br>2U 2V 2W | 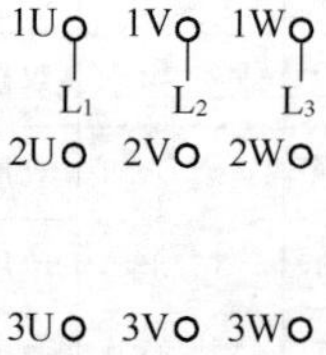 1U 1V 1W<br>$L_1$ $L_2$ $L_3$<br>2U 2V 2W<br>3U 3V 3W | 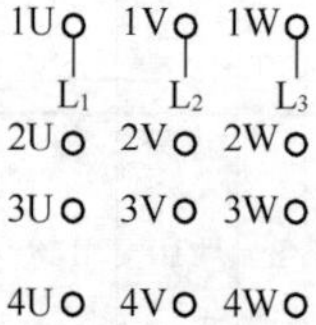 1U 1V 1W<br>$L_1$ $L_2$ $L_3$<br>2U 2V 2W<br>3U 3V 3W<br>4U 4V 4W |
| 中　速1 | 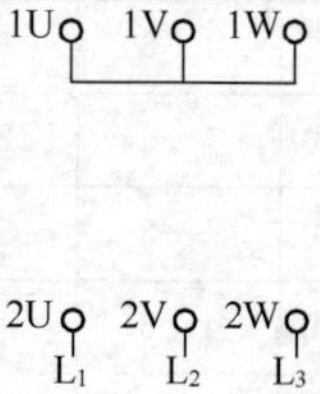 1U 1V 1W<br>2U 2V 2W<br>$L_1$ $L_2$ $L_3$ | 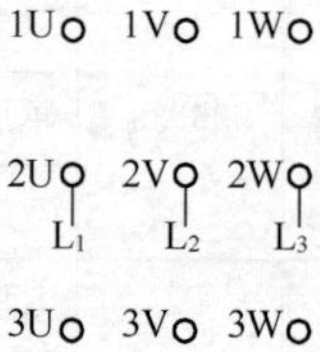 1U 1V 1W<br>2U 2V 2W<br>$L_1$ $L_2$ $L_3$<br>3U 3V 3W | 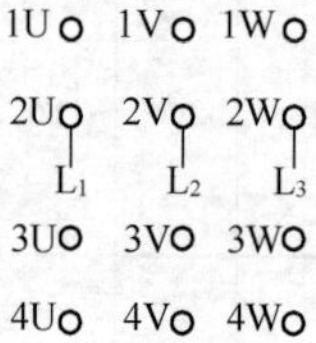 1U 1V 1W<br>2U 2V 2W<br>$L_1$ $L_2$ $L_3$<br>3U 3V 3W<br>4U 4V 4W |
| 中　速2 | | 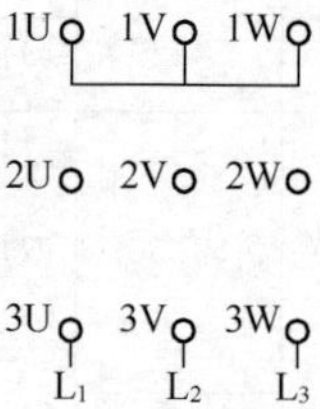 1U 1V 1W<br>2U 2V 2W<br>3U 3V 3W<br>$L_1$ $L_2$ $L_3$ | 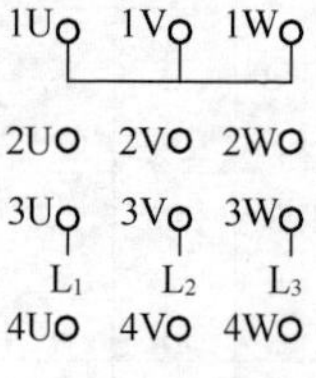 1U 1V 1W<br>2U 2V 2W<br>3U 3V 3W<br>$L_1$ $L_2$ $L_3$<br>4U 4V 4W |
| 高　速 | | | 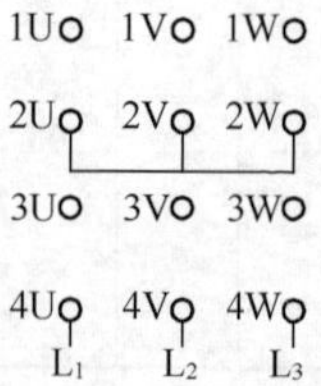 1U 1V 1W<br>2U 2V 2W<br>3U 3V 3W<br>4U 4V 4W<br>$L_1$ $L_2$ $L_3$ |

表 3-36 YCT 系列电磁调速三相异步电动机技术数据

| 型号 | 额定转矩 (N·m) | 调速范围 (r/min) | 转速变化率 (不大于) | 励磁线圈 导线直径 (mm) | 励磁线圈 匝数 | 励磁线圈 平均匝长 (mm) | 直流励磁 电压 (V) | 直流励磁 电流 (A) | 拖动电机 型号 | 拖动电机 功率 (kW) |
|---|---|---|---|---|---|---|---|---|---|---|
| YCT112-4A | 3.60 | 1 250～125 | 3% | — | — | 37 | — | — | Y801-4 | 0.55 |
| 4B | 4.91 | | | $\phi$0.57 | 1 456 | | 45.5 | 1.01 | Y802-4 | 0.75 |
| YCT132-4A | 7.14 | | | — | — | 41.5 | — | — | Y90S-4 | 1.1 |
| 4B | 9.73 | | | $\phi$0.63 | 1 296 | | 48.4 | 1.32 | Y90L-4 | 1.5 |
| YCT160-4A | 14.12 | | | — | — | 48.5 | — | — | Y100L$_1$-4 | 2.2 |
| 4B | 19.22 | | | $\phi$0.71 | 1 350 | | 53.8 | 1.51 | Y100L$_2$-4 | 3 |
| YCT180-4A | 25.20 | | | $\phi$0.71 | 1 534 | 55 | 80 | 1.19 | Y112M-4 | 4 |
| YCT200-4A | 35.10 | | | — | — | 57.2 | — | — | Y132S-4 | 5.5 |
| 4B | 47.75 | | | $\phi$0.83 | 1 400 | | 72 | 1.63 | Y132M-4 | 7.5 |
| YCT225-4A | 69.13 | | | — | — | 71.6 | — | — | Y160M-4 | 11 |
| 4B | 94.33 | | | $\phi$0.90 | 1 355 | | 80 | 1.91 | Y160L-4 | 15 |
| YCT250-4A | 115.75 | 1 320～132 | | — | — | 78.5 | — | — | Y180M-4 | 18.5 |
| 4B | 137.29 | | | $\phi$1.02 | 1 104 | | 70 | 2.88 | Y180L-4 | 22 |
| YCT280-4A | 189.26 | | | $\phi$1.16 | 1 326 | 87 | 80 | 2.46 | Y200L-4 | 30 |
| YCT315-4A | 232.41 | | | — | — | 104 | — | — | Y225S-4 | 37 |
| 4B | 282.43 | | | $\phi$1.2 | 1 100 | | 73 | 3.39 | Y225M-4 | 45 |
| YCT355-4A | 344 | 1 320～440 | | $\phi$1.4 | 1 080 | 104 | | | Y250M-4 | |
| 4B | 469 | | | | | | | | Y280S-4 | |
| 4C | 564 | 1 320～600 | | | | | | | Y280M-4 | |

表 3-37　YLB系列立式深井

| 型号 | 功率(kW) | 极数 | 额定电流(A) | 同步转速(r/min) | 效率(%) | 功率因数 | 轴向负荷(N) | 防护等级 | 定子铁心外径(mm) | 定子铁心内径(mm) | 定子铁心长度(mm) | 槽数 |
|---|---|---|---|---|---|---|---|---|---|---|---|---|
| YLB132-1-2 | 5.5 | 2 | 10.8 | 3 000 | 83.8 | 0.88 | 7 840 | IP44 | 210 | 116 | 105 | 30 |
| YLB132-2-2 | 7.5 | | 14.5 | | 84.8 | 0.88 | | | | | 125 | |
| YLB160-1-2 | 11 | 2 | 22.0 | | 84.5 | 0.88 | 9 800 | IP23 | 290 | 160 | 85 | 36 |
| YLB160-2-2 | 15 | | 30.0 | | 85.5 | 0.88 | | | | | 100 | |
| YLB160-1-4 | 11 | 4 | 22.5 | 1 500 | 86.5 | 0.85 | 12 740 | | | 187 | 100 | 48 |
| YLB160-2-4 | 15 | | 30.0 | | 87.5 | 0.86 | | | | | 130 | |
| YLB180-1-2 | 18.5 | 2 | 36.0 | 3 000 | 87.0 | 0.88 | 12 740 | IP23 | 327 | 182 | 105 | 36 |
| YLB180-2-2 | 22 | | 42.3 | | 87.5 | 0.88 | | | | | 115 | |
| YLB180-1-4 | 18.5 | 4 | 36.6 | 1 500 | 88.0 | 0.86 | 15 680 | | | 210 | 120 | 48 |
| YLB180-2-4 | 22 | | 42.9 | | 88.5 | 0.86 | | | | | 135 | |
| YLB200-1-2 | 30 | 2 | 58.2 | 3 000 | 88.0 | 0.88 | 16 660 | IP23 | 368 | 210 | 115 | 36 |
| YLB200-2-2 | 37 | | 69.8 | | 88.5 | 0.88 | | | | | 135 | |
| YLB200-1-4 | 30 | 4 | 58.4 | 1 500 | 89.5 | 0.87 | 21 560 | IP23 | | 245 | 125 | 48 |
| YLB200-2-4 | 37 | | 71.2 | | 90.0 | 0.87 | | | | | 155 | |
| YLB200-3-4 | 45 | | 85.6 | | 90.5 | 0.87 | | | | | 185 | |
| YLB250-1-4 | 55 | 4 | 103.7 | 1 500 | 91.0 | 0.88 | 28 420 | IP23 | 445 | 300 | 145 | 60 |
| YLB250-2-4 | 75 | | 140.1 | | 91.5 | 0.88 | | | | | 185 | |
| YLB250-3-4 | 90 | | 167.3 | | 91.5 | 0.88 | | | | | 215 | |
| YLB280-1-4 | 110 | 4 | 202.2 | 1 500 | 92.0 | 0.88 | 38 920 | IP23 | 493 | 330 | 200 | 60 |
| YLB280-2-4 | 132 | | 241 | | 92.2 | 0.88 | | | | | 240 | |

泵用三相异步电动机技术数据

| 绕组 | | | | | | | | | Ⅰ型　Ⅱ型 | | | | |
|---|---|---|---|---|---|---|---|---|---|---|---|---|---|
| 线规<br>QZ-2<br>(根-mm) | 每槽线数 | 每圈匝数 | 每联圈数 | 每台联数 | 并联路数 | 绕组型式 | 节距 | 每台线重<br>(kg) | 型式 | $A$ | $B$ | $D$ | $R$ |
| 1-φ0.95<br>1-φ1.0 | 44 | 44 | 3、2 | 6 | 1 | 同心 | 1—16<br>2—15<br>3—14 | 6.5 | Ⅱ | 146<br>124<br>102 | 330<br>306<br>282 | | 73<br>62<br>51 |
| 2-φ1.06 | 37 | 37 | | | | | 17—30<br>18—29 | 6.8 | | 124<br>102 | 306<br>282 | | 62<br>51 |
| 2-φ1.0<br>1-φ0.95 | 29 | 14<br>15 | 6 | 6 | 1 | 双层 | 1—14 | 8.2 | Ⅰ | 155 | 285 | 80 | 45 |
| 2-φ1.06<br>1-φ1.12 | 24 | 12 | | | | | | 8.6 | | | 300 | | |
| 1-φ1.18 | 54 | 27 | 4 | 12 | 2 | | 1—11 | 7.9 | | 120 | 220 | 40 | 20 |
| 1-φ1.3 | 42 | 21 | | | | | | 8.2 | | | 250 | | |
| 1-φ1.16<br>1-φ1.12 | 42 | 21 | 6 | 6 | 2 | 双层 | 1—14 | 11.1 | Ⅰ | 175 | 325 | 90 | 54 |
| 2-φ0.95<br>1-φ1.0 | 38 | 19 | | | | | | 12 | | | 335 | | |
| 1-φ1.06<br>1-φ1.12 | 40 | 20 | 4 | 12 | | | 1—11 | 11.4 | | 140 | 249 | 40 | 20 |
| 2-φ1.12 | 36 | 18 | | | | | | 11.3 | | | 264 | | |
| 1-φ1.3<br>1-φ1.4 | 32 | 16 | 6 | 6 | 2 | 双层 | 1—14 | 14.7 | Ⅰ | 200 | 380 | 110 | 45 |
| 1-φ1.4<br>1-φ1.5 | 28 | 14 | | | | | | 15.4 | | | 400 | | |
| 2-φ1.3 | 32 | 16 | 4 | 12 | | | 1—11 | 14.1 | | 160 | 266 | 48 | 20 |
| 1-φ1.12<br>2-φ1.18 | 26 | 13 | | | | | | 10.2 | | | 296 | | |
| 3-φ1.3 | 22 | 11 | | | | | | 16.9 | | | 326 | | |
| 1-φ1.4<br>2-φ1.5 | 18 | 9 | 5 | 12 | 2 | 双层 | 1—14 | 16 | Ⅰ | 205 | 326 | 68 | 20 |
| 2-φ1.25<br>3-φ1.3 | 14 | 7 | | | | | | 15.3 | | | 366 | | |
| 4-φ1.25<br>2-φ1.3 | 12 | 6 | | | | | | 26.5 | | | 396 | | |
| 4-φ1.25 | 24 | 12 | 5 | 12 | 4 | 双层 | 1—14 | 35.2 | Ⅰ | 220 | 405 | 80 | 20 |
| 4-φ1.4 | 20 | 10 | | | | | | 39.6 | | | 445 | | |

表 3-38 YZR 系列冶金及起重用三相异步电动机技术数据

| 型号 | 额定功率(kW) | 定子铁心 | | | | 定子绕组 | | | | | 转子绕组 | | | | | |
|---|---|---|---|---|---|---|---|---|---|---|---|---|---|---|---|---|
| | | 外径(mm) | 内径(mm) | 长度(mm) | 槽数 | 每槽线数 | 线规 $n_c-d_c$（根-mm） | 绕组型式 | 节距 | 接法 | 每槽线数 | 线规 $n_c-d_c$ 或 $a\times b$（根-mm） | 绕组型式 | 节距 | 接法 | 槽数 |
| YZR112M-6 | 1.5 | 182 | 127 | 95 | 45 | 42 | 1-φ0.75 | 双层叠式 | 1～8 | Y | 14 | 1-φ0.9<br>1-φ1.0 | 单层链式 | 1～6 | Y | 30 |
| YZR132M1-6 | 2.2 | 210 | 148 | 100 | | 34 | 1-φ0.95 | | | | 15 | 2-φ1.12 | | | | |
| YZR132M2-6 | 3.7 | | | 150 | | 24 | 2-φ0.85 | | | | | | | | | |
| YZR160M1-6 | 5.5 | 245 | 182 | 115 | 54 | 40 | 1-φ1.0 | | 1～9 | 2Y | 22 | 3-φ1.0 | | | 2Y | |
| YZR160M2-6 | 7.5 | | | 150 | | 30 | 1-φ1.18 | | | | | | | | | |
| YZR160L-6 | 11 | | | 210 | | 22 | 2-φ0.95 | | | | | | | | | |
| YZR180L-6 | 15 | 280 | 210 | 200 | | 28 | 2-φ0.9 | | | 3Y | 16 | 3-φ1.3 | | | | |
| YZR200L-6 | 22 | 327 | 245 | | | 24 | 2-φ1.25 | | | | 19 | 4-φ1.25 | | | 3Y | |
| YZR225M-6 | 30 | | | 255 | | 20 | 2-φ1.4 | | 1～8 | | | | | | | |
| YZR250M1-6 | 37 | 368 | 280 | 280 | 72 | 14 | 3-φ1.3 | | 1～11 | | 12 | 3-φ1.4<br>1-φ1.3 | | 2/1～9<br>1/1～8 | | 54 |
| YZR250M2-6 | 45 | | | 330 | | 12 | 3-φ1.4 | | | | | | | | | |
| YZR280S-6 | 55 | 423 | 310 | 285 | | 24 | 2-φ1.18<br>1-φ1.12 | | 1～12 | 6Y | | 6-φ1.3 | 双层叠式 | 1～9 | | 48 |
| YZR280M-6 | 75 | | | 360 | | 18 | 3-φ1.18<br>1-φ1.12 | | | | | | | | | |
| YZR160L-8 | 7.5 | 245 | 182 | 210 | 54 | 14 | 2-φ1.18 | | 1～7 | Y | 24 | 2-φ1.18 | | 1～5 | 2Y | 36 |
| YZR180L-8 | 11 | 280 | 210 | 200 | 60 | 24 | 2-φ1.06 | | 1～8 | 2Y | 14 | 3-φ1.25 | 单层链式 | 1～6 | | 48 |
| YZR200L-8 | 15 | 327 | 245 | | | 20 | 3-φ1.12 | | | | 12 | 4-φ1.3 | | | | |

（续表）

| 型号 | 额定功率(kW) | 定子铁心 外径(mm) | 内径(mm) | 长度(mm) | 槽数 | 定子绕组 每槽线数 | 线规 $n_c-d_c$（根-mm） | 绕组型式 | 节距 | 接法 | 转子绕组 每槽线数 | 线规 $n_c-d_c$ 或 $a\times b$（根-mm） | 绕组型式 | 节距 | 接法 | 槽数 |
|---|---|---|---|---|---|---|---|---|---|---|---|---|---|---|---|---|
| YZR225M-8 | 22 | 327 | 245 | 255 | | 16 | 3-ϕ1.3 | 双层叠式 | 1~7 | 2Y | 12 | 4-ϕ1.3 | 单层链式 | 1~6 | 2Y | 48 |
| YZR250M1-8 | 30 | 368 | 280 | 280 | 60 | 12 | 2-ϕ1.4<br>1-ϕ1.3 | | 1~8 | | 11 | 3-ϕ1.4<br>1-ϕ1.3 | | | | |
| YZR250M2-8 | 37 | | | 350 | | 10 | 4-ϕ1.3 | | | | | | | | | |
| YZR280S-8 | 45 | 423 | 310 | 285 | | 18 | 1-ϕ1.4<br>1-ϕ1.3 | | 1~9 | | 10 | 6-ϕ1.4 | 双层叠式 | 1~7 | | 54 |
| YZR280M-8 | 55 | | | 360 | | 16 | 4-ϕ1.25 | | 1~8 | 4Y | | | | | | |
| YZR315S-8 | 75 | 493 | 400 | 340 | 72 | 14 | 3-ϕ1.4<br>1-ϕ1.3 | | | | 2 | 2.24×16 | 双层波式 | 1~13<br>1~12 | Y | 96 |
| YZR315M-8 | 90 | | | 430 | | 12 | 4-ϕ1.3<br>1-ϕ1.4 | | | | | | | | | |
| YZR280S-10 | 37 | 423 | 310 | 325 | 60 | 30 | 2-ϕ1.3 | | 1~6 | 5Y | | 2.8×12.5 | 双层叠式 | 1~8 | | 75 |
| YZR280M-10 | 45 | | | 370 | | 26 | 3-ϕ1.18 | | | | | | | | | |
| YZR315S-10 | 55 | 493 | 400 | 340 | 75 | 18 | 1-ϕ1.25<br>2-ϕ1.18 | | 1~8 | | | 2.24×16 | 双层波式 | 1~9<br>1~10 | | 90 |
| YZR315M-10 | 75 | | | 430 | | 14 | 3-ϕ1.4 | | | | | | | | | |
| YZR355M-10 | 90 | 560 | 460 | 380 | 90 | 26 | 2-ϕ1.18<br>1-ϕ1.12 | | 1~9 | 10Y | | 3.15×16 | | 1~11<br>1~12 | | 105 |
| YZR355L1-10 | 110 | | | 470 | | 22 | 2-ϕ1.25<br>1-ϕ1.3 | | | | | | | | | |
| YZR355L2-10 | 132 | | | 540 | | 18 | 3-ϕ1.4 | | | | | | | | | |

表 3-39 JZS2 系列三相换向器

| 型号 | 铭牌主要数据 | | | | | | | |
|---|---|---|---|---|---|---|---|---|
| | 功率(kW) | 调速范围(r/min) | 初级电压(V) | 频率(Hz) | 次级电压(V) | 极数 | 槽数 | 线圈数 |
| JZS2-51-1 | 3~1 | 1 410~470 | 380 | 50 | 26.5 | 6 | 36 | 36 |
| JZS2-51-2 | 4~0 | 2 600~0 | | | 21 | 4 | 36 | 36 |
| JZS2-52-1 | 5~1.67 | 1 410~470 | | | 37.1 | 6 | 36 | 36 |
| JZS2-52-2 | 7~1.7 | 2 200~550 | | | 44.3 | 4 | 36 | 36 |
| JZS2-52-3 | 7.5~0 | 2 650~0 | | | 28 | 4 | 36 | 36 |
| JZS2-61-1 | 10~3.3 | 1 410~470 | | | 35.5 | 6 | 36 | 36 |
| JZS2-61-2 | 12~3 | 2 200~550 | | | 67.1 | 4 | 36 | 36 |
| JZS2-61-3 | 15~5 | 1 410~470 | | | 52.5 | 6 | 36 | 36 |
| JZS2-62-1 | 24~4 | 2 400~400 | | | 51.6 | 4 | 36 | 36 |
| JZS2-71-1 | 17~0 | 1 800~0 | | | 31 | 6 | 45 | 45 |
| JZS2-71-2 | 22~7.3 | 1 410~470 | | | 61.5 | 6 | 45 | 45 |
| JZS2-8-1 | 30~10 | 1 410~470 | | | 76 | 6 | 54 | 54 |
| JZS2-8-2 | 40~4 | 1 600~160 | | | 50.6 | 6 | 54 | 54 |
| JZS2-8-3 | 40~13.3 | 1 410~470 | | | 76 | 6 | 54 | 54 |
| JZS2-9-1 | 55~18.3 | 1 050~350 | | | 56.7 | 8 | 48 | 48 |
| JZS2-9-2 | 60~6 | 1 200~120 | | | 50.7 | 8 | 48 | 48 |
| JZS2-9-3 | 75~25 | 1 050~350 | | | 74.3 | 8 | 48 | 48 |
| JZS2-10-1 | 100~33.3 | 1 050~350 | | | 103.4 | 8 | 72 | 72 |
| JZS2-10-2 | 100~16.7 | 1 200~200 | | | 72.5 | 8 | 72 | 72 |
| JZS2-10-3 | 125~41.7 | 1 050~350 | | | 103.4 | 8 | 72 | 72 |
| JZS2-11-1 | 160~53.3 | 1 050~350 | | | 104 | 8 | 72 | 72 |

注:1."线规"一列中,括号内数值是等效的新线规。2.初级绕组"接法"一列中,"Y
一只,线圈二头都不和换向片相联。4.表中所列为上海先锋电机厂产品规格。

异步电动机绕组数据

| 初 | 级 | 绕 | 组 | | | |
|---|---|---|---|---|---|---|
| 每组圈数 | 每圈匝数 | 并联路数 | 节距 | 接法 | 线规(根-mm) | 线质量(kg) |
| 2 | 21 | 1 | 1—6 | Y | 2-$\phi$1.3 | 9.4 |
| 3 | 30 | 2 | 1—8 | | $\phi$1.08<br>($\phi$1.06) | 4.8 |
| 2 | 15 | 1 | 1—6 | | 3-$\phi$1.2<br>(3-$\phi$1.18) | 9.5 |
| 3 | 22 | 1 | 1—8 | Y串联 | $\phi$1.4 | 7.1 |
| 3 | 22 | 2 | 1—8 | | $\phi$1.4 | 7.1 |
| 2 | 41 | 3 | 1—6 | | $\phi$1.45 | 13 |
| 3 | 20 | 2 | 1—8 | | 2-$\phi$1.4 | 14 |
| 2 | 29 | 3 | 1—6 | | 2-$\phi$1.2($\phi$1.18) | 14.5 |
| 3 | 11 | 2 | 1—8 | | 3-$\phi$1.5 | 16.3 |
| 2、3、2、3 | 20 | 3 | 1—7 | | 3-$\phi$1.25 | 21.2 |
| 2、3、2、3 | 20 | 3 | 1—7 | | 3-$\phi$1.25 | 21.2 |
| 3 | 10 | 3 | 1—9 | | 3-$\phi$1.3 | 17 |
| 3 | 10 | 3 | 1—9 | | 3-$\phi$1.45 | 21 |
| 3 | 10 | 3 | 1—9 | | 3-$\phi$1.45 | 21 |
| 2 | 16 | 4 | 1—6 | | 4-$\phi$1.3 | 30.6 |
| 2 | 14 | 4 | 1—6 | | 4-$\phi$1.45<br>单玻漆包 | 38 |
| 2 | 14 | 4 | 1—6 | | 3-$\phi$1.5;2-$\phi$1.56<br>聚酯亚胺 | 30.9<br>22.3 |
| 3 | 9 | 4 | 1—9 | | 6-$\phi$1.45<br>单玻聚酯亚胺 | 59 |
| 3 | 9 | 4 | 1—9 | | 6-$\phi$1.45<br>单玻聚酯亚胺 | 59 |
| 3 | 9 | 4 | 1—9 | | 4-$\phi$1.45<br>4-$\phi$1.5 | 38<br>40 |
| 3 | 9 | 4 | 1—9 | | 8-$\phi$1.5 | 76 |

串联”表示其接线如附图所示。3. 调节绕组“线圈数”一列中，$D=1$是表机厂示虚设线圈
5. “线规”一列中，除注明材质外全为聚酯漆包线。

| 型　号 | 次　级　（定　子）　绕 | | | | | | | |
|---|---|---|---|---|---|---|---|---|
| | 相数 | 槽数 | 线圈数 | 每组圈数 | 每圈匝数 | 并联路数 | 节　距 | 接法 |
| JZS2-51-1 | 3 | 54 | 54 | 3 | 5 | 3 | 1—9 | |
| JZS2-51-2 | 5 | 50 | 50 | 5 | 4 | 2 | 1—11 | $\frac{180°}{m^2}$ |
| JZS2-52-1 | 3 | 54 | 54 | 3 | 5 | 3 | 1—9 | |
| JZS2-52-2 | 5 | 50 | 50 | 5 | 3 | 1 | 1—11 | |
| JZS2-52-3 | 5 | 50 | 50 | 5 | 4 | 2 | 1—10 | |
| JZS2-61-1 | 4 | 48 | 48 | 4 | 8 | 3 | 1—8 | |
| JZS2-61-2 | 6 | 48 | 48 | 4 | 10 | 2 | 1—12 | $\frac{360°}{m^2}$ |
| JZS2-61-3 | 4 | 48 | 48 | 4 | 8 | 3 | 1—8 | |
| JZS2-62-1 | 6 | 48 | 48 | 4 | 4、5、4、5 | 2 | 1—10 | |
| JZS2-71-1 | 5 | 60 | 60 | 2 | 8 | 6 | 1—8 | $\frac{180°}{m^2}$ |
| JZS2-71-2 | 5 | 60 | 60 | 2 | 15 | 6 | 1—9 | |
| JZS2-8-1 | 6 | 72 | 72 | 4 | 6 | 3 | 1—11 | |
| JZS2-8-2 | 6 | 72 | 72 | 4 | 4 | 3 | 1—11 | |
| JZS2-8-3 | 6 | 72 | 72 | 4 | 6 | 3 | 1—11 | |
| JZS2-9-1 | 5 | 60 | 60 | 3 | 6 | 4 | 1—8 | $\frac{360°}{m^2}$ |
| JZS2-9-2 | 5 | 60 | 60 | 3 | 5 | 4 | 1—7 | |
| JZS2-9-3 | 5 | 60 | 60 | 3 | 7 | 4 | 1—8 | |
| JZS2-10-1 | 7 | 84 | 84 | 3 | 5 | 2 | 1—10 | |
| JZS2-10-2 | 7 | 84 | 84 | 3 | 7 | 4 | 1—10 | |
| JZS2-10-3 | 7 | 84 | 84 | 1、2、1、2 | 5 | 2 | 1—11 | $\frac{180°}{m^2}$ |
| JZS2-11-1 | 7 | 84 | 84 | 3 | 10 | 4 | 1—10 | $\frac{360°}{m^2}$ |

（续表）

| 组 | | 调节绕组 | | | | |
|---|---|---|---|---|---|---|
| 线规（根-mm） | 线质量（kg） | 换向片数 | 换向片节距 | 接法 | 线圈数 | 每槽根数 |
| 2-$\phi$1.50 | 6 | 107 | 1—36 | 双波 | 108 $D=1$ | 3 |
| 2-$\phi$1.2 ($\phi$1.18) | 3 | 108 | 1—2 | 单叠 | 108 | |
| 3-$\phi$1.25 | 6.5 | 107 | 1—36 | 双波 | 108 $D=1$ | |
| 3-$\phi$1.4 | 4.5 | 108 | 1—2 | 单叠 | 108 | |
| 2-$\phi$1.35 | 4 | | | | | 4 |
| 2-$\phi$1.3<br>1-$\phi$1.35 | 6.24<br>3.36 | 144 | | | 144 | |
| 2-$\phi$1.40 | 10.7 | | | | | |
| 2-$\phi$1.3<br>1-$\phi$1.35 | 6 | | | | | |
| 4-$\phi$1.45 | 11.5 | | 1—3 | 双叠 | | |
| 2-$\phi$1.30 | 8.8 | 180 | 1—2 | 单叠 | 180 | |
| $\phi$1.56 | 12 | | | | | |
| 3-$\phi$1.25 | 13.5 | 216 | | 双叠 | 216 | |
| 3-$\phi$1.62<br>(1.6) | 14.5 | | | | | |
| 3-$\phi$1.35 | 14.6 | | | | | |
| 4-$\phi$1.45<br>单玻漆包 | 21 | 240 | 1—3 | | 240 | 5 |
| 5-$\phi$1.45<br>单玻漆包 | 22.4 | | | | | |
| 5-$\phi$1.56 | 35.2 | | | | | |
| 6-$\phi$1.45 | 37 | 360 | | | 360 | |
| 4-$\phi$1.45<br>聚酯亚胺 | 35 | | | | | |
| 4-$\phi$1.56<br>2-$\phi$1.62(1.6) | 32.5<br>16.2 | | | | | |
| 4-$\phi$1.56 | 54 | | | | | |

| 型号 | 调节绕组 | | | 放电 | | | |
|---|---|---|---|---|---|---|---|
| | 节距 | 线规（根-mm） | 线质量（kg） | 换向片节距 | 接法 | 线圈数 | 每极槽数 |
| JZS2-51-1 | 1—7 | 2.26×3.28<br>(2.24×3.35)<br>双玻 | 4.85 | | | | |
| JZS2-51-2 | 1—10 | 1.81×2.83<br>双玻 | 4.1 | | | | |
| JZS2-52-1 | 1—7 | 2.26×3.28<br>(2.24×3.35)<br>双玻 | 5.7 | | | | |
| JZS2-52-2 | 1—10 | 1.81×2.83<br>(1.8×2.8)双玻 | 4.3 | | | | |
| JZS2-52-3 | 1—10 | | 4.3 | | | | |
| JZS2-61-1 | 1—6 | 1.95×3.8<br>(2×3.75)<br>双玻 | 7.5 | | | | |
| JZS2-61-2 | 1—9 | | 9 | | | | |
| JZS2-61-3 | 1—6 | | 8.2 | | | | |
| JZS2-62-1 | 1—10(3根)<br>1—11(1根) | 1.95×3.06<br>(2×3)<br>双玻 | 8.3 | 1—2 | 单叠 | 72 | 2 |
| JZS2-71-1 | 1—5 | 1.95×4.4<br>(2×4.5) 双玻 | 11.9 | | | | |
| JZS2-71-2 | 1—5 | | 11.9 | | | | |
| JZS2-8-1 | 1—10(3根)<br>1—11(1根) | 1.35×4.4<br>(1.32×4.5)<br>双玻 | 12 | | | 103 | 2 |
| JZS2-8-2 | | 1.56×4.4<br>(1.6×4.5)<br>双玻 | 14 | | | | |
| JZS2-8-3 | | | 14 | | | | |
| JZS2-9-1 | 1—7(4根)<br>1—8(1根) | | 16 | | | | |
| JZS2-9-2 | | 1.95×4.4<br>(2×4.5) 双玻 | 20.5 | | | 240 | |
| JZS2-9-3 | | | 20.8 | 1—2 | 单叠 | | |
| JZS2-10-1 | | 1.35×4.4<br>(1.32×4.5)<br>双玻 | 22.5 | | | | 5 |
| JZS2-10-2 | 1—10(4根)<br>1—11(1根) | 1.56×4.4<br>(1.6×4.5) 双玻 | 25 | | | 360 | |
| JZS2-10-3 | | | 25 | | | | |
| JZS2-11-1 | | 1.96×4.4<br>(2×4.5)<br>双玻 | 32 | | | | |

（续表）

| 绕组 | | | 换向器上电刷 | | | 集电环上电刷 | | |
|---|---|---|---|---|---|---|---|---|
| 线　规 | 节距 | 线质量(kg) | 牌号 | 尺寸(mm)（厚×宽×高） | 块数 | 牌号 | 尺寸(mm)（厚×宽×高） | 块数 |
| | | | | | 18 | | | |
| | | | | | 40 | | 6×25×40 | 3 |
| | | | | 7×15×30 | 18 | | | |
| | | | L376N | | 40 | J164 | | |
| | | | | | | | | |
| | | | | | | | | |
| | | | | | | | | |
| | | | | | | | | |
| $\phi$1.68（$\phi$1.70）单玻漆 | 1—4 | 0.6 | | 7×20×30 | 48 | | 8×25×40 | |
| | | | | 7×15×30 | 60 | | | |
| | | | | | | | | 6 |
| $\phi$1.56 单玻漆 | 1—4 | 1.5 | | 7×20×30 | 72 | | 12×32×40 | |
| | 1—3 | 4 | 上海电碳制品厂生产 | | 120 | | | |
| $\phi$1.63（$\phi$1.7）单玻漆 | 1—4 | 6.5 | | 7×15×30 | 168 | | 16×32×40 | 12 |

表3-40　常用的QY型、QS型和QX型三相潜水电泵电动机主要技术数据

| 型　号 | 功率(kW) | 极数 | 定子铁心 | | | 定子槽数 | 接法 | 绕组型式 | 跨距 | 每槽导体数 | 每圈匝数 | 每联圈数 | 每台联数 | 线　规(根-mm) |
|---|---|---|---|---|---|---|---|---|---|---|---|---|---|---|
| | | | 外径(mm) | 内径(mm) | 长度(mm) | | | | | | | | | |
| QY-3.5<br>QY-7<br>QY-15<br>QY-25<br>QY-40A | 2.2 | 2 | 145 | 82 | 100 | 24 | 2Y | 单层同心 | 1—12<br>2—11 | 94 | 94 | 2 | 6 | QZ-2<br>1-$\phi$0.75 |
| QY10-32-2.2<br>QY15-26-2.2<br>QY25-17-2.2<br>QY40-12-2.2<br>QY65-7-2.2<br>QY100-4.5-2.2 | 2.2 | 2 | 145 | 82 | 95 | 24 | Y | 单层同心 | 1—12<br>2—11 | 47 | 47 | 4 | 3 | QZ-2<br>2-$\phi$0.71 |
| QY15-34-3<br>QY25-24-3<br>QY40-16-3<br>QY65-10-3<br>QY100-6-3 | 3 | 2 | 145 | 82 | 120 | 24 | Y | 单层同心 | 1—12<br>2—11 | 38 | 38 | 4 | 3 | QZ-2<br>2-$\phi$0.80 |
| QY-3.5<br>QY-7<br>QY-15<br>QY-25<br>QY-40A | 2.2 | 2 | 143 | 78 | 95 | 24 | 2Y | 单层同心 | 1—12<br>2—11 | 96 | 96 | 2 | 6 | QZ-2<br>1-$\phi$0.71 |
| QY15-36-3<br>QY25-26-3<br>QY40-16-3 | 3 | 2 | 143 | 78 | 120 | 24 | 2Y | 单层同心 | 1—12<br>2—11 | 76 | 76 | 2 | 6 | QZ-2<br>1-$\phi$0.80 |
| QS25×25-3<br>QS10×60-3<br>QS15×50-3 | 3 | 2 | 175 | 88 | 105 | 24 | Y | 单层同心 | 1—12<br>2—11 | 37 | 37 | 4 | 3 | QYN<br>1-$\phi$1.06 |
| QS20×40-4<br>QS30×30-4<br>QS32×25-4<br>QS50×15-4 | 4 | 2 | 175 | 88 | 124 | 24 | Y | 单层同心 | 1—12<br>2—11 | 32 | 32 | 4 | 3 | QYN<br>1-$\phi$1.20 |

（续表）

| 型　号 | 功率(kW) | 极数 | 定子铁心 外径(mm) | 定子铁心 内径(mm) | 定子铁心 长度(mm) | 定子槽数 | 接法 | 绕组型式 | 跨距 | 每槽导体数 | 每圈匝数 | 每联圈数 | 每台联数 | 线　规(根-mm) |
|---|---|---|---|---|---|---|---|---|---|---|---|---|---|---|
| QS18×65-5.5<br>QS32×40-5.5<br>QS65×18-5.5<br>QS40×28-5.5 | 5.5 | 2 | 175 | 88 | 142 | 24 | Y | 单层同心 | 1—12<br>2—11 | 28 | 28 | 4 | 3 | QYN<br>1-$\phi$1.35 |
| QS30×50-7.5<br>QS40×30-7.5<br>QS50×25-7.5<br>QS100-15-7.5 | 7.5 | 2 | 175 | 88 | 172 | 24 | Y | 单层同心 | 1—12<br>2—11 | 23 | 23 | 4 | 3 | QYN<br>1-$\phi$1.50 |
| QX6-15J<br>QX10-10J | 0.75 | 2 | 125 | 65 | 60 | 24 | Y | 单层同心 | 1—12<br>2—11 | 86 | 86 | 4 | 3 | QZ-2<br>1-$\phi$0.60 |
| QX6-25-1.1<br>QX10-18-1.1<br>QX15-14-1.1<br>QX25-9-1.1<br>QX40-6-1.1 | 1.1 | 2 | 128 | 70 | 72 | 24 | Y | 单层同心 | 1—12<br>2—11 | 68 | 68 | 4 | 3 | QZ-2<br>1-$\phi$0.75 |
| QX10-24-1.5<br>QX15-18-1.5<br>QX25-12-1.5<br>QX40-8-1.5 | 1.5 | 2 | 128 | 70 | 92 | 24 | Y | 单层同心 | 1—12<br>2—11 | 53 | 53 | 4 | 3 | QZ-2<br>1-$\phi$0.85 |
| QX10-34-2.2<br>QX15-26-2.2<br>QX25-18-2.2<br>QX40-12-2.2 | 2.2 | 2 | 145 | 82 | 90 | 24 | Y | 单层同心 | 1—12<br>2—11 | 49 | 49 | 4 | 3 | QZ-2<br>1-$\phi$1.0 |
| QX22-15J | 2.2 | 2 | 145 | 82 | 100 | 24 | 2Y | 单层同心 | 1—12<br>2—11 | 94 | 94 | 2 | 6 | QZ-2<br>1-$\phi$0.75 |
| QX15-34-3<br>QX25-24-3<br>QX40-16-3 | 3 | 2 | 145 | 82 | 115 | 24 | Y | 单层同心 | 1—12<br>2—11 | 40 | 40 | 4 | 3 | QZ-2<br>1-$\phi$1.12 |
| QX120-10J | 5.5 | 4 | 175 | 110 | 170 | 36 | Y | 单层交错 | 1—9<br>2—10<br>11—18 | 23 | 23 | 3 | 6 | QZ-2<br>1-$\phi$0.85<br>2-$\phi$0.90 |

# 第4章 直流电动机

## 4-1 直流电动机的使用和维护

### 一、直流电动机的分类和用途

直流发电机和直流电动机统称为直流电机。普通标准系列的直流电机与适用于不同运行场合的派生和专用系列的直流电机，其分类、型号及用途见表4-1。本章主要介绍基本系列的直流电动机。

表4-1 直流电机分类、型号及用途

| 名称 | 用途 | 型号 | 原用型号 |
|---|---|---|---|
| 直流电动机 | 一般用途，基本系列 | Z | Z、ZD、ZO、ZO2<br>Z2、Z3、Z4 |
| 直流发电机 | 一般用途，基本系列 | ZF | |
| 船用直流电动机 | 船舶上各种辅助机械用 | Z-H | ZH、Z2C<br>ZO2C |
| 船用直流发电机 | 作船舶上电源用 | ZF-H | |
| 船用起重直流电动机 | 各种船舶的辅助设备 | ZZJ-H | ZZ-H、ZZK-H、<br>ZZY-H |
| 直流牵引电动机 | 电力传动机车，工矿用电机车，蓄电池供电车等 | ZQ | ZQ、ZXQ |
| 龙门刨床用直流电动机 | 龙门刨床用 | ZU | ZBD |
| 精密机床用直流电动机 | 磨床、坐标镗床等精密机床用 | ZJ | ZJD |
| 宽调速直流电动机 | 用于调速范围较大的恒功率传动机械 | ZT | ZT |
| 起重冶金用直流电动机 | 冶金辅助传动机械等 | ZZJ | ZZ、ZZK、ZZY |

## 二、直流电动机运行时的接线图

### 1. 直流电机出线端标志

直流电动机绕组出线端的标志见表 4－2。

表 4－2　直流电动机绕组出线端的标志

| 绕组名称 | 2006 年国家标准（现采用） | | 1965 年国家标准 | | 1965 年前曾使用 | |
|---|---|---|---|---|---|---|
| | 始端 | 末端 | 始端 | 末端 | 始端 | 末端 |
| 电枢绕组 | A1 | A2 | S1 | S2 | S1 | S2 |
| 换向绕组 | B1 | B2 | H1 | H2 | H1 | H2 |
| 补偿绕组 | C1 | C2 | BC1 | BC2 | B1 | B2 |
| 串励绕组 | D1 | D2 | C1 | C2 | C1 | C2 |
| 并励绕组 | E1 | E2 | B1 | B2 | F1 | F2 |
| 他励绕组 | F1 | F2 | T1 | T2 | W1 | W2 |

注：2006 年国家标准（GB 1971—2006）采用的符号与 IEC 国际标准（IEC 60034—8:2002）相同，代替国家标准 GB 1971—1980。

### 2. 直流电动机的接线图

对应于不同的励磁方式直流电动机的原理图与接线图分别如图 4－1～4－3 所示。图中所注的电动机转向，应从换向器端面看过去，顺时针方向为正转；逆时针方向为反转。

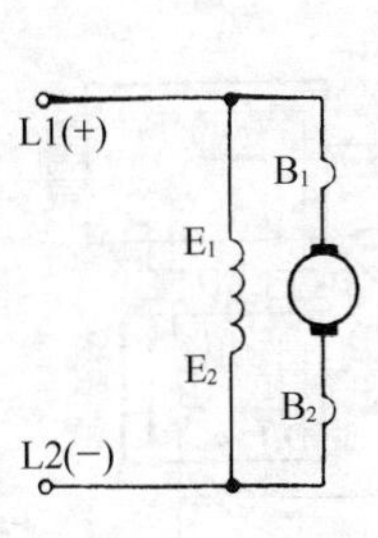


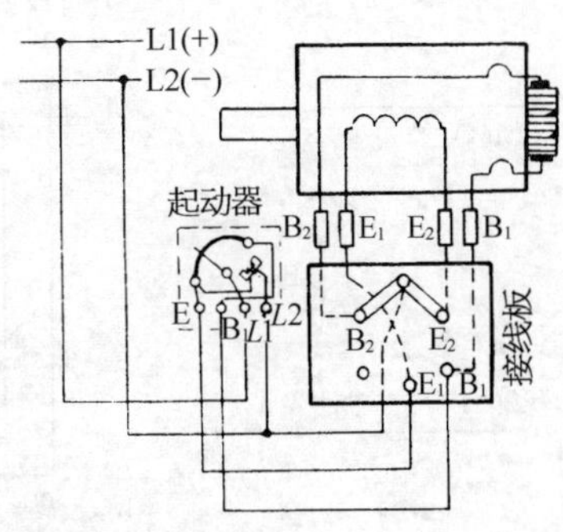


(a) 正转

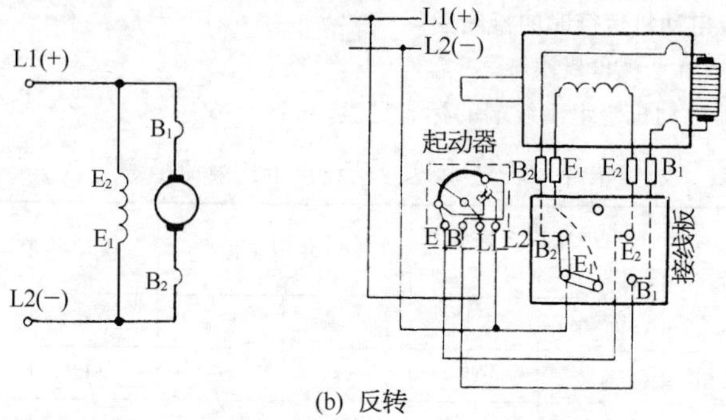


(b) 反转

图 4－1 并励电动机原理图与接线图(附起动器)

注：如系他励电动机，并励磁场由外电源供电，磁场的出线标记用 $F_1$、$F_2$ 来表示，或他励有 2 种电压，其二组磁场用 $F_1$、$F_2$，$F_3$、$F_4$ 来表示。

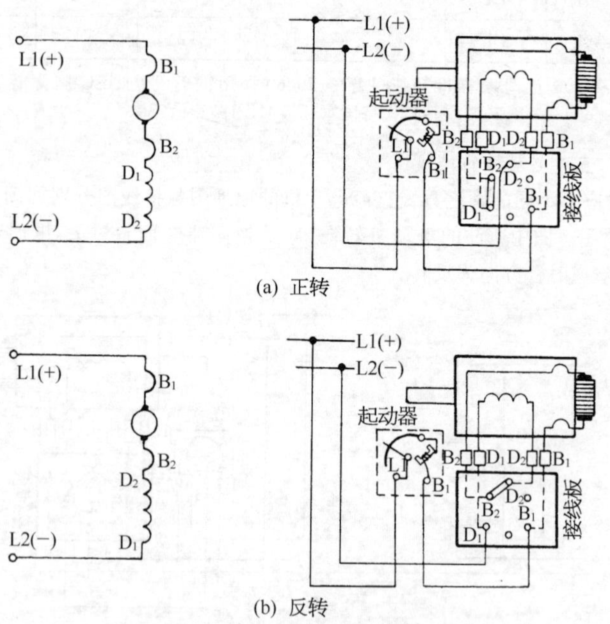


图 4－2 串励电动机接线图(附起动器)

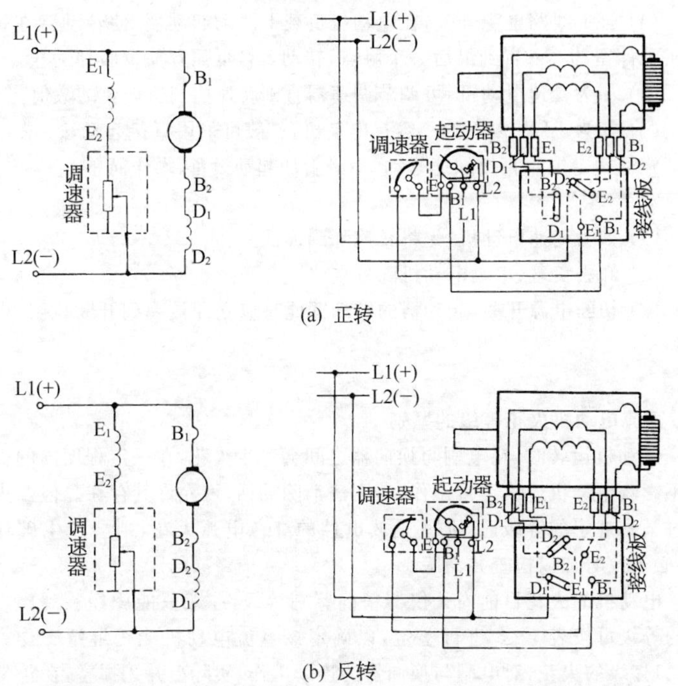


(a) 正转

(b) 反转

**图 4-3** 复励变速电动机原理图与接线图(附起动器及调速器)

注:如系他复励电机,并励磁场由外电源直接供电,励磁绕组不可与 B 及 D 并接,其出线标记用 $F_1$、$F_2$ 来表示。

## 三、直流电动机的起动与停车

1. 起动

对直流电动机起动性能的要求是起动电流不得超过电机的允许值;起动转矩尽可能大,而且起动时间尽量小些。具体操作步骤如下:

(1) 检查线路的接线及测量仪表的连接等是否正确,保证磁场回路不得断开或断线;检查起动器的弹簧是否灵活,转动臂的初始状态是否在开断位置。

(2) 如为串励电动机,注意不能空载起动。

(3) 如为变速电动机,起动前应将调速器的状态调节到最低转速位置。

(4) 合上线路电源开关，在电动机负载下开动起动器，使转动臂在每个触头上停留约 2 s；直到最后一个触点，转动臂被低压释放器吸住为止。

(5) 如为变速电动机，可调节调速器直到转速达到所需要的数值。

(6) 如为 1 kW 以下的小容量电动机，一般可采用直接起动法：在电枢两端施加额定电压直接加速起动，不必附加起动设备、操作简单。

2. 停车

(1) 如为变速电动机，先将转速降到最低。

(2) 卸去负载(串励电动机除外)。

(3) 切断电源开关，起动器的转动臂此时应立即被弹到开断位置，电动机停车。

## 四、直流电动机火花等级的鉴别

电动机运转时，在电刷与换向器之间会产生火花，在一定程度内的火花并不影响电动机连续正常工作，若无法消除的话，可允许其存在。但当火花超过某一规定的等级时，尤其是放电性的红色电弧火花，则会产生破坏作用，必须及时加以检查并消除。

电动机的火花目前尚无仪器精确鉴别等级，一般只能凭经验观察。火花的等级可按表 4－3 进行鉴定，以确定该直流电动机能否继续工作。1、1¼、1½级的火花，对电刷与换向器的连续工作，实际上并无损害，在正常连续工作时，可允许其存在。

表 4－3 换向器的火花等级

<table>
<tr><th>火花等级</th><th>电刷下的火花程度</th><th>换向器及电刷的状态</th><th>允许运行方式</th></tr>
<tr><td>1</td><td>无火花</td><td rowspan="2">换向器上没有黑痕及电刷上没有灼痕</td><td rowspan="3">允许长期连续运行</td></tr>
<tr><td>1¼</td><td>电刷边缘仅小部分(约 1/5～1/4 刷边长)有断续的几点点状火花</td></tr>
<tr><td>1½</td><td>电刷边缘大部分(大于 1/2 刷边长)有连续的、较稀的颗粒状火花</td><td>换向器上有黑痕但不发展，用汽油擦其表面即能除去，同时在电刷上有轻微灼痕</td></tr>
</table>

（续表）

| 火花等级 | 电刷下的火花程度 | 换向器及电刷的状态 | 允许运行方式 |
|---|---|---|---|
| 2 | 电刷边缘大部分或全部有连续的、较密的颗粒状火花，开始有断续的舌状火花 | 换向器上有黑痕出现，用汽油不能擦除，同时电刷上有灼痕，如短时出现这一级火花，换向器上不出现灼痕，电刷不致被烧焦或损坏 | 仅允许在短时过电流或短时过转短时出现 |
| 3 | 电刷的整个边缘有强烈的舌状火花，伴有爆裂声音 | 换向器上的黑痕相当严重，用汽油不能擦除，同时电刷上有灼痕。如在这一火花等级下短时运行，则换向器上将出现灼痕，同时电刷将被烧焦或损坏 | 仅允许在直接起动或逆转的瞬间出现，但换向器及电刷应仍能适用于以后的正常工作 |

## 五、直流电动机的维护

1. 换向器的保养

电动机的正常运行与换向器保养的好坏有很大的关系。换向器表面应保持光洁、圆整，不得有机械损伤或火花灼痕。如换向器表面沾有碳粉、油污等杂物，应用干净柔软的白布蘸酒精擦去；若换向器表面有轻微灼痕时，可用 00 号或 N320 细砂布在旋转着的换向器上仔细研磨。当换向器表面出现严重灼痕、粗糙不平、表面不圆，或经过长期运行，换向器磨损，出现局部凹凸不平时，就需要对换向器表面进行车光。车削时，速度不大于 1.5 m/s，且要求保持换向器的同轴度，同时要求换向器表面粗糙度 $Ra$ 为 0.8～1.6 μm，在车削时，为防止铜屑进入电枢绕组可用干净漆刷挡住，车削最后一刀进刀量不大于 0.1 mm。换向器车光后需用挖槽工具（图 4-4）对片间云母挖槽，对不同直径的换向器，其云母挖槽深度也不同，具体数据见表 4-4。

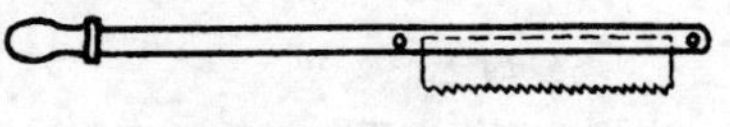

**图 4-4** 挖槽工具

表 4-4 不同直径的换向器挖槽深度 (mm)

| 换向器直径 | <50 | 50～150 | 151～300 | >300 |
|---|---|---|---|---|
| 云母片挖槽深度 | 0.5 | 0.8 | 1.2 | 1.5 |

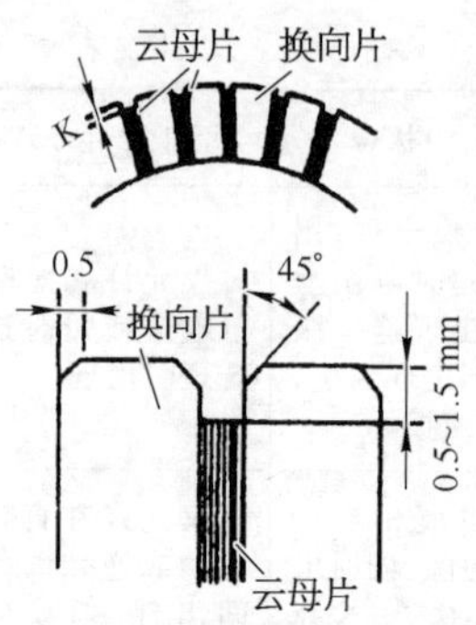


图4-5　换向器倒角及云母片的挖削示意图

对换向器的换向片边缘，同时应倒角0.5×45°，如图4-5所示。无论在研磨、车削或挖槽过程中，都必须防止铜粉和云母粉进入电枢内部，加工完成后必须用压缩空气将整个电枢吹净才能装配。

换向器在负载情况下长期运转后，会在换向器表面形成一层均匀、坚硬的有深褐色光泽的薄膜，这层薄膜具有保护换向器的功效，因此切忌用砂布抹去。

2. 电刷的使用及研磨

电刷与换向器工作面应有良好的接触，正常的电刷压力为1.5～2.5 N/cm$^2$(±10%)(可用弹簧秤测量)，电刷与刷握框的配合不宜过紧，而须留有不大于0.15 mm左右的间隙。

电刷磨损或碎裂时，须换以相同规格(牌号及尺寸)的电刷，新电刷装配好后应研磨光滑，以达到与换向器相吻合的接触面。

研磨电刷的接触面，须用00号砂布，砂布的宽度为换向器的长度，砂布的长度为换向器的周长，然后再找一块橡皮胶，一半贴住砂布的一端，另一半按转子旋转方向贴在换向器上，如图4-6所示，然后转动转子即可。

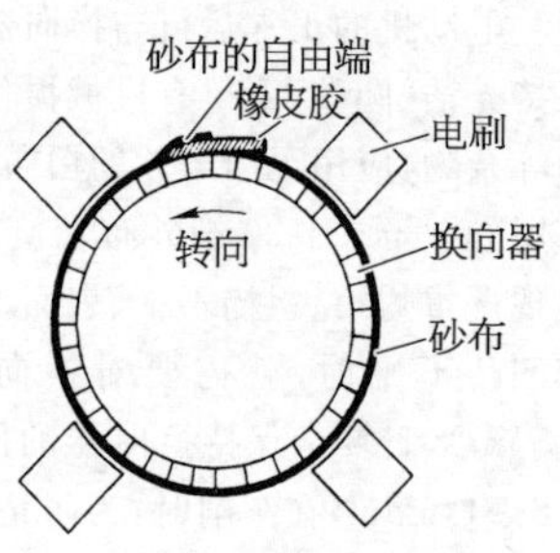


图4-6　电刷的研磨

用这种方法研磨电刷，一般接触面可达90%以上。

3. 绕组的干燥处理

电机的绝缘电阻如果低于0.5 MΩ时，需要进行干燥处理。直流电机绕组的干燥处理方法有灯泡干燥法、煤炉干燥法、电流干燥法等多种，这里主要介绍电流干燥法，其他方法参看异步电机中有关章节。

用电流干燥法时，首先要打开机盖上各通风窗，然后拆开并励绕组出线头，将电枢、串励、换向极绕组接成串联，再通入直流电。注意，通入的直流电的电流强度不超过铭牌标出的额定电流的50%～60%，所加的电压约为额定值的3%～6%，一般加热温度不超过70℃。

对他励电机如采用这种方法时，应事先用外力阻止轴的转动。因为励磁电源虽已切断，但由于它还具有剩磁，所以容易造成高速运转。

## 六、直流电动机的常见故障及处理方法

直流电动机发生故障后，应立即停机进行检修。表4-5列出常见的故障与处理方法。

表4-5　直流电动机的常见故障与处理方法

| 故障现象 | 可 能 原 因 | 处 理 方 法 |
|---|---|---|
| 电刷下火花过大 | 1. 电刷与换向器接触不良 | 1. 研磨电刷接触面，并在轻载下运转0.5～1 h |
| | 2. 刷握松动或装置不正 | 2. 紧固或纠正刷握装置 |
| | 3. 电刷与刷握配合太紧 | 3. 略微磨小电刷尺寸 |
| | 4. 电刷压力大小不当或不匀 | 4. 用弹簧秤校正电刷压力为1.5～2.5 N/cm²（调整刷握弹簧压力或调换刷握） |
| | 5. 换向器表面不光洁，不圆或有污垢 | 5. 清洁或研磨换向器表面 |
| | 6. 换向片间云母凸出 | 6. 换向器刻槽、倒角、再研磨 |
| | 7. 电刷位置不在中性线上 | 7. 调整刷杆座至原有记号之位置，或按感应法（见4-5节）校正中性线位置 |
| | 8. 电刷磨损过度，或所用牌号及尺寸不符 | 8. 更换新电刷 |
| | 9. 过载 | 9. 恢复正常负载 |
| | 10. 电机底脚松动，发生震动 | 10. 固紧底脚螺钉 |
| | 11. 换向极绕组短路 | 11. 检查换向极绕组，修理绝缘损坏处 |
| | 12. 电枢绕组与换向器脱焊 | 12. 用毫伏表检查换向片间电压是否呈周期性出现，如某2片之间电压特别大，说明该处有脱焊现象，须重焊 |
| | 13. 检修时将换向极绕组接反 | 13. 用指南针试验换向极极性，并纠正（换向极与主极极性关系，顺电机旋转方向，发电机为n-N-s-S，电动机为n-S-s-N，其中大写字母为主极极性，小写字母为换向极极性） |
| | 14. 电刷型号混用，电刷之间的电流分布不均匀 | 14. ① 调整刷架等分<br>② 按原牌号及尺寸更换新电刷，只可使用同型号的电刷 |
| | 15. 电刷分布不等分 | 15. 校正电刷等分 |
| | 16. 转子平衡未校好 | 16. 重校转子动平衡 |

（续表）

| 故障现象 | 可能原因 | 处理方法 |
| --- | --- | --- |
| 电动机不能起动 | 1. 无电源 | 1. 检查线路是否完好，起动器连接是否准确，熔丝是否熔断，励磁电压继电器是否动作 |
| | 2. 过载 | 2. 减少负载 |
| | 3. 起动转矩太小 | 3. 检查所用起动器是否合适 |
| | 4. 电刷接触不良 | 4. 检查刷握弹簧是否松弛或改善接触面 |
| | 5. 电枢回路断路 | 5. 检查变阻器及电枢绕组是否断路，更换绕组 |
| | 6. 起动器与电机连接不正确 | 6. 在电枢与电源接通前，应先接通励磁绕组并使达到额定励磁电压值 |
| 电动机转速不正常 | 1. 电动机转速过高，且有剧烈火花 | 1. 检查磁场绕组与起动器（或调速器）连接是否良好，是否接错，磁场绕组或调速器内部是否断路 |
| | 2. 电刷不在正常位置 | 2. 按所刻记号调整刷杆座位置 |
| | 3. 电枢及磁场绕组短路 | 3. 检查是否短路（磁场绕组须每极分别测量电阻） |
| | 4. 串励电动机轻载或空载运转 | 4. 增加负载 |
| | 5. 串励磁场绕组接反 | 5. 纠正接线 |
| | 6. 磁场回路电阻过大 | 6. 检查磁场变阻器和励磁绕组电阻，并检查接触是否良好 |
| 电枢冒烟 | 1. 长时期过载 | 1. 立即恢复正常负载 |
| | 2. 换向器或电枢短路 | 2. 用毫伏表检查是否短路，是否有金属屑落入换向器或电枢绕组 |
| | 3. 发电机负载短路 | 3. 检查线路是否有短路 |
| | 4. 电动机端电压过低 | 4. 恢复电压至正常值 |
| | 5. 电动机直接起动或反向运转过于频繁 | 5. 使用适当的起动器，避免频繁的反复运转 |
| | 6. 定、转子铁心相擦 | 6. 检查电机气隙是否均匀，轴承是否磨损 |
| 磁场线圈过热 | 1. 并励磁场绕组部分短路 | 1. 分别测量每一绕组电阻，修理或调换电阻特别低的绕组 |
| | 2. 发电机转速太低 | 2. 提高转速至额定值 |
| | 3. 磁场电压长期超过额定值 | 3. 恢复端电压至额定值 |

（续表）

| 故障现象 | 可 能 原 因 | 处 理 方 法 |
|---|---|---|
| 其他 | 1. 机壳漏电 | 1. ① 电机绝缘电阻过低，用500 V兆欧表测量绕组对地绝缘电阻如低于0.5 MΩ，应加以烘干<br>② 出线头碰壳<br>③ 出线板或绕组某处绝缘损坏需修复<br>④ 接地装置不良，加以纠正 |
| | 2. 并励（带有少量串励稳定绕组）电动机起动时反转，起动后又变为正转 | 2. 串励绕组接反，互换串励绕组2个出线头 |
| | 3. 轴承漏油 | 3. ① 润滑脂加得太满（正常约为轴承室空间的2/3）或所用润滑脂质地不符要求，需更正<br>② 轴承温度过高（轴承如有不正常杂声应取出清洗检查换油，如钢珠或钢圈有裂纹，应予更换） |

## 七、直流电动机的拆装和试验

1. 直流电动机的拆装

直流电动机的拆卸步骤：

(1) 拆除接于电机的所有接线。

(2) 拆除换向器端的端盖螺钉、轴承盖螺钉，并取下轴承外盖。

(3) 打开端盖的通风窗，从刷握中取出电刷，再拆下接到刷杆的连接线。

(4) 拆卸换向器端的端盖，拆时在端盖边缘垫以木楔，用铁锤沿端盖四周的边缘均匀地敲击，逐渐使端盖止口脱离机座及轴承的外圈，取出刷架。

(5) 用纸板将换向器包好。

(6) 拆除轴伸端的端盖螺钉，把连同端盖的电枢从定子内小心地抽出，防止碰毛换向器表面和碰坏绕组。

(7) 将连同端盖的电枢放在木架上并包裹好，拆除轴伸端的轴承盖螺钉，取下轴承外盖及端盖。轴承只在损坏情况下方可取下，如无特殊原因，不要拆卸。

(8) 在拆卸换向极和主极时，注意记录磁极与机座之间的垫片数，修复装配时要把垫片如数垫上，否则将造成气隙的不对称。

注意：一般拆卸时不拆换向器端的高盖，只拆非换向器端的低盖。拆卸时首先把电刷提起，然后把电枢和低盖一起取出。

电机的装配，可按拆卸的相反顺序进行，并按所刻记号校正电刷位置。

2. 直流电动机修复后试验

直流电动机经过拆装后，要进行校验，即将电机试运转若干小时，观察电机出力、火花及转速等情况。

1) 装配质量的一般检查　进行试验前，一般先要检查所有紧固螺钉是否拧紧，电机转动是否灵活，换向器光洁与否、是否偏心、是否有高低，电刷牌号是否符合要求，电刷与换向器实际接触面积是否占电刷整个横截面的80%以上，电刷与刷握的间隙是否小于 0.15 mm 左右，电刷受压力是否均匀适当，电刷能否自由活动等。最后用万用表检查电机出线端的标记与实际相符否。

2) 确定电刷中性位置　电刷(刷架)中性位置是指，当电机作为空载发电机运转，其励磁电流及转速保持不变时，在换向器上测得最大感应电动势时的位置。刷架中性位置的确定直接关系到直流电机的工作特性，这是一项不可缺少的工作。确定刷架中性位置的方法有感应法、正反转发电机法和正反转电动机法三种。

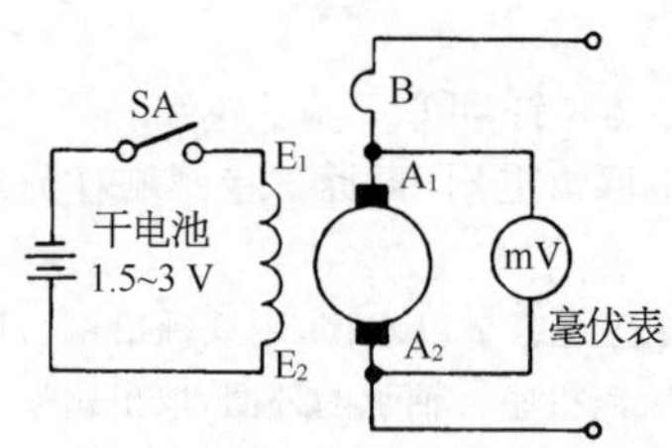

图 4-7　感应法确定电刷中性位置

(1) 感应法：这是最常用的一种方法。图 4-7 中，当电枢静止时，将毫伏表接到相邻两组的电刷上(电刷与换向器接触一定要良好)。励磁绕组通过开关 SA 接到 1.5～3 V 的直流电源上。当打开和合上开关时，也就是交替接通和断开励磁绕组的电流，毫伏表指针会左右摆动，这时将刷架顺电机旋转方向或逆电机旋转方向移动，直到毫伏表上指针几乎不动时，这时刷架的位置就是中性位置。

(2) 正反转发电机法：试验时用他励方式。在电机转速、励磁电流及负载都不变的情况下，使电机正转和反转，逐步移动电刷的位置，直到正转与反转电枢端电压都相等时，这时电刷的位置就是中性位置。

(3) 正反转电动机法：对于允许逆转的直流电动机，可用正反转方法测定电刷中性位置。在电动机的外加电压和励磁电流都不变的情况下，空载(或者在负载不变情况下)正、反转，并逐步移动电刷的位置直到正、反转时转速一致，这时电刷的位置就是中性位置。

3) 绕组绝缘电阻测定　电动机绕组更换、修复后需测定绕组对机壳及绕组相互间的绝缘电阻。一般额定电压在 500 V 及以下的，应使用 500 V 兆欧表；500 V 以上的应使用 1 000 V 兆欧表来测量各绕组对机壳的绝缘。对小容量电动机其冷态绝缘电阻要求不低于 2 MΩ；热态绝缘电阻应不低于0.5 MΩ。其次测量各绕组相互之间的绝缘电阻。

4) 耐电压试验　耐电压试验的目的是检查绕组对机壳和绕组相互间的绝缘状况。在耐电压试验前，先用兆欧表测定一下热态绝缘电阻，其值应大于1 MΩ。耐电压试验的电压为 50 Hz 正弦波，试验电压数值为：

1 kW 以下　　500 V+2 倍电机额定电压；

1 kW 以上　　1 000 V+2 倍电机额定电压。

试验时间为 1 min。对新更换的绕组电机，应按上述电压值试验；也可按上述规定电压值的 75%进行试验。电机经耐电压试验，应不发生绝缘击穿故障。

5) 负载试验　修复后的电机一般进行直接负载试验，以便检查电机换向器火花是否在允许范围，转速、输出电压和电流，以及温升等是否符合要求。

负载试验的接线方法如图 4-8 所示。

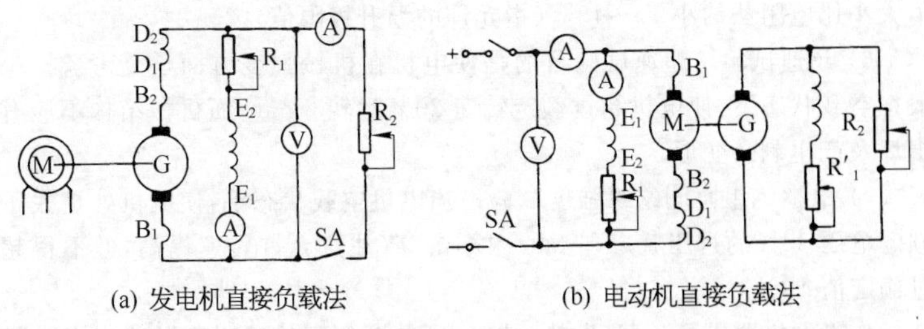


(a) 发电机直接负载法　　(b) 电动机直接负载法

**图 4-8**　负载试验接线方法

试验中如用电阻法测定电机温升，需待电机运转若干小时直到不再有温度变化时（以1 h内绕组及机壳温度升高不到0.5℃为标准），停转后用电桥测量各绕组的热态电阻，按下列公式计算温升值：

$$\Delta t = \frac{R_2 - R_1}{R_1}(K_a + t_1) + t_1 - t_0$$

式中 $K_a$ 材料温度参数 铝：$K_a = 225$

铜：$K_a = 234.5$

$R_1$——冷态时绕组的电阻值（Ω）；

$R_2$——热态时绕组的电阻值（Ω）；

$t_1$——冷态时绕组的温度（℃）；

$t_0$——试验结束时冷却介质的温度（℃）。

测试所得的电机允许温升限值见表4-6。

表4-6 电机允许温升限值（环境最高温度+40℃）

| 绝缘等级 | 测试方法 | 电枢绕组 | 励磁绕组 | 换向器 |
|---|---|---|---|---|
| B | 温度计法 | 70 | 70 | 80 |
| | 电阻法 | 80 | 80 | — |
| F | 温度计法 | 85 | 85 | 90 |
| | 电阻法 | 105 | 105 | — |

注：轴承允许温度为95℃。

如果使用温度计法，所量得的温度是温度计接触点的表面温度，一般其值大小比电阻法约小10～15℃（指允许的温升极限值）。

6）超速试验 超速试验目的是使电机在机械强度方面承受考验。一般在空载状态下，使电机超过额定转速20%运转2 min，而机械结构不应有损坏及产生剩余变形。

7）电枢绕组匝间绝缘强度试验 当电机空载状态下，使电机处于大于额定电压30%的过压状态，5 min内不击穿（注意允许转速提高，但不得超过额定值15%）。

如果电机要进行负载（发热）试验，则此项匝间绝缘强度试验应在电机温度接近正常工作温度下进行。

# 4-2 直流电动机的技术数据

## 一、直流电动机铭牌的含义及其可逆应用的说明

1. 直流电动机铭牌

1）型号 表示直流电机属于哪一类别，它往往用字母与数字组合一起表示的。如 Z2-12

Z 表示“直”流电机；

2 表示第二次统一设计；

12：1 表示 1 号机座；

2 表示电枢铁芯采用长铁芯。

2）额定功率 指电机在预定情况下，长期运行所允许的输出功率，单位一般以千瓦表示。直流电动机的功率是指轴上输出的机械功率，而直流发电机则是指供给负载的电功率。

3）额定电压 就发电机来说，是指在预定运转情况下发电机两端的输出电压；就电动机来说，是指所规定的正常工作时，加在电动机两端的输入电压。它们的单位以伏(V)表示。有的发电机在铭牌上电压项目中标有两个数字如 220/320，这类发电机称调压发电机，即电机可以在这电压范围内调变使用。有的电动机在铭牌上电压项目中标有三个数字如 185/220/320，这类电机称幅压电动机，它表示这电机正常工作电压是 220 V，但当电压是 320 V 或 185 V 时它也都能工作。

4）额定电流 就发电机来说，一般是指长期连续运行时允许供给负载的电流；就电动机说，是指长期连续运行时允许从电源输入的电流。它们的单位用 A 表示。

5）额定转速 电压、电流和输出功率都取决于额定值时的转子旋转的速度，单位用 r/min 表示。

6）励磁 表示励磁的方式。

7）额定励磁电压 表示加在励磁绕组两端的额定电压，单位是 V。

8）额定励磁电流 表示在额定励磁电压下，通过励磁绕组上的额定电流，单位是 A。

9）定额(工作方式) 是指电机在正常使用时持续的时间，一般分连续、断续与短时三种。

10）额定温升　表示电机在额定情况下，电机所允许的工作温度减去环境温度的数值。单位是℃。

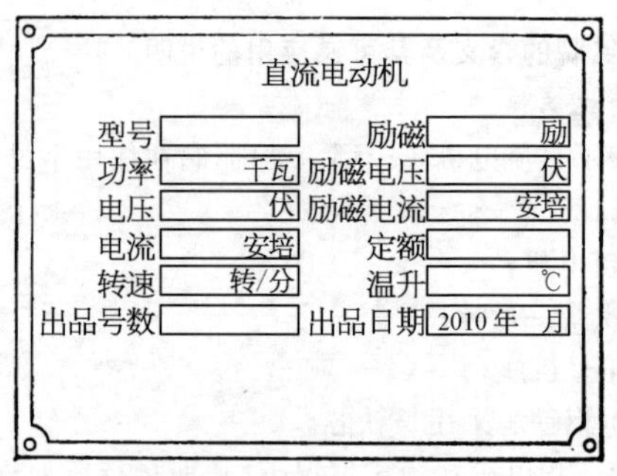


图4-9　直流电动机铭牌

2. 直流电动机可逆应用的说明

根据电机可逆运行的原理，直流电机既可作为发电机使用，也可作为电动机使用。但是对发电机和电动机的额定电压值，国家标准规定是不同的。例如，发电机的额定电压为115 V时，而同等级的电动机则规定为110 V；发电机为230 V时，同等级的电动机则为220 V。此外，发电机和电动机各项技术性能指标出厂时的考核要求也不同。因此一般情况下用户应该按照生产厂规定的运行状态使用，方能达到铭牌上的额定运行数据。在某些场合下，当需要改换其运行状态时就得降低某些指标，同时必须注意以下的问题：

若直流发电机作为电动机使用时，应适当提高电源的电压或稍微减少励磁电流，否则电动机的转速比铭牌值要稍低，而且在相同的电枢电流下，它输出的功率只有原发电机功率的70%～80%。

若直流电动机当作发电机使用时，为了能够使发出的电压达到铭牌数值，就应该适当提高电机的转速，但不能超过额定值的10%；或者增大励磁电流，但要注意不能超过电机允许的温升。

对于具有串励绕组的直流电机在改变用途时，应当将串励绕组的2根引线调换一下，否则在使用时电压不能建立或转速不稳定。

直流电机无论改作发电机或是电动机运行，为保证换向的正常，电刷必须重新按照新运行状态的要求进行调整。

## 二、Z2 系列直流电动机的技术数据

因为 Z2 系列直流电动机的技术数据有些陈旧，所以不展开详细介绍了，只节选部分数据以示说明。Z2 系列直流电动机电枢、换向器的技术数据见表 4－7。

表 4－7　Z2 系列直流电动机电枢、换向器的技术数据（节选）

| 机座号（序号） | | 额定功率(kW) | 额定电压(V) | 额定电流(A) | 额定转速(r/min) | 励磁方式 | 电枢 | | | | | | 换向器 | | |
|---|---|---|---|---|---|---|---|---|---|---|---|---|---|---|---|
| | | | | | | | 槽形 | 槽数 | 每槽匝数 | 总匝数 | 支路数 | 槽节距 | 换向片数 | 换向器节距 | 每杆电刷数 |
| Z2－11 | 1 | 0.8 | 110 | 9.96 | 3 000 | 并 | 梨 | 14 | 6 | 672 | 2 | 1～5 | 56 | 1～33 | 2 |
| | 2 | | 220 | 4.85 | | | | | 12 | 1 344 | | | | | |
| | 3 | 0.4 | 110 | 5.35 | 1 500 | 并 | 梨 | 14 | 11 | 1 232 | | 1～5 | 56 | 1～33 | |
| | 4 | | 220 | 2.68 | | | | | 22 | 2 464 | | | | | |
| Z2－12 | 1 | 1.1 | 110 | 12.9 | 3 000 | 并 | 梨 | 14 | $4\frac{2}{4}$ | 504 | | 1～5 | 56 | 1～33 | 2 |
| | 2 | | 220 | 64.1 | | | | | 9 | 1 008 | | | | | |
| | 3 | 0.6 | 110 | 7.68 | 1 500 | 并 | 梨 | 14 | 8 | 896 | | 1～5 | 56 | 1～33 | |
| | 4 | | 220 | 3.82 | | | | | 16 | 1 792 | | | | | |
| Z2－21 | 1 | 1.5 | 110 | 17.5 | 3 000 | 并 | 梨 | 18 | $3\frac{2}{4}$ | 504 | | 1～10 | 72 | ±1 | 2 |
| | 2 | | 220 | 8.64 | | | | | 7 | 1 008 | | | | | |
| | 3 | 0.8 | 110 | 9.84 | 1 500 | 并 | 梨 | 18 | $6\frac{1}{4}$ | 900 | | 1～10 | 72 | ±1 | |
| | 4 | | 220 | 4.92 | | | | | $12\frac{2}{4}$ | 1 800 | | | | | |
| | 5 | 0.4 | 110 | 5.51 | 1 000 | 并 | 梨 | 18 | 9 | 1 296 | | 1～10 | 72 | ±1 | |
| | 6 | | 220 | 2.755 | | | | | 18 | 2 592 | | | | | |
| | 7 | 1.1 | 115 | 9.57 | 2 850 | 复 | 梨 | 18 | $4\frac{3}{4}$ | 684 | | 1～10 | 72 | ±1 | |
| | 8 | | 230 | 4.78 | | | | | $9\frac{2}{4}$ | 1 368 | | | | | |

## 三、Z3 系列直流电动机的技术性能数据

Z3 系列直流电动机的电枢、换向器技术数据见表 4－8；Z3 系列的主极、换向极技术数据见表 4－9。

表4-8 Z3系列1～6号直流电动机电枢、换向器技术数据

| 机座号 | 序号 | 功率(kW) | 电压(V) | 额定转速(r/min) | 电流(A) | 励磁方式 | 电枢 | | | | | | 换向器 | | | |
|---|---|---|---|---|---|---|---|---|---|---|---|---|---|---|---|---|
| | | | | | | | 每元件匝数 | 总导体数 | 支路数 | 线规牌号QZ-2直径(mm) | 槽节距 | 绕组铜质量(kg) | 长度(mm) | 换向片数 | 换向器节距 | 每杆电刷数 |
| 11 | 1 | 0.55 | 110 | 3 000 | 7.14 | 并 | 30/4 | 840 | 2 | 0.77 | 1—8 | 0.57 | 32 | 56 | 1—2 | 1 |
| | 2 | | 160 | | 4.5 | 他 | 11 | 1 232 | | 0.63 | | 0.64 | | | | |
| | 3 | | 220 | | 3.52 | 并 | 15 | 1 680 | | 0.53 | | 0.54 | | | | |
| | 4 | 0.25 | 110 | 1 500 | 3.7 | 并 | 14 | 1 568 | | 0.56 | | 0.56 | | | | |
| | 5 | | 160 | | 2.3 | 他 | 81/4 | 2 268 | | 0.47 | | 0.57 | | | | |
| | 6 | | 220 | | 1.85 | 并 | 28 | 3 136 | | 0.40 | | 0.58 | | | | |
| 12 | 1 | 0.75 | 110 | 3 000 | 9.2 | 并 | 23/4 | 644 | 2 | 0.90 | 1—8 | 0.68 | 32 | 56 | 1—2 | 1 |
| | 2 | | 160 | | 5.9 | 他 | 33/4 | 924 | | 0.71 | | 0.61 | | | | |
| | 3 | | 220 | | 4.55 | 并 | 46/4 | 1 288 | | 0.63 | | 0.66 | | | | |
| | 4 | 0.37 | 110 | 1 500 | 5.05 | 并 | 42/4 | 1 176 | | 0.67 | | 0.69 | | | | |
| | 5 | | 160 | | 3.2 | 他 | 16 | 1 792 | | 0.53 | | 0.65 | | | | |
| | 6 | | 220 | | 2.51 | 并 | 21 | 2 352 | | 0.47 | | 0.68 | | | | |
| 21 | 1 | 1.1 | 110 | 3 000 | 13.2 | 并 | 4 | 576 | 2 | 1.12 | 1—10 | 0.97 | 32 | 72 | 1—2 | 1 |

（续表）

| 机座号 | 序号 | 功率(kW) | 电压(V) | 额定转速(r/min) | 电流(A) | 励磁方式 | 电枢 | | | | | | 换向器 | | | |
|---|---|---|---|---|---|---|---|---|---|---|---|---|---|---|---|---|
| | | | | | | | 每元件匝数 | 总导体数 | 支路数 | 线规牌号QZ-2直径(mm) | 槽节距 | 绕组铜质量(kg) | 长度(mm) | 换向片数 | 换向器节距 | 每杆电刷数 |
| 21 | 2 | 1.1 | 160 | 3 000 | 8.65 | 他 | 23/4 | 828 | 2 | 0.95 | 1—10 | 0.91 | 32 | 72 | 1—2 | 1 |
| | 3 | | 220 | | 6.5 | 并 | 8 | 1 152 | | 0.8 | | 0.9 | | | | |
| | 4 | 0.55 | 110 | 1 500 | 7.1 | 并 | 29/4 | 1 044 | | 0.83 | | 0.86 | | | | |
| | 5 | | 160 | | 4.5 | 他 | 43/4 | 1 548 | | 0.69 | | 1.1 | | | | |
| | 6 | | 220 | | 3.52 | 并 | 58/4 | 2 088 | | 0.56 | | 0.88 | | | | |
| 22 | 1 | 1.5 | 110 | 3 000 | 17.7 | 并 | 3 | 432 | 2 | 1.3 | 1—10 | 1.12 | 32 | 72 | 1—2 | 1 |
| | 2 | | 160 | | 11.6 | 他 | 18/4 | 648 | | 1.06 | | 1.18 | | | | |
| | 3 | | 220 | | 8.74 | 并 | 6 | 864 | | 0.93 | | 1.14 | | | | |
| | 4 | 0.75 | 110 | 1 500 | 9.34 | 并 | 22/4 | 792 | | 0.95 | | 1.2 | | | | |
| | 5 | | 160 | | 5.85 | 他 | 8 | 1 152 | | 0.8 | | 1.58 | | | | |
| | 6 | | 220 | | 4.64 | 并 | 11 | 1 584 | | 0.67 | | 1.37 | | | | |
| | 7 | 0.37 | 110 | 1 000 | 5.17 | 并 | 8 | 1 152 | | 0.77 | | 1.1 | | | | |
| | 8 | | 160 | | 3 | 他 | 46/4 | 1 656 | | 0.63 | | 1.12 | | | | |

（续表）

| 机座号 | 序号 | 功率(kW) | 电压(V) | 额定转速(r/min) | 电流(A) | 励磁方式 | 电枢 每元件匝数 | 电枢 总导体数 | 电枢 支路数 | 电枢 线规牌号QZ-2直径(mm) | 电枢 槽节距 | 电枢 绕组铜质量(kg) | 换向器 长度(mm) | 换向器 换向片数 | 换向器 换向器节距 | 换向器 每杆电刷数 |
|---|---|---|---|---|---|---|---|---|---|---|---|---|---|---|---|---|
| 22 | 9 | 0.37 | 220 | 1 000 | 2.55 | 并 | 16 | 2 304 | 2 | 0.53 | 1—10 | 1.1 | 32 | 72 | 1—2 | 1 |
| | 1 | | 110 | | 25.3 | 并 | 3 | 432 | | 1.56 | | 1.71 | | | | |
| | 2 | 2.2 | 160 | 3 000 | 16.8 | 他 | 18/4 | 648 | | 1.25 | | 1.65 | | | | |
| | 3 | | 220 | | 12.5 | 并 | 6 | 864 | | 1.12 | | 1.76 | | | | |
| | 4 | | 110 | | 13.15 | 并 | 22/4 | 792 | | 1.18 | | 1.79 | | | | |
| 31 | 5 | 1.1 | 160 | 1 500 | 8.6 | 他 | 8 | 1 152 | 2 | 0.95 | 1—10 | 1.7 | 50 | 72 | 1—2 | 2 |
| | 6 | | 220 | | 6.54 | 并 | 46/4 | 1 656 | | 0.8 | | 1.72 | | | | |
| | 7 | | 110 | | 7.04 | 并 | 33/4 | 1 188 | | 0.95 | | 1.74 | | | | |
| | 8 | 0.55 | 160 | 1 000 | 4.5 | 他 | 49/4 | 1 764 | | 0.77 | | 1.7 | | | | |
| | 9 | | 220 | | 3.5 | 并 | 66/4 | 2 376 | | 0.67 | | 1.73 | | | | |
| | 1 | | 110 | | 34.7 | 并 | 9/4 | 324 | | 2-1.25 | | 1.84 | 70 | | | 3 |
| 32 | 2 | 3 | 160 | 3 000 | 23 | 他 | 13/4 | 468 | 2 | 1.45 | 1—10 | 1.79 | 50 | 72 | 1—2 | 2 |
| | 3 | | 220 | | 17.1 | 并 | 18/4 | 648 | | 1.25 | | 1.84 | | | | |

（续表）

| 机座号 | 序号 | 功率（kW） | 电压（V） | 额定转速（r/min） | 电流（A） | 励磁方式 | 电枢 | | | | | | 换向器 | | | |
|---|---|---|---|---|---|---|---|---|---|---|---|---|---|---|---|---|
| | | | | | | | 每元件匝数 | 总导体数 | 支路数 | 线规牌号 QZ-2 直径（mm） | 槽节距 | 绕组铜质量（kg） | 长度（mm） | 换向片数 | 换向器节距 | 每杆电刷数 |
| 32 | 4 | 1.5 | 110 | 1 500 | 17.6 | 并 | 17/4 | 612 | 2 | 1.3 | 1—10 | 1.88 | 50 | 72 | 1—2 | 2 |
| | 5 | | 160 | | 11.6 | 他 | 25/4 | 900 | | 1.06 | | 1.84 | | | | |
| | 6 | | 220 | | 8.68 | 并 | 35/4 | 1 260 | | 0.9 | | 1.86 | | | | |
| | 7 | 0.75 | 110 | 1 000 | 9.4 | 并 | 26/4 | 936 | | 1.06 | | 1.91 | | | | |
| | 8 | | 160 | | 6 | 他 | 37/4 | 1 332 | | 0.9 | | 1.96 | | | | |
| | 9 | | 220 | | 4.64 | 并 | 50/4 | 1 800 | | 0.75 | | 1.84 | | | | |
| | 10 | 0.55 | 110 | 750 | 7.25 | 并 | 8 | 1 152 | | 0.95 | | 1.89 | | | | |
| | 11 | | 160 | | 4.55 | 他 | 47/4 | 1 692 | | 0.77 | | 1.82 | | | | |
| | 12 | | 220 | | 3.57 | 并 | 65/4 | 2 340 | | 0.67 | | 1.91 | | | | |
| 33 | 1 | 4 | 110 | 3 000 | 45.4 | 并 | 6/4 | 216 | 2 | 2-1.45 | 1—10 | 1.9 | 70 | 72 | 1—2 | 3 |
| | 2 | | 160 | | 30.3 | 他 | 9/4 | 324 | | 2-1.25 | | 2.11 | | | | |
| | 3 | | 220 | | 22.4 | 并 | 13/4 | 468 | | 1.45 | | 2.05 | 50 | | | 2 |
| | 4 | 2.2 | 110 | 1 500 | 25 | 并 | 3 | 432 | | 1.56 | | 2.2 | | | | |

（续表）

| 机座号 | 序号 | 功率(kW) | 电压(V) | 额定转速(r/min) | 电流(A) | 励磁方式 | 电枢 |  |  |  |  |  | 换向器 |  |  |  |
|---|---|---|---|---|---|---|---|---|---|---|---|---|---|---|---|---|
|  |  |  |  |  |  |  | 每元件匝数 | 总导体数 | 支路数 | 线规牌号QZ-2直径(mm) | 槽节距 | 绕组铜质量(kg) | 长度(mm) | 换向片数 | 换向器节距 | 每杆电刷数 |
| 33 | 5 | 2.2 | 160 | 1 500 | 16.5 | 他 | 18/4 | 648 | 2 | 1.3 | 1—10 | 2.3 | 50 | 72 | 1—2 | 2 |
|  | 6 |  | 220 |  | 12.3 | 并 | 25/4 | 900 |  | 1.06 |  | 2.11 |  |  |  |  |
|  | 7 | 1.1 | 110 | 1 000 | 13.3 | 并 | 18/4 | 648 |  | 1.25 |  | 2.11 |  |  |  |  |
|  | 8 |  | 160 |  | 8.46 | 他 | 26/4 | 936 |  | 1.06 |  | 2.2 |  |  |  |  |
|  | 9 |  | 220 |  | 6.6 | 并 | 37/4 | 1 332 |  | 0.85 |  | 2.0 |  |  |  |  |
|  | 10 | 0.75 | 110 | 750 | 9.4 | 并 | 6 | 864 |  | 1.12 |  | 2.26 |  |  |  |  |
|  | 11 |  | 160 |  | 5.84 | 他 | 34/4 | 1 224 |  | 0.93 |  | 2.21 |  |  |  |  |
|  | 12 |  | 220 |  | 4.64 | 并 | 12 | 1 728 |  | 0.77 |  | 2.14 |  |  |  |  |
| 41 | 1 | 5.5 | 110 | 3 000 | 61.3 | 并 | 5/3 | 250 | 2 | 3-1.4 | 1—7 | 2.16 | 70 | 75 | 1—38 | 3 |
|  | 2 |  | 220 |  | 30.5 | 并 | 10/3 | 500 |  | 2-1.18 |  | 2.05 | 50 |  |  | 2 |
|  | 3 | 3 | 110 | 1 500 | 34.3 | 并 | 3 | 450 |  | 2-1.25 |  | 2.06 |  |  |  |  |
|  | 4 |  | 160 |  | 22.1 | 他 | 13/3 | 650 |  | 1.45 |  | 2.01 | 32 |  |  | 1 |
|  | 5 |  | 220 |  | 17 | 并 | 19/3 | 950 |  | 1.25 |  | 2.18 |  |  |  |  |

（续表）

| 机座号 | 序号 | 功率（kW） | 电压（V） | 额定转速（r/min） | 电流（A） | 励磁方式 | 电枢 | | | | | | 换向器 | | | |
|---|---|---|---|---|---|---|---|---|---|---|---|---|---|---|---|---|
| | | | | | | | 每元件匝数 | 总导体数 | 支路数 | 线规牌号 QZ-2 直径（mm） | 槽节距 | 绕组铜质量（kg） | 长度（mm） | 换向片数 | 换向器节距 | 每杆电刷数 |
| | 6 | | 110 | | 18 | 并 | 14/3 | 700 | | 1.4 | | 2.02 | | | | |
| | 7 | 1.5 | 160 | 1 000 | 11.5 | 他 | 7 | 1 050 | | 1.18 | | 2.05 | | | | |
| | 8 | | 220 | | 8.9 | 并 | 28/3 | 1 400 | | 1 | | 1.9 | | | | |
| 41 | 9 | | 110 | | 14.2 | 并 | 6 | 900 | 2 | 1.25 | 1—7 | 2.07 | 32 | 75 | 1—38 | 1 |
| | 10 | 1.1 | 160 | 750 | 8.9 | 他 | 26/3 | 1 300 | | 1 | | 1.91 | | | | |
| | 11 | | 220 | | 7 | 并 | 12 | 1 800 | | 0.85 | | 1.91 | | | | |
| | 12 | 2.2 | 115 | 1 450 | 19.2 | 复 | 13/3 | 650 | | 1.45 | | 2.01 | | | | |
| | 13 | | 230 | | 9.6 | 复 | 26/3 | 1 300 | | 1 | | 1.91 | | | | |
| | 1 | 7.5 | 110 | 3 000 | 83 | 并 | 4/3 | 200 | | 3-1.56 | | 2.46 | 70 | | | 3 |
| | 2 | | 220 | | 41.3 | 并 | 8/3 | 400 | | 2-1.35 | | 2.46 | 50 | | | 2 |
| 42 | 3 | | 110 | | 44.9 | 并 | 7/3 | 350 | 2 | 2-1.45 | 1—7 | 2.48 | | 75 | 1—38 | |
| | 4 | 4 | 160 | 1 500 | 29 | 他 | 10/3 | 500 | | 2-1.18 | | 2.35 | 32 | | | 1 |
| | 5 | | 220 | | 22.3 | 并 | 14/3 | 700 | | 1.45 | | 2.48 | | | | |

（续表）

| 机座号 | 序号 | 功率(kW) | 电压(V) | 额定转速(r/min) | 电流(A) | 励磁方式 | 电枢 | | | | | | 换向器 | | | |
|---|---|---|---|---|---|---|---|---|---|---|---|---|---|---|---|---|
| | | | | | | | 每元件匝数 | 总导体数 | 支路数 | 线规牌号QZ-2直径(mm) | 槽节距 | 绕组铜质量(kg) | 长度(mm) | 换向片数 | 换向器节距 | 每杆电刷数 |
| | 6 | | 110 | | 25.8 | 并 | 11/3 | 550 | | 1.6 | | 2.37 | | | | |
| | 7 | 2.2 | 160 | 1 000 | 16.7 | 他 | 16/3 | 800 | | 1.35 | | 2.46 | | | | |
| | 8 | | 220 | | 12.8 | 并 | 22/3 | 1 100 | | 1.12 | | 2.46 | | | | |
| 42 | 9 | | 110 | | 18.8 | 并 | 14/3 | 700 | 2 | 1.45 | 1—7 | 2.48 | 32 | 75 | 1—38 | 1 |
| | 10 | 1.5 | 160 | 750 | 11.8 | 他 | 20/3 | 1 000 | | 1.18 | | 2.35 | | | | |
| | 11 | | 220 | | 9.3 | 并 | 28/3 | 1 400 | | 1 | | 2.36 | | | | |
| | 12 | 3 | 115 | 1 450 | 26.1 | 复 | 10/3 | 500 | | 2-1.18 | | 2.35 | | | | |
| | 13 | | 230 | | 13.1 | 复 | 20/3 | 1 000 | | 1.18 | | 2.35 | | | | |
| | 1 | 10 | 220 | 3 000 | 54.8 | 并 | 7/3 | 378 | | 2-1.5 | | 2.75 | 50 | 81 | | 2 |
| | 2 | | 110 | | 61 | 并 | 7/3 | 378 | | 2-1.56 | | 2.97 | 70 | 81 | 1—41 | 3 |
| 51 | 3 | 5.5 | 220 | 1 500 | 30.3 | 并 | 13/3 | 702 | 2 | 2-1.12 | 1—8 | 2.84 | 32 | 81 | | 1 |
| | 4 | | 440 | | 14.4 | 他 | 26/5 | 1 404 | | 1.12 | | 2.84 | 32 | 135 | 1—68 | 1 |
| | 5 | 3 | 110 | 1 000 | 34.5 | 并 | 10/3 | 540 | | 2-1.25 | | 2.73 | 50 | 81 | 1—41 | 2 |

（续表）

| 机座号 | 序号 | 功率（kW） | 电压（V） | 额定转速（r/min） | 电流（A） | 励磁方式 | 电枢 | | | | | | | 换向器 | | | |
|---|---|---|---|---|---|---|---|---|---|---|---|---|---|---|---|---|
| | | | | | | | 每元件匝数 | 总导体数 | 支路数 | 线规牌号QZ－2直径（mm） | 槽节距 | 绕组铜质量（kg） | 长度（mm） | 换向片数 | 换向器节距 | 每杆电刷数 |
| | 6 | 3 | 160 | 1 000 | 22.4 | 他 | 5 | 810 | | 1.5 | | 2.94 | 32 | | | |
| | 7 | | 220 | | 17.2 | 并 | 20/3 | 1 080 | | 1.25 | | 2.73 | 32 | | | |
| | 8 | | 110 | | 26.2 | 并 | 13/3 | 702 | | 2－1.12 | | 2.84 | 32 | | | 1 |
| 51 | 9 | 2.2 | 160 | 750 | 17.2 | 他 | 19/3 | 1 026 | 2 | 1.3 | 1—8 | 2.8 | 32 | 81 | 1—41 | |
| | 10 | | 220 | | 13 | 并 | 26/3 | 1 404 | | 1.12 | | 2.84 | 32 | | | |
| | 11 | 4.2 | 115 | 1 450 | 36.5 | 复 | 3 | 486 | | 2－1.3 | | 2.65 | 50 | | | 2 |
| | 12 | | 230 | | 18.3 | 复 | 6 | 972 | | 1.3 | | 2.65 | 32 | | | 1 |
| | 1 | 13 | 220 | 3 000 | 70.8 | 并 | 2 | 324 | | 2－1.7 | | 3.3 | 70 | 81 | | 3 |
| | 2 | | 110 | | 82.1 | 并 | 5/3 | 270 | | 3－1.5 | | 3.41 | 70 | 81 | 1—41 | 3 |
| 52 | 3 | 7.5 | 220 | 1 500 | 40.8 | 并 | 10/3 | 540 | 2 | 2－1.3 | 1—8 | 3.42 | 50 | 81 | | 2 |
| | 4 | | 440 | | 19.5 | 他 | 4 | 1 080 | | 1.3 | | 3.42 | 32 | 135 | 1—68 | 1 |
| | 5 | 4 | 110 | 1 000 | 45.2 | 并 | 8/3 | 432 | | 2－1.45 | | 3.4 | 50 | 81 | 1—41 | 2 |
| | 6 | | 160 | | 29.6 | 他 | 4 | 648 | | 2－1.18 | | 3.4 | 32 | | | 1 |

（续表）

| 机座号 | 序号 | 功率（kW） | 电压（V） | 额定转速（r/min） | 电流（A） | 励磁方式 | 电枢 | | | | | | 换向器 | | | |
|---|---|---|---|---|---|---|---|---|---|---|---|---|---|---|---|---|
| | | | | | | | 每元件匝数 | 总导体数 | 支路数 | 线规牌号QZ-2直径（mm） | 槽节距 | 绕组铜质量（kg） | 长度（mm） | 换向片数 | 换向器节距 | 每杆电刷数 |
| | 7 | 4 | 220 | 1 000 | 22.3 | 并 | 16/3 | 864 | | 1.45 | | 3.4 | 32 | | | 1 |
| | 8 | | 110 | | 35.2 | 并 | 10/3 | 540 | | 2-1.3 | | 3.42 | 50 | | | 2 |
| | 9 | 3 | 160 | 750 | 22.7 | 他 | 14/3 | 756 | | 1.56 | | 3.44 | 50 | | | 2 |
| | 10 | | 220 | | 17.4 | 并 | 20/3 | 1 080 | | 1.3 | | 3.42 | 32 | | | 1 |
| 52 | 11 | | 110 | | 26.7 | 并 | 4 | 648 | 2 | 2-1.18 | 1—8 | 3.4 | 32 | 81 | 1—41 | 1 |
| | 12 | 2.2 | 160 | 600 | 16.8 | 他 | 17/3 | 918 | | 1.4 | | 3.37 | 32 | | | 1 |
| | 13 | | 220 | | 13.3 | 并 | 8 | 1 296 | | 1.18 | | 3.38 | 32 | | | 1 |
| | 14 | 6 | 115 | 1 450 | 52.2 | 复 | 7/3 | 378 | | 2-1.56 | | 3.44 | 50 | | | 2 |
| | 15 | | 230 | | 26.1 | 复 | 14/3 | 756 | | 1.56 | | 3.44 | 50 | | | 2 |
| | 1 | 17 | 220 | 3 000 | 92 | 并 | 4/3 | 248 | | 4-1.45 | | 4 | 80 | 93 | | 3 |
| 61 | 2 | | 110 | | 108.2 | 并 | 4/3 | 248 | 2 | 4-1.5 | 1—9 | 4.26 | | | 1—47 | |
| | 3 | 10 | 220 | 1 500 | 53.8 | 并 | 8/3 | 496 | | 2-1.5 | | 4.26 | 60 | 93 | | 2 |
| | 4 | | 440 | | 26 | 他 | 16/5 | 992 | | 2-1.06 | | 4.26 | 50 | 155 | 1—78 | 1 |

（续表）

| 机座号 | 序号 | 功率(kW) | 电压(V) | 额定转速(r/min) | 电流(A) | 励磁方式 | 电枢 每元件匝数 | 电枢 总导体数 | 电枢 支路数 | 电枢 线规牌号QZ－2直径(mm) | 电枢 槽节距 | 电枢 绕组铜质量(kg) | 电枢 长度(mm) | 换向器 换向片数 | 换向器 换向器节距 | 换向器 每杆电刷数 |
|---|---|---|---|---|---|---|---|---|---|---|---|---|---|---|---|---|
| 61 | 5 | 5.5 | 110 | 1 000 | 61.4 | 并 | 2 | 372 | 2 | 2－1.7 | 1—9 | 4.1 | 60 | 93 | 1—47 | 2 |
| | 6 | | 220 | | 30.3 | 并 | 4 | 744 | | 1－1.7 | | 4.1 | 40 | 93 | | 1 |
| | 7 | | 440 | | 14.4 | 他 | 24/5 | 1 488 | | 1－1.18 | | 3.95 | 50 | 155 | 1—78 | 1 |
| | 8 | 4 | 110 | 750 | 46.6 | 并 | 8/3 | 496 | | 2－1.5 | | 4.26 | 40 | 93 | 1—47 | 1 |
| | 9 | | 160 | | 30.3 | 他 | 11/3 | 682 | | 2－1.25 | | 4.07 | | | | |
| | 10 | | 220 | | 23 | 并 | 5 | 930 | | 1－1.56 | | 4.32 | | | | |
| | 11 | 3 | 110 | 600 | 35.9 | 并 | 3 | 558 | | 2－1.4 | | 4.2 | | | | |
| | 12 | | 160 | | 23 | 他 | 13/3 | 806 | | 2－1.12 | | 3.9 | | | | |
| | 13 | | 220 | | 17.8 | 并 | 19/3 | 1 178 | | 1－1.35 | | 4.1 | | | | |
| | 14 | 8.5 | 115 | 1 450 | 74 | 复 | 5/3 | 310 | | 4－1.3 | | 4 | 60 | | | 2 |
| | 15 | | 230 | | 37 | 复 | 10/3 | 620 | | 2－1.3 | | 4 | 40 | | | 1 |
| 62 | 1 | 22 | 220 | 3 000 | 117.6 | 并 | 1 | 186 | 2 | 4－1.7 | 1—9 | 4.81 | 80 | 93 | 1—47 | 3 |
| | 2 | 13 | 110 | 1 500 | 139.8 | 并 | 1 | 186 | | 4－1.7 | | 4.81 | 80 | | | 3 |

（续表）

| 机座号 | 序号 | 功率(kW) | 电压(V) | 额定转速(r/min) | 电流(A) | 励磁方式 | 电枢 | | | | | | | 换向器 | | |
|---|---|---|---|---|---|---|---|---|---|---|---|---|---|---|---|---|
| | | | | | | | 每元件匝数 | 总导体数 | 支路数 | 线规牌号QZ-2直径(mm) | 槽节距 | 绕组铜质量(kg) | 长度(mm) | 换向片数 | 换向器节距 | 每杆电刷数 |
| 62 | 3 | 13 | 220 | 1 500 | 69.5 | 并 | 2 | 372 | 2 | 2-1.7 | 1—9 | 4.81 | 60 | 93 | 1—47 | 2 |
| | 4 | | 440 | | 33.5 | 他 | 12/5 | 744 | | 2-1.18 | | 4.81 | 50 | 155 | 1—78 | 1 |
| | 5 | 7.5 | 110 | 1 000 | 83 | 并 | 4/3 | 248 | | 4-1.45 | | 4.67 | 60 | 93 | 1—47 | 2 |
| | 6 | | 220 | | 41.3 | 并 | 3 | 558 | | 2-1.4 | | 4.9 | 40 | | | 1 |
| | 7 | | 440 | | 19.8 | 他 | 18/5 | 1 116 | | 1-1.4 | | 4.9 | 50 | 155 | 1—78 | 1 |
| | 8 | 5.5 | 110 | 750 | 62.8 | 并 | 2 | 372 | | 3-1.4 | | 4.9 | 60 | 93 | 1—47 | 2 |
| | 9 | | 220 | | 31.2 | 并 | 11/3 | 682 | | 1-1.8 | | 4.95 | 40 | | | 1 |
| | 10 | | 440 | | 14.7 | 他 | 22/5 | 1 364 | | 1-1.25 | | 4.77 | 50 | 155 | 1—78 | 1 |
| | 11 | 4 | 110 | 600 | 47.5 | 并 | 7/3 | 434 | | 2-1.56 | | 4.73 | 40 | 93 | 1—47 | 1 |
| | 12 | | 160 | | 30.8 | 他 | 10/3 | 620 | | 2-1.3 | | 4.69 | 40 | | | 1 |
| | 13 | | 220 | | 23.6 | 并 | 14/3 | 868 | | 1-1.56 | | 4.73 | 40 | | | 1 |
| | 14 | 11 | 115 | 1 450 | 95.7 | 复 | 4/3 | 248 | | 4-1.5 | | 5 | 80 | | | 3 |
| | 15 | | 230 | | 47.8 | 复 | 8/3 | 496 | | 2-1.5 | | 5 | 60 | | | 2 |

表 4-9 Z3 系列 1～6 号电动机主极、换向极绕组技术数据

| 机座号 | 序号 | 主极 | | | | | | 换向极 | | |
|---|---|---|---|---|---|---|---|---|---|---|
| | | 每极匝数 | | 线规牌号 QZ-2 或 QZB 或 TBR (mm) | | 并(他)励绕组额定电流(A) | 并(他)励绕组铜质量(kg) | 每极匝数 | 线规牌号 QZ-2 或 QZB 或 TBR(mm) | 绕组铜质量(kg) |
| | | 串 | 并 | 串 | 并 | | | | | |
| 11 | 1 | | 2 000 | | ϕ0.38 | 0.50 | 1.06 | 152 | ϕ1.30 | 0.32 |
| | 2 | | 3 500 | | ϕ0.28 | 0.28 | 1 | 220 | ϕ1.06 | 0.3 |
| | 3 | | 4 000 | | ϕ0.27 | 0.25 | 1.08 | 294 | ϕ0.93 | 0.33 |
| | 4 | | 2 200 | | ϕ0.35 | 0.40 | 0.98 | 292 | ϕ0.90 | 0.29 |
| | 5 | | 3 100 | | ϕ0.27 | 0.30 | 0.8 | 420 | ϕ0.80 | 0.35 |
| | 6 | | 4 000 | | ϕ0.25 | 0.23 | 0.9 | 554 | ϕ0.63 | 0.28 |
| 12 | 1 | | 1 800 | | ϕ0.38 | 0.52 | 1.08 | 116 | ϕ1.50 | 0.40 |
| | 2 | | 2 900 | | ϕ0.31 | 0.34 | 1.19 | 164 | ϕ1.25 | 0.39 |
| | 3 | | 3 400 | | ϕ0.27 | 0.29 | 1.03 | 222 | ϕ1.06 | 0.38 |
| | 4 | | 1 800 | | ϕ0.38 | 0.52 | 1.08 | 212 | ϕ1.06 | 0.36 |
| | 5 | | 3 000 | | ϕ0.27 | 0.27 | 0.9 | 315 | ϕ0.90 | 0.39 |
| | 6 | | 3 800 | | ϕ0.28 | 0.28 | 1.28 | 410 | ϕ0.77 | 0.37 |
| 21 | 1 | | 2 000 | | ϕ0.40 | 0.525 | 1.3 | 100 | ϕ1.8 | 0.48 |
| | 2 | | 2 900 | | ϕ0.33 | 0.39 | 1.35 | 141 | ϕ1.5 | 0.49 |
| | 3 | | 4 000 | | ϕ0.29 | 0.27 | 1.2 | 194 | ϕ1.3 | 0.50 |
| | 4 | | 2 200 | | ϕ0.42 | 0.5 | 1.6 | 183 | ϕ1.3 | 0.49 |
| | 5 | | 3 000 | | ϕ0.33 | 0.365 | 1.2 | 263 | ϕ1.12 | 0.50 |
| | 6 | | 4 000 | | ϕ0.29 | 0.277 | 1.4 | 353 | ϕ0.93 | 0.45 |
| 22 | 1 | | 1 600 | | ϕ0.45 | 0.68 | 1.28 | 74 | ϕ2.12 | 0.57 |
| | 2 | | 2 700 | | ϕ0.33 | 0.379 | 1.43 | 109 | ϕ1.8 | 0.63 |
| | 3 | | 3 000 | | ϕ0.31 | 0.365 | 1.4 | 144 | ϕ1.45 | 0.51 |
| | 4 | | 1 600 | | ϕ0.45 | 0.712 | 1.56 | 137 | ϕ1.5 | 0.54 |
| | 5 | | 2 700 | | ϕ0.38 | 0.437 | 1.56 | 195 | ϕ1.25 | 0.5 |
| | 6 | | 3 400 | | ϕ0.33 | 0.344 | 1.5 | 264 | ϕ1.06 | 0.51 |
| | 7 | | 1 700 | | ϕ0.45 | 0.638 | 1.5 | 204 | ϕ1.12 | 0.6 |
| | 8 | | 2 700 | | ϕ0.35 | 0.42 | 1.55 | 286 | ϕ0.9 | 0.38 |
| | 9 | | 3 700 | | ϕ0.33 | 0.301 | 1.6 | 389 | ϕ0.8 | 0.41 |

（续表）

| 机座号 | 序号 | 主极 | | | | | | 换向极 | | |
|---|---|---|---|---|---|---|---|---|---|---|
| | | 每极匝数 | | 线规牌号 QZ-2或QZB或TBR (mm) | | 并(他)励绕组额定电流(A) | 并(他)励绕组铜质量(kg) | 每极匝数 | 线规牌号 QZ-2或QZB或TBR(mm) | 绕组铜质量(kg) |
| | | 串 | 并 | 串 | 并 | | | | | |
| | 1 | | 1 600 | | ϕ0.47 | 0.772 | 1.72 | 75 | 1.12×4.75 | 0.92 |
| | 2 | | 2 300 | | ϕ0.35 | 0.496 | 1.35 | 108 | ϕ2.12 | 0.89 |
| | 3 | | 3 200 | | ϕ0.35 | 0.4 | 1.97 | 143 | ϕ1.8 | 0.84 |
| | 4 | | 2 000 | | ϕ0.5 | 0.655 | 2.57 | 130 | ϕ2 | 0.97 |
| 31 | 5 | | 3 100 | | ϕ0.4 | 0.435 | 2.6 | 190 | ϕ1.7 | 1.06 |
| | 6 | | 4 200 | | ϕ0.33 | 0.281 | 2.34 | 270 | ϕ1.45 | 1.08 |
| | 7 | | 2 400 | | ϕ0.47 | 0.475 | 2.76 | 200 | ϕ1.5 | 0.82 |
| | 8 | | 3 700 | | ϕ0.35 | 0.292 | 2.33 | 300 | ϕ1.3 | 0.94 |
| | 9 | | 4 300 | | ϕ0.33 | 0.271 | 2.4 | 400 | ϕ1.06 | 0.81 |
| | 1 | | 1 500 | | ϕ0.5 | 0.8 | 2.1 | 55 | 1.25×5.6 | 1.02 |
| | 2 | | 2 400 | | ϕ0.4 | 0.525 | 2.2 | 80 | ϕ2.5 | 1.08 |
| | 3 | | 3 400 | | ϕ0.38 | 0.371 | 2.93 | 110 | ϕ2.12 | 1.06 |
| | 4 | | 1 500 | | ϕ0.5 | 0.8 | 2.1 | 105 | ϕ2.24 | 1.14 |
| | 5 | | 3 000 | | ϕ0.4 | 0.393 | 2.85 | 150 | ϕ1.9 | 1.19 |
| 32 | 6 | | 3 900 | | ϕ0.35 | 0.29 | 2.85 | 210 | ϕ1.5 | 1.0 |
| | 7 | | 2 000 | | ϕ0.47 | 0.515 | 2.56 | 160 | ϕ1.7 | 0.97 |
| | 8 | | 2 800 | | ϕ0.38 | 0.404 | 2.34 | 225 | ϕ1.45 | 1.0 |
| | 9 | | 3 400 | | ϕ0.35 | 0.341 | 2.42 | 300 | ϕ1.18 | 0.87 |
| | 10 | | 2 100 | | ϕ0.5 | 0.548 | 3.1 | 200 | ϕ1.56 | 1.04 |
| | 11 | | 3 000 | | ϕ0.38 | 0.37 | 2.53 | 285 | ϕ1.3 | 1.03 |
| | 12 | | 3 900 | | ϕ0.35 | 0.29 | 2.84 | 390 | ϕ1.18 | 1.18 |
| | 1 | | 1 200 | | ϕ0.67 | 1.39 | 3.77 | 37 | 1.6×5.6 | 1.03 |
| | 2 | | 2 000 | | ϕ0.5 | 0.78 | 3.45 | 55 | 1.4×4.75 | 1.15 |
| | 3 | | 2 500 | | ϕ0.42 | 0.544 | 3 | 80 | 1.25×4 | 1.25 |
| 33 | 4 | | 1 400 | | ϕ0.63 | 1.05 | 3.9 | 73 | 1.25×4.5 | 1.31 |
| | 5 | | 2 300 | | ϕ0.47 | 0.596 | 3.54 | 108 | ϕ2.24 | 1.4 |
| | 6 | | 2 900 | | ϕ0.42 | 0.459 | 3.56 | 150 | ϕ1.9 | 1.39 |
| | 7 | | 1 500 | | ϕ0.6 | 0.88 | 3.8 | 110 | ϕ2.12 | 1.24 |

（续表）

| 机座号 | 序号 | 主极 | | | | | | 换向极 | | |
|---|---|---|---|---|---|---|---|---|---|---|
| | | 每极匝数 | | 线规牌号 QZ－2 或 QZB 或 TBR（mm） | | 并（他）励绕组额定电流（A） | 并（他）励绕组铜质量（kg） | 每极匝数 | 线规牌号 QZ－2 或 QZB 或 TBR（mm） | 绕组铜质量（kg） |
| | | 串 | 并 | 串 | 并 | | | | | |
| 33 | 8 | | 2 400 | | ϕ0.47 | 0.567 | 3.71 | 160 | ϕ1.7 | 1.14 |
| | 9 | | 3 000 | | ϕ0.4 | 0.407 | 3.34 | 220 | ϕ1.45 | 1.15 |
| | 10 | | 1 700 | | ϕ0.56 | 0.712 | 3.73 | 150 | ϕ1.9 | 1.39 |
| | 11 | | 2 500 | | ϕ0.45 | 0.528 | 3.52 | 210 | ϕ1.5 | 1.18 |
| | 12 | | 3 100 | | ϕ0.4 | 0.4 | 3.47 | 285 | ϕ1.35 | 1.33 |
| 41 | 1 | | 660 | | ϕ0.67 | 2 | 2.72 | 19 | 1.7×6.3 | 1.73 |
| | 2 | | 1 350 | | ϕ0.47 | 1 | 2.74 | 37 | 1.25×4.5 | 1.76 |
| | 3 | | 800 | | ϕ0.75 | 1.94 | 4.33 | 34 | 1.6×4.75 | 1.95 |
| | 4 | | 1 200 | | ϕ0.6 | 1.33 | 4.12 | 49 | 1.12×4 | 1.84 |
| | 5 | | 1 450 | | ϕ0.5 | 0.95 | 3.4 | 70 | ϕ2.12 | 2.18 |
| | 6 | | 1 000 | | ϕ0.67 | 1.27 | 4.34 | 54 | 1.12×4 | 2.01 |
| | 7 | | 1 500 | | ϕ0.5 | 0.79 | 3.52 | 79 | ϕ1.8 | 1.75 |
| | 8 | | 1 800 | | ϕ0.5 | 0.74 | 4.31 | 104 | ϕ1.7 | 2.08 |
| | 9 | | 900 | | ϕ0.67 | 1.45 | 3.85 | 69 | ϕ2.12 | 2.16 |
| | 10 | | 1 500 | | ϕ0.53 | 0.87 | 4.04 | 98 | ϕ1.7 | 1.97 |
| | 11 | | 2 000 | | ϕ0.47 | 0.65 | 4.25 | 134 | ϕ1.45 | 1.98 |
| | 12 | 20 | 820 | 1.12×4 | ϕ0.63 | 1.21 | 3.18 | 49 | 1.12×4 | 1.84 |
| | 13 | 36 | 1 500 | ϕ1.7 | ϕ0.47 | 0.67 | 3.2 | 96 | ϕ1.7 | 1.93 |
| 42 | 1 | | 600 | | ϕ0.69 | 2 | 3.111 | 15 | 2.24×6.3 | 2.2 |
| | 2 | | 1 160 | | ϕ0.5 | 1.06 | 3.163 | 29 | 1.18×6.3 | 2.2 |
| | 3 | | 650 | | ϕ0.8 | 2.35 | 4.64 | 26 | 1.25×6.3 | 2.15 |
| | 4 | | 1 010 | | ϕ0.67 | 1.62 | 5.15 | 37 | 1.32×4.5 | 2.27 |
| | 5 | | 1 300 | | ϕ0.6 | 1.21 | 5.34 | 52 | 0.95×4.5 | 2.26 |
| | 6 | | 780 | | ϕ0.71 | 1.56 | 4.4 | 41 | 1.32×4.5 | 2.52 |
| | 7 | | 1 230 | | ϕ0.56 | 1 | 4.335 | 60 | 1×4 | 2.44 |
| | 8 | | 1 630 | | ϕ0.53 | 0.77 | 5.21 | 81 | ϕ2 | 2.77 |
| | 9 | | 750 | | ϕ0.75 | 1.72 | 4.76 | 53 | 1.18×4 | 2.56 |
| | 10 | | 1 240 | | ϕ0.6 | 1.1 | 5.08 | 75 | ϕ2 | 2.51 |

（续表）

| 机座号 | 序号 | 主极 | | | | | | 换向极 | | |
|---|---|---|---|---|---|---|---|---|---|---|
| | | 每极匝数 | | 线规牌号 QZ-2或QZB或TBR (mm) | | 并(他)励绕组额定电流(A) | 并(他)励绕组铜质量(kg) | 每极匝数 | 线规牌号 QZ-2或QZB或TBR(mm) | 绕组铜质量(kg) |
| | | 串 | 并 | 串 | 并 | | | | | |
| 42 | 11 | | 1 630 | | ϕ0.53 | 0.81 | 5.21 | 103 | ϕ1.7 | 2.51 |
| | 12 | 14 | 670 | 1.4×4 | ϕ0.69 | 1.53 | 3.63 | 37 | 1.4×4 | 2.14 |
| | 13 | 25 | 1 290 | ϕ1.9 | ϕ0.5 | 0.785 | 3.68 | 73 | ϕ1.9 | 2.45 |
| 51 | 1 | | 1 250 | | ϕ0.6 | 1.42 | 4.4 | 27 | 1.8×5 | 2.08 |
| | 2 | | 700 | | ϕ0.75 | 2.2 | 3.79 | 28 | 2.12×5.6 | 2.91 |
| | 3 | | 1 520 | | ϕ0.6 | 1.286 | 5.45 | 51 | 1.18×5 | 2.62 |
| | 4 | | 1 200 | | ϕ0.67 | 1.65 | 5.38 | 100 | ϕ1.9 | 2.58 |
| | 5 | | 950 | | ϕ0.77 | 1.66 | 5.65 | 40 | 1.6×5 | 2.8 |
| | 6 | | 1 500 | | ϕ0.6 | 1 | 5.38 | 59 | 1.12×5 | 2.8 |
| | 7 | | 1 750 | | ϕ0.56 | 0.917 | 5.49 | 78 | ϕ2.12 | 2.5 |
| | 8 | | 1 080 | | ϕ0.77 | 1.42 | 6.5 | 52 | 1.32×5 | 3.06 |
| | 9 | | 1 600 | | ϕ0.6 | 0.956 | 5.8 | 75 | 1×4.5 | 2.93 |
| | 10 | | 2 040 | | ϕ0.56 | 0.79 | 6.54 | 102 | ϕ2 | 2.93 |
| | 11 | 14 | 650 | 1.5×5.6 | ϕ0.75 | 1.95 | 3.63 | 36 | 1.6×5 | 2.53 |
| | 12 | 28 | 1 250 | 0.95×4.5 | ϕ0.53 | 1 | 3.52 | 70 | 0.95×4.5 | 2.56 |
| 52 | 1 | | 1 000 | | ϕ0.53 | 1.3 | 3.34 | 23 | 2×5.6 | 2.92 |
| | 2 | | 540 | | ϕ0.9 | 3.3 | 5.36 | 20 | 2.5×6.3 | 3.63 |
| | 3 | | 1 150 | | ϕ0.67 | 1.61 | 6.44 | 39 | 1.0×5 | 3.56 |
| | 4 | | 940 | | ϕ0.71 | 1.99 | 5.87 | 77 | ϕ2.24 | 3.64 |
| | 5 | | 760 | | ϕ0.8 | 1.82 | 6.03 | 32 | 2×5 | 3.61 |
| | 6 | | 1 100 | | ϕ0.6 | 1.21 | 4.8 | 47 | 1.4×5 | 3.76 |
| | 7 | | 1 450 | | ϕ0.56 | 0.975 | 5.6 | 62 | 1.12×4.5 | 3.51 |
| | 8 | | 780 | | ϕ0.83 | 1.94 | 6.7 | 40 | 1.7×5 | 3.83 |
| | 9 | | 1 400 | | ϕ0.69 | 1.23 | 8.57 | 55 | 1.18×5 | 3.68 |
| | 10 | | 1 600 | | ϕ0.6 | 0.98 | 7.28 | 78 | 0.95×4.5 | 3.78 |
| | 11 | | 820 | | ϕ0.85 | 1.95 | 7.48 | 48 | 1.4×5 | 3.84 |
| | 12 | | 1 450 | | ϕ0.71 | 1.23 | 9.48 | 67 | 1.12×4.5 | 3.84 |
| | 13 | | 1 700 | | ϕ0.63 | 0.97 | 8.66 | 94 | ϕ2.12 | 3.96 |

（续表）

| 机座号 | 序号 | 主极 | | | | | | 换向极 | | |
|---|---|---|---|---|---|---|---|---|---|---|
| | | 每极匝数 | | 线规牌号 QZ-2 或 QZB 或 TBR (mm) | | 并(他)励绕组额定电流(A) | 并(他)励绕组铜质量(kg) | 每极匝数 | 线规牌号 QZ-2 或 QZB 或 TBR(mm) | 绕组铜质量(kg) |
| | | 串 | 并 | 串 | 并 | | | | | |
| 52 | 14 | 7 | 600 | 2×5.6 | ϕ0.8 | 2.03 | 4.82 | 27 | 2×5.6 | 3.42 |
| | 15 | 14 | 1 350 | 1.12×5 | ϕ0.56 | 0.89 | 5.36 | 54 | 1.12×5 | 3.41 |
| 61 | 1 | 1 | 1 000 | 1.5×12.5 | ϕ0.69 | 2.12 | 5.7 | 19 | 1.5×12.5 | 3.89 |
| | 2 | 1 | 620 | 1.7×12.5 | ϕ0.9 | 3.02 | 6.0 | 19 | 1.7×12.5 | 4.44 |
| | 3 | 2 | 1 320 | 1.7×6.3 | ϕ0.67 | 1.48 | 7.1 | 37 | 1.7×6.3 | 4.56 |
| | 4 | 3 | 1 050 | ϕ2.5 | ϕ0.75 | 1.94 | 7.21 | 72 | ϕ2.5 | 4.04 |
| | 5 | 2 | 800 | 2.5×6.3 | ϕ0.9 | 2.12 | 5.78 | 28 | 2.5×6.3 | 5.12 |
| | 6 | 4 | 1 420 | 1.32×6.3 | ϕ0.63 | 1.23 | 6.63 | 56 | 1.32×6.3 | 5.45 |
| | 7 | 5 | 1 280 | ϕ2.24 | ϕ0.71 | 1.38 | 6.74 | 108 | ϕ2.24 | 4.93 |
| | 8 | | 760 | | ϕ0.85 | 2.16 | 6.08 | 37 | 1.8×6.3 | 4.85 |
| | 9 | | 1 150 | | ϕ0.75 | 1.74 | 7.9 | 50 | 1.4×5.6 | 4.32 |
| | 10 | | 1 450 | | ϕ0.71 | 1.5 | 9.1 | 69 | 1.06×5.6 | 4.5 |
| | 11 | | 900 | | ϕ1.06 | 2.49 | 12.3 | 42 | 1.5×6.3 | 4.42 |
| | 12 | | 1 450 | | ϕ0.83 | 1.572 | 13 | 60 | 1.18×5.6 | 4.34 |
| | 13 | | 1 600 | | ϕ0.67 | 1.175 | 8.95 | 88 | ϕ2.5 | 5.02 |
| | 14 | 9 | 600 | 1.25×12.5 | ϕ0.9 | 2.62 | 5.8 | 23 | 1.25×12.5 | 3.93 |
| | 15 | 16 | 1 100 | 1.4×6.3 | ϕ0.63 | 1.42 | 5.35 | 46 | 1.4×6.3 | 4.5 |
| 62 | 1 | 2 | 880 | 1.6×12.5 | ϕ0.71 | 2.08 | 6.5 | 14 | 1.6×12.5 | 4.07 |
| | 2 | 1 | 550 | 1.9×12.5 | ϕ0.95 | 3.45 | 6.6 | 14 | 1.9×12.5 | 4.76 |
| | 3 | 2 | 1 100 | 2.12×5.6 | ϕ0.71 | 1.63 | 8.3 | 27 | 1.9×6.3 | 4.5 |
| | 4 | 5 | 780 | 1.25×6.3 | ϕ0.77 | 2.27 | 6.8 | 56 | 1.25×6.3 | 6.33 |
| | 5 | 1 | 640 | 1.4×12.5 | ϕ1.18 | 3.78 | 13.78 | 18 | 2.8×6.3 | 4.4 |
| | 6 | 2 | 1 060 | 1.4×6.3 | ϕ0.69 | 1.6 | 7.5 | 41 | 1.4×6.3 | 5.1 |
| | 7 | 4 | 940 | 0.8×5.6 | ϕ0.75 | 1.79 | 7.82 | 82 | 0.8×5.6 | 4.96 |
| | 8 | | 710 | | ϕ0.93 | 2.24 | 9.1 | 28 | 2.12×6.3 | 5.33 |
| | 9 | | 1 170 | | ϕ0.77 | 1.812 | 10.4 | 51 | 1.12×5.6 | 4.48 |
| | 10 | | 940 | | ϕ0.85 | 2.28 | 10.1 | 102 | ϕ2.12 | 5.33 |
| | 11 | | 650 | | ϕ1.0 | 2.8 | 9.7 | 33 | 1.9×6.3 | 5.59 |

（续表）

| 机座号 | 序号 | 主极 | | | | | | 换向极 | | |
|---|---|---|---|---|---|---|---|---|---|---|
| | | 每极匝数 | | 线规牌号 QZ-2 或 QZB 或 TBR (mm) | | 并(他)励绕组额定电流(A) | 并(他)励绕组铜质量(kg) | 每极匝数 | 线规牌号 QZ-2 或 QZB 或 TBR(mm) | 绕组铜质量(kg) |
| | | 串 | 并 | 串 | 并 | | | | | |
| 62 | 12 | | 1 080 | | $\phi$0.8 | 1.8 | 10.3 | 46 | 1.32×6.3 | 5.46 |
| | 13 | | 1 350 | | $\phi$0.71 | 1.39 | 10.2 | 64 | 1.0×5.6 | 5 |
| | 14 | 4 | 620 | 3.35×6.3 | $\phi$0.9 | 2.19 | 7.43 | 18 | 1.6×12.5 | 5.12 |
| | 15 | 9 | 850 | 1.7×6.3 | $\phi$0.63 | 1.43 | 4.86 | 36 | 1.9×6.3 | 6.1 |

注：电枢绕组线规牌号为 QZ-2，主极及换向极导线牌号为 QZ-2 或 QZB 或 TBR。

## 四、Z4 系列直流电动机的技术性能数据

Z4 系列小型直流电动机广泛用于冶金工业轧机传动、金属切削机床、造纸、印刷、纺织、印染、水泥、塑料挤出机械等作为驱动源。

Z4 系列直流电动机的特点：

(1) 全系列中心高 100～355 mm，共 12 个机座号，功率范围约为 1～500 kW，输出转矩为 9～6 000 N·m。

(2) 电机定子磁轭采用叠片式结构，适应整流器电源供电。对额定电压 440 V 电动机(适用于单一转向场合)及 400 V 电动机(适用于正、反转向场合)，均由三相桥式整流器供电，三相整流电源供电可不带平波电抗器长期运行。此外对容量小于 4 kW 而额定电压 160 V 电动机可由单相桥式整流器供电，此时电枢回路须接入电抗器来抑制脉动电流。

(3) 基本系列电机励磁方式为他励，标准励磁电压 180 V。

(4) 基本系列电机冷却方式为强迫通风(骑式鼓风机)。也可制成单管道通风或双管道通风冷却方式，此时电机防护等级可达全封闭(IP44)。

(5) 采用 F 级绝缘。

(6) 全系列外形和安装尺寸除两底脚孔间轴向尺寸“B”之外，均符合 IEC-72 标准。

Z4 系列直流电动机技术性能数据见表 4-10。

Z4 系列直流电动机安装和外形尺寸见表 4-11。

表 4-10　Z4 系列直流电动机技术性能数据

| 型　号 | 额定功率(kW) | 额定转速(r/min) 160 V | 400 V | 440 V | 弱磁转速(r/min) | 电枢电流(A) | 励磁功率(W) | 电枢回路电阻(20℃时)(Ω) | 电枢回路电感(mH) | 磁场电感(H) | 外接电感(mH) | 效率(%) | 转动惯量(kg·m²) | 质量(kg) |
|---|---|---|---|---|---|---|---|---|---|---|---|---|---|---|
| Z4-100-1 | 2.2 | 1 490 | | | 3 000 | 17.9 | 315 | 1.19 | 11.2 | 22 | 15 | 67.8 | 0.044 | 72 |
| | 1.5 | 955 | | | 2 000 | 13.3 | | 2.17 | 21.4 | 13 | 15 | 58.5 | | |
| | 4 | | 2 630 | | 4 000 | 12 | | 2.82 | 26 | 18 | | 78.9 | | |
| | 4 | | | 2 960 | 4 000 | 10.7 | | | | | | 80.1 | | |
| | 2 | | 1 310 | | 3 000 | 6.6 | | 9.12 | 86 | 18 | | 68.4 | | |
| | 2.2 | | | 1 480 | 3 000 | 6.5 | | | | | | 70.6 | | |
| | 1.4 | | 860 | | 2 000 | 5.1 | | 16.76 | 163 | 18 | | 60.3 | | |
| | 1.5 | | | 990 | 2 000 | 4.77 | | | | | | 63.2 | | |
| Z4-112/2-1 | 3 | 1 540 | | | 3 000 | 24 | 320 | 0.785 | 7.1 | 14 | 20 | 69.1 | 0.072 | 100 |
| | 2.2 | 975 | | | 2 000 | 19.6 | | 1.498 | 14.1 | 13 | 20 | 62.1 | | |
| | 5.5 | | 2 630 | | 4 000 | 16.4 | | 1.933 | 17.9 | 17 | | 79.9 | | |
| | 5.5 | | | 2 940 | 4 000 | 14.7 | | | | | | 81.1 | | |
| | 2.8 | | 1 340 | | 3 000 | 9.1 | | 6 | 59 | 17 | | 71.2 | | |
| | 3 | | | 1 500 | 3 000 | 8.6 | | | | | | 72.8 | | |

（续表）

| 型号 | 额定功率(kW) | 额定转速(r/min) 160 V | 400 V | 440 V | 弱磁转速(r/min) | 电枢电流(A) | 励磁功率(W) | 电枢回路电阻(20℃时)(Ω) | 电枢回路电感(mH) | 磁场电感(H) | 外接电感(mH) | 效率(%) | 转动惯量(kg·$m^2$) | 质量(kg) |
|---|---|---|---|---|---|---|---|---|---|---|---|---|---|---|
| Z4-112/2-1 | 1.9 | | 855 | | 2 000 | 6.9 | 320 | 11.67 | 110 | 13 | | 61.1 | 0.072 | 100 |
| | 2.2 | | | 965 | 2 000 | 7.1 | | | | | | 63.5 | | |
| Z4-112/2-2 | 4 | 1 450 | | | 3 000 | 31.3 | 350 | 0.567 | 6.2 | 14 | 12 | 72.6 | 0.088 | 107 |
| | 3 | 1 070 | | | 2 000 | 24.8 | | 0.934 | 10.3 | 14 | 10 | 66.8 | | |
| | 7 | | 2 660 | | 4 000 | 20.4 | | 1.305 | 14 | 19 | | 82.4 | | |
| | 7.5 | | | 2 980 | 4 000 | 19.7 | | | | | | 83.5 | | |
| | 3.7 | | 1 320 | | 3 000 | 11.7 | | 4.24 | 48.5 | 19 | | 74.1 | | |
| | 4 | | | 1 500 | 3 000 | 11.2 | | | | | | 76 | | |
| | 2.6 | | 895 | | 2 000 | 9 | | 7.62 | 83 | 14 | | 65.1 | | |
| | 3 | | | 1 010 | 2 000 | 9.1 | | | | | | 67.3 | | |
| Z4-112/4-1 | 5.5 | 1 520 | | | 3 000 | 42.5 | 500 | 0.38 | 3.85 | 6.8 | 6.5 | 73 | 0.128 | 106 |
| | 4 | 990 | | | 2 000 | 33.7 | | 0.741 | 7.7 | 6.7 | 4.5 | 64.9 | | |
| | 10 | | 2 680 | | 4 000 | 29 | | 0.89 | 9 | 6.8 | | 82.7 | | |
| | 11 | | | 2 950 | 4 000 | 28.8 | | | | | | 83.3 | | |

（续表）

| 型　号 | 额定功率(kW) | 额定转速(r/min) 160 V | 400 V | 440 V | 弱磁转速(r/min) | 电枢电流(A) | 励磁功率(W) | 电枢回路电阻(20℃时)(Ω) | 电枢回路电感(mH) | 磁场电感(H) | 外接电感(mH) | 效率(%) | 转动惯量(kg·$m^2$) | 质量(kg) |
|---|---|---|---|---|---|---|---|---|---|---|---|---|---|---|
| Z4－112/4－1 | 5 | | 1 340 | | 2 200 | 15.7 | 500 | 3.01 | 30.5 | 6.8 | | 74.3 | 0.128 | 106 |
| | 5.5 | | | 1 480 | 2 200 | 15.4 | | | | | | 75.7 | | |
| | 3.7 | | 855 | | 1 400 | 13 | | 5.78 | 60 | 6.7 | | 65.2 | | |
| | 4 | | | 980 | 1 400 | 12.2 | | | | | | 68.7 | | |
| Z4－112/4－2 | 5.5 | 1 090 | | | 2 000 | 43.5 | 570 | 0.441 | 5.1 | 7.8 | 6 | 69.5 | 0.156 | 114 |
| | 13 | | 2 740 | | 4 000 | 37 | | 0.574 | 6.4 | 5.8 | | 84.4 | | |
| | 15 | | | 3 035 | 4 000 | 38.6 | | | | | | 85.4 | | |
| | 6.7 | | 1 330 | | 2 200 | 20.6 | | 2.12 | 24.1 | 7.8 | | 76.8 | | |
| | 7.5 | | | 1 480 | 2 200 | 20.6 | | | | | | 78.4 | | |
| | 5 | | 955 | | 1 500 | 16.1 | | 3.46 | 40.5 | 5.8 | | 71.1 | | |
| | 5.5 | | | 1 025 | 1 500 | 15.7 | | | | | | 71.9 | | |
| Z4－132/－1 | 18.5 | | 2 610 | | 4 000 | 52.2 | 650 | 0.368 | 5.3 | 6.5 | | 85 | 0.32 | 140 |
| | 18.5 | | | 2 850 | 4 000 | 47.1 | | | | | | 85.9 | | |
| | 10 | | 1 330 | | 2 400 | 30.1 | | 1.309 | 18.9 | 8.9 | | 79.4 | | |

（续表）

| 型 号 | 额定功率（kW） | 额定转速（r/min） 440 V | 额定转速（r/min） 440 V | 弱磁转速（r/min） | 电枢电流（A） | 励磁功率（W） | 电枢回路电阻(20℃时)（Ω） | 电枢回路电感（mH） | 磁场电感（H） | 效率（%） | 转动惯量（kg·$m^2$） | 质量（kg） |
|---|---|---|---|---|---|---|---|---|---|---|---|---|
| Z4－132－1 | 11 | | 1 480 | 2 500 | 29.6 | 650 | 1.309 | 18.9 | 8.9 | 80.9 | 0.32 | 140 |
| | 7 | 865 | | 1 600 | 22.7 | | 2.56 | 37.5 | 6.3 | 71.9 | | |
| | 7.5 | | 975 | 1 600 | 21.4 | | | | | 74.5 | | |
| Z4－132－2 | 20 | 2 800 | | 3 600 | 55.4 | 730 | 0.226 | 3.65 | 10 | 87.8 | 0.4 | 160 |
| | 22 | | 3 090 | 3 600 | 55.3 | | | | | 88.3 | | |
| | 15 | 1 360 | | 2 500 | 44.5 | | 0.811 | 13.5 | 7.7 | 81.2 | | |
| | 15 | | 1 510 | 2 500 | 39.5 | | | | | 83.4 | | |
| | 10 | 905 | | 1 600 | 31.1 | | 1.565 | 26 | 6 | 75.6 | | |
| | 11 | | 995 | 1600 | 30.5 | | | | | 77.7 | | |
| Z4－132－3 | 27 | 2 720 | | 3 600 | 74.5 | 800 | 0.190 5 | 3.4 | 21 | 88.2 | 0.48 | 180 |
| | 30 | | 3 000 | 3 600 | 75 | | | | | 88.6 | | |
| | 18.5 | 1 390 | | 2 800 | 53.2 | | 0.531 | 9.8 | 6.6 | 83.6 | | |
| | 18.5 | | 1 540 | 3 000 | 47.6 | | | | | 84.7 | | |
| | 15.5 | 945 | | 1 600 | 40.5 | | 0.976 | 19.4 | 6.5 | 79.4 | | |

（续表）

| 型　　号 | 额定功率(kW) | 额定转速(r/min) | | 弱磁转速(r/min) | 电枢电流(A) | 励磁功率(W) | 电枢回路电阻(20℃时)(Ω) | 电枢回路电感(mH) | 磁场电感(H) | 效率(%) | 转动惯量($kg\cdot m^2$) | 质量(kg) |
|---|---|---|---|---|---|---|---|---|---|---|---|---|
| | | 400 V | 440 V | | | | | | | | | |
| Z4－132－3 | 15 | | 1 050 | 1 600 | 40.5 | 800 | 0.976 | 19.4 | 6.5 | 80.5 | 0.48 | 180 |
| Z4－160－11 | 33 | 2 710 | | 3 500 | 93.4 | 820 | 0.183 5 | 3.15 | 10 | 87.4 | 0.64 | 220 |
| | 37 | | 3 000 | | | | | | | 88.5 | | |
| | 19.5 | 1 350 | | 3 000 | 58.8 | | 0.593 | 10.4 | 7.7 | 80.4 | | |
| | 22 | | 1 500 | | | | | | | 82.6 | | |
| Z4－160－22 | 40.5 | 2 710 | | 3 500 | 113 | 920 | 0.142 6 | 2.7 | 10 | 88.2 | 0.76 | 242 |
| | 45 | | 3 000 | | | | | | | 89.1 | | |
| Z4－160－21 | 16.5 | 900 | | 2 000 | 50.5 | | 0.862 | 17.7 | 6 | 77.9 | | |
| | 18.5 | | 1 000 | | | | | | | 79.4 | | |
| Z4－160－32 | 49.5 | 2 710 | | 3 500 | 137 | 1 050 | 0.097 | 2.07 | 11 | 89.1 | 0.88 | 268 |
| | 55 | | 3 010 | | | | | | | 90.2 | | |
| Z4－160－31 | 27 | 1 350 | | 3 000 | 77.8 | | 0.376 | 8.3 | 10 | 84.7 | | |
| | 30 | | 1 500 | | | | | | | 85.7 | | |
| | 19.5 | 900 | | 2 000 | 59.1 | | 0.675 | 15.2 | 6.3 | 79.1 | | |

（续表）

| 型号 | 额定功率(kW) | 额定转速(r/min) | | 弱磁转速(r/min) | 电枢电流(A) | 励磁功率(W) | 电枢回路电阻(20℃时)(Ω) | 电枢回路电感(mH) | 磁场电感(H) | 效率(%) | 转动惯量(kg·m²) | 质量(kg) |
|---|---|---|---|---|---|---|---|---|---|---|---|---|
| | | 400 V | 440 V | | | | | | | | | |
| Z4-160-31 | 22 | | 1 000 | 2 000 | 59.1 | 1 050 | 0.675 | 15.2 | 6.3 | 81.7 | 0.88 | 268 |
| Z4-180-11 | 33 | 1 350 | | 3 000 | 95.4 | 1 200 | 0.29 | 5.8 | 7.1 | 84.7 | 1.52 | 326 |
| | 37 | | 1 500 | | | | | | | 86.5 | | |
| | 16.5 | 670 | | 1 900 | 51.4 | | 0.947 | 17.6 | 5.6 | 75.5 | | |
| | 18.5 | | 750 | | | | | | | 78.1 | | |
| | 13 | 540 | | 2 000 | 42.4 | | 1.264 | 25 | 5.6 | 73 | | |
| | 15 | | 600 | | | | | | | 74.1 | | |
| Z4-180-22 | 67 | 2 710 | | 3 400 | 185 | 1 400 | 0.055 5 | 1.16 | 6.9 | 89.5 | 1.72 | 350 |
| | 75 | | 3 000 | | | | | | | 90.7 | | |
| Z4-180-21 | 40.5 | 1 350 | | 2 800 | 115 | 1 400 | 0.212 5 | 4.65 | 6.6 | 85.8 | 1.72 | 350 |
| | 45 | | 1 500 | | | | | | | 87 | | |
| | 27 | 900 | | 2 000 | 78.7 | | 0.419 | 9.3 | 7.3 | 82.2 | | |
| | 30 | | 1 000 | | | | | | | 83.7 | | |
| | 19.5 | 670 | | 1 400 | 60.3 | | 0.756 | 15.7 | 7.1 | 77.3 | | |

（续表）

| 型　号 | 额定功率(kW) | 额定转速(r/min) 400 V | 额定转速(r/min) 440 V | 弱磁转速(r/min) | 电枢电流(A) | 励磁功率(W) | 电枢回路电阻(20℃时)(Ω) | 电枢回路电感(mH) | 磁场电感(H) | 效率(%) | 转动惯量(kg·m²) | 质量(kg) |
|---|---|---|---|---|---|---|---|---|---|---|---|---|
| Z4-180-21 | 22 | | 750 | 1 400 | 60.3 | 1 400 | 0.756 | 15.7 | 7.1 | 79.7 | 1.72 | 350 |
| | 16.5 | 540 | | 1 600 | 52 | | 1.003 | 21.9 | 5 | 73.8 | | |
| | 18.5 | | 600 | | | | | | | 76.8 | | |
| Z4-180-31 | 33 | 900 | | 2 000 | 96.6 | 1 500 | 0.332 | 7.7 | 6.6 | 82.8 | 1.92 | 380 |
| | 37 | | 1 000 | | | | | | | 83.6 | | |
| | 19.5 | 540 | | 1 250 | 61.8 | | 0.801 | 19 | 6.6 | 74.8 | | |
| | 22 | | 600 | | | | | | | 76.6 | | |
| Z4-180-42 | 81 | 2 710 | | 3 200 | 221 | | 0.051 | 1.16 | 12 | 91 | 2.2 | 410 |
| | 90 | | 3 000 | | | | | | | 91.3 | | |
| Z4-180-41 | 50 | 1 350 | | 3 000 | 139 | 1 700 | 0.141 7 | 3.2 | 5.7 | 87.5 | | |
| | 55 | | 1 500 | | | | | | | 87.7 | | |
| | 27 | 670 | | 2 250 | 79.5 | | 0.459 | 10.4 | 6.3 | 80.4 | | |
| | 30 | | 750 | | | | | | | 81.1 | | |
| Z4-200-12 | 99 | 2 710 | | 3 000 | 271 | 1 400 | 0.037 3 | 0.83 | 7.62 | 90.2 | 3.68 | 485 |

（续表）

| 型　号 | 额定功率（kW） | 额定转速（r/min） | | 弱磁转速（r/min） | 电枢电流（A） | 励磁功率（W） | 电枢回路电阻(20℃时)(Ω) | 电枢回路电感（mH） | 磁场电感（H） | 效率（%） | 转动惯量（kg·m²） | 质量（kg） |
|---|---|---|---|---|---|---|---|---|---|---|---|---|
| | | 400 V | 440 V | | | | | | | | | |
| Z4－200－12 | 110 | | 3 000 | 3 000 | 271 | 1 400 | 0.037 3 | 0.83 | 7.62 | 91.6 | 3.68 | 485 |
| Z4－200－11 | 40.5 | 900 | | 2 000 | 118 | 1 400 | 0.265 3 | 8.4 | 7.01 | 83.4 | 3.68 | 485 |
| | 45 | | 1 000 | | | | | | | 85.5 | | |
| | 33 | 670 | | 2 000 | 99 | | 0.369 | 10.6 | 7.77 | 80.9 | | |
| | 37 | | 750 | | | | | | | 83.5 | | |
| | 19.5 | 450 | | 1 350 | 63.5 | | 0.93 | 21.9 | 7.3 | 73.5 | | |
| | 22 | | 500 | | | | | | | 78.6 | | |
| Z4－200－21 | 67 | 1 350 | | 3 000 | 188 | 1 500 | 0.088 5 | 2.8 | 6.78 | 88.7 | 4.2 | 530 |
| | 75 | | 1 500 | | | | | | | 89.6 | | |
| | 27 | 540 | | 1 000 | 82 | | 0.535 | 14 | 9.64 | 78.8 | | |
| | 30 | | 600 | | | | | | | 80.4 | | |
| Z4－200－32 | 119 | 2 710 | | 3 200 | 322 | 1 750 | 0.026 6 | 0.79 | 10.9 | 91.7 | 4.8 | 580 |
| | 132 | | 3 000 | | | | | | | 92.4 | | |
| Z4－200－31 | 81 | 1 350 | | 2 800 | 224 | | 0.077 1 | 2.6 | 5.61 | 88.7 | | |

（续表）

| 型号 | 额定功率（kW） | 额定转速（r/min） | | 弱磁转速（r/min） | 电枢电流（A） | 励磁功率（W） | 电枢回路电阻(20℃时)(Ω) | 电枢回路电感（mH） | 磁场电感（H） | 效率（%） | 转动惯量（kg·m²） | 质量（kg） |
|---|---|---|---|---|---|---|---|---|---|---|---|---|
| | | 400 V | 440 V | | | | | | | | | |
| Z4-200-31 | 90 | | 1 500 | 2 800 | 224 | 1 750 | 0.077 1 | 2.6 | 5.61 | 90 | 4.8 | 580 |
| | 49.5 | 900 | | 2 000 | 141 | | 0.175 1 | 4.8 | 8.54 | 85.6 | | |
| | 55 | | 1 000 | | | | | | | 87.1 | | |
| | 40.5 | 670 | | 1 400 | 119 | | 0.283 | 8.5 | 8.35 | 82.5 | | |
| | 45 | | 750 | | | | | | | 84.1 | | |
| | 33 | 540 | | 1 600 | 101 | | 0.42 | 12.2 | 8.42 | 79.6 | | |
| | 37 | | 600 | | | | | | | 82 | | |
| | 27 | 450 | | 750 | 83.5 | | 0.598 | 17.1 | 8.4 | 77.5 | | |
| | 30 | | 500 | | | | | | | 79.5 | | |
| Z4-225-11 | 99 | 1 360 | | 3 000 | 276 | 2 300 | 0.066 4 | 2.1 | 4.45 | 87.9 | 5 | 680 |
| | 110 | | 1 500 | | | | | | | 89.4 | | |
| | 67 | 900 | | 2 000 | 193 | | 0.140 6 | 4.9 | 4.28 | 84.4 | | |
| | 75 | | 1 000 | | | | | | | 86.5 | | |
| | 49 | 680 | | 1 600 | 146 | | 0.243 3 | 8.7 | 5.77 | 81.2 | | |

（续表）

| 型号 | 额定功率(kW) | 额定转速(r/min) | | 弱磁转速(r/min) | 电枢电流(A) | 励磁功率(W) | 电枢回路电阻(20℃时)(Ω) | 电枢回路电感(mH) | 磁场电感(H) | 效率(%) | 转动惯量(kg·m²) | 质量(kg) |
|---|---|---|---|---|---|---|---|---|---|---|---|---|
| | | 400 V | 440 V | | | | | | | | | |
| Z4-225-11 | 55 | | 750 | 1 600 | 146 | 2 300 | 0.243 3 | 8.7 | 5.77 | 84 | 5 | 680 |
| | 40 | 540 | | 1 800 | 123 | | 0.356 | 9.5 | 6.38 | 78.2 | | |
| | 45 | | 600 | | | | | | | 80.8 | | |
| | 33 | 450 | | 1 600 | 103 | | 0.476 | 15.2 | 6.10 | 76.5 | | |
| | 37 | | 500 | | | | | | | 78.8 | | |
| Z4-225-21 | 49 | 540 | | 1 200 | 148 | 2 470 | 0.264 8 | 9.5 | 4.14 | 79.3 | 5.6 | 740 |
| | 55 | | 600 | | | | | | | 82.4 | | |
| | 40 | 450 | | 1 400 | 125 | | 0.397 | 13.7 | 5.41 | 76.6 | | |
| | 45 | | 500 | | | | | | | 78.9 | | |
| Z4-225-31 | 119 | 1 360 | | 2 400 | 327 | 2 580 | 0.045 4 | 1.5 | 5.33 | 89.3 | 6.2 | 800 |
| | 132 | | 1 500 | | | | | | | 90.5 | | |
| | 81 | 900 | | 2 000 | 227 | | 0.093 | 3.4 | 5.3 | 86.9 | | |
| | 90 | | 1 000 | | | | | | | 88 | | |
| | 67 | 680 | | 2 250 | 197 | | 0.167 | 5.1 | 5.44 | 82.5 | | |

（续表）

| 型　号 | 额定功率（kW） | 额定转速（r/min） |  | 弱磁转速（r/min） | 电枢电流（A） | 励磁功率（W） | 电枢回路电阻（20℃时）（Ω） | 电枢回路电感（mH） | 磁场电感（H） | 效率（%） | 转动惯量（kg·$m^2$） | 质量（kg） |
|---|---|---|---|---|---|---|---|---|---|---|---|---|
|  |  | 400 V | 440 V |  |  |  |  |  |  |  |  |  |
| Z4－225－31 | 75 |  | 750 | 2 250 | 197 | 2 580 | 0.167 | 5.1 | 5.44 | 85.1 | 6.2 | 800 |
| Z4－250－12 | 144 | 1 360 |  | 2 100 | 399 | 2 500 | 0.044 4 | 1.3 | 4.29 | 88.8 | 8.8 | 890 |
|  | 160 |  | 1 500 |  |  |  |  |  |  | 89.9 |  |  |
| Z4－250－11 | 99 | 900 |  | 2 000 | 281 |  | 0.091 1 | 2.4 | 4.55 | 86.2 |  |  |
|  | 110 |  | 1 000 |  |  |  |  |  |  | 88.1 |  |  |
| Z4－250－21 | 167 | 1 360 |  | 2 200 | 459 | 2 750 | 0.032 5 | 0.91 | 4.28 | 89.8 | 10 | 970 |
|  | 185 |  | 1 500 |  |  |  |  |  |  | 90.5 |  |  |
|  | 81 | 680 |  | 2 250 | 234 |  | 0.130 6 | 3.9 | 5.41 | 84.3 |  |  |
|  | 90 |  | 750 |  |  |  |  |  |  | 86.3 |  |  |
|  | 67 | 540 |  | 2 000 | 202 |  | 0.198 | 4.4 | 4.4 | 80.5 |  |  |
|  | 75 |  | 600 |  |  |  |  |  |  | 84.1 |  |  |
|  | 49 | 450 |  | 1 000 | 150 |  | 0.294 | 7.9 | 5.44 | 78.4 |  |  |
|  | 55 |  | 500 |  |  |  |  |  |  | 82.2 |  |  |
| Z4－250－31 | 180 | 1 360 |  | 2 400 | 493 | 2 850 | 0.028 1 | 0.87 | 5.32 | 90.4 | 11.2 | 1 070 |

（续表）

| 型号 | 额定功率（kW） | 额定转速（r/min） | | 弱磁转速（r/min） | 电枢电流（A） | 励磁功率（W） | 电枢回路电阻（20℃时）（Ω） | 电枢回路电感（mH） | 磁场电感（H） | 效率（%） | 转动惯量（kg·$m^2$） | 质量（kg） |
|---|---|---|---|---|---|---|---|---|---|---|---|---|
| | | 400 V | 440 V | | | | | | | | | |
| Z4-250-31 | 200 | | 1 500 | 2 400 | 493 | 2 850 | 0.028 1 | 0.87 | 5.32 | 91.5 | 11.2 | 1 070 |
| | 119 | 900 | | 2 000 | 334 | | 0.066 8 | 1.7 | 5.46 | 87.4 | | |
| | 132 | | 1 000 | | | | | | | 89.1 | | |
| | 99 | 680 | | 1 900 | 283 | | 0.098 7 | 2.8 | 5.58 | 85.3 | | |
| | 110 | | 750 | | | | | | | 86.9 | | |
| Z4-250-41 | 198 | 1 360 | | 2 400 | 539 | 3 000 | 0.023 7 | 0.93 | 6.19 | 91 | 12.8 | 1 180 |
| | 220 | | 1 500 | | | | | | | 91.7 | | |
| Z4-250-42 | 144 | 900 | | 2 000 | 401 | | 0.048 5 | 1.9 | 4.53 | 88.3 | | |
| | 160 | | 1 000 | | | | | | | 89.4 | | |
| Z4-250-41 | 81 | 540 | | 2 000 | 236 | | 0.141 | 4.7 | 6.36 | 83.4 | | |
| | 90 | | 600 | | | | | | | 85 | | |
| | 67 | 450 | | 1 900 | 201 | | 0.195 | 5.1 | 4.97 | 80 | | |
| | 75 | | 500 | | | | | | | 83.5 | | |
| Z4-280-11 | 226 | 1 355 | | 2 000 | 614 | 3 100 | 0.021 34 | 0.69 | 4.58 | 90.9 | 16.4 | 1 280 |

（续表）

| 型　　号 | 额定功率（kW） | 额定转速（r/min） | | 弱磁转速（r/min） | 电枢电流（A） | 励磁功率（W） | 电枢回路电阻（20℃时）（Ω） | 电枢回路电感（mH） | 磁场电感（H） | 效率（%） | 转动惯量（kg・$m^2$） | 质量（kg） |
|---|---|---|---|---|---|---|---|---|---|---|---|---|
| | | 400 V | 440 V | | | | | | | | | |
| Z4－280－11 | 250 | | 1 500 | 2 000 | 614 | 3 100 | 0.021 34 | 0.69 | 4.58 | 91.6 | 16.4 | 1 280 |
| Z4－280－22 | 253 | 1 355 | | 1 800 | 684 | 3 500 | 0.017 96 | 0.77 | 5.3 | 91.5 | 18.4 | 1 400 |
| | 280 | | 1 500 | | | | | | | 92.1 | | |
| Z4－280－21 | 180 | 900 | | 2 000 | 498 | | 0.037 3 | 1.2 | 4.46 | 89.1 | | |
| | 200 | | 1 000 | | | | | | | 90.1 | | |
| | 119 | 675 | | 1 600 | 333 | | 0.066 2 | 2.3 | 4.37 | 87.1 | | |
| | 132 | | 750 | | | | | | | 88.6 | | |
| | 99 | 540 | | 1 500 | 281 | | 0.093 | 3.1 | 4.57 | 85.3 | | |
| | 110 | | 600 | | | | | | | 86.6 | | |
| Z4－282－32 | 284 | 1 360 | | 1 800 | 768 | 3 600 | 0.014 93 | 0.59 | 6.94 | 91.7 | 21.2 | 1 550 |
| | 315 | | 1 500 | | | | | | | 92.6 | | |
| Z4－280－31 | 198 | 900 | | 2 000 | 545 | | 0.031 4 | 1.1 | 5.54 | 89.7 | | |
| | 220 | | 1 000 | | | | | | | 90.6 | | |
| | 144 | 675 | | 1 700 | 402 | | 0.053 2 | 2 | 5.47 | 87.8 | | |

（续表）

| 型　号 | 额定功率(kW) | 额定转速(r/min) |  | 弱磁转速(r/min) | 电枢电流(A) | 励磁功率(W) | 电枢回路电阻(20℃时)(Ω) | 电枢回路电感(mH) | 磁场电感(H) | 效率(%) | 转动惯量(kg·$m^2$) | 质量(kg) |
|---|---|---|---|---|---|---|---|---|---|---|---|---|
|  |  | 400 V | 440 V |  |  |  |  |  |  |  |  |  |
| Z4－280－31 | 160 |  | 750 | 1 700 | 402 | 3 600 | 0.053 2 | 2 | 5.47 | 89.1 | 21.2 | 1 550 |
|  | 118 | 540 |  | 1 200 | 339 |  | 0.083 9 | 2.6 | 5.77 | 85.4 |  |  |
|  | 132 |  | 600 |  |  |  |  |  |  | 86.8 |  |  |
|  | 80 | 450 |  | 1 800 | 234 |  | 0.137 7 | 5.3 | 9.03 | 84.1 |  |  |
|  | 90 |  | 500 |  |  |  |  |  |  | 85.4 |  |  |
| Z4－280－42 | 321 | 1 360 |  | 1 800 | 863 | 4 000 | 0.013 36 | 0.77 | 5.67 | 92.1 | 24 | 1 700 |
|  | 355 |  | 1 500 |  |  |  |  |  |  | 92.6 |  |  |
|  | 225 | 900 |  | 1 800 | 616 |  | 0.025 45 | 0.96 | 5.29 | 90.2 |  |  |
|  | 250 |  | 1 000 |  |  |  |  |  |  | 91.1 |  |  |
| Z4－280－41 | 166 | 675 |  | 1 900 | 464 |  | 0.045 7 | 1.7 | 5.19 | 88.1 |  |  |
|  | 185 |  | 750 |  |  |  |  |  |  | 89.4 |  |  |
|  | 98 | 450 |  | 1 200 | 282 |  | 0.099 3 | 3.7 | 6.86 | 85.1 |  |  |
|  | 110 |  | 500 |  |  |  |  |  |  | 86.9 |  |  |
| Z4－315－12 | 253 | 990 |  | 1 600 | 690 | 3 850 | 0.023 55 | 0.46 | 5.06 | 90.4 | 21.2 | 1 890 |

（续表）

| 型　号 | 额定功率（kW） | 额定转速（r/min） |  | 弱磁转速（r/min） | 电枢电流（A） | 励磁功率（W） | 电枢回路电阻(20℃时)(Ω) | 电枢回路电感（mH） | 磁场电感（H） | 效率（%） | 转动惯量（kg・m²） | 质量（kg） |
|---|---|---|---|---|---|---|---|---|---|---|---|---|
|  |  | 400 V | 440 V |  |  |  |  |  |  |  |  |  |
| Z4－315－12 | 280 |  | 1 000 | 1 600 | 690 | 3 850 | 0.023 55 | 0.46 | 5.06 | 91.6 | 21.2 | 1 890 |
|  | 180 | 680 |  | 1 900 | 500 |  | 0.043 71 | 0.83 | 4.97 | 88.4 |  |  |
|  | 200 |  | 750 |  |  |  |  |  |  | 89.4 |  |  |
| Z4－315－11 | 144 | 540 |  | 1 900 | 409 |  | 0.069 19 | 1.3 | 7.6 | 86.4 |  |  |
|  | 160 |  | 600 |  |  |  |  |  |  | 87.4 |  |  |
|  | 118 | 450 |  | 1 600 | 344 |  | 0.1 | 2.3 | 9.43 | 84.4 |  |  |
|  | 132 |  | 500 |  |  |  |  |  |  | 86.3 |  |  |
|  | 98 | 360 |  | 1 200 | 294 |  | 0.141 5 | 2.9 | 9.96 | 81.7 |  |  |
|  | 110 |  | 400 |  |  |  |  |  |  | 84.3 |  |  |
| Z4－315－22 | 284 | 900 |  | 1 600 | 772 | 4 350 | 0.020 34 | 0.49 | 5.91 | 91 | 24 | 2 080 |
|  | 315 |  | 1 000 |  |  |  |  |  |  | 91.5 |  |  |
|  | 225 | 680 |  | 1 600 | 624 |  | 0.033 92 | 0.74 | 18.8 | 88.7 |  |  |
|  | 250 |  | 750 |  |  |  |  |  |  | 89.6 |  |  |
| Z4－315－21 | 166 | 540 |  | 1 600 | 468 |  | 0.053 82 | 1.2 | 25 | 87.2 |  |  |

（续表）

| 型号 | 额定功率（kW） | 额定转速（r/min） |  | 弱磁转速（r/min） | 电枢电流（A） | 励磁功率（W） | 电枢回路电阻(20℃时)(Ω) | 电枢回路电感（mH） | 磁场电感（H） | 效率（%） | 转动惯量（kg·m$^2$） | 质量（kg） |
|---|---|---|---|---|---|---|---|---|---|---|---|---|
|  |  | 400 V | 440 V |  |  |  |  |  |  |  |  |  |
| Z4-315-21 | 185 |  | 600 | 1 600 | 468 | 4 350 | 0.053 82 | 1.2 | 25 | 88.5 | 24 | 2 080 |
|  | 143 | 450 |  | 1 500 | 413 |  | 0.076 | 1.5 | 19 | 84.7 |  |  |
|  | 160 |  | 500 |  |  |  |  |  |  | 86 |  |  |
| Z4-315-32 | 320 | 900 |  | 1 600 | 867 | 4 650 | 0.016 58 | 0.39 | 23.1 | 91.3 | 27.2 | 2 290 |
|  | 355 |  | 1 000 |  |  |  |  |  |  | 92.3 |  |  |
|  | 252 | 680 |  | 1 600 | 698 |  | 0.030 43 | 0.82 | 21.5 | 89.1 |  |  |
|  | 280 |  | 750 |  |  |  |  |  |  | 89.8 |  |  |
|  | 180 | 540 |  | 1 500 | 501 |  | 0.045 36 | 0.95 | 31.6 | 88.2 |  |  |
|  | 200 |  | 600 |  |  |  |  |  |  | 89.4 |  |  |
| Z4-315-31 | 118 | 360 |  | 1 200 | 344 |  | 0.100 2 | 2.1 | 23.3 | 83.2 |  |  |
|  | 132 |  | 400 |  |  |  |  |  |  | 85.3 |  |  |
| Z4-315-42 | 361 | 900 |  | 1 600 | 971 | 5 200 | 0.013 02 | 0.33 | 29 | 92.1 | 30.8 | 2 520 |
|  | 400 |  | 1 000 |  |  |  |  |  |  | 92.7 |  |  |
|  | 284 | 680 |  | 1 600 | 778 |  | 0.023 64 | 0.67 | 20.8 | 90 |  |  |

（续表）

| 型　　号 | 额定功率（kW） | 额定转速（r/min） | | 弱磁转速（r/min） | 电枢电流（A） | 励磁功率（W） | 电枢回路电阻（20℃时）（Ω） | 电枢回路电感（mH） | 磁场电感（H） | 效率（%） | 转动惯量（kg·$m^2$） | 质量（kg） |
|---|---|---|---|---|---|---|---|---|---|---|---|---|
| | | 400 V | 440 V | | | | | | | | | |
| Z4－315－42 | 315 | | 750 | 1 600 | 778 | 5 200 | 0.023 64 | 0.67 | 20.8 | 90.7 | 30.8 | 2 520 |
| | 225 | 540 | | 1 600 | 626 | | 0.035 54 | 0.87 | 21.9 | 88.3 | | |
| | 250 | | 600 | | | | | | | 89 | | |
| Z4－315－41 | 166 | 450 | | 1 500 | 468 | | 0.055 | 1.4 | 37.4 | 87.3 | | |
| | 185 | | 500 | | | | | | | 88.3 | | |
| | 143 | 360 | | 1 200 | 416 | | 0.080 3 | 1.8 | 22.2 | 84 | | |
| | 160 | | 400 | | | | | | | 85.3 | | |
| Z4－355－12 | 406 | 900 | | 1 500 | 1 094 | 5 400 | 0.012 59 | 0.36 | 37.6 | 91.8 | 42 | 2 890 |
| | 450 | | 1 000 | | | | | | | 92.8 | | |
| | 321 | 680 | | 1 500 | 877 | | 0.020 87 | 0.59 | 28.1 | 90.4 | | |
| | 355 | | 750 | | | | | | | 91.2 | | |
| Z4－355－11 | 253 | 540 | | 1 600 | 697 | | 0.029 52 | 0.91 | 22 | 89.2 | | |
| | 280 | | 600 | | | | | | | 90.2 | | |
| | 180 | 450 | | 1 500 | 506 | | 0.050 2 | 1.5 | 8.91 | 87.6 | | |

（续表）

| 型号 | 额定功率(kW) | 额定转速(r/min) | | 弱磁转速(r/min) | 电枢电流(A) | 励磁功率(W) | 电枢回路电阻(20℃时)(Ω) | 电枢回路电感(mH) | 磁场电感(H) | 效率(%) | 转动惯量(kg·m$^2$) | 质量(kg) |
|---|---|---|---|---|---|---|---|---|---|---|---|---|
| | | 400 V | 440 V | | | | | | | | | |
| Z4－355－11 | 200 | | 500 | 1 500 | 506 | 5 400 | 0.050 2 | 1.5 | 8.91 | 88.9 | 42 | 2 890 |
| | 166 | 360 | | 1 200 | 478 | | 0.066 | 1.8 | 22.4 | 84.9 | | |
| | 185 | | 400 | | | | | | | 85.9 | | |
| Z4－355－22 | 361 | 680 | | 1 600 | 978 | 5 900 | 0.015 83 | 0.44 | 15.6 | 90.8 | 46 | 3 170 |
| | 400 | | 750 | | | | | | | 91.7 | | |
| | 284 | 540 | | 1 500 | 783 | | 0.026 76 | 0.81 | 34.7 | 89.5 | | |
| | 315 | | 600 | | | | | | | 90.5 | | |
| | 225 | 450 | | 1 600 | 624 | | 0.034 62 | 1.0 | 20.5 | 88.4 | | |
| | 250 | | 500 | | | | | | | 89.5 | | |
| Z4－355－21 | 180 | 360 | | 1 200 | 511 | | 0.056 42 | 1.6 | 35.5 | 86.3 | | |
| | 200 | | 400 | | | | | | | 87.5 | | |
| Z4－355－32 | 406 | 680 | | 1 500 | 1 098 | 6 200 | 0.013 62 | 0.39 | 19 | 91.3 | 52 | 3 490 |
| | 450 | | 750 | | | | | | | 92.1 | | |
| | 320 | 540 | | 1 600 | 877 | | 0.021 53 | 0.7 | 24.3 | 89.9 | | |

（续表）

| 型号 | 额定功率(kW) | 额定转速(r/min) | | 弱磁转速(r/min) | 电枢电流(A) | 励磁功率(W) | 电枢回路电阻(20℃时)(Ω) | 电枢回路电感(mH) | 磁场电感(H) | 效率(%) | 转动惯量(kg·$m^2$) | 质量(kg) |
|---|---|---|---|---|---|---|---|---|---|---|---|---|
| | | 400 V | 440 V | | | | | | | | | |
| Z4－355－32 | 355 | | 600 | 1 600 | 877 | 6 200 | 0.021 53 | 0.7 | 24.3 | 91 | 52 | 3 490 |
| | 284 | 450 | | 1 500 | 789 | | 0.029 3 | 0.91 | 18.5 | 88.3 | | |
| | 315 | | 500 | | | | | | | 89.5 | | |
| Z4－355－31 | 197 | 360 | | 1 200 | 559 | | 0.049 57 | 1.3 | 34.6 | 86.6 | | |
| | 220 | | 400 | | | | | | | 88.4 | | |
| Z4－355－42 | 361 | 540 | | 1 600 | 985 | 6 700 | 0.018 36 | 0.64 | 29.6 | 90.5 | 60 | 3 840 |
| | 400 | | 600 | | | | | | | 91.2 | | |
| | 320 | 450 | | 1 600 | 882 | | 0.023 61 | 0.76 | 17.7 | 88.9 | | |
| | 355 | | 500 | | | | | | | 89.2 | | |
| | 225 | 360 | | 1 200 | 627 | | 0.035 8 | 1.2 | 17.7 | 87.5 | | |
| | 250 | | 400 | | | | | | | 88.8 | | |

表 4－11　Z4 系列直流电动机安装和外形尺寸　（mm）

| 型　号 | A | B | C | D | E | F | H | K | AC | AD | HD | L | 备　注 |
|---|---|---|---|---|---|---|---|---|---|---|---|---|---|
| Z4－100－1 | 160 | 318 | 63 | 24 | 50 | 8 | 100 | 12 | 234 | 179 | 398 | 500 | |
| Z4－112/2－1 | 190 | 337 | 70 | 28 | 60 | 8 | 112 | 12 | 255 | 202 | 452 | 544 | |
| Z4－112/2－2 | | 367 | | | | | | | | | | 574 | |
| Z4－112/4－1 | 190 | 347 | 70 | 32 | 80 | 10 | 112 | 12 | 255 | 202 | 452 | 573 | |
| Z4－112/4－2 | | 387 | | | | | | | | | | 613 | |
| Z4－132－1 | 216 | 355 | 89 | 38 | 80 | 10 | 132 | 12 | 295 | 240 | 527 | 619 | |
| Z4－132－2 | | 405 | | | | | | | | | | 669 | |
| Z4－132－3 | | 465 | | | | | | | | | | 729 | |
| Z4－160－11 | 254 | 411 | 108 | 48 | 110 | 14 | 160 | 15 | 346 | 283 | 625 | 744 | |
| Z4－160－12 | | 476 | | | | | | | | | | 809 | |
| Z4－160－21 | | 451 | | | | | | | | | | 784 | |
| Z4－160－22 | | 516 | | | | | | | | | | 849 | |
| Z4－160－31 | | 501 | | | | | | | | | | 834 | |
| Z4－160－32 | | 566 | | | | | | | | | | 899 | |
| Z4－180－11 | 279 | 436 | 121 | 55 | 110 | 16 | 180 | 15 | 390 | 305 | 731 | 794 | |
| Z4－180－12 | | 501 | | | | | | | | | | 859 | |

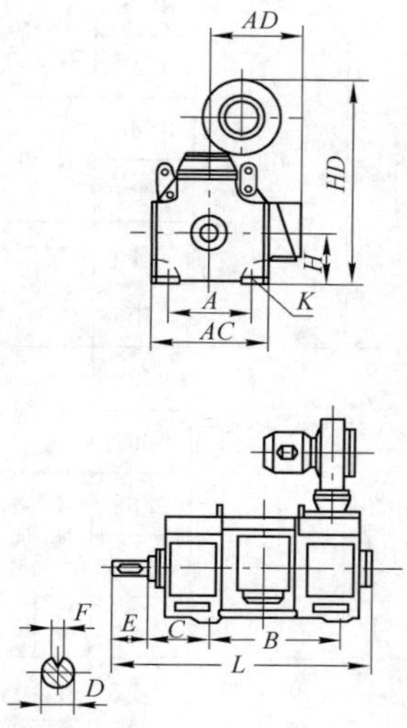

Z4-100～Z4-160

（续表）

| 型　号 | A | B | C | D | E | F | H | K | AC | AD | HD | L | 备　注 |
|---|---|---|---|---|---|---|---|---|---|---|---|---|---|
| Z4－180－21 | 279 | 476 | 121 | 55 | 110 | 16 | 180 | 15 | 390 | 305 | 731 | 834 | Z4－180～Z4－355 |
| Z4－180－22 | | 541 | | | | | | | | | | 899 | |
| Z4－180－31 | | 526 | | | | | | | | | | 884 | |
| Z4－180－32 | | 591 | | | | | | | | | | 949 | |
| Z4－180－41 | | 586 | | | | | | | | | | 944 | |
| Z4－180－42 | | 651 | | | | | | | | | | 1 009 | |
| Z4－200－11 | 318 | 566 | 133 | 65 | 140 | 18 | 200 | 19 | 430 | 355 | 779 | 977 | |
| Z4－200－12 | | 614 | | | | | | | | | | 1 025 | |
| Z4－200－21 | | 606 | | | | | | | | | | 1 017 | |
| Z4－200－22 | | 654 | | | | | | | | | | 1 065 | |
| Z4－200－31 | | 686 | | | | | | | | | | 1 097 | |
| Z4－200－32 | | 734 | | | | | | | | | | 1 145 | |
| Z4－225－11 | 356 | 701 | 149 | 75 | 140 | 20 | 225 | 19 | 474 | 398 | 981 | 1 140 | |
| Z4－225－12 | | 761 | | | | | | | | | | 1 200 | |
| Z4－225－21 | | 751 | | | | | | | | | | 1 190 | |
| Z4－225－22 | | 811 | | | | | | | | | | 1 250 | |

（续表）

| 型　号 | $A$ | $B$ | $C$ | $D$ | $E$ | $F$ | $H$ | $K$ | $AC$ | $AD$ | $HD$ | $L$ | 备　注 |
|---|---|---|---|---|---|---|---|---|---|---|---|---|---|
| Z4－225－31 | 356 | 811 | 149 | 75 | 140 | 20 | 225 | 19 | 474 | 398 | 981 | 1 250 | |
| Z4－225－32 | | 871 | | | | | | | | | | 1 310 | |
| Z4－250－11 | 406 | 715 | 168 | 85 | 170 | 22 | 250 | 24 | 524 | 432 | 1 031 | 1 225 | |
| Z4－250－12 | | 775 | | | | | | | | | | 1 285 | |
| Z4－250－21 | | 765 | | | | | | | | | | 1 275 | |
| Z4－250－22 | | 825 | | | | | | | | | | 1 335 | |
| Z4－250－31 | | 825 | | | | | | | | | | 1 335 | |
| Z4－250－32 | | 885 | | | | | | | | | | 1 395 | |
| Z4－250－41 | | 895 | | | | | | | | | | 1 405 | |
| Z4－250－42 | | 955 | | | | | | | | | | 1 465 | |
| Z4－280－11 | 457 | 762 | 190 | 95 | 170 | 25 | 280 | 24 | 584 | 462 | 1 130 | 1 315 | |
| Z4－280－12 | | 852 | | | | | | | | | | 1 405 | |
| Z4－280－21 | | 822 | | | | | | | | | | 1 375 | |
| Z4－280－22 | | 912 | | | | | | | | | | 1 465 | |
| Z4－280－31 | | 892 | | | | | | | | | | 1 455 | |
| Z4－280－32 | | 982 | | | | | | | | | | 1 535 | |
| Z4－280－41 | | 972 | | | | | | | | | | 1 525 | |

（续表）

| 型　号 | A | B | C | D | E | F | H | K | AC | AD | HD | L | 备　注 |
|---|---|---|---|---|---|---|---|---|---|---|---|---|---|
| Z4－280－42 | 457 | 1 062 | 190 | 95 | 170 | 25 | 280 | 24 | 584 | 462 | 1 130 | 1 615 | |
| Z4－315－11 | 508 | 887 | 216 | 100 | 210 | 28 | 315 | 28 | 654 | 497 | 1 221 | 1 532 | |
| Z4－315－12 | | 977 | | | | | | | | | | 1 622 | |
| Z4－315－21 | | 967 | | | | | | | | | | 1 612 | |
| Z4－315－22 | | 1 057 | | | | | | | | | | 1 702 | |
| Z4－315－31 | | 1 057 | | | | | | | | | | 1 702 | |
| Z4－315－32 | | 1 147 | | | | | | | | | | 1 972 | |
| Z4－315－41 | | 1 157 | | | | | | | | | | 1 802 | |
| Z4－315－42 | | 1 247 | | | | | | | | | | 1 892 | |
| Z4－355－11 | 610 | 968 | 254 | 110 | 210 | 28 | 355 | 28 | 734 | 701 | 1 301 | 1 689 | |
| Z4－355－12 | | 1 058 | | | | | | | | | | 1 779 | |
| Z4－355－21 | | 1 058 | | | | | | | | | | 1 779 | |
| Z4－355－22 | | 1 148 | | | | | | | | | | 1 869 | |
| Z4－355－31 | | 1 158 | | | | | | | | | | 1 879 | |
| Z4－355－32 | | 1 248 | | | | | | | | | | 1 969 | |
| Z4－355－41 | | 1 268 | | | | | | | | | | 1 989 | |
| Z4－355－42 | | 1 358 | | | | | | | | | | 2 079 | |

# 第5章 微特电机

微特电机是在通用动力电机基础上发展出来的具有特殊功能的小功率电机，广泛应用在工业自动化和自动控制系统中，按其用途可分成驱动用的小功率电动机和控制用的微电机两大类。

第一类为驱动用小功率电动机。它与一般旋转电动机没有根本不同，主要用作驱动负载的元件，只是其功率和外形尺寸较小(通常将折算到1 500 r/min 时连续额定功率不超过1.1 kW，而轴的中心高不大于 90 mm 的电动机归入其内)。

第二类为控制用微电机，是指在自动控制和计算装置中用作信号的检测、放大、执行和解算的元件。

## 5-1 驱动用小功率电动机

驱动用小功率电动机品种繁多，按基本系列和派生系列两类产品进行分类，见表 5-1 和表 5-2。

表 5-1 驱动用小功率电动机基本系列产品的种类及代号

| 种 类 | 产 品 名 称 | 系列代号 |
|---|---|---|
| 小功率异步电动机 | 小功率三相异步电动机 | A |
| | 小功率单相电阻起动异步电动机 | B |
| | 小功率单相电容起动异步电动机 | C |
| | 小功率单相电容运转异步电动机 | D |
| | 小功率单相电容起动与运转异步电动机 | E |
| | 小功率单相罩极电动机 | F |
| 小功率同步电动机 | 小功率磁阻式同步电动机 | □ |
| | 小功率三相磁滞式同步电动机 | R |
| | 小功率单相磁滞式同步电动机 | S |
| | 小功率永磁式同步电动机 | Y |

（续表）

| 种 类 | 产 品 名 称 | 系列代号 |
|---|---|---|
| 小功率直流电动机 | 电磁式直流电动机｛并励 | K |
| | 电磁式直流电动机｛复励 | L |
| | 永磁式直流电动机 | M |
| | 盘式永磁直流电动机 | |
| | 无刷直流电动机 | |
| | 印制绕组直流电动机 | |
| 小功率交流换向器电动机 | 小功率单相串励电动机 | G |
| | 小功率交直流两用电动机 | H |

表 5-2 驱动用小功率电动机派生系列产品

| 产 品 名 称 | 采用汉字 | 系列代号 |
|---|---|---|
| 多速小功率电动机 | 多 | □D |
| 高起动转矩小功率电动机 | 起 | □Q |
| 高滑率小功率异步电动机 | 滑 | □H |
| 断续定额小功率电动机 | 续 | □X |
| 短时定额小功率电动机 | 时 | □S |
| 结构派生反应式同步电动机 | 同 | □T |
| 齿轮减速小功率电动机 | 齿 | □C |
| 机床冷却用电泵 | 泵 | □B |
| 缝纫机用小功率电动机 | 缝 | □F |
| 锥形转子小功率电动机 | 锥 | □Z |
| 装入式小功率电动机 | 入 | □R |
| 小功率三相力矩电动机 | 矩 | □J |
| 稳速小功率电动机 | 稳 | □W |
| 宽调速小功率电动机 | 宽 | □K |
| 精密级小功率电动机 | 密 | □M |

驱动用小功率电动机的型号命名方法：

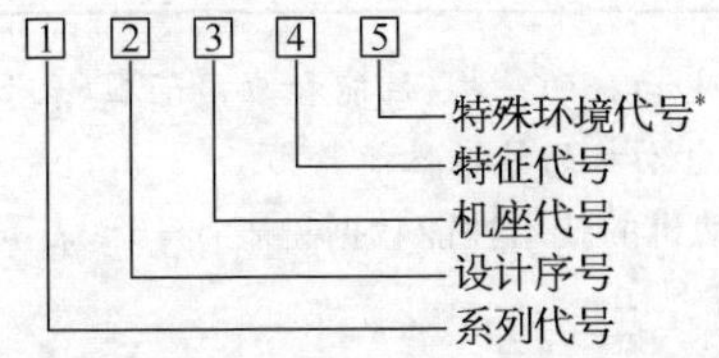

示例：AO2 7124TH。

其中：AO2——系列代号，表示封闭式小功率三相异步电动机系列、第二次新系列设计；

71——机座代号，表示电机轴中心高 71 mm；

24——特征代号，表示 2 号铁心长、四级；

TH——特殊环境代号，表示该产品适用于湿热带地区。

注：* 特殊环境代号，名称和符号如下：

| 名　称 | 符　号 | 名　称 | 符　号 |
|---|---|---|---|
| “高”原用 | G | “热”带用 | T |
| “船”(海)用 | H | “湿热”带用 | TH |
| “户外”用 | W | “干热”带用 | TA |
| 化工防“腐”用 | F | | |

## 一、小功率异步电动机

小功率异步电动机主要作驱动用，按电源类别分为三相和单相两种。常用小功率异步电动机的基本系列及产品规格见表 5-3 和表 5-4。

表 5-3　常用小功率异步电动机基本系列及代号

| 类　别 | 推广使用的系列代号 | 被取代的系列产品代号 | Y 系列新型号 |
|---|---|---|---|
| 三相异步电动机 | AO2 | AO,JW,JLO | YS(异、三) |
| 单相电阻起动异步电动机 | BO2 | BO,JZ,JLOE | YU(异、阻) |
| 单相电容起动异步电动机 | CO2 | CO,JY,JLOR,JDX | YC(异、容) |
| 单相电容运转异步电动机 | DO2 | DO,JX,JLOY | YY(异、运) |
| 单相双值电容异步电动机 | YL | — | YL |
| 单相罩极异步电动机 | FO | — | — |

1. 小功率异步电动机的结构、性能和应用范围(表 5-5)

2. 小功率异步电动机的技术性能数据

小功率异步电动机的技术性能数据见表 5-6～表 5-9，电动机的外形及安装的尺寸见表 5-10。

表 5-4 小功率异步电动机基本系列产品的规格

| 新系列① | | | 三相异步电动机 | | 单相电阻起动异步电动机 | | 单相电容起动异步电动机 | | 单相电容运转异步电动机 | | 单相双值电容异步电动机 | | 老系列① | | |
|---|---|---|---|---|---|---|---|---|---|---|---|---|---|---|---|
| 机座号 | 冲片外径(mm) | 铁心号 | 同步转速(r/min) | | | | | | | | | | 铁心号 | 冲片外径(mm) | 机座号 |
| | | | 3 000 | 1 500 | 3 000 | 1 500 | 3 000 | 1 500 | 3 000 | 1 500 | 3 000 | 1 500 | | | |
| | | | 电动机额定功率(W) | | | | | | | | | | | | |
| 45 | $\phi$71 | 1<br>2 | 16<br>25 | 10<br>16/15② | | | | | 10<br>16/15 | 6<br>10/8 | | | 1<br>2 | $\phi$71 | 45 |
| 50 | $\phi$80 | 1<br>2 | 40<br>60 | 25<br>40 | | | | | 25<br>40 | 16/15<br>25 | | | 1<br>2 | $\phi$80 | 50 |
| 56 | $\phi$90 | 1<br>2 | 90<br>120 | 60<br>90 | | | | | 60<br>90 | 40<br>60 | | | 1<br>2 | $\phi$90 | 56 |
| 63 | $\phi$96 | 1<br>2 | 180<br>250 | 120<br>180 | 90<br>120 | 60<br>90 | | | 120<br>180 | 90<br>120 | | | | | |
| 71 | $\phi$110 | 1<br>2 | 370<br>550 | 250<br>370 | 180<br>250 | 120<br>180 | 180<br>250 | 120<br>180 | 250 | 180<br>250 | 370<br>550 | 250<br>370 | 1<br>2<br>3 | $\phi$102 | 63 |
| 80 | $\phi$128 | 1<br>2 | 750 | 550<br>750 | 370 | 250<br>370 | 370<br>550 | 250<br>370 | | | 750<br>1 100 | 550<br>750 | 1<br>2 | $\phi$120 | 71 |
| 90 S/L | $\phi$145 | | | | | | 750<br>1 100 | 550<br>750 | | | 1 500<br>2 200 | 1 100<br>1 500 | 2<br>1 | $\phi$138 | 80 |
| 100L 1/2 | $\phi$155 | | | | | | 1 500<br>2 200 | 1 100<br>1 500 | | | 3 000 | 2 200<br>3 000 | | | |

① 新系列指相应的 AO2、BO2、CO2、DO2 及 YL 系列；老系列指 AO、BO、CO、DO 系列，无双值电容系列。
② 斜线之前指新系列电机功率，之后指老系列电机功率。

表5-5　小功率异步电动机的

| 电动机类型 | 小功率三相异步电动机 | 小功率单相 | |
|---|---|---|---|
| | | 电阻起动 | 电容起动 |
| 基本系列代号 | JW、AO、AO2、YS | JZ、BO、BO2、YU | JY、CO、CO2、YC |
| 接线原理图 | 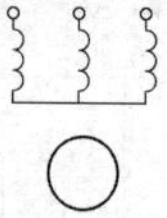 | 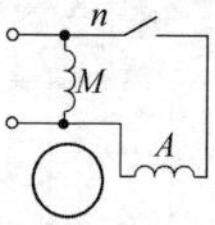 n M A | 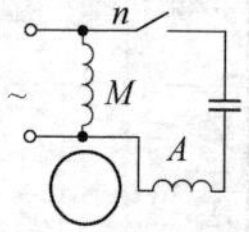 ~ n M A |
| 机械特性曲线 $\frac{T}{T_N}=f(n)$<br>$\frac{T}{T_N}$——输出转矩倍数<br>$T_N$——额定输出转矩<br>$n$——转速 | 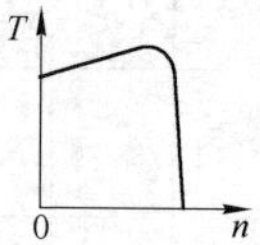 T 0 n | 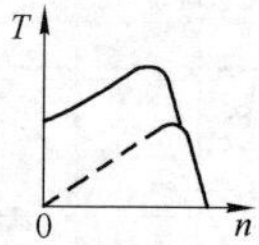 T 0 n | 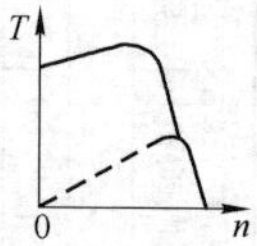 T 0 n |
| 最大转矩倍数 $T_{max}$ | ＞2.4 | ＞1.8 | ＞1.8 |
| 最初起动转矩倍数 $T_{sto}$ | ＞2.2 | 1.1～1.6 | 2.5～2.8 |
| 最初起动电流倍数 $T_{sto}$ | ＜6.0 | 6～9 | 4.5～6.5 |
| 功率范围(W) | 15～750 | 40～370 | 120～750 |
| 额定电压(V) | 380 | 220 | 220 |
| 同步转速(r/min) | 1 500；3 000 | 1 500；3 000 | 1 500；3 000 |
| 结构特点 | 结构与小型封闭式三相异步电动机相似 | 定子有两个空间位置互差90°电角的绕组：工作(主)绕组和起动(副)绕组。电阻值较大的起动绕组经起动开关与工作绕组并接于电源上。转子为笼型。当转速达额定值80%左右时，离心开关使起动绕组与电源切断 | 副绕组与1个容量较大的电容器串接后经离心开关与主绕组并接于电源。副绕组中电流移相较大，当起动达到一定转速后，离心开关使副绕组与电源切断；正常运转时只有主绕组工作。改变副绕组与主绕组并接的两端，可使转向改变 |
| 性能特点和应用范围 | 需用三相电源，比单相异步电动机有较高的力能指标，相同体积时有较大的出力。适用于小型机床、泵、电钻、风机等一般的机械 | 具有中等起动转矩和过载能力。适用于小型车床、鼓风机、医疗机械等 | 起动转矩较高。适用于小型空气压缩机、电冰箱、医疗机械、杠机械及满载起动的机械 |

结构性能与应用范围

| 异　步　电　动　机 | | |
|---|---|---|
| 电容运转 | 电容起动和运转 | 罩极式 |
| JX、DO、DO2、YY | E、YL | F |
| 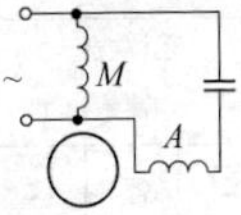 | 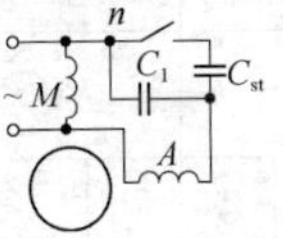 | 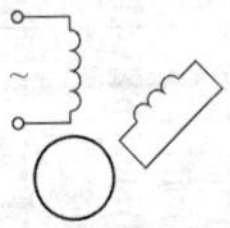 |
| 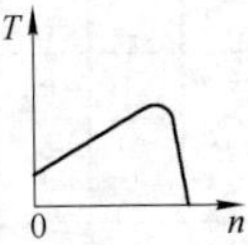 | 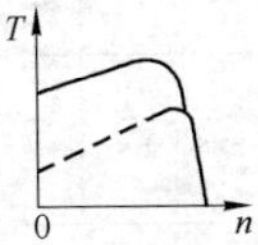 | 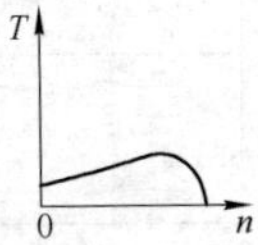 |
| ＞1.6 | ＞2 | |
| 0.35～0.6 | ＞1.8 | ＜0.5 |
| 5～7 | 8～750 | 15～90 |
| 8～180 | | |
| 220 | 220 | 220 |
| 1 500；3 000 | 1 500；3 000 | 1 500；3 000 |
| 定子有 2 个绕组（主绕组和副绕组），它们空间位置互差 90°电角。副绕组串接 1 个电容器后与主绕组并接于电源。电容器将副绕组电流移相，使电动机近似为两相电动机状态工作。换接任一相绕组在电源上的接线，可使转向改变 | 定子绕组与电容运转电动机相同，但副绕组与两个并联的电容器串联。当电动机转速达到 75%～80% 同步转速时，通过起动开关将起动电容 $C_{st}$ 电源切断，而副绕组和工作电容 $C_1$ 继续参与运行 | 一般采用凸极定子，主绕组是集中绕组，并在极靴的一小部分上套有电阻很小的短路环（又称罩极绕组）。另一种是隐极定子，其冲片形状和一般异步电动机相同，主绕组和副绕组均为分布绕组 |
| 起动转矩较低，但功率因数较高；电机效率高、体积小、重量轻。适用于电风扇、通风机、电子仪表、仪器、医疗器械及各种空载或轻载起动的机械 | 具有较高起动性能、过载能力、功率因数和效率，适用于家用电器、泵、小型机床等 | 起动转矩、功率因数和效率均较低，但结构简单，成本低，适用于小型风扇、电动模型及各种轻载起动的小功率电动设备 |

表5-6 AO2系列三相异步电动机技术性能数据

| 型号 | 额定功率(W) | 额定电压(V) | 满载时 电流(A) | 满载时 转速(r/min) | 满载时 效率(%) | 满载时 功率因数 | 定子铁心 外径(mm) | 定子铁心 内径(mm) | 定子铁心 长度(mm) | 气隙长度(mm) | 槽数 定子 | 槽数 转子 | 定子绕组 线规(根-mm) | 定子绕组 每槽线数 | 定子绕组 每相串联匝数 | 定子绕组 节距 | 堵转电流/额定电流 | 堵转转矩/额定转矩 | 最大转矩/额定转矩 |
|---|---|---|---|---|---|---|---|---|---|---|---|---|---|---|---|---|---|---|---|
| AO2-4512 | 16 | 380 | 0.092 | 2 800 | 46 | 0.57 | 71 | 38 | 45 | 0.2 | 12 | 18 | 1-φ0.15 | 710 | 2 840 | 1—6 | 6.0 | 2.2 | 2.4 |
| AO2-4522 | 25 | | 0.12 | | 52 | 0.60 | | | | | | | 1-φ0.17 | 615 | 2 460 | | | | |
| AO2-5012 | 40 | | 0.17 | | 55 | 0.65 | 80 | 44 | 45 | | | | 1-φ0.21 | 480 | 1 920 | | | | |
| AO2-5022 | 60 | | 0.23 | | 60 | 0.66 | | | | | | | 1-φ0.23 | 435 | 1 740 | | | | |
| AO2-5612 | 90 | 380 | 0.323 | 2 800 | 62 | 0.68 | 90 | 48 | 50 | 0.2 | 24 | 18 | 1-φ0.28 | 185 | 1 480 | 1—12<br>2—11 | 6.0 | 2.2 | 2.4 |
| AO2-5622 | 120 | | 0.382 | | 67 | 0.71 | | | | | | | 1-φ0.31 | 180 | 1 440 | | | | |
| AO2-6312 | 180 | | 0.53 | | 69 | 0.75 | 96 | 50 | 45 | | | | 1-φ0.35 | 165 | 1 320 | | | | |
| AO2-6322 | 250 | | 0.67 | | 72 | 0.78 | | | | | | | 1-φ0.38 | 140 | 1 120 | | | | |
| AO2-7112 | 370 | 380 | 0.95 | 2 800 | 73.5 | 0.80 | 110 | 58 | 50 | 0.25 | 24 | 18 | 1-φ0.45 | 116 | 928 | 1—12<br>2—11 | 6.0 | 2.2 | 2.4 |
| AO2-7122 | 550 | | 1.35 | | 75.5 | 0.82 | | | 62 | | | | 1-φ0.50 | 93 | 744 | | | | |
| AO2-8012 | 750 | | 1.75 | | 76.5 | 0.85 | 128 | 67 | 58 | | | | 1-φ0.6 | 84 | 672 | | | | |
| AO2-4514 | 10 | 380 | 0.12 | 1 400 | 28 | 0.45 | 71 | 38 | 45 | 0.2 | 12 | 18 | 1-φ0.14 | 1 100 | 4 400 | 1—4 | 6.0 | 2.2 | 2.4 |

（续表）

| 型 号 | 额定功率（W） | 额定电压（V） | 满载时 | | | | 定子铁心 | | | 气隙长度 | 槽数 | | 定子绕组 | | | | 堵转电流/额定电流 | 堵转转矩/额定转矩 | 最大转矩/额定转矩 |
|---|---|---|---|---|---|---|---|---|---|---|---|---|---|---|---|---|---|---|---|
| | | | 电流（A） | 转速（r/min） | 效率（%） | 功率因数 | 外径 | 内径 | 长度 | | 定子 | 转子 | 线规（根-mm） | 每槽线数 | 每相串联匝数 | 节距 | | | |
| | | | | | | | (mm) | | | | | | | | | | | | |
| AO2-4524 | 16 | | 0.155 | | 32 | 0.49 | 71 | 38 | | | | 18 | 1-$\phi$0.16 | 950 | 3 800 | | | | |
| AO2-5014 | 25 | 380 | 0.17 | 1 400 | 42 | 0.53 | 80 | 44 | 45 | 0.2 | 12 | 18 | 1-$\phi$0.18 | 800 | 3 200 | 1—4 | 6.0 | 2.2 | 2.4 |
| AO2-5024 | 40 | | 0.224 | | 50 | 0.54 | | | | | | | 1-$\phi$0.21 | 670 | 2 680 | | | | |
| AO2-5614 | 60 | | 0.28 | | 56 | 0.58 | 90 | 54 | 40 | 0.25 | 24 | 18 | 1-$\phi$0.25 | 310 | 2 480 | 1—8<br>2—7 | | | |
| AO2-5624 | 90 | 830 | 0.385 | 1 400 | 58 | 0.61 | | | | | | | 1-$\phi$0.28 | 275 | 2 200 | | 6.0 | 2.2 | 2.4 |
| AO2-6314 | 120 | | 0.48 | | 60 | 0.63 | 96 | 58 | 45 | | | 30 | 1-$\phi$0.31 | 270 | 2 160 | | | | |
| AO2-6324 | 180 | | 0.65 | | 64 | 0.66 | | | 54 | 0.25 | 24 | | 1-$\phi$0.35 | 220 | 1 760 | 1—8<br>2—7 | | | |
| AO2-7114 | 250 | | 0.83 | | 67 | 0.68 | 110 | 67 | 50 | | | 30 | 1-$\phi$0.4 | 188 | 1 504 | | | | |
| AO2-7124 | 370 | 380 | 1.12 | 1 400 | 69.5 | 0.72 | | | 62 | | | | 1-$\phi$0.45 | 150 | 1 200 | | 6.0 | 2.2 | 2.4 |
| AO2-8014 | 550 | | 1.55 | | 73.5 | 0.73 | 128 | 77 | 58 | 0.25 | 24 | 30 | 1-$\phi$0.56 | 134 | 1 072 | 1—8<br>2—7 | | | |
| AO2-8024 | 750 | | 2.01 | | 75.5 | 0.75 | | | 75 | | | | 1-$\phi$0.63 | 105 | 840 | | | | |

注：63 及以上机座亦可制成 220/380 V。

表 5-7　BO2 系列单相电阻

| 型　号 | 额定功率 (W) | 额定电压 (V) | 满载时 | | | | 定子铁心 | | | 气隙长度 |
|---|---|---|---|---|---|---|---|---|---|---|
| | | | 电流 (A) | 转速 (r/min) | 效率 (%) | 功率因数 | 外径 (mm) | 内径 (mm) | 长度 (mm) | (mm) |
| BO2-6312 | 90 | 220 | 1.09 | 2 800 | 56 | 0.67 | 96 | 50 | 45 | 0.25 |
| BO2-6322 | 120 | | 1.36 | | 58 | 0.69 | | | 54 | |
| BO2-7112 | 180 | | 1.89 | | 60 | 0.72 | 110 | 58 | 50 | |
| BO2-7122 | 250 | | 2.40 | | 64 | 0.74 | | | 62 | |
| BO2-8012 | 370 | | 3.36 | | 65 | 0.77 | 128 | 67 | 58 | |
| BO2-6314 | 60 | | 1.23 | 1 400 | 39 | 0.57 | 96 | 58 | 45 | |
| BO2-6324 | 90 | | 1.64 | | 43 | 0.58 | | | 54 | |
| BO2-7114 | 120 | | 1.88 | | 50 | 0.58 | 110 | 67 | 50 | |
| BO2-7124 | 180 | | 2.49 | | 53 | 0.62 | | | 62 | |
| BO2-8014 | 250 | | 3.11 | | 58 | 0.63 | 128 | 77 | 58 | |
| BO2-8024 | 370 | | 4.24 | | 62 | 0.64 | | | 75 | |

表 5-8　CO2 系列单相电容起动

| 型　号 | 额定功率 (W) | 额定电压 (V) | 满载时 | | | | 定子铁心 | | | 气隙长度 |
|---|---|---|---|---|---|---|---|---|---|---|
| | | | 电流 (A) | 转速 (r/min) | 效率 (%) | 功率因数 | 外径 (mm) | 内径 (mm) | 长度 (mm) | (mm) |
| CO2-7112 | 180 | 220 | 1.89 | 2 800 | 60 | 0.72 | 110 | 58 | 50 | 0.25 |
| CO2-7122 | 250 | | 2.40 | | 64 | 0.74 | | | 62 | |
| CO2-8012 | 370 | | 3.36 | | 65 | 0.77 | 128 | 67 | 58 | |
| CO2-8022 | 550 | | 4.65 | | 68 | 0.79 | | | 75 | |
| CO2-90S2 | 750 | | 5.94 | | 70 | 0.82 | 145 | 77 | 70 | 0.30 |
| CO2-7114 | 120 | | 1.88 | 1 400 | 50 | 0.58 | 110 | 67 | 50 | 0.25 |
| CO2-7124 | 180 | | 2.49 | | 53 | 0.62 | | | 62 | |
| CO2-8014 | 250 | | 3.11 | | 58 | 0.63 | 128 | 77 | 58 | |
| CO2-8024 | 370 | | 4.24 | | 62 | 0.64 | | | 75 | |
| CO2-90S4 | 550 | | 5.57 | | 65 | 0.69 | 145 | 87 | 70 | |
| CO2-90L4 | 750 | | 6.77 | | 69 | 0.73 | | | 90 | |

注：电容器为 CDJ 型电解电容，工作电压 220 V。

起动异步电动机技术性能数据

<table>
<tr><th colspan="2">槽 数</th><th colspan="3">主 绕 组</th><th colspan="3">副 绕 组</th><th rowspan="2">堵转电流(A)</th><th rowspan="2">堵转转矩/额定转矩</th><th rowspan="2">最大转矩/额定转矩</th></tr>
<tr><th>定子</th><th>转子</th><th>线 规(根-mm)</th><th>每极匝数</th><th>平均半匝长(mm)</th><th>线规(根-mm)</th><th>每极匝数</th><th>平均半匝长(mm)</th></tr>
<tr><td rowspan="11">24</td><td rowspan="5">18</td><td>1-ϕ0.45</td><td>436</td><td>132</td><td>1-ϕ0.33</td><td>192</td><td>132</td><td>12</td><td>1.5</td><td rowspan="11">1.8</td></tr>
<tr><td>1-ϕ0.50</td><td>357</td><td>141</td><td>1-ϕ0.35</td><td>182</td><td>140</td><td>14</td><td>1.4</td></tr>
<tr><td>1-ϕ0.56</td><td>297</td><td>148.2</td><td>1-ϕ0.38</td><td>167</td><td>148.5</td><td>17</td><td>1.3</td></tr>
<tr><td>1-ϕ0.63</td><td>235</td><td>160.2</td><td>1-ϕ0.40</td><td>156</td><td>160.6</td><td>22</td><td rowspan="2">1.1</td></tr>
<tr><td>1-ϕ0.71</td><td>206</td><td>170.4</td><td>1-ϕ0.45</td><td>136</td><td>171.3</td><td>30</td></tr>
<tr><td rowspan="6">30</td><td>1-ϕ0.42</td><td>315</td><td>97.3</td><td>1-ϕ0.31</td><td>127</td><td>93.5</td><td>9</td><td>1.7</td></tr>
<tr><td>1-ϕ0.45</td><td>270</td><td>166.3</td><td>1-ϕ0.35</td><td>117</td><td>103</td><td>12</td><td rowspan="2">1.5</td></tr>
<tr><td>1-ϕ0.53</td><td>224</td><td>109.4</td><td>1-ϕ0.33</td><td>124</td><td>109.4</td><td>14</td></tr>
<tr><td>1-ϕ0.60</td><td>183</td><td>121.4</td><td>1-ϕ0.35</td><td>102</td><td>121.4</td><td>17</td><td>1.4</td></tr>
<tr><td>1-ϕ0.71</td><td>158</td><td>126.4</td><td>1-ϕ0.40</td><td>104</td><td>126.4</td><td>22</td><td rowspan="2">1.2</td></tr>
<tr><td>1-ϕ0.85</td><td>124</td><td>143.9</td><td>1-ϕ0.47</td><td>89</td><td>143.4</td><td>30</td></tr>
</table>

异步电动机技术性能数据

<table>
<tr><th colspan="2">槽 数</th><th colspan="3">主 绕 组</th><th colspan="3">副 绕 组</th><th rowspan="2">堵转电流(A)</th><th rowspan="2">堵转转矩/额定转矩</th><th rowspan="2">最大转矩/额定转矩</th><th rowspan="2">电容器容量(μF)</th></tr>
<tr><th>定子</th><th>转子</th><th>线规(根-mm)</th><th>每极匝数</th><th>平均半匝长(mm)</th><th>线规(根-mm)</th><th>每极匝数</th><th>平均半匝长(mm)</th></tr>
<tr><td rowspan="2">24</td><td rowspan="5">18</td><td>1-ϕ0.56</td><td>297</td><td>148.2</td><td>1-ϕ0.38</td><td>247</td><td>158.3</td><td>12</td><td rowspan="2">3.0</td><td rowspan="4">1.8</td><td rowspan="2">75</td></tr>
<tr><td>1-ϕ0.63</td><td>235</td><td>160.2</td><td>1-ϕ0.47</td><td>204</td><td>170.3</td><td>15</td></tr>
<tr><td rowspan="5">24</td><td>1-ϕ0.71</td><td>206</td><td>170.4</td><td>1-ϕ0.53</td><td>206</td><td>182</td><td>21</td><td rowspan="2">2.8</td><td>100</td></tr>
<tr><td>1-ϕ0.85</td><td>159</td><td>187.6</td><td>1-ϕ0.56</td><td>154</td><td>192</td><td>29</td><td>150</td></tr>
<tr><td>1-ϕ1.0</td><td>147</td><td>198.2</td><td>1-ϕ0.63</td><td>133</td><td>211.2</td><td>37</td><td>2.5</td><td rowspan="3">1.8</td><td>200</td></tr>
<tr><td rowspan="4">30</td><td>1-ϕ0.53</td><td>224</td><td>109.4</td><td>1-ϕ0.35</td><td>145</td><td>120.2</td><td>9</td><td rowspan="2">3.0</td><td rowspan="2">75</td></tr>
<tr><td>1-ϕ0.60</td><td>183</td><td>121.4</td><td>1-ϕ0.38</td><td>124</td><td>132.2</td><td>12</td></tr>
<tr><td rowspan="2">24</td><td>1-ϕ0.71</td><td>158</td><td>126.4</td><td>1-ϕ0.47</td><td>133</td><td>139</td><td>15</td><td>2.8</td><td rowspan="4">1.8</td><td rowspan="2">100</td></tr>
<tr><td>1-ϕ0.85</td><td>124</td><td>143.4</td><td>1-ϕ0.50</td><td>134</td><td>155.8</td><td>21</td><td rowspan="3">2.5</td></tr>
<tr><td rowspan="2">36</td><td rowspan="2">42</td><td>1-ϕ0.95</td><td>127</td><td>144.6</td><td>1-ϕ0.60</td><td>108</td><td>157.2</td><td>29</td><td rowspan="2">150</td></tr>
<tr><td>1-ϕ1.06</td><td>96</td><td>165</td><td>1-ϕ0.63</td><td>120</td><td>177</td><td>37</td></tr>
</table>

表 5-9 DO2 系列单相电容运转

| 型号 | 额定功率(W) | 额定电压(V) | 满载时 电流(A) | 满载时 转速(r/min) | 满载时 效率(%) | 满载时 功率因数 | 定子铁心 外径(mm) | 定子铁心 内径(mm) | 定子铁心 长度(mm) | 气隙长度(mm) | 槽数 定子 | 槽数 转子 |
|---|---|---|---|---|---|---|---|---|---|---|---|---|
| DO2-4512 | 10 | 220 | 0.20 | 2 800 | 28 | 0.80 | 71 | 38 | 45 | 0.2 | 12 | 18 |
| DO2-4022 | 16 | | 0.26 | | 35 | | | | | | | |
| DO2-5012 | 25 | 220 | 0.33 | 2 800 | 40 | 0.85 | 80 | 44 | | | | |
| DO2-5022 | 40 | | 0.42 | | 42 | 0.90 | | | | | | |
| DO2-5612 | 60 | | 0.57 | | 53 | | 90 | 48 | 50 | 0.25 | 24 | 18 |
| DO2-5622 | 90 | | 0.81 | | 56 | | | | | | | |
| DO2-6312 | 120 | 220 | 0.91 | 2 800 | 63 | 0.95 | 96 | 50 | 45 | | | |
| DO2-6322 | 180 | | 1.29 | | 67 | | | | 54 | | | |
| DO2-7112 | 250 | | 1.73 | | 69 | | 110 | 58 | 50 | | | 18 |
| DO2-4514 | 6 | 220 | 0.20 | 1 400 | 17 | 0.80 | 71 | 38 | 45 | 0.2 | 12 | |
| DO2-4524 | 10 | | 0.26 | | 24 | | | | | | | |
| DO2-5014 | 16 | | 0.28 | | 33 | | 80 | 44 | | | | |
| DO2-5024 | 25 | 220 | 0.36 | 1 400 | 38 | 0.82 | 80 | 44 | 45 | 0.2 | 12 | 18 |
| DO2-5614 | 40 | | 0.49 | | 45 | | 90 | 54 | 50 | 0.25 | 24 | |
| DO2-5624 | 60 | | 0.64 | | 50 | 0.85 | | | | | | |
| DO2-6314 | 90 | 220 | 0.94 | 1 400 | 51 | | 96 | 58 | 45 | 0.25 | 24 | |
| DO2-6324 | 120 | | 1.17 | | 55 | | | | 54 | | | 30 |
| DO2-7114 | 180 | | 1.58 | 1 400 | 59 | 0.88 | 110 | 67 | 50 | 0.25 | 24 | |
| DO2-7124 | 250 | | 2.04 | | 62 | 0.90 | | | 62 | | | |

异步电动机技术性能数据

| 主绕组 | | | 副绕组 | | | 堵转电流(A) | 堵转转矩/额定转矩 | 最大转矩/额定转矩 | 电容器 | |
|---|---|---|---|---|---|---|---|---|---|---|
| 线规(根-mm) | 每极匝数 | 平均半匝长(mm) | 线规(根-mm) | 每极匝数 | 平均半匝长(mm) | | | | 容量(μF) | 工作电压(V) |
| 1-ϕ0.18 | 868 | 106 | 1-ϕ0.16 | 971 | 106 | 0.8 | | | 1 | 630 |
| 1-ϕ0.20 | 750 | | 1-ϕ0.19 | 796 | | 1.0 | 0.60 | 1.8 | | |
| 1-ϕ0.25 | 519 | 125.7 | 1-ϕ0.23 | 819 | 125.7 | 1.5 | | | 2 | |
| | 489 | | 1-ϕ0.25 | 698 | | 2.0 | 0.50 | | | 630 |
| 1-ϕ0.28 | 454 | 131.6 | | 527 | 131.6 | 2.5 | | | | |
| 1-ϕ0.33 | 363 | | 1-ϕ0.31 | 467 | | 3.2 | | 1.8 | 4 | |
| 1-ϕ0.40 | 415 | 132 | | 593 | 132 | 5.0 | 0.35 | | | 630 |
| 1-ϕ0.45 | 320 | 140.7 | 1-ϕ0.33 | 427 | 140.7 | 7.0 | | | 6 | |
| 1-ϕ0.50 | 271 | 148.1 | 1-ϕ0.45 | 382 | 148.1 | 10 | | | 8 | 430 |
| 1-ϕ0.18 | 700 | 83.3 | 1-ϕ0.16 | 675 | 83.3 | 0.5 | 1.0 | 1.8 | 1 | 630 |
| 1-ϕ0.20 | 600 | | | 620 | | 0.8 | 0.60 | | | |
| 1-ϕ0.21 | 560 | 85.4 | 1-ϕ0.21 | 455 | 85.4 | 1.0 | | | 2 | |
| 1-ϕ0.25 | 436 | 85.4 | 1-ϕ0.21 | 435 | 85.4 | 1.5 | | | 2 | |
| 1-ϕ0.28 | 356 | 98.7 | 1-ϕ0.23 | 508 | 98.7 | 2.0 | 0.50 | | | |
| 1-ϕ0.31 | 348 | | 1-ϕ0.28 | 339 | | 2.5 | | 1.8 | | 630 |
| 1-ϕ0.35 | 302 | 93.7 | 1-ϕ0.31 | 374 | 93.7 | 3.2 | | | 4 | |
| 1-ϕ0.40 | 259 | 106.3 | | 365 | 106.3 | 5.0 | 0.35 | | | |
| 1-ϕ0.42 | 206 | 109.4 | 1-ϕ0.38 | 330 | 109.4 | 7.0 | | | 6 | 430 |
| 1-ϕ0.47 | 165 | 121.4 | 1-ϕ0.42 | 268 | 121.4 | 10 | | 1.8 | 8 | |

表5-10 AO2、BO2、CO2、DO2

| 机座号 | B3 安装尺寸 | | | | | | | | | | B14、B34 安装尺寸 | | | | | |
|---|---|---|---|---|---|---|---|---|---|---|---|---|---|---|---|---|
| | *A* | *A*/2 | *B* | *C* | *D* | *E* | *F* | *G* | *H* | *K* | *M* | *N* | *P* | *R* | *S* | *T* |
| 45 | 71 | 35.5 | 56 | 28 | 9 | 20 | 3 | 7.2 | 45 | 4.8 | 45 | 32 | 60 | 0 | M5 | 2.5 |
| 50 | 80 | 40 | 63 | 32 | 9 | 20 | 3 | 7.2 | 50 | 5.8 | 55 | 40 | 70 | 0 | M5 | 2.5 |
| 56 | 90 | 45 | 71 | 36 | 9 | 20 | 3 | 7.2 | 56 | 5.8 | 65 | 50 | 80 | 0 | M5 | 2.5 |
| 63 | 100 | 50 | 80 | 40 | 11 | 23 | 4 | 8.5 | 63 | 7 | 75 | 60 | 90 | 0 | M5 | 2.5 |
| 71 | 112 | 56 | 90 | 45 | 14 | 30 | 5 | 11 | 71 | 7 | 85 | 70 | 105 | 0 | M6 | 2.5 |
| 80 | 125 | 62.5 | 100 | 50 | 19 | 40 | 6 | 15.5 | 80 | 10 | 100 | 80 | 125 | 0 | M6 | 3 |
| 90S | 140 | 70 | 100 | 56 | 24 | 50 | 8 | 20 | 90 | 10 | 115 | 95 | 140 | 0 | M8 | 3 |
| 90L | | | 125 | | | | | | | | | | | | | |

注：1. 尺寸 *AE* 仅 CO2 系列有。

2. 尺寸公差 *D*(j6)、*F*(N9)、*K*(H14)、*W*(j6)。

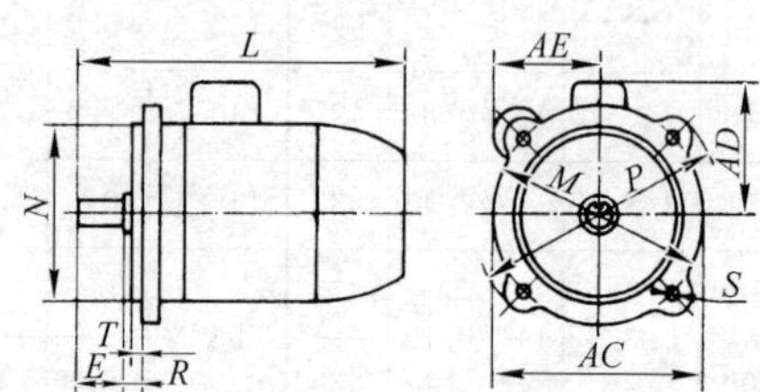


B5 型(机座无底脚，端盖有大凸缘)

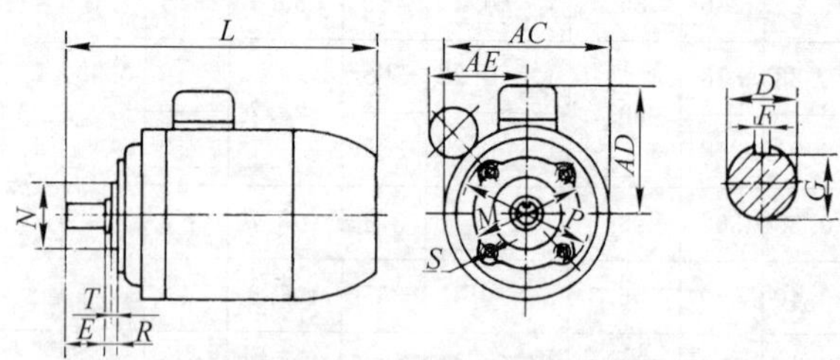


B14 型(机座无底脚，端盖有小凸缘)

表 5-10

系列电动机外形尺寸和安装的尺寸　(mm)

| B5 安装尺寸 | | | | | | B3、B34、B14 外形尺寸不大于 | | | | | | B5 外形尺寸不大于 | | |
|---|---|---|---|---|---|---|---|---|---|---|---|---|---|---|
| *M* | *N* | *P* | *R* | *S* | *T* | *AB* | *AC* | *AD* | *AE* | *HD* | *L* | *AC* | *L* | *AE* |
| | | | | | | 90 | 100 | 70 | | 115 | 150 | | | |
| | | | | | | 100 | 110 | 75 | | 125 | 155 | | | |
| | | | | | | 115 | 120 | 80 | | 135 | 170 | | | |
| 115 | 95 | 140 | 0 | 10 | 3 | 130 | 130 | 100 | | 165 | 230 | 130 | 250 | |
| 130 | 110 | 160 | 0 | 10 | 3.5 | 145 | 145 | 110 | 95 | 180 | 255 | 145 | 275 | 95 |
| 165 | 130 | 200 | 0 | 12 | 3.5 | 160 | 165 | 120 | 110 | 200 | 295 | 175 | 300 | 110 |
| 165 | 130 | 200 | 0 | 12 | 3.5 | 180 | 185 | 130 | 120 | 200 | 310<br>335 | 185 | 335<br>360 | 120 |

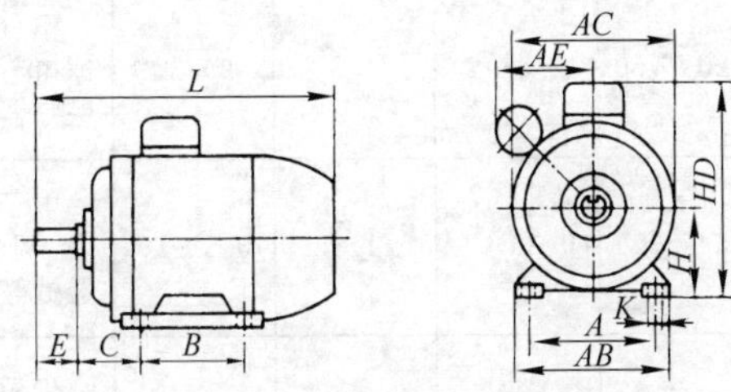


B3 型(机座有底脚，端盖无凸缘)

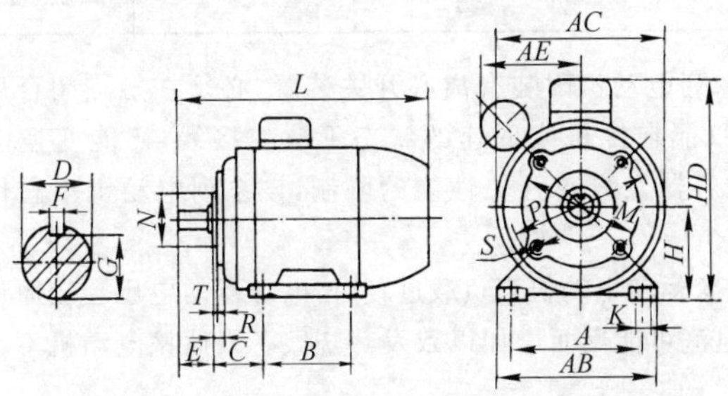


B34 型(机座有底脚，端盖有小凸缘)

的附图

3. 小功率异步电动机的使用和维修

选用小功率异步电动机时可参考表5-11。使用时注意：全封闭自冷式电动机工作时发出的热量需靠机壳外表面传导散热，因此应安装在金属底板上，而不适于安装在木板、橡皮或塑料板等不易导热的材料上。

表5-11 选用小功率异步电动机参考表

| 系列代号 | 电压(V) | 频率(Hz) | 功率范围(W) | 堵转转矩/额定转矩 | 最大转矩/额定转矩 | 堵转电流(A) | 应用举例 |
|---|---|---|---|---|---|---|---|
| AO2 | 三相380 | 50 | 10～750 | 2.2 | 2.4 | 6倍额定电流 | 一般机械，需用三相电源 |
| BO2 | 单相220 | 50 | 60～370 | 1.1～1.7 | 1.8 | 9～30 | 小型机床、鼓风机、医疗器械等 |
| CO2 | 单相220 | 50 | 120～750 | 2.5～3 | 1.8 | 9～37 | 空气压缩泵、冰箱、磨粉机、医疗器械等 |
| DO2 | 单相220 | 50 | 6～250 | 0.35～1 | 1.8 | 0.5～10 | 电子仪器、仪表、风扇、医疗器械等 |
| YL | 单相220 | 50 | 250～3 000 | 1.7～1.8 | 1.6～1.8 | 12～110 | 小型机具、食品机械、小型机床、农业机械等 |

BO2、CO2系列电动机因装有离心开关装置，必须在触点闭合后才能变换转向，因此只能在停机或低速的状态下改变接线，才能变换电机转向。由于起动电容器及离心开关性能的限制，该系列电动机不宜作频繁的起动用。

DO2单相电容运转电动机当负载过轻时，电容器的电压会较原设计值激增，副绕组中电流可能反而增加以致发热烧毁。因此该电动机不宜长期轻载使用。

60 Hz电动机若使用在50 Hz的电源上，电流将显著增大，绕组甚至发热烧毁。小功率异步电动机故障及原因见表5-12。

表 5-12 小功率异步电动机故障及原因

| 故障现象 | 故障原因(具体内容见下面注解) | | | | |
|---|---|---|---|---|---|
| | CO2 | BO2 | DO2 | 罩极式 | AO2 |
| 不起动 | ①,②,③,④,⑤ | ①,②,③,⑤ | ①,②,④,⑦,⑪ | ①,②,⑦,⑩,⑪ | ①,②,⑨ |
| 空载能起动,但起动迟缓,转向不定 | ③,④,⑤ | ③,⑤ | ④,⑨ | | ⑨ |
| 起动后剧烈升温甚至烧毁绕组 | ⑥,⑧ | ⑥,⑧ | ④,⑧ | ⑧ | ⑧ |
| 起动后运行时很快发热 | ⑧ | ⑧ | ④,⑧ | ⑧ | ⑧ |
| 不起动,帮助起动后转向不定且电动机很快过热 | ③,④,⑤,⑧ | ③,⑤,⑧ | ④,⑧,⑨ | | ⑧,⑨ |
| 输入功率特大,电动机过热 | ⑦,⑧,⑩,⑪ | ⑦,⑧,⑩,⑪ | ⑦,⑧,⑩,⑪ | ⑦,⑧,⑩,⑪ | |
| 通电后电机不动,熔丝熔断 | ⑧,⑫ | ⑧,⑫ | ⑧,⑫ | ⑧,⑫ | |

注:① 接线断路;② 绕组断路;③ 离心开关底板上触点未接触,使起动绕组不通;④ 电容器坏;⑤ 起动绕组断路;⑥ 离心开关不断开,触点长时间接触;⑦ 电动机过载;⑧ 绕组短路或碰地;⑨ 一相或二相绕组断路;⑩ 轴承轧住;⑪ 固定部分和旋转部分相擦等;⑫ 电动机引出线碰地。

## 二、小功率同步电动机

小功率同步电动机的转速 $n_1$ 与电网频率 $f$ 之间具有固定关系:$n_1 = 60f/p$($p$ 为电机的极对数),当电网频率 $f$ 一定时,电动机则以恒定的同步转速 $n_1$ 运转。因此,同步电动机适用于各种要求严格保持同步或恒速的机构,如自动和遥控装置、同步联络系统及热工仪表、自动记录仪器中作为驱动元件。

小功率同步电动机常用形式有磁阻式(反应式)、磁滞式和永磁式。近年来又发展了电磁减速式及一些混合式结构。

### 1. 小功率同步电动机的结构、性能特点和应用范围

各种型式的小功率同步电动机的结构、性能特点和应用范围见表 5-13(表 5-13 见本书后插页)。

2. 小功率同步电动机的技术性能数据

1）磁阻同步电动机 曾名反应式同步电动机。国产三相及单相磁阻同步电动机的规格见表5-14，功率60～550 W的电机其外形安装方式、安装尺寸、电压等级均与同机座号的一般用途小功率异步电动机相同，仅是磁阻同步电动机的功率比同机座号的异步电动机功率低一个功率等级。各系列磁阻同步电动机的结构及安装型式有IMB3、IMB14、IMB34和IMB5四种。表5-15为TC、TUC、TUL系列的磁阻同步电动机的技术性能数据；表5-16为用于仪器仪表的小功率单相TX型电容运转磁阻同步电动机技术性能数据。

表5-14 磁阻同步电动机规格

| 中心高(mm) | 铁心代号 | 三相磁阻同步电动机 | 单相电容起动磁阻同步电动机 | 单相双值电容磁阻同步电动机 |
|---|---|---|---|---|
| | | TC系列 | TUC系列 | TUL系列 |
| | | 1 500 r/min | 1 500 r/min | 1 500 r/min |
| 80 | 2 | 550 W | 250 W | — |
| | 1 | 370 W | 180 W | — |
| 71 | 2 | 250 W | 120 W | 180 W |
| | 1 | 180 W | 90 W | 120 W |
| 63 | 2 | 120 W | — | 90 W |
| | 1 | 90 W | — | 60 W |

表5-15 磁阻同步电动机技术性能数据

| 项目 | 功率(W) | 三相磁阻同步电动机TC系列 | 单相电容起动磁阻同步电动机TUC系列 | 单相双值电容磁阻同步电动机TUL系列 |
|---|---|---|---|---|
| 堵转转矩/额定转矩 | 全部规格 | 2.5 | 3 | 1.2 |
| 堵转电流/额定电流 | 全部规格 | 6 | | |
| 堵转电流(A) | 250 | | 25 | |
| | 180 | | 19 | 13 |
| | 120 | | 15 | 9 |
| | 90 | | 12 | 7 |
| | 60 | | | 5 |

（续表）

| 项　　目 | 功　率<br>(W) | 三相磁阻同步电动机 TC 系列 | 单相电容起动磁阻同步电动机 TUC 系列 | 单相双值电容磁阻同步电动机 TUL 系列 |
|---|---|---|---|---|
| 最大同步转矩/额定转矩 | 全部规格 | 1.6 | 1.4 | 1.4 |
| 牵入转矩/额定转矩① | 全部规格 | 1.2 | 1.2 | 1.2 |
| 效率(%) | 550 | 72 | | |
| | 370 | 68 | | |
| | 250 | 60 | 50 | |
| | 180 | 58 | 48 | 53 |
| | 120 | 52 | 40 | 48 |
| | 90 | 50 | 37 | 45 |
| | 60 | | | 40 |
| 功率因数 | 550 | 0.50 | | |
| | 370 | 0.48 | | |
| | 250 | 0.46 | 0.48 | |
| | 180 | 0.45 | 0.47 | 0.80 |
| | 120 | 0.43 | 0.45 | 0.79 |
| | 90 | 0.42 | 0.43 | 0.78 |
| | 60 | | | 0.77 |
| 振　动(mm/s) | 全部规格 | 1.8 | 2.8 | 2.8 |
| 噪　声(dB) | 250～550 | 70 | 70 | 70 |
| | 60～180 | 65 | 65 | 65 |

① 牵入转矩与转动惯量有关，技术标准中规定的牵入转矩的保证值，是电动机在额定电压下带上具有标称转动惯量的负载，能将负载牵入同步运行时所承受的最大负载转矩。标称转动惯量 $J_B$ 与电动机额定功率 $P_N$(W)、同步转速 $n_s$ (r/min)有关，并由下式计算出：

$$J_B = 7.98\frac{P_N^{1.15}}{n_s^2}(\text{kg}\cdot\text{m}^2)$$

表 5-16 小功率单相电容运转磁阻同步电动机技术性能数据

| 型号 | 额定电压(V) | 频率(Hz) | 额定转矩(mN·m) | 最大同步转矩(mN·m) | 堵转转矩(mN·m) | 转速(r/min) | 输入功率(W) | 额定电流(A) | 电容值(μF) |
|---|---|---|---|---|---|---|---|---|---|
| TX-061 | 220<br>127 | 50 | 27 | 78 | 28 | 3 000 | 55 | 0.3<br>0.44 | 1<br>4 |
| TX-062 | 220 | 50 | 78 | 147 | 88 | 3 000 | 75 | 0.52 | 2 |

2）磁滞同步电动机　磁滞同步电动机型号的含义示例：

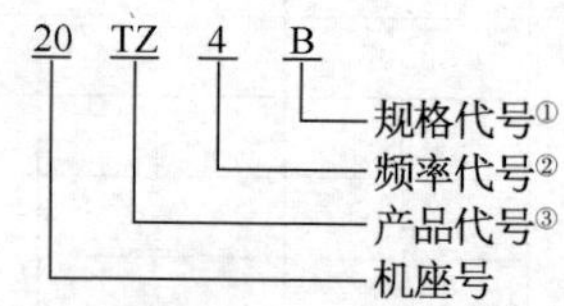


注：① 规格代号按相数和极数的分类见下附表：

附表：规格代号按相数和极数的分类

| 相　数 | 3 | 2 | 1 | 1 | 3 | 2 | 1 | 1 | 2 | 1 |
|---|---|---|---|---|---|---|---|---|---|---|
| 极　数 | 2 | 2 | 2 | 2/4 | 4 | 4 | 4 | 4/8 | 6 | 6 |
| 规格代号 | A | B | C | D | E | F | G | H | J | K |

② 频率代号根据频率进行分类，即频率代号 5 为 50 Hz 频率；频率代号 4 为频率 400 Hz。

③ 结构派生产品则在型号后加 1、2、3、…；
电压派生产品在型号后加 -1、-2、-3、…。

磁滞同步电动机有两个显著的特点：一是在较高频率(400～1 000 Hz)下工作，其效率较高且单位质量的输出较大；二是转子的极数依赖于定子的极数自动形成。因此，磁滞电动机产品多设计为在较高电源频率下工作，可以改变定子绕组的极数或供电电源频率，从而实现有级或无级调速。

TZ 系列内转子磁滞同步电动机包括外径 $\phi$12～$\phi$110 mm 共 9 个机座号，根据不同的频率、相数、电压等级共 53 个规格，汇集于表 5-17，主要技术性能数据见表 5-18。TZ 系列双速磁滞同步电动机技术数据见表 5-19。本系列电动机的安装方式是以凸缘定位、凹槽用压板压紧。

表 5-17 TZ 系列内转子磁滞同步电动机规格

| 技术数据 | 类别 | | | |
|---|---|---|---|---|
| | 低速 | | 高速 | |
| | 单相 | 三相 | 单相 | 两相 |
| 电压(V) | 12,110,220 | 380 | 12,36,115 | 20,36,115 |
| 功率(W) | 0.4～90 | 2～120 | 1.6～8 | 2～12 |
| 转矩(mN·m) | | | 0.11～0.39 | 0.11～0.49 |

表 5-18 TZ 系列内转子磁滞同步电动机技术性能数据

| 型号 | 额定电压(V) | 相数 | 频率(Hz) | 同步转速(r/min) | 电流(A) | 起动转矩(mN·cm) | 额定同步转矩(mN·cm) | 输出功率(W) | 外形尺寸(mm) | | | 质量(g) |
|---|---|---|---|---|---|---|---|---|---|---|---|---|
| | | | | | | | | | 总长 | 机壳外径 | 轴径 | |
| 12TZ4B | 20 | 2 | 400 | 24 000 | 0.1 | 11 | 11 | 0.27 | 41 | 12.5 | 2 | 20 |
| 20TZ4B | 36 | 2 | 400 | 24 000 | 0.11 | 40 | 40 | 0.98 | 46.5 | 20 | 2.5 | 50 |
| 20TZ4C | 36 | 1 | 400 | 24 000 | 0.15 | 30 | 30 | 0.73 | 46.5 | 20 | 2.5 | 50 |
| 28TZ4A | 36 | 3 | 400 | 24 000 | 0.5 | 120 | 120 | 3 | 56.5 | 28 | 3 | 140 |
| 28TZ4B | 36 | 2 | 400 | 24 000 | 0.4 | 120 | 120 | 3 | 56.5 | 28 | 3 | 140 |
| 28TZ4C | 36 | 1 | 400 | 24 000 | 0.45 | 96 | 96 | 2.4 | 56.5 | 28 | 3 | 140 |
| 28TZ4F | 36 | 2 | 400 | 12 000 | 0.4 | 160 | 160 | 2 | 56.5 | 28 | 3 | 140 |
| 28TZ4G | 36 | 1 | 400 | 12 000 | 0.3 | 130 | 130 | 1.6 | 56.5 | 28 | 3 | 140 |
| 28TZ4K | 36 | 1 | 400 | 8 000 | 0.3 | 150 | 150 | 1.2 | 56.5 | 28 | 3 | 140 |
| 28TZ4K1 | 115 | 1 | 400 | 8 000 | 0.1 | 150 | 150 | 1.2 | 56.5 | 28 | 3 | 140 |
| 28TZ5C | 12 | 1 | 50 | 3 000 | 0.5 | 130 | 130 | 0.4 | 56.5 | 28 | 3 | 140 |
| 28TZ5C1 | 10 | 1 | 50 | 3 000 | 0.3 | 64 | 64 | 0.2 | 56.5 | 28 | 3 | 110 |
| 36TZ4G | 115 | 1 | 400 | 12 000 | 0.16 | 240 | 240 | 3 | 68.5 | 36 | 4 | 200 |
| 36TZ4K | 115 | 1 | 400 | 8 000 | 0.18 | 300 | 300 | 2.5 | 68.5 | 36 | 4 | 200 |
| 36TZ5A | 110 | 3 | 50 | 3 000 | 0.13 | 490 | 490 | 1.5 | 68.5 | 36 | 4 | 200 |
| 36TZ5B | 110 | 2 | 50 | 3 000 | 0.08 | 490 | 490 | 1.5 | 68.5 | 36 | 4 | 200 |
| 36TZ5C21 | 110 | 1 | 50 | 3 000 | 0.13 | 490 | 490 | 1.5 | 68.5 | 36 | 4 | 200 |
| 36TZ5E | 110 | 3 | 50 | 1 500 | 0.07 | 450 | 450 | 0.7 | 68.5 | 36 | 4 | 200 |
| 36TZ5C41 | 110 | 1 | 50 | 1 500 | 0.1 | 260 | 260 | 0.4 | 68.5 | 36 | 4 | 200 |
| 36TZ5A | 220 | 1 | 50 | 3 000 | 0.06 | | | | | | | |
| 45TZ4G | 115 | 1 | 400 | 1 200 | 0.35 | 650 | 650 | 8 | 78.5 | 45 | 4 | 400 |

（续表）

| 型 号 | 额定电压(V) | 相数 | 频率(Hz) | 同步转速(r/min) | 电流(A) | 起动转矩(mN·cm) | 额定同步转矩(mN·cm) | 输出功率(W) | 外形尺寸(mm) | | | 质量(g) |
|---|---|---|---|---|---|---|---|---|---|---|---|---|
| | | | | | | | | | 总长 | 机壳外径 | 轴径 | |
| 45TZ5A | 220 | 3 | 50 | 3 000 | 0.1 | 1 630 | 1 630 | 5 | 78.5 | 45 | 4 | 400 |
| 45TZ5B | 220 | 2 | 50 | 3 000 | 0.1 | 1 470 | 1 470 | 4.5 | 78.5 | 45 | 4 | 400 |
| 45TZ5A21 | 220 | 1 | 50 | 3 000 | 0.1 | 1 300 | 1 300 | 4 | 78.5 | 45 | 4 | 400 |
| 45TZ5Z | 110 | 3 | 50 | 1 500 | 0.18 | 1 630 | 1 630 | 2.5 | 78.3 | 45 | 4 | 400 |
| 45TZ5C41 | 110 | 1 | 50 | 1 500 | 0.18 | 1 300 | 1 300 | 2 | 78.3 | 45 | 4 | 400 |
| 50TZ500 | 130 | 3 | 500 | 1 500 | 0.9 | | | 34 | 124.5 | 50 | 8 | |
| 50TZ500－1 | 130 | 3 | 500 | 1 500 | 0.9 | 30 000 | | 34 | 124.5 | 50 | 8 | |
| 55TZ5A | 220 | 3 | 50 | 3 000 | 0.2 | 3 900 | 3 900 | 12 | 110 | 55 | 6 | 900 |
| 55TZ5B | 220 | 2 | 50 | 3 000 | 0.2 | 3 250 | 3 250 | 10 | 110 | 55 | 6 | 900 |
| 55TZ5A21 | 220 | 1 | 50 | 3 000 | 0.2 | 3 250 | 3 250 | 10 | 110 | 55 | 6 | 900 |
| 55TZ5C－1 | 100 | 1 | 50 | 3 000 | 0.44 | 2 280 | 2 280 | 7 | 110 | 55 | 6 | 900 |
| 55TZ5C－2 | 220 | 1 | 50 | 3 000 | 0.2 | 3 250 | 3 250 | 10 | 110 | 55 | 6 | 900 |
| 55TZ5D | 220 | 1 | 50 | 3 000/1 500 | 0.15 | 1 630 | 1 630 | 5/2.5 | 110 | 55 | 6 | 900 |
| 55TZ5E | 220 | 3 | 50 | 1 500 | 0.18 | 3 900 | 3 900 | 6 | 110 | 55 | 6 | 900 |
| 55TZ5F | 220 | 2 | 50 | 1 500 | 0.15 | 3 250 | 3 250 | 5 | 110 | 55 | 6 | 900 |
| 55TZ5A41 | 220 | 1 | 50 | 1 500 | 0.15 | 3 250 | 3 250 | 5 | 110 | 55 | 6 | 850 |
| 55TZ523 | 380 | 3 | 50 | 3 000 | 0.12 | | | 12 | 110 | 55 | 6 | 850 |
| 55TZ543 | 380 | 3 | 50 | 1 500 | 0.11 | | | 6 | 110 | 55 | 6 | 900 |
| 70TZ54 | 220 | 3 | 50 | 3 000 | 0.45 | 8 450 | 8 450 | 26 | 131 | 70 | 8 | 1 900 |
| 70TZ5B | 220 | 2 | 50 | 3 000 | 0.4 | 6 500 | 6 500 | 20 | 131 | 70 | 8 | 1 900 |
| 70TZ5A21 | 220 | 1 | 50 | 3 000 | 0.4 | 6 500 | 6 500 | 20 | 131 | 70 | 8 | 1 900 |
| 70TZ5D | 220 | 1 | 50 | 3 000/1 500 | 0.3 | 3 250 | 3 250 | 10/5 | 131 | 70 | 8 | 1 900 |
| 70TZ5E | 220 | 3 | 50 | 1 500 | 0.4 | 8 450 | 8 450 | 13 | 131 | 70 | 8 | 1 900 |
| 70TZ5A41 | 220 | 1 | 50 | 1 500 | 0.3 | 6 500 | 6 500 | 10 | 131 | 70 | 8 | 1900 |
| 70TZ523 | 380 | 3 | 50 | 3 000 | 0.25 | | | 26 | 130 | | | |
| 70TZ5A23 | 380 | 3 | 50 | 3 000 | 0 | | | 34 | 129 | 70 | 6 | 1 700 |
| 70TZ543 | 380 | 3 | 50 | 1 500 | 0.23 | | | 13 | 130 | 70 | 8 | 1 700 |
| 70TZ5A3 | 380 | 3 | 50 | 1 500 | | | | 17 | 129 | 70 | 6 | 1 700 |

（续表）

| 型　号 | 额定电压(V) | 相数 | 频率(Hz) | 同步转速(r/min) | 电流(A) | 起动转矩(mN·cm) | 额定同步转矩(mN·cm) | 输出功率(W) | 外形尺寸(mm) | | | 质量(g) |
|---|---|---|---|---|---|---|---|---|---|---|---|---|
| | | | | | | | | | 总长 | 机壳外径 | 轴径 | |
| 90TZ5A | 220 | 3 | 50 | 3 000 | 0.7 | 19 500 | | 60 | 156 | 90 | 9 | 3 500 |
| 90TZ5A21 | 220 | 1 | 50 | 3 000 | 0.7 | 14 700 | | 45 | 156 | 90 | 9 | 3 500 |
| 90TZ5D | 220 | 1 | 50 | 3 000/1 500 | 0.45 | 7 800 | | 24/12 | 158 | 90 | 8 | 3 500 |
| 90TZ5E | 220 | 3 | 50 | 1 500 | 0.9 | 26 000 | | 40 | 158 | 90 | 8 | 3 500 |
| 90TZ5A41 | 220 | 1 | 50 | 1 500 | 0.75 | 19 500 | | 30 | 158 | 90 | 9 | 3 500 |
| 90TZ5H | 220 | 1 | 50 | 1 500/750 | 0.46 | 9 800 | | 15/7.5 | 158 | 90 | 9 | 3 500 |
| 90TZ5 | 220 | 3 | 50 | 3 000 | 0.4 | | | 30 | 127 | 90 | 10 | |
| 90TZ4A | 115 | 3 | 400 | 8 000 | 1.4 | | | 35 | 129.5 | 90 | 10 | |
| 90TZ523 | 380 | 3 | 50 | 3 000 | 0.46 | | | 60 | 156 | 90 | 9 | 3 500 |
| 90TZ543 | 380 | 3 | 50 | 1 500 | 0.46 | | | 40 | 156 | 90 | 9 | 3 500 |
| 110TZ5A | 220 | 3 | 50 | 3 000 | 1.4 | 39 000 | 39 000 | 120 | 187 | 110 | 10 | 7 000 |
| 110TZ5A21 | 220 | 1 | 50 | 3 000 | 1.5 | 29 300 | 29 300 | 90 | 184 | 110 | 11 | 7 000 |
| 110TZ5D | 220 | 1 | 50 | 3 000/1 500 | 1.0 | 15 000 | 15 000 | 46/23 | 184 | 110 | 11 | 7 000 |
| 110TZ5E | 220 | 3 | 50 | 1 500 | 1.2 | 52 000 | 52 000 | 80 | 184 | 110 | 11 | 7 000 |
| 110TZ5A41 | 220 | 1 | 50 | 1 500 | 1.0 | 39 000 | 39 000 | 60 | 184 | 110 | 11 | 7 000 |
| 110TZ5H | 220 | 1 | 50 | 1 500/750 | 0.8 | 19 500 | 19 500 | 30/15 | 184 | 110 | 11 | 7 000 |
| 110TZ523 | 380 | 3 | 50 | 3 000 | 1.0 | | | 120 | 184 | 110 | 11 | 6.5 |
| 110TZ543 | 380 | 3 | 50 | 1 500 | 0.75 | | | 80 | 184 | 110 | 11 | 6.5 |
| 110TZ5A | 220 | 3 | 50 | 500 | 0.65 | | | 15 | 232 | 110 | 15 | |
| 110TZ6A | 120 | 2 | 60/(50) | 1 200/600 / 1 000/500 | 0.61/0.32 / (0.72/0.35) | | | 39.4/(48) | 168.5 | 110 | 12 | |

表 5-19 TZ 系列双速磁滞同步电动机技术性能数据

| 型 号 | 电压(V) | 频率(Hz) | 相数 | 转速(r/min) | 输出功率(W) | 输出转矩(mN·cm) | 外形尺寸(mm) | | | 质量(g) |
|---|---|---|---|---|---|---|---|---|---|---|
| | | | | | | | 总长 | 机壳外径 | 轴径 | |
| 45TZ5C2/4 | 110 | 50 | 1 | 3 000/1 500 | 2/1 | 650 | 78.5 | 45 | 4 | 400 |
| 55TZ5A2/4 | 250 | 50 | 1 | 3 000/1 500 | 5/2.5 | 1 630 | 110 | 55 | 6 | 850 |
| 70TZ5 2/4 | 380 | 50 | 3 | 3 000/1 500 | | | 130 | 70 | 8 | 1 700 |
| 70TZ5A2/4 | 220 | 50 | 1 | 3 000/1 500 | 10/5 | 3 250 | 130 | 70 | 8 | 1 700 |
| 90TZ5 2/4 | 380 | 50 | 3 | 3 000/1 500 | 30/15 | 9 750 | 156 | 90 | 9 | 3 500 |
| 90TZ5A2/4 | 220 | 50 | 1 | 3 000/1 500 | 24/12 | 7 830 | 156 | 90 | 9 | 3 500 |
| 90TZ5A4/8 | 220 | 50 | 1 | 1 500/750 | 15/7.5 | 9 800 | 156 | 90 | 9 | 3 500 |
| 110TZ5 2/4 | 380 | 50 | 3 | 3 000/1 500 | | | 184 | 110 | 11 | 6 500 |
| 110TZ5 4/8 | 380 | 50 | 3 | 1 500/750 | | | 184 | 110 | 11 | 6 500 |
| 110TZ5A2/4 | 220 | 50 | 1 | 3 000/1 500 | 46/23 | 15 000 | 184 | 110 | 11 | 6 500 |
| 110TZ5A4/8 | 220 | 50 | 1 | 1 500/750 | 36/18 | 28 400 | 184 | 110 | 11 | 6 500 |

TZW 系列磁滞同步电动机为可逆转单相(电容分相)外转子式电动机。可供自动记录装置及仪表的驱动用。其型号含义如下：

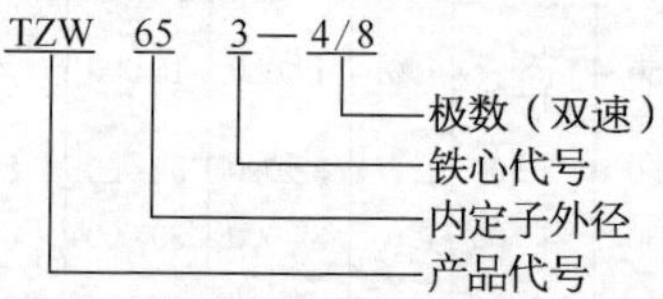


TZW 系列电动机的外转子采用廉价材料,定子设置三相绕组,配合适当的分相电容作单相使用,绕组接线图如图 5-1 所示。对于双速电动机可通过改变定子接线来改变其极数,如图 5-2 所示。电机的技术数据见表 5-20。

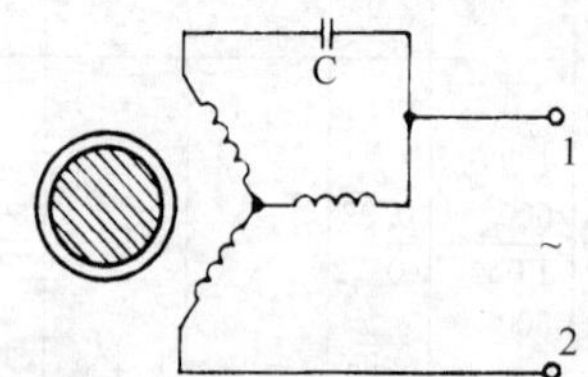


**图 5-1** TZW 系列磁滞同步电动机绕组接线图

表 5-20 TZW 系列外转子磁滞同步电动机技术性能数据

| 型号 | 额定电压(V) | 频率(Hz) | 输出功率(W) | 同步转速(r/min) | 堵转转矩(mN·m) | 最大同步转矩(mN·m) | 输入功率(W) | 额定电流(A) | 噪声(dB) | 电容(μF) | 外形尺寸(mm) | | | 质量(kg) |
|---|---|---|---|---|---|---|---|---|---|---|---|---|---|---|
| | | | | | | | | | | | 总长 | 机壳外径 | 轴径 | |
| TZW41-4 | 220 | 50 | 4 | 1 500 | 31 | 31 | 35 | 0.2 | 50 | 3 | 70.5 | 63 | 6 | 0.5 |
| TZW41-4/8 | 220 | 50 | | 1 500/750 | 20 | 20/10 | 30 | 0.2 | 50 | 2 | 80 | 65 | 4 | 0.6 |
| TZW51-4 | 220 | 50 | 2.5 | 1 500 | 31 | 21.5 | 30 | 0.15 | 50 | 2 | 70.5 | 75 | 6 | 0.65 |
| TZW51-2/4 | 220 | 50 | 5/2.5 | 3 000/1 500 | 21.5 | 20 | 35 | 0.3 | 50 | 3 | 70.5 | 75 | 6 | 0.65 |
| TZW653-4/8 | 220 | 50 | 7/3.5 | 1 500/750 | 88/108 | 54 | 40/45 | 0.25/0.3 | 50 | 3/3.5 | 121 | 100 | 10 | 1.8 |
| TZW654-2 | 220 | 50 | 15 | 3 000 | 117 | 59 | 70 | 0.5 | 50 | 6 | 135 | 100 | 10 | 2.3 |
| TZW654-4/8 | 220 | 50 | 10/5 | 1 500/750 | 117/147 | 70 | 50/60 | 0.3/0.35 | 50 | 4/5 | 135 | 100 | 10 | 2.3 |
| TZW754-4/8 | 220 | 50 | 18/9 | 1 500/750 | 147/176 | 127 | 70/80 | 0.7 | 50 | — | — | — | — | — |

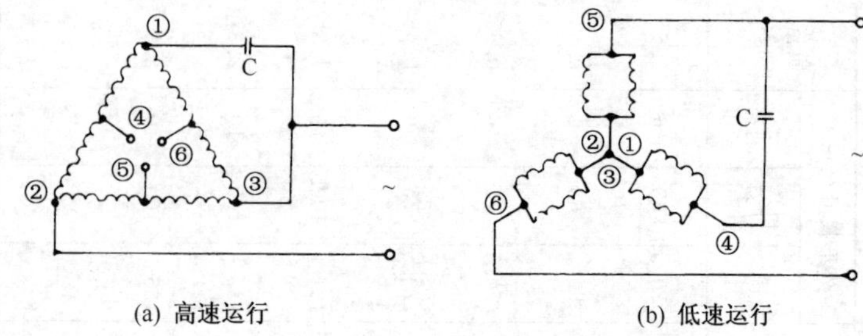


(a) 高速运行 (b) 低速运行

**图5-2** TZW系列双速磁滞同步电动机绕组接线图

3）永磁同步电动机 永磁同步电动机的磁场系统由一个或多个永磁材料组成。根据起动方式的不同可分为异步起动(笼型转子)和自起动(爪极式)两类。另外还有一种磁滞起动永磁同步电动机,转子采用磁滞材料与永磁材料制成的混合式结构。

异步起动永磁同步电动机与异步电动机相比,它没有转差损耗;与换向器电动机相比,它没有炭刷与换向器;与磁阻同步电动机相比,它的效率和功率因数较高,电流消耗小。因此异步起动永磁同步电动机广泛应用在要求恒速或高效率的驱动装置。例如化学纤维工业用的高精密同步驱动装置,以及由逆变器供电的变频调速驱动装置,其功率范围为几十瓦到几千瓦,供电频率为20～300 Hz。表5-21为纺织用FTY系列三相异步起动永磁同步电动机的主要技术性能数据,该系列产品除作为同步传动和按频率变化均匀调速外,还可满足化纤纺丝机的特殊要求。

表5-21 FTY及FTW* 三相异步起动永磁式同步电动机主要技术性能数据

| 型号 | 频率范围(Hz) | 50 Hz额定数据 | | | | | | | | 牵入同步转矩 | |
|---|---|---|---|---|---|---|---|---|---|---|---|
| | | 功率(W) | 电压(V) | 转速(r/min) | 效率(%) | 功率因数 | 起动电流/额定电流 | 起动转矩/额定转矩 | 最大转矩/额定转矩 | 牵入同步转矩/额定转矩 | 当一定的负载惯量时转矩比 |
| FTY-90-4 | 40～110 | 90 | 110 | 1 500 | 72 | 0.72 | 7 | 1.4 | 1.4 | 0.5/0.25 | 0.03/0.07 |
| FTY-120-4 | 40～110 | 120 | 110 | 1 500 | 73 | 0.725 | 7 | 1.4 | 1.4 | 0.5/0.25 | 0.04/0.08 |

（续表）

| 型 号 | 频率范围(Hz) | 50 Hz额定数据 | | | | | | | | 牵入同步转矩 | |
|---|---|---|---|---|---|---|---|---|---|---|---|
| | | 功率(W) | 电压(V) | 转速(r/min) | 效率(%) | 功率因数 | 起动电流额定电流 | 起动转矩额定转矩 | 最大转矩额定转矩 | 牵入同步转矩额定转矩 | 当一定的负载惯量时转矩比 |
| FTY-180-4 | 40～110 | 180 | 110 | 1 500 | 75 | 0.73 | 7 | 1.4 | 1.4 | 0.5/0.25 | 0.07/0.16 |
| FTY-250-4 | 40～110 | 250 | 110 | 1 500 | 77 | 0.74 | 7 | 1.4 | 1.4 | 0.5/0.25 | 0.10/0.18 |
| FTY-370-4 | 40～110 | 370 | 110 | 1 500 | 81 | 0.745 | 7 | 1.4 | 1.4 | 1.0/0.5 | 0.05/0.20 |
| FTY-550-4 | 40～110 | 550 | 110 | 1 500 | 83 | 0.75 | 7 | 1.4 | 1.4 | 1.0/0.5 | 0.10/0.35 |
| FTY-750-4 | 40～110 | 750 | 110 | 1 500 | 84 | 0.76 | 7 | 1.4 | 1.4 | 1.0/0.5 | 0.13/0.45 |
| FTY-60-6 | 25～70 | 60 | 220 | 1 000 | 73 | 0.75 | 7 | 1.8 | 1.6 | 0.5/0.25 | 0.04/0.10 |
| FTY-90-6 | 25～70 | 90 | 220 | 1 000 | 74 | 0.75 | 7 | 1.8 | 1.6 | 0.5/0.25 | 0.05/0.11 |
| FTY-120-6 | 25～70 | 120 | 220 | 1 000 | 75 | 0.75 | 7 | 1.8 | 1.6 | 0.5/0.25 | 0.10/0.20 |
| FTY-180-6 | 25～70 | 180 | 220 | 1 000 | 77 | 0.78 | 7 | 1.8 | 1.6 | 1.0/0.5 | 0.03/0.15 |
| FTY-250-6 | 25～70 | 250 | 220 | 1 000 | 79 | 0.78 | 7 | 1.8 | 1.6 | 1.0/0.5 | 0.08/0.30 |
| FTY-370-6 | 25～70 | 370 | 220 | 1 000 | 81 | 0.75 | 7 | 1.8 | 1.6 | 1.0/0.5 | 0.15/0.50 |
| FTW-22-2 | 80～400 | 300 | 80 | 3 000 | 82 | 0.89 | 4.5 | | 3.26 | | |

* FTY型为内转子式永磁同步电动机，FTW为外转子式永磁同步电动机。

爪极式自起动永磁同步电动机通常转速为500、375、250 r/min，有些电动机本身带减速齿轮，则输出轴的转速较低。产品分为有定向装置和无定向装置两种，前者用于记录仪表，后者用于日用电器及一些定时机构中。其技术性能数据见表5-22和表5-23。

表5-22 记录仪表用自起动永磁同步电动机技术性能数据

| 型号 | 额定电压(V) | 频率(Hz) | 最大同步转矩(mN·m) | 同步转速(r/min) | 电流(A) | 外形尺寸外径×长(mm) |
|---|---|---|---|---|---|---|
| TYD-16 | 220 | 50 | 2.5 | 375 | 0.02 | ϕ55×22.5 |
| TDY-375 | 220 | 50 | 2.5 | 375 | 0.02 | ϕ55×23 |
| 90TYD | 220 | 50 | 120 | 60 | | ϕ90×122 |
| 45TRY | 220 | 50 | 3 | 250 | 0.016 | ϕ45×25 |
| 55TYB | 220 | 50 | 8 | 375 | 0.018 | ϕ55×55 |
| 55TYD | 220 | 50 | 100 | 60 | 0.025 | ϕ55×68 |
| 55TYX | 220 | 50 | 2.5 | 375 | 0.018 | ϕ55×19 |
| TYC-60 | 220 | 50 | 2 | 60 | 0.024 | ϕ37×50 |
| TYC-1/1 440 | 220 | 50 | 200 | 1/1 400 | | |

表5-23 日用电器用自起动永磁同步电动机技术性能数据

| 型号 | 额定电压(V) | 频率(Hz) | 最大同步转矩(mN·m) | 输出轴转速(r/min) | 电流(A) | 外形尺寸外径×长(mm) |
|---|---|---|---|---|---|---|
| TYC-30 | 220 | 50 | 80 | 30 | 0.02 | ϕ50×28 |
| TYC-5 | 220 | 50 | 300 | 5 | 0.02 | ϕ50×28 |
| TY-250 | 220 | 50 | 0.6 | 250 | 0.015 | ϕ38×11 |

## 三、小功率直流电动机

小功率直流电动机按换向装置的不同性质分为有刷直流电动机和无刷直流电动机两类;按电源和励磁方式不同,可分为直流并励电动机、直流串励电动机、永磁直流电动机,以及单相交流串励电动机、交直流两用电动机等。其中直流并励电动机可均匀调速,能工作在高速、低速或需要调速的场合,例如医疗器械、小型车床、电子仪表、计算机、电动工具及家用电器等。在要求恒定转速的系统中,则常使用带有稳速器的永磁直流电动机。

1. Z系列并(他)励直流电动机

本系列为电磁式励磁的小功率直流电动机，广泛应用在普通要求调速的场合。Z系列小功率直流电动机的性能数据见表5－24，其安装尺寸见表5－25。

表5－24　Z系列小功率直流电动机的性能数据

| 型　号 | 额定电压(励磁、电枢)(V) | 额定转矩(N·m) | 额定转速①(r/min) | 参考功率(W) | 电流(A)不大于 | | 质量(kg) |
|---|---|---|---|---|---|---|---|
| | | | | | 励 磁 | 电 枢 | |
| Z12/20－24 | 24 | 0.065 | 2 000 | 12 | 0.82 | 1.10 | 1.3 |
| Z25/40－24 | 24 | 0.065 | 4 000 | 25 | 0.82 | 2.30 | 1.3 |
| Z12/20－110 | 110 | 0.065 | 2 000 | 12 | 0.15 | 0.25 | 1.3 |
| Z25/40－110 | 110 | 0.065 | 4 000 | 25 | 0.15 | 0.50 | 1.3 |
| Z25/20－220 | 220 | 0.125 | 2 000 | 25 | 0.14 | 0.33 | 2.4 |
| Z50/40－220 | 220 | 0.125 | 4 000 | 50 | 0.14 | 0.61 | 2.4 |
| Z50/20－220 | 220 | 0.25 | 2 000 | 50 | 0.13 | 0.38 | 3.2 |
| Z100/40－220 | 220 | 0.25 | 4 000 | 100 | 0.13 | 0.72 | 3.2 |
| Z100/20－220 | 220 | 0.50 | 2 000 | 100 | 0.23 | 0.73 | 5.0 |
| Z200/40－220 | 220 | 0.50 | 4 000 | 200 | 0.23 | 1.50 | 5.0 |
| Z150/20－220 | 220 | 0.80 | 2 000 | 150 | 0.24 | 1.10 | 5.5 |
| Z300/40－220 | 220 | 0.80 | 4 000 | 300 | 0.24 | 2.30 | 5.5 |
| Z400/40－220 | 220 | 1.0 | 4 000 | 400 | 0.24 | 2.30 | 5.5 |

① 电机的正反转速差不大于额定转速的7%。

2. 永磁直流电动机

常规结构的永磁直流电动机使用较广泛。该电动机除采用磁钢激磁外，在结构上与电磁式直流电动机没有大的区别。按永磁材料的不同，分别介绍采用铝镍钴的M系列和采用铁氧体的ZYT系列及ZYR

表 5-25 Z系列小功率直流电动机的安装尺寸 (mm)

| 型号 | $A$ ±0.35 | $B$ ±0.35 | $C$ | $D$ $d_3$ | $E$ | $F$ | $G$ | $H$① | $h$ | $K$ | $L$① | $t$① | $l_1$ | $D_0$ $d_5$ |
|---|---|---|---|---|---|---|---|---|---|---|---|---|---|---|
| Z12/20-24<br>Z25/40-24<br>Z12/20-110<br>Z25/40-110 | 68 | 71 | 13 | ϕ6 | 18 | — | 5 | 83 | 44～0.4 | ϕ6 | 126 | 92 | 15 | ϕ73 |
| Z25/20-220<br>Z50/40-220 | 90 | 71 | 25 | ϕ8 | 20 | 3 | 9 | 104 | 56～0.5 | ϕ6 | 148 | 108 | 17 | ϕ93 |
| Z50/20-220<br>Z100/40-220 | 90 | 75 | 33 | ϕ8 | 20 | 3 | 9 | 108 | 60～0.5 | ϕ6.5 | 173 | 108 | 17 | ϕ93 |
| Z100/20-220<br>Z200/40-220 | 100 | 105 | 38 | ϕ10 | 24 | 3 | 11 | 115 | 60～0.5 | ϕ6.5 | 208 | 122 | 19 | ϕ103 |
| Z150/20-220<br>Z300/40-220 | 100 | 105 | 42 | ϕ11 | 28 | 4 | 12.5 | 132 | 71～0.5 | ϕ6.5 | 215 | 141 | 25 | ϕ120 |

① 参考尺寸。

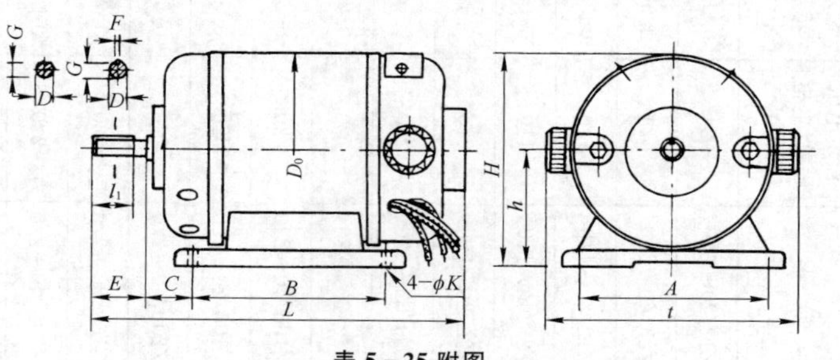


表 5-25 附图

系列。

1）M系列永磁直流电动机　该系列主要用作工业仪表、医疗设备、军用器械等精密小功率直流驱动元件。永磁直流电动机型号的含义示例如下：

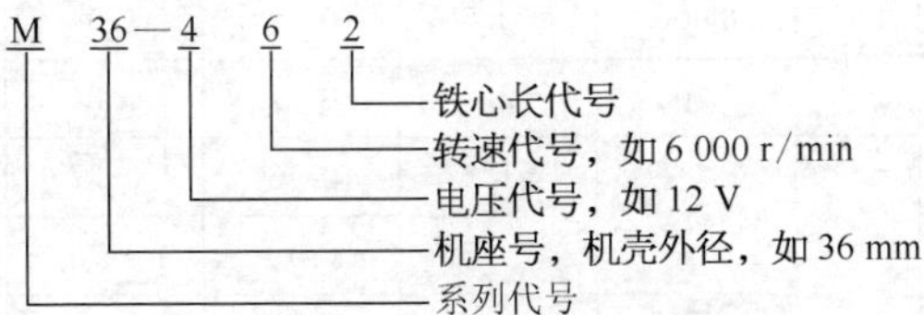


该系列电动机磁极为铝镍钴5类磁钢，温度稳定性好，允许满压直接起动而不退磁；采用径向式刷盒，并用精密微型轴承，传动精度高、噪声低。旋转方向可逆。M系列永磁直流电动机规格见表5-26，产品性能数据见表5-27，外形及安装尺寸见表5-28及表5-29。

表5-26　M系列永磁直流电动机规格

| 机座 | 铁心号 | 电压（V） | | | | | | | | | | | |
|---|---|---|---|---|---|---|---|---|---|---|---|---|---|
| | | 6 | | | 9 | | | 12 | | | 24 | | |
| | | 转速（r/min） | | | | | | | | | | | |
| | | 3 000 | 6 000 | 9 000 | 3 000 | 6 000 | 9 000 | 3 000 | 6 000 | 9 000 | 3 000 | 6 000 | 9 000 |
| | | 转矩（mN·m） | | | | | | | | | | | |
| 20 | 1 | 1 | 1 | 0.8 | 1.2 | 1.2 | 1 | 1.2 | 1.2 | 1 | | | |
| | 2 | 2 | 2 | 1.6 | 2.5 | 2.5 | 2 | 2.5 | 2.5 | 2 | | 2.5 | 2 |
| 28 | 1 | 4 | 4 | | 5 | 5 | 4 | 5 | 5 | 4 | 5 | 5 | 4 |
| | 2 | 8 | 8 | | 10 | 10 | 8 | 10 | 10 | 8 | 10 | 10 | 8 |
| 36 | 1 | | | | 16 | | | 16 | 16 | 14 | 16 | 16 | 14 |
| | 2 | | | | 25 | | | 25 | 25 | 22 | 25 | 25 | 22 |
| 45 | 1 | | | | | | | 37 | 37 | | 37 | 37 | 30 |
| | 2 | | | | | | | 55 | | | 55 | 55 | 44 |

表5－27 M系列永磁直流电动机性能数据

| 型号 | 额定电压(V) | 额定转速(r/min) | 额定转矩(mN·m) | 额定电流≤(A) | 额定功率(W) | 堵转转矩/额定转矩≥ |
|---|---|---|---|---|---|---|
| M20－862 | 24 | 6 000 | 2.5 | 0.18 | 1.54 | 3 |
| 892 | 24 | 9 000 | 2 | 0.22 | 1.84 | 3.5 |
| M20－431 | 12 | 3 000 | 1.2 | 0.13 | 0.37 | 2 |
| 432 | 12 | 3 000 | 2.5 | 0.19 | 0.76 | 2 |
| 461 | 12 | 6 000 | 1.2 | 0.21 | 0.74 | 3 |
| 462 | 12 | 6 000 | 2.5 | 0.35 | 1.54 | 3 |
| 491 | 12 | 9 000 | 1 | 0.25 | 0.92 | 4 |
| 492 | 12 | 9 000 | 2 | 0.43 | 1.84 | 4 |
| M20－331 | 9 | 3 000 | 1.2 | 0.15 | 0.37 | 2 |
| 332 | 9 | 3 000 | 2.5 | 0.25 | 0.77 | 2 |
| 361 | 9 | 6 000 | 1.2 | 0.28 | 0.75 | 3 |
| 362 | 9 | 6 000 | 2.5 | 0.50 | 1.55 | 3 |
| 391 | 9 | 9 000 | 1 | 0.32 | 0.92 | 4 |
| 392 | 9 | 9 000 | 2 | 0.58 | 1.84 | 4 |
| M20－231 | 6 | 3 000 | 1 | 0.23 | 0.30 | 2 |
| 232 | 6 | 3 000 | 2 | 0.33 | 0.61 | 2 |
| 261 | 6 | 6 000 | 1 | 0.37 | 0.60 | 3 |
| 262 | 6 | 6 000 | 2 | 0.65 | 1.2 | 3 |
| 291 | 6 | 9 000 | 0.8 | 0.45 | 0.74 | 4 |
| 292 | 6 | 9 000 | 1.6 | 0.75 | 1.48 | 4 |
| M28－831 | 24 | 3 000 | 5 | 0.17 | 1.54 | 2.5 |
| 832 | 24 | 3 000 | 10 | 0.30 | 3 | 2.5 |
| 861 | 24 | 6 000 | 5 | 0.30 | 3 | 3 |

（续表）

| 型　号 | 额定电压（V） | 额定转速（r/min） | 额定转矩（mN·m） | 额定电流≤（A） | 额定功率（W） | 堵转转矩/额定转矩≥ |
|---|---|---|---|---|---|---|
| M28-862 | 24 | 6 000 | 10 | 0.55 | 6 | 3 |
| 891 | | 9 000 | 4 | 0.37 | 3.7 | 4 |
| 892 | | | 8 | 0.65 | 7.4 | 4 |
| M28-431 | 12 | 3 000 | 5 | 0.35 | 1.54 | 2.5 |
| 432 | | | 10 | 0.60 | 3 | 2.5 |
| 461 | | 6 000 | 5 | 0.60 | 3 | 3 |
| 462 | | | 10 | 1.15 | 6 | 3 |
| 491 | | 9 000 | 4 | 0.73 | 3.7 | 4 |
| 492 | | | 8 | 1.35 | 7.4 | 4 |
| M28-331 | 9 | 3 000 | 5 | 0.45 | 1.54 | 2.5 |
| 332 | | | 10 | 0.80 | 3 | 2.5 |
| 361 | | 6 000 | 5 | 0.82 | 3 | 3 |
| 362 | | | 10 | 1.50 | 6 | 3 |
| 391 | | 9 000 | 4 | 1.05 | 3.7 | 4 |
| 392 | | | 8 | 1.85 | 7.3 | 4 |
| M28-231 | 6 | 3 000 | 4 | 0.55 | 1.2 | 2.5 |
| 232 | | | 8 | 1.00 | 2.46 | 2.5 |
| 261 | | 6 000 | 4 | 1.00 | 2.46 | 3 |
| 262 | | | 8 | 1.90 | 4.9 | 3 |
| M36-831 | 24 | 3 000 | 16 | 0.45 | 4.9 | 3 |
| 832 | | | 25 | 0.65 | 7.7 | 3 |
| 861 | | 6 000 | 10 | 0.85 | 9.8 | 4 |
| 862 | | | 25 | 1.25 | 15.4 | 4 |

（续表）

| 型 号 | 额定电压（V） | 额定转速（r/min） | 额定转矩（mN·m） | 额定电流≤（A） | 额定功率（W） | 堵转转矩/额定转矩≥ |
|---|---|---|---|---|---|---|
| M36－891 | 24 | 9 000 | 14 | 1.15 | 13 | 5 |
| 892 | | | 22 | 1.6 | 20.3 | 5 |
| M36－431 | 12 | 3 000 | 16 | 0.90 | 4.9 | 3 |
| 432 | | | 15 | 1.30 | 7.7 | 3 |
| 461 | | 6 000 | 16 | 1.65 | 9.8 | 3.5 |
| 462 | | | 25 | 2.35 | 15.4 | 3.5 |
| 491 | | 9 000 | 14 | 2.2 | 13 | 4 |
| 492 | | | 22 | 3.20 | 20.3 | 4 |
| M36－331 | 9 | 3 000 | 16 | 1.2 | 4.9 | 3 |
| 332 | | | 25 | 1.70 | 7.7 | 3 |
| M45－831 | 24 | 3 000 | 37 | 0.90 | 11.3 | 3 |
| 832 | | | 55 | 1.25 | 17 | 3 |
| 861 | | 6 000 | 37 | 1.7 | 22.6 | 4 |
| 862 | | | 55 | 2.40 | 34 | 4 |
| 891 | | 9 000 | 30 | 2.10 | 27.7 | 5 |
| 892 | | | 44 | 2.8 | 40.6 | 5 |
| 431 | 12 | 3 000 | 37 | 1.8 | 11.3 | 3 |
| 432 | | | 55 | 2.50 | 17 | 3 |
| 461 | | 6 000 | 37 | 3.40 | 22.5 | 4 |

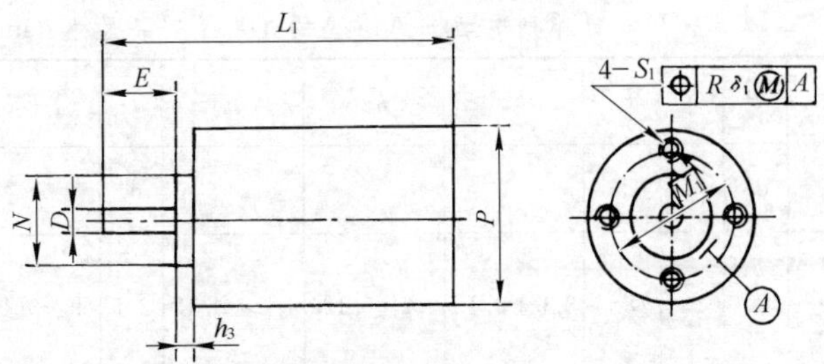


螺孔有效深度不小于 2.5 mm

**表 5-28 附图**

表 5-28 M 系列电动机 IMB14 型的外形及安装尺寸(mm)

<table>
<tr><th rowspan="2">机座号</th><th rowspan="2">铁心代号</th><th>$P$</th><th>$N$</th><th>$M$</th><th>$h_3$</th><th>$S_1$</th><th>$\delta_1$</th><th>$D$</th><th>$E$</th><th>$L_1$</th></tr>
<tr><th>d5</th><th></th><th></th><th></th><th></th><th></th><th>dc</th><th></th><th>≤</th></tr>
<tr><td rowspan="2">20</td><td>1</td><td rowspan="2">20</td><td rowspan="2">10</td><td rowspan="2">14</td><td rowspan="2">1.5</td><td rowspan="2">M2.5</td><td rowspan="2">0.1</td><td rowspan="2">2.5</td><td rowspan="2">9±0.18</td><td>50</td></tr>
<tr><td>2</td><td>58</td></tr>
<tr><td rowspan="2">28</td><td>1</td><td rowspan="2">28</td><td rowspan="2">18</td><td rowspan="2">22</td><td rowspan="2">1.5</td><td rowspan="2">M2.5</td><td rowspan="2">0.1</td><td rowspan="2">3</td><td rowspan="2">10±0.18</td><td>63</td></tr>
<tr><td>2</td><td>71</td></tr>
<tr><td rowspan="2">36</td><td>1</td><td rowspan="2">36</td><td rowspan="2">22</td><td rowspan="2">27</td><td rowspan="2">2.5</td><td rowspan="2">M3</td><td rowspan="2">0.1</td><td rowspan="2">4</td><td rowspan="2">12±0.22</td><td>73</td></tr>
<tr><td>2</td><td>83</td></tr>
<tr><td rowspan="2">45</td><td>1</td><td rowspan="2">45</td><td rowspan="2">25</td><td rowspan="2">33</td><td rowspan="2">2.5</td><td rowspan="2">M3</td><td rowspan="2">0.1</td><td rowspan="2">5</td><td rowspan="2">12±0.22</td><td>85</td></tr>
<tr><td>2</td><td>95</td></tr>
</table>

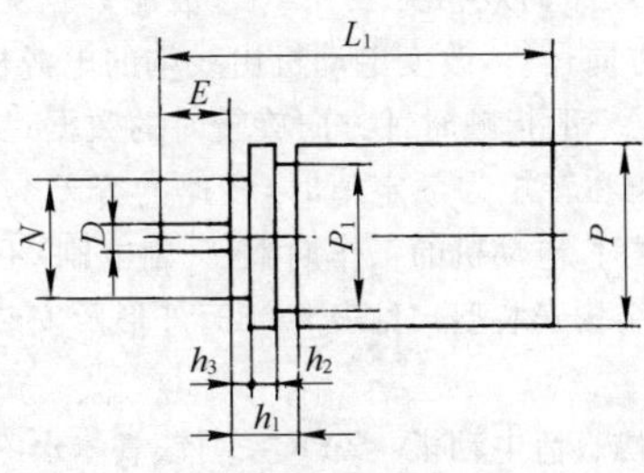


**表 5-29 附图**

表 5-29 M系列电动机 A4a 型的外形及安装尺寸 (mm)

| 机座号 | 铁心代号 | $P$ | $N$ | $P_1$ | $h_1$ | $h_2$ | $h_3$ | $D$ | $E$ | $L_1$ |
|---|---|---|---|---|---|---|---|---|---|---|
| | | d5 | d | d6 | | | | dc | | ≤ |
| 20 | 1 | 20 | 13 | 18.5 | 3.6±0.15 | 1.2±0.125 | 1.2±0.12 | 2.5 | 9±0.18 | 50 |
| | 2 | | | | | | | | | 58 |
| 28 | 1 | 28 | 26 | 26.5 | 6±0.15 | 1.5±0.12 | 1.5±0.12 | 3 | 10±0.18 | 63 |
| | 2 | | | | | | | | | 71 |
| 36 | 1 | 36 | 32 | 34 | 8±0.215 | 2±0.125 | 2±0.125 | 4 | 12±0.22 | 73 |
| | 2 | | | | | | | | | 83 |
| 45 | 1 | 45 | 41 | 42 | 8±0.215 | 2±0.125 | 2±0.125 | 5 | 12±0.22 | 85 |
| | 2 | | | | | | | | | 95 |

2) ZYT系列永磁直流电动机 ZYT系列采用铁氧体永磁磁极，磁稳定性好，拆装后不退磁，电动机的效率高、温升低、换向火花小、价格低廉(仅为铝镍钴永磁直流电动机的1/2～1/3)。但铁氧体的温度系数大，当温度升高时电机电流即增大，故通常最高温度不宜超过120℃。该系列直流电动机用于家用电器、汽车电器、医疗器械和其他小型器械驱动。

ZYT系列永磁直流电动机的机座号用机壳外径表示，电动机的额定输出用额定转矩表示，产品的规格见表5-30，性能数据见表5-31。该系列电动机可顺逆两个方向运行，改变电动机出线端的电源极性，电机即改变转向。表5-30的数据一般指顺时针方向旋转时的数据；反转时，转速或电流值略有差异。在电压和转矩为额定值时，转速的容差为±15%。在标准规定的工作条件下使用时，电动机的工作期限(一副电刷)不低于表5-32的数值，各机座号产品的结构安装型式见表5-33，外形及安装尺寸见表5-34～表5-36。

3) ZYR系列永磁直流电动机 ZYR系列铁氧体永磁直流电动机的结构性能与ZYT系列相同。为适应出口的需要，其外形及安装尺寸可采用英制。

表 5-30 ZYT 系列永磁直流电动机产品规格

| 机座号 | 铁心代号 \ 转矩(mN·m) | 电压 3 V 转速(r/min) | | | | 电压 6 V 转速(r/min) | | | |
|---|---|---|---|---|---|---|---|---|---|
| | | 3 000 | 5 000 | 8 000 | 12 000 | 3 000 | 5 000 | 8 000 | 12 000 |
| 20 | 2 | 1.2 | 1.2 | 1.2 | 1.2 | 1.2 | 1.2 | 1.2 | 1.2 |
| 24 | 2 | 2.5 | 2.5 | 2.5 | 2.5 | 2.5 | 2.5 | 2.5 | 2.5 |
| 28 | 1 | | | | | 4.0 | 4.0 | 4.0 | |
| | 2 | | | | | 8.0 | 8.0 | 8.0 | |
| 36 | 1 | | | | | | | | |
| | 2 | | | | | | | | |
| 45 | 1 | | | | | | | | |
| | 2 | | | | | | | | |
| 55 | 1 | | | | | | | | |
| | 2 | | | | | | | | |
| 70 | 1 | | | | | | | | |
| | 2 | | | | | | | | |
| 90 | 1 | | | | | | | | |
| | 2 | | | | | | | | |
| 110 | 1 | | | | | | | | |
| | 2 | | | | | | | | |

（续表）

| 机座号 | 铁心代号 \ 转矩（mN·m） | 电压 12 V |  |  |  | 电压 24 V |  |  |  | 电压 110 V |  | 电压 220 V |  |
|---|---|---|---|---|---|---|---|---|---|---|---|---|---|
|  |  | 转速（r/min） |  |  |  | 转速（r/min） |  |  |  | 转速（r/min） |  | 转速（r/min） |  |
|  |  | 3 000 | 5 000 | 8 000 | 12 000 | 3 000 | 5 000 | 8 000 | 12 000 | 1 500 | 3 000 | 1 500 | 3 000 |
| 20 | 2 |  |  |  |  |  |  |  |  |  |  |  |  |
| 24 | 2 | 2.5 | 2.5 | 2.5 | 2.5 |  |  |  |  |  |  |  |  |
| 28 | 1 | 4.0 | 4.0 | 4.0 | 4.0 | 4.0 | 4.0 | 4.0 | 4.0 |  |  |  |  |
|  | 2 | 8.0 | 8.0 | 8.0 | 8.0 | 8.0 | 8.0 | 8.0 | 8.0 |  |  |  |  |
| 36 | 1 | 12.0 | 12.0 | 12.0 |  | 12.0 | 12.0 | 12.0 |  |  |  |  |  |
|  | 2 | 20.0 | 20.0 | 20.0 |  | 20.0 | 20.0 | 20.0 |  |  |  |  |  |
| 45 | 1 | 25.5 | 25.5 | 25.5 |  | 25.0 | 25.0 | 25.0 |  |  |  |  |  |
|  | 2 | 40.0 | 40.0 | 40.0 |  | 40.0 | 40.0 | 40.0 |  |  |  |  |  |
| 55 | 1 | 50.0 | 50.0 | 50.0 |  | 50.0 | 50.0 | 50.0 |  |  |  |  |  |
|  | 2 | 80.0 | 80.0 |  |  | 80.0 | 80.0 | 80.0 |  |  |  |  |  |
| 70 | 1 | 120.0 | 120.0 |  |  | 120.0 | 120.0 | 120.0 |  |  |  |  |  |
|  | 2 | 200.0 |  |  |  | 200.0 | 200.0 |  |  |  |  |  |  |
| 90 | 1 |  |  |  |  |  |  |  |  | 250.0 | 250.0 | 250.0 | 250.0 |
|  | 2 |  |  |  |  |  |  |  |  | 400.0 | 400.0 | 400.0 | 400.0 |
| 110 | 1 |  |  |  |  |  |  |  |  | 500.0 | 500.0 | 500.0 | 500.0 |
|  | 2 |  |  |  |  |  |  |  |  | 800.0 | 800.0 | 800.0 | 800.0 |

表 5－31　ZYT 系列永磁直流电动机性能数据

| 机座号/序　号 | 额定电压(V) | 空载转速(≤r/min) | 额定运行 | | | | 输出功率②(W) |
|---|---|---|---|---|---|---|---|
| | | | 转速(r/min) | 转矩(mN·m) | 电流①(A) | 效率(%) | |
| 20/02 | 3 | 5 300 | 3 000 | 1.2 | 0.45 | 28 | 0.3 |
| 20/04 | 3 | 8 000 | 5 000 | 1.2 | 0.70 | 30 | 0.5 |
| 20/06 | 3 | 11 500 | 8 000 | 1.2 | 1.05 | 32 | 0.8 |
| 20/08 | 3 | 16 000 | 12 000 | 1.2 | 1.48 | 34 | 1.3 |
| 20/10 | 6 | 5 300 | 3 000 | 1.2 | 0.21 | 30 | 0.3 |
| 20/12 | 6 | 8 000 | 5 000 | 1.2 | 0.33 | 32 | 0.5 |
| 20/14 | 6 | 11 500 | 8 000 | 1.2 | 0.49 | 34 | 0.8 |
| 20/16 | 6 | 16 000 | 12 000 | 1.2 | 0.70 | 36 | 1.3 |
| 24/02 | 3 | 5 300 | 3 000 | 2.5 | 0.87 | 30 | 0.7 |
| 24/04 | 3 | 8 000 | 5 000 | 2.5 | 1.36 | 32 | 1.1 |
| 24/06 | 3 | 11 500 | 8 000 | 2.5 | 2.05 | 34 | 1.8 |
| 24/08 | 3 | 16 000 | 12 000 | 2.5 | 2.91 | 36 | 2.7 |
| 24/10 | 6 | 5 300 | 3 000 | 2.5 | 0.41 | 32 | 0.7 |
| 24/12 | 6 | 8 000 | 5 000 | 2.5 | 0.64 | 34 | 1.1 |
| 24/14 | 6 | 11 500 | 8 000 | 2.5 | 0.97 | 36 | 1.8 |
| 24/16 | 6 | 16 000 | 12 000 | 2.5 | 1.38 | 38 | 2.7 |
| 24/18 | 12 | 5 300 | 3 000 | 2.5 | 0.19 | 34 | 0.7 |
| 24/20 | 12 | 8 000 | 5 000 | 2.5 | 0.30 | 36 | 1.1 |
| 24/22 | 12 | 11 500 | 8 000 | 2.5 | 0.46 | 38 | 1.8 |
| 24/24 | 12 | 16 000 | 12 000 | 2.5 | 0.65 | 40 | 2.7 |
| 28/01 | 6 | 5 000 | 3 000 | 4.0 | 0.52 | 40 | 1.0 |
| 28/02 | 6 | 5 000 | 3 000 | 8.0 | 1.00 | 42 | 2.1 |
| 28/03 | 6 | 7 500 | 5 000 | 4.0 | 0.83 | 42 | 1.8 |
| 28/04 | 6 | 7 500 | 5 000 | 8.0 | 1.59 | 44 | 3.6 |
| 28/05 | 6 | 11 000 | 8 000 | 4.0 | 1.27 | 44 | 2.8 |
| 28/06 | 6 | 11 000 | 8 000 | 8.0 | 2.43 | 46 | 5.7 |
| 28/07 | 12 | 5 000 | 3 000 | 4.0 | 0.25 | 42 | 1.0 |
| 28/08 | 12 | 5 000 | 3 000 | 8.0 | 0.48 | 44 | 2.1 |
| 28/09 | 12 | 7 500 | 5 000 | 4.0 | 0.36 | 48 | 1.8 |
| 28/10 | 12 | 7 500 | 5 000 | 8.0 | 0.70 | 50 | 3.6 |

（续表）

| 机座号/序 号 | 额定电压(V) | 空载转速(r/min)≤ | 额 定 运 行 | | | | 输出功率②(W) |
|---|---|---|---|---|---|---|---|
| | | | 转速(r/min) | 转矩(mN·m) | 电流①(A) | 效率(%) | |
| 28/11 | 12 | 11 000 | 8 000 | 4.0 | 0.56 | 50 | 2.8 |
| 28/12 | 12 | 11 000 | 8 000 | 8.0 | 1.07 | 52 | 5.7 |
| 28/13 | 12 | 15 500 | 12 000 | 4.0 | 0.81 | 52 | 4.3 |
| 28/14 | 12 | 15 500 | 12 000 | 8.0 | 1.55 | 54 | 8.6 |
| 28/15 | 24 | 5 000 | 3 000 | 4.0 | 0.12 | 44 | 1.0 |
| 28/16 | 24 | 5 000 | 3 000 | 8.0 | 0.23 | 46 | 2.1 |
| 28/17 | 24 | 7 500 | 5 000 | 4.0 | 0.18 | 48 | 1.8 |
| 28/18 | 24 | 7 500 | 5 000 | 8.0 | 0.35 | 50 | 3.6 |
| 28/19 | 24 | 11 000 | 8 000 | 4.0 | 0.28 | 50 | 2.8 |
| 28/20 | 24 | 11 000 | 8 000 | 8.0 | 0.54 | 52 | 5.7 |
| 28/21 | 24 | 15 500 | 12 000 | 4.0 | 0.40 | 52 | 4.3 |
| 28/22 | 24 | 15 500 | 12 000 | 8.0 | 0.78 | 54 | 8.6 |
| 36/01 | 12 | 4 500 | 3 000 | 12.0 | 0.63 | 50 | 3.2 |
| 36/02 | 12 | 4 500 | 3 000 | 20.0 | 1.01 | 52 | 5.3 |
| 36/03 | 12 | 7 000 | 5 000 | 12.0 | 0.90 | 58 | 5.3 |
| 36/04 | 12 | 7 000 | 5 000 | 20.0 | 1.45 | 60 | 8.9 |
| 36/05 | 12 | 10 500 | 8 000 | 12.0 | 1.40 | 60 | 8.5 |
| 36/06 | 12 | 10 500 | 8 000 | 20.0 | 2.25 | 62 | 14.2 |
| 36/07 | 24 | 4 500 | 3 000 | 12.0 | 0.30 | 52 | 3.2 |
| 36/08 | 24 | 4 500 | 3 000 | 20.0 | 0.48 | 54 | 5.3 |
| 36/09 | 24 | 7 000 | 5 000 | 12.0 | 0.44 | 60 | 5.3 |
| 36/10 | 24 | 7 000 | 5 000 | 20.0 | 0.70 | 62 | 8.9 |
| 36/11 | 24 | 15 000 | 8 000 | 12.0 | 0.68 | 62 | 8.5 |
| 36/12 | 24 | 10 500 | 8 000 | 20.0 | 1.09 | 64 | 14.2 |
| 45/01 | 12 | 4 300 | 3 000 | 25.0 | 1.26 | 52 | 6.7 |
| 45/02 | 12 | 4 300 | 3 000 | 40.0 | 1.94 | 54 | 10.7 |
| 45/03 | 12 | 6 800 | 5 000 | 25.0 | 1.82 | 60 | 11.0 |
| 45/04 | 12 | 6 800 | 5 000 | 40.0 | 2.82 | 62 | 17.8 |
| 45/05 | 12 | 10 300 | 8 000 | 25.0 | 2.82 | 62 | 17.8 |
| 45/06 | 12 | 10 300 | 8 000 | 40.0 | 4.36 | 64 | 28.5 |

（续表）

| 机座号/序号 | 额定电压(V) | 空载转速(r/min)≤ | 额定运行 | | | | 输出功率[②](W) |
|---|---|---|---|---|---|---|---|
| | | | 转速(r/min) | 转矩(mN·m) | 电流[①](A) | 效率(%) | |
| 45/07 | 24 | 4 300 | 3 000 | 25.0 | 0.63 | 52 | 6.7 |
| 45/08 | 24 | 4 300 | 3 000 | 40.0 | 0.97 | 54 | 10.7 |
| 45/09 | 24 | 6 800 | 5 000 | 25.0 | 0.71 | 60 | 11.0 |
| 45/10 | 24 | 6 800 | 5 000 | 40.0 | 1.41 | 62 | 17.8 |
| 45/11 | 24 | 10 300 | 8 000 | 25.0 | 1.41 | 62 | 17.8 |
| 45/12 | 24 | 10 300 | 8 000 | 40.0 | 2.18 | 64 | 28.5 |
| 55/01 | 12 | 4 300 | 3 000 | 50.0 | 2.52 | 52 | 13.4 |
| 55/02 | 12 | 4 300 | 3 000 | 80.0 | 3.88 | 54 | 21.4 |
| 55/03 | 12 | 6 800 | 5 000 | 50.0 | 3.52 | 62 | 22.3 |
| 55/04 | 12 | 6 800 | 5 000 | 80.0 | 5.45 | 64 | 35.6 |
| 55/05 | 12 | 10 300 | 8 000 | 50.0 | 5.45 | 64 | 35.6 |
| 55/07 | 24 | 4 300 | 3 000 | 50.0 | 1.26 | 52 | 13.4 |
| 55/08 | 24 | 4 300 | 3 000 | 80.0 | 1.94 | 54 | 21.4 |
| 55/09 | 24 | 6 800 | 5 000 | 50.0 | 1.76 | 62 | 22.3 |
| 55/10 | 24 | 6 800 | 5 000 | 80.0 | 2.73 | 64 | 35.6 |
| 55/11 | 24 | 10 300 | 8 000 | 50.0 | 2.73 | 64 | 35.6 |
| 55/12 | 24 | 10 300 | 8 000 | 80.0 | 4.23 | 66 | 57.0 |
| 70/01 | 12 | 4 000 | 3 000 | 120.0 | 5.61 | 56 | 32.0 |
| 70/02 | 12 | 4 000 | 3 000 | 200.0 | 9.03 | 58 | 53.4 |
| 70/03 | 12 | 6 500 | 5 000 | 120.0 | 8.73 | 60 | 53.4 |
| 70/05 | 24 | 4 000 | 3 000 | 120.0 | 2.71 | 58 | 32.0 |
| 70/06 | 24 | 4 000 | 3 000 | 200.0 | 4.36 | 60 | 53.4 |
| 70/07 | 24 | 6 500 | 5 000 | 120.0 | 4.22 | 62 | 53.4 |
| 70/08 | 24 | 6 500 | 5 000 | 200.0 | 6.32 | 64 | 89.0 |
| 70/09 | 24 | 10 000 | 8 000 | 120.0 | 6.54 | 64 | 85.5 |
| 90/01 | 110 | 1 900 | 1 500 | 250.0 | 0.59 | 60 | 35.3 |
| 90/02 | 110 | 1 900 | 1 500 | 400.0 | 0.92 | 62 | 56.5 |
| 90/03 | 110 | 3 700 | 3 000 | 250.0 | 1.05 | 68 | 70.2 |
| 90/04 | 110 | 3 700 | 3 000 | 400.0 | 1.63 | 70 | 113 |
| 90/05 | 220 | 1 900 | 1 500 | 250.0 | 0.29 | 62 | 35.3 |

（续表）

| 机座号/序 号 | 额定电压(V) | 空载转速(r/min)≤ | 额 定 运 行 | | | | 输出功率②(W) |
|---|---|---|---|---|---|---|---|
| | | | 转速(r/min) | 转矩(mN·m) | 电流①(A) | 效率(%) | |
| 90/06 | 220 | 1 900 | 1 500 | 400.0 | 0.45 | 64 | 56.5 |
| 90/07 | 220 | 3 700 | 3 000 | 250.0 | 0.51 | 70 | 70.7 |
| 90/08 | 220 | 3 700 | 3 000 | 400.0 | 0.79 | 72 | 113 |
| 110/01 | 110 | 1 900 | 1 500 | 500.0 | 1.08 | 66 | 70.7 |
| 110/02 | 110 | 1 900 | 1 500 | 800.0 | 1.68 | 68 | 113 |
| 110/03 | 110 | 3 700 | 3 000 | 500.0 | 1.98 | 72 | 141 |
| 110/04 | 110 | 3 700 | 3 000 | 800.0 | 3.09 | 74 | 226 |
| 110/05 | 220 | 1 850 | 1 500 | 500.0 | 0.52 | 68 | 70.7 |
| 110/06 | 220 | 1 850 | 1 500 | 800.0 | 0.82 | 70 | 113 |
| 110/07 | 220 | 3 650 | 3 000 | 500.0 | 0.96 | 74 | 141 |
| 110/08 | 220 | 3 650 | 3 000 | 800.0 | 1.50 | 76 | 226 |

① 电流为参考值；
② 输出功率(W)＝转矩(N·m)×转速下限值×2π/60。

表 5－32 ZYT系列永磁直流电动机工作期限 (h)

| 机 座 号 | 转 速 (r/min) | | | | |
|---|---|---|---|---|---|
| | 1 500 | 3 000 | 5 000 | 8 000 | 12 000 |
| 20,24,28,36 | | 500 | 300 | 200 | 150 |
| 45,55,70 | | 600 | 400 | 250 | |
| 90,110 | 1 200 | 800 | | | |

表 5－33 ZYT系列永磁直流电动机结构安装型式

| 机 座 号 | 结构安装型式 | 代 号 |
|---|---|---|
| 20～110 | 凸缘安装 | IMB14 |
| 45～110 | 大凸缘安装 | IMB5 |
| 70～110 | 底脚安装 | IMB3 |

表 5-34　ZYT 系列永磁直流电动机凸缘安装(IMB14)尺寸　(mm)

| 安装尺寸 | | | | | | | | | | | | 外型尺寸≤ | |
|---|---|---|---|---|---|---|---|---|---|---|---|---|---|
| N | | | P | T | | 螺孔数 | S | D | | | E | AC | L |
| 基本尺寸 | 极限偏差 Ⅰ(h6,j6) | 极限偏差 Ⅱ(h10) | | Ⅰ | Ⅱ | | | 基本尺寸 | 极限偏差 Ⅰ(js6,j6) | 极限偏差 Ⅱ(h6) | | | |
| 8 | 0<br>-0.009 | 0<br>-0.058 | 20 | 1.5 | 2.5 | 2 | M1.6 | 2 | ±0.003 | 0<br>-0.006 | 10 | 20 | 40 |
| 10 | 0<br>-0.009 | 0<br>-0.058 | 24 | 1.5 | 2.5 | 2 | M2 | 2 | ±0.003 | 0<br>-0.006 | 10 | 24 | 45 |
| 10 | 0<br>-0.009 | 0<br>-0.058 | 28 | 1.5 | 3.5 | 2 | M2 | 3 | ±0.003 | 0<br>-0.006 | 14 | 28 | 60 |
| 14 | 0<br>-0.011 | 0<br>-0.070 | 36 | 1.5 | 4.5 | 2 | M3 | 4 | ±0.004 | 0<br>-0.008 | 14 | 36 | 80 |
| 18 | 0<br>-0.011 | 0<br>-0.070 | 45 | 2.5 | 5.0 | 2 | M3 | 5 | ±0.004 | 0<br>-0.008 | 20 | 45 | 110 |
| 25 | 0<br>-0.013 | 0<br>-0.084 | 55 | 2.5 | 6.0 | 4 | M4 | 6 | +0.006<br>-0.002 | 0<br>-0.008 | 20 | 55 | 125 |
| 32 | 0<br>-0.016 | | 70 | 2.5 | | 4 | M5 | 7 | +0.007<br>-0.002 | | 20 | 70 | 155 |

（续表）

| 安装尺寸 | | | | | | | | | | | | 外型尺寸≤ | |
|---|---|---|---|---|---|---|---|---|---|---|---|---|---|
| N | | | P | T | | 螺孔数 | S | D | | | E | AC | L |
| 基本尺寸 | 极限偏差 Ⅰ(h6,j6) | 极限偏差 Ⅱ(h10) | | Ⅰ | Ⅱ | | | 基本尺寸 | 极限偏差 Ⅰ(js6,j6) | 极限偏差 Ⅱ(h6) | | | |
| 50 | +0.011<br>−0.005 | | 90 | 2.5 | | 4 | M5 | 9 | +0.007<br>−0.002 | | 25 | 90 | 185 |
| 60 | +0.012<br>−0.007 | | 110 | 2.5 | | 4 | M5 | 11 | +0.008<br>−0.003 | | 28 | 110 | 220 |

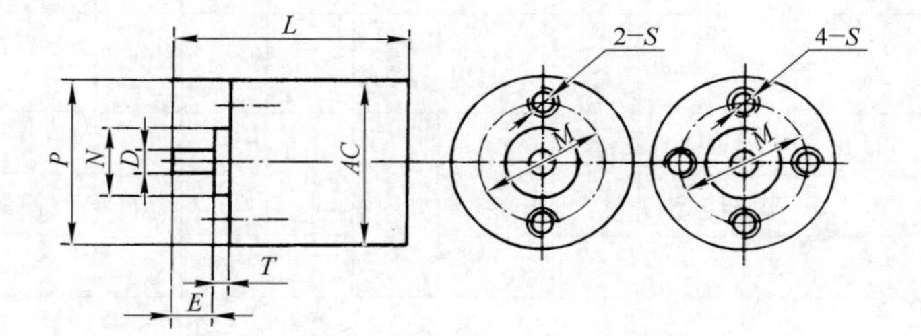


**表 5－34 附图** ZYT 系列凸缘安装(IMB14)结构

表 5-35　ZYT 系列永磁直流电动机大凸缘安装(IMB5)尺寸　(mm)

| 机座号 | 安装尺寸 | | | | | | | | | 外形尺寸≤ | | |
|---|---|---|---|---|---|---|---|---|---|---|---|---|
| | $M$ | $N$(j6) | $b$ | $T$(max) | 孔数 | $S$(H14) | $D$(js6,j6) | $R$ | $E$ | $AC$ | $AD$ | $L$ |
| 45 | 55 | $40^{+0.011}_{-0.005}$ | 49 | 2.5 | 4 | $5.8^{+0.30}_{0}$ | 5±0.004 | 0±1.0 | 16 | 45 | 30 | 110 |
| 55 | 65 | $50^{+0.011}_{-0.005}$ | 56 | 2.5 | 4 | $5.8^{+0.30}_{0}$ | $6^{+0.006}_{-0.002}$ | 0±1.0 | 16 | 55 | 35 | 125 |
| 70 | 85 | $70^{+0.012}_{-0.007}$ | 74 | 2.5 | 4 | $7^{+0.36}_{0}$ | $7^{+0.007}_{-0.002}$ | 0±1.0 | 16 | 70 | 45 | 155 |
| 90 | 115 | $95^{+0.013}_{-0.009}$ | 99 | 3.0 | 4 | $10^{+0.36}_{0}$ | $9^{+0.007}_{-0.002}$ | 0±1.5 | 20 | 90 | 55 | 185 |
| 110 | 130 | $110^{+0.013}_{-0.009}$ | 113 | 3.5 | 4 | $10^{+0.36}_{0}$ | $11^{+0.008}_{-0.003}$ | 0±1.5 | 23 | 110 | 65 | 220 |

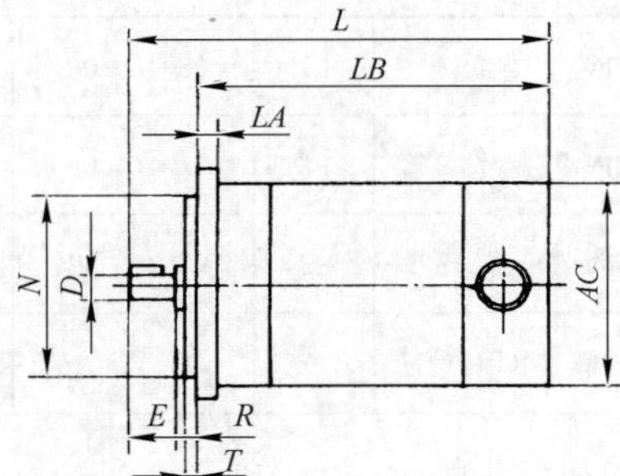


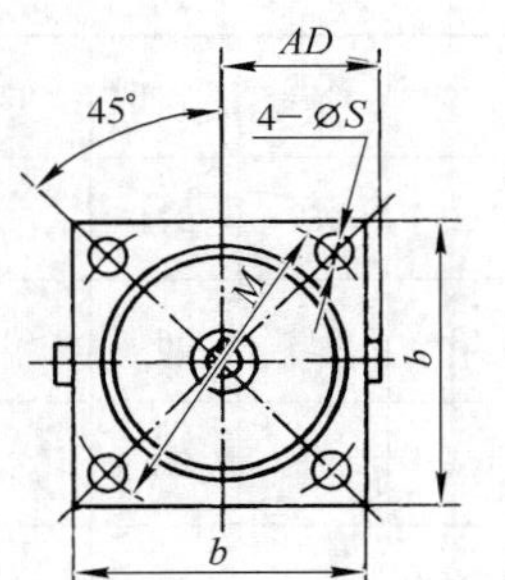


**表 5-35 附图**　ZYT 系列永磁直流电动机大凸缘安装(IMB5)结构

表 5-36 ZYT 系列永磁直流电动机底脚安装(IMB3)尺寸 (mm)

| 机座号 | 安装尺寸 | | | | | | | | 外型尺寸≤ | | | | |
|---|---|---|---|---|---|---|---|---|---|---|---|---|---|
| | $H$ | $A$ | $B$ | $C$ | $K$(H14) | 螺栓 | $D$(j6) | $E$ | $AB$ | $AC$ | $AD$ | $HC$ | $L$ |
| 70 | $45_{-0.4}^{0}$ | 71 | 56 | 28 | $4.8_{0}^{+0.30}$ | M4 | $7_{-0.002}^{+0.007}$ | 16 | 90 | 70 | 45 | 80 | 155 |
| 90 | $56_{-0.5}^{0}$ | 90 | 71 | 36 | $5.8_{0}^{+0.30}$ | M5 | $9_{-0.002}^{+0.007}$ | 20 | 115 | 90 | 55 | 101 | 185 |
| 110 | $63_{-0.5}^{0}$ | 100 | 80 | 40 | $7_{0}^{+0.36}$ | M6 | $11_{-0.003}^{+0.008}$ | 23 | 130 | 110 | 65 | 118 | 220 |

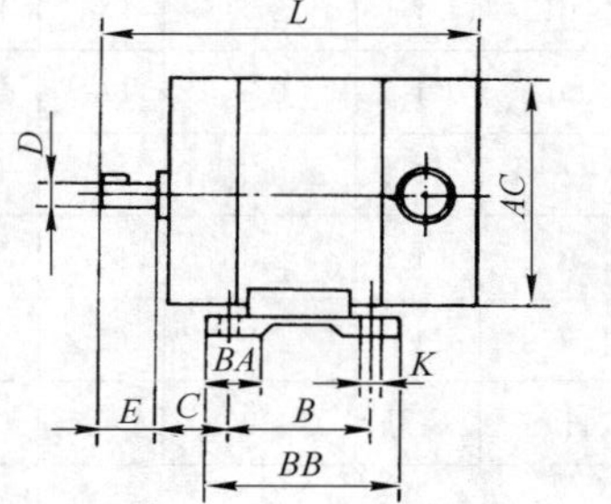


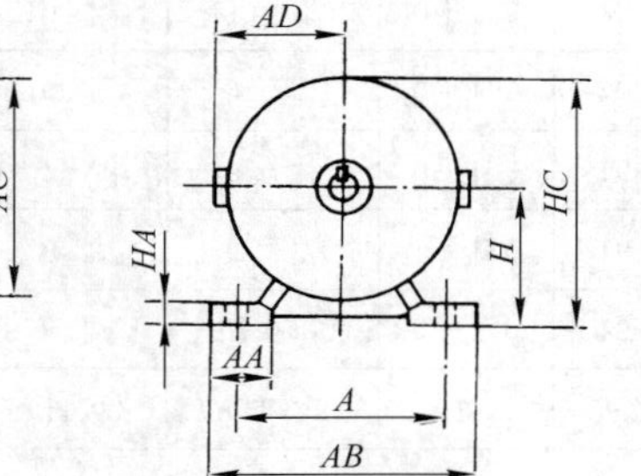


**表 5-36 附图** ZYT 系列永磁直流电动机底脚安装(IMB3)结构

该系列电动机只有24、28、36三个机座号，结构安装型式为IMB14。电动机的技术数据见表5-37，外形及安装尺寸见表5-38。

表5-37　ZYR系列永磁直流电动机技术数据

| 型　号 | 额定电压（V） | 空载 电流（A） | 空载 转速（r/min） | 额定负载 转矩（mN·m） | 额定负载 电流（A） | 额定负载 转速（r/min） | 堵转转矩（mN·m） |
|---|---|---|---|---|---|---|---|
| ZYR24101 | 6 | 0.05 | 4 300 | 1 | 0.15 | 3 500 | 4 |
| ZYR28 | 6,12,24 | 0.09～0.17 | 7 500～11 200 | 45～9 | 0.34～0.93 | 6 000～9 000 | 18～34 |
| ZYR36101 | 12 | 0.64 | 16 600 | 17 | 3.1 | 13 550 | 96 |
| YZR36102 | 12 | 0.29 | 7 000 | 19 | 1.4 | 5 800 | 110 |
| ZYR36103 | 24 | 0.18 | 8 960 | 19 | 0.89 | 7 520 | 122 |
| ZYR36104 | 6 | 0.64 | 9 810 | 12 | 2.92 | 7 850 | 65 |
| ZYR36301 | 12 | 0.7 | 14 000 | 27 | 4.18 | 12 000 | 150 |
| ZYR36302 | 24 | 0.19 | 7 800 | 29 | 1.15 | 6 700 | 210 |
| ZYR36302-1 | 24 | 0.19 | 7 800 | 23 | 1.0 | 6 700 | 150 |

表5-38　ZYR系列永磁直流电动机安装尺寸　（mm）

| 尺寸＼型号 | ZYR281 | ZYR283 | ZYR361 | ZYR363 |
|---|---|---|---|---|
| $L_1$ | 32.6 | 41.0 | 50.0 | 57.0 |
| $L$ | 51.0 | 60.0 | 67.0 | 75.0 |

3. 盘式永磁直流电动机

它是一种新颖的高效率的永磁直流电动机。采用盘形磁性转子结构，整机体积小，输出功率大，电机效率高，技术性能指标优良。SYP型及ZPY型盘式永磁直流电动机广泛应用在电动自行车、三轮客、货车及农用机具等动力机械作驱动用，ZYP型盘式永磁直流电动机专供各类汽车空调作冷暖风机配套用。它们的主要技术数据见表5-39。

4. 无刷直流电动机

无刷直流电动机是一种新型直流电动机，它是以电子换向装置代替传统的电刷和换向器式的机械换向装置，采用霍尔元件作为位置传感器，整机由电动机本体、转子位置传感器和电子控制器组成。适用于要求恒速的驱动装置。它具有以下优点：起动迅速、调速范围宽；机械特性和调节特性线

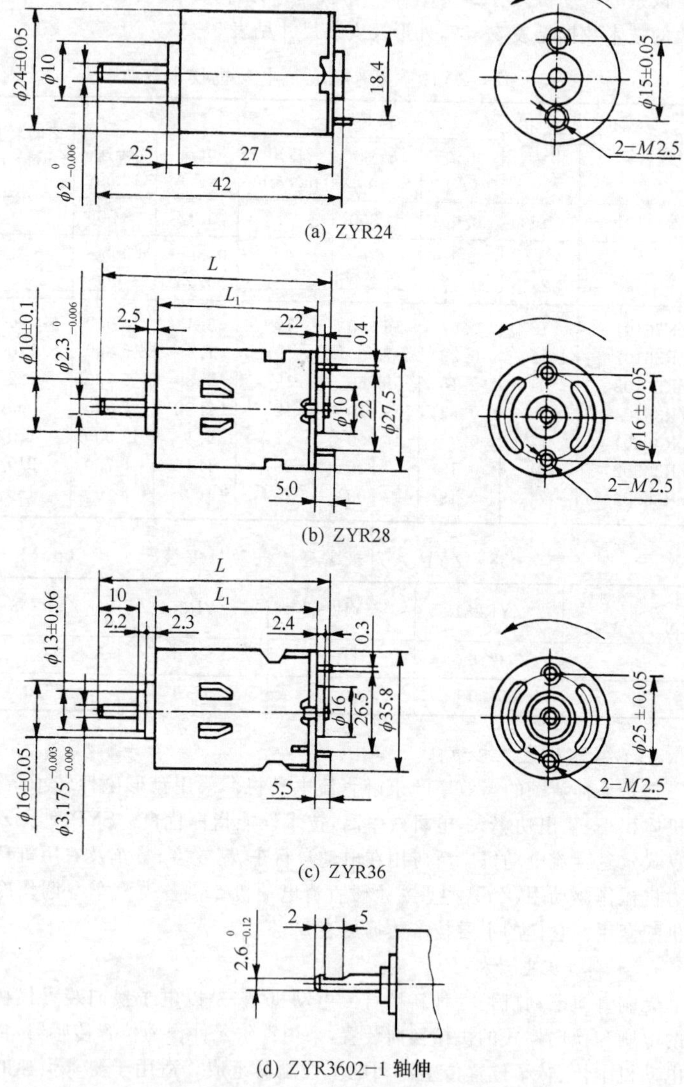


(a) ZYR24

(b) ZYR28

(c) ZYR36

(d) ZYR3602−1 轴伸

**表 5−38 附图**　ZYR 系列永磁直流电动机安装尺寸

表 5-39 若干型号的盘式永磁直流电动机主要技术数据

| 用途 | 型 号 | 功率（W） | 电压（V） | 电流（A） | 转速（r/min） | 输出转矩（mN·m） | 效率（%） | 质量（kg） | 外形尺寸最大外径×高(mm) | 生 产 厂 |
|---|---|---|---|---|---|---|---|---|---|---|
| 电动自行车用 | ZPYJ-300 | 300 | 24 | 15.43 | 230 | | 78 | 3.8 | 162×126 | 贵州遵义市电机厂 |
| | ZPYJ-200 | 200 | 24 | 10.82 | 230 | | 77 | 3.2 | 162×123 | |
| | ZPY-200① | 200 | 24 | 10.82 | 3 900 | | 80 | 2.3 | 162×88 | |
| | ZPY-90 | 90 | 24 | 5 | 3 800 | | 75 | 1.4 | | |
| | ZPY-60① | 60 | 24 | 3.31 | 3 800 | | 73 | 1.0 | 145×80 | |
| | 160SYP001 | 150 | 24 | <8.5 | 3 300 | 421.7 | >70 | 2.5 | | 上海微电机研究所 |
| 汽车空调暖风机用 | ZYP-80② | 80 | 12 | 7 | 2 300 | | | | 128×50 | 成都市团结电动机厂 |
| | ZYP-80② | 80 | 24 | 3 | 2 300 | | | | 128×50 | |

① 不带齿轮减速器；
② 借非传动端端盖凸缘安装。

性度好;可靠性高、寿命较长;噪声较低、维护方便;无换向火花和无线电干扰;适用于一般直流电动机不能胜任的环境。

表5-40为ZWH型无刷直流电动机的技术数据。

表5-40 ZWH型无刷直流电动机技术数据

| 型号 | 额定电压(V) | 额定转矩 | | 额定电流(mA) | 额定转速(r/min) | 稳速误差(r/min) | 工作制 | 电机系统质量(g) | 生产厂 |
|---|---|---|---|---|---|---|---|---|---|
| | | (g·cm) | (mN·m) | | | | | | |
| ZWH1 | 10 | 28 | 2.7 | 350 | 2 800 | 150 | 连续 | 70 | 上海微型电机厂 |
| ZWH2 | 10 | 28 | 2.7 | 350 | 2 800 | 120 | 连续 | 70 | |
| 40ZWH1 | 12 | 20 | 1.9 | 300 | 1 500 | 35 | 连续 | 220 | |

## 四、小功率交流换向器电动机

交流换向器电动机适用于具有单相交流供电的场所,广泛用作小机床、搅拌机、包装机吸尘器、家用缝纫机、电钻、电动工具,以及在计算工具、精密机械、医疗器械、通讯及测量装置等作驱动电机。它具有类似直流串励电动机软的机械特性,起动转矩大,过载能力强且能大范围地调节速度。但需注意避免空载条件下运转,以免转速过高造成损害和危险。

交流换向器电动机主要分成两类:一类是纯由单相交流供电的串励电动机。基本系列为G系列,它已能取代老产品的U型和G型单相串励电动机。另一类是交直流两用串励电动机。产品有HL、HC、SU型HDZ系列和JIZ系列电钻电机等。设计时采取改善磁路的结构,使之在交流供电及直流供电时电动机具有相同的运行特性。

1. G系列电动机

产品设计共有四个机座号38个规格,每一机座号有2~3种铁心长度。G系列单相串励电动机的型号含义规定为

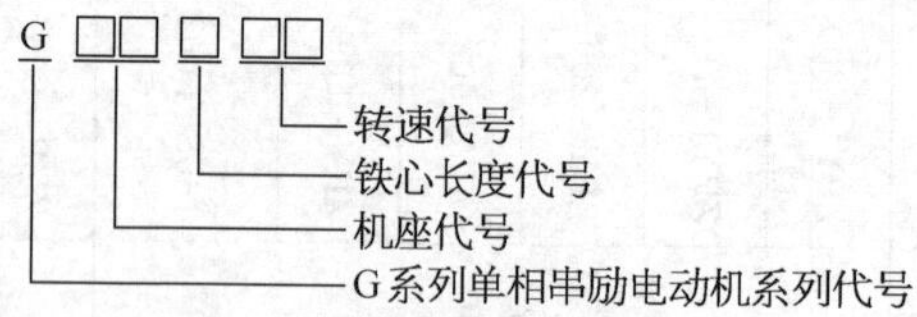


G系列单相串励电动机的主要性能数据见表5-41,技术数据见表5-42,外形与安装尺寸见表5-43。

表 5-41 G 系列单相串励电动机主要性能数据

| 功率 (W) | 4 000 r/min | | | | 6 000 r/min | | | | 8 000 r/min | | | | 12 000 r/min | | | |
|---|---|---|---|---|---|---|---|---|---|---|---|---|---|---|---|---|
| | 效率 (%) | cos φ | 起动转矩/额定转矩 | 起动电流/额定电流 | 效率 (%) | cos φ | 起动转矩/额定转矩 | 起动电流/额定电流 | 效率 (%) | cos φ | 起动转矩/额定转矩 | 起动电流/额定电流 | 效率 (%) | cos φ | 起动转矩/额定转矩 | 起动电流/额定电流 |
| 8 | 32 | 0.83 | | | | | | | | | | | | | | |
| 15 | 38 | 0.83 | 1.5 | | 40 | 0.86 | | | | | | | | | | |
| 25 | 44 | 0.81 | | | 45 | 0.86 | 1.8 | | 46 | | | | | | | |
| 40 | 50 | 0.81 | | | 51 | 0.86 | | | 52 | | 3.0 | | 53 | | | |
| 60 | 53 | 0.80 | 1.7 | | 54 | 0.86 | | | 55 | | | | 56 | | 4.5 | |
| 90 | 56 | 0.80 | | | 56 | 0.86 | 2.5 | | 57 | | | | 58 | | | |
| 120 | 59 | 0.80 | | 2.5 | 60 | 0.84 | | 3.5 | 60 | 0.88 | 4.0 | 4.5 | 60 | 0.92 | | 6.0 |
| 180 | 61 | 0.79 | 2 | | 61 | 0.84 | | | 62 | | | | 62 | | 6.0 | |
| 250 | 63 | 0.78 | | | 63 | 0.84 | 3.0 | | 64 | | | | 64 | | | |
| 370 | 65 | 0.78 | | | 65 | 0.84 | | | 66 | | 5.0 | | | | | |
| 550 | 66 | 0.77 | 2 | | 67 | 0.84 | | | 68 | | | | | | | |
| 750 | 67 | 0.76 | | | 68 | 0.84 | 3.5 | | | | | | | | | |

表5-42 G系列单相串励电动机技术数据

| 型号 | 主要性能 | | | | 结构数据 | | | | | 绕组数据 | | | | | | | |
|---|---|---|---|---|---|---|---|---|---|---|---|---|---|---|---|---|---|
| | 功率(W) | 电压(V) | 转速(r/min) | 电流(A) | 定子外径(mm) | 定子内径(mm) | 铁心长度(mm) | 气隙长度(mm) | 转子槽数 | 定子每极匝数 | 转子每元件匝数 | 转子总导体数 | 换向器片数 | 实槽节距 | 定子线规 | 转子线规 | 定、转子匝数比 |
| G3614 | 8 | 220 | 4 000 | 0.125 | 56 | 30 | 18 | 0.3 | 8 | 1 010 | 214 | 10 272 | 24 | 3 | 0.14 | 0.09 | 0.393 |
| G3624 | 15 | 220 | 4 000 | 0.208 | 56 | 30 | 30 | 0.3 | 8 | 685 | 137 | 6 576 | 24 | 3 | 0.18 | 0.12 | 0.417 |
| G3634 | 25 | 220 | 4 000 | 0.324 | 56 | 30 | 38 | 0.3 | 8 | 536 | 104 | 4 992 | 24 | 3 | 0.23 | 0.15 | 0.431 |
| G3636 | 40 | 220 | 6 000 | 0.418 | 56 | 30 | 38 | 0.3 | 8 | 470 | 77 | 3 696 | 24 | 3 | 0.25 | 0.17 | 0.51 |
| G3638 | 60 | 220 | 8 000 | 0.52 | 56 | 30 | 38 | 0.3 | 8 | 445 | 62 | 2 976 | 24 | 3 | 0.29 | 0.20 | 0.6 |
| G36312 | 90 | 220 | 12 000 | 0.775 | 56 | 30 | 38 | 0.3 | 8 | 366 | 47 | 2 256 | 24 | 3 | 0.33 | 0.23 | 0.65 |
| G4524 | 60 | 220 | 4 000 | 0.62 | 71 | 39 | 40 | 0.35 | 12 | 362 | 51 | 3 672 | 36 | 5 | 0.31 | 0.21 | 0.394 |
| G45212 | 180 | 220 | 12 000 | 1.3 | 71 | 39 | 40 | 0.35 | 12 | 192 | 25 | 1 800 | 36 | 5 | 0.44 | 0.31 | 0.425 |
| G4534 | 90 | 220 | 4 000 | 0.907 | 71 | 39 | 50 | 0.35 | 12 | 290 | 39 | 2 808 | 36 | 5 | 0.38 | 0.25 | 0.413 |
| G4536 | 120 | 220 | 6 000 | 1.02 | 71 | 39 | 50 | 0.35 | 12 | 240 | 33 | 2 376 | 36 | 5 | 0.41 | 0.27 | 0.405 |
| G4538 | 180 | 220 | 8 000 | 1.36 | 71 | 39 | 50 | 0.35 | 12 | 195 | 26 | 1 872 | 36 | 5 | 0.44 | 0.31 | 0.417 |
| G45312 | 250 | 220 | 12 000 | 1.8 | 71 | 39 | 50 | 0.35 | 12 | 167 | 19 | 1 368 | 36 | 5 | 0.51 | 0.38 | 0.489 |

（续表）

| 型号 | 主要性能 | | | | 结构数据 | | | | | 绕组数据 | | | | | | | |
|---|---|---|---|---|---|---|---|---|---|---|---|---|---|---|---|---|---|
| | 功率(W) | 电压(V) | 转速(r/min) | 电流(A) | 定子外径(mm) | 定子内径(mm) | 铁心长度(mm) | 气隙长度(mm) | 转子槽数 | 定子每极匝数 | 转子每元件匝数 | 转子总导体数 | 换向器片数 | 实槽节距 | 定子线规 | 转子线规 | 定、转子匝数比 |
| G5614 | 120 | 220 | 4 000 | 1.145 | 90 | 50 | 35 | 0.5 | 13 | 266 | 42 | 3 276 | 39 | 6 | 0.44 | 0.29 | 0.325 |
| G5616 | 180 | 220 | 6 000 | 1.51 | 90 | 50 | 35 | 0.5 | 13 | 243 | 31 | 2 418 | 39 | 6 | 0.49 | 0.33 | 0.402 |
| G5618 | 250 | 220 | 8 000 | 1.95 | 90 | 50 | 35 | 0.5 | 13 | 226 | 24 | 1 872 | 39 | 6 | 0.55 | 0.38 | 0.483 |
| G5624 | 180 | 220 | 4 000 | 1.7 | 90 | 50 | 50 | 0.5 | 13 | 195 | 29 | 2 262 | 39 | 6 | 0.53 | 0.35 | 0.344 |
| G5626 | 250 | 220 | 6 000 | 2.05 | 90 | 50 | 50 | 0.5 | 13 | 179 | 22 | 1 716 | 39 | 6 | 0.57 | 0.41 | 0.417 |
| G5628 | 370 | 220 | 8 000 | 2.81 | 90 | 50 | 50 | 0.5 | 13 | 166 | 17 | 1 326 | 39 | 6 | 0.64 | 0.47 | 0.15 |
| G5634 | 250 | 220 | 4 000 | 2.32 | 90 | 50 | 65 | 0.5 | 13 | 152 | 22 | 1 716 | 39 | 6 | 0.59 | 0.41 | 0.354 |
| G5636 | 370 | 220 | 6 000 | 3.02 | 90 | 50 | 65 | 0.5 | 13 | 144 | 16 | 1 248 | 39 | 6 | 0.67 | 0.47 | 0.462 |
| G5638 | 550 | 220 | 8 000 | 4.05 | 90 | 50 | 65 | 0.5 | 13 | 123 | 12 | 936 | 39 | 6 | 0.77 | 0.55 | 0.526 |
| G7114 | 370 | 220 | 4 000 | 3.22 | 120 | 69 | 42 | 0.9 | 19 | 156 | 17 | 1 938 | 57 | 9 | 0.69 | 0.49 | 0.322 |
| G7116 | 550 | 220 | 6 000 | 4.1 | 120 | 69 | 42 | 0.9 | 19 | 132 | 13 | 1 482 | 57 | 9 | 0.77 | 0.55 | 0.356 |
| G7124 | 550 | 220 | 4 000 | 4.72 | 120 | 69 | 60 | 0.9 | 19 | 112 | 12 | 1 368 | 57 | 9 | 0.83 | 0.59 | 0.328 |
| G7126 | 750 | 220 | 6 000 | 5.5 | 120 | 69 | 60 | 0.9 | 19 | 100 | 9 | 1 026 | 57 | 9 | 0.93 | 0.64 | 0.39 |

表 5-43 G系列单相串励电动机的外形与安装尺寸 (mm)

| 机座号 | | 安装尺寸 | | | | | | | | | | | | | | | | | | | | 外形尺寸 | | |
|---|---|---|---|---|---|---|---|---|---|---|---|---|---|---|---|---|---|---|---|---|---|---|---|---|
| | | $A$ | $A/2$ | $B$ | $C$ | $D$ (gc) | $E$ | $F$ (Jc) | $G$ (d6) | $g$ (d6) | $H$ | $T$ | $K$ | $M$ | $N$ (d3) | $P$ | $R$ | $S$ | $(x_1)$ | $(y)$ | 孔数 | $2AD$ | $HC$ | $L$ |
| 36 | 1 | | | | | | | | | | | | | | | | | | | | | | | 110 |
| | 2 | 56 | 28 | 45 | 22 | 6 | 16 | | | 5 | 36 | 2 | 5 | 35 | 20 | 50 | 3 | M4 | 0.2 | 0.2 | 4 | 75 | 70 | 120 |
| | 3 | | | | | | | | | | | | | | | | | | | | | | | 130 |
| 45 | 1 | | | | | | | | | | | | | | | | | | | | | | | 140 |
| | 2 | 71 | 35.5 | 56 | 28 | 7 | 16 | | | 6 | 45 | 3 | 6 | 45 | 30 | 60 | 4 | M5 | 0.2 | 0.2 | 4 | 90 | 85 | 150 |
| | 3 | | | | | | | | | | | | | | | | | | | | | | | 160 |
| 56 | 1 | | | | | | | | | | | | | | | | | | | | | | | 180 |
| | 2 | 90 | 45 | 71 | 36 | 11 | 23 | 4 | 8.5 | | 56 | 3 | 7 | 65 | 50 | 80 | 4 | M5 | 0.2 | 0.2 | 4 | 110 | 105 | 195 |
| | 3 | | | | | | | | | | | | | | | | | | | | | | | 210 |
| 71 | 1 | | | | | | | | | | | | | | | | | | | | | | | 225 |
| | 2 | 112 | 56 | 90 | 45 | 14 | 30 | 4 | 11.5 | | 71 | 3 | 10 | 85 | 70 | 105 | 4 | M6 | 0.25 | 0.25 | 4 | 130 | 135 | 245 |
| | 3 | | | | | | | | | | | | | | | | | | | | | | | 265 |

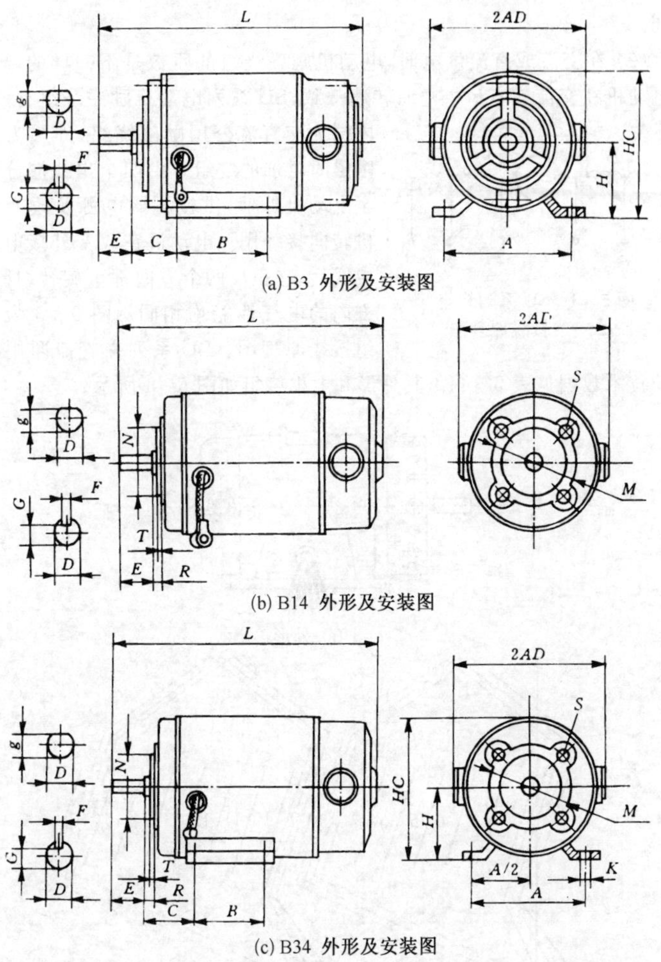


(a) B3 外形及安装图

(b) B14 外形及安装图

(c) B34 外形及安装图

**表 5-43 附图** G 系列单相串励电动机的外形及安装图

2. SU 系列电动机

SU 为交直流两用电动机系列，其工作原理和结构与基本系列是类同的，主要特征为：

(1) 在相同的交流或直流电压条件下，电动机在额定负载时的转速值相同。

(2) 在交流或直流供电时,电动机励磁绕组的匝数是不一样的。为了使电动机在交流或直流供电时转速一致,SU系列电动机励磁绕组有两组,内层为交直流公用励磁绕组,外层为直流励磁时增加的绕组。由四个出线端分别引至电动机外部,供接不同电源及改变电动机转向接线用。电动机在改变外接电路的接线后,在正反两个方向都可旋转,且两个方向的电气性能均相同。图5-3为其绕组接线原理图。SU系列交直流两用电动机的技术数据见表5-44。其外形和电枢绕组如图5-4所示。

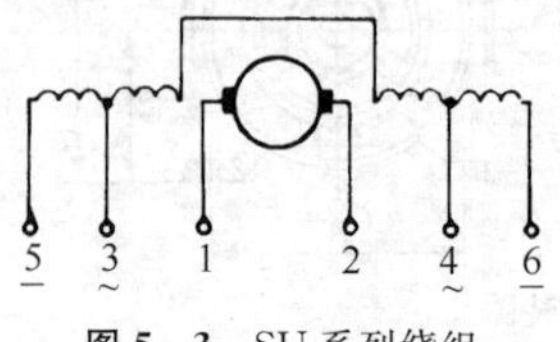


图5-3　SU系列绕组接线原理图

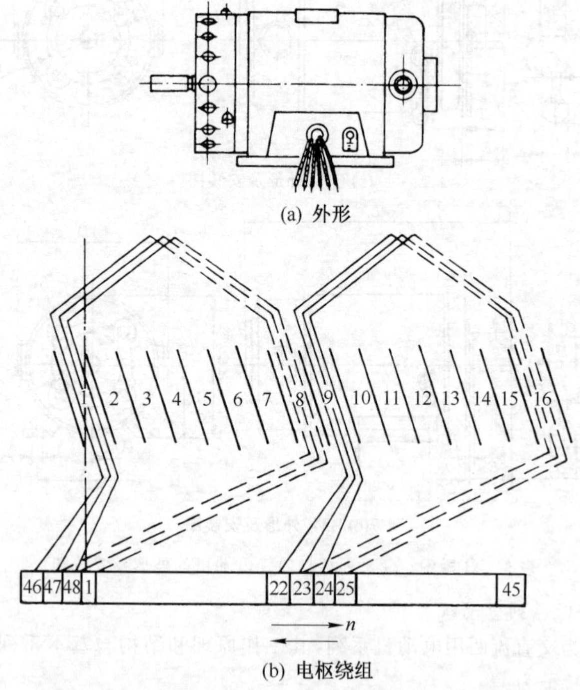


图5-4　SU系列交直流两用电动机外形和电枢绕组

表 5-44 SU 系列交直流两用串励电动机技术数据

<table>
<tr><th rowspan="3">型号</th><th colspan="7">主要性能</th><th colspan="7">结构数据</th><th colspan="11">绕组数据</th></tr>
<tr><th colspan="2">电压(V)</th><th colspan="2">输出功率(W)</th><th colspan="2">转矩(mN·m)</th><th rowspan="2">转速(r/min)</th><th rowspan="2">轴伸数</th><th rowspan="2">定子外径(mm)</th><th rowspan="2">定子内径(mm)</th><th rowspan="2">铁心长度(mm)</th><th rowspan="2">气隙长度(mm)</th><th rowspan="2">转子外径(mm)</th><th rowspan="2">转子槽数</th><th rowspan="2">定子磁极交流匝数</th><th rowspan="2">定子磁极直流增加匝数</th><th rowspan="2">定子磁极总匝数</th><th rowspan="2">转子每元件匝数</th><th rowspan="2">转子每槽导体数</th><th rowspan="2">转子总导体数</th><th rowspan="2">元件数或换向器片数</th><th rowspan="2">实槽节距</th><th rowspan="2">转子线规(mm)</th><th colspan="2">定子线规(mm)</th></tr>
<tr><th>交流</th><th>直流</th><th>交流</th><th>直流</th><th>交流</th><th>直流</th><th>交流</th><th>直流</th></tr>
<tr><td>SU-1</td><td rowspan="2">110</td><td rowspan="2">110</td><td rowspan="4">80</td><td rowspan="4">100</td><td rowspan="4">310</td><td rowspan="4">390</td><td rowspan="4">2 500</td><td>1</td><td rowspan="4">94</td><td rowspan="4">51.6</td><td rowspan="4">60</td><td rowspan="4">0.55</td><td rowspan="4">50.5</td><td rowspan="4">16</td><td rowspan="2">111</td><td rowspan="2">209</td><td rowspan="2">320</td><td rowspan="2">12</td><td rowspan="2">72</td><td rowspan="2">1 152</td><td rowspan="4">48</td><td rowspan="4">7</td><td rowspan="2">0.47</td><td rowspan="2">0.62</td><td rowspan="2">0.49</td></tr>
<tr><td>SU-1C</td><td>2</td></tr>
<tr><td>SU-2</td><td rowspan="2">220</td><td rowspan="2">220</td><td>1</td><td rowspan="2">219</td><td rowspan="2">441</td><td rowspan="2">660</td><td rowspan="2">25</td><td rowspan="2">150</td><td rowspan="2">2 400</td><td rowspan="2">0.33</td><td rowspan="2">0.44</td><td rowspan="2">0.35</td></tr>
<tr><td>SU-2C</td><td>2</td></tr>
</table>

在表 5-44 中只列出主要的 4 种规格电动机,其余 8 种规格的性能外型安装尺寸与之相同,但出线简化,仅适于单一电压单一旋转方向使用,其型号与上 4 种规格区分为:

适于交流者:110 V 有 SU-1A,SU-1AC;

220 V 有 SU-2A,SU-2AC。

适于直流者:110 V 有 SU-1D,SU-1DC;

220 V 有 SU-2D,SU-2DC。

产品型号的文字代号 A 表示适于交流电源,D 表示适于直流电源,C 表示为双轴伸。

单一旋转方向的电动机,其转向为逆时针转(面对换向器端看)。若需顺时针转订货时须提出要求。

3. HDZ 系列单相交直流两用串励电动机

这种系列的电动机是按照国家标准并吸取国际上同类产品的优点设计制造的。它具有体积小、重量轻、起动力矩大、交直流两用,以及使用方便、安全可靠等特点,供开关断路器操作及弹簧操作机构做驱动合闸用。

HDZ 系列交直流两用串励电动机型号说明如下:

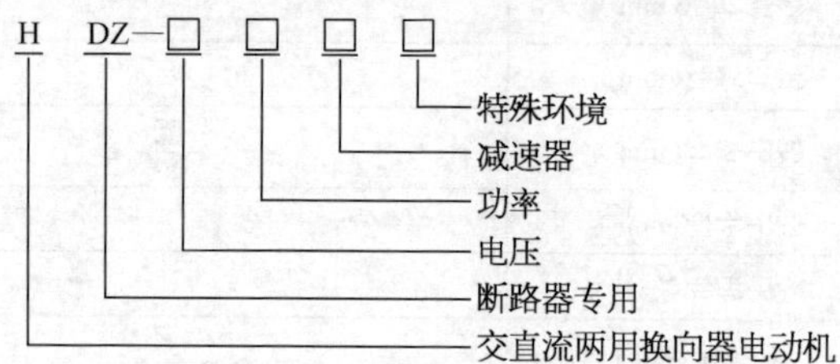


HDZ 系列交直流两用串励电动机技术数据见表 5-45。

表 5-45 HDZ 系列单相交直流两用串励电动机技术数据

| 型号 | 功率(W) | 电流(A) | 电压(V) | 频率(Hz) | 转速(r/min) | 起动矩(N·m) | 起动电流(A) | 外形尺寸(mm)长×宽×高 |
|---|---|---|---|---|---|---|---|---|
| HDZ-27 | 150 | 1 | 220 | 50 | 10 000 | 1 | 8 | 137×82×100 |
| HDZ-297 | 200 | 1.6 | 220 | 50 | 8 000 | 1.4 | 12 | 189×82×82 |
| HDZ-115 | 220 | 4.2 | 110 | | 400 | 42 | 22 | 325×121×100 |

（续表）

| 型号 | 功率(W) | 电流(A) | 电压(V) | 频率(Hz) | 转速(r/min) | 起动矩(N·m) | 起动电流(A) | 外形尺寸(mm)长×宽×高 |
|---|---|---|---|---|---|---|---|---|
| HDZ-411 | 220 | 12 | 24 |  | 1 210 | 16.8 | 80 | 220×96×122 |
| HDZ-511 | 220 | 7.5 | 60 |  | 1 210 | 16.8 | 36 | 220×96×122 |
| HDZ-212 | 220 | 1.8 | 220 | 50 | 190 | 70 | 14 | 204×210×95 |
| HDZ-113 | 220 | 4.2 | 110 |  | 580 | 29 | 22 | 208×110×95 |
| HDZ-213 | 220 | 1.8 | 220 | 50、60 | 580 | 29 | 14 | 208×110×95 |
| HDZ-213P | 220 | 1.8 | 220 | 50 | 580 | 29 | 14 | 208×113×95 |
| HDZ-111 | 220 | 4.2 | 110 |  | 1 210 | 16.8 | 22 | 220×96×122 |
| HDZ-211 | 220 | 1.8 | 220 | 50、60 | 1 210 | 16.8 | 14 | 220×96×122 |
| HDZ-311 | 220 | 1.3 | 380 | 50、60 | 1 210 | 16.8 | 8 | 220×96×122 |
| HDZ-313 | 220 | 1.3 | 380 | 50、60 | 580 | 29 | 8 | 208×110×95 |
| HDZ-136 | 230 | 4 | 110 |  | 2 000 | 10 | 30 | 232×63.5×63.5 |
| HDZ-236 | 230 | 1.8 | 220 | 50 | 2 000 | 10 | 14 | 232×63.5×63.5 |
| HDZ-26 | 250 | 1.9 | 220 | 50 | 8 000 | 1.8 | 14 | 157×100×100 |
| HDZ-16 | 250 | 4 | 127 | 50 | 8 000 | 1.8 | 30 | 157×100×100 |
| HDZ-123 | 385 | 6 | 110 |  | 580 | 44 | 32 | 225×110×95 |
| HDZ-223 | 385 | 3 | 220 | 50、60 | 580 | 44 | 18 | 225×110×95 |
| HDZ-223P | 385 | 3 | 220 | 50 | 580 | 44 | 18 | 225×113×95 |
| HDZ-125 | 385 | 6 | 110 |  | 400 | 63 | 32 | 334×121×100 |
| HDZ-121 | 385 | 6 | 110 |  | 1 210 | 26 | 32 | 229×96×122 |
| HDZ-221 | 385 | 3 | 220 | 50、60 | 1 210 | 26 | 18 | 229×96×122 |
| HDZ-321 | 385 | 2.1 | 380 | 50、60 | 1 210 | 26 | 12 | 229×96×122 |
| HDZ-323 | 385 | 2.1 | 380 | 50、60 | 580 | 44 | 12 | 225×110×95 |
| HDZ-22 | 385 | 2.7 | 220 | 50 | 13 200 | 2 | 22 | 142×100×90 |
| HDZ-25 | 700 | 5 | 220 | 50 | 10 000 | 5 | 36 | 242×131×131 |

4. HL、HC型交直流两用串励电动机

HL型交直流两用串励电动机适用于交流和直流电源，为离心机专用电动机，亦可作小功率驱动电机，本产品为B级绝缘，短时工作制 $S_2$，工作时间90 min。其主要技术参数见表5－46。

HC型交直流两用串励电动机适用于一般用途带负载起动的电动工具、医疗器械、各种设备、仪器等小功率驱动元件。其主要技术参数见表5－47。

表5－46 HL型交直流两用串励电动机技术数据

| 电机型号 | 功率(W) | 转速(r/min) | 转矩(mN·m) | 直流 | | 交流 | | |
|---|---|---|---|---|---|---|---|---|
| | | | | 电压(V) | 电流(A) | 电压(V) | 电流(A) | 频率(Hz) |
| HL 104/01 | 250 | 5 000 | | 160 | 3 | 180 | 3 | 50 |
| HL 104/02 | 180 | 5 000 | | 160 | 2.3 | 180 | 2.3 | 50 |
| HL 104/03 | | 4 000 | 340 | 160 | 2.3 | 180 | 2.3 | 50 |
| HL 0102<br>03、06 | 450 | 5 000 | 860 | 160 | 6 | 180 | 6 | 50 |
| 130HL04 | 400 | 11 000 | 398.9 | 160 | 6 | 180 | 6 | 50 |
| 130HL 05<br>05A | 550 | 5 000 | 1 051.6 | 160 | 7 | 180 | 7 | 50 |

表5－47 HC型交直流两用串励电动机技术数据

| 电机型号 | 电压(V) | 电流(A) | 功率(W) | 转速(r/min) | 转矩(mN·m) | 频率(Hz) | 工作制 |
|---|---|---|---|---|---|---|---|
| HC 100/01 | 220 | 1.4 | 150 | 5 000±10% | 280 | 50 | $S_1$ |
| HC 100/02 | 220 | 0.55 | 40 | 18 000±20% | 20 | 50 | $S_1$ |
| HC 104/01 | 220 | 2.2 | 250 | 5 000 | / | 50 | / |

## 5－2 控制用微电机

### 一、控制用微电机的用途、分类和型号命名方法

控制用微电机按其在控制系统中的用途和功能，可将其分成信号元件及功率元件两大类。常用的几种控制用微电机的分类、功能和用途见表5－48。

表 5-48 控制用微电机的分类、功能及用途

| 类别 | 产品名称 | 代号 | 产品分类 | 功能 | 用途 |
|---|---|---|---|---|---|
| 信号测量元件 | 自整角机 | Z（自） | 1. 力矩式自整角机<br>2. 控制式自整角机<br>3. 差动式自整角机<br>4. 多极自整角机 | 发送机与接收机成对运行，能使两者在非机械连结下完成角度的远距离传送、接收和变换 | 广泛应用在同步传动系统中作远距离指示用，以及在追随系统中作检测元件以实现自动指示角度、位置、距离和指令的目的 |
| | 旋转变压器 | X（旋） | 1. 正、余弦旋转变压器<br>2. 线性旋转变压器<br>3. 比例式旋转变压器<br>4. 多极旋转变压器 | 输出电压与转子的转角成正弦、余弦函数或在一定范围内的正比例关系等 | 用作坐标变换、三角解算和角度数据的传输与移相。多极的旋变在多通道系统中作解算和检测元件 |
| | 测速发电机 | C（测） | 1. 直流测速发电机<br>2. 交流感应子式测速发电机<br>3. 交流同步测速发电机 | 输出电压与转速成严格的线性函数关系 | 用在控制系统检测转速、速度反馈作提高系统精度和稳定性的校正元件；或用作进行微分和积分的解算元件 |
| 功率放大元件 | 伺服电动机 | S（伺） | 1. 直流伺服电动机<br>2. 交流伺服电动机 | 把输入电信号转换成转轴上角位移或角速度输出。可控性好 | 广泛用于自控、随动及计算装置中作执行元件或普通驱动元件 |
| | 力矩电动机 | L（力） | 1. 直流力矩电动机<br>2. 交流力矩电动机（异步、同步） | 输出转矩较大；能低速甚至堵转状态运行；反应速度快，机械特性和调节特性的线性度好 | 广泛应用在快速响应、位置精度和速度精度要求较高的伺服系统中作直接驱动负载的执行元件 |
| | 步进电动机 | B（步） | 1. 反应式步进电动机<br>2. 永磁式步进电动机<br>3. 混合式步进电动机 | 把输入电脉冲信号转换成相应的角位移或线位移。能按控制要求在很大范围内调节电机转速，且能快速起动、制动和反转 | 广泛应用于数字控制系统，且主要是开环系统中作执行元件，并使系统大为简化 |

## 二、自整角机

自整角机是一种感应式机电信号转换元件。其作用是将转轴的转角变换为电信号,或将电信号变换为转轴的转角,从而能在非机械连接下,将角度传输、变换和接收。它广泛应用在同步传动系统中作为远距离指示元件,以及在追随系统中用作检测元件。

自整角机在系统中通常是两台或多台组合使用。用于产生信号的一方称为发送机;接收信号的一方称为接收机。按电源来分,自整角机有三相和单相两种,前者多用于功率较大的场合;后者则广泛应用于自控和遥控系统,本节重点介绍后者。

按结构型式自整角机有接触式和无接触式两种。接触式自整角机的结构与凸极式电机或线绕式异步电机相似。自整角机的单相绕组(一般称励磁绕组)起一次侧回路作用,该绕组可放置在转子上,亦可放在定子上;自整角机的二次侧回路即为三相绕组(一般称整步绕组),与单相绕组相反放置,可放在定子上或转子上。而转子绕组的端线通过滑环及电刷引出。故存在因滑动接触而使系统工作不可靠、产生无线电干扰等缺点,但它具有精度高、结构简单、尺寸小等优点,因而目前仍为系统优先选用。

表5-49所列为系统中具有不同功能的接触式自整角机种类及其产品代号。

表5-49 自整角机的种类及其代号

| 产品名称 | 新代号 | 老代号 | 产品名称 | 新代号 | 老代号 |
|---|---|---|---|---|---|
| 控制无接触自整角发送机 | ZKW | BD | 控制式自整角发送机 | ZKF | KF,ZK |
| 控制无接触自整角变压器 | ZBW | BS-405 | 控制式差动发送机 | ZKC | KCF,ZD |
| 力矩式无接触自整角发送机 | ZFW | BD-404P | 控制式自整角变压器 | ZKB | KB,ZB |
| 力矩式无接触自整角接收机 | ZJW | BS-404P | 力矩式自整角发送机 | ZLF | LF,ZF |
| 多极自整角发送机 | ZFD | | 力矩式自整角接收机 | ZLJ | LJ,ZJ |
| 多极自整角变压器 | ZBD | | 力矩式差动发送机 | ZCF | LCF,ZC |
| 双通道自整角发送机 | ZFS | | 力矩式差动接收机 | ZCJ | |
| 双通道自整角变压器 | ZBS | | | | |

无接触式自整角机的单相励磁绕组和三相整步绕组都放置在定子上，转子上无绕组，仅作为一次侧与二次侧回路之间电磁耦合的通路，以非磁性材料将转子分隔成两部分而形成两个磁极。三相绕组感应的相电势大小由转子转动的角度决定。这种称为“外磁路组合结构式”的自整角机无滑动接触，故可靠、安全、使用寿命较长。适用于缺乏维护及受较大颠簸和振动的装备及系统中。但是与相同尺寸的接触式自整角机相比，它的比容量、比力矩则要小得多。而且上述结构的无接触式自整角机不能制成差动式自整角机。无接触式自整角机与传统接触式相比居于新的型式，故下面对它要特别注明“无接触式”。

1. 自整角机的分类、原理线路、结构特征及作用

自整角机的分类、原理线路、结构特征及作用见表 5-50。

表 5-50 自整角机的分类、原理线路、结构特征及作用

| 分类 | | 代号 | 电气原理图 | 结构特征 | | 作 用 |
|---|---|---|---|---|---|---|
| | | | | 定子 | 转 子 | |
| 控制式 | 发送机 | ZKF | 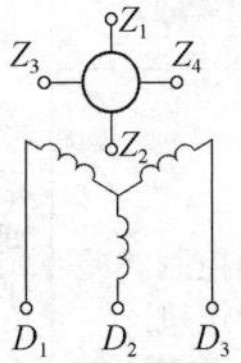 $Z_1$ $Z_3$ $Z_4$ $Z_2$ $D_1$ $D_2$ $D_3$ | 隐极式，嵌有三相星形连接绕组，各绕组轴线在空间互成 120° | 凸极式或隐极式，嵌有单相绕组 | 将输入的转子转角变成电信号输出 |
| | 自整角变压器 | ZKB | 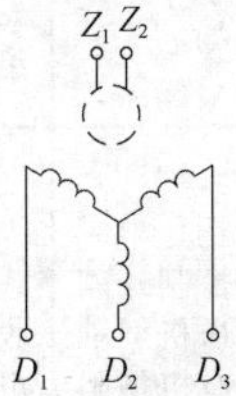 $Z_1$ $Z_2$ $D_1$ $D_2$ $D_3$ | | 隐极式，嵌有单相分布绕组 | 接收控制式发送机的电信号，变成与失调角相应的电信号输出 |
| | 差动发送机 | ZKC | 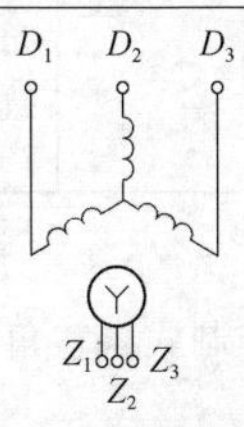 $D_1$ $D_2$ $D_3$ $Z_1$ $Z_3$ $Z_2$ | | 隐极式，嵌有三相星形连接绕组，绕组轴线在空间互成 120° | 串接于发送机及自整角变压器之间，将发送机的转子转角与自身转子转角的和(或差)变换成电信号输给自整角变压器 |

（续表）

| 分类 | | 代号 | 电气原理图 | 结构特征 | | 作用 |
|---|---|---|---|---|---|---|
| | | | | 定子 | 转子 | |
| 力矩式 | 发送机 | ZLF | 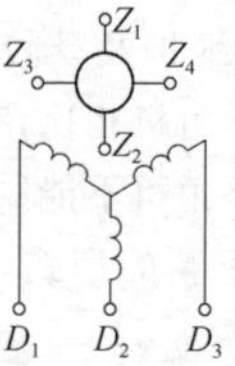 | 隐极式，嵌有三相星形连接绕组，各绕组轴线在空间互成120° | 凸极式，嵌有单相集中绕组 | 同控制式发送机 |
| | 接收机 | ZLJ | 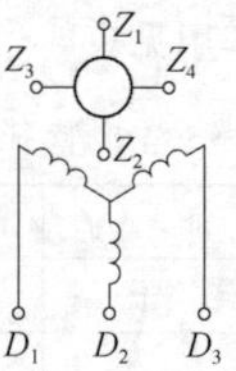 | | 同发送机，但加嵌阻尼绕组式带有机械阻尼器 | 接收力矩式发送机的电信号，变换成转子转角输出 |
| | 差动发送机 | ZCF | 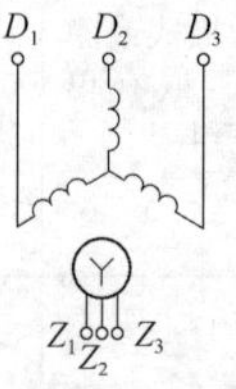 | | 同控制式差动发送机 | 串接于力矩式发送机与接收机之间，将发送机的转子转角及其自身转子转角之和(或差)变换成电信号输送给接收机 |
| | 差动接收机 | ZCJ | 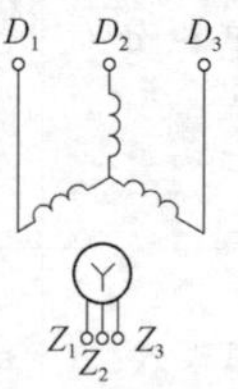 | | 同控制式差动发送机但轴上带有机械阻尼器 | 串接于两个力矩式发送机之间，接收两发送机输出的电信号，使转子转角为两发送机转子转角之和(或差) |

2. 自整角系统

自整角系统可分成力矩式自整角系统和控制式自整角系统。

自整角机的系统接线方式见表5-51。

表 5-51 自整角机的系统接线方式

| | | 接线方式 | 输入量 | 输出量 |
|---|---|---|---|---|
| 力矩式自整角系统 | 力矩式发送机和接收机 | 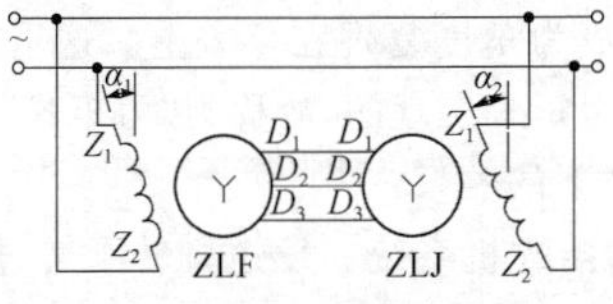 ZLF ZLJ | $\alpha_1$ | $\alpha_2$ |
| | 差动式发送机 | 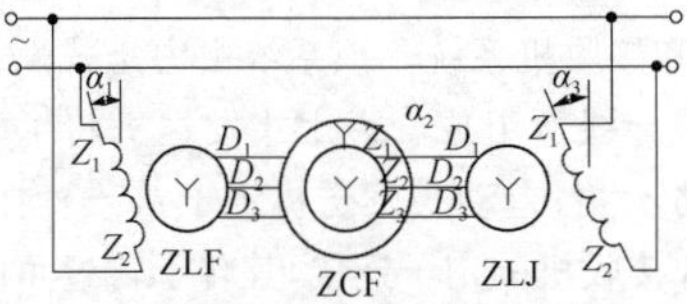 ZLF ZCF ZLJ | $\alpha_1$；$\alpha_2$ | $\alpha_3=\alpha_1+\alpha_2$ |
| | 多力矩式接收机并联 | 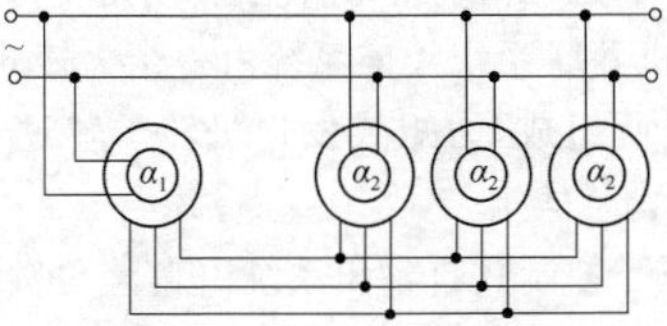 | $\alpha_1$ | $\alpha_2$<br>$\alpha_2$<br>$\alpha_2$<br>⋮ |
| 控制式自整角系统 | 控制式发送机与变压器 | 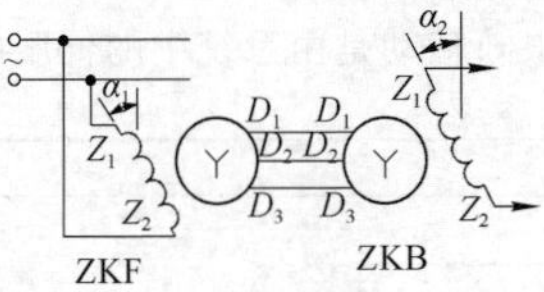 ZKF ZKB | $\alpha_1$ | $\alpha_2$ |
| | 差动式发送机 | 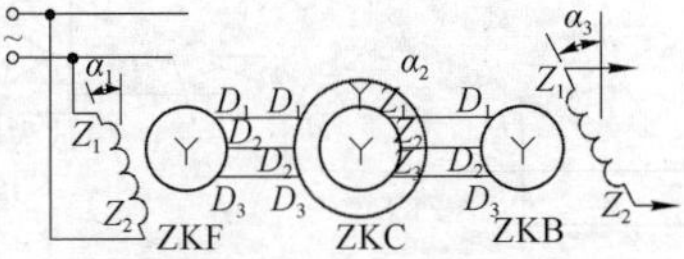 ZKF ZKC ZKB | $\alpha_1$；$\alpha_2$ | $\alpha_3=\alpha_1+\alpha_2$ |
| | 多自整角变压器并联 | 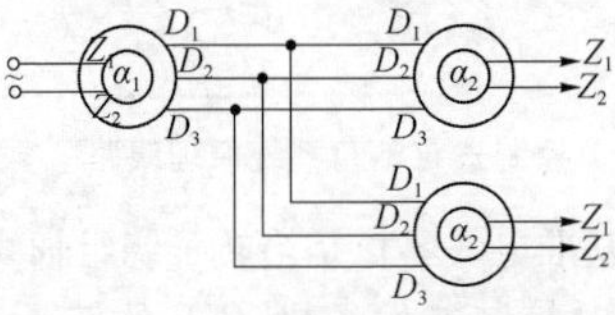 | $\alpha_1$ | $\alpha_2$<br>$\alpha_2$<br>$\alpha_2$<br>⋮ |

1）力矩式自整角系统　最简单的自整角同步指示系统由发送机、接收机和连接导线组成，见表5-52。在表5-52力矩式自整角系统中，发送机将所要传送的角度转变为电信号，通过连接导线传送给接收机，接收机在接收到电信号后，将它再转变成为角度复现在仪表上。这里接收机转轴的角度转动，是由它自身产生的力矩来实现的，故称为“力矩式”自整角系统。其输入角与输出角最后达到以下的关系：

(1) 对力矩式发送机和接收机系统。发送机转子转过 $\alpha_1$ 角，接收机转子转过 $\alpha_2$ 角，$\alpha_2=\alpha_1$。

(2) 对差动式发送机和接收机系统。该系统由力矩式发送机、差动式发送机、力矩式接收机和连接导线所组成。力矩式发送机转子为单相绕组，定子为三相绕组，其转子转动 $\alpha_1$ 角；差动式发送机定子、转子均为三相绕组，分别与力矩式发送机、力矩式接收机的定子连接，其转子转过角度为 $\alpha_2$；力矩式接收机转子为单相绕组，定子为三相绕组，其转子转动角度为 $\alpha_3$，$\alpha_3=\alpha_1+\alpha_2$。

(3) 对多力矩式接收机并联系统。该系统由一个力矩式发送机和多个力矩式接收机和连接导线所组成，力矩式发送机转子转过 $\alpha_1$ 角，多个力矩式接收机转子均转过 $\alpha_2$ 角，$\alpha_2=\alpha_1$。

2）控制式自整角系统　控制式自整角系统由自整角发送机、自整角变压器、放大器、伺服电动机，以及用作机械反馈的减速器组成，如图5-5所示。这里接收机转轴的角度跟随转动是由系统中的伺服电动机来实现。

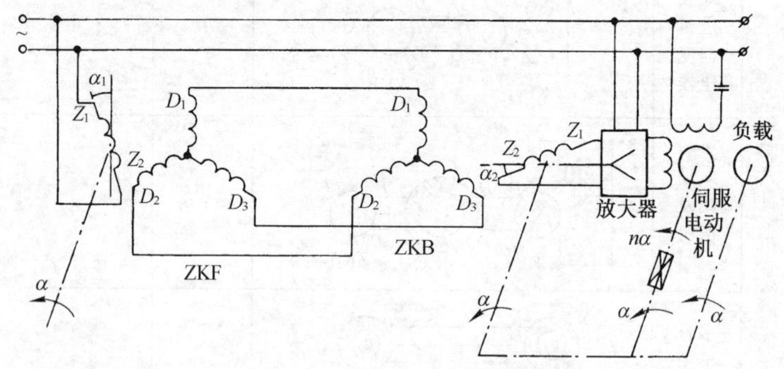


**图5-5**　控制式自整角系统原理线路

自整角变压器ZKB的基准电气零位是当转子绕组轴线与定子 $D_1$ 相绕组轴线垂直位置时出现，这时控制式发送机ZKF的转子通以单相交流电时，自整角变压器的转子绕组（又称控制绕组）中才不会感应电动势，伺服电动机就不会转动，系统即处于平衡状态。通常把这状态称为随动系统的“协调”状态。当发送机和自整角变压器的转子各自基准零位偏移不同角度（即出现失调角 $\beta = \alpha_2 - \alpha_1$）时，则变压器转子的绕组会感应电动势，这电动势经放大加在伺服电动机的控制绕组，使伺服电动机转动。通常伺服电动机经齿轮减速器带动负载及自整角变压器转子，一直转到失调角等于零；亦即变压器的转子被拖到其转角 $\alpha_2$ 与发送机的转角 $\alpha_1$ 相等时，其控制绕组的感应电动势为零，伺服电动机停转。

这时，对于控制式发送机与变压器系统，$\alpha_2 = \alpha_1$。

对于差动式发送机系统控制自整角变压器的转子转过 $\alpha_3$ 角，则 $\alpha_3 = \alpha_1 + \alpha_2$。

对于多自整角变压器并联系统，控制式发送机的转子转过 $\alpha_1$ 角，多个控制式变压器转子均转过 $\alpha_2$ 角，则 $\alpha_2 = \alpha_1$。系统达到新的协调状态。

综上所述，控制式自整角系统输出的不是“力矩”而是“感应电动势”，它的作用将失调角信号转换成电信号去控制伺服电动机的运动，使系统达到协调状态。系统的负载能力这时取决于伺服电动机和放大器的功率，因而系统的负载能力和精度可以较力矩式系统高。

表 5-52 所列为力矩式自整角系统和控制式自整角系统中自整角机的工作指标及对系统的影响。

表 5-53 所列为自整角机选用时注意事项。

表 5-52 自整角机的工作指标及对系统的影响

| 分类 | 名称 | 含义 | 数值范围 | 对系统的影响 |
|---|---|---|---|---|
| 力矩式自整角系统 | 零位误差 $\Delta\theta_0$ | 力矩式自整角发送机的转子励磁后，从基准电气零位开始每转过 60°时，在理论上定子绕组中有一线间电势为零的位置，称作理论电气零位。由于设计及工艺因素影响，实际的电气零位与理论电气零位是有差异的，此差值即为零位误差，以角分表示 | $3' \sim 10'$ | 在简单的力矩式自整角系统中，系统的精度取决于自整角机的精度。故 $\Delta\theta_0$ 及 $\Delta\theta_{jt}$ 直接影响系统的精度 |
| | 静态误差 $\Delta\theta_{jt}$ | 力矩式自整角系统中静态协调时，接收机与发送机转子转角之差，以角度表示 | $0.2° \sim 1°$ | |

（续表）

| 分类 | 名　称 | 含　义 | 数值范围 | 对系统的影响 |
| --- | --- | --- | --- | --- |
| 力矩式自整角系统 | 比整步转矩 $T_\theta$ [$\times10^{-2}$ N·cm/(°)] | 接收机与发送机在协调位置附近单位失调角所产生的整步转矩 | 0.3～80 | 提高比整步转矩，直接提高力矩式自整角机系统的灵敏度 |
| | 阻尼时间 $t_n$ | 接收机自失调位置稳定到协调位置所需的时间 | 失调角为179°±2°时不大于3″ | 影响系统的稳定性 |
| 控制式自整角系统 | 电气误差 $\Delta\theta_d$ | 控制式自整角机的转子转角与感应电动势在理论上的数值关系，由于设计、工艺等因素影响与实际存在差异。此差值即为电气误差以角分表示 | 3′～10′ | 电气误差大使系统的精度下降 |
| | 零位电压 $U_0$ (mV) | 控制式自整角机处于电气零位时的输出电压。零位电压由频率与输入电压相同，但时间相位相差90°的基波分量和频率为输入电压频率奇数倍的谐波分量组成 | 30～180 | 使伺服系统的放大器饱和 |
| | 比电压 $\mu_\theta$ (V/°) | 自整角变压器在协调位置附近，单位失调角的输出电压 | 0.3～1 | 比电压增大可提高系统的灵敏度 |
| | 输出相位移 $\varphi$ | 控制式自整角机输出电压的基波分量对励磁电压的基波分量的时间相位差，以角度表示 | 2°～20° | |

表5－53　自整角机选用时注意事项

| 项目 | 力　矩　式 | 控　制　式 |
| --- | --- | --- |
| 电压与频率 | 自整角机的电压与频率应与系统的电压和频率相符。若系统的电压、频率可任意选择时，则建议采用电压较高、频率为400 Hz的自整角机，其性能较好。一般工业用，则宜采用频率为50 Hz、电压为220 V或110 V的自整角机。<br>对力矩式自整角机，如额定电压为110 V，而电源为220 V时，则可将自整角发送机与接收机串联使用(指一带一时) | |

（续表）

| 项目 | 力　矩　式 | 控　制　式 |
|---|---|---|
| 最大次级电压 | 自整角机成对运行时，彼此相连接的三相绕组的电压，即最大次级电压，应相等或相近。<br>当传送距离近者，采用低次级电压的自整角机，当距离在数百米以上时采用高次级电压或中次级电压的规格 | 控制式自整角变压器的额定激磁电压应与发送机的最大次级电压相等或相近。<br>同左 |
| 比整步转　矩 | 选用时，必须考虑比整步转矩与负载的关系，负载过大会使系统精度下降。若仅带动指针或轻型刻度盘时，可选用比整步转矩较小的自整角机。<br>当多台自整角接收机并联运行时，应参照比力矩计算公式计算其比力矩 | — |
| 阻　抗 | — | 选用时要注意阻抗的匹配，发送机的输出阻抗与自整角变压器的输入阻抗之比值一般越小越好，特别是当数台自整角变压器并联工作时 |
| 机座号与精度等关系 | 自整角发送机与接收机一般为同机座，且参数亦相同，如 BD-404A 与 BS-404A，但也可以不同；当数个接收机并联使用时，发送机一般选用较大机座号。<br>在成批生产时，机座号愈大的自整角机其精度一般亦愈高 | 一般自整角发送机和自整角变压器为同机座相配，如 36KF4A 与 36KB4A，但当并联变压器数目较多时，则采用同机座号但输入阻抗较高的变压器，或采用较大机座号的发送机。<br>同左 |

### 3. 自整角机的主要技术数据

自整角机的主要技术数据见表 5-54～表 5-57。

表 5-54　ZLF/ZLJ 系列力矩式自整角发送机/接收机技术数据

| 型　号 | 频率 (Hz) | 励磁电压 (V) | 最大输出电压 (V) | 开路输入电流 (mA) | 开路消耗功率 (W) | 比整步转矩 [N·m/(°)] |
|---|---|---|---|---|---|---|
| 20ZLF001 | 400 | 36 | 16 | 130 | 0.9 | $2.9\times10^{-5}$ |
| 20ZLJ001 | 400 | 36 | 16 | 130 | 0.9 | $2.9\times10^{-5}$ |

（续表）

| 型　号 | 频率(Hz) | 励磁电压(V) | 最大输出电压(V) | 开路输入电流(mA) | 开路消耗功率(W) | 比整步转矩[N·m/(°)] |
|---|---|---|---|---|---|---|
| 28ZLF001 | 400 | 36 | 16 | 155 | 1.3 | $5.9\times10^{-5}$ |
| 28ZLJ001 | 400 | 36 | 16 | 155 | 1.3 | $5.9\times10^{-5}$ |
| 28ZLJ002 | 400 | 115 | 90 | 49 | 1.4 | $5.9\times10^{-5}$ |
| 28ZLF003 | 400 | 115 | 90 | 49 | 1.4 | $5.9\times10^{-5}$ |
| 28ZLF004① | 400 | 115 | 90 | 49 | 1.4 | $5.9\times10^{-5}$ |
| 28ZLJ004 | 400 | 115 | 90 | 46 | 1 | $6.9\times10^{-5}$ |
| 28ZLF005 | 400 | 115 | 90 | 46 | 1 | $6.9\times10^{-5}$ |
| 28ZLJ005 | 400 | 36 | 16 | 300 | 2 | $5.9\times10^{-5}$ |
| 28ZLF006 | 400 | 36 | 16 | 300 | 2 | $5.9\times10^{-5}$ |
| 36ZLF001① | 400 | 115 | 90 | 187 | 3.1 | $23.5\times10^{-5}$ |
| 36ZLJ001① | 400 | 115 | 90 | 187 | 3.1 | $23.5\times10^{-5}$ |
| 36ZLF002 | 400 | 115 | 90 | 187 | 3.1 | $23.5\times10^{-5}$ |
| 36ZLJ002 | 400 | 115 | 90 | 187 | 3.1 | $23.5\times10^{-5}$ |
| 36ZLF003 | 400 | 115 | 90 | 250 | 4 | 0.25 |
| 36ZLJ003 | 400 | 115 | 90 | 250 | 4 | 0.25 |
| 45ZLF001 | 400 | 115 | 90 | 500 | 7 | $88.2\times10^{-5}$ |
| 45ZLJ001 | 400 | 115 | 90 | 500 | 7 | $88.2\times10^{-5}$ |
| 45ZLF002① | 50 | 110 | 90 | 160 | 5 | $29.4\times10^{-5}$ |
| 45ZLJ002① | 50 | 110 | 90 | 160 | 5 | $29.4\times10^{-5}$ |
| 45ZLF003 | 400 | 115 | 90 | 780 | 10 | $196\times10^{-5}$ |
| 55ZLF001 | 400 | 115 | 90 | 900 | 12 | $196\times10^{-5}$ |
| 55ZLJ001 | 400 | 115 | 90 | 900 | 12 | $196\times10^{-5}$ |
| 55ZLF002 | 50 | 110 | 90 | 250 | 5.5 | $107.8\times10^{-5}$ |

（续表）

| 型　号 | 频率 (Hz) | 励磁电压 (V) | 最大输出电压 (V) | 开路输入电流 (mA) | 开路消耗功率 (W) | 比整步转矩 [N·m/(°)] |
| --- | --- | --- | --- | --- | --- | --- |
| 55ZLJ002 | 50 | 110 | 90 | 250 | 5.5 | $107.8\times10^{-5}$ |
| 55ZLJ004① | 50 | 110 | 90 | 250 | 5.5 | $490\times10^{-5}$ |
| 70ZLF001 | 400 | 115 | 90 | 1 700 | 16 | $490\times10^{-5}$ |
| 70ZLJ001 | 400 | 115 | 90 | 1 700 | 16 | $490\times10^{-5}$ |
| 70ZLF002 | 50 | 110 | 90 | 500 | 8 | $294\times10^{-5}$ |
| 70ZLJ002 | 50 | 110 | 90 | 500 | 8 | $294\times10^{-5}$ |
| 90ZLJ002 | 50 | 110 | 90 | 850 | 10 | $834\times10^{-5}$ |
| 90ZLF004 | 400 | 115 | 90 | 2 000 | 22 | $784\times10^{-5}$ |
| 90ZLF005 | 50 | 110 | 90 | 850 | 10 | $834\times10^{-5}$ |

① 双轴伸光轴。表5-55、表5-56同。

表5-55 ZKF/ZKB系列控制式自整角发送机/变压器技术数据

| 型　号 | 频率 (Hz) | 励磁电压 (V) | 最大输出电压 (V) | 开路输入电流 (mA) | 开路消耗功率 (W) |
| --- | --- | --- | --- | --- | --- |
| 28ZKF001 | 400 | 115 | 90 | 28 | 1.3 |
| 28ZKB001 | 400 | 16 | 32 | 82 | 0.25 |
| 28ZKF002 | 400 | 115 | 90 | 28 | 1.3 |
| 28ZKB002 | 400 | 90 | 58 | 23 | 0.5 |
| 28ZKF003 | 400 | 115 | 90 | 30 | 0.6 |
| 28ZKB003① | 400 | 90 | 58 | 11 | 0.2 |
| 28ZKF004 | 400 | 115 | 90 | 40 | 1.4 |
| 28ZKB004 | 400 | 90 | 58 | 11 | 0.2 |
| 28ZKF005 | 400 | 26 | 12 | — | — |

（续表）

| 型　号 | 频率（Hz） | 励磁电压（V） | 最大输出电压（V） | 开路输入电流（mA） | 开路消耗功率（W） |
|---|---|---|---|---|---|
| 28ZKB005 | 400 | 90 | 58 | 20 | 0.2 |
| 28ZKF006 | 400 | 115 | 90 | — | — |
| 28ZKB006 | 400 | 90 | 58 | — | — |
| 28ZKB007 | 400 | 90 | 58 | 50 | 0.5 |
| 36ZKF001 | 400 | 115 | 90 | 90 | 2 |
| 36ZKB001① | 400 | 90 | 58 | 56 | 0.6 |
| 36ZKF002 | 400 | 115 | 90 | 90 | 2 |
| 36ZKB002 | 400 | 90 | 58 | 56 | 0.6 |
| 36ZKF003 | 400 | 115 | 90 | 60 | 2 |
| 36ZKB003 | 400 | 90 | 58 | 22 | 0.6 |
| 45ZKF001 | 400 | 16 | 16 | — | — |
| 45ZKB001 | 400 | 90 | 58 | 150 | 1.2 |
| 45ZKF002 | 400 | 115 | 90 | 200 | 2.5 |
| 45ZKB002① | 50 | 90 | 58 | 45 | 1.2 |
| 45ZKF003 | 50 | 110 | 90 | 40 | 2 |
| 45ZKB003① | 50 | 90 | 58 | 45 | 1.2 |
| 45ZKB004① | 50 | 90 | 58 | 35 | 1.2 |
| 45ZKB005① | 400 | 90 | 58 | 120 | 1.5 |
| 45ZKB006 | 50 | 90 | 58 | 35 | 1.2 |
| 55ZKF001 | 400 | 115 | 90 | 700 | 12 |
| 55ZKB001 | 400 | 90 | 58 | 400 | 3 |
| 55ZKB002 | 50 | 90 | 58 | 18 | 0.4 |

表 5－56 ZKC 控制式发送机、ZCF 系列力矩式差动自整角发送机、ZCJ 力矩式接收机技术数据

| 型　号 | 频率(Hz) | 励磁电压(V) | 最大输出电压(V) | 开路输入电流(mA) | 开路消耗功率(W) | 比整步转矩[N·m/(°)] |
|---|---|---|---|---|---|---|
| 20ZKC001 | 400 | 16 | 16 | 158 | 0.5 | — |
| 28ZKC001 | 400 | 16 | 16 | 190 | 0.6 | — |
| 28ZKC002 | 400 | 90 | 90 | 34 | 0.6 | — |
| 28ZKC003① | 400 | 90 | 90 | 34 | 0.6 | — |
| 36ZCF001 | 400 | 90 | 90 | 255 | 2 | — |
| 36ZKC001 | 400 | 90 | 90 | 115 | 1.1 | — |
| 36ZKC002 | 400 | 36 | 11.8 | 10 | 0.041 3 | $3.92\times10^{-5}$ |
| 45ZCF001 | 400 | 90 | 90 | 600 | 8 | $3.92\times10^{-5}$ |
| 45ZCJ001 | 400 | 90 | 90 | 600 | 8 | $3.92\times10^{-5}$ |
| 45ZKC001 | 400 | 90 | 90 | 276 | 2.3 | — |
| 55ZCF001 | 400 | 90 | 90 | 1 500 | 10 | $39.2\times10^{-5}$ |
| 55ZCF002 | 50 | 90 | 90 | 300 | 5.5 | $29.4\times10^{-5}$ |
| 55ZKC001 | 400 | 90 | 90 | 800 | 6 | — |
| 70ZCF001 | 50 | 90 | 90 | 780 | 11.4 | $177\times10^{-5}$ |
| 90ZCJ001 | 50 | 90 | 90 | 1 200 | 14 | $392\times10^{-5}$ |

表 5－57 ZKC、ZCF、ZCJ 自整角机精度等级

| 等　级 | 0 | 1 | 2 |
|---|---|---|---|
| 电气误差(′) | 5 | 10 | 20 |
| 静态误差(′) | 30 | 72 | 120 |

4. 自整角机外形和安装尺寸

自整角机的外形及安装尺寸如图5-6、图5-7所示。

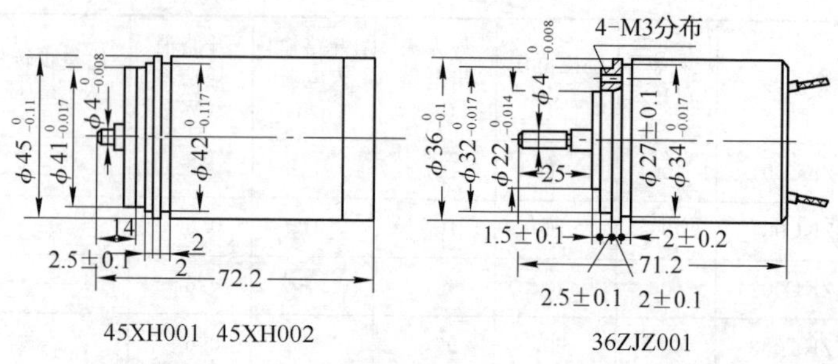


**电机长度 L**　　(mm)

<table>
<tr><th>型号</th><th>L</th><th>型号</th><th>L</th><th>型号</th><th>L</th><th>型号</th><th>L</th></tr>
<tr><td rowspan="4">28ZLF001<br>28ZLF003<br>28ZLJ001<br>28ZLJ002</td><td rowspan="4">54</td><td rowspan="2">28ZKC001<br>28ZKC002</td><td rowspan="2">54</td><td>45ZLF001</td><td>73.9</td><td rowspan="2">70ZLF001<br>70ZLJ001</td><td rowspan="2">123.5</td></tr>
<tr><td>45ZLJ001</td><td>82.9</td></tr>
<tr><td>28ZKC003</td><td>59.5</td><td>45ZKB001</td><td>73.9</td><td rowspan="2">70ZLF002<br>70ZLJ002</td><td rowspan="2">137.7</td></tr>
<tr><td>36ZLF001</td><td>46.9</td><td>45ZKC001</td><td>73.9</td></tr>
<tr><td rowspan="2">28ZLF004</td><td rowspan="2">59.5</td><td rowspan="2">36ZLJ001<br>36ZLJ002</td><td rowspan="2">53</td><td rowspan="2">55ZLF002<br>55ZLJ002</td><td rowspan="2">98</td><td>70ZCF001</td><td>140</td></tr>
<tr><td>90ZLF001</td><td>131.2</td></tr>
<tr><td rowspan="3">28ZKF001<br>28ZKB001<br>28ZKB004</td><td rowspan="3">54</td><td rowspan="3">36ZKF001<br>36ZKB001<br>36ZKB002</td><td rowspan="3">46.9<br>(67.9 双轴伸)</td><td rowspan="3">55ZKF001<br>55ZKB001<br>55ZKB002</td><td rowspan="3">98</td><td>90ZLJ004</td><td>120.6</td></tr>
<tr><td>90ZLJ002</td><td>146</td></tr>
<tr><td>90ZCJ001</td><td>146</td></tr>
<tr><td>28ZKF002<br>28ZKB003</td><td>59.5</td><td>36ZCF001-<br>36ZKC001</td><td>46.9<br>(67.9 双轴伸)</td><td>55ZCF001<br>55ZKC001</td><td>98</td><td></td><td></td></tr>
</table>

**图5-6**　自整角机的外形和安装尺寸(一)

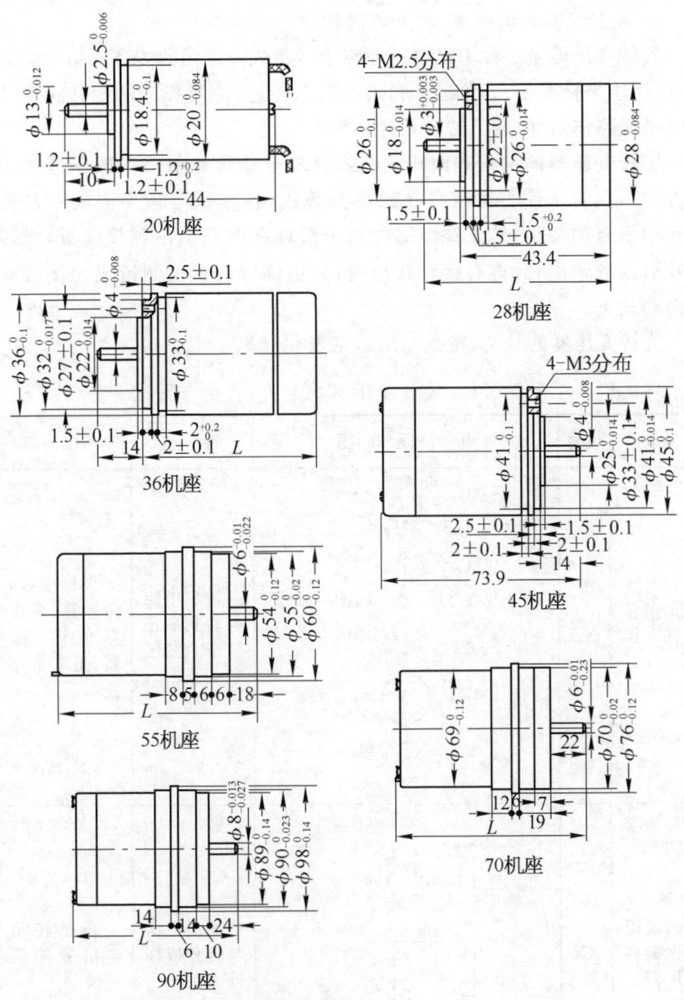


注：36XL型轴伸$E$=5.45, XL型轴伸$E$=4

图 5-7 自整角机的外形和安装尺寸(二)

## 三、旋转变压器

1. 旋转变压器的分类、特点与用途

旋转变压器是一种输出电压随转子转角成一定函数关系的信号类微电机，可用于坐标变换、三角运算和角度数据传递，亦可作为两相移相器及配以电子线路作角度/数字转换元件使用。

旋转变压器的结构和两相线绕式异步电动机相似。一般制造成两极隐极式，定、转子铁心均由高导磁薄片叠成，各在铁心槽中嵌放一对相同而互相垂直的绕组，转子绕组通过四个滑环和电刷引出到接线板，将转子信号引入或输出，此称有接触式结构；另用感应装置可制造成无接触式的结构型式。

旋转变压器的分类、特点与用途见表 5－58。

表 5－58 旋转变压器的分类、特点与用途

| 产品名称 | 代号 | 电气原理图 | 特点 | 用途 |
|---|---|---|---|---|
| 正余弦旋转变压器 | XZ | $D_1$(红) $D_3$(黄) $D_4$(蓝) $D_2$(黑) $Z_1$(红) $Z_3$(黄) $Z_4$(蓝) $Z_2$(黑) | 输出电压与转角成正弦或余弦函数关系 | 坐标变换，三角运算，角度数据传输，移相器，角度数字转换 |
| 四绕组线性旋转变压器 | XX | $R_4$ $S_1$ $S_2$ $S_4$ $S_3$ $R_2$ $R_3$ $R_1$ | 输出电压与转角成线性关系 | 机械转角与电信号的线性变换 |

（续表）

| 产品名称 | 代号 | 电气原理图 | 特点 | 用途 |
|---|---|---|---|---|
| 比例式旋转变压器 | XL | 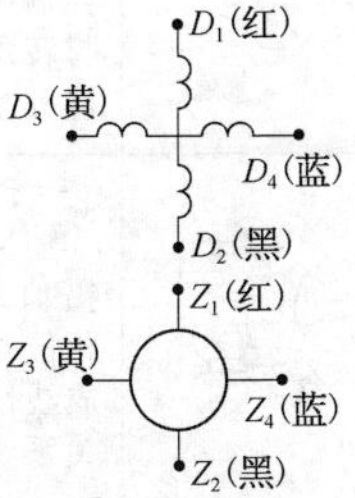 $D_1$(红) $D_3$(黄) $D_4$(蓝) $D_2$(黑) $Z_1$(红) $Z_3$(黄) $Z_4$(蓝) $Z_2$(黑) | 输出电压与转角成比例关系 | 调节电压和匹配阻抗 |
| 单绕组线性旋转变压器 | XDX | 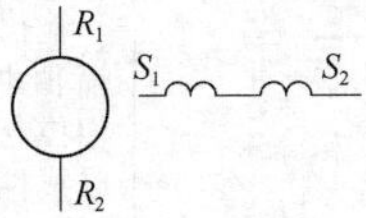 $R_1$ $R_2$ $S_1$ $S_2$ | 输出电压与转角成线性关系 | 机械转角与电信号的线性变换 |
| 锯齿波旋转变压器 | XJ | 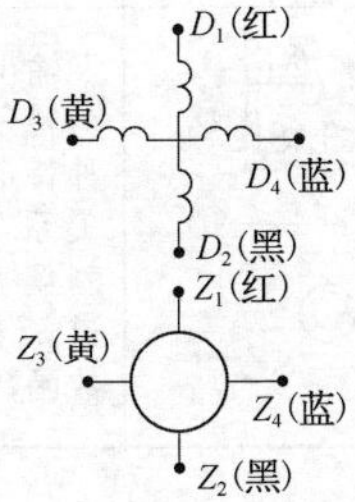 $D_1$(红) $D_3$(黄) $D_4$(蓝) $D_2$(黑) $Z_1$(红) $Z_3$(黄) $Z_4$(蓝) $Z_2$(黑) | 当输入信号为时间锯齿波电压时，输出电压在空间上为转角的正弦和余弦函数关系 | 坐标变换，三角运算，角度数据传输，移相器，角度数字转换 |
| 无接触式正余弦旋转变压器 | XZW | 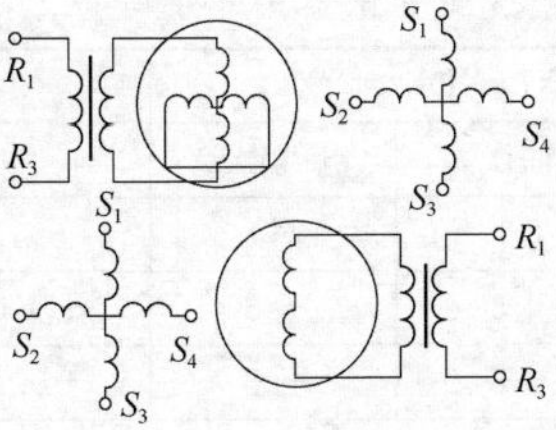 $R_1$ $R_3$ $S_1$ $S_2$ $S_4$ $S_3$ $S_1$ $S_2$ $S_4$ $S_3$ $R_1$ $R_3$ | 输出电压与转角成正弦或余弦函数关系 | 坐标变换，三角运算，角度数据传输，移相器，角度数字转换 |

（续表）

| 产品名称 | 代号 | 电气原理图 | 特点 | 用途 |
|---|---|---|---|---|
| 无接触式线性旋转变压器 | XXW | 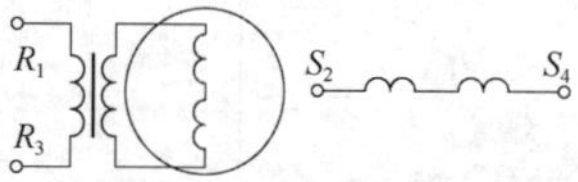  | 输出电压与转角成线性关系 | 机械转角与电信号的线性变换 |
| 感应移相器 | YG | 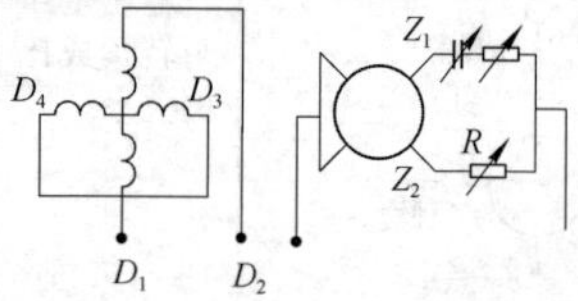  | 输出电压幅值恒定，相位与转角成线性函数关系 | 用于①雷达脉冲测距系统；②相位控制工作状态的定位、跟踪同步随动系统；③轴角编码A/D变换系统 |
| 无接触式感应移相器 | YW | 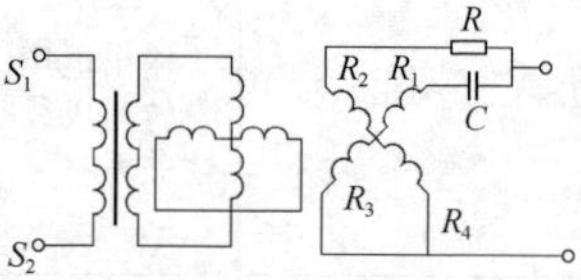  | 输出电压幅值恒定，相位与转角成线性函数关系 | 用于①雷达脉冲测距系统；②相位控制工作状态的定位、跟踪同步随动系统；③轴角编码A/D变换系统 |
| 特种函数旋转变压器 | XT | 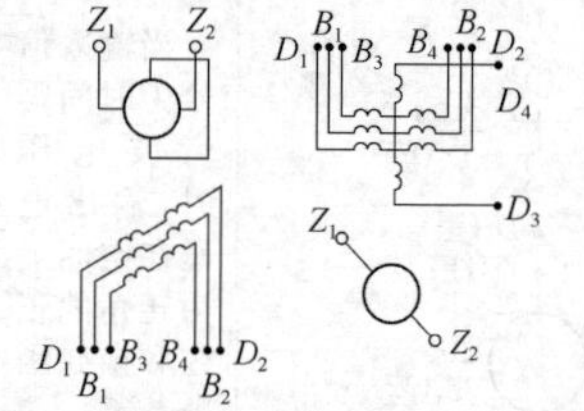  | 输出电压与转角成某种特定函数关系，如正割函数、弹道函数、对数函数等 | 用于各种控制系统，用作偏差信号修正等装置，例如用于光电跟踪气割机 |

旋转变压器的精度等级见表5－59。

表5－59 旋转变压器的精度等级

| 系列 | XZ,XL,XDX | | | XX | |
|---|---|---|---|---|---|
| 等级 | 函数误差（%） | 交轴误差（′） | 电气误差（′） | 线性误差（%） | 线性误差（′） |
| 0 | ±0.05 | ±3 | ±3 | ±0.06 | ±2 |
| 1 | ±0.10 | ±8 | ±8 | ±0.11 | ±4 |
| 2 | ±0.20 | ±16 | ±12 | ±0.22 | ±8 |

### 2. 旋转变压器的主要技术数据

旋转变压器的主要技术数据见表5-60～表5-68。

表5-60 XZ、XX、XL正余弦、四绕组线性、比例式旋转变压器技术数据

| 型　号 | 绕组类别 | 励磁电压(V) | 频率(Hz) | 开路输入阻抗(Ω) | 变压比 | 相位移(°) | 引线方式 | 质量(kg) |
|---|---|---|---|---|---|---|---|---|
| 20XZ006 | 2S/2R | 12 | 400 | 2 500 | 1.000 | 8.5 | 接线片 | 0.055 |
| 20XZ007 | 2S/2R | 12 | 400 | 1 000 | 1.000 | 8.5 | | |
| 20XZ008 | 2R/2S | 12 | 400 | 2 000 | 1.000 | 14 | | |
| 20XZ009 | 2R/2S | 12 | 2 000 | 1 000 | 1.000 | 4 | | |
| 28XZ011 | 2S/2R | 26 | 400 | 4 000 | 1.000 | 4 | | 0.140 |
| 28XZ012 | 2S/2R | 36 | 400 | 1 000 | 0.565 | 4 | | |
| 28XZ013 | 2R/2S | 10 | 1 000 | — | 1.000 | ±1 | | |
| 28XZ014 | 2R/2S | 26 | 400 | 400 | 0.454 | 6 | | |
| 28XZ015 | 2R/2S | 26 | 400 | 2 000 | 0.454 | 6 | | |
| 28XZ016 | 2S/2R | 12 | 400 | 2 000 | 1.000 | 4 | | |
| 28XZ017 | 2S/2R | 36 | 400 | 600 | 0.565 | 4 | | |
| 28XZ018 | 2S/2R | 26 | 400 | 2 000 | 1.000 | 4 | | |
| 28XZ019 | 2S/2R | 26 | 2 000 | 4 000 | 1.000 | 1 | | |
| 28XZ020 | 2S/2R | 26 | 2 000 | 4 000 | 0.454 | 1 | | 0.280 |
| 36XZ011 | 2S/2R | 60 | 400 | 600 | 0.454 | 3 | | |
| 36XZ012 | 2S/2R | 60 | 400 | 2 000 | 1.000 | 3 | | |
| 36XZ013 | 2S/2R | 60 | 400 | 3 000 | 0.565 | 3 | | |
| 36XZ014 | 2S/2R | 60 | 400 | 4 000 | 1.000 | 3 | | |
| 36XZ015 | 2S/2R | 26 | 400 | 1 000 | 1.000 | 3 | | |
| 36XZ016 | 2S/2R | 12 | 400 | 1 000 | 1.000 | 3 | | |
| 36XZ017 | 2S/2R | 26 | 400 | 1 000 | 0.454 | 3 | | |

（续表）

| 型　号 | 绕组类别 | 励磁电压(V) | 频率(Hz) | 开路输入阻抗(Ω) | 变压比 | 相位移(°) | 引线方式 | 质量(kg) |
|---|---|---|---|---|---|---|---|---|
| 36XZ018 | 2S/2R | 60 | 400 | 3 000 | 1.000 | 3 | 接线片 | 0.280 |
| 36XZ019 | 2S/2R | 60 | 400 | 1 000 | 0.565 | 3 | | |
| 36XX004 | 2S/2R | 60 | 400 | 600 | 0.565 | — | | |
| 36XX005 | 2S/2R | 60 | 400 | 1 000 | 0.565 | — | | |
| 36XX006 | 2S/2R | 60 | 400 | 2 000 | 0.565 | — | | 0.480 |
| 36XL001 | 2S/2R | 60 | 400 | 600 | 0.565 | 3 | | |
| 36XL002 | 2S/2R | 60 | 400 | 2 000 | 0.565 | 3 | | |
| 45XZ010 | 2S/2R | 115 | 400 | 1 000 | 0.565 | 2.5 | | |
| 45XZ011 | 2S/2R | 115 | 400 | 1 000 | 0.565 | 2.5 | | |
| 45XZ012 | 2S/2R | 115 | 400 | 4 000 | 0.565 | 3.0 | | |
| 45XZ013 | 2S/2R | 115 | 400 | 600 | 0.565 | 3.0 | | |
| 45XZ014 | 2S/2R | 115 | 400 | 2 000 | 0.565 | 2.5 | | |
| 45XZ015 | 2S/2R | 36 | 400 | 400 | 1.000 | 3.5 | | |
| 45XZ016 | 2S/2R | 26 | 1 000 | 1 500 | 1.000 | 1.5 | | |
| 45XZ017 | 2S/2R | 115 | 400 | 1 000 | 1.000 | 2.5 | | |
| 45XZ018 | 2S/2R | 115 | 400 | 4 000 | 1.000 | — | | |
| 45XX005 | 2S/2R | 115 | 400 | 600 | 0.565 | — | | |
| 45XX006 | 2S/2R | 115 | 400 | 2 000 | 0.565 | — | | — |
| 45XX007 | 2S/2R | 115 | 400 | 1 000 | 0.565 | — | | |
| 45XL006 | 2S/2R | 115 | 400 | 600 | 0.565 | 3.0 | | |
| 45XL007 | 2S/2R | 115 | 400 | 1 000 | 0.565 | 2.5 | | |
| 45XL008 | 2S/2R | 115 | 400 | 4 000 | 0.565 | 3.0 | | |

注：1. 用户选用XX型线性旋转变压器时，选择机座号稍大(36#以上)较为合理；

2. 2S/2R表示定子两相绕组为一次侧、转子两相绕组为二次侧，2R/2S表示转子两相绕组为一次侧、定子两相绕组为二次侧。

表 5-61 XDX 单绕组线性旋转变压器技术数据

| 型号 | 绕组类别 | 励磁电压(V) | 频率(Hz) | 开路输入阻抗(Ω) | 输出斜率(V/°) | 线性误差(%) | 工作转角(°) | 引线方式 | 质量(kg) |
|---|---|---|---|---|---|---|---|---|---|
| 20XDX003 | 1R/1S | 26 | 400 | 1 500 | 0.3 | 0.5 | ±50 | 接线柱 | ≤0.055 |
| 20XDX004 | 1R/1S | 26 | 400 | 1 500 | 0.2 | 0.5 | ±30 | | |
| 20XDX005 | 1R/1S | 26 | 400 | 1 500 | 0.2 | 0.5 | ±15 | | |
| 28XDX005 | 1R/1S | 26 | 400 | — | 0.3 | 0.3 | ±15 | 接线片 | ≤0.14 |
| 28XDX006 | 1S/1R | 26 | 400 | — | 0.3 | 0.3 | ±65 | | |
| 28XDX007 | 1S/1R | 26 | 400 | 600 | 0.3 | 0.3 | ±60 | | |
| 28XDX008 | 1S/1R | 26 | 400 | 1 000 | 0.3 | 0.3 | ±60 | | |
| 28XDX009 | 1S/1R | 26 | 400 | 2 000 | 0.3 | 0.3 | ±60 | | |
| 28XDX010 | 1R/1S | 26 | 400 | 600 | 0.3 | 0.3 | ±15 | | |
| 28XDX011 | 1R/1S | 26 | 400 | 600 | 0.3 | 0.3 | ±40 | | |

注：1. 1R/1S 表示转子一相绕组为一次侧、定子一相绕组为二次侧；
1S/1R 表示定子一相绕组为一次侧、转子一相绕组为二次侧。
2. 选用 XDX 型线性旋变时，宜选稍小机座号(28# 以下)较合理。

表 5-62 XJ 系列锯齿波旋转变压器技术数据

| 技术数据 | 28XJ001 | 45XJ001 | 45XJ002 |
|---|---|---|---|
| 励磁电压(V) | 12 | 20 | 20 |
| 测试频率(Hz) | 400 | 400 | 400 |
| 空载输入阻抗(Ω) | 400 | 500 | 500 |
| 变压比 | 0.25 | 0.97 | 0.97 |
| 定子绕组直流电阻(Ω) | 26 | 20 | 15 |
| 转子绕组直流电阻(Ω) | 26 | 26 | 26 |
| 输入端 | 定子 | 定子 | 定子 |

（续表）

| 技 术 数 据 | 28XJ001 | 45XJ001 | 45XJ002 |
|---|---|---|---|
| 频率响应<br>下限频率(−3 dB)(Hz)<br>峰值频率(kHz) | <br>50<br>500 | <br>20<br>80 | <br>15<br>80 |
| 定子补偿绕组变压比 | — | 1 | — |
| 定子补偿绕组直流电阻(Ω) | — | 20 | — |
| 相移(参考值) | 4°30′ | — | 1°40′ |

表5-63 XZW型无接触式正余弦旋转变压器技术数据

| 型 号 | 绕组类型 | 励磁电压(V) | 频率(Hz) | 开路输入阻抗(Ω) | 变压比 | 引线方式 | 零位电压(mV) | 电气误差(′) |
|---|---|---|---|---|---|---|---|---|
| 28XZW003 | 1R/2S | 10 | 5 000 | 400 | 0.500 | 接线片 | 8 | 3,8 |
| 28XZW004 | 2S/1R | 12 | 2 000 | 6 000 | 0.500 | 引出线 | 10 | 3,8 |
| 28XZW005 | 2S/1R | 12 | 2 000 | 6 000 | 0.500 | 引出线 | 10 | 3,8 |
| 28XZW006 | 1R/2S | 2 | 2 000 | 800 | 1.000 | 接线片 | 2 | 3,8 |
| 36XZW001 | 1R/2S | 26 | 400 | 1 300 | 1.000 | 接线片 | 13,26 | 3,8 |
| 45XZW001 | 1R/2S | 36 | 400 | 300 | 0.900 | 接线片 | 32 | 3,8 |

表5-64 XXW型无接触式线性旋转变压器技术数据

| 型 号 | 绕组类型 | 励磁电压(V) | 频率(Hz) | 开路输入阻抗(Ω) | 输出斜率(V/°) | 线性误差(%) | 工作转角(°) | 引线方式 |
|---|---|---|---|---|---|---|---|---|
| 28XXW001 | 1R/1S | 6(方波) | 2 000 | — | 0.025 | 0.5 | ±45 | 接线片 |
| 36XXW001 | 1R/1S | 15 | 1 000 | 1 700 | 0.13 | 0.3，0.5 | ±15 | 接线片 |
| 36XXW002 | 1R/1S | 15 | 400 | 800 | 0.13 | 0.3，0.5 | ±30 | 接线片 |
| 45XXW001 | — | 36 | 400 | 700 | 0.35 | 0.5 | ±60 | 引出线 |

表 5-65　YG 型感应移相器技术数据

| 型　号 | 励磁电压(V) | 频率(Hz) | 开路输入阻抗(Ω) | 最大输出电压(V) | 相位误差(′) |
|---|---|---|---|---|---|
| 20YG009 | 7 | 4 000 | 1 500 | 2.5 | 15 |
| 28YG007 | 15 | 400 | 1 000 | 6 | <30 |
| 36YG001 | 15 | 135 | 1 700 | 5 | <30 |

表 5-66　YW 型无刷感应移相器技术数据

| 型　号 | 绕组类别 | 励磁电压(V) | 频率(Hz) | 输出电压(V) | 开路输入阻抗(Ω) | 相位误差(′) | 引线方式 |
|---|---|---|---|---|---|---|---|
| 28YW004 | 1R/2S | 5 | 1 000 | 1.8 | 500 | 20<br>30<br>45 | 接线片 |
| 28YW007 | 1R/2S | 10 | 400 | 3.5 | 500 | 20<br>30<br>45 | 接线片 |

表 5-67　XT 型深弹函数旋转变压器技术数据

| 型　号 | 函数 | 励磁电压(V) | 频率(Hz) | 开路输入阻抗(Ω) | 变压比 | 函数误差(%) | 工作转角(°) |
|---|---|---|---|---|---|---|---|
| 55XT035 | $F_1$ | 36 | 400 | 400 | 0.56 | 0.2～0.5 | 25～70 |
| 55XT036 | $F_2$ | 36 | 400 | 1 000 | 0.56 | 1～1.5 | 25～70 |
| 55XT037 | $F_3$ | 36 | 400 | 2 500～3 000 | 0.56 | 1 | 25～70 |
| 55XT038 | $F_4$ | 36 | 400 | 2 500～3 000 | 0.56 | 1 | 25～70 |
| 55XT039 | $F_5$ | 36 | 400 | 2 500～3 000 | 0.56 | 1～1.5 | 26～70 |
| 55XT040 | $F_6$ | 36 | 400 | 2 500～3 000 | 0.28 | 1～1.5 | 25～70 |

（续表）

| 型　号 | 函数 | 励磁电压（V） | 频率（Hz） | 开路输入阻抗（Ω） | 变压比 | 函数误差（%） | 工作转角（°） |
|---|---|---|---|---|---|---|---|
| 55XT041 | $F_7$ | 36 | 400 | 2 500～3 000 | 0.28 | 1～1.5 | 25～70 |
| 55XT042 | $F_8$ | 36 | 400 | 2 500～3 000 | 0.56 | 1～1.5 | 25～70 |
| 55XT043 | $F_9$ | 36 | 400 | 400～800 | 0.56 | 0.2～0.5 | 25～70 |
| 55XT044 | $F_{10}$ | 36 | 400 | 400～800 | 0.56 | 0.2～0.5 | 25～70 |

表 5-68　XT型火炮函数旋转变压器技术数据

| 型　号 | 函数 | 励磁电压（V） | 频率（Hz） | 开路输入阻抗（Ω） | 变压比 | 函数误差（%） | 工作转角（°） | 零位电压（mV） |
|---|---|---|---|---|---|---|---|---|
| 70XT012 | $f_1$ | 30 | 400 | 600～1 000 | 0.78 | 0.2～0.5 | 72 | 6～10 |
| 55XT045 | $f_2$ | 30 | 400 | 600～1 000 | 0.56 | 0.5～1 | 72 | 20 |
| 55XT046 | $f_3$ | 30 | 400 | 600～1 000 | 0.56 | 0.5～1 | 72 | 20 |
| 55XT047 | $f_4$ | 30 | 400 | 600～1 000 | 0.56 | 0.5～1 | 72 | 20 |
| 55XT048 | $f_5$ | 30 | 400 | 600～1 000 | 0.56 | 0.5～1 | 72 | 20 |
| 55XT049 | $f_6$ | 30 | 400 | 600～1 000 | 0.56 | 0.5～1 | 72 | 20 |

3. 旋转变压器使用注意事项

(1) 一次侧只用一相绕组励磁时，另一相绕组应连接一个与电源内阻抗相同的阻抗或直接短接。

(2) 一次侧两相绕组同时励磁时，两个输出绕组的负载阻抗应尽可能相等。

(3) 使用中必须准确调整零位，以免引起旋转变压器性能变差。

4. 旋转变压器外形和安装尺寸

不同机座号的旋转变压器的外形和安装尺寸如图 5-8～图 5-10 所示。

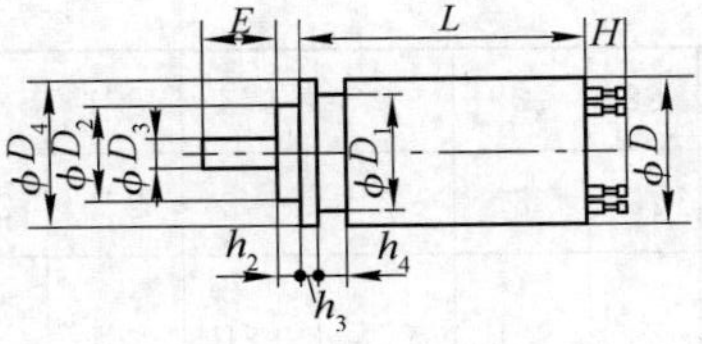

**20 机座号尺寸**

(mm)

| 机座号＼尺寸 | $D$ | $D_2$ | $D_1$ | $E$ | $h_2$ | $h_3$ | $h_4$ | $D_3$ | $D$ | $H$ | $L$ (max) |
|---|---|---|---|---|---|---|---|---|---|---|---|
| 20XZ006 | $19.6_{-0.1}^{0}$ | $12.7_{-0.01}^{0}$ | $17.5_{0}^{+0.05}$ | 10.7 | 1.02±0.06 | 1.6±0.05 | 1.6±0.05 | 2.28±0.006 | $19_{-0.02}^{+0.05}$ | 3.8 | 33 |
| 其余 20XZ<br>20XDX | $20_{-0.061}^{0}$ | $13_{-0.011}^{0}$ | $18.5_{-0.13}^{0}$ | 9 | 1.2±0.1 | 1.2±0.1 | 1.2±0.2 | $2.5_{-0.016}^{-0.006}$ | $20_{-0.081}^{0}$ | 3.8 | 38<br>30.5 |

图 5-8 20 机座号旋转变压器的外形和安装尺寸

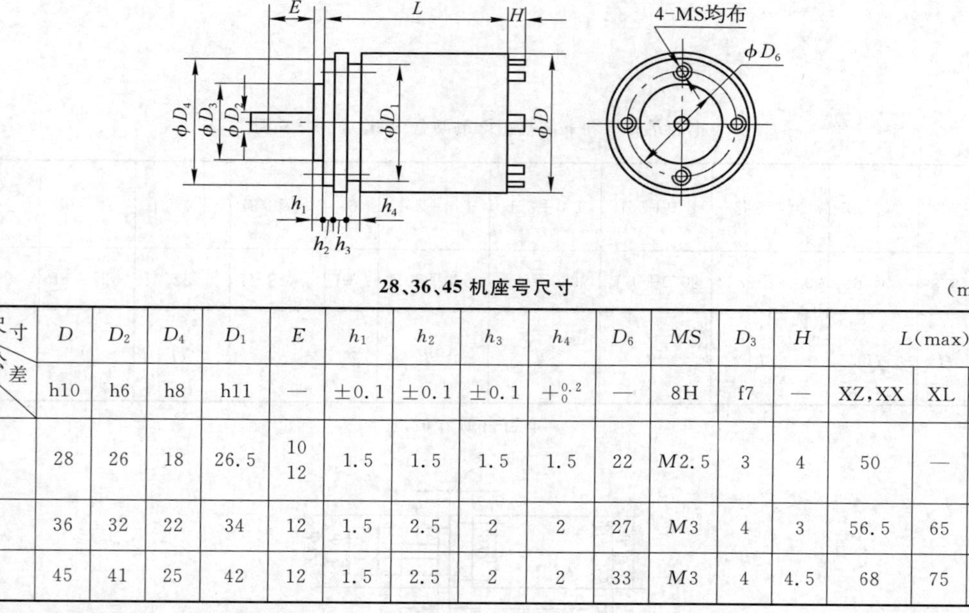


**28、36、45 机座号尺寸**

(mm)

| 机座号 \ 尺寸 / 公差 | $D$ | $D_2$ | $D_4$ | $D_1$ | $E$ | $h_1$ | $h_2$ | $h_3$ | $h_4$ | $D_6$ | $MS$ | $D_3$ | $H$ | $L$(max) | | |
|---|---|---|---|---|---|---|---|---|---|---|---|---|---|---|---|---|
| | h10 | h6 | h8 | h11 | — | ±0.1 | ±0.1 | ±0.1 | $+_{0}^{0.2}$ | — | 8H | f7 | — | XZ,XX | XL | XDX |
| 28 | 28 | 26 | 18 | 26.5 | 10<br>12 | 1.5 | 1.5 | 1.5 | 1.5 | 22 | $M$2.5 | 3 | 4 | 50 | — | 41<br>47 |
| 36 | 36 | 32 | 22 | 34 | 12 | 1.5 | 2.5 | 2 | 2 | 27 | $M$3 | 4 | 3 | 56.5 | 65 | — |
| 45 | 45 | 41 | 25 | 42 | 12 | 1.5 | 2.5 | 2 | 2 | 33 | $M$3 | 4 | 4.5 | 68 | 75 | — |

注：36XL 型轴伸 $E=5$，45XL 型轴伸 $E=4$。

**图 5-9** 28、36、45 机座号旋转变压器外形和安装尺寸

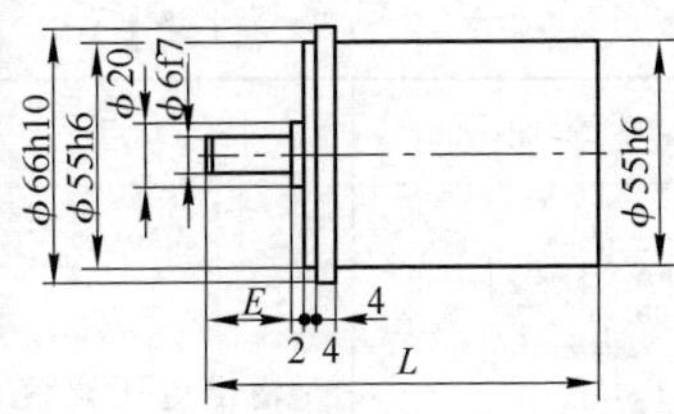


(mm)

| 型　号 | 轴伸长 $E$ | 电机总长 $L$ |
|---|---|---|
| $55\mathrm{XT}^{035}_{044}$ | 10 | 88 |
| $55\mathrm{XT}^{045}_{049}$ | 18 | 96 |

**图 5-10**　55 机座号旋转变压器的外形和安装尺寸

## 四、双通道旋转变压器

双通道旋转变压器是一种高精度的角度传感元件，由不同极对数的两部分旋转变压器同轴组成一体，故称之为“双通道旋转变压器”，主要用于高精度同步随动系统。

1. 分类电气原理图和特点

双通道旋转变压器的分类电气原理图和特点见表 5-69。

表 5-69　双通道旋转变压器的分类和特点

| 分　类 | 代号 | 电气原理图 | 特　　点 |
|---|---|---|---|
| 多极双通道旋变发送机 | XFS | 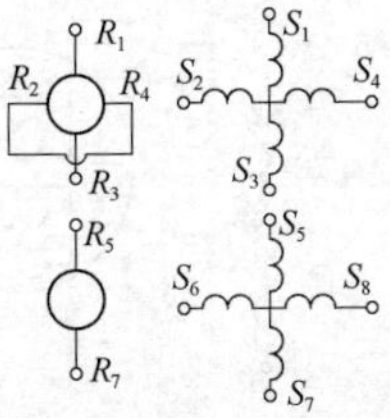 | 转子单相激磁，定子输出电压与转子转角成正余弦函数关系 |
| 多极双通道旋变变压器 | XBS | 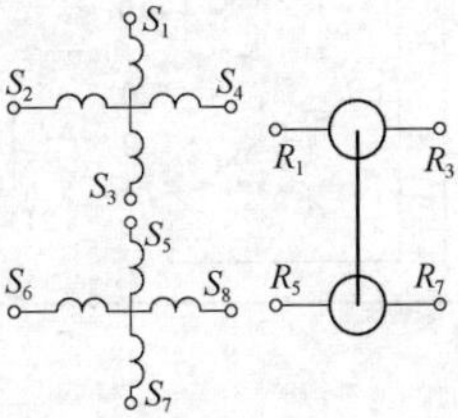 | 定子两相激磁，转子单相输出电压与失调角成正余弦函数关系 |

（续表）

| 分　类 | 代号 | 电气原理图 | 特　点 |
|---|---|---|---|
| 多极双通道感应移相器 | YS | 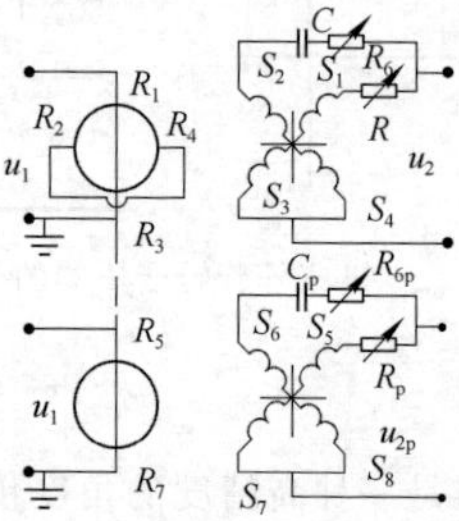 $R_1$ $R_2$ $R_4$ $u_1$ $R_3$ $R_5$ $u_1$ $R_7$ $C$ $S_2$ $S_1$ $R_6$ $R$ $u_2$ $S_3$ $S_4$ $C_p$ $R_{6p}$ $S_6$ $S_5$ $R_p$ $u_{2p}$ $S_8$ $S_7$ | 输出电压幅值恒定、相位与转子转角成线性函数关系 |
| 无接触式双通道旋变发送机 | XFSW | 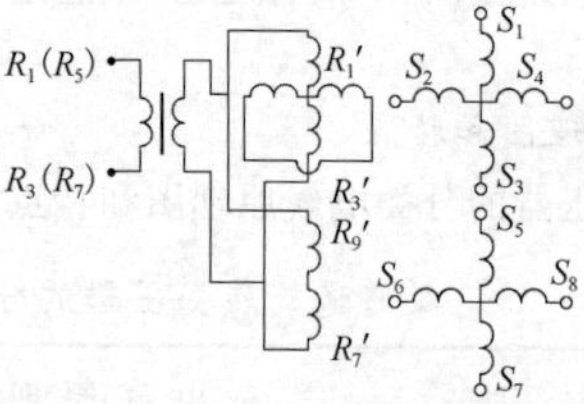 $R_1(R_5)$ $R_3(R_7)$ $R_1'$ $R_3'$ $R_9'$ $R_7'$ $S_1$ $S_2$ $S_4$ $S_3$ $S_5$ $S_6$ $S_8$ $S_7$ | 没有电刷滑环，长寿命、高可靠 |
| 无接触式双通道旋变变压器 | XBSW | 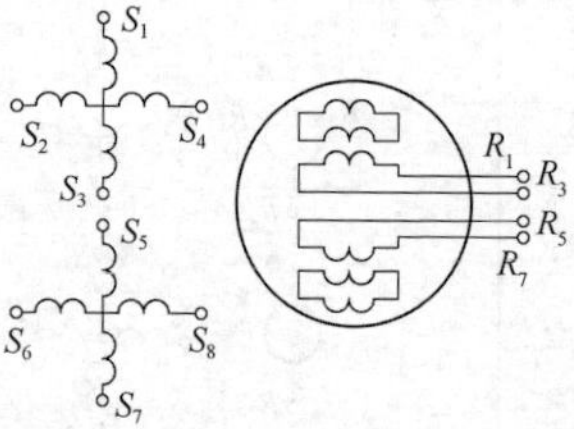 $S_1$ $S_2$ $S_4$ $S_3$ $S_5$ $S_6$ $S_8$ $S_7$ $R_1$ $R_3$ $R_5$ $R_7$ | 没有电刷滑环，长寿命、高可靠 |
| 磁阻式多极旋转变压器 | XUS<br>XU | 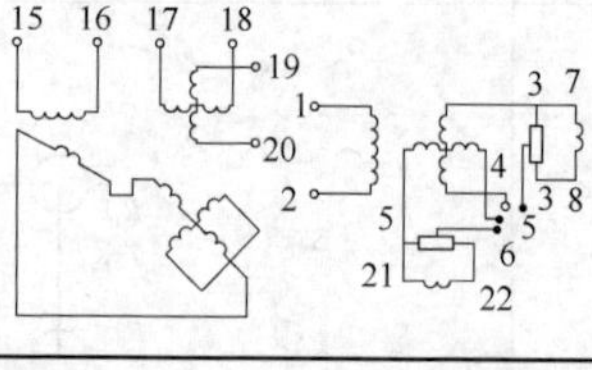 15 16 17 18 19 20 1 2 3 7 4 3 8 5 5 6 21 22 | 基于磁阻变化原理，输入输出绕组均在定子方，转子无绕组，长寿命、高可靠 |

2. 主要技术数据

双通道及磁阻式旋转变压器的主要技术数据见表5-70～表5-74。

表 5-70 XFS 系列双通道旋变发送机技术数据

1）装配式

| 型　号 | 极对数 | | 励磁频率(Hz) | | 励磁电压(V) | | 输出电压(V) | | 输入阻抗(Ω) | | 电气误差(′)或(″) | |
|---|---|---|---|---|---|---|---|---|---|---|---|---|
| | 粗机 | 精机 | 粗机 | 精机 | 粗机 | 精机 | 粗机 | 精机 | 粗机 | 精机 | 粗机 | 精　机 |
| 45XFS002 | 1 | 8 | 2 000 | 2 000 | 36 | 36 | 16 | 16 | 1 500 | 700 | ±30′ | ±45″～±1′30″ |
| 70XFS003 | 1 | 30 | 400 | 400 | 36 | 36 | 12 | 12 | 5 000 | 140 | ±30′ | ±15″～±30″ |
| 110XFS001 | 1 | 25 | 1 000 | 1 000 | 26 | 26 | 12 | 12 | 3 880 | 210 | ±30′ | ±7″～±15″ |
| 110XFS005 | 1 | 30 | 400 | 400 | 36 | 36 | 16 | 16 | 3 000 | 200 | ±30′ | ±7″～±15″ |
| 110XFS007 | 1 | 32 | 400 | 400 | 15 | 15 | 7 | 7 | 1 000 | 150 | ±30′ | ±10″～±15″ |
| 110XFS008 | 1 | 32 | 400 | 400 | 26 | 26 | 8 | 8 | 2 000 | 190 | ±30′ | ±7″～±15″ |
| 110XFS009 | 1 | 64 | 1 000 | 1 000 | 26 | 26 | 5 | 5 | 6 000 | 150 | ±30′ | ±7″～±15″ |
| 110XFS013 | 1 | 36 | 400 | 400 | 36 | 36 | 12 | 12 | 2 500 | 200 | ±30′ | ±7″～±15″ |
| 110XFS014 | 1 | 64 | 2 000 | 2 000 | 26 | 26 | 8 | 8 | 2 200 | 170 | ±30′ | ±7″～±15″ |
| 110XFS017 | 1 | 36 | 400 | 400 | 26 | 26 | 11.8 | 11.8 | 1 300 | 100 | ±30′ | ±7″～±15″ |
| 110XFS019 | 1 | 32 | 400 | 400 | 26 | 26 | 11.8 | 11.8 | 2 000 | 190 | ±30′ | ±7″～±15″ |
| 130XFS002 | 1 | 30 | 400 | 400 | 36 | 36 | 16 | 16 | 4 500 | 172 | ±10′ | ±15″ |

（续表）

2）分装式

| 型号 | 极对数 | | 励磁频率（Hz） | | 励磁电压（V） | | 输出电压（V） | | 输入阻抗（Ω） | | 电气误差（′）或（″） | |
|---|---|---|---|---|---|---|---|---|---|---|---|---|
| | 粗机 | 精机 | 粗机 | 精机 | 粗机 | 精机 | 粗机 | 精机 | 粗机 | 精机 | 粗机 | 精机 |
| 50XFS001 | 1 | 8 | 400 | 400 | 26 | 26 | 11.8 | 11.8 | 2 400 | 130 | ±30′ | ±25″～±1′30″ |
| 70XFS005 | 1 | 16 | 500 | 500 | 36 | 36 | 7.2 | 7.2 | 2 000 | 200 | ±30′ | ±45″ |
| 70XFS006 | 1 | 16 | 400 | 400 | 36 | 36 | 12 | 12 | 3 000 | 200 | ±30′ | ±20″～±45″ |
| 70XFS007 | 1 | 16 | 400 | 400 | 36 | 36 | 12 | 12 | 3 000 | 200 | ±30′ | ±15″～±45″ |
| 70XFS008 | 1 | 16 | 1 000 | 1 000 | 10 | 10 | 4.3 | 4.3 | 2 000 | 200 | ±30′ | ±45″ |
| 72XFS001 | 1 | 32 | 1 000 | 1 000 | 26 | 26 | 11.8 | 11.8 | 5 990 | 460 | ±30′ | ±15″～±20 |
| 72XFS002 | 1 | 32 | 400 | 400 | 26 | 26 | 11.8 | 11.8 | 5 000 | 380 | ±30′ | ±20″ |
| 78XFS001 | 1 | 16 | 400 | 400 | 36 | 36 | 11.8 | 11.8 | 2 230 | 180 | ±30′ | ±15″～±25″ |
| 78XFS002 | 1 | 32 | 400 | 400 | 36 | 36 | 11.8 | 11.8 | 2 850 | 260 | ±30′ | ±15″～±20″ |
| 110XFS004 | 1 | 36 | 1 000 | 1000 | 36 | 36 | 16 | 16 | 2 000 | 2 000 | ±30′ | ±7″～±15″ |
| 110XFS010 | 1 | 64 | 1 000 | 1 000 | 26 | 26 | 5 | 5 | 4 900 | 130 | ±30′ | ±7″～±15″ |
| 110XFS011 | 1 | 64 | 500 | 500 | 16 | 16 | 3 | 3 | 3 100 | 100 | ±30′ | ±7″～±15″ |

（续表）

| 型号 | 极对数 | | 励磁频率(Hz) | | 励磁电压(V) | | 输出电压(V) | | 输入阻抗(Ω) | | 电气误差(′)或(″) | |
|---|---|---|---|---|---|---|---|---|---|---|---|---|
| | 粗机 | 精机 | 粗机 | 精机 | 粗机 | 精机 | 粗机 | 精机 | 粗机 | 精机 | 粗机 | 精机 |
| 110XFS012 | 1 | 32 | 400 | 400 | 36 | 36 | 12 | 12 | 2 900 | 190 | ±30′ | ±7″～±15″ |
| 110XFS015 | 1 | 64 | 1 000 | 1 000 | 16 | 16 | 3 | 3 | 5 000 | 150 | ±30′ | ±7″～±15″ |
| 110XFS016 | 1 | 36 | 400 | 400 | 26 | 26 | 11.8 | 11.8 | 1 300 | 100 | ±30′ | ±7″～±15″ |
| 110XFS018 | 1 | 36 | 400 | 400 | 26 | 26 | 11.8 | 11.8 | 1 420 | 105 | ±15′ | ±5″～±15″ |
| 110XFS021 | 1 | 36 | 400 | 400 | 26 | 26 | 11.8 | 11.8 | 3 660 | 300 | ±30′ | ±7″～±15″ |
| 110XFS022 | 2 | 36 | 400 | 400 | 26 | 26 | 11.8 | 11.8 | 5 000 | 300 | ±15′ | ±7″～±15″ |
| 130XFS001 | 1 | 30 | 400 | 400 | 36 | 36 | 16 | 16 | 4 500 | 170 | ±10′ | ±15″ |
| 130XFS004 | 1 | 25 | 1 000 | 1 000 | 26 | 26 | 12 | 12 | 2 740 | 220 | ±10′ | ±10″ |
| 130XFS007 | 1 | 60 | 400 | 400 | 36 | 36 | 16 | 16 | 4 000 | 110 | ±30′ | ±7″～±15″ |
| 200XFS004 | 1 | 64 | 400 | 1 000 | 26 | 26 | 8 | 8 | 7 000 | 200 | ±30′ | ±7″～±15″ |
| 250XFS001 | 1 | 64 | 400 | 1 000 | 26 | 26 | 8 | 8 | 5 000 | 200 | ±30′ | ±10″ |
| 320XFS001 | 1 | 64 | 400 | 1 000 | 26 | 26 | 8 | 7 | 5 000 | 200 | ±20′ | ±2″～±10″ |
| 320XFS002 | 1 | 64 | 400 | 400 | 26 | 26 | 12 | 12 | 5 000 | 200 | ±20′ | ±5″～±10″ |

表5-71 XBS系列双通道旋变变压器技术数据

| 型号 | 极对数 | | 励磁频率（Hz） | | 励磁电压（V） | | 输出电压（V） | | 输入阻抗（Ω） | | 电气误差（′）或（″） | |
|---|---|---|---|---|---|---|---|---|---|---|---|---|
| | 粗机 | 精机 | 粗机 | 精机 | 粗机 | 精机 | 粗机 | 精机 | 粗机 | 精机 | 粗机 | 精机 |
| 1）装配式 | | | | | | | | | | | | |
| 70XBS003 | 1 | 16 | 400 | 400 | 12 | 12 | 6 | 6 | 2 200 | 180 | ±30′ | ±20″～±50″ |
| 110XBS001 | 1 | 25 | 1 000 | 1 000 | 12 | 12 | 8 | 8 | 11 700 | 2 100 | ±30′ | ±30″ |
| 110XBS005 | 1 | 30 | 400 | 400 | 36 | 36 | 24 | 24 | 17 000 | 11 000 | ±30′ | ±10″～±20″ |
| 2）分装式 | | | | | | | | | | | | |
| 70XBS001 | 1 | 15 | 400 | 400 | 16 | 16 | 8 | 11 | — | — | ±5′ | ±21″ |
| 110XBS006 | 1 | 32 | 400 | 400 | 15 | 15 | 5 | 5 | 4 200 | 200 | ±30′ | ±30″ |
| 110XBS007 | 1 | 36 | 2 400 | 2 400 | 10 | 10 | 3 | 3 | 10 000 | 350 | ±30′ | ±15″～±30″ |
| 130XBS002 | 1 | 25 | 1 000 | 1 000 | 26 | 26 | 5 | 5 | — | — | ±30′ | ±30″ |
| 130XBS005 | 1 | 20 | 400 | 400 | 7 | 7 | 5 | 5 | 4 000 | 500 | ±30′ | ±10″～±30″ |

表 5-72　YS 系列双通道感应移相器技术数据

1）装配式

| 型　号 | 极对数 | | 励磁频率（Hz） | | 励磁电压（V） | | 输出电压（V） | | 输入阻抗（Ω） | | 电气误差（′）或（″） | |
|---|---|---|---|---|---|---|---|---|---|---|---|---|
| | 粗机 | 精机 | 粗机 | 精机 | 粗机 | 精机 | 粗机 | 精机 | 粗机 | 精机 | 粗机 | 精　机 |
| 45YS001 | 1 | 8 | 2 000 | 2 000 | 36 | 36 | 11.3 | 11.3 | 1 300 | 730 | ±30′ | ±1′～±2.5′ |
| 110YS001 | 1 | 32 | 400 | 400 | 15 | 15 | 7 | 7 | 1 000 | 150 | ±30′ | ±25″～±45″ |
| 110YS003 | 1 | 32 | 1 000 | 1 000 | 15 | 15 | 5 | 5 | 600 | 190 | ±15′～±30′ | ±25″～±45″ |
| 110YS004 | 1 | 32 | 2 000 | 2 000 | 15 | 15 | 5 | 5 | 2 650 | 150 | ±30′ | ±25″～±45″ |

2）分装式

| 型　号 | 极对数（粗机） | 极对数（精机） | 励磁频率（粗机） | 励磁频率（精机） | 励磁电压（粗机） | 励磁电压（精机） | 输出电压（粗机） | 输出电压（精机） | 输入阻抗（粗机） | 输入阻抗（精机） | 电气误差（粗机） | 电气误差（精机） |
|---|---|---|---|---|---|---|---|---|---|---|---|---|
| 70YS001 | 1 | 16 | 1 000 | 1 000 | 15 | 15 | 5 | 5 | 4 200 | 120 | ±30′ | ±1′ |
| 110YS007 | 1 | 36 | 1 000 | 1 000 | 10 | 10 | 3 | 3 | 1 800 | 200 | ±30′ | ±25″～±45″ |

表5-73 XFSW/XBSW系列无接触双通道旋变发送机/变压器技术数据

1）装配式

| 型号 | 极对数 | | 励磁频率（Hz） | | 励磁电压（V） | | 输出电压（V） | | 输入阻抗（Ω） | | 电气误差 | |
|---|---|---|---|---|---|---|---|---|---|---|---|---|
| | 粗机 | 精机 | 粗机 | 精机 | 粗机 | 精机 | 粗机 | 精机 | 粗机 | 精机 | 粗机 | 精机 |
| 110XFSW001 | 1 | 32 | 400 | 400 | 12 | 12 | 12 | 8 | 5 200 | 390 | ±30′ | ±20″ |
| 110XFSW003 | 1 | 32 | 400 | 400 | 36 | 36 | 12 | 12 | 150 | 150 | ±30′ | ±10″～±20″ |
| 110XFSW004 | 1 | 32 | 400 | 400 | 26 | 26 | 11.8 | 11.8 | 120 | 120 | ±30′ | ±10″～±15″ |
| 110XBSW002 | 1 | 36 | 400 | 400 | 11.8 | 11.8 | 11.8 | 8 | 4 000 | 300 | ±30′ | ±20″ |

2）分装式

| 型号 | 极对数 | | 励磁频率（Hz） | | 励磁电压（V） | | 输出电压（V） | | 输入阻抗（Ω） | | 电气误差 | |
|---|---|---|---|---|---|---|---|---|---|---|---|---|
| | 粗机 | 精机 | 粗机 | 精机 | 粗机 | 精机 | 粗机 | 精机 | 粗机 | 精机 | 粗机 | 精机 |
| 110XFSW005 | 1 | 32 | 400 | 400 | 26 | 26 | 11.8 | 11.8 | 120 | 120 | ±30′ | ±10″～±20″ |
| 180XFSW001 | 1 | 32 | 400 | 400 | 36 | 36 | 12 | 12 | 150 | 150 | ±30′ | ±5″～±15″ |

表 5-74 磁阻式多极/双通道旋转变压器技术数据

| 型 号 | 励磁电压（V） | 励磁频率（Hz） | 极对数 | | 电气误差（′）或（″） | | 输出电压（V） | | 零相位误差（′） | 相位细分误差（′） |
|---|---|---|---|---|---|---|---|---|---|---|
| | | | 粗机 | 精机 | 粗机 | 精机 | 粗机 | 精机 | | |
| 36XUS001 | 36 | 400 | 1 | 32 | 50′ | 3′ | 0.4 | 0.8 | — | — |
| 45XDW002 | 26 | 400 | — | 32 | — | 2′ | — | — | — | — |
| 55XUS002 | 26 | 31 500 | 1 | 64 | 40′ | 3′ | 0.9 | 1.5 | — | — |
| 55XUS004 | 26 | 400 | 1 | 60 | 30′ | 40″ | 1 | 1.5 | — | — |
| 70XSW001 | 26 | 400 | 1 | 64 | 15′ | 20″ | 1 | 1 | — | — |
| 70XU002（分装式） | 12 | 1 000 | — | 64 | — | 50″ | 0.5 | | — | — |
| 70XU002 多极移相器 | 12 | 1 000 | — | 64 | — | — | 1 | | 1 | 1.5 |

3. 外形和安装尺寸

双通道旋转变压器的外形和安装尺寸如图 5-11～图 5-14 所示。

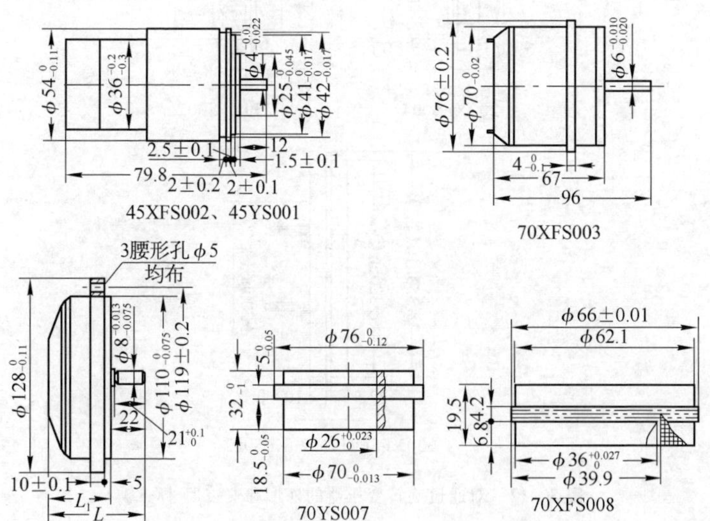


**图 5-11** 双通道旋转变压器的外形和安装尺寸(一)

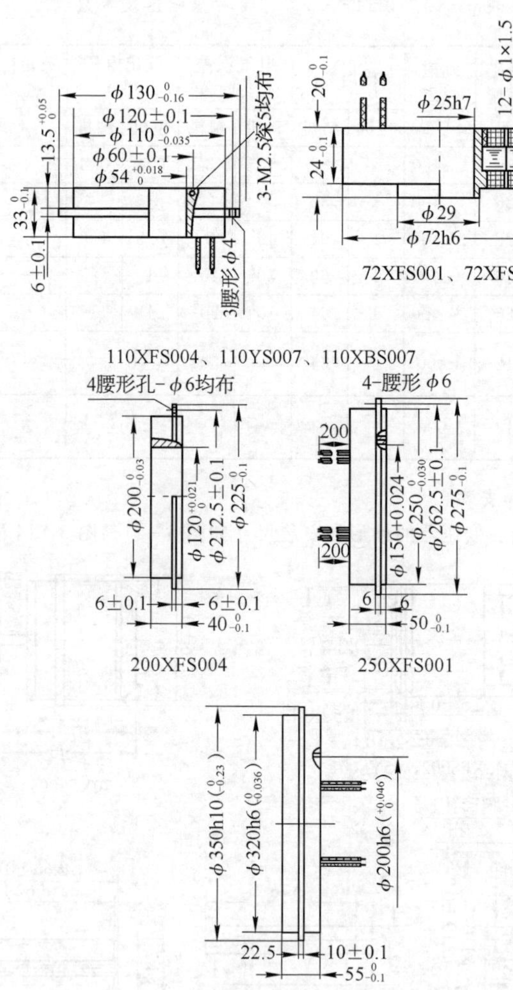


图 5-12 双通道旋转变压器的外形和安装尺寸(二)

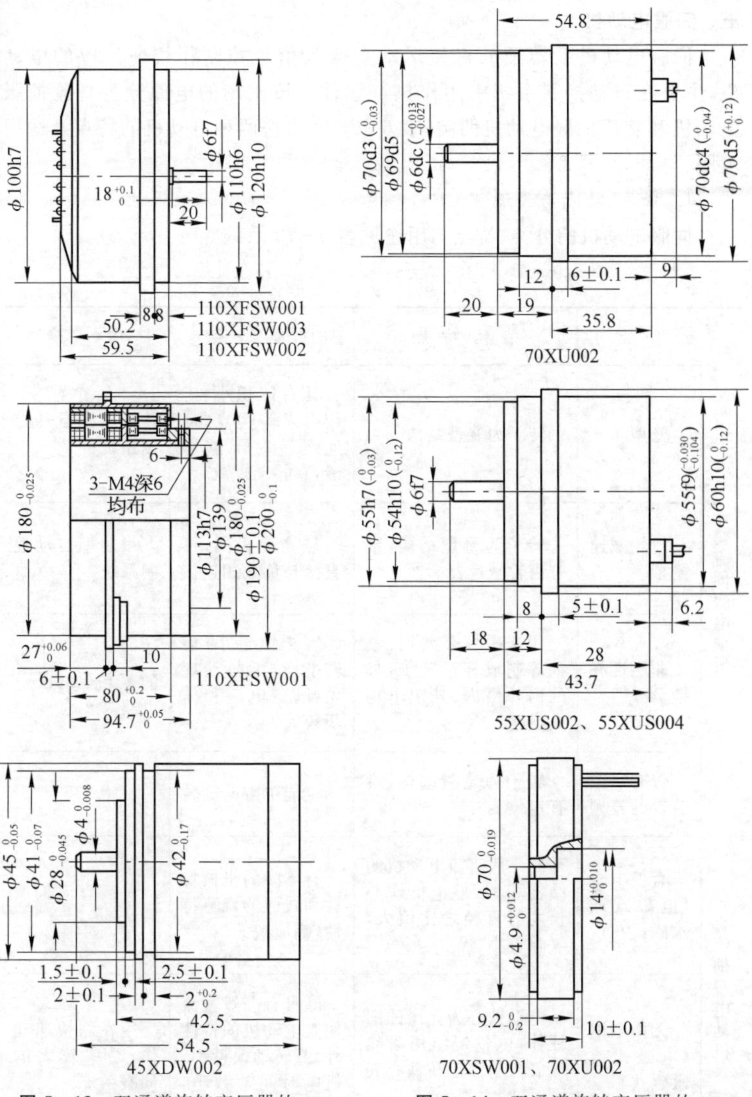


图 5-13　双通道旋转变压器的外形及安装尺寸(三)

图 5-14　双通道旋转变压器的外形及安装尺寸(四)

## 五、伺服电动机

伺服电动机系转子的机械运动受输入信号控制作快速反应的电动机，主要在自动控制系统中用作执行元件。按使用的电源分为直流伺服电动机和交流伺服电动机两类，表5-75列出这两种电动机的特点及适用范围。

1. 分类、特点与用途

伺服电动机的分类、特点与用途见表5-75。

表5-75 伺服电动机的分类、特点与用途

| 分类 | | 结构特点 | 性能特点 | 用途 |
|---|---|---|---|---|
| 交流伺服电动机 | 笼型 | 转子为笼型结构 | 具有体积小、工作可靠等优点，低速运转时不够平滑，有抖动现象 | 小功率自动控制系统 |
| | 齿轮减速笼型 | 转子为笼型结构，带有齿轮减速器 | 与笼型相同，可直接与负载相连接 | 小功率自动控制系统 |
| | 非磁性杯型 | 用非磁性金属铝、紫铜等制成杯形转子，杯的内外由内、外定子构成磁路 | 转子惯量小；运转平滑，无抖动现象；励磁电流和体积较大 | 要求运行平滑的系统，如积分电路等 |
| | 带有定位装置的笼型 | 转子为笼型结构，带有定位装置 | 仅能单方向旋转 | |
| 直流伺服电动机 | 有槽电枢（电磁式或永磁式） | 同一般直流电动机的结构相似，但电枢铁心长度与直径之比值大，气隙较小 | 有下降的机械特性和线性的调节特性，响应快 | 一般直流伺服系统 |
| | 无槽电枢（电磁式或永磁式） | 电枢铁心为光滑的圆柱体，电枢绕组用耐热环氧树脂固定在铁心表面，气隙大 | 除具有一般直流伺服电动机的特性外，其转动惯量小，机电时间常数小，换向良好 | 用在需快速动作，功率较大的伺服系统 |

（续表）

| 分类 | | 结构特点 | 性能特点 | 用途 |
|---|---|---|---|---|
| 直流伺服电动机 | 齿轮减速永磁式 | 带有齿轮减速器 | 可直接与负载连接 | 用在需快速动作，功率较大的伺服系统 |
| | 空心杯形电枢（永磁式） | 电枢绕组用环氧树脂浇注成杯形，空心杯电枢内外两侧均有铁心构成磁路 | 时间常数小，换向好，低速运转平滑 | 用在需要快速动作的伺服系统 |
| | 永磁式直线伺服电动机 | 可动部分为动圈，亦称音圈电机 | 作直线运动 | 作直线运动的控制电机 |
| | 印刷绕组电枢（永磁式） | 磁极轴向安装，具有扇形面的极靴。电枢为圆盘绝缘薄板，上面印制裸露的绕组，电枢没有铁心，定子采用铝镍钴磁钢或铁氧体磁钢，一般不另设换向器，而由电刷与电枢绕组表面一层的直线部分直接滑动接触 | 电机转矩平滑，无齿槽效应，火花小，脉冲转矩大，散热性能好，机电时间常数小，低速运转性能好 | 用于低速和起动反转频繁的系统 |
| | 无刷电枢（永磁式） | 没有机械换向器和电刷，它以电子换向装置代替一般直流电动机的机械换向装置。它由电动机本体、位置传感器及电子换向开关电路三个基本部分组成 | 调速性能平稳，范围宽，噪声小，可靠性高，寿命长，无换向火花，对无线电无干扰 | 适用于宇宙飞船、人造卫星、低噪声摄影机、精密仪器仪表的驱动装置等 |

2. 主要技术数据

(1) SL系列交流伺服电动机技术数据见表5-76。

(2) SL-J型齿轮减速交流伺服电动机技术数据见表5-77。

(3) SL-D型带定位装置的交流伺服电动机技术数据见表5-78。

(4) SY系列永磁式直流伺服电动机技术数据见表5-79。

(5) SY-J型齿轮减速永磁式直流伺服电动机技术数据见表5-80。

(6) SYK系列空心杯电枢永磁直流伺服电动机技术数据见表5-81。

表5-76 SL系列交流伺服电动机的技术数据

| 型 号 | 电压 励磁/控制 (V) | 频率 (Hz) | 堵转电流 励磁/控制 (mA) | 堵转输入功率 励磁/控制 (W) | 输出功率 (W) | 堵转转矩 (N·m) | 空载转速 (r/min) | 极数 | 机电时间常数 (ms) |
| --- | --- | --- | --- | --- | --- | --- | --- | --- | --- |
| 20SL003 | 36/36 | 400 | 115/115 | 2.7/2.7 | 0.5 | $166.6\times10^{-5}$ | 9 000 | 4 | — |
| 20SL004 | 36/36 | 400 | 110/110 | 2.8/2.8 | 0.32 | $156.8\times10^{-5}$ | 6 000 | 6 | — |
| 20SL005 | 26/26 | 400 | 143/143 | 3.3/3.3 | 0.23 | $147\times10^{-5}$ | 6 000 | 6 | — |
| 24SL001 | 36/36 | 400 | 180/180 | 4/4 | 1 | $313.6\times10^{-5}$ | 9 000 | 4 | — |
| 24SL002 | 36/36 | 400 | 167/167 | 3.6/3.6 | 0.7 | $323.4\times10^{-5}$ | 6 000 | 6 | — |
| 28SL003 | 115/115 | 400 | 80/80 | 5.7/5.7 | 2 | $576\times10^{-5}$ | 9 000 | 4 | 20 |
| 28SL004 | 115/115 | 400 | 66/66 | 4.7/4.7 | 0.6 | $490\times10^{-5}$ | 6 000 | 6 | 10 |
| 28SL005 | 115/36 | 400 | 90/300 | 6/6 | 1.1 | $576\times10^{-5}$ | 6 000 | 6 | 10 |
| 36SL004 | 36/36 | 400 | 415/415 | 8/8 | 1.4 | $1\,176\times10^{-5}$ | 4 800 | 8 | — |
| 36SL005 | 115/115 | 400 | 200/200 | 7.7/7.7 | 2.8 | $842.8\times10^{-5}$ | 9 000 | 4 | 36 |
| 36SL006 | 115/36 | 400 | 130/415 | 7/8 | 1.7 | $1\,176\times10^{-5}$ | 4 800 | 8 | 17 |
| 36SL010 | 115/36/18 | 400 | 170/550 | 9/9 | 1.8 | $1\,176\times10^{-5}$ | 4 800 | 8 | <20 |

（续表）

| 型　号 | 电压 励磁/控制 (V) | 频率 (Hz) | 堵转电流 励磁/控制 (mA) | 堵转输入功率 励磁/控制 (W) | 输出功率 (W) | 堵转转矩 (N·m) | 空载转速 (r/min) | 极数 | 机电时间常数 (ms) |
|---|---|---|---|---|---|---|---|---|---|
| 45SL001 | 115/36 | 400 | 290/930 | 18/18 | 4 | $1\,770\times10^{-5}$ | 9 000 | 4 | — |
| 45SL002 | 115/36 | 400 | 255/800 | 12/12.75 | 2.5 | $2\,352\times10^{-5}$ | 4 800 | 8 | 16 |
| 55SL001 | 115/115 | 400 | 600/600 | 36/36 | 13 | $3\,920\times10^{-5}$ | 9 000 | 4 | — |
| 55SL002 | 36/36 | 400 | 1 700/1 700 | 38/38 | 15 | $4\,410\times10^{-5}$ | 9 000 | 4 | 20 |
| 55SL003 | 115/115 | 400 | 610/610 | 20/20 | 7.7 | $4\,557\times10^{-5}$ | 4 800 | 8 | 15 |
| 55SL004 | 36/36 | 400 | 220/220 | 32/32 | 7.4 | $4\,312\times10^{-5}$ | 4 800 | 8 | 15 |
| 55SL005 | 115/115 | 400 | — | — | 6 | $1\,960\times10^{-5}$ | 5 000 | 8 | — |
| 55SL006 | 110/110 | 50 | 350/350 | 28/28 | 7 | 0.09 | 2 400 | 2 | — |
| 70SL002 | 115/115 | 400 | 1 100/1 100 | 55/55 | 20 | $6\,377\times10^{-5}$ | 9 000 | 4 | — |
| 70SL003 | 115/115 | 400 | 1 200/1 200 | 55/55 | 15 | $11\,760\times10^{-5}$ | 4 800 | 8 | 15 |
| 90SL001 | 115/115 | 400 | 1 100/1 100 | 70/70 | 25 | $7\,848\times10^{-5}$ | 9 000 | 4 | — |
| 90SL002 | 115/115 | 400 | 1 650/1 650 | 68/68 | 21 | 0.137 | 4 800 | 8 | — |

表5-77 SL-J型齿轮减速交流伺服电动机技术数据

| 型号 | 电压 励磁/控制 (V) | 频率 (Hz) | 堵转电流 励磁/控制 (mA) | 输出功率 (W) | 堵转转矩 (N·m) | 空载转速 (r/min) | 机电时间常数(ms) |
|---|---|---|---|---|---|---|---|
| 70SL004-$J_1$ | 36/36 | 50 | 1 000 | 4 | 0.68 | 192±15 | 40 |
| 70SL004-$J_2$ | 36/36 | 50 | 1 100 | 4 | 0.49 | 137±15 | 40 |
| 70SL005-$J_1$ | 36/36 | 50 | — | 2.7 | — | 192 | — |
| 70SL005-$J_2$ | 36/36 | 50 | — | 2.7 | — | 137 | — |

表5-78 SL-D型带定位装置的交流伺服电动机技术数据

| 型号 | 电压 励磁/控制(V) | 频率 (Hz) | 堵转电流 励磁/控制 (mA) | 堵转输入功率励磁/控制(W) | 输出功率 (W) | 堵转转矩 (N·m) | 空载转速 (r/min) | 极数 |
|---|---|---|---|---|---|---|---|---|
| 36SL011-$D_1$ (36SL011) | 115/115 | 400 | — | — | 1.2 | $980\times10^{-5}$ | 4 800 | 8 |
| 45SL007-$D_1$ (45SL007) | 115/115 | 400 | 290/290 | ≤18/18 | 6 | $\geq1\,864\times10^{-5}$ | 10 500 | 4 |
| 45SL008-$D_2$ (45SL008) | 115/115 | 400 | 0.35/0.35 | ≤25/25 | ≥2.5 | $\geq1\,570\times10^{-5}$ | ≥4 800 | 8 |

表5-79 SY系列永磁式直流伺服电动机技术数据

| 型号 | 额定电压 (V) | 额定电流 (A) | 额定功率 (W) | 额定转速 (r/min) | 额定转矩 (N·m) |
|---|---|---|---|---|---|
| 20SY004 | 27 | 0.12 | 1 | 4 000 | — |
| 20SY007 | 27 | 0.25 | 1.6 | 4 000 | $3.92\times10^{-3}$ |
| 24SY001 | 27 | 0.33 | 4.7 | 7 100 | — |
| 28SY003 | 27 | 0.5 | 8 | 6 000 | — |
| 28SY006 | 12 | 0.4 | — | 4 000～5 000 | $3.92\times10^{-3}$ |
| 36SY001 | 24 | 0.64 | 8 | 9 000～11 000 | — |
| 36SY002 | 24 | 0.64 | 8 | 9 000～11 000 | — |
| 36SY003 | 28 | 0.95 | — | 5 500±10% | $21.56\times10^{-3}$ |

（续表）

| 型　号 | 额定电压 (V) | 额定电流 (A) | 额定功率 (W) | 额定转速 (r/min) | 额定转矩 (N·m) |
|---|---|---|---|---|---|
| 40SY001 | 12 | 0.3 | 1.6 | 4 000～4 500 | $392\times10^{-5}$ |
| 40SY002 | 12 | 0.3 | — | 4 000 | — |
| 40SY003 | 28 | 2.6 | — | 6 400 | $5\,292\times10^{-5}$ |
| 40SY004 | 24 | 2.5 | — | 6 400 | $3\,430\times10^{-5}$ |
| 45SY002 | 36 | 1.4 | 19 | 3 000 | — |
| 45SY004 | 27 | 1.8 | 30 | 9 000 | — |
| 45SY003 | 27 | 1.6 | 24 | 6 000 | $3\,920\times10^{-5}$ |
| 40SY005 | 27 | 1.2 | 20 | 3 000 | $6\,800\times10^{-5}$ |
| 56SY002 | 6 | 8.5 | — | 5 000 | $39.2\times10^{-3}$ |
| 82SY001 | 65 | 12 | 短时585(输出) | 4 000 | 1.37 |
| 110SY002 | 18 | — | 50(输出) | 1 500 | — |
| 110SY003 | 24 | 0.25① | — | 750① | 0.29 N·m/A② |

① 空载电流，空载转速。
② 力矩常数。

表 5-80　SY-J 型齿轮减速永磁式直流伺服电动机技术数据

| 型　号 | 额定电压 (V) | 额定电流 (A) | 齿轮轴端输出 | | |
|---|---|---|---|---|---|
| | | | 减速比 | 额定转速 (r/min) | 额定转矩 (N·m) |
| 20SY006-$J_1$ | 27 | 0.16 | 96.58 | $40^{+8}_{-3}$ | 0.147 |
| 20SY008-$J_1$ | 28 | 0.5 | 12.67 | 1 000 | 0.039 2 |
| 24SY002-$J_1$ | 27 | 0.15 | 108.17 | $65^{+8}_{-5}$ | 0.108 |
| 40SY005-$J_1$ | 28 | 1.5 | 152.47 | $37.7\pm4$ | 3.12 |

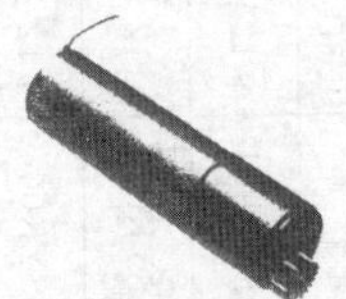

**表 5-80 附图**

表5-81 SYK系列空心杯电枢永磁直流伺服电动机技术数据

| 型号 | 额定电压(V) | 额定电流(A) | 空载电流(A) | 额定转速(r/min) | 空载转速(r/min) | 额定功率(W) | 额定转矩(N·m) | 堵转电流(A) | 堵转转矩(N·m) | 效率(%) |
|---|---|---|---|---|---|---|---|---|---|---|
| 16SYK001 | 6 | — | 0.025 | — | 15 000 | — | — | 0.18 | $649\times10^{-5}$ | 60 |
| 20SYK001 | 12 | 0.33 | 0.035 | 5 400±600 | 6 800 | 1.8 | $343\times10^{-5}$ | 1.3 | $1\,471\times10^{-5}$ | 55 |
| 22SYK001 | 12 | 0.17 | 0.035 | 5 000±500 | 6 000±600 | — | $196\times10^{-5}$ | 0.8 | $882\times10^{-5}$ | — |
| 24SYK001 | 12 | 0.4 | — | 3 000 | — | 2 | — | — | — | 50~80 |
| 24SYK002 | 12 | — | — | 4 800~6 000 | — | — | $343\times10^{-5}$ | — | $1\,078\times10^{-5}$ | 53 |
| 24SYK004 | 12 | 0.4 | — | 2 500 | — | — | $490\times10^{-5}$ | — | — | — |
| 28SYK001 | 24 | 0.6 | 0.06 | 9 300 | 12 000 | — | — | 3 | $3\,728\times10^{-5}$ | 60 |
| 28SYK002 | 27 | 0.55 | — | 6 000~6 900 | — | — | $980\times10^{-5}$ | — | — | — |
| 30SYK001 | 9 | <0.6 | <0.07 | 3 800±500 | <6 000 | — | $490\times10^{-5}$ | <1.8 | 0.016 | — |
| 36SYK003 | 12 | <2 | — | 6 000±600 | — | — | $2\,453\times10^{-5}$ | — | $9\,810\times10^{-5}$ | 65 |
| 70SYK001 | 24 | 3.8 | — | 4 600 | 7 000 | 50 | 0.103 | 11 | 0.294 | — |

(7) SZX 型永磁式直线伺服电动机技术数据见表 5-82。

表 5-82　SZX 型永磁式直线伺服电动机技术数据

| 型　号 | 工作电压(V) | 电流(A) | 比推力(N) | 不均匀度(%) | 电阻(Ω) | 电感(mH) | 漏磁场(T) | 工作行程(mm) | |
|---|---|---|---|---|---|---|---|---|---|
| | | | | | | | | 有效行程 | 附加行程 |
| 80SZX001 | 45 | 2 | 推力≥34.3 N | 1 | — | — | $\leqslant 5\times10^{-4}$ | 2 | |
| 100SZX001 | 12 | ≤1 | 推力 13.7 N | — | — | — | — | ±3.5 | |
| 140SZX001 | — | — | ≥12 | ≤±5 | 3 | — | — | 60 | 40 |
| 140SZX002 | 24 | — | 推力≥100 N | — | 1.6±0.2 | — | — | 50 | |
| 145SZX001 | — | — | 13 | ≤±5 | 1.5 | 1 | $5\times10^{-4}$ | 52 | 46 |
| 168SZX001 | — | 20① | 14 | ≤±5 | <3 | <3 | $5\times10^{-4}$ | 52 | 38 |
| 180SZX001 | — | — | 14 | ≤±10 | — | ≤2.5 | $15\times10^{-4}$ | 52 | 38 |

①为音圈最大电流。

(8) SN 型印制绕组直流伺服电动机技术数据见表 5-83。

表 5-83　SN 型印制绕组直流伺服电动机技术数据

| 型　号 | 额定电压(V) | 额定电流(A) | 额定转速(r/min) | 额定功率(W) |
|---|---|---|---|---|
| 110SN002 | 24 | 3 | 5 500～6 000 | 50～60 |
| 140SN001 | 48 | 5 | 3 600～3 800 | 140～150 |

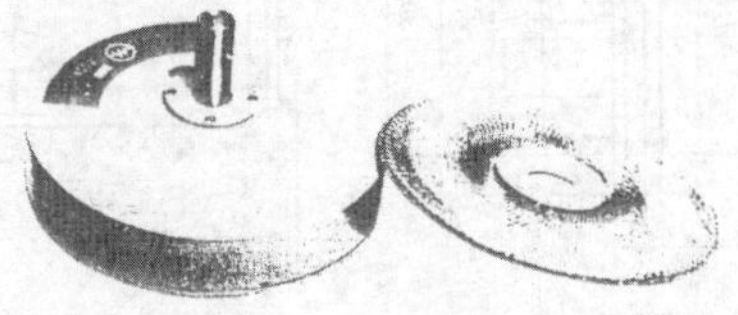

**表 5-83 附图**

(9) ZZWT型直流无刷轴流风机数据见表5-84。

表5-84 ZZWT型直流无刷轴流风机数据

| 型号 | 额定电压 (V) | 额定电流 (mA) | 起动电流 (mA) | 风量 ($m^3$/min) | 静压 (Pa) | 噪声 (dB) | 外形尺寸 (mm) |
|---|---|---|---|---|---|---|---|
| ZZWT06A12 | 12 | ≤200 | ≤350 | 0.35 | 39.2 | 42 | 60×60×25 |
| ZZWT08A12 | 12 | ≤250 | ≤450 | 0.8 | 32.34 | 42 | 80×80×25 |

(10) MF系列直流无刷轴流风机数据见表5-85。

表5-85 MF系列直流无刷轴流风机数据

| 型号 | 额定电压 (V) | 额定电流 (A) | 最大风量 ($m^3$/min) | 最大风压 (Pa) | 质量 (g) | 外形尺寸 (mm) |
|---|---|---|---|---|---|---|
| MF8025L | 12 | 0.10 | 0.50 | 19.6 | 140 | 80×80×25 |
| MF8025M | 12 | 0.15 | 0.70 | 24.5 | 140 | 80×80×25 |
| MF8025H | 12 | 0.20 | 0.90 | 29.4 | 140 | 80×80×25 |
| MF9225L | 12 | 0.20 | 0.80 | 19.6 | 140 | 92×92×25 |
| MF9225M | 12 | 0.25 | 1.00 | 29.4 | 140 | 92×92×25 |
| MF9225L | 12 | 0.30 | 1.20 | 39.2 | 140 | 92×92×25 |

(11) SL系列和SY系列伺服电动机的外形及安装尺寸如图5-15和图5-16所示。

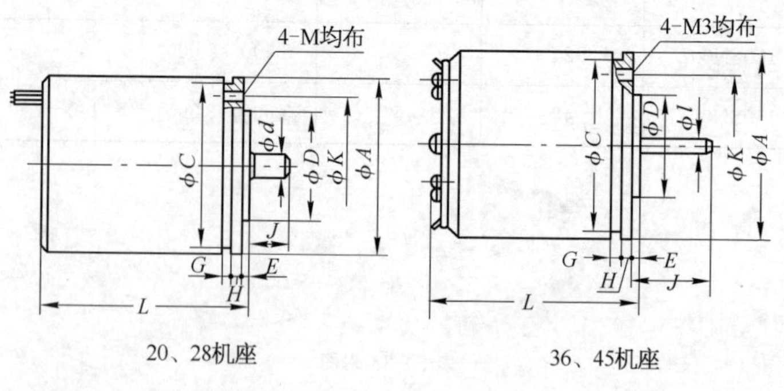

(mm)

| 尺寸/公差/机座号 | $A$ | $D$ | $d$ | $E$ | $G$ | $H$ | $C$ | $K$ | $M$ | $J$ | $L$ (参考值) |
|---|---|---|---|---|---|---|---|---|---|---|---|
| | — | — | — | ±0.1 | ±0.1 | +0.2 | −0.1 | ±0.1 | — | — | — |
| 20 | $20_{-0.084}^{0}$ | $13_{-0.012}^{0}$ | $25_{-0.006}^{0}$ | 1.2 | 1.2 | 1.2 | 18 | — | — | 10 | 25 |
| 24 | $24_{-0.084}^{0}$ | $18_{-0.012}^{0}$ | $3_{-0.006}^{0}$ | 1.5 | 1.5 | 1.5 | 22 | — | — | 12 | 31 |
| 28 | $28_{-0.084}^{0}$ | $18_{-0.012}^{0}$ | $3_{-0.006}^{0}$ | 1.5 | 1.5 | 1.5 | 26 | 22 | 2.5 | 12 | 33 |
| 36 | $36_{-0.1}^{0}$ | $22_{-0.014}^{0}$ | $4_{-0.008}^{0}$ | 1.5 | 2 | 2.5 | 34 | 27 | 2.5 | 14 | 42.50 |
| 45 | $45_{-0.1}^{0}$ | $25_{-0.014}^{0}$ | $4_{-0.008}^{0}$ | 1.5 | 2 | 2.5 | 41 | 33 | 3 | 14 | 57.5 |

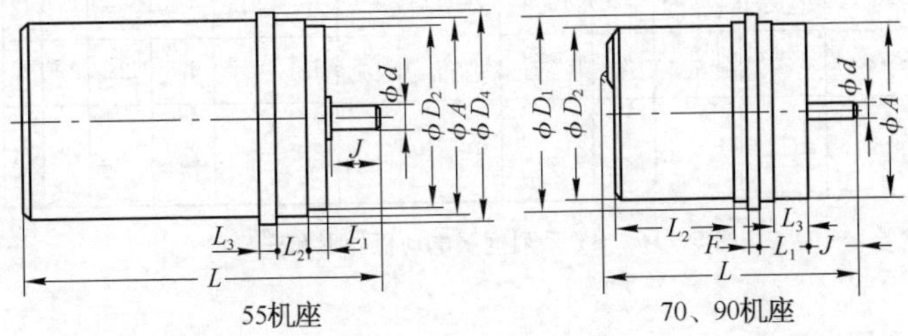


(mm)

| 尺寸/公差/机座号 | $A$ | $D_4$ | $D_1$ | $D_2$ | $d$ | $F$ | $L_1$ | $L_2$ | $L_3$ | $J$ | $L$ (参考值) |
|---|---|---|---|---|---|---|---|---|---|---|---|
| | −0.023 | — | — | — | — | −0.05 | — | — | — | — | — |
| 55 | 55 | 60 | — | 54 | 6 | — | 8 | 5 | 4 | 16 | 102 |
| 70 | 70 | 76 | $76_{-0.12}^{0}$ | $69_{-0.12}^{0}$ | $6_{-0.022}^{-0.01}$ | 6 | 19 | 64 | 13.5 | 20 | 115<br>106 |
| 90 | 90 | 98 | $98_{-0.14}^{0}$ | $89_{-0.14}^{0}$ | $8_{-0.027}^{-0.013}$ | 6 | 24 | 59 | 17 | 24 | 128 |

**图 5－15**　SL 系列伺服电动机外形和安装尺寸

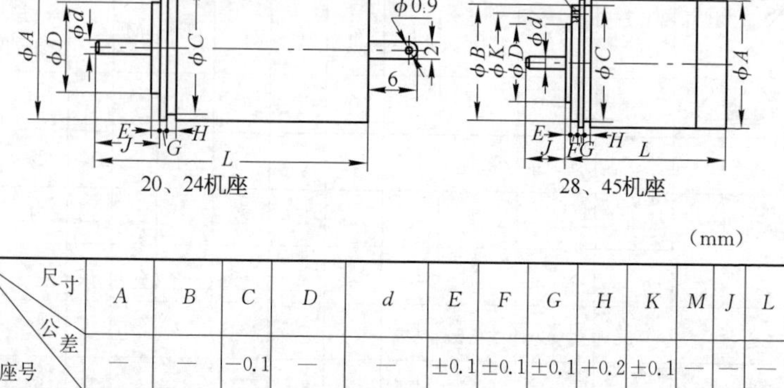


(mm)

| 尺寸 公差 机座号 | $A$ | $B$ | $C$ | $D$ | $d$ | $E$ | $F$ | $G$ | $H$ | $K$ | $M$ | $J$ | $L$ |
|---|---|---|---|---|---|---|---|---|---|---|---|---|---|
| | — | — | −0.1 | — | — | ±0.1 | ±0.1 | ±0.1 | +0.2 | ±0.1 | — | — | — |
| 20SY004 | $20_{-0.084}^{\ 0}$ | — | 18 | $13_{-0.012}^{\ 0}$ | $2.5_{-0.006}^{\ 0}$ | 1.2 | — | 1.2 | 1.2 | — | — | 10 | 50.8 |
| 24SY001 | $24_{-0.084}^{\ 0}$ | — | 22 | $18_{-0.012}^{\ 0}$ | $3_{-0.006}^{\ 0}$ | 1.5 | — | 1.5 | 1.5 | — | — | 12 | 51.5 |
| 28SY003 | $28_{-0.084}^{\ 0}$ | $26_{-0.014}^{\ 0}$ | 26 | $18_{-0.012}^{\ 0}$ | $3_{-0.006}^{\ 0}$ | 1.5 | 1.5 | 1.5 | 1.5 | 22 | 2.5 | 12 | 49 |
| 45 | $45_{-0.1}^{\ 0}$ | $41_{-0.017}^{\ 0}$ | 41<br>42 | $25_{-0.014}^{\ 0}$ | $4_{-0.008}^{\ 0}$ | 1.5 | 2.5 | 2 | 2 | 33 | 3 | 14 | 69.7<br>71.2 |

**图5-16**　SY系列伺服电动机外形和安装尺寸

## 六、测速发电机

测速发电机是一种将转速变换成电压的微电机。其输出的电压与转速成正比。测速发电机有交流测速发电机和直流测速发电机两类。交流测速发电机分为同步测速发电机和异步测速发电机。直流测速发电机按励磁方式可分为电磁(他励)式和永磁式,按速度可分为低速和一般速度直流测速发电机。

测速发电机在自动控制系统中用作伺服机构检测元件,在位置系统中用作速度反馈元件,在解算装置中用作微分和积分元件,也可代替测速计作速度和加速度的直接测量。

选择测速发电机时,应根据它在系统中所起的作用而提出不同的技术指标。例如,用作计算元件时,应着重考虑线性误差要小和电压稳定性好;用于一般转速检测或作阻尼元件时,应着重考虑其输出斜率要高,而不宜既要线性误差小，又要输出斜率高。

对于使用直流或交流测速发电机都能满足要求时，则需考虑到直流测速发电机的优缺点，全面权衡。

与交流测速发电机比较，直流测速发电机的主要优点是：

(1) 不存在输出电压相位移问题。

(2) 输出为零时，无剩余电压。

(3) 输出斜率高，负载电阻较小。

(4) 温度补偿比较容易。

主要缺点是：

(1) 由于有电刷和换向器，构造和维护比较复杂，摩擦转矩较大。

(2) 输出电压有纹波。

(3) 正反转输出电压不对称。

(4) 对无线电有干扰。

选用直流测速发电机时，应参考下述诸点来确定选永磁式还是电磁式产品。

电磁式

(1) 有励磁损耗，效率低；

(2) 易于温度补偿；

(3) 磁场不受机械振动影响。

永磁式

(1) 无励磁损耗，效率较高；

(2) 不易进行温度补偿；

(3) 磁场会受机械振动影响。

1. 分类和特点

测速发电机的分类和特点见表 5-86。

表 5-86　测速发电机的分类和特点

| 类型 | 名　称 | 型号 | 特　　点 |
|---|---|---|---|
| 直流测速发电机 | 永磁式直流测速发电机 | CY | 由磁钢励磁的直流测速发电机，是一种把机械旋转量转换成直流电信号(电压)的信号元件，工作转速每分钟数千转以上 |
| | 永磁式低速直流测速发电机 | CYD | 由磁钢励磁的直流测速发电机，是一种把机械旋转量转换成直流电信号(电压)的信号元件，工作转速可低达每分钟数千转或数百转 |

（续表）

| 类型 | 名　称 | 型号 | 特　　点 |
|---|---|---|---|
| 直流测速发电机 | 无刷有限转角直流测速发电机 | CW | 是一种新颖无刷直流测速发电机，为无槽电枢结构，具有输出斜率高、无齿槽脉动、无换向接触、工作可靠、结构简单等特点 |
| | 直线测速发电机 | CX | 是一种输出电压与直线运动成比例的信号元件 |
| 交流测速发电机 | 空心杯转子异步测速发电机 | CK | 其转子为空心杯形转子，输出电压的频率与励磁频率一致。幅值与转速成正比。它结构简单、尺寸小，精度高 |
| | 交流同步测速发电机 | CT | 结构与同步电动机类似，其转子是由永磁体做成，其输出电压和频率与转速成正比，在自动控制系统中作直接测量转速用 |

2. 测速发电机的主要技术数据

(1) CY型永磁式直流测速发电机技术数据见表5－87。

表5－87　CY型永磁式直流测速发电机技术数据

| 型　号 | 输出斜率 [$10^{-3}$ V/ (r·$\mathrm{min}^{-1}$)] | 纹波系数 (%) | 最大线性工作转速 (r/min) | 线性误差 (%) | 电枢电阻 ±12.5% (Ω) |
|---|---|---|---|---|---|
| 20CY002 | 3 | 1 | 0～3 500 | 1.2～3 | 120 |
| 28CY001 | 7 | 3(在100 r/min下) | 0～12 000 | 0.1 | 580 |
| 36CY001 | 10 | 1 | 0～6 000 | 0.5～0.1 | 160 |
| 45CY002 | 15 | 3 | 0～3 600 | 0.1 | 50 |
| 45CY003 | 15 | 3 | 0～3 600 | 0.1 | 50 |
| 45CY004 | 15 | 3 | 0～3 600 | 0.1 | 50 |
| 75CY001 | 120 | ≤1 | 0～2 500 | ≤1 | 190 |
| 96CY001 | 60 | 5 | 0～4 000 | 0.5 | 150 |

注：45CY002为双轴伸结构。

(2) CYD系列永磁式低速直流测速发电机技术数据见表5-88。

表5-88 CYD系列永磁式低速直流测速发电机技术数据

| 型　号 | 输出斜率 [V/(r·min$^{-1}$)] | 纹波系数 (%) | 最大线性工作转速 (r/min) | 电枢电阻 (Ω) | 输出斜率不对称度 (%) |
|---|---|---|---|---|---|
| 70CYD001 | 0.25 | <5 | 150 | 1 200 | — |
| 133CYD001 | 1.57 | ⩽2 | 30 | 2 500 | ⩽1 |
| 140CYD001 | 1.047 | 4 | 50 | 2 000 | — |
| 160CYD001 | 2.6 | 1 | 55 | 1 150 | <1 |
| 160CYD002 | 0.9 | 1 | 20 | 280 | 1 |
| 160CYD004 | 3 | 1.5 | 50 | 1 500 | 1 |
| 170CYD002 | 2.0 | 1.5 | 50 | 2 100 | 1 |
| 170CYD003 | ⩾0.6 | <1.5 | 160 | 500 | 1 |
| 170CYD004 | >3 | <1.5 | 30 | 2 300 | 1 |
| 220CYD001 | 8.0 | 0.5 | 19 | 4 200 | 0.5 |

(3) CW型无刷有限转角直流测速发电机技术数据见表5-89。

表5-89 CW型无刷有限转角直流测速发电机技术数据

| 型　号 | 输出斜率 [V/(rad·s$^{-1}$)] | 平顶转角范围 (°) | 输出幅值误差(%) | | | | 线性误差 (%) | 电　阻 (Ω) |
|---|---|---|---|---|---|---|---|---|
| | | | ±40° | ±30° | ±20° | ±10° | | |
| 55CW001 | 0.4 | ±30 | — | <4 | <3 | <1.5 | ±2 | 2 000 |
| 90CW002 | 2.4 | ±40 | <10 | <5 | <3 | <2 | ±2 | <8 000 |

(4) CX型直线测速发电机技术数据见表5-90。

表5-90 CX型直线测速发电机技术数据

| 型　号 | 输出斜率 [$10^{-3}$ V/(mm·$s^{-1}$)] | 纹波系数 (%) | 输出电压不对称度 (%) | 直线速度范围 (m/s) | 直流电阻 (kΩ) | | 工作行程 (mm) |
|---|---|---|---|---|---|---|---|
| 11CX001 | 1.8~1.9 | ≤5 | — | 0~2 | 0.8 | ±12.5% | 72 |
| 12.7CX001 | 4±10% | <5 | — | — | 3 | | >23 |
| 16CX001 | >6 | <3(半峰值) | — | 0~2 | <1 | | >60 |
| 20CX002 | >8 | <3 | <1 | 0.005~0.010 | <1 | | ±10 |
| 20CX004 | >4.0 | ±1.5 | — | 0~2 | 2.4 | | ±30 |
| 20CX006 | >4 | <3 | — | 0~2 | 2.4 | | ±50 |

(5) CK系列空心杯转子异步测速发电机技术数据见表5-91。

表5-91 CK系列空心杯转子异步测速发电机技术数据

| 型　号 | 励磁电压 (V) | 电源频率 (Hz) | 励磁电流 (mA) | 输出斜率 [$10^{-3}$ V/(r·$min^{-1}$)] | 零位电压 (mV) | 线性误差 (%) | 最大线性工作转速 (r/min) |
|---|---|---|---|---|---|---|---|
| 20CK001 | 36 | 400 | — | 0.6 | 30 | 0.1 | 3 600 |
| 24CK001 | 36 | 400 | 51 | 0.8 | ≤20 | 0.1 | 3 600 |
| 28CK001 | 115 | 400 | 30 | 1.5 | 50 | 0.1 | — |
| 36CK001 | 115 | 400 | <38 | 2 | <30 | 0.1 | 3 600 |
| 36CK002 | 36 | 400 | 25 | 1 | <25 | <0.2 | — |
| 45CK001 | 115 | 400 | <40 | 3 | <30 | 0.1 | 3 600 |
| 45CK002 | 115 | 400 | 38 | 2 | 50 | 0.1 | 3 600 |

(6) CT 型同步测速发电机技术数据见表 5－92。

表 5－92　CT 型同步测速发电机技术数据

| 型　　号 | 输出电压(V) | 线性误差(%) |
|---|---|---|
| 55CT001 | 2.4(3 000 r/min 时) | 2 |

3. 使用注意事项

(1) 在使用中,为保证其线性误差不超过规定,转速不应超过产品的最大线性工作转速,负载电阻不应小于规定的最小负载电阻。

(2) 为了减小温度变化所引起的输出电压变温误差,可在电磁式直流测速发电机的励磁回路中,串接一个比励磁绕组电阻大几倍的温度系数小的电阻。

4. 外形和安装尺寸

测速发电机的外形和安装尺寸如图 5－17～图 5－19 所示。

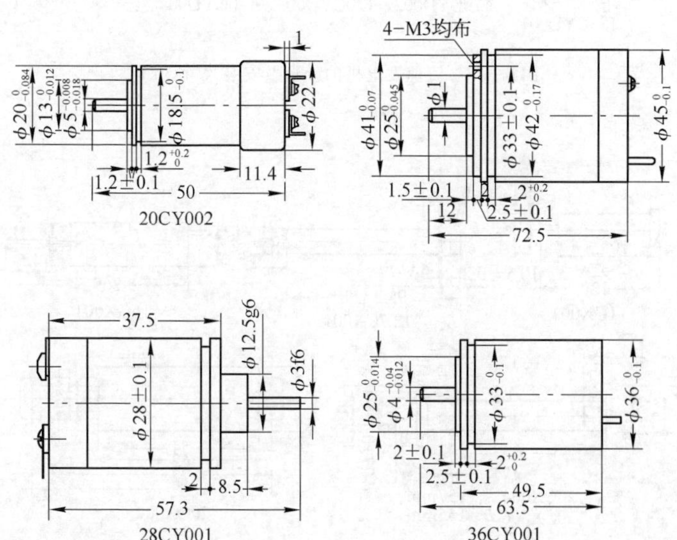


图 5－17　测速发电机的外形及安装尺寸(一)

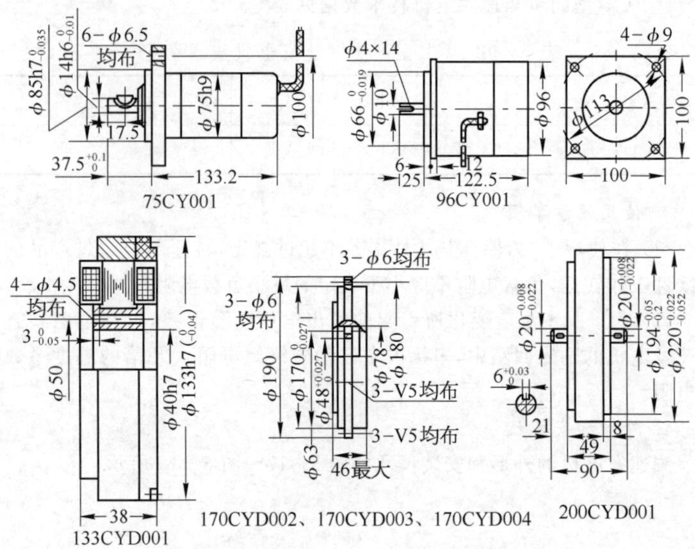


图 5-18 测速发电机的外形及安装尺寸(二)

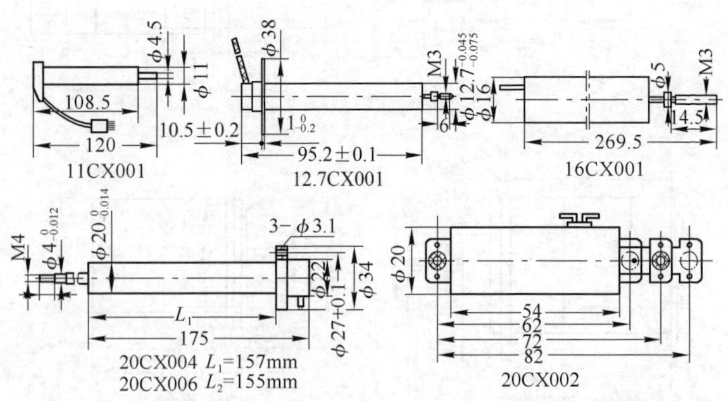


图 5-19 测速发电机的外形及安装尺寸(三)

# 5-3 特种电动机

## 一、步进电动机

步进电动机是一种将电脉冲信号转换成直线或角位移的执行元件，其转子上无绕组，定子上嵌装有多相不同连接的控制绕组，由专用电源供给电脉冲，每输入一个电脉冲，步进电动机就前进一步。其优点是步距不受电压波动、负载变化和环境条件变化的影响，起动、停止或反转均是由脉冲信号控制；在不丢步的情况下运行，其角位移（或线位移）误差不会长期积累。这类电机特别适合在开环控制系统中使用，具有系统简单、运行可靠等明显优点，可广泛用于机床的数字程序控制及其他数字控制系统中。

1. 分类和特点

步进电动机的分类和特点见表 5-93。

表 5-93 步进电动机的分类和特点

| 型号 | 名称 | 特点 |
|---|---|---|
| BF | 磁阻式步进电动机（反应式） | 是一种将电脉冲信号转换成角位移的执行元件，定转子磁路均由软磁材料制成，只有控制绕组，基于磁导变化而产生转矩，其性能特点是步距角小，起动和运行频率较高，断电时无定位转矩，消耗功率较大 |
| BYG | 感应子式永磁步进电动机 | 转子为感应子式结构型式，也称混合式，兼顾永磁式和磁阻式两类电机优点，它具有步距角小，有较高的起动和运行频率的特点。需要正负脉冲供电，消耗功率较小，有定位转矩 |
| BY | 永磁式步进电动机 | 凡在结构上采用永久磁钢的步进电动机，其特点是控制功率小，电磁阻尼大，步距角大，起动频率低，需要正、负脉冲供电，有定位转矩 |
| BD | 电磁式步进电动机 | 无需一般步进电动机的专用电源，施加直流电即可工作，控制简便，应用于监测系统中 |

2. 主要技术数据

(1) 磁阻式步进电动机技术数据见表 5-94。

(2) 感应子式永磁步进电动机技术数据见表 5-95。

(3) BY 系列永磁式步进电动机的技术数据见表 5-96。

(4) BD 系列电磁式步进电动机技术数据见表 5-97。

表5-94 磁阻式步进电动机技术数据

| 型号 \ 项目 | 相数 | 步距角(°) | 电压(V) | 相电流(A) | 最大静转矩(N·m) | 空载起动频率(step/s) | 空载运行频率(step/s) | 电感(mH) | 电阻(Ω) | 分配方式 | 外形尺寸(mm) | 质量(kg) |
|---|---|---|---|---|---|---|---|---|---|---|---|---|
| 28BF001 | 3 | 3 | 27 | 0.8 | 0.024 5 | 1 800 | | 10 | 2.7 | 三相六拍 | ϕ28×32 | <0.1 |
| 36BF002-Ⅱ | 3 | 3 | 27 | 0.6 | 0.049 | 1 900 | | | 6.7 | 三相六拍 | ϕ36×42 | <0.2 |
| 36BF003 | 3 | 1.5 | 27 | 1.5 | 0.078 | 3 100 | | 15.4 | 1.6 | 三相六拍 | ϕ36×43 | <0.22 |
| 45BF003Ⅱ | 3 | 1.5 | 60 | 2 | 0.196 | 3 700 | 12 000 | 15.8 | 0.94 | 三相六拍 | ϕ45×82 | 0.38 |
| 45BF005Ⅱ | 3 | 1.5 | 27 | 2.5 | 0.196 | 3 000 | | 15.8 | 0.94 | 三相六拍 | ϕ45×58 | 0.4 |
| 55BF001 | 3 | 7.5 | 27 | 2.5 | 0.245 | 850 | | 27.6 | 1.2 | 三相六拍 | ϕ55×60 | 0.65 |
| 75BF001 | 3 | 1.5 | 24 | 3 | 0.392 | 1 750 | | 19 | 0.62 | 三相六拍 | ϕ75×53 | 1.1 |
| 75BF003 | 3 | 1.5 | 30 | 4 | 0.882 | 1 250 | | 35.5 | 0.82 | 三相六拍 | ϕ75×75 | 1.58 |
| 90BF001 | 4 | 0.9 | 80 | 7 | 3.92 | 2 000 | 8 000 | 17.4 | 0.3 | 四相八拍 | ϕ90×145 | 4.5 |
| 90BF006 | 5 | 0.36 | 24 | 3 | 2.156 | 2 400 | | | 0.76 | 五相十拍 | ϕ90×65 | 2.2 |
| 110BF003 | 3 | 0.75 | 80 | 6 | 7.84 | 1 500 | 7 000 | 35.5 | 0.37 | 三相六拍 | ϕ110×160 | 6 |
| 110BF004 | 3 | 0.75 | 30 | 4 | 4.9 | 500 | | 56.5 | 0.72 | 三相六拍 | ϕ110×110 | 5.5 |
| 130BF001 | 5 | 0.75 | 80/12 | 10 | 9.31 | 3 000 | 16 000 | | 0.162 | 五相十拍 | ϕ130×170 | 9.2 |
| 150BF002 | 5 | 0.75 | 80/12 | 13 | 13.72 | 2 800 | 80 | | 0.121 | 五相十拍 | ϕ150×155 | 14 |
| 150BF003 | 5 | 0.75 | 80/12 | 13 | 15.64 | 2 600 | 8 000 | | 0.127 | 五相十拍 | ϕ150×178 | 16.5 |
| 200BF006 | 5 | 0.16 (10′) | 24 | 4 | 14.7 | 1 300 | | | 0.77 | 五相十拍 | ϕ200×93 | 16 |

表 5-95 感应子式永磁步进电动机技术数据

| 型号 | 相数 | 电压 (V) | 相电流 (A) | 步距角 (°) | 步距角误差 (%) | 每转步数 | 每相电阻 (Ω) | 每相电感 (mH) | 起动频率 (pps) | 运行频率 (pps) | 静态转矩 (N·m) | 定位转矩 (N·m) |
|---|---|---|---|---|---|---|---|---|---|---|---|---|
| 35BYG001 | 2 | 12 | 0.35 | 1.8/0.9 | ±3/±6 | 200/400 | 9 | — | 2 000 | 7 500 | $4.9\times10^{-2}$ | — |
| 39BYG001 | 4 | 12 | 0.16 | 3.6 | — | — | 75 | 70 | 500 | — | $4.9\times10^{-2}$ | $5.8\times10^{-3}$ |
| 39BYG002 | 4 | 12 | 0.16 | 1.8 | — | — | 75 | 65 | 800 | — | $5.9\times10^{-2}$ | $4.9\times10^{-3}$ |
| 42BYG111 | 2 | 12 | 0.24 | 0.9 | — | — | 38 | 22 | 800 | — | $7.8\times10^{-2}$ | $2.4\times10^{-3}$ |
| 46BYG001 | 2 | 12 | 0.09 | 1.8 | ±3 | 200 | 130 | — | — | 1 000 | $2\times10^{-2}$ | $3.4\times10^{-3}$ |
| 50BYG001 | 5 | 12 | 0.1 | 20′22″ | ±8 | 1 060 | 18.5 | — | 7 500 | 12 000 | $2.8\times10^{-2}$ | $0.1\times10^{-2}$ |
| 55BYG002 | 4 | 15 | 0.44 | 1.8/0.9 | ±20 | 200/400 | 22 | 90 | 1 000 | 1 000 | $34.3\times10^{-2}$ 单 | |
| 55BYG004 | 4 | 27 | 4 | 1.8/0.9 | ±20 | 200/400 | 1.2 | — | 1 500 | 3 000 | $53.9\times10^{-2}$ | $2\times10^{-2}$ |
| 55BYG005 | 4 | 27 | 1 | 1.8/0.9 | ±20 | 200/400 | 4.8 | — | 1 500 | 1 600 | 双 | |
| 55BYG006 | 4 | 27 | 1 | 1.8/0.9 | ±20 | 200/400 | 4.5 | — | 1 500 | — | $19.6\times10^{-2}$ | — |
| 70BYG001 | 4 | 28 | 3 | 1.8/0.9 | ±20 | 200/400 | 0.9 | 8.25 | 1 200 | 1 500 | $127.5\times10^{-2}$ | $127.5\times10^{-2}$ |
| 70BYG002 | 4 | 27 | 5 | 1.8/0.9 | ±20 | 200/400 | 0.3 | 2.83 | 1 500 | 2 300 | $127.5\times10^{-2}$ | $127.5\times10^{-2}$ |
| 70BYG003 | 4 | 16 | 1 | 1.8/0.9 | ±10 | 20/400 | 8 | — | 500 | 600 | $98\times10^{-2}$ | $6.87\times10^{-2}$ |
| 86BYG001 | 4 | 5 | 1.9 | 1.8 | ±0.13 | 200 | 2.75 | — | — | — | $7.4\times10^{-2}$ | — |
| 90BYG001 | 4 | 24 | 3 | 1.8/0.9 | ±20 | 200/400 | 1.55 | 16 | 1 000 | 1 000 | $353\times10^{-2}$ | $8.8\times10^{-2}$ |

表 5-96 BY 系列永磁式步进电动机技术数据

| 型号 | 电压(V) | 相电流(A) | 步距角(°) | 每转步数 | 每相电阻(Ω) | 起动频率(Hz) | 运行频率(Hz) | 最大静态转矩(N·m) | 定位转矩(N·m) | 相数 |
|---|---|---|---|---|---|---|---|---|---|---|
| 20BY001 | 6 | 0.12 | 18 | 20 | 55±5% | 300 | 350～400 | $0.1\times10^{-2}$ | $0.02\times10^{-2}$ | 4 |
| 32BY001 | 15 | 0.12 | 90 | — | 80 | 150 | — | $0.39\times10^{-2}$ | <0.001 | 2 |
| 36BY001 | 10 | 0.175 | 7.5 | — | — | 700 | — | $0.78\times10^{-2}$ | <0.003 | 4 |
| 42BY001 | 24 | 0.5 | 7.5 | — | — | 600 | — | 0.034 | <0.003 | 4 |
| 42BY002 | 24 | 0.17 | 7.5 | — | — | 450 | — | 0.044 | <0.003 | 4 |
| 42BY003 | 24 | 0.3 | 7.5 | — | — | 430 | — | 0.026 | <0.003 | 4 |
| 55BY001 | 16 | 0.22 | 7.5 | — | — | 300 | — | 0.78 | <0.005 | 4 |
| 68BY001 | 12 | 0.14 | 1.8 | — | — | 400 | | 0.044 | <0.002 | 4 |

表 5-97 BD 系列电磁式步进电动机的技术数据

| 型号 | 额定电压(V) | 额定转矩(N·m) | 起动电流(A) | 步距角(°) |
|---|---|---|---|---|
| 50BD001 | 24 | $9.8\times10^{-2}$ | <3 | 30 |

3. 外形和安装尺寸

步进电动机的外形和安装尺寸如图 5-20～图 5-22 所示。

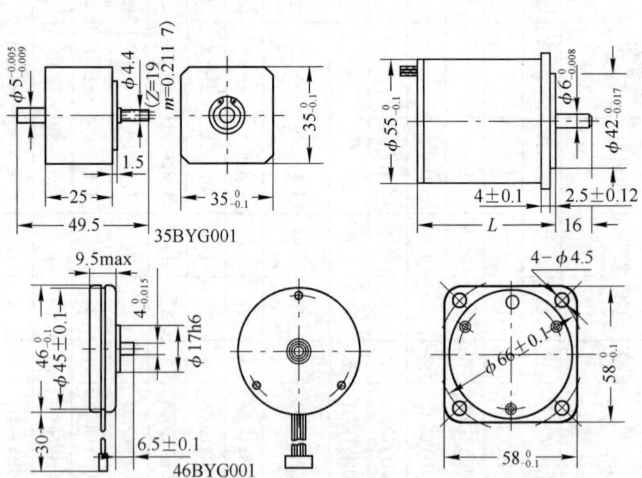


图 5-20 步进电动机外形和安装尺寸(一)

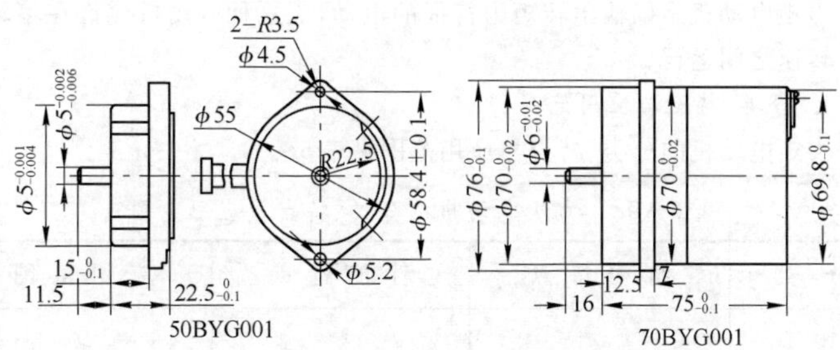


图 5-21　步进电动机外形和安装尺寸(二)

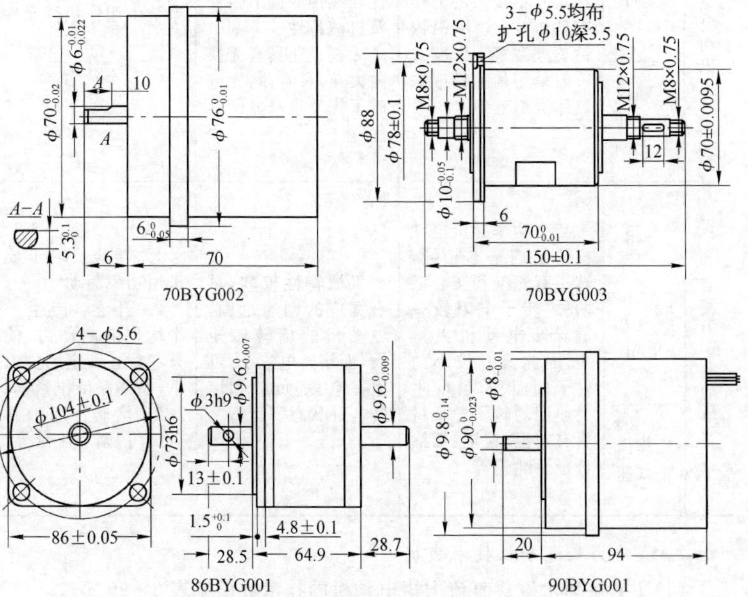

70BYG002

70BYG003

86BYG001

90BYG001

图 5-22　步进电动机外形和安装尺寸(三)

## 二、力矩电动机

力矩电动机是以输出转矩为特征的电动机，这种电动机允许在堵转至额定转速之间运行。

1. 分类、特点与应用范围

力矩电动机的分类、特点与应用范围见表5-98。

表5-98 力矩电动机的分类、特点及应用范围

| 分类 | | 结构特点 | 性能特点 | 应用范围 |
|---|---|---|---|---|
| 直流力矩电动机 | 永磁式 | 径向尺寸大，轴向尺寸短，极对数多，定子磁路有凸极和隐极式，隐极式磁路多用在尺寸不很大的力矩电动机中，采用铝镍钴类型磁钢，凸极式一般采用稀土钴或铁氧体类型磁钢 | 能长期处于堵转状态下工作，转速低，输出力矩大，可不经减速器直接驱动负载，具有良好的低速平稳性和线性的调节特性及机械特性。<br>无刷式还具有无换向火花，长寿命，无电磁干扰及维修方便等优点 | 在位置和速度伺服系统中用作执行元件 |
| | 无刷式 | | | |
| | 动圈式有限转角无刷 | | | |
| 交流力矩电动机 | 三相 | 与小功率异步电动机的结构基本相同，转子有笼型和实心型两种，转子电阻较一般异步电动机大得多，因此具有较小的转子槽面积，目前主要使用的转子导条材料有黄铜、紫铜、铝锰合金及纯铝等 | 机械特性较软，具有宽广的调速范围，电动机的堵转转矩大，而堵转电流小，可以在空载、负载和堵转各种状态下运行 | 1. 卷绕：用于要求恒功率驱动<br>2. 开卷：产生一个均匀的制动力，使开卷物在一定的拉力下，始终保持拉紧<br>3. 堵转：用于开启阀门，调节流量等 |
| | 单相 | | | |
| | 三相齿轮减速 | | | |

2. 直流力矩电动机技术数据

(1) LY系列永磁式直流力矩电动机的技术数据见表5-99。

(2) LW系列无刷直流力矩电动机技术数据见表5-100。

(3) 动圈式有限转角无刷直流力矩电动机技术数据见表5-101。

表 5-99 LY 系列永磁式直流力矩电动机的技术数据

| 型 号 | 连续堵转电压（V） | 连续堵转电流（A） | 连续堵转转矩（N·m） | 峰值堵转电压（V） | 峰值堵转电流（A） | 峰值堵转转矩（N·m） | 空载电流（A） | 空载转速（r/min） |
|---|---|---|---|---|---|---|---|---|
| 45LY001 | 10～18 | 0.6 | 0.04 | 20～28 | 1.2 | 0.08 | ($U_0$=12 V)0.1<br>($U_0$=24 V)0.13 | ($U_0$=12 V)1 100<br>($U_0$=24 V)2 200 |
| 45LY003 | 10～18 | 0.6 | 0.05 | 20～28 | 1.2 | 0.1 | ($U_0$=12 V)0.1<br>($U_0$=24 V)0.13 | ($U_0$=12 V)1 100<br>($U_0$=24 V)2 200 |
| 60LY003 | 26±4 | 0.8 | 0.167 | 52±7 | 1.6 | 0.314 | — | 1 200 |
| 60LY004 | 27 | 1.2 | 0.196 | — | — | — | — | 1 200 |
| 80LY007 | 25±3 | 1 | 0.49 | 68±8 | 2.5 | 1.28 | 0.08 | 450 |
| 80LY013 | 25 | 1 | 0.49 | 60 | 2.5 | 1.2 | — | — |
| 150LY001 | 20±3 | 2 | 0.98 | 60±9 | 6 | 2.94 | — | 1 167 |
| 150LY005 | 175 | 0.6 | 1.5 | — | — | — | — | 420 |
| 40LY001 | 22±4 | 0.054 | 0.008 | — | — | — | | >800 |
| 40LY002 | 6 | <0.1 | 0.004 | — | — | — | | 270±30 |
| 45LY002 | 10～80 | 0.6 | 0.04 | 20～23 | 1.2 | 0.08 | | ($U_0$=12 V)1 100 |
| 60LY005 | 30 | 0.4 | 0.14 | — | — | — | | 550～650 |

（续表）

| 型　号 | 连续堵转电压（V） | 连续堵转电流（A） | 连续堵转转矩（N·m） | 峰值堵转电压（V） | 峰值堵转电流（A） | 峰值堵转转矩（N·m） | 空载电流（A） | 空载转速（r/min） |
|---|---|---|---|---|---|---|---|---|
| 60LY007 | 27 | 1.2 | — | — | — | 0.18 | | — |
| 60LY008 | 27 | <2 | 0.3 | — | — | — | | <600 |
| 60LY009 | 13 | 0.9 | 0.18 | 27 | 2 | 0.343 | | ≤1 100 |
| 60LY010 | — | — | — | 27 | 0.6 | 0.2 | | 400～600 |
| 60LY011 | — | — | — | 27 | 2 | 0.343 | | ≤1 100 |
| 60LY012 | 24±4 | 0.8 | >0.167 | 48±7 | 1.6 | 0.314 | | >1 500 |
| 80LY001 | — | — | — | 25 | 1.07 | 0.65 | | 340 |
| 80LY008 | 16 | — | 0.4 | — | — | — | | 400 |
| 80LY009 | 25 | 1 | 0.5 | 60 | 2.7 | 1.25 | | 450 |
| 80LY012 | 24 | — | 0.35 | — | — | — | | — |
| 125LY001 | 27 | 2 | 1.17 | — | — | — | | 300 |
| 150LY004 | 27 | 3 | 1.6 | — | — | — | | ≤440 |
| 180LY001 | 18 | 4.5 | 11 | 27 | 9 | 20 | | 120 |

（续表）

| 型　号 | 连续堵转电压（V） | 连续堵转电流（A） | 连续堵转转矩（N·m） | 峰值堵转电压（V） | 峰值堵转电流（A） | 峰值堵转转矩（N·m） | 空载电流（A） | 空载转速（r/min） |
|---|---|---|---|---|---|---|---|---|
| 180LY002 | 18 | 5 | 15 | 27 | 11 | 28 | | 120 |
| 200LY003 | — | — | — | 27 | 15.5 | 10 | | 360 |
| 200LY004 | — | — | — | 27 | 8 | 5 | | 360 |
| 200LY005 | 27 | 5.1 | 6.3 | — | — | — | | 210 |
| 200LY006 | 30 | 3.65 | 6.85 | — | — | — | | 137 |
| 200LY007 | 30 | 5.1 | 11.18 | — | — | — | | 122 |
| 200LY008 | — | 4.5 | 3 | 27 | 13 | 10 | | 350 |
| 205LY001 | 24 | 3 | 5 | — | — | — | | — |
| 210LY001 | — | — | — | 60±9 | 5.4 | 14.7～23.5 | | 110±20% |
| 250LY001 | — | — | — | 60±9 | 8.4 | 470.4～509.6 | | >90 |
| 300LY002 | 60 | 5.5 | 6 | — | — | — | | 45 |
| 350LY001 | 40 | 8 | 117.6 | 60 | 12 | 176.4 | | 32 |

表5-100 LW系列无刷直流力矩电动机技术数据

| 型号 | 电压(V) | 电流(A) | 额定功率(W) | 空载转速(r/min) | 额定转矩(N·m) | 堵转转矩(N·m) |
|---|---|---|---|---|---|---|
| 90LW002 | 27 | 1.8(峰值) | — | 600 | — | 0.39峰值 |
| 96LW001 | 27 | — | — | 360 | 1.96(连续) | 2.94峰值 |
| 110LW003 | — | 6.0 | 340 | 398(额定) | 3.14 | 8.08 |
| 110LW004 | — | 6.0 | 340 | 398(额定) | 3.14 | 8.08 |
| 110LW005 | 60 | — | — | 390 | — | 3.92峰值 |
| 110LW006 | 60 | — | — | 390 | — | 3.92峰值 |
| 160LW001 | 24 | — | — | 150 | — | 0.39～0.78 |

表5-101 动圈式有限转角无刷直流力矩电动机技术数据

| 型号 | 110LW001 |
|---|---|
| 堵转电压(V) | 6 |
| 堵转电流(A) | 0.21 |
| 堵转力矩(N·m) | 0.12 |
| 力矩常数(N·m/A) | 0.69 |
| 偏转角度(°) | ±29 |
| 电枢电阻(Ω) | 27～30 |

3. 直流力矩电动机使用注意事项

(1) 稳定温升时允许最大堵转转矩一定要大于连续堵转转矩。

(2) 定子中的转子取出后,定子要用磁短路环保磁,以避免引起磁钢退磁。

(3) 在短时间内电流允许大于连续堵转电流,但不允许超过峰值电流,以避免磁钢去磁,使转矩下降。如果磁钢去磁,需重新充磁后电机才能正常使用。

4. 交流力矩电动机的技术数据

表5-102～表5-104为三种交流力矩电动机技术数据。

(1) 小功率单相力矩电动机技术数据见表5-102。

(2) 三相力矩电动机技术数据见表5-103。

(3) 三相齿轮减速力矩电动机技术数据见表5-104。

表 5-102 小功率单相力矩电动机技术数据

| 型 号 | 额定电压 (V) | 额定频率 (Hz) | 堵转电流 (A) | 堵转转矩 (N·m) | 空载转速 (r/min) | 备 注 |
|---|---|---|---|---|---|---|
| DJ5618-3 | 220 | 50 | 0.8 | 0.3 | 700 | |
| DJ6314-5 | 220 | 50 | 1.0 | 0.5 | 1 200 | 自扇冷 |
| DJ6334-7 | 220 | 50 | 1.2 | 0.7 | 1 200 | 自扇冷 |
| DJ7114-10 | 220 | 50 | 1.8 | 1.0 | 1 200 | 自扇冷 |

表 5-103 三相力矩电动机技术数据

| 型 号 | 额定电压 (V) | 额定频率 (Hz) | 堵转电流 (A) | 堵转转矩 (N·m) | 空载转速 (r/min) | 备 注 |
|---|---|---|---|---|---|---|
| AJ5618-3 | 380 | 50 | 0.15 | 0.3 | 700 | 双轴伸 |
| AJ5618-5 | 380 | 50 | 0.20 | 0.5 | 700 | 双轴伸 |
| AJ5628-7 | 380 | 50 | 0.35 | 0.7 | 700 | 双轴伸 |
| AJ5638-10 | 380 | 50 | 0.5 | 1.0 | 700 | 双轴伸 |
| AJ5638B-10 | 220 | 50 | 0.55 | 1.0 | 700 | 双轴伸 |
| AJ6314-10 | 380 | 50 | 0.5 | 1.0 | 1 300 | 自扇冷 |
| AJ6324-13 | 380 | 50 | 0.55 | 1.3 | 1 300 | 自扇冷 |
| AJ6334B-15 | 220 | 50 | 1.0 | 1.5 | 1 300 | 自扇冷 |
| AJ6338-15 | 380 | 50 | 0.6 | 1.5 | 700 | 双轴伸 |
| AJ6338-18 | 380 | 50 | 1.2 | 1.8 | 700 | 双轴伸 |
| AJ6334B-20 | 220 | 50 | 1.15 | 2.0 | 1 300 | 自扇冷 |
| AJ6338-20 | 380 | 50 | 1.2 | 2.0 | 700 | 双轴伸 |
| AJ7114B-20 | 220 | 50 | 1.1 | 2.0 | 1 300 | 自扇冷 |

表 5-104 三相齿轮减速力矩电动机技术数据

| 型 号 | 额定电压 (V) | 额定频率 (Hz) | 堵转电流 (A) | 堵转转矩 (N·m) | 空载转速 (r/min) | 变 比 |
|---|---|---|---|---|---|---|
| AJC5618-80 | 380 | 50 | 0.15 | 8 | 22 | 1∶30 |
| AJC5618-140 | 380 | 50 | 0.20 | 14 | 22 | 1∶30 |
| AJC5618-200 | 380 | 50 | 0.25 | 20 | 22 | 1∶30 |
| AJC5638-280 | 380 | 50 | 0.35 | 28 | 22 | 1∶30 |
| AJC6338-400 | 380 | 50 | 0.38 | 40 | 22 | 1∶30 |
| AJC6334-580 | 380 | 50 | 0.5 | 58 | 40 | 1∶30 |

5．外形和安装尺寸

力矩电动机的外形和安装尺寸如图 5－23 所示。

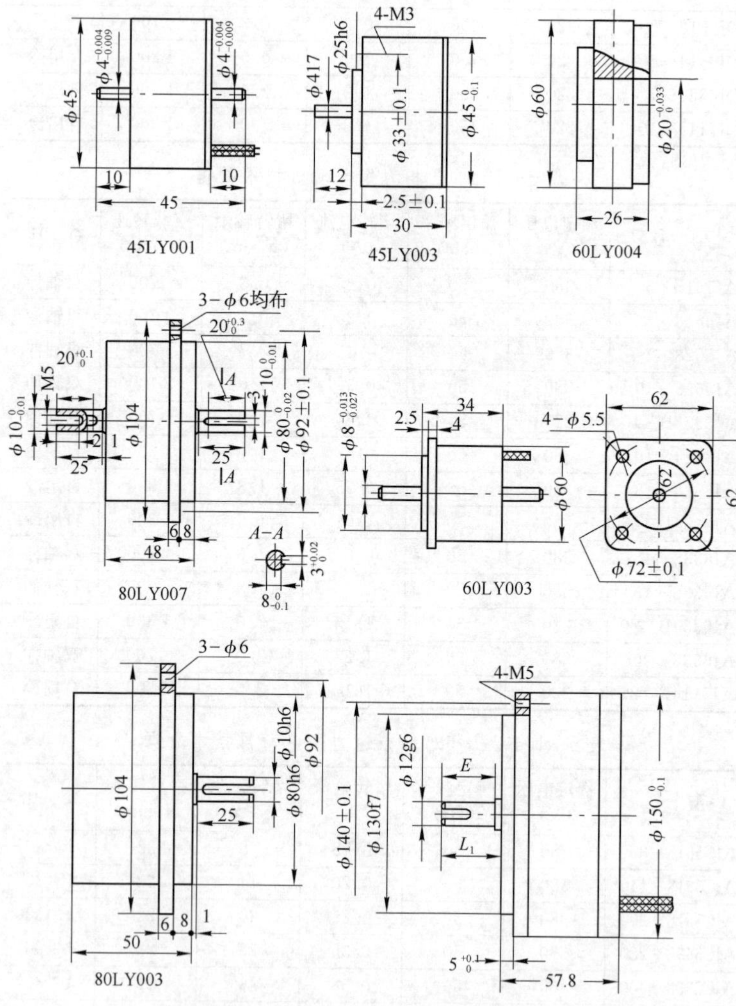


图 5－23　力矩电动机外形和安装尺寸

# 第 6 章　小型同步发电机、风力发电机、弧焊电源

## 6-1　小型同步发电机

小型同步发电机与配套原动机组成小型供电的机组，种类有电动发电机组、柴油发电机组、汽油发电机组、燃气发电机组、水轮发电机组和风力发电机组等。它们广泛用作工矿企业、医院、大楼应急备用电源和试验电源；用作野外施工、石油开采及探矿移动电源；用作农村、边远地区的照明及动力电源；用作船舶、车辆、消防等特殊场合的独立电源……在这些供电中，以柴油发电机组使用得最普遍；燃气发电机组可利用余热吸收式制冷(制热)。发电成为两供(三供)能源机组，其发展迅速；此外属于无污染的可再生能源——风力发电机组在我国海岛及草原牧区的电气化中得到长足的发展。除风力发电机外，我国常用的是工频(50 Hz)低压同步发电机，三相为 440 V；单相为 230 V。以单机运行最普遍，必要时也可两台或若干台机组并联运行，小型水轮发电机组通常与电网并联运行。

### 一、小型同步发电机结构及励磁方式

同步发电机由主发电机和励磁装置两部分组成。主发电机的结构有旋转磁场式和旋转电枢式两类。目前小型同步发电机大多采用旋转磁场式，按对旋转磁极提供励磁电流的方式可分为：采用滑环与电刷引入的传统方法，称为有刷励磁系统同步发电机；近来采用交流励磁机经旋转整流器提供励磁电流的方式，称为无刷励磁系统同步发电机。单相同步发电机则是利用电容式逆序磁场励磁的一种无刷同步发电机；永磁发电机利用永磁体的剩磁励磁，也是一种无刷同步发电机，因无励磁损耗、效率提高而得到重视。

有关旋转磁场式同步发电机的转子结构及其定子绕组的特点简述如下。

1. 转子结构

1) 凸极式转子结构　图 6-1 所示为由 1～1.5 mm 的 10 号钢板或 Q235-A 钢板叠片而成的凸极式磁极，磁极绕组采用的是集中绕组型式，利

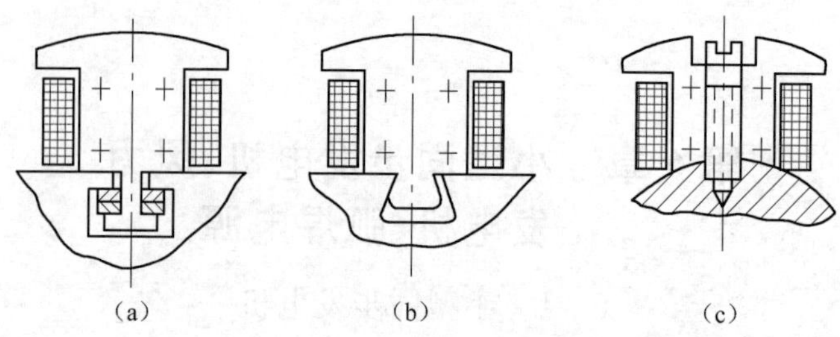


图6-1　凸极转子的磁极结构

(a) 极片用T形尾结构固定在转子磁轭上；(b) 用鸽尾结构固定在转子磁轭上；(c) 用螺钉固定方式

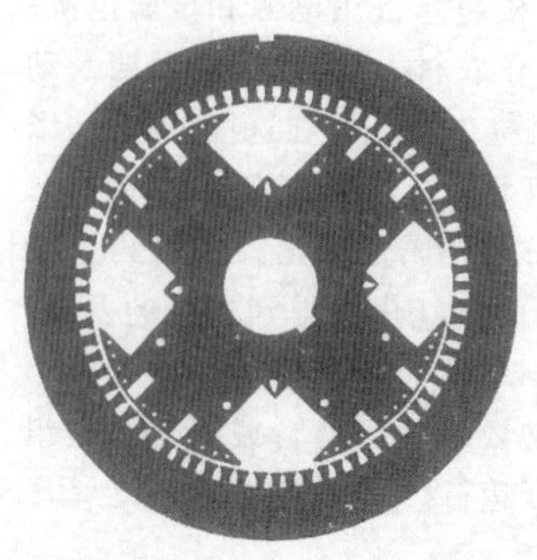

图6-2　整体凸极转子冲片

用框架绕好绕组套到磁极上或直接绕在绝缘后的磁极铁心上，然后利用磁极T尾或鸽尾结构固定在转子磁轭上，如图6-1a、b所示，一般柴油发电机均采用磁极螺钉固定方式，高速小型水轮发电机也采取磁极螺钉固定，如图6-1c所示。近年来发展“整体凸极”叠片式的转子冲片，冲片的材料和定子冲片材料相同，如图6-2所示。整体凸极磁极绕组由专用绕线机将线绕到极体上，且边绕边刷上热固性绕组绝缘胶，或在绕制完成后整体真空压力浸漆。它兼有凸极和隐极结构的优点，绕组与极体间无间隙，有利于散热，降低了转子温升，也提高了机械强度。

2）隐极式转子结构　如图6-3a所示隐极转子用Q235-A钢板或硅钢片冲片叠成，冲片圆周冲有大小不等或相同大小的槽形(类似异步机转子冲片)。对一般用途的隐极同步发电机为简化生产工艺时所采取的方法：每一个极下中间几个槽为空槽不嵌绕组的，这每极下的空槽也就构成大齿。设置好的小槽内嵌入励磁绕组为同心式绕组，若绕组为等槽等匝数分布时，励磁电流通入后其磁势波形为阶梯形分布如图6-3b所示。极距为$\tau$，有绕组部分为$\theta$；无绕组部分为$b$。

为了获得气隙正弦磁场和近似正弦分布的磁场，对同心式绕组的匝数必须进行计算配置，为此推荐每极励磁绕组各个绕组匝数的比例见表6-1。

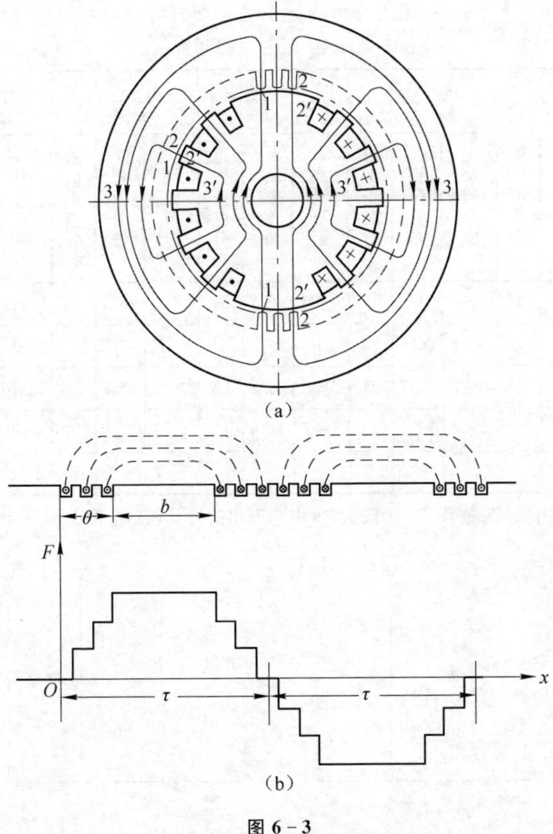


图 6-3

(a) 隐极式两极汽轮发电机的磁路；(b) 等槽等匝分布时同心式绕组磁势波形 $F(x)$图

2. 定子绕组的特点

按绕组功能，不同定子绕组可分为主绕组与辅助绕组：主绕组提供发电机额定功率、额定电压时交流电；辅助绕组为励磁电源，提供发电机以励磁功率。

(1) 三相同步发电机的主绕组为三相绕组，通常采用星形联接，有三相四线制和三相三线制两种，如图 6-4 所示，在一机多电压发电机中也用三角形联接法。

表6-1　气隙磁场接近正弦分布时每极励磁绕组各绕组的匝数比例推荐值　（%）

| $\frac{z_2}{2p}=8$ | | | $\frac{z_2}{2p}=9$ | | | $\frac{z_2}{2p}=10$ | | | $\frac{z_2}{2p}=11$ | | | $\frac{z_2}{2p}=12$ | | |
|---|---|---|---|---|---|---|---|---|---|---|---|---|---|---|
| 绕组节距 | 正弦分布 | 近似正弦分布 | 绕组节距 | 正弦分布 | 近似正弦分布 | 绕组节距 | 正弦分布 | 近似正弦分布 | 绕组节距 | 正弦分布 | 近似正弦分布 | 绕组节距 | 正弦分布 | 近似正弦分布 |
| 1～8 | 41.5 | 39 | 1～9 | 34.7 | 33 | 1～10 | 32.5 | 31 | 1～11 | 28.4 | 28 | 1～12 | 26.8 | 26 |
| 2～7 | 35 | 39 | 2～8 | 30.5 | 33 | 2～9 | 29.3 | 31 | 2～10 | 26.2 | 28 | 2～11 | 24.9 | 26 |
| 3～6 | 23.5 | 22 | 3～7 | 22.7 | 21 | 3～8 | 23.3 | 23 | 3～9 | 21.7 | 18 | 3～10 | 21.4 | 18 |
| | | | 4～6 | 12.1 | 13 | 4～7 | 14.9 | 15 | 4～8 | 15.6 | 18 | 4～9 | 16.4 | 18 |
| | | | | | | | | | 5～7 | 8.1 | 8 | 5～8 | 10.5 | 12 |

注：表中 $z_2$ 为槽数、$2p$ 为极数，表中未列出的槽号表示空槽。

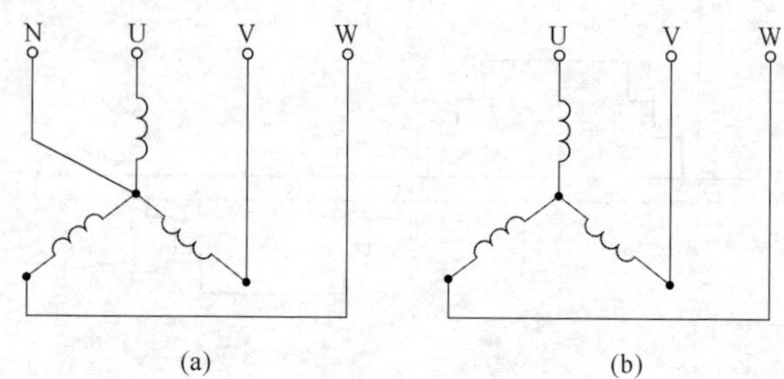


**图6-4　三相同步发电机的主绕组联接**

(a) 三相四线制；(b) 三相三线制

三相绕组广泛应用60°相带绕组，可以用于整数槽、分数槽构成单层、双层和单双层绕组中不同型式的叠绕组、波绕组和同心式绕组等。单相发电机则采用120°相带绕组，一般占有2/3～4/5的总槽数，六相绕组则用于带整流负载的同步发电机中。

（2）辅助绕组用于供给发电机励磁所需的部分或全部励磁功率。它一般嵌放在近槽口处，其与主绕组之间的相位关系视不同励磁要求而定。这里的相位关系指的是辅助绕组中心线与主绕组的中心线之间的电角度。例如采用机端晶闸管直励时，为减小无线电干扰电平，辅助绕组与主绕组间相位相差90°电角度。有时同一种励磁方式由于运行要求不同，辅助绕组与主绕组之间相位关系也可不同，例如采用电抗分流相复励发电机：一般单机运行时采用的辅助绕组可超前主绕组；也可滞后主绕组，而当需要并联运行时，则用变更辅助绕组相序的办法，再适当调节电抗器抽头或气隙，以增加运行的稳定性。所以，对同步发电机来说，辅助绕组的形式是多种多样的，使用时务必注意其用途与接法，以免因使用不当造成故障以及发电机损坏。

当修理或重嵌绕组时，一定要搞清楚辅助绕组与主绕组间的相位关系、匝数和接法，否则修好后的电机可能达不到原来的功能。此外对旧发电机进行励磁改造时，对所用的辅助绕组要事先进行重新计算，在绕组重制完毕后，对其要先做一系列必要的试验，确定绕组相位关系及匝数。这样，在调试过程中才可能方便地对辅助绕组进行匝数的增减或重嵌，最后再进行浸漆。

(3) 定子绕组展开图实例

① 单相同步发电机采用三次谐波励磁的定子绕组展开图，如图6-5所示。

② 单相同步发电机采用负序分量励磁的定子绕组展开图，如图6-6所示。

③ 三相同步发电机采用谐波励磁的定子绕组展开图，如图6-7所示。

④ 采用整数槽双层叠绕组的三相定子绕组展开图，如图6-8所示。

⑤ 采用分数槽双层叠绕组的三相定子绕组展开图和接线原理图，如图6-9所示。

(4) 绕组对称条件与并联支路数

① 整数槽绕组的对称条件：$\dfrac{Q}{2pm}=$ 整数$\left(\begin{array}{l}m\text{ 为相数；}\\ p\text{ 为极对数}\end{array}\right)$。

② 分数槽绕组的对称条件：双层时$\dfrac{Q_1}{mt}=$整数；单层时$\dfrac{Q_1}{2mt}=$整数（$t$为槽数$Q_1$与极对数$p$的最大公约数）。

③ 整数槽双层绕组并联支路数$a$应满足$\dfrac{2p}{a}=$整数。

④ 对于满足对称条件的$q=b+\dfrac{c}{d}$每极每相为分数槽的绕组，亦应满

足 $\dfrac{2p}{ad}=$ 整数。

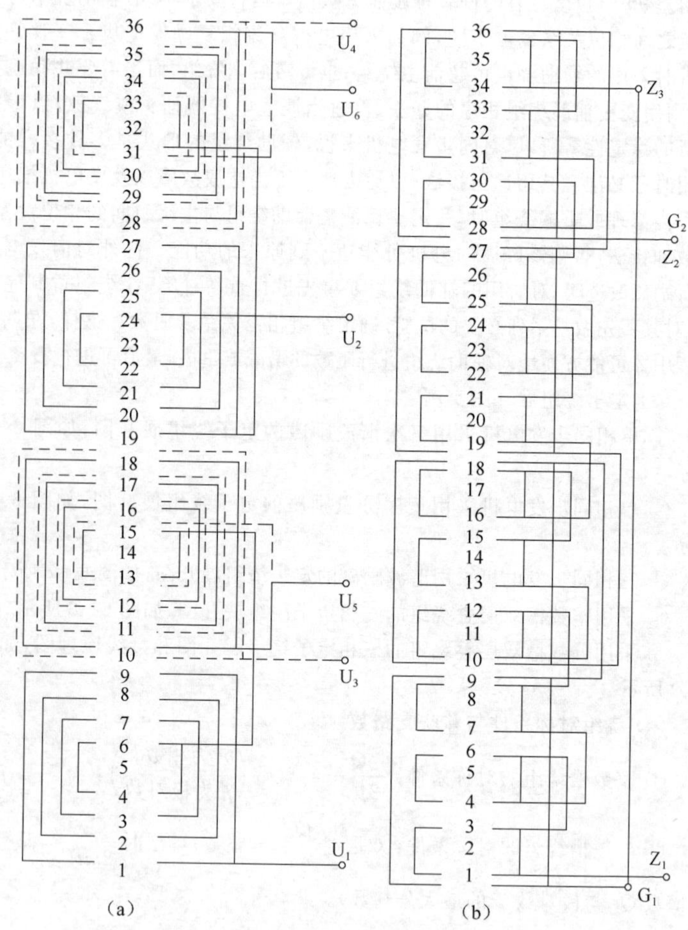


**图 6-5**　采用三次谐波励磁的单相同步发电机定子绕组展开图

(a) 主绕组展开图；(b) 谐波绕组展开图（$G_1$—$G_2$ 为基波副绕组）

$Q_1=36$，4 级（$U_1$—$U_3$，$U_2$—$U_4$ 为 50 Hz 用；$U_1$—$U_5$，$U_2$—$U_6$ 为 60 Hz 用）

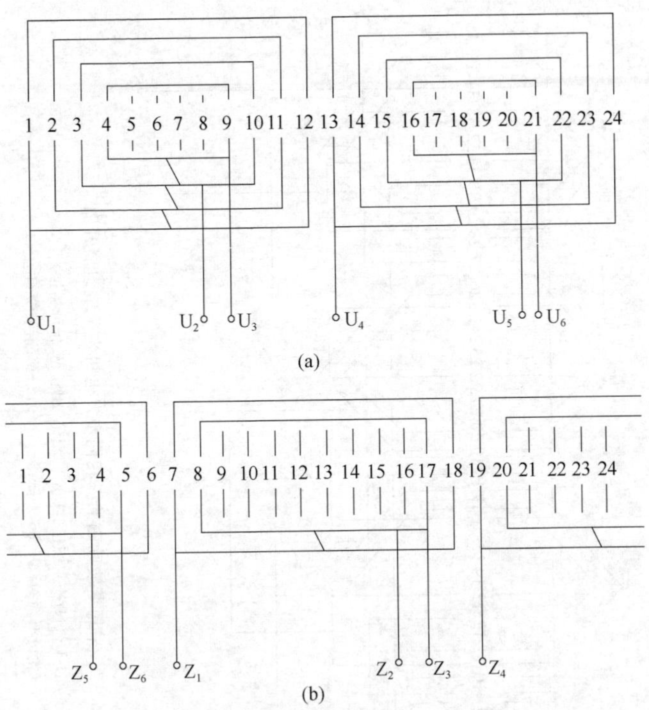


**图 6-6**　采用负序分量励磁的单相同步发电机定子绕组展开图

(a) 主绕组展开图；
$Q_1=24$，2 极
$y=1\sim12, 2\sim11, 3\sim10, 4\sim9$
($U_1$—$U_3$，$U_4$—$U_6$ 为 50 Hz 用)
($U_1$—$U_2$，$U_4$—$U_5$ 为 60 Hz 用)

(b) 电容绕组展开图
$Q_1=24$；$y=1\sim12, 2\sim11$
($Z_1$—$Z_3$，$Z_4$—$Z_6$ 为 50 Hz 用)
($Z_1$—$Z_4$，$Z_2$—$Z_6$ 为 60 Hz 用)

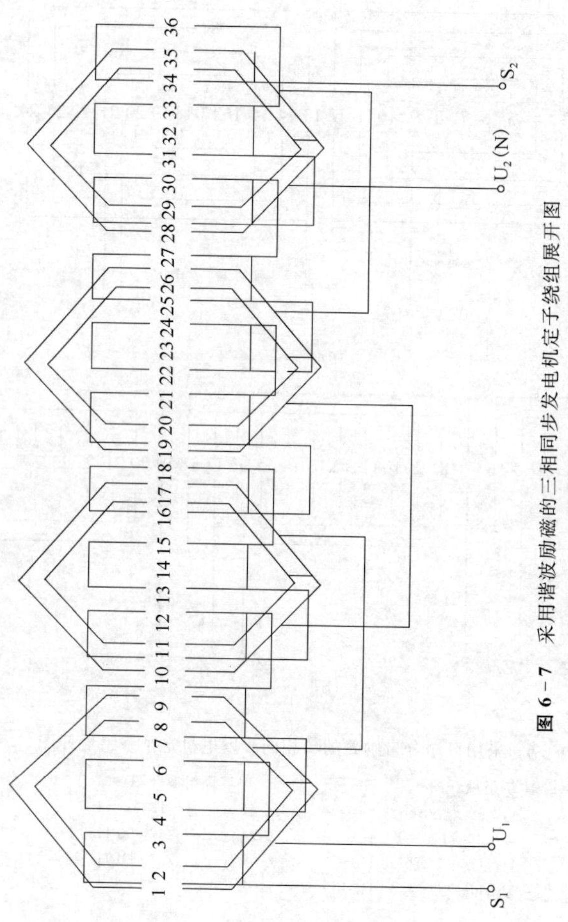


**图 6-7**　采用谐波励磁的三相同步发电机定子绕组展开图

$U_1U_2$(N)—主绕组(画出 U 相、V 相和 W 相可类推)

$S_1$—$S_2$，为谐波绕组；$Q=36$，4 极；$y=1\sim9$，$2\sim8$；谐波绕组 $y=1\sim3$

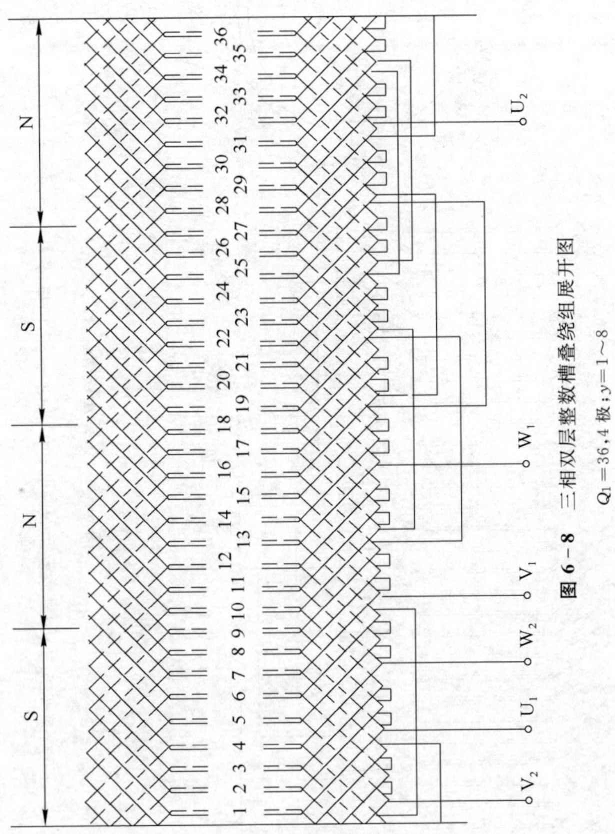


**图 6-8** 三相双层整数槽叠绕组展开图

$Q_1=36$,4 极；$y=1\sim8$

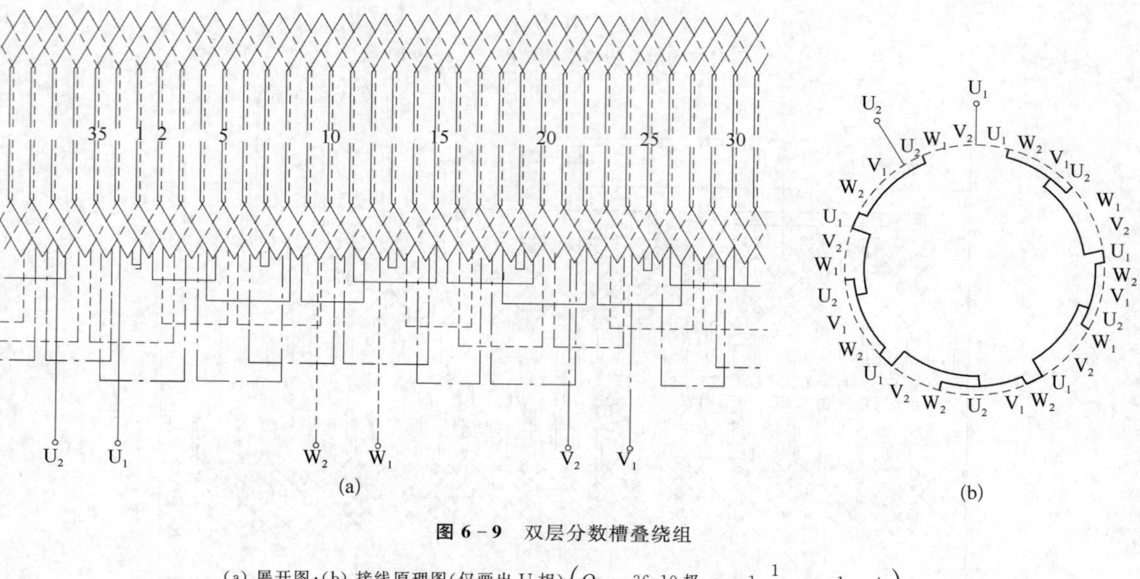


**图 6-9　双层分数槽叠绕组**

(a) 展开图;(b) 接线原理图(仅画出 U 相)$\left(Q_1 = 36, 10\text{极}; q = 1\frac{1}{5}, y = 1 \sim 4\right)$

3. 同步发电机励磁方式

向同步发电机转子励磁绕组供给励磁电流的整套装置叫励磁系统。励磁系统是同步发电机重要组成部分，它的可靠性对发电机安全运行和电网的稳定有很大影响。发电机事故统计表明发电机事故中，三分之一为励磁系统事故，根据实际情况选择正确的励磁方式是保证励磁系统可靠性的前提和关键。

1）励磁系统主要性能要求　小型同步发电机励磁系统主要性能要求如下：

(1) 能保证发电机的励磁电压、励磁电流为额定励磁电压和额定励磁电流的 110%时，励磁系统能连续运行。

(2) 励磁系统的顶值电压倍数 1.5～1.6，按发电机类别要求决定，有特殊用途的发电机顶值电压倍数可高于此值，允许强励时间不小于 10 s，但不大于 50 s。

(3) 保证发电机的电压整定范围。

(4) 保证发电机稳态电压调整率、瞬态电压调整率及电压反应（或恢复）时间。

(5) 有并联运行要求时，能保证稳定并联运行和无功功率的分配。

2）励磁系统类别　我国电力系统中同步发电机励磁系统主要有两大类：

- 直流励磁机（传统的有刷励磁系统）
  - (1) 自励励磁机
  - (2) 他励励磁机
- 半导体励磁装置（无刷励磁系统）
  - (1) 旋转式
  - (2) 静止式
    - 自励式
    - 他励式

目前大多数中、小型同步发电机采用以下的励磁方式，重点介绍如下：

(1) 同轴直流励磁机励磁系统。如图 6-10 所示为典型的并励直流发电机作为主发电机的励磁电源，其转动的电枢与主发电机转子安装于同轴上，通过直流发电机换向器和电刷将励磁功率提供给主发电机的转极励磁绕组。因励磁电源完全独立，不受外系统的干扰，调节方便，成本低廉等优点而占领着小容量同步发电机组市场。缺点包括：换向器和电刷之间火花的事故多、性能差；维护工作量大，检修励磁机时必须停下主机，很不方便。随着主机容量的增大，就很少采用了。至于他励的直流发电机，需要多用一个副励磁机，因此设备增多、投资变大；但提高了励磁电压增长速度、减小了励磁机的时间常数，故他励直流励磁机一般只用在水轮发电机上。

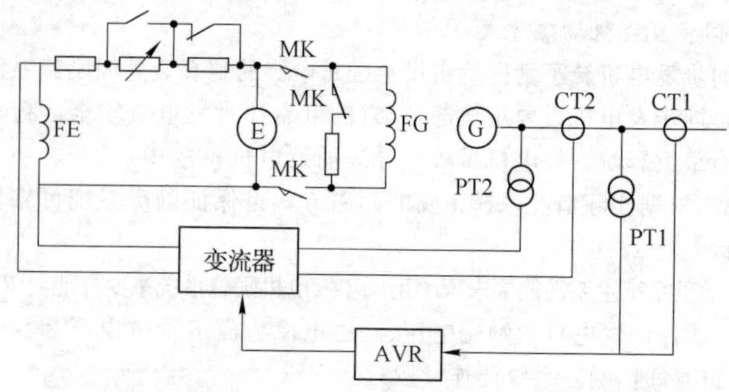


**图6-10**　直流励磁机相复励励磁系统框图

G—主发电机；FG—为主发电机的励磁绕组；E—直流励磁机；FE—E的励磁绕组；AVR—励磁电压自动调节装置；MK—灭磁开关；CT—电流互感器；PT—电压互感器

(2) 同轴交流励磁机-旋转整流装置励磁系统(简称无刷励磁系统)。近年小型三相无刷同步发电机均采用旋转电枢式交流励磁机(工作原理同一般同步发电机)发出三相交流电，经整流成直流电，直接供给主发电机转子回路作励磁电源。因励磁机电枢与主发电机转子同轴旋转，故它们之间不需滑环与电刷连接，从而实现无刷励磁。如图6-11所示，图中(PMG)副励磁机是一台永磁式中频发电机，其永磁极画在旋转部分的虚线框内；其定

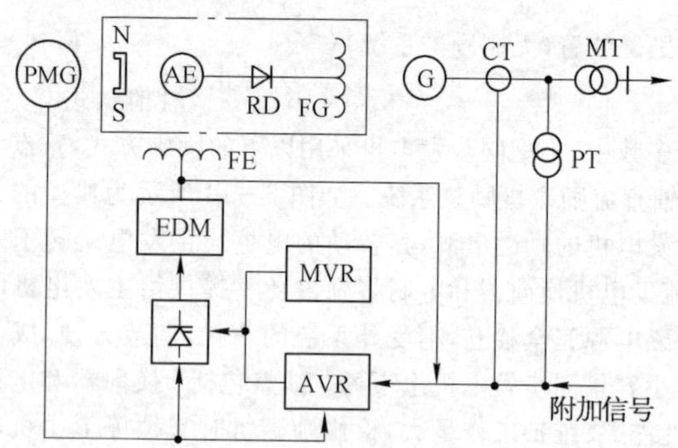


**图6-11**　交流励磁机-旋转整流装置励磁系统框图

FE—交流励磁机磁场；FG—发电机磁场；PT—电压互感器；CT—电流互感器

子发出中频电流经全控桥晶闸管整流装置后，向主励磁机(AE)的励磁绕组(FE)提供励磁电流。主励磁机设有(EDM)灭磁装置，主发电机则依靠自然灭磁。励磁调节是通过自动的(AVR)或手动的(MVR)完成。引入的附加信号为完成系统其他功用。

(3) 无刷励磁系统的特点：① 无滑(集电)环与电刷之间的滑动接触，因而无火花产生，运行中维护简单、可靠性高。② 易于并联运行。③ 由于采用了交流励磁机，就同容量、同转速的发电机而言，在同样技术要求下，整台发电机的体积比有刷发电机大，有效材料(铜、铁)使用较多。

无刷发电机转子方电气连接如图 6-12 所示。

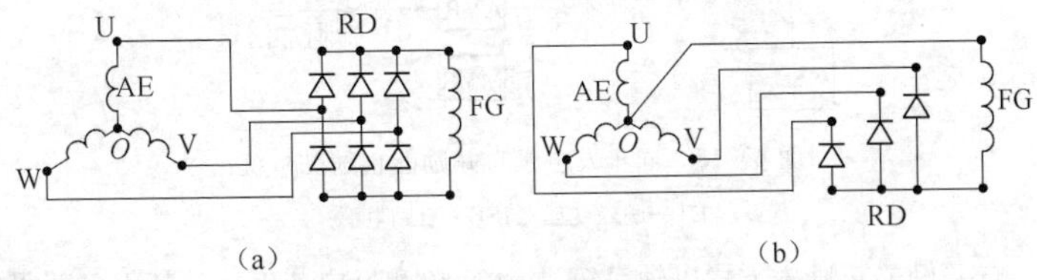


**图 6-12**　无刷发电机的转子方电气连接

(a) 全波整流桥；(b) 半波整流桥

AE—交流励磁机电枢绕组；FG—主发电机磁场绕组；RD—旋转整流器

为了达到发电机的技术性能，制造厂采用了不同的供给励磁机励磁的方式，形成了各有特色的励磁系统，例如相复励的无刷励磁系统(1FC5、1FC6 系列无刷发电机)、谐波无刷励磁系统(TFW 系列无刷同步发电机的励磁系统)、带副励磁机的无刷励磁系统(MX 系列无刷同步发电机)、带有复励的无刷励磁系统(TFE 系列无刷同步发电机系列)等。

为满足用户的不同使用要求，制造厂在同一系列发电机中也可提供多种励磁系统，供用户选用。如 THZW 系列发电机可供相复励系统和永磁副励磁机(PMG)系统。UC、HC 及 LSG 系列可供直励系统和 PMG 系统等。

在单相无刷发电机中，带交流励磁机的励磁系统，一般仅在容量较大或对性能(如电压波形、稳态调压率等)有高要求的无刷单相发电机中采用。10 kW 以下的小容量单相无刷发电机广泛采用电容式负序磁场励磁系统，该励磁系统简单、可靠、价廉。

(4) 自并励静止励磁方式。图 6-13 为同步发电机自并励静止励磁方式框图，图中主发电机(G)的励磁绕组(FG)的电源由并到机端的励磁变压器(ET)和晶闸管整流装置提供,通过(AVR)自动的或(MVR)手动的对励磁电流进行调节,灭磁装置(DM)设在直流侧,也可以设在交流侧。多数情况下同步发电机的剩磁较小,自升压有困难,故应设启励装置(SE)。

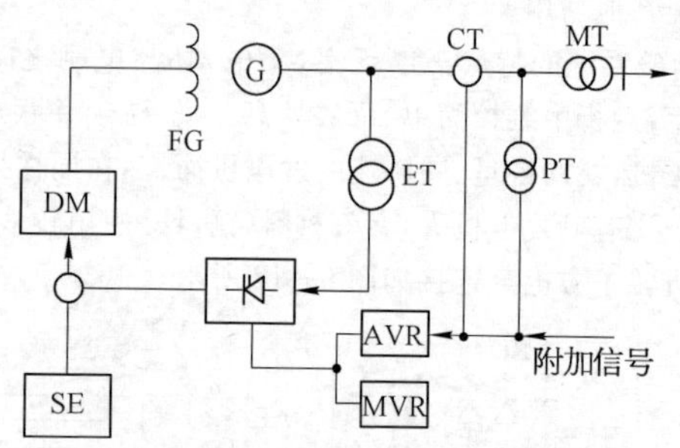


**图6-13　同步发电机自并励静止励磁系统**

ET—励磁变压器;SE—启励电源

自并励静止励磁方式以轴系短、接线简单和反应速度快等特点已获得广泛的应用,具有良好的应用前景。目前主要应用在中、大型汽轮发电机中。

## 二、小型同步发电机的技术性能指标

1. 定额

连续工作制($S_1$)、额定输出功率以kW或kV·A表示。功率因数:

三相发电机 $\cos\varphi=0.8$(滞后);

单相发电机 $\cos\varphi=1.0$ 或 $\cos\varphi=0.9$(滞后)。

2. 效率及容差

效率指标由各系列产品标准规定。

效率容差:50 kW及以下者为 $-0.15(1-\eta)$;

50 kW以上者为 $-0.10(1-\eta)$。

3. 电压和频率性能等级

按JB/T 10303—2001和JB/T 10304—2001规定,电压和频率性能等级的运行极限值见表6-2。

4. 稳态电压偏差 $\delta U_{st}$(稳态电压调整率)

发电机从空载到额定负载,电压应能保持在 $(1\pm\delta U_{st})\cdot U_N$ 范围内,$\delta U_{st}$ 为发电机的稳态电压偏差,按下式计算:

表 6-2 电压和频率性能等级

| 序号 | 参数 | | 单位 | 性能等级 G1 | G2 | G3 | G4 |
|---|---|---|---|---|---|---|---|
| 1 | 频率降 $\delta f_{st}$ | | % | ≤8 | ≤5 | ≤3 | 按制造厂和用户之间的协议 |
| 2 | 稳态频率带 $\beta_f$ | | % | ≤2.5 | ≤1.5① | ≤0.5 | |
| 3 | (对额定频率的)瞬态频率偏差 | 100%突减功率 $\delta f_{dyn}^{+}$ | % | ≤+18 | ≤+12 | ≤+10 | |
| | | 100%突加功率 $\delta f_{dyn}^{-}$ | % | ≤−25 | ≤−20 | ≤−15 | |
| 4 | 频率恢复时间 | $T_{f \cdot lu}$ | s | ≤10 | ≤5 | ≤3 | |
| | | $T_{f \cdot dc}$ | s | ≤10 | ≤5 | ≤3 | |
| 5 | 相对的频率容差带 $\alpha_f$ | | % | 3.5 | 2 | 2 | |
| 6 | 稳态电压偏差 $\delta U_{st}$ | | % | ≤±5<br>≤±10② | ≤±2 | ≤±1 | |
| 7 | 电压调制率 $\hat{U}_{mod.s}$ | | % | 按协议 | 0.3③ | 0.3③ | |
| 8 | 瞬态电压偏差 | 100%突减功率 $\delta U_{dyn}^{+}$ | % | ≤+35 | ≤+25 | ≤+20 | |
| | | 100%突加功率 $\delta U_{dyn}^{-}$ | % | ≤−25 | ≤−20 | ≤−15 | |
| 9 | 电压恢复时间 | $T_{u \cdot lu}$ | s | ≤10 | ≤6 | ≤4 | |
| | | $T_{u \cdot dc}$ | s | ≤10 | ≤6 | ≤4 | |
| 10 | 电压不平衡度 $\delta U_{2.0}$ | | % | 1④ | 1④ | 1④ | 1④ |

① 在用单缸或两缸发动机的发电机组的情况下,该值可达 2.5。

② 对不大于 10 kV·A 的小型机组。

③ 对用单缸或两缸发动机的发电机组,该值可为±2。

④ 在并联运行的情况下,该值可达 2.5。

$$\delta U_{st} = \pm \frac{U_{max} - U_{min}}{2U_N} \times 100\%$$

式中 $U_N$——发电机的额定电压(V);

$U_{max}$,$U_{min}$——负载在满载至空载之间变化,功率因数为额定功率因数,发电机端电压(有效值)的最大值和最小值,三相电压按三相的最大值或最小值的平均值计算(V)。

5. 瞬态电压偏差(瞬态电压调整率)和电压恢复时间

发电机及励磁系统在额定转速和额定电压状态下空载运行,突加规定的负载。稳定后再突卸此负载,发电机的电压变化及其电压变化后恢复并保持在$(1\pm\delta U_{st})\cdot U_N$之内所需的时间。瞬态电压偏差$\delta U_{dyn}^+$,$\delta U_{dyn}^-$和恢复时间$T_u$按下式计算:

$$\delta U_{dyn}^+ = \frac{\hat{U}_{dyn\cdot max}-\hat{U}_N}{\hat{U}_N}\times 100\%$$

$$\delta U_{dyn}^- = \frac{\hat{U}_{dyn\cdot min}-\hat{U}_N}{\hat{U}_N}\times 100\%$$

$$T_u = t_2 - t_1(s)$$

式中 $\hat{U}_{dyn\cdot max}$——突卸负载后最大瞬时电压峰值,按三相平均值计算(V);

$\hat{U}_{dyn\cdot min}$——突加负载后最小瞬时电压峰值,按三相平均值计算(V);

$t_1$——负载变化瞬间的开始时刻(s);

$t_2$——电压恢复并保持在规定稳态电压容差带$(1\pm\delta U_{st})\cdot U_N$瞬间为止时刻(s)。

6. 发电机电压不平衡度$\delta U_{2,0}$

发电机在额定工况至空载下运行,其负序电压分量$U_2$及零序电压分量$U_0$与正序电压分量$U_1$之比为电压不平衡度,按下式计算:

$$\delta U_{2,0} = \frac{U_2(U_0)}{U_1}\times 100\%$$

7. 发电机的线电压波形正弦性畸变率

JB/T 10303—2001规定,机组在空载额定电压时的线电压波形正弦性畸变率,单相发电机和功率小于3 kW的三相发电机为15%;额定功率3~250 kW的三相发电机为10%;额定功率大于250 kW的发电机为5%。

8. 不平衡负载

按GB 755—2000规定,三相同步发电机应能在不平衡系统中连续运行,该系统的任何一相电流不超过额定电流($I_N$)。负序分量($I_2$)与额定电流之比,以及故障时能承受的$(I_2/I_N)^2$和时间$t$(s)的乘积见表6-3。

表6-3 不平衡运行条件

| 项号 | 电机型式 | 连续运行的$I_2/I_N$最大值 | 故障运行时$(I_2/I_N)^2\cdot t$最大值(s) |
|---|---|---|---|
| 1 | 凸极 | 0.08 | 20 |
| 2 | 隐极 | 0.10 | 15 |

9. 并联运行

除非另有规定,发电机应能稳定并联运行。同型号和容量比不大于3∶1的机组的有功功率和无功功率的分配差度应不大于表6-4的规定。容量比大于3∶1的机组并联运行,其有功功率和无功功率分配差度按产品技术条件的规定。

表6-4 并联运行功率分配差度

<table>
<tr><th colspan="2" rowspan="2">参 数</th><th rowspan="2">单位</th><th colspan="4">性 能 等 级</th></tr>
<tr><th>$G_1$</th><th>$G_2$</th><th>$G_3$</th><th>$G_4$</th></tr>
<tr><td rowspan="2">有功功率分配 $\Delta P$[①]</td><td>80%和100%标定定额</td><td>%</td><td rowspan="2">—</td><td>≤±5</td><td>≤±5</td><td rowspan="3">按制造厂和用户之间的协议</td></tr>
<tr><td>20%和80%标定定额</td><td>%</td><td>≤±10</td><td>≤±10</td></tr>
<tr><td>无功功率分配 $\Delta Q$</td><td>20%和100%标定定额</td><td>%</td><td>—</td><td colspan="2">≤±10</td></tr>
</table>

① 当使用该容差时,并联运行发电机组的有功标定负载或无功标定负载的总额按该容差值减小。

10. 发电机的强制性技术指标

按GB 755—2000的规定,发电机的温度及温升限值、耐电压试验、超速、电机接地、电磁兼容性和安全是强制性的,上述强制性条文中的各项指标均属强制内容。

## 三、小型同步发电机主要技术数据

1. T2系列小型同步发电机

产品型号含义如下:

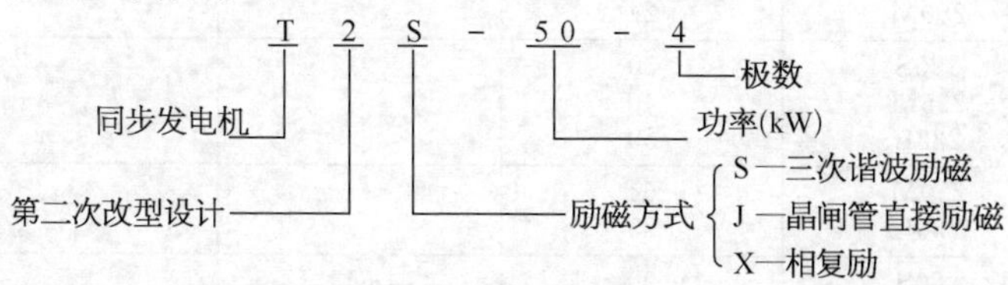


T2系列发电机符合标准:JB/T 8981—1999《有刷三相同步发电机技术条件》。

主要派生系列有T2H系列船用发电机。和T2系列相似的还有TZH系列三相同步发电机。

T2 系列小型同步发电机系列型谱见表 6－5，发电机的结构安装型式为 IMB3 或 IMB34，安装尺寸见表 6－6，技术性能数据见表 6－7。

2. TFW 系列无刷小型三相同步发电机

产品型号含义如下：

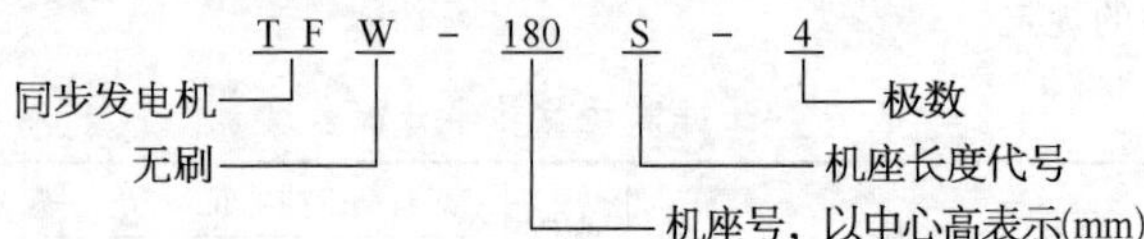


TFW 系列发电机符合标准：JB/T 3320.1—2000《无刷小型三相同步发电机技术条件》。

TFW 系列发电机的系列型谱见表 6－5，安装尺寸见表 6－6，技术性能数据见表 6－8。

TFW 系列发电机的励磁系统如图 6－14～图 6－17 所示。

表 6－5　T2 系列及 TFW 系列同步发电机系列型谱

| 机座号 | 转速(r/min) | | |
|---|---|---|---|
| | 1 500 | 1 000 | 750 |
| | 功率(kW) | | |
| $160S_1$ | 3 | | |
| $160S_2$ | 5 | | |
| 160M | 7.5(8) | | |
| $180S_1$ | 10 | | |
| $180S_2$ | 10 | | |
| 180M | 16(15) | | |
| 200S | 20 | | |
| 200M | 24 | | |
| 225S | 30 | | |
| 225M | 40 | | |
| 225L | 50 | | |
| 250M | 64 | | |
| 250L | 75 | | |
| 280S | 90 | 64 | |
| 280L | 120 | 75 | |
| $355S_1$ | 150(160) | 90 | 75 |
| $355S_2$ | 200 | 120 | 90(84) |
| $355M_1$ | 250 | 150(160) | 120 |
| $355M_2$ | | 200 | |

表 6-6 T2 系列及 TFW 系列同步发电机安装尺寸

IMB3　　IMB34

注：IMB3 型无 $M$、$N$、$P$、$n-s$、$\alpha$、$T$ 等 6 项尺寸。

| 机座号 | 极数 | 安装尺寸及公差(mm) | | | | | | | | | | | | | | | | | | | | | | | | | | | |
|---|---|---|---|---|---|---|---|---|---|---|---|---|---|---|---|---|---|---|---|---|---|---|---|---|---|---|---|---|---|
| | | $A$ | | $A/2$ | | $B$ | | $C$ | | $D$ | | $E$ | | $F$ | | $G$ | | $H$ | | $K$ | | 螺栓或螺钉 | $M$ | $N$ | | P | $n-s$ | $\alpha$ | $T$ |
| | | 尺寸 | 极限偏差 | 尺寸 | 极限偏差 | 尺寸 | 极限偏差 | 尺寸 | 极限偏差 | 尺寸 | 极限偏差 | 尺寸 | 极限偏差 | 尺寸 | 极限偏差 | 尺寸 | 极限偏差 | 尺寸 | 极限偏差 | 尺寸 | 极限偏差 | | | 尺寸 | 极限偏差 | | | | |
| 160S | | 254 | | 127 | | 178 | | 108 | | 38 | | 80 | ±0.37 | 10 | −0.036 | 33 | | 160 | | | | | | | | | | | 4 |
| 160M | | | | | | 210 | | | ±2.0 | | | | | | | | | | | | | | | | | | | | |
| 180S | | 279 | | 139.5 | | 203 | | 121 | | 42 | +0.018<br>+0.002 | | | 12 | | 37 | | 180 | | 15 | +0.43<br>0 | M12 | 265 | 230 | +0.016<br>−0.013 | 300 | 4-M12 | | 4 |
| 180M | | | | | | 241 | | | | | | | | | | | | | | | | | | | | | | | |
| 200S | 4 | 318 | ±1.05 | 159 | ±0.75 | 228 | ±1.05 | 133 | | 48 | | 110 | ±0.43 | 14 | | 42.5 | | 200 | | | | | 300 | 250 | | 350 | | 45° | |
| 200M | | | | | | 267 | | | | | | | | | 0<br>−0.043 | | | | 0<br>−0.5 | | | | | | | | | | |
| 225S | | | | | | 286 | | | ±3.0 | | | | | | | | | | | 19 | | M16 | | | | | 4-M16 | | 5 |
| 225M | | 356 | | 178 | | 311 | | 149 | | 60 | | | | 18 | | 53 | 0<br>−0.2 | 225 | | | | | 350 | 300 | +0.016<br>−0.016 | 400 | | | |
| 225L | | | | | | 356 | | | | | | 140 | ±0.5 | | | | | | | | | | | | | | | | |
| 250M | 4,6 | 406 | | 203 | | 349 | | 168 | | 70 | +0.030<br>+0.11 | | | 20 | | 62.5 | | 250 | | | +0.52<br>0 | | | | | | | | |
| 250L | | | | | | 406 | | | | | | | | | | | | | | | | | | | | | | | |
| 280S | | 457 | ±1.4 | 228.5 | ±1.00 | 368 | ±1.40 | 190 | ±4.0 | 80 | | | | 22 | 0<br>−0.052 | 71 | | 280 | | 24 | | M20 | 400 | 350 | +0.018<br>−0.018 | 450 | 8-M16 | | |
| 280L | 4,6,8 | | | | | 457 | | | | | | 170 | ±0.5 | | | | | | 0<br>−1.0 | | | | | | | | | 22.5° | |
| 355S | | 610 | | 305 | | 500 | | 254 | | 90 | +0.035<br>+0.013 | | | 25 | | 81 | | 355 | | 28 | | M24 | 600 | 550 | +0.022<br>−0.022 | 660 | 8-M20 | | 6 |
| 355M | | | | | | 560 | | | | | | | | | | | | | | | | | | | | | | | |

表6-7a T2系列小型三相同步发电机技术性能数据(一)

| 机座号 | 额定功率(kW) | 额定电压(V) | 额定频率(Hz) | 额定转速(r/min) | 满载时 | | | | | | 空载时 | | 定子铁心 | | | 气隙长度 | 转子长度 | 定子槽数 | 磁极型式 |
|---|---|---|---|---|---|---|---|---|---|---|---|---|---|---|---|---|---|---|---|
| | | | | | 电流(A) | 功率因数(滞后) | 效率(%) 1 | 效率(%) 2 | 励磁电压(V) | 励磁电流(A) | 励磁电压(V) | 励磁电流(A) | 外径 | 内径 | 长度 | | | | |
| | | | | | | | | | | | | | (mm) | | | | | | |
| $160S_1$ | 3 | | | | 5.4 | | 78 | 75.5 | 43.1 | 5.45 | 12.95 | 1.9 | 270 | 190 | 57 | 0.5 | 57+6 | | |
| $160S_2$ | 5 | | | | 9.02 | | 81.5 | 79.5 | 41.2 | 6.75 | 13.3 | 2.54 | | | 90 | | 90+6 | | |
| $180S_1$ | 10 | | | | 18.1 | | 84 | 82.5 | 35.4 | 13.7 | 10.62 | 4.83 | 300 | 210 | 120 | 0.65 | 130+6 | | |
| $180S_2$ | 12 | | | | 21.7 | | 85 | 83.5 | 39.2 | 13.84 | 11.7 | 4.83 | | | 135 | | 140+6 | | |
| 200S | 20 | 400 | 50 | 1 500 | 36.1 | 0.8 | 87.5 | 86 | 25.8 | 24.7 | 8.5 | 9.04 | | | 155 | 0.75 | 160+8 | 36 | 凸极式 |
| 200M | 24 | | | | 43.3 | | 88.5 | 87 | 28.2 | 24.1 | 9.6 | 9.15 | 350 | 245 | 190 | | 195+8 | | |
| 200L | 30 | | | | 54.1 | | 89 | 88 | 31.8 | 23.9 | 10.3 | 8.93 | | | 225 | | 235+8 | | |
| 225M | 40 | | | | 72.2 | | 90 | 89 | 37.9 | 28.9 | 12 | 10.7 | 385 | 270 | 210 | 1.1 | 220+12 | | |
| 225L | 50 | | | | 90.2 | | 90.5 | 89.5 | 43.8 | 29.6 | 13.8 | 10.9 | | | 250 | | 265+12 | | |
| 250M | 64 | | | | 115.5 | | 91 | 90 | 89 | 21.2 | 27.6 | 7.16 | 130 | 290 | 240 | 1.1 | 240 | | |
| 250L | 75 | | | | 135.3 | | 91.4 | 90.5 | 96.6 | 21.1 | 30.1 | 7.46 | | | 280 | | 280 | | |
| 280S | 90 | 400 | 50 | 1 500 | 162.4 | 0.8 | 91.8 | 91 | 84.7 | 26 | 29.05 | 10.15 | 493 | 330 | 255 | 1.25 | 255 | 60 | 隐极式 |
| 280L | 120 | | | | 216.5 | | 92.2 | 91.5 | 98.8 | 26.8 | 32.6 | 10.05 | | | 320 | | 320 | | |
| 355M | 200 | | | | 361 | | 92.6 | 92 | 108.4 | 28.9 | 35 | 10.6 | 590 | 400 | 350+2×10 | 1.5 | 350+2×10 | | |

注：1. 第一种效率指标适用于晶闸管励磁或三次谐波励磁，第二种效率指标适用于相复励励磁的发电机。

2. 30 kW发电机由225S机座改为200L机座，200 kW发电机由355S机座改为355M机座。

（续表）

| 机座号 | 定子绕组 | | | | | 励磁绕组 | | | 参数 | | | | | | | | |
|---|---|---|---|---|---|---|---|---|---|---|---|---|---|---|---|---|---|
| | 线规(QZ) $n_c-d$ | 每槽导体数 | 半匝平均长(mm) | 节距 | 并联支路数 | 线规牌号 $n_c-d$ $(a\times b)$ | 每段匝数 | 半匝平均长(mm) | 定子电阻标幺值 | 励磁电阻(Ω) | 短路比 | 漏抗标幺值 | 过载能力(倍) | 冲击过路电流(倍) | 直轴同步电抗 | 交轴同步电抗 | 直轴瞬变电抗 |
| | | | | | | | | | | | | | | | 标幺值 | | |
| $160S_1$ | 1－$\phi$0.9 | 42 | 222 | 1～8 | 1 | QZ1－$\phi$1.16 | 290 | | 0.086 5 | 6.81 | 0.765 | 0.063 | 2.51 | 7.1 | 1.708 | 0.943 | 0.265 |
| $160S_2$ | 1－$\phi$1.16 | 26 | 255 | | | QZ1－$\phi$1.3 | 230 | | 0.061 8 | 5.25 | 0.79 | 0.051 4 | 2.5 | 8.25 | 1.702 | 0.936 4 | 0.23 |
| $180S_1$ | 2－$\phi$1.16 | 18 | 306 | | | QZB1.25×2.26 | 147 | | 0.051 4 | 2.2 | 0.689 | 0.059 7 | 2.33 | 7.17 | 1.98 | 1.086 7 | 0.263 7 |
| $180S_2$ | 2－$\phi$1.25 | 16 | 321 | | | QZB1.25×2.26 | 155 | | 0.049 6 | 2.42 | 0.684 | 0.060 8 | 2.35 | 7.0 | 2.086 | 1.147 | 0.270 3 |
| 200S | 1－$\phi$1.56 | 22 | 365 | | 2 | QZB1.81×3.28 | 95 | | 0.041 4 | 0.874 | 0.687 | 0.054 5 | 2.41 | 7.31 | 2.014 5 | 1.105 | 0.258 5 |
| 200M | 2－$\phi$1.25 | 18 | 400 | | | QZB1.81×3.28 | 95 | | 0.034 7 | 0.982 | 0.706 | 0.050 6 | 2.4 | 8.06 | 1.965 6 | 1.076 | 0.234 1 |
| 200L | 1－$\phi$1.35 | 30 | 135 | | 4 | QZB1.81×3.28 | 99 | | 0.033 6 | 1.115 | 0.694 | 0.049 3 | 2.38 | 7.83 | 2.014 | 1.103 | 0.241 3 |
| 225M | 2－$\phi$1.62 | 12 | 444 | 1～10 | 2 | QZB1.95×3.53 | 115 | | 0.034 2 | 1.127 | 0.685 | 0.052 | 2.4 | 6.56 | 2.01 | 0.977 | 0.282 |
| 225L | 3－$\phi$1.45 | 10 | 484 | | | QZB1.95×3.53 | 115 | | 0.032 | 1.27 | 0.672 | 0.050 1 | 2.32 | 6.68 | 2.07 | 1.005 | 0.280 1 |
| 250M | 2－$\phi$1.45 | 14 | 488 | 1～12 | 4 | QZ2－$\phi$1.5 | 180 | 432 | 0.028 1 | 3.09 | 0.556 | 0.044 | 1.962 | 20.9 | 2.544 | | 0.090 4 |
| 250L | 1－$\phi$1.56 | 6 | 528 | | 2 | QZ2－$\phi$1.5 | 180 | 472 | 0.021 45 | 4.03 | 0.553 | 0.044 | 1.95 | 22.3 | 2.561 | | 0.084 6 |
| 280S | 3－$\phi$1.45 | 10 | 571 | 1～14 | 4 | QZ3－$\phi$1.4 | 162 | 484 | 0.021 3 | 2.86 | 0.631 | 0.043 | 2.02 | 23 | 2.236 | | 0.082 1 |
| 280L | 7－$\phi$1.5 | 4 | 636 | | 2 | QZ3－$\phi$1.4 | 162 | 549 | 0.020 25 | 3.24 | 0.587 | 0.038 | 1.96 | 23.8 | 2.39 | | 0.079 4 |
| 355M | 6－$\phi$1.5 | 6 | 691 | 1～13 | 4 | QZ4－$\phi$1.35 | 186 | 605 | 0.010 6 | 3.3 | 0.565 | | 1.93 | | | | |

表 6-7b　T2 系列小型三相同步发电机技术性能数据(二)

| 机座号 | 定子绕线模尺寸 (mm) | | | | | 定子绕线模 |
|---|---|---|---|---|---|---|
| | *A* | *B* | *C* | *D* | *F* | |
| $160S_1$ | 121 | 82 | 70 | 35 | 47.5 | 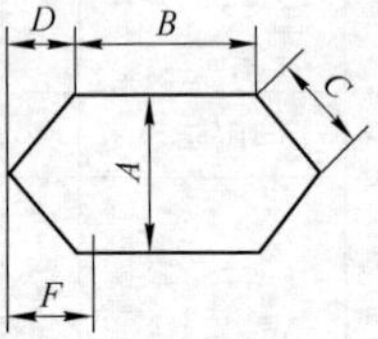 |
| $160S_2$ | | 115 | | | | |
| $180S_1$ | 135 | 150 | 78 | 39 | 54 | |
| $180S_2$ | | 165 | | | | |
| 200S | 156 | 185 | 90 | 45 | 60 | |
| 200M | | 220 | | | | |
| 200L | | 255 | | | | |
| 225M | 168 | 250 | 97 | 48.5 | 68.5 | |
| 225L | | 290 | | | | |
| 250M | 180 | 280 | 104 | 52 | 72 | |
| 250L | | 320 | | | | |
| 280S | 238 | 295 | 138 | 69 | 89 | |
| 280L | | 360 | | | | |
| 355M | 258 | 410 | 148 | 72 | 92 | |

表 6-7c T2 系列小型三相同步发电机技术性能数据(三)

| 机座号 | 隐极式磁场线圈尺寸(mm) | | | | 绕线模 |
|---|---|---|---|---|---|
| | 节距 | $A$ | $B$ | $R$ | |
| 250M | 1～12 | 182 | 292 | 30 | |
| | 2～11 | 148 | 282 | 25 | |
| | 3～10 | 116 | 274 | 20 | |
| | 4～9 | 83 | 268 | 15 | |
| | 5～8 | 51 | 264 | 10 | |
| 250L | 1～12 | 182 | 332 | 30 | |
| | 2～11 | 148 | 322 | 25 | |
| | 3～10 | 116 | 314 | 20 | |
| | 4～9 | 83 | 308 | 15 | |
| | 5～8 | 51 | 304 | 10 | |
| 280S | 1～12 | 208 | 313 | 50 | |
| | 2～11 | 170 | 303 | 40 | |
| | 3～10 | 134 | 293 | 30 | |
| | 4～9 | 96 | 285 | 20 | |
| | 5～8 | 57 | 279 | 10 | |
| 280L | 1～12 | 208 | 378 | 50 | |
| | 2～11 | 170 | 368 | 40 | |
| | 3～10 | 134 | 358 | 30 | |
| | 4～9 | 96 | 350 | 20 | |
| | 5～8 | 57 | 334 | 10 | |
| 355M | 1～12 | 245 | 496 | 25 | |
| | 2～11 | 198 | 472 | 20 | |
| | 3～10 | 155 | 448 | 16 | |
| | 4～9 | 108 | 425 | 12 | |
| | 5～8 | 68 | 410 | 10 | |

隐极式磁场线圈

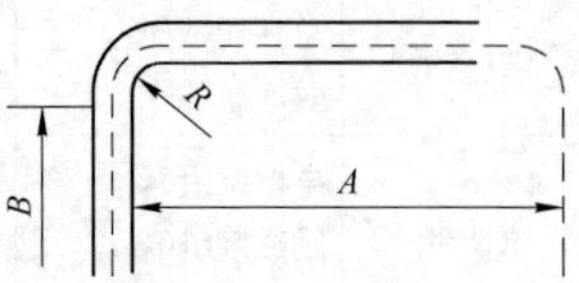

表 6-8　TFW 系列无刷同步发电机

| 功　率(kW) | | 10 | 12 | 16 | 20 | 24 | 30 |
|---|---|---|---|---|---|---|---|
| 空载励磁电流(A)　升/降 | | /3.8 | 2.6/2.4 | /3.71 | 3.6/3.4 | 8.6 | 10.6 |
| 满载励磁电流(A) | $\cos\varphi=1.0$ | | 4.9 | | 6.2 | | |
| | $\cos\varphi=0.8$ | 9 | 7.25 | 9.45 | 8.7 | 18.52 | 29.1 |
| 空载励磁机励磁电流(A) | | 0.61 | 0.33/0.3 | 0.7 | 0.4/0.34 | 0.58 | |
| 满载励磁机励磁电流(A) | $\cos\varphi=1.0$ | | 0.75 | | 0.72 | | |
| | $\cos\varphi=0.8$ | 2.2 | 1.14 | 2.3 | 1.05 | 1.51 | 3.1 |
| 稳态电压调整率 $U=100\%U_N$ ($\cos\varphi=1.0/\cos\varphi=0.8$) | | −1.5/−1.9 | 0.4/0.2 | 0.77/−1.43 | −0.1/−0.1 | 0/−0.33 | |
| 冷热态电压变化(或模拟变化) | | 0.5 | 0.8 | 0.86 | −0.2 | 0 | |
| 动态电压调整率/电压瞬变范围(%) | | 15/15 | −15.8/19 | −13.7/13.6 | −16.5/14.8 | −11.7/7.07 | |
| 反应时间(s) | | 0.3 | 0.47/0.39 | 0.4 | 0.53/0.41 | 0.116/0.13 | |
| 损耗与效率 | 附加损耗(W) | 230 | 400 | 300 | (400) | 595.3 | 500 |
| | 总损耗(W) | 1 872.75 | 2 123 | 2 488 | (2 890) | 3 173.7 | 3 793 |
| | 效　率(%) | 84.23 | 84.97 | 86.54 | (87.37) | 88.32 | 88.78 |
| 温　升 | 电枢绕组(℃) | 40.5 | 44 | 63 | 45.5 | 47.5 | 53.6 |
| | 励磁绕组(℃) | 59.3 | 51 | 71.5 | 53 | 63.3 | 47.8 |
| | 谐波绕组(℃) | 35.2 | | 56 | | 37.8 | |
| 电压整定范围 | | 88～117 | 95～105 | 79～116 | 95～105 | 84.5～113.3 | |
| 线电压正弦性畸变率(线/相) | | 2.4 | 2.4 | 2 | 1.8 | 1.3 | |
| 不对称负载时线电压偏差度(%) | | −2.6 | 0.86 | 1 | 0.6 | 0.6 | 0.2 |
| 突然短路 | 突然短路电流倍数 | | 8.87 | | 16.2 | | 10.2 |
| | 维持电流倍数 | | | | | | |
| 电机噪声 | 实测值　dB | 81.78 | 84.69 | 81.25 | | | 91.5 |
| 电机振动 | 振动速度(mm/s) | | | | | | |
| | 双倍振幅值(mm) | 0.02 | 0.015 | 0.03 | | | 0.085 |
| 质　量(kg) | | 150 | 210 | 170 | 285 | | |

注：圆括号中的数据是按实测值估算的。100 kV·A 以下的附加损耗按 1.6% $P_N$

技术性能数据(部分规格实测值)

| 40 | 50 | 64 | 75 | 90 | 120 | 150 | 200 | 250 | 160～6 | 120～8 |
|---|---|---|---|---|---|---|---|---|---|---|
| | 5.8/5.4 | 9.8/9.5 | 9.4/9 | 8.8/8.5 | /15.01 | /14.85 | 16.7/16 | 19.6/19 | 13/12.4 | 11.3 |
| | 11 | 18.7 | 17.8 | 18 | | | 32.5 | 31 | 23.7 | |
| | 30.5 | 16.1 | 27.3 | 26.6 | 26.5 | 41.2 | 40.6 | 47.9 | 47.5 | 34.2 |
| 0.5 | 0.65/0.55 | 0.76/0.71 | 0.8/0.75 | 0.75/0.66 | 0.4 | 0.515 | 1.1/1.025 | 1.29/1.12 | 1.3/1.13 | |
| | 1.2 | | | 1.65 | | | 2.275 | 2.3 | 2.3 | |
| | 1.81 | | | 2.47 | 1.97 | 1.95 | 3.5 | 3.4 | 3.36 | |
| −0.66 | 0.7/0.5 | 0.7/−0.6 | 0.67/−0.53 | 0.1/−0.1 | −0.6/−0.9 | −0.9/−1.2 | 0.7/0.8 | 0.3/0.6 | −0.1/0.1 | 1.0/−1.0 |
| | | | | −0.1 | 2.0 | 0.6 | 0.8 | | | 0.5 |
| −10/12.5 | −10/8.5 | | | −5/4.53 | −14.1/16 | −14.4/18 | −9/7 | −5/8 | −10/7.2 | |
| 0.1/0.16 | 0.09/0.17 | | | 0.22/0.25 | 0.5 | 0.8 | 0.58/0.6 | 0.14/0.27 | 0.53/0.43 | |
| 706 | 872 | 777 | 803 | 1 430 | 1 280 | 1 750 | 2 742 | 3 175 | (2 400) | 1 100 |
| 4 581 | 5 548 | 6 431 | 6 851 | 8 858 | 10 134 | 12 010 | 16 548 | 18 687 | (12 792) | 10 488 |
| 89.72 | 90.01 | 90.87 | 91.63 | 91.04 | 92.21 | 92.59 | 92.36 | 93.05 | (92.6) | 91.96 |
| 53.5 | 65 | 44.4 | 36.9 | 49 | 53.4 | 57.3 | 39.5 | 65 | 61.6 | 52.5 |
| 65.2 | 69 | | 52.4 | 61 | 46.3 | 60 | 69.5 | 63.3 | | |
| | | 47.9 | | | | | | | 57.5 | 70.8 |
| 85～111 | 95～105 | | | 95～105 | 81～124 | 56～124 | | 95～105 | 95～105 | 83～115 |
| 0.68 | 2.6 | 1.6/ | 1.3/ | 1.4 | 3.6 | 1.2 | | 1.4 | 0.7 | 2.7 |
| | 0.67 | 2.8 | 2.7 | 0.77 | −3.1 | −1.97 | | 0.67 | 0.677 | 3.03 |
| 12.29 | 13.4 | | | 16.25 | | | | | | |
| 5.14 | | 3.71 | | | 4.65 | | | | | |
| 89.3 | 93.5 | 97.9 | 97.9 | | 101.38 | 101 | 102.3 | | | 86.97 |
| 11.5 | | 4 | 3.8 | | | | | | | 3.9 |
| 0.017 6 | 0.035 | 0.064 | 0.034 | 0.028 | 0.054 | 0.058 | 0.01 | | | 0.08 |
| | 456 | | 728 | 960 | 1 100 | | 1 700 | | | |

(kV·A)计算,100 kV·A 以上的附加损耗按 1.2% $P_N$(kV·A)计算。

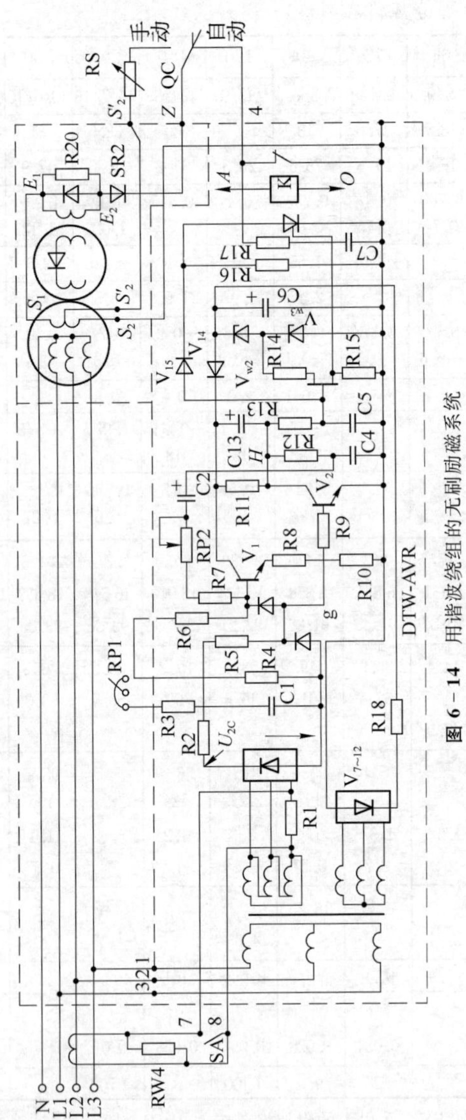

图6-14　用谐波绕组的无刷励磁系统

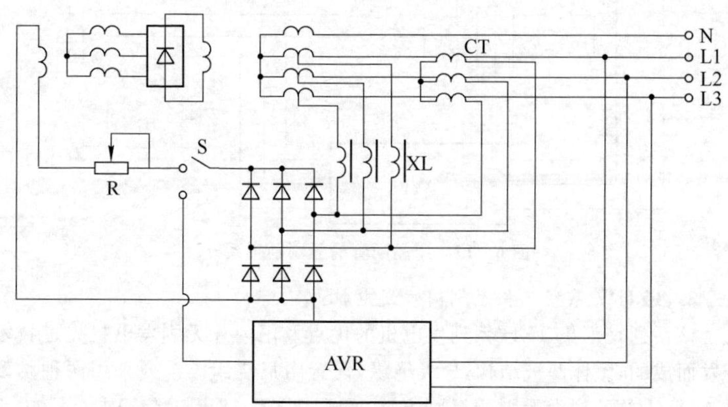


图 6-15　用可控相复励的无刷励磁系统

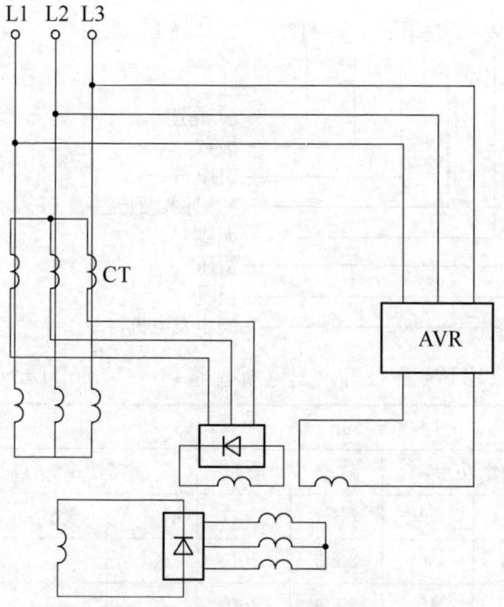


图 6-16　用可控复励的无刷励磁系统

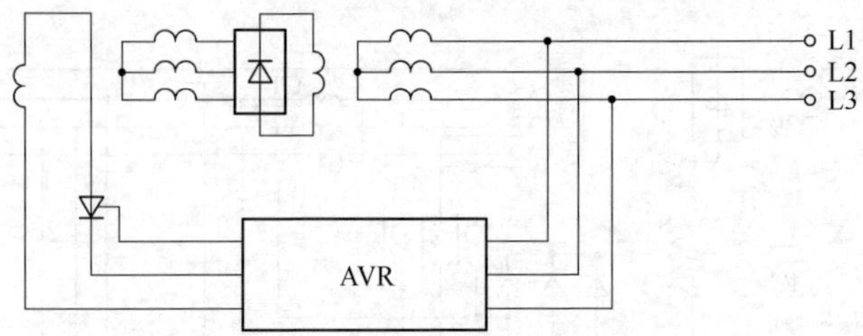


图6-17　用晶闸管的无刷励磁系统

3. TZHW系列三相无刷同步发电机

该系列是汇集TZH系列发电机的优点及国内外无刷发电机先进技术开发而成的，整体凸极结构，F级绝缘，设置阻尼绕组。系列采用两种励磁系统，TZHWX型为无刷相复励方式，配用KXT-2WB型AVR；315中心高以上发电机可选用无刷相复励方式，也可选用永磁PMG励磁方式，其型号为TZHWF。TZHW系列同步发电机产品型谱见表6-9。

产品型号含义如下：

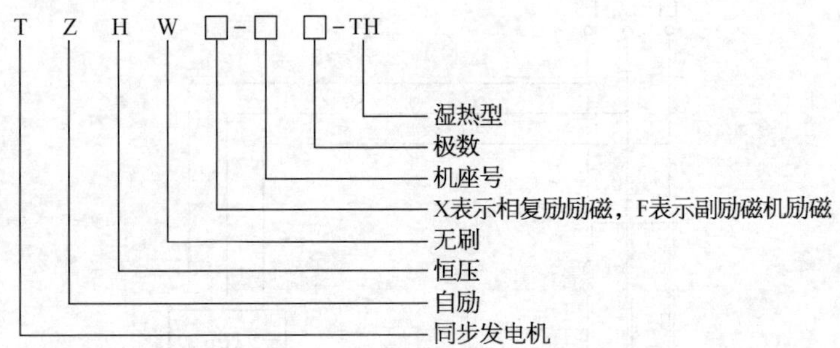


表6-9　TZHW系列同步发电机型谱(400 V、50 Hz、cos $\varphi$=0.8)

| 机座号 | 1 500 r/min | | | | 1 000 r/min | | | |
|---|---|---|---|---|---|---|---|---|
| | 额定功率 | | 效率 | 质量 | 额定功率 | | 效率 | 质量 |
| | (kV·A) | (kW) | (%) | (kg) | (kV·A) | (kW) | (%) | (kg) |
| 225S | 37.5 | 30 | 88.5 | 300 | | | | |
| 225M | 50 | 40 | 89.4 | 360 | | | | |
| 225M | 62.5 | 50 | 90 | 380 | | | | |

（续表）

| 机座号 | 1 500 r/min | | | | 1 000 r/min | | | |
|---|---|---|---|---|---|---|---|---|
| | 额定功率 | | 效率 | 质量 | 额定功率 | | 效率 | 质量 |
| | (kV·A) | (kW) | (%) | (kg) | (kV·A) | (kW) | (%) | (kg) |
| 225L | 80 | 64 | 90.2 | 440 | | | | |
| 250S | 93.75 | 75 | 90.6 | 540 | | | | |
| 250M | 112.5 | 90 | 91 | 570 | | | | |
| 250M | 125 | 100 | 91.6 | 610 | | | | |
| 250L | 150 | 120 | 91.8 | 710 | | | | |
| 280S | 187.5 | 150 | 92.2 | 760 | | | | |
| 280M | 225 | 180 | 92.8 | 840 | | | | |
| 315M | 250 | 200 | 92.2 | 900 | 200 | 160 | 91.8 | 1 000 |
| 315L | 312.5 | 250 | 92.6 | 980 | 225 | 180 | 92.2 | 1 100 |
| 315L | 350 | 280 | 93 | 1 060 | 250 | 200 | 92.5 | 1 180 |
| 315L | 375 | 300 | 93.3 | 1 180 | | | | |
| 315L | 400 | 320 | 93.8 | 1 300 | | | | |
| 355S | 437.5 | 350 | 93.1 | 1 410 | 312.5 | 250 | 92.2 | 1 300 |
| 355M | 500 | 400 | 93.5 | 1 460 | 350 | 280 | 92.4 | 1 400 |
| 355M | 562.5 | 450 | 94 | 1 630 | 375 | 300 | 92.6 | 1 500 |
| 355L | 625 | 500 | 94.2 | 1 760 | 400 | 320 | 92.8 | 1 600 |
| 355L | | | | | 437.5 | 350 | 93 | 1 700 |
| 400M | | | | | 500 | 400 | 92.3 | 2 000 |
| 400M | 700 | 560 | 93.4 | 2 000 | 562.5 | 450 | 92.6 | 2 100 |
| 400M | 787.5 | 630 | 93.8 | 2 150 | 625 | 500 | 92.9 | 2 200 |
| 400L | 875 | 700 | 94 | 2 230 | | | | |
| 400L | 937.5 | 750 | 94.2 | 2 420 | | | | |
| 400L | 1 000 | 800 | 94.5 | 2 600 | 700 | 560 | 93.2 | 2 500 |
| 400L | 1 125 | 900 | 94.8 | 2 780 | 787.5 | 630 | 93.6 | 2 700 |
| 400L | 1 250 | 1 000 | 95 | 2 940 | 875 | 700 | 94 | 2 900 |

4. TFE系列三相无刷同步发电机

TFE系列符合我国标准 GB 755—2000 及英国标准 BS4999、BS5000。

该系列[50 Hz、400 V、cos $\varphi$=0.8(滞后)、1 500 r/min]产品的技术数据见表 6-10。

表 6-10　TFE 系列同步发电机技术数据

| 型　　号 | 额定功率(kW) | 额定电流(A) | 效　率(%) | 调节器型号 |
|---|---|---|---|---|
| TFE5S1$\frac{1}{2}$—4 | 185 | 333.7 | 92.2 | E28 |
| TFE5S2$\frac{1}{2}$—4 | 200 | 361 | 92.4 | E28 |
| TFE5M1$\frac{1}{2}$—4 | 220 | 396.9 | 92.7 | E28 |
| TFE5M2$\frac{1}{2}$—4 | 250 | 451 | 92.9 | E28 |

型号含义如下：

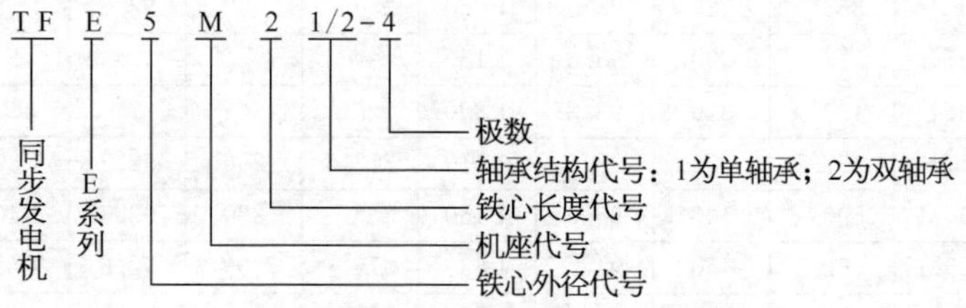


5. TSWN、TSN 系列小容量水轮发电机

TSWN(卧式)、TSN(立式)系列用于农村小型水电站。

该系列发电机型号的含义如下：

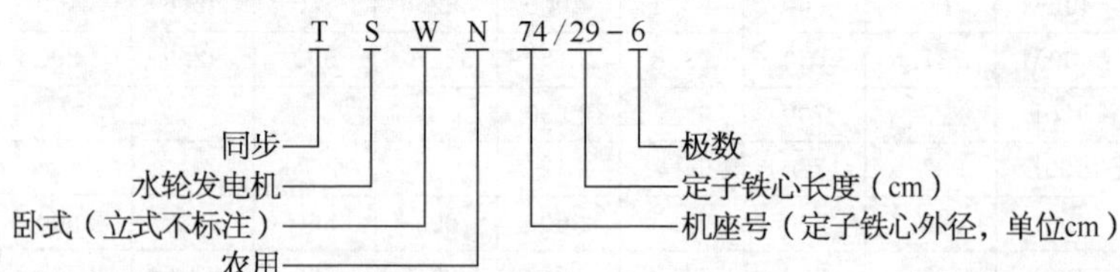


该系列产品的技术性能数据见表 6-11～表 6-12。双绕组电抗分流式励磁系统如图 6-18 所示，电机定子设有专供励磁的绕组，它发出的交流电经硅整流后供给发电机直流励磁，并由电抗器组成电抗移相环节，达到自动调压作用。因此发电机具有良好的电压调整率。

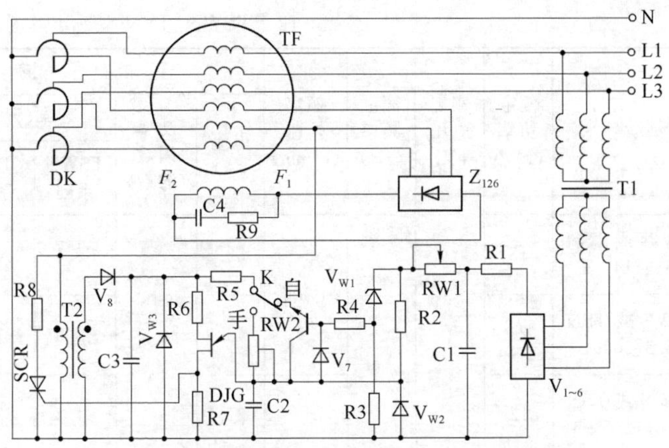


**图 6-18 双绕组电抗分流式励磁系统原理图**

表 6-11 TSWN、TSN 小容量水轮发电机系列型谱

| 机座号 | 中心高(mm) | 额定转速(r/min) | | | | | | | |
|---|---|---|---|---|---|---|---|---|---|
| | | 1 500 | 1 000 | 750 | 600 | 500 | 428 | 375 | 300 |
| | | 额定功率(kW) | | | | | | | |
| 36.8 | 225 | 18 | 12 | | | | | | |
| | | 26 | 18 | | | | | | |
| 42.3 | 280 | 40 | 26 | | | | | | |
| | | 55 | 40 | | | | | | |
| 49.3 | 315 | | 55 | 40 | | | | | |
| | | | 75 | 55 | | | | | |
| 59 | 400 | | 100 | 75 | | | | | |
| | | | 125 | 100 | | | | | |
| | | | 160 | 125 | | | | | |
| 74 | 500 | — | 200 | 160 | 125 | | | | |
| | | | 250 | 200 | 160 | | | | |
| 85 | 560 | | 320 | 250 | 200 | 160 | 125 | | |
| | | | 400 | 320 | 250 | 200 | 160 | | |
| 99 | 630 | | *500 | *400 | *320 | 250 | 200 | 160 | 125 |
| | | | *630 | *500 | *400 | 320 | 250 | 200 | 160 |

注：带*者，额定电压为 6 300 V；其余规格，额定电压为 400 V。

表6-12 TSWN、TSN系列小容量水轮

| 型号 | 额定功率(kW) | 额定电压(V) | 额定频率(Hz) | 额定转速(r/min) | 满载 | | | |
|---|---|---|---|---|---|---|---|---|
| | | | | | 电流(A) | 功率因数(滞后) | 效率(%) | |
| | | | | | | | TSWN系列 | TSN系列 |
| TSWN或TSN 36.8/14-4 | 18 | 400 | 50 | 1 500 | 32.5 | 0.8 | 85.1 | 84.2 |
| TSWN或TSN 36.8/20-4 | 26 | | | | 46.9 | | 88.5 | 87.6 |
| TSWN或TSN 36.8/12.5-6 | 12 | | | 1 000 | 21.7 | | 84.3 | 83.5 |
| TSWN或TSN 36.8/18-6 | 18 | | | | 32.5 | | 85.5 | 85 |
| TSWN或TSN 42.3/20.5-4 | 40 | | | 1 500 | 72.2 | | 88.3 | 87.4 |
| TSWN或TSN 42.3/27-4 | 55 | | | | 99.1 | | 89.7 | 89 |
| TSWN或TSN 42.3/19-6 | 26 | | | 1 000 | 46.9 | | 87.5 | 86.8 |
| TSWN或TSN 42.3/25-6 | 40 | | | | 72.2 | | 88.6 | 88 |
| TSWN或TSN 49.3/25-6 | 55 | | | | 99.1 | | 89.5 | 88.9 |
| TSWN或TSN 49.3/30-6 | 75 | | | | 135.5 | | 91 | 90.4 |
| TSWN或TSN 49.3/25-8 | 40 | | | 750 | 72.2 | | 88.2 | 87.8 |
| TSWN或TSN 49.3/30-8 | 55 | | | | 99.1 | | 89.5 | 89.1 |

发电机(12～75 kW)技术性能、结构数据

| 时 | | 空载励磁电流(A) | 定子铁心 | | | | | 磁极 | | 气隙长度(mm) |
|---|---|---|---|---|---|---|---|---|---|---|
| 励磁电压(V) | 励磁电流(A) | | 外径 | 内径 | 长度 | 槽数 | 硅钢板牌号 | 极距(mm) | 铁心长度(mm) | |
| | | | (mm) | | | | | | | |
| 32.2 | 24.5 | 9.73 | 368 | 265 | 140 | 48 | DR630-50 | 208 | 140 | 1.1 |
| 41.6 | 24 | 9.8 | | | 200 | | | | 200 | |
| 27.9 | 23.7 | 8.8 | | 285 | 125 | 54 | | 149 | 125 | 0.7 |
| 41.2 | 24.2 | 9.0 | | | 180 | | | | 180 | |
| 24.7 | 51.2 | 19.5 | 423 | 305 | 205 | 48 | | 240 | 210 | 1.45 |
| 30.8 | 51.6 | 19.6 | | | 270 | | | | 280 | |
| 42.4 | 23.7 | 8.32 | 423 | 327 | 190 | 54 | | 171 | 190 | 0.8 |
| 30 | 49.1 | 16.4 | | | 250 | | | | 260 | |
| 37 | 46.5 | 15.5 | 493 | 384 | 250 | 72 | | 201 | 250 | 1.0 |
| 43.3 | 40.6 | 13 | | | 300 | | | | 300 | |
| 36 | 47 | 18.6 | | | 250 | | | 151 | 250 | |
| 45.6 | 45.5 | 17.1 | | | 300 | | | | 210 | |

| 型号 | 磁极冲片 | | | | | | 磁极压板 | 磁轭内径 |
|---|---|---|---|---|---|---|---|---|
| | 材料 | 极靴宽 | 极靴高 | 极身宽 | 极身高 | 极弧半径 | | |
| | | (mm) | | | | | | |
| TSWN或TSN 36.8/14-4 | 锻钢45 | 140 | 24 | 75 | 44 | 128 | | 75 |
| TSWN或TSN 36.8/20-4 | | | | | 50 | | | |
| TSWN或TSN 36.8/12.5-6 | 1.5钢板 Q235-A | 105 | 16 | 55 | 50.8 | 137.7 | 47×6 | |
| TSWN或TSN 36.8/18-6 | | | | | | | | |
| TSWN或TSN 42.3/20.5-4 | 锻钢45 | 160 | 27.1 | 80 | 53 | 146.4 | | 90 |
| TSWN或TSN 42.3/27-4 | | | | | | | | 95 |
| TSWN或TSN 42.3/19-6 | 1.5钢板 Q235-A | 120 | 20.7 | 62 | 52 | 157.1 | 54×6 | 90 |
| TSWN或TSN 42.3/25-6 | | | | | | | | 95 |
| TSWN或TSN 49.3/25-6 | | 136 | 23 | 70 | 60 | 183.7 | 62×6 | 105 |
| TSWN或TSN 49.3/30-6 | | | | | | | | |
| TSWN或TSN 49.3/25-8 | | 112 | 22 | 62 | 60 | 180.4 | 54×6 | 105 |
| TSWN或TSN 49.3/30-8 | | | | | | | | |

（续表）

<table>
<tr><th colspan="6">定　子　绕　组</th><th colspan="2">励 磁 绕 组</th></tr>
<tr><th>线规<br>（QZ）<br>（mm）</th><th>每槽<br>导体数</th><th>每相<br>串联<br>匝数</th><th>节距</th><th>并联<br>支路数</th><th>槽斜度<br>（mm）</th><th>线规<br>（SEBCB）<br>（mm）</th><th>每极<br>匝数</th></tr>
<tr><td>1-φ1.56</td><td>20</td><td>80</td><td rowspan="2">1～11</td><td rowspan="5">2</td><td rowspan="2">17.35</td><td rowspan="3">1.56×3.28</td><td>111</td></tr>
<tr><td>2-φ1.4</td><td>14</td><td>56</td><td>121</td></tr>
<tr><td>1-φ1.3</td><td>28</td><td>126</td><td>1～9</td><td rowspan="2">16.6</td><td>77</td></tr>
<tr><td>1-φ1.56</td><td>20</td><td>90</td><td>1～8</td><td>1.45×3.05</td><td>78</td></tr>
<tr><td>3-φ1.4</td><td>12</td><td>48</td><td rowspan="2">1～11</td><td rowspan="2">20</td><td rowspan="2">2.83×4.1</td><td rowspan="2">69</td></tr>
<tr><td>2-φ1.4</td><td>18</td><td>36</td><td>4</td></tr>
<tr><td>2-φ1.35</td><td>16</td><td>72</td><td rowspan="2">1～9</td><td rowspan="2">2</td><td rowspan="2">19</td><td>1.56×3.28</td><td>90</td></tr>
<tr><td>3-φ1.35</td><td>12</td><td>54</td><td rowspan="5">2.44×4.1</td><td>47</td></tr>
<tr><td>3-φ1.3</td><td>12</td><td>48</td><td rowspan="2">1～11</td><td rowspan="2">3</td><td rowspan="2">16.75</td><td>61</td></tr>
<tr><td>4-φ1.35</td><td rowspan="2">10</td><td>40</td><td>72</td></tr>
<tr><td>3-φ1.35</td><td>60</td><td rowspan="2">1～9</td><td rowspan="2">2</td><td rowspan="2">16.75</td><td>46</td></tr>
<tr><td>4-φ1.4</td><td>8</td><td>48</td><td>52</td></tr>
</table>

| 型　号 | 参　数 | | | | | | | 定子线圈 | | | | | | 定子铜重(kg) |
|---|---|---|---|---|---|---|---|---|---|---|---|---|---|---|
| | 励磁电阻(Ω) | 定子电阻(Ω) | 短路比 | 漏抗 | 直轴同步电抗 | 交轴同步电抗 | 电机常数 | | | | | | | |
| | | | 标　幺　值 | | | | | *A* | *B* | *R* | *r* | *X* | *b* | |
| TSWN或TSN 36.8/14－4 | 0.81 | 0.278 | 0.775 | 0.055 | 1.8 | 1.502 | 65.6 | 178.5 | 165 | 18 | 3.5 | 34.4 | 6.8 | 6.35 |
| TSWN或TSN 36.8/20－4 | 1.09 | 0.14 | 0.854 | 0.045 5 | 1.79 | 1.22 | 64.7 | 179 | 225 | 17 | 3.75 | 34.3 | 7.7 | 8.32 |
| TSWN或TSN 36.8/12.5－6 | 0.724 | 0.525 | 0.673 | 0.655 | 1.946 | 0.961 | 67.7 | 135.1 | 150 | 17 | 3.9 | 22.2 | 7.2 | 5.74 |
| TSWN或TSN 36.8/18－6 | 1.07 | 0.289 | 0.684 | 0.054 2 | 1.96 | 0.96 | 65 | 117 | 205 | 18 | 3.5 | 17 | 6.81 | 6.6 |
| TSWN或TSN 42.3/20.5－4 | 0.291 | 0.088 | 0.7 | 0.059 4 | 2 | 0.944 | 57.2 | 204.7 | 235 | 17 | 3.2 | 42.3 | 7.4 | 11.78 |
| TSWN或TSN 42.3/27－4 | 0.354 | 0.056 1 | 0.7 | 0.053 7 | 2.02 | 0.95 | 54.7 | 204.7 | 300 | 17 | 3 | 42.3 | 7.7 | 13.4 |
| TSWN或TSN 42.3/19－6 | 1.128 | 0.18 | 0.6 | 0.060 2 | 2.18 | 0.945 | 62.5 | 154.1 | 220 | 17 | 3.1 | 27.4 | 7.5 | 9.2 |
| TSWN或TSN 42.3/25－6 | 0.376 | 0.104 3 | 0.577 | 0.063 7 | 2.404 | 1.039 | 53.5 | 154 | 280 | 17 | 3 | 27.6 | 7.5 | 11.9 |
| TSWN或TSN 49.3/25－6 | 0.497 | 0.069 3 | 0.541 | 0.055 1 | 2.445 | 1.067 | 53.6 | 170.4 | 280 | 17 | 3.2 | 33 | 7.2 | 15.5 |
| TSWN或TSN 49.3/30－6 | 0.571 | 0.044 3 | 0.482 | 0.057 3 | 2.738 | 1.188 | 47 | 170 | 330 | 17 | 3.1 | 33 | 7.5 | 20.5 |
| TSWN或TSN 49.3/25－8 | 0.475 | 0.110 5 | 0.707 | 0.055 | 1.75 | 0.92 | 55 | 136.3 | 280 | 17 | 3.8 | 22.3 | 7.5 | 12.7 |
| TSWN或TSN 49.3/30－8 | 0.634 | 0.085 | 0.676 | 0.055 5 | 1.866 | 0.971 | 48.3 | 136.2 | 330 | 17 | 3.75 | 22.3 | 7.7 | 16.2 |

（续表）

| $n_1$ | $n_2$ | $n_3$ | $n_4$ | $m_1$ | $m_2$ | $m_3$ | $m_4$ | $B_1$ | $B_2$ | $B_3$ | $B_4$ | $H_1$ | $H_2$ | $H_3$ | $H_4$ | $L_1$ | $L_2$ | $A_1$ | $A_2$ | $R$ | 磁极线圈数 | 转子铜重 (kg) |
|---|---|---|---|---|---|---|---|---|---|---|---|---|---|---|---|---|---|---|---|---|---|---|
| 1 | 1 | 3 | 2 | 18 | 17 | 16 | 14 | 3.73 | 3.73 | 11.2 | 7.46 | 36.1 | 34.1 | 32.1 | 28.1 | 200 | 148 | 131 | 79 | 14 | 4 | 9.85 |
| 1 | 2 | 2 | 2 | 21 | 19 | 17 | 14 | 3.75 | 7.46 | 7.46 | 7.46 | 42.2 | 38.2 | 34.2 | 28.2 | 260 | 208 | 131 | 79 | 14 | 4 | 13.2 |
| 1 | 2 | 1 |  | 23 | 19 | 16 |  | 3.73 | 7.5 | 3.73 |  | 46.1 | 38.1 | 32.1 |  | 175 | 145 | 89 | 59 | 10 | 6 | 8.83 |
| 1 | 2 | 1 |  | 24 | 19 | 16 |  | 3.5 | 7 | 3.5 |  | 45.5 | 36 | 30.2 |  | 228 | 200 | 87 | 59 | 10 | 6 | 9.51 |
| 1 | 2 | 2 | 1 | 13 | 12 | 11 | 10 | 4.6 | 9.2 | 9.2 | 4.6 | 43.4 | 40 | 36.8 | 33.4 | 273 | 218 | 139 | 84 | 14 | 4 | 18 |
| 1 | 2 | 2 | 1 | 13 | 12 | 11 | 10 | 4.6 | 9.2 | 9.2 | 4.6 | 43.4 | 40 | 36.8 | 33.4 | 243 | 238 | 139 | 84 | 14 | 4 | 21.9 |
| 3 | 1 |  |  | 24 | 18 |  |  | 11.2 | 3.72 |  |  | 48.1 | 36.1 |  |  | 240 | 210 | 96 | 66 | 10 | 6 | 13.7 |
| 2 | 1 |  |  | 16 | 15 |  |  | 9.16 | 4.58 |  |  | 46.8 | 43.9 |  |  | 307.5 | 280 | 93.5 | 66 | 10 | 6 | 17.2 |
| 2 | 2 | 1 |  | 17 | 10 | 7 |  | 9.2 | 9.2 | 4.6 |  | 49.7 | 29.3 | 20.5 |  | 316 | 270 | 120 | 74 | 10 | 6 | 22.7 |
| 2 | 2 | 1 |  | 18 | 13 | 10 |  | 9.2 | 9.2 | 4.6 |  | 52.7 | 38 | 29.3 |  | 366 | 320 | 120 | 74 | 10 | 6 | 30.6 |
| 2 | 1 |  |  | 17 | 12 |  |  | 9.2 | 4.6 |  |  | 49.7 | 35 |  |  | 298 | 270 | 94 | 66 | 10 | 8 | 21.7 |
| 2 | 1 | 1 |  | 17 | 10 | 8 |  | 9.2 | 4.6 | 4.6 |  | 52.7 | 29.3 | 17.6 |  | 367 | 330 | 104 | 66 | 10 | 8 | 28.9 |

表 6-13 TSWN、TSN 系列小容量水轮

| 型号 | 额定功率(kW) | 额定电压(V) | 额定转速(r/min) | 满载时 | | | | |
|---|---|---|---|---|---|---|---|---|
| | | | | 电流(A) | 功率因数(滞后) | 效率(%) | 励磁电压(V) | 励磁电流(A) |
| TSWN 或 TSN 74/29-6 | 200 | 400 | 1 000 | 361 | 0.8 | 92.3 | 29 | 145 |
| TSWN 或 TSN 74/36-6 | 250 | | | 451 | | 93.2 | 32.3 | 143.5 |
| TSWN 或 TSN 74/29-8 | 160 | | 750 | 288 | | 91.6 | 30.4 | 135 |
| TSWN 或 TSN 74/36-8 | 200 | | | 361 | | 92.1 | 35.5 | 134 |
| TSWN 或 TSN 74/29-10 | 125 | | 600 | 225 | | 90.9 | 26.8 | 147 |
| TSWN 或 TSN 74/36-10 | 160 | | | 288 | | 91.6 | 31.3 | 141.5 |
| TSWN 或 TSN 85/31-6 | 320 | 400 | 1 000 | 577 | 0.8 | 93.9 | 29.3 | 169 |
| TSWN 或 TSN 85/39-6 | 400 | | | 722 | | 94.4 | 34.2 | 165.2 |
| TSWN 或 TSN 85/31-8 | 250 | | 750 | 451 | | 93.2 | 29.4 | 173.5 |
| TSWN 或 TSN 85/39-8 | 320 | | | 577 | | 93.6 | 36.8 | 168 |
| TSWN 或 TSN 85/31-10 | 200 | | 600 | 361 | | 92.2 | 29.7 | 180 |
| TSWN 或 TSN 85/39-10 | 250 | | 600 | 451 | 0.8 | 93.0 | 34.4 | 173.5 |
| TSWN 或 TSN 85/31-12 | 160 | | 500 | 288 | | 91.3 | 29 | 163.2 |
| TSWN 或 TSN 85/39-12 | 200 | | | 361 | | 91.9 | 34 | 162 |
| TSWN 或 TSN 85/31-14 | 125 | | 428 | 225 | | 90.7 | 23.3 | 165.5 |

发电机(125～630 kW)技术数据(50 Hz)

| 定子铁心 | | | | | 磁极 | | | | | 磁极冲片 | | | | |
|---|---|---|---|---|---|---|---|---|---|---|---|---|---|---|
| 外径 (mm) | 内径 (mm) | 长度 (mm) | 槽数 | 硅钢板牌号 | 极距 (mm) | 铁心长度 (mm) | 压板厚度 (mm) | 气隙长度 | 极弧系数 | 极靴宽 (mm) | 极靴高 (mm) | 极身宽 (mm) | 极身高 (mm) | 极弧半径 (mm) |
| 740 | 560 | 290 | 72 | DR630-50 | 393.2 | 290 | 20 | 3.5 | 0.676 | 198 | 32 | 104 | 104 | 254 |
| | | 360 | | | | 360 | | | | | | | | |
| 740 | 590 | 290 | 84 | | 231.5 | 290 | 16 | 2.6 | 0.682 | 158 | 22 | 88 | 105 | 263 |
| | | 360 | | | | 360 | | | | | | | | |
| | | 290 | | | 185 | 290 | 12 | 2 | 0.714 | 132 | 20 | 68 | 100 | 260 |
| | | 360 | | | | 360 | | | | | | | | |
| 850 | 620 | 310 | 72 | | 324.5 | 330 | 22 | 3.5 | 0.718 | 233 | 41 | 120 | 101 | 284 |
| | | 390 | | | | 420 | | | | | | | | |
| | 660 | 310 | 84 | | 259 | 310 | 18 | 2.6 | 0.656 | 170 | 28 | 98 | 110 | 301 |
| | | 390 | | | | 410 | | | | | | | | |
| | | 310 | | | 207 | 310 | 16 | 2.2 | 0.701 | 145 | 25 | 82 | 106 | 605 |
| 850 | 660 | 390 | 84 | DR630-50 | 207 | 399 | 16 | 2.2 | 0.701 | 145 | 25 | 82 | 106 | 305 |
| | 700 | 310 | 108 | | 183.1 | 310 | 12 | 2 | 0.715 | 131 | 22 | 75 | 98 | 308 |
| | | 390 | | | | 390 | | | | | | | | |
| | | 310 | | | 157 | 310 | 10 | 1.8 | 0.735 | 115.5 | 20 | 65 | 98 | 303 |

| 型　号 | 额定功率（kW） | 额定电压（V） | 额定转速（r/min） | 满　载　时 | | | | |
|---|---|---|---|---|---|---|---|---|
| | | | | 电流（A） | 功率因数（滞后） | 效率（%） | 励磁电压（V） | 励磁电流（A） |
| TSWN 或 TSN 85/39－14 | 160 | | 428 | 288 | 0.8 | 91.2 | 31.3 | 165 |
| TSWN 或 TSN 99/37－6 | 500 | 6 300 | 1 000 | 57.2 | | 94 | 40.8 | 167 |
| TSWN 99/46－6 | 630 | | | 72.2 | | 94.4 | 47 | 165 |
| TSWN 或 TSN 99/37－8 | 400 | 6 300（400） | 750 | 45.9（722） | | 93 | 42.7 | 180 |
| TSWN 或 TSN 99/46－8 | 500 | 6 300 | | 57.2 | 0.8 | 93.8 | 48.3 | 175 |
| TSWN 或 TSN 99/37－10 | 320 | 6 300（400） | 600 | 36.8（577） | | 92.9 | 39.7 | 183 |
| TSWN 或 TSN 99/46－10 | 400 | 6 300（400） | | 45.9（722） | | 93.3 | 43.3 | 177.5 |
| TSWN 或 TSN 99/29－12 | 250 | | 500 | 451 | | 92.3 | 39.1 | 154.5 |
| TSWN 或 TSN 99/37－12 | 320 | | 500 | 577 | | 93.2 | 44.1 | 152 |
| TSWN 或 TSN 99/29－14 | 200 | | 428 | 360 | | 91.8 | 37.2 | 150 |
| TSWN 或 TSN 99/37－14 | 250 | | | 451 | | 93 | 40.3 | 139 |
| TSWN 或 TSN 99/29－16 | 160 | 400 | 375 | 288 | 0.8 | 90.4 | 41.4 | 134 |
| TSWN 或 TSN 99/37－16 | 200 | | | 361 | | 91.4 | 47.7 | 133 |
| TSWN 99/29－20 | 125 | | 300 | 225 | | 88.9 | 33.4 | 157 |
| TSWN 或 TSN 99/37－20 | 160 | | | 288 | | 90 | 39.6 | 155.8 |

（续表）

| 定子铁心 | | | | | 磁极 | | | 气隙长度 | 磁极冲片 | | | | | |
|---|---|---|---|---|---|---|---|---|---|---|---|---|---|---|
| 外径 | 内径 | 长度 | 槽数 | 硅钢板牌号 | 极距 | 铁心长度 | 压板厚度 | | 极弧系数 | 极靴宽 | 极靴高 | 极身宽 | 极身高 | 极弧半径 |
| (mm) | | | | | (mm) | | | | | (mm) | | | | |
| 850 | 700 | 390 | 108 | DR630－50 | 157 | 410 | 10 | 1.8 | 0.735 | 115.5 | 20 | 65 | 98 | 303 |
| 990 | 705 | 370 | 72 | | 369 | 370 | 24 | 4.5 | 0.656 | 242 | 40 | 135 | 125 | 317 |
| | | 460 | | | | 460 | | | | | | | | |
| | 740 | 370 | 84 | | 291 | 370 | 20 | 3 | 0.696 | 202 | 35 | 120 | 116 | 332 |
| | | 460 | | | | 460 | | | | | | | | |
| | | 370 | | | 233 | 390 | 18 | 2.5 | 0.731 | 170 | 28 | 98 | 110 | 301 |
| | | 460 | | | | 460 | | | | | | | | |
| 990 | 825 | 290 | 125 | DR630－50 | 216 | 290 | 16 | 2.3 | 0.672 | 145 | 25 | 82 | 106 | 305 |
| | 825 | 370 | 126 | | 216 | 370 | 16 | 2.3 | 0.672 | 145 | 25 | 82 | 106 | 305 |
| | | 290 | | | 185 | 310 | 12 | 2.1 | 0.709 | 131 | 22 | 75 | 98 | 308 |
| | | 370 | | | | 370 | | | | | | | | |
| | 850 | 290 | 132 | | 167 | 290 | 16 | 2 | 0.692 | 115.5 | 20 | 65 | 98 | 303 |
| | | 370 | | | | 370 | | | | | | | | |
| | | 290 | | | 133.6 | 310 | | | 0.734 | 98 | 17 | 55 | 98 | 314 |
| | | 370 | | | | 390 | | | | | | | | |

| 型号 | 定子绕组 | | | | | | 励磁绕组 | |
|---|---|---|---|---|---|---|---|---|
| | 线规(SEBCB)(mm) | 每槽导体数 | 每相串联匝数 | 节距 | 并联支路数 | 每极每相槽数 | 线规(TDR)(mm) | 每极匝数 |
| TSWN或TSN 74/29-6 | 2-1.35×4.4 | 14 | 28 | 1~12 | 6 | 4 | 1.56×22 | 47.5 |
| TSWN或TSN 74/36-6 | 2-1.68×4.4 | 12 | 24 | 1~10 | | | | |
| TSWN或TSN 74/29-8 | 2-1.81×3.8 | 10 | 35 | 1~11 | 4 | $3\frac{1}{2}$ | 1.95×15.6 | 39.5 |
| TSWN或TSN 74/36-8 | 2-2.26×3.8 | 8 | 28 | | | | | |
| TSWN或TSN 74/29-10 | 2-2.83×3.8 | 6 | 42 | 1~9 | 2 | $2\frac{4}{5}$ | 2.26×15.6 | 31.5 |
| TSWN或TSN 74/36-10 | 4-1.81×3.8 | 5 | 35 | 1~8 | | | | 32.5 |
| TSWN或TSN 85/31-6 | 2-2.26×4.1 | 10 | 20 | 1~12 | 6 | 4 | 1.45×32 | 48.5 |
| TSWN或TSN 85/39-6 | 2-2.38×4.1 | 8 | 16 | | | | | 49.5 |
| TSWN或TSN 85/31-8 | 4-1.35×5.8 | 8 | 28 | 1~10 | 4 | $3\frac{1}{2}$ | 1.95×22 | 37.5 |
| TSWN或TSN 85/39-8 | 4-1.81×5.8 | 6 | 21 | 1~11 | | | | 39.5 |
| TSWN或TSN 85/31-10 | 4-2.26×3.8 | 5 | 35 | 1~8 | 2 | $2\frac{4}{5}$ | 2.63×15.6 | 30.5 |
| TSWN或TSN 85/39-10 | 4-3.05×3.8 | 4 | 28 | 1~9 | | | | |
| TSWN或TSN 85/31-12 | 1-1.35×6.4 | 14 | 42 | 1~9 | 6 | 3 | 2.63×15.6 | 27.5 |
| TSWN或TSN 85/39-12 | 1-1.81×6.4 | 12 | 36 | 1~8 | | | | |
| TSWN或TSN 85/31-14 | 2-1.68×6.4 | 6 | 54 | 1~7 | 2 | $2\frac{4}{7}$ | 3.05×15.6 | 22 |

（续表）

| 飞逸转速(r/min) | 参　　数 | | | | | | | |
|---|---|---|---|---|---|---|---|---|
| | 励磁电阻(Ω) | 短路比 | 漏抗 | 直轴同步电抗 | 直轴瞬变电抗 | 零序电抗 | 逆序电抗 | 电机常数(×10⁴) |
| | | 标　　幺　　值 | | | | | | |
| 2 400 | 0.141 | 0.813 | 0.089 4 | 1.55 | 0.21 | 0.097 1 | 0.405 | 36.4 |
| | 0.158 | 0.837 | 0.072 2 | 1.52 | 0.19 | 0.039 26 | 0.381 | 36.1 |
| 1 800 | 0.158 5 | 0.863 | 0.086 4 | 1.52 | 0.20 | 0.107 9 | 0.397 | 37.9 |
| | 0.184 | 0.876 | 0.078 3 | 1.51 | 0.19 | 0.107 7 | 0.384 | 37.6 |
| 1 440 | 0.128 5 | 1.025 | 0.087 | 1.397 | 0.212 | 0.106 1 | 0.422 | 38.6 |
| | 0.156 | 0.99 | 0.080 4 | 1.44 | 0.218 | 0.070 2 | 0.436 | 36.7 |
| 2 400 | 0.122 | 0.912 | 0.081 3 | 1.409 | 0.197 | 0.080 7 | 0.404 | 29.8 |
| | 0.146 | 0.924 | 0.073 1 | 1.412 | 0.192 | 0.089 2 | 0.400 | 30.0 |
| 1 800 | 0.119 | 0.845 | 0.089 | 1.55 | 0.199 | 0.088 | 0.401 | 32.3 |
| | 0.154 | 0.893 | 0.081 | 1.51 | 0.20 | 0.110 9 | 0.404 | 31.8 |
| 1 440 | 0.116 | 0.870 | 0.092 5 | 1.465 | 0.243 | 0.083 8 | 0.471 | 32.4 |
| | 0.139 5 | 0.818 | 0.105 5 | 1.576 5 | 0.262 | 0.133 2 | 0.502 | 32.6 |
| 1 200 | 0.124 2 | 0.924 | 0.092 3 | 1.412 3 | 0.239 | 0.104 0 | 0.46 | 38.0 |
| | 0.148 | 0.887 | 0.082 | 1.472 | 0.242 | 0.064 95 | 0.477 | 38.1 |
| 1 030 | 0.099 | 0.937 | 0.100 3 | 1.342 | 0.268 | 0.067 8 | 0.500 | 41.7 |

<table>
<tr><th rowspan="2">型　号</th><th colspan="6">定　子　绕　组</th><th colspan="2">励磁绕组</th></tr>
<tr><th>线规<br>(SEBCB)<br>(mm)</th><th>每槽<br>导体<br>数</th><th>每相<br>串联<br>匝数</th><th>节距</th><th>并联<br>支路<br>数</th><th>每极<br>每相<br>槽数</th><th>线规<br>(TDR)<br>(mm)</th><th>每极<br>匝数</th></tr>
<tr><td>TSWN或TSN<br>85/39－14</td><td>4－1.08×6.4</td><td>4</td><td>36</td><td>1～8</td><td>2</td><td>$2\frac{4}{7}$</td><td>3.05×15.6</td><td>24.5</td></tr>
<tr><td>TSWN或TSN<br>99/37－6</td><td>1－1.68×6.9</td><td>22</td><td>264</td><td rowspan="4">1～11</td><td rowspan="6">1</td><td rowspan="2">4</td><td rowspan="2">1.45×22</td><td>61.5</td></tr>
<tr><td>TSWN或TSN<br>99/46－6</td><td>1－2.1×6.9</td><td>18</td><td>216</td><td>62.5</td></tr>
<tr><td>TSWN或TSN<br>99/37－8</td><td>1－1.35×6.4</td><td>22</td><td>308</td><td rowspan="2">$3\frac{1}{2}$</td><td rowspan="2">1.95×22</td><td rowspan="2">44.5</td></tr>
<tr><td>TSWN或TSN<br>99/46－8</td><td>1－1.81×6.4</td><td>18</td><td>262</td></tr>
<tr><td>TSWN或TSN<br>99/37－10</td><td>1－1.08×6.4</td><td>26</td><td>364</td><td rowspan="2">1～9</td><td rowspan="2">$2\frac{4}{5}$</td><td rowspan="2">2.26×22</td><td rowspan="2">67.5</td></tr>
<tr><td>TSWN或TSN<br>99/46－10</td><td>1－1.35×6.4</td><td>22</td><td>308</td></tr>
<tr><td>TSWN或TSN<br>99/29－12</td><td>1－2.1×6.9</td><td>10</td><td>35</td><td>1～11</td><td>6</td><td>$3\frac{1}{2}$</td><td>1.95×22</td><td>40.5</td></tr>
<tr><td>TSWN或TSN<br>99/37－12</td><td>1－2.63×6.9</td><td>3</td><td>28</td><td>1～11</td><td>6</td><td>$3\frac{1}{2}$</td><td>1.95×22</td><td>39.5</td></tr>
<tr><td>TSWN或TSN<br>99/29－14</td><td>1－1.45×6.9</td><td>14</td><td>42</td><td>1～9</td><td rowspan="2">7</td><td rowspan="2">3</td><td rowspan="2">1.95×22</td><td>33.5</td></tr>
<tr><td>TSWN或TSN<br>99/37－14</td><td>1－1.81×6.9</td><td>12</td><td>36</td><td>1～8</td><td>34.5</td></tr>
<tr><td>TSWN或TSN<br>99/29－16</td><td>1－1.95×6.9</td><td>10</td><td>55</td><td rowspan="2">1～8</td><td rowspan="4">4</td><td rowspan="2">$2\frac{3}{4}$</td><td rowspan="2">2.26×15.6</td><td rowspan="2">32.5</td></tr>
<tr><td>TSWN或TSN<br>99/37－16</td><td>1－2.63×6.9</td><td>8</td><td>44</td></tr>
<tr><td>TSWN或TSN<br>99/29－20</td><td>1－1.56×6.9</td><td>12</td><td>66</td><td rowspan="2">1～7</td><td rowspan="2">$2\frac{1}{5}$</td><td rowspan="2">3.05×15.6</td><td rowspan="2">24.5</td></tr>
<tr><td>TSWN或TSN<br>99/37－20</td><td>1－2.1×6.9</td><td>10</td><td>55</td></tr>
</table>

（续表）

| 飞逸转速(r/min) | 参数 | | | | | | | |
|---|---|---|---|---|---|---|---|---|
| | 励磁电阻(Ω) | 短路比 | 漏抗 | 直轴同步电抗 | 直轴瞬变电抗 | 零序电抗 | 逆序电抗 | 电机常数(×10⁴) |
| | | 标幺值 | | | | | | |
| 1 030 | 0.133 5 | 1.315 | 0.078 1 | 1.062 | 0.208 | 0.077 5 | 0.392 | 41.0 |
| 1 800 | 0.172 4 | 0.823 | 0.103 6 | 1.523 6 | 0.221 6 | 0.082 1 | 0.418 | 29.4 |
| | 0.201 | 0.79 | 0.098 7 | 1.583 7 | 0.222 2 | 0.085 7 | 0.421 | 29 |
| | 0.167 | 0.885 | 0.105 | 1.49 | 0.223 | 0.117 4 | 0.473 | 30.4 |
| | 0.194 | 0.885 | 0.093 5 | 1.533 | 0.256 | 0.121 1 | 0.473 | 30.2 |
| 1 440 | 0.153 | 1.16 | 0.095 5 | 1.166 5 | 0.212 | 0.109 0 | 0.384 | 30.4 |
| | 0.172 | 1.035 | 0.098 | 1.275 | 0.225 | 0.118 6 | 0.415 | 30.2 |
| 1 200 | 0.178 | 1.03 | 0.090 1 | 1.335 | 0.205 | 0.105 0 | 0.373 | 31.6 |
| 1 200 | 0.205 | 0.97 | 0.086 3 | 1.386 | 0.203 | 0.109 7 | 0.378 | 31.4 |
| 1 030 | 0.175 | 1.02 | 0.091 | 1.282 | 0.217 | 0.095 9 | 0.402 | 33.8 |
| | 0.204 | 0.939 | 0.087 4 | 1.342 | 0.217 | 0.059 9 | 0.41 | 34.4 |
| 900 | 0.211 | 0.895 | 0.104 9 | 1.385 | 0.244 9 | 0.093 3 | 0.439 | 39.3 |
| | 0.252 | 0.884 | 0.100 6 | 1.396 | 0.253 | 0.095 | 0.48 | 40 |
| 720 | 0.150 | 1.08 | 0.115 1 | 1.145 1 | 0.308 | 0.114 7 | 0.442 | 40.3 |
| | 0.179 | 0.963 | 0.126 3 | 1.276 | 0.342 | 0.129 7 | 0.546 | 40.1 |

## 四、小型同步发电机的安装、维护与检修

1. 安装

发电机开箱时，如果从温度较低处移至温度较高处，应存放一定时间，待发电机内部温度达到室温后方可开箱，否则发电机线圈会因凝结水分而带来不良影响。

发电机的安装地点应清洁、通风，并便于检查和管理。注意发电机进出风口应无他物阻挡，以保持空气流动畅通。附近应无热源，以免影响发电机的冷却。原动机为内燃机时，应特别注意机房的布置，应使内燃机的排气和发热部分最低限度地影响发电机的进风温度。发电机的地基或支架应有足够的强度，以免发生陷落和变形。

发电机吊装时应注意配电屏（当发电机与配电屏装成一体时）、励磁装置箱罩不能受到挤压，以防变形或损坏内部的元器件。安装时发电机的轴承不能受到轴向推力。

发电机在与原动机中心对直对正后可用联轴器连接传动。应优先采用弹性联轴器，如用硬性联轴器连接，则发电机与原动机必须高精确对直对正。

除非制造厂的使用维护说明书说明该发电机允许逆向旋转或可正反双向旋转，否则发电机必须按标牌所示方向旋转。因为有相当多的发电机使用有倾角的离心式风扇，作逆向旋转时会因进出风量或风压减少而影响发电机的散热效果。

2. 运行前的检查

(1) 检查接地线。发电机机座上的接地螺钉应有效地接地。接地线应有足够的导电截面，并应与埋置在地下的铁板（或水管）相连接，以确保接地良好。

(2) 检查接线。发电机的励磁装置或配电屏等与发电机端子的连接虽然在出厂前已经对之进行过检查，但使用前仍应按厂方提供的说明书或连接图一一仔细检查，所有螺钉、螺栓必须紧固、无松动。

(3) 检查集电环和电刷。对有集电环和电刷的发电机，其集电环的外圆表面应光亮清洁。若有污物，可用白布取酒精或其他溶剂擦拭干净。若滑环外圆表面与电刷吻合不佳，可用00号细砂纸研磨，并调整电刷压力（一般标准压力为 $2\times10^4\sim2.5\times10^4$ Pa）。若发电机安装在汽车上或其他震动剧烈处，电刷标准压力为 $3\times10^4\sim3.5\times10^4$ Pa。

(4) 检查发电机内部。发电机内部不得有异物存在。检查时用手轻轻推动联轴器旋转,发电机的转子应能灵活转动没有擦碰。线圈表面如积有尘土,可用干燥压缩空气或手风箱吹去。

上述检查后,应按制造厂提供的说明书要求进行运行前的必要试验调整。发电机符合使用要求后方可投入正式运行。发电机正式供电运行应严格按照产品使用说明书进行操作。

3. 一般维护

(1) 发电机运行时应保持发电机进出风口处干净和气流畅通,不能将他物放置或覆盖在发电机上。

(2) 经常察看发电机的电压与输出电流,勿使之超过额定值。三相负载应尽可能均匀分配,若三相电流不平衡,最大相的电流不能超过额定电流。

(3) 经常注意集电环与电刷的吻合情况,火花不大于 $1\frac{1}{4}$级。对带有整流装置的发电机,要经常注意其有无断线等不正常现象,一经发现应立即停机处理。

(4) 发现发电机发出不正常声音,要立刻寻找原因,必要时应停机检查修理。

(5) 发电机正常运行时,轴承温度应不超过 95℃。若轴承运转时间已达 1 000~1 500 h,就应更换润滑油脂。若发电机不是连续($S_1$工作制)运行而作间断运行,每年应至少更换轴承润滑脂两次。新加油脂型号必须正确,加脂量为轴承腔体积的 1/3~1/2,换油脂所用的工具必须清洁。

4. 小修

小修每三个月进行一次,小修项目有:

(1) 清除发电机内部积有的尘土。

(2) 拆下轴承外盖,察看轴承油脂是否清洁。如发现色彩不均匀,应换成新的润滑脂。

(3) 对有集电环和电刷的发电机,清洁集电环,检查电刷磨损程度。磨损过多的要及时更换新的电刷。

5. 大修

大修需每年进行一次,大修项目有:

(1) 用 500 V 兆欧表测量绝缘电阻,对地绝缘阻值应大于 1 MΩ,如达不到此值,则应将发电机作干燥处理。发电机的干燥处理方法可用热风法、短路电流法、铁损耗干燥法、铜损耗干燥法、带负荷干燥法。不论使用何种方法，在干燥后绕组温度下降到60℃时，其绝缘电阻值应符合规定要求。

(2) 拆下轴承用清洁煤油清洗，使之能运转自如而无杂音，否则应更换轴承。轴承清洗完毕应加润滑油脂，普通发电机加钙钠基润滑脂，湿热型发电机加锂基润滑脂。

(3) 检查带电部分的接触是否良好，并拧紧各接线螺钉。

(4) 去除发电机线圈、风扇及其他导电体表面的积尘，以保证电机可靠、有效地运行。

(5) 对有集电环的发电机，如集电环表面有锈斑或污垢，可用白粗布蘸酒精(或其他溶剂)擦净或用00号细砂纸轻轻磨去锈斑或污垢。若灼痕严重，则应在车床上车光。加工时应注意与其两轴承挡的同心度，以确保集电环转动时不发生跳动。

6. 常见故障及处理方法

常见故障及处理方法见表6-14。

表6-14　发电机常见故障及处理方法

| 故障现象 | 可能原因 | 处理方法 |
|---|---|---|
| 1. 不能发电 | 1. 接线错误 | 1. 按接线图仔细检查接线并加以纠正 |
| | 2. 无剩磁或剩磁不足 | 2. 用12 V或24 V直流电源向励磁绕组充电 |
| | 3. 主绕组、辅助绕组、励磁绕组、整流元件等有断路或接线松脱 | 3. 接好接线，拧紧螺钉，焊好脱落导线或更换损坏元件 |
| | 4. 励磁绕组两接头方向接反，造成极性与剩磁方向相反，不能建压 | 4. 对换励磁绕组接头或重新用直流电源向励磁绕组充电 |
| | 5. 电刷在刷架框内卡住 | 5. 检查刷架与电刷的配合情况。刷架生锈或锈蚀严重的应处理或更换新的刷架 |
| | 6. 电刷与集电环接触不良 | 6. 处理集电环表面、磨电刷、检查电刷压力使电刷与集电环间接触良好 |

（续表）

| 故障现象 | 可 能 原 因 | 处 理 方 法 |
| --- | --- | --- |
| 1. 不能发电 | 7. 自动电压调节器（AVR）故障 | 7. 检查自动电压调节器，找出故障所在，修复或更换自动电压调节器 |
| | 8. 转速太低 | 8. 用转速表检查发电机转速，并使其达到额定值 |
| 2. 电压太高或太低 | 1. 发电机的励磁绕组部分短路而造成发电机电压太低 | 1. 如果某一极的绕组部分短路，则除电压下降外还会引起振动，对此分别测量每极绕组的电阻，找出损坏的磁极，修换损坏的励磁线圈 |
| | 2. 励磁系统中有一个整流元件短路或断路 | 2. 停机，用万用表找出损坏元件并更换之 |
| | 3. 相复励系统中的故障： | 3. |
| | ① 整定电阻断开引起发电机电压升高或整定电阻值过小引起发电机电压降低 | ① 检查整定电阻接线，并重新整定电阻使发电机为额定电压 |
| | ② 电抗器气隙太大（引起电压高）或太小（电压低） | ② 重新调整气隙，保持额定电压 |
| | ③ 电流互感器抽头接错 | ③ 纠正接线 |
| | 4. 三次谐波励磁系统： | 4. |
| | ① 分流的晶闸管损坏，不分流会造成发电机电压过高 | ① 找出原因，更换晶闸管 |
| | ② 自动电压调节器（AVR）损坏 | ② 检查 AVR，更换损坏的元件或更换 AVR |
| | 5. 晶闸管直励系统中自动电压调节器损坏 | 5. 找出损坏元件或更换 AVR |
| | 6. 无刷励磁系统： | 6. |
| | ① 旋转整流器故障 | ① 找出旋转整流器中短路或断开的整流管并更换之 |
| | ② 自动电压调节器（AVR）故障 | ② 找出 AVR 中损坏元件并修复或更换 AVR |

（续表）

| 故障现象 | 可 能 原 因 | 处 理 方 法 |
|---|---|---|
| 3. 电压调整率变差，加负载时电压下跌或升高剧烈 | 1. 励磁装置接线错误 | 1. 按图查接线并更正 |
| | 2. 整流元件断路或短路 | 2. 找出损坏元件并加以更换 |
| | 3. 励磁系统中电流互感器抽头不合适 | 3. 改变电流互感器抽头。电压升高者应增加匝数，电压下降者应减少匝数 |
| | 4. 原动机转速调节器故障 | 4. 修换原动机调速机构 |
| 4. 发电机温升高 | 1. 发电机过载 | 1. 校验使用仪表，保持发电机额定运行 |
| | 2. 负载功率因数低 | 2. 保证发电机的励磁电流不超过额定励磁电流值 |
| | 3. 发电机风路受阻，通风不良 | 3. 保持发电机通风良好。清洁进出风口，清除内部尘土或去除发电机上放置的其他物品 |
| | 4. 主绕组、励磁绕组、辅助绕组匝间短路 | 4. 找出短路的绕组并修复 |
| | 5. 发电机的旋转方向与标牌所示方向相反 | 5. 由于部分发电机采用的离心风扇风叶有倾角，反转时风量风压与设计值不符，影响了通风散热。应采取措施，使发电机按规定方向旋转 |
| | 6. 转速太低 | 6. 调整原动机调速机构，使发电机运行在额定转速下 |
| 5. 轴承温度过高 | 1. 轴承由于长期运转未及时更换而磨损过度 | 1. 换新轴承 |
| | 2. 未使用规定牌号的润滑油脂，或将不同牌号的油脂混合使用或使用油脂内混有杂质，以及轴承室装油脂量过多 | 2. 清洗轴承，更换合格的润滑油脂。装油脂量应为轴承腔容量的1/3～1/2 |
| | 3. 与原动机对接不好 | 3. 重新与原动机对直、对正后再对接 |
| | 4. 用皮带传动时皮带拉力过大 | 4. 调节皮带拉力 |

（续表）

| 故障现象 | 可 能 原 因 | 处 理 方 法 |
|---|---|---|
| 6. 振动大 | 1. 与原动机对接不好<br>2. 转子重新绕线后造成转子动平衡不好<br>3. 励磁绕组部分短路 | 1. 重新对直、对正后再对接<br>2. 根据要求重新校平衡<br>3. 测量每一个磁极绕组的电阻，找出短路所在的磁极，重新绕制励磁绕组 |

# 6-2 风力发电机

风力发电机分为大型和小型风力发电机。一般大型风力发电机采用异步发电机，单机容量从几十千瓦到数千千瓦，它与电网直接并联运行，并且由数台机组构成风力发电场。如果在无电网地区，可与柴油发电机组并联运行。

10 kW 以下的风力发电机通常称为小型风力发电机，现已制成系列产品，并批量生产。该风力发电机主要采用发电机转子与风力机风轮直联方式。发电机多数为永磁同步发电机，少数采用电励磁式同步发电机。发电机三相电压经充电器对蓄电池浮充，由蓄电池向用电设备供给直流电，或经变频器将直流变为工频电，再供给用电设备。

这里主要介绍离网运行的小型风力发电机。

## 一、概述

1. 小型风力发电机的基本参数及指标（参考 GB 10760.1—2003）

（1）发电机应按下列额定功率制造 kW：0.1，0.2，0.3，0.5，1.0，2.0，3.0，5.0，7.5，10，15，20。

（2）发电机额定功率与额定转速、电压的对应关系见表 6-15。

（3）效率保证值。直流输出端输出额定功率时，风力发电机的效率保证值 $\eta$ 见表 6-16。

（4）发电机的起动阻力矩。空载条件下，风力发电机的最大起动阻力矩见表 6-17。

表6-15　发电机额定功率与额定转速、额定电压的关系

| 额定功率(kW) | 额定转速(r/min) | 额定电压(V) |
|---|---|---|
| 0.1 | 400　620 | 28　(14) |
| 0.2 | 400　540 | 28　42 |
| 0.3 | 400　500 | 28　42 |
| 0.5 | 360　450 | 42　(28) |
| 1.0 | 280　450 | 56　115 |
| 2.0 | 240　360 | 115　230 |
| 3.0 | 1 500 | 115　230 |
| 5.0 | 1 500 | 230　(345) |
| 7.5 | 1 500 | 230　(345) |
| 10 | 1 500 | 230　345 |
| 15 | 1 500 | 345　460 |
| 20 | 1 500 | 345　460 |

注：发电机额定电压指发电机在额定工况下运行，其端子电压为整流后并扣除连接线压降的直流输出电压，建成优先采用不带括号的数据，连接线长度为25 m，直径按电流密度1.5 A/mm$^2$选取。

表6-16　效率保证值

| 功率(kW) | 0.1 | 0.2 | 0.3 | 0.5 | 1.0 | 2.0 | 3.0 | 5.0 | 7.5 | 10 | 15 | 20 |
|---|---|---|---|---|---|---|---|---|---|---|---|---|
| 效率 $\eta$(%) | 65 | 68 | 70 | 72 | 74 | 75 | 76 | 78 | 80 | 82 | 84 | 86 |

注：效率用直接法确定(冷却空气换算到25℃)。

表6-17　最大起动阻力矩

| 功率(kW) | 0.1 | 0.2 | 0.3 | 0.5 | 1.0 | 2.0 | 3.0 | 5.0 | 7.5 | 10 | 15 | 20 |
|---|---|---|---|---|---|---|---|---|---|---|---|---|
| 最大起动阻力矩(N·m) | 0.30 | 0.35 | 0.5 | 1.0 | 1.5 | 2.5 | 3.0 | 4.5 | 6.0 | 7.5 | 10 | 13 |

(5) 发电机的转速。发电机的正常工作转速范围：1 kW及以下(含1 kW)为65%～150%额定转速；2 kW及以上(含2 kW)为65%～125%额定转速。在65%额定转速下，发电机的空载电压不低于额定电压；当发电机在额定电压并输出额定功率时，转速应不大于105%额定转速。在150%

额定转速下，发电机在额定电压下应能过载运行 5 min。

2. 风力资源的利用及风力等级

由于风力发电应在风力资源较丰富的地区使用，且选择年平均风速在 3 m/s 以上；全年 3～20 m/s 有效风速累计时数 3 000 h 以上；全年平均有效风能密度 100 W/m$^2$ 以上的地区，才能充分利用当地风力资源，最大限度发挥出风力发电的效率，取得较高的经济效益。

在气象学中，"风"，一般指的是空气水平流动的现象，可用风向和风速表示；其数值可用风向仪及风速仪测得。

风向分为 16 个方位，指风吹来的方向。

风速用 m/s 单位或用风级来表示，也用 2 min 以内平均的情况表示平均风速和瞬间情况表示瞬时风速。

风的强度用风速表示，以国际通用蒲福风级或多少米/秒来衡量。蒲福风级划分成 13 个风力等级：

(1) 风级 0：无风。陆地，静，烟直上；海岸海面如镜，相当风速 0～0.2 m/s。

(2) 风级 1：软风。陆地，烟能表示方向，但风向标不能转动；海岸，渔船不动。相当风速 0.3～1.5 m/s。

(3) 风级 2：轻风。陆地，人面感觉有风，树叶微响，寻常的风向标转动；海岸，渔船张帆时，可随风移动。相当风速 1.6～3.3 m/s。

(4) 风级 3：微风。陆地，树叶及微枝摇动不息，旌旗展开；海岸，渔船渐觉簸动。相当风速 3.4～5.4 m/s。

(5) 风级 4：和风。陆地，能吹起地面灰尘和纸张，树的小枝摇动；海岸，渔船满帆时，倾于一方，相当风速 5.5～7.9 m/s。

(6) 风级 5：清风。陆地，小树摇摆；海岸，水面起波，相当风速 8.0～10.7 m/s。

(7) 风级 6：强风。陆地，大树枝摇动，电线呼呼有声，举伞有困难；海岸，渔船加倍缩帆，捕鱼须注意危险。相当风速 10.8～13.8 m/s。

(8) 风级 7：疾风。陆地，大树摇动，迎风步行感觉不便；海岸，渔船停息港中，去海外的下锚。相当风速 13.9～17.1 m/s。

(9) 风级 8：大风。陆地，树枝折断，迎风行走感觉阻力很大；海岸，近港海船均停留不出，相当风速 17.2～20.7 m/s。

(10) 风级 9：烈风。陆地，烟囱及平房屋顶受到损坏(烟囱顶部及平顶摇动)；海岸，汽船航行困难。相当风速 20.8～24.4 m/s。

(11) 风级10：狂风。陆地，陆上少见，可拔树毁屋；海岸，汽船航行颇危险。相当风速24.5～28.4 m/s。

(12) 风级11：暴风。陆地，陆上很少见，有则必受重大损毁；海岸，汽船遇之极危险。相当风速28.5～32.6 m/s。

(13) 风级12：飓风。陆地，陆上绝少，其摧毁力极大；海岸，海浪滔天。相当风速32.6 m/s以上。

我国气象预报是根据离平地10 m高处风速值大小制定出共13级的风力等级表发布，见表6-18。

表6-18　风力等级表(目测)

| 风力等级 | 名称 | 海面大概的波高(m) | | 海面和渔船征象 | 陆上地物征象 | 相当于平地十米高处的风速(m/s) | |
|---|---|---|---|---|---|---|---|
| | | 一般 | 最高 | | | 范围 | 中数 |
| 0 | 无风 | — | — | 海面平静 | 静，烟直上 | 0.0～0.2 | 0 |
| 1 | 软风 | 0.1 | 0.1 | 微波鱼鳞状，没有浪花，一般渔船正好能使舵 | 烟能表示风向，树叶略有摇动 | 0.3～1.5 | 1 |
| 2 | 轻风 | 0.2 | 0.3 | 小波，波长尚短，但波形显著，波峰光亮但不破裂 | 人面感觉有风，树叶微响，旗子开始飘动 | 1.6～3.3 | 2 |
| 3 | 微风 | 0.6 | 1.0 | 小波加大，波峰开始破裂；浪沫光亮，有时有散见的白浪花 | 树叶及小枝摇动不息，旗子展开，高的草摇动不息 | 3.4～5.4 | 4 |
| 4 | 和风 | 1.0 | 1.5 | 小浪，波长变长；白浪成群出现 | 能吹起地面灰尘和纸张，树枝摇动，高的草呈波浪起伏 | 5.5～7.9 | 7 |
| 5 | 清风 | 2.0 | 2.5 | 中浪，具有较显著的长波形状；许多白浪形成 | 有叶的小树摇摆，内陆的水面有小波，高的草波浪起伏明显 | 8.0～10.7 | 9 |

（续表）

| 风力等级 | 名称 | 海面大概的波高（m） | | 海面和渔船征象 | 陆上地物征象 | 相当于平地十米高处的风速（m/s） | |
|---|---|---|---|---|---|---|---|
| | | 一般 | 最高 | | | 范围 | 中数 |
| 6 | 强风 | 3.0 | 4.0 | 轻度大浪开始形成，到处都有更大的白沫峰，有时有飞沫 | 大树枝摇动，电线呼呼有声，高的草不时倾伏于地 | 10.8～13.8 | 12 |
| 7 | 疾风 | 4.0 | 5.5 | 轻度大浪，碎浪而成白浪沫沿风向呈条状 | 全树摇动，大树枝弯下来，迎风步行感觉不便 | 13.9～17.1 | 16 |
| 8 | 大风 | 5.5 | 7.5 | 有中度的大浪，波长较长，波峰边缘开始破碎成飞沫片 | 可折毁小树枝，人迎风前行感觉阻力甚大 | 17.2～20.7 | 19 |
| 9 | 烈风 | 7.0 | 10.0 | 狂浪，沿风向白沫呈浓密的条带状，波峰开始翻滚 | 草房遭受破坏，屋瓦被掀起，大树枝可折断 | 20.8～24.4 | 23 |
| 10 | 狂风 | 9.0 | 12.5 | 狂涛，波峰长而翻卷；白沫成片出现，整个海面呈白色 | 树木可被吹倒，一般建造物遭破坏 | 24.5～28.4 | 26 |
| 11 | 暴风 | 11.5 | 16.0 | 异常狂涛，海面完全被白沫片所掩盖，波浪到处破成泡沫 | 大树可被吹倒，一般建造物遭严重破坏 | 28.5～32.6 | 31 |
| 12 | 台风（亚太平洋西北部和南海海域）或飓风（大西洋及北太平洋东部） | 14.0 | — | 空中充满了白色的浪花和飞沫，海面完全变白 | 陆地少见，其摧毁力很大 | >32.6 | 33 |

3. 叶轮式风力发电机常用技术术语(摘自 JB/T 7878—1995)

(1) 风能：空气流动产生的动能。

(2) 风力机(WECS)或简称风机：将风能转化为其他有用能量的机械。

(3) 高速风力机：额定叶尖速度比大于或等于 3 的风力机。

(4) 低速风力机：额定叶尖速度比小于 3 的风力机。

(5) 叶尖速度比(高速特性系数)：叶尖速度与风速的比值。

(6) 风力发电机组：利用风能发电的装置。

(7) 空气的标准状态：空气标准状态指空气压力为 101.325 kPa、温度为 15℃(或绝对温度 288.15 K)、空气密度为 1.225 kg/m$^3$时的空气状态。

(8) 起动风速：风力机风轮由静开始转动，并能连续运转的最小风速。

(9) 切入风速：风力机对额定负载开始有功率输出时的最小风速。

(10) 切出风速：由于调节器作用使风力机对额定负载停止功率输出时的风速。

(11) 风切变：在垂直于风向的平面内的风速随高度的变化。

(12) 风切变影响：风切变对风力机的影响。

(13) 工作风速范围：风力机对额定负载有功率输出的风速范围。

(14) 额定风速：由设计和制造部门给出的使机组达到规定输出功率的最低风速。

(15) 停车风速：控制系统使风力机风轮停止转动的最小风速。

(16) 安全风速：风力机在人工或自动保护时不致破坏的最大允许风速。

(17) 风速频率：一年时间的间距内相同风速小时数的总和对总间距总时数的百分比。

(18) 额定功率：空气在标准状态下对应于机组额定风速时的输出功率。

(19) 最大功率：风力机在工作风速范围内能输出的最大功率值。

(20) 风能利用系数：风轮所接受的风动能与通过风轮扫掠面积的全部风动能之比值用 $C_p$ 表示。

(21) 额定叶尖速度比：风能利用系数最大时的叶尖速度比。

(22) 力矩系数：风能输出力矩与风能对风轮产生的力矩之比值。

(23) 额定力矩系数：在额定叶尖速度比时风轮的力矩系数。

(24) 起动力矩系数：叶尖速度比为零时风轮的力矩系数。

(25) 最大力矩系数：风轮力矩系数的最大值。

(26) 过载度：最大力矩系数与额定力矩系数的比值。

(27) 风轮空气动力特性：表示风轮力矩系数、风能利用系数和叶尖速度比之间关系的属性。

(28) 风力机输出特性：表示风力机在整个工作风速范围内输出功率的属性。

(29) 调节特性：表示风力机转速或功率随风速变化的属性。

(30) 调向灵敏性：表示随风向的变化，风轮迎风是否灵敏的属性。

(31) 调向稳定性：在工作风速范围内反映风力机风轮迎风全过程是否稳定的属性。

(32) 平均噪声：在工作风速范围内测得的风力机噪声平均值。

(33) 风力机组效率：风力机输出功率与单位时间内通过风轮扫掠面积的风能比值。

(34) 使用寿命：风力机在安全风速以下正常工作的使用年限。

(35) 年能量输出：风力机一年(8 760 h)能量输出的总和，单位 kW·h。

(36) 发电成本：风力发电机组生产实际中平均输出一度电(1 kW·h)的实际成本。

(37) 风轮：由叶片等部件组成的接受风能转化为机械能的转动件。

(38) 叶片：具有空气动力形状、接受风能，使风轮绕其轴转动的主要构件。

(39) 叶片数：一个风轮所有的叶片数目。

(40) 风轮直径：叶尖旋转圆的直径，用 $D$ 表示。

(41) 风轮扫描面积：风轮旋转时叶片的回转面积。

(42) 风轮迎角：水平轴和斜轴风力机风轮轴线与水平面的夹角。

(43) 风轮偏角：风轮轴线与气流方向的夹角在水平面的投影。

(44) 风轮额定转速：输出额定功率时风轮的转速。

(45) 风轮最高转速：风轮处于正常状态下(负载或空载)风轮允许的最大转速值。

(46) 风轮实度：风轮叶片投影面积的总和与风轮扫掠面积的比值。

(47) 实度损失：由于未完全利用整个风轮扫掠面积而产生的能量损失。

(48) 风轮尾流：在风轮后面经过扰动的气流。

(49) 尾流损失：在风轮后面由风轮尾流产生的能量损失。

(50) 迎风机构：使风轮保持最佳迎风位置的机构。

(51) 尾舵：在风轮后面使风轮迎风的装置。

(52) 尾轮：尾舵上的多叶片风轮。

(53) 侧翼：在风轮侧面利用风压使风轮偏离风向的机构。

(54) 调速机构：能调节或限制风轮旋转速度的机构。

(55) 风轮偏侧式调速机构：使风轮轴线偏离气流方向的调速机构。

(56) 变桨距调节机构：使风轮叶片安装角随风速而变化并能调节风轮旋转速度或功率输出的机构。

(57) 制动机构：使风力机风轮停止工作的机构。

(58) 导流罩(整流罩)：装在风轮前面呈流线形状的罩子。

(59) 塔架：支撑风力机回转部分及以上部件的支撑物。

(60) 独立式塔架：没有拉索的塔架。

(61) 拉索式塔架：有拉索的塔架。

(62) 塔影响效应：塔架造成的气流涡区对风机产生的影响。

(63) 顺桨：风轮叶片的几何攻角趋近零升力的状态。

(64) 阻尼板：随风速的变化用来阻止风轮转数增加的构件。

## 二、小型风力发电机组的结构和基本工作原理

小型的风力发电机组是一个具有一定科技含量的小系统，图 6-19 所示为风力发电原理方框图。

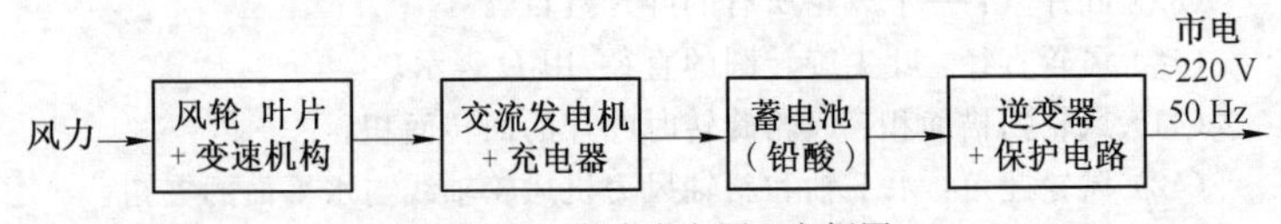


**图 6-19**　风力发电原理方框图

图中具有微风程度(即 3 m/s)的风力可带动风轮的叶片旋转，通过变速机构使转速提升到工作转速牵引发电机发电，再经充电器整流变为直流电。这时，持续利用风能所转化成的电能，蓄能是个重要的问题；在有风时把多余的能量储存起来；在无风时可输出应用。具体就是使用铅酸蓄电池，向它充电贮能，即可向用户提供直流电；或者再通过逆变器把直流变为工频市电，向用户提供稳定的交流电。

综上所述，风力发电机组由两大部分构成：

1. 风力发动机部分

它将风的动能转化成机械能，成为驱动风力发电机的原动机，简称风力机或风机。

经由风洞试验证明风力机转换的功率与风速立方成正比，故风速对机组功率的影响最大。为使风力机获得最大功率的输出，应选风力机额定风速与当地最佳风速相匹配。风力机从结构上可分成五部分：

(1) 风轮：风轮由两个或多个叶片组成，如图 6-20a 所示。安装在机头上，它是将风能转化成机械能的主要部件。风力机的风轮采用空气动力学原理像飞机机翼一样，将风轮的叶片断面设计成流线型，前缘有很好的圆角；尾部有相当尖锐的后缘表面光滑阻力很小，风流经过时能产生向上的合力，以驱动风轮很快转动。按风力机与发电机的连接方式分成有变速连接和直接连接两种。

(2) 机头：机头是支承风轮轴和上部构件（如发电机及齿轮变速器等）的支座，它能绕塔架中的竖直轴自由转动，如图 6-20b 所示。

**图 6-20(a)** WPS-500 小型风力发电机组全貌

**图 6-20(b)** 风力机的机头

(3) 机尾：它装在机头之后，机尾的作用保证风向变化时，使风轮跟着转动，自动对准风向。因只有当风流垂直地吹向风轮转动面时才能获取到最大风量，从而发出最大的功率。

(4) 回转体：回转体位于机头底盘和塔架之间，在机尾力矩作用下转动。

(5) 塔架：它是支撑风力机本体的构架，将整个机组架设于不受周围障碍物影响的高空中。

小型风力发电机组全貌如图6-20a 所示。

风力机的机头如图 6-20b 所示。

风力机的安装示意如图 6-20c 所示。

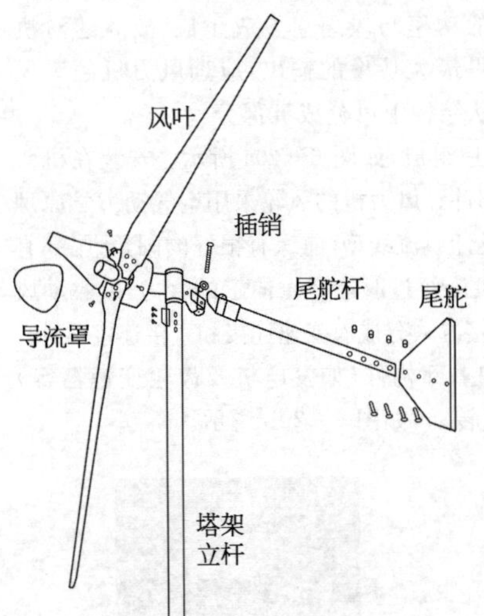


图中各部件名称及作用：
电机及尾舵、连接法兰组合（发电、调向、连接立杆）；
风叶（利用风力带动发电机）；
风叶法兰（连接风叶与电机）；
导流罩（导流）；
螺杆（M6×40）（固定导流罩）；
六角螺栓（M10×25）（固定机头到立杆上）。

**图 6－20(c)**　风机安装示意图

2. 发电机本体和电气装置

将机械能转化为电能的部分。小型风力发电机多采用低速永磁同步发电机，故可由风轮直接驱动。这部分安装于风力机机头内，发电机结构简单：转子为永磁体；定子为三相绕组，切割转子磁力线产生电能输出。可向用户提供直流电或者工频市电如图 6－21 所示。

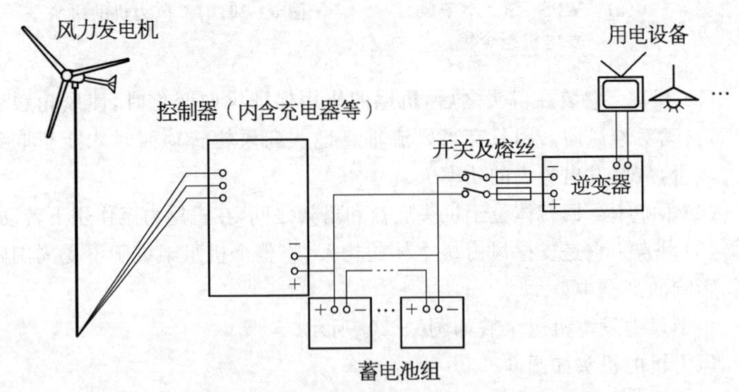


**图 6－21**　小型风力发电机组电气系统接线

## 三、小型风力发电机组的合理配套使用

在选用小型风力发电机组时，用户首先根据本身条件（如环境风力资源具体情况、工作场所条件，以及用途等）加以调研考察，向有关生产厂提出使用要求。有经验的工厂则根据用户实际需要设计一套方案通过双方认定之后进行生产，其中设计的电气系统装置必须与风力发电机相匹配，通过实地安装、调试、研究直到符合使用要求为止。图 6-21 所示为小型风力发电机的电气系统接线图。

系统中应注意以下三方面问题：

1. 风力发电机与蓄电池合理的配置，以及发电机对蓄电池浮充问题

目前小型风力发电机与蓄电池容量一般按照输入和输出相等，或输入大于输出的原则进行匹配的。例如：200 W 风力发电机匹配 200 Ah 蓄电池（100 Ah、2 块）；500 W 风力发电机匹配 400 Ah 蓄电池（200 Ah、2 块）；1 000 W风力发电机匹配 800 Ah 蓄电池（200 Ah、4 块）；5 000 W 风力发电机匹配 6 000 Ah 蓄电池（300 Ah、20 块）……表 6-19 所示为不同型号的风力发电机建议配置的蓄电池容量。

表 6-19 蓄电池容量配置

| 发电机型号 | WPS-200 | WPS-300 | WPS-500 | WPS-1000 | WPS-2000 | WPS-3000 | WPS-5000 | WPS-10000 | WPS-20000 |
|---|---|---|---|---|---|---|---|---|---|
| 输出功率(W) | 200 | 300 | 500 | 1 000 | 2 000 | 3 000 | 5 000 | 10 000 | 20 000 |
| 单块电池电压(V) | 12 | 12 | 12 | 12 | 12 | 12 | 12 | 12 | 12 |
| 单块电池容量(Ah) | 100 | 150 | 200 | 200 | 200 | 200 | 300 | 400 | 600 |
| 蓄电池串联数量 | 2 | 2 | 2 | 4 | 10 | 20 | 20 | 20 | 30 |

关于风力发电机通过充电器向蓄电池“浮充”电的问题：“浮充”是蓄电池组的一种供电（放电）工作方式。当蓄电池充足电后，维持电池容量的最好方法：在电池组两端加上充电器输出的恒定的浮充电压，浮充电压不能过高以免因严重过充电而缩短电池的寿命；但此设定的浮充电压该多大？以 12 V 蓄电池为例，浮充电压在 13.2～13.8 V 范围内，即可继续提供一个小电流进行充电，此时的状态称为浮充电（也称涓流充电）。浮充的目的是：

(1) 延长电池寿命。因电池保持处于浮充电压范围时，它的板栅（其极板的导电骨架）的腐蚀处于最慢的状态。

(2) 补充电池因自放电造成的容量损失，使电池电量保持充足。

(3) 抑制活性物质重结晶造成的硫酸盐化。

电池的浮充时间是没有限制的，当电压处于浮充电压范围内，铅酸蓄电池是安全无损的。表6-20所列为蓄电池充(放电)的电压参考值。

表6-20　蓄电池充(放)电时的电压参考值

| 蓄电池电压(V) | 12 | 24 | 36 | 48 | 120 | 240 | 360 |
|---|---|---|---|---|---|---|---|
| 浮充电压(V) | 14.5 | 30 | 45 | 60 | 150 | 300 | 450 |
| 过压点(V) | 14.5 | 30 | 45 | 60 | 150 | 300 | 450 |
| 过压恢复点(V) | 14 | 28 | 42 | 56 | 140 | 280 | 420 |
| 欠压点(V) | 10.5 | 21 | 32 | 42 | 105 | 210 | 315 |
| 欠压恢复点(V) | 12 | 24 | 36 | 48 | 120 | 240 | 360 |

2. 逆变器的选用

风力发电机组已购置到的发电机及其电气装置(主要的充电器)的输出电压、蓄电池组的电压和逆变器的输入电压三者务必确认是相等的。接线时切勿把正负极接错，接错可能会导致电机、蓄电池或逆变器烧毁。逆变器作为电源方提供给用电器方以交流电能，当逆变器不接用电器时，电流应小于200 mA，否则蓄电池电能将被逆变器耗光。以12 V的蓄电池为例，当逆变器输入端蓄电池电压由12 V下降到10.5 V以下时，必须具有欠压保护，否则会损坏蓄电池。因此对逆变器选用要求：需具备完整的欠压、短路、过载等保护的系统，建议选用一台数字式正弦波逆变器。

3. 合理选配用电器

负载所需耗用的能量应该与风力发电的输出能量相配，注意这里强调的是“能量”不要混淆为“功率”。原则是蓄电池放电后由风力发电机及时补充，即蓄电池充入的电量和用电器消耗的电量大致相等(一般以“日”计算)。以下举例说明之：某地区使用一台风力发电机，额定风速输出功率为100 W，而该地区某日相当于额定风速的风力吹刮时间为连续4 h，则该风力发电机的日输出并贮存到蓄电池里的能量为400 W·h。又考虑铅蓄电池的转换效率为70%，则用户的用电器实际可利用的能量为280 W·h。如果该用户使用的电器有：① 15 W灯泡两只，使用4 h，耗能为120 W·h；② 35 W电视机一台，使用3 h，耗能为105 W·h；③ 15 W收录机一台，使用4 h，耗能为60 W·h。以上总耗能为285 W·h。因此用电器总耗能比风力发电机所能提供的能量超出5 W·h，这时出现的“入不敷出”用电，结果将使蓄电池处在亏电状态下工作。长时间如此用电，将使蓄电池严重亏电而损坏，缩短了其使用寿命。

以上例子是在风力发电机处在额定风速状态下的用电情况。而实际由于风的多变性、间歇性，风速有大小的不同，又有吹刮时间的长短不一样(风频)。所以使用电器时，要考虑风况好的时候，适当多用电；风况差时少用电。当然有条件的地区和用户，可以备用一台千瓦级的柴油发电机组，在风况差时给蓄电池补充充电，以达到不间断地供电要求。

在选用用电器时，还须注意电压制的要求，目前小型风力发电机配电箱上配有 12 V、24 V 和电视机专用插座，使用时用户应按电器要求的电压值选用。

## 四、发展风光互补发电系统

在远离电网的地区，独立供电系统成为人们最需要的电源，过去常用柴油发电机。但柴油的储运成本较高，只能作短时应急电源；要解决长期稳定可靠的供电只能依赖当地的自然能源，太阳能和风能是最普遍的自然资源，也是取之不尽的可再生能源。而且太阳能与风能在时间上和地域上都有很强的互补性：白天太阳光最强时，风很小；晚上太阳落山后，光照很弱，但由于地表温差变化大使风能加强。在夏季，太阳光强度大而风小；冬季，太阳光强度弱而风大，故太阳能和风能在自然条件上的互补性使发电系统具有最佳的匹配性。在技术上光电系统利用光电板将太阳能转换成电能，然后通过控制器对蓄电池充电；最后通过逆变器对用电负荷供电。其优点是系统供电可靠性高，运行维护成本低，缺点是系统造价高。风电系统是利用风力发电机，将风能转换成电能，然后通过控制器对蓄电池充电，最后通过逆变器对用电负荷供电。其优点是系统发电量较高，系统造价较低，运行维护成本低。缺点是风力发电机可靠性差些。此外，风电和光电的共同缺点是资源受天气影响大；其发电与用电负荷不平衡，因而必须通过蓄电池储能才能稳定供电。然而风电和光电系统在蓄电池组和逆变器二个环节上可通用，造价则降低，系统成本趋于合理，所以说风光互补发电系统是最合理的独立电源系统。发展风光互补发电系统尚需对小型风力发电机限速方式的可靠性作改进。

风光互补发电系统由太阳能光电板、小型风力发电机组、系统控制器、蓄电池组及逆变器五部分组成，各部分容量的合理配置对保证系统的可靠性非常重要。一般来说，首先考虑用电负荷特征：**最大的用电负荷**是选择系统逆变器容量的依据；平均日发电量是选择风力发电机及光电板容量和蓄电池组容量的依据。其次考虑太阳能和风能的资源状况：依此状况确定光电板和风机的容量系数。根据发电系统实际应用需要，有经验的制造厂可将系统容量的量化指标制定出来供选择。

## 五、小型风力发电机组技术数据

1. FD系列小型风力发电机组技术数据

FD系列风力发电机组的技术数据见表6-21。

表6-21　FD系列风力发电机组的技术数据

| 型　号 | FD2.1-200-8L | FD2.1-200-8H | FD2.5-300-8L | FD2.5-300-8H |
|---|---|---|---|---|
| 额定功率(W) | 200 | | 300 | |
| 额定电压(V) | 24 | | 24 | |
| 风叶直径(m) | 2.2 | 1.8 | 2.5 | 2.0 |
| 起动风速(m/s) | 3 | | 2.5 | |
| 额定风速(m/s) | 6 | 12 | 7 | 12 |
| 安全风速(m/s) | 16 | 35 | 16 | 35 |
| 额定转速(r/min) | 450 | | 400 | |
| 风叶材料 | 玻璃钢 | 玻璃钢 | 玻璃钢 | 玻璃钢 |
| 风叶数量 | 3 | | | |
| 型　号 | FD2.7-500-10L | FD2.7-500-10H | FD3.0-1000-10L | FD3.0-1000-10H |
| 额定功率(W) | 500 | | 1 000 | |
| 额定电压(V) | 24 | | 48 | |
| 风叶直径(m) | 2.5 | 2.1 | 2.7 | 2.3 |
| 起动风速(m/s) | 2 | | 2 | |
| 额定风速(m/s) | 8 | 12 | 9 | 12 |
| 安全风速(m/s) | 16 | 35 | 16 | 35 |

（续表）

| 型　　号 | FD2.7－500－10L | FD2.7－500－10H | FD3.0－1000－10L | FD3.0－1000－10H |
| --- | --- | --- | --- | --- |
| 额定转速(r/min) | 400 | | 400 | |
| 风叶材料 | 玻璃钢 | 玻璃钢 | 玻璃钢 | 玻璃钢 |
| 风叶数量 | 3 | | 3 | |
| 型　　号 | FD3.6－2000－10L | FD3.6－2000－10H | FD5.0－3000－16L | FD5.0－3000－16H |
| 额定功率(W) | 2 000 | | 3 000 | |
| 额定电压(V) | 120 | | 240 | |
| 风叶直径(m) | 3.2 | 2.5 | 4.5 | 3.6 |
| 起动风速(m/s) | 2 | | 2 | |
| 额定风速(m/s) | 9 | 12 | 10 | 12 |
| 安全风速(m/s) | 16 | 35 | 25 | 45 |
| 额定转速(r/min) | 400 | | 220 | |
| 风叶材料 | 玻璃钢 | 玻璃钢 | 玻璃钢 | 玻璃钢 |
| 风叶数量 | 3 | | 3 | |
| 型　　号 | FD6.4－5000－16L | FD6.4－5000－16H | FD8.0－10K－20L | FD8.0－10K－20H |
| 额定功率(W) | 5 000 | | 10 000 | |
| 额定电压(V) | 240 | | 240 | |
| 风叶直径(m) | 6.4 | 4.5 | 8.0 | 6.4 |
| 起动风速(m/s) | 2 | | 2 | |
| 额定风速(m/s) | 10 | 12 | 10 | 12 |
| 安全风速(m/s) | 25 | 45 | 25 | 45 |
| 额定转速(r/min) | 200 | | 180 | |
| 风叶材料 | 玻璃钢 | 玻璃钢 | 玻璃钢 | 玻璃钢 |
| 风叶数量 | | | | |

2. WPS-500小型风力发电机案例介绍

新型WPS-500小型风力发电机以极小的体积、极轻的重量实现了额定500 W、最大功率600 W的输出能力，完全满足一般家用要求。通过使用新材料及新工艺，WPS-500机身成功地将重量控制在17 kg，这是同功率其他产品重量的1/3；同时体积也减至其他同功率产品的2/3。

WPS-500风叶使用高强度纤维制成，发电机外壳使用合金注模成型，此两种材料具有强度较高且耐腐蚀不易损坏的特性，故WPS-500在户外可以经受风吹雨打。WPS-500还具有运行噪声小和起动风速小的特点，即使在风速小的情况下也能达到更高的风能利用率。此外，新型机身坚固、耐用，并且散热能力十分出色。

(1) 产品规格：

额定功率：500 W

最大功率：600 W

风叶直径：2.5 m

起动风速：2.5 m/s

额定风速：11 m/s

停机风速：25 m/s

额定电压：24 V、36 V、48 V可选

机身净重：17 kg

日均风速：11 m/s

月有效风时：210 h

每月提供电力：70 kW·h

(2) 风力发电机的功率曲线

功率曲线是用来显示在不同风速下(切入风速到切出风速)风力发电机的输出功率。

当风速很低时风力发电机的风轮保持不动，当风速到达切入风速时(通常为3～4 m/s)风轮开始旋转并牵引发电机开始发电，随着风力增强，输出功率相应会增大；当风速达到额定风速时，风力发电机输出其额定功率。之后输出功率大致保持不变，当风速进一步增加到切出风速时，风力发电机会刹车不再输出功率以防受损伤。

附WPS-500小型风力发电机的功率曲线图如下：

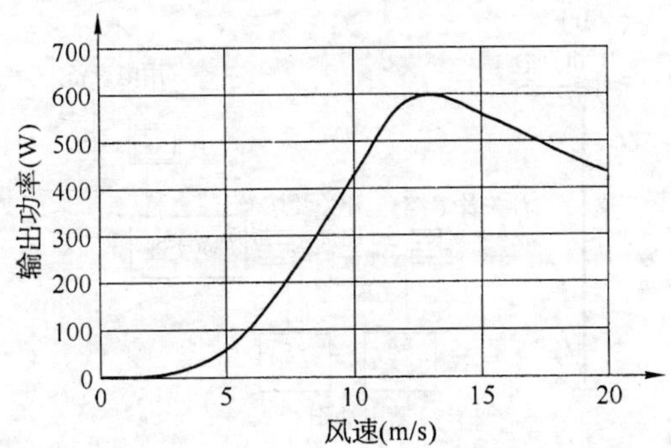


WPS-500 小型风力发电机的应用范围十分广泛，只要所处环境有足够的风力资源，即可输出源源不断的能源。

(3) WPS-500 具有高度整合的电气部分：机头内集成了高级耐磨馈电系统，包括控制器也集成在机头内，不但提高系统的稳定性而且减少用户的接线工作量。同时机头的外观和结构形式也重新设计更新。WPS-500 既可用于离网环境也可用于并网环境。

下面的电气接线图供读者参考，和其他风力发电机相比，这个示意图没有显示控制器，因为它已经集成在机头里了，相信这会减少工作量并提高系统的稳定性。因为 WPS-500 既可以用于离网环境，也可以用在并网环境，这里介绍两种示意图。

3. 离网风光互补型风力发电机

(1) 风力发电机(FD-500W)

FD-500W 是离网风光互补型风力发电机，三相永磁交流发电机，产品规格齐全，300 W～20 kW 都有，产品适用于任何恶劣环境下，家庭生活用电、公园路灯照明、哨所、监控器、牧场用电等。

此款风机的机型是天能风力发电机厂自主研发的机身，切入风速小，安全系数高，款式富有简约之美，观赏价值极高。

(2) 风力发电机组(FD-600W)

FD-600W 风力发电机机身是采用玻璃铡，风叶材质为高强度玻璃钢，控制逆变器为风光互补型一体机，有离网和并网两种，此款为导流型风机，自主跟踪风向，自动偏航。

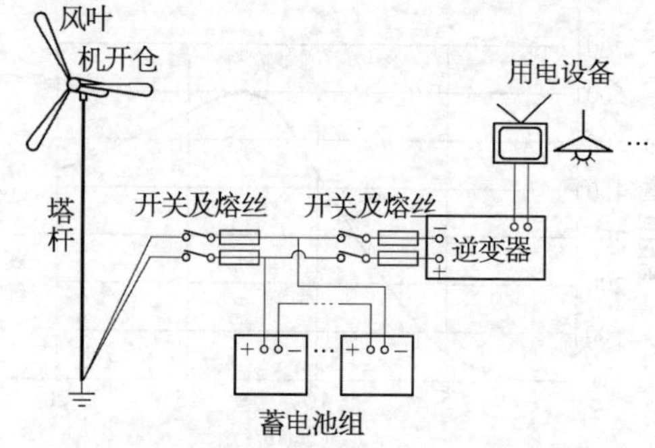


（a）离网电气接线示意图

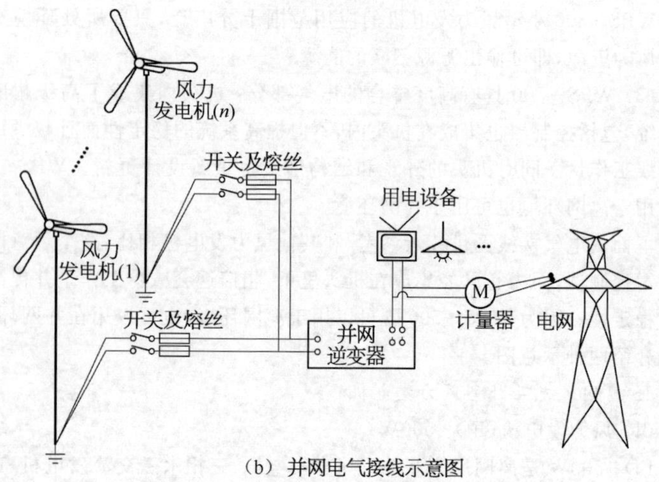


（b）并网电气接线示意图

**图 6－22**　离网和并网接线示意图

注：1. 能否并入电网视当地法规而定。

2. 尽管并网示意图中没有画出蓄电池，但您仍可按照离网示意图的方法添加蓄电池。
3. 蓄电池和逆变器的安放：蓄电池必须安放在干燥的恒定室温的建筑物内，安放蓄电池的四周要宽敞通风。确定好蓄电池并联和串联及总数量，然后设计安放蓄电池和逆变器的木架。将蓄电池串联起来，第一块电池的正极接第二块电池的负极，依次累加到所需电压，把所有接线头部位都涂上油脂或其他防腐蚀材料。
4. 本型号风力发电机建议的蓄电池配置为 12 V、150Ah 电池两块。
5. 逆变器的输入电压必须与蓄电池组的串联电压值相等。
6. 以上 WPS－500 小型风力发电机案例介绍属绿源风力发电机厂的新产品系列之一；还有 WPS－1000、WPS－2000、WPS－3000 等产品，这里不详述。

表 6-22 FD-500W 型风力发电机技术数据

| 500 W 三相发电机 | | 500 W 控制逆变器 | | 500 W 风叶 | | 500 W 塔杆 | | 500 W 机头总成 | |
|---|---|---|---|---|---|---|---|---|---|
| 额定电压 | 28～42 V | 太阳能板 | 0～36 V | 材料 | 高强度玻璃钢 | 材料 | 钢管 | 发电机 | 一台 |
| | | | 0～500 W | | | | | 风叶 | 三支 |
| 额定电流 | 11.9 A | 蓄电池 | 12V200AH×2 | 直径 | 1.7～2.5 米 | 直径 | 60 mm | 风叶法兰 | 一套 |
| | | | 12～24 V | 起动风速 | 2.5 m/s | 高度 | 6 米 | 整流帽 | 一只 |
| 额定转速 | 350 r/min | 功　能 | 见说明书 | 额定风速 | 7 m/s | 配件直径 | 8 mm | 滑环 | 一套 |
| 外形尺寸(mm) | 160×295 | 外形尺寸(mm) | 320×240×120 | 抗风能力 | 26 m/s | 下底座 | 一套 | 尾翼 | 一套 |
| | | | | | | 预埋件 | 一套 | 上底座 | 一套 |
| 重量 | 15 kg | 重量 | 3 kg | 重量 | 5 kg | 重量 | 35 kg | 重量 | 27 kg |
| 500 W 全套风机 | 总体积(cm) | 200×40×40 | | 总体重(kg) | 115 | | | | |

注：FD-500W 型风力发电机的桨叶数量为 3 片，桨叶受力方式为升力型，风机旋转主轴为水平轴式风机。

表 6-23 FD-600W 型风力发电机组技术性能

| 600 W 三相发电机 | | 500 W 控制逆变器 | | 500 W 风叶 | | 500 W 塔杆 | | 500 W 机头总成 | |
|---|---|---|---|---|---|---|---|---|---|
| 额定电压 | 28～42 V | 太阳能板 | 0～36 V | 材料 | 高强度玻璃钢 | 材料 | 钢管 | 发电机 | 一台 |
| | | | 0～500 W | | | | | 风叶 | 三支 |
| 额定电流 | 11.9 A | 蓄电池 | 12V200AH×2 | 直径 | 1.7～2.5 m | 直径 | 600 mm | 风叶法兰 | 一套 |
| | | | 12～24 V | 起动风速 | 2.5 m/s | 高度 | 6 m | 整流帽 | 一只 |
| 额定转速 | 350 r/min | 功　能 | 说明书 | 额定风速 | 7 m/s | 配件直径 | 8 mm | 滑环 | 一套 |
| 外形尺寸（mm×mm） | 160×295 | 外形尺寸（mm×mm×mm） | 320×240×120 | 抗风能力 | 26 m/s | 下底座 | 一套 | 尾翼 | 一套 |
| | | | | | | 预埋件 | 一套 | 上底座 | 一套 |
| 重量 | 16 kg | 重量 | 3 kg | 重量 | 5 kg | 重量 | 35 kg | 重量 | 24 kg |
| 600 W 全套风机 | 总体积（$cm^3$） | 200×40×40 | | 总体重（kg） | 119 | | | | |

注：FD-600W 型风力发电机的桨叶数量为 3 片，桨叶受力方式为升力型，风机旋转主轴为水平轴式风机。

# 6-3 弧焊电源

## 一、概述

当今工业发达国家,使用的电焊机品种繁多。按焊接的热源和工作原理,可将其分成电弧焊机与电阻焊机两个基本类型,电弧焊机是由电弧产生热量熔化工件结合处实现焊接;电阻焊机通过大电流使工件结合处产生电阻热量达到塑熔并加压实现焊接。随着新技术的发展,采用其他新能源或新技术的电焊机也层出不穷,下面列出常用电焊机的类别、特点及其用途供参考,见表6-24。

表6-24 常用电焊机的种类、特点及用途

| 类别 | 种类 | 特点 | 主要用途 |
|---|---|---|---|
| 电弧焊机 | 手工电弧焊机 | 系指药皮焊条手弧焊的焊机,通常由弧焊变压器、直流弧焊发电机或弧焊整流器三种弧焊电源配以焊钳组成。<br>手工弧焊变压器是一种具有高漏抗电磁结构的下降外特性变压器。<br>手工直流弧焊发电机,是一种具有去磁或分磁作用励磁系统的下降外特性直流发电机,通常以电动机或内燃机驱动。<br>手工弧焊整流器,是一种具有下降外特性的变压器或与磁放大器的组合体,利用半导体整流元件将交流电转变为直流电或利用晶闸管、大功率晶体管作为可控整流元件获得下降外特性 | 用于手工交流电弧焊焊接碳钢或手工直流电弧焊焊接碳钢、合金钢、不锈钢、耐热钢等材料 |
| | 埋弧焊机 | 电弧在焊剂层下燃烧,利用颗粒状焊剂作为金属熔池的覆盖层。焊剂靠近熔池处熔融并形成气包将空气隔绝,使空气不侵入熔池,这类焊机常制成自动焊车式 | 用于中厚度钢板直缝和环缝拼接 |
| | 惰性气体保护焊机 | 利用惰性气体作为金属熔池的保护层,将空气隔绝,不使熔池受空气的侵入。常用的惰性气体是氩气 | 用于轻金属及不锈钢、耐热钢等材料焊接 |
| | 二氧化碳弧焊机 | 利用廉价的二氧化碳气体作为金属熔池的保护层,焊丝的熔化速度较高,如使用管状焊丝还可在焊缝中渗入合金元素 | 用于普通碳素钢及低合金钢材料的焊接 |

（续表）

| 类别 | 种　类 | 特　　点 | 主要用途 |
| --- | --- | --- | --- |
| 电弧焊机 | 等离子弧焊机 | 利用惰性气体，如氩、氦作保护，并压缩电弧产生高温等离子弧作为熔化金属的热源进行焊接。这种焊机的特点是电弧能量集中、温度高、穿透能力强 | 用于铜、铝及其合金、不锈钢及其他难熔金属的焊接 |
| 电阻焊机 | 点焊机 | 利用强大的电流流过被焊金属，将接合点加热至塑熔状态，并施加压力形成焊点 | 主要用于金属薄板点焊 |
|  | 凸焊机 | 焊接原理、焊机结构型式与点焊机相同。但电极是平面板状。被焊金属的焊接处预先冲成凸出点，在压紧通电状态下一次可以形成几个焊点 | 用于薄板不等厚度焊件或有电镀层的金属板焊接 |
|  | 缝焊机 | 焊机结构型式类似点焊机。电极是一对滚轮，被焊金属经过滚轮电极的通电与挤压，即形成一连串焊点 | 用于薄板缝焊 |
|  | 对焊机 | 利用强大的电流流过两根被焊工件的接触点，将金属接触端面加热成塑性状态并施加顶锻压力，即形成焊接接头 | 用于棒料、钢管、线材、板材等对接焊 |
| 其他电焊机 | 电子束焊机 | 利用高速运动的电子轰击被焊金属时产生的热量将金属加热熔化达到焊接目的。其特点是焊缝深宽比大，热影响区小，焊后不需再加工，焊缝不受空气侵入，焊接质量高 | 用于难熔及活性金属如钨、钼、锆、钽、铌等材料的焊接 |
|  | 高频电阻焊机 | 利用高频电流将金属加热焊接，其特点是能量集中，焊接速度高 | 适用于钢管纵缝对接焊 |
|  | 电渣焊机 | 利用电流通过液态焊剂（渣池）产生电阻热使金属熔化焊接。焊接时将填充金属（焊丝或板极）连续不断地送入渣池，使其熔化为液态金属，填补焊缝间隙而形成焊缝 | 适用于重型机械制造大厚度钢材的拼接 |
|  | 钎焊机 | 利用电阻或高频感应加热，将两被焊工件间的低熔点合金熔化而达到焊接 | 适用于刀具或其他难以用电弧及电阻焊实现焊接的零件焊接 |

（续表）

| 类别 | 种　类 | 特　　点 | 主要用途 |
| --- | --- | --- | --- |
| 特种焊接设备 | 超声波焊机 | 利用超声波机械振动的能量，在压力状态下使被焊金属结合而焊接 | 适用于金属薄膜、细丝及工件等导电性能差的材料焊接，或要求焊缝热影响区小的工件焊接 |
| | 摩擦焊机 | 利用被焊工件高速旋转摩擦产生的热量将金属加热，待达到适宜于焊接的温度时，立即快速制动停止旋转，并施加顶锻压力，即完成焊接过程。这类焊机的结构型式与对焊机类似。被焊工件的旋转动力，一般以电动机驱动 | 适用于钢棒、钢管对接焊和异种金属的对接焊 |
| | 激光焊机 | 利用激光光源，经聚焦系统聚焦后，所得高能量的光束将金属熔化而焊接 | 适用于金属与非金属材料焊接，如集成电路金属封盖与陶瓷底盘焊接 |
| | 冷压焊机 | 利用挤压机构产生的压力，将两被焊工件挤压达到分子与分子相互结合而焊接 | 适用于铝—铝、铜—铜、铝—铜对接焊 |

表6-24前三种类别的电焊机均属于如何完成将电能转换成焊接能量的过程，装置中需要包括焊接电源、控制系统以及焊接附件三个组成部分。以常用的电弧焊机为例，其中焊接电源部分是对焊接的电弧提供电能的主要装置，它必须具备电弧焊接所需的电气特性，保证焊接过程电弧稳定的燃烧、焊接缝头良好等要求，此焊接电源又专称弧焊电源。根据原理和结构不同，弧焊电源分为四类：交流弧焊电源、直流弧焊电源、脉冲弧焊电源和逆变式弧焊电源，每一种电源又可细分为不同的结构型式如下所列：

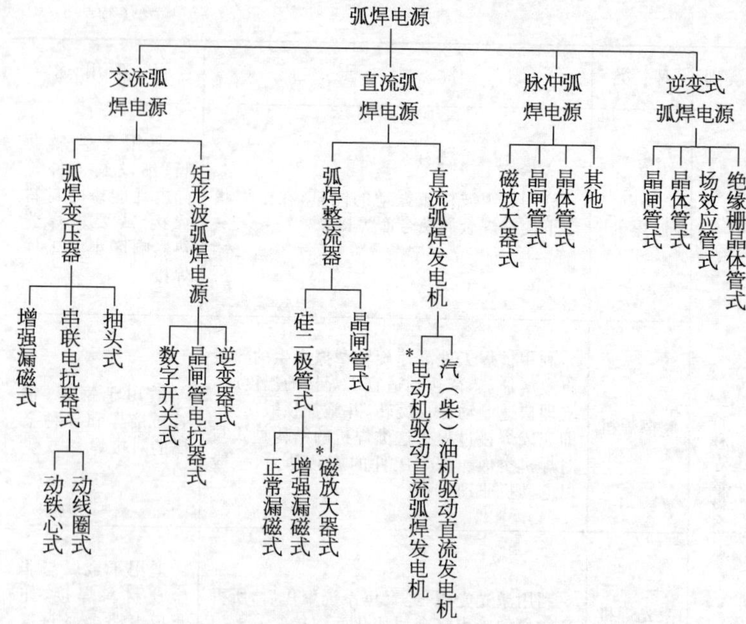


*注：其中磁放大器式弧焊整流器和电动机驱动直流弧焊发电机组属高耗能、高耗材产品，列入淘汰产品不予推荐。

本手册着重介绍常用的弧焊电源的构成、性能、用途。

## 二、电焊机的名词术语和基本特性

1. 一般名词术语

(1) 电焊机：将电能转换为焊接能量的整套装置设备，包括焊接电源、辅助设备及焊接附件。

(2) (电)弧焊机：用电弧供给焊接能量的焊机。

(3) 半自动弧焊机：由手工操作焊枪或焊炬沿焊缝移动，由机械方式输送焊丝或填充焊丝的(电)弧焊机。

(4) 自动弧焊机：用机械方式完成电弧相对于工件的移动及输送焊丝或填充焊丝，并可自动地进行电弧调节的(电)弧焊机。

(5) 埋弧焊机：在颗粒状焊剂层下，利用焊丝与母材或焊丝间电弧的热是，进行焊接的焊机。

(6) 气体保护弧焊机：为避免大气对电弧及熔化金属的影响而利用气体(如惰性气体、$CO_2$气体或混合气体)作保护进行焊接的弧焊机。

(7) 二氧化碳弧焊机：采用熔化极，以 $CO_2$ 作为主要保护气体的弧焊机。

(8) 钨极惰性气体保护弧焊机：用工业纯钨或活性钨作不熔化电极、惰性气体作保护的弧焊机，可简称 TIG 焊机。

(9) 熔化极惰性气体保护弧焊机：用金属熔化极作电极、惰性气体作保护的弧焊机，可简称 MIG 焊机。

(10) 等离子弧焊机：用电极与工件间产生压缩的转移电弧或电极与压缩喷嘴间产生的非转移电弧来熔化金属进行焊接的焊机。由喷嘴孔喷出的炽热而电离的气体，对熔化金属作保护，保护气体可由附加的气源供给，焊时可加或不加填充金属。

(11) 微束等离子弧焊机：焊接电源通常小于 25 A 的等离子弧焊机。

(12) 带极堆焊机：用带状熔化电极，以埋弧或气体保护作自动堆焊的焊机。

(13) 电渣焊机：利用电流通过熔化极和导电熔化渣池的电阻热效应，使电极经渣池，溶入熔池，由逐渐上升的冷却滑块保持接缝间的金属熔池和熔化渣池，使焊接过程向上进行焊接的焊机。

(14) 电子束焊机：供给和控制电子束焊接能量，以进行电子束焊接的整套装置，必要时带有操纵系统。根据工件在焊接时所处环境的真空度，一般可分为：高真空电子束焊机、低真空电子束焊机、非真空电子束焊机。

(15) (电)阻焊机：利用电流通过工件及焊接接触面间的电阻产生热量，同时对焊接处加压进行焊接的焊机。

(16) 点焊机：在电极间的工件上产生点状焊接的电阻焊机。焊点的面积近似等于电极端头的面积，在整个焊接过程中，通常压力是通过电极连续地加到焊点上的。

(17) 凸焊机：利用结合面已形成的一个或几个凸出部位，焊接时焊接电流和压力局限于通过这些凸出部位，并将其压溃成焊点或焊道的电阻焊机。

(18) 缝焊机：工件置于滚轮电极间或滚轮电极与条状电极之间，连续地滚压和间歇或连续地施加电流，形成线状焊缝的电阻焊机。

(19) 电阻对焊机：两工件对接，通过夹头传递电流和压力，在连续加压下通电达到顶锻温度，完成焊接的电阻焊机。

(20) 闪光对焊机：通过夹头传递电流和压力于工件，使接合面间轻微接触，在接触点熔化时产生电弧，工件被加热熔化，产生金属蒸气压力，使液态金属喷射闪光，这一过程反复进行，电弧反复熄灭和产生，直至快速施以顶锻压力完成焊接的焊机。闪光之前工件可由另外的电源预热，或者由重复的脉冲电流预热。

(21) 电容贮能点焊机：在工件加压的瞬间将贮存在电容器内的电能通过变压器释放到焊点上，以此能量来作点焊的电阻焊机。

(22) 高频电阻焊机：通过(电极)接触，向工件导入频率为10 kHz或以上的交流电，使焊接相邻部位表面局部产生热量，随之施加挤压力而进行焊接的电阻焊机。

(23) 螺栓焊机：把金属螺栓或类似零件的整个端面焊于工件上的焊机。有电弧、电阻、摩擦或其他合适加热方式，焊接时要加压保护气体可加可不加。

(24) 焊接电源：为焊接提供电流、电压并具有适合该焊接方法所要求的输出特性的设备。① 焊接变压器：在(交流)主电网与焊接回路之间加以隔离的变压器电源。② 焊接整流器：由整流器组件、变压器和主开关(或其他)装置等组成的焊接电源，用以把交流转换成直流。

(25) 电极：焊接回路的组成部分，用以传输电能至金属表面，以形成焊接。① 弧焊(切割)电极：弧焊(切割)用的棒、丝或管状电极。② (电)阻焊电极：用以向焊件传送焊接电流的电极，焊接所需压力加于这样的两个电极之间。

(26) (单相)弧焊变压器：供给焊接电弧能量的单相焊接变压器，通常具有下降电压特性。

(27) 单(多)相弧焊整流器：由单(多)相弧焊变压器及整流器组件构成的焊接电源，用以提供直流输出。

(28) 直流弧焊发电机：由原动机驱动，从换向器输出直流的旋转焊机，其电压特性符合焊接过程的要求。

2. 弧焊电源的铭牌术语

弧焊电源的铭牌术语有以下几种：

(1) 空载电压：焊接回路开路时(无负载时)焊接电源的输出端电压。

目前手工电弧焊电源空载电压一般为：

交流弧焊变压器 $U_0 \leqslant 80$ V；
直流弧焊整流器 $U_0 \leqslant 90$ V；
直流弧焊发电机 $U_0 \leqslant 100$ V(单头)；
$U_0 = 60$ V(多头)。

(2) 工作电压：弧焊电源在焊接电弧燃烧时，或在规定负载条件下输出端的电压。

(3) 额定焊接电流：弧焊电源按额定工作条件运行时能符合标准的输出电流。

(4) 电流调节范围：弧焊电源在工作电压符合规定负载特性条件下，能够经调节获得的电流范围。

(5) 负载持续率(暂载率)：弧焊电源大多是在断续工作状态下工作，负载运行持续时间对工作周期(负载运行持续时间加空载休止时间)之比值的百分率称为负载持续率或暂载率。即

$$\text{负载持续率(暂载率)} = \frac{\text{负载运行持续时间}}{\text{负载运行持续时间} + \text{空载休止时间}} \times 100\%$$

［例］ 手工电弧焊如选定的工作时间周期为 5 min，由于敲渣或更换焊条，实际电弧燃烧时间为 2 min，代入上式则负载持续率为 40%。我国生产的弧焊电源的额定负载持续率，对手工弧焊电源一般取 60%；自动或半自动弧焊电源一般取 100%或 60%。铭牌指出的额定焊接电流就是在额定负载持续率情况下允许使用的焊接电流，故焊接电流与负载持续率之间的关系可近似用下式表示：

$$I_h \approx \sqrt{\frac{FS_e}{FS}} \cdot I_e$$

式中 $I_h$——焊接电流；
$I_e$——在额定负载持续率下的焊接电流；
$FS_e$——额定负载持续率；
$FS$——实际负载持续率。

例如 BX3-120 焊接变压器有额定负载持续率 $FS_e = 60\%$时，其相应焊接电流为 $I_e = 120$ A。而今采用持续率 80%，则实际焊接电流

$$I_h = \sqrt{\frac{0.6}{0.8}} \times 120 = 102(\text{A})$$

严格遵守负载持续率的目的是防止变压器过热及破坏绝缘。

如需连续焊接，即持续率为100%时，实际焊接电流还应更小些，可按下式计算：

$$I_h = \sqrt{FS_e} \times I_e$$

例如BX3－300焊接变压器，取 $FS_e = 60\%$，额定电流 $I_e = 300\text{A}$，现要求连续焊接，则焊接电流

$$I_h = \sqrt{0.6} \times 300 = 232(\text{A})$$

3. 弧焊电源的基本特性

弧焊电源应满足弧焊工艺的特殊要求：引弧容易、电弧燃烧稳定、调节范围要宽、参数稳定，焊接规范等，因而对弧焊电源的基本电气性能有以下三方面的要求：

1）弧焊电源的静态外特性　对各种不同的焊接方法要求电源具有不同的静态外特性，见表6－25。

表6－25　弧焊电源外特性形状的分类及其适用范围

| 外特性 | 下降特性 | | | | 平特性 | | 双阶梯形特性 |
|---|---|---|---|---|---|---|---|
| 图形 | 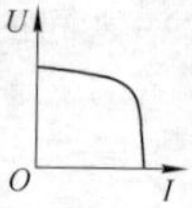 | 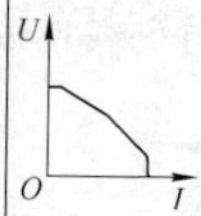 | 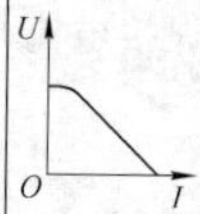 | 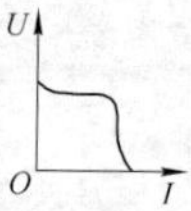 | 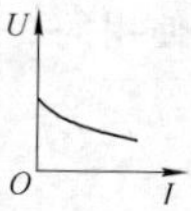 | 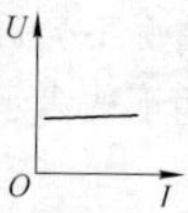 | 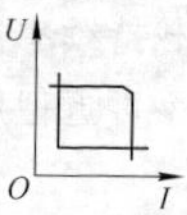 |
| 特征 | 在运行范围内 $I_f$＝常数，又称垂直下降特性或恒流特性 | $U=f(I)$ 图形接近1/4椭圆，又称缓降特性，其焊接电流变化较恒流特性大 | 在运行范围内 $U=f(I)$ 图形接近一斜线，又称缓降特性 | 在运行范围内恒流带外拖，外拖的斜率和拐点可调节 | 在运行范围内 $U$＝常数，又称恒压特性，有时电压稍有下降 | 在运行范围内，随电流增加电压稍有增高，有时称上升特性 | 由 $L$ 型和 $T$ 型外特性切换而成双阶梯外特性 |

（续表）

| 外特性 | 下降特性 | | | | 平特性 | | 双阶梯形特性 |
|---|---|---|---|---|---|---|---|
| 一般适用范围 | 钨极氩弧焊，非熔化极等离子弧焊 | 一般焊条手工弧焊，变速送丝埋弧焊 | 一般焊条手工弧焊，特别适合立焊、仰焊。粗丝 $CO_2$ 焊、埋弧焊 | 一般焊条手工弧焊 | 等速送丝的粗、细丝气体保护焊和细丝（直径＜3 mm）埋弧焊 | 等速送丝的细丝气体保护焊（包括水下焊） | 熔化极脉冲弧焊，微机控制的脉冲自动弧焊 |

注：各种电弧焊接时的规定负载特性如下：

（$U_2$、$I_2$为供焊机连续工作的电压和电流）

$U_2=20+0.04I_2$ ——药皮焊条手工电弧焊电源（当电流超过 600 A 时，电压为 44 V 不变）；

$U_2=10+0.04I_2$ ——TIG 焊电源（当电流超过 600 A 时，电压保持 34 V 不变）；

$U_2=14+0.05I_2$ ——MIG/MAG 焊电源（当电流超过 600 A 时，电压保持 44 V 不变）。

2）对弧焊电源调节性能的要求　为了获得一定范围所需的焊接电流和电压，弧焊电源的外特性必须可以均匀调节。下降特性的弧焊电源，其电流调节范围要求（图 6-23）为：

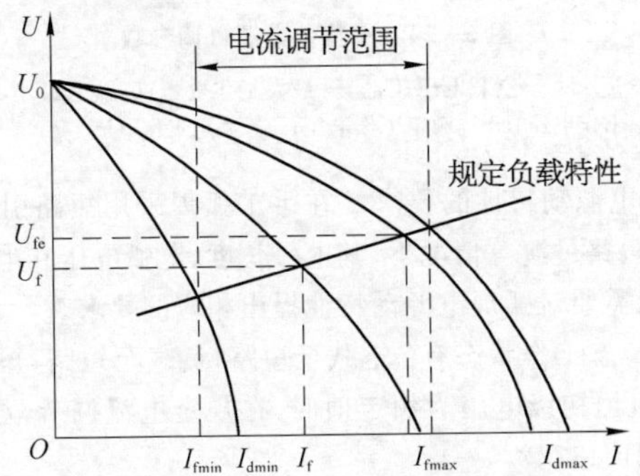


**图 6-23**　下降外特性电源的可调参数

$U_0$—空载电压；$I_{dmin}$—最小短路电流；$I_{dmax}$—最大短路电流；其余符号见说明

$$I_{fmax}/I_e \geqslant 1.0;$$

$$I_{fmin}/I_e \leqslant 0.20 (\text{TIG 焊要求 } I_{fmin}/I_e \leqslant 0.10)$$

式中　$I_e$——额定焊接电流(A)；

$I_{fmax}$——最大焊接电流(A)；

$I_{fmin}$——最小焊接电流(A)。

平特性弧焊电源，其电压调节范围可在最大工作电压 $U_{fmax}$ 与最小工作电压 $U_{fmin}$ 之间调节，要求弧焊电源在规定的负载条件下，经调节而获得稳定的工作电压(图 6-24)。

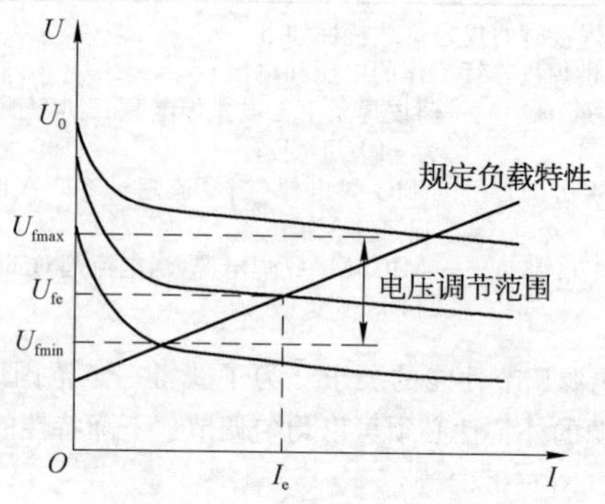


**图 6-24**　平特性电源可调参数

$U_0$—空载电压；$U_{fmax}$—最大工作电压；$U_{fmin}$—最小工作电压；$U_e$—额定工作电压；$I_e$—额定工作电流

3）对弧焊电源动特性的要求　在手工弧焊采用短路引弧及熔化极气体保护焊采用短路过渡等情况下，其电弧长度、电弧电压和电流都将产生瞬间的变化，这就需要对弧焊电源动特性提出相应的要求。

弧焊电源瞬态工作状态有：空载至短路；负载至短路；短路至空载。例如：整流弧焊机当初级电压为额定值时，在规定电流调节范围的动特性指标见表 6-26(JB 1372)。

表 6-26 规定电流调节范围内的动特性指标

<table>
<tr><th rowspan="2">序号</th><th rowspan="2" colspan="2">项 目</th><th colspan="2">整 定 值</th><th rowspan="2">指 标</th></tr>
<tr><th>电流(A)</th><th>电压(V)</th></tr>
<tr><td rowspan="2">1</td><td rowspan="2">空载至短路</td><td rowspan="2">$\frac{I_{sd}}{I_e}$</td><td>额定值</td><td rowspan="4">$U=20+0.04I$</td><td>≤3</td></tr>
<tr><td>20%额定值</td><td>≤5.5</td></tr>
<tr><td rowspan="2">2</td><td rowspan="2">负载至短路</td><td rowspan="2">$\frac{I_{ed}}{I_e}$</td><td>额定值</td><td>≤2.5</td></tr>
<tr><td>20%额定值</td><td>≤3</td></tr>
</table>

注：$I_{sd}$——空载至短路时的瞬态短路电流峰值(A)；
$I_{ed}$——焊接至短路时的瞬态短路电流峰值(A)；
$I_e$——额定焊接电流(A)。

## 三、交流弧焊电源(弧焊变压器)

交流弧焊电源是一种特殊的降压变压器，故又名弧焊变压器。它可将电网交流电变成适于弧焊的交流电。为使焊接电弧稳定燃烧，交流弧焊电源必须具有下降的电源外特性，为此变压器内部要有较大的感抗。一般增加变压器本身的漏磁(漏抗)，或在二次绕组回路中串联电抗器以获得较大感抗，用以调节焊接电流。调节焊接电流的型式有动铁心式(移动或转动变压器铁心位置)、动线圈式(移动变压器某一线圈的位置)、抽头式(改变线圈抽头的连接位置)以及饱和电抗器式(改变与变压器串联的饱和电抗器感抗值)等。按结构来看，对于电流调节装置与焊机两者连接在一块的称为同体式；两者在结构上分开的称为分体式。

### 1. 分类及用途

根据获得下降电源外特性的方法不同，交流弧焊变压器可分串联电抗器和增强变压器漏磁式两大类，常用弧焊变压器的分类及用途见表 6-27。

### 2. 常用交流弧焊电源的技术数据

常用支流弧焊电源的技术数据见表 6-28～表 6-30。

与抽头式 BX6 系列交流弧焊电源相比较，动铁心式 BX1 和动线圈式 BX3 系列具有以下优点：

(1) 电流输出调节方式为无级可调，排除了抽头式焊机有级调节时输出电流每级之间电流脱档的问题。

(2) 全新的结构设计，使焊机内部通风更顺畅，磁场分布更合理，使焊机内部温度更低，噪声更小。

表6-27 常用弧焊变压器的类型及用途

<table>
<tr><th>类型</th><th>型式</th><th>国产型号示例</th><th colspan="2">结构特征</th><th colspan="2">特点及用途</th></tr>
<tr><td rowspan="3">增强变压器漏磁类</td><td>动铁心式</td><td>BX1-135，<br>BX1-330</td><td colspan="2">用可动的铁心作为磁分路，调节铁心不同位置以改变变压器一次、二次侧线圈的漏抗，从而调节电流</td><td>省材、体积小、较经济</td><td rowspan="3">一般用于400 A以下的手工电弧焊<br>使用于低碳钢和普通低合金钢的焊接</td></tr>
<tr><td>动线圈式</td><td>BX3-120，<br>BX3-300-1</td><td colspan="2">改变变压器一、二次侧线圈间的距离以改变漏抗，从而调节电流</td><td>电弧稳定性较好</td></tr>
<tr><td>抽头式</td><td>BX6-120-1</td><td colspan="2">一次、二次侧线圈的主要部分分绕在两个铁心柱上用更换抽头的方法改变漏磁，从而调节电流</td><td>一般用在160 A以下的小容量低负载持续率。故体积小，耗料少，适宜小型修配站用</td></tr>
<tr><td rowspan="3">串联电抗器类</td><td rowspan="2">动铁心电抗器式</td><td>BP-3×500</td><td>分体式（包括多站式）：主变压器和电抗器，磁路上分成两体</td><td rowspan="2">都由平特性的主变压器和动铁心电抗器组成，利用电抗器调节电流</td><td colspan="2">多头式弧焊变压器，一个主变压器附二个以上电抗器，可供几个焊工同时操作</td></tr>
<tr><td>BX2-500，<br>BX2-1000</td><td>同体式：主变压器和电抗器上有公共部分</td><td colspan="2">一般容量较大，用作400 A以上的埋弧焊电源</td></tr>
<tr><td>饱和电抗器式</td><td>BX10-$\frac{100}{500}$</td><td colspan="2">由平特性的主变压器串联饱和电抗器组成，用电抗器调节电流</td><td colspan="2">供要求较高的钨极氩弧焊用</td></tr>
</table>

表 6-28 BX1 系列小型交流弧焊电源技术数据

| 项目 | 技术数据 | | | |
|---|---|---|---|---|
| 型号 | BX1-125-3S | BX1-140-3S | BX1-160-3S | BX1-200-3S |
| 额定输入电压(V) | 220 | | 220/380 | |
| 电网频率(Hz) | 50 | | 50 | |
| 供电电源相数(相) | 单相 | | | |
| 空载电压(V) | 54 | 58 | 60 | |
| 额定输出电流(A) | 125 | 140 | 160 | 200 |
| 电流调节范围(A) | 40～125 | 55～140 | 60～180 | 75～220 |
| 额定负载持续率(%) | 20 | | | |
| 额定输入容量(kV·A) | 7.3 | 9.1 | 10.6 | 12.6 |
| 绝缘等级(级) | F | | | |
| 冷却方式 | 强制风冷 | | | |
| 外形尺寸(mm) | 465×230×365 | | 490×260×420 | |
| 重量(kg) | 26 | 27 | 32 | 36 |

表 6-29 BX1-2 系列交流弧焊电源技术数据

| 项目 | 技术数据 | | | | | | |
|---|---|---|---|---|---|---|---|
| 型号 | BX1-160-2 | BX1-200-2 | BX1-250-2 | BX1-315-2 | BX1-400-2 | BX1-500-2 | BX1-630-2 |
| 额定输入电压(V) | 220/380 | | 380 | | | | |
| 电网频率(Hz) | 50 | | | | | | |
| 供电电源相数(相) | 单相 | | | | | | |
| 空载电压(V) | 60 | | 63 | 70 | 72 | | |
| 额定输出电流(A) | 160 | 200 | 250 | 315 | 400 | 500 | 630 |
| 电流调节范围(A) | 60～160 | 75～200 | 60～250 | 70～315 | 105～400 | 130～500 | 175～630 |

（续表）

| 项　目 | 技术数据 | | | | | | |
|---|---|---|---|---|---|---|---|
| 额定负载持续率(%) | 20 | | 35 | | | | |
| 额定输入容量(kV·A) | 10.6 | 12.6 | 17 | 22.8 | 30 | 38 | 47 |
| 绝缘等级(级) | F | | | | | | |
| 冷却方式 | 强制风冷 | | | | | | |
| 外形尺寸(mm×mm×mm)(长×宽×高) | 600×365×590 | | 645×405×635 | 670×434×725 | 700×454×745 | 740×494×805 | 740×494×805 |
| 重量(kg) | 42 | 50 | 67 | 72 | 82 | 96 | 110 |

表6-30　BX3系列交流弧焊电源技术数据

| 项　目 | 技术数据 | | | |
|---|---|---|---|---|
| 型　号 | BX3-315-2 | BX3-400-2 | BX3-500-2 | BX3-630-2 |
| 额定输入电压(V) | 380 | | | |
| 电网频率(Hz) | 50 | | | |
| 供电电源相数(相) | 单相 | | | |
| 额定输出电流(A) | 315 | 400 | 500 | 630 |
| 电流调节范围(A) | 50～315 | 60～400 | 75～500 | 90～630 |
| 额定负载持续率(%) | 35 | | | |
| 空载电压(V) | 67/79 | | | |
| 额定输入容量(kV·A) | 22.8 | 28.5 | 35 | 45.6 |
| 绝缘等级(级) | F | | | |
| 冷却方式 | 自冷 | | | |
| 重量(kg) | 140 | 149 | 163 | 190 |
| 外形尺寸(mm×mm×mm)(长×宽×高) | 720×500×880 | | | 770×540×970 |

(3) 其中 380 V 和 220 V 双电源设计，拥有相同的负载持续率。

(4) 合理的变压器设计，使焊机引弧性能更好，电流更稳定。

3. 弧焊变压器的常见故障及排除

弧焊变压器(交流弧焊电源)的常见故障及排除见表 6-31。

表 6-31 弧焊变压器的常见故障及排除

| 故障 | 产生的原因 | 排除方法 |
|---|---|---|
| 焊机不起弧 | 1. 电源没有电压<br>2. 焊机接线有错误<br>3. 焊机绕组有短路或断路<br>4. 电源电压过低<br>5. 电源线或焊接电缆截面太小 | 1. 检查闸刀开关和熔断器的接通情况及电源电压<br>2. 检查一次侧和二次侧的接线是否正确<br>3. 检查绕组情况<br>4. 调整电源电压<br>5. 选用足够截面的电线 |
| 焊机绕组过热 | 1. 焊机过载<br>2. 焊机绕组短路<br>3. 通风机工作不正常 | 1. 按规定的负载持续率下的焊接电流值使用<br>2. 重绕线圈，更换绝缘<br>3. 检查通风机是否反转或停止运行 |
| 焊机铁心过热 | 1. 电源电压超过额定电压<br>2. 铁心硅钢片短路<br>3. 铁心夹紧螺杆及夹件的绝缘损坏<br>4. 重绕一次侧线圈后，线圈匝数不足 | 1. 用电压表检查电源电压值，并与焊机铭牌上的规定数值相对照<br>2. 清洗硅钢片，并重刷绝缘漆<br>3. 更换绝缘材料<br>4. 检查线圈匝数，并验算各项电气技术数据 |
| 熔断丝经常熔断 | 1. 电源线有短路或接地<br>2. 一次侧或二次侧绕组短路 | 1. 检查电源线的情况<br>2. 检查绕组情况，更换绝缘，重绕线圈 |
| 焊机外壳麻电 | 1. 绕组接地<br>2. 电源引线或焊接电缆碰外壳 | 1. 用兆欧表检查各绕组的绝缘电阻<br>2. 检查电源引线和焊接电缆与接线端子板的连接情况 |

（续表）

| 故　障 | 产生的原因 | 排除方法 |
|---|---|---|
| 焊机振动及响声过大 | 1. 动铁心上的螺杆和拉紧弹簧松动或脱落<br>2. 传动动铁心或动线圈的机构有故障<br>3. 线组短路 | 1. 加固动铁心及拉紧弹簧<br>2. 检修传动机构如手柄、螺杆、齿轮和电动机等<br>3. 更换绝缘，重绕线圈 |
| 焊接电流不能调节 | 1. 传动动铁心或动线圈的机构有故障<br>2. 重绕电抗器线圈后，匝数不足，焊接电流不能调节得较小 | 1. 检修传动机构<br>2. 适当增加电抗器匝数 |
| 调节手柄摇不动或动铁心、动线圈不能移动 | 1. 调节机构上油垢太多或已锈住<br>2. 移动路线上有障碍<br>3. 调节机构已磨损 | 1. 清洗或除锈<br>2. 清除障碍物<br>3. 检修或更换磨损的零件 |
| 焊机绕组绝缘太低 | 1. 线圈受潮<br>2. 线圈长期过热，绝缘老化 | 1. 在100～110℃的烘干炉中烘干<br>2. 更换绝缘，重绕线圈 |
| 焊接电流过小 | 1. 焊接电缆过长，压降太大<br>2. 焊接电缆卷成盘形，电感很大<br>3. 电缆接线柱或焊件接触不良 | 1. 减少电缆长度或加大直径<br>2. 将电缆放开，不使卷成盘形<br>3. 使接头处接触良好 |

## 四、直流弧焊电源

直流弧焊电源可分成两类：旋转式直流弧焊发电机和整流弧焊电源。

### 1. 旋转式直流弧焊发电机

由于在野外无电源的施工场合，仍需要采用汽油机（或柴油机）驱动的直流弧焊发电机，所以推荐采用AZQ1、AXC1系列弧焊机。该系列的焊机由汽油机或柴油机驱动800 Hz中频交流发电机，经整流、滤波输出的直流电供焊接使用；焊接电流靠调节发电机电枢内励磁线圈的励磁电流而改变。它具有电弧挺度好、弹性强，引弧容易，优良的下降外特性和整机体积小，重量轻等显著特点。其主要技术参数见表6-32。

表6-32 AXQ1、AXC1系列弧焊机主要技术参数

| 项目 | | 单位 | 参数 | | | |
|---|---|---|---|---|---|---|
| 规格 | | | 135 | 175 | 200 | 350 |
| 空载电压 | | (V) | 50～65 | 50～75 | 50～75 | 50～75 |
| 额定焊接电流 | | (A) | 135 | 175 | 200 | 350 |
| 额定工作电压 | | (V) | 25.4 | 27 | 28 | 32 |
| 额定负载持续率 | | (%) | 60 | | | |
| 额定转速 | | (r/min) | 8 500 | | | |
| 电流调节范围 | | (A) | 30～135 | 60～175 | 60～200 | 80～350 |
| 焊机质量 | | (kg) | 20 | 30 | 30 | 38 |
| 辅助电源电压 | | (V) | DC220 | | | |
| 辅助电源功率 | | (W) | 1 000 | 1 500 | 2 000 | 3 000 |
| 发动机型号 | 柴油 | | F190 | CC195-2 | CC195-2 | |
| | 汽油 | | 178F | 190F | 190F | |
| 发动机质量 | 柴油 | (kg) | | 165 | 165 | |
| | 汽油 | (kg) | | 48 | 48 | |

2. 整流弧焊电源

整流弧焊电源是利用主变压器二次侧所得的低压交流电经过整流变为直流电的弧焊电源又名弧焊整流器；以硅二极管作整流元件的则称之为硅弧焊整流器，以晶闸管可控整流的弧焊电源则称为晶闸管弧焊整流器。

它们如今已得到迅速的发展。与旋转直流弧焊发电机相比，晶闸管弧焊整流器与硅弧焊整流器制造简单、材料省、寿命长，维修方便，运行效率高，因而已具有替代弧焊发电机的趋势。

下面介绍硅弧焊整流器的两种产品：ZXE1 系列和 ZXE1-500/400 组合式交直流两用弧焊电源。

1）ZXE1 系列交直流两用硅弧焊整流器及 ZXE1-$\frac{500}{400}$多工位手工

弧焊电源　ZXE1系列交直流两用弧焊整流器是一种交流变压器与硅二极管整流器组合的弧焊电源，再加交直流转换开关则成为交直流两用电源。

适用于酸性焊条和碱性焊条焊接重要的低碳钢，低合金钢结构件和一般要求的中碳钢、不锈钢等结构件；一机多用，在机械加工、冶金、造船等行业得到广泛的应用。ZXE1系列交直流两用硅弧焊整流器的主要技术数据见表6-33。

表6-33　ZXE1系列交直流两用硅弧焊整流器主要技术数据

| 项　目 | 技　术　数　据 | | | |
|---|---|---|---|---|
| 型　号 | ZXE1-250 | ZXE1-315 | ZXE1-400 | ZXE1-500 |
| 电源电压(V) | 380 | | | |
| 电网频率(Hz) | 50 | | | |
| 相数(相) | 单相 | | | |
| AC额定焊接电流(A) | 250 | 315 | 400 | 500 |
| DC额定焊接电流(A) | 200 | 250 | 315 | 400 |
| AC电流调节范围(A) | 60～250 | 70～315 | 105～400 | 130～500 |
| DC电流调节范围(A) | 40～200 | 50～250 | 70～315 | 90～400 |
| 额定负载持续率(%) | 35 | | | |
| 空载电压(V) | AC66<br>DC58 | AC74<br>DC63 | AC74<br>DC63 | AC78<br>DC66 |
| 额定输入容量(kV·A) | 18 | 25 | 32 | 43 |
| 绝缘等级(级) | H | | | |
| 重量(kg) | 85 | 94 | 105 | 124 |
| 外形尺寸<br>(mm×mm×mm)<br>(长×宽×高) | 400×<br>745×590 | 430×<br>785×615 | 430×<br>845×660 | 460×<br>845×690 |

ZXE1系列多工位手工交流电弧焊/多工位手工直流电弧焊电源见表6-34。

适用于酸性焊条和碱性焊条焊接重要的低碳钢、低合金结构钢和一般要求的中碳钢、不锈钢等结构件。具有用途广，使用维修方便等特点。特别适用于要求集中焊接的场所，是造船、建筑、重机和钢结构企业等行业经济实用的焊接设备。

表6-34 ZXE1系列交直流两用多工位手工电弧焊电源技术数据

| 项目 | 技术数据 | |
|---|---|---|
| 型号 | ZXE1-500/400×3 三工位 | ZXE1-500/400×3 六工位 |
| 额定输入电压(V) | 3相380 | |
| 额定频率(Hz) | 50 | |
| 额定输入容量(kV·A) | AC：126 | AC：252 |
| | DC：108 | DC：216 |
| 额定输入电流(A) | AC：191 | AC：382 |
| | DC：165 | DC：330 |
| 额定空载电压(V) | AC：78 | AC：78 |
| | DC：67 | DC：67 |
| 额定焊接电流(A) | AC：500 | AC：500 |
| | DC：400 | DC：400 |
| 额定调节范围(A) | AC：100～550 | AC：100～550 |
| | DC：80～420 | DC：80～420 |
| 额定负载持续率(%) | 60 | |
| 绝缘等级(级) | H | |
| 冷却方式 | 风冷 | |
| 外形尺寸(mm×mm×mm)(长×宽×高) | 1 808×1 040×1 690 | 1 808×1 040×2 110 |
| 重量(kg) | 870 | 1 440 |

2）晶闸管弧焊电源 晶闸管弧焊整流器有单相和三相之分，分别为交直流两用单相输入的，而广泛应用的是三相输入，它主要由三相降压变

压器、晶闸管整流器、输出电抗器、触发控制电路和电流、电压反馈电路等组成，如图6-25所示。其基本工作原理如下：三相工频网络电压由三相降压变压器降压后变为几十伏的低压交流电，经晶闸管整流器的整流变为脉动直流电，再经输出电抗器滤波后变为波形较平滑的直流电输出。

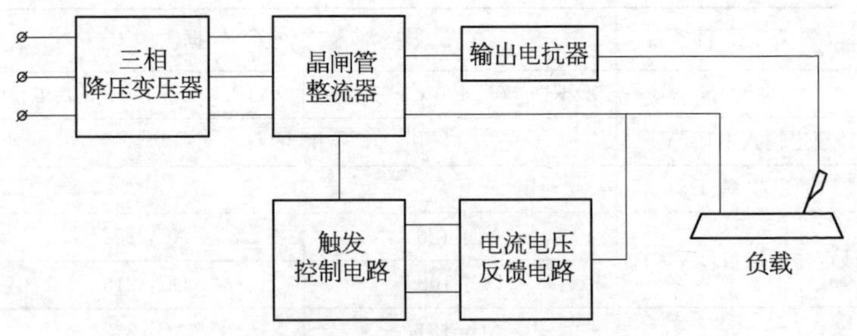


**图6-25**　晶闸管弧焊整流器的原理框图

触发控制电路产生与三相交流电同步的一个电压脉冲信号，提供给晶闸管的控制极使晶闸管导通；并接收由电流、电压反馈电路提供的电流、电压变化的信号，与触发信号比较后改变晶闸管的导通角以获得所需的电源外特性。

由于晶闸管既能起整流作用又能调节电源的外特性和控制电源的通断，利用较小的触发功率信号来控制整流器的输出电流(电压)；具有良好的可控性能而又大大简化了结构。利用不同的反馈方式获得多种外特性，一般分为下降特性、平特性和多用特性三种。易于进行无级调节；采用电子线路进行控制反应速度快。与磁放大器式控制的硅弧焊电源相比，动态反应速度提高十几倍。此外空载功率损耗较小，功率因数较大，效率高，焊接工艺参数稳定。下面介绍具体产品：

ZX5-K系列晶闸管弧焊整流器主要适用于直流焊条电弧焊，是原ZX5系列焊机的改进产品，该系列产品具有以下特点：

(1) 采用晶闸管模块整流，具有电网电压波动自动补偿功能，电流稳定、电弧柔和、飞溅小。

(2) 具有电弧推力和引弧电流调节功能，引弧性能好，不易粘附焊条，焊接性能优良。

(3) 高效节能,采用立绕、焊装新工艺,高负载持续率,更利于长时间工作,延长使用寿命。

(4) 电流调节范围宽,使用范围广,可用各种牌号的电焊条焊接低碳钢、中碳钢、合金钢、不锈钢等。

(5) 具有远控功能,可远距离调节焊接电流,操作更加方便。

(6) 广泛适用于钢结构、锅炉、压力容器、管道、石油化工、造船及机械制造等行业。ZX5-K系列晶闸管弧焊整流器的主要技术数据见表6-35。

表6-35 ZX5-K系列晶闸管弧焊整流器主要技术数据

| 项目 | 技术数据 | | | |
|---|---|---|---|---|
| 型号 | ZX5-315K | ZX5-400K | ZX5-500K | ZX5-630K |
| 额定输入电压(V) | AC 3相380 | | | |
| 电网频率(Hz) | 50 | | | |
| 额定输入容量(kV·A) | 21 | 26 | 32 | 46 |
| 空载电压(V) | 64 | | 65 | 69 |
| 电流调节范围(A) | 30~315 | 30~400 | 30~500 | 60~630 |
| 额定负载持续率(%) | 50 | 60 | | 50 |
| 额定工作电压(V) | 32.6 | 36 | 40 | 44 |
| 冷却方式 | 风冷 | | | |
| 重量(kg) | 122 | 150 | 153 | 180 |
| 外形尺寸(mm×mm×mm)(长×宽×高) | 701×376×750 | 701×436×764 | 701×436×764 | 750×480×898 |

## 五、逆变式弧焊电源

逆变式弧焊电源是新一代弧焊电源,其原理框图如图6-26所示。

由图可见逆变式弧焊电源是由交流三相380 V(或交流单相220 V)整流、滤波成500 V左右的直流,采用先进的PWM(脉宽调制)技术,由大功率电子器件(如绝缘栅大功率晶体管IGBT管)组成的高频开关逆变电路,把直流转换成频率约为几千至几万赫兹(例如20 000 Hz)的中、高频脉冲交流

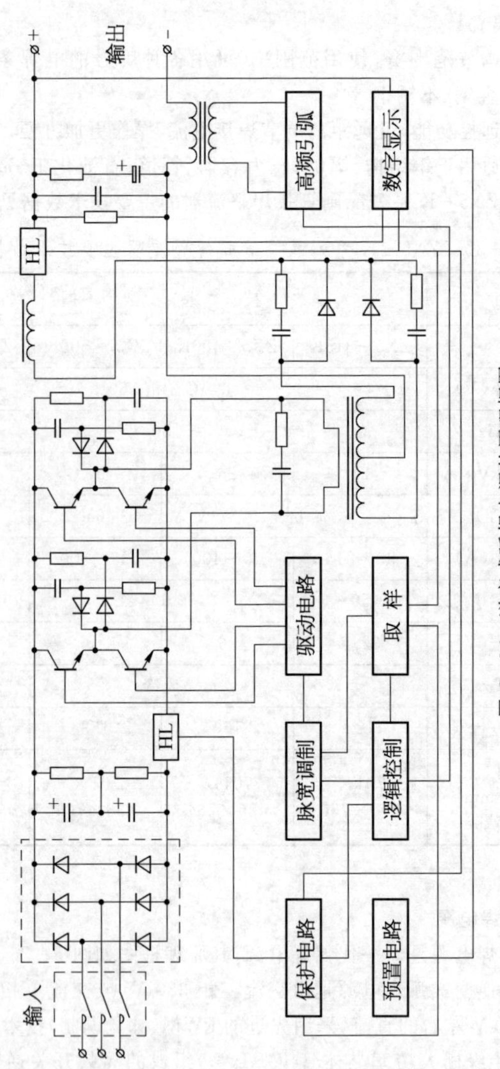


图6-26　逆变式弧焊电源的原理框图

电,再通过中、高频焊接变压器降压后,经中、高频整流、滤波变换成符合焊接要求的直流电。逆变弧焊电流的变换顺序为:工频交流→直流→中、高频交流→直流,即所谓 AC→DC→AC→DC。由于工作频率的大幅度提高,使焊接变压器的体积与质量大大减少,并加快电路控制响应速度,消除了电源电压波动对焊接电流的影响,大大优化了焊接特性,使整机性能、效率和功率因数大为提高。

逆变弧焊电源已被广泛地应用于手工电弧焊、氩弧焊、熔化极气体保护焊和埋弧自动焊等焊接领域。

1. 典型的 ZX7 系列 IGBT 逆变直流弧焊电源

它的主要技术数据见表 6-36。

表 6-36 ZX7 系列 IGBT 逆变直流弧焊电源的主要技术数据

| 项目 | 技术数据 | |
|---|---|---|
| 型号 | ZX7-315(IGBT) | ZX7-400(IGBT) |
| 输入电压(V) | AC 3 相 380 | |
| 额定输入电源容量(kV·A) | 13 | 18 |
| 电网频率(Hz) | 50/60 | |
| 空载电压(V) | 72 | |
| 输出电流调节范围(A) | 40～315 | 40～400 |
| 负载持续率(%) | 60 | |
| 效率(%) | 85 | |
| 功率因数 cos φ | 0.93 | |
| 绝缘等级 | B | |
| 外壳防护等级 | IP21S | |
| 重量(kg) | 32 | 33 |
| 外形尺寸(mm×mm×mm)(长×宽×高) | 566×290×500 | 566×290×500 |

（续表）

| 项　目 | 技　术　数　据 | | | |
|---|---|---|---|---|
| 型　号 | ZX7-315S | ZX7-400S | ZX7-500S | ZX7-630S |
| 输入电压(V) | AC 3 相 380±10% | | | |
| 频率(Hz) | 50 | | | |
| 额定输入电流(A) | 22 | 29 | 38 | 54 |
| 空载电压(V) | 75 | | | |
| 输出电流调节范围(A) | 30～315 | 30～400 | 30～500 | 40～630 |
| 额定工作电压(V) | 32.6 | 36 | 140 | 44 |
| 负载持续率(%) | 60 | | | |
| 效率(%) | 89 | | | |
| 功率因数 cos $\varphi$ | 0.95 | | | |
| 外壳防护等级 | IP21S | | | |
| 绝缘等级 | 主变压器 | | H | |
| | 电源变压器 | | B | |
| 外形尺寸(mm×mm×mm)(长×宽×高) | 566×290×500 | 566×290×500 | 628×340×542 | 682×340×560 |
| 重量(kg) | 40 | 43 | 47 | 57 |

由于 ZX7(IGBT)系列采用先进的 IGBT 模块作为逆变器件及可靠的线路和控制方式，使这种焊机无论作为手工焊还是自动焊，都具有较好的综合技术特性，同时该焊机还有特有的静特性及良好的动态特性，故又是一种新型的高效节能直流弧焊机。

它具有以下特点：

(1) 动态响应快、性能可靠、焊接电弧稳定、焊缝成形美观。

(2) 效率高，空载损耗小，比传统焊机节能 1/3 以上，可大幅度降低生产成本，是理想的节能焊机。

(3) 体积小、重量轻、携带方便、运输费用低。

(4) 引弧容易、飞溅小、噪声低，可大大改善操作者的工作环境。特别适合于钻井平台、石油化工、天然气管道、船坞、铁路、桥梁、矿山、建筑施工及设备维修需要频繁移动焊机的场合,也适用于批量产品及大型结构等需要高负载持续率的焊接加工制造的场合。

2. WS(IGBT)系列及WSM(IGBT)系列逆变式直流脉冲氩弧焊电源

这两种系列除了采用变频技术、晶闸管整流模块外,还采用钨极构成为钨极直流氩弧焊机。钨极直流氩弧焊机种类很多,但常用的以手工氩弧焊为主,它由钨极氩弧手工焊炬、控制环节及弧焊电源组成。

其中,焊机的控制环节用于完成焊机的工作程序。保证焊接过程中高频引弧成功,焊接电流在起弧时缓升和停弧前缓降,以及保护气体提前送气和滞后停气等工作程序的可靠进行。

高频引弧的基本原理:

它利用火花式高频振荡器产生一个频率约1 MHz、2 500～3 000 V的小功率高频电压,以击穿钨极与工件间的间隙(3 mm左右)而引弧。其高频振荡器的电气原理如图6-27所示。

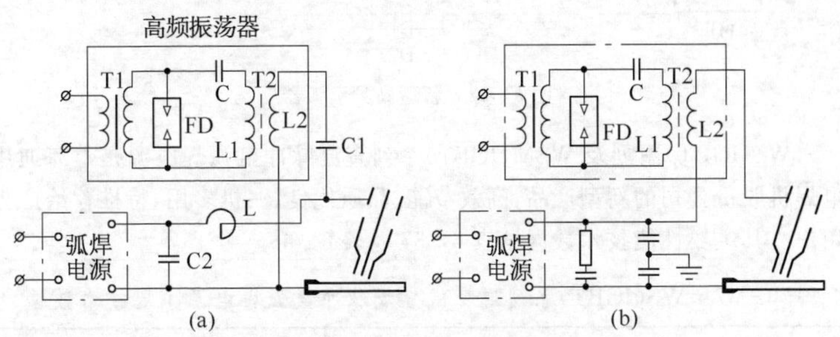


**图6-27** 高频引弧电路

(a) 并联式;(b) 串联式

上图中(a)为并联式高频引弧电路;(b)为串联式高频引弧电路,当交流电源经变压器T1升压,并对电容器C充电,此时火花放电器FD端电压渐增,直至被击穿,短接T1的二次侧回路中止了对C的充电,已充电的电容器C与振荡电感L1和FD组成振荡回路,经高频变压器T2将高频电压输入焊接回路。高频振荡器与焊接回路联接的方式,有并联及串联两种(图6-27)。

另一种新型的高频引弧器如图6-28所示。线路由两部分组成,由C2、L1、晶闸管等元件组成的中频脉冲发生器,其主要功能是将工频正弦电压变换成中频脉冲电压。整流桥D1输出的直流电压通过电阻R5对电容

C2充电，当充电电压达到稳压管D的击穿电压时，晶闸管迅速导通，于是C2将与中频升压变压器T1的原边电感L1发生电磁振荡，形成一个完整的中频脉冲电压。经T1升压后再通过高频耦合变压器T2的一次侧电感L2对电容C4快速充电，使火花放电器FD放电，形成高频的电磁振荡，此高频高压施加于钨极和工件间引燃电弧。这种新型高频引弧器采用了中频升压变压器代替工频升压变压器，从而使引弧器具有体积小、重量轻和引弧更可靠的优点。

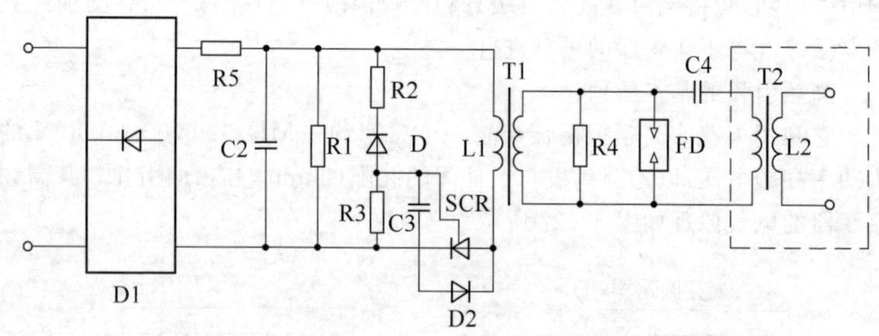


**图6-28**　新型高频引弧器

WS(IGBT)系列及WSM(IGBT)系列直流脉冲氩弧焊电源是上海通用电焊机股份公司的新型产品，高效节能、品质优良、一机多用，特推荐给广大用户。其主要性能技术数据见表6-37及表6-38。

表6-37　WS(IGBT)系列逆变式直流脉冲氩弧焊电源主要技术数据

| 项　目 | 技　术　数　据 | | |
|---|---|---|---|
| 型　号 | WS-315IGBT | WS-400IGBT | WS-500IGBT |
| 电源电压(V) | AC 3相 380±15% | | |
| 电网频率(Hz) | 50/60 | | |
| 额定输入电流(A) | 22.2 | 28.8 | 38.7 |
| 空载电压(V) | 76 | 76 | 75 |
| 输出电流调节(A) | 20～315 | 20～400 | 20～500 |
| 额定输出电压(V)(手工焊) | 32.6 | 36 | 40 |
| 额定输出电压(V)(氩弧焊) | 22.6 | 26 | 30 |

(续表)

| 项　　目 | 技　术　数　据 | | | |
|---|---|---|---|---|
| 额定负载持续率(%) | 60 | | | |
| 效率(%) | 89 | | | |
| 功率因数 cos φ | 0.95 | | | |
| 绝缘等级 | 主变压器 | | H | |
| | 电源变压器、输出电抗 | | B | |
| 外壳防护等级 | IP21S | | | |
| 外形尺寸(mm×mm×mm)(长×宽×高) | 566×290×500 | | | 628×340×542 |
| 重量(kg) | 40 | 43 | | 47 |

表 6-38　WSM(IGBT)系列逆变式交直流脉冲氩弧焊电源主要技术数据

| 项　　目 | 技　术　数　据 | |
|---|---|---|
| 型　号 | WSM-315IGBT | WSM-400IGBT |
| 输入电源电压(V) | AC 3 相 380 | |
| 电网频率(Hz) | 50/60 | |
| 额定输入电流(A) | 19.5 | 28.2 |
| 空载电压(V) | 54 | |
| 输出电流范围(A) | 5～315 | 5～400 |
| 额定输出电压(A)MMA/TIG | 23 | 26 |
| 负载持续率(%) | 60 | |
| 空载损耗(W) | 100 | |
| 引弧方式 | 高频 | |
| 效率(%) | 85 | |
| 功率因数 cos φ | 0.93 | |
| 绝缘等级 | B | |
| 脉冲频率(低频)(Hz) | 0.25～2.5 | |
| 脉冲频率(中频)(Hz) | 25～250 | |
| 电流缓升时间(s) | 0～10 | |

（续表）

| 项　　目 | 技　术　数　据 | |
|---|---|---|
| 电流缓降时间(s) | 0～10 | |
| 基值电流(A) | 5～315 | 5～400 |
| 起弧电流(A) | 5～315 | 5～400 |
| 收弧电流(A) | 5～315 | 5～400 |
| 气体延时时间(s) | 1～10 | |
| 占空比(%) | 10～90 | |
| 外壳防护等级 | IP21S | |
| 外形尺寸(mm×mm×mm)(长×宽×高) | 566×290×500 | |
| 重量(kg) | 33 | 37 |

WSM系列焊机系采用IGBT作为开关元件的逆变式直流脉冲氩弧焊机。WS系列焊机是以绝缘栅门极功率晶体管(IGBT)作为开关元件的逆变式直流手工氩弧焊机。首先将50 Hz的三相380 V工频输入电压经整流滤波成为直流电压；然后通过功率电子开关转换成高频的交流电压，再由变压器进行降压，最后经整流滤波变为适合焊接工艺要求的直流焊接电压。通过脉冲宽度调节控制技术(PWM)，对输出电流进行控制。由于采用了开关电源逆变技术，焊机重量和体积大幅度下降，效率提高。该系列焊机具有以下特点：稳定、可靠、轻便、节能、无电磁噪声。本系列焊机是直流氩弧焊机，也可作为直流焊条电弧焊机使用，一机多用。作氩弧焊时，引弧系统采用高频振荡的方式，可靠、稳定。

该系列焊机引弧容易，具备焊接电流、推力电流、电流衰减时间、气体延时时间连续可调功能，收弧特性稳定，使焊缝成形与内在的质量均达到最佳效果。

作焊条电弧焊用时，可提供更集中，更为稳定的电弧，在进行熔滴短路过渡时，焊条与工件发生短路后，反应更加迅速。

本系列焊机特别适合于那些对焊接质量要求非常高的场合，如自行车、不锈钢制管业、乳品加工业及锅炉、管道建设行业等。一机多用，可节省设备费用。

# 第7章 低压电器

## 7-1 低压电器的分类

### 一、分类和应用

低压电器是用于额定电压交流1 200 V或直流1 500 V及以下，在由供电系统和用电设备等组成的电路中起保护、控制、调节、转换和通断作用的器件。

低压电器的额定电压等级范围，随着工农业生产的不断发展和供电系统容量的不断扩大，有相应提高的趋势，同时电子技术也将日益广泛用于低压电器中。

1. 低压电器的主要类别

低压电器的用途广泛、种类繁多。从应用场合所提出的不同要求，可分成为配电电器和控制电器两大类。低压电器主要产品品种及其应用见表7-1。

表7-1 低压电器产品分类及其应用

| 产品名称 | | 主要品种 | 应用 |
|---|---|---|---|
| 配电电器 | 开关、隔离器、隔离开关及熔断器组合电器 | 开关<br>隔离器<br>隔离开关<br>熔断器组合电器 | 主要用作电路隔离，也能接通分断额定电流或切换两种及两种以上的电源或负载 |
| | 熔断器 | 有填料封闭管式熔断器<br>无填料密闭管式熔断器<br>插入式熔断器<br>螺旋式熔断器<br>快速熔断器 | 用作线路和设备的短路和过载的保护 |
| | 断路器 | 万能式断路器<br>限流式断路器<br>塑料外壳式断路器<br>剩余电流(漏电)保护断路器<br>直流快速断路器 | 线路过载、短路、剩余电流(漏电)或欠压的保护，电路的频繁接通和分断 |

（续表）

| 产品名称 | | 主要品种 | 应用 |
|---|---|---|---|
| 配电电器 | 终端组合电器 | 模数化终端组合电器 | 主要用于电力线路的末端，对用电设备进行控制、配电，对线路的过载、短路、漏电、过电压进行保护 |
| | 接线端子 | 底座封闭型接线端子<br>组合型接线端子<br>铜制裸压接端头 | 主要用于电力线路末端，配置在导线的端部，以保证机械和电气连接性能 |
| 控制电器 | 接触器 | 交流接触器<br>直流接触器<br>真空接触器<br>半导体式接触器 | 远距离频繁地起动或控制交直流电动机，以及接通分断正常工作的主电路和控制电路 |
| | 起动器 | 直接(全压)起动器<br>星三角减压起动器<br>自耦减压起动器<br>变阻式转子起动器<br>半导体式起动器<br>真空起动器 | 交流电动机的起动和正反向控制 |
| | 控制继电器 | 电流继电器<br>电压继电器<br>时间继电器<br>中间继电器<br>温度继电器<br>热继电器 | 在控制系统中，控制其他电器和保护主电路 |
| | 控制器 | 凸轮控制器<br>平面控制器<br>鼓形控制器 | 电气控制设备中主回路或励磁回路的转换，以使电动机起动、换向和调速 |
| | 主令电器 | 按钮<br>限位开关<br>微动开关<br>万能转换开关<br>脚踏开关<br>接近开关<br>程序开关 | 接通分断控制电路，以发布命令或用作程序控制 |
| | 电阻器 | 铁基合金电阻 | 改变电路参数或变电能为热能 |

（续表）

| 产品名称 | | 主要品种 | 应用 |
|---|---|---|---|
| 控制电器 | 变阻器 | 励磁变阻器<br>起动变阻器<br>频敏变阻器 | 发电机调压和电动机的平滑起动和调速 |
| | 电磁铁 | 起重电磁铁<br>牵引电磁铁<br>制动电磁铁 | 用于起重、操纵或牵引机械装置 |

2. 低压电器的正常工作条件

1）周围空气温度

(1) 周围空气温度上限不超过+40℃；

(2) 周围空气温度 24 h 的平均值不超过+35℃；

(3) 周围空气温度下限不低于−5℃。

2）海拔高度　安装地点的海拔高度不超过 2 000 m。

3）大气条件　大气相对湿度在周围空气温度+40℃时不超过 50%；在较低温度下允许有较高的相对湿度，例如 20℃时达 90%，并考虑到因温度变化发生在产品表面上的凝露。

4）污染等级　电器或电器部件周围环境的污染等级分为四级，即污染等级 1、2、3、4。

除非产品标准另有规定，对于"家用"或类似用途的低压电器通常推荐考虑污染等级 2，即一般情况仅有非导电性污染，但是必须考虑到偶然由于凝露造成短暂的导电性。对于工业用的低压电器通常推荐考虑污染等级 3，即有导电性污染，或由于凝露使干燥的非导电性污染变为导电性的。

## 二、术语

1. 产品名称

1）配电电器　主要用于配电电路，对电路及设备进行保护以及通断、转换电源或负载的电器。

2）控制电器　主要用于控制受电设备，使其达到预期要求的工作状态的电器。

3）开关　在正常的电路条件下(包括规定的过载工作条件)，能接通、承载和分断电流，并在规定的非正常电路条件下(例如短路)、在规定时间内，能承载电流的一种机械开关电器。

4）隔离器　在断开位置上，能符合规定的隔离功能要求的一种机械开关电器。

5）隔离开关　在断开位置上，能满足对隔离器所规定的隔离要求的一种开关。

6）熔断器组合电器　由制造厂或按其说明书将机械开关电器与1个或几个熔断器组装在同一单元内的组合电器。

7）熔断器　当电流超过规定值足够长的时间后，通过熔断1个或几个特殊设计的和相应的部件，断开其所接入的电路并分断电源的电器。熔断器包括组成完整电器的所有部件。

8）断路器(机械的)　能接通、承载以及分断正常电路条件下的电流，也能在规定的非正常电路条件(例如短路)下接通、承载一定时间和分断电流的一种机械开关电器。

9）模数化终端组合电器　主要用于电力线路末端，由模数化电器以及它们之间的电气、机械联结和外壳等构成的组合体。

10）接触器(机械的)　仅有1个起始位置，能接通、承载和分断正常电路条件(包括过载运行条件)下的电流的一种非手动操作的机械开关电器。

11）起动器　起动与停止电动机所需的所有开关电器与适当的过载保护电器相结合的组合电器。

12）控制继电器　在电力传动系统中用作控制和保护电路或信号转换用的继电器。

13）控制器　按照预定顺序转换主电路或控制电路的接线以及变更电路中参数的开关电器。

14）主令电器　用作闭合或断开控制电路，以发出指令或作程序控制的开关电器。

15）电阻器　用于限制调整电路电流或将电能转变为热能等的电器。

16）变阻器　由电阻材料制成的电阻元件或部件和换接装置组成的电器，可在不分断电路的情况下有级地或均匀地改变电阻值。

17）电磁铁　由线圈与铁心组成，通电时产生吸力将电磁能转变为机械能来操纵、牵引某机械装置或导磁性物体，以完成预期目标的电器。

2. 常用术语

1) 设计参数

(1) 电气间隙：电器中具有电位差的相邻两导体间，通过空气的最短距离。

(2) 爬电距离：电器中具有电位差的相邻两导电部件之间，沿绝缘体表面的最短距离。

(3) 触头开距：触头在完全断开的位置时，动静触头间的最短距离。

(4) 触头超程：当电器触头到闭合位置后，如将静触头移开时，动触头所能够移动的距离。

(5) 额定工作电压：在规定条件下，保证电器正常工作的电压值。

(6) 额定绝缘电压：在规定条件下，用来度量电器及其部件的不同电位部分的绝缘强度、电气间隙和爬电距离的名义电压值。除非另有规定，此值为电器的最大额定工作电压。

(7) 额定工作电流：在规定条件下，保证电器正常工作的电流值。

(8) 额定发热电流：在规定条件下试验时，电器在 8 h 工作制下，各部件的温升不超过极限值时所能承载的最大电流。可分为额定一般发热电流和额定封闭发热电流。

(9) 额定持续电流：在规定条件下，电器在长期工作制下，各部件的温升不超过规定极限值时所能承载的电流值。

(10) 预期接通电流：在规定条件下接通时所产生的预期电流。

(11) 预期分断电流：相应于分断过程开始瞬间所确定的预期电流。

(12) 分断电流：分断操作时，在电弧开始瞬间流过电器 1 个极的电流值。

(13) 短时耐受电流、热稳定电流：在规定的使用和性能条件下，开关电器在指定的短时间内，于闭合位置上所能承受的电流。

(14) 峰值耐受电流、动稳定电流：在规定的使用和性能条件下，开关电器在闭合位置上所能承受的电流峰值。

(15) 约定熔断电流：在约定时间内能使熔体熔断的规定电流值。

(16) 约定脱扣电流：在约定时间内能使继电器或脱扣器动作的规定电流值。

(17) 外施电压：在刚接通电流前，加在开关电器 1 个极的两接线端子间的电压。

(18) 恢复电压：在分断电流后，于电器1个极的两接线端子间出现的电压。此电压可以认为由两部分组成，即瞬态恢复电压和稳态恢复电压。

(19) 瞬态恢复电压：在具有显著瞬态特征的时间内的恢复电压。在三相电路中，是指最先分断1个极的两接线端子间出现的电压。

(20) 稳态恢复电压：在瞬态电压现象消失后的恢复电压。对于交流称为工频恢复电压，对于直流称为直流稳态恢复电压。

(21) 电弧电压峰值、操作过电压：在规定的条件下，在燃弧期间内于电器1个极的两端子间出现的电压最大瞬时值。

2) 技术性能

(1) 断开时间：开关电器从断开操作开始瞬间起到所有极的弧触头都分开瞬间为止的时间间隔。

(2) 燃弧时间：电器分断电路过程中，从(弧)触头断开(或熔体熔断)出现电弧的瞬间开始，至电弧完全熄灭为止的时间间隔。

(3) 分断时间：从开关电器的断开时间开始起到燃弧时间结束为止的时间间隔。

(4) 接通时间：开关电器从闭合操作开始瞬间起到电流开始流过主电路瞬间为止的时间间隔。

(5) 闭合时间：开关电器从闭合操作开始瞬间起到所有极的触头都接触瞬间为止的时间间隔。

(6) 通断时间：从电流开始在开关电器1个极流过瞬间起到所有极的电弧最终熄灭瞬间为止的时间间隔。

(7) 选择性保护：两个或几个过电流保护装置之间的动作特性配合。当在给定范围内出现过电流时，指定在这个范围动作的装置动作，而其他装置不动作。

(8) 分断能力：电器在规定的条件下，能在给定的电压下分断的预期分断电流值。

(9) 接通能力：开关电器在规定的条件下，能在给定的电压下接通的预期接通电流值。

(10) 通断能力：开关电器在规定的条件下，能在给定的电压下接通和分断的预期电流值。

(11) 短路接通能力：在规定条件下，包括开关电器的出线端短路在内的接通能力。

(12) 短路分断能力：在规定条件下，包括电器的出线端短路在内的分断能力。

(13) 机械寿命：机械开关电器在需要修理或更换机械零件前所能承受的无载操作循环次数。

(14) 电(气)寿命：在规定的正常工作条件下，机械开关电器不需修理或更换零件的负载操作循环次数。

3) 一般术语

(1) 八小时工作制：电器的导电电路通以一稳定电流，通电时间足够长以达到热平衡，但超过 8 h 必须分断。

(2) 长期工作制：没有空载期的工作制。

(3) 短时工作制：有载时间和空载时间相交替，且前者比后者较短的工作制。

(4) 反复短时工作制：电器的导电电路通以一稳定电流，通电时间和不通电时间循环交替着，且有一定比值。由于工作周期很短，以至于使电器不能达到热平衡。

(5) 操作频率：开关电器在每小时内可能实现的最高操作循环次数。

(6) 通电持续率：电器的有载时间与工作周期之比，常用百分数表示。

(7) 密接通断、点动：在很短时间内多次通断电动机或线圈电路，使被驱动的机构得到小的移动。

(8) 反接制动与反向：在电动机运转时用反接电动机定子(或电枢)绕组的方法而使电动机快速停止或反向。

(9) 使用类别：有关操作条件的规定要求的组合，通常用额定工作电流的倍数、额定工作电压的倍数及其相应的功率因数或时间常数等来表征电器额定接通和分断能力的类别。

4) 结构部件

(1) 电磁系统：由磁系统和线圈组成，用以进行电磁转换的电器组件或部件。

(2) 触头系统：包括动触头、静触头及与其有关导体部件以及弹性元件、紧固件和绝缘件等所有的结构零件所组成的电器部件。

(3) 脱扣器：开关电器中能接受电路非正常情况的电量信号或操作命

令，以机械动作或触发电路的方法使脱扣机构动作的部件。

(4) 接线端子：用来与外部电路进行电气连接的电器的导电部分。

## 三、低压电器外壳防护型式和等级

### 1. 电器的外壳防护型式

电器的外壳防护型式有以下两种型式：第一种型式：防止人体触及或接近壳内带电部分和触及壳内的运动部件(光滑的转轴和类似部件等非危险运动件除外)，以及防止固体异物进入电器外壳内部。第二种型式：防止水进入电器内部而引起有害的影响。

### 2. 电器的外壳防护等级

电器防护等级的代号由表征字母“IP”和附加在后的两个表征数字及附加字母、补充字母组成。第一位表征数字表示第一种防护型式的各个等级，第二位表征数字则表示第二种防护型式的各个等级。常用的外壳防护等级见表7-2。

表7-2 常用的外壳防护等级

| 第一位表征数字的防护 | 第二位表征数字的防护 | | | | | | | | |
|---|---|---|---|---|---|---|---|---|---|
| | 0 | 1 | 2 | 3 | 4 | 5 | 6 | 7 | 8 |
| | 防护等级 IP | | | | | | | | |
| 0 | IP00 | — | — | — | — | — | — | — | — |
| 1 | IP10 | IP11 | IP12 | — | — | — | — | — | — |
| 2 | IP20 | IP21 | IP22 | IP23 | — | — | — | — | — |
| 3 | IP30 | IP31 | IP32 | IP33 | IP34 | — | — | — | — |
| 4 | IP40 | IP41 | IP42 | IP43 | IP44 | — | — | — | — |
| 5 | IP50 | — | — | — | IP54 | IP55 | — | — | — |
| 6 | IP60 | — | — | — | — | IP65 | IP66 | IP67 | IP68 |

(1) 第一位表征数字表示的防护等级及其含义：第一位表征数字表示电器具有对人体和壳内部件的防护，共分为7个等级，见表7-3。

表 7-3　第一位表征数字表示的防护等级

| 第一位表征数字 | 表征符号 | 防护等级 | | |
|---|---|---|---|---|
| | | 简　述 | 含　义 | 举　例 |
| 0 | IP0X | 无防护 | 无专门防护 |  |
| 1 | IP1X | 防止大于50 mm 的固体异物 | 能防止人体的某一大面积(如手)偶然或意外地触及壳内带电部分或运动部件,但不能防止有意识的接近这些部分<br>能防止直径大于50 mm的固体异物进入壳内 |  50 |
| 2 | IP2X | 防止大于12.5 mm 的固体异物 | 能防止直径大于12.5 mm的固体异物进入壳内和防止手指或长度不大于 80 mm 的类似物体触及壳内带电部分或运动部件 |  12.5 |
| 3 | IP3X | 防止大于2.5 mm 的固体异物 | 能防止直径(或厚度)大于 2.5 mm 的工具,金属线等进入壳内 |  |
| 4 | IP4X | 防止大于1 mm 的固体异物 | 能防止直径(或厚度)大于 1 mm 的固体异物进入壳内 |  |

（续表）

| 第一位表征数字 | 表征符号 | 防护等级 | | |
|---|---|---|---|---|
| | | 简述 | 含义 | 举例 |
| 5 | IP5X | 防尘 | 不能完全防止尘埃进入壳内，但进尘量不足以影响电器的正常运行 | |
| 6 | IP6X | 尘密 | 无尘埃进入 | |

注：1. 本表“简述”栏不作为防护型式的规定，只能作为概要介绍。
2. 本表“含义”栏说明第一位表征数字代表的防护等级所能“防止”进入壳内的物体的细节。
3. 本表的第一位表征数字为1至4的电器，所能防止的固体异物系包括形状规则或不规则的物体，其3个相互垂直的尺寸均超过“含义”栏中相应规定的数值。
4. 具有泄水孔、通风孔等的电器外壳，必须符合于该电器所属的防护等级“IP”号的要求。试验时，对预定在安装地点开启或封闭的孔，应按原预定要求保持开启或封闭。

在表7-3中第一位表征数字的相应防护等级从低级到高级排列，依次为0、1、2、3、4、5、6，凡符合某一防护等级的外壳意味着亦符合所有低于该防护等级的各级，除有怀疑外，不必再作较低防护等级的试验。

(2) 第二位表征数字的防护等级及其含义：第二位表征数字表示由于外壳进水而引起有害影响的防护，共分为9个等级，见表7-4。

表7-4 第二位表征数字表示的防护等级

| 第二位表征数字 | 表征符号 | 防护等级 | | |
|---|---|---|---|---|
| | | 简述 | 含义 | 举例 |
| 0 | IPX0 | 无防护 | 无专门防护 | |

（续表）

| 第二位表征数字 | 表征符号 | 防护等级 | | |
|---|---|---|---|---|
| | | 简述 | 含义 | 举例 |
| 1 | IPX1 | 防滴 | 垂直滴水应无有害影响 |  |
| 2 | IPX2 | 15°防滴 | 当电器从正常位置的任何方向倾斜至15°以内任一角度时，垂直滴水应无有害影响 |  |
| 3 | IPX3 | 防淋水 | 与垂直线成60°范围以内的淋水应无有害影响 |  |
| 4 | IPX4 | 防溅水 | 承受任何方向的溅水应无有害影响 |  |
| 5 | IPX5 | 防喷水 | 承受任何方向由喷嘴喷出的水应无有害影响 |  |
| 6 | IPX6 | 防海浪 | 承受猛烈的海浪冲击或强烈喷水时，电器的进水量应不至于达到有害的影响 |  |
| 7 | IPX7 | 防浸水影响 | 当电器浸入规定压力的水中经规定时间后，电器的进水量应不至于达到有害的影响 | 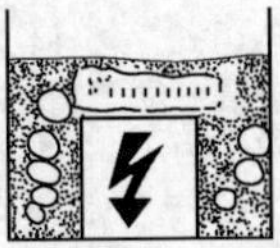 |

（续表）

| 第二位表征数字 | 表征符号 | 防护等级 | | |
|---|---|---|---|---|
| | | 简述 | 含义 | 举例 |
| 8 | IPX8 | 防潜水影响 | 电器在规定的压力下长时间潜水时，水应不进入壳内 | 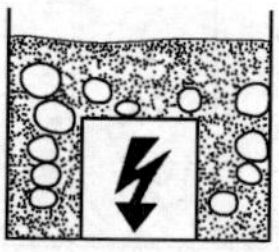 |

注：1. 本表“简述”栏不作为防护型式的规定，只能作为概要介绍。
2. 本表“含义”栏说明第二位表征数字所代表的每一防护外壳的防护型式细节。

表 7-4 中符合某一防护等级的外壳意味着亦符合所有低于该防护等级的各级，除有怀疑外，不必再作较低防护等级的试验。

(3) 对于 IP1X 至 IP4X 和附加字母 A～D 的选用，见表 7-5。

表 7-5 附加字母的选用

| IP | 要求 | 举例 | 防止人体接近危险部件 |
|---|---|---|---|
| A<br>用于第一位表征数字为 0 | 直径 50 mm 的球形物体进入到隔板，不得触及危险部件 |  50 | 手背 |
| B<br>用于第一位表征数字为 0、1 | 最大为 80 mm 的试指球进入不得触及危险部件 | 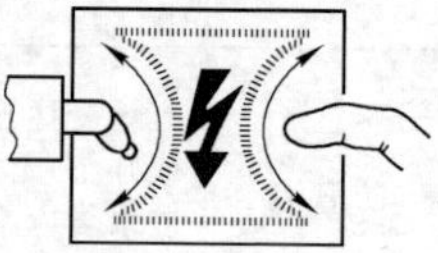 | 手指 |
| C<br>用于第一位表征数字为 1、2 | 当挡盘部分进入时，直径为 2.5 mm，长为 10 mm 的金属线不得触及危险部件 |  | 工具 |

（续表）

| IP | 要　求 | 举　例 | 防止人体接近危险部件 |
|---|---|---|---|
| D<br>用于第一位表征数字为 2、3 | 当挡盘部分进入时，直径为 1.0 mm，长为 100 mm 的金属线不得触及危险部件 |  | 金属线 |

(4) 补充字母的使用：当防护的内容有所增加时，可用补充字母来表示。

W：具有附加防护措施或方法要求(放在字母 IP 后面)，可在特定的气候条件下使用的外壳防护等级。

N：具有附加防护措施或方法要求(放在第二位表征数字后面)，可在特定尘埃环境条件使用(例如：用于锯木厂、采石场等恶劣尘埃环境条件下)的外壳防护等级。

L：具有附加防护措施或方法要求(放在第一位表征数字 2、3 或 4 后面)，可在规定条件下，防止固体异物或试验探针触及壳内带电部分和运动部件使用的外壳防护等级。

规定的气候、尘埃环境、固体异物、试验探针条件，以及附加防护措施或方法要求，均由制造厂和用户协商确定。

(5) 当只需用一位表征数字表示某一防护等级时，被省略的数字应以字母"X"代替，如表 7-3 与表 7-4 中的表征符号栏所示的 IP1X、IP2X、IP4X、IPX5 等。

(6) 如需用两位表征数字(或再加上附加字母或补充字母)以表示产品完整的外壳防护等级时，则必须按表 7-3、表 7-4 及表 7-5 中相应表征数字(或加上的附加字母或补充字母)的试验要求进行检验。

如无附加字母及补充字母 W、N、L 时，则表示这种防护等级在所有正常使用条件下都适用。

(7) 代号举例

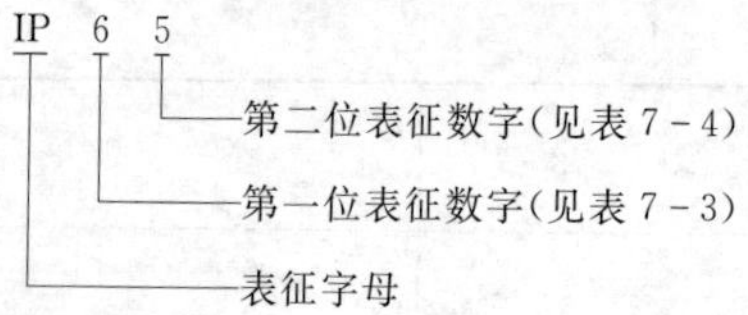


这种代号系指能防止尘埃进入电器外壳内部,并能防喷水。

## 四、低压电器常用类别及其代号

低压电器常用类别及其代号见表7-6。

表7-6　低压电器的常用类别及其代号

| 电流种类 | 类别符号 | 典型用途举例 | 给出典型参数的有关产品标准名称 |
|---|---|---|---|
| 交流 | AC-1 | 无感或微感负载,电阻炉 | 低压接触器和电动机起动器标准 |
| | AC-2 | 绕线转子电动机的起动、分断 | |
| | AC-3 | 笼型异步电动机的起动和运转中分断 | |
| | AC-4 | 笼型异步电动机的起动、点动、反接制动与反向 | |
| | AC-5a | 放电灯的通断 | |
| | AC-5b | 白炽灯的通断 | |
| | AC-6a | 变压器的通断 | |
| | AC-6b | 电容器组的通断 | |
| | AC-7a | 家用电器和类似用途的低感负载 | |
| | AC-7b | 家用的电动机负载 | |
| | AC-8a | 具有手动复位过载脱扣器密封制冷压缩机中的电动机控制 | |
| | AC-8b | 具有自动复位过载脱扣器的密封制冷压缩机中的电动机控制 | |
| | AC-12 | 控制电阻性负载和发光二极管隔离的固态负载 | 控制电路电器和开关元件标准 |
| | AC-13 | 控制变压器隔离的固态负载 | |
| | AC-14 | 控制小容量(≤72 V·A)的电磁铁负载 | |
| | AC-15 | 控制容量在72 V·A以上的电磁铁负载 | |
| | AC-20 | 无载条件下的“闭合”和“断开”电路 | 低压空气式开关、空气式隔离器、隔离开关以及熔断器组合电器标准 |
| | AC-21 | 通断电阻负载,包括通断适中的过载 | |
| | AC-22 | 通断电阻、电感混合的负载,包括通断适中的过载 | |
| | AC-23 | 通断电动机负载或其他高电感负载 | |

(续表)

| 电流种类 | 类别符号 | 典型用途举例 | 给出典型参数的有关产品标准名称 |
| --- | --- | --- | --- |
| 交直流 | A<br>B | 非选择性保护：无人为短延时保护，无额定短时耐受电流的要求<br>选择性保护：有短延时，有额定短时耐受电流的要求 | 低压断路器标准 |
| 直流 | DC-1<br>DC-3<br>DC-5<br>DC-6 | 无感或微感负载，电阻炉<br>并励电动机的起动、点动、反接制动<br>串励电动机起动、点动、反接制动<br>通断白炽灯 | 低压接触器与低压电动机起动器标准 |
| | DC-12<br>DC-13<br>DC-14 | 控制电阻性负载和发光二极管隔离的固态负载<br>控制直流电磁铁，即电感与电阻的混合负载<br>控制电路中有经济电阻的直流电磁铁负载 | 控制电路电器和开关元件标准 |
| | DC-20<br>DC-21<br>DC-22<br>DC-23 | 无载条件下的"闭合"和"断开"电路<br>通断电阻性负载，包括适度的过载<br>通断电阻电感混合负载，包括适度的过载(如并励电动机)<br>通断高电感负载(如串励电动机) | 低压空气式开关、空气式隔离器、隔离开关及熔断器组合电器标准 |
| 交直流 | gG<br>gM<br>dM | 全范围能分断(g)的，一般用途(G)熔断器<br>全范围能分断(g)的电动机电路中用(M)的熔断器<br>部分范围能分断(d)的电动机电路中用(M)的熔断器 | 低压熔断器标准 |

## 五、低压电器常用电量的代号和符号

低压电器常用电量的代号和符号见表7-7。

表 7-7 低压电器常用电量的代号、符号及名称

| 代号 | 电量名称 |
| --- | --- |
| $U_i$ | 额定绝缘电压(有效值) |
| $U_e$ | 额定工作电压,额定电压 |
| $U_c$ | 额定控制电路电压 |
| $U_s$ | 额定控制电源电压 |
| $U$ | 空载电压 |
| $U_r$ | 恢复电压 |
| $U_{imp}$ | 额定冲击耐受电压 |
| $U_o$ | 变压器空载电压 |
| $U_k$ | 变压器感抗电压 |
| $u_k$ | 变压器短路电压百分比 |
| $U_R$ | 电阻压降 |
| $I_{th}$ | 约定发热电流 |
| $I_{the}$ | 约定封闭发热电流 |
| $I_{th1}$ | 短时工作的额定电流 |
| $I_{th2}$ | 持续电流(8 h 工作制下) |
| $I_n$ | 额定电流 |
| $I_e$ | 额定工作电流 |
| $I$ | 额定接通电流 |
| $I_c$、$I_1$ | 额定分断电流,额定短路分断能力(电流) |
| $I_{cu}$ | 额定极限短路分断能力(电流) |
| $I_{cs}$ | 额定运行短路分断能力(电流) |
| $I_{tL}$ | 持续电流 |
| $I_r$ | 脱扣器电流整定值 |
| $I_{cw}$ | 额定短时耐受电流 |
| $I_{nm}$ | 断路器壳架等级额定电流 |
| $\cos\varphi$ | 交流电路的功率因数 |
| $f$ | 振荡频率 |
| $\gamma$ | 过振荡系数 |
| $T$, $L/R$ | 直流电路的时间常数 |
| $T_{0.95}$ | 达到稳态值的95%时的时间常数(ms) |
| O | 分断操作 |
| CO | 接通分断操作 |
| $t$ | 时间间隔 |
| $C_a$ | 恒定湿热试验 |
| $D_b$ | 交变湿热试验 |
| $T_a$ | 周围空气温度 |

（续表）

| 代　　号 | 电　　量　　名　　称 |
|---|---|
| CTI | 相比漏电起痕指数 |
| AC | 交流 |
| DC | 直流 |
| SCPD | 短路保护电器 |

# 7-2 低压电器产品型号

## 一、低压电器产品型号说明

产品型号代表一种类型的系列产品，但亦可包括该系列产品的若干派生系列。类组代号与设计代号的组合（含系列派生代号）表示产品的系列。如需要三位的类组代号，在编制具体型号时，其第三位字母以不重复为原则，临时拟定之。

产品全型号代表产品的系列、品种和规格，但亦包括该产品的若干派生品种，即在产品型号之后附加品种代号、规格代号以及表示变化特征的其他数字或字母。

1. 低压电器产品型号组成型式及含义

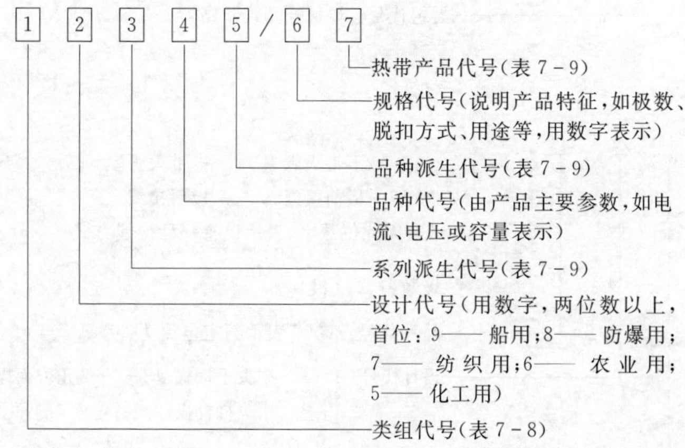

2. 举例

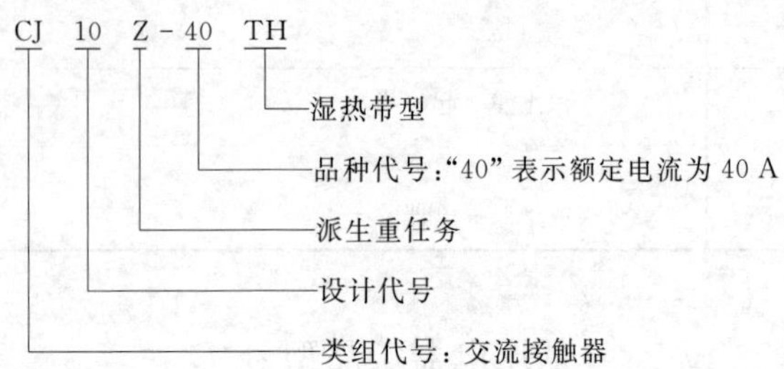
CJ 10 Z - 40 TH
湿热带型
品种代号:“40” 表示额定电流为 40 A
派生重任务
设计代号
类组代号: 交流接触器

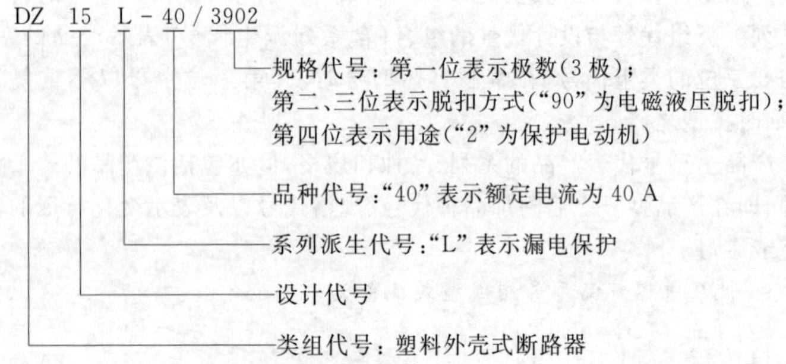
DZ 15 L - 40 / 3902
规格代号: 第一位表示极数(3 极);
第二、三位表示脱扣方式(“90” 为电磁液压脱扣);
第四位表示用途(“2” 为保护电动机)
品种代号:“40” 表示额定电流为 40 A
系列派生代号:“L” 表示漏电保护
设计代号
类组代号: 塑料外壳式断路器

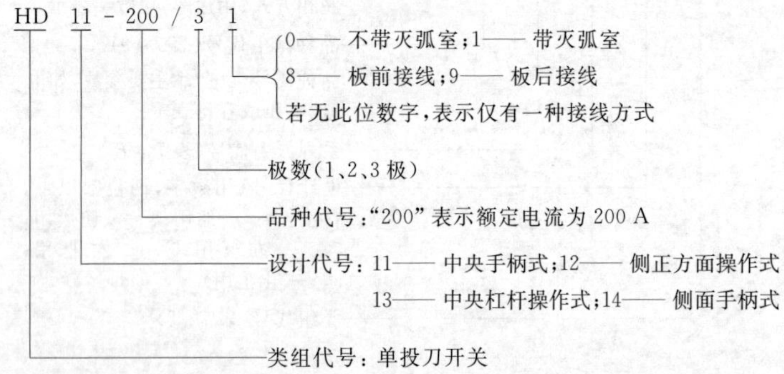
HD 11 - 200 / 3 1
0—— 不带灭弧室;1—— 带灭弧室
8—— 板前接线;9—— 板后接线
若无此位数字,表示仅有一种接线方式
极数(1、2、3 极)
品种代号:“200” 表示额定电流为 200 A
设计代号: 11—— 中央手柄式;12—— 侧正方面操作式
13—— 中央杠杆操作式;14—— 侧面手柄式
类组代号: 单投刀开关

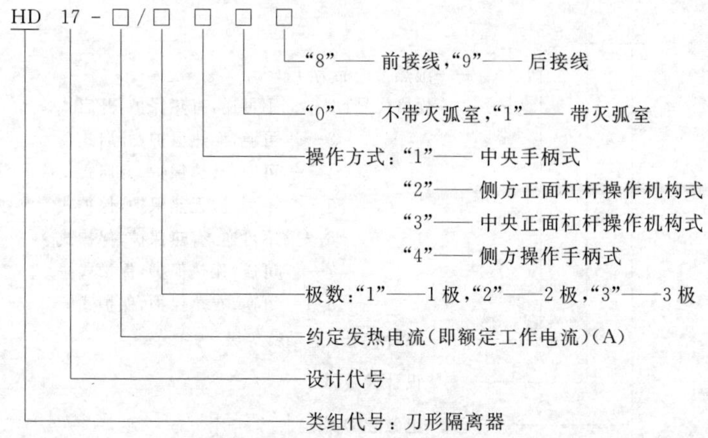
HD 17 - □ / □ □ □ □
"8"—— 前接线,"9"—— 后接线
"0"—— 不带灭弧室,"1"—— 带灭弧室
操作方式:"1"—— 中央手柄式
"2"—— 侧方正面杠杆操作机构式
"3"—— 中央正面杠杆操作机构式
"4"—— 侧方操作手柄式
极数:"1"——1极,"2"——2极,"3"——3极
约定发热电流(即额定工作电流)(A)
设计代号
类组代号:刀形隔离器

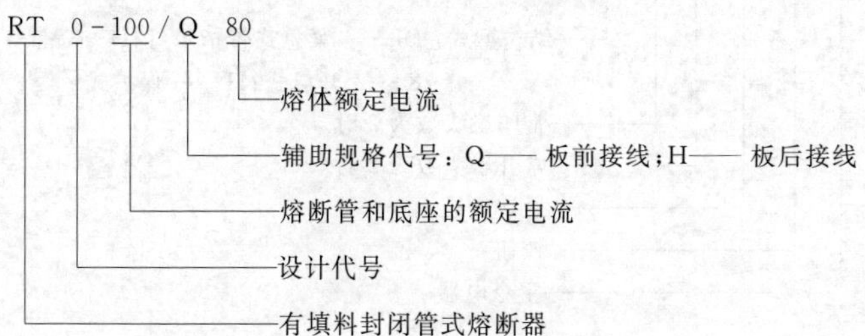
RT 0-100 / Q 80
熔体额定电流
辅助规格代号:Q—— 板前接线;H—— 板后接线
熔断管和底座的额定电流
设计代号
有填料封闭管式熔断器

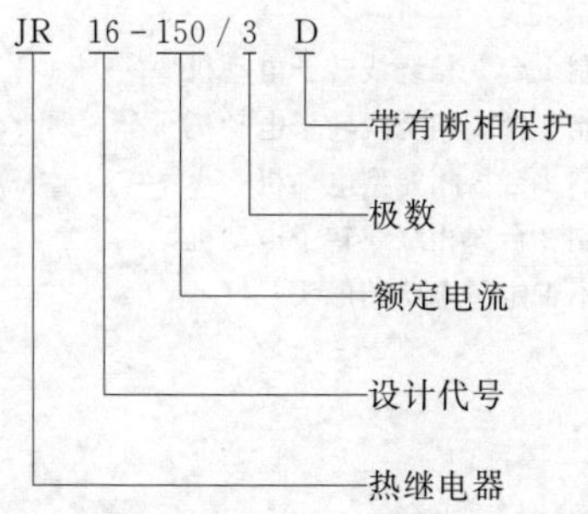
JR 16-150 / 3 D
带有断相保护
极数
额定电流
设计代号
热继电器

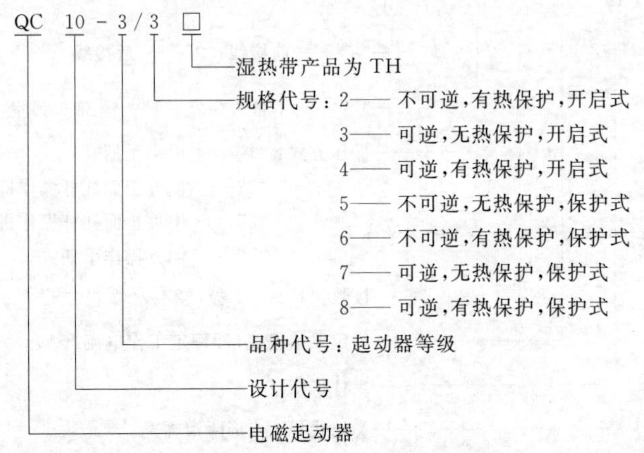
QC 10 - 3/3 □
湿热带产品为 TH
规格代号：2—— 不可逆，有热保护，开启式
3—— 可逆，无热保护，开启式
4—— 可逆，有热保护，开启式
5—— 不可逆，无热保护，保护式
6—— 不可逆，有热保护，保护式
7—— 可逆，无热保护，保护式
8—— 可逆，有热保护，保护式
品种代号：起动器等级
设计代号
电磁起动器

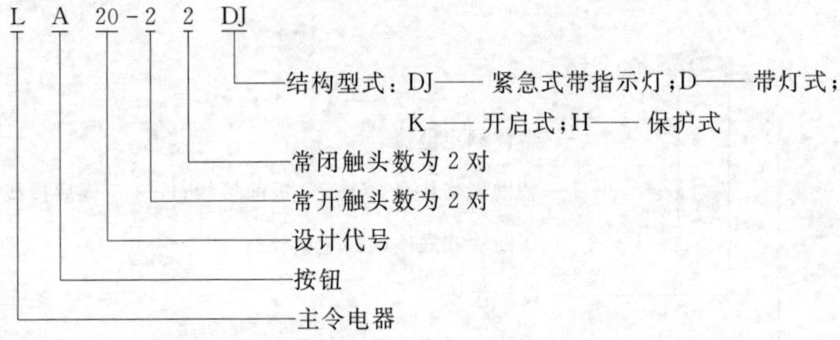
L A 20 - 2 2 DJ
结构型式：DJ—— 紧急式带指示灯；D—— 带灯式；
K—— 开启式；H—— 保护式
常闭触头数为 2 对
常开触头数为 2 对
设计代号
按钮
主令电器

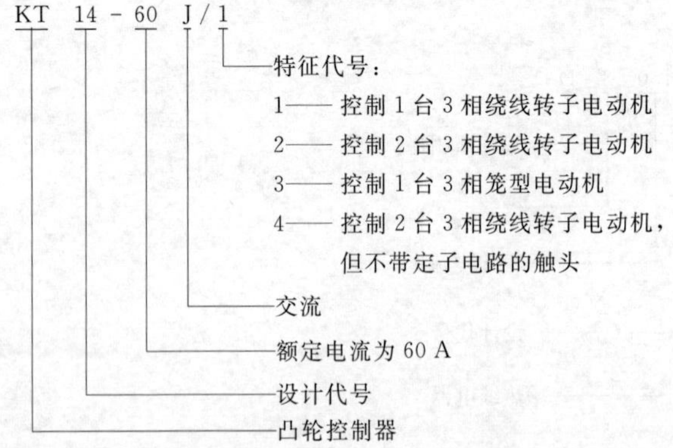
KT 14 - 60 J/1
特征代号：
1—— 控制 1 台 3 相绕线转子电动机
2—— 控制 2 台 3 相绕线转子电动机
3—— 控制 1 台 3 相笼型电动机
4—— 控制 2 台 3 相绕线转子电动机，
但不带定子电路的触头
交流
额定电流为 60 A
设计代号
凸轮控制器

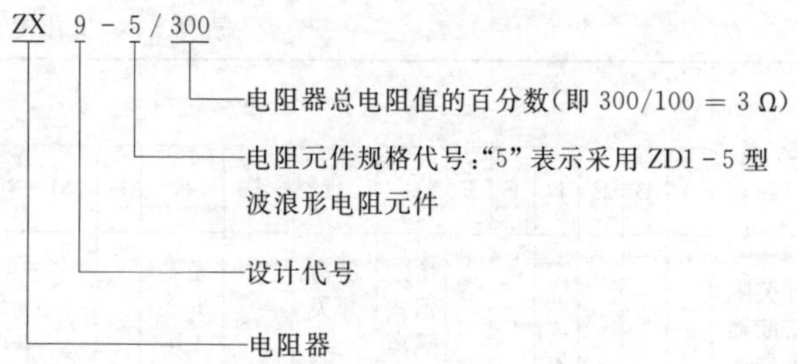


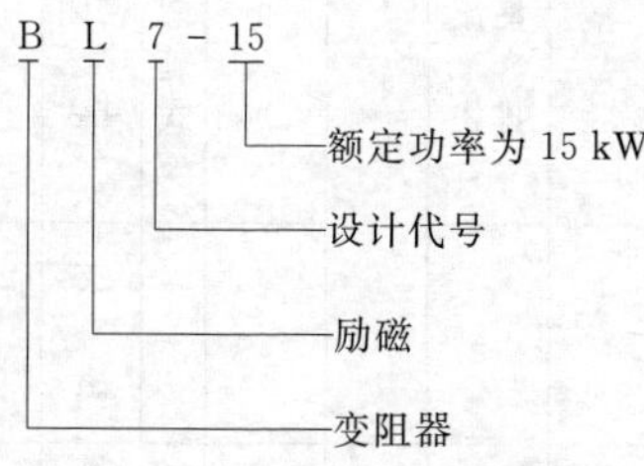


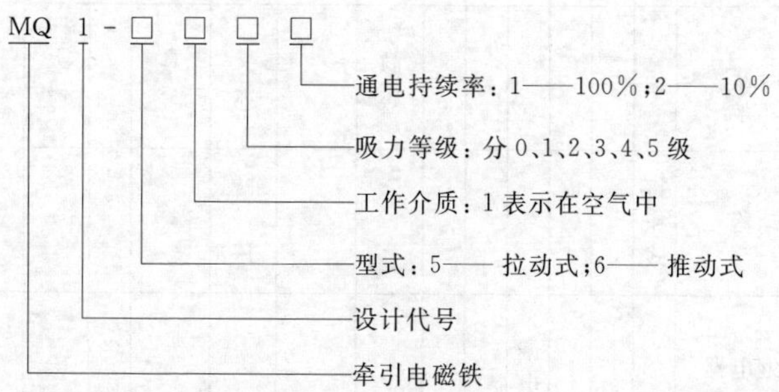


## 二、低压电器产品型号的类组代号和通用派生字母

### 1. 低压电器产品型号类组代号

低压电器产品型号类组代号用汉语拼音字母,见表 7-8。

表7-8 低压电器产

| 类别代号及名称 | | 第一位组别代 | | | | | | | | | | | | | |
|---|---|---|---|---|---|---|---|---|---|---|---|---|---|---|---|
| | | A | B | C | D | E | F | G | H | J | K | L | M | N | P |
| H | 空气式开关隔离器及熔断器组合电器 | | | | 隔离器 | | | 熔断器式隔离器 | 负荷开关（封闭式） | | 负荷开关（开启式） | | | | |
| R | 熔断器 | | | 插入式 | | | | | 汇流排式 | | | 螺旋式 | 密闭管式 | | |
| D | 断路器 | | | | | | | | | | | | 灭磁 | | |
| K | 控制器 | | | | | | | 鼓形 | | | | | | | 平面 |
| C | 接触器 | | | | | | | 高压 | | 交流 | 真空 | | 灭磁 | | 中频 |
| Q | 起动器 | 按钮式 | | 电磁式 | | | | | | 减压 | | | | | |
| J | 控制继电器 | | | | 漏电 | | | | | | | 电流 | | | 频率 |
| L | 主令电器 | 按钮 | | | | | | | | 接近开关 | 主令控制器 | | | | |

品型号类组代号表

| 号及名称 | | | | | | | | | 第二位组别代号及名称 | | | | | | | | |
|---|---|---|---|---|---|---|---|---|---|---|---|---|---|---|---|---|---|
| Q | R | S | T | U | W | X | Y | Z | D | G | J | L | R | S | T | X | Z |
| | 熔断器式开关 | 转换隔离器 | | | | | 其他 | 组合开关 | | | | | | | | | |
| | | 半导体元件保护(快速) | 有填料封闭管式 | | | 熔断信号器 | 其他 | 自复 | | | | | | 半导体元件保护(快速) | | | |
| | | 快速 | | | 万能式 | | 其他 | 塑料外壳式 | | | | 漏电 | | | | 限流 | |
| | | | 凸轮 | | | | 其他 | | | | 交流 | | | | | | 直流 |
| | | 时间 | 通用 | | | | 其他 | 直流 | | 高压 | 交流 | | | | | | |
| | | 手动 | | 油浸 | 无触点 | 星三角 | 其他 | 综合 | | | | | | | | | |
| | 热 | 时间 | 通用 | | 温度 | | 其他 | 中间 | | | | | | | | | |
| | | 主令开关 | 足踏开关 | 旋钮 | 万能转换开关 | 行程开关 | 超速开关 | | | | | | | | | | |

| 类别代号及名称 | | 第一位组别代 | | | | | | | | | | | | | |
|---|---|---|---|---|---|---|---|---|---|---|---|---|---|---|---|
| | | A | B | C | D | E | F | G | H | J | K | L | M | N | P |
| Z | 电阻器 | | 板形元件 | 冲片元件 | 铁铬铝带型元件 | | | 管形元件 | | 锯齿型电阻元件 | | | | | |
| B | 变阻器 | | | 旋臂式 | | | | | | | | 励磁 | | | 频敏 |
| T | 调整器 | | | | 电压 | | | | | | | | | | |
| M | 电磁铁 | | | | | | | | | | | | | | |
| P | 组合电器 | | | | | | | | | | | | | | |
| A | 其他 | | 保护器 | 插销 | 信号灯 | | | | 接线盒 | 交流接触器节电器 | | 电铃 | | | |

注：1. 本表系按目前已有的低压电器产品编制的，随着新产品的开发，表内所列

2. 表中第二位组别代号一般不使用，仅在第一位组别代号不能充分表达时

3. 随着企业引进国外产品或创品牌产品的需要，企业产品型号中的类组代

（续表）

| 号 | 及 | 名 | 称 | | | | | | 第二位组别代号及名称 | | | | | | | | |
|---|---|---|---|---|---|---|---|---|---|---|---|---|---|---|---|---|---|
| Q | R | S | T | U | W | X | Y | Z | D | G | J | L | R | S | T | X | Z |
| | 非线性电力电阻 | 烧结元件 | 铸铁元件 | | | 电阻器 | 硅碳电阻元件 | | | | | | | | | | |
| 起动 | | 石墨 | 起动调速 | 油浸起动 | 液体起动 | 滑线式 | 其他 | | | | | | | | | | |
| | | | | | | | | | | | | | | | | | |
| 牵引 | | | | | 起重 | | 液压 | 制动 | | | | | | | 推动器 | | 直流 |
| | | | | | | | | | | | | | | | | | |
| | | | | | | | | | 多功能电子式 | | | | 热 | | | | |

汉语拼音大写字母将相应增加。
才使用。
号可另作规定。

2. 低压电器产品型号加注通用派生字母对照

低压电器产品型号加注通用派生字母对照见表7-9。

表7-9 低压电器产品型号加注通用派生代号字母对照表

| 派生代号 | 代表意义 |
|---|---|
| A、B、C、D、E、… | 结构设计稍有改进或变化 |
| C | 插入式、抽屉式 |
| D | 达标验证攻关 |
| E | 电子式 |
| J | 交流、防溅式、较高通断能力型、节电型 |
| Z | 直流、防震、正向、重任务、自动复位、组合式、中性接线柱式 |
| W | 失压、无极性、外销用、无灭弧装置 |
| N | 可逆、逆向 |
| S | 三相、双线圈、防水式、手动复位、三个电源、有锁住机构、塑料熔管式、保持式 |
| P | 单相、电压的、防滴式、电磁复位、两个电源、电动机操作 |
| K | 开启式 |
| H | 保护式、带缓冲装置 |
| M | 灭磁、母线式、密封式 |
| Q | 防尘式、手车式、柜式 |
| L | 电流的、摺板式、漏电保护、单独安装式 |
| F | 高返回、带分励脱扣、多纵缝灭弧结构式、防护盖式 |
| X | 限流 |
| G | 高电感、高通断能力型 |
| TH | 湿热带产品代号 |
| TA | 干热带产品代号 |

# 7-3 常用低压电器

## 一、开关、隔离器、隔离开关和熔断器组合

### 1. HD10～14系列刀开关及HS11～13系列刀形转换开关

用于交流50 Hz、交流额定电压380 V、直流440 V,额定电流至1 500 A的成套配电装置中,作为不频繁地手动接通和分断交、直流电路或作隔离开

表 7-10 刀开关和刀形转换开关技术数据

| 型号 | 特征 | 额定电压 (V) | 额定电流 (A) | 极数 | 机械寿命/电寿命① (次) | 通断能力 交流 380 V | 通断能力 交流 500 V | 通断能力 直流 220 V | 通断能力 直流 440 V | 1 s 短时耐受电流 (kA) | 备注 |
|---|---|---|---|---|---|---|---|---|---|---|---|
| HD10 | 单投<br>中央手柄<br>板后接线 | 交流 380<br>直流 250 | 40 | 1<br>2<br>3 | | — | | — | | — | 只有 40 A 一个等级产品;作隔离用 |
| HD11 | 单投<br>中央手柄 | | 100 | 1 | 10 000/1 000 | — | | — | | 6 | 可不带底板,订货时说明“无底板”;作隔离用 |
| | | | 200 | | | | | | | 10 | |
| | | | 400 | 2 | | | | | | 20 | |
| | | | 600 | 3 | 5 000/500 | | | | | 25 | |
| | | | 1 000 | | | | | | | 30 | |
| HD12 | 单投<br>侧方正面杠杆操作机构<br>有灭弧室和无灭弧室两种 | 交流 380、500②<br>直流 440 | 100 | 1 | 10 000/1 000 | $I_e$ (有灭弧室) | $0.5I_e$ (有灭弧室) | $I_e$ (有灭弧室) | $0.5I_e$ (有灭弧室) | 6 | 用于板前维修的开关板 |
| | | | 200 | | | | | | | 10 | |
| | | | 400 | 2 | | | | | | 20 | |
| | | | 600 | 3 | 5 000/500 | $0.3I_e$ (无灭弧室) | (无灭弧室) | $0.2I_e$ (无灭弧室) | (无灭弧室) | 25 | |
| | | | 1 000 | | | | | | | 30 | |
| | | | 1 500 | | 5 000/— | | | | | 40 | |

（续表）

| 型号 | 特征 | 额定电压（V） | 额定电流（A） | 极数 | 机械寿命/电寿命[①]（次） | 通断能力 交流 380 V | 通断能力 交流 500 V | 通断能力 直流 220 V | 通断能力 直流 440 V | 1 s短时耐受电流（kA） | 备注 |
|---|---|---|---|---|---|---|---|---|---|---|---|
| HD13 | 单投<br>中央正面杠杆操作机构<br>有灭弧室和无灭弧室两种 | 交流380、500<br>直流440 | 100 | 1 | 10 000/1 000 | $I_e$ | $0.5I_e$ | $I_e$ | $0.5I_e$ | 6 | 用于正面操作后面维修的开关板 |
| | | | 200 | | | （有灭弧室） | | （有灭弧室） | | 10 | |
| | | | 400 | 2 | | | | | | 20 | |
| | | | 600 | 3 | 5 000/500 | $0.3I_e$（无灭弧室） | | $0.2I_e$（无灭弧室） | | 25 | |
| | | | 1 000 | | | | | | | 30 | |
| HD14 | 单投<br>侧面手柄<br>有灭弧室和无灭弧室两种 | 交流380、500<br>直流440 | 100 | 1<br>2<br>3 | 10 000/1 000 | $I_e$ | $0.5I_e$ | $I_e$ | $0.5I_e$ | 6 | 主要用于动力配电箱 |
| | | | 200 | | | （有灭弧室） | | （有灭弧室） | | 10 | |
| | | | 400 | | | | | | | 20 | |
| | | | 600 | | 5 000/500 | $0.3I_e$（无灭弧室） | | $0.2I_e$（无灭弧室） | | 25 | |
| HS11 | 双投<br>中央手柄 | 交流380、500<br>直流440 | 100 | 1 | 10 000/1 000 | — | | — | | 6 | 可不带底板，订货时说明“无底板”；<br>用于隔离、转换电路 |
| | | | 200 | | | | | | | 10 | |
| | | | 400 | 2 | | | | | | 20 | |
| | | | 600 | 3 | 5 000/500 | | | | | 25 | |
| | | | 1 000 | | | | | | | 30 | |

（续表）

| 型号 | 特征 | 额定电压（V） | 额定电流（A） | 极数 | 机械寿命/电寿命[①]（次） | 通断能力 交流 380 V | 交流 500 V | 直流 220 V | 直流 440 V | 1 s 短时耐受电流（kA） | 备注 |
|---|---|---|---|---|---|---|---|---|---|---|---|
| HS12 | 双投 侧方正面杠杆操作机构 有灭弧室和无灭弧室两种 | 交流 380、500 直流 440 | 100 | 2 | 10 000/1 000 | $I_e$ | $0.5I_e$ | $I_e$ | $0.5I_e$ | 6 | 用于隔离、转换电路 |
| | | | 200 | | | （有灭弧室） | | （有灭弧室） | | 10 | |
| | | | 400 | | | | | | | 20 | |
| | | | 600 | 3 | 5 000/500 | $0.3I_e$（无灭弧室） | | $0.2I_e$（无灭弧室） | | 25 | |
| | | | 1 000 | | | | | | | 30 | |
| HS13 | 双投 中央正面杠杆操作 有灭弧室和无灭弧室两种 | 交流 380、500 直流 440 | 100 | 1 | 10 000/1 000 | $I_e$ | $0.5I_e$ | $I_e$ | $0.5I_e$ | 6 | 用于隔离、转换电路 |
| | | | 200 | | | （有灭弧室） | | （有灭弧室） | | 10 | |
| | | | 400 | 2 | | | | | | 20 | |
| | | | 600 | 3 | 5 000/500 | $0.3I_e$（无灭弧室） | | $0.2I_e$（无灭弧室） | | 25 | |
| | | | 1 000 | | | | | | | 30 | |

① 电寿命是指装有灭弧室的刀开关，在断开 60%额定电流条件下的电气寿命次数。

② 额定电压交流 500 V 用于出口产品。

关用。其中：中央手柄式的单投和双投刀开关主要用于磁力站，不切断带有电流的电路，作为隔离开关之用；侧面操作手柄式刀开关，主要用于动力箱中；中央正面杠杆操作机构刀开关主要用于正面操作、后面维修的开关柜中，操作机构装在正前方；侧方正面操作机构式刀开关主要用于正面两侧操作、前面维修的开关中，操作机构可以在柜的两侧安装；装有灭弧室的刀开关可以切断电流负荷，其他系列刀开关只作隔离开关。

HD11B～HD14B系列为HD11～HD14系列的派生产品，HS11B～HS13B系列为HS11～HS13系列的派生产品。派生产品的安装板尺寸较小，其技术性能相同。HD、HS系列刀开关技术数据见表7-10。

2. HD17系列刀形隔离器和HS17系列刀形转换隔离器

用于交流50 Hz、额定工作电压交流380 V、直流220 V，约定发热电流(HD17系列至1 600 A，HS17系列至1 000 A)在配电设备中作为电源隔离。带灭弧室的产品在规定的条件下可用来接通或分断交流电路。

外形如图7-1、图7-2所示。

(1) HD17系列隔离器的额定短时耐受电流见表7-11。

表7-11 HD17系列隔离器的额定短时耐受电流

| | 额定工作电压 $U_e$ (V) | 约定发热电流 $I_{th}$ (A) | 额定短时耐受电流 电流有效值 (kA) | 标准功率因数 | 电流峰值与有效值之比 | 通电时间 (s) |
|---|---|---|---|---|---|---|
| 交流 | 380 | 100 | 6 | 0.5 | 1.7 | 1 |
| | | 200 | 10 | 0.3 | 1.7 | |
| | | 400 | 20 | 0.3 | 2.0 | |
| | | 630 | 20 | 0.3 | 2.0 | |
| | | 1 000 | 25 | 0.25 | 2.1 | |
| | | 1 600 | 32 | 0.25 | | |

(2) 带有灭弧室的隔离器，其接通与分断能力见表7-12。

表 7-12 带有灭弧室的隔离器的接通与分断能力

| 额定工作电压 $U_e$(V) | 约定发热电流 $I_{th}$(A) | 使用类别 | 额定接通和分断能力 | | | | | | |
|---|---|---|---|---|---|---|---|---|---|
| | | | 接通 | | | 分断 | | | 通断次数 |
| | | | $I/I_e$ | $U/U_e$ | $\cos\varphi$ | $I_c/I_e$ | $U_r/U_e$ | $\cos\varphi$ | |
| 380 | 100 | AC-20 | 1 | 1 | 0.7～0.8 | 1 | 1 | 0.7～0.8 | 接通和分断各5次 |
| | 200 | | | | | | | | |
| | 400 | | | | | | | | |
| | 630 | | | | | | | | |
| | 1 000 | | | | | | | | |

(3) 隔离器的额定熔断短路电流及配合使用的 NT 型低压高分断熔断器规格见表 7-13。

表 7-13 隔离器的额定熔断短路电流及配合使用的 NT 型低压高分断熔断器规格

| 隔离器约定发热电流(A) | 额定熔断短路电流 | | 配用熔断体号码 | 熔断体电流(A) |
|---|---|---|---|---|
| | 电流有效值(kA) | $\cos\varphi$ | | |
| 100 | 50 | 0.25 | NT00 | 100 |
| 200 | | | NT1 | 200 |
| 400 | | | NT2 | 400 |
| 630 | | | NT3 | 630 |
| 1 000 | | | | |
| 1 600 | | | | |

(4) 隔离器的机械寿命分别为 1 000 次(100 A、200 A、400 A)和 500 次(630 A、1 000 A、1 600 A)。对 HS17 系列,其 1/2 次操作于隔离器的上部触

头，1/2次操作于隔离器的下部触头。

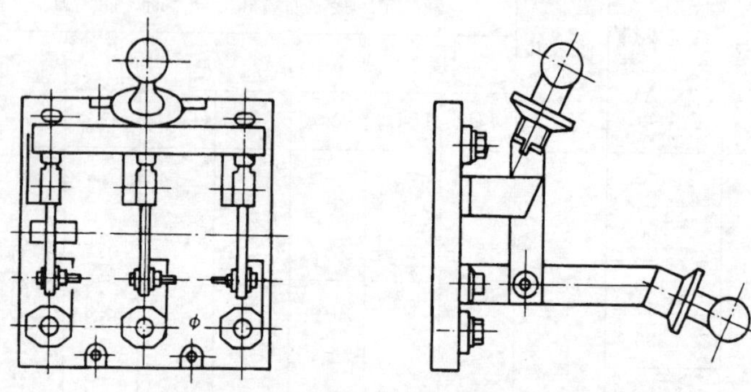

图7-1 中央手柄式板前接线(100～400 A)

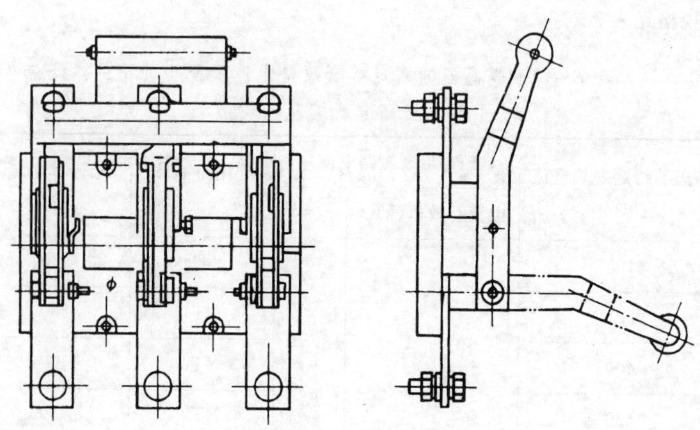

图7-2 中央手柄式板前接线(630～1 000 A)

3. HD18系列隔离器

用于交流50 Hz或60 Hz，交流电压至1 200 V，直流至1 500 V的电力线路中，作为无载操作、隔离电源。

技术数据见表7-14。外形尺寸及安装尺寸如图7-3、图7-4所示。

表 7-14 HD18 系列隔离器的技术数据

| 项目 | | | | | | | | | | | | | |
|---|---|---|---|---|---|---|---|---|---|---|---|---|---|
| 额定工作电流(交流、直流) (A) | | 2 500 | | | | | | 4 000 | | | | | |
| 额定绝缘电压(交流、直流) (V) | | DC 1 500 | | 1 200 | | | | DC 1 500 | | 1 200 | | | |
| 极数 | | 单极 | | 二极 | | 三极 | | 单极 | | 二极 | | 三极 | |
| 操作方式 | | 手动 | 电动 | 手动 | 电动 | 手动 | 电动 | 手动 | 电动 | 手动 | 电动 | 手动 | 电动 |
| 工频耐压试验电压(有效值) (V) | | 5 000 | | 4 200 | | | | 5 000 | | 4 200 | | | |
| 短时耐受电流 (kA) | 1 s 热稳定性电流有效值 | 50 | | | | | | 80 | | | | | |
| | 电动稳定电流峰值 | 105 | | | | | | 176 | | | | | |
| 机械寿命 (次) | | 1 000 | | | | | | | | | | | |

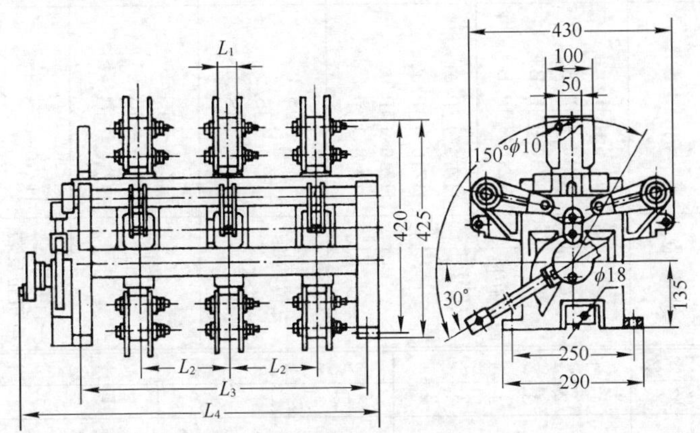


图 7-3 HD18(手动操作)外形尺寸及安装尺寸

4. HZ10 系列组合开关

用于交流 50 Hz、交流额定电压 380 V,直流额定电压 220 V 的电气线路中,供手动操作不频繁地接通或分断电路;换接电源或负载;测量三相电压;改变负载的联接方式。规格及分类见表 7-15,技术数据见表 7-16。外形及安装尺寸如图7-5、图 7-6 所示。

表 7-15 中,"P"表示二种电路转换;"S"表示三种电路转换;"G"表示四种电路转换;"N"表示可逆控制电动机。

表 7－15　HZ10 系列组合开关规格及分类

| 类　　型 | | 型　　号 | 极数 | 层数 |
|---|---|---|---|---|
| 同时通断"J"表示机床开关 | | HZ10－□/1 | 1 | 1 |
| | | HZ10－□/2 | 2 | 2 |
| | | HZ10－□/3 | 3 | 3 |
| | | HZ10－□/4 | 4 | 4 |
| | | HZ10－□/2J | 2 | |
| | | HZ10－□/3J | 3 | |
| 交替通断分母上的第一位数字表示起点时的接通路数，第二位数字表示通断的总路数 | | HZ10－□/12 | | 2 |
| | | HZ10－□/13 | | 3 |
| | | HZ10－□/14 | | 4 |
| | | HZ10－□/24 | | 4 |
| | | HZ10－□/25 | | 5 |
| | | HZ10－□/26 | | 6 |
| 两位转换(P)"有一位断路"的操动机构有限位装置 | 有一位断路 | HZ10－□P/1 | 1 | 1 |
| | | HZ10－□P/2 | 2 | 2 |
| | | HZ10－□P/3 | 3 | 3 |
| | | HZ10－□P/4 | 4 | 4 |

| 类　　型 | | 型　　号 | 极数 | 层数 |
|---|---|---|---|---|
| 两位转换("P") | 有二位断路 | HZ10－□P/B1 | 1 | 1 |
| | | HZ10－□P/B2 | 2 | 2 |
| | | HZ10－□P/B3 | 3 | 3 |
| | | HZ10－□P/B4 | 4 | 4 |
| | 无断路 | HZ10－□P/01 | 1 | 1 |
| | | HZ10－□P/02 | 2 | 2 |
| | | HZ10－□P/03 | 3 | 3 |
| | | HZ10－□P/04 | 4 | 4 |
| 三位转换("S") | | HZ10－□S/1 | 1 | 2 |
| | | HZ10－□S/2 | 2 | 4 |
| | | HZ10－□S/3 | 3 | 6 |
| 四位转换("G") | | HZ10－□G/1 | 1 | 2 |
| | | HZ10－□G/2 | 2 | 4 |
| | | HZ10－□G/3 | 3 | 6 |
| 控制电机正反转("N") | | HZ10－□N/3<br>(HZ10－□N/3X) | 3 | 3 |

| 类　　型 | 型　　号 | 极数 | 层数 |
|---|---|---|---|
| 特殊规格("E")(10、25 A) | HZ10－□/E□<br>(10、25 A) | | |
| 电压表用(10、25 A) | 测三相电压<br>HZ10－03<br>(HZ10－3X) | 3 | 3 |
| | 测三相四线<br>电压 HZ10－04 | 4 | 4 |
| 换接两电阻用(10、25 A) | HZ10－□R2 | | 1 |
| | HZ10－□R3 | | 2 |
| 换接三电阻用(10、25 A) | HZ10－□R4 | | |

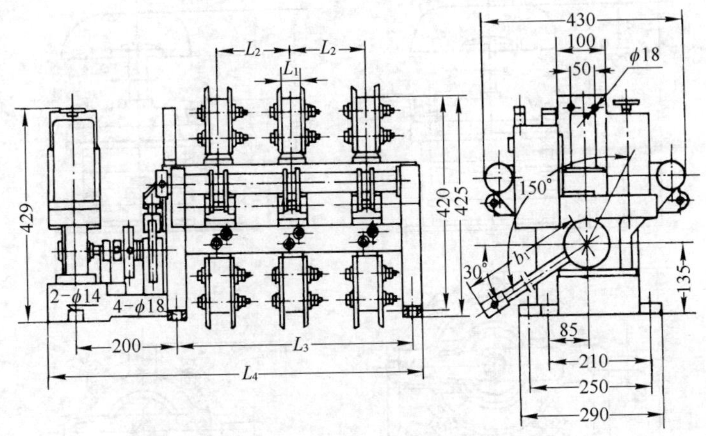


图 7－4　HD18(电动操作)外形尺寸及安装尺寸

表 7－16　HZ10 系列组合开关的技术数据

| 型　　号 | | HZ10－10 | HZ10－25 | HZ10－60 | HZ10－100 |
|---|---|---|---|---|---|
| 额定电压　(V) | | AC 380　DC 220 | | | |
| 额定电流　(A) | | 10 | 25 | 60 | 100 |
| 电寿命(次) | 作配电电器用 | 10 000 | 15 000 | 10 000 | 5 000 |
| | | (AC: 380 V, $\cos\varphi=0.8$; DC: 220 V, $T=0.0025$ s) | | | |
| | 作控制电动机用 | 5 000 | | | |
| 控制电动机功率(kW) | 交　流 | 2.2 | 4 | | |
| | 直　流 | 0.6 | 1.1 | | |
| 通　断能　力 | 交　流 | $5I_e$ | $4I_e$ | $2.5I_e$ | $2.5I_e$ |
| | 直　流 | $1.5I_e$ | | | |
| 操 作 力　(N) | | 35 | 45 | 100 | 110 |

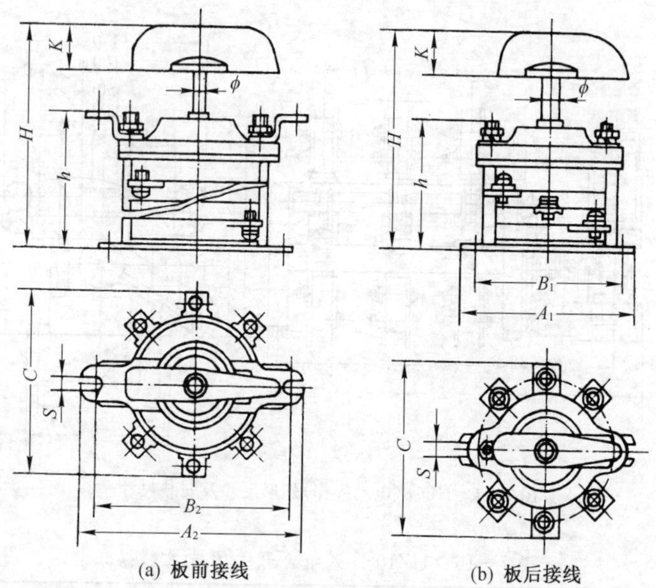


(a) 板前接线　　(b) 板后接线

**图 7-5** HZ10-$\frac{10}{25}$外形尺寸及安装尺寸

图 7-5 附表 (mm)

| 型　　号 | $A_1$ | $A_2$ | $B_1$ | $B_2$ | $\phi$ | $C$ | $S$ | $K$ | $i$ |
|---|---|---|---|---|---|---|---|---|---|
| HZ10-10 | 65 | 86 | 55 | 74 | 6 | 58 | 5 | 16 | 2 |
| HZ10-25<br>HZ10-60/2J3T | 100 | 114 | 90 | 100 | 8 | 92 | 6 | 22 | 3 |
| HZ10-60 | 142 | 153 | 128 | 139 | 9 | 154 | 7 | 28 | 4 |
| HZ10-100 | 142 | 153 | 128 | 139 | 9 | 170 | 7 | 28 | 4 |

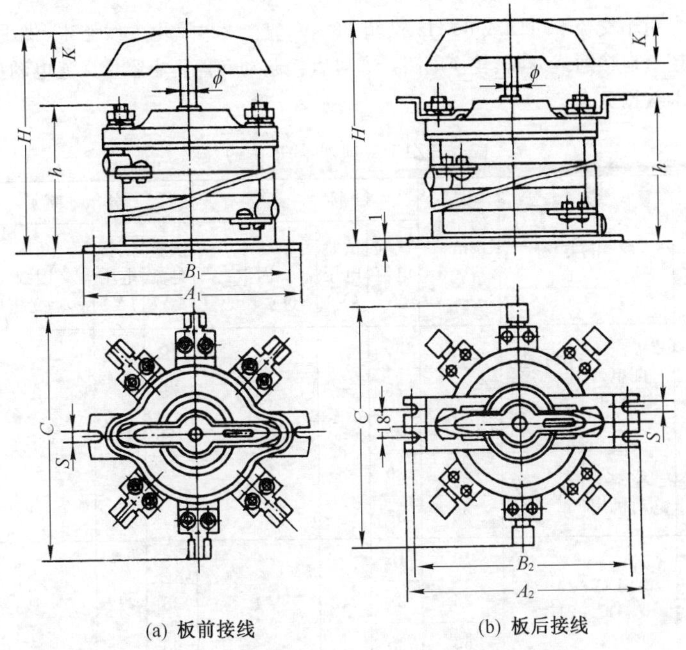


(a) 板前接线　　(b) 板后接线

**图 7-6**　HZ10-$\frac{60}{100}$外形尺寸及安装尺寸

图 7-6 附表　(mm)

| | 1 | | 2 | | 3 | | 4 | | 5 | | 6 | |
|---|---|---|---|---|---|---|---|---|---|---|---|---|
| | *h* | *H* | *h* | *H* | *h* | *H* | *h* | *H* | *h* | *H* | *h* | *H* |
| HZ10-10 (2J、3J) | 33 | 62 | 39 | 68 (79) | 45 | 74 (85) | 51 | 80 | 57 | 86 | 63 | 92 |
| HZ10-25 (2J、3J) | 48 | 88 | 58 | 98 (104) | 68 | 108 (114) | 78 | 118 | 88 | 128 | 98 | 138 |
| HZ10-60 (2J、3J) | 63 | 114 | 78 | 129 | 93 | 144 | 108 | 159 (124) | 123 | 174 | 138 | 189 (144) |
| HZ10-100 | 67 | 118 | 84 | 135 | 101 | 152 | 118 | 169 | 135 | 186 | 152 | 203 |

5. HZ15系列组合开关

用于交流50 Hz或60 Hz、交流380 V，直流220 V电气线路中，供手动不频繁地接通或分断、转换电路。亦可直接起动和停止小容量交流电动机。技术数据见表7-17。

表7-17 HZ15系列组合开关的技术数据

| 电流种类 | 使用类别 | | 约定发热电流(A) | 接通 | | | 分断 | | |
|---|---|---|---|---|---|---|---|---|---|
| | | | | 试验电流(A) | 试验电压(V) | 功率因数 $\cos\varphi\pm0.05$ | 试验电流(A) | 试验电压(V) | 功率因数 $\cos\varphi\pm0.05$ |
| 交流 | 配电电器用 | AC-20<br>AC-21<br>AC-22 | 10 | 30 | 420 | 0.65 | 30 | 420 | 0.65 |
| | | | 25 | 75 | | | 75 | | |
| | | | 30 | 190 | | | 190 | | |
| | 控制电动机用 | AC-3 | 10 | 30 | | | 24 | | |
| | | | 25 | 55 | | | 44 | | |
| 直流 | DC-20<br>DC-21 | | 10 | 15 | 242 | 1 | 15 | 242 | 1 |
| | | | 25 | 38 | | | 38 | | |
| | | | 63 | 95 | | | 95 | | |

6. HG1、HG30系列熔断器式隔离器

1）HG1系列熔断器式隔离器　用于交流50 Hz、额定电压至380 V，约定发热电流至63 A，在高短路电流的配电回路和电动机回路中，作为电源隔离器，并作电路保护。技术数据见表7-18。外形及安装尺寸如图7-7、图7-8所示。

表7-18 HG1系列的技术数据

| 项目 | 单位 | | | |
|---|---|---|---|---|
| 额定电压 | (V) | 380 | | |
| 额定电流 | (A) | 20 | 32 | 63 |
| 额定熔断短路电流 | (kA) | 50($\cos\varphi=0.25$) | | |
| 机械寿命 | (次) | 3 000 | | |

（续表）

| 熔断信号装置 | | | 无 | 有或无 | |
|---|---|---|---|---|---|
| RT14熔断体 | 尺码 | (mm) | 10×38 | 14×51 | 22×58 |
| | 额定电流 | (A) | 2、4、6<br>10、16、20 | 2、4、6、10<br>16、20、25、32 | 10、16、20、25<br>32、40、50、63 |
| | 额定分断能力 | (kA) | 100(cos$\varphi$=0.1～0.2) | | |
| | 耗散功率 | (W) | ≤3 | ≤5 | ≤9.5 |
| 辅助触头 | 电寿命 | (次) | 3 000 | | |
| | 非正常使用条件下通断能力 | | 符合 AC-11 的通断能力规定 | | |
| | 额定熔断短路电流 | (A) | 1 000 | | |
| 微动开关 | 额定电压 | (V) | 220 | | |
| | 额定电流 | (A) | 1 | | |
| | 负载特性 | | 电阻性 | | |

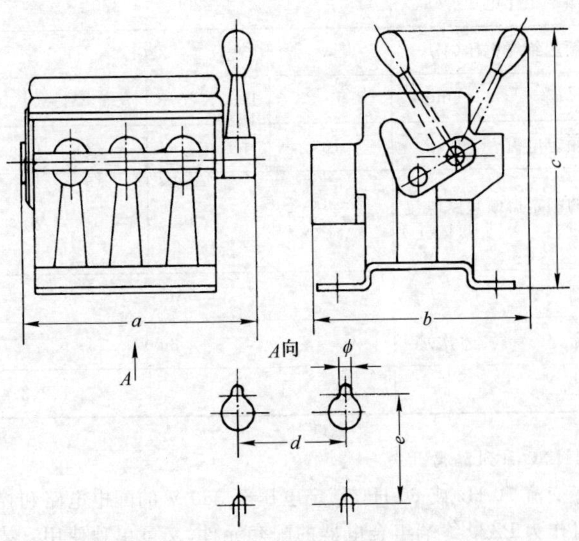


图 7-7 HG1 外形尺寸及安装尺寸

图 7-7 附表 (mm)

| 型号 | $a_{max}$ | $b_{max}$ | $c_{max}$ | $d$ | $e$ | $\phi$ |
|---|---|---|---|---|---|---|
| HG1-20 | 78 | 118 | 95 | — | 80 | 5.5 |
| HG1-32 | 127 | 139 | 136 | 50 | 110 | 7 |
| HG1-63 | 142 | 139 | 152 | 65 | 110 | 7 |

2）HG30 系列熔断器式隔离器 HG30 用于交流 50 Hz、额定电压至 380 V，额定工作电流至 32 A 的照明和动力线路中，作为电源隔离器，并作为线路过载和短路保护。技术数据见表 7-19。安装尺寸及安装轨尺寸如图 7-8 所示。

表 7-19 HG30 系列的技术数据

| 隔离器额定工作电流(A) | 10 | 16 | 20 | 32 |
|---|---|---|---|---|
| 隔离器额定工作电压(V) | 220 380 | | | |
| 隔离器额定绝缘电压(V) | 380 | | | |
| 熔断体尺码 (mm) | 8.5×23 | 10.3×25.8 | 8.5×31.5 | 10.3×38 |
| 熔断体额定电流 (A) | 10 | 16 | 20 | 32 |
| 隔离器的额定熔断短路电流 (kA) | 6 | | 20 | |
| 使用类别 | AC-20 | | | |
| 机械寿命 (次) | 3 000 | | | |
| 极数 | 1、2 | | 1、2、3、4 | |

7. HL30 系列隔离开关

用于交流 50 Hz 或 60 Hz，额定电压至 380 V 的配电电路和控制电路中。既可作为 PZ20 终端组合电器的配套元件，又可单独使用。技术数据见表 7-20。

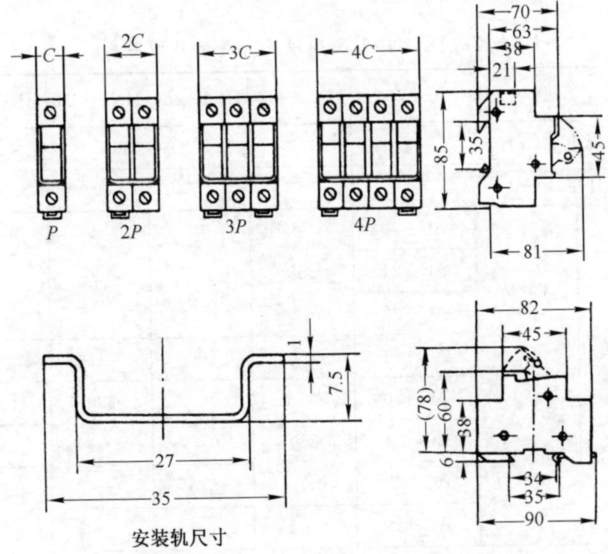


图 7－8 HG30 系列安装尺寸及安装轨尺寸

表 7－20 HL30 系列技术数据

| 额定工作电压 $U_e$(V) | 额定工作电流 $I_e$(A) | 使用类别 | 额定通断能力 | 机械寿命(次) |
|---|---|---|---|---|
| 220、380 | 63、100 | AC－22 | $1.1U_e$、$3I_e$ $\cos\varphi=0.65$ | 1 000 |

8. HX1 系列旋转式隔离开关

用于交流 50 Hz、额定电压至 660 V 的配电系统中，在新型动力配电箱和带防护型外壳的组合电器中，做电路隔离和不频繁接通、分断负载电路之用。

开关的操作机构置于开关本体的左侧，采用正面手柄旋转操作方式。当手柄在垂直位置时，开关闭合；当手柄在水平位置时，开关断开。采用储能操作方式，断开速度与操作速度无关。主触头采用去离子栅灭弧室，可以不频繁或应急操作电动机，与 XSB－1 手柄配合，可用于门外操作并可打开框门的成套装置。

其技术数据见表 7-21。

表 7-21 HX1 系列隔离开关的技术数据

<table>
<tr><th colspan="3">型 号</th><th>HX1-250</th><th>HX1-400</th><th>HX1-630</th><th>HX1-1000</th></tr>
<tr><td colspan="3">额定绝缘电压(V)</td><td colspan="4">AC 660</td></tr>
<tr><td colspan="3">额定工作电压(V)</td><td colspan="4">AC 380、660</td></tr>
<tr><td rowspan="8">额定工作电流(A)</td><td rowspan="4">380 V</td><td>AC-20</td><td rowspan="3">250</td><td rowspan="3">400</td><td rowspan="3">630</td><td>1 000</td></tr>
<tr><td>AC-21</td><td rowspan="2">—</td></tr>
<tr><td>AC-22</td></tr>
<tr><td>AC-23</td><td>200</td><td>200</td><td>315</td><td>—</td></tr>
<tr><td rowspan="4">660 V</td><td>AC-20</td><td rowspan="3">250</td><td rowspan="2">400</td><td>630</td><td>1 000</td></tr>
<tr><td>AC-21</td><td>—</td><td>—</td></tr>
<tr><td>AC-22</td><td>315</td><td>—</td><td>—</td></tr>
<tr><td>AC-23</td><td>100</td><td>100</td><td>—</td><td>—</td></tr>
<tr><td colspan="3">$I_s$ 额定短时耐受电流(有效值)(kA)</td><td colspan="2">8</td><td>12.6</td><td>14</td></tr>
<tr><td colspan="3">额定熔断短路电流(kA)</td><td colspan="4">50</td></tr>
<tr><td rowspan="4">额定接通/分断能力 $I/I_e$</td><td colspan="2">AC-21</td><td colspan="4">1.5/1.5</td></tr>
<tr><td colspan="2">AC-22</td><td colspan="4">3/3</td></tr>
<tr><td rowspan="2">AC-23</td><td>$I_e$=100 A</td><td colspan="4">10/8</td></tr>
<tr><td>$I_e$>100 A</td><td colspan="4">8/6</td></tr>
<tr><td colspan="3">机械操作循环次数(次)</td><td colspan="4">3 000</td></tr>
<tr><td colspan="3">电操作循环次数(次)</td><td colspan="4">300</td></tr>
</table>

9. HY2 系列倒顺开关

用于交流 50 Hz 或 60 Hz、额定电压至 380 V 的电路中,可直接通断单台异步电动机,使其起动、运转、停止及反向。

技术数据见表 7-22。

表 7-22 HY2 系列技术数据

<table>
<tr><th rowspan="2">型 号</th><th rowspan="2">约定发热电流(A)</th><th rowspan="2">额定工作电流(A)</th><th colspan="2">额定控制功率(kW)</th><th rowspan="2">机械寿命(万次)</th><th colspan="4">电寿命(次)</th></tr>
<tr><th>380 V</th><th>220 V</th><th>接 通</th><th>分 断</th><th>AC-3</th><th>AC-4</th></tr>
<tr><td>HY2-15</td><td>15</td><td>7</td><td>3</td><td>1.8</td><td rowspan="2">10</td><td rowspan="2">$I/I_e=6$<br>$U/U_e=1$<br>$\cos\varphi=$<br>$0.65\pm0.35$</td><td rowspan="2">AC-3:<br>$I/I_e=1$<br>$U/U_e=0.17$<br>AC-4:<br>$I/I_e=0.17$<br>$U/U_e=1$<br>$\cos\varphi=$<br>$0.65\pm0.05$</td><td rowspan="2">1 200</td><td rowspan="2">240</td></tr>
<tr><td>HY2-30</td><td>30</td><td>12</td><td>5.5</td><td>3</td></tr>
</table>

10. HK2、HK4、HK6、HK8 系列负荷开关

用于交流 50 Hz、额定电压 220 V 或 380 V，额定电流至 63 A 的电路中，作为总开关、支路开关以及各种用电器具的操作开关。也可作为手动不频繁地接通与分断有负载电路与小容量线路的短路保护之用。

技术数据：HK2 系列见表 7-23，HK4、HK6、HK8 系列见表 7-24。HK4 系列外形及安装尺寸如图 7-9 所示。

表 7-23 HK2 系列技术数据

<table>
<tr><th rowspan="2">额定电流(A)</th><th rowspan="2">极数</th><th rowspan="2">额定电压(V)</th><th rowspan="2">控制交流感应电动机功率(kW)</th><th colspan="2">熔丝规格</th><th rowspan="2">熔丝短路分断能力(A)</th><th rowspan="2">开关最大分断能力(A)</th></tr>
<tr><th>含铜量不少于%</th><th>线径不大于(mm)</th></tr>
<tr><td>10</td><td>2</td><td>220</td><td>1.1</td><td>99.9</td><td>0.25</td><td>500</td><td rowspan="3">$4I_e$</td></tr>
<tr><td>15</td><td>2</td><td>220</td><td>1.5</td><td>99.9</td><td>0.41</td><td>500</td></tr>
<tr><td>30</td><td>2</td><td>220</td><td>3.0</td><td>99.9</td><td>0.56</td><td>1 000</td></tr>
<tr><td>15</td><td>3</td><td>380</td><td>2.2</td><td>99.9</td><td>0.45</td><td>500</td><td rowspan="2">$2I_e$</td></tr>
<tr><td>30</td><td>3</td><td>380</td><td>4.0</td><td>99.9</td><td>0.71</td><td>1 000</td></tr>
<tr><td>60</td><td>3</td><td>380</td><td>5.5</td><td>99.9</td><td>1.12</td><td>1 500</td><td>$1.5I_e$</td></tr>
</table>

注：1. 熔丝另配。
2. $\cos\varphi=0.6$。

表 7-24 HK4、HK6、HK8系列技术数据

| 产品规格 | 额定工作电压(V) | 额定工作电流 $I_e$(A) | 额定熔断短路能力 $\cos\varphi=0.5$ 试验电流(A) | 额定通断能力 $\cos\varphi=0.65$ $I/I_e$ | 绝缘性能(MΩ) | 介电性能(V) | 机械寿命(次) | 电寿命(次) | 操作力(N) |
|---|---|---|---|---|---|---|---|---|---|
| -10/2 | 220 | 10 | 1 000 | 4 | ≥100 | 2 000 | 10 000 | 2 000 | 3.9～24.5 |
| -16/2 | | 16 | 1 500 | | | | | | 3.9～34.3 |
| -32/2 | | 32 | 2 000 | | | | | | 7.8～34.3 |
| -63/2 | | 63 | 2 500 | | | | | | 11.8～44.1 |
| -16/3 | 380 | 16 | 1 500 | 3 | | 2 500 | | | 7.8～44.1 |
| -32/3 | | 32 | 2 000 | | | | | | 11.8～49 |
| -63/3 | | 63 | 2 500 | | | | | | 19.6～78.5 |

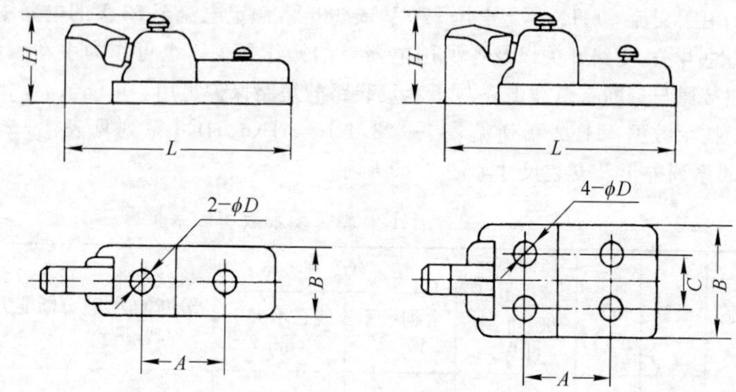


**图 7-9** HK4外形尺寸及安装尺寸

图 7-9 附表 (mm)

| 额定电压(V) | 极数 | 额定电流(A) | 外形尺寸 L | 外形尺寸 H | 外形尺寸 B | 安装尺寸 A | 安装尺寸 C | 安装尺寸 D |
|---|---|---|---|---|---|---|---|---|
| 220 | 2 | 10 | 122 | 47 | 44 | 76 | | 4 |
| | | 16 | 138 | 50 | 46 | 84 | | 4 |

（续表）

| 额定电压(V) | 极 数 | 额定电流(A) | 外 形 尺 寸 | | | 安 装 尺 寸 | | |
|---|---|---|---|---|---|---|---|---|
| | | | *L* | *H* | *B* | *A* | *C* | *D* |
| 220 | 2 | 32 | 159 | 56 | 54 | 104 | | 5 |
| | | 63 | 205 | 70 | 67 | 110 | | 5 |
| 380 | 3 | 16 | 152 | 50 | 70 | 93 | 24 | 4 |
| | | 32 | 174 | 56 | 82 | 117 | 28 | 5 |
| | | 63 | 219 | 70 | 108 | 130 | 38 | 5 |

11. HH3 系列封闭式负荷开关

用于交流 50～60 Hz、额定绝缘电压 500 V，额定工作电压至 415 V，额定工作电流至200 A 的电路中，作为手动不频繁地接通和分断负载电路，并作过载与短路保护。技术数据见表 7-25、表 7-26、表 7-27。

(1) 额定工作电压二极为 220 V，三极为 380 V；出口产品二极为250 V，三极为 415 V。

(2) 负荷开关的机械寿命：额定工作电流 60 A 及以下的不小于 10 000 次，100 A 及以上的不小于 5 000 次，其操作频率为 2 次/min。

表 7-25　HH3 系列的接通与分断能力

| 额定工作电流(A) | 三极试验电压(V) | 二极试验电压(V) | 接通与分断电流(A) | cos φ | 通断次数 | 间隔时间(s) |
|---|---|---|---|---|---|---|
| 10 | 1.1×380±5% | 1.1×220±5% | 40 | 0.4±0.05 | 10 | 60 |
| 15 | | | 60 | | | |
| 20 | | | 80 | | | |
| 30 | | | 120 | | | |
| 60 | | | 240 | | | |
| 100 | | | 250 | | | |
| 200 | | | 300 | | | |

表 7-26 HH3 系列的额定熔断电流

| 额定工作电流(A) | 三极试验电压(V) | 二极试验电压(V) | 熔断短路电流(A) | cos φ | 熔断次数(次) |
|---|---|---|---|---|---|
| 10 | 1.1×380±5% | 1.1×220±5% | 500 | 0.8~0.05 | 2 |
| 15 | | | 1 000 | | |
| 20 | | | 1 000 | | |
| 30 | | | 2 000 | | |
| 60 | | | 3 000 | | |
| 100 | | | 4 000 | | |
| 200 | | | 6 000 | | |

表 7-27 HH3 系列的电寿命

| 额定工作电流(A) | 三极额定电压(V) | 二极额定电压(V) | 通断电流(A) | cos φ | 操作循环次数(次) | 操作频率(次/min) |
|---|---|---|---|---|---|---|
| 10 | 380(415) | 220(250) | 10 | 0.4±0.05 | 5 000 | 2 |
| 15 | | | 15 | | | |
| 20 | | | 20 | | | |
| 30 | | | 30 | | | |
| 60 | | | 60 | | | |
| 100 | | | 100 | 0.8±0.05 | 2 500 | |
| 200 | | | 200 | | | |

12. HH12、HH12D 系列封闭式负荷开关及开关熔断器组

1) HH12、HH12D 系列封闭式负荷开关　用于交流 50 Hz 或 60 Hz、额定绝缘电压 500 V，额定工作电压 415 V，额定工作电流至 200 A 的配电回路中作电源开关和不频繁地接通和分断负载电路，并作为线路的过载与短路保护。

技术数据见表 7-28、表 7-29，带“D”为派生型产品。

表 7-28 HH12 系列的技术数据

<table>
<tr><th>产品型号</th><th>额定工作电压(V)</th><th>额定工作电流(A)</th><th>额定熔断短路电流 $\cos\varphi=0.25$ (kA)</th><th>额定通断能力 $\cos\varphi=0.35\sim0.65$ (A)</th><th>介电性能(V)</th><th>机械寿命(次)</th><th>电寿命(次)</th><th>操作力不大于(N)</th></tr>
<tr><td>HH12-20/3</td><td rowspan="5">415</td><td>20</td><td rowspan="5">50</td><td>80</td><td rowspan="5">2 500</td><td rowspan="3">10 000</td><td rowspan="2">5 000</td><td>80</td></tr>
<tr><td>HH12-32/3</td><td>32</td><td>140</td><td>120</td></tr>
<tr><td>HH12-63/3</td><td>63</td><td>250</td><td rowspan="3">2 000</td><td>160</td></tr>
<tr><td>HH12-100/3</td><td>100</td><td>400</td><td rowspan="2">3 000</td><td>200</td></tr>
<tr><td>HH12-200/3</td><td>200</td><td>800</td><td>240</td></tr>
</table>

表 7-29 HH12D 系列的技术数据

<table>
<tr><th>产品型号</th><th>额定工作电压(V)</th><th>额定工作电流(A)</th><th>额定熔断短路电流 $\cos\varphi=0.5$ (A)</th><th>额定通断能力 $\cos\varphi=0.35\sim0.65$ (A)</th><th>介电性能(V)</th><th>机械寿命(次)</th><th>电寿命(次)</th><th>操作力不大于(N)</th></tr>
<tr><td>HH12D-20/3</td><td rowspan="5">415</td><td>20</td><td rowspan="2">1 500</td><td>80</td><td rowspan="5">2 500</td><td rowspan="3">10 000</td><td rowspan="2">5 000</td><td>80</td></tr>
<tr><td>HH12D-32/3</td><td>32</td><td>140</td><td>120</td></tr>
<tr><td>HH12D-63/3</td><td>63</td><td rowspan="3">2 500</td><td>250</td><td rowspan="3">2 000</td><td>160</td></tr>
<tr><td>HH12D-100/3</td><td>100</td><td>400</td><td rowspan="2">3 000</td><td>200</td></tr>
<tr><td>HH12D-200/3</td><td>200</td><td>800</td><td>240</td></tr>
</table>

2) HH10、HH10D 系列开关熔断器组　用于交流 50 Hz(或 60 Hz)、额定绝缘电压为 500 V、额定工作电压 415 V(包括 380 V),额定工作电流 32～100 A。在配电电路中作电源开关和不频繁地接通和分断负载电路,并作为线路的过载与短路保护。

装有中性接线柱的开关熔断器组,可作为一般照明回路的控制开关。技术数据见表 7-30～表 7-32。

表 7-30　HH10、HH10D 系列的额定接通和分断能力

| 额定工作电流(A) | 使用类别 | 接通前电压(V) | 接通电流(A) | 恢复电压(V) | 分断电流(A) | cos φ |
|---|---|---|---|---|---|---|
| 20 | AC-21 | 1.1×415<br>±5% | 30 | 1.1×415<br>±5% | 30 | 0.95±0.05 |
| 32 | | | 48 | | 48 | |
| 63 | | | 95 | | 95 | |
| 100 | | | 150 | | 150 | |
| 20 | AC-22 | | 60 | | 60 | 0.65±0.05 |
| 32 | | | 96 | | 96 | |
| 63 | | | 190 | | 190 | |
| 100 | | | 300 | | 300 | |
| 20 | AC-23 | | 80 | | 64 | 0.65±0.05 |
| 32 | | | 140 | | 112 | 0.35±0.05 |
| 63 | | | 250 | | 200 | |
| 100 | | | 400 | | 320 | |

表 7-31　HH10D 系列的额定熔断短路电流

| 型号规格 | 恢复电压(V) | | 额定熔断短路电流(kA) | | cos φ | | 次数 |
|---|---|---|---|---|---|---|---|
| | 标准值 | 偏　差 | 标准值 | 偏　差 | 标准值 | 偏　差 | |
| HH10D-20 | 1.1×415 | $^{+5\%}_{0}$ | 50 | $^{+5\%}_{0}$ | 0.25 | −0.05 | 2 |
| HH10D-32 | | | | | | | |
| HH10D-63 | | | | | | | |
| HH10D-100 | | | | | | | |

开关熔断器组的机械寿命为 63 A 及以下，操作循环 10 000 次；100 A 操作循环 3 000 次，操作频率 2 次/min。

表 7-32　HH10、HH10D 系列的电操作性能

| 额定工作电流(A) | 使用类别 | 接通前及分断后电压(V) | 通断电流(A) | cos φ | 操作循环次数 | 操作频率(次/min) |
|---|---|---|---|---|---|---|
| 20 | AC-21 | 415+5% | 20 | 0.95(0.65)±(0.05) | 5 000 | 2 |
| 32 | | | 32 | | | |

（续表）

| 额定工作电流(A) | 使用类别 | 接通前及分断后电压(V) | 通断电流(A) | cos φ | 操作循环次数 | 操作频率(次/min) |
|---|---|---|---|---|---|---|
| 63 | AC-21 | 415+5% | 63 | 0.95(0.65)±(0.05) | 5 000 | 2 |
| 100 | | | 100 | | 2 000 | |
| 20 | AC-22 | | 20 | 0.65±0.05 | 5 000 | |
| 32 | | | 32 | | | |
| 63 | | | 63 | | | |
| 100 | | | 100 | | 2 000 | |
| 20 | AC-23 | | 20 | 0.65(0.35)±(0.65) | 5 000 | |
| 32 | | | 32(14) | | | |
| 63 | | | 63(25) | 0.35±0.05 | | |
| 100 | | | 100(40) | | 2 000 | |

注：(　　)内数据为 HH10 的值。

13. HH15 系列开关熔断器组

用于交流 50 Hz、额定绝缘电压 660 V，额定工作电压为 380 V，额定工作电流至 630 A 或额定工作电压为 660 V、额定工作电流至 400 A 的电力线路中，供在有高短路电流的电气装置中作配电和电动机的电源开关和应急开关，并作电路保护。本系列开关为旋转操作式，适用于抽屉式开关柜安装使用。外形及安装尺寸如图 7-10～图 7-12 所示。

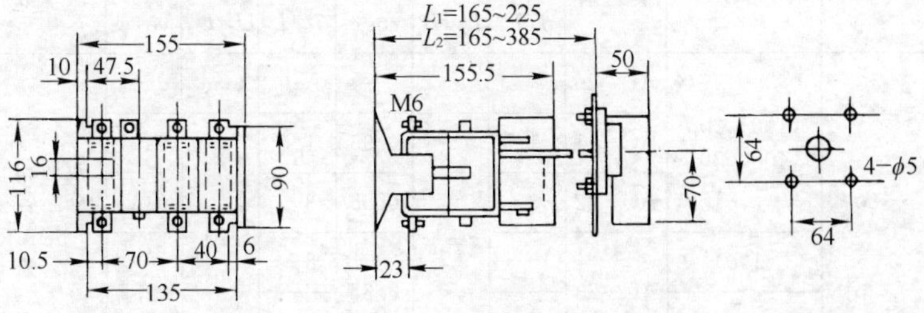


**图 7-10**　HH15 100 A 外形尺寸及安装尺寸

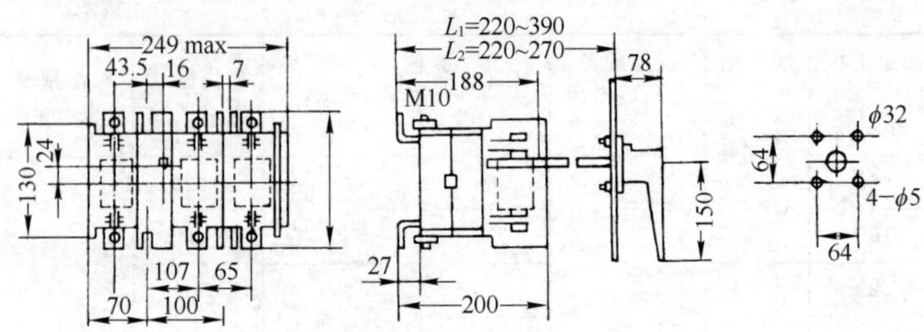


图 7-11　HH15 200、400 A 外形尺寸及安装尺寸

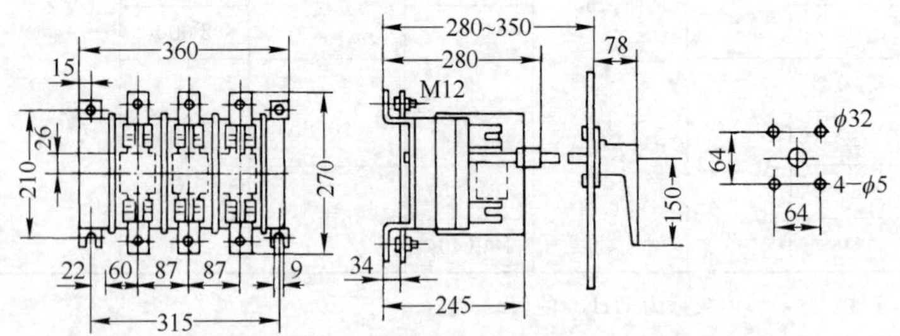


图 7-12　HH15 630 A 外形尺寸及安装尺寸

（1）额定接通和分断能力见表 7-33。

表 7-33　HH15 系列的额定接通和分断能力

| 额定工作电压（V） | 额定工作电流（A） | 使用类别 | 额定接通和分断能力 | | | | | | 通断次数 |
|---|---|---|---|---|---|---|---|---|---|
| | | | 接通 | | | 分断 | | | |
| | | | $I/I_e$ | $U/U_e$ | $\cos\varphi$ | $I_c/I_e$ | $U_r/U_e$ | $\cos\varphi$ | |
| 380 | (100)、200<br>400、630 | AC-20 | — | — | — | — | — | — | 接通和分断各5次 |
| | | AC-21 | 1.5 | 1.1 | 0.95 | 1.5 | 1.1 | 0.95 | |
| | | AC-22 | 3 | | 0.65 | 3 | | 0.65 | |
| | (100) | AC-23 | 10 | | 0.35 | 8 | | 0.35 | |
| | 200、400、630 | | 8 | | | 6 | | | |

（续表）

| 额定工作电压（V） | 额定工作电流（A） | 使用类别 | 额定接通和分断能力 | | | | | | 通断次数 |
|---|---|---|---|---|---|---|---|---|---|
| | | | 接通 | | | 分断 | | | |
| | | | $I/I_e$ | $U/U_e$ | $\cos\varphi$ | $I_c/I_e$ | $U_r/U_e$ | $\cos\varphi$ | |
| 660 | (80)、125 315、400 | AC-20 | — | — | — | — | — | — | 接通和分断各5次 |
| | | AC-21 | 1.5 | 1.1 | 0.95 | 1.5 | 1.1 | 0.95 | |
| | | AC-22 | 3 | | 0.65 | 3 | | 0.65 | |
| | (80) | AC-23 | 10 | | 0.35 | 8 | | 0.35 | |
| | 125、315、400 | | 8 | | | 6 | | | |

（2）机械寿命见表7-34。

表7-34 HH15系列机械寿命

| 约定发热电流（A） | | 机械寿命（次） |
|---|---|---|
| 100 | 200 | 10 000 |
| 400 | 630 | 3 000 |

（3）开关的电操作循环次数100 A、200 A不少于500次；400 A、630 A不少于150次，其通断条件见表7-35。

表7-35 HH15系列电操作循环次数条件

| 额定工作电压（V） | 额定工作电流（A） | 使用类别 | 接通 | | | 分断 | | |
|---|---|---|---|---|---|---|---|---|
| | | | $I/I_e$ | $U/U_e$ | $\cos\varphi$ | $I_c/I_e$ | $U_r/U_e$ | $\cos\varphi$ |
| 380 660 | 全部值 | AC-20 | — | — | — | — | — | — |
| | | AC-21 | 1 | 1 | 0.95 | 1 | 1 | 0.95 |
| | | AC-22 | | | 0.65 | | | 0.65 |
| | | AC-23 | | | 0.35 | | | 0.35 |

（4）开关的额定熔断短路电流符合表7-36规定。

（5）开关的辅助开关的额定工作电压为交流380 V、额定发热电流为6 A，额定控制容量为300 V·A。具有一对常开、一对常闭触头。

表 7-36 HH15 系列额定熔断短路电流

| 额定工作电压 (V) | 额定熔断短路电流有效值 (kA) | 功率因数 $\cos\varphi$ |
|---|---|---|
| 380 | 100 | 0.2 |
| 660 | 50 | 0.25 |

14. HR11 系列熔断器式开关

用于电气设备的配电系统中，作为手动不频繁地接通与分断负载电路及线路的过载保护。其主要技术数据见表 7-37。

表 7-37 HR11 系列熔断器式开关的技术数据

| 型号 | 额定工作电压 (V) | 额定工作电流 (A) | 额定接通与分断电流(A) | | | | | | | | 极限分断能力(kA) $\cos\varphi=0.25$ |
|---|---|---|---|---|---|---|---|---|---|---|---|
| | | | 接通电流 | | | | 分断电流 | | | | |
| | | | AC-22 | | AC-23 | | AC-22 | | AC-23 | | |
| HR11-100 | AC 415 | 100 | $\cos\varphi=0.65$ | 300 | $\cos\varphi=0.35$ | 400 | $\cos\varphi=0.65$ | 300 | $\cos\varphi=0.35$ | 320 | 50 |
| HR11-200 | | 200 | | 600 | | 800 | | 600 | | 640 | |
| HR11-315 | | 315 | | 945 | | 1 000 | | 945 | | 800 | |
| HR11-400 | | 400 | | 1 200 | | 1 300 | | 1 200 | | 1 000 | |

15. HR3 系列熔断器式刀开关

用于交流 50 Hz、额定电压 380 V 或直流 440 V，额定电流至 1 000 A 的配电网络中，作为电缆、导线及用电设备的过载和短路保护。在正常的情况下，可供不频繁地手动接通和分断额定电流及小于额定电流的电路。技术数据见表 7-38。

表 7-38 HR3 系列的技术参数

| 型号 | 刀开关与熔断体额定电流 (A) | 熔体额定电流 (A) | 刀开关分断能力 (A) | | 熔断器分断能力 (kA) | |
|---|---|---|---|---|---|---|
| | | | AC380 V $\cos\varphi\geqslant0.6$ | DC440 V $T\leqslant0.0045$ s | AC380 V $\cos\varphi\leqslant0.3$ | DC440 V $T=0.015\sim0.02$ s |
| HR3-100 | 100 | 30、40、50 60、80、100 | 100 | 100 | 50 | 25 |

（续表）

<table>
<tr><th rowspan="2">型　　号</th><th rowspan="2">刀开关与熔断体额定电流（A）</th><th rowspan="2">熔体额定电流（A）</th><th colspan="2">刀开关分断能力（A）</th><th colspan="2">熔断器分断能力（kA）</th></tr>
<tr><th>AC380 V $\cos\varphi \geqslant 0.6$</th><th>DC440 V $T \leqslant 0.0045$ s</th><th>AC380 V $\cos\varphi \leqslant 0.3$</th><th>DC440 V $T=0.015 \sim 0.02$ s</th></tr>
<tr><td>HR3-200</td><td>200</td><td>80、100、120<br>150、200</td><td>200</td><td>200</td><td rowspan="3">50</td><td rowspan="4">25</td></tr>
<tr><td>HR3-400</td><td>400</td><td>150、200、250<br>300、350、400</td><td>400</td><td>400</td></tr>
<tr><td>HR3-600</td><td>600</td><td>350、400、450<br>500、550、600</td><td>600</td><td>600</td></tr>
<tr><td>HR3-1000</td><td>1 000</td><td>700、800、900<br>1 000</td><td>1 000</td><td>1 000</td><td>25</td></tr>
</table>

16. HR5、HR6 系列熔断器式隔离开关

用于交流 50 Hz、额定工作电压至 660 V，约定发热电流至 630 A，短路电流大的配电电路和电动机电路中，用作电源开关、隔离开关和应急开关，并作为电路保护，但一般不适用于直接接通和断开单台电动机。其技术数据见表 7-39。外形尺寸及安装尺寸如图 7-13 所示。

表 7-39 HR5、HR6 系列的技术数据

<table>
<tr><td colspan="2">额定电压</td><td>（V）</td><td colspan="5">380/660</td></tr>
<tr><td colspan="2">约定发热电流 $I_{th}$</td><td>（A）</td><td>100</td><td>160</td><td>250</td><td>400</td><td>630</td></tr>
<tr><td rowspan="2">额定工作电流 $I_n$</td><td>380 V</td><td rowspan="2">（A）</td><td>100</td><td>160</td><td>250</td><td>400</td><td>630</td></tr>
<tr><td>660 V</td><td>100</td><td>100</td><td>200</td><td>315</td><td>425</td></tr>
<tr><td rowspan="3">通断能力</td><td>接通（AC-23/380 V）</td><td rowspan="3">$\times I_n$</td><td>10</td><td>8</td><td>8</td><td>8</td><td>8</td></tr>
<tr><td>分断</td><td>8</td><td>6</td><td>6</td><td>6</td><td>6</td></tr>
<tr><td>分断、接通（AC-22/660 V）</td><td>3</td><td>3</td><td>3</td><td>3</td><td>3</td></tr>
<tr><td colspan="2">电寿命<br>（AC-23/380 V，AC-22/660 V）</td><td>（次）</td><td>660</td><td>600</td><td>200</td><td>200</td><td></td></tr>
</table>

（续表）

| 机械寿命 | | （次） | 3 000 | 3 000 | 1 000 | 1 000 |
|---|---|---|---|---|---|---|
| 额定熔断短路电流 | | （kA） | 50(cos $\varphi$=0.25) | | | |
| 配用熔断体的尺码 | | | 00 | 1 | 2 | 3 |
| 辅助开关 | 额定电压 | （V） | 380 | | | |
| | 额定电流 | （A） | 5 | | | |
| | 负载容量 | （V·A） | 300 | | | |

注：HR5 系列的额定发热电流为 100、200、400、630 A。HR6 系列的额定发热电流为 160、250、400、630 A。

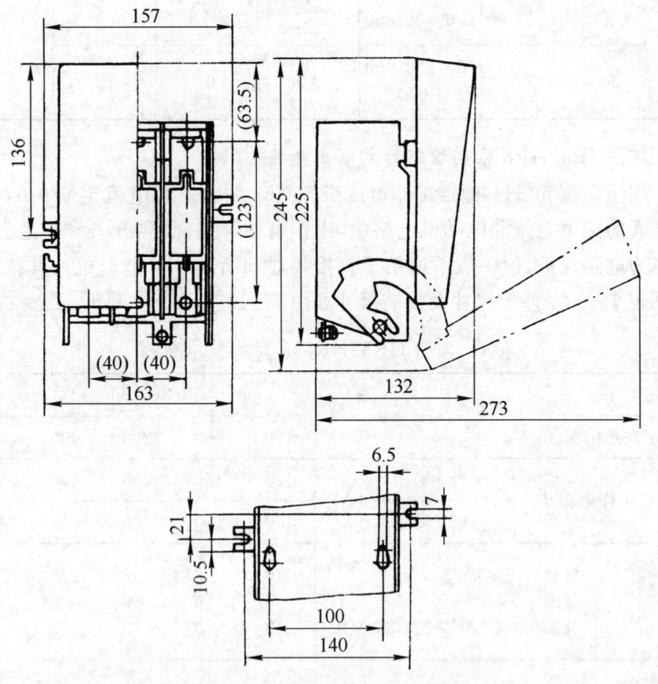


**图 7-13** HR5-100 熔断器式隔离开关外形尺寸及安装尺寸

17. HR17 系列熔断器式隔离开关

用于交流额定绝缘电压 800 V，额定工作电压至 690 V，额定工作电流至 630 A，额定频率为 50 Hz，有高短路电流的配电和电动机电路中，用作电源开关、隔离开关和应急开关，并用于电路保护，但一般不用于直接起动和停止单台电动机。其技术数据见表 7-40。

表 7-40 HR17 系列熔断器式隔离开关的技术数据

| 额定工作电压(V) | 690 | 500 | 400 | 690 | 500 | 400 | 690 | 500 | 400 | 690 | 500 | 400 |
|---|---|---|---|---|---|---|---|---|---|---|---|---|
| 额定绝缘电压(V) | 800 | | | 800 | | | 800 | | | 800 | | |
| 额定工作电流(A) | 100 | 160 | 160 | 200 | 250 | 250 | 315 | 400 | 400 | 425 | 630 | 630 |
| 约定发热电流(A) | 160 | | | 250 | | | 400 | | | 630 | | |

18. 选用

(1) 选用刀开关时必须按其用途选择合适的操作方式，中央手柄式刀开关不能切断负荷电流，其他型式的可切断电流，但必须选带灭弧室的刀开关。

(2) 隔离器只能作隔离用，不允许带负荷操作。

(3) 开关的额定电压和额定电流必须符合电路要求。

(4) 校核刀开关的动、热稳定性，如与电路要求不符时，应选增大一级额定电流的刀开关。

(5) 组合开关的层数和接线图应符合电路要求。

(6) 组合式电器应综合考虑刀开关和熔断器的要求。根据用电设备的容量正确选择熔断体的等级及熔体的定额。

如果组合式电器装设在近电源端作配电保护电器，应选用带高短路分断能力的熔断器的组合电器。如用在负载端，因短路电流较小，可选用带短路分断能力低的瓷插式熔断器的组合电器。如果用于不频繁操作电动机，则需按工作电流计算能控制的电动机容量以及考虑对在 AC-3 工作制的能力。

19. 维修

(1) 当刀开关损坏时需进行维修，或在定期检修时进行维修时，应清除底板上的灰尘,以保证良好的绝缘。检查触刀的接触情况,如果触刀磨损严重或弧触头被电弧过度烧坏,应及时更换。发现触刀转动铰链过松,如果是用螺栓的,应把螺栓拧紧。

安装刀开关时,应注意母线与刀开关接线端子相连时,不至于存在极大的扭应力,并保证接触可靠。在安装杠杆操作机构时,应调节好连杆的长度 $L$,保证操作到位,而且灵活。安装完毕一定要把该带的灭弧室装牢。

(2) 熔断器式刀开关的槽形轨必须经常保持清洁,以防止积污使操作不灵活。

(3) 应经常检查开关的触头,清理灰尘和油污。操作机构的摩擦处应定期加润滑油,使其动作灵活,延长使用寿命。

(4) 更换熔断体时,操作人员应戴上工作手套,避免因熔管的高温而烫手。

(5) 更换熔断体时,应注意更换同型号同规格的熔断体。

(6) 应尽量避免不必要地拆装灭弧室,拆下后,一定要小心地装好,以免发生意外。

(7) 重新安装时,在母线与插座的连接处必须清除氧化膜,然后立即涂上少量工业凡士林或导电胶,以防止氧化。

(8) 在修理负荷开关时,要注意保持手柄与门的联锁,不可轻易拆除。

## 二、熔断器

### 1. RT0、RT12、RT14、RT15、RT16、RT17、RT20系列有填料封闭管式熔断器

用于交流50 Hz或60 Hz、额定电压至660 V、直流440 V,额定电流至1 000 A的低压配电装置中,作电缆、导线及电气设备的短路保护及电缆、导线的过载保护。

带撞击器的熔断体与熔断器式隔离器配合使用后,可作为电动机的缺相保护。技术数据见表7-41。保护特性曲线及外形、安装尺寸如图7-14～图7-22所示。

### 2. RM10系列无填料密闭管式熔断器

用于交流50 Hz、额定电压至660 V、直流电压至440 V额定电流至1 000 A的电路中,作为配电设备的短路和过载保护。技术数据见表7-42。

表 7-41 有填料封闭管式熔断器技术数据

| 型号 | 额定电压 (V) | 熔断体额定电流 (A) | 熔体额定电流 (A) | 短路分断能力 (kA) | 短路分断能力 cos φ | 熔断体耗散功率 (W) | 备注 |
|---|---|---|---|---|---|---|---|
| RT0 | 交流 380<br>660<br>直流 440 | 50 | 5、10、15、20、30、40、50 | 50 | 0.1～0.2 | — | 刀形触头 |
| | | 100 | 30、40、50、60、80、100 | | | | |
| | | 200 | 80、100、120、150、200 | | | | |
| | | 400 | 150、200、250、300、350、400 | | | | |
| | | 600 | 350、400、450、500、550、600 | | | | |
| | 交流 380<br>直流 440 | 1 000 | 700、800、900、1 000 | | | | |
| | 交流 1 140 | 200 | 30、60、80、100、120、160、200 | | | | |
| RT12 | 交流 415 | 20 | 2、4、6、10、16、20 | 80 | 0.1～0.2 | 3 | 螺栓连接式 |
| | | 32 | 20、25、32 | | | 4.75 | |
| | | 63 | 32、40、50、63 | | | 7.75 | |
| | | 100 | 63、80、100 | | | 10.5 | |
| RT15 | 交流 415 | 100 | 40、50、63、80、100 | 80 | 0.1～0.2 | 10.5 | 螺栓连接式 |
| | | 200 | 125、160、200 | | | 22 | |

（续表）

| 型号 | 额定电压（V） | 熔断体额定电流（A） | 熔体额定电流（A） | 短路分断能力 | | 熔断体耗散功率（W） | 备注 |
|---|---|---|---|---|---|---|---|
| | | | | （kA） | $\cos\varphi$ | | |
| RT15 | 交流 415 | 315 | 250、315 | 80 | 0.1～0.2 | 32 | 螺栓连接式 |
| | | 400 | 350、400 | | | 40 | |
| RT14 | 交流 380 | 20 | 2、4、6、10、16、20 | 100 | 0.1～0.2 | ≤3 | 圆筒形帽式 |
| | | 32 | 2、4、6、10、16、20、25、32 | | | ≤5 | |
| | | 63 | 10、16、20、25、32、40、50、63 | | | ≤9.5 | |
| RT16 (NT-00 NT-0) | 交流 500 660 | 160 | 4、6、10、16、20、25、35、40、50、63、100、125、160 | 50 (660 V) 120 (500 V) | 0.1～0.2 | 9.6 15.2 | 刀形触头 NT-00 比 NT-0 管子小，但熔断体额定电流相同 |
| RT16(NT-1) | | 250 | 80、100、125、160、200、224、250 | | | 18.3 | |
| RT16(NT-2) | | 400 | 125、160、200、224、250、300、315、355、400 | | | 26 | |
| RT16(NT-3) | | 630 | 315、355、400、425、500、630 | | | 40.3 | |

（续表）

| 型　号 | 额定电压 (V) | 熔断体额定电流 (A) | 熔体额定电流 (A) | 短路分断能力 | | 熔断体耗散功率 (W) | 备　注 |
|---|---|---|---|---|---|---|---|
| | | | | (kA) | cos φ | | |
| RT17 | 交流 380 | 1 000 | 800、1 000 | 100 | 0.1～0.2 | 62<br>75 | |
| RT20 | 交流 500 | 100 | 4、6、10、16、20、25、32、40、50、63、80、100 | 120 | 0.1～0.2 | 7.5 | 刀型触头 |
| | | 160 | 125、160 | | | 12 | |
| | | 250 | 80、100、125、160、200、250 | | | 21 | |
| | | 400 | 125、160、200、250、315、400 | | | 32 | |
| | | 630 | 315、400、500、630 | | | 45 | |

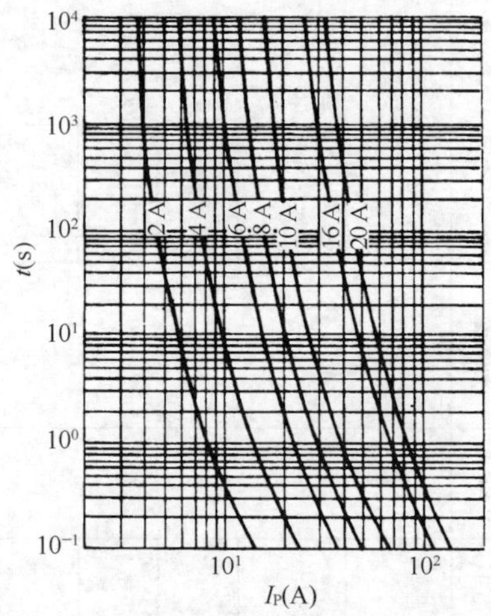


**图 7-14**　RT14 10×38 熔断体时间-电流特性

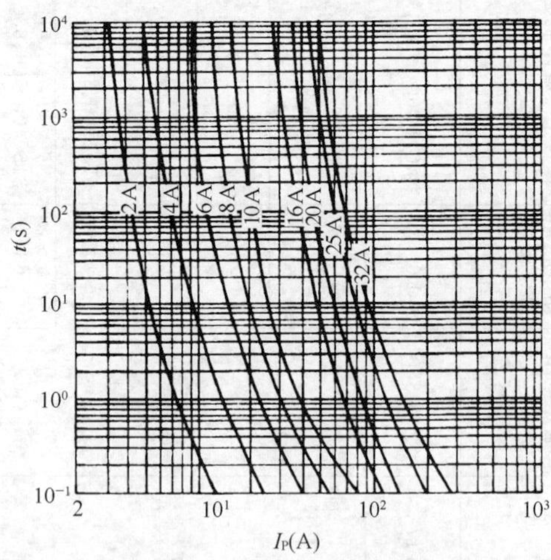


**图 7-15**　RT14 14×51 熔断体时间-电流特性

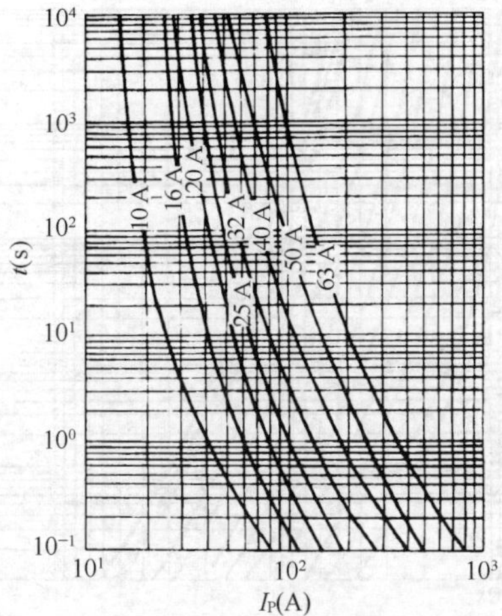


图 7-16　RT14 22×58 熔断体时间-电流特性

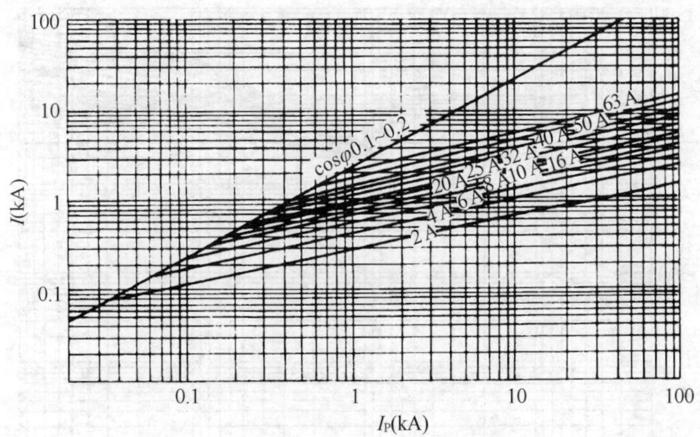


图 7-17　RT14 截断电流特性

注：$I$—截断电流

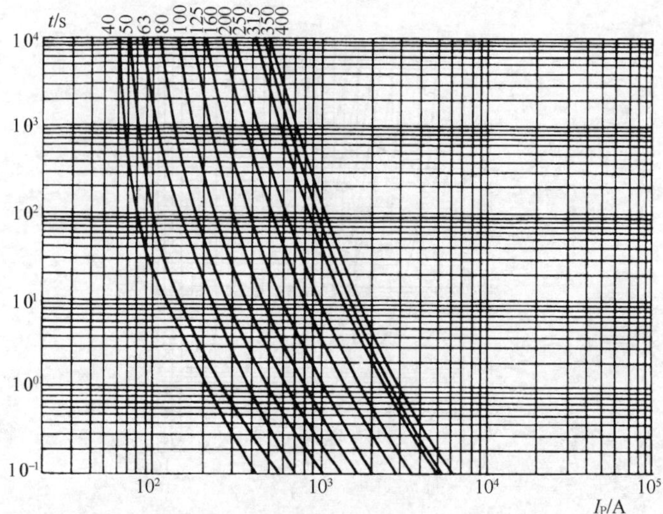


图 7-18 RT15 熔断器弧前时间-电流特性

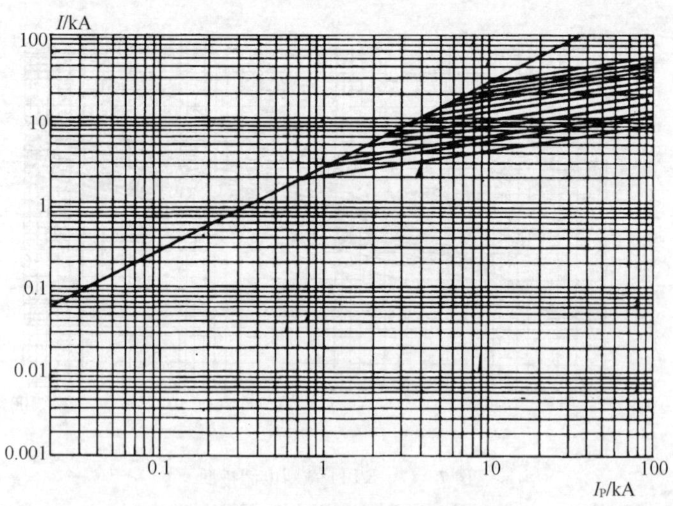


图 7-19 RT15 熔断器截断电流特性

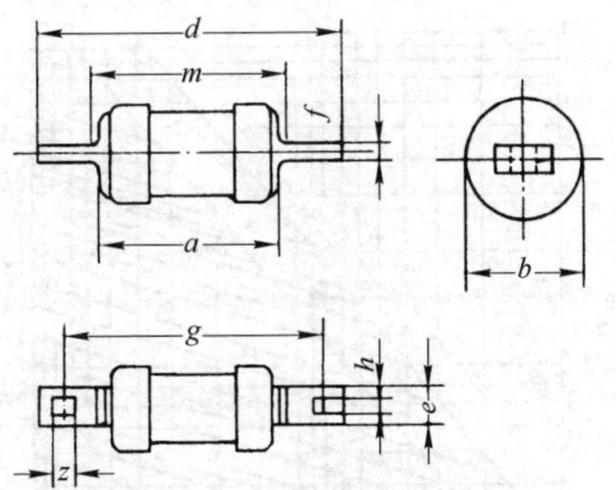


图 7-20 RT15 的外形尺寸及安装尺寸

图 7-20 附表 (mm)

| 型号 | a max | b max | d max | e max | f min | f max | g (名义) | h (名义) | z min | m |
|---|---|---|---|---|---|---|---|---|---|---|
| RT15-100 | 70 | 37 | 138 | 20 | 3.2 | 4 | 111 | 8.7 | 11 | 82 |
| RT15-200 | 77 | 42 | 138 | 20 | 3.2 | 4 | 111 | 8.7 | 11 | 82 |
| RT15-315 | 77 | 61 | 138 | 26 | 3.2 | 4.8 | 111 | 8.7 | 11 | 82 |
| RT15-400 | 83 | 66 | 138 | 26 | 4.8 | 6.6 | 111 | 8.7 | 11 | 89 |

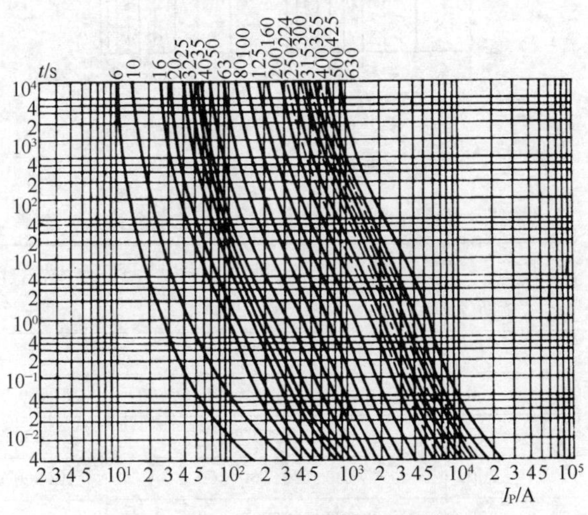


图 7-21 RT16(NT)时间-电流特性

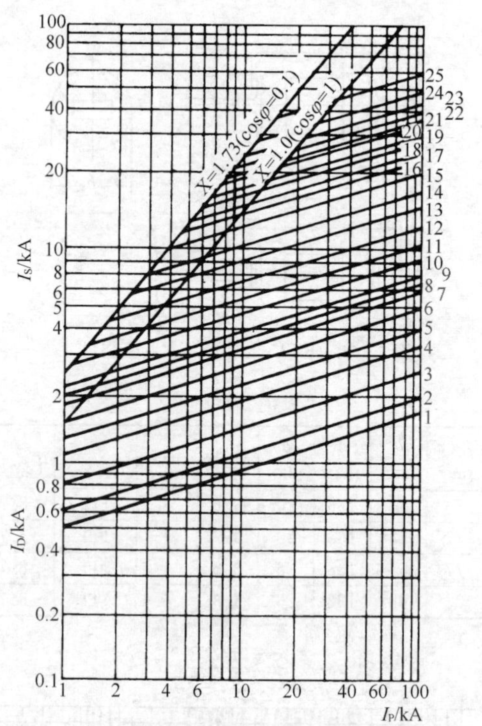


**图 7-22** RT16(NT)截断电流特性

$I_D$—截断电流;$I_S$—非对称短路电流

表 7-42 RM10 系列无填料密闭管式熔断器技术数据

| 型号 | 额定电流(A) | | 交流极限分断能力(kA) |
|---|---|---|---|
| | 熔断管 | 熔断体 | |
| RM10-15 | 15 | 6、10、15 | 1.2 |
| RM10-60 | 60 | 15、20、25、30、35、40、45、50、60 | 3.5(660 V 为 2.5) |
| RM10-100 | 100 | 60、80、100 | 10(660 V 为 7) |
| RM10-200 | 200 | 100、125、160、200 | 10(660 V 为 7) |
| RM10-350 | 350 | 200、225、260、300、350 | 10 |

（续表）

| 型号 | 额定电流（A） | | 交流极限分断能力(kA) |
|---|---|---|---|
| | 熔断管 | 熔断体 | |
| RM10-600 | 600 | 350、430、500、600 | 10 |
| RM10-1000 | 1000 | 600、700、850、1 000 | 12 |

3. RC1A 系列插入式熔断器

用于交流 50 Hz、三相 380 V 或单相 220 V 线路末端，供低压配电系统作为电缆、导线及其他有关电气设备的短路保护。技术数据见表 7-43。其外形尺寸及安装尺寸如图 7-23 所示。

表 7-43 RC1A 系列插入式熔断器技术数据

| 额定电压(V) | 额定电流(A) | 可装熔体额定电流(A) | 极限分断电流(A) | cos φ±0.05 |
|---|---|---|---|---|
| 220 | 5 | 1、2、3、5 | 300 | 0.4 |
| | 10 | 2、4、6、8、10 | 500 | |
| | 15 | 6、10、12、15 | | |
| 380 | 30 | 15、20、25、30 | 1 500 | |
| | 60 | 30、40、50、60 | 3 000 | |
| | 100 | 60、80、100 | | |
| | 200 | 100、120、150、200 | | |

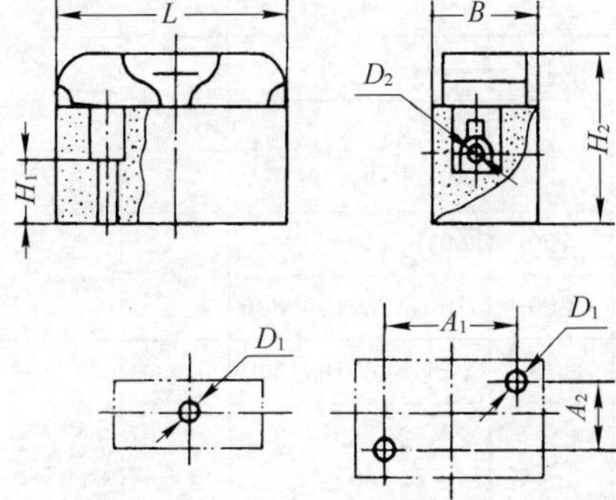


**图 7-23** RC1A-5～100 外形尺寸及安装尺寸

图 7－23 附表　　(mm)

<table>
<tr><th rowspan="2">熔断器型号</th><th colspan="4">外形尺寸</th><th colspan="4">安装尺寸</th></tr>
<tr><th>$L$</th><th>$B$</th><th>$H_2$</th><th>$H_1$</th><th>$A_1$</th><th>$A_2$</th><th>$D_1$</th><th>$D_2$</th></tr>
<tr><td>RC1A－5</td><td>50</td><td>26</td><td>43</td><td>—</td><td>—</td><td></td><td>5</td><td>3</td></tr>
<tr><td>RC1A－10</td><td>62</td><td>30</td><td>52</td><td>9</td><td>—</td><td></td><td>5</td><td>3.2</td></tr>
<tr><td>RC1A－15</td><td>77</td><td>38</td><td>53</td><td>15</td><td>45</td><td>24</td><td>5</td><td>3.6</td></tr>
<tr><td>RC1A－30</td><td>95</td><td>42</td><td>60</td><td>18</td><td>52</td><td>26</td><td>5</td><td>4</td></tr>
<tr><td>RC1A－60</td><td>124</td><td>50</td><td>67</td><td>23</td><td>70</td><td>30</td><td>6</td><td>8</td></tr>
<tr><td>RC1A－100</td><td>160</td><td>58</td><td>80</td><td>30</td><td>100</td><td>38</td><td>6</td><td>11</td></tr>
</table>

4. RL1、RL1B、RL2、RL6、RL7、RL8 系列螺旋式熔断器

用于交流 50 Hz(或 60 Hz)、额定电压至 660 V，直流电压 440 V，额定电流至 200 A 的电路中，作为输配电设备、电缆、导线过载和短路保护。技术数据见表 7－44。RL6 的时间电流特性及外形尺寸和安装尺寸如图 7－24～图7－27 所示。

表 7－44　螺旋式熔断器技术数据

<table>
<tr><th rowspan="2">型号</th><th rowspan="2">额定电压<br>(V)</th><th rowspan="2">熔断体额定电流<br>(A)</th><th rowspan="2">熔体额定电流<br>(A)</th><th rowspan="2">短路分断能力<br>(kA)</th><th colspan="2">试验电路参数</th><th rowspan="2">熔断体耗散功率<br>(W)</th></tr>
<tr><th>$\cos\varphi$</th><th>$T$(ms)</th></tr>
<tr><td rowspan="4">RL1</td><td rowspan="4">交流 380<br>直流 440</td><td>15</td><td>2,4,6,10,15</td><td rowspan="2">25</td><td rowspan="4">0.25</td><td rowspan="4">15～20</td><td rowspan="4">—</td></tr>
<tr><td>60</td><td>20, 25, 30, 35, 40,50,60</td></tr>
<tr><td>100</td><td>60,80,100</td><td rowspan="2">50</td></tr>
<tr><td>200</td><td>100,125,150,200</td></tr>
<tr><td rowspan="3">RL1B</td><td rowspan="3">交流 380</td><td>15</td><td>2,4,5,6,10,15</td><td rowspan="2">25</td><td rowspan="2">0.35</td><td rowspan="3">带断相保护</td><td rowspan="3">—</td></tr>
<tr><td>60</td><td>20, 25, 30, 35, 40,50,60</td></tr>
<tr><td>100</td><td>60,80,100</td><td>50</td><td>0.25</td></tr>
</table>

（续表）

| 型号 | 额定电压 (V) | 熔断体额定电流 (A) | 熔体额定电流 (A) | 短路分断能力 (kA) | 试验电路参数 | | 熔断体耗散功率 (W) |
|---|---|---|---|---|---|---|---|
| | | | | | $\cos\varphi$ | $T$(ms) | |
| RL6 | 交流 500 | 25 | 2, 4, 6, 10, 16, 20,25 | 50 | 0.1～0.2 | | 4 |
| | | 63 | 35,50,63 | | | | 7 |
| | | 100 | 80,100 | | | | 9 |
| | | 200 | 125,160,200 | | | | 19 |
| RL7 | 交流 660 | 25 | 2, 4, 6, 10, 16, 20,25 | 25 | 0.1～0.2 | | 6.3 |
| | | 63 | 35,50,63 | | | | 13.4 |
| | | 100 | 80,100 | | | | 16.8 |
| RL8 | 交流 380 | 16 | 2,4,6,10,16 | 50 | 0.1～0.2 | | 2.2 |
| | | 63 | 20,25,35,50,63 | | | | 5.5 |

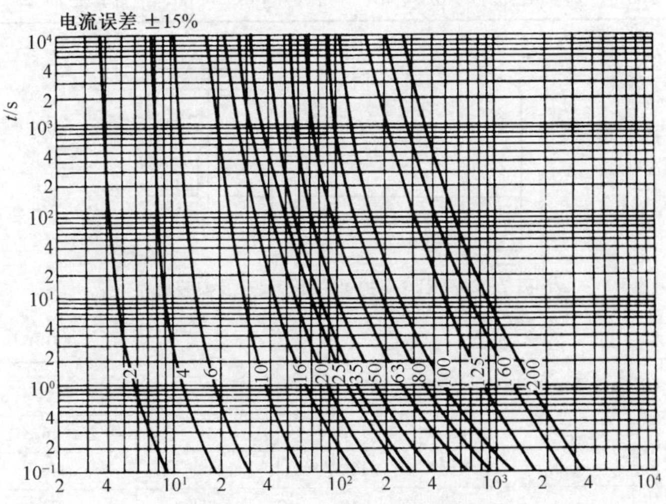


图 7-24 RL6 的时间-电流特性

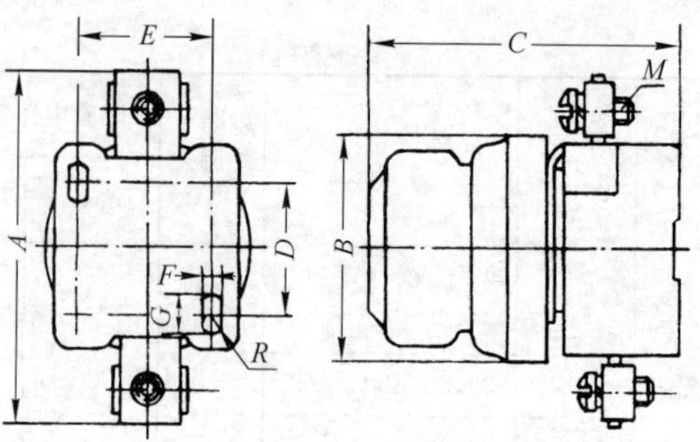


图 7-25 RL6 外形尺寸及安装尺寸

图 7-25 附表 (mm)

| 熔断器额定电 流(A) | A max | B(b) | C max | D | E | M | F | G |
|---|---|---|---|---|---|---|---|---|
| 25 | 66、62 | 43 | 80、82 | 30 | 27.5 | 5 | 4.5 | 6 |
| 63 | 89、85 | 54 | 82、84 | 32.5 | 37.5 | 6 | 5 | 6 |
| 100 | 121、119 | 75 | 115、119 | 55 | 45 | 8 | 7 | 9 |
| 200 | 158、155 | 82、84(b) | 121 | 65 | 60 | 10 | 7 | 9 |

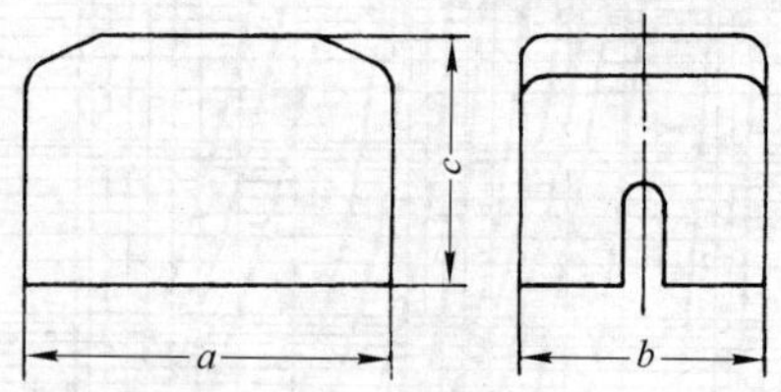


图 7-26 RL6 防护罩的外形尺寸及安装尺寸

图 7-26 附表 (mm)

| 熔断器额定电流(A) | a | b | c |
|---|---|---|---|
| 25 | 72 | 44 | 46 |
| 63 | 100 | 60 | 55 |
| 100 | 140 | 68 | 74 |

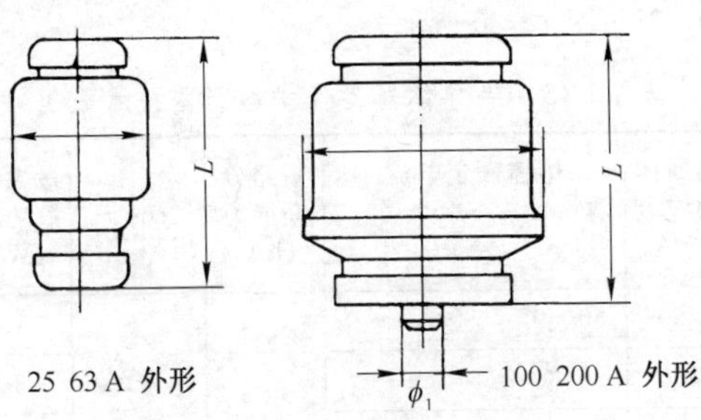


**图 7-27** RL6 熔断体的外形尺寸

图 7-27 附表 (mm)

<table>
<tr><th>熔断体额定电流(A)</th><th>$L$</th><th>$\phi$</th><th>$\phi_1$</th><th>熔断指示器色别</th></tr>
<tr><td>2</td><td rowspan="7">49</td><td rowspan="7">22.5</td><td rowspan="10"></td><td>玫瑰</td></tr>
<tr><td>4</td><td>棕</td></tr>
<tr><td>6</td><td>绿</td></tr>
<tr><td>10</td><td>红</td></tr>
<tr><td>16</td><td>灰</td></tr>
<tr><td>20</td><td>蓝</td></tr>
<tr><td>25</td><td>黄</td></tr>
<tr><td>35</td><td rowspan="3">49</td><td rowspan="3">28</td><td>黑</td></tr>
<tr><td>50</td><td>白</td></tr>
<tr><td>63</td><td>铜</td></tr>
<tr><td>80</td><td rowspan="2">56</td><td rowspan="2">38.5</td><td>5</td><td>银</td></tr>
<tr><td>100</td><td>7</td><td>红</td></tr>
<tr><td>125</td><td rowspan="3">56</td><td rowspan="3">52</td><td>5</td><td>黄</td></tr>
<tr><td>160</td><td>7</td><td>铜</td></tr>
<tr><td>200</td><td>9</td><td>蓝</td></tr>
</table>

5. RS0、RS3、RS5、RS6、RLS1、RLS2 系列半导体保护熔断器

用于交流 50 Hz、额定电压至 1 000 V,额定电流至 630 A 的电路中,作为半导体硅整流元件和晶闸管的保护。

技术数据见表 7-45。RS3 及 RLS2 的时间-电流特性和外形尺寸、安装尺寸如图 7-28～图 7-30 所示。

表 7-45 半导体器件保护熔断器技术数据

| 型号 | 额定电压(V) | 熔断体额定电流(A) | 熔体额定电流(A) | 短路分断能力(kA) | cos φ | 最大耗散功率(W) | 备注 |
|---|---|---|---|---|---|---|---|
| RS0 | 250 | 50 | 30、50 | 50 | ≤0.25 | 15 | |
| | | 100 | 50、80 | | | 35 | |
| | | 200 | 150 | | | 50 | |
| | | 350 | 350 | | | 70 | |
| | | 500 | 480 | | | 90 | |
| | 500 | 50 | 30,50 | | | 15 | |
| | | 100 | 50,80 | | | 35 | |
| | | 200 | 150 | | | 50 | |
| | | 350 | 320 | | | 85 | |
| | | 500 | 480 | | | 100 | |
| | 750 | 350 | 320 | | | 80 | |
| | | 700 | 700 | | | 100 | |
| RS3 | 500 | 50 | 10,15,30,50 | 25 | ≤0.3 | 20 | |
| | | 100 | 80,100 | | | 50 | |
| | | 200 | 150,200 | | | 70 | |
| | | 300 | 250,300 | | | 85 | |
| | 750 | 250 | 200,250 | | | 85 | |
| | | 600 | 600 | | | 140 | |
| | | 700 | 700 | | | 170 | |
| RS5 | 500 | 63 | 32,50,63 | 50/120 | 0.1～0.2 | — | |
| | | 100 | 80,100 | | | | |
| | | 200 | 160,200 | | | | |
| | | 300 | 250,300 | | | | |

（续表）

| 型号 | 额定电压（V） | 熔断体额定电流（A） | 熔体额定电流（A） | 短路分断能力（kA） | cos φ | 最大耗散功率（W） | 备　　注 |
|---|---|---|---|---|---|---|---|
| RS6 | 380、800 | 125 | 25、32、40、50、63、80、100、125 | 100 | 0.1～0.2 | 36 | 无熔断指示，需要指示时与熔断信号器并联 |
| RS6 | 380 | 250 | 100、125、160、200、250 | | | 53 | |
| | 660 | 400 | 200、250、280、315、355、400 | | | 75 | |
| | 1 000 | 630 | 355、400、450、500、560、630 | | | 105 | |
| RLS1 | 500 | 10 | 3、5、10 | 50 | ≤0.25 | — | 螺旋式 |
| | | 50 | 15、20、25、30、40、50 | | | | |
| | | 100 | 60、80、100 | | | | |
| RLS2 | 500 | 30 | 16、20、25、30 | 50 | 0.1～0.2 | | 螺旋式 |
| | | 63 | 35、(45)、50、63 | | | | |
| | | 100 | (75)、85、(90)、100 | | | | |

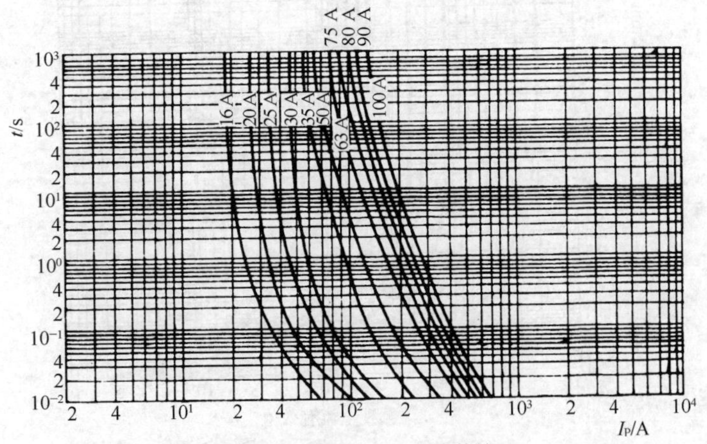


**图 7－28**　RLS2 时间-电流特性

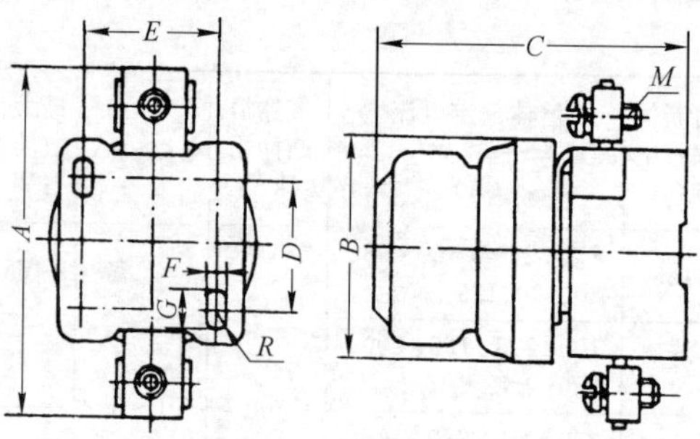


**图 7-29** RLS2 外形尺寸及安装尺寸

图 7-29 附表 (mm)

| 熔断器额定电流(A) | A | B | C | D | E | M | F×G |
|---|---|---|---|---|---|---|---|
| 30 | 66,$62_{max}$ | 43 | 80,$82_{max}$ | 30 | 27.5 | 5 | 4.5×6 |
| 63 | 89,$85_{max}$ | 54 | 82,$84_{max}$ | 32.5 | 37.5 | 6 | 5×6 |
| 100 | 121,$119_{max}$ | 75 | 115,$119_{max}$ | 55 | 45 | 8 | 7×9 |

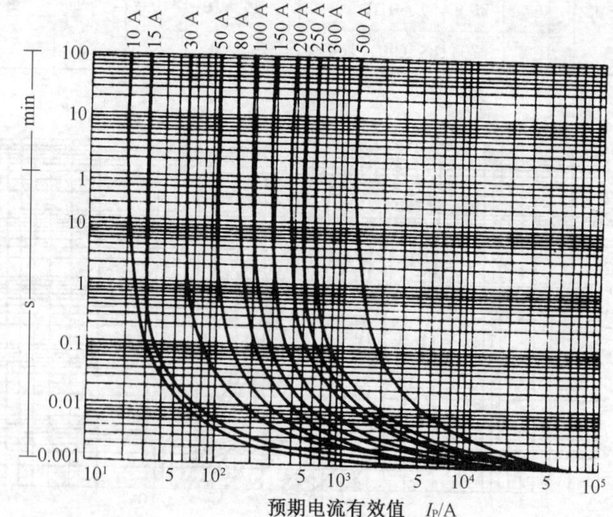


**图 7-30** RS3 安秒特性

6. NGT系列半导体保护用熔断器

用于交流50 Hz、额定电压至1 000 V，额定电流至630 A的线路中，作为半导体器件及其所组成的成套装置短路保护。

NGT系列半导体保护用熔断器为从德国AEG公司引进产品，其技术数据见表7-46。

表7-46　NGT系列半导体保护用熔断器的技术数据

| 型　号 | 额定电压(V) | 熔断体额定电流(A) | 熔体额定电流(A) | 短路分断能力(kA) | cos φ |
|---|---|---|---|---|---|
| NGT00 | 380、800 | 125 | 25、32、40、50、63、80、100、125 | 100 | 0.1～0.2 |
| NGT1 | 380、660、1 000 | 250 | 100、125、160、200、250 | | |
| NGT2 | | 400 | 200、250、280、315、355、400 | | |
| NGT3 | | 630 | 355、400、450、500、560、630 | | |

7. $g^F$、$a^M$圆柱形管状有填料熔断器

该产品体积小，分断能力高，特性稳定，功耗小。$g^F$级可用作线路的过载保护和短路保护，$a^M$级可用作电动机的短路保护，广泛用于进口成套设备的保护装置。技术数据见表7-47。

表7-47　$g^F$、$a^M$系列熔断器的技术数据

| 型　号 | 额定工作电压(V) | 熔断体额定电流(A) | 熔体额定电流(A) | 额定分断能力 $\cos\varphi=0.15\sim0.25$ (kA) |
|---|---|---|---|---|
| $g^{F1}$、$a^{M1}$ | AC 500<br>DC 440 | 16 | 2、4、6、8、10、12、16 | 50 |
| $g^{F2}$、$a^{M2}$ | | 25 | 2、4、6、8、10、12、16、20、25 | |
| $g^{F3}$、$a^{M3}$ | | 40 | 4、6、8、10、12、16、20、25、32、40 | |
| $g^{F4}$、$a^{M4}$ | | 125 | 10、12、16、20、25、32、40、50、63、80、100、125 | |

8. 选用

首先，应根据使用场合选择适当的型式。例如，作电网配电用，应考虑采用一般熔断器；保护硅元件，则应选择保护半导体器件熔断器；供家庭使用，则应考虑螺旋式或半封闭插入式熔断器。

1）一般熔断器的选用　分以下几种情况：

（1）按电网电压选用相应电压等级的熔断器。

（2）按配电系统中可能出现的最大短路电流，选择有相应分断能力的熔断器。

（3）在电动机回路中用作短路保护时，应考虑电动机的起动条件，按电动机起动时间长短选择熔体的额定电流。对起动时间不长的场合可按下式决定熔体的额定电流 $I_e$：

$$I_e = I_d/(2.5 \sim 3) \quad (A)$$

对起动时间长或较频繁起动（如吊车电动机起动）的场合，按下式决定熔体的额定电流 $I_e$：

$$I_e = I_d/(1.6 \sim 2.0) \quad (A)$$

式中　$I_d$——电动机的起动电流(A)。

（4）为了满足选择性保护要求，上、下级熔断器应根据其保护特性曲线上的数据及实际误差来选择，如两熔断时间的匹配裕度以10%来考虑，则必须满足下列条件：

$$t_1 \geqslant \left(\frac{1.05 + \delta\%}{0.95 - \delta\%}\right) t_2$$

式中　$\delta\%$——熔断器熔断时间误差；

$t_1$——对应于故障电流值，从特性曲线查得的上一级熔断器的熔断时间；

$t_2$——对应于故障电流值，从特性曲线查得的下一级熔断器的熔断时间。

如果产品说明书没有给出 $\delta\%$ 值时，一般取 $t_1 \geqslant 3t_2$。

2）保护半导体器件熔断器的选用　分以下几种情况：

（1）使用于小容量变流装置时，按下式选用：

$$I_{eR} = 1.57 I_{Th}$$

式中　$I_{eR}$——保护半导体器件熔断器的额定电流有效值(A)；

$I_{th}$——晶闸管的额定电流平均值(A)。

(2) 在大容量变流装置中，桥臂的并联支路数根据系统短路电流的大小来确定，每一支路由硅元件与其保护熔断器组成。为保证在发生内部故障时变流装置仍能继续供电，与故障元件串联的熔断器必须先熔断，而完好的硅元件和串联的熔断器不能损坏。因此，必须使与故障元件串联的熔断器的熔断 $I^2t$ 值小于串联在桥臂上的全部熔断器熔断 $I^2t$ 值。如果保护其他臂硅元件不损坏，应满足下式要求：

$$m \geqslant \frac{1}{K}\sqrt{\frac{A_{RD}}{A_K}}$$

式中　$m$——并联支路数；

$K$——动态均流系数(一般取 0.5～0.6)；

$A_{RD}$——熔断器最大熔断 $\int i^2 dt$；

$A_K$——硅元件浪涌 $\int i^2 dt$。

经验证明，如 $m$ 小于 4，则难于达到上述保护要求。此外，还应考虑避免因多次故障电流冲击而引起的熔体老化，而应适当增加并联支路数。

9. 维修

(1) 对于有填料熔断器，在熔体熔断时，应更换原型号的熔断体。

(2) 对于密闭管式熔断器，更换熔片时，应检查熔片规格。装上新熔片前应清理管子内壁上的烟尘。并应拧紧两头端盖。对于 RC1A 熔断器更换熔丝时，应选用所规定的保险丝或铜丝。拧紧螺钉的力应适当。

(3) 在运行中应经常注意检查熔断器的指示器，以便及时发现单相运转，若发现瓷底座有沥青流出，则说明熔断器存在接触不良，温升过高，应及时更换。

(4) 熔断器插入与拔出要用规定的方法，不能用手直接操作，或用不合适的工具插入与拔出。

## 三、断路器

### 1. 万能式断路器

1) DW15、DW15C 系列万能式断路器　DW15 系列万能式断路器(以下简称断路器)用于交流 50 Hz、额定电流至 4 000 A，额定工作电压 1 140 V(壳架等级额定电流 630 A 及以下)或 380 V(壳架等级额定电流 1 000 A 及以上)的配电网络中，用来分配电能及电源设备的过载、欠电压、短路保护。

壳架等级额定电流630 A及以下的断路器也能在交流50 Hz、380 V网络中作电动机的过载、欠电压和短路保护。

断路器在正常条件下可作为线路的不频繁转换,壳架等级额定电流630 A及以下的断路器在正常条件下也可作为电动机的不频繁起动。

DW15C低压抽屉式断路器由断路器本体(经改装的DW15)和抽屉座组成。断路器本体上装有隔离触刀、二次回路动触头,接地触头支承导轨等。抽屉座由左右侧板、铝支架、隔离触座、二次回路静触头、滑架等组成。正下方由操作摇手柄,螺杆等组成推拉操作机构。

(1) 本系列产品的额定绝缘电压等于相应的额定工作电压值。

(2) 断路器的技术数据见表7-48。DW15C-200、400、630、1000、1600技术参数同DW15-200、400、630、1000、1600。

(3) 配电用断路器保护特性:

① 电子式过电流脱扣器保护特性如图7-31、图7-32、图7-33所示。

② 热-电磁式过电流脱扣器保护特性如图7-34、图7-35、图7-36、图7-37所示。

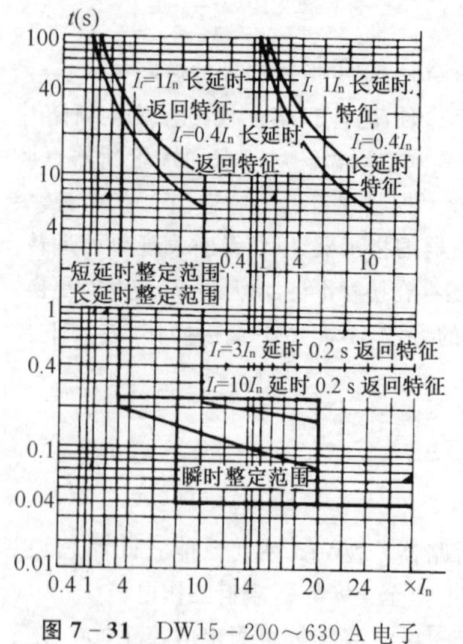


**图7-31** DW15-200～630 A电子式过电流脱扣器保护特性

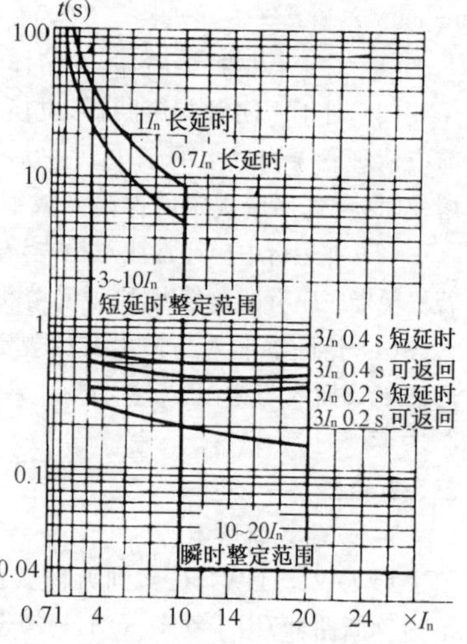


**图7-32** DW15-1000、1600 A电子式过电流脱扣器保护特性

表 7-48 DW15、DW15C 系列万能式断路器的技术数据

| 型号 | | | | DW15-200 | DW15-400 | DW15-630 | DW15-1000<br>1600 | DW15-2500 | DW15-4000 |
|---|---|---|---|---|---|---|---|---|---|
| 断路器壳架等级额定电流 $I_{nm}$ (A) | | | | 200 | 400 | 630 | 1 000<br>1 600 | 2 500 | 4 000 |
| 极数 | | | | 3 | 3 | 3 | 3 | 3 | 3 |
| 断路器额定电流 $I_n$ (A) | 热-电磁型 | | | 100 160 | 315 400 | 315 400 | 630 800 | 1 600 2 000 | 2 500 3 000 |
| | | | | 200 | | 630 | 1 000 1 600 | 2 500 | 4 000 |
| | 电子型 | | | 100 200 | 200 400 | 315 400 | 630 800 | 1 600 2 000 | 2 500 3 000 |
| | | | | | | 630 | 1 000 1 600 | 2 500 | 4 000 |
| 额定分断能力(有效值)(kA) | O-CO-CO | 瞬时 | AC380V | 20/40[④] | 25/52.5 | 30/63 | 40/84 | | |
| | | | AC660V | 10/20 | 15/30 | 20/40 | | | |
| 额定接通能力(峰值)(kA)(电源为上进线) | | | AC1140V | | 10/20 | 12/24 | | | |
| | | 短延时[①] | AC380V | 4/6 | 8/13.6 | 12.6/25.2 | 30/63 | | |
| | | | AC660V | 4/6 | 8/13.6 | 10/20 | | | |
| 断路器机械寿命[③] (次) | | | | 20 000 | 10 000 | 10 000 | 5 000 | 5 000 | 4 000 |

（续表）

| 型　　号 | | DW15-200 | DW15-400 | DW15-630 | DW15-1000/1600 | DW15-2500 | DW15-4000 |
|---|---|---|---|---|---|---|---|
| 电寿命（$1I_n$，$1U_e$） | （次） | 2 000 | 1 000 | 1 000 | 500 | 500 | 500 |
| AC380V 保护电动机电寿命 AC-3 | （次） | 4 000 | 2 000 | 2 000 | | | |
| 过载操作性能（$6I_n$，$1.05U_{emax}$） | （次） | 25 | 25 | 25 | 25（$I_n$=630 A） | | |
| 瞬时全分断时间 | （ms） | 30 | 30 | 30 | 40 | 40 | 40 |
| 操作频率 | （次/h） | 120 | 60 | | 30 | 20 | 10 |
| 飞弧距离② | （mm） | 250 | | | 350 | | |
| 操作力臂 | （mm） | 90 | | | 250 | | |
| 操作力 | （N） | 200 | | | 350 | | |

① 200～630 A 为 0.2 s，1 000～4 000 A 为 0.4 s。
② 1 140 V 规格的飞弧距离为 350 mm。
③ DW15C 抽屉机械寿命为 200 次。
④ 分子为额定分断电流值，分母为额定接通电流值。

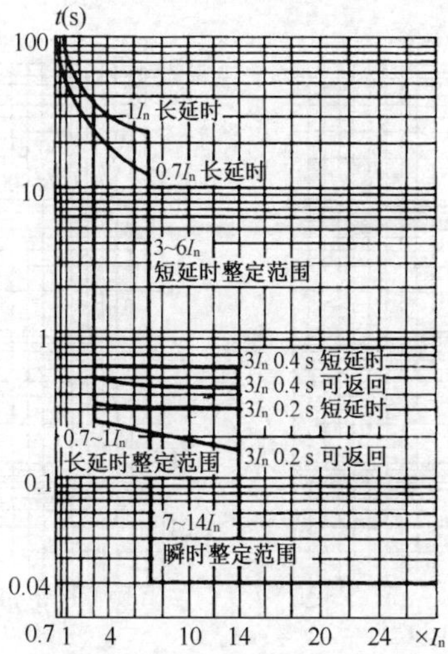


图 7－33　DW15－2500、4000 A 电子式过电流脱扣器保护特性

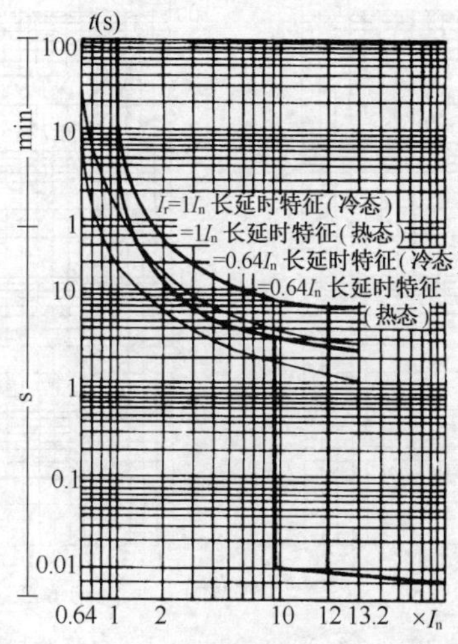


图 7－34　DW15－200～630 A 热-电磁式过电流脱扣器保护特性

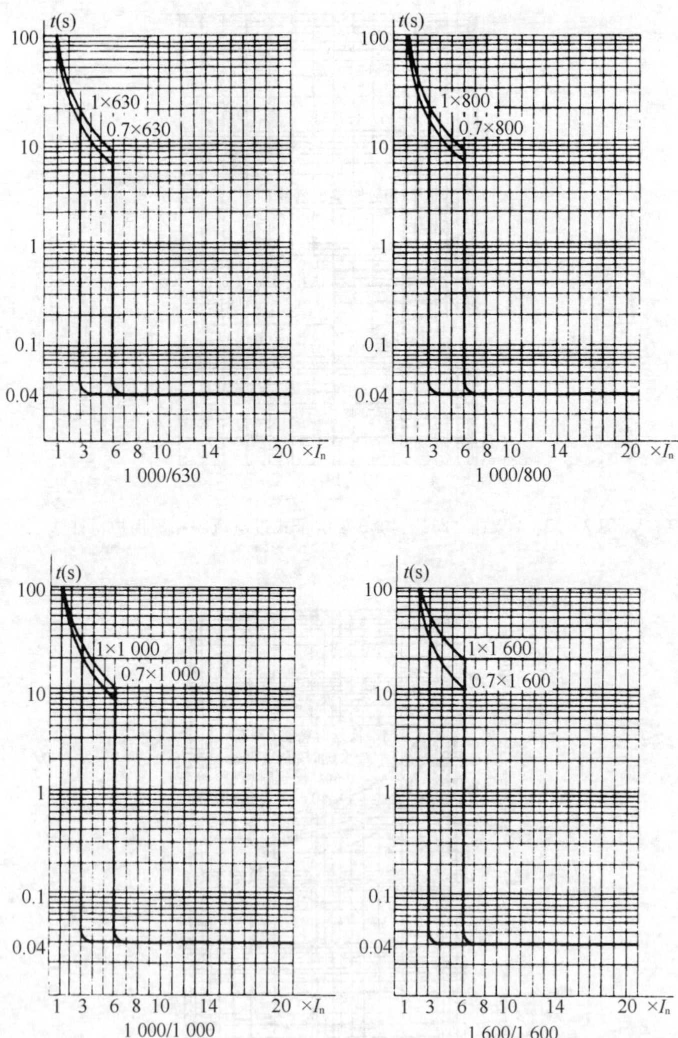


图 7-35 DW15-1000、1600 热-电磁式过电流脱扣器保护特性

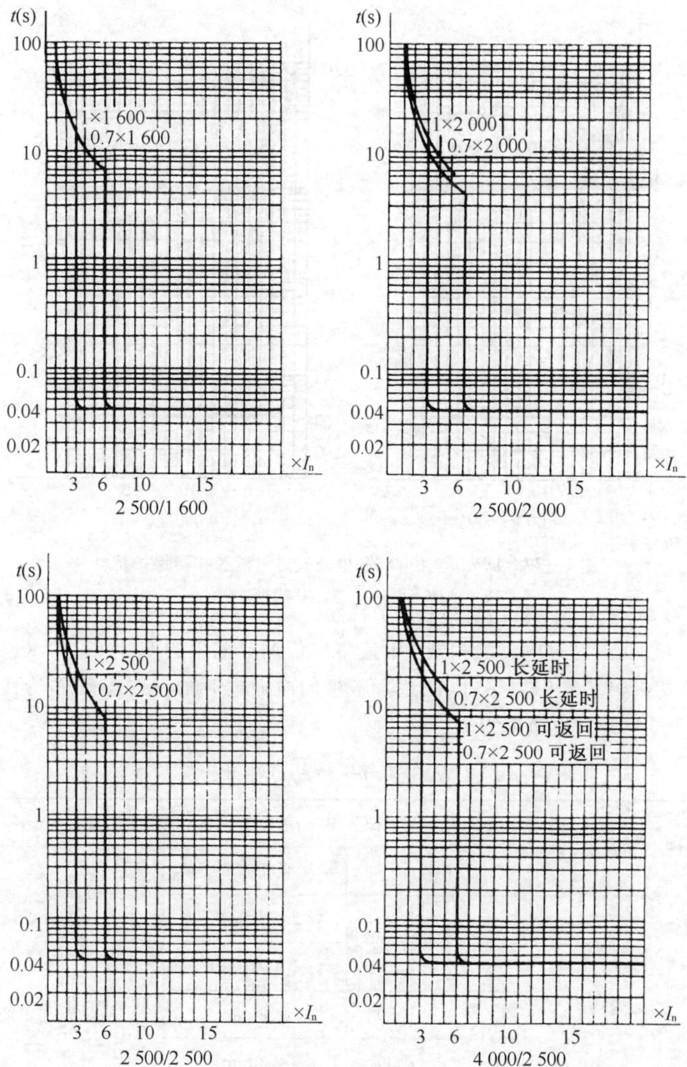


**图 7-36**　DW15-2500、4000 热-电磁式过电流脱扣器保护特性

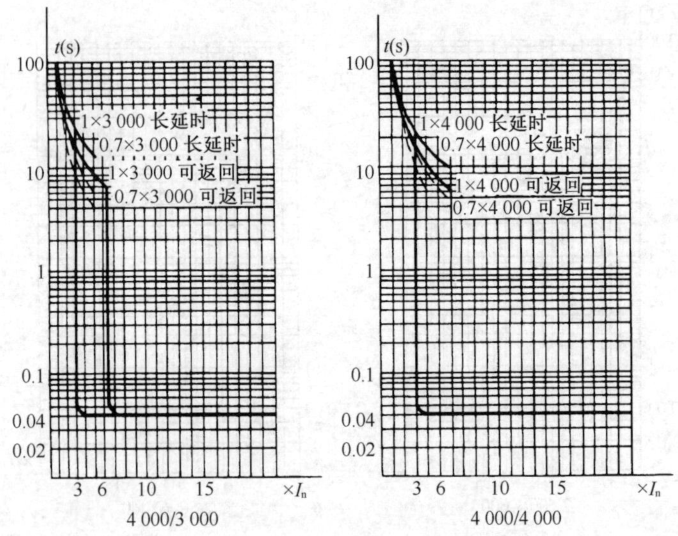


**图 7－37**　DW15－4000 热-电磁式过电流脱扣器保护特性

(4) 保护电动机用断路器保护特性：

① 长延时过电流脱扣器：电流整定值调节范围为 0.4～1.0$I_n$(电子型)或 0.64～1.0$I_n$(热-电磁型)，各极同时通电时的反时限动作特性见表 7－49，返回电流值为 $I_r$。

表 7－49　DW15 系列保护电动机用的保护特性

| 周围空气温度(℃) | 保护电动机用断路器 | | | |
|---|---|---|---|---|
| | $I/I_r$ | | 脱扣时间 | 状　态 |
| +20(±5) | $x$ | 1.05 | 2 h 不脱扣 | 从冷态开始 |
| | $y$ | 1.20 | 1 h 内脱扣 | 从热态开始 |
| | 1.50 | | <3 min | |
| | 2.00 | | <2 min | |
| | 6.00 | 电子型 | 可返回时间>8 s | 从冷态开始 |

（续表）

| 周围空气温度(℃) | 保护电动机用断路器 | | | |
|---|---|---|---|---|
| | $I/I_r$ | | 脱扣时间 | 状态 |
| +20(±5) | 6.00 | 热型 | 可返回时间>5 s | 从冷态开始 |
| -5 | $x$ | 1.05 | 2 h不脱扣 | 从冷态开始 |
| | $y$ | 1.30 | 1 h内脱扣 | 从热态开始 |
| +40 | $x$ | 1.00 | 2 h不脱扣 | 从冷态开始 |
| | $y$ | 1.20 | 1 h内脱扣 | 从热态开始 |

注：当三极过电流脱扣器仅有二极通电时，$y$ 栏中规定的最大电流值应增加10%。

② 瞬时过电流脱扣器：可调式电流整定调节范围为 $8\sim15I_n$，其准确度为±10%（电子型）；不可调式电流整定值 $12I_n$，其准确度为±20%（热-电磁型）。

(5) 断路器的脱扣器、释能电磁铁线圈及控制箱的额定电压见表7-50。

表7-50 DW15系列脱扣器及闭合装置的额定电压

| 类型 | | 额定电压（V） | | |
|---|---|---|---|---|
| | | 交流50 Hz | | 直流 |
| 脱扣器 | 分励脱扣器 | $U_s$ | 127、220、380 | 110、220 |
| | 欠电压脱扣器 | $U_s$ | | — |
| 闭合装置 | 操作机构释能电磁铁 | $U_s$ | 220、380 | 110、220 |
| | 操作电磁铁控制箱 | $U_s$ | 127、220、380 | |
| | 电动机操作控制箱 | $U_s$ | 220、380 | |

注：1. 127 V规格为矿用。

2. 如需要 $U_s$ 为660 V规格的操作电磁铁控制箱，由用户与制造厂协议供货。

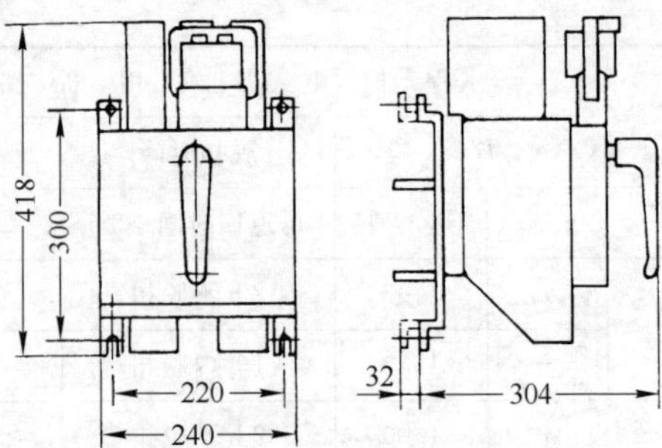


图 7-38 DW15-200～630 外形尺寸(正面操作)

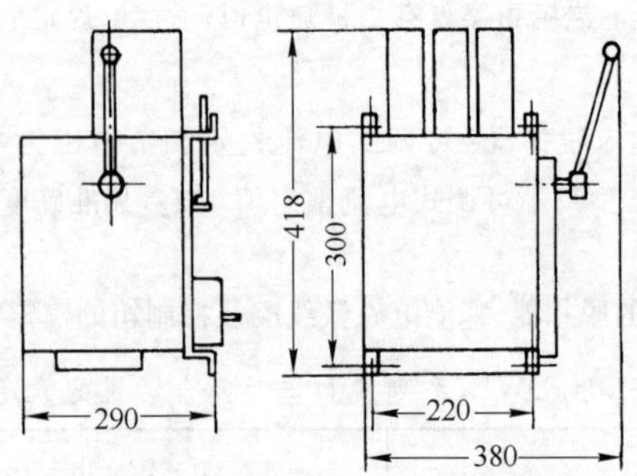


图 7-39 DW15-200～630
外形尺寸(侧面操作)

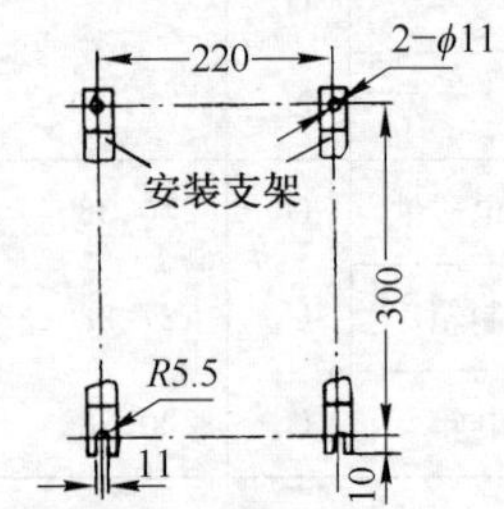


图 7-40 DW15-200～630
安装尺寸

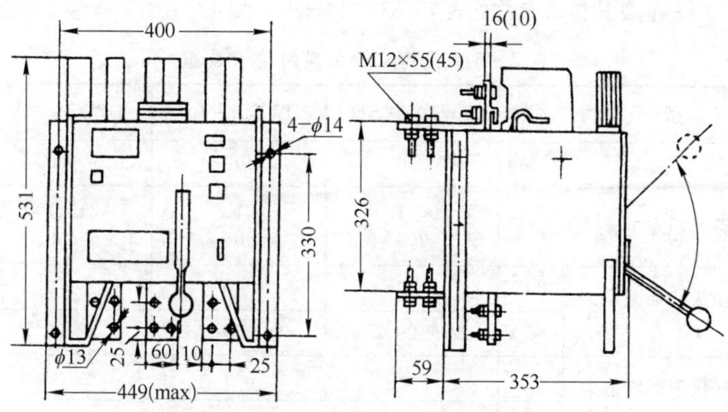


图 7－41 DW15－1000～1600 外形尺寸及安装尺寸

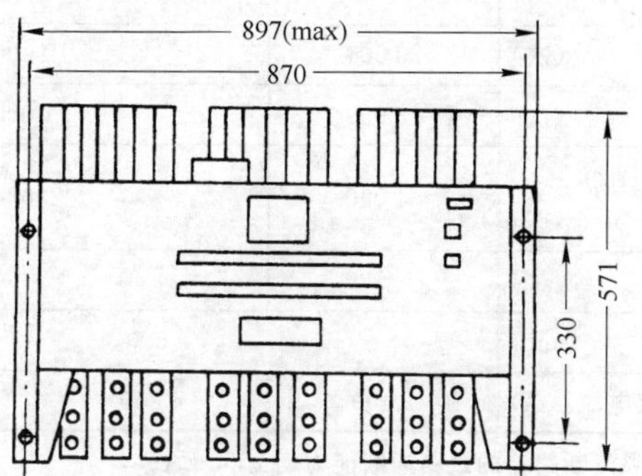


图 7－42 DW15－4000 外形尺寸及安装尺寸

2. DWX15、DWX15C 系列万能式限流断路器

DWX15、DWX15C 低压万能式限流断路器(以下简称断路器)用于交流 50 Hz、电流至 630 A、额定工作电压至 660 V 的配电网络中,用来分配电能和电源设备的过载、欠电压、短路保护。也能在 50 Hz,380 V 的网络中用来作电动机的过载、欠电压和短路保护。

断路器在正常条件下可作线路的不频繁转换也可作为电动机的不频繁起动。由于具有限流特性,特别适用于可能出现大短路电路的网络。断路器的额定绝缘电压等于相应的额定工作电压值。

（1）主要其技术参数见表 7－51。

表 7－51 DWX15 系列的技术数据

<table>
<tr><th colspan="2">型 号</th><th>DWX15－200</th><th>DWX15－400</th><th>DWX15－630</th></tr>
<tr><td colspan="2">$I_{nm}$ （A）</td><td>200</td><td>400</td><td>630</td></tr>
<tr><td colspan="2">断路器额定电流 $I_n$ （A）</td><td>100、160<br>200</td><td>315<br>400</td><td>315、400<br>630</td></tr>
<tr><td rowspan="2">额定短路通断能力（kA）</td><td>380 V</td><td>50</td><td>50</td><td>70</td></tr>
<tr><td>660 V</td><td>20</td><td>25</td><td>25</td></tr>
<tr><td rowspan="2">一次极限通断能力（kA）</td><td>380 V</td><td colspan="3">100</td></tr>
<tr><td>660 V</td><td colspan="3">40</td></tr>
<tr><td colspan="2">限流系数</td><td colspan="3">≤0.6</td></tr>
<tr><td colspan="2">机械寿命 （次）</td><td>20 000</td><td colspan="2">10 000</td></tr>
<tr><td colspan="2">电寿命 （次）</td><td>2 000</td><td colspan="2">1 000</td></tr>
<tr><td colspan="2">AC380V 保护电动机电寿命 AC－3 （次）</td><td>4 000</td><td colspan="2">2 000</td></tr>
<tr><td colspan="2">操作频率 （次/h）</td><td>120</td><td colspan="2">60</td></tr>
<tr><td colspan="2">飞弧距离 （mm）</td><td colspan="3">300</td></tr>
<tr><td colspan="2">快速脱扣器整定电流 （A）</td><td>2 400</td><td>4 800</td><td>7 560</td></tr>
</table>

注：抽屉式限流断路器的短路通断能力均为 50 kA。

（2）断路器脱扣器及控制箱的额定电压见表 7－52。

表 7－52 DWX15 系列的脱扣器和控制箱的额定电压

<table>
<tr><th colspan="3" rowspan="2">类 型</th><th colspan="2">额 定 电 压 （V）</th></tr>
<tr><th>AC 50 Hz</th><th>DC</th></tr>
<tr><td rowspan="2">脱 扣 器</td><td>分励脱扣器</td><td>$U_s$</td><td>220、380</td><td>110、220</td></tr>
<tr><td>欠电压脱扣器</td><td>$U_s$</td><td>220、380</td><td>—</td></tr>
<tr><td>闭合装置</td><td>操作电磁铁控制箱</td><td>$U_s$</td><td>220、380</td><td>110、220</td></tr>
</table>

注：如需要 $U_s$ 为 660 V 规格的操作电磁铁控制箱，由用户与制造厂协议供货。

(3) 过电流脱扣器保护特性：

① 配电用断路器可分以下两种：

a. 长延时过电流脱扣器，电流整定值调节范围为 $0.64I_n \sim 1.0I_n$，各极同时通电时的反时限动作特性见表 7-53，返回电流值为 $0.9I_r$。

b. 瞬时过电流脱扣器，在短路情况下分断时，脱扣器为不可调式。电流整定值 $10I_n$，其准确度为±20%。

② 保护电动机用断路器可分以下两种：

a. 长延时过电流脱扣器，电流整定值调节范围为 $0.64I_n \sim 1.0I_n$，各级同时通电时的反时限动作特性见表 7-53，返回电流值为 $I_r$。

b. 瞬时过电流脱扣器，在短路情况下分断时脱扣器为不可调式，电流整定值 $12I_n$，其准确度为±20%。

表 7-53　DWX15 系列的动作特性

| 项目 | 周围空气温度(℃) | 配电用断路器 | | | | 保护电动机用断路器 | | | |
|---|---|---|---|---|---|---|---|---|---|
| | | $I/I_r$ | | 脱扣时间 | 状态 | $I/I_r$ | | 脱扣时间 | 状态 |
| 1 | +20(±5) | $x$ | 1.05 | 2 h不脱扣 | 从冷态开始 | $x$ | 1.05 | 2 h不脱扣 | 从冷态开始 |
| | | $y$ | 1.25 | 1 h内脱扣 | 从热态开始 | $y$ | 1.20 | 1 h内脱扣 | 从热态开始 |
| | | 2.00 | | <10 min | 从热态开始 | 1.50 | | <3 min | 从热态开始 |
| | | 3.00 | | 可返回时间大于8 s | 从冷态开始 | 2.00 | | <2 min | 从热态开始 |
| | | | | | | 6.00 | | 可返回时间大于5 s | 从冷态开始 |
| 2 | −5 | $x$ | 1.05 | 2 h不脱扣 | 从冷态开始 | $x$ | 1.05 | 2 h不脱扣 | 从冷态开始 |
| | | $y$ | 1.35 | 1 h内脱扣 | 从热态开始 | $y$ | 1.30 | 1 h内脱扣 | 从热态开始 |
| 3 | +40 | $x$ | 1.00 | 2 h不脱扣 | 从冷态开始 | $x$ | 1.00 | 2 h不脱扣 | 从冷态开始 |
| | | $y$ | 1.25 | 1 h内脱扣 | 从热态开始 | $y$ | 1.20 | 1 h内脱扣 | 从热态开始 |

注：当三极过电流脱扣器仅有二极通电时，$y$ 栏中规定的最大电流值应增加10%。

(4) 断路器限流特性如图 7-43、图 7-44 所示。

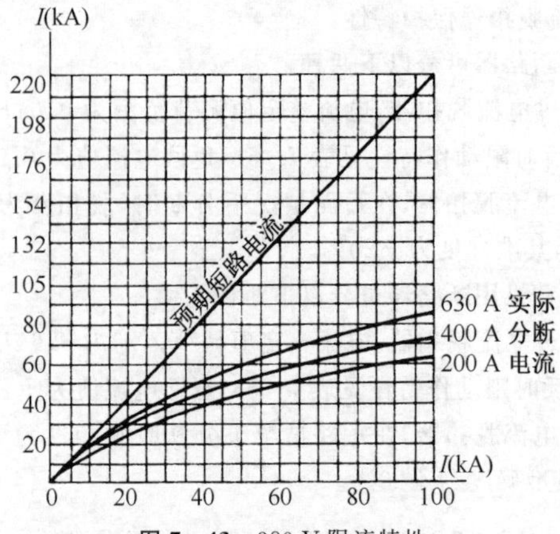


图 7-43　380 V 限流特性

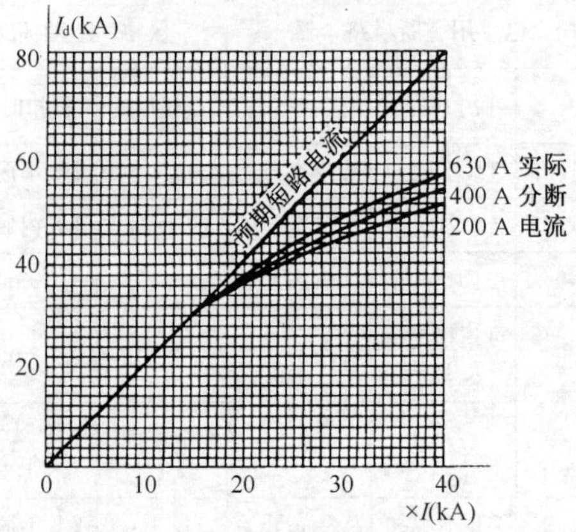


图 7-44　660 V 限流特性

(5) DWX15-200、400、630外形尺寸安装尺寸同DW15-200、400、630正面操作外形尺寸及安装尺寸。DW15XC-200、400、630同DW15C-200、400、630。

3. DW15HH系列万能式断路器

用于交流额定电流630～2 000 A，额定工作电压400 V或690 V的低压配电网络中，用来分配电能，保护线路和电源设备受过载、欠电压、短路、单相接地等故障的危害,可实现选择性保护,具有四极和抽屉式等多种结构,能提高电网的可靠性,在正常条件下也可作为线路的不频繁转换。技术数据见表 7-54。

表 7-54 DW15HH 系列万能式断路器的技术数据

| 型号 | 壳架等级的最大额定电流(A) | 额定电流 $I_e$(A) | 额定工作电压 $U_e$ (V) | 额定极限短路分断能力 $I_{cu}$ (kA) | 额定运行短路分断能力 $I_{cs}$ (kA) | 额定短时耐受电流 $I_{cw}$ 1 s 短延时 0.4 s(kA) | 飞弧距离(mm) | 进线方式 |
|---|---|---|---|---|---|---|---|---|
| DW15HH-2000 | 2 000 | 630、800、1 000、1 600、2 000 | 400 (690) | 50(30) | 40 | 40 | 200 | 上进线或下进线 |
| DW15HH-4000 | 4 000 | 2 000、2 500、3 200、4 000 | | 80 | 60 | 60 | | |

断路器脱扣器的整定范围和动作特性见表 7-55。

表 7-55 DW15HH 系列断路器脱扣器的整定范围和动作特性

<table>
<tr><th>脱扣器</th><th>整定范围</th><th colspan="7">动 作 特 性</th></tr>
<tr><td rowspan="2">长延时</td><td rowspan="2">$(0.4\sim1)I_e$</td><td>$1.05I_{r1}$</td><td>$1.3I_{r1}$</td><td>$1.5I_{r1}$ 动作时间(s)</td><td>30</td><td>60</td><td>120</td><td>$>40$</td></tr>
<tr><td>$>2$ h 不动作</td><td>$<2$ h 动作</td><td>$3.0I_{r1}$ 可返回时间(s)</td><td colspan="4">$>8$ s,返回电流为 $0.9I_{r1}$</td></tr>
<tr><td>短延时</td><td>$(3\sim10)I_e$、($I_e=2\,000$ A);<br>$(3\sim6)I_e$、($I_e=4\,000$ A)</td><td colspan="7">动作时间分 0.25 s 和 0.4 s 两挡</td></tr>
<tr><td>瞬时</td><td>$(10\sim20)I_e$、($I_e=2\,000$ A);<br>$(7\sim14)I_e$、($I_e=4\,000$ A)</td><td colspan="7">—</td></tr>
<tr><td>接地故障</td><td>$(0.2\sim0.8)I_n$、最小 160 A、最大 1 200 A</td><td colspan="7">定延时动作时间分 0.2 s、0.4 s、0.6 s 和 0.8 s 四挡</td></tr>
</table>

注:$I_{r1}$ 为长延时脱扣器的整定电流。

4. DW12 系列万能式断路器

用于交流 50 Hz，电压 380 V，电流 1 250～6 300 A 的配电网络中，用来分配电能，对线路及电源设备的过载和短路进行保护。正常条件下，也可用于线路的不频繁转换。

断路器分断能力高，具有选择性保护，定时限保护采用机械式钟表延时机构。断路器与电路连接采用插入式结构。其技术数据见表 7-56。

表 7-56 DW12 系列万能式断路器的技术数据

| 额定发热电流(A) | 试验电压(V) | 额定短路接通能力(预期电流峰值)(kA) | 额定短路分断能力(有效值)(kA) | $\cos\varphi$ | 额定短路分断的定时限延时时间(s) |
|---|---|---|---|---|---|
| 2 500、3 200 | 1.1×380 | 2.2×70 | 70 | 0.2～0.05 | 0.4±0.04 |
| 5 000、6 300 | | 2.2×100 | 100 | | |

断路器按安装脱扣器的基本组合型式分为：

(1) 反时限过电流脱扣器与分励脱扣器的组合。

(2) 反时限过电流脱扣器与定时限过电流脱扣器及分励脱扣器的组合。

5. DW16 系列万能式断路器

DW16 系列万能式断路器(以下简称断路器)用于交流 50 Hz、额定电流 100 A 至 1 000 A、额定工作电压 380 V 的配电网络中，用来分配电能和电源设备的过载、欠电压、短路保护及变压器中性点直接接地的 TN 配电系统中单相金属性接地故障保护。也可在交流 380 V 网络中电动机的过载、欠电压和短路保护，在正常条件下作为线路不频繁转换及电动机的不频繁起动。其技术数据和保护特性见表 7-57。

本系列断路器的单相接地脱扣器分电磁式(瞬时动作)和电子式(瞬时动作或延时 0.4 s 动作)两种。

使用本系列断路器时应注意其单相对地短路保护对象只是变压器中性点直接接地的 TN 配电系统，而不是别的配电系统，且仅为单相金属性接地短路保护，即只能作为设备保护而不能作为人身触电保护之用。

DW16 系列断路器具有较高的短路分断能力和良好的保护特性，可十分方便地替换已淘汰的 DW10 系列断路器。

表7-57　DW16系列万能断路器的技术数据

| 壳架等级额定电流(A) | 额定电流 $I_e$(A) | 短路分断能力 $I_{cu}/I_{cs}$(A) | | 飞弧距离(mm) | 机械寿命(次) | 电寿命(次) | | 单相对地短路保护 |
|---|---|---|---|---|---|---|---|---|
| | | 400 V | 690 V | | | 配电用 | 保护电动机用 | |
| 630 | 100、160、200、250、315、400、630 | 30/25 | 20/15 | 250 | 10 000 | 1 000 | 2 000 | $(0.3\sim0.5)I_e$ 0.05 s(瞬时) 0.4 s(延时) |
| 2 000 | 800、1 000、1 600、2 000 | 50/30 | 30/20 | 350 | 5 000 | 500 | — | — |
| 4 000 | 2 500、3 200、4 000 | 80/50 | 40/30 | 350 | 3 000 | 300 | — | — |

6. DW17(ME)系列万能式断路器

用于交流50 Hz、电压380 V、电流至4 000 A的配电网络中，用来分配电能和保护线路及电源设备的过载、欠电压、短路。在正常的条件下可作为线路的不频繁转换。

1 250 A以下的断路器在交流50 Hz、电压380 V网络中可用来保护电动机的过载、短路，同时在正常条件下也可以作为电动机的不频繁起动。

ME630、ME1000、ME1600断路器的工作电压可提高到交流1 000 V。

本系列断路器引进了德国AEG公司的生产制造技术。断路器采用立体式的积木结构，总体结构分固定连接式和抽屉式两种。接线方式有垂直进出线、水平进出线；操作方式有手动操作、直接电动操作、预储能操作。断路器的过电流脱扣器由瞬时、长延时和短延时组成，可根据使用要求进行组合，以实现一段、二段和三段保护。

抽屉式断路器具有维修、更换十分方便的优点，可有接通、测试、断开和抽出四个位置。接通位置即断路器的主回路和辅助回路都处于接通的工作位置上。测试位置即主回路与电网系统脱离，并具有一定隔离距离。

DW17(ME)系列断路器的技术数据见表7-58。其电磁式过电流脱扣器的整定电流调整范围见表7-59。

表 7-58　DW17(ME)系列断路器的技术数据

<table>
<tr><th rowspan="3">断路器结构尺寸等级</th><th rowspan="3">原型号</th><th rowspan="3">额定电流(A)</th><th colspan="6">额定分断能力(kA)</th><th colspan="2" rowspan="2">额定通断能力(交流峰值)(kA)</th><th rowspan="3">额定短时耐受电流(1 s)(kA)</th><th rowspan="3">机械寿命(×10⁴ 次)</th><th rowspan="3">电寿命(次)</th></tr>
<tr><th colspan="3">交流(有效值)</th><th colspan="3">直　流</th></tr>
<tr><th>380 V</th><th>660 V</th><th>cos φ</th><th>220 V</th><th>440 V</th><th>T</th><th>380 V</th><th>660 V</th></tr>
<tr><td rowspan="6">结构尺寸1</td><td>ME630</td><td>630</td><td colspan="2" rowspan="6">50</td><td rowspan="6">0.25</td><td rowspan="6">40</td><td rowspan="6">30</td><td rowspan="6">15 ms</td><td colspan="2" rowspan="6">105</td><td rowspan="2">30</td><td rowspan="6">2①</td><td rowspan="6">1 000</td></tr>
<tr><td>ME800</td><td>800</td></tr>
<tr><td>ME1000</td><td>1 000</td><td rowspan="4">50</td></tr>
<tr><td>ME1250</td><td>1 250</td></tr>
<tr><td>ME1600</td><td>1 600</td></tr>
<tr><td>ME1605</td><td>1 900</td></tr>
<tr><td rowspan="3">结构尺寸2</td><td>ME2000</td><td>2 000</td><td colspan="2" rowspan="5">80</td><td rowspan="5">0.2</td><td colspan="2" rowspan="5">60</td><td rowspan="5">15 ms</td><td colspan="2" rowspan="5">180</td><td rowspan="5">80</td><td rowspan="5">1</td><td rowspan="5">500</td></tr>
<tr><td>ME2500</td><td>2 500</td></tr>
<tr><td>ME2505</td><td>2 900</td></tr>
<tr><td rowspan="2">结构尺寸3</td><td>ME3200</td><td>3 200</td></tr>
<tr><td>ME3205</td><td>3 900</td></tr>
<tr><td rowspan="2">结构尺寸4</td><td>ME4000</td><td>4 000</td><td rowspan="2">100</td><td rowspan="2">80</td><td rowspan="2">0.2</td><td colspan="2" rowspan="2">80</td><td rowspan="2">15 ms</td><td rowspan="2">220</td><td rowspan="2">180</td><td rowspan="2">100</td><td rowspan="2">0.3</td><td rowspan="2">150</td></tr>
<tr><td>ME4005</td><td>5 000</td></tr>
</table>

① 具有预储能电动机传动的 ME630～1605 断路器的机械寿命为 $1\times10^4$ 次。

表 7-59 ME系列断路器电磁式过电流脱扣器的整定电流调节范围(额定电压 660 V)

| 项目 | 原型号,ME | 630 | 800 | 1 000 | 1 250 | 1 600 | 1 605 | 2 000 | 2 500 | 2 505 | 3 200 | 3 205 | 4 000 | 4 005 |
|---|---|---|---|---|---|---|---|---|---|---|---|---|---|---|
| 过载长延时脱扣器整定电流调节范围(A) | 200～400 | √ | √ | | | | | | | | | | | |
| | 350～630 | √ | √ | √ | | | | | | | | | | |
| | 500～800 | | √ | | | | | | | | | | | |
| | 500～1 000 | | | √ | √ | √ | | √ | | | | | | |
| | 750～1 250 | | | | √ | | | | | | | | | |
| | 900～1 600 | | | | | √ | | | | | | | | |
| | 900～1 900 | | | | | | √ | | | | | | | |
| | 1 000～2 000 | | | | | | | √ | | √ | | | | |
| | 1 500～2 500 | | | | | | | | √ | | | | | |
| | 1 900～2 900 | | | | | | | | | √ | | | | |
| 短路短延时脱扣器整定电流调节范围(kA) | 3～5 | √ | √ | √ | √ | | | | | | | | | |
| | 5～8 | √ | √ | √ | √ | √ | √ | √ | | | | | | |
| | 7～12 | | | | | | √ | √ | √ | √ | | | | |
| | 8～12 | | | | | | | | √ | √ | | | | |

（续表）

| 项目 | 原型号，ME | 630 | 800 | 1 000 | 1 250 | 1 600 | 1 605 | 2 000 | 2 500 | 2 505 | 3 200 | 3 205 | 4 000 | 4 005 |
|---|---|---|---|---|---|---|---|---|---|---|---|---|---|---|
| 短路瞬时脱扣器整定电流调节范围(kA) | 1～2 | √ | | | | | | | | | | | | |
| | 1.5～3 | | √ | | | | | | | | | | | |
| | 2～4 | √ | | √ | √ | | | | | | | | | |
| | 4～8 | √ | √ | √ | √ | √ | √ | √ | | | | | | |
| | 6～12 | | | | | | √ | √ | √ | √ | | | | |
| | 8～16 | | | | | | | | | √ | √ | | | |
| | 10～20 | | | | | | | | | | | √ | √ | √ |

注：短路短延时和短路瞬动脱扣器两者只能任选一个；当断路器作保护电动机用时，瞬动脱扣器的整定电流调节范围可为 4～8 kA。

7. DW45 系列智能型万能式断路器

用于交流额定电压 380 V、660 V，额定电流为 630～3 200 A 的配电系统中，分配电能和电源设备免受过载、欠电压、短路、单相接地等故障的危害，断路器具有多种智能保护功能，可实现选择性保护。

断路器的智能型脱扣器的性能包括：

(1) 具有过载长延时反时限、短延时反时限、短延时定时限，瞬动等功能，可由用户自行设定，组成所需的保护特性；

(2) 单相接地保护特性；

(3) 显示功能：整定电流 $I_r$ 显示，动作电流显示；

(4) 电流表功能：检测主回路电流；

(5) 报警功能：过载报警；

(6) 自检功能：过热保护，微机自诊断；

(7) 试验功能：试验脱扣器的动作特性；

(8) 可带有通信接口的断路器，在 1 km 内通过计算机对断路器实行遥控、遥调、遥测和遥信。

断路器的技术数据见表 7-60。

表 7-60　DW45 系列智能型万能式断路器的技术数据

| 壳架等级额定电流 $I_{nm}$(A) | 额定电流 (A) | 额定极限短路分断能力 $I_{cu}$(kA) | | 额定运行短路分断能力 $I_{cs}$(kA) | | 额定短时耐受电流 $I_{cw}$(kA、1 s) | 电寿命/机械寿命 (次) |
|---|---|---|---|---|---|---|---|
| | | 380 V | 660 V | 380 V | 660 V | 6 | |
| 2 000 | 630、800、1 000、1 250、1 600、2 000 | 65/80 | 40/50 | 40/50 | 30/40 | 50 | 500/10 000 |
| 3 200 | 2 000、2 500、3 200 | 80/100 | 50/65 | 50/65 | 40/50 | 65 | |

注：1. 50 kA 及以下时：$\cos\varphi=0.25$；65 kA 及以上时：$\cos\varphi=0.2$。

2. 分子为标准型技术指标，分母为高分断 H 型技术指标。

断路器脱扣器的整定范围和动作特性见表 7-61。

表 7-61 DW45 系列智能型万能式断路器的整定范围和动作特性

<table>
<tr><th rowspan="2">脱扣器</th><th rowspan="2">整定范围</th><th colspan="7">动 作 特 性</th></tr>
<tr><th>电流</th><th colspan="6">动 作 时 间</th></tr>
<tr><td rowspan="4">长延时</td><td rowspan="4">$(0.4\sim1)I_e$</td><td>$1.05I_{r1}$</td><td colspan="6">$>2$ h 不动作</td></tr>
<tr><td>$1.3I_{r1}$</td><td colspan="6">$<1$ h 动作</td></tr>
<tr><td>$1.5I_{r1}$</td><td>15 s</td><td>30 s</td><td>60 s</td><td>120 s</td><td>240 s</td><td>480 s</td></tr>
<tr><td>$2.0I_{r1}$</td><td>8.4 s</td><td>16.9 s</td><td>33.7 s</td><td>67.5 s</td><td>135 s</td><td>270 s</td></tr>
<tr><td rowspan="2">短延时</td><td rowspan="2">$(0.4\sim15)I_e$</td><td>延时时间(s)</td><td>0.1</td><td>0.2</td><td>0.3</td><td colspan="3">0.4</td></tr>
<tr><td>可返回时间(s)</td><td>0.06</td><td>0.14</td><td>0.23</td><td colspan="3">0.35</td></tr>
<tr><td>瞬时</td><td>$10I_e\sim50$ kA</td><td colspan="7">—</td></tr>
<tr><td>接地故障</td><td>$(0.2\sim0.8)I_n$</td><td colspan="7">定时限、与短延时相同</td></tr>
</table>

注：$I_{r1}$为长延时脱扣器的整定电流。

8. DW50-1000 智能型万能式断路器

用于交流额定电压 380 V、额定电流为 1 000 A 的配电系统中，分配电能和保护线路及电源设备。它具有 3 极、4 极和固定式、抽屉式等结构，上进线和下进线的短路分断能力相同，完全能满足电缆下进线的配电需要。

它配有 ST50 智能控制器，保护特性完善。除具有过载长延时、短路短延时、特大短路瞬时三段保护特性和接地故障保护特性外，还具有接通电流脱扣器(MCR)功能和越限跳闸功能、负载电流光柱指示、正常运行指示、故障状态指示、故障记忆指示和瞬动试验功能。可输出过载预报警和自诊断报警等一般实用性强的功能。按用户需要还可增加通信接口装置。其技术数据见表 7-62，脱扣器整定范围和动作特性见表 7-63。

表 7-62 DW50-1000 智能型万能式断路器技术数据

| | |
|---|---|
| 额定绝缘电压 $U_{im}$(V) | 690 |
| 壳架等级额定电流 $I_{nm}$(A) | 1 000 |
| 额定电流 $I_n$(A) | 200、400、630、800、1 000 |
| 额定电压 $U_n$(V) | 380(400) |

（续表）

| | |
|---|---|
| 额定极限短路分断能力 $I_{cu}$(kA)(o-co) | 42 |
| 额定运行短路分断能力 $I_{cs}$(kA)(o-co-co) | 30 |
| 额定短时耐受电流 $I_{cw}$(kA)(0.5 s)(0.25 s o-co) | 30 |
| 飞弧距离(mm) | 0 |
| 进线方式 | 上进线或下进线 |
| 不维修循环操作次数(万次) | 0.5 |

表 7-63 DW50-1000 智能型万能式断路器脱扣器的整定范围和动作特性

| 脱扣器 | 整定范围 | 动作特性 | | | | |
|---|---|---|---|---|---|---|
| | | 电流 | 动作时间 | | | |
| 长延时 | (0.4～1)$I_e$ | 1.05$I_{r1}$ | >2 h 不动作 | | | |
| | | 1.3$I_{r1}$ | <1 h 动作 | | | |
| | | 1.5$I_{r1}$ | 30 s | 60 s | 120 s | 240 s |
| | | 2.0$I_{r1}$ | 16.9 s | 33.7 s | 67.5 s | 135 s |
| 短延时 | (3～10)$I_e$ | 0.25 s | | | | |
| 瞬时 | (10～20)$I_e$ | — | | | | |
| 接地定时 | (0.2～0.8)$I_n$ | (0.2～0.8)s | | | | |

9. 塑料外壳式断路器

1) DZ5 系列塑料外壳式断路器　用于交流 50 Hz、额定电压 380 V，额定电流 0.15～50 A 的电路中。电动机用断路器保护电动机的过载和短路，配电用断路器在配电网络中分配电能和作线路及电源设备的过载和短路保护，亦可分别作为电动机不频繁起动线路的不频繁转换。DZ5 系列技术数据见表 7-64。

表 7-64 DZ5 系列的技术数据

| 型号 | | | | | |
|---|---|---|---|---|---|
| 型号 | | DZ5-20 | | | DZ5-50 |
| $U_e$ | (V) | AC 380 | | | AC 380 |
| $I_e$(主触头) | (A) | 20 | | | 50 |
| $I_n$ | (A) | 0.15、0.2、0.3、0.45、0.65、1、1.5、2、3、4.5、6.5、10、15、20 | | | 10、15、20、25、30、40、50 |
| $I_r$ (A) | 配电用 | 1.5、2、3、4.5、6.5、10、15、20、30、45、65、100、150、200 | | | |
| | 保护电动机用 | 1.8、2.4、3.6、5.4、7.8、12、18、24、36、54、78、120、180、240 | | | |
| $I_{cu}$ (A) | $I_r$(A) | 复式脱扣器 | 电磁式脱扣器 | 热脱扣器 | 液压式脱扣器 |
| | 0.15～6.5<br>10～20 | 1 200<br>1 500 | 1 200<br>1 500 | $14I_r$ | 2 500 |
| 寿命(次) | 有载 | 保护电动机用：8 000 配电用：8 000 | | | 电气：20 000<br>机械：20 000 |
| | 无载 | 保护电动机用：12 000 配电用：12 000 | | | |

（续表）

| 型　号 | | DZ5-20 | | | | DZ5-50 | | | |
|---|---|---|---|---|---|---|---|---|---|
| 寿命(次) | 总　计 | 保护电动机用：20 000　总　计：20 000 | | | | 电气：20 000<br>机械：20 000 | | | |
| 每小时操作次数 | (次/h) | 120 | | | | 60 | | | |
| 极　数 | | 2、3 | | | | 3 | | | |
| 质　量 | (kg) | 0.55(3 极、复式) | | | | | | | |
| 保护特性 | | 热　脱　扣　器 | | | | 液压式脱扣器 | | | |
| 配电用 | $I/I_r$ | (1.05)1 | (1.35)1.3 | 2.0 | 3.0 | $I/I_r$<br>$t$ | 1<br>不动作 | 1.2<br>2 min | 1.5<br>3 min |
| | 动作时间 | 1 h 内不动作 | <1 h | <4 min | 可返回时间<br>>1 s | | | | |
| 保护电动机用 | $I/I_r$ | (1.05)1 | (1.20) | 1.5 | (6.0)6.0 | $I/I_r$<br>$t$ | 6<br>可返回时间<br><1 s | | 12<br><0.2 s |
| | 动作时间 | 1 h 内不动作 | <2 h<br>(<20 min) | <3 min | 可返回时间<br>≥1 s(>1 s) | | | | |

DZ5－20辅助触头技术数据见表7－65，触头数：一常开，一常闭。DZ5－50辅助触头：5 A，一常开，一常闭；二常开；二常闭。

表7－65　DZ5辅助触头技术数据

<table>
<tr><th rowspan="2">额定值</th><th colspan="3">寿命（次）</th><th rowspan="2">额定短路熔断电流(A)<br>（与RL1－15/6熔断器串联）</th></tr>
<tr><th>有载</th><th>无载</th><th>合计</th></tr>
<tr><td>AC　380 V　6 A<br>DC　220 V　1 A</td><td>6 000</td><td>14 000</td><td>20 000</td><td>1 000</td></tr>
</table>

2）DZ12、DZ13系列塑料外壳式断路器　用于交流50～60 Hz、额定电压120～415 V、额定电流6～70 A的电路中，作为照明配电线路的短路、过载保护及不频繁地转换。可广泛用于宾馆、机场、医院、高层建筑中。其技术数据见表7－66。

表7－66　DZ12、DZ13系列的技术数据

<table>
<tr><th rowspan="2">额定电流<br>(A)</th><th rowspan="2">额定电压<br>(V)</th><th rowspan="2">极数</th><th rowspan="2">额定短路通断能力<br>(A)</th><th colspan="2">在周围空气温度＋40℃时</th><th rowspan="2">电寿命<br>（次）</th><th rowspan="2">机械寿命<br>（次）</th></tr>
<tr><th>试验电流倍数</th><th>动作时间(min)</th></tr>
<tr><td>6、10</td><td rowspan="2">120<br>120/240<br>240<br>240/415</td><td rowspan="2">单极</td><td rowspan="2">5</td><td>1.5</td><td><60</td><td rowspan="5">6 000</td><td rowspan="5">10 000</td></tr>
<tr><td>15、20、25、30、40、50、60、70</td><td rowspan="4">1.35</td><td rowspan="4"><60</td></tr>
<tr><td rowspan="3">15、20、25、30、40、50、60</td><td>120/240</td><td rowspan="2">双极</td><td>5</td></tr>
<tr><td rowspan="2">240/415</td><td>3</td></tr>
<tr><td>三极</td><td>3</td></tr>
</table>

3) DZ15 系列塑料外壳式断路器 用于交流 50 Hz、额定电压 380 V，额定电流至 63 A 的电路中作过载、短路保护，并可作为线路的不频繁转换及电动机的不频繁起动。技术数据见表 7-67。外形如图 7-45 所示。

表 7-67 DZ15 系列的技术数据

| 型号 | | | DZ15-40 | DZ15-63 |
|---|---|---|---|---|
| $U_i$ | | (V) | AC 380 | |
| $U_e$ | | (V) | 单极：AC 220 二、三、四极：AC 380 | |
| $I_{nm}$ | | (A) | 40 | 63 |
| 极数 | | | 1、2、3、4 | |
| $I_n$ | | (A) | 6、10、16、20<br>25、32、40 | 10、16、20、25<br>32、40、50、63 |
| 额定短路通断能力 | | (kA) | 3 | 5 |
| 寿命(次) | 有载 | | 10 000 | 6 000 |
| | 无载 | | 5 000 | 4 000 |
| | 总计 | | 15 000 | 10 000 |
| 每小时操作次数 | | (次/h) | 120 | 120 |

过电流脱扣器保护特性为：

作配电用断路器时

$I/I_n$ 1.05 1 h 内不脱扣(冷态)
1.30 1 h 内脱扣(热态)
10.00 <0.2 s(冷态)

作保护电动机用断路器时

$I/I_n$ 1.05 2 h 内不脱扣(冷态)
1.20 2 h 内脱扣(热态)
6.00 可返回时间≥1 s(冷态)
12.00 <0.2 s(冷态)

注：$I$ 为试验电流。

4) DZ20 系列塑料外壳式断路器 DZ20 系列塑料外壳式断路器，其额定绝缘电压为 500 V，交流额定工作电压 380 V 及以下或直流额定工作电压 220 V 及以下，额定电流 1 250 A。一般作为配电用，额定电流 200 A 及以下和 400Y 型的断路器亦可作为保护电动机用。在正常情况下，断路器可分别作为线路不频繁转换及电动机的不频繁起动。

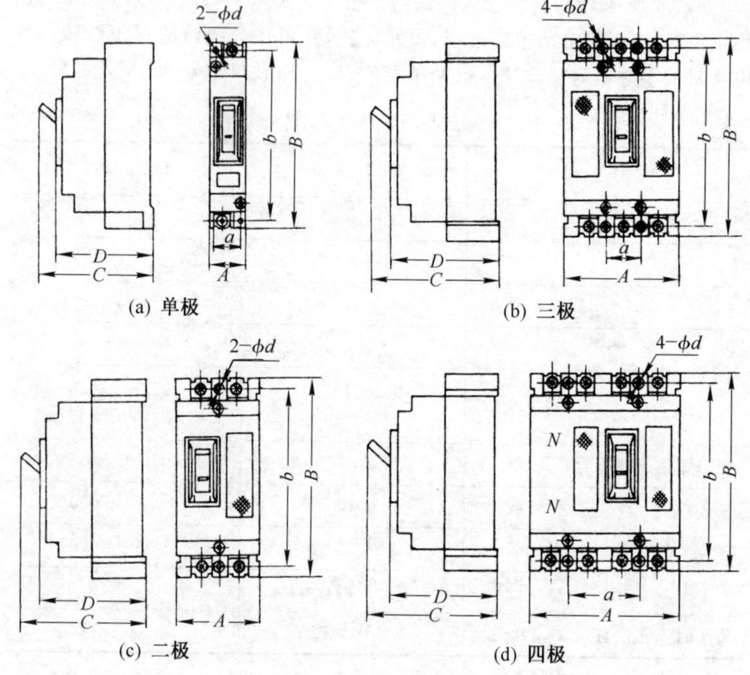


**图 7－45**　DZ15 系列外形

四极断路器用于交流 50 Hz、额定电压 400 V 及以下，额定电流 100 至 630 A 三相五线制的系统中，它能保证用户和电源完全断开，确保安全，从而解决其他任何断路器不可克服的中性极电流不为零的不足。

配电用断路器是在配电网络中分配电能及电源设备的过载、短路和欠电压保护。

保护电动机用断路器是在配电网络中作笼型电动机的起动和分断以及电动机的过载、短路和欠电压保护。

DZ20 系列技术数据见表 7－68。其瞬时脱扣器整定电流见表 7－69。其动作特性如图 7－46～图 7－52 所示。外形及安装尺寸如图 7－53、图 7－54 所示。按额定极限短路分断能力高低分为：Y—一般型；J—较高型；G—最高型；C—经济型；S—四极型。

表 7-68 DZ20 系列技术数据

| 项目 | | | | | | | |
|---|---|---|---|---|---|---|---|
| 额定绝缘电压 $U_{ei}$ (V) | | | 500 | | | | |
| 额定工作电压 $U_e$ (V) | | | AC 380(400) DC 220 | | | | |
| 壳架等级额定电流 $I_{mm}$ (A) | | | 100<br>160(C) | 200<br>250(C. S) | 400 | 630 | 1 250 |
| 额定极限短路分断能力 $I_{cu}$ (kA) | AC 380 V | Y | 18 | 25 | 30 | 30 | 50 |
| | | J | 35 | 42 | 50 | 50 | |
| | | G | 100 | 100 | 100 | | |
| | | S | 35 | 42 | 50 | 50 | |
| | | C | 12 | 15 | 20 | 20 | |
| | DC 220 V | Y | 10 | 20 | 25 | 25 | 30 |
| | | J | 15 | 20 | 25 | 25 | |
| | | G | 20 | 25 | 30 | | |
| 额定运行短路分断能力 $I_{cs}$ (kA) | AC 380 V | Y | 14 | 19 | 23 | 23 | 38 |
| | | J | 18 | 25 | 25 | 25 | |
| | | G | 75 | 100 | 100 | | |
| | | S | 18 | 25 | 25 | 25 | |
| | DC 220 V | Y | 10 | 20 | 25 | 25 | 30 |

（续表）

| 额定运行短路分断能力 $I_{cs}$（kA） | | | | | | | |
|---|---|---|---|---|---|---|---|
| | DC 220 V | J | 15 | 20 | 25 | 25 | |
| | | G | 20 | 25 | 30 | | |
| 脱扣器额定电流（A） | | | 16、20、32、40<br>50、63、80、100 | 100、125、160<br>180、200、225 | 200(Y)、250、<br>315、350、400 | 250、315、350<br>400、500、630 | 630、700、800<br>1 000、1 250 |
| 断路器额定电流 $I_n$（A） | | | 16～100 | 100～200 | 200～400 | 500～630 | 800～1 250 |
| 寿命 | 操作频率 | （次/h） | 120 | 120 | 60 | 60 | 30 |
| | 电寿命 | （次） | 4 000 | 2 000 | 1 000 | 1 000 | 500 |
| | 机械寿命 | （次） | 4 000 | 6 000 | 4 000 | 4 000 | 2 500 |
| 附件 | 欠电压脱扣器 | | * | * | * | * | * |
| | 分励脱扣器 | | * | * | * | * | * |
| | 辅助触头 | | * | * | * | * | * |
| | 报警触头 | | * | * | * | * | * |
| | 电动操作机构 | | * | * | * | * | * |
| | 转动手柄操作机构 | | * | * | *(Y) | | |
| | 接线端子 | | * | * | * | * | * |
| 连接铜导线(铜母线)最大截面积（$mm^2$） | | | 35 | 95 | 240 | 40×5<br>2根 | 80×5<br>2根 |

表 7-69 DZ20 系列瞬时脱扣器整定电流 $I_r$

| $I_{nm}$ (A) | 100 | 200 | 400(Y) | 400(J)<br>400(G)<br>630 | 800 | 1 250 |
| --- | --- | --- | --- | --- | --- | --- |
| 配电保护用(注) | $10I_n$ | $5I_n$<br>$10I_n$ | $10I_n$ | $5I_n$<br>$10I_n$ | $4I_n$<br>$7I_n$ | $4I_n$<br>$7I_n$ |
| 电动机保护用 | $12I_n$ | $8I_n$<br>$12I_n$ | $12I_n$ | | | |

注：C.S 型瞬时脱扣器整定电流 $I_r=10I_n$。

(1) 分励脱扣器：短时工作制。额定控制电源电压：AC220、380 V，DC110、220 V。

(2) 欠电压脱扣器：额定工作电压：AC220、380 V。在电源电压等于或不小于 85%$U_e$ 时能保证断路器可靠闭合，当电源电压低于 35%$U_e$ 时能保证闭合状态的断路器断开，断开状态的断路器不能闭合。

(3) 报警触头：额定工作电压：AC220 V，约定发热电源：1 A。

(4) 电动操作机构(DZ20-100～1 250 A 用)。

(5) 转动手柄操作机构安装范围、适用范围见表 7-70。

表 7-70 DZ20 系列手柄操作机构安装与适用范围

| 转动操作手柄 | 安装范围 | 适用断路器 |
| --- | --- | --- |
| SP30-10 | 安装于抽屉柜门上作操作用 | DZ20-100 |
| SP30-30 | | DZ20-200 |
| SP30-40 | | DZ20Y-400 |
| SAP30-100 | | DZ20$^{J}_{G}$-400、DZ20-630 |
| DZZ10-250 | 安装于断路器上作抽屉柜操作用 | DZ20Y-400 |
| DXX20-100 | | DZ20-200 |
| DZZ20-200 | | DZ20-200 |
| DZZ20-630 | | DZ20$^{J}_{G}$-400、DZ20-630 |

(6) 辅助触头：在不装欠电压脱扣器和分励脱扣器时，可装辅助触头。

辅助触头额定值见表7-71；接通和分断能力见表7-72；电寿命为6 000次，操作频率为120次/h。

表7-71　DZ20系列辅助触头额定值

| 壳架等级额定电流 | 约定发热电流(A) | 额定工作电流(A) | |
|---|---|---|---|
| | | AC 380 V | DC 220 V |
| 400 A及以上 | 6 | 3 | 0.2 |
| 200 A及以下 | 3 | 0.26 | 0.14 |

表7-72　DZ20系列辅助触头接通和分断能力

| 使用类别 | 接通 | | | | 分断 | | | | 次数 | 操作频率(次/h) | 通电时间(s) |
|---|---|---|---|---|---|---|---|---|---|---|---|
| | $I/I_e$ | $U/U_e$ | $\cos\varphi$ | $T_{0.95}$ (ms) | $I/I_e$ | $U/U_e$ | $\cos\varphi$ | $T_{0.95}$ (ms) | | | |
| AC | 11 | 1.1 | 0.7 | | 11 | 1.1 | 0.7 | | 50 | 120 | 0.5～1 |
| DC | 1.1 | 1.1 | | 6×P | 1.1 | 1.1 | | 6×P | 20 | | |

注：表中200 A及以下$P=30$ W。400 A及以上$P=45$ W。$P=U_e \cdot I_e$为稳定态功率损耗(下同)。

特性曲线如图7-46～图7-52所示。

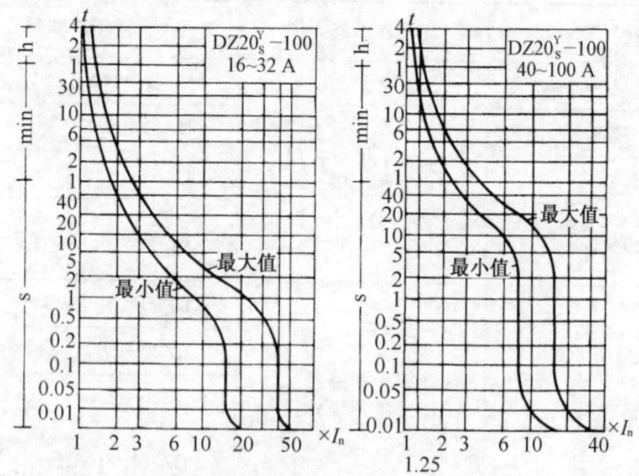


图7-46　DZ20Y、J、S-100动作特性

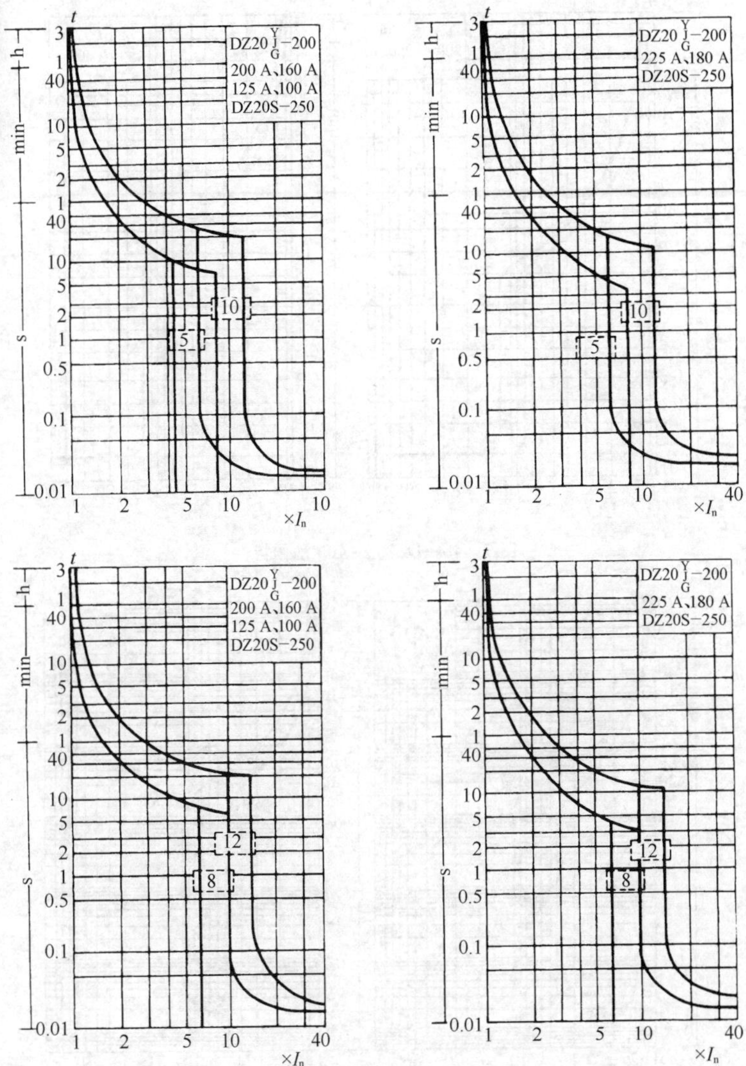


图 7－47　DZ20Y、J、C－200、DZ20S－250 动作特性

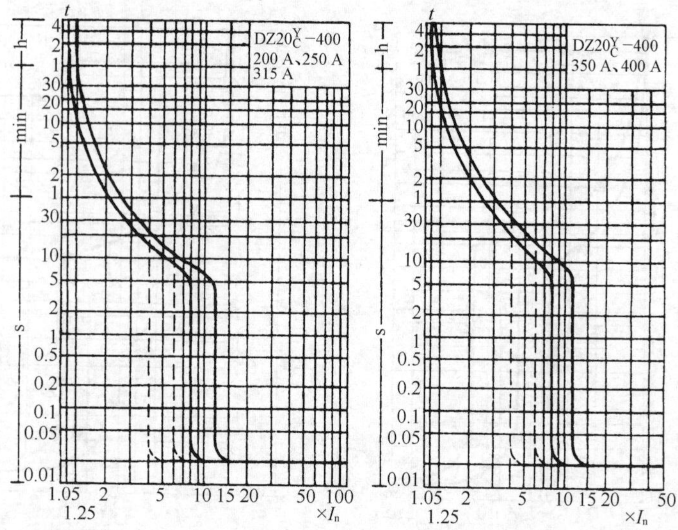


图 7-48 DZ20$^{Y}_{C}$-400 动作特性

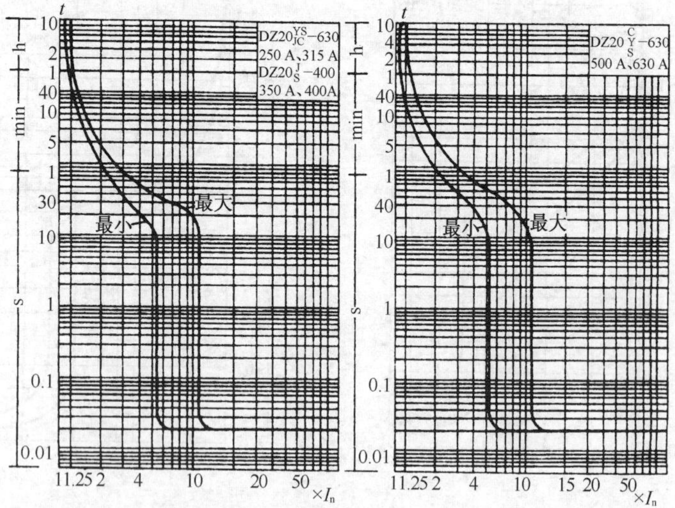


图 7-49 DZ20$^{Y、S}_{J、C}$-630、DZ20$^{J}_{S}$-400 动作特性

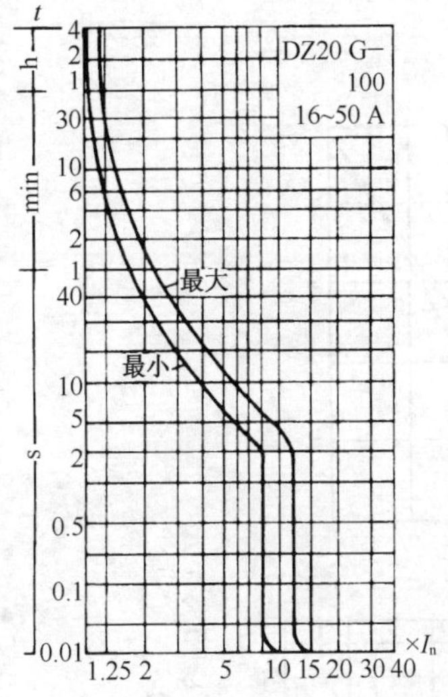


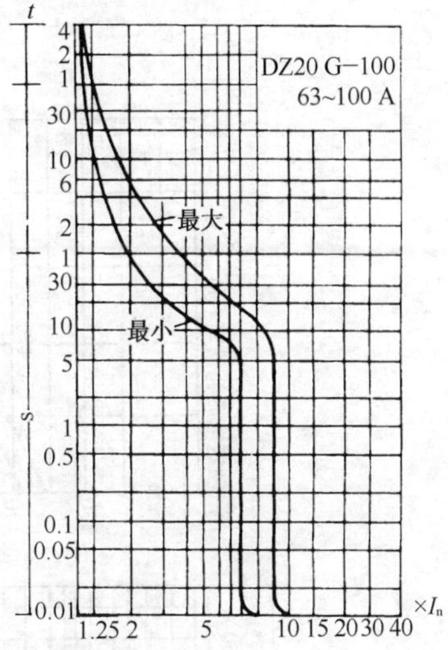


图 7-50　DZ20G-100 动作特性

5）DZ40(S)系列塑料外壳式断路器和S-L系列孪生漏电断路器　用于交流50 Hz、60 Hz，交流额定绝缘电压690 V，最高工作电压690 V，额定电流16～800 A的低压电网中，一般作配电用。壳架额定电流400 A以下的断路器也可用作保护电动机。配电用断路器在配电网络中分配电能及电源设备的过载和短路保护。保护电动机断路器在400 V配电网络中用作笼型电动机的起动和运转中分断及过载和短路保护。

S-L系列除上述用途外，还具有人身触电和设备漏电保护，也可用来防止因设备绝缘损坏，产生接地故障电流而引起的火灾危险。

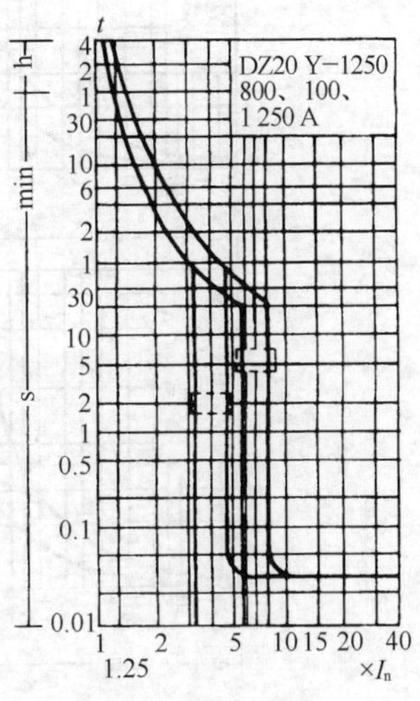


图 7-51　DZ20Y-1250 动作特性

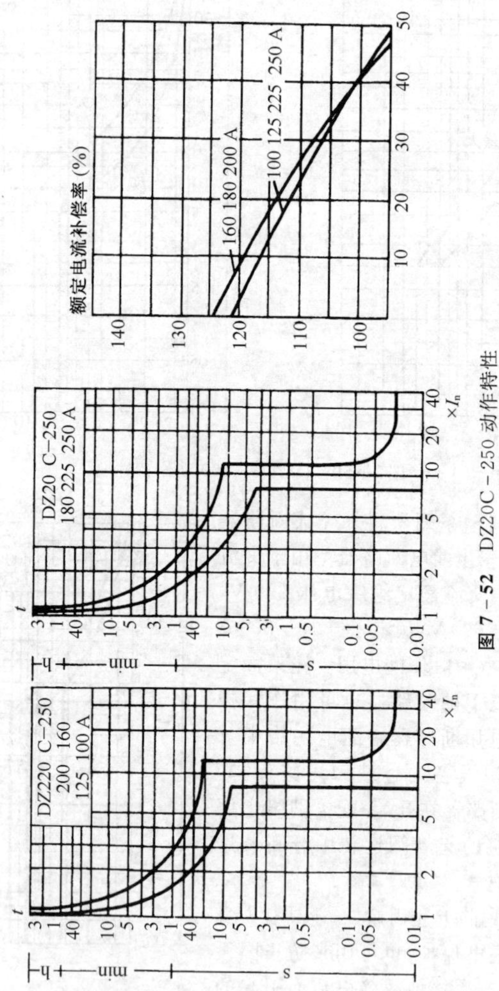


图 7－52 DZ20C－250 动作特性

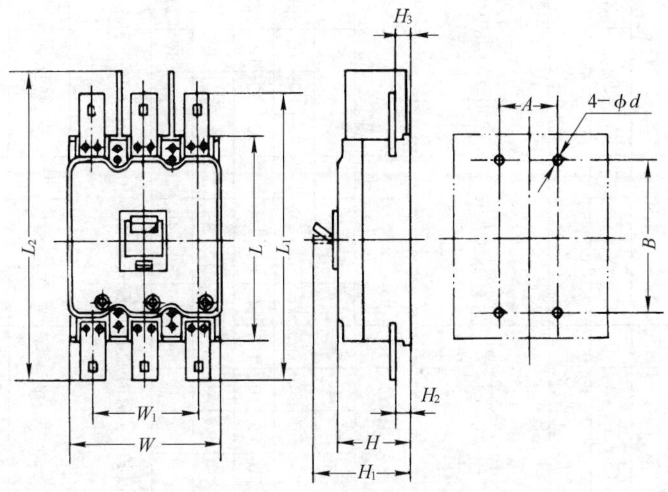


图 7-53　DZ20$^{Y、G}_{J、C}$(板前接线)外形尺寸及安装尺寸

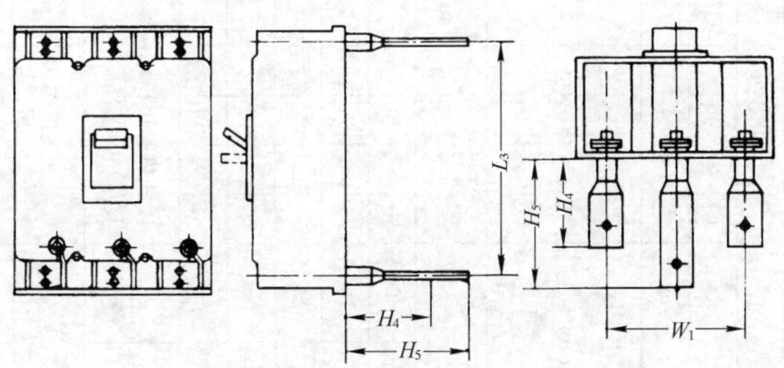


图 7-54　DZ20$^{Y、G}_{J、C}$(板后接线)外形尺寸及安装尺寸

其技术数据和性能见表 7-73～表 7-76;外形尺寸及安装尺寸如图 7-55 所示。

表 7-73 S系列的技术数据与性能

| 型号 | | S( )-100 | | | | S( )-200 | | | | S( )-400 | | | | S( )-630 | | | | S( )-800 | | | |
|---|---|---|---|---|---|---|---|---|---|---|---|---|---|---|---|---|---|---|---|---|---|
| 短路分断能力级别 | | C | Y | J | G | C | Y | J | G | C | Y | J | G | C | Y | J | G | C | Y | J | G |
| 壳架等级额定电流 $I_{nm}$(A) | | 100 | | | | 200 | | | | 400 | | | | 630 | | | | 800 | | | |
| 断路器额定电流 $I_n$(A) | | 16,20,25,32,40,50,63,80,100 | | | 40,50,63,80,100 | 100,125,160,180,200 | | | | 200,250,315,350,400 | | | | 400,500,630 | | | | 630,700,800 | | | |
| 极数 | | 2、3 | | | 2、3、4 | 2、3、4 | | | | 2、3、4 | | | | 3、4 | | | | 3、4 | | | |
| 额定极限短路分断能力(有效值)$I_{cu}$(kA) IEC 60947-2 GB 14048.2 | ~690 V | — | — | 20 | — | — | — | 20 | — | — | — | 25 | — | — | — | 25 | — | — | — | 25 | — |
| | ~400 V | 25 | 50 | 65 | 100 | 35 | 50 | 70 | 100 | 35 | 50 | 70 | 100 | 25 | 50 | 70 | 100 | 35 | 50 | 70 | 100 |
| | ~240 V | 50 | 85 | 100 | 125 | 50 | 85 | 100 | 125 | 50 | 85 | 100 | 125 | 50 | 85 | 100 | 125 | 50 | 85 | 100 | 125 |
| 额定运行短路分断能力(有效值)$I_{cs}$(kA) | ~690 V | — | — | 10 | — | — | — | 10 | — | — | — | 15 | — | — | — | 15 | — | — | — | 15 | — |
| | ~400 V | — | 30 | 40 | 50 | — | 30 | 40 | 50 | — | 30 | 40 | 50 | — | 30 | 40 | 50 | — | 30 | 40 | 50 |
| 保护特性 | A | 过载热脱扣和短路瞬时脱扣的二段保护。(瞬时脱扣器整定电流:A 为 $10I_n$,AC-3 为 $12I_n$) | | | | | | | | | | | | | | | | | | | |
| | AC-3 | | | | | | | | | | | | | | | | | | | | |
| 安装方式 | | 垂直或横装 | | | | 垂直或横装 | | | | 垂直或横装 | | | | 垂直或横装 | | | 垂直 | 垂直或横装 | | | 垂直 |
| 飞弧距离(mm) | | “0” | | | | “0” | | | | “0” | | | | “0” | | | | “0” | | | |

（续表）

| 型　号 | | | S(　)-100 | | S(　)-200 | S(　)-400 | S(　)-630 | S(　)-800 |
|---|---|---|---|---|---|---|---|---|
| 接线方式 | 板前接线 | Q | • | • | • | • | • | • |
| | 板后接线 | H | • | • | • | • | • | • |
| | 插入式接线 | R | • | • | • | • | — | — |
| | 抽屉式 | C | — | | — | — | • | • |
| 附件 | 欠电压脱扣器 | QT | • | • | • | • | • | • |
| | 分励脱扣器 | FT | • | • | • | • | • | • |
| | 辅助触头 | FC | • | • | • | • | • | • |
| | 报警触头 | BC | • | • | • | • | • | • |
| | 电动操作机构 | CD | • | • | • | • | • | • |
| | 旋转操作手柄 | CS | • | • | • | • | • | • |
| | 附件接线端子 | | • | • | • | • | • | • |
| 连接导线最大截面积($mm^2$) | | | 35 | | 95 | 240 | 85×2 | 240×2 |
| 寿命(次) | | | ≥8 000 | | ≥8 000 | ≥5 000 | ≥3 000 | ≥3 000 |

注：$I_{cu}$短路分断次数为"O-CO"共 2 次，$I_{cs}$短路分断次数为"O-CO-CO"共 3 次。

表7-74 S-L系列孪生剩余漏电断路器技术数据与性能

| 型号 | | | S( )-63YL | S( )-100YL | S( )-200YL |
|---|---|---|---|---|---|
| 壳架等级额定电流 $I_{mm}$(A) | | | 63 | 100 | 200 |
| 额定电流 $I_n$(A) | | | 10,16,20,25,32,40,50,63 | 16,20,25,32,40,50,63,80,100 | 100,125,160,200 |
| 极数 | | | 3,4 | 3,4 | 3,4 |
| 额定绝缘电压 $U_t$(V) | | | 500 | 500 | 500 |
| 额定电压 $U_o$(V) | | | 400 | 400 | 400 |
| 额定频率(Hz) | | | 50 | 50 | 50 |
| 额定极限短路分断能力 $I_{cu}$(kA) | | | 15 | 40 | 40 |
| 额定运行短路分断能力 $I_{cs}$(kA) | | | 10 | 20 | 20 |
| 额定剩余动作电流 $I_{\Delta n}$(mA) | | | 30,100,300 | 30,100,300 | 30,100,300 |
| 保护特性 | A | | 过载热脱扣和短路瞬时脱扣的二段保护(瞬时脱扣器整定电流A为$10I_n$,AC-3为$12I_n$) | | |
| | AC-3 | | | | |
| 安装方式 | | | 垂直 | 垂直 | 垂直 |
| 飞弧距离(mm) | | | 50 | 50 | 50 |
| 接线方式 | 板前接线 | Q | • | • | • |
| | 板后接线 | H | • | • | • |
| 附件 | 欠电压脱扣器 | QT | • | • | • |
| | 分励脱扣器 | FT | • | • | • |
| | 辅助触头 | FC | • | • | • |
| | 报警触头 | BC | • | • | • |
| | 电动操作机构 | CD | | • | • |
| | 旋转操作手柄 | CS | • | • | • |
| 延时型剩余电流动作功能 | | | • | • | • |
| 连接导线最大截面积($mm^2$) | | | 16 | 35 | 95 |
| 寿命(次) | | | >15 000 | >10 000 | >8 000 |

表 7-75 一般型剩余漏电断路器剩余电流动作的分断时间

| 剩余电流 | $I_{\Delta n}$ | $2I_{\Delta n}$ | $5I_{\Delta n}$① | $10I_{\Delta n}$② |
|---|---|---|---|---|
| 最大分断时间(s) | 0.2 | 0.1 | 0.04 | 0.04 |

① 对 $I_{\Delta n} \leqslant 30$ mA 的漏电断路器用 0.25 A 代替 $5I_{\Delta n}$。
② 对 $I_{\Delta n} > 30$ mA 的漏电断路器用 0.5 A 代替 $10I_{\Delta n}$。

表 7-76 延时型剩余漏电断路器剩余电流动作的分断时间

| 剩余电流 | $I_{\Delta n}$ | $2I_{\Delta n}$ | $5I_{\Delta n}$ | $10I_{\Delta n}$ |
|---|---|---|---|---|
| 最大分断时间(s) | 0.5 | 0.2 | 0.15 | 0.15 |
| 极限不动作时间(s) | — | 0.06 | — | — |

注：延时型只适用于 $I_{\Delta n} > 30$ mA 的漏电断路器。

S系列的外形尺寸及安装尺寸如图 7-55 和图 7-55 附表所示。

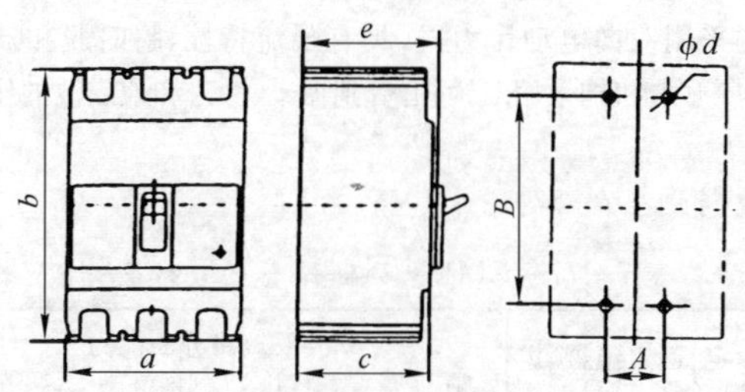


**图 7-55** 外形尺寸及安装尺寸

图 7-55 附表

| 型号 | 外形尺寸 | | | | 安装尺寸 | | |
|---|---|---|---|---|---|---|---|
| | a | b | c | e | A | B | φd |
| S(　　)-63<br>S(　　)-63YL | 75 | 130 | 65 | 69 | 25 | 11 | 5 |
| S(　　)-100C | 90 | 155 | 60 | 64 | 30 | 132 | 5 |
| S(　　)-100Y·J | | | 82 | 86 | 30 | 132 | 5 |

（续表）

| 型　号 | 外形尺寸 | | | | 安装尺寸 | | |
|---|---|---|---|---|---|---|---|
| | $a$ | $b$ | $c$ | $e$ | $A$ | $B$ | $\phi d$ |
| S(　)-100G | 105 | 165 | 96 | 99.5 | 35 | 126 | 5 |
| S(　)-200C、Y | | | 83 | 86.5 | 35 | 126 | 5 |
| S(　)-200J、G | | | 96 | 99.5 | 35 | 126 | 5 |
| S(　)-400C、Y、J、G | 140 | 257 | 94.5 | 103 | 44 | 215 | 7 |
| S(　)-630C、Y、J、G | 210 | 275 | 94.5 | 103 | 70 | 243 | 7 |
| S(　)-800C、Y、J、G | 210 | 275 | 94.5 | 103 | 70 | 243 | 7 |

6）DZ45(CM1)系列塑料外壳式断路器　用于交流 50 Hz、额定工作电压至690 V、额定电流至 800 A 的输配电网络中分配电能，同时具有对线路及电源设备的过载、短路和欠电压保护功能。在正常条件下可作为电路的不频繁转换和电动机的不频繁起动。可用于陆地、船舶和核工业各种领域。

触头结构采用双向电动斥力式，具有限流特性，瞬时脱扣器采用螺管电磁式、快速动作。脱扣机构采用双锁扣，受到振动、冲击和地震波的作用，不会自行脱扣。

其技术数据见表 7-77。

表 7-77　CM1 系列断路器的技术数据

| 型　号 | 额定电压(A) | 额定绝缘电压(V) | 额定电流(A) | 极数 | 极限短路分断能力 $I_{cu}/I_{cs}$(kA) | | | | 寿命(次)电/机械 |
|---|---|---|---|---|---|---|---|---|---|
| | | | | | C型 | L型 | M型 | H型 | |
| CM1—63 | 400 | 500 | 63 | 3，4 | — | — | 50/35 | — | 6 000/8 000 |
| CM1—100 | 400、690 | 800 | 100 | | 25/18 | 35/22 | 50/35 | 85/50 | |
| CM1—225 | | | 225 | | 25/18 | 35/25 | 50/35 | 85/50 | 2 000/7 000 |
| CM1—400 | | | 400 | | 35/25 | 50/35 | 65/42 | — | 1 000/4 000 |
| CM1—630 | | | 630 | | 35/25 | 50/35 | 65/42 | — | |

7）家用微型塑料外壳式断路器　家用微型塑料外壳式断路器的技术数据见表 7-78。

表 7－78　家用微型塑料外壳式断路器的技术数据

| 型　号 | 极数 | 额定电压(V) | 额定电流(A) | 短路分断能力(A) | 瞬时动作电流倍数 | 安装方式 | 备　　注 |
|---|---|---|---|---|---|---|---|
| S060 | 1、2、3、4 | 220/380 | 6、11、16、20、25、32、40 | 3 000 | 3.5～$6I_n$ 或 8～$14I_n$ | 安装轨式 | 从德国 BBC 公司引进产品 |
| DZ47B | 1、2、3 | 240/415 | 5、10、15、20、25、32 | 3 000 | 4～$7I_n$ | 安装轨式 | 与中法合资天津梅兰日兰公司生产的 CH5 和 NC100 系列的结构相同，可派生 DZ47LE 漏电断路器 |
| DZ47C | 1、2、3、4 | | 1、3、5、10、15、20、25、32、40、50、60 | 6 000(1～40 A) 4 000(50、60 A) | 4～$7I_n$ | | |
| DZ47D | | | 1、3、5、10、15、20、25、32、40 | 4 000 | 10～$14I_n$ | | |
| DZ47－100 | 3 | | 63、80、100 | 10 000 | 5～$10I_n$ 或 10～$14I_n$ | | |
| PX200C | 1、2、3、4 | 240/415 | 6、10、16、20、25、32、40、50、63 | 6 000 | 4～$7I_n$ | 安装轨式 | 从德国 F&G 公司引进产品 |
| DZ12 | | 120/220 | 15、20、30、40、50、60 | 5 000/3 000 | 20～$100I_n$ | 压板式插入式 | |
| DZX19－63 | 1、2、3、4 | 220/380 | 10、20、32、40、50、63 | 6 000/10 000 | 10～$50I_n$ | 插入式 | |
| E4CB | 1、2、3 | 交流 250/450 直流 40 及以下 | 6、10、16、20、25、32、40、50、63 | 8 000 | 7～$10I_e$ ($I_n$≤40 A) 4～$7I_n$ ($I_n$>40 A) 10～$14I_n$ (直流) | 安装轨式 | 澳大利亚奇胜公司生产有派生的 E4EB/M 系列漏电断路器 |

（续表）

| 型 号 | 极数 | 额定电压（V） | 额定电流（A） | 短路分断能力（A） | 瞬时动作电流倍数 | 安装方式 | 备 注 |
|---|---|---|---|---|---|---|---|
| DZ126－63 | 1、2、3、4 | 230/400 | 6～63 | 6 000/10 000 | 3～20$I_e$ | 安装轨式 | 可派生 DZ126－63 漏电断路器 |
| DZ126－100 | | | 80～100 | | 5～10$I_e$ | | |
| XA10 | 1、2、3、4 | 220/380 | 6～63 | 4 500/6 000 | 5～10$I_e$ | 安装轨式 | 可派生 XA10LE 漏电断路器 |
| MC、MD | 1、2、3、4 | 230/400 | 0.5～63 | 6 000 | 5～10$I_e$（MC、NM）<br>10～20$I_e$（MD） | 安装轨式 | 海格（Hager）公司产品、具有限流特性 |
| NM | | | 80～100 | 10 000 | | | |
| NC—100 | 1、2、3、4 | 240/415 | 63～125 | 6 000/10 000 | 7～10$I_e$<br>10～14$I_e$ | 安装轨式 | 施耐德公司产品 |
| S200 | 1、2、3、4 | 230/400 | 0.5～63 | 6 000/10 000 | 3～5$I_e$ | 安装轨式 | ABB公司产品 |
| 5SX | 1、2、3、4 | 230/400 | 0.3～125 | 6 000/10 000 | 2～20$I_e$ | 安装轨式 | 西门子公司产品，可派生 5SM 和 5SU 漏电断路器 |
| L7<br>LH<br>LS1N | 1、2、3、4 | 230/400 | 0.5～63<br>50～125<br>2～32 | 10 000<br>2 500<br>4 500/6 000 | 3～20$I_e$<br>5～10$I_e$<br>3～10$I_e$ | 安装轨式 | 金钟—默勒公司产品，可派生 FL7、LD7 和 F7 漏电断路器 |

10. 剩余电流(漏电)断路器

1) DZ12L 漏电断路器 用于交流 50 Hz、额定电压 220 V 或 240 V 的电路中,主要用作对人身触电保护,并可用作照明线路的漏电、过载、短路保护,以及在正常情况下作线路不频繁的转换。本产品为电子式漏电电流动作型。其技术数据见表 7-79。

2) DZ15L 系列漏电断路器 用于交流 50 Hz、额定电压至 380 V,额定电流至 100 A 的电路中,作触电、漏电保护、线路和电动机的过载及短路保护以及线路不频繁转换及电动机的不频繁起动。其技术数据见表 7-80 和表7-81。

3) DZL18 漏电开关 用于交流 50 Hz、额定电压为 220 V、额定电流至 20 A 的单相电路中作为人身触电保护用,也可作为线路、设备的过载、过压保护及防止因设备绝缘损坏,产生接地故障电流而引起的火灾危险,当与 RL1 熔断器串联时,可作短路保护。其技术数据见表 7-82。

4) DZ20L 系列漏电断路器

用于交流 50 Hz,额定绝缘电压 500 V,额定工作电压 380 V,额定电流 630 A 的电路中。

漏电断路器为冲击电压不动作型,可作为人身触电保护,也可用来防止绝缘损坏产生接地故障电流而引起的火灾危险。在配电网络中分配电能、作为线路电源设备的过载、短路和欠电压保护;也可作线路的不频繁转换。

DZ20L 系列断路器是由 DZ20-630 及以下塑料外壳式断路器派生的电子式漏电断路器。其技术数据见表 7-83。

5) DZL25 系列漏电断路器 用于交流 50 Hz、额定电压 380 V,额定电流至 63 A,电源中性点接地的电路中作人身触电保护,防止因设备绝缘损坏、产生接地故障而引起的火灾危险。并可用作电动机的过载、短路保护,满足线路的不频繁转换或电动机的不频繁起动。

其技术数据见表 7-84。过电流保护特性如图 7-56,图 7-57 所示。外形尺寸及安装尺寸如图 7-58 所示。

漏电保护特性:漏电断路器在环境温度为－5℃～＋40℃的范围内,额定电压的 0.85～1.1 倍之间,均应在 $I_{\Delta no}$ 和 $I_{\Delta n}$ 之间动作,其动作时间见表 7-85、表 7-86。

表 7-79 DZ12L 的技术数据

| 型号 | 极数 | 额定频率 (Hz) | 额定电压 $U_n$ (V) | 辅助电源额定电压 $U_{sn}$ (V) | 壳架等级额定电流 $I_{nm}$ (A) | 额定电流 $I_n$ (A) | 额定漏电动作电流 $I_{\Delta n}$ (A) | 额定漏电不动作电流 $I_{\Delta no}$ | 额定短路接通分断能力 240 V $\cos\varphi=0.8$ $I_m$ (A) | 额定漏电接通分断能力 $I_{\Delta m}$ (A) | 寿命 |
|---|---|---|---|---|---|---|---|---|---|---|---|
| DZ12L-60/1 | 单极 | 50 | 220 (240) | 220 (240) | 60 | 6、10 | 0.02 | $0.5I_{\Delta n}$ | 1 000 | 1 000 | 有载操作次数为 6 000 次<br>无载操作次数为 4 000 次<br>总共 10 000 次 |
| | | | | | | 15、20<br>30、40 | | | 3 000 | 3 000 | |
| DZ12L-60/2 | 二极 | | 220 (240) | 220 (240) | | 15、20<br>30、40<br>50、60 | | | 4 500 | 3 000 | |
| DZ12L-60/3 | 三极 | | 380 (415) | 380 (415) | | | | | 3 000 | 3 000 | |

表 7-80 DZ15L 系列的技术数据

| 型号 | | DZ15L-40 | | | | | | DZ15L-63 | | | | | | | | | DZ15L-100 | | | | | |
|---|---|---|---|---|---|---|---|---|---|---|---|---|---|---|---|---|---|---|---|---|---|---|
| $U$ | (V) | AC 380 | | | | | | | | | | | | | | | | | | | | |
| $I_{nm}$ | (A) | 40 | | | | | | 63 | | | | | | | | | 100 | | | | | |
| 极数 | | 3 | | | 4 | | | 3 | | | | | | 4 | | | 3 | | | 4 | | |
| $I_n$ | (A) | 6、10、16、20<br>25、32、40 | | | | | | 10、16、20<br>25、32、40 | | | 63 | | | 10、16、20、25<br>32、40、50、63 | | | 63、80、100 | | | | | |
| $I_{\Delta n}$ | (mA) | 30 | 50 | 75 | 50 | 75 | 100 | 30 | 50 | 75 | 50 | 75 | 100 | 50 | 75 | 100 | 30 | 50 | 75 | 50 | 75 | 100 |
| $I_{\Delta no}$ | (mA) | 15 | 25 | 40 | 25 | 40 | 50 | 15 | 25 | 40 | 25 | 40 | 50 | 25 | 40 | 50 | 15 | 25 | 40 | 25 | 40 | 50 |
| $I_{\Delta}$ | (A) | 1 000 | | | | | | 1 500 | | | | | | | | | 3 000 | | | | | |
| 寿命（次） | 有载 | 4 000 | | | | | | 4 000 | | | | | | | | | 4 000 | | | | | |
| | 无载 | 4 000 | | | | | | 4 000 | | | | | | | | | 4 000 | | | | | |
| | 总计 | 8 000 | | | | | | 8 000 | | | | | | | | | 8 000 | | | | | |
| 操作频率 | (次/h) | 120 | | | | | | | | | | | | | | | | | | | | |

表 7-81　DZ15L 系列漏电动作的最大分断时间

| $I_{\Delta n}$ (A) | $I_n$ (A) | 最大分断时间 (s) | | | |
|---|---|---|---|---|---|
| | | $I_{\Delta n}$ | $2I_{\Delta n}$ | 0.25(A) | $5I_{\Delta n}$ |
| ≤0.03 | 任何值 | 0.2 | 0.1 | 0.04 | — |
| >0.03 | | 0.2 | 0.1 | — | 0.04 |

表 7-82　DZL18 的技术数据

| | DZL18-20/1 | DZL18-20/2 | DZL18-20/3 | DZL18-20/4 |
|---|---|---|---|---|
| $U_n$ (V) | AC 220 | | | |
| $I_n$ (A) | 20 | | | |
| 极数 | 2 | | | |
| $I_r$ (A) | — | 10、16、20 | — | 10、16、20 |
| $I_{\Delta n}$ (mA) | 10、15、30 | | | |
| $I_{\Delta no}$ (mA) | 10 | | | |
| 过电压动作值(V) | — | — | 270±14 | |
| $I_{\Delta m}$、$I_m$ (A) | 500 | | | |
| 质量 (kg) | 0.2 | | | |

注：$I_m$—额定短路接通分断能力，$I_{\Delta m}$—额定漏电接通分断能力。

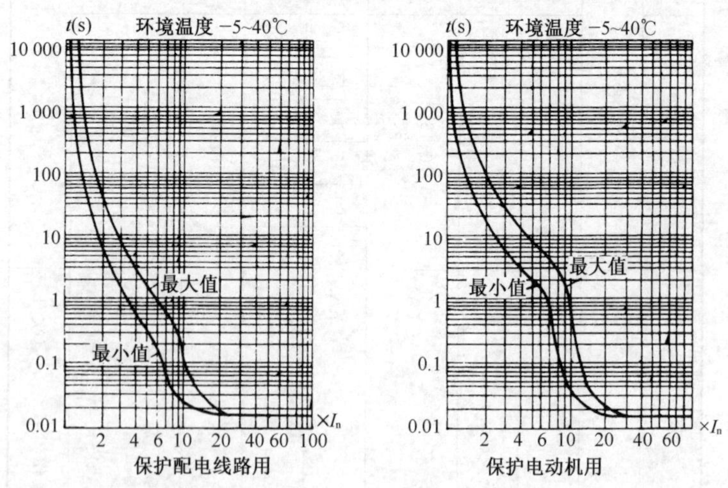


**图 7-56**　DZL25-32、63、100 时间-电流特性

表 7-83 DZ20L 系列漏电断路器的技术数据

| 产品名称 | 额定电流 $I_n$(A) | 额定工作电压 $U_n$(V) | 额定极限短路分断能力 $I_{cu}$(kA) | 额定剩余接通和分断能力 $I_{\Delta m}$(kA) | 飞弧距离(mm) | 额定剩余动作电流 $I_{\Delta n}$(mA) | 额定剩余不动作电流 $I_{\Delta no}$(mA) | 最大分断时间(s) | | |
|---|---|---|---|---|---|---|---|---|---|---|
| | | | | | | | | $I_{\Delta n}$ | $2I_{\Delta n}$ | $5I_{\Delta n}$ |
| DZ20L-160 | 50、63、80、100、125、160 | 380 | 12 | 3 | ≤60 | 50<br>100<br>200 | 25<br>50<br>100 | ≤0.2 | ≤0.1 | ≤0.04 |
| DZ20L-250 | 125、160、180、200、225、250 | | 15 | 4 | | | | | | |
| DZ20L-400 | 200、250、315、350、400 | | 20 | 5 | ≤80 | 100<br>200<br>500 | 50<br>100<br>200 | | | |
| DZ20L-630 | 315、350、400、500、630 | | 30 | 6 | ≤100 | | | | | |

表 7-84　DZL25 系列技术数据

| | DZL25-32 | | | DZL25-63 | | | DZL25-100 | | | DZL25-200 | | | |
|---|---|---|---|---|---|---|---|---|---|---|---|---|---|
| $I_{nm}$ (A) | 32 | | | 63 | | | 100 | | | 200 | | | |
| 极　数 | 3 | | 4 | 3 | | 4 | 3 | | 4 | 3 | | | 4 |
| $I_n$ (A) | 10、16、20、25、32 | | | 25、32、40、50、63 | | | 40、50、63、80、100 | | | 100、125、160、180、200 | | | |
| $U_n$ (V) | 380 | | | 380 | | | 380 | | | 380 | | | |
| $I_{\Delta n}$ (mA) | 15 | 30 | 50 | 30 | 50 | 100 | 50 | 100 | 50/100/200 | 100 | 200 | 50/100/200 | 100/200/500 |
| $I_{\Delta no}$ (mA) | 8 | 15 | 25 | 15 | 25 | 50 | 25 | 50 | 25/50/100 | 50 | 100 | 25/50/100 | 50/100/250 |
| 过电流脱扣器型式 | 液压电磁式 | | | 液压电磁式 | | | 液压电磁式 | | | 热双金属-电磁式 | | | |
| 漏电脱扣器型式 | 电子式 | | | 电子式 | | | 电子式 | | | 电子式 | | | |
| $I_{cu}$ (kA) AC 380 V | 3 | | | 5 | | | 6 | | | 15 | | | |
| $I_{cs}$ (kA) AC 380 V | 2 | | | 3 | | | 5 | | | 10 | | | |
| $I_{\Delta m}$ (kA) AC 380 V | 1 | | | 1.5 | | | 2 | | | 3 | | | |
| 过电流时不动作电流极限值 (A) | $6I_n$ | | | $6I_n$ | | | $6I_n$ | | | $6I_n$ | | | |
| 寿命 (次) | 8 000 | | | 8 000 | | | 8 000 | | | 8 000 | | | |
| 漏电分断时间类型 | 快速型 | | | 快速型 | | | 快速型和延时型 | | | 快速型和延时型 | | | |
| 可连接的最大铜导线截面积 ($mm^2$) | 10 | | | 25 | | | 35 | | | 95 | | | |
| 质量 (kg) | 0.7 | | 0.85 | 1.05 | | 1.25 | 1.5 | | 1.85 | 2.7 | | | 3.2 |

注：DZL25-63 的中性极能开闭，其他规格中性极不能开闭。

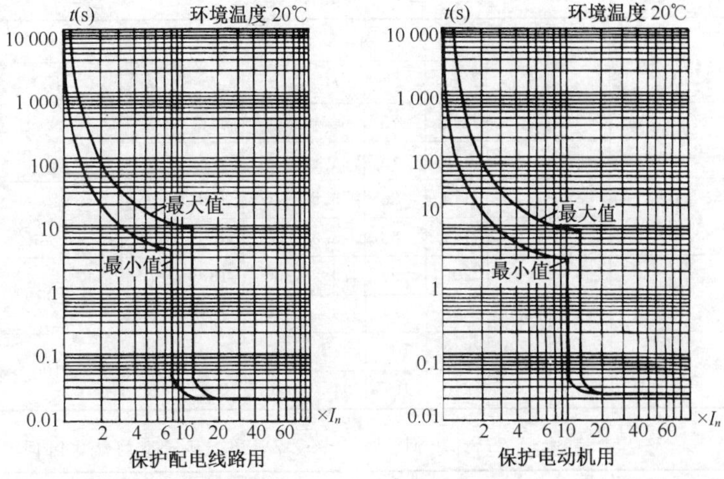


图 7－57　DZL25－200 时间-电流特性

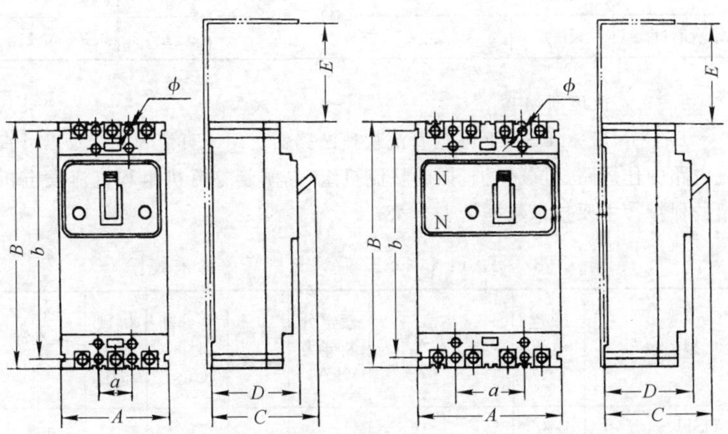


图 7－58　DZL25 系列外形尺寸及安装尺寸

图 7-58 附表 (mm)

| $I_{nm}$(A) | 极数 | 外形尺寸 | | | | 安装尺寸 | | | 飞弧距离 |
|---|---|---|---|---|---|---|---|---|---|
| | | $A$ | $B$ | $C$ | $D$ | $a$ | $b$ | $\phi$ | $E$ |
| 32 | 3 | 75 | 140 | 75 | 64 | 24 | 126 | 5 | ≤50 |
| | 4 | 99 | 140 | 75 | 64 | 48 | 126 | 5 | |
| 63 | 3 | 78 | 174 | 88 | 73.5 | 25 | 160 | 5 | ≤70 |
| | 4 | 103 | 174 | 88 | 73.5 | 50 | 160 | 5 | |
| 100 | 3 | 96 | 206 | 94 | 79 | 30 | 188 | 7 | ≤80 |
| | 4 | 126 | 206 | 94 | 79 | 60 | 188 | 7 | |
| 200 | 3 | 108 | 240 | 107 | 94 | 35 | 200 | 5 | ≤100 |
| | 4 | 143 | 240 | 107 | 94 | 70 | 200 | 5 | |

表 7-85 快速型的动作时间

| | 快速型漏电断路器 | |
|---|---|---|
| 漏电电流 | $I_{\Delta n}$ | 0.25 A 或 $5I_{\Delta n}$ 中较大者 |
| 分断时间(s) | ≤0.1 | ≤0.04 |

表 7-86 延时型的动作时间

| | 延时型漏电断路器 | |
|---|---|---|
| 规定延时时间 | $I_{\Delta n}$ | $5I_{\Delta n}$ |
| 0.2 s | <0.4 s | 0.1～0.24 s |
| 0.4 s | <0.6 s | 0.2～0.44 s |

4. 直流快速断路器

1) DS-11 和 DS-12 系列直流快速断路器 用于直流 800 V 及以下直流电路中作短路、过载保护,如硅整流机组、晶闸管整流机组和直流发电机组的保护。主要技术数据见表 7-87。

表 7-87 DS11 和 DS12 系列断路器的技术数据

| 型号 | 额定电流(A) | 整定电流范围 | 额定分断能力(kA) | 限流系数 | 全分断时间(ms) | 机械寿命(次) | 电寿命(次) |
|---|---|---|---|---|---|---|---|
| DS11-10/08 | 1 000 | $(1\sim2)I_e$<br>$(0.8\sim1.6I_e)$①<br>$(1.5\sim3)I_e$ | 50 | <0.6 | <20 | 5 000 | 500 |
| DS11-20/08 | 2 000 | | | | | | 400 |
| DS11-30/08 | 3 150 | | | | | | 100 |

（续表）

| 型　号 | 额定电流（A） | 整定电流范围 | 额定分断能力（kA） | 限流系数 | 全分断时间（ms） | 机械寿命（次） | 电寿命（次） |
|---|---|---|---|---|---|---|---|
| DS11-40/08 | 4 000 | $(1\sim2)I_e$<br>$(0.8\sim1.6I_e)$①<br>$(1.5\sim3)I_e$ | 50 | <0.6 | <20 | 5 000 | 50 |
| DS11-60/08 | 6 300 | | | | | | 50 |
| DS11-120/08 | 12 500 | | | | | | 10 |
| DS12-10/08 | 1 000 | $(0.8\sim2)I_e$ | 50 | 0.65 | ≤30 | 5 000 | 500 |
| DS12-20/08 | 2 000 | | | | | | 400 |
| DS12-30/08 | 3 150 | | | | | | 100 |
| DS12-60/08 | 6 300 | | | | | | 50 |

① 按用户需要，可调。

2）DS12Q 系列直流快速断路器　DS12Q 适用于直流电压至 800 V，额定电流 1 000 A、2 000 A 的直流电路中，作为直流供电系统的硅整流机组、晶闸管整流机组、直流电机组和馈电线路等的短路、过载保护。其技术数据见表 7-88。

表 7-88　DS12Q 系列的技术数据

| 型　号 | DS12Q-10/08 | DS12Q-20/08 |
|---|---|---|
| 额定电压　（V） | 800 | 800 |
| 最高工作电压　（V） | 900 | 900 |
| 额定电流　（A） | 1 000 | 2 000 |
| 整定电流范围　（A） | 800～2 000 | 1 600～4 000 |
| 额定绝缘电压　（V） | 4 200 | 4 200 |
| 分断能力　（kA） | $30(di/dt=3\times10^6$ A/s) | $30(di/dt=3\times10^6$ A/s) |
| 分断时过电压/试验电压 | <3 | <3 |
| 限流系数（极限分断时） | 0.7 | 0.7 |

（续表）

| 型号 | DS12Q-10/08 | DS12Q-20/08 |
|---|---|---|
| 全分断时间 (ms) | ≤30 | ≤30 |
| 机械寿命 (次) | 5 000 | 5 000 |
| 控制电源电压 (V) | AC：220、380 DC：220 | AC：220、380 DC：220 |
| 外形尺寸 (mm) | 660×1 294×1 808 | 660×1 294×1 808 |
| 安装尺寸 (mm) | 548×1 040 | 548×1 040 |
| 质量 (kg) | 400 | 400 |

3）DS14 系列直流快速断路器　用于直流额定电压 1 500 V，额定电流 6 300 A 的电路中作短路、过载保护。并可用作电气化铁路、城市地铁、采矿、轧钢、化工等硅整流机组、晶闸管整流机组和直流电机组的保护开关。

技术数据见表 7-89。外形尺寸及安装尺寸如图 7-59～图 7-64 所示。

表 7-89　DS14 系列的技术数据

| 型号 | DS14-10/15 | DS14-20/15 | DS14-32/15 | DS14-63/15 |
|---|---|---|---|---|
| 额定电压 (V) | 1 500 | | | |
| 额定绝缘电压 (V) | 1 650 | | | |
| 额定电流 (A) | 1 000 | 2 000 | 3 200 | 6 300 |
| 整定电流范围 (A) | 800～2 000 | 1 600～4 000 | 2 400～6 300 | 4 800～12 600 |
| 极限分断能力 (kA) | 30($di/dt=3\times10^6$ A/s) | | 50($di/dt=3\times10^6$ A/s) | |
| 极限分断时截断电流最大值 (kA) | 21 | 21 | 32.5 | 32.5 |
| 最高恢复电压倍数 | ≤3 | | | |
| 机械寿命 (次) | 5 000 | | | |
| 电寿命 (次) | 500 | 400 | 100 | 50 |
| 合闸电压(V)/电流(A) | AC DC 220/28、DC 110/56 | | AC DC 220/34<br>DC 110/68 | AC DC 220/56<br>DC 110/94 |
| 辅助触头数 | 3 常开、3 常闭 | | | |
| 质量 (kg) | 101 | 111 | 169 | 201 |

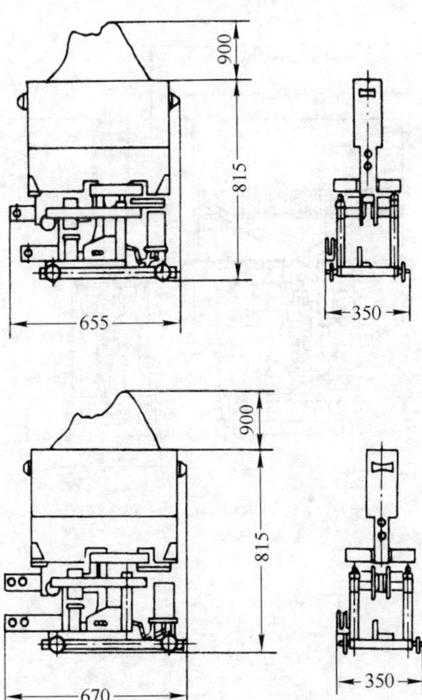


图 7－59　DS14－10/15 外形尺寸

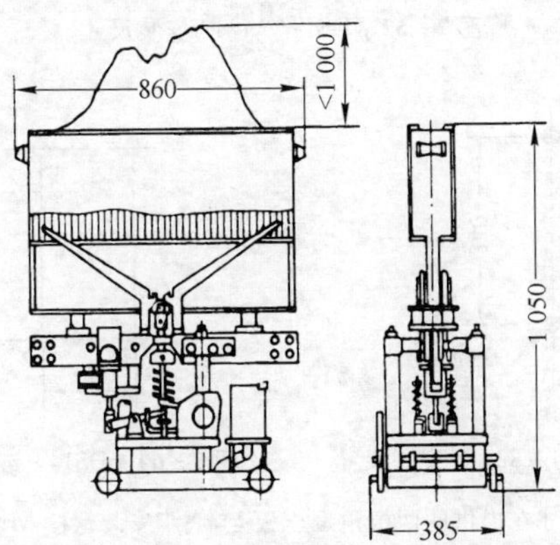


图 7－60　DS14－32/15 外形尺寸

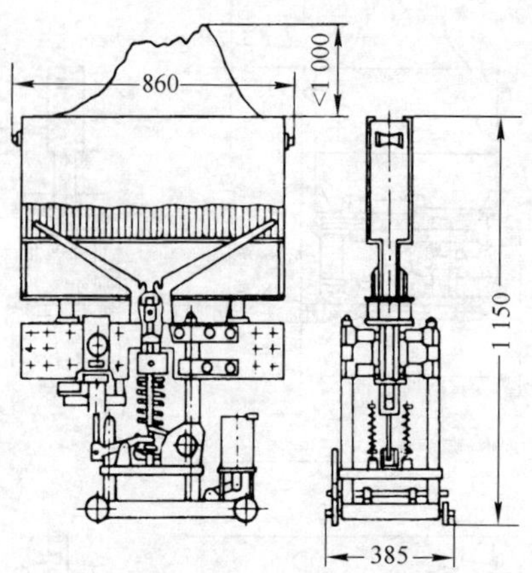


**图 7-61** DS14-63/15 外形尺寸

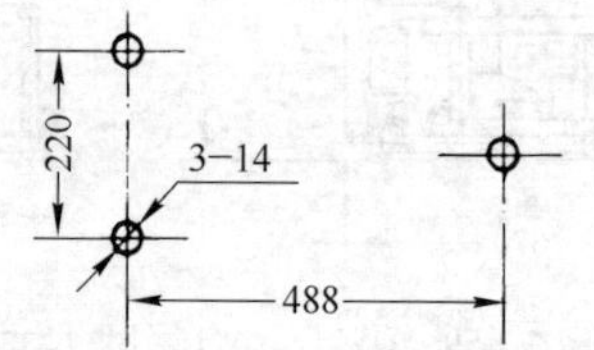


**图 7-62** DS14-$\frac{10}{20}$/15 安装尺寸

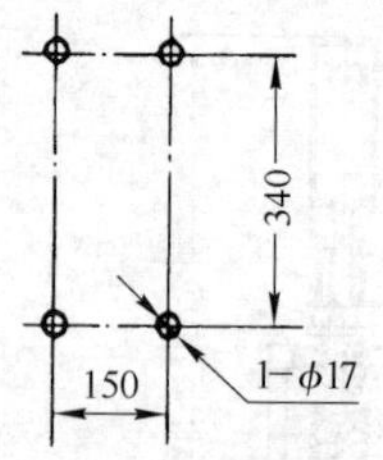


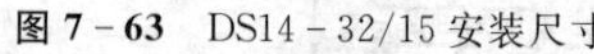

**图 7-63** DS14-32/15 安装尺寸

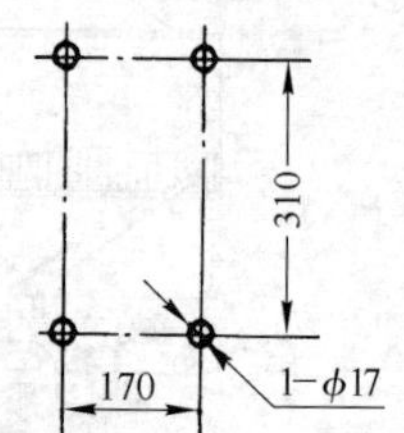


**图 7-64** DS14-63/15 安装尺寸

注：安装尺寸在提供的两根角钢压板上，底脚安装螺栓 M14 或 M16。

4) DK5 系列智能型真空断路器　用于交流 50 Hz,额定电压至 1 140 V,额定电流至 1 600 A 的配电网络中,分配电能,保护线路,电源设备过载、欠电压、短路、单相接地等故障。也可在正常条件下线路的不频繁转换。该断路器具有多种保护功能,可实现选择性保护。

DK5 真空断路器使用真空开关管,触头置于密封的真空开关管内,无电弧外喷,具有以下特点:极限短路分断能力与运行短路分断能力相同;分断短路电流和频繁分断负荷后,触头烧损极微,不必更换真空开关管,可不检修而继续运行;电弧不外喷,无火灾危险,可用于化工、冶金、石油、矿山、铁道、民航等要求防护等级和安全可靠性高及分断能力强的配电系统中;智能型脱扣器功能多,具有过载长延时、短路短延时、瞬时、接地漏电等四段保护特性,具有负载监控、电流电压显示、整定、试验、故障电流与时间显示以及自检功能,并可实现遥控、遥测、遥调和遥信功能,可通过通信适配器与现场总线相连接。

断路器的主要技术数据见表 7-90。

表 7-90　DK5 系列智能型真空断路器的技术数据

| 项目 | | 数据 |
|---|---|---|
| 壳架电流 $I_{nm}$(A) | | 1 600 |
| 额定电流 $I_n$(A) | | 630、800、1 000、1 250、1 600 |
| 额定绝缘电压 $U_i$(V) | | 1 140 |
| 额定极限短路分断能力 $I_{cu}$(kA) | 380 V<br>660 V | 65/70[①] |
| | 1 140 V | 40 |
| 额定运行短路分断能力 $I_{cs}$(kA) | 380 V<br>660 V | 65/70[①] |
| | 1 140 V | 40 |
| 额定短时耐受电流(1 s) $I_{cw}$(kA) | 380 V<br>660 V | 40/50[①] |
| | 1 140 V | 40 |

① 分子为标准技术指标,分母为高分断(H)技术指标。额定运行短路开断次数为 8/16 次。

5. 断路器的选用

在低压电网中，广泛采用空气断路器作过载、短路保护。但是，如果断路器选用不当或维护、修理不当，都可能造成误动作或拒绝动作，失去它应起的保护作用，反而降低供电的可靠性。

1）交流断路器的选用　交流断路器有两种结构类型，即万能式断路器和塑料外壳式断路器。它们各有特点，选用哪一种类型好，必须按给定的用途进行比较，以选用最合适的型式，为此将这两类断路器的各项技术经济指标作一综合比较，见表7-91，供选用时参考。

表7-91　塑料外壳式断路器与万能式断路器的比较

| 结构类型<br>比较项目 | 塑料外壳式断路器 | 万能式断路器 |
|---|---|---|
| 选择性 | 大多无短延时，不能满足选择性保护 | 有短延时，可调，可满足选择性保护 |
| 脱扣器种类 | 多数只有过电流脱扣器，由于体积限制，失压和分励脱扣器只能两者择一 | 可具有过电流脱扣器、欠电压脱扣器(也可有延时)、分励脱扣器、闭锁脱扣器等 |
| 短路通断能力 | 较低 | 较高 |
| 额定工作电压 | 较低(660 V以下) | 较高(至1 140 V) |
| 额定电流 | 多在600 A以下 | 一般为200～4 000 A，尚有5 000 A以上产品 |
| 使用范围 | 宜做支路开关 | 宜做主开关 |
| 操作方式 | 变化小，多为手操动，少数带电动机传动机构 | 变化多，有手操动、杠杆操动、非储能式、储能式、电动操作等 |
| 价　格 | 较便宜 | 较贵 |
| 维　修 | 不方便，甚至不可维修 | 较方便 |
| 接触防护 | 好 | 差 |
| 装置方式 | 可单独安装，也可装于开关柜内 | 宜装于开关柜内，有抽屉式结构 |
| 外形尺寸 | 较小 | 较大 |

（续表）

| 结构类型<br>比较项目 | 塑料外壳式断路器 | 万能式断路器 |
|---|---|---|
| 飞弧距离 | 较小 | 较大 |
| 动热稳定 | 较低 | 较高 |

需要指出的是，这些比较都是相对的，例如塑料外壳式断路器的额定电流等级在逐步提高，已出现大容量塑料外壳式断路器；万能式断路器的体积，则由于新材料的应用，在逐步缩小，向体积小、重量轻方向发展。如果选用时着重选择性好，应选用万能式断路器，如果着重体积小、价格便宜、能防止意外的触及带电部件，则应选用塑料外壳式断路器。

确定结构类型后，就应着手电气参数的选择。所谓电气参数选择，除了断路器的额定电压、额定电流和通断能力外，还应选择断路器过电流脱扣器的整定电流和保护特性以及配合等，以达到比较理想的协调动作。

(1) 一般选用原则，这里指的是选用任何断路器所必须遵守的通则：

① 断路器的额定工作电压≥线路额定电压。

② 断路器的额定电流≥线路计算负载电流。

③ 断路器的额定短路通断能力≥线路中可能出现的最大短路电流，一般按有效值计算。

假如选用的断路器额定电流与要求相符，但额定短路通断能力小于断路器安装点的线路最大短路电流，则必须提高选用断路器的额定电流，而按线路计算负载电流选择过电流脱扣器的额定电流。如果这样还不能满足需要，则可考虑下述三种方案解决：a) 采用级联保护（或称串级保护）方式，就是利用上一级断路器和该断路器一起动作来提高短路分断能力，采用这种方案时，需将上一级断路器的脱扣器瞬动电流整定在下级断路器额定短路通断能力的80%左右；b) 采用限流断路器；c) 采用断路器加后备熔断器。但是应注意到，这样就放弃了选择性分断。采用限流断路器和后备熔断器的方案将在下文中叙述。

④ 线路末端单相对地短路电流≥1.25 倍断路器瞬时（或短延时）脱扣器整定电流。这对负载电流较小、配电线较长的情况尤其重要。因为线路较长时，末端短路电流较小，单相对地短路电流就更小。这里的“单相对地”系指三相三线制中一相对地而言。相对于三相四线制中相零短路来讲，对

地短路电流还要小些。因为有中线者,阻抗较小;而在相地短路时,短路电流要通过大地(接地电阻较大),因而短路电流较小,有时比过电流脱扣器整定电流还要小,不能使过电流脱扣器动作,因而在单相对地短路时便失去保护。在这种情况下,如不能满足上式要求,则需采取特别措施来解决。通常,一相对地接地故障的保护有三种方法:一种是在零线上装设电流互感器,互感器二次侧接电流继电器,发生单相对地短路时,继电器动作使断路器分断;另一种是采用带零序电流互感器的线路,或采用漏电继电器,其灵敏度较高。采用这两种方法时,变压器中性点均应接地;第三种可采用最新设计的DW16-630具有单相接地保护功能的断路器。

⑤ 断路器欠电压脱扣器额定电压=线路额定电压。

是否需要欠电压保护,应按使用要求而定,并非所有断路器都需要带欠电压脱扣器。在某些供电质量较差的系统,选用带欠电压保护的断路器,反而会因为电压波动而经常造成不希望的断电。在这种场合,若必须带欠电压脱扣器,则应考虑有适当的延时。

⑥ 具有短延时的断路器,若带欠电压脱扣器,则欠电压脱扣器必须是延时的,其延时时间≥短路延时时间。

⑦ 断路器的分励脱扣器额定电压=控制电源电压。

⑧ 电动传动机构的额定工作电压=控制电源电压。

⑨ 校核断路器的接线方向,如果断路器技术文件或端子上表明只能上进线,则安装时不可采用下进线。母联开关则一定要选用可下进线的断路器。除一般选用原则外,应注意到断路器的用途。配电用断路器和电动机保护用断路器以及照明、生活用导线保护断路器选用特点应予考虑。

(2) 配电用断路器的选用是指在低压电网中专门用于分配电能的断路器,包括电源总开关和负载支路开关。在选用这一类断路器时,除考虑上述一般选用原则外,还需特别考虑把系统的故障限制在最小范围,防止故障时扩大停电区域,为此,需增加下列选用原则:

① 断路器的长延时动作电流整定值≤导线容许载流量。对于采用电线电缆的情况,可取电线电缆容许载流量的80%。

② 3倍长延时动作电流整定值的可返回时间≥线路中最大起动电流的电动机的起动时间。

③ 短延时动作电流整定值$\geqslant 1.1\times(I_{jx}+1.35kI_{ed})$

式中 $I_{jx}$——线路计算负载电流;

$k$——电动机的起动电流倍数；

$I_{ed}$——电动机额定电流。

④ 瞬时电流整定值$\geqslant 1.1\times(J_{jx}+k_1 k I_{edm})$

式中 $k_1$——电动机起动电流的冲击系数，一般取 $k_1=1.7\sim2$；

$I_{edm}$——最大的一台电动机的额定电流。

⑤ 短延时的时间阶梯，按配电系统的分段而定。一般时间阶梯为 2～3 级。每级之间的短延时时差为 0.1～0.2 s，视断路器短延时机构的动作精度而定，其可返回时间应保证各级的选择性动作。选定短延时阶梯后，最好按被保护对象的热稳定性能加以校核。

(3) 电动机保护用断路器的选用可分为两类：一类是指断路器只作保护而不负担正常操作；另一类是指断路器需兼作保护和不频繁操作之用。后一类情况需考虑操作条件和电寿命。电动机保护用断路器的选用原则为：

① 长延时电流整定值＝电动机额定电流。

② 瞬时整定电流：

对保护笼型电动机的断路器，瞬时整定电流＝(8～15)倍电动机额定电流，取决于被保护笼型电动机的型号、容量和起动条件。

对于保护绕线转子电动机的断路器，瞬时整定电流＝(3～6)倍电动机额定电流，取决于被保护绕线转子电动机的型号、容量和起动条件。

③ 6 倍长延时电流整定值的可返回时间≥电动机实际起动时间。按起动时负载的轻重，可选用可返回时间为 1、3、5、8、15 s 中的某一档。

(4) 家用断路器的选用：照明、生活用家用断路器是指在生活建筑中用来保护配电系统的断路器，选用时应考虑：

① 长延时整定值≤线路计算负载电流。

② 瞬时动作整定值＝(6～20)倍线路计算负载电流。

(5) 空气断路器与上下级电器保护特性的配合要求：配电系统中，并非只有断路器，还存在许多别的电器，需考虑断路器与上下级保护电器特性的配合。最好将各个电器的保护特性绘制于坐标纸上，以比较其特性的配合情况。其配合须考虑以下条件：

① 断路器的长延时特性低于被保护对象(如电线、电缆、电动机、变压器等)的允许过载特性。

② 低压侧主开关短延时脱扣器与高压侧过电流保护继电器的配合级

差为0.4～0.7 s,视高压侧保护继电器的型式而定。

③ 低压侧主开关过电流脱扣器保护特性低于高压侧熔断器的熔化特性。

④ 断路器与熔断器配合时,一般熔断器作为后备保护。应选择交接电流 $I_R$ 小于断路器的额定短路通断能力的80%,当短路电流大于 $I_R$ 时,熔断器才动作。

⑤ 上级断路器短延时整定电流≥1.2倍下级断路器短延时或瞬时(若下级无短延时)整定电流。

⑥ 上级断路器的保护特性和下级断路器的保护特性不能交叉。在级联保护方式时,可以交叉,但交点短路电流应为下级断路器的80%。

⑦ 在具有短延时和瞬时动作的情况下,上级断路器瞬时整定电流≤断路器的延时通断能力≥1.1倍下级断路器进线处的短路电流。

2）直流断路器的选用　在选用直流断路器时,要考虑到应用场所的要求。对动作速度要求不高的场所,可选用一般的直流断路器,如以交流断路器派生的产品。在电动机-发电机组、蓄电池电源情况下,可采用一般的直流断路器。在汞弧整流器、可控整流器作电源,由于这些装置的过载能力极低,则必须采用快速断路器。

快速断路器有极性问题:无极性的直流断路器可用于馈电开关、母线联络开关和正极保护开关。正向有极性断路器可用作馈电开关、正极开关、负极开关以及逆变开关。逆向有极性断路器用作逆功率保护。

直流断路器的选用条件:

① 额定工作电压>直流线路的电压。考虑到反接制动和逆变条件,应大于2倍电路电压。

② 额定电流≥直流线路的负载电流。对于短时周期负载,可按其等效发热电流考虑。

③ 过电流动作整定值≥电路正常工作电流最大值。对于起动直流电动机,应避过电动机的起动电流。

④ 逆流动作整定值<被保护对象允许的逆流数值。

⑤ 额定短路通断能力>电路可能出现的最大短路电流。对于快速断路器初始电流上升陡度$\left(初始\frac{di}{dt}\right)$>电路可能出现最大短路电流的初始上升陡度。

⑥ 快速断路器分断的 $I^2t$<与其配合的快速熔断器的 $I^2t$。

3) 剩余电流(漏电)保护断路器的选用　由于漏电保护断路器实际上是在塑料外壳式断路器上加一个漏电保护脱扣器构成的,所以选择漏电保护断路器时,其断路器部分的选用条件和一般交流断路器相同,而漏电保护脱扣器部分,则应选择合适的漏电动作电流。

漏电保护断路器的触头有两种类型:一类触头有足够的短路分断能力,可以担负过载和短路保护的职责。另一类触头不能分断短路电流,只能分断额定电流和漏电电流。选择这一类漏电保护断路器时,则应另行考虑短路保护(和熔断器配合使用)。

如果重点是进行人身保护,那么选用漏电动作电流 30 mA 以下的断路器较为安全。如果重点是保安防火,则可考虑选用 50~100 mA 的漏电保护断路器。

4) 交流断路器选用举例　设有如图 7-65 所示的配电系统(其设备参数见表 7-92),需选用各级断路器。在选用前应对各级故障点进行短路电流计算。计算结果 $I_{k1}$ = 31.5 kA; $I_{k2}$ = 29.7 kA; $I_{k3}$ = 19.12 kA; $I_{k4}$ = 12.22 kA; 末端单相对地短路电流 $I_{k4}$ = 4.9 kA。

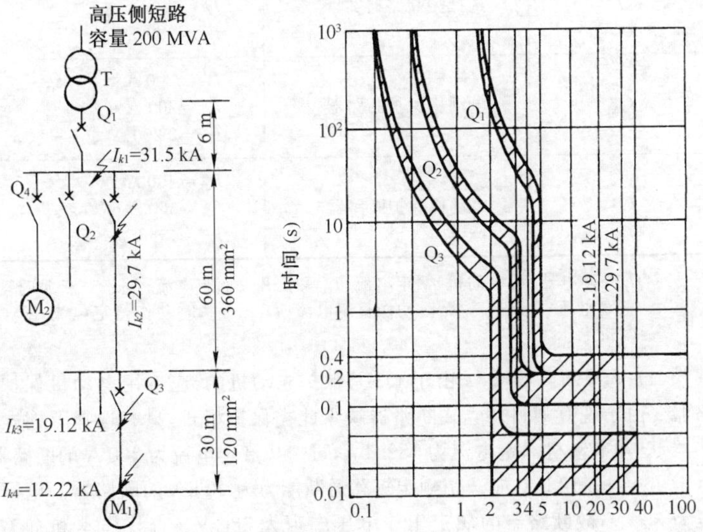


图 7-65　选用举例

表 7-92　配电系统设备参数

| 符　号 | 名　称 | 性能参数 |
|---|---|---|
| T | 变压器 | 1 000 kVA<br>$U_k=4\%$<br>$I_e=1\,445$ A |
| M1 | 电动机 1 | 100 kW<br>$I_e=182.4$ A<br>起动电流倍数 6.5 倍 |
| M2 | 电动机 2 | 180 kW<br>$I_e=329$ A<br>起动电流倍数 5.8 倍 |
| Q1 | 选择型断路器 | $I_{eA}=1\,500$ A<br>$I_{Z1}=1\,500$ A<br>$I_{Z2}=4\,500$ A<br>$I_{Z3}=30$ kA |
| Q2 | 选择型断路器 2 | $I_{eA}=600$ A<br>$I_{Z1}=600$ A<br>$I_{Z2}=3\,000$ A |
| Q3 | 电动机保护断路器 | $I_{eA}=200$ A<br>$I_{Z1}=200$ A<br>$I_{Z3}=2\,200$ A |
| Q4 | 电动机保护断路器 | $I_{eA}=400$ A<br>$I_{Z1}=360$ A<br>$I_{Z3}=4\,800$ A |

注：$I_e$——电器(或电动机)额定电流；$I_{eA}$——开关额定电流；$I_{Z1}$——长延时动作整定电流；$I_{Z2}$——短延时动作整定电流；$I_{Z3}$——瞬时动作整定电流；$U_k$——阻抗电压。

(1) 选择断路器 Q3：由于 Q3 是保护电动机的，应选用电动机保护断路器。由于现有塑料外壳式断路器缺少此类保护型式，只有选择万能式断路器，已知电动机额定电流为 182.4 A，可选择额定电流为 200 A 的断路器。由于 $I_{k3}=19.12$ kA，应选用额定短路通断能力为 20 kA 的断路器。电网电压为 380 V，故断路器的额定工作电压应当为 380 V。查找样本和有关资料，可知 DW15-200(短路分断能力为 20 kA)、DWX15-200(短路分断能力为 50 kA)，均可满足此要求。如果要采用 DW5 系列，则采用 DW5-400 断路器，其脱扣器采用 200 A 的，因 DW5-400 的短路分断能力为 20 kA。

按本节 1)、(3)中①，长延时动作电流整定值为 200 A，按本节 1)、(3)中②，瞬时整定电流＝12×182.4≈2 200 A。按本节 1)、(1)中④(线路末端单相对地短路电流)÷(断路器瞬时脱扣器整定电流)＝4 900÷2 200＝2.23＞1.25。当线路末端发生单相对地短路时，断路器 Q3 尚可动作而起保护作用。

考虑到电动机 M1 为感应电动机：轻载起动，6 倍长延时动作电流整定值时的可返回时间取 3 s。

(2) 选择断路器 Q2：由于 Q2 是保护配电支路，需采用选择型配电断路器。线路计算负载电流为 600 A，故可选用 630 A 断路器。但由于 $I_{k2}$＝29.7 kA，应选用延时短路通断能力为 30 kA 的断路器。查找样本资料结果，630 A 断路器都无这样大的延时短路通断能力，只好跨级选用 DW15-1000断路器，其延时短路通断能力为 30 kA，采用 630 A 过电流脱扣器。

断路器 Q2 是配电系统的第二级，故短延时时间取 0.2 s。

按本节 1)、(2)中③，短延时动作电流整定值为 1.1×(600＋1.35×6.5×182.4)＝2 640 A。可整定在 2 800 A，约为脱扣器额定电流的 4.5 倍。

三倍长延时动作电流整定值时的可返回时间取 8 s。

按本节 1)、(5)中⑦，瞬时动作电流＝1.1×19.12＝21.03 kA(在此设 Q3 进线处短路电流亦为 19.12 kA)，可整定在 22 kA。

(3) 选择断路器 Q1：由于 Q1 是变压器主保护开关，变压器额定电流为 1 445 A，故选用 DW15-1600 选择型断路器。但由于它的延时通断能力为 30 kA，不能满足 $I_{k1}$＝31.5 kA 的要求，需跨级选用 DW15-2500 断路器，其延时通断能力为 40 kA，将其瞬时整定电流整定在 1.1×29.7＝32.67 kA。由于该值小于 DW15-2500 断路器的短延时短路通断能力，所以不要求瞬时脱扣器也可满意地工作。但是这个方案不太经济。如果为了节约投资，可考虑放弃 30～31.5 kA 之间的选择性(而且这个区域很小)，仍可采用 DW15-1600 断路器，只需将其瞬时动作电流整定在 30 kA 即可。当短路电流大于 30 kA 时，让断路器瞬时断开，既保护了配电系统，也保护了断路器本身。

短延时时间可取 0.2＋0.2＝0.4 s。

短延时动作电流整定值≥1.1×(1 445＋1.35×5.8×329)＝4 423 A，

故可整定在4 500 A。

长延时动作电流整定值可整定在1 600 A,三倍长延时动作电流整定值时的可返回时间取15 s。

将各级断路器的保护特性绘于同一坐标图中,可以看出Q1、Q2、Q3各断路器可达到协调配合动作。

(4) 选择断路器Q4:此断路器的特点是直接靠近变压器安装,短路电流较大,其值为31.5 kA。电动机M2的负载为空气压缩机,不频繁起动。若选用可直接起动又可进行短路保护的断路器来代替熔断器+接触器,或一般断路器+接触器,则可简化线路,较为经济。选用DWX15-400限流式断路器可满意地工作,其短路通断能力为50 kA,具有电磁操作机构,可像接触器同样的方式操作。其脱扣器长延时动作电流整定值可调在0.85倍额定电流,即400×0.85=340 A。瞬时动作电流整定值为12倍断路器额定电流,即200×12=4 800 A。空气压缩机属轻载起动,可选用6倍长延时动作电流值时的可返回时间为5 s。

最后校核接线方向,知DW15-1600、2500万能式断路器上下进线均可,而DW15-200、400不能用于下进线,安装时应予注意。

6. 维修

1) 维护　断路器是一种比较复杂的保护电器,除正确选用外,尚需要妥善的维护,才能保证断路器完成预定的工作任务。断路器在使用期内应尽量做到:

(1) 在断路器投入使用前应将各磁铁工作面(如失压脱扣器的磁系统吸合面)的防锈油脂抹净,以免影响磁系统的动作值。

(2) 操作机构在使用一段时间后(可考虑1～2年一次),在传动机构部分应加润滑油(小容量塑料外壳式断路器不需要)。

(3) 每隔一段时间(例如在定期检修时),应清除落于断路器上的灰尘,以保证断路器良好绝缘。

(4) 灭弧室在因短路分断后,或较长时期使用之后,应清除灭弧室内壁和栅片上的金属颗粒和黑烟灰。有的陶瓷灭弧室容易破损,如发现破损的灭弧室,决不要再使用,以免造成不应有的事故。长期未使用的灭弧室(如作为配件的灭弧室),在需使用前应先烘一次,以保证良好的绝缘。

(5) 断路器的触头在长期使用后,如触头表面发现有毛刺、金属颗粒等,应当予以清理,以保证良好的接触。可更换的弧触头,如发现磨损至少于原来厚度的 1/3 时要考虑更换。

(6) 定期检查各脱扣器的电流整定值和延时,特别是半导体脱扣器,应定期用试验按钮检查其动作情况。漏电保护断路器也要用按钮经常检查,以确认它是否能可靠动作。

2) 修理　对于小容量断路器,特别是对于生活建筑用的家用断路器,为了保证使用安全都不可由用户自行修理。在出现闭合不了,或烧坏事故时,只有以新的断路器更换。

只有在工矿企业中有专门检修的地方,才考虑检修一些损坏的断路器,将断路器可能出现的故障及处理办法列于表 7-93 中,以便检修时参考。

表 7-93　空气断路器可能出现的故障及其原因和处理方法

| 序号 | 故障现象 | 原　因 | 处　理　办　法 |
|---|---|---|---|
| 1 | 手动操作断路器不能闭合 | 1. 欠电压脱扣器无电压或线圈损坏<br>2. 储能弹簧变形,导致闭合力减小<br>3. 反作用弹簧力过大<br>4. 机构不能复位再扣 | 1. 检查线路,施加电压或更换线圈<br>2. 更换储能弹簧<br>3. 重新调整弹簧反力<br>4. 调整再扣接触面至规定值 |
| 2 | 电动操作断路器不能闭合 | 1. 操作电源电压不符<br>2. 电源容量不够<br>3. 电磁铁拉杆行程不够<br>4. 电动机操作定位开关变位<br>5. 控制器中整流管或电容器损坏 | 1. 调换电源<br>2. 增大操作电源容量<br>3. 重新调整或更换拉杆<br>4. 重新调整<br>5. 更换损坏元件 |
| 3 | 有一相触头不能闭合 | 1. 一般型断路器的一相连杆断裂<br>2. 限流断路器斥开机构的可折连杆之间的角度变大 | 1. 更换连杆<br>2. 调整至原技术条件规定值 |
| 4 | 分励脱扣器不能使断路器分断 | 1. 线圈短路<br>2. 电源电压太低<br>3. 再扣接触面太大<br>4. 螺丝松动 | 1. 更换线圈<br>2. 调换电源电压<br>3. 重新调整<br>4. 拧紧 |

（续表）

| 序号 | 故障现象 | 原因 | 处理办法 |
| --- | --- | --- | --- |
| 5 | 欠电压脱扣器不能使断路器分断 | 1. 反力弹簧变小<br>2. 如为储能释放，则储能弹簧变小或断裂<br>3. 机构卡死 | 1. 调整弹簧<br>2. 调整或更换储能弹簧<br>3. 消除卡死原因（如生锈） |
| 6 | 起动电动机时断路器立即分断 | 1. 过电流脱扣器瞬动整定值太小<br>2. 脱扣器某些零件损坏，如半导体器件、橡皮膜等损坏<br>3. 脱扣器反力弹簧断裂或落下 | 1. 调整瞬动整定值<br>2. 更换脱扣器或更换损坏的零部件<br>3. 更换弹簧或重新装上 |
| 7 | 断路器闭合后经一定时间自行分断 | 1. 过电流脱扣器长延时整定值不对<br>2. 热元件或半导体延时电路元件变化 | 1. 重新调整<br>2. 更换 |
| 8 | 断路器温升过高 | 1. 触头压力过分低<br>2. 触头表面过分磨损或接触不良<br>3. 两个导电零件连接螺钉松动<br>4. 触头表面油污氧化 | 1. 调整触头压力或更换弹簧<br>2. 更换触头或清理接触面，不能更换者，只好更换整台断路器<br>3. 拧紧<br>4. 清除油污或氧化层 |
| 9 | 欠电压脱扣器噪声大 | 1. 反作用弹簧反力太大<br>2. 铁心工作面有油污<br>3. 短路环断裂 | 1. 重新调整<br>2. 清除油污<br>3. 更换衔铁或铁心 |
| 10 | 辅助开关不通 | 1. 辅助开关的动触桥卡死或脱落<br>2. 辅助开关传动杆断裂或滚轮脱落<br>3. 触头不接触或氧化 | 1. 拨正或重新装好触桥<br>2. 更换传动杆或更换辅助开关<br>3. 调整触头，清理氧化膜 |

（续表）

| 序号 | 故障现象 | 原　因 | 处 理 办 法 |
|---|---|---|---|
| 11 | 带半导体脱扣器的断路器误动作 | 1. 半导体脱扣器元件损坏<br>2. 外界电磁干扰 | 1. 更换损坏元件<br>2. 清除外界干扰，例如邻近的大型电磁铁的操作、接触器的分断、电焊等，予以隔离或更换线路 |
| 12 | 漏电断路器经常自行分断 | 1. 漏电动作电流变化<br>2. 线路漏电 | 1. 送制造厂重新校正<br>2. 寻找原因，如系导线绝缘损坏，则应更换 |
| 13 | 漏电断路器不能闭合 | 1. 操作机构损坏<br>2. 线路某处漏电或接地 | 1. 送制造厂修理<br>2. 消除漏电处或接地处故障 |

## 四、自动转换开关电器和控制与保护开关电器

### 1. 自动转换开关电器

自动转换开关电器简称 ATSE。用于紧急供电系统两路电源之间的转换。当一路电源发生故障时，可将一个或几个负载电路从该电源转换到另一电源，以确保重要负载电路的连续供电。ATSE 应符合国家标准 GB 14048.11—2002《低压开关设备和控制设备　第 6 部分：多功能电器　第1篇　自动转换开关电器》。ATSE 由开关本体和控制器两个部分组成。

1）TP1 系列自动转换开关电器　用于交流 50 Hz、额定工作电压 400 V 和额定电流 32～400 A 的两电源之间的转换。

TP1 系列的电器类别为 PC，使用类别为 AC33B($6I_e$)。TP1 系列有 2、3、4 极，具有闭路转换和开路转换两种转换方式；手动操作有两种转换状态带非优先线路选择开关（重要、非重要负载选择）；开关本体有上进线和下进线两种接线方式。TP1 系列开关本体的技术数据见表 7－94。控制器的技术数据见表 7－95。

表7-94 TP1系列自动转换开关电器开关本体的技术数据

| 额定工作电压(V) | 额定电流 $I_e$(A) | 额定接通/分断能力($6I_e$)(A) | 额定限制短路电流(SCPD)(A) | 电气寿命(次)($2I_e$) | 机械寿命(次) | 转换动作时间(ms) |
|---|---|---|---|---|---|---|
| 400 | 32～100 | 400 | 5 000 | 1 000 | 5 000 | ≤50 |
| | 125～200 | 1 200 | 10 000 | 1 000 | 5 000 | ≤100 |
| | 225～400 | 2 400 | 10 000 | 1 000 | 5 000 | ≤150 |

表7-95 TP1系列自动转换开关电器控制器的技术数据

| 性能 | | | 类型 | | 备注 |
|---|---|---|---|---|---|
| | | | 电网-电网(DN1型) | 电网-发电机组(GN1型) | |
| 显示 | 电源正常 | 绿灯亮 | ● | ● | |
| | 主触头处于常用(或备用)电源位 | 绿灯亮 | ● | ● | |
| | 电源故障(断相、欠压、过压) | 红灯亮 | ● | ● | |
| | 过载报警 | 红灯亮 | ● | ● | |
| 功能选择 | 自动位(自动转换状态) | | ● | ● | |
| | 手动位(失去自动转换功能) | | ● | ● | |
| | 自复位:自投自复 | | ● | ● | |
| | 不自复位:自投不自复 | | ● | — | 可选 |
| | 远程控制(人工指令,强迫在备用电源侧) | | ● | ● | 可选 |
| | 起动、关闭发电机组 | | — | ● | |
| | 与电源端连锁 | | — | ● | 可选 |
| | 加、卸负荷(非优先电路选择) | | — | ● | 可选 |
| 运行检测 | 失压、断任意一相 | | ● | ● | |
| | 欠压(65%～90%可调) | | ● | ● | |
| | 过压(105%～120%可调) | | ● | ● | |
| | 过载($1.2I_e$～$4I_e$ 配备适当互感器) | | ● | ● | 可选 |

（续表）

| 性能 | | 类型 | | 备注 |
|---|---|---|---|---|
| | | 电网-电网（DN1型） | 电网-发电机组（GN1型） | |
| 延时环节 | T1 躲避电网干扰延时(s) | 0.1～15 可调 | 0.1～15 可调 | |
| | T2 返回转换延时(s) | 5～240 可调 | 5～240 可调 | |
| | T3 卸负荷后延时(s) | — | 0.5～30 可调 | |
| | T4 加负荷前延时(s) | — | 0.5～30 可调 | |
| | T5 关闭发电机组延时(s) | — | 60～900 可调 | |
| | T6 起动发电机组延时(s) | — | 15、30、120、180 可选 | |
| 试验 | 现场试验(钥匙开关置于试验位) | ● | ● | |

2) 1SQ1 系列自动转换开关　用于交流 50 Hz,交流额定工作电压至 690 V,额定电流至800 A两电源之间的转换。

1SQ1 系列自动转换开关的主要特点有：

① 可靠的电气和机械联锁,确保只有一个位置接通；

② 桃形指针可指示三个位置：Ⅰ——常用电源与负载接通位置；0——负载与电源完全断开位置；Ⅱ——备用电源与负载接通位置；

③ 弹簧蓄能、瞬时释放的动作机构实现了快速接通分断,与操作手柄速度无关；

④ N 相触头先接通,后断开。可避免切换过程中瞬间异常电压产生,确保设备安全；

⑤ 具有控制离合器的手动/电动状态拨动开关；

⑥ 为了防止误操作,拉出锁钩,在每个位置上均可加上挂锁；

⑦ 采用模块式结构,体积小。采用了一根专用电缆来连接开关本体和控制器,安装、维护方便。

1SQ1 系列自动转换开关的技术数据见表 7-96。

3) ZNQ1 系列智能型自动电源切换开关　用于交流 50 Hz,交流额定工作电压 400 V,额定工作电流 63～800 A 的双回路电源供电系统之间的转换。

表 7-96 1SQ1 系列自动转换开关的技术数据

| 型号 | 额定工作电压 $U_e$(V) | 额定工作电流 $I_e$(A) | 使用类别 | 额定冲击耐受电压(kV) | 额定短路接通电流和额定短时耐受电流 |
|---|---|---|---|---|---|
| 1SQ1-100 | 400<br>690 | 100<br>80 | AC-33B | 8 | 10 kA |
| 1SQ1-125 | 400<br>690 | 125<br>80 | | | |
| 1SQ1-160 | 400<br>690 | 160<br>80 | | | |
| 1SQ1-250 | 400<br>690 | 250<br>125 | | 12 | |
| 1SQ1-400 | 400<br>690 | 400<br>200 | | | |
| 1SQ1-630 | 400<br>690 | 630<br>200 | | | $20I_e$ |
| 1SQ1-800 | 400<br>690 | 800<br>250 | | | |

ZNQ1 系列产品由两台 3 极或 4 极断路器和智能型控制器组成，ZNQ1 系列产品的电器类别为 PC，使用类别为 AC-33B，ZNQ1 系列智能型自动电源切换开关具有完善的检测、保护、报警功能，它采用高速单片嵌入式微处理器为主控芯片，实时检测电源质量和断路器的状态，确保供电系统高可靠的运行。

其主要特点为：具有机械联锁和电气联锁双重保护功能，以防止两台断路器同时合闸；具有“自动”“远动”“手动”“遥控”“逻辑闭塞”功能；交流实时采样，实现真有效值计算，继电保护故障判据算法，实现高可靠运行；具有欠电压、过电压、缺相保护等功能，防止故障电源向负载供电；具有电源故障、断路器脱扣故障的报警或指示功能；具有防止二次重合闸功能(即负载侧短路、过载、断路器脱扣后不能自行自动合闸)；具有运行参数值(欠电压值、过电压值、故障确认延时、切换延时)整定可调功能以及电网相电压数码显示功能，方便用户实时查询；具有消防联动功能，当现场出现消防报警时，自动电源切换开关将使两台断路器均断开；控制器采用光电隔离设计，实现故障自动隔离，外部故障不会影响本机的正常工作，抗雷击设计，减少雷击故障。

ZNQ1 系列产品的技术数据：

(1) 额定工作电压：AC400 V。

(2) 额定电流：63 A、160 A、225 A、400 A、630 A 和 800 A。

(3) 采集速率：16 次/周波一相。

(4) 欠电压保护整定范围：165 V～220 V 可调，出厂设定为 176 V。

(5) 过电压保护整定范围：200 V～264 V 可调，出厂设定为 253 V。

(6) 故障确认延时时间：0～25.6 s 可调，出厂设定为 1.5 s。

(7) 切换延时时间：0～25.6 s 可调，出厂设定为 3 s。

(8) 电压表显示精度：1.0 级(校准后精度)。

(9) 系统机械寿命：$I_{nm}$≤225 A 为 8 000 次循环，$I_{nm}$≤400 A 为 3 000 次循环。

2. 控制与保护开关电器

KB0 系列控制与保护开关电器：用于交流 50 Hz(60 Hz)、额定电压至 660 V，电流至 100 A 的电力系统中接通、承载和分断正常条件下包括规定的过载电流，且能够接通、承载和分断规定的非正常条件下的电流(如短路电流)。它具有内部协调配合的过载和短路保护特性，适用于电力系统和电动机控制等场合，能够为电路提供控制和保护功能。

该电器是集断路器、接触器和保护继电器等元件的主要功能为一体的一种模块组合式开关电器。其使用类别的代号及典型用途见表 7-97。其主要技术数据见表 7-98。

表 7-97　控制与保护开关电器的使用类别及典型用途

| 使用类别代号 | 典　型　用　途 |
|---|---|
| AC-40 | 配电电路、包括由组合电抗器组成的电阻性和电感性混合负载 |
| AC-41 | 无感或微感负载、电阻炉 |
| AC-42 | 绕线型异步电动机：起动、分断 |
| AC-43 | 笼型异步电动机：起动、分断 |
| AC-44 | 笼型异步电动机：起动、反接制动或反向运转、点动 |

表7-98　KB0系列控制与保护开关电器的技术数据

| 型　号 | 额定绝缘电压(V) | 额定电压(V) | 额定电流(A) | 控制电动机最大功率(kW) | 分断短路电流能力(kA) | 电寿命(×10^4 次) | | 机械寿命(×10^4 次) |
|---|---|---|---|---|---|---|---|---|
| | | | | | | AC-43 | AC-44 | |
| KB0-32 | 660 | 380 | 32 | 15 | 50 | 150 | 3 | 1 000 |
| | | 660 | | 25 | 4 | — | 1 | |
| KB0-63 | | 380 | 63 | 30 | 50 | 120 | 2 | 500 |
| | | 660 | | 55 | 10 | — | 1 | |

| 型　号 | 过载脱扣器额定电流(A) | 电动机保护 | | 配电保护 | |
|---|---|---|---|---|---|
| | | 热脱扣电流整定范围(A) | 电磁脱扣电流整定范围(A) | 热脱扣电流整定范围(A) | 电磁脱扣电流整定范围(A) |
| KB0-32 | 0.4 | 0.25～0.4 | 2.4～4.8 | — | — |
| | 0.63 | 0.4～0.63 | 3.8～7.6 | — | — |
| | 1 | 0.63～1 | 6～12 | — | — |
| | 1.6 | 1～1.6 | 9.5～19 | — | — |
| | 2.5 | 1.6～2.5 | 15～30 | — | — |
| | 4 | 2.5～4 | 24～48 | — | — |
| | 6.3 | 4～6.3 | 38～76 | — | — |
| | 10 | 6.3～10 | 60～120 | 6.3～10 | 30～60 |
| | 16 | 10～16 | 95～190 | 10～16 | 48～95 |
| | 25 | 16～25 | 150～300 | 16～25 | 75～150 |
| | 32 | 23～32 | 190～380 | 23～32 | 95～190 |
| KB0-63 | 13 | 10～13 | 78～156 | 10～13 | 39～78 |
| | 18 | 13～18 | 108～216 | 13～18 | 54～108 |
| | 25 | 18～25 | 150～300 | 18～25 | 75～150 |

（续表）

| 型　号 | 过载脱扣器额定电流(A) | 电动机保护 | | 配　电　保　护 | |
|---|---|---|---|---|---|
| | | 热脱扣电流整定范围(A) | 电磁脱扣电流整定范围(A) | 热脱扣电流整定范围(A) | 电磁脱扣电流整定范围(A) |
| KB0-63 | 32 | 23～32 | 190～380 | 23～32 | 95～190 |
| | 40 | 28～40 | 240～480 | 28～40 | 120～240 |
| | 50 | 35～50 | 300～600 | 35～50 | 150～300 |
| | 63 | 45～63 | 380～760 | 45～63 | 190～380 |

## 五、接触器

1. 交流接触器

1) CJ20 系列交流接触器　用于交流 50 Hz、额定电压至 660 V(个别等级1 140 V)、电流至 630 A 的电力线路中供远距离频繁接通和分断电路，以及控制交流电动机，也用于与热继电器或电子保护装置组成电磁起动器，以保护电路或交流电动机可能发生的过负荷及断相。

其技术数据见表 7-99。外形尺寸及安装尺寸如图 7-66 所示。

2) CJ26、CJ28 系列交流接触器　用于交流 50 Hz 或 60 Hz，电压至 660 V，额定工作电流为 9～205 A 的电力线路中，供远距离接通和分断电路操作。如用于频繁地起动和断开正常运转中的交流电动机，并可与热继电器或电子式保护装置组成电磁起动器，以保护可能发生过负荷运行的电路。

主要技术性能见表 7-100～7-101；外形尺寸及安装尺寸如图 7-67～图 7-68 所示。

3) CJ29、CJ29CX 系列交流接触器　用于交流 50 Hz、电压至 660 V，额定电流至 2 500 A(CJ29 系列)和4 000 A(CJ29CX 系列)的电力线路中，作长期控制主电路和起动、反接制动与反向密接通电动机之用，并可加装机械联锁组成可逆起动器。

主要技术性能见表 7-102，外形尺寸及安装尺寸如图 7-69 所示。

表7-99　CJ20系列

| 型　号 | 额定绝缘电压(V) | 额定工作电压 $U_e$(V) | 约定发热电流 $I_{th}$(A) | 额定工作电流(AC-3)(A) | 额定控制功率(kW) | 额定操作频率(AC-3)(次/h) | 与SCPD的协调配合① |
|---|---|---|---|---|---|---|---|
| CJ20-10 | 660 | 220 | 10 | 10 | 2.2 | 1 200 | NT00-20/660 |
| | | 380 | | 10 | 4 | 1 200 | |
| | | 660 | | 5.8 | 4 | 600 | |
| CJ20-16 | | 220 | 16 | 16 | 4.5 | 1 200 | NT00-32/660 |
| | | 380 | | 16 | 7.5 | 1 200 | |
| | | 660 | | 13 | 11 | 600 | |
| CJ20-25 | | 220 | 32 | 25 | 5.5 | 1 200 | NT00-50/660 |
| | | 380 | | 25 | 11 | 1 200 | |
| | | 660 | | 14.5 | 13 | 600 | |
| CJ20-40 | | 220 | 55 | 40 | 11 | 1 200 | NT00-80/660 |
| | | 380 | | 40 | 22 | 1 200 | |
| | | 660 | | 25 | 22 | 600 | |
| CJ20-63 | | 220 | 80 | 63 | 18 | 1 200 | NT1-160/660 |
| | | 380 | | 63 | 30 | 1 200 | |
| | | 660 | | 40 | 35 | 600 | |
| CJ20-100 | | 220 | 125 | 100 | 28 | 1 200 | NT1-250/660 |
| | | 380 | | 100 | 50 | 1 200 | |
| | | 660 | | 63 | 50 | 600 | |

的技术数据

| 动作特性 | 线圈控制功率（VA/W） | | 接通能力 | 分断能力 | 10 s 耐受过载电流（A） | 机械寿命（万次） | 电寿命（万次） | |
|---|---|---|---|---|---|---|---|---|
| | 起动 | 吸持 | | | | | AC-3 | AC-4 |
| 吸合电压范围 (0.8～1.1)$U_s$②<br>释放电压范围 (0.2～0.7)$U_s$ | 65/47.6 | 8.3/2.5 | $12I_e$ | $10I_e$ | 80 | 1 000 | 100<br>— | 4 |
| | 62/47.8 | 8.5/2.6 | $12I_e$ | $10I_e$ | 128 | 1 000 | 100<br>— | 4 |
| | 93.1/60 | 13.9/4.1 | $12I_e$ | $10I_e$ | 200 | 1 000 | 100<br>— | 4 |
| | 175/82.3 | 19/5.7 | $12I_e$ | $10I_e$ | 320 | 1 000 | 100<br>— | 4 |
| | 480/153 | 57/16.5 | $12I_e$ | $10I_e$ | 504 | 600 | 120<br>— | 5<br>1 |
| | 570/175 | 61/215 | $12I_e$ | $10I_e$ | 800 | 600 | 120<br>— | 3<br>1 |

<table>
<tr><th>型　　号</th><th>额定绝缘电压(V)</th><th>额　定工　作电　压 $U_e$(V)</th><th>约　定发　热电　流 $I_{th}$(A)</th><th>额定工作电流(AC-3)(A)</th><th>额定控制功率(kW)</th><th>额定操作频率(AC-3)(次/h)</th><th>与 SCPD 的协调配合①</th></tr>
<tr><td rowspan="3">CJ20-160</td><td rowspan="3">660</td><td>220</td><td rowspan="3">200</td><td>160</td><td>48</td><td>1 200</td><td rowspan="4">NT2 -315/660</td></tr>
<tr><td>380</td><td>160</td><td>85</td><td>1 200</td></tr>
<tr><td>660</td><td>100</td><td>85</td><td>600</td></tr>
<tr><td>CJ20-160/11</td><td>1 140</td><td>1 140</td><td>200</td><td>80</td><td>—</td><td>300</td></tr>
<tr><td rowspan="2">CJ20-250</td><td rowspan="9">660</td><td>220</td><td rowspan="3">315</td><td>250</td><td>80</td><td>600</td><td rowspan="3">NT2 -440/660</td></tr>
<tr><td>380</td><td>250</td><td>132</td><td>600</td></tr>
<tr><td>CJ20-250/06</td><td>660</td><td>200</td><td>190</td><td>300</td></tr>
<tr><td rowspan="2">CJ20-400</td><td>220</td><td rowspan="3">400</td><td>400</td><td>115</td><td>600</td><td rowspan="3">NT2 -500/660</td></tr>
<tr><td>380</td><td>400</td><td>200</td><td>600</td></tr>
<tr><td>CJ20-400/06</td><td>660</td><td>250</td><td>220</td><td>300</td></tr>
<tr><td rowspan="2">CJ20-630</td><td>220</td><td rowspan="2">630</td><td>630</td><td>175</td><td>600</td><td rowspan="4">NT3 -630/660</td></tr>
<tr><td>380</td><td>630</td><td>300</td><td>600</td></tr>
<tr><td>CJ20-630/06</td><td>660</td><td rowspan="2">400</td><td>400</td><td>350</td><td>300</td></tr>
<tr><td>CJ20-630/11</td><td>1 140</td><td>1 140</td><td>400</td><td>—</td><td>300</td></tr>
</table>

① 与表中熔断器配用，熔断器在分断 50 kA 短路电流时触头不熔焊。

② $U_s$ 线圈电压。

（续表）

| 动作特性 | 线圈控制功率(VA/W) | | 接通能力 | 分断能力 | 10 s耐受过载电流(A) | 机械寿命(万次) | 电寿命(万次) | |
|---|---|---|---|---|---|---|---|---|
| | 起动 | 吸持 | | | | | AC-3 | AC-4 |
| 吸合电压范围(0.8～1.1)$U_s$②<br>释放电压范围(0.2～0.7)$U_s$ | 855/325 | 855/325 | $12I_e$ | $10I_e$ | 1 280 | 600 | 120<br>— | 1.5<br>1 |
| 吸合电压范围(0.85～1.1)$U_s$<br>释放电压范围(0.2～0.75)$U_s$ | 570/175 | 152/65 | $10I_e$ | $8I_e$ | 2 000 | 300 | 60<br>— | 1 |
| | 1 710/565 | 3 578/790 | | | | | | |
| | 3 578/790 | 250/118 | $10I_e$ | $8I_e$ | 3 200 | 300 | 60<br>— | 1 |
| | 3 578/790 | 3 578/790 | $10I_e$ | $8I_e$ | 5 040 | 300 | 60<br>—<br>— | 0.5 |

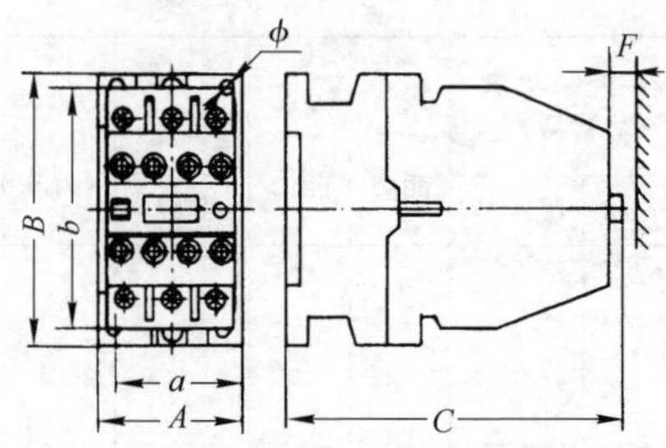


(a) CJ20-10~CJ20-25 外形尺寸及安装尺寸

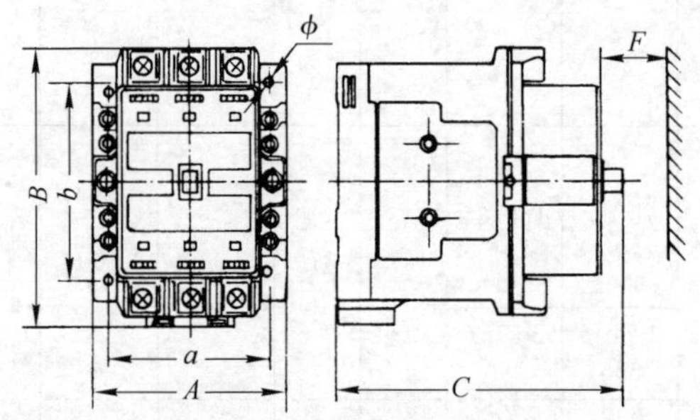


(b) CJ20-40 外形尺寸及安装尺寸

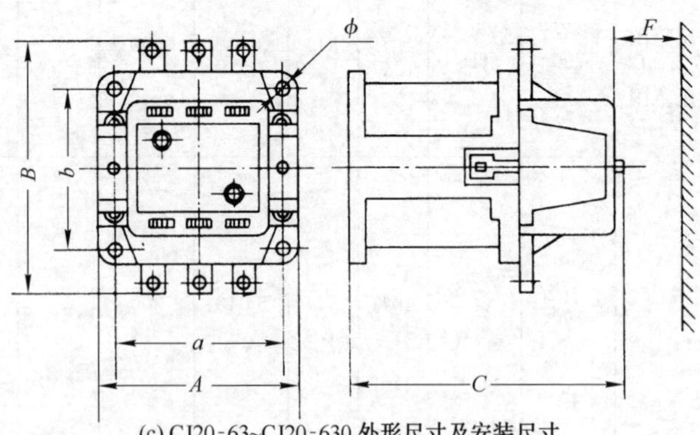


(c) CJ20-63~CJ20-630 外形尺寸及安装尺寸

图 7-66 CJ20 系列外形尺寸及安装尺寸

图 7－66 附表　(mm)

| 型　　号 | $A$ max | $B$ max | $C$ max | $a$ | $b$ | $d$ | $F$ min | 质量(kg) |
|---|---|---|---|---|---|---|---|---|
| CJ20－10 | 44.5 | 67.5 | 107 | 35 | 55 | 5 | 10 | |
| CJ20－16 | 44.5 | 73 | 116.5 | 35 | 60 | 5 | 10 | |
| CJ20－25 | 52.5 | 90.5 | 122 | 40 | 80 | 5 | 10 | 0.67 |
| CJ20－40 | 87 | 111.5 | 118 | 70 | 80 | 5 | 30 | |
| CJ20－63 | 116 | 142 | 146 | 100 | 90 | 5.8 | 60 | 2.9 |
| CJ20－100 | 122 | 147 | 154 | 108 | 92 | 7 | 70 | 3 |
| CJ20－160 | 146 | 187 | 178 | 130 | 130 | 9 | 80 | 5.5 |
| CJ20－160/11 | 146 | 197 | 190 | 130 | 130 | 9 | 80 | 6.3 |
| CJ20－250 | 190 | 235 | 230 | 160 | 150 | 9 | 100 | 10.5 |
| CJ20－250/06 | 190 | 235 | 230 | 160 | 150 | 9 | 100 | 10.5 |
| CJ20－400 | 245 | 292 | 262 | 210 | 180 | 9 | 110 | |
| CJ20－400/06 | | | | | | | | |
| CJ20－630 | 245 | 294 | 272 | 210 | 180 | 11 | 120 | 21.5 |
| CJ20－630/11 | 245 | 294 | 287 | 210 | 180 | 11 | 120 | 21.5 |

表 7－100　CJ26、CJ28 辅助触头的技术数据

| 型　　号 | 额定绝缘电压(V) | 额定工作电流(A)(AC－15) | | 交流额定控制功率(V·A) | 额定工作电流(A)(DC－13，220 V) | 直流额定控制功率(W) |
|---|---|---|---|---|---|---|
| | | 380 V | 220 V | | | |
| CJ26－9～22 | 660 | 0.26 | 0.45 | 100 | 0.14 | 30 |
| CJ26－32、CJ28－45～205 | 660 | 0.8 | 1.4 | 300 | 0.27 | 60 |

注：若用在高于表中的辅助触头控制功率时，可与制造厂协商进行特殊试验。

表 7－101 CJ26、CJ28 接触器的技术数据

| 技术指标 | | 型号 | | | | | | | | | | | | |
|---|---|---|---|---|---|---|---|---|---|---|---|---|---|---|
| | | CJ26－9 | CJ26－12 | CJ26－16 | CJ26－22 | CJ26－32 | CJ28－45 | CJ28－63 | CJ28－75 | CJ28－85 | CJ28－110 | CJ28－140 | CJ28－170 | CJ28－205 |
| 约定发热电流(A) | | 20 | | 30 | | 45 | 70 | | 85 | | 140 | | 205 | |
| AC－3,380 V 额定工作电流(A) | | 9 | 12 | 16 | 22 | 32 | 45 | 63 | 75 | 85 | 110 | 140 | 170 | 205 |
| AC－3 三相电动机额定输出功率(kW) | 220 V | 2.4 | 3.3 | 4 | 6.1 | 8.5 | 15 | 18.5 | 22 | 26 | 37 | 43 | 55 | 64 |
| | 380 V | 4 | 5.5 | 7.5 | 11 | 15 | 22 | 30 | 37 | 45 | 55 | 75 | 70 | 110 |
| | 660 V | 5.5 | 7.5 | 11 | 11 | 15 | 30 | 55 | 67 | 67 | 100 | 100 | 156 | 156 |
| AC－4,380 V 额定工作电流(A) | | 3.3 | 4.3 | 7.7 | 8.5 | 15.6 | 24 | 28 | 34 | 42 | 54 | 68 | 75 | 96 |
| AC－3 最大操作频率(Hz) | | 1 000 | | 750 | | | 1 200 | 1 000 | | 85 | 1 000 | 750 | 700 | 800 |
| 线圈工作电压范围 | | (85%～110%)$U_s$ | | | | | | | | | | | | |

注：额定绝缘电压为 660 V。

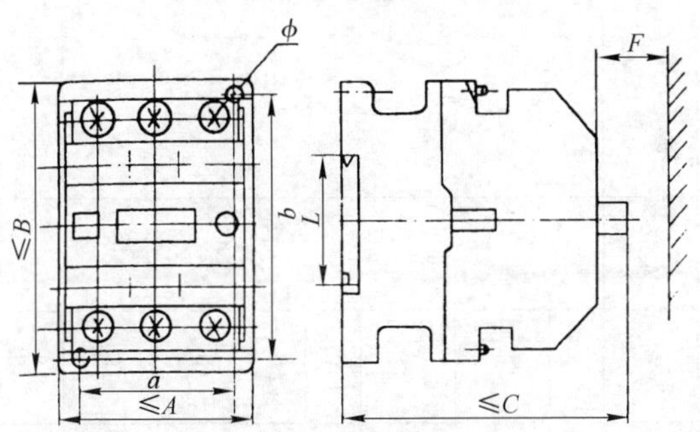


**图 7-67**　CJ26 系列接触器的外形和安装尺寸

图 7-67 附表

| 型　号 | A | B | C | a | b | ϕ | F |
|---|---|---|---|---|---|---|---|
| CJ26-9 | 45 | 79 | 100 | 35 | 60 | $5^{+0.3}_{0}$ | 35 |
| CJ26-12 | 45 | 79 | 105 | 35 | 60 | $5^{+0.3}_{0}$ | 35 |
| CJ26-16 | 45 | 86 | 115 | 35 | 75 | $5^{+0.3}_{0}$ | 35 |
| CJ26-22 | 45 | 86 | 115 | 35 | 75 | $5^{+0.3}_{0}$ | 35 |
| CJ26-32 | 70 | 88 | 107 | 50 | 75 | $5^{+0.3}_{0}$ | 35 |

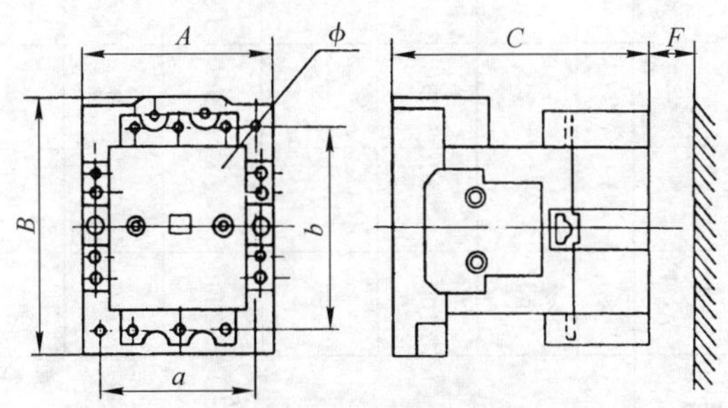


**图 7-68**　CJ28 系列接触器的外形和安装尺寸

图 7-68 附表

| 型　号 | A | a | B | b | C | ϕ | F |
|---|---|---|---|---|---|---|---|
| CJ28-45～63 | 90 | 70 | 118 | 100 | 125 | 5 | 20 |
| CJ28-75～85 | 101 | 80 | 135 | 110 | 142 | 5.5 | 25 |
| CJ28-110～140 | 122 | 100 | 156 | 130 | 154 | 6.5 | 25 |
| CJ28-170～205 | 136 | 110 | 181 | 160 | 187 | 7 | 10 |

表 7-102　CJ29、CJ29CX 系列技术数据

| 型　号 | 额定工作电压(V) | 额定工作电流(A) | | 控制电动机最大功率(kW) | | 机械寿命(万次) | AC-2、AC-4、电寿命(万次) | 操作电磁系统功率(V·A) | | 辅助触头 | |
|---|---|---|---|---|---|---|---|---|---|---|---|
| | | AC1、AC3 | AC2、AC4 | AC3 | AC4 | | | 起动 | 吸持 | 对数 | 额定工作电流(A) |
| CJ29-40 | 380、660 | 40 | 21 | 20 | 5 | 300 | 20 | 200 | 4 | 4NO、4NC | 5 |
| CJ29-63<br>CJ29CX-63 | | 63 | 28 | 30 | 8 | | | 300 | 6 | | |
| CJ29-100<br>CJ29CX-100 | | 100 | 52 | 50 | 17 | | | 400 | 8 | | |
| CJ29-160 | | 160 | 70 | 80 | 37 | | | 450 | 10 | | |
| CJ29CX-160 | | | | | | | | | 8 | | |
| CJ29-200<br>CJ29CX-200 | | 200 | 72 | 90 | 37 | | | 500 | 10 | | |
| CJ29-250<br>CJ29CX-250 | | 250 | 105 | 132 | 55 | | | 500 | 15 | | |
| CJ29-315<br>CJ29CX-315 | | 315 | 105 | 132 | 55 | | | 550 | 15 | | 10 |
| CJ29-400<br>CJ29CX-400 | | 400 | 120 | 200 | 65 | | | 900 | 20 | | |

（续表）

| 型　　号 | 额定工作电压(V) | 额定工作电流(A) | | 控制电动机最大功率(kW) | | 机械寿命 | AC－2、AC－4、电寿命（万次） | 操作电磁系统功率(V·A) | | 辅助触头 | |
|---|---|---|---|---|---|---|---|---|---|---|---|
| | | AC1、AC3 | AC2、AC4 | AC3 | AC4 | （万次） | | 起动 | 吸持 | 对数 | 额定工作电流(A) |
| CJ29－500<br>CJ29CX－500 | | 500 | 130 | 250 | 70 | 300 | | 1 000 | 20 | 4NO、4NC | |
| CJ29－630<br>CJ29CX－630 | | 630 | 150 | 300 | 80 | | | 1 600 | 30 | | |
| CJ29－80<br>CJ29CX－800 | | 800 | 200 | 400 | 100 | | | 2 000 | 35 | | |
| CJ29－1000<br>CJ29CX－1000 | 380、660 | 1 000 | 250 | 5 000 | 125 | | 20 | 2 300 | 40 | 4NO、4NC | 10 |
| CJ29－1600<br>CJ29CX－1600 | | 1 600 | 400 | 800 | 200 | 100 | | 3 400<br>3 300 | 70 | （可提供至6NO、6NC） | |
| CJ29－2500<br>CJ29CX－2500 | | 2 500 | 600 | 1 200 | 300 | | | 5 000<br>4 400 | 100 | | |
| CJ29CX－4000 | | 4 000 | 1 000 | 1 800 | 500 | | | 5 000 | 160 | | |

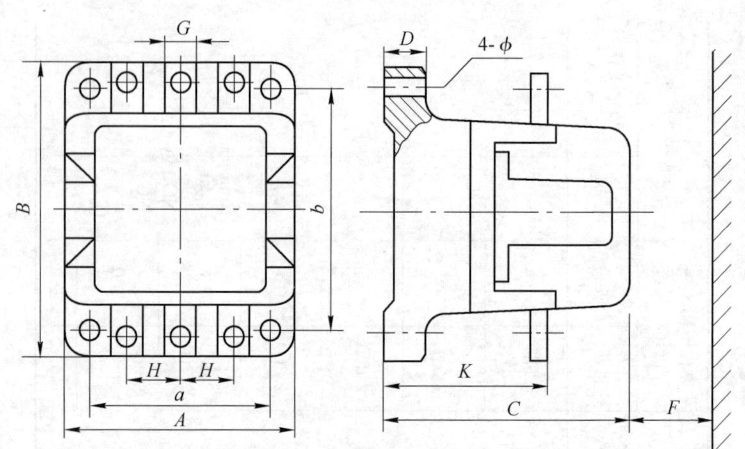


图 7-69 CJ29、CJ29CX 系列接触器的外形尺寸和安装尺寸(mm)

图 7-69 附表

| 型 号 | 外形尺寸 | | | 安装尺寸 | | | | 相关尺寸 | | | |
|---|---|---|---|---|---|---|---|---|---|---|---|
| | *A* | *B* | *C* | *a* | *b* | ø | *D* | *F* | *G* | *H* | *K* |
| CJ29-40、CJ29CX-63 | 86 | 110 | 120 | 70 | 76 | 5 | 15 | 50 | 12 | 20 | 85 |
| CJ29-63、CJ29CX-100 | 116 | 130 | 130 | 100 | 130 | 7 | 18 | 60 | 14 | 29 | 100 |
| CJ29-100、CJ29CX-160 | 122 | 150 | 154 | 100 | 130 | 7 | 18 | 70 | 16 | 29 | 100 |
| CJ29-160、CJ29CX-200 | 146 | 186 | 163 | 110 | 160 | 7 | 22 | 80 | 22 | 44 | 110 |
| CJ29-200、CJ29CX-250 | 146 | 186 | 163 | 110 | 160 | 7 | 22 | 80 | 22 | 44 | 110 |
| CJ29-250、CJ29CX-315 | 145 | 200 | 190 | 120 | 180 | 10.5 | 25 | 80 | 25 | 48 | 125 |
| CJ29-315、CJ29CX-400 | 145 | 200 | 190 | 120 | 180 | 10.5 | 25 | 80 | 25 | 48 | 125 |

（续表）

| 型号 | 外形尺寸 | | | 安装尺寸 | | | | 相关尺寸 | | | |
|---|---|---|---|---|---|---|---|---|---|---|---|
| | *A* | *B* | *C* | *a* | *b* | *ø* | *D* | *F* | *G* | *H* | *K* |
| CJ29-400、CJ29CX-500 | 170 | 200 | 230 | 130 | 180 | 10.5 | 30 | 80 | 25 | 50 | 45 |
| CJ29-500、CJ29CX-630 | 170 | 200 | 230 | 130 | 180 | 10.5 | 30 | 80 | 25 | 50 | 45 |
| CJ29-630 | 260 | 280 | 260 | 150 | 210 | 10.5 | 30 | 80 | 38 | 85 | 150 |
| CJ29-800、CJ29CX-800 | 280 | 280 | 260 | 180 | 200 | 10.5 | 30 | 120 | 40 | 85 | 150 |
| CJ29CX-1000 | 280 | 280 | 260 | 180 | 200 | 10.5 | 30 | 120 | 40 | 85 | 160 |
| CJ29-1000、CJ29CX-1600 | 320 | 300 | 260 | 250 | 200 | 10.5 | 30 | 120 | 60 | 105 | 160 |
| CJ29-1600、CJ29CX-2500 | 380 | 380 | 280 | 350 | 240 | 10.5 | 30 | 120 | 80 | 125 | 160 |
| CJ29-500、CJ29CX-4000 | 500 | 380 | 280 | 420 | 240 | 10.5 | 30 | 120 | 120 | 165 | 160 |

4）CJ35系列直动式交流接触器　用于交流50 Hz（或60 Hz），额定工作电压至1 000 V，额定工作电流至630 A的电力系统中，供远距离接通、分断电路和起动、停止、反向及反接制动电动机之用。

主要技术性能见表7-103～表7-104。

表7-103　CJ35接触器的技术数据

| 技术指标 | 型号 | | | | | | | | | |
|---|---|---|---|---|---|---|---|---|---|---|
| | CJ35-40 | CJ35-50 | CJ35-65 | CJ35-80 | CJ35-95 | CJ35-115 | CJ35-185 | CJ35-265 | CJ35-400 | CJ35-630 |
| 额定绝缘电压/V | 660 | | | | | 1 000 | | | | |
| 约定发热电流/A | 60 | 80 | 80 | 125 | 125 | 200 | 275 | 350 | 500 | 1 000 |

（续表）

| 技术指标 | | 型号 | | | | | | | | | |
|---|---|---|---|---|---|---|---|---|---|---|---|
| | | CJ35-40 | CJ35-50 | CJ35-65 | CJ35-80 | CJ35-95 | CJ35-115 | CJ35-185 | CJ35-265 | CJ35-400 | CJ35-630 |
| AC-3使用类别下工作电流/A | 380 V | 40 | 50 | 65 | 80 | 95 | 115 | 185 | 265 | 400 | 630 |
| | 660 V | 34.5 | 39 | 42 | 49 | 49 | 86 | 118 | 170 | 305 | 460 |
| | 1 000 V | — | — | — | — | — | 46 | 71 | 100 | 138 | 320 |
| AC-3使用类别下控制电动机功率/kW | 380 V | 18.5 | 22 | 30 | 37 | 45 | 55 | 90 | 132 | 200 | 335 |
| | 660 V | 30 | 33 | 37 | 45 | 45 | 80 | 110 | 160 | 280 | 450 |
| | 1 000 V | — | — | — | — | — | 65 | 100 | 147 | 185 | 450 |
| 操作频率/(次·$h^{-1}$) | | 600 | 600 | 600 | 600 | 600 | 1 200 | 600 | 600 | 600 | 600 |
| 电寿命/万次 | | 60 | 60 | 50 | 50 | 50 | 120 | 60 | 60 | 60 | 60 |
| 机械寿命/万次 | | 800 | 800 | 800 | 500 | 500 | 1 000 | 600 | 600 | 600 | 600 |
| 线圈工作功率/W | | 10 | 10 | 10 | 10 | 10 | 24 | 24 | 45 | 16 | 26 |
| 重量/kg | | 1.15 | 1.15 | 1.15 | 1.5 | 1.5 | 3.6 | 4.7 | 7.6 | 8.6 | 16.7 |

表7-104 与CJ35辅助触头组型号和组合情况

| 触头数量 | 辅助触头组型号 | | | | | |
|---|---|---|---|---|---|---|
| | LA1-D11 | LA1-D20 | LA1-D22 | LA1-F22 | LA1-D40 | LA1-D04 |
| 常开 | 1 | 2 | 2 | 2 | 4 | 0 |
| 常闭 | 1 | 0 | 2 | 2 | 0 | 4 |

注：LA1-F22为CJ35-115及以上规格专用，其接线端子序列数为1～4，其余型号辅助触头组的序列数为5～6或5～8。

5）CJX2系列交流接触器　用于50 Hz或60 Hz，交流电压至660 V、电流至63 A的电力线路中，供远距离接通和分断电路，也适用于频繁地控制交流电动机，在适当地降低工作电流或操作频率的情况下，还能用于控制笼型电动机的反接制动、反向与频繁通断。其技术数据见表7-105。

6）CJ12系列转动式交流接触器　用于交流50 Hz，额定电压380 V，额定电流至630 A的冶金、轧钢企业起重机等的电器设备中作远距离接通和分断电路，并作为交流电动机频繁地起动、停止和反接等。其技术数据见表7-106。接触器的外形尺寸和安装尺寸如图7-70所示。

表 7-105 CJX2 系列的技术数据

| 型号 | 约定发热电流（A） | 额定绝缘电压（V） | 额定工作电流（AC-3）（A） | 可控交流电动机的最大额定功率（kW） | | 机械寿命（万次） | AC-3电寿命（万次） | 操作频率（次/h） | 线圈电压（AC. V） | 短路保护用熔断器（推荐） |
|---|---|---|---|---|---|---|---|---|---|---|
| | | | | 220 V | 380 V | | | | | |
| CJX2-09□（LC1-D09□ | 25 | 660 | 9 | 2.2 | 4 | 大于 1 000 | 大于120 | 3 600 | 24、(36)、48、110、(127)、220、380 | NT00-16 |
| CJX2-09□N（LC2-D09□ | | | | | | | | | | |
| CJX2-12□（LC1-D12□ | | | 12 | 3 | 5.5 | | | | | NT00-16 |
| CJX2-12□N（LC2-D12□ | | | | | | | | | | |
| CJX2-16□（LC1-D16□ | 32 | | 16 | 4 | 7.5 | | 大于100 | | | NT00-20 |
| CJX2-16□N（LC2-D16□ | | | | | | | | | | |
| CJX2-25□（LC2-D25□ | 40 | | 25 | 5.5 | 11 | | | | | NT00-32 |
| CJX2-25□N（LC1-D25□ | | | | | | | | | | |

表 7-106 CJ12 系列的技术数据

<table>
<tr><th rowspan="2">型号</th><th rowspan="2">额定电压(V)</th><th rowspan="2">额定电流(A)</th><th rowspan="2">极数</th><th rowspan="2">控制电动机最大功率(kW)</th><th colspan="2">cos φ=0.35 时接通与分断电流</th><th colspan="2">操作频率(次/h)</th><th rowspan="2">电寿命 AC-2 类(万次)</th><th rowspan="2">机械寿命(万次)</th><th rowspan="2">10 s 热稳定电流</th><th rowspan="2">动稳定电流(峰值)</th></tr>
<tr><th>接通 100 次</th><th>分断 20 次</th><th>额定容量时</th><th>短时降低容量时</th></tr>
<tr><td>CJ12-100</td><td rowspan="5">380</td><td>100</td><td rowspan="5">2、3、4</td><td>50</td><td rowspan="2">额定电流的 12 倍</td><td rowspan="2">额定电流的 10 倍</td><td>600</td><td>2 000</td><td rowspan="3">15</td><td rowspan="3">300</td><td rowspan="5">不小于 7 倍额定电流</td><td rowspan="5">不小于 20 倍额定电流</td></tr>
<tr><td>CJ12-150</td><td>150</td><td>75</td><td>600</td><td>2 000</td></tr>
<tr><td>CJ12-250</td><td>250</td><td>125</td><td rowspan="3">额定电流的 10 倍</td><td rowspan="3">额定电流的 8 倍</td><td>600</td><td>2 000</td></tr>
<tr><td>CJ12-400</td><td>400</td><td>200</td><td>300</td><td>1 200</td><td rowspan="2">10</td><td rowspan="2">200</td></tr>
<tr><td>CJ12-600</td><td>600</td><td>300</td><td>300</td><td>1 200</td></tr>
</table>

注：1. 表中为三极产品的机械寿命次数，二极产品为 100 万次，四极产品为 20 万次，五极产品为 10 万次。
2. 工作制：间断长期工作制(通电持续率 100%)；反复短时工作制(通电持续率 40%)；四极仅用于反复短时工作制。

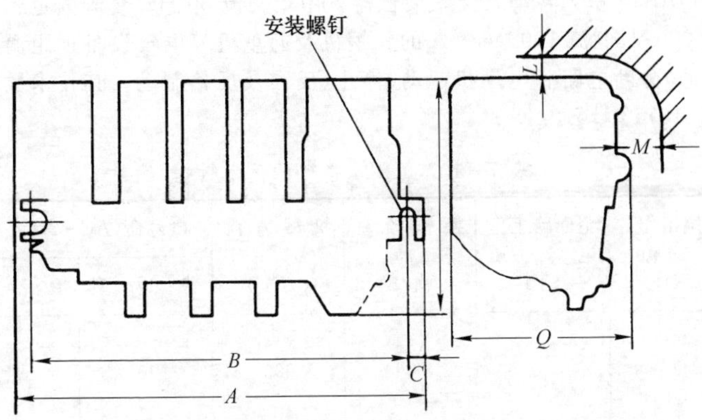


**图 7－70**　CJ12 系列外形尺寸和安装尺寸

图 7－70 附表　(mm)

| 接触器的额定工作电流(A) | 安装尺寸 | | | | | 最大外形尺寸 | | | | | | 安区 $L$② | 全域 $M$② | 安装螺钉 |
|---|---|---|---|---|---|---|---|---|---|---|---|---|---|---|
| | $B$① | | | | $C$ | $A$①(总宽) | | | | $E$(总高) | $Q$(总深) | | | |
| | 二极 | 三极 | 四极 | 五极 | | 二极 | 三极 | 四极 | 五极 | | | | | |
| 100 | $274_{-2.1}^{0}$ | $330_{-2.3}^{0}$ | $386_{-2.3}^{0}$ | $442_{-2.3}^{0}$ | 15±0.9 | 316 | 372 | 430 | 486 | 194 | 195 | 80 | 50 | M10 |
| 150 | $307_{-2.1}^{0}$ | $370_{-2.3}^{0}$ | $433_{-2.5}^{0}$ | $496_{-2.5}^{0}$ | 15±0.9 | 346 | 409 | 473 | 537 | 219 | 207 | 70 | 70 | M10 |
| 250 | $335_{-2.3}^{0}$ | $405_{-2.5}^{0}$ | $475_{-2.5}^{0}$ | $545_{-2.8}^{0}$ | 15±0.9 | 374 | 445 | 516 | 586 | 255 | 230 | 70 | 80 | M10 |
| 400 | $360_{-2.3}^{0}$ | $440_{-2.5}^{0}$ | $520_{-2.8}^{0}$ | $600_{-2.8}^{0}$ | 20±1.1 | 420 | 500 | 581 | 663 | 296 | 274 | 100 | 80 | M12 |
| 600 | $404_{-2.5}^{0}$ | $500_{-2.5}^{0}$ | $596_{-2.8}^{0}$ | $692_{-3.2}^{0}$ | 24±1.1 | 469 | 566 | 664 | 760 | 349 | 334 | 120 | 150 | M16 |

① 成套电控专用的非标准安装板尺寸不受表中 $A$、$B$ 的限制。
② 当接触器在安装使用时，$L$、$M$ 的值应大于或等于表中数值。

7）CJ24 系列转动式交流接触器　用于交流 50 Hz、交流额定工作电压至 660 V、电流 100～630 A 的轧钢机及起重机等电气设备远距离频繁地接通、分断电路和电动机起动、停止、反向及反接制动。其技术数据见表 7－107。

表 7－107　CJ24 系列的技术数据

| 额定工作电流（A） | 主回路工作电压（V） | 操作频率（次/h） | 机械寿命（万次） | 电寿命（AC－2）（万次） | |
|---|---|---|---|---|---|
| | | | | 普通型 | 冶金型 |
| 100<br>160<br>250 | 380<br>660 | 600 | 600 | 18 | 24 |
| 400<br>630 | | 300 | 300 | 12 | 15 |

8）CJ16 系列切换电容器接触器　用于交流 50 Hz，额定工作电压 380 V 的电力线路中。可以有效地抑制投入电容器时出现的合闸涌流。为无功功率补偿屏提供新型元件。其技术数据见表 7－108。

表 7－108　CJ16 系列的技术数据

| 型号 | 额定绝缘电压（V） | 额定工作电压（V） | 额定发热电流（A） | AC6b 的额定工作电流（A） | 长期工作制下的额定工作电流（A） | 额定控制容量 kvar | 限制合闸涌流能力 | 机械寿命（万次） | 电寿命（万次） | 额定操作频率（次/h） |
|---|---|---|---|---|---|---|---|---|---|---|
| CJ16－25<br>CJ16－32<br>CJ16－40<br>CJ16－63 | 500 | 380 | 25<br>32<br>40<br>63 | 17<br>23<br>29<br>43 | 25<br>32<br>40<br>63 | 12<br>16<br>20<br>30 | $\leqslant 20I_e$ | 100 | 10 | 90 |

9）CJ19 系列切换电容器接触器　用于交流 50 Hz、额定工作电压至 380 V 的电力线路中，供低压无功功率补偿设备投入或切除并联电容器。接触器带有抑制涌流装置，能有效地减少合闸涌流对电容器的冲击和抑制开断时的过电压。

其技术数据见表 7－109、表 7－110。内部电路联接如图 7－71 所示；外形尺寸及安装尺寸如图7－72所示。

表7－109　CJ19系列技术数据

| 参数名称 | | CJ19－25 | CJ19－32 | CJ19－43 | CJ19－63 |
|---|---|---|---|---|---|
| 电寿命 | (次) | $10^5$ | | | |
| 额定电流 $I_e$(400 V 电容器) | (A) | 17.3 | 26 | 29 | 43 |
| 额定绝缘电压 | (V) | 750 | | | |
| 线圈功率消耗<br>(冷线圈 $1.0U_s$)<br>起动时<br>cos φ<br>闭合时<br>cos φ | (V·A) | 50 Hz<br><br>68<br>0.79<br>12<br>0.29 | | | |
| 线圈工作范围 | | $(0.85\sim1.1)U_s$ | | | |
| 短路保护<br>主回路　熔断器的额定电压不低于被保护电容器的电压，400 V电容器可选用RT19型aM类管状熔断器，熔断器的额定电流可按右式选定。<br>控制回路　500 V以下的可选用RT19型gF类 | | $(1.5\sim2.5)I_e$<br>16 A | | | |
| 抑制电容器合闸涌流的能力 | | $20I_e$ | | | |

表7－110　额定控制容量

| 额定容量代号 | 额定容量 (kvar) | | | |
|---|---|---|---|---|
| | 230 V | 400 V | 525 V | 690 V |
| 25 | 6 | 12 | 12 | 12 |
| 32 | 9 | 18 | 18 | 18 |
| 43 | 10 | 20 | 20 | 20 |
| 63 | 15 | 30 | 30 | 30 |

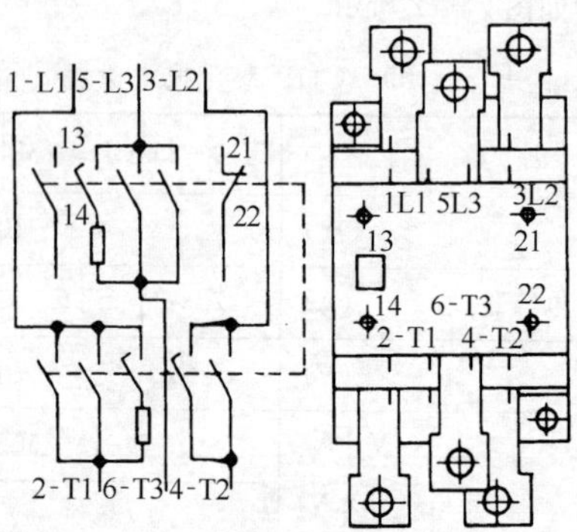


**图 7-71**　CJ19-25、32、43/11(20、02)
内部电路联接

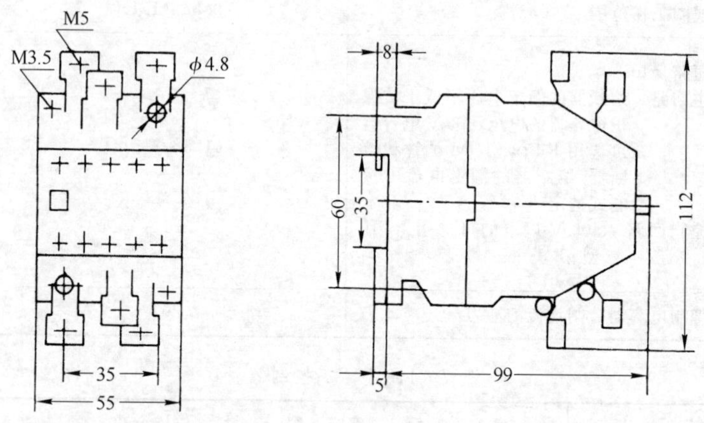


**图 7-72**　CJ19-25、32、43/11(20、02)外形尺寸及安装尺寸

10）CJT1系列交流接触器　用于交流50 Hz,额定工作电压至380 V,额定工作电流为10～150 A的远距离接通和分断电路,可频繁地起动和断开正常运转中的交流电动机,与热继电器或电子式保护装置组合成电磁起动器,以保护可能发生过载的电路。CJT1系列交流接触器可替代CJ0、CJ9、CJ10等系列淘汰产品。其技术数据见表7-111。

表 7－111 CJT1 系列的技术数据

| 型号 | 额定绝缘电压 $U_i$(V) | 额定工作电压 $U_e$(V) | 约定发热电流 $I_{th}$(A) | 断续周期工作制下的 $I_e$(A) | | | | AC－3 时额定功率(kW) | 不间断工作制的额定工作电流(A) | 最高操作频率(次/h) | | 线圈工作电压范围 |
|---|---|---|---|---|---|---|---|---|---|---|---|---|
| | | | | AC－1 | AC－2 | AC－3 | AC－4 | | | AC－3 | AC－4 | |
| CJT1－10 | 380 | 220 | 10 | 10 | 10 | 10 | 10 | 2.4 | 10 | 600 | 300 | (85%～110%)$U_s$ |
| | | 380 | | | | | | 4 | | | | |
| CJT1－20 | | 220 | 20 | 20 | 20 | 20 | 20 | 5.8 | 20 | | | |
| | | 380 | | | | | | 10 | | | | |
| CJT1－40 | | 220 | 40 | 40 | 40 | 40 | 40 | 11 | 40 | | | |
| | | 380 | | | | | | 20 | | | | |
| CJT1－60 | | 220 | 60 | 60 | 60 | 60 | 60 | 17 | 60 | | | |
| | | 380 | | | | | | 30 | | | | |
| CJT1－100 | | 220 | 100 | 100 | 100 | 100 | 100 | 28 | 100 | | | |
| | | 380 | | | | | | 50 | | | | |
| CJT1－150 | | 220 | 150 | 150 | 150 | 150 | 150 | 43 | 150 | | 120 | |
| | | 380 | | | | | | 75 | | | | |

11）CJ40系列交流接触器　用于交流50 Hz、额定工作电压至660 V(1 140 V)、电流至1 000 A的电力系统中接通和分断电路，实现对负载的频繁控制，与过载保护继电器如JR20系列热继电器等组成电动机起动器，以保护可能发生过载的电路。

通过采用交流、直流控制及通用的AJ2节电器，本系列可派生具有特定功能的接触器，使控制系统无需增加任何其他电器，即可实现多种特定的功能。如：过压、欠压保护功能，延时吸合功能和超低压释放功能。其技术数据见表7-112。

表7-112　CJ40系列交流接触器的技术数据

| 框架代号 | | 125 | | 250 | 500 | 1000 |
|---|---|---|---|---|---|---|
| 约定发热电流 $I_{th}$(A) | | 80 | 125 | 250 | 500 | 1 000 |
| 额定工作电流 $I_e$(A) | 380 V/AC-3 | 63、80 | 100、125 | 160、200、250 | 315、400、500 | 630、800、1 000 |
| | 380 V/AC-4 | 63、80 | 100、110 | 160、200、225 | 315、400、400 | 500、630 |
| 380 V/AC-3额定工作功率(kW) | | 30、37 | 45、55 | 75、90、132 | 160、220、280 | 355、450、625 |
| 机械寿命(×$10^4$次) | | 1 000 | | | 600 | 300 |
| 380 V/AC-3电寿命(×$10^4$次) | | 120 | | | 60 | AC4-0.6 |
| 380 V/AC-3操作频率(次/h) | | 1 200 | | | 600 | 300 |
| 通断能力 | | 接通$12I_e$、分断$10I_e$ | | | | |
| 额定绝缘电压$U_i$(V) | | 690(1 140) | | | | |
| 额定工作电压$U_e$(V) | | 220、380、660(1 140) | | | | |
| 额定控制电源电压(V) | | AC或DC;24、36、48、110(127)、220、380 | | | | |
| 节能型产品的节电率(%) | | ≥90 | | | | |

12）CJ101系列交流接触器　用于交流50～60 Hz、额定工作电压至660 V，额定电流至630 A的电力线路中远距离接通和分断电路及频繁地起

动和控制交流电动机,与热继电器组成电磁起动器。其主要技术数据见表7-113。

表 7-113 CJ101 系列交流接触器的技术数据

| 型号 | CJ101-9<br>CJ101-12 | CJ101-16<br>CJ101-22 | CJ101-32 | CJ101-45 | CJ101-63<br>CJ101-75 | CJ101-110 | CJ101-170 | CJ101-250 | CJ101-400 | CJ101-630 |
|---|---|---|---|---|---|---|---|---|---|---|
| 额定绝缘电压(V) | 660 | | | 750 | 1 000 | | | | | |
| 约定发热电流(A) | 20 | 30 | 45 | 80 | 90/110 | 160 | 200 | 315 | 400 | 630 |
| 机械寿命(×10⁴ 次) | 1 000 | | | | 600 | | | | | |
| AC-1负载 额定工作电流(A) | 20 | 30 | 45 | 80 | 90/110 | 160 | 200 | 315 | 400 | 630 |
| AC-1负载 额定三相负载(kW) 220 V | 7.5 | 11 | 17 | 30 | 34/38 | 61 | 76 | 114 | 152 | 240 |
| AC-1负载 额定三相负载(kW) 380 V | 13 | 19.5 | 29.5 | 52.5 | 59/66 | 105 | 132 | 195 | 262 | 415 |
| AC-1负载 额定三相负载(kW) 660 V | 22 | 34 | 51 | 91 | 102/114 | 183 | 228 | 340 | 455 | 720 |

13) B系列交流接触器 用于交流 50～60 Hz,额定电压至 660 V,额定电流至 475 A 的电力线路中,远距离接通和分断电力线路或频繁地控制交流电动机。它具有失压保护作用,与 T 系列热继电器组成电磁起动器,此时具有过载和断相保护功能。其技术数据见表 7-114。

14) JWCJ12 和 JWCJ20 系列断相保护消声节能交流接触器 用于交流 50 Hz、额定电压 380 V(JWCJ12 系列)、额定电压至 1 140 V(JWCJ20 系列),额定电流至 1 000 A 的电力线路中,远距离接通和分断电路以及频繁控制交流电动机,具有节能、无噪声、线圈温升低以及三相电动机断相保护等功能。其技术数据见表 7-115。

JWCJ12 和 JWCJ20 断相保护消声节能交流接触器,是在 CJ12 和 CJ20 系列的基础上,采用操作电磁铁节电技术和断相保护技术的派生产品。

表 7 - 114 B系列的技术数据

| | | | | | | | | | | | | | | | |
|---|---|---|---|---|---|---|---|---|---|---|---|---|---|---|---|
| 型号 | 交流操作 | B9 | B12 | B16 | B25 | B30 | B37 | B45 | B65 | B85 | B105 | B170 | B250 | B370 | B460 |
| | 带叠片式铁心的直流操作 | | | | | | BE37 | BE45 | BE65 | BE85 | BE105 | BE170 | BE250 | BE370 | |
| | 带整块式铁心的直流操作 | | | | | | BC37 | BC45 | | | | | | | |
| 最高工作电压 (V) | | 660 | | | | | | | | | | | | | |
| 额定发热电流 (A) | | 16 | 20 | 25 | 40 | 45 | 45 | 60 | 80 | 100 | 140 | 230 | 300 | 410 | 600 |
| 额定工作电流(A) | 380 V，AC - 3、AC - 4 | 8.5 | 11.5 | 15.5 | 22 | 30 | 37 | 45 | 65 | 85 | 105 | 170 | 250 | 370 | 475 |
| | 660 V，AC - 3、AC - 4 | 3.5 | 4.9 | 6.7 | 13 | 17.5 | 21 | 25 | 44 | 53 | 82 | 118 | 170 | 268 | 337 |
| 380 V，AC - 3 (600 次/h)，AC - 4 (300 次/h) 条件下 | 控制功率 (kW) | 4 | 5.5 | 7.5 | 11 | 15 | 18.5 | 22 | 33 | 45 | 55 | 90 | 132 | 200 | 250 |
| | AC - 3 电寿命 (×$10^4$ 次) | 100 | | | | | | | | | | | | | |
| | AC - 4 电寿命 (×$10^4$ 次) | 4 | | | | | | | | 3 | 2 | | | | 1 |

（续表）

| | | B9 | B12 | B16 | B25 | B30 | B37 | B45 | B65 | B85 | B105 | B170 | B250 | B370 | B460 |
|---|---|---|---|---|---|---|---|---|---|---|---|---|---|---|---|
| 型号 | 交流操作 | B9 | B12 | B16 | B25 | B30 | B37 | B45 | B65 | B85 | B105 | B170 | B250 | B370 | B460 |
| | 带叠片式铁心的直流操作 | | | | | | BE37 | BE45 | BE65 | BE85 | BE105 | BE170 | BE250 | BE370 | |
| | 带整块式铁心的直流操作 | | | | | | BC37 | BC45 | | | | | | | |
| 660 V，AC－3（600次/h），AC－4（300次/h）条件下 | 控制功率（kW） | 3 | 4 | 5.5 | 11 | 15 | 18.5 | 22 | 40 | 50 | 75 | 110 | 160 | 250 | 315 |
| | | | | | | | | | | | | | | | |
| | | | | | | | | | | | | | | | |
| 380 V额定接通能力（A） | | 105 | 140 | 190 | 270 | 340 | 445 | 540 | 780 | 1 020 | 1 260 | 2 040 | 3 000 | 4 450 | 5 700 |
| 380 V额定分断能力（A） | | 85 | 115 | 155 | 220 | 300 | 370 | 450 | 650 | 850 | 1 050 | 1 700 | 2 500 | 3 700 | 4 750 |
| 机械寿命（$\times10^4$次）（1 800次/h） | B | 1 000 | | | | | | | | | | | 600 | | |
| | BE | | | | | | 500 | | | | | 300 | | | |
| | BC | | | | | | 3 000 | | | | | | | | |

表7-115　JWCJ12、JWCJ20系列交流接触器的技术数据

| 系列型号 | JWCJ12 | JWCJ20 |
| --- | --- | --- |
| 额定电压(V) | 380 | 660、1 140 |
| 额定电流(A) | 100、150、250、400、600、1 000 | 10、16、25、40、63、100、160、250、400、630、1 000 |
| 节电率(%)(有功、无功) | >92 | |
| 线圈温升(K) | 不大于30 | |
| 电磁铁噪声(dB) | 不大于20 | |
| 断相保护 | 1. 运行中任何一相断电，接触器在2 s内断开<br>2. 在断相状态下起动，接触器拒绝闭合 | |

15）NAR1系列交流可逆接触器　本系列接触器具有联锁装置的小型双联接触器，10 A以上带辅助触点。接触器的防护等级为IP20。其技术数据见表7-116。

表7-116　NAR1系列的技术数据

| 型　号 | 额定电压(V) | 额定电流(A) | 主触头 | 辅助触头 | 辅助触头约定发热电流(A) | 控制电动机最大功率(kW) | | 线圈电压(V) |
| --- | --- | --- | --- | --- | --- | --- | --- | --- |
| | | | | | | 220 V | 380 V | |
| NAR1-5 | 380 | 5 | 2×3常开 | | | 1.5 | 2.2 | 36、110、220、380 |
| NAR1-10 | | 10 | | 二常开二常闭 | 6 | 2.2 | 4 | |

16）NA1-3、NA1-16、NA1-32交流接触器　本系列接触器可在电力线路中供远距离接通和分断电路之用，并适宜频繁地起动及控制电动机。NA1-3接触器也适用于家用电器(空调机、洗衣机等)。其技术数据见表7-117和表7-118。

表7-117　NA1-3交流接触器的技术数据

| 型　号 | 额定电压(V) | 约定发热电流(A) | 控制功率，AC-3(kW) | 线圈电压(V) | 触　头 |
| --- | --- | --- | --- | --- | --- |
| NA1-3 | 380 | 16 | 2.2 | 24 | 四对常开、常闭任意组合 |

表 7-118 NA1-16、NA1-32 交流接触器的技术数据

| 型 号 | 额定电压(V) | 额定电流(A) | 控制电动机功率(kW) | 线圈电压(V) | 主触头 | 辅助触头 |
|---|---|---|---|---|---|---|
| NA1-16 | 220 | 16 | 4 | 220、380、500 | 3对 | 一常开一常闭 |
| | 380 | | 7.5 | | | |
| | 500 | | 7.5 | | | |
| NA1-32 | 220 | 39 | 11 | 36、127、220、380 | 3对 | 二常开二常闭 |
| | 380 | 32 | 15 | | | |
| | 500 | 20 | 11 | | | |

17) LC1-D交流接触器和LC2-D机械联锁接触器 D系列接触器适用于在严酷的环境条件下长期工作，接通和分断能力强，电寿命高达200万次，机械寿命高达2 000万次。采用标准安装卡轨，安装方便。其技术数据见表7-119、表7-120。

表 7-119 LC1-D交流接触器的技术数据

| 型 号 | | LC1-D | | | | | | | |
|---|---|---|---|---|---|---|---|---|---|
| | | D09 | D12 | D16 | D25 | D40 | D50 | D63 | D80 |
| 额定工作电流AC-3/AC-4(A)(≤440 V) | | 9/4 | 12/5 | 16/7 | 25/10 | 40/16 | 50/20 | 63/25 | 80/32 |
| 控制三相电动机功率(380 V)(kW) | | 4 | 5.5 | 7.5 | 11 | 18.5 | 22 | 30 | 37 |
| 控制三相笼型电动机功率(AC-3)(kW) | 220 V | 2.2 | 3 | 4 | 5.5 | 11 | 15 | 18.5 | 22 |
| | 380 V | 4 | 5.5 | 7.5 | 11 | 18.5 | 22 | 30 | 37 |
| | 440 V | 4 | 5.5 | 9 | 11 | 22 | 30 | 37 | 45 |
| | 660 V | 5.5 | 7.5 | 7.5 | 15 | 30 | 33 | 37 | 45 |
| 电阻负载(AC-1,≤40℃)(A) | | 25 | 25 | 32 | 40 | 60 | 80 | 80 | 125 |
| 电寿命(380 V)(×$10^4$ 次) | AC-3 | 200 | 200 | 200 | 200 | 200 | 200 | 160 | 160 |
| | AC-4 | 20 | 20～15 | 20～7 | 15～7 | 10～7 | 7 | 7～6 | 7～5 |
| 机械寿命(×$10^4$ 次) | | 2 000 | | | | | | | 1 000 |

表 7-120 LC2-D 机械联锁接触器的技术数据

| 型号 | 额定工作电流(≤440 V)(A) | | 单相电动机功率(kW) | | 三相电动机功率(kW) | | | | | | | 额定发热电流(A) | 电寿命(×$10^4$ 次) | |
|---|---|---|---|---|---|---|---|---|---|---|---|---|---|---|
| | | | | | AC-3 | | | | | AC-4 | | | | |
| | AC-3 | AC-4 | 110 V | 220 V | 220 V | 380 V | 415 V | 440 V | 660 V | 220 V | 440 V | | AC-3 | AC-4 |
| LC2-D099 | 9 | 4 | 0.4 | 0.75 | 2.2 | 4 | 4 | 4 | 5.5 | 0.4 | 0.75 | 25 | 200 | 20 |
| LC2-D129 | 12 | 5 | 0.55 | 1.1 | 3 | 5.5 | 5.5 | 5.5 | 7.5 | 0.4 | 1.5 | 25 | 200 | 20～15 |
| LC2-D169 | 16 | 7 | 0.75 | 1.5 | 4 | 7.5 | 9 | 9 | 7.5 | 0.75 | 2.2 | 32 | 200 | 20～7 |
| LC2-D259 | 25 | 10 | 1.1 | 2.2 | 5.5 | 11 | 11 | 11 | 15 | 0.75 | 2.7 | 40 | 200 | 15～7 |
| LC2-D403 | 40 | 16 | 1.5 | 3.7 | 11 | 18.5 | 22 | 22 | 30 | 2.7 | 5.5 | 60 | 200 | 10～7 |
| LC2-D503 | 50 | 20 | 2.2 | — | 15 | 22 | 25 | 30 | 30 | 2.7 | 5.5 | 80 | 200 | 7 |
| LC2-D633 | 63 | 25 | 3.7 | — | 18.5 | 30 | 37 | 37 | 37 | 3.7 | 7.5 | 80 | 160 | 7～6 |
| LC2-D803 | 80 | 32 | — | — | 22 | 37 | 45 | 45 | 45 | 3.7 | 11 | 125 | 160 | 7～5 |

LC1-D接触器可与LR1-D热继电器对接，直接组成磁力起动器。LC2-D联锁接触器能防止电动机改变运转方向时发生极间短路，比电气联锁安全可靠。

18) CM1-S系列灭磁接触器　本系列接触器是由CJ12系列交流接触器派生而成，用于励磁电压至440 V的同步发电机励磁回路中，配合适当的电阻作自动灭磁。其技术数据见表7-121。

表7-121　CM1-S系列灭磁接触器的技术数据

<table>
<tr><th rowspan="2">型号</th><th rowspan="2">额定电压(V)</th><th colspan="2">额定电流(A)</th><th colspan="2">触头数目</th><th rowspan="2">每小时最高操作次数</th><th colspan="3">联锁触头</th><th rowspan="2">线圈额定电压(V)</th></tr>
<tr><th>常开触头</th><th>常闭触头</th><th>常开</th><th>常闭</th><th>额定电压(V)</th><th>额定电流(A)</th><th>组合情况</th></tr>
<tr><td>CM1-150S/11</td><td rowspan="8">220、440</td><td rowspan="2">150</td><td rowspan="2">40</td><td>1</td><td rowspan="8">1</td><td rowspan="8">30</td><td rowspan="8">AC 380<br>DC 220</td><td rowspan="8">10</td><td rowspan="8">六对：5开1闭，4开2闭，3开3闭</td><td rowspan="8">AC 220，380<br>DC 110，220</td></tr>
<tr><td>CM1-150S/21</td><td>2</td></tr>
<tr><td>CM1-250S/11</td><td rowspan="2">250</td><td rowspan="2">60</td><td>1</td></tr>
<tr><td>CM1-250S/21</td><td>2</td></tr>
<tr><td>CM1-400S/11</td><td rowspan="2">400</td><td rowspan="2">100</td><td>1</td></tr>
<tr><td>CM1-400S/21</td><td>2</td></tr>
<tr><td>CM1-600S/11</td><td rowspan="2">600</td><td rowspan="2">150</td><td>1</td></tr>
<tr><td>CM1-600S/21</td><td>2</td></tr>
</table>

注：接触器本身占用两对常开触头。

2. 真空接触器

1) CKJ5系列交流真空接触器　用于交流50 Hz、额定工作电压至1 140 V、额定工作电流至600 A的电力系统中，远距离接通和分断电路及频繁地起动和控制交流电动机，与保护装置组成电磁起动器，特别适宜于组成隔爆型电磁起动器。其技术数据见表7-122。外形尺寸及安装尺寸如图7-73所示。

表 7－122 CKJ5 系列的技术数据

| 型号 | | CKJ5－250 | CKJ5－400 | CKJ5－600 |
|---|---|---|---|---|
| $U_e$(主电路) (V) | | 1 140 | | |
| $U_e$(辅助电路) (V) | | AC 380 DC 220 | | |
| $I_e$(主电路)<br>(辅助电路) (A) | | 250<br>AC 0.78 | 400<br>DC 0.27 | 600 |
| 额定工作制 | | 8 h 工作制，断续周期工作制 | | |
| 通电持续率 | | 40% | | |
| 操作频率 (次/h) | | AC－3：600；AC－4：120 | | |
| 额定通断能力(A) | 接通 | 2 500(100 次) | 4 000(100 次) | 6 000(100 次) |
| | 分断 | 2 000(25 次) | 3 200(25 次) | 4 800(25 次) |
| 极限分断能力 (A) | | 4 500(3 次) | | 6 000(3 次) |
| 寿命 (万次) | 电气 | AC－3 60 | | |
| | | AC－4 6 | 2 | 0.5 |
| | 机械 | 300 | | |
| | 辅助触头 | 电气：AC－11，DC－11 30 | | |
| 主触头参数 | 终压力(N) | 80±15 | 120±15 | 200±20 |
| | 开距(mm) | 1.0±0.2 | 2.0±0.2 | 2.1±0.2 |
| | 超程(mm) | 1.0±0.1 | 1.0±0.1 | 1.0±0.1 |

与短路保护电器(SCPD)配合：接触器与 DW15 断路器配合使用，可承受 7 500 A 短路电流(1.1×1 140 V，$\cos\varphi$=0.5±0.05)。

2) CKJ6 系列交流真空接触器　用于交流 50 Hz、额定工作电压至 1 140 V，额定工作电流至 125 A 的馈电网络，远距离接通和分断电路与对电动机频繁地起动。与各种保护装置配合使用，特别适于组成隔爆型电磁起动器。与短路保护电器(SCPD)配合：接触器与 NT2－224A 熔断器配合能承受 40 kA 额定熔断器短路电流试验(1.1×660 V，$\cos\varphi$=0.25～0.05)。其技术数据见表 7－123。

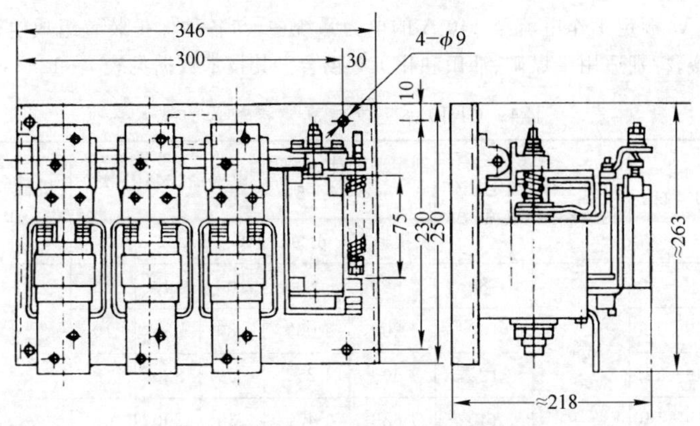


图 7-73 CKJ5-600 外形尺寸及安装尺寸

表 7-123 CKJ6 系列的技术数据

| 型号 | | | CKJ6-100 | CKJ6-125 |
|---|---|---|---|---|
| 主电路 | $U_e$ | (V) | AC 660、1140 | |
| | $I_e$ | (A) | 100 | 125 |
| 辅助电路$U_e$ | | (V) | AC 36、220 | |
| 额定工作制 | | | 8 h工作制、不间断工作制，持续周期工作制 | |
| 通电持续率 | | | 40% | |
| 操作频率 | | (次/h) | AC-3：300、AC-4：120 | |
| 额定通断能力 | 接通 | | $12I_e$(100次) | $10I_e$(100次) |
| | 分断 | | $10I_e$(25次) | $8I_e$(25次) |
| 极限分断能力 | | (A) | 2 500 3次 | |
| 寿命 (万次) | 电气 | | AC-3：30、AC-4：6 | |
| | 机械 | | 300 | |
| | 辅助触头 | | 电气：AC-11，DC-11：30 | |

3) CKJ9 系列交流真空接触器 用于交流 50 Hz、额定工作电压至

660 V、额定工作电流至140 A的电力系统中，与各种保护装置组成电磁起动器，特别适用于煤矿、油田和化工等场合。其技术数据见表7－124。

表7－124 CKJ9系列交流真空接触器的技术数据

| 型 号 | 额定工作电压(V) | 额定工作电流(A) | 额定通断能力(A) $\cos\varphi=0.35$ | | 电寿命($\times 10^4$ 次) | | | 机械寿命($\times 10^4$ 次) |
|---|---|---|---|---|---|---|---|---|
| | | | 接通 | 分断 | AC－2 | AC－3 | AC－4 | |
| CKJ9－80 | 660 | 80 | 960 | 800 | 100 | 40 | 12 | 1 000 |
| CKJ9－100 | | 100 | 1 200 | 1 000 | 80 | 35 | 10 | |
| CKJ9－125 | | 125 | 1 500 | 1 250 | 50 | 320 | 8 | |
| CKJ9－140 | | 140 | 1 680 | 1 400 | 30 | 300 | 6 | |

3. 交流接触器的选用

不能仅看产品的铭牌数据，因接触器铭牌上所规定的电压、电流、控制功率等参数为某一使用条件下的额定值，选用时应根据具体使用条件正确选用。

通常，先根据实际使用类别选用相应的接触器类型。再根据控制对象的工作参量(如工作电压、工作电流、控制功率、操作频率、工作制等)确定接触器的容量等级。再按控制电路要求决定接触器的线圈参数。用于特殊环境条件的接触器应选用派生型产品(如湿热带型——TH或符合防爆、防尘、防滴等使用要求的产品)。

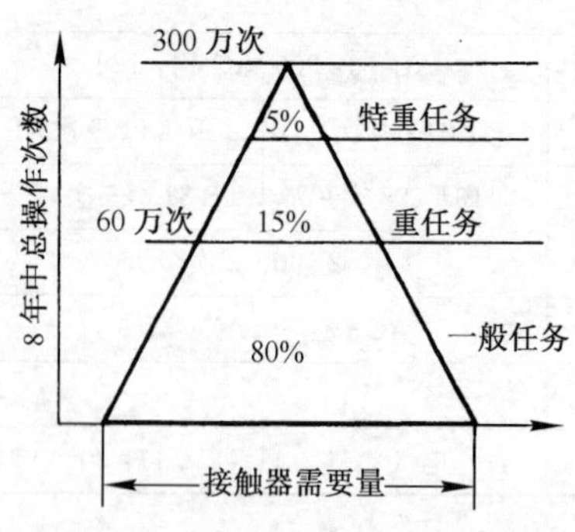


图7－74 接触器控制任务统计概况图

交流接触器控制的负载分为两类，即电动机负载与非电动机类负载(如电热设备、照明装置、电容器、电焊机等)。

1) 电动机负载时是以使用类别为基础，把电动机负载的轻重程度分为一般任务、重任务、特重任务三类，并辅以选用数据进行选用的方法。图7－74给出了三类任务所占大致比例。

(1) 一般任务：主要运行于

AC-3 使用类别，其操作频率不高，用以接通笼型电动机或绕线转子电动机，在满速运行时断开，并伴有少量(如 0.5%左右)的点动，使用寿命 60 万次已能满足运行 8 年以上的要求。这种任务在使用中所占的比例很大，并常与热继电器组成电磁起动器来满足控制与保护的要求。属于这一类的典型机械有：压缩机、泵、通风机、闸门、升降机、传送带、电梯、搅拌机、离心机、空调机、冲床、剪床等。选配接触器时，只要使被选用接触器的额定电压和额定电流等于或稍大于电动机的额定电压和额定电流即可，通常选用 CJ20 系列。

(2) 重任务：主要运行于包括 90%AC-3 和 10%以上 AC-4 或 50%AC-1 和 50%AC-2 的混合使用类别，平均操作频率可达 100 次/h 或以上，用以起动笼型或绕线转子电动机，并不时运行于点动、反接制动、反向和从低速时断开。属于这一类的典型机械有：工作母机(车、钻、铣、磨)、升降设备、轧机辅助设备、卷饶机、绞盘、破碎机、离心机等。在这类设备的控制中，常出现混合的使用类别，电动机功率一般在 20 kW 以下，因此选用 CJ10Z 系列重任务交流接触器较为合适。为保证电寿命能满足要求，有时要通过降容来提高电寿命，如 CJ10Z 在全容量 AC-4 时电寿命为 10 万次，半容量 AC-4 时的电寿命为 50 万次。在容量超过 20 kW 时，则应选用 CJ20 系列。对于中大容量绕线转子电动机，则可选用 CJ12 系列。

对于含有不同比例的 AC-4 的混合使用类别下，电寿命 $X$ 的估算，推荐用下列公式：

$$X=\frac{A}{1+\left(\frac{A}{B_i}-1\right)C_i\%}$$

式中 $A$——AC-3 下的额定电寿命；

$B_i$——分断 $i$ 倍额定工作电流时的电寿命($i=1\sim6$)；

$C_i\%$——分断含 $i$ 倍额定工作电流密集通断的百分数。

［例］ CJ20-40 接触器用于控制 380 V、11 kW 的笼型电动机，已知 AC-3 时电寿命为 $3\times10^6$ 次和 AC-4 时为 $0.1\times10^6$ 次，如含有 15%点动操作，则此混合工作的电寿命可计算如下：

$$X=\frac{3\times10^6}{1+\left(\frac{3\times10^6}{0.1\times10^6}-1\right)\frac{15}{100}}=0.56\times10^6\text{ 次}$$

(3) 特重任务：主要运行于近乎100%的AC-4或100%AC-2的使用类别，操作频率也较高，可达600～1 200次/h，个别的甚至达3 000次/h，用于笼型或绕线转子电动机的频繁点动、反接制动和可逆运行。属于这一类的典型传动设备有印刷机、拉丝机、镗床、港口起重设备、轧钢辅传动(如翻钢机、升降台、热剪机、前辊道、拨钢机等)。这类设备数量虽少，但通常均用于重要部门，选用时应特别注意，务使接触器的电寿命达到较高的数值，并满足使用要求。对于已按重任务交流接触器设计的CJ10Z等系列则可按电寿命选用，电寿命可按与分断电流平方成反比的关系推算。有时，粗略地按电动机的起动电流作为接触器的额定使用电流来选用，便可得到较高的寿命。由于控制容量大，常选用CJ12系列。为了节省维护时间和免遭频繁操作时的噪声，对于这种特重任务也可选用晶闸管交流接触器。

按交流接触器的电寿命和使用类别选用：接触器的触头电寿命和分断电流有密切关系，有些产品使用说明书中提供其触头电寿命次数及分断电流的关系曲线。

CJ20系列在交流380 V下，对应于AC-2、AC-3和AC-4不同使用类别分断电流的电寿命选用曲线如图7-75所示。CJ20系列的触头电寿命与分断电流的1.6至2.2次方成正比，降低容量使用可以增加电寿命。在经常频繁通断、反接制动操作的场合，一般推荐按接触器降低至1/2～1/3容量选用。

按工作制选用：

(1) 八小时工作制：当交流接触器工作于此工作制时，以流过触头的电流不超过其约定发热电流即可。

(2) 不间断工作制：当交流接触器的主触头采用银基合金触头时，则在此工作制下不必降容使用。对于主触头采用铜基触头的(如CJ12系列)，用于此工作制时，必须降低一个等级容量选用。例如额定电流为400 A的CJ12-400应将额定电流降为250 A使用。

(3) 断续周期工作制，断续周期工作制的负载图如图7-76所示。决定交流接触器用于此工作制的容量等级时，必须考虑到电动机的起动电流、负载因数和操作频率的影响，保证断续周期工作制的等效发热电流不大于交流接触器的约定发热电流。等效发热电流可按下式

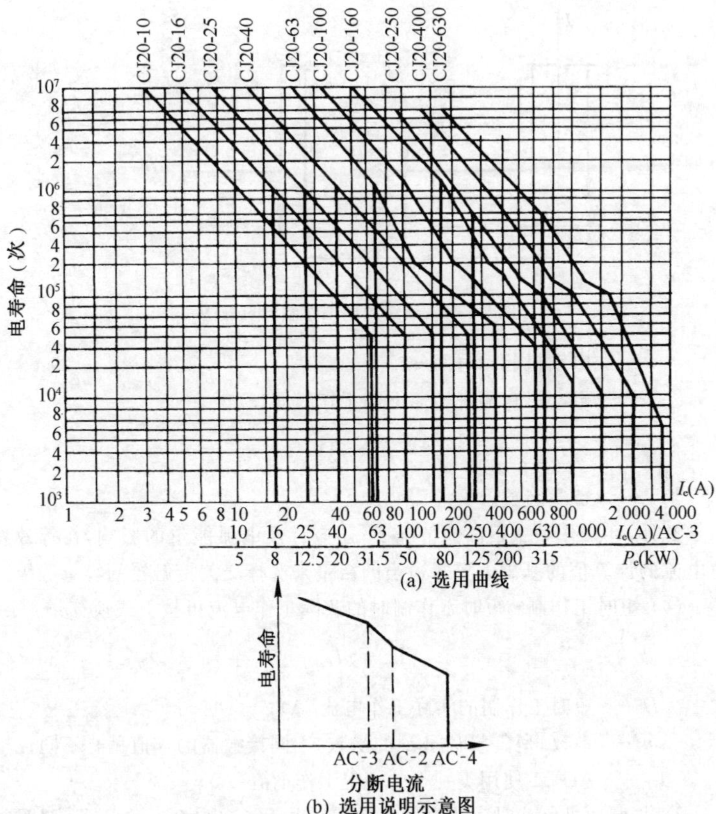

(a) 选用曲线


(b) 选用说明示意图

**图 7－75**　CJ20 系列交流接触器的选用曲线(380 V)

$$I_d = \sqrt{\frac{I_c^2 t_c + I_z^2 t_z}{T}}$$

式中　$I_d$——断续周期工作制的等效发热电流(A)；

$I_c$——电动机的起动电流(A)；

$I_z$——电动机工作电流(A)；

$T$——每一循环的全部时间(s)；

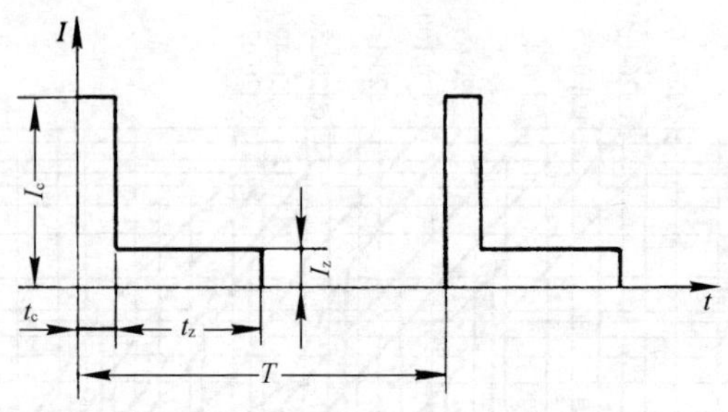


图7-76　断续周期工作制的负载图

$t_c$——电动机起动时间(s)；

$t_z$——电动机在额定转速下的工作时间(s)

$$t_z = T \times \mathrm{TD} - t_c$$

TD——负载因数。

此外，在操作频率很高的情况下，还应计及电弧能量的影响，在等效发热电流的计算值的基础上要留适当的裕量来选择交流接触器的容量等级。

(4) 短时工作制：短时工作制时的实际工作电流可按下式换算：

$$I_s = nI_{e1}$$

式中　$I_s$——短时工作制的实际工作电流(A)；

$n$——系数，是负载时间 $t_s$ 的函数，不同接触器的 $n$ 值稍有不同；

$I_{e1}$——AC-1使用类别下的额定工作电流(A)。

2) 非电动机负载时　非电动机负载有电阻炉、电容器、变压器、照明装置等。选配接触器时，除考虑接通容量外，还应考虑使用中可能出现的过电流，现分述如下。

(1) 电热设备：电热设备包括电阻炉、削峰存贮加热器、调温加热器等。电流波动最大值不超过1.4$I_e$，因此通断这种负载是很轻松的，选用时可按接触器的额定发热电流 $I_{th2}$ 来选取，但需注意通过的电流随电压增加而增加。考虑到接触器封闭时对持续发热电流的影响，环境温度可能超过使用条件等因素，建议按 $I_{th2}$ 等于或大于1.2倍的电热设备额定电流选取。如果接触器铭牌上未注明 $I_{th2}$ 值，则按工作电流相等原则选用。

电热负载往往是单相的，这时可把三极接触器各极并联，以扩大它的使用电流。因为在并联连接的导体中，不同阻抗会引起不均匀的电流分配，所以并联后的额定持续电流不是每极额定持续电流的倍数，对于 CJ20 系列三极并联后的电流值可扩大到额定值的 2～2.5 倍，取倍数较小值对应于较大的接触器。如是两极并联时，电流值通常可扩大到额定值的 1.8 倍。

(2) 控制电容器：一般应按接触器的 AC-6b 额定工作电流不小于电容器的额定工作电流选用，也可根据交流接触器 AC-3 额定工作电流 $I_{e3}$ 按下式确定切换电容器的 AC-6b 额定工作电流 $I_{e6b}$：

$$I_{e6b} = i_k \frac{x^2}{(x-1)^2}(\mathrm{A})$$

式中 $x = 13.3 I_{e3}/i_k(\Omega)$；

$i_k > 205 I_{e3}(\mathrm{A})$。

上述公式仅适用于通断单独的电容器组，且电容器安装处的预期短路电流为 $i_k$ 的场合。

当交流接触器将电容器组中的一个电容器接入电网时，由于原先已接在电网中的电容器起到附加电源的作用，此时流过接触器的涌流较大。

CJ16 和 CJ19 切换电容器专用接触器在电容器接入过程中短暂地串入限流电阻，有效地将电流峰值限制在额定电流的 20 倍以下，选用时应确保 CJ16 和 CJ19 接触器的额定控制电容器千乏值应不低于被控制电容器的相应值。

用非专用切换电容器的交流接触器来控制电容器时，必须考虑到对电容器接通时有较大的涌流、持续电流及电寿命的要求。交流接触器与电容器的选配参考表见表 7-125。表中的 $U_c$、$I_c$ 和 $Q_c$ 分别表示电容器的额定工作电压、电流和标称容量。通常为减少电容器接通时的涌流，可在接触器的进线端串入限流电抗器或电阻器。

(3) 控制变压器：一般应按接触器 AC-6a 额定工作电流不小于变压器的额定工作电流选用，也可根据交流接触器 AC-3 额定工作电流 $I_{e3}$ 按下式确定控制变压器的 AC-6a 额定工作电流 $I_{e6a}$：

$$I_{e6a} = 0.45 I_{e3}$$

表 7-125 交流接触器与电容器选配参考表

| 交流接触器的额定工作电流(A) | $I_c$ (A) | $Q_c$(kvar) | |
|---|---|---|---|
| | | $U_c$=220 V | $U_c$=380 V |
| 10 | 7.5 | 3 | 5 |
| 20 | 12 | 5 | 8 |
| 40 | 30 | 12.5 | 20 |
| 60 | 53 | 25 | 40 |
| 100 | 80 | 30 | 60 |
| 150 | 105 | 40 | 75 |
| 250 | 130 | 50 | 100 |

上式仅适用于通断浪涌电流峰值不大于额定电流30倍的变压器。

接触器控制电焊机变压器时,应考虑到电焊机上电极短路的情况。表7-126列出了负载为电焊变压器时选用交流接触器的参考表,表中 $U_e$、$I_e$、$S_e$、$I_d$ 分别表示变压器的额定电压、额定电流、额定功率、短路时一次侧最大短路电流。经验表明,焊接时的分断电流平均比接通电流大2～4倍,而且为单相负载,因此所用接触器的三极可予以并联。

表 7-126 电焊变压器选配接触器参考表

| 交流接触器的额定工作电流 | $I_e$(A) | $S_e$(kV·A) | | $I_d$(A) | |
|---|---|---|---|---|---|
| | | $U_e$=220 V | $U_e$=380 V | $U_e$=220 V | $U_e$=380 V |
| 60 | 30 | 11 | 20 | 300 | 300 |
| 100 | 53 | 20 | 30 | 450 | 450 |
| 150 | 66 | 25 | 40 | 600 | 600 |
| 250 | 105 | 40 | 70 | 1 050 | 1 050 |
| 250 | 130 | 50 | 90 | 1 800 | 1 800 |

(4) 照明装置:类型、电路图、起动电流和长期工作电流等因素,选用时不得超过接触器持续电流的90%。对于钨丝灯和有功率因数补偿的照明装置,要看它的接通电流值。今将常用的照明装置种类和起动电流、选用电器时的原则列于表7-127,表中 $I_e$ 为照明灯具的额定电流。

表 7-127　照明装置选用数据参考表

| 照明装置种类 | 功率因数补偿装置 | 起动电流 | 功率因数 | 起动时间(s) | 选数根据 |
|---|---|---|---|---|---|
| 钨丝灯 | | $16I_e$ | 0.9 | | 工作电流和起动电流 |
| 荧光灯 | 无<br>有 | $I_e$<br>$20I_e$ | 0.5<br>0.9 | | 长期工作电流<br>起动电流 |
| 荧光高压汞灯 | 无<br>有 | $1.6I_e$<br>$2I_e$ | 0.4～0.6<br>0.95 | <5<br><5 | 长期工作电流<br>起动电流 |
| 钠　灯 | 无<br>有 | $1.6I_e$<br>$20I_e$ | 0.4～0.6<br>0.95 | 5～8<br>5～8 | 70%长期工作电流<br>70%长期工作电流和起动电流 |
| 金属卤化物灯(高压) | 无<br>有 | $1.4I_e$<br>$20I_e$ | 0.5<br>0.95 | 5～12<br>5～12<br>(在 $1.6I_e$) | 70%长期工作电流 |
| 金属卤化物灯(低压) | 无<br>有 | $I_e$<br>$2I_e$ | 0.3<br>0.95 | 5～12<br>5～12<br>(在 $1.6I_e$) | 70%长期工作电流 |

4. 交流接触器的维护

接触器使用寿命的长短,不仅取决于产品本身的技术性能,而且与使用维护是否符合要求有很大关系,应由专人负责,做好产品的日常维护与定期检修工作,以确保全套设备的正常运行。

定期检修可保证设备可靠工作,减少生产过程中发生故障。在因故障而发生停工之后,应对接触器的触头状况进行重点检修。因为按标准规定,接触器在严重短路条件下,允许出现熔焊现象。

1) 空气式交流接触器的维修

(1) 空气式交流接触器的触头表面应保持清洁,不允许涂油。如触头表面出现因电弧作用而形成的小珠,应及时清除。但银和银基合金触头的表面在分断电弧过程中生成的黑色氧化膜不必清除,否则会影响触头寿命。触头在使用过程中出现磨损后,可调整超程,只有当触头厚度磨损达到触头原厚度的 2/3 时,才应调换触头。接触器上的灭弧室应保持完好,如发现有损坏碎裂等,应及时调换。更不可在不带灭弧室的条件下通电使用。

(2) 空气式交流接触器的常见故障、诊断与处理方法见表7-128。

表7-128 空气式交流接触器的常见故障、诊断与处理方法

| 故障现象 | 可能原因 | 处理办法 |
| --- | --- | --- |
| 1. 吸不上或吸不足(即触头已闭合而铁心尚未完全吸合) | 1. 电源电压过低或波动过大<br>2. 操作回路电源容量不足或发生断线、配线错误及控制触头接触不良<br>3. 线圈技术参数与使用条件不符<br>4. 产品本身受损(如线圈断线或烧毁,机械可动部分被卡住,转轴生锈或歪斜等)<br>5. 触头弹簧压力与超程过大 | 1. 调高电源电压<br>2. 增加电源容量,更换线路,修理控制触头<br>3. 更换线圈<br>4. 更换线圈,排除卡住故障,修理受损零件<br>5. 按要求调整触头参数 |
| 2. 不释放或释放缓慢 | 1. 触头弹簧压力过小<br>2. 触头熔焊<br>3. 机械可动部分被卡住,转轴生锈或歪斜<br>4. 反力弹簧损坏<br>5. 铁心极面有油污或尘埃粘着<br>6. E形铁心,当寿命终了时,因去磁气隙消失,剩磁增大,使铁心不释放 | 1. 调整触头参数<br>2. 排除熔焊故障,修理或更换触头<br>3. 排除卡住现象,修理受损零件<br>4. 更换反力弹簧<br>5. 清理铁心极面<br>6. 更换铁心 |
| 3. 线圈过热或烧损 | 1. 电源电压过高或过低<br>2. 线圈技术参数(如额定电压、频率、通电持续率及适用工作制等)与实际使用条件不符<br>3. 操作频率(交流)过高<br>4. 线圈制造不良或由于机械损伤、绝缘损坏等<br>5. 使用环境条件特殊:如空气潮湿,含有腐蚀性气体或环境温度过高<br>6. 运动部分卡住<br>7. 交流铁心极面不平或剩磁气隙过大<br>8. 交流接触器派生直流操作的双线圈,因常闭联锁触头熔焊不释放,而使线圈过热 | 1. 调整电源电压<br>2. 调换线圈或接触器<br>3. 选择其他合适的接触器<br>4. 更换线圈,排除引起线圈机械损伤的故障<br>5. 采用特殊设计的线圈<br>6. 排除卡住现象<br>7. 清除极面或调换铁心<br>8. 调整联锁触头参数及更换烧坏线圈 |

（续表）

| 故障现象 | 可能原因 | 处理办法 |
|---|---|---|
| 4. 电磁铁（交流）噪声大 | 1. 电源电压过低<br>2. 触头弹簧压力过大<br>3. 磁系统歪斜或机械上卡住，使铁心不能吸平<br>4. 极面生锈或因异物（如油垢、尘埃）侵入铁心极面<br>5. 短路环断裂<br>6. 铁心极面磨损过度而不平 | 1. 提高操作回路电压<br>2. 调整触头弹簧压力<br>3. 排除机械卡住故障<br>4. 清理铁心极面<br>5. 调换铁心或短路环<br>6. 更换铁心 |
| 5. 触头熔焊 | 1. 操作频率过高或产品过负载使用<br>2. 负载侧短路<br>3. 触头弹簧压力过小<br>4. 触头表面有金属颗粒突起或异物<br>5. 操作回路电压过低或机械上卡住，致使吸合过程中有停滞现象，触头停顿在刚接触的位置上 | 1. 调换合适的接触器<br>2. 排除短路故障，更换触头<br>3. 调整触头弹簧压力<br>4. 清理触头表面<br>5. 提高操作电源电压，排除机械卡住故障，使接触器吸合可靠 |
| 6. 触头过热或灼伤 | 1. 触头弹簧压力过小<br>2. 触头上有油污，或表面高低不平，有金属颗粒突出<br>3. 环境温度过高或使用在密闭的控制箱中<br>4. 铜触头用于长期工作制<br>5. 操作频率过高，或工作电流过大，触头的断开容量不够<br>6. 触头的超程太小 | 1. 调高触头弹簧压力<br>2. 清理触头表面<br>3. 接触器降容使用<br>4. 接触器降容使用<br>5. 调换容量较大的接触器<br>6. 调整触头超程或更换触头 |
| 7. 触头过度磨损 | 1. 接触器选用欠妥，在以下场合时，容量不足：<br>(1) 反接制动<br>(2) 有较多密接操作<br>(3) 操作频率过高<br>2. 三相触头动作不同步<br>3. 负载侧短路 | 1. 接触器降容使用或改用适于繁重任务的接触器<br>2. 调整至同步<br>3. 排除短路故障，更换触头 |

（续表）

| 故障现象 | 可能原因 | 处理办法 |
|---|---|---|
| 8. 相间短路 | 1. 可逆转换的接触器联锁不可靠，由于误动作，致使两台接触器同时投入运行而造成相间短路，或因接触器动作过快，转换时间短，在转换过程中发生电弧短路<br>2. 尘埃堆积或粘有水气、油垢，使绝缘变坏<br>3. 产品零部件损坏（如灭弧罩碎裂） | 1. 检查电气联锁与机械联锁；在控制线路上加中间环节或调换动作时间长的接触器，延长可逆转换时间<br>2. 经常清理，保持清洁<br>3. 更换损坏零部件 |

2）真空接触器的使用维修要点

(1) 接触器应垂直安装，安装面应平整。一般情况下动触头应向上安装。

(2) 真空灭弧室的真空度一般应在 $10^{-3}$ Torr(1 Torr＝133.3 Pa)以上，真空度的判定可用专用测试仪检测，在无测试仪的场合可用工频耐压法检查：用户安装使用前或更换真空灭弧室时；在真空灭弧室的两端施加 10 kV（有效值）的工频电压，如果因触头表面毛刺产生闪络、击穿，一般不应超过三次。在现场使用半年至一年后，建议用 6 kV（有效值）工频耐压检查。平时有条件的地方可用 5 000 V 兆欧表检查绝缘电阻，其值应在 100 MΩ 以上（检查前应清除外绝缘上堆积的灰尘），当绝缘电阻小于 20 MΩ 时，应更换真空灭弧室。

(3) 调整和更换真空灭弧室时，应切忌使波纹管受扭力而损坏、漏气。

(4) 接触器的触头开距小于 1.5 mm，或超程小于 0.5 mm 时，应进行调整，使之达到使用说明书规定的触头参数值。

3）更换接触器时应注意的事项

(1) 安装前。

① 应检查接触器铭牌与线圈的技术数据（如额定电压、电流、操作频率和通电持续率等）是否符合实际使用要求；

② 检查接触器外观，应无机械损伤，并用手推动接触器活动部分时，要求动作灵活，无卡住现象，并应检查有无杂物落入接触器内部；

③ 对新买来的或已搁置很久的接触器，最好作解体检查，内部应无缺

损零件，并用汽油擦净铁心极面上的防锈油脂或清除粘结在极面上的锈垢；

④ 测量线圈电阻，检查与调整触头的开距、超程、初压力与终压力，并使各极触头动作同步；

⑤ 检查绝缘电阻。

(2) 安装时。

① 按规定留有适当的飞弧空间，以免飞弧烧坏相邻器件；

② 注意安装位置应正确，除特殊订货外，一般应安装在垂直面上，即使是直动式的接触器也不得随意安装，而应符合使用说明书上规定的位置，其倾斜角不得超过 5°，否则会影响接触器的动作特性；

③ 安装与接线时，注意勿使零件失落掉入电器内部，安装孔的螺钉应装有弹簧垫圈与平垫圈，并拧紧螺钉以防松脱。

(3) 安装完毕后检查。

① 灭弧罩必须完整无缺且固定牢靠，绝不允许不带灭弧罩或带破损灭弧罩运行。

② 检查接线正确无误后，应在主触头不带电的情况下操作几次，然后测量动作值，且须符合规定要求；

③ 对于新调换的真空接触器，应测量其真空度，其真空度必须符合规定要求。

5. 直流接触器

1) CZ0 系列直流接触器　用于额定电压至 440 V、额定电流 600 A 的直流电路中，远距离频繁接通与分断电路。其技术数据见表 7-129。

表 7-129　CZ0 系列直流接触器的技术数据

<table>
<tr><th rowspan="2">型号</th><th rowspan="2">额定电流(A)</th><th rowspan="2">额定电压(V)</th><th colspan="2">辅助触头</th><th rowspan="2">辅助触头额定电流(A)</th><th rowspan="2">通断能力(A)</th><th rowspan="2">额定操作循环次数(次/h)</th><th rowspan="2">电寿命(万次)</th><th rowspan="2">机械寿命(万次)</th></tr>
<tr><th>常开</th><th>常闭</th></tr>
<tr><td>CZ0-40/20</td><td rowspan="2">40</td><td rowspan="4">440</td><td rowspan="2">2</td><td rowspan="2">2</td><td rowspan="4">5</td><td>160</td><td>1 200</td><td rowspan="4">50</td><td>500</td></tr>
<tr><td>CZ0-40/02</td><td>100</td><td>600</td><td>300</td></tr>
<tr><td>CZ0-100/10</td><td rowspan="2">100</td><td>2</td><td>2</td><td>400</td><td>1 200</td><td>500</td></tr>
<tr><td>CZ0-100/01</td><td>2</td><td>1</td><td>250</td><td>600</td><td>300</td></tr>
</table>

（续表）

| 型号 | 额定电流(A) | 额定电压(V) | 辅助触头 | | 辅助触头额定电流(A) | 通断能力(A) | 额定操作循环次数(次/h) | 电寿命(万次) | 机械寿命(万次) |
|---|---|---|---|---|---|---|---|---|---|
| | | | 常开 | 常闭 | | | | | |
| CZ0－100/20 | 100 | | 2 | 2 | | 400 | 1 200 | | 500 |
| CZ0－150/10 | | | 2 | 2 | | 600 | 1 200 | | 500 |
| CZ0－150/01 | 150 | | 2 | 1 | 5 | 375 | 600 | 50 | 300 |
| CZ0－150/20 | | | 2 | 2 | | 600 | 1 200 | | 500 |
| CZ0－250/10、250B/10、250E/10 | | | | | | 1 000 | | | 300 |
| CZ0－250/20、250E/20、250B/20 | 250 | | | | | 1 000 | 600 | | 300 |
| CZ0－250E/01 | | | | | | 625 | | | 100 |
| CZ0－40/10、400B/10、400E/10 | | 440 | 其中一对为固定常开，另外四对常开、常闭任意组合 | | | 1 600 | | | 300 |
| CZ0－400/10、400B/01、400E/01 | 400 | | | | 10 | 1 000 | 600 | 30 | 100 |
| CZ0－400/20、400B/20、400E/20 | | | | | | 1 600 | | | 300 |
| CZ0－600/10、600B/10、600E/10 | 600 | | | | | 2 400 | 600 | | 300 |
| CZ0－600E/01 | | | | | | 1 500 | | | 100 |

（续表）

<table>
<tr><th rowspan="2">型　　号</th><th rowspan="2">额定电流（A）</th><th rowspan="2">额定电压（V）</th><th colspan="2">辅助触头</th><th rowspan="2">辅助触头额定电流（A）</th><th rowspan="2">通断能力（A）</th><th rowspan="2">额定操作循环次数（次/h）</th><th rowspan="2">电寿命（万次）</th><th rowspan="2">机械寿命（万次）</th></tr>
<tr><th>常开</th><th>常闭</th></tr>
<tr><td>CZ0-40C</td><td rowspan="3">40</td><td rowspan="4">220<br>110</td><td colspan="2">不带辅助触头</td><td rowspan="4">10</td><td rowspan="3">220 V∶120 A<br>110 V∶240 A</td><td rowspan="4"></td><td rowspan="3">2 000</td><td rowspan="4">10</td></tr>
<tr><td>CZ0-40C/22</td><td>2</td><td>2</td></tr>
<tr><td>CZ0-40D</td><td colspan="2">不　　带</td></tr>
<tr><td>CZ0-100C</td><td>100</td><td>2</td><td>2</td><td>220 V∶245 A<br>110 V∶490 A</td><td>1 000</td></tr>
</table>

2）CZ2-2500 直流接触器　用于额定直流电压 600 V，额定电流 2 500 A；最大允许闭合次数 200 次/h，控制线圈额定电压为 110 V 或 220 V。

本接触器有过载保护装置或无过载保护装置，过载脱扣器的刻度为 2500-3750-5000 A。

3）CZ16 系列直流接触器　用于额定工作电压至 660 V、额定工作电流为 1 000 A、1 500 A 的电路中，远距离的接通与分断直流电路。其技术数据见表 7-130。

4）CZ17-150 直流接触器　用于额定直流电压 24～48 V，额定电流 150 A，主要匹配于 KP2-150 型蓄电池车辆控制板。

CZ17-150/11 型用于行走电动机正反转；CZ17-150/10 型用于油泵电动机控制；CZ17-150W/10 型用于切除起动电阻控制。

5）CZ18 系列直流接触器　用于直流电压至 440 V、直流电流至 1 600 A 的电路中，远距离接通与分断电路、频繁起动、停止和反向制动直流电动机。其规格及技术数据见表 7-131、表 7-132。外形尺寸及安装尺寸如图 7-77 所示。

表7-130　CZ16系列直流接触器的技术数据

| 型号 | 额定电压（V） | 额定电流（A） | 触头数 | | 操作线圈 | | 动作时间（s） | | 主触头 | | | 飞弧距离（mm） | 机械寿命（万次） |
|---|---|---|---|---|---|---|---|---|---|---|---|---|---|
| | | | 主触头 | 辅助触头 | 额定电压（V） | 消耗功率（W）起动/吸持 | 闭合 | 断开 | 通断能力 | 电寿命 参数 | 电寿命 次数 | | |
| CZ16－1000 | 660 | 1000 | 1常开 | 1常开另3个常开、常闭可任意组合 | 110 220 | 495/38 | 0.22 | 0.06 | $U_e$ $4I_e$ | $U_e$、$2.5I_e$ $T=7.5$ ms | 5 000 | 350 | 50 |
| CZ16－1500 | 660 | 1500 | | | | 745/80 | 0.15 | 0.04 | | | | 500 | |

表 7-131 CZ18 系列直流接触器的技术数据(一)

| 型号 | 额定工作电压(V) | 额定工作电流(A) | 额定操作频率(次/h) | 使用类别 | 常开主触头数 | 辅助触头 | | |
|---|---|---|---|---|---|---|---|---|
| | | | | | | 常开 | 常闭 | 约定发热电流(A) |
| CZ18-40/10 | | 40①<br>(5、10、20) | | | 1 | | | |
| CZ18-40/20 | | | 1 200 | | 2 | | | 6 |
| CZ18-80/10 | | 80 | | | 1 | | | |
| CZ18-80/20 | | | | | 2 | | | |
| CZ18-160/10 | | | | | 1 | | | |
| CZ18-160B/10 | | 160 | | | 1 | | | |
| CZ18-160B/20 | | | | | 2 | | | |
| CZ18-315/10 | | | | | 1 | | | |
| CZ18-315B/10 | 440 | 315 | | DC-2 | 1 | 2 | 2 | |
| CZ18-315B/20 | | | | | 2 | | | |
| CZ18-630/10 | | | 600 | | 1 | | | 10 |
| CZ18-630B/10 | | 630 | | | 1 | | | |
| CZ18-630B/20 | | | | | 2 | | | |
| CZ18-1000B/10 | | | | | 1 | | | |
| CZ18-1000B/10 | | 1 000 | | | 1 | | | |
| CZ18-1000B/20 | | | | | 2 | | | |
| CZ18-1600B/10 | | 1 600 | | | 1 | | | |

① 括号内的 5、10、20A 是吹弧线圈额定电流。

表 7-132 CZ18 系列直流接触器的技术数据(二)

| 线圈的控制电源电压(V) | 额定接通与分断能力 | 辅助触头通断能力 | | 机械寿命(万次) | | 电 寿 命(万次) | | | 负载因数 |
|---|---|---|---|---|---|---|---|---|---|
| | | AC | DC | ≤160 A | ≥315 A | ≤160 A | 315、630 A | 1 000、1 600 A | |
| 24、48、110、220 | DC-5,4$I_e$,1.1$U_e$,15 ms,25 次 | 50 次 | 20 次 | 500 | 300 | 50 | 30 | 10 | 40% |

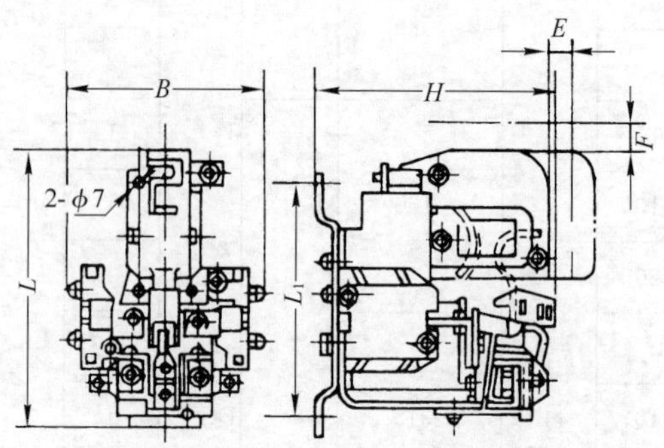


(a) CZ18-40/10、CZ18-80/10 外形尺寸及安装尺寸图

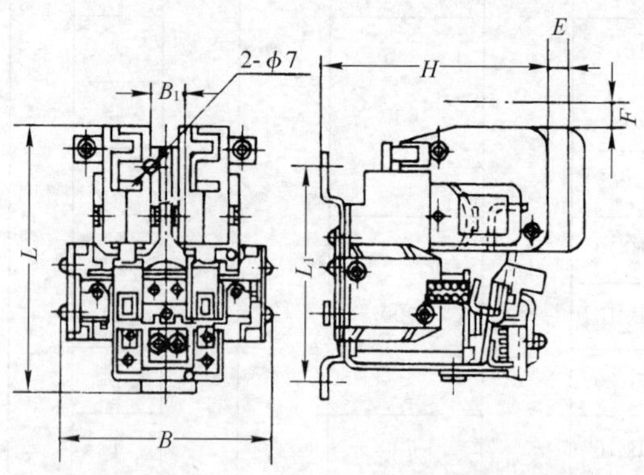


(b) CZ18-40/20、CZ18-80/20 外形尺寸及安装尺寸图

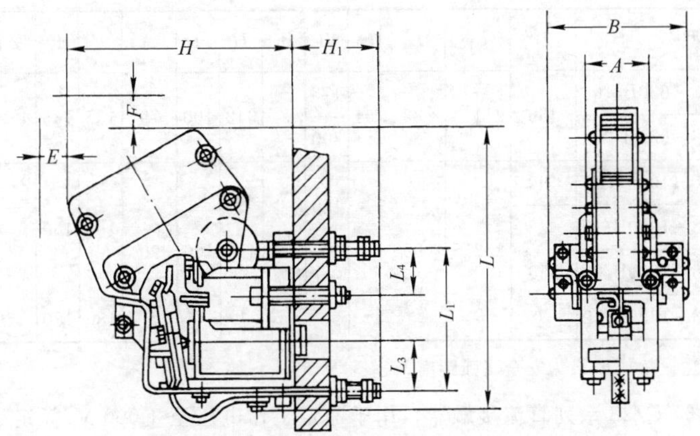


(c)　CZ18-160/10~1000/10　CZ18-160B/10~1000B/10　外形尺寸及安装尺寸图

**图 7－77**　CZ18 系列外形尺寸和安装尺寸

图 7－77 附表　　(mm)

| 型　　号 | $L$ | $L_1$ | $L_3$ | $L_4$ | $B$ | $B_1$ | $H$ | $H_1$ | $A$ | $E$ | $F$ | 安装孔 |
|---|---|---|---|---|---|---|---|---|---|---|---|---|
| CZ18－40/10 | 166 | 137 | | | 120 | 28 | 142 | | | 90 | 90 | 2－φ7 |
| CZ18－40/20 | | | | | 138 | | | | | | | |
| CZ18－80/10 | 185 | 157 | | | 138 | 28 | 160 | | | 110 | 110 | 2－φ7 |
| CZ18－80/20 | | | | | | | | | | | | |
| CZ18－160/10 | 273.5 | 138 | 52 | 44 | 142 | | 229 | 75 | 61.5 | 90 | 90 | 2－φ9 |
| CZ18－160B/10 | 323 | | | | | | | | | | | 4－φ9 |
| CZ18－160B/20 | | | | | 235 | | | | | | | |
| CZ18－315/10 | 325 | 169.5 | 66.5 | 49 | 148 | | 269 | 80 | 70 | 120 | 120 | 2－φ11 |
| CZ18－315B/10 | 366.5 | | | | | | | | | | | 4－φ9 |
| CZ18－315B/20 | | | | | 260 | | | | | | | |
| CZ18－630/10 | 426 | 211 | 82 | 61 | 176 | | 342 | 100 | 79 | 135 | 135 | 2－φ13 |

（续表）

<table>
<tr><th>型　号</th><th>$L$</th><th>$L_1$</th><th>$L_3$</th><th>$L_4$</th><th>$B$</th><th>$B_1$</th><th>$H$</th><th>$H_1$</th><th>$A$</th><th>$E$</th><th>$F$</th><th>安装孔</th></tr>
<tr><td>CZ18－630B/10</td><td rowspan="2">466</td><td rowspan="2">211</td><td rowspan="2">82</td><td rowspan="2">61</td><td>176</td><td rowspan="2"></td><td rowspan="2">342</td><td rowspan="2">100</td><td rowspan="2">79</td><td rowspan="2">135</td><td rowspan="2">135</td><td rowspan="2">4－φ11</td></tr>
<tr><td>CZ18－630B/20</td><td>300</td></tr>
<tr><td>CZ18－1000/10</td><td>490</td><td rowspan="4">232.5</td><td rowspan="4">90</td><td rowspan="4">76</td><td rowspan="2">180</td><td rowspan="4"></td><td rowspan="4">410</td><td rowspan="4">100</td><td rowspan="4">90</td><td rowspan="3">150</td><td rowspan="3">150</td><td>2－φ13</td></tr>
<tr><td>CZ18－1000B/10</td><td rowspan="3">550</td><td rowspan="3">4－φ13</td></tr>
<tr><td>CZ18－1000B/20</td><td rowspan="2">315</td></tr>
<tr><td>CZ18－1600B/10</td><td>180</td><td>180</td></tr>
</table>

注：表中$E$、$F$为安全飞弧距离。

6）CZ28系列直流接触器　用于额定工作电压至1 000 V、额定工作电流25～4 000 A的电力系统中，远距离频繁接通与分断直流电路和起动、停止、反转及反接制动直流电动机。其技术数据见表7－133～表7－136。

表7－133　CZ28系列直流接触器的技术数据

<table>
<tr><th rowspan="2">型　号</th><th rowspan="2">额定绝缘电压（V）</th><th rowspan="2">额定工作电压（V）</th><th colspan="3">额定工作电流（A）</th><th colspan="2">电寿命（$\times10^4$ 次）</th><th rowspan="2">机械寿命（$\times10^4$ 次）</th></tr>
<tr><th>DC－1</th><th>DC－3</th><th>不间断</th><th>DC－3</th><th>DC－5</th></tr>
<tr><td>CZ28－25</td><td rowspan="10">1 000</td><td rowspan="8">440、750</td><td>25</td><td>25</td><td>25</td><td rowspan="4">1.5</td><td rowspan="4">1.0</td><td rowspan="4">500</td></tr>
<tr><td>CZ28－40</td><td>40</td><td>40</td><td>40</td></tr>
<tr><td>CZ28－63</td><td>63</td><td>63</td><td>63</td></tr>
<tr><td>CZ28－100</td><td>100</td><td>100</td><td>100</td></tr>
<tr><td>CZ28－160</td><td>160</td><td>160</td><td>160</td><td rowspan="4">1.0</td><td rowspan="4">0.8</td><td rowspan="4">300</td></tr>
<tr><td>CZ28－315</td><td>315</td><td>315</td><td>315</td></tr>
<tr><td>CZ28－630</td><td>630</td><td>630</td><td>630</td></tr>
<tr><td>CZ28－1000</td><td>1 000</td><td>1 000</td><td>1 000</td></tr>
<tr><td rowspan="2">CZ28－1600</td><td>750</td><td rowspan="2">1 600</td><td>1 600</td><td rowspan="2">1 600</td><td rowspan="2">0.6</td><td rowspan="2">0.6</td><td rowspan="2">30</td></tr>
<tr><td>1 000</td><td>1 250</td></tr>
</table>

（续表）

| 型　号 | 额定绝缘电压(V) | 额定工作电压(V) | 额定工作电流(A) | | | 电寿命(×10⁴次) | | 机械寿命(×10⁴次) |
|---|---|---|---|---|---|---|---|---|
| | | | DC-1 | DC-3 | 不间断 | DC-3 | DC-5 | |
| CZ28-2500 | 1 000 | 750 | 2 500 | 2 500 | 2 500 | 0.6 | 0.6 | 30 |
| | | 1 000 | | 2 000 | | | | |
| CZ28-4000 | | 750 | 4 000 | 4 000 | 4 000 | | | |
| | | 1 000 | | 3 150 | | | | |

表 7-134　CZ28 接触器主触头接通和分断能力

| 接　　通 | | | 分　　断 | | | 通电时间(s) | 操作循环/次数 |
|---|---|---|---|---|---|---|---|
| $I/I_e$ | $U/U_e$ | 时间常数 $T$(ms) | $I_c/I_e$ | $U_r/U_e$ | 时间常数 $T$(ms) | | |
| 4 | 1.05 | 15 | 4 | 1.05 | 15 | 0.05～0.01 | 50 |

表 7-135　CZ28 接触器辅助触头接通和分断能力

| 使用类别 | 额定工作电压(V) | 约定发热电流(A) | 额定工作电流(A) | 接通和分断条件 | | | | 试验次数 | 每分钟操作次数 | 通电时间(s) |
|---|---|---|---|---|---|---|---|---|---|---|
| | | | | $I_c/I_e$ | $U_r/U_e$ | 功率因数 | $T_{0.95}$(ms) | | | |
| AC-15 | 380 | 5 | 0.95 | 10 | 1.1 | 0.3 | — | 10 | 6 | >0.05 |
| DC-13 | 440 | | 0.31 | 1.1 | 1.1 | — | 300 | 10 | 6 | >0.05 |

表 7-136　CZ28 接触器辅助触头的寿命

| 使用类别 | 额定工作电压(V) | 约定发热电流(A) | 额定工作电流(A) | 接　通　条　件 | | | | 分　断　条　件 | | | | 每分钟操作次数 | 电寿命(万次) |
|---|---|---|---|---|---|---|---|---|---|---|---|---|---|
| | | | | $I/I_e$ | $U/U_e$ | 功率因数 | $T_{0.95}$(ms) | $I_c/I_e$ | $U_r/U_e$ | 功率因数 | $T_{0.95}$(ms) | | |
| AC-15 | 380 | 5 | 0.95 | 10 | 1 | 0.7 | — | 1 | 1 | 0.4 | — | 6 | 50 |
| DC-13 | 440 | | 0.31 | 1 | 1 | — | 300 | 1 | 1 | — | 300 | 6 | 50 |

6. 直流接触器的选用

每个系列直流接触器都是按其主要用途进行设计的，提供的技术数据是根据不同使用要求的性能经过试验考核的。在选用直流接触器时，要对使用场合和控制对象的工作参数有全面了解，例如对控制功率、工作电压、电流、操作频率、工作制、控制电路参数和环境条件等。然后，再从适合用途的各种系列接触器中确定选用的接触器型号和规格。

直流接触器的主要用途可分为控制电动机和电磁铁两大类。

1）控制直流电动机时的选用　控制直流电动机单向运转，要看电动机实际运行时的主要技术参数。接触器的额定电压、额定电流（或额定控制功率）均不得低于电动机的相应值。当用于反复短时工作制或短时工作制时，接触器的额定发热电流应不低于电动机实际运行的等效电流，接触器的额定操作频率也不应低于电动机实际运行的操作频率。

根据电动机的使用类别，选用有该类别技术数据的接触器系列。若接触器提供有 DC－2 使用类别的技术数据，当需要用于 DC－3 或 DC－2、DC－3 混合使用时，则可按降低约一半容量选用。同理，有 DC－4 技术数据的接触器，需用于 DC－5 或 DC－4、DC－5 混合使用时，也可降容选用。但不宜将只有 DC－2 技术数据而无 DC－4 或 DC－5 使用类别的接触器用于 DC－4 或 DC－5 使用场合中，因为这有可能会出现不能分断甚至发生短路的事故。例如 CZ0 系列直流接触器只提供 DC－2 的技术数据，DC－2 的电寿命为 30 万次，但对于额定电流在 150 A 及以下的 CZ0 接触器用于 DC－5 使用类别时，很快就会发生短路事故。不过，同样是 CZ0 系列，但对于额定电流在 250 A 及以上的接触器，则可用 DC－3、DC－4 或 DC－5 使用类别中，只要适当降低电寿命次数和操作频率即可。

由于直流接触器存在临界电流的问题，故降容使用时要特别注意电路中不应要求接触器分断低于其额定电流的 20％的电流值。现生产的串联磁吹式直流接触器的额定电流最小为 40 A（CZ0、CZ18 系列），为了扩大其使用范围，避免出现分断不开的临界电流问题，40 A 接触器的串联磁吹线圈的额定电流有 20、10 和 5 A（CZ0－40 的还有 2.5 和 1.5 A）。对于额定电流小于 40 A 的电动机，应选用串联磁吹线圈额定电流略大于电动机额定电流的接触器，一般选用永久磁铁磁吹式直流接触器可以较好地解决临界电流的问题。

整流装置，特别是晶闸管整流装置，对直流电动机进行控制的场合，选用控制电源电压为交流操作的CZ21-16或CZ22-63直流接触器来取代传统的直流操作的直流接触器，可以简化控制线路和节省直流控制电源（包括变压器、整流器等）的费用。

用于控制牵引电动机时，必须选用耐冲击、颤动、颠簸和安装倾斜度均符合牵引电器技术要求的直流接触器。叉车、铲车中控制装卸负荷的液压驱动电动机的直流接触器处于正反转、点动和操作频率较高的工作状态，一般要选用带灭弧室的直流接触器或高一个额定电流等级的直流接触器。

CZ17-150直流接触器用于蓄电池叉车、铲车、搬运车及电机车等直流电动机的起动、调速和换向的控制板。

2）控制直流电磁铁时的选用　应根据额定电压、额定电流、通电持续率和时间常数等主要技术数据，选用合适的直流接触器，由于直流电磁铁中的起重电磁铁负载属于高电感性，时间常数特别大，为保证可靠使用，往往在电磁铁线圈两端并联一电阻，电阻值一般不大于线圈电阻值的6倍。

对于采用CD2、CD10等型号和CD5、CD6等型号直流电磁操作机构的高压油断路器，应分别选用适合于控制这些型号电磁操作机构的CZ0-40C和CZ0-100C直流接触器。

7. 直流接触器的安装与维修注意事项

直流接触器安装时应注意：

(1) 安装前。根据选用的要求检查所选用的接触器是否能满足电路实际使用的要求；检查接触器外观是否完整无损、灭弧室和胶木件有否破裂；若铁心极面涂有防锈油或已出现锈渍，应全部擦拭干净；用手开闭接触器，检查其可动部分是否灵活无卡碰现象；检查和调整触头工作参数（开距、超程、初压力、终压力等）、触头的动作同步性和接触良好性。对CZ0-150 A及以下接触器应检查其动触桥是否有自调整双断点同时断开的作用。CZ0系列直流接触器主触头开距测量示意图如图7-78所示，主触头超程测量示意图如图7-79所示。

(2) 安装时。根据使用说明书正确地安装与接线，在规定的飞弧距离内严禁有任何物体。对于有接线极性要求的直流接触器按极性连接。大额定电流接触器的直流操作线圈与电源的连接导线如太长，则应选用加大截面的导线，以免连接导线压降太大而影响可靠地闭合。CZ18系列160 A及以上的直流接触器磁系统是带电的，要特别注意必须安装在绝缘底座上。必须拧紧全部安装和接线螺钉，要防止有小零件（如螺钉、螺母、垫圈、销钉

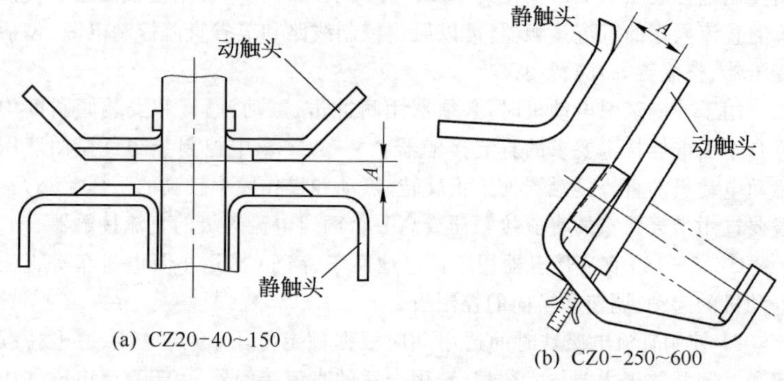


图7-78 CZ0系列直流接触器主触头开距测量示意图

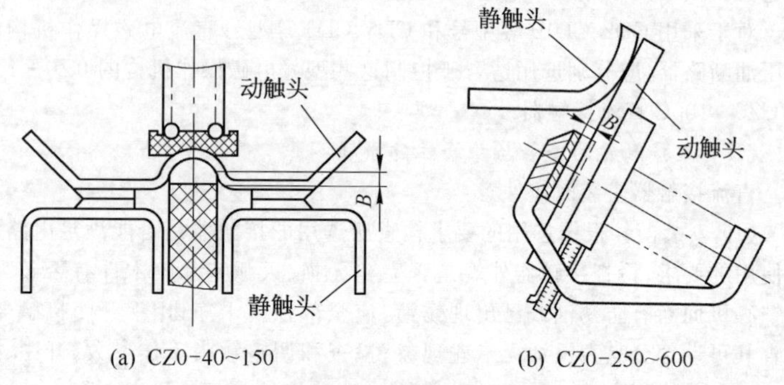


图7-79 CZ0系列直流接触器主触头超程测量示意图

等)落入接触器内。如接触器的灭弧室可拆,则应将其卸下,等接触器安装固定好后,再将灭弧室装上。

(3) 安装后。用手开闭接触器,检查其可动部分的灵活性;测量绝缘电阻应不小于15 MΩ;检查接线正确无误后,应在主触头不带电的情况下试操作数次,确能按要求动作后,才可投入实际运行;对于控制电动机正反转直流接触器,应检查其机械和电气联锁的有效性;接触器初投入实际运行之前,还应观察其分断电弧时的声光情况是否正常。

(4) 使用后,直流接触器经过一段时间使用后,应进行维修。维修时,

首先应断开主电路和控制电路的电源,再进行如下的检修:

① 外观检查:清除灰尘,仔细观察接触器外观是否完整无损,拧紧紧固件。

② 灭弧室维修:如灭弧室可拆卸,应取下并仔细查看有否破裂或严重烧损。灭弧室内的零部件(如灭弧室栅片)有否变形或松脱,如已不能修复,则应更换为新灭弧室。如无需更换,可用毛刷或螺钉旋具清理或铲除灭弧室内的金属溅物和颗粒。重新装上灭弧室时,应将它安装在原来一极上,不能随意改变更换到另一极上,以免影响其灭弧能力。

③ 触头的维修:接触器触头上有烧毛现象是正常的,不会影响其实际工作能力,一般可不必清理。如触头接触处有金属颗粒或毛刺要铲锉掉,银焊触头如有开焊、裂缝或磨损到为原厚度的1/3时,则应更换新触头。

④ 铁心的维修:观察铁心极端面有否变形、松开现象,擦拭极面上的污垢,交流操作铁心的短路环有否断裂,中肢气隙是否残存,直流操作铁心非磁性垫片是否磨损或脱落,还应检查缓冲件的完整性及位置是否正确。

⑤ 操作线圈的维修:观察线圈外表层有否过热变色,接线有否松动,线圈骨架有否碎裂,还应检查线圈固定的牢度以及缓冲件的完整性。

直流接触器常见故障原因及其处理办法见表7-137。

表7-137　直流接触器常见故障原因及其处理办法

| 故障现象 | 可能原因 | 处理办法 |
| --- | --- | --- |
| 1. 吸不上或吸不到底 | 1. 电源电压太低或波动过大<br>2. 操作回路的控制电源容量不足或发生断线或控制触头接触不良<br>3. 线圈技术参数与使用条件不符<br>4. 接触器可动部分被卡住,线圈断线或烧毁<br>5. 触头压力与超程过大<br>6. 直流操作双绕组线圈并联在保持绕组或经济电阻上的常闭辅助触头过早断开 | 1. 调高电源电压<br>2. 增加电源容量、修复线路或控制触头<br>3. 更换线圈<br>4. 排除卡住故障,更换线圈<br>5. 按要求调整触头参数<br>6. 调整或修理常闭辅助触头 |

（续表）

| 故障现象 | 可能原因 | 处理办法 |
| --- | --- | --- |
| 2. 吸上马上又断开,反复不停地开闭 | 直流操作双绕组线圈的保持绕组断线或接线头松动 | 更换线圈或拧紧接线头 |
| 3. 不释放或释放缓慢 | 1. 触头压力过小<br>2. 触头熔焊<br>3. 机械可动部分被卡住<br>4. 反力弹簧损坏或力太小<br>5. 交流操作的E形铁心的中肢气隙消失,剩磁增大<br>6. 铁心极面有污垢粘着<br>7. 直流操作电磁铁非磁性垫片脱落或磨损 | 1. 调整触头参数<br>2. 排除熔焊故障,修理或更换触头<br>3. 排除卡住故障<br>4. 更换或调整反力弹簧<br>5. 更换铁心<br>6. 清理铁心极面<br>7. 装上或更换非磁性垫片 |
| 4. 线圈过热或烧损 | 1. 控制电源电压过多或过低<br>2. 线圈技术参数(如额定电压、通电持续率或工作制等)与实际使用条件不符<br>3. 线圈制造不良或受到机械损伤而使绝缘损坏等<br>4. 使用环境条件特殊,如空气潮湿、含有腐蚀性气体或环境温度过高<br>5. 交流操作或双绕组或带经济电阻的磁系统的可动部分被卡住<br>6. 交流操作电磁铁铁心极面不平或E形铁心中肢气隙过大<br>7. 直流操作电磁铁的双绕组线圈因常闭辅助触头不释放 | 1. 调整电压<br>2. 调整线圈或接触器<br>3. 更换线圈<br>4. 采用特殊设计的线圈<br>5. 排除卡住故障<br>6. 清除铁心极面或调换铁心<br>7. 修复常闭辅助触头 |
| 5. 交流操作电磁铁的噪声大 | 1. 铁心极面生锈或有污垢<br>2. 短路环断裂<br>3. 铁心极面磨损过度而不平<br>4. 触头压力过大<br>5. 铁心歪斜或被卡住<br>6. 电源电压过低 | 1. 清理铁心极面<br>2. 调换铁心<br>3. 调换铁心<br>4. 调整触头压力<br>5. 调整铁心<br>6. 提高电源电压 |

（续表）

| 故障现象 | 可能原因 | 处理办法 |
| --- | --- | --- |
| 6. 触头过度磨损或熔焊 | 1. 操作频率过高或过负载使用<br>2. 负载侧短路<br>3. 触头压力过小<br>4. 触头表面有突起的金属颗粒或异物<br>5. 控制电源电压过低<br>6. 可动部分卡住，吸合过程有停滞或合不到底<br>7. 两极触头动作不同步<br>8. 永久磁铁退磁，磁吹力不足 | 1. 调换合适的接触器<br>2. 排除短路故障，更换触头<br>3. 调整触头压力<br>4. 清理触头表面<br>5. 提高电源电压<br>6. 排除卡住故障<br>7. 调整触头使之同步<br>8. 更换永久磁铁 |
| 7. 触头过热或灼伤 | 1. 触头压力太低<br>2. 触头上有污垢，表面不平或有突起金属颗粒<br>3. 环境温度过高或装在封闭或控制箱中使用<br>4. 操作频率过高，工作电流过大，触头的通断能力不够 | 1. 调整触头压力<br>2. 清理触头表面<br>3. 更换容量大的接触器<br>4. 更换容量大的接触器 |
| 8. 极间短路 | 1. 可逆转换接触器的机械和电气联锁失灵，致使两台正、反接触器同时闭合，或因接触器燃弧时间太长，转换时间短，发生电弧短路<br>2. 尘埃堆积、潮湿、过热使绝缘损坏<br>3. 绝缘件或灭弧室损坏或碎裂<br>4. 永久磁铁磁吹接触器的进出线极性接反了，电弧反吹 | 1. 检查电气和机械联锁，在控制线路中加入中间环节或调换为动作时间长的接触器<br>2. 经常清理，保持清洁<br>3. 更换损坏绝缘件或灭弧室<br>4. 更正进出线的极性 |

## 六、起动器

### 1. 电磁起动器

1）QC21 系列电磁起动器　用于交流 50 Hz、额定电压至 660 V、额定工作电流至 17 A 的电路中。作为电动机的起动和将电动机加速至额定转速，对电动机及其电路的过载、断相保护。其技术数据见表7－138。保护特性如图7－80～图7－81所示。起动器热元件整定电流范围见表7－139。其外形尺寸与安装尺寸如图7－82所示。

表7－138　QC21系列电磁起动器的技术数据

| 技术指标 | | 型号 | | | | | | | | | | | |
|---|---|---|---|---|---|---|---|---|---|---|---|---|---|
| | | QC21－9 | | | | QC21－12 | | | | QC21－17 | | | |
| 额定绝缘电压 $U_i$(V) | | 660 | | | | 660 | | | | 660 | | | |
| 约定封闭发热电流 $I_{the}$(A) | | 9 | | | | 12 | | | | 17 | | | |
| 额定工作电压 $U_e$(V) | | 220 | 380 | 500 | 660 | 220 | 380 | 500 | 660 | 220 | 380 | 500 | 660 |
| AC－3 | 额定工作电流 $I_e$(A) | 9 | 9 | 8.5 | 7 | 12 | 12 | 10 | 9 | 17 | 17 | 13 | 13 |
| | 额定工作功率 $P_e$(kW) | 2.2 | 4 | 5 | 5.5 | 3 | 5.5 | 6.5 | 7.5 | 4.5 | 8 | 8 | 11 |
| AC－4在触头寿命为5万次时 | 额定工作电流 $I_e$(A) | 5.5 | 5.5 | 4 | 3.2 | 6.6 | 6.6 | 5 | 3.5 | 9.5 | 9.5 | 7.3 | 5.5 |
| | 额定工作功率 $P_e$(kW) | 1.4 | 2.4 | 2.4 | 2.4 | 1.7 | 3 | 3 | 3 | 2.6 | 4.5 | 4.5 | 4.5 |
| AC－4最大允许值 | 额定工作电流 $I_e$(A) | 9 | 9 | 8.5 | 7 | 12 | 12 | 10 | 9 | 17 | 17 | 13 | 13 |
| | 额定工作功率 $P_e$(kW) | 2.2 | 4 | 5 | 5.5 | 3 | 5.5 | 6.5 | 7.5 | 4 | 8 | 8 | 11 |
| 不间断工作制下的约定发热电流 $I_{th}$(A) | | 9 | | | | 12 | | | | 17 | | | |

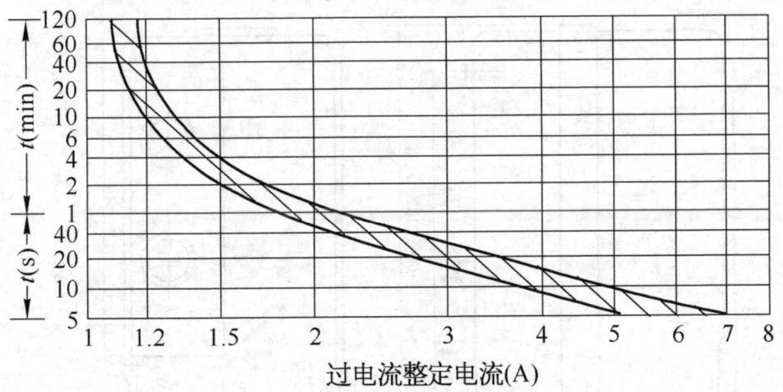


**图 7-80**　三相过载保护特性

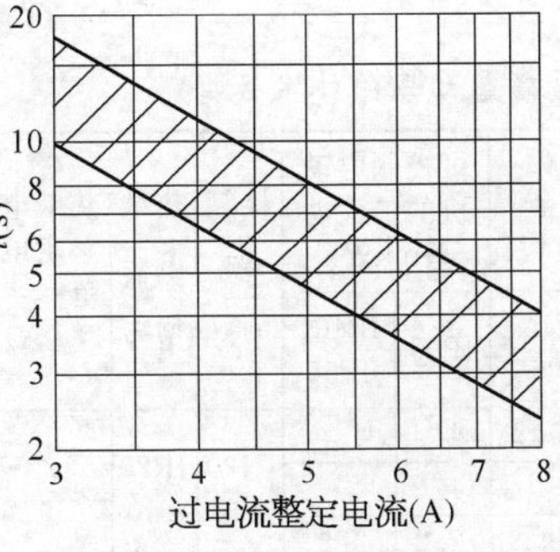

图 7-81　断相保护特性

表 7-139　起动器热元件整定电流调节范围

| 起动器型　号 | 热继电器热元件额定电流（A） | 热继电器整定电流调节范围（A） |
|---|---|---|
| QC21-9 | 0.32 | 0.2～0.32 |
| | 0.5 | 0.3～0.5 |
| | 0.75 | 0.45～0.75 |
| | 1.1 | 0.7～1.1 |
| | 1.6 | 1.0～1.6 |
| | 2.2 | 1.4～2.2 |
| | 3.2 | 2.0～3.2 |
| | 5.0 | 3.0～5.0 |
| | 7.5 | 4.5～7.5 |
| | 12.0 | 7.0～9.0 |
| QC21-12 | 7.5,12 | 4.5～7.5,7～12 |
| QC21-17 | 12,18 | 7～12,11～17 |

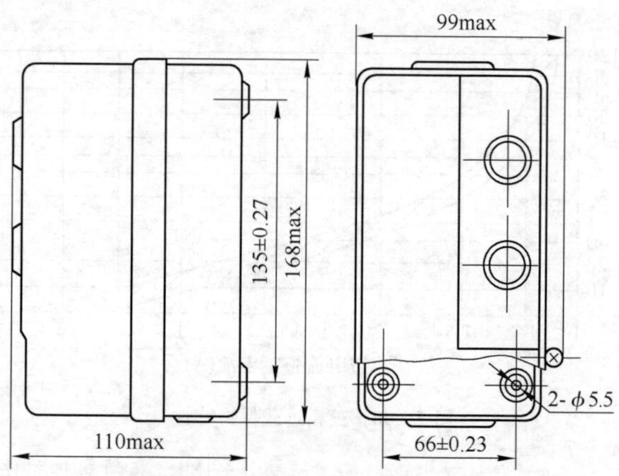


**图7-82** 起动器外形及安装尺寸

2）QC25系列电磁起动器 用于交流50 Hz或60 Hz、交流额定工作电压至660 V、额定电流至160 A的电力线路中，可控电动机最大功率85 kW，有过载、断相和失压保护功能。技术数据见表7-140。外形尺寸及安装尺寸如图7-83所示。

表7-140 QC25系列电磁起动器的技术数据

| | 额定频率（Hz） | 额定绝缘电压（V） | 约定发热电流（A） | 额定工作电压（V） | 额定工作电流（A） | | 可控制电动机的最大功率（kW） | | 接触器型号 | 热继电器型号 | 热继电器整定电流范围（A） |
|---|---|---|---|---|---|---|---|---|---|---|---|
| | | | | | IP00 | IP40、IP55 | IP00 | IP40、IP55 | | | |
| QC25-4 | 50（60） | 660 | 10 | 660 | 5.2 | 5.2 | 4 | 4 | CJ20-10 | JR20-10 | 1.2～11.6 |
| | | | | 380 | 9 | 9 | 4 | 4 | | | |
| | | | | 220 | 9 | 9 | 2.2 | 2.2 | | | |
| QC25-7.5 | | | 16 | 660 | 9 | 9 | 7.5 | 7.5 | CJ20-16 | JR20-16 | 3.6～18 |
| | | | | 380 | 16 | 16 | 7.5 | 7.5 | | | |
| | | | | 220 | 16 | 16 | 4.5 | 4.5 | | | |
| QC25-11 | | | 25 | 660 | 14.5 | 14.5 | 13 | 13 | CJ20-25 | JR20-25 | 7.8～29 |
| | | | | 380 | 25 | 25 | 11 | 11 | | | |
| | | | | 220 | 25 | 25 | 5.5 | 5.5 | | | |

（续表）

| | 额定频率(Hz) | 额定绝缘电压(V) | 约定发热电流(A) | 额定工作电压(V) | 额定工作电流(A) | | 可控制电动机的最大功率(kW) | | 接触器型号 | 热继电器型号 | 热继电器整定电流范围(A) |
|---|---|---|---|---|---|---|---|---|---|---|---|
| | | | | | IP00 | IP40、IP55 | IP00 | IP40、IP55 | | | |
| QC25－22 | 50(60) | 660 | 45 | 660 | 25 | 25 | 22 | 22 | CJ20－40 | JR20－63 | 16～55 |
| | | | | 380 | 45 | 45 | 22 | 22 | | | |
| | | | | 220 | 45 | 45 | 11 | 11 | | | |
| QC25－30 | | | 63 | 660 | 40 | 25 | 35 | 22 | CJ20－63 | | 16～71 |
| | | | | 380 | 60 | 60 | 30 | 30 | | | |
| | | | | 220 | 60 | 60 | 17 | 17 | | | |
| QC25－50 | | | 100 | 660 | 60 | 40 | 50 | 36 | CJ20－100 | JR20－160 | 33～115 |
| | | | | 380 | 100 | 100 | 50 | 50 | | | |
| | | | | 220 | 100 | 100 | 28 | 28 | | | |
| QC25－75 | | | 160 | 660 | 100 | 60 | 85 | 50 | CJ20－160 | | 33～176 |
| | | | | 380 | 150 | 150 | 75 | 75 | | | |
| | | | | 220 | 150 | 150 | 43 | 43 | | | |

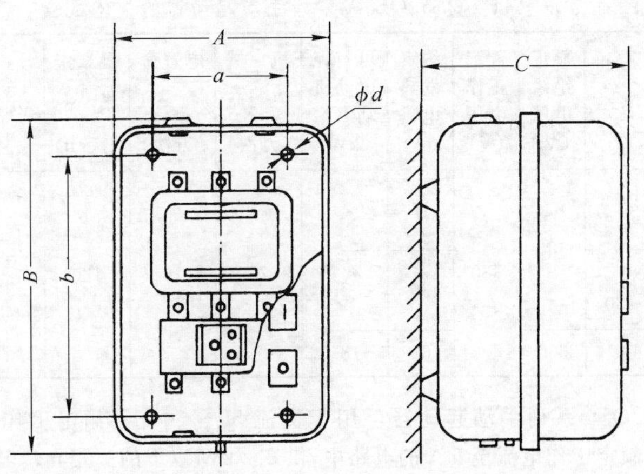


**图 7－83**　QC25 系列外形尺寸和安装尺寸

图7-83附表

| 型号 | A | B | C | a | b | d |
|---|---|---|---|---|---|---|
| QC25-4 | 117 | 208 | 136 | 65 | 153 | 6 |
| QC25-7.5 | 123 | 234 | 159 | 70 | 180 | 6 |
| QC25-11 | 123 | 234 | 159 | 70 | 180 | 6 |
| QC25-22 | 148 | 284 | 182 | 96 | 222 | 7 |
| QC25-30 | 198 | 353 | 206 | 120 | 266 | 7 |
| QC25-50 | 228 | 414 | 214 | 150 | 305 | 7 |
| QC25-75 | 278 | 478 | 260 | 190 | 350 | 9 |

2. 手动起动器

1）QS5、QS5A系列手动起动器 用于交流50 Hz、额定电压至660 V，额定功率18.5 kW的三相异步电动机作正、反向直接起动、停止及电路转换。其技术数据见表7-141，外形尺寸及安装尺寸如图7-84所示。

表7-141 QS5、QS5A系列手动起动器的技术数据

| 型号 | 额定绝缘电压(V) | 额定工作电压(V) | 约定发热电流(A) | 可控电动机功率(kW) | 机械寿命(万次) | 电寿命(万次) | 操作频率(次/h) | 定位角度 |
|---|---|---|---|---|---|---|---|---|
| QS5-15<br>QS5A-15 | 380 | 380 | 15 | 4 | 25 | 10 | 120 | 直接起动0°～60°<br>其余为60°～0°～60° |
| QS5-30<br>QS5A-30 | | | 30 | 7.5 | | | | |
| QS5-63 | 660 | | 63 | 18.5 | | | | |

2）QS6系列手动起动器 用于交流50～60 Hz，额定工作电压至500 V，额定工作电流至6 A的电路中，供2.2 kW以下的三相异步电动机的直接起动和停止。起动器的基本参数见表7-142，电寿命见表7-143。起动器的接通和分断能力见表7-144。

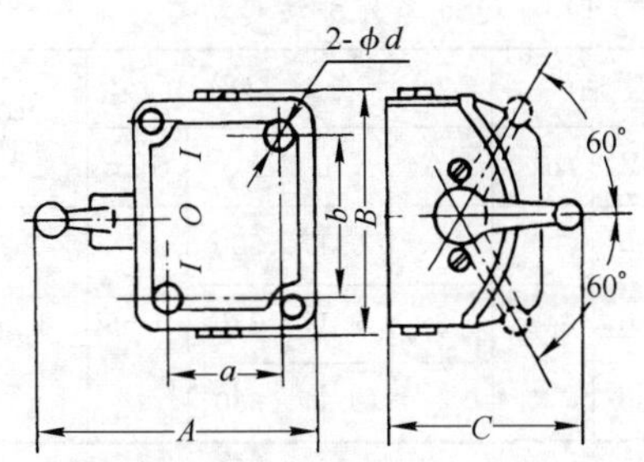


(a) QS5-15、30 外形尺寸及安装尺寸

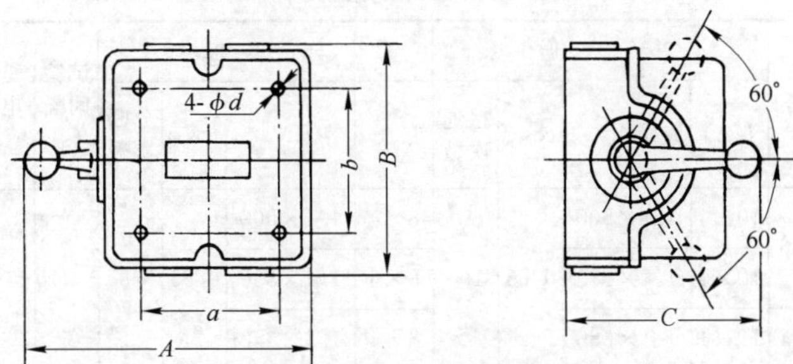


(b) QS5-63 外形尺寸及安装尺寸

**图 7－84**　QS5 系列手动起动器外形尺寸及安装尺寸

表 7－142　QS6 系列手动起动器的技术数据

| 型　　号 | 额定绝缘电压<br>（V） | 额定工作电压<br>（V） | 额定工作电流<br>（A） | 可控电动机容量<br>（kW） |
|---|---|---|---|---|
| QS6－6 | 500 | 500 | 4 | 2.2 |
| | 500 | 380 | 6 | 2.2 |
| QS6－4 | 380 | 380 | 4 | 1.5 |
| | 380 | 220 | 4 | 0.75 |

表7-143　QS6系列手动起动器的电寿命数据

| 型号 | 接通 | | | 分断 | | | 电寿命次数 | 机械寿命次数 |
|---|---|---|---|---|---|---|---|---|
| | $I$(A) | $U$(V) | $\cos\varphi$ | $I$(A) | $U$(V) | $\cos\varphi$ | | |
| QS6-6 | 6×4 | 500 | 0.65 | 4 | 0.17×500 | 0.65 | 300×10² | 1 000×10² |
| | 6×6 | 380 | | 6 | 0.17×380 | | | |
| QS6-4 | 6×4 | 380 | | 4 | 0.17×380 | | | |

表7-144　QS6系列手动起动器的接通和分断能力

| 型号 | 接通 | | | | 分断 | | | | 试验间隔(s) | 每次通电时间(ms) |
|---|---|---|---|---|---|---|---|---|---|---|
| | $I$(A) | $U$(V) | $\cos\varphi$ | 接通次数 | $I$(A) | $U$(V) | $\cos\varphi$ | 分断次数 | | |
| QS6-6 | 10×4 | 1.1×500 | 0.65 | 100 | 8×4 | 1.1×500 | 0.65 | 25 | 5～10 | 60～200 |
| | 10×6 | 1.1×380 | | | 8×6 | 1.1×380 | | | | |
| QS6-4 | 10×4 | 1.1×380 | | | 8×4 | 1.1×380 | | | | |

起动器的操作频率每小时不超过120次。

3. 综合电磁起动器

QZ610、QZ610D系列电动机保护起动器　用于交流50 Hz、额定电压为380 V、功率至20 kW的三相笼型电动机作不频繁直接起动及停止，并能对电动机作过载、断相运转保护等。其技术数据见表7-145。外形尺寸及安装尺寸如图7-85所示。

表7-145　QZ610、QZ610D系列的技术数据

| 型号 | 控制电机功率(kW) | 约定发热电流(A) | 额定电压(V) | 热元件额定工作电流(A) | 热元件整定电流调节范围(A) | 保护特性 |
|---|---|---|---|---|---|---|
| QZ610-4RF | 1.1<br>1.5<br>2.2 | 10 | 380 | 2.4<br>3.5<br>5.0 | 1.5～2.4<br>2.2～3.5<br>3.2～5.0 | 过载保护<br>断相保护 |

（续表）

| 型号 | 控制电机功率(kW) | 约定发热电流(A) | 额定电压(V) | 热元件额定工作电流(A) | 热元件整定电流调节范围(A) | 保护特性 |
|---|---|---|---|---|---|---|
| QZ610-4RF | 3<br>4 | 10 | 380 | 7.2<br>11.0 | 4.5～7.2<br>6.8～11.0 | 过载保护<br>断相保护 |
| QZ610-10RF | 5.5<br>7.5<br>10 | 20 | | 11.0<br>16.0<br>22.0 | 6.0～11.0<br>10.0～16.0<br>14.0～22.0 | |
| QZ610D-4F | 1<br>1.1<br>1.5<br>3<br>4 | 10 | | 2.4<br>3.5<br>5<br>7.2<br>10.0 | 1.5～2.4<br>2.2～3.5<br>3.2～5.0<br>4.5～7.2<br>6.8～10 | |
| QZ610D-10F | 5.5<br>10 | 20 | | 16<br>20 | 10～16<br>14～20 | |
| QZ610D-20F | 17<br>20 | 40 | | 32<br>40 | 20～32<br>28～40 | |

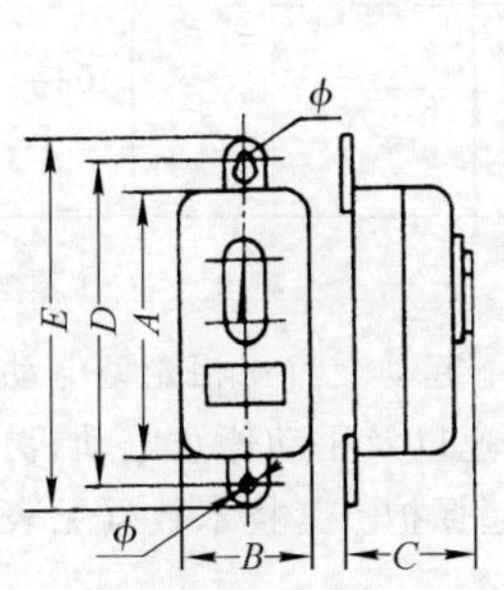


**图 7-85** QZ610、QZ610D 外形尺寸及安装尺寸

图 7-85 附表 (mm)

| 型号 | A | B | C | D | E | ϕ |
|---|---|---|---|---|---|---|
| QZ610-4RF | 160 | 106 | 75 | | 185 | 5 |
| QZ610-10RF | 234 | 144 | 138 | 250 | 270 | 5.6 |
| QZ610D-4F | 196.5 | 111.5 | 108 | 203 | 218 | 4.5 |
| QZ610D-10F | 234 | 144 | 134.5 | 254 | 270 | 5.5 |
| QZ610D-20F | 286 | 153 | 141 | 308 | 324 | 5.5 |

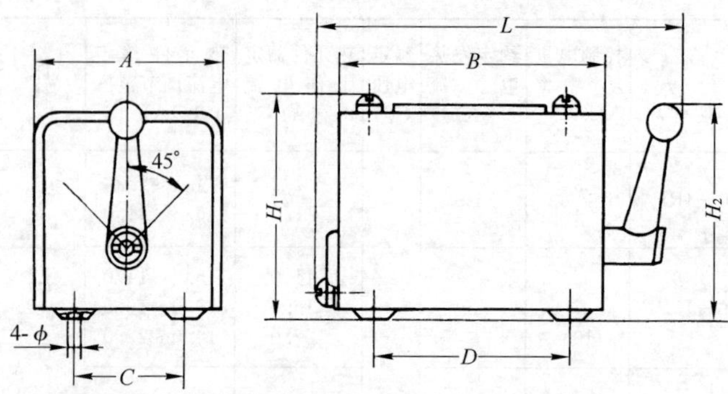


图 7-86 QX1 系列起动器的安装尺寸与外形尺寸

图 7-86 附表 (mm)

| 起动器 | A | B | C | D | L | ϕ | $H_1$ | $H_2$ |
|---|---|---|---|---|---|---|---|---|
| QX1-13 | 103±2.7 | 150±3.15 | 80±0.35 | 100±0.35 | 204±3.6 | $8.5^{+1.5}_{0}$ |  | 106±2.7 |
| QX1-30 | 150±3.15 | 189±3.6 | 115±0.35 | 130±0.35 | 256±4.05 | $6.5^{+1.5}_{0}$ | 138±3.15 |  |
| QX1-13N1/5.5 | 103±2.7 | 134±3.15 | 80±0.35 | 86±0.35 | 187±3.6 | $6.5^{+1.5}_{0}$ |  | 106±2.7 |

4. QX1、QX3、QX4 系列星-三角起动器

用于交流 50 Hz、电压至 380 V,在星形连接下起动交流三相笼型电动机并将电动机接成三角形接法后,加速至额定转速以及手动停止电动机。带有热继电器的起动器对电动机的过载或断相起保护。其技术数据见表 7-146。外形尺寸及安装尺寸如图 7-86 所示。

对 QX1-13N1/5.5 可逆转换开关,可用于控制三相笼型电动机的正向或反向的直接起动、停止。

表 7-146　QX1、QX3、QX4 系列星-三角起动器的技术数据

| 型　号 | 额定工作电压 $U_e$(V) | 额定工作电流 $I_e$ (A) | 额定工作相电流 $I_\varphi$ (A) | 可控电动机最大功率 $P$(kW) | 接通与分　断能　力 | 机械寿命次数(万次) | 电寿命次　数(万次) | 手动与自　动 |
|---|---|---|---|---|---|---|---|---|
| 1<br>QX3-13<br>4 | | 28 | 16 | 13 | | | | |
| QX4-17 | | 33 | 19 | 17 | | | | |
| 1<br>QX3-30<br>4 | 380 | 60 | 35 | 30 | $1.05U_e$<br>$\cos\varphi=0.35$<br>手动式 $6I_e$<br>自动式 $10I_e$<br>20 次 | 10<br>(热延时器的寿命为 1 000 次) | 10 | QX1 为手动式<br>QX3、QX4 为自动式 |
| QX4-55 | | 104 | 60 | 55 | | | | |
| QX4-75 | | 142 | 85 | 75 | | | | |
| QX1-13<br>N1/5.5 | | 12 | — | 5.5 | | | | |

5. QJ10、QJ10D 系列自耦减压起动器

用于交流 50 Hz、额定工作电压 380 V 的电路中，对额定功率至 75 kW 的三相笼型电动机作不频繁降压起动、运行及过载保护和手动停止。其技术数据见表 7-147。外形尺寸及安装尺寸如图 7-87 所示。

表 7-147　QJ10、QJ10D 系列的技术数据

| 型　号 | 被控制电动机功率(kW) | 电动机额定电流(A) | 过载保护整定电流(A) | 最大起动时　间(s) | 机械寿命(万次) | Ae-3 电寿　命(万次) |
|---|---|---|---|---|---|---|
| QJ10 | 10 | 20.5 | 20.5 | | | |
| QJ10D | 11 | 24.6 | 24.6 | | | |
| QJ10 | 13 | 25.7 | 25.7 | 30 | 1 | 0.5 |
| QJ10D | 15 | 31.4 | 31.4 | | | |
| QJ10 | 17 | 34 | 34 | 40 | | |

（续表）

| 型　　号 | 被控制电动机功率（kW） | 电动机额定电流（A） | 过载保护整定电流（A） | 最大起动时间（s） | 机械寿命（万次） | Ae－3电寿命（万次） |
|---|---|---|---|---|---|---|
| QJ10D | 18.5 | 37.6 | 37.6 | 40 | 1 | 0.5 |
| QJ10<br>QJ10D | 22 | 43 | 43 | | | |
| QJ10<br>QJ10D | 30 | 58 | 58 | | | |
| QJ10D | 37 | 71.8 | 71.8 | | | |
| QJ10 | 40 | 77 | 77 | 60 | | |
| QJ10D | 45 | 85.2 | 85.2 | | | |
| QJ10<br>QJ10D | 55 | 105 | 105 | | | |
| QJ10<br>QJ10D | 75 | 142 | 142 | | | |

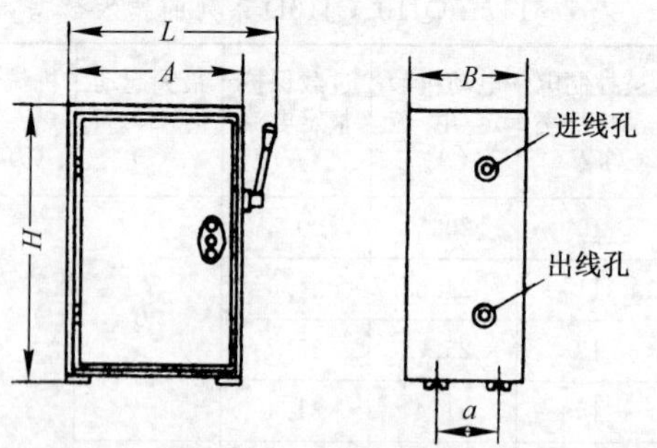


(a) QJ10 外形尺寸及安装尺寸

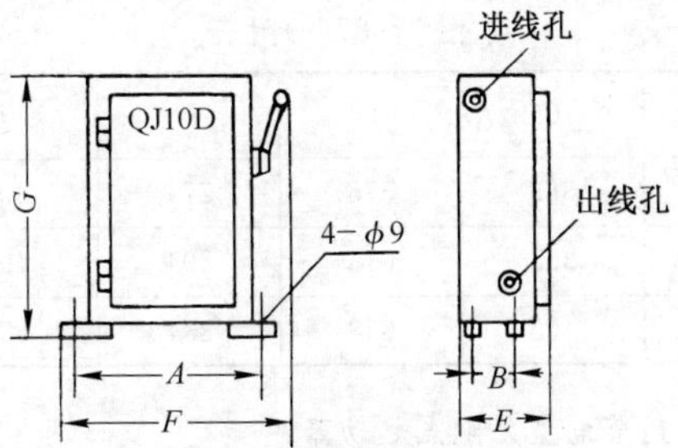


(b) QJ10D 落地安装外形尺寸及安装尺寸

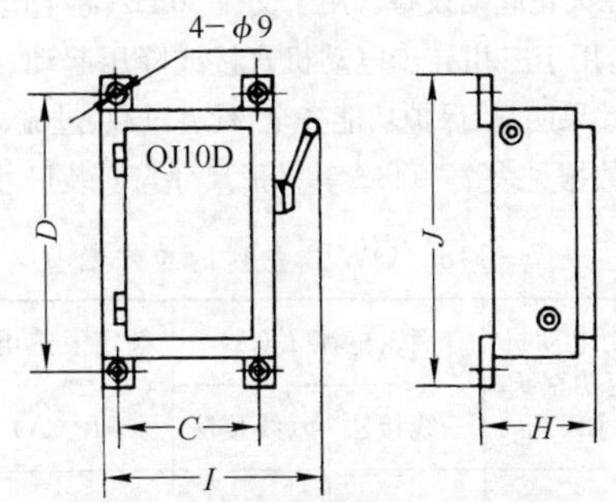


(c) QJ10D 挂墙安装外形尺寸及安装尺寸

**图 7-87**　QJ10 系列外形尺寸及安装尺寸

图 7-87a 附表　(mm)

| 型　　号 | *A* | *B* | *L* | *H* | *a* |
|---|---|---|---|---|---|
| QJ10-10～17 | 426 | 268.5 | 492 | 570 | 100 |
| QJ10-22～40 | 426 | 298.5 | 492 | 610 | 130 |
| QJ10-55～75 | 466 | 328.5 | 532 | 650 | 150 |

图 7-87b 附表　(mm)

| 型　　号 | *A* | *B* | *E* | *F* | *G* |
|---|---|---|---|---|---|
| QJ10D-11～15 | 430 | 100 | 262 | 519 | 570 |
| QJ10D-18.5～37 | 430 | 130 | 297 | 519 | 610 |
| QJ10D-45～75 | 470 | 150 | 327 | 559 | 650 |

图 7－87(c)附表　　(mm)

| 型　　号 | $C$ | $D$ | $H$ | $I$ | $J$ |
|---|---|---|---|---|---|
| QJ10D－11～15 | 365 | 578 | 274 | 497 | 614 |
| QJ10D－18.5～37 | 365 | 618 | 304 | 497 | 654 |
| QJ10D－45～75 | 405 | 658 | 334 | 537 | 694 |

6. QWJ2 系列节电型无触点起动器

QWJ2 系列节电型无触点起动器是利用晶闸管的导通角可变特性来控制电路的无触点、无火花起动设备。用于交流 50 Hz、额定电压 380 V，额定功率至 75 kW 的线路中，用于三相异步电动机直接或降压起动、运行。其起动特性平滑、无冲击，节电效果明显，保护功能齐全，具有过载、过流、短路、断相、欠压等保护功能。其技术数据见表 7－148。其外形尺寸与安装尺寸如图 7－90 所示。

表 7－148　QWJ2 系列的技术数据

<table>
<tr><th rowspan="2">型　　号</th><th rowspan="2">控制电动机额定功率 $P_e$ (kW)</th><th colspan="2">额定电流 $I_e$(A)</th><th rowspan="2">额定发热电流 $I_{th}$(A)</th><th rowspan="2">额定电压 $U_e$ (V)</th></tr>
<tr><th>三线接法</th><th>六线接法</th></tr>
<tr><td rowspan="7">QWJ2－10</td><td>1</td><td>2.75</td><td>1.3</td><td rowspan="7">10</td><td rowspan="7">380</td></tr>
<tr><td>1.5</td><td>3.65</td><td>1.8</td></tr>
<tr><td>2.2</td><td>5.03</td><td>2.6</td></tr>
<tr><td>3</td><td>6.82</td><td>3.5</td></tr>
<tr><td>4</td><td>8.77</td><td>4.6</td></tr>
<tr><td>5.5</td><td></td><td>6.5</td></tr>
<tr><td>7.5</td><td></td><td>9</td></tr>
<tr><td rowspan="4">QWJ2－20</td><td>5.5</td><td>11.6</td><td></td><td rowspan="4">20</td><td rowspan="4">380</td></tr>
<tr><td>7.5</td><td>15.4</td><td></td></tr>
<tr><td>11</td><td></td><td>13</td></tr>
<tr><td>15</td><td></td><td>18</td></tr>
<tr><td>QWJ2－40</td><td>11</td><td>22.6</td><td></td><td>40</td><td>380</td></tr>
</table>

（续表）

| 型　　号 | 控制电动机额定功率 $P_e$ (kW) | 额定电流 $I_e$(A) | | 额定发热电流 $I_{th}$(A) | 额定电压 $U_e$ (V) |
|---|---|---|---|---|---|
| | | 三线接法 | 六线接法 | | |
| QWJ2-40 | 15 | 30.3 | | 40 | 380 |
| | 18.5 | 84 | 22 | | |
| | 22 | | 26 | | |
| | 30 | | 33 | | |
| QWJ2-60 | 22 | 42.5 | | 60 | 380 |
| | 30 | 57 | | | |
| | 37 | | 40 | | |
| | 45 | | 49 | | |
| | 55 | | 60 | | |
| QWJ2-100 | 37 | 70 | | 100 | 380 |
| | 45 | 84.2 | | | |
| | 75 | | 80 | | |

注：表中六线接法仅对"△"接法电动机而言，其 $I_e$ 值表示起动器控制电动机的相电流值。

节电特性如图 7-88 所示。

起动特性：起动电压调整范围为 0～100%$U_e$；起动时间调整范围为 1～120 s；最大起动电流≤$3I_e$，如图 7-89 所示。

保护动作特性：当电动机电流 $i$ 大于等于 $1.2I_e$ 时，其动作时间 $t$ 不大于 10 min；当 $i$ 大于等于 $8I_e$ 时，$t$ 不大于 100 ms。

当电路出现任一相断相时，起动器断相指示灯亮，电动机停转。

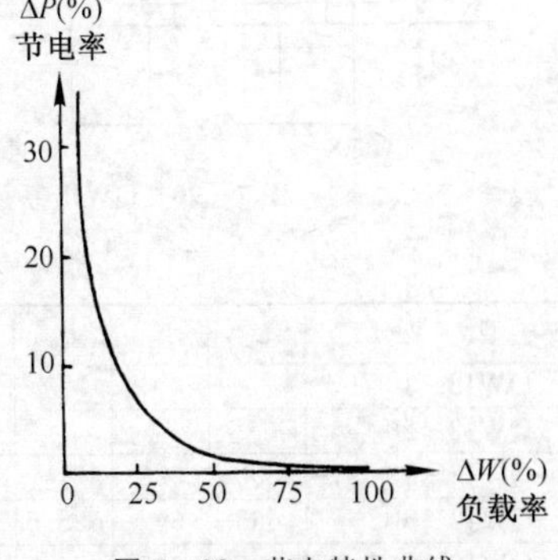


**图 7-88**　节电特性曲线

电网电压 $U \leqslant 75\% U_e$ 时，起动器停止工作。

主电路出现短路故障时，起动器内熔断器迅速熔断，电动机停转。

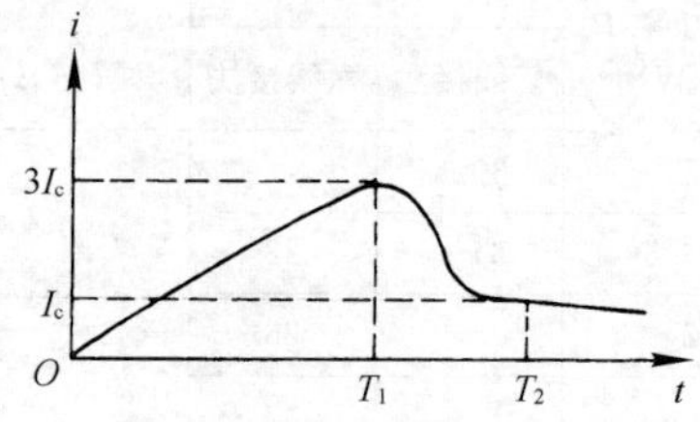


**图 7-89** 起动电流特性曲线

注：$\Delta P = (P_1 - P_2)/P_1$，$\Delta W = W_2/W_1$

$\Delta P$—节电率；$\Delta W$—负载率；$P_1$—无起动器时的电动机消耗功率；$P_2$—有起动器时的电动机消耗功率；$W_1$—电动机额定功率；$W_2$—电动机实际输出功率。

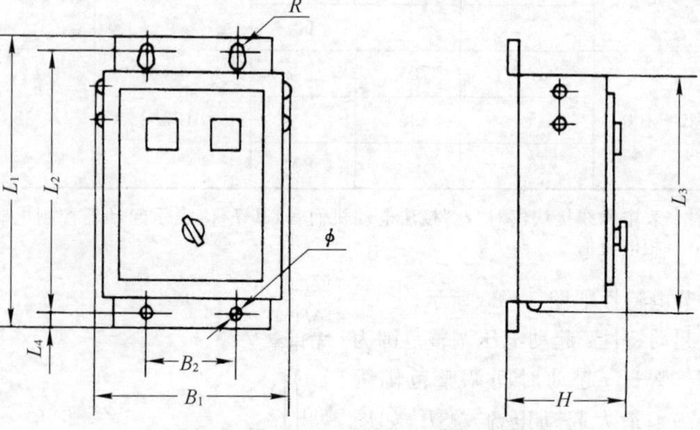


**图 7-90** QWJ2 系列外形尺寸及安装尺寸

图 7-90 附表 (mm)

| 型　　号 | $L_1$ | $L_2$ | $L_3$ | $L_4$ | $B_1$ | $B_2$ | H | $\phi°$ | R |
|---|---|---|---|---|---|---|---|---|---|
| QWJ2-10 | | | | | | | | | |
| QWJ2-20 | | | | | | | | | |
| QWJ2-40 | 600 | 582 | 571 | 10 | 356 | 240 | 205 | 9.5 | 2.5 |
| QWJ2-60 | 665 | 647 | 626.5 | 10 | 376 | 240 | 207 | 9.5 | 2.5 |
| QWJ2-100 | 665 | 647 | 626.5 | 10 | 376 | 240 | 207 | 9.5 | 2.5 |

7. 起动方式与起动器的选用

起动方式的选择，主要应决定两点：一是需不需要采取减压起动方式；二是选用哪一种减压起动方式。为了达到合理选用的目的，应从以下几个方面进行综合考虑：考虑电动机起动时对电网的影响，可根据被控电动机容量与电网容量(或电源变压器容量)之比决定起动方式，见表7-149；考虑负载性质与对起动的要求，见表7-150。

表7-149 起动方式与电源容量的关系

| 电动机功率(kW)/电源变压器容量(kW) | 0.35以下 | 0.35～0.58 | 0.58以上 |
|---|---|---|---|
| 起动方式 | 直接起动 | 用串联电阻、电抗的方式或用星-三角减压起动 | 用延边三角形变换方式或自耦减压方式起动 |

表7-150 起动方式与负载的关系

| 负载性质 | 对起动的要求 | | | 负载举例 |
|---|---|---|---|---|
| | 限制起动电流 | 减小起动时对机械的冲击 | 不要求限制起动电流与减小对机械的冲击 | |
| 要求起动转矩大、转矩增加快的负载 | | | | 各类机械及农电设备，如电力排灌、潜水泵、粉碎机等 |
| 无载或轻载起动 | 星-三角减压起动；电阻或电抗减压起动 | | | 电动发电机组；带离合器的工业机械，如卷扬机、绞盘和带卸料机的破碎机；车床、钻床、铣床、圆锯、带锯等 |
| 负载转矩与转速成平方关系 | 延边三角形减压起动；自耦减压起动；电抗减压起动 | | 全压直接起动 | 离心泵、叶轮泵、螺旋泵、轴流泵；离心式鼓风机和压缩机、轴流式风扇和压缩机 |

（续表）

| 负载性质 | 对起动的要求 | | | 负载举例 |
|---|---|---|---|---|
| | 限制起动电流 | 减小起动时对机械的冲击 | 不要求限制起动电流与减小对机械的冲击 | |
| 摩擦负载 | 延边三角形减压起动；电阻或电抗减压起动 | 电阻减压起动 | | 水平传送带、活动台车、粉碎机、混砂机、压延机、电动门等 |
| 阻力矩小的惯性负载 | 星-三角或延边三角形减压起动；自耦减压起动；电抗减压起动 | | | 离心式分离机、脱水机、曲柄式压力机 |
| 恒转矩负载 | 延边三角形减压起动；电阻或电抗减压起动 | 电阻或电抗减压起动 | | 往复泵和压缩机、罗茨鼓风机、容积泵、挤压机 |
| 重力负载 | | 电抗减压起动 | | 卷扬机、倾斜式传送带类机械；升降机、自动扶梯类机械 |
| 恒重负载 | | 电抗减压起动 | | 长距离皮带运输机、链式传送机、织机、卷纸机、夹送辊 |

各种起动器具有不同的起动特性，见图7-91、图7-92以及表7-151，选用时应对各种起动器的特点作比较，先确定起动器的型号，然后根据被控电动机的功率决定起动器的容量等级，并按电动机的额定电流选择热元件号。在星-三角起动器中，热元件一般与电动机绕组串联后接成三角形联接，因此可按电动机额定线电流的$1/\sqrt{3}$选择热元件。

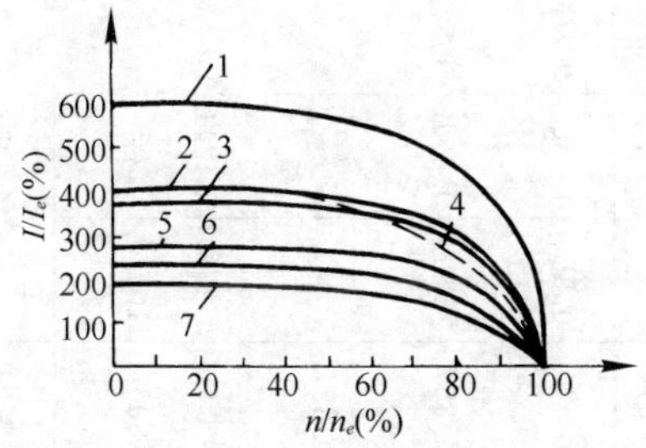


**图 7-91 各种起动方式起动电流特性比较**

1—全压起动；2—电抗（65% $U_e$）；3—自耦（80% $U_e$）；4—电阻（65% $U_e$）；5—延边Y/△；6—自耦（65% $U_e$）；7—Y/△

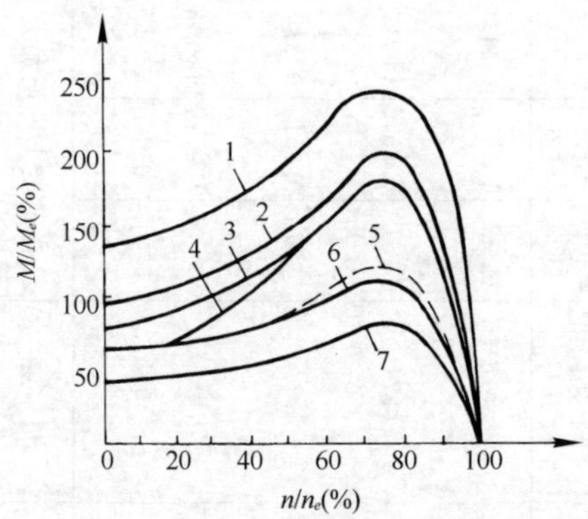


**图 7-92 各种起动方式起动转矩特性比较**

1—全压起动；2—自耦（80% $U_e$）；3—延边Y/△；4—电抗（65% $U_e$）；5—电阻（65% $U_e$）；6—自耦（65% $U_e$）；7—Y/△

选用时还应考虑起动器的操作频率。选用延边三角形起动器时，被控电动机必须具备九个接线端头；直接起动的起动时间不超过 10 s 时属于正常起动，当超过 10 s 时则属于重载起动。

星-三角转换瞬间，可能产生相当高的电流峰值，甚至超过正常直接起

表 7－151　各种起动器起动特性及优缺点对比

| 项　目 | 直接起动 | 减压起动 | | | | | | | | | |
|---|---|---|---|---|---|---|---|---|---|---|---|
| | | 星-三角起动(Y-△) | 延边三角形起动(△) | 电抗减压起动 | | | 电阻减压起动 | | | 自耦减压起动 | | |
| | | | | 抽　头 | | | 抽　头 | | | 抽　头 | | |
| | | | | 50% | 65% | 80% | 50% | 65% | 80% | 50% | 65% | 80% |
| 起动时电动机端电压 | $U_e$ | $0.58U_e$（相电压） | $(0.7\sim0.8)U_e$ | $0.5U_e$ | $0.65U_e$ | $0.8U_e$ | $0.5U_e$ | $0.65U_e$ | $0.8U_e$ | $0.5U_e$ | $0.65U_e$ | $0.8U_e$ |
| 起动时电动机电流 | $I_q$ | $0.33I_q$ | $\sim0.7I_q$ | $0.5I_q$ | $0.65I_q$ | $0.8I_q$ | $0.5I_q$ | $0.65I_q$ | $0.85I_q$ | $0.5I_q$ | $0.65I_q$ | $0.8I_q$ |
| 起动时线路电流 | $I_{ql}$ | $0.33I_{ql}$ | $\sim0.7I_{ql}$ | $0.5I_{ql}$ | $0.65I_{ql}$ | $0.8I_{ql}$ | $0.5I_{ql}$ | $0.65I_{ql}$ | $0.85I_{ql}$ | $0.25I_{ql}$ | | |
| 起动转矩 | $M_q$ | $0.33M_q$ | $\sim0.49M_q$ | $0.25M_q$ | $0.42M_q$ | $0.64M_q$ | $0.25M_q$ | $0.42M_q$ | $0.64M_q$ | $0.25M_q$ | $0.42M_q$ | $0.64M_q$ |
| 起动电流/线路电流 | 100% | 100% | ~70% | 50% | 65% | 80% | 50% | 65% | 80% | 100% | 100% | 100% |
| 起动过程中电动机端电压 | 恒　定 | 恒　定 | 恒　定 | 随速度上升而加大较快 | | | 随转速上升而略增加 | | | 不　变 | | |
| 起动电流 | 最　大 | 小 | 中　等 | 起动电流降低得越小，起动转矩相应将更小 | | | 中　等 | | | 起动电流较小时，也能获得较大的起动转矩 | | |
| 起动转矩 | 最　大 | 小 | 较　小 | | | | 较　小 | | | | | |

（续表）

| 项目 | 直接起动 | 减压起动 | | | | | | | | | | |
|---|---|---|---|---|---|---|---|---|---|---|---|---|
| | | 星-三角起动(Y-△) | 延边三角形起动(△) | 电抗减压起动 | | | 电阻减压起动 | | | 自耦减压起动 | | |
| | | | | 抽头 | | | 抽头 | | | 抽头 | | |
| | | | | 50% | 65% | 80% | 50% | 65% | 80% | 50% | 65% | 80% |
| 起动时对电源电压的影响 | 最大 | 小 | 较小 | 一般 | | | 一般 | | | 较小 | | |
| 起动时对机械的冲击 | 最大 | 小 | 较小 | 较小 | | | 较小 | | | 较小 | | |
| 起动过程中力矩变化情况 | 加速力矩大 | 力矩增加不大 | 力矩有增加 | 力矩增加较快 | | | 随转速上升而略加大 | | | 力矩有所增加 | | |
| 最大转矩 | 大 | 较小 | 一般 | 较大 | | | 较小 | | | 一般 | | |
| 起动时间 | 最短 | 较长 | 较短 | 较短 | | | 较长 | | | 较短 | | |
| 线路复杂性 | 最简单 | 简单 | 复杂 | 较复杂 | | | 较复杂 | | | 最复杂 | | |
| 价格 | 最便宜 | 便宜 | 一般 | 较贵 | | | 较贵 | | | 较贵 | | |
| 适用对象 | 一般 | 无载或轻载起动 | 要求限制起动电流而起动力矩又不能太小的场合 | Y-△不能起动的场合及起动时要求对机械冲击较小的场合 | | | Y-△不能起动的场合及起动时要求对机械冲击较小的场合 | | | 要求限制起动电流而起动力矩又不能太小的场合 | | |

动时的峰值电流，造成接触器触头熔焊，如在原星-三角起动器的基础上，再用第四只接触器经电阻将电动机与电网接通，从而在不断电的条件下完成转换过程，就可降低转换过程中的峰值电流。当起动重载（如大风扇、压缩机等）设备时，特别当供电电网容量不大以及操作频繁而要求触头寿命高的场合下，宜采用不断电转换的星-三角起动器。

应考虑起动器与短路保护电器（简称 SCPD）的协调配合。通常选用熔断器作为 SCPD，熔断器应安装于起动器的电源侧（综合起动器内部已装有熔断器，一般起动器应按制造厂要求选配合适的熔断器）。熔断器不应代替起动器分断正常工作时最大过载电流及以下的所有电流（包括电动机的堵转电流），但应能分断安装点的预期短路电流。

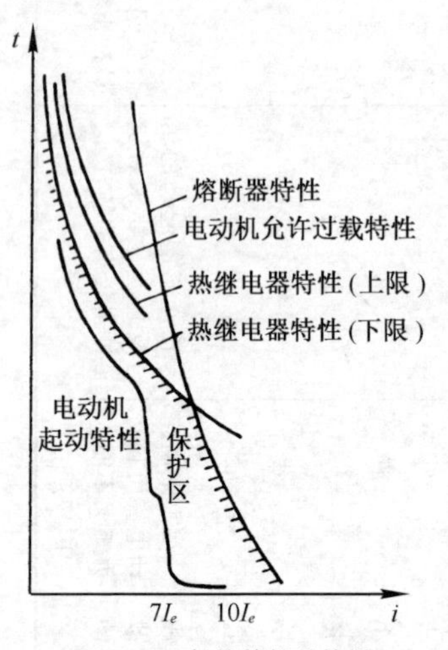

图 7－93 保护特性的协调

一般按起动器额定电流的 2.5 倍左右选择熔断器，以保证电动机起动时不发生误动作。此外，熔断器和热继电器的保护特性的交点应选择适当，以便充分利用接触器的分断能力，又不至于因分断故障电流而烧坏接触器。图 7－93 为保护特性的协调。

8. 起动器的维修

起动器是小型成套电器，在安装和使用中应注意的：

1）安装前 应对起动器内各组成元件进行全面检查与调整、保证各参数合格；清除元件上的油污与灰尘，并在转动轴承部分加上适量的润滑油，以保证其动作灵活，无卡住与损坏现象；若自装起动设备，应注意各元件的合理布局，如热继电器宜放在其他元件下方，以免受其他元件的发热影响。必须按照产品所规定的截面导线连线。采用开启式安装方式时，应注意留有飞弧距离。

2）安装与调试 应按产品使用说明书规定的安装方式安装。起动器外壳应可靠接地，以防发生触电事故，必须拧紧所有的固定与接线螺钉，防止零件脱落，导致短路或机械卡住事故。安装完毕后，应核对接线是否有误。

对于自耦减压起动器，一般先接在65%抽头上，若发现起动困难、起动时间过长时，可改接至80%抽头。按电动机实际起动时间调节时间继电器的动作时间，应保证在电动机起动完毕后及时地切换。按电动机的额定电流调整热继电器的动作电流值，并进行动作试验。应使电动机既能正常起动，并能防止电动机因超过极限容许过载能力而烧坏。

无触点起动器应安装在通风散热良好的地方，散热风机应正常工作，以保证正常的冷却效果。

3）运行与维护　按维修工作卡，做好对设备的日常维护与故障检修工作。定期清理起动器，可用压缩空气或小毛刷清除污垢，并在活动部位加注适量润滑油，在灭弧罩未装上前切勿操作起动器。

定期对热继电器进行校验。若线路发生短路事故后，应对各元件逐个检查，及时更换已发生永久变形的零部件。即使热元件未发生永久变形，也应经检验调试合格后，方可继续使用。对于手动减压起动器，当电动机运行时因失压而停转时，应及时将手柄扳回停止位置，以防电压恢复后电动机自行全压起动。最好另装一个失压脱扣器作保护。

无触点起动器在使用中应经常观察面板上的各种指示信号，以便及时了解电机工作状况。若有故障，应及时排除；若过载或断相脱扣，排除故障后，按复位按钮，使起动器重新投入运行。

4）自耦减压起动器及手控电器的故障及其原因和处理方法见表7-152～表7-153。

表7-152　自耦减压起动器的故障及其原因和处理方法

| 故障现象 | 原　　因 | 处 理 方 法 |
|---|---|---|
| 起动器不能合闸，操作手柄不能停留在“运转”位置上 | 1. 停止按钮、热继电器动断触头的连接线头松动<br>2. 热继电器脱扣动作<br>3. 失压脱扣线圈开路，或其电磁铁心、衔铁接触面油污，短路环断裂<br>4. 传动杠杆调节螺钉松动，定位板上压紧弹簧脱落<br>5. 定位板上“运转”位置的缺口棱角磨损 | 1. 紧固松动的螺钉，修整触头接触面<br>2. 分析脱扣动作原因或调整动作电流值<br>3. 更换线圈，清洗修整电磁铁心部件，更换短路环<br>4. 紧固松动的螺钉，装配好定位板上的压紧弹簧<br>5. 修配定位板或更换 |

（续表）

| 故障现象 | 原因 | 处理方法 |
| --- | --- | --- |
| 起动器合闸，但电动机运转太慢或不起动 | 1. 起动电压太低<br>2. 起动器与电动机不匹配<br>3. 熔断器熔断 | 1. 测量电路电压，将起动器的电压抽头提高一挡(调至80%)<br>2. 重新选配<br>3. 更换熔断体 |
| 在正常运转前跳闸停转 | 1. 开关触头超程过大，接触压力调整不当，三相触头不同步<br>2. 油箱内绝缘油质差，油量不够<br>3. 热继电器工作电流调整偏小 | 1. 调整、避免触头超程过大或不同步<br>2. 更换或添足合格的绝缘油至油位线<br>3. 重新调整热继电器工作电流值 |
| 电动机起动太快 | 1. 自耦变压器接在电压高的抽头<br>2. 自耦变压器绕组匝间短路<br>3. 电路接线错误 | 1. 接在电压低的抽头<br>2. 更换或重绕<br>3. 检查线路，核对说明书中接线图 |
| 补偿器运行时声响异常 | 1. 变压器铁心未夹紧，出现“嗡嗡”声<br>2. 变压器绕组局部绝缘损坏，出现“嗡嗡”声<br>3. 开关触头接触不良，致使触头上跳火花，出现“吱吱”声<br>4. 补偿器绝缘损坏，致使导电部分直接接地，会发出爆炸声，冒烟 | 1. 夹紧铁心<br>2. 用兆欧表查出绕组绝缘损坏处，进行相应处理(如加绝缘漆)或重绕<br>3. 检查修整触头，必要时更换<br>4. 进行绝缘处理，必要时更换 |
| 线圈过热或烧毁 | 1. 弹簧的反作用力过大<br>2. 线圈额定电压与电路电压不符<br>3. 实际通电持续率比线圈额定值高<br>4. 线圈匝间短路 | 1. 调整弹簧压力<br>2. 更换线圈<br>3. 更换线圈<br>4. 更换线圈 |

表 7-153　手控电器的故障及其原因和处理方法

| 故障现象 | 原　　因 | 处　理　方　法 |
|---|---|---|
| 触头过热或烧毁 | 1. 电路电流过大<br>2. 触头表面有油污、杂物<br>3. 触头压力不足<br>4. 触头超行程过大 | 1. 改用相应工作电流的电器<br>2. 清除油污、杂物<br>3. 调整触头弹簧<br>4. 更换电器 |
| 开关手把转动失灵 | 1. 定位机构损坏<br>2. 静触头的固定螺钉松脱<br>3. 电器内部落入杂物 | 1. 修理或更换<br>2. 拧紧固定螺钉<br>3. 清除杂物 |

## 七、控制继电器

1. 热过载继电器

1) JR20 系列热过载继电器　用于交流 50 Hz、额定电压至 660 V，电流至 630 A 的电力系统中作三相笼型电动机的过载和断相保护。并可与 CJ20 系列交流接触器配套组成电磁起动器。热过载继电器的整定电流调节范围见表7-154。外形尺寸及安装尺寸如图 7-94 所示。

表 7-154　JR20 系列热过载继电器的整定调节范围

| 型　　号 | 热元件号 | 整定电流范围(A) | 型　　号 | 热元件号 | 整定电流范围(A) |
|---|---|---|---|---|---|
| JR20-10 | 1R | 0.1～0.13～0.15 | JR20-10 | 11R | 4～5～6 |
| | 2R | 0.15～0.19～0.23 | | 12R | 5～6～7 |
| | 3R | 0.23～0.29～0.35 | | 13R | 6～7.2～8.4 |
| | 4R | 0.35～0.44～0.53 | | 14R | 7～8.6～10 |
| | 5R | 0.53～0.67～0.8 | | 15R | 8.6～10～11.6 |
| | 6R | 0.8～1～1.2 | JR20-16 | 1S | 3.6～4.5～5.4 |
| | 7R | 1.2～1.5～1.8 | | 2S | 5.4～6.7～8 |
| | 8R | 1.8～2.2～2.6 | | 3S | 8～10～12 |
| | 9R | 2.6～3.2～3.8 | | 4S | 10～12～14 |
| | 10R | 3.2～4～4.8 | | 5S | 12～14～16 |

（续表）

| 型　　号 | 热元件号 | 整定电流范围(A) |
|---|---|---|
| JR20-16 | 6S | 14～16～18 |
| JR20-25 | 1T | 7.8～9.7～11.6 |
| | 2T | 11.6～14.3～17 |
| | 3T | 17～21～25 |
| | 4T | 21～25～29 |
| JR20-63 | 1U | 16～20～24 |
| | 2U | 24～30～36 |
| | 3U | 32～40～47 |
| | 4U | 40～47～55 |
| | 5U | 47～55～62 |
| | 6U | 55～63～71 |
| JR20-160 | 1W | 33～40～47 |
| | 2W | 47～55～63 |
| | 3W | 63～74～84 |
| | 4W | 74～86～98 |
| | 5W | 85～100～115 |
| | 6W | 100～115～130 |
| | 7W | 115～132～150 |
| | 8W | 130～150～170 |
| | 9W | 144～160～176 |
| JR20-250 | 1X | 130～160～195 |
| | 2X | 167～200～250 |
| JR20-400 | 1Y | 200～250～300 |
| | 2Y | 267～335～400 |
| JR20-630 | 1Z | 320～400～480 |
| | 2Z | 420～525～630 |

JR20热继电器的动作特性和温度补偿性能见表7-155。

表7-155　JR20系列动作特性与温度补偿性能

| | 序号 | 整定电流倍数 | 动作时间 | 起始状态 | 周围空气温度℃ |
|---|---|---|---|---|---|
| 各相负载平衡 | 1 | 1.05 | 2 h不动作 | 冷　态 | +20±5 |
| | 2 | 1.2 | <2 h | 热态(接序号1试验后) | |
| | 3 | 1.5 | <2 min | | |
| | 4 | 6 | >5 s | 冷　态 | |
| 有断相保护负载不平衡 | 5 | 任意二相1.0<br>第三相0.9 | 2 h不动作 | 冷　态 | |
| | 6 | 任意二相1.15<br>第三相0 | <2 h | 热态(接序号5试验后) | |

（续表）

| | 序号 | 整定电流倍数 | 动作时间 | 起始状态 | 周围空气温度℃ |
|---|---|---|---|---|---|
| 无断相保护负载不平衡 | 7 | 1.05 | 2 h 不动作 | 冷　态 | +20±5 |
| | 8 | 任意二相 1.32<br>第三相 0 | ＜2 h | 热态（接序号 7 试验后） | |
| 温度补偿 | 9 | 1.0 | 2 h 不动作 | 冷　态 | +55±2 |
| | 10 | 1.20 | ＜2 h | 热态（接序号 9 试验后） | |
| | 11 | 1.05 | 2 h 不动作 | 冷　态 | −5±2 |
| | 12 | 1.30 | ＜2 h | 热态（接序号 11 试验后） | |

复位性能见表 7－156。

表 7－156　JR20 系列的复位性能

| 额定工作电流 $I_e$(A) | 自动复位 | 手动复位 |
|---|---|---|
| ≤63 | ≤5 min | ≤2 min |
| ＞63 | ≤8 min | |

热继电器的动作机构的机械寿命及辅助触头在正常使用条件下的电寿命为 3 000 次。

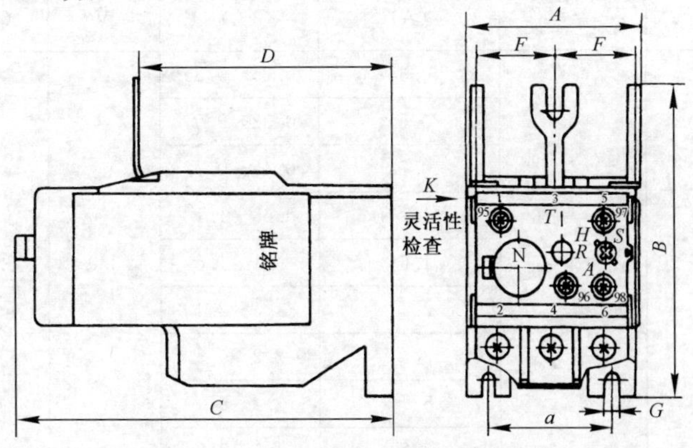


**图 7－94**　JR20 系列外形尺寸及安装尺寸

图 7-94 附表

| 型　号 | A | B | C | D | F | G | a | 配用的交流接触器 |
|---|---|---|---|---|---|---|---|---|
| JR20-10Z | 44 | 77.5 | 101 | 57.8 | 10.4 | 4.5 | 32 | CJ20-10 |
| JR20-16Z | 44 | 78 | 101 | 71 | 14 | 4.5 | 32 | CJ20-16 |
| JR20-25Z | 47.5 | 82.5 | 101 | 66 | 20.5 | 4.5 | 32 | CJ20-25 |
| JR20-63Z | 66 | 90 | 117 | 82 | 20 | 5.5 | 46 | CJ20-40 |
| | 72 | | | 92 | 28 | | | CJ20-63 |
| JR20-160Z | 104 | 100 | 152 | 93 | 29 | $\phi 7$ | 37 | CJ20-100 |
| | 108 | | | 120.5 | 45 | | | CJ20-160 |

注：派生代号“Z”系指组合安装式。

2）JR36系列热过载继电器　用于交流50 Hz、额定电压至690 V、额定电流0.25～160 A的长期或关断长期工作交流电动机的过载和断相保护。其技术数据见表7-157～表7-159。其外形尺寸及安装尺寸如图7-95～图7-97所示。

表 7-157　JR36 系列热继电器的技术数据

| 型　号 | 额定工作电流（A） | 热元件等级 | | 辅助接点 | |
|---|---|---|---|---|---|
| | | 热元件额定电流（A） | 电流调节范围（A） | 额定电压（V） | 额定电流（A） |
| JR36-20 | 20 | 0.35 | 0.25～0.35 | 380 | 0.47 |
| | | 0.5 | 0.32～0.5 | | |
| | | 0.72 | 0.45～0.72 | | |
| | | 1.1 | 0.68～1.1 | | |
| | | 1.6 | 1～1.6 | | |
| | | 2.4 | 1.5～2.4 | | |
| | | 3.5 | 2.2～3.5 | | |
| | | 5 | 3.2～5 | | |
| | | 7.2 | 4.5～7.2 | | |

（续表）

| 型号 | 额定工作电流（A） | 热元件等级 | | 辅助接点 | |
|---|---|---|---|---|---|
| | | 热元件额定电流（A） | 电流调节范围（A） | 额定电压（V） | 额定电流（A） |
| JR36-20 | 20 | 11 | 6.8～11 | 380 | 0.47 |
| | | 16 | 10～16 | | |
| | | 22 | 14～22 | | |
| JR36-32 | 32 | 16 | 10～16 | | |
| | | 22 | 14～22 | | |
| | | 32 | 20～32 | | |
| JR36-63 | 63 | 22 | 14～22 | | |
| | | 32 | 20～32 | | |
| | | 45 | 28～45 | | |
| | | 63 | 40～63 | | |
| JR36-160 | 160 | 63 | 40～63 | | |
| | | 85 | 53～85 | | |
| | | 120 | 75～120 | | |
| | | 160 | 100～160 | | |

表7-158 JR36系列热继电器保护特性

| 项目 | 整定电流倍数 | 动作时间 $T_p$ | | | 起始条件 | 周围空气温度 |
|---|---|---|---|---|---|---|
| 1 | 1.05 | >2 h | | | 冷态开始 | +20℃ |
| 2 | 1.20 | <2 h | | | 热态（接序1试验后）开始 | |
| 3 | 1.50 | 10 A | <2 min | <63 A | | |
| | | 10 | <4 min | ≥63 A | | |
| 4 | 7.2 | 10 A | 2 s < $T_p$ ≤ 10 s | <63 A | | |
| | | 10 | 2 s < $T_p$ ≤ 10 s | ≥63 A | | |
| 5 | 二相1.0，另一相0.9 | >2 h | | | 冷态开始 | |
| 6 | 二相1.15，另一相0 | <2 h | | | 热态（接序5试验后）开始 | |

表 7-159 JR36 系列热继电器辅助触头技术数据

| 额定绝缘电压(V) | 约定发热电流(A) | 额定工作电流(A) |
| --- | --- | --- |
| 380 | 10 | 0.47 |

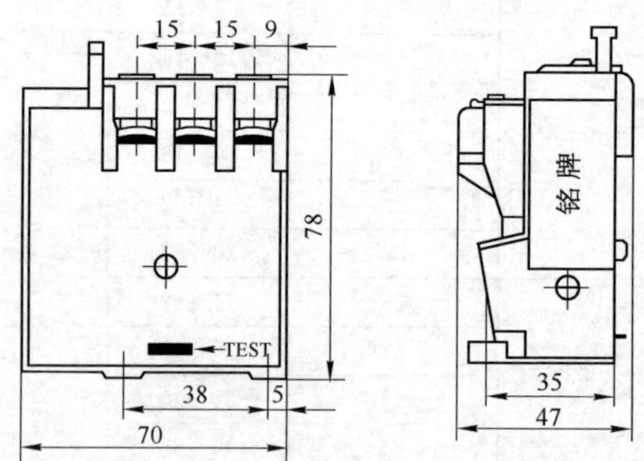


图 7-95 JR36-20、JR36-32 热继电器的外形及安装尺寸

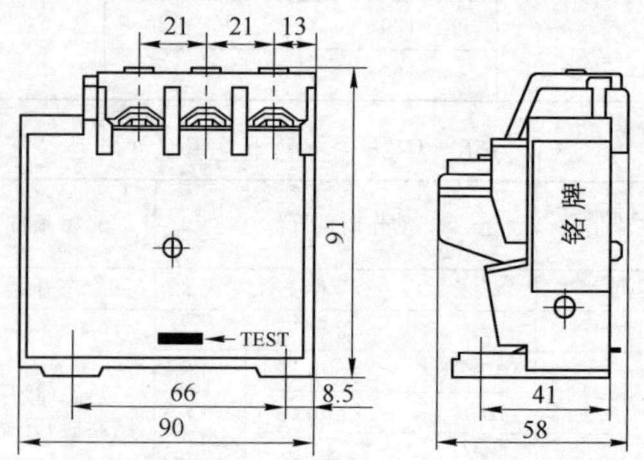


图 7-96 JR36-63 热继电器的外形及安装尺寸

3）T 系列热过载继电器 用于交流 50 Hz、额定电压至 690 V 和直流至 800 V 的电路中保护电动机。其技术数据见表 7-160。

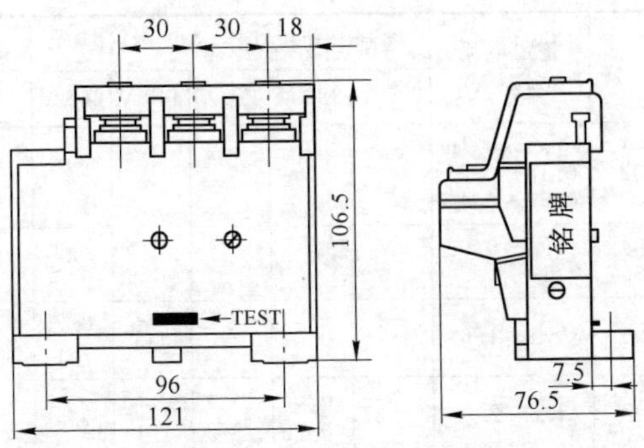


**图 7-97**　JR36-160 热继电器的外形及安装尺寸

表 7-160　T 系列热继电器的技术数据

<table>
<tr><td colspan="2">型　号</td><td>T-16</td><td>T-25</td><td>T-45</td><td>T-85</td><td>T-105</td><td>T-170</td><td>T-250</td><td>T-370</td></tr>
<tr><td colspan="2">额定电流(A)</td><td>16</td><td>25</td><td>45</td><td>85</td><td>105</td><td>170</td><td>250</td><td>370</td></tr>
<tr><td colspan="2">热元件整定电流范围(A)</td><td>0.11～17.6</td><td>0.17～32</td><td>0.28～48</td><td>6.0～100</td><td>27～115</td><td>90～200</td><td>100～400</td><td>100～500</td></tr>
<tr><td colspan="2">操作频率(次/h)</td><td colspan="8">15</td></tr>
<tr><td colspan="2">电寿命(次)</td><td colspan="8">5 000</td></tr>
<tr><td colspan="2">复位方式</td><td>手动</td><td>手动和自动</td><td colspan="2">手动和自动</td><td colspan="2">手动和自动</td><td colspan="2">手动和自动</td></tr>
<tr><td>辅助接点</td><td>数量<br>额定工作电流(A)</td><td colspan="2">一开一闭:<br>220 V: 3<br>380 V: 2<br>500 V: 1</td><td colspan="2">一开一闭:<br>220 V: 3、1.7<br>380 V: 2、1.3<br>500 V: 1.5</td><td colspan="2">一开一闭/二闭:<br>220 V: 3、2.5<br>380 V: 2、1.3<br>500 V: 1.5、0.8</td><td colspan="2">一开一闭:<br>220 V: 3、1.7<br>380 V: 2、1.3<br>500 V: 1.5</td></tr>
</table>

4) LR1-D 系列热过载继电器　用于交流 50 Hz(60 Hz)、额定电压至 660 V,额定电流至 80 A 的电路中,对交流电动机过载保护。它具有差动机构和温度补偿环节,可与 D 系列交流接触器插接安装。其技术数据见表 7-161～表 7-162。

表7-161　LR1-D系列热继电器技术数据(一)

| 型　号 | 整定电流范围(A) | 控制电动机功率(AC-3)(kW) | | | | | 可插接安装的接触器型号 |
|---|---|---|---|---|---|---|---|
| | | 220 V | 380 V | 415 V | 440 V | 660 V | |
| LR1-D09301<br>LR1-D09302<br>LR1-D09303 | 0.1～0.16<br>0.15～0.25<br>0.25～0.4 | | | | | | D09～D25<br>D09～D25<br>D09～D25 |
| LR1-D09304<br>LR1-D09305 | 0.4～0.63<br>0.63～1 | | | | | 0.37<br>0.55 | D09～D25<br>D09～D25 |
| LR1-D09306 | 1～1.6 | | 0.37 | | 0.55 | 0.75<br>1.1 | D09～D25 |
| LR1-D09307 | 1.6～2.5 | 0.37 | 0.55<br>0.75 | 1.1 | 0.75<br>1.1 | 1.5 | D09～D25 |
| LR1-D09308 | 2.5～4 | 0.55<br>0.75 | 1.1<br>1.5 | 1.5 | 1.5 | 2.2<br>3 | D09～D25 |
| LR1-D09310 | 4～6 | 1.1 | 2.2 | 2.2 | 2.2 | 4 | D09～D25 |
| LR1-D09312 | 5.5～8 | 1.5 | 3 | 3.7 | 3<br>3.7 | 5.5 | D09～D25 |
| LR1-D09314 | 7～10 | 2.2 | 4 | 4 | 4 | 7.5 | D09～D25 |
| LR1-D12316<br>LR1-D16321<br>LR1-D25322<br>LR1-D40353 | 10～13<br>13～18<br>18～25<br>23～32 | 3<br>4<br>5.5<br>7.5 | 5.5<br>7.5<br>11<br>15 | 5.5<br>9<br>11<br>15 | 5.5<br>9<br>11<br>15 | 10<br>15<br>18.5<br>22 | D09～D25<br>D09～D25<br>D09～D25<br>D40、D50、D63 |
| LR1-D40355<br>LR1-D63357<br>LR1-D63359<br>LR1-D63361 | 30～40<br>38～50<br>48～57<br>57～66 | 10<br>11<br>15<br>18.5 | 18.5<br>22<br>25<br>30 | 22<br>25<br>30<br>37 | 22<br>25<br>30<br>37 | 30<br>37<br>45<br>55 | D40、D50、D63<br>D40、D50、D63<br>D40、D50、D63<br>D40、D50、D63 |
| LR1-D80363 | 63～80 | 22 | 33<br>37 | 40<br>45 | 40<br>45 | 59<br>63 | |

表7-162　LR1-D系列热继电器技术数据(二)

| 项　目 | | LR1-D09-D25 | LR1-D40 | LR1-D63-D80 |
|---|---|---|---|---|
| 工作环境温度(℃) | | -25～+40 | -25～+40 | -25～+40 |
| 贮存温度(℃) | | -60～+70 | -60～+70 | -60～+70 |
| 额定绝缘电压(V) | | 660 | 660 | 660 |
| 接点约定发热电流(A) | | 10 | 10 | 10 |
| 主回路接线端子可接导线截面($mm^2$) | 软线 | 4 | 10 | 16 |
| | 硬线 | 6 | 10 | 25 |

2. 温度继电器

JW6、JW6D、JW7 系列温度继电器用于分马力电机、荧光灯镇流器、变压器、螺旋管、吹风机、集成电路及一般电气设备的过热保护和二次线路中热检测器。其技术数据见表 7－163,外形尺寸及安装尺寸如图 7－98 所示。

表 7－163　JW6、JW6D、JW7 系列温度继电器的技术数据

| 型　号 | 额定电压（V） | 额定断开温度（℃） | 额定断开温度容差（℃） | 复位温度（低于额定断开温度）（℃） | 触头容量（A） |
|---|---|---|---|---|---|
| JW6 | 220 | 70、80、90、100、120、140、150 | ±5 | 20 以上 | 2 |
| | 220 | | ±8 | 10 以上 | 5 |
| | 220<br>380 | | | 20 以上 | 5<br>2 |
| JW6D | 220 | 70、80、90、100、110、120、130、140、150 | ±5、±8 | 20 以上 | 9（最大分断电流值） |
| JW7 | 220 | 60、70、80、90、100、110、120、130、140、150 | ±5、±8 | 20 以上 | 5、20 |

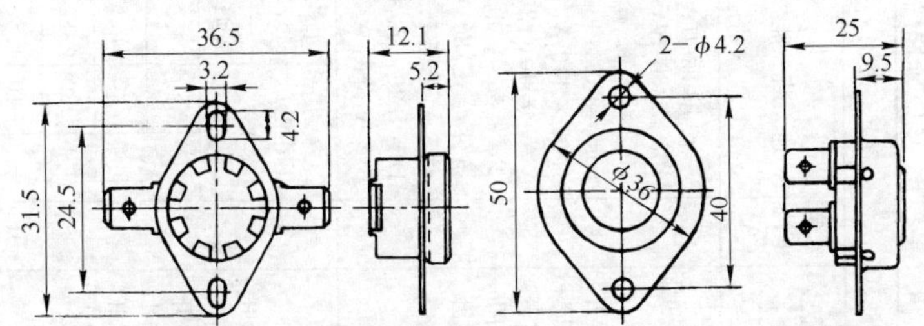

(a) JW7−5 外形尺寸及安装尺寸　　(b) JW7−20 外形尺寸及安装尺寸

**图 7－98**　JW7 系列外形尺寸及安装尺寸

3. 中间继电器

1）JZ7、JZ14、JZ15、JZ17 系列中间继电器　用于交流 50 Hz、额定电压至 380 V,直流额定电压至 220 V 的控制电路中,增加信号强度和数量。其技术数据见表 7－164。

表 7-164 JZ7、JZ14、JZ15、JZ17 系列的中间继电器的技术数据

<table>
<tr><th rowspan="2">型号名称</th><th colspan="4">触头参数</th><th colspan="2">吸引线圈</th><th rowspan="2">动作值或整定值</th><th rowspan="2">机械寿命（万次）</th><th rowspan="2">电寿命（万次）</th></tr>
<tr><th>数量（个）</th><th>组合方式</th><th>额定电流（A）</th><th>通断能力</th><th>参数</th><th>消耗功率</th></tr>
<tr><td>JZ7 中间继电器</td><td>8</td><td>4 常开 4 常闭；6 常开 2 常闭；8 常开</td><td>5</td><td>通断能力：AC：105×380 V，接通 50 A，分断 5 A，cos φ= 0.40。DC：1.05×440 V，接通 2 A，分断 0.25 A，$T$=0.05 s。电寿命条件：AC380 V，接通 5 A，分断 0.5 A；DC：220 V，接通 0.2 A，分断 0.2 A</td><td>AC：12、24、36、48、110、127、220、380、420、440 及 500 V</td><td>12 VA，起动功率为 75 VA</td><td>吸引线圈工作电压范围：85%～105%</td><td>300</td><td>100</td></tr>
<tr><td>JZ14 交直流中间继电器</td><td>8</td><td>4 常开 4 常闭；6 常开 2 常闭；2 常开 6 常闭</td><td>5</td><td><table><tr><th colspan="2" rowspan="2">工作电压（V）</th><th colspan="2">工作电流（A）</th></tr><tr><th>接通</th><th>分断</th></tr><tr><td rowspan="2">AC</td><td>380</td><td>7.9</td><td>0.79</td></tr><tr><td>220</td><td>13.6</td><td>1.36</td></tr><tr><td rowspan="2">DC</td><td>220</td><td>0.82</td><td>0.27</td></tr><tr><td>110</td><td>1.65</td><td>0.55</td></tr></table></td><td>AC：110、127、220、380 V；DC：24、48、110、220 V</td><td>AC：10 VA DC：7 W</td><td>吸引线圈工作电压范围：85%～105%<br>交流控制容量为 300 V·A(JF2)<br>直流控制容量为 60 V·A(ZF2)</td><td>1 000</td><td>100</td></tr>
</table>

（续表）

| 型号名称 | 触头参数 | | | | 吸引线圈 | | 动作值或整定值 | 机械寿命（万次） | 电寿命（万次） |
|---|---|---|---|---|---|---|---|---|---|
| | 数量（个） | 组合方式 | 额定电流（A） | 通断能力 | 参数 | 消耗功率 | | | |
| JZ15 中间继电器 | 8 | 4常开4常闭；6常开2常闭；2常开6常闭 | 10 | 控制容量：AC：1000 VA DC：90 W | AC：127、220、380 V；DC：48、110、220 V | AC：12 V·A DC：11 W | 符合 IEC947-5-1 标准 | 600 | 60 |
| JZ17 中间继电器 | 8 | 4常开4常闭 | 6 | 控制容量 AC：360、180、72 VA DC：28 W | AC：24、36、48、100、110、127、200、220、380 V | AC：7.5 V·A | 符合 IEC947-5-1 标准 | 600 | AC：50～120 DC：60 |

2）JZ11系列中间继电器 用于交流50 Hz、额定电压500 V及以下，直流电压440 V及以下的控制电路中，用来增加信号大小及数量。其技术数据见表7－165，接点的通断能力和电寿命见表7－166。

表7－165 JZ11系列中间继电器的技术数据

<table>
<tr><th>型 号</th><th>电压种类</th><th>接点电压(V)</th><th>接点额定电流(A)</th><th>接点组合</th><th>通电持续率(%)</th><th>额定操作频率(次/h)</th><th>吸引线圈电压(V)</th><th>吸引线圈消耗功率</th></tr>
<tr><td>JZ11－□□J/□</td><td rowspan="3">交流</td><td rowspan="3">500</td><td rowspan="6">5</td><td rowspan="6">6常开，2常闭；4常开，4常闭；2常开，6常闭（对于JZ11P除有上述接点组合外，还有8常开的规格）</td><td rowspan="6">60</td><td rowspan="6">2 000</td><td rowspan="3">110、127、220、380</td><td rowspan="3">10 V·A</td></tr>
<tr><td>JZ11－□□JS/□</td></tr>
<tr><td>JZ11－□□JP/□</td></tr>
<tr><td>JZ11－□□Z/□</td><td rowspan="3">直流</td><td rowspan="3">400</td><td rowspan="3">12、24、48、110、220</td><td rowspan="3">7.5 W</td></tr>
<tr><td>JZ11－□□ZS/□</td></tr>
<tr><td>JZ11－□□ZP/□</td></tr>
</table>

注：1. 继电器的吸引线圈应能在85%～105%额定电压的范围内可靠工作。
2. 继电器的吸合和释放的固有动作时间不大于0.05 s。
3. JZ11－P继电器仅适用于反复短时工作制（持续通电时间最长为6 min）。

表7－166 JZ11系列中间继电器接点的通断能力和电寿命

<table>
<tr><th colspan="2" rowspan="2">接点电压(V)</th><th rowspan="2">接通电流(A)</th><th colspan="3">分断电流(A)</th><th rowspan="2">电寿命(×10⁴次)</th><th rowspan="2">机械寿命(×10⁴次)</th><th rowspan="2">吸合与释放时间(s)</th></tr>
<tr><th>电感负荷 cos φ＝0.35±0.05</th><th>电感负荷 时间常数 T＝0.05～0.06 s</th><th>电阻负荷</th></tr>
<tr><td rowspan="2">交流</td><td>380</td><td>12</td><td>1.2</td><td rowspan="2">—</td><td>1.2</td><td rowspan="5">100</td><td rowspan="5">1 000</td><td rowspan="5">均不大于0.05</td></tr>
<tr><td>500</td><td>10</td><td>1.0</td><td>1.0</td></tr>
<tr><td rowspan="3">直流</td><td>110</td><td>4</td><td rowspan="3">—</td><td>0.6</td><td>1.2</td></tr>
<tr><td>220</td><td>2</td><td>0.3</td><td>0.6</td></tr>
<tr><td>440</td><td>1</td><td>0.15</td><td>0.3</td></tr>
</table>

4. 电磁继电器

1）JT3系列直流电磁继电器 在直流440 V以下的电力拖动自动控制系统中，作为电压（或中间）、电流和时间继电器；派生的双线圈继电器，具有独特的性能，应用在电气联锁繁多的自动控制系统中，能使系统的工作稳定可靠，因而在高炉加料自动控制系统中，广泛选作时间或中间继电器用。其技术数据见表7－167，触头通断能力见表7－168。

表 7-167 JT3 系列直流电磁继电器的技术数据

| 继电器类型 | 型号 | 动作值可调范围 | 延时可调范围(s) | 标准误差级别 | 触头对数 | 吸引线圈 额定电压或额定电流 | 吸引线圈 消耗功率(W) | 机械寿命(次) | 电寿命(次) |
|---|---|---|---|---|---|---|---|---|---|
| 电压 | JT3-□□/A | 吸合电压在 30%～50% 线圈额定电压范围内或释放电压在 7%～70% 线圈额定电压范围内 | | δZ3 (±10%) | 1 常开 1 常闭或 2 常开 2 常闭 | 直流 12、24、48、75、110、220、440 V 共七种规格供选用；直流 1.5、2.5、5、10、25、50、100、150、300、600 A 共十种规格供选用 | 约 20 | 10×10^6 | 10×10^4 |
| 电压 | JT3-□□ | | | | | | | | |
| 电流 | JT3-□□L | 吸合电流在 30%～65% 线圈额定电流范围内或释放电流在 10%～20% 线圈额定电流范围内 | | | 最多为 4 对触头，可以任意组合 | | | | |
| 时间 | JT3-□□/1 | | 断电 0.3～0.9；短路 0.3～1.5 | δS3-1 (±10%) | | | 约 16 | | |
| 时间 | JT3-□□/3 | | 断电 0.8～3；短路 1～3.5 | | | | | | |
| 时间 | JT3-□□/5 | | 断电 2.5～5；短路 3～5.5 | | | | | | |

（续表）

| 继电器类型 | 型号 | 动作值可调范围 | 延时可调范围（s）断电/短路 | 标准误差级别 | 触头对数 | 吸引线圈 额定电压或额定电流 | 吸引线圈 消耗功率（W） | 机械寿命（次） | 电寿命（次） |
|---|---|---|---|---|---|---|---|---|---|
| 双线圈 | JT3-□□S | 释放电压在7%～20%吸引线圈额定电压范围内（此时保持线圈不通电） |  | δZ3（±10%） |  |  | 约16 | 10×10^6 | 10×10^4 |
| 双线圈 | JT3-□□S/8 | 释放线圈上所加释放电压越高，延时越短；当释放电压为6 V时，延时大于8 s |  |  |  |  |  |  |  |

注：1. 表中所列动作值可调范围和延时可调范围均为20±5℃环境中、冷态下触头数量在两对以下时的数据。当触头数量多于两对时，电压继电器吸合电压可调范围为35%～50%，电流继电器吸合电流可调范围为35%～65%，时间继电器延时范围的上限值较表中数据降低30%。

2. 双线圈继电器的保持（或释放）线圈额定电压有45 V和85 V两种规格，消耗功率约2 W，表中未列入。

表 7－168 JT3 系列触头通断能力

| 电流种类 | 额定发热电流(A) | 额定控制容量(V·A) | 接通与分断条件 | | | | 试验周期(次) | 通电时间(ms) | 间隔时间(s) |
|---|---|---|---|---|---|---|---|---|---|
| | | | 试验电压(V) | 试验电流(A) | cos φ | $T$(ms) | | | |
| AC | 10 | JF3 级(1 000) | 418 | 46 | 0.15±0.05 | | 50 | 60～200 | 5～10 |
| | | | 242 | 80 | | | | | |
| DC | | ZF3 级(90) | 242 | 2.3 | | 50±15% | 20 | ≥4$T$ | |
| | | | 121 | 4.5 | | | | | |

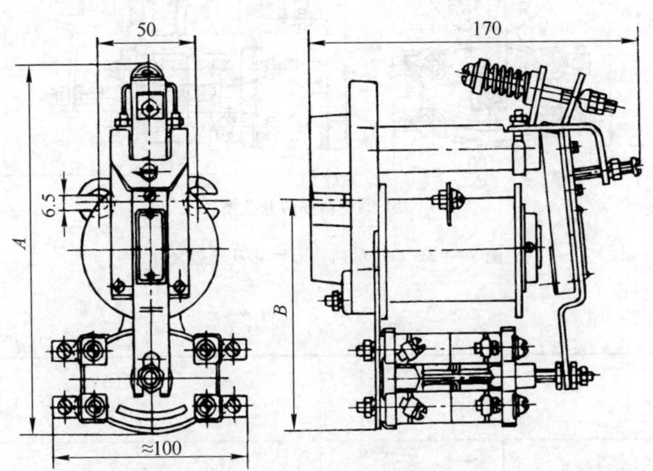


(a) 电压、时间、双线圈和 1.5~5 A 电流继电器外形尺寸及安装尺寸图

图 7－99(a)附表 (mm)

| | $A$ | $B$ |
|---|---|---|
| 2、3 对触头 | ≈160 | ≈180 |
| 4 对触头 | ≈188 | ≈116 |

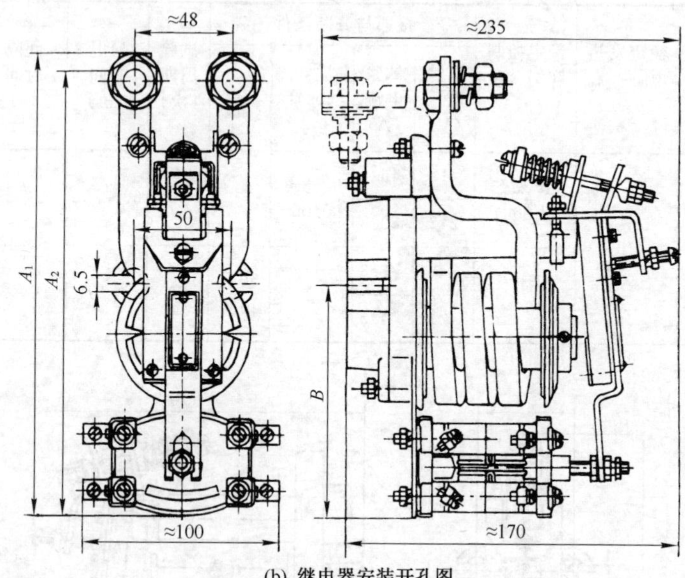


(b) 继电器安装开孔图

**图7-99** JT3系列外形尺寸及安装尺寸

图7-99(b)附表 (mm)

| | $A_1$ | $A_2$ | $B$ |
|---|---|---|---|
| 2、3对触头 | ≈200 | ≈180 | 88 |
| 4对触头 | ≈228 | ≈208 | 116 |

2）JT4系列交流电磁式继电器　用于交流50 Hz、额定电压380 V及以下的自动控制电路中作为零电压(或中间)、过电流和过电压继电器。其技术数据见表7-169。继电器触头通断能力见表7-170。

表 7-169 JT4 系列交流电磁式继电器的技术数据

| 继电器类型 | 可调参数调整范围 | 标称误差 | 返回系数 | 触头数量 | 吸引线圈 额定电压（或电流） | 吸引线圈 消耗功率 | 复位方式 | 机械寿命（次） | 电寿命（次） |
|---|---|---|---|---|---|---|---|---|---|
| JT4-□□A 过电压继电器 | 吸合电压 105%～120%$U_e$ | δZ3（±10%） | 约 0.1～0.3 | 1 常开 1 常闭 | 110、220、380(V) | 75（VA） | 自动 | 15 000 | 15 000 |
| JT4-□□P 零电压继电器 | 吸合电压 60%～85%$U_e$ 或释放电压 10%～35%$U_e$ | | 约 0.2～0.4 | 1 常开 1 常闭或 2 常开或 2 常闭 | 110、127、220、380（V） | | | 100×$10^4$ | 10×$10^4$ |
| JT4-□□L 过电流继电器 | 吸合电流 110%～350%$I_e$ | | 约 0.1～0.3 | | 5、10、15、20、40、80、150、300、600(A) | 5（W） | | 15 000 | 15 000 |
| JT4-□□S 手动过电流继电器 | | | | | | | 手动 | | |

注：$U_e$—吸引线圈额定电压，$I_e$—吸引线圈额定电流；可调范围、标称误差和返回系数均指 20±5℃冷态条件。

表 7-170 JT4 系列触头的通断能力

<table>
<tr><th rowspan="2">电流种类</th><th rowspan="2">额定发热电流(A)</th><th rowspan="2">额定控制容量(V·A)</th><th colspan="4">接通与分断条件</th><th rowspan="2">试验周期(次)</th><th rowspan="2">通电时间(s)</th><th rowspan="2">间隔时间(s)</th></tr>
<tr><th>试验电压(V)</th><th>试验电流(A)</th><th>cos φ</th><th>T (ms)</th></tr>
<tr><td rowspan="2">AC</td><td rowspan="4">10</td><td rowspan="2">JF3 (1 000)</td><td>418</td><td>46</td><td rowspan="2">0.15±0.05</td><td rowspan="2"></td><td rowspan="2">50</td><td rowspan="2">0.06~0.2</td><td rowspan="4">5~10</td></tr>
<tr><td>242</td><td>80</td></tr>
<tr><td rowspan="2">DC</td><td rowspan="2">ZF3 (90)</td><td>121</td><td>4.5</td><td rowspan="2"></td><td rowspan="2">50±15%</td><td rowspan="2">20</td><td rowspan="2">>4T</td></tr>
<tr><td>242</td><td>2.3</td></tr>
</table>

3) JT9、JT10 系列直流电磁式通用继电器　在直流额定电压至 220 V 的电路中,作为过电压、欠电压和欠电流继电器,保护及控制直流电机励磁回路,以及交流绕线式异步电动机反接制动时的反接继电器。其技术数据见表 7-171。

表 7-171 JT9、JT10 直流电磁式通用继电器的技术数据

<table>
<tr><th colspan="2">型　号</th><th>JT9</th><th>JT10</th></tr>
<tr><td colspan="2">持续电流(A)</td><td>20</td><td>15</td></tr>
<tr><td rowspan="2">在电感回路中断开电流(A)</td><td>直流 110 V</td><td>0.6</td><td>4</td></tr>
<tr><td>直流 220 V</td><td>0.15</td><td>2</td></tr>
<tr><td colspan="2">触点断开距离(mm)</td><td>不小于 1.5</td><td>不小于 3</td></tr>
<tr><td rowspan="2">电压线圈</td><td>规格(V)</td><td>直流 12,24,48,110,220,440</td><td>直流 12,24,48,110,220,500</td></tr>
<tr><td>吸引电压</td><td>30%~50%额定电压</td><td>35%~55%额定电压</td></tr>
<tr><td>电流线圈</td><td>规格(A)</td><td>直流 1.5,2.5,5,10,25,50,100,150,300,600,900,1 200</td><td>直流 1.5,2.5,5,10,20,40,80,150,300,600,1 500</td></tr>
</table>

（续表）

| 型号 | | JT9 | JT10 |
|---|---|---|---|
| 电流线圈 | 吸引电流 | 30%～70%额定电流 | 300安以下35%～70%，600安以上28%～45%额定电流 |
| 返回系数 | | 0.7～0.85 | 0.65～0.85 |
| 动作误差 | | ±10% | |
| 消耗功率(W) | | 约12 | |

4) JT18系列直流电磁式通用继电器　在直流额定电压至440 V的主电路、直流额定电压至220 V的控制电路、直流电流至630 A的电路中作控制与保护。继电器(电压、时间)线圈额定工作电压为：24、48、110、220、440(V)；欠电流继电器线圈额定工作电流 $I_e$ 为：1.6、2.5、4、6、10、16、25、40、63、100、160、250、400、630(A)；继电器额定发热电流为10 A，额定绝缘电压为440 V。其他技术数据见表7-172～表7-175。

表7-172　JT18系列电压、欠电流继电器的动作值

| 继电器类型 | 动作值调节范围 | |
|---|---|---|
| | 具有一个触头元件 | 具有两个触头元件 |
| 电压继电器 | 吸合值：(0.3～0.5)$U_e$ 或释放值(0.07～0.2)$U_e$，返回系数不规定 | 吸合值(0.35～0.5)$U_e$ |
| 欠电流继电器 | 吸合值：(0.3～0.65)$I_e$ 或释放值(0.1～0.2)$I_e$，返回系数不规定 | 吸合值(0.35～0.65)$I_e$ |

表7-173　JT18系列延时继电器的延时方式及延时范围

| 施加电压 | 延时方式 | 产品型号 | 延时范围(s) | 备注 |
|---|---|---|---|---|
| ≥0.75$U_e$ | 线圈断开 | JT18-□/1<br>JT18-□/3<br>JT18-□/5 | 0.3～0.9<br>0.8～3<br>2.5～5 | 具有2个触头元件的延时继电器允许降低30% |

（续表）

| 施加电压 | 延时方式 | 产品型号 | 延时范围(s) | 备　注 |
|---|---|---|---|---|
| $\geqslant 0.75U_e$ | 线圈短路 | JT18-□/1<br>JT18-□/3<br>JT18-□/5 | 0.3～1.5<br>1～3.5<br>3～5.5 | 具有2个触头元件的延时继电器允许降低30% |

表7-174　JT18系列触头的技术数据

| 使用类别 | 额定工作电压 $U_e$ (V) | 约定发热电流 $I_{th}$ (A) | 额定工作电流 $I_e$(A) | 通断能力 | | | 电寿命 | | | | | |
|---|---|---|---|---|---|---|---|---|---|---|---|---|
| | | | | | | | | 通断条件 | | 分断条件 | | |
| | | | | 试验电流(A) | 试验电压(V) | cos $\varphi$ 或 $T_{0.95}$ (ms) | 试验电压(V) | 试验电流(A) | cos $\varphi$ 或 $T_{0.95}$ (ms) | 试验电流(A) | cos $\varphi$ 或 $T_{0.95}$ (ms) | 次数(万次) |
| AC | 380 | 10 | 2.6 | 46 | 418 | 0.7 | 380 | 41 | 0.7 | 2.6 | 0.4 | 50 |
| DC | 220 | 10 | 0.27 | 0.9 | 242 | 300 | 220 | 0.8 | 300 | 0.27 | 300 | |

5. 电流继电器

1）JL12系列过电流延时继电器　用于交流50 Hz、额定电压至380 V、直流额定电压至440 V、线圈电流5～300 A电路中，作起重机上交流绕线型电动机或直流电动机的起动、过载、过电流保护。

它由以下三部分组成：① 螺管式电磁系统：线圈、磁轭及铁心。② 阻尼系统：导管(即油杯)、阻尼剂及铁心中的钢珠。③ 触头部分：微动开关。其技术数据见表7-175。动作特性见表7-176。

表7-175　JL12系列过电流延时继电器技术数据

| 产品型号 | 线圈额定电流(A) | 电压(V) | | 触头额定电流(A) |
|---|---|---|---|---|
| | | 交　流 | 直　流 | |
| JL12-5 | 5 | | | |
| JL12-10 | 10 | 380 | 440 | 5 |
| JL12-15 | 15 | | | |

（续表）

| 产品型号 | 线圈额定电流(A) | 电压(V) | | 触头额定电流(A) |
|---|---|---|---|---|
| | | 交流 | 直流 | |
| JL12-20 | 20 | 380 | 440 | 5 |
| JL12-40 | 40 | | | |
| JL12-60 | 60 | | | |
| JL12-75 | 75 | | | |
| JL12-100 | 100 | | | |
| JL12-150 | 150 | | | |
| JL12-200 | 200 | | | |
| JL12-300 | 300 | | | |

表 7-176　JL12 系列过电流延时继电器的动作特性

| 动作电流(A) | 动作时间 |
|---|---|
| $I_e$ | 不动作① |
| $1.5I_e$ | <3 min(热态) |
| $2.5I_e$ | 10±6 s(热态) |
| $6I_e$ | <(1～3)s② |

① 持续通电 1 h 不动作为合格。

② 当环境温度大于 0℃时，动作时间小于 1 s，当环境温度小于 0℃时，动作时间小于 3 s。

2) JL14 系列交直流电流继电器　用于交流 50 Hz、额定电压 380 V 及以下、直流电压 440 V 及以下的控制电路中，作为过电流或欠电流继电器。其技术数据见表 7-177，接点电寿命见表 7-178。

3) JL15 系列电流继电器　它是一种过电流瞬时动作的电磁式继电器。用于交流 50 Hz、额定电压至 380 V 或直流电压至 440 V 额定电流至 1 200 A 的主电路中作为电力系统的过电流保护元件。交流高返回系数继电器用于频繁操作的异步电动机的堵转保护。动作电流 $I_d$ 的动作整定范围见表 7-179。触头的技术数据见表 7-180。

表 7-177　JL14 系列交直流电流继电器技术数据

| 电流种类 | 型　号 | 吸引线圈额定电流(A) | 吸合电流调整范围 | 接点组合 | 备　注 |
|---|---|---|---|---|---|
| 直流 | JL14-□□Z | 1、1.5、2.5、5、10、15、25、40、60、100、150、300、600、1 200、1 500 | 70%～300%$I_e$ | 三常开,三常闭;二常开,一常闭;一常开,二常闭;二常开,一常闭;二常开,二常闭;一常开,一常闭 | |
| | JL14-□□ZS | | 30%～65%$I_e$ 释放电流 10%～20%$I_e$ | | 手动复位 |
| | JL14-□□ZQ | | | | 欠电流 |
| 交流 | JL14-□□J | | 110%～400%$I_e$ | | |
| | JL14-□□JS | | | | 手动复位 |
| | JL14-□□JG | | | | 欠电流 |

注：JL14-□□JG　吸引线圈 $I_e$ 无 1 200 A、1 500 A；JL14-□□J、JL14-□□JS 吸引线圈 $I_e$ 无 1 500 A。

表 7-178　JL14 系列交直流电流继电器接点的电寿命

| 接点额定电流(A) | 接点电压(V) | | 接通电流(A) | 分断电流(A) | | 电寿命(万次) | cos φ | 时间常数 $T$(s) |
|---|---|---|---|---|---|---|---|---|
| | | | | 电感负荷 | 电阻负荷 | | | |
| 5 | 交流 | 380 | 22 | 2.2 | 2.2 | 50 | 0.3～0.4 | — |
| | 直流 | 110 | 6 | 1 | 2 | 50 | — | 0.05～0.1 |
| | | 220 | 3 | 0.5 | 1 | | | |

表 7-179　JL15 系列电流继电器 $I_d$ 的动作整定范围

| 继电器型号 | $I_d$ 整定范围 | 继电器型号 | $I_d$ 整定范围 |
|---|---|---|---|
| JL15-□/01<br>JL15-□/11 | (0.8～3)$I_e$ | JL15-□F | (1.2～4)$I_e$,返回系数不小于 0.65 |
| JL15-□/02<br>JL15-□/22 | (1.2～4)$I_e$ | JL15-□S | 与相应自动复位型相同 |

对于 600 A 及 1 200 A 两种规格，当吸合电流大于 $2I_e$ 时，返回系数允许不小于 0.59。

表 7-180 JL15 系列电流继电器触头的技术数据

<table>
<tr><th rowspan="2">约定发热电流 $I_{th}$(A)</th><th rowspan="2">额定电压 $U_e$ (V)</th><th colspan="4">通断能力</th><th colspan="5">电寿命</th></tr>
<tr><th>电压</th><th>接通电流 (A)</th><th>分断电流 (A)</th><th>cos φ 或 $T_{0.95}$ (ms)</th><th>电压</th><th>接通电流 (A)</th><th>分断电流 (A)</th><th>cos φ $T_{0.95}$ (ms)</th><th>次数 (万次)</th></tr>
<tr><td rowspan="4">5</td><td>AC380</td><td rowspan="4">1.05$U_e$</td><td>50</td><td>5</td><td>0.3～0.4</td><td rowspan="4">$U_e$</td><td>12</td><td>1.2</td><td>0.3～0.4</td><td rowspan="4">50</td></tr>
<tr><td>DC110</td><td>7.5</td><td>1</td><td rowspan="3">0.05～0.1</td><td>4</td><td>0.6</td><td rowspan="3">0.05～0.1</td></tr>
<tr><td>DC220</td><td>4</td><td>0.5</td><td>2</td><td>0.3</td></tr>
<tr><td>DC440</td><td>2</td><td>0.25</td><td>1</td><td>0.15</td></tr>
</table>

机械寿命：控制用(高返回型)的不低于 100 万次,保护用的不低于 50 万次。

4) JL18 系列过电流继电器　用于交流 50 Hz、额定电压至 380 V、直流电压至 440 V,额定电流至 630 A 的电力传动系统中作过电流保护。其技术数据见表7-181。外形尺寸及安装尺寸如图 7-100 所示。

表 7-181 JL18 系列过电流继电器的技术数据

<table>
<tr><td colspan="2">约定发热电流 (A)</td><td colspan="2">10</td></tr>
<tr><td colspan="2">线圈额定电流 (A)</td><td colspan="2">1.0、1.6、2.5、4.0、6.3、10、16、25、40、63、100、160、250、400、630</td></tr>
<tr><td colspan="2">线圈动作电流调整范围</td><td>AC 110%～350%</td><td>DC 70%～300%</td></tr>
<tr><td rowspan="4">接通分断能力</td><td>电压 (V)</td><td>AC418</td><td>DC242</td></tr>
<tr><td>接通分断电流 (A)</td><td>46</td><td>0.9</td></tr>
<tr><td>cos φ 或 $T_{0.95}$</td><td>0.7</td><td>300</td></tr>
<tr><td>次数 (ms)</td><td>50</td><td>20</td></tr>
<tr><td rowspan="4">电寿命参数</td><td>电压 (V)</td><td>380</td><td>220</td></tr>
<tr><td>接通/分断 (A)</td><td>41/2.6</td><td>0.8/0.27</td></tr>
<tr><td>cos φ 或 $T_{0.95}$ (ms)</td><td>0.7</td><td>300</td></tr>
<tr><td>次数 (万次)</td><td colspan="2">10</td></tr>
<tr><td colspan="2">机械寿命 (万次)</td><td colspan="2">10</td></tr>
</table>

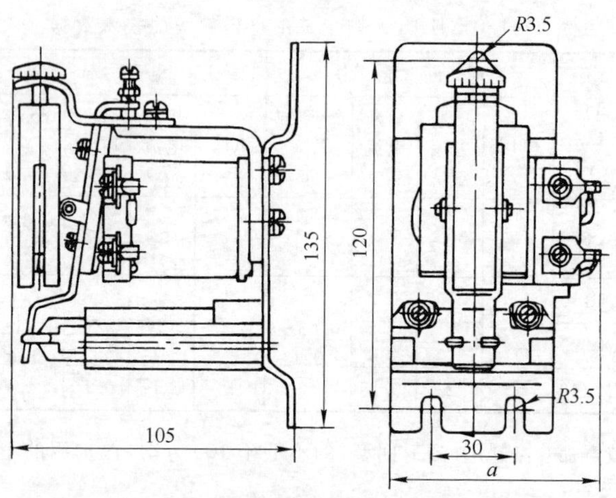


图 7-100　JL18 系列外形尺寸及安装尺寸

图 7-100 附表　　　　(mm)

| 额定工作电流(A) | 1.0～40 | 63 | 100 | 160 | 250 | 400 | 630 |
|---|---|---|---|---|---|---|---|
| $l$ | 77 | 100 | 100 | 102 | 110 | 110 | 115 |

5) JL17-5 交流起动用电流继电器　用于交流 50 Hz、额定电压至 380 V的电路中,作三相绕线型电动机起动调速。其技术数据见表 7-182;外形尺寸及安装尺寸如图 7-101 所示。

表 7-182　JL17-5 交流起动用电流继电器技术数据

| 额定工作电压 $U_e$(V) | | 线　圈 | 触　头 |
|---|---|---|---|
| | | 220、380 | 220、380 |
| 额定工作电流 $I_e$(A) | | 5 | 0.23(DC220)<br>1(AC220、380) |
| 接通与分断能力 | AC-11 | $11I_e$　$1.1U_e$, $\cos\varphi=0.7$ | |
| | DC | $1.1I_e$　$1.1U_e$, $T_{0.95}=300$ | |
| 整定电流调整范围 | (A) | 2～5 | |

(续表)

| | |
|---|---|
| 整定误差值 | ≤±15% |
| 额定操作频率 (次/h) | 1 200(通电持续率 40%) |
| 机械寿命 (万次) | 600 |
| 电气寿命 (万次) | 120 |

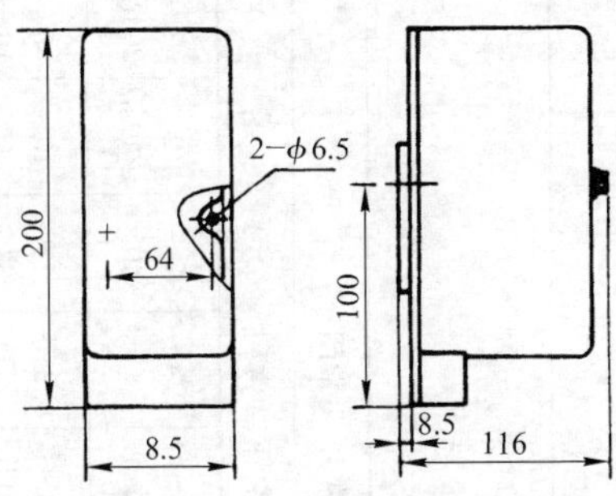


**图 7-101** JL17-5 的外形尺寸及安装尺寸

6. 时间继电器

1) JS11 系列时间继电器　在交流 50 Hz(或 60 Hz)、额定电压至 380 V 的电气自动控制线路中,用来向需要延时的被控电路发送信号。

其技术数据见表 7-183。当施于继电器电磁铁吸引线圈的电压为其额定值的 85%~110%时,继电器能可靠工作。当电源频率为额定值时,继电器经整定后的重复动作误差不超过延时满刻度值的±1%。继电器指针复位时间不超过 0.3 s。继电器的触头容量见表 7-184。

2) JS20 系列晶体管时间继电器　用于交流 50 Hz、额定电压至 380 V 和直流电压至 110 V 的自动控制电路中,可按预定的时间接通或分断电路,在电力拖动,程序控制以及各种自动控制系统中起时间控制。

JS20 系列类型见表 7-185,技术数据见表 7-186。外形尺寸及安装尺寸如图 7-102 所示。延时重复误差≤±3%;当电源电压在额定电压的 85%~105%范围内变化时,延时误差≤±5%;当周围空气温度在+10~50℃范围内变化时,其延时误差≤10%;当继电器动作 12 万次以后,其延时精度的稳定性误差≤±10%。

表 7-183 JS11 的技术数据

| 型号 | | JS11-11 | JS11-21 | JS11-31 | JS11-41 | JS11-51 | JS11-61 | JS11-71 | JS11-12 | JS11-22 | JS11-32 | JS11-42 | JS11-52 | JS11-62 | JS11-72 |
| --- | --- | --- | --- | --- | --- | --- | --- | --- | --- | --- | --- | --- | --- | --- | --- |
| 触头额定电压(V) | | 380 | | | | | | | | | | | | | |
| 触头额定控制容量(V·A) | | 100 | | | | | | | | | | | | | |
| 触头对数 | 瞬动 | 1常开、1常闭 | | | | | | | | | | | | | |
| | 延时 | 3常开、3常闭 | | | | | | | | | | | | | |
| 延时范围 | 50 Hz | 0.4~8 s | 2~40 s | 10~240 s | 1~20 min | 5~120 min | 0.5~12 h | 3~72 h | 0.4~8 s | 2~40 s | 10~240 s | 1~20 min | 5~120 min | 0.5~12 h | 3~72 h |
| | 60 Hz | 0.25~6.5 s | 1~33 s | 10~200 s | 40 s~16 min | 5~100 min | 30 min~16 h | 2~60 h | 0.25~6.5 s | 1~33 s | 10~200 s | 40 s~16 min | 5~100 min | 30 min~10 h | 2~60 h |
| 电源电压 | | 110、127、220、380 | | | | | | | | | | | | | |
| 质量(kg) | | 0.55 | | | | | | | | | | | | | |
| 安装方式 | | 面板式 | | | | | | | 面板式 | | | | | | |

表 7-184　JS11 系列的触头容量

| 额定电压(V) | 接通 | | 断开 | | 操作频率(次/h) | 接通电流通电时间(ms) |
|---|---|---|---|---|---|---|
| | 容量(V·A) | cos φ | 容量(V·A) | cos φ | | |
| 交流 380 | 700 | 0.55±0.05 | 100 | 0.35±0.05 | 1 200 | 60～200 |

表 7-185　JS20 系列类型

| 继电器型号 | 装置式 | 面板式 | 外接式 | 装置式带瞬动触头 | 面板式带瞬动触头 | 外接式带瞬动触头 |
|---|---|---|---|---|---|---|
| 代号 | 0 | 1 | 2 | 3 | 4 | 5 |

表 7-186　JS20 系列技术数据

| | 额定工作电压(V) | | 延时等级(s) |
|---|---|---|---|
| | AC | DC | |
| 通电延时继电器 | 36、110、127、220、380 | 24、48、110 | 1、5、10、30、60、120、180、240、300、600、900 |
| 瞬动延时继电器 | 36、110、127、220 | | 1、5、10、30、60、120、180、240、300、600 |
| 断电延时继电器 | 36、110、127、220 | | 1、5、10、30、60、120、180 |

通电延时型继电器的重复动作间隔时间不小于 2 s;断电延时型继电器的最小通电时间应不小于 2 s;消耗功率不大于 5 W;机械寿命为 60 万次;通电延时型继电器的触头在表 7-187 的试验条件下电寿命为 10 万次。

表 7-187　JS20 系列的电寿命试验数据

| 触头控制电压(V) | | 接通与分断电流(A) | | |
|---|---|---|---|---|
| | | 阻性负载 | 感性负载 | |
| | | | $\cos\varphi=0.4$ | $T=0.007$ s |
| AC | 220 | 5 | 2 | |
| | 380 | 2 | 1 | |
| DC | 6 | 5 | | 4.6 |
| | 12 | 4.6 | | 4.3 |
| | 24 | 3 | | 2.4 |
| | 220 | 1 | | |

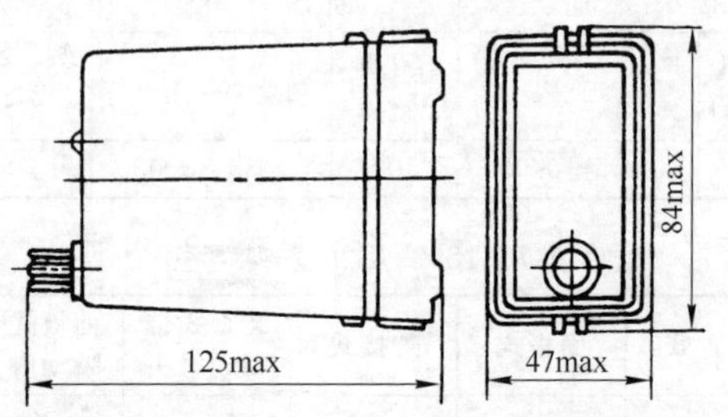


(a) JS20－/00、JS20－/03、JS20－D/00(装置式无波段开关外形尺寸)

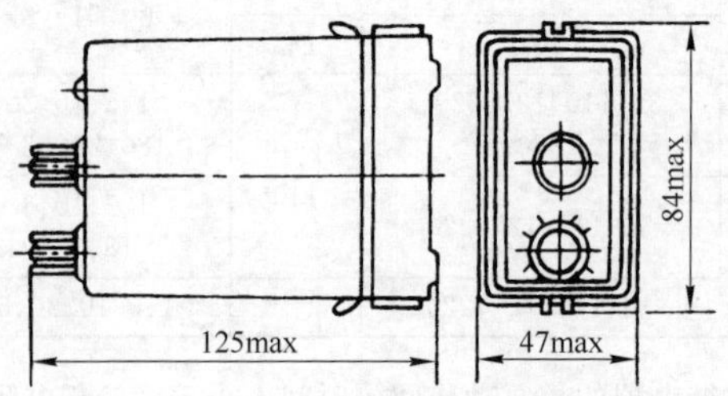


(b) JS20－/10、JS20－/13(装置式带波段开关)外形尺寸

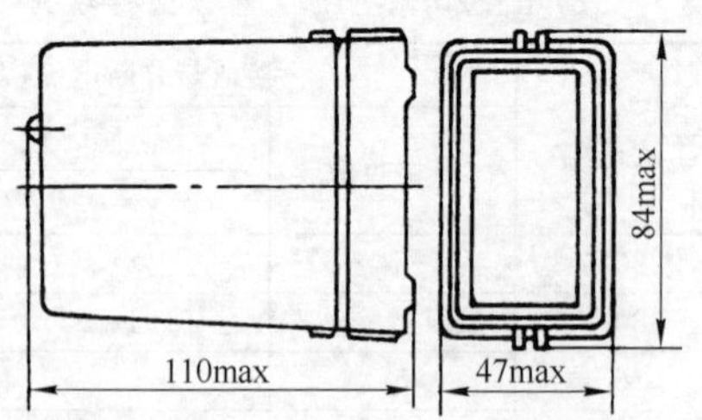


(c) JS20－/02、JS20－/05、JS20－D/02(外接式)外形尺寸

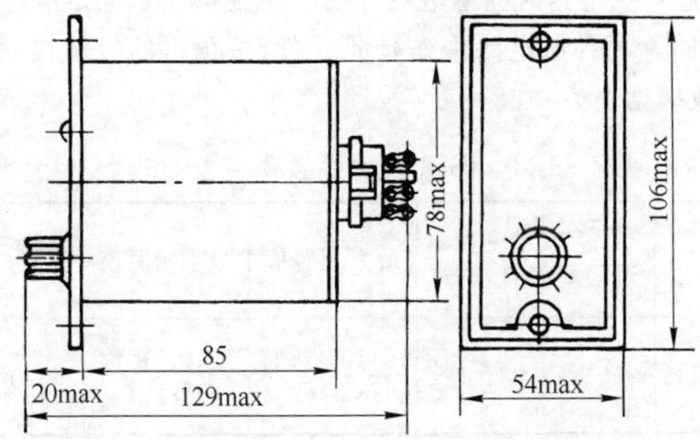


(d) JS20-/01、JS20-/04、JS20-D/01(面板式无波段开关)外形尺寸

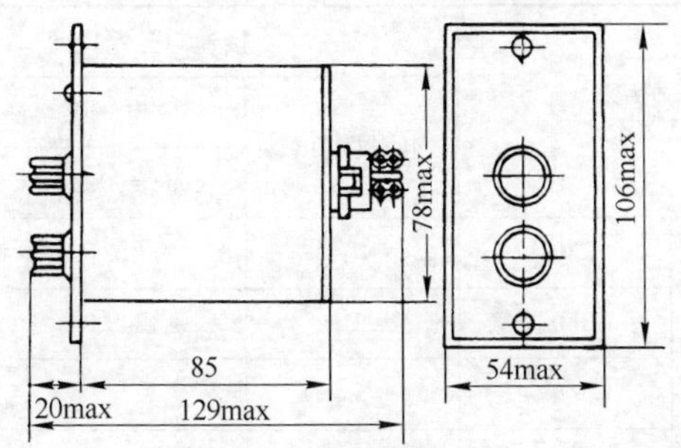


(e) JS20-/11、JS20-/14(面板式带波段开关)外形尺寸

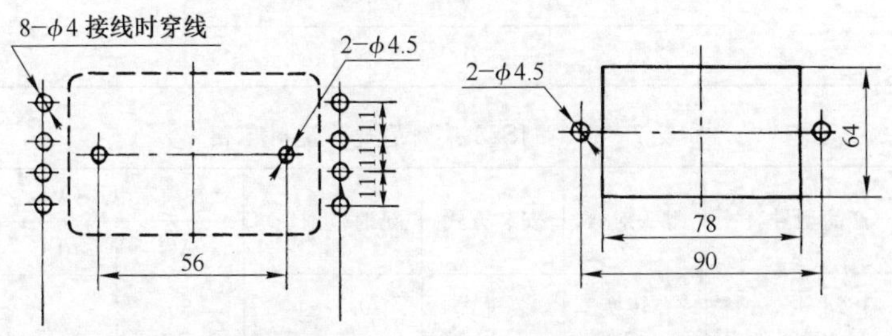


(f) 装置式与外接式继电器本体的安装尺寸图

(g) 面板式继电器本体的安装尺寸图 外接式铭牌尺寸:74×42

**图 7-102**　JS20 系列外形尺寸及安装尺寸

3）JS28型集成电路时间继电器　用于交流50 Hz、额定电压至380 V、直流电压至110 V的控制电路中作延时元件，按预定的时间接通或分断电路。其技术数据见表7-188～表7-190。

表7-188　JS28系列的各项误差和寿命

| 重复误差 | 电源波动误差 | 温度误差 | 精度稳定性误差 | 最大延时值 | 最小延时值 | 机械寿命次数 | 电寿命次数 |
|---|---|---|---|---|---|---|---|
| ≤±1% | ≤±2% | ≤±3% | ≤±3% | ≤110%标称延时值 | ≤10%标称延时值 | 60万 | 10万 |

表7-189　JS28系列的接通与分断能力

| 触头控制电压（V） | | 接通与分断电流（A） | | |
|---|---|---|---|---|
| | | 电阻性负载 | 电感性负载 | |
| | | | $\cos\varphi=0.4$ | $T=0.007$ s |
| AC | 220 | 5 | 2 | — |
| | 380 | 2 | 1 | — |
| DC | 6 | 5 | — | 4.6 |
| | 12 | 4.6 | — | 4.3 |
| | 24 | 3 | — | 2.4 |
| | 220 | 1 | — | — |

表7-190　JS28系列的规格延时范围

| 产品型号表 | 触头对数 | 安装方式 | 延时范围(s) | 额定电压(V) | |
|---|---|---|---|---|---|
| | | | | AC | DC |
| JS28-□ | 2转换 | 装置式 | 0.1～1<br>0.5～5<br>1～10<br>3～30<br>6～60 | 36<br>110<br>127<br>220<br>380 | |
| JS28-□/1 | 2转换 | 面板式 | | | |
| JS28-□/2 | 1转换 | 外接式 | | | |

（续表）

<table>
<tr><th rowspan="2">产品型号表</th><th rowspan="2">触头对数</th><th rowspan="2">安装方式</th><th rowspan="2">延时范围(s)</th><th colspan="2">额定电压(V)</th></tr>
<tr><th>AC</th><th>DC</th></tr>
<tr><td>JS28-□Z</td><td>2转换</td><td>装置式</td><td rowspan="3">12～120<br>18～180<br>24～240<br>30～300<br>60～600<br>90～900<br>120～1 200<br>360～3 600</td><td rowspan="3"></td><td rowspan="3">24<br>48<br>110</td></tr>
<tr><td>JS28-□Z/1</td><td>2转换</td><td>面板式</td></tr>
<tr><td>JS28-□Z/2</td><td>1转换</td><td>外接式</td></tr>
</table>

7. 漏电继电器

1) JD1 系列漏电继电器　用于交流 50 Hz、额定电压至 380 V(或 660 V)三相四线制电流至 250 A 电路中，作检测触电故障。可与低压断路器或交流接触器组成分装式漏电保护组合装置。其技术数据见表 7-191。

表 7-191　JD1 系列漏电继电器的技术数据

<table>
<tr><td rowspan="3">零序电流互感器</td><td colspan="2">孔　径(mm)</td><td colspan="2">30</td><td colspan="2">40</td></tr>
<tr><td colspan="2">额定电流(A)</td><td colspan="2">100</td><td colspan="2">250</td></tr>
<tr><td colspan="2">额定电压(V)</td><td colspan="2">660</td><td colspan="2">660</td></tr>
<tr><td colspan="3">额定漏电动作电流(mA)</td><td>100</td><td>200</td><td>200</td><td>500</td></tr>
<tr><td colspan="3">额定漏电不动作电流(mA)</td><td>50</td><td>100</td><td>100</td><td>250</td></tr>
<tr><td>漏电动作时间[①]<br>(s)</td><td colspan="2">$I_{\Delta e}$[②]<br>$5I_{\Delta e}$</td><td colspan="4">≤0.1<br>≤0.04</td></tr>
<tr><td rowspan="4">转换触头</td><td colspan="2">额定电压(V)</td><td colspan="4">380</td></tr>
<tr><td colspan="2">约定发热电流(A)</td><td colspan="4">5</td></tr>
<tr><td rowspan="2">额定控制容量<br>(V·A)</td><td>接通</td><td colspan="4">3 600</td></tr>
<tr><td>分断</td><td colspan="4">360</td></tr>
<tr><td colspan="3">额定漏电短路电流(A)</td><td colspan="4">4 500</td></tr>
<tr><td colspan="3">机械寿命(次)</td><td colspan="4">10 000</td></tr>
<tr><td colspan="3">电寿命(次)</td><td colspan="4">6 050</td></tr>
</table>

① 即指漏电继电器的动作时间，不包括配用的断路器或接触器的分断时间；
② $I_{\Delta e}$ 指额定漏电动作电流。

2）JD2 型中性点接地式漏电继电器　用于交流 50 Hz、额定电压至 380 V、电力变压器中性点接地的系统中，对有危险的人身触电进行保护。它与低压断路器或交流接触器组合成漏电保护组合装置，额定漏电动作电流不超过 30 mA 的漏电继电器，在其他保护措施失效时，可作为直接接触的补充保护。其技术数据见表 7－192。

表 7－192　JD2 漏电继电器的技术数据

<table>
<tr><td colspan="3">额定电压(V)</td><td colspan="3">220，380</td></tr>
<tr><td colspan="3">额定漏电动作电流 $I_{\Delta n}$(mA)</td><td>30、50、100</td><td>50、100、200</td><td>75、150、300</td></tr>
<tr><td colspan="3">额定漏电不动作电流(mA)</td><td colspan="3">$I_{\Delta e}/2$</td></tr>
<tr><td rowspan="7">分断时间<br>(s)</td><td rowspan="4">快速型</td><td>$I_{\Delta e}$</td><td colspan="3">≤0.2</td></tr>
<tr><td>$2I_{\Delta e}$</td><td colspan="3">≤0.1</td></tr>
<tr><td>0.25 A</td><td colspan="3">≤0.04</td></tr>
<tr><td>$5I_{\Delta e}$</td><td colspan="3">≤0.04</td></tr>
<tr><td rowspan="3">反时限型</td><td>$I_{\Delta e}$</td><td>—</td><td colspan="2">>0.2</td></tr>
<tr><td>$1.4I_{\Delta e}$</td><td>—</td><td colspan="2">>0.1</td></tr>
<tr><td>$4.4I_{\Delta e}$</td><td>—</td><td colspan="2">≤0.05</td></tr>
<tr><td rowspan="6">输出触头</td><td colspan="2">使用类别</td><td colspan="3">AC－15</td></tr>
<tr><td colspan="2">发热试验电流(A)</td><td colspan="3">5</td></tr>
<tr><td rowspan="2">不同工作电压下的工作电流(A)</td><td>220 V</td><td colspan="3">1.5</td></tr>
<tr><td>380 V</td><td colspan="3">0.95</td></tr>
<tr><td rowspan="2">通断容量<br>(V·A)</td><td>接通</td><td colspan="3">3 600</td></tr>
<tr><td>分断</td><td colspan="3">360</td></tr>
<tr><td colspan="3">额定熔断短路电流(A)</td><td colspan="3">1 000</td></tr>
<tr><td colspan="3">额定限制漏电短路电流(A)</td><td colspan="3">1 000</td></tr>
<tr><td colspan="3">机械寿命(次)</td><td colspan="3">10 000</td></tr>
<tr><td colspan="3">电寿命(次)</td><td colspan="3">6 050</td></tr>
<tr><td colspan="3">冲击电压不动作值(V)</td><td colspan="3">7 000</td></tr>
<tr><td colspan="3">耐机械冲击振动</td><td colspan="3" rowspan="2">符合 GB/Z 6829—2008 的有关规定</td></tr>
<tr><td colspan="3">可靠性试验</td></tr>
</table>

3）JD3 系列漏电继电器　用于交流 50 Hz、额定电压为 380 V，额定电流至 800 A 的电路中，对穿过零序电流互感器的主电路产生漏电触电时能发出动作信号，带动其他控制电器切断主电路或报警。JD3－40 型漏电继电器是分装式的漏电保护器，零序电流互感器和电子组件板、转换触头分别装在两个绝缘外壳中，可以分别安装在两边配合使用。JD3－70、JD3－100 漏电继电器结构形式均为分装式和组合式。其技术数据见表 7－193。外形尺寸及安装尺寸如图 7－103 所示。

表 7－193　JD3 系列的技术数据

| 型　号 | 零序电流互感器 | | | 转换触头额定容　量（V·A） | 额定漏电动作电流 $I_{\Delta n}$（mA） | 额定漏电不动作电流 $I_{\Delta no}$（mA） | 漏电动作时间（s） | | | | |
|---|---|---|---|---|---|---|---|---|---|---|---|
| | 额定电压（V） | 额定电流（A） | 贯穿孔直径（mm） | | | | 快速型 | | 延　时　型 | | |
| | | | | | | | $I_{\Delta n}$ | $5I_{\Delta n}$ | 额定延时时间 | $I_{\Delta n}$ 延时时间 | $5I_{\Delta n}$ 延时时间 |
| JD 3－40 | 380 | 200 | ϕ40 | 220×3 | 50、100、200、300、500 分级可　调 | $0.5I_{\Delta n}$ | ≤0.2 | ≤0.04 | 0.4 | ＜0.6 | 0.2～0.44 |
| JD 3－70 | | 400 | ϕ70 | | | | | | 1 | ＜1.2 | 0.5～1.04 |
| JD 3－100 | | 800 | ϕ100 | | | | | | 2 | ＜2.2 | 1～2.04 |

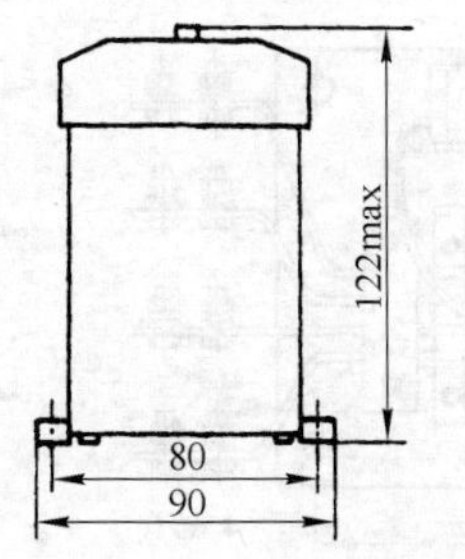


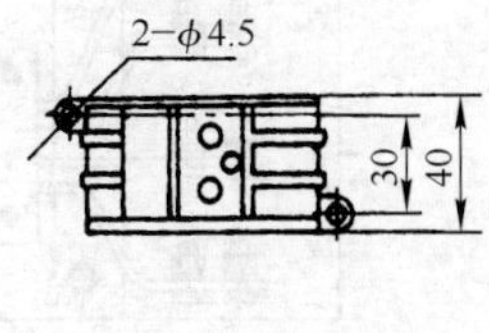


(a) 分装式继电器部分

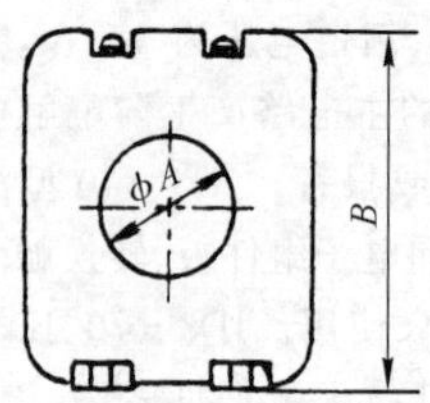


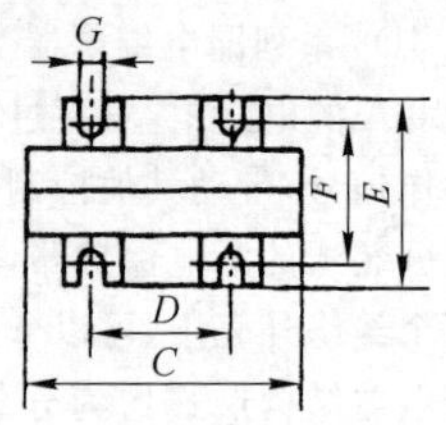


(b) JD3-40 分装式零序电流互感器

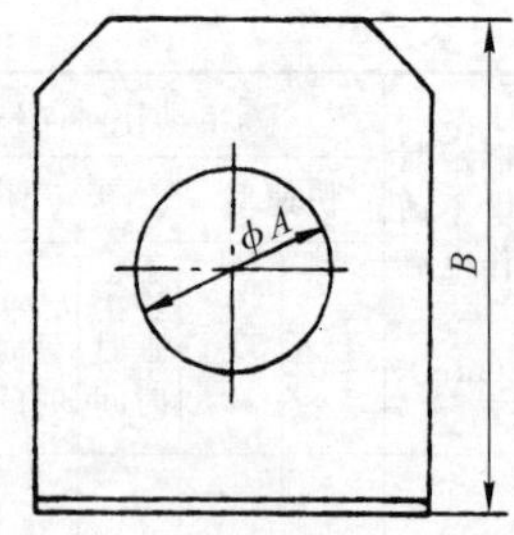


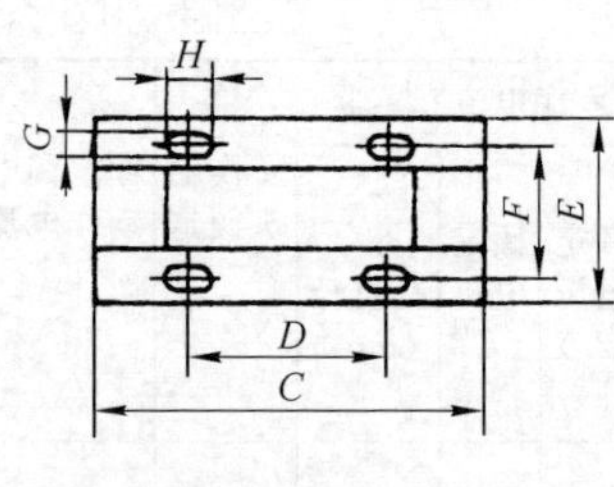


(c) JD3-70、100 分装式零序电流互感器

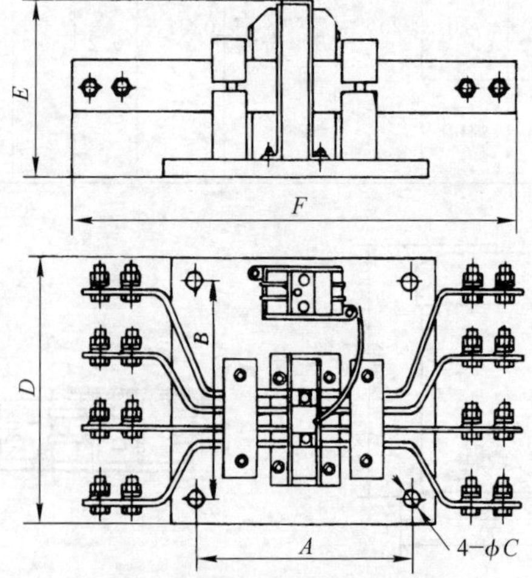


(d) 组装式继电器外形尺寸及安装尺寸

图 7-103 JD3 系列外形尺寸及安装尺寸

图 7-103 附表　(mm)

| 型　号 | A | B | C | D | E | F | G | H |
|---|---|---|---|---|---|---|---|---|
| JD3-40 | 40 | 94 | 81 | 42 | 50 | 38 | 6 | — |
| JD3-70 | 70 | 123.5 | 105 | 70 | 59 | 43 | 7.5 | 13.5 |
| JD3-100 | 100 | 159.5 | 135 | 100 | 64 | 48 | 7.5 | 16 |

(mm)

| 型　号 | A | B | C | D | E | F |
|---|---|---|---|---|---|---|
| JD3-70 | 170 | 170 | 11 | 210 | 140 | 374 |
| JD3-100 | 170 | 200 | 13 | 250 | 175 | 429 |

8. 热过载继电器的选用

选用时,必须了解被保护对象的工作环境、起动情况、负载性质、工作制,以及电动机允许的过载能力。应使热继电器的安秒特性位于电动机的过载特性之下,并尽可能地接近,甚至重合,以充分发挥电动机的能力,同时使电动机在短时过载和起动瞬间($5\sim6I_e$)时不受影响。图 7-104 为热继电器与电动机特性匹配的示意图。

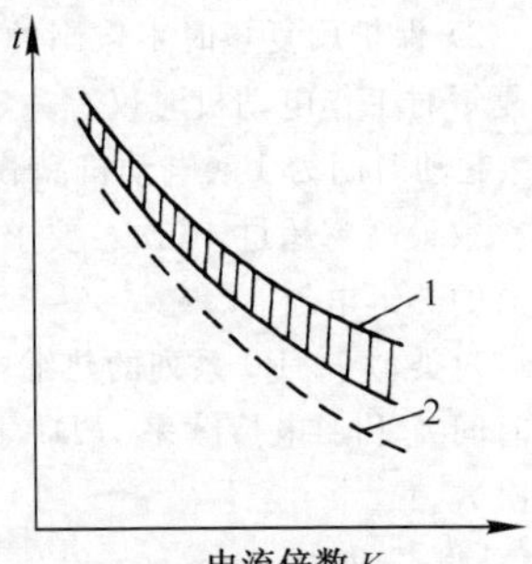


**图 7-104**　热继电器保护电动机的特性匹配

1—电动机的过载特性;
2—热继电器的保护特性

热继电器的正确选用与电动机的工作制密切有关:

1) 保护长期工作或间断长期工作的电动机时热继电器的选用　根据电动机的起动时间,选取 $6I_e$ 下具有相应可返回时间的热继电器。通常在 $6I_e$ 下热继电器的可返回时间 $t_F$ 与动作时间 $t_D$ 有下列关系:

$$t_F = (0.5 \sim 0.7)t_D$$

一般常按电动机的额定电流选取,使热继电器的整定值为 $0.95\sim1.05I_e$ 或选取整定电流范围的中值为电动机的额定工作电流。热继电器的旋钮即应调到该额定值,否则将不能起到保护作用。

对于Y接法电动机，一相断线后，流过热继电器的电流与流过电动机未断相绕组的电流增加比例是一致的。不带断相保护的三相热继电器也能反应一相断线后的过载，对断相运行起保护作用。

对于△接法电动机，一相断线后，流过热继电器的电流与流过电动机绕组的电流增加比例是不同的，其中最严重的一相比其余串联的两相绕组电流要大一倍。应该选用带有断相运行保护装置的热继电器。

从负载大小来分析，一般只有当△接法的小容量笼型异步电动机在50%～67%负载下运行时，出现一相断电的情况下才选用带断相保护的热继电器；当负载大于67%额定功率时，产生一相断电时，即使不带断相保护装置的一般热继电器也能动作。

各种故障情况下的电流值见表7-194。

三相与两相热继电器的选用：两相热继电器与三相热继电器具有相同的保护效果，制造两相的能节省材料和工时，调试也较简单，应尽量选用两相热继电器。只有在电动机定子绕组一相断线；多台电动机的功率差别比较显著；电源电压显著不平衡；Y-△(或△-Y)接法的电源变压器一次侧断线才选用三相的。

2) 保护反复短时工作制的电动机时热继电器的选用　热继电器用于反复短时工作电动机时仅有一定范围的适应性，当电动机起动电流倍数为$6I_e$、起动时间为1 s、电动机满载工作、通电持续率为60%时，每小时允许操作次数最高不超过40次。要求更高的操作频率时，可选用带速饱和电流互感器的热继电器。

对类似于JR0系列的热继电器，可根据电动机的起动电流倍数$K_q$、起动时间$t_1$和通电持续率($TD$)，按图7-105通过作图法求出每小时允许操作次数。

［例］ 如$K_q=6$，$t_1=1.2$ s，负载电流倍数$K_M=1$(满负载)，整定电流$K_j=1$，$TD=60\%$条件下，求允许操作次数。

在$K_q/K_M$轴上取比值=6($a$点)，在$t_1$轴取值1.2 s(b点)，连$ab$。

在$K_j/K_M$轴取$K_j/K_M=1$($c$点)，连$mc$。

在$TD$轴上取值60%($d$点)，作$de/\!/mc$，交$K_j/K_M$轴于$e$点。

过$e$点作$ef/\!/ab$，在$Z_j$轴上交于$f$点，得到$Z_j=45$次/h，即为热继电器用于该电动机时的每小时允许操作次数。

3) 特殊工作制电动机的保护　正反转及密集通断工作的电动机不宜

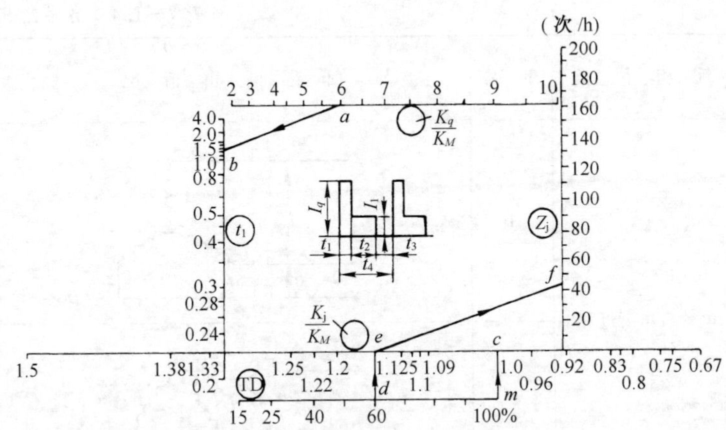


**图 7-105**　热继电器允许操作频率估算图

$K$—选用系数 0.8～0.9(图中选用值为 0.9)；$K_q$—电动机起动电流倍数，$K_q = I_q/I_{eM}$；$K_M$—电动机负载电流倍数，$K_M = I_1/I_{eM}$；$I_{eM}$—电动机额定电流；$I_q$—电动机起动电流；$I_1$—电动机负载电流；$I_j$—热继电器整定电流；$t_1$—电动机起动时间(秒)s 坐标；$K_j$—热继电器整定电流倍数，$K_j = I_j/I_{eM}$；$TD$—通电持续率，

$$TD = [(t_1 + t_2)/t_4] \times 100\%$$

采用热继电器来保护，可选用埋入电动机绕组的温度继电器或热敏电阻来保护。

9. 电磁式控制继电器的选用

继电器是组成各种控制系统的基础元件，因此选用时须综合考虑继电器的适用性、功能特点、使用环境、工作制，额定工作电压及额定工作电流等，做到选用恰当、使用合理，才能保证系统可靠地工作。

1）类型和系列的选用　按继电器的类型及用途，按被控制或被保护对象的工作要求来选择继电器的种类。然后根据灵敏度或精度要求来选择恰当的系列。在选择系列时也要注意继电器与系统的匹配性。例如电流继电器的特性有图 7-106 所示的四种，可按不同要求选取。

如时间继电器有直流电磁式、交流电磁式(气囊结构)、同步电动机式、晶体管式等，它们的精度、延时范围、操作电源等均不一样，应根据系统要求综合协调选用。

2）使用环境的选用　继电器一般为普通型，选用时须考虑继电器安装

表 7-194 各种断相

| 断相种类 | 序号 | 回路断相情况 |
|---|---|---|
| 电动机电源断相 | 1 | 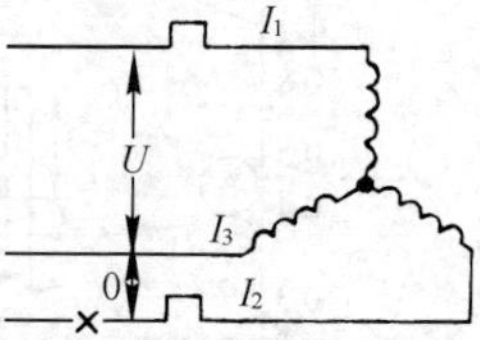 $I_1$ $U$ $I_3$ 0 $I_2$ |
| | 2 | 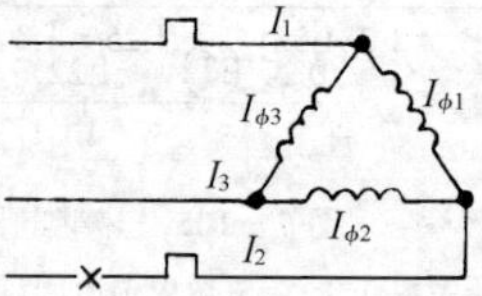 $I_1$ $I_{\phi3}$ $I_{\phi1}$ $I_3$ $I_{\phi2}$ $I_2$ |
| 电动机绕组断相 | 3 | 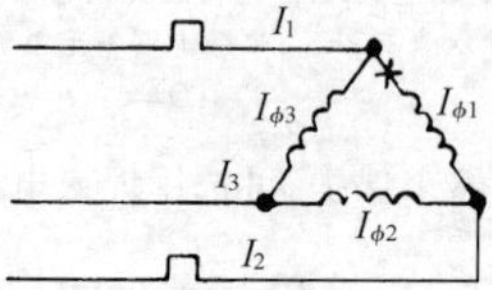 $I_1$ $I_{\phi3}$ $I_{\phi1}$ $I_3$ $I_{\phi2}$ $I_2$ |
| 变压器一次侧断相 | 4 | 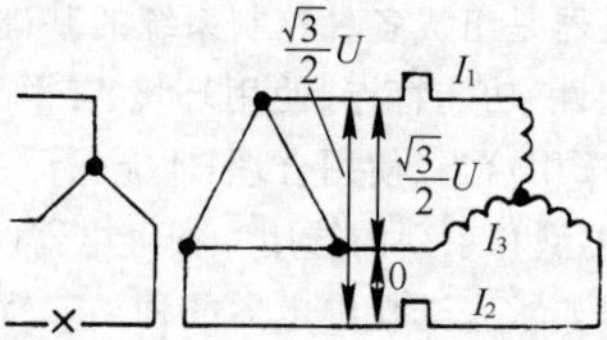 $\frac{\sqrt{3}}{2}U$ $I_1$ $\frac{\sqrt{3}}{2}U$ $I_3$ 0 $I_2$ |
| | 5 | 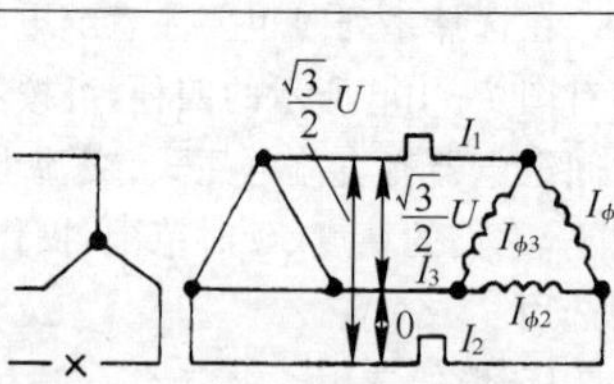 $\frac{\sqrt{3}}{2}U$ $I_1$ $\frac{\sqrt{3}}{2}U$ $I_{\phi1}$ $I_{\phi3}$ $I_3$ $I_{\phi2}$ 0 $I_2$ |

情况下的电压、电流值

| 起动电流 | 运转中断相情况 | | |
|---|---|---|---|
| | 满载时电流 | 轻载时电流 | |
| $I_1 = I_3 = 0.866I_l$<br>$I_2 = 0$ | $I_1 = I_3 = 1.73I_{\phi}$<br>$I_2 = 0$ | 58%负载 | $I_1 = I_3 = I_{\phi}$<br>$I_2 = 0$ |
| $I_1 = I_3 = 0.866I_l$<br>$I_2 = 0$<br>$I_{\phi 1} = I_{\phi 2} = 0.5I_l$<br>$I_{\phi 3} = I_l$ | $I_1 = I_3 = 1.73I_{\phi}$<br>$I_2 = 0$<br>$I_{\phi 1} = I_{\phi 2} = I_{\phi}$<br>$I_3 = 2I_{\phi}$ | 58%负载 | $I_1 = I_3 = I_{\phi}$<br>$I_2 = 0$<br>$I_{\phi 1} = I_{\phi 2} = 0.58I_{\phi}$<br>$I_3 = 1.15I_{\phi}$ |
| $I_1 = I_2 = 0.58I_l$<br>$I_3 = I_l$<br>$I_{\phi 1} = 0$<br>$I_{\phi 3} = I_{\phi 2} = I_l$ | $I_1 = I_2 = 0.866I_{\phi}$<br>$I_3 = 1.5I_{\phi}$<br>$I_1 = 0$<br>$I_3 = I_2 = 1.5I_{\phi}$ | 67%负载 | $I_1 = I_2 = 0.58I_{\phi}$<br>$I_3 = I_{\phi}$<br>$I_{\phi 2} = I_{\phi 3} = I_{\phi}$ |
| | | 115%负载 | $I_1 = I_2 = I_{\phi}$<br>$I_3 = 1.73I_{\phi}$<br>$I_{\phi 2} = I_{\phi 3} = 1.73I_{\phi}$ |
| $I_1 = I_l$<br>$I_2 = I_3 = 0.5I_l$ | $I_1 = 2I_{\phi}$<br>$I_2 = I_3 = I_{\phi}$ | 50%负载 | $I_1 = I_{\phi}$<br>$I_2 = I_3 = 0.5I_{\phi}$ |
| | | 100%负载 | $I_1 = 2I_{\phi}$<br>$I_2 = I_3 = I_{\phi}$ |
| $I_1 = I_l$<br>$I_2 = I_3 = 0.5I_l$<br>$I_{\phi 1} = I_{\phi 2} = 0.866I_l$<br>$I_{\phi 2} = 0$ | $I_1 = 2I_{\phi}$<br>$I_2 = I_3 = I_{\phi}$<br>$I_{\phi 1} = I_{\phi 2} = 1.73I_{\phi}$<br>$I_{\phi 1} = 0$ | 50%负载 | $I_1 = I_{\phi}$, $I_2 = I_3 = 0.5I_{\phi}$<br>$I_{\phi 1} = I_{\phi 3} = 0.866I_{\phi}$<br>$I_{\phi 2} = 0$ |
| | | 100%负载 | $I_1 = 2I_{\phi}$<br>$I_2 = I_3 = I_{\phi}$<br>$I_{\phi 1} = I_{\phi 3} = 1.73I_{\phi}$ |

| 断相种类 | 序号 | 回路断相情况 |
| --- | --- | --- |
| 变压器一次侧断相 | 6 | 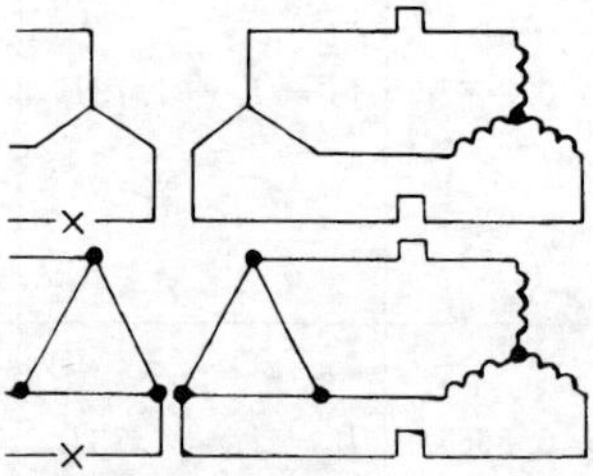 |
| | 7 | 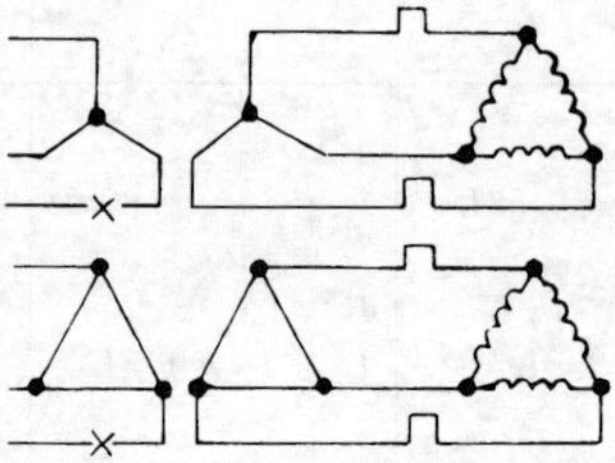 |
| 多台电动机共用电源断相 | 8 | 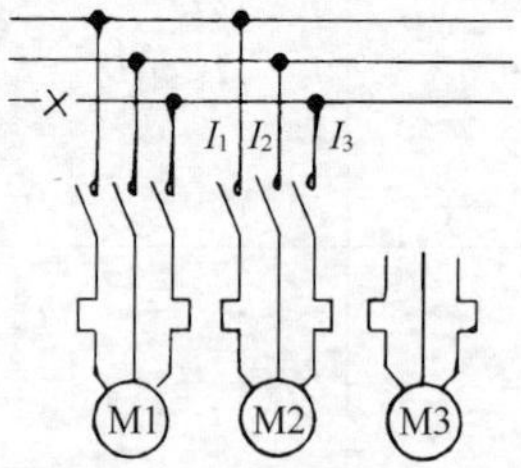 $I_1$ $I_2$ $I_3$ M1 M2 M3 |

注：$I_4$—相电流；$I_1$、$I_2$、$I_3$—断相时的电流。

（续表）

| 起　动　电　流 | 运　转　中　断　相　情　况 | |
|---|---|---|
| | 满载时电流 | 轻　载　时　电　流 |
| 同序号 1 | 同序号 1 | 同序号 1 |
| 同序号 2 | 同序号 2 | 同序号 2 |
| 与序号 1、2 对应相同 | 注：1）如运转中断相时，负载率大于 67%，则二相或三相热继电器均能可靠保护；<br>2）负载小于 50%，则电动机不会过载；<br>3）负载率为 50%～67%时，须用断相保护热继电器；<br>4）当 $M_1$ 或 $M_2$ 与 $M_3$ 功率比在 10∶1 以上时，小电动机一相电流可能过载，应用双相热继电器保护 | |

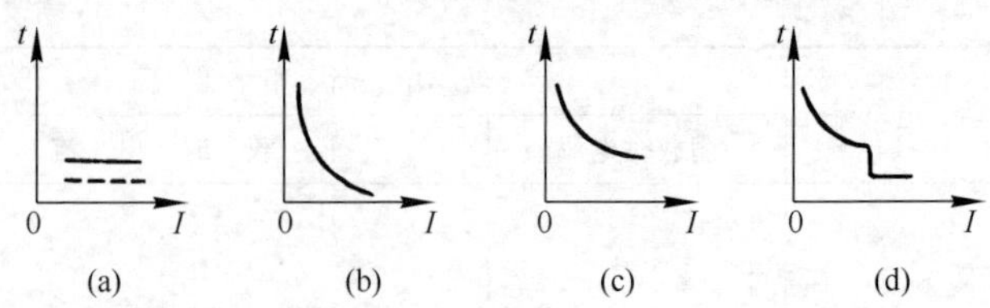


**图 7-106** 各种继电器的工作特性

(a) 瞬时动作(虚线)和定时限动作(实线)特性;(b),(c) 反时限动作特性;
(d) 反时限与瞬时动作特性

地点的周围环境温度、海拔高度、相对湿度、污染等级及冲击、振动等条件,以便确定继电器的结构特征和防护类别。如继电器用于钢厂、矿山等尘埃较多的场所时,应选用带罩壳的全封闭式继电器;如用于湿热带地区时,应选用温热带型(TH),才能保证继电器正常而可靠地工作。

3) 使用类别的选用 继电器的典型用途是控制交、直流电磁铁,控制交、直流接触器的线圈等,IEC947-5-1 规定的继电器使用类别为:

AC-15:控制交流电磁铁;DC-13:控制直流电磁铁。继电器所控制的负载性质及通断条件,是选用继电器的主要依据,并与控制电路的实际要求相比较,视其能否满足需要。

4) 额定工作电压、额定工作电流的选用 继电器在相应使用类别下触头的额定工作电压 $U_e$ 和额定工作电流 $I_e$,是表征该继电器触头所能切换电路的能力。继电器的最高工作电压可认为该继电器的额定绝缘电压 $U_i$。继电器的最高工作电流应小于该继电器的额定发热电流 $I_{th}$。

国内目前不少样本或铭牌上,说明的往往是该继电器的额定发热电流,而不是额定工作电流。

选用电压线圈的电流种类和额定电压值时,应注意与系统要求一致。

5) 工作制的选用 继电器一般适用于八小时工作制(间断长期工作制)、反复短时工作制和短时工作制,工作制不同对继电器的过载能力要求也不同。继电器用于反复短时工作制的额定操作频率通常在样本中有所说明。继电器用于反复短时工作制时,由于吸合时有较大的起动电流,因此它的负担反比长期工作制时为重,使用中实际操作频率应低于额定操作频率。

10. 安装和维护

对控制继电器而言,最重要的是可靠运行和动作准确,这不仅取决于继电器本身的性能，而且与是否正确选用及合理维护有很大关系，在控制继电器安装、调整及运行中都应注意。

1）安装前的检查　具体见以下几项：

（1）按控制线路和设备的要求，仔细核对继电器的铭牌数据，如线圈的额定电压、电流、整定值以及延时等参数是否符合要求。

（2）检查继电器的活动部分是否动作灵活、可靠，外罩及壳体是否有损坏或缺件等情况。

（3）去除部件表面污垢，例如中间继电器双E形铁心表面的防锈油，以保证运行的可靠。

2）安装及接线的检查　具体见以下几项：

（1）安装接线时，应检查接线是否正确，使用导线是否适宜，所有安装、接线螺钉都应上紧。

（2）对电磁式控制继电器，应在触头不带电情况下，使吸引线圈带电操作几次，看继电器动作是否可靠；对要求较严的时间控制，也要通电校准，有条件或有必要时，还可进行回路的统调检查，看看是否完成程序要求，以便对各元件进行检查和调整。

（3）对保护用继电器，如过电流继电器、欠电压继电器等应再次检查其整定值是否合乎要求，待确认或调整准确后，方可投入运行，以保证对电路及设备的可靠保护。

3）运行和维护　具体见以下几项：

（1）定期检查继电器各零部件有否松动、损坏、锈蚀；活动部分是否有卡住现象，如有应及时修复或更换。

（2）触头应保持清洁和接触可靠。在触头磨损至1/3厚度时，需考虑更换。若有较严重的烧损、起毛刺等现象，可用小锉锉修，并用四氯化碳或酒精擦净表面，切忌用砂纸打磨。在触头修过后，应注意调整好触头开距、超程、触头压力及反作用力等。

（3）电磁继电器整定值的调整应在线圈工作温度下进行，防止冷态和热态下对动作值产生影响。

（4）应经常注意环境条件的变化，若发生温度的急剧变化、空气湿度的改变、冲击振动条件的变化，以及有害气体或尘埃的侵袭等不符合继电器使用环境时，要有可靠的防护措施，保证继电器工作的可靠性。

（5）经常监视继电器的工作情况，及时处理各种异常工作状态。

11. 温度继电器的选用

温度继电器用于电机保护时,温度继电器应装入电机绕组端部线圈内并绑扎牢固,每相绕组应装入一个,常闭触头与控制回路串接,然后进行绝缘浸烘处理,若是对新电机选用比电机绕组绝缘等级低一档耐受温度规格的温度继电器,以环氧树脂粘贴于电机绕组端部,其引线由电机本身的出线孔接出。

不同绝缘等级的电机应选用不同额定动作温度的温度继电器,考虑到实际使用中热传导的滞后性,继电器的额定动作温度应选择得比电机绕组绝缘等级极限温度略为偏低些。

用于冷却回路及大电流母线等类似场合的超温报警时,可直接用环氧树脂粘上,如加一固定夹效果更好。

温度继电器安装使用时,应避免碰电机的外壳和封装时的损伤,否则会影响保护效果或失效。

12. 电子式时间继电器的选用条件

在下列情况下,可以选用电子式时间继电器。

(1) 当电磁式时间继电器不能满足要求时。

(2) 当要求延时的精度较高时。

(3) 控制回路相互协调需要无触点输出等。

13. 漏电继电器的选用与安装调整

1) JD1系列的选用　与带有分励脱扣器或失压脱扣器的断路器、接触器、电磁起动器等组合使用,当回路中漏电电流达到规定值时切断主回路,以达到漏电保护目的,如图7-107(a)所示。出现漏电故障时,在某些不允许断电而希望发出报警信号的电路中,采用漏电继电器与声光指示器组合使用,以达到保护的目的,如图7-107(b)所示。零序电流互感器和信号执行元件需分别安装时,或漏电检测处离操作地点较远,需将零序电流互感器和信号执行元件分开安装时,可选用分装式漏电继电器,如在变压器二次侧中性点接地线处安装漏电继电器,如图7-107(c)所示。

2) 漏电继电器的安装调整具体见以下几项:

(1) 漏电继电器的漏电保护特性由制造厂调整整定,在使用中不能将漏电继电器打开自行调整。

(2) 漏电继电器在新安装或运行一定时间后(一般为一个月),需在合闸通电状态下按动试验按钮,检查漏电继电器的漏电保护动作是否正常。

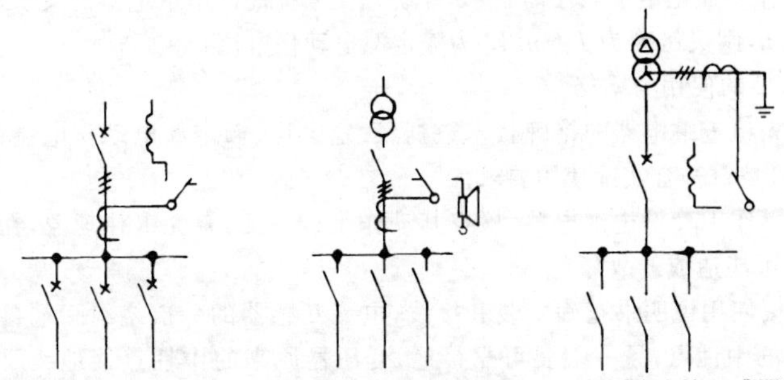

(a) 与脱扣器组合使用　(b) 与声光指示器组合使用　(c) 与零序电流互感器组合使用

**图 7-107**　JD1 系列漏电继电器三种使用方法

按下试验按钮后，漏电继电器必须迅速动作。试验按钮不能长期按住不放。每次操作之间必须有 10 s 以上的间隔时间。

(3) 漏电继电器动作后，需重新投入运行时，应先按动合闸按钮，使漏电继电器复位。

(4) 当选用分装式漏电继电器时，零序电流互感器和信号执行元件之间的连接导线应按表 7-195 选取。

表 7-195　连接导线选用表

| 导线长度<br>(m) | 导线截面积<br>($mm^2$) |
| --- | --- |
| 5<br>10 | >0.6<br>>1.2 |

(5) 在漏电继电器保护的电路中，用电设备外壳的接地线不得与工作零线相连接，以免产生误动作，实施接零保护的系统中，应将用电设备外壳和漏电继电器前的零线相连接，但不能穿过漏电继电器的贯穿孔。

(6) 在漏电继电器保护的电路中，用电设备外壳的接地线不得与不用漏电继电器的用电设备外壳接地线共用一个接地体。

(7) JD1-100 的贯穿孔为 $\phi$30 mm，JD1-250 的贯穿孔为 $\phi$40 mm，对应的额定电流为 100 A 和 250 A 的四根电缆线穿过此贯穿孔。被保护电路的额定电流小于此数值时，同样可以使用，只要漏电电流达到额定漏电动作电流就能动作。额定电流较小时,可多穿绕几匝来提高漏电继电器的灵敏度,如匝数为 $n$,则灵敏度为 $I_{\Delta e}/n$($I_{\Delta e}$为额定漏电动作电流)。

2) JD2 的使用与维修

(1) 先检查继电器的铭牌技术数据(额定电压、额定漏电动作电流、分断时间等)是否符合实际使用要求。

(2) 操作 JD2 漏电继电器,检查其动作是否灵活,有无卡住现象,在运输过程中可能造成的故障。

(3) 按使用说明书正确安装和接线,电流互感器的一次绕组一端接电源变压器的中性点,另一端要可靠接地,变压器原来的中性点接地线要解开,试验装置的一端也要可靠接地,但不能与电流互感器一次绕组使用同一接地体,以便在操作试验按钮时,同时能检查电流互感器一次绕组接地是否良好。

(4) 在 JD2 漏电继电器保护的电路中,用电设备的外壳接地线不得与工作零线相连。

(5) JD2 漏电继电器的漏电保护特性由制造厂调整整定,用户不可自行打开重新调整。

(6) 在新安装和运行一段时间后(一般间隔一个月),需在合闸通电状态下按动试验按钮,检查漏电动作是否正常。

(7) 被保护电路发生故障而动作后,要查明原因,排除故障后,方可再操作,操作的顺序是,先将 JD2 漏电继电器复位投入,后将与它组合的低压断路器或交流接触器投入。在操作漏电继电器时,应先将手柄向"分"位置扳动一下,使操作机构"再扣"后再合闸。

(8) 应根据气候条件、电网状况及时将额定漏电动作电流值调至最合适位置。

(9) 每经过一段时间后(例如定期检修时),应清除附于漏电继电器上的灰尘,以保证漏电继电器的绝缘良好。

(10) 安装地点要保持一定的清洁环境,不能将漏电继电器安装在多尘或露天场所。

3) JD3 的使用与维修

(1) 正确安装和接线,零序电流互感器和继电器之间的漏电信号线可采用双股塑料绞合线,当距离超过 10 m 时,应采用双芯屏蔽线,其屏蔽层应与继电器的"JE"接线端连接。

(2) 被保护电路的电缆穿过零序电流互感器的贯穿孔,工作零线穿过贯穿孔后不能接地。

(3) 漏电继电器在新安装和运行一定时间后(一般每隔一个月),需在通电状态下按动试验按钮,检查漏电保护性能是否正常。对于快速型漏电继电器,按下试验按钮后,漏电继电器必须迅速动作(指示灯亮);对于延时型漏电继电器,按下试验按钮后,不要松手,漏电继电器应在额定延时动作时间内动作(灯亮)。

(4) 漏电继电器的漏电保护特性和延时时间已由制造厂整定好,不可自行调整和整定。

(5) 根据气候条件及电网漏电状况,漏电电流调节螺钉应及时调整在合适的漏电动作电流挡上。

(6) 在使用遥控操作时,应另设±12 V电源,可采用简单的电源变压器整流滤波电路(滤波电容不小于100 μF)或其他电源。

(7) 当发生漏电故障使漏电继电器动作后,应查明并排除故障后再复位投入运行。

14. 热继电器的维护

1) 安装和维护

(1) 热继电器安装的方向须与产品说明书中规定的方向相同,一般不得超过5°,连接线的材料和截面积须符合规定,见表7-196。当热继电器与其他电器装在一起使用时,尽可能将它装在其他电器的下面,以免受其发热的影响。热继电器的盖子要盖好。开关箱的壳盖也要按正常的情况盖好。

表7-196 热继电器连接用紫铜导线截面积

| 热元件额定电流 $I_e$(A) | $I_e < 11$ | $11 < I_e \leqslant 22$ | $22 < I_e \leqslant 33$ | $33 < I_e \leqslant 45$ | $45 < I_e \leqslant 63$ | $63 < I_e \leqslant 100$ | $100 < I_e \leqslant 160$ |
|---|---|---|---|---|---|---|---|
| 紫铜绝缘导线截面积 ($mm^2$) | 2.5 (1.5) | 4 | 6 | 10 | 16 | 25 | 35 (50) |

(2) 检视热继电器热元件的额定电流值或调整旋钮的刻度值是否与电动机的额定电流值相当。如不相当,则要更换热元件,重新进行调整试验,或转动调整旋钮的刻度使之符合要求。有时为了特殊的需要或由于热继电

器与电动机分别安装在两处，而两处的环境温度差异较大时，两者的电流值可以略有不同。

调整试验可按图 7－108 进行。各相热元件串联连接，对具有断相保护的热元件可将热元件分相串联试验，试验中应采用稳流电源或稳压电源，以保证试验电流的稳定。试验应尽量在周围空气温度为 20±5℃的条件下进行。试验时，热继电器通以 $1.05I_e$，待发热稳定后立即将电流提升到 $1.2I_e$，经 2～3 min 后旋动电流调节凸轮使热继电器动作，该刻度即为热继电器所要求的整定电流值。

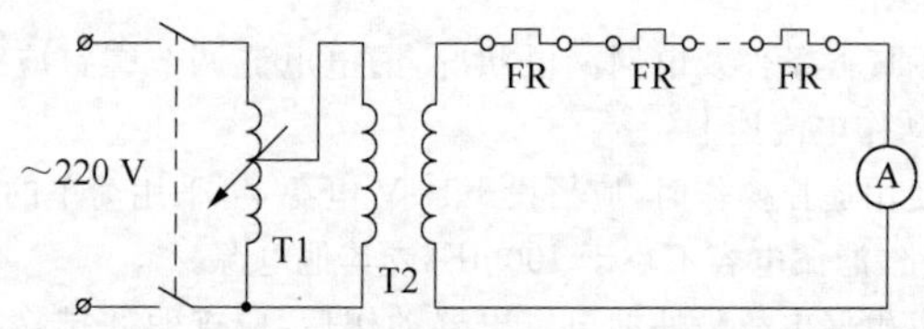


**图 7－108 热继电器调整试验电路**

T1—自耦变压器；T2—大电流变压器；FR—热继电器(被试品)；A—电流表

(3) 动作机构应正常可靠，可用手拨动 4～5 次进行观察。再扣按钮应灵活。在出厂时，其触头一般调为手动复位，若需自动复位，只要将复位螺钉按顺时针方向转动，并稍微拧紧即可。如需调回手动复位，则需按逆时针旋转并拧紧。拧紧的目的是防止振动时复位螺钉松动。

(4) 在使用过程中，应定期通电校验。如设备发生事故而引起大电流短路后，应检视热元件和双金属片有无显著的变形。若已变形，则需通电试验。因双金属片变形或其他原因致使动作不准确时，只能调整其可调部件，而绝不能弯折双金属片。

(5) 在检视热元件是否良好时，可打开盖子从旁察看，不得将热元件卸下。

(6) 热继电器的接线螺钉应拧紧，触头必须接触良好，盖板应盖好。

(7) 热继电器在使用中需定期用布擦净尘埃和污垢，双金属片要保持原有光泽，如果上面有锈迹，可用布蘸汽油轻轻擦除，但不得用砂纸磨光。

2) 故障、诊断和处理方法　热继电器的常见故障、诊断及处理方法见表 7－197。

表 7-197 热继电器常见故障、诊断与处理

| 故障现象 | 诊断 | 处理 |
| --- | --- | --- |
| 电机烧坏，热继电器不动作 | 1. 热继电器的额定电流值与电机的额定电流不符<br>2. 整定值偏大<br>3. 触头接触不良<br>4. 热元件烧断或脱焊<br>5. 动作机构卡住<br>6. 导板脱出 | 1. 按电机的容量来选用热继电器(不可按接触器的容量来选用热继电器)<br>2. 合理调整整定值<br>3. 清除触头表面灰尘或氧化物<br>4. 更换热元件或热继电器<br>5. 进行维修调整，但应注意修后不使特性发生变化<br>6. 重新放入，并试验动作是否灵活 |
| 热继电器动作太快 | 1. 整定值偏小<br>2. 电动机起动时间过长<br>3. 连接导线太细<br>4. 操作频率过高<br>5. 强烈的冲击振动<br>6. 可逆运转及密接通断<br>7. 安装热继电器与电动机处环境温度差太大 | 1. 合理调整整定值，如相差太大无法调整，则换热继电器规格<br>2. 按起动时间要求，选择具有合适的可返回时间($t_F$)的热继电器或在起动过程中将热继电器短接<br>3. 选用标准导线<br>4. 按热继电器的安秒特性估算是否可用<br>5. 应选用带防冲击振动的热继电器或采取防振措施<br>6. 改用其他保护方式<br>7. 按两地温度相差的情况配置适当的热继电器 |
| 动作不稳定，时快时慢 | 1. 热继电器内部机构有某些部件松动<br>2. 在检修中弯折了双金属片<br>3. 通电时电流波动太大，或接线螺钉未拧紧或各次试验时冷却时间不同 | 1. 将这些部件加以固定<br>2. 用高倍电流预试几次，或将双金属片拆下来热处理(一般约240℃)，以去除内应力<br>3. 校验电源所加的电压稳定器；把接线螺钉拧紧；各次试验后冷却的时间要充分 |
| 热元件烧断 | 1. 负载侧短路，电流过大<br>2. 操作频率过高 | 1. 排除电路故障，更换热继电器<br>2. 合理选用热继电器 |

（续表）

| 故障现象 | 诊　断 | 处　理 |
| --- | --- | --- |
| 主电路不通 | 1. 热元件烧毁<br>2. 接线螺钉未拧紧 | 1. 更换热元件或热继电器<br>2. 拧紧接线螺钉 |
| 控制电路不通 | 1. 触头烧坏或动触片弹性消失<br>2. 可调整式转到不合适的位置 | 1. 修理触头或触片<br>2. 调整旋钮或调整螺钉 |

15. 控制继电器的维护

继电器的结构与接触器的十分类似，故触头部分和电磁系统的常见故障、诊断与处理可参考接触器的有关部分。还可按继电器自身的特点，补充几点关于触头方面的特点。

(1) 触头虚接现象，常发生在电气控制系统的整个工作期间，它不是经常发生，但就偶尔地发生，也会造成重大事故。对于这种在控制回路中由于接触电阻的变化而使电磁式电器线圈两端的实际电压低于85%额定控制电路电压而引起的事故，在一般检查时很难发现，除非进行接触可靠性试验。对于继电器用于电气控制回路时，应注意：

① 尽量避免采用12 V及以下的低电压作为控制电压，在这种低压控制回路中，因虚接触引起的故障较常见。

② 控制回路采用24 V作为额定控制电压时，应采用并联型触头，以提高其工作可靠性。

③ 控制回路选用低电压控制时，以采用48 V较优。大容量接触器可利用中间继电器控制，以进一步提高工作可靠性。

④ 控制回路采用220 V及以上电压作为额定控制电压时，具有高的可靠性。

(2) 在电感负载的电路中，触头磨损过快或火花太大(甚至产生无线电干扰)时，可采取如图7-109所示方法：

① 在开关断口上并联$rC$，这样，在触头断开瞬间，电容吸收电感负载的磁能，使电弧能量减小并加快熄灭。触头再闭合时，电阻$r$会限制电容器对触头的放电电流，避免烧损。一般电容量约为0.2～2 μF；也可用实验办法确定，如初选时可按负载电流选用，一般为1 μF/A。触头端电压峰值不得

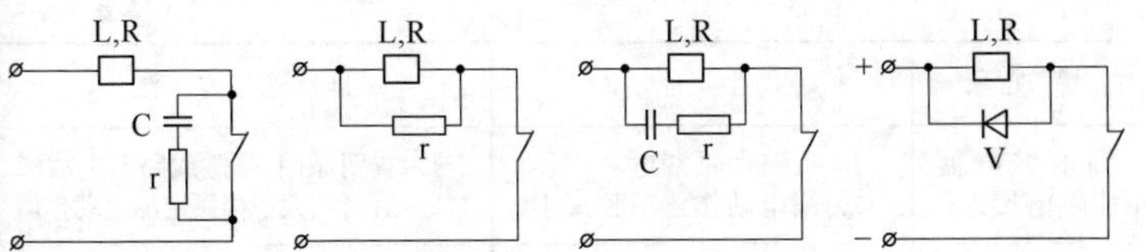


(a) 在断口并联rC　(b) 在线圈上并联r　(c) 在线圈上并联rC　(d) 在线圈上并联二极管

**图 7-109**　继电器触头分断时的灭弧措施

超过 300 V。电阻按下列经验公式选取：

$$r = \frac{U_C^2}{a}$$

式中　$U_C$——电容器上的电压；

$a$——系数，对于银触头，$a=140$。

② 在被控制的负载 $L$、$R$ 两端并联分路措施，如图 7-109b～d 所示，使触头断开时电感负载的电磁能消耗在并联回路中；电路(b)中的电阻 $r$ 应为 5～10$R$。这个电路的缺点是触头接通时，电阻 $r$ 要消耗一部分能量；电路(c)可避免这个缺点，因为触头接通后，$rC$ 分路中没有稳态的直流电流通过，$LC$ 的比值应按 $L/C < [(R+r)/2]^2$ 来选择，以避免并联回路内发生振荡；电路(d)的作用与电路(c)的相同，二极管的方向应当使触头接通时电流不通，这样，当触头断开时，由于放电电流方向相反而将磁能消耗在并联回路中。因此，应特别注意二极管极性不能接错；采取上述措施时，如果负载是接触器，应注意可能使接触器释放时产生延时的效果。

16. JD2 漏电继电器的维护

JD2 漏电继电器在运行中可能出现的一些故障及其排除方法列于表 7-198。

表 7-198　JD2 漏电继电器的常见故障及其排除方法

| 故障现象 | 发生原因 | 排除方法 |
|---|---|---|
| 漏电继电器不能闭合 | 1. 操作机构卡住<br>2. 机构不能复位再扣<br>3. 漏电脱扣器不能复位 | 1. 重新调整操作机构<br>2. 调整再扣部位<br>3. 重新调整漏电脱扣器 |

（续表）

| 故障现象 | 发生原因 | 排除方法 |
| --- | --- | --- |
| 漏电继电器不能带电投入 | 1. 线路严重漏电<br>2. 漏电动作值调整太小 | 1. 查明原因，排除线路漏电故障<br>2. 适当调大一档额定漏电动作值 |
| 操作试验按钮后，漏电继电器不动作 | 1. 试验回路不通<br>2. 试验电阻烧毁<br>3. 试验按钮接触不良<br>4. 漏电脱扣器不能推动机构自由脱扣<br>5. 漏电脱扣器不能正常工作 | 1. 检查试验回路，接好连接导线<br>2. 更换试验电阻<br>3. 清理试验按钮<br>4. 调整漏电脱扣器位置<br>5. 更换漏电脱扣器 |
| 漏电继电器不能断开 | 1. 触头发生熔焊<br>2. 操作机构卡住 | 1. 排除熔焊故障，修理或更换触头<br>2. 排除卡住现象，修理受损零件 |
| 温升过高 | 1. 触头接触不良<br>2. 触头表面过分磨损或损坏<br>3. 接线螺钉松动<br>4. 触头超程太小 | 1. 调整触头压力或更换弹簧<br>2. 更换触头<br>3. 拧紧螺钉<br>4. 调整触头超程 |

## 八、控制器

### 1. 凸轮控制器

1）KT10系列凸轮控制器　用于交流50 Hz、额定电压至380 V的电路中，作为三相感应电动机的起动、调速、换向，也可应用于类似要求的其他动力驱动系统中。接触系统由转动式单断点触头元件及钢质灭弧罩等组成。控制器的定位由定位棘轮、定位杠杆、定位弹簧实现，控制器为保护式，有钢板外壳、上下基座由铸铁制成。控制电动机类型及台数见表7-199。技术数据见表7-200。

表7-199　KT10系列控制电动机类型及台数

| 型　　号 | KT10 - $\frac{25}{60}$J/1 | KT10 - $\frac{25}{60}$J/2<br>KT10 - $\frac{25}{60}$J/5 | KT10 - $\frac{25}{60}$J/3 |
| --- | --- | --- | --- |
| 控制电动机类型及台数 | 1台<br>绕线型电机 | 2台<br>绕线型电机 | 笼型电机 |

表 7-200 KT10 系列技术数据

| 产品型号 | 档位数 | | 额定工作电压(V) | 主回路(定子回路转子回路)$I_e$(A) | 控制器额定功率(kW) | | 电寿命(万次) | 辅助回路 | | | 额定操作频率次/(h) | 通电持续率 TD | 机械寿命(万次) |
|---|---|---|---|---|---|---|---|---|---|---|---|---|---|
| | 左 | 右 | | | 220 V | 380 V | | 额定发热电流(A) | 控制功率(VA) | 电寿命(万次) | | | |
| KT10-25J/1 | 5 | 5 | 380 | 25 | 7.5 | 11 | 5 | 5 | 300 | 20 | 600③ | 40% | 150① |
| KT10-25J/2 | | | | | ② | ② | | | | | | | |
| KT10-25J/3 | 1 | 1 | | | 3.5 | 5 | | | | | | | |
| KT10-25J/5 | 5 | 5 | | | 2×3.5 | 2×5 | | | | | | | |
| KT10-60J/1 | | | | 60 | 22 | 30 | | | | | | | |
| KT10-60J/2 | | | | | ② | ② | | | | | | | |
| KT10-60J/3 | 1 | 1 | | | 11 | 16 | | | | | | | |
| KT10-60J/5 | 5 | 5 | | | 2×7.5 | 2×11 | | | | | | | |

① 其中零位触头,电阻回路触头 75 万次后允许更换。

② 由定子回路接触器功率定。

③ 当操作频率超过额定值须相应降低控制器的额定功率。

2）KT14系列凸轮控制器　用于交流50 Hz、额定电压至380 V的电路中，作为起重机交流电动机的起动和换向。控制器具有可逆对称的电路，适用于起重机的平移机构和升降机构，也能作同类型性质电动机的起动，换向和调整。其技术数据见表7-201。

KT14凸轮控制器根据所控制的电动机型号及数量不同，有：

KT14-25J/1、KT14-60J/1型控制器为控制1台三相绕线型电动机；KT14-25J/2、KT14-60J/2型控制器为同时控制2台三相绕线型电动机；KT14-25J/3型控制器为控制1台三相笼型电动机；KT14-60J/4型控制器为同时控制2台三相绕线型电动机，但不带定子电路的触头。

KT14系列技术数据见表7-201。

表7-201　KT14系列技术数据

| 型　号 | 额定电压(V) | 额定电流(A) | 工作位置数 | | 在通电持续率为25%时所能控制的电动机 | | 额定操作频率(次/h) | 最大工作周期(min) | 质　量(kg) |
|---|---|---|---|---|---|---|---|---|---|
| | | | 向前(上升) | 向后(下降) | 转子最大电流(A) | 最大功率(kW) | | | |
| KT14-25J/1 | 380 | 25 | 5 | 5 | 32 | 11 | 600 | 10 | 14.5 |
| KT14-25J/2 | 380 | 25 | 5 | 5 | 2×32 | 2×5.5 | 600 | 10 | 18.2 |
| KT14-25J/3 | 380 | 25 | 1 | 1 | 32 | 5.5 | 600 | 10 | 13.5 |
| KT14-60J/1 | 380 | 60 | 5 | 5 | 80 | 30 | 600 | 10 | 15 |
| KT14-60J/2 | 380 | 60 | 5 | 5 | 2×32 | 2×11 | 600 | 10 | 18.2 |
| KT14-60J/4 | 380 | 60 | 5 | 5 | 2×80 | 2×30 | 600 | 10 | 15 |

注：1. 额定电流是指定子电路的触头参数。
2. 最大控制功率是指JZR2系列电机，若YZR及其他系列电机则可根据电机的定子及转子电流选择型号。
3. 控制器的机械寿命在操作频率600次/h的情况下，不大于1 500次。
4. 控制器的操作力不小于49 N(5公斤力)。

3) KTJ1 系列凸轮控制器 用于交流 50 Hz、额定电压至 380 V 的电路中，作起重机交流电动机的起动、停止、调速、换向和制动。也适用于有相同要求的其他电力驱动系统中。

KTJ1-50/1、KTJ1-80/1、KTJ1-80/3 控制 1 台绕线型电动机。KTJ1-50/2、KTJ1-80/2、KTJ1-50/5、KTJ1-80/5 控制 2 台绕线型电动机。KTJ1-50/3 控制笼型电动机。

KTJ1 系列技术数据见表 7-202。额定操作频率：600 次/h。辅助触头最大电流 15 A(KTJ1-50/2、KTJ1-80/3 无)。

4) KTJ6 系列凸轮控制器 用于交流 50 Hz、额定电压至 380 V，电流至 63 A 的电路中，作为起重机交流电动机的起动、制动、调速和换向。

控制器为保护式。32 A、63 A 接触组件选用同一外形尺寸的体壳，32 A 体壳用酚醛塑料压制、63 A 用三聚氰胺耐弧塑料压制。由双断点触头和灭弧装置等构成接触组件，采用插叠积木式布置在转轴两侧，与转轴凸轮的配合，以使接触组的触头开闭符合分合的要求。操纵位置挡数为 1～5 挡。控制器内由棘轮机构、凸轮、接触组(件)及支架组成。其技术数据见表 7-203。控制器手柄操作力：25 A 不大于 4 N，60 A 不大于 5 N。

5) KTJ15 系列凸轮控制器 用于交流 50 Hz、额定工作电压至 380 V，额定电流至 63 A 的主电路中，以改变绕线式电动机定子电路的相序和转子回路的电阻值，来控制电动机的起动、调速、制动和反向。

其技术数据见表 7-204。外形尺寸及安装尺寸如图 7-110 所示。手柄操作力不大于 40 N。辅助触头额定工作电流 2.6 A，AC-11 电寿命 60 万次。

2. 平面控制器

KP3 系列平面控制器用于直流电压至 250 V、额定电流至 350 A，是一种手动操作的盘式双杆电池换接器，在电站运行中用来改变电池组接入电池的数量，在放电时保持直流母线电压不改变及在蓄电池充电时保持电流。其技术数据见表 7-205。其平面控制器结构如图 7-111 所示。

平面控制器的动、静触头转换装置为平面布置的，手轮转动时，动、静触头接通与分断。

表 7-202 KTJ1 系列技术数据

| 型号 | 额定电流(A) | 额定电压(V) | 工作位置数 | | 在通电率=40%时所控制的电动机最大功率(kW) | | 转子电路触头电流(A) | | 操作力(N) | 质量(kg) | 被控制电动机 | |
|---|---|---|---|---|---|---|---|---|---|---|---|---|
| | | | 向前(上升) | 向后(下降) | 220 V | 380 V | 额定电流 | 通电率=40%最大电流 | | | 类型 | 数量(台) |
| KTJ1-50/1 | 50 | 380 | 5 | 5 | 11 | 16 | 50 | 75 | 68.6 | 28 | 绕线型 | 1 |
| KTJ1-50/2 | | | 5 | 5 | ① | ① | | | | 28 | 同上 | 2 |
| KTJ1-50/3 | | | 1 | 1 | 7.5 | 11 | | | | 28 | 笼型 | 1 |
| KTJ1-50/5 | | | 5 | 5 | 2×5 | 2×7.5 | 50 | 2×75 | | 34 | 绕线型 | 2 |
| KTJ1-80/1 | 80 | 380 | 6 | 6 | 22 | 22 | 80 | 120 | 68.6 | 34 | 同上 | 1 |
| KTJ1-80/2 | | | 6 | 6 | 2 | ② | 80 | 2×120 | | 34 | 同上 | 2 |
| KTJ1-80/3 | | | 6 | 6 | 22 | 30 | | | | 35 | 同上 | 1 |
| KTJ1-80/5 | | | 5 | 5 | 2×7.5 | 2×11 | 50 | 2×75 | | 36 | 同上 | 2 |

① 由定子回路接触功率而定。
② 无定子电路触头。

表 7-203 KTJ6 系列技术数据

| 型号 | $U_e$ (V) | $I_e$ (A) | 工作位置 | | 在通电持续率为25%时所能控制的电动机 | | 额定操作频率 (次/h) | 通断能力(A) 418 V cos φ=0.65 | | 机械寿命 (万次) | AC-2 电寿命 (万次) | 质量 (kg) |
|---|---|---|---|---|---|---|---|---|---|---|---|---|
| | | | 向前(上升) | 向后(下降) | 定转子最大电流(A) | 最大功率(kW) | | 接通 | 分断 | | | |
| KTJ6-25/1 | 380 | 32 | 5 | 5 | 32 | 12.5 | 600 | 128<br>25 次 | 128<br>25 次 | 150 | 9 | 8 |
| KTJ6-25/2 | 380 | 32 | 5 | 5 | 32 | 2×6.3 | 600 | | | 150 | 9 | 10 |
| KTJ6-25/3 | 380 | 32 | 1 | 1 | 32 | 8 | 600 | | | 150 | 9 | 8 |
| KTJ6-60/1 | 380 | 63 | 5 | 5 | 80 | 32 | 600 | 252<br>25 次 | 252<br>25 次 | 150 | 9 | 9 |
| KTJ6-60/2 | 380 | 63 | 5 | 5 | 80 | 2×16 | 600 | | | 150 | 9 | 11 |
| KTJ6-60/3 | 380 | 63 | 5 | 5 | 80 | 2×25 | 600 | | | 150 | 9 | 9 |

表 7-204 KTJ15 系列的技术数据

<table>
<tr><th rowspan="2">型 号</th><th rowspan="2">$U_e$<br>(V)</th><th rowspan="2">$I_e$<br>(A)</th><th colspan="2">最多控制挡位</th><th colspan="2">最多触头元件数</th><th rowspan="2">控制电动机功率<br>(kW)</th><th colspan="2">通断能力 418 V<br>cos φ=0.65</th><th rowspan="2">机械寿命<br>(万次)</th><th rowspan="2">AC-2<br>电寿命<br>(万次)</th></tr>
<tr><th>左</th><th>右</th><th>主电路</th><th>辅助电路</th><th>接通</th><th>分断</th></tr>
<tr><td>KTJ15-32</td><td rowspan="2">380</td><td>32</td><td rowspan="2">6</td><td rowspan="2">6</td><td rowspan="2">12</td><td rowspan="2">3</td><td>15</td><td>128</td><td>128</td><td rowspan="2">300</td><td rowspan="2">7.5</td></tr>
<tr><td>KTJ15-63</td><td>63</td><td>30</td><td>252</td><td>252</td></tr>
</table>

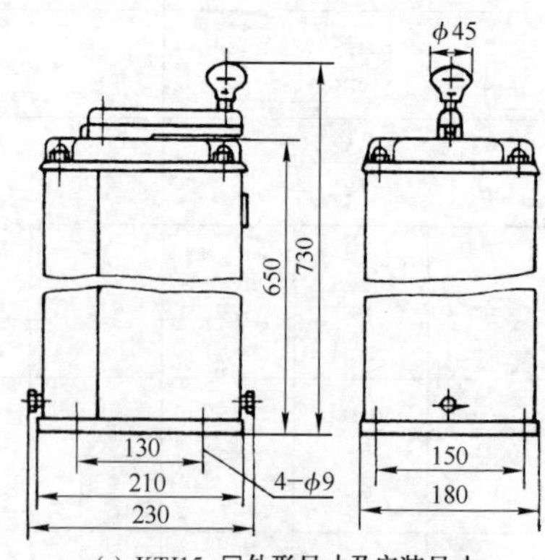


(a) KTJ15-□外形尺寸及安装尺寸

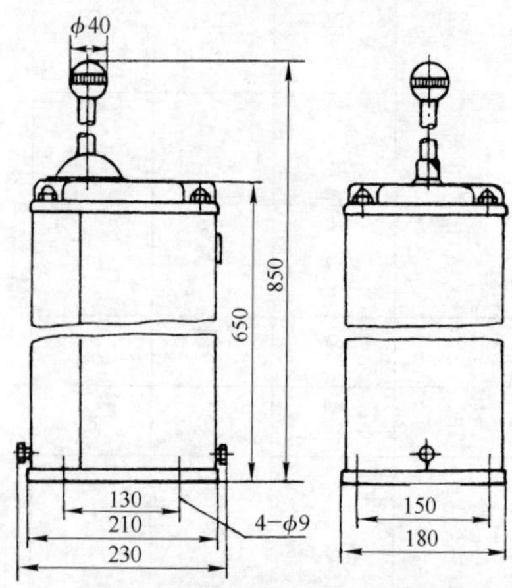


(b) KTJ15-□L 外形尺寸及安装尺寸

**图 7-110** KTJ15 系列外形尺寸及安装尺寸(mm)

表 7－205 KP3 型平面控制器技术数据

| 型 号 | 额定电压（V） | 额定电流（A） | 手轮操作转矩（N·m） | |
|---|---|---|---|---|
| | | | 小 臂 | 大 臂 |
| KP3－200 | 不大于 250 | 200 | 25 | 54 |
| KP3－350 | （直流） | 350 | 30 | 60 |

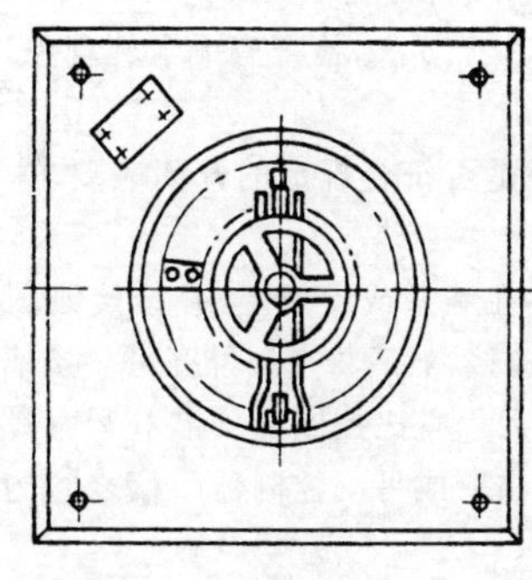
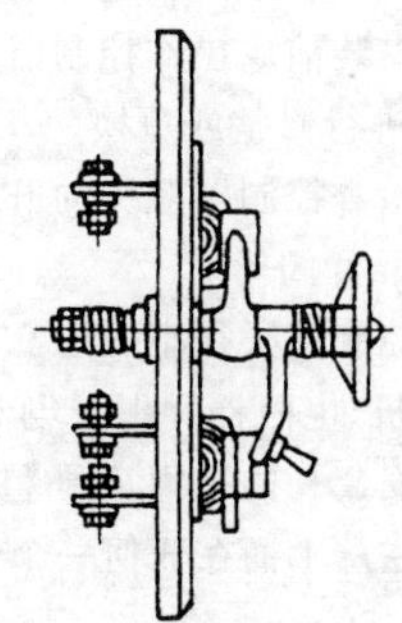

图 7－111 KP3 平面控制器的结构

3. 控制器的选用

正确选用控制器不能只按铭牌上的规定，还要了解控制对象的工作情况，如电动机的功率、型式、额定电压、额定电流和工作制等，如用于冶金企业等场合，控制器往往是用在操作频率高、环境温度高、粉尘大等特点。在选用时应留有一定裕量。

除控制器功率应大于电动机的功率外，对于各种控制器的控制线路也应注意其特点。根据系统的要求，一般有 1、2、3、4 型。例如：

KT14－25J/1、KT14－60J/1 型可控制 1 台三相绕线转子电动机。

KT14－25J/2、KT14－60J/2 型可同时控制 2 台三相绕线转子电动机，并带有定子电路的触头。

KT14－25J/3 型可控制 1 台三相笼型电动机。

KT14－60J/4 型可同时控制 2 台三相绕线转子电动机，但不带定子电路的触头。

4. 安装和维护

凸轮控制器多用于起重机械中,使用环境大多较恶劣而对安全与可靠性要求又较高,因此必须在合理选用的基础上正确安装并做好维护工作,通常应遵循以下原则:

(1) 在安装前应仔细查对产品铭牌上的技术数据与所选择的规格是否一致,若不一致应停止安装。

(2) 检查外壳是否严重损坏,零件的油漆或电镀是否有严重变色、起皱现象,灭弧罩等是否碎裂、绝缘是否损坏,若有应予更换。

(3) 安装前应操作控制器手柄不少于5次,检查有无卡轧现象,若有应分析原因进行修整或更换。

(4) 检查控制器触头的开闭顺序是否符合规定的开闭表要求,每对触头是否可靠开闭等。

(5) 控制器必须牢固可靠地安装在墙壁或支架上,并按接线图把控制器与电动机、电阻器和保护电器进行连接,然后将金属外壳可靠接地。

(6) 安装孔的平面应平整,孔的尺寸应比控制器安装孔尺寸略大1~2 mm,并注意手柄在任何一个位置时与壁或另一控制器手柄之间的空间间隙不小于150 mm。

(7) 应按开闭表或原理图要求接线,经反复检查后,确系正确无误后才能通电。

(8) 通电前,应把灭弧罩和控制器外壳全部装上,以防电弧喷出,造成事故。

(9) 维护时应注意清除控制器内的灰尘。

(10) 所有活动部分应定期加润滑油,可采用润滑脂或工业凡士林,切勿用机油,因机油对塑料件有损坏作用。

(11) 不使用控制器时,手轮应准确地停放在零位。

(12) 首次操作或检修后试运行时,若控制器转到第2位置后,仍未使电动机转动,则应停止起动,查明原因,检查线路、制动部分及机构是否有卡住等情况。

(13) 试运行时,转动手轮不能太快,当转到第1位置时,使电动机转速达到稳定后,经过一定的时间间隔(约1 s),再使控制器转到另一位置,以后逐级起动,防止电动机的冲击电流超过过电流继电器的整定值。

(14) 使用中,当降落重载荷时,在控制器的最后位置可得到最小速度,若不是非对称线路的控制器,不可长时间停在下降第1位置,否则会引起载荷超速下降或发生电机转子"飞车"的事故。

5. 常见故障和处理方法

1) 操作时有卡轧现象及噪声　主要是滑动部分有故障,应先检查滚动轴承是否损坏,或者紧固件嵌入轴承内引起卡死现象。如轴承无损坏,则应检查凸轮鼓是否嵌入异物或者触头部分有无异物嵌入,发现有异物应立即取出并仔细查看损伤部分,若不能修复应立即更换。

2) 触头支持件烧焦　由于触头温升过高,使触头支持胶木件烧焦。触头温升过高时应检查使用是否合理,选用是否确当。如有不符要求现象应立即更换符合要求的控制器。若以往使用均正常,突然发现整台控制器中有个别触头支架胶木件烧焦,则应检查动、静触头接触是否良好,触头是否有烧毛现象。若触头烧毛应用细锉刀轻轻地修整,绝不能用砂皮砂光,以免砂粒嵌入触头中,造成触头接触不良。通常控制器的触头弹簧的超程小于0.5 mm时,就应更换触头。另外应检查触头弹簧是否损坏或有退火变软现象,若触头压力变小,则会导致温升增高,此时应检查触头压力。凸轮控制器触头的技术数据见表7-206。

表7-206　凸轮控制器触头的技术数据

| 型号 | 触头开距(mm) | | 触头压力(N) | | | | 触头超程(mm) | | 定子触头不同步性(mm) |
|---|---|---|---|---|---|---|---|---|---|
| | | | 主触头 | | 辅助触头 | | | | |
| | 主触头 | 辅助触头 | 初压力 | 终压力 | 初压力 | 终压力 | 主触头 | 辅助触头 | |
| KT10-25J | 8～12 | 8～12 | — | 5～8 | — | 5～8 | — | — | 不大于1 |
| KT10-60J | 8～12 | 8～12 | — | 6～10 | — | 5～8 | — | — | 不大于1 |
| KT12-25J | 7～10 | 7～10 | — | 4～7 | — | 4～7 | — | — | 不大于1 |
| KT14-25J | 6～9 | 6～9 | 8～15 | 15～25 | 8～15 | 15～25 | 1～3 | 1～3 | 不大于1 |
| KT14-60J | 5～8 | 6～9 | 8～15 | 15～25 | 8～15 | 15～25 | 2～4 | 1～3 | 不大于1 |

3) 触头烧熔　应检查触头弹簧是否脱落或断裂,导致触头压力不正

常;另外应检查触头是否脱落或磨光。应检查外接电路是否正常。

4) 定位不准或开闭顺序不正确 一般是凸轮片碎裂脱落或凸轮角度磨损变化,使开闭角度有变化。另外也可能因棘轮机构已有损坏或磨损到不符合要求,若有此情况应更换。

## 九、主令电器

### 1. 主令开关

1) LS2 系列主令开关 用于交流 50 Hz、额定电压至 380 V 的控制电路中,作为不频繁的接通和分断各种电器的线圈或其他控制电路的手动开关。其技术数据见表 7-207。

表 7-207 LS2 系列的技术数据

| 型 号 | 额定电压(V) | 额定电流(A) | 手柄转换位置数 | 可得到回路数 | 最大的分断电流(A) $\cos\varphi=0.4$ | | |
|---|---|---|---|---|---|---|---|
| | | | | | 380 V | 220 V | 127 V |
| LS2-2<br>LS2-3 | 380 | 10 | 2<br>3 | 2<br>3 | 6 | 8 | 10 |

2) LS3 系列主令开关 用于交流 50 Hz、额定电压至 380 V 和直流至 220 V 的机床电器控制系统中,作为不频繁地接通和分断电路用的手动开关。其技术数据见表 7-208。

表 7-208 LS3 系列的技术数据

| 型 号 | 额定电压(V) | 额定电流(A) | 触头对数 | 电寿命(次) | 外形尺寸(mm) |
|---|---|---|---|---|---|
| LS3-2 | AC 380<br>DC 220 | 5 | 2 | 8 000 | 48.5×29×47 |

### 2. 主令控制器

1) LK4 系列凸轮调整式主令控制器 用于交流 50 Hz、额定电压至 380 V 及直流至 220 V 的电路中,在电力传动装置中转换控制线路。其技术数据见表 7-209。

表 7-209 LK4 系列主令控制器技术数据

| 型　　式 | 额定电流(A) | 控制的电路数 | 凸轮装配旋转方式 | 减速器传动比 | 备　　注 | 防护型式 |
|---|---|---|---|---|---|---|
| LK4-024 | 10 | 2 | | — | | 保护式 |
| LK4-044 | | 4 | | — | | |
| LK4-054 | | 6 | | — | | |
| LK4-028/1 | | 2 | | 1∶30 | | |
| LK4-028/2 | | 2 | | 1∶5 | | |
| LK4-047/1 | | 4 | | 1∶30 | | |
| LK4-048/2 | | 4 | | 1∶5 | | |
| LK4-058/1 | | 6 | | 1∶30 | | |
| LK4-058/2 | | 6 | | 1∶5 | | |
| LK4-148/3 | | 8 | 串联 | 1∶16.65 | | |
| LK4-148/4 | | 8 | 并联 | 1∶1、1∶20、1∶36 | | |
| LK4-168/3 | | 16 | 串联 | 1∶16.65 | | |
| LK4-168/4 | | 16 | 并联 | 1∶1、1∶20、1∶36 | | |
| LK4-188/3 | | 24 | 串联 | 1∶16.65 | | |
| LK4-188/4 | | 24 | 并联 | 1∶1、1∶20、1∶36 | | |
| LK4-658/4 | | 5 | | 1∶30 | 其中 2 个电路带灭弧装置 | 防水式 |
| LK4-658/5 | | 5 | | 1∶30 | | |
| LK4-658/6 | | 5 | | 1∶5 | | |
| LK4-658/7 | | 5 | | 1∶5 | 其中 2 个电路带灭弧装置 | |

注：带有灭弧装置的触头可用于直流容量为 180 V·A 的回路中，不带灭弧装置的触头仅可用至 90 V·A 的回路中。

2）LK5 系列凸轮非调整式主令控制器　用于交流 50 Hz、额定电压至 380 V 及直流至 220 V 的电路中，频繁转换控制线路，作各类型电力驱动装置的遥控控制。其技术数据见表 7-210、表 7-211。

表 7-210　LK5 系列的技术数据(一)

| 电源类别 | 额定电压(V) | 额定发热电流(A) | 接通能力(A) | 分断能力(A) | 功率因数($\cos\varphi \pm 0.05$) | 时间常数$T$(s)±15% | 试验次数 |
|---|---|---|---|---|---|---|---|
| 交流 | 380 | 10 | 100 | 10 | 0.4 | | 50 |
| 直流 | 220 | 10 | 75 | 1.5 | | 0.01 | 20 |
| | 110 | | | 2 | | | |

表 7-211　LK5 系列的技术数据(二)

| 型　　号 | 凸轮盘数目 | 工作电路数 | 备用电路数 | 传动机构种类 |
|---|---|---|---|---|
| LK5-027-1 | 1 | 2 | | 手柄直接操作,可自复至零位 |
| LK5-227-4 | 1 | 2 | | 手柄直接操作,可自复至零位 |
| LK5-227-5 | 1 | 2 | | 带滚子的杠杆传动,可自复至零位 |
| LK5-227-6 | 1 | 2 | | 带滚子的杠杆传动,可自复至零位 |
| LK5-031/3-401 | 2 | 4 | 1 | 手柄直接操作,可自复至零位 |
| LK5-031/3-405 | 2 | 4 | | 手柄直接操作,可自复至零位 |
| LK5-051/6-816 | 4 | 8 | 1 | 带正齿轮传动装置,1∶2 的手柄,每一位有定位装置 |
| LK5-051/6-1003 | 5 | 10 | 1 | 带正齿轮传动装置,1∶2 的手柄,每一位有定位装置 |
| LK5-052/2-816 | 4 | 8 | | 带正齿轮传动装置,1∶2 的与杠杆相连的摇臂,无固定的位置 |
| LK5-052/2-1003 | 5 | 10 | | 带正齿轮传动装置,1∶2 的与杠杆相连的摇臂,无固定的位置 |

非自动复位控制器的额定操作频率为 1 200 次/h,但允许 1 min 内密接接通操作 60 次,自动复位控制器的额定操作频率为 600 次/h。

3) LK18 系列凸轮非调整式主令控制器　用于交流 50 Hz、额定工作电压至 380 V 及直流额定工作电压至 220 V 的电力传动装置中,转换控制电路以达到对控制站的遥控控制目的。其技术数据见表 7-212,触头分合程序见表7-213。外形尺寸及安装尺寸如图 7-212 所示。

表 7-212 LK18 系列的技术数据

| 通断次数（次） | | 电寿命（万次） | | 机械寿命（万次） | 手柄操作力不大于（N） | 最多触头元件数（个） | 操作频率（次/h） | 最多控制档位 |
|---|---|---|---|---|---|---|---|---|
| 交流 | 直流 | 交流 | 直流 | | | | | |
| 50 | 20 | 100 | 60 | 150 | 30 | 12 | 1 200 | 各5档 |

表 7-213 LK18 系列的触头分合程序

| 分合号 | 控制器档位 | | | | | | | | | | | 分合号 | 控制器档位 | | | | | | | | | | |
|---|---|---|---|---|---|---|---|---|---|---|---|---|---|---|---|---|---|---|---|---|---|---|---|
| | 向后、向左、下降 | | | | | | 上升、向右、向前 | | | | | | 向后、向左、下降 | | | | | | 上升、向右、向前 | | | | |
| | 5 | 4 | 3 | 2 | 1 | 0 | 1 | 2 | 3 | 4 | 5 | | 5 | 4 | 3 | 2 | 1 | 0 | 1 | 2 | 3 | 4 | 5 |
| 1 | | | | | | × | | | | | | 17 | | | | | | | | | | | |
| 2 | | | | | | × | × | × | × | × | × | 18 | | | | | | | | | | | |
| 3 | × | × | × | × | × | × | | | | | | 19 | | | | | | | | | | | |
| 4 | | | | | | | × | × | × | × | × | 20 | | | | | | | | | | | |
| 5 | × | × | × | × | × | | | | | | | 21 | | × | × | × | × | × | × | × | × | × | × |
| 6 | × | × | × | × | × | | × | × | × | × | × | 22 | | | × | × | × | × | × | × | × | × | × |
| 7 | × | × | × | × | | | | × | × | × | × | 23 | | | | × | × | × | × | × | × | × | × |
| 8 | × | × | × | | | | | | × | × | × | 24 | | | | | × | × | × | × | × | × | × |
| 9 | × | × | | | | | | | | × | × | 25 | | | | | | | | × | × | × | × |
| 10 | × | | | | | | | | | | × | 26 | | | | | | | | | × | × | × |
| 11 | | | | | × | × | × | | | | | 27 | | | | | | | | | | × | × |
| 12 | | | | | × | | × | | | | | 28 | × | × | × | × | | × | × | × | × | × | × |
| 13 | | | | × | × | | × | × | | | | 29 | × | × | × | | | × | × | × | × | × | × |
| 14 | | | × | × | × | | × | × | × | | | 30 | × | × | × | × | | | × | × | × | × | × |
| 15 | | × | × | × | × | | × | × | × | × | | 31 | × | × | × | | | | × | × | × | × | × |
| 16 | | | | | | | | | | | | 32 | × | × | | | | | × | × | × | × | × |

（续表）

| 分合号 | 控制器档位 | | | | | | | | | | |
|---|---|---|---|---|---|---|---|---|---|---|---|
| | 向后、向左、下降 | | | | | | 上升、向右、向前 | | | | |
| | 5 | 4 | 3 | 2 | 1 | 0 | 1 | 2 | 3 | 4 | 5 |
| 33 | | | × | × | × | | × | × | × | × | × |
| 34 | | | | × | × | | × | × | × | × | × |
| 35 | | | | | × | | × | × | × | × | × |
| 36 | | | | × | | | × | × | × | × | × |
| 37 | | | × | | | | × | × | × | × | × |
| 38 | × | × | × | | | | | × | × | × | × |
| 39 | × | × | | | | | | × | × | × | × |
| 40 | × | × | | | | | | | × | × | × |
| 41 | × | | | | | | | | | × | × |
| 42 | × | × | × | | | × | × | × | × | | |
| 43 | × | × | | | | × | × | × | × | | |
| 44 | × | | | | | × | × | × | | | |
| 45 | | | | | | × | × | × | × | | |
| 46 | | | | | | × | × | × | | | |
| 47 | | | | | | × | × | | | | |
| 48 | | | | | | | × | × | × | | |
| 49 | | | | | | | | × | × | | |
| 50 | | | | | | | | | × | | |
| 51 | | | | | | | | × | | | |
| 52 | | | | | | | × | | | | |
| 53 | | | | | × | × | × | × | | | |
| 54 | | | | × | × | | × | × | × | | |
| 55 | | | | | × | | × | × | | | |
| 56 | | | | | × | | | | | | × |
| 57 | | | | × | × | | | | | × | × |
| 58 | | | | | | | | | | | |
| 59 | | | | | | | | | | | |
| 60 | | | | | | | | | | | |
| 61 | × | × | × | × | × | × | × | × | × | × | |
| 62 | × | × | × | × | × | × | × | × | × | | |
| 63 | × | × | × | × | × | × | × | × | | | |
| 64 | × | × | × | × | × | × | × | | | | |
| 65 | × | × | × | × | | | | | | | |
| 66 | × | × | × | | | | | | | | |
| 67 | × | × | | | | | | | | | |
| 68 | × | × | × | × | × | × | | × | × | × | × |
| 69 | × | × | × | × | × | × | | | × | × | × |
| 70 | × | × | × | × | × | | | × | × | × | × |
| 71 | × | × | × | × | × | | | | × | × | × |
| 72 | × | × | × | × | × | | | | | × | × |
| 73 | × | × | × | × | × | | × | × | × | | |
| 74 | × | × | × | × | × | | × | × | | | |
| 75 | × | × | × | × | × | | × | | | | |
| 76 | × | × | × | × | × | | | × | | | |

（续表）

| 分合号 | 控制器档位 | | | | | | | | | | |
|---|---|---|---|---|---|---|---|---|---|---|---|
| | 向后、向左、下降 | | | | | | 上升、向右、向前 | | | | |
| | 5 | 4 | 3 | 2 | 1 | 0 | 1 | 2 | 3 | 4 | 5 |
| 77 | × | × | × | × | × | | | | × | | |
| 78 | × | × | × | × | | | | | × | × | × |
| 79 | × | × | × | × | | | | | | × | × |
| 80 | × | × | × | | | | | | | × | × |
| 81 | × | × | | | | | | | | | × |
| 82 | | | × | × | × | × | | | × | × | × |
| 83 | | | × | × | × | × | | | | × | × |
| 84 | | | | × | × | × | | | | | × |
| 85 | | | × | × | × | × | | | | | |
| 86 | | | | × | × | × | | | | | |
| 87 | | | | | × | × | | | | | |
| 88 | | | × | × | × | | | | | | |
| 89 | | | × | × | | | | | | | |
| 90 | | | × | | | | | | | | |
| 91 | | | | × | | | | | | | |
| 92 | | | | | × | | | | | | |
| 93 | | | | × | × | × | × | | | | |
| 94 | | | × | × | × | | × | × | | | |
| 95 | | | | × | × | | × | | | | |
| 96 | × | | | | | | × | | | | |
| 97 | × | × | | | | | × | × | | | |
| 98 | | | | | | | | | | | |
| 99 | | | | | | | | | | | |
| 100 | | | | | | | | | | | |

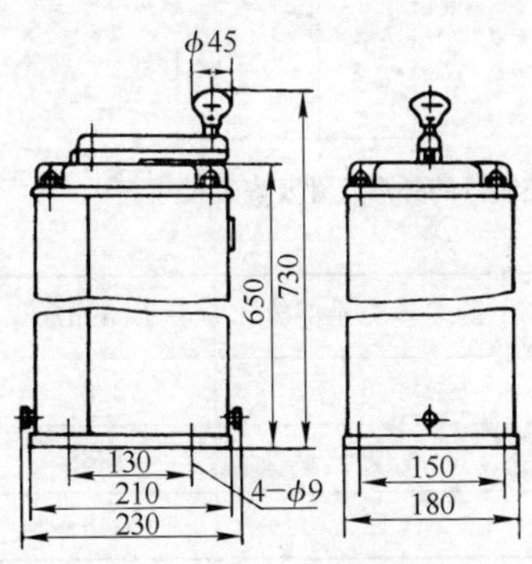


(a) LK18-10 水平操作型主令控制器的外形尺寸及安装尺寸

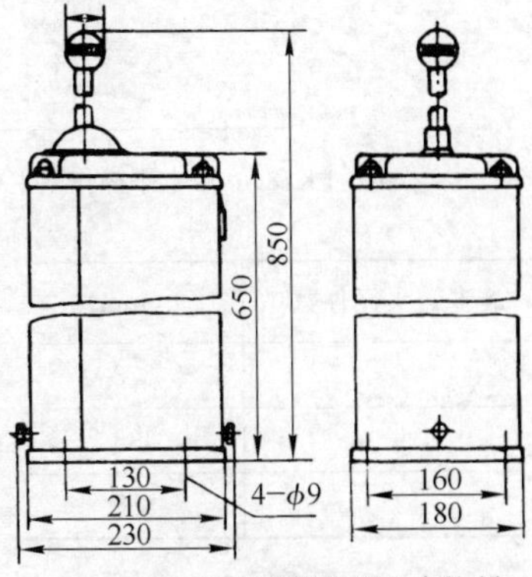


(b) LK18-10 立式操作型主令控制器的外形尺寸及安装尺寸

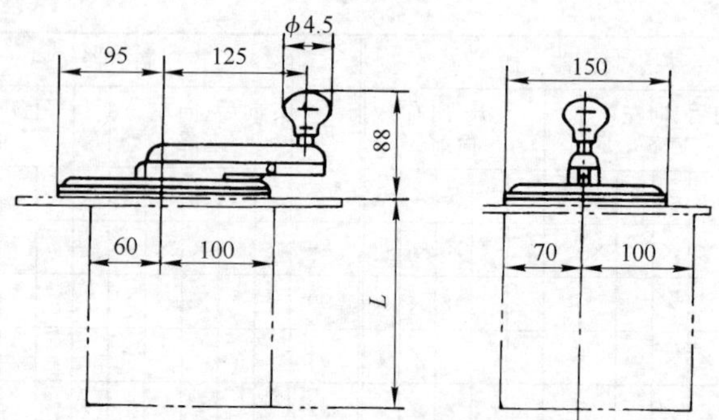


(c) LK18-10K 立式操作型主令控制器的外形尺寸及安装尺寸

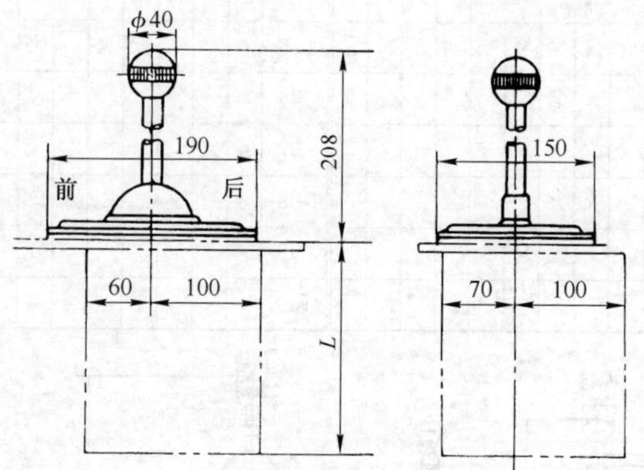


(d) LK18-10K 水平操作型主令控制器的外形尺寸及安装尺寸

| 最多触头元件数 | $L$(mm) |
|---|---|
| 6 | 273 |
| 9 | 338 |
| 12 | 398 |

| 最多触头元件数 | $L$(mm) |
|---|---|
| 6 | 228 |
| 9 | 228 |
| 12 | 348 |

**图 7-112** LK18 系列外形尺寸及安装尺寸

3. 万能转换开关

1) LW5系列万能转换开关　用于交流50 Hz、额定电压至500 V及直流电压至440 V的电路中，作电气控制线路(控制电磁线圈、电气测量仪表和伺服电动机等)的转换和电压380 V、功率5.5 kW及以下的三相笼型电动机的直接控制起动、可逆转换、多速电机变速。

外形尺寸及安装尺寸如图7-113所示。

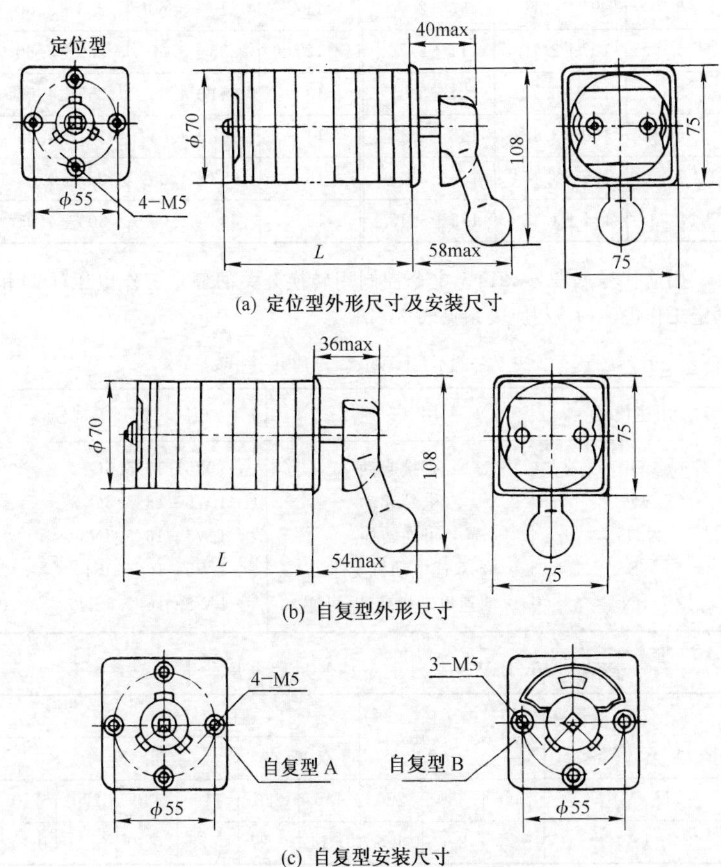


(a) 定位型外形尺寸及安装尺寸

(b) 自复型外形尺寸

(c) 自复型安装尺寸

图7-113　LW5系列外形尺寸及安装尺寸

图 7-113 附表 (mm)

| 节数 | L | | 节数 | L | |
|---|---|---|---|---|---|
| | 定位型 | 自复型 | | 定位型 | 自复型 |
| 1 | 59±2.30 | 63±2.30 | 9 | 187±3.60 | 191±3.60 |
| 2 | 75±2.30 | 79±2.30 | 10 | 203±3.60 | 207±3.60 |
| 3 | 91±2.70 | 95±2.70 | 11 | 219±3.60 | 223±3.60 |
| 4 | 107±2.70 | 111±2.70 | 12 | 235±3.60 | 239±3.60 |
| 5 | 123±3.15 | 127±3.15 | 13 | 251±4.05 | 255±4.05 |
| 6 | 139±3.15 | 143±3.15 | 14 | 267±4.05 | 271±4.05 |
| 7 | 155±3.15 | 159±3.15 | 15 | 283±4.05 | 287±4.05 |
| 8 | 171±3.15 | 175±3.15 | 16 | 299±4.05 | 303±4.05 |

用途代号见表 7-214。主令控制用转换开关的额定工作电压($U_e$)和额定工作电流($I_e$)相应关系见表 7-215。

表 7-214 LW5 系列的用途代号

| 用途代号 | 用途 | 相应转换开关型号 |
|---|---|---|
| $Q_1$ | 直接起动 | LW5-16/5.5$Q_1$2 |
| $Q_2$ | 电犁起动 | LW5-16/5.5$Q_2$3 |
| N | 可逆转换 | LW5-16/5.5N3 |
| S | 双速电动机变速 | LW5-16/5.5S4 |
| SN | 双速电动机变速、可逆 | LW5-16/5.5SN6 |

表 7-215 LW5 系列主令控制用的电压与电流关系

| 电流种类 / $U_e$, $I_e$ | 交流 | | | 直流 | | | | | |
|---|---|---|---|---|---|---|---|---|---|
| | | | | 双断点 | | | 四断点 | | |
| $U_e$(V) | 500 | 380 | 220 | 440 | 220 | 110 | 440 | 220 | 110 |
| $I_e$(A) | 2 | 2.6 | 4.6 | 0.14 | 0.27 | 0.55 | 0.2 | 0.41 | 0.82 |

直接控制 5.5 kW 三相交流电动机作转换开关时额定工作电压为

380 V,额定工作电流 12 A。属于同一转换开关的各双断点触头组在电气上是分开的,因此每一双断点触头组,能控制一条独立的电气回路。操作方式与操动器位置组合见表 7-216。

表 7-216 LW5 系列主令控制用的操作方式与操动器位置

| 操作方式 | 代号 | 操动器位置 | | | | | | | | | | | |
|---|---|---|---|---|---|---|---|---|---|---|---|---|---|
| 自复式 | A | | | | | | 0°← | 45° | | | | | |
| | B | | | | | 45° | →0°← | 45° | | | | | |
| 定位式 | C | | | | | | 0° | 45° | | | | | |
| | D | | | | | 45° | 0° | 45° | | | | | |
| | E | | | | | 45° | 0° | 45° | 90° | | | | |
| | F | | | | 90° | 45° | 0° | 45° | 90° | | | | |
| | G | | | | 90° | 45° | 0° | 45° | 90° | 135° | | | |
| | H | | | 135° | 90° | 45° | 0° | 45° | 90° | 135° | | | |
| | I | | | 135° | 90° | 45° | 0° | 45° | 90° | 135° | 180° | | |
| | J | | 120° | 90° | 60° | 30° | 0° | 30° | 60° | 90° | 120° | | |
| | K | | 120° | 90° | 60° | 30° | 0° | 30° | 60° | 90° | 120° | 150° | |
| | L | 150° | 120° | 90° | 60° | 30° | 0° | 30° | 60° | 90° | 120° | 150° | |
| | M | 150° | 120° | 90° | 60° | 30° | 0° | 30° | 60° | 90° | 120° | 150° | 180° |
| | N | | | | | 45° | | 45° | | | | | |
| | P | | | | | 90° | 0° | 90° | | | | | |

主令控制用转换开关的接通和分断能力见表 7-217。

表 7-217 LW5 系列主令控制用的接通和分断能力

| 电源种类 | 使用类别 | $P$ | 接通和分断 | | | | 试验次数 | 每次通电时间(s) | 两次试验时间间隔(s) |
|---|---|---|---|---|---|---|---|---|---|
| | | | $U$(注)(V) | $I$(注)(A) | $\cos\varphi$ | $T_{0.95}$(ms) | | | |
| 交流 | AC | 1 000 V·A | 1.1×500 | 22 | 0.7 | — | 50 | 0.5~1 | 5~10 |
| | | | 1.1×380 | 29 | | | | | |
| | | | 1.1×220 | 50 | | | | | |

（续表）

| 电源种类 | 使用类别 | P | 接通和分断 U(注)(V) | I(注)(A) | cos φ | $T_{0.95}$ (ms) | 试验次数 | 每次通电时间(s) | 两次试验时间间隔(s) |
|---|---|---|---|---|---|---|---|---|---|
| 直流 | DC | 双断点 60 W | 1.1×440 | 0.15 | — | 300 | 20 | 0.5～1 | 5～10 |
| | | | 1.1×220 | 0.30 | | | | | |
| | | | 1.1×110 | 0.60 | | | | | |
| | | 四断点 90 W | 1.1×440 | 0.22 | | | | | |
| | | | 1.1×220 | 0.45 | | | | | |
| | | | 1.1×110 | 0.96 | | | | | |

注：分断时为U、I。

直接控制5.5 kW三相笼型异步电动机用转换开关的接通和分断能力见表7-218。

表7-218 LW5系列直接控制电动机用的接通和分断能力

| 接通 U(V) | I(A) | cos φ | 试验次数 | 分断 $U_r$(V) | $I_e$(A) | cos φ | 试验次数 | 每次通电时间(s) | 两次试验时间间隔(s) |
|---|---|---|---|---|---|---|---|---|---|
| 1.1×380 | 12×12 | 0.65 | 100 | 1.1×380 | 10×12 | 0.65 | 25 | 0.05～0.5 | 5～10 |

主令控制用转换开关的电寿命见表7-219。

表7-219 LW5系列主令控制用的电寿命

| 电源种类 | 使用类别 | P | 接通 U(V) | I(A) | cos φ | $T_{0.95}$(ms) | 分断 $U_r$(V) | $I_c$(A) | cos φ | $T_{0.95}$(ms) | 寿命次数 | 每小时操作次数 | 每次通电时间T(s) |
|---|---|---|---|---|---|---|---|---|---|---|---|---|---|
| 交流 | AC | 1 000 V·A | 500<br>380<br>220 | 20<br>26<br>46 | 0.7 | — | 500<br>380<br>220 | 2.0<br>2.6<br>4.6 | 0.4 | — | 200×$10^3$ | 300 | 50%＞$t/t_0$＞10% |

（续表）

| 电源种类 | 使用类别 | $P$ | 接通 | | | | 分断 | | | | 寿命次数 | 每小时操作次数 | 每次通电时间 $T$(s) |
|---|---|---|---|---|---|---|---|---|---|---|---|---|---|
| | | | $U$ (V) | $I$ (A) | $\cos\varphi$ | $T_{0.95}$ (ms) | $U_r$ (V) | $I_c$ (A) | $\cos\varphi$ | $T_{0.95}$ (ms) | | | |
| 直流 | DC | 双断点 60 W | 440<br>220<br>110 | 0.14<br>0.27<br>0.55 | — | 300 | 440<br>220<br>110 | 0.14<br>0.27<br>0.55 | — | 300 | $200\times10^3$ | 300 | $50\% > t/t_0 > 10\%$ |
| | DC | 四断点 90 W | 440<br>220<br>110 | 0.20<br>0.41<br>0.82 | — | 300 | 440<br>220<br>110 | 0.20<br>0.41<br>0.82 | — | 300 | $200\times10^3$ | | |

直接控制三相笼型异步电动机用转换开关的电寿命见表 7-220。

表 7-220 LW5 系列直接控制电动机用的电寿命

| 使用类别 | 接通 | | | 分断 | | | 寿命次数 | | 每小时操作次数 | 最短通电时间(s) | |
|---|---|---|---|---|---|---|---|---|---|---|---|
| | $U$ (V) | $I$ (A) | $\cos\varphi$ | $U_r$ (V) | $I_c$ (A) | $\cos\varphi$ | 分项 | 总计 | | 接通条件 | 分断条件 |
| AC-3 | 1.0×380 | 6×12 | 0.65 | 0.17×380 | 12 | 0.65 | $195\times10^3$ | $200\times10^3$ | 300 | 0.06 | 0.1 |
| AC-4 | 1.0×380 | 6×12 | 0.65 | 1.0×380 | 6×12 | 0.65 | $6\times10^3$ | $200\times10^3$ | 120 | 0.1 | |

转换开关的机械寿命为 100 万次，自复型转换开关的自复扭转弹簧为易损件，其寿命为 20 万次。

2）LW6 系列万能转换开关　用于交流 50 Hz、额定电压至 380 V，直流电压至 220 V、电流至 5 A 的交直流电路中，作为电气控制线路的转换，电气测量仪表的转换，以及配电设备的遥控控制。亦可作为不频繁控制 380 V，2.2 kW 以下小容量三相笼型电动机。约定发热电流 5 A。其电寿命见表 7-221。其接通和分断能力见表 7-222。

每次间隔 30 s 每次接通时间不大于 0.5 s。开关机械寿命为 100 万次；开关允许操作频率为 120 次/h。

3）LW12 系列万能转换开关　用于交流 50 Hz（或 60 Hz）、额定电压至 380 V、直流电压至 220 V 的电路中，作电气控制线路和热工仪表的过程控

表 7-221 LW6 系列万能转换开关的电寿命

| 电源类别 | 功率因数 cos φ 或时间常数 T | 电 压 (V) | 接通电流 (A) | 分断电流 (A) | 寿 命 (万次) |
|---|---|---|---|---|---|
| AC | cos φ=0.35±0.05 | 380 | 5 | 0.5 | 20 |
| DC | T=0.05(±15%)ms | 220 | 0.2 | 0.2 | 10 |

表 7-222 LW6 系列万能转换开关的接通和分断能力

| 电源类别 | 功率因数 cos φ 或时间常数 T | 电 压 (V) | 接通电流 (A) | 分断电流(A) | | 接通分断次数 | |
|---|---|---|---|---|---|---|---|
| | | | | 电感负载 | 电阻负载 | 接通 (次) | 分断 (次) |
| AC | cos φ=0.35±0.05 | 380×105% | 50 | 5 | 5 | 20 | 20 |
| DC | T=0.05(±15%)s | 220×105% | 4 | 0.5 | 1.0 | 20 | 20 |
| | | 110×105% | 7.5 | 1.0 | 2.5 | 20 | 20 |

制，直接控制小容量交流电动机的起动、可逆转换、多速电动机变速。其技术数据见表 7-223～表7-224。

表 7-223 LW12 系列转换开关的定位特性代号

| 操作方式 | 特征代号 | 操 作 器 位 置 | | | | | | | | | | | |
|---|---|---|---|---|---|---|---|---|---|---|---|---|---|
| 自复型 | A | | | | | | 0° | ←45° | | | | | |
| | B | | | | | 45°→ | 0° | ←45° | | | | | |
| 定位型 | C | | | | | | 0° | ←45° | | | | | |
| | D | | | | | 45° | 0° | 45° | | | | | |
| | E | | | | | 45° | 0° | 45° | 90° | | | | |
| | F | | | | 90° | 45° | 0° | 45° | 90° | | | | |
| | G | | | | 90° | 45° | 0° | 45° | 90° | 135° | | | |
| | H | | | 135° | 90° | 45° | 0° | 45° | 90° | 135° | | | |
| | I | | | 135° | 90° | 45° | 0° | 45° | 90° | 135° | 180° | | |
| | J | | 120° | 90° | 60° | 30° | 0° | 30° | 60° | 90° | 120° | | |
| | K | | 120° | 90° | 60° | 30° | 0° | 30° | 60° | 90° | 120° | 150° | |

（续表）

| 操作方式 | 特征代号 | 操作器位置 | | | | | | | | | | | |
|---|---|---|---|---|---|---|---|---|---|---|---|---|---|
| 定位型 | L | 150° | 120° | 90° | 60° | 30° | 0° | 30° | 60° | 90° | 120° | 150° | |
| | M | 150° | 120° | 90° | 60° | 30° | 0° | 30° | 60° | 90° | 120° | 150° | 180° |
| | S | | | | | | 0° | 60° | 120° | 180° | 240° | 300° | |
| | N | | | | | 45° | | 45° | | | | | |
| | P | | | | | | 0° | 90° | | | | | |
| | | | | | | 90° | 0° | | | | | | |
| | | | | | | 90° | 0° | 90° | | | | | |
| | R | | | | | | 0° | 90° | 180° | 270° | | | |
| 定位自复型 | Z | | | | | 45° | 0° | ←45° | | | | | |
| | | | | | | 90° | 0° | ←45° | | | | | |
| | | | | | 90°→ | 45° | 0° | 45° | ←90° | | | | |
| | | | | | 135°→ | 90° | 0° | ←45° | | | | | |
| 定位自复型带闭锁装置 | ZL | | | | | 45°→ | 0° | ←45° | 90° | | | | |
| | | | | | 90° | 45°→ | 0° | ←45° | | | | | |
| | | | | | 90° | 45°→ | 0° | ←45° | 90° | | | | |

表 7-224　LW12 系列转换开关的技术数据

| 使用类别 | AC-15 | | DC-13 | AC-3 | AC-4 |
|---|---|---|---|---|---|
| 额定工作电压(V) | 380 | 220 | 220 | 380 | 380 |
| 额定工作电流(A) | 2.60 | 4.60 | 0.27 | 12 | 12 |
| 电寿命(万次) | 10 | | 20 | 19.5 | 0.5 |
| 机械寿命(万次) | 100 | | | | |
| 操作频率(次/h) | 120 | | | | |
| 额定绝缘电压(V) | 500 | | | | |
| 约定发热电流(A) | 16 | | | | |

4）LW15 系列万能转换开关　用于交流 50 Hz、额定绝缘电压至 660 V 及直流至 220 V 的电路中，作电气控制线路控制电磁线圈、电气测量仪表和伺服电动机等的转换、电源通断和小容量交流电动机的直接起动、可逆转换、多速电动机变速。其技术数据见表 7-225～表 7-227。

表 7-225 LW15 系列的技术数据

<table>
<tr><th rowspan="3">型号</th><th rowspan="3">额定绝缘电压（V）</th><th rowspan="3">约定发热电流（A）</th><th rowspan="3">额定工作电压（V）</th><th colspan="6">额定工作电流（A）</th><th rowspan="3">电寿命（万次）</th><th rowspan="3">机械寿命（万次）</th><th rowspan="3">额定操作频率（次/h）</th></tr>
<tr><th colspan="2">单相</th><th colspan="3">三相</th><th>直流</th></tr>
<tr><th>AC-1<br>AC-21</th><th>AC-11</th><th>AC-1<br>AC-21</th><th>AC-3<br>AC-23</th><th>AC-4</th><th>DC-11</th></tr>
<tr><td>LW15-10</td><td rowspan="2">660</td><td>10</td><td>220</td><td>10</td><td>4</td><td>10</td><td>6</td><td>4</td><td>0.12</td><td>AC-1 AC-21<br>AC-11 AC-23<br>20</td><td rowspan="2">60[①]</td><td>120</td></tr>
<tr><td>LW15-16</td><td>16</td><td>380</td><td>16</td><td>6</td><td>16</td><td>2</td><td>10</td><td>0.27</td><td>AC-3：3<br>AC-4：1<br>DC-11：6</td><td>300</td></tr>
</table>

① 自复型的自复钮、簧为易损件，其寿命为 20 万次。

表 7-226 LW15 系列的定位特征代号

| 操作方式 | 特征代号 | 操作器位置 | | | | | | | | | | | |
|---|---|---|---|---|---|---|---|---|---|---|---|---|---|
| 自复型 | A | | | | | | 0°← | 45° | | | | | |
| | B | | | | | 45° | →0°← | 45° | | | | | |
| 定位型 | C | | | | | | 0° | 45° | | | | | |
| | D | | | | | 45° | 0° | 45° | | | | | |
| | E | | | | | 45° | 0° | 45° | 90° | | | | |
| | F | | | | 90° | 45° | 0° | 45° | 90° | | | | |
| | G | | | | 90° | 45° | 0° | 45° | 90° | 135° | | | |
| | H | | | 135° | 90° | 45° | 0° | 45° | 90° | 135° | | | |
| | I | | | 135° | 90° | 45° | 0° | 45° | 90° | 135° | 180° | | |
| | J | | 120° | 90° | 60° | 30° | 0° | 30° | 60° | 90° | 120° | | |
| | K | | 120° | 90° | 60° | 30° | 0° | 30° | 60° | 90° | 120° | 150° | |
| | L | 150° | 120° | 90° | 60° | 30° | 0° | 30° | 60° | 90° | 120° | 150° | |
| | M | 150° | 120° | 90° | 60° | 30° | 0° | 30° | 60° | 90° | 120° | 150° | 180° |
| | N | | | | | 45° | | 45° | | | | | |
| | P | | | | | 90° | 0° | 90° | | | | | |

表 7-227 LW15 系列的辅助规格代号

| | | 含义 | 备注 |
|---|---|---|---|
| 基本规格 | 10 | $I_{th}=10$ A | |
| | 16 | $I_{th}=16$ A | |
| 派生产品 | S | 挂锁型开关 | 无代号为定位型<br>S: 扣机型 |
| | Z | 自复型开关 | |
| 辅助规格 | 1×××××× | 开关操作角度为 30° | "××××××"中最后两位数字表示能接触头片节数，其余为操作图编号(与 LW5 操作图通用部分相同) |
| | 2×××××× | 开关操作角度为 60° | |
| | 3×××××× | 开关操作角度为 45° | |
| | 4×××××× | 开关操作角度为 90° | |

4. 行程开关

1) LX5 系列行程开关　用于交流 50 Hz、额定电压至 380 V、电流至 3 A的控制电路中，具有瞬时换接触头和很小的控制行程，控制机床工作行程。其技术数据见表 7－228～表 7－229。

表 7－228　LX5 系列行程开关的技术数据

| 额定控制容量(V·A) | 额定工作电压(V) | 约定发热电流(A) |
|---|---|---|
| 100 | 380 | 3 |

表 7－229　LX5 系列的动作力及行程

| 型　号 | 动作力(N) | 复位力(N) | 动作行程(mm) | 超行程(mm) |
|---|---|---|---|---|
| LX5－11 | ≤6.86 | ≥0.98 | ≤0.9 | ≥0.2 |
| LX5－11Y | ≤6.86 | ≥0.98 | ≤0.9 | ≥0.2 |
| LX5－11D | ≤6.86 | ≥0.98 | ≤2 | ≥1.5 |
| LX5－11DY | ≤6.86 | ≥0.98 | ≤2 | ≥1.5 |
| LX5－11Q/1 | ≤29.4 | ≥4.9 | ≤2 | ≥2.5 |

2) LX19 系列行程开关　用于交流 50 Hz、额定电压至 380 V、直流至 220 V 的控制电路中，控制运动机构的行程和变换运动方向或速度。其技术数据见表7－230。

表 7－230　LX19 系列行程开关的技术数据

<table>
<tr><th rowspan="2">型　号</th><th colspan="2">触头数量</th><th colspan="2">额定电压(V)</th><th rowspan="2">额定电流(A)</th><th rowspan="2">触头换接时间(s)</th><th rowspan="2">动作力(N)</th><th rowspan="2">动作行程(mm)或角度</th></tr>
<tr><th>常开</th><th>常闭</th><th>交流</th><th>直流</th></tr>
<tr><td>LX19K</td><td rowspan="6">1</td><td rowspan="6">1</td><td rowspan="6">380</td><td rowspan="6">220</td><td rowspan="6">5</td><td rowspan="6">0.04</td><td><10</td><td>1.5～3.5</td></tr>
<tr><td>LX19－001</td><td><15</td><td>1.5～4</td></tr>
<tr><td>LX19－111</td><td rowspan="4"><20</td><td rowspan="3">30°</td></tr>
<tr><td>LX19－121</td></tr>
<tr><td>LX19－131</td></tr>
<tr><td>LX19－212</td><td>60°</td></tr>
</table>

（续表）

| 型　　号 | 触头数量 | | 额定电压(V) | | 额定电流(A) | 触头换接时间(s) | 动作力(N) | 动作行程(mm)或角度 |
|---|---|---|---|---|---|---|---|---|
| | 常开 | 常闭 | 交流 | 直流 | | | | |
| LX19-222 | 1 | 1 | 380 | 220 | 5 | 0.04 | <20 | 60° |
| LX19-232 | | | | | | | | |

3）LX23 系列行程开关　用于交流 50 Hz、额定电压至 380 V 及直流电压至 220 V、电流至 5 A 的电气控制线路中，控制运动机构的行程及速度，其中 LX23M-422 行程开关作为船舶或建筑物中房间照明的控制。其技术数据见表 7-231～表 7-232。

表 7-231　LX23 系列行程开关的技术数据

| 型　　号 | 额定电压(V) | 约定发热电流(A) | 动作值 | 超行程(mm) | 动作力(N) | 同步误差 | 操作频率(次/h) | 通电率(%) | 电寿命(万次) |
|---|---|---|---|---|---|---|---|---|---|
| LX23-122 | | | 12°～18° | | ≤14.7 | ≤6.5° | | | |
| LX23-322 | | | 1～2.5 mm | ≥1.5 | ≤14.7 | ≤0.4 mm | | | |
| LX23-422 | AC 380 | | 1～2.5 mm | ≥1.5 | ≤14.7 | ≤0.4 mm | | | |
| LX23-122S | | 5 | 12°～18° | | ≤19.6 | ≤6.5° | 2 400 | 40 | 100 |
| LX23-322S | DC 220 | | 1～2.5 mm | ≥1.5 | ≤19.6 | ≤0.4 mm | | | |
| LX23-422S | | | 1～2.5 mm | ≥1.5 | ≤19.6 | ≤0.4 mm | | | |
| LX23-422S/1 | | | 1～2.5 mm | ≥1.5 | ≤19.6 | ≤0.4 mm | | | |

表 7-232　LX23 系列的接通和分断能力

| 电　压<br>(V) | 接通电流<br>(A) | 分断电流<br>(A) | cos φ | $T_{0.95}$<br>(s) | 动作次数 |
|---|---|---|---|---|---|
| AC　380×105% | 25 | 5 | 0.3～0.4 | — | 50 |
| DC　220×105% | 0.3 | 0.3 | — | 0.05～0.1 | 50 |

4）LX29 系列行程开关　用于交流 50 Hz、额定电压至 380 V 及直流电压至 220 V 的控制电路中，控制运动机构的行程和变换其运动方向或速度。其技术数据见表 7-233～表 7-234。

表 7-233　LX29 系列行程开关的技术数据

| 型　　号 | 额定电压<br>(V) | 动 作 力<br>(mN) | 动作行程<br>(mm) | 超 行 程<br>(mm) | 差　　距<br>(mm) | 机械寿命<br>(万次) |
|---|---|---|---|---|---|---|
| LX29-1 | AC　380<br>DC　220 | ≤4 000 | ≤0.5 | ≥0.2 | ≤0.15 | 1 000 |
| LX29-1H | | ≤4 000 | ≤0.7 | ≥1.5 | ≤0.15 | |
| LX29-4S | | ≤4 000 | ≤1 | ≥4.5 | ≤0.15 | |
| LX29-6、7/2 | | ≤2 000 | ≤1.5 | ≥4 | ≤1.2 | |
| LX29-6、7/3 | | ≤1 000 | ≤3 | ≥8 | ≤2.4 | |
| LX29-2、3Q | | ≤8 000 | ≤2 | ≥8 | ≤0.4 | |
| LX29-4、5Q | | ≤4 000 | ≤1 | ≥4.5 | ≤0.15 | |
| LX29-2、3S | | ≤12 000 | ≤2 | ≥8 | ≤0.4 | |
| LX29-4S | | ≤8 000 | ≤1 | ≥4.5 | ≤0.3 | |

表 7-234　LX29 系列的接通和分断能力

| 电　　压(V) | 额定控制容　　量<br>(V·A) | 接通分断容　　量 | cos φ 或<br>$T_{0.95}$ | 通电时间<br>(s) | 间隔时间<br>(s) | 通电次数 |
|---|---|---|---|---|---|---|
| AC　1.1×380 | 300 | 3 300 V·A | 0.2 | 0.06～0.2 | 3 | 50 |
| DC　1.1×380 | 10 | 11 W | 60 ms | >0.4 | 3 | 20 |

表 7-235 LX29 系列的电寿命

| 试验电压(V) | 额定控制容量 | 分断 | | 接通 | | 操作频率(次/h) | 通电率(%) | 电寿命(万次) |
|---|---|---|---|---|---|---|---|---|
| | | 容量 | cos φ或时间常数 | 容量 | cos φ或时间常数 | | | |
| AC 380 | 300 V·A | 300 V·A | 0.25 | 3 000 V·A | 0.2 | 2 000 | 40 | 100 |
| DC 220 | 10 W | 10 W | 60 ms | 10 W | 60 ms | 1 200 | 40 | 50 |

5）LX33 起重机用行程开关　用于交流 50 Hz、额定工作电压至380 V，直流额定工作电压至 220 V 的控制线路中，作为起重机的行程限制及终端保护。其技术数据见表 7-236。其机构的极限速度见表 7-237。其触头通断能力见表 7-238。其外形尺寸及安装尺寸如图 7-114 所示。

表 7-236 LX33 系列起重机用行程开关的技术数据

| 额定工作电压(V) | 约定发热电流(A) | 额定操作频率(次/h) | 机械寿命(万次) | 电寿命(万次) | 控制回路数 |
|---|---|---|---|---|---|
| 交流 380、直流 220 | 10 | 300 | 100 | 20 | 1、2、3、4 |

表 7-237 LX33 系列机构的极限速度

| 极限速度＼行程开关型式 | 杆式操作臂自动复位式 | 叉式操作臂非自动复位式 | 重锤式 | 旋转式 |
|---|---|---|---|---|
| 最高速度 | 200 m/min | 100 m/min | 80 m/min | 不限 |
| 最低速度 | 5 m/min | 3 m/min | 1 m/min | 交流 4 r/min |
| | | | | 直流 8 r/min |

表 7-238 LX33 系列的触头通断能力

| 使用电源 | 额定工作电流(A) | 接通与分断条件 | | | 通断次数(次) | 间隔时间(s) | 通断时间(s) |
|---|---|---|---|---|---|---|---|
| | | $I$(A) | $U$(V) | cos φ或 $T_{0.95}$ | | | |
| AC | 2.6 | 28.6 | 418 | 0.7 | 50 | 5～10 | ≥0.5 |
| DC | 0.4 | 0.44 | 242 | 300 ms | 50 | 5～10 | ≥0.5 |

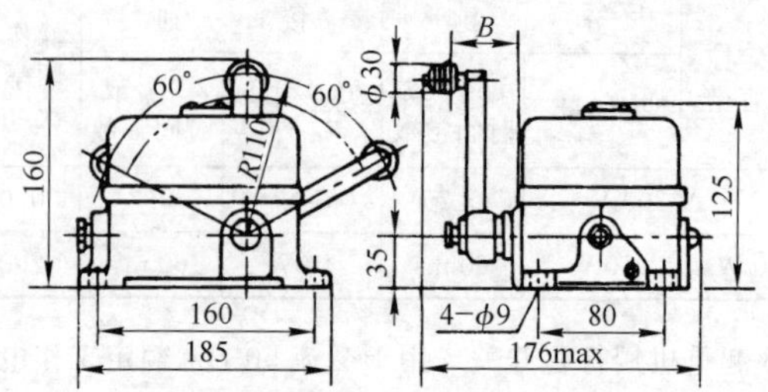


(a) 杆式行程开关外形尺寸及安装尺寸

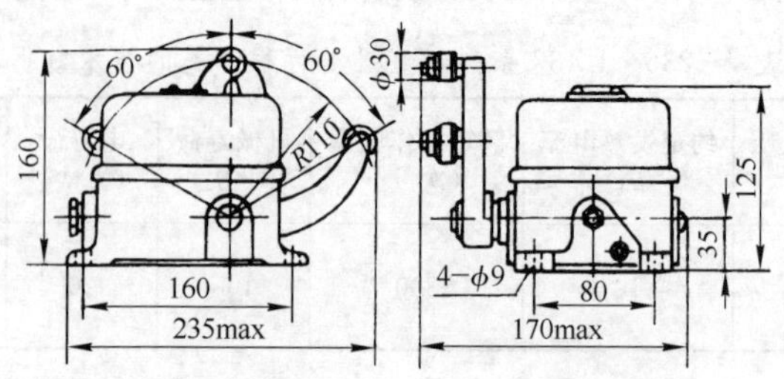


(b) 叉式行程开关外形尺寸及安装尺寸

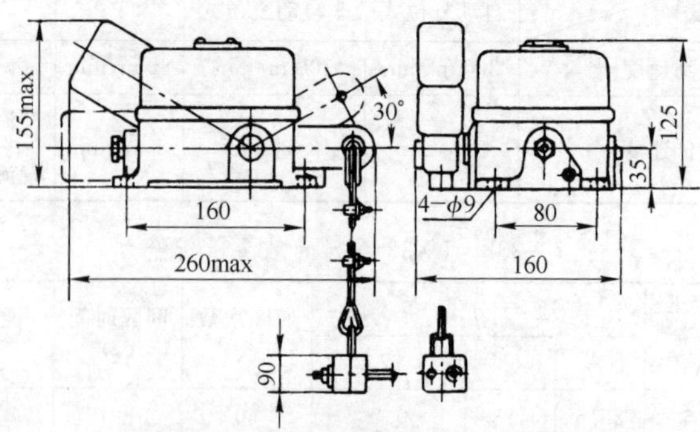


(c) 重锤式行程开关外形尺寸及安装尺寸

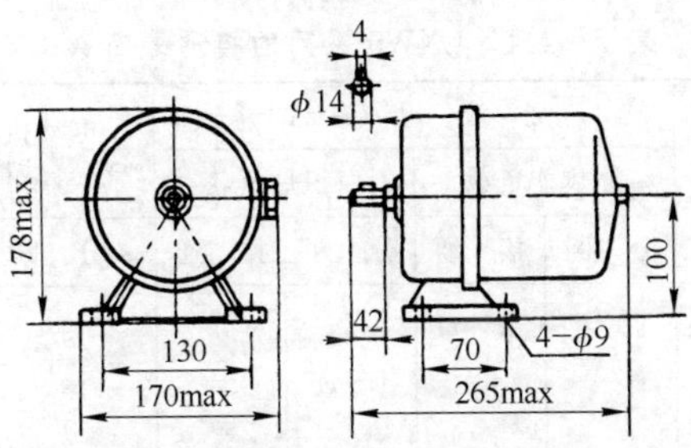


(d) 旋转式行程开关外形尺寸及安装尺寸

**图 7-114** LX33系列外形尺寸及安装尺寸

5. 微动开关

1) LXW2 系列微动开关 用于交流 50 Hz、额定电压至 380 V 的 1 个或 2 个控制电路中,作微量行程控制、限位控制、安全保护及联锁控制。亦可作为触头组件用于各种继电器和主令开关中。其技术数据见表 7-239。

表 7-239 LXW2 系列微动开关的技术数据

| 型 号 | 触头数量 | | 额定电压(V) | 额定电流(A) | 操作频率(次/h) | 通电率(%) | 触头换接时间(s) | 动作力(N) | 动作行程(mm) | 电寿命(万次) | 机械寿命(万次) |
|---|---|---|---|---|---|---|---|---|---|---|---|
| | 常开 | 常闭 | | | | | | | | | |
| LXW2-11 | 1 | 1 | 380 | 5 | 3 600 | 40 | ≤0.04 | ≤4.9 | ≤1.8 | 60 | 1 000 |

2) LXW5 系列微动开关 用于交流 50 Hz、额定电压至 380(660 V)、直流电压至 220 V 的控制线路中,在各种机械设备上作行程控制、限位保护和联锁。LXW5/L 为大电流型。其技术数据见表 7-240。其接通分断数据见表 7-241。其动作力、复位力见表 7-242。

表 7-240 LXW5 系列微动开关的技术数据

| 型 号 | 额 定 电 压(V) | 额定控制容量 | 约定发热电流(A) | 触头数量 |
|---|---|---|---|---|
| LXW5 | AC 380、220、110 | AC 100 V·A | 10 | 1 常开、1 常闭 |
| | DC 220、110、24 | DC 10 W | | |
| LXW5/L | AC 660 | AC 1 000 V·A | 1.5 | 1 常开、1 常闭 |

表 7-241 LXW5 系列的接通分断数据

| 额定电压(V) | | 交流电流(A) | | | | 电动机、继电器、螺管线圈负载(A) | |
|---|---|---|---|---|---|---|---|
| | | 加热器负载 | | 白炽灯负载 | | | |
| | | 分断 | 接通 | 分断 | 接通 | 分断 | 接通 |
| AC | 127 | 15 | 15 | 1.5 | 3.0 | 15 | 15 |
| | 220 | 15 | 15 | 1.25 | 2.5 | 15 | 15 |
| | 380 | 3 | 2 | 0.75 | 1.0 | 2.5 | 2.5 |
| | 660 | 2 | 2 | 0.50 | 0.80 | 1.5 | 1.5 |
| DC | 24 | 10 | 10 | 1.5 | 3.0 | 10 | 10 |
| | 110 | 0.6 | 0.6 | 0.6 | 0.6 | 0.1 | 0.1 |
| | 220 | 0.3 | 0.3 | 0.3 | 0.3 | 0.05 | 0.05 |

表 7-242 LXW5 系列的动作力、复位力

| 普通型开关 | 普通型接线防护型开关 | 大电流型 | 大电流型接线防护型开关 | 动作力(N) | 复位力(N) | 重复精度误差(mm) |
|---|---|---|---|---|---|---|
| LXW5-11Z | LXW5-11Z/F | LXW5-11Z/L | LXW5-11Z/FL | 2～3.5 | >1 | ±0.03 |
| LXW5-11$D_1$ | LXW5-11$D_1$/F | LXW5-11$D_1$/L | LXW5-11$D_1$/FL | 2～3.8 | >1 | ±0.05 |
| LXW5-11M | LXW5-11M/F | LXW5-11F/L | LXW5-11F/FL | 2～3.8 | >1 | |
| LXW5-11$Q_1$ | LXW5-11$Q_1$/F | LXW5-11$Q_1$/L | LXW5-11$Q_1$/FL | 2～3.8 | >1 | |
| LXW5-11$Q_2$ | LXW5-11$Q_2$/F | LXW5-11$Q_2$/L | LXW5-11$Q_2$/FL | 2～3.8 | >1 | |
| LXW5-11$N_1$ | LXW5-11$N_1$/F | LXW5-11$N_1$/L | LXW5-11$N_1$/FL | 0.3～0.8 | >0.15 | |
| LXW5-11$N_2$ | LXW5-11$N_2$/F | LXW5-11$N_2$/L | LXW5-11$N_2$/FL | 0.5～1 | >0.25 | |
| LXW5-11$G_1$ | LXW5-11$G_1$/F | LXW5-11$G_1$/L | LXW5-11$G_1$/FL | 0.35～0.85 | >0.15 | |
| LXW5-11$G_2$ | LXW5-11$G_2$/F | LXW5-11$G_2$/L | LXW5-11$G_2$/FL | 0.8～1.6 | >0.25 | |
| LXW5-11$G_3$ | LXW5-11$G_3$/F | LXW5-11$G_3$/L | LXW5-11$G_3$/FL | 0.4～0.9 | >0.2 | |

注：重复精度误差为推杆速度 10±1 mm/min、连续动作 10 次动作位置最大值或最小值与平均值之差。

开关在推杆速度不大于 10 mm/min 时测得的动作与复位的换接时间不大于 40 ms。

开关的机械寿命 400 万次以上。交流电寿命 100 万次以上，直流电寿命 60 万次。大电流型开关的交流、直流电寿命均为 10 万次以上。

3) LXW6 系列微动开关 用于交流 50 Hz、额定电压至 380 V 的电路中，在机床、轻工、化工等用作限位和切换电路。其传动机构类型见表 7-243，其技术数据见表 7-244。

表 7-243 LXW6 系列的传动机构类型

<table>
<tr><th>型 号</th><th>传 动 机 构</th><th>型 号</th><th>传 动 机 构</th></tr>
<tr><td>LXW6-11</td><td>基 型</td><td>LXW6-11CA</td><td>长按钮传动</td></tr>
<tr><td>LXW6-11CD</td><td>长杠杆传动</td><td>LXW6-11DA</td><td>短按钮传动</td></tr>
<tr><td>LXW6-11DG</td><td>短杠杆传动</td><td>LXW6-11BZ</td><td>带安装螺母长按钮传动</td></tr>
<tr><td>LXW6-11CL</td><td>长杠杆带滚轮传动</td><td rowspan="2">LXW6-11ZL</td><td rowspan="2">带安装螺母及纵向滚轮传动</td></tr>
<tr><td>LXW6-11DL</td><td>短杠杆带滚轮传动</td></tr>
<tr><td>LXW6-11DCL</td><td>单方向长杠杆带滚轮传动</td><td rowspan="2">LXW6-11HL</td><td rowspan="2">带安装螺母及横向滚轮传动</td></tr>
<tr><td>LXW6-11DDL</td><td>单方向短杠杆带滚轮传动</td></tr>
</table>

表 7-244 LXW6 系列微动开关的技术数据

| 使用电源 | 额定电压 (V) | 约定发热电流 (A) | 额定控制容量 (V·A) | 触头对数 | 机械寿命 (万次) | 电寿命 (万次) |
|---|---|---|---|---|---|---|
| AC | 至 380 | 3 | 100 | 1 常开 1 常闭 | 100 | 100 |

6. 接近开关

1) LJ5A 高频振荡型接近开关 用于检测金属体的存在和控制电路中作位置检测、行程控制及计数控制等。其技术数据见表 7-245。

2) LXJ3 系列晶体管交流接近开关 用于交流 50 Hz、额定电压 110 V 至 220 V 的线路中，作机床及自动生产线的定位控制或信号检测。其技术数据见表7-246。

表 7-245 LJ5A 高频振荡型接近开关的技术数据

| 型号 LJ5A | | 额定距离 (mm) | 电源电压 (V) | 负载电流 (mA) | 漏电 (mA) | 开关压降 (V) | 回差 (mm) | 开关频率 (Hz) | 外壳材质 | 标准检测体铁 $A_2$(厚1 mm) (mm) |
|---|---|---|---|---|---|---|---|---|---|---|
| 5/100 | 5/110 | 5 | AC 30～220 (80～110)% | 20～300 | <7 | <10 | 0.03～0.2Sr | 15 | 金属 | 18×18 |
| 10/100 | 10/110 | 10 | | | | | | | | 30×30 |
| 8/100 | 8/110 | 8 | | | | | | | 塑料 | 18×18 |
| 15/100 | 15/110 | 15 | | | | | | | | 30×30 |
| 5/200 | 5/210 | 5 | DC 10～30 (80～115)% | 5～50 | <1.5 | <8 | 0.03～0.2Sr | 200 | 金属 | 18×18 |
| 10/200 | 10/210 | 10 | | | | | | 100 | | 30×30 |
| 8/200 | 8/210 | 8 | | | | | | 200 | 塑料 | 18×18 |
| 15/200 | 15/210 | 15 | | | | | | 100 | | 30×30 |
| 5/320 | 5/330 | 5 | DC 6～30 (80～115)% | <300 | 负载压降小于工作电压10% | <3.5 | 0.01～0.15 | 200 | 金属 | 18×18 |
| 10/320 | 10/330 | 10 | | | | | | 100 | | 30×30 |
| 8/320 | 8/330 | 8 | | | | | | 200 | 塑料 | 18×18 |
| 15/320 | 15/330 | 15 | | | | | | 100 | | 30×30 |
| 5/321 | 5/331 | 5 | | | | | | 200 | 金属 | 18×18 |
| 10/321 | 10/331 | 10 | | | | | | 100 | | 30×30 |
| 8/321 | 8/331 | 8 | | | | | | 200 | 塑料 | 18×18 |
| 15/321 | 15/331 | 15 | | | | | | 100 | | 30×30 |
| 5/440 | | 5 | | 2×50 | | | | 200 | 金属 | 18×18 |
| 10/440 | | 10 | | | | | | 100 | | 30×30 |
| 8/440 | | 8 | | | | | | 200 | 塑料 | 18×18 |
| 15/440 | | 15 | | | | | | 100 | | 30×30 |

表 7-246 LXJ3 系列的技术数据

| 型号 | 额定工作电压(V) | 输出电压(V) | 输出电流(mA) | 动作距离(mm) | 回环宽度(mm) | 重复定位精度(mm) | 最高工作频率(Hz) |
|---|---|---|---|---|---|---|---|
| LXJ3-5 | | | | 5 | ≤1 | ≤0.03 | |
| LXJ3-10 | AC110~220 | "1"态≤10<br>"0"态≤95%$U_e$ | 100(max)<br>20(min) | 10 | ≤2 | ≤0.05 | 10 |
| LXJ3-15 | | | | 15 | ≤3 | ≤0.10 | |

3）LXJ6 系列电感式接近开关　用于交流 50 Hz、额定电压 100~250 V 的线路中，供机床及自动生产线作定位或检测信号。当运动的金属体接近开关的感应达到动作距离之内，无接触、无压力地发出检测信号，用以驱动小容量的接触器或中间继电器。其技术数据见表 7-247。外形尺寸及安装尺寸如图7-115 所示。

表 7-247 LXJ6 系列电感式接近开关的技术数据

| 型号 | 动用距离(mm) | 复位行程差(mm) | 额定工作电压 AC(V) | 额定工作电压 DC(V) | 输出能力 长期(mA) | 输出能力 瞬时(ms) | 重复定位精度(mm) | 开关压降 AC(V) | 开关压降 DC(V) |
|---|---|---|---|---|---|---|---|---|---|
| LXJ6-2/12 | 2±1 | | | | | | | | |
| LXJ6-2/18 | 2±1 | | | | | | | | |
| LXJ6-4/18 | 4±1 | ≤1 | | | | | ±0.15 | | |
| LXJ6-4/22 | 4±1 | | 100~250 | 10~30 | 100<br>30~200 | 1 A<br>t≤20 | | <9 | <4.5 |
| LXJ6-6/22 | 6±1 | | | | | | | | |
| LXJ6-8/30 | 8±1 | ≤2 | | | | | ±0.3 | | |
| LXJ6-10/30 | 10±1 | | | | | | | | |

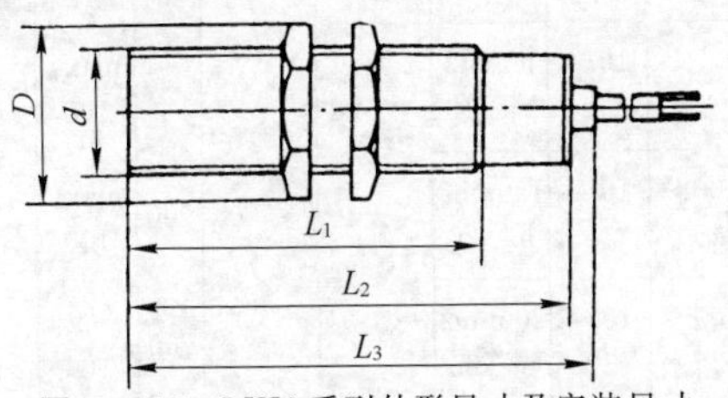


**图 7-115** LXJ6 系列外形尺寸及安装尺寸

图 7-115 附表 (mm)

| 型　　号 | $D_{max}$ | $d$ | $L_1$ | $L_2$ | $L_3$ |
|---|---|---|---|---|---|
| LXJ6-2/3J 20AJ31 | 20 | M12×1 | 35 | 47.5 | 51 |
| LXJ6-2/3J 20AP11 | | | | | |
| LXJ6-2/3S 20AP11 | 20 | M12×1 | 50 | 62 | 68 |
| LXJ6-2/3J 20AP01 | | | | | |
| LXJ6-2/3J 20AP11 | | | | | |
| LXJ6-5/3S 40NP11 | 28 | M18×1 | 45 | 66 | 71 |
| LXJ6-4/3S 40NA01 | 28 | M18×1 | 50 | 75 | 81 |
| LXJ6-4/3S 40NA21 | | | | | 103 |
| LXJ6-6/3S 40NA11 | 35 | M22×1 | 50 | 75 | 79 |
| LXJ6-8/3S 40NA01 | 42 | M30×1.5 | 50 | 75 | 79 |
| LXJ6-10/3S 40NA01 | 42 | M30×1.5 | 50 | 75 | 79 |

4) LXJ9系列电容式接近开关　用于直流电压10～30 V、交流50 Hz、电压90～250 V的装置中作机床及自动线的定位、信号检测、记数等。其技术数据见表7-248。

表 7-248　LXJ9系列电容式接近开关技术数据

| 型　号 | 额定电源电压(V) | | 允许输入电压(V) | | 作用距离(mm) | 重复精度(%) | 复位行程差(%) | 输出电流(mA) | | 开关频率(Hz) | | 开关压降(V) | |
|---|---|---|---|---|---|---|---|---|---|---|---|---|---|
| | AC | DC | AC | DC | | | | AC | DC | AC | DC | AC | DC |
| LXJ9-6/18 | — | 24 | — | 10～30 | 6 min2 max10 | ≤±15 | ≤20 | — | max:100 | — | 100 | — | ≤2 |
| LXJ9-15/30 | 220 | 24 | 100～250 | 10～30 | 15 min2 max20 | | | 200 | max:100 | — | 100 | ≤15 | ≤2 |
| LXJ9-20/55 | 220 | 24 | 100～250 | 10～30 | 20 min2 max30 | | | 200 | max:100 | — | 100 | ≤15 | ≤2 |

7. 按钮

1) LA$\begin{matrix}10\\18\\19\\20\end{matrix}$系列按钮 用于交流 50 Hz、额定电压至 380 V 及直流电压至 220 V 的电磁起动器、继电器及其他电气线路作遥控控制。其技术数据见表 7-249～表7-254。

表 7-249 LA 系列按钮技术数据(一)

| 使用电源 | 额定电压(V) | 额定控制容量(V·A) | 约定发热电流(A) |
|---|---|---|---|
| AC | 380 | 300 | 5 |
| DC | 220 | 60 | 5 |

表 7-250 LA 系列按钮的寿命指标

| 使用类别 | $U_e$ (V) | 接通 | | | 分断 | | | 电寿命(万次) | 机械寿命(万次) |
|---|---|---|---|---|---|---|---|---|---|
| | | 电流(A) | cos φ | $T_{0.95}$ (ms) | 电流(A) | cos φ | $T_{0.95}$ (ms) | | |
| AC | 380 | 6 | 0.2 | | 0.8 | 0.25 | | 50 | 100 |
| DC | 220 | 0.8 | | 30 | 0.3 | | 150 | 20 | 100 |

表 7-251 LA 系列按钮的技术数据(二)

| 型　号 | 额定电流(A) | 结构型式 | 触头数(常开/常闭) | 钮数 | 颜　色 | 标　志 |
|---|---|---|---|---|---|---|
| LA10-1 | 5 | 元　件 | 1/1 | 1 | 黑、绿或红 | |
| LA10-1K<br>LA10-2K<br>LA10-3K | 5 | 开启式 | 1/1<br>2/2<br>3/3 | 1<br>2<br>3 | <br>黑、红或绿、红<br>黑、绿、红 | 起动或停止<br>起动-停止<br>向前-向后-停止 |
| LA10-1H<br>LA10-2H<br>LA10-3H | 5 | 保护式 | 1/1<br>2/2<br>3/3 | 1<br>2<br>3 | 黑、绿或红<br>黑、红或绿、红<br>黑、绿、红 | 起动或停止<br>起动-停止<br>向前-向后-停止 |

（续表）

| 型号 | 额定电流(A) | 结构型式 | 触头数(常开/常闭) | 钮数 | 颜色 | 标志 |
|---|---|---|---|---|---|---|
| LA10－2F | 5 | 防腐式 | 2/2 | 2 | 黑、红或绿、红 | 起动-停止 |
| LA10－1S<br>LA10－2S<br>LA10－3S | 5 | 防水式 | 1/1<br>2/2<br>3/3 | 1<br>2<br>3 | 黑、绿或红<br>黑、红或绿、红<br>黑、绿、红 | 起动或停止<br>起动-停止<br>向前-向后-停止 |

表7－252 LA18系列按钮的技术数据

| 型号 | 型式 | 触头数量 | | 额定电压(V) | 额定电流(A) | 额定控制容量(V·A或W) | 钮的颜色 |
|---|---|---|---|---|---|---|---|
| | | 常开 | 常闭 | | | | |
| LA18－22<br>LA18－44<br>LA18－66 | 一般式 | 2<br>4<br>6 | 2<br>4<br>6 | 交流380<br>直流220 | 5 | 交流300<br>直流60 | 红<br>绿<br>黄<br>白<br>黑 |
| LA18－22J<br>LA18－44J<br>LA18－66J | 紧急式 | 2<br>4<br>6 | 2<br>4<br>6 | | | | 红 |
| LA18－22X2<br>LA18－22X3<br>LA18－44X<br>LA18－66X | 旋钮式 | 2<br>2<br>4<br>6 | 2<br>2<br>4<br>6 | | | | 黑 |
| LA18－22Y<br>LA18－44Y<br>LA18－66Y | 钥匙式 | 2<br>4<br>6 | 2<br>4<br>6 | | | | 锁芯本色 |

注：安装孔为$\phi$25 mm。

表 7-253 LA19 系列按钮的技术数据

| 型号 | 型式 | 触头数量 | | 信号灯 | | 钮的颜色 | 额定电压、电流和控制容量 |
|---|---|---|---|---|---|---|---|
| | | 常开 | 常闭 | 电压(V) | 功率(W) | | |
| LA19-11A | 一般式 | 1 | 1 | — | — | 红、绿、蓝、黄、白、黑 | 电压：交流 380 V<br>直流 220 V<br>电流：5 A<br>容量：交流<br>300 V·A<br>直流 60 W |
| LA19-11A/J | 紧急式 | 1 | 1 | — | — | 红 | |
| LA19-11A/D | 带指示灯式 | 1 | 1 | 6 | <1 | 红、绿、蓝、白、黑 | |
| LA19-11A/DJ | 紧急带指示灯式 | 1 | 1 | 6 | <1 | 红 | |

注：安装孔为 $\phi$25。

表 7-254 LA20 系列按钮的技术数据

| 型号 | 型式 | 触头数量 | | 信号灯 | | 按钮 | |
|---|---|---|---|---|---|---|---|
| | | 常开 | 常闭 | 电压(V) | 功率(W) | 钮数 | 颜色 |
| LA20-11 | 揿钮式 | 1 | 1 | — | — | 1 | 红、绿、黄、蓝或白 |
| LA20-11J | 紧急式 | 1 | 1 | — | — | 1 | 红 |
| LA20-11D | 带灯揿钮式 | 1 | 1 | 6 | <1 | 1 | 红、绿、黄、蓝或白 |
| LA20-11DJ | 带灯紧急式 | 1 | 1 | 6 | <1 | 1 | 红 |
| LA20-22 | 揿钮式 | 2 | 2 | — | — | 1 | 红、绿、黄、蓝或白 |
| LA20-22J | 紧急式 | 2 | 2 | — | — | 1 | 红 |
| LA20-22D | 带灯揿钮式 | 2 | 2 | 6 | <1 | 1 | 红、黄、绿、蓝或白 |
| LA20-22DJ | 带灯紧急式 | 2 | 2 | 6 | <1 | 1 | 红 |
| LA20-2K | 开启式 | 2 | 2 | — | — | 2 | 白、红或绿、红 |
| LA20-3K | 开启式 | 3 | 3 | — | — | 3 | 白、绿、红 |
| LA20-2H | 保护式 | 2 | 2 | — | — | 2 | 白、红或绿、红 |
| LA20-3H | 保护式 | 3 | 3 | — | — | 3 | 白、绿、红 |

2）LA25系列按钮　用于交流50 Hz、额定电压至380 V、直流电压至220 V的电磁起动器、接触器、继电器及其他电气线路中的遥控控制，带有指示灯式按钮还适用于需要灯光信号指示的场所。其技术数据见表7-255，接通分断能力指标见表7-256，电寿命见表7-257，寿命次数见表7-258。外形尺寸和安装尺寸如图7-116所示。

表7-255　LA25系列按钮的技术数据

| 使用电源 | 额定绝缘电压$U_f$（V） | 额定工作电压$U_e$（V） | 额定工作电流$I_e$（A） | 约定发热电流$I_{th}$（A） |
|---|---|---|---|---|
| AC-15 | 380 | 220 | 4.5 | 10 |
| | | 380 | 2.6 | |
| DC-13 | | 110 | 0.6 | |
| | | 220 | 0.3 | |

表7-256　LA25系列的接通分断能力

| 使用电源 | $I_{th}$（A） | 通断条件 | | | |
|---|---|---|---|---|---|
| | | $I$(A) | $U$和$U_r$(V) | cos $\varphi$ | $T_{0.95}$ |
| AC | 10 | 80 | 242 | 0.7 | |
| | | 46 | 418 | | |
| DC | 10 | 1.98 | 121 | | 300 ms |
| | | 0.99 | 242 | | |

表7-257　LA25系列的电寿命

| 使用电源 | $I_{th}$（A） | 接通 | | | 分断 | | |
|---|---|---|---|---|---|---|---|
| | | $I$(A) | $U$(V) | cos $\varphi$或$T_{0.95}$ | $I$(A) | $U$(V) | cos $\varphi$或$T_{0.95}$ |
| AC | 10 | 73<br>42 | 220<br>380 | 0.7 | 4.5<br>2.6 | 220<br>380 | 0.4 |
| DC | 10 | 1.8<br>0.9 | 110<br>220 | 300 ms | 0.6<br>0.3 | 110<br>220 | 300 ms |

表 7-258 LA25 系列的寿命次数

| 按钮结构形式 | 机械寿命（次） | 电寿命（次） | | 每小时最高操作次数（次/h） |
|---|---|---|---|---|
| | | 交流 | 直流 | |
| 平钮<br>蘑菇钮<br>带灯钮 | $100\times10^4$ | $50\times10^4$ | $25\times10^4$ | 1 200 |
| 旋钮<br>钥匙钮 | $10\times10^4$ | $10\times10^4$ | $10\times10^4$ | 120 |

注：表中机械寿命是对 2 对触头而言，而多于 2 对触头的机械寿命应不少于其电寿命指标。

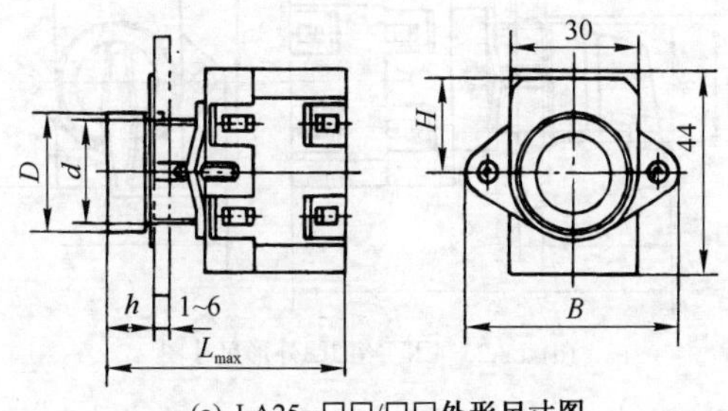


(a) LA25-□□/□□外形尺寸图

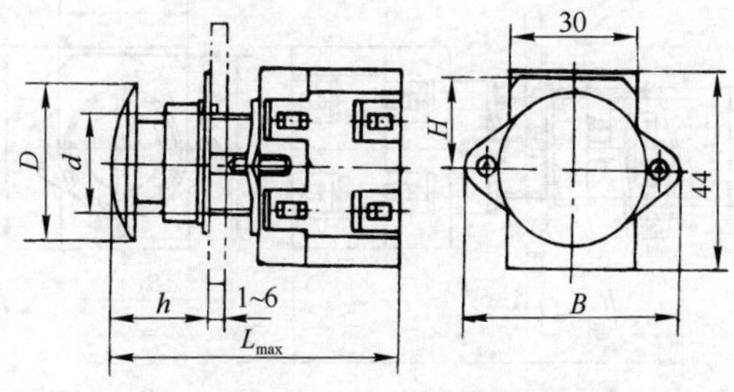


(b) LA25-□□J/□□外形尺寸图

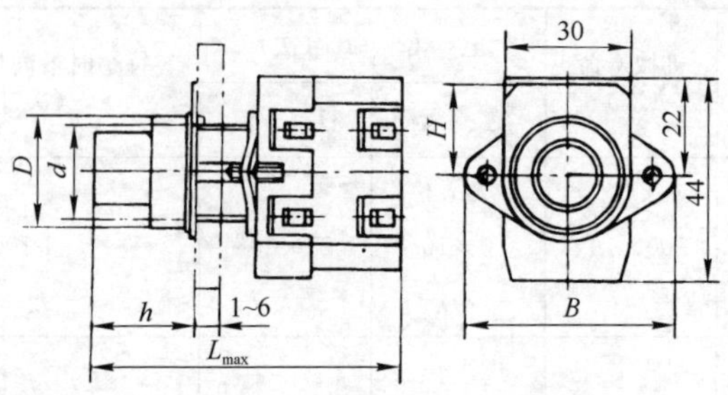


(c) LA25-□□D/□□外形尺寸图

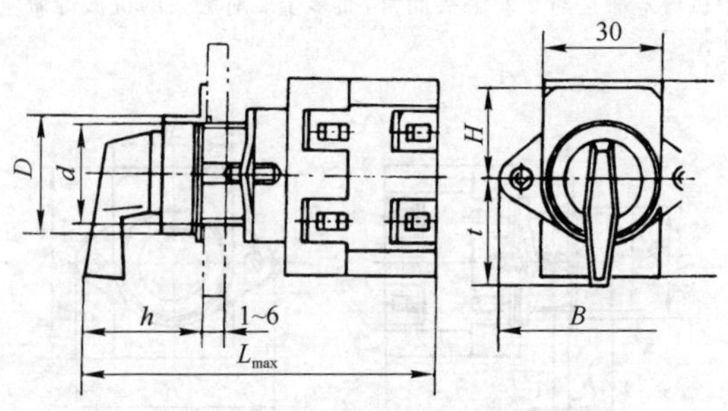


(d) LA25-□□X/□□外形尺寸图

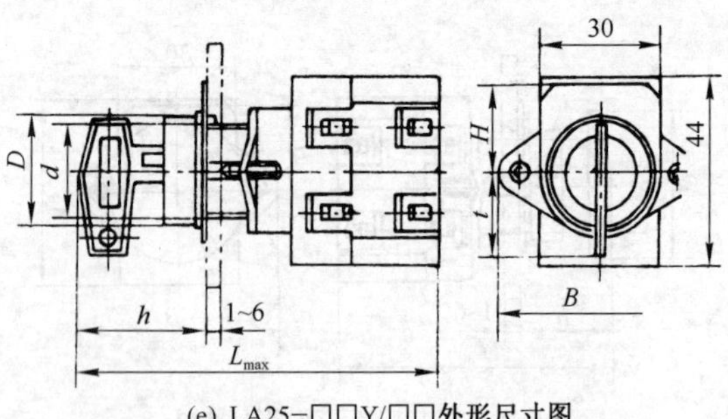


(e) LA25-□□Y/□□外形尺寸图

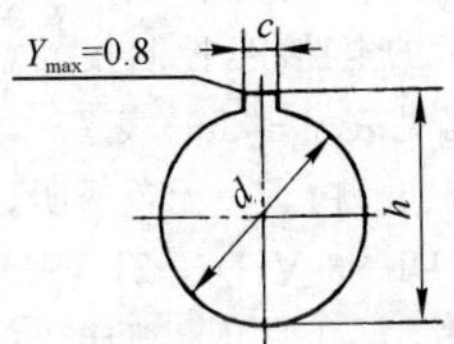


(f) LA25外形尺寸图

**图 7-116** LA25系列外形尺寸及安装尺寸

图 7-116 附表(一)

| 型号 | 安装尺寸代号 | 触头对数 | 外形尺寸(mm) | | | | | | |
|---|---|---|---|---|---|---|---|---|---|
| | | | $L_{max}$ | $d$ | $D$ | $B$ | $H$ | $h$ | $t$ |
| LA25-□□/□□ | D22 | 1-2 3-4 5-6 | 58 80 102 | M22×1 | $\phi$26 | 50 | 21 | 10.5 | — |
| | D30 | 1-2 3-4 5-6 | 58 80 102 | M30×1.5 | $\phi$34 | 55 | 29 | 12.5 | — |
| LA25-□□J/□□ | D22 | 1-2 3-4 5-6 | 69.5 91.5 113.5 | M22×1 | $\phi$35 | 50 | 21 | 22 | — |
| | D30 | 1-2 3-4 5-6 | 69.5 91.5 113.5 | M30×1.5 | $\phi$45 | 55 | 29 | 24 | — |
| LA25-□□D/□□ | D22 | 1-2 3-4 5-6 | 76.5 98.5 120.5 | M22×1 | $\phi$26 | 50 | 21 | 24.2 | — |
| | D30 | 1-2 3-4 5-6 | 76.5 98.5 120.5 | M30×1.5 | $\phi$34 | 55 | 29 | 26.2 | — |
| LA25-□□X/□□ | D22 | 1-2 3-4 5-6 | 87 109 131 | M22×1 | $\phi$26 | 50 | 21 | 29.5 | 24 |
| | D30 | 1-2 3-4 5-6 | 87 109 131 | M30×1.5 | $\phi$34 | 55 | 29 | 29.5 | 27 |
| LA25-□□Y/□□ | D22 | 1-2 3-4 5-6 | 91 113 135 | M22×1 | $\phi$26 | 50 | 21 | 33.5 | 20 |
| | D30 | 1-2 3-4 5-6 | 91 113 135 | M30×1.5 | $\phi$34 | 55 | 29 | 33.5 | 20 |

图 7-116 附表(二) (mm)

| 安装尺寸代号 | 安装孔直径($d$) | 键槽 | |
|---|---|---|---|
| | | 深 ($h$) | 宽 ($b$) |
| D30 | 30.5 | 33 | 5 |
| D22 | 22.5 | 24.3 | 3.5 |

3) LA32、LAY3 系列按钮　用于交流 50 Hz(或 60 Hz)、额定电压至 660 V 及直流电压至 440 V 的电路中，控制接触器、起动器、继电器等，控制信号、连锁等。其技术数据见表 7-259、表 7-260。按钮的颜色：1—红、2—绿、3—黑、4—黄、5—蓝、6—白、7—无色透明。

指示灯电压：白炽灯 D1—6 V、D2—24 V；氖灯(N)：D3—110 V、D4—220 V、D5—380 V。触头对数：1-1 常开、1 常闭；2-2 常开、2 常闭；3-3 常开、3 常闭；4-4 常开、4 常闭；5-5 常开、5 常闭(特殊要求)；6-6 常开、6 常闭。

表 7-259　LA32 系列按钮的技术数据

| 额定绝缘电压(V) | 约定发热电流(A) | 额定工作电流(A) | | | | | | | | 机械寿命(万次) | 电寿命(万次) |
|---|---|---|---|---|---|---|---|---|---|---|---|
| | | AC-15 | | | | DC-13 | | | | | |
| | | 660 V | 380 V | 220 V | 110 V | 440 V | 220 V | 127 V | 110 V | | |
| 660 | 10 | 1.1 | 1.9 | 3.27 | 6 | 0.36 | 0.63 | 1.1 | 1.25 | 100(注) | 20(注) |

注：旋钮、钥匙钮、自锁钮机械寿命、电寿命 5 万次。

表 7-260　LAY3 系列的辅助规格代号

| 派生代号 / 辅助规格代号 | 含　义 | 派生代号 / 辅助规格代号 | 含　义 |
|---|---|---|---|
| 无字母 | 一般式 | DN/J | 带灯式，氖灯，带金属护罩 |
| 无字母/* | 一般式，带形象化符号钮 | DN/S | 带灯式，氖灯，带塑料护罩 |
| X/2 | 旋钮式，二位置 | DM | 蘑菇灯钮 |
| X/3 | 旋钮式，三位置 | M/1 | 蘑菇灯式，$\phi$35 |
| Y/2 | 钥匙式，二位置 | M/2 | 蘑菇灯式，$\phi$60 |
| Y/3 | 钥匙式，三位置 | ZS/1 | 自锁式，$\phi$35 |
| D/J | 带灯式，白炽灯，带金属护罩 | ZS/2 | 自锁式，$\phi$60 |
| D/S | 带灯式，白炽灯，带塑料护罩 | XB/2 | 旋柄式，二位置 |
| | | XB/3 | 旋柄式，三位置 |

* 该处标 JB2283-78《金属切削机床操作形象化符号》中的符号。

表 7-261 LAY3 系列按钮的技术数据

| 使用类别 | AC | | | | | DC | | | | |
|---|---|---|---|---|---|---|---|---|---|---|
| 额定工作电压 (V) | 660 | 380 | 220 | 110 | 48 | 440 | 220 | 110 | 48 | 24 |
| 额定工作电流 (A) | 1.5 | 2.5 | 4.5 | 6 | 6 | 0.1 | 0.3 | 0.6 | 1.3 | 2.5 |
| 额定绝缘电压 (V) | 660 | | | | | 440 | | | | |
| 额定发热电流 (A) | 10 | | | | | | | | | |
| 机械寿命 (万次) | 一般钮、蘑菇钮：300；带灯钮：100；旋钮、钥匙钮、自锁钮：10 | | | | | | | | | |
| 电寿命 (万次) | 交流：60；直流：30；旋钮、钥匙钮、自锁钮：10 | | | | | | | | | |
| 防护等级 | IP55 | | | | | | | | | |
| 操作频率 (次/h) | 12～300 | 300～1 200 | 1 200～3 600 | 12～3 000 | 300～1 200 | 1 200～3 600 | | | | |
| 通电持续率 (%) | 40 | 25 | 15 | 40 | 25 | 15 | | | | |

8. LT3 系列脚踏开关

用于交流 50 Hz、额定电压至 380 V、直流电压至 220 V 的控制线路中，用于各种锻压设备、冲床、起重运输机械、橡胶加工机械、医疗器械、试验装置和其他一切借助脚踏板操纵电气设备的场合。通过踩动踏板，使触头分合以接通或分断控制回路。其技术数据见表 7-262。

表 7-262 LT3 系列脚踏开关的技术数据

| 额定绝缘电压 (V) | 500 | |
|---|---|---|
| 额定工作电压 (V) | AC 380 | DC 220 |
| 额定工作电流 (A) | 3 | 0.5 |
| 通断能力 | $11I_e$，$1.1U_e$，$\cos\varphi=0.7$ | $1.1I_e$，$1.1U_e$，$I_p=300$ |
| 约定发热电流 (A) | 10 | |
| 额定操作频率 (次/h) | 300 1 min 内动作允许 600 | |

9. 信号灯

用于交流 50 Hz、额定电压 380 V 及以下、直流 220 V 及以下的电气线路中，作指挥信号、预告信号、事故信号及其他指示的信号灯。其技术数据见表 7-263。

表 7-263 信号灯的技术数据

| 产品结构分类 | 直接式 | | | | |
|---|---|---|---|---|---|
| | 白炽灯 | | | | |
| 颈部直径 $d$(mm) | 16,22,25,30 | | | 30 | |
| 配用灯座型式 | E10(BA9S) | | | E14(BA15S) | |
| 电源种类 | 交直流 | | | | |
| 额定工作电压 $U_e$(V) | 6 | 12 | 24,36,48 | 24,36,48,110 | 127,220 |
| 发光器件功率 $P$(W) | 1 | 1.2 | 1.5 | 3 | 5 |
| 信号颜色 | 红、黄、蓝、绿、白、无色透明 | | | | |

| 产品结构分类 | 变压器减压式 | 电阻器减压式 | | | 电容器减压式 |
|---|---|---|---|---|---|
| | 白炽灯 | | 辉光灯 | 半导体发光器件 | |
| 颈部直径 $d$(mm) | 22,25,30 | | 16,22,25,30 | 12,16,22,25,30 | |
| 配用灯座型式 | E10(BA9S) | | E14(BA15S) | — | |
| 电源种类 | 交流 | 交直流 | | 交直流 | 交流 |
| 额定工作电压 $U_e$(V) | 110,220,380 | 110,220 | 110,220,380 | 6,12,24,36,110,220 | 220,380 |
| 发光器件功率 $P$(W) | ≤1.2 | ≤1.5 | ≤1 | ≤0.03~1.05 | |
| 信号颜色 | 红、黄、蓝、绿、白、无色透明 | | 红、黄、绿、白 | | |

1) AD0 系列信号灯 其技术数据见表 7-264。

表 7-264 AD0 系列信号灯的技术数据

| 型号规格 | 额定工作电压(V) | 配用白炽灯泡 | 配用电阻器 | 颜色 |
|---|---|---|---|---|
| AD0-0(XD0)<br>AD0-1(XD1) | 6<br>12 | XZ6.3-0.15E10/13<br>XZ12-0.1E10/13 | | 红、黄、蓝、绿、白、透明 |
| AD0-5(XD5)<br>AD0-6(XD6) | 24<br>48<br>110<br>220 | XZ12-0.1E10/13 | RXY 25 W 150 Ω<br>RXY 25 W 400 Ω<br>RXY 30 W 1 000 Ω<br>RXY 30 W 2 200 Ω | |
| | 380 | XZ12-0.06E10/13 | RXY 30 W 6 000 Ω | |

（续表）

| 型号规格 | 额定工作电压(V) | 配用白炽灯泡 | 配用电阻器 | 颜　色 |
|---|---|---|---|---|
| AD0-11(XD11)<br>AD0-12(XD12) | 6<br>12<br>24 | XZ6.3-0.15E10/13<br>XZ12-0.1E10/13<br>XZ24-0.06E10/13 | | 红、黄、蓝、绿、白、透明 |
| AD0-13(XD13)<br>AD0-14(XD14) | 220 | 辉光灯泡 ND2 | RJ 0.5 W 30 kΩ | 红、黄、白、绿 |
| | 380 | 辉光灯泡 NDL | RJ 1 W 80 kΩ | |
| | | | 配用变压器 | |
| AD0-7(XD7)<br>AD0-8(XD8) | 24<br>36<br>48<br>110<br>127<br>220<br>380 | XZ12-0.1E10/13 | 24/10 V　1.5 V·A<br>36/10 V　1.5 V·A<br>46/10 V　1.5 V·A<br>110/10 V　1.5 V·A<br>127/10 V　1.5 V·A<br>220/10 V　1.5 V·A<br>380/10 V　1.5 V·A | 红、黄、蓝、绿、白、透明 |

2）AD1、AD2、XDJ1、LD11 系列信号灯　AD1 系列信号灯有以下几个特点：

安装孔径尺寸为 $\phi$22.5 mm、$\phi$25.5 mm、$\phi$30.5 mm，可与引进设备中同类产品互换使用。安全性能好；变压器降压式信号灯中的变压器在一次电压为 1.1$U_e$ 下能经受 1 h 的短路试验而不烧毁；辉光式信号灯无感应起辉现象；接插座埋于底座或壳体后部，插套式端头可套入塑料绝缘套，接线后不外露；温升低，耗电少。由于采用了高电压小功率的灯泡，既降低了产品温升，又节约了电能。

AD1、AD2、XDJ1、LD11 系列信号灯的技术数据见表 7-265～表 7-268。

10. 主令电器的选用

1）非调整式主令控制器的选用　使用环境：一般均为防护式，防护等级为 IP11，仅适用于室内，有些用于室外，应另加防雨措施；电路数及操作档位：控制电路有 6、8、10、12 四种，操作档位有 1 至 6 档；开闭表的特征：全系列的主令控制器规格很多，由于开闭表及操作档位不一，选用时应查看样本选择符合要求的触头开闭表，然后根据开闭表的规格确定产品型号。

表 7－265　AD1 系列信号灯的技术数据

<table>
<tr><td rowspan="3">产品结构分类</td><td colspan="5" rowspan="2">直　接　式</td><td colspan="3">内装降压装置</td></tr>
<tr><td>变压器</td><td colspan="2">电　阻</td></tr>
<tr><td colspan="6">白炽灯</td><td colspan="2">白炽灯、辉光灯</td></tr>
<tr><td>颈部直径(mm)<br>安装尺寸(mm)</td><td>22<br>22.5</td><td>25<br>25.5</td><td>30<br>30.5</td><td colspan="2">30<br>30.5</td><td>22<br>22.5</td><td>25<br>25.5</td><td>30<br>30.5</td></tr>
<tr><td>配用灯座型式</td><td colspan="3">E10</td><td colspan="2">E14</td><td colspan="2">E10</td><td>E14</td></tr>
<tr><td>使用电源</td><td colspan="5">交　直　流</td><td>交流</td><td colspan="2">交直流</td></tr>
<tr><td>额定工作电压<br>$U_e$(V)</td><td>6</td><td>12</td><td>24<br>36<br>48</td><td>24<br>36<br>48<br>110</td><td>127<br>220</td><td colspan="3">110　220　380</td></tr>
<tr><td>灯泡额定功率<br>(W)</td><td>1</td><td>1.2</td><td>1.5</td><td>3</td><td>5</td><td>1</td><td>1.5</td><td></td></tr>
<tr><td>指示颜色</td><td colspan="7">红、黄、绿、蓝、白、无色透明</td><td>红、黄、绿、白</td></tr>
</table>

表 7－266　AD2 系列电容式信号灯的技术数据

| 额定电压(V) | 额定功率(W) | 配用灯泡 | 灯泡颜色 |
|---|---|---|---|
| 110、220、380 | 1 | 24 V 1.5 W E10/13 | 红、绿、蓝、白、黄 |

注：型号 AD2－□/□中第一方框为基本规格代号，"22""26""30"分别表示安装规格尺寸 D22、D26、D30；第二方框为辅助规格代号，"1""2""3"分别表示额定电压为 110 V、220 V、380 V。

表 7－267　XDJ1 系列信号灯的技术数据

| 额定电压(V) | 颈部尺寸(mm) | 灯头形式 | 光源 | 颜色 |
|---|---|---|---|---|
| AC<br>6、12、24、36、127、220、380<br>DC<br>6、12、24、48、110、220 | $\phi$22、$\phi$30 | 球面形、棱体形、箭头形、方形、圆柱形 | 发光二极管 | 红、绿、黄、蓝、白 |

表 7－268　LD11 系列信号灯的技术数据

| 额定电压 AC、DC (V) | 额定电流 (mA) | 颈部尺寸 (mm) | 光源 | 灯功率 (W) | 亮度 (cd/m²) | 灯头形式 | 颜色 |
|---|---|---|---|---|---|---|---|
| 6 | 50 | $\phi$16、$\phi$22、$\phi$25、$\phi$30 39×31 77×31 | 发光二极管 | 0.03～1.05 | 40 | 球形、圆柱形、长方形、方形 | 红、绿、黄、白、蓝 |
| 12 | 45 | | | | | | |
| 24 | 30 | | | | | | |
| 36 | 15 | | | | | | |
| 48 | 15 | | | | | | |
| 110 | 15 | | | | | | |
| 127 | 15 | | | | | | |
| 220 | 12 | | | | | | |

2）调整式主令控制器的选用　使用环境：使用于室外应采用防水式(LK4－658)，用于室内则采用其他各种规格；控制电路数：全系列主令控制器的电路数有 2、5、6、8、16、24 等，一般选择时总留有若干电路空着作备用；减速器传动比：LK4 系列的减速器传动比，有 1∶5、1∶20、1∶30、1∶36、1∶16.65 等，其中 1∶16.65 的传动比为凸轮鼓串联型。

3）万能转换开关的选用　按额定电压和工作电流等选用合适的系列；按操作需要选定手柄型式和定位特征；按控制要求参照转换开关样本确定触头数量和接线图编号；选择面板型式及标志。

4）行程开关的选用　根据应用场合及控制对象选择，有一般用途行程开关和起重设备用行程开关；根据安装环境选择防护型式，如开启式或保护式；根据控制回路的电压和电流选择系列；根据机械与行程开关的传力与位移关系选择合适的头部型式。

5）接近开关的选用　接近开关较行程开关价格高，因此仅用于工作频率高，可靠性及精度要求均较高的场合；按应答距离要求选择型号、规格；按输出要求有无触点以及触头数量，选择合适的输出型式。

6）按钮的选用　根据使用场合，选择按钮的种类，如开启式、保护式、防水式、防腐式等；根据用途，选用合适的型式，如手把旋钮式、钥匙式、紧急式、带灯式等；按控制回路的需要，确定不同的按钮数，如单钮、双钮、三钮、多钮等;按工作状态指示和工作情况的要求,选择按钮和指示灯的颜色。参照 IEC204 的规定,按钮的颜色、信号灯的颜色、带灯按钮的颜色,其含义和典型用途见表 7-269~表 7-271。

表 7-269 按钮颜色代表的意义

| 颜色 | 代表意义 | 典型用途 |
|---|---|---|
| 红 | 停车、开断<br>紧急停车 | 一台或多台电动机的停车<br>机器设备的一部分停止运行<br>磁力吸盘或电磁铁的断电<br>停止周期性的运行<br>紧急开断<br>防止危险性过热的开断 |
| 绿或黑 | 起动、工作、点动 | 控制回路励磁<br>辅助功能的一台或多台电动机开始起动<br>机器设备的一部分起动<br>磁力吸盘装置或电磁铁的励磁<br>点动或缓行 |
| 黄 | 返回的起动、移动出界、正常工作循环或移动-开始时去抑止危险情况 | 在机械已完成一个循环的始点,机械元件返回<br>揿黄色按钮的功能可取消预置的功能 |
| 白或蓝 | 以上颜色所未包括的特殊功能 | 与工作循环无直接关系的辅助功能控制<br>保护继电器的复位 |

表 7-270 指示灯颜色代表的意义

| 颜色 | 代表意义 | 典型用途 |
|---|---|---|
| 红 | 反常情况 | 指示由于过载、行程过头或其他事故<br>由于一个保护元件的作用机器已被迫停车 |
| 黄<br>(琥珀色) | 小心 | 电流、温度等参变量达到它的极限值<br>自动循环的信号 |
| 绿 | 机器准备起动 | 机器准备起动<br>全部辅助元件处于待工作状态。各种零件处于起动位置,液压或电压处于规定值<br>工作循环已完成,机器准备再起动 |

（续表）

| 颜　色 | 代表意义 | 典型用途 |
| --- | --- | --- |
| 白<br>（无色） | 工作正常，电路已通电 | 主开关处于工作位置<br>速度或旋转方向选择<br>个别驱动和辅助的传动在工作<br>机器正在运行 |
| 蓝 | 以上颜色未包括的各种功能 | — |

在这里应指的是，红、绿色代表的含义与我国过去传统的含义正好相反，不过我国新标准中也已采用IEC标准的规定。

表7－271　带灯按钮的颜色

| 指示灯颜色 | 彩色按钮含义 | 指派给按钮的功能 | 典型用途 |
| --- | --- | --- | --- |
| 红 | 尽可能不用红指示灯 | 停止（不是紧急开断） | |
| 黄 | 小心 | 抑制反常情况的作用开始 | 电流、温度等参变量接近极限值<br>黄色按钮的作用能消除预先选择的功能 |
| 绿 | 当按钮指示灯亮时，机器可以起动 | 机器或某一元件起动 | 工作正常<br>用于副传动的一台或多台电机起动<br>机器元件的起动<br>磁力卡盘或夹块励磁 |
| 蓝 | 以上颜色和白色所不包括的各种功能 | 以上颜色和白色所不包括的功能 | 辅助功能的控制 |
| 白 | 继续确认电路已通电、一种功能或移动已开始或预选 | 电路闭合或开始运行或预选 | 任何预选择或任何起动运行 |

11. 常见故障和处理

1) 主令控制器的安装与维修　主令控制器的安装、维修,常见故障和处理大致与凸轮控制器相同,因此除以下所述外,其余可参考凸轮控制器部分。经常碰到的故障有定位不准或开闭顺序不正确。造成这类故障是由于凸轮片碎裂脱落或凸轮角度磨损变化,使开闭角度有变化。另外,也可能因棘轮机构已有损坏或磨损到不符合要求。若有此类情况,应予更换。凸轮片系胶木压制而成,由于长期受润滑油浸渍很易变得疏松而碎裂,应经常检查是否有老化现象,如有这种情况,则可更换成新的凸轮片。

2) 行程开关的常见故障和处理　由于行程开关都工作在机械运动部位,安装螺钉易松动而使控制失灵。有时由于进入尘埃及油类而引起不灵活,甚至不能接通电路。因此,应对行程开关定期检查,除去油垢、粉尘,清理触头,并经常检查动作是否可靠,随即排除故障,否则会引起事故及人身安全。如龙门刨台面未及时返回而冲出、行车未及时停车而撞出去等。

检修时要注意行程开关的传动机构是否松动或发生位移,应及时调整传动机构的动作超程保持在规定极限值的50%～70%范围内。这是行程开关正常工作的重要前提。

3) 转换开关的安装和维修

(1) 安装前必须用清洁柔软的抹布仔细揩去开关触头盒和触头外露表面的尘埃。

(2) 转换开关一般应水平安装在屏板上,但也可倾斜或垂直安装。

(3) 转换开关的面板从屏板正面插入,并旋紧在面板双头螺栓上的螺母,使面板紧固于屏板上,安装转换开关要先拆下手柄,安装好后再装上手柄。

(4) 有些型号(如LW2-Y等)的转换开关固定在屏板上时,必须预先从开关上拆下面板和固定垫板,旋出三个固定法兰盘与触头盒圆形凸缘连接的螺栓,然后松开三个压紧螺栓和转动固定垫板,使得在面板圆柱部分的四个凸楔旋出对应冲口,此后固定垫板就容易地脱离面板。将已拆开的面板,使屏板的正面插入到已开好的孔内。从屏板的后面在面板的圆柱体部分先套上木头垫圈,然后旋在法兰盘上。同时将螺栓按水平方向并紧,使开关装牢。

(5) 在更换或修理损坏的零件时，拆开的零件必须除去尘埃和污垢，并在转动部分的表面涂上一层薄工业用凡士林，经过装配和调试后即可投入使用。

(6) 当开关有故障时必须立即切断电路，然后检验有否妨碍可动部分正常转动的故障、检验弹簧有无变形或失效、触头工作状态和触头状况是否正常等。

4) 接近开关的安装和维修 接近开关要按产品使用说明书的规定正确安装，注意引线的极性、规定的额定工作电压范围和开关的额定工作电流极限值。对于非埋入式接近开关，应在空间留有一非阻尼区(即按规定使开关在空间偏离铁磁性或金属物一定距离)。接线时，应按引出线颜色辨别引出线的极性和输出型式。在调整动作距离时，应使运动部件(被测工件)离开检测面轴向距离在驱动距离之内，例如，对于LJ5系列接近开关的驱动距离为约定动作距离($s_e$)的0～81%之间。

5) 按钮的常见故障和处理

(1) 触头磨损松动，造成接触不良，控制失灵。应将按钮拆开维修，严重的要换成新的，LA27系列按钮动、静触头之间的距离应约1 mm，超程应大于0.5 mm。

(2) 动触头弹簧失效，造成接触不良，应重绕弹簧或更换。

(3) 由于环境温度高或灯泡发热，使塑料变形老化，导致更换灯泡困难或接线螺钉间相碰短路。应查明原因，如灯泡发热，可适当降低电压。

(4) 由于多年使用或密封性不好，使尘埃或机油、乳化液等流入，造成绝缘性能降低甚至被击穿。对这种情况，必须进行绝缘和清洁处理，并相应采取密封措施。

## 十、电阻器

### 1. ZX1、ZX1D系列电阻器

铁基电阻器用于额定功率为4.6 kW，交流50 Hz、额定电压至660 V及直流电压至440 V的电路中，作为控制交流绕线式电动机和直流电动机的起动、调速及制动。ZX1、ZX1D系列铁基电阻器是由铸铁浇铸成曲折蜿蜒的栅形电阻元件组装而成的。电阻元件两端具有带孔的耳环，安装方便，结构简单，运行可靠。电阻器的电阻值见表7-272。不同工作制下电阻器允许电流见表7-273。

表 7-272　ZX1 系列的电阻值

| 型　号 | +20℃时的电阻值(Ω) | | | | | | 允许负载电流（A） | 发热时间常数（s） | 额定功率（kW） | 铸铁电阻型　号 | 元件数量 |
|---|---|---|---|---|---|---|---|---|---|---|---|
| | 总电阻 | 各　级　电　阻 | | | | | | | | | |
| | R1-R5（R1-R6） | R1-R2 | R2-R3 | R3-R4 | R4-R5 | R5-R6 | | | | | |
| ZX1-1/5 | 0.10 | 0.03 | 0.02 | 0.02 | 0.03 | | 215 | 510 | | ZT1-5 | 20 |
| ZX1-1/7 | 0.14 | 0.042 | 0.028 | 0.028 | 0.042 | | 181 | 384 | | ZT1-7 | 20 |
| ZX1-1/10 | 0.20 | 0.06 | 0.04 | 0.04 | 0.06 | | 152 | 441 | | ZT1-10 | 20 |
| ZX1-1/14 | 0.28 | 0.084 | 0.056 | 0.056 | 0.084 | | 128 | 333 | | ZT1-14 | 20 |
| ZX1-1/20 | 0.40 | 0.12 | 0.08 | 0.08 | 0.12 | | 107 | 288 | | ZT1-20 | 20 |
| ZX1-1/28 | 0.56 | 0.168 | 0.112 | 0.112 | 0.168 | | 91 | 336 | | ZT1-28 | 20 |
| ZX1-1/40 | 0.80 | 0.24 | 0.16 | 0.16 | 0.24 | | 76 | 270 | | ZT1-40 | 20 |
| ZX1-1/55 | 1.10 | 0.33 | 0.22 | 0.22 | 0.33 | | 65 | 255 | | ZT1-55 | 20 |
| ZX1-1/80 | 1.60 | 0.48 | 0.32 | 0.32 | 0.48 | | 54 | 245 | 4.6 | ZT1-80 | 20 |
| ZX1-1/110 | 2.20 | 0.66 | 0.44 | 0.44 | 0.66 | | 46 | 223 | | ZT1-110 | 20 |
| ZX1-2/38 | 1.52 | 0.456 | 0.304 | 0.304 | 0.228 | 0.228 | 55 | 396 | | ZT2-38 | 40 |
| ZX1-2/54 | 2.16 | 0.648 | 0.432 | 0.432 | 0.324 | 0.324 | 46 | 293 | | ZT2-54 | 40 |
| ZX1-2/75 | 3.0 | 0.9 | 0.6 | 0.6 | 0.45 | 0.45 | 39 | 268 | | ZT2-75 | 40 |
| ZX1-2/105 | 4.2 | 1.26 | 0.84 | 0.84 | 0.63 | 0.63 | 33 | 294 | | ZT2-105 | 40 |
| ZX1-2/140 | 5.6 | 1.68 | 1.12 | 1.12 | 0.84 | 0.84 | 29 | 270 | | ZT2-140 | 40 |
| ZX1-2/200 | 8.0 | 2.4 | 1.6 | 1.6 | 1.2 | 1.2 | 24 | 231 | | ZT2-200 | 40 |

表 7-273 ZX1、ZX1D 系列电阻器在不同工作制下的允许电流

| 型号 | 允许电流(A) | | | | | | | | | | | | | |
|---|---|---|---|---|---|---|---|---|---|---|---|---|---|---|
| | 不间断工作制 | 周期 60 s 不同通电持续率(TD%)的反复短时工作制 | | | | | | | | 不同通电时间(s)的短时工作制 | | | | |
| | | 4.4 | 6.25 | 8.8 | 12.5 | 15 | 25 | 40 | 60 | 5 | 10 | 15 | 20 | 30 |
| ZX1-1/5 | 215 | 997 | 637 | 706 | 593 | 542 | 421 | 334 | 274 | 2 177 | 1 543 | 1 263 | 1 096 | 900 |
| ZX1-1/7 | 181 | 832 | 698 | 589 | 495 | 452 | 352 | 280 | 230 | 1 591 | 1 129 | 925 | 803 | 660 |
| ZX1-1/10 | 152 | 702 | 589 | 497 | 417 | 381 | 296 | 236 | 194 | 1 432 | 1 015 | 831 | 722 | 593 |
| ZX1-1/14 | 128 | 585 | 491 | 414 | 348 | 318 | 248 | 197 | 162 | 1 049 | 744 | 610 | 530 | 436 |
| ZX1-1/20 | 107 | 466 | 408 | 344 | 289 | 265 | 206 | 164 | 135 | 816 | 579 | 475 | 413 | 340 |
| ZX1-1/28 | 91 | 416 | 349 | 295 | 248 | 226 | 176 | 140 | 115 | 749 | 531 | 436 | 349 | 311 |
| ZX1-1/40 | 76 | 343 | 289 | 244 | 205 | 187 | 146 | 116 | 96 | 561 | 399 | 327 | 284 | 234 |
| ZX1-1/55 | 65 | 289 | 243 | 208 | 172 | 157 | 123 | 98 | 81 | 459 | 326 | 268 | 233 | 192 |
| ZX1-1/80 | 54 | 243 | 204 | 172 | 145 | 133 | 103 | 82 | 68 | 380 | 2 702 | 222 | 193 | 159 |
| ZX1-1/110 | 46 | 206 | 173 | 146 | 123 | 112 | 88 | 70 | 58 | 309 | 220 | 180 | 157 | 130 |
| ZX1-2/38 | 55 | 253 | 212 | 179 | 151 | 138 | 107 | 85 | 70 | 491 | 348 | 285 | 248 | 204 |
| ZX1-2/54 | 46 | 209 | 176 | 148 | 125 | 114 | 89 | 71 | 58 | 354 | 251 | 206 | 179 | 147 |
| ZX1-2/75 | 39 | 176 | 148 | 125 | 105 | 96 | 75 | 60 | 49 | 287 | 204 | 167 | 145 | 120 |
| ZX1-2/105 | 33 | 150 | 126 | 106 | 89 | 82 | 64 | 51 | 42 | 254 | 180 | 148 | 129 | 106 |
| ZX1-2/140 | 29 | 131 | 110 | 93 | 78 | 71 | 56 | 44 | 37 | 214 | 152 | 125 | 109 | 89 |
| ZX1-2/200 | 24 | 103 | 90 | 76 | 64 | 59 | 46 | 37 | 30 | 164 | 117 | 96 | 83 | 69 |

2. ZX2 系列电阻器

用于交流 50 Hz、额定电压至 660 V 及直流电压至 440 V 的电路中，作为电动机的起动、制动及调速。电阻器为敞开式，故应安装在室内，并加以遮栏，以防工作人员不慎触及电阻器的带电部分。其技术数据见表 7-274。

表 7-274 ZX2 系列的技术数据

| 型号 | +20℃时的电阻值(Ω) | | | 额定电流(A) | 电阻元件匝数 | 电阻线直径和尺寸(mm) | 发热时间常数(s) | 电阻元件数量 | 电阻器质量(kg) |
|---|---|---|---|---|---|---|---|---|---|
| | 总阻值 | 每片电阻元件 | | | | | | | |
| | | 型号 | 电阻值 | | | | | | |
| ZX2-1/0.2 | 2.0 | ZB1-0.2 | 0.2 | 43 | 15 | 10×1.0 | 180 | 10 | 17 |
| ZX2-1/0.25 | 2.5 | ZB1-0.25 | 0.25 | 38 | 15 | 10×0.8 | 160 | 10 | |
| ZX2-1/0.33 | 3.3 | ZB1-0.33 | 0.33 | 32 | 15 | 10×0.6 | 140 | 10 | |
| ZX2-1/0.4 | 4.0 | ZB1-0.4 | 0.4 | 29 | 15 | 10×0.5 | 126 | 10 | |
| ZX2-1/0.5 | 5.0 | ZB1-0.5 | 0.5 | 26 | 15 | 10×0.4 | 113 | 10 | |
| ZX2-1/0.66 | 6.6 | ZB1-0.66 | 0.66 | 23 | 15 | 10×0.3 | 100 | 10 | |
| ZX2-2/0.7 | 7 | ZB2-0.7 | 0.7 | 22.3 | 2×36 | 2.0 | 286 | 10 | 15 |
| ZX2-2/0.9 | 9 | ZB2-0.9 | 0.9 | 19.9 | 2×36 | 1.8 | 237 | 10 | |
| ZX2-2/1.1 | 11 | ZB2-1.1 | 1.1 | 17.7 | 2×36 | 1.6 | 203 | 10 | |
| ZX2-2/1.45 | 14.5 | ZB2-1.45 | 1.45 | 15.4 | 2×36 | 1.4 | 169 | 10 | |
| ZX2-2/1.95 | 19.5 | ZB2-1.95 | 1.95 | 13.8 | 2×36 | 1.2 | 132 | 10 | |
| ZX2-2/2.8 | 28 | ZB2-2.8 | 2.8 | 11.2 | 74 | 2.0 | 282 | 10 | |
| ZX2-2/3.5 | 35 | ZB2-3.5 | 3.5 | 10.1 | 74 | 1.8 | 235 | 10 | |
| ZX2-2/4.4 | 44 | ZB2-4.4 | 4.4 | 8.9 | 74 | 1.6 | 202 | 10 | |
| ZX2-2/5.8 | 58 | ZB2-5.8 | 5.8 | 7.7 | 74 | 1.4 | 168 | 10 | |
| ZX2-2/8 | 80 | ZB2-8 | 8 | 6.6 | 74 | 1.2 | 132 | 10 | |
| ZX2-2/12 | 120 | ZB2-12 | 12 | 5.4 | 112 | 1.2 | 175 | 10 | |
| ZX2-2/18 | 180 | ZB2-18 | 18 | 4.4 | 112 | 1.0 | 132 | 10 | |
| ZX2-2/21.6 | 216 | ZB2-21.6 | 21.6 | 4.0 | 112 | 0.9 | 112 | 10 | |
| ZX2-2/27.6 | 276 | ZB2-27.6 | 27.6 | 3.5 | 112 | 0.8 | 104 | 10 | |
| ZX2-2/37 | 370 | ZB2-37 | 37 | 3.1 | 150 | 0.8 | 122 | 10 | |
| ZX2-2/48 | 480 | ZB2-48 | 48 | 2.7 | 150 | 0.7 | 104 | 10 | |
| ZX2-2/68 | 680 | ZB2-68 | 68 | 2.3 | 150 | 0.6 | 86 | 10 | |

（续表）

| 型　　号 | +20℃时的电阻值(Ω) | | | 额定电流(A) | 电阻元件匝数 | 电阻线直径和尺寸(mm) | 发热时间常数(s) | 电阻元件数量 | 电阻器质量(kg) |
|---|---|---|---|---|---|---|---|---|---|
| | 总阻值 | 每片电阻元件 | | | | | | | |
| | | 型　号 | 电阻值 | | | | | | |
| ZX2-2/96 | 960 | ZB2-96 | 96 | 1.9 | 150 | 0.5 | 75 | 10 | 15 |
| ZX2-2/140 | 1 400 | ZB2-140 | 140 | 1.6 | 150 | 0.4 | 63 | 10 | |
| ZX2-2/188 | 1 880 | ZB2-188 | 188 | 1.4 | 150 | 0.35 | 52 | 10 | |
| ZX2-2/260 | 2 600 | ZB2-260 | 260 | 1.2 | 150 | 0.3 | 41 | 10 | |

3. ZX9、ZX10 系列电阻器

用于交流 50 Hz、额定电压至 660 V 及直流电压至 440 V 的电路中，作为电动机的起动、制动及调速。ZX9、ZX10 系列电阻器系采用铁铬铝合金电阻材料。它是一种高电阻热合金，具有工作温度高、使用寿命长、表面负荷高、电阻温度系数小、密度小、可靠性能好等优点。其主要技术参数见表 7-275 及表 7-276，ZX10 系列接线图如图 7-117 所示。

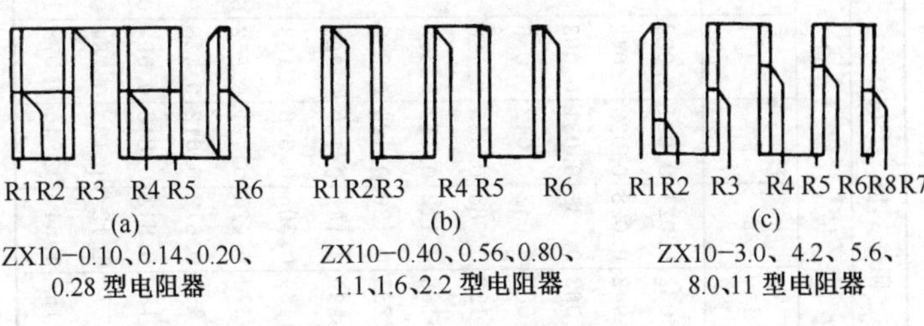


**图 7-117** ZX10 系列接线图

4. ZX12 系列电阻器

用于交流 50 Hz、额定电压至 660 V 以及直流电压至 440 V 的电路中，作为电动机的起动、调速及制动。电阻器两端为钢板制成的构架支撑，内装铁铬铝锯齿型电阻元件，电阻元件两端由连接板连成串联或并联回路，接线端子通过接线板上的接线螺钉引出。整体结构防护等级为 IP00，经供需双方协商也可派生为 IP10 等防护等级。按电阻器的用途，通过控制设备的触头闭合或断开逐级切除或加入电阻使电动机达到正常运转。电阻器的电阻值见表 7-277。

表 7-275 ZX9铁铬铝电阻器技术数据

| 型号 | 允许负载电流(A) | 电阻值(Ω) | | | | | | | 电阻元件 | | | | 质量(kg) | 接线图(图7-116) | 相当于ZX1系列电阻器的编号 |
|---|---|---|---|---|---|---|---|---|---|---|---|---|---|---|---|
| | | 总的 | | 每级的 | | | | | | | | | | | |
| | | 标准值 | 计算值 | 1 | 2 | 3 | 4 | 5 | 型号 | 尺寸(mm) | 数量 | 接法 | | | |
| ZX9-1/10 | 215 | 0.1 | 0.106 | 0.032 | 0.021 | 0.021 | 0.032 | — | ZD1-1 | 1.5×32 | 40 | 2并 | 15 | a | 5 |
| ZX9-2/14 | 181 | 0.14 | 0.14 | 0.042 | 0.028 | 0.028 | 0.042 | — | ZD1-2 | 1.5×24 | 40 | 2并 | 15 | a | 7 |
| ZX9-3/20 | 152 | 0.20 | 0.188 | 0.063 | 0.031 | 0.031 | 0.063 | — | ZD1-3 | 1×32 | 48 | 2并 | 15 | b | 10 |
| ZX9-4/28 | 128 | 0.28 | 0.254 | 0.085 | 0.042 | 0.042 | 0.085 | — | ZD1-4 | 1×24 | 48 | 2并 | 15 | b | 14 |
| ZX9-1/40 | 107 | 0.40 | 0.426 | 0.128 | 0.085 | 0.085 | 0.128 | — | ZD1-1 | 1.5×32 | 40 | 串 | 15 | c | 20 |
| ZX9-2/55 | 91 | 0.55 | 0.56 | 0.168 | 0.112 | 0.112 | 0.168 | — | ZD1-2 | 1.5×24 | 40 | 串 | 15 | c | 28 |
| ZX9-3/80 | 76 | 0.80 | 0.756 | 0.252 | 0.126 | 0.126 | 0.252 | — | ZD1-3 | 1×32 | 48 | 串 | 15 | d | 40 |
| ZX9-4/110 | 64 | 1.10 | 1.016 | 0.339 | 0.169 | 0.169 | 0.339 | — | ZD1-4 | 1×24 | 48 | 串 | 15 | d | 55 |
| ZX9-5/152 | 55 | 1.52 | 1.467 | 0.489 | 0.306 | 0.306 | 0.183 | 0.183 | ZD1-5 | 1.5×11 | 48 | 串 | 10 | e | 38(80) |
| ZX9-6/216 | 46 | 2.16 | 2.019 | 0.673 | 0.421 | 0.421 | 0.252 | 0.252 | ZD1-6 | 1.5×8 | 48 | 串 | 10 | e | 54(110) |
| ZX9-5/300 | 39 | 3.00 | 2.935 | 0.855 | 0.612 | 0.612 | 0.428 | 0.428 | ZD1-5 | 1.5×11 | 96 | 串 | 15 | f | 75 |
| ZX9-6/420 | 33 | 4.20 | 4.044 | 1.18 | 0.842 | 0.842 | 0.59 | 0.59 | ZD1-6 | 1.5×8 | 96 | 串 | 15 | f | 105 |
| ZX9-7/560 | 29 | 5.60 | 5.378 | 1.57 | 1.12 | 1.12 | 0.784 | 0.784 | ZD1-7 | 1×9 | 96 | 串 | 16 | f | 140 |
| ZX9-8/800 | 24 | 8.00 | 7.396 | 2.16 | 1.54 | 1.54 | 1.078 | 1.078 | ZD1-8 | 1×6.5 | 96 | 串 | 16 | f | 200 |

注：电阻器的额定功率为4.6 kW，允许误差为±15%。

表 7-276 ZX10 系列电阻器技术数据

| 型号 | 额定发热功率(kW) | 20℃时电阻值(Ω) | 允许负载电流(A)(冷态值) | 发热时间常数(s) | 质量(kg) | 铁铬铝电阻元件 | |
|---|---|---|---|---|---|---|---|
| | | | | | | 型号 | 数量 |
| ZX10-0.10 | 4.6 | 0.10 | 215 | 186 | 19.2 | ZD2-0.08 | 5 |
| ZX10-0.14 | | 0.14 | 181 | 354 | 21.1 | ZD2-0.112 | |
| ZX10-0.20 | | 0.20 | 152 | 252 | 18.3 | ZD2-0.16 | |
| ZX10-0.28 | | 0.28 | 128 | 144 | 20.0 | ZD2-0.22 | |
| ZX10-0.40 | | 0.40 | 107 | 186 | 19.0 | ZD2-0.08 | |
| ZX10-0.56 | | 0.56 | 91 | 354 | 20.9 | ZD2-0.112 | |
| ZX10-0.80 | | 0.80 | 76 | 252 | 18.1 | ZD2-0.16 | |
| ZX10-1.1 | | 1.1 | 64 | 144 | 19.8 | ZD2-0.22 | |
| ZX10-1.6 | | 1.6 | 54 | 225 | 19.0 | ZD2-0.32 | |
| ZX10-2.2 | | 2.2 | 46 | 255 | 19.5 | ZD2-0.44 | |
| ZX10-3.0 | | 3.0 | 39 | 192 | 18.2 | ZD2-0.6 | |
| ZX10-4.2 | | 4.2 | 33 | 78 | 18.0 | ZD2-0.84 | |
| ZX10-5.6 | | 5.6 | 29 | 50 | 17.2 | ZD2-1.12 | |
| ZX10-8.0 | | 8.0 | 24 | 45 | 16.0 | ZD2-1.6 | |
| ZX10-11 | | 11 | 20 | 90 | 16.1 | ZD2-2.20 | |

表 7-277 ZX12 系列的电阻值

| 产品型号 | 电阻值(Ω) | | | | | 允许负载电流(A) | 发热时间常数 $T$(s) | 电阻元件 | |
|---|---|---|---|---|---|---|---|---|---|
| | 总阻值 | 每级阻值 | | | | | | 代号 | 数量 |
| | | R1-R2 | R2-R3 | R3-R4 | R4-R5 | | | | |
| ZX12-0.1 | 0.1 | 0.033 | 0.033 | 0.033 | — | 215 | 200 | ZJ1-1 | 12 |
| ZX12-0.14 | 0.14 | 0.047 | 0.047 | 0.047 | — | 181 | 150 | ZJ1-2 | 12 |
| ZX12-0.2 | 0.2 | 0.067 | 0.067 | 0.067 | — | 152 | 120 | ZJ1-3 | 12 |
| ZX12-0.28 | 0.28 | 0.07 | 0.07 | 0.07 | 0.07 | 128 | 140 | ZJ1-4 | 16 |
| ZX12-0.4 | 0.4 | 0.133 | 0.133 | 0.133 | — | 107 | 200 | ZJ1-1 | 12 |
| ZX12-0.56 | 0.56 | 0.187 | 0.187 | 0.187 | — | 91 | 150 | ZJ1-2 | 12 |
| ZX12-0.8 | 0.8 | 0.267 | 0.267 | 0.267 | — | 76 | 120 | ZJ1-3 | 12 |
| ZX12-1.1 | 1.1 | 0.275 | 0.275 | 0.275 | 0.275 | 94 | 140 | ZJ1-4 | 16 |
| ZX12-1.6 | 1.6 | 0.4 | 0.4 | 0.4 | 0.4 | 54 | 128 | ZJ1-5 | 16 |

（续表）

| 产品型号 | 电阻值（Ω） | | | | | 允许负载电流（A） | 发热时间常数 $T$(s) | 电阻元件 | |
|---|---|---|---|---|---|---|---|---|---|
| | 总阻值 | 每级阻值 | | | | | | 代号 | 数量 |
| | | R1－R2 | R2－R3 | R3－R4 | R4－R5 | | | | |
| ZX12－2.2 | 2.2 | 0.55 | 0.55 | 0.55 | 0.55 | 46 | 104 | ZJ1－6 | 16 |
| ZX12－3.0 | 3.0 | 0.75 | 0.75 | 0.75 | 0.75 | 39 | 136 | ZJ1－7 | 24 |
| ZX12－4.2 | 4.2 | 1.05 | 1.05 | 1.05 | 1.05 | 33 | 104 | ZJ1－8 | 24 |
| ZX12－5.6 | 5.6 | 1.4 | 1.4 | 1.4 | 1.4 | 29 | 96 | ZJ1－9 | 24 |
| ZX12－8.0 | 8.0 | 2 | 2 | 2 | 2 | 24 | 80 | ZJ1－10 | 24 |

间断周期工作制不同 *TD* 值的允许电流、短时工作制下的允许电流见表7－278。

表7－278　ZX12系列电阻器在不同工作制下的允许电流

| 产品型号 | 8 h及不间断工作制 | 周期60 s不同通电持续率(*TD*%)的间断周期工作制 | | | | | | | | | | | | 不同通电时间(s)的短时工作制 | | | | | 发热时间常数 $T$(s) |
|---|---|---|---|---|---|---|---|---|---|---|---|---|---|---|---|---|---|---|---|
| | | 4.4 | 6.25 | 8.8 | 12.5 | 15 | 17.5 | 25 | 35 | 40 | 50 | 60 | 70 | 5 | 10 | 15 | 20 | 30 | |
| ZX12－0.1 | 215 | 800 | 800 | 678 | 571 | 522 | 484 | 407 | 347 | 325 | 293 | 270 | 251 | 800 | 800 | 800 | 697 | 576 | 200 |
| ZX12－0.14 | 181 | 787 | 661 | 559 | 471 | 431 | 400 | 337 | 288 | 270 | 244 | 225 | 210 | 800 | 713 | 588 | 512 | 425 | 150 |
| ZX12－0.2 | 152 | 646 | 543 | 460 | 337 | 355 | 323 | 278 | 238 | 224 | 203 | 187 | 175 | 752 | 538 | 443 | 388 | 323 | 120 |
| ZX12－0.28 | 128 | 553 | 464 | 392 | 331 | 303 | 281 | 237 | 202 | 190 | 172 | 159 | 140 | 683 | 488 | 402 | 351 | 291 | 140 |
| ZX12－0.4 | 107 | 475 | 399 | 337 | 284 | 260 | 241 | 203 | 173 | 162 | 146 | 134 | 125 | 681 | 485 | 398 | 347 | 287 | 200 |
| ZX12－0.56 | 91 | 395 | 332 | 280 | 237 | 217 | 201 | 169 | 145 | 136 | 123 | 113 | 106 | 503 | 358 | 503 | 259 | 295 | 150 |
| ZX12－0.8 | 76 | 323 | 272 | 238 | 194 | 177 | 165 | 139 | 119 | 112 | 101 | 94 | 88 | 376 | 269 | 221 | 194 | 161 | 120 |
| ZX12－1.1 | 64 | 276 | 232 | 196 | 166 | 151 | 141 | 110 | 101 | 95 | 86 | 79 | 75 | 342 | 244 | 201 | 175 | 146 | 140 |
| ZX12－1.6 | 54 | 231 | 194 | 164 | 138 | 127 | 118 | 99 | 85 | 80 | 72 | 67 | 62 | 278 | 197 | 162 | 142 | 118 | 128 |
| ZX12－2.2 | 46 | 192 | 161 | 137 | 115 | 106 | 98 | 83 | 71 | 67 | 61 | 56 | 53 | 212 | 152 | 126 | 110 | 92 | 104 |
| ZX12－3.0 | 39 | 168 | 141 | 119 | 101 | 92 | 85 | 72 | 61 | 58 | 52 | 48 | 45 | 205 | 146 | 121 | 105 | 83 | 136 |
| ZX12－4.2 | 33 | 138 | 116 | 98 | 83 | 76 | 71 | 60 | 51 | 43 | 44 | 40 | 38 | 152 | 109 | 90 | 79 | 66 | 104 |
| ZX12－5.6 | 29 | 120 | 101 | 85 | 72 | 66 | 61 | 52 | 45 | 42 | 38 | 35 | 33 | 129 | 92 | 76 | 67 | 56 | 96 |
| ZX12－8.0 | 24 | 97 | 81 | 69 | 58 | 53 | 50 | 42 | 36 | 34 | 31 | 29 | 27 | 98 | 70 | 53 | 54 | 43 | 89 |

电阻元件的规格及参数见表7-279,外形尺寸及安装尺寸如图7-118所示。

表7-279 电阻元件的规格及数据

| 电阻元件代号 | 电阻值(Ω) | 允许负载电流(A) | 铁铬铝带的规格(mm) | 电阻元件代号 | 电阻值(Ω) | 允许负载电流(A) | 铁铬铝带的规格(mm) |
|---|---|---|---|---|---|---|---|
| ZJ1-1 | 0.033 | 107 | 2.45×24 | ZJ1-6 | 0.135 | 46 | 0.95×15 |
| ZJ1-2 | 0.046 | 91 | 1.75×24 | ZJ1-7 | 0.124 | 39 | 2.00×8 |
| ZJ1-3 | 0.067 | 76 | 1.20×24 | ZJ1-8 | 0.172 | 33 | 1.45×8 |
| ZJ1-4 | 0.069 | 64 | 1.85×15 | ZJ1-9 | 0.266 | 29 | 1.10×8 |
| ZJ1-5 | 0.099 | 54 | 1.30×15 | ZJ1-10 | 0.332 | 24 | 0.8×8 |

5. ZX15系列电阻器

用于交流50 Hz、额定电压至500 V、直流至440 V的电路中,作为电动机的起动、制动及调速。其技术数据见表7-280。

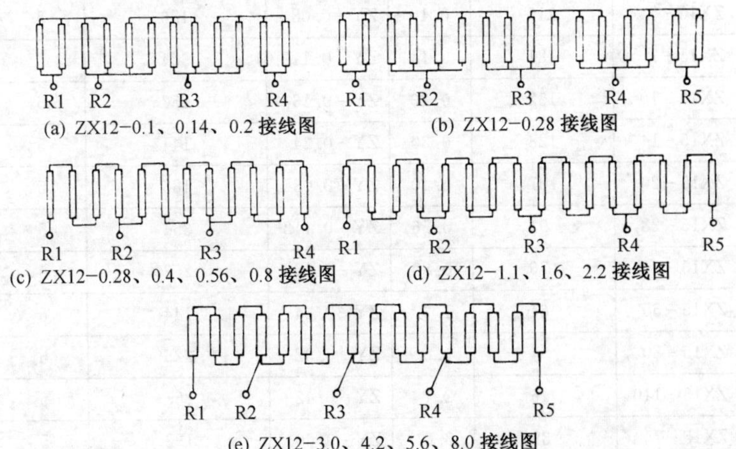

(a) ZX12-0.1、0.14、0.2 接线图
(b) ZX12-0.28 接线图
(c) ZX12-0.28、0.4、0.56、0.8 接线图
(d) ZX12-1.1、1.6、2.2 接线图
(e) ZX12-3.0、4.2、5.6、8.0 接线图

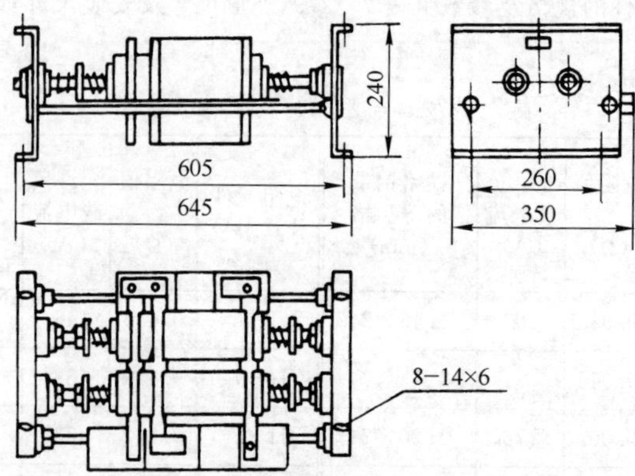


(f) ZX12 外形尺寸及安装尺寸图

**图 7-118** ZX12 系列接线图及外形尺寸、安装尺寸(mm)

表 7-280 ZX15 型铁铬铝合金电阻器的技术数据

| 型　号 | 允许负载电流(A) | 总电阻(Ω) | 电阻元件 | | |
|---|---|---|---|---|---|
| | | | 型　号 | 发热时间常数 $T$(s) | 数量 |
| ZX15-5 | 215 | 0.10 | ZY-0.08 | 186 | 5 |
| ZX15-7 | 181 | 0.14 | ZY-0.112 | 354 | 5 |
| ZX15-10 | 152 | 0.20 | ZY-0.16 | 252 | 5 |
| ZX15-14 | 128 | 0.30 | ZY-0.24 | 144 | 5 |
| ZX15-20 | 107 | 0.40 | ZY-0.08 | 186 | 5 |
| ZX15-28 | 91 | 0.56 | ZY-0.112 | 354 | 5 |
| ZX15-40 | 76 | 0.80 | ZY-0.16 | 252 | 5 |
| ZX15-55 | 64 | 1.2 | ZY-0.24 | 144 | 5 |
| ZX15-80 | 54 | 1.6 | ZY-0.32 | 225 | 5 |
| ZX15-110 | 46 | 2.1 | ZY-0.42 | 255 | 5 |
| ZX15-75 | 39 | 3.0 | ZY-0.60 | 192 | 5 |
| ZX15-105 | 33 | 4.2 | ZY-0.84 | 78 | 5 |

（续表）

| 型 号 | 允许负载电流(A) | 总电阻(Ω) | 电 阻 元 件 | | |
|---|---|---|---|---|---|
| | | | 型 号 | 发热时间常数 $T$(s) | 数量 |
| ZX15-140 | 29 | 5.6 | ZY-1.12 | 50 | 5 |
| ZX15-200 | 24 | 8.0 | ZY-1.6 | 45 | 5 |
| ZX15-280 | 20 | 11.0 | ZY-2.2 | 90 | 5 |

6. ZG11 管形电阻器

用于电压不超过 500 V 的低压电器设备电路中，降低电压、电流。其技术数据见表 7-281。

表 7-281 ZG11 管形电阻器的技术数据

| 型 号 | 额定功率(W) | 出线型式 | 型 号 | 额定功率(W) | 出线型式 |
|---|---|---|---|---|---|
| ZG11-7.5<br>ZG11-7.5A | 7.5 | 导线<br>导线，可调夹 | ZG11-50<br>ZG11-50A | 50 | 导片<br>导片，可调夹 |
| ZG11-15<br>ZG11-15A | 15 | 导线<br>导线，可调夹 | ZG11-75<br>ZG11-75A | 75 | 导片<br>导片，可调夹 |
| ZG11-20<br>ZG11-20A | 20 | 导线<br>导线，可调夹 | ZG11-150<br>ZG11-150A | 150 | 导片<br>导片，可调夹 |
| ZG11-25<br>ZG11-25A | 25 | 导片<br>导片，可调夹 | ZG11-200<br>ZG11-200A | 200 | 导片<br>导片，可调夹 |

注：电阻器允许温升为 300℃。

7. 电阻器的选用

1）电路的电压等级　电阻器额定电压应符合电路的工作电压要求，否则应作特殊订货处理，由制造厂采取措施提高产品绝缘水平。

2）电阻功率　实际选用的电阻器功率应大于计算功率。一般，功率与电流较小而电阻值大时可选用管形电阻；而功率与电流大时，则可选用板形等电阻；如需功率、电流与电阻都大时，则可采用多个电阻串并联或混联。

3）调整要求　电阻值需要调整或运行时进行调整的，可选用可调或带有抽头的电阻器，如需在正常运行中随时调整的，则可选用变阻器。

4）安装位置　若安装尺寸有一定限制，则需根据允许的安装尺寸去选用电阻器型号。

5）使用环境　若电阻器周围有耐温较差的材料、零件或仪器等，但又无法变更安装位置时，则应采用电阻器降容措施，使电阻器表面温升降到周围元器件允许的温升。例如，某一种额定功率为 20 W 电阻器，其温升与功率 $P$ 的关系如表 7－282 和图 7－119 所示。

由表 7－282 和图 7－119 可知，对于该种功率为 20 W 的电阻器，若要求其温升不超过 180℃，则需降容作 14 W 使用。

表 7－282　$\tau-P$ 数据

| 温升 $\tau$(℃) | 功率 $P$(W) |
|---|---|
| 100 | 5.7 |
| 150 | 11 |
| 200 | 17 |
| 250 | 26 |
| 300 | 38 |

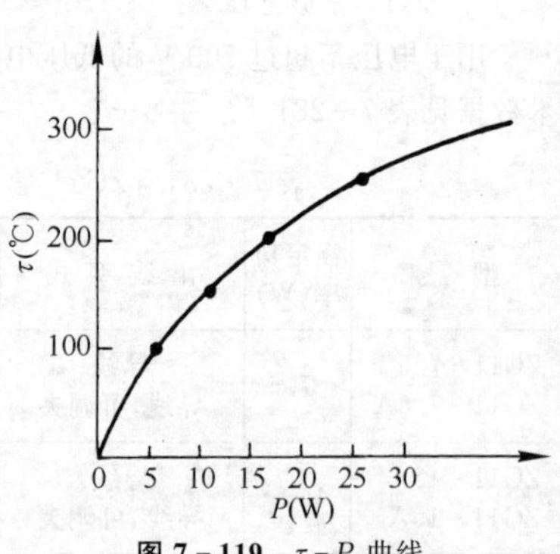


图 7－119　$\tau-P$ 曲线

此外，当多个电阻安装在一起，由于相互热影响，会使电阻器温升超过允许温升，因此也应采取降容措施。图 7－120 为 RX20、RX23 电阻器允许负载与环境温度的关系曲线。

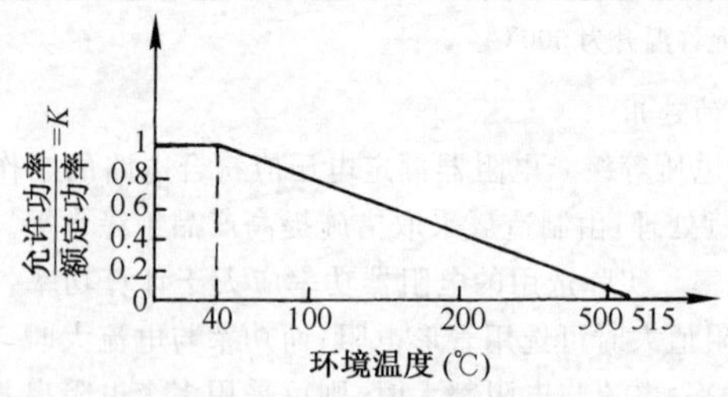


图 7－120　允许负载和环境温度关系

例如，有多个电阻安装时，某一电阻安装处温度为 110℃，该电阻设计功率为 25 W。则在该环境条件下应选用电阻额定功率 $P_e=\frac{P}{K}=\frac{25}{0.74}=33.78$ W（$K$ 为降容系数，由图 7-120 查得 110℃时 $K=0.74$），故电阻器应选用大于 33.78 W 的。考虑电路电压波动、实际误差存在等因素，选用时应留有足够裕量。

8. 安装和维修

1）安装　电阻器系高发热电器，工作时发热量大，对周围环境会产生一定影响，因此应安装在通风良好，散热容易的地方，其上方一般不宜安装其他元器件。对敞开式电阻器，应装在室内并加护栏罩以防工作人员触及带电部分而产生危险。

与其他元器件一起安装时（如装于开关屏内），则电阻器应装于上部，周围应留较大间隔，使热量散发时不致影响其他元器件。

电阻器允许多台叠装使用，为了不致降低其容量，当不超过 3 台时可允许按图 7-121 所示进行直接叠装；当有 4～6 台叠装时，必须用特殊的钢架加以支撑；当超过 6 台时，则应如图 7-122 所示，在每 6 台电阻器所组成的组间的垂直面上应留有 380 mm 以上的间隔。另外为使电阻器有良好散热效果，安装时应使电阻器的底部离地面留有不少于 150 mm 的空间。安装完毕后，应检查电阻器的电阻元件是否有断裂或短路现象，瓷件是否有碎裂，联线是否有松动，螺钉、螺母是否紧固，接地是否安全可靠，并测量每段电阻值是否符合要求。

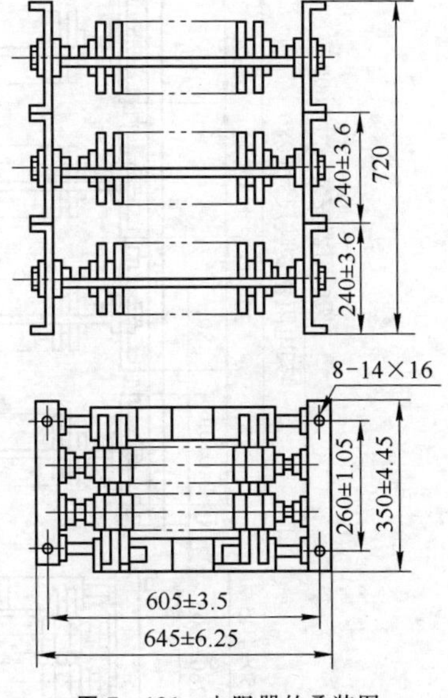

**图 7-121**　电阻器的叠装图

2）使用维护和检修　对于按短时工作制和反复短时工作制选用的电阻器，应严格按工作制所允许的通电持续率要求使用，不能长期通电，否则

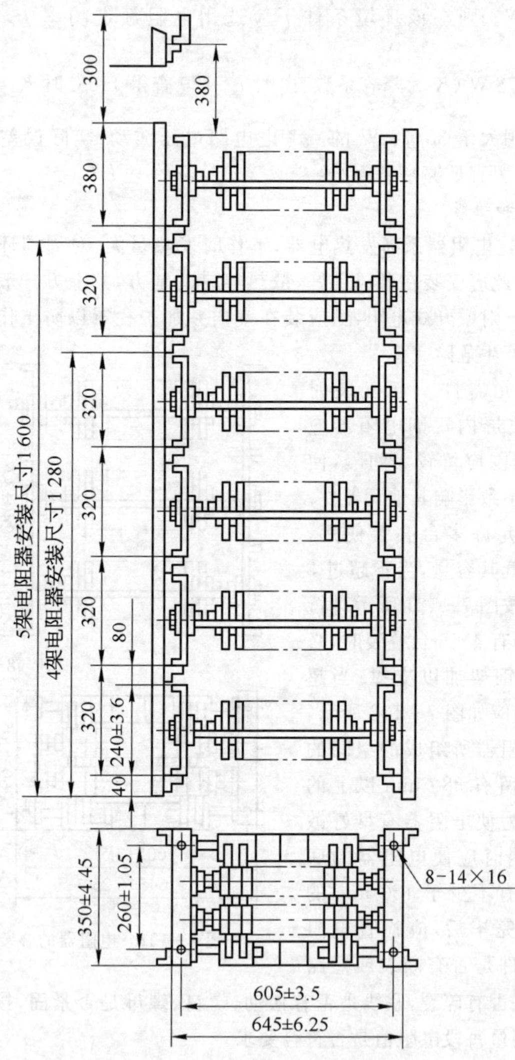


图 7－122 电阻器叠装间距图

会烧毁电阻元件;使用过程中应定期进行维护和检修,一般每月不少于一次。检修时应用干布等擦除电阻器上的灰尘,并紧固所有的螺钉,保持接触压力正常,接触良好;电阻器的电阻元件损坏,更换时其电阻值应与原数值相同;发现电阻器的电阻元件烧毁或某些电阻元件发热过高,应检查使用时是否超过额定电流。

## 十一、变阻器

1. BC1、BC1D 系列瓷盘式变阻器

用于额定电压不超过 380 V 的工业电气设备中作电压、电流调整,也可在电站、交直流发电机、电子设备及仪器等电路中作调整或控制等。其技术数据见表 7-283。

表 7-283 BC1、BC1D 变阻器系列的技术数据

| 型号 | 额定功率(W) | 最高温度(℃) | 电阻值(Ω) +20℃ | | 型号 | 额定功率(W) | 最高温度(℃) | 电阻值(Ω)(+20℃时) | |
|---|---|---|---|---|---|---|---|---|---|
| | | | 最小 | 最大 | | | | 最小 | 最大 |
| BC1D、BC1-25 | 25 | 300 | 2 | 3 000 | BC1D、BC1-150/3 | 450 | 350 | 0.65 | 9 000 |
| BC1D、BC1-50 | 50 | 300 | | | BC1D、BC1-300/3 | 900 | 350 | | |
| BC1D、BC1-100 | 100 | 300 | | | BC1D、BC1-500/3 | 1 500 | 350 | | |
| BC1D、BC1-150 | 150 | 350 | | | BC1-150H | 150 | 350 | 2 | 3 000 |
| BC1D、BC1-300 | 300 | 350 | | | BC1-300H | 300 | 350 | | |
| BC1D、BC1-500 | 500 | 350 | | | BC1-500H | 500 | 350 | | |
| BC1D、BC1-50/2 | 100 | 300 | 1 | 6 000 | BC1-300H/2 | 600 | 350 | 1 | 6 000 |
| BC1D、BC1-100/2 | 200 | 300 | | | BC1-500H/2 | 1 000 | 350 | | |
| BC1D、BC1-150/2 | 300 | 350 | | | BC1-300H/3 | 900 | 350 | | |
| BC1D、BC1-300/2 | 600 | 350 | | | BC1-500H/3 | 1 500 | 350 | | |
| BC1D、BC1-500/2 | 1 000 | 350 | | | | | | | |

2. BX7、BX7D、BX8D 系列滑线变阻器

用于交流 50 Hz、额定电压至 380 V、直流电压至 440 V 的电路中,为校准电气仪表时变更电压、电流或作为代替未定的实验电阻值,在实验室中作为研究试验或教学用的电压、电流调节器。BX7D 电阻、电流范围见表7-284(表中未注阻值单位为 Ω,下同)。BX8D 电阻、电流范围见表 7-285。

表 7-284 BX7D系列滑线变阻器的电阻、电流范围 (Ω)

| 电流(A) \ 阻值 \ 型号 | BX7D-1/1 | BX7D-1/2 | BX7D-1/3 | BX7D-1/4 | BX7D-1/5 | BX7D-1/6 | BX7D-1/7 | BX7D-1/8 | BX7D-1/9 | BX7D-1/10 | BX7D-1/11 | BX7D-1/12 | BX7D-1/13 | BX7D-2/3 | BX7D-2/4 | BX7D-2/5 | BX7D-2/6 |
|---|---|---|---|---|---|---|---|---|---|---|---|---|---|---|---|---|---|
| 0.10 | 5k | 7k | 8.7k | 10.5k | 12.5k | 14.5k | 18.5k | 21.5k | 24.5k | | | | | 17.5k | 21k | 25k | 29k |
| 0.13 | 3.5k | 4.7k | 6k | 7k | 8k | 9.5k | 13k | 15k | 17k | | | | | 12k | 14k | 16k | 19k |
| 0.16 | 2.3k | 3.3k | 4.3k | 5.3k | 6.3k | 7k | 9k | 10k | 11k | | | | | 8.5k | 10.5k | 12.5k | 14k |
| 0.20 | 1.9k | 2.6k | 3.2k | 4k | 4.5k | 5k | 7k | 8.5k | 9.5k | 10.5k | 11.5k | 12.5k | 13.5k | 6.4k | 8k | 9k | 10k |
| 0.25 | 1.4k | 1.9k | 2.4k | 2.9k | 3.4k | 3.9k | 5.5k | 6.2k | 7k | 7.5k | 8.5k | 9.5k | 10.5k | 4.8k | 5.8k | 6.8k | 7.8k |
| 0.30 | 1.1k | 1.5k | 1.9k | 2.3k | 2.7k | 3k | 4k | 4.7k | 5.3k | 5.7k | 6.3k | 6.7k | 7.3k | 3.8k | 4.6k | 5.4k | 6k |
| 0.40 | 650 | 900 | 1.1k | 1.4k | 1.6k | 1.8k | 2.5k | 3k | 3.5k | 4k | 4.3k | 4.6k | 5k | 2.2k | 2.8k | 3.2k | 3.6k |
| 0.50 | 600 | 800 | 1k | 1.2k | 1.4k | 1.6k | 2k | 2.4k | 2.7k | 3k | 3.3k | 3.7k | 4k | 2k | 2.4k | 2.8k | 3.2k |
| 0.6 | 400 | 550 | 700 | 850 | 1k | 1.1k | 1.5k | 1.7k | 2k | 2.2k | 2.5k | 2.7k | 3k | 1.4k | 1.7k | 2k | 2.2k |
| 0.80 | 250 | 350 | 420 | 500 | 600 | 700 | 800 | 1k | 1.2k | 1.4k | 1.6k | 1.8k | 2k | 840 | 1k | 1.2k | 1.4k |
| 1.00 | 140 | 190 | 240 | 290 | 340 | 390 | 500 | 580 | 650 | 730 | 800 | 880 | 950 | 480 | 580 | 680 | 780 |
| 1.3 | 100 | 140 | 180 | 210 | 250 | 280 | 380 | 430 | 500 | 550 | 600 | 650 | 700 | 360 | 420 | 500 | 560 |

（续表）

| 电流(A) \ 阻值 \ 型号 | BX7D -1/1 | BX7D -1/2 | BX7D -1/3 | BX7D -1/4 | BX7D -1/5 | BX7D -1/6 | BX7D -1/7 | BX7D -1/8 | BX7D -1/9 | BX7D -1/10 | BX7D -1/11 | BX7D -1/12 | BX7D -1/13 | BX7D -2/3 | BX7D -2/4 | BX7D -2/5 | BX7D -2/6 |
|---|---|---|---|---|---|---|---|---|---|---|---|---|---|---|---|---|---|
| 1.6 | 50 | 70 | 90 | 100 | 120 | 140 | 190 | 215 | 240 | 270 | 300 | 330 | 360 | 180 | 200 | 240 | 280 |
| 2 | 35 | 45 | 55 | 70 | 80 | 90 | 130 | 145 | 160 | 180 | 200 | 220 | 235 | 110 | 140 | 160 | 180 |
| 2.5 | 23 | 32 | 40 | 50 | 55 | 65 | 90 | 100 | 110 | 120 | 130 | 140 | 150 | 80 | 100 | 110 | 130 |
| 3 | 17 | 23 | 30 | 35 | 40 | 48 | 63 | 72 | 82 | 92 | 100 | 110 | 120 | 60 | 70 | 80 | 95 |
| 4 | 10 | 15 | 18 | 22 | 25 | 30 | 45 | 50 | 55 | 60 | 65 | 70 | 75 | 36 | 44 | 50 | 60 |
| 5 | 6.5 | 9 | 12 | 15 | 18 | 20 | 25 | 28 | 30 | 35 | 40 | 45 | 50 | 24 | 30 | 36 | 40 |
| 6 | 3 | 4 | 5 | 6.5 | 7.5 | 8.5 | 12 | 14 | 16 | 18 | 20 | 22 | 24 | 10 | 13 | 15 | 17 |
| 8 | 2.5 | 3.5 | 4.5 | 5.5 | 6.5 | 7.5 | 9.5 | 11 | 12 | 13.5 | 15 | 16.5 | 18 | 9 | 11 | 13 | 15 |
| 10 | 1.5 | 2 | 2.5 | 3 | 3.5 | 4.2 | 5.6 | 6.5 | 7.5 | 8.2 | 9 | 10 | 11 | 5 | 6 | 7 | 8.5 |
| 13 | 1.1 | 1.5 | 1.9 | 2.3 | 2.6 | 3 | 3.7 | 4.3 | 4.8 | 5.5 | 6 | 6.5 | 7.2 | 3.8 | 4.5 | 5.2 | 6 |
| 16 | 0.75 | 1 | 1.3 | 1.5 | 1.8 | 2 | 2.7 | 3 | 3.5 | 3.8 | 4.2 | 4.6 | 5 | 2.6 | 3 | 3.5 | 4 |
| 20 | 0.55 | 0.75 | 0.95 | 1.1 | 1.3 | 1.5 | 2 | 2.4 | 2.7 | 3 | 3.3 | 3.6 | 4 | 1.9 | 2.2 | 2.6 | 3 |

表7-285 BX8D系列滑线变阻器的电阻、电流范围 (Ω)

| 型号 / 阻值 / 电流(A) | BX8D-3/1 | BX8D-3/2 | BX8D-3/3 | BX8D-3/4 | BX8D-3/5 | BX8D-3/6 | BX8D-3/7 | BX8D-2/1 | BX8D-2/2 | BX8D-2/3 | BX8D-2/4 | BX8D-2/5 | BX8D-2/6 | BX8D-2/7 |
|---|---|---|---|---|---|---|---|---|---|---|---|---|---|---|
| 0.10 | 55k | 65k | 74k | | | | | 37k | 43k | 49k | | | | |
| 0.13 | 39k | 45k | 51k | | | | | 26k | 30k | 34k | | | | |
| 0.16 | 27k | 30k | 33k | | | | | 18k | 20k | 22k | | | | |
| 0.20 | 21k | 24k | 27k | 30k | 33k | 36k | 39k | 14k | 16k | 18k | 20k | 22k | 24k | 26k |
| 0.25 | 16.5k | 18k | 21k | 22.5k | 25.5k | 28.5k | 30k | 11k | 12k | 14k | 15k | 17k | 19k | 20k |
| 0.30 | 12k | 14k | 16k | 17k | 19k | 20k | 22k | 8k | 9.5k | 10.5k | 11.5k | 12.5k | 13.5k | 14.5k |
| 0.40 | 8k | 9k | 10.5k | 12k | 13k | 14k | 15k | 5.4k | 6k | 7k | 8k | 8.6k | 9.4k | 10k |
| 0.50 | 6k | 7.2k | 8.1k | 9k | 10k | 11k | 12k | 4k | 4.7k | 5.3k | 6k | 6.5k | 7k | 8k |
| 0.60 | 4.5k | 5k | 5.7k | 6.5k | 7.5k | 8k | 9k | 3k | 3.4k | 4k | 4.4k | 5k | 5.4k | 6k |
| 0.80 | 2.7k | 3.1k | 3.6k | 4k | 4.3k | 4.6k | 5k | 1.8k | 2k | 2.4k | 2.6k | 2.8k | 3.1k | 3.4k |
| 1.00 | 1.5k | 1.75k | 1.95k | 2.2k | 2.4k | 2.65k | 2.85k | 1k | 1.2k | 1.3k | 1.5k | 1.6k | 1.8k | 1.9k |
| 1.30 | 1.15k | 1.3k | 1.5k | 1.65k | 1.8k | 2k | 2.1k | 750 | 850 | 1k | 1.1k | 1.2k | 1.3k | 1.4k |

（续表）

| 阻值 型号 电流(A) | BX8D-3/1 | BX8D-3/2 | BX8D-3/3 | BX8D-3/4 | BX8D-3/5 | BX8D-3/6 | BX8D-3/7 | BX8D-2/1 | BX8D-2/2 | BX8D-2/3 | BX8D-2/4 | BX8D-2/5 | BX8D-2/6 | BX8D-2/7 |
|---|---|---|---|---|---|---|---|---|---|---|---|---|---|---|
| 1.60 | 570 | 650 | 720 | 810 | 900 | 1k | 1.15k | 380 | 430 | 480 | 540 | 600 | 650 | 700 |
| 2 | 390 | 435 | 480 | 540 | 600 | 650 | 700 | 250 | 290 | 320 | 360 | 400 | 440 | 470 |
| 2.5 | 270 | 300 | 350 | 390 | 420 | 450 | 480 | 180 | 200 | 230 | 260 | 280 | 300 | 320 |
| 3 | 190 | 220 | 250 | 275 | 300 | 330 | 360 | 125 | 145 | 165 | 185 | 200 | 220 | 240 |
| 4 | 120 | 135 | 155 | 175 | 190 | 210 | 225 | 80 | 90 | 105 | 115 | 125 | 140 | 150 |
| 5 | 75 | 90 | 100 | 115 | 120 | 130 | 140 | 52 | 60 | 66 | 72 | 80 | 85 | 92 |
| 6 | 34 | 39 | 45 | 50 | 54 | 60 | 66 | 23 | 26 | 30 | 33 | 36 | 40 | 44 |
| 8 | 27 | 31 | 36 | 40 | 45 | 48 | 52 | 18 | 21 | 24 | 27 | 30 | 32 | 35 |
| 10 | 17 | 19 | 22 | 24 | 27 | 30 | 32 | 11.2 | 13 | 14.5 | 16.5 | 18 | 20 | 21.5 |
| 13 | 11.5 | 13 | 14.5 | 16 | 18 | 20 | 22 | 7.5 | 8.5 | 9.5 | 10.5 | 12 | 13 | 14.5 |
| 16 | 7.8 | 9 | 10.5 | 11.5 | 12.5 | 14 | 15 | 5.2 | 6 | 7 | 7.5 | 8.5 | 9.2 | 10 |
| 20 | 6 | 7.2 | 8 | 9 | 10 | 10.8 | 12 | 4 | 4.8 | 5.4 | 6 | 6.6 | 7.2 | 8 |

3. 励磁变阻器

1) BL1系列励磁变阻器　用于直流额定电压至460 V的励磁电路中，作为调整直流或交流发电机的电压及直流电动机的转速。

该产品的元件材料为镍铬丝或康铜丝(带)。其技术数据见表7-286。

表7-286　BL1系列励磁变阻器的技术数据

| 型　号 | 额定工作功率 $P_e$(W) | 额定工作电流 $I_e$(A) | 级数 | | 质量(kg) |
|---|---|---|---|---|---|
| | | | 不断开励磁绕组 | 断开励磁绕组 | |
| BL1-300P | 300 | 15 | 32 | 30 | 6.5 |
| BL1-450P | 450 | 15 | 32 | 30 | 8 |
| BL1-650P | 650 | 15 | 40 | 38 | 11.5 |
| BL1-900P | 900 | 15 | 60 | 58 | 15.5 |
| BL1-1200P | 1 200 | 15 | 64 | 62 | 24 |
| BL1-1800P | 1 800 | 15 | 64 | 62 | 28 |
| BL1-2400P | 2 400 | 15 | 64 | 62 | 32 |
| BL1-2500P | 2 500 | 25 | 120 | 118 | 43 |
| BL1-3500P | 3 500 | 25 | 120 | 118 | 45 |
| BL1-4500P | 4 500 | 25 | 120 | 118 | 48 |

2) BL7系列励磁变阻器　同BL1系列的用途,并可在电气设备电路中手动调节电压或电流。其技术数据见表7-287。

表7-287　BL7系列励磁变阻器技术数据

| 型　号 | 额定功率(kW) | 电阻分级数 | | 质量(kg) |
|---|---|---|---|---|
| | | ≤60 A | ≤100 A | |
| BL7-15 | 15 | 60 | 30 | 100 |
| BL7-21 | 21 | 60 | 30 | 130 |
| BL7-26 | 26 | 60 | 30 | 150 |
| BL7-31 | 31 | 60 | 30 | 180 |

注：该产品的元件材料为康铜或新康铜等合金带或丝。

4. BQ1 系列起动变阻器、BT1 系列起动调速变阻器

BQ1 系列起动变阻器用作直流电压至 220 V 的并励和复励直流电动机起动。BT1 系列起动调速变阻器除有 BQ1 系列用途外，还兼有以改变励磁电流的方式来调节电动机的转速。其技术数据见表 7－288；外形尺寸及安装尺寸如图 7－123 所示。

电阻元件材料为电阻丝。除 BQ1－1、BQ1－12 型只带欠电压保护外，其余 BQ1 均带有欠电压保护和过电流保护。

表 7－288　BQ1、BT1 系列起动变阻器的技术数据

| 型　号 | 电流 (A) | 保护装置型号 | | 级　数 | | 电阻元件 | | 质　量 (kg) |
|---|---|---|---|---|---|---|---|---|
| | | 接触器 | 继电器 | 起　动 | 调　速 | 型　号 | 数　量 | |
| BQ1－1<br>BQ1－1Z | 30 | CZ8－40/00<br>CZ8－40/01 | JL1－01 | 4 | | ZG3 | 2 | 5.5<br>6.0 |
| BQ1－2<br>BQ1－2A | 40 | CZ8－40/00 | | 7 | | | 6<br>12 | 12<br>14 |
| BQ1－3<br>BQ1－3A | 100 | CZ8－100/00 | | 8 | | | 8<br>16 | 21<br>27 |
| BQ1－4<br>BQ1－4A<br>BQ1－4B<br>BQ1－4C | 200 | CZ8－200/00 | | 12 | | ZB3<br>和<br>ZB4 | 6<br>10<br>14<br>18 | 52<br>55<br>60<br>66 |
| BT1－3/1<br>BT1－3/2 | 40 | CZ8－40/00 | JL1－01 | 6 | 10 | ZG3 | 6<br>12 | 12<br>14 |
| BT1－12/3<br>BT1－12/4<br>BT1－12/5 | 100 | CZ8－100/00 | | 7 | 15 | | 8<br>16<br>24 | 22<br>25<br>29 |
| BT1－24/6<br>BT1－24/7<br>BT1－24/8 | 200 | CZ8－200/00 | | 10 | 20 | ZB3<br>和<br>ZB4 | 10<br>14<br>18 | 60<br>65<br>70 |

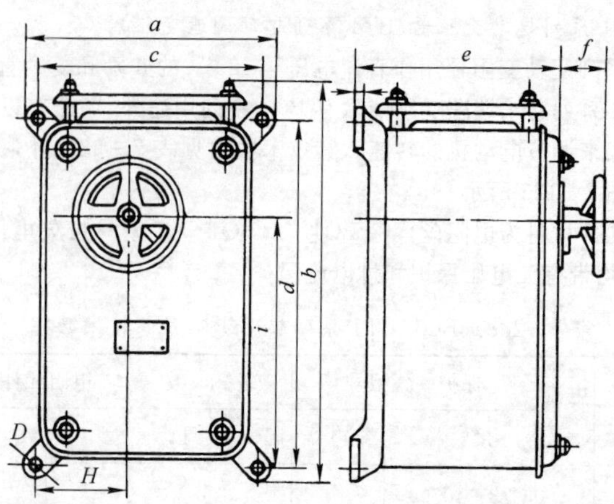


**图 7-123**　BQ1、BT1系列变阻器外形尺寸及安装尺寸图

图 7-123 附表　　(mm)

<table>
<tr><th rowspan="2">变阻器型　号</th><th colspan="10">尺　　寸</th></tr>
<tr><th>a</th><th>b</th><th>c</th><th>d</th><th>e</th><th>f</th><th>h</th><th>i</th><th>H</th><th>D</th></tr>
<tr><td>BQ1-1</td><td rowspan="2">180</td><td rowspan="2">215</td><td rowspan="2">160</td><td rowspan="2">195</td><td rowspan="2">205</td><td rowspan="2">46</td><td rowspan="2">11</td><td rowspan="2">90</td><td rowspan="2">73</td><td rowspan="2">9</td></tr>
<tr><td>BQ1-1Z</td></tr>
<tr><td>BQ1-2</td><td rowspan="4">258</td><td rowspan="4">432</td><td rowspan="4">230</td><td rowspan="4">388</td><td rowspan="2">227</td><td rowspan="4">46</td><td rowspan="4">13</td><td rowspan="4">265</td><td rowspan="4">115</td><td rowspan="4">11</td></tr>
<tr><td>BT1-3/1</td></tr>
<tr><td>BQ1-2A</td><td rowspan="2">277</td></tr>
<tr><td>BT1-3/2</td></tr>
<tr><td>BQ1-3</td><td rowspan="5">317</td><td rowspan="5">466</td><td rowspan="5">287</td><td rowspan="5">417</td><td rowspan="2">277</td><td rowspan="5">46</td><td rowspan="5">16</td><td rowspan="5">278</td><td rowspan="5">143.5</td><td rowspan="5">11</td></tr>
<tr><td>BT1-12/3</td></tr>
<tr><td>BQ1-3A</td><td rowspan="2">327</td></tr>
<tr><td>BT1-12/4</td></tr>
<tr><td>BT1-12/5</td><td>377</td></tr>
<tr><td>BQ1-4</td><td>475</td><td>586</td><td>435</td><td>520</td><td>377</td><td>76</td><td>22</td><td>315</td><td>217.5</td><td>17</td></tr>
</table>

（续表）

| 变阻器型号 | 尺寸 a | b | c | d | e | f | h | i | H | D |
|---|---|---|---|---|---|---|---|---|---|---|
| BQ1-4A | 475 | 586 | 435 | 520 | 437 | 76 | 22 | 315 | 217.5 | 17 |
| BT1-24/6 | | | | | | | | | 187.5 | |
| BQ1-4B | | | | | 497 | | | | 217.5 | |
| BT1-24/7 | | | | | | | | | 187.5 | |
| BQ1-4C | | | | | 557 | | | | 217.5 | |
| BT1-24/8 | | | | | | | | | 187.5 | |

5. BT2 系列起动调速起动器

用于交流 50 Hz、额定电压 380 V 的三相绕线式异步电动机的转子对称电路中作恒转矩负载的不频繁起动调速。BT2 系列起动调速变阻器主要技术参数见表7-289。

表 7-289 BT2 系列起动调速变阻器的技术数据

| 型号 | 额定功率 (kW) | 触头电流等级 (A) ≤20 | ≤40 | ≤63 | 分级数 |
|---|---|---|---|---|---|
| BT2-1/□ | 1 | ✓ | — | — | 10 |
| BT2-2/□ | 2 | ✓ | — | — | |
| BT2-3/□ | 3 | ✓ | ✓ | — | |
| BT2-4/□ | 4 | ✓ | ✓ | ✓ | |
| BT2-5/□ | 5 | ✓ | ✓ | ✓ | |
| BT2-7/□ | 7 | ✓ | ✓ | ✓ | |
| BT2-9/□ | 9 | ✓ | ✓ | ✓ | |

注：表中“✓”表示制造厂提供的通常规格；型号栏中“□”表示规格代号。

电动机配用 BT2 系列起动调速变阻器后的负载调速范围应符合表 7-290 的规定。

表 7-290　BT2 系列起动调速变阻器的负载调速范围

| 变阻器的级数 | 电机减速百分率（近似值） | 配用分类代号 | | | | | | |
|---|---|---|---|---|---|---|---|---|
| | | 恒负载转矩与电机额定转矩的百分比 | | | | | | |
| | | 40 | 50 | 60 | 70 | 80 | 90 | 100 |
| 10 | 5 | 450 | 550 | 650 | 750 | 850 | 950 | 1 050 |
| 9 | 10 | | | | | | | |
| 8 | 15 | | | | | | | |
| 7 | 20 | | | | | | | |
| 6 | 25 | | | | | | | |
| 5 | 30 | | | | | | | |
| 4 | 35 | | | | | | | |
| 3 | 40 | | | | | | | |
| 2 | 45 | | | | | | | |
| 1 | 50 | | | | | | | |

注：1. 对于绕线式转子电动机和转子电路里的变阻器，减速到规定的速度稳定时转子电流百分数$\left(\frac{I_r}{I_{er}}\times 100\%\right)$与转矩的百分数$\left(\frac{T_m}{T_e}\times 100\%\right)$近似为相等。

2. 当在规定的负载转矩条件下，变阻器在规定速度调节范围内任何一点上都可连续工作。

3. 变阻器从静止起动的调节面板的第一点上(即电机减速百分率为50%时)获得的转子电流的近似百分数可由下列等式求出。

$$\text{转子电流百分数}=\frac{\text{恒负载转矩时电机转矩的百分数}}{\text{电机减速百分率}}\times 100\%$$

4. 从考虑节能效果，减速时恒负载转矩下电机转矩的百分数优先推荐使用70%、80%和90%。

5. 减速时恒负载转矩下电机转矩的百分数为100%或接近100%时，建议在电机允许情况下使用。

6. BS1 系列石墨炭阻变阻器

用于电压不超过 12 V 的直流发电机配电线路中，及控制电镀槽电流、电压。其技术数据见表 7-291。

表 7-291 BS1 系列石墨炭阻变阻器的技术数据

| 型 号① | 额定电流(A) | 电阻变化范围②(Ω) | 额定电流最小电压降(V) | 电压调节范围③(V) | 电流调节范围④(A) | 额定功率(kW) |
|---|---|---|---|---|---|---|
| BS1-50/12 | 50 | 0.004～0.7 | 1 | 1～8 | 5～50 | 0.6 |
| BS1-100/12 | 100 | | | | 5～100 | 1 |
| BS1-200/12 | 200 | | | | 5～200 | 2.5 |
| BS1-300/12 | 300 | 0.0021～0.8 | | 1～10 | 10～300 | 3.6 |
| BS1-400/12 | 400 | | | | 10～400 | 4.8 |
| BS1-500/12 | 500 | | | | 10～500 | 6 |
| BS1-750/12 | 750 | 0.0015～0.8 | | | 15～750 | 8 |
| BS1-1000/12 | 1 000 | | | | 15～1 000 | 12 |

① BS1-□/02(不带表头)和本表数据相同。
② 指变阻器的冷态电阻变化范围。
③ 当配合在 6 V 母线配电线路中，均为 2～5 V。
④ 电流的最小调节范围与镀槽工作有关(指镀件截面积之大小、镀件面积变化，调节范围随之改变)，此值仅供参考。

7. 变阻器的选用

变阻器的系列种类很多，一般选用时必须根据实际使用场合及其所配用设备的有关技术要求如额定电压、额定功率、电阻值的分级等来选用不同的变阻器。例如有一励磁绕组 $U_e = 220$ V，电阻 $r_a = 0.23\ \Omega$(75℃)，外接电源 $U_e = 220$ V 时，要求电流 $I = 20 \sim 4$ A 的调节变化，试计算其各段电阻数值。

(1) 将 $I = 20 \sim 4$ A 分成数段(若是电机的励磁，须按电机空载曲线或磁化曲线求出其分段电流，这样才能与电机更好地配合)。若设分成 20、16、12、8、4 A 各段。

(2) 可计算各对应的电阻值：

$$R_1 = \frac{U_e}{I_1} = \frac{220}{20} = 11\ \Omega$$

$$R_2 = \frac{U_e}{I_2} = \frac{220}{16} = 13.75\ \Omega$$

$$R_3 = \frac{U_e}{I_3} = \frac{220}{12} = 18.33\ \Omega$$

$$R_4 = \frac{U_e}{I_4} = \frac{220}{8} = 27.5\ \Omega$$

$$R_5 = \frac{U_e}{I_5} = \frac{220}{4} = 55\ \Omega$$

(3) 考虑到电压的波动,设电压波动为±5%,则当电压+5%时,须考虑也能调节到最小电流值,此时

$$R_5 = \frac{220(1+5\%)}{4} = 57.75\ \Omega$$

而当电压为-5%时,也应保证可达到最大电流值,则

$$R_1' = \frac{220(1-5\%)}{20} = 10.45\ \Omega$$

(4) 上述 $R_1$ 中包括了电阻 $r_a$,而且须将 $r_a$ 工作温度(75℃)时的电阻值,折算成室温(20℃)时的电阻值。

$$R_{20} = \frac{R_t}{1+\alpha(t-20)}$$

$$r_{a20} = \frac{0.23}{1+0.0043(75-20)} = 0.186\ \Omega$$

式中 $R_t$——在 $t$ 时的电阻值,$t$=75℃;

$R_{20}$——在20℃时的电阻值;

$\alpha$——温度系数,对于铜 $\alpha_{Cu}$=0.004 31/℃。

根据要求最大电流为20 A,为限制电流超过20 A的可能,$R_1'$ 应作为不可调的固定级,即可满足要求(这一固定电阻十分重要)。

$$R_{固} = R_1' - r_{a20} = 10.45 - 0.186 = 10.264\ \Omega$$

(5) 因为变阻器的电阻是连续的,各分段电阻即为相邻两电阻的差。

$$R_{01} = R_2 - R_1' = 13.75 - 10.45 = 3.30\ \Omega$$

$$R_{02} = R_3 - R_2 = 18.33 - 13.75 = 4.58\ \Omega$$

$$R_{03} = R_4 - R_3 = 27.50 - 18.33 = 9.17\ \Omega$$

$$R_{04} = R_5 - R_4 = 57.75 - 27.50 = 30.25\ \Omega$$

(6) 确定各分段电阻的额定电流，要考虑通过该段电阻的最大电流值。例如通过 $R_{01}$ 的电流是从 16 A 逐渐向 20 A 变化，可见最大电流将接近于 20 A，因此 $R_{01}$ 段的额定电流须按 20 A 选定，余可类推。

(7) 定出各电阻段的分级数，由于变阻器不同型号其分级数也不同，为此可按百分数表示，见表 7-292。

(8) 再计算每段功率及叠加总功率，见表 7-292。

表 7-292　电阻、电流、功率对应表

| | $R_{固}$ | $R_{01}$ | $R_{02}$ | $R_{03}$ | $R_{04}$ | 总　计 |
|---|---|---|---|---|---|---|
| 电阻值(Ω) | 10.264 | 3.3 | 4.58 | 9.17 | 30.25 | 10.264/57.564 |
| 额定电流(A) | 20 | 20 | 16 | 12 | 8 | 4/20 |
| 分　级 | 固定 | 20% | 35% | 30% | 15% | |
| 功　率(W) | 4 106 | 1 320 | 1 172 | 1 320 | 1 936 | 9 854 |

以上计算结果对变阻器提供的数据要求已经齐全，达到了电网电压 ±5% 波动时，电流调节在 20～4 A 的变化要求。

8. 频敏变阻器

1) 分类　频敏变阻器有五个系列，每一系列有其特定的用途，BP1、BP2、BP3、BP4、BP6 五个系列的概况见表 7-293。

表 7-293　频敏变阻器系列

| 频敏变阻器 | 系　列 | | | | |
|---|---|---|---|---|---|
| | BP1 | BP3 | BP2 | BP4 | BP6 |
| 结　构 | 铁心由 12 mm 山字形厚钢板制成 | 铁心由 6～8 mm 山字形钢板叠成，片间有 6～10 m 间隙 | 铁心由 50×50(mm) 方钢制成山形铁片组成 | 铁片由 10 mm 厚钢管外套铝环组成 | 铁心由两层钢管和两层铝环组成 |
| 铁心功率因数 | 0.6～0.75 | 0.5～0.7 | 0.7～0.75 | 0.75～0.85 | 0.8～0.9 |
| 变阻能力 | 较　好 | 较　好 | 较　好 | 较　差 | 较　好 |

（续表）

| 频敏变阻器 | 系列 | | | | |
|---|---|---|---|---|---|
| | BP1 | BP3 | BP2 | BP4 | BP6 |
| 典型用途 | 起动带轻负载和重轻载的偶尔起动的电动机 | 起动反复短时工作制的电动机 | 起动带轻负载和重轻载的偶尔起动的电动机 | 起动带90%以下负载的偶尔起动的电动机 | 起动带100%负载的偶尔起动的电动机 |
| 控制绕线转子异步电动机的功率范围(kW) | 2.2～2 240 | 0.6～125 | 10～1 120 | 14～1 000 | 75～315 |

2）结构　频敏变阻器类似于变压器，由铁心和绕组两部分组成。铁心和绕组构成的不同，其性能也不同，几种常见的结构图和性能对比见表7-294。

从表中可见，频敏变阻器铁心结构形式有叠片式、钢管式、方柱式以及铁心柱由方钢组成，而上下磁轭则为整块式、叠片式和混合式等。其中方柱式和混合式结构的铁心功率因数较高，而叠片式和钢管式功率因数较低，可根据机械特性对铁心功率因数 $\cos\varphi$ 的要求来选用铁心的结构形式。负载工作制不同，则铁心的构成也有差别，如短时工作制选用较厚的铁心，而反复短时工作制则选用较薄的铁心。为适应不同的起动特性，铁心的气隙通常做成可调的。

频敏变阻器的绕组有单绕组式、绕组加感应线圈、绕组加多层短路环等形式。通常绕组置于铁心与感应线圈之间，由铜或铝导线绕制而成。感应线圈相当于二次短路圈，一般由铝或黄铜制成，起着改善功率因数、增大起动转矩的作用，但软化了上部特性。绕组带多层短路环的常用于起动转矩要求特高的场合，最多的有四个，即外铝环、外铁环、内铝环和内铁环等。

频敏变阻器为单绕组时，其绕组结构常为无骨架式，为了与铁心绝缘，绕组内侧上下边应衬入绝缘层。为提高工作的允许温度，导线常采用双玻璃丝包线。有时为了便于调整，绕组还设置抽头，例如在总圈数的90%、80%、70%引出抽头。三相线圈的6个出线头，一般用上面3个接至电动机的转子回路，而下面3个则接在一起构成Y形接线的中心点，有时也可根据要求接成△形。

表 7-294 不同结构频敏变阻器的性能对比

| 结构型式 | 钢板叠合 | 方钢结构 | 钢管结构 | 薄叠片加感应线圈 | 钢管加感应线圈 |
|---|---|---|---|---|---|
| 结构图 | | | | | |
| 性能比较 | | | | | |
| 黑色金属消耗 | 多 | 最多 | 少 | 中等 | 少 |
| 有色金属消耗 | 少 | 少 | 中等 | 多 | 稍多 |
| 结构 | 一般 | 简单 | 简单 | 一般 | 一般 |
| 工艺性 | 良 | 差 | 好 | 差 | 良 |
| 体积 | 大 | 大 | 小 | 稍小 | 稍小 |
| 重量 | 重 | 最重 | 轻 | 重 | 尚轻 |
| 调节性 | 良 | 良 | 好 | 差 | 良好 |

3) BP1 系列频敏变阻器　用于作为 50 Hz 三相交流绕线型、容量 2.2～2 240 kW 电动机的起动、反接。

性能：

(1) 偶尔起动用频敏变阻器技术性能分以下几点：

① 轻载起动用频敏变阻器系列适用于起动负载为轻载 $\mu_c \leqslant 0.5$ 的传动设备。重轻载起动用频敏变阻器系列适用于起动负载为重轻载 $\mu_c \leqslant 0.8$ 的传动设备。重载起动用频敏变阻器系列适用于起动负载为重载 $\mu_c \leqslant 0.9$ 的传动设备。常遇到的生产机械起动负载按其特性不同分类情况见表 7－295。

表 7－295　常见的起动负载分类

<table>
<tr><th>起动负载类型</th><th>特　征</th><th>说　明</th><th>传动设备举例</th></tr>
<tr><td>轻　载</td><td>$M_0$ 小<br>$GD^2$ 小</td><td>传动设备在起动过程中不带负载或带有轻微负载，其阻力 $M_0$ 较小，在(0.1～0.5)$M_n$ 范围内，且没有飞轮，折算至电动机轴上的传动惯量 $GD^2$ 较小，一般起动时间 $t_q$ 较短，$t_q \leqslant 20$ s</td><td>空压机、水泵等</td></tr>
<tr><td rowspan="2">重轻载</td><td>$M_0$ 开始较大后变小<br>$GD^2$ 大</td><td>传动设备在起动过程中其阻力矩随转速的上升而下降，在刚起动时阻力矩较大达(0.5～0.8)$M_n$。往往带有飞轮，折算至电动机轴上的转动惯量 $GD^2$ 较大，起动时间 $t_q$ 较长，一般要超过 20 s</td><td>带飞轮轧钢主电机等</td></tr>
<tr><td>$M_0$ 小<br>$GD^2$ 大</td><td>传动设备在起动过程中不带负载或带有轻微负载，阻力矩 $M_0$ 较小，在(0.1～0.5)$M_n$ 范围内，一般机体笨重，且高速运转(比电动机)，折算至电动机轴上的转动惯量 $GD^2$ 较大，起动时间 $t_q$ 超过 20 s</td><td>锯床、真空泵等</td></tr>
<tr><td rowspan="2">重　载</td><td>$M_0$ 大<br>$GD^2$ 不太大</td><td>传动设备带负载起动，负载力矩达 $M_0=(0.6～0.9)M_n$。一般低速运转(比电动机)，折算至电动机轴上的转动惯量 $GD^2$ 不太大，起动时间介于轻载起动时间和重轻载起动时间之间</td><td>运输带、某些球磨机等</td></tr>
<tr><td>$M_0$ 开始时小后变大<br>$GD^2$ 不太大</td><td>在起动过程中其阻力矩随转速的上升而迅速上升，当起动完毕时，阻力矩 $M_0$ 达(0.6～0.9)$M_n$。一般不带飞轮，折算至电动机轴上的转动惯量 $GD^2$ 不太大，起动时间介于轻载和重轻载之间</td><td>轴流泵、鼓风机(起动时进气阀门大开)</td></tr>
</table>

注：表中所举例子不是绝对的，用户要根据具体情况确定。

② 变阻器配于电动机，经适当调整抽头后起动性能符合下列规定，其典型的机械特性曲线如图 7－124a 所示。轻载系列：起动力矩倍数 $\mu_q=0.7$；转子起动电流倍数：$i_{2q}=1.25\sim1.6$。重轻载系列：起动力矩倍数 $\mu_q=1.0$；转子起动电流倍数：$i_{2q}=1.6\sim2.0$。重载系列：起动力矩倍数 $\mu_q=1.2$；转子起动电流倍数：$i_{2q}=2.0\sim2.5$。

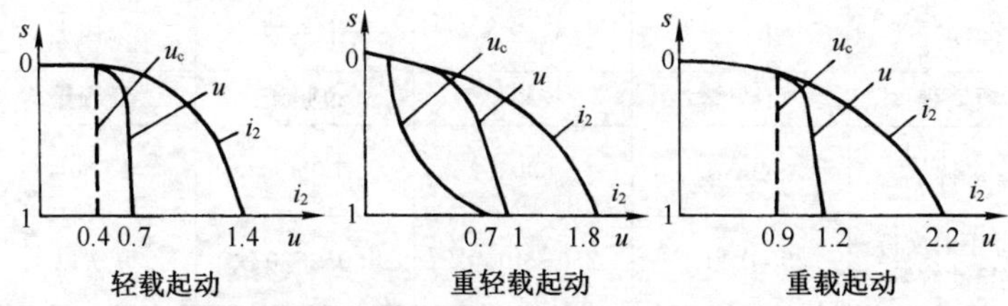


(a) 电动机接频敏变阻器后机械特性和起动负载特性

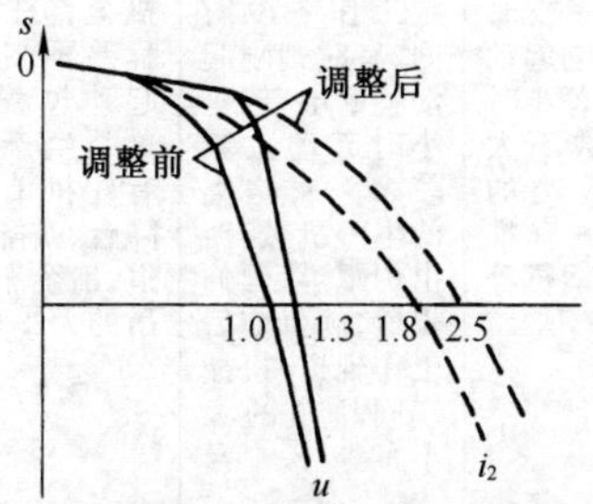


(b) 变阻器调整前后电动机机械特性

**图 7－124**　变阻器特性曲线

③ 本变阻器允许连续起动数次，但总起动时间不得超过：轻载系列 80 s；重轻载系列 120 s；重载系列 120 s。

(2) 重复短时工作制频敏变阻器技术性能：

① 变阻器未调整前配于电动机后符合下列规定：起动力矩在 1.0～1.1 倍电动机额定力矩范围内；起动电流在 1.6～2.0 倍电动机额定电流范围内。变阻器经适当调整后(增加铁心气隙或减少线圈匝数)可以使电动机获得：起动力矩在 1.2～1.3 倍额定力矩范围内；起动电流在 2～2.5 倍额定电流范围内。调整前后典型的机械特性形状如图 7－124b 所示。

② $t_{qz}$值是表征电动机操作频繁程度的。对于十分有规则操作的电动机，$t_{qz}$表示每小时起动次数 $z$(起动一次算一次，动力制动一次算一次，反接制动一次算三次)与每次起动时间 $t_q$ 的乘积值。重复短时工作制的生产机械按起动次数及操作频繁程度大致分成如下四类。见表 7 - 296。

表 7 - 296　重复短时工作制的机械负载特性

| 分　　类 | 第一类 | 第二类 | 第三类 | 第四类 |
|---|---|---|---|---|
| 频繁程度 | 不频繁 | 较频繁 | 很频繁 | 最频繁 |
| 每小时折算 $t_{qz}$ | 400 s | 630 s | 1 000 s | 1 600 s |
| 每小时实际起动次数 | 250 次以下 | 250～400 次 | 400～630 次 | 630 次以上 |
| 特点与举例 | 电动机有时起动完毕再稳速工作一段时间，有时刚起动就断电，每小时起动次数不太多。属这类的生产机械有推钢机、拉钢机等 | 电动机有时起动完毕再稳定工作一段时间，有时则刚起动就断电，但每小时起动次数较多。属这类的生产机械有：出炉辊道、延伸辊道、轧机前后工作辊道、机械车间桥吊的大小车等 | 电动机很频繁地起动，电动机全部工作过程差不多就是起动过程。属这类生产机械有轧机前后升降台、升降台辊道、冶金车间桥吊的大小车等 | 电动机处在“点车”状态，刚起动就断电，断电后马上就起动，起动次数极多，但每次起动时间极短，属这类生产机械的有打钢车、拔钢机、翻钢桩等 |

$$t_q = 2.76 \times 10^{-5} \frac{GD^2 n_e^2}{(K_p M_q M_0) P_e} (\mathrm{s})$$

式中　$P_e$——电动机额定容量(kW)；

$n_e$——电动机额定转速(r/min)；

$GD^2$——折算至电动机轴上的飞轮力矩($N \cdot m^2$)；

$M_q$——起动转矩，标幺值；

$M_0$——负载转矩，标幺值；

$K_p$——起动过程中平均转矩与起动转矩之比，一般取 0.8。

频敏电阻选择表见表 7 - 297～表 7 - 298。BP1 系列外形尺寸及安装尺寸如图 7 - 125 所示。

表 7-297 偶尔起动用频敏变阻器系列选择表

| 电动机 | | 轻载起动用 | | 重轻载起动用 | | 重载起动用 | |
|---|---|---|---|---|---|---|---|
| $P_n$(kW) | $I_{2e}$(A) | 型号 | 组数及接法 | 型号 | 组数及接法 | 型号 | 组数及接法 |
| 22～28 | 51～63 | | | BP1-205/10005 | 1组 | BP1-205/8006 | 1组 |
| | 64～80 | | | BP1-205/8006 | 1组 | BP1-205/6308 | 1组 |
| | 81～100 | | | BP1-205/6308 | 1组 | BP1-205/5010 | 1组 |
| | 101～125 | | | BP1-205/5010 | 1组 | BP1-205/4012 | 1组 |
| 29～35 | 51～63 | | | BP1-206/10005 | 1组 | BP1-206/8006 | 1组 |
| | 64～80 | | | BP1-206/8006 | 1组 | BP1-206/6308 | 1组 |
| | 81～100 | | | BP1-206/6308 | 1组 | BP1-206/5010 | 1组 |
| | 101～125 | | | BP1-206/5010 | 1组 | BP1-206/4012 | 1组 |
| 36～45 | 51～63 | BP1-204/16003 | 1组 | BP1-208/10005 | 1组 | BP1-208/8006 | 1组 |
| | 64～80 | BP1-204/12504 | 1组 | BP1-208/8006 | 1组 | BP1-208/6308 | 1组 |
| | 81～100 | BP1-204/10005 | 1组 | BP1-208/6308 | 1组 | BP1-208/5010 | 1组 |
| | 101～125 | BP1-204/8006 | 1组 | BP1-208/5010 | 1组 | BP1-208/4012 | 1组 |
| 46～55 | 64～80 | BP1-205/12504 | 1组 | BP1-210/8006 | 1组 | BP1-210/6308 | 1组 |
| | 81～100 | BP1-205/10005 | 1组 | BP1-210/6308 | 1组 | BP1-210/5010 | 1组 |
| | 101～125 | BP1-205/8006 | 1组 | BP1-210/5010 | 1组 | BP1-210/4012 | 1组 |
| | 126～160 | BP1-205/6308 | 1组 | BP1-210/4012 | 1组 | BP1-210/3216 | 1组 |

（续表）

| 电动机 | | 轻载起动用 | | 重轻载起动用 | | 重载起动用 | |
|---|---|---|---|---|---|---|---|
| $P_n$(kW) | $I_{2e}$(A) | 型号 | 组数及接法 | 型号 | 组数及接法 | 型号 | 组数及接法 |
| 56～70 | 126～160 | BP1－206/6308 | 1组 | BP1－212/4012 | 1组 | BP1－212/3216 | 1组 |
| | 161～200 | BP1－206/5010 | 1组 | BP1－212/3216 | 1组 | BP1－212/2520 | 1组 |
| | 201～250 | BP1－206/4012 | 1组 | BP1－212/2520 | 1组 | BP1－212/2025 | 1组 |
| | 251～315 | BP1－206/3216 | 1组 | BP1－212/2025 | 1组 | BP1－212/1632 | 1组 |
| 71～90 | 161～200 | BP1－208/5010 | 1组 | BP1－305/5016 | 1组 | BP1－305/4020 | 1组 |
| | 201～250 | BP1－208/4012 | 1组 | BP1－305/4020 | 1组 | BP1－305/3225 | 1组 |
| | 251～315 | BP1－208/3216 | 1组 | BP1－305/3225 | 1组 | BP1－305/2532 | 1组 |
| | 316～400 | BP1－208/2520 | 1组 | BP1－305/2532 | 1组 | BP1－305/2040 | 1组 |
| 91～115 | 161～200 | BP1－210/5010 | 1组 | BP1－306/5016 | 1组 | BP1－306/4020 | 1组 |
| | 201～250 | BP1－210/4012 | 1组 | BP1－306/4020 | 1组 | BP1－306/3225 | 1组 |
| | 251～315 | BP1－210/3216 | 1组 | BP1－306/3225 | 1组 | BP1－306/2532 | 1组 |
| | 316～400 | BP1－210/2520 | 1组 | BP1－306/2532 | 1组 | BP1－306/2040 | 1组 |
| 120～140 | 201～250 | BP1－212/4012 | 1组 | BP1－308/4020 | 1组 | BP1－308/3225 | 1组 |
| | 251～315 | BP1－212/3216 | 1组 | BP1－308/3225 | 1组 | BP1－308/2532 | 1组 |
| | 316～400 | BP1－212/2520 | 1组 | BP1－308/2532 | 1组 | BP1－308/2040 | 1组 |
| | 401～500 | BP1－212/2025 | 1组 | BP1－308/2040 | 1组 | BP1－308/1650 | 1组 |

（续表）

| 电动机 | | 轻载起动用 | | 重轻载起动用 | | 重载起动用 | |
|---|---|---|---|---|---|---|---|
| $P_n$(kW) | $I_{2e}$(A) | 型号 | 组数及接法 | 型号 | 组数及接法 | 型号 | 组数及接法 |
| 145～180 | 201～250 | BP1-305/6312 | 1组 | BP1-310/4020 | 1组 | BP1-310/3225 | 1组 |
| | 251～315 | BP1-305/5016 | 1组 | BP1-310/3225 | 1组 | BP1-310/2532 | 1组 |
| | 316～400 | BP1-305/4020 | 1组 | BP1-310/2532 | 1组 | BP1-310/2040 | 1组 |
| | 401～500 | BP1-305/3225 | 1组 | BP1-310/2040 | 1组 | BP1-310/1650 | 1组 |
| 185～225 | 201～250 | BP1-306/6312 | 1组 | BP1-312/4020 | 1组 | BP1-310/3225 | 1组 |
| | 251～315 | BP1-306/5016 | 1组 | BP1-312/3225 | 1组 | BP1-312/2532 | 1组 |
| | 316～400 | BP1-306/4020 | 1组 | BP1-312/2532 | 1组 | BP1-312/2040 | 1组 |
| | 401～500 | BP1-306/3225 | 1组 | BP1-312/2040 | 1组 | BP1-312/1650 | 1组 |
| 230～280 | 201～250 | BP1-308/6312 | 1组 | BP1-316/4020 | 1组 | BP1-316/3225 | 1组 |
| | 251～315 | BP1-308/5016 | 1组 | BP1-316/3225 | 1组 | BP1-316/2532 | 1组 |
| | 316～400 | BP1-308/4020 | 1组 | BP1-316/2532 | 1组 | BP1-316/2040 | 1组 |
| | 401～500 | BP1-308/3225 | 1组 | BP1-316/2040 | 1组 | BP1-316/1650 | 1组 |
| 285～355 | 251～315 | BP1-310/5016 | 1组 | BP1-310/6312 | 2并 | BP1-310/5016 | 2并 |
| | 316～400 | BP1-310/4020 | 1组 | BP1-310/5016 | 2并 | BP1-310/4020 | 2并 |
| | 401～500 | BP1-310/3225 | 1组 | BP1-310/4020 | 2并 | BP1-310/3225 | 2并 |
| | 501～630 | BP1-310/2523 | 1组 | BP1-310/3225 | 2并 | BP1-310/2532 | 2并 |

（续表）

| 电动机 | | 轻载起动用 | | 重轻载起动用 | | 重载起动用 | |
|---|---|---|---|---|---|---|---|
| $P_n$(kW) | $I_{2e}$(A) | 型号 | 组数及接法 | 型号 | 组数及接法 | 型号 | 组数及接法 |
| 360～450 | 251～315 | BP1-312/5016 | 1组 | BP1-312/6312 | 2并 | BP1-312/5016 | 2并 |
| | 316～400 | BP1-312/4020 | 1组 | BP1-312/5016 | 2并 | BP1-312/4020 | 2并 |
| | 401～500 | BP1-312/3225 | 1组 | BP1-312/4020 | 2并 | BP1-312/3225 | 2并 |
| | 501～630 | BP1-312/2523 | 1组 | BP1-312/3225 | 2并 | BP1-312/2532 | 2并 |
| 460～560 | 316～400 | BP1-316/4020 | 1组 | BP1-316/5016 | 2并 | BP1-316/4020 | 2并 |
| | 401～500 | BP1-316/3225 | 1组 | BP1-316/4020 | 2并 | BP1-316/3225 | 2并 |
| | 501～630 | BP1-316/2523 | 1组 | BP1-316/3225 | 2并 | BP1-316/2532 | 2并 |
| | 631～800 | BP1-316/2040 | 1组 | BP1-316/2532 | 2并 | BP1-316/2040 | 2并 |
| 570～710 | 316～400 | BP1-310/4020 | 2串 | BP1-310/5016 | 2串2并 | BP1-310/4020 | 2串2并 |
| | 401～500 | BP1-310/3225 | 2串 | BP1-310/4020 | 2串2并 | BP1-310/3226 | 2串2并 |
| | 501～630 | BP1-310/5016 | 2并 | BP1-310/3225 | 2串2并 | BP1-310/2532 | 2串2并 |
| | 631～800 | BP1-310/4020 | 2并 | BP1-310/2532 | 2串2并 | BP1-310/2040 | 2串2并 |
| 720～900 | 401～500 | BP1-312/3225 | 2串 | BP1-316/6312 | 3并 | BP1-316/5016 | 3并 |
| | 501～630 | BP1-312/2532 | 2串 | BP1-316/5016 | 3并 | BP1-316/4020 | 3并 |
| | 631～800 | BP1-312/4020 | 2并 | BP1-316/4020 | 3并 | BP1-316/3225 | 3并 |
| | 801～1 000 | BP1-312/3225 | 2并 | BP1-316/3225 | 3并 | BP1-316/2532 | 3并 |

（续表）

| 电动机 | | 轻载起动用 | | 重轻载起动用 | | 重载起动用 | |
|---|---|---|---|---|---|---|---|
| $P_n$(kW) | $I_{2e}$(A) | 型号 | 组数及接法 | 型号 | 组数及接法 | 型号 | 组数及接法 |
| 910～1 120 | 401～500 | BP1-316/3225 | 2串 | BP1-316/4020 | 2串2并 | BP1-316/3225 | 2串2并 |
| | 501～630 | BP1-316/2532 | 2串 | BP1-316/3225 | 2串2并 | BP1-316/2532 | 2串2并 |
| | 631～800 | BP1-316/4020 | 2并 | BP1-316/5016 | 4并 | BP1-316/4020 | 4并 |
| | 801～1 000 | BP1-316/3225 | 2并 | BP1-316/4020 | 4并 | BP1-316/3225 | 4并 |
| 1 130～1 400 | 631～800 | BP1-310/4020 | 2串2并 | BP1-316/6312 | 5并 | BP1-316/5016 | 5并 |
| | 801～1 000 | BP1-310/3225 | 2串2并 | BP1-316/5012 | 5并 | BP1-316/4020 | 5并 |
| | 1 001～1 250 | BP1-310/2532 | 2串2并 | BP1-316/4020 | 5并 | BP1-316/3225 | 5并 |
| | 1 251～1 600 | BP1-310/2040 | 2串2并 | BP1-316/3225 | 5并 | BP1-316/2532 | 5并 |
| 1 410～1 800 | 801～1 000 | BP1-316/5016 | 3并 | BP1-316/3225 | 2串3并 | BP1-316/2532 | 2串3并 |
| | 1 001～1 250 | BP1-316/4020 | 3并 | BP1-316/2532 | 2串3并 | BP1-316/2040 | 2串3并 |
| | 1 251～1 600 | BP1-316/3225 | 3并 | BP1-316/2040 | 2串3并 | BP1-316/3225 | 6并 |
| | 1 601～2 000 | BP1-316/2532 | 3并 | BP1-316/1650 | 2串3并 | BP1-316/2532 | 6并 |
| 1 810～2 240 | 801～1 000 | BP1-316/3225 | 2串2并 | BP1-316/4020 | 2串4并 | BP1-316/3225 | 2串4并 |
| | 1 001～1 250 | BP1-316/2532 | 2串2并 | BP1-316/3225 | 2串4并 | BP1-316/2532 | 2串4并 |
| | 1 251～1 600 | BP1-316/4020 | 4并 | BP1-316/2532 | 2串4并 | BP1-316/4020 | 8并 |
| | 1 601～2 000 | BP1-316/3225 | 4并 | BP1-316/2040 | 2串4并 | BP1-316/3225 | 8并 |

注：$I_{2e}$为电动机转子额定电流。

表 7-298 重复短时工作制用频敏变阻器系列选择表

| 电动机 | | 频敏变阻器 | | | | | | | |
|---|---|---|---|---|---|---|---|---|---|
| 容量 $P_n$(kW) | 转子额定电流 $I_{2e}$(A) | $t_{qz}=400$(s/h) | | $t_{qz}=630$(s/h) | | $t_{qz}=1\,000$(s/h) | | $t_{qz}=1\,600$(s/h) | |
| | | 型号(BP1) | 组数及接法 | 型号(BP1) | 组数及接法 | 型号(BP1) | 组数及接法 | 型号(BP1) | 组数及接法 |
| 2.0～2.5 | 12～16 | | | -004/10003 | 1组 | -006/8004 | 1组 | -010/6305 | 1组 |
| 3.2～4.0 | 12～16 | | | -006/10003 | 1组 | -010/8004 | 1组 | -508/8006 | 1组 |
| 4.1～5.0 | 18～22 | | | -008/8004 | 1组 | -012/6305 | 1组 | -510/6308 | 1组 |
| 6.3～8.0 | 19～25 | -504/12504 | 1组 | -506/10005 | 1组 | -510/8006 | 1组 | -406/8010 | 1组 |
| 6.3～8.0 | 26～32 | -504/10005 | 1组 | -506/8006 | 1组 | -510/6308 | 1组 | -406/6312 | 1组 |
| 10～12.5 | 32～40 | -506/8006 | 1组 | -510/6308 | 1组 | -406/6312 | 1组 | -410/5016 | 1组 |
| 10～12.5 | 41～50 | -506/6306 | 1组 | -510/5010 | 1组 | -406/5016 | 1组 | -410/4020 | 1组 |
| 12.6～16 | 40～50 | -508/6308 | 1组 | -512/5010 | 1组 | -408/5016 | 1组 | -412/4020 | 1组 |
| 20～25 | 63～80 | -512/4012 | 1组 | -408/4020 | 1组 | -412/3225 | 1组 | -410/2532 | 2组串联 |
| 26～32 | 63～80 | -406/5016 | 1组 | -410/4020 | 1组 | -416/3225 | 1组 | -412/2532 | 2组串联 |
| 26～32 | 125～160 | -406/2532 | 1组 | -410/2040 | 1组 | -416/1650 | 1组 | -412/2532 | 2组并联 |
| 40～50 | 125～160 | -410/2532 | 1组 | -416/2040 | 1组 | -412/3225 | 2组并联 | -410/2532 | 2串2并 |
| 51～63 | 125～160 | -412/2532 | 1组 | -410/4020 | 2组并联 | -416/3225 | 2组并联 | -412/2532 | 2串2并 |
| 64～80 | 160～200 | -406/2040 | 1组 | -412/3225 | 2组并联 | -410/2532 | 2串2并 | -416/2040 | 2串2并 |
| 81～100 | 160～200 | -410/4020 | 2组并联 | -416/3225 | 2组并联 | -412/2532 | 2串2并 | | |
| 101～125 | 160～200 | -412/4020 | 2组并联 | -410/3225 | 2串2并 | -416/2532 | 2串2并 | | |

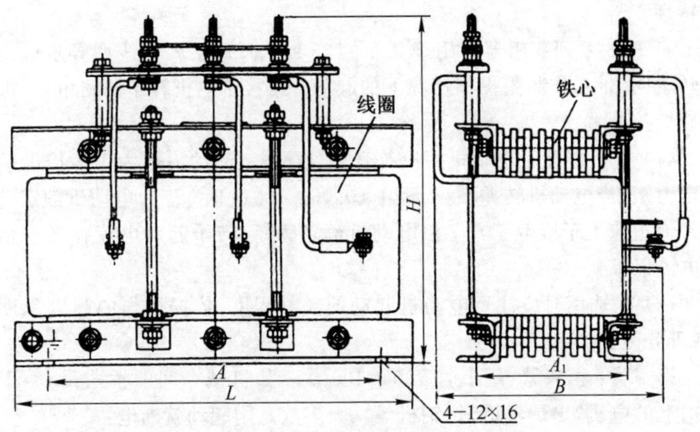


图 7－125　BP1系列外形尺寸及安装尺寸图

图 7－125 附表　(mm)

| 型　号 | L | B | H | A | $A_1$ | 型　号 | L | B | H | A | $A_1$ |
|---|---|---|---|---|---|---|---|---|---|---|---|
| BP1－004 | 245 | 225 | 235 | 150 | 125 | BP1－310 | 480 | 280 | 400 | 400 | 207 |
| BP1－006 | 245 | 251 | 235 | 150 | 151 | BP1－312 | 480 | 320 | 400 | 400 | 237 |
| BP1－008 | 245 | 277 | 235 | 150 | 177 | BP1－316 | 480 | 380 | 400 | 400 | 297 |
| BP1－010 | 245 | 303 | 235 | 150 | 203 | BP1－406 | 480 | 208 | 400 | 400 | 158 |
| BP1－012 | 245 | 329 | 235 | 150 | 229 | BP1－408 | 480 | 244 | 400 | 400 | 194 |
| BP1－204 | 300 | 192 | 220 | 250 | 92 | BP1－410 | 480 | 280 | 400 | 400 | 230 |
| BP1－205 | 300 | 207 | 220 | 250 | 107 | BP1－412 | 480 | 316 | 400 | 400 | 266 |
| BP1－206 | 300 | 222 | 220 | 250 | 122 | BP1－416 | 480 | 388 | 400 | 400 | 338 |
| BP1－208 | 300 | 252 | 220 | 250 | 152 | BP1－504 | 300 | 190 | 220 | 250 | 97 |
| BP1－210 | 300 | 282 | 220 | 250 | 182 | BP1－506 | 300 | 226 | 220 | 250 | 133 |
| BP1－212 | 300 | 312 | 220 | 250 | 212 | BP1－508 | 300 | 262 | 220 | 250 | 169 |
| BP1－305 | 480 | 232 | 400 | 400 | 132 | BP1－510 | 300 | 298 | 220 | 250 | 205 |
| BP1－306 | 480 | 247 | 400 | 400 | 147 | BP1－512 | 300 | 334 | 220 | 250 | 241 |
| BP1－308 | 480 | 277 | 400 | 400 | 177 | | | | | | |

调整：

BP1有供调整匝数的线圈抽头，通过增加或减少线圈匝数，可以改善起动特性。

4) BP3 系列变阻器　用于 2.2～125 kW、JZR 系列绕线型异步电动机的转子回路中，作频繁操作情况下的起动。常接于电机转子回路中，一般不另装短接装置。

(1) 变阻器配于电动机后应符合下列要求：起动力矩为 1.2 倍电动机额定力矩；当电动机转差 $S = S_n + (0.06 \sim 0.1)$ 时（$S_n$ 为电动机额定转差率），力矩应大于或等于 0.7 倍电动机额定力矩；转子起动电流在 2.5 倍额定电流以下。

(2) 在选用时应注意电动机起动的频繁程度，依据操作的频繁程度不同，可分为三类：

第一类：稍频繁，每小时 100～400 次。如机械车间的桥式吊车，平移机构上的电机，出炉辊道，拉钢机等。大多数是刚起动就断电。

第二类：较频繁，每小时 400～600 次。如冶金轧钢车间桥式吊车，平移机构上的电机，轧机前后工作辊道、延伸辊道等。大多数是刚起动就断电。

第三类：频繁操作，每小时 600～1 000 次。如轧钢车间的升降台、升降台辊道，压下装置，拔钢机，轧机中辊等。

根据电机规格，操作频繁程度的不同，可在系列表 7-299 中，直接查出频敏变阻器的规格。

5) BP6 系列频敏变阻器　用于起动时就具有满负载（如球磨机的拖动电动机）的偶尔起动。当电网电压不低于 $90\%U_e$ 时，经适当调整线圈抽头后，能连续三次（总起动时间不超过 90 s）可靠地起动满载电动机，在定子中的最大起动电流不大于 $2.5I_e$。

其技术数据见表 7-300，外形尺寸及安装尺寸如图 7-126 所示。

6) 频敏变阻器的选用　绕线转子异步电动机的控制方案有控制器与电阻器或油浸变阻器、接触器加电阻箱和频敏变阻器等，频敏变阻器的优点是：只需一台变阻器便能自动平稳地起动，无电流多次冲击；控制系统简单；结构简单，便于制造；体积小，不怕振动；坚固耐用，运行可靠。缺点是：功率因数低，需要消耗无功功率，同时起动转矩较小。几种起动设备的性能对比可参见表 7-301。

要正确选择系列，必须对电动机拖动对象的特性有正确了解，包括：

(1) 机械负荷特性。常见的生产设备其起动负载特性分为四种类型。

表 7-299 BP3 频敏变阻器系列表(适用于 JZR 系列电机)

| 电机型号 | 电机转子电流(A) | 电机功率(kW) | 每小时起动 100~400 次 | | 每小时起动 100~600 次 | | 每小时起动 600~1 000 次 | |
|---|---|---|---|---|---|---|---|---|
| | | | 型号 | 每组台数 | 型号 | 每组台数 | 型号 | 每组台数 |
| JZR-11-6 | 12.8 | 2.2 | | | BP3-003/11203 | 1 | BP3-005/8003 | 1 |
| JZR-12-6 | 12.2 | 3.5 | BP3-003/11203 | 1 | BP3-005/10003 | 1 | BP3-008/8003 | 1 |
| JZR-21-6 | 20.6 | 5 | BP3-005/10004 | 1 | BP3-008/8004 | 1 | BP3-012/6304 | 1 |
| JZR-22-6 | 21.6 | 7.5 | BP3-008/10004 | 1 | BP3-012/8004 | 1 | BP3-510/6304 | 1 |
| JZR-31-6 | 35.6 | 11 | BP3-506/6308 | 1 | BP3-510/5008 | 1 | BP3-406/6308 | 1 |
| JZR-31-8 | 28 | 7.5 | BP3-508/8006 | 1 | BP3-012/6306 | 1 | BP3-510/5006 | 1 |
| JZR-41-8 | 46.7 | 11 | BP3-506/5010 | 1 | BP3-510/4010 | 1 | BP3-406/5010 | 1 |
| JZR-42-8 | 46.3 | 16 | BP3-508/5010 | 1 | BP3-512/4010 | 1 | BP3-408/5010 | 1 |
| JZR-51-8 | 70.5 | 22 | BP3-512/3216 | 1 | BP3-408/4016 | 1 | BP3-412/3216 | 1 |
| JZR-52-8 | 74.3 | 30 | BP3-406/6316 | 1 | BP3-410/4016 | 1 | BP3-408/6308 | 2 |
| JZR-61-10 | 133 | 30 | BP3-406/3225 | 1 | BP3-410/2525 | 1 | BP3-408/4012 | 2 |
| JZR-62-10 | 138 | 45 | BP3-410/3225 | 1 | BP3-408/5012 | 2 | BP3-412/4012 | 2 |
| JZR-63-10 | 180 | 60 | BP3-412/2532 | 1 | BP3-410/4016 | 2 | BP3-408/3216 | 4 |
| JZR-71-10 | 167 | 80 | BP3-408/5016 | 2 | BP3-412/4016 | 2 | BP3-410/3216 | 4 |
| JZR-72-10 | 170 | 100 | BP3-410/5016 | 2 | BP3-408/4016 | 4 | BP3-412/3216 | 4 |
| JZR-73-10 | 175 | 125 | BP3-412/5016 | 2 | BP3-410/4016 | 4 | BP3-408/3216 | 8 |

（续表）

| 电机型号 | 电机转子电流（A） | 电机功率（kW） | 每小时起动100～400次 | | 每小时起动100～600次 | | 每小时起动600～1 000次 | |
|---|---|---|---|---|---|---|---|---|
| | | | 型号 | 每组台数 | 型号 | 每组台数 | 型号 | 每组台数 |
| JZR2－11－6 | 11.8 | 2.2 | | | BP3－003/11203 | 1 | BP3－005/8003 | 1 |
| JZR2－12－6 | 12.1 | 3.5 | BP3－003/11203 | 1 | BP3－005/10003 | 1 | BP3－008/8003 | 1 |
| JZR2－21－6 | 17.7 | 5 | BP3－005/10004 | 1 | BP3－008/8004 | 1 | BP3－012/6304 | 1 |
| JZR2－22－6 | 18.9 | 7.5 | BP3－008/10004 | 1 | BP3－012/8004 | 1 | BP3－510/8004 | 1 |
| JZR2－31－6 | 32.2 | 11 | BP3－506/8006 | 1 | BP3－510/6306 | 1 | BP3－406/8006 | 1 |
| JZR2－31－8 | 27.2 | 7.5 | BP3－008/8006 | 1 | BP3－012/6306 | 1 | BP3－510/6306 | 1 |
| JZR2－41－8 | 49.2 | 11 | BP3－506/5010 | 1 | BP3－510/4010 | 1 | BP3－406/5010 | 1 |
| JZR2－42－8 | 49 | 16 | BP3－508/5010 | 1 | BP3－512/6310 | 1 | BP3－408/8010 | 1 |
| JZR2－51－8 | 64.1 | 22 | BP3－512/4012 | 1 | BP3－408/5012 | 1 | BP3－412/4012 | 1 |
| JZR2－52－8 | 67 | 30 | BP3－406/6312 | 1 | BP3－410/5012 | 1 | BP3－408/8006 | 2 |
| JZR2－61－10 | 145.6 | 30 | BP3－406/3232 | 1 | BP3－110/2532 | 1 | BP3－408/3216 | 2 |
| JZR2－62－10 | 158 | 40 | BP3－408/3232 | 1 | BP3－412/2032 | 1 | BP3－410/3216 | 2 |
| JZR2－63－10 | 164.8 | 50 | BP3－410/2532 | 1 | BP3－408/4016 | 2 | BP3－412/3216 | 2 |
| JZR2－64－10 | 154 | 65 | BP3－412/3232 | 1 | BP3－410/4016 | 2 | BP3－408/3216 | 4 |
| JZR2－71－10 | 176 | 80 | BP3－408/5016 | 2 | BP3－412/4016 | 2 | BP3－410/3216 | 4 |
| JZR2－72－10 | 177.2 | 100 | BP3－410/5016 | 2 | BP3－408/4016 | 4 | BP3－412/3216 | 4 |
| JZR2－73－10 | 181 | 125 | BP3－412/5016 | 2 | BP3－410/4016 | 4 | BP3－408/3216 | 6 |

表 7-300 BP6 频敏变阻器系列表

| 频敏变阻器型号 | 电动机数据 | | | 频敏变阻器型号 | 电动机数据 | | |
|---|---|---|---|---|---|---|---|
| | 容量(kW) | 转子电压(V) | 转子电流(A) | | 容量(kW) | 转子电压(V) | 转子电流(A) |
| BP6-1/6325 | 75～160 | 162～312 | 200～250 | BP6-2/5032 | 161～315 | 252～504 | 250～315 |
| BP6-1/8025 | | 252～500 | 200～250 | BP6-2/6332 | | 402～788 | 250～315 |
| BP6-1/5032 | | 128～252 | 251～315 | BP6-2/4040 | | 202～400 | 316～400 |
| BP6-1/6332 | | 203～394 | 251～315 | BP6-2/5040 | | 319～640 | 316～400 |
| BP6-1/4040 | | 101～200 | 316～400 | BP6-2/3250 | | 160～315 | 401～500 |
| BP6-1/5040 | | 161～320 | 316～400 | BP6-2/4050 | | 256～500 | 401～500 |

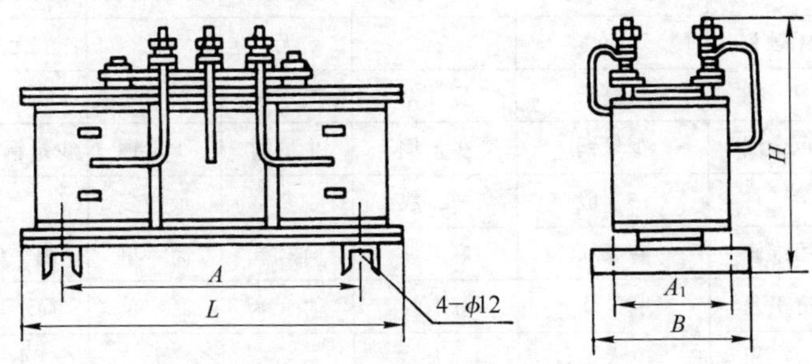


**图 7-126** BP6 系列外形尺寸及安装尺寸

图 7-126 附表

| 型号 | 尺寸 (mm) | | | | | 质量(kg) |
|---|---|---|---|---|---|---|
| | $L$ | $B$ | $H$ | $A$ | $A_1$ | |
| BP6-1 | 600 | 250 | 360 | 500 | 210 | 102 |
| BP6-2 | 600 | 376 | 360 | 500 | 336 | 200 |

(2) 生产机械操作频繁的程度。操作频繁的生产机械，主要有冶金企业的地面设备(如辊道、轧机辅助设备)、桥式起重运输机的平移机构和回转机构等。这些生产机械有以下特点：有时需要反接制动；起动负载较轻，但要求起动转矩较大，以保证加速起动和快速制动；稳定转速的时间极短，工作过程

几乎就是起动和反接过程;操作频率的波动范围很广;根据电动机的发热情况,通常要求电动机转子起动电流小些,最大不超过2.5倍转子额定电流。

重复短时工作制生产机械,按其操作频繁程度分为四类,见表7-302。

表7-301 各种起动设备的技术经济指标

| 指标 | 绕线转子异步电动机控制方案 | | | | |
|---|---|---|---|---|---|
| | 接触器与电阻器组合 | 控制器与电阻器组合 | 频敏变阻器 | | |
| | | | BP1 | BP2 | BP4 |
| 自动化程度 | 自动或半自动 | 手动 | 自动 | 自动 | 自动 |
| 功率因数 | 高 | 高 | 低 | 较低 | 较低 |
| 有级或无级 | 有级起动 | 有级起动 | 无级起动 | 无级起动 | 无级起动 |
| 有无触头 | 有 | 有 | 无 | 无 | 无 |
| 结构 | 最复杂 | 复杂 | 简单 | 简单 | 最简单 |
| 有色金属 | 少量铜 | 少量铜 | 少量铜 | 少量铜 | 少量铜、铝 |
| 钢材 | 一般 | 一般 | 多 | 最多 | 一般 |
| 使用维修 | 麻烦 | 麻烦 | 简单 | 简单 | 简单 |
| 制造工艺 | 麻烦 | 麻烦 | 简单 | 简单 | 简单 |
| 体积 | 大 | 大 | 一般 | 大 | 小 |
| 重量 | 一般 | 重 | 重 | 重 | 一般 |
| 电流冲击次数 | 多次 | 多次 | 一次 | 一次 | 一次 |

表7-302 频敏变阻器的适用场合

| 适用的频敏变阻器系列 / 负载特性 / 频敏程度 | 轻载 | 重载 |
|---|---|---|
| 偶尔 | BP1、BP2、BP4 | BP4G、BP6 |
| 频繁 | BP3、BP1、BP2 | |

(3) 按负载特性、操作频繁程度选配频敏变阻器系列:可在前面所列的表格中寻找所需的电动机功率,即可确定配用的频敏变阻器的规格。

确定频敏变阻器控制方案：

① 偶尔起动用频敏变阻器的控制。频敏变阻器在起动完毕后应短接切除，如电动机滑环处带有短路装置时，可以直接利用它来短接。在没有短路装置时，最简单的方法为加装刀开关。若需遥控，则可凭借接触器短接。接触器的控制方式有人工和利用继电器自动控制两种。

② 重复短时用频敏变阻器的控制。由于频繁操作，常将频敏变阻器接在电动机转子回路，而不另设接触器等短接设备，使系统简单且能完成起动与反接等任务。

9. 安装和维修

变阻器系高发热电器，工作时发热量大，对周围环境会产生一定影响，因此安装时应注意：应通风良好，散热容易，变阻器上方一般不宜再安装其他元器件；不允许安装在经常充满腐蚀性气体和灰尘特别多的地方；对开启式变阻器如为板后安装，在安装时旋转中心轴应置于水平位置；对保护式变阻器，箭头所示方向一般为电阻值减小（如用户提出要求也可制成箭头所示方向为电阻值增加）；石墨变阻器如安装于有振动场合，应采取减振措施；安装完毕后，应检查变阻器的电阻元件是否有断裂或短路现象，联线是否有松动，螺钉、螺母是否紧固，接地是否安全可靠，动触桥、静触头是否接触良好，并测量每段电阻值是否符合要求。

应定期维护，清除积尘，紧固松动的螺钉，保持触头清洁、压力正常、接触良好；变阻器的电阻元件烧毁或发现某些元件发热过高，应检查使用时是否超过额定电流，变阻器如无固定级，使用时不允许调整到超过额定电流部位；变阻器的电阻元件断路、短路，接头处往往经工作后易产生氧化、松动，应予消除，如元件损坏，更换时应与原电阻值相同；应检查转换装置接触是否良好，转动是否灵活。

10. 频敏变阻器的安装、调整和维修

安装时应牢固地固定在基础上，当基础为铁磁物质时应在中间垫放10 mm以上非磁性垫片，以防影响频敏变阻器的特性；连接线应按电动机转子额定电流选用相应截面的电缆线；试车前，应先测量对地绝缘电阻，如其值小于1 MΩ时，则须先进行烘干处理方可使用。

试车时可能碰到几种情况需要进行调整，即：

(1) 电动机刚合闸就跳闸；起动电流太大，起动太快，对机械的冲击过大。可作如下调整：

调整线圈抽头,增加匝数的抽头;如绕组有几组并联,可拆掉1组,甚至改为串联;如绕组仅有一组,且已用到最多匝数,起动电流还嫌大,可用相应规格导线加绕几圈增加匝数(若铁心窗口还有余)。

(2) 合闸后电动机不起动,起动电流太小,或虽起动,但稳定转速不高,此时可按如下方法调整:调整线圈抽头,改用较少匝数的抽头;如绕组有几组串联,可以拆掉1组,甚至改为并联;把绕组由Y联结改为△联结;如绕组仅有1组,且匝数已用到最少,起动力矩还嫌小,但Y联结改为△联结后,又嫌起动转矩大,可以增加上下铁心铁轭间气隙。

(3) 如刚起动时嫌起动转矩大,对机械有冲击,但起动完毕后稳定转速又嫌低。调整方法为:增加匝数,同时增加上下铁心间的气隙,使起动电流不致太大。

此外,还有改变铁心片数,使几组变阻器不平衡运行等调整方法,在调整时可灵活地试用。

使用中的变阻器应经常清除灰尘,长时间不用而投入使用或使用一年后,应检查线圈对地绝缘电阻,如小于1 MΩ,则应进行干燥处理;使用中如发现线圈松动或有损坏线圈绝缘时应设法把线圈撑紧并进行加强绝缘的处理。

## 十二、电磁铁

### 1. 牵引电磁铁

MQ1系列交流牵引电磁铁,用于交流50 Hz、额定电压至380 V的电路中,作为机械设备及自动化系统的各种操作机构的远距离控制。其技术数据见表7-303。

表7-303 MQ1系列的技术数据

<table>
<tr><th rowspan="2">型号</th><th rowspan="2">使用方法</th><th rowspan="2">额定吸力(N)</th><th rowspan="2">额定行程(mm)</th><th rowspan="2">额定电压(V)</th><th rowspan="2">通电持续率(%)</th><th rowspan="2">操作次数(次/h)</th><th colspan="2">消耗功率(V·A)</th><th rowspan="2">衔铁质量(kg)</th><th rowspan="2">总质量(kg)</th></tr>
<tr><th>起动(不大于)</th><th>吸持(不大于)</th></tr>
<tr><td>MQ1-1.5N</td><td>拉动式</td><td>15</td><td>20</td><td rowspan="3">110<br>220<br>380</td><td rowspan="3">60</td><td>600</td><td>450</td><td>67</td><td>0.25</td><td>1.10</td></tr>
<tr><td>MQ1-3N</td><td>拉动式</td><td>30</td><td>25</td><td>600</td><td>1 000</td><td>94</td><td>0.45</td><td>1.50</td></tr>
<tr><td>MQ1-5N</td><td>拉动式</td><td>50</td><td>25</td><td>600</td><td>1 700</td><td>120</td><td>0.90</td><td>3.00</td></tr>
</table>

（续表）

| 型　号 | 使用方法 | 额定吸力(N) | 额定行程(mm) | 额定电压(V) | 通电持续率(%) | 操作次数(次/h) | 消耗功率(V·A) | | 衔铁质量(kg) | 总质量(kg) |
|---|---|---|---|---|---|---|---|---|---|---|
| | | | | | | | 起动（不大于） | 吸持（不大于） | | |
| MQ1-8N | 拉动式 | 80 | 25 | 110<br>220<br>380 | 60 | 600 | 2 200 | 170 | 1.30 | 4.00 |
| MQ1-15N | 拉动式 | 150 | 30/50 | | | 600/300 | 10 000 | 470 | 2.30 | 9.00 |
| MQ1-25N | 拉动式 | 250 | 30 | | | 600 | 10 000 | 810 | 4.00 | 15.60 |
| MQ1-1.5Z | 推动式 | 15 | 20 | | | 600 | 450 | 67 | 0.30 | 1.17 |
| MQ1-3Z | 推动式 | 30 | 25 | | | 600 | 1 000 | 94 | 0.55 | 1.70 |
| MQ1-5Z | 推动式 | 50 | 25 | | | 600 | 1 700 | 120 | | |
| MQ1-8Z | 推动式 | 80 | 25 | | | 600 | 2 200 | 170 | | |

MQ3系列交流牵引电磁铁，用于交流50 Hz、额定电压至380 V的电路中，作为机械设备及自动化系统中各种操作机构的远距离控制。其技术数据见表7-304。

表7-304　MQ3系列的技术数据

| 分　级 | 额定吸力(N) | 额定行程(mm) | 每小时额定操作次数 $TD=60\%$(次) | 吸引线圈额定电压(V) | 机械寿命次数(次) |
|---|---|---|---|---|---|
| 微　型 | 6.2 | 10 | 1 200 | 36、110、220、380 | $1.2\times10^{6}$ |
| | 7.8 | 10 | 1 200 | 36、110、220、380 | |
| | 9.8 | 10 | 1 200 | 36、110、220、380 | |
| | 12.3 | 10 | 1 200 | 36、110、220、380 | |
| 小　型 | 15.7 | 20 | 600 | 110、220、380 | $1.2\times10^{6}$ |
| | 19.6 | 20 | 600 | 110、220、380 | |
| | 24.5 | 20 | 600 | 110、220、380 | |
| | 31 | 20 | 600 | 110、220、380 | |
| | 39 | 20 | 600 | 110、220、380 | |

（续表）

| 分级 | 额定吸力（N） | 额定行程（mm） | 每小时额定操作次数 $TD=60\%$（次） | 吸引线圈额定电压（V） | 机械寿命次数（次） |
|---|---|---|---|---|---|
| 中型 | 49 | 30 | 600 | 110、220、380 | $1.0\times10^6$ |
| | 62 | 30 | 600 | 110、220、380 | |
| | 78 | 30 | 600 | 110、220、380 | |
| | 98 | 30 | 600 | 110、220、380 | |
| 大型 | 123 | 40 | 300 | 220、380 | $0.7\times10^6$ |
| | 157 | 40 | 300 | 220、380 | |
| | 196 | 40 | 300 | 220、380 | |
| | 245 | 40 | 300 | 220、380 | |

2. 制动电磁铁

MZD1系列交流单相制动电磁铁，用于交流50 Hz、额定电压至380 V的电路中，与闸瓦式制动器配套，作驱动装置。其技术数据见表7－305。

表7－305 MZD1系列的技术数据

| 型号 | 电磁铁转矩（N·cm） | | 衔铁的重力转矩（N·cm） | 吸持时最大电流（A） | 回转角（°） | 额定回转角度下制动杆的位移（mm） |
|---|---|---|---|---|---|---|
| | 反复短时工作制 | 间断长期工作制 | | | | |
| MZD1－100 | 540 | 294 | 49 | 0.8 | 7.5 | 3 |
| MZD1－200 | 3 920 | 1 960 | 353 | 3 | 5.5 | 3.8 |
| MZD1－300 | 9 800 | 3 920 | 902 | 8 | 5.5 | 4.4 |

注：所配制动轮直径作为产品使用时参考；电磁铁转矩系指回转角不超过表7－305所列的相应数值及电压不低于85％额定电压时的转矩数值；电磁铁转矩不包括由衔铁质量所产生的转矩在内；吸持时电流，指反复短时工作制，当电源切断时，制动杆在弹簧的作用下，使衔铁离开磁轭，则制动器将机构制动。

MZS1系列交流三相制动电磁铁，用于交流50 Hz、额定电压至380 V的电路中，与闸瓦式制动器配套，作驱动装置。其技术数据见表7-306。

表7-306　MZS1系列交流三相制动电磁铁的技术数据

| 型　号 | 举　重 (N) | 行　程 (mm) | 90%额定电压时的吸力 (N) | 衔铁质量 (kg) |
|---|---|---|---|---|
| MZS1-6 | 60 | 20 | 80 | 2 |
| MZS1-7 | 70 | 40 | 100 | 2.8 |
| MZS1-15 | 150 | 50 | 200 | 4.5 |
| MZS1-25H | 250 | 50 | 370 | 11.2 |
| MZS1-45H | 450 | 50 | 700 | 24.6 |
| MZS1-80H | 850 | 60 | 1 150 | 33 |
| MZS1-100H | 100 | 80 | 1 400 | 42 |

MZZ2系列直流制动电磁铁，用于直流电压至440 V的电路中，操作负荷动作的闸瓦式制动器，能使电磁铁在接上电源或切断电源时延长动作的时间，避免发生急剧的冲击。其技术数据见表7-307～表7-308。

表7-307　MZZ2-S系列直流长行程制动电磁铁技术数据

| 型　号 | 行程 (mm) | 吸　力　(N) | | | | 衔铁质量 (kg) | 线圈需要的功率 (W) | |
|---|---|---|---|---|---|---|---|---|
| | | 90%额定电压时 | | 80%额定电压时 | | | | |
| | | 通电持续率＝25% | 通电持续率＝40% | 通电持续率＝25% | 通电持续率＝40% | | 通电持续率＝25% | 通电持续率＝40% |
| MZZ2-30S | 30 | 65 | 45 | 50 | 30 | 0.7 | 180 | 130 |
| MZZ2-40S | 40 | 115 | 80 | 95 | 65 | 1.5 | 280 | 200 |
| MZZ2-60S | 60 | 190 | 140 | 160 | 120 | 2.8 | 350 | 250 |
| MZZ2-80S | 80 | 370 | 300 | 320 | 250 | 7.0 | 550 | 400 |
| MZZ2-100S | 100 | 520 | 400 | 450 | 330 | 12.3 | 750 | 520 |
| MZZ2-120S | 120 | 1 000 | 720 | 800 | 570 | 23.5 | 1 150 | 800 |

注：型号后字母S表示防水式。

表 7-308 MZZ2-H系列直流长行程制动电磁铁技术数据

| 型号 | 行程(mm) | 吸力(N) 90%额定电压时 | | 衔铁质量(kg) | 线圈需要的功率(W) | |
|---|---|---|---|---|---|---|
| | | 通电持续率=25% | 通电持续率=40% | | 通电持续率=25% | 通电持续率=40% |
| MZZ2-30H | 30 | 65 | 45 | 0.7 | 200 | 140 |
| MZZ2-40H | 40 | 115 | 80 | 1.5 | 350 | 220 |
| MZZ2-60H | 60 | 190 | 140 | 2.8 | 560 | 330 |
| MZZ2-80H | 80 | 370 | 300 | 7 | 760 | 500 |
| MZZ2-100H | 100 | 520 | 400 | 12.3 | 1 100 | 700 |
| MZZ2-120H | 120 | 1 000 | 720 | 23.5 | 1 600 | 950 |

注：型号后字母H表示保护式。

MZZ5系列直流制动电磁铁，用于额定工作电压为220 V、额定推力为2 500 N及以下，主要作为外抱块式制动器的驱动元件。其技术数据见表7-309；外形尺寸及安装尺寸如图7-127所示。

表 7-309 MZZ5系列直流短行程制动电磁铁技术数据

| 型号 | 行程(mm) | | 额定推力(N) | | | | 电流(最大值)(A) | | | | 额定操作频率(次/h) | 机械寿命(万次) |
|---|---|---|---|---|---|---|---|---|---|---|---|---|
| | 起始 | 额定 | 通电持续率(%) 25 | 40 | 60 | 8 h工作制 | 通电持续率(%) 25 | 40 | 60 | 8 h工作制 | | |
| MZZ5-32 | 1.8 | 2.8 | 320 | 250 | 200 | 16 | 1.25 | 0.95 | 0.55 | 0.33 | | |
| MZZ5-125 | 2.2 | 3.6 | 1 250 | 1 000 | 800 | 63 | 2.30 | 1.23 | 0.76 | 0.45 | 1 200 | 300 |
| MZZ5-250 | 3.0 | 4.5 | 2 500 | 2 000 | 1 600 | 125 | 3.80 | 2.40 | 1.6 | 1.04 | | |

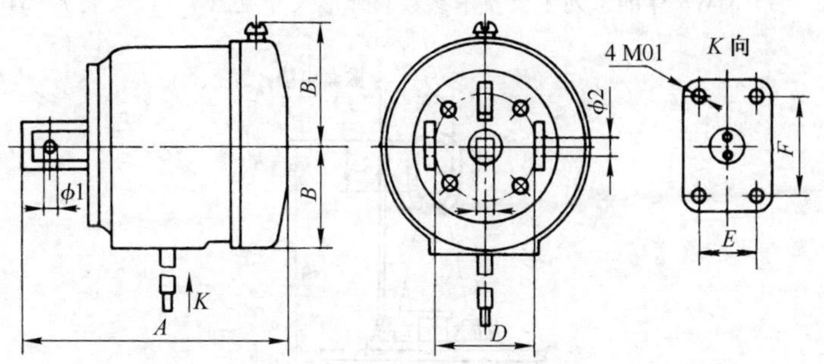


图 7-127　MZZ5 系列外形尺寸及安装尺寸

图 7-127 附表

| 尺寸(mm) | MZZ5-32 | MZZ5-125 | MZZ5-250 |
|---|---|---|---|
| $A$ | 174±2.0 | 251±2.8 | 300±2.8 |
| $B$ | 68±1.5 | 91±1.75 | 114±1.75 |
| $B_1$ | 77±1.5 | 99±1.75 | 121±2.0 |
| $C$ | $13^{+0.52}_{0}$ | $20^{+0.52}_{0}$ | $22^{+0.52}_{0}$ |
| $D$ | 65±0.95 | 106±1.10 | 130±1.25 |
| $E$ | 25±0.25 | 50±0.31 | 60±0.37 |
| $F$ | 70±0.37 | 95±0.435 | 130±0.5 |
| $\phi_1$ | $12^{+0.043}_{0}$ | $16^{+0.043}_{0}$ | $20^{+0.052}_{0}$ |
| $\phi_2$ | $8^{+0.09}_{0}$ | $12^{+0.11}_{0}$ | $16^{+0.11}_{0}$ |
| $d$ | 8 | 12 | 16 |

3. 起重电磁铁

MW2、MW4、MW5 系列起重电磁铁与各种起重机械配合，广泛用于钢铁厂、造船厂、重型机械制造厂、仓库、港口等。

(1) MW5 标准系列主要技术参数及外形尺寸见图 7-128、表 7-310。

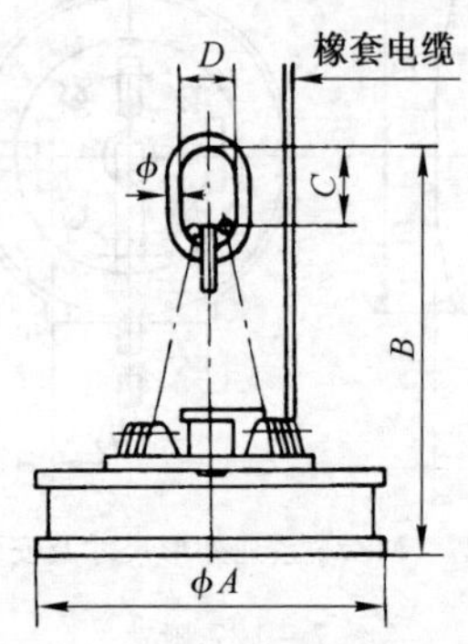


**图 7-128** MW5 系列起重电磁铁外形尺寸及安装尺寸

图 7-128 附表

| 型号 | 自重 (kg) | 外形尺寸 (mm) | | | | |
|---|---|---|---|---|---|---|
| | | *A* | *B* | *C* | *D* | *E* |
| MW5-70L/1 | 492 | 700 | 800 | 160 | 90 | 30 |
| MW5-80L/1 | 623 | 805 | 800 | 160 | 90 | 30 |
| MW5-90L/1 | 807 | 900 | 1 090 | 200 | 125 | 40 |
| MW5-110L/1 | 1 350 | 1 100 | 1 140 | 220 | 150 | 45 |
| MW5-130L/1 | 2 060 | 1 300 | 1 240 | 250 | 175 | 50 |
| MW5-150L/1 | 2 790 | 1 500 | 1 250 | 350 | 210 | 60 |
| MW5-180L/1 | 4 195 | 1 800 | 1 490 | 370 | 230 | 75 |
| MW5-210L/1 | 7 015 | 2 100 | 1 860 | 400 | 250 | 80 |
| MW5-240L/1 | 9 137 | 2 400 | 2 020 | 450 | 280 | 90 |

注：常温用，通电持续率 *TD*=50%。

(2) MW5 高频型系列特性及外形尺寸见表 7-311、表 7-312。

表 7-310 MW5 标准系列起重电磁铁技术数据

| 型号 | 电力及起吊能力（冷态/热态） | | | | | | | | | |
|---|---|---|---|---|---|---|---|---|---|---|
| | 强励磁方式 | | | | 定电压方式 | | | | | |
| | 额定电压（V） | 铸铁锭（N） | 消耗功率（冷态/热态）（kW） | 电流（冷态/热态）（A） | 额定电压（V） | 切削屑（N） | 铸铁锭（N） | 钢球（N） | 消耗功率（冷态）（kW） | 电流（冷态）（A） |
| MW5-70L/1 | 起吊时DC290 吊送时DC220 | — | — | — | DC220 | 1 200/1 000 | 3 800/2 000 | 25 000 | 3.3 | 15 |
| MW5-80L/1 | | — | — | — | | 1 500/1 300 | 4 800/2 500 | 30 000 | 3.96 | 18 |
| MW5-90L/1 | | — | — | — | | 2 500/2 000 | 6 000/4 000 | 45 000 | 5.85 | 26.6 |
| MW5-110L/1 | | 10 500/9 000 | 13.4/6.4 | 46.3/32 | | 4 500/4 000 | 10 000/8 000 | 65 000 | 7.70 | 35 |
| MW5-130L/1 | | 15 000/12 500 | 20.7/9.8 | 71.3/49 | | 7 000/6 000 | 14 000/11 000 | 85 000 | 11.9 | 54 |
| MW5-150L/1 | | 20 000/17 000 | 27.2/12.9 | 73.8/64.7 | | 11 000/9 000 | 19 000/15 000 | 110 000 | 15.6 | 71.2 |
| MW5-180L/1 | | 29 000/24 000 | 39.1/18.6 | 135/93 | | 16 000/13 500 | 27 500/21 000 | 145 000 | 22.5 | 102.4 |
| MW5-210L/1 | | 37 000/31 000 | 47/22.4 | 162/112 | | 22 000/18 500 | 35 000/28 000 | 210 000 | 28.4 | 129 |
| MW5-240L/1 | | 50 000/42 000 | 50.8/24.2 | 174/121 | | 28 500/22 500 | 48 000/38 000 | — | 33.9 | 154 |

表 7-311 MW5 起重电磁铁高频型系列特性

| 型号 | 电力及起吊能力（冷态/热态） | | | | | | | | | |
|---|---|---|---|---|---|---|---|---|---|---|
| | 强励磁方式 | | | | 定电压方式 | | | | | |
| | 额定电压（V） | 铸铁锭（N） | 消耗功率（冷态/热态）（kW） | 电流（冷态/热态）（A） | 额定电压（V） | 切削屑（N） | 铸铁锭切料头（N） | 钢球（N） | 消耗功率（冷态）（kW） | 电流（冷态）（A） |
| MW5-110L/1-75 | 起吊时DC290 吊运时DC200 | 12 500/3 000 | 10.6/3.24 | 36.4/16.2 | DC 220 | 4 500/4 000 | 10 000/8 000 | 65 000 | 6.07 | 27.6 |
| MW5-130L/1-75 | | 15 000/12 500 | 15.6/4.8 | 53.7/23.9 | | 7 000/6 000 | 14 000/11 000 | 85 000 | 8.05 | 40.7 |
| MW5-150L/1-75 | | 20 000/17 000 | 19.7/6.02 | 69.8/30.1 | | 11 000/9 000 | 19 000/15 000 | 110 000 | 11.3 | 51.4 |
| MW5-180L/1-75 | | 29 000/24 000 | 28.2/8.70 | 97.4/43.3 | | 16 000/13 500 | 27 500/21 000 | 145 000 | 16.3 | 73.9 |
| MW5-210L/1-75 | | 37 000/31 000 | 37.6/11.6 | 129.8/57.8 | | 22 000/18 500 | 35 000/28 000 | 210 000 | 21.7 | 98.5 |
| MW5-240L/1-75 | | 50 000/42 000 | 45/13.4 | 155/67.2 | | 28 500/22 500 | 46 000/38 000 | — | 25.9 | 117.6 |

表 7-312 MW5 高频型系列外形尺寸

| 型 号 | 自 重 (kg) | 外 形 尺 寸 (mm) | | | | |
|---|---|---|---|---|---|---|
| | | *A* | *B* | *C* | *D* | *E* |
| MW5-110L/1-75 | 1 500 | 1 100 | 1 270 | 220 | 150 | 45 |
| MW5-130L/1-75 | 2 280 | 1 300 | 1 290 | 250 | 175 | 50 |
| MW5-150L/1-75 | 3 175 | 1 500 | 1 360 | 350 | 210 | 60 |
| MW5-180L/1-75 | 4 690 | 1 800 | 1 600 | 370 | 230 | 75 |
| MW5-210L/1-75 | 7 810 | 2 100 | 1 900 | 400 | 250 | 80 |
| MW5-240L/1-75 | 10 115 | 2 440 | 2 100 | 450 | 280 | 90 |

注：常温用，通电持续率 $TD=75\%$。

(3) MW5 高温型系列特性及外形尺寸见表 7-313、表 7-314。

表 7-313 MW5 高温型系列特性

| 型 号 | 电 力 及 起 吊 转 力 (冷态/热态) | | | | |
|---|---|---|---|---|---|
| | 切削屑 (N) | 铸铁锭、切料头 (N) | 钢 球 (N) | 消耗功率(冷态) (kW) | 电 流 (冷态) (A) |
| MW5-70L/2 | 1 200/1 000 | 3 800/2 000 | 25 000 | 2.81 | 12.77 |
| MW5-80L/2 | 1 500/1 300 | 4 000/2 500 | 30 000 | 3.71 | 16.86 |
| MW5-90L/2 | 2 500/2 000 | 6 000/4 000 | 45 000 | 5.22 | 23.74 |
| MW5-110L/2 | 4 500/4 000 | 10 000/8 000 | 65 000 | 5.32 | 24.16 |
| MW5-130L/2 | 7 000/6 000 | 14 000/11 000 | 85 000 | 9.90 | 45 |
| MW5-150L/2 | 11 000/9 000 | 19 000/15 000 | 110 000 | 11.3 | 51.4 |
| MW5-180L/2 | 16 000/13 500 | 27 500/21 000 | 145 000 | 20.9 | 95 |
| MW5-210L/2 | 22 000/18 500 | 35 000/28 000 | 210 000 | 22.91 | 104 |
| MW5-240L/2 | 28 500/22 500 | 46 000/38 000 | — | 26 | 118.6 |

表 7-314 MW5 高温型系列外形尺寸

| 型号 | 自重(kg) | 外形尺寸(mm) | | | | |
|---|---|---|---|---|---|---|
| | | *A* | *B* | *C* | *D* | *E* |
| MW5-70L/2 | 520 | 700 | 824 | 160 | 90 | 30 |
| MW5-80L/2 | 650 | 805 | 824 | 160 | 90 | 30 |
| MW5-90L/2 | 850 | 900 | 1 115 | 200 | 125 | 40 |
| MW5-110L/2 | 1 540 | 1 100 | 1 225 | 220 | 150 | 45 |
| MW5-130L/2 | 2 200 | 1 300 | 1 280 | 250 | 175 | 50 |
| MW5-150L/2 | 3 390 | 1 500 | 1 330 | 350 | 210 | 60 |
| MW5-180L/2 | 4 340 | 1 800 | 1 515 | 370 | 230 | 75 |
| MW5-210L/2 | 7 410 | 2 100 | 1 912 | 400 | 250 | 80 |
| MW5-240L/2 | 9 830 | 2 400 | 2 080 | 450 | 280 | 90 |

注：高温用，额定电压 DC—220 V，通电持续率 *TD*=50%。

表 7-315 MW2 和 MW4 系列(矩形)起重电磁铁技术数据

| 型号 | 直流额定电压(V) | 冷态电流(A) | 起重能力(kg) | 外形尺寸(mm) | | | 自重(kg) | 备注 |
|---|---|---|---|---|---|---|---|---|
| | | | | 长 | 宽 | 高 | | |
| MW2-0.5 | 220 | 5.7 | 500 | 600 | 170 | 1 000 | 300 | |
| MW2-1.5 | 220 | 17.9 | 1 500 | 1 000 | 400 | 1 000 | 650 | |
| MW2-3 | 220 | 11.45 | 3 000 | 1 200 | 400 | 400 | 410 | |
| MW2-5 | 220 | 35 | 5 000 | 1 700 | 650 | 875 | 3 200 | 两台联用吸重 |
| MW2-7 | 510 | 14.8 | 7 000 | 1 750 | 284 | 596 | 1 190 | |
| MW2-32 | 220 | 35.4 | 32 000 | 1 475 | 930 | 828 | 2 800 | 两台联用吸重 |
| MW4-20 | 55或110 | 5 | (4 mm厚)20 | 606 | 230 | 130 | — | |
| MW2-6/GW | 220 | 32.6 | 6 000 | 1 500 | 580 | 817 | 1 980 | 两台联用吸运500℃以下90×96方钢 |
| MW2-8/GW | 220 | 40.7 | 8 000 | 1 700 | 1 000 | 730 | 3 000 | 两台联用吸运600℃以下钢轨 |
| MW2-32F | 220 | 37.9 | 32 000 | 1 444 | 840 | 1 074 | 3 000 | 两台联用吸运600℃以下特厚钢板 |

MW4-20型为直流矩形起重电磁铁，它不带衔铁，为开启式。为了减小时间常数，提高快速性能，采用由硅钢片叠成的狭长铁心，用四条螺杆和两块压板把铁心夹紧，线圈用卡板固紧在铁心上。电磁铁上两个线圈并联时，用于55 V；两个线圈串联时，用于110 V。

4. 电力液压推动器

MYT1系列电力液压推动器，用于交流50 Hz、额定电压380 V的电路中，作为闸瓦式制动器的松闸。亦可通过各种型式的杠杆装置做出各种不同的运动，如往复运动、摇摆运动、圆周运动等。其技术数据见表7-316。

表7-316 MYT1系列电力液压推动器的技术数据

| 型号 | MYT1-18 | MYT1-25 | | MYT1-45 | | | MYT1-90 | | MYT1-125/10 | MYT1-180 | | |
|---|---|---|---|---|---|---|---|---|---|---|---|---|
| 推力(N) | 180 | 250 | | 450 | | | 900 | | 1 250 | 1 800 | | |
| 行程(mm) | 25 | 25 | 40 | 40 | 50 | 60 | 60 | 80 | 100 | 80 | 100 | 120 |
| 常温时上升时间(s) | 0.6 | | 0.7 | | 0.7 | 0.7 | 0.8 | 0.8 | 1.0 | 1.0 | | 1.2 |
| 常温时下降时间(s) | 0.4 | | 0.4 | | 0.4 | 0.6 | 0.5 | 0.7 | 0.7 | 0.6 | | 1.1 |
| 电动机 功率(W) | 60 | 60 | | 120 | | | 250 | | 400 | 400 | | |
| 电动机 额定电压(V) | 交流380或660 | | | | | | | | | | | |
| 电动机 转数(r/min) | 2 800 | | | | | | | | | | | |
| 油 牌号 | 20号机油 | | | | | | | | | | | |
| 油 质量等级 | 1 | 1 | | 1.5 | | | 2.5 | | 4 | 4 | | |
| 每小时最大操作次数 | 720 | | | | | | | | | | | |
| 推动器无油质量(kg) | 9.8 | 15 | | 27 | | | 44 | | 55 | 75 | | |

MYT2系列电力液压推动器，用于交流50 Hz、额定电压至380 V的线路中作起重运输、冶金机械及通用机械的自动控制装置和作为瓦块式的制动器的驱动元件，还可操纵卿筒、棘轮、阀门等设备。其技术数据见表7-317。

表 7-317 MYT2 系列电力液压推动器的技术数据

| 型号 | 额定推力(N) | 额定行程(mm) | 额定动作时间值(s) | | 电机功率(W) | 操作频率(次/h) | 通电持续率(%) |
|---|---|---|---|---|---|---|---|
| | | | 起动 | 制动 | | | |
| MYT2-20 | 200 | 40 | 0.34 | 0.33 | 120 | 1 200 | 40 |
| MYT2-25 | 250 | 40 | 0.35 | 0.35 | 120 | 1 200 | 40 |
| MYT2-50 | 500 | 60 | 0.40 | 0.35 | 250 | 1 200 | 40 |
| MYT2-100 | 1 000 | 80 | 0.50 | 0.40 | 550 | 1 200 | 40 |
| MYT2-200 | 2 000 | 80 | 0.44 | 0.44 | 1 100 | 600 | 40 |
| MYT2-300 | 3 000 | 100 | 0.65 | 0.37 | 1 100 | 600 | 40 |

MYT3 系列电力液压推动器,用于交流 50 Hz、额定电压 380 V 的电路中,作外抱块式制动器的驱动装置。也可用于操作其他机械和机构。

推动器由电动机、离心泵和带有活塞组件的液压缸组成。它们布置在同一垂直的轴线上,组成一个结构紧凑的整体。由三相两级交流笼型异步电动机驱动,液压传递能量,使推动器对外负载的波动及电源电压波动均不敏感。

推动器基本参数见表 7-318;外形尺寸及安装尺寸如图 7-129 所示。

表 7-318 MYT3 系列电力液压推动器的技术数据

| 型号 | 额定推力(N) | 额定行程(mm) | 额定电压(V) | 在连续周期工作制下 | | 机械寿命次数 | 配用电动机参数 | | |
|---|---|---|---|---|---|---|---|---|---|
| | | | | 每小时操作循环次数 | 负载因数(%) | | 额定功率(W) | 额定电流(A) | 额定转速(r/min) |
| MYT3-40 | 400 | 40 | AC 380 | 1 200 | 40 | $3\times10^6$ | 180 | 0.50 | 2 800 |
| MYT3-70 | 700 | 50 | | | | | 250 | 0.65 | |
| MYT3-125 | 1 250 | 50 | | | | | 550 | 1.30 | |
| MYT3-200 | 2 000 | 80 | | | | | 750 | 2.10 | |
| MYT3-315 | 3 150 | 80 | | | | | 1 100 | 3.00 | |

推动器可以在低于额定负载和小于额定行程下使用，在额定电压及常温下，各种规格的推动器在不同行程时的上升和下降时间曲线如图 7－130 所示。

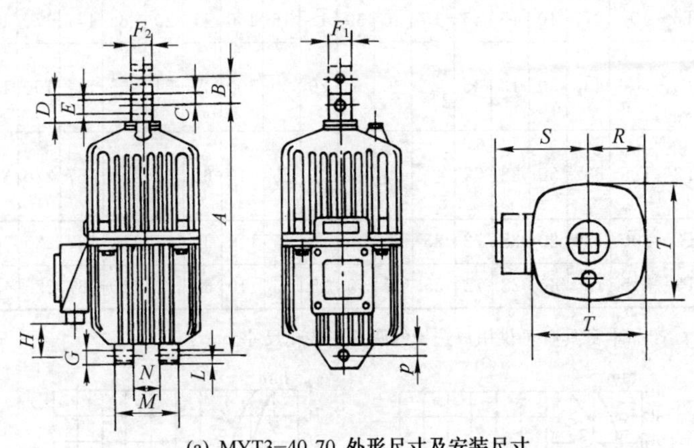


(a) MYT3−40、70 外形尺寸及安装尺寸

(b) MYT3−125、200、315 外形尺寸及安装尺寸

**图 7－129**　MYT3 系列外形尺寸及安装尺寸

图7-129附表 (mm)

| 型号＼尺寸 | $A$ | $B$ | $C$ | $D$ | $E$ | $F_1$ | $F_2$ | $G$ | $L$ | $M$ | $N$ | $P$ | $R$ | $S$ | $T$ | 净重(kg) |
|---|---|---|---|---|---|---|---|---|---|---|---|---|---|---|---|---|
| MYT3-40 | 377 | 40 | 15 | 45 | 16 | 30 | 30 | 16 | 16 | 100 | 41 | 20 | 85 | 147 | 170 | 13.5 |
| MYT3-70 | 430 | 50 | 15 | 45 | 16*<br>20 | 30 | 30 | 20 | 20 | 100 | 41 | 24 | 95 | 147 | 190 | 19 |
| MYT3-125 | 632 | 50 | 28 | 72 | 20*<br>25 | 50 | 40 | 25 | 25 | 110 | 60 | 42 | 110 | 167 | 220 | 32 |
| MYT3-200 | 780 | 80 | 28 | 72 | 25 | 50 | 40 | 25 | 25 | 110 | 60 | 42 | 110 | 167 | 220 | 36 |
| MYT3-315 | 780 | 80 | 28 | 72 | 25 | 50 | 40 | 25 | 25 | 110 | 60 | 42 | 110 | 167 | 220 | 43 |

* 产品本身具有可供用户选择的两种安装孔尺寸。

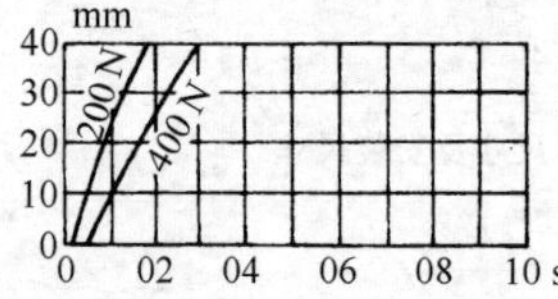


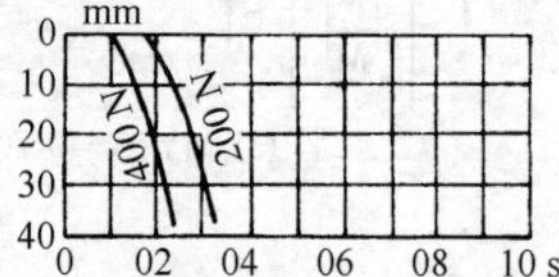


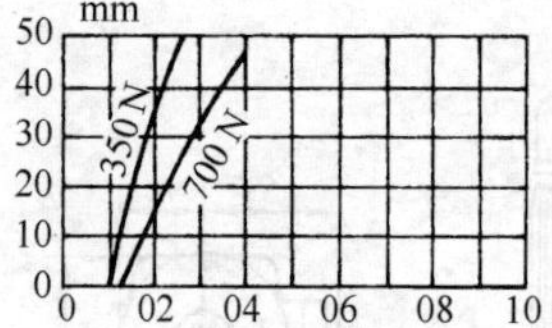


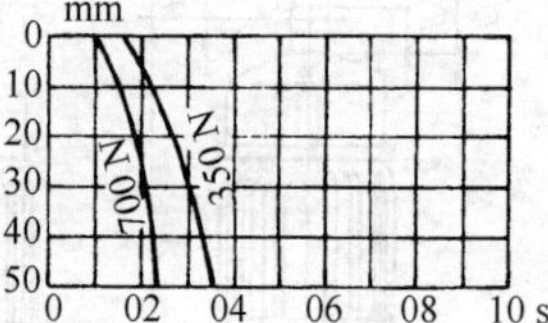


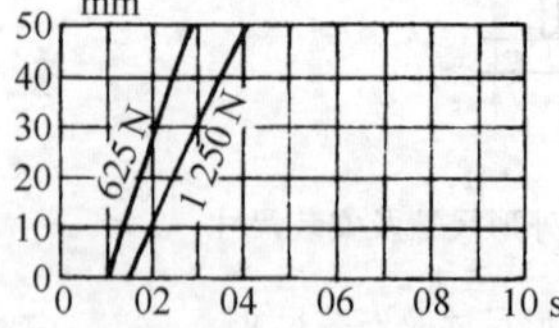


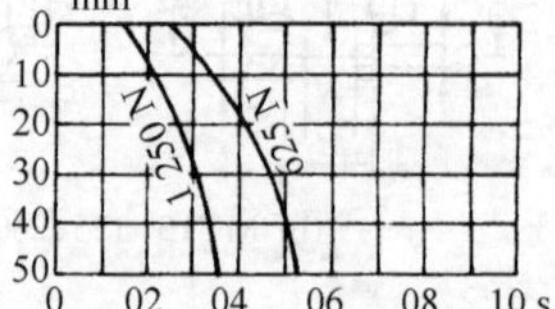

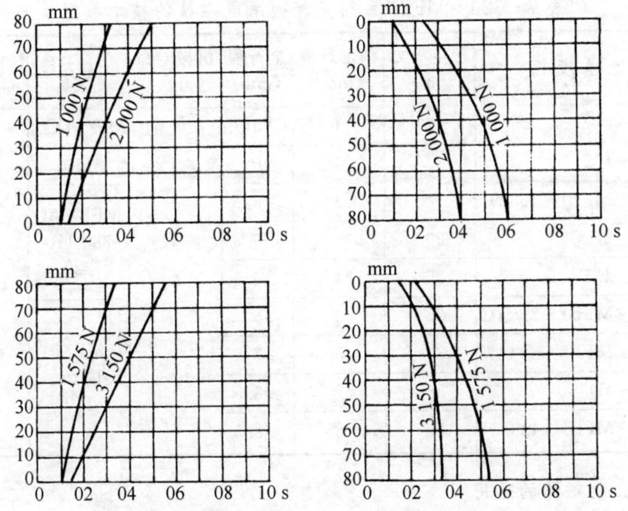


图 7-130 MYT3 系列上升和下降时间曲线

5. 阀用电磁铁

阀用电磁铁用于电磁阀的控制。常用产品有 MFJ1 和 MFZ1 系列交流和直流阀用电磁铁，技术数据见表 7-319～表 7-320。

表 7-319 MFJ1 系列交流阀用电磁铁的技术数据

| 型 号 | 额定吸力（N） | 额定行程（mm） | 全行程（mm） | 通电持续率 60%时允许最高操作频率(次/h) |
|---|---|---|---|---|
| MFJ1-0.7 | 7 | 5 | ≥6 | 2 000 |
| MFJ1-1.5 | 15 | 6 | ≥8.5 | 2 000 |
| MFJ1-3 | 30 | 5(7) | ≥7.5 | 2 000 |
| MFJ1-4A | 40 | 6 | ≥8 | 2 000 |
| MFJ1-4.5 | 45 | 8 | ≥8.5 | 2 000 |
| MFJ1-5.5 | 55 | 8 | ≥8.5 | 2 000 |
| MFJ1-7 | 70 | 7 | ≥10 | 2 000 |

表 7-320 MFZ1系列直流阀用电磁铁的技术数据

| 型号规格 | 额定吸力(N) | 额定行程(mm) | 全行程(mm) | 机械寿命(万次) | 电压(V) | 操作频率(次/h) |
|---|---|---|---|---|---|---|
| MFZ1-0.7 | 7 | 4 | ≥5 | | MFZ1 DC24 | |
| MFZ1-1.5 | 15 | 4 | ≥6 | | 110 | |
| MFZ1-MFB1-1.5YC | | 3 | ≥5.5 | | | |
| MFZ1-2 | 20 | 5 | ≥6.5 | | MFB1 AC 380 110 220 | |
| MFZ1-2.5 | 25 | 4 | ≥6.5 | 6 | | 1 200 |
| MFZ1-MFB1-2.5YC | 25 | 3 | ≥6 | | | |
| MFZ1-MFB1-3YC | 30 | 5 | ≥7 | | MFZ1 DC24 110 | |
| MFZ1-4D | 38 | 7 | ≥8.5 | | | |
| MFZ1-MFB1-4YC | 40 | 6 | ≥8.5 | | | |

6. 电磁铁的选用

牵引电磁铁的选用：按控制系统电压选定电磁铁的线圈电压；根据工作要求选择结构型式，即拉动式或推动式；按牵引对象的吸力和行程要求选择电磁铁的型号，应使电磁铁的吸引特性位于牵引对象所要求的吸引特性之上，但也不要留过多的裕量。一般要求电磁铁线圈的75%额定电压时的特性位于所要求的特性处即可。

制动电磁铁的选用：制动器已确定时制动电磁铁的选用：TJ2、TZ2系列制动器是一种由交流电磁铁或直流电磁铁操纵的常闭式抱闸制动器，广泛应用在起重运输机械中。当制动器的型号已确定，配用的制动电磁铁可按表7-321选用。

表 7-321 制动器与制动电磁铁的配用

| 制动器型号 | 制动力矩(N·cm) | | 闸瓦退距(mm)$\left(\frac{正常}{最大}\right)$ | 调整杆行程(mm)$\left(\frac{开始}{最大}\right)$ | 电磁铁型号 | 电磁铁转矩(N·cm) | |
|---|---|---|---|---|---|---|---|
| | 通电持续率=25、40% | 通电持续率=100% | | | | 通电持续率=25、40% | 通电持续率=100% |
| TJ2-100 | 2 000 | 1 000 | $\frac{0.4}{0.6}$ | $\frac{2}{3}$ | MZD1-100 | 550 | 300 |

（续表）

| 制动器型号 | 制动力矩（N·cm） | | 闸瓦退距（mm）$\left(\frac{\text{正常}}{\text{最大}}\right)$ | 调整杆行程（mm）$\left(\frac{\text{开始}}{\text{最大}}\right)$ | 电磁铁型号 | 电磁铁转矩（N·cm） | |
|---|---|---|---|---|---|---|---|
| | 通电持续率=25、40% | 通电持续率=100% | | | | 通电持续率=25、40% | 通电持续率=100% |
| TJ2-200/100 | 4 000 | 2 000 | $\frac{0.4}{0.6}$ | $\frac{2}{3}$ | MZD1-100 | 550 | 300 |
| TJ2-200 | 16 000 | 8 000 | $\frac{0.5}{0.8}$ | $\frac{2.5}{3.8}$ | MZD1-200 | 4 000 | 2 000 |
| TJ2-300/200 | 24 000 | 12 000 | $\frac{0.5}{0.8}$ | $\frac{2.5}{3.8}$ | MZD1-200 | 4 000 | 2 000 |
| TJ2-300 | 50 000 | 20 000 | $\frac{0.7}{1}$ | $\frac{3}{4.4}$ | MZD1-300 | 10 000 | 4 000 |
| | | | | | | 电磁铁吸力（N） | |
| TZ2-100 | 2 000 | 1 700 | $\frac{0.4}{0.6}$ | $\frac{2}{3}$ | MZZ1-100 | 250 | 200 |
| TZ2-200/100 | 4 000 | 3 200 | $\frac{0.4}{0.6}$ | $\frac{2}{3}$ | MZZ1-100 | 250 | 200 |
| TZ2-200 | 16 000 | 13 000 | $\frac{0.5}{0.8}$ | $\frac{2.5}{3.6}$ | MZZ1-200 | 1 000 | 800 |
| TZ2-300/200 | 24 000 | 20 000 | $\frac{0.5}{0.8}$ | $\frac{2.5}{3.6}$ | MZZ1-200 | 1 000 | 800 |
| TZ2-300 | 50 000 | 44 000 | $\frac{0.7}{1.0}$ | $\frac{3.0}{4.5}$ | MZZ1-300 | 2 150 | 1 800 |

制动器尚未确定时的选用可根据机械负载的要求计算后选定。为了保证闸板能松开制动轮，要按电磁功与制动功相等的原则选取。对于衔铁作直线运动的制动电磁铁，可按下式选取：

$$FhK \geqslant N\varepsilon \frac{1}{\eta} \tag{1}$$

式中 $F$——气隙为 $h$ 时，电磁铁的吸力(N)；

$h$——衔铁行程(cm)；

$N$——制动瓦块压在制动轮上的压力(N)；

$\varepsilon$——调整好的瓦块和制动轮之间的空隙(cm)；

$\eta$——制动装置中杠杆系统的效率(对一般销钉连杆装置 $\eta=0.9\sim0.95$)；

$K$——衔铁行程利用系数。

$$K=\frac{\text{调整好的衔铁行程}}{\text{衔铁最大行程}}=0.8\sim0.85$$

式(1)左边为制动电磁铁所作的功，右边为抱闸所作的功。

为了求出抱闸功，必须知道空隙 $\varepsilon$，它取决于制动轮形状的理想圆误差、制动轴弯曲程度、制动轮发热膨胀的大小及制动连杆的抗弯强度和瓦块表面的材料等。一般在弹簧制动装置中，其常用数值可参考表7-322。

表 7-322 刹车轮直径与对应空隙距离

| 刹车轮直径 $D$(mm) | 100 | 200 | 300 | 400 | 500 | 600 | 700 | 800 |
|---|---|---|---|---|---|---|---|---|
| 空隙距离 $\varepsilon$(mm) | 0.6 | 0.8 | 1.0 | 1.25 | 1.25 | 1.5 | 1.5 | 1.5 |

制动轮越大，则制动转矩也越大。在已知制动转矩下，可按一定的制动轮直径求 $N$。式(1)的左边要选择行程 $h$ 和吸力 $F$，也即确定了适用的电磁铁，使左右两边相等即可。如不等，则需重新调整参数。对于衔铁作旋转运动的制动电磁铁，应满足下式：

$$MK \geqslant N\varepsilon \frac{1}{\eta} \tag{2}$$

式中 $M$——制动电磁铁的转矩，在最大转角下的转矩(N·cm)。

其余参数与式(1)含义相同。

常用 5、10 t 双梁电动机的功率和按上述方法计算选配的单相制动电磁铁及制动器的规格一并列于表 7-323 可供选用参考。

表 7-323 电动机、制动器、制动电磁铁选配举例

| 起重量(t) | 部位 | 电动机 | | 制动器型号 | 制动电磁铁型号 |
|---|---|---|---|---|---|
| | | 型号 | 容量(kW) | | |
| 5 | 主卷扬 | JZR31-6 | 11 | TJ2-300 | MZD1-300 |
| | 小车 | JZR11-6 | 2.2 | TJ2-100 | MZD1-100 |
| | 大车 | 2×JZR12-6<br>2×JZR21-6 | 2×3.5<br>2×5 | 2×TJ2-200 | 2MZD1-200 |
| 10 | 主卷扬 | JZR42-8 | 16 | TJ2-300 | MZD1-300 |
| | 小车 | JZR12-6 | 3.5 | TJ2-200/100 | MZD1-100 |
| | 大车 | 2×JZR12-6<br>2×JZR21-6 | 2×3.5<br>2×5 | 2×TJ2-200 | 2MZD1-200 |

起重电磁铁的选用。根据起重物品的种类和重量选取型号;按电源电压选择起重电磁铁的线圈电压;由于起重电磁铁均需直流电源,通常还要选取整流控制设备。表 7-324 为常用的配套设备。

表 7-324 整流控制设备技术数据

| 型号 | 交流输入电压(V) | 直流输出电压(V) | 输出电流(A) | 配套性能 |
|---|---|---|---|---|
| DKP-1A | 三相 380 | 220 | 20 | 可与 MW1-6 相配 |
| DKP-3A | 三相 380 | 220 | 50 | 可与 MW1-16 相配 |
| DKP-4A | 三相 380 | 220 | 100 | 可与 MW1-45 或 MW2-5 型 2 台联用 |
| ZQC52-20/3Q | 二相 380 | 200~300 | 20 | 配 MW1-6 型 1 台 |
| ZQC52-40/3Q | 二相 380 | 200~300 | 40 | 配 MW1-16 型 1 台 |
| ZQC53-20/4Q | 三相 380 | 200~400 | 20 | 配 MW1-6 型 1 台 |
| ZQC63-20/3Q | 三相 380 | 200~300 | 20 | 配 MW1-6 型 1 台 |
| ZQC53-40/4Q | 三相 380 | 200~400 | 40 | 配 MW1-16 型 1 台 |
| ZQC63-40/3Q | 三相 380 | 200~300 | 40 | 配 MW1-16 型 1 台 |
| ZQC53-100/4Q | 三相 380 | 200~400 | 100 | 配 MW1-45 及其派生型各 1 台 |
| ZQC63-100/3Q | 三相 380 | 200~300 | 100 | 配 MW1-45 及其派生型各 1 台 |

（续表）

| 型号 | 交流输入电压(V) | 直流输出电压(V) | 输出电流(A) | 配套性能 |
|---|---|---|---|---|
| ZQC53-150/4Q | 三相380 | 200～400 | 150 | |
| ZQC63-150/3Q | 三相380 | 200～300 | 150 | |
| ZQC53-200/4Q | 三相380 | 200～400 | 200 | 配MW1-65A型1台 |
| ZQC63-200/3Q | 三相380 | 200～300 | 200 | 配MW1-65A型1台 |
| KGLF-250/50 | 三相380 | 0～60 | 250 | |

电力液压推动器的选用。电力液压推动器主要用于起动运输机械，代替制动电磁铁使用，它的选用可参考本节制动电磁铁的选用。电力液压推动器与制动器的相互配合，可参照表7-310、表7-311、表7-313起重电磁铁技术数据。

7. 电磁铁的维护

1）制动电磁铁的安装和维修

(1) 安装。安装电磁制动器时要注意：

① 安装前清除电磁铁的灰尘和脏物。

② 电磁铁如放在仓库内时间较久，则应烘干。

③ 用手移动电磁铁的衔铁数次，以证实其并无卡住现象。如有卡住现象，必须查明原因并使其消除。应擦去铁锈和污物，并在可动部分涂工业凡士林。

④ 电磁铁应牢固地固定在坚固的底座上，并在紧固螺钉下放弹簧垫圈锁紧。

⑤ 调整好制动电磁铁与制动器之间的连接关系，保证制动器能获得所需的制动力矩和力。

⑥ 电磁铁的接线应完全按照机构的总系统接线图进行。

⑦ 接通电磁铁而操作数次，检查衔铁动作是否正常。

⑧ 如接通后发生很响的噪声，必须重新安装和调整。

(2) 维护。为了保证电磁制动器不间断地工作，要求经常仔细地进行维护，并应和制动器的检查及维护同时进行。维护的周期应根据起重设备的工作情况来决定。其维护要点为：

① 经常在可动部分擦油。

② 定期检查衔铁行程的大小，该行程在运行过程中由于制动面的磨损而增大。当衔铁行程达到正常数值的时候，必须进行调整，以恢复制动面和转盘间的最小空隙。不应让行程增加到正常值以上，因为这可能引起吸力的显著降低。MZZ5 系列直流短行程制动电磁铁附有衔铁行程标志，指针是指示衔铁行程值的，开始安装调试电磁铁时，指针应对准杆上左端的初始行程刻度值。在使用过程中，当发现指针与刻度右端的额定行程值对齐时，为保证工作可靠，此时应重新调整行程，使之为初始值。

③ 在更换磨损了的制动面以后，应重新适当地调整制动面与转盘间的最小间隙。

④ 检查螺钉连接的旋紧程度，特别要注意固紧电磁铁的螺栓、电磁铁与外壳的螺栓、磁轭的螺栓、电磁铁线圈的螺钉和接线螺钉。

⑤ 注意可动部件的机械磨损。

⑥ 清除电磁铁零件表面的灰尘和污物。

(3) 电磁制动器的常见故障与处理。

① 接通电磁铁后衔铁不吸起。检查制动器机械部分是否完好，有无任何地方损坏，或者杠杆、弹簧、套筒受损，有无杂质落入制动器或者电磁铁内。必须用电压表测量电磁铁的电压，是否低于规定值。对于串联电磁铁，则应检查线圈电流。对于三相电磁铁，则应检查接线是否有错。电磁铁线圈是否损坏、断线或线圈短路，可测试线圈电阻并与标准线圈的电阻对比。

② 电磁铁断电后衔铁不下落。多数原因是制动机构被卡住、寒冷时由于润滑油的冻结直流电磁铁剩磁过大、非磁性垫片磨损等，应检查原因并加以消除。

③ 电磁铁发出呜呜的噪声。交流电磁铁常因未完全吸合、极面不平或短路环断裂而产生噪声，可参考交流接触器的类似故障的对策进行处理。

④ 电磁铁线圈发热。交流电磁铁未完全吸合、串联线圈电流过大、通电过于频繁等，均会造成线圈发热。应消除其造成的原因来解决。

2) 电力推动器的安装使用和维修

(1) 制动器是在安装了制动轮以后再安装到机器上去的，制动轮必须经动力、静力平衡，其表面粗糙度不低于 $Ra1.6$，硬度不低于 HB=280。

(2) 在安装及固定制动器时，应注意到在制动器松开状态下闸瓦是否平行于制动轮，而在制动状态下，刹车带整个表面应贴在制动轮上。松开状态下不平行度和倾斜度在制动轮宽度为 100 mm 以内不超过 0.1 mm。制动轮工作表面切勿有油污。

(3) 电力液压推动器在试车前必须向油缸注入清洁和无任何污浊物及机械杂质的液压油。接通电动机电源，检查叶轮是否灵活旋转，圆柱弹簧有否卡住，推杆及活塞上下运动有无卡住现象。

(4) 制动力矩的调整：通过调节主弹簧的调节螺母，改变主弹簧的压缩长度可调节弹簧力及制动力矩，以使制动器能在尽可能小的制动力矩下工作。

(5) 制动器的制动瓦退距的调整：由于制动器具有自动调整间隙的性能，所以随着刹车带的磨损，左制动瓦与制动轮之间的间隙始终保持不变，但右制动瓦与制动轮的间隙则随刹车带的磨损而逐渐增大，需视情况随时调整，以使两制动瓦退距基本保持均匀。

(6) 推动器工作行程的调整：在能够保证闸瓦最小退距的情况下，电力液压推动器的工作行程愈小愈理想，因此需要调整电力液压推动器的高度。

(7) 对制动装置应经常进行定期检查，如用在起动设备时，起重机构的制动器每班需检查一次，运动机构制动器的检查在三天内不应少于一次，紧张工作时每天都要检查。

(8) 制动器应着重检查：铰链关节处是否有卡住现象；制动器全部构件运动是否正常；电力液压推动器动作是否正常，有无漏油和渗油现象，推动器的安装高度是否合适，制动瓦是否正确地靠贴在制动轮上，摩擦表面的状态是否完好，有无油污脏物。

刹车带的厚度未减少到原来厚度的一半时，制动器可正常工作。如果刹车带不均匀磨损，其中部厚度不应小于原厚度的一半，边缘部分不应小于原厚度的 1/3，当小于上述厚度时，应及时更换。制动瓦离开制动轮的退距是否均匀，弹簧及拉板不允许有损坏及裂缝等。

(9) 周期检查时应注意以下几点：

① 定期观察电力液压推动器油缸的油量，不足时应适当加油。换油时

拧开放油塞，将油放出，如发现油中有机械杂质，宜清洗机件，另行加油。

② 引入线的绝缘应保持良好。

③ 制动轮的温度不应超过 200℃。制动轮上如有 0.5 mm 深的裂缝时应重新修磨。

④ 在使用制动器前或长期停用以后，都需在轴销处加润滑油。未修复所有缺陷的制动器不能使用。

## 十三、模数化终端组合电器

模数化终端组合电器是一种主要用于电力线路末端、由模数化电器以及它们之间的电气、机械联结和外壳等构成的组合体。它具有品种多样化、尺寸规范化、安装轨道化、外形艺术化等优点，已广泛应用于各行业生产、生活中，以取代原有的如照明配电箱等一些组合电器。目前我国已投产的产品主要有 PZ20、PZ30 和 ZD3 等系列模数化终端组合电器。模数化终端组合电器（以下简称终端电器）用于额定电压为 220 V 或 380 V，负载总电流不大于 100 A 的单相三线或三相五线的末端电路中，作为对用电设备进行控制、配电，短路、漏电、过电压起保护作用。

1. 终端电器的分类

1）按主要功能分　配电、保护、控制和其他。

2）按使用场合分　熟练人员使用（主要用于工业场所）如 PZ30 系列；非熟练人员使用（主要作为家用和类似用途）如 PZ20 系列。

3）按外壳防护等级分　IP20；IP30；IP41。

4）按安装形式分　悬挂式；嵌入式。

5）按外壳材料分　塑料外壳；金属外壳。

6）按电源进线和隔离程度分　无电源总隔离（直接支路电源供电），单相相线总隔离，单相相线和中性线总隔离，三极相线总隔离，三极相线和中性线总隔离。

终端电器的主要结构部件有箱体、上盖、透明罩、安装轨、导电排、接线座、护线罩和电器开关元件等。内装电器开关元件全部采用宽度为 9 mm 模数的电器，安装于 TH35 标准型顶帽形轨道上，可根据需要，任意组合，拆装方便。电器开关元件的手柄外露，带电及其他部分被遮盖在上盖内部，打开门可方便地操作，使用安全可靠。箱体上下、左右及背后均设置进出线孔，接线方便。

PZ20和PZ30系列终端电器的箱体和上盖组成的外壳材料有塑料和金属两类，金属外壳包括普通钢板和不锈钢钢板两种。它们的上盖经喷塑处理，箱体涂有防腐漆。

PZ20系列终端电器中PZ20J为普通钢板外壳，PZ20H为不锈钢外壳，PZ20S为全塑料外壳。PZ30系列中PZ30J和PZ30S分别为金属和全塑料外壳。

ZD3系列终端电器为封闭防护式户内装置，壳体用钢板制成，箱体尺寸可按需要拼接变化，箱面可调节高低和角度，便于施工安装，箱体侧面有敲落孔作进出线用，箱内采用模数化电器元件，用导轨式安装，排列组合和拆装方便。箱内采用绝缘铜排，安全可靠，备有接地和接零端子排。ZD3-C为电源插座型；ZD3-Z为照明配电型，具有过载和短路保护。全系列均有嵌入式和悬挂式两种安装结构。

终端组合电器可按用户需要而有各种各样的组合，按其功能可分为三类。

1）具有保护线路或设备功能的组合电器　这种终端组合电器可具有过载、短路、漏电和过电压保护等功能，通常有进线总隔离开关，再经由各支路开关输出至各负载电路，这种组合电器特别适合于交流单相220 V、100 A以下非熟练人员使用。小型配电或多功能组合电器则适合于工业、商业的交流电压220或380 V、电流为300 A以下的末端电路中使用。它们的组合方案如图7-131所示。

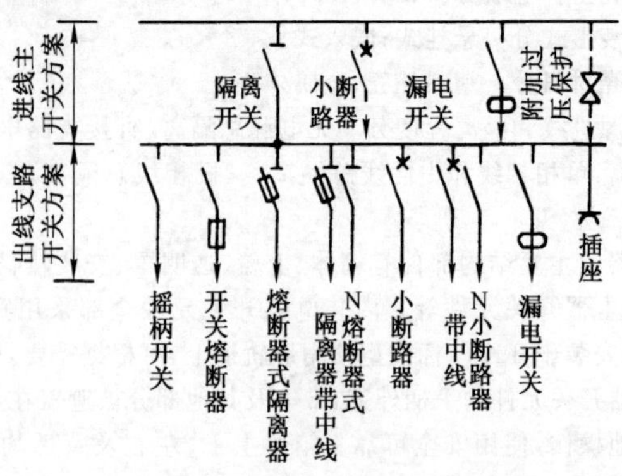


图7-131　终端组合电器组合方案示意图

进线主开关可以由隔离开关、小断路器、漏电保护电器等任择其一或二(混合式)组成,有时电源直接接至各出线支路开关(无电源总隔离开关),有时还附加过电压保护,这些选择均由用户根据需要而定。对于非熟练人员使用的终端组合电器,是以隔离开关或漏电保护电器总隔离,或以两者组合作为进线开关。过电压保护器对家用电器特显重要。

出线支路开关包括隔离开关(摇柄开关)、开关熔断器组、熔断器式隔离器、熔断器、小断路器、漏电保护电器、过电压保护器、插座等。

2) 具有控制功能的组合电器　这种组合电器可具有各种控制、信号、调节等功能,也可与上述线路或设备的保护元件相结合成功能多样的组合电器。控制装置常用元件有摇柄开关、转换开关、选择开关、按钮、信号灯、紧急电源、电压表、电流表、计时器、变压器、电铃、蜂鸣器等。

选择开关能与电压表或电流表配合测量回路参数。当出现事故时由应急的备用电源,提供 20 lm(流明)照明 30 min,有安全变压器和电铃变压器两种,容量为 4、8、16、40、60 V·A,二次电压有 8、12、24 V,与电铃或蜂鸣器等组合,以满足家庭、宾馆或医院服务台对低压电源的需要。

3) 具有自动化功能的组合电器　宾馆中旅客活动时间的安排、灯光的自动启闭、室温或水温的自动控制、楼梯灯的自动关闭、医院病人与护士或宾馆客人与服务台的联系等,均要求有各种功能的自动控制装置。其中使用的电器有接触器、继电器、锁闩继电器、定时器、时间继电器、电子机械式时间开关、数字式编程器、光敏开关、光敏程控器、恒温控制器、可变温度控制器和液位控制器等。

技术数据:

(1) 额定绝缘电压:380 V(50 Hz)。

(2) 额定工作电压:220 V 或 380 V(50 Hz)。

(3) 额定工作电流:6,10,16,20,25,32,40,50,63,80,100 A。

(4) 额定工作制:不间断工作制。

(5) 介电性能:工频电压 2 500 V(有效值)1 min。

(6) 外壳防护等级:IP20、IP30、IP41。

(7) 温升:内装电器元件不超过其规定的允许温升值。外壳允许温升:

金属外壳时为 30 K，塑料外壳时为 40 K。

(8) 短路强度：1.1×380 V 和 cos $\varphi$=0.3 时为 20 KA。

(9) 总回路数：6、10、15、18、15×2、15×3。

(10) 外形及安装尺寸分以下几点：

① 金属外壳：最大安装单元(以 18 mm 为一个单元)数分为 6、10 和 15 三种，相对应的型号为 PZ20－6J、PZ20－10J 和 PZ20－15J。其外形及安装尺寸如图 7－132 所示。最大安装单元数为 30，其型号为 PZ20－30J。其外形及安装尺寸如图 7－132 所示。

② 塑料外壳：最大安装单元(以 18 mm 为一个单元)数分为 6、10 和 15 三种，相对应的型号为 PZ20－6S、PZ20－10S 和 PZ20－15S。其外形及安装尺寸如图 7－132 所示。

2. 终端电器的选用

选用终端电器时主要确定总回路数、主回路进线方式和支路出线方式。总回路数有 6、10、15、30 和 45 路五种可供选择。

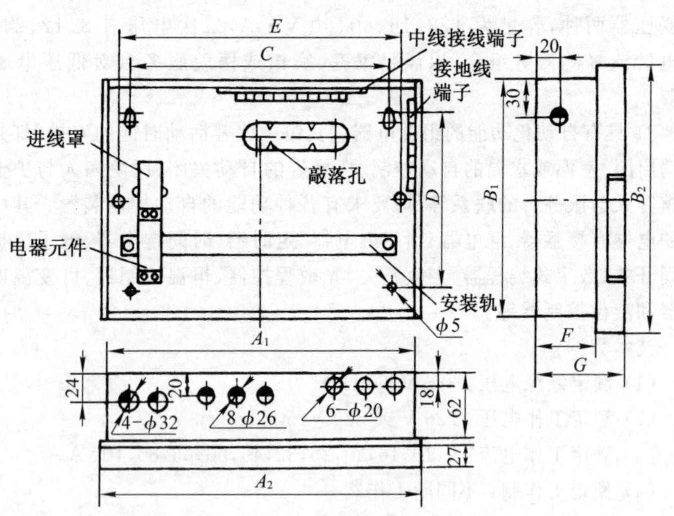


(a) PZ20－6~15J 终端电器外形及安装尺寸

图 7-132(a)附表 (mm)

| 型号 | 外形尺寸 | | | | | | 安装尺寸 | | |
|---|---|---|---|---|---|---|---|---|---|
| | $A_1$ | $B_1$ | $A_2$ | $B_2$ | $F$ | $G$ | $C$ | $D$ | $E$ |
| PZ20-6J | 160 | 220 | 180 | 240 | 62 | 90 | 116 | 160 | 143 |
| PZ20-10J | 228 | 220 | 248 | 240 | 62 | 90 | 188 | 164 | 221 |
| PZ20-15J | 315 | 220 | 335 | 270 | 62 | 90 | 270 | 160 | 298 |

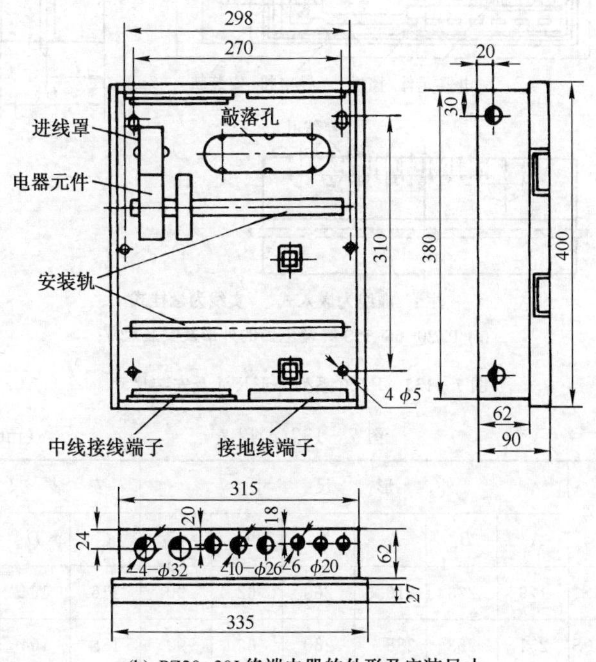


(b) PZ20-30J 终端电器的外形及安装尺寸

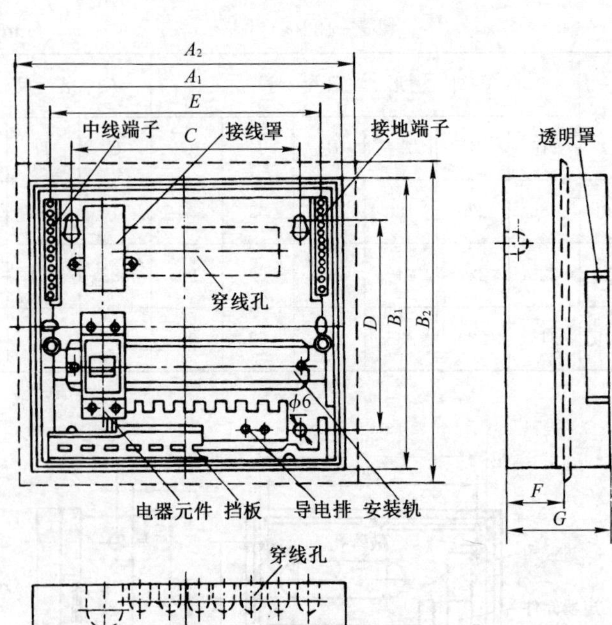


注：虚线为嵌入式，实线为悬挂式

(c) PZ20−6S~15S 终端电器的外形及安装尺寸

**图 7－132**　PZ20 系列外形尺寸及安装尺寸

图 7－132(c)附表　　　　(mm)

| 型　　号 | 外形尺寸 | | | | | | 安装尺寸 | | |
|---|---|---|---|---|---|---|---|---|---|
| | $A_1$ | $B_1$ | $A_2$ | $B_2$ | $F$ | $G$ | $C$ | $D$ | $E$ |
| PZ20－6S | 179 | 223 | 216.5 | 260 | 62 | 90 | 116 | 164 | 153 |
| PZ20－10S | 251 | 223 | 288 | 260 | 62 | 90 | 188 | 164 | |
| PZ20－18S | 400 | 250 | 450 | 300 | 62 | 90 | 332 | 190 | |

PZ20 和 PZ30 系列终端电器的主回路进线方式和支路出线可供选择的种类如图 7－133 所示。

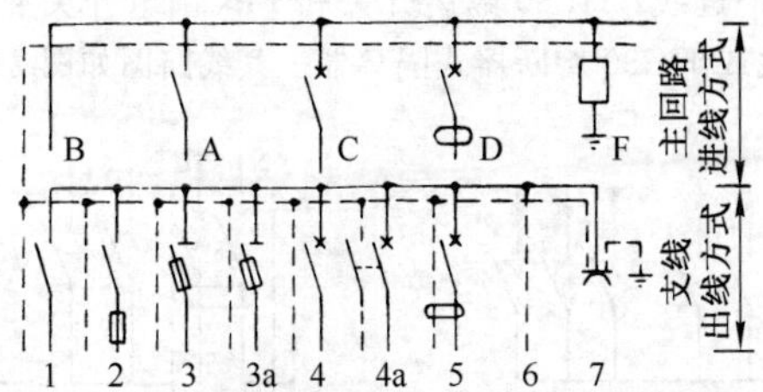


**图 7－133**　PZ20 和 PZ30 系列终端电器的主回路进线方式和支路出线可供选择的种类

(1) 主回路进线方式(图 7－133)：

A——主开关；

B——无主开关；

C——小型断路器(不推荐)；

D——漏电断路器；

E——A、B、C、D 任意组合的混合进线；

F——过电压保护开关。

(2) 支路出线方式(图 7－133)：

1——隔离开关；

2——开关熔断器组；

3——熔断器式隔离器；

3a——带中性线的熔断器式隔离器；

4——小型断路器；

4a——带中性线的小型断路器；

5——漏电断路器；

6——混合出线；

7——插座。

推荐以下的电路方案：

1) 方案 a　进线：HL30 隔离开关；支路出线：HL30 隔离开关或 HG30 熔断器式隔离器或 C45 断路器。其线路图如图 7－134(a)所示。

2) 方案b　进线：FIN漏电开关；支路出线：HL30隔离开关或HG30熔断器式隔离器或C45断路器。其线路图如图7－134(b)所示。

3) 方案c　进线：HL30隔离开关和FIN漏电开关混合；支路出线：HL30隔离开关或HG30熔断器式隔离器。其线路图如图7－134(c)所示。

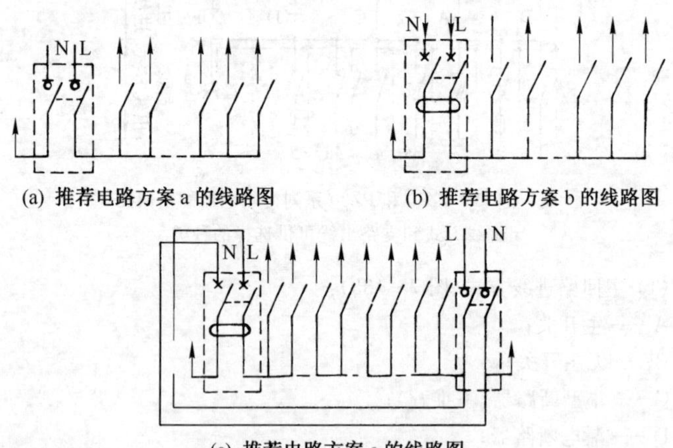


(a) 推荐电路方案a的线路图　(b) 推荐电路方案b的线路图

(c) 推荐电路方案c的线路图

**图7－134**　推荐电路方案

举例说明：选用1只HL30－100隔离开关作为进线主开关，7只HG30－32型熔断器式隔离器(带额定电流为16 A的熔断体)作为支路出线元件。其系统图如图7－135所示。终端电器的总回路数应选用2×15路。各元件的型号规格和参数以及排列顺序见表7－325。

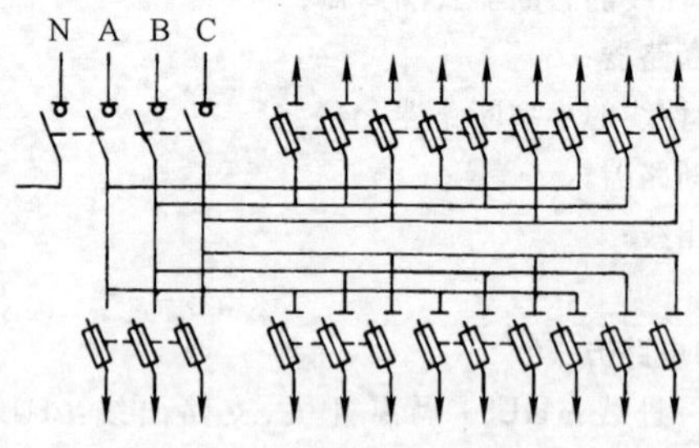


**图7－135**　举例说明的系统图

表 7-325 选用举例的各元件排列顺序及型号、参数

<table>
<tr><th>排列顺序</th><th>电器元件名称</th><th>型号规格</th><th>额定电流（A）</th><th>台数</th><th>配用熔断体电流（A）</th><th>极数</th></tr>
<tr><td>1</td><td rowspan="4">隔离开关</td><td rowspan="4">HL30-100</td><td rowspan="4">100</td><td rowspan="4">1</td><td rowspan="4">—</td><td rowspan="4">4</td></tr>
<tr><td>2</td></tr>
<tr><td>3</td></tr>
<tr><td>4</td></tr>
<tr><td>5</td><td></td><td></td><td></td><td></td><td></td><td></td></tr>
<tr><td>6</td><td rowspan="9">熔断器式隔离器</td><td rowspan="9">HG30-32</td><td rowspan="9">32</td><td rowspan="9">3</td><td rowspan="9">16</td><td rowspan="3">3</td></tr>
<tr><td>7</td></tr>
<tr><td>8</td></tr>
<tr><td>9</td><td rowspan="3">3</td></tr>
<tr><td>10</td></tr>
<tr><td>11</td></tr>
<tr><td>12</td><td rowspan="3">3</td></tr>
<tr><td>13</td></tr>
<tr><td>14</td></tr>
<tr><td>15</td><td></td><td></td><td></td><td></td><td></td><td></td></tr>
<tr><td>16</td><td></td><td></td><td></td><td></td><td></td><td></td></tr>
<tr><td>17</td><td rowspan="3">熔断器式隔离器</td><td rowspan="3">HG30-32</td><td rowspan="3">32</td><td rowspan="3">1</td><td rowspan="3">16</td><td rowspan="3">3</td></tr>
<tr><td>18</td></tr>
<tr><td>19</td></tr>
<tr><td>20</td><td></td><td></td><td></td><td></td><td></td><td></td></tr>
<tr><td>21</td><td rowspan="3">熔断器式隔离器</td><td rowspan="3">HG30-32</td><td rowspan="3">32</td><td rowspan="3">3</td><td rowspan="3">16</td><td rowspan="2">3</td></tr>
<tr><td>22</td></tr>
<tr><td>23</td><td>3</td></tr>
</table>

（续表）

| 排列顺序 | 电器元件名称 | 型号规格 | 额定电流（A） | 台数 | 配用熔断体电流（A） | 极数 |
|---|---|---|---|---|---|---|
| 24 | 熔断器式隔离器 | HG30－32 | 32 | 3 | 16 | 3 |
| 25 | | | | | | |
| 26 | | | | | | 3 |
| 27 | | | | | | |
| 28 | | | | | | |
| 29 | | | | | | |
| 30 | | | | | | |

3. 终端电器的安装和维修

1）安装

(1) 悬挂式终端电器的安装　根据制造厂提供的安装尺寸，钻出螺栓孔，然后打开终端电器箱盖，按实际需要把箱体上的敲落孔敲穿，就可固定箱体，安装示意图如图 7－136 所示。

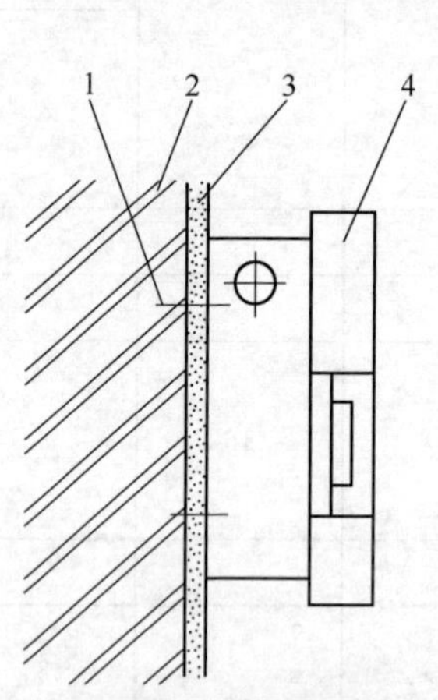


**图 7－136**　悬挂式终端电器的安装示意图

1—膨胀螺栓；2—墙砖；3—粉刷层；4—终端组合电器

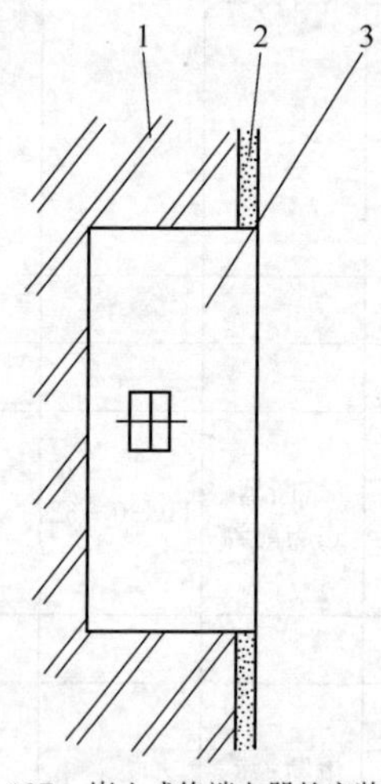


**图 7－137**　嵌入式终端电器的安装示意图

1—砖墙；2—粉刷层；3—箱底

(2) 嵌入式终端电器的安装　先打开终端电器的箱盖，根据实际需要将敲落孔敲穿，把箱底预先埋入墙内，待水泥干后将安装板安装在箱底上，调整螺钉，使箱体外形保持平直整齐。其安装示意图如图 7-137 所示。

2) 维修

(1) 终端电器内的电器元件参照同类电器元件的维修方法进行维修。

(2) 由于采用安装轨安装，装卸比较方便，只需用手拉拔或揿压就可将元件从安装轨上拆下或卡装在安装轨上，更换或检修迅速方便。

## 十四、接线端子

1. JF2、JF4 和 JF5 底座封闭型接线端子

JF2 型用于交流额定电压 380 V 电路中，作为截面 1～2.5 $mm^2$ 圆铜导线(线端压接端头)的连接。

JF4 型用于交流电压 500 V 或直流电压 440 V 电路中，作为截面 0.5～4 $mm^2$ 圆铜导线(线端压接端头)的连接。

JF5 型用于交流电压 660 V 的电路中，作为截面 0.75～25 $mm^2$ 圆铜导线(线端压接端头)的连接。

2. JH1、JH2、JH5、JH6 系列接线端子

主要技术数据和结构特征见表 7-326。

表 7-326　JH1、JH2、JH5、JH6 系列接线端子的技术数据和结构特征

| 系列 | 额定电压 (V) | 连接导线截面 ($mm^2$) | 额定电流 (A) | 安装轨型式 | 结构特征型式 | | | | |
|---|---|---|---|---|---|---|---|---|---|
| | | | | | 连接片 | 试验型 | 熔断型 | 挡板 | 标记 |
| JH1 | AC 500 | 1.5～35 | 17.5～125 | G型 | ✓ | ✓ | ✓ | ✓ | ✓ |
| JH2 | | | | | ✓ | ✓ | ✓ | ✓ | — |
| JH5 | | 1.5～25 | 17.5～101 | | ✓ | ✓ | — | — | ✓ |
| JH6 | | 1.5～35 | 17.5～125 | | ✓ | ✓ | ✓ | — | ✓ |

3. JH 系列组合型接线端子

其结构特点见表 7-327。

表7-327 JH系列组合型接线端子

| 型号 | 型号说明① | 额定截面 (mm²) | 结构特点 | |
|---|---|---|---|---|
| JH1 | JH1 -□□<br>特征代号<br>额定截面 | 1.5、2.5、6、25、35 | 1. 绝缘件采用热塑性工程塑料制成，绝缘强度高，机械性能好<br>2. 在接线端子上部有用于书写或打印电路符号的白色标记牌 | 1. 接线方式采用螺钉压接，导线端应配用TO、TU型压接端头<br>2. 接线端子顶部配有透明防护罩 |
| JH2 | JH2 -□□<br>特征代号<br>额定截面 | 1.5、2.5、6、16、35 | | 1. 接线方式采用筒式压接，导线端应配用TZ型针状压接端头<br>2. 接线端子顶部配有透明防护罩 |
| JH3 | JH3 -□/□□<br>特征代号<br>接点对数<br>额定截面 | 2.5 | | 接线方式采用插—插、插—压连接，前者导线端应配用TT1型插套型端头，后者导线端应配用TO、TU型端头 |
| JH6 | JH6 -□□<br>特征代号<br>额定截面 | 2.5、6、10、16、35 | | 1. 接线方式采用筒式压接，导线端应配用TZ型针状压接端头<br>2. 接线端子顶部配有透明防护罩 |
| JH9 | JH9 -□□<br>特征代号<br>额定截面 | 1.5、2.5、6、10、25 | | 1. 接线方式采用螺钉压接，导线端应配用TO、TU型压接端头<br>2. 接线端子顶部配有透明防护罩 |
| JH4 | JH4 -□DD<br>等电位代号<br>额定截面 | 1.5、10、25 | 接线端子采用国际标准的G型安装轨安装，安装轨用铜材制造，以作为总接地装置 | |

（续表）

| 型号 | 型 号 说 明① | 额定截面（$mm^2$） | 结 构 特 点 |
| --- | --- | --- | --- |
| JH5 | JH5-□□<br>□□：特征代号<br>□：额定截面 | 1.5、2.5、6、10、25 | 1. 接线方式采用螺钉压接，导线端应配用TO、TU型压接端头<br>2. 在接线端子上部有用于书写或打印电路符号的白色标记牌<br>3. 绝缘件采用热固性塑料制造 |

① 基型接线端子不注特征代号，另外：
JH1 有 L、S、SL、RD、B、G；
JH2 有 JD、LX、L、H、S、SL、RD、K、B、G；
JH3 有 L、S、G、B；
JH5 有 L、T、TL、S、B、G；
JH6 有 L、SL、RD、JD、B、G；
JH9 有 Z、ZG。
其中：L—联络型；S—试验型；SL—试验联络型；RD—熔断器型；B—标记型；G—隔板；JD—接地型；LX—零线型；H—焊接型；K—开关型；T—特殊型；TL—特殊联络型；Z—终端型；ZG—终端隔板。

4. 铜制裸压接端头

端头俗称线鼻子，为配置在导线的端部用以保证机械和电气连接性能的器件。在压接部位不带绝缘套的称为裸端头；压接部位带绝缘套的称为预绝缘端头。端头包括U型、O型、UL型、插片型、插套型、针状型、管状型和卡夹型等。

TO1型、TU1型端头系冲压成型，压接筒上的隙缝用银焊焊牢；TO2型、TU2型是采用紫铜棒通过冷冲压、热处理等工艺加工而成，它的筒部无缝，故无需采用银焊。TO、TU型端头按导线截面分为0.5、1、1.5、2.5、4、6、10、16、25、35和50 $mm^2$几种规格，按紧固螺钉直径分为2、2.5、3、4、5、6、8、10、12、14、16 mm几种规格。

TZ1型针状铜制裸压接端头适用于接线方式采用筒式压接连接的场合，按导线截面分为0.5、1、1.5、4、6 $mm^2$几种规格，插针长度有8、10、12、13 mm。

TT1插套型、TP1型插片型端头配对使用，按导线截面分为0.5、1、2.5 $mm^2$三种规格。

采用以上压接端头作导线连接时，必须采用与其相配的专用压接钳，进行冷挤压连接，使接线牢固，接触可靠。

5. DTL1、DTL、DLT、DT、JTL、DTGA、SY系列铜铝接线端子和MG系列铜铝过渡板

其主要技术数据见表7-328。

表7-328 DTL1、DTL、DLT、DT、JTL、DTGA、SY系列铜铝接线端子和MG系列铜铝过渡板的技术数据

| 型号 | 可接导体的最大尺寸(mm) | | 规格数 | 备注 |
|---|---|---|---|---|
| | 铜排宽度范围 | 铝线直径范围 | | |
| DTL-1 | 16～100 | 5.5～38 | 15 | |
| DTL | 16～80 | 5.5～33.5 | 14 | |
| DLT | 16～40 | 6～21 | 10 | 堵油 |
| DT | 16～80 | 4.5～35 | 15 | 堵油 |
| JTL | 23～40 | 10.5～14.5 | 8 | 接线夹 |
| DTGA | 直径$\phi$13 | 5.5～22.5 | 18 | 镀锡 |
| SY | 30～125 | 9.5～40.5 | 14 | |
| MG | 50～125 | 50～125(板宽度) | 15 | 过渡板 |

# 第 8 章　电子电路及其应用

本章将在介绍基本电子电路的同时，介绍一些应用得较为广泛的典型电路及部分电子器件型号与参数。这里提供的是国内半导体器件的参数，只有少量介绍些国外的。国内半导体器件型号由四部分组成，见表 8-1。

表 8-1　国产半导体器件型号命名方法

| 第一部分 | 第二部分 | 第三部分 | 第四部分 |
|---|---|---|---|
| 用数字表示电极的数目 | 用汉语拼音字母表示器件所用的材料和结构 | 用汉语拼音字母表示器件的类型（或功能） | 用数字表示同一类型器件的序列号 |
| 2—二极管<br>3—三极管 | 二极管<br>A—N 型锗制成<br>B—P 型锗制成<br>C—N 型硅制成<br>D—P 型硅制成<br>三极管<br>A—PNP 型锗<br>B—NPN 型锗<br>C—PNP 型硅<br>D—NPN 型硅 | P—普通管<br>V—微波管<br>W—稳压管<br>C—参量管<br>Z—整流管<br>L—整流堆<br>S—隧道管<br>U—光电管<br>K—开关管<br>* X—低频小功率管<br>* G—高频小功率管<br>* D—低频大功率管<br>* A—高频大功率管<br>T—可控整流器 | 1，2，3，…<br>11，12，13，…<br><br>为了表示同一型号器件某些参数的差别，可以在型号后面再附加 A、B、C、D、…，以示区别 |

* 截止频率≥3 MHz 为高频管；截止频率＜3 MHz 为低频管；
耗散功率≥1 W 为大功率管；耗散功率＜1 W 为小功率管。

## 8-1　整 流 电 路

### 一、单相整流电路

1. 常用单相整流电路

图 8-1 是几种常用的单相整流电路及电压、电流波形。

2. 单相整流电路的电量关系

见表 8 - 2。

3. 小功率滤波电路的特点及参数关系

见表 8 - 3。

4. 倍压整流电路

在电源变压器二次侧电压不够高情况下，而需要获得较高直流电压时可采用倍压整流电路。倍压整流电路只能用来供给要求输出电压较高，但电流小的场合，电路如图 8 - 2 所示，二极管与电容的耐压要求均为 $2\sqrt{2}U_2$，$U_2$ 为变压器二次侧电压有效值。

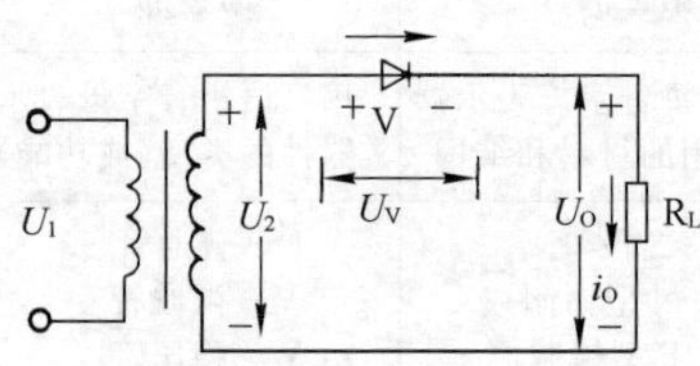


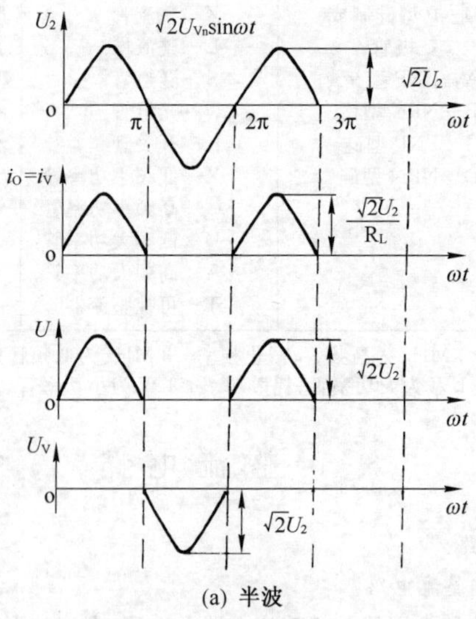


(a) 半波

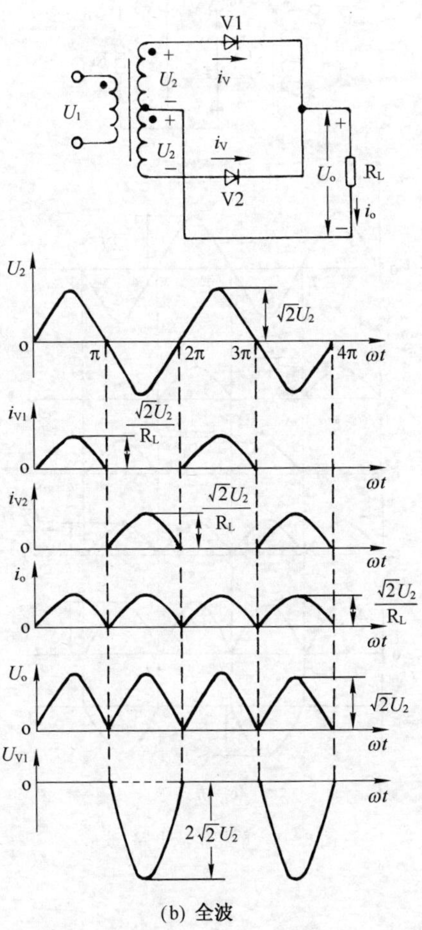
V1
+
$U_2$
$i_V$
−
$U_1$
+
$i_V$
$U_2$
−
V2
+
$U_o$
$R_L$
$i_o$
−
$U_2$
$\sqrt{2}U_2$
o
π
2π
3π
4π
ωt
$i_{V1}$
$\frac{\sqrt{2}U_2}{R_L}$
o
ωt
$i_{V2}$
$\frac{\sqrt{2}U_2}{R_L}$
o
ωt
$i_o$
$\frac{\sqrt{2}U_2}{R_L}$
o
ωt
$U_o$
$\sqrt{2}U_2$
o
ωt
$U_{V1}$
o
ωt
$2\sqrt{2}U_2$

(b) 全波

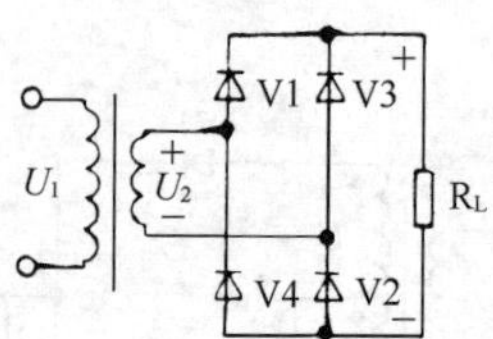


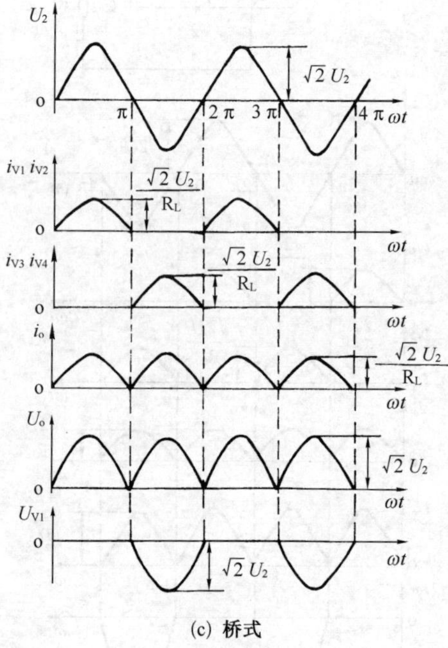


(c) 桥式

**图 8 - 1**　单相整流电路、波形

输出电压

$$U_{Vn} = 2\sqrt{2}nU_2 - \frac{i_V}{f_n s}\left(\frac{2}{3}n^3 + \frac{3}{4}n^2 + \frac{n}{12}\right)$$

表 8－2 小功率单相整流电路的电量关系

| 电路名称 | | | 单相半波整流 | 单相全波整流 | 单相桥式整流 |
|---|---|---|---|---|---|
| 输出直流电压 $U_z$ | 电阻负载 | | $0.45U_2$ | $0.9U_2$ | $0.9U_2$ |
| | 电容滤波 | 空载 | $1.41U_2$ | $1.41U_2^*$ | $1.41U_2^*$ |
| | | 负载 | $1.1U_2^*$ | $1.1U_2^*$ | $1.1U_2^*$ |
| 元件所受反向电压峰值 $U_{fm}$ | 电阻负载 | | $3.14U_z$ $(=1.41U_2)$ | $3.14U_z$ $(=2.83U_2)$ | $1.57U_z$ $(=1.41U_2)$ |
| | 电容滤波 | 空载 | $2U_z$ | $2U_z$ | $1U_z$ |
| | | 负载 | $2.56U_z^*$ | $2.56U_z^*$ | $1.28U_z^*$ |
| 流过元件的电流平均值 | | | $1I_z$ | $0.5I_z$ | $0.5I_z$ |
| 流过元件的电流最大值 | 电阻负载 | | $3.14I_z$ | $1.57I_z$ | $1.57I_z$ |
| | 电容负载 | | 由电容的容量大小决定 | | |
| 整流变压器二次侧电压有效值 $U_2$ | 电阻负载 | | $2.22U_z$ | $1.11U_z$ | $1.11U_z$ |
| | 电容滤波 | 空载 | $0.707U_z$ | $0.707U_z$ | $0.707U_z$ |
| | | 负载 | $0.91U_z^*$ | $0.91U_z^*$ | $0.91U_z^*$ |
| 整流变压器二次侧电流有效值 $I_2$ | 电阻负载 | | $1.57I_z$ | $0.79I_z$ | $1.11I_z$ |
| 整流变压器二次侧容量 $P_2$ | 电阻负载 | | $3.49U_zI_z$ | $1.74U_zI_z$ | $1.23U_zI_z$ |
| 整流变压器一次侧容量 $P_1$ | 电阻负载 | | $2.69U_zI_z$ | $1.23U_zI_z$ | $1.23U_zI_z$ |
| 整流变压器平均计算容量 $P_T$ | 电阻负载 | | $3.09U_zI_z$ | $1.48U_zI_z$ | $1.23U_zI_z$ |
| 脉动系数 $S$(电阻负载) | | | 1.57 | 0.667 | 0.667 |
| 纹波系数 $\gamma$(电阻负载) | | | 1.21 | 0.48 | 0.48 |
| 输出电压脉动的最低频率 | | | $1f$ | $2f$ | $2f$ |

注：$S$——脉动系数$=\dfrac{\text{交流分量的基波(或最低次谐波)的振幅值}}{\text{直流分量(即平均值)}}$；

$\gamma$——纹波系数$=\dfrac{\text{交流分量的有效值}}{\text{直流分量(即平均值)}}$；

$f$——交流电源频率。

* 指一般情况下工程估算的参考数据，此值随 $R_zC$ 的增大而升高。

表 8-3 常用小功率滤波电路的比较和参数

| 名称 | 电容滤波 | 倒 L 型滤波 | 阻容滤波 | π 型滤波 |
|---|---|---|---|---|
| 电路 | 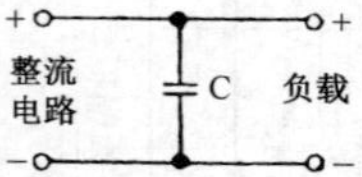 + − 整流电路 C 负载 + − | 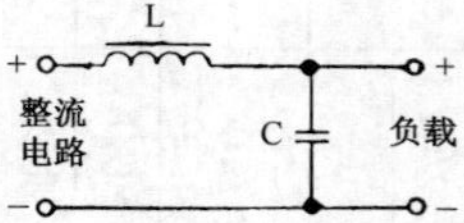 + − L 整流电路 C 负载 + − | 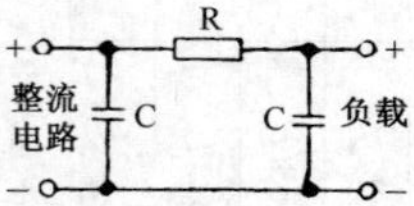 + − R 整流电路 C C 负载 + − | 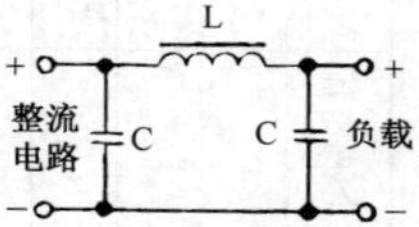 + − L 整流电路 C C 负载 + − |
| 滤波效果 | 当 $R_z$ 大时 较好<br>当 $R_z$ 小时 较差 | 较好 | 当 $R_z$ 大时 好<br>当 $R_z$ 小时 较差 | 好 |
| 输出电压 | 高 | 低 | 较高 | 高 |
| 输出电流 | 较小 | 大 | 小 | 较小 |
| 负载特性 | 差 | $R_z < 942L$ 时 好 | 差 | 差 |
| 适用场合 | 负载电流小，平滑要求一般 | 负载电流大，平滑要求较高 | 负载电流小，平滑要求高 | 负载电流稍大，平滑要求高 |
| 参数选择 | 全波整流<br>$C = \frac{1.44 \times 10^3}{rR_z}(\mu F)$<br>半波整流<br>$C = \frac{2.88 \times 10^3}{rR_z}(\mu F)$ | 全波整流<br>$LC = \frac{1.19}{r}$<br>当 $C > 1\ \mu F$ 时<br>取 $L \geqslant 2R_z/942(H)$ | 全波整流<br>$RC^2 = \frac{2.3 \times 10^6}{rR_z}$<br>当 $C > 1\ \mu F$ 时<br>$R$ 取几十至几百欧 | 由于体积、重量都较大，所以在小功率电源中较少使用 |

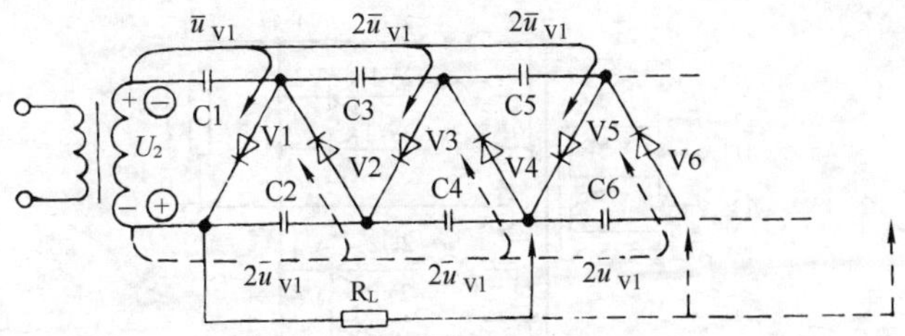


**图 8-2 倍压整流电路**

式中 $n$ 为倍压整流的段数，$f_n$ 为电网频率，$U_2$ 为变压器二次侧电压，$i_V$ 为负载电流平均值。各只电容的容量认为是相等的。

脉动系数

$$S \approx \frac{\frac{1}{2}U_{VPP}}{U_V} \approx \frac{\frac{n(n+1)}{4f_nCR_L}}{U_V}$$

## 二、多相整流电路

多相整流电路具有三相负荷平衡，输出电压脉动成分少、变压器利用率高等优点，因而在大功率整流和要求脉动量小的小功率整流中广泛采用。常用多相整流电路如图 8-3 所示。

## 三、常用二极管的型号和参数

1. 整流二极管

表 8-4、表 8-5 列出了常用整流二极管型号和参数。

2. 开关二极管

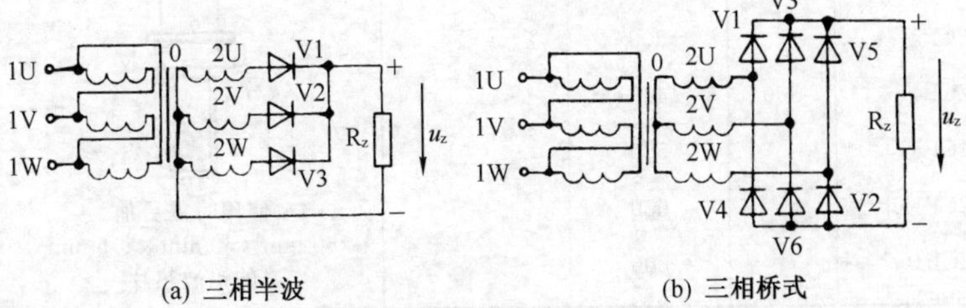

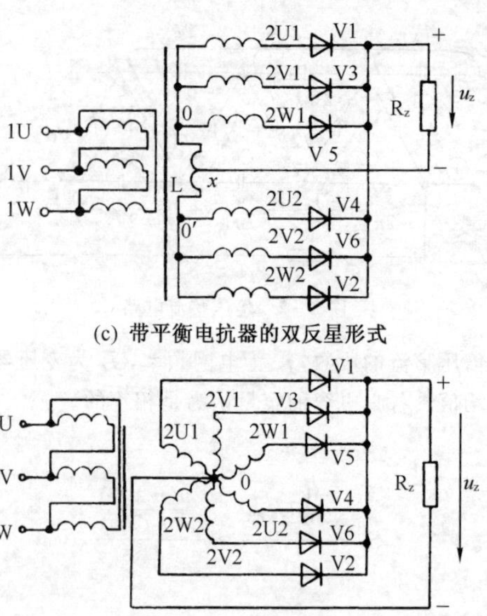


(c) 带平衡电抗器的双反星形式



(d) 六相半波

**图 8－3　多相整流电路**

表 8－4　2CP 型硅二极管型号和主要参数

| 型　号 | 最大整流电流（mA） | 最高反向工作电压峰值（V） | 最大整流电流时正向压降（V） | 外　　形 |
|---|---|---|---|---|
| 2CP1A | | 50 | | |
| 2CP1 | | 100 | | |
| 2CP2 | | 200 | | |
| 2CP3 | | 300 | | |
| 2CP4 | 500 | 400 | <1 | |
| 2CP5 | | 500 | | |
| 2CP1E | | 600 | | 使用时需另加 |
| 2CP1G | | 800 | | 60 mm×60 mm×1.5 mm 的铝散热片 |

（续表）

| 型　号 | 最大整流电流（mA） | 最高反向工作电压峰值（V） | 最大整流电流时正向压降（V） | 外　　形 |
|---|---|---|---|---|
| 2CP6K | | 50 | | |
| 2CP6A | | 100 | | |
| 2CP6B | | 200 | | |
| 2CP6C | | 300 | | |
| 2CP6D | | 400 | | |
| 2CP6E | | 600 | | |
| 2CP6F | | 800 | | |
| 2CP10 | | 25 | | |
| 2CP11 | 100 | 50 | | |
| 2CP12 | | 100 | ≤1.5 | 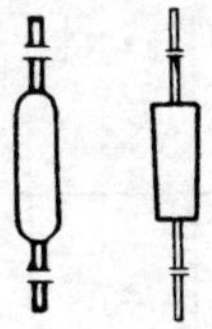 |
| 2CP13 | | 150 | | |
| 2CP14 | | 200 | | |
| 2CP15 | | 250 | | |
| 2CP16 | | 300 | | |
| 2CP17 | | 350 | | |
| 2CP18 | | 400 | | |
| 2CP19 | | 500 | | |
| 2CP20 | | 600 | | |
| 2CP20A | | 800 | | |
| 2CP21A | | 50 | | |
| 2CP21 | | 100 | | |
| 2CP22 | | 200 | | |
| 2CP23 | | 300 | | |
| 2CP24 | 300 | 400 | ≤1.2 | 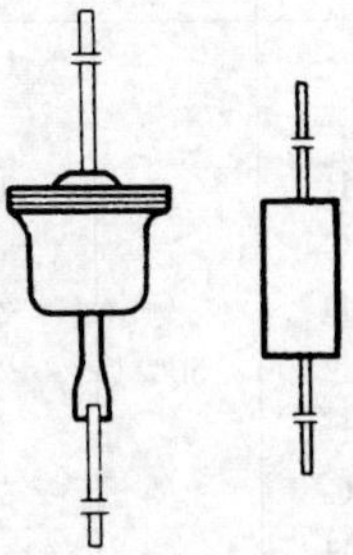 |
| 2CP25 | | 500 | | |
| 2CP26 | | 600 | | |
| 2CP27 | | 700 | | |
| 2CP28 | | 800 | | |
| (2CP21G) | | | | |

（续表）

| 型　号 | 最大整流电流（mA） | 最高反向工作电压峰值（V） | 最大整流电流时正向压降（V） | 外　　形 |
|---|---|---|---|---|
| 2CP31 | | 25 | | |
| 2CP31A | | 50 | | |
| 2CP31B | | 100 | | |
| 2CP31C | | 150 | | |
| 2CP31D | | 200 | | |
| 2CP31E | 250 | 250 | ≤1 | |
| 2CP31F | | 300 | | |
| 2CP31G | | 350 | | 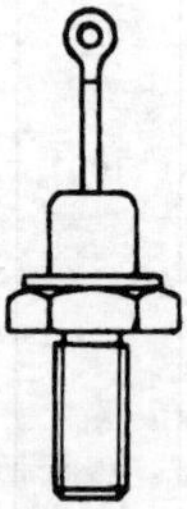 |
| 2CP31H | | 400 | | |
| 2CP31I | | 500 | | |
| 2CP32 | | 25 | | |
| 2CP32A | | 50 | | |
| 2CP32B | | 100 | | |
| 2CP32C | | 150 | | |
| 2CP32D | | 200 | | |
| 2CP32E | 350 | 250 | ≤1 | |
| 2CP32F | | 300 | | |
| 2CP32G | | 350 | | |
| 2CP32H | | 400 | | |
| 2CP32I | | 500 | | |
| 2CP33 | | 25 | | |
| 2CP33A | | 50 | | |
| 2CP33B | | 100 | | |
| 2CP33C | | 150 | | |
| 2CP33D | | 200 | | |
| 2CP33E | 500 | 250 | ≤1 | 与2CP31、2CP32相同 |
| 2CP33F | | 300 | | |
| 2CP33G | | 350 | | |
| 2CP33H | | 400 | | |
| 2CP33I | | 450 | | |

（续表）

| 型　号 | 最大整流电流(mA) | 最高反向工作电压峰值(V) | 最大整流电流时正向压降(V) | 外　形 |
|---|---|---|---|---|
| 2CP35A | 150 | 50 | ≤1 | |
| 2CP35B | 250 | 125 | | |
| 2CP35C | 150 | 225 | | |
| 2CP35D | 250 | 225 | | |
| 2CP35E | 250 | 300 | | |
| 2CP41 | 100 | 50 | ≤1 | |
| 2CP42 | | 100 | | |
| 2CP43 | | 150 | | |
| 2CP44 | | 200 | | |
| 2CP45 | | 250 | | |
| 2CP46 | | 300 | | |
| 2CP47 | | 350 | | |
| 2CP48 | | 400 | | |
| 2CP49 | | 450 | | |
| 2CP50 | | 500 | | |
| 2CP51 | 75 | 50 | ≤1.3 | |
| 2CP52 | | 100 | | |
| 2CP53 | | 150 | | |
| 2CP54 | | 200 | | |
| 2CP55 | | 250 | | |
| 2CP56 | | 300 | | |
| 2CP57 | | 350 | | |
| 2CP58 | | 400 | | |
| 2CP59 | | 450 | | |
| 2CP60 | | 500 | | |

注：半导体制造工艺(例如塑料外壳封装等)发展很迅速，各厂生产的产品外形有差异。

表8-5　2CZ11～14型硅二极管部分型号和主要参数

| 型　号 | 最大整流电流(A) | 最高反向工作电压(V) | 最大整流电流时正向压降(V) | 铝散热片(mm) | 外　形 |
|---|---|---|---|---|---|
| 2CZ11K<br>2CZ11A<br>2CZ11B<br>2CZ11C<br>2CZ11D<br>2CZ11E<br>2CZ11F<br>2CZ11G<br>2CZ11H<br>2CZ11I<br>2CZ11J | 1 | 50<br>100<br>200<br>300<br>400<br>500<br>600<br>700<br>800<br>900<br>1 000 | ≤1 | 60×60×1.5 | 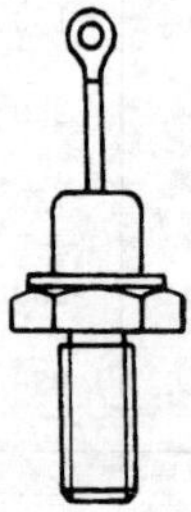 |
| 2CZ12A<br>2CZ12B<br>2CZ12C<br>2CZ12D<br>2CZ12E<br>2CZ12F<br>2CZ12G | 3 | 50<br>100<br>200<br>300<br>400<br>500<br>600 | ≤0.8 | 80×80×1.5 | 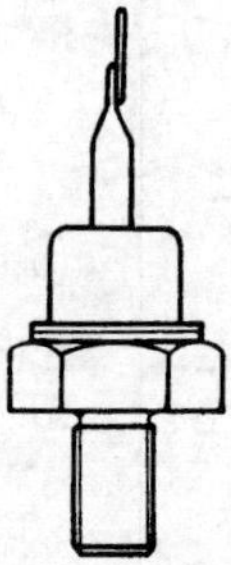 |
| 2CZ13A<br>2CZ13B<br>2CZ13C<br>2CZ13D<br>2CZ13E<br>2CZ13F<br>2CZ13G | 5 | 50<br>100<br>200<br>300<br>400<br>500<br>600 | ≤0.8 | 80×80×1.5 | 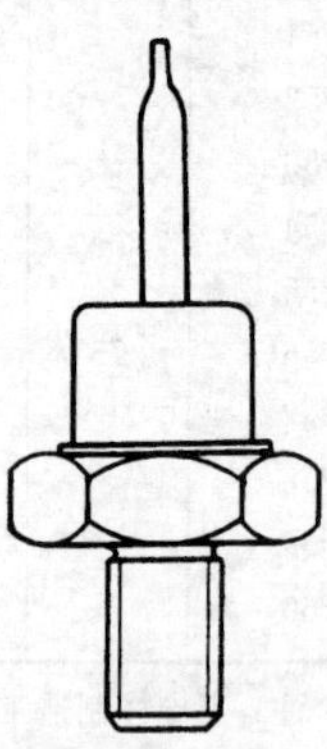 |
| 2CZ14<br>2CZ14A<br>2CZ14B<br>2CZ14C<br>2CZ14D<br>2CZ14E<br>2CZ14F | 10 | 50<br>100<br>200<br>300<br>400<br>500<br>600 | ≤0.8 | 160×160×1.5 | |

开关二极管的部分型号和主要参数如表 8-6 所示。

表 8-6 开关二极管型号和主要参数

| 型号 | 最大正向电流 (mA) | 最高反向工作电压 (V) | 外形 |
|---|---|---|---|
| 2AK1 | 100 | 10 | |
| 2AK2 | 150 | 20 | |
| 2AK3 | 200 | 30 | |
| 2AK4 | 200 | 35 | |
| 2AK5 | 200 | 40 | |
| 2AK6 | 200 | 50 | |
| 2AK7 | 10 | 30 | |
| 2AK8 | 10 | 35 | |
| 2AK9 | 10 | 40 | |
| 2AK10 | 10 | 50 | |
| 2AK11 | 250 | 30 | |
| 2AK12 | 250 | 35 | |
| 2AK13 | 250 | 40 | |
| 2AK14 | 250 | 50 | |
| 2AK15 | 2 | 12 | |
| 2AK16 | 3 | 12 | |
| 2AK17 | 10 | 20 | |
| 2AK18 | 250 | 35 | |
| 2AK19 | 250 | 40 | |
| 2AK20 | 250 | 50 | |
| 2CK1 | 100 | 30 | |
| 2CK2 | | 60 | |
| 2CK3 | | 90 | |
| 2CK4 | | 120 | |
| 2CK5 | | 150 | |
| 2CK6 | | 180 | |
| 2CK9 | 30 | 10 | |
| 2CK10 | | 20 | |
| 2CK11 | | 30 | |
| 2CK12 | | 40 | |
| 2CK13 | | 50 | |
| 2CK14 | | 20 | |
| 2CK15 | | 10 | |
| 2CK16 | | 20 | |
| 2CK17 | | 30 | |
| 2CK18 | | 40 | |
| 2CK19 | | 50 | |
| 2CK20A | 50 | 20 | 正极 |
| 2CK20B | | 30 | |
| 2CK20C | | 40 | |
| 2CK20D | | 50 | |
| 2CK22 | 10 | A：10 B：20 C：30 D：40 E：50 | |
| 2CK23 | 50 | | |
| 2CK24 | 100 | | |
| 2CK25 | 150 | | |
| 2CK30A | 150 | 20 | |
| 2CK30B | | 30 | |
| 2CK30C | | 40 | |
| 2CK30D | | 50 | |

3. 2CZ 系列大功率整流元件

该系列元件的主要参数：

额定正向平均电流：在规定环境温度和标准散热条件下，允许连续通过的工频正弦半波电流的平均值。

额定反向峰值电压：它等于反向最高测试电压的一半。反向最高测试电压规定为反向漏电流急速增加反向特性曲线开始弯曲时的电压。

2CZ 系列大功率整流元件的参数见表 8-7。外形如图 8-4 所示。

表 8-7 2CZ系列整流元件电参数

| 系列 | 额定正向平均电流 $I_F$ (A) | 额定反向峰值电压 $U_{RM}$① (V) | 正向平均压降 $U_F$② (V) | 反向平均漏电流 $I_R$③ (mA) | 整流结温升 $\Delta T$ (℃) | 整流器与散热器间热阻 $R_T$ (Ω) | 散热器最小散热面积 ($cm^2$) | 冷却方式 | 电流过载倍数 | | | | | |
|---|---|---|---|---|---|---|---|---|---|---|---|---|---|---|
| | | | | | | | | | 1周期 | 3周期 | 6周期 | 15周期 | 5 s | 5 min |
| 2CZ0.5～1 | 0.5～1 | 30～1 000 | 0.4～0.55 | 0.005～0.25 | 100 | — | — | 自冷（无散热器） | 12 | 9 | 6 | 4 | | |
| 2CZ5 | 5 | 30～1 000 | 0.45～0.65 | 0.1～2 | 100 | 2.5 | 100 | 自冷 | 11.5 | 8.5 | 5.5 | 4 | | |
| 2CZ10 | 10 | 30～1 000 | 0.45～0.65 | 0.2～4 | 100 | 1.5 | 200 | 自冷 | 10 | 7.5 | 5.5 | 4 | | |
| 2CZ30 | 30 | 30～1 000 | 0.45～0.65 | 0.5～10 | 100 | 1 | 600 | 自冷 | 9 | 6.5 | 5 | 4 | | |
| 2CZ50 | 50 | 30～1 000 | 0.45～0.65 | 0.5～10 | 100 | 0.5 | 600 | 风冷 | 8 | 6 | 5 | 4 | 2 | 1.25 |
| 2CZ100 | 100 | 30～1 000 | 0.5～0.7 | 0.75～15 | 100 | 0.35 | 900 | 风冷 | 7 | 5.5 | 4.5 | 4 | | |
| 2CZ200 | 200 | 30～1 000 | 0.5～0.7 | 1～20 | 100 | 0.25 | 1 200 | 风冷 | 7 | 5 | 4 | 3 | | |
| 2CZ300 | 300 | 30～1 000 | 0.5～0.75 | 1～15 | 140 | 0.2 | 1 500 | 风冷 | 6 | | | | | |
| 2CZ500 | 500 | 30～1 000 | 0.5～0.75 | 1～20 | 140 | 0.15 | 2 500 | 风冷 | 5 | | | | | |

注：风冷时散热器出口风速为 5 m/s，散热器散热面积应包括正反两面。表中①、②、③见下列附表。

表 8-7① 2CZ系列整流元件的分级

| 级别 | 0.3 | 0.5 | 1 | 1.5 | 2 | 2.5 |
|---|---|---|---|---|---|---|
| 额定反向峰值电压 $U_{RM}$(V) | 30 | 50 | 100 | 150 | 200 | 250 |
| 级别 | 3 | 3.5 | 4 | 4.5 | 5 | 5.5 |
| 额定反向峰值电压 $U_{RM}$(V) | 300 | 350 | 400 | 450 | 500 | 550 |
| 级别 | 6 | 7 | 8 | 9 | 10 | |
| 额定反向峰值电压 $U_{RM}$(V) | 600 | 700 | 800 | 900 | 1 000 | |

表 8-7② 2CZ系列整流元件的分组

| 系列 | 正向平均压降 $U_F$(V) | | | | |
|---|---|---|---|---|---|
| | A组 | B组 | C组 | D组 | E组 |
| 2CZ0.5～1 | 0.4～0.55 | | | | |
| 2CZ5～2CZ50 | ≤0.45 | 0.45～0.5 | 0.5～0.55 | 0.55～0.6 | 0.6～0.65 |
| 2CZ100～2CZ200 | ≤0.5 | 0.5～0.55 | 0.55～0.6 | 0.6～0.65 | 0.65～0.7 |

表 8-7③ 2CZ系列整流元件的分类

| 系列 | 反向平均漏电流 $I_R$(mA) | | | | |
|---|---|---|---|---|---|
| | Ⅰ类 | Ⅱ类 | Ⅲ类 | Ⅳ类 | Ⅴ类 |
| 2CZ0.5～1 | 0.005～0.25 | | | | |
| 2CZ5 | ≤0.1 | 0.1～0.4 | 0.4～0.8 | 0.8～1.2 | 1.2～2 |
| 2CZ10 | ≤0.2 | 0.2～0.8 | 0.8～1.6 | 1.6～2.4 | 2.4～4 |
| 2CZ30～2CZ50 | ≤0.5 | 0.5～2 | 2～4 | 4～6 | 6～10 |
| 2CZ100 | ≤0.75 | 0.75～3 | 3～6 | 6～9 | 9～15 |
| 2CZ200 | ≤1 | 1～4 | 4～8 | 8～12 | 12～20 |

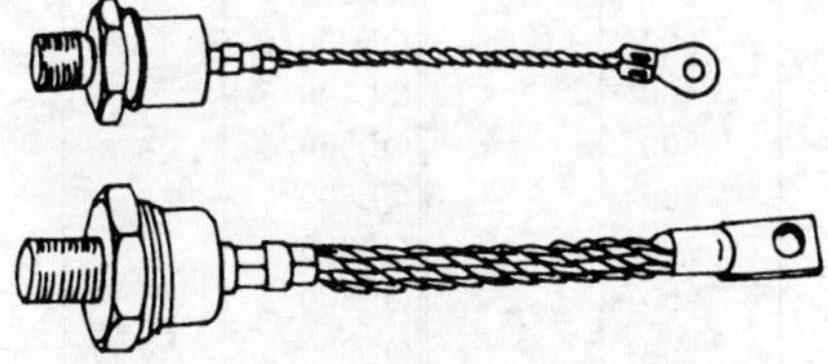

**图 8-4** 2CZ大功率硅整流元件外形图

## 四、小功率单相整流电路计算

工程上要求根据设定的已知输出直流电压 $U_O$、直流电流 $I_O$（或负载电

阻值 $R_L$)、波纹系数 $\gamma$ 等参数,设计和计算滤波电路。步骤为:计算选择整流二极管,计算确定电源变压器的参数,滤波电路的结构及其元件的选择等。下面以 12 V、0.5 A 晶体管直流稳压电源(图 8-5)为例,具体计算电路参数。该电路由主电源和辅助电源两部分组成,其要求是:

主电源:输出直流电压 $U_O = 16.5$ V,输出直流电流 $I_O = 0.5$ A,波纹系数 $\gamma < 10\%$。

辅助电源:$U_z = 30$ V, $I_z = 30$ mA, $\gamma < 1\%$。

表 8-8　部分整流桥堆参数

| 型　号 | 最大整流电流 (A) | 最高反向工作电压峰值 (V) | 最大整流电流时正向压降 (V) | 型　号 | 最大整流电流 (A) | 最高反向工作电压峰值 (V) | 最大整流电流时正向压降 (V) |
|---|---|---|---|---|---|---|---|
| QL50/1 | 1 | 50 | 1.2 | QL50/3 | 3 | 50 | 1.2 |
| QL100/1 | | 100 | | QL100/3 | | 100 | |
| QL200/1 | | 200 | | QL200/3 | | 200 | |
| QL300/1 | | 300 | | QL300/3 | | 300 | |
| QL400/1 | | 400 | | QL400/3 | | 400 | |
| QL500/1 | | 500 | | QL500/3 | | 500 | |
| QL600/1 | | 600 | | QL600/3 | | 600 | |
| QL700/1 | | 700 | | QL700/3 | | 700 | |
| QL800/1 | | 800 | | QL800/3 | | 800 | |
| QL900/1 | | 900 | | QL900/3 | | 900 | |
| QL1000/1 | | 1 000 | | QL1000/3 | | 1 000 | |
| QL50/2 | 2 | 50 | | QL50/5 | 5 | 50 | |
| QL100/2 | | 100 | | QL100/5 | | 100 | |
| QL200/2 | | 200 | | QL200/5 | | 200 | |
| QL300/2 | | 300 | | QL300/5 | | 300 | |
| QL400/2 | | 400 | | QL400/5 | | 400 | |
| QL500/2 | | 500 | | QL500/5 | | 500 | |
| QL600/2 | | 600 | | QL600/5 | | 600 | |
| QL700/2 | | 700 | | QL700/5 | | 700 | |
| QL800/2 | | 800 | | QL800/5 | | 800 | |
| QL900 | | 900 | | QL900/5 | | 900 | |
| QL1000/2 | | 1 000 | | QL1000/5 | | 1 000 | |

计算:

1) 整流电路和滤波电路的选择　在选择整流电路和滤波电路时,应根据使用场合的具体要求,参考图 8-1 所示各种整流电路和表 8-3 所示各种滤波电路的性能进行全面比较，然后合理确定符合客观需要的电路。

主电源：为了提高变压器利用率并减小脉动，选择单相桥式整流电路。考虑到对整流后电压的波纹系数要求不太高（还要经过一套稳压环节，使波纹系数大大减少），因此采用最简单的电容滤波。

辅助电源：由于输出电流较小，变压器利用率不是主要矛盾，考虑到为了尽量减少整流元件而输出脉动又较小，因而采用单相全波整流电路。为了获得较小的波纹系数，所以采用阻容滤波，电路如图 8-5 所示。

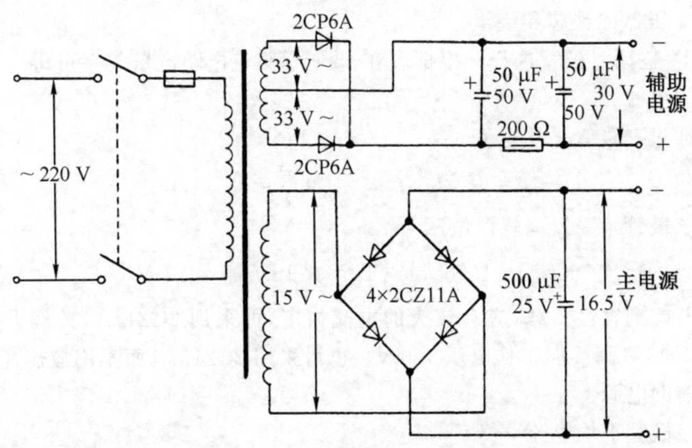


图 8-5　小功率单相晶体管稳压电源电路图

2）变压器计算　根据表 8-2 所示不同整流电路、不同负载性质的计算关系，近似估算变压器二次侧电压 $U_2$、二次侧电流 $I_2$ 和计算容量 $P_s$。本例由于采用电容滤波和阻容滤波，均属于容性负载。

主电源方面：

$$U_2 = 0.91U_O = 0.91 \times 16.5 = 15\ \text{V}$$

$$I_2 = 1.11I_O = 1.11 \times 0.5 = 0.555\ \text{A}（按电阻负载估算）$$

$$P'_s = 1.23U_O I_O = 1.23 \times 16.5 \times 0.5 = 10.2\ \text{V}\cdot\text{A}（按电阻负载估算）$$

辅助电源方面：

$$U_2 = 0.91(U_z + I_z R) = 0.91(30 + 0.03 \times 200) = 33\ \text{V}$$

式中 $I_z R$ 系考虑滤波电阻上的压降，滤波电阻 $R$ 选用 200 Ω。

$$I_2 = 0.79 I_z = 0.79 \times 0.03 \approx 0.024 = 24\ \text{mA}(\text{按电阻负载估算})$$

$$P''_s = 1.48(U_z + I_z R) I_z = 1.48 \times (30 + 0.03 \times 200) \times 0.03 = 1.6\ \text{V}\cdot\text{A}(\text{按电阻负载估算})$$

变压器总的计算容量为主电源计算容量 $P'_s$ 和辅助电源计算容量 $P''_s$ 之和，所以

$$P_s = P'_s + P''_s = 10.2 + 1.6 = 11.8\ \text{V}\cdot\text{A}$$

根据上述计算所得数据，即可按第二章所述小型变压器的计算步骤来计算变压器的铁芯和绕组。

3) 整流二极管选择　根据表 8-2 所示整流电路电量关系可得。

主电源：

通过二极管平均电流

$$I = 0.5 I_O = 0.5 \times 0.5 = 0.25\ \text{A}$$

二极管承受反向峰值电压

$$U_{fm} = 1.28 U_O = 1.28 \times 16.5 = 21.1\ \text{V}$$

考虑到容性负载，应有较大的电流裕度，可采用 2CZ11A，其最大整流电流 1 A，最高反向工作电压 100 V。也可采用 2CZ13A，而不用散热片。

辅助电源：

二极管平均电流

$$I = 0.5 \times 30 = 15\ \text{mA}$$

二极管反向峰值电压

$$U_{fm} = 2.56(U_z + I_z R) = 2.56(30 + 0.03 \times 200) = 92\ \text{V}$$

可选用 2CP6A，其最大整流电流 100 mA，最高反向工作电压 100 V。

4) 滤波电路计算　根据表 8-3 滤波电路计算公式进行滤波电路计算。

主电源：

等效负载电阻

$$R_L = \frac{U_O}{I_O} = \frac{16.5}{0.5} = 33\ \Omega$$

滤波电容

$$C = \frac{1.44 \times 10^3}{\gamma R_L} = \frac{1.44 \times 10^3}{0.1 \times 33} = 436\ \mu\text{F}$$

滤波电容的耐压等级

$$U_C > \sqrt{2}U_2 = \sqrt{2} \times 15 = 21.2\ \text{V}$$

所以选用 500 μF 25 V 电解电容。

辅助电源：

等效负载电阻

$$R_L = \frac{U_z}{I_z} = \frac{30}{0.03} = 1\,000\ \Omega$$

$$RC^2 = \frac{2.3 \times 10^6}{\gamma R_L} = \frac{2.3 \times 10^6}{0.01 \times 1\,000} = 2.3 \times 10^5$$

前已选定滤波电阻 $R = 200\ \Omega$，所以滤波电容

$$C = \sqrt{\frac{2.3 \times 10^5}{200}} = 34\ \mu\text{F}$$

$$U_C > \sqrt{2}U_2 = \sqrt{2} \times 33 = 47\ \text{V}$$

所以选用 50 μF 50 V 的电解电容。

滤波电阻功率

$$P_R > I_z^2 R = 0.03^2 \times 200 = 0.18\ \text{W}$$

考虑到还有交流分量电流流过滤波电阻，因此实际功率损耗要大于 0.18 W，所以选用 0.5 W 的碳膜电阻。

将以上计算结果示于图 8－5 中。

## 8－2　晶体管基本放大电路及部分应用

### 一、晶体管的工作状态

半导体三极管习惯上称晶体管。晶体管的工作状态分为放大、截止、饱和。在放大状态，晶体管起着放大作用；在截止和饱和状态，晶体管起着开关作用。

晶体管的上述三种工作状态可以在共发射极输出特性曲线上表示。所谓共发射极输出特性就是在某一给定的基极电流 $I_b$ 下，集电极电流 $I_c$ 和集电极-发射极电压 $U_{ce}$ 的关系，如图 8－6 所示。曲线分成截止区、放大区和饱和区。在放大区内，$I_b$ 的变化引起 $I_c$ 按比例的变化的部分，称为放大区的线性部分；而靠近截止区或饱和区的部分，$I_b$ 和 $I_c$ 不是按比例变化，称为放大区的非线性部分。

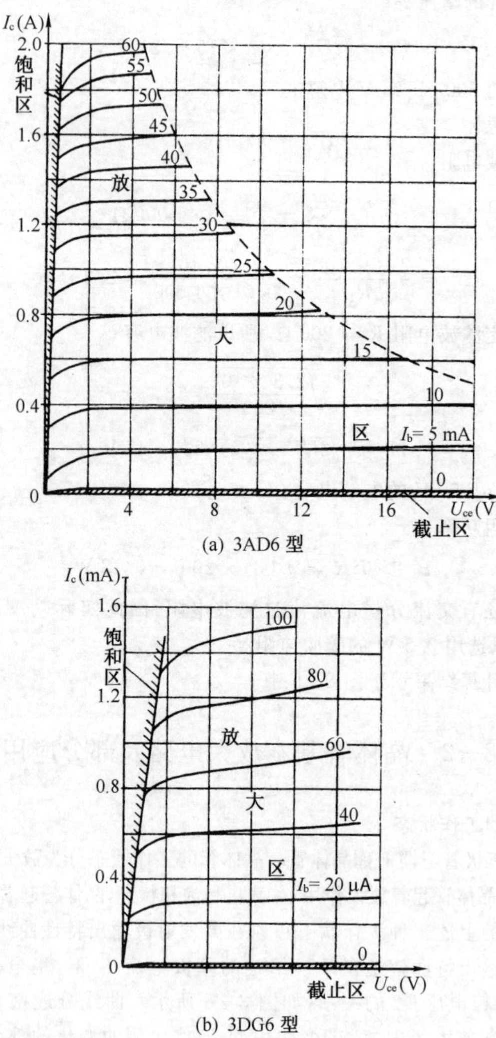


(a) 3AD6 型

(b) 3DG6 型

**图 8－6** 晶体管共发射极输出特性

## 二、场效应管工作状态

场效应管是利用电场效应控制漏极电流 $I_D$ 的半导体器件。控制极 G、源极 S、漏极 D 与双极型晶体管基极 b、发射极 e、集电极 c 相对应，晶体管工作情况看基极电流 $I_b$，场效应管工作情况看栅源极间电压 $U_{GS}$。

场效应管有结型、绝缘栅型两类，按导电沟道材料分有 N 沟道、P 沟道两种。

结型场效应管源漏极间存在导电沟道、同时两边存在耗尽层如图 8-7 所示，耗尽层随 $U_{GS}$ 的大小改变其宽狭同时使导电沟道由狭变宽，$U_{GS}=0$ 导电沟道最宽。$I_D$ 最大值用 $I_{DSS}$ 表示，$U_{GS}$(负值)增大到使耗尽层扩到最大(耗尽层两边合拢)导电沟道被挤断，称导电沟道夹断，则 $I_D=0$ 此时的 $U_{GS}$ 值为夹断电压 $U_P$。$U_{GS}$ 在 $0\sim|U_P|$ 间变化 $I_D$ 由 $I_{DSS}\sim0$ 的变化，$I_{DSS}$ 称管子的饱和电流。N 沟道 $U_P$ 为负值，P 沟道 $U_P$ 为正值，两者工作电源极性相反。管子夹断后如继续加大 $|U_{GS}|$ 至超过 PN 结反向耐压时将被击穿而损坏，为此输入信号的幅值要选取恰当。绝缘栅型输入电阻很大时，栅极与导电沟道间是绝缘的，在控制电压作用(半导体表面电场效应)下产生感应电荷，不同的 $U_{GS}$ 值使感应电荷多少不等，导电沟道大小也不同。

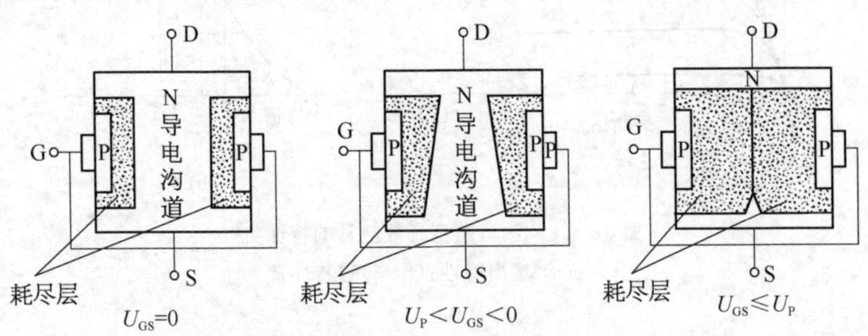


**图 8-7**　结型场效应管控制过程

绝缘栅管有耗尽型和增强型之分，也有 N 沟道 P 沟道之分，N 沟道耗尽型在 $U_{GS}=0$ 反型层存在也就导电沟道存在 ($U_{GS}=0$, $I_D\neq0$) 其工作情况与结型类似，结型只能在 $0\sim|U_P|$ 间工作而它的 $U_{GS}$ 可正也可负的。N 沟道增强型 $U_{GS}=0$, $I_D=0$, $U_{GS}>0$ 出现反型层，它把源漏间连通形成一个导电沟道，当 $U_{GS}\geqslant U_T$ 时 $I_D>0$，$U_T$ 为管子的开启电压。用不同的 $U_{GS}$ 值以控制 $I_D$ 的大小。

以上对结型、绝缘栅型场效应管工作情况的介绍都是在工作电压($U_{DS}$)固定的前提下，控制电压 $U_{GS}$(输入信号)是如何使管子工作的。在放大电路中为了要在管子的恒流区设立工作点，设偏置 $U_{GS}$ 及工作电压 $U_{DS}$ 应取得合理些。

使用时应注意：栅极与另两个极不可接错；源漏两极可互换，有的产品出厂时源极与衬底短接就不可互换；多余引脚不可悬空要相互连接防止损坏，一般出厂时用金属纸包装以防止外电场作用而损坏；不可用万用表检测，要用专用测试仪表；上板子时用小功率内热式电烙铁并可靠接地，焊接时最好烙铁电源插头拔掉；元件进仓要放在防外电场、防潮湿的专用箱里。

N沟道结型场效应管的特性曲线如图8-8所示。N沟道绝缘栅增强型场效应管的特性曲线如图8-9所示。场效应管的图形符号如图8-10所示。

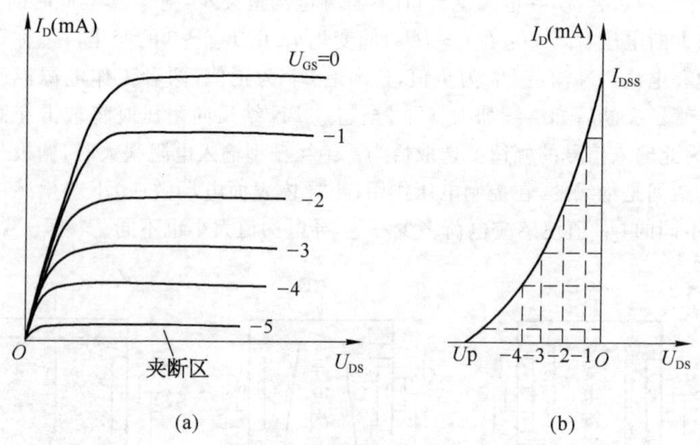


**图8-8** N沟道结型场效应管的特性曲线

(a) 输出特性；(b) 转移特性

## 三、晶体管低频放大电路

1. 晶体管放大电路三种基本接法及其工作点和偏置电路

工作点是指无输入信号时的伏安特性，也称静态工作点。表示静态工作点有 $I_b$、$I_c$、$U_{ceo}$ 三个参数。因 $I_b$ 能改变电路的工作状态，所以用固定 $I_b$ 的电路叫做偏置电路。

偏置电路能决定放大电路的工作情况，因为环境温度的变化会使晶体管参数急剧地变化，所以偏置电路的设置极为重要。偏置电路及有关参数的计算公式见表8-9。

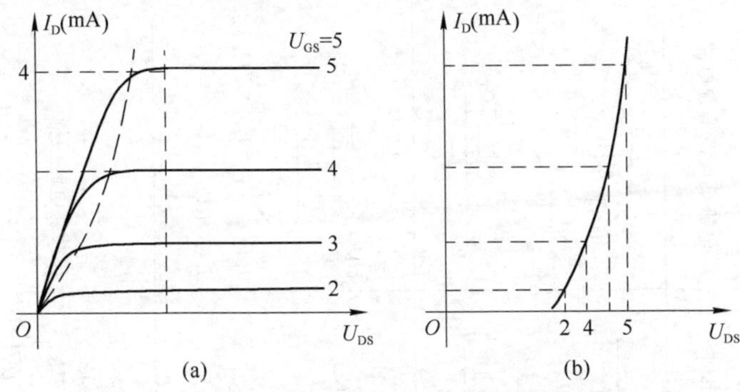


**图 8-9** N沟道绝缘栅增强型场效应管的特性曲线

(a) 输出特性;(b) 转移特性

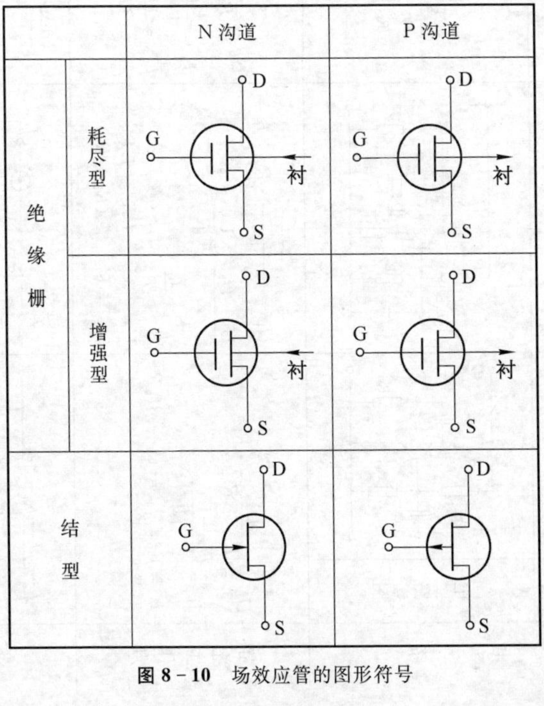

| | | N沟道 | P沟道 |
|---|---|---|---|
| 绝缘栅 | 耗尽型 | D G 衬 S | D G 衬 S |
| | 增强型 | D G 衬 S | D G 衬 S |
| 结型 | | D G S | D G S |

**图 8-10** 场效应管的图形符号

表 8－9　偏置电路及其有关参数的计算公式

| | 电路型式 | 共发射极电路 | 共基极电路 | 共集电极电路 | 电流负反馈偏置电路 |
|---|---|---|---|---|---|
| 电路 | 电路图 | 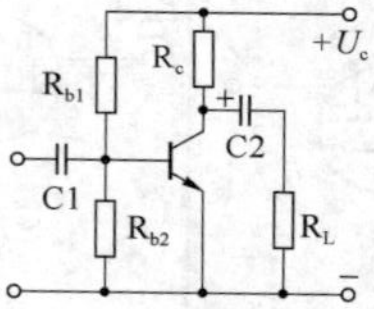 | 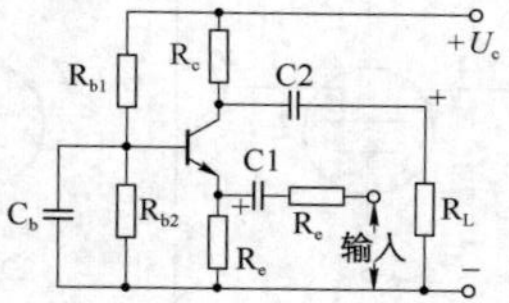 | 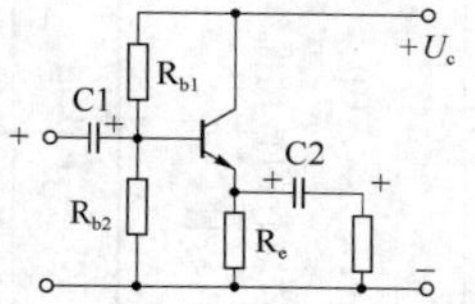 | 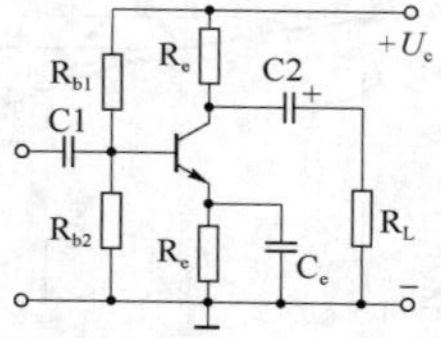 |
| 静态工作点 | | $U_b = \dfrac{U_c}{R_{b1}+R_{b2}} \cdot R_{b2}$<br>$I_b = \dfrac{U_b - U_{be}}{r_{be}}$<br>$I_c = \beta_{Ib}$, $U_{ce} = U_c - \beta I_b R_c$ | $U_b = \dfrac{U_c}{R_{b1}+R_{b2}} \cdot R_{b2}$, $I_e = \dfrac{U_b - U_{be}}{R_e} \approx \dfrac{U_b}{R_e} \approx I_c$<br>$I_b = \dfrac{I_c}{\beta}$<br>$U_{ce} = U_c - I_c R_c + I_e R_e = U_c - I_c(R_c + R_e)$ | $U_b = \dfrac{U_c}{R_{b1}+R_{b2}} \cdot R_{b2}$<br>$I_b = \dfrac{U_B - U_{be}}{(1+\beta)R_e}$　$I_c = \beta I_b$<br>$U_{ce} = U_c - I_e R_e = U_c - I_b(1+\beta)R_e$ | $U_b = \dfrac{U_c}{R_{b1}+R_{b2}} \cdot R_{b2}$<br>$I_e = \dfrac{U_b - U_{be}}{R_e}$<br>$I_b = \dfrac{I_e}{1+\beta}$, $U_{ce} = U_c - I_e(R_c R_e)$ |
| 微变电路 | | 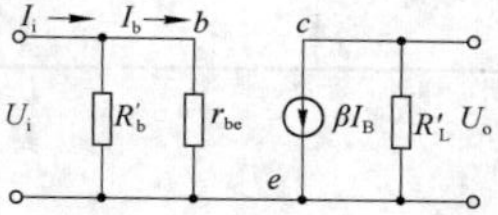 | 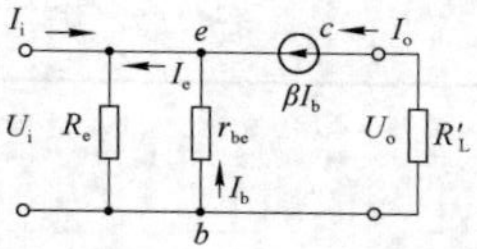 | 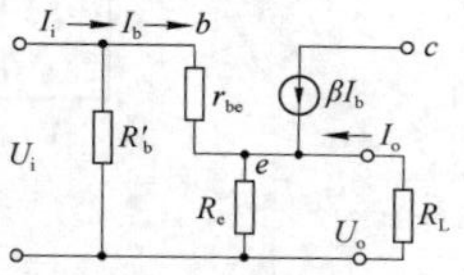 | 与共射电路一样 |

（续表）

| | 共发射极电路 | 共基极电路 | 共集电极电路 | 电流负反馈偏置电路 |
|---|---|---|---|---|
| 交流参数 | $r_i = R'_b // r_{be} \approx r_{be}$<br>$U_i = I_b r_{be}$<br>$I_c = -\beta I_b$<br>$U_o = -I_c R'_L$<br>$R'_L = R_c // R_L$<br>$A_i = \beta$<br>$A_u = \frac{U_o}{U_i} = -\frac{\beta I_b R'_L}{I_b r_{be}}$<br>$= -\beta \frac{R'_L}{r_{be}}$<br>$r_o = R'_L$ | $U_i = -I_b r_{be}$<br>$U_o = -I_c R'_L = -\beta I_b R'_L$<br>$A_u = \frac{U_o}{U_i} = \frac{\beta I_b R'_L}{I_b r_{be}} = \beta \frac{R'_L}{r_{be}}$<br>$I_i = I_e \quad I_o = I_c$<br>$A_i = \frac{I_o}{I_e} = \frac{\beta I_b}{(1+\beta) I_b}$<br>$= \frac{\beta}{1+\beta} < 1$<br>$r_i = \frac{U_i}{I_i} = \frac{I_b r_{be}}{(1+\beta) I_b}$<br>$= \frac{r_{be}}{1+\beta}$<br>$r_o \approx R_e$ | $U_i = I_b r_{be} + (1+\beta) I_b R_e$<br>$= I_b[r_{be} + (1+\beta) R_e]$<br>$r_i = \frac{U_i}{I_i} = \frac{U_i}{I_b} = r_{be} + (1+$<br>$\beta) R'_e$<br>$R'_e = R_e // R_L$<br>$U_o = I_e R'_e = I_b (1+\beta) R'_e$<br>$A_u = \frac{U_o}{U_i}$<br>$= \frac{I_b (1+\beta) R'_e}{I_b[r_{be} + (1+\beta) R'_e]}$<br>$= \frac{(1+\beta) R'_e}{r_{be} + (1+\beta) R'_e} < 1$<br>$A_i = \frac{I_o}{I_i} = -\frac{I_e}{I_b} = -(1+\beta)$<br>$r_o = \frac{U_o}{I_o} = -\frac{U_o}{I_e}$<br>$= -\frac{U_o}{(1+\beta) \frac{U_o}{r_{be} + R'_e}}$<br>$= -\frac{U_o}{1+\beta} \cdot \frac{r_{be} + R'}{U_o}$<br>$= -\frac{r_{be} + R'_e}{1+\beta}$ | 与共射电路相同 |

（续表）

| 电路型式 | | 具有部分未旁路射极电阻 | 直耦双管 | 场效管放大电路 | |
|---|---|---|---|---|---|
| 电路 | 电路图 | 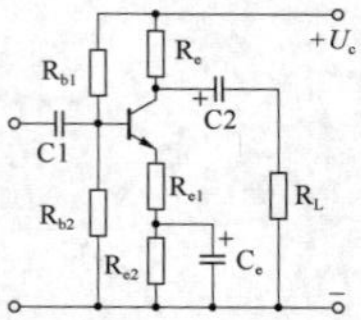 | 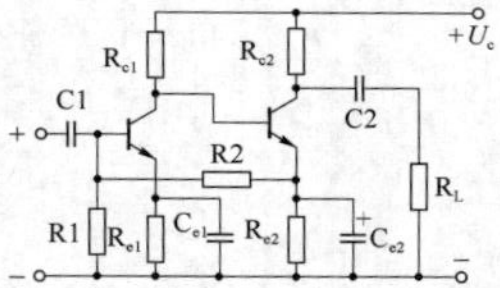 | 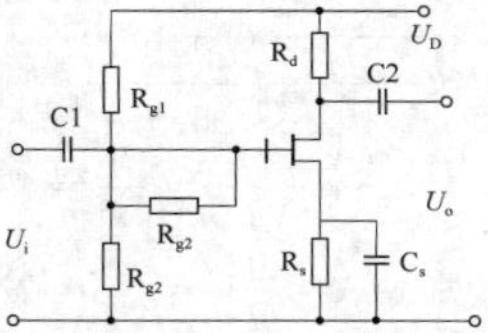 | 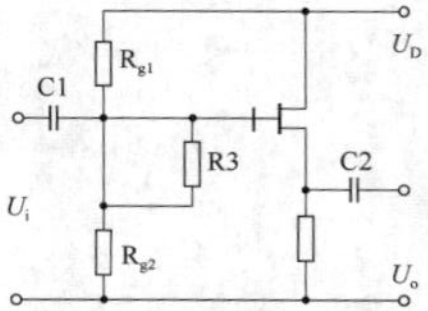 |
| 静态工作点 | | $U_b=\dfrac{U_c}{R_{b1}+R_{b2}}\cdot R_{b2}$<br>$I_b=\dfrac{U_b-U_{be}}{(R_{e1}+R_{e2})(1+\beta)}$<br>$I_c=\beta I_b\quad I_e=I_b(1+\beta)$<br>$U_{ce}=U_c-I_cR_c-I_eR'_e$<br>$\approx U_c-I_c(R_c+R'_e)$<br>$R'_e=R_{e1}+R_{e2}$ | $U_{b1}=\dfrac{U_c-U_{b2}-U_{e2}}{R_1+R_2}\cdot R_2$<br>$I_{b1}=\dfrac{U_{b1}-U_{be1}}{(1+\beta)R_{e1}}$<br>$I_{c1}=\beta_1 I_{b1}$<br>$U_{ce1}=U_c-I_{c1}R_{c1}+I_{e1}R_{e1}$<br>$\approx U_c-I_{c1}(R_{c1}+R_{e1})$<br>$U_{b2}=U_c-I_{c1}R_{c1}+I_{e2}R_{e2}$<br>$\approx U_c-I_{c1}(R_{c1}+R_{e2})$<br>$I_{b2}=\dfrac{U_{b2}}{(1+\beta_2)R_{e2}}=\dfrac{U_c-I_{c1}(R_{c1}+R_{e2})}{(1+\beta_2)R_{e2}}$<br>$I_{c2}=\beta_2 I_{b2}$<br>$U_{ce2}=U_c-I_{c2}R_{c2}+I_{e2}R_{e2}$<br>$\approx U_c-I_{c2}(R_{c2}+R_{e2})$ | $U_G=\dfrac{U_D}{R_{g1}+R_{g2}}\cdot R_{g2}$<br>$U_{GS}=U_G-U_S$<br>$=U_G-I_DR_S$<br>$U_{DS}=U_D-I_D(R_d+R_S)$ | $U_G=\dfrac{U_D}{R_{g1}+R_{g2}}\cdot R_{g2}$<br>$U_{GS}=U_G-U_S$<br>$=U_G-I_DR_S$<br>$U_{DS}=U_D-I_DR_S$ |

（续表）

| 电路型式 | 具有部分未旁路射极电阻 | 直耦双管 | 场效管放大电路 | |
|---|---|---|---|---|
| 微变等效电路 电路图 | 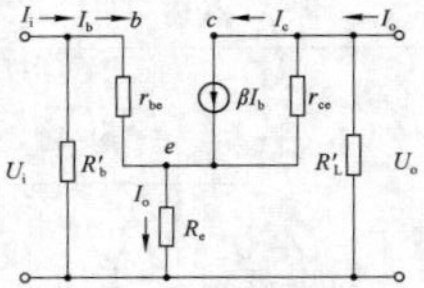 | 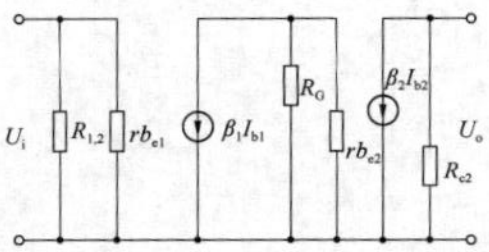 | 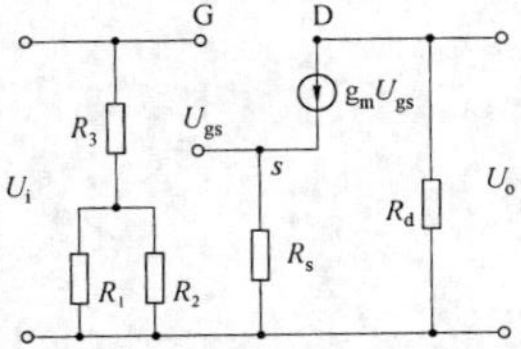 | 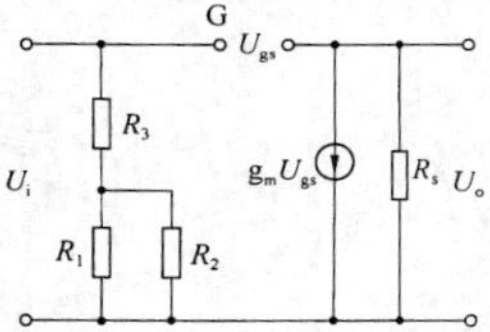 |
| 交流参数 | $U_i = I_b r_{be} + (1+\beta) I_b R_e$<br>$U_o = -I_c R'_L = -\beta I_b R'_L$<br>$A_u = \dfrac{-U_o}{U_i}$<br>$= -\dfrac{\beta I_b R'_L}{I_b r_{be} + (1+\beta) I_b R_e}$<br>$= -\dfrac{\beta R'_L}{r_{be} + (1+\beta) R_e}$<br>$A_i = \dfrac{I_c}{I_b} = \dfrac{\beta I_b}{I_b} = \beta$<br>$r_i = \dfrac{U_i}{I_b} = r_{be} + (1+\beta) R_e \mathbin{/\!/} R'_b$<br>$I_o = \dfrac{U_o}{R_c} + I_c, I_c = \dfrac{U_o - U_e}{r_{ce}} + \beta I_b$ | $A_{i1} = \dfrac{I_{c1}}{I_{b1}} = \beta_1$<br>$A_{i1,2} = A_{i1} \cdot A_{i2} = \beta_1 \beta_2$<br>$A_{u1} = -\dfrac{\beta_1 R'_L}{r_{be1}} = -\beta_1 \dfrac{R'_{c1}}{r_{be1}}$<br>$A_{u2} = -\beta_2 \dfrac{R'_{c2}}{r_{be2}}$<br>$R'_{c2} = R_{c2} \mathbin{/\!/} R_L$<br>$R'_{c1} = R_{c1} \mathbin{/\!/} r_{be2}$<br>$A_{u1} \cdot A_{u2} = \beta_1 \beta_2 \dfrac{R'_{c1}}{r_{be1}} \cdot \dfrac{R'_{c2}}{r_{be2}}$<br>$A_u \approx \beta_1 \beta_2 \dfrac{R'_{c2}}{r_{be}}$<br>$r_i = r_{be1} \quad r_o = R_{c2}$<br>$(r_i = R_1 \mathbin{/\!/} R_2 \mathbin{/\!/} r_{be1})$ | $I_d = g_m U_{gs} \quad U_{gs} = U_i - I_d R_s$<br>$I_d = g_m (U_i - I_d R_s)$<br>$= g_m U_i - g_m I_d R_s$<br>$I_d = \dfrac{g_m U_i}{1 + g_m R_s}$<br>$U_o = I_d R_d$<br>$A_u = \dfrac{U_o}{U_i} = \dfrac{I_d R_d}{U_i}$<br>$= \dfrac{g_m R_d U_i}{1 + g_m R_s} \cdot \dfrac{1}{U_i}$<br>$= -\dfrac{g_m R_d}{1 + g_m R_s}$<br>$r_i = R_3 + (R_1 \mathbin{/\!/} R_2) \approx R_3$<br>$r_o = R'_d \quad R'_d = R_d \mathbin{/\!/} R_L$ | $U_{gs} = U_i - U_o$<br>$U_o = g_m U_{gs} R_s$<br>$= g_m (U_i - U_o) R_s$<br>$= g_m U_i R_s - U_o g_m R_s$<br>$U_o = \dfrac{g_m U_i R_s}{1 + g_m R_s}$<br>$A_u = \dfrac{U_o}{U_i}$<br>$= \dfrac{g_m U_i R_s}{1 + g_m R_s} \cdot \dfrac{1}{U_i}$<br>$= \dfrac{g_m R_s}{1 + g_m R_s}$<br>$r_i = R_3 + (R_1 \mathbin{/\!/} R_2)$<br>$\approx R_3$<br>$I_o = \dfrac{U_o}{R_s} - g_m U_{gs}$ |

（续表）

| | 具有部分未旁路射极电阻 | 直　耦　双　管 | 场效管放大电路 | |
|---|---|---|---|---|
| 交流参数 | $I_b = \frac{U_e}{r_{be}}$<br>$U_e = I_c R'_e$<br>$R'_e = R_e \mathbin{/\mkern-6mu/} r_{be}$<br>$I_c = \frac{U_o - U_e}{r_{ce}} + \beta \frac{U_e}{r_{be}}$<br>$= \frac{U_o}{r_{ce}} - \frac{U_e}{r_{ce}} + \beta \frac{U_e}{r_{be}}$<br>$= \frac{U_o}{r_{ce}} - \left(\frac{1}{r_{ce}} + \beta \frac{1}{r_{be}}\right) U_e$<br>$= \frac{U_o}{r_{be}} - \left(\frac{1}{r_{ce}} + \beta \frac{1}{r_{be}}\right) I_c R'_e$<br>$\frac{U_o}{I_c r_{ce}} = 1 + \left(\frac{1}{r_{ce}} + \beta \frac{1}{r_{be}}\right) R'_e$<br>$I_c = \frac{U_o}{r_{ce}\left[1 + \left(\frac{1}{r_{ce}} + \frac{\beta}{r_{be}}\right) R'_e\right]}$<br>$= \frac{U_o}{r_{ce} + R'_e + \beta r_{ce} \frac{R'_e}{r_{be}}}$<br>$I_o = \frac{U_o}{R_c} + \frac{U_o}{r_{ce} + R'_e + \beta r_{ce} \frac{R'_e}{r_{be}}}$<br>$r_o = \frac{U_o}{I_o}$<br>$= R_c \mathbin{/\mkern-6mu/} \left(r_{ce} + R'_e + \beta \frac{r_{ce} R'_e}{r_{be}}\right)$ | | | $U_o = U_{gs}$<br>$I_o = \frac{U_o}{R_s} + g_m U_o$<br>$r_o = \frac{U_o}{I_o} = \frac{U_o}{\frac{U_o}{R_s} + g_m U_o}$<br>$= \frac{1}{\frac{1}{R_s} + g_m} = \frac{1}{g_m} \mathbin{/\mkern-6mu/} R_s$<br>当 $R_s \gg \frac{1}{g_m}$<br>$r_o \approx \frac{1}{g_m}$ |

2. 音频小信号放大电路

音频一般指 20～20 000 Hz 的低频信号，小信号是指信号电平使晶体管工作在放大区中的线性范围内，它只占放大区的很小部分。小信号放大电路用来将微弱信号进行放大后去推动功放级，因此也称前置放大电路。为了要能推动功放电路，须用二级甚至多级放大电路，多级放大电路内部各级之间的连接方式称为耦合方式，常用多级音频放大电路，如图 8-11 所示。

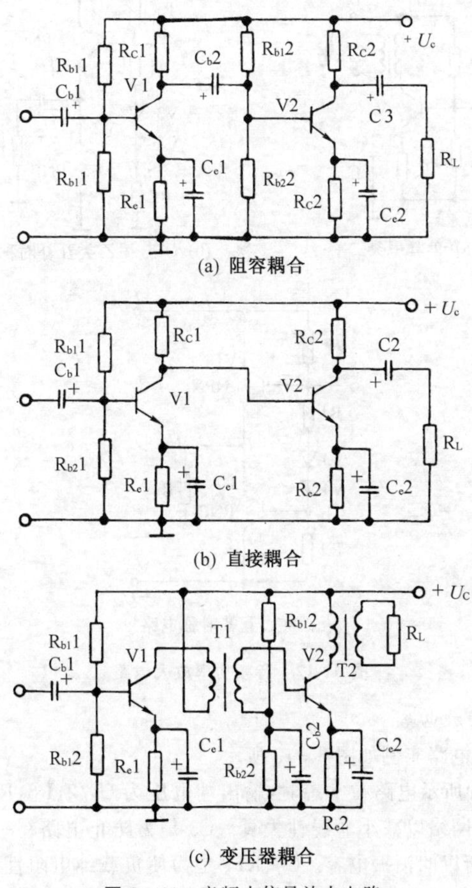


图 8-11　音频小信号放大电路

3. 音频功率放大电路

功率放大电路一般在一个放大系统的末级，用以输出一定功率供给负载（如扬声器等），因此必须在管子允许耗散功率和允许失真情况下尽量提高输出功率和放大电路的效率。常用音频功率放大电路如图 8－12 所示。

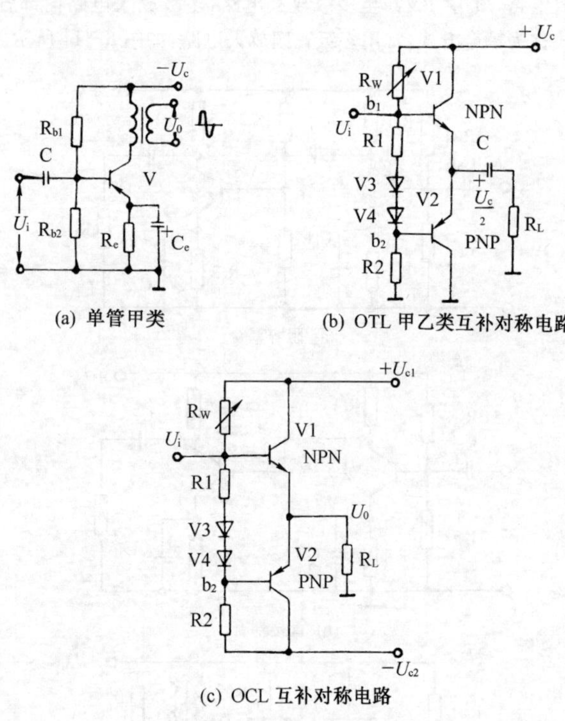


**图 8－12**　音频功率放大电路

4. 实用功放电路

实用功放电路实例如图 8－13 所示。

图 8－13a 所示电路在常态时，输出端电压为 $U_c/2$，R5，R4，C2 是个电压串联负反馈网络以减小非线性失真。C3 是为防止电路在一定输入信号时引起振荡，所以叫消振电容。C5、R11 是为使负载纯电阻性、防止感性负载产生过电压击穿输出管而设置的吸收回路。

图 8－13b 所示电路在常态时，输出端电压为 0，R5、R6、C3 组成电压串联反馈网络，以改善非线性失真，R14、C7 也是输出端的吸收回路，C5 是为消除自激而设置的。

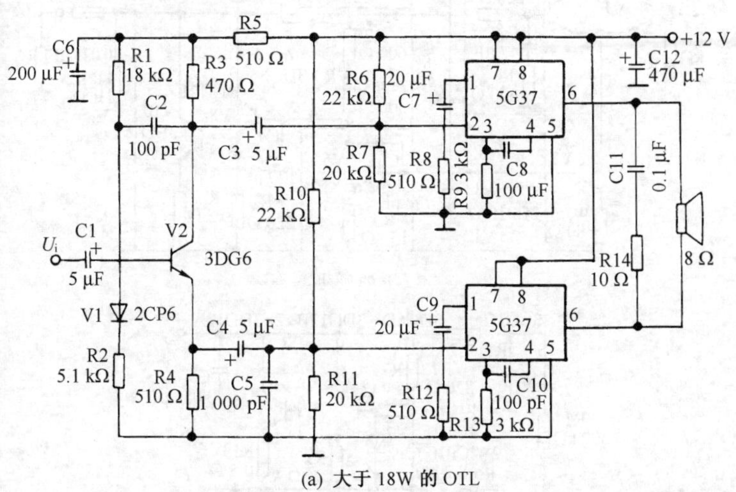

(a) 大于 18W 的 OTL

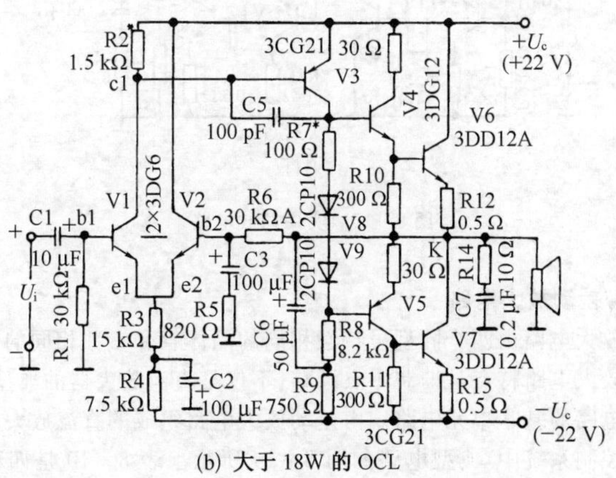

(b) 大于 18W 的 OCL

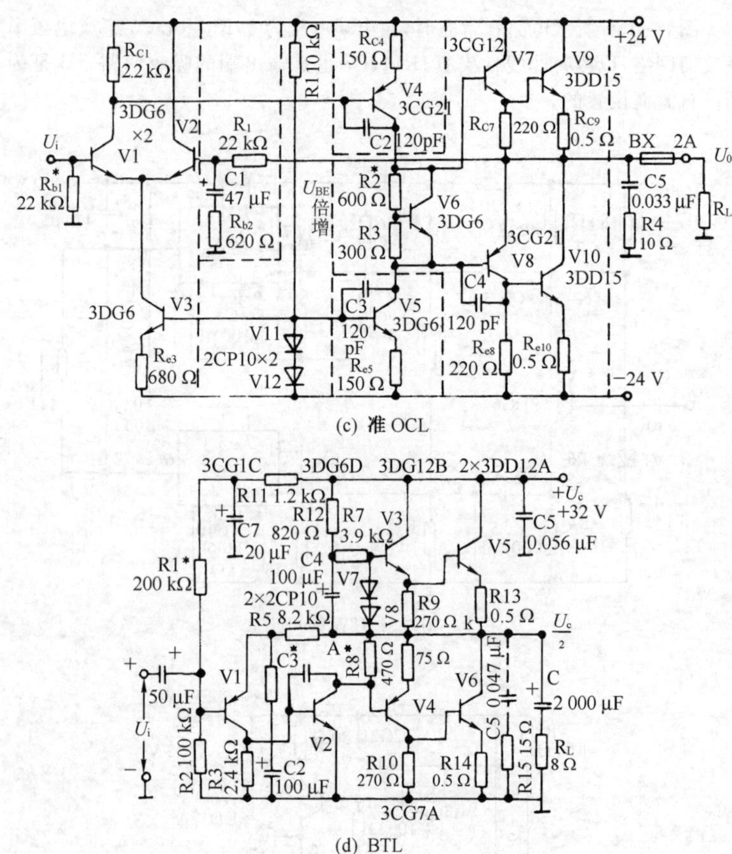


(c) 准 OCL

(d) BTL

图 8 - 13　实用功放电路

## 四、晶体管差动放大电路

差动放大电路由两个同型号特性相同的晶体管和参数相同的元件组成的。差动放大电路特点是抑制零点漂移，不仅是直流放大器的典型电路，而且是模拟电路的基本单元电路。由差动放大电路组成的直流放大电路广泛用在自动控制系统中，典型电路如图 8 - 14 所示。表 8 - 10 是四种接法的电路及有关参数。

表 8-10 差动放大电路四种接法的性能比较

| 接　法 | 差动输入双端输出 | 差动输入单端输出 |
|---|---|---|
| 电路图 | 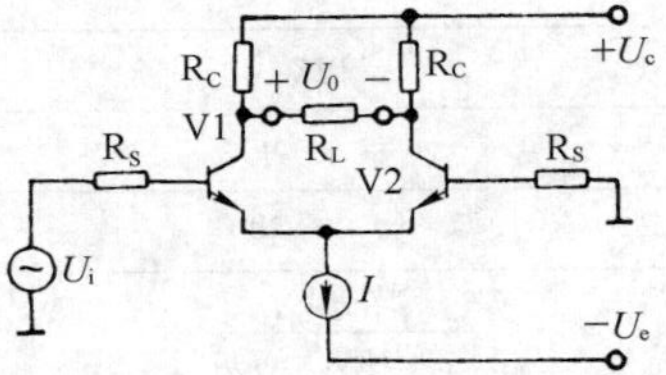 | 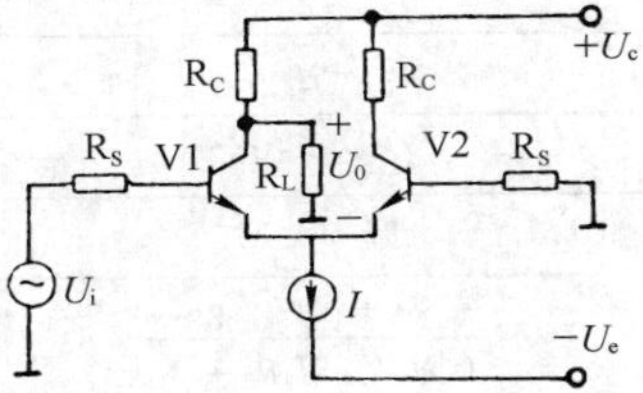 |
| 差模放大倍数 $A_d$ | $-\dfrac{\beta(R_C // R_L/2)}{R_S+r_{be}}$ | $-\dfrac{1}{2}\dfrac{\beta(R_C // R_L)}{R_S+r_{be}}$ |
| 共模抑制比 | 很　高 | 较　高 |
| 输入电阻 $r_I$ | $2(R_S+r_{be})$ | $2(R_S+r_{be})$ |
| 输出电阻 $r_O$ | $2R_C$ | $R_C$ |
| 特　点 | 1. 放大倍数与单管基本放大电路相等<br>2. 若电路两边参数完全对称，则 CMRR=∞<br>3. 适用于对称输入、对称输出，输入输出均不接地的情况 | 1. 放大倍数等于单管基本放大电路的一半<br>2. 由于引入共模负反馈，电路仍有较高的共模抑制比<br>3. 常用于将差动信号转换为单端输出信号 |

（续表）

| 接　法 | 差动输入双端输出 | 差动输入单端输出 |
|---|---|---|
| 电路图 | 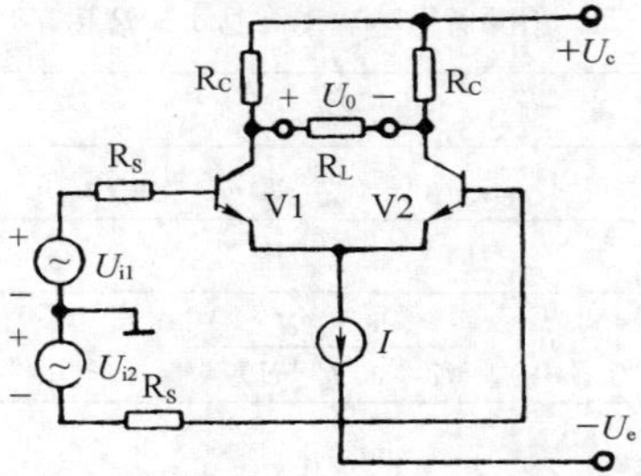 | 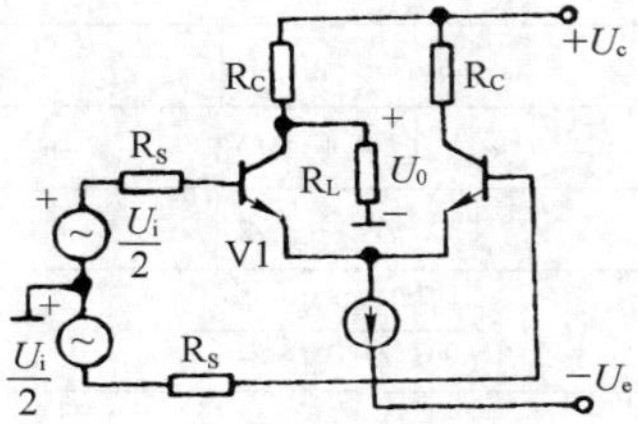 |
| 差模放大倍数 $A_d$ | $-\dfrac{\beta(R_C \parallel R_L/2)}{R_S + r_{be}}$ | $-\dfrac{1}{2}\dfrac{\beta(R_C \parallel R_L)}{R_S + r_{be}}$ |
| 共模抑制比 | 很　高 | 较　高 |
| 输入电阻 $r_I$ | $2(R_S + r_{be})$ | $2(R_S + r_{be})$ |
| 输出电阻 $r_O$ | $2R_C$ | $R_C$ |
| 特　点 | 1. 放大倍数与单管基本放大电路相等<br>2. 若电路两边参数完全对称，则 $CMRR = \infty$<br>3. 常用于将单端输入信号转换成双端输出，作为下一级的差动输入。还可用于负载两端悬浮，均不接地的情况 | 1. 放大倍数等于单管基本放大电路的一半<br>2. 比单管基本放大电路具有更强的抑制零漂的能力<br>3. 适用于输入与输出均要求接地的情况。通过从不同的管子输出，可以得到输出与输入间为同相或反相关系 |

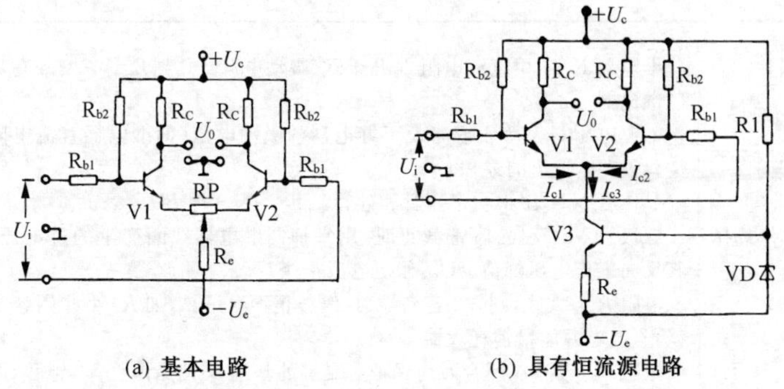


(a) 基本电路　　(b) 具有恒流源电路

**图 8-14** 差动放大电路

## 五、晶体管继电器电路

1. 基本电路和元件选择

晶体管继电器的基本电路和元件选择见表 8-11 和表 8-12。

表 8-11　无外加偏压的晶体管继电器

| | |
|---|---|
| 电　　路 | 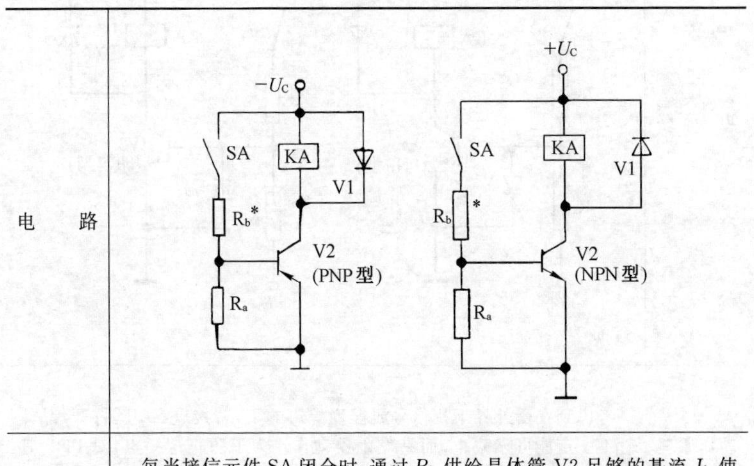 |
| 工作原理 | 每当接信元件 SA 闭合时，通过 $R_b$ 供给晶体管 V2 足够的基流 $I_b$ 使其饱和导通，继电器 KA 工作。若 SA 打开，V2 截止，KA 释放 |

（续表）

| | |
|---|---|
| 元件选择 | 继电器KA：用直流电阻$R$几千欧、吸动电流$I$几到几十毫安的高灵敏继电器<br>电源电压$U_c$：等于或略大于继电器的吸动电压（即继电器直流电阻$R$和吸动电流$I$的乘积）<br>晶体管V2：用小功率锗管和硅管。其$I_{CM}>I$，$BU_{ceo}>U_c$<br>二极管V1：在晶体管截止时，用来抑制继电器线圈产生的过电压。其反向工作电压峰值$>U_c$，额定电流$I_v>I$<br>电阻$R_a$：大些，则V2容易导通，但截止不太可靠，如$R_a$小些则容易截止，但电源能量消耗大些<br>电阻$R_b$：当SA闭合时应保证有足够的基流$I_b$使晶体管V2饱和，即$U_c/R_b \geqslant U_c/\beta R_a$。所以$R_b \leqslant \beta R_a$，$\beta$是取V2的$\beta$最小值 |

表8-12 外加反向偏压的晶体管继电器

| | |
|---|---|
| 电　路 | 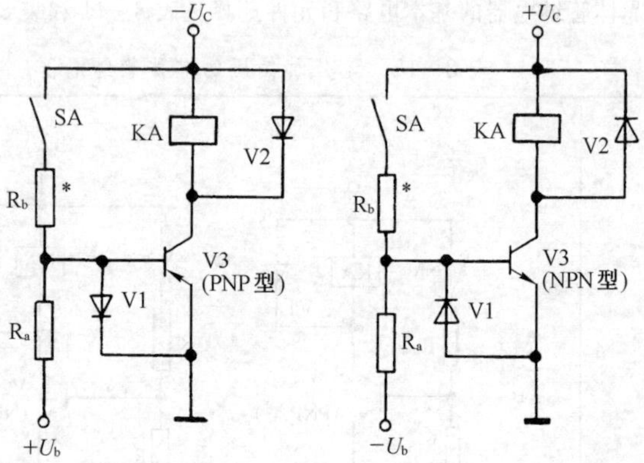  |
| 动作原理 | 考虑到在受外界干扰信号或温度等影响下，若接点SA已打开，晶体管不一定能可靠截止，而易发生误动作。为了防止这一点，对PNP管可加正偏压，对NPN管可加负偏压 |

（续表）

<table>
<tr><td>元件选择</td><td>继电器 KA、电源电压 $U_c$、晶体管 V3、二极管 V1、V2 见表 8-11<br>电阻 $R_a$：使管子截止时，基极-发射极反向电压不小于 0.3 V。即要求 $R_a \leqslant \frac{U_b - 0.3}{I_{cbo}} \approx \frac{U_b}{I_{cbo}}$（因为一般 $U_b \gg 0.3$），式中 $I_{cbo}$ 必须考虑到它因温度增加而增加，因此要用最高可能环境温度下的数值代入<br>电阻 $R_b$：当 SA 闭合时，要使晶体管基极-发射极承受正向电压并超过一定数值（锗管约>0.3 V，硅管约>0.7～0.8 V），即<br>$$U_c - \left(I_b + \frac{U_b + 0.3}{R_a}\right)R_b \geqslant 0.3 \quad \text{（以锗管为例）}$$<br>一般为<br>$$R_b < \frac{\beta R_a}{1 + \frac{U_b}{U_c R_a}}$$<br>二极管 V1、V2：以防止晶体管截止时基极-发射极承受过大的反向电压而损坏（特别对高频锗管或硅管，其 $BV_{ebo}$ 较小）。加保护二极管 V1、V2 后，将这反向电压限制在 V1、V2 的正向压降范围内（1 V 左右）。二极管 V1、V2 额定电流要大于 $\frac{U_b}{R_a}$</td></tr>
</table>

2. 应用实例

1）光电继电器　半导体光电元件是将光能转换成电量的元件，常有下列几种：

光电池：当光照射到 PN 结上，就在 PN 结两端出现电动势（P 区是正端，N 区是负端）。

光敏电阻：由半导体材料制成的，有光照射时，电阻减小；无光照射时，电阻较大。

光敏二极管：有光照射时，使 PN 结反向电流大大增加。

光敏三极管：有光照射时，集电极-发射极反向电流大大增加。

光电继电器分亮通和暗通两种电路，亮通是指光敏元件受到光照射时，继电器 KA 吸合；暗通是指光敏元件无光照射时，继电器 KA 吸合。其实用电路如图 8-15～图 8-18 所示。

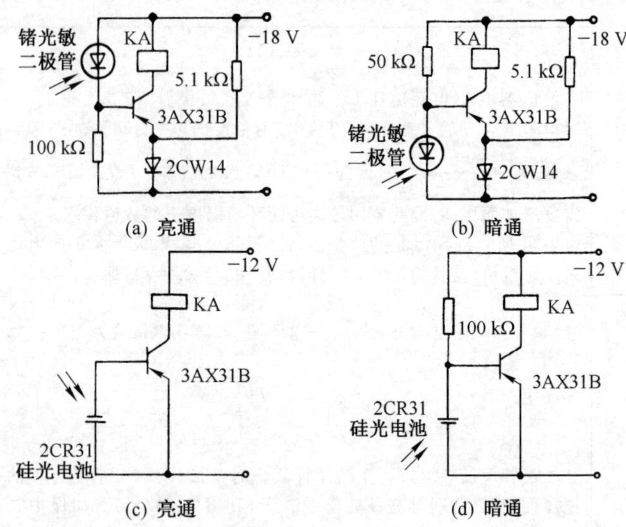


图 8－15　光电继电器

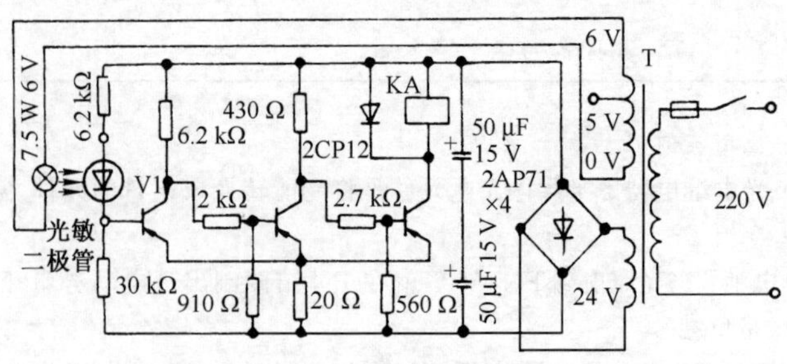


图 8－16　JG－A 和 JG－E 型光电继电器

晶体三极管：3AX31B(其中 V1 要求 $70<\beta<90$)

2）温度继电器　在图 8－19 所示的温度继电器中，当温度偏高时，水银温度计的电接点闭合，三极管截止，KA 释放；而温度偏低时，水银温度计的电接点断开，三极管导通，KA 吸合。利用 KA 的触点可以实现温度自动控制或报警等。

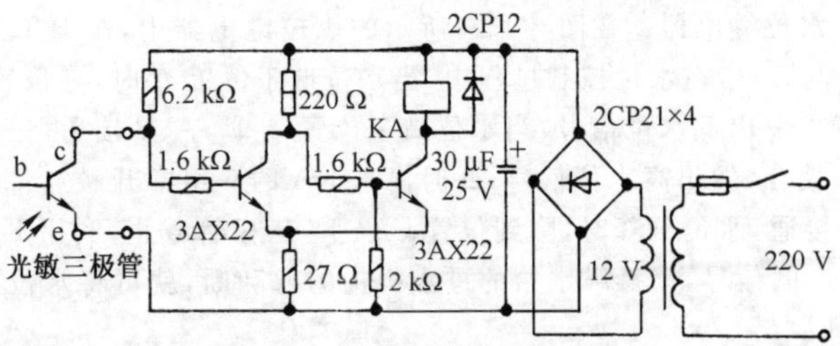


图 8－17　JG－C 型光电继电器

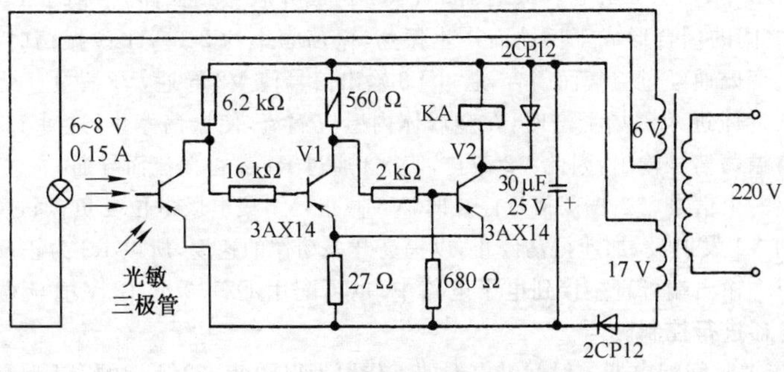


图 8－18　JG－D 型光电继电器

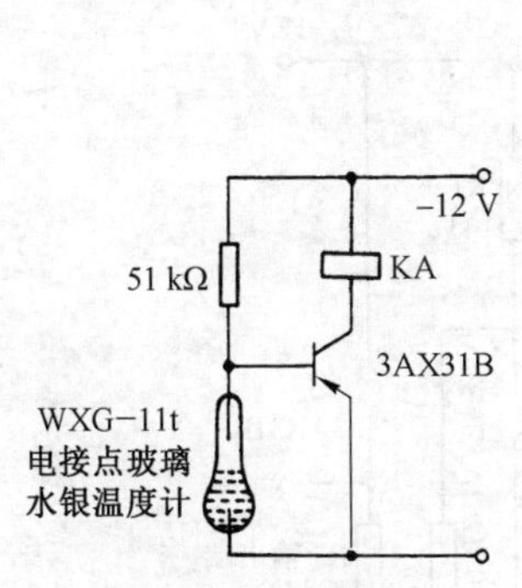


图 8－19　温度继电器

（KA—高灵敏直流继电器，直流电阻 2 kΩ，吸动电流 6 mA）

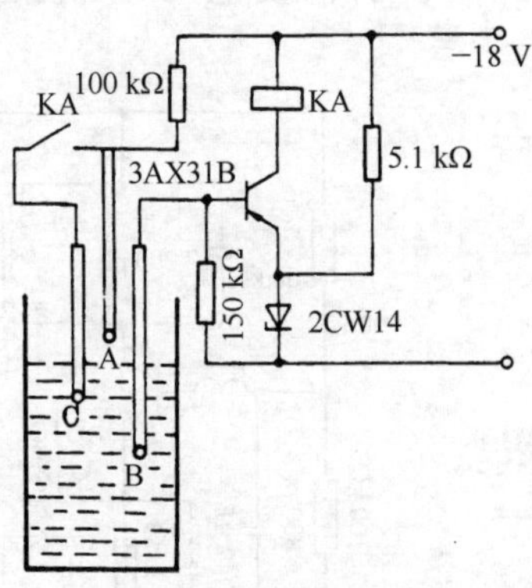


图 8－20　水位继电器

（KA—高灵敏直流继电器，直流电阻 2 kΩ，吸动电流 6 mA）

3）水位继电器 在图8-20所示的水位继电器中，A、B、C为三根固定的电极棒，在水位控制过程中，当水位低于位置A时，三极管截止，KA释放，发出低水位信号；当水位高于位置A时，A、B接通，三极管导通，KA吸合，发出高水位信号，此时由于KA的一组常开触点将电极棒C与A接通，水位下降时，降到位置C以下，三极管截止，利用KA的触点所反应的信号，来操纵水箱的进水机构的通和断，就可将水位控制在AC之间。

4）无触点行程开关 在图8-21所示的LXU晶体管端面式无触点行程开关中，由V1组成一振荡器，L1、C1构成并联振荡回路，借助于L2与L1之间的耦合形成正反馈而产生振荡，振荡频率约240 kHz。振荡时，产生交变磁通经过空气而闭合，通过L3输出信号使V2导通，V3截止。当金属接近体进入磁场上空时，在金属体内感应涡流，使振荡停止，这时L3就没有振荡信号输出，因此V2截止，使V3通过R1获得偏流而导通，通过R3输出一个信号。当振荡接近停止时，V3截止，V2集电极电位变负，通过R2加到V1发射极，加速振荡停止，以提高开关动作的速度，所以R2为正反馈电阻。输出端可直接接到电子电路中，也可配用DZ100型12 V直流微型继电器进行控制。

5）时间继电器 时间继电器的工作原理以图8-22所示的JSJ型交流时间继电器为例来说明。当电源接通时，V1通过R5、KA从主电源$U_1$获

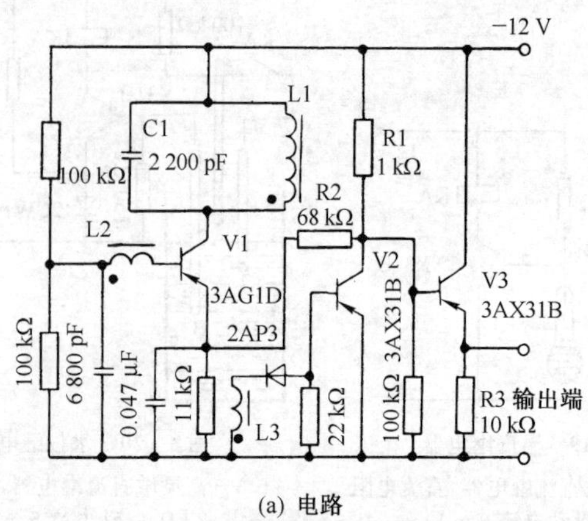


(a) 电路

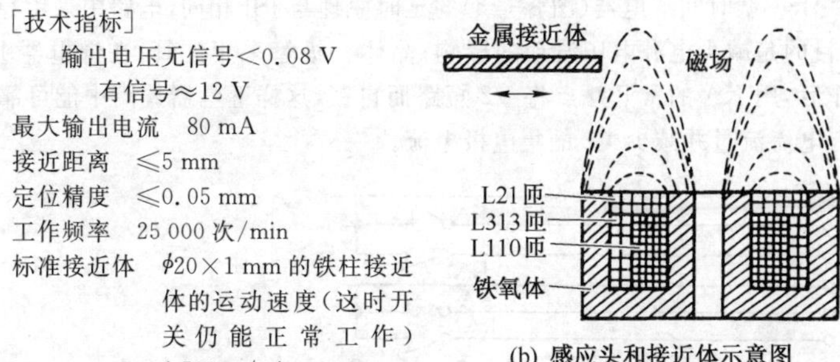


［技术指标］

输出电压无信号＜0.08 V

有信号≈12 V

最大输出电流　80 mA

接近距离　⩽5 mm

定位精度　⩽0.05 mm

工作频率　25 000 次/min

标准接近体　$\phi$20×1 mm 的铁柱接近体的运动速度（这时开关仍能正常工作）1 500 m/min

(b) 感应头和接近体示意图

**图 8-21**　LXU 晶体管端面式无触点行程开关

得偏流而导通，因此 V2 截止，继电器 KA 释放。同时电容 C 通过 KA 的常闭触点、RP、R1、R2 充电，因此 a 点电位逐渐升高，经过一段延时后，当它略高于 b 点电位时，V3 导通，辅助电源 $U_2$ 正电压加在 V1 基极-发射极之间使 V1 截止，V2 通过 R3 获得偏流而导通，又通过 R5 产生正反馈，使 V1 加速可靠截止，这样 V2 迅速导通，KA 迅速动作。KA 动作后，其常开触点闭合，电容 C 通过 R4 放电，准备下次动作时重新充电。R1 用来整定刻度。

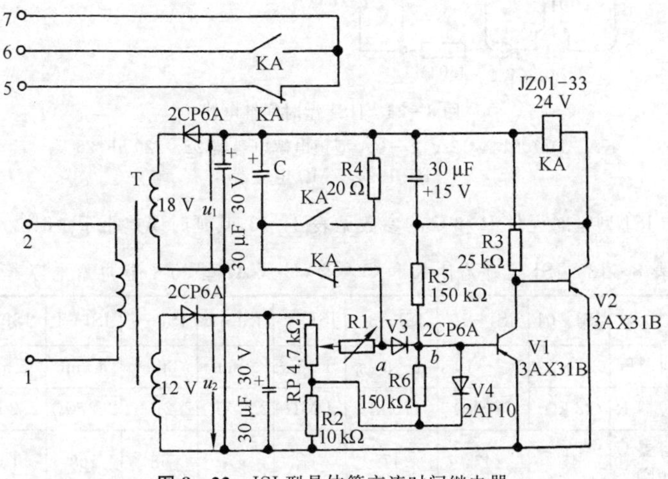


**图 8-22**　JSJ 型晶体管交流时间继电器

JJS1 型时间继电器(图 8-23)的延时原理与 JSJ 相同,电路中采用稳压管,目的是减少电源电压波动的影响;晶体三极管采用硅管;在继电器 KA 动作后,用 KA 的常开触点将 V2 短路而自锁,这样继电器线圈中能可靠保持有电流流过并减少 V2 的集电极电流。

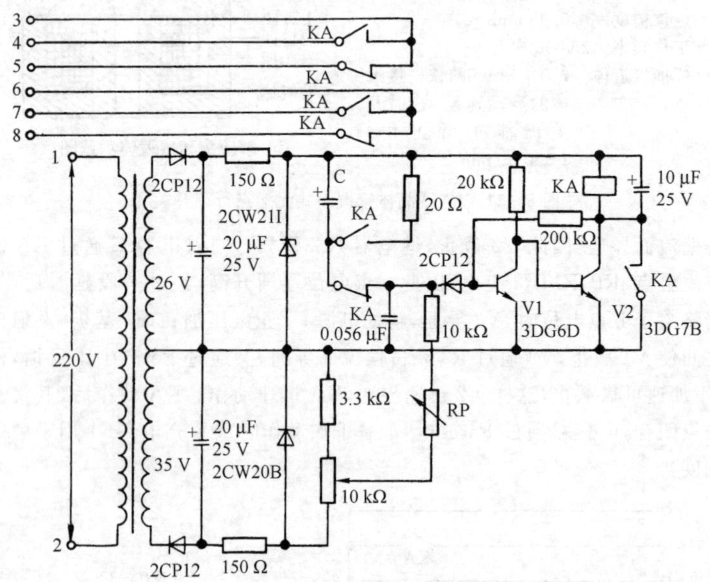


**图 8-23**　JJS1 型时间继电器

KA—DZ100144/12 V;C—CA 型钽电解电容器 22～220 μF/25 V;
R—1～4.7 MΩ 电位器

JSJ 型延时元件 R 和 C 的参数见表 8-13,其延时误差小于±3%。

表 8-13　JSJ 延时元件 R 和 C 参数(C: CAI 型 25 V 钽电解电容器)

| 型　号 | JSJ-01 | JSJ-10 | JSJ-30 | JSJ-1 | JSJ-2 | JSJ-3 | JSJ-4 | JSJ-5 |
|---|---|---|---|---|---|---|---|---|
| 延时范围 | 0.1～1 s | 0.2～10 s | 1～30 s | 1 min | 2 min | 3 min | 4 min | 5 min |
| 电位器 R | 22 kΩ | 220 kΩ | 470 kΩ | 1 MΩ | 2.2 MΩ | 2.2 MΩ | 2.2 MΩ | 2.2 MΩ |
| 电容器 C (μF) | 47 | 47 | 47 | 47 | 47 | 68 | 100 | 100 |

6）延时继电器　图 8-24 所示为 JS-12 型晶体管延时继电器原理图。接通电源，RP、R5、C2 为充电回路，当 $U_E = U_P$ 时，单结晶体管导通，R4 上输出尖脉冲使晶闸管导通，继电器 KA 吸合。KA-1 切换自保，常开触点 KA-2 闭合，接着 C2 放电，每一次充电开始时 $U_E = 0\,V$。R1 是为晶闸管更可靠的导通而设，C1 为防干扰电容。

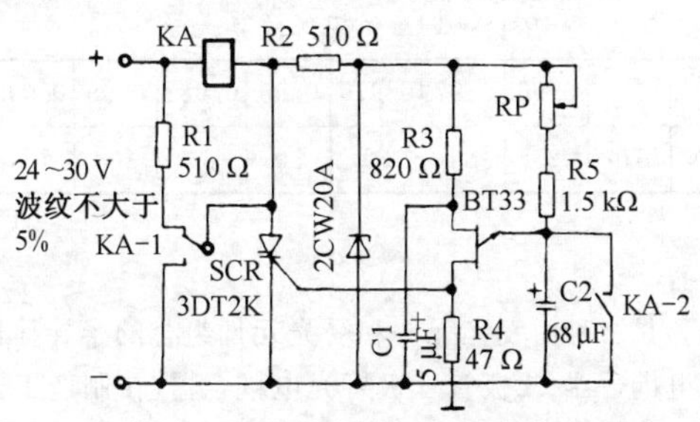


图 8-24　JS-12 型晶体管延时继电器原理图

此电路调节 RP 可改变延时时间，根据需要适当选择 RP、C2 值，可得到所要延时的时间。

7）闪光方向指示电路　图 8-25 所示是可用来表示方向的电路。它

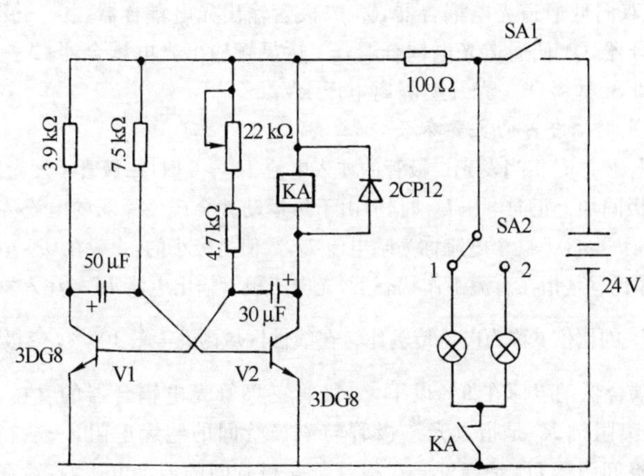


图 8-25　方向指示电路

可用来指示前进或后退、向左或向右等指示方向。电路工作稳定，适用性广，是一种简单而可靠的自动开关电路。其工作过程是：一旦 SA1 合上电路就工作。由于电路工作在无稳态的状态，所以 V1、V2 都是在不断地导通或截止，当 V2 导通或截止时，继电器 KA 吸动或释放使 KA 触点接通或断开，指示灯亮或暗，SA2 打到 1 或 2 的位置上，指示灯 1 或 2 就闪光。

表 8－14 $\alpha$和$\beta$换算关系

| $\alpha$ | 0.8 | 0.9 | 0.95 | 0.96 | 0.97 | 0.975 | 0.98 | 0.985 | 0.99 | 0.992 | 0.993 | 0.995 |
|---|---|---|---|---|---|---|---|---|---|---|---|---|
| $\beta$ | 5 | 10 | 20 | 25 | 33 | 39 | 50 | 66 | 100 | 124 | 142 | 200 |

## 六、光电耦合器

光电耦合器是一种由发光元件和受光元件组合的半导体器件。它有二极管二极管光电耦合器、二极管三极管光电耦合器，在制造工艺上是将发光元件与受光元件组合后封装在一个管壳内的器件。发光元件的引脚为光电耦合器的输入端子，受光元件的引脚为光电耦合器的输出端子。当输入端有信号时输出端就有信号输出。输入与输出间在电气上是相互绝缘的，具有隔离低噪声抗干扰的光电转换器件，图 8－26 所示为光电耦合器的引脚图。

1. 光电耦合器的标记

① 双向低通道光电耦合器，② 二极管输出光电耦合器，③ 三极管输出光电耦合器，④ 低通道光电耦合器，⑤ 达灵顿输出光电耦合器；A—芯片为 Ca As 和 Si 材料，B—光纤型隔离电压 kV/m。

2. 光电耦合器的主要参数

暗电流 $I_d$ 是指当发光二极管的注入电流 $I_F=0$ 时(二极管不发光)及三极管 c－e 极间加上正向电压 $U_{ce}$ 时，但由于热运动就会产生微弱的电流流过光电三极管的集电极。这个电流称为暗电流 $I_d$，数值是极小的，一般在 0.1 μA 左右；电流传输比$\beta$是指在直流工作状态下，光电三极管输出电流 $I_L$ 与注入发光二极管电流 $I_F$ 的比值$\beta$称为电流传输比。在线性区域内 $\beta=\frac{I_L}{I_F}100\%$，二极管二极管光电耦合器的$\beta$值在 9%以下，二极管三极管光电耦合器的$\beta$在 10%～80%；隔离阻抗 $R_g$ 是指发光二极管与三极管间的绝缘电阻，一般在 $10^9$～$10^{11}$ Ω；极间耐压 $U_g$ 是指发光二极管与三极管间的绝缘电压，一般在 500 V 以上，不过光电耦合器对环境温度较敏感，所以在使用时须注意。

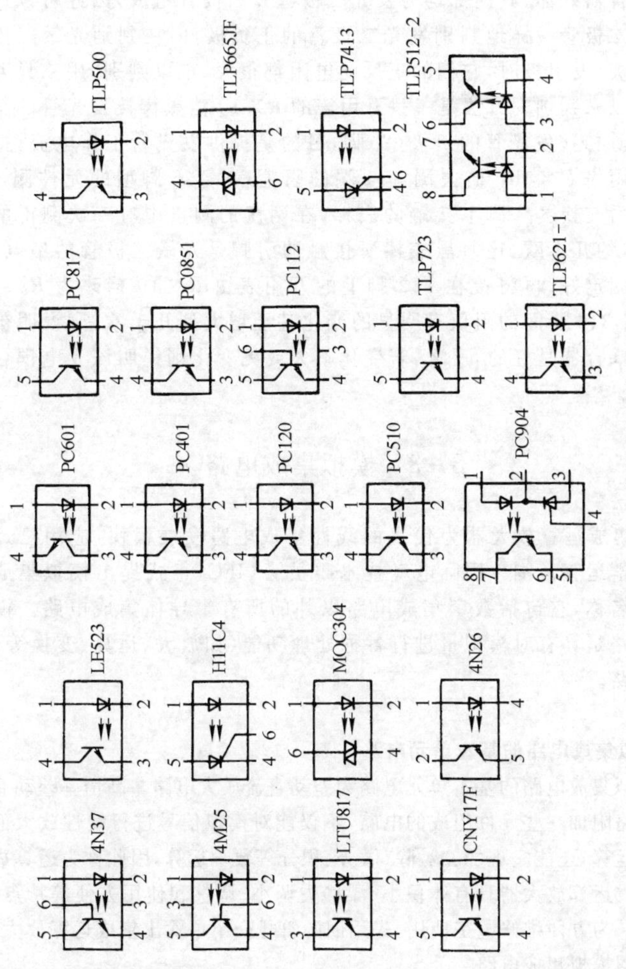


图8-26 光电耦合器引脚图

3. 光电耦合器的判别

光电耦合器有4根引脚和6根引脚这两类，一般用万用表可以判别光电耦合器好坏，其内部均为发光二极管和三极管组成，因此可以用判别普通二极管一样地判别发光二极管的正负极，但在判别光敏三极管的集电极、发射极时，它们的正反向电阻都很大，难以判别，用二只万用表就可以来判别。方法是一只万用表的 $R\times10$ 档黑棒接发光管的正极(1)脚，红棒接发光管的负极(2)脚，目的是提供发光管工作电流，把另一只万用表 $R\times100$ 档去测3、4端的阻值(对于6脚型的元件测4、5端)，然后交换3、4脚上接触的表棒，在两次的测量中有一次测得的数值较小，约几十欧，这时黑表棒所接触的引脚是光敏三极管的集电极。将表棒固定好，再将接在1、2脚上的万用表由 $R\times10$ 档改为 $R\times100$ 档，这时3、4脚间的阻值有明显的变化甚至增大到几千欧，则说明被测的光电耦合器是好的，反之，若变化不大或无变化则说明该光电耦合器已损坏。

## 8-3 模拟集成电路

以集成运算放大器为代表的线性集成电路发展很快，应用已远远超出数学运算范围。国际电气技术委员会(IEC)正式提出模拟集成电路这个名称，它包括数字集成电路以外的所有半导体集成电路。模拟集成电路是具有对模拟量进行各种处理功能(如放大、运算、变换等)的集成电路。

### 一、模拟集成电路的基本单元电路

模拟集成电路的基本单元电路为差动直流放大电路。高倍率差动直流放大电路附加一些元件组成的电路，不仅能对模拟信号进行线性放大而实现乘法运算，还能实现加、减、除、微分、积分等数学运算，因此称为运算放大器。集成运算放大器具有体积小、漂移失调小、调整和使用方便等特点，应用极广。为方便维修电工使用，先用旧的符号介绍单输出集成运算放大器，然后介绍模拟集成电路。

1. 集成运算放大器

运算放大器有两个输入端和一个输出端，符号如图8-27所示，A端称为反相输入端，用⊖表示；B端称为同相输入端，用⊕表示。信号从反相端输入时，输出信号与输入信号反相；信号从同相端输入时，输出信号与输入信号同相。从输出端反馈到反相输入端，构成负反馈；从输出端反馈到同相输入端，构成正反馈，如图 8-28 所示。运算放大器中引入反馈环节以后，本身形成了一个闭合回路，称之为闭环；相应地把图 8-27 所示的称为开环。

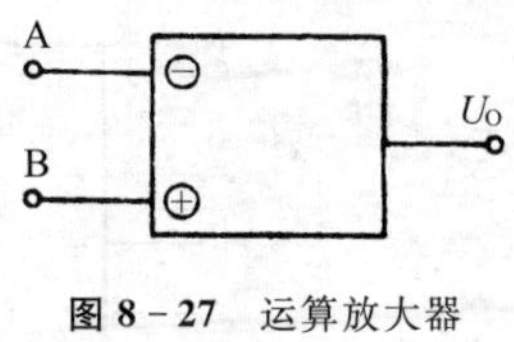


**图 8-27** 运算放大器的符号

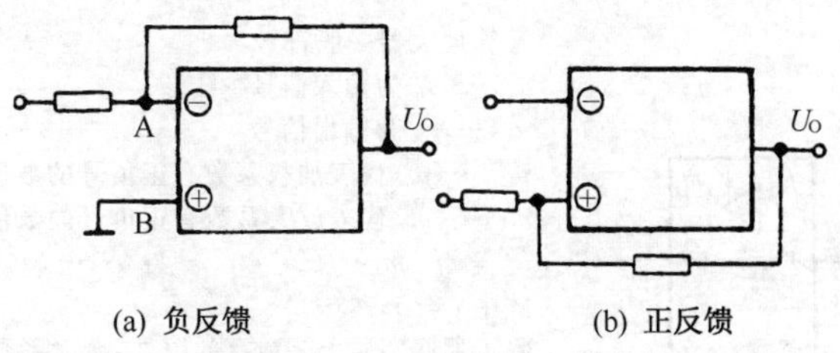


**图 8-28** 运算放大器的反馈方式

运算放大器从 A、B 端看进去的等效电阻 $r_I$ 称为开环输入电阻；开环时从输出端看进去等效信号源的内电阻 $r_O$ 称为开环输出电阻；而输出电压 $U_O$ 与加在 A、B 两端之间的输入电压 $U_i$ 之比 $K_O$ 称为开环电压放大倍数，即

$$K_O = \frac{U_O}{U_i}$$

2. 模拟集成电路单元图形符号

模拟单元图形符号由方框和限定符号组成，并加输入线和输出线，如图 8-29 所示。

输出量与输入量之间的关系为：

$$u = -f(2x, -y, z)$$

集成运算放大器的一般符号如图 8-30 所示。

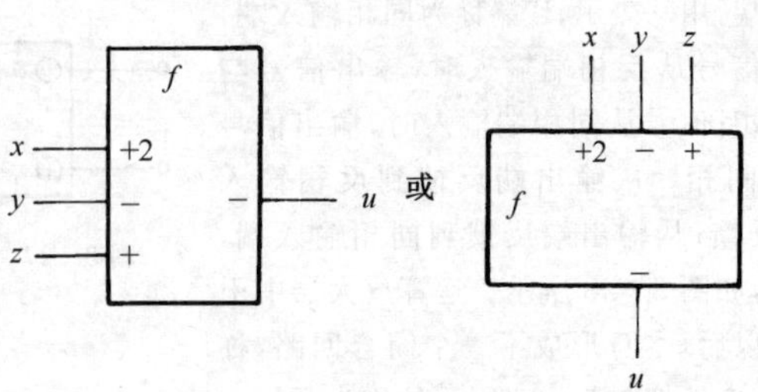


**图 8-29**　模拟单元图形符号示例

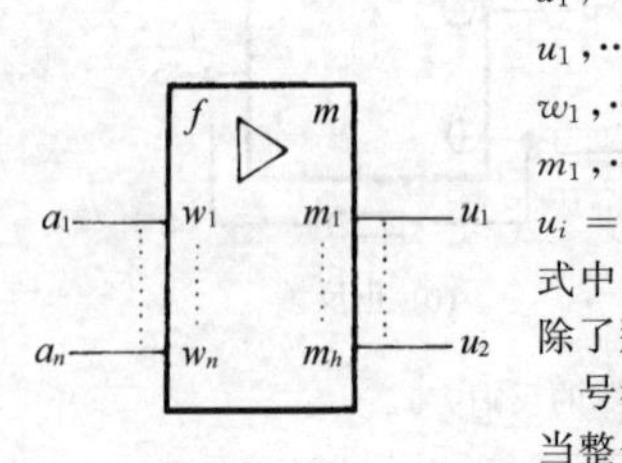


运算放大器一般符号

$a_1,\cdots,a_n$ 为输入信号

$u_1,\cdots,u_k$ 为输出信号

$w_1,\cdots,w_n$ 代表加权系数有正负号的数值

$m_1,\cdots,m_k$ 代表放大系数有正负号的数值

$u_i = m \cdot m_i \cdot f(w_1 \cdot a_1, w_2 \cdot a_2, \cdots, w_n \cdot a_n)$

式中 $i = 1,2,\cdots,k$

除了那些实质上是数字的以外，放大系数的符号都应保持在每个输出端上

当整个单元只有一个放大系数，或者从加权系数和放大系数提出公因子时，定性符号中的"$m$"可以用绝对值代替

**图 8-30**　运算放大器一般符号

电工常用的模拟单元符号见表 8-15。

表 8-15　常用模拟单元符号

| 图　形　符　号 | 说　　　明 |
|---|---|
| 放　大　器 | |
| | 当 $m = 1$ 时，数字"1"可以省略。符号总是应保持在模拟输出端。在额定开路增益非常高而且不特别关心其具体数值的场合，推荐用符号∞作为放大系数。<br>示例：高增益差分放大器(运算放大器) |

（续表）

| 图 形 符 号 | 说 明 |
| --- | --- |
| $10^4$<br>− −<br>+ + | 额定放大系数为 10 000 并有两个互补输出的高增益放大器 |
| ▷1<br>+ − | 放大系数为 1 的反相放大器<br>$u = -1 \cdot a$ |
| ▷<br>+ +2<br>−3 | 具有两个输出的放大器，上面一个不反相，放大系数为 2；下面一个反相，放大系数为 3 |
| Σ▷10<br>$a$ +0.1<br>$b$ +0.1<br>$c$ +0.2 $u$<br>$d$ +0.5<br>$e$ +1.0 | 求和放大器<br>$u = -10(0.1a + 0.1b + 0.2c + 0.5d + 1.0e)$<br>$= -(a + b + 2c + 5d + 10e)$ |
| ∫▷80<br>$a$ +2<br>$b$ +3<br>$c$ ⋂ 1<br>$f$ # C − $u$<br>$g$ # S<br># H | 积分放大器（积分器）<br>如果 $f = 1, g = 0, h = 0$<br>则<br>$u = -80\left[c_{(t=0)} + \int_0^t (2a + 3b)\mathrm{d}t\right]$<br>注：如果不会引起混淆，信号识别用的符号（⋂和♯）可以省略 |
| $\frac{\mathrm{d}}{\mathrm{d}t}$▷5<br>$a$ +1<br>+ $u$<br>$b$ −4 | 微分放大器（微分器）<br>$u = 5\frac{\mathrm{d}}{\mathrm{d}t}(a - 4b)$ |

（续表）

| 图形符号 | 说明 |
| --- | --- |
| 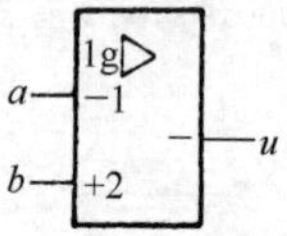 lg ▷; $a$ —1; $b$ +2; — $u$ | 对数放大器<br>$u=-\lg(-a+2b)$ |
| 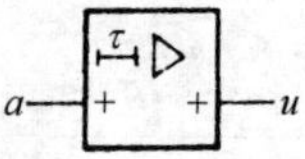 $\tau$ ▷; $a$ + ; + $u$ | 定延迟放大器<br>$u(t-\tau)=W_\tau(p)\cdot a(t)$<br>式中　$p$——微分算子；<br>$W_\tau(p)$——传递函数；<br>$\tau$——延迟时间，可以用具体数值代替 |
| 信号转换器 | |
|  #/∩ | 数-模转换器一般符号 |
|  ∩/# | 模-数转换器一般符号 |
| 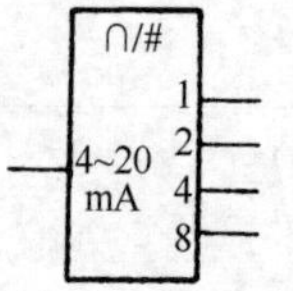 ∩/#; 4~20 mA; 1 2 4 8 | 可将范围在 4～20 mA 的输入转换成一个 4 位加权二进制码的模-数转换器 |
| 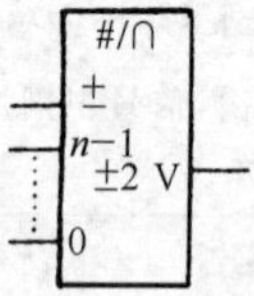 #/∩; ±; $n-1$; 0; ±2 V | 输入为 $n$ 位二进制码，输出为 ±2 V 的数-模转换器 |

电子开关

规定数字信号为定义“1”状态，模拟信号可以通过为常开开关

规定数字信号为定义“0”状态，模拟信号可以通过为常闭开关

（续表）

| 图 形 符 号 | 说 明 |
|---|---|
| 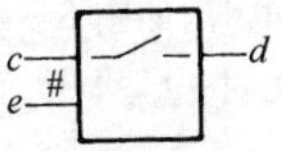 | 双向开关（常开），通用符号只要数字输入 $e$ 处在定义 1 状态，模拟信号在 $c$ 和 $d$ 之间能按任一方向通过<br>注：可以加一箭头表示单向开关（常开） |
| 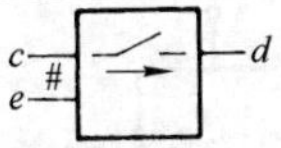 | 示例：只要数字输入 $e$ 处在定义 1 状态，模拟信号就只能按箭头所示方向通过 |
| 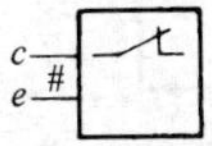 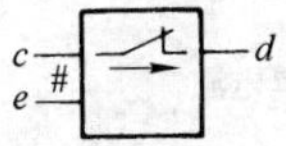 | 双向开关（常闭），通用符号只要数字输入 $e$ 处在定义 0 状态，模拟信号在 $c$ 和 $d$ 之间能按任一方向通过<br>注：可以加一箭头表示单向开关（常闭）<br>示例：只要数字输入 $e$ 处在定义 0 状态，模拟信号就只能按箭头所示方向通过 |
| 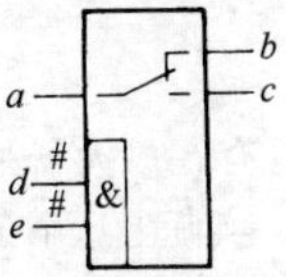 | 由两个数字输入的"与"功能启动的双向转换开关 |
| 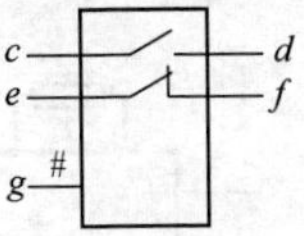 | 两个独立的双向开关（1 个常开，1 个常闭）。2 个开关均由同 1 个二进制输入启动 |
| 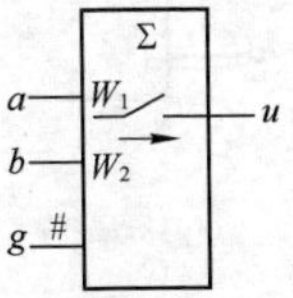 | 开关求和器（单向常开）<br>$g=1$<br>$u=W_1\cdot a+W_2\cdot b$（开关接通）<br>$g=0$<br>$u=0$（开关断开） |
| 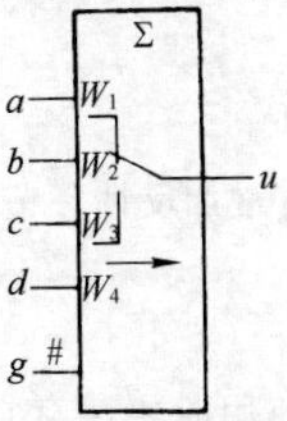 | 开关求和器（单向）（1 个常闭，1 个常开）<br>$g=1$<br>$u=W_3\cdot c+W_4\cdot d$<br>$g=0$<br>$u=W_1\cdot a+W_2\cdot b$ |

## 二、模拟集成电路的外接电路

1. 电源连接

模拟集成电路一般需要正负电源供电，如图 8－31a 所示。这时输入输出信号的电位是相对于接地点零电位而言。单电源供电时，如图 8－31b 所示，电源电压为 $(U_{CC}+U_{ee})$，而输入输出信号的电位应是相对 $+U_{ee}$ 电位而言。

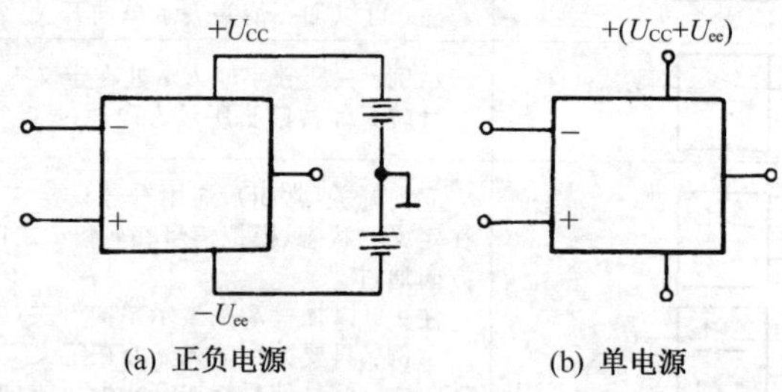


图 8－31　电源接法

2. 调零环节

因为集成运算放大器是直流差动放大器，所以只有在放大器平衡和参数正确的条件下，输入信号为零时，输出信号才为零。实际上这个条件很难满足，这时可外加平衡调整环节，如图 8－32 所示。

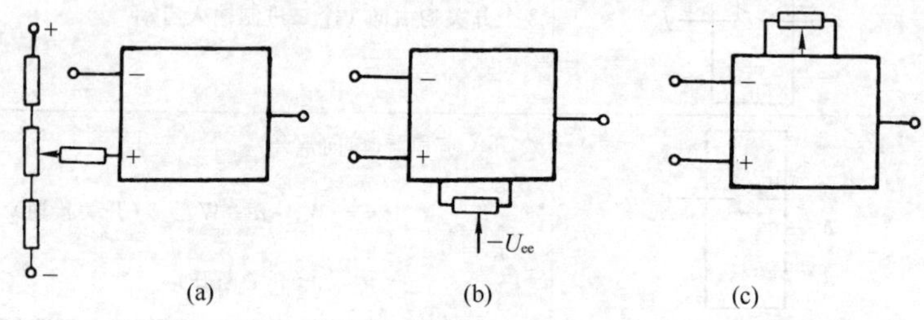


图 8－32　平衡调节

3. 消振环节

由于集成运算放大器的放大倍数很大，在使用时常加反馈环节，这就极容易产生自激振荡，为此要注意附加消振环节。

4. 频率特性

集成运算放大器的频率特性一般较差，因此在使用时要注意它的频率特性，以达到最佳放大效果，否则容易引起失真。

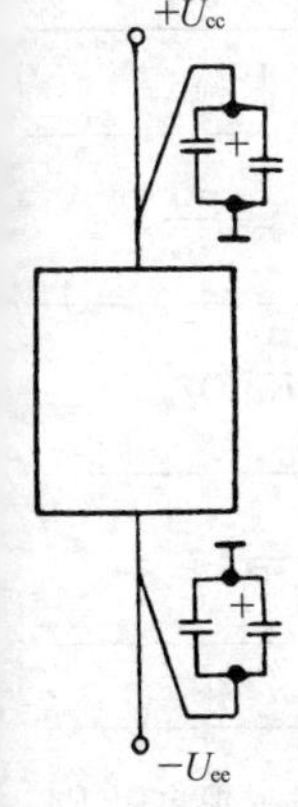


**图 8-33**　电源退耦电容

5. 退耦环节

因为集成运算放大器的开环增益很高，地线或管脚布线等都容易造成严重的正反馈而产生自激振荡，为此不仅要注意接线的安排，而且常接电源退耦电容(图 8-33)，退耦电容可用几微法电解电容器和 0.01 μF 无感磁片电容并联组成。

6. 保护环节

如为防止输入信号过强而使运算放大器损坏，可在输入端并接两只极性相反连接的二极管，使其输入信号限制在二极管正向压降范围之内(图 8-34a)。如为防止因输出端短路而使运算放大器损坏，可在输出端串接一限流电阻 $R$，此电阻 $R$ 应放在闭环回路内，这样不致使输出阻抗增加(图 8-34b)。

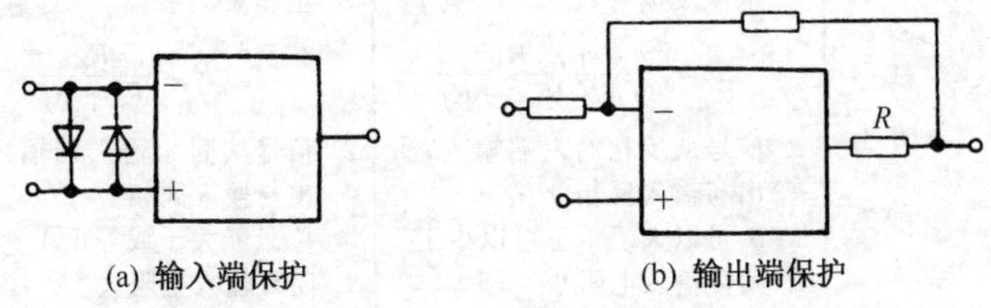


(a) 输入端保护　　(b) 输出端保护

**图 8-34**　保护环节

## 三、应用电路

表 8-16　反相放大器和同相放大器电路

| | 反相放大器 | 同相放大器 |
|---|---|---|
| 电　路 | $R_f$, R1, $U_i$, −, +, $K_O$, $U_O$, $R_b$ | $R_f$, $R_a$, R1, $U_i$, −, +, $K_O$, $U_O$ |

（续表）

| | | 反相放大器 | 同相放大器 |
|---|---|---|---|
| 数量关系 | 闭环放大倍数 $K$ | $-\frac{R_f}{R_1}$ | $\frac{R_a+R_f}{R_a}=1+\frac{R_f}{R_a}$ |
| | 闭环输入电阻 $r_I$ | $R_1+\frac{R_f}{1+K_O} /\!/ r_I \approx R_1$ | $R_1+(1+K_OF)r_I$ |
| | 闭环输出电阻 $r_O$ | $\frac{r_O}{1+K_OF}$ | $\frac{r_O}{1+K_OF}$ |
| | 平衡电阻 | $R_b=R_1 /\!/ R_f$ | $R_1=R_a /\!/ R_f$ |
| 说明 | | 1. 输出信号通过反馈电阻 $R_f$ 反馈至反相输入端，构成负反馈<br>电压反馈系数<br>$F=\frac{r_I /\!/ R_1}{(r_I /\!/ R_1)+R_f}$<br>2. 信号从反相输入端输入，输出与输入反相<br>3. $K$ 可以大于1也可以小于1<br>4. 闭环输入电阻小<br>5. 为使两个输入端对称，以减少输入偏置电流产生的偏差，电路中引入平衡电阻 | 1. 输出信号通过反馈电阻 $R_f$ 反馈至反相输入端，构成负反馈<br>电压反馈系数<br>$F=\frac{R_a}{R_a+R_f}$<br>2. 信号从同相输入端输入，输出与输入同相<br>3. $K$ 只能大于或等于1<br>4. 闭环输入电阻大<br>5. 为使两个输入端对称，以减少输入偏置电流产生的偏差，电路中引入平衡电阻 |

表8-17　模拟数学运算电路

| 名称 | 电路 | 说明 |
|---|---|---|
| 比例器 | 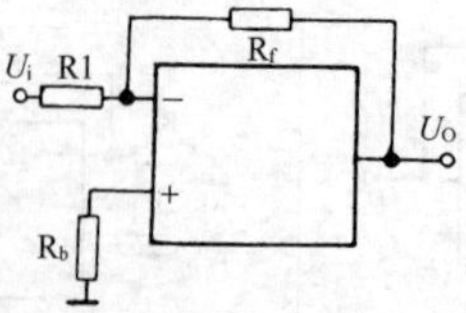 $U_i$ R1 $R_f$ − + $U_O$ $R_b$ | 1. $U_O=-\frac{R_f}{R_1}U_i$<br>2. 当取 $R_f=R_1$ 时<br>$U_O=-U_i$ 电路是反相器 |

（续表）

| 名称 | 电路 | 说明 |
|---|---|---|
| 加法器 | 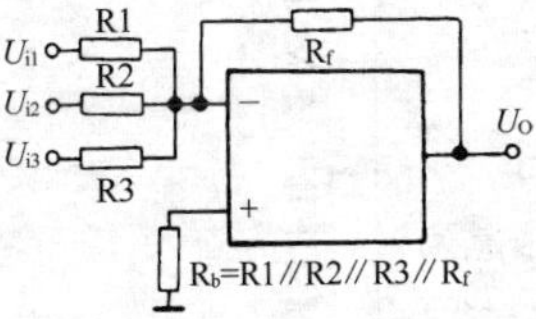 | 1. $U_O = -\left(\frac{R_f}{R_1}U_{i1} + \frac{R_f}{R_2}U_{i2} + \frac{R_f}{R_3}U_{i3}\right)$<br>2. 当 $R_f = R_1 = R_2 = R_3$ 时 $U_O = -(U_{i1} + U_{i2} + U_{i3})$ |
| 跟随器（乘） | 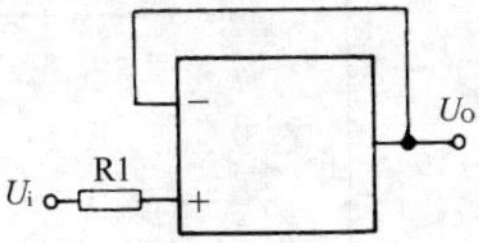 | 1. $U_o = U_i$<br>2. 具有相当高的输入阻抗 $r_I = R_1 + (1 + K_O)r_I$ 和相当低的输出阻抗 $r_O = \frac{r_I}{1 + K_O}$ |
| 减法器 | 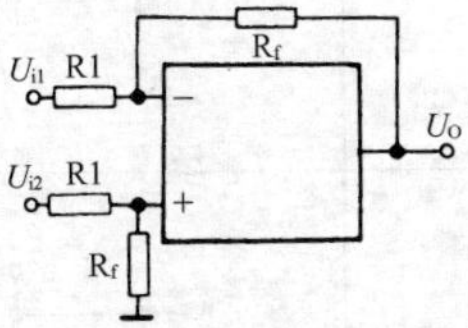 | 1. $U_O = \frac{R_f}{R_1}(U_{i2} - U_{i1})$<br>2. 当取 $R_f = R_1$ 时 $U_O = U_{i2} - U_{i1}$ |
| 积分器 | 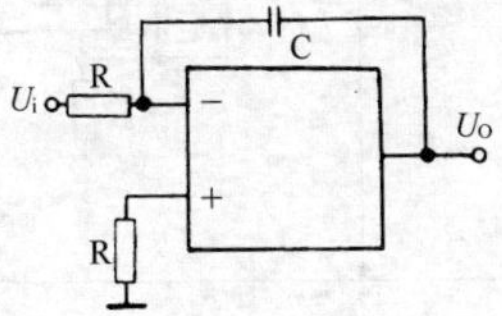 | 1. $U_O = -\frac{1}{RC}\int_0^T U_i \mathrm{d}t$<br>2. 为得到较好的积分结果，应选用泄漏电流小、性能稳定的电容，如聚苯乙烯、聚四氟乙烯等 |

表 8-18　非线性电路

| 名称 | 电　　路 | 输出输入曲线 | 说　　明 |
| --- | --- | --- | --- |
| 双向限幅器 | 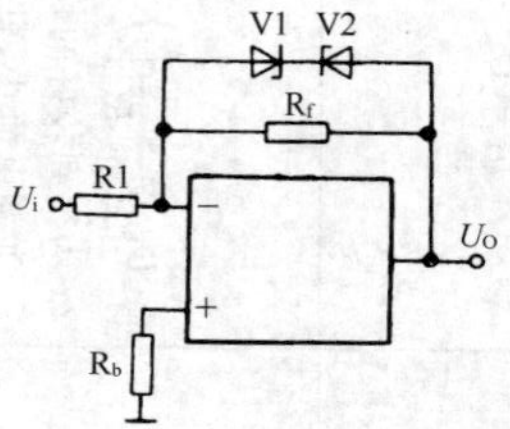 V1 V2 $R_f$ R1 $U_i$ $U_O$ $R_b$ | 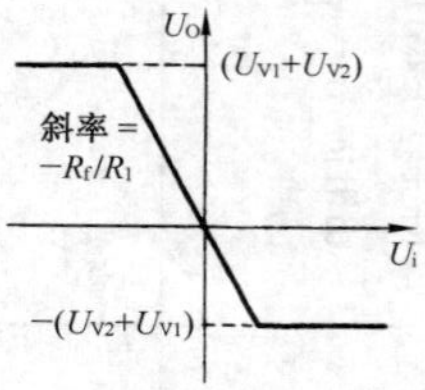 $U_O$ $(U_{V1}+U_{V2})$ 斜率 = $-R_f/R_1$ $U_i$ $-(U_{V2}+U_{V1})$ | 图中$U_{V1}$、$U_{V2}$分别为稳压管 V1 和 V2 的稳定电压，$U_{V1+}$、$U_{V2+}$分别为稳压管正向压降<br>当$-(U_{V2}+U_{V1+})<U_O<U_{V1}+U_{V2+}$时，稳压管可看作开路，所以此时为一反相放大器，$U_O=-\frac{R_f}{R_1}U_i$<br>当$U_O=U_{V1}+U_{V2+}$时，V1 击穿导通，输出电压即被限制在这个数值上<br>当$U_O=-(U_{V2}+U_{V1+})$时，V2 被击穿，输出电压负向被限幅 |
| 单向限幅器 | 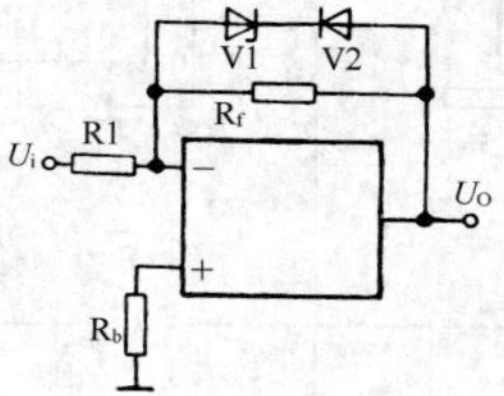 V1 V2 $R_f$ R1 $U_i$ $U_O$ $R_b$ | 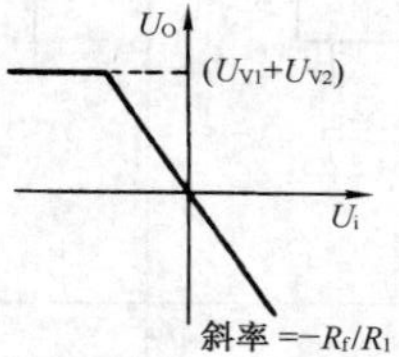 $U_O$ $(U_{V1}+U_{V2})$ $U_i$ 斜率 $=-R_f/R_1$ | 将双向限幅器中稳压管 V2 改为二极管负向限幅取消 |

（续表）

| 名称 | 电路 | 输出输入曲线 | 说明 |
|---|---|---|---|
| 检零器 | 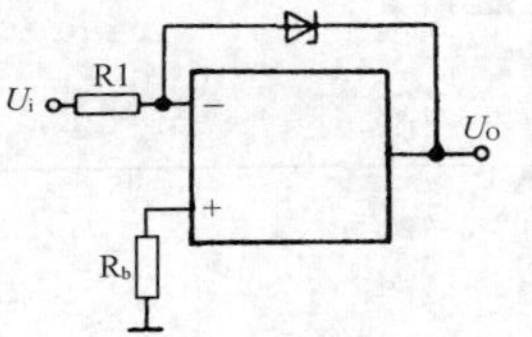 $U_i$ R1 − + $U_O$ $R_b$ | 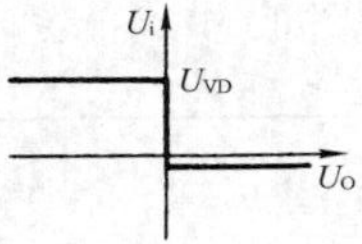 $U_i$ $U_{VD}$ $U_O$ | 将上述限幅器中反馈电阻 $R_f$ 去掉即可构成检零器；左图所示为一种单极性限幅输出的检零器 |
| 精密半波整流 | 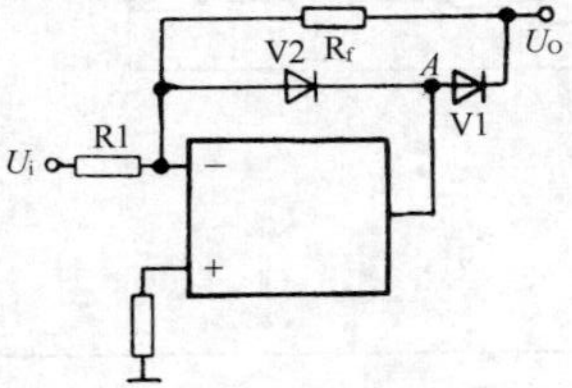 $U_i$ R1 V2 $R_f$ A V1 $U_O$ − + | 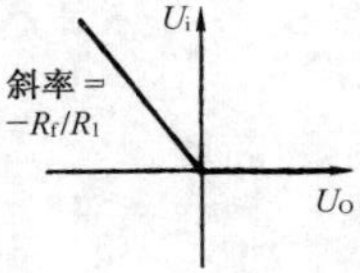 $U_i$ 斜率 = $-R_f/R_1$ $U_O$ | 当 $U_i > 0$ 时，经运算放大器反相，$U_A < 0$。所以 V2 导通，V1 截止，$U_O = 0$<br>当 $U_i < 0$ 时，则 $U_A > 0$。所以 V2 截止，V1 导通。这时通过 $R_f$ 构成负反馈，$U_O = -\frac{R_f}{R_1}R_I$。由于 V1 接在负反馈闭环内，因而对小信号整流的非线性影响和温度影响大大减少，从而构成了精密半波整流电路 |

表8-19 转换电路

| 名称 | 电路 | 说明 |
| --- | --- | --- |
| 精密交直流转换（绝对值电路或全波整流电路） | 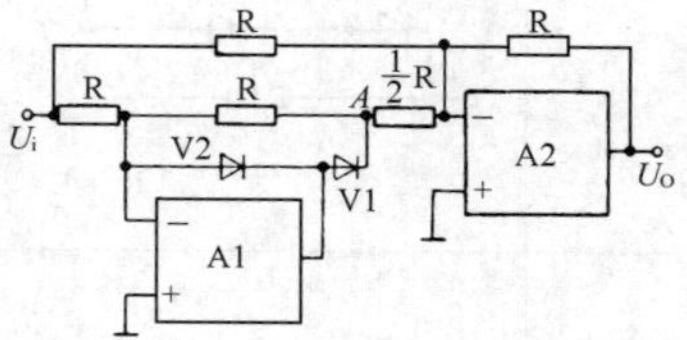 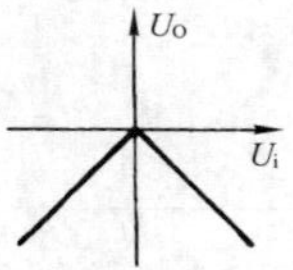 | 当$U_i>0$，$U_A=0$，$U_i$经过运算放大器A2构成的反相放大器输出，所以这时 $U_O=-U_i$<br>当$U_i<0$，$U_A=-U_i$，这时运算放大器A2构成加法器，所以这时<br>$U_O=-\left(U_i\dfrac{R}{R}+U_A\dfrac{R}{\frac{R}{2}}\right)$<br>$=(-U_i+2U_A)=U_i$<br>如果输出端经过滤波器，即可将交流精密地转换为直流 |
| 电阻电压转换 | 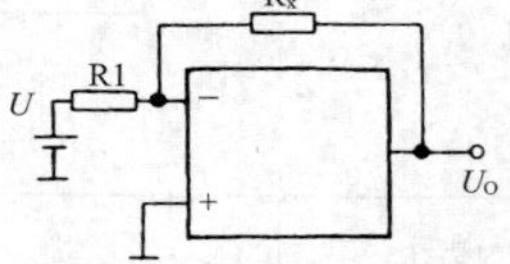 | 根据闭环增益公式可得$U_O=-U\dfrac{R_x}{R_1}$，只要取$U$和$R_1$为一固定的标准数值<br>$U_O=-\dfrac{U}{R_1}\cdot R_x=KR_x$<br>这样，电阻的大小可转换为相应的电压大小输出 |

表 8-20 其他模拟集成电路

| 名称 | 电路 | 说明 |
| --- | --- | --- |
| 基准电压源 | 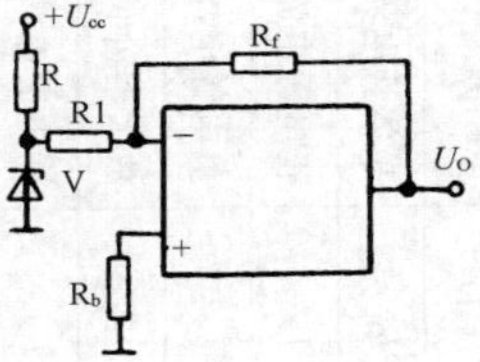 $+U_{cc}$, R, R1, V, $R_f$, $U_O$, $R_b$ | 因为运算放大器有较高输入阻抗，且增益容易调节，所以和标准稳压二极管（2DW7C）或标准电池结合，可构成有很低输出阻抗和很大负载能力的基准电压源，左面给出其中的一例<br>$U_O=-\frac{R_f}{R_1}U_V$ |
| 高输入阻抗的运算放大器 | 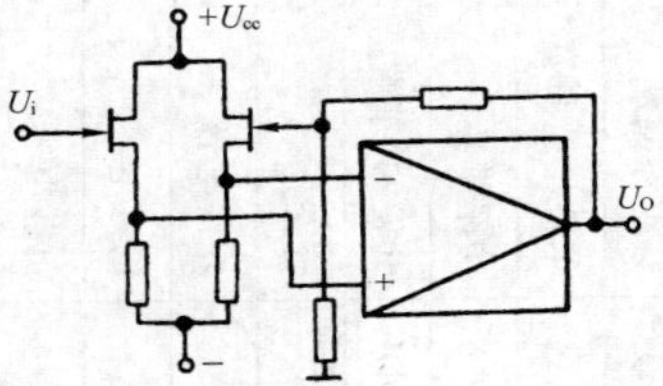 $+U_{cc}$, $U_i$, $U_O$, − | 如无高输入阻抗集成运算放大器，为此可用一般的运算放大器外接场效应对管来构成，如左图所示 |

## 四、部分模拟集成电路系列(摘自国家标准)

表8-21　模拟集成电路的系列文字符号

| 符　号 | 含　义 | 符　号 | 含　义 |
|---|---|---|---|
| $A_i$ | 交流电流增益 | CSR | 通道分离度 |
| $A_M$ | 镜电流增益 | D | 数字控制输入端 |
| $A_U$ | 电压增益 | DIS | 截止端 |
| $A_{UD}$ | 开环差模电压增益 | E | 晶体管发射极输出端 |
| $A_{UF}$ | 闭环电压增益 | EN | 允许端 |
| $A_{UF(min)}$ | 稳定的最小闭环电压增益 | EXT | 外控端 |
| BI | 偏置端 | $G \cdot BW$ | 增益带宽乘积 |
| $BI_I$ | 输入偏置端 | GND | 地端 |
| $BI_O$ | 输出偏置端 | $GND_P$ | 功率地端 |
| BOOSTER | 扩展端 | $GND_S$ | 信号地端 |
| BW | 频带控制端 | $g_m$ | 正向跨导 |
| $BW_G$ | 单位增益带宽 | GUD | 保护端 |
| $BW_P$ | 功率带宽 | $h_{fe}$ | 晶体管电流放大倍数 |
| CASCODE | 共发-共基端 | $I_+$ | 正电源电流 |
| CASE | 管壳 | $I_-$ | 负电源电流 |
| $C_{ext}$ | 外接电容 | $I_{BI}$ | 放大器外偏置电流 |
| $C_I$ | 输入电容 | $I_{DD}$ | 漏电源电流 |
| $C_L$ | 负载电容 | $I_{IB}$ | 输入偏置电流 |
| CLA | 钳位输出端 | $I_{IB+}$ | 同相输入偏置电流 |
| $C_O$ | 输出电容 | $I_{IB-}$ | 反相输入偏置电流 |
| COMP | 补偿端 | $I_{IO}$ | 输入失调电流 |
| CP | 时钟端 | $I_M$ | 镜电流 |
| $C_{RETN}$ | 电容回路端 | IN | 输入端 |

（续表）

| 符 号 | 含 义 | 符 号 | 含 义 |
|---|---|---|---|
| $IN_+$ | 同相输入端 | SC | 电流取样端 |
| $IN_-$ | 反相输入端 | $S_R$ | 电压转换速率 |
| INT | 内控端 | ST | 选通端 |
| $I_O$ | 输出电流 | THD | 全谐波失真 |
| $I_{O+}$ | 正向输出电流(吸入电流) | $t_{pd}$ | 平均传输延迟时间 |
| $I_{O-}$ | 负向输出电流(拉出电流) | $t_r$ | 上升时间 |
| $I_{OP}$ | 峰值输出电流 | $t_{set}$ | 建立时间 |
| $I_{OS}$ | 输出短路电流 | $U_+$ | 正电源电压 |
| $I_S$ | 电源电流 | $U_-$ | 负电源电压 |
| $I_{SC}$ | 取样电流 | $U_{DD}$ | 漏电源电压 |
| $K_{CMR}$ | 共模抑制比 | $U_{ICR}$ | 共模输入电压范围 |
| $K_{SUR}$ | 电源电压抑制比 | $U_{IO}$ | 输入失调电压 |
| NC | 空端 | $U_N$ | 输入噪声电压谱密度 |
| OA | 失调调整端 | $U_{NI}$ | 有效值输入噪声电压 |
| OUT | 输出端 | $U_O$ | 输出电压 |
| $P_D$ | 静态功耗 | $U_{OH}$ | 输出高电平电压 |
| $R_{BI}$ | 放大器偏置电阻 | $U_{OL}$ | 输出低电平电压 |
| $R_{IC}$ | 共模输入电阻 | $U_{OP}$ | 输出峰值电压 |
| $R_{ID}$ | 差模输入电阻 | $U_{OPP}$ | 输出峰—峰电压 |
| $R_{IS}$ | 单端输入电阻 | $U_S$ | 电源电压 |
| $R_L$ | 负载电阻 | $U_{sat}$ | 饱和压降 |
| $R_O$ | 输出电阻 | $a_{UID}$ | 输入失调电压温度系数 |
| $R_{OS}$ | 单端输出电阻 | | |

表8-22a　部分运算放大器引脚排列及参数(一)

| 名　称 | 图　形　符　号 |
|---|---|
| JFET 输入运算放大器 CF351 | 1 OA$_1$, 2 IN$_-$, 3 IN$_+$, 4 V$_-$, 5 OA$_2$, 6 OUT, 7 V$_+$, 8 NC<br>OA$_1$ 1, IN$_-$ 2, IN$_+$ 3, V$_-$ 4, 8 NC, 7 V$_+$, 6 OUT, 5 OA$_2$ |
| JFET 输入运算放大器 CF147, CF347 | 1OUT 1, 1IN$_-$ 2, 1IN$_+$ 3, V$_+$ 4, 2IN$_+$ 5, 2IN$_-$ 6, 2OUT 7<br>14 4OUT, 13 4IN$_-$, 12 4IN$_+$, 11 V$_-$, 10 3IN$_+$, 9 3IN$_-$, 8 3OUT |
| 高速、快建立时间、精密 JFET 输入运算放大器 CFOP42A, CFOP42E, CFOP42F | 1 OA$_1$, 2 IN$_-$, 3 IN$_+$, 4 V$_-$, 5 OA$_2$, 6 OUT, 7 V$_+$, 8 NC<br>OA$_1$ 1, IN$_-$ 2, IN$_+$ 3, V$_-$ 4, 8 NC, 7 V$_+$, 6 OUT, 5 OA$_2$<br>3 NC, 2 OA$_1$, 1 NC, 20 NC, 19 NC<br>NC 4, IN$_-$ 5, NC 6, IN$_+$ 7, NC 8<br>18 NC, 17 V$_+$, 16 NC, 15 OUT, 14 NC<br>9 NC, 10 V$_-$, 11 NC, 12 OA$_2$, 13 NC |
| MOSFET 输入运算放大器 CF3130, CF3130A | 1 OA$_1$, 2 IN$_-$, 3 IN$_+$, 4 V$_-$, 5 OA$_2$, 6 OUT, 7 V$_+$, 8 ST<br>OA$_1$ 1, IN$_-$ 2, IN$_+$ 3, V$_-$ 4, 8 ST, 7 V$_+$, 6 OUT, 5 OA$_2$ |

（续表）

| 名　称 | 图　形　符　号 |
| --- | --- |
| 精密、高速JFET输入运算放大器CF1056，CF1056A，CF1056C | NC 8, $OA_1$ 1, 7 $V_+$, $IN_-$ 2, 6 OUT, $IN_+$ 3, 4 $V_-$, 5 $OA_2$<br>$OA_1$ 1, $IN_-$ 2, $IN_+$ 3, $V_-$ 4, 5 $OA_2$, 6 OUT, 7 $V_+$, 8 NC |
| CMOS低功耗运算放大器CF7612A，CF7612B，CF7612D | BI 8, $OA_1$ 1, 7 $V_+$, $IN_-$ 2, 6 OUT, $IN_+$ 3, 4 $V_-$, 5 $OA_2$<br>$OA_1$ 1, $IN_-$ 2, $IN_+$ 3, $V_-$ 4, 5 $OA_2$, 6 OUT, 7 $V_+$, 8 BI |
| CMOS低功耗运算放大器CF7641B，CF7641C，CF7641E | 1OUT 1, $1IN_-$ 2, $1IN_+$ 3, $V_+$ 4, $2IN_+$ 5, $2IN_-$ 6, 2OUT 7, 8 3OUT, 9 $3IN_-$, 10 $3IN_+$, 11 $V_-$, 12 $4IN_+$, 13 $4IN_-$, 14 4OUT |
| 宽带运算放大器CF507J，CF507K，CF507S | BW 8, $OA_1$ 1, 7 $V_+$, $IN_-$ 2, 6 OUT, $IN_+$ 3, 4 $V_-$, 5 $OA_2$ |
| 宽带高速快建立时间运算放大器CF2541-2，CF2541-5 | $V_+$, NC 1, OUT 11, 12, NC 2, $V_-$/CASE 10, $OA_2$ 3, 9 NC, $OA_1$ 4, 8 NC, $IN_-$ 5, $IN_+$ 6, 7 NC<br>NC 1, NC 2, $OA_1$ 3, $IN_-$ 4, $IN_+$ 5, $V_-$ 6, NC 7, 8 NC, 9 NC, 10 OUT, 11 $V_+$, 12 $OA_2$, 13 NC, 14 NC |

（续表）

| 名　称 | 图　形　符　号 |
|---|---|
| 宽带、高速运算放大器 CF5539 | IN₊ 1, NC 2, V₋ 3, NC 4, NC 5, NC 6, GND 7; 8 OUT, 9 NC, 10 V₊, 11 NC, 12 COM, 13 NC, 14 IN₋ |
| 高压运算放大器（外补偿）CF144，CF344 | 1 $OA_1$/$COMP_1$, 2 $IN_-$, 3 $IN_+$, 4 $V_-$, 5 $OA_2$, 6 OUT, 7 $V_+$, 8 $COMP_2$ |
| JFET 输入功率运算放大器（多片）CF0101，CF0101A | 1 $SC_+$, 2 $V_+$, 3 FB, 4 OUT/CASE, 5 $IN_-$, 6 $IN_+$, 7 $V_-$, 8 $SC_-$ |
| 功率程控运算放大器 CF13080 | $IN_-$ 1, $BI_O$ 2, $IN_+$ 3, GND 4; 5 OUT, 6 $V_+$, 7 $BI_1$, 8 NC<br>11 $GND_P$, 10 $GND_S$, 9 NC, 8 $IN_+$, 7 $BI_O$, 6 GND, 5 $IN_-$, 4 NC, 3 $BI_1$, 2 $V_+$, 1 OUT |

（续表）

| 名　称 | 图　形　符　号 |
|---|---|
| 四 CMOS 程控运算放大器 CF14573 | 1OUT 1, 1IN− 2, 1IN+ 3, V+ 4, 2IN+ 5, 2IN− 6, 2OUT 7, $BI_{(1,2)}$ 8; 16 4OUT, 15 4IN−, 14 4IN+, 13 V−, 12 3IN+, 11 3IN−, 10 3OUT, 9 $BI_{(3,4)}$ |
| 跨导型运算放大器 CF3080 | NC 1, IN− 2, IN+ 3, 4 V−/CASE, 5 BI, 6 OUT, 7 V+, 8 NC; NC 1, IN− 2, IN+ 3, V− 4, 8 NC, 7 V+, 6 OUT, 5 BI |
| 通用功率运算放大器(多片) CF0041，CF0041C | $SC_+$ 1, COMP 2, GND 3, NC 4, IN− 5, IN+ 6, $OA_1$ 7, $OA_2$ 8, SC− 9, V− 10, OUT 11, V+ 12; V− 1, NC 2, GND 3, V+ 4, 8 IN+, 7 IN−, 6 OUT, 5 COMP |
| 高输出电流高精度运算放大器 CFOP50A，CFOP50B，CFOP50E，CFOP50F | IN+ 1, IN− 2, NC 3, NC 4, V− 5, OUT 6, $-V_{OP}$ 7; 14 $OA_2$, 13 $OA_1$, 12 $COMP_2$, 11 $COMP_1$, 10 $+V_{OP}$, 9 V+, 8 NC |

（续表）

| 名 称 | 图 形 符 号 |
| --- | --- |
| 四通用运算放大器 CF4741，CF4741C | 1OUT 1, 1IN₋ 2, 1IN₊ 3, V₊ 4, 2IN₊ 5, 2IN₋ 6, 2OUT 7, 3OUT 8, 3IN₋ 9, 3IN₊ 10, V₋ 11, 4IN₊ 12, 4IN₋ 13, 4OUT 14 |
| 欠补偿四通用运算放大器 CF149，CF249，CF349 | 1OUT 1, 1IN₋ 2, 1IN₊ 3, V₊ 4, 2IN₊ 5, 2IN₋ 6, 2OUT 7, 3OUT 8, 3IN₋ 9, 3IN₊ 10, V₋ 11, 4IN₊ 12, 4IN₋ 13, 4OUT 14 |
| 四对称通用运算放大器 CFOP11A，CFOP11B，CFOP11C，CFOP11E，CFOP11F，CFOP11G | NC 1, 1OUT 2, 1IN₋ 3, 1IN₊ 4, NC 5, V₊ 6, NC 7, 2IN₊ 8, 2IN₋ 9, 2OUT 10, NC 11, 3OUT 12, 3IN₋ 13, 3IN₊ 14, NC 15, V₋ 16, NC 17, 4IN₊ 18, 4IN₋ 19, 4OUT 20; 1OUT 1, 1IN₋ 2, 1IN₊ 3, V₊ 4, 2IN₊ 5, 2IN₋ 6, 2OUT 7, 3OUT 8, 3IN₋ 9, 3IN₊ 10, V₋ 11, 4IN₊ 12, 4IN₋ 13, 4OUT 14 |

（续表）

| 名 称 | 图 形 符 号 |
|---|---|
| 四对称通用运算放大器 CFOP09A，CFOP09B，CFOP09E，CFOP09F | 1IN$_-$ 1 — 14 4IN$_-$<br>1IN$_+$ 2 — 13 4IN$_+$<br>1OUT 3 — 12 4OUT<br>2OUT 4 — 11 V$_+$<br>2IN$_+$ 5 — 10 3OUT<br>2IN$_-$ 6 — 9 3IN$_+$<br>V$_-$ 7 — 8 3IN$_-$ |
| 双对称通用运算放大器 CF1437，CF1537 | 1COMP$_2$ 1 — 14 V$_+$<br>1OUT 2 — 13 2COMP$_2$<br>1COMP$_3$ 3 — 12 2OUT<br>1COMP$_1$ 4 — 11 2COMP$_3$<br>1IN$_-$ 5 — 10 2COMP$_1$<br>1IN$_+$ 6 — 9 2IN$_-$<br>V$_-$ 7 — 8 2IN$_+$ |
| 双通用运算放大器 CF747，CF747A，CF747C，CF747E | 1 1OUT, 2 1V$_+$, 3 1IN$_-$, 4 1IN$_+$, 5 V$_-$, 6 2IN$_+$, 7 2IN$_-$, 8 2V$_+$, 9 2OUT, 10 NC<br><br>1IN$_-$ 1 — 14 1OA$_1$<br>1IN$_+$ 2 — 13 1V$_+$<br>1OA$_2$ 3 — 12 1OUT<br>V$_-$ 4 — 11 NC<br>2OA$_2$ 5 — 10 2OUT<br>2IN$_+$ 6 — 9 2V$_+$<br>2IN$_-$ 7 — 8 2OA$_1$ |
| 通用运算放大器 CF107，CF207，CF307 | 1 NC, 2 IN$_-$, 3 IN$_+$, 4 V$_-$, 5 NC, 6 OUT, 7 V$_+$, 8 NC<br><br>NC 1 — 8 NC<br>IN$_-$ 2 — 7 V$_+$<br>IN$_+$ 3 — 6 OUT<br>V$_-$ 4 — 5 NC<br><br>NC 1 — 14 NC<br>NC 2 — 13 NC<br>NC 3 — 12 NC<br>IN$_-$ 4 — 11 V$_+$<br>IN$_+$ 5 — 10 OUT<br>V$_-$ 6 — 9 NC<br>NC 7 — 8 NC |

表 8-22b 部分运算放大器引脚排列及参数(二)

| 名称 | 代号 | 封装引脚排列 \ 参数 | $U_S$ | $U_{IO}$ | $I_{IO}$ | $I_{IB}$ | $U_{ICR}$ | $K_{CMR}$ | $K_{SUR}$ | $K_{SUR}$ | $U_{OPP}$ | $A_{UD}$ |
|---|---|---|---|---|---|---|---|---|---|---|---|---|
| | | | V | mV | nA | nA | V | dB | dB | μV/V | V | V/mV |
| JFET 输入运算放大器 | CF351 | 351C(T、J、P、D) | ±15 | 10 | 0.100 | 0.200 | ±11 | 70 | 70 | | ±12 | 25 |
| 四 JFET 输入运算放大器 | CF147、CF347 | 147(J)、147M(D)<br>347C(J、P、D) | ± 147 20<br>347 15 | 5<br>10 | 0.100 | 0.200 | ±11 | 80<br>70 | 80<br>70 | | ±12 | 50<br>25 |
| 高速快建立时间精密 JFET 输入运算放大器 | CFOP42A、CFOP42E、CFOP42F | 42AM(T、J、C、D)<br>42EL、42FL(T、J、D) | ±15 | A 1.0<br>E 0.75<br>F 1.5 | 0.040<br>0.040<br>0.050 | 0.200<br>0.200<br>0.250 | ±11 | 86<br>88<br>80 | | 4.0<br>4.0<br>5.0 | ±11.5 | 500 |
| CMOSFET 输入运算放大器 | CF3130、CF3130A | 3130M、3130AM(T、J、D) | ±15 | 3130 15<br>3130A 5 | 0.030<br>0.020 | 0.030<br>0.020 | 0~10 | | | 320<br>150 | 12~0.01 | 50 |
| 精密高速 JFET 输入运算放大器 | CF1056、CF1056A、CF1056C | 1056C、1056AC、1056AM、1056M(T)、1056CC(P) | ±15 | 1056 0.50<br>1056A 0.18<br>1056C 0.80 | 0.020<br>0.010<br>0.020 | ±0.05 | ±11 | 83<br>86<br>83 | 88<br>90<br>88 | | ±12 | 120<br>150<br>120 |
| CMOS 低功耗运算放大器 | CF7612、CF7612B、CF7612D | 7612AC、7612BC、7612DC (T、P)、7612AM、7612BM(T) | ±5 | A 2<br>B 5<br>D 15 | 0.030 | 0.050 | ±5.3~<br>±5.3~<br>±4.5 | 66~76<br>60~70<br>60~70 | 70~80 | | ±4.5~<br>~±4.9 | |
| 四 CMOS 低功耗运算放大器 | CF7641B、CF7641C、CF7641E | 7641C、7641CC、7641BC(D、J)<br>7641E、7641FC、7641EC (D、J、P)<br>7641BM、7641CM(D、J) | ±5 | B 5<br>C 10<br>E 20 | 0.030 | 0.050 | ±3.7 | 66<br>60<br>60 | 70 | | ±4.5 | |

（续表）

| 名称 | 代号 | 封装引脚排列 \ 参数 | $U_S$ | $U_{IO}$ | $I_{IO}$ | $I_{IB}$ | $U_{ICR}$ | $K_{CMR}$ | $K_{SUR}$ | $K_{SUR}$ | $U_{OPP}$ | $A_{UD}$ |
|---|---|---|---|---|---|---|---|---|---|---|---|---|
| | | | V | mV | nA | nA | V | dB | dB | μV/V | V | V/mV |
| 宽带运算放大器 | CF507J、CF507K、CF507S | 507J、507KC、507SM (T) | ±15 | J 5<br>K 3<br>S 4 | 25<br>15<br>15 | 25<br>15<br>15 | ±11 | 74<br>80<br>80 | | | ±10 | 80<br>100<br>100 |
| 宽带高速快建立时间运算放大器 | CF2541-2、CF2541-5 | 2541-2M、2541-5C (T,J) | ±15 | 2 | 7 000 | 35 000 | ±10 | 70 | 70 | | ±10 | 10 |
| 宽带高速运算放大器 | CF5539 | 5539C(D,J,O)<br>5539M(D,J) | ±8 | C 5<br>M 3 | 2 000<br>1 000 | 20 000<br>13 000 | 2.5 | 70 | | 1 000 | +2.3~<br>~-1.7 | 47 |
| 外补偿高压运算放大器 | CF144、CF344 | 144C、344M(T) | 144±28~±40<br>344±28~±34 | 5<br>8 | 3<br>10 | 20<br>10 | ±24<br>±22 | 80<br>70 | | 100 | ±22<br>±20 | 100<br>70 |
| JFET 输入功率运算放大器 | CF0101、CF0101A | 0101L、0101AL<br>0101M、0101AM (K) | ±15 | 01 10<br>01A 3 | 0.250<br>0.075 | 1.00<br>0.30 | | 85 | 85 | | ±11.25 | 50 |
| 程控功率运算放大器 | CF13080 | 13080C(J、P) | ±12 | ±7 | ±75 | 400 | 1~$U_+$<br>-1.5 | 63 | | ±4.5 | 3 | |
| 四CMOS程控运算放大器 | CF14573 | 14573E、14573M(J、P) | ±10 | ±50 | 0.20 | 1.0 | 0~8.0 | 80 | 70 | | 1.05~<br>9.0 | 9 |

（续表）

| 名称 | 代号 | 封装引脚排列 \ 参数 | $U_S$ | $U_{IO}$ | $I_{IO}$ | $I_{IB}$ | $U_{ICR}$ | $K_{CMR}$ | $K_{SUR}$ | $K_{SUR}$ | $U_{OPP}$ | $A_{UD}$ |
|---|---|---|---|---|---|---|---|---|---|---|---|---|
| | | | V | mV | nA | nA | V | dB | dB | μV/V | V | V/mV |
| 跨导运算放大器 | CF3080、CF3080A | 3080C、3080A(T、P) | ±15 | A 2<br>C 5 | 600 | 5 000 | ±12 | 80 | | 150 | ±12 | |
| 通用功率运算放大器 | CF0041、CF0041C | 0041CL、0041M(T、J) | ±5～±18 | 41 3<br>41C 6 | 100<br>200 | 300<br>500 | ±12 | 70 | 80<br>70 | | ±13 | 100 |
| 高输出电流高精度运算放大器 | CFOP50A、CFOP50B<br>CFOP50E、CFOP50F | 50A、50B、50E、50F(J) | ±15 | A、E 0.025<br>B、F 0.100 | 1.0<br>3.0 | ±5<br>±10 | ±12 | 126<br>110 | | 0.5<br>1 | ±13 | 10 000<br>7 500 |
| 四通用运算放大器 | CF4741、CF4741C | 4741、4741C(J、P) | ±15 | 4741 3<br>4741C 5 | 30<br>50 | 200<br>300 | ±12 | 80 | | 100 | ±12 | 50<br>25 |
| 欠补偿四通用运算放大器 | CF149、CF249、CF349 | 149M、249L、349C(J、P) | ±15 | 149 5<br>249 6<br>349 | 25<br>50 | 100<br>200 | ±12 | 70 | 77 | | ±12 | 50<br>25 |
| 四对称通用运算放大器 | CFOP11A、CFOP11B、CFOP11C<br>CFOP11E、CFOP11F、CFOP11G | 11AM、11BM、11CM<br>11EC、11FC、11GC<br>(C、J、P) | ±15 | AE 0.5<br>BF 2.5<br>CG 5.0 | 20<br>50<br>200 | 300<br>500<br>500 | ±12 | 100<br>100<br>70 | | 32<br>100<br>100 | ±11 | 100<br>50<br>50 |

（续表）

| 名称 | 代号 | 封装引脚排列 \ 参数 | $U_S$ | $I_{IO}$ | $I_{IO}$ | $U_{IB}$ | $U_{ICR}$ | $K_{CMR}$ | $K_{SUR}$ | $K_{SUR}$ | $U_{OPP}$ | $A_{UD}$ |
|---|---|---|---|---|---|---|---|---|---|---|---|---|
| | | | V | mV | nA | nA | V | dB | dB | μV/V | V | V/mV |
| 四对称运算放大器 | CFOP09A、CFOP09B、CFOP09E、CFOP09F | 09AM、09BM、09EC、09FC(J、P) | ±15 | A、E 0.5<br>B、F 2.5 | 20<br>50 | 300<br>500 | ±12 | 100 | | 32 | ±11 | 100 |
| 双对称通用运算放大器 | CF1437、CF1537 | 1437C、1437EC、1537M (J、P) | ±15 | 1437 7.5<br>1537 5.0 | 500<br>200 | 1 500<br>500 | ±8 | 65<br>70 | | ±200<br>±150 | ±12 | 15<br>25 |
| 双通用运算放大器 | CF747、CF747A CF747C、CF747E | 747、747A、747C、747E (T、J、P) | 747、747C ±15<br>747A、747E ±5～±20 | 747 5<br>747C 6<br>747AE 3 | 200<br>200<br>30 | 500<br>500<br>80 | ±12<br>12<br>— | 70<br>70<br>80 | | 150<br>150<br>50 | ±10<br>10<br>±15 | 50<br>25<br>50 |
| 通用运算放大器 | CF107、CF207、CF307 | 107、207、307<br>107C、207L、307M<br>(T、J、D、P) | 107、207±5～±20<br>307±5～±15 | 2<br>7.5 | 10<br>50 | 75<br>250 | ±15<br>±12 | 80<br>70 | 80<br>70 | | ±12 | 50<br>25 |

（续表）

| 名 称 | 代 号 | 封装引脚排列 / 参数 | $A_{UD}$ | $CSR$ | $aUIO$ | $S_R$ | $I_S$ | $I_S$ | $G_{BW}$ | $B_{WP}$ | $B_{WG}$ | $THD$ |
|---|---|---|---|---|---|---|---|---|---|---|---|---|
| | | | dB | dB | μV/℃ | V/μs | mA | mA/只 | MHz | MHz | MHz | % |
| JFET 输入运算放大器 | CF351 | 351C(T、J、P、D) | | | | 30 | 3.4 | | | | | |
| 四 JFET 输入运算放大器 | CF147、CF347 | 147(J)、147M(D)<br>347C(J、P、D) | | | | | 11 | | | | | |
| 高速快建立时间精密 JFET 输入运算放大器 | CFOP42A、<br>CFOP42E、<br>CFOP42F | 42AM(T、J、C、D)<br>42EL、42FL(T、J、D) | | | 10<br>10<br>— | 45<br>50<br>40 | 6.0<br>6.0<br>6.5 | | | | | |
| CMOSFET 输入运算放大器 | CF3130、CF3130A | 3130M、3130AM(T、J、D) | | | | 30 | 15 | | | | | |
| 精密高速 JFET 输入运算放大器 | CF1056、CF1056A、CF1056C | 1056C、1056AC、1056AM、1056M(T)、1056CC(P) | | | 8<br>4<br>12 | 7.5<br>10<br>7.5 | 4 | | | | | |
| CMOS 低功耗运算放大器 | CF7612、CF7612B、CF7612D | 7612AC、7612BC、7612DC（T、P）、7612AM、7612BM(T) | 86<br>80<br>80 | | | | | 0.02<br>～<br>2.5 | | | | |
| 四 CMOS 低功耗运算放大器 | CF7641B、CF7641C、CF7641E | 7641C、7641CC、7641BC(D、J)<br>7641E、7641FC、7641EC(D、J、P)<br>7641BM、7641CM(D、J) | 86<br>80<br>80 | | | | | | | | | |

（续表）

| 名称 | 代号 | 封装引脚排列 \ 参数 | $A_{UD}$ | $CSR$ | $aUIO$ | $S_R$ | $I_S$ | $I_S$ | $G_{BW}$ | $B_{WP}$ | $B_{WG}$ | $THD$ |
|---|---|---|---|---|---|---|---|---|---|---|---|---|
| | | | dB | dB | μV/℃ | V/μs | mA | mA/只 | MHz | MHz | MHz | % |
| 宽带运算放大器 | CF507J、CF507K、CF507S | 507J、507KC、507SM (T) | | | —<br>15<br>20 | 20<br>±25<br>20 | 4 | | | 320<br>400<br>400 | 35 | |
| 宽带高速快建立时间运算放大器 | CF2541-2、CF2541-5 | 2541-2M、2541-5C (T、J) | | | | 200 | 40 | | | 3 | | |
| 宽带高速运算放大器 | CF5539 | 5539C(D、J、O)<br>5539M(D、J) | | | | 600 | +17<br>−14<br>+18<br>−15 | | | 68 | 220 | |
| 外补偿高压运算放大器 | CF144、CF344 | 144C、344M(T) | | | | | 4<br>5 | | 200 | | | |
| JFET 输入功率运算放大器 | CF0101、CF0101A | 0101L、0101AL<br>0101M、0101AM (K) | | | | 10<br>7.5 | 35 | | 5<br>4 | | | |
| 程控功率运算放大器 | CF13080 | 13080C(J、P) | | | | | 6 | | | | | 5 |

（续表）

| 名称 | 代号 | 封装引脚排列 \ 参数 | $A_{UD}$ | $CSR$ | $aUIO$ | $S_R$ | $I_S$ | $I_S$ | $G_{BW}$ | $B_{WP}$ | $B_{WG}$ | $THD$ |
|---|---|---|---|---|---|---|---|---|---|---|---|---|
| | | | dB | dB | μV/℃ | V/μs | mA | mA/只 | MHz | MHz | MHz | % |
| 四CMOS程控运算放大器 | CF14573 | 14573E、14573M(J、P) | | | | 2.5 | 0.1 mA /对 | | | | | |
| 跨导运算放大器 | CF3080、CF3080A | 3080C、3080A(T、P) | | | | 50 | 0.8～1.2 | | | | | |
| 通用功率运算放大器 | CF0041、CF0041C | 0041CL、0041M(T、J) | | | | 1.5<br>1.0 | 3.5<br>4 | | | | | |
| 高输出电流高精度运算放大器 | CFOP50A、CFOP50B、CFOP50E、CFOP50F | 50A、50B、50E、50F(J) | | | 0.3<br>1.0 | | 3.3 | | | | | |
| 四通用运算放大器 | CF4741、CF4741C | 4741、4741C(J、P) | | 90 | | | 5<br>7 | | | | | |
| 欠补偿四通用运算放大器 | CF149、CF249、CF349 | 149M、249L、349C(J、P) | | −120 | | | 3.5<br>4.5 | | | | | |

（续表）

| 名称 | 代号 | 封装引脚排列 / 参数 | $A_{UD}$ | $CSR$ | $aUIO$ | $S_R$ | $I_S$ | $I_S$ | $G_{BW}$ | $B_{WP}$ | $B_{WG}$ | $THD$ |
|---|---|---|---|---|---|---|---|---|---|---|---|---|
| | | | dB | dB | μV/℃ | V/μs | mA | mA/只 | MHz | MHz | MHz | % |
| 四对称通用运算放大器 | CFOP11A、CFOP11B、CFOP11C、CFOP11E、CFOP11F、CFOP11G | 11AM、11BM、11CM 11EC、11FC、11GC (C、J、P) | | 100<br>— | | | | | | | | |
| 四对称运算放大器 | CFOP09A、CFOP09B、CFOP09E、CFOP09F | 09AM、09BM、09EC、09FC(J、P) | | 100 | | | | | | | | |
| 双对称通用运算放大器 | CF1437、CF1537 | 1437C、1437EC、1537M (J、P) | | | | | | | | | | |
| 双通用运算放大器 | CF747、CF747A CF747C、CF747E | 747、747A、747C、747E (T、J、P) | | | | | | | | | | |
| 通用运算放大器 | CF107、CF207、CF307 | 107、207、307 ( T、107C、207L、307M J、D、P) | | | | | 3 | | | | | |

（续表）

| 名称 | 代号 | 封装引脚排列 / 参数 | $I_{OP}$ | $I_O$ | $I_O$ | $R_L$ | $I_{OS}$ | $I_{SC}$ | $\Delta U_{ID}$ | $P_D$ | $O_m$ | *test* |
|---|---|---|---|---|---|---|---|---|---|---|---|---|
| | | | μA | mA | A | Ω | mA | mA | mV | mW | μs | ns |
| JFET 输入运算放大器 | CF351 | 351C(T、J、P、D) | | | | | | | | | | |
| 四 JFET 输入运算放大器 | CF147、CF347 | 147(J)、147M(D)<br>347C(J、P、D) | | | | | | | | | | |
| 高速快建立时间精密 JFET 输入运算放大器 | CFOP42A、<br>CFOP42E、<br>CFOP42F | 42AM(T、J、C、D)<br>42EL、42FL(T、J、D) | | | | | | | | | | 1.0<br>1.0<br>1.2 |
| CMOSFET 输入运算放大器 | CF3130、CF3130A | 3130M、3130AM(T、J、D) | | 12～45 | | | | | | | | |
| 精密高速 JFET 输入运算放大器 | CF1056、CF1056A、<br>CF1056C | 1056C、1056AC、<br>1056AM、1056M(T)、<br>1056CC(P) | | | | | | | | | | |
| CMOS 低功耗运算放大器 | CF7612、CF7612B、<br>CF7612D | 7612AC、7612BC、<br>7612DC(T、P)、<br>7612AM、7612BM(T) | | | | | | | | | | |

（续表）

| 名称 | 代号 | 封装引脚排列 \ 参数 | $I_{OP}$ | $I_O$ | $I_O$ | $R_L$ | $I_{OS}$ | $I_{SC}$ | $\Delta U_{ID}$ | $P_D$ | $O_m$ | *test* |
|---|---|---|---|---|---|---|---|---|---|---|---|---|
| | | | μA | mA | A | Ω | mA | mA | mV | mW | μs | ns |
| 四CMOS低功耗运算放大器 | CF7641B、CF7641C、CF7641E | 7641C、7641CC、7641BC(D、J)<br>7641E、7641FC、7641EC(D、J、P)<br>7641BM、7641CM(D、J) | | | | | | | | | | |
| 宽带运算放大器 | CF507J、CF507K、CF507S | 507J、507KC、507SM(T) | | | | | | | | | | |
| 宽带高速快建立时间运算放大器 | CF2541－2、CF2541－5 | 2541－2M、2541－5C(T、J) | | | | | | | | | | 175 |
| 宽带高速运算放大器 | CF5539 | 5539C(D、J、O)<br>5539M(D、J) | | | | | | | | | | |
| 外补偿高压运算放大器 | CF144、CF344 | 144C、344M(T) | | | | | | | | | | |
| JFET输入功率运算放大器 | CF0101、CF0101A | 0101L、0101AL<br>0101M、0101AM(K) | | | 2 | | | | | | | |
| 程控功率运算放大器 | CF13080 | 13080C(J、P) | | | | 50 | | | | | | |

（续表）

| 名　称 | 代　号 | 封装引脚排列 / 参数 | $I_{OP}$ | $I_O$ | $I_O$ | $R_L$ | $I_{OS}$ | $I_{SC}$ | $\Delta U_{ID}$ | $P_D$ | $O_m$ | test |
|---|---|---|---|---|---|---|---|---|---|---|---|---|
| | | | μA | mA | A | Ω | mA | mA | mV | mW | μs | ns |
| 四CMOS程控运算放大器 | CF14573 | 14573E、14573M(J、P) | | | | | | | | | | |
| 跨导运算放大器 | CF3080、CF3080A | 3080C、3080A(T、P) | 350 | | | | | | | | 6 700<br>7 700 | |
| 通用功率运算放大器 | CF0041、CF0041C | 0041CL、0041M(T、J) | | | | | 300 | | | | | |
| 高输出电流高精度运算放大器 | CFOP50A、CFOP50B<br>CFOP50E、<br>CFOP50F | 50A、50B、50E、50F(J) | | | | | | ±60 | | | | |
| 四通用运算放大器 | CF4741、CF4741C | 4741、4741C(J、P) | | | | | | | | | | |
| 欠补偿四通用运算放大器 | CF149、CF249、<br>CF349 | 149M、249L、349C(J、P) | | | | | | | | | | |
| 四对称通用运算放大器 | CFOP11A、CFOP11B、<br>CFOP11C<br>CFOP11E、CFOP11F、<br>CFOP11G | 11AM、11BM、11CM<br>11EC、11FC、11GC<br>(C、J、P) | | | | | | | 0.75<br>2.0<br>— | | | |

（续表）

| 名称 | 代号 | 封装引脚排列 / 参数 | $I_{OP}$ | $I_O$ | $I_O$ | $R_L$ | $I_{OS}$ | $I_{SC}$ | $\Delta U_{ID}$ | $P_D$ | $O_m$ | *test* |
|---|---|---|---|---|---|---|---|---|---|---|---|---|
| | | | μA | mA | A | Ω | mA | mA | mV | mW | μs | ns |
| 四对称运算放大器 | CFOP09A、CFOP09B、CFOP09E、CFOP09F | 09AM、09BM、09EC、09FC(J、P) | | | | | | | 0.75<br>2.0 | 180<br>340 | | |
| 双对称通用运算放大器 | CF1437、CF1537 | 1437C、1437EC、1537M (J、P) | | | | | | | ±0.2 | 225 | | |
| 双通用运算放大器 | CF747、CF747A CF747C、CF747E | 747、747A、747C、747E (T、J、P) | | | | | | | | 170<br>170<br>300 | | |
| 通用运算放大器 | CF107、CF207、CF307 | 107、207、307<br>107C、207L、307M<br>(T、J、D、P) | | | | | | | | | | |

注：1. “(T)”为金属圆形，“(J)”为陶瓷熔封双列，“(D)”为陶瓷双列，“(P)”为塑料双列，“(F)”为陶瓷偏平，“(O)”为弯脚塑料双列，“(C)”为陶瓷无引线载体，“(K)”为金属菱形，“(S)”为塑料单列；“M”为−55～+125℃，“C”为0～+70℃，“L”为−25～+85℃，“E”为−40～+85℃。

2. 此参数摘自国家标准汇编。

表8-22c　部分运算放大器引脚排列及参数(三)

| 名　称 | 图　形　符　号 |
|---|---|
| 双高性能通用运算放大器 CF5532，CF5532A | 1OUT 1, $1IN_-$ 2, $1IN_+$ 3, $V_-$ 4, 5 $2IN_+$, 6 $2IN_-$, 7 2OUT, 8 $V_+$ |
| 仪用高精度运算放大器 CFOP05，CFOP05A，CFOP05C，CFOP05E | $OA_1$ 1, $IN_-$ 2, $IN_+$ 3, 4 $V_-$/CASE, 5 NC, 6 OUT, 7 $V_+$, 8 $OA_2$；$OA_1$ 1, $IN_-$ 2, $IN_+$ 3, $V_-$ 4, 5 NC, 6 OUT, 7 $V_+$, 8 $OA_2$ |
| 高性能通用运算放大器 CF5534，CF5534A | $OA_1$ 1, $IN_-$ 2, $IN_+$ 3, $V_-$ 4, 5 $COMP_1$, 6 OUT, 7 $V_+$, 8 $OA_2/COMP_2$ |
| 低噪声高精度运算放大器 CFOP27A，CFOP27B，CFOP27C，CFOP27E，CFOP27F，CFOP27G | NC 1, $IN_-$ 2, $IN_+$ 3, 4 $V_-$, 5 NC, 6 OUT, 7 $V_+$, 8 NC；NC 1, $IN_-$ 2, $IN_+$ 3, $V_-$ 4, 5 NC, 6 OUT, 7 $V_+$, 8 NC；1 NC, 2 $OA_1$, 3 NC, 4 NC, 5 $IN_-$, 6 NC, 7 $IN_+$, 8 NC, 9 NC, 10 $V_-$, 11 NC, 12 NC, 13 NC, 14 NC, 15 OUT, 16 NC, 17 $V_+$, 18 NC, 19 NC, 20 $OA_2$ |
| 低功耗高精度运算放大器 CFOP97A，CFOP97E，CFOP97F | $OA_1$ 1, $IN_-$ 2, $IN_+$ 3, 4 $V_-$/CASE, 5 COMP, 6 OUT, 7 $V_+$, 8 $OA_2$；$OA_1$ 1, $IN_-$ 2, $IN_+$ 3, $V_-$ 4, 5 COMP, 6 OUT, 7 $V_+$, 8 $OA_2$ |

（续表）

| 名 称 | 图 形 符 号 |
|---|---|
| 高精度运算放大器 CF714，CF714C，CF714E | $OA_2$ 8, $V_+$ 7, OUT 6, NC 5, $V_-$ 4, $IN_+$ 3, $IN_-$ 2, $OA_1$ 1 |
| 超低噪声高精度运算放大器 CF1028，CF1028A | $OA_2$ 8, $V_+$ 7, OUT 6, $COMP_{OV}$ 5, $V_-$/CASE 4, $IN_+$ 3, $IN_-$ 2, $OA_1$ 1<br>$OA_1$ 1, $IN_-$ 2, $IN_+$ 3, $V_-$ 4, 8 $OA_2$, 7 $V_+$, 6 OUT, 5 $COMP_{OV}$ |
| BI-MOS高精度运算放大器 CF3193，CF3193A，CF3193B | NC 8, $V_+$ 7, OUT 6, $OA_2$ 5, $V_-$ 4, $IN_+$ 3, $IN_-$ 2, $OA_1$ 1<br>$OA_1$ 1, $IN_-$ 2, $IN_+$ 3, $V_-$ 4, 8 NC, 7 $V_+$, 6 OUT, 5 $OA_2$ |
| 高速、宽带高精度运算放大器 CF5147-2，CF5147A-2，CF5147-5，CF5147A-5 | $OA_2$ 8, $V_+$ 7, OUT 6, NC 5, $V_-$ 4, $IN_+$ 3, $IN_-$ 2, $OA_1$ 1<br>$OA_1$ 1, $IN_-$ 2, $IN_+$ 3, $V_-$ 4, 8 $OA_2$, 7 $V_+$, 6 OUT, 5 NC |
| 双低噪声、高速高精度运算放大器 CFOP237A，CFOP237C，CFOP237E，CFOP237G | $1OA_2$ 1, $1OA_1$ 2, $1IN_-$ 3, $1IN_+$ 4, $2V_-$ 5, 2OUT 6, $V_-$ 7, 14 $1V_+$, 13 1OUT, 12 $1V_-$, 11 $2IN_+$, 10 $2IN_-$, 9 $2OA_1$, 8 $2OA_2$ |

（续表）

| 名　称 | 图　形　符　号 |
|---|---|
| 双高精度运算放大器 CF5102－2，CF5102－5，CF5102－9 | V₊ 8; 1OUT 1; 1IN₋ 2; 1IN₊ 3; V₋ 4; 2IN₊ 5; 2IN₋ 6; 2OUT 7 ／ 1OUT 1, 1IN₋ 2, 2IN₊ 3, V₋ 4, 2IN₊ 5, 2IN₋ 6, 2OUT 7, V₊ 8 ／ 1IN₋ 1, 1IN₊ 2, NC 3, V₋ 4, NC 5, 2IN₊ 6, 2IN₋ 7, NC 8, NC 9, 2OUT 10, NC 11, NC 12, V₊ 13, NC 14, NC 15, 1OUT 16 |
| 四低失调、低功耗高精度运算放大器 CFOP400A，CFOP400E，CFOP400F，CFOP400G | 1OUT 1, 1IN₋ 2, 1IN₊ 3, V₊ 4, 2IN₊ 5, 2IN₋ 6, 2OUT 7, 3OUT 8, 3IN₋ 9, 3IN₊ 10, V₋ 11, 4IN₊ 12, 4IN₋ 13, 4OUT 14 ／ 1OUT 1, 1IN₋ 2, 1IN₊ 3, V₊ 4, 2IN₊ 5, 2IN₋ 6, 2OUT 7, NC 8, NC 9, 3OUT 10, 3IN₋ 11, 3IN₊ 12, V₋ 13, 4IN₋ 14, 4IN₊ 15, 4OUT 16 ／ NC 1, 1OUT 2, 1IN₋ 3, NC 4, NC 5, 1IN₊ 6, NC 7, V₊ 8, NC 9, 2IN₊ 10, NC 11, NC 12, 2IN₋ 13, 2OUT 14, NC 15, 3OUT 16, 3IN₋ 17, NC 18, NC 19, 3IN₊ 20, NC 21, V₋ 22, NC 23, 4IN₊ 24, NC 25, NC 26, 4IN₋ 27, 4OUT 28 |
| 四高精度运算放大器 CF1014，CF1014A，CF1014D | 1OUT 1, 1IN₋ 2, 1IN₊ 3, V₊ 4, 2IN₊ 5, 2IN₋ 6, 2OUT 7, 3OUT 8, 3IN₋ 9, 3IN₊ 10, V₋ 11, 4IN₊ 12, 4IN₋ 13, 4OUT 14 |

表 8-22d 部分运算放大器引脚排列及参数(四)

| 名称 | 代号 | 封装引脚排列 \ 参数 | $U_N$ (mV/Hz) | $U_S$ V | $U_{IO}$ mV | $I_{IO}$ nA | $I_{IB}$ nA | $U_{ICR}$ V | $K_{CMR}$ dB | $K_{SUR}$ dB | $K_{SUR}$ μV/V |
|---|---|---|---|---|---|---|---|---|---|---|---|
| 高性能通用运算放大器 | CF5534、CF5534A | 5534C、5534AC(P、J)<br>5534M、5534AM(J) | 5534<br>5534A 4 | ±15 | 2<br>4 | 200<br>300 | 800<br>1 500 | ±12 | 80<br>70 | | 50<br>100 |
| 双高性能通用运算放大器 | CF5532、CF5532A | 5532C、5532AC(P、J)<br>5532M、5532AM(J) | …C<br>…M 5 | ±15 | 4<br>2 | 150<br>100 | 800<br>400 | ±12 | 70<br>80 | | 100<br>50 |
| 仪用高精度运算放大器 | CFOP05、CFOP05A<br>CFOP05C、CFOP05E | 05CC、05EC(P)<br>05CC、05EC、05M、05AM(T、J) | 05 13<br>05A 13<br>05C 13.5<br>05E 13 | ±15 | 0.5<br>0.15<br>1.3<br>0.5 | 2.8<br>2<br>6<br>3.8 | 3<br>±2<br>±7<br>4 | 13.5<br>±13.5<br>±13<br>13.5 | 114<br>114<br>100<br>110 | | 10<br>10<br>51<br>32 |
| 低噪声高精度运算放大器 | CFOP27A、CFOP27B、CFOP27C<br>CFOP27E、CFOP27F、CFOP27G | 27AM、27BM、27CM、<br>27EL、27GL(T、J)<br>27E、27FC、27GC(P) | AE 4.5<br>BF 4.5<br>CG 5.6 | ±15 | 0.025<br>0.060<br>0.100 | 35<br>50<br>75 | 40<br>±55<br>80 | ±11 | 114<br>106<br>100 | | 10<br>10<br>20 |
| 低功耗高精度运算放大器 | CFOP97A、CFOP97E、CFOP97F | 97AM、97EE、97FE(T、J)<br>97EE、97FE(P)、97FE(O) | AE<br>F 30 | ±15 | 0.025<br>0.075 | 0.10<br>0.15 | ±0.10<br>±0.15 | ±13.5 | 114<br>110 | 114<br>110 | |
| 高精度运算放大器 | CF714、CF714C、CF714E | 714CC、714E、714M(T) | 714、714E 13.0<br>714C 13.5 | ±15 | 0.075<br>0.150 | 714 2.8<br>714C 6<br>714E 3.8 | 3<br>±7<br>4 | ±13 | 110<br>100<br>106 | 100<br>90<br>74 | |

（续表）

| 名称 | 代号 | 封装引脚排列 ＼ 参数 | $U_N$ (mV/Hz) | $U_S$ V | $U_{IO}$ mV | $I_{IO}$ nA | $I_{IB}$ nA | $U_{ICR}$ V | $K_{CMR}$ dB | $K_{SUR}$ dB | $K_{SUR}$ μV/V |
|---|---|---|---|---|---|---|---|---|---|---|---|
| 超低噪声高精度运算放大器 | CF1028、CF1028A | 1028C、1028AC、1028M、1028AM(T、J)、1028C、1028AC(P) | 1028 1.9<br>1028A 1.7 | ±15 | 0.080<br>0.040 | 100<br>50 | ±180<br>±90 | ±11 | 110<br>114 | 110<br>117 | |
| BI-MOS高精度运算放大器 | CF3193、CF3193A、CF3193B | 3193C、3193AL、3193BM(T、J、D)<br>3193CC(P) | 3193 —<br>3193A —<br>3193B 45 | ±15 | 0.500<br>0.200<br>0.075 | 10<br>5<br>3 | 40<br>20<br>15 | −12～+10 | 100<br>110<br>120 | 100<br>100<br>110 | |
| 高速宽带高精度运算放大器 | CF5147－2、CF5147A－2<br>CF5147－5、CF5147A－5 | 5147－2M、5147A－2M<br>5147－5C、5147A－5C<br>(T、J) | 5147 5.6<br>5147A 4.5 | ±15 | 0.100<br>0.025 | 75<br>35 | ±80<br>±40 | ±10.3 | 100<br>114 | | 51<br>4 |
| 双低超声高精度运算放大器 | CFOP237A、CFOP237C<br>CFOP237E、CFOP237G | 237AM、237CM<br>237EL、237GL (J、P) | 237A、237E 4.7<br>237C、237G 5.9 | ±15 | 0.080<br>0.180 | 35<br>75 | ±40<br>±80 | ±11 | 114<br>100 | | 10<br>20 |
| 双高精度运算放大器 | CF5102－2、CF5102－5、CF5102－9 | 5102－2C、5102－2M、5102－9E(T、J)、5102－5C、5102－9E(P、O) | 5102－2<br>5102－5 17<br>5102－9 | ±15 | 2 | 75 | 200 | ±12 | 86<br>86<br>80 | 86<br>86<br>80 | |
| 四低失调、低功耗高精度运算放大器 | CFOP400F、CFOP400G | 400AM、400EL、400FL<br>(C、J)<br>400GC(O、P) | A、E、F 36<br>G — | ±15 | A、E 0.150<br>F 0.230<br>G 0.300 | 1<br>2<br>3.5 | 3<br>6<br>7 | ±12 | 120<br>115<br>110 | | 1.8<br>3.2<br>5.6 |
| 四高精度运算放大器 | CF1014、CF1014A、CF1014D | 1014M、1014A、1014AM(J)<br>1014C、1014DC(J、P) | 1014<br>1014A 24<br>1014D | ±15 | 1014 0.300<br>1014A 0.180<br>1014D 0.800 | 1.5<br>0.8<br>1.5 | 30<br>20<br>30 | 13.5<br>±13.5<br>15 | 97<br>100<br>97 | | 100<br>103<br>100 |

（续表）

| 名称 | 代号 | 封装引脚排列 \ 参数 | $U_{OPP}$ | $A_{UD}$ | $A_{UD}$ | $CSR$ | $aUIO$ | $S_R$ | $I_S$ | $I_S$ | $G_{BW}$ |
|---|---|---|---|---|---|---|---|---|---|---|---|
| | | | V | V/mV | dB | dB | μV/℃ | V/ns | mA | mA/只 | MHz |
| 高性能通用运算放大器 | CF5534、CF5534A | 5534C、5534AC(P、J)<br>5534M、5534AM(J) | ±12 | 50<br>25 | | | | | 6.5<br>8 | | |
| 双高性能通用运算放大器 | CF5532、CF5532A | 5532C、5532AC(P、J)<br>5532M、5532AM(J) | ±12 | 25<br>50 | | | | | 10<br>13 | | |
| 仪用高精度运算放大器 | CFOP05、CFOP05A<br>CFOP05C、CFOP05E | 05CC、05EC(P)<br>05CC、 05EC、 05M、05AM(T、J) | ± 12<br>12<br>11.5<br>12 | 200<br>300<br>120<br>200 | | | 1<br>0.5<br>1.5<br>0.6 | | 4<br>4<br>5<br>4 | | |
| 低噪声高精度运算放大器 | CFOP27A、CFOP27B、CFOP27C<br>CFOP27E、CFOP27F、CFOP27G | 27AM、27BM、27CM、27EL、27GL(T、J)<br>27E、27FC、27GC(P) | 12<br>±12<br>11.5 | 1 000<br>B 1 000<br>F 1 020<br>700 | | | 0.6<br>1.3<br>1.8 | | 4.7<br>4.7<br>5.7 | | |
| 低功耗高精度运算放大器 | CFOP97A、CFOP97E、CFOP97F | 97AM、97EE、97FE(T、J)<br>97EE、97FE(P)、97FE(O) | ±13 | 300<br>200 | | | 0.6<br>2 | | 0.6 | | |
| 高精度运算放大器 | CF714、 CF714C、CF714E | 714CC、714E、714M(T) | 12<br>±11.5<br>12 | 200<br>120<br>200 | | | 1.3<br>1.8<br>1.3 | | 4<br>5<br>4 | | |

（续表）

| 名称 | 代号 | 封装引脚排列 \ 参数 | $U_{OPP}$ | $A_{UD}$ | $A_{UD}$ | $CSR$ | $aUIO$ | $S_R$ | $I_S$ | $I_S$ | $G_{BW}$ |
|---|---|---|---|---|---|---|---|---|---|---|---|
| | | | V | V/mV | dB | dB | μV/℃ | V/ns | mA | mA/只 | MHz |
| 超低噪声高精度运算放大器 | CF1028、CF1028A | 1028C、1028AC、1028M、1028AM(T、J)、1028C、1028AC(P) | ±12<br>12.3 | 5 000<br>7 000 | | | 1<br>0.8 | | 10.5<br>9.5 | | |
| BI-MOS高精度运算放大器 | CF3193、CF3193A、CF3193B | 3193C、3193AL、3193BM(T、J、D)<br>3193CC(P) | ±13 | | 100<br>110<br>120 | | 5<br>3<br>2 | | 3.5 | | |
| 高速宽带高精度运算放大器 | CF5147-2、CF5147A-2<br>CF5147-5、CF5147A-5 | 5147-2M、5147A-2M<br>5147-5C、5147A-5C(T、J) | ±10 | 700<br>1 000 | | | 1.8<br>0.6 | 2.8 | 4 | | 120 |
| 双低超声高精度运算放大器 | CFOP237A、CFOP237C<br>CFOP237E、CFOP237G | 237AM、237CM<br>237EL、237GL (J、P) | ±12 | 3 000<br>2 000 | | | 1<br>1.8 | 11 | | 4.7<br>5.7 | |
| 双高精度运算放大器 | CF5102-2、CF5102-5、CF5102-9 | 5102-2C、5102-2M、5102-9E(T、J)、5102-5C、5102-9E(P、O) | ±12 | 100<br>100<br>80 | | | 3 | | 5 | | |
| 四低失调、低功耗高精度运算放大器 | CFOP400F、CFOP400G | 400AM、400EL、400FL(C、J)<br>400GC(O、P) | ±12 | 5 000<br>3 000<br>3 000 | | 123 | 1.2<br>2<br>2.5 | | | 0.725 | |
| 四高精度运算放大器 | CF1014、CF1014A、CF1014D | 1014M、1014A、1014AM(J)<br>1014C、1014DC(J、P) | 12.5<br>±13<br>12.5 | 1 200<br>1 500<br>1 200 | | 123 | 2.5<br>2<br>5 | | | 0.55<br>0.50<br>0.55 | |

注：1. “(T)”为金属圆形，“(J)”为陶瓷熔封双列，“(D)”为陶瓷双列，“(P)”为塑料双列，“(F)”为陶瓷偏平，“(O)”为弯脚双列，“(C)”为陶瓷无引线载体，“(K)”为金属菱形，“(S)”为塑料单列；“M”为−55～+125℃，“C”为0～+70℃，“L”为−25～+85℃，“E”为−40～+85℃。

2. 此参数摘自国家标准汇编。

# 8-4 直流稳压电源

## 一、直流稳压电源的技术指标

1. 特性指标

(1) 额定输出电流电压 $U_O$

(2) 额定负载电流 $I_O$

2. 质量指标

1) 稳压系数 $s$　在负载不变的条件下，输出电流电压的相对变化量与输入直流电压的相对变化量之比即

$$s=\frac{\Delta U_O}{U_O}=\frac{\Delta U_i}{U_i}\bigg|_{R_O=\text{常数}}=\frac{\Delta U_O}{\Delta U_i}\cdot\frac{U_i}{U_O}\bigg|_{R_O=\text{常数}}$$

$s$ 值越小越好，一般约为 $10^{-2}\sim10^{-4}$。

2) 电压调整率　在额定负载电流下，当输入交流电源电压在规定范围内变化(一般变化额定值的±10%)时，输出直流电压的变化量与输出直流电压额定值之比，用百分数来表示。一般 $\left|\frac{\Delta U_O}{U_O}\cdot 100\%\right|\leqslant 1\%$、0.1% 甚至 0.01%。

3) 等效内阻(即输出电阻)$R_O$　在交流电源电压为额定值的条件下，如果负载电流变化 $\Delta I_O$ 所引起的输出电压的变化为 $\Delta U_O$，则

$$R_O=\frac{\Delta U_O}{\Delta I_O}\bigg|\Delta U_i=0$$

$R_O$ 的值约为几欧到几毫欧。

4) 电流调整率　在交流电源电压为额定值的条件下，当输出负载电流由额定值变到零(即负载开路)时所引起的输出直流电压的变化与输出直流电压额定值之比，用百分数来表示。

5) 输出最大纹波电压　输出直流电压中所含交流分量的大小，通常用交流分量的峰到峰值来表示。稳压电源可使整流滤波后的纹波电压大大降低，降低的倍数为 $1/s$($s$ 为稳压系数)。

6) 温度系数 $K_T$　在输入直流电压和负载电流都不变的条件下，环境温度每变化 1℃所引起的输出电压的漂移，即

$$K_T=\frac{\Delta U_O}{\Delta T}\bigg|_{\Delta I_O=0,\ \Delta U_T=0}$$

单位为 mV/℃。

## 二、直流稳压电源的分类

1. 连续调整型

调整管经常工作在导通状态，只是改变其导通程度进行调整。这类电源是最普遍使用的。

连续调整型稳压电源有以下许多形式：

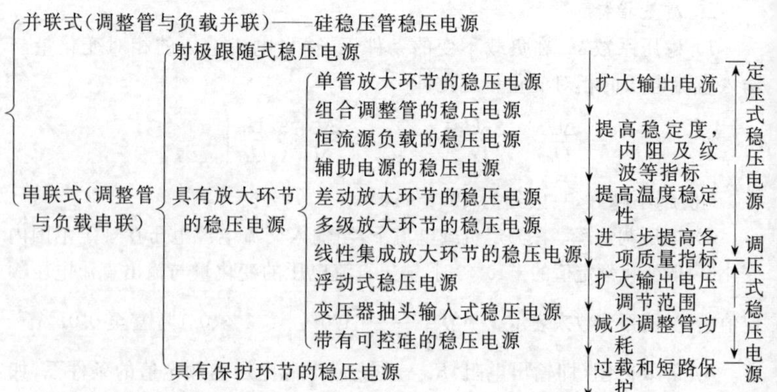


2. 开关调整型

调整管工作在开关状态，时而导通、时而截止地进行调整。

## 三、串联式直流稳压电源

串联式直流稳压电源的调整管与负载串联，其效率高，输出电压的范围不受调整管本身耐压的限制，输出电压可调，合理设计放大级可把各项指标做得很高。但是，线路比较复杂，过载能力差，瞬时过载会使调整管损坏，因此要注意过载保护。

1. 几种串联式直流稳压电源

1）组合调整管稳压电源　该电源的电路如图 8－35 所示，其特点是调整管是 V1、V2 组成的组合调整管。组合管可等效成 1 个高 $\beta$ 值的三极管，等效 $\beta$ 值近似等于 2 个管子 $\beta$ 值之积。组合管可有四种形式，组合方法及等效三极管如图 8－36 所示。

组合调整管的穿透电流是较大的。为了改善组合调整管的关断性能，

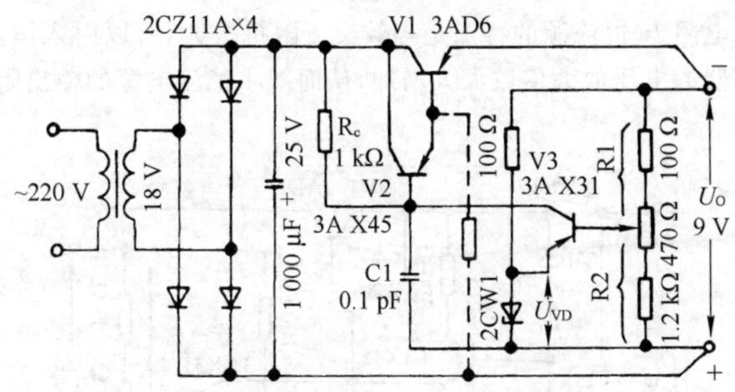


图 8－35　组合调整管稳压电源

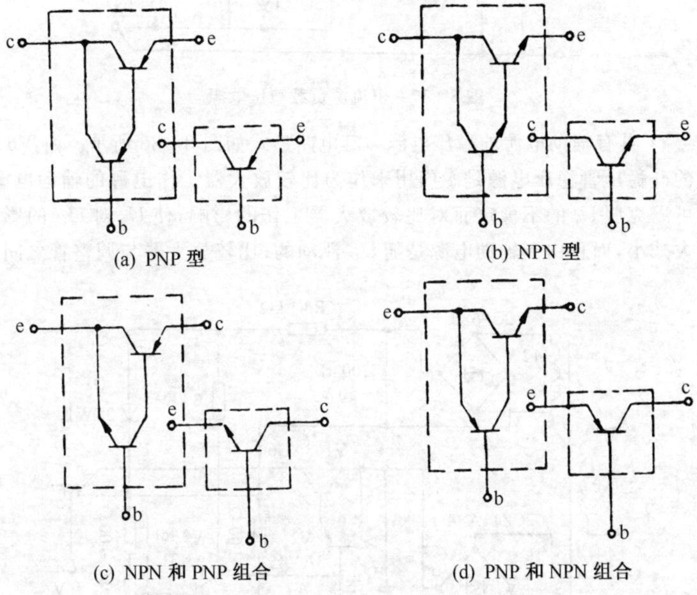

(a) PNP 型

(b) NPN 型

(c) NPN 和 PNP 组合

(d) PNP 和 NPN 组合

图 8－36　组合调整管的四种形式及其等效电路

可在组合调整管的基极上加接 1 个电阻(如图 8－35 中虚线所示)。这是由于 V1 的 $I_{cbo}$ 将经该电阻旁路掉,所以 V1 的穿透电流大大减小。

2）恒流源负载稳压电源　其电路形式如图 8－37 所示。由晶体管 V4、电阻 R3、R4 与二极管 V4、V5 一起组成恒流源,代替图 8－35 中比较放大

器的负载电阻 $R_c$ 恒流源的特点是等效交流阻抗极大，所以引入恒流源可使比较放大器的电压放大倍数大大增加，从而减小稳压电源的输出阻抗，提高稳压系数。

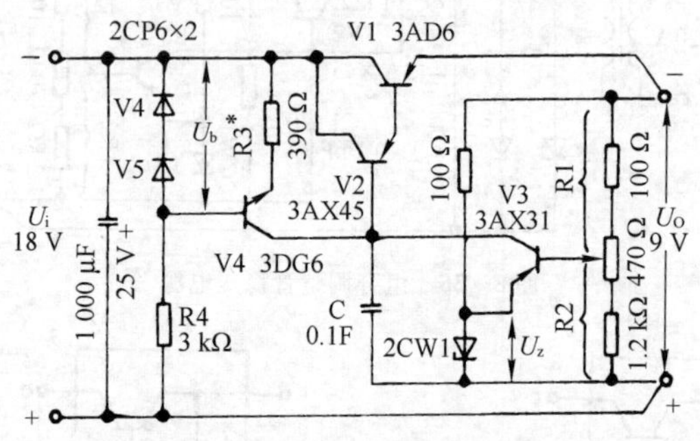


图 8-37　恒流源负载稳压电源

3）具有辅助电源的稳压电源　其电路形式如图 8-38 所示。由 V6 构成的硅稳压管稳压电源是专门用来作为比较放大器工作电源的辅助电源。它可以克服 $U_i$ 的不稳定而对比较放大器工作的影响，使 $U_i$ 对 $U_O$ 的影响大大减小，而且由于辅助电源是随 $U_O$ 浮动的，比较放大器与调整管之间实

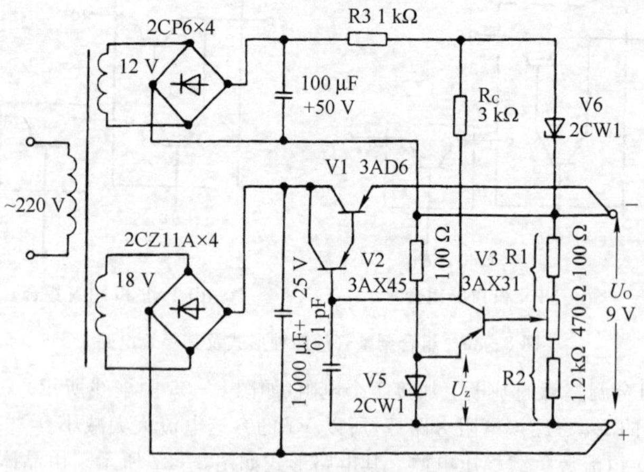


图 8-38　具有辅助电源的稳压电源

际上构成了1个自举放大电路，其等效集电极负载电阻极大，使比较放大器的电压放大倍数很大，从而大大改善了稳压系数 $s$ 及其他指标。用于对稳压系数 $s$、输出电阻 $R_O$ 等要求较高的场合。

4）差动放大稳压电源　其电路如图8-39所示。差动放大器大大减少了比较放大器的温度漂移，从而提高了电源的温度稳定性。

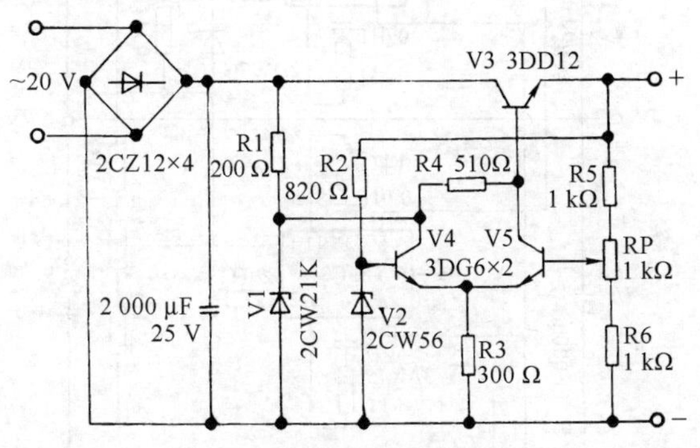


**图 8-39**　差动放大稳压电源

5）线性集成运算放大器稳压电源　电路形式如图8-40所示。其特点是用线性集成运算放大器8FC2代替分立元件的比较放大器，装配简单，调校方便，体积小。由于8FC2的电压放大倍数很高(约 $5\times10^4$)，所以各项性能指标都很好。

以上所介绍的各种稳压电源都是定压式稳压电源，即输出电压只能在小范围内调节。下面再介绍几种输出电压可在大范围内调节的稳压电源，即调压式稳压电源。

6）输出电压大范围可调的浮动式稳压电源　电路形式如图8-41所示。其特点是有两组辅助电源，基准辅助电源和偏置辅助电源。基准辅助电源一方面作为基准电源，另一方面作为比较放大器的集电极工作电源。两组辅助电源均以输出电压的正端为基点，当 $U_O$ 变化时，两组电源随之一起浮动，保持其相对值不变，从而不论 $U_O$ 为何值，比较放大器均能正常工作，“浮动式”的名称便由此而得。

此电路的缺点是当 $U_O$ 很低时，调整管两端的压降很大，从而调整管功耗很大。如果用晶体管恒流源代替 $R_c$，则可使整个电源的性能大大提高。

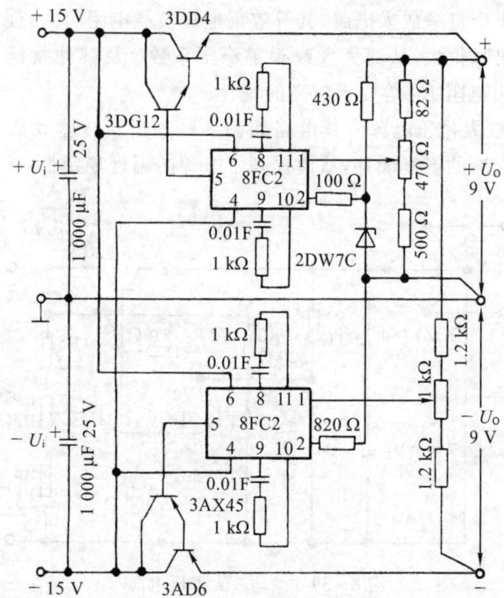


**图 8－40** 用线性集成放大器作为比较放大器的稳压电源

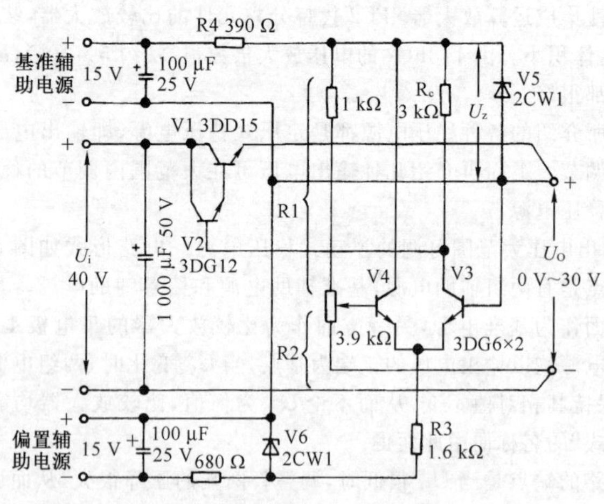


**图 8－41** 浮动式稳压电源

该电路用于要求从 0 V 开始大范围调节，性能指标一般的稳压电源。

7）变压器抽头输入式大范围可调稳压电源　电路形式如图 8－42 所示。此电路仍采用浮动式方案，只是输入交流电源采用变压器二次侧抽头分挡，相应地 $R_2$ 也采用分挡调整。这样，根据某挡 $U_O$ 的调节范围将交流输入电压调在适当的数值上，使调整管压降始终小于 10 V，从而减小调整管功耗。该电路用于要求性能一般的通用直流稳压电源。

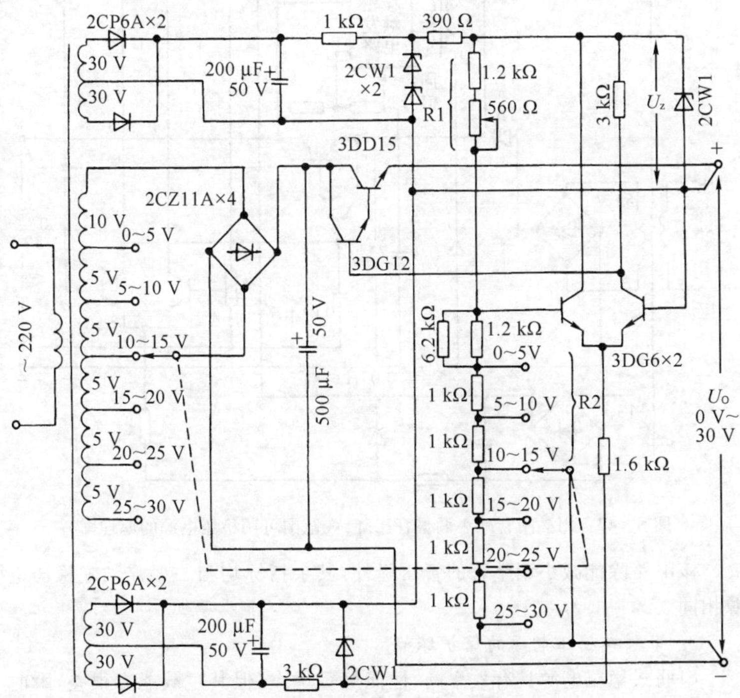


**图 8－42**　变压器抽头输入式大范围可调稳压电源

8）利用晶闸管减小调整管压降的大范围可调式稳压电源　电路形式如图 8－43 所示。整个电路仍然采用浮动式方案，使 $U_O$ 在 0～30 V 范围内连续可调。为了限制调整管两端的压降，将调整管压降经电阻分压后送到晶闸管的移相触发电路，改变移相角，即可改变输入直流电压 $U_i$ 使调整管

V1 的管压降保持在选定的数值附近。为了减少 $U_i$ 的脉动，增加了 LC 滤波环节，并由二极管提供释放能量回路。

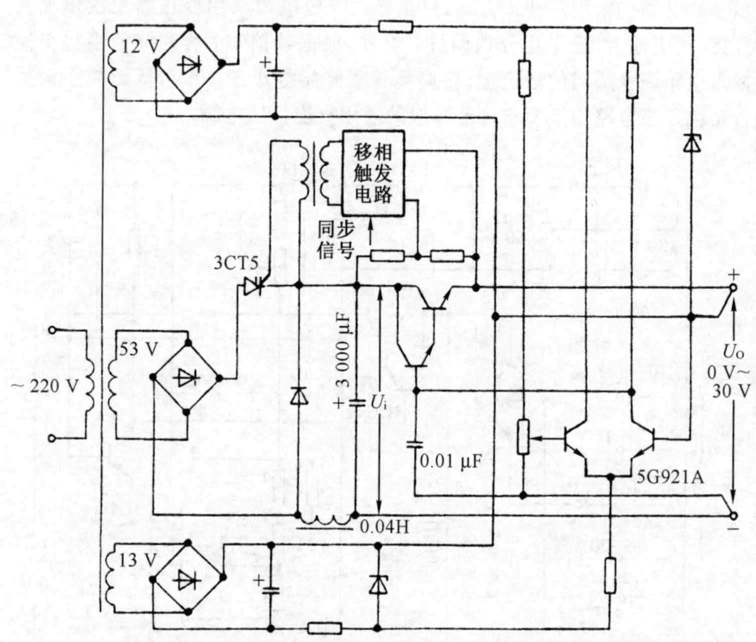


**图 8-43** 用晶闸管减小调整管压降，大范围可调稳压电源的原理图

该电路除能减小调整管的管压降外，其余指标均与一般浮动式稳压电源相同。

2. 串联式稳压电源的保护环节

串联式稳压电源具有效率高、性能好等优点，但其过载能力很差，瞬时过载也会使调整元件损坏，因而要加过载保护环节。常用的保护电路有限流式、减流式、截止式三种，保护特性如图 8-44 所示，图中(1) 限流式，(2) 减流式，(3) 截止式。

1）限流式保护电路　电路如图 8-45 所示。图中 V5 与 $R^*$ 一起构成限流式保护电路，$R^*$ 为过流发信电阻。当 $I_O$ 小于额定电流时，$R^*$ 两端的压降较小，晶体管 V5 处于截止状态，对电源的正常工作毫无影响。当 $I_O$

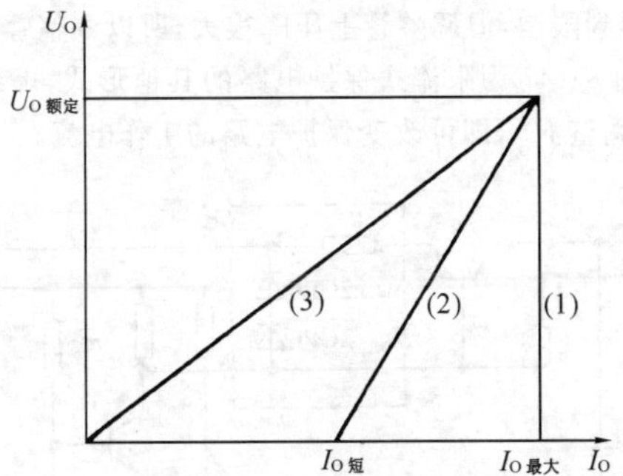


图 8-44 保护电路的特性

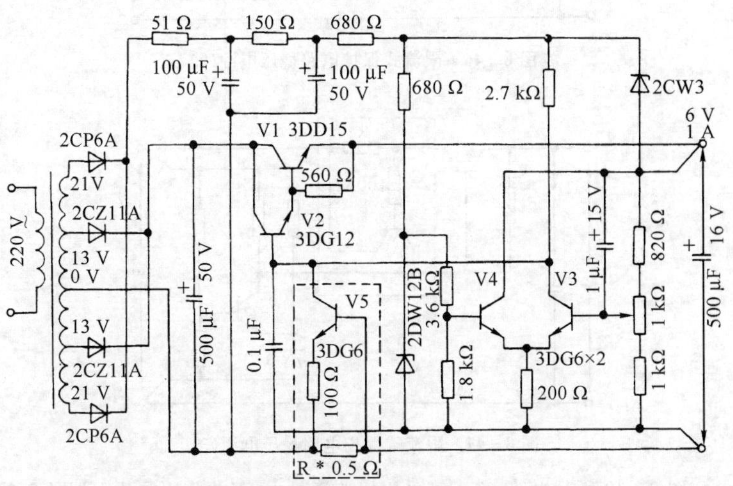


图 8-45 限流式保护电路稳压电源(1)

为额定值时,调整 R* 使它两端的压降恰好等于 V5 导通的阈值电压,V5 开始导通,使注入调整管基极的电流经 V5 分流掉,$I_O$ 被限制在额定值。

通常按输出电流为额定值时在 R* 两端所产生的压降为 0.5 V 初选 R*,其精确值由调试确定。

图 8-45 保护电路的优点是线路简单,当负载电流恢复正常时,V5 会自动回复到截止状态,电路便自动恢复正常。缺点是当输出端不慎短路时,

虽然最大电流得到限制，但调整管上压降很大，所以调整管功耗很大。

图 8-46、图 8-47 为限流式保护电路的其他形式，虚线框内的部分为限流保护电路，调整 R*，即可改变保护电路的工作电流。

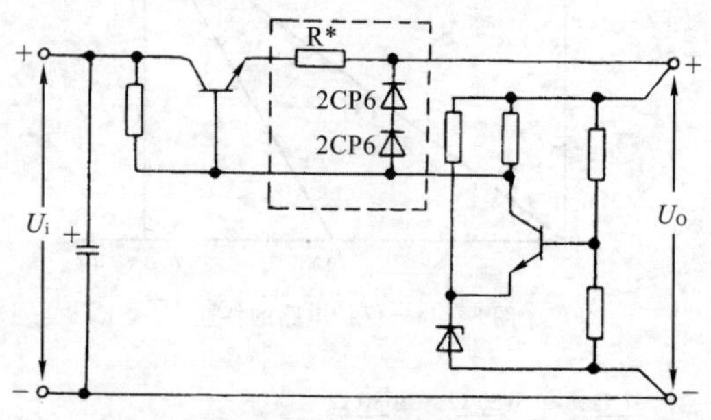


**图 8-46**　限流式保护电路稳压电源(2)

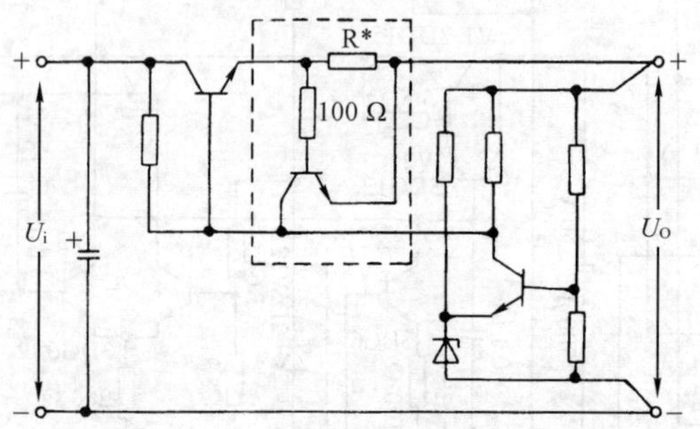


**图 8-47**　限流式保护电路稳压电源(3)

图 8-48 所示电路，稳压管采用恒流源供电，而差分比较放大器的负载是恒流管 V1，从而使比较放大器的增益提高了好多，这也就提高了稳压器的稳定度。图中 $R_1 = R_2$，V1 的 $U_{be}$ 与二极管 2CP12 为补偿，因此，$I_{C1} = I_{C2}$，这会使 V2、V3 的失调减小。

2）减流式保护电路和短路保护式电路　减流式保护电路的特点是当输出电压低于额定值时会自动降低限流的额定值。这样，当输出端短路时，虽然调整管的管压降增大了，但调整管中的电流减少了，所以即使输出端短路，调整管的功耗仍不超过设计定额。电路如图 8-49 中虚线框部分为减

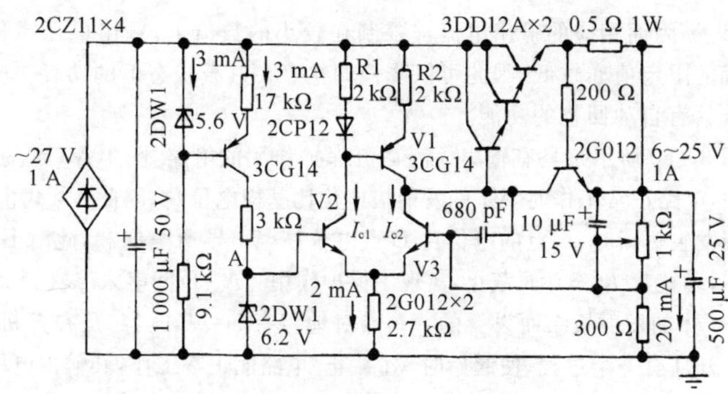


图 8－48　限流式保护电路稳压电源(4)

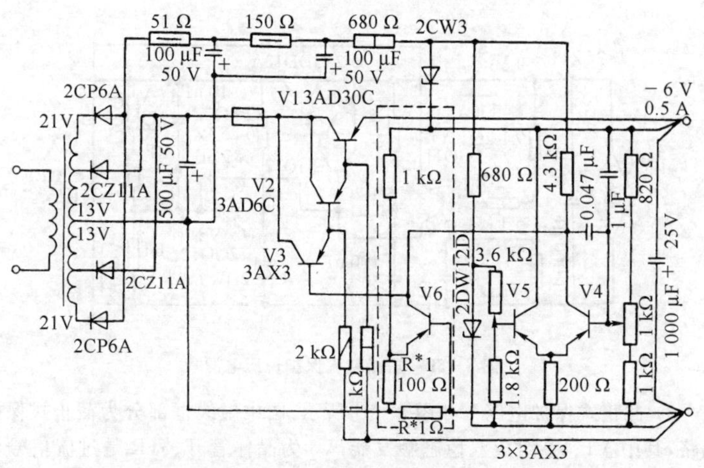


图 8－49　减流式保护稳压电源

流式保护电路，其中 $R^*$ 是过流发信电阻，输出电压经电阻分压在 $R_1^*$ 两端所得的电压是 V6 的预置反偏电压。电路正常工作时，适当选择 $R_1^*$ 使 V6 截止，保护电路不影响组合调整管的工作。当负载电阻减小到使输出电流超过允许值时，$R^*$ 两端的压降增大，使 V6 导通，组合调整管的基极注入电流经 V6 分流掉，从而将输出电流限制住。此时，由于输出电压必然低于额定值，而输出电压的降低又会使 $R_1^*$ 两端的压降减小，即 V6 的预置反偏电压减小了，因而相应的输出电流被限制在较小的数值上，输出电压越低，输出电流的限定值亦越低，因此可以降低调整管在过载状态下的功耗。同时，该电路具有自动回复的功能。

图 8－50 所示是具有输出短路截流保护作用的电路，图中 V1 起短路截流作用，电路正常工作时，V1 的发射极电位比基极电位高，因此 V1 截止。当输出端发生短路时，A 点的电位比 D 点电位高，V1 导通至饱和，此时 B 点电位为零，调整管 $I_b=0$ 而截止，实现了保护作用。A－D 间串入二极管 2CP12 为保护 V1 的发射极结而设置的。A 点对地接有 50 μF 电容，是在开机时 A 点电位升高有一个过程，使起始时 V1 截止，电路能正常工作，其输出电压为

$$U_O=\left(1+\frac{R_2+R_{RP}}{R_1}\right)(U_{VD}+U_{be})$$

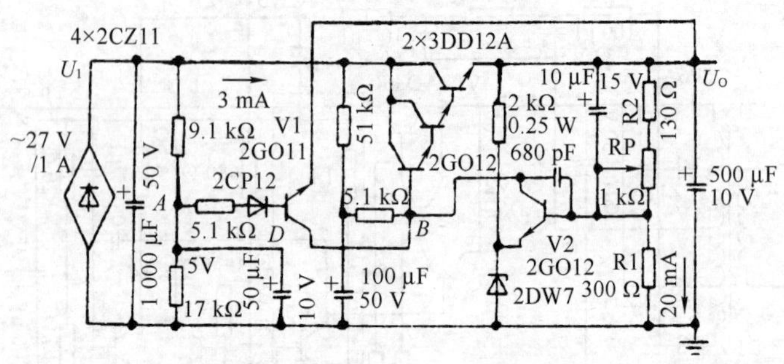


**图 8－50**　短路截流保护稳压电源

3）截止式保护电路　如图 8－51 所示，图中虚线框部分为截止式保护电路，其中 V1、V2 组成双稳态触发器，V3 为晶体管开关，R 是过流信号电阻。当电路工作正常时，双稳态触发器的 V1 截止，V2 导通，V2 的集电极处于高电位，使 V3 截止，这时保护电路不影响组合调整管的工作。当负载电流增大时，R 两端的压降随之增加，使 V2 的基极电位升高。当升高到一定值时，双稳态触发器翻转为 V2 截止、V1 导通。这样由于 V2 的集电极为低电位，所以 V3 饱和导通。组合调整管因其基极注入电流全部被 V3 短路而截止，稳压电源被迅速切断。保护电路的动作电流可通过改变 V2 的基极电阻（图中 1.3 kΩ）进行整定，这个电阻越大，动作电流也越大。通常将动作电流整定为额定电流的 1.2 倍。

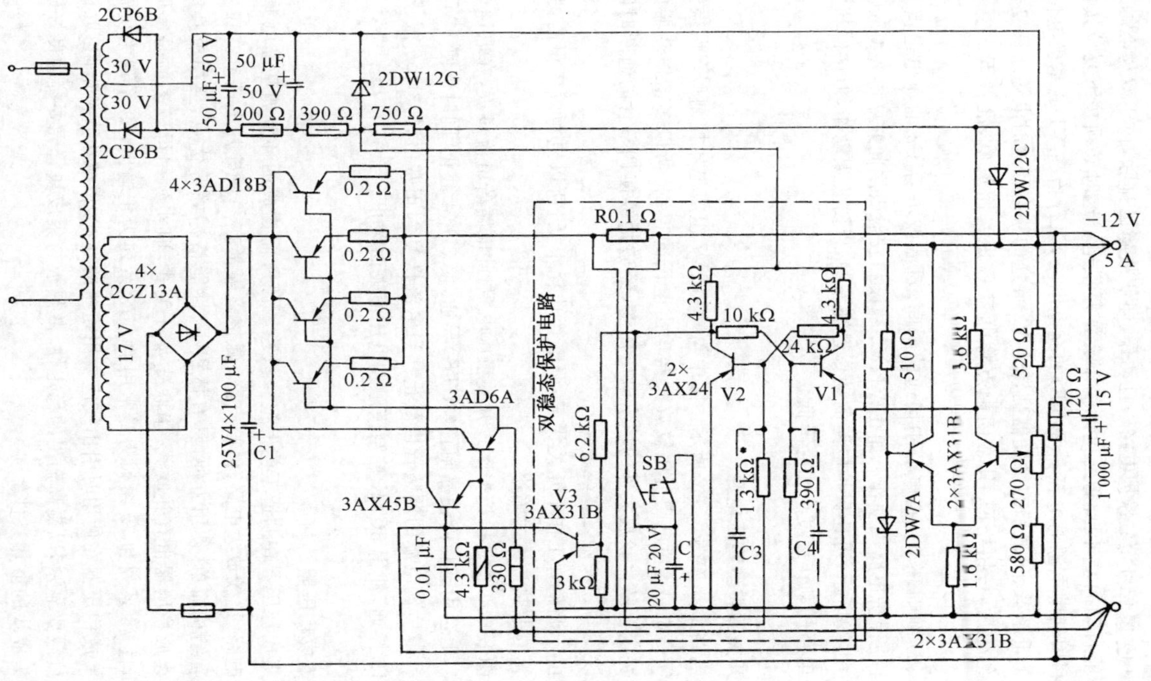


图 8-51　具有截止式保护电路的稳压电源

(1) 复位环节：保护电路一旦动作，即使故障已排除，由于双稳态触发器不能自动回复，因此稳压电源仍不会恢复供电。这时必须按下复位按钮SB，利用辅助电源对电容C(20 μF)的充电电流，强行抬高V1的基极电位，使V1重新截止，双稳态触发器翻转为V2导通的状态。这时电源才恢复供电。复位后，按钮松回，其常闭触点将电容C短路而放电，准备下次复位再用。

(2) 延时环节：在电源刚接通的瞬间，对滤波电容C2的充电电流很大，会使保护电路误动作。如在V1、V2基极和发射极之间并联电容C3、C4(图中虚线所示)可让保护电路的动作迟钝一些，以防止误动作，但这样却使保护电路的动作速度也相应降低。

## 四、开关调整型稳压电源

电路形式如图8-52所示。图中V5、V6、V7组成电压控制型多谐振荡器，V7、V8的等值电阻受比较放大器输出电压的控制，所以多谐振荡器的脉冲宽度会随比较放大器的输出电压而变，经激励级使调整管的通断时间之比改变，$U_O$ 便随之改变。

由于调整管工作于开关状态，调整管功耗很低，所以电源效率很高，且调整管的散热片大大缩小。

图8-53也是压控振荡式开关稳压电源，此电路若电流过大，在取样电阻 $R_S^*$ 上会引起压降使晶闸管(3CTK)导通，使3DK4截止，同时也使3AD6截止。最后使电源的调整管也截止。当电流恢复到正常值时，3DG6截止，3DG12导通，使得3CTK控制极触发电压消失而截止。

## 五、集成稳压器

集成稳压器在制造工艺上把一只稳压源所需构成的环节如基准电源、取样电路、比较放大电路、保护电路、调整管等都在一块硅片上制成。在外观上看结构简单，使用方便，具有体积小、性能指标好等优点，应用极其广泛。集成稳压器也有并联式、串联式及开关式，但实际用得较多的是串联式，而且78系列和79系列为最常用的。78系列为正输出，79系列为负输出。集成稳压器在使用时引出线应要用粗些的导线，以减小直流电阻；取样点与负载要靠紧，以提高输出的稳定性；散热板与集成块管壳要接触良好以提高集成块的散热条件。

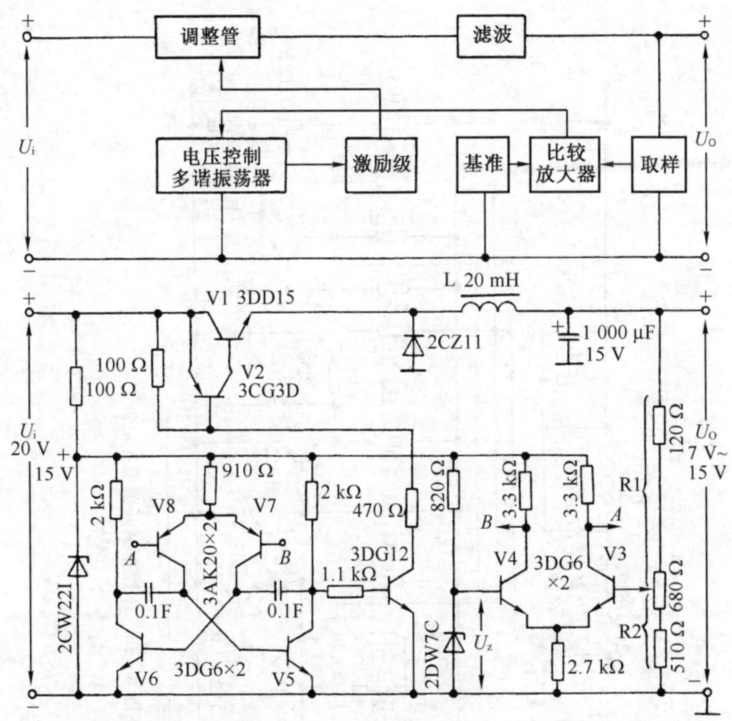


图 8-52　开关调整型稳压电源

## 六、功率管的热设计

1. 热设计

所谓热设计是指选择适当的散热器，使晶体管在最大功耗 $P_{CM}$ 时的结温不超过最高允许值 $T_{jM}$。它是保护功率管的一项重要措施。

结温 $T_{jM}$ 与 $P_{CM}$ 的关系为：

$$T_{jM} = (R_T + R_{TS} + R_{Sa}) \cdot P_{CM} + T_a$$

式中，$R_T$ 为晶体管不带散热器时的热阻（℃/W）；$R_{TS}$ 为管壳与散热器间的接触热阻（℃/W）；$R_{Sa}$ 为散热器的热阻（℃/W）；$T_a$ 为环境最高温度（℃）。

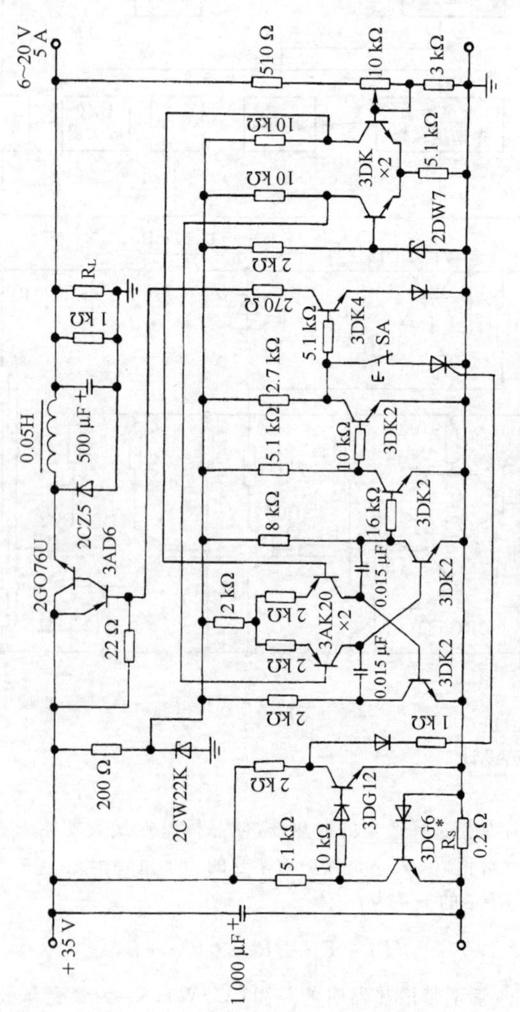


图 8－53　压控振荡开关稳压电源

进行热设计时，$P_{CM}$、$T_{jM}$、$T_a$ 均为已知数据，其中，$P_{CM}=U_{ceM}\cdot I_{CM}$ 由电路设计时求得；$T_{jM}$ 可查半导体器件手册，为安全可靠，可取为手册上数据的(80～90)％，即对锗管通常取 $T_{jM}=80℃$，对硅管通常取 $T_{jM}=150℃$；$T_a$ 一般取 40～55℃。若记 $R_T+R_{TS}+R_{Sa}=R_{\Sigma}$（$R_{\Sigma}$ 称为总热阻），则

$$R_{\Sigma}=\frac{T_{jM}-T_a}{P_{CM}}(℃/W)$$

由于 $R_T$ 可查半导体器件手册获得；$R_{TS}$ 按经验，当管壳与散热器间垫有 0.25～0.76 mm 的云母片的值为 0.3～0.8℃/W，通常取为 0.5℃/W，于是，散热器的热阻为

$$R_{Sa}=R_{\Sigma}-R_T-R_{TS}(℃/W)$$

按求得的 $R_{Sa}$ 查散热器的“热阻-包络体积”关系曲线便可选得合适的散热器型式与尺寸。可见，对同一套电路，增大散热器可增加它的输出功率，反之，会使输出功率降低。

2. 常用散热器

常用散热器有散热板和散热型材两类，它们的表面都经过阴极氧化染黑处理，以利散热。在使用时要注意晶体管与散热器之间应有良好的接触，为此一般在散热器表面涂一层硅脂，使其导热性能良好。如要散热板不带电，可在它与晶体管之间垫一层很薄的云母片或聚酯薄膜。散热板的特性如图 8－54 所示。散热型材断面和尺寸见表 8－23，其特性如图 8－55 所示。

表 8－23　XC76 型散热型材断面和尺寸

| 型号 | 断面 | 尺寸(mm) | | | | |
|---|---|---|---|---|---|---|
| XC761 | 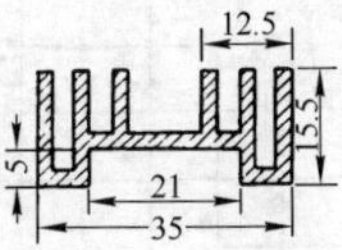 12.5, 5.5, 5, 21, 35 | | | | | |
| XC766 | 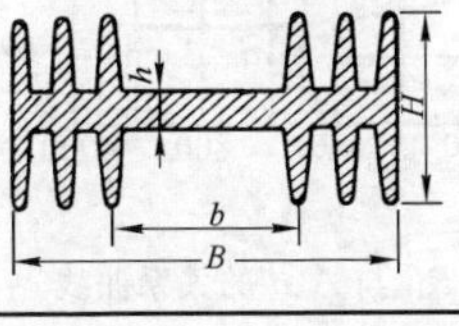 h, H, b, B | 序号 | $B$ | $H$ | $b$ | $h$ |
| | | 1 | 52 | 25 | 25 | 4 |
| | | 2 | 60 | 40 | 27 | 5 |
| | | 3 | 89 | 40 | 51.5 | 5 |

（续表）

| 型号 | 断面 | 尺寸(mm) | | | | | |
|---|---|---|---|---|---|---|---|
| | | 序号 | $B$ | $H$ | $b$ | $b_1$ | $n$（模数） |
| XC768 | | 1 | 120 | 50 | 46.5 | 144 | 4 |
| | | 2 | 156 | 50 | 45 | 180 | 6 |

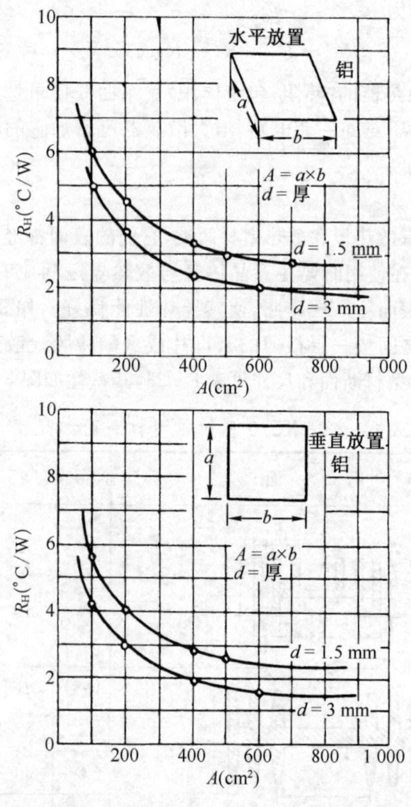


**图8-54**　散热板的 $R_H$ 与 $A$、$d$ 的关系曲线

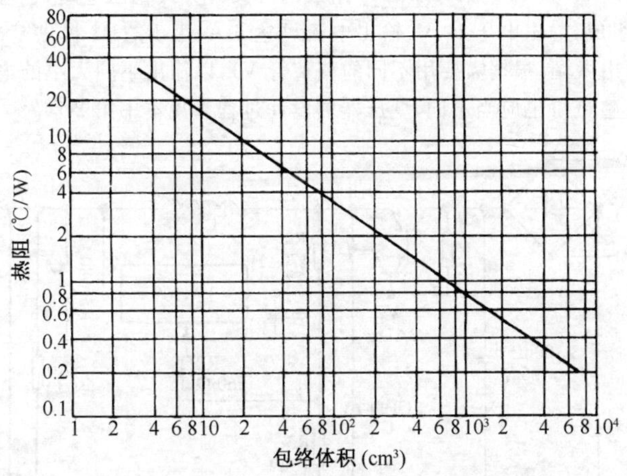


**图 8-55**　XC76 型散热型材的"热阻-包络体积"曲线

## 七、常用稳压电路

图 8-56 为晶体管稳压电路,其输出电压 5 V,输出电流为 1 A,输出纹波量小于 1 mV。该电路简单、实用,自身具有短路、限流的保护电路。图中 V1、R5、R6 为保护电路的组成元件,R5 自制,功率要做到 5 W 左右。

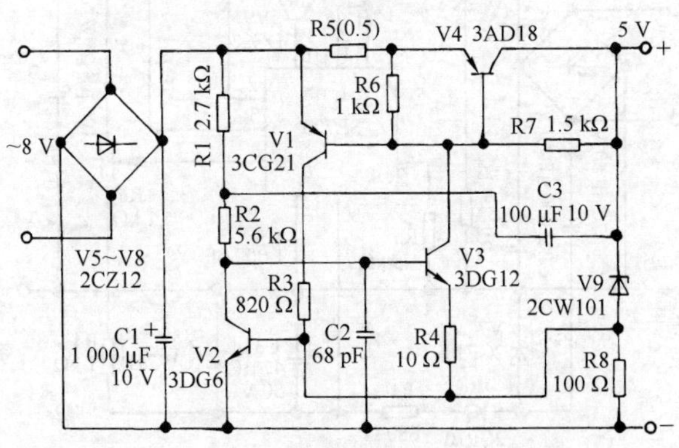


**图 8-56**　常用稳压电路(1)

图 8－57 是用集成块 LM109 组成的可调开关式稳压电路，也可用其他集成块组成，输出电压 12 V，输出电流可达 5 A，由 R2、R3 提供基准电压，R5 为输出微调，根据需要用不同的调整管 V1，以输出不同大小的电流。但变压器、整流桥也应当不同，变压器的设计过程参见本书第 2 章。

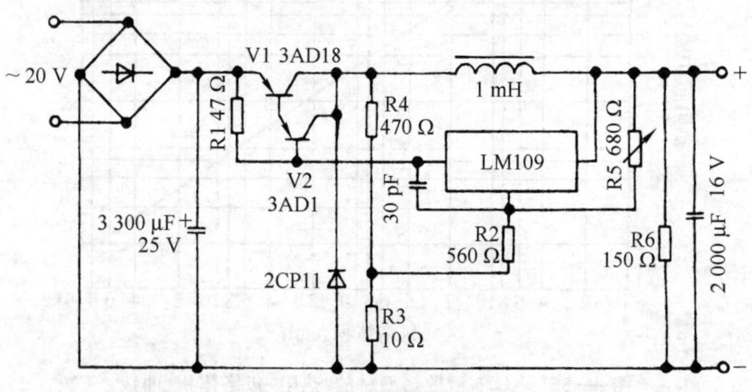


**图 8－57**　常用稳压电路(2)

图 8－58 为输出电压 0～15 V 可调，输出电流为 2 A 的稳压电路。电路采用 SL723 集成块，电路自身有固定限流保护环节，输出电阻小于

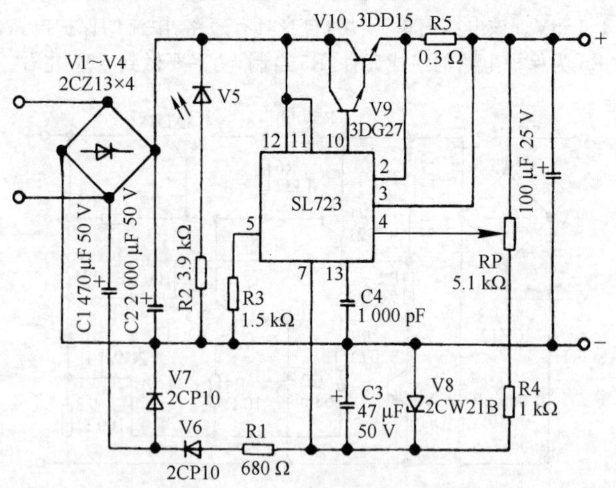


**图 8－58**　常用稳压电路(3)

0.05 Ω，输出纹波电压不大于 1 mV。由 V7、C1 等组成负压整流，R1、V8 产生负 5 V 的电路与 SL723 的 7 脚相连接，SL723 的 5 脚经 R3 接地以实现输出0 V起调。R5 为输出限流取样电阻，当输出电流等于 2 A 时，R5 上引起的压降使 SL723 内部的限流保护电路起作用。来自取样电路 RP 上的电压加到 SL723 的 4 脚，是实现输出调节电压值，SL723 的 10 脚输出电流推动调整管的输出电压电流。调整管须加装散热器，散热器的选用可参看本章。

图 8-59 所示是用 555 集成块组成的开关式稳压电路，输出电压为 12 V，输出电流为 1 A。输出电压由 V2 而定，V4 须按输出电流的不同选用相应功率管、变压器、整流桥等。

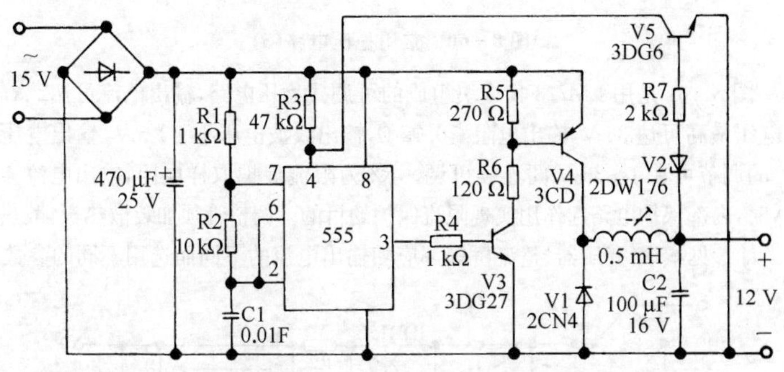


**图 8-59** 常用稳压电路(4)

图 8-60 所示是用集成块 UA723 组成的大功率可调式的稳压电路，也可与 UA723 相类似的集成块如 LM723、HA723 等组成。但封装的不同其外引脚的功能也不一样，故须在设计电路时选定集成块特别要注意产品说明书，以便于印制板的制作。UA723 内部结构是串联式可调的，输出电压 2～37 V 可调，输出电流 150 mA，具有短路、限流保护功能。这里用的是 C-14 封装的 UA723 集成块，6 脚端内接有 6.2 V 的稳压管及分压电阻构成基准电路，4 脚为反相输入端，外接电位器 RP 用来改变 10 脚输出电压值，它决定 UA723 的外接扩流取样管 V11 的 $U_{be}$ 及导通程度，以控制 4 只调整管(V7～V10)的输出量。图中 C3 是 UA723 的消振电容，2、3 脚间电阻(R9)是 UA723 外接短路、限流保护电阻。图中电位器应选用实心的以防震动。变压器、调整管的参数决定于负载的要求而定，输出均流电阻(R4～R7)须自制，功率要达到 4 W。

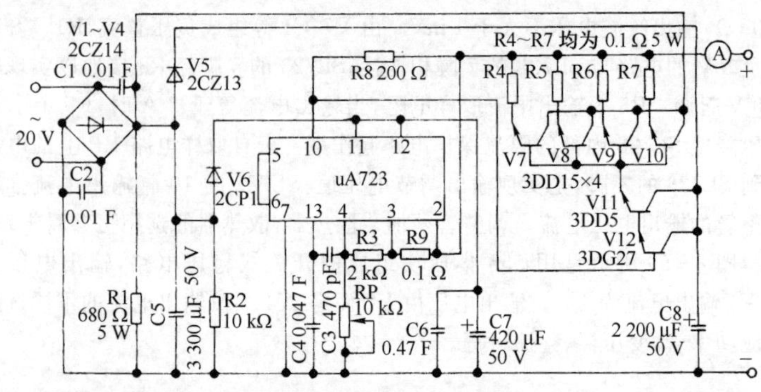


图 8－60　常用稳压电路(5)

图 8－61 是用 LM723 集成块组成的可调式稳压电路，输出电流可达2 A，输出电压最高可达 36 V，输出电阻≤0.05 Ω，输出纹波电压小于1 mV，输出电压经 RP 的调节可在 1～36 V 间连续可调。R2 为限流保护取样电阻，输出电流大于 2 A时，内部保护电路起作用实现限流保护的目的。调整管须加装散热板，散热板的设计参见本章，变压器、整流桥等都应随输出电流的不同而选用不同的参数。

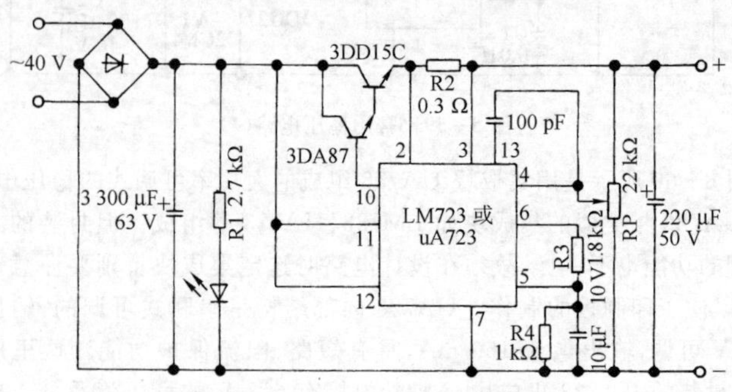


图 8－61　常用稳压电路(6)

图 8－62 是蓄电池充电用自动开关电路。在对汽车电瓶及其他可以重复使用的电池都要到充电设备上来充电，但当电瓶被充满时，须及时脱离充电设备，电路能保证被充电池充满时电路会使电池脱离电源。电位器 RP 用来设定被充电池的充电电压的，当被充电池达到设定电压值时 V4 被击穿而使 V5 导通、V6 截止，使继电器 KM 失电而释放使得被充电池与电源分开。

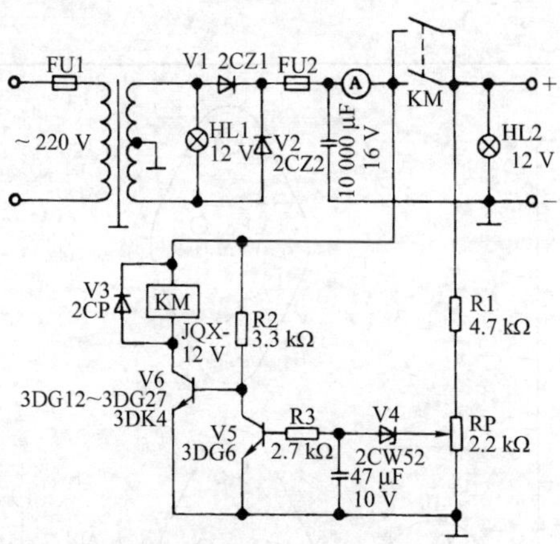


图 8-62　常用稳压电路(7)

## 八、部分集成稳压器产品

集成稳压器发展很快，品种很多，表 8-24 介绍部分国家标准汇编中的产品供参考。

表 8-24　部分电压调整器系列品种及参数

| 三端固定输出电压调整器 | 引线端排列 | 1 2 3<br>1 ADJ<br>2 $V_I$<br>3 $V_O$ | | | | $V_I$<br>1 3 2<br>1 ADJ<br>2 $V_I$<br>3 $V_O$ | | | |
|---|---|---|---|---|---|---|---|---|---|
| 型号 / 参数 | CW7905 | CW7906 | CW7908 | CW7909 | CW7910 | CW7912 | CW7915 | CW7918 | CW7924 |
| $U_O$(V) | −5 | −6 | −8 | −9 | −10 | −12 | −15 | −18 | −24 |
| $I_O$(A) | 1.5 | | | | | | | | |
| $S_U$(mV) | 25 | 30 | 40 | 45 | 50 | 60 | 75 | 90 | 120 |
| $S_I$(mV) | 50 | 60 | 80 | 90 | 100 | 120 | 150 | 180 | 240 |

（续表）

| | | |
|---|---|---|
| 三端可调正输出电压调整器 | 引线端排列 | 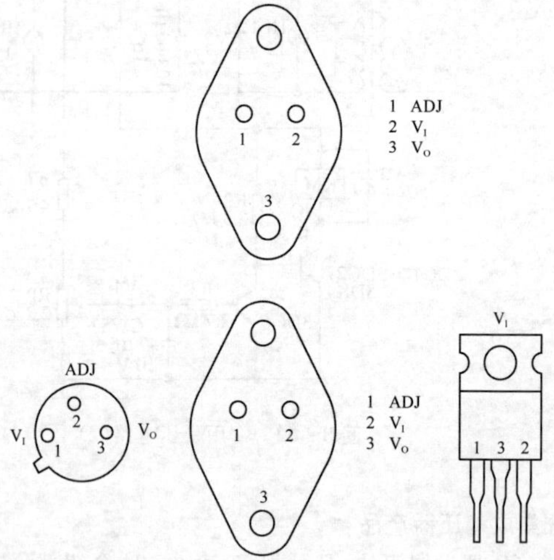 1 ADJ　2 $V_I$　3 $V_O$<br>ADJ 2　$V_I$ 1　3 $V_O$<br>1 ADJ　2 $V_I$　3 $V_O$<br>$V_I$　1 3 2　1 ADJ　2 $V_I$　3 $V_O$ |
| 三端可调负输出电压调整器 | | $V_O$ 2　ADJ 1　3 $V_I$<br>$V_I$　1 3 2　1 ADJ　2 $V_O$　3 $V_I$<br>1 ADJ　2 $V_O$　3 $V_I$ |

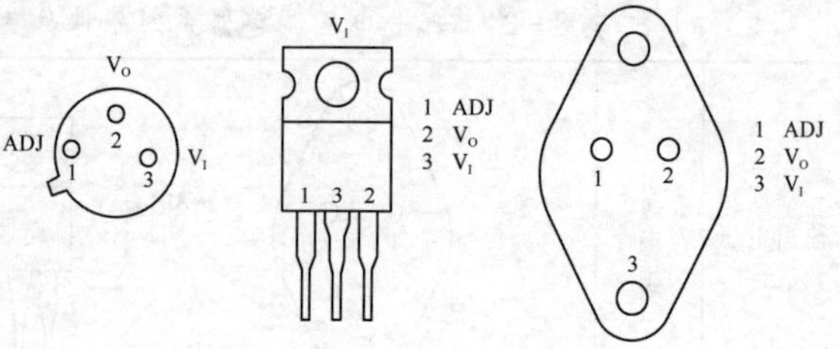

| 参数＼型号 | CW117 | CW217 | CW317 | CW138 | CW238 | CW338 | CW137 | CW237 | CW337 |
|---|---|---|---|---|---|---|---|---|---|
| $U_O$(V) | 1.2～37 | | | 1.2～32 | | | −1.2～−37 | | |
| $I_O$(A) | 1.5，0.5 | | | 5 | | | 1.5，0.5 | | |
| $S_U$ | 0.01%/V | | | 0.005%/V | | | 0.01%/V | | |
| $S_I$ | 0.1% | | | 0.1% | | | 0.3% | | |

（续表）

| | | | | | | | | | |
|---|---|---|---|---|---|---|---|---|---|
| 三端固定正输出电压调整器 | 引线端排列 | 1 $V_I$ 2 $V_O$ 3 GND；GND 1 3 2 | | | | | | | |
| 型号<br>参数 | CW7805 | CW7806 | CW7808 | CW7809 | CW7810 | CW7812 | CW7815 | CW7818 | CW7824 |
| $U_O$(V) | 5 | 6 | 8 | 9 | 10 | 12 | 15 | 18 | 24 |
| $I_O$(A) | 1 | | | | | | | | |
| $S_U$(mV) | 25 | 30 | 40 | 45 | 50 | 60 | 75 | 90 | 120 |
| $S_I$(mV) | 50 | 60 | 80 | 90 | 100 | 120 | 150 | 180 | 240 |

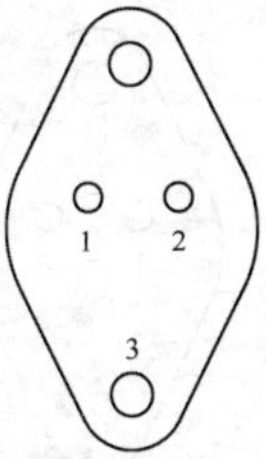

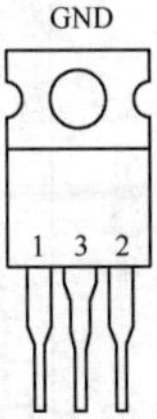

| | | | |
|---|---|---|---|
| 三端可调正输出电压调整器 | 引线端排列 | 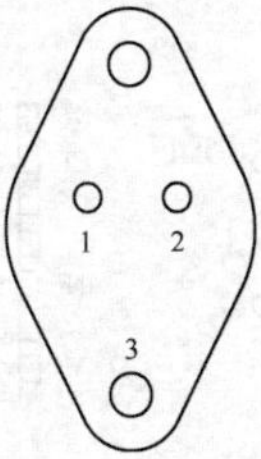 1 GND 2 $V_O$ 3 $V_I$；$V_I$ 1 GND 2 $V_O$ 3 $V_I$ 1 3 2 | |
| 型号<br>参数 | CW150 | CW250 | CW350 |
| $U_O$(V) | 1.2～33 | | |
| $I_O$(A) | 3 | | |
| $S_U$ | 0.005%/V | | |
| $S_I$ | 0.1% | | |

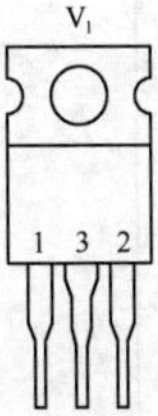

（续表）

| 三端正输出集成稳压器 | 引线端排列 | 1 $V_O$<br>2 ADJ<br>3 $V_I$ | |
|---|---|---|---|
| 型号<br>参数 | | CW196 | CW396 |
| $U_O$(V) | | 1.5～15 | |
| $I_O$(A) | | 10 | |
| $S_U$ | | 0.01%/V | |
| $S_I$ | | 0.1% | |

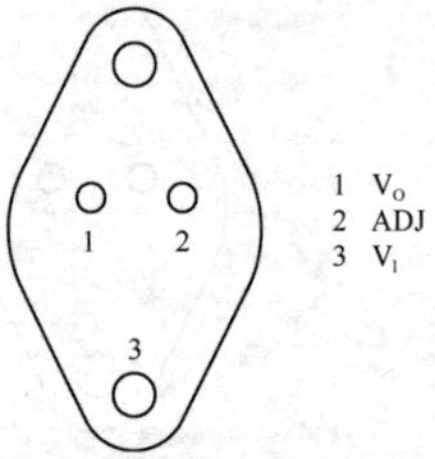

| 通用型多端可调电压调整器 | 引线端排列 | 1 CS, 2 $IN_-$, 3 $IN_+$, 4 $V_{REF}$, 5 $V_-$, 6 $V_Z$, 7 $V_O$, 8 $V_+$, 9 COMP, 10 CL | 1 NC, 2 CL, 3 CS, 4 $IN_-$, 5 $IN_+$, 6 $V_{REF}$, 7 $V_-$, 8 NC, 9 $V_Z$, 10 $V_O$, 11 $V_C$, 12 $V_+$, 13 COMP, 14 NC |
|---|---|---|---|
| 型号<br>参数 | | CW723 | |
| $U_O$(V) | | 2～37 | |
| $I_O$(mA) | | 150 | |
| $S_U$ | | 0.015%/V | |
| $S_I$ | | 0.02% | |

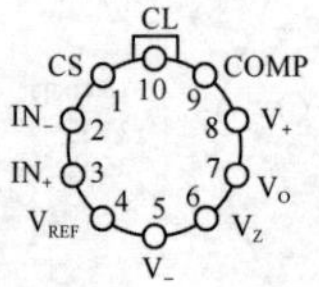

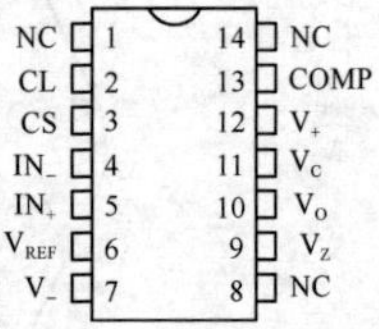

（续表）

| | | |
|---|---|---|
| 多端正可调电压调整器 | 引线端排列 | 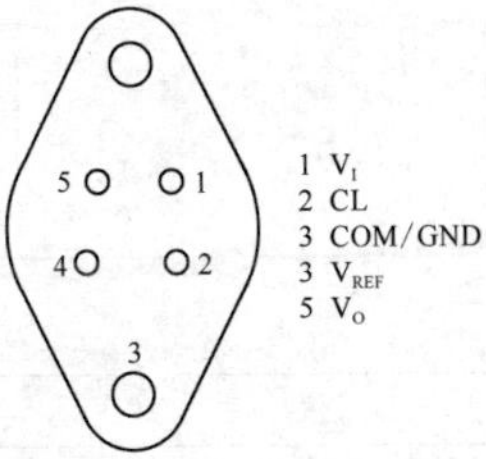 1 $V_I$<br>2 CL<br>3 COM/GND<br>3 $V_{REF}$<br>5 $V_O$ |

| 型号<br>参数 | CW200 |
|---|---|
| $U_O$(V) | 2.85～36 |
| $I_O$(A) | 2.0 |
| $S_U$ | 0.05%/V |
| $S_I$ | 0.15% |

电压基准系列部分品种及参数

| | | |
|---|---|---|
| 5 V、2.5 V 电压基准 | 引线端排列 | 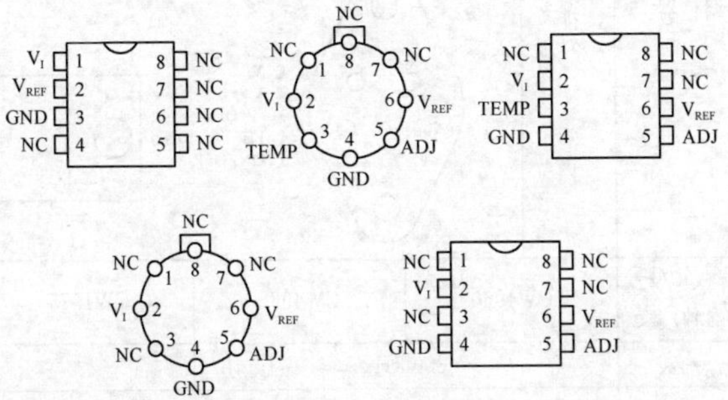 $V_I$ 1, $V_{REF}$ 2, GND 3, NC 4, NC 5, NC 6, NC 7, NC 8<br>NC 1, $V_I$ 2, TEMP 3, GND 4, ADJ 5, $V_{REF}$ 6, NC 7, NC 8<br>NC 1, $V_I$ 2, TEMP 3, GND 4, ADJ 5, $V_{REF}$ 6, NC 7, NC 8<br>NC 1, $V_I$ 2, NC 3, GND 4, ADJ 5, $V_{REF}$ 6, NC 7, NC 8<br>NC 1, $V_I$ 2, NC 3, GND 4, ADJ 5, $V_{REF}$ 6, NC 7, NC 8 |

| 型号<br>参数 | CW1403 | CW1503 | CW03-2.5 | CW02-5 |
|---|---|---|---|---|
| $U_{REF}$ | 2.5 V | | | 5 V |
| $S_T$ | 10 ppm/℃ | | 3 ppm/℃ | 10 ppm/℃ |
| $S_t$ | 10 ppm/1 000 h | | — | — |
| $U_{NO}$ | 60 μV | | 5 μV | 10 μV |

（续表）

| | | |
|---|---|---|
| 可编程电压基准 | 引线端排列 | $V_I$ 8；CAP 7；$V_{BC}$ 6；ST 5；GND 4；$V_{REF}$ { 10 V 1；5 V 2；2.5 V 3 } |
| 参数＼型号 | | CW584 |
| $U_{REF}$ | | 10 V、7.5 V、5 V、2.5 V |
| $S_T$ | | 30 ppm/℃ |
| $S_t$ | | 25 ppm/1 000 h |
| $U_{NO}$ | | 50 μV |
| 开关电压调整器 | 引线端排列 | 1 $V_I$；2 FB；3 COMP；4 GND；5 $OUT_{osc}$；6 SS；7 $V_O$<br>NC 1；$V_O$ 2；NC 3；GND 4；GND 5；NC 6；$V_I$ 7；NC 8；NC 9；FB 10；COMP 11；GND 12；GND 13；$OUT_{OSC}$ 14；SS 15；NC 16<br>1 $V_I$；2 $V_O$；3 GND；4 FB；5 ON/OFF<br>GND；1；2；3；4；5 |

| 参数＼型号 | CW4960 | CW4962 | CW1575 | CW2575 |
|---|---|---|---|---|
| $f_{max}$ | 200 kHz | | — | |
| $f_{OSC}$ | — | | 52 kHz | |
| $U_{REF}$ | 5 V | | — | |
| $U_{Cmax}$ | 50 V | — | 40 V | |
| $I_O$(A) | 2.5 | 1.5 | — | |
| $U_O$(V) | $U_{REF}$～40 | | 12 | |
| $q$ | 0～100% | | 98% | |
| $n$ | — | | 88% | |

（续表）

| 谐振式开关控制器 | 引线端排列 | 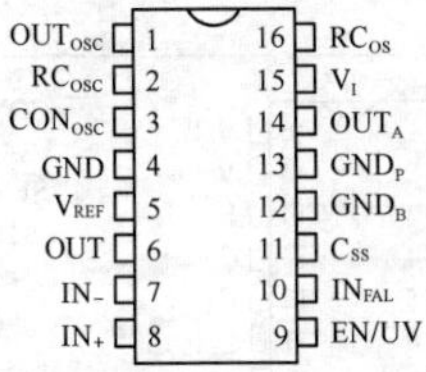 OUT$_{OSC}$ 1, RC$_{OSC}$ 2, CON$_{OSC}$ 3, GND 4, V$_{REF}$ 5, OUT 6, IN$_-$ 7, IN$_+$ 8, 9 EN/UV, 10 IN$_{FAL}$, 11 C$_{SS}$, 12 GND$_B$, 13 GND$_P$, 14 OUT$_A$, 15 V$_I$, 16 RC$_{OS}$ | 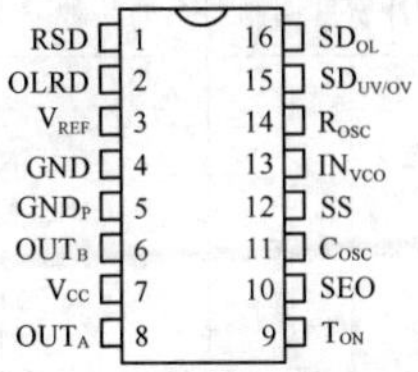 RSD 1, OLRD 2, V$_{REF}$ 3, GND 4, GND$_P$ 5, OUT$_B$ 6, V$_{CC}$ 7, OUT$_A$ 8, 9 T$_{ON}$, 10 SEO, 11 C$_{OSC}$, 12 SS, 13 IN$_{VCO}$, 14 R$_{OSC}$, 15 SD$_{UV/OV}$, 16 SD$_{OL}$ |
|---|---|---|---|
| 型号 / 参数 | | CW34066 | CW605 |
| $f_{OSC}$ | | 100～1 000 kHz | — |
| $f_{OSC}$(s) | | — | 2 MHz |
| $f_{OSC}$(co) | | — | 1 kHz |
| $U_{REF}$ | | 5.1 V | 50 V |
| $U_1$ | | 20 V | |
| $U_{CC}$ | | — | 20 V |
| $P_D$ | | — | 720 mW |

低压差正负电压调整器系列品种(部分)

| 低压差正、负电压调整器 | 引线端排列 | 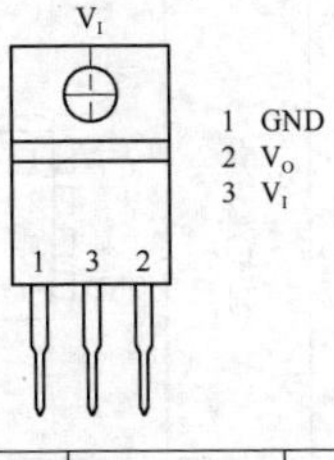 GND; 1 V$_I$, 2 V$_O$, 3 GND（引脚 1 3 2） | | | V$_I$; 1 GND, 2 V$_O$, 3 V$_I$（引脚 1 3 2） | | |
|---|---|---|---|---|---|---|---|
| 型号 / 参数 | | CW2940C-5 | CW2940C-12 | CW2940C-15 | CW2990-5 | CW2990-12 | CW2990-15 |
| $U_O$(V) | | 5 | 12 | 15 | −5 | −12 | −15 |
| $I_O$(A) | | 1 | | | | | |
| $\|U_I-U_O\|$ | | 0.5 V | | | 0.6 V | | |
| $\Delta U_O(S_U)$ | | 20 mV | | | — | | |
| $\Delta U_O(S_I)$ | | 35 mV | 55 mV | 70 mV | — | | |

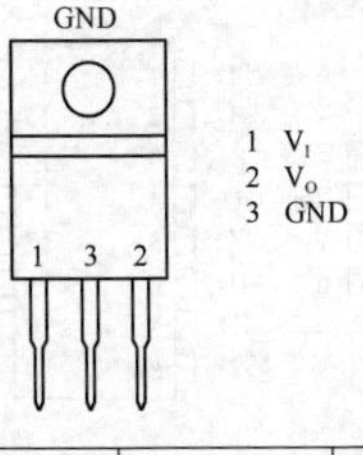

（续表）

部分脉冲宽度调制器系列品种

| 脉冲宽度调制器 | 引线端排列 | 1 $IN_-$，2 $IN_+$，3 $OUT_{OSC/SYC}$，4 $CL_+$，5 $CL_-$，6 $R_r$，7 $C_r$，8 GND，9 COMP，10 SD，11 $E_A$，12 $C_A$，13 $C_B$，14 $E_B$，15 $V_I$，16 $V_{REF}$ | 1 COMP，2 S/UV，3 $SEN_{OV}$，4 STOP，5 RES，6 CL，7 CS，8 SS，9 $R_r/C_r$，10 RAMP，11 $SEN_{VI}$，12 $OUT_{PWM}$，13 GND，14 $OUT_{DB}$，15 $V_{CC}$，16 $V_{REF}$，17 $IN_-$，18 $IN_+$ |
|---|---|---|---|

| 型号<br>参数 | CW1524A | CW2524A | CW3524A | CW1841 | CW2841 | CW3841 |
|---|---|---|---|---|---|---|
| $f_{max}$ | | 500 kHz | | | 500 kHz | |
| $U_{REF}$(V) | | 5 | | | 5.1 | |
| $U_C$(V) | | 60 | | | — | |
| $I_O$(mA) | | 200 | | | 400 | |
| $U_{CC}$(V) | | — | | | 32 | |
| $I_{OPP}$(A) | | — | | | 1 | |

部分直流—直流变换器系列品种及其参数

直流—直流变换器　引线端排列

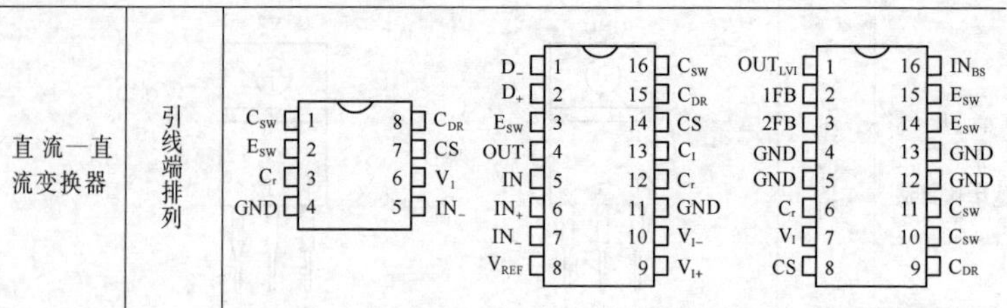


| 型号<br>参数 | CW34063 | CW34163 | CW34165 |
|---|---|---|---|
| $f_{OSC}$ | 100 Hz～100 kHz | 46 kHz～54 kHz | 50 kHz |
| $U_{REF}$(V) | 1.25 | | — |
| $I_O$(A) | 1.5 | 3 | 1.5 |
| $U_I$(V) | 40 | | 65 |
| $U_C$(V) | 40 | — | −1～65 |

表 8-25 电压调整器系列引出端名称符号

| 引出端符号 | 引出端名称 | 引出端符号 | 引出端名称 |
|---|---|---|---|
| ADJ | 电压调整端 | GND | 地端 |
| BAL | 平衡调整端 | $GND_P$ | 功率地端 |
| BOOST | 扩展电流端 | IN | 输入端 |
| $C_A$ | A管集电极 | $IN_+$ | 同相输入端 |
| CAP | 外接噪声滤除端 | $IN_-$ | 反相输入端 |
| $C_B$ | B管集电极 | $IN_{CROW}$ | 过压保护输入端 |
| $C_{DR}$ | 驱动管集电极 | $IN_{BT}$ | 自举输入端 |
| CL | 限流端 | STOP | 停止 |
| COM | 公共端 | SUB | 衬底端 |
| COMP | 补偿端 | S/UV | 启动/欠压 |
| $CON_{DT}$ | 死区时间控制端 | SYNC | 同步端 |
| $CON_{OUT}$ | 输出控制端 | TEMP | 温度补偿端 |
| $C_{OSC}$ | 振荡器电容 | $T_{ON}$ | 导通时间 |
| CP | 时钟脉冲 | $U_{BG}$ | 基准检测端 |
| CROW/DR | 过压/保护驱动端 | $U_C$ | 集电极电压 |
| CS | 电流取样端 | $U_{CC}$ | 电源电压 |
| $C_{SS}$ | 软起动电容 | $U_H$ | 加热电压 |
| $C_{SW}$ | 开关管集电极 | $U_I$ | 输入电压 |
| $C_T$ | 定时电容 | $U_I/U_{REF}$ | 输入电压/电压基准端 |
| $D_+$ | 二极管正极 | $U_{I^+}$ | 输入电压正端 |
| $D_-$ | 二极管负极 | $U_{I^-}$ | 输入电压负端 |
| $DEL_R$ | 复位延迟端 | $_+U_I$ | 正输入电压 |
| DET | 探测端 | $_-U_I$ | 负输入电压 |
| $DET_Z$ | 零点探测端 | $U_O$ | 输出电压 |
| DIS | 放电端 | $U_{O^+}$ | 输出电压正端 |
| $E_A$ | A管发射极 | $U_{O^-}$ | 输出电压负端 |
| $E_B$ | B管发射极 | $_+U_O$ | 正输出电压 |
| $E_{SW}$ | 开关管发射极 | $_-U_O$ | 负输出电压 |
| EN/UV | 允许/欠压锁定端 | $U_{REF}$ | 电压基准端 |
| FB | 反馈端 | $U_Z$ | 齐纳管输出电压 |

表 8 - 26　电压调整器系列电参数文字符号

| 电参数符号 | 电参数名称 | 电参数符号 | 电参数名称 |
|---|---|---|---|
| $f$ | 频率 | $OUT_{DB}$ | 偏置驱动输出端 |
| $f_{max}$ | 最高工作频率 | $OUT_{LVI}$ | 低压指示输出端 |
| $f_{OSC}$ | 振荡器频率 | $OUT_{OSC}$ | 振荡器输出端 |
| $f_{OSC(S)}$ | 振荡器单端输出 | $OUT_{PWM}$ | 脉宽调制输出端 |
| $f_{OSC(CO)}$ | 振荡器互补输出 | $OUT_{R}$ | 复位输出端 |
| $I_K$ | 阳极电流 | $OUT_{T}$ | 温度输出端 |
| $I_O$ | 输出电流 | $OUT_{VCO}$ | 压控振荡器输出端 |
| $I_{max}$ | 最大输出电流 | RAMP | 斜坡输入端 |
| $I_P$ | 峰值输出电流 | $RC_{OS}$ | 冲息定时网 |
| $P_D$ | 耗散功率 | $RC_{OSC}$ | 振荡器定时网 |
| $q$ | 占空比 | $R_{DT}$ | 死区时间电阻 |
| $q_{max}$ | 最大占空比 | RES | 复位端 |
| $IN_{FAL}$ | 故障输入端 | $R_O$ | 负载电阻 |
| $IN_{FB}$ | 反馈输入端 | $R_{OSC}$ | 振荡器电阻 |
| INH | 禁止端 | RSD | 遥控关闭端 |
| $IN_{PWM}$ | 脉宽调制输入端 | $R_{SET}$ | 调节电阻 |
| $IN_R$ | 复位输入端 | $R_T/C_T$ | 定时电阻/电容 |
| $IN_{SEN}$ | 检测输入端 | SD | 关闭端 |
| $IN_{UCO}$ | 压控振荡器输入端 | $SEN_{OV}$ | 过压检测端 |
| $IN_{ST}$ | 起动输入端 | $SEN_{VI}$ | 输入电压检测端 |
| $IN_{SYNC}$ | 同步输入端 | SEO | 选出端 |
| $I_{O+}$ | 输出电流正端 | SG | 锯齿波发生器 |
| $I_{O-}$ | 输出电流负端 | SS | 软启动 |
| LU | 低压 | ST | 选通 |
| OLRD | 过载重新起动延迟控制端 | $S_I$ | 电流调整率 |
| ON/OFF | 开/关 | $S_t$ | 输出电压长期稳定性 |
| OUT | 输出端 | $S_T$ | 输出电压温度系数 |
| $OUT_A$ | A 管输出端 | $S_V$ | 电压调整率 |
| $OUT_B$ | B 管输出端 | $U_{FHUV}$ | 欠压阈值电压 |
| $OUT_{CROW}$ | 过压保护输出端 | $U_C$ | 集电极电压 |

（续表）

| 电参数符号 | 电参数名称 | 电参数符号 | 电参数名称 |
| --- | --- | --- | --- |
| $U_{CC}$ | 电源电压 | $U_{REF}$ | 基准电压 |
| $U_C$ | 集电极至发射极电压 | $U_O(S_I)$ | 输出电流引起的输出电压变化量 |
| $U_{Cmax}$ | 最大集电极电压 | | |
| $U_I$ | 输入电压 | $U_O(S_V)$ | 输入电压引起的输出电压变化量 |
| $U_{Imax}$ | 最大输入电压 | | |
| $\|U_I-U_O\|$ | 输入输出电压差绝对值 | $U_Z$ | 齐纳击穿电压 |
| $U_{NO}$ | 输出噪声电压 | $Z_K$ | 动态阻抗 |
| $U_{O^+}$ ($U_{O^-}$) | 正(负)输出电压 | $\eta$ | 效率 |
| $\|U_{O^+}-U_{O^-}\|$ | 正负输出电压差 | $\eta_P$ | 功率转换效率 |
| $U_{Omax}$ | 最大输出电压 | $\eta_V$ | 电压转换效率 |

## 九、典型应用电路

图 8-63 为用 NE555 时基电路作定时开关电路，电路在未起动时 V 是截止的，所以 NE555 的 2、6 脚的电位为 0 V，则 3 脚输出为高电平，KM 的常闭触点是断开的，主电路的接触器的工作线圈是经 KM 的常闭触点串联成闭合回路的，因 KM 在静止时常闭触点是断开的，只有在按下按钮 SB 时 NE555 的 2、6 脚由 0 V 跃为(12－0.7＝11.3 V)11.3 V，3 脚输出由高电平降为低电平，KM 的常闭触点复位。在按下 SB 时，也对 C2 充电，当 SB 松开时接着 C2 上的电压经 V 的 b、e 结、R2 放电，由于放电时间极长，这个放

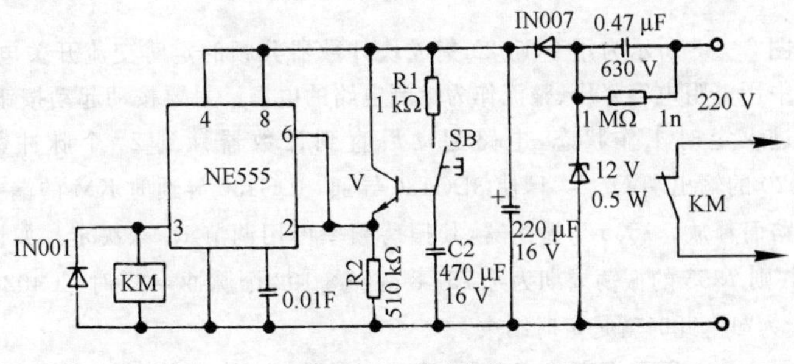


图 8-63　定时电路

电速度就是定时的时间，图中的数值可定 4 h 左右，一直要到 C2 上的电压放到$\frac{1}{3}U_{DD}$时 NE555 开始翻转即 3 脚输出由低电平转为高电平，这时结束定时。制作时外壳用塑料或其他绝缘材料，因为 220 V 经 0.47 μF、1 MΩ 降压，板子上有 220 V 电压。C2 要用钽电容。

图 8-64 所示为定时插座用于家电或无人管理而需定时的用电设备如烘箱等。起动按钮 SB 按下时，555 时基电路的 2、6 脚均为低电平、3 脚输出为高电平，这时如 S 打在"1"位置时，则因 KM 两端无电压差而释放；如打在"2"的位置时则 KM 因得电而吸合，定时开始 3DJ6 向 C 恒流充电直到 C 两端的电压为 8 V 时$\left(\frac{2}{3}U_{DO}\right)$电路将翻转，3 脚输出低电平 KM 的状态改变定时结束。调节 RP 可改变定时的时间，KM 可根据负载的不同选不同的 KM，但要根据 555 输出所能提供电流，如负载电流可用中间继电器的形式来达到。

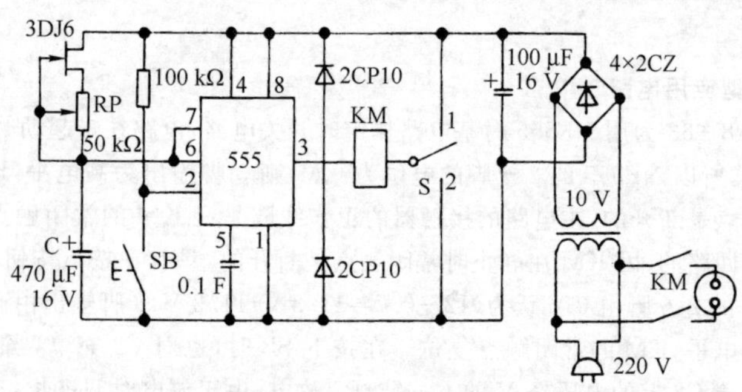


**图 8-64　定时插座电路**

图 8-65 所示为用 CC4020 集成块计数器分频的定时交流开关电路。电路中用电阻电容降压、整流作为控制电路的电源。只要按动起动按钮 SB 接着进入定时工作状态，电路起动后直到计数器计到 $2^{13}$ 个脉冲数时 CC4020 的输出端 $Q_{14}$＝"1"使 3DG130 导通，3DG130 导通时 KM 的端电压被旁路而释放。7555 为振荡器，其振荡频率可用调节 $R_p$ 来决定。如设定为 4 h 则 7555 的振荡周期为 1.757 8 s，经 8 192 个脉冲＝$2^{13}$时 CC4020 的 $Q_{14}$ 端为"1"，此时就是定时结束。

图 8-66 所示为高速充电器，该充电器随被充电瓶的电压升高而有效

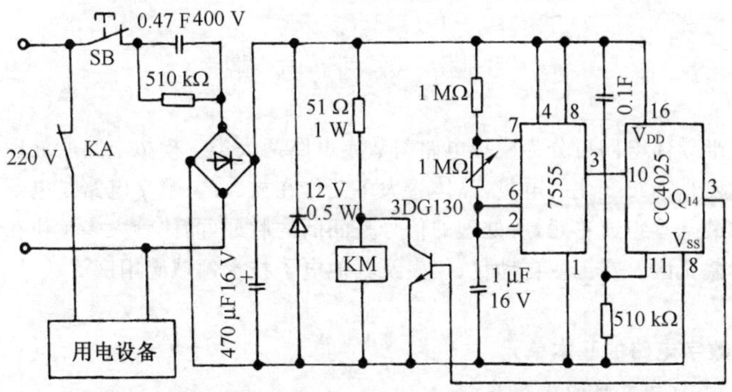


图 8-65　用 CC4020 集成块作分频的定时电路

地克服充电过程被充电瓶所溢出的气泡，这些气泡会限制充电电流的通过，本电路有效消除气泡而提高充电速度。设定的 555 振荡周期为 0.5 s，每隔 0.5 s，555 的 3 脚输出高平而使 3DK4 导通以使继电器动作一次，这样如前 0.5 s 是充电则后 0.5 s 是放电，这个放电（反向充电）过程就是电瓶上的气泡被 C 吸收的过程。如 KM1-1 打在"1"位置时对电瓶充电，则 KM1-1 打"2"位置时就是放电；KM1-2 打"1"位置时是 C 充电，而打在"2"位置时指示 C 在被反充电。继电器 KM 的触点电流要选定大于 10 A 的，变压器的二次侧匝数、绕组的线径应根据充电器的使用需要而定。

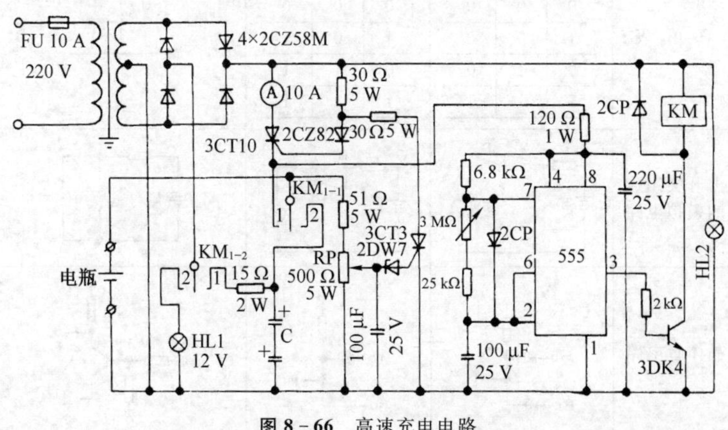


图 8-66　高速充电电路

# 8-5 数字电路

半导体电路可分为模拟电路与数字电路两大类。模拟电路所处理的信号主要是连续变化的电量，晶体管大多工作在放大区；数字电路是电子计算机的最基本组成单元，所处理的信号是间断的脉冲，晶体管大多工作在饱和区和截止区。在工业自动化、仪表及其他电子技术领域应用广泛。

## 一、数字电路的基本单元

### 1. 数字电路的基本单元

数字电路是由门电路组成的，这些门电路是一些具有开关特性的元器件组合而成的。基本门电路见表8-27。数字电路又称开关电路、逻辑电路等。

表8-27 基本门电路

| 门电路 | 与门 | 或门 | 非门(反相器) |
|---|---|---|---|
| 逻辑符号 | A, B — & — F | A, P — ≥1 — F | A — 1 ○— F |
| 关系式 | $F=A\cdot B$ | $F=A+B$ | $F=\overline{A}$ |
| 真值表 | A B F<br>0 0 0<br>1 0 0<br>0 1 0<br>1 1 1 | A B F<br>0 0 0<br>1 0 1<br>0 1 1<br>1 1 1 | A F<br>0 1<br>1 0 |
| 由开关组成的模拟电路 | A B E | A B E | E A |
| 晶体管电路 | $-U$ A B F | $-U$ A B F | $+U_c$ A F $+U_g$ |

2. 逻辑图形符号

一般设计电路时，首先是安排好系统的逻辑关系，然后根据需要再设计电路。数字电路的集成化，为使用者提供了现成的逻辑单元。因此，识别数字电路的逻辑符号很重要，为此我们把常用的逻辑图形符号列于表 8-28。

表 8-28 常用逻辑图形符号表

| 名称 | 图形符号 | 名称 | 图形符号 |
|---|---|---|---|
| 与门 | A B C & F | 或非门带或扩展端 | A B C ≥1 F (e) (c) |
| 或门 | A B ≥1 F | 与扩展器 | & F |
| 非门 | A F | 半加器 | $(A'_0)$ $(B'_0)$ BJ $(C_i)$ (S) |
| 与非门 | A B C & F | 译码器 | YM |
| 集电极开路与非门 | A B C & F | 电流驱动器 | QOL |
| 或非门 | A B C ≥1 F | 读出放大器 | DF |
| 与或非门 | A B C D E G ≥1 F | 磁性驱动器 | CXQ |
| 与非门带与扩展端 | A B C & F | 延迟电路 | YS |
| 与非门带或扩展端 | A B C & F (e) (c) | 隔离输入电路 | GR |
| 或非门带与扩展端 | A B C ≥1 F | | |

（续表）

| 名　称 | 图形符号 | 名　称 | 图形符号 |
|---|---|---|---|
| 延迟线 | YC 10 ns<br>YC 5 ns 10 ns 15 ns | 与或非门带与或扩展器 | A B C D E G ≥1 F<br>A B C D E G H I M N ≥1 F |
| 隔离输出电路 | GC | 时钟脉冲振荡器 | SMZ |
| 与或扩展器 |  | 加减速控制电路 | JJK |
| 与非门带与扩展器 | A B C D ≥1 & F | 进给振荡器 | JZ |
| 异或门 | A B ≥1 F | 自动置零电路 | ZL |
| 三状态输出与非门 | A B C D E G H I J & F | 信号电平转换电路 | OPH |
| R-S触发器 | R S $\overline{Q}$ Q | 继电器驱动器 | JQ |
| 与非门带与或扩展器 | A B C D >1 F<br>A B C D E G H I >1 F | 单稳态电路 | DW D |

（续表）

| 名　称 | 图形符号 | 名　称 | 图形符号 |
|---|---|---|---|
| 史密特整形电路 | 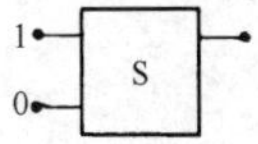 | 驱动器（小驱动器） | 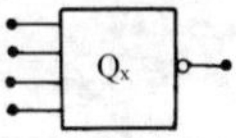 |
| 光电信号放大器 | 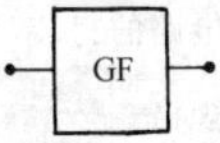 | 接高电位 | 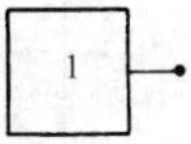 |
| 全加器 | 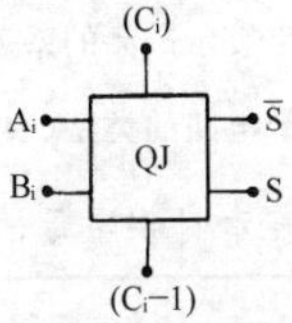 | 接低电位 | 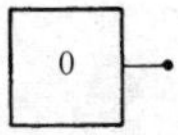 |
| | | 可选短接点 | 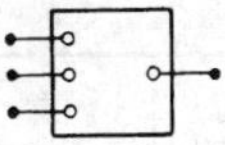 |
| D触发器 | 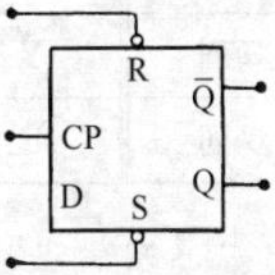 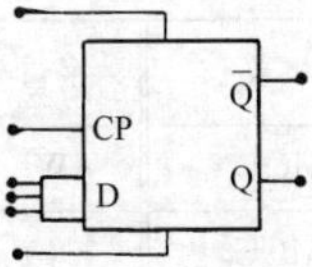 | 接电阻 | 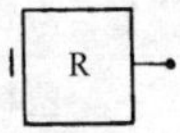 |
| | | 四位四选数据选择器 | 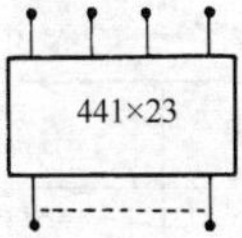 |
| J-K触发器 | 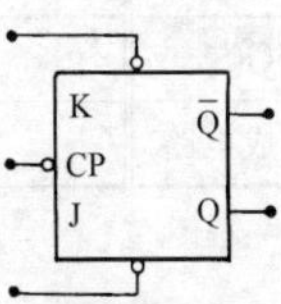 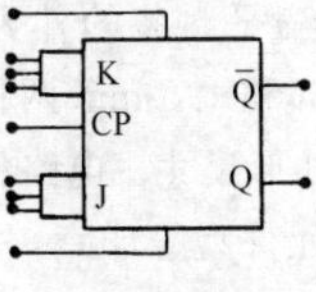 | 四位二进制可逆计数器 | 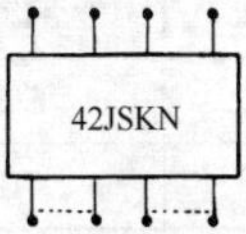 |
| | | 双二位二进制译码器 | 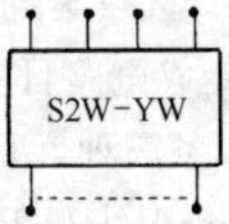 |
| 驱动器（大驱动器） | 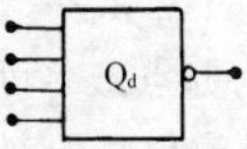 | 传输门 | 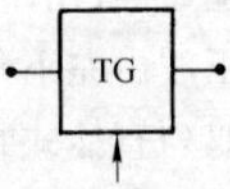 |

## 二、数字集成电路

### 1. 数字集成电路型号命名法

数字集成电路型号的意义：

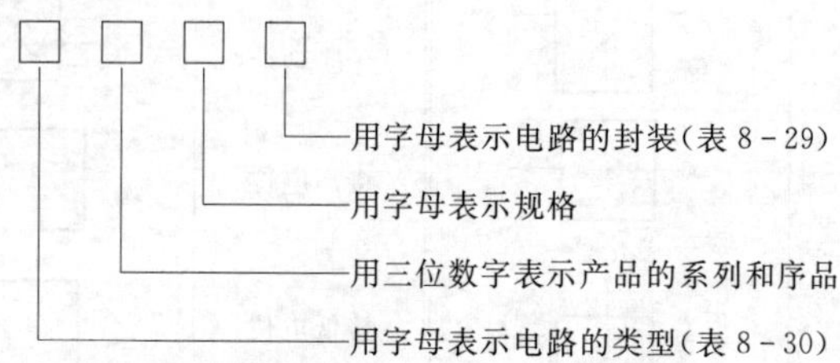


表8-29　集成电路型号中表示封装字母的意义

| 字母 | 意　义 | 字母 | 意　义 | 字母 | 意　义 |
|---|---|---|---|---|---|
| A | 陶瓷扁平 | C | 陶瓷双列 | Y | 金属圆壳 |
| B | 塑料扁平 | D | 塑料双列 | F | F型 |

表8-30　集成电路型号中表示类型字母的意义

| 字母 | 意　义 | 字　母 | 意　义 | 字母 | 意　义 |
|---|---|---|---|---|---|
| T | TTL | P | PMOC | W | 集成稳压器 |
| H | HTL | N | NMOC | J | 接口电路 |
| E | ECL | C | CMOC | | |
| I | IIL | F | 线性集成电路 | | |

### 2. 数字集成电路的封装

集成电路目前较多的是扁平封装。扁平封装的外壳引线有14条、16条、18条三种，两引线间的距离有1.2 mm和1.5 mm两种。图8-67所示为14条引线和18条引线的集成电路的外形尺寸。电路的上下盖板和底板为陶瓷(也有用塑料封装)上盖板上敲有元件型号印章，外引线的排列根据印章正放由左下角逆时针方向数起，依次为1、2、3、…。

双列直插式封装的外壳引线以14条为起点最多可至40条，视具体线路的复杂程度及引出线多少而定。14条外壳引线的双列直插式集成电路

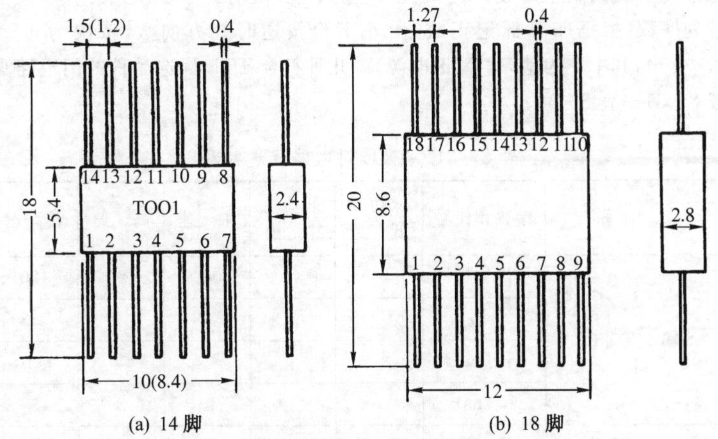


(a) 14 脚　　(b) 18 脚

**图 8－67**　扁平封装外形

的外形如图 8－68 所示。这种电路外壳制造工艺较为考究，它的密封性强，散热条件好，电路的可靠性也相应提高，引脚机械强度高、元件高低排列整齐，为自动焊接创造了条件，这种直插式封装的工艺适用于中大规模集成电路。

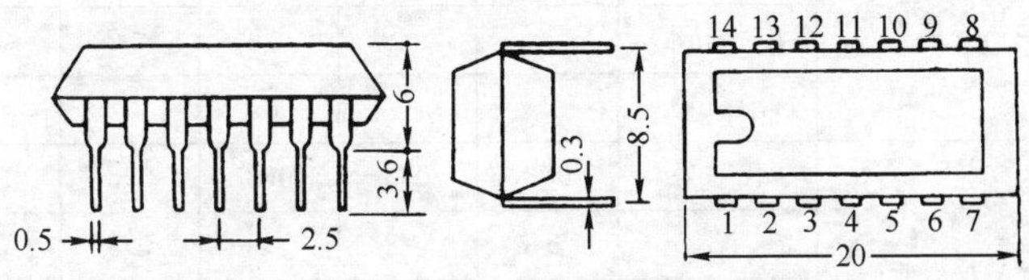


**图 8－68**　14 条外壳引线双列直插式集成电路外形

## 三、双极型集成电路

TTL 门电路优选品种：这里介绍的 TTL 门电路优选品种是根据电子工业部的标准(表 8－31)。它分为五个系列，即低功耗低速系列(有 11 个优选品种)，低功耗中速系列(11 个优选品种)，中速系列(21 个优选品种)，高速系列(23 个优选品种)，甚高速系列(20 个优选品种)。全部为 14

条外壳引线的扁平封装。逻辑符号、输入输出端所注数字以及外壳引线的排列序数(根据印章标记正放,由左下角按逆时针方向数,依次为1、2、3、…、14,其中7为地,14为正电源)。几种符合TTL优选品种的门电路见表8-31~表8-38。

表8-31　TTL门电路优选品种

| 名　称 | 参数和代号 | 低功耗低速 | 低功耗中速 | 中速 | 高速 | 甚高速 |
|---|---|---|---|---|---|---|
| 8输入与非门 | 代　号 | | | 060 | 090 | 120 |
| | $N_O$ | | | ≥8 | ≥8 | ≥8 |
| | $I_{CCL}$(mA) | | | ≤4 | ≤7 | ≤10 |
| | $t_{pd}$(ns) | | | 15 | 8 | 5 |
| 8输入与非门(带与扩展端) | 代　号 | 001 | 031 | 061 | | |
| | $N_O$ | ≥8 | ≥8 | ≥8 | | |
| | $I_{CCL}$(mA) | ≤0.3 | ≤1 | ≤4 | | |
| | $t_{pd}$(ns) | 80 | 40 | 15 | | |
| 8输入单与非门(三状态输出) | 代　号 | | | 062 | 092 | 122 |
| | $N_O$ | | | ≥8 | ≥8 | ≥8 |
| | $I_{CCL}$(mA) | | | ≤4 | ≤7 | ≤10 |
| | $t_{pd}$(ns) | | | 15 | 8 | 5 |
| 4输入双与非门 | 代　号 | 003 | 033 | 063 | 093 | 123 |
| | $N_O$ | ≥8 | ≥8 | ≥8 | ≥8 | ≥8 |
| | $I_{CCL}$(mA) | ≤0.6 | ≤2 | ≤8 | ≤14 | ≤20 |
| | $t_{pd}$(ns) | 80 | 40 | 15 | 8 | 4 |
| 4输入双与非门(集电极开路输出) | 代　号 | 004 | 034 | 064 | 094 | 124 |
| | $N_O$ | ≥8 | ≥8 | ≥8 | ≥8 | ≥8 |
| | $I_{CCL}$(mA) | ≤0.6 | ≤2 | ≤8 | ≤14 | ≤20 |
| | $t_{pd}$(ns) | 120 | 60 | 24 | 12 | 6 |

（续表）

| 名　　称 | 参数和代号 | 低功耗低　速 | 低功耗中　速 | 中　速 | 高　速 | 甚高速 |
|---|---|---|---|---|---|---|
| 4输入双与非门（三状态输出） | 代　号 | | | 083 | 113 | 143 |
| | $N_O$ | | | ≥8 | ≥8 | ≥8 |
| | $I_{CCL}$(mA) | | | ≤8 | ≤14 | ≤20 |
| | $t_{pd}$(ns) | | | 15 | 8 | 4 |
| 2输入四与非门 | 代　号 | 005 | 035 | 065 | 095 | 125 |
| | $N_O$ | ≥8 | ≥8 | ≥8 | ≥8 | ≥8 |
| | $I_{CCL}$(mA) | ≤1.2 | ≤4 | ≤16 | ≤28 | ≤40 |
| | $t_{pd}$(ns) | 80 | 40 | 15 | 8 | 4 |
| 2输入四与非门（集电极开路输出） | 代　号 | 006 | 036 | 066 | 096 | 126 |
| | $N_O$ | ≥8 | ≥8 | ≥8 | ≥8 | ≥8 |
| | $I_{CCL}$(mA) | ≤1.2 | ≤4 | ≤16 | ≤28 | ≤40 |
| | $t_{pd}$(ns) | 120 | 60 | 24 | 12 | 6 |
| 4输入双与非功率门 | 代　号 | | | 067 | 097 | 127 |
| | $N_O$ | | | ≥30 | ≥30 | ≥30 |
| | $I_{CCL}$(mA) | | | ≤16 | ≤28 | ≤40 |
| | $t_{pd}$(ns) | | | 20 | 12 | 8 |
| 4输入双与非功率门（集电极开路输出） | 代　号 | | | 068 | 098 | 128 |
| | $N_O$ | | | ≥30 | ≥30 | ≥30 |
| | $I_{CCL}$(mA) | | | ≤16 | ≤28 | ≤40 |
| | $t_{pd}$(ns) | | | 30 | 18 | 12 |
| 4输入单与非功率门 | 代　号 | | | 084 | 114 | 144 |
| | $N_O$ | | | ≥30 | ≥30 | ≥30 |
| | $I_{CCL}$(mA) | | | ≤16 | ≤28 | ≤40 |
| | $t_{pd}$(ns) | | | 20 | 12 | 8 |

（续表）

| 名　　称 | 参数和代号 | 低功耗低　速 | 低功耗中　速 | 中　速 | 高　速 | 甚高速 |
|---|---|---|---|---|---|---|
| 4输入单与非功率门（集电极开路输出） | 代　号 | | | 085 | 115 | 145 |
| | $N_O$ | | | ⩾30 | ⩾30 | ⩾30 |
| | $I_{CCL}$(mA) | | | ⩽8 | ⩽28 | ⩽40 |
| | $t_{pd}$(ns) | | | 30 | 18 | 12 |
| 4输入双与门 | 代　号 | 009 | 039 | 069 | 099 | 129 |
| | $N_O$ | ⩾8 | ⩾8 | ⩾8 | ⩾8 | ⩾8 |
| | $I_{CCL}$(mA) | ⩽0.8 | ⩽2.5 | ⩽10 | ⩽17 | ⩽24 |
| | $t_{pd}$(ns) | 100 | 50 | 20 | 11 | 6 |
| 4输入双与门（集电极开路输出） | 代　号 | 010 | 040 | 070 | 100 | 130 |
| | $N_O$ | ⩾8 | ⩾8 | ⩾8 | ⩾8 | ⩾8 |
| | $I_{CCL}$(mA) | ⩽0.8 | ⩽2.5 | ⩽10 | ⩽17 | ⩽24 |
| | $t_{pd}$(ns) | 150 | 75 | 30 | 15 | 9 |
| 四非门（三状态输出） | 代　号 | | | 081 | 111 | 141 |
| | $N_O$ | | | ⩾8 | ⩾8 | ⩾8 |
| | $I_{CCL}$(mA) | | | ⩽16 | ⩽28 | ⩽40 |
| | $t_{pd}$(ns) | | | 15 | 8 | 5 |
| 六非门 | 代　号 | | | 082 | 112 | 142 |
| | $N_O$ | | | ⩾8 | ⩾8 | ⩾8 |
| | $I_{CCL}$(mA) | | | ⩽24 | ⩽42 | ⩽60 |
| | $t_{pd}$(ns) | | | 15 | 8 | 5 |
| 5,4输入与或非门 | 代　号 | | | 086 | 116 | |
| | $N_O$ | | | ⩾8 | ⩾8 | |
| | $I_{CCL}$(mA) | | | ⩽5 | ⩽8.5 | |
| | $t_{pd}$(ns) | | | 18 | 10 | |

（续表）

| 名　　称 | 参数和代号 | 低功耗低　速 | 低功耗中　速 | 中　速 | 高　速 | 甚高速 |
|---|---|---|---|---|---|---|
| 5,4输入与或非门（带或扩展端） | 代　号 | 011 | 041 | 071 | 101 | |
| | $N_O$ | ≥8 | ≥8 | ≥8 | ≥8 | |
| | $I_{CCL}$(mA) | ≤0.4 | ≤1.25 | ≤5 | ≤8.5 | |
| | $t_{pd}$(ns) | 100 | 50 | 18 | 10 | |
| 4,3,2,2输入端与或非门 | 代　号 | 012 | 042 | 072 | 102 | 132 |
| | $N_O$ | ≥8 | ≥8 | ≥8 | ≥8 | ≥8 |
| | $I_{CCL}$(mA) | ≤0.6 | ≤1.6 | ≤7 | ≤12 | ≤16 |
| | $t_{pd}$(ns) | 120 | 60 | 20 | 11 | 6 |
| 4,3,2,2输入与或非门（集电极开路输出） | 代　号 | | | 073 | 103 | 133 |
| | $N_O$ | | | ≥8 | ≥8 | ≥8 |
| | $I_{CCL}$(mA) | | | ≤7 | ≤12 | ≤16 |
| | $t_{pd}$(ns) | | | 30 | 16 | 9 |
| 3,2输入双与或非门 | 代　号 | | | 087 | 117 | 147 |
| | $N_O$ | | | ≥8 | ≥8 | ≥8 |
| | $I_{CCL}$(mA) | | | ≤10 | ≤17 | ≤24 |
| | $t_{pd}$(ns) | | | 18 | 10 | 6 |
| 4,3,3输入或扩展器 | 代　号 | | | 074 | 104 | |
| | | 与5,4输入与或非门（带或扩展端）配用 | | | | |
| 4输入双或扩展器 | 代　号 | 014 | 044 | | | |
| | | 与5,4输入与或非门（带或扩展端）配用 | | | | |
| 双异或门 | 代　号 | 015 | 045 | 075 | 105 | 135 |
| | $N_O$ | ≥8 | ≥8 | ≥8 | ≥8 | ≥8 |
| | $I_{CCL}$(mA) | ≤1 | ≤3.2 | ≤8 | ≤22 | ≤32 |
| | $t_{pd}$(ns) | 160 | 80 | 30 | 15 | 8 |

表 8-32 TTL8 输入单与非门

| 规格号 | 扇入 | 引脚：输入 | 引脚：输出 | 引脚：$U_{CC}$ | 引脚：地 |
|---|---|---|---|---|---|
| $A_1,B_1,C_1$ | 1 | $\frac{1\ 2\ 3\ 4\ 5\ 6}{1}$ | 8 | 14 | 7 |
| $A_4,B_4,C_4$ | 4 | $\frac{1\ 2}{1},3,4,\frac{5\ 6}{1}$ | 8 | 14 | 7 |
| $A_8,B_8,C_8$ | 8 | 1,2,3,4,5,6,11,12 | 8 | 14 | 7 |

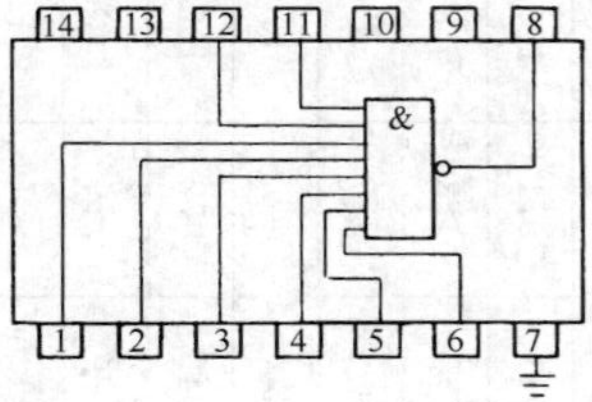

常温参数规范($t_0=25℃,U_{CC}=5\ V$)

| 参数 | $I_{CCL}$ (mA) | $I_{CCH}$ (mA) | $I_{SE}$ (mA) | $I_{XE}$ ($\mu$A) | $I_{OS}$ (mA) | $I_{OH}$ ($\mu$A) | $U_{OH}$ (V) | $U_{OL}$ (V) | $t_{pd}$ (ns) |
|---|---|---|---|---|---|---|---|---|---|
| 测试条件 | 输入输出端开路 | $U_i=0\ V$ | $U_i=0\ V$ | $U_i=5\ V$ 其他输入端接地 | $U_i=0\ V$ $U_O=0\ V$ | $U_i=0\ V$ $U_O=5\ V$ | $U_i=0.8\ V$ $I_O=0.4\ mA$ | $U_i=1.8\ V$ $I_O=14.4\ mA$ | 8 MHz $U_i=3\ V$ $q=50\%$ $N_O=8$ |
| $A_1,A_4,A_8$ | ≤10 | ≤5 | ≤1.8 | ≤50 | ≤100 | ≤50 | 3～4 | ≤0.45 | ≤12 |
| $B_1,B_4,B_8$ | ≤10 | ≤5 | ≤1.8 | ≤50 | ≤100 | ≤50 | 3～4 | ≤0.45 | ≤9 |
| $C_1,C_4,C_8$ | ≤10 | ≤5 | ≤1.8 | ≤50 | ≤100 | ≤50 | 3～4 | ≤0.45 | ≤7 |

注：$\frac{\times\times}{1}$表示其中任一输出端满足技术性能要求，就认为符合标准。

表 8-33　4 输入双与非门

| 规格号 | 扇入 | 引脚 输入 | 输出 | $U_{CC}$ | 地 |
|---|---|---|---|---|---|
| $A_2,B_2,C_2$ | 2 | $\frac{1\ 2}{1},\frac{4\ 5}{1}$ | 6 | 14 | 7 |
| | | $\frac{9\ 10}{1},\frac{12\ 13}{1}$ | 8 | | |
| $A_4,B_4,C_4$ | 4 | 6,2,4,5 | 6 | 14 | 7 |
| | | 9,10,12,13 | 8 | | |



常温参数规范($t_0=25$℃,$U_{CC}=5$ V)

| 参数 | $I_{CCL}$ (mA) | $I_{CCH}$ (mA) | $I_{SE}$ (mA) | $I_{RE}$ (μA) | $I_{OS}$ (mA) | $I_{OH}$ (μA) | $U_{OH}$ (V) | $U_{OL}$ (V) | $t_{pd}$ (ns) |
|---|---|---|---|---|---|---|---|---|---|
| 测试条件 | 输入输出端开路 | $U_i=0$ V | $U_i=0$ V | $U_i=5$ V 其他输入端接地 | $U_i=0$ V $U_O=0$ V | $U_i=0$ V $U_O=5$ V | $U_i=0.8$ V $I_O=-0.42$ mA | $U_i=1.8$ V $I_O=14.4$ mA | $U_i=3$ V 8 MHz $q=50\%$ $N_O=8$ |
| $A_2,A_4$ | ≤20 | ≤10 | ≤1.8 | ≤50 | ≤100 | ≤50 | 3～4 | 0.45 | ≤10 |
| $B_2,B_4$ | ≤20 | ≤10 | ≤1.8 | ≤50 | ≤100 | ≤50 | 3～4 | 0.45 | ≤8 |
| $C_2,C_4$ | ≤20 | ≤10 | ≤1.8 | ≤50 | ≤100 | ≤50 | 3～4 | 0.45 | ≤6 |

表 8-34　TTL2 输入四与非门

| 规格号 | 引脚 | | | | |
|---|---|---|---|---|---|
| | 扇入 | 输入 | 输出 | $U_{CC}$ | 地 |
| $A_1,B_1,C_1$ | 1 | $\frac{1\ 2}{1}$ | 3 | 14 | 7 |
| | 1 | $\frac{4\ 5}{1}$ | 6 | | |
| | 1 | $\frac{9\ 10}{1}$ | 8 | | |
| | 1 | $\frac{12\ 13}{1}$ | 11 | | |
| $A_2,B_2,C_2$ | 2 | 1,2 | 3 | 14 | 7 |
| | 2 | 4,5 | 6 | | |
| | 2 | 9,10 | 8 | | |
| | 2 | 12,13 | 11 | | |

常温参数规范($t_0=25℃,U_{CC}=5\ V$)

| 参数 | $I_{CCL}$ (mA) | $I_{CH}$ (mA) | $I_{SE}$ (mA) | $I_{RE}$ (μA) | $I_{OS}$ (mA) | $I_{OH}$ (μA) | $U_{OH}$ (V) | $U_{OL}$ (V) | $t_{pd}$ (ns) |
|---|---|---|---|---|---|---|---|---|---|
| 测试条件 | 输入输出端开路 | $U_i=0\ V$ | $U_i=0\ V$ | $\alpha_I=5\ V$ 其他输入端接地 | $U_i=0\ V$ $U_O=0\ V$ | $U_i=0\ V$ $U_O=5\ V$ | $U_i=0.8\ V$ $I_O=0.4\ mA$ | $U_i=1.8\ V$ $I_O=14.4\ mA$ | 8 MHz $N_O=8$ $U_i=3\ V$ $q=50\%$ |
| $A_1,A_2$ | ≤40 | ≤40 | ≤1.8 | ≤50 | ≤100 | ≤50 | 3~4 | ≤0.45 | ≤10 |
| $B_1,B_2$ | | | | | | | | | ≤8 |
| $C_1,C_2$ | | | | | | | | | ≤6 |

表 8-35 TTL4 输入双与非功率门

| 规格号 | 扇入 | 引脚 输入 | 输出 | $U_{CC}$ | 地 |
|---|---|---|---|---|---|
| $A_2$,$B_2$ | 2 | $\frac{1\ 2}{1}$，$\frac{4\ 5}{1}$ | 6 | 14 | 7 |
| | | $\frac{9\ 10}{1}$，$\frac{12\ 13}{1}$ | 8 | | |
| $A_4$,$B_4$ | 2 | 1,2,4,5 | 6 | 14 | 7 |
| | | 9,10,12,13 | 8 | | |

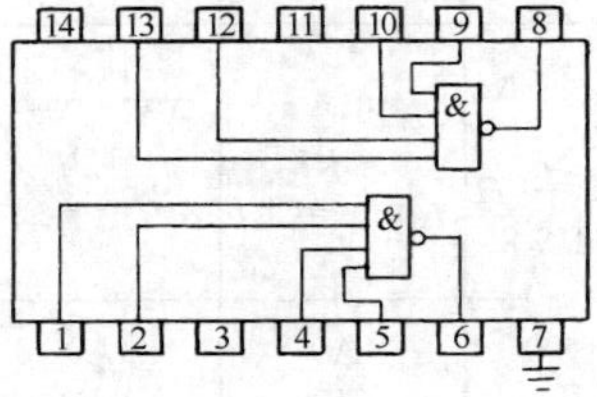

常温参数规范（$t_0=25$℃，$U_{CC}=5$ V）

| 参数 | $I_{CCL}$ (mA) | $I_{CCH}$ (mA) | $I_{SE}$ (mA) | $I_{RE}$ (μA) | $I_{OS}$ (mA) | $I_{OH}$ (μA) | $U_{OH}$ (V) | $U_{OL}$ (V) | $t_{pd}$ (ns) |
|---|---|---|---|---|---|---|---|---|---|
| 测试条件 | 输入输出端开路 | $U_i=0$ V | $U_i=0$ V | $U_i=5$ V 其他输入端接地 | $U_i=0$ V $U_O=0$ V | $U_i=0$ V $U_O=5$ V | $U_i=0.8$ V $I_O=-1$ mA | $U_i=1.8$ V $I_O=$ 43.2 mA | 8 MHz $U_i=3$ V $q=50\%$ $N_O=24$ |
| $A_2$,$A_4$ | ≤30 | ≤15 | ≤2.5 | ≤50 | ≤100 | ≤50 | 3～4 | ≤0.45 | ≤16 |
| $B_2$,$B_4$ | | | | | | | | | ≤12 |

表8-36 TTL5,4输入与或非门(带扩展端)

| 规格号 | 扇入 | 引脚：输入 | 输出 | $E$ | $C$ | $U_{CC}$ | 地 |
|---|---|---|---|---|---|---|---|
| $A_2,B_2,C_2$ | 2,2 | $\frac{1\ 2\ 3}{1},\frac{4\ 5}{1};\frac{10\ 11}{1},\frac{12\ 13}{1}$ | 8 | 6 | 9 | 14 | 7 |
| $A_4,B_4,C_4$ | 4,4 | $\frac{1\ 2}{1}$,3,4,5;10,11,12,13 | 8 | 6 | 9 | 14 | 7 |
| $A_5,B_5,C_5$ | 5,4 | 1,2,3,4,5;10,11,12,13 | 8 | 6 | 9 | 14 | 7 |

常温参数规范($t_0=25$℃,$U_{CC}=5$ V)

| 参数 | $I_{CCL}$ (mA) | $I_{CCH}$ (mA) | $I_{SE}$ (mA) | $I_{RE}$ (μA) | $I_{OS}$ (mA) | $I_{OH}$ (μA) | $U_{OH}$ (V) | $U_{OL}$ (V) | $t_{pd}$ (ns) | 带扩展器形式 |
|---|---|---|---|---|---|---|---|---|---|---|
| 测试条件 | 输入输出端开路 | $U_i=0$ V | $U_i=0$ V | $U_i=5$ V 其他输入端接地 | $U_i=0$ V $U_O=0$ V | $U_i=0$ V $U_O=5$ V | $U_i=0.8$ V $I_O=-0.4$ mA | $U_i=1.8$ V $I_O=14.4$ mA | 8 MHz $U_i=3$ V $q=50\%$ $N_O=8$ | |
| $A_2,A_4,A_5$<br>$B_2,B_4,B_5$<br>$C_2,C_4,C_5$ | ≤12 | ≤7 | ≤1.8 | ≤50 | ≤100 | ≤50 | 3～4 | 0.45 | ≤12<br>≤9<br>≤7 | 或 |

表 8－37　TTL4,3,2,2 输入与或非门

| 规格号 | 扇入 | 引脚 输入 | 输出 | $U_{CC}$ | 地 |
|---|---|---|---|---|---|
| $A_1,B_1,C_1$ | 1 1 1 1 | $\frac{1\ 2\ 3\ 4}{1},\frac{5\ 6}{1},\frac{9\ 10}{1},\frac{11\ 12\ 13}{1}$ | 8 | 14 | 7 |
| $A_2,B_2,C_2$ | 2 2 2 2 | $\frac{1\ 2\ 3\ 4}{2}$;5,6;9,10;$\frac{11\ 12\ 13}{2}$ | 8 | 14 | 7 |
| $A_4,B_4,C_4$ | 4 2 2 3 | 1,2,3,4;5,6;9,10;11,12,13 | | | |

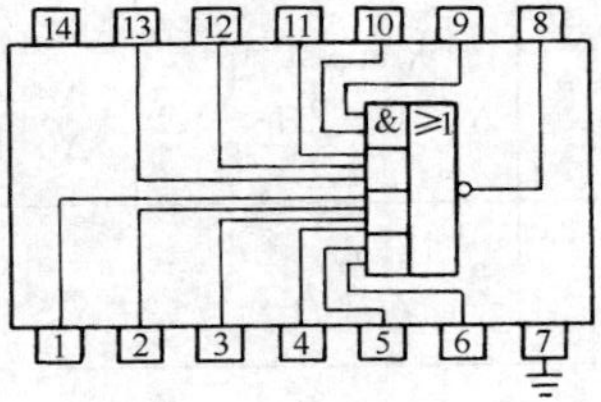

常温参数规范($t_0=21$℃,$U_{CC}=5$ V)

| 参数 | $I_{CCL}$ (mA) | $I_{CCH}$ (mA) | $I_{SE}$ (mA) | $I_{RE}$ (μA) | $I_{OS}$ (mA) | $I_{OH}$ (μA) | $U_{OH}$ (V) | $U_{OL}$ (V) | $t_{pd}$ (ns) |
|---|---|---|---|---|---|---|---|---|---|
| 测试条件 | 输入输出端开路 | $U_i=0$ V | $U_i=0$ V | $U_i=5$ V 其他输入端接地 | $U_i=0$ V $U_O=0$ V | $U_i=0$ V $U_O=5$ V | $U_i=1.8$ V $I_O=-0.4$ mA | $U_i=1.8$ V $I_O=14.4$ mA | 8 MHz $U_i=3$ V $q=50\%$ $N_O=8$ |
| $A_1,A_2,A_4$<br>$B_1,B_2,B_4$<br>$C_1,C_2,C_4$ | ≤15 | ≤12 | ≤1.8 | ≤50 | ≤100 | ≤50 | 3～4 | ≤0.45 | ≤12<br>≤10<br>≤8 |

表 8-38 TTL 双异或门

引 脚

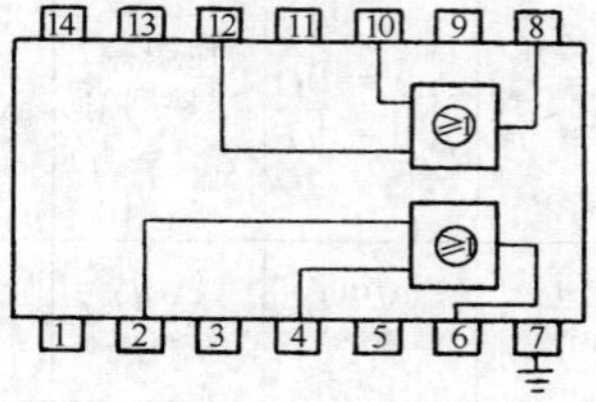

常温参数规范（$t_0=21℃$，$U_{CC}=5\ V$）

| 参数 | $I_{CCL}$ (mA) | $I_{SE}$ (mA) | $I_{RE}$ ($\mu A$) | $I_{OS}$ (mA) | $I_{OH}$ ($\mu A$) | $U_{OH}$ (V) | $U_{OL}$ (V) | $t_{pd}$ (ns) |
|---|---|---|---|---|---|---|---|---|
| 测试条件 | 输入输出端开路 | $U_i=0\ V$ | $U_i=5\ V$ 另一输入端接地 | $U_i=0\ V$ $U_O=0\ V$ | $U_A$ 开路 $U_B$ 接地 | $U_A=0.8\ V$ $U_B=1.8\ V$ $I_L=-0.4\ mA$ | $U_A=U_B=1.8\ V$ $I_L=8\ mA$ | 2 MHz $q=50\%$ $N_O=8$ |
| A<br>B | ≤15 | ≤3 | ≤100 | ≤100 | | 3～4 | ≤0.45 | ≤12<br>≤15 |

## 四、MOS 集成电路

MOS 集成电路工艺简单，集成度高，功耗低，是中大规模集成电路的主要产品。

根据国家标准，CMOS 集成电路系列的 4000 系列部分品种的代号及名称见表 8-39 和表 8-40。

表 8-39 CMOS 集成电路 4000 系列部分品种

| 电路名称 | 类型、系列品种代号 |
|---|---|
| 门电路 | |
| 六反相器 | CC4069 |
| 四 2 输入与非门 | CC4011 |
| 三 3 输入与非门 | CC4023 |
| 双四输入与非门 | CC4012 |
| 六反相器(有斯密特触发器) | CC40106 |
| 四 2 输入与非门(有斯密特触发器) | CC4093 |
| 四 2 输入或非门 | CC4001 |
| 三 3 输入或非门 | CC4025 |
| 双 4 输入或非门 | CC40025 |
| 四 2 输入与门 | CC4081 |
| 三 3 输入与门 | CC4073 |
| 双 4 输入与门 | CC4082 |
| 四 2 输入或门 | CC4071 |
| 三 3 输入或门 | CC4075 |
| 双 4 输入或门 | CC4072 |
| 8 输入与非/与门 | CC4068 |
| 8 输入或非/或门 | CC4078 |
| 4 路 2-2-2-2 输入与或非门(可扩展) | CC4086 |
| 双 2-2 输入与或非门 | CC4085 |
| 8 输入多功能门(3 s，可扩展) | CC4048 |
| 双互补对及反相器 | CC4007 |
| 双 3 输入或非门及反相器 | CC400 |
| 双 4 输入与非门及 2 输入或非或门 | CC14501 |
| 六反相器/缓冲器(3 s，有选通端) | CC4502 |
| 六缓冲器(3 s) | CC4503 |
| 六反相缓冲器/电平转换器 | CC4049 |

（续表）

| 电路名称 | 类型、系列品种代号 |
|---|---|
| 六缓冲器/电平转换器 | CC4050 |
| 六 TTL/CMOS-CMOS 电平转换器 | CC14504 |
| 四低-高电平转换器(3 s) | CC40109 |
| 门输入主从 J-K 触发器(有$\overline{J}$、$\overline{K}$输入端) | CC4096 |
| 双上升沿 J-K 触发器 | CC4027 |
| 双上升沿 D 触发器 | CC4013 |
| 六上升沿 D 触发器 | CC40174 |
| 四 R-S 锁存器(3 s) | CC4043 |
| 四 R-S 锁存器(3 s,与非) | CC4044 |
| 四 D 锁存器 | CC4042 |
| 8 位可寻址锁存器 | CC14099 |
| 8 位双向可寻址锁存器 | CC14599 |
| 双可重触发单稳态触发器(有清除端) | CC14528 |
| 双可重触发单稳态触发器 | CC4098 |
| 单稳态/无稳态多谐振荡器 | CC4047 |
| 4 位二进制超前进位全加器 | CC4008 |
| 三串行加法器 | CC4032 |
| 三串行加法器 | CC4038 |
| 四异或门 | CC4070 |
| 四异或非门 | CC4077 |

表 8-40 CMOS 集成电路 4000 系列部分产品引线排列

| 电路名称及代号 | 逻辑图及外引线排列 |
|---|---|
| 六反相器 CC4069<br>$Y=\overline{A}$<br>$t_{pd}=30$ ns(10 V)<br>$I_{DD}=0.01\ \mu$A(10 V) | 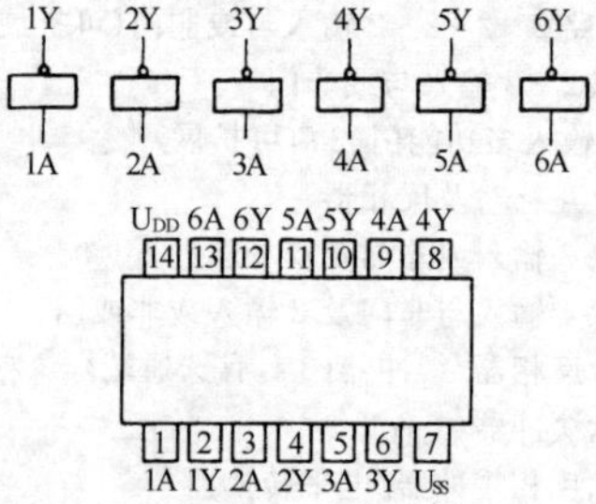 1Y 2Y 3Y 4Y 5Y 6Y<br>1A 2A 3A 4A 5A 6A<br>$U_{DD}$ 6A 6Y 5A 5Y 4A 4Y<br>14 13 12 11 10 9 8<br>1 2 3 4 5 6 7<br>1A 1Y 2A 2Y 3A 3Y $U_{SS}$ |

（续表）

| 电路名称及代号 | 逻辑图及外引线排列 |
| --- | --- |
| 四2输入与非门<br>CC4011<br>$Y=\overline{A \cdot B}$<br>$t_{pd}=30$ ns(10 V)<br>$I_{DD}=0.01\ \mu A(10\ V)$ | 1Y 2Y 3Y 4Y<br>& & & &<br>1A 1B 2A 2B 3A 3B 4A 4B<br>$U_{DD}$ 4A 4B 4Y 3Y 3B 3A<br>14 13 12 11 10 9 8<br>1 2 3 4 5 6 7<br>1A 1B 1C 2A 2B 2C $U_{SS}$ |
| 三3输入与非门<br>CC4023<br>$Y=\overline{A \cdot B \cdot C}$<br>$t_{pd}=60$ ns(10 V)<br>$I_{DD}=0.01\ \mu A(10\ V)$ | 1Y 2Y 3Y<br>& & &<br>1A 1B 1C 2A 2B 2C 3A 3B 3C<br>$U_{DD}$ 3C 3B 3A 3Y 1Y 1C<br>14 13 12 11 10 9 8<br>1 2 3 4 5 6 7<br>1A 1B 2A 2B 2C 2Y $U_{SS}$ |
| 双4输入与非门<br>CC4012<br>$Y=\overline{A \cdot B \cdot C \cdot D}$<br>$t_{pd}=60$ ns(10 V)<br>$I_{DD}=0.01\ \mu A(10\ V)$ | 1Y 2Y<br>& &<br>1A 1B 1C 1D 2A 2B 2C 2D<br>$U_{DD}$ 2Y 2D 2C 2B 2A<br>14 13 12 11 10 9 8<br>1 2 3 4 5 6 7<br>1Y 1A 1B 1C 1D $U_{SS}$ |

（续表）

| 电路名称及代号 | 逻辑图及外引线排列 |
| --- | --- |
| 六反相器（有斯密特触发器）<br>CC40106<br>$Y=\overline{A}$<br>$t_{pd}=70$ ns(10 V)<br>$I_{DD}=0.02\ \mu$A(10 V) | 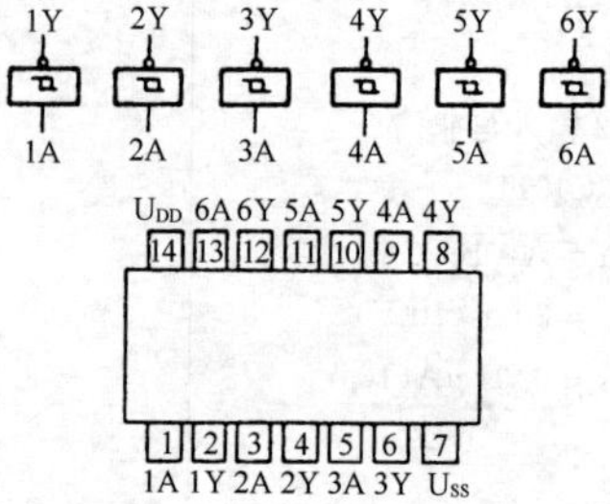 1Y 2Y 3Y 4Y 5Y 6Y<br>1A 2A 3A 4A 5A 6A<br>$U_{DD}$ 6A 6Y 5A 5Y 4A 4Y<br>14 13 12 11 10 9 8<br>1 2 3 4 5 6 7<br>1A 1Y 2A 2Y 3A 3Y $U_{SS}$ |
| 四2输入与非门（有斯密特触发器）<br>CC4093<br>$Y=\overline{A\cdot B}$<br>$t_{pd}=70$ ns(10 V)<br>$I_{DD}=0.02\ \mu$A(10 V) | 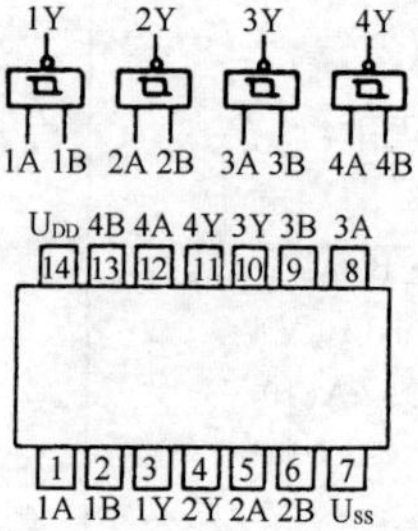 1Y 2Y 3Y 4Y<br>1A 1B 2A 2B 3A 3B 4A 4B<br>$U_{DD}$ 4B 4A 4Y 3Y 3B 3A<br>14 13 12 11 10 9 8<br>1 2 3 4 5 6 7<br>1A 1B 1Y 2Y 2A 2B $U_{SS}$ |
| 四2输入或非门<br>CC4001<br>$Y=\overline{A+B}$<br>$t_{pd}=90$ ns(10 V)<br>$I_{DD}=0.02\ \mu$A(10 V) | 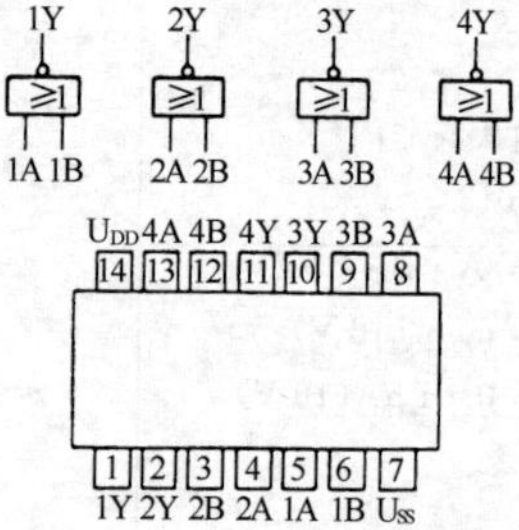 1Y 2Y 3Y 4Y<br>≥1 ≥1 ≥1 ≥1<br>1A 1B 2A 2B 3A 3B 4A 4B<br>$U_{DD}$ 4A 4B 4Y 3Y 3B 3A<br>14 13 12 11 10 9 8<br>1 2 3 4 5 6 7<br>1Y 2Y 2B 2A 1A 1B $U_{SS}$ |

（续表）

| 电路名称及代号 | 逻辑图及外引线排列 |
|---|---|
| 三3输入或非门<br>CC4025<br>$Y=\overline{A+B+C}$<br>$t_{pd}=60$ ns(10 V)<br>$I_{DD}=0.01\ \mu$A(10 V) | 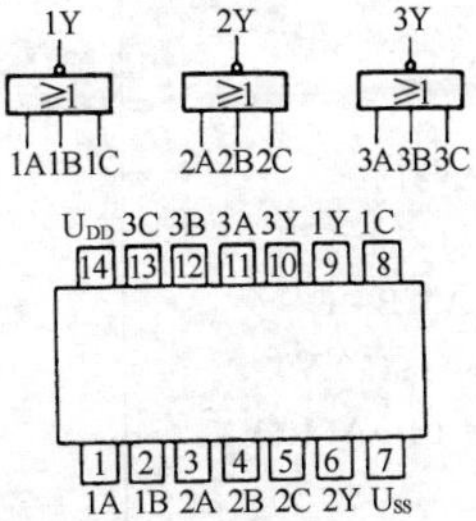 1Y 2Y 3Y<br>≥1 ≥1 ≥1<br>1A1B1C 2A2B2C 3A3B3C<br>$U_{DD}$ 3C 3B 3A 3Y 1Y 1C<br>14 13 12 11 10 9 8<br>1 2 3 4 5 6 7<br>1A 1B 2A 2B 2C 2Y $U_{SS}$ |
| 双4输入或非门<br>CC4002<br>$Y=\overline{A+B+C+D}$<br>$t_{pd}=600$ ns(10 V)<br>$I_{DD}=0.01\ \mu$A(10 V) | 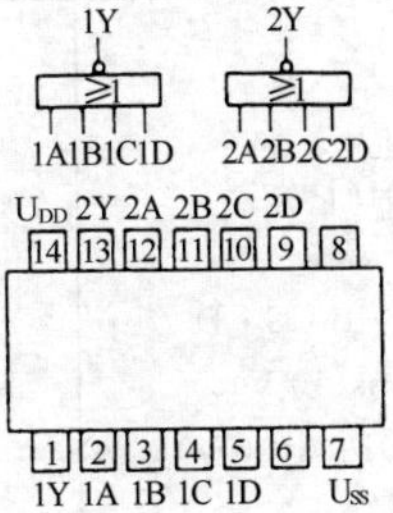 1Y 2Y<br>≥1 ≥1<br>1A1B1C1D 2A2B2C2D<br>$U_{DD}$ 2Y 2A 2B 2C 2D<br>14 13 12 11 10 9 8<br>1 2 3 4 5 6 7<br>1Y 1A 1B 1C 1D $U_{SS}$ |
| 四2输入与门<br>CC4081<br>$Y=A\cdot B$<br>$t_{pd}=60$ ns(10 V)<br>$I_{DD}=0.01\ \mu$A(10 V) | 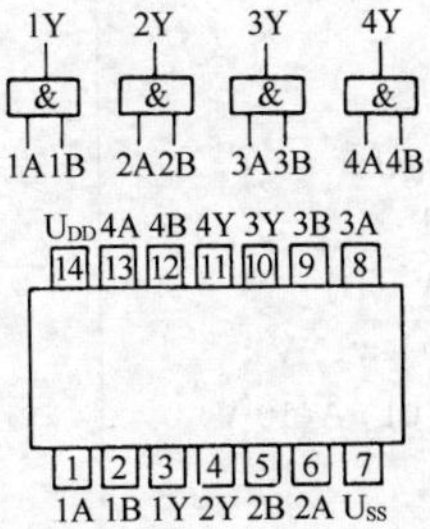 1Y 2Y 3Y 4Y<br>& & & &<br>1A1B 2A2B 3A3B 4A4B<br>$U_{DD}$ 4A 4B 4Y 3Y 3B 3A<br>14 13 12 11 10 9 8<br>1 2 3 4 5 6 7<br>1A 1B 1Y 2Y 2B 2A $U_{SS}$ |

（续表）

| 电路名称及代号 | 逻辑图及外引线排列 |
|---|---|
| 三 3 输入与门<br>CC4073<br>$Y = A \cdot B \cdot C$<br>$t_{pd} = 60$ ns(10 V)<br>$I_{DD} = 0.01\ \mu$A(10 V) | 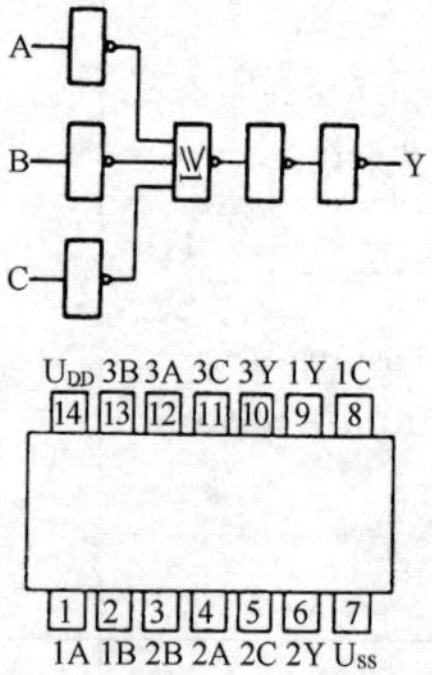 A B C → Y<br>$U_{DD}$ 3B 3A 3C 3Y 1Y 1C<br>14 13 12 11 10 9 8<br>1 2 3 4 5 6 7<br>1A 1B 2B 2A 2C 2Y $U_{SS}$ |
| 双 4 输入与门<br>CC4082<br>$Y = A \cdot B \cdot C \cdot D$<br>$t_{pd} = 60$ ns(10 V)<br>$I_{DD} = 0.01\ \mu$A(10 V) | 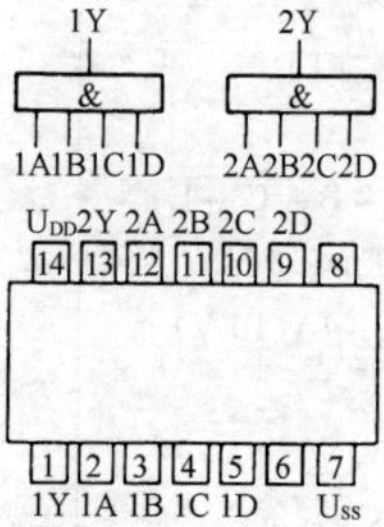 1Y & 1A 1B 1C 1D　2Y & 2A 2B 2C 2D<br>$U_{DD}$ 2Y 2A 2B 2C 2D<br>14 13 12 11 10 9 8<br>1 2 3 4 5 6 7<br>1Y 1A 1B 1C 1D $U_{SS}$ |
| 四 2 输入或门<br>CC4071<br>$Y = A + B$<br>$t_{pd} = 60$ ns(10 V)<br>$I_{DD} = 0.01\ \mu$A(10 V) | 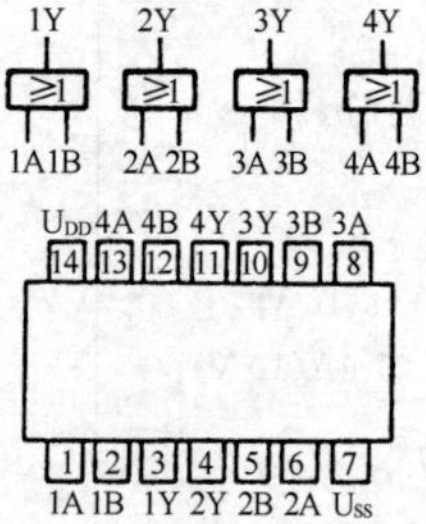 1Y ≥1 1A 1B　2Y ≥1 2A 2B　3Y ≥1 3A 3B　4Y ≥1 4A 4B<br>$U_{DD}$ 4A 4B 4Y 3Y 3B 3A<br>14 13 12 11 10 9 8<br>1 2 3 4 5 6 7<br>1A 1B 1Y 2Y 2B 2A $U_{SS}$ |

（续表）

| 电路名称及代号 | 逻辑图及外引线排列 |
| --- | --- |
| 三 3 输入或门<br>CC4075<br>$Y=A+B+C$<br>$t_{pd}=60$ ns(10 V)<br>$I_{DD}=0.01\ \mu$A(10 V) | 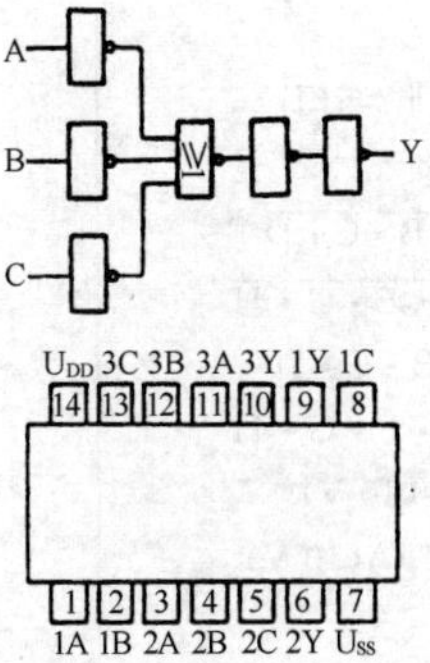 A B C Y ≥1<br>$U_{DD}$ 3C 3B 3A 3Y 1Y 1C<br>14 13 12 11 10 9 8<br>1 2 3 4 5 6 7<br>1A 1B 2A 2B 2C 2Y $U_{SS}$ |
| 双 4 输入或门<br>CC4072<br>$Y=A+B+C+D$<br>$t_{pd}=60$ ns(10 V)<br>$I_{DD}=0.01\ \mu$A(10 V) | 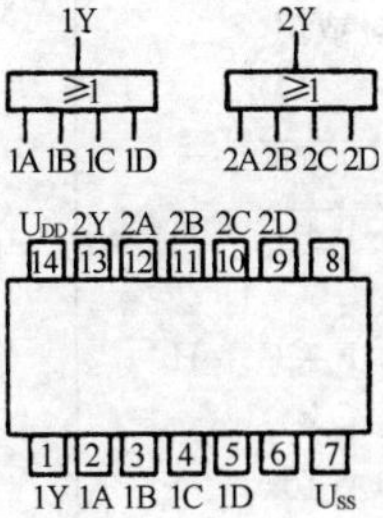 1Y 2Y ≥1 ≥1<br>1A 1B 1C 1D 2A 2B 2C 2D<br>$U_{DD}$ 2Y 2A 2B 2C 2D<br>14 13 12 11 10 9 8<br>1 2 3 4 5 6 7<br>1Y 1A 1B 1C 1D $U_{SS}$ |

（续表）

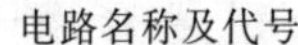

| 电路名称及代号 | 逻 辑 图 及 外 引 线 排 列 |
|---|---|
| 8输入与非/与门<br>CC4068<br>$Y=\overline{A\cdot B\cdot C\cdot D\cdot E\cdot F\cdot G\cdot H}$<br>$W=A\cdot B\cdot C\cdot D\cdot E\cdot F\cdot G\cdot H$<br>$t_{pd}=75$ ns(10 V)<br>$I_{DD}=0.01\ \mu$A(10 V) | 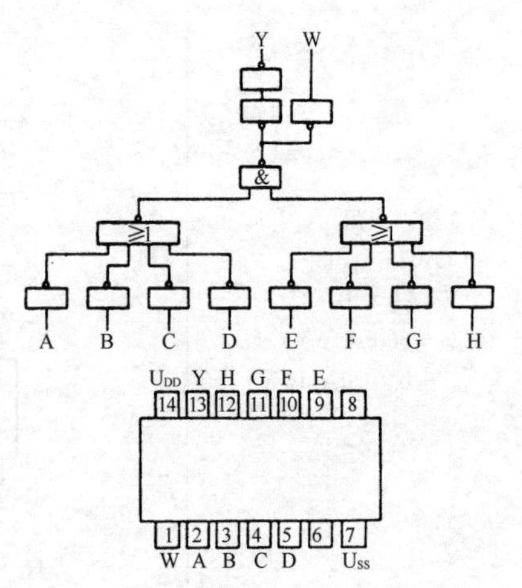 |
| 8输入或非/或门<br>CC4078<br>$Y=\overline{A+B+C+D+E+F+G+H}$<br>$W=A+B+C+D+E+F+G+H$<br>$t_{pd}=75$ ns(10 V)<br>$I_{DD}=0.01\ \mu$A(10 V) | 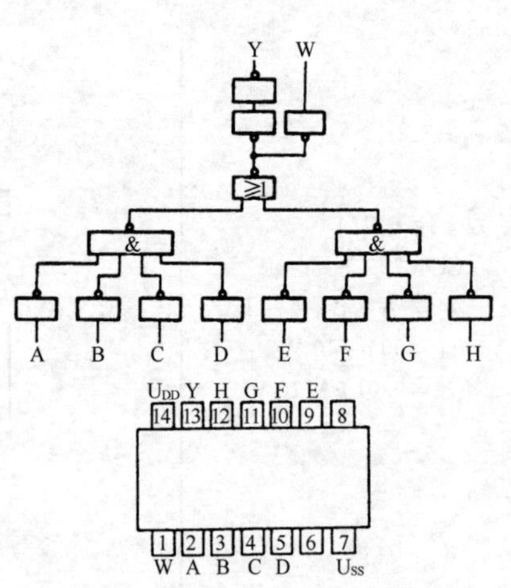 |

（续表）

| 电路名称及代号 | 逻 辑 图 及 外 引 线 排 列 |
| --- | --- |
| 4路2-2-2-2输入与或非门(可扩展)<br>CC4086<br>$Y=\overline{AB+CD+EF+GH+\bar{S}+EX}$<br>$t_{pd}=90$ ns(10 V)<br>$I_{DD}=0.02\ \mu$A(10 V) | 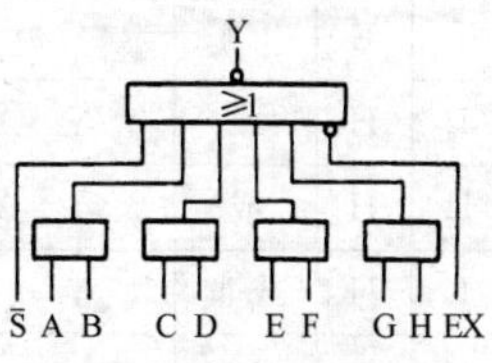<br><br>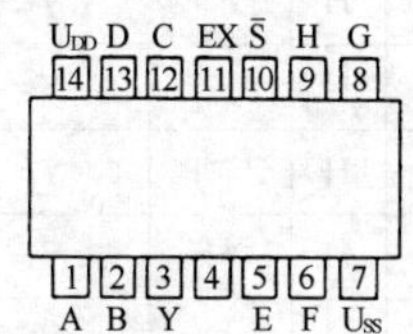<br> |
| 双2-2输入与或非门<br>CC4085<br>$Y=\overline{\bar{S}+A\cdot B+C\cdot D}$<br>$t_{PHL}=90$ ns(10 V)<br>$t_{PLH}=125$ ns(10 V)<br>$I_{DD}=0.02\ \mu$A(10 V) | 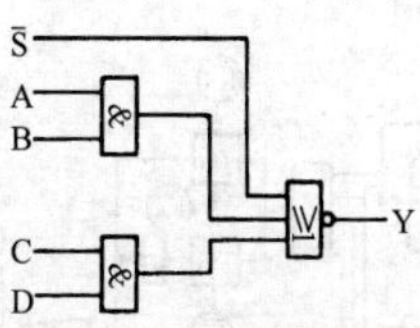<br><br>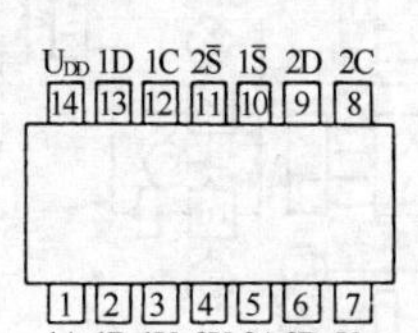<br> |

（续表）

| 电 路 名 称 及 代 号 |
|---|
| 8 输入多功能门(3s,可扩展)CC4048 |

功能表

| $K_a$ | $K_b$ | $K_c$ | E | EX | 逻 辑 表 达 式 |
|---|---|---|---|---|---|
| L | L | L | H | 或 | $Y=\overline{A+B+C+D+F+G+H+I+(EX)}$ |
| L | L | H | H | 或 | $Y=A+B+C+D+F+G+H+I+(EX)$ |
| L | H | L | H | 或非 | $Y=(A+B+C+D)\cdot(F+G+H+I)\cdot\overline{(EX)}$ |
| L | H | H | H | 或非 | $Y=\overline{(A+B+C+D)\cdot(F+G+H+I)\cdot\overline{(EX)}}$ |
| H | L | L | H | 与非 | $Y=A\cdot B\cdot C\cdot D\cdot F\cdot G\cdot H\cdot I\cdot\overline{(EX)}$ |
| H | L | H | H | 与非 | $Y=\overline{A\cdot B\cdot C\cdot D\cdot F\cdot G\cdot H\cdot I\cdot(EX)}$ |
| H | H | L | H | 与 | $Y=\overline{A\cdot B\cdot C\cdot D+F\cdot G\cdot H\cdot I+(EX)}$ |
| H | H | H | H | 与 | $Y=A\cdot B\cdot C\cdot D+F\cdot G\cdot H\cdot I+(EX)$ |
| × | × | × | L | × | $Y=Z$ |

$t_{pd}=150\ \text{ns}(10\ \text{V})\quad I_{DD}=0.01\ \mu\text{A}(10\ \text{V})$

逻 辑 图 及 外 引 线 排 列

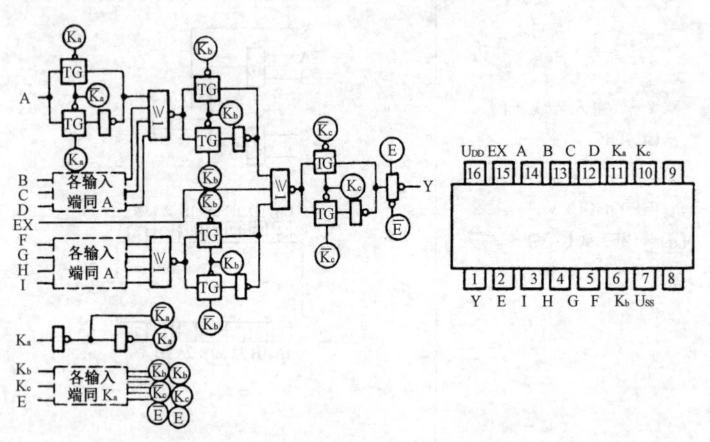

（续表）

| 电路名称及代号 |
|---|

双互补对及反相器 CC4007

功能表

| 外引线连接 | | | | | | | | | | | | 功能 |
|---|---|---|---|---|---|---|---|---|---|---|---|---|
| A | B | C | D | E | F | G | H | I | J | K | Y | |
| | C | C | | F | F | $U_{DD}$ | $U_{SS}$ | | $U_{DD}$ | $U_{SS}$ | | $C=\overline{A}; F=\overline{D}; Y=\overline{I}$ |
| | G | Y | | J | Y | G | $U_{SS}$ | | J | $U_{SS}$ | Y | $Y=\overline{A+D+I}$ |
| | Y | H | | Y | K | $U_{DD}$ | H | | $U_{DD}$ | K | Y | $Y=\overline{A\cdot D\cdot I}$ |
| | Y | K | | J | Y | $U_{DD}$ | K | | J | K | Y | $Y=\overline{A}+\overline{D}\cdot\overline{I}$ |
| A | | Y | A | | Y | | $U_{SS}$ | A | $U_{DD}$ | $U_{SS}$ | Y | $Y=\overline{A}$ |
| A | Y | | A | Y | | $U_{DD}$ | | A | $U_{DD}$ | $U_{SS}$ | Y | $Y=\overline{A}$ |
| A | Y | Y | A | Y | Y | $U_{DD}$ | $U_{SS}$ | A | $U_{DD}$ | $U_{SS}$ | Y | $Y=\overline{A}$ |
| A | I | I | A | Y | Y | G | H | I | H | G | Y | 双二方向控制传输门 |

$t_{pd}=30\ \text{ns}(10\ \text{V})\quad I_{DD}=0.01\ \mu\text{A}(10\ \text{V})$

| 逻辑图及外引线排列 |
|---|

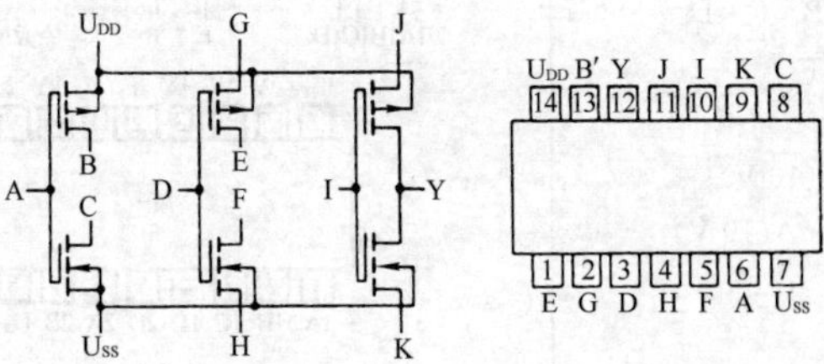

（续表）

| 电路名称及代号 | 逻辑图及外引线排列 |
| --- | --- |
| 双3输入或非门及反相器 CC4000<br>$Y=\overline{A+(B)+(C)}$<br>$t_{pd}=60$ ns(10 V)<br>$I_{DD}=0.01\ \mu A(10\ V)$ | 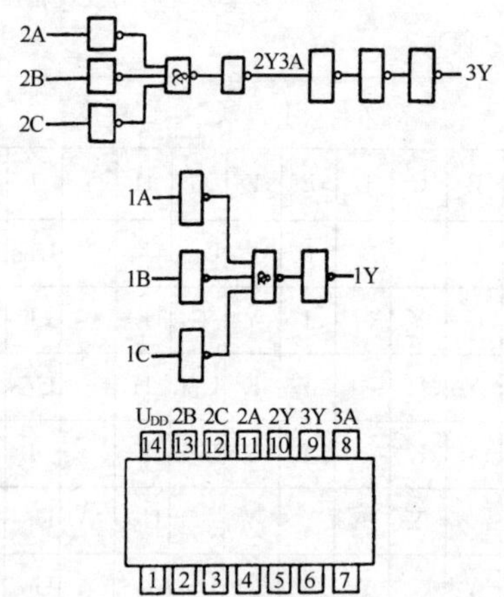<br> |
| 双4输入与非门及2输入或非/或门 CC14501<br>$Y=\overline{A\cdot B\cdot C\cdot D}$<br>$\overline{W}=\overline{E+F}$<br>$W=E+F$<br>$t_{pd}=70$ ns(10 V)<br>$I_{DD}=0.01\ \mu A(10\ V)$ | 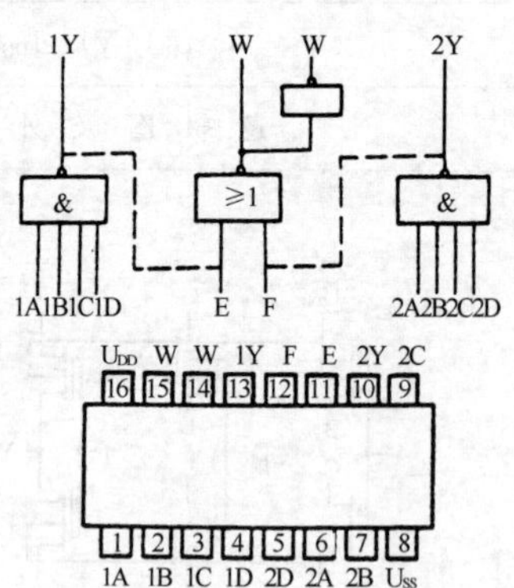<br> |

（续表）

| 电路名称及代号 | 逻辑图及外引线排列 |
|---|---|

六反相器/缓冲器(3 s，有选通端) CC4502

| 输 | 入 | | 输出 |
|---|---|---|---|
| E | S | A | Y |
| L | L | L | H |
| L | L | H | L |
| L | H | × | L |
| H | × | × | Z |

$t_{pd}$ = 60 ns(10 V)
$I_{DD}$ =0.02 μA(10 V)

1Y 2Y 3Y 4Y 5Y 6Y
≥1 ≥1 ≥1 ≥1 ≥1 ≥1
E S 1A 2A 3A 4A 5A 6A
$U_{DD}$ 6A 6Y 5A S 5Y 4A 4Y
16 15 14 13 12 11 10 9
1 2 3 4 5 6 7 8
3A 3Y 1A E 1Y 2A 2Y $U_{SS}$

六缓冲器(3 s) CC4503

| 输 | 入 | 输出 |
|---|---|---|
| A | L | Y |
| L | L | L |
| H | L | H |
| × | H | Z |

$t_{PHL}$ = 25 ns(10 V)
$t_{PLH}$ =35 ns(10 V)
$I_{DD}$ =0.02 μA(10 V)

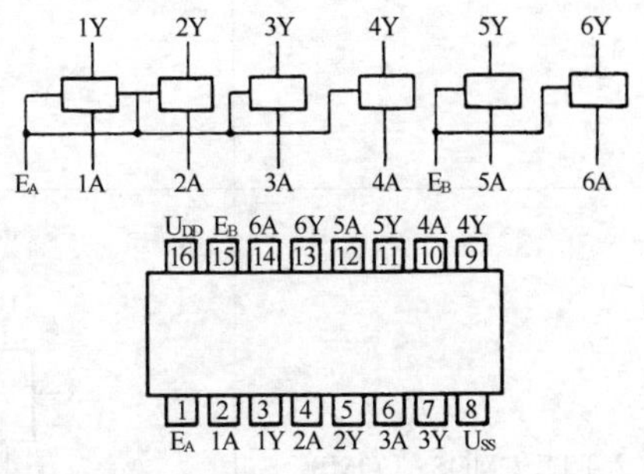


六反相缓冲器/电平转换器 CC4049

$Y = \overline{A}$
$t_{PHL}$ =20 ns(10 V)
$I_{DD}$ =0.02 μA(10 V)

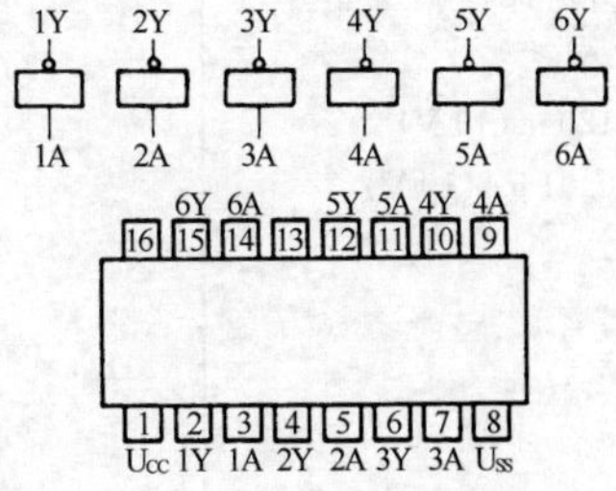

（续表）

| 电路名称及代号 | 逻 辑 图 及 外 引 线 排 列 |
| --- | --- |
| 六缓冲器/电平<br>转换器　CC4050<br>Y = A<br>$t_{PHL}$ =22 ns(10 V)<br>$I_{DD}$ =0.02 μA(10 V) | 1Y 2Y 3Y 4Y 5Y 6Y<br>1A 2A 3A 4A 5A 6A<br>6Y 6A 5Y 5A 4Y 4A<br>16 15 14 13 12 11 10 9<br>1 2 3 4 5 6 7 8<br>$U_{CC}$ 1Y 1A 2Y 2A 3Y 3A $U_{SS}$ |
| 六TTL/CMOS－COMS<br>电平转换器<br>CC14504<br>Y = A<br>$t_{pd}$ =120 ns(10 V)<br>$I_{DD}$ =0.01 μA(10 V) | 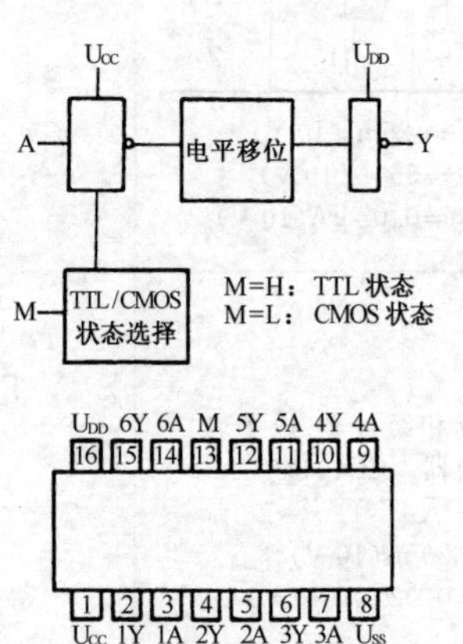 |

（续表）

| 电路名称及代号 | 逻辑图及外引线排列 |
|---|---|

四低-高电平转换器
（3 s） CC40109

| 输入 | | 输出 |
|---|---|---|
| A | E | Y |
| L | H | L |
| H | H | H |
| × | L | Z |

$t_{PHL}$ = 300 ns
（10 V，L-H 转换）
$I_{DD}$ = 0.02 μA(10 V)

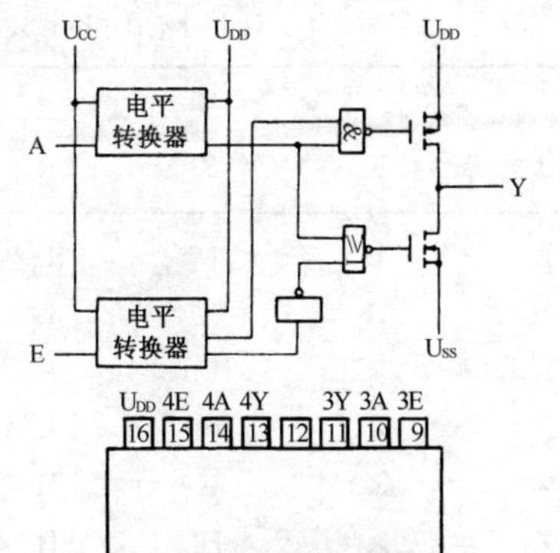


门输入主从 J-R 触发器（有 $\overline{J}$、$\overline{K}$ 输入端）
CC4096

| 输入 | | | | | 输出 | |
|---|---|---|---|---|---|---|
| CP | J | K | S | R | Q | $\overline{Q}$ |
| ↑ | L | L | L | L | $Q_n$ | $\overline{Q}_n$ |
| ↑ | L | H | L | L | L | H |
| ↑ | H | L | L | L | H | L |
| ↑ | H | H | L | L | $\overline{Q}_n$ | $Q_n$ |
| × | × | × | L | H | L | H |
| × | × | × | L | L | $Q_n$ | $\overline{Q}_n$ |
| × | × | × | H | H | L | L |
| × | × | × | H | L | H | L |

$J = J_1 \cdot J_2 \cdot \overline{J}_3$
$K = K_1 \cdot K_2 \cdot \overline{K}_3$
$f_m$ = 16 MHz(10 V)
$I_{DD}$ = 0.02 μA(10 V)

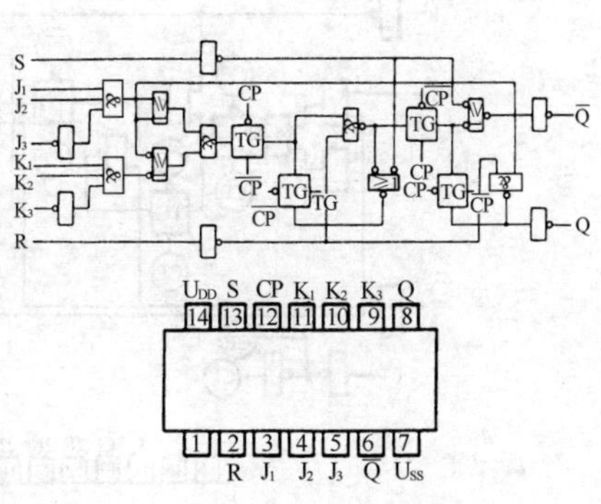

（续表）

| 电 路 名 称 及 代 号 | | | | | | |
|---|---|---|---|---|---|---|
| 双上升沿J-K触发器　CC4027 | | | | | | |
| 输 | | 入 | | | 输 | 出 |
| J | K | S | R | CP | Q | $\overline{Q}$ |
| H | L | L | L | ↑ | H | L |
| L | H | L | L | ↑ | L | H |
| × | × | L | L | ↓ | $Q_n$ | $\overline{Q}_n$ |
| × | × | H | L | × | H | L |
| × | × | L | H | × | L | H |
| × | × | H | H | × | H | H |
| $f_m = 16\ \text{MHz}(10\ \text{V})$　$I_{DD} = 0.02\ \mu\text{A}(10\ \text{V})$ | | | | | | |
| 逻 辑 图 及 外 引 线 排 列 | | | | | | |

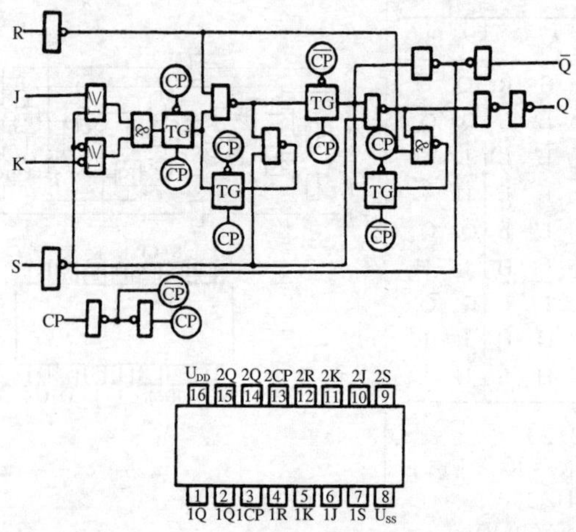

（续表）

| 电路名称及代号 | | | | | |
|---|---|---|---|---|---|
| 双上升沿D触发器 CC4013 | | | | | |
| 输入 | | | | 输出 | |
| D | R | S | CP | Q | $\overline{Q}$ |
| L | L | L | ↑ | L | H |
| H | L | L | ↑ | H | L |
| × | L | L | ↓ | $Q_n$ | $\overline{Q}_n$ |
| × | L | H | × | H | L |
| × | H | L | × | L | H |
| × | H | H | × | $\phi$ | $\phi$ |
| $t_{pd}=65$ ns(10 V)　$I_{DD}=0.02\ \mu$A(10 V) | | | | | |

逻辑图及外引线排列

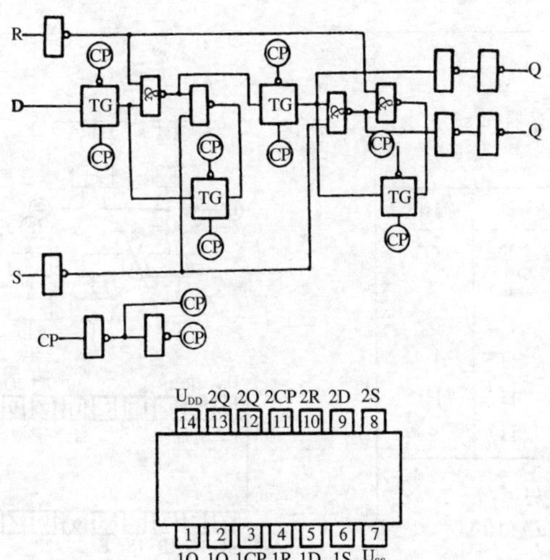

（续表）

| 电路名称及代号 | 逻辑图及外引线排列 |
|---|---|
| 六上升沿D触发器<br>CC40174 | 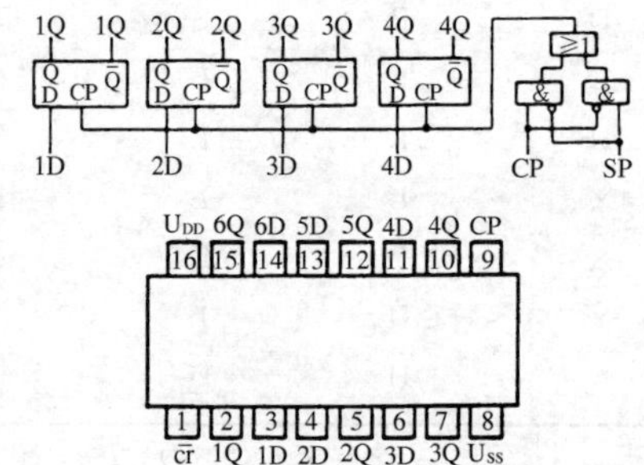 |
| 四R－S锁存器（3 s）<br>CC4043 | 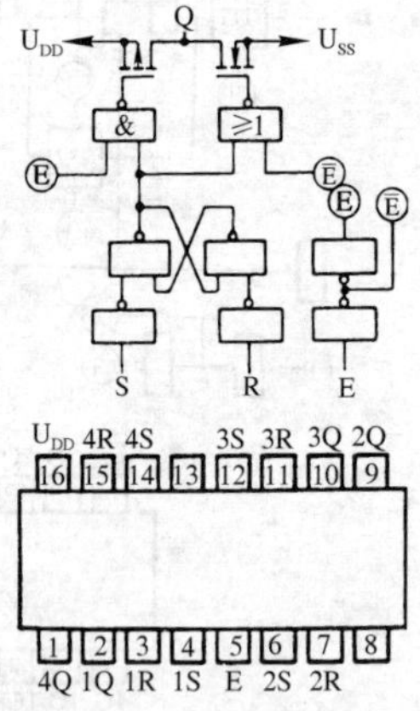 |

六上升沿D触发器 CC40174

| 输入 | | | 输出 |
|---|---|---|---|
| CP | D | $\overline{cr}$ | Q |
| ↑ | L | H | L |
| ↑ | H | H | H |
| ↓ | × | H | $Q_n$ |
| × | × | L | L |

$t_{pd}$ ＝ 70 ns(10 V)

$I_{DD}$ ＝0.02 μA(10 V)



四R－S锁存器（3 s） CC4043

| 输入 | | | 输出 |
|---|---|---|---|
| S | R | E | Q |
| × | × | L | Z |
| L | L | H | $Q_n$ |
| L | H | H | L |
| H | L | H | H |
| H | H | H | $\phi$ |

$t_{pd}$ ＝ 70 ns(10 V)

$I_{DD}$ ＝0.02 μA(10 V)

（续表）

| 电路名称及代号 | 逻辑图及外引线排列 |
|---|---|

四R-S锁存器(3 s,与非) CC4044

| 输 | 入 | | 输出 |
|---|---|---|---|
| $\overline{S}$ | $\overline{R}$ | E | Q |
| × | × | L | Z |
| L | L | H | $\phi$ |
| L | H | H | H |
| H | L | H | Σ |
| H | H | H | $Q_n$ |

$t_{pd} = 70$ ns(10 V)
$I_{DD} = 0.02\ \mu$A(10 V)

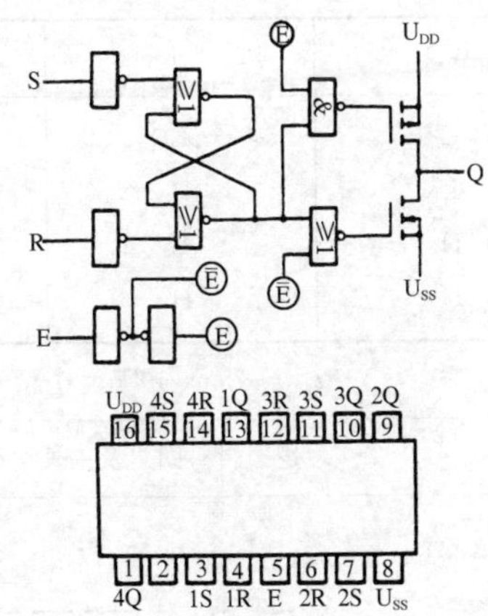


四D锁存器 CC4042

| 输 | 入 | | 输出 | |
|---|---|---|---|---|
| CP | SP | D | Q | $\overline{Q}$ |
| L | L | L | L | H |
| L | L | H | H | L |
| H | H | L | L | H |
| H | H | H | H | L |
| ↑ | L | × | 保持 | |
| ↓ | H | × | 保持 | |

$t_{pd} = 55$ ns(10 V)
$I_{DD} = 0.02\ \mu$A(10 V)

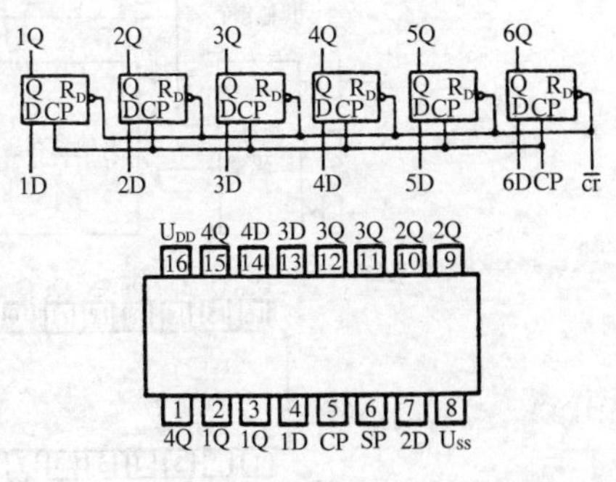

（续表）

| 电 路 名 称 及 代 号 | | | |
|---|---|---|---|
| 8 位可寻址锁存器 CC14099 | | | |
| WD | cr | 被寻址锁存器 | 未寻址锁存器 |
| L | L | 数据 | $Q_n$ |
| L | H | 数据 | L |
| H | L | $Q_n$ | $Q_n$ |
| H | H | L | L |
| $t_{pd}=75$ ns(10 V)　$I_{DD}=0.01\ \mu$A(10 V) | | | |
| 逻 辑 图 及 外 引 线 排 列 | | | |

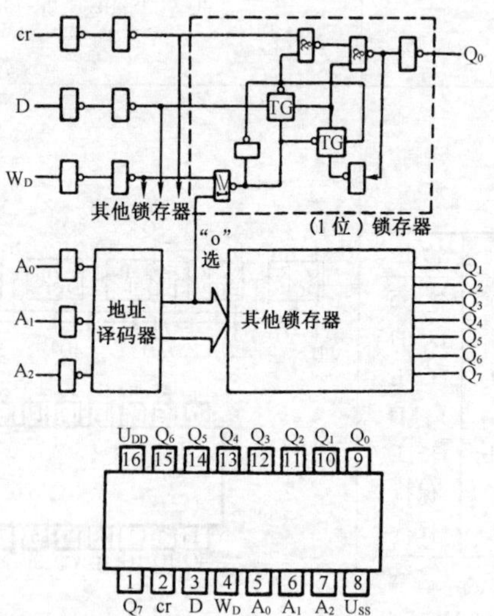

（续表）

| 电路名称及代号 | 8位双向可寻址锁存器 CC14599 | | | | | | |
|---|---|---|---|---|---|---|---|
| | E | W/$\overline{R}$ | $W_D$ | cr | 被寻址锁存器 | 其他锁存器 | |
| | L | × | × | L | 不交 | 不交 | Z |
| | H | H | L | L | D | 不交 | 输入 |
| | H | H | H | L | 不交 | 不交 | Z |
| | H | L | × | L | 不交 | 不交 | $Q_n$ |
| | × | × | × | H | L | L | Z/L |
| | $t_{pd}=75$ ns(10 V)　$I_{DD}=0.01\ \mu$A(10 V) | | | | | | |
| 逻辑图及外引线排列 | 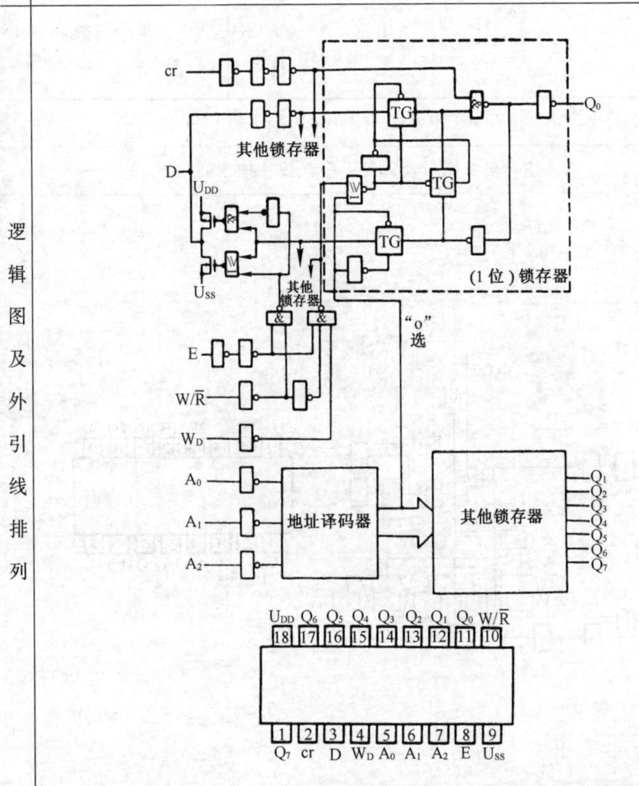 | | | | | | |

（续表）

| 电路名称及代号 | | | | | |
|---|---|---|---|---|---|
| 双可重触发单稳态触发器(有清除端)　CC14528 | | | | | |
| 输入 | | | 输出 | | 功能 |
| $\overline{A}$ | B | $\overline{R}_D$ | Q | $\overline{Q}$ | |
| H | ↑ | H | ⎍ | ⊔ | 单稳 |
| L | ↑ | H | L | H | 禁止 |
| ↓ | H | H | L | H | 禁止 |
| ↓ | L | H | ⎍ | ⊔ | 单稳 |
| × | × | L | L | H | 清除 |
| $t_{pd}=75$ ns(10 V)　$I_{DD}=0.01\ \mu$A(10 V) | | | | | |
| 逻辑图及外引线排列 | | | | | |

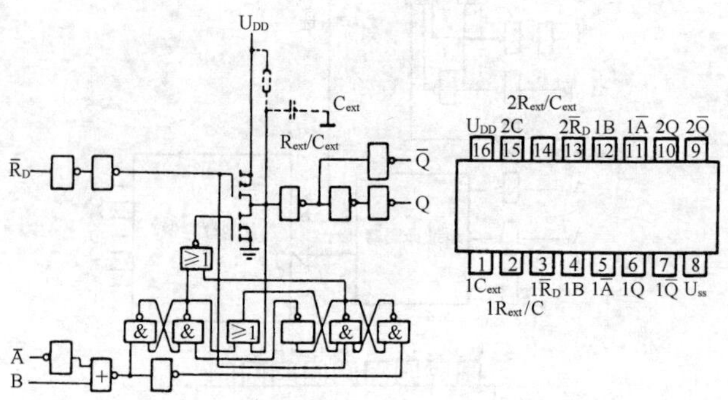

（续表）

| 电路名称及代号 | | | | | |
|---|---|---|---|---|---|
| 双可重触发单稳态触发器 CC4098 | | | | | |
| 输入 | | | 输出 | | 功能 |
| $TR_+$ | $TR_-$ | $\overline{R}_D$ | Q | $\overline{Q}$ | |
| ↑ | H | H | ⎍ | ⊔ | 单稳 |
| L | ↓ | H | ⎍ | ⊔ | 单稳 |
| ↑ | L | H | Q | $\overline{Q}$ | 禁止 |
| H | ↓ | H | Q | $\overline{Q}$ | 禁止 |
| × | × | L | L | H | 清除 |
| $t_{pd}=125$ ns(10 V)　$I_{DD}=0.02\ \mu$A(10 V) | | | | | |
| 逻辑图及外引线排列 | | | | | |

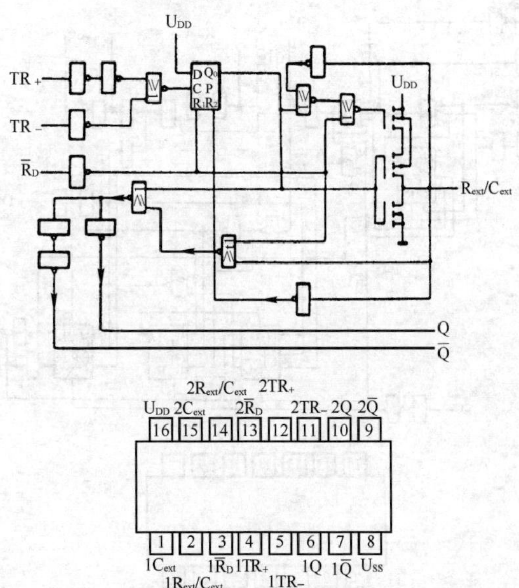

（续表）

**电 路 名 称 及 代 号**

**单稳态/无稳态多谐振荡器 CC4047**

| AST | $\overline{\text{AST}}$ | TR+ | TR− | RET | cr | 功能 | | 振荡周期或脉冲宽度 |
|---|---|---|---|---|---|---|---|---|
| H | × | L | H | L | L | 无稳态多谐振荡器 | 自由振荡 | $T_{(Q,\overline{Q})}=4.4RC$<br>$T_{(CSC)}=2.2RC$ |
| × | L | L | H | L | L | | 自由振荡 | |
| ↑ | H | L | H | L | L | | 原码选通 | |
| L | ↓ | L | H | L | L | | 反码选通 | |
| L | H | ↑ | L | L | L | 单稳态多谐振荡器 | 正沿触发 | $t_W=2.48RC$ |
| L | H | H | ↓ | L | L | | 负沿触发 | |
| L | H | ↑ | L | ↑ | L | | 再触发 | |
| × | × | × | × | × | H | | 复 位 | |

$t_{pd(TR\to Q)}=225\ \text{ns}(10\ \text{V})$ $t_{pd}(\text{ASF}\to\text{OSC})=100\ \text{ns}(10\ \text{V})$

$I_{DD}=0.02\ \mu\text{A}(10\ \text{V})$

**逻 辑 图 及 外 引 线 排 列**

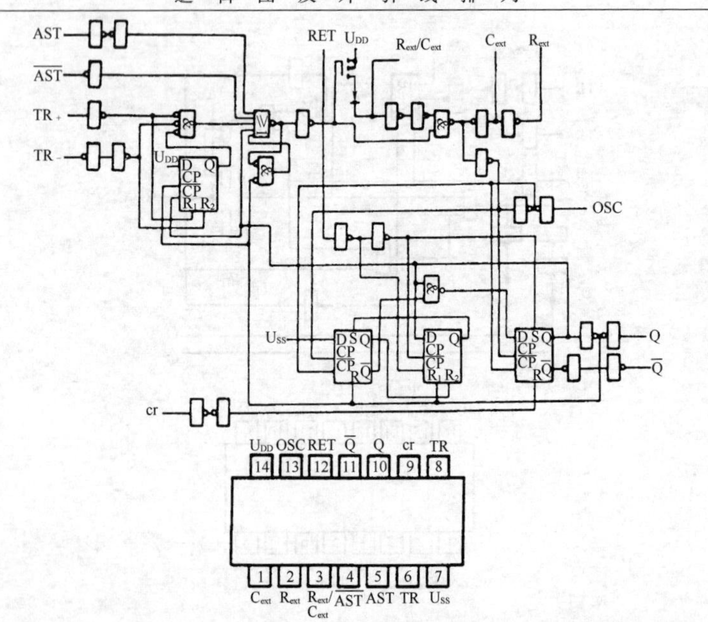

（续表）

| 电路名称及代号 | 逻辑图及外引线排列 |
|---|---|
| 4位二进制超前进位全加器 CC4008 | 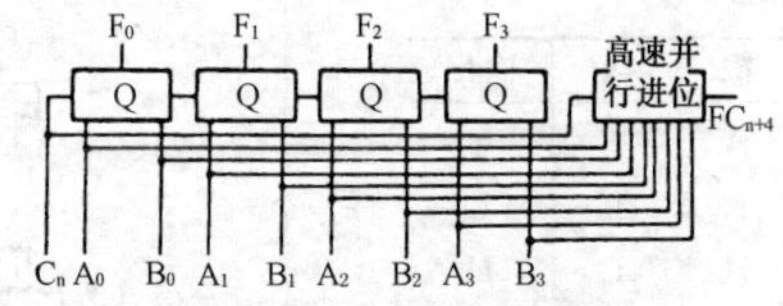<br><br>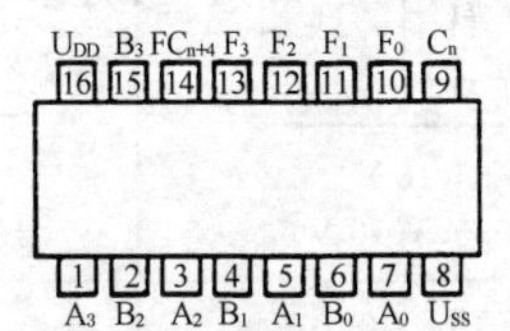<br> |
| 三串行加法器 CC4032<br>$t_{pd}=120$ ns(10 V)<br>$I_{DD}=0.04$ μA(10 V) | 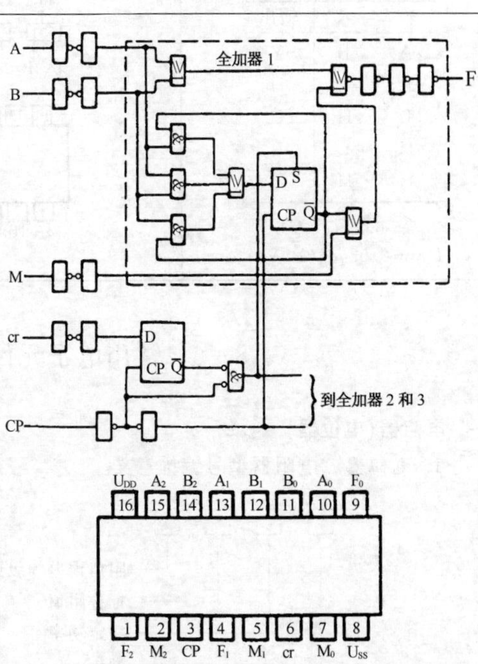<br> |

CC4008 真值表：

| A | B | $C_n$ | F | $FC_{n+4}$ |
|---|---|---|---|---|
| 输入 | | | 输出 | |
| L | L | L | L | L |
| H | L | L | H | L |
| L | H | L | H | L |
| H | H | L | L | H |
| L | L | H | H | L |
| H | L | H | L | H |
| L | H | H | L | H |
| H | H | H | H | H |

（续表）

| 电路名称及代号 | 逻辑图及外引线排列 |
|---|---|
| 四异或门　CC4070<br>输入 A B / 输出 Y<br>L L L<br>H L H<br>L H H<br>H H L<br>$t_{pd}=65$ ns(10 V)<br>$I_{DD}=0.02\ \mu$A(10 V) | 1Y 2Y 3Y 4Y<br>≥1 ≥1 ≥1 ≥1<br>1A 1B 2A 2B 3A 3B 4A 4B<br>$U_{DD}$ 4B 4A 4Y 3Y 3B 3A<br>14 13 12 11 10 9 8<br>1 2 3 4 5 6 7<br>1A 1B 1Y 2Y 2A 2B $U_{SS}$ |
| 四异或非门　CC4077<br>输入 A B / 输出 Y<br>L L H<br>L H L<br>H L L<br>H H H<br>$t_{pd}=65$ ns(10 V)<br>$I_{DD}=0.02\ \mu$A(10 V) | 1Y 2Y 3Y 4Y<br>≥1 ≥1 ≥1 ≥1<br>1A 1B 2A 2B 3A 3B 4A 4B<br>$U_{DD}$ 4B 4A 4Y 3Y 3B 3A<br>14 13 12 11 10 9 8<br>1 2 3 4 5 6 7<br>1A 1B 1Y 2Y 2A 2B $U_{SS}$ |

# 8-6　常用电子元件

## 一、电阻器(电位器)

1. 电阻器　电阻器型号编排意义

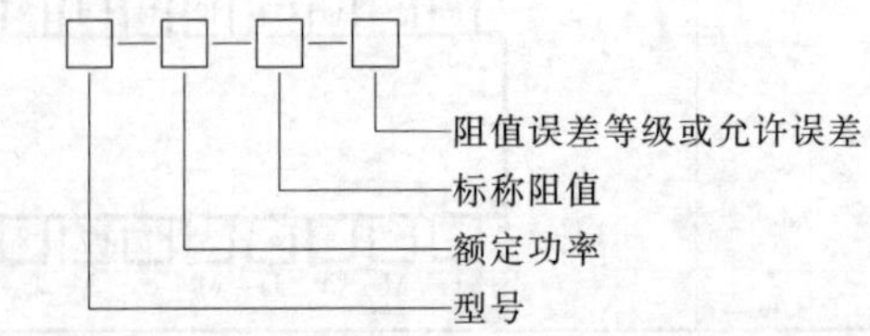

表 8-41 电阻器(电位器)型号意义

| R | T | P | O | X | S | R |
|---|---|---|---|---|---|---|
| 电阻器 | 炭 膜 | 硼 膜 | 硅 膜 | 线 绕 | 实 心 | 热 敏 |
| M | G | W | H | J | Y | W |
| 压 敏 | 光 敏 | 电位器 | 合成膜 | 金属膜 | 氧 化 | 微 调 |

表 8-42 电阻额定功率系列表(W)

| 0.025 | 0.05 | 0.125 | 0.25 | 0.5 | 1 | 2 | 5 | 10 | 25 | 50 | 100 | 250 |
|---|---|---|---|---|---|---|---|---|---|---|---|---|

表 8-43 电阻标称阻值系列表(或表中所列数值乘以 $10^n$，$n$ 为正整数或负整数)

| 允许误差 | | | 允许误差 | | |
|---|---|---|---|---|---|
| ±5% | ±10% | ±20% | ±5% | ±10% | ±20% |
| 1 | 1 | 1 | 3.3 | 3.3 | 3.3 |
| 1.1 | | | 3.6 | | |
| 1.2 | 1.2 | | 3.9 | 3.9 | |
| 1.3 | | | 4.3 | | |
| 1.5 | 1.5 | 1.5 | 4.7 | 4.7 | 4.7 |
| 1.6 | | | 5.1 | | |
| 1.8 | 1.8 | | 5.6 | 5.6 | |
| 2 | | | 6.2 | | |
| 2.2 | 2.2 | 2.2 | 6.8 | 6.8 | 6.8 |
| 2.4 | | | 7.5 | | |
| 2.7 | 2.7 | | 8.2 | 8.2 | |
| 3 | | | 9.1 | | |

表 8-44 阻值允许误差和等级

| 误差等级 | Ⅰ | Ⅱ | Ⅲ |
|---|---|---|---|
| 允许误差(%) | ±5 | ±10 | ±20 |

注：测量膜电阻允许误差为±0.5%、±1%、±2%、±3%。

表8-45　精密电阻标称阻值系列表

| $E_{192}$ | $E_{96}$ | $E_{48}$ | $E_{192}$ | $E_{96}$ | $E_{48}$ | $E_{192}$ | $E_{96}$ | $E_{48}$ | $E_{192}$ | $E_{96}$ | $E_{48}$ |
|---|---|---|---|---|---|---|---|---|---|---|---|
| 100 | 100 | 100 | 160 | | | 255 | 255 | | 407 | | |
| 101 | | | 162 | 162 | 162 | 258 | | | 412 | 412 | |
| 102 | 102 | | 164 | | | 261 | 261 | 261 | 417 | | |
| 104 | | | 165 | 165 | | 264 | | | 422 | 422 | 422 |
| 105 | 105 | 105 | 167 | | | 267 | 267 | | 427 | | |
| 106 | | | 169 | 169 | 169 | 271 | | | 432 | 432 | |
| 107 | 107 | | 172 | | | 274 | 274 | 274 | 437 | | |
| 109 | | | 174 | 174 | | 277 | | | 442 | 442 | 442 |
| 110 | 110 | 110 | 176 | | | 280 | 280 | | 448 | | |
| 111 | | | 178 | 178 | 178 | 284 | | | 453 | 453 | |
| 113 | 113 | | 180 | | | 287 | 287 | 287 | 459 | | |
| 114 | | | 182 | 182 | | 291 | | | 464 | 464 | 464 |
| 115 | 115 | 115 | 184 | | | 294 | 294 | | 470 | | |
| 117 | | | 187 | 187 | 187 | 298 | | | 475 | 475 | |
| 118 | 118 | | 189 | | | 301 | 301 | 301 | 481 | | |
| 120 | | | 191 | 191 | | 305 | | | 487 | 487 | 487 |
| 121 | 121 | 121 | 193 | | | 309 | 309 | | 493 | | |
| 123 | | | 196 | 196 | 196 | 312 | | | 499 | 499 | |
| 124 | 124 | | 198 | | | 316 | 316 | 316 | 505 | | |
| 126 | | | 200 | 200 | | 320 | | | 511 | 511 | 511 |
| 127 | 127 | 127 | 203 | | | 324 | 324 | | 517 | | |
| 129 | | | 205 | 205 | 205 | 328 | | | 523 | 523 | |
| 130 | 130 | | 208 | | | 332 | 332 | 332 | 530 | | |
| 132 | | | 210 | 210 | | 336 | | | 536 | 536 | 536 |
| 133 | 133 | 133 | 213 | | | 340 | 340 | | 542 | | |
| 135 | | | 215 | 215 | 215 | 344 | | | 549 | 549 | |
| 137 | 137 | | 218 | | | 348 | 348 | 348 | 556 | | |
| 138 | | | 221 | 221 | | 352 | | | 562 | 562 | 562 |
| 140 | 140 | 140 | 223 | | | 357 | 357 | | 569 | | |
| 142 | | | 226 | 226 | 226 | 361 | | | 576 | 576 | |
| 143 | 143 | | 229 | | | 365 | 365 | 365 | 583 | | |
| 145 | | | 232 | 232 | | 370 | | | 590 | 590 | 590 |
| 147 | 147 | 147 | 234 | | | 374 | 374 | | 597 | | |
| 149 | | | 237 | 237 | 237 | 379 | | | 604 | 604 | |
| 150 | 150 | | 240 | | | 383 | 383 | 383 | 612 | | |
| 152 | | | 243 | 243 | | 388 | | | 619 | 619 | 619 |
| 154 | 154 | 154 | 246 | | | 392 | 392 | | 626 | | |
| 156 | | | 249 | 249 | 249 | 397 | | | 634 | 634 | |
| 158 | 158 | | 252 | | | 402 | 402 | 402 | 642 | | |

（续表）

| $E_{192}$ | $E_{96}$ | $E_{48}$ | $E_{192}$ | $E_{96}$ | $E_{48}$ | $E_{192}$ | $E_{96}$ | $E_{48}$ | $E_{192}$ | $E_{96}$ | $E_{48}$ |
|---|---|---|---|---|---|---|---|---|---|---|---|
| 649 | 649 | 649 | 732 | 732 | | 825 | 825 | 825 | 931 | 931 | |
| 657 | | | 741 | | | 835 | | | 942 | | |
| 665 | 665 | | 750 | 750 | 750 | 845 | 845 | | 953 | 953 | 953 |
| 673 | | | 759 | | | 856 | | | 965 | | |
| 681 | 681 | 681 | 768 | 768 | | 866 | 866 | 866 | 976 | 976 | |
| 690 | | | 777 | | | 876 | | | 988 | | |
| 698 | 698 | | 787 | 787 | 787 | 887 | 887 | | | | |
| 706 | | | 796 | | | 898 | | | | | |
| 715 | 715 | 715 | 806 | 806 | | 909 | 909 | 909 | | | |
| 723 | | | 816 | | | 920 | | | | | |

表 8-46 非线绕电阻

| 型 号 | RS | RT | RTX | RJ | RJX | RY |
|---|---|---|---|---|---|---|
| 名 称 | 实心炭质电阻 | 炭膜电阻 | 小型炭膜电阻 | 金属膜电阻 | 小型金属膜电阻 | 氧化膜电阻 |
| 功率(W) | 0.125～2 | 0.25～10 | 0.05、0.125 | 0.5～2 | 0.25 | 0.25～2 |

| 型 号 | RTL | RTL-X | RJJ | RJJ-10 | RJ4 |
|---|---|---|---|---|---|
| 名 称 | 测量用炭膜电阻 | 小型测量用炭膜电阻 | 精密金属膜电阻 | 高精密密封金属膜电阻 | 高阻金属膜电阻 |
| 功率(W) | 0.125～1 | 0.125 | 0.125～0.5 | 0.125,0.25 | 0.25～2 |

表 8-47 线绕电阻

| 型号 | 名 称 | 功率(W) | 型 号 | 名 称 | 功率(W) | 型 号 | 名 称 | 功率(W) |
|---|---|---|---|---|---|---|---|---|
| RXQ | 酚醛涂料管形线绕电阻（固定式） | 2<br>6<br>10<br>15<br>25 | RXY | 被釉固定式线绕电阻 | 7.5<br>15<br>20<br>25<br>50<br>75<br>150 | RXYC | 被釉耐潮绕线电阻（固定式） | 2.5<br>7.5<br>10<br>15<br>20<br>25<br>30<br>40<br>50<br>75<br>100 |
| RXQ-T | 酚醛涂料管形线绕电阻（可调式） | 2<br>6<br>10<br>15<br>25 | | | | | | |

（续表）

| 型 号 | 名 称 | 功率(W) | 型 号 | 名 称 | 功率(W) | 型 号 | 名 称 | 功率(W) |
|---|---|---|---|---|---|---|---|---|
| RXYC-T | 被釉耐潮线绕电阻（可调式） | 10<br>15<br>20<br>25<br>30<br>50<br>100 | RXI | 小型被漆线绕电阻 | 1<br>3<br>6<br>10 | RXJX | 小型精密线绕电阻 | 0.5<br>1 |

2. 电位器　电位器型号编排意义

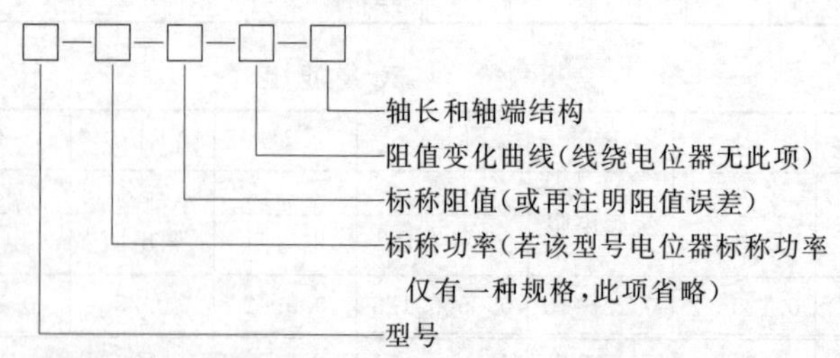


阻值间隔：除注明个别型号以外，均按下列标准系列。

非线绕电位器：1、1.5、2.2、3.3、4.7、6.8。

线绕电位器：1、1.2、1.5、1.8、2.2、2.7、3.3、3.9、4.7、5.6、6.8、8.2。

表8-48　电位器阻值变化曲线形式

| 符　　号 | X | Z | D |
|---|---|---|---|
| 曲线形式 | 直线式 | 指数式 | 对数式 |

表8-49　电位器轴端结构

| 符　　号 | ZS-1 | ZS-3 | ZS-5 |
|---|---|---|---|
| 轴端结构 | 无槽无平面 | 有起子槽 | 铣有平面 |
| 外　　形 | ϕ6 | ϕ6　1　1.5 | ϕ6　10　4.5 |

表 8-50 非线绕电位器

| 型 号 | 名 称 | 功率(W) | 线 型 |
| --- | --- | --- | --- |
| WH15 | 合成炭膜电位器 | 0.125 | X |
| | | 0.05 | Z、D |
| WT<br>WTK | 炭膜电位器 | 0.25 | X |
| | | 0.1 | Z、D |
| WT | 炭膜电位器 | 0.25 | X |
| | | 0.1 | Z、D |
| WTH | 合成炭膜电位器 | 1、2 | X |
| | | 0.5、1 | Z、D |
| WH5 | 合成炭膜电位器 | 0.5、1 | X |
| | | 0.25、0.5 | Z、D |
| WH9 | 合成炭膜电位器 | 0.25 | X |
| | | 0.1 | Z、D |
| WS1 | 耐热实心电位器 | 2 | X |
| | | 1 | Z、D |
| WS | WS-2 非锁紧型有机实心电位器 | 0.5 | X |
| | WS-3 锁紧型有机实心电位器 | 0.5 | X |
| WH7 | 超小型微调电位器 | 0.1 | — |
| WH20A | 直滑式电位器 | 0.5 | X |
| | | 0.25 | Z、D |

注：型号中 WT-3 为单式，WT-4 为双连，WT-5 为双连异步异轴，WTK-5 为单式带双刀单掷开关，WTK-6 为双连同步同轴带双刀单掷开关，WTK-7 为双连异步异轴带双刀单掷开关。

表8-51　线绕电位器

| 型　　号 | 名　　称 | 功率(W) |
| --- | --- | --- |
| WX-010<br>WX-030<br>WX-050<br>WX-100<br>WX1<br>WX3<br>WX5 | 线绕电位器 | 1<br>3<br>5<br>10<br>1<br>3<br>5 |
| WXW1 | 扁合式微调线绕电位器 | 0.5 |
| BC1-25<br>BC1-50、100<br>BC1-150<br>BC1-300、500 | 瓷盘变阻器 | 25<br>50、100<br>150<br>300、500 |

表8-52　多圈式线绕电位器

| 型　　号 | 功率(W) | 圈　　数 |
| --- | --- | --- |
| WXD-8 | 3 | 3 |
| WXD-10 | 5 | 10 |
| WX1.5-1 | 1.5 | 10 |
| WX5-11 | 5 | 10 |
| WX5-11A | 3 | 5 |

## 二、电容器

电容器型号编排意义：

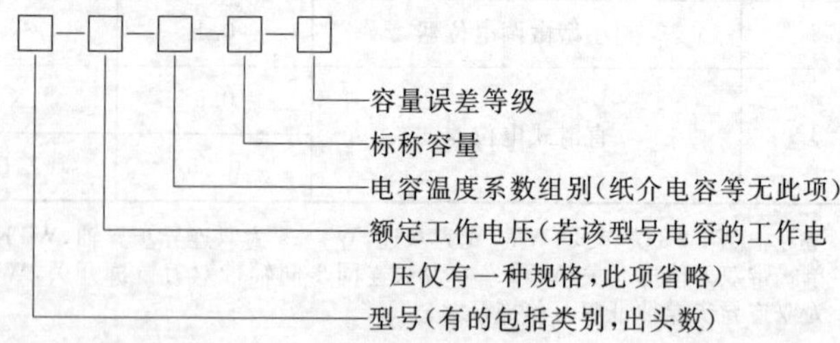

表 8-53 电容器型号字母的意义

| 字 母 | 意 义 | 字 母 | 意 义 | 字 母 | 意 义 |
|---|---|---|---|---|---|
| C | 瓷介 | S | 聚碳酸酯 | T | 钛 |
| Y | 云母 | Q | 漆膜 | M | 压敏 |
| I | 玻璃釉 | Z | 纸介 | T | 铁电 |
| O | 玻璃(膜) | H | 混合介质 | W | 微调 |
| B | 聚苯乙烯 | D | (铝)电解 | J | 金属化 |
| F | 聚四氟乙烯 | A | 钽 | | |
| L | 涤纶 | N | 铌 | | |

表 8-54 固定电容器工作电压系列(额定直流工作电压)(V)

| | | | | | | | | | | | | | |
|---|---|---|---|---|---|---|---|---|---|---|---|---|---|
| $\underline{1.6}$ | $\underline{4}$ | $\underline{6.3}$ | $\underline{10}$ | $\underline{16}$ | $\underline{25}$ | 32 * | $\underline{40}$ | 50 * | $\underline{63}$ | $\underline{100}$ | 125 * | $\underline{160}$ | $\underline{250}$ |
| 300 | $\underline{400}$ | 450 * | 500 | $\underline{630}$ | $\underline{1\,000}$ | $\underline{1\,600}$ | 2 000 | $\underline{2\,500}$ | 3 000 | $\underline{4\,000}$ | 5 000 | $\underline{6\,300}$ | 8 000 |
| $\underline{10\,000}$ | $\underline{15\,000}$ | 20 000 | $\underline{25\,000}$ | 30 000 | 35 000 | $\underline{40\,000}$ | 45 000 | 50 000 | $\underline{60\,000}$ | 80 000 | $\underline{100\,000}$ | | |

注：1. 有“＊”者只限电解电容器专用。

2. 数值下有“——”者建议优先采用。

表 8-55 纸介电容器(包括金属化纸介电容器)标称容量系列表

| 工作电压 | 不大于 1.6 kV | | | | | | | |
|---|---|---|---|---|---|---|---|---|
| 容量允许偏差 | ±5% | | ±10% | | ±20% | | | |
| | 100～10 000 | | 0.01～0.1 | | 0.1～1 | | 1～10 | |
| 标称容量(μF) | 10 | 33 | 0.01 | 0.033 | 0.1 | (0.4) | 1 | (5) |
| | (12) | (39) | 0.015 | 0.039 | 0.15 | 0.47 | 2 | 6 |
| | 15 | 47 | (0.02) | (0.04) | (0.2) | (0.5) | (3) | 8 |
| | (18) | (56) | 0.022 | 0.047 | 0.22 | | 4 | 10 |
| | 22 | 68 | (0.025) | (0.05) | (0.25) | | | |
| | (27) | (82) | (0.03) | 0.056 | 0.33 | | | |
| | | | | 0.068 | | | | |
| | | | | 0.082 | | | | |

注：表中凡有括号的数值即将淘汰，在新设计设备中不拟采用(下同)。

表8-56 一般纸介电容器(适用于直流或脉动电路)

| 型号 | 名称 | 额定直流工作电压(V) |
|---|---|---|
| CZT | 筒形纸介电容器 | 400 |
| CZX | 小型纸介电容器 | 300 |
| CZM | 密封纸介电容器 | 250~1 600 |
| CZY | 高压密封纸介电容器 | 2 000~20 000 |
| CZ5 | 高压密封纸介电容器 | 2 000~15 000 |
| CZMX | 小型密封纸介电容器 | 400 |
| CZGX | 小型固体纸介电容器 | 160~400 |
| CZJ | 密封金属化纸介电容器 | 250~1 600 |
| CZJD | 单层密封金属化纸介电容器 | 160~630 |
| CZJX | 小型金属化纸介电容器 | 160~400 |
| CZJ2 | 单向小型金属化纸介电容器 | 160 |
| C103 | 蜡浸密封纸介电容器 | 250 |
| CZC | 穿心式密封纸介电容器 | 110~1 500 |

注：电容器在脉动电路中工作时，最大交流分量的振幅值，应不超过额定工作电压的百分比：

频率为 50 Hz 时 20%　　频率为 1 000 Hz 时 5%

频率为 100 Hz 时 15%　　频率为 10 000 Hz 时 2%

频率为 300 Hz 时 10%

交流分量最大值和直流电压之和不应超过额定工作电压。

电容器在交流电路中工作时，交流电压有效值不应超过表8-54范围。

表8-57 不同额定直流工作电压的允许交流电流有效值

| 额定直流工作电压(V) | 允许交流电压有效值(V) | | | |
|---|---|---|---|---|
| | 频率为 50 Hz 时 | | 频率为 500 Hz 时 | |
| | 标称容量≤2 μF | 标称容量≥4 μF | 标称容量≤2 μF | 标称容量≥4 μF |
| 250 | 160 | 130 | 100 | 50 |
| 400(300) | 250 | 200 | 125 | 75 |
| 630 | 300 | 250 | 150 | 100 |
| 1 000 | 400 | 350 | 200 | 150 |
| 1 600 | 500 | — | 250 | — |

表 8-58 交流纸介电容器(适用于 50 Hz 交流电路)

| 型号 | 名称 | 额定工作电压(V)(交流有效值) |
|---|---|---|
| CZJJ | 交流密封金属化纸介电容器 | 250～1 000 |
| CZJJ1 | 交流密封金属化纸介电容器 | 350 |
| C106 | 交流密封纸介电容器 | 250～1 200 |
| CZMS | 电扇用密封纸介电容器 | 200～400 |

注：电容器在不同频率下工作时，其允许工作电压不应超过表 8-59 范围。

表 8-59 不同频率及允许工作电压为额定电压百分比

| 频率(Hz) | 50 | 100 | 500 |
|---|---|---|---|
| 允许工作电压为额定电压百分数 | 100 | 75 | 50 |

表 8-60 云母电容器标称容量系列表(或表中所列数值乘以 $10^n$)

| 允许偏差 | | | 允许偏差 | | |
|---|---|---|---|---|---|
| ±5% | ±10% | ±20% | ±5% | ±10% | ±20% |
| 1 | 1 | 1 | 3.3 | 3.3 | 3.3 |
| 1.1 | | | 3.6 | | |
| 1.2 | 1.2 | | 3.9 | 3.9 | |
| 1.3 | | | 4.3 | | |
| 1.5 | 1.5 | 1.5 | 4.7 | 4.7 | 4.7 |
| 1.6 | | | 5.1 | | |
| 1.8 | 1.8 | | 5.6 | 5.6 | |
| 2 | | | 6.2 | | |
| 2.2 | 2.2 | 2.2 | 6.8 | 6.8 | 6.8 |
| 2.4 | | | 7.5 | | |
| 2.7 | 2.7 | | 8.2 | 8.2 | |
| 3 | | | 9.1 | | |

注：云母电容器最小标称容量为 10 pF。

表8-61　云母电容器的电容温度系数和容量温度稳定度的分组

| 组　别 | 电容温度系数(1/℃) | 容量温度稳定度(%) |
|---|---|---|
| A | 不规定 | 不规定 |
| B | $\pm 200\times 10^{-6}$ | 0.5 |
| C | $\pm 100\times 10^{-6}$ | 0.2 |
| D | $\pm 50\times 10^{-6}$ | 0.1 |

表8-62　云母电容器(适用于直流、交流和脉动电路)

| 型　号 | 名　称 | 额定直流工作电压(V) |
|---|---|---|
| CY | 云母电容器 | 250～7 000 |
| CYX | 小型云母电容器 | 100 |
| CY2 | 包封云母电容器 | 100～500 |
| CYM | 密封云母电容器 | 500、1 000 |
| CYMX | 小型密封云母电容器 | 250～1 500 |

注：1. 电容器在脉动电路中工作时，电压交流分量最大值和直流电压之和不应超过额定工作电压。

2. 电容器在交流电路中工作时，交流电压最大值不应超过表8-63范围。

表8-63　允许交流电压最大值表

| 额定直流工作电压(V) | 允许交流电压最大值为额定直流工作电压的百分数 | | |
|---|---|---|---|
| | 频率＜500 Hz | 500～10 000 Hz | ＞10 000 Hz |
| ≤500 | 50% | 30% | 10% |
| 1 000～5 000 | 30% | 20% | 5% |
| CYM电容器 | $C\leqslant 910$ pF，10%；$C\geqslant 1\,000$ pF，5% | | |

表 8－64　瓷介电容器标称容量系列表

| Ⅰ型瓷介电容器允许误差 | | | Ⅰ型瓷介电容器允许误差 | | | Ⅱ型瓷介电容器允许误差 |
|---|---|---|---|---|---|---|
| ±5% | ±10% | ±20% | ±5% | ±10% | ±20% | －20%，＋50%；－20%，＋80%；±20% |
| 1.0 | 1.0 | 1.0 | 3.3 | 3.3 | 3.3 | 1 |
| 1.1 | | | 3.6 | | | 1.5 |
| 1.2 | 1.2 | | 3.9 | 3.9 | | 2.2 |
| 1.3 | | | 4.3 | | | 3.3 |
| 1.5 | 1.5 | 1.5 | 4.7 | 4.7 | 4.7 | 4.7 |
| 1.6 | | | 5.1 | | | 6.8 |
| 1.8 | 1.8 | | 5.6 | 5.6 | | |
| 2.0 | | | 6.2 | | | |
| 2.2 | 2.2 | 2.2 | 6.8 | 6.8 | 6.8 | |
| 2.4 | | | 7.5 | | | |
| 2.7 | 2.7 | | 8.2 | 8.2 | | |
| 3.0 | | | 9.1 | | | |

注：1. Ⅰ型瓷介电容器用于振荡回路或其他要求低损耗和高稳定性电路中。
2. Ⅱ型瓷介电容器可用于旁路、耦合回路或其他对损耗和稳定性要求不高的隔直流电路中。

表 8－65　瓷介电容器

| 型　　号 | 名　　　称 | 额定直流工作电压(V) |
|---|---|---|
| CC1－Y | 圆片形瓷介电容器 | 500 |
| CC1－G | 管形瓷介电容器 | 160 |
| CCX－Y | 圆片形小型瓷介电容器 | 150 |
| CCX－G | 管形小型瓷介电容器 | 150 |
| CCX－D | 叠片式小型瓷介电容器 | 100 |
| CCX1 | 小型瓷介电容器 | 40、60 |
| CCX3 | 小型瓷介电容器 | 25 |
| C401 | 穿心式瓷介电容器 | 250 |
| C403 | 铁电瓷介电容器 | 63、100 |
| C405 | 穿心式圆片形铁电瓷介电容器 | 40 |
| C406 | 阻挡层电容器 | 12 |
| CCD | 低压瓷介电容器 | 500(或高频 250) |
| CC | 瓷介电容器 | 500(或高频 240) |
| CCC | 穿心式瓷介电容器 | 500(或高频 250) |
| CCTC | 穿心式铁电瓷介电容器 | 300 |

表 8-66 钽、铌、钛铝电解电容器标称容量系列表
(或表列数值乘以 $10^n$) (μF)

| 1 | 1.5 | (2) | 2.2 | (3) | 3.3 | 4.7 | (5) | 6.8 |
|---|---|---|---|---|---|---|---|---|

注：表中括号的数值新设计时不允许采用。

表 8-67 电解电容器

| 型号 | 名称 | 额定直流工作电压(V) |
|---|---|---|
| CD | 电解电容器 | 6～450 |
| CD-Z | 纸壳电解电容器 | 25～450 |
| CDM | 密封电解电容器 | 6～450 |
| CD2 | 无极性电解电容器 | 10～50 |
| CD10 | 轴向引出式(卧式)小型电解电容器 | 4～160 |
| CD11 | 单向引出式(立式)小型电解电容器 | 4～160 |
| CDZ | 组合式电解电容器 | 50～450 |
| CDXZ | 组合式小型电解电容器 | 3～25 |
| CDC | 超小型电解电容器 | 1.5～6 |
| CDJ | 交流电动机 | 12,110 |
| | 起动电解电容器 | 220 |

表 8-68 钽、铌电解电容器

| 型号 | 名称 | 额定直流工作电压(V) |
|---|---|---|
| CA | 固体钽粉电解电容器 | 6.3～100 |
| CA1、CA3 | 液式钽电解电容器 | 6.3～125 |
| CA2 | 液式管状钽电解电容器 | 6～70 |
| CA5、CA7 | 微型固体钽电解电容器 | 2.5～40 |
| CA6 | 液式钽箔电解电容器 | 63～300 |
| CA8、CA9 | 无极性固体钽电解电容器 | 6.3～63 |
| CDDF | 烧结钽粉电解电容器 | 6～600 |
| CN | 固体铌电解电容器 | 6.3～40 |

表8-69 其他电容器

| 型号 | 名称 | 额定直流工作电压(V) |
|---|---|---|
| CBX | 小型聚苯乙烯电容器 | 60 |
| CB1 | 聚苯乙烯电容器 | 300 |
| CB2 | 聚苯乙烯电容器 | 500 |
| C502 | 小型聚苯乙烯电容器 | 63 |
| CLX | 小型涤纶电容器 | 63 |
| CL1 | 涤纶电容器 | 63 |
| CI | 玻璃釉电容器 | 350、500 |
| CIX | 小型玻璃釉电容器 | 40 |
| CI3 | 高介陶瓷玻璃电容器 | 63 |
| CQ1 | 漆膜电容器 | 40 |
| CH2 | 薄膜混合介质电容器 | 40 |

注：电容器在脉动电路中工作时，最大交流分量的最大值和直流电压之和，不得超过额定工作电压。

# 第 9 章　晶闸管及其应用

晶闸管(俗称可控硅)不仅具有定向导通特性,而且具有对通断电压和导通电流的可控特性,它是弱电控制强电的“桥梁”,在电力牵引、电机励磁、电气传动、整流(变频)电源等方面应用广泛。

## 9-1　晶闸管的型号和参数

### 一、晶闸管型号

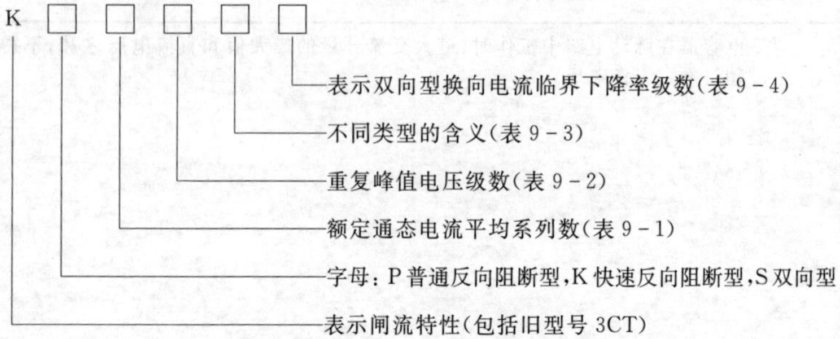

K □ □ □ □ □

- 第 5 格:表示双向型换向电流临界下降率级数(表 9-4)
- 第 4 格:不同类型的含义(表 9-3)
- 第 3 格:重复峰值电压级数(表 9-2)
- 第 2 格:额定通态电流平均系列数(表 9-1)
- 第 1 格:字母:P 普通反向阻断型,K 快速反向阻断型,S 双向型
- K:表示闸流特性(包括旧型号 3CT)

表 9-1　额定通态平均电流 $I_T$ 系列数

| 额定通态电流(A) | 1 | 5 | 10 | 50 | 100 | 200 | 300 | 400 | 500 | 1 000 |
|---|---|---|---|---|---|---|---|---|---|---|

表 9-2　重复峰值电压级数

| 级　数 | 1 | 2 | 3 | 4 | 5 | 6 | 7 | 8 |
|---|---|---|---|---|---|---|---|---|
| 重复峰值电压(V) | 100 | 200 | 300 | 400 | 500 | 600 | 700 | 800 |

| 级　数 | 9 | 10 | 12 | 14 | 16 | 18 | 20 |
|---|---|---|---|---|---|---|---|
| 重复峰值电压(V) | 900 | 1 000 | 1 200 | 1 400 | 1 600 | 1 800 | 2 000 |

表9-3 型号第五列表示的不同类型的意义

<table>
<tr><td rowspan="2">KP型</td><td>通态平均电压级别</td><td>A</td><td>B</td><td>C</td><td>D</td><td>E</td><td>F</td><td>G</td><td>H</td><td>I</td></tr>
<tr><td>通态平均电压(V)</td><td>≤0.4</td><td>0.4～0.5</td><td>0.5～0.6</td><td>0.6～0.7</td><td>0.7～0.8</td><td>0.8～0.9</td><td>0.9～1</td><td>1～1.1</td><td>1.1～1.2</td></tr>
<tr><td rowspan="2">KK型</td><td>换向关断时间级数</td><td>0.5</td><td>1</td><td>2</td><td>3</td><td>4</td><td>5</td><td>6</td></tr>
<tr><td>换向关断时间(μs)</td><td>≤5</td><td>5～10</td><td>10～20</td><td>20～30</td><td>30～40</td><td>40～50</td><td>50～60</td></tr>
<tr><td rowspan="2">KS型</td><td>断态电压临界上升率级数</td><td>0.2</td><td>0.5</td><td>2</td><td>5</td></tr>
<tr><td>dU/dt (V/μs)</td><td>20～50</td><td>50～2 200</td><td>2 200～2 500</td><td>≥2 500</td></tr>
</table>

表 9-4 KS型换向电流临界下降率级数

| 级　数 | 0.2 | 0.5 | 1 |
|---|---|---|---|
| $dI/dt$(A/μs) | 0.2%～0.5% | 0.5%～1% | ≥1% |

## 二、晶闸管参数的意义

1. 通态平均电流 $I_T$

在环境温度为+40℃和规定冷却条件下，元件在电阻性负载的单相50 Hz正弦半波导通角不小于170°的电路中，所允许的最大通态平均电流。

2. 断态重复电压 $U_{DRM}$

控制极断路时，重复频率为50 Hz持续时间不大于10 ms的断态最大脉冲电压，其值规定为断态不重复峰值电压的80%。

3. 断态不重复峰值电压 $U_{DSM}$

控制极断路时按特性曲线急剧弯曲处所决定的断态峰值电压，此电压是不可连续施加的，且持续时间不大于10 ms的断态最大脉冲电压。

4. 反向不重复峰值电压 $U_{RSM}$

控制极断路时按特性曲线急剧弯曲处所规定的反向峰值电压，且持续时间不大于10 ms的反向最大脉冲电压。

5. 反向重复峰值电压 $U_{RRM}$

控制极断路时重复频率为50 Hz，持续时间不大于10 ms的反向最大脉冲电压。其值规定为反向不重复峰值电压的80%。

6. 通态平均电压 $U_T$

按规定条件元件上通过额定通态平均电流结温稳定时主电路的平均电压。

7. 通态电压 $U_{TM}$

按规定条件下，在 $n$ 倍额定通态平均电流时的最大主电压(峰值)。

8. 断态电压临界上升率 $dU/dt$

在额定结温和控制极断路条件下，使元件从断态转入通态的最低电压上升率。

9. 断态不重复平均电流 $I_{DS}$

在额定结温和控制极断路时对应于断态不重复峰值电压下的平均漏电流，其值不得超过规定值。

10. 断态重复平均电流 $I_{DR}$

在额定结温和控制极断路时，对应于断态重复峰值电压下的平均漏电流。

11. 反向不重复平均电流 $I_{RS}$

在规定结温和控制极断路时对应于反向不重复峰值电压下的平均漏电流，其值不得超过规定值。

12. 反向重复平均电流 $I_{RR}$

在额定结温和控制极断路时对应于反向重复峰值电压下的平均漏电流。

13. 浪涌电流 $I_{TSM}$

在规定条件下元件上通以额定通态平均电流到稳定后，在 50 Hz 正弦波半周期内元件所能承受的最大过载电流。浪涌瞬间允许控制极失控，在浪涌过后反向应能承受一定的电压，此额定值是不重复的，在元件的寿命期内，浪涌次数有一定指标。

14. 维持电流 $I_H$

在室温和控制极断路时保持元件处于通态所必需的最小通态电流。$I_H$与结温有关。

15. 掣住电流 $I_C$

从断态转换到通态切除触发信号后，要保持元件维持通态所需的最小主电流。

16. 通态电流临界上升率 $dI/dt$

在规定条件下，元件用控制极开通时能承受而不导致损坏的通态电流的最大上升率。

17. 控制极触发电流 $I_{GT}$

在室温和规定的主电压条件下使元件完全开通所必需的最小控制极直流电流。

18. 控制极触发电压 $U_{GT}$

对应于控制极触发电流时的控制极直流电压。

19. 控制极不触发电流 $I_{GD}$

在额定结温、主电压为断态重复峰值电压时保持元件断态所能加的最大控制极直流电流。

20. 控制极不触发电压 $U_{GD}$

对应于控制极不触发电流的控制极直流电压。

21. 控制极峰值电流 $I_{GFM}$

在规定的条件下使元件进入导通时，控制极正向所允许的最大瞬时电流。

22. 控制极峰值电压 $U_{GFM}$

在规定条件下控制极正向所允许的最大瞬时电压。

23. 控制极平均功率 $P_G$

在规定条件下控制极正向时所允许的最大平均功率。

24. 控制极峰值功率 $P_{GM}$

在规定条件下控制极正向时所允许的瞬时最大控制极电流与控制极电压的乘积。

25. 断态电压临界上升率 $dU/dt$

在额定结温和控制极断路条件下使元件从断态转入通态的最低电压上升率。

26. 额定结温 $T_{jM}$

元件在正常工作条件下所允许的最高 PN 结温升。

27. 额定结温升 $\Delta T_{jM}$

元件上通以额定通态平均电流,热平衡时额定结温与环境温度上限之差。

28. 控制极控制开通时间 $t_{gt}$

在室温下用规定控制极脉冲电流使元件从断态到通态时以控制极脉冲规定点起到主电压降低(或通态电流上升)到规定值所需要的时间。

29. 电路换向关断时间 $t_g$

额定结温下,从通态电流降到零的瞬间起到元件开始承受规定断态电压的瞬间止的时间间隔。

30. 换向电流临界下降率 $dI/dt$

当双向晶闸管由一个通态转换到相反方向时所允许的最大通态电流下降率。超过此下降率则换向失败,有时会导致损坏元件。

31. 换向断态电压上升率 $dU/dt$

双向晶闸管在一个方向通态电流后在相反方向由通态到断态转换过程中所允许的最大电压上升率。超过此上升率则换向失败且有时会导致元件损坏。

32. 通态电流 $I_T$

在环境温度为+40℃和规定的冷却条件下,反向可控硅在电阻性负载的单相 50 Hz 正弦波电路中,当结温稳定至不超过额定结温时所允许的最大通态电流(有效值)。

## 三、常用晶闸管技术数据

常用晶闸管技术数据见表 9-5 和表 9-6。

表 9-5 KP、KK 型晶闸管技术数据

| 型号 | 通态平均电流 (A) | 断态重复峰值电压 $U_{DRM}$,反向重复峰值电压 $U_{RRM}$ (V) | 断态不重复平均电流 $I_{DS}$,反向不重复平均电流 $I_{RS}$ (mA) | 断态重复平均电流 $I_{DR}$,反向重复平均电流 $I_{RR}$ (mA) | 触发电流 $I_{GT}$ (mA) | 触发电压 $U_{GT}$ (V) | 浪涌电流 $I_{TSM}$ (A) | 通态平均电压 $U_T$ (V) | 维持电流 $I_H$ (mA) | 断态电压临界上升率 $dU/dt$ (V/μs) | 通态电流临界上升率 $dI/dt$ (A/μs) | 控制极控制开通时间 $t_{gt}$ (μs) | 电路换向关断时间 $t_g$ (μs) | 额定结温 $T_{jM}$ (℃) | 额定结温升 $\Delta T_{jM}$ (℃) |
|---|---|---|---|---|---|---|---|---|---|---|---|---|---|---|---|
| KP1 | 1 | 100～300 | | | 3～30 | ≤2.5 | 20 | 各厂根据合格的形式试验而定 | 实测值 | 30 | | | | 100 | 60 |
| KP5 | 5 | 100～300 | ≤1 | <1 | 5～70 | ≤3.5 | 90 | | | 30 | | | | | |
| KP10 | 10 | 100～300 | ≤1 | <1 | 5～100 | ≤3.5 | 190 | | | 30 | | | | | |
| KP20 | 20 | 100～300 | ≤1 | <1 | | ≤3.5 | 380 | | | 30 | | | | | |
| KP30 | 30 | 100～300 | ≤2 | <2 | 8～150 | ≤3.5 | 560 | | | 30 | | | | | |
| KP50 | 50 | 100～300 | | | | | 940 | | | 100 | | | | | |
| KP100 | 100 | 100～300 | ≤4 | <4 | 10～250 | ≤4 | 1 880 | | | 100 | | | | 115 | 75 |
| KP200 | 200 | | | | | | 3 770 | | | 100 | | | | | |
| KP300 | 300 | | ≤8 | <8 | 20～300 | ≤5 | 5 550 | | | 100 | | | | | |
| KP400 | 400 | 100～300 | | | | | 7 540 | | | 100 | | | | | |
| KP500 | 500 | | | | | | 9 420 | | | 100 | | | | | |
| KP600 | 600 | 100～300 | ≤9 | <9 | 30～350 | ≤5 | 11 160 | | | 100 | | | | | |

（续表）

| 型号 | 通态平均电流（A） | 断态重复峰值电压 $U_{DRM}$，反向重复峰值电压 $U_{RRM}$（V） | 断态不重复平均电流 $I_{DS}$，反向不重复平均电流 $I_{RS}$（mA） | 断态重复平均电流 $I_{DR}$，反向重复平均电流 $I_{RR}$（mA） | 触发电流 $I_{GT}$（mA） | 触发电压 $U_{GT}$（V） | 浪涌电流 $I_{TSM}$（A） | 通态平均电压 $U_T$（V） | 维持电流 $I_H$（mA） | 断态电压临界上升率 $dU/dt$（V/μs） | 通态电流临界上升率 $dI/dt$（A/μs） | 控制极控制开通时间 $t_{gt}$（μs） | 电路换向关断时间 $t_g$（μs） | 额定结温 $T_{jM}$（℃） | 额定结温升 $\Delta T_{jM}$（℃） |
|---|---|---|---|---|---|---|---|---|---|---|---|---|---|---|---|
| KP800 | 800 | 100～300 | ≤9 | <9 | 30～350 | ≤5 | 14 920 | 同上 | 实测值 | 100 | | | | 115 | 75 |
| KP1000 | 1 000 | | ≤10 | <10 | 40～400 | ≤5 | 18 600 | | | 100 | | | | | |
| KK1 | 1 | 100～2 000 | ≤1 | ≤1 | 3～30 | ≤2.5 | 20 | 由浪涌电流和结温的合格形式试验而定 | 实测值 | ≥100 | | | ≤5 | 风冷元件115℃水冷元件100℃ | 风冷元件为75℃水冷元件为60℃ |
| KK5 | 5 | | | | 5～70 | | 90 | | | | | ≤3 | ≤10 | | |
| KK10 | 10 | | ≤2 | <2 | 5～100 | ≤3.5 | 110 | | | | ≥50 | ≤5 | | | |
| KK20 | 20 | | | | | | 380 | | | | | | ≤20 | | |
| KK50 | 50 | | ≤3 | <3 | 8～150 | | 940 | | | | ≥100 | | | | |
| KK100 | 100 | | ≤5 | <5 | 10～250 | ≤4 | 1 900 | | | | | ≤6 | ≤30 | | |
| KK200 | 200 | | | | | | 3 800 | | | | | | ≤50 | | |
| KK300 | 300 | | ≤8 | <8 | 20～300 | ≤5 | 5 600 | | | | | ≤8 | | | |
| KK400 | 400 | | ≤10 | <10 | | | 6 300 | | | | | | ≤60 | | |
| KK500 | 500 | | | | | | 7 900 | | | | | | | | |

表 9-6 KS型双向晶闸管技术数据

| 参数<br>系列 | 额定通态电流（有效值）$I_{TRMS}$（A） | 断态重复峰值电压 $U_{DRM}$（V） | 断态重复峰值电流 $I_{DRM}$（mA） | 额定结温 $T_{jM}$（℃） | 断态电压临界上升率 $dU/dt$（V/μs） | 换向电流临界下降率 $dI/dt$（A/μs） | 触发电流 $I_{GT}$（mA） | 触发电压 $U_{GT}$（V） | 维持电流 $I_H$（mA） | 通态电压 $U_T$（V） |
|---|---|---|---|---|---|---|---|---|---|---|
| KS1 | 1 | 100～2 000 | <1 | 115 | ≥20 | 0.2% $I_T$ | 3≤100 | ≤2 | 实测值 | $\|U_{T_1}-U_{T_2}\|\leqslant 2.5$<br>浪涌电流和结温的合格形式试验而定 |
| KS10 | 10 | 100～2 000 | <10 | 115 | ≥20 | 0.2% $I_T$ | 5≤100 | ≤3 | | |
| KS20 | 20 | 100～2 000 | <10 | 115 | ≥20 | 0.2% $I_T$ | 5≤200 | ≤3 | | |
| KS50 | 50 | 100～2 000 | <15 | 115 | ≥20 | 0.2% $I_T$ | 8≤200 | ≤4 | | |
| KS100 | 100 | 100～2 000 | <20 | 115 | ≥50 | 0.2% $I_T$ | 10≤300 | ≤4 | | |
| KS200 | 200 | 100～2 000 | <20 | 115 | ≥50 | 0.2% $I_T$ | 10≤400 | ≤4 | | |
| KS400 | 400 | 100～2 000 | <25 | 115 | ≥50 | 0.2% $I_T$ | 20≤400 | ≤4 | | |
| KS500 | 500 | 100～2 000 | <25 | 115 | ≥50 | 0.2% $I_T$ | 20≤400 | ≤4 | | |

（续表）

| 参数<br>系列 | 额定通态电流（有效值）$I_{TRMS}$（A） | 断态重复峰值电压 $U_{DRM}$（V） | 断态重复峰值电流 $I_{DRM}$（mA） | 额定结温 $T_{jM}$（℃） | 断态电压临界上升率 $dU/dt$（V/μs） | 换向电流临界下降率 $dI/dt$（A/μs） | 触发电流 $I_{GT}$（mA） | 触发电压 $U_{GT}$（V） | 维持电流 $I_H$（mA） | 通态电压 $U_T$（V） |
|---|---|---|---|---|---|---|---|---|---|---|
| KS1 | 8.4 | $U_{DSM}=80\%$ | ≥0.2 | ≤1 | 0.3 | 3 | 0.3 | 10 | — | |
| KS10 | 84 | $U_{DSM}$ | ≥0.2 | ≤10 | 0.5 | 5 | 2 | 10 | — | |
| KS20 | 170 | $U_{RRM}=80\%$ | ≥0.2 | ≤10 | 0.5 | 5 | 2 | 10 | — | |
| KS50 | 420 | $U_{RSM}$ | ≥0.3 | ≤15 | 3 | 15 | 3 | 10 | 10 | |
| KS100 | 840 | $U_{RSM}$ | ≥0.3 | ≤20 | 3 | 16 | 4 | 12 | 10 | |
| KS200 | 1 700 | $U_{RSM}$ | ≥0.3 | ≤20 | 3 | 16 | 4 | 12 | 15 | |
| KS400 | 3 400 | $U_{RSM}$ | ≥0.3 | ≤25 | 4 | 20 | 4 | 12 | 30 | |
| KS500 | 4 200 | $U_{RSM}$ | ≥0.3 | ≤25 | 4 | 20 | 4 | 12 | 30 | |

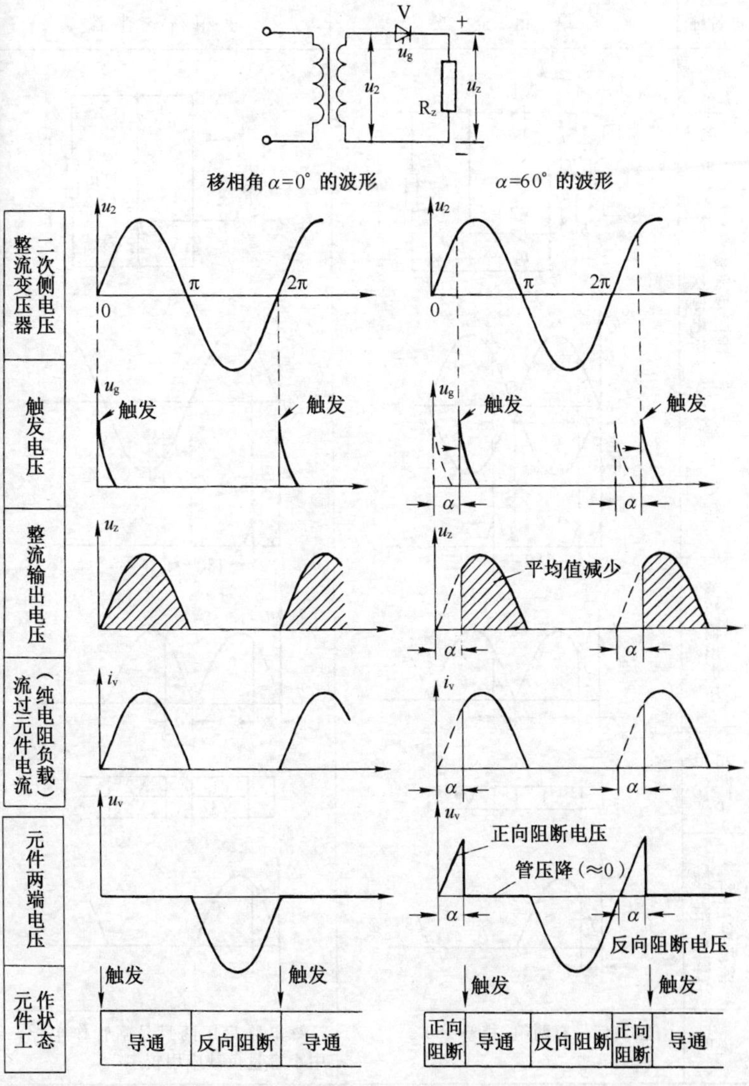


图 9－1　单相半波可控整流主电路和波形

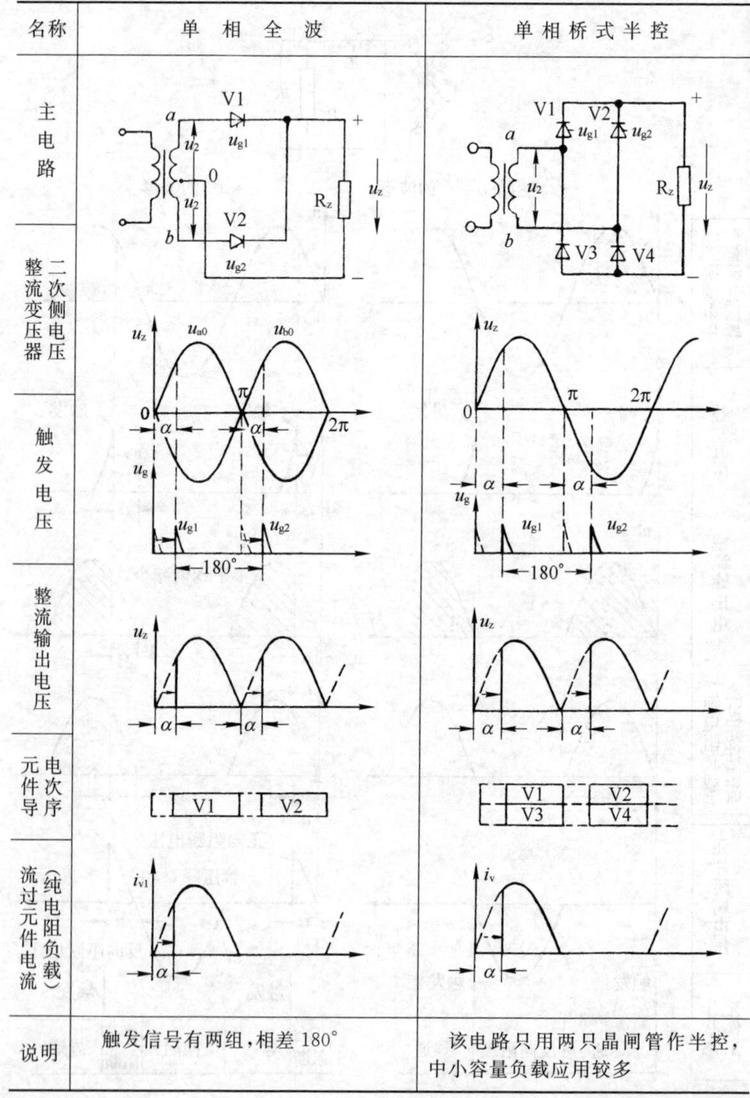


图 9－2　单相可控整流电路

<table>
<tr><th>单　相　桥　式　全　控</th><th>晶闸管作开关管的单相桥式</th></tr>
<tr><td> 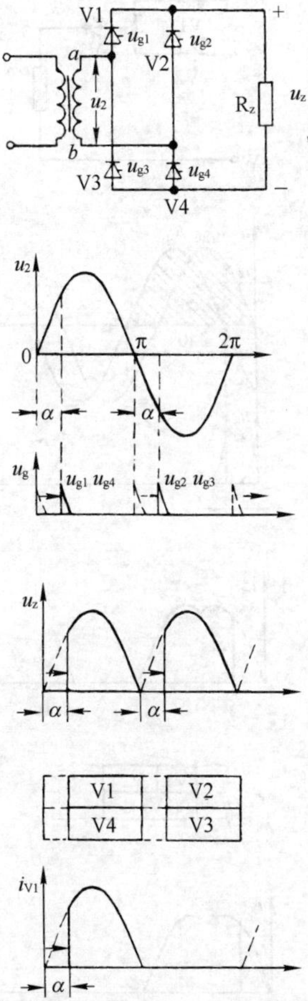V1 $u_{g1}$ V2 $u_{g2}$ + a $u_2$ $R_z$ $u_z$ b V3 $u_{g3}$ $u_{g4}$ V4 −<br>$u_2$ 0 π 2π α α<br>$u_g$ $u_{g1}$ $u_{g4}$ $u_{g2}$ $u_{g3}$<br>$u_z$ α α<br>V1 V2 V4 V3<br>$i_{V1}$ α</td><td> 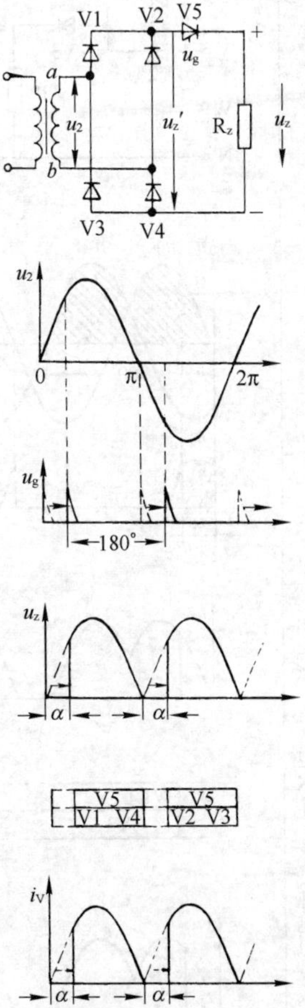V1 V2 V5 + $u_g$ a $u_2$ $u_z'$ $R_z$ $u_z$ b V3 V4 −<br>$u_2$ 0 π 2π<br>$u_g$ 180°<br>$u_z$ α α<br>V5 V1 V4 V5 V2 V3<br>$i_V$ α α</td></tr>
<tr><td>由于晶闸管在电源电压过零点立即又承受正向电压，要求维持电流较大</td><td>该电路元件较多，仅用于变频电路</td></tr>
</table>

和 $\alpha=60^\circ$时的波形

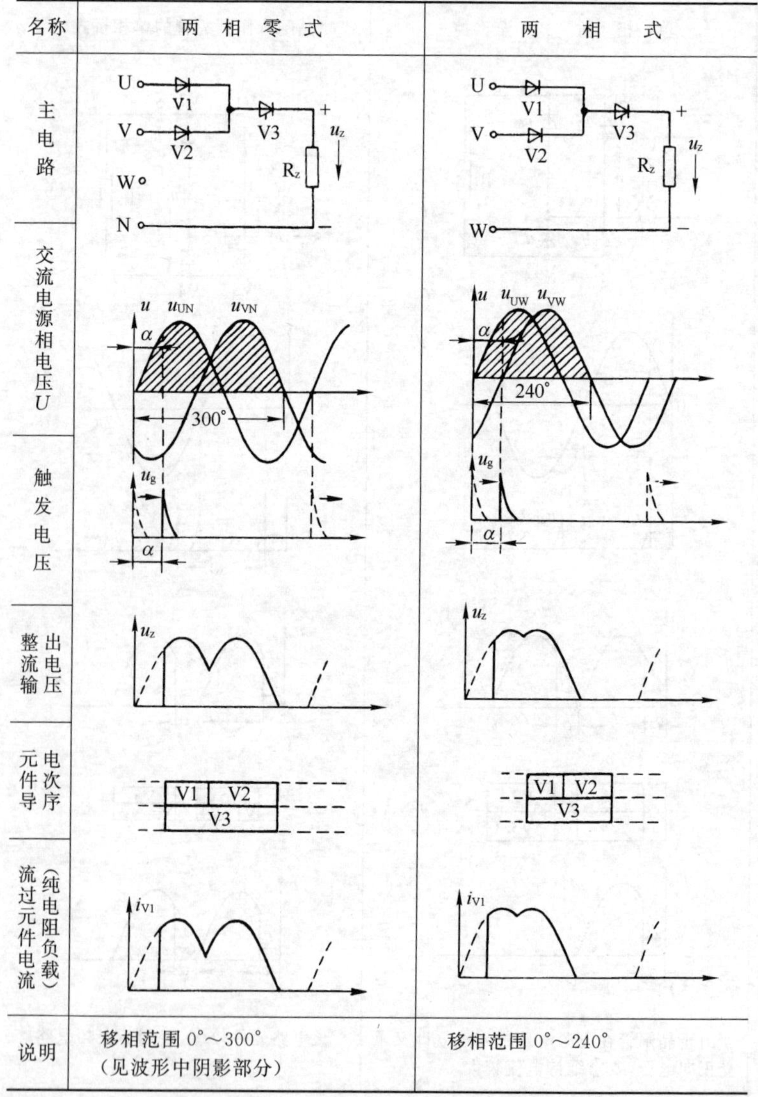


**图 9－3** 两相可控整流电路和 $\alpha=60°$ 时波形

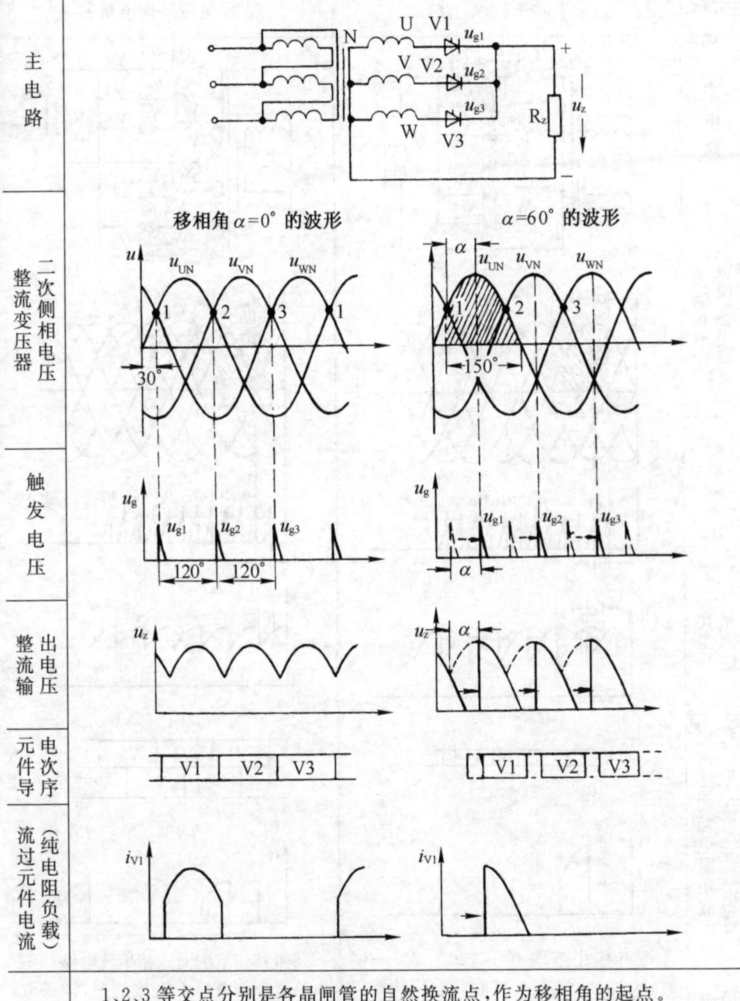


| | |
|---|---|
| 说明 | 1、2、3 等交点分别是各晶闸管的自然换流点，作为移相角的起点。<br>每组触发信号移相范围为 0°～150°。移相 0°～30°时 $U_g$ 是连续的，30°～150°时 $U_g$ 不连续，进入变频工作状态 |

**图 9－4**　三相半波可控整流电路和波形

| 名称 | 六相半波 | 双反星带平衡电抗器 |
|---|---|---|
| 主电路 | 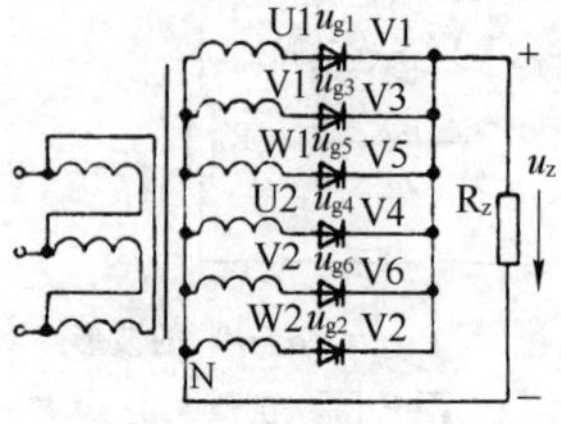 | 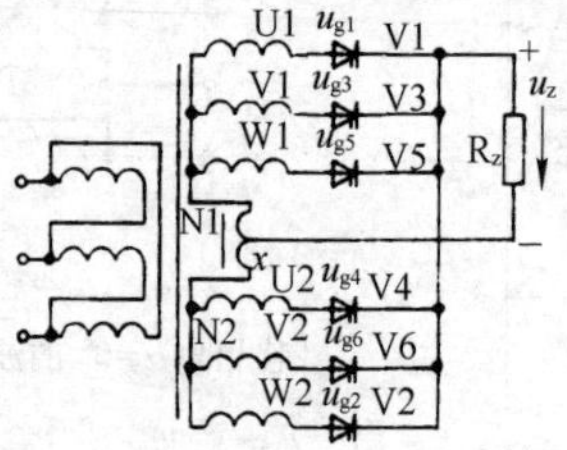 |
| 整流变压器二次侧相电压 | 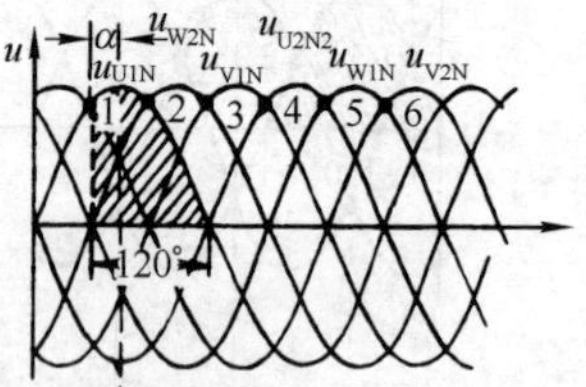 | 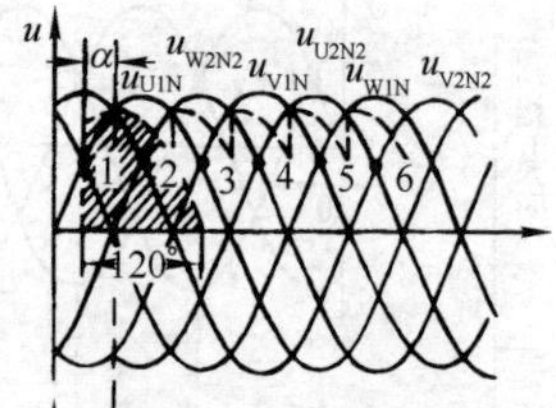 |
| 触发电压 | 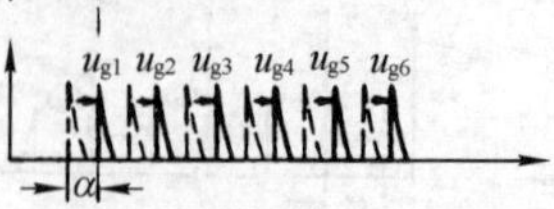 |  |
| 整流输出电压 | 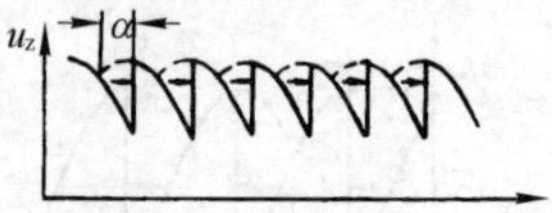 | 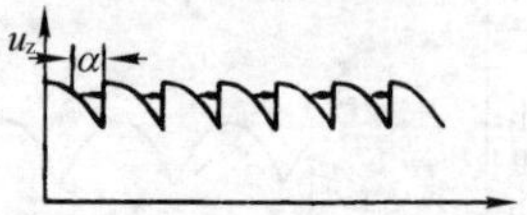 |
| 元件导电次序 |  V 1 2 3 4 5 6 | 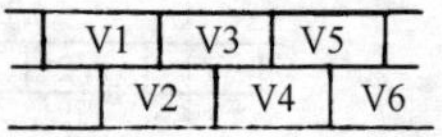 V1 V3 V5<br>V2 V4 V6 |
| 流过元件电流（纯电阻负载） | 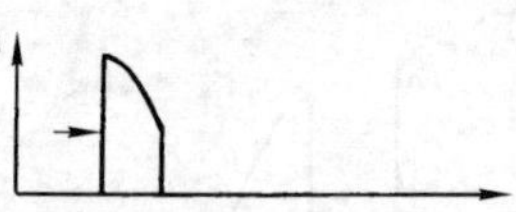 | 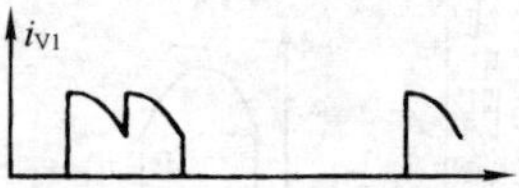 |
| 说明 | 每组移相范围 0°～120°。0°～60°时，$U_z$连续；60°～120°时，$U_g$不连续 | 每组移相范围同六相半波电路。该电路适合低电压大电流情况，常采取变压器一次侧可控调压方案，而二次侧采用双反星带电抗器不可控整流 |

**图 9－5　多相可控整流**

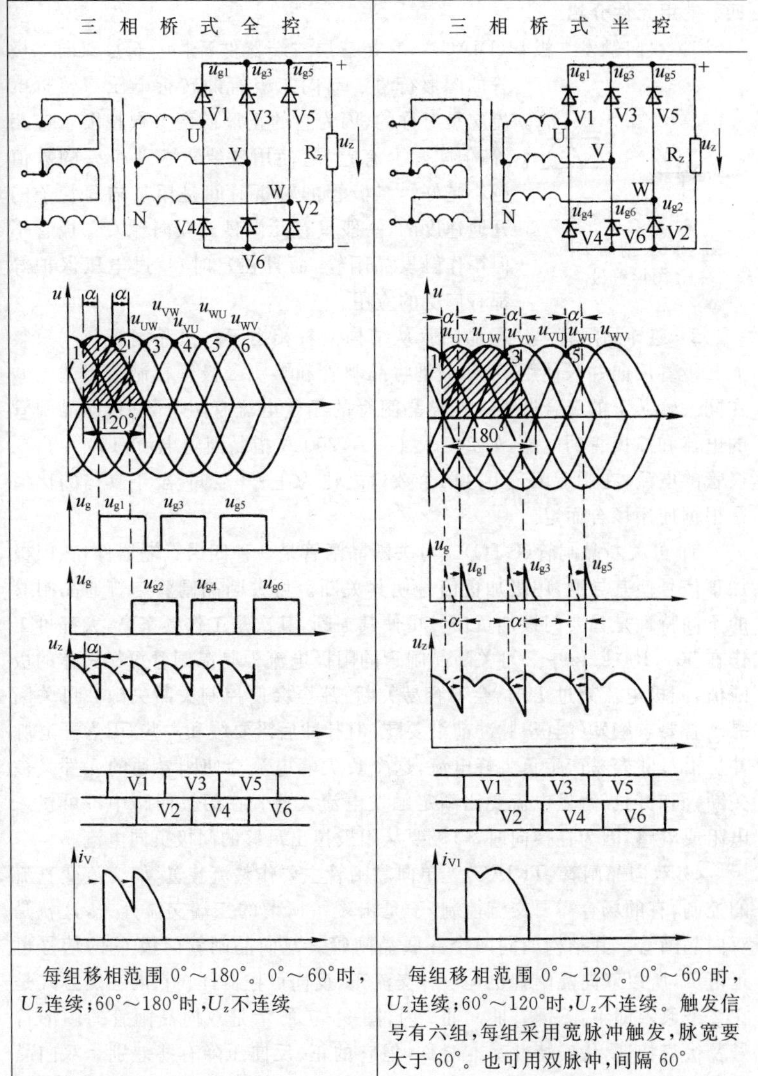


| 三相桥式全控 | 三相桥式半控 |
|---|---|
| 每组移相范围 0°～180°。0°～60°时，$U_z$连续；60°～180°时，$U_z$不连续 | 每组移相范围 0°～120°。0°～60°时，$U_z$连续；60°～120°时，$U_z$不连续。触发信号有六组，每组采用宽脉冲触发，脉宽要大于 60°。也可用双脉冲，间隔 60° |

电路和 $\alpha=30°$时波形

## 四、常用元件介绍

1）双向触发二极管(DIAC)　它是三层二端器件，图9-6是双向二极管的图形符号。双向二极管的转折电压与转折电流应是对称的，因为它的正反向两参数按要求应相等，但实际上有差异，使用者要求这两个差的数值越小越好。二极管的转折时间是用来描写管子的开通速度的，一般只有几微秒。双向触发二极管不但用作触发晶闸管，而且在定时器、过电压保护等都有广泛的应用。

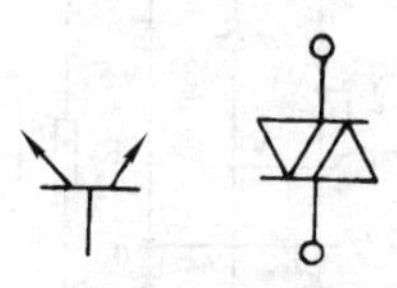

**图9-6**　双向二极管图形符号

2）逆导晶闸管　逆导晶闸管从结构上看相当于一只晶闸管与一只整流二极管反向并联使用，实际上是将晶闸管和整流二极管在制造工艺上做在同一管芯上的组合器件。逆导晶闸管的额定电流有两个数值，即晶闸管的电流和二极管的电流，如200 A/120 A，200 A指晶闸管电流，120 A指二极管的电流，在制造工艺上这两个数值之比为1～3之间，至于具体的比值是根据使用场合而定。

3）可关断晶闸管(GTO)　可关断晶闸管是一种四层三端器件，在门极加正信号使其导通，门极加负信号使其关断。可关断晶闸管与普通晶闸管的不同特性是只要门极加负信号可使其关断，其次是工作频率高，大都可工作在50～100 kHz中。可关断晶闸管的阳极电流$I_0$是晶闸管可靠工作的极限值，阳极电流超过$I_0$时，会不容易关断，甚至会使控制关断失败。可关断晶闸管要求触发(门极)脉冲前沿要陡，但脉冲后沿要缓和一些，因为开通脉冲后沿过陡容易产生负尖峰电流，这个负尖峰电流会使刚导通的元件又被关断，同时门极触发电流要比额定触发电流大些。在门极回路中不可接入电阻或电感，因为在换向时，门极要从阳极拉出足够的门极负向电流。

4）双向晶闸管(TRIAC)　单向晶闸管主要作整流装置，如交流变直流的控制，有的场合需要交流控制，于是出现了所谓的三端交流开关，这就是双向晶闸管。其结构如同两个并联晶闸管。双向晶闸管门极G的信号可正可负，所以双向晶闸管也是一种交流正、反向可控器件。它的触发方式是在2个象限即$\text{I}_+$、$\text{I}_-$、$\text{III}_+$、$\text{III}_-$内，图9-7所示是双向晶闸管的图形符号及伏安特性，伏安特性基本对称，但它的正、反向压降有些差别。双向晶闸管正、反向均能导通，因此它可以不需认记阳极、阴极，只是在实际应用时要考虑阳极、阴极与门极的电位关系，认定为靠近门极G的一端引线是阳

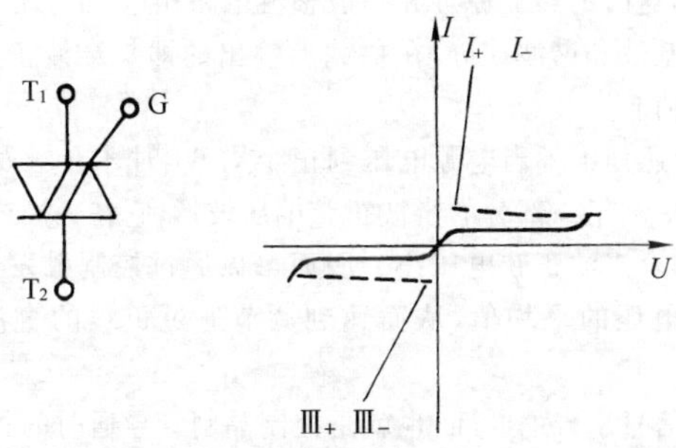


图 9－7　双向晶闸管的图形符号及伏安特性

极($T_1$)，则另一端为 $T_2$。双向晶闸管在无触点开关、电机调速、调光、调温、可控直流电源中广泛应用。由于双向晶闸管的换向速度不能太高，因此市场上销售的大容量的器件较少，它的工作频率也不太高。

5）晶闸管的极性测试　用万用表 R×1 档测晶闸管的任意二极的引线，如二极间的阻值相差较大，则认为被测的晶闸管是单向的晶闸管；若二极间的阻值相差较小（只有几个欧姆）则被测的晶闸管是双向晶闸管。另外，单向晶闸管被测时 3 个极中阻值最小的与黑棒所接触的 1 个极为 G 极，红棒所接触的是 A 极；双向晶闸管被测时阻值小的与红棒接触的为 G 极，与黑棒接触的为 A 极。

# 9－2　晶闸管主电路

晶闸管是弱电控制强电的“桥梁”，即指用弱的触发信号来开关强电电路，强电部分称为主回路，弱电部分即为触发电路、保护电路等。

## 一、可控整流电路

现以单相半波可控整流电路为例，通过波形说明可控整流以及变频工作原理，如图 9－1 所示。当电源电压为负半周时，即晶闸管阳极加负电压，阴极加正电压，其特性和一般整流元件相同，晶闸管处于反向阻断状态，电源电压主要降落在晶闸管两端，没有输出电压。当电源电压进入正半周时，控制极没有触发信号，晶闸管仍然不导通。如这时加入触发信号，晶闸管才进入导通状态，这时的整流原理和一般整流电路相似，晶闸管输出电压通过滤波电路除掉基波和谐波成分，在负载上输出的即是半波正弦电压在一个周期内的平均值。

图9-1中还列出了当电源电压到正半周60°时才有触发信号出现，这时输出电压波形缺了一部分的半波正弦电压波形，它在一周内的平均值（即直流成分）比完全半波正弦电压小。因而可以通过控制触发信号的出现时间来调节输出电压的平均值，从而达到调节通过负载的直流成分大小的目的。

改变触发信号出现的时间，也就是控制晶闸管导通时的相位（即移相），使得输出电压的平均值（直流成分）改变，这就是可控整流。当元件从反向电压转为正向电压的瞬间，即0°、180°时加入触发信号，输出整流电压最大，以这时为触发信号移相的起点，触发信号移动的角度 $\alpha$ 叫做移相角。为保证每一周期内晶闸管能在同一相位触发，触发信号必须和电源电压频率相同，这称为同步。

移相角 $\alpha=0°$ 时，可控整流电路就相当于一般整流元件的整流电路。图9-2～图9-5分别列出单相、两相和多相各种可控整流电路在移相角 $\alpha=60°$（或30°）时的波形。表9-7列出了各种可控整流电路的基本电量关系，表9-8对各种电路进行了比较分析。

调节移相角不仅可以改变输出电压的直流成分，而且还可以调整输出电压中的基波和各次谐波成分的比例，选择一定频率的选频电路就可取出某次谐波成分，这就是晶闸管变频电路原理。也就是说，可控整流电路和变频电路的晶闸管主电路的形式是一样的，它们的不同仅在于移相角。当移相角达到某一范围时，整流状态就会变换到变频工作状态。整流时的选频电路即滤波电路，选择的是直流成分，滤掉基频和高频成分。变频时的选频电路即是所要选取的频率的谐振回路，而将直流成分用电容器阻隔掉，并将其他频率成分滤掉。

## 二、带续流二极管的可控整流电路

前面介绍的可控整流电路波形是在理想情况下得出的，即负载阻抗调谐为纯电阻情况，但由于整流变压器的漏感存在，滤波电路也难以完全调谐，因此实际负载阻抗往往是带感抗的，这不仅使输出电压波形含有波纹，而且该波纹成分还会通过变压器耦合到晶闸管。这相当于在电源电压中夹杂着高频成分，从而使晶闸管难以关断，移相范围减小，电流波形变坏。为了克服以上缺点，通常在主电路中加续流二极管(图 9-8)。在图 9-8b 中，当 V1 导通电流由大变小时，由于电感 $L_z$ 的感应电动势使反抗 $i_L$ 的减小，该电动势通过虚线①方向耦到 V1 相当于电源电压延迟了，因而关断时间也被延迟，在移相角较大时就可能与 V2 同时导通；当加入续流二极管 V4 后，使反抗 $i_L$ 减小的感应电动势通过虚线②的方向短路掉，以保持 $i_L$ 减小速率不变，从而保证 V1 及时关断。

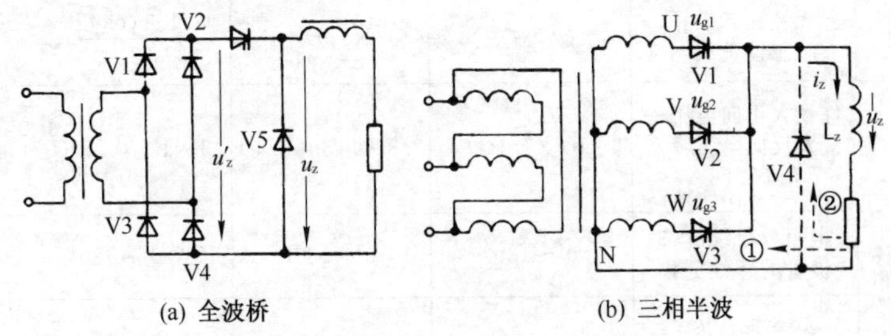


**图 9-8**　带续流二极管的可控整流电路

一般续流二极管的规格和整流元件相同，但要求续流二极管的正向电阻小，否则不起续流作用。另外还要注意续流二极管的极性，其阳极接负端，阴极接正端。极性接反，会造成整流电源短路的严重后果。

## 三、逆变电路

逆变电路是利用晶闸管作开关间断地关断直流电源，从而输出交流电流。现以三相并联逆变器(图 9-9)为例说明逆变原理，图中 U、W 为输入直流电源两端，$Z_A$、$Z_B$、$Z_C$ 为三相负载阻抗，晶闸管 V1～V6 作开关用，换向电感 L1～L6 和换向电容 C1～C6 组成晶闸管关闭电路，其中 L1 与 L4，L3 与 L6，L5 与 L2 各为互感系数较高的 3 只电抗器，反馈二极管 V7～V12 和反馈电阻 R1～R3 组成衰减电流回路。

### 1. 换向和逆变过程

取 U、W 的中点 N 为电源零电位，设 U 点电位为 $+E$，W 点电位为 $-E$，U、W 两端直流电压为 $2E$。逆变后的电压波形如图 9-10 所示。取其中 V1 和 V4 组成的一相为例说明其换向过程。这一相的换向电感 L1、L4

表9-7 晶闸管整流电路

| 整流电路名称 | | | 单相半波 | 单相全波 | 单相半控桥 |
|---|---|---|---|---|---|
| 直流输出电压 $U_z$（空载） | 全导通($\alpha=0$) | | $0.45U_2$ | $0.9U_2$ | $0.9U_2$ |
| | 电阻或带续流二极管感性负载 | | $\frac{1+\cos\alpha}{2}U_{z0}$ | $\frac{1+\cos\alpha}{2}U_{z0}$ | $\frac{1+\cos\alpha}{2}U_{z0}$ |
| | 无续流二极管感性负载 | | — | $\cos\alpha U_{z0}$ | $\frac{1+\cos\alpha}{2}U_{z0}$ |
| 元件最大正向电压和最大反向电压峰值 $U_m$ | | | $1.41U_2(3.14U_{z0})$ | $2.83U_2(3.14U_{z0})$ | $1.41U_2(1.57U_{z0})$ |
| 移相范围 | 电阻或带续流二极管的感性负载 | | 0°～180° | 0°～180° | 0°～180° |
| | 无续流二极管的感性负载 | | — | 0°～90° | 0°～180° |
| 元件最大导通角 | | | 180° | 180° | 180° |
| 输出电压最低脉动频率 | | | $1f$ | $2f$ | $2f$ |
| 全导通时输出电压纹波系数 $\gamma$ | | | 1.21 | 0.484 | 0.484 |
| 全导通时输出电压脉动系数 $s$ | | | 1.57 | 0.667 | 0.667 |
| 全导通时流过晶闸管的电流 | 电阻负载 | 平均值 | $1I_z$ | $0.5I_z$ | $0.5I_z$ |
| | | 有效值 | $1.57I_z$ | $0.785I_z$ | $0.785I_z$ |
| | | 波形系数 | 1.57 | 1.57 | 1.57 |
| | 感性负载 | 平均值 | $0.5I_z$ | $0.5I_z$ | $0.5I_z$ |
| | | 有效值 | $0.707I_z$ | $0.707I_z$ | $0.707I_z$ |
| | | 波形系数 | 1.41 | 1.41 | 1.41 |

的基本电量关系

| 可控开关单相桥 | 单相全控桥 | 二 相 零 式 | 二 相 式 |
| --- | --- | --- | --- |
| $0.9U_2$ | $0.9U_2$ | $0.839U_2$ | $0.675U_{线}$ |
| $\frac{1+\cos\alpha}{2}U_{z0}$ | $\frac{1+\cos\alpha}{2}U_{z0}$ | $0.27(2.73+\cos\alpha)U_{z0}$<br>$(0<\alpha<150°)$<br>$0.27[1+\cos(\alpha-120°)]U_{z0}$<br>$(150°<\alpha<300°)$ | $0.33(2+\cos\alpha)U_{z0}$<br>$(0<\alpha<120°)$<br>$0.33[1+\cos(\alpha-60°)]U_{z0}$<br>$(120°<\alpha<240°)$ |
| $\cos\alpha U_{z0}$ | $\cos\alpha U_{z0}$ | — | — |
| $2.83U_2$<br>$(3.14U_{z0})$ | $1.41U_2$<br>$(1.57U_{z0})$ | 晶闸管 $1.41U_2(1.69U_{z0})$<br>二极管 $2.45U_2$ | $1.41U_{线}(2.09U_{z0})$ |
| 0°～180° | 0°～180° | 0°～300° | 0°～240° |
| 0°～90° | 0°～90° | — | — |
| 180° | 180° | 300° | 240° |
| $2f$ | $2f$ | $1f$ | $1f$ |
| 0.484 | 0.484 | 0.613 | 0.875 |
| 0.667 | 0.667 | 0.698 | 1.21 |
| $0.5I_z$ | $0.5I_z$ | $1I_z$ | $1I_z$ |
| $0.785I_z$ | $0.785I_z$ | $1.18I_z$ | $1.33I_z$ |
| 1.57 | 1.57 | 1.18 | 1.33 |
| $0.5I_z$ | $0.5I_z$ | $0.834I_z$ | $0.667I_z$ |
| $0.707I_z$ | $0.707I_z$ | $0.913I_z$ | $0.815I_z$ |
| 1.41 | 1.41 | 1.09 | 1.22 |

| 整流电路名称 | | | 三相半波 | 三相半控桥 |
|---|---|---|---|---|
| 直流输出电压 $U_z$（空载） | 全导通($\alpha=0$) | | $1.17U_2$ | $2.34U_2$ |
| | 电阻或带续流二极管感性负载 | | $\cos\alpha\cdot U_{zc}$<br>$(0\leqslant\alpha\leqslant30°)$<br>$0.58[1+\cos(\alpha+30°)]U_{zc}$<br>$(30°\leqslant\alpha\leqslant150°)$ | $\frac{1+\cos\alpha}{2}U_{zc}$ |
| | 无续流二极管感性负载 | | $\cos\alpha U_{zc}$ | $\frac{1+\cos\alpha}{2}U_{zc}$ |
| 元件最大正向电压和最大反向电压峰值 $U_m$ | | | $2.45U_2(2.09U_{zc})$ | $2.45U_2(1.05U_{zc})$ |
| 移相范围 | 电阻或带续流二极管的感性负载 | | 0°～150° | 0°～180° |
| | 无续流二极管的感性负载 | | 0°～90° | 0°～180° |
| 元件最大导通角 | | | 120° | 120° |
| 输出电压最低脉动频率 | | | $3f$ | $6f$ |
| 全导通时输出电压纹波系数 $\gamma$ | | | 0.183 | 0.042 |
| 全导通时输出电压脉动系数 $s$ | | | 0.25 | 0.057 |
| 全导通时流过晶闸管的电流（电阻负载） | 平均值 | | $0.333I_z$ | $0.333I_z$ |
| | 有效值 | | $0.587I_z$ | $0.587I_z$ |
| | 波形系数 | | 1.76 | 1.73 |

注：1. 三相桥式的整流变压器二次侧以常用的星形接法为例，表中 $U_2$ 指星形联多相整流变压器，$U_2$ 也是指相电压。

2. $f$—交流电源的频率(Hz)。

3. $\gamma$—纹波系数$=\frac{\text{交流分量的有效值}}{\text{直流分量(即平均值)}}$。

4. $s$—脉动系数$=\frac{\text{交流分量的基波(或最低次谐波)的振幅值}}{\text{直流分量(即平均值)}}$。

（续表）

| 三相全控桥 | 六相半波 | 双反星带平衡电抗器 |
|---|---|---|
| $2.34U_2$ | $1.35U_2$ | $1.17U_2$ |
| $\cos\alpha\cdot U_{z0}$<br>$(0\leqslant\alpha\leqslant 60^\circ)$<br>$[1+\cos(\alpha+60^\circ)]U_{z0}$<br>$(60^\circ\leqslant\alpha\leqslant 120^\circ)$ | $\cos\alpha\cdot U_{z0}$<br>$(0\leqslant\alpha\leqslant 60^\circ)$<br>$[1+\cos(\alpha+60^\circ)]U_{z0}$<br>$(60^\circ\leqslant\alpha\leqslant 120^\circ)$ | $\cos\alpha\cdot U_{z0}$<br>$(0\leqslant\alpha\leqslant 60^\circ)$<br>$[1+\cos(\alpha+60^\circ)]U_{z0}$<br>$(60^\circ\leqslant\alpha\leqslant 120^\circ)$ |
| $\cos\alpha U_{z0}$ | $\cos\alpha U_{z0}$ | $\cos\alpha U_{z0}$ |
| $2.45U_2(1.05U_{z0})$ | $2.83U_2(2.09U_{z0})$ | $2.45U_2(2.02U_{z0})$ |
| 0°～120° | 0°～120° | 0°～120° |
| 0°～90° | 0°～90° | 0°～90° |
| 120° | 60° | 120° |
| $6f$ | $6f$ | $6f$ |
| 0.042 | 0.042 | 0.042 |
| 0.057 | 0.057 | 0.057 |
| $0.333I_z$ | $0.167I_z$ | $0.167I_z$ |
| $0.587I_z$ | $0.41I_z$ | $0.289I_z$ |
| 1.73 | 2.46 | 1.73 |

结的相电压。若为三角形连接，$U_2$应以 $0.578U_{线}$ 代入，$U_{线}$为二次侧线电压。其他

表9-8　晶闸管整流电路的比较

（以晶闸管全导通，纯电阻负载情况为例说明）

| 整流电路 | 元件数量 | 晶闸管两端电压的（峰值/输出）整流电压 $U_{z0}$ | 晶闸管电流的（有效值/输出）整流电流 $I_z$ | 变压器利用系数 | 输出电压脉动系数 | 适用场合 |
|---|---|---|---|---|---|---|
| 单相半波 | 1个晶闸管（最少） | 3.14（最大） | 1.57（最大） | $\frac{1}{3.09}$=32.3%（最小） | 1.57（最大） | 对电压波形要求不高的低电压、小功率的负载 |
| 单相全波 | 2个晶闸管（较少） | 3.14（最大） | 0.785（一般） | $\frac{1}{1.48}$=67.5%（较小） | 0.667（一般） | 与单相桥相比缺点多，而且必须用有中点抽头的变压器，所以应用不多 |
| 单相半控桥 | 2个晶闸管 2个二极管（一般） | 1.57（较小） | 0.785（一般） | $\frac{1}{1.23}$=81%（较大） | 0.667（一般） | 各项指标较好，小功率负载应用较多 |
| 晶闸管作开关管的单相桥 | 1个晶闸管 4个二极管（较少） | 1.57（较小） | 1.11（较大） | $\frac{1}{1.23}$=81%（较大） | 0.667（一般） | 仅用一个晶闸管，而指标又较好，因此应用较多 |
| 单相全控桥 | 4个晶闸管（较多） | 1.57（较小） | 0.785（一般） | $\frac{1}{1.23}$=81%（较大） | 0.667（一般） | 晶闸管元件多，因此仅在需要逆变的电路中应用 |
| 二相零式 | 2个二极管 1个晶闸管（较少） | 1.69（较小） | 1.18（较大） | — | 0.698（一般） | 可用于小功率负载，但几项指标均比单相桥略差，且移相范围要求较大 |
| 二相式 | 2个二极管 1个晶闸管（较少） | 2.09（一般） | 1.33（较大） | — | 1.21（较大） | 指标较差，因而应用不多 |
| 三相半波 | 3个晶闸管（一般） | 2.09（一般） | 0.587（较小） | $\frac{1}{1.35}$=74%（一般） | 0.25（较小） | 元件承受电压比三相桥大一倍，其他指标比三相桥差，因而较少采用 |

（续表）

| 整流电路 | 元件数量 | 晶闸管两端电压的(峰值/输出)整流电压 $U_{z0}$ | 晶闸管电流的(有效值/输出)整流电流 $I_z$ | 变压器利用系数 | 输出电压脉动系数 | 适用场合 |
|---|---|---|---|---|---|---|
| 三相半控桥 | 3个晶闸管<br>3个二极管<br>(较多) | 1.05<br>(最小) | 0.587<br>(较小) | $\frac{1}{1.05}=95\%$<br>(最大) | 0.057<br>(最小) | 各项指标较好，适用于较大功率、高电压的负载 |
| 三相全控桥 | 6个晶闸管<br>(最多) | 1.05<br>(最小) | 0.587<br>(较小) | $\frac{1}{1.05}=95\%$<br>(最大) | 0.057<br>(最小) | 晶闸管元件多，触发系统复杂，因此仅在需要逆变的电路中应用 |
| 六相半波 | 6个晶闸管<br>(最多) | 2.09<br>(一般) | 0.41<br>(较小) | $\frac{1}{1.55}=64.5\%$<br>(较小) | 0.057<br>(最小) | 元件多，其他指标无特殊优点，因此较少采用 |
| 带平衡电抗器的双反星形 | 6个晶闸管<br>(最多) | 2.09<br>(一般) | 0.289<br>(最小) | $\frac{1}{1.26}=80\%$<br>(较大) | 0.057<br>(最小) | 该电路选用的元件的电流等级最低，而且仅考虑一个元件的压降，特别适合于低电压大电流负载 |
| 说明 | 元件少，相应的触发系统简单，因而设备投资少，调整维护方便 | 输出同样整流电压，元件两端电压越小，就可以选用电压等级较低的元件。这对高电压比较有利，可以避免不必要的元件串联使用 | 输出同样整流电流，元件电流有效值越小，可以选用电流等级较低的元件。这对大电流特别有利，可以避免不必要的元件并联使用 | 变压器利用系数越大，说明输出同样的整流功率，变压器计算容量越小，因而变压器最经济，对大容量影响更显著 | 脉动率越小，说明交流成分少，所需滤波器要求就低 | |

注：变压器利用系数＝整流器输出功率/变压器计算容量。

总之，一般情况下用晶闸管组成的可控整流电路：

(1) 小功率负载可考虑选用单相半控桥或用晶闸管作开关管的单相桥；

(2) 大功率负载可考虑选用三相半控桥；

(3) 低压大电流负载可选用二次侧调压或一次侧调压的双反星形带平衡电抗器的可控整流电路。

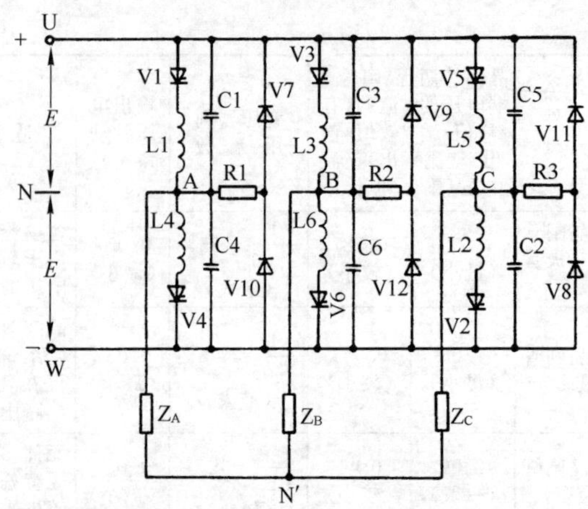


**图 9-9** 三相并联逆变器(串联电感式)

和电容 C1、C4 两端电压如图 9-10a 所示。设起始时 V1 不导通,由于二极管与 V1 反向连接,因此处于导通状态,这相当于 C1 两端短路,如此时 V4 被触发导通,在忽略管压降的情况下,电源电压分配在 L4 两端,但由于电感电流不能突变,而是按指数规律逐渐增大,该电流通过 V4 对换向电容 C1 充电(并经反馈电阻 R1 通过 V7 分流)。由于 C1 和 V1 并联,C1 上充电电压相对于 V1 是正向的,在理想情况下它的最大值是 $2E$,如这时触发 V1 使其导通,并使 V7 截止,V10 导通,从而使 C1 上电压通过 V10 经电阻 R1 反向接到 V1,强迫 V1 关断,这就实现了换流过程。

按 120°相应顺序触发每相的晶闸管,而每相两个晶闸管的触发相位相差 180°。从 $A$、$B$、$C$ 点输出电压 $U_A$、$U_B$、$U_C$ 为相电压 $U_{AN'}$、$U_{BN'}$、$U_{CN'}$,波形如图 9-10b 所示,$U_A+U_B=U_{AB}$、$U_B+U_C=U_{BC}$、$U_C+U_A=U_{CA}$ 为线电压,如图 9-10c 所示。由图可见,相电压的最大值为 $2E$,而线电压为相位差 120°两个相电压之和,其最大值为$\frac{4}{3}E$。逆变的输出频率主要决定于晶闸管的触发频率,当该频率与换向回路的固有频率一致时,输出电压幅值最大。

2. 主要元件选择

1) 晶闸管　流过晶闸管的电流包括负载电流、换向电容的充电电流和放电电流等,如要进行精确计算是比较繁复的,一般可根据负载电流通过晶

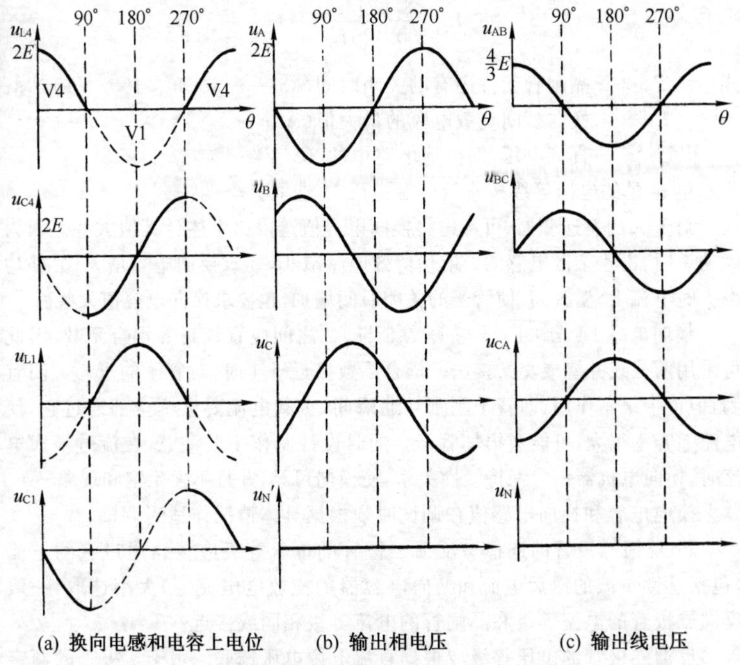


(a) 换向电感和电容上电位　(b) 输出相电压　(c) 输出线电压

**图 9－10**　逆变器换向和逆变波形

闸管的平均电流 $I_{TP}$ 的 2～3 倍来选择元件。

电路中晶闸管承受的最高正反向电压等于直流电压 $2E$，因此晶闸管的电压等级按(1.5～2)倍的直流电压 $2E$ 选取。

2）换向电容器和换向电抗器的选择　换向电容器和换向电抗器应具有足够的能量，使在需要关闭的晶闸管上所加反向电压的时间大于晶闸管的关闭时间 $t_{off}$，保证晶闸管能可靠地关断。所以电容值与 $T_{off}$ 成正比，与换向时负载电流成正比，与直流电压成反比。能够满足可靠换向要求的电容和电感组合有多种，这里介绍一种按换向结束时电抗器所储存的能量最小(即换向损耗最小)为原则来选取，其公式：

$$C=\frac{T_{off}I_M}{0.425U_z}(\mathrm{F})$$

$$L = \frac{T_{off} U_z}{0.425 I_m} (\mathrm{H})$$

式中　$T_{off}$——晶闸管元件固有的关闭时间(s)，一般取$(30 \sim 100) \times 10^{-6}$ s；

$I_m$——换向瞬间负载电流的最大值(A)；

$U_z$——直流电压，即上述电路中的$2E$(V)。

电容$C$的电压等级按直流电源电压$U_z$选取。

对于大功率逆变器，可考虑将换向电容值选得比上述计算值大些。因为大功率时，由于杂散电感的影响使等效电感减小，要求换向电容增大；另外功率大时电流大、温升高，使管子的关闭时间增加，也要求换向电容值大些。

换向电感L1与L4、L3与L6、L5与L2之间应有较高的耦合系数，因此可采用两根线并绕或交叉接法。耦合系数接近于1时，对管子的可靠关闭有利，但也带来副作用，即管子刚刚导通瞬间，负载电流要立刻全部通过它，使电流上升率很大，可能会损坏管子。同时设计制作中要注意，在流过最大电流时，换向电抗器仍应保持线性关系，使换向可靠，并且不发生饱和现象。

换向电容和换向电感值在调试时须根据具体情况作适当调整。

3）反馈二极管的选择　反馈二极管的电流等级应根据通过它的电流(包括感性负载的滞后电流和换向电容器的充放电电流等)大小选取，一般反馈二极管的电流等级和晶闸管的电流等级相同或接近。

反馈二极管的电压等级应根据直流电源电压选取。由于二极管的额定电压是最高反向电压峰值的一半，所以不必考虑安全系数。

4）反馈电阻的选择　反馈电阻是起限流和衰减电流的作用，因此也叫衰减电阻。如果它阻值很小，那么衰减很慢，且环流很大，这样管子的附加损耗将增大，特别在高频时，这种现象更为严重，这样管子的利用率将会降低；另一方面如果阻值过大，晶闸管的正向电压峰值就增高，电感储存的能量消耗很快，有可能造成换向失败，因此阻值必须选择适当。反馈电阻一般按下式估算：

$$0.1\sqrt{\frac{2L}{C}} \geqslant R \geqslant 4.6 L f_m$$

式中　$R$——反馈电阻阻值(Ω)；

$L$——换向电感值(H)；

$C$——换向电容值(F)；

$f_m$——逆变器最高工作频率(Hz)。

# 9-3　主回路的设计

主回路包括晶闸管主电路、选频或滤波电路和保护电路等。设计时，主要根据使用要求，先选取主电路形式，选择整流元件，再根据需要设计其他电路。在选用元件时还要考虑使用条件及元件供应等实际情况，适当调整设计电路。整机安装后必须反复试验和调试，务使设备可靠，运行安全。

## 一、主电路设计

### 1. 整流元件电压等级的选择

晶闸管和硅整流元件的反向峰值电压 $U_{RM}$ 为：

$$U_{RM} = (1.5 \sim 2)U_{Mf} \quad U_{Mf} = K_V U_2$$

式中　$U_{Mf}$——整流电路的峰值电压；

$U_2$——变压器的二次侧电压；

$K_V$——与主电路形式有关的系数(表 9-9)。

表 9-9　不同主电路形式的 $K_V$ 值

| 主 电 路 | 单相桥式 | 单相全波 | 三相零式 | 三相桥式 | 六相零式 |
|---|---|---|---|---|---|
| $K_V$ | 1.41 | 2.84 | 2.45 | 2.45 | 2.83 |

例如三相桥式电路，当直流输出电压为 220 V 时，整流元件的额定反向峰值电压 $U_{RM}$ 一般选为 800 V；直流输出 440 V，$U_{RM}$ 为 1 600 V。

### 2. 整流元件电流等级的选择

晶闸管和硅整流元件的电流等级应选为：

$$I_F > \frac{I}{1.57}$$

式中　$I_F$——元件额定正向平均电流；

1.57——正弦半波电流有效值与平均值之比；

$I$——实际流过元件的电流的有效值。

$I$ 的大小与要求输出的整流电流 $I_z$、主电路形式、负载性质(是电阻负载还是感性负载)以及晶闸管导通角的大小等因素有关。由于实际使用时，负载性质不同、元件导通角不同，电流的波形相差很大，因此对有效值进行精确计算比较繁复。而目前晶闸管电流容量只有几个系列,所以在一般情况下(如主电路串有滤波电感使电流连续,阻值是固定的电阻负载等)以全导通情况流过元件的电流有效值为依据来选定,此数值可查表 9-7。

为便于查阅,表 9-10 列出对不同整流电路和不同性质的负载,在元件全导通情况下允许输出的最大整流电流(平均值)与元件额定正向平均电流的关系。

表 9-10 不同主电路允许输出的最大整流电流(元件全导通)

| 主电路 | 单相半波 | | 单相全波 | | 单相桥式 | | 晶闸管作开关管的单相桥 | |
|---|---|---|---|---|---|---|---|---|
| 负载性质 | 电阻 | 感性(带续流二极管) | 电阻 | 感性 | 电阻 | 感性 | 电阻 | 感性(带续流二极管) |
| 输出整流电流 $I_z$ | $1I_F$ | $2.22I_F$ | $2I_F$ | $2.22I_F$ | $2I_F$ | $2.22I_F$ | $1.41I_F$ | $1.57I_F$ |
| 主电路 | 二相零式 | | 二相式 | | 三相半波 | 三相桥式 | 六相半波 | 带平衡电抗器的双反星形 |
| 负载性质 | 电阻 | 感性(带续流二极管) | 电阻 | 感性(带续流二极管) | 电阻或感性 | 电阻或感性 | 电阻或感性 | 电阻或感性 |
| 输出整流电流 $I_z$ | $1.33I_F$ | $1.72I_F$ | $1.18I_F$ | $1.93I_F$ | $2.72I_F$ | $2.72I_F$ | $3.83I_F$ | $5.43I_F$ |

3. 影响元件选择的几个因素

元件的选择除了考虑负载的要求以外,还要注意下面几个因素的影响。

1) 周围环境温度的影响 元件额定正向平均电流 $I_F$ 是指环境温度为 40℃的情况。如超过 40℃时,元件的容量要降低。

2) 冷却方式的影响 50 A 以上的元件必须采用风冷。若风速低于标准要求或采用自然空气冷却,其容量也必须降低。一般自冷时容许正向电流可取为风冷时额定正向电流 $I_F$ 的 50%左右。

3) 考虑一些具体负载的特殊性 例如电机起动时电流较大,容性负载接通时充电电流较大等情况,元件的容量要有一定的裕度。

4）纯电阻负载　当元件导通角越小，即移相角越大时，容许输出整流电流比全导通时要相应减小，也就是说元件的电流容量要降低。

4. 整流变压器的设计

根据负载要求的最大直流电压 $U_z$、电流 $I_z$ 和已确定的主电路形式的有关参数（表 9-7），由表 2-18 查出变压器的一系列数据：$P_1$、$P_2$、$U_2$、$I_1$、$I_2$。如果电路不能工作在全导通时，要根据实际最小移相角 $\alpha$ 和要求的直流电压 $U_z$ 和利用图 9-9 求出全导通时 $U_{z0}$ 来确定 $U_z$，再按第 2 章的设计方法进行整流变压器的结构计算。

## 二、滤波电抗器电感的估算

纯电感对直流是短路的，没有直流压降，而随着频率的增大，其感抗 $\omega L$ 增大。在整流输出回路中串接电抗器，目的是使整流后的交流成分在电抗器上分压掉，以减小流过负载的电流脉动成分。

如对直流电机供电，串入了电抗器可以避免由于整流电流间断而引起电动机端电压和转速的突升，也可改善电机的换向情况。滤波电抗器的电感一般可先按下列方法进行估算，然后再进行调整。

1. 按电流连续要求估算的电感

$$L_{1x} = K_{1x}\frac{U_2}{I_{zmin}} - (L_D + L_B)(\text{mH})$$

式中　$K_{1x}$——系数，与主电路形式有关，查表 9-11；
$U_2$——整流变压器二次侧相电压或输入端电压（V）；
$I_{zmin}$——最小负载电流（A）；
$L_D$——负载（如电动机）的电感（mH）；
$L_B$——整流变压器的每相电感（mH）。

2. 按电流脉动情况要求估算的电感

$$L_{md} = K_{md}\frac{U_2}{sI_z} - (L_D + L_B)(\text{mH})$$

式中　$K_{md}$——系数，与主电路形式有关，可查表 9-11；
$s$——电流最大允许脉动系数，如 100 kW 以下的电机，三相半波整流时 $s$ 可取 12%，三相桥式整流 $s$ 取 10%；
$I_z$——额定负载电流（A）；$U_2$、$L_D$、$L_B$ 同上。

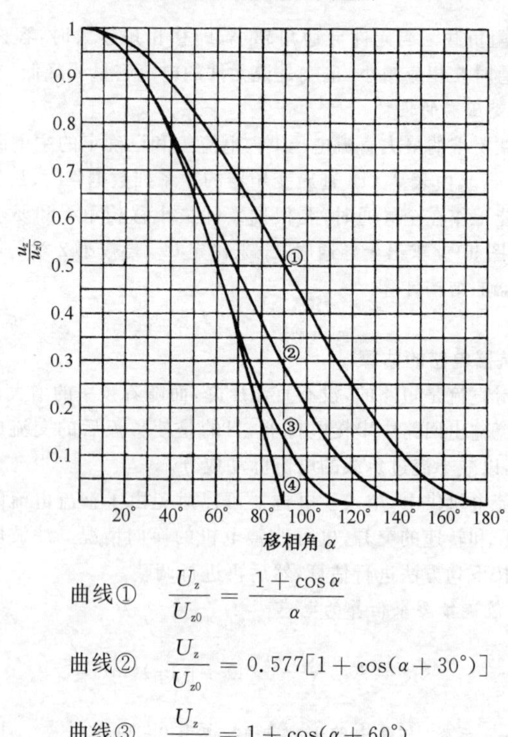


曲线①　$\dfrac{U_z}{U_{z0}}=\dfrac{1+\cos\alpha}{\alpha}$

曲线②　$\dfrac{U_z}{U_{z0}}=0.577[1+\cos(\alpha+30^\circ)]$

曲线③　$\dfrac{U_z}{U_{z0}}=1+\cos(\alpha+60^\circ)$

曲线④　$\dfrac{U_z}{U_{z0}}=\cos\alpha$

| 控制特性相应的曲线 \ 主电路 | | 单相半波 | 单相全波 | 单相半控桥 | 晶闸管作开关管的单相桥 | 单相全控桥 | 三相半波 | 三相半控桥 | 三相全控桥 | 六相半波 | 带平衡电抗器的双反星形 |
|---|---|---|---|---|---|---|---|---|---|---|---|
| 负载性质 | 电阻负载或带续流二极管的电感负载 | ① | ① | ① | ① | ① | ② | ① | ③ | ③ | ③ |
| | 不带续流二极管的电感负载 | — | ④ | ① | — | ④ | ④ | ① | ④ | ④ | ④ |

图 9－11　可控整流的控制特性和 $U_{z0}$ 及 $\alpha$ 的关系

3. 电动机和变压器电感的估算

电动机电感：

$$L_D = K_D \frac{U_e}{2pn_e I_e} \times 10^3 (\text{mH})$$

式中 $K_D$——系数，与电动机种类有关。一般无补偿电机取 8～12，快速无补偿电机取 6～8，有补偿电机取 5～6；

$U_e$——电动机额定电压(V)；

$p$——电动机磁极对数；

$n_e$——电动机额定转速(r/min)；

$I_e$——电动机额定电流(A)

变压器每相电感：

$$L_B = K_B \frac{U_{de}\%}{100} \cdot \frac{U_2}{I_z} (\text{mH})$$

式中 $K_B$——系数，与整流电路形式有关，查表 9-11；

$U_{de}\%$——变压器短路电压百分比，一般变压器在 5 左右，整流变压器为了限制短路电流，可取 10 左右；$U_2$、$I_z$同上。

表 9-11 计算滤波电抗器系数表

| 输出端形式 | 系数 | 主电路形式 | | | | | | | | | |
|---|---|---|---|---|---|---|---|---|---|---|---|
| | | 单相半波 | 单相全波 | 单相半控桥 | 用一个可控硅的单相桥 | 单相全控桥 | 三相半波 | 三相半控桥 | 三相全控桥 | 六相半波 | 平衡电抗器双反星形带 |
| 输出端有换流二极管 | $K_{1x}$ | 2.7 | 1.67 | 1.67 | 1.67 | 1.67 | 1.03 | 1.78 | 0.655 | 0.378 | 0.325 |
| | $K_{md}$ | 5.05 | 2.8 | 2.8 | 2.8 | 2.8 | 1.66 | 2.88 | 0.925 | 0.56 | 0.338 |
| | $K_B$ | 6.37 | 6.37 | 3.18 | 3.18 | 3.18 | 6.75 | 3.9 | 3.9 | 5.51 | 7.8 |
| 输出端没有换流二极管 | $K_{1x}$ | — | — | 1.67 | — | 2.86 | 1.46 | 1.78 | 0.695 | 0.401 | 0.348 |
| | $K_{md}$ | — | — | 2.8 | — | 4.5 | 2.25 | 2.88 | 1.05 | 0.605 | 0.523 |
| | $K_B$ | — | — | 3.18 | — | 3.18 | 6.75 | 3.9 | 3.9 | 5.51 | 7.8 |

一般滤波电抗器电感较大，需要采用铁心结构。但由于电抗器要流过较大的直流负载电流，会使铁心饱和，以致造成随着负载的增加，电感量会

大大减小。为了使电感在负载较大时不致减小,往往在磁路内留有空气隙。具体结构计算见第2章。

## 三、保护电路的设计

晶闸管等元件承受过电压过电流的能力较差。因此为了使元件能可靠地长期运行,必须采用一定的保护措施。

1. 短路和过载保护

通常采用快速熔断器作保护元件,快速熔断器的型号规格见第7章。快速熔断器的额定电流是指有效值,因此当它和硅元件串联时,一般可按 $I_{RD}=1.57I_F$ 来选择,式中 $I_{RD}$ 是熔断器额定电流,$I_F$ 是硅元件额定电流(表9-12)。

表9-12　快速熔断器选用表

| 硅元件额定电流 $I_F$(A) | 5 | 10 | 20 | 30 | 50 | 100 | 200 | 300 | 500 |
|---|---|---|---|---|---|---|---|---|---|
| 熔断器额定电流 $I_{RD}$(A) | 8 | 15 | 30 | 50 | 80 | 150 | 300 | 480 | 800 |

由于晶闸管过载能力较差,为此熔断器额定电流可取得小些,以提高保护的可靠性。在晶闸管容量没有用足的情况下,可选 $I_{RD}=I_F$ 或按晶闸管实际流过的电流有效值来选取。

另外还有采用截流环节或其他电子线路保护电路的。由于其具体电路形式很多,将在晶闸管应用实例中具体介绍。

2. 过电压保护

造成过电压的主要原因是晶闸管开关工作状态,电路中的感性元件(如整流变压器、感性负载、滤波电抗器等)产生的反抗电流突变的电动势过大,如不加保护措施会造成整流元件击穿。常用的过电压保护有阻容保护、硒堆保护等。金属氧化物压敏电阻(VYJ)保护元件具有体积小、抑制过电压性能好、耐冲击能量大等优点。

1) 并联阻容和硒堆保护　阻容和硒堆保护一般安装在整流变压器的二次侧和直流侧。大容量的整流设备,在整流变压器的一次侧也装置这种保护。它的原理是与感性元件并联阻容回路或硒堆,使突变的高频成分从电容旁路掉,而电阻又不使其高频短路;当突变电压越过硒堆击穿,硒堆将从断路变为短路,而使感性元件的感应电动势旁路掉,从而起到保护作用。并联阻容和硒堆保护的原理电路如图9-12所示,技术数据见表9-13～表9-15。

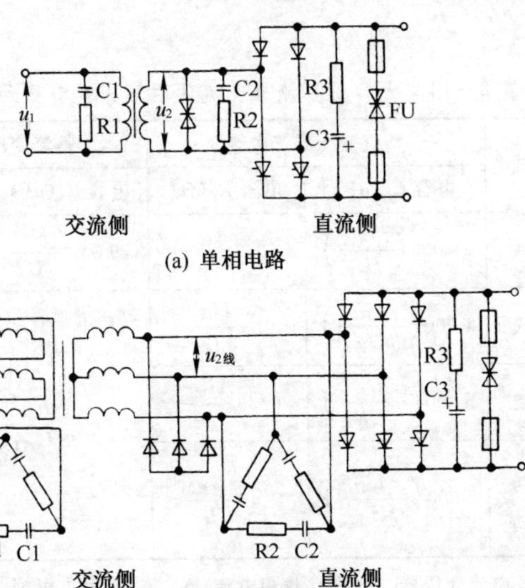


**图 9－12**　并联阻容和硒堆过电压保护电路

表 9－13　小容量整流器交流侧阻容保护参数估算法

| 阻容所放位置 | 电 路 形 式 | 电容 $C_2(\mu F)$ | 电阻 $R_2(\Omega)$ |
|---|---|---|---|
| 整流变压器二次侧 | 单相 200 V·A 以下 | $700\cdot\dfrac{P_s}{(U_{PRV})^2}$ | $100\sqrt{\dfrac{U_z}{I_zC\sqrt{f}}}$ 或 $37.5\sqrt{\dfrac{U_z}{I_zC}}$ $(f=50\ Hz)$ |
| | 单相 200 V·A 以上 | $400\cdot\dfrac{P_s}{(U_{PRV})^2}$ | |
| | 三相 5 kV·A 以下 | $K\dfrac{P_s}{(U_{PRV})^2}$ | |

注：$P_s$—整流变压器容量(V·A)；$U_{PRV}$—整流元件反向峰值电压(V)；$U_z$—输出整流电压(V)；$I_z$—输出整流电流(A)；$f$—电源频率(Hz)；$K$—系数，与整流变压器有关，可按下列范围选取：

| 变 压 器 连 接 | $K$ |
|---|---|
| Y/Y—次侧中点不接地 | 150 |
| Y/△—次侧中点不接地 | 300 |
| 其 他 接 法 | 900 |

表 9-14 大容量整流器交流侧阻容保护参数估算法

| 电路形式 | 整流变压器二次侧 | | 整流变压器一次侧 | |
|---|---|---|---|---|
| | 电容 $C_2(\mu F)$ | 电阻 $R_2(\Omega)$ | 电容 $C_1(\mu F)$ | 电阻 $R_1(\Omega)$ |
| 单相桥式 | $29\,000\left(\frac{I_{02}}{fU_2}\right)$ | $0.3\frac{U_2}{I_{02}}$ | $29\,000\frac{I_{01}}{fU_1}$ | $0.2\frac{U_1}{I_{01}}$ |
| 三相桥式 | $1\,000\left(\frac{I_{02}}{fU_{线2}}\right)$ | $0.3\frac{U_{线2}}{I_{02}}$ | $10\,000\frac{I_{01}}{fU_{线1}}$ | $0.3\frac{U_{线1}}{I_{01}}$ |
| 三相半波 | $8\,000\left(\frac{I_{02}}{fU_{线2}}\right)$ | $0.36\frac{U_{线2}}{I_{02}}$ | | |
| 六相半波<br>双反星形<br>带平衡电抗器 | $7\,000\left(\frac{I_{02}}{fU_{线2}}\right)$ | $0.42\frac{U_{线2}}{I_{02}}$ | | |

注：$I_{01}$—整流变压器一次侧空载相电流(A)，$I_{01}$的大小可通过实测得到，或按(0.05～0.1)$I_e$选取，$I_e$为变压器一次侧额定相电流；$I_{02}$—折算到整流变压器二次侧的空载相电流(A)；$U_1$、$U_2$—单相变压器一次侧和二次侧电压(V)，$U_{线1}$、$U_{线2}$—三相变压器一次侧和二次侧线电压(V)。

表 9-15 直流侧阻容保护参数估算法

| 阻容所放位置 | 电路形式 | 电容 $C_3(\mu F)$ | 电阻 $R_3(\Omega)$ |
|---|---|---|---|
| 直流输出端 | 单相桥式 | $120\,000\left(\frac{I_{02}}{fU_2}\right)$ | $0.25\frac{U_2}{I_{02}}$ |
| | 三相桥式 | $120\,000\left(\frac{I_{02}}{fU_{线}}\right)$ | $0.058\frac{U_{线}}{I_{02}}$ |
| | 三相半波 | $40\,000\left(\frac{I_{02}}{fU_{线}}\right)$ | $0.173\frac{U_{线}}{I_{02}}$ |

注：符号意义同表 9-13，电容 $C_3$ 可用电解电容。

整流变压器一次侧和二次侧放置的电容最好采用交流电容，例如 YY 型移相电容，CZJJ 型交流纸介电容。如采用直流电容，应按照标准降低电压等级使用。由于选用的电容容量较大，因此体积较大。如采用体积小的电解电容，可用图 9-13 所示的电路。

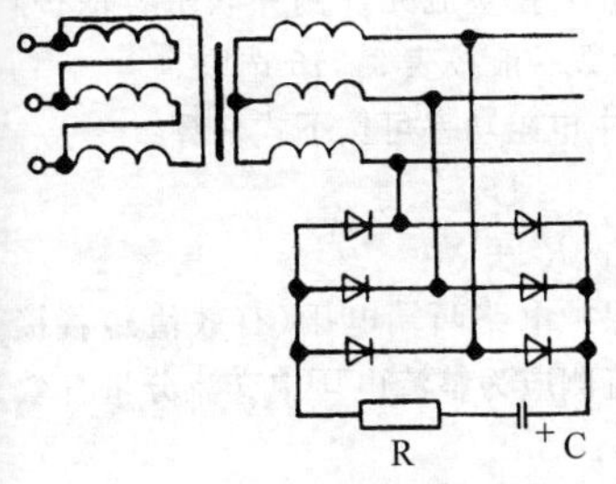


**图 9-13**　采用电解电容的阻容保护电路

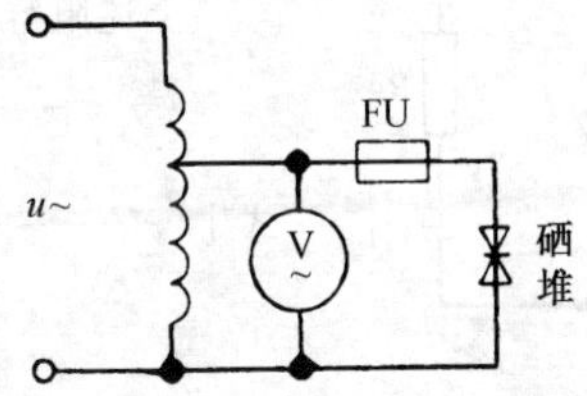


**图 9-14**　硒堆击穿电压的测试用自耦变压器逐步升高电压，当硒堆击穿，熔丝 FU 烧断时，电压表读数即为击穿电压

参数估算方法如下：

$$C = 70\frac{P_s}{U_{线}^2}(\mu F)$$

$$R = 5\frac{U_z}{I_z}(\Omega)$$

式中符号意义同表 9-13、9-14。

如整流器输出电压较低，也就是说变压器二次侧电压较低，如用上述方法来估算，保护电容的容量就很大，但这时所用的硅元件的耐压却常常超过要求的数值好几倍，这样电容的容量就可用得小一些。

硒堆 $X_1$ 和 $X_2$(图 9-12)的保护作用是利用硒堆在过电压时比硅元件先击穿，从而限制了过电压的大小使硅元件不致损坏。硒堆击穿以后，如过电压消失，硒堆仍能恢复正常。一般要求硒堆击穿电压 $U_j < (1.5 \sim 2)U$，$U$ 是硒堆两端正常工作电压。由于同一规格硒片的实际击穿电压差异很大，因此由几片硒片组成的硒堆的击穿电压相差很大。要比较准确判断硒堆的击穿电压，从而确定所需的片数，可通过实验。实验电路(图 9-14)图中熔丝 FU 的额定电流必须小于硒堆允许的电流，也可用下式初步确定片数：$n \leqslant (1.3 \sim 1.5)\frac{U}{U_e}$。式中 $U_e$ 是每片硒片额定工作电压，然后在使用中进行调整。在直流侧接入硒堆保护时，为防止硒堆经常击穿而损坏，以致可控整流器短路，可再加熔断器 FU(图 9-12)。

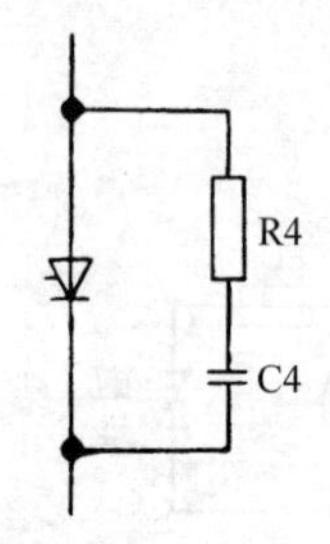


图 9－15　元件侧的阻容过电压保护

换向过电压保护：在整流元件侧并联阻容保护，如图 9－15 所示，参数一般按表 9－16 选取。

上述阻容保护中电阻功率可按下式估算：

$$P > \frac{U^2}{R^2 + X_C^2} R(\mathrm{W})$$

式中　$U$——阻容保护电路两端电压(有效值)，若接在直流侧应为整流电压中交流分量有效值(V)；

$X_C$——阻容保护的电容容抗 $X_C = \frac{1}{2\pi fC}(\Omega)$；

$f$——阻容保护电路两端电压的频率(Hz)；

$R$——阻容保护的电阻(Ω)。

表 9－16　阻容保护的参数选择

| 整流元件额定正向电流(A) | C4(μF) | $R4$(Ω) |
|---|---|---|
| 200 | 0.5 | 10 |
| 100 | 0.25 | 20 |
| 50 | 0.2 | 40 |
| 20 | 0.1 | 100 |

特别需指出的是：对于过电压保护的选择，其计算方法有很多种，极不统一，目前尚无一标准的公式。一般计算出来的数据不是很严格的，可再根据已有的同类设备的保护参数或根据实际情况进行适当的修改。

由于整流电路中操作过电压的产生原因和大小与许多因素有关，从公式上看，似仅与变压器的容量、电压的大小有关，但实际上还和操作次数、负载的性质有关。对于电阻性和电容性负载的整流电路，因过电压大多不会很高，因此电容量可取得小些，而对于电感性负载(电机)，电容量应取得较大些。表 9－17 选择几个实例说明实际应用情况。

2）过电压保护元件(VYJ)　VYJ 元件是无间隙的非线性固体元件，其电阻值随着两端所加的电压而变化，具有硅稳压二极管那样的伏安特性，且放电容量大。在正常的电压情况下(图 9－16 中的 $D$ 点)呈高阻状态；当线路进入过电压(超过 $C$ 点)时，被击穿而呈低电阻状态，因而使过电压被旁路。线路电压恢复正常时，VYJ 又呈高阻值。

表 9-17 硅整流器和晶闸管整流器保护电路应用实例

| 负载性质 | 变压器功率(kV·A) | 直流电压(V) | 直流电流(A) | 线路形式 | 阻容所放位置 | 操作过电压保护 | | 换向过电压保护 | |
|---|---|---|---|---|---|---|---|---|---|
| | | | | | | 电容 | 电阻 | 电容 | 电阻 |
| GCA系列硅充电整流器 | 0.6～3.5 | 36～250 | 8～30 | 单相桥式 | 二次侧 | CZM或CZJD纸解电容，2～4 μF、400 V | ZGH 7.5 W、60 Ω | 无 | 无 |
| GBA硅电源(阻性)整流器 | 24～53 | 110～230 | 100～200 | 三相桥式 | 直流侧 | CD电解电容，40 μF、450 V | ZGH 20 W、20 Ω | 无 | 无 |
| GLA系列硅励磁整流器 | 10～50 | 70～170 | 130～300 | 三相桥式 | 直流侧 | CD电解电容，400～1 600 μF、1 000 V，直流加硒片保护，XL-100×200-20 V，4片～10片全波 | ZB2，0.5 Ω | 纸介电容 2 μF、600 V | ZG11 7.5 W、5 Ω |
| GTA硅牵引整流器 | 150 | 600 | 200 | 三相桥式 | 直流侧 | CZM纸解电容，12 μF、1 000 伏，交流输入端加阀型避雷器 | ZG11 15 W、5 Ω | 纸介电容 1 μF、400 V | RJ2 2 W、30 Ω |
| GHF系列电化电解硅整流器 | 110～1 000 | 36～150 | 3 000～6 000 | 三相桥式 | 二次侧接成△ | YY-0.23 YY-0.4 移相电容，5～10 kV·A、230～400 V、200～301 μF | 无 | 无 | 无 |
| KGSF电机供电晶闸管整流器 | 75～200 | ±230～440 | 300～500 | 三相桥反并联 | 二次侧接成△ | CZJJ纸解电容，12 μF×3只、750 V，直流侧加硒片保护 | ZB2 12 Ω、3只 | CZJJ，0.5 μF、750 V（3CT，150～200 A） | RXYC 22 Ω、10 W（3CT，150～200 A） |
| KGLF直流电机励磁硅可控整流器 | 5～16 | 200～250 | 20～50 | 三相桥全控 | 二次侧接成△ | CZJJ纸解电容，4 μF×3只、500 V，直流侧加硒片保护 | 22 Ω、25 W | 0.22 μF、500 V（KP-20A） | RJ2 22 Ω、2 W（KP-20A） |

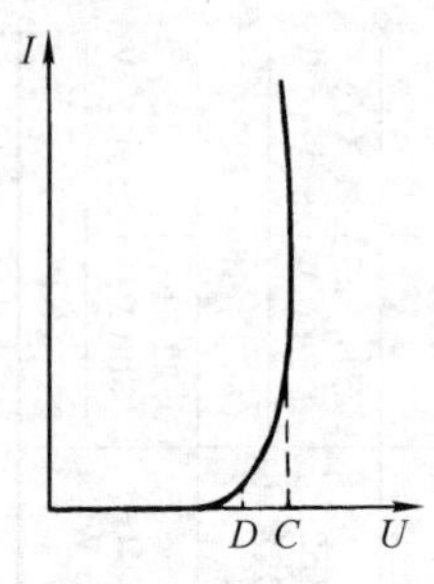


**图 9－16**　VYJ 元件的伏安特性曲线

VYJ 具有纳秒级的响应速度，没有放电延迟现象，对上升沿很陡的浪涌电压能充分吸收。VYJ 是保护半导体器件的较好的元件。表 9－18 是 VYJ 元件的部分性能规格。

$U_{1\,mA}$（此值是指 VYJ 中流过 1 mA 电流的瞬时值时两端电压的峰值）的选定分为上限下限，下限是由使用回路电压即电网电压的峰值所决定；上限由被保护的元件（或设备）的耐压所决定，同时应使被吸收浪涌时的残压（元件上流过的放电电流时，其两端的压降）抑制在被保护元件的耐压以下。

表 9－18　VYJ 元件的部分性能规格

| 型　号 | 使用回路电压（有效值）(V) | 元件标称电压 $U_{1\,mA}$ (V) | 通流容量电流 10 A/20 μs (kA) | 放电电流 100 A 残压比 ($U_{100\,A}/U_{1\,mA}$) | 放电电流 3 000 A 残压比 ($U_{3\,kA}/U_{1\,mA}$) |
|---|---|---|---|---|---|
| 100 V－0.5 kA | | 100±15% | 0.5 | 2 以下 | |
| 100 V－1 kA | | 100±15% | 1 | 2 以下 | |
| 220 V－0.5 kA | 110 | 220±15% | 0.5 | 1.9 以下 | |
| 220 V－1 kA | 110 | 220±15% | 1 | 1.9 以下 | |
| 220 V－1.5 kA | 110 | 220±15% | 1.5 | 1.9 以下 | |
| 220 V－2 kA | 110 | 220±15% | 2 | 1.9 以下 | |
| 440 V－1 kA | 220 | 440±10% | 1 | 1.8 以下 | |
| 440 V－2 kA | 220 | 440±10% | 2 | 1.8 以下 | |
| 440 V－3 kA | 220 | 440±10% | 3 | 1.8 以下 | |
| 440 V－4 kA | 220 | 440±10% | 4 | 1.8 以下 | 3 以下 |
| 440 V－5 kA | 220 | 440±10% | 5 | 1.8 以下 | |
| 760 V－1 kA | 380 | 760±10% | 1 | 1.8 以下 | |
| 760 V－2 kA | 380 | 760±10% | 2 | 1.8 以下 | |
| 760 V－3 kA | 380 | 760±10% | 3 | 1.8 以下 | 3 以下 |

（续表）

| 型　号 | 使用回路电压（有效值）(V) | 元件标称电压 $U_{1\,\mathrm{mA}}$ (V) | 通流容量电流 10 A/20 $\mu$s (kA) | 放电电流 100 A 残压比 ($U_{100\,\mathrm{A}}/U_{1\,\mathrm{mA}}$) | 放电电流 3 000 A 残压比 ($U_{3\,\mathrm{kA}}/U_{1\,\mathrm{mA}}$) |
|---|---|---|---|---|---|
| 760 V－4 kA | 380 | 760±10% | 4 | 1.8 以下 | 3 以下 |
| 760 V－5 kA | 380 | 760±10% | 5 | 1.8 以下 | |
| 1 000 V－1 kA | | 1 000±10% | 1 | 1.8 以下 | |
| 1 000 V－2 kA | | 1 000±10% | 2 | 1.8 以下 | |
| 1 000 V－3 kA | | 1 000±10% | 3 | 1.8 以下 | 3 以下 |
| 1 000 V－4 kA | | 1 000±10% | 4 | 1.8 以下 | |
| 1 000 V－5 kA | | 1 000±10% | 5 | 1.8 以下 | |

通流容量（此值以 10 A/20 ms 冲击电流，间隔时间每分钟两次，历时 5 min，使 $U_{1\,\mathrm{mA}}$ 变化在负 10%以内的最大电流）的选定由实际发生的浪涌量而定，应使吸收的浪涌量小于元件的通流容量，就是使浪涌量未到被保护元件的通流量时就被吸收了。

VYJ 要与被保护的元件紧贴着并联，引线要尽量短，使用环境温度不高于 70℃，接线图如图 9－17 所示。

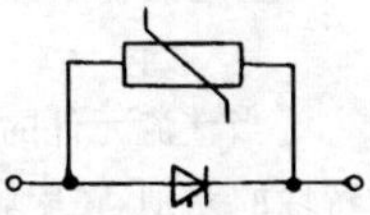

**图 9－17**　VYJ 的接线图

3. 限制电压上升率 d$U$/d$t$ 的保护

当电源电压发生突变，如其电压上升率 d$U$/d$t$＞20 V/$\mu$s 时，就可能导致晶闸管误导通。整流变压器的漏感和阻容保护电路能起到限制作用。如果不用整流变压器，为了防止误导通和限制过电流，需在电源输入端加串电感 $L$ 和阻容保护电路，如图 9－18 所示。

电感 $L$ 可按下式选取：

$$L = \frac{(0.03 \sim 0.05)R_z}{2\pi f}(\mathrm{H})$$

式中　$f$——电源频率（Hz）；

$R_z$——整流器输入端等效负载电阻（即电源电压和输入整流器的电流之比），对三相整流为每相等效负载电阻（即相电压和线电流之比）（Ω）。

若 $f=50$ Hz，

$$L = (95 \sim 160)R_z(\mu H)$$

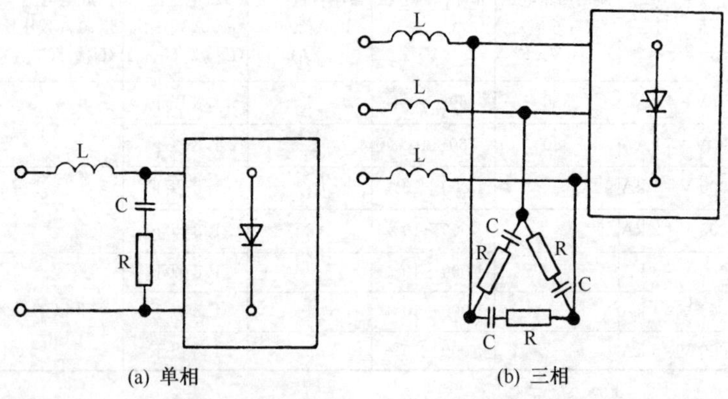


(a) 单相　　(b) 三相

图 9－18　限制电压上升率的保护电路

## 四、整流元件串并联及其保护的选择

1. 串联

当整流元件的电压等级小于实际需要时，可以采用元件串联。由于元件特性的差别，在串联时会造成元件两端电压相差较大，可能使其中某一元件过压而击穿，击穿后全部电压又集中到另一元件上而造成另一元件过压而击穿。因此必须尽量选用特性相近的同一规格的元件串联，并采用均压保护。

串联元件数：元件串联时，其耐压要降级使用，可取系数 0.9。

硅整流元件　　$$n = \frac{U_f}{0.9U_{RM}}$$

晶闸管元件　　$$n = \frac{2U_f}{0.9U_{PRV}} = \frac{U_f}{0.45U_{PRV}}$$

式中　$n$——需要的串联元件数；

$U_f$——元件串联后承受总的反向峰值电压(V)；

$U_{RM}$——硅整流元件额定反向峰值电压(V)；

$U_{PRV}$——晶闸管反向阻断峰值电压(V)。

均压方法：采用同时并联电阻和阻容的方法(图 9－19)。

参数可按下式估算：

$$R_1=(K-1)\frac{U_{PRV}}{I_R}(\Omega)$$

式中　$U_{PRV}$——每一元件反向阻断峰值电压(V)；

$I_R$——反向平均漏电流(A)；

$K$——允许电压不均匀系数，取 1.1。

R2、C2 的选择可参看表 9-16。

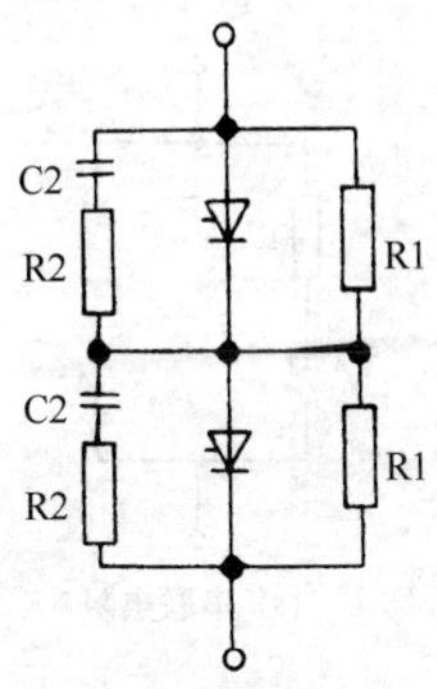


**图 9-19**　硅元件串联保护

2. 并联

当元件的正向额定平均电流小于实际需要，应尽量选用更大容量的元件而避免元件并联。在确实需要的情况下才采用元件并联。并联时 2 个元件正向压降相等，但由于元件特性差别较大，会造成 2 个元件电流相差较大。另外对晶闸管元件，由于触发特性的差别，还会造成 1 个元件先触发导通而电流较大。这些原因可能使元件电流过大而损坏，因此必须尽量选用特性相近的同一规格的元件并联，并采用均流保护。

并联元件数：元件并联时，其容量要降级使用，可取系数 0.8。

$$n=\frac{\dfrac{I}{1.57}}{0.8I_F}=\frac{I}{1.26I_F}$$

式中　$n$——需要的并联元件数；

$I$——流过并联元件总的正向电流有效值(A)；

$I_F$——每一元件额定正向平均电流(A)。

均流方法：采用串联电阻(或用快速熔断器代替)，空芯电抗器或均流电抗器的方法，如图 9-20 所示。

参数选择：均流电阻 R 的大小选择的原则，应使元件正向电流在这电阻上产生电压为 0.5 V 左右的压降，即

$$R=\frac{0.4\sim 1}{I_F}(\Omega)$$

串联电阻的方法，由于损耗较大，只适用于小功率。空芯电抗器 $L$ 可取 40 $\mu$H 左右，即可保证有良好的均流效果。均流电抗器的计算见第 2 章。

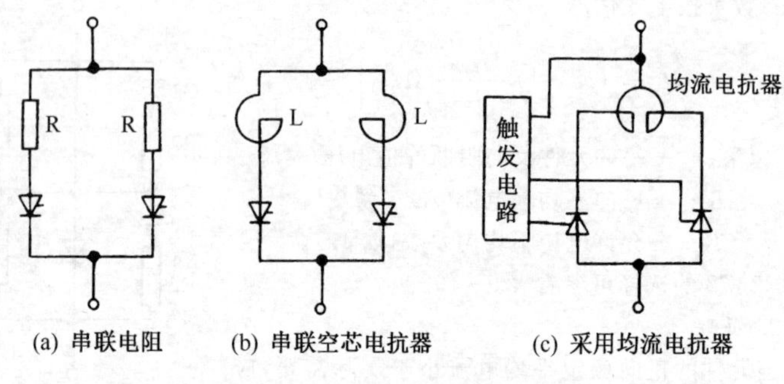


**图 9-20** 硅元件并联保护

# 9-4 晶闸管触发电路

晶闸管由截止到导通,不仅要有正向阳极电压,而且还要在控制极加上触发信号,这是晶闸管得到广泛应用的主要原因。为晶闸管提供触发信号的电路,即为触发电路。触发电路可由各种脉冲信号发生器来做,但对触发信号有一些基本要求:第一,触发脉冲信号要与主电路同步;第二,为满足移相控制要求,脉冲波形应能平稳地前后移动,移相范围要大;第三,为能使晶闸管可靠地触发导通,脉冲前沿应陡峭,电压幅度要大于晶闸管控制极最大触发电压,一般要求大于 4.26 V,触发电流要大于晶闸管控制极最大触发电流,约十几到几百毫安,脉冲宽度不小于 20~40 μs,低电平应小于 0.2 V。

## 一、简单的触发电路

1. 由电阻电容和二极管组成的触发电路

图 9-21 为由电阻、电容和二极管组成的触发电路。在图中,交流电源电压 $u$ 负半周时(1 为负,2 为正),电容 C 先经 V2 反向充电至最大值,后经 R1、R2 和负载 R 缓慢放电至零后即正向充电。当 C 的两端电压达到晶闸管 V3 的触发电压 $u_g$ 时(波形图中 $a$ 点)晶闸管即被触发而导通。改变 R1 可以改变电容 C 放电的速度,即可改变 $a$ 点的位置,达到移相的目的。如 R1 增大,移相角也将增大为 $\alpha_2$,波形的变化见图中虚线所示。

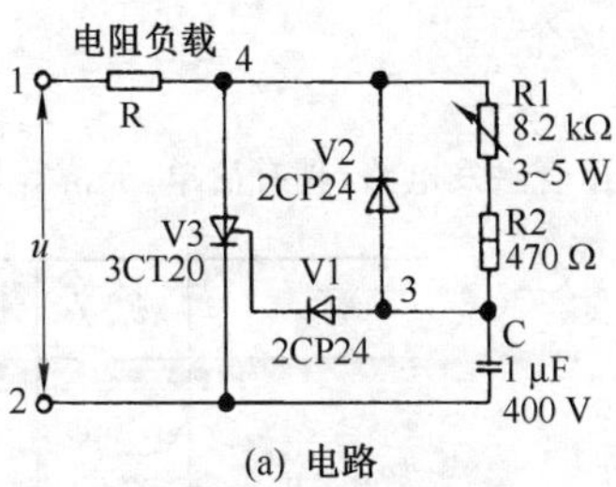


(a) 电路

| 电压名称 | 观察点 | 波　　形 |
|---|---|---|
| 电源电压 | 1－2 | 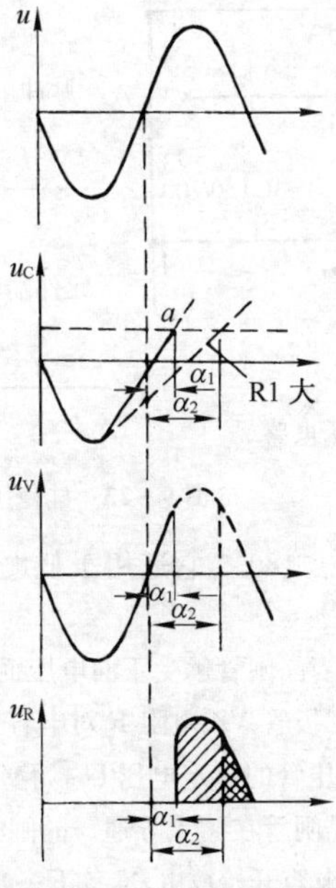 |
| 电容电压 | 3－2 | |
| 晶闸管两端电压 | 4－2 | |
| 负载两端电压 | 1－4 | |

(b) 波形

**图 9－21**　由电阻、电容和二极管组成的触发电路

V2 的作用是防止电容 C 的较高反向电压加至晶闸管的控制极上，而正向的触发电压通过 V1 加至控制极上。

这电路比较简单，它的移相范围＜180°，使用范围可达 170°，适用于对控制系统要求不高的场合。

2. 硅稳压管触发电路

图 9-22 为硅稳压管触发电路，具有简单、经济等特点。

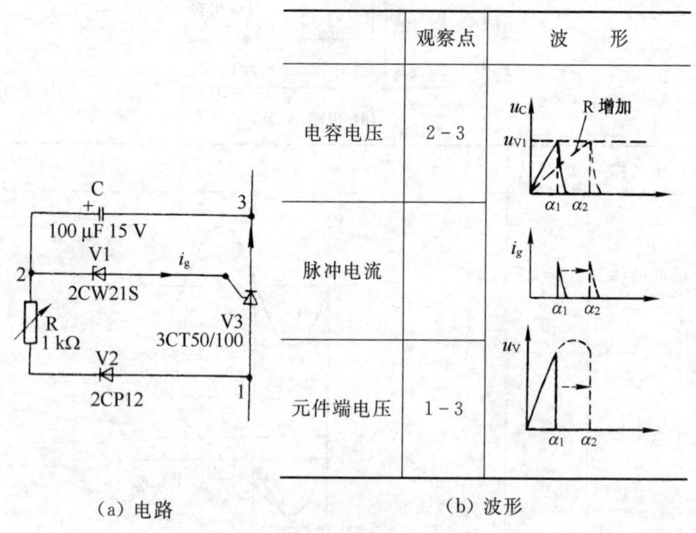


(a) 电路　　(b) 波形

**图 9-22　硅稳压管触发电路**

移相范围：<180°。它适用于低电压而调节性能要求不高的设备，如电镀电源等。

脉冲形式：当晶闸管承受正向电压而未导通时，1 点电位为正，3 点电位为负，该电压通过二极管 V2、电阻 R 对电容 C 充电，电容电压逐渐上升，到 $\alpha_1$ 点，电容电压充到稳压管的稳定电压 $U_{V1}$，稳压管击穿而导通，产生脉冲电流 $i_g$，触发晶闸管，因而晶闸管在 $\alpha_1$ 点导通。晶闸管一旦导通，它的端电压 $U_V$ 立即降到很小(≈0)，同时电容开始放电，准备下一半波重新充电而产生脉冲电流。

移相方法：改变电阻 $R$ 的大小(即改变电容充电时间)。如增大电阻，移相角就从 $\alpha_1$ 增加至 $\alpha_2$，如图中虚线所示。

电路调整：稳压管的稳定电压降低，移相范围越宽，并要求稳压管要有一定功率。电阻、电容越大，移相范围也越大，但增大 $R$ 会减小脉冲电流，可能使晶闸管不能触发。电阻电容适当配合可得到要求的移相范围。

## 二、阻容移相触发电路

1. 单相全波阻容移相电路

单相全波阻容移相电路的特点是简单，但触发电压是正弦波，因此触发不够准确，移相角受电网电压波动等影响较大，而且触发功率不大。

移相范围：极限范围$<180°$；使用范围$<160°$。

应用场合：小功率单相全波可控整流，控制精度要求不高的设备。

图 9-23 所示的单相全波阻容移相电路是由电阻 R、电容 C 和变压器（二次侧有中心抽头）组成的。按图 9-23a 所示的电压方向，可以得到以下电压矢量关系：由 1、3、2 回路得，$\boldsymbol{U}=\boldsymbol{U}_\mathrm{C}+\boldsymbol{U}_\mathrm{R}$，由 0、1、3 回路得，$\frac{1}{2}\boldsymbol{U}=\boldsymbol{U}_\mathrm{C}-\boldsymbol{U}_\mathrm{g}$，即$\boldsymbol{U}_\mathrm{g}=\boldsymbol{U}_\mathrm{C}-\frac{1}{2}\boldsymbol{U}$；由 2、3、0 回路得，$\frac{1}{2}\boldsymbol{U}=\boldsymbol{U}_\mathrm{g}+\boldsymbol{U}_\mathrm{R}$，即$\boldsymbol{U}_\mathrm{g}=\frac{1}{2}\boldsymbol{U}-\boldsymbol{U}_\mathrm{R}$。由以上矢量关系得出矢量图 9-23b，当改变 $R$ 和 $C$ 的比例关系时（通常以改变 $R$ 的大小来实现），即改变矢量 $\boldsymbol{U}_\mathrm{R}$ 和 $\boldsymbol{U}_\mathrm{C}$ 的大小比例，也就是改变 $\boldsymbol{U}_\mathrm{g}$ 与 $\boldsymbol{U}$ 的移相角 $\gamma$。当 $\boldsymbol{U}_\mathrm{g1}$、$\boldsymbol{U}_\mathrm{g2}$ 相位改变，它与晶闸管触发电压交点 $a$、$b$（波形图上）也相应移动而引起整流输出的变化。

电路调整：负载越大，要求 $C$ 越大，一般可取几～十几微法；$R$ 太小影响移相范围。可根据移相要求近似按表 9-19 关系选取（$C$ 单位是 $\mu$F）；若触发电路输出正常，改变 $R$ 能够移相，但晶闸管输出电压不能连续调节，这可能因为触发电压相位搞错了，可将两组触发电压对调再试。

表 9-19 可变电阻 $R$ 的取值

| 要求移相范围 | 0°～90° | 0°～144° | 0°～164° |
|---|---|---|---|
| 可变电阻 $R$ 的最大数值（kΩ） | $\geqslant 3/C$ | $\geqslant 9/C$ | $\geqslant 22/C$ |

为了便于控制，可用晶体管代替可变电阻。为了触发准确，可将移相后正弦波触发电压经晶体管脉冲整形和放大输出触发脉冲，其具体电路可参见三相阻容移相电路（图 9-24）。

2. 三相阻容移相电路

三相阻容移相电路能输出三相触发电压。采用晶体管代替可变电阻移相，控制方便，并具有晶体管脉冲整形和放大电路，触发功率可以增大。

移相范围：极限范围$<180°$；使用范围$<160°$。

应用场合：三相可控整流。

三相阻容移相电路（图 9-24）是由三个单相阻容移相电路组成的。三

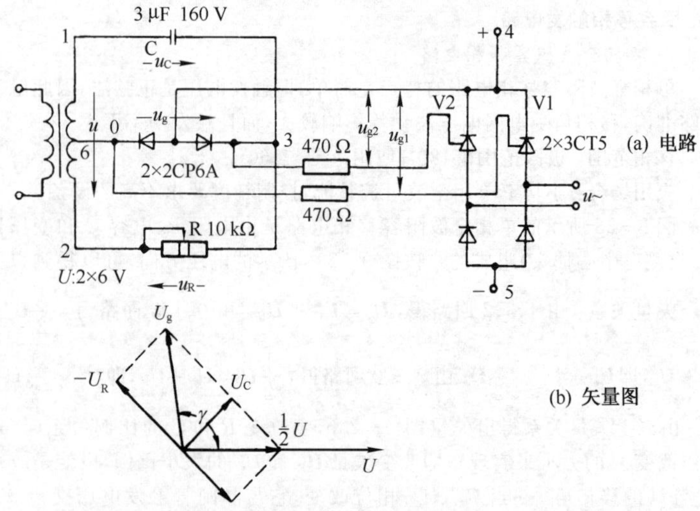


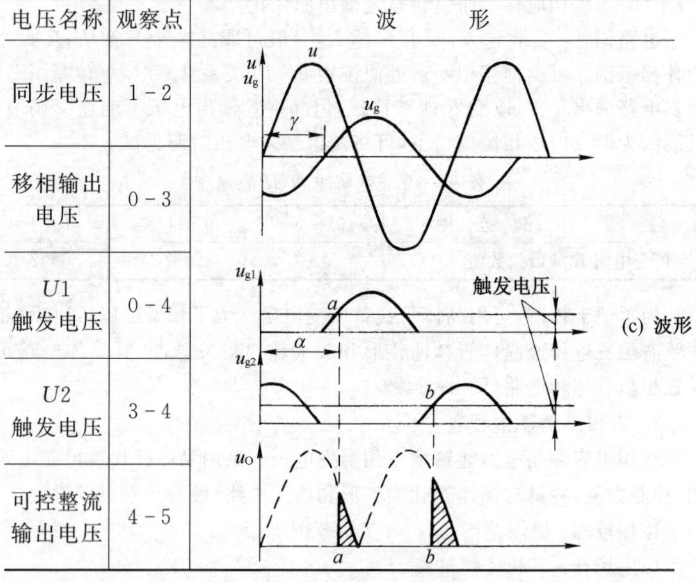


| 电压名称 | 观察点 | 波 形 |
|---|---|---|
| 同步电压 | 1－2 | |
| 移相输出电压 | 0－3 | |
| $U1$ 触发电压 | 0－4 | |
| $U2$ 触发电压 | 3－4 | |
| 可控整流输出电压 | 4－5 | |

**图 9－23** 单相阻容移相电路

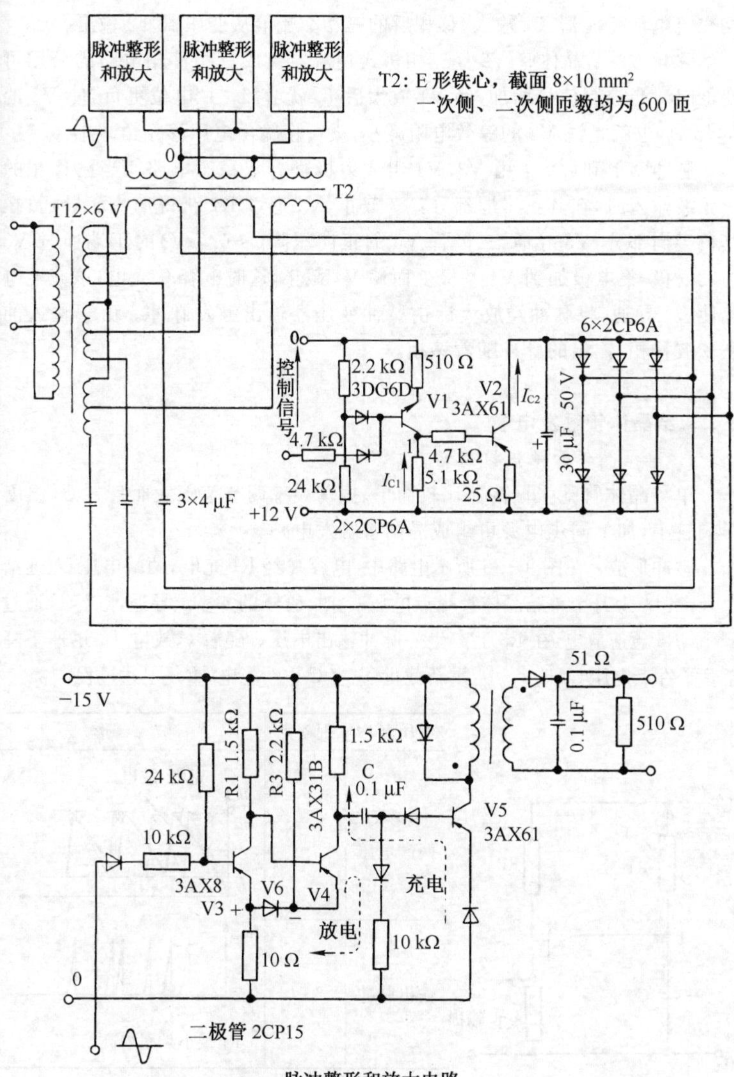


脉冲整形和放大电路

图 9-24　三相阻容移相电路

相交流电从变压器T1输入，移相后的三相交流电从变压器T2输出。

移相方法：晶体管V2经三相桥式整流器组成三相移相电路的公用可变电阻。当控制信号增加，经V1放大后$I_{C1}$就增加，“1”电位更负，使V2的$I_{C2}$增加，也就是说V2的等效电阻减小，就可使输出电压移相角减小。

脉冲整形和放大：由V3、V4组成射极耦合双稳态电路。当已移相的正弦波输入时，在其正半周部分，V3截止，V4通过R1获得偏流而导通；在其负半周部分，V3导通，二极管V6的正向压降(≈0.7 V)的正端通过V3的发射极-集电极加到V4基极上而使V4截止，这时电容C充电，该充电电流使V5导通，将脉冲经放大后由脉冲变压器输出触发脉冲。由于输入的正弦波移相，输出的脉冲随着移相。

## 三、单结晶体管触发电器

### 1. 单结晶体管弛张振荡器

单结晶体管弛张振荡器比较简单、振荡频率调节范围大而且方便，温度影响较小，加上同步电源可组成晶闸管触发电路。

脉冲形成：在图9-25所示电路中，电容C经R1充电，两端电压$U_C$逐渐上升，当$U_C$上升至单结晶体管峰点电压$U_p$时，管子的e～$b_1$导通，电容C通过e～$b_1$、R3急速放电，在R3上产生一脉冲输出电压。随着C放电，$U_C$迅速下降至管子谷点电压$U_v$时，e～$b_1$重新截止，电容C重新充电，重复上述过程。

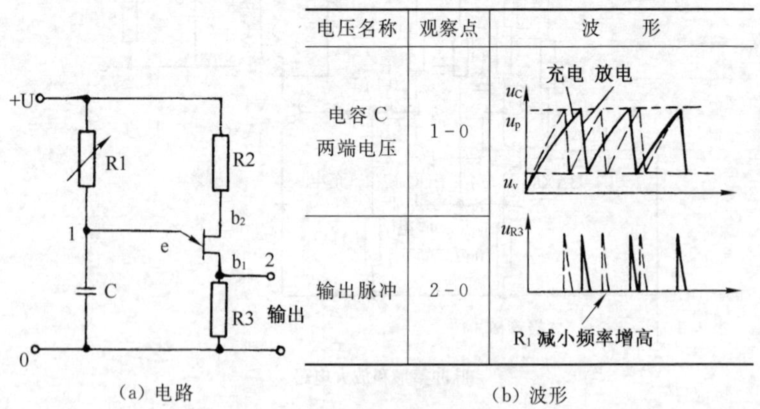


(a) 电路　　(b) 波形

图9-25　单结晶体管弛张振荡器

频率调节：改变电阻 R1 或电容 C 就改变 C 充电的速度，也就改变振荡频率。R1 和 C 越小，频率越高(如图 9-25 波形图中虚线所示)。

振荡周期

$$T \approx R_1 C \ln \frac{1}{1-\eta} \approx R_1 CK$$

式中　$\eta$——单结晶体管分压比；$K$ 和 $\eta$ 的对应关系见表 9-20。

电路调整：见表 9-21。

表 9-20　$K$ 和 $\eta$ 的关系

| $\eta$ | 0.3 | 0.4 | 0.5 | 0.6 | 0.7 | 0.8 | 0.9 |
|---|---|---|---|---|---|---|---|
| $K = \ln \frac{1}{1-\eta}$ | 0.36 | 0.51 | 0.69 | 0.92 | 1.2 | 1.61 | 2.3 |

表 9-21　单结晶体管弛张振荡器的调整

| 参　数 | 取用范围 | 作　　用 |
|---|---|---|
| $R_1$(MΩ) | $\frac{U-U_p}{I_p} > R_1 > \frac{U-U_v}{I_v}$<br>0.01～3 | 如过大，单结晶体管达不到峰点电压。<br>如过小，单结晶体管电流大于谷点电流，不能截止，电路均不振荡，无脉冲输出。<br>$I_p$——单结晶体管峰点电流。<br>$I_v$——单结晶体管谷点电流 |
| $R_2$(Ω) | 200～600 | 用作温度补偿 |
| $R_3$(Ω) | 50～1 000 | 影响输出脉冲幅度和宽度 |
| $C$(μF) | 0.047～0.5 | 影响振荡频率和输出脉冲的宽度 |

2. 单结晶体触发电路

单结晶体管弛张振荡器加上同步电源信号即可构成触发电路，通常由电源经降压后通过稳压管形成阶梯波作同步信号，如图 9-25 中的 $u_{R3}$。这样，在阶梯波内可能有数个锯齿波振荡信号，但只要第一个振荡信号已触发晶闸管导通后，其余振荡信号也就失去作用。如同阻容移相触发电路相似，移相电阻可以用手调节阻值，也可用晶体管作可变电阻代替。

1) 手动调节移相角的单结晶体管触发电路　图 9-26 所示的单结晶体管触发电路比较简单，温度补偿性能好，有一定抗干扰能力，脉冲前沿陡。但输出功率较小，脉冲较窄，只能手动调节 R1，无法加其他控制信号。

移相范围：<180°，一般为<150°。

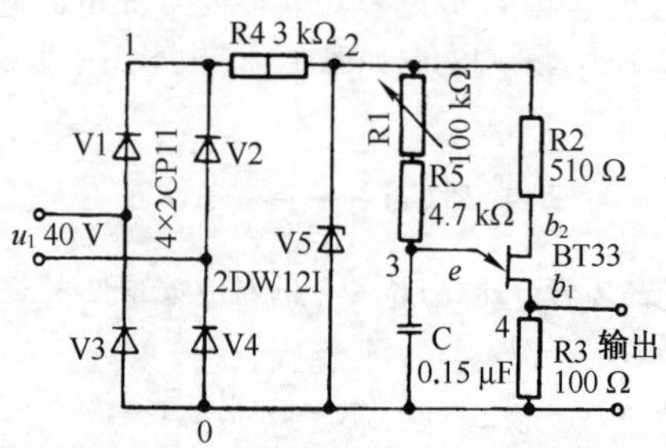


图 9-26 手动调节单结晶体管触发电路

应用场合：单相可控整流要求不高的场合，能触发 50 A 以下元件。

梯形波形成：交流正弦电压 $u_1$ 经 V1～V4 桥式整流和稳压管 V5 削波而得梯形波同步电压。

脉冲形成：该梯形波同步电压经 R1、R5 对 C 充电，利用 C 和单结晶体管充放电，由 R3 输出一组触发脉冲，其中第一个脉冲使晶闸管触发导通，后面几个脉冲对晶闸管的工作没有影响。

同步：当梯形波电压过零点，电容 C 的电压也为 0，因此电容每一次连续充放电的起点就是电源电压过零点，这样就可保证输出脉冲的频率和电源频率保持一定的关系。

移相方法：改变 R1 的大小，可以改变 C 的充电速度，因此改变第一个脉冲出现的时间，从而达到移相的目的。

电路调整：采用稳压管以保证输出脉冲幅值稳定，并可获得一定的移相范围，它的稳定电压 $U_{V5}$ 会影响输出脉冲幅值和单结晶体管正常工作，一般取 12～24 V。

电源电压 $u_1$ 影响移相范围，可取 40～80 V 左右。取得高些移相范围可大些，但要加大 R4 的阻值和功率。

2）晶体管作可变电阻移相的单结晶体管触发电路　如图 9-27b 所示，由同步变压器 T 降压后，二极管 V3～V6 桥式整流，经 R1 限流，稳压管削波后成为梯形波。为使直流电源有 23～24 V 的电压，用两只 V7、V8 稳压管串联。为使有尽可能宽的移相范围，同步变压器二次侧电压选得较高些，选用 80～90 V。晶体管 V1 作放大用，V2 与 C 组成 RC 移相电路。当 V1 基极的控制信号 $u_g$ 增大时，V1 的 $I_{C1}$ 增大，则 R2 上的压降变大，V2 的

$I_{b2}$增大使 V2 的 e、c 极之间的阻值变小，对电容 C 的充电时间常数减小。在被充电前的瞬间，C 的两端电压为零，当 C 的两端电压上升到 V3 的峰点电压 $U_p$时，V3 被击穿而导通，此时 C 经 R6(为与电源隔离而用脉冲变压器)放电，这时产生一输出脉冲。当 C 两端电压放电到达小于 V3 的谷点电压 $U_v$时，则 V3 截止，接着 C 又被充电重复上述过程。从上述过程中可知，只要改变控制电压 $u_g$的大小，就可以改变 C 的充电电压上升到 $U_p$的时间，达到了移相的目的。此电路较为简单，功率增益较大，温度补偿性能也较好，同步信号容易处理。但移相范围不大(130°～150°)，V3 的输出功率有限，输出脉冲出较窄，对感性负载及 100 A 以上的晶闸管不太适用。因此只能适用于要求不高的设备上。

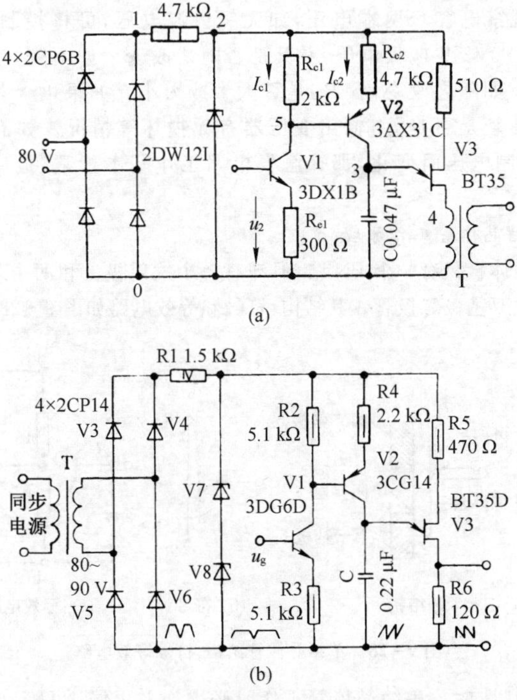


图 9－27　晶体管作可变电阻移相单结晶体管触发电路

图9-27a所示电路的调整：

(1) V2发射极电阻$R_{e2}$若偏小，对前级放大器影响较大(使其放大能力降低)，还可能在控制信号$u_2$增大到一定限度后，脉冲突然消失。若$R_{e2}$偏大，电流负反馈作用增大，有可能使单结晶体管不能达到峰点电压，甚至没有脉冲产生。$R_{e2}$一般取2～10 kΩ。

(2) V1发射极电阻$R_{e1}$一般取几百欧～1千欧。集电极电阻$R_{c1}$可取2～20 kΩ。若取得高些，可增加其放大倍数。但如果太大将会使管子工作在非线性段，放大倍数反而减小。

(3) 电路的调试和故障检查应力求根据几个关键的波形迅速判断。

首先观察稳压管两端电压波形是否是梯形波，从而判断电源部分是否正常。

然后观察电容C两端电压，如无锯齿波电压，可将控制信号$u_2$变动，测量V1、V2集电极电压，看其是否随之改变。如不变，应检查管子是否良好。如随之改变，看$R_{e2}$是否太大或太小。如果以上都正常应检查单结晶体管是否良好，输出变压器有无损坏等情况。如有锯齿波电压，并随控制电压而变化，那么触发电路工作基本正常，最后检查输出环节。

3. 单结晶体管工作原理

单结晶体管只有一个PN结，但却有一个发射极e和两个基极$b_1$、$b_2$，所以又叫做双基极二极管。其结构、符号和等效电路如图9-28所示。

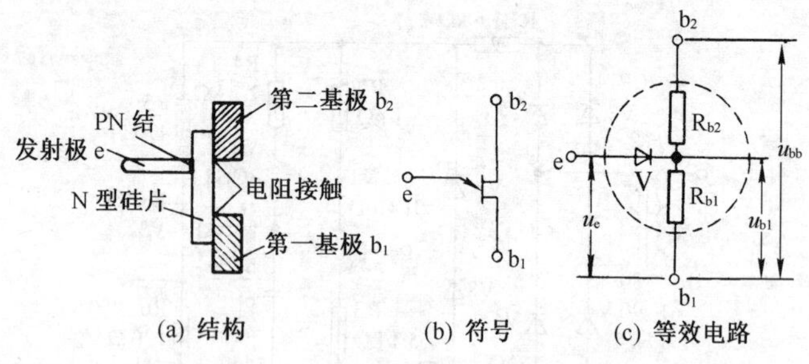


**图9-28**　单结晶体管结构、符号等效电路

1) 控制性能　单结晶体管工作时必须加上正偏压$U_{bb}$，即$b_2$接正，$b_1$接负。从等效电路可看到，在$R_{b1}$两端有一分压$U_{b1}$，此电压与$U_{bb}$之

比叫做分压比 $\eta$,即 $\eta = U_{b1}/U_{bb}$。控制电压 $U_e$加在 e～$b_1$ 两端,e 接正、$b_1$ 接负。

当$U_e < U_{b1}$ 时,等效二极管 $U_V$反向截止,e～$b_1$ 间仅有很小反向漏电流。当$U_e \geqslant U_{b1} + U_z$ 时($U_z$为 $U_V$的正向压降),V 正向导通,e～$b_1$ 间电阻突然减小,发射极流过一个很大的脉冲电流。这个电压称为峰点电压 $U_p$。即 $U_p = U_{b1} + U_z \approx U_{b1}$(因为$U_z \approx 0$)。

单结晶体管导通后,控制电压再降低,甚至低于峰点电压 $U_p$,e～$b_1$ 间仍继续导通,只有当$U_e$低于一定数值(称为谷点电压 $U_v$),e～$b_1$ 间才重新恢复截止。

2）管脚判别　用万用表 R×100 或 R×1 k 档测量：基极 $b_1$、$b_2$ 之间正反向电阻相同,一般为 2～10 kΩ。发射极 e 和 $b_1$ 或 $b_2$ 间正向电阻小(黑笔接 e,红笔接 $b_1$ 或 $b_2$),反向电阻大(黑笔接 $b_1$ 或 $b_2$,红笔接 e)。

3）参数解释　分以下几项：

分压比 $\eta$:

$$\eta = \frac{U_{b1}}{U_{bb}} = \frac{U_p - U_z}{U_{bb}} \approx \frac{U_p}{U_{bb}}$$

由此可得峰点电压

$$U_p = \eta U_{bb}$$

基极间电阻 $R_{bb}$：发射极开路,基极 $b_1$～$b_2$ 间的电阻,它与温度有关。

e～$b_1$ 间反向电压 $U_{eb1}$：$b_2$ 开路,在额定反向电流时基极 $b_1$ 与发射极 e 间的反向耐压。

e～$b_2$ 间反向电压 $U_{eb2}$：$b_1$ 开路,在额定反向电流时基极 $b_2$ 与发射极 e 间的反向耐压。

反向电流 $I_{eo}$：$b_1$ 开路,在额定反向电压 $U_{eb2}$下 e～$b_2$ 间的反向电流。

发射极饱和压降 $U_{e(sat)}$：在最大发射极额定电流时发射极 e 与基极 $b_1$ 间压降。

峰点电流 $I_p$：单结晶体管导通前,控制电压为峰点电压时的发射极电流。该电流是使单结晶体管构成弛张振荡器的最小电流。

4. 单结晶体管型号和参数

单结晶体管型号和参数见表 9-22。

表9-22 单结晶体管型号和参数

| 型号 | 分压比 $\eta$ | 基极间电阻 $R_{bb}$ (kΩ) | 发射极与基极间反向电压 $U_{ebo}$ (V) | 反向电流 $I_{eo}$ (μA) | 发射极饱和压降 $U_{e(sat)}$ (V) | 峰点电流 $I_p$ (μA) | 基极 $b_2$ 耗散功率 $P_{b_2M}$ (mW) | 管脚 |
|---|---|---|---|---|---|---|---|---|
| 5S1 | 0.2～0.95 | 2～12 | 40 | 8 | 5 | 12 | 450 | |
| 5S1A | 0.3～0.55 | 3～6 | 60 | 1 | 5 | 12 | 450 | |
| 5S1B | 0.3～0.55 | 5～8 | 60 | 1 | 5 | 12 | 450 | |
| 5S1C | 0.45～0.75 | 3～6 | 60 | 1 | 5 | 12 | 450 | |
| 5S1D | 0.45～0.75 | 5～8 | 60 | 1 | 5 | 12 | 450 | |
| 5S1E | 0.65～0.85 | 3～6 | 60 | 1 | 5 | 12 | 450 | |
| 5S1F | 0.65～0.85 | 5～8 | 60 | 1 | 5 | 12 | 450 | 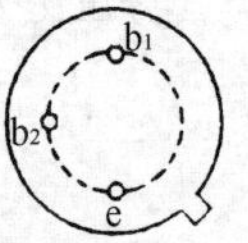 b1 b2 e |
| 5S2 | 0.2～0.95 | 2～12 | 40 | 8 | 5 | 1 | 450 | |
| 5S2A | 0.3～0.55 | 3～6 | 60 | 1 | 5 | 1 | 450 | |
| 5S2B | 0.3～0.55 | 5～8 | 60 | 1 | 5 | 1 | 450 | |
| 5S2C | 0.45～0.75 | 3～6 | 60 | 1 | 5 | 1 | 450 | |
| 5S2D | 0.45～0.75 | 5～8 | 60 | 1 | 5 | 1 | 450 | |
| 5S2E | 0.65～0.85 | 3～6 | 60 | 1 | 5 | 1 | 450 | |
| 5S2F | 0.65～0.85 | 5～8 | 60 | 1 | 5 | 1 | 450 | |
| BT31A | 0.3～0.55 | 3～6 | ≥60 | ≤1 | ≤5 | ≤2 | 300 | |
| BT31B | 0.3～0.55 | 5～10 | ≥60 | ≤1 | ≤5 | ≤2 | 300 | |
| BT31C | 0.45～0.75 | 3～6 | ≥60 | ≤1 | ≤5 | ≤2 | 300 | 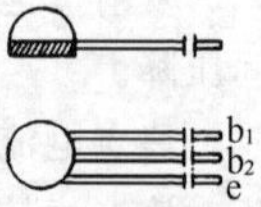 |
| BT31D | 0.45～0.75 | 5～10 | ≥60 | ≤1 | ≤5 | ≤2 | 300 | b1 b2 e |
| BT31E | 0.65～0.85 | 3～6 | ≥60 | ≤1 | ≤5 | ≤2 | 300 | |
| BT31F | 0.65～0.85 | 5～10 | ≥60 | ≤1 | ≤5 | ≤2 | 300 | |

（续表）

| 型号 | 分压比 $\eta$ | 基极间电阻 $R_{bb}$ (kΩ) | 发射极与基极间反向电压 $U_{ebo}$ (V) | 反向电流 $I_{eo}$ ($\mu$A) | 发射极饱和压降 $U_{e(sat)}$ (V) | 峰点电流 $I_p$ ($\mu$A) | 基极 $b_2$ 耗散功率 $P_{b_2M}$ (mW) | 管脚 |
|---|---|---|---|---|---|---|---|---|
| BT32A | 0.3～0.55 | 3～6 | ≥60 | ≤1 | ≤5 | ≤2 | 300 | $b_2$ $b_1$ e |
| BT32B | 0.3～0.55 | 5～10 | ≥60 | ≤1 | ≤5 | ≤2 | 300 | |
| BT32C | 0.45～0.75 | 3～6 | ≥60 | ≤1 | ≤5 | ≤2 | 300 | |
| BT32D | 0.45～0.75 | 5～10 | ≥60 | ≤1 | ≤5 | ≤2 | 300 | |
| BT32E | 0.65～0.85 | 3～6 | ≥60 | ≤1 | ≤5 | ≤2 | 300 | |
| BT32F | 0.65～0.85 | 5～10 | ≥60 | ≤1 | ≤5 | ≤2 | 300 | |
| BT33A | 0.3～0.55 | 3～6 | ≥60 | ≤1 | ≤5 | ≤2 | 500 | $b_2$ $b_1$ e |
| BT33B | 0.3～0.55 | 5～10 | ≥60 | ≤1 | ≤5 | ≤2 | 500 | |
| BT33C | 0.45～0.75 | 3～6 | ≥60 | ≤1 | ≤5 | ≤2 | 500 | |
| BT33D | 0.45～0.75 | 5～10 | ≥60 | ≤1 | ≤5 | ≤2 | 500 | |
| BT33E | 0.65～0.85 | 3～6 | ≥60 | ≤1 | ≤5 | ≤2 | 500 | |
| BT33F | 0.65～0.85 | 5～10 | ≥60 | ≤1 | ≤5 | ≤2 | 500 | |
| BT34A | 0.3～0.4 | ≥2 | ≥30 | <2 | <4 | <4 | 300 | $b_2$ $b_1$ e |
| BT34B | >0.4～0.5 | ≥2 | ≥60 | <2 | <4 | <4 | 300 | |
| BT34C | >0.5～0.65 | ≥2 | ≥30 | <2 | <4.5 | <4 | 300 | |
| BT34D | >0.65 | ≥2 | ≥60 | <2 | <4.5 | <4 | 300 | |
| BT35A | 0.3～0.4 | ≥2 | ≥30 | <2 | <4 | <4 | 500 | $b_2$ $b_1$ e |
| BT35B | >0.4～0.5 | ≥2 | ≥60 | <2 | <4 | <4 | 500 | |
| BT35C | >0.5～0.65 | ≥2 | ≥30 | <2 | <4.5 | <4 | 500 | |
| BT35D | >0.65 | ≥2 | ≥60 | <2 | <4.5 | <4 | 500 | |

注：BT33 型单结晶体管有两种外形，因而也有两种参数，可根据外形确定属哪一类。

5. 单结晶体管触发电路应用举例

［**例 1**］　在图 9－29 所示的电路中，V1 仍然起着可变电阻的作用，单结晶体管的电源由于具有电容 C 滤波，因此是平滑的直流，不是梯形波，它的同步作用由 V2 来完成。同步正弦电压 $u_t$ 经整流和稳压管削波后，成为梯形波，再经

R1、R2分压加在V2的基极上，当梯形波过零点，V2立即截止，单结晶体管电源切断，脉冲消失。梯形波电压出现，V2立即导通，单结晶体管获得电源而工作。

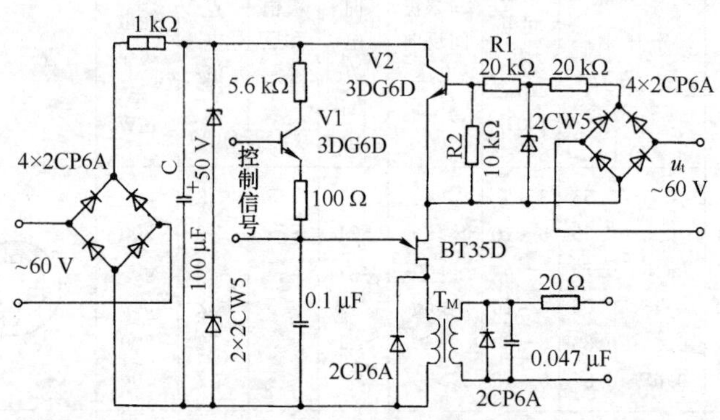


脉冲变压器 $T_M$ 铁心：E形硅钢片，截面 7 mm×7 mm

一次侧绕组 200匝 }线径 0.27 mm
二次侧绕组 150匝

**图 9-29** 单结晶体管触发器应用电路(一)

［**例 2**］ 图9-30所示电路是利用小容量晶闸管V4作为脉冲放大环节。在单结晶体管脉冲输出之前，电容C1充了电，当单结晶体管输出一脉冲使V4导通，C1通过V4、T而迅速放电，因此能输出一个较强的脉冲信号。V1为隔离二极管。

控制信号和触发电路共用1个电源，调节RP即可达到改变控制信号而移相的目的。V2、V3为保护二极管，它将V的输入信号限制在2个管子总的正向压降(约1～2 V)之内，以免V承受过大输入信号而损坏。

C2既有滤波作用，又有起动延时作用。因为当电源接通瞬间，C2两端电压要逐渐上升，也就是说输入信号只能缓慢增加，这样使输出脉冲自动地从后向前移，保证晶闸管逐渐开放。

［**例 3**］ 在图9-31所示的电路中，为了增大输出脉冲功率，采用3DG6B和3DK4B组成脉冲功率放大器。当单结晶体管(BT35C)输出正脉冲时，3DK4B导通，通过脉冲变压器T输出脉冲。

［**例 4**］ 图9-32所示电路中，用差动放大电路推动3CG14，调节输出脉冲，其工作原理与前述相同。

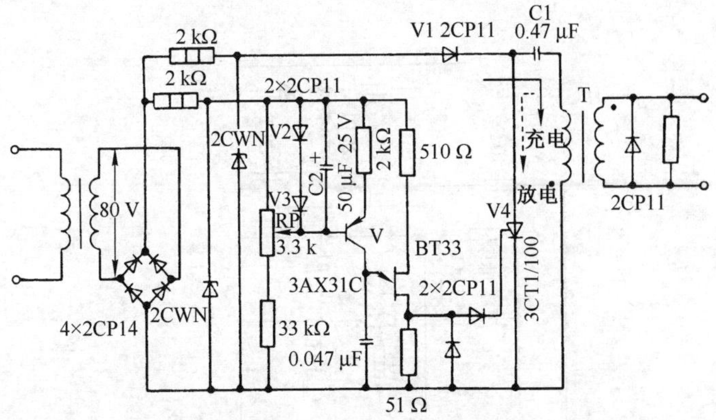


T：E 形硅钢片，0.35 mm 厚，截面 12 mm×18 mm

一次侧绕组　500 匝　} 线径 0.21 mm
二次侧绕组　300 匝

**图 9-30**　单结晶体管触发器应用电路(二)

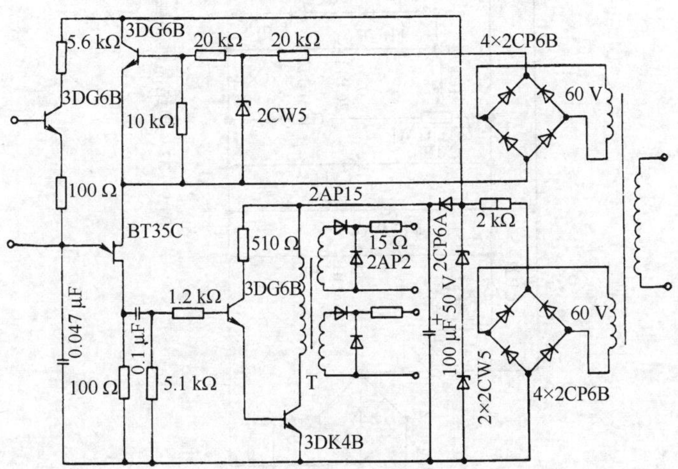


脉冲变压器 T 铁心：坡莫合金 7×7 $mm^2$

一次侧绕组 140 匝，线径 0.25 mm

二次侧绕组 2×35 匝，线径 0.25 mm

**图 9-31**　单结晶体管触发器应用电路(三)

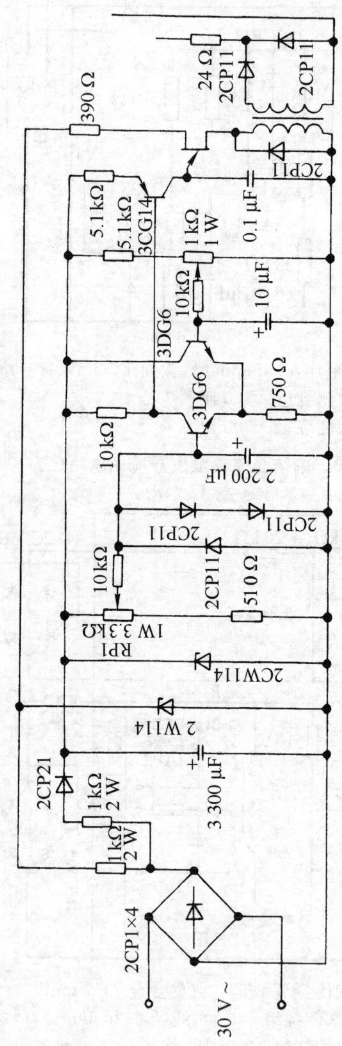


图 9－32 单结晶体管触发器应用电路(四)

## 四、利用电容充放电进行移相的晶体管触发电路

在图 9－33 所示的电路中，V3、V4 采用正偏压电路，以提高电路抗干扰能力。利用电容充放电进行移相方法简单，移相范围较宽。

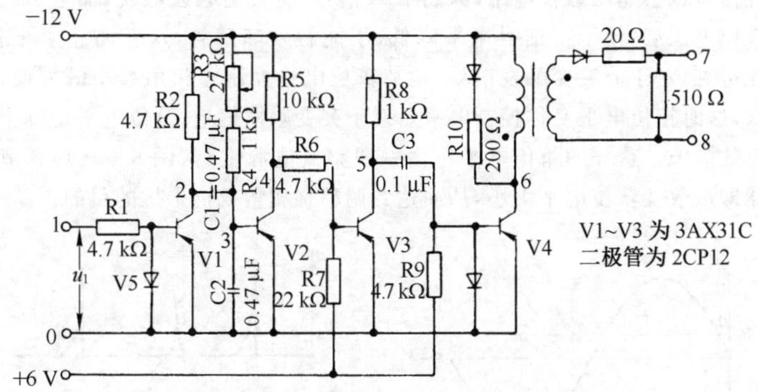


**图 9－33**　利用电容充放电移相电路

移相范围：<180°。

应用场合：单相可控整流电路。

同步环节：同步正弦电压 $u_1$ 加在 V1 基极上，$u_1$ 为正时，V1 截止，二极管 V5 保护 V1 基极，使其反向电压不致很大；$u_1$ 为负时，V1 导通。

移相环节：V1 截止时，V2 通过 R3、R4 获得偏流而导通，C2 被 V2 短路，而 C1 通过 V2 和 R2 充电。当 V1 导通，C1 充的正电加到 V2 基极上，使 V2 截止。同时电源通过 R3、R4 对并联的 C1、C2 反向充电。当 C1、C2 上电压降到 0 后，电压极性改变，V2 又恢复导通。改变 R3，就改变 C1、C2 反向充电的速度，V2 由截止恢复导通的时刻就随之改变，达到移相目的。

脉冲形成和放大环节：V2 由截止而导通，使 V3 由导通而截止，这时 C3 通过 V4 和 R8 充电，使 V4 导通，由脉冲变压器 T 输出触发脉冲。

## 五、调节箝位电平进行移相的晶体管触发电路

当晶闸管阳极加正向电源时，如触发信号电平超过晶闸管控制极触发电压，晶闸管即触发导通。这样，我们可以通过调节触发信号的箝位电位来调整移相角或抑制干扰，如图 9－34 所示。图 9－34a 为当触发信号为非突变信号进行移相调节，图中以正弦触发信号为例，在没有箝位电压时 $a$ 点触

发晶闸管，加上直流箝位电压 $u_0$，使正弦信号电平下移直到 $b$ 点才能触发晶闸管，这时移相角 $\alpha'$ 比原来移相角 $\alpha$ 大，调整 $u_0$ 大小就可调节移相角；图 9－34b 为当触发信号为突变信号时，由于通常晶闸管触发电平较低，常有干扰信号也会超出触发电平（如图中 A 信号）就会引起误触发，加上负的直流箝位电压后，使干扰信号电平降低，不能触发晶闸管，这就防止了干扰。由此可见，对于非突变触发信号，调节箝位电平控制移相角大小既方便，又可靠，这时箝位电平又称控制电平。对于突变触发信号，箝位电平是抗干扰的有效措施。这样的箝位电平可由一般整流电源供给（图 9－35），调节电位器即可改变箝位电平大小，从而达到调整移相角或抗干扰的目的。

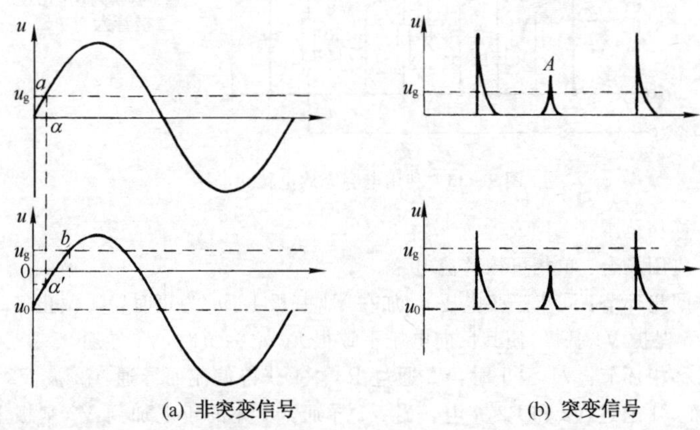


**图 9－34**　调节箝位电平移相原理

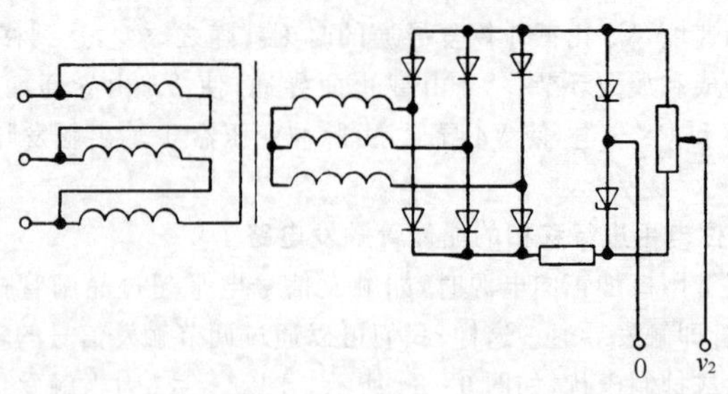


**图 9－35**　箝位电平电路

1. 简单箝位电平调节移相角的触发电路

由移相控制信号加上箝位电平即可得到触发信号，如图 9－36 所示。

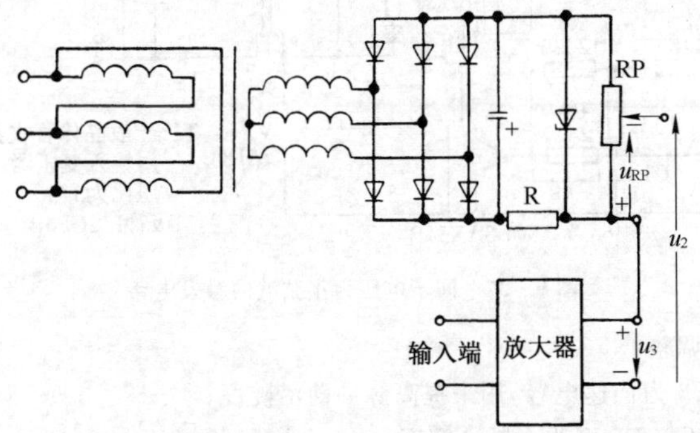


**图 9－36** 箝位电平调节移相角的触发电路

控制电压 $u_2$ 等于移位电压 $u_{RP}$ 和信号电压 $u_3$ 之差。这样 $u_3$ 只要改变大小不需要改变极性就能达到移相 180°的要求。

$u_3$ 是放大器输出电压，只要改变放大器输入电压就能起到移相的目的。一般 $u_{RP}$ 略小于 $U_{m1}$，所以 $u_3$ 的变化范围从 $0 \rightarrow u_{RP} + U_{m1}$。

2. 同步电压为正弦波的触发电路（具有变压器耦合）

图 9－37 所示的触发电路具有线路简单，触发功率较大等特点。同步电压采用正弦波使主回路整流电压在交流电网波动时能自动补偿。输出脉冲有一定宽度。在控制电压较大时，同步正弦电压波动会造成脉冲突然消失而失控。

移相范围：极限范围＜180°（或±90°）；

　　　　　使用范围＜150°（或±75°）。

应用场合：三相可控整流和可逆调速系统，可触发 200 A 元件。

在图 9－37 中，交流正弦电压经 R1～R4 分压而得同步电压 $u_1$，再和控制电压 $u_2$ 叠加后作用在 V1 基极上，改变控制电压 $u_2$ 的大小和极性即可移相。

脉冲形成和放大：V1 集电极电流的变化经过耦合变压器 T1 输出正负两个脉冲，正脉冲被 V3 截止，负脉冲输入 V2 基极，经 V2 放大，通过脉冲变压器 $T_M$ 输出触发脉冲。

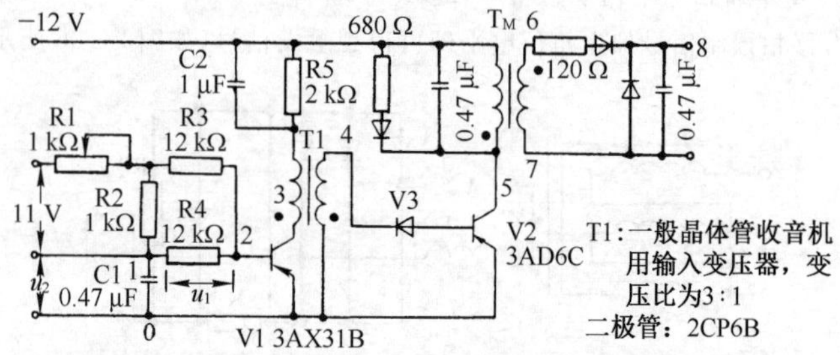


**图 9-37** 同步电压为正弦波的触发电路

电路调整：

(1) C2 为加速电容,用来提高脉冲前沿陡度；

(2) 调整 R5 可改变脉冲宽度；

(3) 调整 R1 可改变同步电压 $u_1$ 的大小并可改变多相系统各触发器的对称性,从而保证各相移相角相等；

(4) 注意耦合变压器 $T_1$ 和脉冲变压器 $T_M$ 的对应端不要接错。

3. 同步电压为带尖脉冲正弦波的晶体管触发电器(具有阻容正反馈)

由于同步电压带尖脉冲,可防止当同步电压波动或有干扰信号时,使控制电压超出同步电压而使脉冲消失(即触发电路失控)所造成的事故。这对可逆系统的安全工作尤为必要,而且可增大移相范围。图 9-38 所示电路脉冲输出功率大,采用 RC 正反馈脉冲前沿很陡,宽度可调。但电路复杂,元件较多。

移相范围：极限范围<180°(±90°)；使用范围<170°(±85°)。

应用场合：三相可控整流及可逆调速系统。

同步电压形成：A 相电压 $u_a$ 为同步电压,C 相电压 $u_c$ 超前 $u_a$ 120°,经 R1、R2、C1 阻容移相得 $u_1$,调节 R1 使 $u_1$ 落后 $u_c$ 30°,即 $u_1$ 超前 $u_a$ 90°。$u_1$ 经 R3 输入 V1 基极,当 $u_1$ 正半周时,V1 截止,负半周时,V1 导通。V1 集电极电位的跃变经 C2 输出正负尖脉冲,恰与正弦同步电压 $u_a$ 叠加,得到带尖脉冲的正弦波。

脉冲形成：将带尖脉冲的正弦波与控制电压 $u_2$ 叠加后加在 V2 基极上进行移相控制。当 V2 截止时电容 C3 通过 V5、R7 充电,当 V2 导通时,C3 经过 V6 输出 1 个正脉冲给 V3 基极。

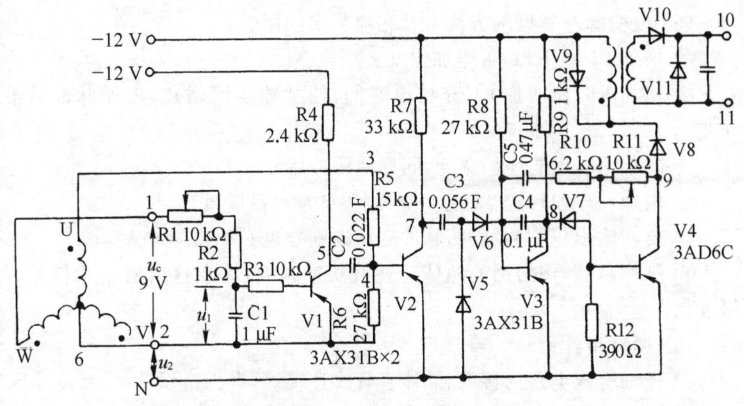


E 形硅钢片，截面 18 mm×20 mm
一次侧绕组 800 匝，线径 0.15 mm
二次侧绕组 700 匝，线径 0.42 mm
二极管：2CP6A

**图 9－38**　同步电压为带尖脉冲正弦波的触发电路

脉冲整形和放大：V3、V4 组成单稳态电路。正脉冲输入前，V3 通过 R8 建立偏流而导通。其集电极电位接近电源正端，因此相当于把 V4 的基极和发射极短路，所以 V4 截止。另外 C5 经 V5、V6、R10、R11、V8 充电。当 V2 产生的正脉冲输入时，使 V3 截止，V4 经 V7、R9 建立偏流而导通，并经过脉冲变压器 $T_M$ 输出触发脉冲。

阻容正反馈：V4 一导通，C5 已充好的正电压加到 V3 的基极上，一方面可加速 V3 截止，能提高脉冲前沿陡度，另一方面可使 V3 在正脉冲消失后仍继续截止，因而 V4 维持导通，直至 C5 放电结束，单稳态才恢复起始状态。这样，保证了一定的脉冲宽度 $T$。

电路调整：

(1) 改变 R1 可以改变 $u_1$ 的相移，用以调整尖脉冲出现在 $u_a$ 的最大值。

(2) R12：使 V4 截止时，其基极电位与发射极电位相同，这样 V3 仅流过极小的反向饱和电流，从而提高了抗干扰能力。

(3) V8：限制可能从脉冲变压器进入触发器的干扰信号。

(4) R3：串在 V1 基极上，以提高 V1 的输入阻抗，减少对 R1、R2、C1 阻容移相的影响。

(5) 改变脉冲宽度的方法及其相应带来的影响：

① 增加 C5 或 R11,可增加宽度。

② 增加 R8,能增加 C5 充放电时间,使脉冲宽度增加,但使脉冲后沿变差。

③ 减小 R9,也能增加宽度,同样使脉冲后沿变差。

④ 增加 C3 也能增加宽度,并可改善脉冲前沿陡度。

⑤ 要能输出较宽的脉冲,脉冲变压器铁心也必须相应放大。

⑥ 脉冲越宽,输出级的晶体管耗散功率越大,注意这时管子功耗是否超过允许值。

(6) 调整步骤：

① 仔细检查电路的接线、晶体管管脚连接等,有无错误。

② 加上触发电路的直流电源,用万用表测量管子集电极-发射极电压,观察无同步电压和控制电压情况下晶体管工作状态是否正常。该电路 V2、V4 截止时,集-射极电压≈−12 V,V3 导通时,集-射极电压≈0,此时无脉冲输出。

③ 检查带尖脉冲的同步正弦电压,此时接通 $u_a$、$u_1$,同时要将 V2 的基极和 4 点的连线断开,就可在 R6 两端观察到带尖脉冲正弦波,调节 R1,使正尖脉冲恰好出现在正弦波峰,负尖脉冲在正弦波底。

④ 然后接通 V2 基极,并接入控制电压 $u_2$ 使其为 0。

由于 V2 基-射极间正向压降≈0,所以在 R6 上只能看到半个带尖脉冲的正弦波。这时触发电路开始输出脉冲,可在输出端接一小于 100 Ω 的电阻为负载来观察。如无脉冲,应从后级往前逐级检查。

脉冲变压器二次侧绕组有脉冲,输出没有脉冲,可能是二次侧绕组极性接反,或串联二极管 V10 接反。

脉冲变压器一次侧绕组有脉冲,二次侧没有脉冲,可能是二次侧绕组断路或并联二极管 V11 接反而使脉冲短路了。而脉冲变压器一次侧无脉冲,可能是并联二极管 V9 接反了。

再看 V4 工作是否正常,可观察集-射极电压。

⑤ 按第(5)点介绍的方法调整脉冲宽度。

⑥ 改变控制电压 $u_2$,观察移相情况和移相范围。

4. 同步电压为带尖脉冲的正弦波的晶体管触发电路(采用硅管)

除了上述带尖脉冲的特点外,在图 9-39 所示的触发电路中由于采用硅管,因此稳定性较好,移相范围可以调节,脉冲有一定宽度。

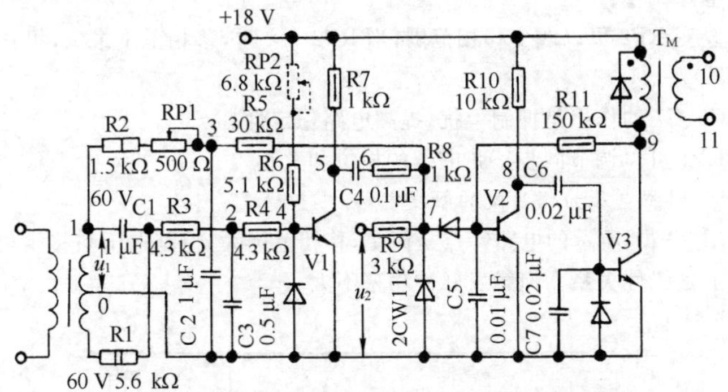


V1～V3 为 3DG4A，二极管为 2CP14，$u_2$ 为±7 V

$T_M$：磁环 MXO－2000，31 mm×18 mm×7 mm

一次侧绕组　300 匝　线径 0.25 mm 高强度漆包线

二次侧绕组　200 匝　线径 0.25 mm 高强度漆包线

**图 9－39**　同步电压为带尖脉冲的正弦波的触发电路

移相范围：极限范围＜180°(±90°)；使用范围＜170°(±85°)。

应用场合：可控整流和可逆调速系统，触发 50 A 以下的元件。

同步正弦波电压：同步变压器二次侧电压 $u_1$ 经 R2、RP1、C2 高频滤波(使同步电压为纯粹正弦波，滤除高频分量)输入 V1 基极。R2、RP1、C2 又有移相作用，使电压(“3”点)$u_{3\sim0}$ 落后 $u_1$ 30°。

尖脉冲产生：由 V1 产生防止失控的尖脉冲。同步电压 $u_1$ 经 R1、C1 阻容移相和 R3、C3 高频滤波并移相，使得输入 V1 的电压(“2”点)$u_{2\sim0}$ 超前 $u_1$ 60°，这样 $u_{2\sim0}$ 超前 $u_{3\sim0}$ 90°。$u_{2\sim0}$ 正半周，V1 导通；$u_{2\sim0}$ 负半周，V1 截止，通过 C4、R8 输出正负尖脉冲，恰与同步电压 $u_{3\sim0}$ 的顶端叠加。

脉冲形成：带尖脉冲的正弦波与直流控制电压 $u_2$ 叠加输入 V2 基极进行移相控制。当合成电压使 7 点为正，V2 通过 R11 建立偏流而导通。当 7 点为负时，V2 截止，C6 就通过 R10、V3 的基-射极充电而使 V3 导通，通过脉冲变压器输出脉冲，其宽度取决于 C6 充电的快慢，即时间常数 $R_{10} \cdot C_6$。V3 导通同时，V2 基极电位立刻降至接近 0，使 V2 迅速截止，可以提高脉冲前沿陡度。V1、V3 基极处并联的二极管，以防止基极承受较高的反向电压而损坏。

电路调整：

改变 RP2 可以改变移相范围，当 RP2→∞时，移相范围最大，可达 170°(±85°)。

C5、C7 的作用是抑制干扰，提高电路稳定性。

RP1 可以调节同步正弦电压的相位和大小。

5. 同步电压为锯齿波的触发电路

图 9-40 所示的电路特点是简单，移相范围大，控制电压和移相角之间基本上是线性关系。但触发脉冲功率不大。

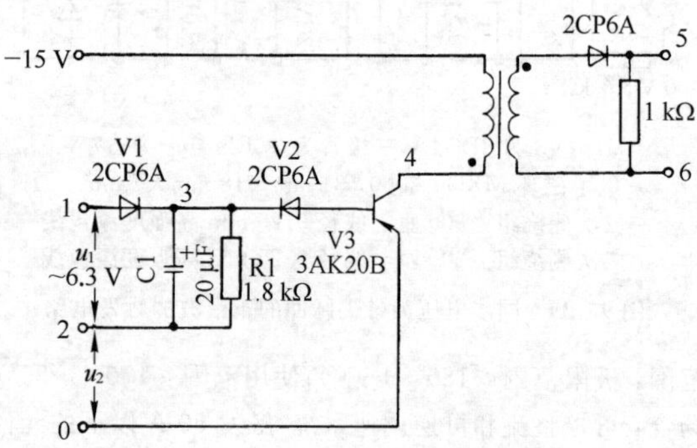


$T_M$：E 形硅钢片，厚 0.35 mm，截面 5 mm×5 mm

一次侧绕组　1 500 匝 ⎫
二次侧绕组　750 匝 ⎭ 线径 0.15 mm 高强度漆包线

**图 9-40**　同步电压为锯齿波的触发电路(一)

移相范围：<180°。

应用范围：小功率可控整流。

锯齿波形成：交流正弦电压 $u_1$ 经 V1 半波整流后对 C1 充电，然后 C1 对 R1 放电，由于 C1R1 较大，放电很慢。一直到下一周期，$u_1$ 电压超过 C1 电压后，C1 重新充电。因而在 C1、R1 两端形成锯齿波电压。

脉冲形成和输出：锯齿波电压与控制电压 $u_2$ 叠加后输入 V3 的基极进行移相控制。当输入电压为正时，被 V2 反向限制，因而 V3 截止。输入电压为负时，V3 导通，经过 $T_M$ 输出正触发脉冲。

电路调整：

改变 R1 或 C1 的数值可以改变放电快慢，也就是改变锯齿波波形，因而可用以调节移相范围。

图 9-41 所示的电路为另一种同步电压为锯齿波的触发电路，图中 $u_1$、$u_1'$是交流同步电压，$u_1'$滞后 $u_1$ 60°，在 0～$\theta$ 期间二极管 V5 处在反向截止状态。这时直流电压 $u$(稳压)经 RP、R2 对 C1 充电。在 $u_{C1} > u_1$、$u_1'$时，则 C1 经 V5、R1 放电。由于 V4 的存在，$u_1$、$u_1'$不能对 C1 反充电，于是在 C1 两端形成了锯齿电压 $u_{C1}$。用 $u_{C1}$ 与控制电压 $u_2$ 比较，来控制 V1 的导通、截止，以控制脉冲输出的时间。当 $u_{C1} > u_2$ 时，V1 截止。在 V1 截止的瞬间，集电极电位突然下降，$u_2$ 通过 V2 $eb$ 结对 C2 充电(此时 V2 由截止转为导通)。当 $u_{C1} < u_2$，V1 导通则 V2 截止，利用改变控制电压 $u_2$ 的大小来控制 V1 导通与截止的转换时间，从而实现移相的目的。当 V2 导通时脉冲变压器 T 的一次侧绕组 $N_1$ 中流过电流 $I_{C2}$，于是在二次侧各绕组中感应出脉冲电压。由 $N_2$ 的作用($N_2$ 是电流正反馈绕组)使输出脉冲前沿更陡，也使输出脉冲的宽度增大。$N_3$、R7 是用来产生恒定负向磁化电流的，目的是为提高 T 的铁心利用率。电路的直流工作电源是经过稳压的，对电网电压波动的影响很小。在多相系统中用 RP 来调节移相特性，使各锯齿电压的上升变化率一致，移相范围较大，线性也较好。输出脉冲的前沿陡度不大于 10 μs。由于 T 的铁心材料的不同，会引起输出脉冲有所差异。要求 V2 的漏电流越小越好。

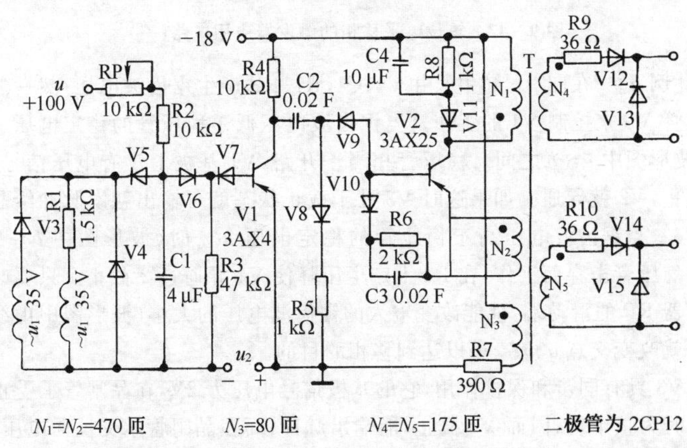


**图 9-41**　同步电压为锯齿波的触发电路(二)

6. 应用电路举例

[**例 5**]　在图 9-42 中，触发电路的同步电压为锯齿波，脉冲整形放大

采用阻容正反馈电路。

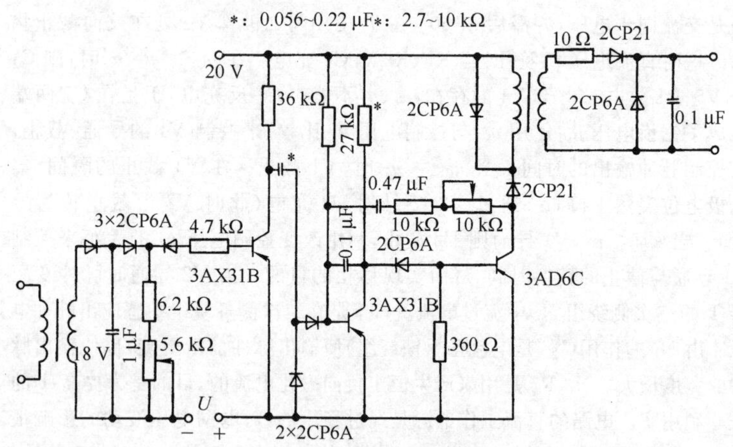


$T_M$：E 形硅钢片，铁心截面 12 mm×30 mm
一次侧绕组 600 匝，线径 0.27 mm
二次侧绕组 400 匝，线径 0.31 mm

**图 9－42**　箝位电平移相的触发器应用电路(一)

［**例 6**］　在图 9－43 中，由 V4、C1、R1、RP 产生锯齿波电压，然后通过稳压管 V5 来控制 V1 的工作。当锯齿波电压低于稳压管的稳定电压 $u_{V2G}$ 时(波形图中 $a$～$b$ 之间)，稳压管相当于开路，V1 基极上没有电压信号，因而截止，V2 就导通。如果这时 V3 处于截止状态就可输出触发脉冲给晶闸管 V6。当锯齿波电压高于稳压管的稳定电压 $u_{V2G}$ 时(波形图中 $b$～$c$ 之间)，稳压管击穿而工作，在 R2 上产生压降使 V1 导通，V2 截止。只要改变电位器 RP 的滑动端，就能改变输入的锯齿波电压的大小(波形图中虚线)，这样就改变交点 $a$、$b$、$c$、… 以达到移相的目的。

V3 具有同步和保护作用，它的基极信号电压为 2V，在晶闸管承受正向电压时为正半周，因而 V3 截止，能输出脉冲；而在晶闸管承受反向电压时，基极信号电压也反向为负半周，使 V3 导通，将触发电路输出端短路，这样就没有脉冲输出。

此电路能触发 20 A 的元件。

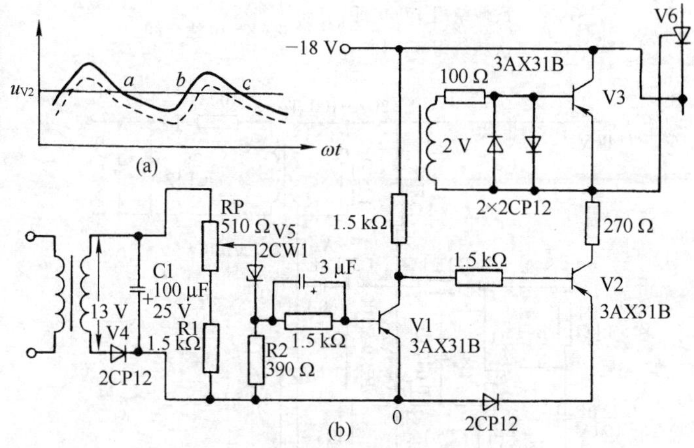


**图 9－43**　箝位电平移相的触发器应用电路(二)

## 六、小容量晶闸管组成的大功率脉冲触发电路

1. 单稳态直流开关电路

图 9－44 所示单稳态直流开关电路的特点是触发功率大,可同时触发多只串并联的晶闸管,输出脉冲为宽脉冲,而且宽度可调。

移相范围:决定于输入脉冲的移相范围。

应用场合:要求大功率脉冲输出场合。

利用小容量晶闸管组成开关电路,对输入脉冲进行放大。

当 V2 无输入脉冲,C1 经 R4、R3、R1 充电,充至单结晶体管峰点电压 $U_p$时,单结晶体管导通,C1 经 R2 迅速放电而输出一正脉冲,去触发 V1 使 V1 导通。V1 两端压降≈0,这样 C1 不再充电。另外,C3 经 $T_M$、V5 和 V1 而充电,此电压加在 V2 两端为正向电压,为 V2 导通准备条件。

当 V2 有正脉冲输入时,V2 导通。C3 经 R5、V4 放电,同时 V1 承受反向电压而关断。C3 放电完毕后,又经 R4 和 V2 反向充电。4 点电位也随之逐渐上升,这时 C1 又重新充电,重复上述过程,直至单结晶体管输出正脉冲触发 V1 导通。C3 的电压经 V1 加在 V2 两端,此时 V2 承受反向电压而截止。从 V2 开始导通到截止,经 $T_M$输出一宽脉冲。

电路调整:改变 R1 即改变 C1 充电速度,因而可以调整脉冲宽度。

$T_M$：一次侧绕组 1 000 匝
　　二次侧绕组 330 匝　} 线径 0.32 mm 漆包线

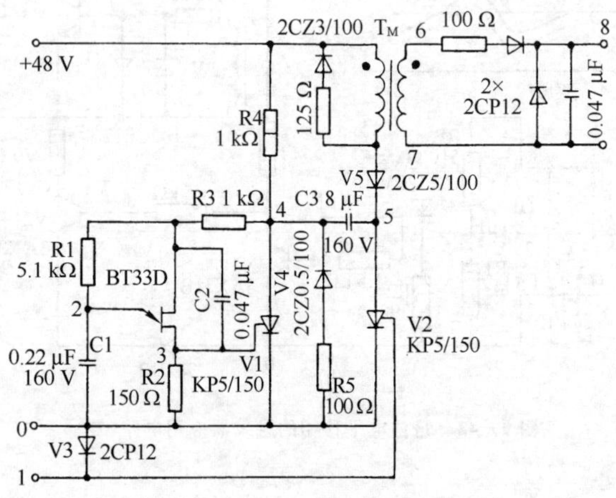


**图 9-44　单稳态直流开关电路**

2. 三稳态开关电路

三稳态开关电路的特点是输出脉冲功率大，脉冲宽度为 120°。附加尖脉冲变压器，脉冲前沿很陡。

移相范围：决定于输入脉冲的移相范围。

应用场合：三相大功率可控整流，晶闸管元件串并联较多的情况。

在如图 9-45 所示电路中，从 UW 输入由前级产生的可移相的三相脉冲，它们的相位彼此相差 120°。当 U 相脉冲输入，$V_U$ 被触发而导通。$C1_U$ 通过 $R1_V$ 和 $V_U$ 充电。等到 V 相脉冲输入，$V_V$ 被触发导通，$C1_U$ 的充电电压通过 $V1_V$、$V_V$、$V5_U$ 放电，这时加在 $V_U$ 两端为反向电压，其值约 1 V(为 $V5_U$ 的正向压降)，使 $V_U$ 关断。这样 $V_U$ 导通 120°，通过脉冲变压器 $T_{MU}$ 输出宽脉冲(图 9-46)。依次类推，在任一瞬间只有一种状态，即 1 只晶闸管导通。另 2 只关断，所以有 3 个稳态，称为三稳态开关电路。

以 U 相为例，说明其他一些元件的作用：

$V1_V$：防止 $C1_U$ 充电时一部分充电电流经过脉冲变压器 $T_{MV}$ 而产生多余尖脉冲输出。有了 $V1_V$ 使得 $C1_U$ 充电只能通过 $R1_V$。

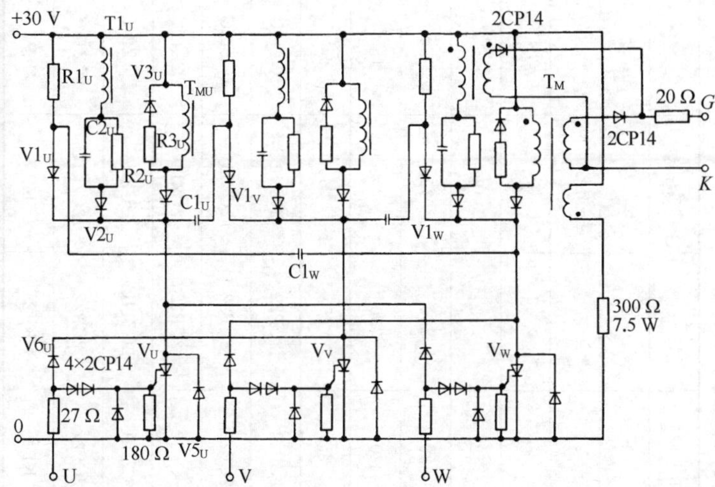


宽脉冲变压器 $T_M$的去磁绕组仅画了一相，其他二相电路相同。$T_M$的二次侧绕组和尖脉冲变压器二次侧绕组仅画了 C 相的一组，其他相的电路相同。图中未注参数的元件可查表 9－23，三相的相应元件参数相同。

**图 9－45**　三稳态开关电路

$V5_U$：使 $V_U$关断时承受反向电压较低，因而使输出脉冲后沿不出现高峰。

$V6_U$：当 $V_V$导通后，应该 W 相脉冲输入，若相序搞错，这时 U 相有脉冲输入，那么这脉冲就通过 $V6_U$、$V_V$而短路。所以用它来保证三稳态开关具有一定的相序。

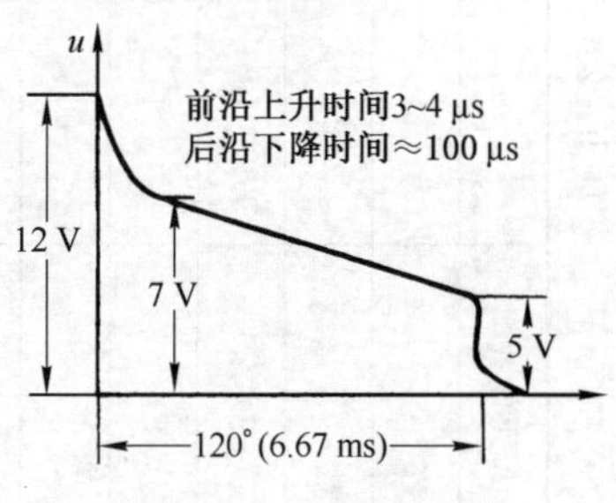


**图 9－46**　三稳态开关电路输出脉冲波形

尖脉冲变压器 $T1_U$：当 $V_U$ 导通时，电容 $C2_U$也被充电，通过 $T1_U$ 输出一尖脉冲，和宽脉冲叠加以提高脉冲前沿幅值和陡度。当 $V_U$关断时，$R2_U$给 $C2_U$放电，以便下一周 $V_U$再导通时，$C2_U$再充电产生尖脉冲。当每相只触发 1 只元件或对前沿要求不高时，可省去尖脉冲环节。

表 9-23 图 9-45 的三稳态开关电路参数

| 每相触发 200 A 元件数 | 2～4 | 5～8 | 9～12 | 13～16 | 17～20 | 21～24 |
|---|---|---|---|---|---|---|
| 每相并联 $T_M$ 数 | 1 | 2 | 3 | 4 | 5 | 6 |
| 每相并联 T1 数 | 1 | 2 | 3 | 4 | 5 | 6 |
| 关断电容器 $C_1$($\mu$F) | 4 | 4 | 6 | 8 | 10 | 12 |
| 充电电容器 $C_2$($\mu$F) | 4 | 8 | 12 | 16 | 20 | 24 |
| 电阻 R1(Ω) | 500 | 500 | 330 | 250 | 200 | 150 |
| 电阻 R2(Ω) | 500 | 500 | 330 | 250 | 200 | 150 |
| 电阻 R3(Ω) | 100 | 100 | 75 | 75 | 50 | 50 |
| 二极管 V1 | 2CP22 | 2CP22 | 2CP22 | 2CP22 | 2CZ11C | 2CZ11C |
| 二极管 V2 | 2CP22 | 2CP22 | 2CP22 | 2CP22 | 2CZ11C | 2CZ11C |
| 二极管 V3 | 2CP14 | 2CP14 | 2CP22 | 2CP22 | 2CZ11C | 2CZ11C |
| 二极管 V4 | 2CP22 | 2CP22 | 2CZ11C | 2CZ11C | 2CZ2A | 2CZ2A |
| 二极管 V5 | 2CP22 | 2CP22 | 2CP22 | 2CP22 | 2CZ11C | 2CZ11C |
| 晶闸管 V | KP1 | KP1 | KP2 | KP2 | KP5 | KP5 |

宽脉冲变压器 $T_M$ 采用去磁绕组。以使较小截面的铁心可以输出较宽的脉冲，从而提高铁心的利用率。

宽脉冲变压器 $T_M$ 参数：

铁心：E 形 D42、0.35 mm 硅钢片、截面 3.5 $cm^2$。

一次侧绕组：400 匝，线径 0.3 mm 高强度漆包线，分为 2 组，各 200 匝串联，分别放在二次侧绕组里面和外面，以减小漏感。

二次侧绕组：共 4 组，各 150 匝，线径 0.2 mm 高强度漆包线，可触发 4 只晶闸管，若仅用来触发 1 只晶闸管，那么二次侧绕组只需要 1 组。

去磁绕组：400 匝，线径 0.2 mm 高强度漆包线，去磁电流 0.1 A。尖脉冲变压器 T1 参数：

铁心：MXO－2000 环形磁心 31 mm×18 mm×7 mm。

一次侧绕组：160 匝，线径 0.25 mm 高强度漆包线。

二次侧绕组：共 4 组，各 100 匝，线径 0.25 mm 高强度漆包线，若仅触发 1 只晶闸管，二次侧绕组也只需一组。

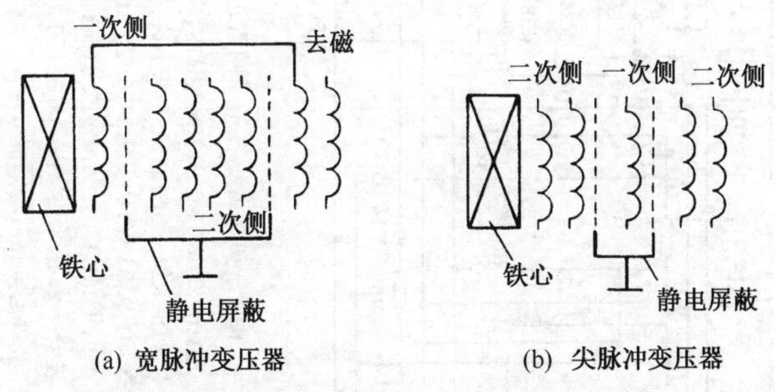


(a) 宽脉冲变压器　　(b) 尖脉冲变压器

**图 9－47**　三稳态开关电路脉冲变压器绕组布置图

## 七、三相并联逆变器(串联电感式)的控制电路

小容量晶闸管组成的脉冲分配器，将一组脉冲信号分成 6 组脉冲，相邻两组脉冲相差 60°，脉冲宽度为 120°(又称六分频器)，分别触发组成逆变器的 6 个晶闸管，满足三相并联逆变器(串联电感式)的要求。

1. 由小容量晶闸管组成脉冲分配器

脉冲分配器(六分频器)是由二组三分频器组成，每组三分频器是由 3 个小容量晶闸管组成的(图 9－48)。输入信号有两组，由前级双稳态电路

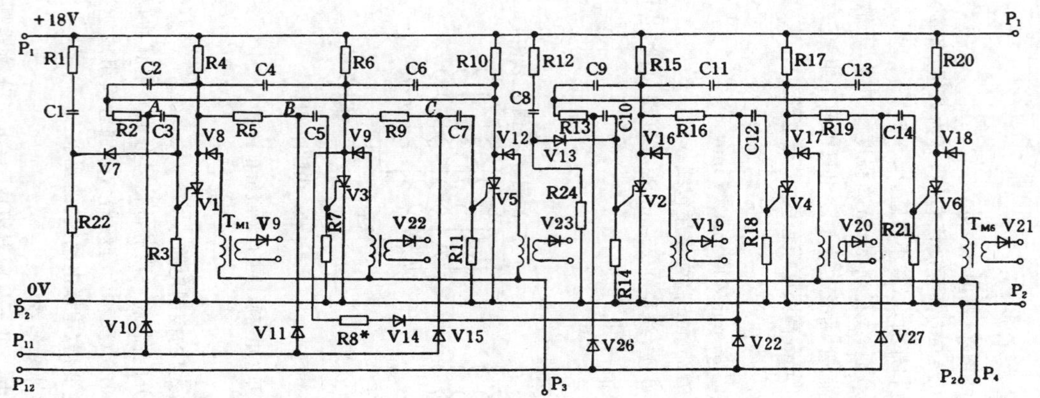


**图 9-48** 由小容量晶闸管组成的脉冲分配器

R1、R12—200 Ω、0.25 W；R2、R5、R9、R13、R16、R19—4.7 kΩ、0.25 W；R3、R7、R11、R14、R18、R21—340 Ω、0.5 W；R4、R6、R10、R15、R17、R20—200 Ω、0.5 W；R8—3 kΩ、0.25 W；R22、R24—6.2 kΩ、0.25 W；C1、C8—20 μF、25 V；C2、C4、C6、C9、C11、C13—0.1 μF、160 V；C3、C5、C7、C10、C12、C14—0.047μF；二极管—2CP12A；V1～V6—3CT5A/100 V；$T_M1$～$T_M6$—脉冲变压器 E 型铁心 5 mm×5 mm，一次二次侧均 200 匝线径 0.2 mm

经射极输出器供给，分别加在 $P_{11}$、$P_2$ 端和 $P_{12}$、$P_2$ 端。为了获得脉冲群输出，由图 9-48 的高频方波发生器供给的高频方波电压，加到电路的 $P_2$、$P_3$ 端和 $P_2$、$P_4$ 端，作为二组分配器的输出电路的电源。

先分析一组三分频器的工作情况。当接通直流控制电源(18 V)时，晶闸管 V1 由微分电路 C1、R1、R22 得到一起动脉冲而导通，因而使 C4 通过 R6 和 V1 充电，为以后关闭 V1 作好准备。这时观察 A、B、C 三点电位，B 点的电位因 V1 导通而使其接近零电位，A 点和 C 点的电位则因 C3 通过 R10、R2、R3 充电，C7 通过 R6、R9、R11 充电均使其为正电位。因此当输入一正脉冲时，由于 V10 和 V15 的阴极(即 A 点和 C 点)为高电位而关断，而这时 V11 的阴极(即 B 点)接近零电位，所以正脉冲只能经过 V11、C5，R7 加到 V3 的控制极上而使 V3 导通，于是 C4 两端电压通过 V3 加到 V1 两端并进行放电，使 V1 承受反向电压而被迫关断，同时由于 V3 的导通使 C 点电位近于零电位，为下次触发 V5 作好准备。当下一次正脉冲再输入时，只能通过 V15、C7、R11 加到 V5 的控制极上而使 V5 导通，同时强迫关断 V3，以后重复上述过程。这样 3 个晶闸管循环地工作，起着开关作用，任何瞬间只有 1 个晶闸管导通，2 个晶闸管关断。3 个晶闸管相隔 120°导通。另一组三分频器的工作原理完全相同，不过其输入脉冲相位同第一组相差 60°，因此两组三分频器综合起来看，六只晶闸管相隔 60°导通 120°，即组成了六分频器，其导通情况如图 9-49 所示。

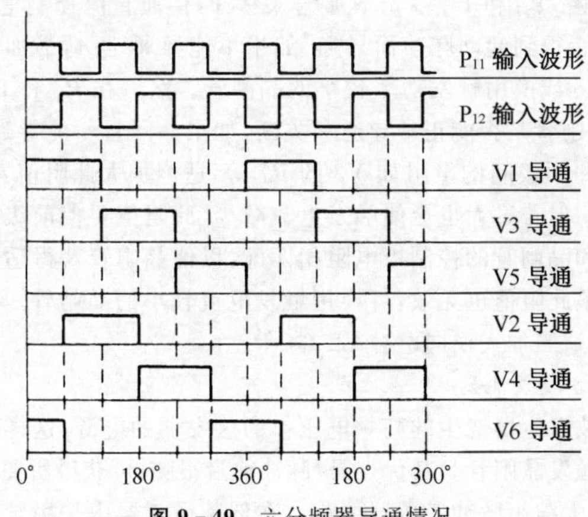


**图 9-49**　六分频器导通情况

当六分频器中的某一晶闸管导通时，高频方波电压就经该回路的脉冲变压器输出至逆变器主电路的晶闸管控制极上，主电路的6个晶闸管也就相应地相隔60°被触发导通。

为了使逆变器主电路输出有一定的相序，则6个分频器的输出脉冲也必须有一定的次序，这就要求两组三分频器之间必须有相序箝制。例如，当直流控制电源18 V接通时，V1和V2都通过阻容微分电路得到起动脉冲而导通，按要求导通的次序应是V1－V2－V3－V4－V5－V6，可是当前级来的第一个输入脉冲先来到$P_{12}$而使V4导通的话，则导通次序将变为V1－V4－V3－V6－V5－V2，为了避免这种情况，由V3阳极引出电位箝制支路R8、V14接到V22阴极，这样当直流控制电源18 V接通时，在C4通过R6和V1充电过程中，V3的阳极电位逐渐升高，这个正电位通过R8、V14加于V22阴极，只要R8选择适当，即使第一个输入脉冲先到$P_{12}$，由于V22关断而不会触发V4。只有$P_{11}$端来的输入脉冲使V3导通以后，阳极电位降到零，V22导通，V4才能被触发导通。

此外还应指出，根据上述三分频器电路中的每个晶闸管基本单元电路，也可由6个基本单元电路连起来直接组成六分频器，而不必采用二组三分频器之间的电位箝制，这时六分频器的输出脉冲宽度为60°。为了获得120°的输出脉冲宽度，每只输出脉冲变压器采用2个二次侧绕组，而每只晶闸管则由相位相邻的两个脉冲来触发，这样脉冲宽度就相当于增加了一倍。

电路调整：$P_{11}$和$P_{12}$端先不加输入脉冲，接通直流控制电源$P_1$，观察V1和V2是否得到起动脉冲而导通，如果不能导通，可适当加大微分电路电容C1和C8或换用触发功率较小的晶闸管。然后在$P_{11}$和$P_{12}$端输入脉冲，观察各晶闸管是否能正常导通和关断，如果晶闸管不能导通，可适当调整其控制极和阴极间的电阻如V3的R7等，适当加大此阻值，可提高触发电压和电流。但若过大也会使触发电流减少，此阻值要使前级输入脉冲源的输出电阻和晶闸管的控制极电阻相匹配，以使晶闸管获得适当的触发功率。如果调整此阻值也无效，可换用触发电流较小的晶闸管。如果晶闸管不能关断，可适当加大换向电容C2、C4等。

2. 高频方波发生器

高频方波发生器产生的高频电压作为触发器的电源，这样触发器就输出脉冲群来触发晶闸管。其优点是，脉冲前沿很陡，可获得所要求的脉冲群宽度，并可大大缩小脉冲变压器体积。在低频逆变器中采用脉冲群触发尤其适宜。

在图 9-50 中，由三极管 V1、V2 组成自激振荡器，其中变压器绕组匝数 $N_1 = N_2$（一次侧绕组）、$N_3 = N_4$（基极反馈绕组）、$N_5 = N_6$（二次侧绕组）。电路振荡过程：由于 V1 和 V2 的参数不可能完全一致，当接上电源瞬间，V1 和 V2 的集电极电流 $i_{c1}$ 和 $i_{c2}$ 有微小的差值，设 $i_{c1} > i_{c2}$，那么变压器中由 $i_{c1}$ 和 $i_{c2}$ 产生的磁场不可能完全抵消，就产生一个磁通增量，必然在变压器各绕组中均感应出电动势，绕组的极性如图 9-50 中所示。此时 $N_2$ 中感应的电动势使 V1 的基极变负而加速导通。$N_4$ 中感应的电动势使 V2 的基极变正而加速截止。这样 $i_{c1}$ 更比 $i_{c2}$ 大，使变压器中的磁通也随 $i_{c1}$ 的上升而增强，直至达到磁场饱和。这时因为磁通增量为零，以致各绕组感应电动势都为零，于是 V1 的基极电位由负变为零，使 $i_{c1}$ 下降，$i_{c1}$ 的下降使变压器的磁通减少，因而各绕组感应的电动势方向也相反。这时 V1 的基极电位变正而加速截止，V2 的基极电位则变负而加速导通，这个过程的继续使 $i_{c2} > i_{c1}$，变压器中的磁通方向也改变，并继续向反方向增加，直到反方向磁

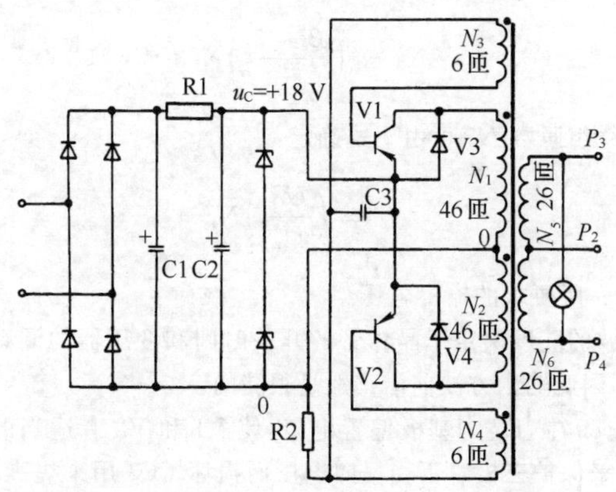


**图 9-50　高频方波发生器**

T—环形铁心变压器，铁心截面 0.8 $cm^2$，用 0.08 冷轧硅钢带卷成，绕组导线均用线径 0.2 mm 漆包线；R1—2 W 18 Ω；R2—0.25 W 2 kΩ；C1、C2—200 μF 25 V；C3—0.047 μF 160 V；V1、V2—3AD6C(附散热器)；二极管—2CP12；稳压管—2CW17

场饱和。这时变压器各绕组感应的电动势又为零，而使 $i_{c2}$ 下降，其下降过程与 $i_{c1}$ 类似。如此反复循环在变压器二次侧 $N_5$、$N_6$ 就感应出高频电压，磁滞回线的每一个循环所需时间，便是一个振荡周期，其振荡频率可用下式计算：

$$f=\frac{(U_c-U_{ceS})\times 10^8}{4B_S N_1 S}(\mathrm{Hz})$$

式中 $U_c$——晶体管的电源电压(V)；

$U_{ceS}$——晶体管的饱和压降，约为 0.5 V；

$N_1$——变压器一次侧绕组匝数；

$B_S$——变压器铁心的饱和磁密(Gs)；

$S$——变压器铁心截面($cm^2$)。

触发晶闸管的高频方波频率 $f$ 一般取 1 000～3 000 Hz。

当所需要的工作频率 $f$ 已知时，可由上式求得变压器绕组匝数 $N_1$。

基极反馈绕组匝数 $N_3$ 可由下式确定：

$$N_3=\left(\frac{2\sim 3}{U_c}\right)N_1$$

二次侧绕组匝数 $N_5$ 可由下式确定：

$$N_5=\left(\frac{U_O}{U_c}\right)N_1$$

式中 $U_O$——所要求的输出电压。

输出方波的陡度决定于晶体管的开关时间和变压器的漏感，由于这些数值都很小，因此输出方波前沿一般是很陡的。

在图 9-50 中，R2 为基极偏置电阻，使 V1 和 V2 有适当的基极电流。V3 和 V4 用来保护三极管不受反向电压而损坏。C3 用来提高输出脉冲的前沿陡度。

若发现晶体管温度较高可适当增加变压器绕组匝数以减少晶体管电流。

## 八、触发电路的输出环节

### 1. 输出环节的作用

触发电路往往通过脉冲变压器 $T_M$ 将触发脉冲加到晶闸管控制极上。

根据不同要求在脉冲变压器的一次侧和二次侧(图 9-51)常常接有以下一些元件(或接有其中一部分元件)。

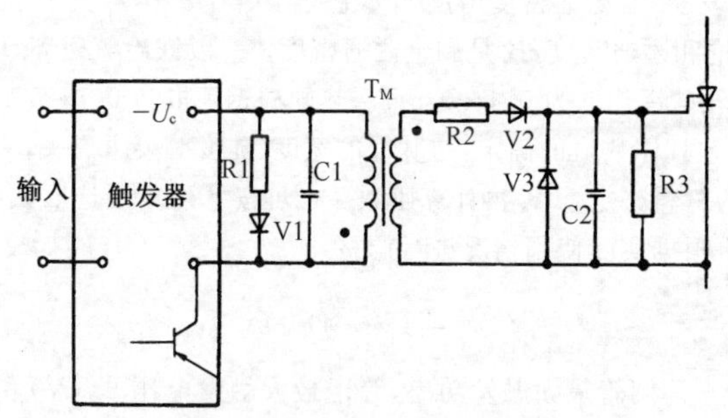


**图 9-51**　触发电路的输出环节

1) R1、C1、V1　用以限制当输出脉冲结束时脉冲变压器一次侧绕组出现的反向尖峰电压,并迅速消耗绕组内储存的能量,以免晶体管承受高电压而损坏。R1 越小,晶体管承受过电压程度越小,但要影响输出脉冲的宽度。在窄脉冲输出时,R1 可取为 0,C1 也可不用。

2) R2　限制输出触发电流。

3) V2、V3　保证只有正脉冲输出至控制极,负脉冲被 V3 短路。

4) C2　吸收干扰信号,以防误触发,但使脉冲前沿陡度变差。

5) R3　用来调节输出脉冲的功率。

6) 避免外来感应的干扰信号　触发信号的引出线要用屏蔽线可靠接地,也可在一次侧和二次侧之间加屏蔽层。

2. 脉冲变压器的估算

脉冲变压器用来输出一定幅度和宽度的触发脉冲,并有隔离、绝缘等作用。

(1) 铁心截面 $S$ 和一次侧绕组匝数 $N_1$ 的确定:

$$N_1 S = \frac{U_1}{\Delta B} \times 10^{12}(\text{cm}^2 \cdot \text{匝})$$

式中　$U_1$——变压器一次侧脉冲的幅值(V)(对一般的晶体管触发电路,即为电源电压 $U_c$,对单结晶体管触发电路可取为单结晶体管的

峰点电压 $U_p = \eta U_{BB}$)；

$\tau$——脉冲宽度(s)；

$\Delta B$——铁心磁通密度增量(T)，它等于($B_M - B_\tau$)。

$B_M$是饱和磁通密度，$B_\tau$是剩余磁通密度。一般铁淦氧磁环，取为0.1～0.3 T。冷轧硅钢片取为0.4～0.5 T。热轧硅钢片取为0.7～0.8 T。

$N_1$ 和 $S$ 具体数值的确定，与脉冲的宽度、陡度等要求有关，一般根据经验或已有的材料先定下 $S$，再计算匝数。也可按下列范围选取铁心截面后，计算 $N_1$，再根据实际使用情况进行调整。

$$S = (2 \sim 4)\sqrt{P}$$

式中　$P$——晶闸管最大触发功率，等于最大触发电压 $U_g$(V)和最大触发电流 $I_g$(A)的乘积，即 $P = U_g I_g$(W)。

(2) 二次侧绕组匝数 $N_2$ 的确定：

$$N_2 = N_1 \frac{U_2}{U_1}$$

$U_2$ 是二次侧空载脉冲幅值(V)。从表9-5、9-6中可查得晶闸管最大触发电压(直流)为3～4 V。为了保证触发可靠性和元件互换性，输出脉冲必须大于最大触发电压。脉冲宽度越窄，幅值更要大些。但同时触发电压又不能太大，超过一定限度后又容易引起控制极损坏，此外考虑到触发电路在输出脉冲时内电阻上的电压降落，一般 $U_2$ 取为6～10 V。

(3) 导线直径选择：在窗口面积允许条件下，可选得粗些。

(4) 脉冲变压器对输出脉冲的影响：

脉冲宽度：输出脉冲的宽度要求越宽，铁心截面要越大，绕组匝数要越多。这时为了减小截面和匝数应选择 $\Delta B$ 较高的材料。

脉冲前沿陡度：为了触发准确，特别对元件串并联情况，要求脉冲前沿要陡。为此必须减少脉冲变压器漏感，即要求减少匝数，减少线圈的厚度(也就是变压器要做得比较狭长)，减少线圈之间的距离，合理地对称布置绕组，例如将一次侧绕组分成两组安放在二次侧绕组的里面和外面，如图9-47所示。

在要求输出脉冲较宽而前沿又要求较陡的情况下，还可以采用下列方法(具体应用参见小容量晶闸管组成的三稳态开关电路)：

加去磁绕组：这时磁通密度增量为$(\Delta B+B_Q)$，$B_Q$是由和一次侧绕组安匝方向相反的去磁绕组安匝$I_QN_Q$所产生的磁通密度。这样可以减少绕组匝数以提高前沿陡度。由于去磁绕组对脉冲变压器来说也是一个负载，因此为了减少去磁绕组对开关元件和变压器的影响，去磁绕组回路中的电阻要远大于负载电阻，为此可串联一电阻，接到直流电源上。

采用补偿前沿的尖脉冲变压器：用一个匝数较少，体积很小的尖脉冲变压器输出脉冲前沿。而用匝数较多，铁心较大的宽脉冲变压器输出脉冲的宽度。将两个脉冲相加即可得到前沿陡的宽脉冲。

## 9-5　晶闸管应用实例

### 一、ZLK-1型手操作电磁调速异步电动机

ZLK-1型晶闸管控制装置(图 9-52)用于JZT系列、拖动电机为0.6～30 kW的滑差电动机单机无级恒速控制。另有ZLK-2型用于拖动电机为双速、40～100 kW的滑差电动机，ZLK-5型用于单机或多机同步控制JZTM系列的滑差电动机，ZLK-8型供船用等。

1. 主电路

滑差电动机离合器励磁绕组的直流供电，采用带续流二极管V3的半波可控整流电路。

2. 控制电路

1）测速反馈环节　三相交流测速发电机TG与负载同轴相联，它将转速转变为三相交流电压，经三相桥式整流和电容滤波输出反馈直流信号。电位器RP4用以调节反馈量。

2）给定电压环节　由桥式整流阻容π型滤波和稳压管输出一稳定直流电压作为给定电压。电位器RP2用以改变给定电压大小以实现电机调速。

3）比较和放大环节　给定电压与反馈信号比较(相减)后输入给晶体管V2进行放大，在V2的负载电阻R5上得到放大了的控制信号输入触发器。V4、V5对输入信号实行正反向限幅，避免V2基极承受过大的正反向电压而损坏。RP1为电压反馈式偏置电路。

4）移相和触发环节　采用同步电压为锯齿波的单只晶体管的触发电路。

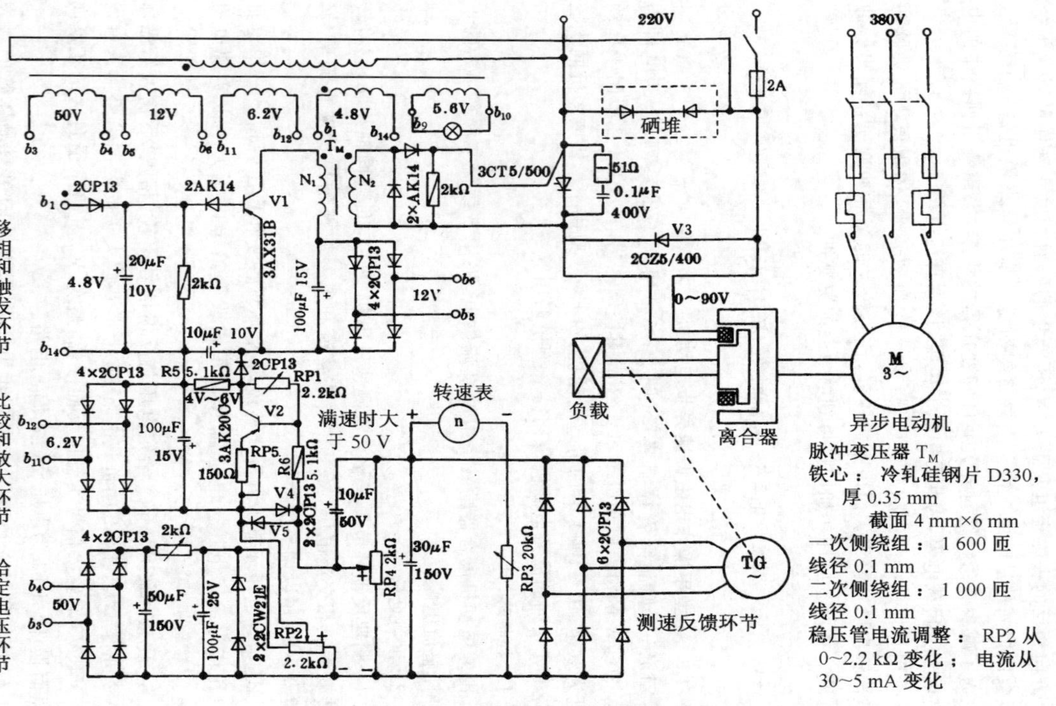


图 9－52　ZLK－1 型滑差电动机可控调速电路

5) 调速过程(以增速为例)和恒速过程具体有以下两种：

① 转动调速电位器 RP2,增加给定电压,经 V2 放大后输入触发器的控制电压就增加,因而触发器输出脉冲前移,晶闸管移相角 $\alpha$ 减小,离合器的励磁电压增加,因而速度上升。

② 速度反馈作用：当离合器的负载增加,其转速就要下降,因而反馈的直流信号也要随之减小。这样,给定电压与反馈信号之差增加,也就是 V2 输入信号增加,结果使离合器的励磁电压自动增加而保持转速近似不变,这就增加了电机机械特性的硬度。

3. 电路调整

(1) 注意形成锯齿波同步电压的正弦电压(4.8 V)的相位,也就是注意同步变压器 T 的极性;否则晶闸管控制失常。

(2) 当调速电位器 RP2 旋至转速最高位置时,离合器仍不能达到额定转速,这可能是速度反馈信号过大的缘故,只要调节 RP4 减小反馈量,使转速略高于额定转速即可;如转速过高,可能是反馈量过小,这样会造成机械特性硬度过低,必须增加反馈量。一般小容量调至 1 200 r/min,大容量调至 1 320 r/min 左右。

(3) 当调速电位器置于零位,晶闸管仍有输出。这可能是 V2 工作点调整不当,其集电极电流较大,因而 R5 两端电压较高,使得触发器仍有触发脉冲输出。只要增加 V2 的偏置电阻 RP1(甚至断开 RP1),使调速电位器为零时晶闸管无输出即可。

(4) 由于测速发电机特性不一致,可调节 RP3 以校准转速表的刻度。

(5) 特别要注意续流二极管 V3 的极性,如果极性接反,将造成晶闸管主电路短路。

(6) 离合器在某一转速运行时如有周期性的摆动现象,可调换晶闸管整流器输出的极性。

(7) 调试时离合器必须加一定负载(大于 10%额定负载),若空载,离合器只能高速运行,转速调不低。

(8) 续流二极管若损坏而开路,离合器只能低速运转,转速调不高。

## 二、单相晶闸管直流电机调速

单相晶闸管直流电机调速的电路图如图 9-53 所示。

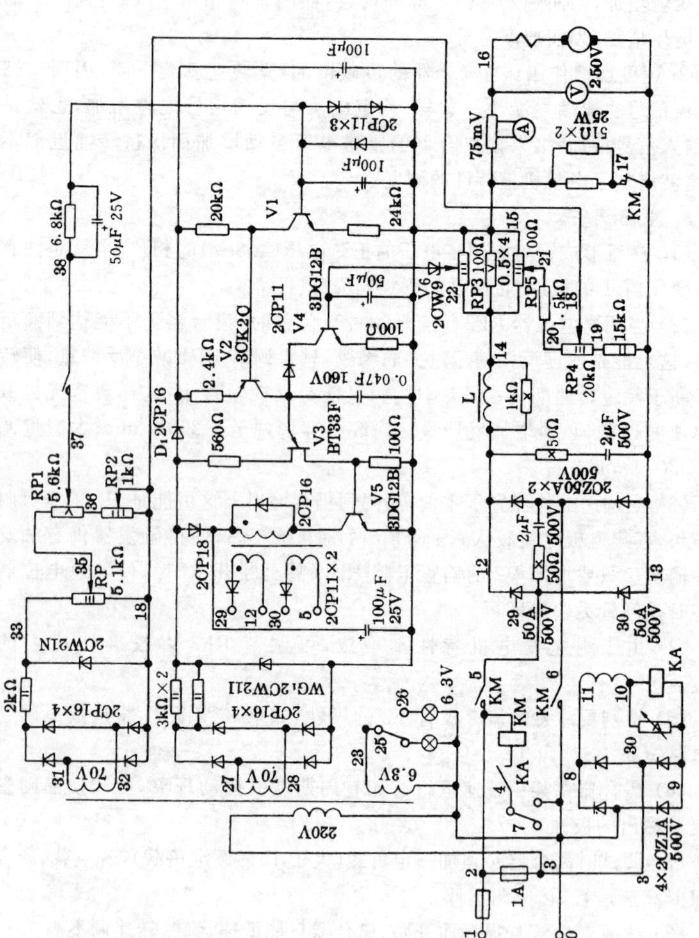


图 9－53　单相晶闸管直流调速电路

1. 主电路

用单相半控整流桥，并联滤波电抗器L。L是为了限制整流后的脉动成分，以改善电机的换向，减少电机的损耗，降低电机的温升等。由于单相半控整流桥的桥路是由两个晶闸管串联后再与两个整流二极管串并联而成，省掉了一个续流二极管，使线路较为简单而可靠。

2. 控制电路

用单结晶体管触发电路。

电流截止环节：当因起动或其他原因造成过电流时，在RP3上所取得的电压值变大，使稳压管V6两端的电压也增大。若大到使V6击穿时，则使V4饱和，同时V3基极电位降低。于是输出触发脉冲减小，使晶闸管趋向关断，限制了电流的增大。

1）电压负反馈　当电机加上负载时，电机的转速有所下降，电机两端的电压也因此而下降，此时在RP4上所得到的分压也随之而减小，则在RP1上所得到的分压却反而增大，V1趋向饱和，V2也趋向更加导通，最后使V3基极电位提高，于是输出脉冲增加，晶闸管趋向更加导通，使电机两端的电压提高到额定值。

2）电流正反馈　电机带上了负载以后，其转速要下降，用其他措施使其端电压维持不变，则此时所需的电流将增大，由于电流的增大，在RP5上所得到的分压值也变大。这样也使RP4上所得到的分压增大，与电压负反馈一样使V1的基极电位提高而导通，从而使输出脉冲增加导致晶闸管更加导通，于是电机的输出特性曲线保持平坦(即输出特性曲线硬度提高)。

在电路调整的过程中电流反馈、电压反馈两者之间调节不当会出现振荡现象，这是由于电压负反馈、电流正反馈所引起的，因此必须把这两个参数取得适当。要防止片面追求机械特性的硬度，因而将电流正反馈信号取得过大而引起机械振荡。为了要防止在初调时引起振荡，应将电流反馈信号电位器RP5调到零位。具体调试步骤如下：

(1) 将电压反馈信号电位器RP4往增大方向调节，约调到4/5处，而不到最大值。

(2) 将转速电位器RP调到低速，调整好了以后方可起动电动机。

(3) 然后将转速电位器RP调到高速处，看转速是否到达额定值，如不到额定转速可将RP4调小，直到额定转速为止。

(4) 将静态特性调整在10∶1的调速范围内，并调到低速端(将RP调到低速位置)。

(5) 加机械负载时,注意转速。如果不到 5%的静态特性指标时,调节电流信号电位器 RP5,直到转速变化达到 5%的硬度时为止。同理调整高速硬度特性,如调不到 5%的硬度特性时,可调节 RP1、RP4 以适当增加电流反馈信号的比例。反复调整低、高速各点转速,使设备调到最佳位置。在系统调整好以后,锁紧各电位器以防止振动引起的位移。

图 9-54 所示为开关型直流调速电路,与图 9-53 不同的是用一只晶闸管。它是用测速反馈来加强主电路的输出稳定度,其保护环节是主电路上接有电流互感器 TA,当负载发生故障时,TA 上流过的电流增大,在 R1、R3 间产生压差使 V1 趋向导通,则 V4 的输出信号将被 V1 旁路掉部分,因此使输出脉冲减小,最后使晶闸管导通角减小,限制了电流的增大,以达到保护的目的。

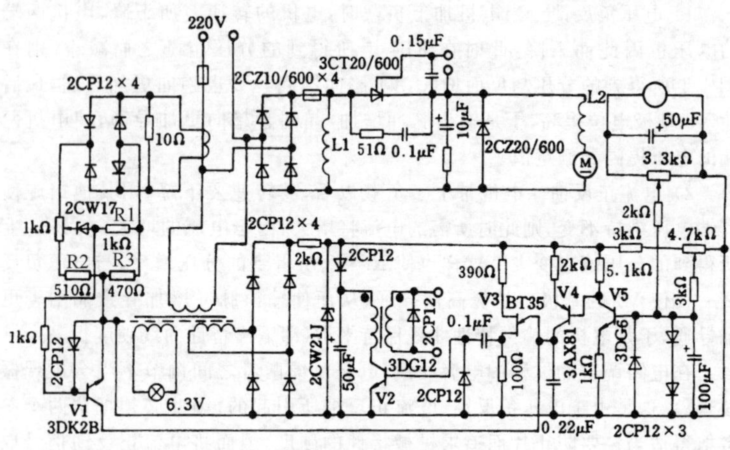


图 9-54　开关型晶闸管调速电路

## 三、单相可逆调速——泡沫塑料切片机

泡沫塑料切片机的电气要求和龙门刨床相似,电路的静态指标,调速范围 1∶10;动态指标,起动次数频繁(每分钟 12 次),要求等加速平稳起动。

单相可逆调速泡沫塑料切片机的电路如图 9-55 所示。其中用 5G23 集成元件作电压、电流调节器,对系统实现比例、积分、微分(PID)调节,在 5 kW 以下的可逆传动中,此线路能满足使用要求。

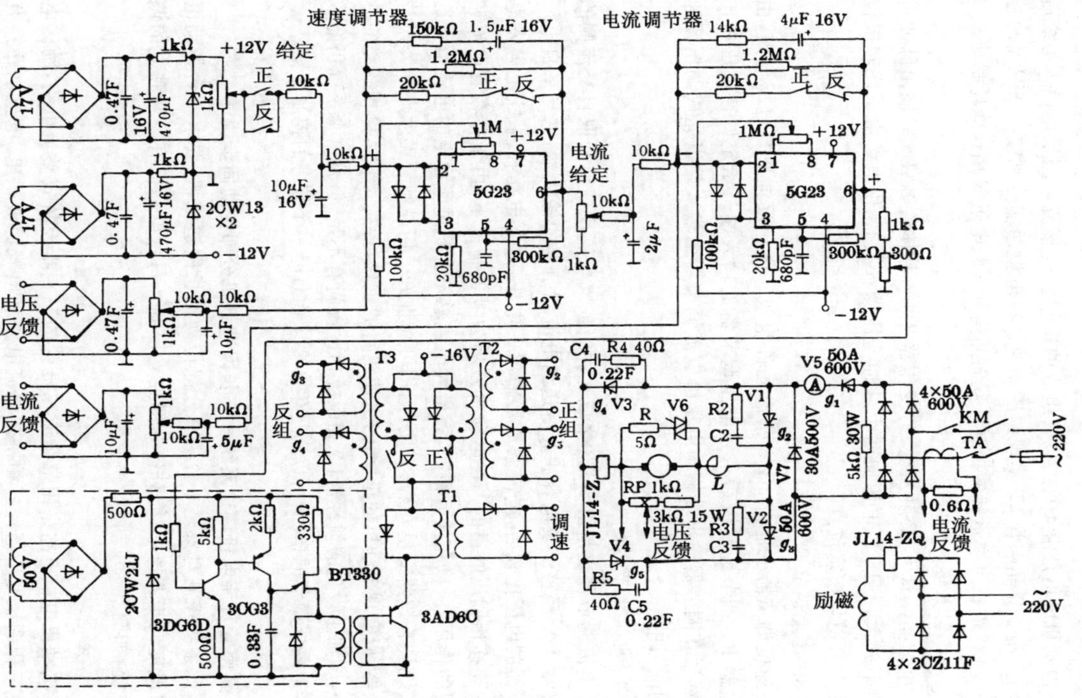


图9－55　单相可逆调速电路

1. 主电路

电动机电枢是由 4 只二极管组成的单相桥式整流电路供电，V7 是续流二极管，用 1 只晶闸管 V5 实现调压调速。在电枢两端分别接有 4 只晶闸管 V1～V4 作电机可逆运转的控制。双向晶闸管 V6、电阻 R 用作能耗制动。

2. 控制电路

单结晶体管 UJT 触发电路，变压器 T1 与晶体管 3AD6 对输出脉冲进行功率放大，－16 V 电源向两个脉冲变压器 T2、T3 供电。由正反转限位开关为可逆切换定位点。

3. 速度调节器

速度调节器也是由 5G23 集成元件组成。电压反馈取自电枢电路，由电位器 RP 调节经整流后送到电压调节器的输入端与给定调速电压相比较，然后在调节器输出端输出电压给电流调节器的输入端以完成调压调速控制的目的。

4. 电流调节器

电流调节器也是由 5G23 集成元件组成。电流反馈信号取自交流侧的互感器 TA，经整流及电容滤波后送到电流调节器的输入端，它与来自电压调节器的电压比较后，电流调节器输出一电压，这一电压控制 UJT 触发电路达到移相调压的目的。在电动机磁场为零的情况下，由于存在着电流调节器的作用，所以在任何情况下，最大电流总不会超过所设定的电流值。这个系统具有线路简单，维修方便，运用可靠性好。用晶闸管无触点开关代替接触器，以实现电动机的正反转，更使线路的工作可靠。当然，单相线路的脉动大，增加了设备的惯性，与三相系统相比较尚有不足，但是这个系统仍能取得接近最佳调节的指标，可以满足生产要求而且是一个较好的控制方案。

## 四、晶闸管直流电机调速系统——长网造纸机分部传动同步调速

此系统控制对象是 1 台 7 个分部传动的长网造纸机，要求 7 台拖动电动机既能同步调速，又能对各分部独立控制。每台电动机有一套独立的调速系统，如图 9－56 所示。

1. 主电路

电动机电枢电路采用带续流二极管的三相半控桥式整流电路，励磁电路由三相调压变压器经三相桥式整流电路和电容滤波供电，电枢电路接有两套电压表和电流表，分别安装在操纵台和造纸机旁。

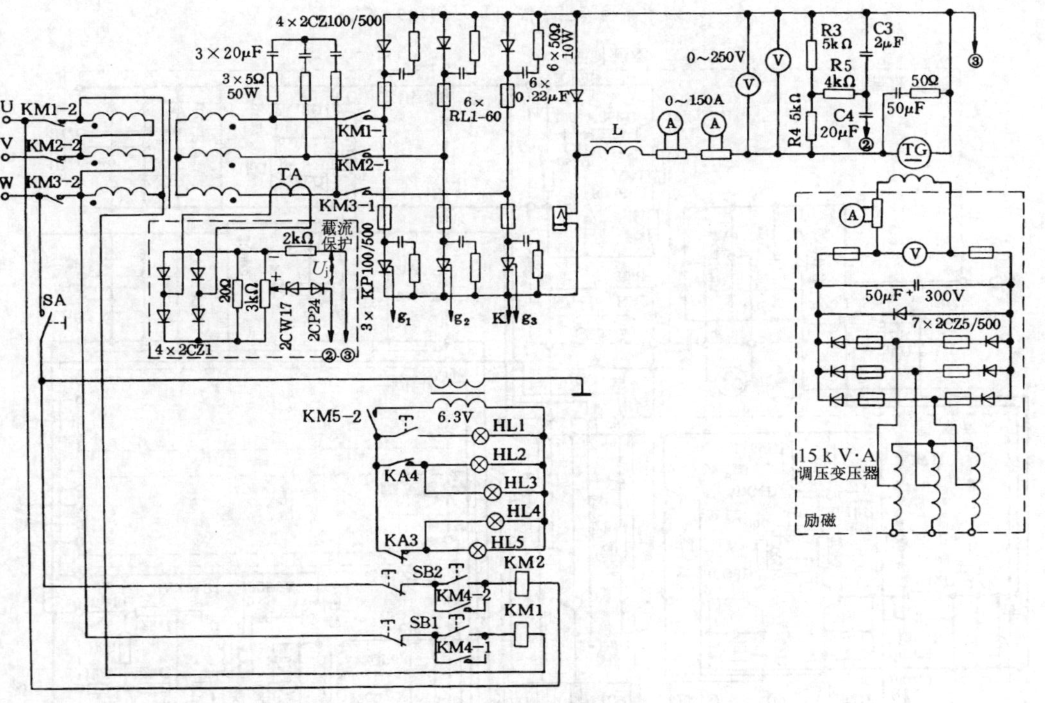


图 9－56(a)　可控调速系统主电路

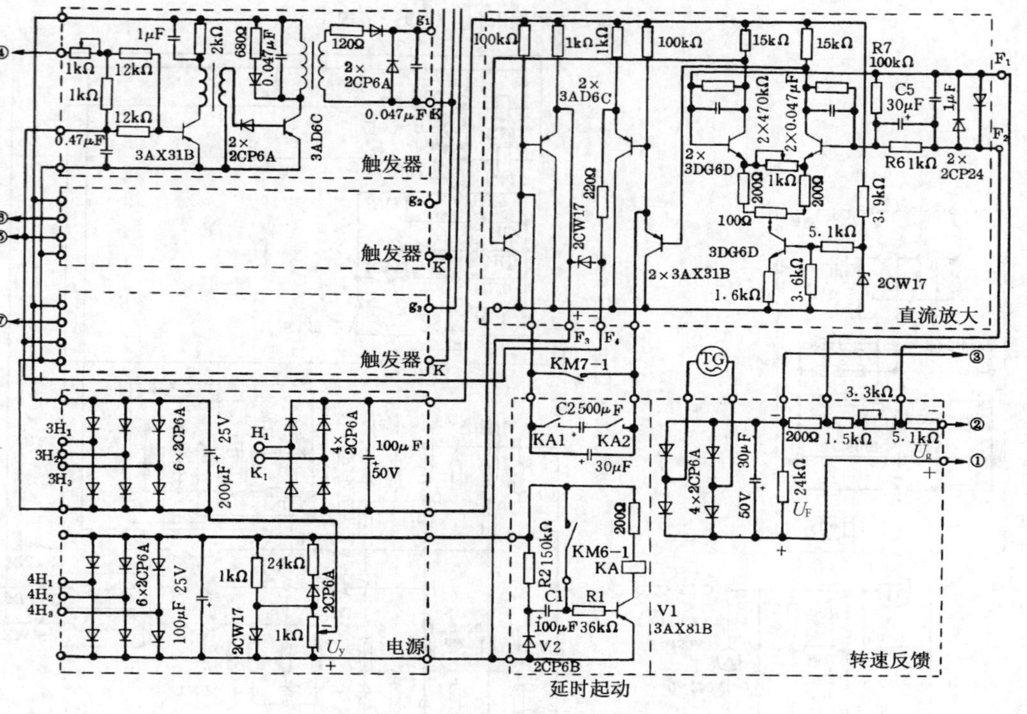


图 9－56(b) 可控调速系统触发电路

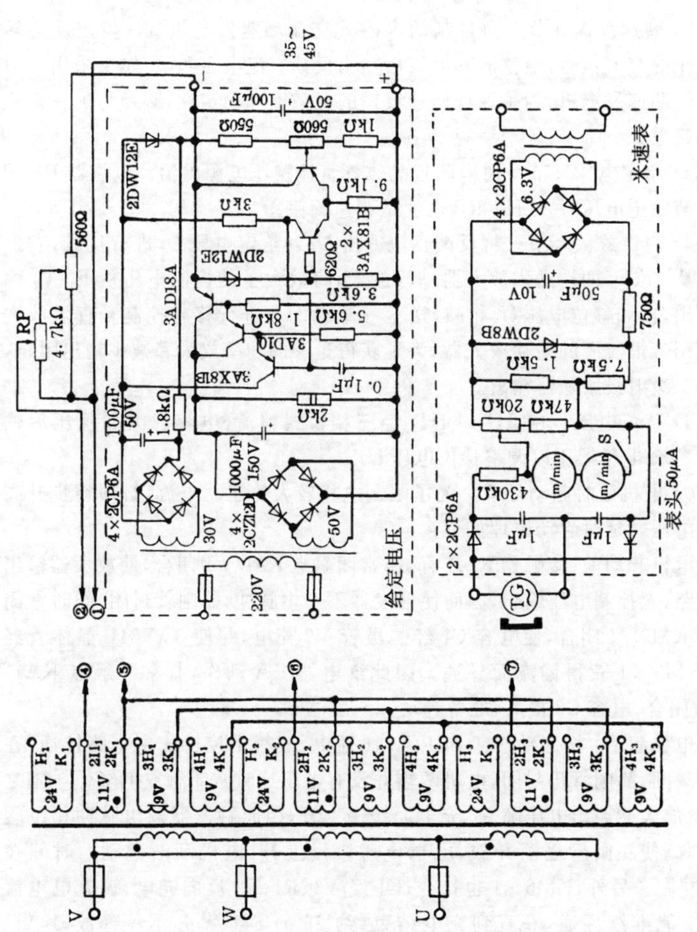


图 9－56(c)　可控调速系统电源、测试和给定电压环节

2. 控制电路

1）触发器　采用同步电压为正弦波、具有变压器耦合的晶体管触发电路。

2）转速反馈环节　由自制的永磁式交流测速发电机TG发出反应转速大小的交流信号，经整流和滤波后输出反馈直流电压$U_F$。如果采用一般的直流测速发电机，为了保证测速反馈的灵敏度和稳定性，必须另加一套稳压励磁电源。

3）给定电压环节　由串联式晶体管直流稳压电源供给。电位器RP用以调节给定电压$U_g$，所以RP也就是调速旋钮。

4）直流放大环节　将反馈直流电压$U_F$和给定电压$U_g$进行比较，它们之差从$F_1$、$F_2$两端送入放大器进行放大，将放大了的控制电压从$F_3$、$F_4$两端输出，再和移位电压$U_y$相减，送至三组触发器进行移相控制。直流放大器采用带恒流源的差动放大器，为了获得足够的功率放大和减小输出阻抗，采用二级射极跟随器输出。

5）移位电压　由$4H_1$～$4H_3$经三相桥式整流、电容滤波和稳压后输出。1 kΩ电位器用以调整移位电压$U_y$。

6）电机延时起动环节　为了限制电机较大的起动电流，必须逐步升高电枢电压。延时起动原理如下：

电机起动前，接触器KM1释放，常闭触点KM7－1闭合，使放大器输出端短路，无控制电压输出，因而使触发器不产生脉冲，晶闸管封闭，同时常闭触点KM6－1闭合，使电容C1经二极管V2充电，并使3AX81B晶体管经R1、KM6－1获得偏流而导通。因此继电器KA动作，其常开触点KA1、KA2闭合，电容C2接入，准备起动。

电机起动：按起动按钮SB1，KM1通电，三相半控桥式主电路接通，在接通瞬间，晶闸管仍封闭，电机两端并没有电压这时常闭触点KM7－1随之打开，放大器输出电压随C2充电而缓慢上升，因而触发器输出脉冲相位缓慢前移，使晶闸管逐渐开放，电枢电压缓慢上升，电机渐渐起动。时间在20 s左右。另外，KM6－1也打开，C1经V1、R1、R2反向充电，该充电电流使V1能继续导通，一直到充电结束（约25 s），V1截止，KA释放，KA1、KA2打开，将C2切除，电机投入正常运转。起动时因为KA未释放所以其常开触点KA4闭合，起动指示灯HL1（绿色）亮，起动结束，KA释放，所以常闭触点KA3闭合，运转指示灯HL5（红色）亮。

如要延长起动时间，可增大 C2。如要增大起动到投入运转的延迟时间，可加大 R2 或 C1，但延迟时间必须大于起动时间。以免过早把 C2 切除而产生主电路电流冲击。

7）截流保护环节 用来限制主电路电流不超过某一数值，也叫电流截止负反馈。利用主电路中交流电流互感器 TA 输出交流信号，经整流后得到直流电压。当主电路电流超过整定数值，输出的直流电压将超过稳压管的稳定电压而击穿。这时输出一个截流信号 $U_j$，与给定电压 $U_g$ 方向相反，使控制电压减小，从而主电路的电压降低，避免了主电路过载。

截流装置动作电流靠改变 3 kΩ 电位器滑动点的位置来整定。这个动作电流大小要选择得当，过大就失去了截流环节的作用，过小又容易在放大器输入端造成干扰。

8）米速表 测速发电机将转速转变为交流电压，经倍压整流加在米速表上，因为工作时纸机速度总是大于 80 m/min 运行，因此米速表刻度不从 0 开始，而是从 80 m/min 开始，以放宽刻度。为此加了一个基准电压，由桥式整流、电容滤波和稳压管组成，使得速度 80 m/min 时反应过来的电压与基准电压相抵消，米速表指针不偏转。

9）校正环节 为了提高系统的稳定性和加快系统的反应速度，也就是说要消除系统的振荡和缩短过渡过程，加入了由 R3、R4、R5、C3、C4 构成的并联校正和由 C5、R6、R7 构成的串联校正。

3. 电路调试

1）控制电路的初步调整 调试时应先将各环节的电源（包括稳压管的工作情况）和每个触发器、放大器、稳压电源等分别独立调整正常，然后可作下列工作：

① 移位电压的整定：逐渐增加移位电压 $U_y$，观察触发器第一只晶体管 3AX31B 的输入信号波形（基极-射极间），发现负半周逐渐增加，直至负半周还留一很小缺口为止，该移位电位器最好用带锁紧螺帽的电位器，这时用螺帽锁紧后可保持不变。当然在此调整过程中，触发脉冲也随之逐渐后移。

② 接入直流放大器和稳压电源，从 0 开始调节 RP，输入一很小的给定电压 $U_g$（因这时无反馈电压），观察触发脉冲是否前移，如 $U_g$ 超过一定限度，就会发现脉冲突然消失。这时注意放大器输入和输出电压的极性不要搞错，否则无法移相。

③ 三组触发器对称性的调整：将3个触发器脉冲输出对应端相连，并接至一公共负载电阻上（小于100 Ω），从电阻上观察三组脉冲宽度、幅度、移相角、移相范围等是否一致，并进行调整。

2）触发相序的调整——理相　所谓理相就是当整流变压器和同步变压器接法一定、整流电路和触发电路形式一定的情况下，每个晶闸管的触发电路应该用哪一相的同步电压的问题。一般可先根据触发器移相方式和主电路的移相要求来确定同步电压和晶闸管两端电压的相位关系，然后根据变压器的接法来确定每个晶闸管触发器用哪一相同步电压。从9-2节可知，三相半控桥式整流电路波形中1点（图9-57a）是晶闸管V1的自然换流点，即移相角$\alpha$的起点；2点是最大移相角$\alpha=180^{\circ}$，即移相角的终点。1～2即为V1要求的移相范围。为了得到这个范围，同步电压正弦波必须处于图9-57b所示位置。所以作为V1的触发器，其同步电压正弦波必须超前整流变压器二次侧线电压$U_{1U1V}$ 30°。该电路整流变压器采用D，y11（△/Y-11）接法，同步变压器采用D，y9（△/Y-9）接法，从图9-57c相位关系中可以看出，$U_{2V2N}$超前$U_{1U1V}$ 30°；$U_{2V2N}$超前$U_{1V1W}$ 30°；$U_{2U2N}$超前，$U_{1W1U}$ 30°，正好满足要求。所以正确的触发相序是$U_{2V2N}\rightarrow$V1；$U_{2W2N}\rightarrow$V2；$U_{2U2N}\rightarrow$V3。

理相的方法：先用相序器确定三相相序，并按第2章的方法确定三相变压器的正确接法，然后给实物（包括整流变压器、同步变压器、触发器、晶闸管等）接线端子按图上字母标号。再根据上述确定的相位关系进行接线调试，或者将主电路接一电阻代替电动机作假负载，直接对每个晶闸管进行相位整定，用某一相的脉冲信号去触发某一个晶闸管并逐渐增加给定电压，观察晶闸管输出电压波形是否按图9-58a所示从起始点按箭头方向逐渐增加，测量假负载电阻两端电压是否从零逐渐增加。如晶闸管无输出或发现输出不是从零开始而且移相未到头就使输出突然消失等不正常情况，可换另一相晶闸管再试，或检查变压器对应端是否正确，直至相位正确。另外两相触发器，重复上述步骤。经过三次，3个晶闸管触发相位识辨清楚以后，可将三组触发信号同时接上，这时输出波形如图9-58b所示。

3）系统开环调试　在将电机接入之前，应对延时起动环节进行整定和试验，以保证起到延时的作用，然后再将电机接入，不加任何反馈信号。在上述调试基础上，这时改变给定电压即可对电机实现整速。注意电机一定要接入励磁。

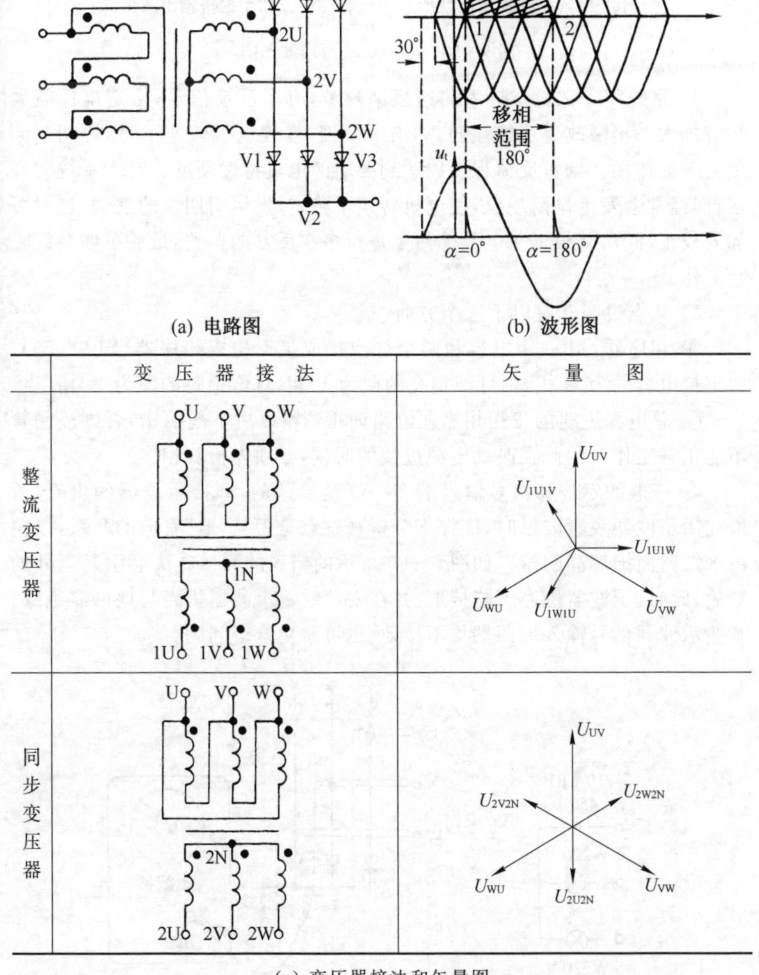


(c) 变压器接法和矢量图

**图 9-57** 同步电压和整流变压器电压的相位关系

(a) 单只晶闸管输出波形　　(b) 三相半控桥输出波形

图 9－58　电阻负载两端波形图

4）系统闭环试验　接入测速反馈环节，有了反馈信号，给定电压就要相应加大。稍微改变反馈强弱，如增大反馈，发现电机转速下降，说明起到负反馈的作用。调整反馈程度以达到要求的电机特性硬度。对于系统闭环运行，经常会发生振荡现象，使电机转速不稳定，发生周期性的摆动，这时可加入校正环节，并根据每一具体对象进行多次反复的调整，最后可使系统稳定工作。

5）几点说明　有以下三个方面：

① 相序器：由一个电容和两个灯泡接成星形构成相序器（图 9－59）。假定接电容的为 U 相，则灯泡稍亮的便为 V 相，灯泡稍暗的便为 W 相。

② 总电源进线的三相相序在电路理相调整以后不能搞错，否则晶闸管不能正常工作。因此在改动电源进线的时候，必须先检验相序。

③ 一般的示波器信号输入端有一端是接地的，即接示波器的机壳，所以在用示波器观察波形时，应仔细分析观察点是否与"地"有电的联系，以免由于短路而损坏晶闸管。如图 9－60 所示的错误的测量方法会引起意外的事故，此时，示波器机壳不能接地，并在安放时将示波器机壳与地可靠绝缘。有些示波器信号输入端两端均不接地，也可避免这个问题。

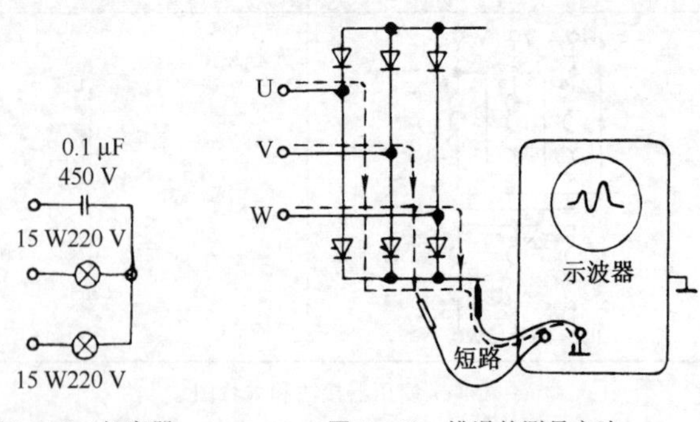


图 9－59　相序器　　图 9－60　错误的测量方法

［计算举例］

1) 已知条件　被控制对象是 Z2-71 直流电动机。其额定功率 $P=22\ \text{kW}$，额定转速 $n=1\,500\ \text{r/min}$，额定电压 $U=220\ \text{V}$，额定电流 $I=91.9\ \text{A}$、励磁电压 $U_L=220\ \text{V}$，励磁电流 $I_L=2.08\ \text{A}$。

2) 主电路　选用典型的三相桥式半控整流电路。

3) 整流变压器参数　整流变压器采用典型接法 D,y11(△/Y-11)查表 2-25 得：

$$U_2=0.427U_z+2N_e=0.427\times220+2=94+2=96\ \text{V}$$

$$I_2=0.817I_z=0.817\times91.9=75\ \text{A}$$

$$P=1.05U_zI_z=1.05\times220\times91.9=21.2\ \text{kV}\cdot\text{A}$$

从整流变压器计算中可知，其电压和容量要相应增加 5%～10%，再考虑到电网电压波动等影响，一次侧绕组有抽头，使二次侧能获得二种输出电压。所以整流变压器实际按下列参数进行结构计算。

容量 $P_s=24\ \text{kVA}$，电网线电压 $U_{线}=380\ \text{V}$(△ 接法)，

二次侧线电压 $U_{线}=200/180\ \text{V}$(Y接法)

二次侧相电压 $U_2=115.4/104\ \text{V}$(Y接法)

4) 晶闸管和硅二极管选择　具体计算如下：

查表 9-7 元件承受最大电压峰值 $U_m=2.45U_2=2.45\times104=255\ \text{V}$

晶闸管 $PFV=PRV>(1.5\sim2)U_m=(1.5\sim2)\times2\,255$

$=382.5\sim510\ \text{V}$　　选 500 V

硅二极管　　$U_{RM}>U_m=255\ \text{V}$　　该电路也用 500 V

流过元件电流的有效值 $I=0.58I_z=0.58\times91.9=53.3\ \text{A}$

晶闸管和硅二极管的额定正向平均电流

$$I_F>\frac{I}{1.57}=\frac{53.3}{1.57}=34\ \text{A}$$　选取 50 A 的元件

## 五、晶闸管无触点开关

晶闸管作开关是晶闸管应用的一个方面。它在工业自动远距控制装置或电力系统保护装置中作为中间继电器或功率放大器等，具有寿命长、无噪

音、无触点、反应速度快等优点。

1. KJW－1 型“或”门晶闸管交流开关

1）主电路　由一个晶闸管 V 和桥式整流电路组成，负载流过的仍然是交流电，如图 9－61 所示。

脉冲变压器

铁心：磁环 M×1 000－ϕ27×16×5

绕组：$N_1 : N_2 : N_3 = 200 : 100 : 100$ 匝

线径：0.17 mm

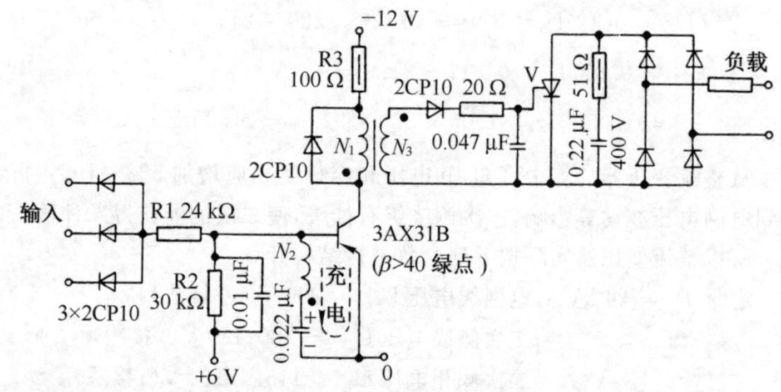


**图 9－61**　KJW－1 型“或”门晶闸管交流开关

| 开关的规格 | 整流桥二极管 | 晶　闸　管 |
| --- | --- | --- |
| 36 V 1 A | 2CZ1/100 | KP5/150 |
| 110 V 1 A | 2CZ1/250 | KP5/400 |
| 220 V 1 A | 2CZ1/500 | KP5/600 |
| 380 V 1 A | 2CZ1/600 | KP5/1000 |

注：晶闸管不带散热器。

2）控制电路

（1）二极管“或”门环节：由 3 只二极管和 R1、R2、6 V 电源组成三输入“或”门。任一输入端有－12～－7 V 信号输入，“或”门均有负信号输出。

（2）晶体管振荡器：利用脉冲变压器正反馈绕组组成阻尼振荡器，振荡频率约为 2 000 Hz。当无外来信号输入时，6 V 正电压加在晶体管基极上，因而截止，振荡器不工作。当“或”门输出负信号，晶体管基极为负，振荡器工作，通过脉冲变压器输出信号（为脉冲群）使晶闸管全开放，从而负载接通。切断外来信号或当“或”门输入信号绝对值小于 3 V 时，振荡器停振，最多经过半个周波(0.01 s)，晶闸管两端电压过零后截止，相当于负载断电。

2. KZW-1 型晶闸管直流开关

由于在直流电路中晶闸管导通后，本身不能关断，所以必须增加关断电路后才能构成无触点开关。在图 9-62 中，当 $O-A$ 端输入信号时，V1 导通，负载 R1 通电，电容 C3 通过 R2 和 V1 充电，充电电流方向如图 9-62 中虚线所示。当 $O-B$ 端输入信号，V2 导通，C3 已充好的电压作用在 V1 两端为负电压，使 V1 关断，从而切断 R1 负载电路。而负载 R2 接通，C3 又反向再充电，准备用来关断 V2。该开关可作为单刀双掷使用。若作为单刀单掷开关使用，负载 R1 或 R2 要用电阻代替，V3、V4 为续流二极管。当感性负载切断时，V3、V4 起续流作用，以免负载两端产生过电压使晶闸管误动作甚至损坏。

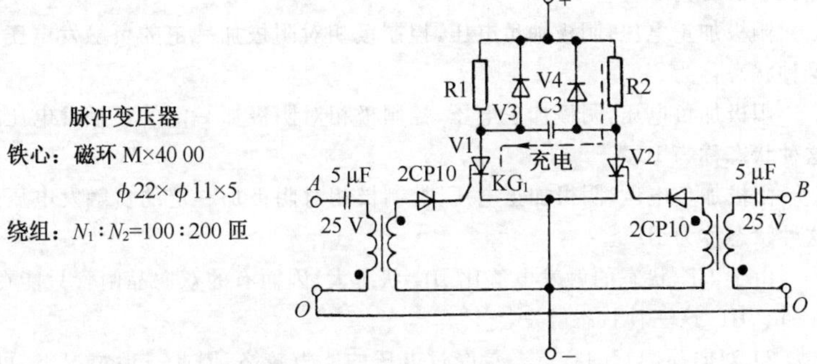


图 9-62 KZW-1 型晶闸管直流开关

| 开关规格 | 晶闸管 | 二极管 VD | 电容器 C |
|---|---|---|---|
| 24 V 2 A | KP5/50 | 2CP33A | 2 μF 160 V |
| 48 V 2 A | KP5/100 | 2CP33B | 2 μF 160 V |
| 110 V 2 A | KP5/250 | 2CP33D | 2 μF 160 V |
| 220 V 2 A | KP5/400 | 2CP33F | 2 μF 250 V |

输入动作电压：−12 V～−7.5 V；

输入电压：小于 2 V，开关不动作；

动作时间：纯电阻负载，接通时间不大于 1 ms，断开时间不大于 1.1 ms；

最大重复频率：50 次/s。

## 六、4 kW 双向晶闸管单相交流调压器

1. 双向晶闸管的性能和参数

常用的晶闸管只能控制单方向导通，另一方向始终处于阻断状态。如果用在交流电路中，必须将两个晶闸管反并联，因此两套触发脉冲必须相互绝缘，两套散热器也需要互相绝缘，这样使电路和设备比较复杂。而晶闸管的派生元件之一——双向晶闸管，其两个方向都可以控制导通，就能完全代替两个反并联的晶闸管。双向晶闸管外形和一般晶闸管相似，也有螺栓式和平板压接式两种，3 个引出端为了与晶闸管符号对应，也称为阳极 a，阴极 c 和控制极 g，它广泛地用于电机调速、调光、控温、交流无触点开关、调压稳压等方面。

1）控制特性　双向晶闸管在下列四种情况下均能导通：

阳极加正电压，阴极加负电压，控制极相对阴极加一定的正触发电压。这种状态称为 $I_+$。

阳极加正电压，阴极加负电压，控制极相对阴极加一定的负触发电压。这种状态称为 $I_-$。

阳极加负电压，阴极加正电压，控制极相对阴极加一定的正触发电压。这种状态称为 $III_+$。

阳极加负电压，阴极加正电压，控制极相对阴极加一定的负触发电压。这种状态称为 $III_-$。

由于 $III_+$ 状态的触发电流比 $III_-$ 状态大，因而有的双向晶闸管只能在 $I_+$、$I_-$、$III_-$ 这三种状态触发。

2）双向晶闸管的特点　承受过电压的能力较高，因此一般情况下，可以简化过电压保护装置，甚至不用。在交流电路中，1 个双向晶闸管代替两个晶闸管，触发电路简单，散热器也只用 1 个。

双向晶闸管和晶闸管的额定电流的换算关系：对两个反并联的晶闸管，流过每个晶闸管的正向平均电流 $I_F$ 与额定电流有效值 $I_a$ 有下列关系，即

$$I_F = \frac{\sqrt{2}I_a}{\pi} = 0.45I_a$$

也就是说一个 20 A 的双向晶闸管近似可以代替 2 个 10 A 的晶闸管反并联。

2. 4 kW 单相交流调压器(图 9-63)

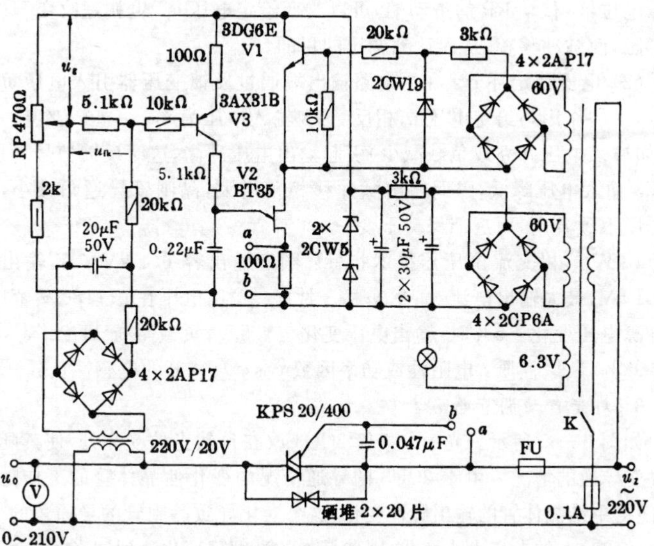


图 9-63　4 kW 交流调压器电路图

1) 主电路　正弦交流电压通过双向晶闸管输出,在电压正半波时触发晶闸管导通。在负半波时触发,晶闸管另一方向导通。因此输出也是交流电压。控制晶闸管移相角,可以改变输出交流电压有效值的大小。输出电压波形如图 9-64 所示。

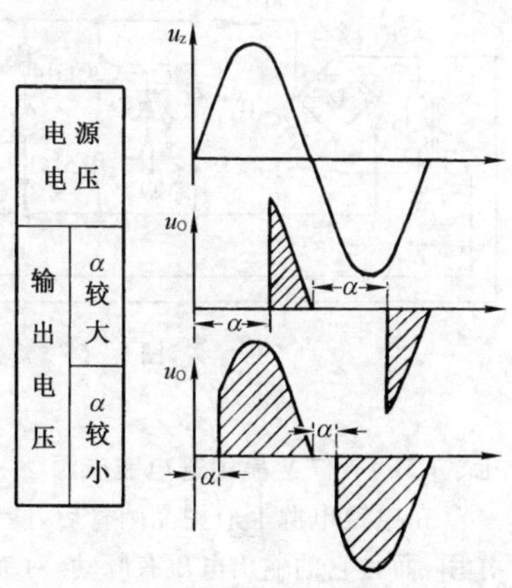


图 9-64　晶闸管交流调压器输出电压的波形

由于输出电压波形是非正弦波,因而电压电流的有效值的测量要用电磁式交流电表。如用整流式的万用表或钳形表来测量,就要产生较大的误差。

2) 控制电路　分以下两项:

(1) 触发器：采用单结晶体管触发电路。V1 作为同步开关用。RP 是调压电位器，移动 RP 的滑动端，可以改变给定电压 $u_g$，也就是改变 V3 的输入电压，使脉冲移相，从而达到调压的目的。

(2) 电压稳定环节：在主电路输出端通过反馈变压器引入电压负反馈信号，它的作用与给定电压 $u_g$ 相反。V3 输入电压为 $(u_g - u_f)$。当某一原因(例如输入电压升高或负载减少)引起输出电压升高，这时反馈信号 $u_f$ 增大，使 V3 输入电压降低，因而输出脉冲移相角增大，晶闸管导通角减小，使输出电压不致升高，而近似保持不变。

4 kW 单相交流调压器技术指标：额定输出容量 4 kV·A，输出电压 0～210 V，最大输出电流 19.2 A；稳压性能：输出电压在 0～180 V 范围内，当电源电压变化±5%时，输出电压变化±1.5 V；负载阻抗 11 Ω～5 kΩ，效率＞98%，负载性质：电阻性或功率因数 $\cos\varphi \geqslant 0.8$ 的电感性负载。

3. 灯光自动调节电路

如图 9-65 所示。光敏二极管 2CU3 放在自然光的受光处，使其随天色而改变导通的情况。由于 2CU3 的导通情况的变化使晶体管的工作随之而变，使得单结晶体管的输出脉冲变化，这个变化导致晶闸管的导通角的变化，负载(灯泡)上的电流大小变化，因此灯泡的亮度起变化达到调光的目的。

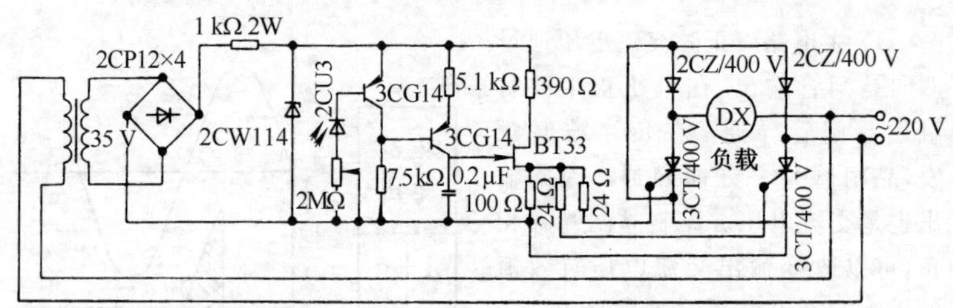


图 9-65　灯光自动调节电路

## 七、1 500 A/7 V 晶闸管电镀电源

在电镀电源上应用晶闸管后，能节约工业用电，对降低产品单耗有一定作用，而且它的输出电压有脉动，对镀层表面有冲击作用，可使工件表面结晶紧密，不易脱落，从而提高电镀质量。另外晶闸管电镀电源还具有噪声小、维护简单等优点。图 9-66 为 1 500 A/7 V 晶闸管电源的电路图。

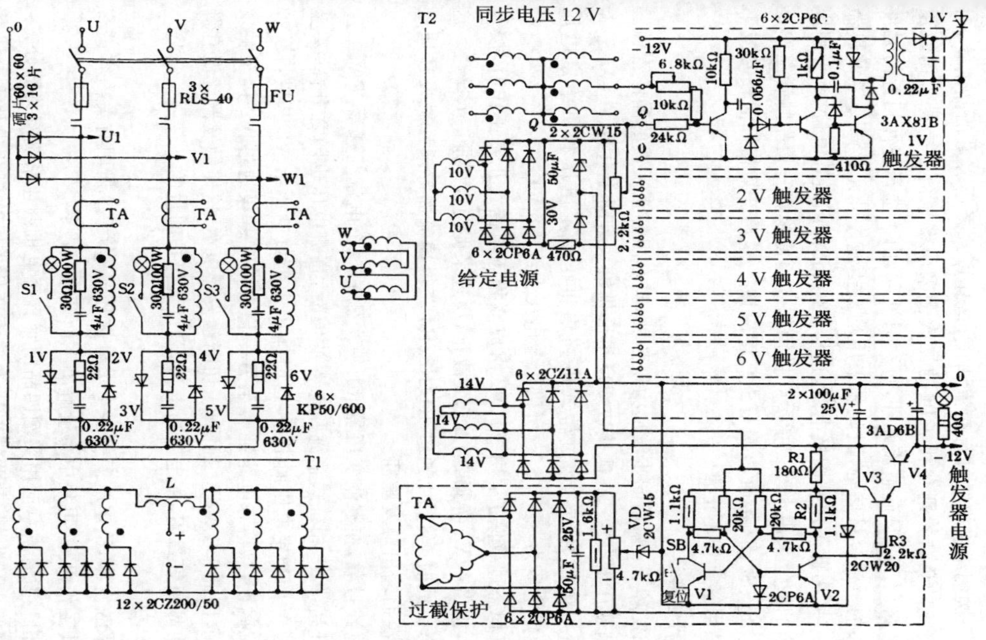


图 9-66 1 500 A/7 V 晶闸管电镀电源

冲变压器铁心：E 形硅钢片，截面 13×13(mm²)，一次侧绕组：500 匝，线径 0.15 mm；

二次侧绕组：300 匝，线径 0.31 mm；指示灯：220 V、15 W

1. 主电路

整流变压器 T1 一次侧接成星形,采用三相四线电源。每相晶闸管反并联,再与一次侧绕组串联进行交流调压,这样可选择小容量的晶闸管,对低电压大电流的负载特别有利。T1 的二次侧采用带平衡电抗器 L 的双反星形整流电路,有 12 只硅整流元件,每 2 只并联,由于选择特性相近的元件以及有足够的电流容量储备,因此未采用均流措施。硅元件选择了散热器是阳极的一种,因此采用共阳极电路,这样 12 只元件阳极等电位,就可固定在同一水箱的壁上采用水冷。指示灯供操作老师傅检查三相晶闸管工作是否对称。当 S1、S2、S3 接通,3 只灯泡亮度应该一样。若某相灯泡较暗或不亮即该相晶闸管工作不正常。

2. 控制电路

(1) 触发环节:采用同步波形为正弦波,具有阻容正反馈的晶体管触发电路。控制变压器 T2 二次侧接成双反星形供给六组同步电源。

(2) 给定电压环节:通过桥式电路输出正给定电压和负给定电压(2CW15 稳定电压为 7~8.5 V,所以给定电压大约±8 V)。

(3) 双稳态过载保护:用 V1、V2 组成双稳态电路。正常工作时,按复位按钮 SB,相当于 V1 导通,因此 V2 截止,反过来促使 V1 进一步导通。这是一个稳态。此时 V3、V4 通过 R1、R2、R3 获得偏流而导通。触发器通过 V4 获得电源而输出触发脉冲。

当主电路过载,在整流变压器 T1 一次侧的 3 个电流互感器 TA,二次侧电压就升高,经三相桥式整流和电容滤波后,直流电压也随之升高,甚至超过稳压管 V 的稳定电压而击穿,这时输出 1 个负电压给 V2 基极,使 V2 导通,V1 就截止,双稳态电路翻转至另一稳态,V3 基极通过 V2 接至触发器电源正端,因此 V3、V4 立刻截止,切断触发器电源,这样触发器就没有脉冲输出而使晶闸管封闭,主电路断电,达到过流保护的目的。

3. 电路调整

先调整触发器,给定电源等一个个分散环节(参考手册中有关内容进行调整),使其工作可靠,再集中力量解决下面几个问题:

1) 理相 参看本章应用实例四晶闸管直流电机调速系统有关部分。

以晶闸管 1 V 为例,其两端电压为整流变压器一次侧相电压 $U_{1U1N}$,移相范围为 0~180°。对该触发电路来讲同步正弦电压 $U_t$ 必须比相应晶闸管两端电压超前 90°,触发器产生脉冲才能从 180°调到 0。由于整流变压器一

次侧是 $Y_n$ 连接，晶闸管两端加的是相电压，而同步变压器采用 D，y1，y7 或 D，y5，y1（△/Y-⅄）接法，$U_{2V2N2}$ 超前 $U_{1U1V}$ 90°。因此将作为 1 V 的同步电压。其他元件同样可得下列相位关系：$U_{2V2W2}$→1 V、$U_{2V2W1}$→2 V、$U_{2W2U2}$→3 V、$U_{2W2U1}$→4 V、$U_{2U2V2}$→5 V、$U_{2U2V1}$→6 V。

2）主电路调试　先用灯泡做假负载，按图 9-67 连接，如有条件可以先降低三相电压调试。当正确理相后，3 个灯泡亮度一样，而且缓慢改变给定电压，3 个灯泡同时连续地变亮或变暗。然后接入整流变压器空载调试，测量输出交流电压是否缓慢连续可调而且三相平衡。最后投入负载运行。由于一次侧是交流调压，因而一次侧负载电流和电压均为非正弦，在进行电流电压测量时，要用电磁式交流电流表和电压表（或电磁式钳形表），前面已经说过，如用万用表，或整流式的钳形表来测就要产生误差。

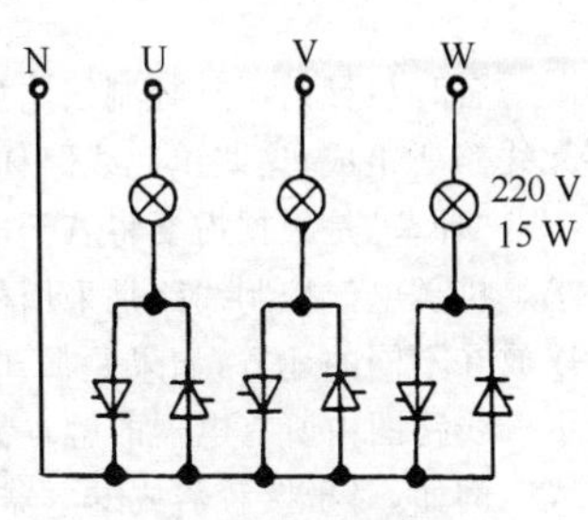


图 9-67　用灯泡作负载的主电路

# 第 10 章　常用机械电气控制线路

各种机械的电气控制线路虽然不同，有的较复杂，但它们都是由一些单元线路所组成，这些单元线路称为“环节”。

“环节”是根据需要将若干电器元件用导线连接起来，以达到动作的要求。机械电气控制线路是采用框图方式，图中各种电器的各个单独元件可以放在不同的地方，如果是属于同 1 个电器，就用相同的字母和数字来表示。线路图中所有电器的触点都处于静止位置，即电器没有任何动作的位置。例如，对于接触器或继电器来说，线圈没有电流时触点所处位置；按钮是没有受到压力时的静态位置。

本章先介绍一些常用环节，然后介绍目前用得较多的常用机械电气控制线路。

## 10－1　电气控制线路中常用环节

### 一、单向点动控制线路

图 10－1 是单向点动(步进或步退)控制线路原理图。将按钮 SB 按下，使 1 与 3 之间触点 SB 闭合，1、3 两点接通，接触器 KM 线圈即有电流流过，吸引衔铁吸合(以下简称接触器吸合)，KM 常开触点闭合，使电动机接通电源，按照规定方向运转；当松开按钮 SB，1、3 两点断开，KM 线圈失电，吸引衔铁释放(以下简称释放)，KM 常开触点即断开，使电动机停止运转。这种线路常用于快速行程及地面操作的行车等场合。

### 二、单向起动控制线路

单向起动控制线路(图 10－2)是最简单、最常用的一种控制电动机单方向运转的线路，与点动线路基本相同，仅在按钮 SB1 上并联了一对 KM 接触器的常开触点和多了 1 只作停止用的按钮 SB2。当按下起动按钮 SB1，接触器线圈 KM 就有电流流过而吸合，使接触器主回路常开触点(主触点)闭合，电动机运转，同时又使其与 SB1 并联的 3 与 5 之间的常开触点

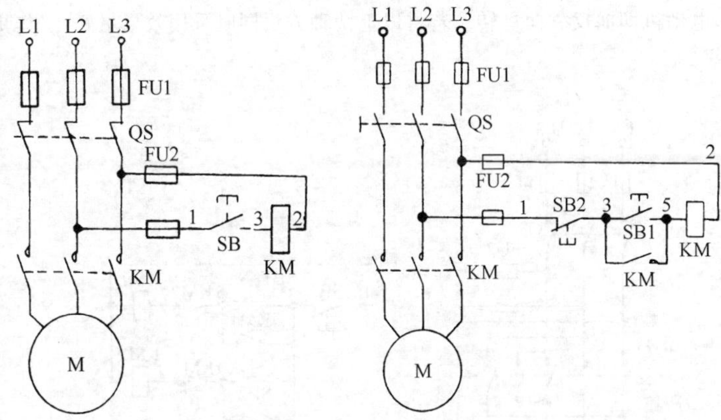


**图 10－1**　单向点动控制线路　　**图 10－2**　单向起动控制线路

KM 闭合。当松开 SB1 时，3、5 两点间由于 KM 的常开触点仍然闭合，使回路保持通路，线圈 KM 继续闭合。凡是接触器（或继电器）利用它自己的副触点来保持线圈吸合的，我们称它为“自锁”，这个触点叫做自锁触点。如要使电动机 M 停止运转，只须将按钮 SB2 按下，使 1、3 之间触点 SB2 断开，回路即断路，KM 失电接触器释放，其常开主触点即打开，电动机 M 停止运转。同时与 SB1 并联的常开触点 KM 也断开，所以放松按钮 SB2 到原来位置，虽则使 1、3 之间两触点 SB2 又接通，但 KM 因自锁触点断开而不能动作，这就为再次起动准备了条件。

**三、可逆起动控制线路**

图 10－3a 是用辅助触点作联锁保护的可逆起动控制线路，KM1 与 KM2 两对常闭触点为联锁触点。当 KM1 动作后，其常闭触点打开，将 9 与 11 之间触点 KM1 断开，保证了这时如果按下 SB2，KM2 不能吸合；同理如 KM2 动作，KM1 也不会吸合，所以它能避免主电路相间短路。必须特别注意，如果控制电路中不采用联锁保护，那么当 KM1 动作后，不先按停止按钮 SB3 而按下按钮 SB2，于是 KM2 也就吸合，这时主电路中由于 KM1 与 KM2 的常开触点全部闭合，将造成相间短路事故。图 10－3b 是利用按钮作联锁的。当 KM1 起动后，如再按 SB2，那么 SB2 必须先将 3 与 5

之间触点 SB2 断开，使 KM1 释放，这时 9 与 11 之间触点 SB2 闭合，KM2 吸合，电动机即向反方向运转。若将以上两种方法同时采用效果更好，工作更可靠。

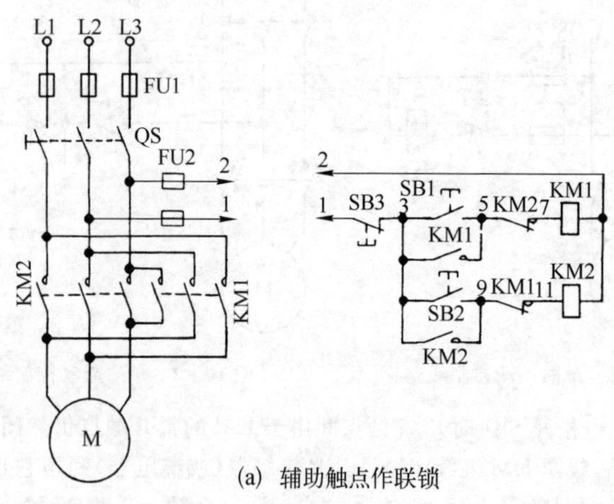


(a) 辅助触点作联锁

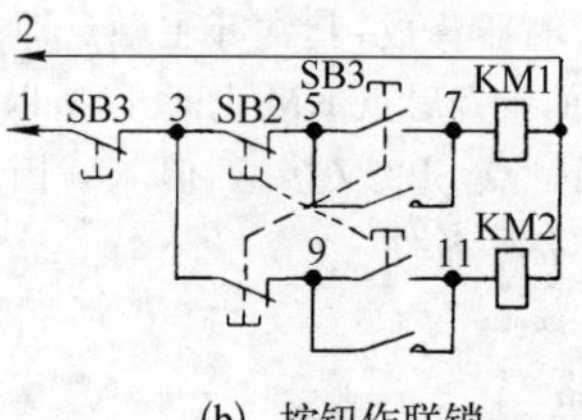


(b) 按钮作联锁

**图 10－3 可逆起动控制线路**

## 四、可逆点动、起动的混合控制线路

图 10－4 是可逆点动、起动的混合控制线路，这个线路是图 10－1 与 10－3的综合，它具有可逆点动及可逆运转，并具有按钮及触点联锁，操作方便，适用于工作较为复杂的场所。SB4 与 SB5 是正反向点动按钮。

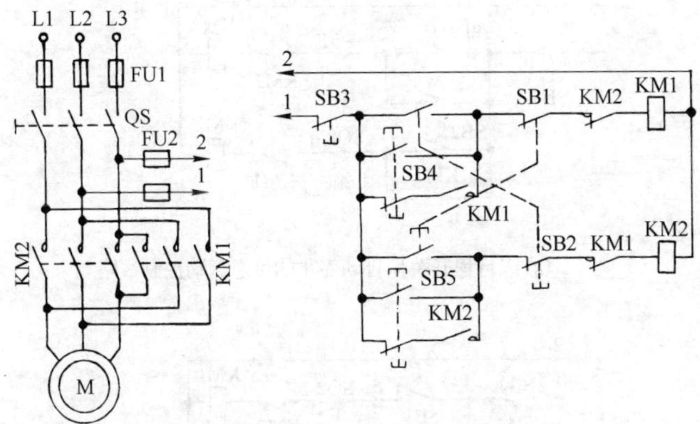


图 10－4　可逆点动、起动的混合控制线路

## 五、以行程开关作自动停止的可逆起动控制线路

图 10－5a 是带有半自动的线路，特点是能使设备每次起动后自动停止在规定的地方，达到定点停车的目的。当 KM1 或 KM2 吸合，电动机即作正向或反向运转，带动撞块（挡铁）分别作进或退、升或降、向左或向右的移动。当行至规定点时，撞块拨动限位开关 SQ1 或 SQ2，使 5 与 7 或 11 与 13 之间常闭触点 SQ1 或 SQ2 断开，相应的 KM1 或 KM2 释放，电动机即停止运转。

撞块的回程是依靠按反向按钮 SB2 来达到的，这时撞块脱离了行程开关，即 SQ1 5 与 7 之间触点又闭合，为下一次工作行程作好准备。如料斗提升，它到达预定位置后，还需要有一段作业时再卸料等等。

## 六、自动往返的控制线路

图 10－5b 是自动往返的控制线路，是由图 10－5a 电路变化而来的。它的工作过程如下：假如按下 SB1，接触器线圈 KM1 即吸合，使电动机向规定的方向运转，撞块即按照规定的方向移动。直至到达预定点时，SQ2 在撞块带动下断开，KM1 释放，而 3 与 11 之间触点 SQ2 被接通，所以当 KM1 释放，KM2 立即吸合，并自锁，使电动机向相反方向运转，这时撞块跟着机械传动部分往相反方向移动使撞块离开限位开关 SQ2，于是 5 与 7 之间触点 SQ2 闭合接通，为下次 KM1 吸合作好准备。当另一撞块带动 SQ1 时，11

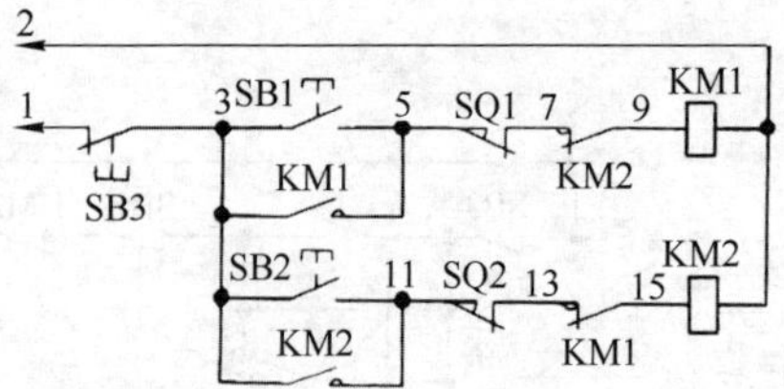


(a) 以行程开关作自动停止的可逆起动控制线路

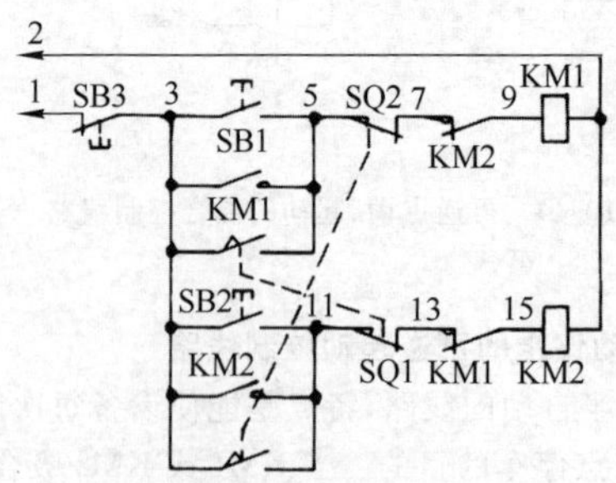


(b) 自动往返的控制线路

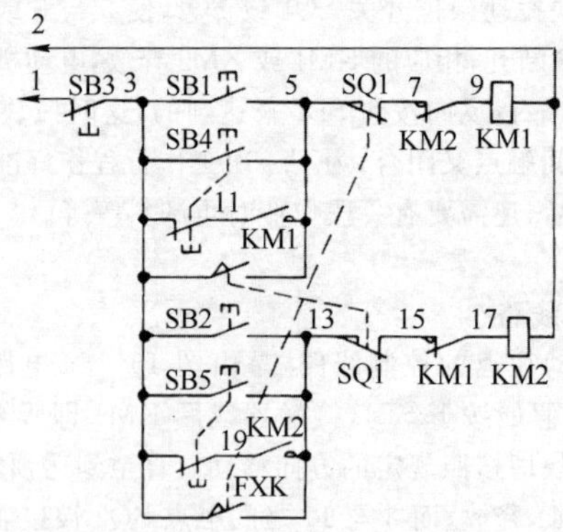


(c) 带有点动的自动往返控制线路

**图10－5**　自动往返控制线路

与 13 之间触点 SQ1 被断开，3 与 5 之间触点 SQ1 闭合，KM1 吸合，电动机又反向运转。这样，就循环不止地自动往返行动。如果需要使电动机停止运转，只需按下 SB3 即可。这个电路适合于控制小容量电动机，且往返次数不能太频繁，否则电动机要发热。

## 七、带有点动的自动往返控制线路

图 10－5c 是图 10－5b 加入了图 10－4 的点动部分，其工作原理与图 10－5b 相同，点动部分仅供微调整用。

## 八、Y-△起动控制线路

前面所讨论的线路都属于控制小容量电动机直接起动，对于较大容量的电动机，就不可以直接起动。较大容量的电动机起动时需要采用降压起动方法，Y-△起动就是降压起动方法之一。

Y-△起动用于电动机电压为 220/380 V，其绕组接法相应为Y/△的较大容量电动机。起动时绕组为Y连接，待转速增加到一定程度时再改为△连接。这种起动方法可使每相定子绕组所受的电压在起动时降低到电路电压的 $1/\sqrt{3}$（即 57.7%），其电流为直接起动时的 1/3。由于起动电流的减小，起动转矩也同时减小到直接起动的 1/3，所以这种起动方法只能工作在空载或轻载起动的场合（如鼓风机、水泵等）。

Y-△起动有手柄操作的Y-△起动开关（图 10－6a）。此外也可用接触器、继电器等组成的起动装置用按钮操作来达到同一目的（图 10－6b、c）。

在图 10－6b 中，当按下 SB2 时，KM 与 KMY吸合，它们在主电路中的常开触点闭合，电动机接成Y起动。待转速增加到一定程度再按下 SB1，KMY释放，KM△吸合，电动机绕组即由Y改接成△，使电动机投入正常运转。

图 10－6c 只是以延时继电器 KT 的触点代替了 SB1 按钮，使绕组由Y自动改接成△，延时继电器 KT 的动作时间根据需要的起动时间来整定，它与电动机容量及起动时的负载情况有关。

## 九、串联电阻或电抗器起动控制线路

当电动机额定电压为 220/380 V（Y/△）时，是不能用Y-△方法作降压起动的。这种电动机可以用串联电阻或电抗器起动。串联电抗器的起动通常应用于高压电动机。

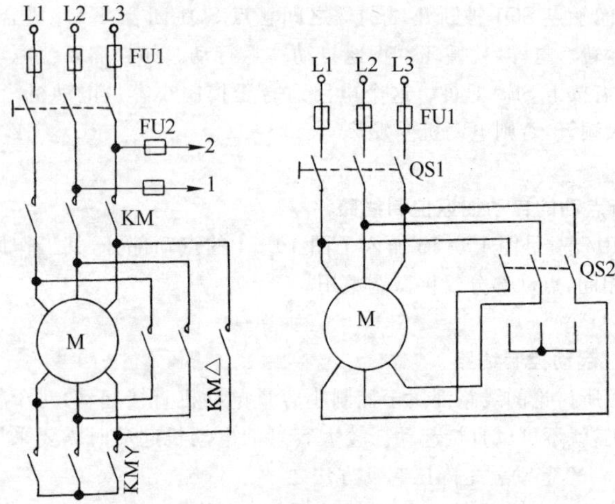


(a) 手柄操作

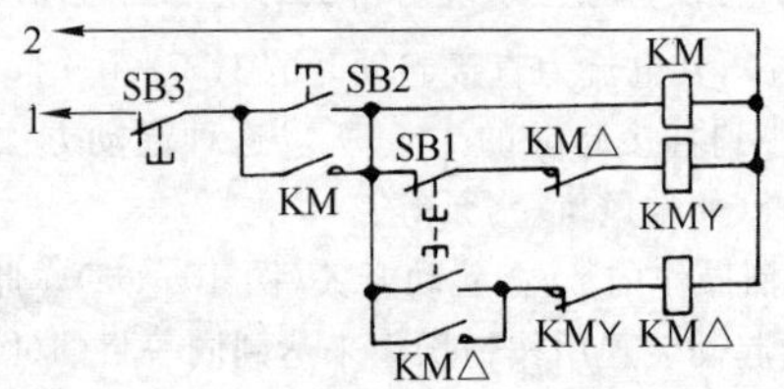


(b) 按钮操作

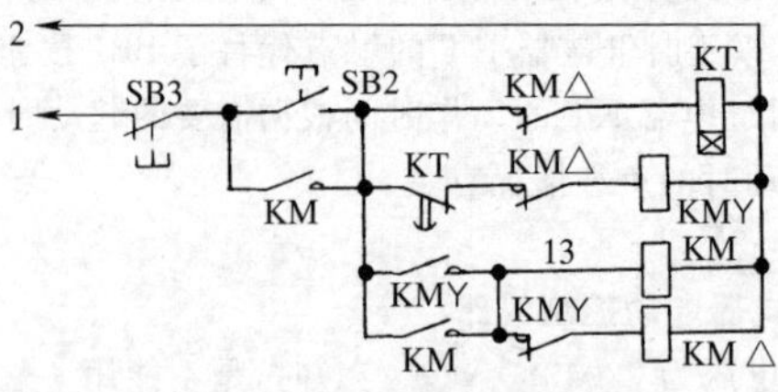


(c) 时间继电器操作

**图 10－6** Y-△起动控制线路

在图 10－7a 中，当 KM1 动作时，电动机串联电阻 R 接到电源上，因 R 上有电压降，所以加到电动机上的电压应减去 R 上的压降。这时电动机起动电流减小了，待 KM2 动作时，其触点将电阻 R 短路，这样使电源电压直接加到电动机上，于是电动机转为正常运行。图 10－7b 是以延时继电器 KT 代替按钮 SB1。

用电阻作降压起动的缺点是减小了起动转矩，同时在电阻上功率损耗也较大。如果起动频繁，则电阻的温升很高，对于精密的生产机械如精密机床就有一定的影响。

绕线式电动机转子串联电阻起动，即在转子绕组中串联一级或若干级电阻，以达到减小起动电流的目的。在起动后逐级切除电阻，使电动机正常运转，提高了起动转矩，改善了机械特性。具体线路可参看 15/3T 交流桥式起重机。

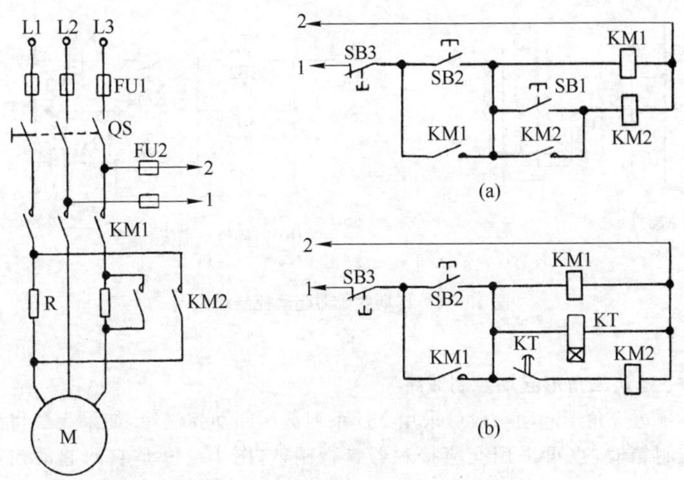


**图 10－7**　串联电阻的起动控制线路

## 十、自耦变压器起动控制线路

对 220/380 V(Y/△)较大容量的笼型电动机不能用Y-△方法起动，如果采用串联电阻起动体积庞大，又不经济，且市场上又没有这样成套的产品供应，在这样的情况下可以采用自耦变压器(补偿起动器)来起动。自耦变压器起动实质上也是一种降压起动方法，其工作原理与串联电阻起动相似。采用这种方法起动时转矩也要减小，并且还具有体积较大等缺点。

这种起动器一般均用手柄操作，也可用接触器及继电器用按钮作远距离控制，如图10-8所示。

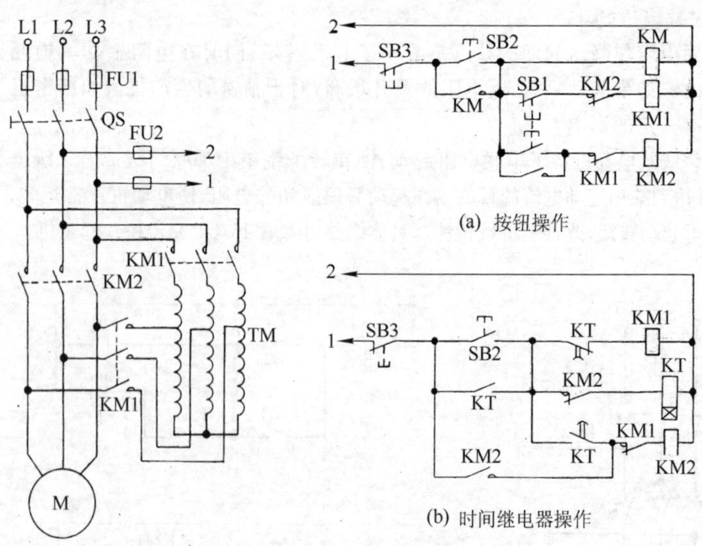


**图10-8 自耦变压器起动控制线路**

## 十一、延边三角形起动控制线路

延边三角形起动一般可采用XJI系列低压起动控制箱，如果无法得到该控制箱时，也可采用交流接触器自行制造，图10-9是它的起动控制线路。

当按下SB2时，交流接触器KM1动作，使U1、V1、W1与电源L1、L2、L3接通，常开触点KM1自锁；3、5触点接通，KM2也跟着动作，于是U2、V2、W2分别与V3、W3、U3接通，此时电动机即成延边三角形起动，待起动完毕需进入正常运转时，只须按下按钮SB1，于是5与7之间触点SB1断开，5与11之间触点SB1接通，KM3动作，这时U2、V2、W2与V3、W3、U3已切断，而U2、V2、W2与电源接通，形成U1、U3与L1相接；V2、U2与L2相接；W1、V2 与 L3 相接。电动机呈△连接进入正常运转。SB3 为停止按钮。

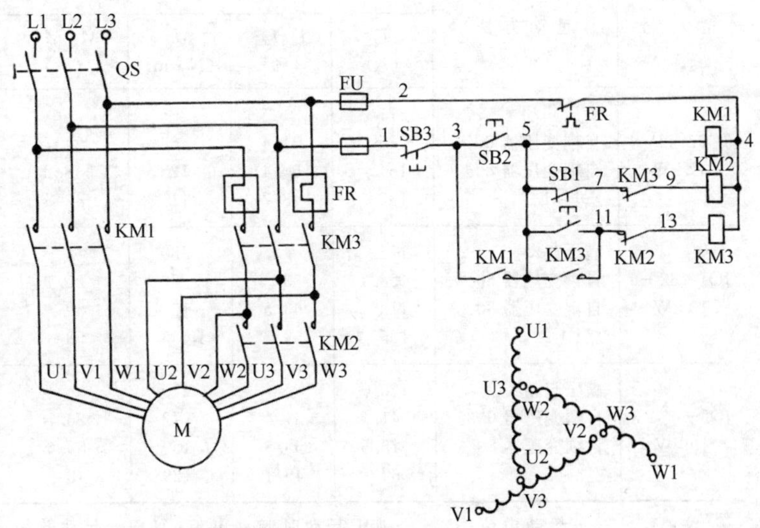


**图 10－9**　延边三角形△起动控制线路

由于电动机在正常运转时接触器 KM3 的触点只通过相电流，所以在选择接触器容量时可等于或略小于电动机额定电流。KM2 接触器可选得更小些，约为电动机额定电流的 1/3～1/2 即可。

延边三角形与自耦变压器起动性能的比较见表 10－1。

表 10－1　延边三角形与自耦变压器起动性能比较

| 型　号 | 起动方法 | 项目 | | | |
|---|---|---|---|---|---|
| | | $I_q$ (A) | $I_q/I_{mq}$ (%) | $M_q$ (N·m) | $M_q/M_{mq}$ (%) |
| JO2－52－2<br>10 kW | 满压起动 | 122 | | 62 | |
| | 自耦变压器 60% | 40.5 | 33.1 | 15 | 24.2 |
| | 自耦变压器 80% | 75.8 | 62.1 | 35 | 56.5 |
| | △1∶3 | 82 | 67.2 | 40 | 64.5 |

（续表）

| 型　号 | 起动方法 | 项目 | | | |
|---|---|---|---|---|---|
| | | $I_q$ (A) | $I_q/I_{mq}$ (%) | $M_q$ (N·m) | $M_q/M_{mq}$ (%) |
| JO2-62-4 17 kW | 满压起动 | 271 | | 255 | |
| | 自耦变压器60% | 85 | 31.4 | 63 | 24.7 |
| | 自耦变压器80% | 164 | 60.4 | 123 | 48.2 |
| | △1∶1 | 132 | 48.7 | 111 | 43.5 |
| JO1-62-6 13 kW | 满压起动 | 178 | | 280 | |
| | 自耦变压器60% | 58.7 | 33 | 72 | 25.7 |
| | 自耦变压器80% | 113 | 63.5 | 165 | 59 |
| | △1∶2 | 105 | 59 | 1485 | 53 |
| JO2-62-8 10 kW | 满压起动 | 120 | | 270 | |
| | 自耦变压器60% | 41.3 | 34.4 | 72 | 26.7 |
| | 自耦变压器80% | 75.5 | 55.8 | 150 | 55.6 |
| | △3∶5 | 67 | 49.1 | 129 | 48 |

注：1. $I_q$——起动电流；$I_{mq}$——满压起动时起动电流；$M_q$——起动转矩；$M_{mq}$——满压起动时起动转矩。
2. 自耦变压器60%抽头时起动转矩，相当于星形接法时的起动转矩，因此本表略去Y-△起动性能。

## 十二、频敏变阻器起动

频敏变阻器是一种无触点电磁元件，相当于1个等值阻抗。在电动机起动过程中，由于等值阻抗随转子起动电流中高频成分的减小而下降以达到自动变阻，所以只需用一级频敏变阻器就可以把电动机平稳地起动起来。这种变阻器有偶尔起动与重复短时工作制的起动之分。在水泵、空气压缩机、轧钢机、矿用传送带等容量自22～2 240 kW用偶尔起动；而桥式吊车、升降台、轧钢机等容量自2.2～125 kW则用重复短时工作制起动。

频敏变阻器实质上是1个铁心损耗非常大的三相电抗器。由数片E形钢板叠成的铁心和线圈两主要部分，并制成开启式，采用星形接法。为了使单台频敏变阻器的体积、重量不要过大，因此当电动机容量大到一定程度时，就由多组频敏变阻器连接使用，连接种类有单组、二组串联、二组并联、二串联二并联等，如图 10-10 所示。

频敏变阻器在起动完毕后应短接切除，如电动机本身有短路装置者可直接利用。如没有短路装置时，可用外装刀开关短路(图 10-10e)。若需遥控可将刀开关改换成相应的控制接触器。

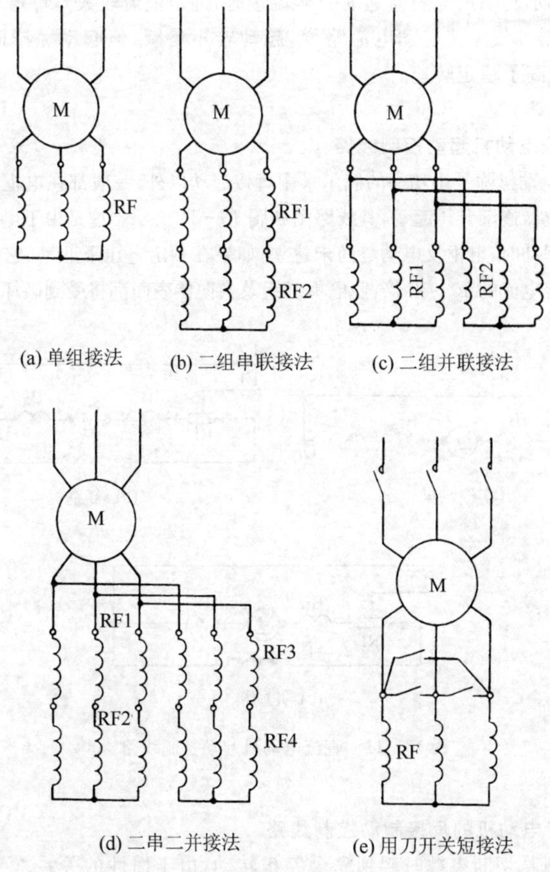


(a) 单组接法　(b) 二组串联接法　(c) 二组并联接法

(d) 二串二并接法　(e) 用刀开关短接法

**图 10-10**　频敏变阻器起动线路接法

在使用时若发生下列情况，应调整频敏变阻器的匝数和气隙。

(1) 起动电流过大，起动太快，应增加匝数，可换接抽头，使用 100％匝数。由于匝数增加起动电流减小，起动转矩也减小。

(2) 起动电流过小，起动转矩不够，起动太慢，应减少匝数，使用80%或更少的匝数。由于匝数减少使起动电流增大，起动转矩也增大。

(3) 在刚起动时，起动转矩过大，机械有冲击，但起动完毕后稳定转速又太低(偶尔起动用变阻器起动完毕短接时，冲击电流较大)，可增加铁心气隙。由于增加气隙使起动电流略增，起动转矩略减，但起动完毕时转矩增大，这样提高了稳定转速。

## 十三、直流电动机起动控制线路

直流电动机除了小功率的偶尔采用直接起动以外，一般都在电枢电路中串接适当电位器逐渐升压起动，其线路图如图10-11所示。这是由于电动机在静止状态下起动时，电枢反电动势尚未建立；如果在额定电压下起动，它的起动电流可达额定电流的10～50倍，使电枢绕组及换向器表面都将受到破坏。

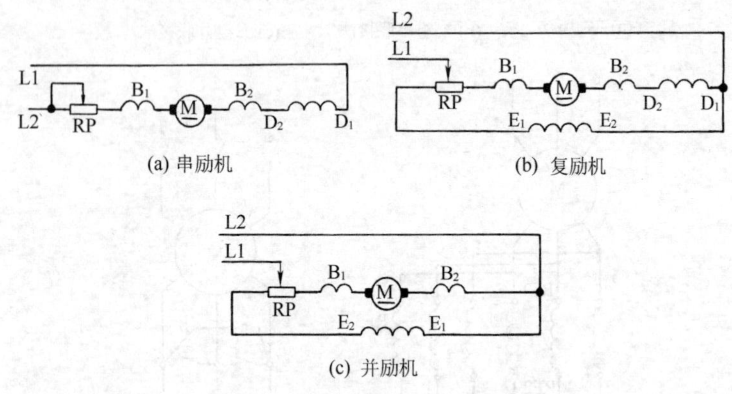


**图10-11　直流电动机起动控制线路**

## 十四、异步电动机的反接制动控制线路

电动机从切断电源时起到完全停止转动，由于惯性的关系总要经过一段时间(时间长短要看负载而定)，这对某些生产机械，就不能适应。所以要采用制动的方法来使电动机的惯性旋转时间缩短，以适应机械的要求。异步电动机的反接制动是电气制动方法之一。

对于异步电动机，若改变它的电源的相序，就可以进行反接制动(图10-12)。当电源相序改变后，电动机定子的旋转磁场反向，则电动机所产生的转矩和原来的转矩相反，因而产生制动作用。

图10-12a是没有中间继电器的制动控制线路，当按下按钮SB1，接触器KM1吸合，使电动机带动速度继电器SR一起旋转。当转速达到120 r/min以上时(此数据一般在产品出厂时就调整好)，常开触点SR闭合，由于常闭触点KM1断开，KM2接触器仍旧不会吸合，仅为反接制动准备条件。如果将停止按钮SB3按下，接触器KM1释放，电动机电源被切断，常闭触点KM1闭合，此刻常开触点SR由于在电动机的惯性作用下仍然闭合，所以接触器KM2吸合，电动机定子旋转磁场因电源的相序改变而反方向旋转。这时电动机的转速从额定值迅速下降，在降至120 r/min以下时，速度继电器的常开触点SR由于惯性减弱而断开，使KM2释放，即由于电动机从额定转速急剧下降到120 r/min以下，但是还来不及反转的一刹那电源就被切断了，因而停止旋转。这一个反接制动的过程，时间约为1～3 s。

容量较大(4.5 kW以上)的电动机采用反接制动时，须在主回路中串联限流电阻，其实用线路如图10-29所示。

图10-12a线路的缺点是，如果操作人员因工作需要用手转动工件或主轴时，电动机也要跟着旋转，带动速度继电器转动。当转速达到120 r/min以上时，速度继电器的常开触点即闭合，接触器KM2吸合。电动机向反方向冲动，很可能造成工伤事故，所以图10-12a这种线路是不常采用的。

图10-12b是具有中间继电器的制动控制电路，即增加了1只中间继电器KA，弥补了图10-12a的不足。

图10-12c是可逆制动控制电路。当电动机正转时，图中速度继电器1个(下面的)常开触点SR闭合；同样，当电动机反转时，速度继电器另1个(上面的)常开触点SR闭合。如果中间继电器KA不用的话同样会出现图10-12a电路的缺点。

异步电动机反接制动比较简单可靠，适用于电动机容量在2～3 kW时，起动与制动次数不大频繁的场合。但是，由于反接制动时，振动和冲击力较大，影响机床的精度，所以使用时受到一定限制。10 kW以上的电动机就不大采用反接制动法。

**〔速度继电器的使用及调整〕**　速度继电器(速度控制继电器)主要用在三相笼型电动机的反接制动电路中，也可用在异步电动机能耗制动电路中，

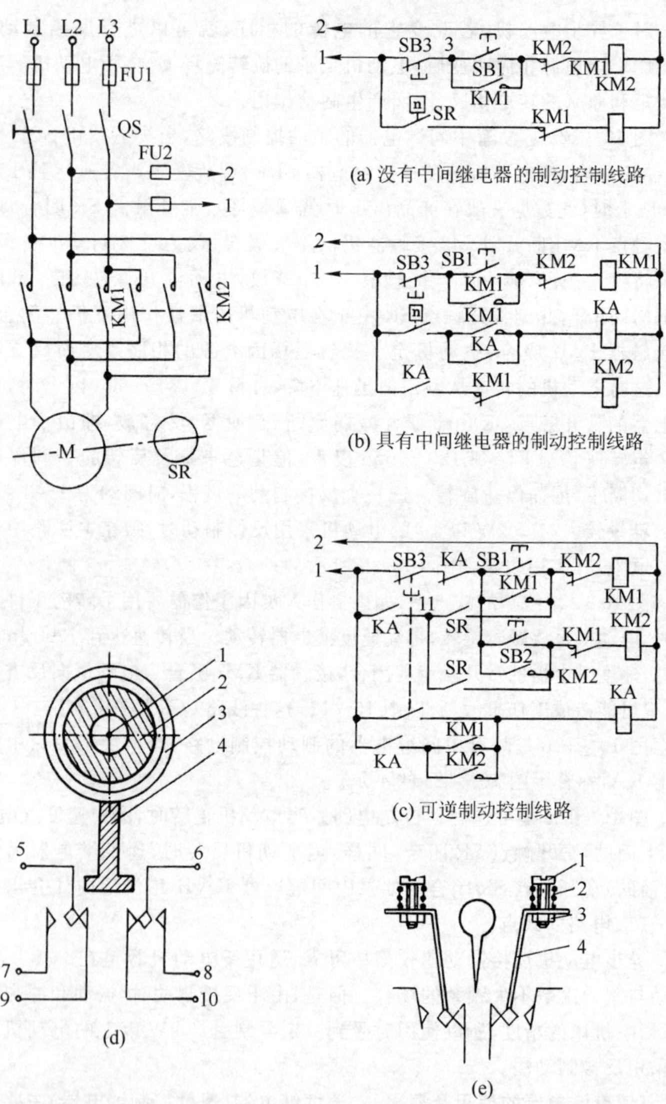


图 10－12　异步电动机的反接制动与速度继电器控制线路的原理及其调整

作电动机停转后自动切断直流电源之用。它的工作原理与鼠笼型转子跟着旋转磁场旋转的原理相似，如图 10－12d 所示。5～10 触点的通断靠拨杆 4 来推动，拨杆 4 与 3 相连，它由旋转磁场 2 感应而旋转。

速度继电器在连续工作制中，可靠地工作在 3 000 r/min 以下，在反复短时工作制（频繁起动、制动）中每分钟应不超过 30 次，速度继电器在出厂时一般调节在 120 r/min 左右即能动作（指继电器轴的转速）。100 r/min 以下触点即恢复正常位置。

速度继电器是根据实际需要转速来调整的。在图 10－12e 中，将螺钉 1 向下捻使弹性触点 4 的强度增加，要求有更大的力（速度）才能推动，反之将 1 向上捻（松）则弹簧压力减少，有较小的力（速度）就能使弹性触点动作。为了防止螺钉松动，在螺钉的下部另有一只螺母 3，在调节时须先将该螺母松开，调节好以后必须重新将螺母拧紧。

## 十五、异步电动机的能耗制动控制线路

能耗制动可以弥补反接制动的不足，在一些功率较大、制动次数频繁的机械上较多地采用这种方法。能耗制动控制线路如图 10－13 所示。在电

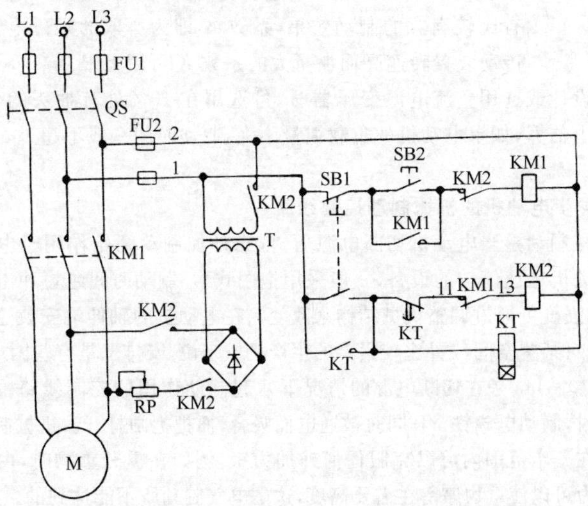


**图 10－13**　异步电动机能耗制动控制线路

动机定子绕组与交流电源断开之后，立即使其二相定子绕组接上一直流电源，于是在定子绕组中产生一个静止磁场，转子在这个磁场中旋转产生感应电动势，转子电流与固定磁场所产生的转矩阻碍了转子的继续转动，因而产生制动作用，使电动机迅速停止。

直流电源由单相桥式整流器供给。电位器 RP 是用来调节电流的大小从而调节制动的强度，或者在变压器 T 的二次侧上适当地抽头也可以达到这个目的。

异步电动机能耗制动的直流电源的经验估算方法是：首先测量出电动机三根进线中任意两根之间的电阻 $R$，还要测量出电动机的进线电流 $I_{线}$（电动机仅带有传动装置运转时的电流，该电流值接近空载电流），然后根据测得的数据分别代入以下两式，便可求出直流电源的电流与电压。

$$I_{\mathrm{D}} = KI_{线}$$

$$V_{\mathrm{D}} = I_{\mathrm{D}}R$$

式中　$I_{\mathrm{D}}$——能耗制动所需的直流电流；

$V_{\mathrm{D}}$——能耗制动所需的直流电压；

$K$——系数，取 3.5～4，考虑到电动机绕组的发热情况，并使电动机有比较满意的制动效果，系数 $K$ 即为所取的励磁电流倍数；传动装置转速高而惯量大的系数 $K$ 可用上限。

在设计或选用整流电源变压器时，可选用在 10％处有抽头的变压器。根据以上估算，如果电动机的负载惯量不大，制动时间一般不超过 2 s。

## 十六、异步电动机的机械制动控制线路

机械制动是当电动机切断电源后，依靠外加制动闸轮作用于电动机轴上使电动机迅速停转的设备（一般采用抱闸式）。制动时间越短冲击振动越大，制动强度可通过调整机械结构来改变。在电动机的轴伸端安装这样的制动机械，对某些空间位置比较紧凑的生产机械来说，安排上是有些困难的。

图 10－14a 是在切断电源的情况下才起制动作用的控制线路。在电动机运转时，制动电磁铁 YB 同时被通电而吸合，而把抱闸打开。机械制动的制动力矩在一定范围内可以克服任何外加力矩，例如在提升重物时，由于抱闸的作用力可以使重物停留在需要高度，这是电气制动所不能达到的。此外，机械制动安全可靠，不受中途断电或电气故障的影响而造成事故，因此这种制动

方法普遍用于起重卷扬等设备。当电动机经制动而停止以后，有些设备有时还需用人工将工件或传动轴转动作一些调整，这时图 10－14a 便不能适用，而必须用图 10－14b 的控制线路才能满足。在图 10－14b 中，按停止按钮 SB2 闭合接触器 KM1 释放，电动机断电，KM2 吸合使 YB 动作，抱闸抱紧使电动机停止。

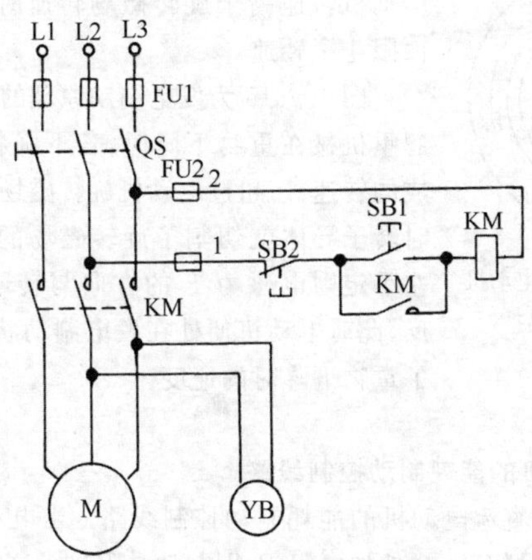


(a) 在电源切断情况下起制动作用

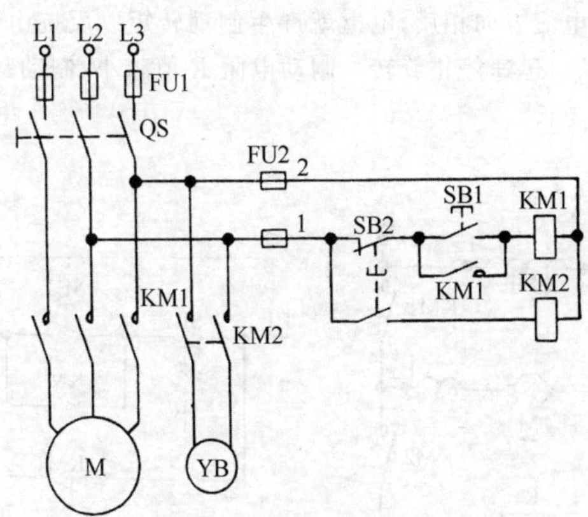


(b) 在有电源时起制动作用

**图 10－14**　机械制动控制线路

## 十七、异步电动机的发电制动(再生制动)

当异步电动机的转子转速在外加转矩作用下大于同步转速,它的转矩成为抵抗外加转矩,这时电动机变成了发电机,因而起到制动作用。

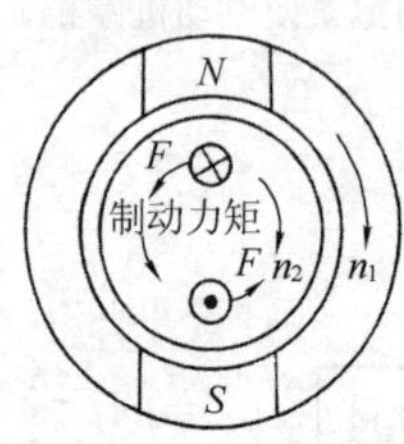


图10-15　异步电动机的发电制动原理

发电制动与其他制动方法的不同点是只有当电动机转速高于旋转磁场转速时才能起作用,从而限止了转速。

图10-15为发电制动原理的简单示意图。如起重机械在重物下降时,若下降物体的重量所形成的转速 $n_2$ 超过电动机旋转磁场的转速 $n_1$ 时,这时转子导体就切割了旋转磁场的磁感应线,根据左手定则电磁力 $F$ 的方向与转子旋转的方向相反,此时电动机便处在发电制动状态下运转,限制了重物下降时的速度。

## 十八、直流电动机的能耗制动控制线路

图10-16是直流电动机的能耗制动控制线路。当电动机的电枢从电源上断开时,它并联到一个外加电阻 $R$(即制动电阻)上,这时励磁绕组则仍然接在电源上。由于电动机的惯性而旋转使它成为发电机。这时电枢电流的方向与原来电流方向相反,电枢就产生制动转矩以反抗由于惯性所产生的力矩,使电动机迅速停止旋转。制动电阻 $R$ 值越小,制动越迅速,$R$ 值越大则制动时间越长。

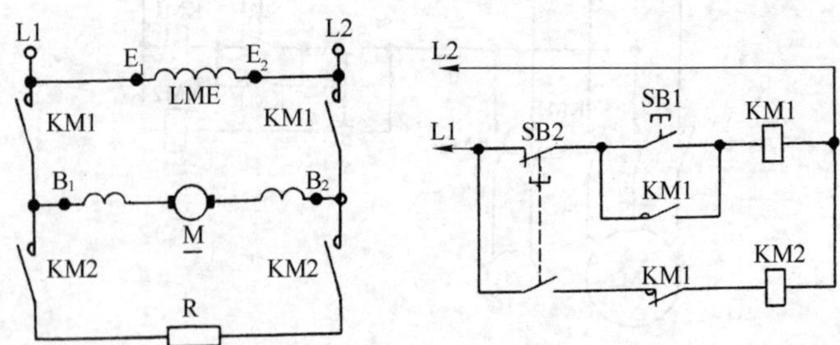


图10-16　直流电动机能耗制动控制线路

## 十九、带有热继电器的保护控制线路

热继电器是一种过载保护继电器，它有两个发热元件，在紧贴热元件处装有由两种不同膨胀系数的金属片压结而成的双金属片。将两个热元件FR串接在主电路，如图10-17所示。如有过电流流过，热元件产生的热量将引起双金属片的弯曲，当它弯曲到一定程度时，便将脱扣器打开，使4与2之间热继电器触点FR断开，于是接触器KM释放，电动机即停止运转，以达到保护的目的。

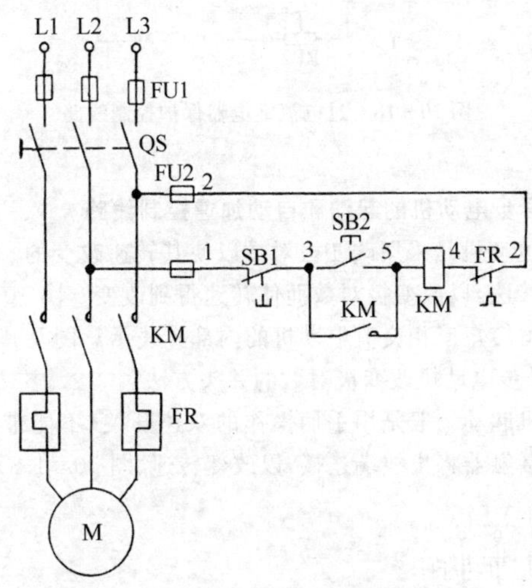


**图10-17** 带有热继电器的保护控制线路

电动机过载百分比愈大，热继电器的动作愈快。当过载20%时，它一般经20 min动作；当电流很大时，它的动作时间比熔丝熔断时间长，所以它不宜作为短路保护，只能作为电动机长时间过载或单相运转等所引起的过电流保护。

## 二十、过电流继电器保护控制线路

过电流继电器适用于过载或短路保护，它能自动复位，如图10-18所示，继电器的动作线圈KA串接在主回路中，其常闭触点接在控制回路中，当动作线圈中流过的电流超过整定值时，继电器动作，使其常闭触点打开，断开控制回路，而使电动机停止运转，以达到保护的目的。

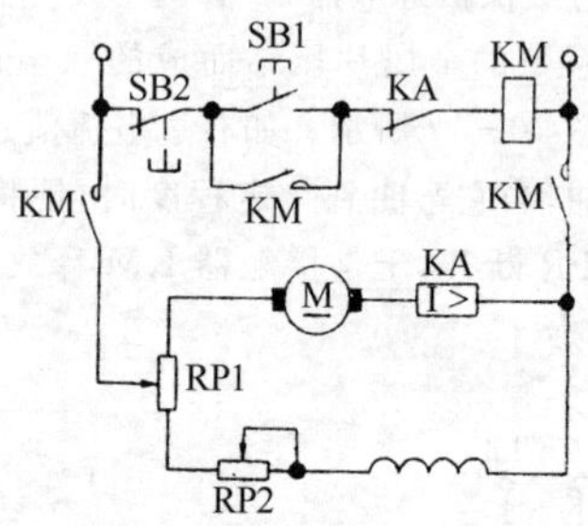


**图 10－18　过电流继电器保护控制线路**

## 二十一、双速异步电动机的起动和自动加速控制线路

双速异步电动机是采用改变极对数以使其转速改变的。在控制线路中只要改变绕组接法，以改变极对数而使转速得到改变。图 10－19 是两种转速、单层绕组、恒转矩三相交流电动机的内部接线示意图及其控制线路。表 10－2 是双速异步电动机改变极对数的并头方法。

双速电动机起动一般是用手柄操作的双速开关（不能带负荷起动），另一种是用交流接触器将出线端连接，以改变转速（图 10－19a）。

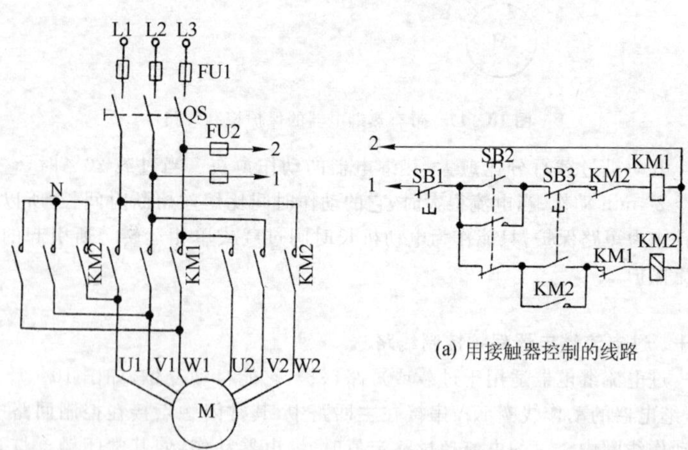


(a) 用接触器控制的线路

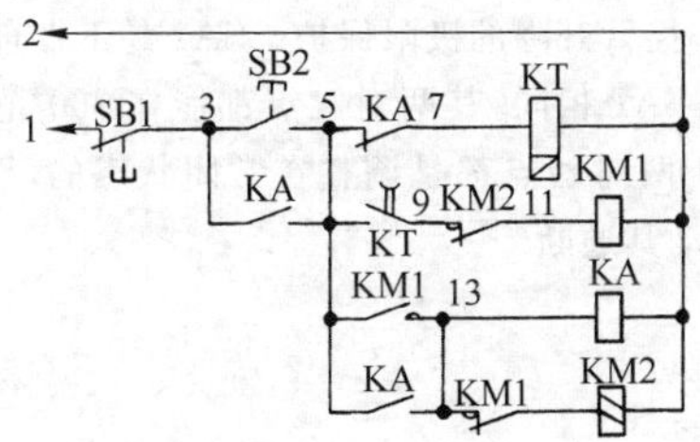


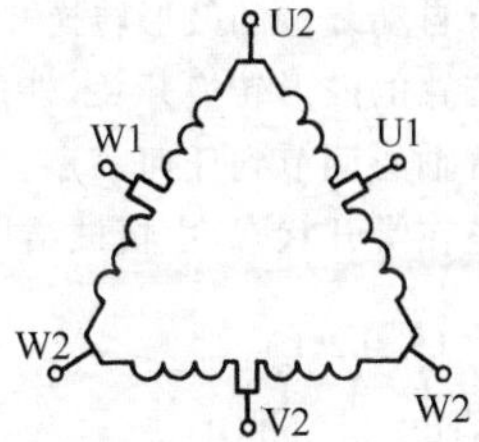


(b) 从△起动到丫丫运转的控制线路　　(c) 电动机内部接线示意图

**图 10－19**　两种转速单绕组恒转矩三相交流电动机内部接线示意图及其控制线路

表 10－2　双速异步电动机并头方法

| 接　法 | 电　源　线 | 连 接 线 端 |
|---|---|---|
| △ | U1V1W1 | — |
| 丫丫 | U2V2W2 | U1V1W1 |

另一种场合需要△起动，然后自动地将速度加快投入丫丫运转，从起动到运转这段时间可以有延时继电器来调节(图 10－19b)。

## 二十二、三速异步电动机的起动和自动加速控制线路

三速电动机是在双速电动机的基础上发展的。三速电动机可用手柄操作的三速开关来选择三种不同的转速(与双速电机原理相同)，也可用交流接触器控制来达到这个目的，同时交流接触器还可使电动机自动加速。

图 10－20a 是用交流接触器起动的线路，图 10－20b 是用交流接触器和延时继电器作自动加速控制线路，图 10－20c 是双层绕组、恒转矩、三速电动机内部定子绕组的接线示意图。表 10－3 是三速异步电动机改变极对数的绕组并头方法。

## 二十三、夹紧装置

在机械加工时夹紧及放松机构是电气与机械相配合的，图 10－21a 是摇臂钻床的夹紧装置控制线路，SA 是十字形开关，共有两对触点，在任何时

间内只能接通一对，分别控制零压保护、主轴运转、摇臂上升及下降。SA1是带有自动复位的鼓形转换开关作摇臂升降的极限保护。SA2是不带自动复位装置的鼓形转换开关，外形与SA1相同，其两对触点都能在360°范围内沿着轴心调节到任何一点。SA1两对触点都是调整在常闭状态的，SA2则调整在常开状态，由机械结构带动其通断。

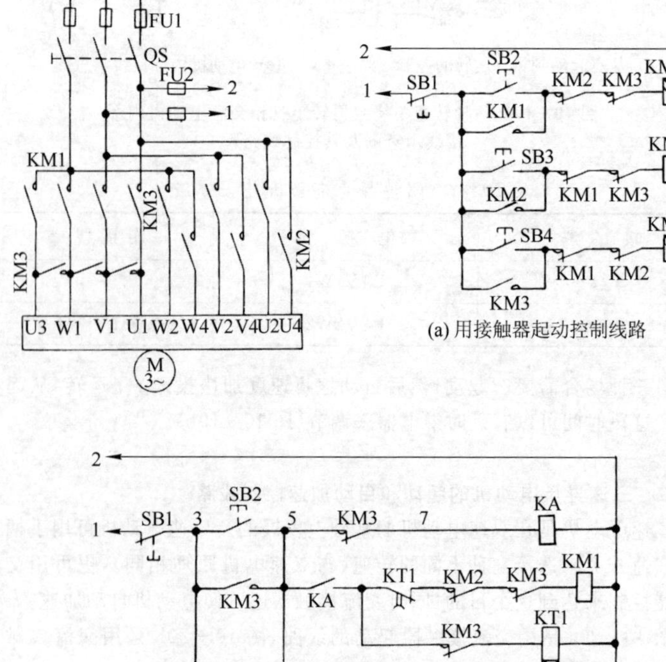


(a) 用接触器起动控制线路

(b) 用接触器和延时继电器作自动加速控制线路

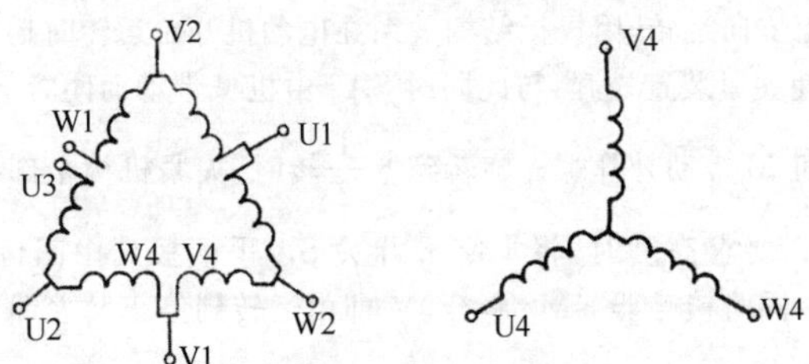


(c) 电动机内部接线示意图

**图 10-20** 三速异步电动机起动和自动加速控制线路

表 10-3 三速异步电动机并头方法

| 转速 | 电源线 | | | 并头 |
|---|---|---|---|---|
| | L1 | L2 | L3 | |
| 1 | W1、U3 | V1 | U1 | — |
| 2 | W2 | V2 | U2 | — |
| 3 | W4 | V4 | U4 | U1、V1、W1、U3 |

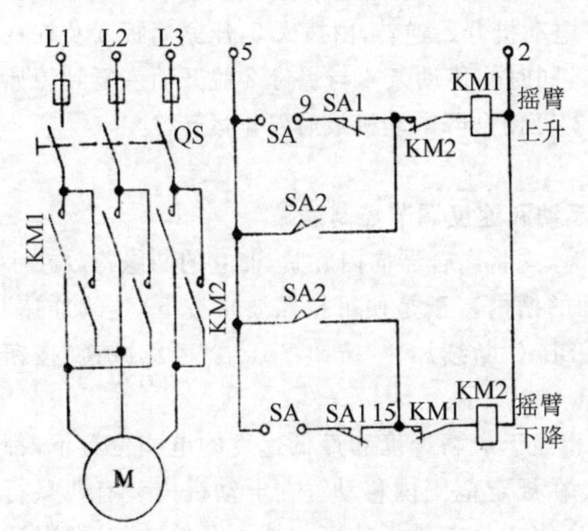


(a) 夹紧装置控制线路

(b) 夹紧装置机械结构

**图 10-21** 夹紧装置的控制

摇臂上升：只须将十字形开关 SA 扳到闭合，接触器 KM1 吸合，电动机M作向上方向运转，因机械结构关系在电动机开始运转时摇臂暂不向上移动，而是使夹紧装置松开，与此同时SA2由机械带动而闭合，为夹紧作好准备，电动机M带动升降螺杆旋转到$6\frac{1}{2}$转时，夹紧机构全部松开摇臂即上升，当升到要求高度时，将十字形开关SA手柄扳到中间位置，接触器KM1释放。同时接触器KM2吸合，M即由运转到停止又立即向相反方向运转，升降螺杆同时向反方向回转，使夹紧装置夹紧，回转到$6\frac{1}{2}$转时各部件已恢复到原始位置SA2打开，接触器KM2释放，电动机停止运转。

摇臂下降：只须将SA扳到闭合，其过程与上升相似，仅是方向相反而已。

图10－21b是夹紧装置的机械结构示意图，当升降电动机运转带动升降螺杆1旋转，而螺杆在开始时只能带动升降螺母2空转不能使摇臂升或降，但辅助螺母3则沿着螺杆1轴向移动，并通过拨叉5转动扇形压紧板6及夹压杠杆7使摇臂松开，当传动条4移动了一定距离而与主螺母2(双金属螺母)相接触后，主螺母便不能再随螺杆1空转，摇臂便开始上升或下降。

摇臂到达预定位置后将十字形开关扳到中间位置(5、9)或(5、15)断开，由于在SA2主轴8的控制下电动机开始逆转，由拨叉5，压紧扇板6及杠杆7联动，完成摇臂的夹紧动作，同时使传动条4与螺母2脱开而恢复到原始位置，并因拨叉5转动了SA2“8”使升降电动机最后停止运转。

## 二十四、换向器变速电动机起动和速度调节控制线路

换向器变速电动机调速时，先将离合器向内旋紧，使它的凸缘跨放在手轮端面上(不能放在手轮端面的槽内)，于是便可按照要求按下“连续加速”按钮SB3或“连续减速”按钮SB5(“断续加速”按钮SB4或“断续减速”按钮SB6)，获得所需速度，如图10－22所示。

在电动机的电刷转盘上相当于最高速度和最低速度的电刷位置下，都装有限位铁，以便使电刷转盘在规定范围内移动。在电动机内装有两只行程开关SQ1和SQ2，行程开关SQ1是在最低速度位置下开始动作，即保证电动机只能在最低速度位置下直接起动和切断“减速”接触器KM2；而另一只行程开关SQ2是在最高速度位置下开始动作，并切断“加速”接触器KM3的作用。

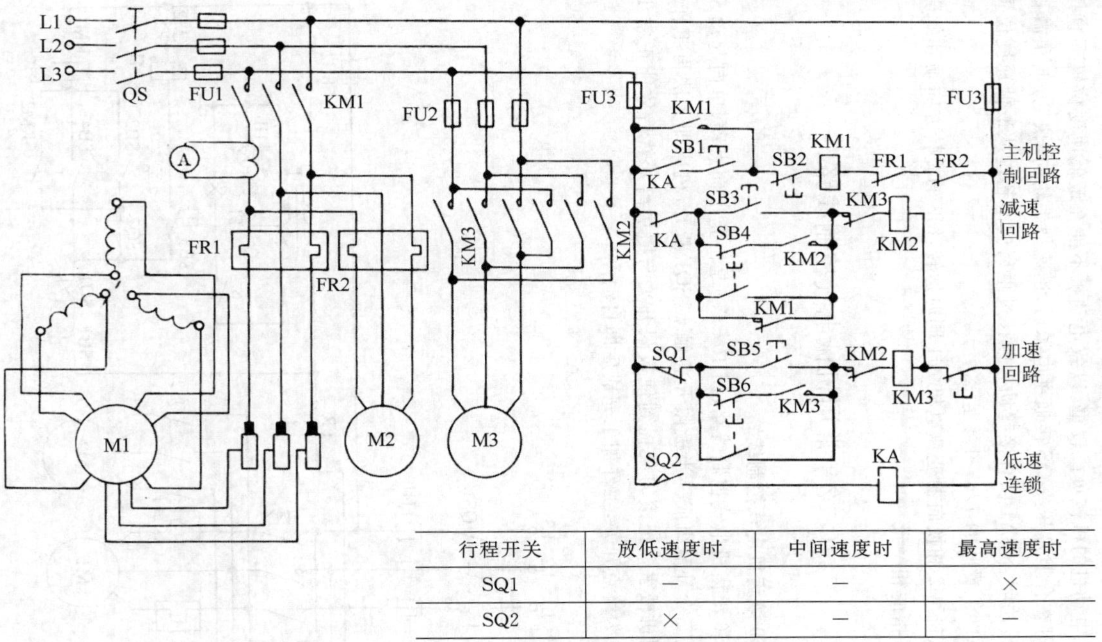


| 行程开关 | 放低速度时 | 中间速度时 | 最高速度时 |
|---|---|---|---|
| SQ1 | — | — | × |
| SQ2 | × | — | — |

“×”表示动作；“—”表示不动作

图 10－22　换向器变速电动机起动和速度调节控制线路

如果电动机的机械负载较重，以致电动机不能在最低速度位置下直接起动时，可在合上刀开关 QS 接通主电源后，迅速把手轮向“快”方向稍微移过些，再设法闭合 SA1 以直接起动。但移过距离应不超过从最低速度位置到最高速度位置间的 1/6～1/5 距离。

鼓风机 M2 和换向器变速电机 M1 同时运转，M2 的旋转方向须和蜗壳上箭头所指的相一致。

## 10-2 常用机械电气控制线路

### 一、Y3150 滚齿机电气控制线路

Y3150 滚齿机电气控制线路(图 10-23)是由正反向点动、单向起动及限位装置三个环节组成。当极限开关触点 SQ1 断开，机床即无法再工作，这时需用机械手柄把滚刀架摇到使极限开关与撞块离开然后才能正常工作。SQ2 为终点开关，工件加工完成后即自动停车。

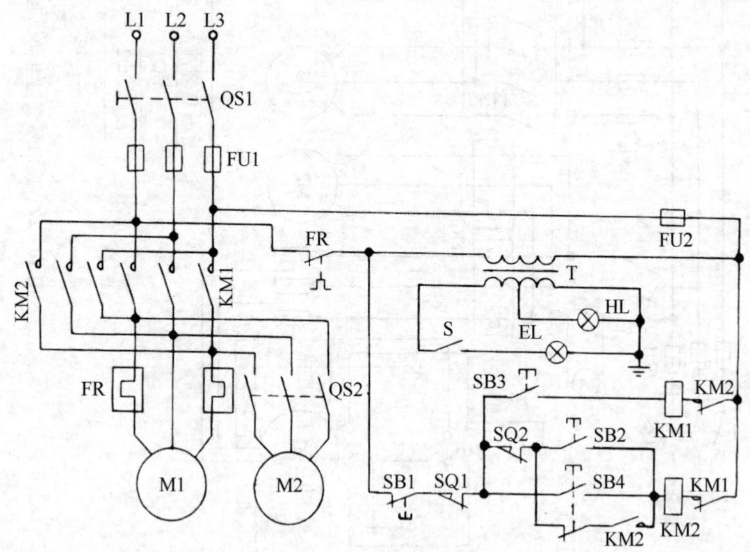


图 10-23 Y3150 滚齿机电气控制线路

刀架移动可由点动按钮 SB3 或 SB4 操作。冷却泵只有在主轴起动后才能用转换开关 QS2 操作。

Y3150 滚齿机的电气控制线路电器元件见表 10－4。

表 10－4　Y3150 滚齿机电气控制线路电器元件

| 代号 | 名　称 | 型　号 | 代号 | 名　称 | 型　号 |
|---|---|---|---|---|---|
| QS1 | 总电源开关 | HZ1－25/3 | SB2 | 起动按钮 | LA2 |
| QS2 | 冷却泵开关 | HZ1－10/3 | SB3 | 刀架向上按钮 | LA2 |
| S | 照明灯开关 |  | SB4 | 刀架向下按钮 | LA2 |
| KM1 | 交流接触器 | CJO－10 | SQ1 | 极限开关 | LX5－11 |
| KM2 | 交流接触器 | CJO－10 | SQ2 | 终点开关 | LX5－11 |
| FR | 热继电器 | JR2－1 | HL | 指示灯 |  |
| FU1 | 熔断器 | RL1－60/20 | EL | 工作照明灯 | JC2 |
| FU2 | 熔断器 | RL1－15/15 | M1 | 电动机 | JC2－32－4 |
| T | 变压器 | BK－50 380/36/6.3 V | M2 | 冷却泵电机 | JCB－22 |
| SB1 | 停止按钮 | LA2 |  |  |  |

## 二、M7130 卧轴矩台平面磨床电气控制线路

M7130 卧轴矩台平面磨床电气控制线路如图 10－24 所示。砂轮电动机 M1 必须在电磁盘 YH 工作状态时才能工作，即转换开关 QS2 置接通位置。YH 工作时，欠电流继电器 KA 动作，常开触点 KA 闭合，从而保证在加工工件被吸住的情况下砂轮进行磨削。

工件加工完毕后，工件上还留有剩磁，所以需要退磁。退磁过程是：将转换开关 QS2 放在向上位置，使直流电源经过退磁限流电阻 R2 反接到电磁吸盘 YH 上，以使极性打乱，达到退磁的目的。如果还不能退去剩磁（往往与工件的材料质量有关），需用 TCTTH/H 型退磁器插入插座 X2 中后，再在工件上往返数次，来完成退磁要求。

电阻 R3 用作释放工作台在切断电源瞬间所产生的反电动势的通路。

M7130 卧轴矩台平面磨床电气控制线路中的电器元件见表 10－5。

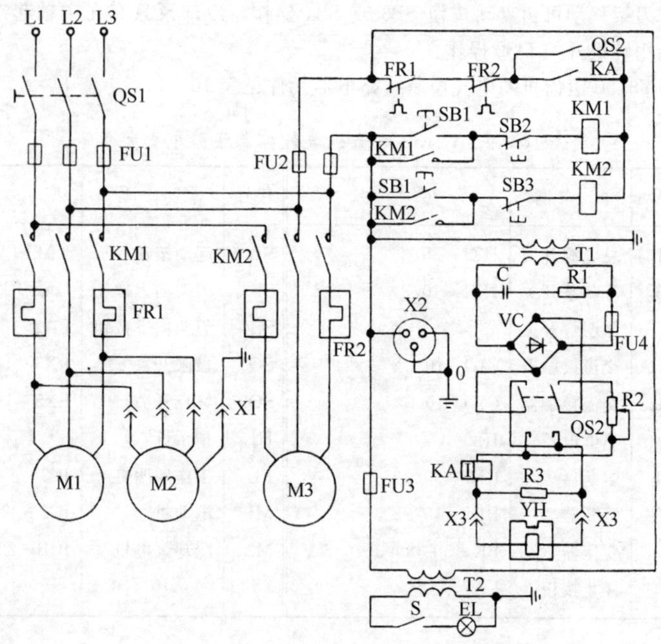


图10-24 M7130卧轴矩台平面磨床控制线路

表10-5 M7130卧轴矩台平面磨床电气控制线路电器元件

| 代号 | 名称 | 规格 |
|---|---|---|
| QS1 | 转换开关 | HZ1-25/3 |
| QS2 | 转换开关 | HZ1-10P/3 |
| FU1 | 熔断器 | RL1-60/30 |
| FU2 | 熔断器 | RL1-15/5 |
| FU3 | 熔断器 | 小型管式1A |
| FU4 | 熔断器 | RL1-15/2 |
| KM1 | 接触器(砂轮电机用) | CJO-10 |
| KM2 | 接触器(液压泵用) | CJO-10 |
| FR1 | 热继电器 | JR10-10 9.5A |
| FR2 | 热继电器 | JR10-10 6.1A |
| M1 | 砂轮电机 | 4.5kW 4极装入式电动机 |
| M2 | 冷却泵电机 | JCB-22 |

（续表）

| 代　号 | 名　　称 | 规　　格 |
|---|---|---|
| M3 | 液压泵电机 | JO42－4 |
| T1 | 整流变压器 | BK－400　220/145 V |
| T2 | 照明变压器 | BK－50　380/36 V |
| KA | 欠电流继电器 | JT3－11L　1.5 A |
| SB1 | 按钮(砂轮起动) | LA2 |
| SB2 | 按钮(砂轮停止) | LA2 |
| SB3 | 按钮(液压泵起动) | LA2 |
| SB4 | 按钮(液压泵停止) | LA2 |
| X1 | 插销(冷却泵) | CYO－36 |
| X2 | 插销(退磁器) | 三足插座 5 A |
| X3 | 插销(吸铁盘) | CYO－35 |
| YH | 平面吸铁盘 | 110 V/1.45 A |
| VC | 硅整流器 | GZH1/200 |
| R1 | 电阻器 | GF50 W/500 Ω |
| R2 | 电阻器 | 6 W/125 Ω |
| R3 | 电阻器 | GF50 W/1 000 Ω |
| C | 电容器 | 5 μF/600 V |
| EL | 工作台照明灯 | |
| S | 工作台照明灯开关 | |
| 附件 | 退磁器 | TCTTH/H |

## 三、Z37 摇臂钻床电气控制线路

Z37 摇臂钻床电气控制线路(图 10－25)中的电气元件的动作都是用十字开关 SA1 来完成的，十字开关有四对触点在任何时间内只能有一对接通，使摇臂与主轴电动机不能同时运转。

主轴的变速和正反向运转是通过机械结构实现的。主轴运转的电气控制原理与图 10－1 点动电路相似，而不同之点仅是以十字开关的触点代替了按钮。摇臂移动和夹紧放松过程详见 10－1 节。

机床在工作时，立柱与外筒处于夹紧状态。要使摇臂作横向转动，立柱与外筒首先要放松，这一过程是由微动开关 SA2 和组合开关 QS5 控制的。微动开关 SA2 是用主轴齿轮箱与摇臂夹紧的机械操作手柄操作的，拨动手柄使触点闭合，使放松接触器 KM5 吸合，电动机 M3 运转，带动液压泵工

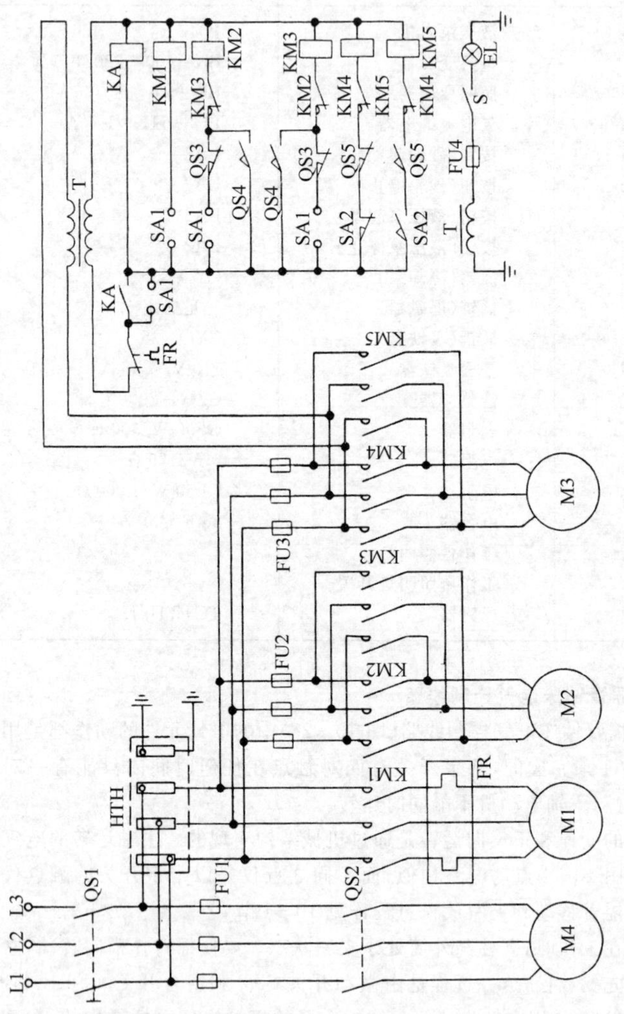


**图 10－25**　Z37 摇臂钻床电气控制线路

作，使夹紧装置开始放松，同时组合开关 QS5 也由机械结构带动旋转，当夹紧机构完全松开时，QS5 断开，使电动机 M3 停止运转，与此同时 QS5 闭合，为夹紧作好准备，此时摇臂即能作横向转动。当移到预定点时只须拨动手柄使微动开关断开，接触器 KM4 吸合而 KM5 释放使电动机 M3 带动液压泵作反向运转，完成立柱夹紧动作，当完全夹紧时组合开关 QS5 断开，27 与 29 之间触点 QS5 闭合，于是 KM4 释放，电动机停止。

由于这台机床工作都通过十字开关 SA1(LS1)操作的，为了避免十字开关手柄扳在任何工作位置时接通电源而产生误动作，所以设有零压保护环节(联锁装置)。要使机床工作，十字形开关必须首先扳向零压保护使 KA 吸合并自锁，然后扳向工作位置才能工作。表 10－6 表示 LS1 十字开关工作位置。

Z37 摇臂钻床的电气控制线路电器元件见表 10－7。

表 10－6　LS1 十字开关工作位置

| 触　点 | 零压保护 | 主　轴 | 0 | 向　上 | 向　下 |
|---|---|---|---|---|---|
| 3－5 | × | | | | |
| 5－7 | | × | | | |
| 5－9 | | | | × | |
| 5－15 | | | | | × |

表 10－7　Z37 摇臂钻床电气控制线路电器元件

| 代　号 | 名　　称 | 型　　号 |
|---|---|---|
| QS1 | 总电源开关 | HZ1－25/3 |
| QS2 | 冷却泵开关 | HZ1－10/3 |
| FU1 | 熔断器 | RL1－15/2 |
| FU2 | 熔断器 | RL1－15/15 |
| FU3 | 熔断器 | RL1－15/4 |
| FU4 | 熔断器 | RL1－15/2 |
| KM1 | 主轴电机接触器 | CJO－20 |
| KM2 | 升降电机上升接触器 | CJO－20 |
| KM3 | 升降电机下降接触器 | CJO－20 |

（续表）

| 代　号 | 名　　称 | 型　　号 |
|---|---|---|
| KM4 | 摇臂电机夹紧接触器 | CJO－10 |
| KM5 | 摇臂电机放松接触器 | CJO－10 |
| FR | 热继电器 | PT－1 |
| M1 | 主轴电机 | JOF－52－4　7 kW |
| M2 | 升降电机 | JOF－42－4　2.8 kW |
| M3 | 立柱夹紧放松电机 | JOF－31－4　0.6 kW |
| M4 | 冷却泵电机 | JCB－22　0.125 kW |
| T | 变压器 | BK－150　380/127/36 V |
| KA | 中间继电器 | JZ7－44 |
| SA1 | 十字开关 | LS1 |
| QS3 | 组合开关 | HZ4－22　自动复位 |
| QS4 | 组合开关 | HZ4－21　手动复位 |
| QS5 | 组合开关 | HZ4－22　自动复位 |
| SA2 | 微动开关 | LX5－11 |
| S·EL | 照明灯具 | |
| HTH | 回转体汇流环 | |

## 四、X62W万能铣床电气控制线路

X62W万能铣床电气控制线路（图10－26）是结合机械结构联合动作的，它可以提高机床的性能和自动化程度。

1. 主轴控制

主轴电动机起动前先将正反转开关QS2扳到主轴所需的旋转方向（左转或右转）位置，然后按下SB1－1或SB1－2，主轴电动机M1即能以规定的方向运转。由于机械性能上要求，需要主轴电动机迅速停止，所以在这个机床上装有反接制动环节，其原理可参阅10－1节。

为了使主轴变速时齿轮易于啮合，在机械变速手柄上装有主轴冲动用的限位开关SA1。当拉出变速手柄时，3与5之间触点SA1闭合，接触器KM1吸合，主轴电动机向着与工作时运转的相反方向冲动。

2. 工作台与台面的运行控制

工作台与台面的运行是由电动机M3作正反向运转来达到的，该部分

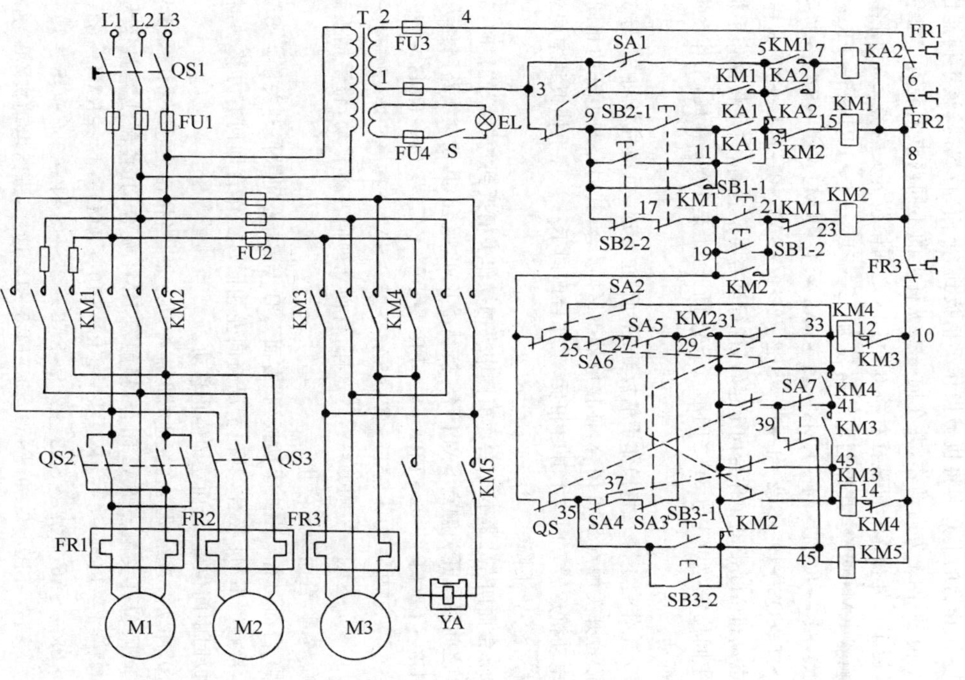


图 10－26 X62W 万能铣床电气控制线路

的控制线路受29与31之间的触点KM2联锁，它必须在主轴电动机运转以后才能工作。

1）工作台的上升 将机械操作手柄扳到“上面”位置时（该手柄能作上、下、前、后四个方向动作，并在同一操纵杆上的不同两点上装有二套手柄，以便于二处操作），机械杠杆将31与43之间限位开关触点SA5闭合，使接触器KM3吸合，其控制电路路径为：2→FU3→4→FR1→6→FR2→8→FR3→10→KM4→14→KM3→43→SA5→31→KM2→29→SA3→37→SA4→35→QS→19→SB2-1→17→SB2-2→9→SA1→3→FU3→1。这样，进给电动机M3带动工作台向上运转，待行至需要位置时，只须将操作手柄扳回中间位置，使43与31之间触点SA5断开，于是KM3释放，工作台即停止行动。

2）工作台下降 将操作手柄扳到“下面”位置时，机械杠杆将31与33之间限位开关触点SA6闭合，使接触器KM4吸合，其回路与上升的相同，所以电动机运转方向与上升时相反，工作台即向下移。将手柄扳到中间位置同样会停止下降。

3）台面向左 将位于台面前侧中央的操作手柄扳到“左面”位置时，31与43之间限位开关触点SA4闭合，接触器KM3吸合，其控制线路路径为：2→FU3→4→FR1→6→FR2→8→FR3→10→KM4→14→KM3→43→SA4→31→KM2→29→SA5→27→SA6→25→SA2→19→SB2-1→17→SB2-2→9→SA1→3→FU3→1。这样，台面立即向左方移动，将手柄扳到中间位置时，台面即行停止。

4）台面向右 中央手柄扳到“右面”，31与33之间限位开关触点SA3闭合，接触器KM4吸合（其他情况与向左相同），工作台即向右方移动，将手柄扳回中间位置，台面立即停止移动。

5）冲动 进给机构在变速时也需冲动一下，当拉出变速手柄时，25与33之间限位开关触点SA2闭合，接触器KM4吸合，其控制线路路径为：2→FU3→4→FR1→6→FR2→8→FR3→10→KM3→12→KM4→33→SA2→25→SA6→27→SA5→29→SA3→37→SA4→35→QS→19→SB2-1→17→SB2-2→9→SA1→3→FU3→1。这样，进给电动机M3便冲动运转。必须注意，在变速时要将手柄迅速推回以打开25与33之间SA2，使电动机在尚未达到较高转速时KM4释放，电动机停止运转。否则手柄拉出时间过长，电动机转速升高而使变速部分受到损坏。

3. 快速运行

常速进给是指电动机通过变速箱按照预选好的转速带动工作台或台面向规定的方向移动，快速运行则不受变速箱的限制始终是一种速度（快速）工作，其方向与常速相同。在控制线路中，当用手动控制时，只须按下按钮 SB3-1 或 SB3-2，接触器 KM5 吸合，使牵引电磁铁 YA 跟着吸合，将机械结构拉到快速位置。松开 SB3-1 或 SB3-2，接触器 KM5 释放，台面即由快速转为常速。总之，当进给电动机 M3 运转时，只须牵引电磁铁 YA 吸合，即为快速运行。

4. 台面运行的自动控制

自动控制是用台面前侧上的 1 号～5 号撞块（图 10-27）以及操作手柄支点处的八齿爪轮分别推动限位开关 SA4、SA3 及 SA7 来完成的。

1）单向自动控制　单向自动控制是以快速运行→常速进给→快速运行→停止这一过程进行的。根据运行方向及行程距离的要求装好撞块，如向右进给可将 1 号左撞块 1 号右撞块和 4 号或 5 号撞块（与进给方向有关）都装在操作手柄左面（向右进给则都装在右面，为保证工作台不超越最大行程，一般 4 号及 5 号撞块不允许拆下的，这里仅指调整其位置而言），然后将转换开关 QS 扳到自动位置，35 与 19 之间转换开关触点 QS 断开，以保证工作台在台面移动时不能移动，31 与 39 之间转换开关触点 QS 闭合使快速接触器 KM5 吸合，其控制线路路径为：2→FU3→4→FR1→6→FR2→8→FR3→10→KM5→45→SA7→39→QS→31→KM2→29→SA5→27→SA6→25→SA2→19→SB2-1→17→SB2-2→9→SA1→3→FU3→1。于是牵引电磁铁跟着吸合（主轴运转时）。这时如将中央手柄扳到“右面”带动 31 与 33 之间限位开关触点 SA3 闭合，接触器 KM4 吸合，但由于快速行程机构已被牵引电磁铁的吸合拉到快速位置，这时台面是以快速进给的速度向右移动，当台面移到第一块 1 号撞块将八齿爪轮撞过一个角度时，45 与 39 之间限位开关触点 SA7 断开，接触器 KM5 释放，同时牵引电磁铁释放，使台面由快速转为常速进给，在常速移到第二块 1 号撞块又将八齿爪轮撞过一角度使 45 与 39 之间触点 SA7 闭合，牵引电磁铁吸合，台面又快速向右直到 4 号（或 5 号）撞块将操作手柄撞到中间位置，则自动停止。

2）自动往复控制　自动往复控制是以快速运行→常速进给→快速回程→停止这一过程进行的。这里是以向右进给为例。

将 1 号右撞块及 3 号撞块装在操作手柄的左方，4 号撞块装在操作手

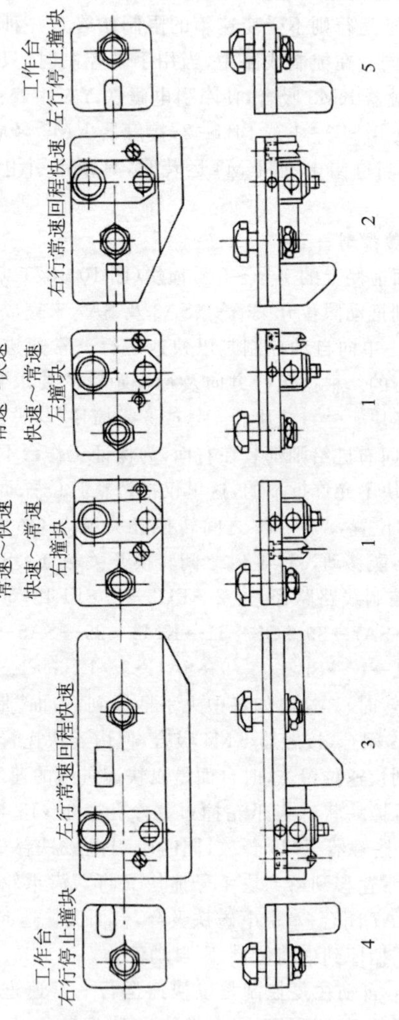


图 10－27　自动控制用撞块示意图

柄右方(向左则将1号左撞块及2号撞块装在操作手柄的右方,5号撞块装在手柄左方)。扳动手柄向右,快速运行→常速进给这一过程与单向自动控制相同,当进给到预定行程时,3号撞块将位于台面前方偏右部分的闭锁桩压下,使离合器不受手柄位置的影响,所以当台面行到3号撞块将操作手柄撞到中间位置时,台面继续向右,3号撞块的后半部又将手柄撞到向左位置,此时台面仍继续向右移动。在这一过程中,由于39与41之间触点SA7闭合,虽然31与33之间触点SA3断开,但KM4仍不释放,因此14与10之间的常闭触点KM4仍旧断开,所以31与43之间触点SA4虽闭合,但KM3仍不吸合,台面一直向右移动,直到3号撞块的另一点将八齿爪轮撞过一个角度将39与41之间触点SA7打开时,才使KM4释放,由于操作手柄早已位于向左位置而已将31与43之间的SA4闭合,只待14与10之间常闭触点KM4的闭合,43与14之间触点KM3即行吸合,使台面向左移动;又由于39与45之间触点SA7闭合,所以是快速向左移动(快速回程),最后由4号撞块将手柄撞到中间而自动停止。

3) 自动往复循环控制　自动往复循环控制是以快速向右→常速进给向右→快速向左→常速进给向左继而快速向右循环工作。现以向右为起点为例。

将1号右撞块与3号撞块装在操作手柄的左方,而1号左撞块及2号撞块装在手柄右方,然后扳手柄到向右位置即能循环工作。

自动往复循环的过程与自动往复的过程相同,只是两个方向都要换向而已。

表10-8、表10-9、表10-10分别表示工作台进给位置,前后上下限位位置与转换开关QS位置。

X62W万能铣床电气控制线路中电器元件见表10-11。

表10-8　工作台进给位置

| 触点代号 | 左 | 停 | 右 |
|---|---|---|---|
| SA4-1 | — | — | × |
| SA4-2 | × | × | — |
| SA3-1 | × | — | — |
| SA3-2 | — | × | × |

表10－9 前后上下限位位置

| 触点代号 | 向前<br>上 | 停 | 向后<br>下 |
|---|---|---|---|
| SA6－1 | — | — | × |
| SA6－2 | × | × | — |
| SA5－1 | × | — | — |
| SA5－2 | — | × | × |

表10－10 转换开关QS位置

| 触 点 | 手 动 | 自 动 |
|---|---|---|
| 1 | — | × |
| 2 | × | — |

表10－11 X62W万能铣床电气控制线路电器元件

| 代 号 | 名 称 | 型 号 |
|---|---|---|
| QS1 | 总电源开关 | HZ1－60/3 |
| QS2 | 主轴正反转开关 | HZ3－131 倒顺 |
| QS3 | 冷却泵开关 | HZ1－10/3 |
| FU1 | 熔断器 | RL1－60/40 |
| FU2 | 熔断器 | RL1－15/10 |
| FU3 | 熔断器 | RL1－15/4 |
| FU4 | 熔断器 | RL1－15/2 |
| R | 电阻器(反接制动用) | 1 A 0.45 Ω |
| FR1 | 主轴电机热继电器 | JR10－10 35 A |
| FR2 | 冷却泵电机热继电器 | JR10－10 0.45 A |
| FR3 | 进给电机热继电器 | JR2－1 14.2～14.8 A |
| KM1 | 主轴制动接触器 | CJO－40 |
| KM2 | 主轴起动接触器 | CJO－40 |
| KM3 | 进给正转接触器 | CJO－20 |
| KM4 | 进给反转接触器 | CJO－20 |
| KM5 | 电磁铁接触器 | JZ7－44 127 V |

（续表）

| 代　号 | 名　　称 | 型　　号 |
|---|---|---|
| YA | 牵引电磁铁 | 380 V　150 N |
| M1 | 主轴电机 | JOF－52/4 |
| M2 | 冷却泵电机 | JCB－22 |
| M3 | 进给电机 | JOF－41/4 |
| T | 变压器 | BK－150　380/127/36 V |
| QS | 转换开关 | HZ1－10/2　二极 10 A |
| SB1 | 主轴起动按钮 | LA2 |
| SB2 | 主轴停止、反接按钮 | LA2 |
| SB3 | 进给快速按钮 | LA2 |
| SA1 | 主轴点动开关 | LX－11K |
| SA2 | 工作台点动开关 | LX－11K |
| SA3 | 工作台向右移动 | LX3－11H |
| SA4 | 工作台向左移动 | LX3－11H |
| SA5 | 工作台上升(或向前)移动 | LX2－111 |
| SA6 | 工作台下降(或向后)移动 | LX2－111 |
| KA1 | 速度继电器 | PKC |
| S·EL | 照明灯具 | JC6－1 |
| KA2 | 中间继电器 | JZ7－44 |

## 五、T68 卧式镗床电气控制线路

T68 卧式镗床是多用性机床。它的电气控制线路如图 10－28 所示，其传动机构分为主轴旋转和进给与快速移动*两个部分，它们分别由电动机 M1、M2 拖动。电气装置中的限位开关都和机械装置有密切的联系。

1. *主轴旋转和进给*

主轴旋转和进给的控制由许多环节组成：接触器 KM1、KM2 控制主轴电动机 M1 的点动和正反转运行；接触器 KM4、KM5 及时间继电器 KA3 控制主轴电动机 M1 的变速(1 500 r/min 或 3 000 r/min)运转；继电器 KA1、

---

* 所谓进给与快速移动是指主轴、主轴箱及工作台纵横向的进给与快速移动。

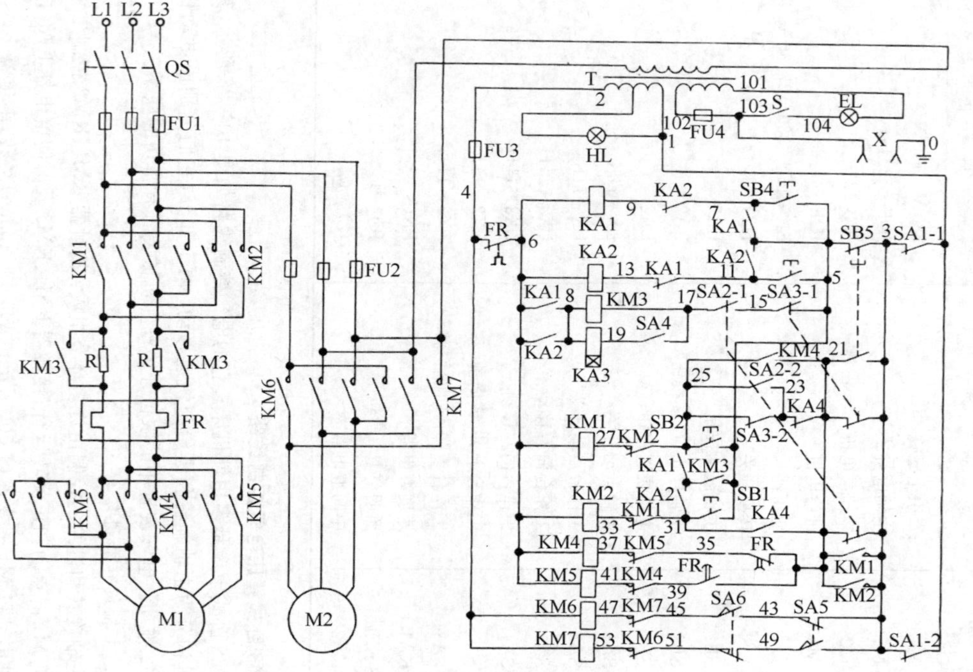


图10－28 T68卧式镗床的电气控制线路

KA2 控制主轴电动机 M1 的起动和停止；KM3 用来短接制动电阻 R。主轴和进给的变速是这个机床电气控制电路的主要部分。

1）主轴的变速　它是用变速操纵盘来调节的。在变换速度时须拉出变速的手柄，于是 5 与 15 之间开关触点 SA3-1 断开，接触器 KM3 释放，随着接触器 KM1 释放，而 31 与 21 之间速度继电器的常开触点 KA4 仍由于主轴电动机 M1 的惯性而闭合，接触器 KM2 吸合，其控制线路路径为：2→FU3→4→FR→6→KM2→33→KM1→31→KA4→21→SA3-1→3→SA1-1→1。主轴电动机 M1 通过电阻 R 进行反接制动。当电动机转速下降到 120 r/min 以下时，31 与 21 之间常开触点 KA4 断开。23 与 21 之间常闭触点 KA4 恢复闭合，其目的是在齿轮啮合不好时，给主轴电动机 M1 的低速运转准备条件。变速时若齿轮卡住、手柄推合不上，则 23 与 25 之间开关触点 SA3-2 处于闭合位置，接触器 KM1 吸合，其控制电路路径为：2→FU3→4→FR→6→KM1→27→KM2→25→SA3-2→23→KA4→21→SA3-1→3→SA1-1→1。于是主轴电动机 M1 冲动运转。当速度达 120 r/min 以上时，23 与 21 之间常闭触点 KA4 断开，接触器 KM1 释放，电动机的电源被切断。当速度降低到 120 r/min 以下时，23 与 21 之间常闭触点 KA4 又闭合，接触器 KM1 又吸合，主轴电动机 M1 再次冲动，重复其动作，直到齿轮顺利地啮合后手柄方可推合。上述动作的目的是为了变速时主轴电动机 M1 能在 120 r/min 左右缓慢运转，以便于齿轮顺利地啮合。当齿轮啮合推上手柄时，限位开关 SA3-1 闭合。接触器 KM3、KM1 及 KM4（或 KM5）吸合运转，主轴按照选定的速度正转。当需要主轴电动机 M1 在 3 000 r/min 工作时，只需通过手柄将 SA4 17 与 19 之间触点闭合，时间继电器 KA3 吸合，主轴电动机 M1 通过 1 500 r/min 而达到 3 000 r/min。

当主轴电动机 M1 在反转的情况下运转时，若欲使其变速，只要将变速手柄拉出即可，其动作时的程序同上。

2）进给的变速　进给变速与主轴变速相似，只要推上进给变速手柄，压下 SA2-1 和 SA2-2 即可。

2. 快速移动

快速移动是通过接触器 KM6、KM7 来控制电动机 M2 的正反转来实现的。

T68 卧式镗床控制线路中的电器元件见表 10-12。

表10-12 T68卧式镗床电气控制线路电器元件

| 代号 | 名 称 | 型 号 |
|---|---|---|
| M1 | 主轴旋转进给多速电机 | JDO252-4/2<br>5.2/7 kW 1 500/3 000 r/min |
| M2 | 快速移动电机 | J42-4<br>2.8 kW 220/380 V, 1 500 r/min |
| QS | 电源组合开关 | HZ2-60/3 |
| FU1 | 主回路熔断器 | RL1-60 40 A |
| FU2 | 快速回路熔断器 | RL1-15 15 A |
| FU3 | 控制回路熔断器 | RL1-15 2 A |
| FU4 | 照明电路熔断器 | RL1-15 2 A |
| KM1 | 主轴正转接触器 | CJO-40 |
| KM2 | 主轴反转接触器 | CJO-40 |
| KM3 | 主轴制动接触器 | CJO-20 |
| KM4 | 主轴电机接触器(150 r/min) | CJO-40 |
| KM5 | 主轴电机接触器(3 000 r/min) | CJO-40 |
| KM6 | 快速正转接触器 | CJO-20 |
| KM7 | 快速反转接触器 | CJO-20 |
| FR | 主轴电机过载保护热继电器 | JR2-1 14.5 A |
| KA1 | 主轴正转中间继电器 | JZ4-44 |
| KA2 | 主轴反转中间继电器 | JZ4-44 |
| KA3 | 主轴高速延时起动继电器 | JS7-2 整定值7 s |
| KA4 | 主轴反接制动速度继电器 | JY-1(装在重轴上) |
| R | 主轴电机反接制动电阻器 | ZB1-09 |
| T | 变压器 | BK-300 380/127/6/36 V |
| S、EL | 照明灯具 | JC6-2 |
| HL | 信号灯 | DK1-0 6.3 V 2 W绿色灯罩 |
| SB1 | 主轴反转点动按钮 | LA2 |
| SB2 | 主轴正转点动按钮 | LA2 |
| SB3 | 主轴反转起动按钮 | LA2 |
| SB4 | 主轴正转起动按钮 | LA2 |
| SB5 | 主轴停止按钮 | LA2 |
| SA1-1 | 主轴进刀与工作台移动互锁限位开关 | LX1-11J |
| SA1-2 | 主轴进刀与工作台移动互锁限位开关 | LX3-11K |

（续表）

| 代号 | 名　称 | 型　号 |
|---|---|---|
| SA2－1 | 进给速度变换限位开关 | LX1－11K |
| SA2－2 | 进给速度变换限位开关 | LX1－11K |
| SA3－1 | 主轴速度变换限位开关 | LX1－11K |
| SA3－2 | 主轴速度变换限位开关 | LX1－11K |
| SA4 | 接通高速限位开关(3 000 r/min) | LX5－11 |
| SA5 | 快速移动正转限位开关 | LX3－11K |
| SA6 | 快速移动反转限位开关 | LX3－11K |
| X | 工作台照明插座 | |

## 六、B2012A 龙门刨床

龙门刨床是机械化、自动化程度很高的大型的机床。龙门刨床控制线路是比较复杂的,特别是主拖动系统完全依靠电气自动控制来执行的。这里以典型的 B2012A 龙门刨床为例,作些系统地介绍,以有助于对它的性能、特点和工作情况进一步地了解。同时希望通过这个介绍,对其他采用直流无级调速的生产机械也可以起到"触类旁通"的效果。

1. 龙门刨床对电力拖动的要求

龙门刨床是频繁往复运动的生产机械。前进行程是切削行程;后退行程是不作切削的,只让工作台驶回准备作第二次切削。为了提高劳动生产率,要求后退速度高于切削速度。为了加工不同的金属材料和满足不同的加工工艺,要求工作台有宽广的调速范围和较硬的机械特性。不仅如此,从工作台的运动图(图 10－29)可以看出,在前进和后退的变换过程中还要求

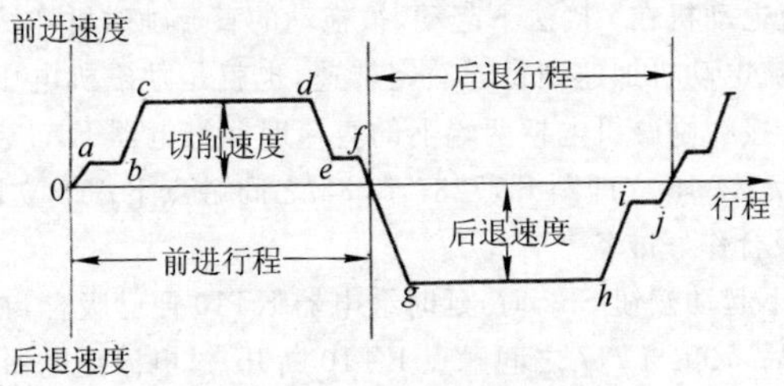


**图 10－29**　工作台运动图

有一定的平滑的减速，而且动作反应要快。由于工作长度不一，要求工作台的行程可以根据需要来调整。

B2012A龙门刨床的性能和特点：

(1) 机床采用电动机与一档机械齿轮变速，保证工作台速度在宽广的范围内无级调速。低速挡4.5～45 m/min，高速挡为9～90 m/min。工作台速度还可降低到1 m/min，供磨削加工之用。

(2) 工作台前进与后退速度能单独地作无级调整，无须停车。

(3) 电气控制电路保证机床可靠地自动工作。工作台往复一次后，刀架自动进给。后退行程中，刀架自动抬起。工作台在行程末尾进行减速、反向等运动的自动变换。

(4) 作高速切削时，为了减小刀具承受的冲击，以延长使用期限，在前进行程的起始，可使刀具慢速切入工件，如图中的 *ab* 线段(约12～15 m/min)，而后增加到规定的速度，如图中的 *cd* 线段。若刀具能够承受切削速度的冲击，那么可以在操纵台上旋转开关SA6，取消慢速切入。

(5) 在前进与后退行程的末尾，工作台自动减速，如图上的 *ef* 和 *ij* 线段，以保证刀具慢速度离开工件，避免工作边缘崩裂，同时提高反向时的准确度。

(6) 当减速与反向行程开关偶尔失灵时，由极限行程开关和液压安全器作限位保护，使工作台不致驶出床身导轨面外。各部件的相对运动没有必要的联锁。

2. 变流机组的起动和横梁的升降

B2012A龙门刨床的电气控制线路如图10-30所示。

1) 变流机组的起动　按下操纵台上的起动按钮SB2，主接触器KM13吸合时，借703与705之间触点KM13闭合而自锁。起动接触器KM14随之吸合，交流电动机在Y接法下起动，被拖动的直流励磁机开始发电。

等到交流电动机加速到将近额定转速，也就是励磁机电压升高到接近额定值时，跨接在励磁机电枢两端上的直流时间继电器KA13吸合，705与717之间触点KA13立即断开，723与725之间触点KA13立即闭合，为接触器KM1吸合作好准备。

早在按下起动按钮SB2时，延时继电器KT10便已吸合，在到达整定的延时时间以后，705与717之间触点KT10断开，过电流继电器KA14释放。同时，705与723之间触点KT10闭合，于是接触器KM1吸合，705与725

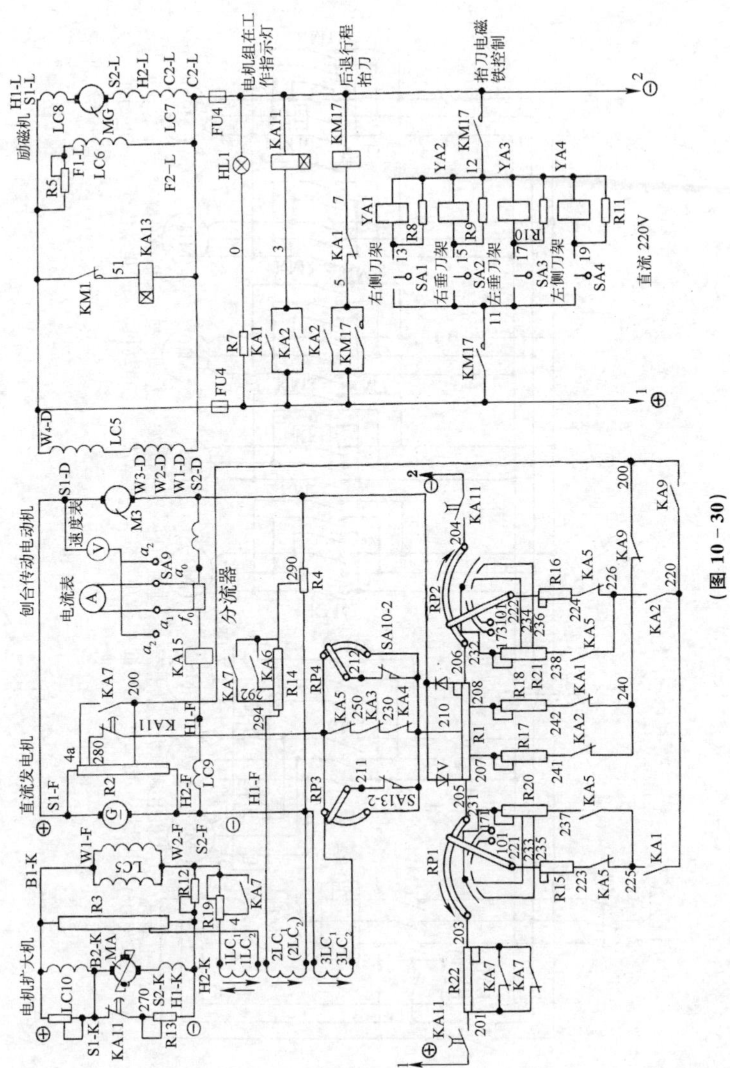
电机扩大机
直流发电机
刨台传动电动机
励磁机
电流表
速度表
分流器
电机组在工作指示灯
后退行程抬刀
抬刀电磁铁控制
右侧刀架
右垂刀架
左垂刀架
左侧刀架
直流 220V

（图 10-30）

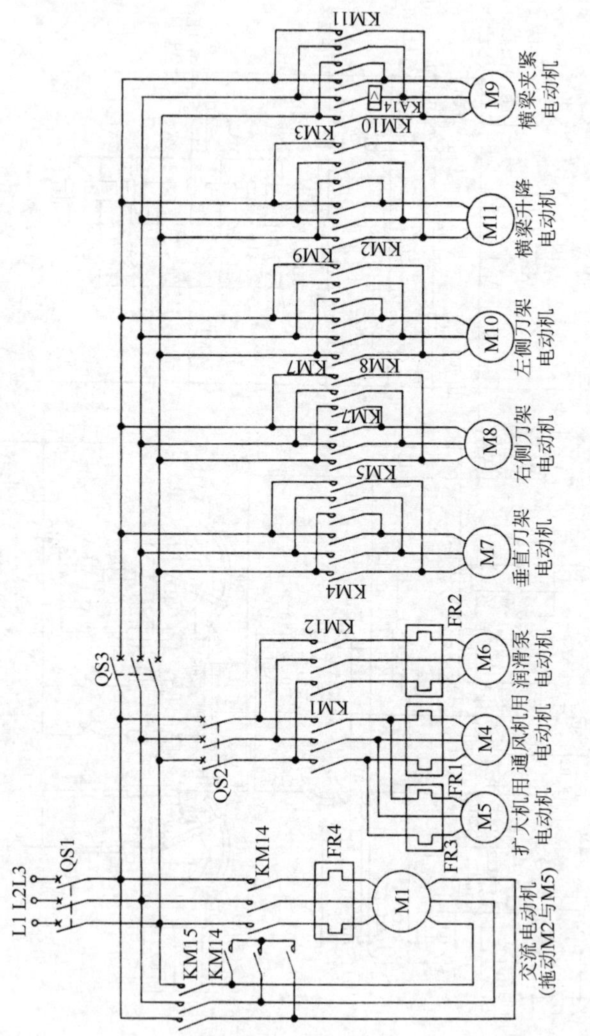

L1 L2L3
QS1
KM15
KM14
KM14
FR4
M1
交流电动机
(拖动M2与M5)
QS2
QS3
FR3
M5
扩大机用电动机
FR1
M4
通风机用电动机
FR2
M6
润滑泵电动机
KM1
KM12
KM4
M7
垂直刀架电动机
KM5
KM7
KM7
M8
右侧刀架电动机
KM8
KM9
M10
左侧刀架电动机
KM2
M11
横梁升降电动机
KM3
KM10
KA14
M9
横梁夹紧电动机
KM11


（图 10－30）

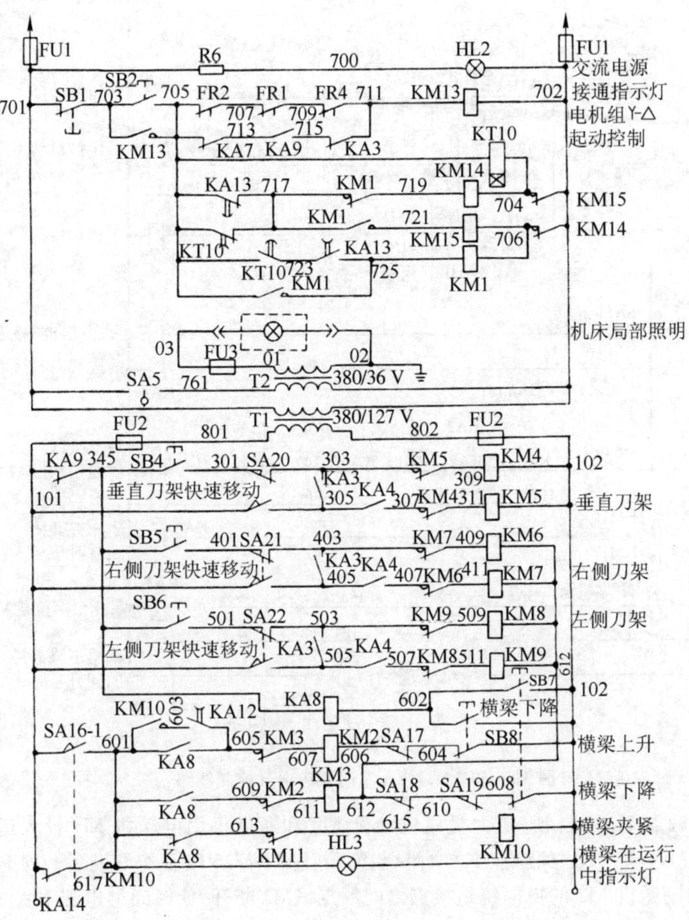
FU1
R6
700
HL2
FU1
交流电源
接通指示灯
电机组Y-△
起动控制
机床局部照明
垂直刀架快速移动
垂直刀架
右侧刀架快速移动
右侧刀架
左侧刀架快速移动
左侧刀架
横梁下降
横梁上升
横梁下降
横梁夹紧
横梁在运行
中指示灯
380/36 V
380/127 V
T1
T2
KA14

(图 10－30)

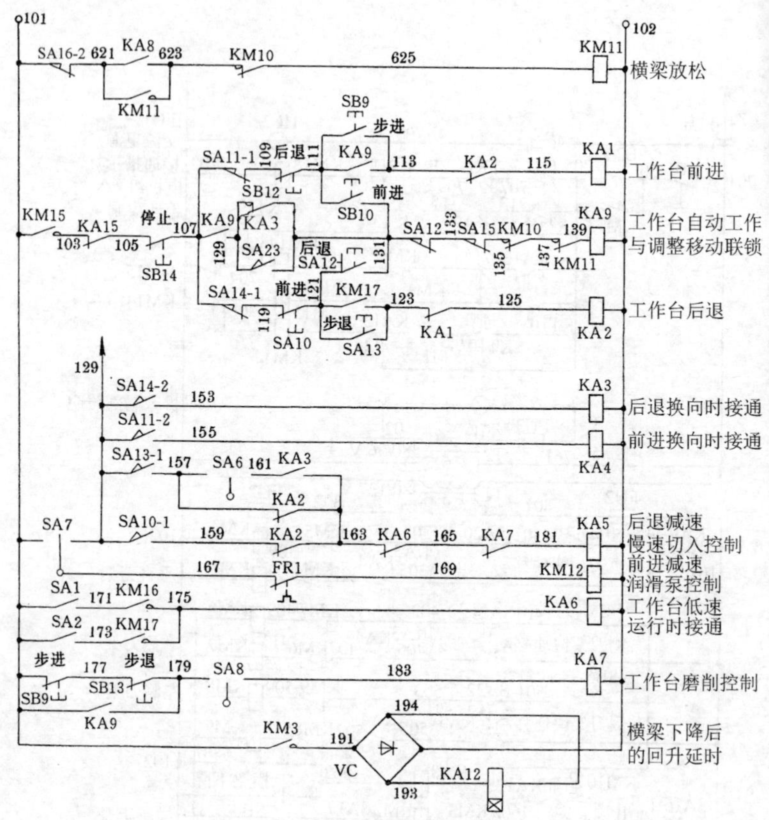


图 10-30　B2012A 龙门刨床电气控制线路

之间触点 KM1 自锁，扩大机用电动机 M5 和通风机用电动机 M4 投入运转。717 与 721 之间触点 KM1 闭合，为接触器 KM15 吸合作好准备。同时 51 与励磁机 M2 的换向绕组接点之间触点 KM1 断开，使时间继电器 KA13 释放，在 705 与 717 之间触点 KA13 略为延时一下就闭合，至此，接触器 KM15 吸合，电动机接成△运转。

上述过程保证电动机从Y接法起动到△运转有一定的起动时间；同时也保证只有当变流机组起动以后，才能起动扩大机及通风机用电动机。

按下停止按钮SB1,变流机组起动控制线路全部切断,变流机组、扩大机及通风机用电动机都停止。

2) 横梁的升降 SA17装在右立柱上,在横梁上升到极限位置时,触点断开。SA18和SA19装在横梁上,在横梁下降到靠近右侧或左侧刀架时,触点断开。这三个限位开关是预止横梁超过行程,起着安全保护作用。SA16-1在横梁夹紧机构安全松开时101与601之间触点SA16-1闭合,同时101与621之间触点SA16-2断开,图上所示为夹紧时的情况。

横梁的升降只能在工作台不开动时进行,因为只有在这种情况下,中间继电器KA9在101与345之间的常闭触点才是闭合的。

横梁上升:按下上升按钮SB7横梁继电器KA8吸合,621与623之间触点KA8闭合,使接触器KM11吸合,621与623之间触点KM11自锁,夹紧电动机M9向放松方向起动。当完全放松后,在101与621之间限位开关SA16-2触点断开,KM11释放,电动机M9停车。同时在101与601之间SA16-1触点闭合,接触器KM2吸合,使电动机M11起动,横梁向上移动。当横梁升到需要高度时松开按钮SB7,KA8释放,在601与605之间的触点KA8断开了接触器KM2的线圈电路,电动机M11停转。这时在601与613之间的触点KA8把接触器KM10的线圈接通,电动机M9向夹紧方向起动;等到横梁充分夹紧,过电流继电器KA14动作,101与617之间常闭触点KA14断开了接触器KM10线圈电路,夹紧电动机M9停止。

必须指出,101与601之间触点SA16-1在横梁开始夹紧时就断开,因此KM10的最后切断还是决定于过电流继电器KA14的动作。安装在操纵台上的指示灯HL3表示“横梁在运行中”;在作横梁升降时,一旦横梁完全放松,101与601之间触点SA16-1闭合,指示灯即亮,直到横梁重复夹紧,过电流继电器动作,101与617之间的常闭触点KA14断开才熄灭。

横梁下降:横梁下降的控制原理和横梁上升基本相同。横梁的放松和夹紧环节是和横梁上升公用的,所不同的只是采用了下降按钮SB8和下降接触器KM3而已。

不过横梁下降多了一个“横梁下降后回升”环节,其目的为了消除丝杆与螺母的间隙,保证横梁对工作台的平行度不超过允许误差范围。

横梁下降后回升环节的过程:当松开按钮SB8后,KA8释放,601与609之间的常开触点KA8断开,接触器KM3释放,横梁下降停止。同时,由于601与613之间常闭触点KA8的闭合,接通了接触器KM10,横梁开始夹紧。此刻接触器KM3虽已释放，101与191之间触点KM3断开，时间继电器KA12释放，但603与605之间延时触点KA12延时断开，接触器KM2便通过601→KM10→603→KA12→605吸合，电动机M9向上升方向转动；由于KA12整定时间极短，因此横梁只回升一下便停止。夹紧过程与上升完全一样。

3. 主拖动的工作情况

1）工作台的自动循环　变流机组已起动，横梁已夹紧，油泵已开动，直流电动机已励磁。按下前进按钮SB10时，继电器KA9吸合，111与113之间触点KA9闭合，使中间继电器KA1吸合，1与3之间触点KA1闭合使时间继电器KA11吸合，它的2与204之间和1与201之间触点分别闭合，接通了调速电位器RP1及RP2的直流电源。由于220与200之间触点KA9闭合及225与220之间触点KA1闭合，扩大机给定绕组3LC便在直流分压电路上的221、210两点取得励磁电流，其路径是：3LC1→G→R2→200→KA9→220→KA1→225→KA5→223→R15→221→RP1→205→R1→210→KA4→230→KA3→250→KA5→3LC2。于是扩大机供电给直流发电机的励磁绕组，发电机G即发电供给直流电动机M3，工作台就加速到前进调速手柄所给定的速度前进。

工作台在前进行程结束前，安装在台面侧撞块A（图10-31和表10-13）拨动了行程开关SA10，129与159之间触点SA10-1闭合使继电器KA5吸合，223与225之间触点KA5断开，225与237之间触点KA5闭合，使R20接入3LC绕组电路中，R20起着限制减速制动强度的作用，使减速制动不致太强烈。同时由于250与3LC2之间触点KA5断开和210与

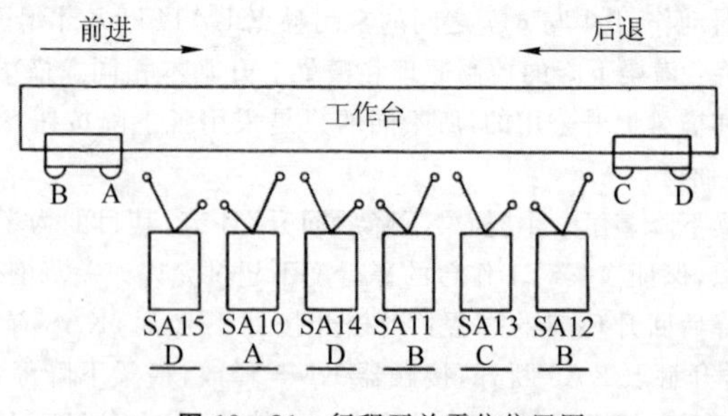


**图10-31** 行程开关零位位置图

表 10-13 工作台行程减速开关与行程换向开关工作情况

| 触点 | 状态 | | | | | | | | | |
|---|---|---|---|---|---|---|---|---|---|---|
| | （开始） 前进行程 （末尾）→ | | | | | （开始） 后退行程 （末尾）→ | | | | |
| SA10-1 | − | − | − | + | + | + | − | − | − | − |
| SA10-2 | + | + | + | − | − | − | + | + | + | + |
| SA11-1 | + | + | + | + | − | + | + | + | + | + |
| SA11-2 | − | − | − | − | + | − | − | − | − | − |
| SA13-1 | + | − | − | − | − | − | − | − | + | + |
| SA13-2 | − | + | + | + | + | + | + | + | − | − |
| SA14-1 | + | + | + | + | + | + | + | + | + | − |
| SA14-2 | − | − | − | − | − | − | − | − | − | + |

注：+表示触点接通；−表示触点断开。

212 之间触点 SA10-2 断开，回路中又串入了 RP4 加速度调节器，工作台降低速度前进。

工作台减速前进，撞块 B 拨动了反向开关 SA11，107 与 109 之间触点 SA11-1 断开，继电器 KA1 释放，后退继电器 KA2 吸合，1 与 5 之间触点 KA2 闭合，继电器 KM17 吸合，它的 1 与 11 之间及 2 与 12 之间触点闭合，通过转位开关 SA1～4 分别控制抬刀电磁铁 YA1～4 抬刀。220 与 226 之间触点 KA2 闭合，改变了参据电压的极性，电动机从制动停止到反向起动，工作台加速到后退调速手柄所给定的速度向后行驶。同时由于 129 与 155 之间触点 SA11-2 闭合，继电器 KA4 吸合，305 与 307 之间、405 与 407 之间、505 与 507 之间的触点 KA4 都闭合，进刀机械复位。

在开始后退的过程中撞块 B 和 A 分别将 SA14、SA10 依次复位为下一个循环作好准备。

后退行程结束前，撞块 C 拨动了行程开关 SA13，129 与 157 之间触点 SA13-1 闭合，又使 KA5 吸合，工作台后退减速。同时 210 与 211 之间触点 SA13-2 断开。电路串进 RP3 加速度调节器。

撞块D拨动SA14,107与119之间触点SA14-1断开,使后退继电器KA2释放,其在1与5之间常开触点KA2断开,使抬刀继电器KM17释放,抬刀停止。同时继电器KA3吸合,由于129与153之间触点SA14-2闭合,303与305之间、403与405之间、503与505之间的常开触点KA3都分别接通各刀架的自动进刀回路。由于113与115之间的常闭触点KA2的闭合使KA1吸合,工作台又开始前进,撞块D和C将限位开关SA14、SA13依次复位,到此工作台就完成了第一次的往复运动。

如果要求工作台停止运行,可按停止按钮SB11,断开工作台控制电路,使继电器KA9释放。KA1和KA5、KA11也相继释放。工作台便迅速制动停止。

下面再作几点补充说明:

① 要刀具慢速切入工件,应把操作台上的"慢速切入开关"拨向工作位置,使157与161之间触点SA6闭合。这样,在工作台后退换向时KA3吸合,161与163之间触点KA3闭合,使减速继电器KA5投入工作。

② 加速度调节器RP3(或RP4)用来调节工作台前进(后退)的减速强度,使工作台平滑地减速和反向。在反向越位不大的情况下,尽量向"反向平稳"方向调节,只有在反向越位过大时才向"越位减小"方向调节。

③ 为了防止停车之后工作台出现爬行现象,设有扩大机欠补偿制动电路和发电机的自消磁电路。这是分别依靠S1-K与270之间的和280与3LC2之间的延时触点KA11来达到的。R13的阻值大小对停车准确度影响较大,应当配合R17(R18)以及KA11的延时时间来调整。R17(R18)的接入主要是调整停车制动的强弱。

④ 工作台在4.5~10 m/min的低速运行时(相当于电动机转速97~215 r/min),这时调速电位器RP1(或RP2)手柄将使触点101与171之间的或101与173之间的附加开关SA1或SA2闭合,于是KA6吸合,290与292之间触点KA6闭合,短接了R14一段电阻使电流正反馈获得相应的调整。

⑤ 在表10-14上还可以看出,在工作台高速运行时,相当于电动机转速745~860 r/min或860~970 r/min时,调速电位器RP1(或RP2)的手柄将使附加开关231与233之间(或232与234之间)触点和231与235之间(或232与236之间)触点相应接通,从而改变R20(R21)的抽头,使获得相应的减速制动强度。

表 10－14　调速电位器上附加开关的工作情况

| 触　点 | 电机转速 97～215 (r/min) | 215～745 (r/min) | 745～860 (r/min) | 860～970 (r/min) |
|---|---|---|---|---|
| 101～171 | ■ | | | |
| 231～233 | | | ■ | |
| 231～235 | | | | ■ |
| 101～173 | ■ | | | |
| 232～234 | | | ■ | |
| 232～236 | | | | ■ |

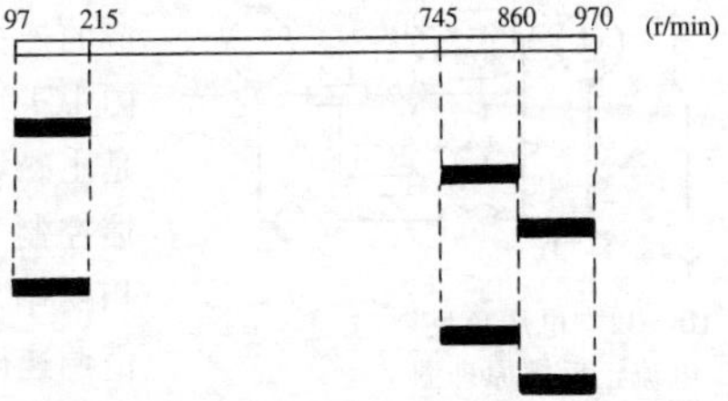

注：■ 表示触点接通。

⑥ 工作台在磨削运行时，应把操纵台上的磨削转换开关 SA8 放在工作位置 179 与 183 之间触点 SA8 闭合，继电器 KA7 吸合。201 与 203 之间触点 KA7 断开，使直流分压回路中接入了 R22，给定电压大为减小。这时 292 与 290 之间触点 KA7 闭合，切去了 R14 大部分阻值，改善电流正反馈作用，200 与 $4a$ 之间触点 KA7 闭合，使电压负反馈作相应调整。

2）工作台步进和步退　工作台调整移动时，也允许在不开动润滑泵电动机 M6 下进行。按下步进按钮 SB9 继电器 KA1 吸合，1 与 3 之间触点 KA1 闭合，工作台步进；动作情况和按下前进按钮 SB10 相仿。所不同的是，不论按下步进或步退按钮，KA9 是不吸合的；因此 KA1 或 KA2 不能自锁，一当按钮松开，工作台便停止。此外，当按下步进按钮时，3LC 绕组的励磁电流改为从 3LC1→G→R2→200→KA9→240→KA2→241→R17→207→R1→210→KA4→230→KA3→250→KA5→3LC2 取得。因此步进速度很低，约 4 m/min，它与速度调节器 RP1 的手柄位置无关。时间继电器 KA11 随着 KA1 的吸放而吸放，故消磁过程也相同。

工作台步退与工作台步进相似。

4. 主拖动的自动调整系统

龙门刨床主拖动的自动调整是一个关键性问题。由于电机扩大机具有很大的放大系数和较高的灵敏度，在这里它被用来作为调节发电机电压的励磁机，从而调整电动机的转速以及控制电动机在不同过渡过程中的性能要求，因此扩大机的控制就成为一个关键问题。现分析它的几个主要环节。

1) 电压负反馈* 环节介绍如下：

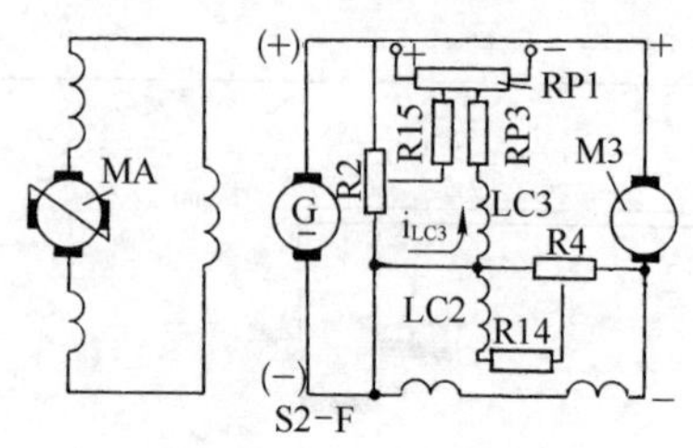


**图10-32** 电压负反馈与电流正反馈原理图

① 连接法：电压负反馈环节的连接法如图10-32所示。图中扩大机MA的绕组LC3既是主磁场绕组又兼有电压负反馈控制作用，它接在两个极性相反串联迭加起来的电压上。由调速电位器RP1上所取的给定电压总是高于R2上所取的反馈电压的，图中R15是调整电阻器，它是在起动或反向过程中限制流过绕组LC3过大的电流(图中绕组LC2是电流正反馈绕组，在下面介绍)。

② 作用：当龙门刨床在刨削时，发电机-电动机组主回路电流增大，二者电枢及换向极上的电压降都增大，于是电动机端电压下降，其转速也随之下降。这时，由于给定电压未变，R4上所取电压降低，所以流过绕组LC3的控制电流 $i_{LC3}$ 就增加(方向如图10-32所示)，因而增加了扩大机的电压，致使发电机电压重新上升到与原来相接近的数值，于是电动机的转速仍能有所上升，因而使其机械特性硬些。

当直流电动机开始起动时，发电机电压还未建立起来，这时也就没有负反馈电压，给定电压在LC3绕组中产生一个比稳态时大得多的控制电流(约7～10倍)。这个强励磁的控制电流迫使扩大机端电压迅速上升，其数值也可达到稳定时的3倍左右，于是给了发电机强迫励磁，使发电机端电压迅速增加，加大了起动转矩，电动机转速也随之迅速上升。电压负反馈量越大，强励磁的倍数也越大，过渡过程的时间就越短。同样，在减速、反向、制动等过程，电压负反馈也起着强励磁的作用，使减速、反向、制动过程加快，

---

* 在自动电力拖动系统中，为了提高系统的工作质量以满足生产的需要，常采用将输出信号回送到输入端的自动控制方法，这就是反馈。反馈信号与输出信号电压成正比的就是电压反馈；反馈信号与输出信号电流成正比的就是电流反馈。反馈信号的极性与输入信号的极性相同的是正反馈；反馈信号的极性与输入信号的极性相反的是负反馈。

反向与制动转矩加大工作台越位减小。

此外，电压负反馈环节的引入还具有能减小剩磁电压、扩大调速范围，可靠地防止工作台的爬行等优点。

2）电流正反馈环节　介绍如下：

① 连接法：系统中加入电流正反馈绕组 LC2（图 10-32），它被接在电阻器 R4 上，R4 是并联在发电机与电动机的换向极上，因此绕组 LC2 上所取得的电压与主电路的电流是成正比例的，改变 R4 抽头及 R14 阻值的大小，可以调节电流正反馈量的强弱。

② 作用：仅有电压负反馈环节仍旧解决不了电动机的转速降低，因为电压负反馈仅能保持发电机电压大致不变，而不能保持电动机转速不变。电流正反馈的引入就进一步解决了转速降低的问题。绕组 LC2 的极性与绕组 LC3 是相同的，这便使它在主回路电流增加的同时相应地增加发电机的电压，保持电动机转速不变。

系统中引入电流正反馈环节可以提高机械特性的硬度，扩大调速范围，它能加大起动、反向、制动过程中的电流数值，也就是加大起动或制动转矩，缩短过渡过程，减小越位。

3）电流截止负反馈环节　为了使主电路电流在很大的强励磁作用下，电枢电流不超过所允许的换流条件，又使过渡过程的电流曲线有较好的起动波形，从而缩短过渡过程，因而设有电流截止负反馈环节（简称限流电路），如图 10-33 所示。

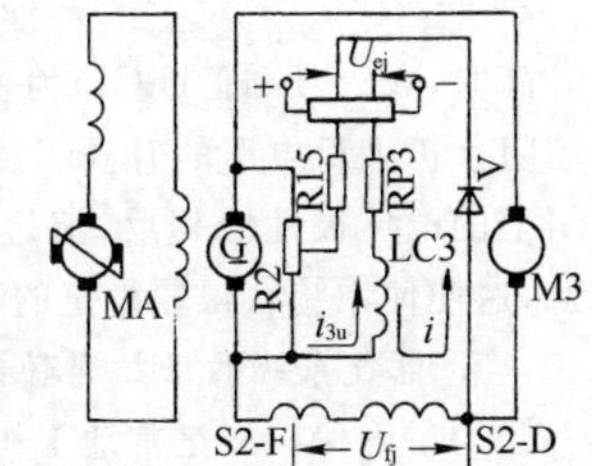


**图 10-33**　电流截止负反馈原理图

由电动机及发电机的辅助极上取下的电压降 $U_{fj}$，通过硒整流器 UR2，与限流电路的参考电压 $U_{cj}$ 进行比较，这些电压关系一般是按以下公式来选择的：

$$U_{fj}=1.35I_eR_{fj}\geqslant U_{cj}+U_{xz}$$

式中　$I_e$——电动机的额定电流；

$R_{fj}$——发电机和电动机的附加极绕组的总电阻；

$U_{xz}$——硒整流器的开放电压。

从上式可以看出，当电动机的电流到达额定电流的 1.35 倍时，限流电路应当开放，使绕组 LC3 流过去磁电流 $i$，从而保证发电机电压与电动机转速迅速降低。

4）桥形稳定环节　电机扩大机、直流发电机和直流电动机都具有电磁惯性，它们之间的信号传递，尽管时间很短暂，究竟还是需要一些时间。因此，如果不设置稳定环节，那么在起动、反向或停车时，往往由于反应不够及时而发生振荡现象。所谓系统发生振荡，表现在外观上即是电动机的轴不断地来回旋转，一分钟内可达上百次之多。

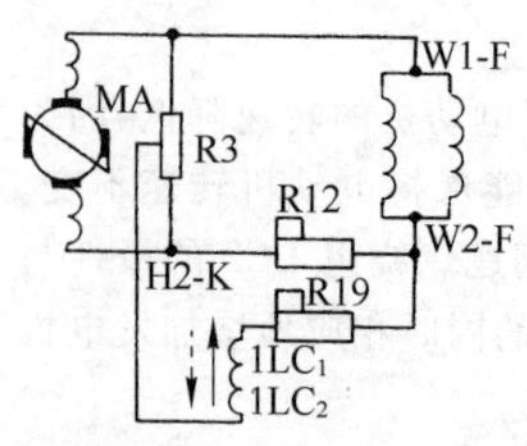


**图 10－34**　桥形稳定环节原理图

图 10－34 中，控制绕组 1LC（这里也被称为稳定绕组）经 R19 跨接于桥形电路的对角线上。在扩大机输出电压不变时，对角线上两点电位差为零，绕组 1LC 没有电流通过。当扩大机电压发生变化时，由于桥臂上发电机励磁绕组的自感效应，这两点的平衡就被破坏，出现了电位差，这个电位差的大小决定于电流随时间的变化率，也就是说，扩大机电压变动得愈迅速，电位差就愈大。它的极性是，当扩大机电压升高时，W2－F（即 1LC1）为负，1LC2 为正，使绕组 1LC 流过去磁电流，力图阻止扩大机电压的升高。反之，如扩大机电压降低时，这时加在 1LC 绕组上的电压极性恰相反，流过 1LC 绕组的电流则力图阻止扩大机电压降低，这便使系统获得较稳定的特性。

5．电气系统的保护和联锁

为了确保机床正常地工作，防止种种原因给机床带来严重的损害，因此在整个电气系统中要设置必要的保护和联锁控制。

交流主电动机（图 10－30）由总开关，即自动空气开关 QS1 作为短路保护，并有热继电器 FR4 作过载保护。

扩大机用的电动机和拖动通风机分别由热继电器 FR1 和 FR2 作为过载保护（图 10－30）。上述热继电器的动作将使主接触器 KA13 释放交流机组停止。如果这时工作台正在运行，那么上述保护要等到后退换向时才起作用，它是由于沿着 705→KA7→713→KA9→715→KA3→711 的电路的联锁而保证的。

润滑泵电动机发生过载时，将使（167 与 169 之间）热继电器触点 FR1 断开（图 10－30），接触器 KM12 释放，润滑泵停止。

工作台导轨和主传动机构的润滑由油压继电器来保证。要先起动润滑泵电动机，并使达到一定压力后，工作台才可能自动工作，否则只能点动。工作台自动工作过程中，遇到油压不够时，工作台就会在后退换向时停止。这是依靠129与131之间油压继电器微动开关SA23触点和KA3常闭触点并联后串接在KA9线圈电路来达到的(图10-30)。

直流电动机的过载保护依靠串联在主回路的过电流继电器KA15。当直流电动机过载时，其103与105之间常闭触点KA15断开，切断工作台的控制电路(图10-30)，使工作台停止。

直流电动机的失励保护是由直流时间继电器KA13附带来保护的。1与201之间和2与204之间的触点KA11断开(图10-30)将使发电机G也同时失去励磁。

工作台前后行程的极限保护，由终端开关SA12、SA15来执行，以防止反向失灵而造成工作台冲出床身的危险。131与133之间触点SA12和133与135之间SA15切断了继电器KA9回路(图10-30)，促使工作台迅速停止。最后还由机械方面设置了安全液压制动器以防万一。

横梁下降到将接近左(右)侧刀架时，612与610之间限位开关触点SA18或610与608之间限位开关触点SA19断开横梁升降电动机的供电电路(图10-30)。同样，横梁上升到极限位置时，606与604之间限位开关触点SA17断开，使横梁停止上升，从而避免了由于操作不慎而发生碰撞事故。

调整刀架(快速移动)和横梁(升降)只有在工作台停止的情况下才能进行，这是由101与345之间触点KA9(图10-30)来保证的。

全部交流和直流控制电路都由熔丝保护。

6. 电气设备试车与调整

机床全部安装完毕后，必须经过正确细致的试车与调整才能正式投入生产。必须指出，机床在出厂前已作过全部设备(包括电气设备)的配套试验，各电器元件参数都已作过细致的调整，因此，在一般情况下，仅需检查电器元件参数是否由于某种原因而有所变动，根据具体情况作个别的调整，而无须作全部的调整工作。

试车前必须先熟悉电气设备与机床电气系统的性能，掌握试车顺序，在机械安装人员的密切配合下，严格遵守安全操作规程进行正确的试车工作。

1) 试车前的准备工作　具体分以下几方面：

(1) 准备好试车调整的仪表,如转速表、兆欧表、万用表、交流电流表等。

(2) 进行电气设备的外部检查,如电机电器有无卡住现象、电机电器的接触面是否良好,外部线路接得是否正确,内部电路及电动机磁场电路有否松脱现象等。

(3) 检查电机、电器及控制电路的绝缘电阻是否符合规定。

(4) 操作准备:首先把行程开关放在零位。将各刀架进刀箱上的机械手柄放于中间零位,并将另一转换手柄放在中间零位上即"快速移动"与"自动进刀"都断开的位置。工作台传动变速箱上的机械变速手柄应可靠地放在中间零位上,使直流电动机不能带动工作台移动。而操纵台上的转换开关 SA1～SA7、SA9 应放在断开位置,SA8 放在"刨削"位置上。把两调速电位器手柄调到最左端的位置(即最低速度的位置)。两加速度调节器旋向"越位减小"的一端。断开自动空气断路器 QS2 与 QS3,取下 FU4 与 FU2,在电器柜接线柱上拆下 M1、M4、M6 电机引出线。

在直流发电机 G 接线柱上拆下线号为 S1－F 的两根导线,其中一根粗线是主电路导线,另一根是电压负反馈用的细线。

在电机扩大机接线盒内拆下 1LC1、2LC2、3LC3、1ALC1－MA 四根通向电器柜的导线。

将电器柜接线柱上 131 与 129 线号用导线短接起来。

2) 电器动作的检查(是否符合电气原理图)　合上自动空气断路器 QS1 检查交流电源的电压,试验Y/△起动控制电路电器动作。此时因励磁机不发电,KA13 的动作要用绝缘棒推动。

装上熔断器 FU2 检查交流控制电路电器的动作,如不符合电气原理图要求,应首先检查外部接线是否接错,有关接线有否松脱。

装上熔断器 FU2,接上从电器柜内拆下的 M1 六根交流电动机的导线。注意一定要接得正确,否则会造成电源网路短路等事故。试验交流电动机 M1 的Y/△起动,检查它的旋转方向一定要符合箭头所示方向。这样励磁机所发出的电压为 210～230 V,并且线号 1 为正极,2 为负极,然后试验直流电器元件的动作。

3) 辅助拖动系统的试车　横梁夹紧与升降的试验要特别谨慎。一定要和装配钳工配合好,经过检查合格后,才可进行此项试验。在夹紧电动机定子回路中,串入一个交流电流表(量程 0～5 A)观察夹紧电流的大小,确定夹紧程度(一般是2.2～2.5 A),操作人员与观察人员一定配合好,特别注意夹紧电机旋转方向,不然会损坏夹紧机构造成电机事故。松开时旋转方向应使夹紧机构的制子向行程开关SA16方向移动为正确,如果方向反了应立即切断自动空气断路器FU1,并加以改正。

试验各刀架的快速移动。进刀电动机旋转方向从风扇端看去应顺时针方向旋转。各刀架的自动进刀可在工作台自动工作时试验。

4) 工作台主拖动系统的试车 具体操作如下:

(1) 电机扩大机MA和发电机G电压极性的检查:将电机扩大机接线盒内拆下的导线3LC,串入500～1 000 Ω电阻后,接到原接线柱上,将调速手柄RP1、RP2放于最低速的位置,起动电机组检查扩大机的旋转方向,它应与机壳上的箭头方向一致,然后,可以检查它的极性。按下工作台“步进”按钮,此时电压极性H2-K应为负,B1-K应为正;按下工作台“步退”按钮,电压极性H2-K应为正,B1-K应为负。

扩大机试好后接上B1-K,按下工作台“前进”按钮,测量发电机G端电压的极性,这时S1-F应为正,H2-F应为负,按下工作台“后退”按钮则反之。

在此必须强调指出,扩大机与发电机电压极性一定要与要求相符,这关系到电压负反馈的正确与否,所以对极性要认真地检查与测量。如果出现问题应首先检查外部连线,找出原因。

(2) 发电机电压负反馈环节的加入:开动电机组,按下工作台“前进”按钮,使发电机发出100 V左右的电压,把电压表接在发电机S1-F和H2-F两端上,把从发电机接线盒内拆下的S1-F细导线(粗导线S1-F不动),向S1-F端接触一下,观察端电压的变化。如果电压下降,说明电压负反馈正确;如果电压升高,应立即把导线S1-F从发电机端子上拿开,停止电机组,检查有关接线及电压的极性。特别注意,接线时不能把细导线S1-F端子接死,否则有可能造成设备事故。

电压负反馈极性测试正确后,可把细导线S1-F接在发电机S1-F的端子上,拆去串入3LC绕组回路中的电阻。

(3) 电桥稳定环节的试测:让发电机发出100 V左右电压用电压表(量程1～10 V)测量2LC2与2LC1之间的电压为零,否则调整R5上的抽头使其为零,电桥平衡后可以把扩大机接线盒内拆下的导线1LC1接上,检查1LC绕组极性的正确性(可以按下“步进”按钮来试测,这时1LC2为正,

W2－F为负)。

5) 直流电动机 M3 的试运转　接上 M4 的导线,试验通风机电动机的旋转情况。

把从发电机接线盒内拆下的粗导线 S1－F 接上,按下“步进”或“步退”按钮检查电动机 M3 的旋转方向。

如果在停车时发生振荡(电动机转子来回不停地转动)应立即停止电机组,重新检查稳定电路的极性,电桥是否平衡及有关接线是否正确(应当注意,限流电路接线是否良好)。只要将 1LC1 端接上或拆下,比较电动机 M3 停止时的情况,就可以看出稳定环节是否起作用。

电动机试运转正确后,按下工作台“前进”按钮,将调速电位器 RP1、RP2 都调到最高速位置,电动机的最高转速达到 970 r/min,按自动工作顺序拨动减速反向行程开关,观察电动机 M3 的工作情况,并检查限位开关是否起作用。

接好润滑泵电动机,检查润滑泵电机的各种工作状态,同时与钳工配合检查润滑系统。

以上试验完毕后,拆除 131 和 129 的短接线,便可进行刨床的综合试车了,如工作台的自动工作、自动进刀、抬刀、慢速切入等环节的工作情况。

6) 技术参数的测定　励磁机电压为 220 V时,它的分励磁场的电流约 0.45 A,H1－L 与 F1－L 之间串入电阻 R5 为 260 Ω(分励绕组的直流电阻为 234.1 Ω)。刨台以 90 r/min 速度运行时,3LC 绕组的励磁电流为 87.5 mA。电压负反馈系数 0.35～0.46,实测 95 V,即系数≈0.43,200 与 S2－F 之间 R2 上阻值为 100 Ω,R2 总阻值为 2×140 Ω。此时电动机的励磁电流为4.6 A(电动机的分励直流阻值为 37.68 Ω)。

刨台在以 90 m/min 的速度运行时,扩大机的输出电压为 65 V(发电机分励绕组的阻值为 30.1 Ω)。

电流正反馈 R4(总阻值 50 Ω)上 3LC1 与 290 之间阻值≥10 Ω(一般为 20 Ω 左右)。R14(总阻值 100 Ω)上 2LC 与 292 之间电阻为 21 Ω。

电压截止负反馈的范围为 7～11 V,205 与 210(或 206 与 210)之间的 R1 上电压为 8 V,电阻约 10 Ω。

桥形稳定环节:据实际试测在工作台 90 m/min 前进时 1LC2⊕与 LC5－G⊖之间的电压为 0.2～0.4 V 为宜,实测 0.3 V。

各桥臂上的电阻值:R3(总电阻 260 Ω)上 B1－K 与 1LC2 之间为

200 Ω，H2－K 与 1LC2 之间为 60 Ω。R12（总阻值 3.5 Ω）上 H2－K 与 W2－F 之间为 2 Ω，发电机分励磁场并联后测量为 7 Ω，R19（总阻值 200 Ω）W2－F 与 1LC1 之间为 40 Ω。

欠补偿能耗制动和自消磁环节的有关参数：

KA11 延时 0.3 s，R2 上 S1－F 与 280 之间为 150 Ω。

R13（总阻值 100 Ω）上 270 与 H2－K 之间为 50 Ω。

减速制动等环节串入电阻数据的测定：

R15、R16、R17、R18、R20、R21 其电阻值均为 200 Ω。

R15（R16）上 221 与 223 之间（或 222 与 224 之间）为 90 Ω（或 95 Ω）。

R20（R21）上 235 与 237 之间（或 238 与 236 之间）为 50 Ω（或 55 Ω）。

233 与 237 之间（或 238 与 234 之间）为 90 Ω（或 100 Ω）。

R17（R18）上 207 与 241 之间（或 208 与 242 之间）为 90 Ω。

RP3 和 RP4 两电位器为调节冲击和越位而设置的，阻值加大则越位加大，冲击减小，阻值减小，越位减小，冲击加大。可根据实际使用情况进行调整。

刨台以 90 m/min 运行时其换向越位距离≤280 mm（减速，反向制子间的距离为 250～300 mm），实测 200 mm。

横梁夹紧电流为 2.5 A。

低速磨削各量的测定：

R22 接入 160～180 Ω。

R2 上 a4 与 S1－F 之间为 220～240 Ω。

R19 上 4 与 1LC1 之间为 50 Ω。

R14 上 2LC1 与 294 之间为 22 Ω。

表 10－15　扩大机绕组数据

| 电枢（Ω） | 换向极（Ω） | 补偿（Ω） | 横向（Ω） | 去磁（Ω） | 控制绕组 | | | |
|---|---|---|---|---|---|---|---|---|
| | | | | | 1LC | 2LC | 3LC | 4LC |
| 0.529 | 0.15 | 0.472 | 0.838 | 6.72 | 100 | 21 | 100 | 21 |

扩大机直流电阻的测定：

扩大机的补偿调节电阻约 9.8 Ω。阻值大则放大系数大，阻值小则放大系数小。

一般扩大机处于欠补偿状态工作，阻值不宜过大。此值出厂时已调好，不宜轻易移动。

以上仅为B2012A一台试车时测得数据，供调试时参考。

B2012A龙门刨床的电气控制线路电器元件见表10-16。

表10-16　B2012A龙门刨床的电气控制线路电器元件表

| 代　号 | 名　　称 | 型　　号 |
|---|---|---|
| M1 | 三相异步电动机 | JB2-4　55 kW |
| G | 直流发电机 | ZBF-92　70 kW |
| MG | 直流发电机 | Z2-42　3.5 kW |
| M3 | 直流电动机 | ZBD-93　60 kW |
| M4、M5 | 三相异步电动机 | JO2-21-2　1.5 kW |
| MA | 功率扩大机组 | ZKK-12J　1.9 kW、1.2 kW |
| M6 | 三相铝壳异步电动机 | JCL22-4　0.25 kW |
| M7、M8 | 三相异步电动机 | JO41-4　1.7 kW |
| M9 | 三相异步电动机 | JO31-4　0.6 kW |
| M10 | 三相异步电动机 | JO41-4　1.7 kW |
| M11 | 三相异步电动机 | J42-4　2.8 kW |
| KM1～KM5 | 交流接触器 | CJO-20 A |
| KM6～KM9 | 交流接触器 | CJO-10 A |
| KM10～KM12 | 交流接触器 | CJO-10 A |
| KA1～KA8 | 中间继电器 | JZ7-44 |
| KA9 | 中间继电器 | JZ7-62 |
| KA10 | 时间继电器 | JS7-1 A　延时0.4～60 s |
| R12 | 板形电阻器 | ZB2-3.5 Ω |
| R1 | 板形电阻器 | ZB2-37 Ω |
| R2 | 板形电阻器 | ZB2-140 Ω |
| R3 | 板形电阻器 | ZB2-260 Ω |
| R4 | 珐琅管形电阻器 | GF-50T　50 Ω |
| R5 | 板形电阻器 | ZB2-140 Ω |
| FR1 | 热继电器 | JR10-10　整定值0.8 A |
| FR2 | 热继电器 | JR10-10　整定值3.1 A |
| FR3 | 热继电器 | JR10-10　整定值3.8 A |
| KM17 | 直流接触器 | CZ3-22/60 |

（续表）

| 代 号 | 名 称 | 型 号 |
| --- | --- | --- |
| KA11 | 直流电磁继电器 | JT3-22/1 |
| KA12 | 直流电磁继电器 | JT3-11/1 |
| KA13 | 直流电磁继电器 | JT3-11/3 |
| KM13～KM15 | 交流接触器 | CJO-75 A |
| KA14 | 电流继电器 | JL3-01 2.5 A |
| KA15 | 电流继电器 | JL3-01/S 300 A |
| FR4 | 热继电器 | JR2-3 62.5 A |
| T1 | 控制变压器 | BK-300 380/127 V |
| T2 | 控制变压器 | BK-100 380/36 V |
| QS1 | 自动空气断路器 | DZ10-100/320 |
| QS2、QS3 | 自动空气断路器 | DZ4-25/330 |
| FU1～FU3 | 螺旋式熔断器 | RL1-15 A |
| FU4 | 螺旋式熔断器 | RL1-15 A |
| R7 | 珐琅管形电阻器 | GF-50 1 650 Ω |
| R8～R11 | 珐琅管形电阻器 | GF-150 1 000 Ω |
| R13、R14 | 珐琅管形电阻器 | GF-50T 100 Ω |
| R15～R19 | 珐琅管形电阻器 | GF-50T 200 Ω |
| R20、R21 | 珐琅管形电阻器 | GF-50T 200 Ω |
| R22 | 珐琅管形电阻器 | GF-50T 500 Ω |
| VC1 | 硒整流器 | 2ZA300-288/108～0.15 |
| VC2 | 硒整流器 | ZXA100D-72/27～2 |
| A | 直流电流表 | 1C1-A |
| V | 直流电压表 | 1C1-V |
| SA1～SA4 | 转换开关 | HZ1-10/1 |
| SA5～SA9 | 主令开关 | HSZ-2 |
| SB1、SB2 | 控制按钮 | LA4-21 K |
| HL1～HL3 | 信号灯 | ZSD-2 型绿、蓝、乳白色各 1 只 8 W 127 V |
| RP1、RP2 | 瓷盘式电位器 | C-300 125 Ω(107 Ω 处插头) |
| RP3、RP4 | 瓷盘式电位器 | C-100 300 Ω(魏来福按钮 678、674) |
| SB4～SB8 | 按钮 | LA2 黑色 5 A |
| SB9～SB13 | 按钮 | LA2 绿色 5 A |

（续表）

| 代 号 | 名 称 | 型 号 |
|---|---|---|
| SB14 | 蘑菇头按钮 | LA2 红色5 A |
| SA10～SA12 | 行程开关 | LX2－232 |
| SA13～SA15 | 行程开关 | LX2－232 |
| SA16 | 行程开关 | LX2－121 |
| SA17、SA18 | 行程开关 | LX3－11H |
| SA19 | 行程开关 | LX3－11K |
| SA20、SA21 | 行程开关 | LX3－11K |
| SA22 | 行程开关 | LX3－11K |
| YA1～YA4 | 抬刀线圈 | |
| SA23 | 微动开关 | LX5－11 |

## 七、CE7120半自动液压仿形车床

CE7120半自动液压仿形车床由尾架、卡盘、主轴、仿形刀架、回转刀架、下切刀架等六大部件组成、电气控制线路如图10－35所示。其加工方式可分各部件的调整和自动运行两种。

1. 各部件的调整

1）尾架的调整　尾架调整是指尾架心轴的前进或后退，这种调整只能在主轴停止旋转时才能进行。当踩下靠近床尾的脚踏开关SA20使206与217之间触点闭合，时间继电器KA2吸合，126与127之间常开触点KA2闭合，电磁铁YA8吸合，于是操纵液压阀驱动油缸。YA8的吸合或释放使油缸带动尾架心轴前进或后退。

2）液压卡盘的调整　液压卡盘的夹紧或松开由靠近床头的脚踏开关SA21控制，踩下SA21使128与129之间触点闭合，于是电磁铁YA9吸合，操纵液压驱动油缸，带动卡盘夹紧；反之，当YA9释放时，卡盘即松开。液压卡盘的调整只能在主轴停止旋转时才能进行。

3）主轴的调整　主轴电动机起动后，即可对主轴进行起动、点动、变速及制动等动作的调整。

起动：按下按钮SB6，继电器KA5吸合，并通过15与16之间常开触点KA5闭合自锁。这时，在119与121之间常开触点KA5闭合，接通电磁离合器YH2电路使主轴机械装置拉到 $n_2$ 转速旋转（旋钮式按钮7与65之间

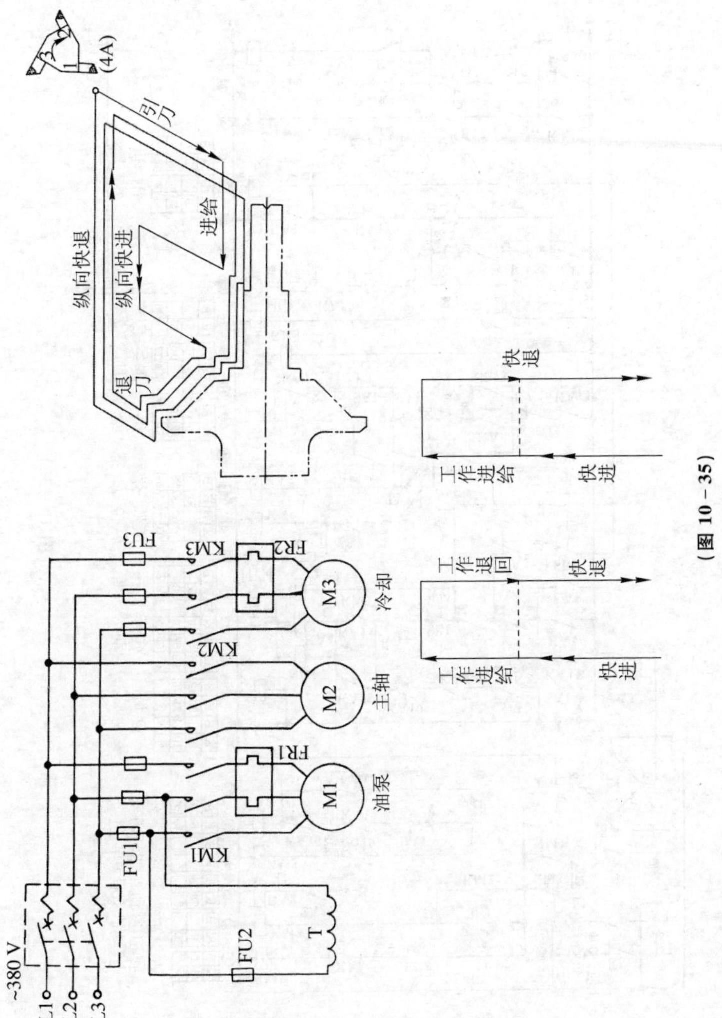
~380 V
L1
L2
L3
FU1
FU2
FU3
T
KM1
KM2
KM3
FR1
FR2
M1
M2
M3
油泵
主轴
冷却
(4A)
引刀
纵向快退
纵向快进
进给
退刀
工作进给
快进
工作退回
快退
快退
工作进给
快进

（图 10－35）

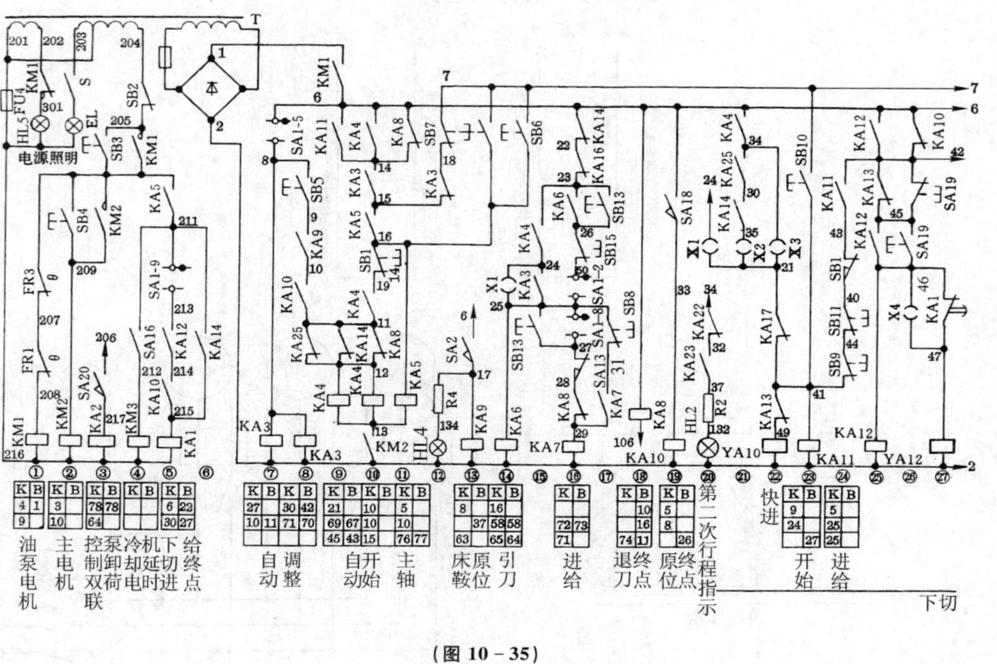
油泵电机
主电机
控制双联
泵卸荷
冷却电
机延时
下切进
给终点
自动
调整
自开动始
主轴
床鞍原位
引刀
进给
退刀终点
原位终点
第二次行程指示
快进
开始
进给
下切
电源照明

（图10－35）

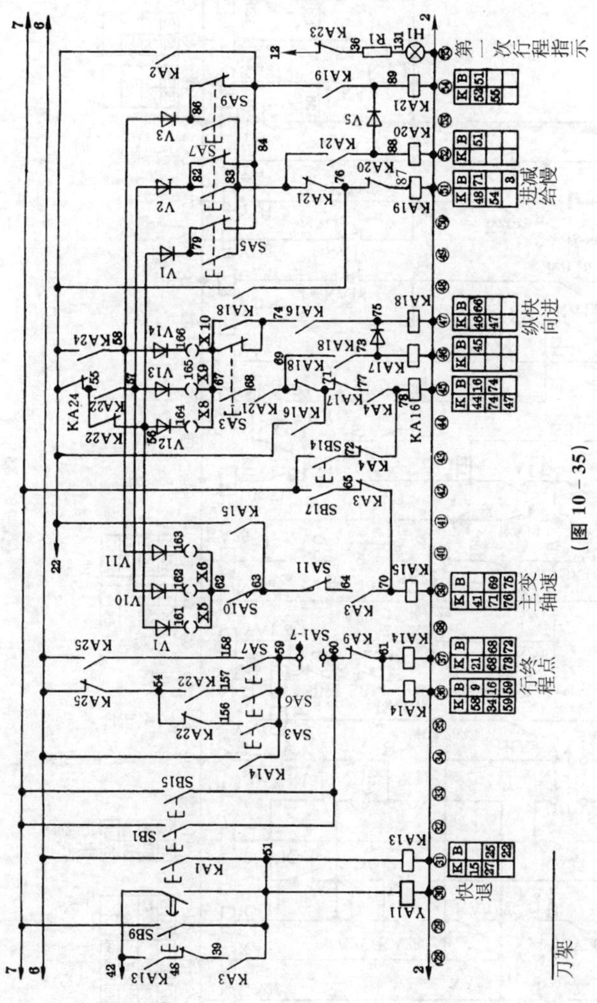


（图 10－35）

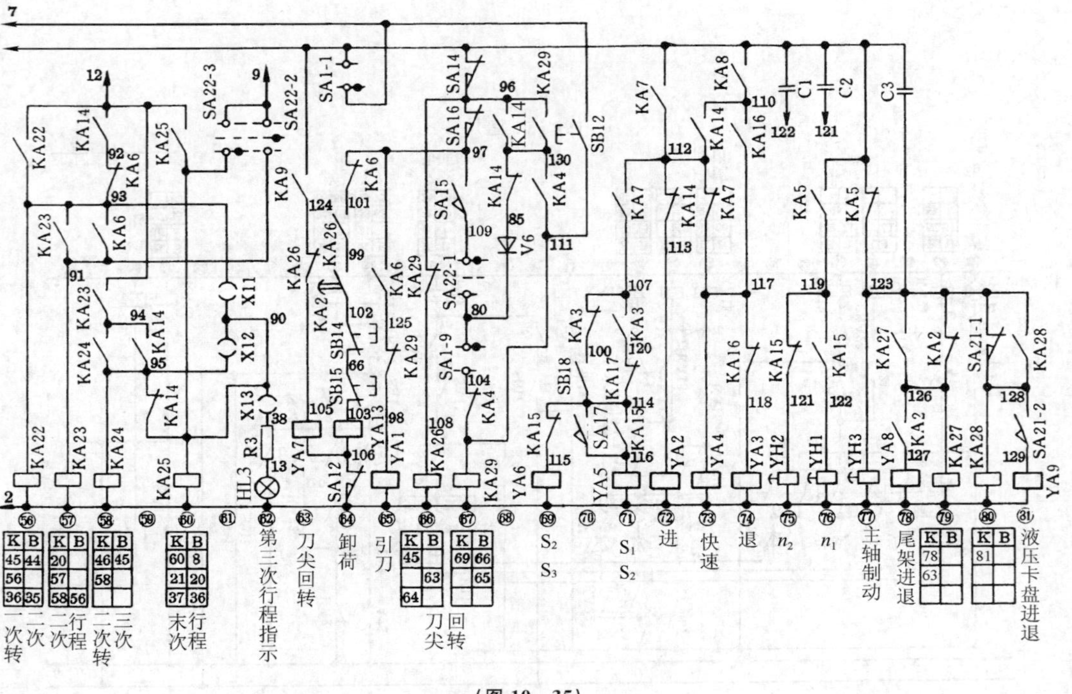
一次转
二次
二次行程
二次转
三次
末行次程
第三次行程指示
刀尖回转
卸荷
引刀
刀尖回转
S2
S3
S1
S2
进
快速
退
$n_2$
$n_1$
主轴制动
尾架进退
液压卡盘进退

(图10－35)

行程开关动作说明

| | |
|---|---|
| SA2 | 床鞍原位 |
| SA3 | 纵向快进 |
| SA4 | 一次终点 |
| SA5 | 一次减慢 |
| SA6 | 二次终点 |
| SA7 | 二次减慢 |
| SA8 | 三次终点 |
| SA9 | 三次减慢 |
| SA10 | 变速开始($n_1$) |
| SA11 | 变速结束($n_2$) |
| SA12 | 仿形刀架退刀终点 |
| SA13 | 仿形刀架退刀终点 |
| SA14 | 回转刀夹回转过程被压 |
| SA15 | 回转刀夹离开“1”被压 |
| SA16 | 回转刀夹松开时被压 |
| SA17 | 进给量 S3 转换 |
| SA18 | 下切刀架原位进给终点 |
| SA19 | 下切工作进给转换 |
| SA20 | 尾架脚踏开关 |
| SA21 | 卡盘脚踏开关 |

插销作用说明

| | |
|---|---|
| X1 | 下切刀架先切 |
| X2 | 下切刀架后切 |
| X3 | 下切刀架仿形刀架同时工作 |
| X4 | 下切刀架慢速退回后快退 |
| X5 | 第一次行程主轴变速 |
| X6 | 第二次行程主轴变速 |
| X7 | 第三次行程主轴变速 |
| X8 | 第一次行程纵向快进 |
| X9 | 第二次行程纵向快进 |
| X10 | 第三次行程纵向快进 |
| X11 | 机床工作一次行程 |
| X12 | 机床工作一次行程 |
| X13 | 机床工作三次行程 3e 燃亮 |

**(图 10-35)**

转换开关触点表

| 代号 | 编号 | 30° | 0° | 30° |
|---|---|---|---|---|
| SA1－1 | 1－2 | × | | |
| SA1－2 | 3－4 | | | × |
| SA1－3 | 5－6 | × | | |
| SA1－4 | 7－8 | | | × |
| SA1－5 | 9－10 | × | | |
| SA1－6 | 11－12 | | | × |
| SA1－7 | 13－14 | × | | |
| SA1－8 | 15－16 | | | |
| SA1－9 | 17－18 | × | | |
| SA22－1 | 9－10 | × | | |
| SA22－2 | 3－4 | | × | |
| SA22－3 | 5－6 | | | × |

下切刀架电磁铁动作表

| 动作 | 电磁铁 | | |
|---|---|---|---|
| | YA10 | YA11 | YA12 |
| 快进 | + | − | − |
| 进给 | + | − | + |
| 工作退回 | − | + | + |
| 快速退回 | − | + | − |
| 停止(卸荷) | − | − | − |

电磁铁动作表

| 机床动作 | 电磁铁代号 YA | | | | | | | | | |
|---|---|---|---|---|---|---|---|---|---|---|
| | 1 | 2 | 3 | 4 | 5 | 6 | 7 | 8 | 9 | 13 |
| 仿形刀架引刀 | + | | | | | | | | | |
| 仿形刀架退刀 | − | | | | | | | | | |
| 仿形刀纵向快进 | | + | − | + | − | − | | | | |
| 仿形刀工作进给 S1 | | + | − | − | + | − | | | | |
| 仿形刀工作进给 S2 | | + | − | − | − | + | | | | |
| 仿形刀工作进给 S3 | | + | − | − | + | + | | | | |
| 仿形刀工作进给 S4 | | + | − | − | − | − | | | | |
| 仿形刀纵向快退 | | − | + | + | − | − | | | | |
| 仿形刀刀夹回转 | | | | | | | + | | | |
| 仿形刀刀夹点紧 | | | | | | | − | | | |
| 仿形刀停止卸荷 | | | | | | | | | | + |
| 尾座芯轴后退 | | | | | | | | + | | |
| 尾座芯轴前进 | | | | | | | | − | | |
| 卡盘松开 | | | | | | | | | + | |
| 卡盘夹紧 | | | | | | | | | − | |

**图 10－35** CE7120 型半自动液压仿形车床电气控制线路原理图

触点置于断开位置）。

点动：按下点动按钮 SB7，控制情况与上述相同。松开 SB7，因 SB7 无自锁，主轴停止旋转。

变速：主轴起动后，操纵主轴变速主令开关 SB17，实现主轴变速。当闭合 7 与 65 之间触点 SB17 时，继电器 KA15 吸合，接通电磁离合器 YH1 电路，于是主轴以 $n_1$ 的转速旋转；当断开 7 与 65 之间触点 SB17 时，YH1 则随着继电器 KA15 的释放而释放，YH2 由于 119 与 122 之间常闭触点 KA15 闭合而吸合，主轴转速即由 $n_1$ 变为 $n_2$。

制动：主轴起动后，按下 SB7 按钮，其 7 与 18 之间触点 SB7 断开，继电器 KA5 释放，6 与 123 之间常闭触点 KA5 闭合使电磁离合器 YH3 吸合，主轴制动。

C1、C2、C3 是离合器 YH1、YH2、YH3 的消弧电容。

4）仿形刀架及床鞍的调整　具体操作如下：

① 仿形刀架引刀及进给：按下 SB13，继电器 KA6 吸合，其控制电路路径为：22→KA16→23→SB13→26→SB15→50→SA1－2→25→KA6→2。KA6 吸合后并自锁，97 与 125 之间常开触点 KA6 闭合，电磁铁 YA1 吸合，仿形刀架引刀，引刀结束后，插销触及样件或样板。如未安装样件（或样板），应调整仿形刀架右侧的手柄，限制引刀行程。使插销杠杆抬起，27 与 28 之间触点 SA13 闭合，此时再按 SB13，其 25 与 27 之间常开触点闭合，继电器 KA7 吸合，控制电路路径为：6→KA14→22→KA16→23→SB13→26→SB15→50→SA1－2→25→SB13→27→SA13→28→KA8→29→KA7→2。KA7 吸合后并自锁。同时 6 与 112 之间常开触点 KA7 闭合，而电磁铁 YA2 吸合，107 与 112 之间常开触点 KA7 闭合，使 YA5、YA6 同时吸合，仿形床鞍开始以与主轴转速 $n_1$ 或 $n_2$ 相对应的 $S_1$ 或 $S_2$ 的进给量开始纵向进给。如果需要减慢进给，可将 LA4 置于减慢位置（即 100 与 114 之间触点 SB18 断开），此时电磁铁 YA5、YA6 均释放，则床鞍以减慢的 $S_4$ 的进给量进给。

在 114 与 116 之间常开触点 KA15 并联的 SA17 是由床头箱上的变速手柄控制的。如 SA17 闭合，则主轴速度最高，所对应的进给量 $S_3$ 也最大。按下 SB8，25 与 31 之间触点断开，继电器 KA7 释放，进给停止。

② 仿形刀架退刀及床鞍纵向快退：在仿形刀架引刀或进给过程中，按下按钮 SB15，继电器 KA14 吸合，6 与 22 之间常闭触点 KA14 断开，使 KA6、KA7 释放，仿形刀架立即快速退刀。同时 110 与 112 之间常开触点 KA14 闭合，退刀结束后（终点）106 与 2 之间触点 SA12 闭合使继电器 KA8

吸合，由于6与110之间的常开触点KA8闭合，电磁铁YA3、电磁铁YA4吸合，床鞍便纵向快退，松开SB15，床鞍停止。

③ 仿形刀架退刀及床鞍纵向快进：在仿形刀架引刀或进给过程中，按下按钮SB14，继电器KA16吸合，22与23之间常闭触点KA16断开，使继电器KA6、KA7释放，仿形刀架立即快速退刀，退刀结束后(终点)，KA8吸合，使电磁铁YA2、YA4吸合，床鞍便纵向快进。松开SB14，床鞍停止。

5) 回转刀夹的调整　回转刀夹可回转三个位置，每个位置相隔120°，调整时每次只能依次回转一个位置，在仿形刀架及床鞍都需退到回转位置后才能进行(图10-36)。

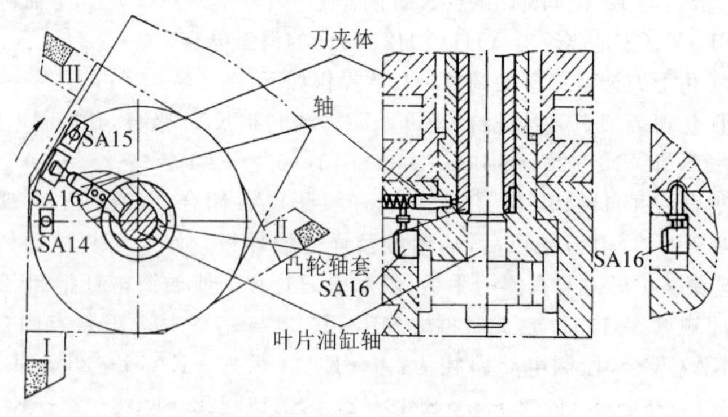


**图10-36**　回转刀夹结构示意图

按下按钮SB12，继电器KA29吸合，96与108之间常闭触点KA29断开，继电器KA26释放，124与105之间常闭触点KA26闭合，电磁铁YA7吸合，此时叶片油缸轴带动凸轮轴套，由图10-36所示位置开始顺时针方向旋转，钢珠落入3 mm的凸轮槽内，轴在弹簧的作用下，通过插销先后压下微动开关SA16(夹紧开关)及SA14(换向开关)，叶片油缸回转180°，螺母松开，销子拔出刀夹体回转120°时，插销首先松开SA14，6与96之间触点SA14闭合。继电器KA26吸合，124与105之间常闭触点KA26断开，于是YA7释放，油路换向，叶片油缸反向旋转180°，完成插销、定位和锁紧动作，凸轮套恢复到图10-36所示位置。插销又使微动开关SA16处于释放状态，刀夹便完成一次循环，再按下SB12，重复上述循环。

SA15的作用是，当刀夹不在原位而转入自动工作时，它自动使刀夹回转到原位，因刀夹离开原位后 SA15 一直被压，97 与 109 之间触点 SA15 闭合，当 SA1 转到自动位置，6 与 8 之间触点 SA1－5 闭合，继电器 KA3 吸合，当尚未按下自动开始按钮 SB5 继电器 KA4 未吸合时，SA1－9 触点闭合使继电器 KA29 吸合，其控制电路路径为：6→SA14→96→SA16→97→SA15→109→SA22－1→80→SA1－9→104→KA4→108→KA29→2。因 KA29 吸合使继电器 KA26 一直不能吸合，直到刀夹回转到原位后使 SA15 释放，97 与 109 触点 SA15 断开。

6）下切刀架的调整　调整下切刀架时，如图 10－37 所示首先将挡铁 A、B、C 初步排好。按下 SB10，继电器 KA11 吸合，通过 42 与 43 常开触点闭合而自锁，同时电磁铁 YA10 吸合，下切刀架横向加速，滑体带动挡铁 A 进给 $l_1$ 的距离，压下 SA19，使继电器 KA12 和电磁铁 YA12 均吸合，其控制电路路径为：6→KA10→42→KA13→45→SA19→46→KA1→47→YA12→2。（46→KA12→47）

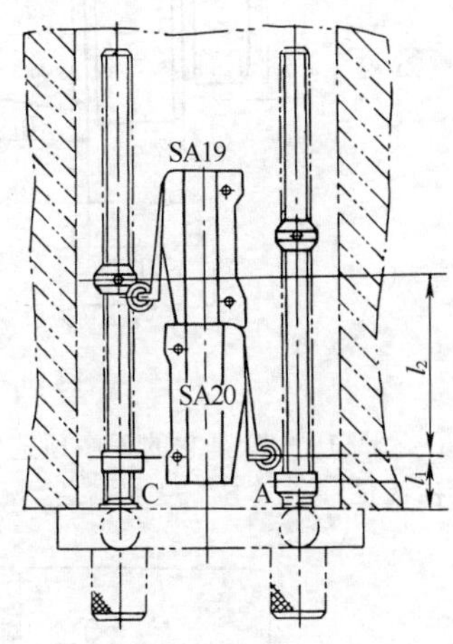


**图 10－37**　下切刀架调整

45 与 46 之间常开触点 KA12 闭合自锁，刀架则转为工作进给，当进给 $l_2$ 距离时，挡铁 C 压下 SA18 使继电器 KA10 吸合，6 与 42 之间常闭触点 KA10 断开，由于滑体碰到停挡铁使刀架停止。

在快进或进给过程中按下 SB11，刀架停止。在快进时，如按下按钮 SB9，7 与 51 之间触点闭合。继电器 KA13 和电磁铁 YA11 同时吸合，41 与 49 之间常闭触点 KA13 断开使电磁铁 YA10 释放，下切刀架即快速退回。如刀架已开始工作进给则慢退到压下 SA19 时，才转快退，松开 SB9，刀架停止。

如果调整时不加挡铁 A，则刀架将不能转为工作进给，只能是快速前进。

实际上挡铁 B 和 C 只有在机床自动工作时才起限位作用，调整时刀架的限位，靠停挡铁或油缸终点限位来实现。

2. 自动运行

机床各部分调整结束，仿形床鞍及下切刀架已调整到原位，将转换开关

SA1 转到自动位置，即可自动运行。

以图 10－38 所示零件为例，介绍自动运行过程。

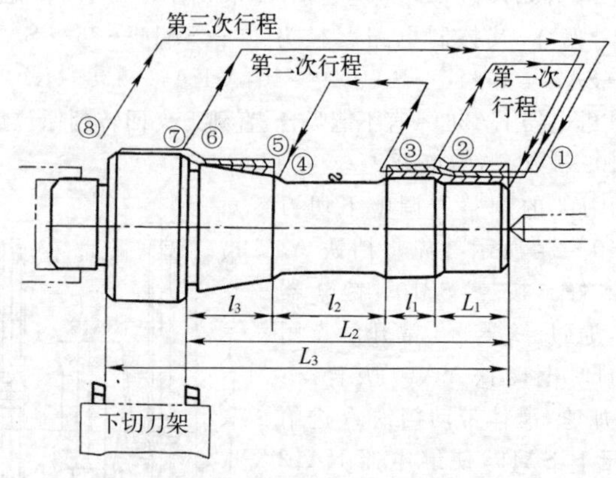


**图 10－38**　加工零件实例

图 10－39 是它的程序预选板预选示意图，根据预选板，可作以下的动作选择：

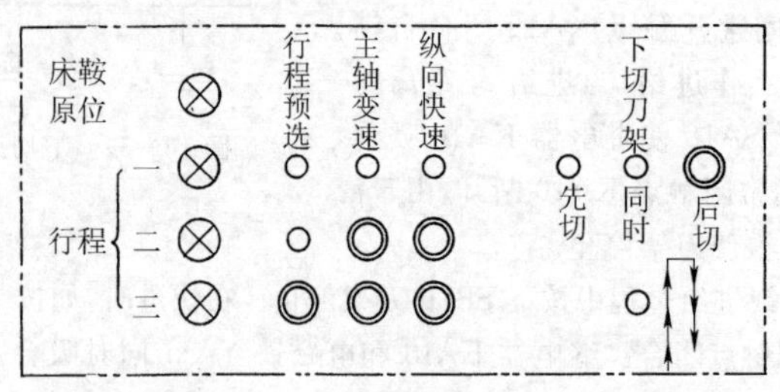


**图 10－39**　程序预选板预选示意图

机床作三次工作行程；

在第二和第三次行程内主轴将变速；在第二和第三次行程内仿形床鞍将作纵向快进；下切刀架在仿形结束后动作，下切刀架工作结束后自动循环结束；在第三行程内，床鞍作减慢进给。

图 10－40 是行程转鼓上行程挡铁展开图。

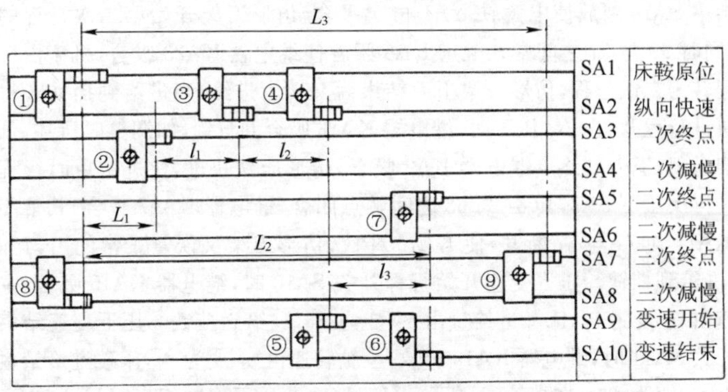


**图 10－40**　行程挡铁安装展开示意图

按下自动开始按钮 SB5，继电器 KA4、KA5 同时吸合（由于床鞍处于原位，SA2 使 6 与 17 之间触点闭合，以及由下切刀架处于原位，SA18 使 6 与 33 之间触点闭合），15 与 16 之间常开触点 KA5 闭合且自锁，121 与 119 之间常开触点 KA15 闭合使离合器 YH2 吸合，主轴即以转速 $n_2$ 开始旋转。23 与 24 之间常开触点 KA4 闭合使继电器 KA6 吸合，97 与 125 之间常开触点 KA6 闭合使电磁铁 YA1 吸合，第一次行程开始，仿形刀架引刀，引刀到终点，27 与 28 之间触点 SA13 闭合（复位），继电器 KA7 吸合，由于 107 与 112、6 与 112 之间二对常开触点 KA7 均闭合使电磁铁 YA2、YA6 吸合，床鞍即以 $S_2$ 进给量进给，当进给到挡铁将一次终点行程开关 SA3 压下时 156 与 59 之间触点闭合，使继电器 KA14 吸合并自锁，同时 6 与 22 之间常闭触点 KA14 断开，继电器 KA6、KA7 释放，床鞍停止进给；同时仿形刀架快速退刀，退刀到终点，106 与 2 之间触点 SA12 闭合，使继电器 KA8 吸合，因而 6 与 110 之间常开触点 KA8 闭合，使电磁铁 YA3、YA4 吸合，床鞍纵向快退；同时 12 与 92 之间常开触点 KA14 闭合，使继电器 KA22 吸合，第一次行程结束。96 与 130 之间常开触点 SA14 闭合，使继电器 KA29 吸合，为刀夹回转作好准备。床鞍快退到行程挡铁将原位开关 SA2 压下 6 与 17 之间触点闭合，使继电器 KA9 吸合，其 60 与 61 之间常闭触点 KA9 断开，使继电器 KA14 释放，快退停止；6 与 22 之间常闭触点 KA14 闭合，使 KA6 吸合，为再次引刀作好准备；6 与 124 之间常开触点 KA9 闭合，使电磁铁 YA7 吸合，回转刀夹回转 120°（由 I 转 II），回转过程中切断继电器 KA26，回转结束SA16释放使电磁铁YA1再次吸合，仿形刀架开始第二次行程的引刀；同时93与91之间常开触点KA6闭合使继电器KA23吸合，机床由一次行程转为二次行程，仿形刀架引刀结束后又转为进给，当进给到挡铁③将纵向快进行程开关SA3压下时，继电器KA16吸合并自锁，如调整时所述，仿形刀架退刀，退刀到终点继电器KA8吸合，仿形床鞍快进，快进结束时行程挡铁④再次压下SA3，其67与68之间触点闭合，继电器KA17吸合，其常闭触点KA17使71与77断开，使KA16释放，仿形刀架又恢复正常的引刀和进给，进给到挡铁⑤压下变速开始行程开关SA10时，继电器KA15吸合，主轴转速由$n_2$变为$n_1$，床鞍进给量由$S_2$变为$S_1$，进给到挡铁⑥压下变速结束行程开关SA11时，继电器KA15释放，主轴转速由$n_1$变为$n_2$，床鞍进给量也随之由$S_1$变为$S_2$。在挡铁⑥压下SA11，挡铁⑦压下二次终点行程开关SA6，继电器KA14再次吸合。如前所述，KA14常闭触点断开使继电器KA6、KA7释放，床鞍停止进给，仿形刀架退刀，同时KA14常开触点闭合使继电器KA24、KA29均吸合，机床由第二行程转为第三行程。当退到终点后，继电器KA8吸合，床鞍纵向快退，退到原位时，挡铁①又压下SA2，继电器KA9吸合，刀夹又回转120°(由II转到III)，回转结束，电磁铁YA1吸合，仿形刀架开始第三次行程的引刀；引刀结束转为进给，在进给一开始，挡铁⑧就压下三次减慢行程开关SA9使继电器KA19吸合，其常闭触点断开使电磁铁YA5、YA7均释放，所以继电器KA7吸合只能使电磁铁YA2吸合，所以无论转速为$n_1$或$n_2$，床鞍总是以最小的进给量$S_4$作减慢进给。

和第二次行程一样，在第三次行程内，床鞍将作一次纵向快进，主轴将变速二次，当进给到挡铁⑨压下三次终点行程开关SA8时，KA14第三次吸合，6与22之间常闭触点KA14断开，使二继电器KA6、KA7均释放，11与12之间常闭触点KA14断开为继电器KA4释放作好准备，其常开触点闭合使继电器KA29吸合，准备刀夹作三次回转，因30与35之间常开触点KA14闭合使继电器KA11吸合，下切刀架开始动作。

下切刀架的动作如调整时所述，先是快速前进，前进到挡铁压下SA19时转为工作进给，对已仿形的零件切槽或倒角，进给终点压下SA18，继电器KA10吸合。214与215之间常开触点KA10闭合，使时间继电器KA1吸合。46与47之间触点KA1延时断开，使电磁铁YA12释放，42与51之间常开触点延时闭合，经过3～5 s后使继电器KA13吸合，使YA11吸合，下切刀架快速退回，退到原位压下SA18，继电器KA10吸合，使其6与42之间常闭触点断开，使继电器 KA11、KA12 均释放，下切刀架停止。

在下切刀架工作的同时，仿形刀架快速退刀，退到终点继电器 KA8 吸合，11 与 12 之间常闭触点 KA8 断开，使继电器 KA4 释放，此后继电器 KA5 通过 6 与 14 之间常开触点 KA11 闭合而吸合，到下切动作结束后，此触点断开使继电器 KA5 释放，主轴刹车，6 与 110 之间常开触点闭合，又使电磁铁 YA3 吸合，床鞍快速退回，退到原位压下 SA2，使继电器 KA9 吸合，从而 60 与 61 之间常闭触点断开使继电器 KA14 释放，床鞍停止，同时回转刀架再回转 120°(由 III 转到 I)，此时整个自动循环结束。

应该指出：下切刀架不能控制主轴转速，所以下切的转速只能服从仿形时主轴的转速。

如果被加工零件要求下切刀架在仿形前动作(如为了切去某处的大余量)，则可在预选板上的下切刀架的“先切”处插预选插销，此时按下按钮 SB5 先使继电器 KA4、KA11 均吸合，主轴旋转，下切刀架动作，当下切刀架进给结束，KA1 使继电器 KA13 吸合时，仿形刀架引刀，继电器 KA6 才吸合，开始仿形车削。

如果被加工零件要求下切刀架和仿形刀架同时动作，则可在预选板上的下切刀架“同时”处插预选插销，此时按下按钮 SB5，继电器 KA4 吸合时继电器 KA6、KA11 也同时吸合，两刀架同时动作。

如果不要下切刀架动作，则在下切刀架“先切”、“同时”、“后切”处均不插预选插销。

如果要求下切刀架有慢速退回的动作，可在有慢速退回标记的预选板上插上插销预选，此时，当下切刀架进给结束经过延时后，在退回过程中，在进给的距离上将是慢速退回，越过此距离后(即退回时压下 SA19 时)便转为快速退回。

在机床自动工作过程中，如发现故障，可按“事故”按钮 SA1 令刀架停止工作，同时主轴刹车，亦可按总停按钮 SB2，切断所有控制电路电源。

如果故障是在第二或第三行程出现，排除故障后，自动循环可从第二或第三行程开始。这时首先应将回转刀夹转到所需要的位置上，再把“行程开始”旋钮转到对应的位置，然后把 SA1 转到“自动”位置，再按照正常操作程序进行。自动工作结束后，仍应把“行程开始”旋钮指向“1”的位置，否则自动循环将因刀夹不能自动复位及程序错乱而无法实现。

双联泵卸荷是当操纵尾架心轴后退接通时间继电器 KA2，延时来控制的。KA2的延时动作时间可以在以下极端状态下来整定：当尾架压力为5个大气压下，尾架心轴后退全行程的时间加上1～2 s。也可根据实际需要来调节这个时间。

3. 简单的维修工作

① 如发现机床顺序错乱，大多是二极管损坏所致。

② 如回转刀夹回转不灵或定位不准不能锁紧，除液压机械部分有故障之外，还很可能是回转体下面三个微动开关（SA14、SA15、SA16）的插销移位所造成。

③ 如仿形刀架引刀结束无进给动作，可能是SA13未放开所致。

④ 如仿形刀架退刀结束无纵向动作，可能是SA12未放开所致。

⑤ 如车间电网电压偏低，可调整控制变压器一次侧的可调抽头，调整时只准调在＋5％和＋10％两抽头中间的抽头，不准调其他抽头。如调整抽头后，车间电压仍在许可范围电压以外，则应停止机床工作。

CE7120半自动液压仿形车床的电气控制线路电器元件见表10－17。

表10－17　CE7120半自动液压仿形车床的电气控制线路电器元件

| 代　号 | 名　称 | 型　号 | 代　号 | 名　称 | 型　号 |
|---|---|---|---|---|---|
| M1 | 油泵电机 | JO2－42－6T2 | R1～R4 | 金属膜电阻 | RJ |
| M2 | 主电机 | JO2－62－4 | VD1～VD14 | 普通二极管 | 2CZ1 |
| M3 | 冷却电机 | JCB－45 | SA1 | 万能转换开关 | LW6－31BJ93 |
| QS | 自动空气断路器 | DZ1－100/330 | SB16～SB20 | 旋　钮 | LA18－22×2 |
| KM1～KM3 | 交流接触器 | C70－10 | SA2～SA11 | 行程开关 | LX028 |
| KA1、KA2 | 时间继电器 | JS2－2A | SA12 | 行程开关 | JW3－11 |
| FU1 | 熔断器 | RL1～60 | SA13 | 行程开关 | JW2－11 |
| FU2～FU4 | 熔断器 | RL1～15 | SA14～SA16 | 行程开关 | LW2－11K |
| HL1～HL4 | 小型信号灯 | XDX1 | SA17～SA20 | 行程开关 | LX5－11N |
| HL5 | 信号灯 | E10－1 | SA21 | 行程开关 | LX5－11N |
| FR1 | 热继电器 | JR0～20 | SA22 | 万能转换开关 | LW6－2/B010 |
| FR3 | 热继电器 | JR0～20 | YH1、YH2 | 电磁离合器 | DLM3～25 |
| T | 整流变压器 | BK2～10 | YH3 | 电磁离合器 | DLM3～16 |
| KA3～KA29 | 中间继电器 | JJDZ3～33 | YA1 | 直流电磁铁 | MQZ1－2.5C |
| 1～3C | 纸介电容器 | CZJD－2A | YA2～YA13 | 直流电磁铁 | MQZ1－4C |
| SB1 | 紧急按钮 | LA18－22J | EL | 机床照明灯 | JC2－1 |
| SB2～SB12 | 按钮 | LA19－11 | X | 插头座 | JCZ－4 |
| SB13～SB15 | 按钮 | LA18－22 | | | |

# 第11章 照 明

根据工作场合对照明要求的不同,合理选择照明灯具,满足照明要求,是保证安全生产、提高工作和学习效率及保护工作人员视力的必要条件。这里介绍常用照明灯具及其安装使用的基本知识和简单的维护修理。

## 11-1 照明基本知识

### 一、照明常用名词

光通量($\Phi$)——光源在单位时间内在可见光波长范围内向周围空间辐射并使人视觉感受到的光的能量。单位为 lm(流明)。

发光强度($I$)——光通量的空间密度,指单位立体角内的光通量。单位为 cd(坎德拉)。

亮度($L$)——发光体在给定方向单位投影面积上的发光强度。单位为 cd/m(坎德拉每平方米)。

照度($E$)——单位被照面积上接受的光通量或单位发光面积上发出的光通量。单位为 lx(勒克斯)。

发光效率($\eta$)——照明光源发出的光通量与所消耗的电功率的比值,即单位功率的光通量。单位为 lm/W(流明每瓦)。

流明(lm)——1 个发光强度为 1 坎德拉的发光点,在 1 个单位立体角内所发出的光通量。

坎德拉(cd)——又称烛光。为直径为 25.4 mm 的鲸鱼蜡烛,每小时燃烧 7.776 g 所发出光的强度。

勒克斯(lx)——距单位发光强度的光源 lm,与光线相垂直的单位面积内的光通量。

显色指数——指用光源照射某一物体时显现的颜色和在标准光源照射该物体时颜色的一致性程度,标准光源(太阳光)的指数定为 100。

## 二、一般照明照度参考值

表 11-1 一般照明的照度参考值

| 建筑物名称 | 最低照度(lx) | | 建筑物名称 | 最低照度(lx) | |
|---|---|---|---|---|---|
| | 白炽灯 | 荧光灯 | | 白炽灯 | 荧光灯 |
| 机加工车间：加工区 | 20 | | 仪器装配间 | | 100 |
| 装配区 | 40 | | 精密仪器装配间 | | 150 |
| 锻工车间：准备工段 | 15 | | 理化实验室 | 50～60 | 100～120 |
| 加热炉装卸处 | 20 | | 天平室 | 50～60 | 100～120 |
| 锻压机模面 | 40 | | 计量室 | 50～60 | 100～120 |
| 热处理车间：一般区 | 20 | | 变配电所 | 20～30 | 50～60 |
| 炉口、淬火槽 | 40 | | 锅炉房 | 15 | |
| 高频电炉间 | 40 | | 水泵房 | 20 | |
| 木工车间：机床区 | 20 | | 压缩机房 | 20～30 | |
| 装配区 | 40 | | 乙炔站 | 15 | |
| 机修车间：机床区 | 20 | | 氧气站 | 10～30 | |
| 磨刀间 | 40 | | 烘干房 | 15 | |
| 电修车间：绕线装配 | 40 | | 汽车库 | 10 | |
| 修理区 | 20 | | 成品库、材料库 | 10 | |
| 电镀车间：镀槽区 | 30～40 | 80 | 易燃库 | 10 | |
| 酸洗间 | 20 | 50 | 工具库 | 20 | |
| 抛光间 | 40 | 100 | 露天堆场 | 0.2 | |
| 电机房 | 20 | 50 | 露天工作场 | 0.5 | |
| 喷漆车间：油漆区 | 40 | 80 | 办公室、值班室 | 30 | 60 |
| 调漆区 | 20 | 50 | 阅览室、会议室 | 40 | 80 |
| 喷沙间 | 20 | | 设计室、阅览室 | 50 | 100 |
| 铸工车间：型沙工段 | 10 | | 图书室、资料室 | 30 | 60 |
| 熔化、浇铸 | 40 | | 打字室 | 60 | 120 |
| 泥芯、造型 | 40 | | 晒图室、装订室 | 40 | 80 |
| 焊接车间 | 40 | | 医疗室、保健站 | 40 | 80 |
| 精密加工车间 | 40 | 100 | 商店 | 20 | 50 |
| 试验间 | 40 | 100 | 托儿所、幼儿园 | 20 | |
| 浴室 | 15 | | 单身宿舍 | 15 | |
| 厕所、更衣室 | 10 | | 食堂 | 15 | |
| 走道、楼梯 | 5 | | 学校教室 | 40 | 80 |
| 家属宿舍 | 10 | | | | |

**三、电光源**

电光源根据工作原理可分为热辐射光源、气体放电光源、发光二极管(LED)光源和场致发光光源四大类。热辐射光源是利用电能使材料加热到白炽程度而发光。气体放电光源是利用气体或蒸发气体放电而发光。LED是英文Light Emitting Diode的缩写,意为发光二极管。它是利用半导体芯片作为发光材料的半导体固体发光器件。当两端加上正向电压后,半导体中的载流子发生复合,继而以光子形式发出光。据所使用的半导体PN结材料的不同和所加电压或流过电流的不同,LED可以直接发出波长不同的各种颜色的光。场致发光光源,又称电致发光光源或称作本征电致发光光源,是通过高频电磁振荡以电磁感应方式将能量耦合到灯泡内,高频能量使灯泡内所发光的气体电离,当激活的电子从高能态降到低能态时,发出紫外线激发灯管表面的三基色荧光材料,从而复合得到白光。

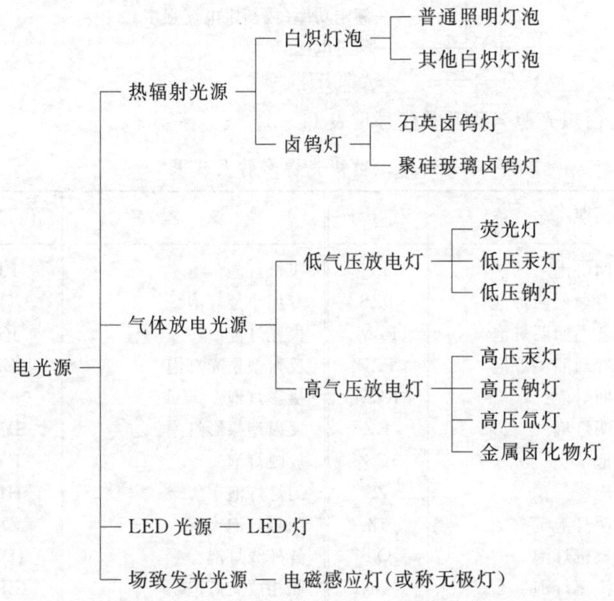


光源代号:见表11-2。

表11-2 光源代号

| 代 号 | 光源种类 | 代 号 | 光源种类 |
|---|---|---|---|
| 不 注 | 白炽灯 | N | 钠 灯 |
| Y | 荧光灯 | J | 金属卤化物灯 |
| L | 卤钨灯 | LED | LED |
| G | 汞 灯 | LVD | 电磁感应灯 |
| X | 氙 灯 | HVD | |

1. 白炽灯光源

(1) 白炽灯光源型号命名组成：

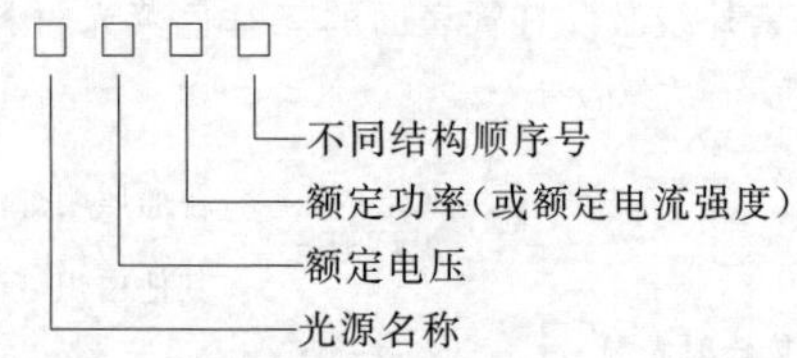


(2) 白炽光源名称及其代号见表11-3。

表11-3 白炽光源名称及代号

| 光 源 名 称 | 代 号 | 光 源 名 称 | 代 号 |
|---|---|---|---|
| 普通照明灯泡 | PZ | 飞机灯泡 | FJ |
| 双螺旋普通照明灯泡 | PZS | 专用小型灯泡 | XX |
| 蘑菇形普通照明灯泡 | PZM | 聚光灯泡 | JG |
| 反射型普通照明灯泡 | PZF | 反射型聚光灯泡 | JGF |
| 氪气照明灯泡 | KZM | 摄影灯泡 | SY |
| 矿区照明灯泡 | KZ | 反射型摄影灯泡 | SYF |
| 彩色灯泡 | CS | 放映灯泡 | FY |
| 装饰灯泡 | ZS | 幻灯灯泡 | HD |
| 局部照明灯泡 | JZ | 照相灯泡 | ZX |
| 汽车拖拉机灯泡 | QT | 红外线灯泡 | HW |
| 封闭式汽车灯泡 | QF | 照相放大灯泡 | ZF |
| 船用照明灯泡 | CY | 无影灯泡 | WY |

（续表）

| 光源名称 | 代号 | 光源名称 | 代号 |
|---|---|---|---|
| 医用微型灯泡 | YW | 管形照明卤钨灯 | LZG |
| 槌形电源指示灯泡 | DC | 汽车卤钨灯泡 | LQ |
| 梨形电源指示灯泡 | DL | 石英聚光卤钨灯泡 | LJS |
| 球形电源指示灯泡 | DQ | 硬质玻璃聚光卤钨灯泡 | LJY |
| 锥形电源指示灯泡 | DZ | 摄影卤钨灯管 | LSY |
| 圆柱形电源指示灯泡 | DY | 放映卤钨灯泡 | LFY |
| 小型指示灯泡 | XZ | 印片卤钨灯泡 | LYP |
| 微型指示灯泡 | WZ | 复印卤钨灯泡 | LF |
| 电话交换机灯泡 | HJ | 红外线卤钨灯泡 | LHW |
| 仪器灯泡 | YQ | 仪器卤钨灯泡 | LYQ |
| 矿用头灯灯泡 | KT | 幻灯卤钨灯泡 | LHD |
| 水下灯泡 | SX | | |

电气照明的光源应根据照明要求和使用场所的特点来选择。一般应遵循以下原则：

(1) 对开关频繁、或因频闪效应影响视觉效果以及需防止电磁波干扰的场所，宜采用白炽灯或卤钨灯及LED灯具。

(2) 对颜色的识别要求较高的场所，宜采用白炽灯、卤钨灯或日光色荧光灯。

(3) 对振动较大的场所，宜采用LED灯具及荧光高压汞灯或高压汞灯。

(4) 对需要大面积照明的场所，宜采用金属卤化物灯、高压钠灯或长弧氙灯。

(5) 对一种光源的光色不能满足所需要求的场所，宜采用两种或两种以上的光源进行混合照明。

(6) 对于功率较小的室内和局部照明可采用LED、节电型的高频供电的荧光灯或冷光束卤钨灯。

2. 气体放电光源

(1) 气体放电光源型号命名组成：

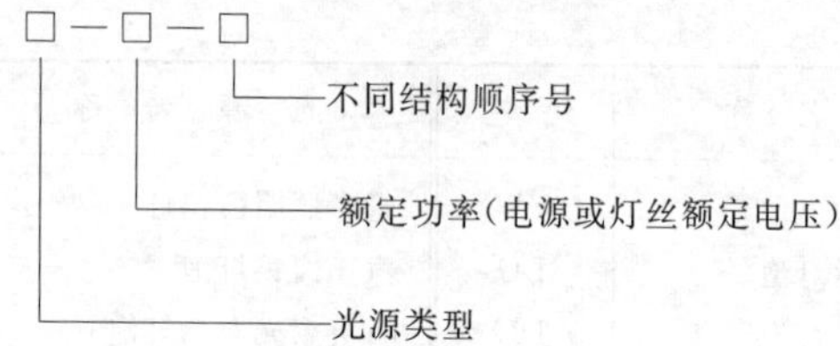


(2) 气体放电光源及其代号见表11-4。

表11-4 气体放电光源及代号

| 光源名称 | 代号 | 光源名称 | 代号 |
|---|---|---|---|
| 直管形荧光灯 | YZ | 球形水冷氙灯 | XSQ |
| U形荧光灯管 | YU | 封闭式冷光束氙灯 | XFL |
| 环形荧光灯管 | YH | 管形氙灯 | XG |
| 自整流荧光灯管 | YZZ | 管形水冷氙灯 | XSG |
| 黑光荧光灯管 | YHG | 直管形脉冲氙灯 | XMZ |
| 紫外线灯管 | ZW | 低压钠灯管 | ND |
| 直管形石英紫外线低压汞灯 | ZSZ | 高压钠灯泡 | NG |
| U形石英紫外线低压汞灯管 | ZSU | 管形碘化铊灯 | DTG |
| 白炽荧光灯泡 | ZY | 管形钪钠灯 | KNG |
| 高压汞灯泡 | GG | 球形铟灯 | YDQ |
| 荧光高压汞灯泡 | GGY | 球形镝灯 | DDQ |
| 自整流荧光高压汞灯泡 | GYZ | 管形镝灯 | DDG |
| 仪器高压汞灯泡 | GGQ | 钠铊铟灯 | NTY |
| 晒图高压汞灯泡 | GGS | 铊铟灯泡 | TY |
| 直管形紫外线高压汞灯 | GGZ | 高压氪灯管 | KG |
| U形紫外线高压汞灯 | GGU | 氖氩辉光灯泡 | NH |
| 管形汞氙灯 | GXG | 光谱灯 | GP |
| 球形超高压汞灯 | GGQ | 氘灯 | DD |
| 球形超高压汞氙灯 | GXQ | 氢弧灯 | QH |
| 球形氙灯 | XQ | | |

## 四、灯具

(1) 灯具型号命名组成：

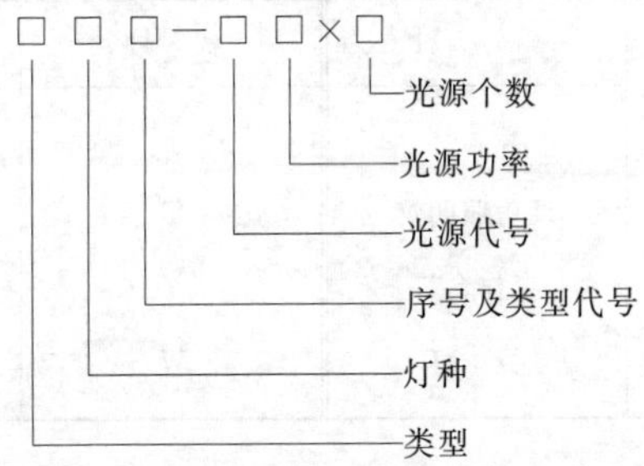


(2) 灯具类型代号见表 11-5。

表 11-5　灯具类型代号

| 代　号 | 类　　型 | 代　号 | 类　　型 |
|---|---|---|---|
| M | 民用建筑灯具 | C | 船用灯具 |
| G | 工矿灯具 | S | 水面水下灯具 |
| Z | 公共场所灯具 | H | 航空灯具 |
| L | 陆上交通灯具 | W | 舞台灯具 |
| B | 防爆灯具 | N | 农用灯具 |
| Y | 医疗灯具 | J | 军用灯具 |
| X | 摄影灯具 | | |

(3) 民用建筑灯种代号见表 11-6。

表 11-6　民用建筑灯种代号

| 代　号 | 灯　　种 | 代　号 | 灯　　种 |
|---|---|---|---|
| B | 壁　灯 | Q | 嵌入式顶灯 |
| C | 床头灯 | T | 台　灯 |
| D | 吊　灯 | X | 吸顶灯 |
| L | 落地灯 | W | 未列入类 |
| M | 门　灯 | | |

(4) 工矿灯种代号见表11-7。

表11-7 工矿灯种代号

| 代 号 | 灯 种 | 代 号 | 灯 种 |
|---|---|---|---|
| B | 标志灯 | J | 机床灯 |
| C | 厂房照明灯 | T | 投光灯 |
| G | 工作台灯 | Y | 应急灯 |
| H | 行 灯 | W | 未列入类 |

(5) 公共场所灯种代号见表11-8。

表11-8 公共场所灯种代号

| 代 号 | 灯 种 | 代 号 | 灯 种 |
|---|---|---|---|
| B | 标志灯 | T | 庭园灯 |
| D | 道路照明灯 | Y | 通用照明灯 |
| G | 广场灯 | W | 未列入类 |
| S | 放射灯 | | |

## 11-2 普通照明用灯具

### 一、白炽灯

白炽灯结构简单,用于一般工矿企业、机关学校和家庭作普通照明。其最大光效在19 lm/W左右,平均寿命1 000 h。缺点是发光效率低,优点是显色指数高,大于95,线路简单、使用方便、功率因数高,便于光学控制。

如果适当选择灯泡的功率,配用合适电源也可用作信号指示用。白炽灯按用途可分为下列四种:

(1) 普通白炽灯泡的规格见表11-9。

表 11-9　不同功率等级的白炽灯泡的规格

| 灯泡型号 | 功率(W) | 电压(V) | 光通量(lm) | 灯头型号 | 直径(mm) | 全长(mm) |
|---|---|---|---|---|---|---|
| PZ220-15 | 15 | 220 | 110 | E27/B22 | 61 | 110 |
| PZ220-25 | 25 | 220 | 220 | E27/B22 | 61 | 110 |
| PZ220-40 | 40 | 220 | 350 | E27/B22 | 61 | 110 |
| PZ220-60 | 60 | 220 | 630 | E27/B22 | 61 | 110 |
| PZ220-100 | 100 | 220 | 1 250 | E27/B22 | 61 | 110 |
| PZ220-150 | 150 | 220 | 2 090 | E27/B22 | 81 | 166 |
| PZ220-200 | 200 | 220 | 2 920 | E27/B22 | 81 | 166 |
| PZ220-300 | 300 | 220 | 4 610 | E40 | 111 | 240 |
| PZ220-500 | 500 | 220 | 8 300 | E40 | 111 | 240 |
| JZ36-40 | 40 | 36 | 445 | E27 | 61 | 110 |
| JZ36-60 | 60 | 36 | 770 | E27 | 61 | 110 |
| JZ36-100 | 100 | 36 | 1 420 | E27 | 61 | 110 |

(2) 低压灯泡：用于安全行灯，常用规格为额定电压 12、24、32、36 V，功率 10、15、20、25、30、40、50、60、100 W。

(3) 开关板指示灯泡：用于开关板上作指示用。

(4) 特殊专用灯泡，如小电珠、微型装饰灯泡等。

部分白炽灯系列技术数据见表 11-10。

表 11-10　部分白炽灯系列技术数据

| 光源型号 | 额定功率(W) | 电源电压(V) | 光通量(lm) | 最大直径 $\phi$(mm) | 最大长度 $L$(mm) | 灯头型号 | 寿命(h) |
|---|---|---|---|---|---|---|---|
| PZ220-25E27 | 25 | 230 | 201 | 62 | 110 | E27 | 1 000 |
| PZ230-40E27 | 40 | 230 | 318 | 62 | 110 | E27 | 1 000 |
| PZ230-60E27 | 60 | 230 | 548 | 62 | 110 | E27 | 1 000 |
| PZ230-100E27 | 100 | 230 | 1 152 | 62 | 110 | E27 | 1 000 |
| PZ220-255E27 | 25 | 230 | 195 | 62 | 110 | E27 | 1 000 |
| PZ230-405E27 | 40 | 230 | 308 | 62 | 110 | E27 | 1 000 |
| PZ230-605E27 | 60 | 230 | 532 | 62 | 110 | E27 | 1 000 |
| PZ230-1005E27 | 100 | 230 | 1 117 | 62 | 110 | E27 | 1 000 |

## 二、荧光灯

荧光灯是一种常用的低气压放电灯，低压汞气电离后，产生很强的短波辐射，然后使管壁上涂的荧光粉受激发光。显色指数一般在0～80，光效为60 lm/W左右。优点是光效高，寿命长。缺点是需辅助设备，初始费效高，有高频干扰。

1. 荧光灯

荧光灯型号命名组成：

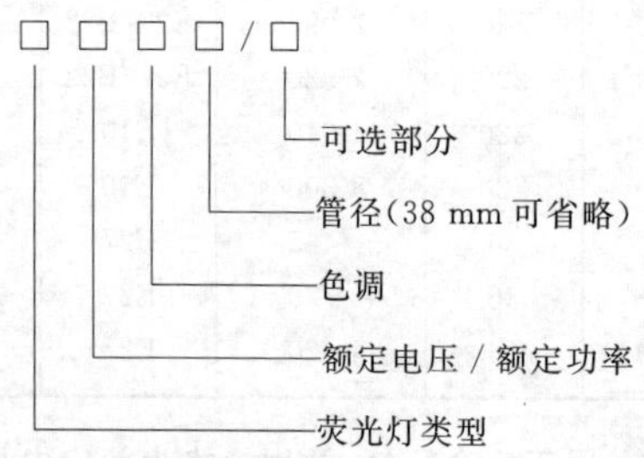


荧光灯类型：YZ普通直管型

YK快速启动型

YS瞬时启动型

色调代号见表11－11。

表11－11 色调表示的代号

| 代 号 | 色 调 | 相关色温K |
|---|---|---|
| RR | 日光色（F6400） | 6 430 |
| RZ | 中心白色（F5000） | 5 000 |
| RL | 冷白色（F4000） | 4 040 |
| RB | 白色（F3500） | 3 450 |
| RN | 暖白色（F3000） | 2 940 |
| RD | 白炽灯色（F2700） | 2 720 |

例如：YZ36RR26表示功率36 W、管径26 mm日光色普通直管型荧光灯。YK40RN表示管径38 mm、功率40 W、暖白色快速启动型荧光灯。

表 11-12 荧光灯管技术数据

| 型号 | 额定功率(W) | 灯管尺寸(mm) | | 灯管工作电压(V) | 灯管工作电流(A) | 预热电流(A) | 额定光通量(lm) | 额定寿命(h) |
|---|---|---|---|---|---|---|---|---|
| | | 直径 | 总长度 | | | | | |
| RR-6 | 6 | 15±1 | 226.6 | 50±6 | 0.14 | 0.2 | 210 | 3 000 |
| RL-6 | | | | | | | 230 | |
| RR-8 | 8 | 15±1 | 301.6 | 60±6 | 0.16 | 0.22 | 325 | |
| RL-8 | | | | | | | 360 | |
| RR-10 | 10 | 25±1.5 | 344.6 | 45±5 | 0.25 | 0.35 | 410 | |
| RL-10 | | | | | | | 450 | |
| RR-15S | 15 | 25±1.5 | 450.6 | $58^{+6}_{-8}$ | 0.30 | 0.5 | 665 | 5 000 |
| RL-15S | | | | | | | 730 | |
| RR-15 | 15 | 38±2 | 450.6 | 50±6 | 0.33 | 0.5 | 580 | |
| RL-15 | | | | | | | 635 | |
| RR-20 | 20 | 38±2 | 603.6 | 60±6 | 0.35 | 0.5 | 930 | |
| RL-20 | | | | | | | 1 000 | |
| RR-30S | 30 | 25±1.5 | 908.6 | $96^{+12}_{-10}$ | 0.36 | 0.56 | 1 700 | |
| RL-30S | | | | | | | 1 860 | |
| RR-30 | 30 | 38±2 | 908.6 | $81^{+12}_{-10}$ | 0.405 | 0.62 | 1 550 | |
| RL-30 | | | | | | | 1 700 | |
| RR-40 | 40 | 38±2 | 1 213.6 | $108^{+11}_{-10}$ | 0.41 | 0.65 | 2 400 | |
| RL-40 | | | | | | | 2 640 | |
| RR-100 | 100 | 38±2 | 1 213.6 | 92±11 | 1.5 | 1.8 | 5 500 | 3 000 |
| RL-100 | | | | | | | 6 100 | |

注：型号意义：RR——日光色荧光灯管；RL——冷白色；S——细管形。

不同功率的荧光灯管应配用相应的外接镇流器。

表 11-13～表 11-18 为部分厂家各系列荧光灯技术数据。

表11-13 直管荧光灯T5系列技术数据

| 光源型号 | 额定功率(W) | 电源电压(V) | 光通量(lm) | 最大直径 $\phi$(mm) | 最大长度 $L$(mm) | 灯头型号 | 燃点位置 | 寿命(h) |
|---|---|---|---|---|---|---|---|---|
| YZ14RR16/G | 14 | 220 | 1 045 | 16 | 563 | G5 | U | 10 000 |
| YZ14RL16/G | 14 | 220 | 1 140 | 16 | 563 | G5 | U | 10 000 |
| YZ21RR16/G | 21 | 220 | 1 660 | 16 | 863.2 | G5 | U | 10 000 |
| YZ21RL16/G | 21 | 220 | 1 850 | 16 | 863.2 | G5 | U | 10 000 |
| YZ28RR16/G | 28 | 220 | 2 350 | 16 | 1 163 | G5 | U | 10 000 |
| YZ28RL16/G | 28 | 220 | 2 470 | 16 | 1 163 | G5 | U | 10 000 |
| YZ14RD16/G | 14 | 220 | 1 134 | 16 | 563.2 | G5 | U | 10 000 |
| YZ21RD16/G | 21 | 220 | 1 701 | 16 | 863.2 | G5 | U | 10 000 |
| YZ28RD16/G | 28 | 220 | 2 464 | 16 | 1 163.2 | G5 | U | 10 000 |

表11-14 直管型荧光灯T8三基色系列技术数据

| 光源型号 | 额定功率(W) | 电源电压(V) | 光通量(lm) | 最大直径 $\phi$(mm) | 最大长度 $L$(mm) | 灯头型号 | 燃点位置 | 寿命(h) |
|---|---|---|---|---|---|---|---|---|
| YZ18RR2S-80 | 18 | 220 | 1 250 | 28 | 604 | G13 | U | 10 000 |
| YZ30RR2S-80 | 30 | 220 | 2 250 | 28 | 908.8 | G13 | U | 10 000 |
| YZ35RR2S-80 | 36 | 220 | 3 050 | 28 | 1 213.6 | G13 | U | 10 000 |

表11-15 直管型荧光灯T8系列技术数据

| 光源型号 | 额定功率(W) | 电源电压(V) | 光通量(lm) | 最大直径 $\phi$(mm) | 最大长度 $L$(mm) | 灯头型号 | 燃点位置 | 寿命(h) |
|---|---|---|---|---|---|---|---|---|
| YZ18AA25 | 18 | 220 | 960 | 28 | 604 | G13 | U | 9 000 |
| YZ30RR25 | 30 | 220 | 1 720 | 28 | 908.8 | G13 | U | 9 000 |
| YZ36RR25 | 36 | 220 | 2 400 | 28 | 1 213.6 | G13 | U | 9 000 |

注：灯管一般有三种规格：

T5：(5/8 in，$\phi$16 mm)

T8：(8/8 in，$\phi$26 mm)

T12：(12/8 in，$\phi$38 mm)

此外紧凑型荧光灯的灯管常用$\phi$10 mm。

表 11-16 部分中、大系列节能灯(4U 型)技术数据

| 光源型号 | 额定功率(W) | 电源电压(V) | 最大直径 $\phi$(mm) | 最大长度 $L$(mm) | 管径(mm) | 灯头型号 | 寿命(h) |
|---|---|---|---|---|---|---|---|
| YPZ220/45-4URRDKM | 45 | 220 | 72 | 248.5 | 16 | E27 | 6 000 |
| YPZ220/55-4URRDKM | 55 | | | 258 | | | |
| YPZ220/65-4URRDKM | 65 | | | 278.5 | | | |
| YPZ220/85-4URRDE40KM | 85 | | | 331 | | E40 | |

表 11-17 部分中小系列节能灯(2U、3U、4U 型)技术数据

| 光源型号 | 额定功率(W) | 电源电压(V) | 最大直径 $\phi$(mm) | 最大长度 $L$(mm) | 管径(mm) | 灯头型号 | 寿命(h) |
|---|---|---|---|---|---|---|---|
| YPZ220/S-2U. RD. D6. Z | 5 | 220 | 41 | 114 | 9 | E27 | 6 000 |
| YPZ220/S-2U. RL. D5. Z | 5 | 220 | 41 | 114 | 9 | E27 | 6 000 |
| YPZ220/S-2U. RR. D5. Z | 5 | 220 | 41 | 114 | 9 | E27 | 6 000 |
| YPZ220/S-2U. RD. DSE14Z | 5 | 220 | 41 | 116 | 9 | E14 | 6 000 |
| YPZ220/S-2U. RL. DS. E14Z | 5 | 220 | 41 | 116 | 9 | E14 | 6 000 |
| YPZ220/S-2U. RR. DS. E14Z | 5 | 220 | 41 | 116 | 9 | E14 | 6 000 |
| YPZ220/8-2U. RD. D5. Z | 8 | 220 | 41 | 134 | 9 | E27 | 6 000 |
| YPZ220/8-2U. RL. D5. Z | 8 | 220 | 41 | 134 | 9 | E27 | 6 000 |
| YPZ220/8-2U. RR. D5. Z | 8 | 220 | 41 | 134 | 9 | E27 | 6 000 |
| YPZ220/8-2U. RD. D5. E14Z | 8 | 220 | 41 | 136 | 9 | E14 | 6 000 |
| YPZ220/8-2U. RL. D5. E14Z | 8 | 220 | 41 | 136 | 9 | E14 | 6 000 |
| YPZ220/8-2U. RR. D5. E14Z | 8 | 220 | 41 | 136 | 9 | E14 | 6 000 |
| YPZ220/11-2U. RD. D5. Z | 11 | 220 | 41 | 144 | 9 | E27 | 6 000 |
| YPZ220/11-2U. RL. D5. Z | 11 | 220 | 41 | 144 | 9 | E27 | 6 000 |
| YPZ220/11-2U. RR. D5. Z | 11 | 220 | 41 | 144 | 9 | E27 | 6 000 |
| YPZ220/11-2U. RD. D5. E14Z | 11 | 220 | 41 | 146 | 9 | E14 | 6 000 |

（续表）

| 光源型号 | 额定功率(W) | 电源电压(V) | 最大直径φ(mm) | 最大长度L(mm) | 管径(mm) | 灯头型号 | 寿命(h) |
|---|---|---|---|---|---|---|---|
| YPZ220/11-2U.RL.D5.E14Z | 11 | 220 | 41 | 146 | 9 | E14 | 6 000 |
| YPZ220/11-2U.RR.D5.E14Z | 11 | 220 | 41 | 146 | 9 | E14 | 6 000 |
| YPZ220/11-3U.RD.D5.Z | 11 | 220 | 41 | 118 | 9 | E27 | 6 000 |
| YPZ220/11-3U.RL.D5.Z | 11 | 220 | 41 | 118 | 9 | E27 | 6 000 |
| YPZ220/11-3U.RR.D5.Z | 11 | 220 | 45 | 118 | 9 | E27 | 6 000 |
| YPZ220/14-3U.RD.D5.Z | 14 | 220 | 45 | 138 | 9 | E27 | 6 000 |
| YPZ220/14-3U.RL.D5.Z | 14 | 220 | 45 | 138 | 9 | E27 | 6 000 |
| YPZ220/14-3U.RR.D5.Z | 14 | 220 | 45 | 138 | 9 | E27 | 6 000 |
| YPZ220/20-3U.RD.D5.Z | 20 | 220 | 45 | 158 | 12 | E27 | 6 000 |
| YPZ220/20-3U.RL.D5.Z | 20 | 220 | 45 | 158 | 12 | E27 | 6 000 |
| YPZ220/20-3U.RR.D5.Z | 20 | 220 | 49 | 158 | 12 | E27 | 6 000 |
| YPZ220/24-3U.RD.D5.Z | 24 | 220 | 49 | 173 | 12 | E27 | 6 000 |
| YPZ220/24-3U.RL.D5.Z | 24 | 220 | 49 | 173 | 12 | E27 | 6 000 |
| YPZ220/24-3U.RR.D5.Z | 24 | 220 | 49 | 173 | 12 | E27 | 6 000 |
| YPZ220/40-4U.RR.DB | 40 | 220 | 75 | 210 | 15.5 | E27 | 6 000 |
| YPZ220/48-4U.RD.DB | 48 | 220 | 75 | 225 | 15.5 | E27 | 6 000 |
| YPZ220/48-4U.RR.DB | 48 | 220 | 75 | 225 | 15.5 | E27 | 6 000 |
| YPZ220/48-4U.RR.D.E40 | 48 | 220 | 75 | 245 | 15.5 | E40 | 6 000 |

表11-18 部分中小系列节能灯(螺旋型)技术数据

| 光源型号 | 额定功率(W) | 电源电压(V) | 最大直径φ(mm) | 最大长度L(mm) | 管径(mm) | 灯头型号 | 寿命(h) |
|---|---|---|---|---|---|---|---|
| YPZ220/5-S.RD.D5.Z | 5 | 220 | 44 | 104 | 9 | E27 | 6 000 |
| YPZ220/5-S.RL.D5.Z | 5 | 220 | 44 | 104 | 9 | E27 | 6 000 |
| YPZ220/5-S.RR.D5.Z | 5 | 220 | 44 | 104 | 9 | E27 | 6 000 |

（续表）

| 光源型号 | 额定功率(W) | 电源电压(V) | 最大直径 $\phi$(mm) | 最大长度 $L$(mm) | 管径(mm) | 灯头型号 | 寿命(h) |
|---|---|---|---|---|---|---|---|
| YPZ220/5－S. RD. D5. E14Z | 5 | 220 | 44 | 112 | 9 | E14 | 6 000 |
| YPZ220/5－S. RL. D5. E14Z | 5 | 220 | 44 | 112 | 9 | E14 | 6 000 |
| YPZ220/5－S. RR. D5. E14Z | 5 | 220 | 44 | 112 | 9 | E14 | 6 000 |
| YPZ220/8－S. RD. D5. Z | 8 | 220 | 44 | 114 | 9 | E27 | 6 000 |
| YPZ220/8－S. RL. D5. Z | 8 | 220 | 44 | 114 | 9 | E27 | 6 000 |
| YPZ220/8－S. RR. D5. Z | 8 | 220 | 44 | 114 | 9 | E27 | 6 000 |
| YPZ220/8－S. RD. D5. E14Z | 8 | 220 | 44 | 117 | 9 | E14 | 6 000 |
| YPZ220/8－S. RL. D5. E14Z | 8 | 220 | 44 | 117 | 9 | E14 | 6 000 |
| YPZ220/8－S. RR. D5. E14Z | 8 | 220 | 44 | 117 | 9 | E14 | 6 000 |
| YPZ220/11－S. RD. D5. Z | 11 | 220 | 44 | 124 | 9 | E27 | 6 000 |
| YPZ220/11－S. RL. D5. Z | 11 | 220 | 44 | 124 | 9 | E27 | 6 000 |
| YPZ220/11－S. RR. D5. Z | 11 | 220 | 44 | 124 | 9 | E27 | 6 000 |
| YPZ220/11－S. RD. D5. E14Z | 11 | 220 | 44 | 127 | 9 | E14 | 6 000 |
| YPZ220/11－S. RL. D5. E14Z | 11 | 220 | 44 | 127 | 9 | E14 | 6 000 |
| YPZ220/11－S. RR. D5. E14Z | 11 | 220 | 44 | 127 | 9 | E14 | 6 000 |
| YPZ220/14－S. RD. D5. Z | 14 | 220 | 46 | 130 | 10 | E27 | 6 000 |
| YPZ220/14－S. RL. D5. Z | 14 | 220 | 46 | 130 | 10 | E27 | 6 000 |
| YPZ220/14－S. RR. D5. Z | 14 | 220 | 46 | 130 | 10 | E27 | 6 000 |
| YPZ220/18－S. RD. D5. Z | 18 | 220 | 53 | 140 | 10 | E27 | 6 000 |
| YPZ220/18－S. RL. D5. Z | 18 | 220 | 53 | 140 | 10 | E27 | 6 000 |
| YPZ220/18－S. RR. D5. Z | 18 | 220 | 53 | 140 | 10 | E27 | 6 000 |
| YPZ220/22－S. RD. D5. Z | 22 | 220 | 53 | 148 | 10 | E27 | 6 000 |
| YPZ220/22－S. RL. D5. Z | 22 | 220 | 53 | 148 | 10 | E27 | 6 000 |
| YPZ220/22－S. RR. D5. Z | 22 | 220 | 53 | 148 | 10 | E27 | 6 000 |

2. 自镇流荧光灯

自镇流荧光灯，又称紧凑型荧光灯和节能荧光灯，是指含有灯头、光源及使灯启动和保持稳定燃点所必需的装置（电子镇流器）并使之形成一体化的气体放电灯。不需外接镇流器，不损坏就不用拆卸。其优点是消除了频闪。

自镇流荧光灯，其外形有多种。

图 11-1 所示为常见的节能荧光灯外形。

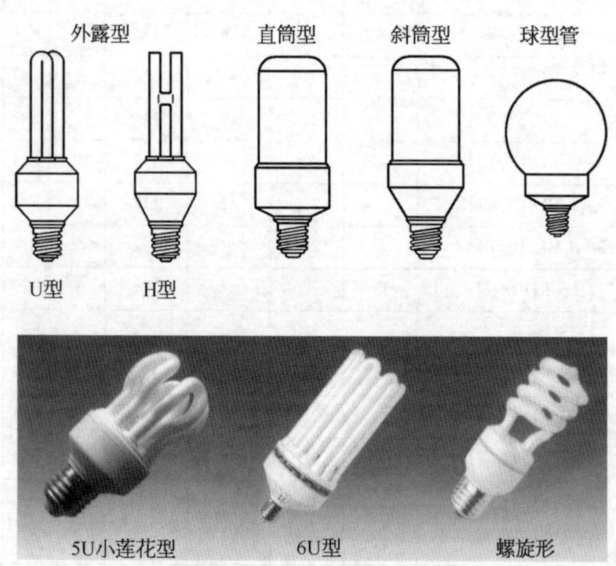


**图 11-1**　常见节能荧光灯外形

## 11-3　工矿常用灯具

这里所介绍的各种灯具，除了自然冷却管形氙灯外，其余的用表格形式作简单的介绍。

### 一、自然冷却管形氙灯

管形氙灯用于广场、港口、机场、大型建筑工地、大型厂房、体育馆以及模拟日光的大型温室等大面积高亮度的照明场合。

管形长弧氙灯的两端以钍钨棒为放电极，石英玻璃管为放电管，采用气泡式钼片封接方法，充入一定量氙气而制成。灯管一端的外貌如图 11-2 所示。

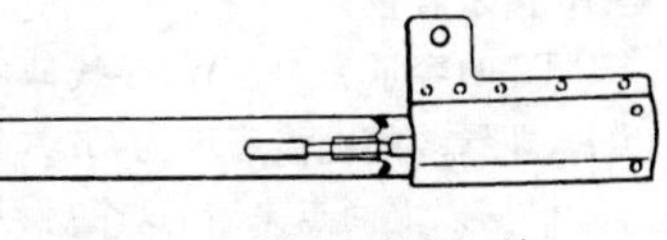

**图 11-2** 管形氙灯的一端

氙灯属高压自持弧光放电灯，所以在启动时，钍钨电极的温度为周围大气温度，没有发射电子，灯管内氙气也没有电离。因此，需用专门的启动装置——“触发器”引燃。$2\times10^4$ W、$4\times10^4$ W、$10\times10^4$ W 氙灯的触发器原理和 $1\times10^4$ W 的原理基本相似，仅电路参数不同，这里只介绍 $1\times10^4$ W(XC-10A 型)氙灯触发器的工作原理。

1. 触发器工作原理

XC-10A 型触发器(图 11-3)由电源变压器 T1，升压自耦变压器 T2，脉冲变压器 T3，电容 C1、C2，旁路电容 C3、C4，火花放电器 G，高频扼流圈 L1、L2，接触器 KM 等组成。当输入端 $\phi_3$、$\phi_4$ 接到电源以后，其电流经过 KM 直接加于 T1、T2 的一次侧绕组，由于电路中串有 KM 的线圈，T1、T2 受到了限流，所以都没有电能输出，而 KM 动作。当触发控制端短路时，这时 KM 线圈二端被短路，电流流过 T1、T2，而 KM 的触点处于开断状态，T2 二次侧绕组有不小于 300 V 的电压输出加于灯管 $\phi_1$、$\phi_2$ 两端。T1 的二次侧绕组所产生的 5 kV 高压，加于火花放电器 G 的两端，当电压高于 G 的放电电压时，G 即行放电。在火花放电器放电过程中，火花电流中包含着频谱极广的各种频率，这时 T3 的一次侧绕组与 C1 组成串联振荡回路，选择了谐振频率，在电路里产生电压谐振，由 T3 的二次侧绕组输出高压加在氙灯灯管上。这时灯管应被高频高压击穿而导通电弧，进行正常工作。

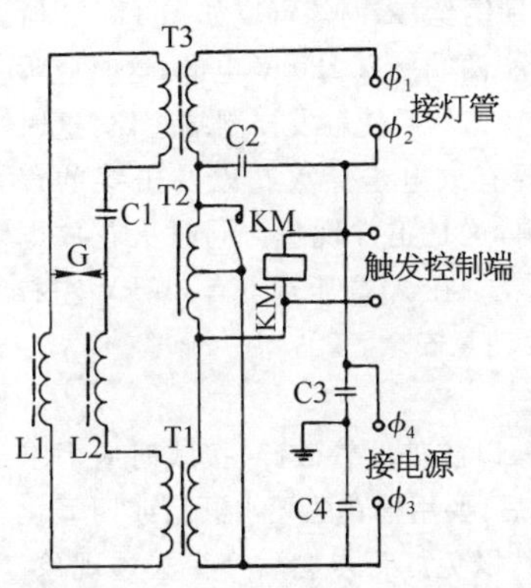


**图 11-3** XC-10A 型触发器电路图

T1 的容量为 250 W，而二次侧绕组接于 G 上，相当于短路状态，所以它是超负载工作，此状态一直到被变压器的总阻抗限流为止。在通常情况下是10倍于容量。

T2的容量为300 W，导线截面为1.5 $mm^2$，而电流最大时可达到100 A以上，即导线的电流密度为70 A/$mm^2$，几乎接近熔丝的电流密度。

根据以上两点来看，这个触发器只能在极短时间内工作，时间一长，就会损坏。

2. 触发器安装前的检查

(1) 首先检查外形是否完整，然后打开后门检查G的间距，一般在0.5～1 mm之间。如果距离过大或锁紧螺钉已松开甚至两极已短路，在这种情况下应调整在0.7～0.8 mm之间，并予以固定。

(2) 检查KM(CJ0－20)的触点是否完好。

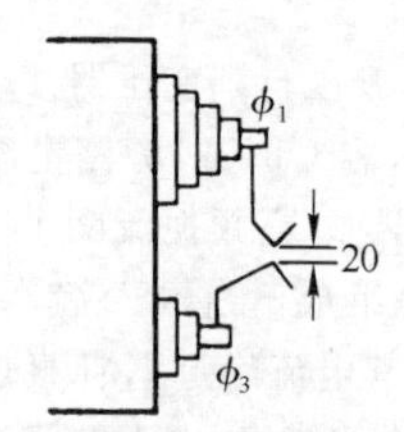


图11－4　$\phi_1$与$\phi_3$两端之间的铜丝形状

(3) 检查各接线及固定螺钉是否完好紧固。

(4) 进行带电试验工作，其方法如下：在$\phi_1$与$\phi_3$两端间接两根硬铜丝，二铜丝弯成如图11－4所示的形状，在$\phi_3$、$\phi_4$两端接入220 V电源，这时应听到KM吸下的声音。然后使触发控制端短路，这时$\phi_1$、$\phi_3$的铜丝处要有放电击穿火花以及击穿的声音，声音有时较响，这是正常现象。同时火花放电器G也有放电火花。在$\phi_1$高压端上有30 kV左右的高压，工作中要注意安全。

3. 灯管的安装

灯架固定之后，安装灯管时必须小心，以防玻璃管破碎，接线时应力求紧固，但用力不得过猛。灯管安装完毕之后，要用棉花蘸无水酒精或四氯化碳，擦拭灯管表面，清除沾污的油垢、指印，以免灯管点燃后产生失透现象。灯管悬挂高度，视功率大小而定，一般为了达到均匀和大面积照明的目的，$1\times10^4$ W的不宜低于20 m，$2\times10^4$ W的不宜低于25 m，但对不同情况和不同要求，应根据实际情况适当升高和降低。

4. 触发器安装

(1) 触发器应设置在灯管附近，从$\phi_1$到灯管的导线最长不得超过3 m，一般在1.5～2 m左右。

(2) 根据图11－5进行接线。在接线时应注意，$\phi_1$是高压输出端，其引出电缆不得与任何金属或绝缘性能较差的物体相接触，应保持电缆绝缘距离 40 mm,以防高压对地击穿。

(3) 触发控制端短路时,其最大瞬时电流可达到 60 A,所以不可以利用一般按钮。而且在通常情况下,灯是装在塔上或建筑物上,控制却在下面,因此在控制端处再装 1 只 CJ0-20 接触器,这时控制电流非常小就较为安全。如果在触发器旁控制电路较短,可用闸刀控制。

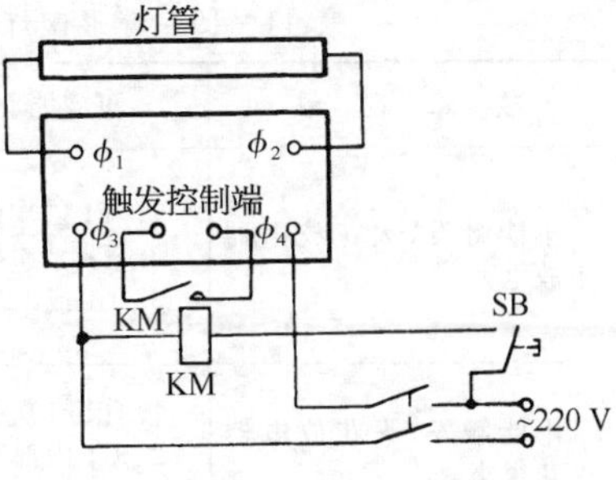

**图 11-5**　XC-10A 型触发器接线图

(4) $\phi_3$、$\phi_4$ 接 220 V 电源,$\phi_4$ 接相线,$\phi_3$ 接中性线。$\phi_1$、$\phi_2$ 接灯管二端。

(5) 安装时应考虑防雨问题。

5. 使用调整

长弧氙灯点灯很方便,只要接通电源,按下按钮,灯即可亮。但在点灯过程中,可能出现以下情况:

(1) 触发时电弧导通后停止触发,电弧即断(灯又熄灭),仔细观察触发时电弧,这种电弧有闪烁现象,说明灯管电极激活不好,或电路接触不好,这时必须排除故障或延长触发时间,但延长时间,不得超过额定时间 5 s,否则要损坏触发器,如果一次不亮可等 5～10 min 再行触发。

(2) 灯管能击穿,但电弧不能导通,其击穿火花像链条状(图 11-6),说明触发器与灯管不匹配,可调小火花间隙距来改善,调整时可旋 1/4 转,触发一下,不行再旋 1/4 转,触发一下,直到导通为止。如调小后,火花很细(图 11-7),或只能一端有蓝光不得击穿,说明火花放电间隙太小,再适当放大一些,调整适当后,灯管才能点亮,这时火花间隙螺钉应予固定。上述情况通常是不必进行的,只有在调换灯管时才进行,而且一次调整后,很少有再调的必要。如果调大与调小还不能导通,应检查电源电压,一般不应低于 210 V。如低于 210 V 就会点燃困难。

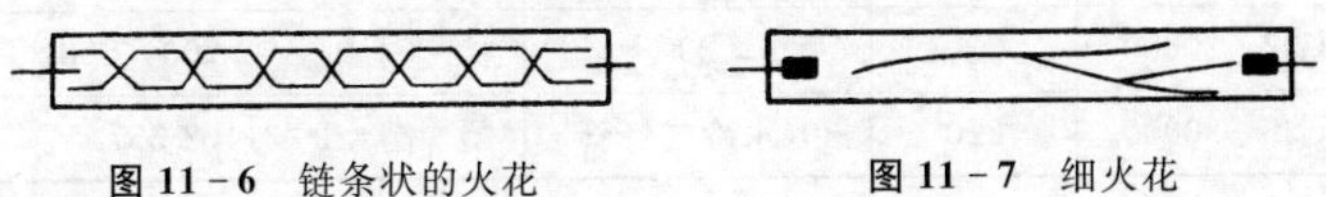

**图 11-6**　链条状的火花　　**图 11-7**　细火花

管形氙灯常见故障与处理方法见表 11-19。

表 11-19 管形氙灯常见故障与处理方法

| 故障现象 | 可能原因 | 处理方法 |
| --- | --- | --- |
| 不能触发,火花放电器不放电 | 1. T1 二次侧开路<br>2. T2 二次侧严重短路<br>3. L1 或 L2 开路 | 1. 调换 T1<br>2. 调换 T2<br>3. 暂时可把 L1 或 L2 短路先使用,然后调换 |
| 不能触发,火花放电器火花很小 | 1. T1 二次侧短路<br>2. C1 内部开路<br>3. 电路断开 | 1. 调换 T1<br>2. 调换 C1<br>3. 接通电路 |
| 不能触发,火花放电器正常,用图 11-4 方法检查无高压输出或很小(即需移近铜丝距离) | 1. T3 胶木筒打穿<br>2. 高压瓷瓶($\phi_1$)击穿<br>3. T3 输出处与铁箱击穿 | 1. 调换 T3<br>2. 调换瓷瓶,调整铜排位置<br>3. 使T3 距离铁箱40 mm以上 |
| 触发正常,灯管点不亮,检查触发器全部正常,但灯管一点也无火花或仅一端有蓝光 | 1. 灯管漏气<br>2. 高压输出线与地线严重短路 | 1. 调换灯管<br>2. 检查排除 |
| 触发正常,灯管能击穿而电弧不能导通 | 1. 电源电压过低<br>2. T2 无输出<br>3. KM 不能开路 | 1. 检查排除<br>2. 如是短路就调换<br>3. 排除 KM 的故障 |
| 灯管电弧闪烁不停,而不能及时引燃 | 1. 电路接触不良<br>2. 灯管不良 | 1. 检查排除<br>2. 调换灯管 |

目前供应的长弧氙灯成套产品有两种规格,其技术数据见表 11-20。

表 11-20 GC37、GC38 长弧氙灯

| 型号 | 电压(V) | 功率(kW) | 外形尺寸(mm) |
| --- | --- | --- | --- |
| GC37-20000 | 220 | 20 | 长×阔×高=2 700×500×920 |
| GC38-30000 | 220 | 30(水冷式灯管) | 阔×高=1 231×2 337 |

部分 GX 管形氙灯技术数据见表 11-21。

表 11-21　部分 GX 管形氙灯技术数据

| 型　号 | 电压(V) | 功率(kW) | 管压(V) | 电流(A) | 全长(mm) | 发光体长(mm) | 管径(mm) |
|---|---|---|---|---|---|---|---|
| GX500 | 220 | 0.5 | 50～60 | 9 | 190/230 | 150 | 10 |
| GX1000 | | 1.0 | 60～70 | 15.5 | 300 | 210 | 18 |
| GX1500 | | 1.5 | 90 | 16.5 | 400 | 310 | 10 |

## 二、荧光高压汞灯

高压汞灯的基本元件为电弧管、电极和外玻壳，外玻壳内充有汞和低压惰性气体。灯泡两端加上电压后，在主电极和辅助电极间产生辉光放电，随即造成主电极间的放电，汞逐渐蒸发，几分钟后达到稳定。普通型光效约为 50 lm/W。自镇流型约为 16～29 lm/W 可不用触发器。缺点是显色性差(约为 40)，再启动性差，需汞蒸气冷却后才能重新起弧。

表 11-22　荧光高压汞灯的用途、结构、外形、规格和使用注意事项

<table>
<tr><th>外形图</th><th>用途</th><th>结构</th></tr>
<tr><td></td><td>适用于街道、广场、车站、码头、工厂、工地、运动场及工农业交通运输等作照明之用，该灯具有光效高、使用时间长、用电省、耐震性好等优点</td><td>它在放电管内添加入金属汞参与放电，辐射出 365 nm 紫外线和蓝色光，再激发涂覆在外壳壁上荧光粉产生可见光</td></tr>
</table>

<table>
<tr><th rowspan="2">灯泡型号</th><th rowspan="2">额定电压(V)</th><th rowspan="2">额定功率(W)</th><th rowspan="2">启动电压(V)</th><th rowspan="2">启动电流(A)</th><th rowspan="2">工作电压(V)</th><th rowspan="2">工作电流(A)</th><th rowspan="2">启动时间(min)</th><th rowspan="2">再启动时间(min)</th><th rowspan="2">光通量(lm)</th><th rowspan="2">有效寿命(h)</th><th colspan="2">尺寸(mm)</th><th rowspan="2">玻壳型号</th><th rowspan="2">灯座型号</th></tr>
<tr><th>最大直径 D</th><th>全长 L</th></tr>
<tr><td>GGY50</td><td rowspan="3">200</td><td>50</td><td rowspan="3">不大于180</td><td>1.0</td><td>95±15</td><td>0.62</td><td rowspan="3">4～8</td><td rowspan="3">5～10</td><td>1 500</td><td rowspan="3">2 500</td><td>56</td><td>130±5</td><td rowspan="2">B</td><td rowspan="3">E27</td></tr>
<tr><td>GGY80</td><td>80</td><td>1.3</td><td>110±15</td><td>0.85</td><td>2 800</td><td>71</td><td>165±5</td></tr>
<tr><td>GGY125</td><td>125</td><td>1.8</td><td>115±15</td><td>1.25</td><td>4 750</td><td>81</td><td>184±7</td><td>BT</td></tr>
</table>

（续表）

| 灯泡型号 | 额定电压(V) | 额定功率(W) | 启动电压(V) | 启动电流(A) | 工作电压(V) | 工作电流(A) | 启动时间(min) | 再启动时间(min) | 光通量(lm) | 有效寿命(h) | 尺寸(mm) | | 玻壳型号 | 灯座型号 |
|---|---|---|---|---|---|---|---|---|---|---|---|---|---|---|
| | | | | | | | | | | | 最大直径 $D$ | 全长 $L$ | | |
| GGY175 | 220 | 175 | 不大于180 | 2.3 | 130±15 | 1.50 | 4～8 | 5～10 | 7 000 | 2 500 | 91 | 211±7 | BT | E40 |
| GGY250 | | 250 | | 3.7 | 130±15 | 2.15 | | | 10 500 | 5 000 | 91 | 230±7 | | |
| GGY400 | | 400 | | 5.7 | 135±15 | 3.25 | | | 20 000 | | 122 | 300±10 | | |
| GGY700 | | 700 | | 10.0 | 140±15 | 5.45 | | | 35 000 | | 152 | 385±10 | | |
| GGY1000 | | 1 000 | | 13.7 | 145±15 | 7.50 | | | 50 000 | | 182 | 400±10 | | |

使用注意事项

1. 灯泡必须与符合要求的镇流器配套使用，镇流器的技术参数如下表：

| 型　号 | 额定功率(W) | 额定电压(V) | 工作电流(A) | 频率(Hz) | 阻抗(Ω) |
|---|---|---|---|---|---|
| GGY50 | 50 | 220 | 0.62 | 50 | 285 |
| GGY80 | 80 | | 0.85 | | 202 |
| GGY125 | 125 | | 1.25 | | 134 |
| GGY175 | 175 | | 1.50 | | 100 |
| GGY250 | 250 | | 2.15 | | 70 |
| GGY400 | 400 | | 3.25 | | 45 |
| GGY700 | 700 | | 5.45 | | 26.5 |
| GGY1000 | 1000 | | 7.50 | | 18.5 |

2. 荧光高压汞灯在使用时温度较高，必须配用足够大的灯具，否则会影响其灯的性能和使用时间
3. 使用时，电源电压波动不宜过大，电压如中途降落 50％可能造成熄灭
4. 灯泡的接线图如图

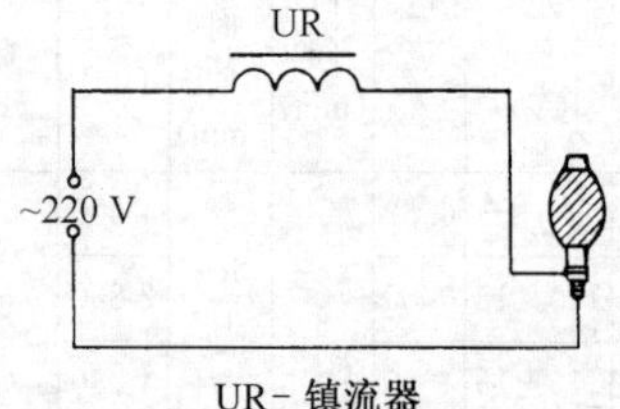


UR－镇流器

## 三、自镇流荧光高压汞灯

表 11-23　自镇流荧光高压汞灯的用途、结构、外形和规格

| 外形图 | 用途 | 结构 |
|---|---|---|
| 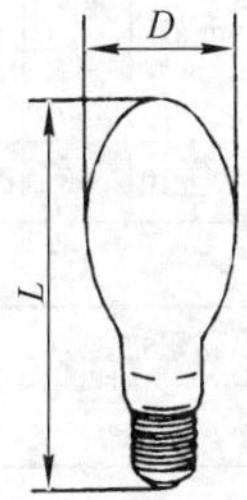 D<br>L | 适合于广场、车间、工地、街道作照明用。使用方便，寿命长 | 由水银放电管、白炽钨丝和荧光层组成的一种复合灯泡。使用时，将灯泡旋入灯座内即可。电路上不必附加镇流器 |

| 灯泡型号 | 功率（W） | 电源电压（V） | 光通量（lm） | 平均寿命（h） | 灯头型号 | 直径（mm） | 全长（mm） |
|---|---|---|---|---|---|---|---|
| GYZ125-1 | 125 | 220 | 1 550 | 5 000 | E27 | 76 | 173 |
| GYZ160-1 | 160 | 220 | 2 850 | 5 000 | E27 | 76 | 173 |
| GYZ250 | 250 | 220 | 4 900 | 3 000 | E40 | 91 | 234 |
| GYZ450 | 450 | 220 | 11 000 | 3 000 | E40 | 122 | 289 |
| GYZ1000 | 1 000 | 220 | 26 000 | 1 000 | E40 | 182 | 420 |

## 四、反射型荧光高压汞灯

表 11-24　反射型荧光高压汞灯的用途、结构、外形、规格和使用注意事项

| 外形图 | 用途 | 结构 |
|---|---|---|
| 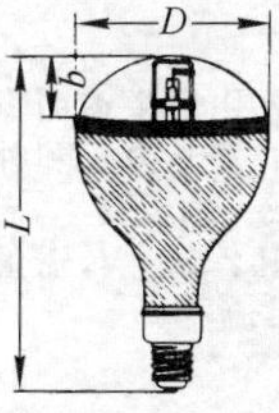 D<br>b<br>L | 主要适用于广场、车站、工厂、码头、运动场作照明之用，也可作人工气候培育室的光源。寿命长。 | 该灯玻璃壳内壁具有反射镀层，使用时不需再加反射装置，能使光线集中而均匀 |

（续表）

| 灯泡型号 | 额定电压(V) | 额定功率(W) | 启动电压(V) | 启动电流(A) | 工作电压(V) | 工作电流(A) | 稳定时间(min) | 再启动时间(min) | 光通量(lm) | 最大直径 *D* (mm) | 全长 *L* (mm) | 玻璃壳至顶反射层距离 *b* (mm) | 灯座型号 |
|---|---|---|---|---|---|---|---|---|---|---|---|---|---|
| GYF400 | 220 | 400 | 180 | 5.7 | 135±15 | 3.25 | 4～8 | 5～10 | 165 000 | 182 | 300±10 | 68 | E40 |

使用注意事项：

1. 灯泡必须与符合要求的镇流器配套使用，镇流器技术参数如下表：

| 额定功率(W) | 额定电压(V) | 工作电流(A) | 频率(Hz) | 阻抗(Ω) |
|---|---|---|---|---|
| 400 | 220 | 3.25 | 50 | 45 |

2. 使用时，灯的电源电压波动不宜过大，电压如突然降落5%，可能造成中途熄灭
3. 灯泡的接线如图

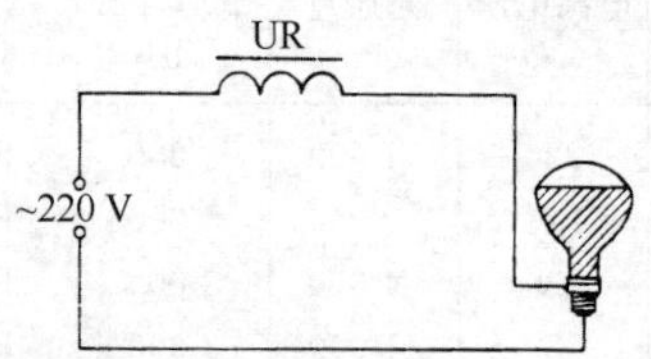


## 五、高压钠灯

是一种高效节电光源，光效一般可达 90～110 lm/W，寿命长，可达 16 000～24 000 h。其优点是再启动时间短，一般在几分钟内可热启动。缺点是显色性差，光色偏黄，显色指数约为20。

表 11-25　高压钠灯的用途、结构、外形和规格

| 外 形 图 | 用　　途 | 结　　构 |
|---|---|---|
|  | 适用于道路、机场、码头、车站及工矿企业照明。透雾力强 | 由多晶氧化铝半透明陶瓷管构成的发光内管和外玻璃壳组成。抽成真空，启燃电压大于 2 000 V，需触发装置和镇流器 |

（续表）

| 灯泡型号 | 功率(W) | 电源电压(V) | 光通量(lm) | 平均寿命(h) | 灯头型号 | 直径(mm) | 全长(mm) |
|---|---|---|---|---|---|---|---|
| NG50T | 50 | 220 | 3 600 | 18 000 | E27 | 38 | 155 |
| NG70T | 70 | 220 | 6 000 | 18 000 | E27 | 38 | 155 |
| NG100T1 | 100 | 220 | 8 500 | 18 000 | E27 | 38 | 180 |
| NG100T2 | 100 | 220 | 8 500 | 18 000 | E40 | 47 | 210 |
| NG110T | 110 | 220 | 10 000 | 16 000 | E27 | 38 | 180 |
| NG150T1 | 150 | 220 | 16 000 | 18 000 | E40 | 47 | 210 |
| NG150T2 | 150 | 220 | 16 000 | 18 000 | E27 | 38 | 180 |
| NG250T | 250 | 220 | 28 000 | 18 000 | E40 | 47 | 257 |
| NG400T | 400 | 220 | 48 000 | 18 000 | E40 | 47 | 285 |
| NG1000T1 | 1 000 | 220 | 130 000 | 18 000 | E40 | 67 | 380 |
| NG100TN | 100 | 220 | 6 800 | 12 000 | E27 | 38 | 180 |
| NG110TN | 110 | 220 | 8 000 | 12 000 | E27 | 38 | 180 |
| NG150TN | 150 | 220 | 12 800 | 12 000 | E27 | 38 | 180 |
| NG250TN | 250 | 220 | 28 000 | 18 000 | E40 | 47 | 257 |
| NG400TN | 400 | 220 | 48 000 | 18 000 | E40 | 47 | 285 |
| NG150TS | 150 | 220 | 16 000 | 22 000 | E40 | 47 | 210 |
| NG250TS | 250 | 220 | 28 000 | 22 000 | E40 | 47 | 257 |
| NG400TS | 400 | 220 | 48 000 | 22 000 | E40 | 47 | 285 |
| NGG250T | 250 | 220 | 21 000 | 12 000 | E40 | 49 | 259 |
| NGG400T | 400 | 220 | 35 000 | 12 000 | E40 | 49 | 287 |

注：NG□□□TN 为内触发高压钠灯，无需外接触发器。
NG□□□TS 为双管高压钠灯，一支工作，另一支备用。
NGG□□□T 为高显色高压钠灯，显色指数可达 70。

表 11-26 部分高压钠灯技术数据

| 光源型号 | 额定功率(W) | 电源电压(V) | 光通量(lm) | 色温(K) | 最大直径 $\phi$(mm) | 最大长度 $L$(mm) | 灯头型号 |
|---|---|---|---|---|---|---|---|
| NG70T | 70 | 220 | 6 000 | 1 900 | 39 | 158 | E27 |
| NG100T[38]E27 | 100 | 220 | 9 300 | 1 900 | 39 | 185 | E27 |
| NG100T[46]E40 | 100 | 220 | 9 300 | 1 900 | 47 | 210 | E40 |
| NG110T | 110 | 220 | 10 000 | 1 900 | 39 | 185 | E27 |

（续表）

| 光 源 型 号 | 额定功率(W) | 电源电压(V) | 光通量(lm) | 色温(K) | 最大直径 $\phi$(mm) | 最大长度 $L$(mm) | 灯头型号 |
|---|---|---|---|---|---|---|---|
| NG150TE27 | 150 | 220 | 16 000 | 2 000 | 39 | 185 | E27 |
| NG150TE40 | 150 | 220 | 16 000 | 2 000 | 47 | 210 | E40 |
| NG250T | 250 | 220 | 28 000 | 2 000 | 47 | 259 | E40 |
| NG400T | 400 | 220 | 48 000 | 2 000 | 47 | 292 | E40 |
| NG1000T | 1 000 | 220 | 120 000 | 2 000 | 57 | 385 | E40 |

表 11－27 部分(SUPER)高压钠灯技术数据

| 光源型号 | 额定功率(W) | 电源电压(V) | 光效 lm/W | 光通量(lm) | 色温(K) | 最大直径 $\phi$(mm) | 最大长度 $L$(mm) | 灯头型号 |
|---|---|---|---|---|---|---|---|---|
| NG150/T/GG/SUPER | 150 | 220 | 110 | 16 500 | 2 000 | 47 | 210 | E40 |
| NG250/T/GG/SUPER | 250 | 220 | 120 | 30 000 | 2 000 | 47 | 259 | E40 |
| NG400/T/GG/SUPER | 400 | 220 | 133 | 63 000 | 2 000 | 47 | 292 | E40 |

表 11－28 部分小功率双端系列高压钠灯技术数据

| 光源型号 | 额定功率(W) | 电源电压(V) | 光通量(lm) | 色温(K) | 最大直径 $\phi$(mm) | 最大长度 $L$(mm) | 灯头型号 |
|---|---|---|---|---|---|---|---|
| NG70S | 70 | 220 | 5 500 | 2 000 | 21 | 119.2 | R7s |
| NG100S | 100 | 220 | 8 000 | 2 000 | 24 | 137 | R7s |
| NG150S | 150 | 220 | 13 500 | 2 000 | 24 | 137 | R7s |

表 11－29 部分内触发型高压钠灯(无需外接触发器)技术数据

| 光 源 型 号 | 额定功率(W) | 电源电压(V) | 光通量(lm) | 色温(K) | 最大直径 $\phi$(mm) | 最大长度 $L$(mm) | 灯头型号 |
|---|---|---|---|---|---|---|---|
| NG110NE(75)C. E27 | 110 | 220 | 9 000 | 2 000 | 76 | 173 | E27 |
| NG215N. ED(90)C. E40 | 215 | 220 | 20 000 | 2 000 | 91 | 228 | E27 |

## 六、金属卤化物灯

结构与汞灯相似。优点是显色性好，显色指数可达 60～80，寿命长，可达 10 000 h，光效达 80 lm/W 左右。缺点是光色一致性还不稳定，启动时间较长。

表 11-30 金属卤化物灯的用途、结构、外形和规格

| | |
|---|---|
| 外形 | ED　BT　T |
| 结构 | 在高压汞灯内充金属卤化物，汞电弧放电使附在石英管壳上的金属卤化物蒸发成气态并分解成金属原子和卤素原子，金属原子与高速运动的电子碰撞被激发后，便辐射出金属的特征光谱即不同颜色的光，需触发器和镇流器 |
| 用途 | 适用于体育场、展览中心、游乐场、机场、建筑工地、码头、广场、大型商场等照明 |

| 灯泡型号 | 功率(W) | 电源电压(V) | 光通量(lm) | 平均寿命(h) | 色温(K) | 灯头型号 | 直径(mm) | 全长(mm) |
|---|---|---|---|---|---|---|---|---|
| ED 玻壳 | | | | | | | | |
| ZJD70-1 | 70 | 220 | 5 600 | 10 000 | 4 000 | E27 | 56 | 141 |
| ZJD100-1 | 100 | 220 | 8 000 | 5 000 | 4 000 | E27 | 56 | 141 |
| BT 玻壳 | | | | | | | | |
| ZJD175-2 | 175 | 220 | 14 000 | 10 000 | 4 300 | E40 | 91 | 230 |
| ZJD250-2 | 250 | 220 | 20 500 | 10 000 | 4 300 | E40 | 91 | 230 |
| ZJD400-2 | 400 | 220 | 36 000 | 10 000 | 4 000 | E40 | 120 | 290 |
| ZJD1000-2 | 1 000 | 220 | 110 000 | 10 000 | 3 900 | E40 | 182 | 396 |
| ZJD2000-2 | 2 000 | 220 | 180 000 | 3 000 | 4 000 | E40 | 201 | 505 |
| T 玻壳 | | | | | | | | |
| ZJD70-3 | 70 | 220 | 5 600 | 5 000 | 4 000 | E27 | 38 | 150 |
| ZJD100-3 | 100 | 220 | 7 800 | 5 000 | 4 000 | E27 | 38 | 155 |
| ZJD175-3A | 175 | 220 | 14 000 | 8 000 | 4 300 | E27 | 38 | 170 |
| ZJD175-3B | 175 | 220 | 14 000 | 8 000 | 4 300 | E40 | 47 | 210 |

（续表）

| 灯泡型号 | 功率(W) | 电源电压(V) | 光通量(lm) | 平均寿命(h) | 色温(K) | 灯头型号 | 直径(mm) | 全长(mm) |
|---|---|---|---|---|---|---|---|---|
| ZJD250－3 | 250 | 220 | 20 500 | 8 000 | 4 300 | E40 | 47 | 210 |
| ZJD400－3 | 400 | 220 | 36 000 | 8 000 | 4 000 | E40 | 67 | 271 |
| ZJD1000－3 | 1 000 | 220 | 110 000 | 8 000 | 3 900 | E40 | 77 | 350 |
| SJD70 | 50 | 220 | 5 000 | 5 000 | 4 000 | R7s | 21 | 121 |
| SJD100 | 100 | 220 | 6 500 | 5 000 | 4 000 | R7s | 21 | 141 |
| SJD150 | 150 | 220 | 11 250 | 5 000 | 4 000 | R7s | 23 | 141 |

表11－31　部分UPS－T系列金属卤化物灯技术数据

| 光源型号 | 额定功率(W) | 电源电压(V) | 光通量(lm) | 色温(K) | 最大直径$\phi$(mm) | 最大长度$L$(mm) | 灯头型号 |
|---|---|---|---|---|---|---|---|
| HPI 250/T/UPS | 250 | 220 | 21 000 | 4 000 | 47 | 257 | E40 |
| HPI 400/TO/UPS | 400 | 220 | 35 000 | 4 000 | 63 | 292 | E40 |

表11－32　部分UPS系列金属卤化物灯技术数据

| 光源型号 | 额定功率(W) | 电源电压(V) | 光通量(lm) | 色温(K) | 最大直径$\phi$(mm) | 最大长度$L$(mm) | 灯头型号 |
|---|---|---|---|---|---|---|---|
| HPI 250/ED/UPS | 250 | 220 | 25 000 | 4 000 | 91 | 215 | E40 |
| HPI 400/ED/UPS | 400 | 220 | 44 000 | 4 000 | 122 | 232 | E40 |
| HPI 250/ED/UPS/C | 250 | 220 | 22 000 | 3 700 | 91 | 215 | E40 |
| HPI 400/ED/UPS/C | 400 | 220 | 42 000 | 3 700 | 122 | 292 | E40 |

表11－33　部分体育场馆系列金属卤化物灯技术数据

| 光源型号 | 额定功率(W) | 电源电压(V) | 光通量(lm) | 色温(K) | 最大直径$\phi$(mm) | 最大长度$L$(mm) | 灯头型号 |
|---|---|---|---|---|---|---|---|
| NPS250/XT/T | 250 | 220 | 10 000 | 6 000 | 47 | 257 | E40 |
| NPS400/XT/TO | 400 | 220 | 34 000 | 6 000 | 63 | 292 | E40 |

表 11-34　部分大功率双端系列金属卤化灯技术数据

| 光源型号 | 额定功率(W) | 电源电压(V) | 光通量(lm) | 色温(K) | 最大直径 ϕ(mm) | 最大长度 L(mm) | 灯头型号 |
|---|---|---|---|---|---|---|---|
| JLZ2000XT5.6K | 2 000 | 380 | 200 000 | 5 900 | 38 | 189 | 电线 |

表 11-35　部分小功率单端/双端系列金属卤化灯技术数据

| 光源型号 | 额定功率(W) | 电源电压(V) | 光通量(lm) | 色温(K) | 最大直径 ϕ(mm) | 最大长度 L(mm) | 灯头型号 |
|---|---|---|---|---|---|---|---|
| JLZ70S/3K/UV | 70 | 220 | 5 500 | 3 000 | 19 | 118 | R7s |
| JLZ70S/4K/UV | 70 | 220 | 5 500 | 4 000 | 19 | 118 | R7s |
| JLZ150S/3K/UV | 150 | 220 | 13 500 | 3 000 | 23 | 136 | R7s |
| JLZ150S/4K/UV | 150 | 220 | 13 500 | 4 000 | 23 | 136 | R7s |
| JLZ70D.T3K.G12 | 70 | 220 | 5 900 | 3 000 | 22.8 | 110 | G12 |
| JLZ70D.T4K.G12 | 70 | 220 | 5 500 | 4 000 | 22.8 | 110 | G12 |
| JLZ150D.T3K.G12 | 150 | 220 | 13 500 | 3 000 | 22.8 | 110 | G12 |
| JLZ150D.T4K.G12 | 150 | 220 | 11 250 | 4 200 | 22.8 | 110 | G12 |

表 11-36　部分大功率管形镝灯技术数据

| 光源型号 | 额定功率(W) | 电源电压(V) | 光通量(lm) | 色温(K) | 最大直径 ϕ(mm) | 最大长度 L(mm) | 灯头型号 |
|---|---|---|---|---|---|---|---|
| JLZ3500D.BT | 3 500 | 380 | 280 000 | 6 000 | 122 | 495 | E40 |

## 七、卤钨灯

卤钨灯是一种改进型的白炽灯泡。比白炽灯光效高，可达 30 lm/W，节电 25%，体积小寿命长，可达 2 000 h。

表 11-37　照明用卤钨灯的用途、结构、外形与规格

| 外形 | 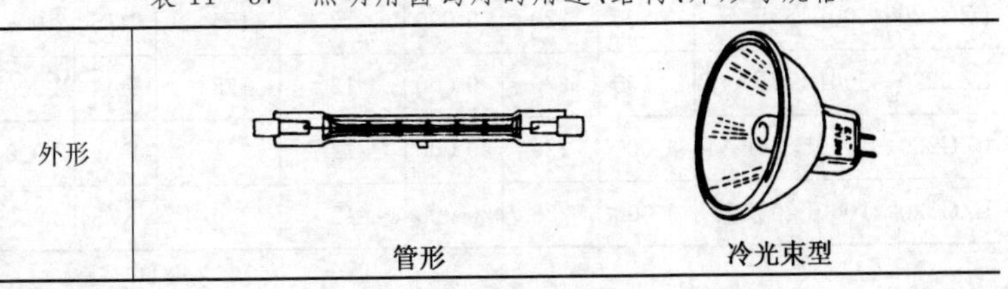 |
|---|---|

（续表）

| | |
|---|---|
| 结构 | 它是在白炽灯泡内添加入氟、氯、溴、碘等卤化物，使蒸发出来的钨分子与卤化物形成卤钨循环，减缓了灯丝的蒸发，延长了灯泡的寿命，还提高了发光效率。无需使用配套电器，就可以实现燃点 |
| 用途 | 适用于宾馆、商店、橱窗、家居、广告牌、施工工地等室内外照明 |

| 灯泡型号 | 功率(W) | 电压(V) | 光通量(lm) | 平均寿命(h) | 灯头型号 | 直径(mm) | 全长(mm) |
|---|---|---|---|---|---|---|---|
| LZG220－300 | 300 | 220 | 4 800 | 1 000 | R7s/Fa4 | 10 | 117.6/141.0 |
| LZG220－500 | 500 | 220 | 8 500 | 1 000 | R7s/Fa4 | 10 | 117.6/141.0 |
| LZG220－1000 | 1 000 | 220 | 22 000 | 1 500 | R7s/Fa4 | 12 | 189.1/212.5 |
| LZG220－1000 | 1 000 | 220 | 22 000 | 1 500 | R7s/Fa4 | 12 | 254.1/277.5 |
| LZG220－1500 | 1 500 | 220 | 33 000 | 1 000 | R7s/Fa4 | 12 | 254.1/277.5 |
| LZG220－2000 | 2 000 | 220 | 44 000 | 1 000 | R7s/Fa4 | 12 | 330.8/334.4 |
| LZJ12－50ZK | 50 | 12 | 24 | 2 000 | G5.3 | 50 | 45 |

注：LZG 型为管形卤钨灯，LZJ 型为冷光束卤钨灯。

表 11－38 部分卤钨灯系列技术数据

| 光源型号 | 额定功率(W) | 电源电压(V) | 光通量(lm) | 最大直径 $\phi$(mm) | 最大长度 $L$(mm) | 灯头型号 | 寿命(h) |
|---|---|---|---|---|---|---|---|
| LZG220－300L118R7S | 300 | 220 | 4 800 | 12 | 119.1 | R7S | 2 000 |
| LZG220－1000L189R7S | 1 000 | 220 | 20 000 | 12 | 191 | R7S | 2 000 |
| LZG220－500L118R7S | 500 | 220 | 9 000 | 12 | 119.1 | R7S | 2 000 |
| LZG220－500L155R7S | 500 | 220 | 9 000 | 12 | 155 | R7S | 2 000 |
| LZG220－500L175FA4 | 500 | 220 | 9 000 | 12 | 178 | FA4 | 2 000 |
| LZG220－1000L228FA4 | 1 000 | 220 | 20 000 | 12 | 231 | FA4 | 2 000 |
| LZG220－1000L208R75 | 1 000 | 220 | 20 000 | 12 | 210 | R7S | 2 000 |

## 八、红外线灯泡

表 11－39　红外线灯泡的用途、结构、外形和规格

| 外形图 | 用途 | 结构 |
|---|---|---|
| D, L, $L_1$ | 在交、直并联电路上作烘干之用，亦可作为医疗、家畜饲养及灯光孵化等用 | 其灯丝温度比普通白炽灯低，因此辐射红外线。玻璃壳内壁有反射涂层，能将辐射出的红外线向一个方向辐射，使受热均匀 |

| 灯泡型号 | 额定电压（V） | 额定功率（W） | 最大功率（W） | 全辐射能通量不小于（W） | 辐射效率不小于（%） | 辐射半宽度（mm） | 最大直径 D（mm） | 全长 L（mm） | 从灯头顶端到玻璃壳最大部分长度 $L_1$ | 灯座型号 |
|---|---|---|---|---|---|---|---|---|---|---|
| HW220－125 | 220 | 125 | 134 | 70 | | | | | | |
| HW110－250 | 110 | 250 | 268 | 140 | 70 | 17±3 | 127 | 190±7 | 156±7 | E27 |
| HW220－250 | 220 | | | | | | | | | |
| 使用注意事项 | 1. 设计红外线烘箱时，应将玻璃壳的反射部分及灯头露在烘箱外面，以免过热而使玻璃壳变形<br>2. 在使用中避免与大量水蒸气接触，以免玻璃壳爆裂 | | | | | | | | | |

## 九、紫外线汞灯

紫外线汞灯是一种很好的紫外辐射体。其辐射的紫外线光谱随放电电压、充气压强等不同而不同。低压汞灯的辐射光谱为 2 537 Å（253.7 nm），高压汞灯可辐射 2 537 Å、2 967～3 027 Å、3 131 Å、3 650 Å 等多条光谱。它们广泛应用于医药制造业和食品制造业作杀菌、光化学反应、食物室的贮藏灭菌消毒（冷藏室不宜使用）、医疗和工业中的老化试验及塑料印刷等。

［例］　ZSZ－30 紫外线汞灯的外形尺寸、规格和使用注意事项如下：

外形尺寸：

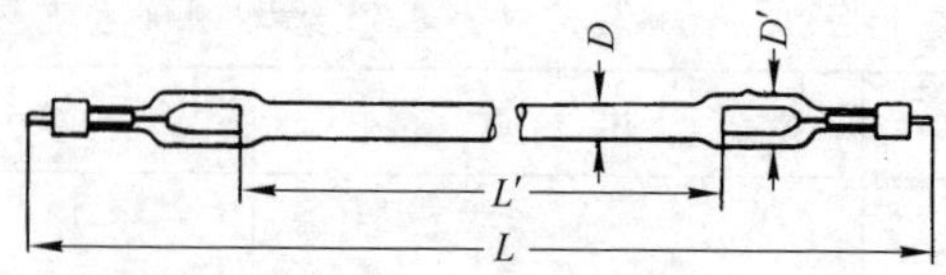


规格：

| 电源电压(V) | 输入功率(W) | 工作电压(V) | 启辉电压(V) | 工作电流(mA) | 253.7 nm的发射(%) | 稳定时间(min) | 尺寸(mm) | | | |
|---|---|---|---|---|---|---|---|---|---|---|
| | | | | | | | 最大直径 $D'$ | 直径 $D$ | 全长 $L$ | 有效弧长 $L'$ |
| 220 | 30 | 550±15 | 1 650 | 36±3 | 100 | 10 | 19 | 7 | 760 | 600±2 |

使用注意事项：

(1) 该灯必须与符合要求的专用漏磁变压器配套使用，其技术数据如下：

| 电源电压(V) | 开路电压(V) | 工作电压(V) | 工作电流(mA) | 频率(Hz) |
|---|---|---|---|---|
| 220 | 1 650 | 500±5 | 36±0.5 | 50 |

(2) 装卸灯管时，避免用手直接接触灯管的表面，防止灯管表面石英沾污以致影响杀菌能力。

(3) 要经常用纱布沾上酒精、丙酮等溶液将灯管表面揩擦干净。

(4) 灯管工作时具有大量紫外线辐射，注意安全，以防伤害人体。

(5) 灯管接线如附图。

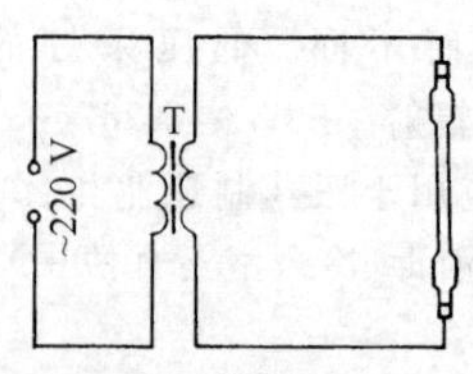


T－漏磁变压器

表 11-40 部分紫外线汞灯的型号与规格

| 放电类型 | 型号 | 功率(W) | 电源电压(V) | 启辉电压(V) | 工作电压(V) | 预热电流(mA) | 启动电流(A) | 工作电流(mA) |
|---|---|---|---|---|---|---|---|---|
| 低压冷阴极辉光放电 | ZSZ-30(直管形) | 30* | 220 | 1 650 | 550±115 | — | — | 36±3 |
| | ZWH-30(塔形) | 30 | 220 | 1 650 | 550±15 | — | — | 36±3 |
| | ZWH-14(迂回形) | 14 | 220 | 1 100 | 400 | — | — | 35 |
| | ZWH-10(盘形) | 10 | 220 | 1 100 | 380 | — | — | 30±2 |
| | ZWH-7(盘形) | 7 | 220 | 1 100 | 380 | — | — | 28 |
| 低压热阴极弧光放电 | ZW-8 | 8 | 220 | — | 60 | 220 | — | 160 |
| | ZW-15 | 15 | 220 | — | 62 | 500 | — | 300 |
| | ZW-30 | 30 | 220 | — | 140 | 560 | — | 250 |
| 高压自热式阴极弧光放电 | GGZ-500 | 500 | 220 | — | 125 | — | 6.5～7.0 | 4.4 A |
| | GGZ-1000 | 1 000 | 220 | — | 135 | — | 11～12 | 8.1 A |
| | GGZ-3000 | 3 000 | 220 | — | 280 | — | — | 4.4 A |
| | GCQ-50 | 50 | 220 | — | 35 | — | — | 1.5 A |
| | GCQ-75 | 75 | 220 | — | 52±5 | — | 2.5 | 1.5 A |
| | GCQ-200 | 200 | 220 | — | 55 | — | — | 3.9 A |
| | GCQ-400 | 400 | 50 | — | 25～30 | — | <30 | 12～16 A |
| | SGQ-500 | 500 | 110 | — | 50 | — | ≤25 | 10 A |
| | SGQ-1000 | 1 000 | 110 | — | 55 | — | ≤40 | 18 A |

* 为输入功率

## 十、紫外线荧光灯(黑光灯)

黑光灯是一种特殊的荧光灯,其结构与电气特性和其他荧光灯一样,仅是管壁内所涂荧光粉不同而已。黑光灯能辐射出波长极短的不可见光,对于某些昆虫是可见的。黑光灯被广泛应用在农业上,用以夜间诱虫除害和预测虫害情况。黑光灯的技术数据见表 11-41。

表11-41 黑光灯技术数据

| 灯管型号 | 额定功率(W) | 灯管尺寸(mm) | | 灯管压降(V) | 灯管电流(A) | 启动电流(A) | 额定寿命(h) |
|---|---|---|---|---|---|---|---|
| | | 直径 | 总长度 | | | | |
| H-20 | 20 | 38 | 604 | 60 | 0.35 | 0.46 | 2 000 |
| H-40 | 40 | 38 | 1 215 | 108 | 0.41 | 0.65 | 2 000 |

## 十一、TG14探照灯

表11-42 探照灯的用途、外形、结构与规格

| 外形图 | 用途 | 结构 |
|---|---|---|
| | 探照灯适宜于铁路、矿山、船坞、码头、广场、建筑工地及警卫探照等远距离照明 | 灯体和灯架采用钢材及铸件制成,结构坚固,灯内装有抛物线形反射器,使射出的光集成为强烈的光束,有利于远距投照,并具有效率高、温升低等优点 |

| 型式 | 灯泡功率 | 电源电压 | 灯座 | 质量 |
|---|---|---|---|---|
| 防溅式 | 1 000 W | 110/220 V | E40 | 19 kg |

# 11-4 常用LED灯具

## 一、LED灯具的优点

1. 节能

一只2~3 W的白光LED灯泡亮度约与一只25 W白炽灯的亮度相当。一只白炽灯的平均寿命为1 500 h,而一只LED灯的寿命为50 000 h。

若同样使用50 000 h，一只25 W白炽灯要耗用1 250 kW·h（千瓦·小时；度）电能，而一只3 W的白光LED灯只需耗用250 kW·h电能。如果全国有1亿只3 W白光LED灯替代25 W白炽灯，则在50 000 h的使用时间中可节省1 000亿kW·h电能。如果在工矿照明的各个领域有望将LED灯逐步取代白炽灯、荧光灯、卤化物灯和高压气体放电灯，则节能将无法限量。

2. 环保

LED灯不含汞、钠等危害健康的物质，如果LED灯能取代荧光灯，则大大减少荧光粉对环境的污染。又因LED是发光固体，不易破碎，易于回收。

3. 输入电压范围广，瞬时响应快，不需预热，启动寿命长，适用于频繁开关的场合

4. 应用领域广

LED发光器件由于是固体，因此耐震、耐冲击，适用于需耐震、耐冲击场合。又由于其体积小及具有各种颜色，因此又便于制成各种形状如M状、软管状，应用于装饰灯、轮廓灯、汽车照明市场等各种场合。

当前LED灯尚在发展和完善阶段。因此初期投资高，缺点是发光效率随温度升高而下降，一般情况下，芯片温度超过120℃将失效，因此灯具的散热问题必须加以重视。

表11－43　各种灯具发光效率的比较

| 灯具光源种类 | 光源光效(lm/W) | 灯具效率(%) | 灯具有效光效(lm/W) |
|---|---|---|---|
| LED光源 | 90～130 | 90 | 81～117 |
| HPS高压钠灯 | 100～130 | 55 | 55～72 |
| Halide金卤灯 | 80 | 55 | 44 |
| CFL型节能灯 | 60～70 | 60 | 36～42 |
| 无极灯 | 60(大功率50) | 60 | 36(30) |
| 白炽灯 | 15 | — | — |
| 普通荧光灯 | 60～80 | 70 | 42～56 |

表11-44　LED灯具与高压钠灯的比较

| 比较项目 | HPS高压钠灯具 | LED光源照明灯具 |
|---|---|---|
| 功　　耗 | 高 | 低，约为HPS的30%～40% |
| | 400 W | 180 W |
| | 350 W | 140 W |
| | 250 W | 100 W |
| | 150 W | 70 W |
| 色　　温 | 2 000～2 500 K | 3 500～7 000 K可选 |
| 显色指数 | 20～30 | 80～93 |
| 电源效率 | 75% | 80%～90% |
| 光源利用效率 | <60% | 90% |
| 灯具使用寿命 | 5～7年 | 8～10年 |
| 光源使用寿命 | 20 000 h | 50 000 h，光衰<30% |
| 呼吸过滤系统 | 必需 | 不需要 |
| 防护等级 | IP65 | IP65 |
| 防触电保护类别 | Ⅰ类 | Ⅰ类 |
| 启动时间 | 5～10 min | 瞬间启动，无延时 |
| 环　　保 | 不环保(含汞) | 环保 |

## 二、LED灯具的组成

LED灯具是一种装置在外壳内的LED发光模块和外部的模块控制器(驱动器)组合而成的照明光源装置。

大多数灯的发光模块采用功率型LED器件(功率≥0.5 W)的组合(代号为G)，也有少数灯采用小功率LED器件(功率<0.5 W)的组合(代号为X)。

LED的模块控制器(驱动器)是针对模块采用的电路形式来决定的，有恒流型驱动器、恒压型驱动器和恒功率型驱动器三类。驱动器又分内置(置于灯具内，如LED日光灯)和外置(如装饰灯条)两种。有的模块控制器还可包括PC编程器来达到对LED发光模块进行发光和程序的控制。

此外还有一种自镇流 LED 灯，它是将 LED 发光部件（模块）、灯头、稳定燃点部件（用类似于自镇流荧光灯中的镇流器的概念来描述 LED 的驱动）集合成一体的 LED 灯，例如球泡灯、射灯等。

普通照明用 LED 灯的一般命名组成：

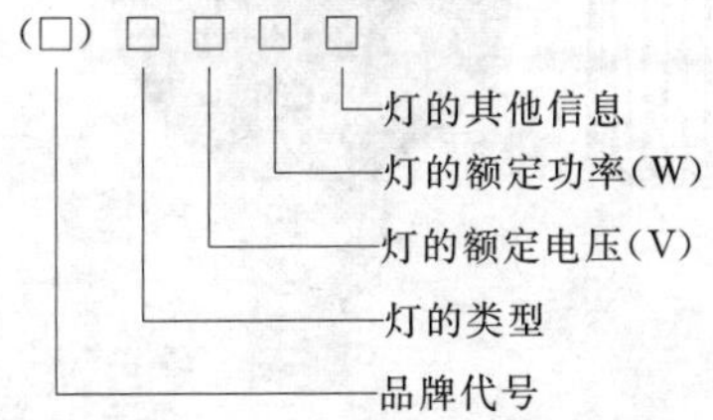


例如（××）BPZ220/12RRE27 表示××品牌额定电压为 220 V、额定功率为 12 W、日光色（6 500 K）、E27 灯头的普通照明用自镇流 LED 灯。

## 三、普通照明用 LED 球泡灯

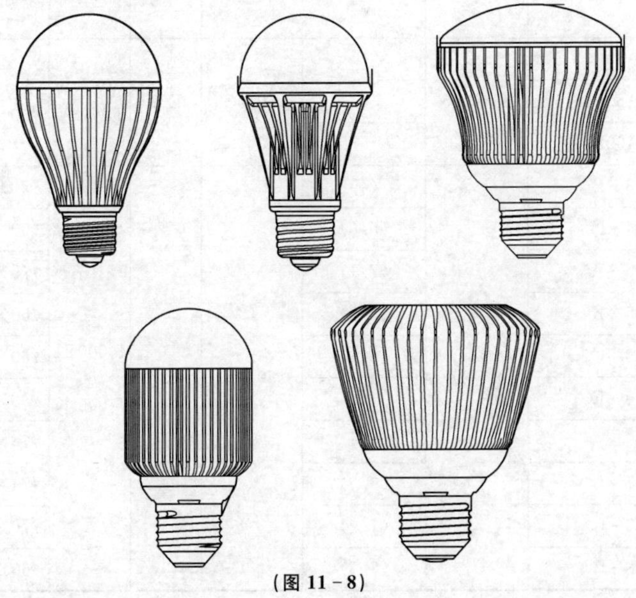

（图 11-8）

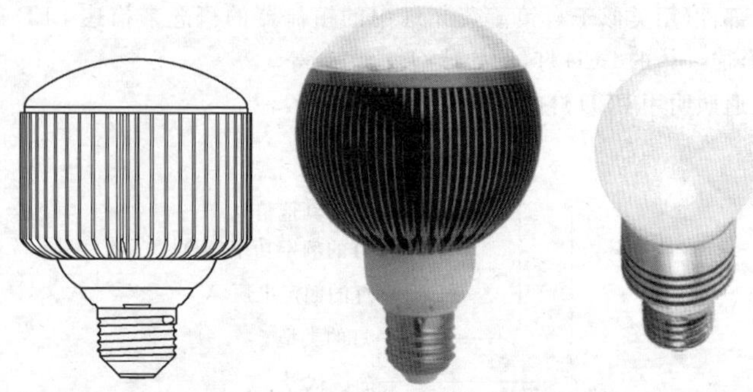

图 11-8 常见的LED球泡灯外形

表 11-45 部分LED球泡灯的技术数据

| 型 号 | 工作电压(V) | 额定功率或(输入功率)(W) | 工作频率(Hz) | 灯头型号 | 色温或色调 | 灯具尺寸(mm) |
|---|---|---|---|---|---|---|
| 3C-A60P3-3 | 85～265 | 3 | 50/60 | E27 | WWNW<br>DWCW | $\phi$60×90<br>$\phi$60×104 |
| 3C-A60P3-6 | | 6 | | | | |
| 3C-A60P5-5 | | 5 | | | | |
| BSQ03-B | 100～240 | (4) | 50/60 | E27 | 5 000 K～5 500 K | $\phi$50×110 |
| BSQ04-C | | (5.6) | | | | $\phi$60×108 |
| BSQ05-A | | (7.1) | | | | $\phi$75×103 |
| BSQ05-B | | (6.8) | | | | $\phi$60×114 |
| BSQ05-C | | (6.2) | | | | $\phi$60×105 |
| BSQ05-E | | (12.3) | | | | $\phi$98×122 |
| BSQ07-A | | (9) | | | | $\phi$74×118 |
| BSQ07-B | | (9.5) | | | | $\phi$74×118 |
| BSQ07-C | | (7.9) | | | | $\phi$70×121 |
| BSQ08-C | | (7.5) | | | | $\phi$60×120 |

（续表）

| 型　号 | 工作电压（V） | 额定功率或（输入功率）（W） | 工作频率（Hz） | 灯头型号 | 色温或色调 | 灯具尺寸（mm） |
|---|---|---|---|---|---|---|
| KN-B60CW-3 | 85～265 | 3 | 50/60 | E27 | 6 000 K | $\phi$60×113 |
| KN-B60WW-3 | | 3 | | | 3 200 K | $\phi$60×113 |
| KN-B70CW-5 | | 5 | | | 6 000 K | $\phi$70×127 |
| KN-B70WW-5 | | 5 | | | 3 200 K | $\phi$70×127 |

## 四、LED荧光灯

LED荧光灯白光的获得大致有三条途径，目前较成熟的白光LED技术是将发蓝光的LED与发黄光的荧光粉封装在一起，或通过紫光LED激发三基色的荧光材料从而复合得到白光。此外还可通过将红、绿、蓝三基色LED组成一个像素来获得白光。部分LED荧光灯的技术数据见表11-46。

LED荧光灯一般都内置高效率恒流驱动，故可直接接到交流电源上。它不需要传统荧光灯的镇流器和启辉器，因此在调换安装时须将它们拆掉，然后再将相线和零线分别接到灯架两边的灯座或旋钮上。

表11-46　部分LED荧光灯的技术数据

| 型　号 | 管径或型号 | 长度（m） | 工作电压（V） | 功率（W） | 工作频率（Hz） | 色温 |
|---|---|---|---|---|---|---|
| 3C-LTA-9 | T8/T10 | 0.6 | 185～265 | 9 | 50/60 | WW NW DW CW |
| 3C-LTA-12 | | 0.9 | | 12 | | |
| 3C-LTA-16 | | 1.2 | | 16 | | |
| 3C-LTA-17 | | | | 17 | | |
| 3C-LTA-18 | | | | 18 | | |
| 3C-LTA-21 | | 1.5 | | 21 | | |
| KNT8-600CW | $\phi$30 | 0.6 | 85～265 | 9 | | CW |
| KNT8-600WW | | | | | | WW |
| KNT8-1200CW | | 1.2 | | 18 | | CW |
| KNT8-1200WW | | | | | | WW |

（续表）

| 型 号 | 管径或型号 | 长度(m) | 工作电压(V) | 功率(W) | 工作频率(Hz) | 色温 |
|---|---|---|---|---|---|---|
| MS-T8068008WW(PW) | ϕ30 | 0.6 | 120～277 | 8 | 50/60 | PW WW |
| MS-T8071015WW(PW) | | 1.2 | | 15 | | |
| MS-T8072018WW(PW) | | 1.5 | | 18 | | |
| MS-T8214509PW | | 0.6 | | 9 | | PW |
| MS-T8214518PW | | 1.2 | | 18 | | |
| MS-T8214520PW | | 1.5 | | 20 | | |
| HPE-T8-60CM-10W | T8 | 0.6 | 90～260 | 10 | | WW CW |
| HPE-T8-120CM-18W | | 1.2 | | 18 | | |
| HPE-T8-150CM-22W | | 1.5 | | 22 | | |
| HPE-T5-60CM-6W | T5 | 0.6 | | 6 | | |
| HPE-T5-120CM-10W | | 1.2 | | 10 | | |
| HPE-GS-3*0.6M-30W | T8 | 0.6 | | 30 | | |
| HPE-GS-2*1.2M-40W | | 1.2 | | 40 | | |
| HPE-GS-3*1.2M-60W | | 1.2 | | 60 | | |

## 五、LED工矿灯

部分LED工矿灯的技术数据见表11-47，外形尺寸如图11-9所示。

表11-47 部分LED工矿灯技术数据

| 型 号 | 罩径(ϕ)(mm) | 工作电压(V) | 功率(W) | 工作频率(Hz) | 色温 |
|---|---|---|---|---|---|
| KNGK-415-30W | ϕ415/420 | 85～265 | 30 | 50/60 | WW PW CW |
| KNGK-415-100W | | | 100 | | |
| KNGK-415-120W | | | 120 | | |
| KNGK-415-150W | | | 150 | | |

（续表）

| 型　　号 | 罩径(ϕ)(mm) | 工作电压(V) | 功率(W) | 工作频率(Hz) | 色温 |
|---|---|---|---|---|---|
| KNGK-515-30W | ϕ500 | 85～265 | 30 | 50/60 | WW<br>PW<br>CW |
| KNGK-515-50W | | | 50 | | |
| KNGK-515-80W | | | 80 | | |
| KNGK-515-100W | | | 100 | | |
| KNGK-515-120W | | | 120 | | |
| KNGK-515-150W | | | 150 | | |
| NS-GKD-AP50 | ϕ312 | 100～240 | 50 | | |
| NS-GKD-AP100 | | | 100 | | |
| NS-GKD-AP165 | | | 165 | | |
| HT-001GK(30-100) | ϕ515 | AC 85～265<br>DC 12 V<br>24 V | 30-100 | | |
| HT-002GK(30-100) | | | 30-100 | | |

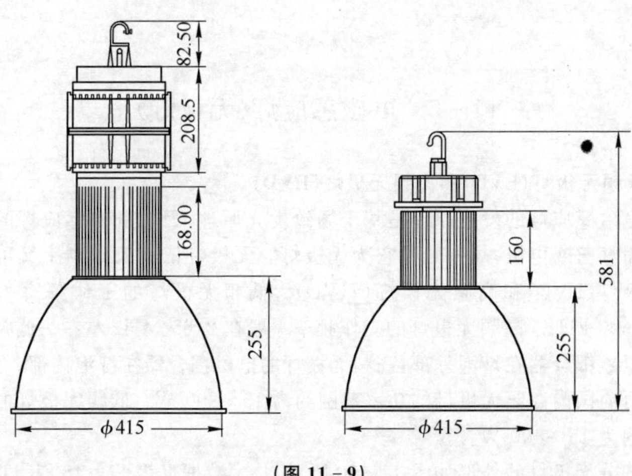


(图 11-9)

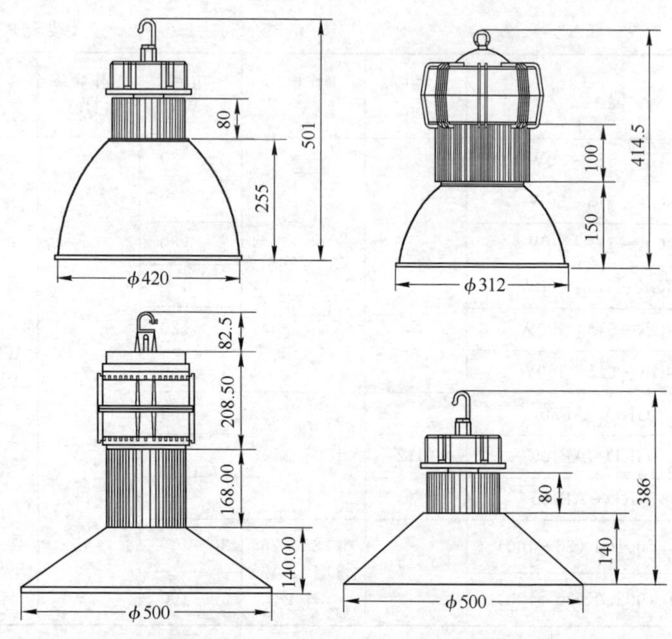


**图 11-9** 部分 LED 工矿灯的外形尺寸

## 11-5 电磁感应灯(无极灯)

### 一、低频无极灯(LVD)和高频无极灯(HVD)

电磁感应灯的发光原理是基于场致发光原理,因此电磁感应灯的灯管内无需灯丝或电极,故一般称它为无极灯。无极灯依其工作频率又可分低频无极灯(LVD)和高频无极灯(HVD)。低频无极灯的工作频率一般在 140～300 kHz。高频无极灯的工作频率一般在 2.65 MHz 左右。低频无极灯的电磁耦合器在灯泡外部,高频无极灯的电磁耦合器在灯泡内部。

目前国内高频无极灯的功率范围约为 15～200 W。低频无极灯的功率范围约为 15～400 W。

部分无极灯的外形如图 11-10 所示,技术数据见表 11-48、表 11-49。

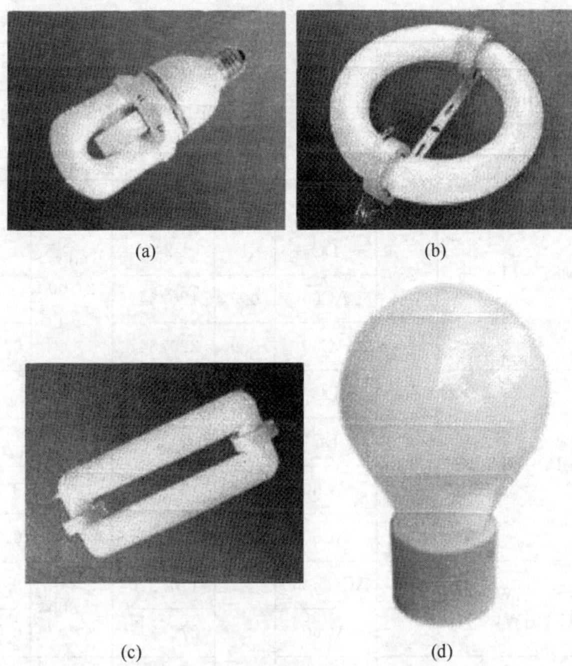

图 11-10 部分无极灯的外形

图中(a)、(b)、(c)为 LVD,(d)为 HVD。其中(a)为自镇流 LVD,即将振荡、耦合电路等元器件与灯管集合成一体化的 LVD。

表 11-48 部分低频无极灯(LVD)的技术数据

| 型号 | 系统功率(W) | 电网频率(Hz) | 功率因数 | 输入电压(V) | 光通量(lm) | 输入电流(A) |
|---|---|---|---|---|---|---|
| LVD-ZWJY-JT-15 | 15 | DC | 1 | 12 | 1 200～1 500 | 1.25 |
| | | DC | 1 | 24 | | 0.63 |
| | | AC60 | 0.9 | 120/347 | | 0.14/0.05 |
| | | AC50 | 0.9 | 220/347 | | 0.08/0.05 |

（续表）

| 型　　号 | 系统功率(W) | 电网频率(Hz) | 功率因数 | 输入电压(V) | 光通量(lm) | 输入电流(A) |
|---|---|---|---|---|---|---|
| LVD－ZWJY－JT－23 | 23 | DC | 1 | 12 | 1 900～2 300 | 1.92 |
| | | DC | 1 | 24 | | 0.96 |
| | | AC60 | 0.9 | 120/347 | | 0.21/0.07 |
| | | AC50 | 0.9 | 220/347 | | 0.12/0.07 |
| LVD－ZWJY－JT－40 | 40 | DC | 1 | 12 | 3 900～4 600 | 3.30 |
| | | DC | 1 | 24 | | 1.67 |
| | | AC60 | 0.9 | 120/347 | | 0.37/0.13 |
| | | AC50 | 0.9 | 220/347 | | 0.20/0.13 |
| LVD－WJY40HW1<br>LVD－WJY40JW1 | 45 | AC50～60 | 0.98 | 120/220 | 2 800 | 0.38/0.21 |
| | | AC60 | | 277/347 | | 0.17/0.13 |
| LVD－WJY80HW1<br>LVD－WJY80JW1 | 86 | AC50～60 | | 120/220 | 6 400 | 0.73/0.40 |
| | | AC60 | | 277/347 | | 0.32/0.25 |
| LVD－WJY120HW1<br>LVD－WJY120JW1 | 128 | AC50～60 | | 120/220 | 9 600 | 1.09/0.59 |
| | | AC60 | | 277/347 | | 0.47/0.38 |
| LVD－WJY150HW1<br>LVD－WJY150JW1 | 160 | AC50～60 | | 120/220 | 12 000 | 1.36/0.74 |
| | | AC60 | | 277/347 | | 0.59/0.47 |
| LVD－WJY200HW1<br>LVD－WJY200JW1 | 212 | AC50～60 | | 120/220 | 16 000 | 1.78/0.98 |
| | | AC60 | | 277/347 | | 0.80/0.62 |
| LVD－WJY300HW1<br>LVD－WJY300JW1 | 316 | AC50～60 | | 220 | 24 000 | 1.47 |

表 11－49　部分高频无极灯(HVD)的技术数据

| 型　号 | 功率(W) | 电网频率(Hz) | 功率因数 | 输入电压(V) | 光通量(lm) | 输入电流(A) |
|---|---|---|---|---|---|---|
| FN－40W－E<br>FN－40W－P | 40 | 50 | ＞0.95 | 220±10％ | 2 800 | 0.2 |
| FN－50W－E | 50 | | | | 3 250 | 0.25 |
| FN－65W－E<br>FN－65W－P | 65 | | | | 4 550 | 0.3 |
| FN－100W－E | 100 | 50 | | 220±10％ | 7 000 | 0.5 |
| | | 60 | | 110±10％ | | 1.0 |
| FN－100W－P | | 50 | | 220±10％ | | 0.5 |
| FN－120W－E | 120 | 50 | | 220±10％ | 8 400 | 0.6 |
| | | 60 | | 110±10％ | | 1.2 |
| FN－120W－P | | 50 | | 220±10％ | | 0.6 |
| FN－150W－E | 150 | 50 | | 220±10％ | 10 500 | 0.7 |
| | | 60 | | 110±10％ | | 1.4 |
| FN－150W－P | | 50 | | 220±10％ | | 0.7 |
| FN－165W－P | 165 | 50 | | 220±10％ | 11 550 | 0.8 |

注：E表示橄榄型灯泡，P表示球型灯泡。

## 二、电磁感应灯(无极灯)的优缺点

无极灯的优点如下：

(1) 无电极和灯丝，从灯管角度看其寿命比其他类型的灯管寿命要长且免维护。

(2) 灯管中汞含量低于荧光灯中汞含量，因此更环保。

(3) 无频闪，无眩光，高显色性，热量发散少。

(4) 可瞬间起动、频繁开断工作。

(5) 使用电压范围广。某些产品采用E27、E40灯头，使用方便。

无极灯的缺点如下：

(1) 附加元器件成本高，因此价格贵，由于元器件的质量，也影响了整个无极灯具的寿命。

(2) 由于散热问题，大功率(400 W以上)的无极灯目前还未能应市，有待进一步开发。

(3) 与现有的部分灯具设备兼容性欠佳。

(4) 由于是在高频电磁波段工作，必定存在电磁波的泄漏和干扰问题，特别是高频无极灯对人体的健康的影响，有待进一步的深入观察研究。

## 11-6 普通照明灯具的安装与维修

### 一、白炽灯的安装

白炽灯俗称电灯。安装电灯时首先应考虑的是：

电灯的位置与高度应适当，使灯光照射均匀明亮；合理选择灯罩型式，它与环境的颜色、使用条件有密切关系；恰当估计光通量；做到安全、经济、美观、合理与装修方便等基本要求。

常用电灯电路见表11-50。

装接电灯时应注意：

(1) 若是软线挂灯法(图11-11)，上部为挂线盒，下部为灯座。在挂线盒及灯座中软线应当打个结(图11-12)，使重量不致加在接线螺钉上。

(2) 若灯座是螺旋式，则应注意把电源的中性线(零线)接到灯头的螺旋铜圈上，把相线(火线)经过开关接到灯头的中心铜片上，应将灯泡旋紧，以保证安全。

**图11-11** 软线挂灯法

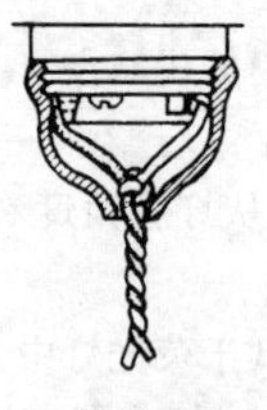

(a) 挂线盒中软线打结的情形

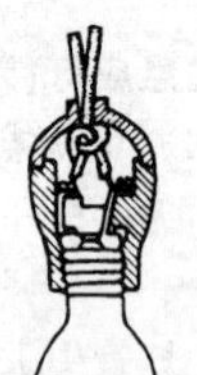

(b) 灯座中利用软线打结的情形

**图11-12** 挂线盒及灯座的安装

(3) 在潮湿、危险场所*的电灯灯座应至少离地2.5 m,不属于潮湿、危险场所的生产车间、办公室、商店、住房内的灯座一般应不低于2 m。

表 11-50　照明灯基本电路

| 电路名称和用途 | 接线图 | 说明 |
|---|---|---|
| 1只单连开关控制1盏灯 | 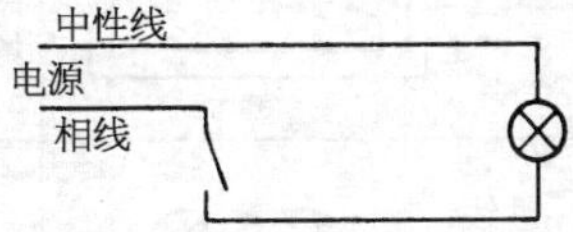 中性线<br>电源<br>相线 | 开关应安装在相线上，修理安全 |
| 1只单连开关控制1盏灯并与插座连接 | 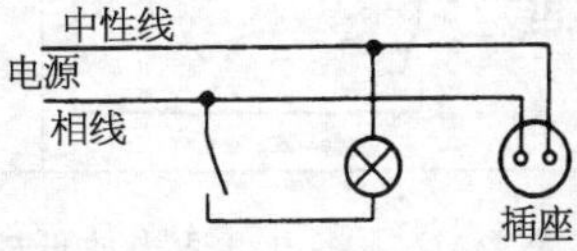 中性线<br>电源<br>相线<br>插座 | 比下面电路用线少，但由于电路上有接头，日久易松动，会增高电阻而产生高热，有引起火灾等危险，且接头工艺复杂。 |
| | 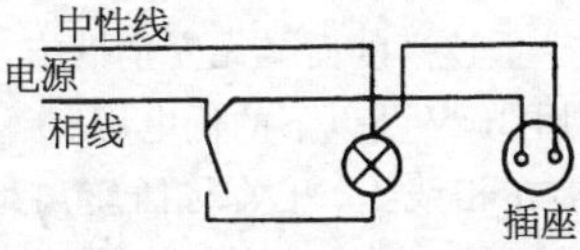 中性线<br>电源<br>相线<br>插座 | 电路中无接头，较安全，但比上面电路用线多 |
| 1只单连开关控制2盏灯(或多盏灯) | 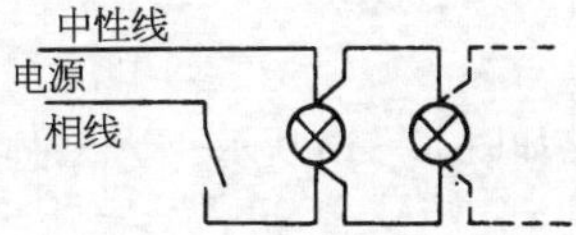 中性线<br>电源<br>相线 | 1只单连开关控制多盏灯时，可如左图中所示虚线接线，但应注意开关的容量是否允许 |
| 2只单连开关分别控制2盏灯 | 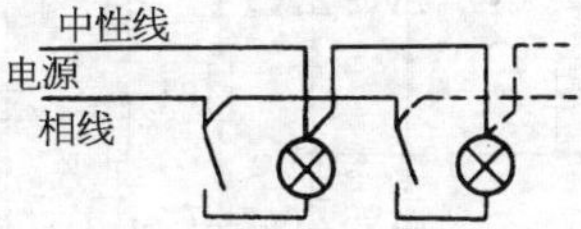 中性线<br>电源<br>相线 | 多只单连开关控制多盏灯时，可如左图所示虚线接线 |

* 潮湿、危险场所是指具有下列条件之一的场所：① 相对湿度经常在85%以上；② 环境温度经常在40℃以上；③ 有导电灰尘；④ 有导电地面，如金属、泥土、砖或潮湿混凝土地面等。

（续表）

| 电路名称和用途 | 接　线　图 | 说　　明 |
|---|---|---|
| 用 2 只双连开关在两个地方控制 1 盏灯 | 中性线<br>电源<br>相线 | 用于两地需同时控制时，如楼梯、走廊中电灯，需在两地能同时控制等场合 |
| 两只 110 V 相同功率灯泡串联 | 中性线<br>电源<br>相线 | 注意两只灯泡功率必须一样，否则小功率灯泡会烧坏 |

(4) 如因生产和生活需要，必须将电灯适当放低时，灯座的最低垂直距离不应低于 1 m，但应在吊灯线上加绝缘套管至离地 2 m 的高度，并采用安全灯座；若电灯灯座再低于上述高度而又无安全措施，例如车间照明以及行灯和机床局部照明，应改用 36 V 及以下的低电压。

(5) 电灯开关应串接在相线上，开关与插座离地高度一般不应低于 1.3 m；生产、生活上有特殊要求时，插座可以装低，但离地应不小于 15 cm。

## 二、晶闸管调光电路

简易晶闸管调光电路如图 11 - 13 所示。

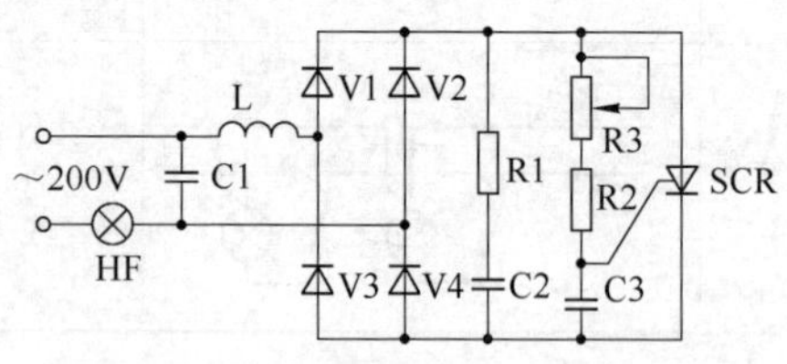


**图 11 - 13**　晶闸管调光电路

图 11 - 13 电路中，HF 为白炽灯泡，$V_1 \sim V_4$：1 A/400 V；SCR 为 3CT：5A/400 V；$R_1$：100 Ω，$R_2$：240 Ω，$R_3$：15 k，2 W 电位器。$C_1$：0.01 μf/

400 V；$C_2$：6 800 P/300 V；$C_3$：0.47 μf/160 V；$L$：空心电感，电感量为 200 μH，可在 1/2 W 电阻上乱绕 70 匝通过电阻脚引出即可。适当改变 $R_3$ 及 $C_3$ 值可改变调节范围。

同样此电路也可用于电扇的调速。

## 三、荧光灯的安装

荧光灯一般是由灯管、镇流器、启辉器等 3 个部件组成。为了要提高灯管的启动效果，有时可以采用具有两只线圈的镇流器。现在为了节能采用电子整流器后，便可省去启辉器。

安装荧光灯应注意的是：镇流器必须和电源电压，灯管功率相配合，不可混用。由于镇流器比较重，又是发热体，宜将镇流器反装在灯架中间；启辉器规格需根据灯管的功率大小来决定，启辉器宜装在灯架上便于检修的位置。

一般荧光灯的接线图如图 11-14 所示。

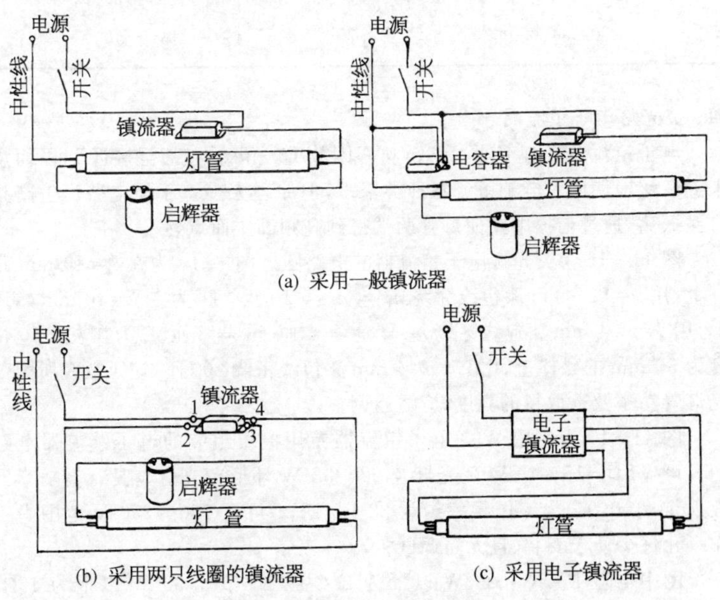


(a) 采用一般镇流器

(b) 采用两只线圈的镇流器

(c) 采用电子镇流器

**图 11-14**　荧光灯接线图

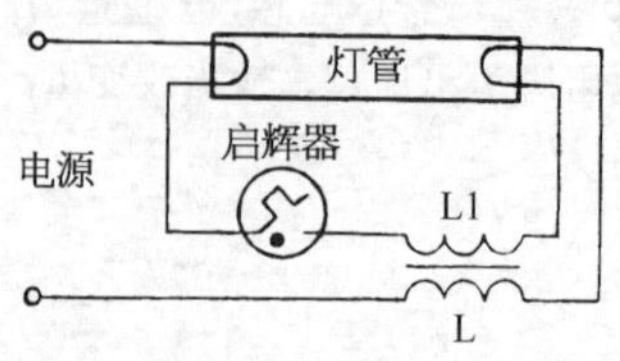


图 11－15 双线圈镇流器电路

双线圈镇流器电路如图 11－15 所示，附加绕阻 L1 的作用是在启动时反向串接入启辉电路，可以加大灯丝预热电流，特别当电源电压偏低时，易于使灯点燃。附加绕组的匝数一般为主绕组 $L$ 的 5％～8％。

由于荧光灯电路内有感抗元件（镇流器），因此功率因数较低，为了改善功率因数，可以加装电容器如图 11－14(a)中所示。电容器的规格见表 11－51。

表 11－51 荧光灯配用电容器规格

| 电 压(V) | 电容量(μF) | 配用荧光灯管功率(W) |
|---|---|---|
| 220 | 2.5 | 20 |
| 220 | 3.75 | 30 |
| 220 | 4.75 | 40 |

## 四、荧光灯电子镇流器

电子镇流器具有节能、高效，功率因数可大于 0.9，甚至接近 1，因而愈来愈广泛地使用。电子镇流器种类繁多，但原理大多基于使电路产生高频自激振荡，通过谐振电路使灯管两端得到高频高压而点燃。

图 11－16 为荧光灯电子镇流器的电路图。图中 $T_1$ 为在 $\phi=10$ mm 磁环上，用 $\phi=0.4$ mm 漆包线穿绕 $n_1=n_2=10$ 匝。$T_2$ 为在 $\phi=10$ mm 磁环上，用 $\phi=0.4$ mm 漆包线穿绕 $n_1=n_2=2$ 匝，$n_3=8$ 匝。$L$ 为在 $\phi=10$ 长度为 30 mm 的磁棒上，用 $\phi=0.4$ mm 漆包线密绕 200 匝，该匝数视所配荧光灯管功率及欲取得的亮度，应适当调整。

图 11－17 为应用 W93 电子镇流器专用模块组装的电子镇流器电路图。可应用于 15～40 W 荧光灯及 22～32 W 环形荧光灯。具有高功率因数($\cos\varphi=0.94$)。工作频率约为 28±5 kHz，可在 150～250 V 范围内工作。元件少便于安装、且无需调试。

图中电阻 $R_1$、$R_2$：20 W 以下为 2.2 Ω，1/4 W。30 W 以上为 1 Ω，1/4 W。$R_3$ 为 PTC 电阻，用于灯管热启动，20 W 以下为 510 Ω～1 kΩ，30 W

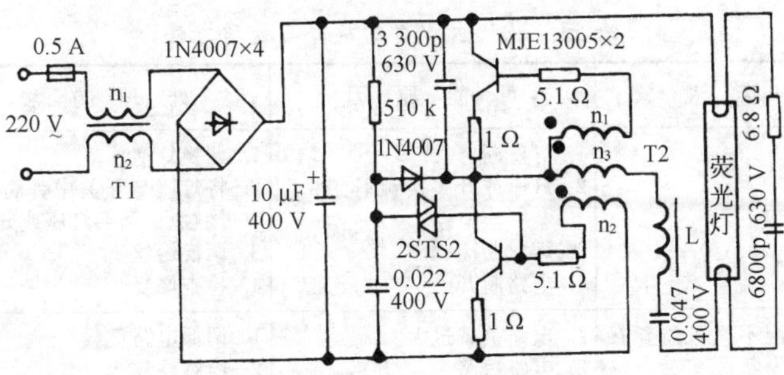


**图 11－16**　荧光灯电子镇流器电路图

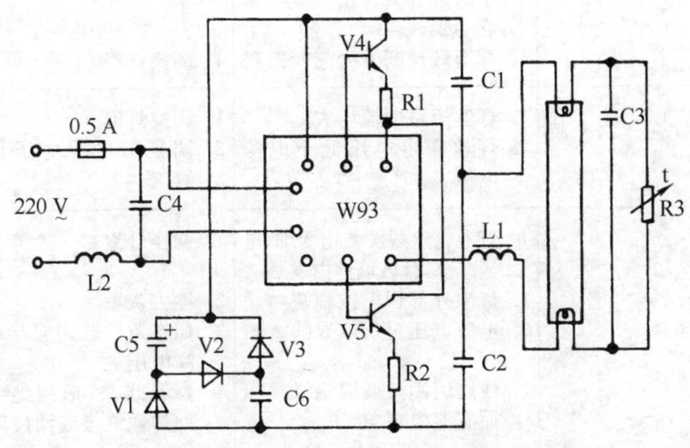


**图 11－17**　W93 模块组装的电子镇流器电路图

以上为 1～1.5 kΩ。$C_1$、$C_2$、$C_4$ 为 0.047 μF/400 V，$C_3$ 为 0.01 μF/630 V，$C_5$、$C_6$ 为电解，容量为 10～22 μF/250 V。$V_1$、$V_2$、$V_3$ 为 IN4004。$V_4$、$V_5$ 为 MJE13005 或 DK55。$L_1$：20 W 以下用 ϕ0.27 漆包线在 EE19 磁心上绕 260 匝，电感量为 3 mH，30 W 以上用 ϕ0.31 漆包线在 EE21 磁心上绕 260 匝，电感量为 4 mH。$L_2$：用 ϕ0.21 漆包线在 EE19 空心骨架上绕 400 匝，电感量为 2 mH。

## 五、白炽灯的故障及其处理方法

表11-52 白炽灯的故障与处理方法

| 故障现象 | 可能原因 | 处理方法 |
|---|---|---|
| 灯泡不亮 | 1. 灯丝断<br>2. 灯座或开关接触不良<br>3. 熔丝断<br>4. 电路断开 | 1. 调换灯泡<br>2. 将灯座与开关中弹簧修复接触点;调换灯座或开关<br>3. 调换熔丝<br>4. 检查修复① |
| 灯泡不亮且熔丝接上就爆断 | 1. 电路负载过大<br>2. 电路短路 | 1. 调低电路负载<br>2. 检查修复② |
| 灯光忽亮忽暗或熄灭 | 1. 灯座或开关松动<br>2. 熔丝接触不良<br>3. 电源电压忽高忽低(或由于附近有大容量负载经常启动)<br>4. 灯泡灯丝断开处忽接忽离 | 1. 旋紧加固<br>2. 旋紧加固<br>3. 不需修理<br>4. 调换灯泡 |
| 灯泡发强烈白光瞬时烧坏 | 1. 灯丝短路电流增大<br>2. 灯丝额定电压低于电源电压 | 1. 调换灯泡<br>2. 调换与电源电压相符的灯泡 |
| 灯光暗淡 | 1. 灯泡钨丝蒸发老化变细,电流减小,且玻璃泡内发黑<br>2. 灯泡外部积垢或积灰<br>3. 电源电压过低或导线太细<br>4. 线路因潮湿或因绝缘损坏而有漏电现象 | 1. 调换灯泡<br>2. 擦去灰垢<br>3. 如有条件改用粗导线或升高电压<br>4. 察看线路,遇到绝缘损坏处加强绝缘或调换新线 |

① 电路断开包括相线或中性线断开两种。检查方法:首先用测电笔检查总开关进线桩头,如有电,再用校验灯测试,如灯亮,则说明进线正常;如灯不亮就表示进线断开,应修复进线。再用测电笔分别测试各支路,如有电,然后再用校验灯,一端接相线,另一端接试各级中性线,如校验灯正常亮,说明中性线正常未断,若不亮说明中性线已断,应接通中性线。

② 检查电路短路点方法:首先把中性线上熔丝插头取下,用功率较大的校验灯串接到熔丝桩头两端,如校验灯正常亮,则说明这一支路短路了。然后用校验灯分别对这一支路的各灯的开关试验。若校验灯会发亮,说明短路点就出在这一段电路内或在这一盏电灯上。最后加以修复。

## 六、荧光灯的故障及处理方法

表 11－53　荧光灯照明故障与处理方法

| 故障现象 | 可能原因 | 处理方法 |
|---|---|---|
| 不能发光或发光困难 | 1. 电源电压太低或电路压降大<br>2. 启辉器陈旧或损坏，内部电容器击穿或断开<br>3. 接线错误或灯脚接触不良<br>4. 灯丝已断或灯管漏气<br>5. 镇流器配用规格不合，或镇流器内部电路断开<br>6. 气温较低 | 1. 如有条件改用粗导线或升高电压<br>2. 检查后调换新的启辉器或调换内部电容器<br>3. 改正电路或使灯脚接触点加固<br>4. 用万用表检查，如灯丝已断，又看到荧光粉变色，表明漏气，应调换灯管<br>5. 调换适当镇流器<br>6. 加热、加罩 |
| 灯光抖动及灯管两头发光 | 1. 接线错误或灯脚等松动<br>2. 启辉器接触点并合或内部电容器击穿<br>3. 镇流器配用规格不合或接线松动<br>4. 电源电压太低或线路压降较大<br>5. 灯丝陈旧发射电子将完，放电作用降低<br>6. 气温低 | 1. 改正电路或加固<br>2. 调换启辉器<br>3. 调换适当镇流器或使接线加固<br>4. 如有条件改用粗导线或升高电压<br>5. 调换灯管<br>6. 加热、加罩 |
| 灯光闪烁或光有滚动 | 1. 新灯管的暂时现象<br>2. 单管灯常有现象<br>3. 启辉器接触不良或损坏<br>4. 镇流器配用规格不合或接线不牢 | 1. 使用几次或灯管两端对调<br>2. 有条件和需要时，改装双管灯<br>3. 加固启辉器接触点或调换启辉器<br>4. 调换适当的镇流器或将接线加固 |

（续表）

| 故障现象 | 可能原因 | 处理方法 |
| --- | --- | --- |
| 灯管两头发黑或生黑斑 | 1. 灯管陈旧<br>2. 若系新灯管可能因启辉器损坏，使两端发射物加速蒸发<br>3. 灯管内水银凝结是细灯管常有现象<br>4. 电源电压太高<br>5. 启辉器不好或接线不牢引起长时间闪烁<br>6. 镇流器配用规格不合 | 1. 调换灯管<br>2. 调换启辉器<br>3. 启动后即能蒸发<br>4. 如有条件调低电压<br>5. 调换启辉器或将接线加固<br>6. 调换合适镇流器 |
| 灯光减弱或色彩较差 | 1. 灯管陈旧<br>2. 气温低或冷风直吹灯管<br>3. 电路电压太低或电路压降较大<br>4. 灯管上积垢太多 | 1. 调换新灯管<br>2. 加罩或回避冷风<br>3. 如有条件调整电压或调换粗导线<br>4. 清除灯管积垢 |
| 杂声与电磁声 | 1. 镇流器质量较差，或其铁心钢片未夹紧<br>2. 电路电压过高引起镇流器发出声音<br>3. 镇流器过载或其内部短路<br>4. 启辉器不好引起开启时辉光杂声 | 1. 调换镇流器<br>2. 如有条件设法降压<br>3. 调换镇流器<br>4. 调换启辉器 |
| 镇流器发热 | 1. 灯架内温度过高<br>2. 电路电压过高或过载<br>3. 灯管闪烁时间长或使用时间长 | 1. 改善装置方法，保持通风<br>2. 如有条件调低电压或调换镇流器<br>3. 消除闪烁原因或减少连续使用时间 |
| 灯管使用时间短 | 1. 镇流器配用规格不合或质量差或镇流器内部短路致使灯管电压过高<br>2. 开关次数太多，或启辉器不好引起长时间闪烁<br>3. 震动引起灯丝断掉<br>4. 新灯管因接线错误而烧坏 | 1. 调换镇流器<br>2. 减少开关次数或调换启辉器<br>3. 改善装置安装位置减少受震<br>4. 改正接线 |

## 七、荧光灯镇流器的数据与测定

表 11-54　荧光灯镇流器的数据

| 镇流器功率(W) | 6 | 8 | 15 | 20 | 30 | 40 |
|---|---|---|---|---|---|---|
| 工作电压(V) | 203 | 200 | 202 | 196 | 180 | 165 |
| 工作电流(mA) | 135 | 145 | 320 | 330 | 350 | 410 |
| 铁心截面(mm) | 14×18 | 14×18 | 18×24 | 18×24 | 18×24 | 18×24 |
| 匝　　数 | 2 500 | 2 500 | 1 360 | 1 360 | 1 360 | 1 360 |
| 线径(mm) | ϕ0.21 | ϕ0.21 | ϕ0.34 | ϕ0.34 | ϕ.34 | ϕ0.34 |

荧光灯镇流器数据的测定、调试是通过图 11-18 所示线路中改变镇流器的铁心气隙来达到的。先将自耦变压器的输出电压调到镇流器的工作电压，然后观察电流表的读数，若读数比表 11-53 中规定的工作电流大，说明镇流器的电感量不够大，于是应逐渐敲紧铁心，减小气隙，使电感量增大，使电流减小以达到规定值，最后予以浸漆固定。反之若电流表读数偏小，则应使气隙增大，最后使电流达到规定值。

在无上述测试条件时，也可用如图 11-19 电路对镇流器进行简单测定、调试。即将镇流器与一个 15 W 灯泡串接在 220 V 电源上，观察镇流器的端电压，使其符合下表数值。

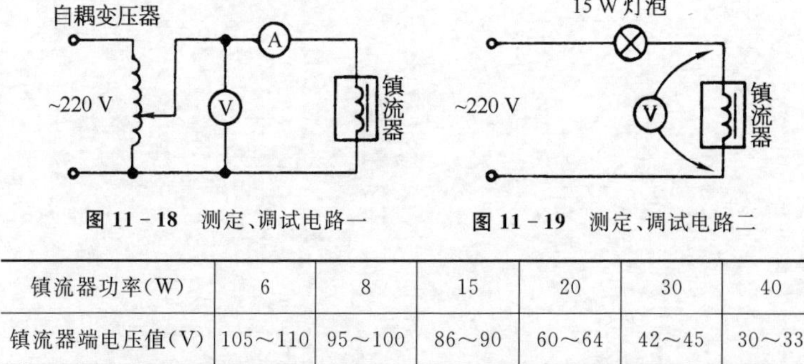


**图 11-18**　测定、调试电路一　　**图 11-19**　测定、调试电路二

| 镇流器功率(W) | 6 | 8 | 15 | 20 | 30 | 40 |
|---|---|---|---|---|---|---|
| 镇流器端电压值(V) | 105～110 | 95～100 | 86～90 | 60～64 | 42～45 | 30～33 |

对于无标牌可辨认的镇流器，也可用上述数据来判断其功率。测试中

如果发现电压表读数很小或接近于零,则说明镇流器已短路损坏,不能使用。若发现灯泡不亮,电压表读数为220 V,则说明镇流器内部已断路损坏,也不能使用。

## 八、LED灯的安装使用注意事项

(1) 区分使用电压。适用于交流的不能使用直流电源。

(2) 应在电源切断后再安装。

(3) 将灯的二端分别接在电源的相线和零线上,螺旋灯头外壳应接零线。

(4) 如果替代原有的荧光灯,则应将原镇流器等部件拆掉。

(5) 安装、撤除、清洗时,必须切断电源以免发生触电。

(6) 对灯具的发光LED模块,不能长时间直视,否则会对眼睛产生不良影响。

# 第12章　常用电工仪器仪表

电工仪器仪表的产品型号很多，本章主要介绍工矿企业中常用的仪器仪表以及测量。电工测量仪表的常用符号及意义见表12-1。

表12-1　电工测量仪表的常用符号及意义

| 名　称 | 符　号 | 名　称 | 符　号 |
|---|---|---|---|
| 磁电式 | | 正端钮 | + |
| 磁电式比率计 | | 负端钮 | − |
| 整流式 | | 公共端钮(万用表功率表等) | ∗ |
| 电动式 | | 与屏蔽相连接的端钮 | |
| 电动式比率计 | | 垂直安放使用 | ↑ 或 ⊥ |
| 铁磁电动式 | | 水平安放使用 | → 或 ⊓ |
| 铁磁电动式比率计 | | 倾斜60°安放使用 | ∠60° |
| 电磁式 | | 仪器绝缘试验电压 2 000 V | 2kV 或 ☆2 |
| 电磁式比率计 | | 准确度等级1.0 | (1.0) 或 1.0 |
| 静电式 | | Ⅰ级防外磁场 | Ⅰ |
| 感应式 | | A级工作环境 | A |
| 直流 | − | 注意！遵照使用说明书及质量合格证明书规定 | ! |
| 交流 | ~ | 50 Hz | ~50 |
| 交直流 | ≃ | | |

## 12-1 测量仪表常识

1. 仪表的级别

仪表一般分为0.1、0.2、0.5、1.0、1.5、2.5和4.0七级。通常0.1和0.2级仪表用作标准表，0.5级至1.5级仪表用于实验，1.5级至4.0级仪表用于工程。所谓级别数是指仪表测量时可能产生的误差占满刻度的百分之几。表示级别的数字越小，准确度就越高。例如用0.1级和2.5级两只同样10 A量程的电流表分别去测8 A的电流。0.1级表可能产生的误差为10 A×0.1%=0.01 A，而2.5级表可能产生的误差为10 A×2.5%=0.25 A。

另外要注意，同一只仪表使用的量程恰当与否也会影响测量的准确度。例如用一只2级的量程为0～5～10 A的电流表去测量4 A的电流，当用10 A量程(即满刻度为10 A)时，可能产生的误差为10 A×2%=0.2 A，但当用5 A量程(即满刻度为5 A)时，可能产生的误差却只有5 A×2%=0.1 A。显然，对同一只仪表，用小的量程测量比用大的量程测量准确度高。因此通常选择量程时应使读数占满刻度三分之二以上的为宜。

2. 常用电工测量仪表的结构形式作用原理及其特点

常用电工测量仪表的结构形式作用原理及其特点见表12-2。

3. 常用开关板仪表的型号表示意义

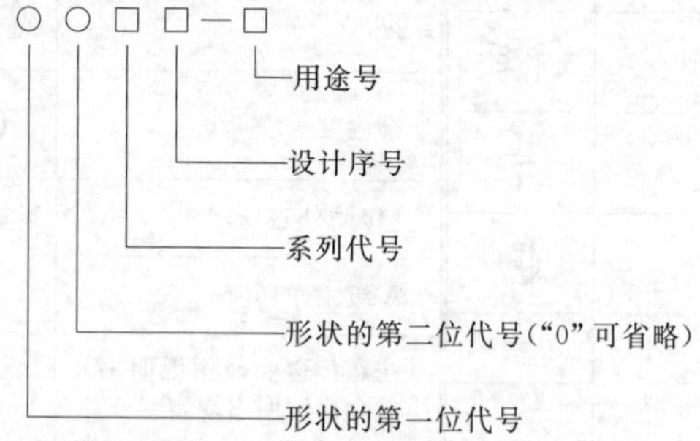


系列代号与形状特征代号分别列于表12-3和表12-4。

表 12-2 常用电工测量仪表的结构型式、作用原理及优缺点

| 结构型式 | 作用原理 | 原理结构图 | 优点 | 缺点 |
| --- | --- | --- | --- | --- |
| 磁电式（又叫动圈式） | 线圈处于永久磁铁的气隙磁场中，当线圈中有被测电流流过时，通有电流的线圈在磁场中受力并带动指针而偏转。当与弹簧反作用力矩平衡时，便获得读数 | 永久磁铁 可动线圈 极靴 指针 轴 圆柱铁心 游丝 平衡重物 调零螺母 调零导杆 | 1. 标度均匀<br>2. 灵敏度和准确度较高<br>3. 读数受外界磁场的影响小 | 1. 表头本身只能用来测量直流（当采用整流装置后也可用来测量交流）<br>2. 过载能力差 |
| 电磁式（又叫动铁式） | 在线圈内有1块固定铁片和1块装在转轴上的动铁片，当线圈中有被测电流通过时，定铁片和动铁片同时被磁化，并呈同一极性。由于同性相斥的缘故，动铁片便带动转轴一起偏转。当与弹簧反作用力矩平衡时，便获得读数 | 指针 固定线圈 平衡重物 定铁片 动铁片 调零螺母 游丝 空气阻尼器 | 1. 适用于交、直流测量<br>2. 过载能力强<br>3. 可无需辅助设备而直接测量大电流<br>4. 可用来测量非正弦量的有效值 | 1. 标度不均匀<br>2. 准确度不高<br>3. 读数受外磁场影响 |

（续表）

| 结构型式 | 作用原理 | 原理结构图 | 优点 | 缺点 |
|---|---|---|---|---|
| 电动式 | 仪表由固定线圈和活动线圈所组成。当它们通有电流后，由于载流导体磁场间的相互作用（或者载流导体间的相互作用）因而使活动线圈偏转。当与弹簧反作用力矩平衡时，便获得读数 | 指针 固定线圈 可动线圈 空气阻尼器 | 1. 适用于交、直流测量<br>2. 灵敏度和准确度比用于交流的其他型式仪表为高<br>3. 可用来测量非正弦量的有效值 | 1. 标度不均匀<br>2. 过载能力差<br>3. 读数受外磁场影响大 |
| 铁磁电动式 | 作用原理基本上同电动式，只是通有电流的活动线圈是在励磁线圈（绕在衔铁上的固定线圈）的磁场中受力偏转。当与弹簧反作用力矩平衡时，便获得读数。它是为消除外界磁场对电动式仪表读数的影响和增加仪表的偏转力矩而由电动式仪表改变而成的 | 固定线圈 可动线圈 圆柱铁心 铁心极靴 | 1. 适用于交、直流测量<br>2. 有较大的转动力矩<br>3. 较其他类型仪表耐震动<br>4. 受外界磁场影响小<br>5. 可做成广角度的表 | 1. 标度不均匀<br>2. 准确度较低 |

（续表）

| 结构型式 | 作用原理 | 原理结构图 | 优点 | 缺点 |
| --- | --- | --- | --- | --- |
| 感应式 | 仪表由1个或数个绕在铁心上的线圈和铝盘组成。当线圈中通有交流电时，在气隙中便产生交变磁通。铝盘在交变磁通的作用下，感应产生涡流，此涡流在交变磁通的磁场中受力，于是使铝盘转动。由于制动磁铁和可动部分的铝盘相互作用产生了制动力矩，它和转速成比例，当转动力矩和制动力矩大小相等方向相反时转速达到平衡 | 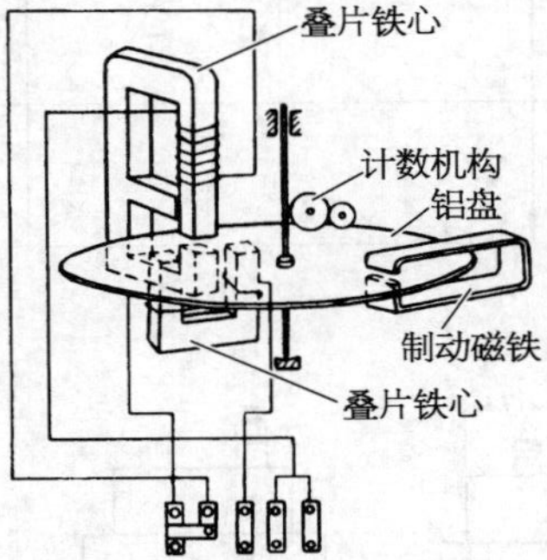  | 1. 转矩大，过载能力强<br>2. 受外界磁场影响小 | 1. 只能用于一定频率的交流电<br>2. 准确度较低 |
| 流比计（又叫比率计） | 在同一根转轴上装有两只交叉的线圈，两线圈在磁场（磁电式流比计磁场由永久磁铁建立，电动式流比计磁场由另1个线圈建立）中所受的作用力矩相反。其偏转决定于2个线圈中流过的电流之比值 $I_1/I_2$ 故叫流比计。因为这种仪表没有反作用力弹簧，不用时指针可停在任意位置 | 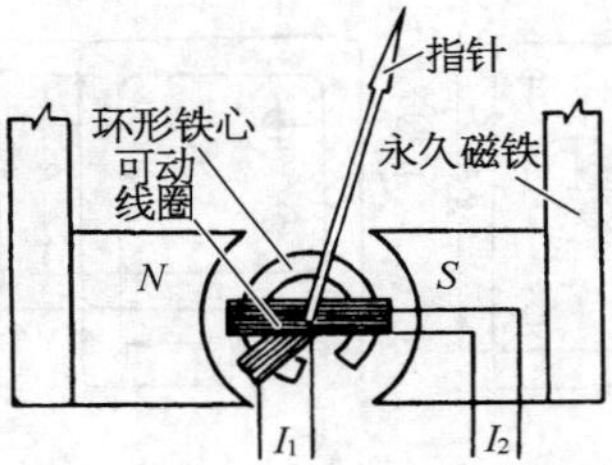  | 1. 具有磁电式和电动式的某些优点<br>2. 可做成多种类型的仪表，例如兆欧表、相位表、频率表等<br>3. 能消除外界的影响（如电压，频率的波动等） | 1. 标度不均匀<br>2. 过载能力差 |

注：表中介绍的电磁式仪表是一种推斥式，另一种吸入式这里从略。

表12-3　形状

| 外形形状 | 形状第一位代号<br>(面板最大尺寸)(mm) | |
|---|---|---|
| Ⅰ型 $(A \times A - D)$<br>Ⅱ型 $(A \times B - D)$<br>Ⅲ型 $(A \times A - B)$<br>Ⅳ型 $(A \times B - A_1 \times B_1)$<br>Ⅴ型 $(D - d)$ | 1 | 50～200 |
| | 2 | 200～400 |
| | 4 | 100～120 |
| | 5 | 120～150 |
| | 6 | 80～100 |
| | 8 | 50～80 |
| | 9 | 50及以下 |

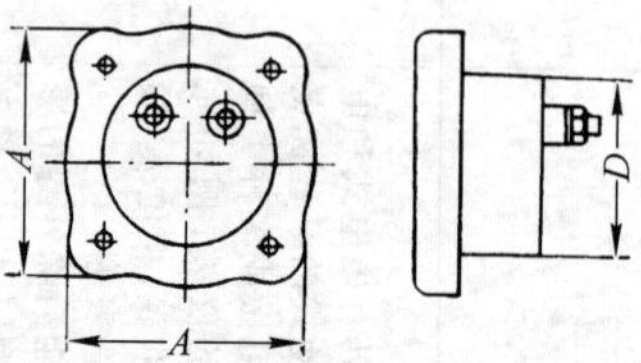

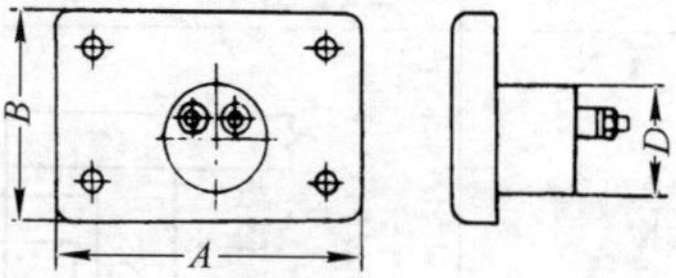

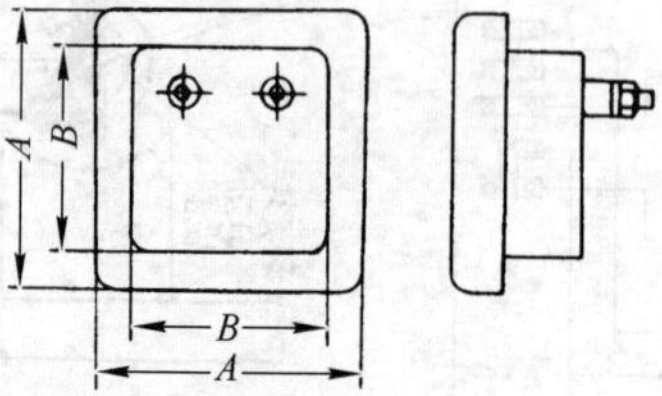

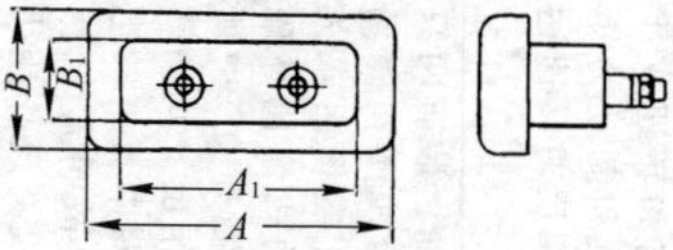

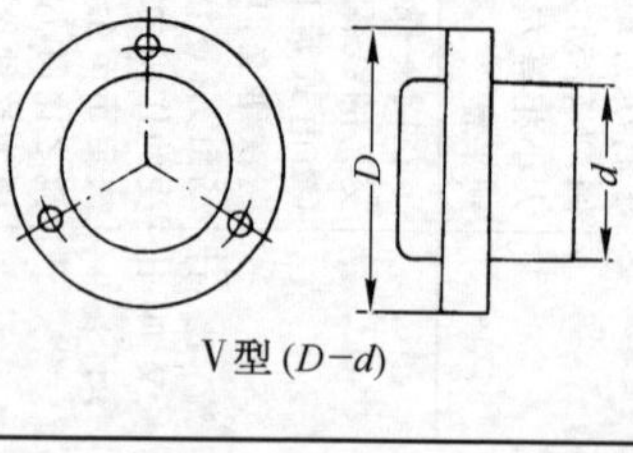

特征代号

| 形状第二位代号(外壳尺寸特征) | | | | | | |
|---|---|---|---|---|---|---|
| 0 | 1 | 2 | 3 | 5 | 6 | 9 |
| 160×160<br>−150<br>Ⅲ | 185×185<br>−120<br>Ⅰ | | | | 160×160<br>−150×<br>70<br>Ⅳ | 其 他 |
| | 220×220<br>−210<br>Ⅲ | | | | | 其 他 |
| 110×110<br>−100<br>Ⅲ | 110×110<br>−100<br>Ⅰ | | 110×85<br>−60<br>Ⅱ | | | 其 他 |
| 135×135<br>−120<br>Ⅰ | 135×110<br>−80<br>Ⅱ | 130×105<br>−70<br>Ⅱ | | | | 其 他 |
| 85×65<br>−40<br>Ⅱ | | 85×85<br>−80<br>Ⅰ | | 85−70<br>Ⅴ | 100−80<br>Ⅴ | 其 他 |
| | 65×65<br>−60<br>Ⅰ | 80−65<br>Ⅴ | | | | 其 他 |
| 30×30<br>−25<br>Ⅰ | 45×45<br>−40<br>Ⅰ | | | | | 其 他 |

表12-4 系列代号

| 代 号 | B | C | D | E | G | L |
|---|---|---|---|---|---|---|
| 系 列 | 谐 振<br>(振簧) | 磁 电 | 电 动 | 热 电 | 感应 | 整 流 |
| 代 号 | Q | R | S | T | U | Z |
| 系 列 | 静 电 | 热 线 | 双金属 | 电 磁 | 光 电 | 电 子 |

举例:

1C2-A表示为磁电式电流表,由表12-3查得其外形为Ⅲ型,尺寸为(160×160-150)。

59L1-V表示为整流式电压表,由表12-3查得其外形为其他型,外形最大尺寸为120~150 mm。

# 12-2 电流和电压的测量

## 一、电流的测量

### 1. 直流电流的测量

测量直流电流时,要注意仪表的极性和量程(图12-1)。在用带有分流器的仪表测量时,应将分流器的电流端钮(外侧2个端钮)接入电路中(图12-2),由表头引出的外附定值导线应接在分流器的电位端钮上。一般外附定值导线是与仪表、分流器一起配套的。如果外附定值导线不够长,可用不同截面和长度的导线替代,但应使替代导线的电阻等于0.035 Ω。

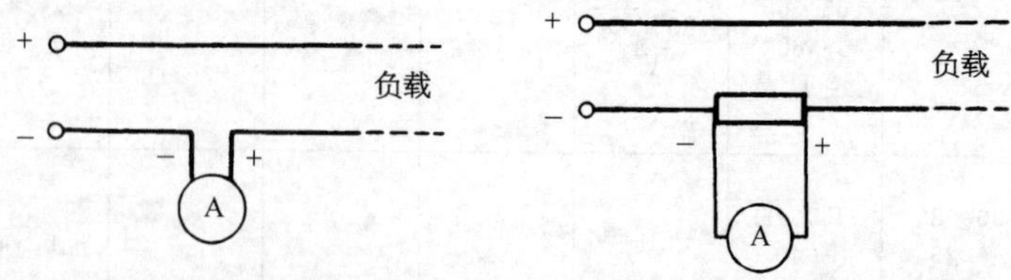


图12-1 电流表直接接入法(直流)　　图12-2 带有分流器的接入法

2. 交流电流的测量

单相交流电流的测量接线如图 12-3、图 12-4 所示。电流互感器的原理及使用方法参阅第 2 章。

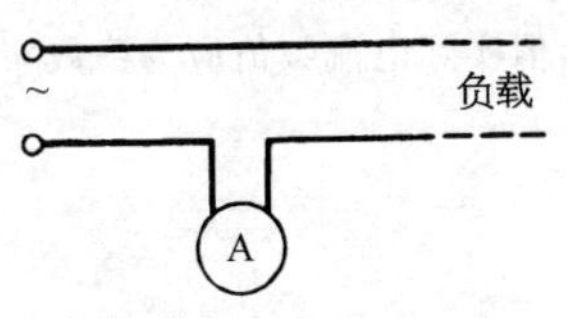


**图 12-3**　电流表直接接入法(交流)

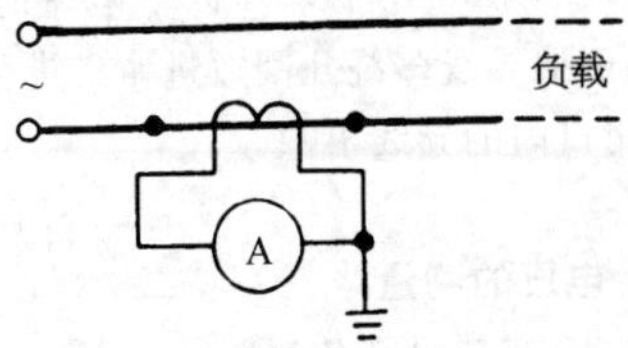


**图 12-4**　带有电流互感器的接入法

3. 用钳形表测量交直流电流

在不拆断电路而需要测量电流的场合,可用钳形表进行测量。钳形表分为可测交流电流(例如 T-301、T-302、MG-24)和可测交、直流电流(例如 MG20、MG21)两类,有的还可测量电压(例 T-302、MG-24)。

测量时只要将被测载流导线夹于钳口中,便可读数。

测量交流的钳形表实质上是由 1 个电流互感器和 1 个整流式仪表所组成,被测载流导线相当于电流互感器的一次侧绕组。

测量交、直流的钳形表是 1 个电磁式仪表,放置在钳口中的被测载流导线作为励磁线圈,磁通在铁心中形成回路,电磁式测量机构位于铁心的缺口中间,受磁场的作用而偏转,获得读数。因其偏转不受测量电流种类的影响,所以可测量交直流。

图 12-5 是 T-302 型钳形表的外形。

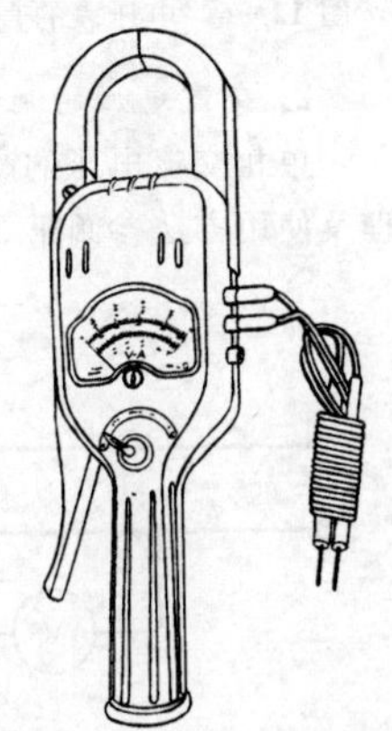

**图 12-5**　T-302 型钳形交直电流电压表外形

钳形表的使用方法:

(1) 进行电流测量时,被测载流导线的位置应放在钳口中央,以免产生误差。

(2) 测量前应先估计被测电流或电压大小,选择合适的量程。或先选用较大量程测,然后再视被测电流、电压大小,减小量程。

(3) 为使读数准确,钳口两个面应保证很好接合。如有杂声,可将钳口重新开合一次。如果声音依然存在,可检查在接合面上是否有污垢存在。如有污垢，可用汽油擦干净。

(4) 测量后一定要把调节开关放在最大电流量程位置，以免下次使用时，由于未经选择量程而造成仪表损坏。

(5) 测量小于 5 A 以下电流时，为了得到较准确的读数，在条件许可时，可把导线多绕几圈放进钳口进行测量，但实际电流数值应为读数除以放进钳口内的导线根数。

## 二、电压的测量

### 1. 直流电压的测量

进行直流电压测量时要注意仪表的极性（图 12－6）和量程。在带有附加电阻的测量时（图 12－7），如果电源有接地的话，应将仪表接在近地端。

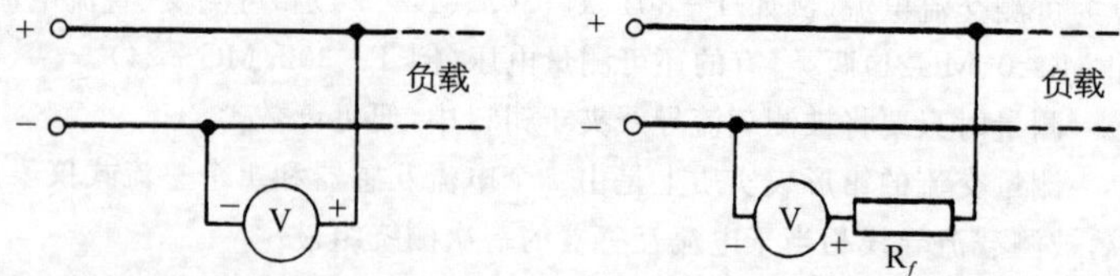


**图 12－6** 电压表的直接接入法（直流） **图 12－7** 带有附加电阻的接法

### 2. 交流电压的测量

单相交流电压的测量接线如图 12－8、图 12－9 所示。电压互感器的原理及使用方法参阅第 2 章。

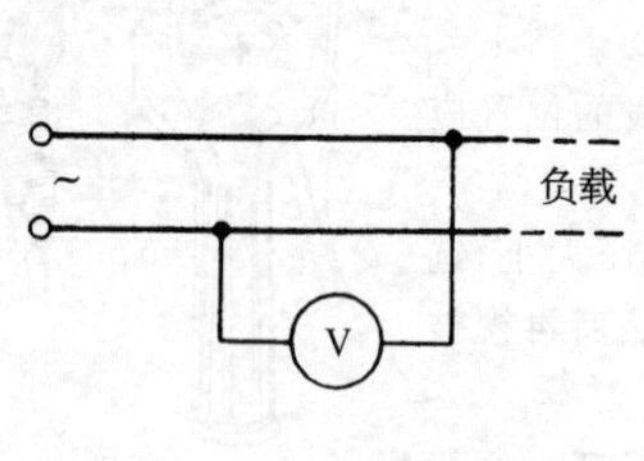


**图 12－8** 电压表的直接接入法（交流）

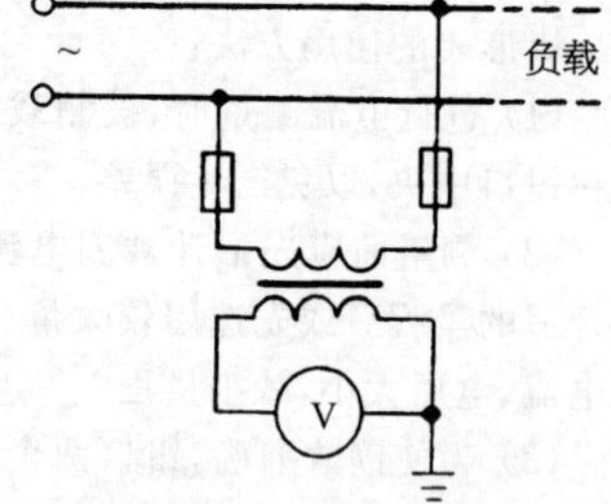


**图 12－9** 带有电压互感器的接入法

## 三、常用电流、电压钳形表的型号和规格

常用的直流电流、电压表有 1C、1KC、42C、59C、69C、85C、91C 等系列。

常用的交流电流、电压表有 1T、6L、42L、44L、59L、69L、85L 等系列。常用的钳形电流电压表有 MG 系列等。

表 12-5 部分常用电流、电压表的型号及其规格

| | 型号 | 类型 | 级别 | 量程范围 | 备注 |
|---|---|---|---|---|---|
| 直流 | 1C2-$\frac{A}{V}$ | 磁电式 | 1.5 | 1 mA～10 000 A<br>3～3 000 V | 75 A 起外接 FL-2 分流器<br>1 000 V 起附定值电阻器 |
| | 1KC-$\frac{A}{V}$ | 磁电式 | 2.5 | 1～500 A<br>30～250 V | 指针端有触点可与控制电路相连<br>20 A 起外接分流器 |
| | 6C2-$\frac{A}{V}$ | 磁电式 | 1.5 | 1 mA～50 A<br>1.5～600 V | 75 A 起外接分流器 |
| | 42C3-$\frac{A}{V}$ | 磁电式 | 1.5 | 1 mA～50 A<br>1.5～1 500 V | 75 A 起外接分流器<br>750 V 起附定值电阻器 |
| | 44C2-$\frac{A}{V}$ | 磁电式 | 1.5 | 50 μA～10 A<br>1.5～600 V | 15 A 起外接分流器 |
| | 59C2-$\frac{A}{V}$ | 磁电式 | 1.5 | 50 μA～10 A<br>1～600 V | 15 A 起外接分流器 |
| | 69C9-$\frac{A}{V}$<br>69C13-$\frac{A}{V}$ | 磁电式 | 2.5 | 50 μA～10 A<br>1.5～600 V | 15 A 起外接分流器<br>69C13-$\frac{A}{V}$ 指针可制成双方向 |
| | 85C1-$\frac{A}{V}$ | 磁电式 | 2.5 | 50 μA～10 A<br>1.5～600 A | 15 A 起外接分流器 |
| | 91C4-$\frac{A}{V}$ | 磁电式 | 5 | 50 μA～50 A<br>1.5～600 V | 75 A 起外接分流器 |

（续表）

| | 型号 | 类型 | 级别 | 量程范围 | 备注 |
|---|---|---|---|---|---|
| 直流 | PA15 - A | 数字式 | 0.08 | 0～2 A | 6位LED显示 |
| | PA15 - A | | 0.15 | 0～10 A | |
| | PZ158P - A | | 0.02 | 0～2 A | 7位LED显示 |
| | PZ158P - V | | 0.006 | 0～440 V | |
| | PZ91 - V | | 0.05 | 0～400 V | 5位LED显示 |
| 交流 | 1T1 - A/V | 电磁式 | 2.5 | 0.5～200 A<br>5～10 000 A | 后者配用5 A电流互感器 |
| | | | | 15～600 V<br>450～460 000 V | 后者配用100 V电压互感器 |
| | 6L2 - A/V | 整流式 | 1.5 | 0.5～50 A | 大于50 A配用电流互感器<br>200～600 V配用100 V电压互感器 |
| | | | | 3～150 V<br>200～600 V | |
| | 42L6 - A/V | 整流式 | 1.5 | 0.5～50 A | |
| | | | | 3～150 V<br>200～600 V | |
| | 44L1 - A/V | 整流式 | 1.5 | 0.5～20 A | 大于20 A配用电流互感器<br>200～600 V配用100 V电压互感器 |
| | | | | 3～150 V<br>200～600 V | |
| | 59L1 - A/V | 整流式 | 1.5 | 0.5～20 A | |
| | | | | 3～150 V<br>200～600 V | |
| | 69L9 - A/V<br>69L13 - A/V | 整流式 | 2.5 | 0.5～20 A | |
| | | | | 3～150 V<br>200～600 V | |
| | 85L1 - A/V | 整流式 | 2.5 | 0.5～20 A | |
| | | | | 3～150 V<br>200～600 V | |

（续表）

| | 型 号 | 类型 | 级别 | 量 程 范 围 | 备 注 |
|---|---|---|---|---|---|
| 交流 | SB15/6-A | 数字式 | 0.9 | 0～2 A | 4位LED显示 |
| | SB15/16-A | | 0.35 | | 5位LED显示 |
| | PZ90/5-V | | 1.0 | 0～400 V | 4位LED显示 |
| | PZ90/15-V | | 0.3 | | 5位LED显示 |
| 钳形 | MG20 | 电磁式 | 5 | 0～100 A 0～200 A<br>0～300 A 0～400 A<br>0～500 A 0～600 A<br>0～800 A | 每个表备有多个表头，每个量程用一个表头适用于测量工作频率50 Hz、电压600 V以下的交流和直流网络的电流 |
| | MG21 | 电磁式 | 5 | 0～750 A 0～1 000 A<br>0～1 500 A | |
| | MG3-1<br>（T-301） | 电磁式 | 2.5 | 0～10～25～50～100～250 A<br>0～10～25～100～300～600 A<br>0～10～30～100～300～1 000 A | 适用于测50 Hz、600 V以下交流电路 |
| | MG3-2-$\frac{A}{V}$<br>（T-302） | 电磁式 | 2.5 | 1～10～50～250～1 000 A<br>0～300～600 V | |
| | MG24-$\frac{A}{V}$ | 整流式 | 2.5 | 0～5～25～50 A<br>0～5～50～250 A<br>0～300～600 V | |
| | MG26-$\frac{A}{V}$ | 整流式 | 5 | 0～5 A 0～50 A<br>0～250 A<br>0～300 V 0～600 V | |

# 12-3 电阻的测量

## 一、1 Ω～100 kΩ电阻的测量

### 1. 电压、电流表法

用电压、电流表法测电阻，其电阻值可以用下式来求得：

$$R_x = \frac{U}{I}$$

式中　$R_x$——被测电阻；

$U$、$I$——电压、电流表的读数。

如果 $R_A$、$R_V$ 分别是电流表与电压表的内阻，图 12-10a 的接线适用于 $R_A$ 远小于 $R_x$ 的情况，图 12-10b 接线适用于 $R_V$ 远大于 $R_x$ 的情况。

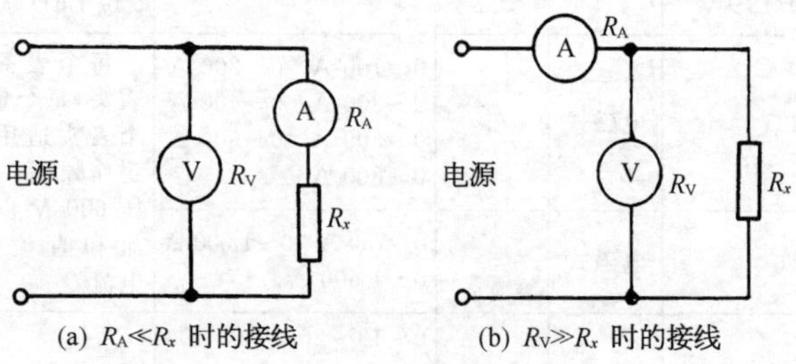


**图 12-10**　电压、电流表法测电阻的接线

此法测量时最好将电源电压调节到使电流为被测电阻工作时的情况，这样测出的电阻将比较接近于实际使用情况(例如测白炽灯或电热器的电阻时，应将电压调节到额定值，这才表示工作时的电阻)。

2. 万用表法

选择合适的电阻量程档测量。

3. 单臂电桥(惠斯顿电桥)测量法

当需要精确地测量中值电阻时，往往采用单臂电桥进行测量。

单臂电桥的原理电路如图 12-11 所示。图中 $R_x$ 为被测电阻，G 为检流计，当变动 $R_1$、$R_2$、$R_3$ 数值，可使检流计中通过的电流为零(指针不动)，电路达到平衡，这时 $R_1$、$R_2$、$R_3$ 与 $R_x$ 的数值关系为

$$R_1 R_3 = R_2 R_x$$

或

$$R_x = \frac{R_1}{R_2} R_3$$

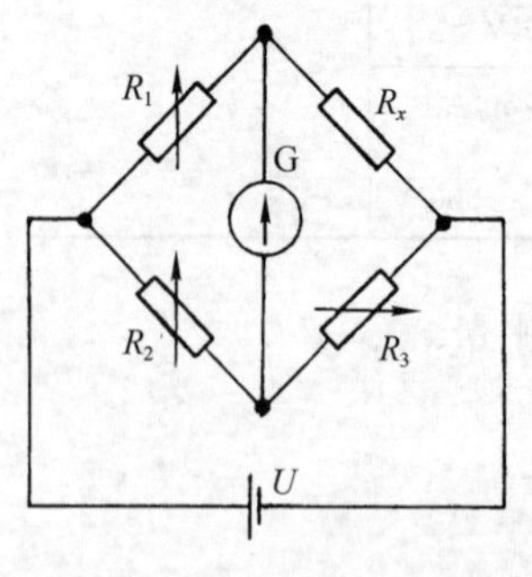


**图 12-11**　单臂电桥原理线路

$R_1$、$R_2$ 叫比例臂，$R_3$ 叫比较臂。在电桥中 $R_1$、$R_2$ 实际上是做在一起的，可用一个转换开关来变换 $R_1/R_2$ 的比值，一般有×0.001，×0.01，×0.1，×1，×10，×100，×1000 七档。$R_3$ 一般有 9×1 Ω，9×10 Ω，9×100 Ω，9×1 000 Ω4 个读数盘。

QJ23 携带式直流单臂电桥的结构电路和外形如图 12-12 所示。

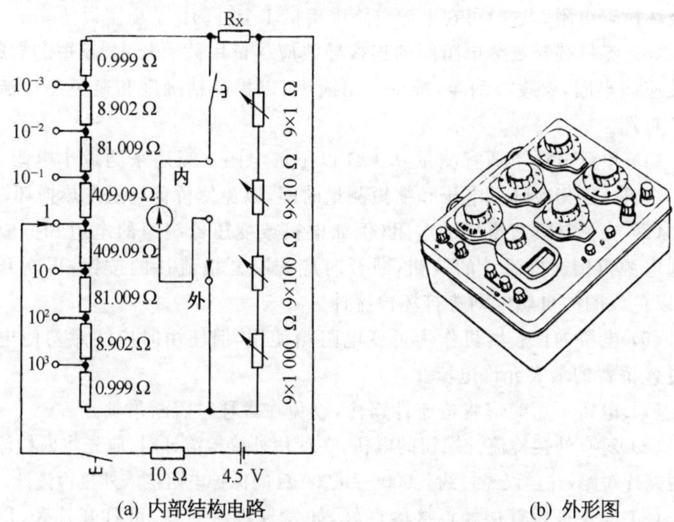


(a) 内部结构电路　　(b) 外形图

**图 12-12**　QJ23 携带式直流单臂电桥的结构电路和外形

QJ23 电桥在测量不同范围的电阻时，比例臂的位置（倍率）和测量相对误差的关系见表 12-6。

表 12-6　QJ23 电桥比例臂的倍率与测量相对误差关系

| 倍　　率 | $R_x$　(Ω) | 相对误差 |
|---|---|---|
| ×0.1，×1，×10 | $10^2$～99 990 | ±0.2% |
| ×0.01 | 10～99.99 | ±0.5% |
| ×100 | $10^5$～999 900 | ±0.5% |
| ×0.001 | 1～9.999 | ±1% |
| ×1 000 | $10^6$～9 999 000 | ±1% |

4. 单臂电桥使用注意事项

(1) 根据被测电阻的大小,参照说明书上的表格选择相应的比例臂(倍率)。

(2) 电池电压偏低会影响电桥的灵敏度,所以如发现电池电压偏低时应调换。当采用外接电源时,必须注意极性且勿使电压超过规定值,否则有可能烧坏桥臂电阻。这时可在电源电路中串接1个可调保护电阻以便降压。

(3) 测量端与被测电阻间的连接导线应尽量用截面较大、较短的导线,连接应该牢固,漆膜应刮净,避免采用线夹,以提高精确度和避免使检流计指针打坏。

(4) 单臂电桥不适宜测量0.1 Ω以下的电阻。当用来测量小电阻(小于1 Ω)时,应相应降低电压和缩短测量时间,以免使桥臂电阻发热损坏。

(5) 在测量具有电感的电阻(例如电机或变压器绕组的电阻)时,应先接通电源再接通检流计的按钮;断开时应先断开检流计的按钮,再断开电源,以免线圈的自感电动势打坏检流计。

(6) 电桥的比较臂可作为可变电阻箱使用,但使用时应注意勿使电流超过该桥臂的最大允许电流。

(7) 电桥不用时应将检流计锁住,以免在搬移时震断吊丝。

(8) 对有外接检流计端钮的电桥,在使用外接检流计时,应先将内检流计用短路片短路,并建议经过约5 000～10 000 Ω的保护电阻接入外接检流计。

(9) 应保证桥臂接触点接触良好,如发现接触不良,可打开外壳,用蘸有汽油的纱布清洗,并旋转各旋钮,使接触面氧化层破坏,待接触稳定后,再涂一层薄薄的中性凡士林油。

## 二、低电阻的测量

在测量触头的接触电阻和直流电机电枢绕组等的低值电阻时,中值电阻的单臂电桥测量方法就显得不够准确,因为连接引线的电阻与接头处的接触电阻这时不可忽略,而前述方法中这些电阻都包含在未知桥臂中被测量进去了,所以必须采用双臂电桥进行测量。

图12-13为QJ103型直流双臂电桥的结构电路。双臂电桥是在单臂电桥的基础上,设法消除连接引线与接触电阻的影响而构成的,为此电桥有2对测量端钮,1对叫电流端钮(用$C$标记),另1对叫电压端钮(用$P$标记),如图12-13a中的$C_1$、$C_2$、$P_1$、$P_2$。

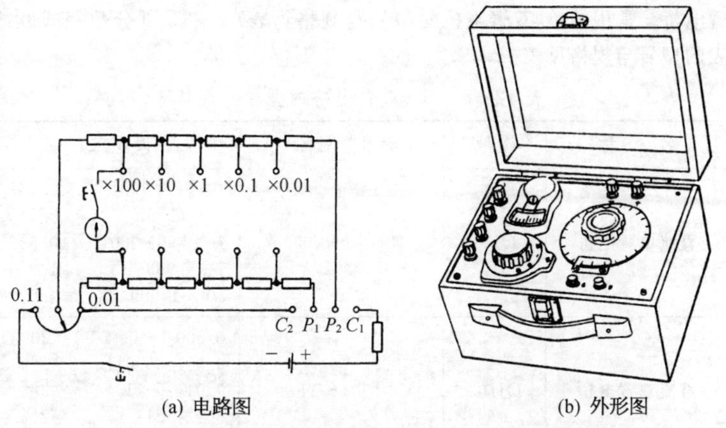


(a) 电路图　　(b) 外形图

**图 12-13**　QJ103 型直流双臂电桥的结构电路和外形图

QJ103 电桥在测不同范围的电阻时，比例臂的位置（倍率）和测量相对误差的关系见表 12-7。

表 12-7　QJ103 电桥比例臂的倍率与相对误差关系

| 倍　率 | $R_x(\Omega)$ | 相 对 误 差 |
|---|---|---|
| ×0.01 | 0.000 1～0.001 1 | ±20% |
| ×0.1 | 0.001～0.011 | ±2% |
| ×1 | 0.01～0.11 | ±2% |
| ×10 | 0.1～1.1 | ±2% |
| ×100 | 1～11 | ±2% |

在使用双臂电桥进行测量时，要注意被测电阻的电流端与电压端应相应地连接于电桥的电流端钮与电压端钮上。实际使用时往往被测电阻没有电流端与电压端，所以测量时应注意，要使被测电阻的电压端接在 1 对电流端的内侧（图 12-14），切不可接错。

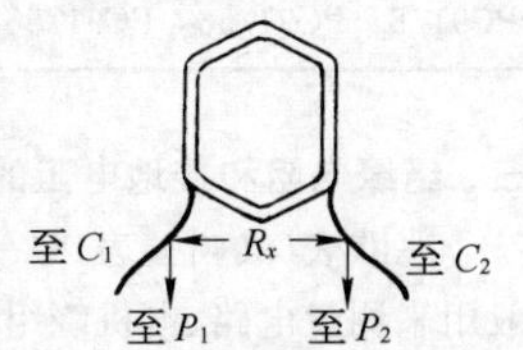


**图 12-14**　被测电阻电压端与电流端的接法

双臂电桥的其他使用注意事项基本上同单

臂电桥。常用的单、双臂电桥的型号与规格见表12-8。部分数字式欧姆表的型号与规格见表12-9。

表12-8　单、双臂电桥的型号与规格

| 名　称 | 型号 | 测量范围(Ω) | 误差(Ω) | |
|---|---|---|---|---|
| 直流单臂电桥 | QJ23 | 1～9 999 000 | $10^2$～99 990<br>10～99.99<br>$10^5$～999 900<br>1～9.999<br>$10^6$～9 999 000 | 0.2%<br>0.5%<br>0.5%<br>1.0%<br>1.0% |
| 直流双臂电桥 | QJ103 | $10^{-4}$～11 | 0.000 1～0.001 1<br>0.001～0.011<br>0.01～0.11<br>0.1～1.1<br>1～11 | 20%<br>2%<br>2%<br>2%<br>2% |
| 单双臂两用电桥 | QJ19 | 单臂 $10^2$～$10^6$<br>双臂 $10^{-5}$～$10^2$ | 0.5% | |

表12-9　部分数字式欧姆表的型号与规格

| 型 | 号 | | 测量范围 | 误　差 | 备　注 |
|---|---|---|---|---|---|
| PC91/1 | PC91/51 | PC91/51A | 0～19.999 Ω | ±0.05% | 5位LDE数字显示<br>PC91/1-8型供电电压交流220 V±22 V<br>PC91/51-58型供电电压<br>直流24 V±3.0 V<br>PC91/51A-58A型供电电压<br>直流9.0 V±0.5 V |
| PC91/2 | PC91/52 | PC91/52A | 0～199.99 Ω | ±0.05% | |
| PC91/3 | PC91/53 | PC91/53A | 0～1.999 9 kΩ | | |
| PC91/4 | PC91/54 | PC91/54A | 0～19.999 kΩ | | |
| PC91/5 | PC91/55 | PC91/55A | 0～199.99 kΩ | ±0.06% | |
| PC91/8 | PC91/58 | PC91/58A | 0～100.0 MΩ | ±3% | |

## 三、绝缘电阻和接地电阻的测量

兆欧表(又叫摇表)是一种简便、常用的测量高电阻的直读式仪表。一般用来测量电路、电机绕组、电缆、电气设备等的绝缘电阻。

最常见的兆欧表是由作为电源的高压手摇发电机(交流或直流发电机)及指示读数的磁电式双动圈流比计所组成。新型的兆欧表有用交流电作电源的或采用晶体管直流电源变换器及磁电式仪表来指示读数的。

用交流发电机和直流发电机作电源的兆欧表测量电阻的原理电路如图 12-15 所示。固定在同一轴上的 2 个线圈，其中 1 个线圈与附加电阻 R1 串联，另一个线圈通过附加电阻 R2 与被测电阻 $R_x$ 串联。

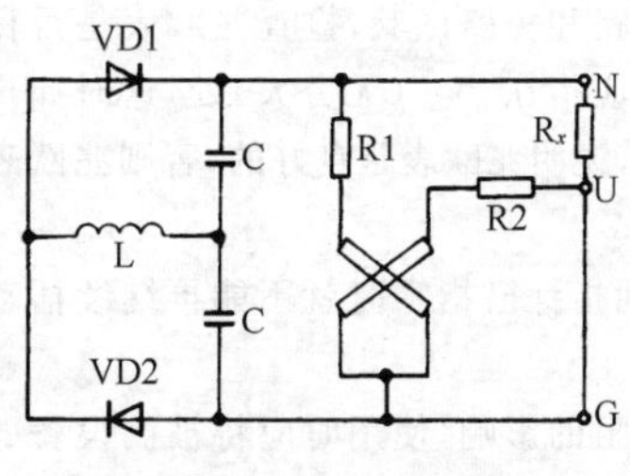

(a) 交流发电机作电源

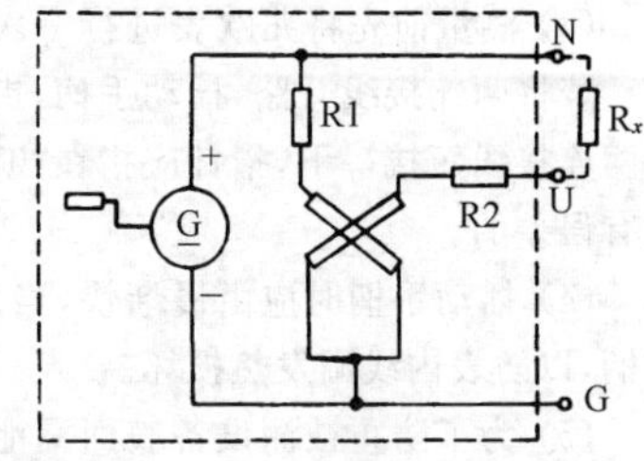

(b) 直流发电机作电源

**图 12-15** 兆欧表原理图

兆欧表上有 3 个分别标有接地(N)、电路(U)和保护环(G)的接线柱。测量电路绝缘电阻时，可将被测端接于“电路”的接线柱上，而以良好的地线接于“接地”的接线柱上(图12-16a)；在做电机绝缘电阻测量时，将电机绕组接于“电路”的接线柱上，机壳接于“接地”的接线柱上(图 12-16b)；测量电缆的缆芯对缆壳的绝缘电阻时，除将缆芯和缆壳分别接于“电路”和“接地”接线柱外，再将电缆壳芯之间的内层绝缘物接“保护环”，以消除因表面漏电而引起的误差(图 12-16c)。

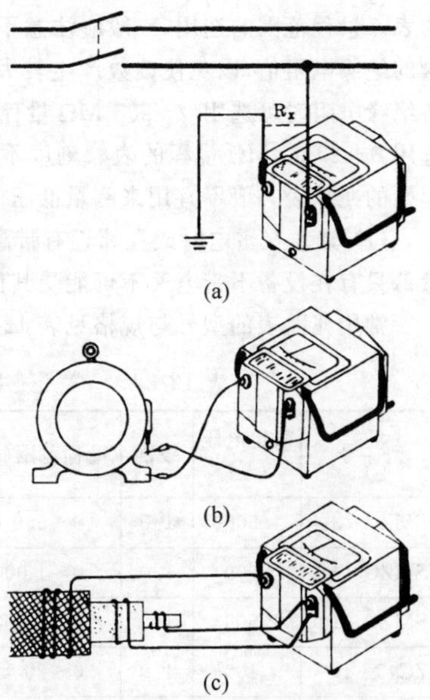

**图 12-16** 用兆欧表测量绝缘电阻的接法

兆欧表的使用注意事项：

(1) 在进行测量前后要先切断电源，被测设备一定要进行充分放电(约需 2～3 min)，以保障设备及人身安全。

(2) 接线柱与被测设备间连接的导线不能用双股绝缘线或绞线,要用单股线分开单独连接,避免因绞线绝缘不良而引起误差。同样应保持表面清洁、干燥以免引起误差。

(3) 测量前先将兆欧表进行一次开路和短路试验,检查兆欧表是否良好。若将两连接线开路,摇动手柄,指针应指在“∞”(无穷大)处,这时如再把两连接线短接一下,指针应指在“0”处,说明兆欧表是良好的,否则兆欧表是有误差的。

(4) 摇动手柄时应由慢渐快,当出现指针已指零时就不能再继续摇动手柄,以防表内线圈发热损坏。

(5) 为了防止被测设备表面漏泄电阻的影响,使用时应将被测设备的中间层接于保护环(G)端,如图 12-16c 所示。

(6) 兆欧表电压等级的选用,一般额定电压在 500 V 以下的设备,选用 500 V 或 1 000 V 的表,额定电压在 500 V 以上的设备选用 1 000～2 500 V 的表。量程范围的选用,一般应注意不要使其测量范围过多地超出所需测量的绝缘电阻值,以免使读数产生较大的误差。例如一般测量低压电器设备绝缘电阻时可选用 0～200 MΩ 量程的表,测量高压电器设备或电缆时可选用 0～2 000 MΩ 量程的表。刻度不是从零开始,而是从 1 MΩ 或 2 MΩ 起始的兆欧表一般不宜用来测量低压电器设备的绝缘电阻。

(7) 禁止在雷电时或在邻近有带高压导体的设备处使用兆欧表进行测量。只有在设备不带电又不可能受其他电源感应而带电时才能进行测量。

常用兆欧表的型号与规格见表 12-10。

表 12-10　常用兆欧表的型号与规格

| 型　号 | 额定电压(V) | 级别 | 量程范围(MΩ) | 备　注 |
|---|---|---|---|---|
| SMZC-3 | 500 | 1.0 | 0～500 | |
| SMZC-4 | 1 000 | 1.0 | 0～1 000 | |
| SMZC-10 | 2 500 | 1.5 | 0～2 500 | |
| ZC45-1 | 100 | 1.0 | 0～20 | |
| ZC45-2 | 100 | 1.0 | 0～100 | |

（续表）

| 型　号 | 额定电压(V) | 级别 | 量程范围(MΩ) | 备　注 |
|---|---|---|---|---|
| ZC45-3 | 250 | 1.0 | 0～50 | |
| ZC45-4 | 250 | 1.0 | 0～250 | |
| ZC45-5 | 500 | 1.0 | 0～100 | |
| ZC45-6 | 500 | 1.0 | 0～500 | |
| ZC45-7 | 1 000 | 1.0 | 0～1 000 | |
| ZC45-8 | 2 500 | 1.0 | 0～2 500 | |
| ZC11D-1 | 100 | 1.0 | 0～500 | |
| ZC11D-2 | 250 | 1.0 | 0～1 000 | |
| ZC11D-3 | 500 | 1.0 | 0～2 000 | |
| ZC11D-4 | 1 000 | 1.0 | 0～5 000 | |
| ZC11D-5 | 2 500 | 1.5 | 0～10 000 | |
| ZC11D-6 | 100 | 1.0 | 0～20 | |
| ZC11D-7 | 250 | 1.0 | 0～50 | |
| ZC11D-8 | 500 | 1.0 | 0～100 | |
| ZC11D-9 | 50 | 1.0 | 0～200 | |
| ZC11D-10 | 2 500 | 1.5 | 0～2 500 | |
| ZC59-1 | 100 | 1.0 | 0～100 | 袖珍型重约 1 kg　外形尺寸 175×98×80(mm×mm×mm) |
| ZC59-2 | 250 | 1.0 | 0～250 | |
| ZC59-3 | 500 | 1.0 | 0～500 | |
| ZC59-4 | 1 000 | 1.0 | 0～1 000 | |
| ZC42-1 | 100<br>250 | 1.0 | 0～100<br>0～200 | 交流 220 V 供电 |
| ZC42-2 | 250<br>500 | 1.0 | 0～200<br>0～500 | |
| ZC42-3 | 500<br>1 000 | 1.0 | 0～500<br>0～1 000 | |

（续表）

| 型　号 | 额定电压(V) | 级别 | 量程范围(MΩ) | 备　　注 |
|---|---|---|---|---|
| ZC52-1 | 250<br>500<br>1 000 | 1.0 | 0～250<br>0～500<br>0～1 000 | 交流220 V供电 |
| ZC52 | | | | |
| ZC58-1 | 250 | 5.0 | 0～500 | 电源为1.5 V 5号电池六节还可测交流电压0～500 V外形尺寸162×100×45(mm×mm×mm)重0.42 kg |
| ZC58-2 | 500 | 5.0 | 0～1 000 | |
| ZC58-3 | 1 000 | 5.0 | 0～2 000 | |
| PC20（数字式） | 500<br>1 000 | 3.0 | 0～200<br>0～1 000 | 还可测直流电压0～200 V 0～1 000 V　交流电压0～200 V 0～750 V<br>电源为1.5 V 5号电池六节外形尺寸162×100×45(mm×mm×mm)　重0.34 kg |
| PC10（数字式） | 500<br>1 000 | 1.0 | 0.05～2 000<br>0.19～2 000 | 交流220 V供电<br>显示：LED3 $\frac{1}{2}$位，最大显示1999<br>并有BCD码输出功能 |

工矿企业中有的电气设备如避雷针等必须可靠接地，用来测量电气设备接地电阻用的仪表称接地电阻测试仪，又称接地电阻表。若是用手摇发电机来提供检测电压的又称接地摇表。常用接地电阻表的型号与规格见表12-11。

表12-11　常用接地电阻表的型号与规格

| 型　号 | 测量范围(Ω) | 级别 | 最小分辨率(Ω) | 辅助接地探棒接地电阻值(Ω) | 备　　注 |
|---|---|---|---|---|---|
| ZC29B-1 | 0～10<br>0～100<br>0～1 000 | 3.0 | 0.1<br>1<br>10 | ≤1 000<br>≤2 000<br>≤5 000 | 接地摇表 |
| ZC29B-2 | 0～1<br>0～10<br>0～100 | 3.0 | 0.01<br>0.1<br>1 | ≤500<br>≤1 000<br>≤2 000 | |

（续表）

| 型　号 | 测量范围（Ω） | 级别 | 最小分辨率（Ω） | 辅助接地探棒接地电阻值（Ω） | 备　　注 |
|---|---|---|---|---|---|
| PC22 | 0～2<br>2～20<br>20～200 | 2.0 | 0.01 | ⩽2 000<br>⩽5 000<br>⩽5 000 | 数字式，3位液晶显示，2号电池（1.5 V）8节 |
| ZC54 | 0～10<br>0～100<br>0～1 000 | 5.0 | 0.1<br>1<br>10 | ⩽2 000<br>⩽2 000<br>⩽5 000 | 5号电池（1.5 V）8节 |

# 12-4　功率和功率因数的测量

## 一、直流电路功率的测量

若按图12-17接线测量，功率$P$等于电压表与电流表读数的乘积，即$P=UI$。图12-17a适用于$R_V$远大于$R_z$的情况，图12-17b适用于$R_A$远小于$R_z$的情况，$R_z$、$R_V$、$R_A$分别为负载电阻、电压表内阻和电流表内阻。

若按图12-18接线测量，功率表的读数就是被测负载的功率。

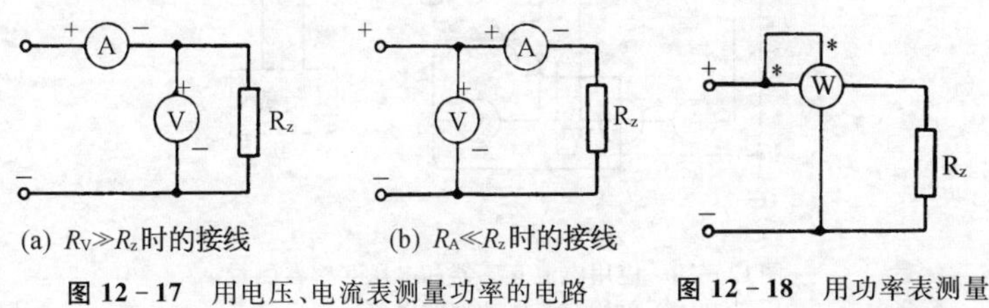


(a) $R_V \gg R_z$时的接线　(b) $R_A \ll R_z$时的接线

**图12-17**　用电压、电流表测量功率的电路

**图12-18**　用功率表测量功率的电路

## 二、单相交流电路功率和功率因数的测量

1. *有功功率的测量*

功率表（又叫电力表或瓦特表）是一种电动式仪表，可用于测量直流电路和交流电路的功率。它有两组线圈，一组是固定的电流线圈，一组是可动

的电压线圈。它的指针偏转(读数)与电压、电流以及电压与电流之间的相角差的余弦的乘积成正比,因此可用它测量电路的功率。由于它的读数与电压、电流之间的相角差有关,因此电流线圈与电压线圈的接线必须按照规定的方式才正确。在仪表上注有＊或±号的端点应接在一起,如图12－19a所示。

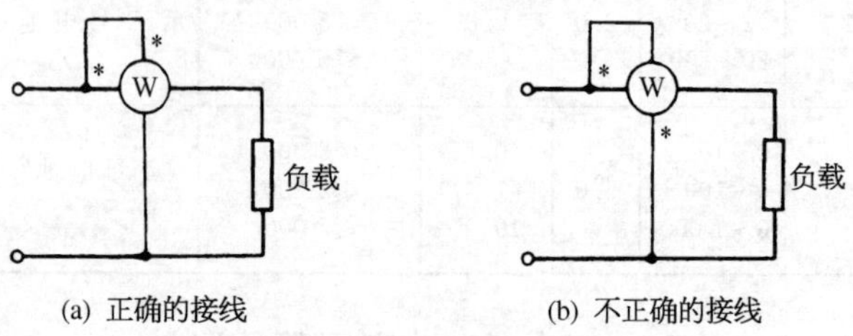


(a) 正确的接线　　(b) 不正确的接线

**图12－19**　功率表测量的接线

当需要对高压电路或大电流电路进行功率测量而功率表的量程不够时,可按图12－20接线。

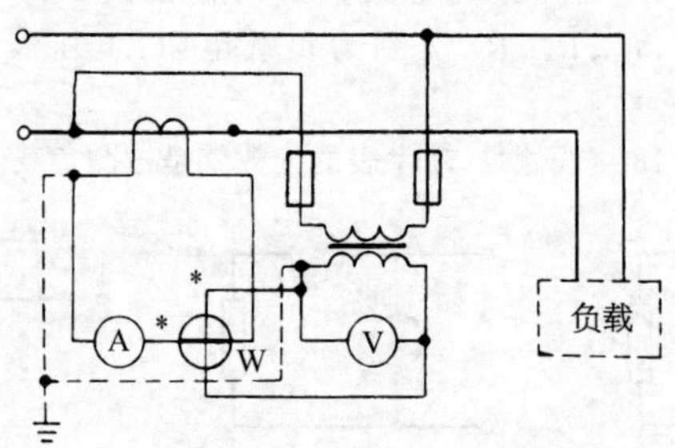


**图12－20**　应用电流互感器和电压互感器测量单相交流电功率的电路

这时电路的功率为

$$P = P_1 K_1 K_2$$

式中　$P$——被测功率;

$P_1$——功率表的读数;

$K_1$——电流互感器一次侧电流与二次侧电流之比;

$K_2$——电压互感器的一次侧电压与二次侧电压之比。

当测量低功率因数负载的有功功率时，为了减小误差，需采用低功率因数的功率表。

图 12-21 是以 D26-W 功率表(150～300～600 V，5～10 A)为例的功率表电压电流线圈的接线。

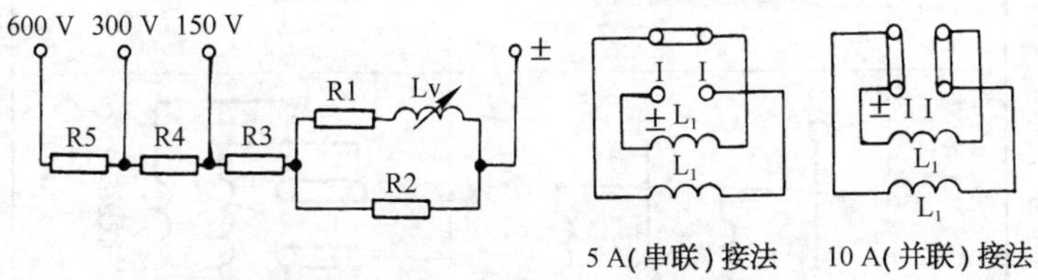


**图 12-21**　D26-W 型功率表电压、电流线圈接线原理图

Lv—电压线圈；$L_1$—电流线圈；R1～R5—附加电阻

2. 功率因数的测量

单相功率因数表(又称相位表)是电动式流比计，其原理如图 12-22 所示。它有 2 个固定线圈 A，另有 2 个互成某一角度并固定在同一支架上的 2 个可动线圈 B1 和 B2，R1、R2 和 L 分别是附加电阻和电感。其特点是没有反作用弹簧(游丝)，因此使用前仪表的指针可停留在任意位置。使用时 2 个可动线圈产生的力矩方向相反，仪表的设计使仪表接入电路并获得平衡时，其偏转角正比于电流(即负载电流)超前或落后端电压的相角 $\varphi$，从而在仪表的刻度值上便可读得电路负载的功率因数 $\cos\varphi$ 值。单相功率因数表的接法与单相功率表相同，有 *(或±)号的端点应连接在一起。它们的型号规格见表 12-12。

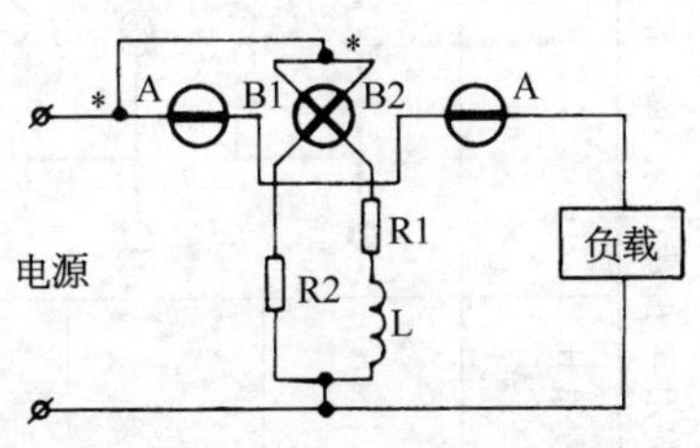


**图 12-22**　单相功率因数表原理连接图

## 三、三相交流电路功率和功率因数的测量

1. 有功功率的测量

用单相功率表进行测量的接线如图 12-23 所示。

表 12-12 常用单相功率表和单相功率因数表的型号与规格

| 型号 | 级别 | 电压量程范围(V) | 电流量程范围(A) | 电流线圈接线 | 备注 |
| --- | --- | --- | --- | --- | --- |
| D19-W | 0.5 | 150～300 | 0.5～1 | 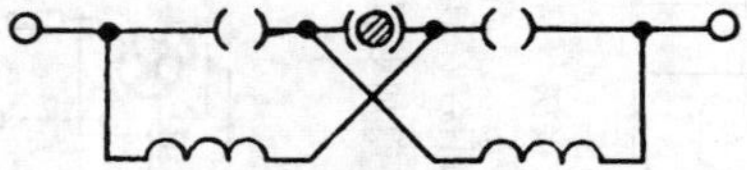 串联插接法 | |
| | | | 2.5～5 |  并联插接法 | |
| | | | 5～10 | | |
| D26-W | 0.5 | 75～150～300 | 0.5～1 | 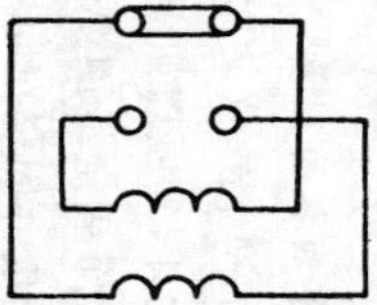 串联接法 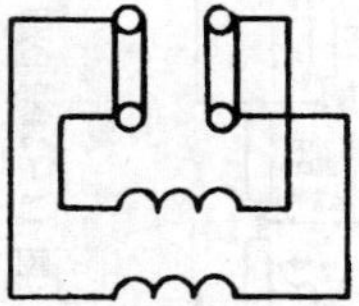 | |
| | | | 1～2 | 并联接法 | |
| | | 125～250～500 | 2.5～5 | | |
| | | | 5～10 | | |
| | | 150～300～600 | 10～20 | | |

（续表）

| 型　号 | 级别 | 电压量程范围(V) | 电流量程范围(A) | 电流线圈接线 | 备　注 |
|---|---|---|---|---|---|
| D26 - cos $\varphi$ | 0.5 | 110<br>220 | 0.25～0.5<br>0.5～1<br>1～2<br>2.5～5<br>5～10<br>10～20 | | 功率因数范围：−0.5～1～+0.5 |
| PS40 | 0.5 | 200<br>500 | 0.2～2<br>2～20 | | 数字式，LED3 $\frac{1}{2}$ 位有 BCD 码数字输出，可与计算机联接<br>功率量程：200～1 000 W；2～10 kW |

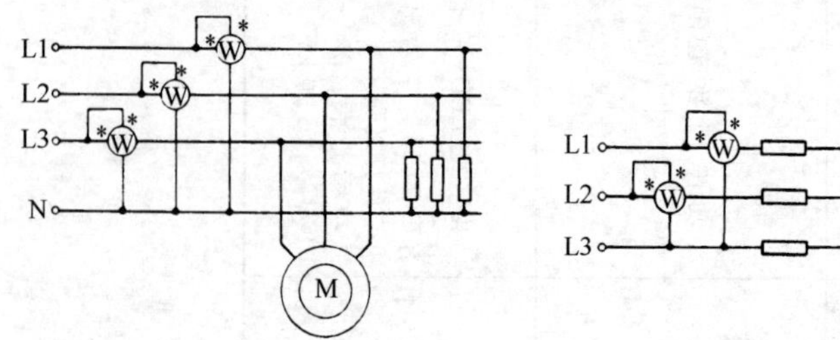


图 12－23 三相四线制电路功率的测量接线

$P = P_1 + P_2 + P_3$(三瓦计法)

图 12－24 三相三线制电路功率的测量接线

$P = P_1 + P_2$(二瓦计法)

要注意负载不对称的三相四线制不能用二瓦计法进行测量。在用二瓦计法(图 12－24)进行测量时,某些情况下(与负载性质有关),如果发现功率表反偏转而无法读数时,可将该表的电流线圈接头反接(图 12－25),但不可将电压线圈接头反接以免引起静电误差甚至导致仪表损坏。这时所测得的功率应为两读数之差。

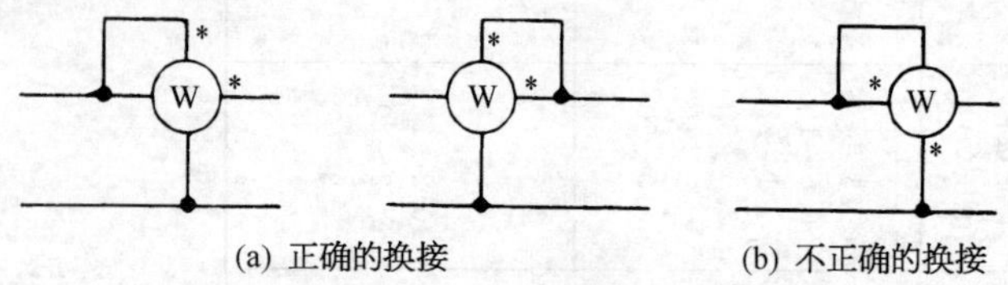


(a) 正确的换接　(b) 不正确的换接

图 12－25 功率表的接线换接图

用三相有功功率表进行测量的接线如图 12－26 所示。

三相有功功率表(又叫千瓦表)实际上相当于两个单相功率表组合在一起的铁磁电动式(或电动式)仪表,它有 2 个电压线圈与 2 个电流线圈,分别接于电路之中,其内部接法就是三相三线制中用单相功率表的二瓦计法。因此能用来测量三相电路的功率,但它只能测量三相三线制或对称三相四线制交流电路的功率。

仪表的接线如图 12－26 所示。当采用电压或电流互感器时,电路的实际功率 $P$ 为电表的读数 $P_1$ 乘以电压互感器和电流互感器的比率,即

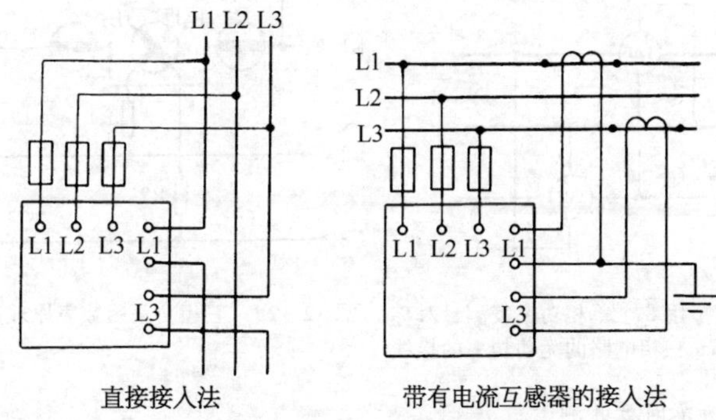


**图 12－26**　三相有功功率表的接线

$$P = P_1 K_1 K_2$$

2. 无功功率的测量

按图 12－27 接法用两个单相有功功率表可以测量对称三相交流电路的无功功率。两个功率表读数之和就是电路的无功功率，单位为乏(var)。

用三相无功功率表(又叫千乏表)可以测量对称三相电路的无功功率，其结构相同于三相有功功率表，内部接线就是图 12－27 中的用两个单相功率表测量对称三相电路的接法。仪表的接线相同于三相有功功率表的接法(图 12－26)。常用三相功率表的型号与规格见表 12－13。

表 12－13　常用三相功率表的型号与规格

| 名　称 | 型　号 | 级　别 | 额定电压(V) | 额定电流(A) |
|---|---|---|---|---|
| 三相有功功率表 | 1D1－W | 2.5 | 100、127、220 | 5 |
| 三相有功功率表 | 1D5－W | 2.5 | 127、220 | 5 |
| 三相有功功率表 | 19D1－W | 2.5 | 127、220、380 | 5 |
| 三相无功功率表 | 1D1－var | 2.5 | 100、127、220 | 5 |
| 三相无功功率表 | 1D5－var | 2.5 | 127、220 | 5 |
| 三相无功功率表 | 19D1－var | 2.5 | 127、220、380 | 5 |

注：当电压、电流量程不符或需扩大量程时，可配用电压或电流互感器。

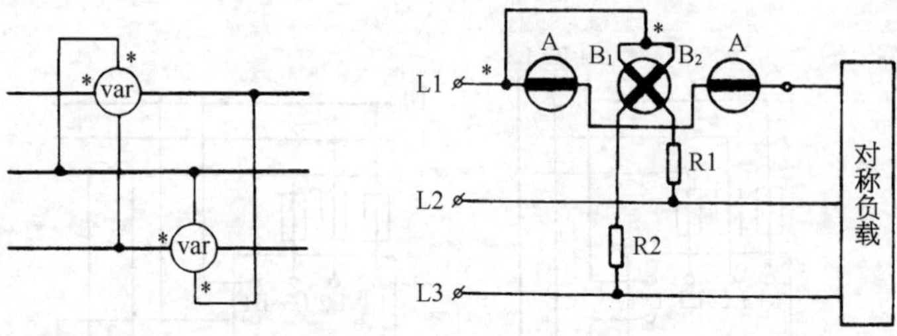


**图 12－27** 用 2 个单相功率表测量对称三相电路的无功功率的接线 **图 12－28** 三相功率因数表原理连接图

3. 功率因数的测量

三相功率因数表(或称相位计)也是 1 个流比计，是专门用来测量三相对称电路(三线制、各相负载对称的电路)负载的功率因数的。其原理连接图如图 12－28 所示。图中 A 为固定线圈(电流线圈)串接在 L1 相电路中，两个固定在同一支架上的线圈(电压线圈)$B_1$、$B_2$ 分别跨接在线电压 L1、L2 相与 L1、L3 相间，R1 与 R2 为附加电阻。接法上，若电流线圈接头串接在 L1 相，则两个电压线圈必须依次接到 L1、L2 相和 L1、L3 相，不可接错(余类推)。仪表的设计使平衡时指针的偏转反映负载的相角 $\varphi$(或负载的功率因数角 $\varphi$)，于是从仪表的刻度值上便可读得负载的功率因数 $\cos\varphi$。常用三相功率因数表的型号与规格见表 12－14。

表 12－14 常用三相功率因数表的型号与规格

| 型 号 | 级别 | 功率因数范围 | 额定电压(V) | 额定电流(A) |
|---|---|---|---|---|
| D31－cos φ | 1.0 | －0.5～1～＋0.5 | 110<br>220<br>380 | 0.25～0.5 0.5～1<br>1～2 2.5～5<br>5～10 10～20 |
| 19D1－cos φ | 2.5 | －0.5～1～＋0.5 | 127<br>220<br>380 | 5 |
| 45T1－cos φ | 2.5 | 0～1～0 | 100<br>127<br>220<br>直接接入 380 V<br>配电压互感器 | 5 |

# 12-5 电能的测量

## 一、直流电能的测量

直流电能 $W$ 的测量可通过功率 $P$ 测量的读数乘以时间 $t$ 而得，即

$$W = Pt$$

对于一般的直流电路的电能可用直流电能表(电度表)来测量。直流电能表属于电动式仪表。它有一组电压线圈和一组电流线圈，分别接于被测电路之中。DJ1 型 2.0 级直流电能表接线方式如图 12-29 所示。

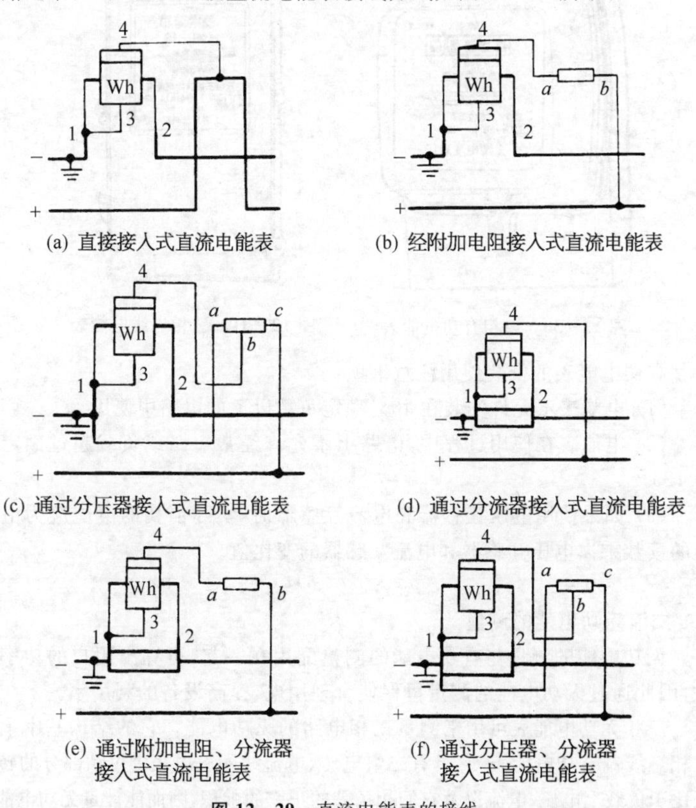


(a) 直接接入式直流电能表 (b) 经附加电阻接入式直流电能表

(c) 通过分压器接入式直流电能表 (d) 通过分流器接入式直流电能表

(e) 通过附加电阻、分流器接入式直流电能表 (f) 通过分压器、分流器接入式直流电能表

图 12-29 直流电能表的接线

## 二、交流有功电能的测量

单相有功电能表(单相瓦时表)可用来测量单相交流电路的有功电能。它是一种感应式仪表,主要由 1 个可旋转的铝盘和分别绕在铁心上的 1 个电压线圈与 1 个电流线圈所组成,其外形如图 12－30 所示。

三相三、四线交流电路的有功电能表的结构基本上与单相的相同,只是它具有二组(三线)或三组(四线)电压、电流线圈。三相三线电能表的外形如图 12－31 所示。

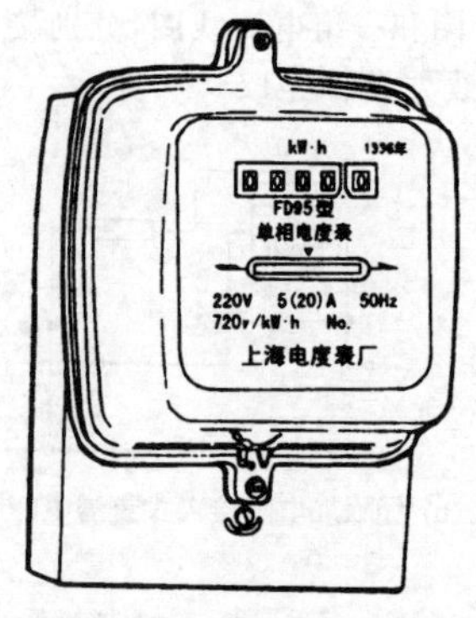


图 12－30 单相有功电能表

图 12－31 三相三线电能表

有功电能表的安装使用注意事项:

(1) 电能表不允许安装在 10%额定负载以下的电路中使用。

(2) 电能表在使用过程中,电路上不允许经常短路或负载超过额定值的 125%。

(3) 如果使用电压互感器和电流互感器时,实际消耗的电能应为电能表的读数乘以电压互感器和电流互感器的变比值。

## 三、交流无功电能的测量

无功电能的测量与有功电能的测量配用在一起,可算出用户的功率因数,因此通过无功电能的测量可促使合理用电,提高设备的利用率。

三相无功电能表可用来测量三相电路的无功电能。它的结构基本上同三相三线制有功电能表,它具有二组电压、电流线圈。电表的可动部分的转矩正比于负载上电压、电流以及它们相角差的正弦的乘积,因而能计量无功电能。

部分电能表的型号与规格见表 12-15。

表 12-15 部分电能表的型号与规格

| 名 称 | 型 号 | 级别 | 额定电压<br>(V) | 额定电流<br>(A) | 备 注 |
|---|---|---|---|---|---|
| 直流电能<br>(度)表 | DJ1 | 2.0 | 6、12<br>48、110 | 5、10、20、30<br>50、75、100<br>125、150、300 | 可配用分流器、分压器或附加电阻扩大量程 |
| 单相电能<br>(度)表 | FD-95$^{a}_{b}$ | 2.0 | 220 | 2.5(10)、5(20)<br>10(40)、15(60)<br>20(80)、30(100) | (  )中为允许过载量<br>互感式为应用电流互感器<br>另有 FD 系列其他型号 |
| | | | | 1.5(6)互感式 | |
| 单相电能<br>(度)表 | DD862-4 | 2.0 | 220 | 2.5(10)、5(20)<br>10(40)、15(60)<br>20(80)、40(100) | 另有 DD 系列其他型号等 |
| | | | | 1.5(6)互感式 | |
| 三相三线<br>有功电能<br>(度)表 | DS862-4 | 2.0 | 3×380 | 3×5(20)<br>3×10(40) | 另有 DS 系列其他型号等 |
| | | | | 3×1.5(6)互感式 | |
| 三相三线<br>无功电能<br>(度)表 | DX865-2 | 3.0 | 3×380 | 3×3(6)互感式 | 另有 DX 系列其他型号等 |
| | DX865-4 | | | 3×1.5(6)互感式 | |
| | DX863-4 | 2.0 | 3×380 | 3×1.5(6)互感式 | |
| 三相四线<br>有功电能<br>(度)表 | DT862-2 | 2.0 | 3×380/<br>220 | 3×3(6)互感式 | 另有 DT 系列其他型号等 |
| | DT862-4 | | | 3×1.5(6)互感式 | |
| | | | | 3×5(20)<br>3×10(40)<br>3×15(60)<br>3×20(80)<br>3×30(100) | |

（续表）

| 名　称 | 型　号 | 级别 | 额定电压（V） | 额定电流（A） | 备　注 |
|---|---|---|---|---|---|
| 三相四线无功电能（度）表 | DX862－2 | 3.0 | 3×380 | 3×3(6)互感式 | 另有 DX 系列其他型号 |
| | DX862－4 | | | 3×1.5(6)互感式 | |
| | DX864－2 | 2.0 | | 3×3(6)互感式 | |
| | DX864－4 | | | 3×1.5(6)互感式 | |
| 三相三线嵌入式有功电能（度）表 | DS862－2B | 2.0 | 3×380 | 3×3(6)互感式 | 另有 DS、DX、DT 系列其他型号<br>例如 DX865－2S，DX862－2S 分别为三相三线、四线双向无功电度表，可测电网中的感性和容性无功电能<br>嵌入式电能表安装孔尺寸如下<br>152　R12　230 |
| | DS862－4B | | | 3×1.5(6)互感式 | |
| 三相三线嵌入式无功电能（度）表 | DX865－2B | 3.0 | 3×380 | 3×3(6)互感式 | |
| | DX865－4B | | | 3×1.5(6)互感式 | |
| 三相四线嵌入式有功电能（度）表 | DT862－2B | 2.0 | 3×380 | 3×3(6)互感式 | |
| | DT862－4B | | | 3×1.5(6)互感式 | |
| | DT864－2B | 1.0 | 3×380/220 | 3×3(6)互感式 | |
| | DT864－4B | | | 3×1.5(6)互感式 | |
| 三相四线嵌入式无功电能（度）表 | DX862－2B | 3.0 | 3×380 | 3×3(6)互感式 | |
| | DX862－4B | | | 3×1.5(6)互感式 | |
| | DX864－2B | 2.0 | | 3×3(6)互感式 | |
| | DX864－4B | | | 3×1.5(6)互感式 | |
| 三相四线有功脉冲电能（度）表 | DT864M－1 | 1.0 | 3×380/220 | 3×3(6)<br>3×1.5(6) | M 为无源脉冲电度表，即需由外部输入直流工作电压 5～12 V，并注意电压极性，以免损坏电表。<br>YM 为有源脉冲电度表，其脉冲部分的工作电压，取自电表内部，用户不必提供直流工作电压。<br>可用于遥测电能并联机组成控制调度系统 |
| | DT864YM－1 | | | | |
| | DT862M－1 | 2.0 | | | |
| | DT862YM－1 | | | | |
| 三相四线无功脉冲电能（度）表 | DX864M－1 | 2.0 | 3×380 | 3×3(6)<br>3×1.5(6) | |
| | DX864YM－1 | | | | |
| | DX862M－1 | 3.0 | | | |
| | DX862YM－1 | | | | |

（续表）

| 名　称 | 型　号 | 级别 | 额定电压（V） | 额定电流（A） | 备　注 |
|---|---|---|---|---|---|
| 三相四线多功能电能(度)表 | DSD3－1 | 1.0 | 3×220/380 | 3×1.5(6) | 该表集电能表、脉冲表、分时表、需量表四表功能于一体的具有电能数据处理单元智能化电度表，有专用接口可与 IBM－PC 机相连，可扩展测试 87 个参数 |
| 单相圆筒式电能(度)表 | DDS38－S 系列 | 1.0 | 220 | 10(60),10(100) 15(100),20(80) 30(100) | （　）中为允许过载量 |
| | | | | 互感式 1(6)　5(6) | |
| 三相圆筒式电能(度)表 | DTS118－S 系列 | 1.0 | 3×220/380 | 同上 | |
| 电子式单相电能(度)表 | DDS38 系列 | 1.0 | 220 | 1.5(6)　2.5(10) 5(20)　10(40) 15(60)　20(80) 5(30)　10(60) 30(100)　30(120) | （　）中为允许过载量可选功能有计数器或 LED 显示，防窃功能红外抄表功能 带载波功能 带 RS485 接口 带 GPRS 功能 |
| 电子式三相电能(度)表 | DDS118 系列 | 1.0 | 3×220/380 | 3×1.5(6) 3×5(20) 3×10(40) 3×15(60) 3×20(80) 3×30(100) | |
| 单相(防窃)载波电能(度)表 | DDSI38 系列 | 1.0 | 220 | 5(20)　10(40) 15(60)　20(80) | 防窃式级别为 2.0 |
| 三相(防窃)载波电能(度)表 | DDS118 系列 | 1.0 | 3×220 | 3×1.5(6) 3×10(40) 3×15(60) 3×20(80) | |

## 四、单相有功电能表[单相电能(度)表]的安装和用秒表法校验

1. 单相电能表的安装

单相电能表应安装在干燥、明净和震动小的地方，并应装在涂有防潮漆的方板上。安装时，方板的上沿离地最高不得超过 2.2 m，下沿离地最低不得低于 1.1 m。

电能表必须装得与地面垂直，否则要影响电能表的准确性。

电能表总线(指供电单位总保险盒到电能表与电表到总开关的两段电线)应采用铜芯电线，它的截面积不得小于 1.5 $mm^2$。

单相电能表共有 4 个接线桩头，从左至右按 1、2、3、4 编号(图 12-32)。接线方法一般有两种，一种是按号码 1、3 接进线，2、4 接出线；另一种是按号码 1、2 接进线，3、4 接出线。相线必须接入电表的电流线圈桩头，由于有些电表的接线方法特殊，具体的接线方法要参照电表接线桩头盖子上的接线图。

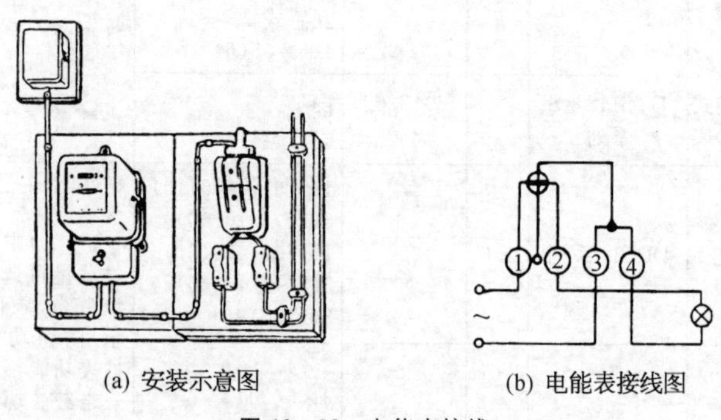


(a) 安装示意图 (b) 电能表接线图

图 12-32 电能表接线

若单相电能表无接线标志时，可作如下简易测定，将左面的第一桩头接到相线，然后用一只校验灯座，一头接至中性线，另一头分别搭其他 3 个桩头，由左至右按次测试必有两桩头亮度较暗，1 个桩头较亮，因为这是电流线圈，圈数少，导线粗，电阻小，所以灯泡较亮。另外 2 个桩头因是电压线圈，导线细，圈数多，阻值大，所以灯泡较暗。此时就可以把中性线接到较暗的左边 1 只桩头上。

相线必须接在电流线圈和电压线圈连接的 1 个桩头上，否则会引起线圈的绝缘击穿。

2. 用秒表法校验单相电能(度)表

在图12-32(b)的接线图中,用一个已知标准瓦数的白炽灯作负载,当电表铝盘旋转时,测得电能表铝盘每分钟的转数 $n$,然后按以下公式进行校核:

$$P=\frac{60\,000\times n}{K}$$

式中 $n$——电能表铝盘每分钟的转数;

$K$——电能表的常数[r/(kW·h)],这在电度表的铭牌上可查得;

$P$——白炽灯的瓦数计算值。

[例] 用100 W的白炽灯校验1 A、220 V的电能(度)表,由电表铭牌已知电表常数 $K=12\,500$ r/(kW·h),测得铝盘转速为21 r/min。

解 $$P=\frac{60\,000\times n}{K}=\frac{60\,000\times 21}{12\,500}\approx 100(\mathrm{W})$$

这与所用白炽灯瓦数相符合。

校验时电度表的常数、铝盘每分钟转数与负载的关系见表12-16。必须注意检验时应使标准白炽灯的额定电压与电度表的额定电压相符。

表12-16 校验电能表的常数、铝盘每分钟转数与负载的关系

| 电表常数 | 1 000 W | 500 W | 100 W | 电表常数 | 1 000 W | 500 W | 100 W |
|---|---|---|---|---|---|---|---|
| | r/min | r/min | r/min | | r/min | r/min | r/min |
| 12 500 | 208.3 | 104.2 | 20.8 | 500 | 8.33 | 4.14 | 0.83 |
| 12 000 | 200 | 100 | 20 | 400 | 6.66 | 3.33 | 0.66 |
| 10 000 | 166.6 | 83.3 | 16.6 | 360 | 6 | 3 | 0.6 |
| 8 000 | 133.3 | 66.6 | 13.3 | 300 | 5 | 2.5 | 0.5 |
| 6 000 | 100 | 50 | 10 | 250 | 4.17 | 2.08 | 0.42 |
| 4 000 | 66.66 | 33.33 | 6.66 | 200 | 3.33 | 1.67 | 0.33 |
| 3 600 | 60 | 30 | 6 | 150 | 2.5 | 1.25 | 0.25 |
| 3 000 | 50 | 25 | 5 | 100 | 1.67 | 0.83 | 0.17 |
| 2 400 | 40 | 20 | 4 | 78 | 1.3 | 0.65 | 0.13 |
| 1 600 | 26.66 | 13.33 | 2.66 | 75 | 1.25 | 0.625 | 0.125 |
| 1 000 | 16.66 | 8.33 | 1.66 | 50 | 0.83 | 0.42 | 0.083 |
| 750 | 12.5 | 6.25 | 1.25 | 48 | 0.8 | 0.4 | 0.08 |
| 600 | 10 | 5 | 1 | | | | |

# 12－6 常用电工仪器仪表

## 一、万用电表

万用电表是电工经常使用的多用途仪表，可以用来测量交流、直流电压，直流电流和电阻。有的还可以测量交流电流、电感、电容、音频电平(输出)等。

万用电表的性能好坏主要以灵敏度来表示。灵敏度是以测量电压时每伏若干欧(Ω/V)来衡量的。灵敏度愈高，表明测量仪表对被测电路的影响愈小，测量误差(不包括仪表本身的误差)也就愈小。一般是 1 000～20 000 Ω/V。

万用电表的测量原理与外形如图 12－33 和 12－34 所示。常用万用表电路如图 12－35 所示，型号与规格见表 12－18。

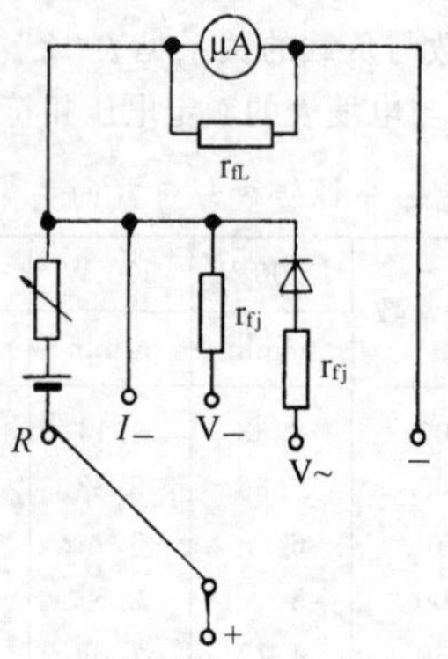


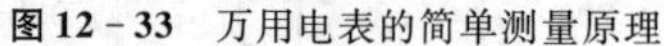
图 12－33 万用电表的简单测量原理

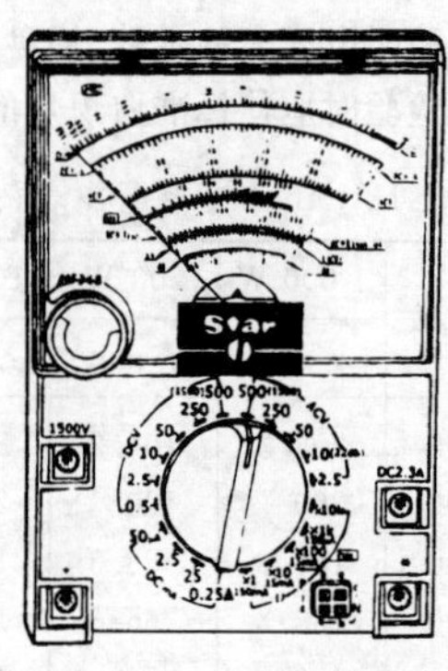

图 12－34 万用电表的外形图

万用电表使用时注意点：

(1) 量程转换开关必须拨在需测挡位置，不能放错，如果测量电压时误将转换开关拨在电流或电阻挡，则将损坏表头。

(2) 在测电流或电压时，如果对于被测电流、电压大小心中无数，应先拨到最大量程上试测，以保证指针不致打坏，然后再拨到合适的量程上测量，以减小误差。但是不可带电转换量程。

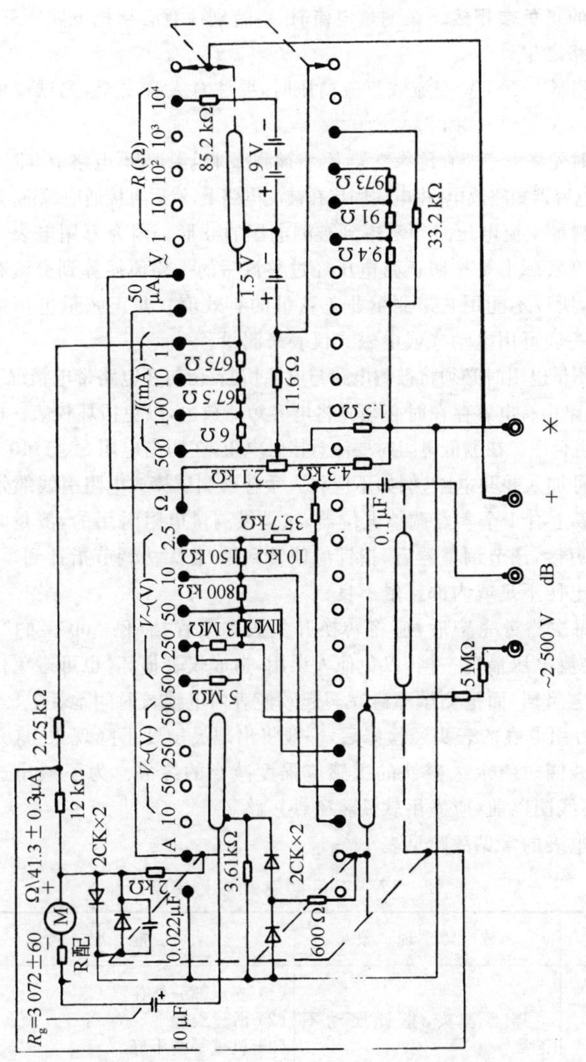


图 12-35　500 型万用电表电路

(3) 在测量直流电压或直流电流时，必须注意仪表的极性。正负端应各与电路的正负端相接。在测量电流时，应特别注意必须把电路断开，将表串接于电路之中。

(4) 测量 2 500 V 交流或直流高压时，要注意人身安全，测试棒应分别置于“2 500 V”及“－”插孔。

测量时先将电表架在绝缘支架上，将被测部件电源切断，电路中有固定大电容的应将电容器短路放电，将电表固接在被测电路上，然后再接通电源进行测量。

(5) 测量交流电压时须考虑到被测电压的波形。因为万用电表交流电压档的刻度实际上是按照正弦电压经过整流后的平均值换算到交流有效值来刻度的，所以不能用它来测量非正弦量的有效值。非正弦量电压或电流的有效值一般可用电动式或电磁式仪表来测量。

(6) 测量电阻时必须将被测电路与电源切断，切勿在电路带电情况下测量电阻，当电路中有电容存在时必须先将电容短路放电，以免损坏仪表。电阻的量程应选得合适。在测低电阻时要注意接触电阻，在测高电阻(大于 10 kΩ)时应注意不可加入并联电路(例如不应将人手接触测试棒或电阻引线部分)。

(7) 表上有 1 个零点调整电位器，这是供测量电阻时用的，测量时应先将测试棒短接，调节调整器后，指针应偏转到零，若无法调节指针到零点，则说明电池电压不足或内部接触不良。

(8) 每次测量完毕后，应将转换开关拨到空置挡(例 500 型的“·”位置)或测交流电压最高一挡，以免他人误用，造成仪表损坏，也可避免由于将量程拨在电阻挡，而把测试棒碰在一起致使表内电池长时间地耗电。

(9) 万用电表的表头经检修后，一般将出现灵敏度下降现象，这是由于拆开取出线圈时使永久磁铁的磁感应强度减小的缘故。为了减小这种影响，在取出线圈以前，应先用软铁将磁铁短路。

万用电表的常见故障见表 12－17。

表 12－17 万用电表的常见故障

| 故障位置 | 故障现象 | 可能原因 |
| --- | --- | --- |
| 表头 | 摇动表头，指针摆动不正常 | (1) 支承部分轧住<br>(2) 游丝绞住<br>(3) 机械平衡不好<br>(4) 表头线圈断开或分流电阻断开 |

（续表）

| 故障位置 | 故 障 现 象 | 可 能 原 因 |
|---|---|---|
| 直流电流挡 | 无指示 | (1) 表头被短路<br>(2) 表头线圈脱焊或动圈断路<br>(3) 表头串联的电阻损坏或脱焊<br>(4) 分挡开关未接通 |
| | 指针来回摆动不易停下 | 分流电阻断开 |
| | 各挡测量值偏高 | (1) 与表头串联电阻值变小<br>(2) 分流电阻值偏高 |
| | 各挡测量值偏小 | (1) 表头灵敏度降低<br>(2) 与表头串联电阻值变大 |
| 直流电压挡 | 无指示 | (1) 电压部分开关公用接点脱焊<br>(2) 最小量程挡附加电阻断线或损坏 |
| | 某量程挡不通，其他量程档通 | 转换开关接触不好或接触点与该档附加电阻脱焊 |
| | 小量程误差大，随量程增大误差变小 | 小量程的附加电阻有故障 |
| | 某量程挡显著不正确，该挡前各挡正常，该挡后随量程增大，误差变小 | 该挡附加电阻有故障 |
| 交流电压挡 | 指针轻微摆动或指示极小 | 整流器被击穿 |
| | 读数小一半左右 | 整流元件损坏，全波整流变成半波整流 |
| | 各挡测量值偏低 | 整流元件反向电阻值变小 |
| | 小量程误差大，随量程增大误差变小 | 该挡附加电阻有故障 |
| 电阻挡 | 无指示 | (1) 转换开关公共接触点引线断开<br>(2) 调零电位器中心焊接点引线脱焊<br>(3) 电池无电压输出 |
| | 正负棒短路时指针调不到零位 | (1) 电池容量不足<br>(2) 串联电阻值变大<br>(3) 转换开关接触电阻增大 |

（续表）

<table>
<tr><th>故障位置</th><th>故 障 现 象</th><th>可 能 原 因</th></tr>
<tr><td rowspan="3">电阻挡</td><td>调节零位时，指针跳跃不稳</td><td>(1) 调零电位器接触不良<br>(2) 调零电位器阻值选配不当(单位长度的电阻过大)</td></tr>
<tr><td>某量程不通</td><td>(1) 转换开关接触点接触不良<br>(2) 串联电阻断开</td></tr>
<tr><td>某量程误差很大</td><td>该挡分流电阻有故障</td></tr>
</table>

表12-18 部分万用表的型号与规格

<table>
<tr><th>型 号</th><th colspan="2">测 量 范 围</th><th>灵敏度(Ω/V)</th><th>级别</th></tr>
<tr><td rowspan="7">500型</td><td rowspan="2">直流电压(V)</td><td>0～2.5～10～50～250～500</td><td>20 000</td><td>2.5</td></tr>
<tr><td>2 500</td><td>4 000</td><td>5.0</td></tr>
<tr><td rowspan="2">交流电压(V)</td><td>0～10～50～250～500</td><td>4 000</td><td>5.0</td></tr>
<tr><td>2 500</td><td>4 000</td><td>5.0</td></tr>
<tr><td>直流电流(mA)</td><td>0～0.05～1～10～100～500</td><td></td><td>2.5</td></tr>
<tr><td>电阻(Ω)</td><td>×1,×10,×100,×1k,×10k</td><td></td><td>2.5</td></tr>
<tr><td>音频电平(dB)</td><td>－10～22</td><td></td><td>5.0</td></tr>
<tr><td rowspan="6">MF14</td><td>直流电压(V)</td><td>0～2.5～10～25～100～250～500～1 000</td><td>1 000</td><td>1.5</td></tr>
<tr><td rowspan="2">交流电压(V)</td><td>0～2.5</td><td>100</td><td rowspan="2">2.5</td></tr>
<tr><td>10～25～100～250～500～1 000</td><td>4 000</td></tr>
<tr><td>直流电流(mA)</td><td>0～1～2.5～10～25～100～250～1 000～5 000</td><td></td><td>1.5</td></tr>
<tr><td>交流电流(mA)</td><td>0～2.5～10～25～100～250～1 000～5 000</td><td></td><td>2.5</td></tr>
<tr><td>电阻(Ω)</td><td>×1,×10,×100,×1k</td><td></td><td>1.5</td></tr>
</table>

（续表）

| 型 号 | 测 量 范 围 | | 灵敏度（Ω/V） | 级别 |
|---|---|---|---|---|
| MF30 | 直流电压(V) | 0～1～5～25 | 20 000 | 2.5 |
| | | ～100～500 | 5 000 | 2.5 |
| | 交流电压(V) | 0～10～100～500 | 5 000 | 4.0 |
| | 直流电流(mA) | 0～0.05～0.5～5～50～500 | | 2.5 |
| | 电阻(Ω) | ×1,×10,×100,×1k,×10k | | 2.5 |
| | 音频电平(dB) | －10～＋22 | | 4.0 |
| MF368 | 直流电压(V) | 0～0.5～2.5～10～50～250 | 20 000 | 2.5 |
| | | ～500～1 500 | 9 000 | 2.5 |
| | 交流电压(V) | 0～2.5～10～50～250～500～1 500 | 9 000 | 5.0 |
| | 直流电流(mA) | 0～0.05～2.5～25～250～2 500 | | 2.5 |
| | 电阻(Ω) | ×1,×10,×100,×1k,×10k | | 2.5 |
| | 音频电平(dB) | －10～＋22 | | 5.0 |
| | 晶体管直流放大系数 | 0～1 000 | | |
| MF-12 | 直流电压(V) | 0～0.075<br>～3～7.5～15～30～150～300～600<br>～30 000(带衰减器) | 20 | 1.5 |
| | 交流电压(V) | 0～3～7.5 | 1 | 2.5 |
| | | ～15～30～150～300～600 | 2 | |
| | 直流电流 | 0～50～150～600 μA<br>～3～15～60～300 mA<br>～1.5～6～30 A(带分流器) | | 1.5 |
| | 交流电流 | 0～3～15～60～300～1 500 mA<br>～6～30 A(带专用附件) | | 2.5 |
| | 电容(μF) | 0.005～20 | | 2.5 |
| | 音频电平(dB) | －10～＋12 | | |

（续表）

| 型　号 | 测　量　范　围 | | 灵敏度（Ω/V） | 级别 |
|---|---|---|---|---|
| MF－47 | 直流电压(V) | 0～0.25～1～10～50～500～1 000～2 500 | 20 | 2.5 |
| | 交流电压(V) | 0～10～50～250～500～1 000～2 500 | 20 | 5.0 |
| | 直流电流 | 0～50 μA～0.5 mA～5 mA～50 mA～500 mA～5 A | | 2.5 |
| | 电阻(Ω) | ×1,×10,×100,×1k,×10k | | 2.5 |
| MF－63 | 直流电压(V) | 0～0.05 | 20 | 2.5 |
| | | ～0.5～2.5～12.5～50 | 200 | |
| | | ～125～500 | 20 | |
| | | ～1 000～30 000(带衰减器) | 30 | |
| | 交流电压(V) | 0～0.1 | 10 | 5.0 |
| | | ～1～5～25～100 | 100 | |
| | | ～250～1 000 | 10 | |
| | 直流电流 | 0～5～50～100～20 μA～1.25～5～50～500 mA～2.5 A | 2.5 | |
| | 交流电流 | 10～100～200～500 μA～2.5～10～100 mA～1～5 A | | 5.0 |
| | 电阻(Ω) | ×1,×10,×100,×1k,×10k | | 2.5 |
| | 电容(pF) | 0～4 000～20 000 | | 5.0 |
| | 音频电平(dB) | －20～＋50 | | 5.0 |
| | 晶体管(锗或硅)直流放大系数 | 0～300 | | |

（续表）

| 型　号 | 测　量　范　围 | | 灵敏度(Ω/V) | 级别 |
|---|---|---|---|---|
| YX-360 TRE | 直流电压(V) | 0～0.1～0.25～0.5～10～50～250～1 000 | 20 | |
| | 交流电压(V) | 0～10～50～250～1 000 | 9 | |
| | 直流电流 | 0～50 μA～2.5 mA～25 mA～250 mA | | |
| | 电阻(Ω) | ×1,×10,100,×1k,×10k | | |
| VC3010 | 电流电压(V) | 0～2.5～10～25～50～250～1 000 | 20 | 3.0 |
| | 交流电压(V) | 0～10～50～250～1 000 | 10 | 4.0 |
| | 直流电流 | 0～50 μA～0.5 mA～5 mA～50 mA～500 mA～10 A | | 3.0 |
| | 电阻(Ω) | ×1,×10,×100,×1k,×10k | | 3.0 |

## 二、示波器

电子示波器是一种测量电压波形的电子仪器。它可以把被测电压信号随时间变化的规律,用图形显示出来。应用示波器,不仅可以直观而形象地观察被测物理量的变化全貌,而且可以通过它显示波形和测量电压、电流、时间、频率和相位等。示波器的应用越来越广泛,种类也很多,有一般的单踪和双踪(可同时观察两个被测量)示波器、慢扫描示波器(可观察缓慢变化的被测量)、高灵敏度示波器(可观察微伏级的被测量)、数字存贮示波器(可将被测量存贮起来)和取样示波器等。此外还有与微机结合的智能化高灵敏度示波器,它可存贮多个信号波形,并可对信号进行十余种方式的处理,如对信号进行平均叠加、快速傅里叶变换(FFT)等,并可将处理结果通过接口用绘图仪绘出模拟曲线等。

### 1. 示波器的电路

一般示波器的电路原理框图如图 12-36 所示。电源系统由电源变压器,整流及滤波电路组成,它提供各种不同的高低压电源,供示波管各电极

表12-19 部分数字式万用表型号与规格

| 型号 | 指标 | 项目 | | | | | | |
| --- | --- | --- | --- | --- | --- | --- | --- | --- |
| | | 直流电压 | 交流电压 | 直流电流 | 交流电流 | 电阻 | 电容 | 频率 |
| DT830A | 量程 | 200 mV~1 000V | 200 mV~700 V | 20 μA~20 A | 20 μA~20 A | 200 Ω~20 MΩ | — | — |
| | 准确度 | ±(0.5%+1d) | ±(0.8%+3d) | ±(0.8%+1d) | ±(1.0%+3d) | ±(0.8%+1d) | — | — |
| | 分辨力 | 100 μV | 100 μV | 0.1 μA | 0.1 μA | 0.1 Ω | — | — |
| DT890D | 量程 | 200 mV~1 000 V | 2~700 V | 2 mA~20 A | 20 mA~20 A | 200 Ω~200 MΩ | 2 000 pF~20 μF | — |
| | 准确度 | ±(0.5%+1d) | ±(0.8%+3d) | ±(0.8%+1d) | ±(1.2%+3d) | ±(0.8%+1d) | ±(2.5%+3d) | — |
| | 分辨力 | 100 μV | 1 mV | 1 μA | 10 μA | 0.1 Ω | 1 pF | — |
| DT1000 | 量程 | 200 mV~1 000V | 2~700 V | 2 mA~20 A | 20 mA~20 A | 200 Ω~200 MΩ | 2 nF~20 μF | 10 Hz~20 kHz |
| | 准确度 | ±(0.05%+3d) | ±(0.6%+5d) | ±(0.5%+2d) | ±(0.8%+10d) | ±(0.15%+1d) | ±(2.0%+10d) | ±(1%+5d) |
| | 分辨力 | 10 μV | 100 μV | 0.1 μA | 1 μA | 0.01 Ω | 0.1 pF | 1 Hz |

（续表）

| 型号 | 指标 | 项目 | | | | | | |
|---|---|---|---|---|---|---|---|---|
| | | 直流电压 | 交流电压 | 直流电流 | 交流电流 | 电阻 | 电容 | 频率 |
| VC98 | 量程 | 400 mV～1 000 V | 4～750 V | 400 μA～10 A | 4 mA～10 A | 400 Ω～40 MΩ | 4 000 nF | 4～4 000 kHz |
| | 准确度 | ±(0.3%+1d) | ±(0.8%+3d) | ±(1.0%+2d) | ±(1.5%+5d) | ±(0.8%+2d) | ±(2.0%+5d) | ±(0.5%+3d) |
| | 分辨力 | 100 μV | 1 mV | 100 nA | 1 μA | 0.1 Ω | 1 nF | 1 Hz |
| VC90A | 量程 | 200 mV～1 000 V | 200 mV～750 V | 20 mA～10 A | 20 mA～10 A | 200 Ω～20 MΩ | 2 nF～20 μF | 2 Hz～2 kHz |
| | 准确度 | ±(0.5%+2d) | ±(1.0%+3d) | ±(0.8%+2d) | ±(1.2%+3d) | ±(0.8%+2d) | ±(2.5%+3d) | ±(0.5%+4d) |
| | 分辨力 | 100 μV | 100 μV | 10 μA | 10 μA | 0.1 Ω | 1 pF | 1 Hz |
| Fluke17B 15B 12E | 量程 | 0.1 mV～1 000 V | 0.1 mV～1 000 V | 0.1 μA～10 A | 0.1 μA～10 A | 0.1 Ω～40 MΩ | 0.01 nF～100 μF | |
| | 准确度 | ±(0.5%+3d) | ±(0.5%+3d) | ±(1.5%+3d) | ±(1.5%+3d) | ±(0.5%+2d) | ±(2%+5d) | |
| UT61A | 量程 | 400 mV～1 000 V | 400 mV～750 V | 400 μA～10 A | 400 μA～10 A | 400 Ω～40 MΩ | 40 nF～400 μF | 10 Hz～10 MHz |
| | 准确度 | ±(0.5%+1d)～±(1%+3d) | ±(1%+3d)～±(1.2%+5d) | ±(1%+2d)～±(1.5%+3d) | ±(1.2%+5d)～±(2%+5d) | ±(1%+2d)～±(1.5%+2d) | ±(3%+5d)～±(4%+5d) | ±(0.1%+4d) |

（续表）

| 型号 | 指标 | 项目 | | | | | | |
|---|---|---|---|---|---|---|---|---|
| | | 直流电压 | 交流电压 | 直流电流 | 交流电流 | 电阻 | 电容 | 频率 |
| UT33 | 量程 | 20 mV～500 V | 200～500 V | 200 μA～10 A | — | 200 Ω～200 MΩ | — | — |
| | 准确度 | ±(0.5%+2d) | ±(1.2%+10d) | ±(1%+2d) | — | ±(0.8%+2d) | — | — |
| UT222 | 量程 | 400 mV～600 V | 400 mV～600 V | 400～600 A | 400～600 A | 400 Ω～40 MΩ | — | — |
| | 准确度 | ±(0.7%+2d) | ±(1.5%+5d) | ±(1.5%+7d) | ±(1.9%+5d) | ±(0.9%+3d) | — | — |
| 3244 | 量程 | 420 mV～500 V | 4.2～500 V | — | — | 420 Ω～42 MΩ | — | — |
| | 准确度 | ±(0.7%+4d) | ±(2.3%+8d) | — | — | ±(2.0%+4d) | — | — |
| VC830L | 量程 | 200 mV～600 V | 200～600 V | 200 μA～10 A | — | 200 Ω～20 MΩ | — | — |
| | 准确度 | ±(0.5%+4d) | ±(1.2%+10d) | ±(1.5%+3d) | — | ±(0.8%+5d) | — | — |
| VC9806 | 量程 | 200 mV～1 000V | 200 mV～700 V | 200 μA～20 A | 200 mA～20 A | 200 Ω～20 MΩ | 20 nF～200 μF | 20 Hz～200 kHz |
| | 准确度 | ±(0.5%+3d) | ±(0.8%+2d) | ±(0.5%+4d) | ±(1.5%+2d) | ±(0.2%+2d) | ±(4.0%+5d) | ±(1.5%+2d) |

（续表）

| 型号 | 指标 | 项目 | | | | | | |
|---|---|---|---|---|---|---|---|---|
| | | 直流电压 | 交流电压 | 直流电流 | 交流电流 | 电阻 | 电容 | 频率 |
| DM802 | 量程 | 200 mV～600 V | 2～600 V | — | — | 200 Ω～20 MΩ | — | 200 Hz～2 kHz |
| | 准确度 | ±(0.8%+1d) | ±(1.5%+1d) | — | — | ±(1.0%+3d) | — | ±(1.2%+5d) |

表 12-20 部分钳形万用表型号与规格

| 项目名称 | 型号 | | | | | | |
|---|---|---|---|---|---|---|---|
| | MG27 | MG28 | MG31 | MG36 | MG60 | MG67 | MG310 |
| | 测量范围 | | | | | | |
| 级别 | 5.0 | 5.0 | 5.0 | 5.0 | 5.0 | 5.0 | 3.0 |
| 交流电流(A) | 0～10～50～250 | 0～5～25～50～100～250～500 | 0～5～25～50～125～250 | 0～50～100～250～500～1 000 | 0～1～5～10 | 0～6～15～60～150～600～1 500 | 0～6～15～60～150～300 |
| 交流电压(V) | 0～300～600 | 0～50～250～500 | 0～450 | 0～50～250～500 | 0～250～500 | 0～150～300～750 | 0～150～300～750 |
| 直流电流(mA) | — | 0～0.5～10～100 | — | 0～0.5～10～100 | 0～25～250 | — | — |

（续表）

| 项目名称 | 型号 | | | | | | |
|---|---|---|---|---|---|---|---|
| | MG27 | MG28 | MG31 | MG36 | MG60 | MG67 | MG310 |
| | 测量范围 | | | | | | |
| 直流电压(V) | — | 0～50～250～500 | — | 0～50～250～500 | 0～250～500 | 0～75 | 0～75 |
| 电阻(Ω) | 0～300 | ×10,×100,×1k | 0～50 k | ×10,×100,×1k | ×10,×100,×1k | 0～1～100 | 0～1～100 |
| 备注 | — | — | — | 测晶体管放大倍数0～250 | — | 配8801测温传感器可测温−50°～+200℃ | 配8801测温传感器可测温−50°～+200℃ |

表12-21 部分钳形数字式万用表型号与规格

| 型号 | 指标 | 项目 | | | | | |
|---|---|---|---|---|---|---|---|
| | | 直流电压 | 交流电压 | 直流电流 | 交流电流 | 电阻 | 频率 |
| VC3212C | 量程 | 2～600 V | 2～600 V | — | 2～200 A | 2～2 000 kΩ | — |
| | 准确度 | ±(1%+2d) | ±(2%+5d) | — | ±(1.5%+5d) | ±(1.5%+5d) | — |
| | 分辨力 | 1 mV | 1 mV | — | 1 mA | 1 Ω | — |

（续表）

| 型　号 | 指 标 | 项目 | | | | | |
|---|---|---|---|---|---|---|---|
| | | 直流电压 | 交流电压 | 直流电流 | 交流电流 | 电　阻 | 频　率 |
| VC3214 | 量　程 | 2～600 V | 2～600 V | — | 20～400 A | 1～2 kΩ | — |
| | 准确度 | ±(1%+2d) | ±(2%+5d) | — | ±(1.5%+5d) | ±(1%+2d) | — |
| | 分辨力 | 1 mV | 1 mV | — | 10 mA | 1 Ω | — |
| VC3216 | 量　程 | 2～600 V | 2～600 V | — | 20～600 A | 1～2 kΩ | — |
| | 准确度 | ±(1%+2d) | ±(2%+5d) | — | ±(1.5%+5d) | ±(1%+2d) | — |
| | 分辨力 | 1 mV | 1 mV | — | 10 mA | 1 Ω | — |
| DM6266P | 量　程 | 1 000 V | 750 V | — | 200～1 000 A | 200 Ω～20 kΩ | — |
| | 准确度 | ±(0.5%+1d) | ±(1%+4d) | — | ±(2%+5d) | ±(1%+1d) | — |
| | 分辨力 | 1 V | 1 V | — | 100 mA | 0.1 Ω | — |
| DM6015 | 量　程 | 200 mV～1 000 V | 200～750 V | — | 20～400 A | 200 Ω～2 000 kΩ | — |
| | 准确度 | ±(0.5%+1d) | ±(1.2%+5d) | — | ±1%×20d | ±(1.2%+3d) | — |
| | 分辨力 | 100 μV | 10 mV | — | 0.01 A | 0.1 Ω | — |
| CM6100 | 量　程 | 200～750 V | 200～650 V | 200～1 000 A | 200～1 000 A | 1 Ω～2 kΩ | 1 Hz～2kHz |
| | 准确度 | ±(0.5%+1d) | ±(1%+5d) | ±(1%+5d) | ±(1%+10d) | ±(0.5%+2d) | ±(0.5%+3d) |
| | 分辨力 | 100 mV | 100 mV | 100 mA | 0.1 A | 1 Ω | 1 Hz |

表 12－22 部分数字式交流钳形表

| 型号 | 指标 | 项目 | | | | | |
|---|---|---|---|---|---|---|---|
| | | 直流电压 | 交流电压 | 直流电流 | 交流电流 | 电阻 | 频率 |
| SM9803 | 量程 | 600 V | 600 V | — | 200 A(600 A) | 2 000 Ω | — |
| | 准确度 | ±(1.0%＋2d) | ±(1.5%＋3d) | — | ±(1.5%＋5d)<br>(±2.0%＋5d) | ±(1.0%＋2d) | — |
| | 分辨力 | 1 V | 1 V | — | 100 mA(1 A) | 1 Ω | — |
| SM9700 | 量程 | 600 V | 600 V | 200 A(600 A) | 200 A(600 A) | 2 000 Ω | — |
| | 准确度 | ±(1.0%＋2d) | ±(1.5%＋3d) | (±3.0%＋6d)<br>(±3.5%＋3d) | (±3.0%＋4d)<br>(±3.5%＋4d) | ±(1.0%＋2d) | — |
| | 分辨力 | 1 V | 1 V | 100 mA(1 A) | 100 mA(1 A) | 1 Ω | — |
| VC6056A | 量程 | 4～1 000 V | 4～700 V | 400～1 000 A | 400～1 000 A | 400 Ω～40 MΩ | 40 Hz～4 MHz |
| | 准确度 | ±(1.0%＋3d) | ±(1.2%＋5d) | ±(2.0%＋5d) | ±(2.0%＋5d) | ±(1.0%＋3d) | ±(0.5%＋3d) |
| 2003A | 量程 | 400～1 000 V | 400～750 V | 400～2 000 A | 400～2 000 A | 400 Ω～40 MΩ | — |
| | 准确度 | ±(1.0%＋2d) | ±(1.5%＋2d) | ±(1.5%＋2d) | ±(3%＋2d) | ±(1.5%＋2d) | — |
| 3280 | 量程 | 420 mV～600 V | 4.2～600 V | — | 42～1 000 A | — | — |
| | 准确度 | ±(1.3%＋4d) | ±(2.3%＋8d) | — | ±(1.5%＋5d) | — | — |
| DM6018A<br>(指针式) | 量程 | 75 V | 150－300－750 V | — | 6－15－60－<br>150－600A | 2K－200 kΩ | — |
| | 准确度 | ±3.0% | ±3.0% | — | ±3.0% | ±3.0% | — |

和电路用。$Y$ 轴和 $X$ 轴偏转系统由衰减器、放大器组成，它的作用是将被测电压变换成大小合适的电压信号。衰减器通常是电阻电容分压器，改变分压比，可以得到被测电压不衰减、衰减为 1/10 和 1/100 等挡位，由面板上的衰减开关选择。

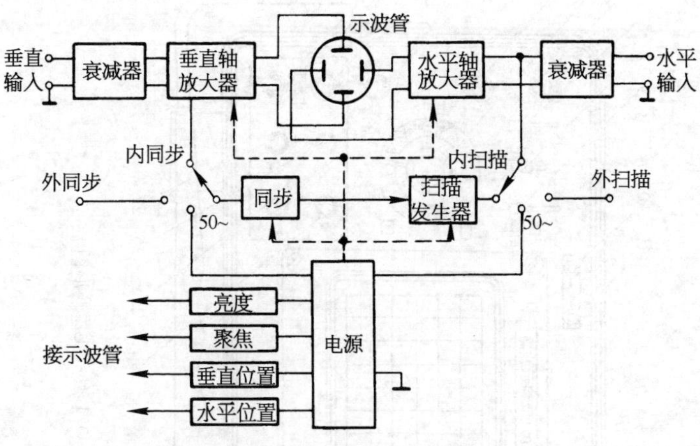


图 12－36　一般示波器电路原理框图

扫描发生器即锯齿波发生器，实际上是由 1 个多谐振荡器加上 1 个整形电路组成，它的频率可利用面板上的“扫描范围”开关来调节。

2. 示波器的使用

示波器的类型较多，这里以 SR－071 型双踪示波器为例介绍使用方法。

SR－071 双踪示波器外形如图 12－37 所示，其面板控制部件功能如下：

(1) 电源开关。

(2) 电源指示灯，电源开关置开位置，指示灯应亮。

(3) 扫描移位及扫速扩展开关，置拉出位置时各挡速度被扩展 5 倍。

(4) 调整触发信号的触发电平。

(5) 扫描速率转换开关。

(6) 稳定度调节，调整触发灵敏度。

(7) 触发信号耦合开关，置“内”或电视位置，触发信号来自内触发放大器，置“外”则来自外触发输入连接器。

(8) 触发极性“＋”或“－”选择开关。

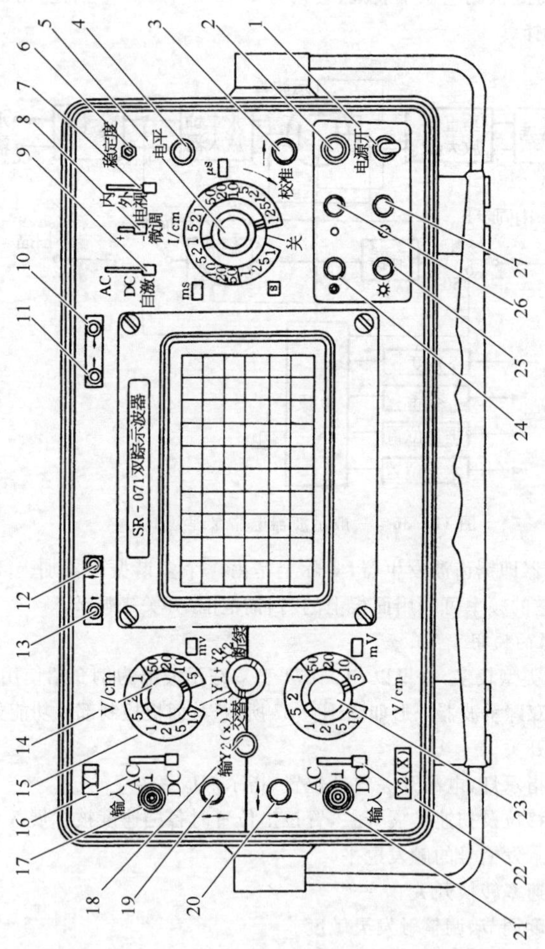


图12－37 SR－071型示波器外形图

(9) 选择触发电路的工作方式。

(10)、(11)、(12)、(13) 光迹偏离指示。

(14) Y1 通道灵敏度选择开关。

(15) Y 轴工作方式选择开关。

(16) Y1 轴通道输入信号耦合开关。

(17) Y1 通道输入信号座。

(18) 拉 Y2(X)置拉出位置,仪器为 X-Y 显示,Y2 为 X 轴通道。

(19) Y1 移位钮。

(20) Y2 移位钮,XY 显示方式时,X 轴方向移位。

(21) Y2 输入信号座。

(22) Y2 输入信号耦合开关。

(23) Y2 通道灵敏度选择开关。

(24) 聚焦调节钮。

(25) 辉度调节钮。

(26) 辅助聚焦调节钮。

(27) 标尺亮度钮。

(28) 外触发信号输入座(在右侧面板上)。

**[SR-071 双踪示波器的使用]**

(1) 使用前先将面板控制旋钮置于下表内规定的作用位置:

| 序 号 | 控制部件名称 | 作 用 位 置 |
|---|---|---|
| 1 | 辉度 | 居中 |
| 2 | 聚焦 | 居中 |
| 3 | 辅助聚焦 | 居中 |
| 4 | Y 轴工作方法选择 | 置于“交替” |
| 5 | Y1、Y2 移位 | 居中 |
| 6 | Y1、Y2 增益 | 居中 |
| 7 | 拉 Y2(X) | 按 |
| 8 | 触发方式 | 置于“自激” |
| 9 | 触发极性 | 置“+” |

（续表）

| 序　号 | 控制部件名称 | 作　用　位　置 |
|---|---|---|
| 10 | 触发源 | 置“内” |
| 11 | 扫描速率 | 居中 |
| 12 | 扫描移位 | 按 |
| 13 | AC -地- DC | 置“地” |
| 14 | 触发电平 | 逆时针方向旋足 |

(2) 检查电源电压无误后开启电源开关，经预热后，示波管屏幕上即显示 2 条扫描线，可旋转 Y1、Y2 和 X 轴移位旋钮，使两扫描线皆位于屏幕中央。调节辉度旋钮使光迹亮度适中，然后再调节聚焦及辅助聚焦旋钮，使扫描线能聚成一光滑、纤细的光迹。

(3) 显示选择：置于“$Y_A$”(或“$Y_B$”)档时，显示“$Y_A$”(或“$Y_B$”)信号；置于“交替”档，则显示“$Y_A$”、“$Y_B$”二踪信号；当使用“交替”档测量 2 个慢速脉冲或缓慢变化的信号时，图形有闪烁现象，在这种情况下，可将显示开关旋置“断续”档使用；当置于“$Y_A+Y_B$”档时，配合相位选择，可对二踪信号进行分差显示。

(4) 输入信号耦合开关 AC -地- DC 通常可置于 AC，若测缓慢变化的信号或信号的直流电平，则宜置于 DC 位置。

(5) 电压范围及输入选择：将被测信号直接或通过附设探头任意接入 $Y_A$ 或 $Y_B$ 输入插座(通过探头则信号按标称倍数 10∶1 衰减)，再将显示开关相应置于“$Y_A$”或“$Y_B$”，适当调节电压范围、增益和移位旋钮，使被测信号的显示幅度符合观察需要。

(6) 扫描时间：调节扫描时间使屏幕上显示 1 个或数个波形，若波形同步不稳定，可微调稳定度旋钮使波形同步稳定。当触发选择置于“自激”时，一般不需调节稳定度即能自动使波形同步。

(7) 触发信号耦合开关、触发源极性与触发方式选择：要使信号图形稳定地显示在屏幕上，应根据被测信号的类型正确使用触发信号耦合开关、触发源(信号)极性与触发方式选择开关。当触发信号耦合开关置于“内”或“电视”位置，触发信号来自内触发器，置“电视”位置可观察电视信号，置“外”则来自外触发输入连接器，触发源极性“＋”“－”是指触发信号的极性。触发方式选择开关分交流(AC)、直流(DC)和自激 3 种，一般置于“自激”

档,“自激”时,触发整形器自激振荡,自动触发扫描,但外界信号可迫使其同步。置“AC”时,此时有隔直电容将触发信号的直流成分隔开,在低速脉冲或缓慢变化信号触发时,应置于“DC”。

(8) 触发稳定度及触发电平:触发稳定度旋钮(红色)调节触发扫描的稳定性能,当稳定度逆时针方向旋足时,扫描发生器处于待触发状态,稳定度顺时针方向旋至某点后,扫描发生器将自激振荡。当触发方式选择在“高频”使用时,应将稳定度自左向右缓缓旋动,直至波形同步为止;当触发方式选择在其他位置使用时,应将稳定度逆时针方向旋足,或者旋转到扫描刚停止的某点位置,使处于待触发状态。

触发电平调节触发器对触发脉冲的作用点,触发电平旋钮自中心向右方向旋转为“+”,向左方向旋转为“-”,其“+”“-”电平方向的调节应与触发极性开关“+”“-”极性的位置一致。在调节时,可先按触发脉冲极性的正负,将触发电平旋钮向右或向左方向旋足,再将稳定度逆时针方向旋足,然后将触发电平缓缓向中间方向旋转,直到屏幕上出现稳定清晰的图形。

(9) 电压测量:交流分量电压的测量,多数是测量峰-峰值或是峰到波谷之间的数值,根据坐标片上两者之间的 $Y$ 轴偏转距离,乘以偏转放大器的输入偏转因数(即 Y 通道灵敏度选择开关“V/cm”所置位置的读数),再乘以所用测试探极的衰减因数(如果使用衰减器的话),其得出的读数即为实际峰的峰值电压。在通常情况下,测量交流分量电压应将 Y 通道输入信号耦合开关置于“AC”位置,使被测信号上的直流分量被隔开,否则如果直流分量的叠加超过偏转放大器的线性偏转范围,将得到不准确的测试结果。但如果测量重复频率极低的交流分量电压时,应将开关置于“DC”位置,否则将由于频响的限制,使所测电压的结果不真实。

瞬时电压的测量与交流分量电压测量的不同点是瞬时电压测量需要 1 个相对的参考基准电位,一般情况下,基准电位是对地电位而言,但也可能是一定幅度的其他参考电位。测量时先将输入信号耦合开关置于“DC”位置,将测试探极的探针接地或接入其他所需要的参考电位,触发使之扫描连续,得一连续直线,调节 $Y$ 轴移位使光迹移到坐标点合适位置(视输入被测信号的幅度以及极性而定),然后接入被测电压,调节扫描速率开关和触发电平,使波形清晰稳定,这样便可测得被测电压的瞬时波形及其直流分量值。

(10) 周期测量:将“t/cm”开关微调旋钮顺时针旋足,并调试触发电平至波形稳定,在示波管有效面内读测被测波形的 1 个周期的水平距离,乘以

“t/cm”开关的指示值，即为该信号的1个周期的时间值。

(11) 时间测量：方法同周期测量，在示波管有效面内读测所需二点的水下距离，乘以“t/cm”开关的指示值，即为被测信号二点间的时间值。

(12) 频率测量：对于重复信号的频率测量，只要运用以上测周期的方法，精确测量出周期 $T$ 值，即可按 $f=\frac{1}{T}$ 求得频率值。

(13) 双踪显示：当屏幕上需要同时显示2个不同信号时，应将Y轴工作方式选择开关置于“交替”位置，根据本机特点为相位超前的信号触发扫描电路，故应将相位超前的信号输入Y1通道，然后用“内”触发形式启动扫描。

(14) 相位测量：将同频率的两个正弦波信号分别接入 $Y_A$ 和 $Y_B$，设正弦波形的周期长为 $l$，两正弦波起始点间距长为 $b$，则它们的相位差 $\theta=\frac{b}{l}\times 360^{\circ}$。

(15) X-Y显示：将面板上Y2(X)开关拉出，此时Y2通道前置放大器转换为X放大器的前置放大器，仪器成为Y(Y1)-X(Y2)工作状态，Y2(X)输入成为X输入，Y2移位成为X移位，原有X移位失去作用。这时从“Y1输入”端送入Y轴信号，“Y2(X)”输入端送入X轴信号，从而达到观察X、Y两个信号间的瞬时关系，例如通过适当的电路输出来观察B-H磁化曲线。

(16) 若需进行扫描速率调整，可将“t/cm”开关置于1 ms位置，输入本机校准信号(从机右侧板上取出)，显示波形为每1 cm刚好1个周期，否则可校准右侧面板上的“扫速校准”电位器。

(17) 若需进行稳定度调整，可用小起子调节面板上的“稳定度”电位器，先顺时针方向旋转，扫描处于自激，然后缓慢地逆时针方向旋转，使扫描基线消失即可，这时触发电路处于临界触发状态。

## 三、信号发生器

信号发生器在检修、调试电子设备和仪器时是1个不可缺少的信号源。类型较多，今以常用的XD7低频信号发生器和YB-1631型功率函数发生器为例介绍。

XD7型为低频正弦波信号发生器，能产生20 Hz～200 kHz非线性失真很小的正弦波振荡，除电压级输出外，并具有不小于5 W的功率输出(20 Hz～20 kHz)。其工作原理如图12-38所示。

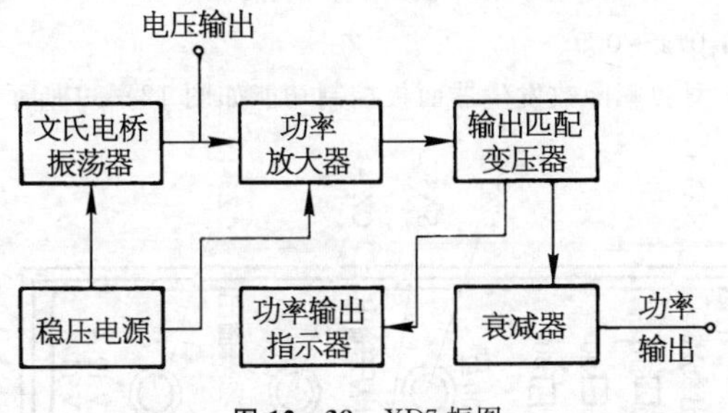


**图 12-38**　XD7 框图

使用时可按需选择频段、阻抗，相应输出电压，若作为电压信号源用，可接于电压输出端。若作为功率信号源用，则接于功率输出端，应避免输出短路。匹配变压器接在功率放大器输出端，用来与 600 Ω、5 kΩ阻抗匹配，以达到最大功率输出。如需平衡输出，可将面板上中间接线柱的接地片取下，接在两个红色接线柱即可，但与本机连接的其他仪器也应不接在“地”地位。功率输出指示电压表在 5 kΩ 输出时满度为 160 V，600 Ω 输出时满度为 70 V，86 Ω 输出时满度为 7 V。

YB1631 型功率函数发生器由三角波发生器、方波整形器、正弦波整形电路信号放大器、测频电路功率放大电路和稳压电源电路等组成。可产生多种信号，由六位数字显示信号的频率，该机频率连续可调，信号幅度不随频率变化，该机还可作为 1 个 10 MHz 的频率计使用，是 1 个多功能的信号发生器。其主要技术指标如下：

输出波形：方波、正弦波、三角波、锯齿波、矩形波。

信号幅度：分 2 档输出：30 V；50 V。

频　　率：1 Hz～100 kHz，配合占空比调节，频率下限可达 0.1 Hz。

频率指示：±1%±0.1 Hz（外测频：0.1 Hz～10 MHz）。

功率输出；分 2 档输出：30 V/2 A；50 V/1 A。

频率范围：正弦波：1 Hz～100 kHz。

　　　　　其余：　1 Hz～10 kHz。

正弦失真：2%　$f<20$ kHz。

　　　　　3%　$f>20$ kHz。

幅度频率响应：≤0.3 dB　1 Hz～20 kHz。

≤0.5 dB　20～100 kHz。

占空比：0.1～0.9。

YB1631 型功率函数发生器面板控制功能如图 12－39 所示。

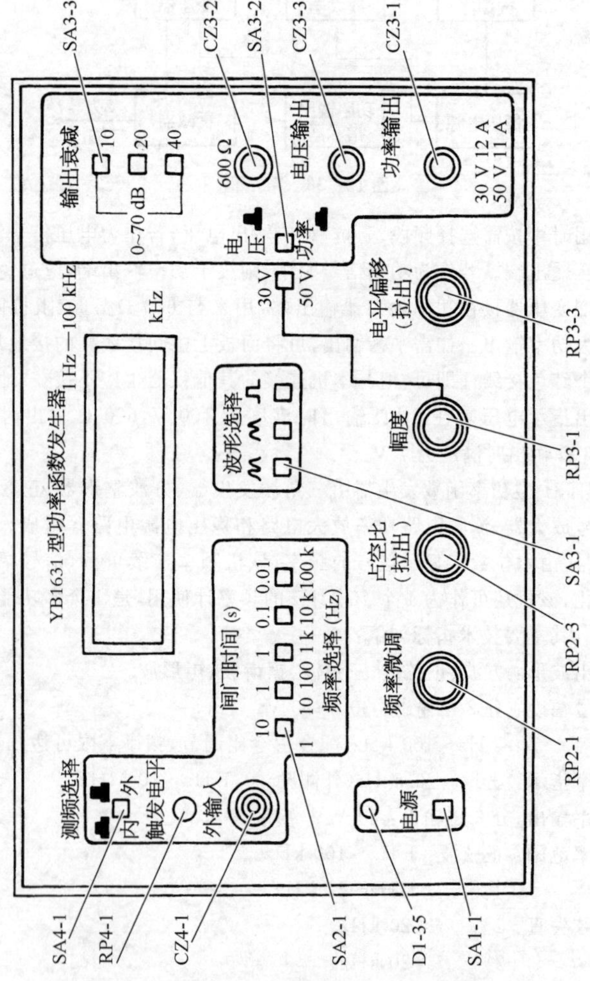


**图 12－39**　YB1631 型功率函数发生器面板

电源开关 1SA1：仪器的电源开关，当按入时，电源接通，同时指示灯 1D35 亮。

频率选择开关 SA2－1：此开关具有双重作用，在开关按钮的下方，标注着信号的频率范围，共 5 挡，作为信号频率挡级的选择。当“测频选择”开关置于“外”时，此开关又作为计数外来信号的间隔时间，即闸门时间。

频率微调 RP2－1：作为信号频率的细调，以调整任意信号频率的输出。

占空比 RP2－3：该电位器被拉出后有效，调节该控制器，可使三角波成为锯齿波、方波成为矩形脉冲波，但当该电位器拉出后，信号的频率将降低 10 倍左右。若欲使频率不变，可将频率选择开关提高一挡。

波形选择开关 K3－1：选择输出信号，可输出正弦波、三角波和方波三种基本信号。锯齿波，矩形波不选择，由占空比配合调节。

幅度选择开关 SA1－2：用以选择输出信号的幅度等级，当按钮未按入时最大输出幅度为 30 V，在按入状态可达 50 V。另外，当电压、功率输出选择开关 SA3－2 置于“功率”时，输出电流峰峰值分别为 2 A 和 1 A。

幅度微调 RP3－1：微调信号的输出幅度，与幅度选择开关 SA1 配合控制。

输出衰减开关 SA3－3：电压信号输出的衰减开关，三档均可自锁，可组成 0～70 dB 衰减量，按 10 dB 推进，电压输出信号从 CZ3－2 和 CZ3－3 输出，输出阻抗为 600 Ω。

电压、功率输出选择开关 SA3－2：选择信号的输出方式，当开关未按入时，信号由电压方式输出，在按入状态，信号不经衰减网络，直接传送到 CZ3－1 接线柱上，可向负载提供 1 A 或 2 A 的电流信号。功率输出时，因功放电路不可能输出较高频率分量的信号，所以当频率范围选择开关 SA2－1置于 10～100 kHz，且波形选择开关 SA3－1 置于正方波时，无功率信号输出。

测频选择开关 SA4－1：按下时为置“内”，仪器作为信号源使用。弹出时为置“外”，仪器作为频率计测量外部电信号频率。

外输入端钮 CZ4－1：当测频选择开关 SA4－1 置于“外”测频时，外部信号便由 CZ4－1 端钮输入。为了准确的测量，应选择合理的闸门时间，并可适当增大闸门时间，来获得尾数，提高精度，但最高位不得大于 1。

电平偏移 RP3－3：如果对信号的直流分量有要求，将 RP3－3 拉出，然后通过电平偏移调整，可使信号的直流分量在零以上或零以下。

触发电平 RP4－1：可调整输出信号稳定度，使得稳定的输出波形。

部分函数信号发生器型号与规格见表 12－23。

表 12－23 部分函数信号发生器型号与规格

| 项目 | 型号 | | | | |
|---|---|---|---|---|---|
| | AS1633 | AS1631 | AS1632 | A101D | S101B |
| | 规格 | | | | |
| 频率范围 | 0.1 Hz～2.5 MHz | | 0.4 Hz～4 MHz | 0.2 Hz～2 MHz | 0.2 Hz～2 MHz |
| 输出波形 | 正弦波、方波、三角波、锯齿波、脉冲 | | | | 正弦波、方波、三角波 |
| 输出幅度峰峰值 | 45 V 均方根(15 V) | 20 V(开路) | 10 V(外接 50 Ω) | | |
| 直流偏置 | ±10 V | | | | — |
| 正弦波失真 | 1% | | | | |
| 方波前沿 | ≤100 ns | | ≤50 ns | ≤100 ns | ≤100 ns |
| 同步输出 | TTL CMOS | | | | — |
| VCF 功能 | 有 | | | | |
| 测频范围 | 6 位(能外接) 1 Hz～10 MHz | | — | | |

注：AS1633 型为功率型信号发生器。

# 第13章　安全用电与节约用电

## 13-1　触电及其预防

人体组织中有60%以上是含有导电物质的水分组成，因此人体是良导体。当人体接触设备的带电部分并形成电流通路时，就会有电流流过人体，从而触电。置人于死命的因素不是取决于电压的高低，而是取决于通过人体电流的大小。由于心脏是人体的薄弱环节，通过心脏的电流越大，危险性亦越大，所以电流沿左手到前胸或双手触电，危险性最大。

根据一般经验，如大于10 mA的交流电流，或大于50 mA的直流电流流过人体时，就有可能危及生命。为了使电流不超过上述的数值，我国规定安全电压为36 V、24 V及12 V三种（视场所潮湿程度而定）。人体通过不同大小电流时产生的反应见表13-1。

表13-1　人体通过不同大小电流时的反应

| 电流(mA) | 50 Hz交流电 | 直流电 |
|---|---|---|
| 0.6～1.5 | 手指开始感觉发麻 | 无感觉 |
| 2～3 | 手指感觉强烈发麻 | 无感觉 |
| 5～7 | 手指肌肉感觉痉挛 | 手指感灼热和刺痛 |
| 8～10 | 手指关节与手掌感觉痛，手已难以脱离电源，但尚能摆脱电源 | 感灼热增加 |
| 20～25 | 手指感觉剧痛，迅速麻痹，不能摆脱电源，呼吸困难 | 灼热更增，手的肌肉开始痉挛 |
| 50～80 | 呼吸麻痹，心房开始震颤 | 强烈灼痛，手的肌肉痉挛，呼吸困难 |
| 90～100 | 呼吸麻痹，持续3 min后或更长时间后，心脏麻痹或心房停止跳动 | 呼吸麻痹 |

触电形式可以分为单线触电和双线触电两种(图 13－1)。双线触电比单线触电更危险。若电机、电器的绝缘损坏(击穿)或绝缘性能不好(漏电)时,其外壳便会带电,如果人体与带电外壳接触,这就相当于单线触电。为了防止这种触电事故,电气设备常采用保护接地和保护接零措施。

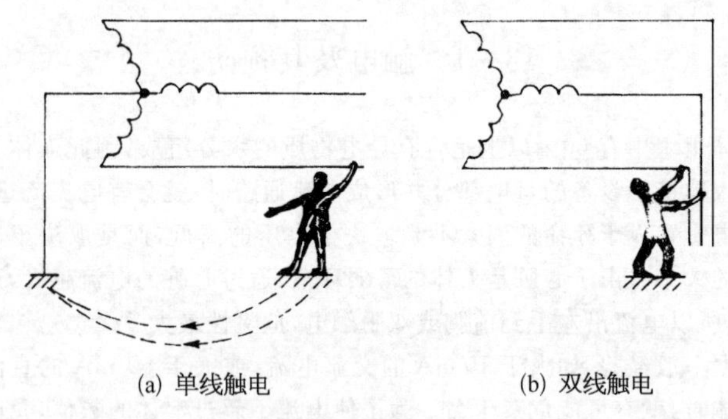

(a) 单线触电　　(b) 双线触电

**图 13－1**　触电的形式

此外,在各种形式的短路和带负载断开电路等情况时,人体都可能由于发生电弧而被烧伤。

测电笔是一种测试导线、电器和电气设备是否带电的常用电工工具。它由金属体笔尖、电阻、氖管、笔杆小窗、弹簧、笔尾金属体等组成(图 13－2)。常见的测电笔有钢笔式、旋凿式两种。如果把测电笔的金属体笔尖与带电物体(如相线)接触,金属体笔尾与人手接触,那么氖管就会发光。由于测电笔内电阻比人体阻值大得多,因此人并无触电感觉。氖管发光,证明被测的物体带电。如果氖管不发光,就证明被测物体不带电。测电笔在每次使用前要在带电的相线上预先测试一下,检查它是否完好。低压测电笔只能在对地电压 250 V 以下使用。

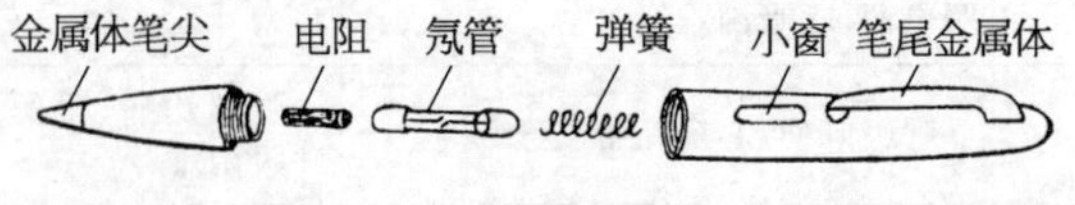


**图 13－2**　测电笔

为了更好地使用电能,防止触电事故的发生,必须采取一些安全措施:

(1) 各种电气设备，尤其是移动式电气设备，应建立长期的与定期的检查制度，如发现故障或与有关的规定不符合时，应及时加以处理。

(2) 使用各种电气设备时，应严格遵守操作制度。不得将三脚插头擅自改为二脚插头，也不得直接将线头插入插座内用电。

(3) 尽量不要带电工作，特别是在危险的场所（如工作地很狭窄，工作地周围有对地电压在 250 V 以上的导体等），禁止带电工作。如果必须带电工作时，应采取必要的安全措施（如站在橡胶毡上或穿绝缘橡胶靴，附近的其他导电体或接地处都应用橡胶布遮盖，并需有专人监护等）。

(4) 带金属外壳的家用电器的外接电源插头一般都用三脚插头，其中有一根为接地线。而现有居民住宅大多没有敷设保护接地线，因此无法接用接地线。如果采用埋在地下的自来水管等作接地体，则必须保证地上的自来水管道与埋在地下的管道有良好的电气连接，中间必须接触良好，不能有塑料等不导电的接头。更不得利用煤气管道等易燃易爆的气体管道作为接地体或接地线使用。另外还须注意家用电器插头的相线零线应与插座中的相线零线相一致。插座规定的接法为：面对插座看，上面的接地线，左边的接中线，右边的接相线。

(5) 静电可能引起危害，重则可引起爆炸与火灾，轻则可使人受到电击等严重后果。消除静电首先应尽量限制静电电荷的产生或积聚。方法：① 良好的接地，以消除静电电荷的积累。② 提高设备周围的空气湿度至相对湿度 70％以上，加速静电荷逸散。③ 用电离中和的措施，在形成电荷最强烈的地方安装放电针，使电荷得到中和，消除静电。④ 采用能防止产生静电的生产过程，如减少摩擦，防止液体摇晃，防止灰尘飞扬等。⑤ 在低导电性物质中掺入导电性能良好的物质。

(6) 有条件时，还可采用性能可靠的漏电保护器。

(7) 严禁利用大地作中性线，即严禁采用三线一地、二线一地或一线一地制。

## 13－2 触电的急救

万一发现有人触电时，应及时抢救。首要措施便是立即切断电源，或用绝缘的器具（如干木棒、干布带或干绳等）使触电者脱离带电部分（救护者切忌用手、金属物体或潮湿物品作为救护工具施行抢救）。这是救活触电者的一个首要因素。触电者触电时间越长，造成心室颤动、心脏停跳和死亡的可能性也越大。实验研究和统计表明，如果从触电 1 min 后就开始抢救，救活可能性有 90%；如果从触电后 6 min 开始抢救，救活可能性仅 10%。超过 12 min，救活可能性极小。

如果伤员在高空作业，救护时还须预防伤员在脱离电源时摔下来。

伤员脱离电源被救下以后，如果是一度昏迷，尚未失去知觉，则应使伤员在空气流通的地方，静卧休息；如果是呼吸暂时停止，心脏暂时停止跳动，伤员尚未真正死亡，或者虽有呼吸，而是比较困难，这时必须毫不迟疑地用人工呼吸和心脏按摩进行抢救，以待医务人员的到来。

1. 人工呼吸法

将伤员伸直仰卧在空气流通的地方，解开领口、衣服、裤带，再使其头部尽量后仰，鼻孔朝天，使舌根不致阻塞气道，救护人用 1 只手捏紧伤员鼻孔，用另 1 只手的拇指和食指掰开伤员嘴巴(图 13-3)，先取出伤员嘴里的东西(如假牙等)，然后救护人紧贴着伤员的口吹气约 2 s，使伤员胸部扩张，接着放松口鼻，使其胸部自然地缩回呼气约 3 s。这样吹气和放松，连续不断地进行。如果掰不开嘴巴，可以捏紧伤员嘴巴，紧贴着鼻孔吹气和放松。

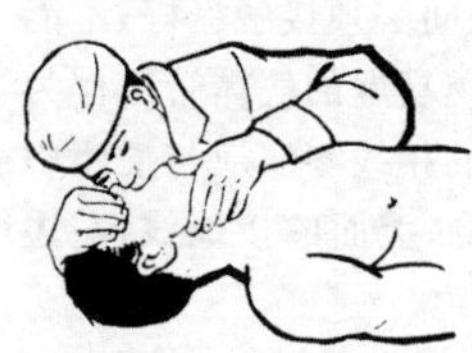

**图 13-3** 口对口人工呼吸法

人工呼吸法在进行中，若伤员表现出有好转的象征时(如眼皮闪动和嘴唇微动)，应停止人工呼吸数秒钟，让他自行呼吸，如果还不能完全恢复呼吸，须把人工呼吸法进行到能正常呼吸为止。人工呼吸法必须坚持长时间地进行，在没有呈现出明显的死亡症状以前，切勿轻易放弃。死亡症状应由医生来判断。

口对口(或口对鼻)人工呼吸法简便有效，并且不影响心脏按摩法的进行。

2. 心脏按摩法

将伤员平放在木板上，头部稍低，救护人站在伤员一侧，将一手的掌跟放在胸骨下端，另一手叠于其上，靠救护人上身的体重，向胸骨下端用力加压，使其陷下 3 cm 左右，随即放松，让胸廓自行弹起，如此有节奏地压挤，每分钟约 60～80 次。急救如有效果，伤员的肤色即可恢复，瞳孔缩小，颈动脉搏动可以摸到，自发性呼吸恢复。心脏按摩法可以与人工呼吸法同时进行。

## 13-3 电气设备的安全措施

(1) 对于裸露的带电部分或靠绝缘不足以保证安全的电气设备带电部分,应加设屏护装置或其他防止接近的措施。屏护装置必须接地且与带电部分保持必要的距离,同时标以醒目的"危险"或"注意安全"等标志。

(2) 定期对各种电气设备进行工频耐压试验,以确保使用安全。

(3) 防止因接线错误、断线致使电气设备外壳带电而造成的触电事故。

(4) 禁止在设备的零线上安装熔断器或单独的断电开关。否则当相线与外壳发生短路事故时,熔断器熔断或开关断开时,零线将被切断而外壳仍带电而可能造成严重的人身事故。

(5) 对于单相用电设备,特别是移动式用电设备,都应使用三芯插头和与之配套的三芯插座。对于三相移动式电气设备则应使用专用四芯插头和与之配套的四芯插座,使插座和插头的接地触头保证在导电的触头接触之前接通,而在导电的触头脱离之后才断开。接线时,用于接地的插孔应与专用的保护地线相接。采用接零保护时,接零线应从电源端专门引来,而不应就近利用引入插座的零线。

(6) 对于某些特殊设备,可采用隔离变压器单独供电的即所谓的电气隔离的措施,使之成为1个在电气上被隔离的、独立的不接地安全系统。但这种隔离变压器的耐压试验电压比普通的变压器要高,应符合Ⅱ级电工产品的要求,即有双重绝缘或加强绝缘但无接地元件。

## 13-4 漏电保护装置

随着国家经济建设的发展和人民生活水平的提高,工矿企业用电设备和家用电器不断增加。由于电气设备和家用电器本身的缺陷、使用不当和缺乏必要的保护措施会造成不应有的事故,从而导致生命和财产的损失。因此采用电气安全装置是很有必要的。电气安全装置种类很多,有漏电保护装置、电器安全联锁装置和信号报警装置等。本节只简单介绍漏电保护装置。

漏电保护装置又称漏电开关、漏电继电器、漏电保护器。低压漏电保护器的种类很多。按检测信号和动作原理可分为电流动作型、电压动作型、交流脉冲动作型和直流动作型等。按动作灵敏度可分为高灵敏度(动作电流30 mA以下)、中灵敏度(动作电流30～1 000 mA)和低灵敏度(动作电流1 000 mA以上)。按所采用的元件可分为电子式漏电保护器和电磁式漏电保护器。

由于电子式漏电保护器灵敏度高,动作电流可做到6 mA以下,且价格相对较低,因此获广泛采用。

电子式漏电保护器原理如图13-4所示,它的型号数据见表13-2。当正常工作时,相线L与中性线N中的电流相等($I_1 = I_2$),在铁心中产生方向相反、大小相等的磁通,因而互相抵消,电流互感器无输出。一旦发生漏电(存在$I_3$),使流经相线L与中性线N的电流不等,电流互感器便有输出,直接(或经电子放大)使脱扣装置动作切断电源,起到保护作用。在环型铁心里可以放置2根、3根或4根导体,分别称之为单极二线,二极二线,二极三线,三极三线,三级四线等。

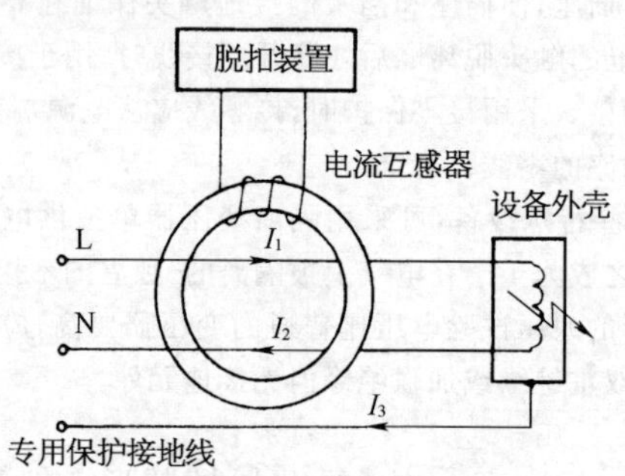


图13-4 漏电保护器原理图

值得指出的是:若认为装了漏电保护器便可防止人身触电的看法是不正确的,因为若人同时触及相线及中性线,由于$I_1 = I_2$,漏电保护器根本不会动作。因此漏电保护器的作用在于当电气设备出现漏电或碰壳故障时,一旦漏电电流达到规定值时,漏电保护器便动作,切断电源,从而避免漏电引起的火灾或人因碰故障设备的外壳而引起的人身事故。

表 13-2 部分漏电保护装置型号数据

| 名称 | 型号 | 规格(额定电流)(A) | 额定电压(V) | 短路通断能力(A) | 额定漏电动作电流(mA) | 额定漏电不动作电流(mA) | 额定漏电动作时间(s) |
|---|---|---|---|---|---|---|---|
| 漏电保护器 | JDLK20(DZL18) | 6,10,16,20 | 220 | 500 | 30 | 15 | <0.1 |
| | DZL18-20/2 双钮 | | | | | | |
| | DZL18-20/2 过压 | | | | | | |
| | DZ12L-60E1/2 | 单 极 6～60 A | 220 | 500 | 30 | 15 | <0.1 |
| | DZ12L-60E1/2 | 单极二线 6～60 A | | | | | |
| | DZ12L-60E2/2 | 二极二线 6～60 A | 380 | | | | |
| | DZ12L-60E2/3 | 二极三线 6～60 A | | | | | |
| | DZ12L-60E3/4 | 三极四线 6～60 A | | | | | |
| | DZ12L-250/330 | 120,150,170,200,250 | 380 | 7 000 | 150 | 75 | <0.15 |
| | DZ12L-250/430 | | | | | | |
| 漏电脱扣器 | DZ47L-ZC45/1 | 单 极 1～10 | 220 | 5 000 | 30 | 15 | <0.1 |
| | DZ47L-ZC45/2 | 二 极 15～32 | 380 | 5 000 | 50 | 25 | <0.1 |
| | DZ47L-ZC45/3 | 三极三线 40～60 | 380 | 5 000 | 75 | 40 | <0.1 |
| | DZ47L-ZC45/4 | 三极四线 40～60 | 380 | 5 000 | 75 | 40 | <0.1 |
| 漏电断路器 | DZ15LD-40/390 | 三极三线 32 | 380 | 3 000 | 75 | 40 | <0.1 |
| | DZ15LD-40/490 | 三极四线 40 | 380 | 3 000 | 75 | 40 | <0.1 |
| | DZ15LD-63/390 | 三极三线 63 | 380 | 5 000 | 75 | 40 | <0.1 |
| | DZ15LD-63/490 | 三极四线 63 | 380 | 5 000 | 75 | 40 | <0.1 |
| | DZ15LD-100/390 | 三极三线 100 | 380 | 7 000 | 100 | 50 | <0.1 |
| | DZ15LD-100/490 | 三极四线 100 | 380 | 7 000 | 100 | 50 | <0.1 |

图 13－5 所示漏电保护器的接法是不正确的。图 13－5a 为设备外壳未接专用保护地线而悬浮；图 13－5b 为设备外壳接地线，该两种情况下，即使设备出现故障而碰壳，由于仍有 $I_1 = I_2$，因此漏电保护器不会动作。图 13－5c 中未采用漏电保护器的设备 $A$ 与采用漏电保护器的设备 $B$ 共用一根接地干线，若 $A$ 设备外壳因故带电而又未切除时，则 $B$ 设备外壳将带电而漏电保护器却不动作。上述三种情况下，人若触及带电的外壳仍会有触电的危险。因此装有漏电保护器和未装有漏电保护器的用电设备不得共用一根接地干线。

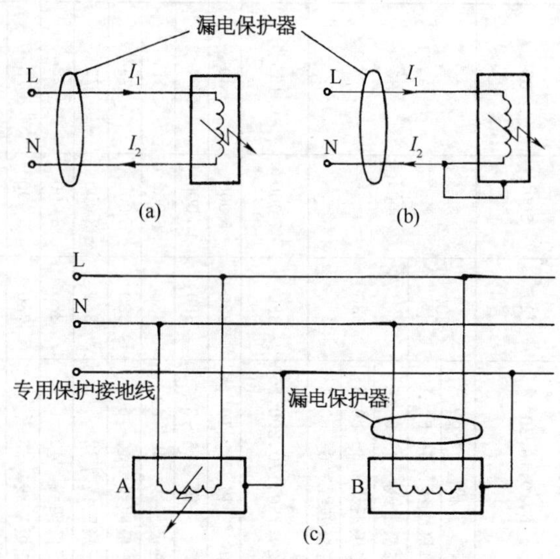


**图 13－5** 漏电保护器几种错误接法

## 13－5 保护接地和保护接零

在电气设备中，保护接地或保护接零是一种安全措施。

### 一、接地和接零的保护作用

保护接地就是把电气设备的金属外壳、框架等用接地装置与大地可靠

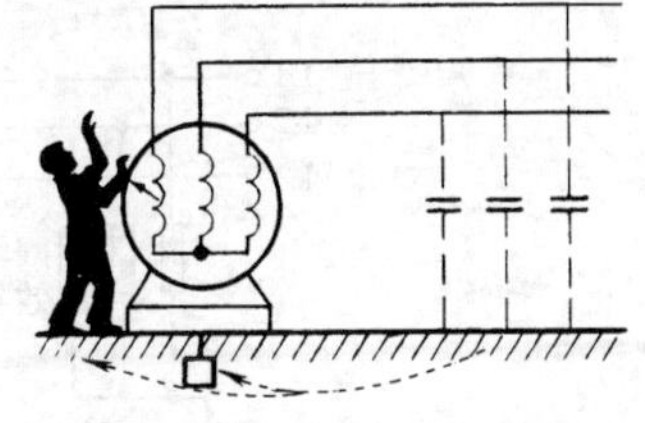
图 13－6　人碰电气设备接地的外壳

地连接，它适用于电源中性点不接地的低压系统中。如果电气设备的绝缘损坏使金属导体碰壳，由于接地装置的接地电阻*很小，则外壳对地电压大大降低。当人体与外壳接触时，则外壳与大地之间形成两条并联支路(图 13－6)，电气设备的接地电阻愈小，则通过人体的电流也愈小，所以可以防止触电。

保护接零就是在电源中性点接地的低压系统中，把电气设备的金属外壳、框架与中性线(零线)相连接。如果电气设备的绝缘损坏而碰壳，构成“相-中”线短路回路，由于中性线的电阻很小，所以短路电流很大。很大的短路电流将使电路中保护开关动作或使电路中保护熔丝断开，切断了电源，这时外壳不带电，便没有触电的可能。

但须注意，虽然保护接地和保护接零都可保证人身安全，但保护接地对接地电阻有很高的要求，否则便不能达到保护的目的。同样保护接零则要求零线与电源中性点之间不能断开，即要求在零线上不得装设熔断器或开关，以保证保护的可靠性。更要指出的是：对同一台变压器或同一段母线供电的低压线路，不宜采用接零、接地两种保护方式，即通常不应对一部分设备采取接零，而对另一部分设备则采取接地保护。以免当采用接地的设备一旦出故障形成外壳带电时，将使所有采取接零的设备外壳也均带电。一般具有自用配电变压器的用户，都采用接中性线的保护接零方式。

## 二、IT 系统

这种系统为电源端不接地或通过阻抗接地，用户端电气设备的金属外壳接地系统，又称中性点通过阻抗接地系统，如图 13－7 所示。

当发生单相接地故障时，由于网络的等效阻抗很大，所以接地电流很小，又由于电气设备外壳接地电阻很小，所以外壳对地电压也很小，因此人接触到外壳时不会受到伤害。但万一网络绝缘性能下降，网络等效阻抗减

---

* 接地电阻是电气设备接地部分的对地电压与接地电流之比。

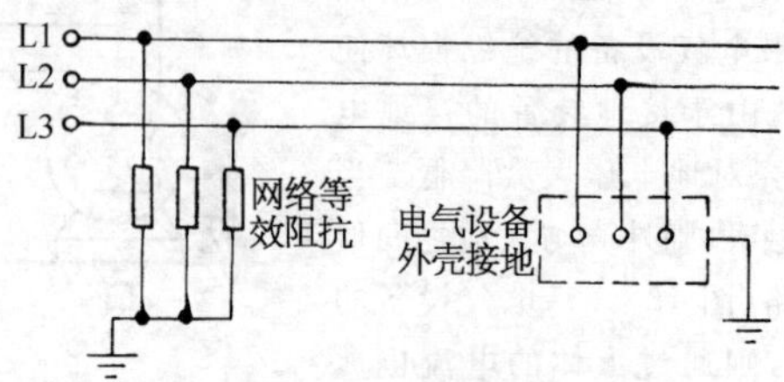


图 13-7 IT系统

小,则接地电流增大,电气设备外壳的对地电压也增大,于是便带来了危险。因此应装备漏电保护器,当泄漏电流达到预定数值时切断电源。

另外,当发生单相接地时,另两相对地电压将升高到线电压,因此一般要采取防止单相接地的监视和报警措施,避免发生双重接地(两相同时接地)。当发生双重接地时,则通过漏电保护器或过电流保护器切断电源。

## 三、TT系统

这种系统为电源端(发电机或变压器供电侧)中性点接地,用户端电气设备的金属外壳接地系统,又称三相四线制保护接地系统,如图13-8所示。

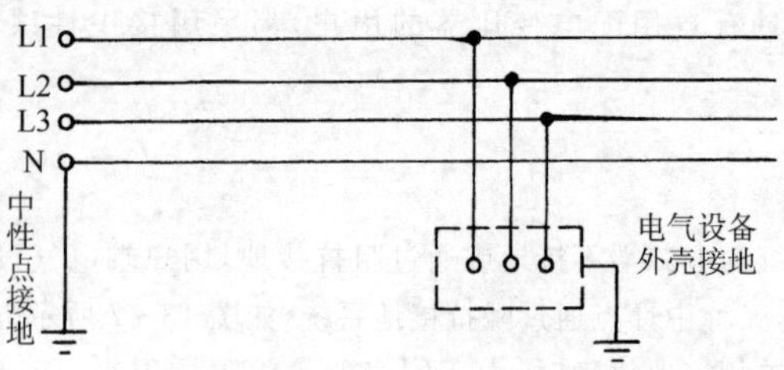


图 13-8 TT系统

这种系统中,如果假设电气设备外壳接地电阻 $R_D$ 与中性点接地电阻 $R_D'$ 在数值上比较接近,则当发生单相接地故障时,电气设备外壳上的电压

$$U_{壳}=\frac{U_{相}}{R_D+R'_D}\cdot R_D\approx\frac{1}{2}U_{相}$$

这电压对人体将是危险的。因此这种系统一般不被采用，若要采用，则须安装漏电保护器。当电气设备绝缘损坏时就切断电源。

## 四、TN－C系统

这种系统为电源端（发电机或变压器供电侧）中性点接地，同时采用三相四线制供电，用户端电气设备的金属外壳接零系统。又称三相四线制保护接零系统，如图13－9所示。

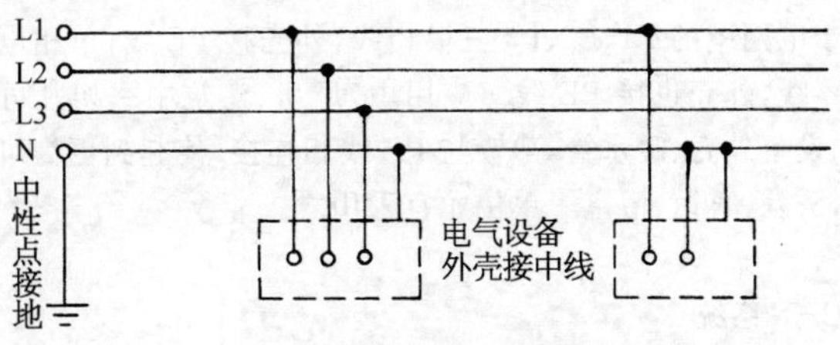


**图13－9**　TN－C系统

这种系统当发生相线与外壳短路故障时，形成一个单相短路回路，短路电流将很大，使电气设备的自动开关或熔断器动作，迅速切断电源。

在此系统中，零线上不允许装设开关和熔断器。所有电气设备的保护接零线，应各自接到零线上，而不允许相互串联再接到零干线上。另外，此系统中也不允许同时存在有设备采用保护接地情况，因为一旦发生短路，短路电流不足以使保护装置动作，结果接零设备的外壳上也会出现危险电压。最后值得指出的是此系统还应按规定将零线重复接地。如几个用户处都利用自然接地体（如自来水管）将零线重复接地。这样万一零线与电源之间断开，此系统也就变成了TT系统。

## 五、TN－S系统

这种系统是在TN－C系统的基础上作了改进，为了可靠起见，专门加设了一根保护接地线PE，即所谓的单相三线制和三相五线制系统，如图13－10所示。

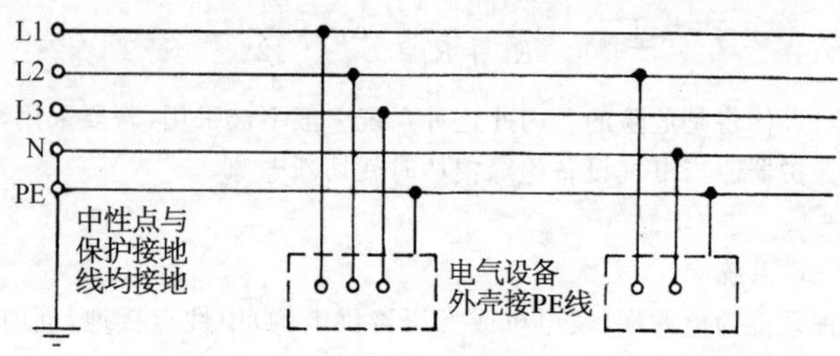


图 13－10　TN－S系统

PE线引自电源，它既与电源中心点N连接，又在电源处接地。三相电气设备接于电网中的L1、L2、L3三根相线，外壳接PE线，单相电气设备接于相线与零线，外壳也接PE线。应用中，厂房、建筑中一切凡可导电的外露部分（如设备外壳、暖水管等）皆与PE线相连接，使起到更为可靠的安全保护作用，医院、宾馆、浴室等单位尤宜采用之。

## 六、TN－C－S系统

这种系统PE线引自电源，在电源处接地，系统中有一部分中性导体（工作零线）和保护导体（金属外壳）的功能是结合在一根导体上，另一部分中性导体和保护导体则是分开的，即所谓的部分保护接零、部分三相五线制系统，如图13－11所示。

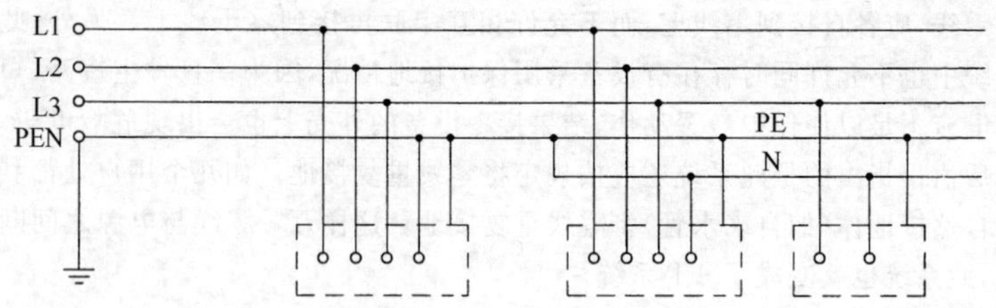


图 13－11　TN－C－S系统

## 七、接地装置的安装范围

（1）在保护接零的系统中，电气设备就不可以再接地保护。因为当接地的电气设备绝缘损坏而碰壳时,可能由于大地的电阻较大使保护开关或保护熔丝不能断开,于是电源中性点电位升高,以至于使所有接零的电气设备都带电,反而增加了触电危险性。

(2) 由低压公用电网供电的电气装置,只能采用保护接地,不能采用接零。因为采用了接零措施后,如果电气装置的绝缘损坏碰壳而形成一相短路,将会引起公用电网供电系统严重的不平衡现象。

(3) 必须安装保护接地的设备有变压器、发电机、电动机、静电电容器的外壳;高压熔断器、高压断路器、隔离开关、刀开关的底座;配电屏、控制屏、开关控制柜和配电箱的金属框架;电压互感器和电流互感器的二次绕组、避雷器、电梯、起重机以及超过安全电压而未采用隔离变压器的手持式电动工具或移动式电气设备的外壳等。

(4) 可以不接地的电气设备有:装在 2.2 m 以上的不导电建筑材料上,须用木梯等才能接触到的电气设备;在干燥与不良导电地面的房屋内的一般电气设备;进户线、电表总线、电度表、总熔丝盒及穿过楼板导线的短段金属保护管;36 V 以下的电气设备等。

**八、接地装置的安装要求**

(1) 接地装置的接地电阻不得超过 4 Ω。

(2) 接地极不能少于 2 根,其中 1 根应广泛利用天然接地极,如与大地有可靠连接的房屋和建筑物等的金属构架及自来水管等(但有爆炸危险及可燃性气体管道除外)。连接时应在接地极尚未进入房屋的地方熔焊,对于大型装置应至少连接二处,以备管道拆开修理时也能保持适当的接地电阻。熔焊点上应涂上樟丹油(图 13-12)。图中粗线表示熔焊点。利用自来水管作接地极时,在水表处两端应用与接地干线相同截面的导线跨接。

(3) 人工接地极的最小尺寸应符合表 13-3 规定。人工接地极埋入地下深度不应小于 2 m。在特殊场所安置接地极时,如果深度达不到 2 m 时应在接地极周围放置食盐约 8 kg、木炭约 30 kg 并加水,用以降低接地电阻。如果用 2 根及 2 根以上人工接地极时,各极之间的距离不应小于 2.5 m,以减小大地的流散电阻*。在有强烈腐蚀性的土壤中,应使用镀铜

---

* 流散电阻是接地极的对地电压与经过接地极流入地中的接地电流之比。

或镀锌的接地极。接地极不得埋设在垃圾层及灰渣层地区,敷设在地中的接地极不应涂漆,以免接地电阻过大。为了减小钢管、角钢等接地打入地下的阻力,应将其下端加工为尖端。人工接地极在施工前,应先挖1个地坑深约1 m,然后将接地极打入地下,上端露出坑底约200 mm以便于连接接地线(图13－13)。

表13－3　人工接地极的最小尺寸

| 接地极类别 | 最小尺寸(mm) |
| --- | --- |
| 圆　钢 | 直径16 |
| 角　钢 | 40×40×4 |
| 钢　管 | 壁厚2.5 |
| | 内径13 |

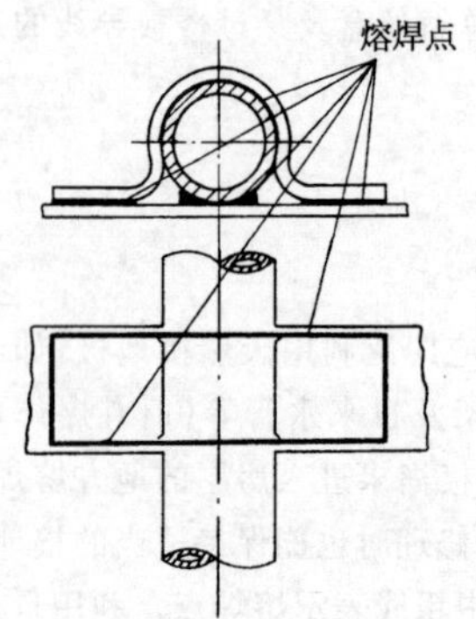

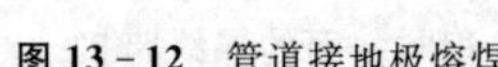

图13－12　管道接地极熔焊

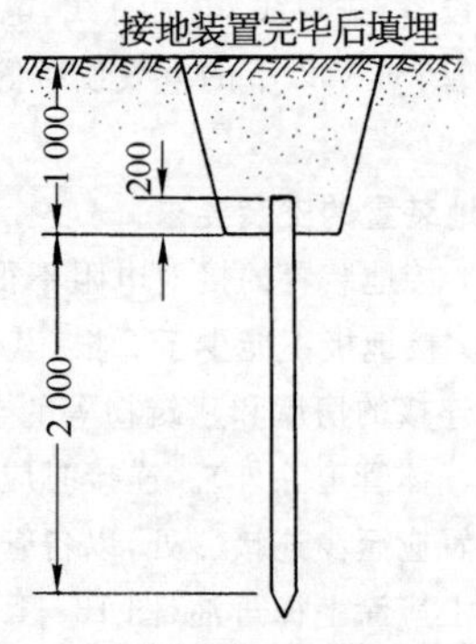


图13－13　接地极埋设示意

(4) 接地线可用绝缘导线(铜或铝芯)或裸导线(包括扁钢、圆钢),所用的接地导线不能有折断现象,接头处一般可采用焊接、压接等可靠方法连接,以加强机械强度,减小电阻。禁止在地下用铝导体(线或排)作为接地线或接地极。当配电干线或分支线的截面在16 $mm^2$ 及以上时,接地干线或接地支线的载流量不应小于其相线载流量的50%,当配电干线或分支线的截面在10 $mm^2$ 及以下时,接地干线或接地支线的载流量不应小于其相线载流量的70%。当电路截面减小的导线或分支线不加熔丝盒保护时(指其载流量大于前面一段有保护导线载流量的70%情况)，应根据上述计算办法按前面一段导线的载流量来计算其接地干线或接地支线所需的载流量。接地线的最小、最大截面应符合表13-4的规定。

表13-4　接地线最小最大截面

| 接地线类别 | | 最小截面($mm^2$) | 最大截面($mm^2$) |
|---|---|---|---|
| 铜 | 移动电具引线的接地芯 | 0.2 | 25 |
| | 绝缘铜线 | 1.5 | |
| | 裸铜线 | 4.0 | |
| 铝 | 绝缘铝线 | 2.5 | 35 |
| | 裸铝线 | 6.0 | |
| 扁钢 | 户内：厚度不小于3 mm | 24 | 100 |
| | 户外：厚度不小于4 mm | 48 | |
| 圆钢 | 户内：直径不小于5 mm | 相当于19.6 | 100 |
| | 户外：直径不小于6 mm | 相当于28.3 | |

(5) 接地线与接地极的连接应用焊接或压接，连接处应便于检查。用焊接时，搭接长度应等于方形断面宽度的2倍或圆形断面直径的6倍。用压接时，应在接地线端加金属夹头与接地极夹牢，金属夹头与接地极相接的一面应镀锡，接地极连接夹头的地方应当擦干净。或在接地极上熔焊接地螺栓，并用垫圈、螺母使接地线与接地极可靠地连接。

(6) 接地线用螺栓与电气设备连接时，必须紧密可靠，不可接在电动机、台风扇的风叶罩壳上，在有震动的地方应采取防松螺母、弹簧垫圈等连接。每一接地的设备必须用单独接地线与接地干线或接地极连接，接地线应用T形接法，不能将各电气设备的接地线串联使用，以保证有效接地。

(7) 接地线应用铝(或铜)夹头等牢靠地支持，接地线与相线、中性线同时架空或穿管(仅指接地支线)时，必须与相线、中性线有明显区别。接地线穿过楼板等处除加护管保护外，一般都应明露，以便检查。接地线明敷时应涂上黑色，在可能受到机械力而使之损坏的地方，应用防护罩加以保护。敷设在室内的接地干线采用扁钢时，可用支持卡子沿墙敷设，它与地面距离约200 mm，与墙的距离约15 mm(图13-14)。

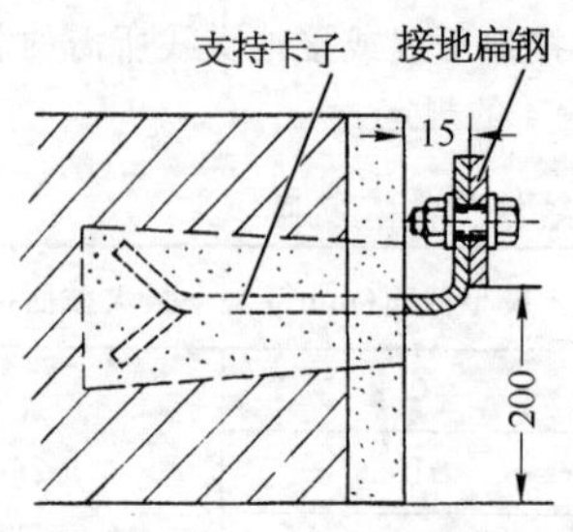


图 13-14　接地干线的敷设

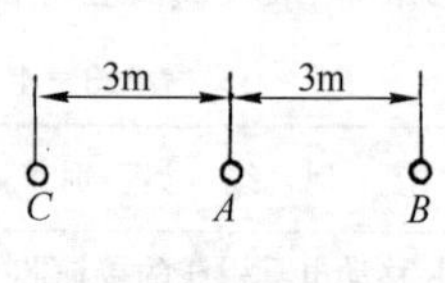


图 13-15　测试接地电阻法

(8) 明、暗管线的金属管子及利用作接地极的金属自来水管所有连接点(束节处、接线盒处)必须紧密可靠,并使管路在电气上连成一个整体,任何两点之间的电阻不应超过 1 Ω。明管线不允许利用管子作接地干线(接地支线除外)。

(9) 接地装置安装完毕后,应用“接地电阻测定器”测试其接地电阻是否符合规定。如果没有接地电阻测定器,也可以用万用表进行测试。在距离接地极 $A$ 约 3 m 处加装两个临时接地极 $B$、$C$(图 13-15)。如果测得 $AB$ 间电阻 $R_A + R_B = 8\ \Omega$,$AC$ 间电阻 $R_A + R_C = 6\ \Omega$,$BC$ 间电阻 $R_B + R_C = 10\ \Omega$,经计算得 $R_A = 2\ \Omega$,$R_B = 6\ \Omega$,$R_C = 4\ \Omega$。这里 $R_A$、$R_B$、$R_C$ 分别是接地极 $A$、$B$ 和 $C$ 的接地电阻。

(10) 接地装置在正常运行中,应定期进行检查测试,每年至少一次。天然接地极在设备检修后应检查其接地线连接部分是否接触可靠,导线是否折断。

## 13-6　防雷保护

雷是大气放电的一种自然现象,这种放电,有时发生在云层与云层之间,有时发生在云层与大地之间,后一种放电所经过的建筑物、电气设备和人畜等将遭到破坏和死亡,这就是直接雷击。建筑物等除了受直接雷击以外,其金属部分,由于静电感应等原因,还可以使它们感应带电,电位升高,以至于金属导体之间发生火花放电,引起爆炸、火灾或使人畜触电死亡。这种现象叫做感应雷放电。再有由雷电的电磁作用产生高电压沿架空电路引入房屋，足以击穿电气设备的绝缘，或直接造成人身伤亡事故等。

为了预防雷害，安装防雷装置，以及采取其他防护措施，以保证安全。防雷装置有避雷针、避雷器等。

## 一、避雷针装置

避雷针装置是用来保护一般的建筑物和一些设备，防止直接雷击。避雷针最上部分的受雷端，是用一定截面的镀锌或镀铬铁棒、钢管或圆钢做成，它的尖形顶端高出建筑物一定高度，用不小于 35 $mm^2$ 截面的镀锌钢索和扁钢(铁)做的导雷线是避雷针装置的中间部分，它上面连接着受雷端，下面连接着用角钢或钢管做成的接地极，埋入地下 0.5～0.8 m 以上的深度，角钢取长约 3 m，截面为 50 mm×50 mm×5 mm，钢管取长约 2～3 m，外径约 35～50 mm，管壁厚度约 4 mm，接地极的接地电阻一般应在 10 Ω 以下，愈小愈好，也可以用天然接地极如自来水管、污水管等作接地极。避雷针装置的各部分应该是可靠地焊接起来，决不许断开。安装避雷针装置时，也可以利用烟囱、水塔等作为避雷针的支持体。

当雷云临近建筑物或设备时，它所感应的静电荷，可以经过导雷线引向尖端而放电与雷电相互中和，因而可以避免发生雷击。假使遇到直接雷击，避雷针也能够安全地把雷电导入大地，这样使建筑物或设备不致遭受损害。

单根避雷针的保护范围像帐篷状，它的边界线是双曲线(图 13-16)。

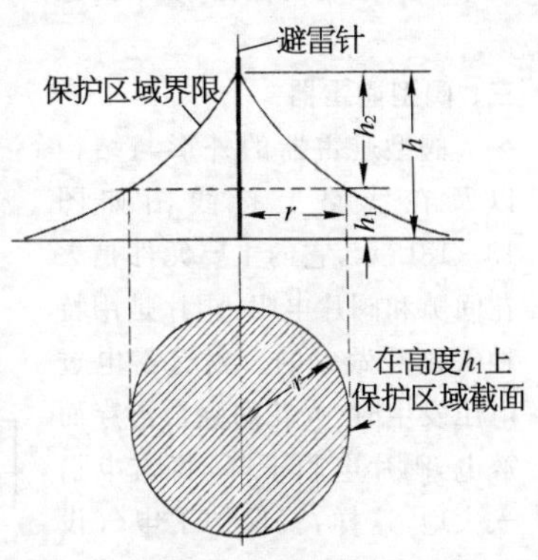


**图 13-16** 单根避雷针的保护区域

$h$—避雷针高度；$h_1$—被保护物高度；$h_2$—避雷针有效高度；$r$—保护半径

## 二、羊角间隙避雷器

为防止电度表遭雷电的侵袭，经验证明，可以采用直径为 0.71 mm 的铜线弯成羊角状间隙，如图 13-17a 所示，其间隙距离约 2～3 mm，铜线长度可以任意决定。

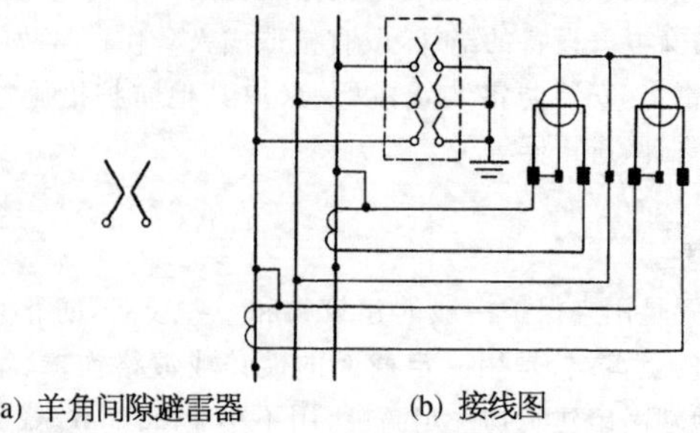

(a) 羊角间隙避雷器　　(b) 接线图

**图13-17　羊角间隙避雷器及其接线图**

当有过电压侵入时，羊角间隙放电（能自动消弧），将雷电引入大地，保护了电度表。三相电度表采用羊角间隙避雷器如图13-17b所示，图中虚线方框表示用表罩或铁箱罩住，羊角间隙用瓷夹板固定。这种避雷器极为简单、经济、装置容易、效果良好。

### 三、阀型避雷器

阀型避雷器的外形与结构以及在线路上接线图如图13-18所示，它的主要元件是火花间隙和阀片电阻，阀片是用特种碳化硅做成的。当有雷电过电压发生时，火花间隙被击穿而放电，阀片电阻下降，将雷电引入大地，这样，就保护了电气设备。在正常情况时，火花间隙不会被交流电压所击穿，阀片电阻较高。因为它和阀门相似，能够自动限制电流，所以这种避雷器称为阀型避雷器。

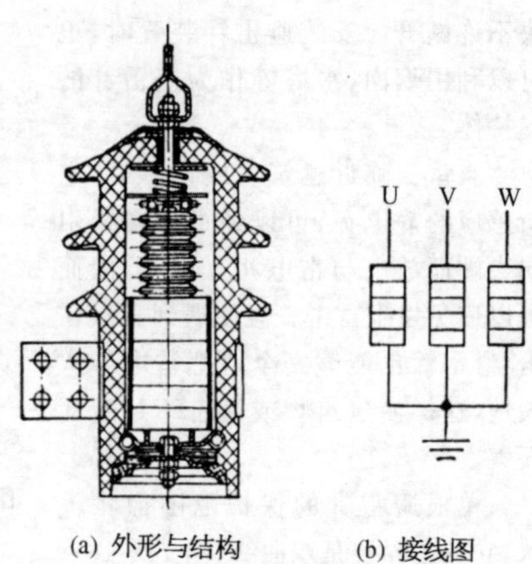


(a) 外形与结构　　(b) 接线图

**图13-18　阀型避雷器的外形与结构及其接线图**

根据放电间隙有无并联电阻（有电阻并联时，可使每个放电间隙的电压均匀，改善消弧性能），可分为没有并联电阻的FS型和有并联电阻的FZ

型，以及有并联电阻和并联电容的 LJ 型等三种。它们分别用在保护小容量和大中容量的配电装置，以及用在保护发电机、电动机等旋转电机。

**四、防护雷电的其他措施**

(1) 为了避免由雷电所引起的静电感应作用而形成的火花放电，必须将被保护物的金属部分可靠地接地。

(2) 为了避免由雷电所引起电磁感应作用而使闭合回路中某一部分发生过热和发生火花放电的危害，必须使处在雷电电磁场中的伸张的金属物件具有良好的接触(不能有气隙)而形成闭合回路。

(3) 雷电放电时所形成的高电位由其附近的电缆的金属外壳引到距离避雷针相当远的建筑物内，因而有造成触电、火灾、爆炸的危险。要避免发生这种现象，电缆和避雷针的接地极之间最少应相距 10 m。同样，电气设备保护接地装置和避雷针的接地极，也应相距 10 m。电缆金属外壳亦应接地。

(4) 为了避免雷电所引起的高电压经架空线引进房屋的危险，应将接户线最后一块支持物上的绝缘子铁脚接地。

(5) 严禁在装有避雷针的构筑物上架设通信线、广播线和低压线。

## 13-7 节约用电的几种方法

节约用电对于一个企业来说，首先要使用电设备在规定的经济技术指标内正常运行。这就需要更新陈旧的效率低的设备(如电动机、风机等)，并根据负载合理选配它们的容量来使用，以避免不必要的浪费。一般说，当电动机的负载率小于其额定功率 50%时，就应进行更换合适容量的电动机，更换后节约的有功功率将在 0.5 kW 以上。通常电机的容量应选择比负载功率大 10%左右为合适。对效率低的风机和水泵设备进行必要的技术改造，一般能节电 20%～30%。

常用的电动机节电措施有：

(1) 对转速不变的负载，可根据负载轻重采取绕组星-三角变换或采用晶闸管进行无级调压以降低电动机电源电压。

(2) 对转速可变的负载如风机、水泵等，可采用调速节电措施。笼型异步电动机可采用变极对数调速和变频调速。线绕式电机则可采用晶闸管串级调速来替代效率较低的串电阻调速。也可在恒速运转的异步电动机与负载之间装电磁滑差离合器,通过调节离合器励磁电流的大小来实现调速。

除此以外,另外介绍几种常用的节约用电方法。

## 一、采用移相电容器提高功率因数

在额定负载时,异步电动机的功率因数较高(即铭牌上的值),负载轻时功率因数较低。提高功率因数的最好办法是提高每一台轻载电动机的负载率或调换容量适当的电动机。但是有的生产机械(如轧钢机),由于产品规格多,工艺变化大,电动机容量不能调整,在这种情况下,可以采用并联电容器的方法来提高功率因数。这种电容器叫做移相电容器或电力电容器。

### 1. 移相电容器容量的图算法与表格法

在电网内装置移相电容器的目的,是补偿电网内的无功功率,以提高功率因数。但是,在一昼夜时间内无功功率是变化不定的。在一般情况下,电力系统又需要过补偿运行,因此,需要经常根据无功功率的变化情况,计算出所需的补偿容量,以便分组接入移相电容器,使其在所需的功率因数下运行。

如将功率因数 $\cos\varphi_1$ 提高到 $\cos\varphi_2$ 可计算出移相电容器的补偿容量 $Q$(kW)。

$$Q = P_{pj}(\mathrm{tg}\,\varphi_1 - \mathrm{tg}\,\varphi_2)$$

式中 $P_{pj}$——平均有功功率(kW);

$\mathrm{tg}\,\varphi_1$、$\mathrm{tg}\,\varphi_2$——分别对应于 $\cos\varphi_1$、$\cos\varphi_2$ 时的数值。

为了避免烦琐的计算,简便起见,可采用图算法。

**[例1]** 现有平均有功功率 $P_{pj} = 75$ kW,如须将原有功率因数 $= \cos\varphi_1 = 0.4$ 提高到 $\cos\varphi_2 = 0.9$,求所需接入的移相电容器的补偿容量。

**解** 如图 13-19 所示,在标尺 $A$ 上找到 0.9 的点①,在标尺 $B$ 上找到 0.4 的点②,连接①和②两点,并延长到标尺 $C$ 交于点③(此点为每千瓦所需的补偿电容量,若不需要时可以不必读出它的数值)。再在标尺 $D$ 上找到 75 kW 的点④,再连接③、④两点延长与标尺 $E$ 交于点⑤,读取⑤的数值即得所需电容器的补偿容量为 135 kW。

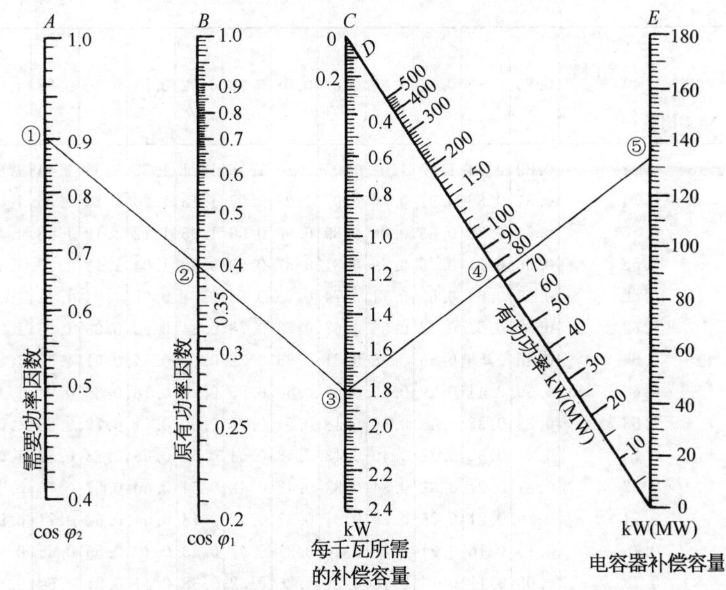


**图 13－19**　补偿电容器的补偿容量图算法

除了用图算法之外，查表 13－5 也可以知道所需补偿的电容器的补偿容量。

表 13－5　每千瓦有功功率所需的电容器补偿容量（kW）

| 改进前功率因数 \ 改进后功率因数 | 0.80 | 0.82 | 0.84 | 0.85 | 0.86 | 0.88 | 0.90 | 0.92 | 0.94 | 0.96 | 0.98 | 1.00 |
|---|---|---|---|---|---|---|---|---|---|---|---|---|
| 0.40 | 1.54 | 1.60 | 1.65 | 1.67 | 1.70 | 1.75 | 1.81 | 1.87 | 1.93 | 2.00 | 2.09 | 2.29 |
| 0.42 | 1.41 | 1.47 | 1.52 | 1.54 | 1.57 | 1.62 | 1.68 | 1.74 | 1.80 | 1.87 | 1.96 | 2.16 |
| 0.44 | 1.29 | 1.34 | 1.39 | 1.41 | 1.44 | 1.50 | 1.55 | 1.61 | 1.68 | 1.75 | 1.84 | 2.04 |
| 0.46 | 1.18 | 1.23 | 1.28 | 1.31 | 1.34 | 1.39 | 1.44 | 1.50 | 1.57 | 1.64 | 1.73 | 1.93 |
| 0.48 | 1.08 | 1.12 | 1.18 | 1.21 | 1.23 | 1.29 | 1.34 | 1.40 | 1.46 | 1.54 | 1.62 | 1.83 |
| 0.50 | 0.98 | 1.04 | 1.09 | 1.11 | 1.14 | 1.19 | 1.25 | 1.31 | 1.37 | 1.44 | 1.53 | 1.73 |

（续表）

| 改进后功率因数<br>改进前功率因数 | 0.80 | 0.82 | 0.84 | 0.85 | 0.86 | 0.88 | 0.90 | 0.92 | 0.94 | 0.96 | 0.98 | 1.00 |
|---|---|---|---|---|---|---|---|---|---|---|---|---|
| 0.52 | 0.89 | 0.94 | 1.00 | 1.02 | 1.05 | 1.10 | 1.16 | 1.21 | 1.28 | 1.35 | 1.44 | 1.64 |
| 0.54 | 0.81 | 0.86 | 0.91 | 0.94 | 0.97 | 1.02 | 1.07 | 1.13 | 1.20 | 1.27 | 1.36 | 1.56 |
| 0.56 | 0.73 | 0.78 | 0.83 | 0.86 | 0.89 | 0.94 | 0.99 | 1.05 | 1.12 | 1.19 | 1.28 | 1.48 |
| 0.58 | 0.66 | 0.71 | 0.76 | 0.79 | 0.81 | 0.87 | 0.92 | 0.98 | 1.04 | 1.12 | 1.20 | 1.41 |
| 0.60 | 0.58 | 0.64 | 0.69 | 0.71 | 0.74 | 0.79 | 0.85 | 0.91 | 0.97 | 1.04 | 1.13 | 1.33 |
| 0.62 | 0.52 | 0.57 | 0.62 | 0.65 | 0.67 | 0.73 | 0.78 | 0.84 | 0.90 | 0.98 | 1.06 | 1.27 |
| 0.64 | 0.45 | 0.50 | 0.56 | 0.58 | 0.61 | 0.66 | 0.72 | 0.77 | 0.84 | 0.91 | 1.00 | 1.20 |
| 0.66 | 0.39 | 0.44 | 0.49 | 0.52 | 0.55 | 0.60 | 0.65 | 0.71 | 0.78 | 0.85 | 0.94 | 1.14 |
| 0.68 | 0.33 | 0.38 | 0.43 | 0.46 | 0.48 | 0.54 | 0.59 | 0.65 | 0.71 | 0.79 | 0.88 | 1.08 |
| 0.70 | 0.27 | 0.32 | 0.38 | 0.40 | 0.43 | 0.48 | 0.54 | 0.59 | 0.66 | 0.73 | 0.82 | 1.02 |
| 0.72 | 0.21 | 0.27 | 0.32 | 0.34 | 0.37 | 0.42 | 0.48 | 0.54 | 0.60 | 0.67 | 0.76 | 0.96 |
| 0.74 | 0.16 | 0.21 | 0.26 | 0.29 | 0.31 | 0.37 | 0.42 | 0.48 | 0.54 | 0.62 | 0.71 | 0.91 |
| 0.76 | 0.10 | 0.16 | 0.21 | 0.23 | 0.26 | 0.31 | 0.37 | 0.43 | 0.49 | 0.56 | 0.65 | 0.85 |
| 0.78 | 0.05 | 0.11 | 0.16 | 0.18 | 0.21 | 0.26 | 0.32 | 0.38 | 0.44 | 0.51 | 0.60 | 0.80 |
| 0.80 | — | 0.05 | 0.10 | 0.13 | 0.16 | 0.21 | 0.27 | 0.32 | 0.39 | 0.46 | 0.55 | 0.75 |
| 0.82 | — | — | 0.05 | 0.08 | 0.10 | 0.16 | 0.21 | 0.27 | 0.34 | 0.41 | 0.49 | 0.70 |
| 0.84 | — | — | — | 0.03 | 0.05 | 0.11 | 0.16 | 0.22 | 0.28 | 0.35 | 0.44 | 0.65 |
| 0.85 | — | — | — | — | 0.03 | 0.08 | 0.14 | 0.19 | 0.26 | 0.33 | 0.42 | 0.62 |
| 0.86 | — | — | — | — | — | 0.01 | 0.11 | 0.17 | 0.23 | 0.30 | 0.39 | 0.59 |
| 0.88 | — | — | — | — | — | — | 0.06 | 0.11 | 0.18 | 0.25 | 0.34 | 0.54 |
| 0.90 | — | — | — | — | — | — | — | 0.06 | 0.12 | 0.19 | 0.28 | 0.49 |

由电容器的补偿容量 $Q$ 求取并联电容 $C$ 值的公式如下：

$$C=\frac{Q\cdot 10^{3}}{n\omega U^{2}}(\mu\mathrm{F})$$

式中　$Q$——电容器的补偿容量(kW)；

$n$——相数（三相 $n=3$，单相 $n=1$）；

$\omega$——角频率（工频 $\omega=314$ rad/s）；

$U$——电网线电压(kV)。

2. 移相电容器的接线方法

移相电容器最理想是装在大型的电感性负载处，这样可以减小输电导线的截面和线路损耗。如果集中装在总电源处，虽然也能提高功率因数，但是在功率因数低的负载线路上，仍有很大的无功电流，使该线路上损耗增大，同时导线截面也要加大。因为电容器是一种储能元件，在电网中电源虽经切断，电容器两端仍然带电，因此必须接入放电回路（图 13-20），以保证安全。如果电源电压较高，电流表必须利用电流互感器，不可直接接入。

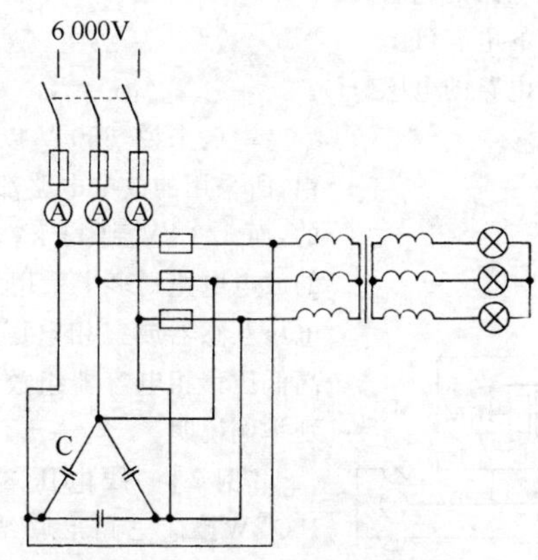


**图 13-20**　移相电容器接线方式

3. 移相电容器放电电阻的计算

为了保证操作时的安全，在安装移相电容器时，规定不论电容器的额定电压高低，在放电电路上经 30 s 放电后，电容器两端的电压不应超过 65 V。所以，在安装和维护电容器组时必须计算放电电路的放电电阻。

电容器在外电路上的放电电流，决定于电容器两端的电压 $U$、电容器的电容量 $C$、放电电路的电阻 $R$ 和电感 $L$ 等因素。通过数学计算可知：

当 $R \geqslant 2\sqrt{L/C}$ 时，放电电流是非周期性的单向电流；

当 $R < 2\sqrt{L/C}$ 时，放电电流是周期性的振荡电流。

当放电电路中电感很小，而接近于零时，那么，电容器两端电压 $U$ 降到安全值 $U_{aq}$ 时所经历的时间为

$$t_{aq} = 2.3RC\lg\frac{1.41}{U_{aq}}U(\mathrm{s})$$

如果放电电流为振荡电流则

$$t_{aq} = 4.6\frac{L}{R}\lg\frac{1.41U}{U_{aq}}(\mathrm{s})$$

式中 $U$——电源电压(V)；

$U_{aq}$——安全电压值，采用 65 V；

$R$——放电电路的电阻(Ω)；

$C$——每相的电容(F)；

$L$——放电电路的电感(H)。

一般来说，380 V 以下的低压电容器组，所采用的放电电路都是用白炽灯组成的，而 3.3 kV 到 11 kV 的高压电容器组的放电电路则多半采用接成 V 形的单相电压互感器或三相电压互感器。下面将高低压移相电容器组放电电阻的计算分别举例说明。

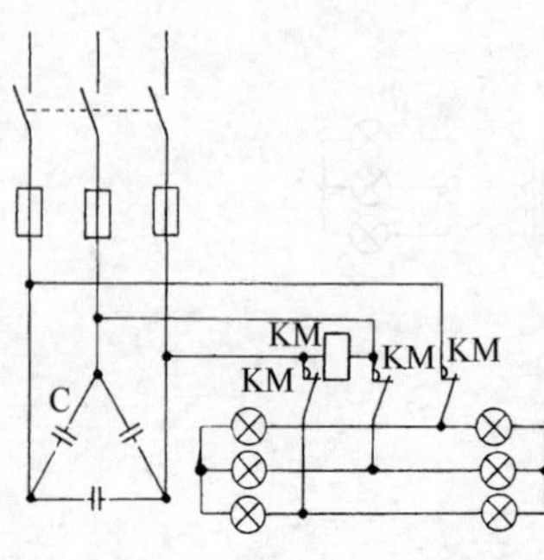

**图 13-21** 例 2 接线图

［**例 2**］ 线电压 380 V，总容量为 150 kW接成三角形联结的电容器组，放电电路是由 220 V 25 W 的白炽灯所组成(图 13-21)，试计算其放电电阻。

**解** 由已知参数可求得每相的电容为：

$$C = \frac{Q \cdot 10^3}{3\omega U^2} = \frac{150 \times 10^3}{3 \times 314 \times 0.38^2} 1\,100\ \mu\mathrm{F}$$

式中 $Q$——移相电容器总容量(kW)；

$\omega$——角频率(rad/s)；

$U$——电网线电压(kV)。

而白炽灯在正常发亮时的电阻为

$$R = \frac{220^2}{25} = 1\,936\ \Omega$$

当电容器组停止运行时，因常闭触点闭合，通过一组星形联结的三相白炽灯而放电。由于电容器是三角形联结。而放电电阻是星形联结，计算时必须化为相应的对称电路，将放电电阻折算成相应的三角形联结时的数值，每相放电电阻为

$$R = \frac{3 \times 1\,936}{2} \approx 2\,904\ \Omega$$

事实上放电电路的电感很小，可以略去不计，那么从

$$t_{aq} = 2.3RC\lg\frac{1.41U}{U_{aq}}$$

可以算出电容器组放电到安全电压为 65 V 所经历的放电时间为

$$t_{aq} = 2.3 \times 2\,904 \times 1\,100 \times 10^{-6}\lg\frac{1.41 \times 380}{65} = 6.7\ \text{s}$$

从计算知道放电时间小于 30 s 合乎要求，因此放电电阻可以使用。

［**例 3**］ 电压为 6 kV、补偿容量为 1 000 kW、成三角形联结的三相电容器组，放电电路是由接成 V 形的两个单相电压互感器所组成(图 13-22)，电压互感器的一次侧的电阻是 1 970 Ω，电感是 1 910 H，试计算放电电阻。

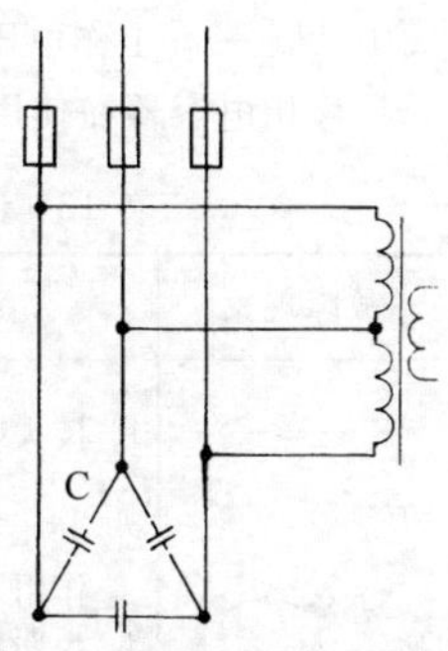

**图 13-22** 例 3 接线图

**解** 由于放电电阻是一种非对称的联结法，所以应该根据实际电路进行计算。三角形联结时，每相的电容为

$$C = \frac{1\,000 \times 10^3}{3 \times 314 \times 6^2} = 29.5\ \mu\text{F}$$

在非对称电路中，因为电容器是三角形联结法，所以放电电路的计算电容为 $\frac{3}{2}C = 1.5 \times 29.5 = 44\ \mu\text{F}$(如果电容器是星形联结法，则为 $C/2$)。放电电路是由两个绕组串联，所以放电电路的参数为

$$R = 2 \times 1\,970 = 3\,940\ \Omega,\ L = 2 \times 1\,910 = 3\,820\ \text{H}$$

所以
$$\sqrt{\frac{L}{C}}=\sqrt{\frac{3\,820\times10^{6}}{44}}=9\,300\ \Omega$$

而 $3\,940<2\times9\,300$，也就是 $R<2\sqrt{\frac{L}{C}}$，放电电流是以振荡电流形式出现的。

所以

$$t_{aq}=4.6\frac{L}{R}\lg\frac{1.41U}{U_{aq}}=4.6\times\frac{3\,820}{3\,940}\lg\frac{1.41\times6\,000}{65}=9.4\ \text{s}$$

即 $t_{aq}$ 小于 30 s，放电电阻完全合乎安全要求。

4. 移相电容器的故障与处理方法

移相电容器应单独安装在防爆室内，使用前要经过严格检查，并应有试验合格证。耐压试验电压为

$$U_{ny}=2\times U_q+1\,000\ \text{V}$$

式中 $U_q$——工作电压(V)。

移相电容器在使用中出现的一般故障与处理方法见表 13-6。

表 13-6 移相电容器的一般故障与处理方法

| 故障现象 | 可 能 原 因 | 处 理 方 法 |
|---|---|---|
| 发热 | 1. 接头螺钉松动，产生拉弧<br>2. 频繁起闭，反复受浪涌电流作用<br>3. 长期过电压运行，造成过载<br>4. 环境温度超过许可值 | 1. 加强检查，停电时旋紧螺钉防止松动<br>2. 不频繁起闭电容，除非线路停用时才切断移相电容器<br>3. 调用电压较高的电容器<br>4. 贴示温片及早察觉温升（一般贴 80℃示温片） |
| 渗油 | 1. 保养不周，外壳涂漆剥落，有锈蚀点<br>2. 在搬运中，瓷套与外壳交接处碰磕，造成裂纹；或在旋紧接头螺钉时用力太猛扭磕，造成裂纹；或元件本身质量差 | 1. 细心检查，遇漆剥落处，先清除锈点重涂新漆<br>2. 裂纹微微渗油时，可在渗油裂纹处，用肥皂嵌入以利暂用，但如已成裂缝发现漏油则应调换电容器 |

（续表）

| 故障现象 | 可　能　原　因 | 处　理　方　法 |
|---|---|---|
| 变　　形<br>（即外壳膨胀） | 1. 由于漏油，空气入内使内部介质膨胀<br>2. 使用期已到<br>3. 本身质量差 | 均需立即调换 |
| 短路击穿 | 1. 本身质量差<br>2. 小动物如老鼠等钻入接头间（因接头间一般仅 200 mm 左右），造成短路击穿<br>3. 瓷瓶平面上积灰太多，产生相间拉弧或对地拉弧短路击穿<br>4. 长期超电压运行，造成过载，增加发热，使绝缘过早老化击穿 | 1. 调新<br>2. 接头周围加装防护罩<br>3. 清理积灰，保证平面无灰<br>4. 限制超电压运行。一般不允许超过额定电压的 5%才可长期运行 |

注：处理移相电容器时，必须在停电时才能进行。

## 二、采用无功功率自动补偿控制器

无功功率自动补偿控制器或功率因数控制器是用于工矿企业、变电所或配电系统中，根据功率因数自动切换补偿电容来进行最佳无功补偿的装置。

控制器的电压信号取自三相交流系统总进线中的 L2、L3 相（图 13－23）线电压 $U_{L2L3}$，电流信号取自 L2 相电流互感器的副边。经无功检测模块转换成直流电平信号送 A/D 转换后再送 CPU 进行处理，然后自动根据负荷量的大小来接入或切断补偿电容器。JKL2－10 型低压无功功率自动补偿控制器的原理线路如图 13－23 所示。其外围端子接线如图 13－24 所示。图中 C1～C10 为外接电容补偿屏。该控制器还具有过压保护、数字显示等功能。

## 三、机床空载自动停车装置

在金属切削工艺过程中，由于装拆工件、调换工具、校圆以及卡量尺寸等辅助工作，使机床电动机的空载运行时间几乎要占整个生产时间的 50%左右。而电动机空载时的功率因数很低，约小于 0.2，根据测定计算，电动机

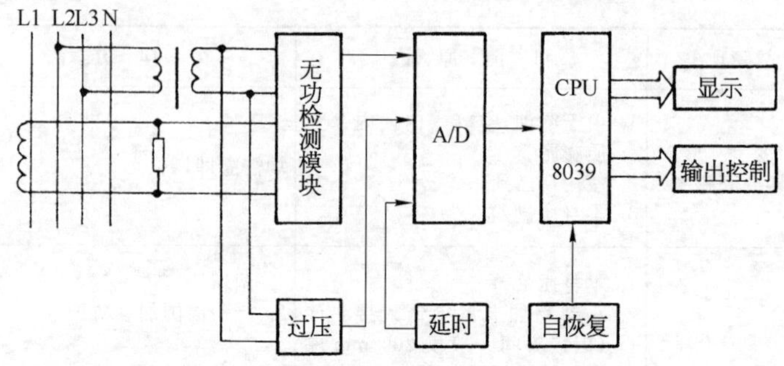


图 13-23　JKL2-10型低压无功功率自动补偿器原理图

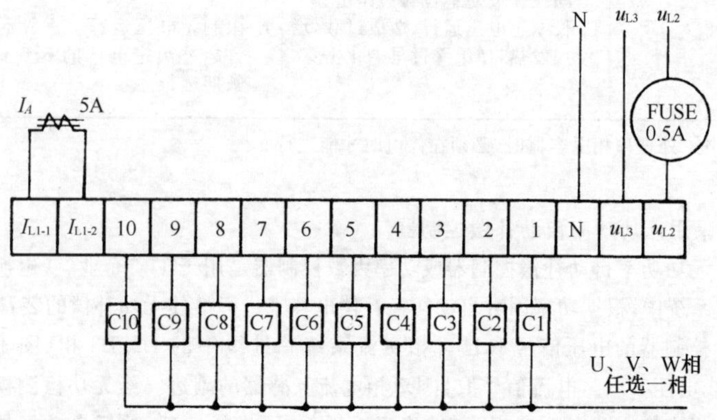


图 13-24　JKL2-10型低压无功功率自动补偿器外围端子接线图

在起动时的耗电量不会超过电动机空载运行15～20 s所消耗的数值。因此当辅助工作时间超过15～20 s时，就应使电动机停止运行，可以节约电能。

由于机床的形式不同，自动停车装置的形式也很多，下面仅介绍齿轮车床、砂轮脚踏开关两种自动停车装置。

1. 齿轮车床空载自动停车装置

图13-25中，当车床离合器置于停止位置时，限位开关SB被打开，电磁开关KM的线圈立即断电，使电动机停止运行。这样，即可消除车床的空载运转以节约电能。如果离合器被置于工作位置时，限位开关SB复回

原位，使电磁开关 KM 合上，电动机立即起动，车床即可进行工作。

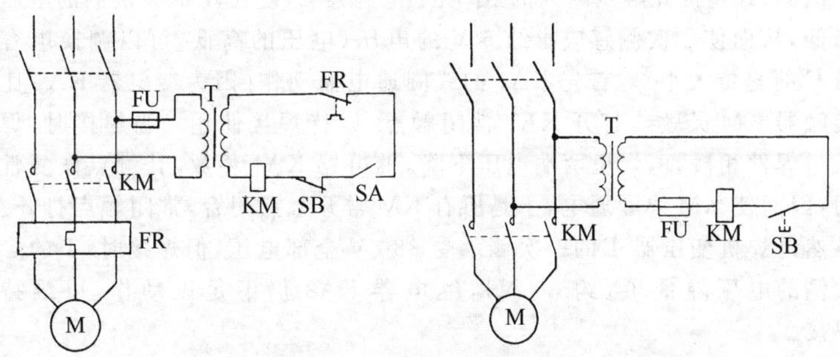


**图 13－25**　齿轮车床空载自动停车电路图　　**图 13－26**　砂轮脚踏开关接线图

2. 砂轮脚踏开关的接线（半自动停车装置）

在图 13－26 中，脚踏开关 SB 一般装在砂轮的旁边，当砂轮磨工件时，只要工作人员一踏开关 SB，电磁开关的线圈 KM 便立即通电，其触点 KM 闭合，电动机就运转。工作完毕后，如果工作人员离开砂轮，脚踏开关 SB 自动断开，电磁开关电源被切断，砂轮电动机便停止运转。

## 四、电焊机节能线路

电焊机过去曾被称为“电老虎”。如果在电焊机上加装一只普通开关和几只简单控制元件，就成为自动开关。焊接时，只要电焊条与焊件一碰，开关就自动合上；电焊条一离开焊件开关就自动断开。这样节电效果较好，而设备也很简单。

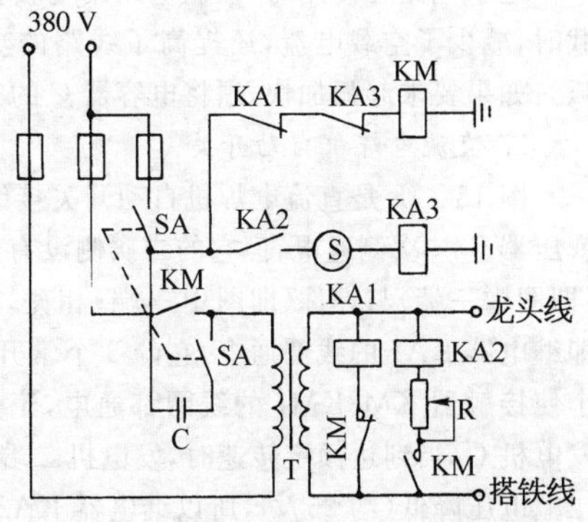


**图 13－27**　交流电焊机自动开关线路

SA—双刀开关；KA1—522 型 6 V 交流继电器；KA2—522 型 36 V 交流继电器；KA3—522 型 220 V 交流继电器；KM—220 V　20 A 交流接触器；S—40 W 荧光灯起辉器；R—560 Ω　3 W 可变电位器；C—2 μF　400 V 交流电容器；T—28 kW 交流电焊机变压器

1. 交流电焊机节约空载电流自动开关

图 13－27 表示交流电

焊机自动开关电路。当双刀开关SA闭合接通电源后，电焊变压器T的一次侧（KM常开触点断开的）串联了电容器C，使在T的一次侧的电压降低，从而使二次侧感应出约6 V的电压（电压的高低，可以调换电容器C的容量大小）。首先KA1的线圈通电而动作（因为继电器KA1比接触器KM灵敏），打开KA1常闭触点，以待焊接使用。当焊接时，焊条与焊件相碰，电焊机两端电压下降，继电器KA1释放，其触点恢复常闭，因而使KM线圈通电，于是所有KM常开触点闭合，常闭触点打开。虽然电焊机变压器T的一次侧承受380 V全部电压，但焊接时，T的二次侧的电压降低了（约30 V），继电器KA2仍不足以动作，以维持焊接。

当电焊机停焊或空载时，电焊机变压器T二次侧电压升高（约65 V左右），继电器KA2动作，经荧光灯起辉器S延时使继电器KA3线圈通电而动作，于是KM线圈断电，电焊机即停电，电路恢复到（未焊接前）原状。

如果需要使KA3线圈延时更长的话，可以把S调成100 W荧光灯起辉器，或者可以把继电器KA3的功率调小一些就行。

这个电路在使用时，控制电路用电较省（仅1只KM线圈用电）。在空载时，减少了空载电流，还提高了线路的功率因数。但是这个电路不易起弧。如果要求起弧加快，须将电容器C的容量调大一些才行。

2. 直流电焊机自动开关

图13-28是直流电焊机自动开关接线图。当接通拉线开关SA以后，变压器T一次侧通电，但它的二次侧没有电流，如需要焊接时，只要将焊条（即图中+端）与焊件（即图中-端）相碰，变压器T二次侧就有电流通过，即继电器KA1的线圈通电，它的2个常开触点闭合，1个起自锁作用，另1个使接触器KM、KM1的线圈都通电，于是交流电动机M起动，带动直流发电机G，当到达额定转速时，发电机二端电压约为80 V。焊接时，发电机二端电压降低（约25 V），所以继电器KA2和时间继电器KT都不动作，电机在焊接时一直在运转。

当停焊或空载时，发电机G两端电压升高，继电器KA2动作，接通时间继电器KT线圈，使它的触点延时（延时长短可以适当调节）断开，切断了继电器KA1线圈中电流，于是接触器KM、KM1都释放，电动机M停车。

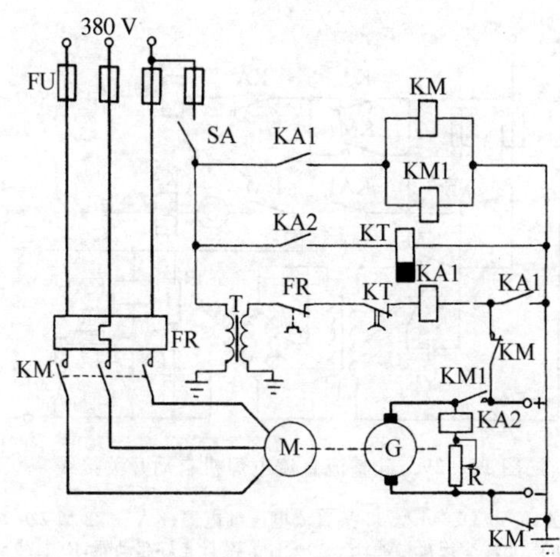


**图 13-28 直流电焊机自动开关接线图**

S—拉线开关；T—220/36 V 变压器；KA1—522 型 36 V 交流继电器；KM—220 V 40 A 交流接触器；KM1—75 A 交流接触器；KA2—DZ144 型 48 V 或 DZ644 型 36 V 直流电压继电器；R—560 Ω 3 W 可变电位器；M—12 kW 交流电动机；G—直流发电机；KT—220 V 电动式时间继电器；FR—热继电器

必须注意：① 在起动时，KM 的两个常闭触点必须断开，如不断开，KA1 的线圈将要烧坏；另外如果焊件的连接导线（搭铁线）接触不良，大电流流经接地线，将会造成危险。② 这种电路仅适合于较长停车时间（约几分钟）的自动开关，不适用于频繁起动。

3. *硅整流直流电焊机自动开关*

图 13-29 是硅整流直流电焊机自动开关接线。当双刀开关 SA 闭合接通电源后，与图 13-27 相似，电焊变压器 T 的一次侧串联了电容器 C，KA1 的线圈首先通电而动作（继电器 KA1 比接触器 KM 灵敏），打开 KA1 常闭触点，以待使用。焊接时，焊条与焊件相碰，电焊机二端电压下降，继电器 KA1 释放，其触点恢复常闭，因而使 KM 线圈通电，于是所有 KM 常开触点闭合，常闭触点断开。虽然电焊机变压器 T 的一次侧承受 380 V 全部电压，焊接时，T 的二次侧的电压降低（约 30 V），继电器 KA1 由于串联了电位器 R 以后，尚不足以动作，一直维持焊接。

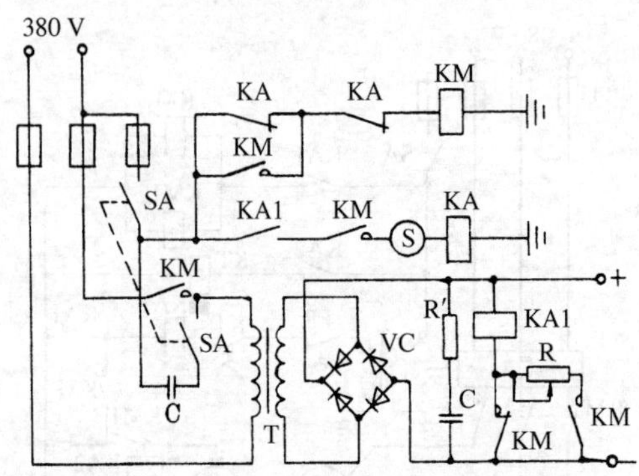


图 13－29　硅整流直流电焊机自动开关接线

SA—双刀开关；KA—DZ644 型 36 V 直流电压继电器；KA—522 型 220 V 交流继电器；KM—220 V 40 A 交流接触器；S—40～100 W 日光灯起动器；R—470 Ω 3 W 电位器；R′—⩽40 Ω；C—4 μF 400 V 交流电容器；C′—0.5 μF 200 V 电容器；VC—2DZ 型 200 A 200 V×4；T—28 kW 交流电焊机变压器

当电焊机停焊或空载时，电焊机两端电压升高（约 90 V），继电器 KA1 第二次动作，经荧光灯起辉器 S 延时使继电器 KA 线圈通电而动作，于是 KM 线圈断电，电焊机即停电，电路恢复到（未焊接前）原状。

这种硅整流直流电焊机，与交直流电机组电焊机相比，具有效率高、省电、体积小、重量轻和造价低等优点；但空载时，耗电量较多一些。

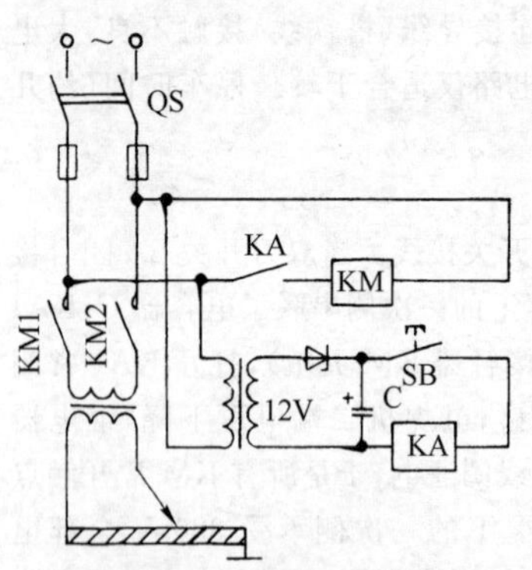


图 13－30　微动开关控制的电焊机节能线路

4. 微动开关控制的电焊机节能线路

图 13－30 表示用微动开关控制的电焊机节能线路。微动开关装在焊钳子柄上，在合上开关 QS 后，当按下微动开关 SB 后，继电器 KA 吸合，其常开触点 KA 闭合，使接触器 KM 吸合，其常开触点 KM1、KM2 闭合，于是电焊机电源接通便可开始工作。当松手或放下焊柄时，SB 复位自动切断电源，没

有能耗。由于控制电路采用低压 12 V 供电，故安全可靠。图中 KA 采用 JRC－5M，二极管采用 2CP10，*C* 采用 47 μF/25 V。

## 五、逆变式电焊机

逆变式电焊机又称逆变式弧焊整流器，是继晶闸管逆变技术、晶体管逆变技术之后推出的场效应管的逆变技术。因其功率因数高，效率高，空载电流小，与老式电焊机相比可节电30％～40％以上，节约铜材、硅钢片达 90％以上，因此体积小，重量减轻约 1/10。随着大电流 VMOS 管的出现，逆变式弧焊整流器逐渐得到推广，有望取代老式电焊机。单管逆变式弧焊整流器的原理线路如图 13－31 所示。图中 220 V 交流经桥式整流电路 AB 及电容 C 滤波可得到约 300 V 的直流电压，T 为高频变压器，V 为场效应管。当控制电路使场效应管 V 以高频截止和导通时，便把直流电变成了高频(例50 kHz)的交流方波，经高频变压器 T 传递和降压，并经 V1、L 整流和滤波后便得到了低压的空载电压输出。当场效应管 V 导通时，负载得到能量，同时 L 储能，当 V 截止时，L 所储能量通过续流二极管 V2 释放，负载得到连续的能量供应。$R_0$ 为电流反馈取样电阻，藉以调整高频脉冲宽度，提高焊接质量，控制电路中一般采用 LM3524 脉宽调制集成块。

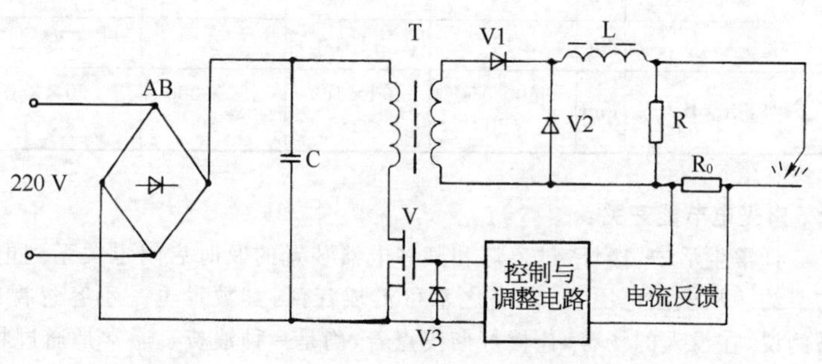


**图 13－31**　逆变式弧焊整流器原理线路图

ZX7 V－MOS 系列逆变式弧焊整流器技术数据见表 13－7。

表13－7　ZX7 V－MOS系列逆变式弧焊整流器技术数据

| 规格型号 | | | 125 A | 250 A | 315 A | 400 A |
| --- | --- | --- | --- | --- | --- | --- |
| 输出 | 额定焊接电流 | A | 125 | 250 | 315 | 400 |
| | 焊接电流调节范围 | A | 20～125 | 40～250 | 50～315 | 60～400 |
| | 空载电压 | V | 50 | 60 | 65 | 65 |
| | 工作电压 | V | 25 | 30 | 32.6 | 36 |
| | 额定暂载率 | % | 60 | 60 | 60 | 60 |
| | 额定输出功率 | kW | 3 | 7.5 | 10 | 14.4 |
| 功率因数 | | | ≥0.95 | ≥0.95 | ≥0.95 | ≥0.95 |
| 效率 | | % | 90 | 90 | 90 | 90 |
| 输入 | 电源电压 | V | 220 | 380 | 380 | 380 |
| | 电源相数 | | 单相 | 三相 | 三相 | 三相 |
| | 空载电流 | A | ＜0.2 | ＜0.2 | ＜0.2 | ＜0.2 |
| | 频率 | Hz | 50 | 50 | 50 | 50 |
| | 额定电流 | A | 15 | 13 | 17 | 22 |
| | 额定容量 | kW | 3.5 | 8.3 | 11.1 | 16 |
| 重量 | | kg | 10 | 15 | 25 | 30 |
| 外形尺寸 | | mm | 350×150×200 | 400×160×250 | 450×200×300 | 560×240×355 |

## 六、声光电节能开关

日常生活中，楼灯、过道灯和某些电器装置的及时启闭也关系到电能的节约。从全国范围看，涓滴之水可汇成江河，其数量也是不容忽视的。举例说，在没人的场合，让楼灯彻夜点着，确是一种浪费。通常是通过将1个楼灯改在两个楼面控制，如图13－32所示。这样便可在任一楼面进行开关，实行人离灯灭，便于节能。但更为方便的自动节能开关电路不胜枚举，它们不但可用于控制电灯，也能用于控制其他装置，今择典型几例介绍如下。

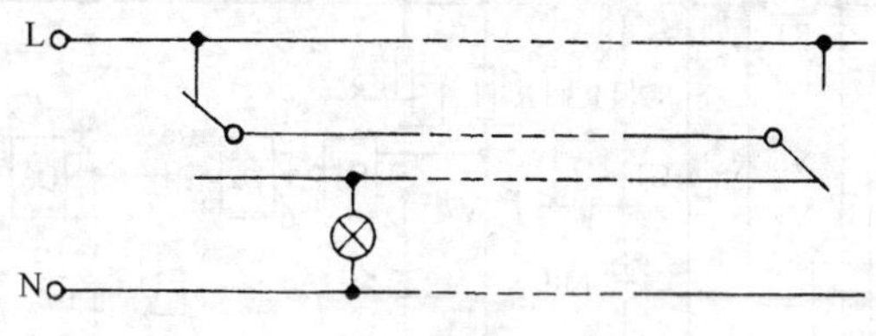


图 13-32　两处控制一灯电路

1. 自动关灯电路

自动关灯电路如图 13-33 所示。

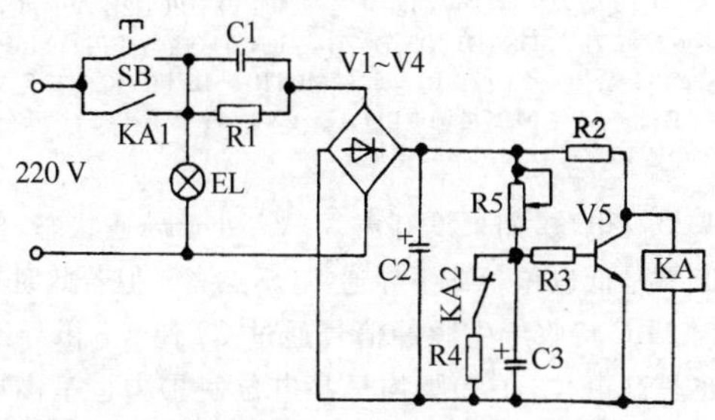


图 13-33　自动关灯电路

当按动一下按钮 SB 时，灯即点亮，同时经 R1、C1 降压及 V1～V4 整流后，通过 R2 使继电器 KA 吸合，其常开触点 KA1 闭合，使灯保持接通。与此同时，常闭触点 KA2 断开，C3 经 R5 充电，电压逐渐升高，经若干时间(可通过调试 R5 与 C3 值设定)数十秒或几分钟后 V5 导通，KA 两端电压接近于零而释放，于是 KA1 断开，灯熄灭。同时 KA2 闭合 C3 放电，使 C3 端电压在初始时处于低电位状态。便于再次工作。

图中：$C_1$—0.47 μF/400 V，$C_2$—100 μF/50 V，$C_3$—200 μF/25 V，$R_1$—300 kΩ，$R_2$—330 Ω，$R_3$—1 MΩ，$R_4$—100 Ω，V1～V4—IN4007，KA—JRC-5M，$R_5$—1 MΩ(1 W)，V5—3DG12。

2. 声光控灯开关电路

图 13-34 为声光控灯开关电路。

当白天光照强时，V8 阻值小，四与非门②脚呈低电位，即使①脚呈高电位，⑪脚也呈低电位，因此晶闸管 V5 不导通，灯不亮。当光线暗后，V8 电

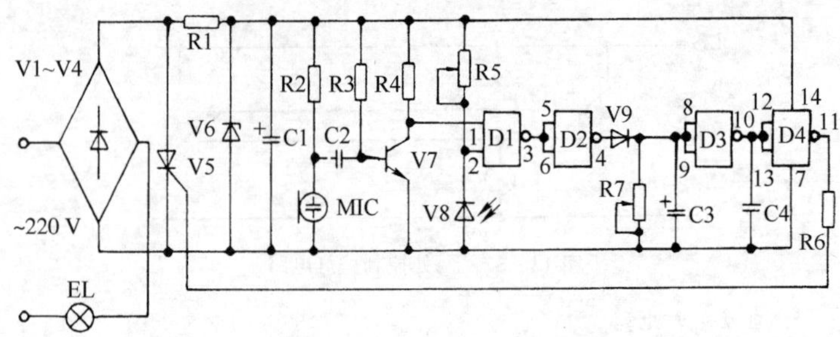


**图 13－34　声光控灯开关电路**

V1～$V_4$—IN4007；V6—2DW(12 V)1/2 W；V8—2CU2B；V9—IN4148；V5—MCR(1 A,500 V)；V7—3DK；D1、D2、D3、D4—IC4011(四与非门)；MIC—小型驻极体话筒；$R_1$—240 kΩ；$R_2$—22 kΩ；$R_3$—2.2 MΩ；$R_4$—18 kΩ；$R_5$—1.5 MΩ(可调电阻)；$R_6$—47 kΩ；$R_7$—4.7 MΩ(可调电阻)；$C_1$—200 μF/25 V；$C_2$—1 μF(瓷片或金属膜)；$C_3$—100 μF/16 V；$C_4$—0.1 μF(瓷片)

阻变大，使②脚呈高电位，如果没有声音，V7 处于导通状态，使①脚呈低电位，于是也使⑪脚呈低电位，V5 不导通，灯不点亮。但若此时有说话声或脚步声时，经话筒 MIC 接收产生脉冲信号通过 C2 使 V7 由导通转为截止状态，于是①脚也呈高电位，①②脚均呈高电位使④脚也呈高电位，于是 C3 通过 V9 而瞬时得到充电，与此同时，⑧⑨脚均呈高电位，于是⑪脚也呈高电位，这样通过 R6 使晶闸管 V5 导通，灯泡点亮。此时即使声音消失，①脚呈低电位，使④脚也呈低电位，但由于 V9 的箝位，C3 仍可以呈高电位状态。只有当 C3 通过 R7 充分放电使⑧⑨脚呈低电位状态时，才会使⑪脚也呈低电位，从而使 V5 不导通，灯熄灭。灯点亮的时间由 R7 与 C3 的数值决定，本图中可改变 C3 值或调节 R7 来设定。在灯点亮期间，即使有声音，也不会影响电路正常运行，只有当灯熄灭后的再次声响，才能重新点亮灯泡。通过改变 R5 的数值可调节光控灵敏度。

3. 人体感应开关电路

人体感应开关电路如图 13－35 所示。

图中 TWH9250 为雷达式探测电路模块，$Y_1$、$Y_2$ 端接环形天线，既向外发射微波信号，又接收反射回波，当人体移动时，回波信号就会发生变化，产生随人体移动的低频信号，经放大后触发内部开关电路，使 0 脚变为低电平(0 V)，于是继电器 KA 接通并保持，灯亮。直到移动物体停止或走出探测范围 10 s 后，KA 才会自动释放、复位、关灯。当白天光线强时，光敏电阻

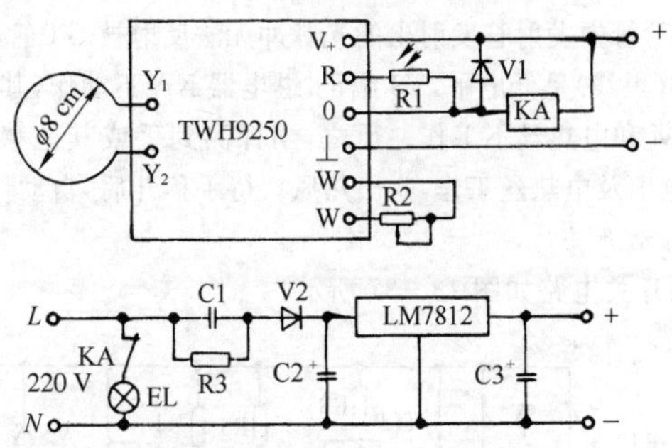


图 13－35　人体感应开关电路

$R_1$—光敏电阻；$R_2$—510 kΩ(可调电阻)；$R_3$—470 kΩ；$C_1$—1 μF/400 V；$C_2$—100 μF/50 V；$C_3$—47 μF/25 V；$V_1$、$V_2$—IN4007；LM7812—三端稳压块；KA—JRC－5M

使 R 端处于低电位而使电路不动作，只有当夜晚光线暗时，电路才进入工作状态。如果用于自动门控制，则只要使光敏电阻不起作用即可。

环行天线可用 ϕ1～ϕ2 漆包线制成的 ϕ8 开口圆形直接焊在 $Y_1$、$Y_2$ 端上。安装时使环形天线的轴向与人行走方向一致，其引线平行部分不要超过 10 mm。调节 R2 值可改变探测灵敏度(最远可达 5 m 以上)，但不宜调节得过于灵敏而易产生误动作。刚接通电源时，继电器将会立刻吸合并保持 40 s，接着连续动作 3 次，然后才进入正常工作状态。

4. 光电自动干手器

光电自动干手器电路如图 13－36 所示。

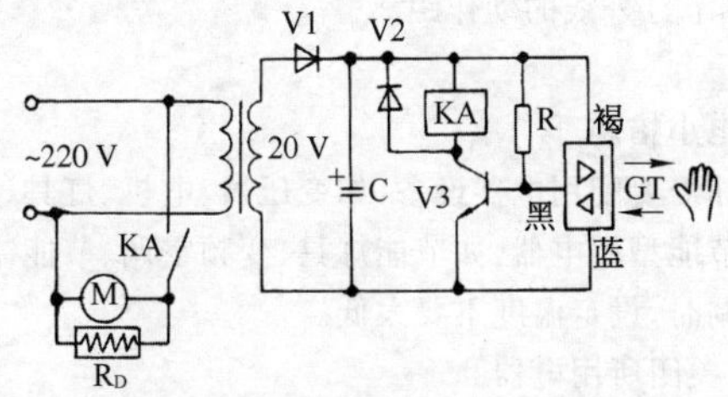


图 13－36　光电自动干手器电路

GT—HPAR23(霍尼韦尔公司产)；V1、V2—IN4001；C—200 μF/25 V；V3—3DG12；R—3 kΩ；KA—JQX－4F 型；$R_D$—400 W 电热丝；M—220 V 风扇

图中 GT 为内装放大器的光电传感器。当没有人手或其他移动物出现

在GT前时,GT管中发射管发射出的光脉冲无法反射被GT管中的接收头接收,GT输出脚(黑线)呈低电平,V3截止,继电器KA不动作,其常开触头KA不闭合,电扇M和电热丝不工作。反之,当探测到手或其他移动物时,继电器KA闭合,电扇及电热丝工作,吹出热风。待手移开后,自动切断电路。

5. 红外自动开关

红外自动开关电路如图13-37所示。

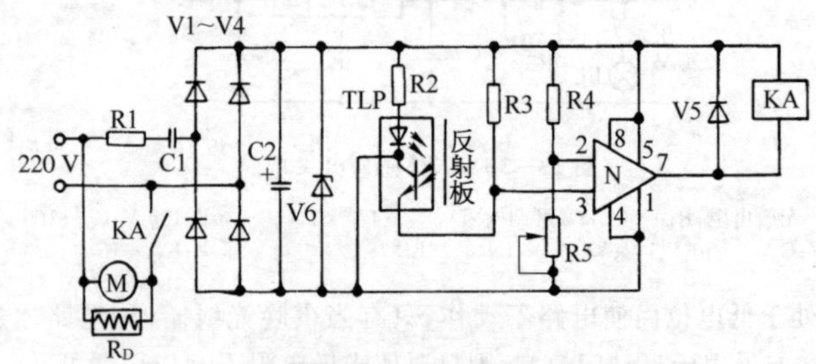


图13-37 红外自动开关

R1—10 Ω;R2—2 kΩ;R3,R4—240 kΩ;R5—100 kΩ(可调);C1—0.47 μF/400 V;C2—220 μF/25 V;V1～V5—IN4007;V6—2DW6(12 V)$\frac{1}{2}$ W;N—LM311

图中TLP为一体化的红外发射接收头TLP947,当手置于发射头与反射板之间阻挡红外线时,接收管的阻值增大,分压的结果使N③脚电位升高,N翻转输出低电平,继电器KA接通,触点KA接通,电扇M与电热丝$R_D$工作。触点KA也可用于控制水龙头等其他场合。改变图中R5的值可调节灵敏度,即调节红外线的动作距离。

## 七、其他节约用电小措施

(1) 根据实际需要配用电器设备,如变压器、电机、灯具、空调、冰箱等。

(2) 采用高节能型用电器,如节能灯具、变频空调、节能冰箱等。

(3) 使用空调时,设定温度不要太低。

(4) 离开时,关闭所用电器。

(5) 不要让用电器长期待机,如电视机、计算机等。

(6) 最好对某些具有待机功能的用电器,如空调、电视机、DVD机等,可先将它们插在有开关的专用插座上,然后将插座与电源连接,这样当电器不用时,可方便地按专用插座上的开关,切断电源,便可避免待机损耗,节约电能。

# 第 14 章　常用电工材料

## 14－1　电线与电缆

常用电线与电缆分为裸电线、电磁线、绝缘电线、电缆和专用电缆等。

### 一、裸电线

表 14－1　裸电线的分类、名称、特性和用途

| 分类 | 名　称 | 型　号 | 特　性 | 主要用途 |
|---|---|---|---|---|
| 圆单线 | 圆铜线 硬<br>软 | TY<br>TR | 硬线的抗拉强度比软线大一倍，半硬线有一定的抗拉强度和延伸率，软线的延伸率高 | 硬线主要用作架空导线；半硬线、软线主要用作电线、电缆及电磁线的线芯，也用于其他电器制品 |
| | 圆铝线 硬<br>半硬<br>软 | LY<br>LYB<br>LR | | |
| | 镀锡圆铜线 | TRX | 具有很好的耐蚀性与焊接性能，并起到铜线与外包绝缘（如橡皮）之间的隔离作用 | 电线、电缆用线芯和屏蔽层及电器制品 |
| | 铝合金圆线 | HL(Al－Mg－Si)<br>$HL_2$(Al－Mg) | 具有比纯铝线高的抗拉强度 | 硬线用于架空导线，软线用于电线、电缆线芯等 |
| | 铜包钢圆线 | GTA<br>GTB<br>GTYD | 高的抗拉强度和铜、铝一样的耐蚀性。镀银铜包钢线，在高频通信上有较大的优越性 | 架空导线，通信用载波避雷线，大跨越导线，高温电线线芯 |
| | 铝包钢圆线 | GL | | |
| | 镀锌铁线 | | 抗拉强度大 | 农村通讯线路架空导线 |
| 裸绞线 | 铜绞线 | TJ | 导电性、机械性能良好，钢芯铝绞线拉断力比铝绞线大一倍 | 低压或高压架空输电线用，铜绞线尽量少用 |
| | 铝绞线 | LJ | | |
| | 钢芯铝绞线 | LGJ | | |

（续表）

| 分类 | 名　　称 | 型　　号 | 特　　性 | 主 要 用 途 |
|---|---|---|---|---|
| 软接线 | 铜电刷线 | TS TSX<br>TSR TSXR | 多股铜线或镀锡铜线绞制，柔软，耐振动，耐弯曲 | 电刷连接线 |
| | 铜天线 | TT<br>TTR | | 通信架空天线 |
| | 铜软绞线 | TRJ TRJ－3<br>TRJ－1<br>TRJ－4<br>TRJ－2 | 柔软，TRJ－4特别柔软，为提高抗腐蚀性，TRJ－2、3、4可用镀锡铜线绞制 | 引出线、接地线、整流器和晶闸管的引出线等，电器设备部件间连接用线 |
| | 铜编织线 | QC | 柔软 | 汽车、拖拉机、蓄电池连接线 |
| | | TYZ TYZX<br>TRZ－1<br>TRZX－1<br>TRZ－2<br>TRZX－2 | 柔软 | 小型电炉和电器设备等连接线 |
| 型线 | 铜电车线 | TCY TCG | | 电气运输架空线路，电气化铁道、工矿电机车及城市电车架空线路 |
| | 钢铝电车线 | GLCA GLCB | | |
| | 铝合金电车线 | HLC(Al－Mg) | | |
| | 扁铜线 | TBY TBR | 铜、铝扁线和母线的机械特性和圆线相同。扁线、母线的结构形状均为矩形，仅在规格尺寸和公差上有所区别 | 铜、铝扁线主要用于电机、电器等绕组；铜、铝母线主要作汇流排用，亦用于其他电器制品 |
| | 扁铝线 | LBY LBBY<br>LBR | | |
| | 铜母线 | TMY TMR | | |
| | 铝母线 | LMY LMR | | |
| | 铜带 | TDY TDR | 编织成带 | 通信电缆线芯外导体 |
| | 空心扁铜线<br>空心扁铝线 | TBRK<br>LBRK | 导电并兼作冷却水通道 | 用于水内冷电机、变压器及感应电炉等作绕组 |
| | 梯形铜排<br>梯形银铜排<br>异形银铜排 | TPT<br>TYPT<br>TYPT－1 | 银铜合金排，具有比铜好的耐磨性，较高的机械强度和硬度 | 直流电机换向器片 |
| | 七边形铜排 | TMR－2 | | 大型水轮发电机绕组 |

1. 圆单线

1）圆铜、铝单线　圆铜单线、圆铝单线的规格范围、电气性能及机械性能分别见表14-2～表14-7。常用的圆铜、圆铝单线的规格、单位净重及直流电阻见表14-8；表14-173为英美线规对照表。

表14-2　圆铜单线规格范围　(mm)

| 单线直径 | 允许偏差 | 单线直径 | 允许偏差 |
|---|---|---|---|
| 0.020～0.025 | ±0.002 | 1.01～2.50 | ±0.02 |
| 0.030～0.100 | ±0.003 | 2.51～3.50 | ±0.03 |
| 0.110～0.250 | ±0.005 | 3.51～4.50 | ±0.04 |
| 0.260～0.700 | ±0.010 | 4.51～6.00 | ±0.05 |
| 0.710～1.000 | ±0.015 | | |

表14-3　圆铜单线电气性能

| 单线直径(mm) | 电阻系数　(20℃时)(Ω·mm²/m)不大于 | | 电阻温度系数 $\alpha_{20}$(1/℃) | |
|---|---|---|---|---|
| | TY | TR | TY | TR |
| 1.00及以下<br>1.01～6.00 | 0.0181<br>0.0179 | 0.01748 | 0.00385 | 0.00395 |

表14-4　圆铜单线机械性能

| 单线直径(mm) | TY | | TR | |
|---|---|---|---|---|
| | 抗拉强度(N/mm²)不小于 | 伸长率(%)不小于 | 抗拉强度(N/mm²)不小于 | 伸长率(%)不小于 |
| 0.020～0.050 | 412 | 0.5 | — | 12 |
| 0.060～0.100 | 412 | 0.5 | — | 15 |
| 0.110～0.200 | 412 | 0.5 | 200 | 18 |
| 0.210～0.700 | 412 | 0.5 | 200 | 20 |
| 0.710～1.000 | 412 | 0.6 | 200 | 25 |
| 1.01～2.00 | 402 | 0.8 | 200 | 25 |
| 2.01～3.00 | 400 | 1.0 | 206 | 30 |
| 3.01～4.00 | 382 | 1.2 | 206 | 30 |
| 4.01～5.00 | 373 | 1.5 | 206 | 30 |
| 5.01～6.00 | 363 | 1.5 | 206 | 30 |

表14-5　圆铝单线规格范围　(mm)

| 单线直径 | 允许偏差 | 单线直径 | 允许偏差 |
|---|---|---|---|
| 0.06～0.100 | ±0.003 | 1.01～2.50 | ±0.02 |
| 0.110～0.250 | ±0.005 | 2.51～3.50 | ±0.03 |
| 0.260～0.700 | ±0.010 | 3.51～4.50 | ±0.04 |
| 0.710～1.000 | ±0.05 | 4.51～6.00 | ±0.015 |

表14-6　圆铝单线电气性能

| 型　号 | 电阻系数　(20℃时)<br>($\Omega \cdot mm^2/m$)不大于 | 电阻温度系数<br>$\alpha_{20}$(1/℃) |
|---|---|---|
| LY | 0.029 0 | 0.004 03 |
| LR、LYB | 0.028 3 | 0.004 10 |

表14-7　圆铝单线机械性能

| 单线直径<br>(mm) | LY | | LYB | | LR | |
|---|---|---|---|---|---|---|
| | 抗拉强度<br>($N/mm^2$)<br>不小于 | 伸长率<br>(%)<br>不小于 | 抗拉强度<br>($N/mm^2$) | 伸长率<br>(%)<br>不小于 | 抗拉强度<br>($N/mm^2$) | 伸长率<br>(%)<br>不小于 |
| 0.060～0.200 | 178 | — | 95～140 | 1.0 | 70～95 | |
| 0.210～0.500 | 178 | 0.5 | 95～140 | 1.0 | 70～95 | 8 |
| 0.520～1.000 | 178 | 1.0 | 95～140 | 1.5 | 70～95 | 10 |
| 1.01～1.50 | 178 | 1.2 | 95～140 | 1.5 | 70～95 | 12 |
| 1.51～2.00 | 167 | 1.2 | 90～140 | 2.0 | 70～95 | 15 |
| 2.01～2.50 | 167 | 1.5 | 95～140 | 2.0 | 70～95 | 15 |
| 2.51～3.50 | 157 | 1.5 | 95～140 | 2.5 | 70～95 | 18 |
| 3.51～6.00 | 147 | 2.0 | 95～140 | 3.0 | 70～95 | 20 |

表14-8　常用圆铜单线及圆铝单线的规格、每千米净重及直流电阻

| 直径<br>(mm) | 截面积<br>($mm^2$) | 圆　铜　线 | | | 圆　铝　线 | | |
|---|---|---|---|---|---|---|---|
| | | 计算质量<br>(kg/km) | 20℃时<br>每千米的<br>直流电阻<br>(Ω/km) | 75℃时<br>每千米的<br>直流电阻<br>(Ω/km) | 计算质量<br>(kg/km) | 20℃时<br>每千米的<br>直流电阻<br>(Ω/km) | 75℃时<br>每千米的<br>直流电阻<br>(Ω/km) |
| 0.05 | 0.001 96 | 0.017 5 | 8 970 | 11 060 | | | |
| 0.06 | 0.002 83 | 0.025 2 | 6 210 | 7 660 | | | |

（续表）

| 直径(mm) | 截面积(mm²) | 圆铜线 | | | 圆铝线 | | |
|---|---|---|---|---|---|---|---|
| | | 计算质量(kg/km) | 20℃时每千米的直流电阻(Ω/km) | 75℃时每千米的直流电阻(Ω/km) | 计算质量(kg/km) | 20℃时每千米的直流电阻(Ω/km) | 75℃时每千米的直流电阻(Ω/km) |
| 0.07 | 0.003 85 | 0.034 2 | 4 570 | 5 640 | | | |
| 0.08 | 0.005 03 | 0.044 7 | 3 500 | 4 320 | | | |
| 0.09 | 0.006 36 | 0.056 5 | 2 760 | 3 410 | | | |
| 0.10 | 0.007 85 | 0.069 8 | 2 240 | 2 770 | | | |
| 0.11 | 0.009 50 | 0.084 5 | 1 854 | 2 290 | | | |
| 0.12 | 0.011 31 | 0.100 5 | 1 556 | 1 918 | | | |
| 0.13 | 0.013 3 | 0.117 9 | 1 322 | 1 630 | | | |
| 0.14 | 0.015 4 | 0.136 8 | 1 142 | 1 410 | | | |
| 0.15 | 0.017 67 | 0.157 | 995 | 1 227 | | | |
| 0.16 | 0.020 1 | 0.179 | 875 | 1 080 | | | |
| 0.17 | 0.022 7 | 0.202 | 775 | 956 | | | |
| 0.18 | 0.025 5 | 0.226 | 690 | 852 | | | |
| 0.19 | 0.028 4 | 0.262 | 620 | 765 | | | |
| 0.20 | 0.031 4 | 0.279 | 560 | 692 | 0.085 | 901 | 1 100 |
| 0.21 | 0.034 6 | 0.308 | 506 | 628 | 0.097 | 820 | 1 000 |
| 0.23 | 0.041 5 | 0.369 | 424 | 524 | 0.112 | 682 | 835 |
| 0.25 | 0.049 1 | 0.436 | 359 | 443 | 0.133 | 577 | 705 |
| 0.27 | 0.057 3 | 0.509 | 307 | 379 | 0.155 | 494 | 604 |
| 0.29 | 0.066 1 | 0.587 | 266 | 329 | 0.178 | 428 | 524 |
| 0.31 | 0.075 5 | 0.671 | 233 | 285 | 0.204 | 375 | 458 |
| 0.33 | 0.085 5 | 0.760 | 206 | 254 | 0.231 | 331 | 405 |
| 0.35 | 0.096 2 | 0.855 | 183 | 226 | 0.260 | 294 | 360 |
| 0.38 | 0.113 4 | 1.008 | 156.0 | 191.3 | 0.306 | 250 | 305 |
| 0.41 | 0.132 0 | 1.170 | 133.0 | 164 | 0.357 | 214 | 262 |
| 0.44 | 0.152 1 | 1.352 | 116.0 | 142.5 | 0.411 | 186 | 227 |
| 0.47 | 0.173 5 | 1.54 | 101.0 | 125.0 | 0.469 | 163 | 199.5 |
| 0.49 | 0.188 6 | 1.68 | 93.3 | 115.0 | 0.509 | 150 | 183.5 |
| 0.51 | 0.204 | 1.81 | 86.0 | 106.2 | 0.550 | 138.6 | 169.5 |
| 0.53 | 0.221 | 1.98 | 79.4 | 98.2 | 0.600 | 128.0 | 156.5 |
| 0.55 | 0.238 | 2.12 | 73.7 | 91.2 | 0.643 | 119.0 | 145.5 |
| 0.57 | 0.255 | 2.27 | 68.8 | 85.2 | 0.689 | 111.0 | 135.5 |
| 0.59 | 0.273 | 2.42 | 64.2 | 79.5 | 0.734 | 103.6 | 127 |
| 0.62 | 0.302 | 2.68 | 58.0 | 72.0 | 0.813 | 93.8 | 114.7 |
| 0.64 | 0.322 | 2.86 | 54.5 | 67.4 | 0.868 | 88.0 | 107.5 |
| 0.67 | 0.353 | 3.13 | 49.6 | 61.5 | 0.950 | 80.2 | 98.0 |

（续表）

| 直径(mm) | 截面积($mm^2$) | 圆铜线 | | | 圆铝线 | | |
|---|---|---|---|---|---|---|---|
| | | 计算质量(kg/km) | 20℃时每千米的直流电阻(Ω/km) | 75℃时每千米的直流电阻(Ω/km) | 计算质量(kg/km) | 20℃时每千米的直流电阻(Ω/km) | 75℃时每千米的直流电阻(Ω/km) |
| 0.69 | 0.374 | 3.32 | 47.0 | 58.0 | 1.01 | 75.7 | 92.5 |
| 0.72 | 0.407 | 3.62 | 43.0 | 53.3 | 1.10 | 69.5 | 85.0 |
| 0.74 | 0.430 | 3.82 | 40.6 | 50.5 | 1.16 | 65.8 | 80.5 |
| 0.77 | 0.466 | 4.14 | 37.6 | 46.5 | 1.26 | 60.7 | 74.4 |
| 0.80 | 0.503 | 4.47 | 34.9 | 43.1 | 1.36 | 56.3 | 68.9 |
| 0.83 | 0.541 | 4.81 | 32.4 | 40.1 | 1.46 | 52.4 | 64.0 |
| 0.86 | 0.581 | 5.16 | 30.2 | 37.3 | 1.57 | 48.7 | 59.6 |
| 0.90 | 0.636 | 5.66 | 27.5 | 34.1 | 1.72 | 44.5 | 54.5 |
| 0.93 | 0.679 | 6.04 | 25.8 | 31.9 | 1.83 | 41.7 | 51.7 |
| 0.96 | 0.724 | 6.43 | 24.3 | 30.0 | 1.95 | 39.1 | 47.8 |
| 1.00 | 0.785 | 6.98 | 22.3 | 27.6 | 2.12 | 36.1 | 44.1 |
| 1.04 | 0.849 | 7.55 | 20.7 | 25.6 | 2.28 | 33.3 | 40.9 |
| 1.08 | 0.916 | 8.14 | 19.20 | 23.7 | 2.47 | 30.9 | 37.8 |
| 1.12 | 0.985 | 8.75 | 17.80 | 22.0 | 2.65 | 28.8 | 35.1 |
| 1.16 | 1.057 | 9.40 | 16.6 | 20.6 | 2.85 | 26.8 | 32.8 |
| 1.20 | 1.131 | 10.05 | 15.50 | 19.17 | 3.05 | 25.0 | 30.6 |
| 1.25 | 1.227 | 10.91 | 14.3 | 17.68 | 3.31 | 23.1 | 28.2 |
| 1.30 | 1.327 | 11.80 | 13.2 | 16.35 | 3.58 | 21.5 | 26.1 |
| 1.35 | 1.431 | 12.73 | 12.30 | 14.10 | 3.86 | 19.8 | 24.2 |
| 1.40 | 1.539 | 13.69 | 11.40 | 13.90 | 4.15 | 18.4 | 22.5 |
| 1.45 | 1.651 | 14.70 | 10.60 | 13.13 | 4.45 | 17.15 | 20.9 |
| 1.50 | 1.767 | 15.70 | 9.33 | 12.28 | 4.77 | 16.00 | 19.6 |
| 1.56 | 1.911 | 17.0 | 9.18 | 11.35 | 5.15 | 14.80 | 18.1 |
| 1.62 | 2.06 | 18.32 | 8.53 | 10.5 | 5.56 | 13.73 | 16.8 |
| 1.68 | 2.22 | 19.7 | 7.90 | 9.78 | 5.98 | 12.75 | 15.6 |
| 1.74 | 2.38 | 21.1 | 7.37 | 9.12 | 6.40 | 11.95 | 14.54 |
| 1.81 | 2.57 | 22.9 | 6.84 | 8.45 | 6.95 | 11.00 | 13.45 |
| 1.88 | 2.78 | 24.7 | 6.31 | 7.80 | 7.49 | 10.2 | 12.45 |
| 1.95 | 2.99 | 26.5 | 5.88 | 7.26 | 8.06 | 9.46 | 11.60 |
| 2.02 | 3.20 | 28.5 | 5.50 | 6.78 | 8.65 | 8.85 | 10.8 |
| 2.10 | 3.46 | 30.8 | 5.11 | 6.27 | 9.34 | 8.18 | 10.0 |
| 2.26 | 4.01 | 35.7 | 4.39 | 5.41 | 10.83 | 7.05 | 8.63 |
| 2.44 | 4.68 | 41.6 | 3.76 | 4.63 | 12.64 | 6.05 | 7.40 |
| 2.63 | 5.43 | 48.3 | 3.24 | 4.00 | 14.65 | 5.22 | 6.37 |
| 2.83 | 6.29 | 55.9 | 2.80 | 3.45 | 16.98 | 4.50 | 5.50 |

（续表）

| 直径(mm) | 截面积(mm²) | 圆铜线 | | | 圆铝线 | | |
|---|---|---|---|---|---|---|---|
| | | 计算质量(kg/km) | 20℃时每千米的直流电阻(Ω/km) | 75℃时每千米的直流电阻(Ω/km) | 计算质量(kg/km) | 20℃时每千米的直流电阻(Ω/km) | 75℃时每千米的直流电阻(Ω/km) |
| 3.05 | 7.31 | 65.0 | 2.41 | 2.97 | 19.75 | 3.88 | 4.74 |
| 3.28 | 8.45 | 75.1 | 2.08 | 2.57 | 22.8 | 3.35 | 4.10 |
| 3.53 | 9.79 | 87.0 | 1.80 | 2.22 | 26.4 | 2.89 | 3.54 |
| 3.80 | 11.34 | 100.8 | 1.55 | 1.915 | 30.6 | 2.49 | 3.05 |
| 4.10 | 13.20 | 117.3 | 1.332 | 1.642 | 35.6 | 2.14 | 2.62 |
| 4.50 | 15.90 | 141.4 | 1.108 | 1.362 | 43.0 | 1.78 | 2.18 |
| 4.80 | 18.1 | 160.9 | 0.973 | 1.198 | 48.9 | 1.56 | 1.91 |
| 5.20 | 21.2 | 188.8 | 0.827 | 1.020 | 57.4 | 1.33 | 1.627 |

注：表中计算公式如下：

每千米的净重 $G = 1\,000(\text{m}) \times$ 截面积$(\text{mm}^2) \times$ 密度 $\times 10^{-3}(\text{kg/cm}^3)$。其中铜的密度为 8.9 g/cm³；铝的密度为 2.7 g/cm³。

$$每千米的直流电阻: R_t = \frac{电阻系数 \times 1\,000}{截面(\text{mm}^2)} (\Omega/1\,000\ \text{m})$$

当温度 $t = 20℃$ 时　铜的电阻系数为 0.017 5 Ω·mm²/m

　　　　　　　　　　铝的电阻系数为 0.028 3 Ω·mm²/m

当温度 $t = 75℃$ 时　铜的电阻系数为 0.021 7 Ω·mm²/m

　　　　　　　　　　铝的电阻系数为 0.034 6 Ω·mm²/m

2）镀锡圆铜软单线　镀锡圆铜软单线主要用作电线、电缆的导电线芯，电机电器产品的电磁线，电刷线及导电引接线等。

表 14-9　镀锡圆铜软单线 TRX 规格范围　(mm)

| 单线直径 | 允许偏差 | 单线直径 | 允许偏差 |
|---|---|---|---|
| 0.03～0.10 | +0.006<br>−0.003 | 1.01～2.00 | +0.04<br>−0.02 |
| 0.11～0.25 | +0.010<br>−0.005 | 2.01～3.00 | +0.05<br>−0.03 |
| 3.01～4.00 | +0.06<br>−0.04 | 0.26～0.70 | +0.02<br>−0.01 |
| 0.71～1.00 | +0.03<br>−0.015 | | |

表 14-10 镀锡圆铜软单线电气性能

| 单线直径 (mm) | 电阻系数 (20℃时) (Ω·mm²/m)不大于 | 电阻温度系数 $\alpha_{20}$(1/℃) |
|---|---|---|
| 0.50 及以下 | 0.017 9 | 0.003 85 |
| 0.50 以上 | 0.017 6 | 0.003 85 |

表 14-11 镀锡圆铜软单线机械性能

| 单线直径 (mm) | 抗拉强度 (N/mm²) 不小于 | 伸长率 (%) 不小于 | 单线直径 (mm) | 抗拉强度 (N/mm²) 不小于 | 伸长率 (%) 不小于 |
|---|---|---|---|---|---|
| 0.03～0.08 | 200 | 8 | 0.31～0.70 | 200 | 15 |
| 0.09～0.15 | 200 | 12 | 0.71～2.00 | 206 | 20 |
| 0.16～0.30 | 200 | 15 | 2.01～4.00 | 216 | 25 |

3) 铝合金圆线 铝合金圆线的抗拉强度比纯铝圆线的高，目前广泛使用的是热处理型铝镁硅合金圆线(HL)和非热处理型的铝镁合金圆线($HL_2$)两种。前者($HL_1$)的抗拉强度为硬铝圆线的两倍以上，适用于制造电力和通信架空电线；后者($HL_2$)可作为电线、电缆的导电线芯之用。铝合金圆线的规格范围、电气性能及机械性能分别见表 14-12、表 14-13 及表 14-14。

表 14-12 铝合金圆线规格范围 (mm)

| 单线直径 | 允许偏差 |
|---|---|
| 1.33～2.00 | ±0.03 |
| 2.01～3.00 | ±0.04 |
| 3.01～4.24 | ±0.05 |

表 14-13 铝合金圆线电气性能

| 型 号 | 电阻系数 (20℃时) (Ω·mm²/m)不大于 | 电阻温度系数 $\alpha_{20}$(1/℃) |
|---|---|---|
| HL<br>$HL_2$ | 0.032 8 | 0.003 6 |

表 14-14 铝合金圆线机械性能

| 单线直径(mm) | 抗拉强度($N/mm^2$)不小于 | | 伸长率(%)不小于 | | 弯曲半径(mm) | | 弯曲次数不少于 | |
|---|---|---|---|---|---|---|---|---|
| | HL | $HL_2$ | HL | $HL_2$ | HL | $HL_2$ | HL | $HL_2$ |
| 1.33~1.70 | 300 | 260 | 4 | 2 | 5 | — | 6 | — |
| 1.71~2.50 | 300 | 260 | 4 | 2 | 5 | — | 5 | — |
| 2.51~4.24 | 300 | 260 | 4 | 2 | 10 | — | 5 | — |

4）铜包钢圆线　铜包钢圆线是以钢线为线芯，外包铜层的双金属复合导线，用于高频通信线路时，其电阻值与铜层相近，而抗拉强度很高，并有很好的抗腐蚀性能。作为架空通信线路使用时，技术经济指标极为合理；在大跨越、盐雾及其他有腐蚀性环境等特殊地区，可作为电力输送线路用。目前生产的铜包钢圆线有两种：一种是供架空线路用的GTA型，一种是供制造绞线用的GTB型。铜包钢圆线的规格及性能分别见表14-15及表14-16。

表 14-15 铜包钢圆线规格

| 单线直径(mm) | 允许偏差(mm) | 铜层最小厚度(mm)不小于 | | 每圈最小质量(kg) |
|---|---|---|---|---|
| | | GTA | GTB | |
| 1.2 | ±0.06 | 0.06 | 0.04 | 10 |
| 1.4 | ±0.06 | 0.07 | 0.05 | 10 |
| 1.5 | ±0.06 | 0.07 | 0.06 | 10 |
| 1.6 | ±0.06 | 0.08 | 0.06 | 10 |
| 1.8 | ±0.06 | 0.09 | 0.06 | 15 |
| 2.0 | ±0.06 | 0.10 | 0.07 | 15 |
| 2.2 | ±0.06 | 0.11 | 0.08 | 15 |
| 2.5 | ±0.06 | 0.12 | 0.09 | 15 |
| 2.8 | ±0.06 | 0.14 | 0.10 | 15 |
| 3.0 | ±0.06 | 0.15 | 0.11 | 30 |
| 4.0 | ±0.08 | 0.20 | 0.14 | 40 |
| 5.0 | ±0.08 | 0.20 | — | 40 |
| 6.0 | ±0.08 | 0.20 | — | 40 |

注：铜层截面与铜包钢线截面之比在30%~40%。

表 14-16 铜包钢圆线性能

| 单线直径(mm) | 抗拉强度($N/mm^2$)不小于 | 伸长率(%)不小于 | 耐弯曲 | | 扭转次数不少于 | 20℃时的直流电阻(Ω/km)不大于 | |
|---|---|---|---|---|---|---|---|
| | | | 次数不少于 | 弯曲半径(mm) | | GTA | GTB |
| 1.2 | 750 | 1.0 | 17 | 5 | 7 | 47.3 | 58.0 |
| 1.4 | 750 | 1.0 | 14 | 5 | 7 | 34.0 | 41.0 |
| 1.5 | 750 | 1.0 | 12 | 5 | 7 | 29.7 | 35.5 |
| 1.6 | 750 | 1.0 | 12 | 5 | 7 | 26.0 | 32.0 |
| 1.8 | 750 | 1.0 | 11 | 5 | 7 | 19.3 | 25.0 |
| 2.0 | 750 | 1.0 | 10 | 5 | 7 | 16.4 | 20.0 |
| 2.2 | 750 | 1.0 | 9 | 5 | 7 | 13.5 | 17.0 |
| 2.5 | 750 | 1.0 | 8 | 10 | 7 | 10.4 | 13.0 |
| 2.8 | 750 | 1.0 | 8 | 10 | 7 | 8.2 | 10.0 |
| 3.0 | 750 | 1.0 | 8 | 10 | 7 | 7.1 | 9.0 |
| 4.0 | 750 | 1.5 | 8 | 10 | 7 | 4.0 | 5.0 |
| 5.0 | 650 | 1.5 | 6 | 10 | 7 | 2.5 | 3.5 |
| 6.0 | 650 | 1.5 | 6 | 10 | 7 | 2.0 | — |

注：直径3.0～6.0 mm的铜包钢线，须经受以其自身直径卷绕，正、反方向各一次，不应开裂或起皮。

5）铝包钢圆线 铝包钢圆线是以钢线为线芯，外包铝层的双金属复合导线，抗拉强度较高。作为配电线、载波避雷线、通信线及制造大跨越架空绞线用。铝包钢圆线(GL)产品制造规格范围为直径3.7～4.0 mm。以直径为3.8 mm的铝包钢圆线为例，其结构规格及性能分别见表14-17及表14-18。

表 14-17 铝包钢圆线结构规格举例 (mm)

| 项 目 | 数 据 | 项 目 | 数 据 |
|---|---|---|---|
| 单线直径 | 3.8 | 最小铝层厚度 | 0.2 |
| 线径偏差 | ±0.04 | 平均铝层厚度 | 0.4 |

表 14-18 直径 3.8 mm 的铝包钢圆线性能

| 项目 | 数据 | 项目 | 数据 |
|---|---|---|---|
| 相对密度 | 5.73 | 拉断力(N) | 9 600 |
| 电阻系数(20℃时)($\Omega\cdot mm^2/m$) | 0.063 | 压缩剥离力(N) | 70 000 |
| 扭转(次) | 8 | 弯曲(次) | 6 |
| 电阻温度系数 $\alpha_{20}$(1/℃) | 0.004 2 | 断裂伸长率(%) | 1.5 |
| 弹性系数($N/mm^2$) | 147 000 | | |

注：成品铝包钢圆线不允许焊接。每圈质量不得小于 60 kg。

6）镀锌铁线　镀锌铁线电阻系数较大，导电性能比铜、铝差，但其抗拉强度较大，常用于农村作为通信广播线路的架空线，也用作钢芯铝绞线及军用被覆线的线芯材料。镀锌铁线的规格及性能见表 14-19。

表 14-19 镀锌铁线规格及性能

| 直径(mm) | 直径公差(mm) | 截面积($mm^2$) | 计算质量(kg/km) | 最大直流电阻(20℃)(Ω/kg) | 抗张力(N) | 伸长率(%) |
|---|---|---|---|---|---|---|
| 6.0 | 0.13 | 28.27 | 220.5 | 4.691 | 9 704 | 12 |
| 5.5 | 0.13 | 23.76 | 185.3 | 5.581 | 8 155 | 12 |
| 5.0 | 0.13 | 19.64 | 153.2 | 6.753 | 6 737 | 12 |
| 4.5 | 0.10 | 15.90 | 124.0 | 8.341 | 5 452 | 10 |
| 4.0 | 0.10 | 12.57 | 98.05 | 10.55 | 4 314 | 10 |
| 3.5 | 0.10 | 9.621 | 75.04 | 13.78 | 3 302 | 10 |
| 3.2 | 0.08 | 8.042 | 62.73 | 16.49 | 2 761 | 10 |
| 2.9 | 0.08 | 6.605 | 51.52 | 20.08 | 2 267 | 10 |
| 2.6 | 0.06 | 5.309 | 41.41 | 24.98 | 1 822 | 7 |
| 2.3 | 0.06 | 4.155 | 32.41 | 31.92 | 1 426 | 7 |
| 2.0 | 0.06 | 3.142 | 24.51 | 42.21 | 1 080 | 7 |
| 1.8 | 0.06 | 2.545 | 19.85 | 52.11 | 873 | 7 |
| 1.6 | 0.05 | 2.011 | 15.69 | 65.95 | 690 | 7 |

2. 裸绞线及其选用

常用的裸绞线有铝绞线、钢芯铝绞线、硬铜绞线和铝合金绞线。裸绞线的结构如图 14-1 所示。

1）铝绞线　铝绞线因其抗拉强度较低，一般用于工矿企业和农村短距

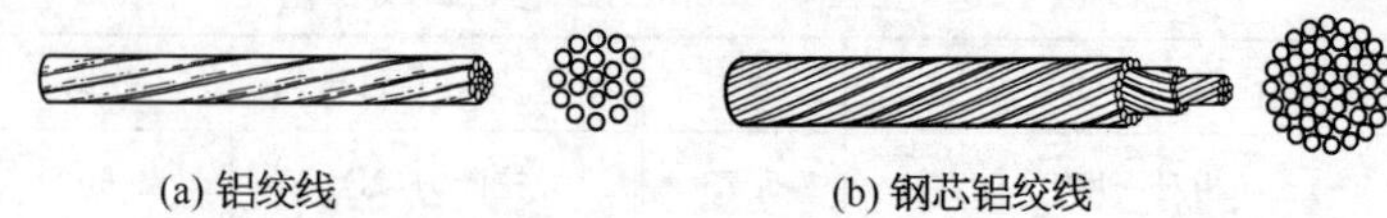

(a) 铝绞线 (b) 钢芯铝绞线

**图 14－1** 裸绞线的结构

离低压电力线路上。铝绞线(LJ)的规格、结构与技术性能见表 14－20。

表 14－20 铝绞线(LJ)的规格、结构与技术性能

| 标称截面积 ($mm^2$) | 实际截面积 ($mm^2$) | 结构尺寸根数/直径 (mm) | 计算直径 (mm) | 直流电阻 (20℃) (Ω/km) | 拉断力 (N) | 弹性系数 ($N/mm^2$) | 热膨胀系数 ($\times10^{-6}$) (1/℃) | 计算质量 (kg/km) |
|---|---|---|---|---|---|---|---|---|
| 10 | 10.10 | 3/2.07 | 4.46 | 2.896 | 1 600 | 60 000 | 23.0 | 27.6 |
| 16 | 15.89 | 7/1.70 | 5.10 | 1.847 | 2 520 | 60 000 | 23.0 | 43.5 |
| 25 | 24.71 | 7/2.12 | 6.36 | 1.188 | 4 000 | 60 000 | 23.0 | 67.6 |
| 35 | 34.36 | 7/2.50 | 7.50 | 0.854 | 5 500 | 60 000 | 23.0 | 94.0 |
| 50 | 49.48 | 7/3.00 | 9.00 | 0.593 | 7 400 | 60 000 | 23.0 | 135 |
| 70 | 69.29 | 7/3.55 | 10.65 | 0.424 | 9 800 | 60 000 | 23.0 | 190 |
| 95 | 93.27 | 19/2.50 | 12.50 | 0.317 | 15 000 | 57 000 | 23.0 | 257 |
| 95(1) | 94.23 | 7/4.14 | 12.42 | 0.311 | 13 140 | 60 000 | 23.0 | 258 |
| 120 | 116.99 | 19/2.80 | 14.00 | 0.253 | 17 500 | 57 000 | 23.0 | 323 |
| 150 | 148.07 | 19/3.15 | 15.75 | 0.200 | 22 060 | 57 000 | 23.0 | 409 |
| 185 | 182.80 | 19/3.50 | 17.50 | 0.162 | 27 300 | 57 000 | 23.0 | 504 |
| 240 | 236.38 | 19/3.98 | 19.90 | 0.125 | 33 100 | 57 000 | 23.0 | 652 |
| 300 | 297.57 | 37/3.20 | 22.40 | 0.099 6 | 45 000 | 57 000 | 23.0 | 822 |
| 400 | 397.83 | 37/3.70 | 25.90 | 0.074 5 | 56 000 | 57 000 | 23.0 | 1 099 |
| 500 | 498.07 | 37/4.14 | 28.98 | 0.059 5 | 70 000 | 57 000 | 23.0 | 1 376 |
| 600 | 603.78 | 61/3.55 | 31.95 | 0.049 1 | 80 000 | 55 000 | 23.0 | 1 669 |

2）钢芯铝绞线 钢芯铝绞线广泛应用于各种电压等级的电力传输线路，抗拉强度较大。为适合不同用途的要求，除了钢芯铝绞线(LGJ)外，还有轻型钢芯铝绞线(LGJQ)及加强型钢芯铝绞线(LGJJ)等品种。

钢芯铝绞线、轻型钢芯铝绞线和加强型钢芯铝绞线的规格、结构与技术性能分别见表 14－21、表 14－22 及表 14－23。

表 14-21 钢芯铝绞线的规格、结构与技术性能

| 标称截面积（$mm^2$） | 实际截面积（$mm^2$） | | 铝钢截面比 | 结构尺寸根数/直径（mm） | | 计算直径（mm） | | 直流电阻（20℃）（Ω/km） | 拉断力（N） | 弹性系数（$N/mm^2$） | 热膨胀系数（$\times10^{-6}$）（1/℃） | 计算质量（kg/km） |
|---|---|---|---|---|---|---|---|---|---|---|---|---|
| | 铝 | 钢 | | 铝 | 钢 | 电线 | 钢芯 | | | | | |
| 10 | 10.60 | 1.77 | 6.0 | 6/1.50 | 1/1.5 | 4.50 | 1.5 | 2.774 | 3 600 | 78 000 | 19.1 | 42.9 |
| 16 | 15.27 | 2.54 | 6.0 | 6/1.80 | 1/1.8 | 5.40 | 1.8 | 1.926 | 5 200 | 78 000 | 19.1 | 61.7 |
| 25 | 22.81 | 3.80 | 6.0 | 6/2.20 | 1/2.2 | 6.60 | 2.2 | 1.289 | 7 800 | 78 000 | 19.1 | 92.2 |
| 35 | 36.95 | 6.16 | 6.0 | 6/2.80 | 1/2.8 | 8.40 | 2.8 | 0.796 | 11 700 | 78 000 | 19.1 | 149 |
| 50 | 48.26 | 8.04 | 6.0 | 6/3.20 | 1/3.2 | 9.60 | 3.2 | 0.609 | 15 200 | 78 000 | 19.1 | 195 |
| 70 | 68.05 | 11.34 | 6.0 | 6/3.80 | 1/3.8 | 11.40 | 3.8 | 0.432 | 21 000 | 78 000 | 19.1 | 275 |
| 95 | 94.23 | 17.81 | 5.3 | 28/2.07 | 7/1.8 | 13.68 | 5.4 | 0.315 | 34 300 | 80 000 | 18.8 | 401 |
| 95(1) | 94.23 | 17.81 | 5.3 | 7/4.14 | 7/1.8 | 13.68 | 5.4 | 0.312 | 32 500 | 80 000 | 18.8 | 398 |
| 120 | 116.34 | 21.99 | 5.3 | 28/2.30 | 7/2.0 | 15.20 | 6.0 | 0.255 | 42 300 | 80 000 | 18.8 | 495 |
| 120(1) | 116.33 | 21.99 | 5.3 | 7/4.60 | 7/2.0 | 15.20 | 6.0 | 0.253 | 40 200 | 80 000 | 18.8 | 492 |
| 150 | 140.76 | 26.61 | 5.3 | 28/2.53 | 7/2.2 | 16.72 | 6.6 | 0.211 | 50 000 | 80 000 | 18.8 | 599 |
| 185 | 182.40 | 34.36 | 5.3 | 28/2.88 | 7/2.5 | 19.02 | 7.5 | 0.163 | 65 000 | 80 000 | 18.8 | 774 |
| 240 | 228.01 | 43.10 | 5.3 | 28/3.22 | 7/2.8 | 21.28 | 8.4 | 0.130 | 77 100 | 80 000 | 18.8 | 969 |
| 300 | 317.52 | 59.69 | 5.3 | 28/3.80 | 19/2.0 | 25.20 | 10.0 | 0.093 5 | 110 000 | 80 000 | 18.8 | 1 348 |
| 400 | 382.4 | 72.22 | 5.3 | 28/4.17 | 19/2.2 | 27.68 | 11.0 | 0.077 8 | 132 000 | 80 000 | 18.8 | 1 626 |

表 14－22 轻型钢芯铝绞线的规格、结构与技术性能

| 标称截面积 ($mm^2$) | 实际截面积 ($mm^2$) | | 铝钢截面比 | 结构尺寸 根数/直径 (mm) | | 计算直径 (mm) | | 直流电阻 (20℃) (Ω/km) | 拉断力 (N) | 弹性系数 ($N/mm^2$) | 热膨胀系数 ($\times10^{-6}$) (1/℃) | 计算质量 (kg/km) |
|---|---|---|---|---|---|---|---|---|---|---|---|---|
| | 铝 | 钢 | | 铝 | 钢 | 电线 | 钢芯 | | | | | |
| 150 | 143.58 | 17.81 | 8.0 | 24/2.76 | 7/1.8 | 16.44 | 5.4 | 0.207 | 41 000 | 74 000 | 19.8 | 537 |
| 185 | 176.50 | 21.99 | 8.0 | 24/3.06 | 7/2.0 | 18.24 | 6.0 | 0.168 | 51 000 | 74 000 | 19.8 | 661 |
| 240 | 253.88 | 31.67 | 8.0 | 24/3.67 | 7/2.4 | 21.88 | 7.2 | 0.117 | 70 000 | 74 000 | 19.8 | 951 |
| 300 | 297.84 | 37.16 | 8.0 | 54/2.65 | 7/2.6 | 23.70 | 7.8 | 0.099 7 | 85 000 | 74 000 | 19.8 | 1 116 |
| 300(1) | 298.58 | 37.16 | 8.0 | 24/3.98 | 7/2.6 | 23.72 | 7.8 | 0.099 4 | 82 000 | 74 000 | 19.8 | 1 117 |
| 400 | 97.12 | 49.48 | 8.0 | 54/3.06 | 7/3.0 | 27.36 | 9.0 | 0.074 8 | 110 000 | 74 000 | 19.8 | 1 487 |
| 400(1) | 398.86 | 49.48 | 8.0 | 24/4.60 | 7/3.0 | 27.40 | 9.0 | 0.074 4 | 106 000 | 74 000 | 19.8 | 1 491 |
| 500 | 478.81 | 59.69 | 8.0 | 54/3.36 | 19/2.0 | 30.16 | 10.0 | 0.062 0 | 136 000 | 74 000 | 19.8 | 1 795 |
| 600 | 580.61 | 72.22 | 8.0 | 54/3.70 | 19/2.2 | 33.20 | 11.0 | 0.051 1 | 160 000 | 74 000 | 19.8 | 2 175 |
| 700 | 692.23 | 85.95 | 8.0 | 54/4.04 | 19/2.4 | 36.24 | 12.0 | 0.012 9 | 190 000 | 74 000 | 19.8 | 2 592 |

表 14－23 加强型钢芯铝绞线的规格、结构与技术性能

| 标称截面积 ($mm^2$) | 实际截面积 ($mm^2$) | | 铝钢截面比 | 结构尺寸 根数/直径 (mm) | | 计算直径 (mm) | | 直流电阻 (20℃) (Ω/km) | 拉断力 (N) | 弹性系数 ($N/mm^2$) | 热膨胀系数 ($\times10^{-6}$) (1/℃) | 计算质量 (kg/km) |
|---|---|---|---|---|---|---|---|---|---|---|---|---|
| | 铝 | 钢 | | 铝 | 钢 | 电线 | 钢芯 | | | | | |
| 150 | 147.26 | 34.36 | 4.3 | 30/2.50 | 7/2.5 | 17.50 | 7.5 | 0.202 | 61 000 | 83 000 | 18.2 | 677 |
| 185 | 184.73 | 43.10 | 4.3 | 30/2.80 | 7/2.8 | 19.60 | 8.4 | 0.161 | 71 000 | 83 000 | 18.2 | 850 |
| 240 | 241.27 | 56.30 | 4.3 | 30/3.20 | 7/3.2 | 22.40 | 9.6 | 0.123 | 93 000 | 83 000 | 18.2 | 1 110 |
| 300 | 317.35 | 72.22 | 4.4 | 30/3.67 | 19/2.2 | 25.68 | 11.0 | 0.093 7 | 123 000 | 82 000 | 18.3 | 1 446 |
| 400 | 409.72 | 93.27 | 4.4 | 30/4.17 | 19/2.5 | 29.18 | 12.5 | 0.072 6 | 160 000 | 82 000 | 18.3 | 1 868 |

硬铜绞线(TJ)的规格、结构与技术性能见表 14-24。

表 14-24 硬铜绞线(TJ)的规格、结构与技术性能

| 标称截面积 ($mm^2$) | 根数×线径 (mm) | 计算外径 (mm) | 直流电阻 (20℃时) (Ω/km)不大于 | 计算质量 (kg/km) |
|---|---|---|---|---|
| 16 | 7×1.68 | 5.0 | 1.20 | 139 |
| 25 | 7×2.11 | 6.3 | 0.74 | 220 |
| 35 | 7×2.49 | 7.5 | 0.54 | 306 |
| 50 | 7×2.97 | 8.9 | 0.39 | 437 |
| 70 | 19×2.14 | 10.7 | 0.28 | 618 |
| 95 | 19×2.49 | 12.5 | 0.20 | 838 |
| 120 | 19×2.80 | 14.0 | 0.158 | 1 057 |
| 150 | 19×3.15 | 15.8 | 0.123 | 1 339 |
| 185 | 37×2.49 | 17.4 | 0.103 | 1 649 |
| 240 | 37×2.84 | 19.9 | 0.078 | 2 141 |
| 300 | 37×3.10 | 21.7 | 0.062 | 2 562 |
| 400 | 37×3.66 | 25.6 | 0.047 | 3 564 |

3) 铝合金绞线 铝合金绞线主要用于架空电力线路,具有很好的抗拉强度,尤其是热处理型铝镁硅合金绞线的抗拉强度大于铝绞线近一倍,而电导率只比铝线低 10%左右,用于大跨越输电线路上。常用的铝合金线有热处理型铝镁硅合金绞线(HLJ)、非热处理型铝镁合金绞线($HL_2J$)及钢芯铝合金绞线($HL_2GJ$),其规格、结构及技术性能分别见表 14-25 及表14-26。

表 14-25 HLJ、$HL_2J$ 型铝合金绞线的规格、结构与技术性能

| 标称截面积 ($mm^2$) | 计算截面积 ($mm^2$) | 根数×线径 (mm) | 计算外径 (mm) | 直流电阻 (20℃时) (Ω/km)不大于 | 计算质量 (kg/km) |
|---|---|---|---|---|---|
| 10 | 10.10 | 3×2.07 | 4.46 | 3.275 | 27.6 |
| 16 | 15.89 | 7×1.70 | 5.10 | 2.089 | 43.5 |
| 25 | 24.71 | 7×2.12 | 6.36 | 1.344 | 67.6 |
| 35 | 34.36 | 7×2.50 | 7.50 | 0.966 | 94.0 |
| 50 | 49.48 | 7×3.00 | 9.00 | 0.671 | 135 |

（续表）

| 标称截面积 (mm²) | 计算截面积 (mm²) | 根数×线径 (mm) | 计算外径 (mm) | 直流电阻 (20℃时) (Ω/km)不大于 | 计算质量 (kg/km) |
|---|---|---|---|---|---|
| 70 | 69.29 | 7×3.55 | 10.65 | 0.480 | 190 |
| 95 | 93.27 | 19×2.50 | 12.50 | 0.359 | 257 |
| 95(1) | 94.23 | 7×4.14 | 12.42 | 0.352 | 258 |
| 120 | 116.99 | 19×2.80 | 14.00 | 0.286 | 323 |
| 150 | 148.07 | 19×3.15 | 15.75 | 0.226 | 409 |
| 185 | 182.80 | 19×3.50 | 17.50 | 0.183 | 504 |
| 240 | 236.38 | 19×3.98 | 19.90 | 0.141 | 652 |
| 300 | 297.57 | 37×3.20 | 22.40 | 0.113 | 822 |
| 400 | 397.83 | 37×3.70 | 25.90 | 0.084 3 | 1 099 |
| 500 | 498.07 | 37×4.14 | 28.98 | 0.067 3 | 1376 |
| 600 | 603.78 | 61×3.55 | 31.95 | 0.055 5 | 1 669 |

注：某些规格一种标称截面有两种导线绞合结构。以下各表均同。

表14－26　$HL_2GJ$ 型钢芯铝合金绞线的规格、结构与技术性能

| 标称截面积 (mm²) | 计算截面积 (mm²) | | 根数×线径 (mm) | | 计算外径 (mm) | 直流电阻 (20℃时) (Ω/km) 不大于 | 计算质量 (kg/km) |
|---|---|---|---|---|---|---|---|
| | 铝股 | 钢芯 | 铝股 | 钢芯 | | | |
| 10 | 10.60 | 1.77 | 6×1.5 | 1×1.5 | 4.50 | 3.137 | 42.9 |
| 16 | 15.27 | 2.54 | 6×1.8 | 1×1.8 | 5.40 | 2.178 | 61.7 |
| 25 | 22.81 | 3.80 | 6×2.2 | 1×2.2 | 6.60 | 1.458 | 92.2 |
| 35 | 36.95 | 6.16 | 6×2.8 | 1×2.8 | 8.40 | 0.900 | 149 |
| 50 | 48.26 | 8.04 | 6×3.2 | 1×3.2 | 9.60 | 0.689 | 195 |
| 70 | 68.05 | 11.34 | 6×3.8 | 1×3.8 | 11.4 | 0.489 | 275 |
| 95 | 94.23 | 17.81 | 28×2.07 | 7×1.8 | 13.68 | 0.356 | 401 |
| 95(1) | 94.23 | 17.81 | 7×4.14 | 7×1.8 | 13.68 | 0.353 | 398 |
| 120 | 116.34 | 21.99 | 28×2.30 | 7×2.0 | 15.20 | 0.288 | 495 |
| 120(1) | 116.33 | 21.99 | 7×4.60 | 7×2.0 | 15.20 | 0.286 | 492 |
| 150 | 140.76 | 26.61 | 28×2.53 | 7×2.2 | 16.72 | 0.239 | 598 |
| 185 | 182.40 | 34.36 | 28×2.88 | 7×2.5 | 19.02 | 0.184 | 774 |
| 240 | 228.01 | 43.10 | 28×3.22 | 7×2.8 | 21.28 | 0.147 | 969 |
| 300 | 317.52 | 59.69 | 28×3.80 | 19×2.0 | 25.20 | 0.106 | 1 348 |
| 400 | 382.4 | 72.22 | 28×4.17 | 19×2.2 | 27.68 | 0.088 | 1 626 |

在裸绞线选用时,应遵循以下原则:

(1) 根据使用场合,裸绞线主要用于架空线路。使用场合不同,应选用不同的裸绞线。例如:用于小电流、大跨度的农用架空线路,可选用镀锌铁线。杆距很小的架空用线、室内裸线架空线路,常采用铝绞线。随着杆距的增大,可选用钢截面相应大的钢芯铝绞线。大跨度的架空线路,可选用钢芯铝合金绞线。在有盐、碱和酸性气体的环境下,应选用防腐导线。

(2) 根据机械强度,选用计算拉断力合适的裸绞线。所谓拉断力是绞线在拉力增加的情况下,首次出现任一单线断裂时的拉力。标准规定,绞线实际试验的拉断力,应不小于计算拉断力的95%。因此,绞线实际承受的拉力,应不小于计算拉断力的95%。

(3) 根据实际负荷,按导线的允许载流量,选用合适的导线截面。绞线在一定的环境条件下,不超过导线最高允许工作温度时传输的电流,称为允许载流量。允许载流量与导线的电阻、工作温度、环境温度、风速和日照强度等有关;通常允许载流量是指环境温度为40℃、垂直于导线的风速为0.5 m/s、导线的辐射和吸热系数为0.9、日照强度为0.1 W/cm$^2$ 时的载流量。

选用绞线时,应根据绞线的最高允许工作温度,保证实际载流量小于允许载流量。若环境温度改变时,允许实际载流量,应是一般允许载流量乘以表14-27中的校正系数。

表14-27 载流量的环境温度校正系数

| 导线工作温度(℃) | 不同环境温度(℃)时的载流量校正系数 | | | | | | | | | | |
|---|---|---|---|---|---|---|---|---|---|---|---|
| | 0 | 5 | 10 | 15 | 20 | 25 | 30 | 35 | 40 | 45 | 50 |
| 90 | 1.342 | 1.304 | 1.265 | 1.225 | 1.183 | 1.140 | 1.095 | 1.049 | 1.000 | 0.949 | 0.894 |
| 80 | 1.414 | 1.369 | 1.324 | 1.275 | 1.225 | 1.173 | 1.118 | 1.061 | 1.000 | 0.935 | 0.866 |
| 70 | 1.528 | 1.472 | 1.414 | 1.354 | 1.291 | 1.225 | 1.155 | 1.080 | 1.000 | 0.913 | 0.816 |

(4) 根据允许的电压偏离,选用合适的导线截面。由于导线本身的电阻和感抗,使交流电路中存在着一定的阻抗,引起电压损失。这个值一般为额定电压的±5%~10%,随负荷的不同而异。应根据所选用的导线截面积及

敷设方式，计算线路的电压损失，确保负荷端电压不超过允许的电压偏离。

3. 软接线

常用的软接线有铜电刷线、裸铜天线、裸铜软绞线和铜编织线，其品种、型号、截面范围及主要用途见表14－28。

表14－28　软接线的品种、型号、截面范围与主要用途表

| 产品名称 | 型　号 | 截面范围（$mm^2$） | 主　要　用　途 |
|---|---|---|---|
| 裸铜电刷线 | TS | 0.3～16 | 供电机、电器线路连接用 |
| 软裸铜电刷线 | TSR | 0.16～2.5 | |
| 纤维编织铜电刷线 | TSX | 0.3～16 | |
| 纤维编织软铜电刷线 | TSXR | 1.0～2.5 | |
| 硬铜天线 | TT | 1.0～25 | 供通信架空天线用 |
| 软铜天线 | TTR | 1.0～25 | |
| 裸铜软绞线 | TRJ | 10～500 | 供移动电器设备连接线之用 |
| | TRJ－1 | 25～500 | 供移动电器设备连接线之用 |
| | TRJ－2 | 0.1～1.0 | 供无线电设备内部连接线用 |
| | TRJ－3 | 6～50 | 供要求较柔软的电器设备连接线用 |
| | TRJ－4 | 1.0～50 | 供要求特别柔软的电器设备连接线用 |
| 硬裸铜编织线 | TYZ | 4～185 | 供移动电器设备连接线用 |
| 软裸铜编织线 | TRZ－1 | 5～50 | |
| | TRZ－2 | 4～35 | |
| 硬裸铜镀锡编织线 | TYZX | 4～185 | |
| 软裸铜镀锡编织线 | TRZX－1 | 5～50 | |
| | TRZX－2 | 4～35 | |
| 软铜编织蓄电池线 | QC | 16～43 | 供汽车、拖拉机蓄电池接线用 |

1）铜电刷线　铜电刷线由多股铜线或镀锡铜线绞制而成，结构稳定，有良好的柔软性，用作电机中电刷的引接线，能承受经常取放电刷时多次弯曲而不易断裂。铜电刷线按结构分为裸铜电刷线（TS）、软裸铜电刷线（TSR）、纤维编织铜电刷线（TSX）及纤维编织软铜电刷线（TSXR）四种，其规格、尺寸及技术性能分别见表14－29及表14－30。

表 14-29 TS、TSX 型电刷线结构与技术性能数据

| 标称截面积 (mm²) | 计算截面积 (mm²) | 股数×根数×线径 (mm) | 计算外径(mm) | | 直流电阻 (20℃时) (Ω/km) 不大于 | 伸长率 (%) 不小于 |
|---|---|---|---|---|---|---|
| | | | TS | TSX | | |
| 0.3 | 0.296 | 7×11×0.07 | 1.0 | 1.8 | 63.00 | 18 |
| 0.5 | 0.511 | 7×19×0.07 | 1.4 | 2.2 | 36.40 | |
| 0.75 | 0.769 | 7×14×0.10 | 1.5 | 2.3 | 24.20 | |
| 1.0 | 0.990 | 7×18×0.10 | 1.7 | 2.5 | 18.80 | |
| 1.5 | 1.48 | 7×27×0.10 | 2.1 | 2.9 | 12.60 | |
| 2.0 | 1.93 | 7×36×0.10 | 2.4 | 3.2 | 9.40 | |
| 2.5 | 2.53 | 7×46×0.10 | 2.8 | 3.6 | 7.36 | |
| 3 | 2.97 | 7×54×0.10 | 3.0 | 3.8 | 6.27 | |
| 4 | 3.96 | 7×72×0.10 | 3.6 | 4.4 | 4.70 | |
| 5 | 4.94 | 7×90×0.10 | 3.8 | 4.6 | 3.74 | |
| 6 | 5.93 | 7×75×0.12 | 4.3 | 5.1 | 3.14 | |
| 8 | 8.01 | 12×59×0.12 | 5.1 | 5.9 | 2.40 | |
| 10 | 10.04 | 12×75×0.12 | 6.0 | 6.8 | 1.90 | |
| 12 | 1.93 | 12×88×0.12 | 6.3 | 7.1 | 1.62 | |
| 16 | 16.12 | 19×75×0.12 | 7.1 | 7.9 | 1.20 | |

表 14-30 TSR、TSXR 型软电刷线结构与技术性能数据

| 标称截面积 (mm²) | 计算截面积 (mm²) | 股数×根数×线径 (mm) | 计算外径(mm) | | 直流电阻 (20℃时) (Ω/km) 不大于 | 伸长率 (%) 不小于 |
|---|---|---|---|---|---|---|
| | | | TSR | TSXR | | |
| 0.16 | 0.165 | 7×12×0.05 | 0.65 | — | 113.00 | 15 |
| 0.3 | 0.302 | 7×22×0.05 | 1.0 | — | 61.60 | |
| 0.5 | 0.518 | 12×22×0.05 | 1.4 | — | 37.20 | |
| 0.75 | 0.753 | 12×32×0.05 | 1.5 | — | 25.60 | |
| 1.0 | 1.012 | 12×43×0.05 | 2.0 | 2.8 | 19.00 | |
| 1.5 | 1.53 | 19×41×0.05 | 2.4 | 3.2 | 12.60 | |
| 2.5 | 2.50 | 19×67×0.05 | 3.0 | 3.8 | 7.70 | |

2）裸铜天线　裸铜天线由多根铜线束绞成股线（绞向为左向），再由股线复绞（绞向为右向）而成，分为硬铜天线（TT）、软铜天线（TTR）两种，作通信架空天线用，其规格、结构及技术性能见表14－31。

表14－31　裸铜天线规格、结构与技术性能

| 标称截面积（$mm^2$） | 股数×根数×线径（mm） | 计算外径（mm） | 拉断力不小于（N） | | 直流电阻（20℃时）（Ω/km）不小于 | | 计算质量（kg/km） |
|---|---|---|---|---|---|---|---|
| | | | TT | TTR | TT | TTR | |
| 1.0 | 7×7×0.16 | 1.44 | 350 | 162 | 19.0 | 18.5 | 9.4 |
| 1.5 | 7×7×0.20 | 1.80 | 540 | 255 | 12.2 | 12.0 | 14.6 |
| 2.5 | 7×7×0.25 | 2.25 | 840 | 392 | 7.8 | 7.6 | 22.8 |
| 4 | 7×7×0.32 | 2.88 | 1 400 | 657 | 4.8 | 4.6 | 37.3 |
| 6 | 7×7×0.39 | 3.51 | 2 100 | 981 | 3.2 | 3.1 | 55.5 |
| 10 | 7×7×0.51 | 4.59 | 3 500 | 1 670 | 1.9 | 1.8 | 94.8 |
| 16 | 7×7×0.64 | 5.76 | 5 600 | 2 600 | 1.2 | 1.15 | 150 |
| 25 | 7×7×0.80 | 7.20 | 8 600 | 4 100 | 0.8 | 0.75 | 233 |

3）裸铜软绞线　裸铜软绞线按其结构（绞制方式）的不同，有TRJ、TRJ－1、TRJ－2、TRJ－3及TRJ－4五种。TRJ及TRJ－1型股线采用正规绞合，再按正规绞合复绞；TRJ－2型采用束绞，无复绞；TRJ－3及TRJ－4型股线采用束绞，再按正规绞合复绞，都可作连接电机、电器设备部件。以其柔软程度的差异分别满足不同使用场合的要求，其规格、结构及技术性能分别见表14－32～表14－36。

表14－32　TRJ型铜软绞线规格、结构与技术性能

| 标称截面积（$mm^2$） | 计算截面积（$mm^2$） | 根数×线径（mm） | 计算外径（mm） | 计算质量（kg/km） |
|---|---|---|---|---|
| 10 | 10.41 | 49×0.52 | 4.7 | 98 |
| 16 | 15.76 | 49×0.64 | 5.8 | 147 |
| 25 | 25.89 | 98×0.58 | 7.7 | 242 |
| 35 | 35.14 | 133×0.58 | 8.7 | 328 |

（续表）

| 标称截面积 ($mm^2$) | 计算截面积 ($mm^2$) | 根数×线径 (mm) | 计算外径 (mm) | 计算质量 (kg/km) |
|---|---|---|---|---|
| 50 | 48.30 | 133×0.68 | 10.2 | 451 |
| 70 | 63.63 | 189×0.68 | 12.6 | 640 |
| 95 | 94.06 | 259×0.68 | 14.3 | 878 |
| 120 | 117.50 | 259×0.76 | 16.0 | 1 097 |
| 150 | 144.51 | 336×0.74 | 18.1 | 1 350 |
| 185 | 183.64 | 427×0.74 | 20.0 | 1 715 |
| 240 | 242.30 | 427×0.85 | 23.0 | 2 260 |
| 300 | 291.10 | 513×0.85 | 26.1 | 2 715 |
| 400 | 398.90 | 703×0.85 | 29.8 | 3 724 |
| 500 | 498.30 | 703×0.95 | 33.3 | 4 651 |

表 14-33 TRJ-1型铜软绞线规格、结构与技术性能

| 标称截面积 ($mm^2$) | 计算截面积 ($mm^2$) | 股数×根数×线径 (mm) | 计算外径 (mm) | 直流电阻 (20℃时) (Ω/km)不大于 | 计算质量 (kg/km) |
|---|---|---|---|---|---|
| 25 | 25.89 | 7×14×0.58 | 7.7 | 0.695 | 238 |
| 35 | 35.14 | 7×19×0.58 | 9.0 | 0.512 | 323 |
| 50 | 48.30 | 7×19×0.68 | 10.5 | 0.373 | 444 |
| 70 | 68.64 | 7×27×0.68 | 13.0 | 0.262 | 631 |
| 95 | 94.06 | 7×37×0.68 | 14.5 | 0.191 | 865 |
| 120 | 117.67 | 12×27×0.68 | 18.0 | 0.153 | 1 080 |
| 150 | 150.94 | 19×14×0.85 | 19.0 | 0.120 | 1 389 |
| 185 | 183.85 | 12×27×0.85 | 22.0 | 0.098 | 1 690 |
| 240 | 251.95 | 12×37×0.85 | 25.0 | 0.072 | 2 320 |
| 300 | 291.10 | 19×27×0.85 | 26.5 | 0.062 | 2 680 |
| 400 | 398.92 | 19×37×0.85 | 30.0 | 0.045 | 3 670 |
| 500 | 498.30 | 19×37×0.95 | 33.5 | 0.036 | 4 580 |

表 14－34 TRJ－2 型铜软绞线规格、结构与技术性能

| 标称截面积 (mm²) | 根数×线径 (mm) | 计算外径 (mm) | 直流电阻 (20℃时) (Ω/km)不大于 | 计算质量 (kg/km) |
|---|---|---|---|---|
| 0.1 | 7×0.15 | 0.5 | 150 | 1.1 |
| 0.15 | 5×0.20 | 0.6 | 115 | 1.4 |
| 0.2 | 7×0.20 | 0.7 | 81.8 | 2.0 |
| 0.3 | 10×0.20 | 0.8 | 58.1 | 2.8 |
| 0.4 | 12×0.20 | 0.9 | 47.6 | 3.4 |
| 0.5 | 7×0.30 | 0.95 | 36.7 | 4.5 |
| 0.6 | 7×0.32 | 1.0 | 32.1 | 5.1 |
| 0.8 | 7×0.39 | 1.2 | 21.5 | 7.5 |
| 1.0 | 12×0.32 | 1.35 | 18.8 | 8.7 |

表 14－35 TRJ－3 型铜软绞线规格、结构与技术性能

| 标称截面积 (mm²) | 股数×根数×线径 (mm) | 计算外径 (mm) | 直流电阻 (20℃时) (Ω/km)不大于 | 计算质量 (kg/km) |
|---|---|---|---|---|
| 6 | 7×27×0.20 | 3.8 | 3.03 | 55 |
| 10 | 7×46×0.20 | 5.0 | 1.78 | 93 |
| 16 | 7×72×0.20 | 6.0 | 1.13 | 146 |
| 20 | 7×92×0.20 | 6.8 | 0.89 | 186 |
| 25 | 7×114×0.20 | 7.5 | 0.72 | 231 |
| 35 | 7×160×0.20 | 9.0 | 0.51 | 324 |
| 50 | 7×(3×76)×0.20 | 10.5 | 0.36 | 462 |

表 14－36 TRJ－4 型铜软绞线结构与技术指标

| 标称截面积 (mm²) | 股数×根数×线径 (mm) | 计算外径 (mm) | 直流电阻 (20℃时) (Ω/km)不大于 | 计算质量 (kg/km) |
|---|---|---|---|---|
| 1.0 | 7×37×0.07 | 1.6 | 18.5 | 9.2 |
| 1.5 | 7×56×0.07 | 1.9 | 12.3 | 13.9 |

(续表)

| 标称截面积 ($mm^2$) | 股数×根数×线径 (mm) | 计算外径 (mm) | 直流电阻 (20℃时) (Ω/km)不大于 | 计算质量 (kg/km) |
|---|---|---|---|---|
| 2.5 | 7×90×0.07 | 2.4 | 7.6 | 22.4 |
| 3 | 7×(3×37)×0.07 | 3.2 | 6.2 | 28.4 |
| 4 | 7×(3×50)×0.07 | 4.0 | 4.57 | 38.4 |
| 5 | 7×(3×60)×0.07 | 4.3 | 3.82 | 46.1 |
| 6 | 7×(3×74)×0.07 | 4.6 | 3.09 | 56.8 |
| 10 | 7×(3×60)×0.10 | 6.0 | 1.87 | 94 |
| 16 | 7×(3×95)×0.10 | 7.5 | 1.18 | 148 |
| 25 | 7×(3×150)×0.10 | 9.5 | 0.75 | 235 |
| 35 | 7×(3×210)×0.10 | 11.0 | 0.54 | 330 |
| 50 | 7×(3×300)×0.10 | 13.5 | 0.38 | 470 |
| 50(1) | 7×(3×5×60)×0.10 | 16.0 | 0.38 | 470 |

4）铜编织线　铜编织线除有裸铜编织线和镀锡铜编织线供移动电器设备作连接线用之外，还有专供汽车、拖拉机中蓄电池作连接用的软铜编织蓄电池线。按其结构和柔软性分有 TYZ、TRZ-1、TRZ-2、TYZX、TRZX-1、TRZX-2 及 QC(蓄电池线)，产品除要求具有椭圆形的品种外，均滚轧成带状。其五种型号的规格、结构及技术性能分别见表 14-37～表 14-40。

表 14-37　TYZ、TYZX 型铜编织线规格、结构与技术性能

| 标称截面积 ($mm^2$) | 股数×根数×套数×线径 (mm) | 电线尺寸 (mm) | | 直流电阻 (20℃时) (Ω/km) 不大于 | 计算质量 (kg/km) |
|---|---|---|---|---|---|
| | | 宽度 | 公差 | | |
| 4 | 24×10×1×0.15 | 8 | ±1 | 5.31 | 44 |
| 6 | 24×15×1×0.15 | 10 | ±1 | 3.54 | 67 |
| 8 | 24×19×1×0.15 | 11 | ±1 | 2.80 | 84 |
| 10 | 24×25×1×0.15 | 13 | ±2 | 2.12 | 111 |
| 16 | 24×38×1×0.15 | 17 | ±2 | 1.40 | 169 |
| 35 | 24×20×2×0.15+24×40×1×0.15 | 椭圆形 16 | ±2.5 | 0.66 | 385 |

（续表）

| 标称截面积（mm²） | 股数×根数×套数×线径（mm） | 电线尺寸（mm） | | 直流电阻（20℃时）（Ω/km）不大于 | 计算质量（kg/km） |
|---|---|---|---|---|---|
| | | 宽度 | 公差 | | |
| 50 | 24×20×2×0.15+24×40×2×0.15 | 椭圆形 18 | ±2.5 | 0.44 | 580 |
| 95 | 24×20×3×0.15+24×40×4×0.15 | 椭圆形 20 | ±3 | 0.24 | 1 200 |
| 150 | 24×20×2×0.15+24×40×8×0.15 | 椭圆形 25 | ±3 | 0.15 | 1 850 |
| 185 | 24×20×2×0.15+24×40×10×0.15 | 椭圆形 28 | ±3 | 0.12 | 2 300 |

表 14-38 TRZ-1、TRZX-1 型铜编织线规格、结构与技术性能

| 标称截面积（mm²） | 股数×根数×套数×线径（mm） | 电线尺寸（mm） | | 直流电阻（20℃时）（Ω/km）不大于 | 计算质量（kg/km） |
|---|---|---|---|---|---|
| | | 宽度 | 厚度 | | |
| 5 | 36×8×1×0.15<br>48×6×1×0.15 | 12±1 | 1.0±0.2 | 4.24 | 53 |
| 8 | 48×9×1×0.15 | 16±1 | 1.1±0.2 | 2.81 | 80 |
| 10 | 48×12×1×0.15 | 19±1 | 1.4±0.2 | 2.12 | 106 |
| 16 | 48×20×1×0.15 | 24±1 | 2.0±0.2 | 1.27 | 176 |
| 25 | 48×15×2×0.15 | 22±2 | 2.4±0.4 | 0.85 | 264 |
| 35 | 48×20×2×0.15 | 26±2 | 3.5±0.4 | 0.64 | 352 |
| 50 | 48×20×3×0.15 | 28±2 | 5.0±0.5 | 0.43 | 530 |

表 14-39 TRZ-2、TRZX-2 型铜编织线规格、结构与技术性能

| 标称截面积（mm²） | 股数×根数×线径（mm） | 电线尺寸（mm） | | 直流电阻（20℃时）（Ω/km）不大于 | 计算质量（kg/km） |
|---|---|---|---|---|---|
| | | 宽度 | 厚度 | | |
| 4 | 36×14×0.10 | 8±1 | 1.0±0.2 | 5.46 | 41 |
| 6 | 36×21×0.10 | 10±1 | 1.2±0.2 | 3.58 | 63 |
| 10 | 48×27×0.10 | 16±1 | 1.8±0.2 | 2.12 | 106 |
| 16 | 36×56×0.10 | 16±1 | 2.4±0.4 | 1.37 | 164 |
| 20 | 36×72×0.10 | 18±1 | 3.0±0.4 | 1.06 | 211 |
| 25 | 36×87×0.10 | 20±1 | 3.6±0.4 | 0.88 | 256 |
| 25 | 48×65×0.10 | 24±1 | 3.0±0.4 | 0.88 | 256 |
| 35 | 24×190×0.10 | 21±1.5 | 5.0±0.5 | 0.61 | 371 |

表 14-40 蓄电池线(QC)规格与结构

| 标称截面积 ($mm^2$) | 股数×根数×线径 (mm) | 电线尺寸 (mm) | | 计算质量 (kg/km) |
|---|---|---|---|---|
| | | 宽度 | 厚度 | |
| 16 | 24×21×0.20 | 14±1 | 2.8±0.2 | 146 |
| 17 | 48×5×0.30 | — | 2.0±0.2 | 187 |
| 25 | 24×33×0.20 | 16±1 | 2.8±0.2 | 230 |
| 35 | 24×28×0.26 | 23±2 | 3.0±0.4 | 330 |
| 43 | 34×34×0.26 | 26±2 | 3.5±0.4 | 401 |

4. 型线

常用的型线品种有扁铜线、铜母线及铜带、扁铝线、铝母线、梯形铜排、异形铜排及异形铜带、空心导线和电车线等。型线的品种、型号、生产范围及主要用途见表 14-41。

表 14-41 型线的品种、型号、生产范围与主要用途表

| 产品名称 | 型号 | 生产范围(mm) | 主要用途 |
|---|---|---|---|
| 硬扁铜线<br>软扁铜线 | TBY<br>TBR | 厚 0.80～7.1<br>宽 2.00～35.5 | 供电机、电器、安装配电设备及其他电工方面之用 |
| 硬铜带<br>软铜带 | TDY<br>TDR | 厚 1.00～3.55<br>宽 9.00～100 | |
| 硬铜母线<br>软铜母线 | TMY<br>TMR | 厚 4.0～31.5<br>宽 16.0～125 | |
| 硬扁铝线<br>半硬扁铝线<br>软扁铝线 | LBY<br>LBBY<br>LBR | 厚 0.80～7.1<br>宽 2.00～35.5 | 供电机、电器、安装配电设备及其他电工方面之用 |
| 硬铝母线<br>软铝母线 | LMY<br>LMR | 厚 4.0～31.5<br>宽 16～125 | |
| 梯形铜排 | TPT | 宽 3～18<br>高 10～150 | 供电机换向器整流片用 |
| 银铜梯排 | TYPT | 宽 18 及以下<br>高 148 及以下 | 供电机换向器整流片用 |

（续表）

| 产品名称 | 型号 | 生产范围(mm) | 主要用途 |
|---|---|---|---|
| 七边形铜排 | TMR-2 | 355～690($mm^2$) | 供大型水轮发电机绕组用 |
| 换向器用异形银铜排 | TYPT-1 | 厚30<br>宽5.64～9.26 | 供电机换向器整流片用 |
| 触头铜排 | TPC | 宽18～36,高6 | 供电气开关触头用 |
| 接触头 | TPC-1 | 宽22～30<br>高7～9.5 | |
| 异形铜带 | TDR-1 | | |
| 空心铝导线 | LBRK | 宽8.5～22.5<br>高1.5～14 | 供水内冷电机、变压器作绕组线圈用 |
| 空心铜导线 | TBRK | 宽5～18<br>高5～18 | |
| 圆形铜电车线<br>双沟形铜电车线 | TCY<br>TCG | 30～65($mm^2$)<br>65～100($mm^2$) | 供电气运输系统架空接触线用 |
| 双沟形钢铝电车线 | GLCA<br>GLCB | 100/215($mm^2$)<br>80/173($mm^2$) | |

1）扁铜线、铜母线及铜带　扁铜线用作电机、变压器、电器及电气设备绕组的导体；铜母线及铜带用于电机、电器、配电设备及其他电工装备连接导体和汇流排。按产品的柔软度分，扁铜线、铜母线及铜带均有软、硬两种，其产品的截面如图14-2所示。

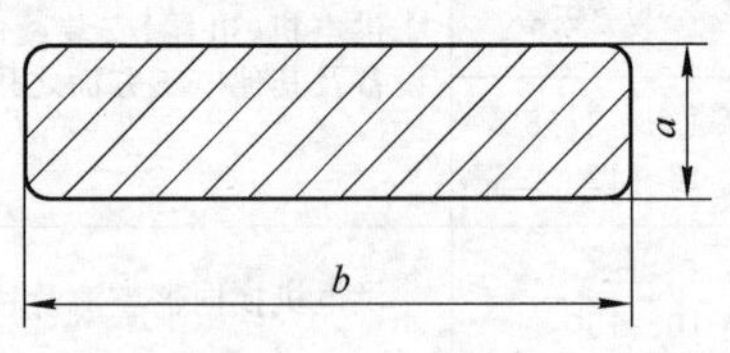


**图14-2**　扁线、母线及带的截面

$a$—厚度；$b$—宽度

（1）扁铜线。扁铜线分硬扁铜线（TBY）和软扁铜线（TBR）两种。

表 14-42 扁铜线尺寸允许偏差 (mm)

| 尺寸($a$或$b$) | 允许偏差 | 尺寸($a$或$b$) | 允许偏差 |
|---|---|---|---|
| 0.80～1.20 | ±0.02 | 9.51～15.00 | ±0.09 |
| 1.21～2.85 | ±0.03 | 15.01～20.00 | ±0.12 |
| 20.01～25.00 | ±0.15 | 2.86～6.00 | ±0.05 |
| 6.01～9.50 | ±0.07 | 25.01～35.50 | ±0.20 |

表 14-43 扁铜线的圆角半径 (mm)

| 厚度$a$ | 标称圆角半径 | 允许圆角半径范围 | 厚度$a$ | 标称圆角半径 | 允许圆角半径范围 |
|---|---|---|---|---|---|
| 1.00及以下 | $a/2$ | 0.3～0.5 | 2.25～3.55 | 0.80 | 0.6～1.0 |
| 1.01～1.60 | 0.50 | 0.4～0.6 | 3.56～6.00 | 1.00 | 0.8～1.3 |
| 1.61～2.24 | 0.65 | 0.5～0.8 | 6.01～7.10 | 1.20 | 0.9～1.5 |

表 14-44 扁铜线、铜母线、铜带的机械性能

| 厚度$a$ (mm) | TBR | | TBY | 厚度$a$ (mm) | TDY | TDR | 软铜母线(TMR)的抗拉强度应不小于206 N/mm², 伸长率应不小于35%；硬铜母线的布氏硬度应不低于HB65 |
|---|---|---|---|---|---|---|---|
| | 抗拉强度 (N/mm²) 不小于 | 伸长率 (%) 不小于 | 抗拉强度 (N/mm²) 不小于 | | 抗拉强度 (N/mm²) 不小于 | 伸长率 (%) 不小于 | |
| 0.80～1.32 | 206 | 30 | 294 | 1.00～1.32 | 294 | 30 | |
| 1.33～3.35 | 206 | 32 | 264 | 1.33～3.35 | 264 | 32 | |
| 3.36～7.00 | 206 | 34 | 255 | 3.36及以上 | 255 | 34 | |
| 7.01及以上 | 206 | 35 | 245 | | | | |

表 14-45 扁铜线、铜母线、铜带的电气性能

| 型　　号 | 电阻系数 (20℃时) ($\Omega \cdot mm^2/m$)不大于 | 电阻温度系数 $\alpha_{20}$ (1/℃) |
|---|---|---|
| TBY、TMY、TDY | 0.017 90 | 0.003 85 |
| TBR、TMR、TDR | 0.017 48 | 0.003 95 |

表 14-46 常用扁铜线、

| 宽 b (mm) \ 厚 a (mm) | 0.90 | 1.00 | 1.08 | 1.16 | 1.25 | 1.35 | 1.45 | 1.56 | 1.68 | 1.81 | 1.95 |
|---|---|---|---|---|---|---|---|---|---|---|---|
| 2.10 | 1.72 | 1.89 | 2.06 | 2.23 | 2.42 | 2.63 | 2.84 | 3.07 | 3.32 | 3.59 | — |
| 2.26 | 1.86 | 2.05 | 2.23 | 2.41 | 2.62 | 2.84 | 3.07 | 3.32 | 3.59 | 3.83 | — |
| 2.44 | 2.03 | 2.23 | 2.43 | 2.62 | 2.84 | 3.08 | 3.33 | 3.60 | 3.89 | 4.21 | 4.53 |
| 2.63 | 2.20 | 2.42 | 2.63 | 2.84 | 3.03 | 3.34 | 3.60 | 3.80 | 4.21 | 4.55 | 4.92 |
| 2.83 | 2.38 | 2.62 | 2.85 | 3.07 | 3.33 | 3.61 | 3.89 | 4.20 | 4.54 | 4.91 | 5.31 |
| 3.05 | — | 2.84 | 3.08 | 3.33 | 3.60 | 3.91 | 4.21 | 4.55 | 4.91 | 5.31 | 5.74 |
| 3.28 | — | 3.07 | 3.33 | 3.60 | 3.89 | 4.22 | 4.55 | 4.91 | 5.30 | 5.73 | 6.19 |
| 3.53 | — | 3.32 | 3.60 | 3.89 | 4.20 | 4.56 | 4.91 | 5.30 | 5.72 | 6.18 | 6.67 |
| 3.8 | 3.25 | 3.59 | 3.89 | 4.20 | 4.54 | 4.92 | 5.30 | 5.72 | 6.17 | 6.67 | 7.20 |
| 4.1 | — | 3.89 | 4.22 | 4.55 | 4.92 | 5.33 | 5.74 | 6.19 | 6.68 | 7.21 | 7.79 |
| 4.4 | — | 4.19 | 4.54 | 4.89 | 5.29 | 5.73 | 6.17 | 6.65 | 7.18 | 7.75 | 8.37 |
| 4.7 | — | 4.49 | 4.87 | 5.24 | 5.67 | 6.14 | 6.61 | 7.12 | 7.79 | 8.30 | 8.96 |
| 5.1 | — | 4.89 | 5.30 | 5.71 | 6.17 | 6.68 | 7.19 | 7.75 | 8.36 | 9.02 | 9.74 |
| 5.5 | — | 5.29 | 5.73 | 6.17 | 6.67 | 7.22 | 7.77 | 8.37 | 9.03 | 9.75 | 10.50 |
| 5.9 | — | 5.69 | 6.16 | 6.63 | 7.17 | 7.76 | 8.35 | 8.99 | 9.70 | 10.50 | 11.30 |
| 6.4 | — | 6.19 | 6.70 | 7.21 | 7.79 | 8.43 | 9.07 | 9.77 | 10.60 | 11.40 | 12.30 |
| 6.9 | — | 6.69 | 7.24 | 7.79 | 8.42 | 9.11 | 9.79 | 10.60 | 11.40 | 12.30 | 13.30 |
| 7.4 | — | 7.19 | 7.78 | 8.37 | 9.04 | 9.78 | 10.50 | 11.30 | 12.60 | 13.30 | 14.20 |
| 8.0 | — | 7.79 | 8.43 | 9.07 | 9.79 | 10.60 | 11.40 | 12.30 | 13.20 | 14.40 | 15.40 |
| 8.6 | — | 8.39 | 9.08 | 9.77 | 10.60 | 11.40 | 12.30 | 13.20 | 14.20 | 15.50 | 16.60 |
| 9.3 | — | — | — | — | — | 12.40 | 13.30 | 14.30 | 15.40 | 16.60 | 17.90 |
| 10.0 | — | — | — | — | — | — | — | 15.40 | 16.60 | 17.90 | 19.30 |
| 10.8 | — | — | — | — | — | — | — | — | — | 19.30 | 20.90 |
| 11.6 | — | — | — | — | — | — | — | — | — | — | — |
| 12.5 | — | — | — | — | — | — | — | — | — | — | — |
| 13.5 | — | — | — | — | — | — | — | — | — | — | — |
| 14.5 | — | — | — | — | — | — | — | — | — | — | — |

注：1. 表中计算截面积(mm$^2$)已考虑了圆角。

2. 表中亦为铝扁线规格，但其最小截面积为 2.44 mm$^2$(宽 2.44 mm、厚 1.00 mm)。

扁铝线的标称尺寸与计算截面 (mm²)

| 2.10 | 2.26 | 2.44 | 2.63 | 2.83 | 3.05 | 3.28 | 3.53 | 3.8 | 4.1 | 4.4 | 4.7 | 5.1 | 5.5 |
|---|---|---|---|---|---|---|---|---|---|---|---|---|---|
| 3.92 | — | — | — | — | — | — | — | — | — | — | — | — | — |
| — | 4.63 | — | — | — | — | — | — | — | — | — | — | — | — |
| 4.64 | — | 5.30 | — | — | — | — | — | — | — | — | — | — | — |
| 5.04 | 5.46 | 5.94 | 6.44 | — | — | — | — | — | — | — | — | — | — |
| 5.46 | 5.92 | 6.43 | — | 7.55 | — | — | — | — | — | — | — | — | — |
| 5.93 | 6.41 | 6.96 | 7.54 | 8.15 | 8.72 | — | — | — | — | — | — | — | — |
| 6.41 | 6.93 | 7.52 | 8.15 | 8.80 | 9.51 | 10.30 | — | — | — | — | — | — | — |
| 6.93 | 7.50 | 8.13 | 8.80 | 9.51 | 10.30 | 11.10 | 12.00 | 12.9 | — | — | — | — | — |
| 7.50 | 8.11 | 8.79 | 9.51 | 10.30 | 11.10 | 12.00 | — | 13.90 | — | — | — | — | — |
| 8.13 | 8.79 | 9.52 | 10.30 | 11.10 | 12.00 | 13.00 | 14.00 | 15.10 | 15.90 | — | — | — | — |
| 8.76 | 9.46 | 10.20 | 11.10 | 12.00 | 12.90 | 13.90 | 15.00 | 16.20 | 17.10 | 18.50 | — | — | — |
| 9.39 | 10.10 | 11.00 | 11.90 | 12.80 | 13.80 | 14.90 | 16.10 | 17.40 | 18.40 | — | 21.2 | — | — |
| 10.20 | 11.00 | 11.90 | 12.90 | 13.90 | 15.10 | 16.20 | 17.50 | 18.90 | 20.0 | 21.5 | — | 25.1 | — |
| 11.10 | 11.90 | 12.90 | 14.00 | 15.10 | 16.30 | 17.50 | 18.90 | 20.4 | 21.7 | 23.3 | 25.0 | 27.2 | — |
| 11.90 | 12.80 | 13.90 | 15.00 | 16.20 | 17.50 | 18.90 | 20.30 | 21.9 | 23.3 | 25.1 | 26.8 | 29.2 | — |
| 12.90 | 14.00 | 15.10 | 16.30 | 17.60 | 19.00 | 20.5 | 22.1 | 23.8 | 25.3 | 27.3 | 29.2 | 31.7 | 34.3 |
| 14.00 | 15.10 | 16.30 | 17.70 | 19.00 | 20.6 | 22.1 | 23.1 | 25.7 | 27.4 | 29.5 | 31.5 | 34.3 | 37.1 |
| 15.00 | 16.20 | 17.60 | 19.00 | 20.4 | 22.1 | 23.6 | 25.6 | 27.6 | 29.4 | 31.7 | 33.9 | 36.8 | 39.8 |
| 16.30 | 17.60 | 19.00 | 20.5 | 22.1 | 23.9 | 25.7 | 27.7 | 29.9 | 31.9 | 34.3 | 36.7 | 39.9 | 43.1 |
| 17.60 | 18.90 | 20.5 | 22.1 | 23.8 | 25.7 | 27.7 | 29.9 | 32.2 | 34.4 | 36.9 | 39.5 | 43.0 | 46.4 |
| 19.00 | 20.50 | 22.2 | 24.0 | 25.8 | 27.9 | 30.0 | 32.3 | 34.8 | 37.2 | 40.0 | 42.8 | 46.5 | 50.3 |
| 20.50 | 22.1 | 23.9 | 25.8 | 27.8 | 30.0 | 32.3 | 34.8 | 37.5 | 40.1 | 43.1 | 46.1 | 50.1 | 54.5 |
| 22.20 | 23.9 | 25.9 | 27.9 | 30.1 | 32.4 | 34.9 | 37.6 | 40.5 | 43.4 | 46.6 | 49.9 | 54.2 | 58.5 |
| 23.90 | 25.7 | 27.8 | 30.0 | 32.3 | 34.9 | 37.5 | 40.5 | 43.6 | 46.7 | 50.1 | 53.6 | 58.3 | 62.9 |
| 25.80 | 27.8 | 30.0 | 32.4 | 34.9 | 37.6 | 40.5 | 43.6 | 47.0 | 50.4 | 54.1 | 57.9 | 62.9 | 67.9 |
| — | — | 32.4 | 35.0 | 37.7 | 40.7 | 43.8 | 47.2 | 50.8 | 54.5 | 58.5 | 62.6 | 68.0 | 73.4 |
| — | — | 34.9 | 37.6 | 40.5 | 43.7 | 47.1 | 50.6 | 54.6 | 58.6 | 62.9 | 67.3 | 74.1 | 78.9 |

(2) 铜母线。铜母线分有硬铜母线(TMY)及软铜母线(TMR)两种,其产品规格及截面积见表14-47。

表14-47 铜母线的

| 尺寸(mm) 宽度($b$) | 厚度($a$) 正负偏差(mm) | 4.0 | 4.5 | 5.0 | 5.6 | 6.3 | 7.1 | 8.1 | 9 |
|---|---|---|---|---|---|---|---|---|---|
| | | 0.05 | | | 0.07 | | | | |
| | | 计 算 | | | | | | | |
| 16 | 0.12 | — | — | — | — | — | — | — | — |
| 18 | | — | — | — | — | — | — | — | — |
| 20 | | — | — | — | — | — | — | — | — |
| 22.4 | 0.20 | — | — | — | — | — | — | — | — |
| 25 | | — | — | — | — | — | — | 200.0 | 225.0 |
| 28 | | — | — | — | — | — | — | 224.0 | 252.0 |
| 31.5 | | — | — | — | — | 198.5 | 223.7 | 252.0 | 283.5 |
| 35.5 | | — | — | 177.5 | 198.8 | 223.7 | 252.1 | 284.0 | 319.5 |
| 40 | 0.25 | 160.0 | 180.0 | 200.0 | 224.0 | 252.0 | 284.0 | 320.0 | 360.0 |
| 45 | | 180.0 | 202.5 | 225.0 | 252.0 | 283.5 | 319.5 | 360.0 | 405.0 |
| 50 | | 200.0 | 225.0 | 250.0 | 280.0 | 315.0 | 355.0 | 400.0 | 450.0 |
| 56 | | 224.0 | 252.0 | 280.0 | 313.6 | 352.8 | 397.6 | 448.0 | 504.0 |
| 63 | 0.30 | 252.0 | 283.5 | 315.0 | 352.8 | 396.9 | 447.3 | 504.0 | 567.0 |
| 71 | | 284.0 | 319.5 | 355.0 | 397.6 | 447.3 | 504.1 | 568.0 | 639.0 |
| 80 | | 320.0 | 360.0 | 400.0 | 448.0 | 504.0 | 568.0 | 640.0 | 720.0 |
| 90 | 0.35 | 360.0 | 405.0 | 450.0 | 504.0 | 567.0 | 639.0 | 720.0 | 810.0 |
| 100 | | 400.0 | 450.0 | 500.0 | 560.0 | 630.0 | 710.0 | 800.0 | 900.0 |
| 112 | | — | — | — | — | — | 795.2 | 896.0 | 1 008.0 |
| 125 | | — | — | — | — | — | 887.5 | 1 000.0 | 1 125.0 |

注:表列计算截面积 $F = a \times b$;有圆角时 $F = (a \times b - 0.858r^2)\text{mm}^2$;绕组用铜母线

(3) 铜带。铜带分硬铜带(*TDY*)和软铜带(*TDR*)两种,其产品规格及截面积见表 14－48,尺寸允许偏差见表 14－49。

规格与截面积

| 10 | 11.2 | 12.5 | 14 | 16 | 18 | 20 | 22.4 | 25 | 28 | 31.5 |
|---|---|---|---|---|---|---|---|---|---|---|
| 0.09 | | | | 0.12 | | | 0.20 | | | |
| 截面积 F ($mm^2$) | | | | | | | | | | |
| — | 179.2 | 200.0 | 224.0 | 256.0 | — | — | — | — | — | — |
| — | 201.6 | 225.0 | 252.0 | 288.0 | — | — | — | — | — | — |
| 200.0 | 224.0 | 250.0 | 280.0 | 320.0 | 360.0 | 400.0 | — | — | — | — |
| 224.0 | 250.9 | 280.0 | 313.6 | 358.4 | 403.2 | 448.0 | — | — | — | — |
| 250.0 | 280.0 | 312.5 | 350.0 | 400.0 | 450.0 | 500.0 | 560.0 | 625.0 | — | — |
| 280.0 | 313.6 | 350.0 | 392.0 | 448.0 | 504.0 | 560.0 | 627.2 | 700.0 | — | — |
| 315.0 | 352.8 | 393.8 | 441.0 | 504.0 | 567.0 | 630.0 | 705.6 | 787.5 | 882.0 | 992.3 |
| 355.0 | 397.6 | 443.8 | 497.0 | 568.0 | 639.0 | 710.0 | 795.2 | 887.5 | 994.0 | 1 118.3 |
| 400.0 | 448.0 | 500.0 | 560.0 | 640.0 | 720.0 | 800.0 | 896.0 | 1 000.0 | 1 120.0 | 1 260.0 |
| 450.0 | 504.0 | 562.5 | 630.0 | 720.0 | 810.0 | 900.0 | — | — | — | — |
| 500.0 | 560.0 | 625.0 | 700.0 | 800.0 | 900.0 | 1 000.0 | — | — | — | — |
| 560.0 | 627.2 | 700.0 | 784.0 | 896.0 | 1 008.0 | 1 120.0 | — | — | — | — |
| 630.0 | 705.6 | 787.5 | 882.0 | 1 008.0 | 1 134.0 | 1 260.0 | — | — | — | — |
| 710.0 | 795.2 | 887.5 | 994.0 | 1 136.0 | — | — | — | — | — | — |
| 800.0 | 896.0 | 1 000.0 | — | — | — | — | — | — | — | — |
| 900.0 | 1 008.0 | 1 125.0 | — | — | — | — | — | — | — | — |
| 1 000.0 | 1 120.0 | 1 250.0 | — | — | — | — | — | — | — | — |
| 1 120.0 | 1 254.4 | 1 400.0 | — | — | — | — | — | — | — | — |
| 1 250.0 | — | — | — | — | — | — | — | — | — | — |

简化为 $F=(a\times b-1.3)\mathrm{mm}^2$;其他用有圆角铜母线简化为 $F=(a\times b-0.5)\mathrm{mm}^2$。

表14-48 铜带的

| 宽度(b)(mm)(R20) | | | | | | | | | | 厚 |
|---|---|---|---|---|---|---|---|---|---|---|
| | 1.00 | 1.06 | 1.12 | 1.18 | 1.25 | 1.32 | 1.40 | 1.50 | 1.60 | 1.70 |
| | | | | | | | | | | 计 算 |
| 9.00 | 8.785 | 9.299 | | | | | | | | |
| 10.00 | 9.785 | — | 10.93 | 11.50 | | | | | | |
| 11.20 | 10.99 | 11.63 | 12.28 | — | 13.67 | | | | | |
| 12.50 | 12.29 | — | 13.73 | 14.45 | 15.29 | 16.13 | 17.08 | 18.27 | | |
| 14.00 | 13.79 | 14.60 | 15.41 | — | 17.17 | — | 19.18 | — | 21.85 | |
| 16.00 | 15.79 | — | 17.65 | 18.58 | 19.67 | 20.75 | 21.98 | 23.52 | 25.05 | 26.58 |
| 18.00 | 17.79 | 18.84 | 19.89 | — | 22.17 | — | 24.78 | — | 28.25 | — |
| 20.00 | 19.79 | — | 22.13 | 23.30 | 24.67 | 26.03 | 27.58 | 29.52 | 31.45 | 33.38 |
| 22.40 | 22.19 | 23.50 | 24.82 | — | 27.67 | — | 30.94 | — | 35.29 | — |
| 25.00 | 24.79 | — | 27.73 | 29.20 | 30.92 | 32.63 | 34.58 | 37.02 | 39.45 | 41.88 |
| 28.00 | 27.79 | 29.44 | 31.09 | — | 34.67 | — | 38.78 | — | 44.25 | — |
| 31.50 | 31.29 | — | 35.01 | 36.87 | 39.04 | 41.21 | 43.68 | 46.77 | 49.85 | 52.93 |
| 35.50 | 35.29 | 37.39 | 39.49 | — | 44.04 | — | 49.28 | — | 56.25 | — |
| 40.00 | 39.79 | — | 44.53 | 46.90 | 49.67 | 52.43 | 55.58 | 59.52 | 63.45 | 67.38 |
| 45.00 | 44.79 | 47.46 | 50.13 | — | 55.92 | — | 62.58 | — | 71.45 | — |
| 50.00 | 49.79 | — | 55.73 | 58.70 | 62.17 | 65.63 | 69.58 | 74.52 | 79.45 | 84.38 |
| 56.00 | 55.79 | 59.12 | 62.45 | — | 69.67 | — | 77.98 | — | 89.05 | — |
| 63.00 | 62.79 | — | 70.29 | 74.04 | 78.42 | 82.79 | 87.78 | 94.02 | 100.3 | 106.5 |
| 71.00 | 70.79 | | | | | | | | 113.1 | |
| 80.00 | 79.79 | | | | | | | | 127.5 | |
| 90.00 | 89.79 | | | | | | | | 143.5 | |
| 100.00 | 99.79 | | | | | | | | 159.5 | |

规格与截面积

度 $a$ (mm) ($R40$)

| 1.80 | 1.90 | 2.00 | 2.12 | 2.24 | 2.36 | 2.50 | 2.65 | 2.80 | 3.00 | 3.15 | 3.35 | 3.55 |
|---|---|---|---|---|---|---|---|---|---|---|---|---|
| 截面积 $F$ ($mm^2$) | | | | | | | | | | | | |
| 28.11 | 29.63 | | | | | | | | | | | |
| 31.71 | — | 35.14 | — | 39.24 | — | | | | | | | |
| 35.31 | 37.23 | 39.14 | 41.44 | 43.72 | 46.01 | | | | | | | |
| 39.63 | — | 43.94 | — | 49.10 | — | | | | | | | |
| 44.31 | 46.73 | 49.14 | 52.04 | 54.92 | 57.81 | 61.16 | 64.74 | 68.32 | | | | |
| 49.71 | — | 55.14 | — | 61.64 | — | 68.66 | — | 76.72 | | | | |
| 56.01 | 59.08 | 62.14 | 65.82 | 69.48 | 73.15 | 77.41 | 81.97 | 82.52 | 92.57 | 97.10 | 103.1 | 109.1 |
| 63.21 | — | 70.14 | — | 78.44 | — | 87.41 | — | 97.72 | — | 109.7 | — | 123.3 |
| 71.31 | 75.23 | 79.14 | 83.84 | 88.52 | 93.21 | 98.66 | 104.5 | 110.3 | 118.1 | 123.8 | 131.6 | 139.3 |
| 80.31 | — | 89.14 | — | 99.72 | — | 111.2 | — | 124.3 | — | 139.6 | — | 157.0 |
| 89.31 | 94.23 | 99.14 | 105.0 | 110.9 | 116.8 | 123.7 | 131.0 | 138.3 | 148.1 | 155.4 | 165.1 | 174.8 |
| 100.1 | — | 111.1 | — | 124.4 | — | 138.7 | — | 155.1 | — | 174.3 | — | 196.1 |
| 112.7 | 118.9 | 125.1 | 132.6 | 140.0 | 147.5 | 156.2 | 165.4 | 174.7 | 187.1 | 196.3 | 208.6 | 220.9 |
| | | 141.1 | | | | 176.2 | | | | | | |
| | | 159.1 | | | | 198.7 | | | | | | |
| | | 179.1 | | | | 223.7 | | | | | | |
| | | 199.1 | | | | 248.7 | | | | | | |

表14-49　铜带尺寸允许偏差　　　(mm)

| 厚度 $a$ | 厚度 $a$ 的允许偏差 | 宽度 $b$ | 宽度 $b$ 的允许偏差 |
|---|---|---|---|
| 1.00～1.25 | ±0.04 | 15.0及以下 | ±0.13 |
| 1.26～1.80 | ±0.05 | 15.1～50.0 | ±0.25 |
| 1.81～3.55 | ±0.06 | 50.1及以上 | ±0.35 |

2）扁铝线　扁铝线用作电机、变压器、电器及电气设备绕组的导体，在很多方面可取代扁铜线，变压器常用纸包扁铝线。扁铝线分硬扁铝线(LBY)、半硬扁铝线(LBBY)及软扁铝线(LBR)三种。扁铝线的标称尺寸及计算截面与扁铜线相同，见表14-46。其他参数见表14-50～表14-53。

表14-50　扁铝线尺寸允许偏差　　　(mm)

| 尺寸($a$ 或 $b$) | 允许偏差 | 尺寸($a$ 或 $b$) | 允许偏差 |
|---|---|---|---|
| 0.80～1.20 | ±0.02 | 9.51～15.00 | ±0.09 |
| 1.21～2.85 | ±0.03 | 15.01～20.00 | ±0.12 |
| 2.86～6.00 | ±0.05 | 20.01～25.00 | ±0.15 |
| 6.01～9.50 | ±0.07 | 25.01～35.50 | ±0.20 |

表14-51　扁铝线的圆角半径　　　(mm)

| 厚度 $a$ | 标称圆角半径 | 允许圆角半径范　围 | 厚度 $a$ | 标称圆角半径 | 允许圆角半径范　围 |
|---|---|---|---|---|---|
| 1.00及以下 | $2/a$ | 0.3～0.5 | 2.25～3.55 | 0.80 | 0.6～1.0 |
| 1.01～1.60 | 0.50 | 0.4～0.6 | 3.56～6.00 | 1.00 | 0.8～1.3 |
| 1.61～2.24 | 0.65 | 0.5～0.8 | 6.01～7.10 | 1.20 | 0.9～1.5 |

表14-52　扁铝线的机械性能

| 厚度 $a$ (mm) | 抗拉强度 ($N/mm^2$)不小于 | | | 伸长率 (%)不小于 | | |
|---|---|---|---|---|---|---|
| | LBY | LBBY | LBR | LBY | LBBY | LBR |
| 0.80～3.35 | 127 | 98 | 73 | 1.5 | 3.0 | 20 |
| 3.36～7.00 | 127 | 98 | 73 | 2.0 | 4.0 | 20 |
| 7.01～7.10 | 118 | 98 | 73 | 2.0 | 4.0 | 20 |

表 14-53 铝扁线的电气性能

| 型　号 | 电阻系数<br>(20℃时)<br>(Ω·mm²/m)不大于 | 电阻温度系数<br>$\alpha_{20}$<br>(1/℃) |
|---|---|---|
| LBR | 0.028 3 | 0.004 10 |
| LBBY | 0.028 3 | 0.004 10 |
| LBY | 0.029 0 | 0.004 03 |

3）铝母线　铝母线供电机、电器、配电设备及其他电气装置作连接导体或作输配电的汇流排，在很多方面可取代铜母线。铝母线有硬铝母线(LMY)及软铝母线(LMR)两种，其机械电气性能见表 14-54，规格与截面积见表 14-55。

表 14-54 铝母线的机械电气性能

| 型　号 | 抗拉强度<br>(N/mm²)<br>不小于 | 伸长率<br>(%)<br>不小于 | 电阻系数<br>(20℃时)<br>(Ω·mm²/m)<br>不大于 | 电阻温度系数<br>$\alpha_{20}$<br>(1/℃) |
|---|---|---|---|---|
| LMY | 118 | 3 | 0.029 00 | 0.004 03 |
| LMR | 74 | 20 | 0.028 30 | 0.004 10 |

4）梯形铜排　梯形铜排是用在制造电机中的换向器(亦称整流子)。梯形铜排有纯铜的梯形铜排(TPT)和银铜梯排(TYPT)两种。银铜梯排是用含银0.1%～0.2%的银铜合金制成的。梯形铜排的截面如图 14-3 所示；梯形铜排的规格、尺寸及允许偏差见表 14-56。梯形铜排的硬度不低于布氏硬度 80 度，银铜梯排不低于布氏硬度 90 度。

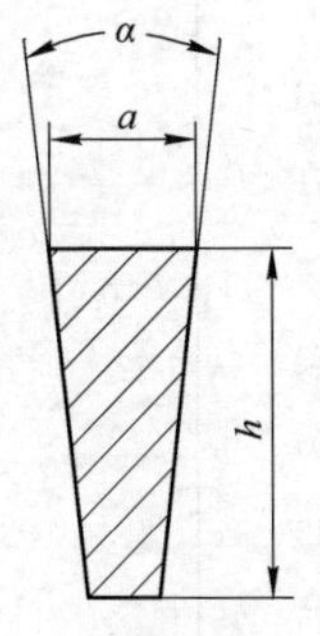

**图 14-3**
梯排截面图

5）异形铜排　异形铜排有七边形铜排(TMR-2)、换向器异形银铜排(TYPT-1)、触头铜排(TPC)及接触头(TPC-1)等，此外，还有异形铜带(TDR-1)，均为供制造电机绕组及作为电器零件用。

表 14－55 铝母线的

| 尺寸 (mm) 宽度 $b$ (mm) | 厚度 $a$ (mm) 正负偏差 (mm) | 4 | 4.5 | 5 | 5.6 | 6.3 | 7.1 | 8 |
|---|---|---|---|---|---|---|---|---|
| | | 0.2 | | | 0.3 | | | |
| | | | | | | | | 截 面 |
| 16 | 0.5 | 64.0 | 72.0 | 80.0 | 89.6 | 100.8 | 113.6 | 128.0 |
| 18 | | 72.0 | 81.0 | 90.0 | 100.8 | 113.4 | 127.8 | 144.0 |
| 20 | | 80.0 | 90.0 | 100.0 | 112.0 | 126.0 | 142.0 | 160.0 |
| 22.4 | | 89.6 | 100.8 | 112.0 | 125.4 | 141.1 | 159.0 | 179.2 |
| 25 | | 100.6 | 112.5 | 125.0 | 140.0 | 157.5 | 177.5 | 200.0 |
| 28 | 0.7 | 112.0 | 126.0 | 140.0 | 156.8 | 176.4 | 198.8 | 224.0 |
| 31.5 | | 126.0 | 141.8 | 157.5 | 176.4 | 198.5 | 223.7 | 252.0 |
| 35.5 | | 142.0 | 159.8 | 177.5 | 198.8 | 223.7 | 252.1 | 284.0 |
| 40 | | 160.0 | 180.0 | 200.0 | 224.0 | 252.0 | 284.0 | 320.0 |
| 45 | | 180.0 | 202.5 | 225.0 | 252.0 | 283.5 | 319.5 | 360.0 |
| 50 | | 200.0 | 225.0 | 250.0 | 280.0 | 315.0 | 355.0 | 400.0 |
| 56 | 0.9 | 224.0 | 252.0 | 280.0 | 313.6 | 352.8 | 397.6 | 448.0 |
| 63 | | 252.0 | 283.5 | 315.0 | 352.8 | 396.9 | 447.3 | 504.0 |
| 71 | | — | — | 355.0 | 397.6 | 447.3 | 504.1 | 568.0 |
| 80 | | — | — | 400.0 | 448.0 | 504.0 | 568.0 | 640.0 |
| 90 | | — | — | 450.0 | 504.0 | 567.0 | 639.0 | 720.0 |
| 100 | | — | — | 500.0 | 560.0 | 630.0 | 710.0 | 800.0 |
| 112 | | — | — | — | — | 705.6 | 795.2 | 896.0 |
| 125 | | — | — | — | — | 787.5 | 887.5 | 1 000.0 |

注：表列计算截面积 $F=a\times b$；有圆角时 $F=(a\times b-0.858r^2)\text{mm}^2$；绕组用铝母线

规格与截面积

| 9 | 10 | 11.2 | 12.5 | 14 | 16 | 18 | 20 | 22.4 | 25 | 28 | 31.5 |
|---|---|---|---|---|---|---|---|---|---|---|---|
| | 0.4 | | | | 0.5 | | | | | | |

积 $F$ （$mm^2$）

| | | | | | | | | | | | |
|---|---|---|---|---|---|---|---|---|---|---|---|
| 144.0 | 160.0 | — | — | — | — | — | — | — | — | — | — |
| 162.0 | 180.0 | — | — | — | — | — | — | — | — | — | — |
| 180.0 | 200.0 | 224.0 | 250.0 | — | — | — | — | — | — | — | — |
| 201.6 | 224.0 | 250.9 | 280.0 | — | — | — | — | — | — | — | — |
| 225.0 | 250.0 | 280.0 | 312.5 | 350.0 | 400.0 | — | — | — | — | — | — |
| 252.0 | 280.0 | 313.6 | 350.0 | 392.0 | 448.0 | — | — | — | — | — | — |
| 283.5 | 315.0 | 352.8 | 393.8 | 441.0 | 504.0 | 567.0 | 630.0 | 705.6 | 787.5 | 882.0 | 992.3 |
| 319.5 | 355.0 | 397.6 | 443.8 | 497.0 | 568.0 | 639.0 | 710.0 | 795.2 | 887.5 | 994.0 | 1 118.3 |
| 360.0 | 400.0 | 448.0 | 500.0 | 560.0 | 640.0 | 720.0 | 800.0 | 896.0 | 1 000.0 | 1 120.0 | 1 260.0 |
| 405.0 | 450.0 | 504.0 | 562.5 | 630.0 | 720.0 | 810.0 | 900.0 | — | — | — | — |
| 450.0 | 500.0 | 560.0 | 625.0 | 700.0 | 800.0 | 900.0 | 1 000.0 | — | — | — | — |
| 504.0 | 560.0 | 627.2 | 700.0 | 784.0 | 896.0 | 1 008.0 | 1 120.0 | — | — | — | — |
| 567.0 | 630.0 | 705.6 | 787.5 | 882.0 | 1 008.0 | 1 134.0 | 1 260.0 | — | — | — | — |
| 639.0 | 710.0 | 795.2 | 887.5 | 994.0 | 1 136.0 | — | — | — | — | — | — |
| 720.0 | 800.0 | 869.0 | 1 000.0 | 1 120.0 | 1 280.0 | — | — | — | — | — | — |
| 810.0 | 900.0 | 1 008.0 | 1 125.0 | 1 260.0 | 1 440.0 | — | — | — | — | — | — |
| 900.0 | 1 000.0 | 1 120.0 | 1 250.0 | 1 400.0 | 1 600.0 | — | — | — | — | — | — |
| 1 008.0 | 1 120.0 | 1 254.4 | 1 400.0 | — | — | — | — | — | — | — | — |
| 1 125.0 | 1 250.0 | 1 400.0 | 1 562.5 | — | — | — | — | — | — | — | — |

简化为 $F=(a\times b-1.3)mm^2$；其他用有圆角铝母线简化为 $F=(a\times b-0.5)mm^2$。

表 14-56 梯形铜排的规格、尺寸及允许偏差 (mm)

| $a$ | 按精度等级的允许偏差 | | $h$ | 允许偏差 |
|---|---|---|---|---|
| | 5级 | 6级 | | |
| 3及以下 | −0.04 | −0.06 | 10及以下 | −0.10 |
| 3.01～6.00 | −0.05 | −0.08 | 10.5～18 | −0.20 |
| 6.01～10.00 | −0.06 | −0.10 | 18.5～30 | −0.30 |
| 10.01～18.00 | −0.07 | −0.12 | 30.5～50 | −0.60 |
| | | | 50.5～80 | −0.80 |
| | | | 80.5～150 | −1.00 |

(1) 七边形铜排。七边形铜排外形如图14-4所示，七边形铜排的规格、尺寸及质量见表14-57。

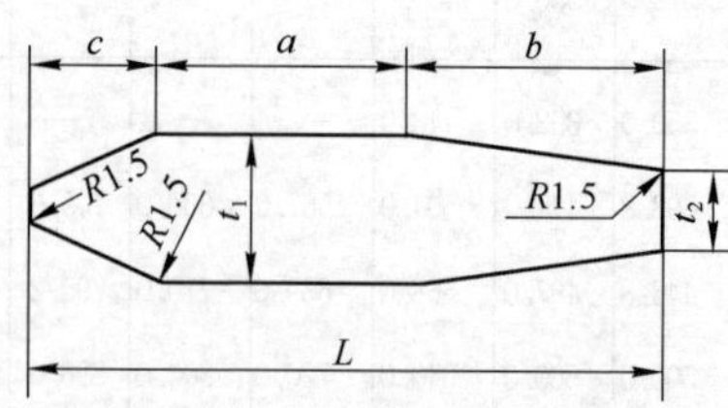


**图14-4** TMR-2型七边形铜排

表 14-57 七边形铜排(TMR-2)规格、尺寸及质量

| 规格 $t_1\times L\times b$ (mm) | 计算截面积 (mm²) | $t_1$ (mm) | | $t_2$ (mm) | $L$ (mm) | | $a$ (mm) | $b$ (mm) | | $c$ (mm) | | 计算质量 (kg/m) |
|---|---|---|---|---|---|---|---|---|---|---|---|---|
| | | 尺寸 | 偏差 | | 尺寸 | 偏差 | | 尺寸 | 偏差 | 尺寸 | 偏差 | |
| 8×50/20 | 355 | 8 | ±0.1 | 6.0 | 50 | ±0.3 | 22 | 20 | ±0.2 | 8 | ±0.2 | 3.16 |
| 8×55/22 | 402 | 8 | ±0.1 | 6.7 | 55 | ±0.3 | 25 | 22 | ±0.2 | 8 | ±0.2 | 3.58 |
| 8×58/23 | 415 | 8 | ±0.1 | 7.1 | 58 | ±0.3 | 27 | 23 | ±0.2 | 8 | ±0.2 | 3.70 |
| 8×58/23 | 420 | 8 | ±0.1 | 7.2 | 58 | ±0.3 | 27 | 23 | ±0.2 | 8 | ±0.2 | 3.74 |
| 6.7×60/24 | 465.5 | 6.7 | ±0.1 | 5.3 | 60 | ±0.3 | 28 | 24 | ±0.2 | 8 | ±0.2 | 3.25 |
| 6.7×60/24 | 466 | 6.7 | ±0.1 | 5.4 | 60 | ±0.3 | 28 | 24 | ±0.2 | 8 | ±0.2 | 3.26 |
| 8×64/25 | 473.8 | 8 | ±0.1 | 6.7 | 64 | ±0.3 | 31 | 25 | ±0.2 | 8 | ±0.2 | 4.21 |
| 9.4×74/30 | 640 | 9.4 | ±0.1 | 8.0 | 74 | ±0.3 | 36 | 30 | ±0.2 | 8 | ±0.2 | 5.70 |
| 8×76/30 | 563 | 8 | ±0.1 | 6.5 | 76 | ±0.3 | 38 | 30 | ±0.2 | 8 | ±0.2 | 5.00 |
| 10×76/30 | 700 | 10 | ±0.1 | 8.5 | 76 | ±0.3 | 38 | 30 | ±0.2 | 8 | ±0.2 | 6.23 |
| 9.5×80/32 | 690 | 9.5 | ±0.1 | 8.0 | 80 | ±0.3 | 40 | 32 | ±0.2 | 8 | ±0.2 | 6.22 |

(2) 换向器异形银铜排。换向器异形银铜排分有甲、乙两型，其外形如图 14-5 所示，结构尺寸见表 14-58。

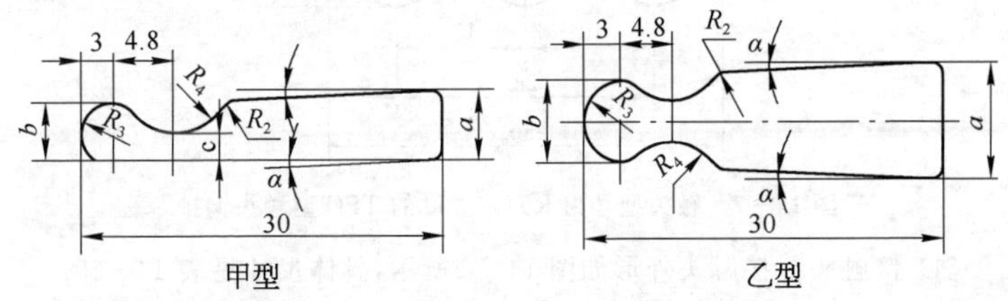


**图 14-5** TYPT-1 型换向器异形银铜排

表 14-58 TYPT-1 换向器异形银铜排结构尺寸 (mm)

| 甲型 | | | | 乙型 | | |
|---|---|---|---|---|---|---|
| $a$ | $b$ | $c$ | $\alpha$ | $a$ | $b$ | $\alpha$ |
| 5.64 | 4.140 | 1.68 | 1°33′ | 8.66 | 5.418 | 1°17′55″ |
| 6.73 | 4.484 | 2.85 | 1°18′29″ | 9.26 | 5.400 | 1°57′24″ |

(3) 触头铜排。触头铜排共分 RTO-100、RTO-200、RTO-400 及 RTO-600 四个型号，RTO-100、200 及 400 三个型号的外形如图 14-6 所示，其结构尺寸见表 14-59；RTO-600 型号的外形及具体尺寸如图 14-7 所示。

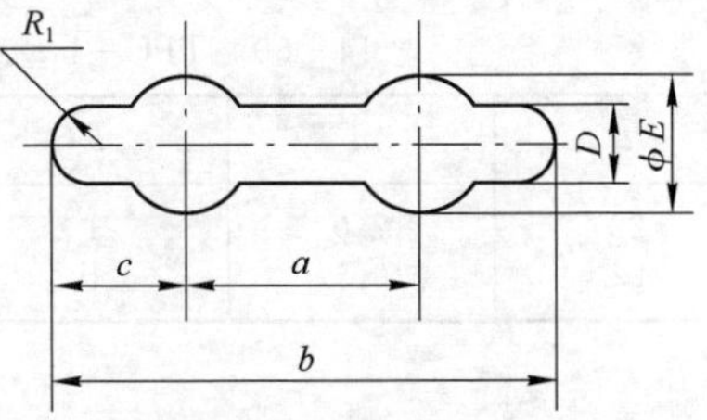


**图 14-6** 触头型号为 RTO-100、200 及 400 的 TPC 型触头铜排

表 14-59 TPC 型触头铜排结构尺寸 (mm)

| 触头型号 | $a$ | $b$ | $c$ | $D$ | $\phi E$ |
|---|---|---|---|---|---|
| RTO-100 | 9±0.1 | 18±0.2 | 4.5 | 2+0.2 | $6_{-0.2}$ |
| RTO-200 | 12±0.1 | 23±0.2 | 5.5 | 2+0.2 | $6^{+0.03}_{-0.08}$ |
| RTO-400 | 16±0.1 | 30±0.2 | 7.0 | 2±0.2 | $6^{+0.03}_{-0.08}$ |

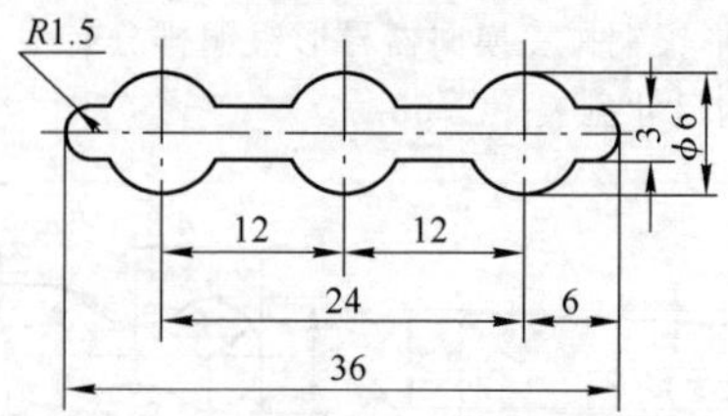


图 14-7 触头型号为 RTO-600 的 TPC 型触头铜排

(4) 接触头。接触头外形如图 14-8 所示,具体尺寸见表 14-60。

(5) 异形铜带。异形铜带外形及结构尺寸如图 14-9 所示。

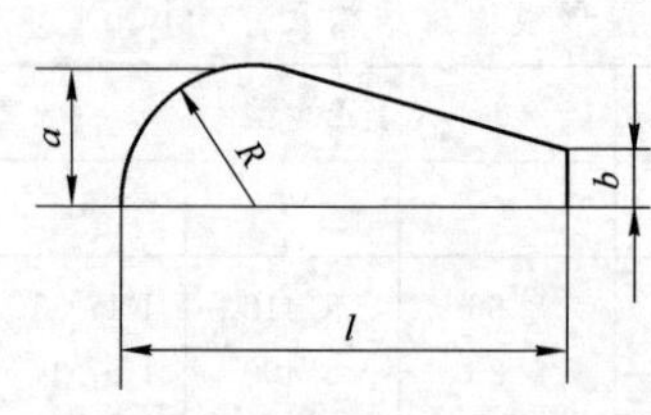


图 14-8 TPC-1 型接触头

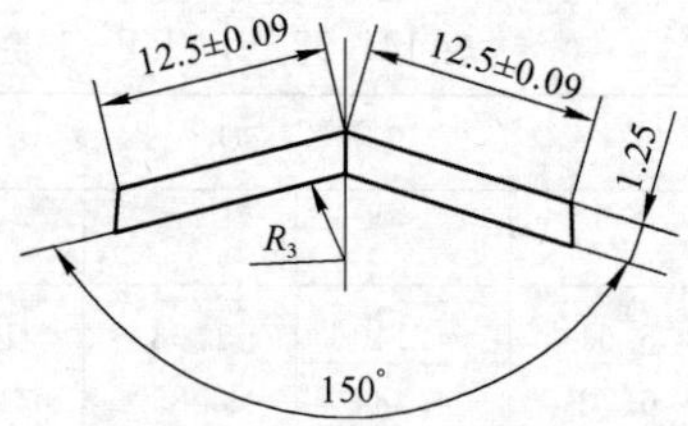


图 14-9 异形铜带

表 14-60 TPC-1 型接触头结构尺寸 (mm)

| $l$ | $a$ | $b$ | $R$ | 尺寸公差 |
|---|---|---|---|---|
| 22 | 7.0 | 3 | 7 | 9 级精度 |
| 22 | 9.5 | 4 | 7 | 9 级精度 |

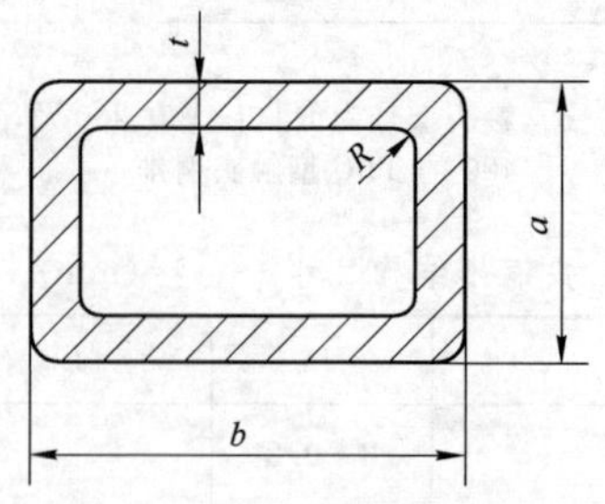


图 14-10 空心导线截面形状

$a$—厚度;$b$—宽度;$t$—壁厚;$R$—内圆角

6) 空心导线 空心导线供水内冷电机、变压器及感应电炉作绕组的导体用,有空心铜导线(TBRK)及空心铝导线(LBRK)两种,其截面一般为扁形,也有方形的,截面形状如图 14-10 所示。

(1) 空心铜导线。空心铜导线的结构尺寸见表 14-61,其壁厚尺寸允许偏差见表 14-62,其长度不少于 100 m。空心铜导线的机械与电气性能见表14-63。

表14-61 空心铜导线的结构尺寸 (mm)

| 厚度 $a$ | | 宽度 $b$ | | 壁厚 $t$ | 圆角半径 $R$ |
|---|---|---|---|---|---|
| 尺寸 | 偏差 | 尺寸 | 偏差 | | |
| 5～6 | ±0.07 | 5～6 | ±0.07 | 1.0～1.5 | 1.5 |
| 7～8 | ±0.07 | 7～8 | ±0.07 | 1.0～2.0 | 1.5 |
| 9～11 | $^{+0.05}_{-0.10}$ | 9～11 | $^{+0.05}_{-0.10}$ | 1.5～2.5 | 1.5 |
| 12～13 | $^{+0.05}_{-0.10}$ | 12～13 | $^{+0.05}_{-0.10}$ | 1.5～3.0 | 2.0 |
| 14 | $^{+0.05}_{-0.10}$ | 14 | $^{+0.05}_{-0.10}$ | 2.0～3.5 | 2.0 |
| 15～18 | $^{+0.05}_{-0.10}$ | 15～18 | $^{+0.05}_{-0.10}$ | 2.0～4.5 | 2.0 |
| 6～9 | ±0.07 | 5～7 | ±0.07 | 1.0～1.5 | 1.0 |
| 10～12 | ±0.07 | 5.5～7 | ±0.07 | 1.5～1.7 | 1.0 |
| 12～13 | $^{+0.05}_{-0.10}$ | 8～11 | $^{+0.05}_{-0.10}$ | 2.0～2.5 | 2.0 |
| 14～16 | $^{+0.05}_{-0.10}$ | 12～13 | $^{+0.05}_{-0.10}$ | 2.5～3.5 | 2.0 |
| 16～17 | $^{+0.05}_{-0.10}$ | 14～15 | $^{+0.05}_{-0.10}$ | 3.0～4.5 | 2.0 |

表14-62 空心铜导线壁厚尺寸允许偏差 (mm)

| 壁厚 | 1.0 | 1.5 | 2.0 | 2.5 | 3.0 | 3.5 | 4.0 | 4.5 |
|---|---|---|---|---|---|---|---|---|
| 允许偏差 | ±0.04 | ±0.04 | ±0.06 | ±0.06 | ±0.08 | ±0.08 | ±0.10 | ±0.10 |

表14-63 空心铜导线的机械与电气性能

| 抗拉强度<br>不小于<br>($N/mm^2$) | 伸长率<br>不小于<br>(%) | 电阻系数(20℃时)<br>($\Omega \cdot mm^2/m$)<br>不大于 | 弯曲性能 |
|---|---|---|---|
| 216 | 30 | 0.01748 | 弯曲90°时，不得有开裂、起层等缺陷 |

空心铜导线的管壁应能承受规定压力的密封性试验，即按规定压力经15 min的水压试验，试验中不应有漏水、渗水现象，且不应有塑性变形，其规

定压力见表14-64。

表14-64　空心铜导线密封性试验压力

| 厚度 $a$ (mm) | 宽度 $b$ (mm) | 壁厚 $t$ (mm) | 压力 ($N/mm^2$)不小于 |
|---|---|---|---|
| 12～15 | 8～11 | 2.0～3.0 | 78～118 |
| 14～16 | 12～15 | 3.0～4.5 | 118～177 |

(2) 空心铝导线。空心铝导线的结构尺寸见表14-65。

表14-65　空心铝导线的结构尺寸　　(mm)

| 规　格 | 尺　寸 | | | 壁厚 $t$ | 圆角半径 $R$ | 制造长度 (m) 不小于 |
|---|---|---|---|---|---|---|
| | 厚度 $a$ | 宽度 $b$ | $a$ 和 $b$ 的偏差 | | | |
| 8.5×6.5×1.5 | 6.5 | 8.5 | ±0.1 | 1.5 | 1.0 | 40 |
| 22.5×14.0×2.5 | 14.0 | 22.5 | ±0.2 | 2.5 | 1.5 | 20 |

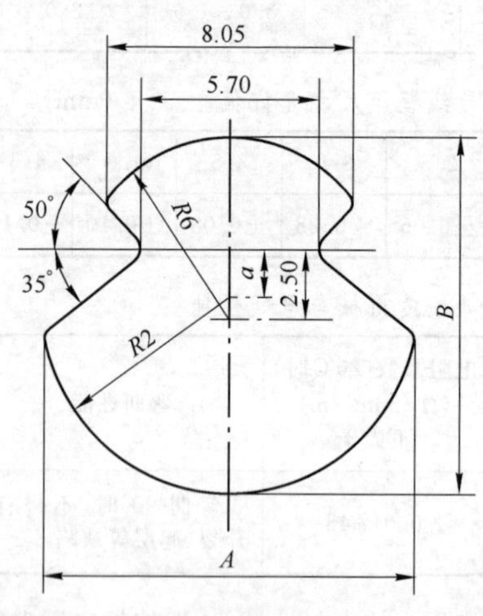


图14-11　双沟型铜电车线截面尺寸

7) 电车线　电车线在铁道电气机车、工矿电力牵引机车和城市电车等电力运输系统中作为架空的接触导线。电车线有圆形铜电车线(TCY)、双沟型铜电车线(TCG)及双沟型钢铝电车线(GLCA、GLCB)三种。

(1) 铜电车线。双沟型铜电车线的截面尺寸如图14-11所示，铜电车线的结构尺寸见表14-66，其机械及电气性能见表14-67。

(2) 钢铝电车线。钢铝电车线有GLCA型和GLCB型两种规格。

表 14-66 铜电车线的结构尺寸

| 标称截面积($mm^2$) | 尺寸及允许偏差(mm) | | | | | | | | | 计算质量(kg/km) | 制造长度(m)不小于 |
|---|---|---|---|---|---|---|---|---|---|---|---|
| | TCY | | TCG | | | | | | | | |
| | 直径 | 允许偏差 | *A* | 允许偏差 | *B* | 允许偏差 | *a* | *R* | 截面允许偏差(%) | | |
| 30 | 6.20 | −0.12 | — | — | — | — | — | — | — | 270 | 1 850 |
| 40 | 7.10 | −0.14 | — | — | — | — | — | — | — | 360 | 1 400 |
| 50 | 8.00 | −0.16 | — | — | — | — | — | — | — | 445 | 1 100 |
| 65 | 9.10 | −0.18 | 10.19 | ±0.20 | 9.30 | ±0.18 | 0.50 | 5.30 | $^{+2}_{-4}$ | 580 | 850 |
| 85 | — | — | 11.76 | ±0.23 | 10.80 | ±0.22 | 1.30 | 6.00 | $^{+2}_{-4}$ | 760 | 650 |
| 100 | — | — | 12.81 | ±0.26 | 10.80 | ±0.24 | 1.80 | 6.50 | $^{+2}_{-4}$ | 890 | 550 |

表 14-67 铜电车线的机械及电气性能

| 标称截面积($mm^2$) | 抗拉强度($N/mm^2$)不小于 | 伸长率(%)不小于 | 弯曲性能 | | 扭转转数不少于 | | 电阻系数(20℃时)($\Omega \cdot mm^2/m$)不大于 |
|---|---|---|---|---|---|---|---|
| | | | 弯曲半径(mm) | 次数不少于 | TCY | TCG | |
| 30 | 392 | 1.5 | 10 | 3 | 9 | — | 0.017 9 |
| 40 | 382 | 2.0 | 10 | 2 | 9 | — | |
| 50 | 382 | 2.0 | 10 | 2 | 9 | — | |
| 65 | 373 | 2.7 | 13 | 2 | 9 | 3 | |
| 85 | 353 | 3.5 | 16 | 2 | — | 3 | |
| 100 | 343 | 4.0 | 16 | 2 | — | 3 | |

GLCA 型钢铝电车线截面的尺寸如图 14-12 所示，其标称截面积为 215 $mm^2$，铝线部分截面积为 148 $mm^2$，钢线部分截面积为 67 $mm^2$，其导电性能相当于 100 $mm^2$ 的铜电车线。

GLCB 型钢铝电车线的截面尺寸如图 14-13 所示，其标称截面积为 173 $mm^2$，铝线部分截面积为 119 $mm^2$，钢线部分截面积为 54 $mm^2$，其导电性能相当于 85 $mm^2$ 的铜电车线。

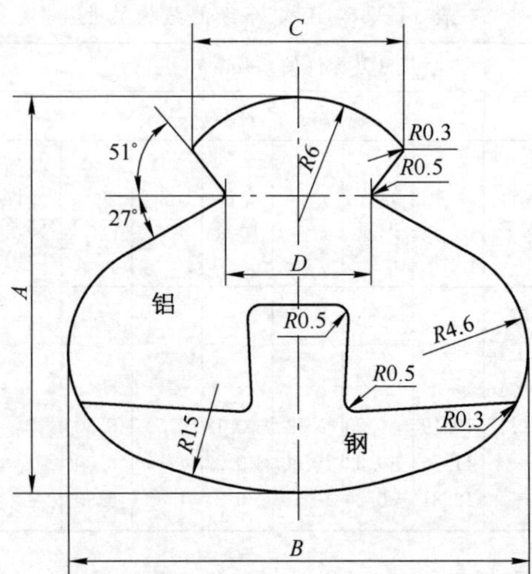


**图 14－12** GLCA 型钢铝电车线的截面尺寸

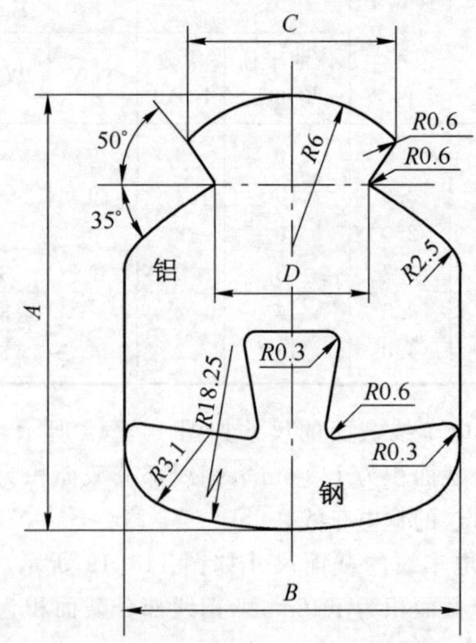


**图 14－13** GLCB 型钢铝电车线的截面尺寸

钢铝电车线的结构尺寸见表 14-68,其机械及电气性能见表 14-69。

表 14-68 钢铝电车线的结构尺寸

| 产品型号 | 标称截面积($mm^2$) | 尺寸及允许偏差(mm) | | | | | | | | 计算质量(kg/km) | 制造长度(m) |
|---|---|---|---|---|---|---|---|---|---|---|---|
| | | $A$ | 允许偏差 | $B$ | 允许偏差 | $C$ | 允许偏差 | $D$ | 允许偏差 | | |
| GLCA | 215 | 16.5 | $^{+0.66}_{-0.33}$ | 19.6 | $^{+0.78}_{-0.39}$ | 8.4 | $^{+0.4}_{-0.2}$ | 5.6 | ±0.25 | 925 | 550～2 500 |
| GLCB | 173 | 16.7 | $^{+0.66}_{-0.33}$ | 13.2 | $^{+0.52}_{-0.26}$ | 8.05 | $^{+0.2}_{-0.4}$ | 5.7 | $^{+0.20}_{-0.40}$ | 744 | 550～3 000 |

表 14-69 钢铝电车线的机械及电气性能

| 产品型号 | 标称截面积($mm^2$) | 机械性能 | | 直流电阻(20℃时)(Ω/km)不大于 |
|---|---|---|---|---|
| | | 导线综合拉断力(N)不小于 | 钢铝间的接合强度(N)不小于 | |
| GLCA | 215 | 39 230 | 2 450 | 0.184 |
| GLCB | 173 | 29 570 | 1 960 | 0.230 |

## 二、电磁线

电磁线是用导电金属包覆绝缘层制成的,它用于绕制电工产品的线圈或绕组,又称绕组线。

电磁线所用导电线芯多数为铜和铝,也有的用高强度的铝合金线和在高温(220℃)下工作抗氧化性好的复合金属,如镍包铜线等;线芯常制成圆形、扁形、带状和箔片等型材。电磁线的绝缘层材料,主要采用天然材料(绝缘纸、植物油、天然丝等)、有机合成高分子化合物(缩醛、聚酯、聚氨酯、聚酯亚胺树脂等)和无机材料(玻璃丝、氧化铝膜、陶瓷等),目前天然材料大部分已被有机合成材料和无机材料所代替,也有采用复合绝缘(如聚酯漆包、聚氨酯漆包等)和组合绝缘(如油浸渍纸包、浸漆玻璃丝包等)。根据包覆绝缘层材料的耐温性能,电磁线分为不同耐热等级,即 Y 级(90℃)、A 级(105℃)、E 级(120℃)、B 级(130℃)、F 级(155℃)、H 级(180℃)及 C 级(180℃以上)。

电磁线可分为漆包线、绕包线、无机绝缘线和特种电磁线。

电磁线型号中汉语拼音代号的含义见表 14-70。

表14-70　电磁线型号中汉语拼音代号的含义

| 绝缘层 | | | | 导体 | | 派生 |
|---|---|---|---|---|---|---|
| 绝缘漆 | 绝缘纤维 | 其他绝缘层 | 绝缘特征 | 导体材料 | 导体特征 | |
| Q油性漆 | M棉纱 | V聚氯乙烯 | B编织 | L铝线 | B扁线 | -1 薄漆层 |
| QA聚氨酯漆 | SB玻璃丝 | YM氧化膜 | C醇酸胶粘漆浸渍 | TWC无磁性铜 | D带(箔) | -2 厚漆层 |
| QG硅有机漆 | SR人造丝 | | E双层 | T铜(省略不标) | J绞制 | |
| QH环氧漆 | ST天然丝 | | G硅有机胶粘漆浸渍 | | R柔软 | |
| QQ缩醛漆 | Z纸 | | J加厚 | | | |
| QXY聚酰胺酰亚胺漆 | | | N自黏性 | | | |
| QY聚酰亚胺漆 | | | F耐制冷性 | | | |
| QZ聚酯漆 | | | S彩色 | | | |
| QZY聚酯亚胺漆 | | | | | | |

1. 漆包线

电工产品所用漆包线的绝缘层是漆膜，在导电线芯上涂覆绝缘漆后经烘干形成。漆包线广泛用于中小型和微型电工产品中。漆包线的品种、规格、特点和主要用途见表14-71。

漆包线的性能主要表现在：漆膜的耐刮与弹性的机械性能；击穿电压与介质损耗角正切的电性能；软化击穿、热老化和热击穿的热性能；耐有机溶剂性能；耐化学药品性能及耐制冷剂性能等，常用漆包线主要性能比较见表14-72。

铜漆包线的规格及其安全载流量见表14-73。

表 14-71 漆包线的品种、规格、性能特点和用途

| 类别 | 名称 | 型号 | 规格①(mm) | 性能特点 | | | 用途 |
|---|---|---|---|---|---|---|---|
| | | | | 耐温等级(℃) | 优点 | 局限性 | |
| 油性漆包线 | 油性漆包圆铜线 | Q | 0.02～2.50 | A(105) | 1. 漆膜均匀<br>2. 介质损耗角正切小 | 1. 耐刮性差<br>2. 耐溶剂性差(对使用的浸渍漆应注意) | 中、高频线圈及仪表、电器的线圈 |
| 缩醛漆包线 | 缩醛漆包圆铜线 | QQ-1<br>QQ-2 | 0.02～2.50 | E(120) | 1. 热冲击性优<br>2. 耐刮性优<br>3. 耐水解性能良 | 漆膜受卷绕应力易产生裂纹(浸渍前须在120℃左右加热1 h以上,以消除应力) | 普通中小电机、微电机绕组和油浸变压器的绕组,电器仪表用线圈 |
| | 缩醛漆包圆铝线 | QQL-1<br>QQL-2 | 0.06～2.50 | | | | |
| | 彩色缩醛漆包圆铜线 | QQS-1<br>QQS-2 | 0.02～2.50 | | | | |
| | 缩醛漆包扁铜线 | QQB | $a$边0.8～5.6<br>$b$边2.0～18.0 | | | | |
| | 缩醛漆包扁铝线 | QQLB | $a$边0.8～5.6<br>$b$边2.0～18.0 | | | | |
| | 缩醛漆包扁铝合金线 | | $a$边0.8～5.6<br>$b$边2.0～18.0 | E(120) | 同上。抗拉强度比铝线大,可承受绕组在短路时较大的应力 | 同上。电阻率比铝线稍大 | 大型变压器绕组和换位导线 |

（续表）

| 类别 | 名称 | 型号 | 规格（mm） | 性能特点 | | | 用途 |
|---|---|---|---|---|---|---|---|
| | | | | 耐温等级（℃） | 优点 | 局限性 | |
| 聚氨酯漆包线 | 聚氨酯漆包圆铜线<br>彩色聚氨酯漆包圆铜线 | QA-1<br>QA-2 | 0.015～1.00 | E(120) | 1. 在高频条件下，介质损耗角正切小<br>2. 可以直接焊接，不需刮去漆膜<br>3. 着色性好，可制成不同颜色的漆包线，在接头时便于识别 | 1. 过负载性能差<br>2. 热冲击及耐刮性能尚可 | 要求Q值稳定的高频线圈，电视线圈和仪表用的微细线圈 |
| 环氧漆包线 | 环氧漆包圆铜线 | QH-1<br>QH-2 | 0.06～2.50 | E(120) | 1. 耐水解性能优<br>2. 耐潮性优<br>3. 耐酸碱腐蚀和耐油性优 | 1. 弹性差，耐刮性较差，不适用于高速自动绕线工艺<br>2. 对含氯绝缘油相容性差 | 油浸变压器的绕组和耐化学药品腐蚀、耐潮湿电机的绕组 |
| 聚酯漆包线 | 聚酯漆包圆铜线 | QZ-1<br>QZ-2 | 0.02～2.50 | B(130) | 1. 在干燥和潮湿条件下，耐电压击穿性能优<br>2. 软化击穿性能优 | 1. 耐水解性差（用于密闭的电机、电器时须注意）<br>2. 热冲击性尚可<br>3. 与聚氯乙烯、氯丁橡胶等含氯高分子化合物不相容 | 普通中小电机的绕组，干式变压器绕组和电器仪表的线圈 |
| | 聚酯漆包圆铝线 | QZL-1<br>QZL-2 | 0.06～2.50 | | | | |
| | 彩色聚酯漆包圆铜线 | QZS-1<br>QZS-2 | 0.06～2.50 | | | | |
| | 聚酯漆包扁铜线 | QZB | $a$边 0.8～5.6<br>$b$边 2.0～18.0 | | | | |
| | 聚酯漆包扁铝线 | QZLB | $a$边 0.8～5.6<br>$b$边 2.0～18.0 | | | | |

（续表）

| 类别 | 名称 | 型号 | 规格 (mm) | 性能特点 | | | 用途 |
|---|---|---|---|---|---|---|---|
| | | | | 耐温等级 (℃) | 优点 | 局限性 | |
| 聚酯漆包线 | 聚酯漆包扁铝合金线 | | $a$ 边 0.8～5.6<br>$b$ 边 2.0～18.0 | B(130) | 同上。抗拉强度比铝线大，可承受线圈在短路时较大的应力 | 同上。电阻率比铝线稍大 | 干式变压器绕组 |
| 聚酯亚胺漆包线 | 聚酯亚胺漆包圆铜线<br>聚酯亚胺漆包扁铜线 | QZY-1<br>QZY-2<br>QZYB | 0.06～2.50<br>$a$ 边 0.8～5.6<br>$b$ 边 2.0～18.0 | F(155) | 1. 在干燥和潮湿条件下，耐电压击穿性能优<br>2. 热冲击性能良<br>3. 软化击穿性能良 | 1. 在含水密封系统中易水解(用于密封电机电器时须注意)<br>2. 与聚氯乙烯、氯丁橡胶等含氯高分子化合物不相容 | 高温电机和制冷装置中电机的绕组、干式变压器绕组和电器仪表的线圈 |
| 聚酰胺酰亚胺漆包线 | 聚酰胺酰亚胺漆包圆铜线<br>聚酰胺酰亚胺漆包扁铜线 | QXY-1<br>QXY-2<br>QXYB | 0.06～2.50<br>$a$ 边 0.8～5.6<br>$b$ 边 2.0～18.0 | 200 | 1. 耐热性优，热冲击及软化击穿性能优<br>2. 耐刮性优<br>3. 在干燥和潮湿条件下耐击穿电压优<br>4. 耐化学药品腐蚀性能优<br>5. 适用于密闭式的电机电器的绕组 | 与聚氯乙烯、氯丁橡胶等含氯的高分子化合物不相容 | 高温重负荷电机、牵引电机、制冷设备电机的绕组，干式变压器绕组和电器仪表的线圈 |

（续表）

| 类别 | 名称 | 型号 | 规格（mm） | 性能特点 | | | 用途 |
|---|---|---|---|---|---|---|---|
| | | | | 耐温等级（℃） | 优点 | 局限性 | |
| 聚酰亚胺漆包线 | 聚酰亚胺漆包圆铜线<br>聚酰亚胺漆包扁铜线 | QY-1<br>QY-2<br>QYB | 0.02～2.50<br>$a$边 0.8～5.6<br>$b$边 2.0～18.0 | 220 | 1. 漆膜的耐热性是目前漆包线品种中最好的<br>2. 软化击穿及热冲击性优，能承受短期过载负荷<br>3. 耐低温性优<br>4. 耐辐射性优<br>5. 耐溶剂及化学药品腐蚀性优 | 1. 耐刮性尚可<br>2. 耐碱性差<br>3. 在含水密封系统中，容易水解<br>4. 漆膜受卷绕应力容易产生裂纹（浸渍前，须在150℃左右加热1 h以上，以消除应力） | 耐高温电机、干式变压器、密封式继电器及电子元件 |
| 特种漆包线 | 自粘直焊漆包圆铜线 | QAN | 0.10～0.44 | E(120) | 在一定的温度时间条件下，不需剥去漆膜，可以直接焊接，同时不需要浸渍处理，能自行粘合成型 | 不推荐在过负载条件下使用 | 微型电机仪表的线圈和电子元件、无骨架的线圈 |
| | 环氧自粘性漆包圆铜线 | QHN | 0.10～0.51 | E(120) | 1. 不需要浸渍处理，在一定温度条件下，能自行粘合成型<br>2. 耐油性良 | 1. 漆膜弹性差，耐刮性较差，不适用于高速自动绕线<br>2. 因系热塑性自粘层，容易在溶剂中溶解 | 仪表和电器的线圈、无骨架的线圈 |
| | 缩醛自粘性漆包圆铜线 | QQN | 0.10～1.00 | E(120) | 1. 能自行粘合成型<br>2. 热冲击性良 | 因系热塑性的自粘层，容易在溶剂中溶解 | 仪表和电器的线圈、无骨架的线圈 |

（续表）

| 类别 | 名称 | 型号 | 规格（mm） | 性能特点 | | | 用途 |
|---|---|---|---|---|---|---|---|
| | | | | 耐温等级（℃） | 优点 | 局限性 | |
| 特种漆包线 | 聚酯自粘性漆包圆铜线 | QZN | 0.10～1.00 | B(130) | 1. 能自行粘合成型<br>2. 耐击穿电压性能优 | 因系热塑性的自粘层，容易在溶剂中溶解 | 仪表和电器的线圈、无骨架的线圈 |
| | 无磁性聚氨酯漆包圆铜线 | QATWC | 0.02～0.20 | E(120) | 1. 漆包线中的铁含量极低，对感应磁场所起的干扰作用极微<br>2. 在高频条件下，介质损耗角正切小<br>3. 不需剥去漆膜即可直接焊接 | 不推荐在过负载条件下使用 | 精密仪表和电器的线圈，如直流镜式检流计、磁通表、测震仪等的线圈 |
| | 耐制冷剂漆包线② | QF | 0.6～2.50 | A(105) | 在密闭装置中，能耐潮、耐制冷剂 | 漆膜受卷绕应力易产生裂纹（浸渍前须在120℃左右加热1 h以上，消除应力） | 空调设备和制冷设备电机的绕组 |
| | 聚酯亚胺聚酰胺酰亚胺漆包扁铜线 | | $a$边0.8～5.6<br>$b$边2.0～18.0 | F(155) | 同聚酯亚胺漆包线，又可改善其耐化学药品腐蚀性能 | 同聚酯亚胺漆包线 | 同聚酯亚胺漆包线，又可用于有化学药品腐蚀的环境 |

① 圆线规格以线芯直径表示，扁线以线芯窄边($a$)及宽边($b$)长度表示。② 制冷剂系指$CCl_2F_2$、$CClF_3$、$CHClF_2$等。

表 14-72 常用漆包线主要性能比较表

| 漆包线种类 | 耐温等级(℃) | 机械性能 | | 电气性能 | | 热性能 | | | 耐有机溶剂性能 | | | | 耐化学药品性能 | | | | 耐制冷剂(氟里昂-22)性能 |
|---|---|---|---|---|---|---|---|---|---|---|---|---|---|---|---|---|---|
| | | 耐刮性 | 弹性 | 击穿电压 | 介质损耗角正切 | 软化击穿温度 | 热老化 | 热冲击 | 溶剂油、二甲苯、正丁醇混合溶剂① | 二甲苯、正丁醇混合溶剂② | 二甲苯 | 苯乙烯 | 5%硫酸 | 5%盐酸 | 5%氢氧化钠 | 5%氯化钠 | |
| 油性漆包线 | A(105) | 差 | 好 | 良 | 优 | 差 | 良 | 可 | 差 | 差 | 差 | 差 | 良 | 良 | 好 | 良 | — |
| 缩醛漆包线 | E(120) | 优 | 优 | 良 | 好 | 可 | 良 | 优 | 良 | 差 | 良 | 可 | 良 | 差 | 差 | 良 | 差 |
| 聚氨酯漆包线 | E(120) | 可 | 良 | 良 | 优 | 良 | 良 | 可 | 优 | 优 | 优 | 优 | 优 | 优 | 良 | 优 | — |
| 聚酯漆包线 | B(130) | 良 | 良 | 优 | 好 | 优 | 优 | 可 | 良 | 好 | 良 | 差 | 良 | 良 | 差 | 良 | 差 |
| 聚酯亚胺漆包线 | F(155) | 良 | 优 | 优 | — | 良 | 优 | 良 | 优 | 优 | 优 | 优 | 良 | 良 | 差 | 良 | 优 |
| 聚酰胺酰亚胺漆包线 | 200 | 优 | 优 | 优 | — | 优 | 优 | 优 | 优 | 优 | 优 | 优 | 优 | 优 | 优 | 优 | 优 |
| 聚酰亚胺漆包线 | 220 | 可 | 优 | 优 | 良 | 优 | 优 | 优 | 优 | 优 | 优 | 优 | 优 | 优 | 差 | 优 | 可 |
| 耐制冷剂漆包线 | A(105) | 优 | 优 | 优 | — | 好 | 优 | 良 | 良 | 可 | 良 | 可 | — | — | — | — | 良 |

① 溶剂油：二甲苯：正丁醇=6：3：1。
② 二甲苯：正丁醇=1：1。

表 14-73 铜漆包线规格及安全载流量

| 标称直径(mm) | 外皮直径(mm) | 截面积($mm^2$) | 计算质量(kg/km) | $j=2.5\ A/mm^2$时,导线容许通过电流(A) | $j=3\ A/mm^2$时,导线容许通过电流(A) | 每厘米可绕匝数(匝) | 每立方厘米可绕匝数(匝) | 20℃时电阻值(Ω/km) |
|---|---|---|---|---|---|---|---|---|
| 0.06 | 0.085 | 0.002 8 | 0.025 2 | 0.007 0 | 0.008 4 | 117 | 13 689 | 6 440 |
| 0.07 | 0.095 | 0.003 8 | 0.034 2 | 0.009 5 | 0.011 4 | 105 | 11 025 | 4 730 |
| 0.08 | 0.105 | 0.005 | 0.044 8 | 0.012 5 | 0.015 0 | 95 | 9 025 | 3 630 |
| 0.09 | 0.115 | 0.006 4 | 0.056 7 | 0.016 0 | 0.019 2 | 86 | 7 395 | 2 860 |
| 0.10 | 0.125 | 0.007 9 | 0.070 | 0.019 7 | 0.023 7 | 80 | 6 400 | 2 240 |
| 0.11 | 0.135 | 0.009 5 | 0.085 | 0.023 7 | 0.028 5 | 74 | 5 476 | 1 850 |
| 0.12 | 0.145 | 0.011 3 | 0.101 | 0.028 2 | 0.033 9 | 68 | 4 624 | 1 550 |
| 0.13 | 0.155 | 0.013 3 | 0.118 | 0.033 2 | 0.039 9 | 64 | 4 096 | 1 320 |
| 0.14 | 0.165 | 0.015 4 | 0.137 | 0.038 5 | 0.046 2 | 60 | 3 600 | 1 140 |
| 0.15 | 0.180 | 0.017 7 | 0.158 | 0.044 2 | 0.053 1 | 55 | 3 025 | 994 |
| 0.16 | 0.190 | 0.020 1 | 0.179 | 0.050 2 | 0.060 3 | 52 | 2 704 | 873 |
| 0.17 | 0.200 | 0.022 7 | 0.202 | 0.056 7 | 0.068 1 | 50 | 2 500 | 773 |
| 0.18 | 0.210 | 0.025 4 | 0.227 | 0.064 | 0.076 2 | 47 | 2 209 | 688 |
| 0.19 | 0.220 | 0.028 4 | 0.253 | 0.071 0 | 0.085 2 | 45 | 2 025 | 618 |
| 0.20 | 0.230 | 0.031 5 | 0.280 | 0.078 7 | 0.094 5 | 43 | 1 849 | 558 |
| 0.21 | 0.240 | 0.034 7 | 0.309 | 0.086 7 | 0.104 | 41 | 1 681 | 507 |
| 0.23 | 0.270 | 0.041 5 | 0.370 | 0.103 | 0.124 | 37 | 1 369 | 423 |
| 0.25 | 0.290 | 0.049 2 | 0.437 | 0.123 | 0.147 | 34 | 1 156 | 357 |
| 0.27 | 0.310 | 0.057 3 | 0.510 | 0.143 | 0.171 | 32 | 1 024 | 306 |

（续表）

| 标称直径(mm) | 外皮直径(mm) | 截面积($mm^2$) | 计算质量(kg/km) | $j=2.5\ A/mm^2$时，导线容许通过电流(A) | $j=3\ A/mm^2$时，导线容许通过电流(A) | 每厘米可绕匝数(匝) | 每立方厘米可绕匝数(匝) | 20℃时电阻值(Ω/km) |
|---|---|---|---|---|---|---|---|---|
| 0.29 | 0.330 | 0.066 0 | 0.589 | 0.165 | 0.198 | 30 | 900 | 266 |
| 0.31 | 0.350 | 0.075 5 | 0.673 | 0.188 | 0.226 | 28 | 784 | 233 |
| 0.33 | 0.370 | 0.085 5 | 0.762 | 0.213 | 0.256 | 27 | 729 | 205 |
| 0.35 | 0.390 | 0.096 2 | 0.857 | 0.240 | 0.288 | 25 | 625 | 182 |
| 0.38 | 0.420 | 0.113 4 | 1.01 | 0.283 | 0.340 | 23 | 529 | 155 |
| 0.41 | 0.450 | 0.132 0 | 1.17 | 0.330 | 0.396 | 22 | 484 | 133 |
| 0.44 | 0.480 | 0.152 1 | 1.35 | 0.380 | 0.456 | 20 | 400 | 115 |
| 0.47 | 0.510 | 0.173 5 | 1.54 | 0.433 | 0.520 | 19 | 361 | 101 |
| 0.49 | 0.530 | 0.188 6 | 1.67 | 0.471 | 0.565 | 18 | 324 | 93.1 |
| 0.51 | 0.560 | 0.204 | 1.82 | 0.510 | 0.612 | 17.2 | 317 | 85.9 |
| 0.53 | 0.580 | 0.221 | 1.96 | 0.552 | 0.663 | 17 | 295 | 79.3 |
| 0.55 | 0.600 | 0.238 | 2.11 | 0.595 | 0.714 | 16.6 | 275 | 73.9 |
| 0.57 | 0.620 | 0.255 | 2.26 | 0.637 | 0.765 | 16.1 | 259 | 68.7 |
| 0.59 | 0.640 | 0.273 | 2.43 | 0.682 | 0.819 | 15.6 | 243 | 64.3 |
| 0.62 | 0.670 | 0.302 | 2.69 | 0.755 | 0.906 | 14.8 | 222 | 57.9 |
| 0.64 | 0.690 | 0.322 | 2.89 | 0.805 | 0.966 | 14.4 | 207 | 54.7 |
| 0.67 | 0.720 | 0.353 | 3.14 | 0.882 | 1.05 | 13.8 | 190 | 49.7 |
| 0.69 | 0.740 | 0.374 | 3.33 | 0.935 | 1.12 | 13.5 | 182 | 46.9 |
| 0.72 | 0.770 | 0.407 | 3.72 | 1.01 | 1.22 | 12.9 | 166 | 43 |
| 0.74 | 0.800 | 0.430 | 3.83 | 1.07 | 1.29 | 12.5 | 156 | 40.8 |

（续表）

| 标称直径 (mm) | 外皮直径 (mm) | 截面积 ($mm^2$) | 计算质量 (kg/km) | $j=2.5\ A/mm^2$ 时，导线容许通过电流(A) | $j=3\ A/mm^2$ 时，导线容许通过电流(A) | 每厘米可绕匝数（匝） | 每立方厘米可绕匝数（匝） | 20℃时电阻值 (Ω/km) |
|---|---|---|---|---|---|---|---|---|
| 0.77 | 0.830 | 0.466 | 4.15 | 1.16 | 1.39 | 12 | 144 | 37.6 |
| 0.80 | 0.860 | 0.503 | 4.28 | 1.25 | 1.50 | 11.6 | 134 | 34.9 |
| 0.83 | 0.890 | 0.541 | 4.48 | 1.35 | 1.62 | 11.2 | 125 | 32.4 |
| 0.86 | 0.920 | 0.581 | 5.17 | 1.45 | 1.74 | 10.8 | 117 | 30.2 |
| 0.90 | 0.960 | 0.636 | 5.67 | 1.59 | 1.90 | 10.4 | 108 | 27.5 |
| 0.93 | 0.990 | 0.679 | 6.05 | 1.69 | 2.03 | 10.1 | 102 | 25.8 |
| 0.96 | 1.02 | 0.724 | 6.45 | 1.81 | 2.17 | 9.8 | 96 | 24.2 |
| 1.00 | 1.08 | 0.785 | 7.00 | 1.96 | 2.35 | 9.25 | 85.6 | 22.4 |
| 1.04 | 1.12 | 0.849 | 7.87 | 2.12 | 2.54 | 8.92 | 79.5 | 20.6 |
| 1.08 | 1.16 | 0.916 | 8.16 | 2.29 | 2.74 | 8.62 | 74.3 | 19.2 |
| 1.12 | 1.20 | 0.986 | 8.78 | 2.46 | 2.95 | 8.33 | 69.4 | 17.75 |
| 1.16 | 1.24 | 1.057 | 9.41 | 2.64 | 3.17 | 8.06 | 65 | 16.6 |
| 1.20 | 1.28 | 1.131 | 10.0 | 2.84 | 3.39 | 7.81 | 61 | 15.5 |
| 1.25 | 1.33 | 1.227 | 10.9 | 3.06 | 3.68 | 7.51 | 56.4 | 14.3 |
| 1.30 | 1.38 | 1.327 | 11.8 | 3.31 | 3.98 | 7.24 | 52.4 | 13.2 |
| 1.35 | 1.43 | 1.431 | 12.7 | 3.57 | 4.29 | 7 | 49 | 12.2 |
| 1.40 | 1.48 | 1.539 | 13.7 | 3.84 | 4.61 | 6.75 | 45.56 | 11.4 |
| 1.45 | 1.53 | 1.651 | 14.7 | 4.12 | 4.95 | 6.53 | 42.44 | 10.6 |
| 1.50 | 1.58 | 1.767 | 15.7 | 4.41 | 5.30 | 6.32 | 39.94 | 9.89 |
| 1.56 | 1.64 | 1.911 | 17.0 | 4.77 | 5.73 | 6.09 | 37.08 | 9.18 |

（续表）

| 标称直径(mm) | 外皮直径(mm) | 截面积($mm^2$) | 计算质量(kg/km) | $j=2.5\ A/mm^2$时，导线容许通过电流(A) | $j=3\ A/mm^2$时，导线容许通过电流(A) | 每厘米可绕匝数(匝) | 每立方厘米可绕匝数(匝) | 20℃时电阻值(Ω/km) |
|---|---|---|---|---|---|---|---|---|
| 1.62 | 1.70 | 2.06 | 18.3 | 5.15 | 6.18 | 5.88 | 34.57 | 8.50 |
| 1.68 | 1.76 | 2.22 | 19.7 | 5.55 | 6.66 | 5.68 | 32.26 | 7.92 |
| 1.74 | 1.82 | 2.38 | 21.1 | 5.95 | 7.14 | 5.49 | 30.14 | 7.36 |
| 1.81 | 1.90 | 2.57 | 22.9 | 6.42 | 7.71 | 5.26 | 27.66 | 6.83 |
| 1.88 | 1.97 | 2.78 | 24.7 | 6.95 | 8.34 | 5.07 | 25.70 | 6.30 |
| 1.95 | 2.04 | 2.99 | 26.6 | 7.47 | 8.97 | 4.9 | 24.01 | 5.87 |
| 2.02 | 2.11 | 3.20 | 28.5 | 8.00 | 9.60 | 4.73 | 22.37 | 5.48 |
| 2.10 | 2.20 | 3.46 | 30.8 | 8.65 | 10.3 | 4.54 | 20.61 | 5.06 |
| 2.26 | 2.36 | 4.01 | 35.7 | 10.0 | 12.0 | 4.23 | 17.89 | 4.38 |
| 2.44 | 2.54 | 4.67 | 41.6 | 11.6 | 14.0 | 3.93 | 15.44 | 3.75 |
| 2.63 | | 5.43 | 48.4 | 13.5 | 16.2 | | | 3.23 |
| 2.83 | | 7.00 | 56.0 | 17.5 | 21.0 | | | 2.79 |
| 3.05 | | 8.14 | 65.1 | 20.3 | 24.4 | | | 2.4 |
| 3.28 | | 9.40 | 75.3 | 23.5 | 28.2 | | | 2.08 |
| 3.53 | | 10.90 | 87.2 | 27.2 | 32.7 | | | 1.80 |
| 3.80 | | 12.63 | 101 | 31.5 | 37.9 | | | 1.55 |
| 4.10 | | 14.70 | 117 | 36.7 | 44.1 | | | 1.33 |
| 4.50 | | 17.71 | 141 | 44.2 | 53.1 | | | 1.10 |
| 4.80 | | 20.16 | 161 | 50.4 | 60.4 | | | 0.968 |
| 5.20 | | 23.66 | 189 | 59.1 | 70.9 | | | 0.829 |

表 14-74 漆包圆铜线拉力表

| 线号 SWC | 直径 (mm) | 拉力 (N) | 直径 (in) | 美规 AWG | 线号 SWG | 直径 (mm) | 拉力 (N) | 直径 (in) | 美规 AWG |
|---|---|---|---|---|---|---|---|---|---|
| 漆包圆铜线拉力表 | | | | | 漆包圆铜线拉力表 | | | | |
| 25 | 0.508 | 13 | 0.02 | 24 | 45 | 0.071 | 0.4 | 0.002 8 | 41 |
| 26 | 0.457 | 11 | 0.018 | 25 | 46 | 0.061 | 0.3 | 0.002 4 | 42 |
| 27 | 0.417 | 9 | 0.016 | 26 | 47 | 0.051 | 0.26 | 0.002 | 44 |
| 28 | 0.376 | 8 | 0.014 6 | 27 | 48 | 0.041 | 0.17 | 0.001 6 | 46 |
| 29 | 0.345 | 7 | 0.013 5 | 27.5 | | 0.037 5 | 0.15 | 0.001 47 | 46.5 |
| 30 | 0.315 | 6 | 0.012 5 | 28 | | 0.035 5 | 0.13 | 0.001 4 | 47 |
| 31 | 0.295 | 5 | 0.011 5 | 29 | | 0.033 5 | 0.12 | 0.001 33 | 47.5 |
| 32 | 0.273 | 4.5 | 0.010 8 | 29.5 | 49 | 0.031 5 | 0.11 | 0.001 25 | 48 |
| 33 | 0.254 | 4 | 0.01 | 30 | | 0.03 | 0.10 | 0.001 2 | 48.5 |
| 34 | 0.234 | 3.5 | 0.009 | 31 | | 0.028 | 0.09 | 0.001 1 | 49 |
| 35 | 0.213 | 3 | 0.008 3 | 31.5 | | 0.025 | 0.07 | 0.001 | 50 |
| 36 | 0.193 | 2.5 | 0.007 6 | 32.5 | | 0.022 5 | 0.06 | 0.000 9 | 51 |
| 37 | 0.173 | 2 | 0.006 8 | 33.5 | | 0.02 | 0.05 | 0.000 8 | 52 |
| 38 | 0.152 | 1.5 | 0.006 | 34.5 | | 0.017 5 | 0.04 | 0.000 7 | 53 |
| 39 | 0.132 | 1.3 | 0.005 2 | 35.5 | | 0.015 1 | 0.03 | 0.000 6 | 54.5 |
| 40 | 0.122 | 1.1 | 0.004 8 | 36 | | 0.012 5 | 0.02 | 0.000 48 | 56 |
| 41 | 0.112 | 1 | 0.004 4 | 37 | | 0.011 | 0.018 | 0.000 44 | 57 |
| 42 | 0.102 | 0.8 | 0.004 | 38 | | 0.01 | 0.015 | 0.000 4 | 58 |
| 43 | 0.091 | 0.7 | 0.003 6 | 39 | | 0.009 | 0.012 | 0.000 36 | 59 |
| 44 | 0.081 | 0.6 | 0.003 2 | 40 | | 0.008 | 0.010 | | 60 |

2. 绕包线

电工产品所用绕包线是用天然丝、玻璃丝、绝缘纸或合成树脂薄膜等紧密绕包在导电线芯上,形成绝缘层;也有在漆包线上再绕包绝缘层的。除薄膜绝缘层外,其他如玻璃丝等须经胶粘绝缘漆的浸渍处理,以提高其电气性能、机械性能和防潮性能。除少数天然丝外,一般绕包线的特点是:绝缘层是组合绝缘,比漆包线的漆膜层要厚些,电气性能较高,能较好地承受过负荷,一般应用于大中型电工产品中;薄膜绝缘绕包线则具有更高的机械性能和电气性能,用于大中型电机设备中。绕包线的品种、规格和特点见表 14-75。

表 14-75 绕包线品种、规格和性能特点

| 类别 | 名称 | 型号 | 规格[①]（mm） | 性能特点 | | |
|---|---|---|---|---|---|---|
| | | | | 耐温等级（℃） | 优点 | 局限性 |
| 纸包线 | 纸包圆铜线<br>纸包圆铝线<br>纸包扁铜线<br><br>纸包扁铝线 | Z<br>ZL<br>ZB<br><br>ZLB | 1.0～5.6<br>1.0～5.6<br>$a$边 0.9～5.6<br>$b$边 2.0～18.0<br>$a$边 0.9～5.6<br>$b$边 2.0～18.0 | A(105)[②] | 在油浸变压器中作绕组，耐电压击穿性优 | 绝缘纸容易破裂 |
| 玻璃丝包线及玻璃丝包漆包线 | 双玻璃丝包圆铜线 | SBEC | 0.25～6.0 | B(130) | 1. 过负载性优<br>2. 耐电晕性优<br>3. 玻璃丝包漆包线的耐潮性好 | 1. 弯曲性较差<br>2. 耐潮性较差 |
| | 双玻璃丝包圆铝线 | SBELC | 0.25～6.0 | | | |
| | 双玻璃丝包扁铜线 | SBECB | $a$边 0.9～5.6<br>$b$边 2.0～18.0 | | | |
| | 双玻璃丝包扁铝线 | SBELCB | $a$边 0.9～5.6<br>$b$边 2.0～18.0 | | | |
| | 单玻璃丝包聚酯漆包扁铜线 | QZSBCB | $a$边 0.9～5.6<br>$b$边 2.0～18.0 | | | |
| | 单玻璃丝包聚酯漆包扁铝线 | QZSBLCB | $a$边 0.9～5.6<br>$b$边 2.0～18.0 | | | |
| | 双玻璃丝包聚酯漆包扁铜线 | QZSBECB | $a$边 0.9～5.6<br>$b$边 2.0～18.0 | | | |
| | 双玻璃丝包聚酯漆包扁铝线 | QZSBELCB | $a$边 0.9～5.6<br>$b$边 2.0～18.0 | | | |
| | 单玻璃丝包聚酯漆包圆铜线 | QZSBC | 0.53～2.50 | | | |
| | 单玻璃丝包缩醛漆包圆铜线 | QQSBC | 0.53～2.50 | E(120) | 1. 过负载性优<br>2. 耐电晕性优<br>3. 耐潮性优 | 弯曲性较差 |

（续表）

| 类别 | 名称 | 型号 | 规格①<br>(mm) | 性能特点 | | |
|---|---|---|---|---|---|---|
| | | | | 耐温等级<br>(℃) | 优点 | 局限性 |
| 玻璃丝包线及玻璃丝包漆包线 | 双玻璃丝包聚酯亚胺漆包扁铜线<br>单玻璃丝包聚酯亚胺漆包扁铜线 | QZYSBEFB<br>QZYSBFB | $a$边 0.9～5.6<br>$b$边 2.0～18.0<br>$a$边 0.9～5.6<br>$b$边 2.0～18.0 | F(155) | 1. 过负载性优<br>2. 耐电晕性优<br>3. 耐潮性优 | 弯曲性较差 |
| | 硅有机漆双玻璃丝包圆铜线<br>硅有机漆双玻璃丝包扁铜线 | SBEG<br>SBEGB | 0.25～6.0<br>$a$边 0.9～5.6<br>$b$边 2.0～18.0 | H(180) | 1. 过负载性优<br>2. 耐电晕性优<br>3. 用硅有机漆浸渍改进了耐水耐潮性能 | 1. 弯曲性较差<br>2. 硅有机浸渍漆粘合能力较差，绝缘层的机械强度较差 |
| | 双玻璃丝包聚酰亚胺漆包扁铜线<br>单玻璃丝包聚酰亚胺漆包扁铜线 | QYSBEGB<br>QYSBGB | $a$边 0.9～5.6<br>$b$边 2.0～18.0<br>$a$边 0.9～5.6<br>$b$边 2.0～18.0 | H(180) | 1. 过负载性优<br>2. 耐电晕性优<br>3. 耐潮性优 | 弯曲性较差 |
| 丝包线 | 双丝包圆铜线<br>单丝包油性漆包圆铜线<br>单丝包聚酯漆包圆铜线<br>双丝包油性漆包圆铜线<br>双丝包聚酯漆包圆铜线 | SE<br>SQ<br>SQZ<br>SEQ<br>SEQZ | 0.05～2.50<br>0.05～2.50<br>0.05～2.50<br>0.05～2.50<br>0.05～2.50 | A(105)② | 1. 绝缘层的机械强度较好<br>2. 油性漆包线的介质损耗角正切小<br>3. 丝包漆包线的电气性能好 | 如果不浸渍，丝包线的耐潮性差 |

（续表）

| 类别 | 名称 | 型号 | 规格①(mm) | 性能特点 | | |
|---|---|---|---|---|---|---|
| | | | | 耐温等级(℃) | 优点 | 局限性 |
| 薄膜绕包线 | 聚酰亚胺薄膜绕包圆铜线<br>聚酰亚胺薄膜绕包扁铜线 | Y<br>YB | 2.5～6.0<br>$a$边2.0～5.6<br>$b$边2.0～16.0 | 220 | 1. 耐热性和低温性好<br>2. 耐辐射性优<br>3. 在高温下电压击穿性能好<br>4. 和玻璃丝包线相比槽满率较高 | 在含水密封系统中易水解 |
| | 玻璃丝包聚酯薄膜绕包扁铜线 | — | $a$边1.12～5.6<br>$b$边2.0～15.0 | E(120) | 1. 耐电压击穿性能好<br>2. 绝缘层的机械强度好 | 绝缘层较厚，槽满率较低 |

① 圆线规格以线芯直径表示，扁线规格以线芯窄边($a$)及宽边($b$)长度表示。
② 系指在油中或用浸渍漆处理后的耐温等级。

1）玻璃丝包圆线和丝包圆线　玻璃丝包圆线和丝包圆线的规格尺寸和最大外径见表14-76。

表14-76　玻璃丝包圆线和丝包圆线的导线直径和最大外径

(mm)

| 导线直径(铜、铝) | | 玻璃丝包线最大外径 | | 丝包线最大外径 | | | | |
|---|---|---|---|---|---|---|---|---|
| 标称直径 | 公差 | 单玻璃丝包漆包线 | 双玻璃丝包线 | 双丝包线 | 单丝包油性漆包线 | 双丝包油性漆包线 | 单丝包聚酯漆包线 | 双丝包聚酯漆包线 |
| 0.050 | ±0.003 | | | 0.16 | 0.14 | 0.18 | 0.14 | 0.18 |
| 0.060 | ±0.003 | | | 0.17 | 0.15 | 0.19 | 0.16 | 0.20 |
| 0.070 | ±0.003 | | | 0.18 | 0.16 | 0.20 | 0.17 | 0.21 |
| 0.080 | ±0.003 | | | 0.19 | 0.17 | 0.21 | 0.18 | 0.22 |

（续表）

| 导线直径(铜、铝) | | 玻璃丝包线最大外径 | | 丝包线最大外径 | | | | |
|---|---|---|---|---|---|---|---|---|
| 标称直径 | 公　差 | 单玻璃丝包漆包线 | 双玻璃丝包　线 | 双丝包线 | 单丝包油性漆包线 | 双丝包油性漆包线 | 单丝包聚酯漆包线 | 双丝包聚酯漆包线 |
| 0.090 | ±0.003 | | | 0.20 | 0.18 | 0.22 | 0.19 | 0.23 |
| 0.100 | ±0.005 | | | 0.21 | 0.19 | 0.23 | 0.20 | 0.24 |
| 0.110 | ±0.005 | | | 0.22 | 0.20 | 0.24 | 0.21 | 0.25 |
| 0.120 | ±0.005 | | | 0.23 | 0.21 | 0.25 | 0.22 | 0.26 |
| 0.130 | ±0.005 | | | 0.24 | 0.22 | 0.26 | 0.23 | 0.27 |
| 0.140 | ±0.005 | | | 0.25 | 0.23 | 0.27 | 0.24 | 0.28 |
| 0.150 | ±0.005 | | | 0.26 | 0.24 | 0.28 | 0.25 | 0.29 |
| 0.160 | ±0.005 | | | 0.28 | 0.26 | 0.30 | 0.28 | 0.32 |
| 0.170 | ±0.005 | | | 0.29 | 0.27 | 0.31 | 0.29 | 0.33 |
| 0.180 | ±0.005 | | | 0.30 | 0.28 | 0.32 | 0.30 | 0.34 |
| 0.190 | ±0.005 | | | 0.31 | 0.29 | 0.33 | 0.31 | 0.35 |
| 0.200 | ±0.005 | | | 0.32 | 0.30 | 0.35 | 0.32 | 0.36 |
| 0.210 | ±0.005 | | | 0.33 | 0.32 | 0.36 | 0.33 | 0.37 |
| 0.230 | ±0.005 | | | 0.36 | 0.35 | 0.39 | 0.36 | 0.41 |
| 0.250 | ±0.005 | | 0.49 | 0.38 | 0.37 | 0.42 | 0.38 | 0.43 |
| 0.280 | ±0.010 | | | 0.41 | 0.40 | 0.45 | 0.41 | 0.46 |
| 0.310 | ±0.010 | | | 0.44 | 0.43 | 0.48 | 0.44 | 0.49 |
| 0.330 | ±0.010 | | | 0.47 | 0.46 | 0.51 | 0.48 | 0.53 |
| 0.350 | ±0.010 | | | 0.49 | 0.48 | 0.53 | 0.51 | 0.55 |
| 0.380 | ±0.010 | | | 0.52 | 0.51 | 0.56 | 0.53 | 0.58 |
| 0.400 | ±0.010 | | | 0.54 | 0.53 | 0.58 | 0.55 | 0.60 |
| 0.420 | ±0.010 | | | 0.56 | 0.55 | 0.60 | 0.57 | 0.62 |
| 0.450 | ±0.010 | | | 0.59 | 0.58 | 0.63 | 0.60 | 0.65 |
| 0.470 | ±0.010 | | | 0.61 | 0.60 | 0.65 | 0.62 | 0.67 |
| 0.500 | ±0.010 | | | 0.64 | 0.63 | 0.68 | 0.65 | 0.70 |
| 0.530 | ±0.010 | 0.73 | 0.79 | 0.67 | 0.67 | 0.72 | 0.69 | 0.74 |
| 0.560 | ±0.010 | 0.76 | 0.82 | 0.70 | 0.70 | 0.75 | 0.72 | 0.77 |
| 0.600 | ±0.010 | 0.80 | 0.86 | 0.74 | 0.74 | 0.79 | 0.76 | 0.81 |
| 0.630 | ±0.010 | 0.83 | 0.89 | 0.77 | 0.77 | 0.83 | 0.79 | 0.84 |

（续表）

| 导线直径(铜、铝) | | 玻璃丝包线最大外径 | | 丝包线最大外径 | | | | |
|---|---|---|---|---|---|---|---|---|
| 标称直径 | 公 差 | 单玻璃丝包漆包线 | 双玻璃丝包 线 | 双丝包线 | 单丝包油性漆包线 | 双丝包油性漆包线 | 单丝包聚酯漆包线 | 双丝包聚酯漆包线 |
| 0.670 | ±0.010 | 0.88 | 0.93 | 0.82 | 0.82 | 0.87 | 0.85 | 0.90 |
| 0.710 | ±0.015 | 0.93 | 0.98 | 0.86 | 0.86 | 0.91 | 0.89 | 0.94 |
| 0.750 | ±0.015 | 0.97 | 1.02 | 0.91 | 0.91 | 0.97 | 0.94 | 1.00 |
| 0.800 | ±0.015 | 1.02 | 1.07 | 0.96 | 0.96 | 1.02 | 0.99 | 1.05 |
| 0.850 | ±0.015 | 1.07 | 1.12 | 1.01 | 1.01 | 1.07 | 1.04 | 1.10 |
| 0.900 | ±0.015 | 1.12 | 1.17 | 1.06 | 1.06 | 1.12 | 1.09 | 1.15 |
| 0.950 | ±0.015 | 1.17 | 1.22 | 1.11 | 1.11 | 1.17 | 1.14 | 1.20 |
| 1.000 | ±0.015 | 1.25 | 1.29 | 1.17 | 1.18 | 1.24 | 1.22 | 1.28 |
| 1.060 | ±0.020 | 1.31 | 1.35 | 1.23 | 1.25 | 1.31 | 1.28 | 1.34 |
| 1.120 | ±0.020 | 1.37 | 1.41 | 1.29 | 1.31 | 1.37 | 1.34 | 1.40 |
| 1.180 | ±0.020 | 1.43 | 1.47 | 1.35 | 1.37 | 1.43 | 1.40 | 1.46 |
| 1.250 | ±0.020 | 1.50 | 1.54 | 1.42 | 1.44 | 1.50 | 1.47 | 1.53 |
| 1.300 | ±0.020 | 1.55 | 1.59 | 1.47 | 1.49 | 1.55 | 1.52 | 1.58 |
| 1.400 | ±0.020 | 1.65 | 1.69 | 1.57 | 1.59 | 1.65 | 1.62 | 1.68 |
| 1.500 | ±0.020 | 1.75 | 1.81 | 1.67 | 1.69 | 1.75 | 1.72 | 1.78 |
| 1.600 | ±0.020 | 1.87 | 1.91 | 1.78 | 1.80 | 1.87 | 1.83 | 1.90 |
| 1.700 | ±0.025 | 1.97 | 2.01 | 1.88 | 1.90 | 1.97 | 1.93 | 2.00 |
| 1.800 | ±0.025 | 2.07 | 2.11 | 1.98 | 2.00 | 2.07 | 2.03 | 2.10 |
| 1.900 | ±0.025 | 2.17 | 2.21 | 2.08 | 2.10 | 2.17 | 2.13 | 2.20 |
| 2.000 | ±0.025 | 2.27 | 2.31 | 2.18 | 2.20 | 2.27 | 2.23 | 2.30 |
| 2.12 | ±0.030 | 2.39 | 2.48 | 2.30 | 2.32 | 2.39 | 2.35 | 2.42 |
| 2.24 | ±0.030 | 2.51 | 2.60 | 2.42 | 2.44 | 2.51 | 2.47 | 2.54 |
| 2.36 | ±0.030 | 2.63 | 2.72 | 2.54 | 2.56 | 2.63 | 2.59 | 2.66 |
| 2.50 | ±0.030 | 2.77 | 2.86 | 2.68 | 2.70 | 2.77 | 2.73 | 2.80 |
| 2.65 | ±0.030 | | 3.01 | | | | | |
| 2.80 | ±0.030 | | 3.16 | | | | | |
| 3.00 | ±0.030 | | 3.37 | | | | | |
| 3.15 | ±0.030 | | 3.52 | | | | | |
| 3.35 | ±0.030 | | 3.72 | | | | | |

（续表）

| 导线直径(铜、铝) | | 玻璃丝包线最大外径 | | 丝包线最大外径 | | | | |
|---|---|---|---|---|---|---|---|---|
| 标称直径 | 公　差 | 单玻璃丝包漆包线 | 双玻璃丝包　线 | 双丝包线 | 单丝包油性漆包线 | 双丝包油性漆包线 | 单丝包聚酯漆包线 | 双丝包聚酯漆包线 |
| 3.55 | ±0.040 | | 3.92 | | | | | |
| 3.75 | ±0.040 | | 4.12 | | | | | |
| 4.00 | ±0.040 | | 4.37 | | | | | |
| 4.25 | ±0.040 | | 4.63 | | | | | |
| 4.50 | ±0.050 | | 4.88 | | | | | |
| 4.75 | ±0.050 | | 5.13 | | | | | |
| 5.00 | ±0.050 | | 5.38 | | | | | |
| 5.30 | ±0.050 | | 5.68 | | | | | |
| 5.60 | ±0.050 | | 5.98 | | | | | |
| 6.00 | ±0.060 | | 6.38 | | | | | |

2）玻璃丝包扁线　扁电磁线截面尺寸标准如图 14－14 所示。玻璃丝包扁线的绝缘厚度见表 14－77，扁导线的尺寸允许偏差参见表 14－42（铜）及表 14－50（铝）。

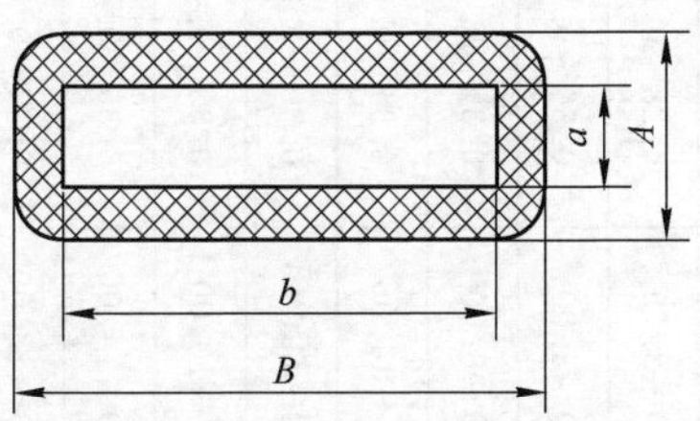


**图 14－14**　扁电磁线截面尺寸标准

3）纸包圆线　纸包圆线的绝缘厚度见表 14－78，圆导线的尺寸允许偏差参见表 14－2（铜）及表 14－5（铝）。

4）纸包扁线　扁电磁线截面尺寸标准如图 14－14 所示。纸包扁线绝缘厚度见表 14－79，扁导线的尺寸允许偏差参见表 14－42（铜）及表 14－50（铝）。变压器用纸包扁线的纸包增重率见表 14－80。

表 14－77 玻璃丝包扁线绝缘厚度 (mm)

| 导线标称尺寸 | | 绝缘厚度 | | | | | |
|---|---|---|---|---|---|---|---|
| | | 双玻璃丝包扁线 | | 单玻璃丝包漆包扁线 | | 双玻璃丝包漆包扁线 | |
| $a$(窄边) | $b$(宽边) | $A-a$ | $B-b$ | $A-a$ | $B-b$ | $A-a$ | $B-b$ |
| 0.90～1.90 | 2.00～3.75 | 0.28～0.35 | 0.25 | 0.24～0.37 | 0.29 | 0.34～0.47 | 0.37 |
| | 4.00～6.00 | 0.30～0.37 | 0.25 | 0.25～0.39 | 0.29 | 0.36～0.50 | 0.37 |
| | 6.30～8.00 | 0.31～0.39 | 0.25 | 0.26～0.40 | 0.29 | 0.38～0.52 | 0.37 |
| | 8.50～14.00 | 0.34～0.43 | 0.25 | 0.27～0.42 | 0.29 | 0.40～0.55 | 0.37 |
| 2.00～3.75 | 2.80～6.00 | 0.30～0.38 | 0.31 | 0.25～0.39 | 0.33 | 0.36～0.51 | 0.43 |
| | 6.30～10.00 | 0.33～0.41 | 0.31 | 0.27～0.41 | 0.33 | 0.40～0.54 | 0.43 |
| | 10.60～14.00 | 0.35～0.44 | 0.31 | | | | |
| | 15.00～18.00 | 0.37～0.46 | 0.31 | | | | |
| 4.00～5.60 | 5.60～10.00 | 0.36～0.45 | 0.40 | 0.30～0.45 | 0.42 | 0.43～0.58 | 0.52 |
| | 10.60～14.00 | 0.38～0.48 | 0.40 | | | | |
| | 16.00～18.00 | 0.42～0.52 | 0.40 | | | | |

注：玻璃丝包扁线的最大尺寸以扁导线标称尺寸加正公差或漆包扁线最大尺寸加绝缘最大厚度计算。

表 14-78 纸包圆线绝缘厚度 (mm)

| 导线直径 $d$ | | | |
|---|---|---|---|
| 1.00～2.12 | | 2.24～5.6 | |
| 绝缘标称厚度 $D-d$ | 绝缘厚度允许偏差 | 绝缘标称厚度 $D-d$ | 绝缘厚度允许偏差 |
| 0.30 | ±0.05 | 0.30 | ±0.05 |
| 0.45 | ±0.05 | 0.45 | ±0.05 |
| 0.80 | ±0.10 | 0.80 | ±0.10 |
| | | 1.20 | ±0.12 |
| | | 1.80 | ±0.15 |
| | | 4.25 | ±0.30 |

注：纸包圆线的最大外径($D$)以导线标称直径加正公差加绝缘最大厚度计算。$D$代表纸包线外径。

表 14-79 纸包扁线绝缘厚度 (mm)

| 绝缘标称厚度 | 0.45 | 0.60 | 0.95 | 1.35 | 1.60 | 1.95 | 2.45 | 2.95 |
|---|---|---|---|---|---|---|---|---|
| 最大绝缘厚度($A-a$) | 0.57 | 0.74 | 1.14 | 1.56 | 1.84 | 2.23 | 2.77 | 3.32 |
| 最小绝缘厚度($B-b$) | 0.40 | 0.53 | 0.85 | 1.23 | 1.46 | 1.75 | 2.25 | 2.70 |

注：纸包扁线的最大尺寸以扁导线标称尺寸加正公差加绝缘最大厚度计算。

3. 无机绝缘线

电工产品中所用无机绝缘线的绝缘层是用无机材料如陶瓷、氧化铝膜等组成的，但单一的无机绝缘层常有微孔存在，会影响电性能等，故一般常用有机绝缘漆浸渍后经烘干填实微孔。无机绝缘电磁线的特点是耐高温、耐辐射，主要用于在高温或有辐射的场合工作的电工设备中。无机绝缘电磁线的品种、规格、特点和用途见表 14-81。

1) 氧化膜铝带(箔) 氧化膜铝带(箔)是用阳极氧化法在铝带(箔)表面生成一层致密的三氧化二铝($Al_2O_3$)膜而成，用氧化膜铝带(箔)绕制线圈可提高空间因数和线圈的热传导性能，未经绝缘密封的氧化膜铝带，一般加热到 350℃时，其击穿电压可保持在 180～220 kV；在直径 50 mm 圆棒上弯曲、两端共加重物 3.8 kg，其击穿电压仍保持在 200 kV 左右；在室温和相对湿度为 65％时，其绝缘电阻为 $0.36\times10^{11}\sim0.40\times10^{11}$ Ω。

表14-80 变压器用纸包扁线的

| 宽(mm)<br>厚(mm) | 0.90 | 1.00 | 1.08 | 1.16 | 1.25 | 1.35 | 1.45 | 1.56 | 1.68 | 1.81 | 1.95 |
|---|---|---|---|---|---|---|---|---|---|---|---|
| 2.10 | 7.89 | 7.83 | 7.32 | 6.93 | 6.54 | 6.18 | 5.86 | 5.57 | 5.32 | 5.07 | — |
| 2.26 | 7.65 | 7.54 | 7.07 | 6.70 | 6.29 | 5.95 | 5.65 | 5.38 | 5.12 | 4.93 | — |
| 2.44 | 7.40 | 7.25 | 6.80 | 6.44 | 6.07 | 5.75 | 5.44 | 5.16 | 4.92 | 4.60 | 4.44 |
| 2.53 | 7.23 | 7.05 | 6.61 | 6.23 | 5.87 | 5.54 | 5.26 | 5.10 | 4.72 | 4.50 | 4.27 |
| 2.83 | 7.03 | 6.82 | 6.39 | 6.04 | 5.65 | 5.36 | 5.09 | 4.83 | 4.58 | 4.34 | 4.12 |
| 3.05 | — | 6.63 | 6.22 | 5.86 | 5.52 | 5.20 | 4.92 | 4.66 | 4.43 | 4.18 | 3.99 |
| 3.28 | — | 6.45 | 6.05 | 5.67 | 5.36 | 5.04 | 4.77 | 4.52 | 4.28 | 4.05 | 3.86 |
| 3.53 | — | 6.28 | 5.90 | 5.54 | 5.22 | 4.90 | 4.64 | 4.38 | 4.16 | 3.93 | 3.73 |
| 3.8 | — | 6.13 | 5.75 | 5.40 | 5.09 | 4.78 | 4.52 | 4.26 | 4.02 | 3.82 | 3.62 |
| 4.1 | — | 6.00 | 5.59 | 5.26 | 4.95 | 4.65 | 4.40 | 4.16 | 3.92 | 3.71 | 3.52 |
| 4.4 | — | 5.86 | 5.50 | 5.16 | 4.84 | 4.55 | 4.30 | 4.05 | 3.88 | 3.62 | 3.42 |
| 4.7 | — | 5.76 | 5.38 | 5.07 | 4.74 | 4.45 | 4.20 | 3.96 | 3.74 | 3.53 | 3.34 |
| 5.1 | — | 5.65 | 5.26 | 4.95 | 4.64 | 4.35 | 4.10 | 3.87 | 3.62 | 3.44 | 3.25 |
| 5.5 | — | 5.55 | 5.16 | 4.85 | 4.55 | 4.26 | 4.02 | 3.78 | 3.56 | 3.36 | 3.17 |
| 5.9 | — | 5.46 | 5.09 | 4.78 | 4.46 | 4.18 | 3.94 | 3.71 | 3.50 | 3.28 | 3.09 |
| 6.4 | — | 5.36 | 4.99 | 4.68 | 4.39 | 4.12 | 3.87 | 3.63 | 3.40 | 3.21 | 3.02 |
| 6.9 | — | 5.27 | 4.93 | 4.62 | 4.32 | 4.03 | 3.80 | 3.55 | 3.34 | 3.15 | 2.95 |
| 7.4 | — | 5.20 | 4.85 | 4.55 | 4.25 | 3.98 | 3.74 | 3.52 | 3.20 | 3.08 | 2.90 |
| 8.0 | — | 5.14 | 4.77 | 4.88 | 4.19 | 3.91 | 3.68 | 3.44 | 3.24 | 2.98 | 2.86 |
| 8.6 | — | 5.07 | 4.71 | 4.43 | 4.12 | 3.87 | 3.61 | 3.42 | 3.19 | 2.97 | 2.81 |
| 9.3 | — | — | — | — | — | 3.79 | 3.57 | 3.35 | 3.15 | 2.94 | 2.78 |
| 10.0 | — | — | — | — | — | — | — | 3.30 | 3.09 | 2.90 | 2.73 |
| 10.8 | — | — | — | — | — | — | — | — | — | 2.87 | 2.68 |
| 11.6 | — | — | — | — | — | — | — | — | — | — | — |
| 12.5 | — | — | — | — | — | — | — | — | — | — | — |
| 13.5 | — | — | — | — | — | — | — | — | — | — | — |
| 14.5 | — | — | — | — | — | — | — | — | — | — | — |

纸包增重率 (%)

| 2.10 | 2.26 | 2.44 | 2.63 | 2.88 | 3.05 | 3.28 | 3.53 | 3.8 | 4.1 | 4.4 | 4.7 | 5.1 | 5.5 |
|---|---|---|---|---|---|---|---|---|---|---|---|---|---|
| 4.96 | — | — | — | — | — | — | — | — | — | — | — | — | — |
| — | 4.50 | — | 4.10 | — | — | — | — | — | — | — | — | — | — |
| 4.50 | — | 4.15 | — | — | — | — | — | — | — | — | — | — | — |
| 4.31 | — | 3.90 | 3.73 | — | — | — | — | — | — | — | — | — | — |
| 4.13 | 3.93 | 3.74 | — | 3.42 | — | — | — | — | — | — | — | — | — |
| 3.96 | 3.77 | 3.58 | 3.41 | 3.27 | 3.17 | — | — | — | — | — | — | — | — |
| 3.82 | 3.63 | 3.45 | 3.28 | 3.14 | — | 2.87 | — | — | — | — | — | — | — |
| 3.69 | 3.49 | 3.32 | 3.16 | 3.01 | 2.88 | 2.76 | 2.64 | — | — | — | — | — | — |
| 3.56 | 3.37 | 3.20 | 3.04 | 2.89 | 2.77 | 2.64 | — | 2.44 | — | — | — | — | — |
| 3.44 | 3.26 | 3.08 | 2.92 | 2.80 | 2.67 | 2.54 | 2.43 | 2.33 | 2.30 | — | — | — | — |
| 3.34 | 3.16 | 3.04 | 2.84 | 2.70 | 2.57 | 2.47 | 2.36 | 2.25 | 2.21 | 2.11 | — | — | — |
| 3.25 | 3.09 | 2.91 | 2.75 | 2.63 | 2.50 | 2.38 | 2.28 | 2.17 | 2.13 | — | — | — | — |
| 3.16 | 2.99 | 2.83 | 2.67 | 2.54 | 2.40 | 2.30 | 2.19 | 2.09 | 2.04 | 1.96 | — | 1.80 | — |
| 3.06 | 2.91 | 2.75 | 2.57 | 2.45 | 2.33 | 2.23 | 2.12 | 2.02 | 1.96 | 1.89 | 1.81 | 1.72 | 1.66 |
| 2.99 | 2.84 | 2.67 | 2.53 | 2.39 | 2.27 | 2.15 | 2.06 | 1.95 | 1.90 | 1.82 | 1.75 | 1.66 | — |
| 2.92 | 2.74 | 2.60 | 2.46 | 2.32 | 2.20 | 2.09 | 1.99 | 1.90 | 1.84 | 1.75 | 1.68 | 1.60 | 1.53 |
| 2.85 | 2.71 | 2.54 | 2.38 | 2.26 | 2.14 | 2.04 | 1.93 | 1.84 | 1.77 | 1.69 | 1.62 | 1.54 | 1.47 |
| 2.81 | 2.64 | 2.48 | 2.34 | 2.22 | 2.09 | 1.99 | 1.88 | 1.79 | 1.73 | 1.64 | 1.57 | 1.49 | 1.42 |
| 2.77 | 2.58 | 2.43 | 2.29 | 2.16 | 2.04 | 1.94 | 1.83 | 1.74 | 1.67 | 1.59 | 1.51 | 1.44 | 1.38 |
| 2.67 | 2.53 | 2.37 | 2.24 | 2.12 | 2.00 | 1.89 | 1.78 | 1.70 | 1.62 | 1.55 | 1.48 | 1.39 | 1.33 |
| 2.64 | 2.48 | 2.33 | 2.19 | 2.07 | 1.95 | 1.85 | 1.75 | 1.65 | 1.58 | 1.50 | 1.44 | 1.36 | 1.29 |
| 2.58 | 2.44 | 2.29 | 2.15 | 2.03 | 1.91 | 1.81 | 1.70 | 1.62 | 1.54 | 1.47 | 1.39 | 1.32 | 1.25 |
| 2.55 | 2.40 | 2.24 | 2.11 | 1.99 | 1.87 | 1.77 | 1.67 | 1.58 | 1.50 | 1.43 | 1.36 | 1.28 | 1.23 |
| 2.51 | 2.36 | 2.21 | 2.07 | 1.96 | 1.84 | 1.74 | 1.63 | 1.55 | 1.47 | 1.40 | 1.33 | 1.25 | 1.19 |
| 2.48 | 2.32 | 2.18 | 2.04 | 1.92 | 1.81 | 1.70 | 1.60 | 1.52 | 1.44 | 1.36 | 1.30 | 1.22 | 1.16 |
| — | — | 2.15 | 2.01 | 1.89 | 1.78 | 1.67 | 1.57 | 1.49 | 1.41 | 1.34 | 1.27 | 1.19 | 1.13 |
| — | — | 2.12 | 1.99 | 1.87 | 1.75 | 1.65 | 1.55 | 1.46 | 1.38 | 1.31 | 1.24 | 1.15 | 1.11 |

表14-81 无机绝缘电磁线品种、规格、特点和用途

| 类别 | 名称 | 型号 | 规格①(mm) | 特点 | | 用途 |
|---|---|---|---|---|---|---|
| | | | | 优点 | 局限性 | |
| 氧化膜线 | 氧化膜圆铝线 | YML<br>YMLC② | 0.05～5.0 | 1. 不用绝缘漆封闭的氧化膜耐温可达250℃;用绝缘漆封闭的氧化膜,耐热性取决于绝缘漆<br>2. 槽满率高<br>3. 重量轻<br>4. 耐辐射性好 | 1. 弯曲性能差<br>2. 击穿电压低<br>3. 氧化膜耐刮性差<br>4. 耐酸、耐碱性能差<br>5. 不用绝缘漆封闭的氧化膜耐潮性差 | 起重电磁铁、高温制动器、干式变压器线圈,并用于需耐辐射场合 |
| | 氧化膜扁铝线 | YMLB<br>YMLBC② | $a$边1.0～4.0<br>$b$边2.5～6.3 | | | |
| | 氧化膜铝带(箔) | YMLD | 厚0.08～1.00<br>宽20～900 | | | |
| 陶瓷绝缘线 | 陶瓷绝缘线 | TC | 0.06～0.50 | 1. 耐高温性能优,长期工作温度可达500℃<br>2. 耐化学腐蚀性优<br>3. 耐辐射性优 | 1. 弯曲性差<br>2. 击穿电压低<br>3. 耐潮性差,如果没有密封层,不推荐在高湿度环境中使用 | 用于高温以及有辐射的场合 |

① 圆线规格以线芯直径表示,扁线以线芯窄边($a$)、宽边($b$)长度表示,带(箔)以导体厚、宽表示。

② 在氧化膜层上再涂以绝缘漆使其密封。

2)陶瓷绝缘线 陶瓷绝缘线是在导线上浸涂玻璃浆后,经烘炉烧结而成的,可在500℃环境下长期使用。在此温度下铜线将氧化,故线芯一般要采用镀镍铜线、镍包铜线或不锈钢包铜线为导体。陶瓷绝缘线有极好的耐辐射性能,适宜在高能物理、宇航等领域中应用。

4. 特种电磁线

特种电磁线是以能够适应特殊场合使用要求的材料为绝缘层的电磁线。在高温、超低温、高湿度、强磁场或高频辐射等环境下工作的仪器、仪表和其他电机、电器设备中的电磁线,要求其绝缘结构和机电性能适应这些特殊环境的要求,保证具有良好的效果。

表 14-82 特种电磁线品种、规格、特点和用途

| 名称 | 型号 | 规格 | 特点 | | | 用途 |
|---|---|---|---|---|---|---|
| | | | 耐温等级(℃) | 优点 | 局限性 | |
| 单丝包高频绕组线<br>双丝包高频绕组线 | SQJ<br>SEQJ | 由多根漆包线绞制成线芯 | Y(90) | 1. $Q$值大<br>2. 系多根漆包线组成,柔软性好,可降低趋肤效应<br>3. 如使用聚氨酯漆包线有直焊性 | 耐潮性差 | 要求$Q$值稳定和介质损耗角正切小的仪表电器线圈 |
| 玻璃丝包中频绕组线 | QZJBSB | 宽 2.1~8.0 mm<br>高 2.8~12.5 mm[①] | B(130)<br>H(180) | 1. 系多根漆包线组成,柔软性好,可降低趋肤效应<br>2. 嵌线工艺简单 | | 1 000~8 000 Hz 的中频变频机绕组 |
| 换位导线 | QQLBH | $a$边<br>1.56~3.82 mm<br>$b$边<br>4.7~10.8 mm | A(105)[②] | 1. 简化绕制线圈工艺<br>2. 无循环电流,线圈内涡流损耗小<br>3. 比纸包线的槽满率高 | 弯曲性能差 | 大型变压器线圈 |
| 潜水电机绕组线 | QQV | 线芯截面<br>0.6~11.0 $mm^2$ | Y(90) | 聚乙烯绝缘耐水性能较好 | 槽满率低,绕制线圈时易损伤绝缘层 | 潜水电机绕组 |
| 湿式潜水电机绕组线 | | 线芯截面<br>0.5~7.5 $mm^2$ | Y(90) | 1. 聚乙烯绝缘耐水性良好<br>2. 尼龙护套机械强度高 | 槽满率低 | 潜水电机绕组 |

① 宽、高系指多根漆包线绞合、压缩成形后的尺寸。
② 系指在油中或用浸渍漆处理后的耐温等级。

1）换位导线 换位导线是由多根漆包线组成的，其外形如图14-15所示。

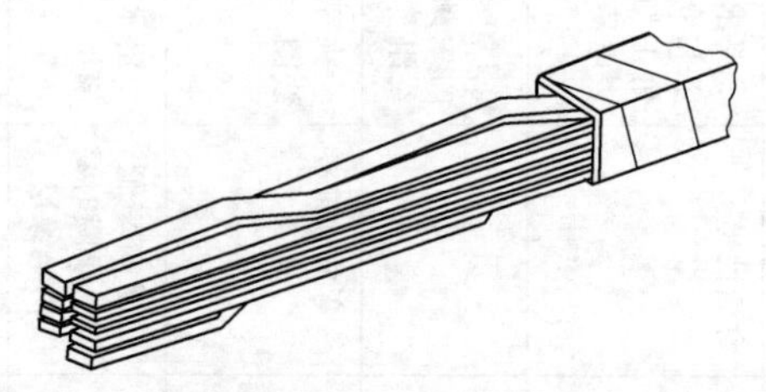

图14-15 换位导线外形图

2）潜水电机绕组线 潜水电机绕组线一般为铜线线芯，较大的线芯由多股导线绞制而成，线芯截面为0.5～7.5 $mm^2$，其结构如图14-16所示。图14-16(b)为两层聚乙烯绝缘，中间加阻止层，以防局部击穿，阻止层一般采用尼龙、硅油等绝缘材料。潜水电机绕组线能在交流电压500 V、温度60℃、工作水压不超过60 $N/mm^2$ 条件下长期使用。

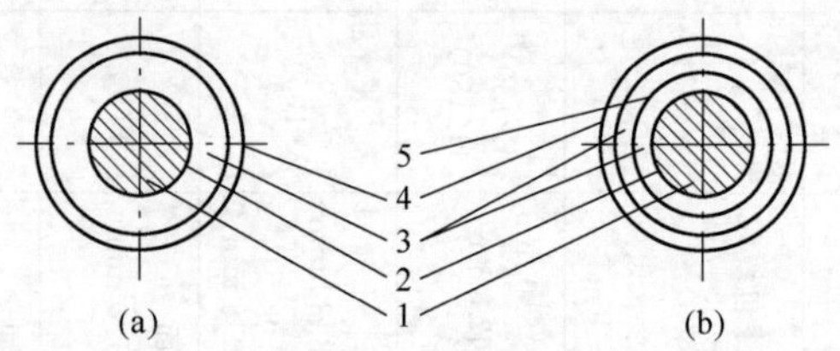


图14-16 潜水电机绕组线结构示意图

1—导体；2—导体封闭层；3—聚乙烯绝缘层；
4—尼龙层；5—阻止层

5. 电磁线的应用

1）电磁线的选用 不同的电工产品由于其使用条件和制造工艺的不同，对电磁线有不同的要求。设计电工产品时，要有主次地分析其对电磁线的有关性能要求，对各种电磁线的优缺点进行比较，然后加以选用，以便既能保证产品质量、满足使用要求，又能降低成本。表14-83所列为目前生产的各种电磁线适应选用的情况举例，供参考。

表 14-83 电工产品选用电磁线举例

| 种类 | 电磁线名称 | 耐温等级(℃) | 交流发电机 | | | 交流电动机 | | | | | | | 直流电动机 | 变压器① | | | | | 仪表电信设备用线圈 | 电力系统用线圈 |
|---|---|---|---|---|---|---|---|---|---|---|---|---|---|---|---|---|---|---|---|---|
| | | | 大型 | 中小型 | 一般用途 | 通用大型 | 通用中小型 | 通用微型 | 起重、辊道型 | 防爆型 | 耐制冷剂型 | 电动工具 | 轧钢、牵引型 | 高温干式 | 一般干式 | 油浸大型 | 油浸中小型 | 高频 | | |
| 漆包线 | 油性漆包线 | A(105) | | | | | | | | | | | | | | | | ● | ● | |
| | 缩醛漆包线 | E(120) | | | ●② | | ● | ● | | | | ● | | | ● | | ● | ● | ● | ● |
| | 聚氨酯漆包线 | E(120) | | | | | | ● | | | | | | | | | | ● | ● | |
| | 环氧漆包线 | E(120) | | | | | ● | | | | ● | | | ● | ● | | ● | ● | | ● |
| | 聚酯漆包线 | B(130) | | | ● | | ● | ● | | | | | ● | ● | ● | | | ● | ● | ● |
| | 聚酯亚胺漆包线 | F(155) | | | ● | | ● | ● | ● | ● | ● | ● | ● | ● | ● | | | | | ● |
| | 聚酰胺酰亚胺漆包线 | 200 | | ● | | | ● | ● | ● | | ● | ● | ● | ● | | | | | | |
| | 聚酰亚胺漆包线 | 220 | | | | | | | | | | ● | | ● | | | | | | |
| | 自粘直焊漆包线 | E(120) | | | | | | ● | | | | | | | | | | | ● | |
| | 自粘性漆包线 | E(120),B(130) | | | | | | ● | | | | | | | | | | | ● | |
| | 耐制冷剂漆包线 | A(105) | | | | | | | | | ● | | | | | | ● | | | ● |
| | 聚酯亚胺-聚酰胺酰亚胺漆包线 | F(155) | | ● | | | ● | ● | ● | ● | ● | ● | ● | ● | | | | | | |

（续表）

| 种类 | 电磁线名称 | 耐温等级(℃) | 交流发电机 | | | 交流电动机 | | | | | | | 直流电动机 | 变压器① | | | | | 仪表电信设备用线圈 | 电力系统用线圈 |
|---|---|---|---|---|---|---|---|---|---|---|---|---|---|---|---|---|---|---|---|---|
| | | | 大型 | 中小型 | 一般用途 | 通用大型 | 通用中小型 | 通用微型 | 起重、辊道型 | 防爆型 | 耐制冷剂型 | 电动工具 | 轧钢、牵引型 | 高温干式 | 一般干式 | 油浸大型 | 油浸中小型 | 高频 | | |
| 绕包线 | 纸包线 | A(105) | | | | | | | | | | | | | | ● | ● | | | |
| | 玻璃丝包线 | B(130),H(180) | | ● | ● | ● | ● | | ● | ● | | | ● | ● | ● | | | | | ● |
| | 玻璃丝包漆包线 | E(120),F(155),H(180) | ● | ● | | ● | | | ● | ● | | | ● | ● | ● | | | | | ● |
| | 丝包线 | A(105) | | | | | | | | | | | | | | | | | ● | |
| | 丝包漆包线 | A(105) | | | | | | | | | | | | | | | | | ● | |
| | 聚酰亚胺薄膜绕包线 | 220 | ● | | | ● | | | | | | | ● | ● | | | | | | |
| | 玻璃丝包聚酯薄膜绕包线 | E(120) | ● | ● | | ● | ● | | ● | ● | | | | | | | | | | |
| 其他电磁线 | 氧化膜铝带(箔) | — | | | | | | | | | | | | ● | ● | | | | | |
| | 高频绕组线 | Y(90) | | | | | | | | | | | | | | | | | ● | |
| | 换位导线 | A(105) | | | | | | | | | | | | | | ● | | | | |

① 包括互感器、调压器、电抗器等。
② 表中注有“●”者，表示可供选用的电磁线。

2) 漆包线去漆法　漆包线在使用时,需要去掉线端头的部分漆皮,以便接线。漆包线去漆皮的方法一般有如下三种:

(1) 燃烧去漆法。将线端需要去掉漆皮的部分,在酒精灯的火焰上燃烧,使漆皮炭化,然后迅速浸入乙醇中,取出后,用洁净的棉花或棉布擦净,漆皮即可去掉。

(2) 甲酸去漆法。将线端需要去掉漆皮的部分,插入常温的甲酸溶液中,经数分钟后取出,用蘸有乙醇的棉花将甲酸擦净,漆皮即可去掉。在甲酸中加入少量丙酮或苯能减少刺激性气味。

(3) 碱液去漆法。将线端需要去掉漆皮的部分,插入50%浓度的苛性钠溶液中,然后取出,用蒸馏水洗去碱液,漆皮即可去掉。碱液浓度越高,去掉漆皮的时间越短。

## 三、绝缘电线

绝缘电线广泛应用于各种电气装置,有通用绝缘电线和专用绝缘电线两大类。

### 1. 通用绝缘电线

通用绝缘电线有:橡皮绝缘电线、塑料绝缘电线、橡皮绝缘软电线、塑料绝缘软电线、屏蔽电线等。

1) 橡皮、塑料绝缘电线　橡皮、塑料绝缘电线广泛应用于交流电压500 V、直流电压1 000 V及以下的各种电器、仪器仪表、电信设备、动力线路及照明线路。固定敷设用布电线的导电线芯采用铜线或铝线;电源软接线采用铜线。橡皮绝缘电线的绝缘材料主要采用天然丁苯橡皮和氯丁橡皮,塑料绝缘电线的绝缘材料主要采用普通聚氯乙烯和耐热聚氯乙烯。普通橡皮绝缘电线用棉纱、玻璃纤维或合成纤维浸渍沥青作为机械保护及防老化护套,氯丁橡皮绝缘电线和塑料绝缘电线一般不采用护套,只是在机械防护要求较高的场合才采用橡皮护套或塑料护套电线,如用作移动的电源引接线或直埋于土壤中或灰浆里等。

(1) 橡皮绝缘电线。常用的橡皮绝缘电线的品种、型号、长期允许工作温度及敷设场合见表14-84,各类品种电线的结构尺寸分别见表14-85~表14-88。

表 14-84 橡皮绝缘电线产品品种

| 产品名称 | 型号 | 导线长期允许工作温度(℃) | 敷设场合与要求 |
|---|---|---|---|
| 铝芯氯丁橡皮线<br>铜芯氯丁橡皮线 | BLXF<br>BXF | 65 | 固定敷设用,尤其适用于户外,可明敷、暗敷 |
| 铝芯橡皮线<br>铜芯橡皮线 | BLX<br>BX | | 固定敷设用,可明敷、暗敷 |
| 铜芯橡皮软线 | BXR | | 室内安装,要求较柔软时用 |
| 铝芯橡皮绝缘和护套电线<br>铜芯橡皮绝缘和护套电线 | BLXHF<br>BXHF | 65 | 敷设于较潮湿的场合,可明敷、暗敷 |

表 14-85 BLXF、BXF型橡皮绝缘电线结构尺寸

| 导线截面积($mm^2$) | 导线结构 根数/直径(mm) | 绝缘厚度(mm) | 电线最大外径(mm) |
|---|---|---|---|
| 0.75 | 1/0.97 | 1.0 | 3.4 |
| 1 | 1/1.13 | 1.0 | 3.5 |
| 1.5 | 1/1.37 | 1.0 | 3.7 |
| 2.5 | 1/1.76 | 1.0 | 4.1 |
| 4 | 1/2.24 | 1.0 | 4.6 |
| 6 | 1/2.73 | 1.2 | 5.6 |
| 10 | 7/1.33 | 1.2 | 7.0 |
| 16 | 7/1.70 | 1.4 | 8.7 |
| 25 | 7/2.12 | 1.4 | 10.1 |
| 35 | 7/2.50 | 1.6 | 11.8 |
| 50 | 19/1.83 | 1.6 | 13.6 |
| 70 | 19/2.12 | 1.8 | 15.7 |
| 95 | 19/2.50 | 1.8 | 17.7 |

表 14-86 BLX、BX型橡皮绝缘电线结构尺寸

| 导线截面积($mm^2$) | 导线结构 根数/直径(mm) | 绝缘厚度(mm) | 电线最大外径(mm) | | | |
|---|---|---|---|---|---|---|
| | | | 1芯 | 2芯 | 3芯 | 4芯 |
| 0.75 | 1/0.97 | 1.0 | 4.4 | — | — | — |
| 1 | 1/1.13 | 1.0 | 4.5 | 8.7 | 9.2 | 10.1 |

（续表）

| 导线截面积 ($mm^2$) | 导线结构 根数/直径(mm) | 绝缘厚度 (mm) | 电线最大外径(mm) | | | |
|---|---|---|---|---|---|---|
| | | | 1芯 | 2芯 | 3芯 | 4芯 |
| 1.5 | 1/1.37 | 1.0 | 4.8 | 9.2 | 9.7 | 10.7 |
| 2.5 | 1/1.76 | 1.0 | 5.2 | 10.0 | 10.7 | 11.7 |
| 4 | 1/2.24 | 1.0 | 5.8 | 11.1 | 11.8 | 13.0 |
| 6 | 1/2.73 | 1.0 | 6.3 | 12.2 | 13.0 | 14.3 |
| 10 | 7/1.33 | 1.2 | 8.1 | 15.8 | 16.9 | 18.7 |
| 16 | 7/1.70 | 1.2 | 9.4 | 18.3 | 19.5 | 21.7 |
| 25 | 7/2.12 | 1.4 | 11.2 | 21.9 | 23.5 | 26.1 |
| 35 | 7/2.50 | 1.4 | 12.4 | 24.4 | 26.2 | 29.1 |
| 50 | 19/1.83 | 1.6 | 14.7 | 28.9 | 31.0 | 34.6 |
| 70 | 19/2.12 | 1.6 | 16.4 | 32.3 | 34.7 | 38.7 |
| 95 | 19/2.50 | 1.8 | 19.5 | 38.5 | 41.4 | 46.1 |
| 120 | 37/2.00 | 1.8 | 20.2 | 39.9 | 42.9 | 47.8 |
| 150 | 37/2.24 | 2.0 | 22.3 | — | — | — |
| 185 | 37/2.50 | 2.2 | 24.7 | — | — | — |
| 240 | 61/2.24 | 2.4 | 27.9 | — | — | — |
| 300 | 61/2.50 | 2.6 | 30.8 | — | — | — |
| 400 | 61/2.85 | 2.8 | 34.5 | — | — | — |
| 500 | 91/2.62 | 3.0 | 38.2 | — | — | — |
| 630 | 127/2.50 | 3.2 | 42.5 | — | — | — |

表14-87 BXR型橡皮绝缘电线结构尺寸

| 导线截面积 ($mm^2$) | 导线结构 根数/直径(mm) | 绝缘厚度 (mm) | 电线最大外径 (mm) |
|---|---|---|---|
| 0.75 | 7/0.37 | 1.0 | 4.5 |
| 1 | 7/0.43 | 1.0 | 4.7 |
| 1.5 | 7/0.52 | 1.0 | 5.0 |
| 2.5 | 19/0.41 | 1.0 | 5.6 |
| 4 | 19/0.52 | 1.0 | 6.2 |
| 6 | 19/0.64 | 1.0 | 6.8 |
| 10 | 19/0.82 | 1.2 | 8.2 |

（续表）

| 导线截面积（$mm^2$） | 导线结构 根数/直径（mm） | 绝缘厚度（mm） | 电线最大外径（mm） |
|---|---|---|---|
| 16 | 49/0.64 | 1.2 | 10.1 |
| 25 | 98/0.58 | 1.4 | 12.6 |
| 35 | 133/0.58 | 1.4 | 13.8 |
| 50 | 133/0.68 | 1.6 | 15.8 |
| 70 | 189/0.68 | 1.6 | 18.4 |
| 95 | 259/0.68 | 1.8 | 21.4 |
| 120 | 259/0.76 | 1.8 | 22.2 |
| 150 | 336/0.74 | 2.0 | 24.9 |
| 185 | 427/0.74 | 2.2 | 27.3 |
| 240 | 427/0.85 | 2.4 | 30.8 |
| 300 | 513/0.85 | 2.6 | 34.6 |
| 400 | 703/0.85 | 2.8 | 38.8 |

表14-88 BLXHF、BXHF型橡皮绝缘电线结构尺寸

| 导线截面积（$mm^2$） | 导线结构 根数/直径（mm） | 绝缘厚度（mm） | 护套厚度（mm） | 计算外径（mm） | 最大外径（mm） | 计算质量（kg/km） | |
|---|---|---|---|---|---|---|---|
| | | | | | | BXHF | BLXHF |
| 0.75 | 1/0.97 | 0.5 | 0.8 | 3.6 | 4.0 | 23 | — |
| 1.0 | 1/1.13 | 0.5 | 0.8 | 3.7 | 4.2 | 26 | — |
| 1.5 | 1/1.37 | 0.5 | 0.8 | 4.0 | 4.4 | 32 | — |
| 2.5 | 1/1.76 | 0.5 | 0.8 | 4.4 | 4.8 | 43 | 28 |
| 4 | 1/2.24 | 0.5 | 0.8 | 4.8 | 5.3 | 60 | 36 |
| 6 | 1/2.73 | 0.5 | 0.95 | 5.6 | 6.1 | 85 | 49 |
| 10 | 7/1.33 | 0.5 | 0.95 | 6.9 | 7.4 | 136 | 74 |
| 16 | 7/1.68 | 0.5 | 1.15 | 8.3 | 9.0 | 213 | 109 |
| 25 | 7/2.11 | 0.5 | 1.15 | 9.6 | 10.3 | 306 | 149 |
| 35 | 7/2.49 | 0.5 | 1.20 | 10.9 | 11.5 | 402 | 192 |
| 50 | 19/1.81 | 0.5 | 1.40 | 12.9 | 13.6 | 577 | 264 |

（续表）

| 导线截面积（$mm^2$） | 导线结构根数/直径（mm） | 绝缘厚度（mm） | 护套厚度（mm） | 计算外径（mm） | 最大外径（mm） | 计算质量（kg/km） | |
|---|---|---|---|---|---|---|---|
| | | | | | | BXHF | BLXHF |
| 70 | 19/2.14 | 0.5 | 1.40 | 14.5 | 15.3 | 780 | 342 |
| 95 | 19/2.49 | 0.5 | 1.60 | 16.7 | 17.5 | 1 045 | 452 |
| 120 | 37/2.01 | 0.5 | 1.70 | 18.5 | 19.5 | 1 286 | 540 |
| 150 | 37/2.24 | 0.5 | 1.80 | 20.3 | 21.3 | 1 596 | 650 |
| 185 | 37/2.49 | 0.5 | 1.90 | 22.2 | 23.3 | 1 932 | 787 |

(2) 塑料绝缘电线。作为动力和照明线路用线，塑料绝缘电线已逐步取代橡皮绝缘电线。常用的塑料绝缘电线的品种、型号、长期允许工作温度及敷设场合与要求见表 14-89，各类塑料绝缘电线的结构尺寸分别见表 14-90～表 14-98。

表 14-89　塑料绝缘电线产品品种

| 名　称 | 型号 | 导线长期允许工作温度（℃） | 敷设场合与要求 |
|---|---|---|---|
| 铝芯聚氯乙烯绝缘电线<br>铜芯聚氯乙烯绝缘电线 | BLV<br>BV | 65 | 固定敷设于室内外及电气装备内部，可明敷、暗敷，最低敷设温度不低于－15℃ |
| 铝芯耐热 105℃聚氯乙烯绝缘电线<br>铜芯耐热 105℃聚氯乙烯绝缘电线 | BLV-105<br>BV-105 | 105 | 固定敷设于高温环境的场所，可明敷、暗敷，最低敷设温度不低于－15℃ |
| 铜芯聚氯乙烯软线 | BVR | 65 | 固定敷设，用于安装时要求柔软的场合，最低敷设温底不低于－15℃ |
| 铝芯聚氯乙烯绝缘聚氯乙烯护套电线<br>铜芯聚氯乙烯绝缘聚氯乙烯护套电线 | BLVV<br>BVV | | 固定敷设于潮湿的室内和机械防护要求高的场合。可明敷、暗敷和直埋地下，最低敷设温度不低于－15℃ |

（续表）

| 名　　称 | 型号 | 导线长期允许工作温度(℃) | 敷设场合与要求 |
| --- | --- | --- | --- |
| 农用铝芯聚氯乙烯绝缘电线<br>农用铝芯聚氯乙烯绝缘和护套电线<br>农用铝芯聚乙烯绝缘聚氯乙烯护套电线 | NLV<br>NLVV<br>NLYV | 65 | 直埋地下，埋设深度 1 m 及以下，最低敷设温度不低于−15℃ |
| 铜芯耐热 105℃聚氯乙烯绝缘软线 | BVR－105 | 105 | 同 BV－105，用于安装时要求柔软的场合 |
| 纤维和聚氯乙烯绝缘电线<br>纤维和聚氯乙烯绝缘软线 | BSV<br>BSVR | 65 | 电器、仪表等作固定敷设的线路接线用<br>用于交流 250 V 或直流 500 V 的场合 |
| 丁腈聚氯乙烯复合物绝缘电气装置用电线<br>丁腈聚氯乙烯复合物绝缘电气装置用软线 | BVF<br>BVFR | 65 | 交流 500 V 或直流 1 000 V 及以下的电器、仪表等装置作连接线用 |
| 聚乙烯绝缘电线 | BY | 80 | 供固定或移动式无线电设备等的接线用，绝缘电阻较高，可用于高频的场合，最低使用环境温度−60℃ |

表 14－90　BLV、BV、BLV－105、BV－105 型塑料绝缘电线结构尺寸

| 导线截面积 ($mm^2$) | 导线结构 根数/直径(mm) | 绝缘厚度 (mm) | 电线最大外径(mm) | |
| --- | --- | --- | --- | --- |
| | | | 单　芯 | 双芯平型 |
| 0.03 | 1/0.20 | 0.25 | 0.8 | 0.8×1.6 |
| 0.06 | 1/0.30 | 0.3 | 1.0 | 1.0×2.0 |
| 0.12 | 1/0.40 | 0.3 | 1.1 | 1.1×2.2 |
| 0.2 | 1/0.50 | 0.4 | 1.4 | 1.4×2.8 |
| 0.3 | 1/0.60 | 0.4 | 1.5 | 1.5×3.0 |

（续表）

| 导线截面积（$mm^2$） | 导线结构 根数/直径(mm) | 绝缘厚度（mm） | 电线最大外径(mm) | |
|---|---|---|---|---|
| | | | 单 芯 | 双芯平型 |
| 0.4 | 1/0.70 | 0.4 | 1.7 | 1.7×3.4 |
| 0.5 | 1/0.80 | 0.5 | 2.0 | 2.0×4.0 |
| 0.75 | 1/0.97 | 0.6 | 2.4 | 2.4×6.8 |
| 1 | 1/1.13 | 0.6 | 2.6 | 2.6×3.2 |
| 1.5 | 1/1.37 | 0.8 | 3.3 | 3.3×6.6 |
| 2.5 | 1/1.76 | 0.8 | 3.7 | 3.7×7.4 |
| 4 | 1/2.24 | 0.8 | 4.2 | 4.2×8.4 |
| 6 | 1/2.73 | 0.8 | 4.8 | 4.8×9.6 |
| 10 | 7/1.33 | 1.0 | 6.6 | 6.6×13.2 |
| 16 | 7/1.70 | 1.0 | 7.8 | — |
| 25 | 7/2.12 | 1.2 | 9.6 | — |
| 35 | 7/2.50 | 1.2 | 10.9 | — |
| 50 | 19/1.83 | 1.4 | 13.2 | — |
| 70 | 19/2.14 | 1.4 | 14.9 | — |
| 95 | 19/2.50 | 1.6 | 17.3 | — |
| 120 | 37/2.00 | 1.6 | 18.1 | — |
| 150 | 37/2.24 | 1.8 | 20.0 | — |
| 185 | 37/2.50 | 1.8 | 22.2 | — |

表 14-91 BV、BV-105 型塑料绝缘绞型电线结构尺寸

| 导线截面积（$mm^2$） | 导线结构 根数/直径(mm) | 绝缘厚度（mm） | 电线最大外径(mm) | |
|---|---|---|---|---|
| | | | 双 芯 | 三 芯 |
| 0.03 | 1/0.20 | 0.25 | 1.6 | 1.7 |
| 0.06 | 1/0.30 | 0.3 | 2.0 | 2.1 |
| 0.12 | 1/0.40 | 0.3 | 2.2 | 2.4 |
| 0.2 | 1/0.50 | 0.4 | 2.8 | 3.1 |
| 0.3 | 1/0.60 | 0.4 | 3.0 | 3.3 |
| 0.4 | 1/0.70 | 0.4 | 3.4 | 3.6 |
| 0.5 | 1/0.80 | 0.5 | 4.0 | 4.3 |
| 0.75 | 1/0.97 | 0.6 | 4.8 | 5.1 |

表 14－92　BV 型塑料绝缘彩色线的色谱表

| 单芯 | | | | | | | 双芯 | 三芯 |
|---|---|---|---|---|---|---|---|---|
| BV－1 单色 | BV－2 双色 | | | BV－3 三色 | | | | |
| 红 | 蓝-白 | 灰-白 | 紫-白 | 蓝-白-黑 | 灰-白-黑 | 棕-灰-红 | 单色＋单色 | 单色＋单色＋单色 |
| 黄 | 蓝-黄 | 红-白 | 紫-红 | 蓝-黄-黑 | 蓝-黄-红 | 灰-白-红 | 单色＋双色 | 单色＋单色＋双色 |
| 蓝 | 蓝-绿 | 红-蓝 | 紫-灰 | 蓝-绿-黑 | 蓝-绿-红 | | 双色＋双色 | 单色＋单色＋三色 |
| 白 | 蓝-棕 | 红-黄 | 紫-绿 | 蓝-棕-黑 | 蓝-棕-红 | | | 单色＋双色＋双色 |
| 黑 | 蓝-灰 | 红-绿 | | 蓝-灰-黑 | 蓝-灰-红 | | | 单色＋双色＋三色 |
| 绿 | 黄-白 | 红-棕 | | 黄-白-黑 | 蓝-白-红 | | | |
| 棕 | 黄-绿 | 红-灰 | | 黄-绿-黑 | 黄-白-红 | | | |
| 灰 | 黄-棕 | 黑-白 | | 黄-棕-黑 | 黄-绿-红 | | | |
| 紫 | 黄-灰 | 黑-红 | | 黄-灰-黑 | 黄-棕-红 | | | |
| 橙 | 绿-白 | 黑-蓝 | | 绿-白-黑 | 黄-灰-红 | | | |
| | 绿-棕 | 黑-黄 | | 绿-棕-黑 | 绿-白-红 | | | |
| | 绿-灰 | 黑-绿 | | 绿-灰-黑 | 绿-棕-红 | | | |
| | 棕-白 | 黑-棕 | | 棕-白-黑 | 绿-灰-红 | | | |
| | 棕-灰 | 黑-灰 | | 棕-灰-黑 | 棕-白-红 | | | |

注：双芯、三芯及三芯以上的色谱，双方可以根据需要商定达成协议。色条成螺旋状，1 m 长度内应不少于 150 个同色环。

表 14-93 BVR、BVR-105 型塑料绝缘电线结构尺寸

| 导线截面积 ($mm^2$) | 导线结构 根数/直径(mm) | 绝缘厚度 (mm) | 电线最大外径 (mm) |
|---|---|---|---|
| 0.75 | 7/0.37 | 0.6 | 2.5 |
| 1 | 7/0.43 | 0.6 | 2.7 |
| 1.5 | 7/0.52 | 0.8 | 3.5 |
| 2.5 | 19/0.41 | 0.8 | 4.0 |
| 4 | 19/0.52 | 0.8 | 4.6 |
| 6 | 19/0.64 | 0.8 | 5.3 |
| 10 | 49/0.52 | 1.0 | 7.4 |
| 16 | 49/0.64 | 1.0 | 8.5 |
| 25 | 98/0.58 | 1.2 | 11.1 |
| 35 | 133/0.58 | 1.2 | 12.2 |
| 50 | 133/0.68 | 1.4 | 14.3 |

注：BVR-105 型铜芯耐热 105℃聚氯乙烯绝缘软电线生产范围 0.75～10 $mm^2$。

表 14-94 BLVV、BVV 型塑料绝缘电线结构尺寸

| 导线截面积 ($mm^2$) | 导线结构 根数/直径(mm) | 绝缘厚度 (mm) | 护套厚度 | | 电线最大外径(mm) | | |
|---|---|---|---|---|---|---|---|
| | | | 1、2芯 | 3芯 | 1芯 | 2芯 | 3芯 |
| 0.75 | 1/0.97 | 0.6 | 0.7 | 0.8 | 3.9 | 3.9×5.7 | 4.2×8.9 |
| 1 | 1/1.13 | 0.6 | 0.7 | 0.8 | 4.1 | 4.1×6.7 | 4.3×9.5 |
| 1.5 | 1/1.37 | 0.6 | 0.7 | 0.8 | 4.4 | 4.4×7.2 | 4.6×10.2 |
| 2.5 | 1/1.76 | 0.6 | 0.7 | 0.8 | 4.8 | 4.8×8.1 | 5.0×11.5 |
| 4 | 1/2.24 | 0.6 | 0.7 | 0.8 | 5.3 | 5.3×9.1 | 5.5×13.1 |
| 6 | 1/2.73 | 0.8 | 0.8 | 1.0 | 6.5 | 6.5×11.3 | 7.0×16.5 |
| 10 | 7/1.33 | 0.8 | 1.0 | 1.2 | 8.4 | 8.4×14.5 | 8.8×21.1 |

表 14-95 农用铝芯塑料绝缘电线结构尺寸

| 导线截面积 ($mm^2$) | 导线结构 根数/直径(mm) | 绝缘厚度(mm) | | 护套厚度 (mm) |
|---|---|---|---|---|
| | | NLV | NLVV NLYV | |
| 2.5 | 1/1.76 | 1.0 | 0.6 | 0.7 |
| 4 | 1/2.24 | 1.0 | 0.6 | 0.7 |

（续表）

| 导线截面积 | 导线结构<br>根数/直径(mm) | 绝缘厚度(mm) | | 护套厚度<br>(mm) |
|---|---|---|---|---|
| | | NLV | NLVV<br>NLYV | |
| 6 | 1/2.73 | 1.0 | 0.8 | 0.8 |
| 10 | 7/1.33 | 1.2 | 0.8 | 1.0 |
| 16 | 7/1.70 | 1.2 | 1.0 | 1.0 |
| 25 | 7/2.12 | 1.4 | 1.2 | 1.0 |
| 35 | 7/2.50 | 1.4 | 1.2 | 1.2 |
| 50 | 19/1.33 | 1.6 | 1.4 | 1.2 |

表14-96　BSV、BSVR型塑料绝缘电线结构尺寸

| 导线截面积<br>($mm^2$) | 导线结构 根数/直径(mm) | | 绝缘厚度<br>(mm) | 最大外径(mm) | | 计算质量(kg/km) | |
|---|---|---|---|---|---|---|---|
| | BSV | BSVR | | BSV | BSVR | BSV | BSVR |
| 0.07 | 1/0.30 | — | 0.3 | 1.1 | — | 1.6 | — |
| 0.12 | 1/0.39 | 7/0.15 | 0.3 | 1.25 | 1.3 | 2.4 | 2.5 |
| 0.14 | 1/0.43 | 18/0.10 | 0.3 | 1.3 | 1.35 | 2.9 | 3.0 |
| 0.20 | 1/0.52 | 12/0.15 | 0.4 | 1.6 | 1.6 | 4.0 | 4.0 |
| 0.35 | 1/0.68 | 20/0.15 | 0.4 | 1.9 | 1.9 | 6.0 | 6.2 |
| 0.50 | 1/0.79 | 16/0.20 | 0.5 | 2.0 | 2.2 | 7.5 | 8.0 |
| 0.75 | 1/0.97 | 19/0.23 | 0.5 | 2.3 | 2.5 | 11.0 | 11.5 |
| 1.50 | 1/1.37 | 19/0.32 | 0.5 | 2.7 | 3.0 | 19.0 | 20.0 |

表14-97　BVF、BVFR型塑料绝缘电线结构尺寸

| 型号 | 导线截面积<br>($mm^2$) | 导线结构<br>根数/直径(mm) | 绝缘厚度<br>(mm) | 最大外径<br>(mm) | 计算质量<br>(kg/km) |
|---|---|---|---|---|---|
| BVF | 0.75 | 1/0.97 | 1.0 | 3.5 | 13 |
| | 1.0 | 1/1.13 | 1.0 | 3.7 | 16 |
| | 1.5 | 1/1.37 | 1.0 | 3.9 | 21 |
| | 2.5 | 1/1.76 | 1.0 | 4.4 | 33 |
| | 4 | 1/2.24 | 1.0 | 4.9 | 49 |
| | 6 | 1/2.73 | 1.0 | 5.4 | 68 |

(续表)

| 型号 | 导线截面积(mm²) | 导线结构 根数/直径(mm) | 绝缘厚度(mm) | 最大外径(mm) | 计算质量(kg/km) |
|---|---|---|---|---|---|
| BVFR | 0.75 | 7/0.37 | 1.0 | 3.6 | 14 |
| | 1.0 | 7/0.43 | 1.0 | 3.9 | 17 |
| | 1.5 | 7/0.52 | 1.0 | 4.1 | 22 |
| | 1.5 | 19/0.41 | 1.0 | 4.8 | 37 |
| | 4 | 19/0.52 | 1.0 | 5.3 | 53 |
| | 6 | 19/0.64 | 1.0 | 5.9 | 72 |
| | 10 | 19/0.82 | 1.2 | 7.4 | 120 |
| | 16 | 49/0.64 | 1.2 | 9.2 | 187 |
| | 25 | 98/0.58 | 1.4 | 11.8 | 304 |
| | 35 | 133/0.58 | 1.4 | 12.9 | 399 |
| | 50 | 133/0.68 | 1.6 | 15.0 | 508 |
| | 70 | 189/0.68 | 1.6 | 17.6 | 748 |

表 14-98 BY型塑料绝缘电线结构尺寸

| 导线截面积(mm²) | 导线结构 根数/直径(mm) | 绝缘厚度(mm) | 最大外径(mm) | 计算质量(kg/km) |
|---|---|---|---|---|
| 0.06 | 7/0.10 | 0.20 | 0.8 | 2.5 |
| 0.12 | 7/0.15 | 0.20 | 0.9 | 5.9 |
| 0.18 | 16/0.12 | 0.20 | 1.1 | 7.4 |
| 0.20 | 7/0.20 | 0.20 | 1.1 | 7.5 |
| 0.30 | 16/0.15 | 0.30 | 1.2 | 9.6 |
| 0.40(1) | 19/0.16 | 0.30 | 1.3 | 12.2 |
| 0.40(2) | 7/0.27 | 0.30 | 1.5 | 16.3 |
| 0.50 | 7/0.30 | 0.30 | 1.6 | 17.4 |
| 1.0 | 19/0.27 | 0.4 | 2.3 | 37.1 |
| 1.3 | 19/0.30 | 0.4 | 2.4 | 38.6 |
| 1.5 | 49/0.20 | 0.4 | 2.7 | 52.2 |
| 2.5 | 19/0.41 | 0.5 | 3.2 | 68.9 |

2）橡皮、塑料绝缘软电线 橡皮、塑料绝缘软电线适用于各种交、直流电的移动式电器、电工仪表、电信设备及自动化装置等。它的特点是柔软，可经受多次弯曲，外径小且重量轻，作为日用电器的电源线及照明灯头线。导电线芯采用铜导线，绝缘层用橡皮、塑料及复合物等，护套有聚氯乙烯和橡皮两种。聚氯乙烯绝缘和护套软线可在野外一般环境条件下做轻型的移动式电源线或信号控制线；在较恶劣的环境条件下，应选用橡套软电缆或野外控制电缆。塑料绝缘软电线已逐步替代橡皮绝缘软电线。

(1) 橡皮绝缘软电线。常用的橡皮绝缘软电线的品种、型号及导线长期允许工作温度见表 14－99，该类各品种的结构尺寸见表 14－100 及表 14－101。

表 14－99 橡皮绝缘软电线品种

| 产品名称 | 型号 | 导线长期允许工作温度(℃) |
|---|---|---|
| 棉纱编织橡皮绝缘平型软线 | RXB | 65 |
| 棉纱编织橡皮绝缘绞型软线 | RXS | |
| 棉纱总编织橡皮绝缘软线 | RX | |

表 14－100 RXB型橡皮绝缘软电线结构

| 导线截面积 (mm$^2$) | 导线结构 根数/直径(mm) | 绝缘厚度 (mm) | 最大外径 (mm) |
|---|---|---|---|
| 2×0.4 | 23/0.15 | 0.8 | 2.40×4.80 |
| 2×0.5 | 28/0.15 | 0.8 | 2.56×5.10 |
| 2×0.6 | 34/0.15 | 0.8 | 2.65×5.30 |
| 2×0.7 | 40/0.15 | 0.8 | 2.80×5.60 |
| 2×0.8 | 45/0.15 | 0.8 | 2.90×5.80 |
| 2×1.0 | 32/0.20 | 0.8 | 2.95×5.90 |
| 2×1.5 | 48/0.20 | 0.8 | 3.23×6.46 |

表 14-101 RXS、RX型橡皮绝缘软电线结构

| 导线截面积(mm²) | 导线结构 根数/直径(mm) | 最大外径(mm) | | | 计算质量(kg/km) | | |
|---|---|---|---|---|---|---|---|
| | | RXS | RX | | RXS | RX | |
| | | | 2芯 | 3芯 | | 2芯 | 3芯 |
| 0.2 | 12/0.15 | 5.8 | 5.1 | 5.4 | 16 | 19 | 25 |
| 0.28 | 16/0.15 | 5.9 | 5.3 | 5.7 | 18 | 21 | 28 |
| 0.4 | 23/0.15 | 6.3 | 5.7 | 6.0 | 22 | 26 | 34 |
| 0.5 | 28/0.15 | 6.4 | 5.8 | 6.1 | 24 | 28 | 37 |
| 0.6 | 34/0.15 | 6.6 | 6.0 | 6.4 | 27 | 31 | 42 |
| 0.7 | 40/0.15 | 7.7 | 7.0 | 7.5 | 36 | 42 | 56 |
| 0.75 | 42/0.15 | 7.8 | 7.2 | 7.5 | 39 | 45 | 61 |
| 1.0 | 32/0.20 | 7.9 | 7.3 | 7.7 | 44 | 51 | 69 |
| 1.2 | 38/0.20 | 8.5 | 7.7 | 8.3 | 49 | 57 | 78 |
| 1.5 | 48/0.20 | 8.7 | 8.1 | 8.5 | 57 | 65 | 89 |
| 2.0 | 64/0.20 | 9.5 | 8.8 | 9.4 | 70 | 80 | 110 |

(2) 塑料绝缘软电线。常用的塑料绝缘软电线的品种、型号及导线长期允许工作温度见表 14-102,该类各品种的结构尺寸见表 14-103～表 14-106。

表 14-102 塑料绝缘软电线品种

| 产品名称 | 型号 | 导线长期允许工作温度(℃) | 备注 |
|---|---|---|---|
| 丁腈聚氯乙烯复合物绝缘平型软线<br>丁腈聚氯乙烯复合物绝缘绞型软线 | RFB<br>RFS | 70 | |
| 聚氯乙烯绝缘软线<br>聚氯乙烯绝缘平型软线<br>聚氯乙烯绝缘绞型软线<br>聚氯乙烯绝缘和护套软线 | RV<br>RVB<br>RVS<br>RVV | 65 | 安装温度不应低于-15℃ |
| 耐热聚氯乙烯绝缘软线 | RV-105 | 105 | |

表14-103　RFB、RFS型塑料绝缘软电线结构

| 导线截面积(mm²) | 导线结构根数/直径(mm) | 绝缘厚度(mm) | 电线最大外径(mm) | |
|---|---|---|---|---|
| | | | RFS | RFB |
| 0.12 | 7/0.15 | 0.5 | 3.2 | 1.6×3.2 |
| 0.2 | 12/0.15 | 0.6 | 4.0 | 2.0×4.0 |
| 0.3 | 16/0.15 | 0.6 | 4.2 | 2.1×4.2 |
| 0.4 | 23/0.15 | 0.6 | 4.6 | 2.3×4.6 |
| 0.5 | 28/0.15 | 0.6 | 4.8 | 2.4×4.8 |
| 0.75 | 42/0.15 | 0.7 | 5.8 | 2.9×5.8 |
| 1 | 32/0.20 | 0.7 | 6.2 | 3.1×6.2 |
| 1.5 | 48/0.20 | 0.7 | 6.8 | 3.4×6.8 |
| 2 | 64/0.20 | 0.8 | 8.2 | 4.1×8.2 |
| 2.5 | 77/0.20 | 0.8 | 9.0 | 4.5×9.0 |

表14-104　RV、RV-105型塑料绝缘软电线结构尺寸

| 导线截面积(mm²) | 导线结构根数/直径(mm) | 绝缘厚度(mm) | 电线最大外径(mm) | 导线截面积(mm²) | 导线结构根数/直径(mm) | 绝缘厚度(mm) | 电线最大外径(mm) |
|---|---|---|---|---|---|---|---|
| 0.012 | 7/0.05 | 0.25 | 0.7 | 0.75 | 42/0.15 | 0.6 | 2.7 |
| 0.03 | 7/0.07 | 0.3 | 0.9 | 1 | 32/0.20 | 0.6 | 2.9 |
| 0.06 | 7/0.10 | 0.4 | 1.2 | 1.5 | 48/0.20 | 0.6 | 3.2 |
| 0.12 | 7/0.15 | 0.4 | 1.4 | 2 | 64/0.20 | 0.8 | 4.1 |
| 0.2 | 12/0.15 | 0.4 | 1.6 | 2.5 | 77/0.20 | 0.8 | 4.5 |
| 0.3 | 16/0.15 | 0.5 | 1.9 | 4 | 77/0.26 | 0.8 | 5.3 |
| 0.4 | 23/0.15 | 0.5 | 2.1 | 6 | 77/0.32 | 1.0 | 6.7 |
| 0.5 | 28/0.15 | 0.5 | 2.2 | | | | |

表 14-105 RVB、RVS型塑料绝缘软电线结构尺寸

| 导线截面积 ($mm^2$) | 导线结构 根数/直径(mm) | 绝缘厚度 (mm) | 电线最大外径(mm) | |
|---|---|---|---|---|
| | | | RVS | RVB |
| 0.12 | 7/0.15 | 0.5 | 3.2 | 1.6×3.2 |
| 0.2 | 12/0.15 | 0.6 | 4.0 | 2.0×4.0 |
| 0.3 | 16/0.15 | 0.6 | 4.2 | 2.1×4.2 |
| 0.4 | 23/0.15 | 0.6 | 4.6 | 2.3×4.6 |
| 0.5 | 28/0.15 | 0.6 | 4.8 | 2.4×4.8 |
| 0.75 | 42/0.15 | 0.7 | 5.8 | 2.9×5.8 |
| 1 | 32/0.20 | 0.7 | 6.2 | 3.1×6.2 |
| 1.5 | 48/0.20 | 0.7 | 6.8 | 3.4×6.8 |
| 2 | 64/0.20 | 0.8 | 8.2 | 4.1×8.2 |
| 2.5 | 77/0.20 | 0.8 | 9.0 | 4.5×9.0 |

3）屏蔽电线 屏蔽电线是在绝缘电线或绝缘软电线的绝缘层外面包绕了一层金属箔或编织了一层金属丝，以减少外界电磁波对绝缘电线内电流的干扰；同时，也可减少绝缘电线内电流产生的电磁场对外界的影响。屏蔽电线广泛应用于要求防止相互干扰的各种电器、仪表、电信设备、电子仪器及自动化装置等线路中。导电线芯多采用铜线，有的铜线采取镀锡，屏蔽层多采用镀锡铜丝编织或绕包，有的用细圆铜线或扁铜线单层绞制，也有用铝箔和聚酯薄膜复合带纵包，兼有绝缘和屏蔽双重作用；多芯电线也有采取各芯单独屏蔽的结构。

屏蔽电线的产品品种见表 14-107；该类各品种的结构尺寸见表 14-108～表 14-112；屏蔽电线屏蔽结构见表 14-113。

表 14－106　RVV 型

| 导线截面积（$mm^2$） | 导线结构 根数/直径(mm) | 绝缘厚度 (mm) | |
|---|---|---|---|
| | | | 二芯椭圆 |
| 0.12 | 7/0.15 | 0.4 | 3.1×4.5 |
| 0.2 | 12/0.15 | 0.4 | 3.3×4.9 |
| 0.3 | 16/0.15 | 0.5 | 3.6×5.5 |
| 0.4 | 23/0.15 | 0.5 | 3.8×5.9 |
| 0.5 | 28/0.15 | 0.5 | 4.0×6.2 |
| 0.75 | 42/0.15 | 0.6 | 4.5×7.2 |
| 1 | 32/0.20 | 0.6 | 4.6×7.5 |
| 1.5 | 48/0.20 | 0.6 | 5.0×8.2 |
| 2 | 64/0.20 | 0.8 | 6.2×10.3 |
| 2.5 | 77/0.20 | 0.8 | 6.7×11.2 |
| 4 | 77/0.26 | 0.8 | 7.5×12.9 |
| 6 | 77/0.32 | 1.0 | 9.4×16.1 |
| 护套厚度 | | 护套前直径(mm) | |
| | | 6.0 及以下 | |
| | | 6.01～10.0 | |
| | | 10.0 以上 | |

表 14－107　屏蔽

| 名　　称 | 型　号 |
|---|---|
| 聚氯乙烯绝缘屏蔽电线 | BVP |
| 聚氯乙烯绝缘和护套屏蔽电线 | BVVP |
| 聚氯乙烯绝缘屏蔽软线 | RVP |
| 聚氯乙烯绝缘和护套屏蔽软线 | RVVP |
| 耐热 105℃聚氯乙烯绝缘屏蔽电线 | BVP－105 |
| 耐热 105℃聚氯乙烯绝缘屏蔽软线 | RVP－105 |
| 纤维和聚氯乙烯绝缘屏蔽电线 | BSVRP |

注：也可生产绝缘线芯各自屏蔽的电线。

塑料绝缘和护套软电线的结构尺寸

| 电线最大外径(mm) | | | | | | | | | | |
|---|---|---|---|---|---|---|---|---|---|---|
| 二芯圆形 | 3芯 | 4芯 | 5芯 | 6、7芯 | 10芯 | 12芯 | 14芯 | 16芯 | 19芯 | 24芯 |
| 4.5 | 4.7 | 5.1 | 5.0 | 5.5 | 6.8 | 7.0 | 7.4 | 7.8 | 8.6 | 10.2 |
| 4.9 | 5.1 | 5.5 | 5.5 | 6.0 | 7.6 | 7.8 | 8.7 | 9.1 | 9.6 | 11.4 |
| 5.5 | 5.8 | 6.3 | 6.4 | 7.0 | 9.3 | 9.6 | 10.1 | 10.6 | 11.2 | 13.8 |
| 5.9 | 6.3 | 6.8 | 7.0 | 7.6 | 10.1 | 10.4 | 11.0 | 11.6 | 12.2 | 15.1 |
| 6.2 | 6.5 | 7.1 | 7.3 | 7.9 | 10.6 | 10.9 | 11.5 | 12.1 | 12.8 | 15.7 |
| 7.2 | 7.6 | 8.3 | 9.1 | 9.9 | 12.6 | 13.4 | 14.2 | 14.9 | 15.7 | 18.9 |
| 7.5 | 7.9 | 9.1 | 9.5 | 10.4 | 13.7 | 14.1 | 14.9 | 15.7 | 16.6 | 19.9 |
| 8.2 | 9.1 | 9.9 | 10.4 | 11.4 | 15.0 | 15.5 | 16.3 | 17.3 | 18.2 | 21.9 |
| 10.3 | 11.0 | 12.0 | 12.7 | 14.4 | — | — | — | — | — | — |
| 11.2 | 11.9 | 13.1 | 14.3 | 15.7 | — | — | — | — | — | — |
| 12.9 | 14.1 | 15.5 | — | — | — | — | — | — | — | — |
| 16.1 | 17.1 | 18.9 | — | — | — | — | — | — | — | — |

| 2～4芯护套厚度(mm) | 5～24芯护套厚度(mm) |
|---|---|
| 0.8 | 0.6 |
| 1.0 | 0.8 |
| 1.2 | 1.0 |

电线产品品种

| 导线长期允许工作温度(℃) | 敷设场合及要求 |
|---|---|
| 65 | 固定敷设,安装时温度不低于－15℃。护套电线用于防潮及要求严格的场合 |
| | 移动使用和安装时要求柔软的场合,其余同上 |
| 105 | 固定敷设,同BVP |
| | 移动使用,同RVP |
| 65 | 移动使用,同RVP |

表 14-108 BVP、BVP-105 型屏蔽电线结构尺寸

| 导线截面积 ($mm^2$) | 导线结构 根数/直径(mm) | 绝缘厚度 (mm) | 电线最大外径(mm) | | |
|---|---|---|---|---|---|
| | | | 1芯 | 2芯圆 | 2芯椭圆 |
| 0.03 | 1/0.20 | 0.25 | 1.3 | 2.1 | 1.3×2.1 |
| 0.06 | 1/0.30 | 0.3 | 1.5 | 2.5 | 1.5×2.5 |
| 0.12 | 1/0.40 | 0.3 | 1.7 | 2.8 | 1.7×2.8 |
| 0.2 | 1/0.50 | 0.4 | 2.0 | 3.4 | 2.0×3.4 |
| 0.3 | 1/0.60 | 0.4 | 2.1 | 3.6 | 2.1×3.6 |
| 0.4 | 1/0.70 | 0.4 | 2.2 | 4.1 | 2.2×4.1 |
| 0.5 | 1/0.80 | 0.5 | 2.5 | 4.8 | 2.5×4.8 |
| 0.75 | 1/0.97 | 0.6 | 3.2 | 5.6 | 3.2×5.6 |

表 14-109 RVP、RVP-105 型屏蔽电线结构尺寸

| 导线截面积 ($mm^2$) | 导线结构 根数/直径(mm) | 绝缘厚度 (mm) | 电线最大外径(mm) | | |
|---|---|---|---|---|---|
| | | | 1芯 | 2芯圆 | 2芯椭圆 |
| 0.03 | 7/0.07 | 0.3 | 1.4 | 2.3 | 1.4×2.3 |
| 0.06 | 7/0.10 | 0.4 | 1.8 | 3.0 | 1.8×3.0 |
| 0.12 | 7/0.15 | 0.4 | 1.9 | 3.3 | 1.9×3.3 |
| 0.2 | 12/0.15 | 0.4 | 2.1 | 3.7 | 2.1×3.7 |
| 0.3 | 16/0.15 | 0.5 | 2.4 | 4.6 | 2.4×4.6 |
| 0.4 | 23/0.15 | 0.5 | 2.9 | 5.0 | 2.9×5.0 |
| 0.5 | 28/0.15 | 0.5 | 3.0 | 5.2 | 3.0×5.2 |
| 0.75 | 42/0.15 | 0.6 | 3.5 | 6.2 | 3.5×6.2 |
| 1 | 32/0.20 | 0.6 | 3.7 | 6.6 | 3.7×6.6 |
| 1.5 | 48/0.20 | 0.6 | 4.0 | 7.2 | 4.0×7.2 |

表 14-110 BVVP 型屏蔽电线结构尺寸

| 导线截面积 ($mm^2$) | 导线结构 根数/直径(mm) | 绝缘厚度 (mm) | 护套厚度(mm) | | 电线最大外径(mm) | | |
|---|---|---|---|---|---|---|---|
| | | | 1、2芯椭圆 | 2芯圆 | 1芯 | 2芯圆 | 2芯椭圆 |
| 0.03 | 1/0.20 | 0.25 | 0.3 | 0.4 | 2.0 | 3.0 | 2.0×3.0 |
| 0.06 | 1/0.30 | 0.3 | 0.3 | 0.4 | 2.2 | 3.4 | 2.4×3.4 |
| 0.12 | 1/0.40 | 0.3 | 0.3 | 0.4 | 2.3 | 3.6 | 2.5×3.6 |
| 0.2 | 1/0.50 | 0.4 | 0.5 | 0.6 | 3.1 | 4.7 | 3.3×4.7 |
| 0.3 | 1/0.60 | 0.4 | 0.5 | 0.6 | 3.2 | 5.0 | 3.4×5.0 |
| 0.4 | 1/0.70 | 0.4 | 0.5 | 0.6 | 3.3 | 5.5 | 3.8×5.5 |
| 0.5 | 1/0.80 | 0.5 | 0.5 | 0.6 | 3.6 | 6.1 | 4.1×6.1 |
| 0.75 | 1/0.97 | 0.6 | 0.5 | 0.6 | 4.3 | 6.9 | 4.5×6.9 |

表 14-111 RVVP 型屏蔽电线结构尺寸

| 导线截面积 ($mm^2$) | 导线结构 根数/直径(mm) | 绝缘厚度 (mm) | 电线最大外径(mm) | | | | | | | | | | | | |
|---|---|---|---|---|---|---|---|---|---|---|---|---|---|---|---|
| | | | 1 芯 | 2 芯 | | 3 芯 | 4 芯 | 5 芯 | 6、7 芯 | 10 芯 | 12 芯 | 14 芯 | 16 芯 | 19 芯 | 24 芯 |
| | | | | 圆 | 椭圆 | | | | | | | | | | |
| 0.03 | 7/0.07 | 0.3 | 2.3 | 3.2 | 2.3×3.2 | 3.4 | 3.6 | 3.8 | 4.1 | 5.7 | 5.9 | 6.1 | 6.3 | 6.6 | 7.6 |
| 0.06 | 7/0.10 | 0.4 | 2.6 | 3.9 | 2.6×3.9 | 4.0 | 4.8 | 5.1 | 5.8 | 7.0 | 7.2 | 7.5 | 7.8 | 8.6 | 10.3 |
| 0.12 | 7/0.15 | 0.4 | 2.8 | 4.2 | 2.8×4.2 | 4.8 | 5.5 | 5.9 | 6.3 | 7.7 | 7.9 | 8.7 | 9.1 | 9.7 | 11.3 |
| 0.2 | 12/0.15 | 0.4 | 3.0 | 5.0 | 3.4×5.0 | 5.5 | 5.9 | 6.4 | 6.8 | 8.8 | 9.1 | 9.8 | 10.2 | 10.7 | 12.5 |
| 0.3 | 16/0.15 | 0.5 | 3.3 | 5.9 | 4.0×5.9 | 6.2 | 6.7 | 7.2 | 7.8 | 10.4 | 10.7 | 11.2 | 11.7 | 12.3 | 14.9 |
| 0.4 | 23/0.15 | 0.5 | 3.8 | 6.3 | 4.2×6.3 | 6.6 | 7.2 | 7.8 | 8.9 | 11.2 | 11.5 | 12.1 | 12.7 | 13.8 | 16.2 |
| 0.5 | 28/0.15 | 0.5 | 3.9 | 6.6 | 4.4×6.6 | 6.9 | 7.5 | 8.5 | 9.2 | 11.7 | 12.0 | 12.6 | 13.6 | 14.3 | 16.8 |
| 0.75 | 42/0.15 | 0.6 | 4.9 | 7.6 | 4.9×7.6 | 8.4 | 9.1 | 10.2 | 11.0 | 14.1 | — | — | — | — | — |
| 1 | 32/0.20 | 0.6 | 5.0 | 7.9 | 5.0×7.9 | 8.8 | 9.8 | 10.6 | 11.5 | 14.8 | — | — | — | — | — |
| 1.5 | 48/0.20 | 0.6 | 5.4 | 9.0 | 5.8×9.0 | 9.8 | 10.6 | — | — | — | — | — | — | — | — |
| 护套前外径(mm) | | | | | 3.0 及以下 | | | 3.01～6.00 | | | 6.01～10.00 | | | 10.01 及以上 | |
| 护套厚度(mm) | | | | | 0.4 | | | 0.6 | | | 0.8 | | | 1.0 | |

表 14-112 BSVRP 型屏蔽电线结构尺寸

| 导线截面积 ($mm^2$) | 导线结构 根数/直径(mm) | 绝缘厚度 (mm) | 电线最大外径(mm) | | |
|---|---|---|---|---|---|
| | | | 1芯 | 2芯 | 3芯 |
| 0.14 | 18/0.10 | 0.3 | 2.0 | — | — |
| 0.20 | 12/0.15 | 0.4 | 2.3 | — | — |
| 0.35 | 20/0.15 | 0.4 | 2.5 | 4.6 | 4.9 |
| 0.50 | 16/0.20 | 0.5 | 2.8 | 5.2 | 5.4 |
| 0.75 | 19/0.23 | 0.5 | 3.3 | 5.8 | 6.3 |

表 14-113 屏蔽电线屏蔽层结构

| 导线截面积 ($mm^2$) | 镀锡铜丝的规格 | | 编织覆盖率 (%)不小于 |
|---|---|---|---|
| | 屏蔽前外径(mm) | 铜丝直径 (mm)不大于 | |
| 0.12 及以下 | 3.0 及以下 | 0.10 | 一芯及二芯为 50 (其余同下) |
| 0.2~1.5 | 3.01~6.00<br>6.01 及以上 | 0.15<br>0.20 | 80 |

4) 通用绝缘电线的应用 不同使用场合对绝缘电线和软电线的要求见表 14-114;通用绝缘电线的选用实例见表 14-115。

表 14-114 不同使用场合对绝缘电线和软线的要求

| 使用场合 | | 对绝缘电线和软线的要求 |
|---|---|---|
| 固定安装敷设 | 室内 | 电性能优良、稳定、使用寿命长,有一定的机械和耐热老化性能,能够穿管或穿墙敷设 |
| | 室外 | 除符合室内要求外,应能承受日光、雨淋、风吹(张力与振动)和冰冻等环境条件,有较好的耐大气老化性能<br>进户线的机械强度应比一般室外架空用线略高 |
| | 土壤中直埋 | 在长期浸水(地下水)的情况下,绝缘电阻稳定,并能经受轻度酸、碱及土壤中其他腐蚀物质的侵蚀,在有虫、鼠害的场合,应采用特殊的绝缘护套配方材料<br>直埋一般不允许承受机械外力 |

（续表）

| 使用场合 | | 对绝缘电线和软线的要求 |
| --- | --- | --- |
| 移动式使用 | | 应有优良的柔软性，能经受多次弯曲，使用中不易打结，有一定的机械强度。一般不允许承受机械外力和拉力。常用于室内，可短期用于室外 |
| 特殊环境 | 高　温 | 环境温度在45℃及以上，绝缘、护套材料应有良好的耐热老化性能 |
| | 高　湿 | 绝缘、护套材料应有较小的透潮和吸湿性，绝缘电阻稳定 |
| | 严　寒 | 在低温（一般高于－30℃）条件下安装时和长期运行中，要求电线用材料不开裂，移动使用的电线应保持柔软性与可弯曲性 |
| | 接触油类 | 绝缘、护套材料应有较好的耐油性 |
| | 易　燃 | 绝缘、护套材料应具有耐燃性或不延燃性 |
| | 易受外力破坏、易爆 | 对易受外力破坏的部位和易爆场合的电线宜采用塑料管、蛇皮管、铁管等作机械保护 |

2. 专用绝缘电线

专用绝缘电线有：汽车、拖拉机用绝缘电线，电机、电器引接线，航空用电线，热电偶连接线等。

1) 汽车、拖拉机用绝缘电线　汽车、拖拉机用绝缘电线按其具体用途分为低压电线和高压点火电线两大类。

(1) 汽车、拖拉机用低压电线。它的导电线芯采用铜绞线，绝缘层主要采用聚氯乙烯或丁腈聚氯乙烯复合物，线芯绝缘分色，一般没有护套层，在要求较高的场合采用薄层尼龙护套，可提高工作温度10℃左右，并延长使用寿命。它用于汽车、拖拉机中的发动机、照明、仪表等作连接线及内部布线，也可用于其他内燃车的动力、照明及控制线路，机床控制线路，工作温度为－40～＋65℃，其品种有汽车用聚氯乙烯绝缘低压电线（QVR）及汽车用丁腈聚氯乙烯复合物绝缘低压电线（QFR）。QVR、QFR型低压电线结构尺寸见表14-116。

表 14－115 通用绝缘

| 使用场合 | | 塑料绝缘电线和 | | | | | |
|---|---|---|---|---|---|---|---|
| | | BLV<br>BV | BVR | BLVV<br>BVV | BLV－105<br>BV－105 | BVR－105 | NLV<br>NLVV<br>NLYV |
| 建筑物内 | 厂房内动力、照明 | √ | | △ | | | |
| | 配电干线 | √ | △ | | | | |
| | 日用电器、住宅室内照明 | | | | | | |
| 室外架空、沿墙动力、照明 | | √ | | △ | | | |
| 进户线 | | | | √ | | | △ |
| 农用低压动力线 | | | | △ | | | √ |
| 设备、电器、仪表内部安装线 | 大型 | √ | √ | | | | |
| | 中型 | | √ | | | | |
| | 小型 | | | | | | |
| 设备、电器、仪表电源线 | 固定敷设 | √ | √ | △ | | | |
| | 移动使用 | | | | | | |
| 特殊环境 | 高温 | | | | √ | √ | |
| | 高湿（浴室、冷藏室） | | | √ | | | |
| | 严寒 | | | | | | |
| | 接触油类 | △ | △ | △ | △ | △ | △ |
| | 易燃 | √ | √ | √ | √ | √ | √ |

注：1. √——优先选用，△——可以选用。

2. 一般品种，可固定敷设于－30℃及以上的环境中使用，RFB、RFS可短期

电线的选用实例

| 软线 | | | | 橡皮绝缘电线和软线 | | | | |
|---|---|---|---|---|---|---|---|---|
| RV<br>RVB<br>RVS | RFB<br>RFS | RV－105 | RVV | BLX<br>BX | BLXF<br>BXF | BXR | BLXHF<br>BXHF | RX<br>RXS<br>RXB |
| | | | | √ | | | △ | |
| | | | | √ | | △ | | |
| √ | √ | | △ | | | | △ | √ |
| | | | | √ | √ | | △ | |
| | | | △ | | | | √ | |
| | | | | | | | | |
| | | | | √ | | △ | | |
| △ | △ | | | | | | | |
| √ | √ | | | | | | | |
| | | | △ | √ | | | △ | △ |
| √ | √ | | √ | | | | | √ |
| | | √ | | | | | | |
| | | | √ | | | | √ | |
| | △ | | | | | | | |
| △ | △ | △ | △ | | | | | |
| √ | √ | √ | √ | | √ | | √ | |

在－40～－30℃下使用，在更低温度下不宜用通用产品。

表 14－116　QVR、QFR 型低压电线结构尺寸

| 导线截面积（$mm^2$） | 导线结构 根数/直径（mm） | 绝缘厚度（mm） | 最大外径（mm） | 计算质量（kg/km） |
|---|---|---|---|---|
| 0.5 | 7/0.30 | 0.6 | 2.2 | 8.5 |
| 0.6 | 19/0.20 | 0.6 | 2.3 | 9.7 |
| 0.8 | 19/0.23 | 0.6 | 2.5 | 11.7 |
| 1.0 | 19/0.26 | 0.6 | 2.6 | 14.7 |
| 1.5 | 19/0.32 | 0.6 | 2.9 | 19.7 |
| 2.5 | 19/0.41 | 0.8 | 3.8 | 31.4 |
| 4 | 19/0.52 | 0.8 | 4.4 | 48.5 |
| 6 | 19/0.64 | 0.9 | 5.2 | 71.7 |
| 8 | 19/0.74 | 0.9 | 5.7 | 92.6 |
| 10 | 49/0.52 | 1.0 | 6.9 | 116.7 |
| 16 | 49/0.64 | 1.0 | 8.0 | 177.5 |
| 25 | 98/0.58 | 1.2 | 10.3 | 286.0 |
| 35 | 133/0.58 | 1.2 | 11.3 | 375.0 |
| 50 | 133/0.68 | 1.4 | 13.3 | 517.0 |

（2）汽车、拖拉机用高压点火电线。汽车、拖拉机用高压点火电线一般采用铜绞线作导电线芯，采用橡皮和塑料作绝缘和护套材料。橡皮绝缘的线芯铜导线表面镀锡，高压阻尼线芯采用半导体塑料或纤维石墨线芯，绝缘及护层材料具有耐热、耐寒、耐油、耐潮和不延燃性能。高压点火电线用于汽车、拖拉机等发动机的点火装置连接线，工作时的脉冲电压达 15 kV，具有较好的耐表面放电性能。高压点火电线的产品品种及结构尺寸见表 14－117。

表 14－117　汽车用高压点火电线的产品品种及结构

| 名　称 | 型号 | 线芯材料 | 导线结构 根数/直径（mm） | 绝缘厚度（mm） | 护套厚度（mm） | 外径（mm） | 计算质量（kg/km） |
|---|---|---|---|---|---|---|---|
| 铜芯聚氯乙烯绝缘高压点火电线 | QGV | 铜　芯 | 7/0.39 | 3 | — | 7.0±0.3 | 60 |
| 铜芯橡皮绝缘聚氯乙烯护套高压点火电线 | QGXV | | | 1.8 | 0.7 | | |
| 铜芯橡皮绝缘氯丁橡皮护套高压点火电线 | QGX | | | 3 | — | | |

（续表）

| 名 称 | 型号 | 线芯材料 | 导线结构 根数/直径(mm) | 绝缘厚度 (mm) | 护套厚度 (mm) | 外径 (mm) | 计算质量 (kg/km) |
|---|---|---|---|---|---|---|---|
| 铜芯聚氯乙烯绝缘耐油橡套高压点火线 | QGVY | 铜 芯 | 7/0.39 | 1.8 | 0.7 | 7.0±0.3 | 60 |
| 铜芯橡皮绝缘耐油橡套高压点火线 | QGXY | | | | | | |
| 铜芯氯磺化聚乙烯绝缘高压点火线 | DG | 铜 芯 | 19/0.26 | 2.85 | — | 6.9±0.3 | |
| 铜芯氯磺化聚乙烯绝缘屏蔽高压点火线 | DGP | | | | — | 7.7±0.5 | |
| 全塑料高压阻尼点火线 | QG | 半导体塑料 | 单根空芯，内径 0.5 外径 2.3 | 2.35 | — | 7.0±0.3 | 54 |
| 纤维石墨线芯橡皮绝缘高压阻尼点火线 | QGZ | 纤维石墨绳 | | | | 7.0±0.3 | |

2）电机、电器引接电线　电机、电器引接电线的导电线芯一般采用铜绞线，小截面的采用柔软型结构；特小截面的采用特软型结构，用于微电机和小型电器中；特大截面的柔软结构，其导线一般镀锡。引接电线的绝缘层按耐热等级配套要求选择绝缘材料：B级（耐热 130℃）及以下的引接电线采用通用天然丁苯橡皮或丁腈聚氯乙烯绝缘；F级（耐热 155℃）的引接电线采用乙丙橡皮或氯磺化聚乙烯绝缘；H级（耐热 180℃）的引接电线采用硅橡胶或氟橡胶绝缘，微电机的引接电线可采用氟 46 绝缘电线；高压电机引出电线采用半导电层。引接线一般场合不采用护套，天然丁苯橡皮绝缘的引接电线采用丁腈橡皮护套，以改善其浸漆耐油性能；6 kV 级的引接线采用氯丁橡皮护套，以提高其耐电晕和防开裂性能；硅橡胶绝缘的引接电线采用玻璃丝编织护套，以提高其机械性能。引接电线广泛应用于电机、电器设备中作为配套使用的产品。引接电线的产品品种见表 14-118，各品种的结构尺寸见表 14-119～表 14-123。

表 14-118 电机引接电线产品品种

| 名称 | 型号 | 配套电机电器耐温等级 | 用途 |
|---|---|---|---|
| 橡皮绝缘丁腈护套引接电线 | JBQ | B级 | 交流电压1 140 V及以下电机、电器引接电线 |
| 丁腈聚氯乙烯复合物绝缘引接电线 | JBF | B级 | 交流500 V及以下电机、电器引接电线 |
| 6 kV橡皮绝缘氯丁护套引接电线 | JBHF | B级 | 交流电压6 kV级电机、电器引接电线 |
| 氯磺化聚乙烯绝缘引接电线 | JBYS | B级 | 交流电压6 kV及以下电机、电器引接电线 |
| 硅橡胶绝缘引接电线 | JHS | H级 | 交流电压500 V及以下电机、电器引接电线 |

表 14-119 JBQ型橡皮绝缘引接电线结构

| 导线截面积($mm^2$) | 导线结构 根数/直径(mm) | 绝缘厚度(mm) | | 护套厚度(mm) | 最大外径(mm) | |
|---|---|---|---|---|---|---|
| | | 500 V | 1 140 V | | 500 V | 1 140 V |
| 0.2 | 12/0.15 | 0.6 | — | 0.8 | 3.9 | — |
| 0.3 | 16/0.15 | 0.6 | — | 0.8 | 4.0 | — |
| 0.4 | 23/0.15 | 0.6 | — | 0.8 | 4.1 | — |
| 0.5 | 28/0.15 | 0.6 | 1.0 | 0.8 | 4.3 | 5.1 |
| 0.75 | 42/0.15 | 0.6 | 1.0 | 0.8 | 4.5 | 5.4 |
| 1 | 32/0.20 | 0.6 | 1.0 | 0.8 | 4.7 | 5.5 |
| 1.5 | 48/0.20 | 0.6 | 1.0 | 0.8 | 5.0 | 5.9 |
| 2.5 | 19/0.41 | 0.8 | 1.2 | 1.0 | 6.2 | 7.1 |
| 4 | 19/0.52 | 0.8 | 1.2 | 1.0 | 6.8 | 7.7 |
| 6 | 19/0.64 | 0.8 | 1.2 | 1.0 | 7.5 | 8.4 |
| 10 | 49/0.52 | 1.0 | 1.4 | 1.2 | 10.0 | 10.9 |
| 16 | 49/0.64 | 1.0 | 1.4 | 1.2 | 11.2 | 12.0 |
| 25 | 98/0.58 | 1.0 | 1.4 | 1.4 | 13.7 | 14.6 |
| 35 | 133/0.58 | 1.0 | 1.4 | 1.4 | 14.9 | 15.7 |
| 50 | 133/0.68 | 1.2 | 1.6 | 1.6 | 17.1 | 17.9 |
| 70 | 189/0.68 | 1.2 | 1.6 | 1.6 | 19.6 | 20.5 |
| 95 | 259/0.68 | 1.4 | 1.8 | 1.6 | 21.9 | 22.8 |
| 120 | 259/0.76 | 1.6 | 1.8 | 1.8 | 24.6 | 25.0 |

表 14-120 JBF 型丁腈聚氯乙烯复合物绝缘引接电线结构

| 导线截面积 ($mm^2$) | 导线结构根数/直径 (mm) | 绝缘厚度 (mm) | 最大外径 (mm) | 导线截面积 ($mm^2$) | 导线结构根数/直径 (mm) | 绝缘厚度 (mm) | 最大外径 (mm) |
|---|---|---|---|---|---|---|---|
| 0.03 | 7/0.07 | 0.4 | 1.1 | 1.5 | 48/0.20 | 0.7 | 3.4 |
| 0.06 | 7/0.10 | 0.4 | 1.2 | 2.5 | 19/0.41 | 1.0 | 4.5 |
| 0.12 | 7/0.15 | 0.4 | 1.4 | 4 | 19/0.52 | 1.0 | 5.1 |
| 0.2 | 12/0.15 | 0.4 | 1.6 | 6 | 19/0.64 | 1.0 | 5.7 |
| 0.3 | 16/0.15 | 0.5 | 1.9 | 10 | 49/0.52 | 1.2 | 7.8 |
| 0.4 | 23/0.15 | 0.5 | 2.1 | 16 | 49/0.64 | 1.2 | 9.0 |
| 0.5 | 28/0.15 | 0.5 | 2.2 | 25 | 98/0.58 | 1.4 | 11.5 |
| 0.75 | 42/0.15 | 0.7 | 2.9 | 35 | 133/0.58 | 1.4 | 12.7 |
| 1 | 32/0.20 | 0.7 | 3.1 | 50 | 133/0.68 | 1.6 | 14.7 |

注：截面为 0.2 $mm^2$ 及以下者供交流电压 250 V 及以下的场合使用。

表 14-121 JBHF 型 6 kV 橡皮绝缘引接电线结构尺寸

| 导线截面积 ($mm^2$) | 绝缘厚度 (mm) | 护套厚度 (mm) | 最大外径 (mm) | 导线截面积 ($mm^2$) | 绝缘厚度 (mm) | 护套厚度 (mm) | 最大外径 (mm) |
|---|---|---|---|---|---|---|---|
| 6 | 3.5 | 1.8 | 15.2 | 50 | 3.5 | 2.0 | 23.3 |
| 10 | 3.5 | 1.8 | 16.8 | 70 | 3.5 | 2.5 | 27.0 |
| 16 | 3.5 | 1.8 | 18.0 | 95 | 3.5 | 2.5 | 28.9 |
| 25 | 3.5 | 2.0 | 20.6 | 120 | 3.5 | 2.5 | 30.8 |
| 35 | 3.5 | 2.0 | 21.7 | | | | |

表 14-122 JBYS 型氯磺化聚乙烯绝缘引接电线结构尺寸

| 导线截面积 ($mm^2$) | 500 V | | 1 140 V | | 6 000 V | |
|---|---|---|---|---|---|---|
| | 绝缘厚度 (mm) | 最大外径 (mm) | 绝缘厚度 (mm) | 最大外径 (mm) | 绝缘厚度 (mm) | 最大外径 (mm) |
| 0.2 | 0.8 | 2.4 | — | — | — | — |
| 0.3 | 0.8 | 2.5 | — | — | — | — |
| 0.4 | 0.8 | 2.8 | — | — | — | — |
| 0.5 | 1.0 | 3.6 | 1.2 | 3.8 | — | — |
| 0.75 | 1.0 | 3.8 | 1.2 | 4.0 | — | — |
| 1.0 | 1.0 | 3.8 | 1.2 | 4.2 | — | — |
| 1.5 | 1.0 | 4.1 | 1.2 | 4.5 | — | — |

（续表）

| 导线截面积（$mm^2$） | 500 V | | 1 140 V | | 6 000 V | |
|---|---|---|---|---|---|---|
| | 绝缘厚度（mm） | 最大外径（mm） | 绝缘厚度（mm） | 最大外径（mm） | 绝缘厚度（mm） | 最大外径（mm） |
| 2.5 | 1.2 | 4.9 | 1.4 | 5.3 | — | — |
| 4 | 1.2 | 5.5 | 1.4 | 5.9 | — | — |
| 6 | 1.2 | 6.2 | 1.4 | 6.6 | 5 | 14.5 |
| 10 | 1.4 | 8.2 | 1.4 | 8.2 | 5 | 16.2 |
| 16 | 1.4 | 9.4 | 1.4 | 9.4 | 5 | 17.3 |
| 25 | 1.6 | 12.0 | 1.6 | 12.0 | 5 | 19.5 |
| 35 | 1.6 | 13.1 | 1.6 | 13.1 | 5 | 20.6 |
| 50 | 1.8 | 14.9 | 1.8 | 14.8 | 5 | 21.8 |
| 70 | 1.8 | 17.4 | 1.8 | 17.4 | 5 | 24.4 |
| 95 | 2.0 | 19.7 | 2.0 | 19.7 | 5 | 26.2 |
| 120 | 2.0 | 21.6 | 2.0 | 21.6 | 5 | 28.0 |

表14-123 JHS型硅橡胶绝缘引接电线的结构尺寸

| 导线截面积（$mm^2$） | 导线结构根数/直径（mm） | 绝缘厚度（mm） | 计算外径（mm） | 导线截面积（$mm^2$） | 导线结构根数/直径（mm） | 绝缘厚度（mm） | 计算外径（mm） |
|---|---|---|---|---|---|---|---|
| 0.75 | 19/0.23 | 1.0 | 4.1 | 35 | 259/0.41 | 1.6 | 13.0 |
| 1.0 | 19/0.26 | 1.0 | 4.3 | 50 | 361/0.41 | 1.8 | 15.0 |
| 1.5 | 19/0.32 | 1.0 | 4.6 | 70 | 513/0.41 | 1.8 | 17.4 |
| 2.5 | 49/0.26 | 1.0 | 5.3 | 95 | 703/0.41 | 2.0 | 19.6 |
| 4.0 | 49/0.32 | 1.0 | 6.1 | 120 | 555/0.52 | 2.0 | 22.3 |
| 6 | 49/0.39 | 1.0 | 6.7 | 150 | 703/0.52 | 2.2 | 23.8 |
| 10 | 84/0.39 | 1.2 | 8.5 | 185 | 854/0.52 | 2.4 | 26.3 |
| 16 | 84/0.49 | 1.4 | 10.1 | 240 | 1 121/0.52 | 2.6 | 31.2 |
| 25 | 133/0.49 | 1.6 | 11.7 | | | | |

注：硅橡胶绝缘外包一层硅橡胶玻璃布带或玻璃丝编织后涂硅有机漆。

3）航空导线与特殊安装线 航空导线与特殊安装线是应用于各型飞机、飞行器和航天电器中的电线，常用的导电线芯采用镀锡铜线、镀银铜线或镀镍铜线；绝缘层采用聚氯乙烯绝缘，要求耐高温的电线采用氟46或聚四氟乙烯绝缘；护套采用尼龙护层，高压点火电线采用玻璃丝编织硅有机浸渍护层；屏蔽层采用镀锡铜线编织。航空导线与特殊安装线具有外径小、重量轻、耐高温、耐严寒、柔软、易于安装、耐振动、耐冲击等性能，应用在飞机和飞行器中作为传输电能、传递信号和连接仪器、仪表和电子设备的引接电线。常用的航空导线与特殊安装电线普通品种见表 14-124，各品种的规格及结构见表 14-125～表 14-128。氟塑料有红、黄、蓝、绿和本色五种颜色，可供分色。

表 14-124 航空导线与特殊安装电线普通品种

| 名　称 | 型号 | 工作温度范围(℃) | 用　途 |
|---|---|---|---|
| 电阻温度计用耐热电线 | RSMP | 120 | 电机内部敷设在没有水分的介质中作连接电阻温度计用 |
| 聚氯乙烯绝缘尼龙护套电线<br>聚氯乙烯绝缘尼龙护套屏蔽电线 | FVN<br>FVNP | －60～＋80<br>－60～＋80 | 供交流 250 V 及以下的低压线路用，FVNP 用于要求防止无线电干扰的场合 |
| 聚氯乙烯绝缘尼龙护套屏蔽软电线 | FVNR | －60～＋80 | 供交流 2 000 V 或直流 4 000 V 及以下线路用，安装时要求柔软 |
| 氟 46 绝缘安装电线<br>氟 46 绝缘屏蔽安装电线<br>聚四氟乙烯绝缘安装电线<br>聚四氟乙烯绝缘屏蔽安装电线 | AF-200<br>AFP-200<br>AF-250<br>AFP-250 | －60～＋200<br>－60～＋200<br>－60～＋250<br>－60～＋250 | 供高温环境电气设备及仪表线路用，交流额定电压 500 V 及以下 |
| 铜芯聚四氟乙烯绝缘玻璃丝编织硅有机浸渍高压点火电线 | FGF<br>FGGF | －60～＋250 | 在高温环境中作点火线用，短时工作温度允许为 360℃，时间应不超过 3 h |

表 14-125 RSMP 型耐热电线，FGF 与 FGGF 型高压点火电线规格及结构

| 型号 | 导线截面积 ($mm^2$) | 导线结构 根数/直径(mm) | 绝缘厚度 (mm) | 绝缘材料 | 最大外径 (mm) |
|---|---|---|---|---|---|
| RSMP | 2×0.75 | 19/0.23 | 0.5 | 氯化聚醚 | 3.0×6.0 |
| FGF | 铜芯 | 7/0.37 | 1.25 | 聚四氟乙烯薄膜 | 4.5 |
| FGGF | 不锈钢丝 | 7/0.30 | 1.65 | 聚四氟乙烯薄膜 | 6.5 |

表 14-126 FVN、FVNP 型聚氯乙烯绝缘尼龙护套电线规格及结构

| 导线截面积 ($mm^2$) | 镀锡导线结构 根数/直径(mm) | 绝缘厚度 (mm) | 护套厚度 (mm) | 电线外径(mm) | | | | 计算质量(kg/km) | | | |
|---|---|---|---|---|---|---|---|---|---|---|---|
| | | | | FVN | | FVNP | | FVN | | FVNP | |
| | | | | 计算 | 最大 | 计算 | 最大 | 计算 | 最大 | 计算 | 最大 |
| 0.3 | 16/0.15 | 0.35 | 0.12 | 1.7 | 1.9 | 2.2 | 2.4 | 4.8 | 6.4 | 9.7 | 12.8 |
| 0.4 | 23/0.15 | 0.35 | 0.12 | 1.85 | 2.1 | 2.3 | 2.6 | 6.4 | 7.7 | 11.8 | 14.8 |
| 0.5 | 28/0.15 | 0.35 | 0.12 | 1.9 | 2.15 | 2.4 | 2.7 | 7.4 | 9.2 | 12.9 | 16.5 |
| 0.6 | 19/0.20 | 0.35 | 0.12 | 1.95 | 2.2 | 2.8 | 3.1 | 8.2 | 9.9 | 20.5 | 24.7 |
| 0.8 | 19/0.23 | 0.35 | 0.12 | 2.1 | 2.3 | 2.9 | 3.2 | 10.2 | 12.1 | 23.4 | 27.8 |
| 1.0 | 19/0.26 | 0.35 | 0.12 | 2.3 | 2.5 | 3.1 | 3.3 | 12.6 | 15.0 | 26.5 | 31.5 |
| 1.2 | 19/0.28 | 0.40 | 0.12 | 2.4 | 2.6 | 3.2 | 3.5 | 14.8 | 17.4 | 29.8 | 34.8 |
| 1.5 | 19/0.32 | 0.40 | 0.12 | 2.6 | 2.9 | 3.4 | 3.7 | 18.5 | 21.5 | 34.5 | 40.0 |
| 2.0 | 49/0.23 | 0.40 | 0.12 | 3.1 | 3.4 | 3.9 | 4.3 | 25.5 | 29.1 | 44.0 | 51.0 |
| 2.5 | 49/0.26 | 0.40 | 0.12 | 3.4 | 3.9 | 4.2 | 4.8 | 31.3 | 36.9 | 51.2 | 61.5 |
| 3 | 49/0.28 | 0.45 | 0.12 | 3.7 | 4.0 | 4.5 | 4.9 | 36.4 | 42.5 | 57.8 | 67.8 |
| 4 | 77/0.26 | 0.45 | 0.12 | 4.4 | 4.8 | 5.2 | 5.7 | 48.2 | 56.7 | 73.4 | 86.4 |
| 5 | 98/0.26 | 0.45 | 0.12 | 4.6 | 5.1 | 5.4 | 5.9 | 59.1 | 69.5 | 85.4 | 101.0 |
| 6 | 77/0.32 | 0.45 | 0.16 | 5.2 | 5.6 | 6.0 | 6.5 | 71.0 | 81.3 | 101.0 | 116.0 |
| 8 | 98/0.32 | 0.50 | 0.16 | 5.6 | 6.0 | 6.4 | 6.9 | 88.0 | 101.0 | 119.0 | 138.0 |
| 10 | 126/0.32 | 0.50 | 0.16 | 6.6 | 7.1 | 7.4 | 7.9 | 111.0 | 128.0 | 148.0 | 170.0 |
| 16 | 209/0.32 | 0.60 | 0.20 | 8.3 | 9.0 | 9.1 | 9.7 | 186.0 | 213.0 | 232.0 | 265.0 |
| 20 | 247/0.32 | 0.60 | 0.20 | 8.7 | 9.4 | 9.5 | 10.2 | 219.0 | 269.0 | 266.0 | 324.0 |
| 25 | 209/0.39 | 0.60 | 0.20 | 9.7 | 10.4 | 10.9 | 11.6 | 270.0 | 300.0 | 351.0 | 393.0 |

（续表）

| 导线截面积（$mm^2$） | 镀锡导线结构根数/直径(mm) | 绝缘厚度（mm） | 护套厚度（mm） | 电线外径(mm) | | | | 计算质量(kg/km) | | | |
|---|---|---|---|---|---|---|---|---|---|---|---|
| | | | | FVN | | FVNP | | FVN | | FVNP | |
| | | | | 计算 | 最大 | 计算 | 最大 | 计算 | 最大 | 计算 | 最大 |
| 35 | 285/0.39 | 0.60 | 0.20 | 10.8 | 11.6 | 12.0 | 12.8 | 361.0 | 402.0 | 450.0 | 504.0 |
| 50 | 323/0.45 | 0.65 | 0.25 | 13.1 | 14.0 | 14.3 | 15.2 | 535.0 | 583.0 | 642.0 | 705.0 |
| 70 | 444/0.45 | 0.65 | 0.25 | 14.9 | 15.9 | 16.1 | 17.3 | 716.0 | 780.0 | 838.0 | 918.0 |
| 95 | 592/0.45 | 0.70 | 0.25 | 16.7 | 17.8 | 17.9 | 19.2 | 934.0 | 1 033.0 | 1 070.0 | 1 187.0 |

注：屏蔽层采用0.1～0.3 mm镀锡铜线编织，编织覆盖率不小于80%。

表14-127 FVNR型聚氯乙烯绝缘尼龙护套屏蔽软线规格及结构

| 导线截面积（$mm^2$） | 导线结构根数/直径（mm） | 250 V(或直流500 V) | | | | 500 V(或直流1 000 V) | | | | 1 000 V(或直流2 000 V) | | | | 2 000 V(或直流4 000 V) | | | |
|---|---|---|---|---|---|---|---|---|---|---|---|---|---|---|---|---|---|
| | | 绝缘厚度(mm) | 护套厚度(mm) | 计算外径(mm) | 计算质量(kg/km) | 绝缘厚度(mm) | 护套厚度(mm) | 计算外径(mm) | 计算质量(kg/km) | 绝缘厚度(mm) | 护套厚度(mm) | 计算外径(mm) | 计算质量(kg/km) | 绝缘厚度(mm) | 护套厚度(mm) | 计算外径(mm) | 计算质量(kg/km) |
| 0.50 | 28/0.15 | 0.4 | 0.12 | 2.2 | 8 | 0.6 | 0.12 | 2.6 | 10 | 1.0 | 0.12 | 3.5 | 14 | 1.6 | 0.12 | 4.9 | 24 |
| 0.75 | 24/0.20 | 0.4 | 0.12 | 2.5 | 11 | 0.6 | 0.12 | 3.0 | 13 | 1.0 | 0.12 | 3.9 | 18 | 1.6 | 0.12 | 5.1 | 28 |
| 1.0 | 32/0.20 | 0.4 | 0.12 | 2.7 | 14 | 0.6 | 0.12 | 3.1 | 16 | 1.0 | 0.12 | 4.0 | 21 | 1.6 | 0.12 | 5.3 | 31 |
| 1.5 | 48/0.20 | 0.4 | 0.12 | 3.1 | 20 | 0.6 | 0.12 | 3.6 | 23 | 1.0 | 0.12 | 4.5 | 29 | 1.6 | 0.12 | 5.8 | 40 |
| 2.5 | 77/0.20 | 0.4 | 0.12 | 3.9 | 32 | 0.6 | 0.12 | 4.4 | 33 | 1.0 | 0.12 | 5.3 | 40 | 1.6 | 0.12 | 6.5 | 54 |
| 4.0 | 133/0.20 | 0.6 | 0.12 | 4.9 | 51 | 0.8 | 0.12 | 5.3 | 52 | 1.2 | 0.12 | 6.2 | 60 | 1.8 | 0.12 | 7.5 | 79 |
| 6.0 | 133/0.23 | 0.6 | 0.16 | 5.5 | 65 | 0.8 | 0.16 | 6.6 | 66 | 1.2 | 0.16 | 6.8 | 75 | 1.8 | 0.16 | 8.1 | 96 |

表14-128 AF和AFP型氟塑料绝缘安装电线规格及结构

| 导线截面积($mm^2$) | 导线结构根数/直径(mm) | 绝缘厚度(mm) | | 最大外径(mm) | | | |
|---|---|---|---|---|---|---|---|
| | | AF-200、AFP-200<br>AF-250、AFP-250 | | AF-200<br>AF-250 | | AFP-200<br>AFP-250 | |
| | | 250 V | 500 V | 250 V | 500 V | 250 V | 500 V |
| 0.013 | 7/0.05 | 0.20 | 0.30 | 0.65 | 0.85 | 1.10 | 1.30 |
| 0.035 | 7/0.08 | 0.20 | 0.30 | 0.75 | 0.95 | 1.20 | 1.40 |
| 0.05 | 7/0.10 | 0.20 | 0.30 | 0.85 | 1.05 | 1.35 | 1.60 |
| 0.07 | 7/0.12 | 0.20 | 0.30 | 0.90 | 1.10 | 1.40 | 1.65 |
| 0.10 | 7/0.14 | 0.20 | 0.30 | 1.00 | 1.20 | 1.55 | 1.75 |
| 0.14 | 7/0.16 | 0.20 | 0.30 | 1.10 | 1.30 | 1.65 | 1.85 |
| 0.20 | 7/0.20 | 0.20 | 0.30 | 1.20 | 1.40 | 1.75 | 1.95 |
| 0.35 | 19/0.16 | 0.20 | 0.30 | 1.40 | 1.60 | 1.95 | 2.20 |
| 0.50 | 19/0.18 | 0.25 | 0.35 | 1.60 | 1.80 | 2.20 | 2.40 |
| 0.80 | 19/0.23 | 0.25 | 0.35 | 1.80 | 2.00 | 2.40 | 2.60 |
| 1.0 | 19/0.26 | 0.25 | 0.35 | 2.00 | 2.20 | 2.60 | 2.90 |
| 1.2 | 19/0.28 | 0.25 | 0.35 | 2.20 | 2.40 | 2.80 | 3.10 |
| 1.5 | 19/0.32 | 0.30 | 0.40 | 2.40 | 2.60 | 3.10 | 3.30 |
| 2.0 | 19/0.37 | 0.30 | 0.40 | 2.70 | 2.90 | 3.40 | 3.60 |
| 2.5 | 49/0.26 | 0.40 | 0.50 | 3.40 | 3.60 | 4.20 | 4.40 |
| 3 | 49/0.28 | 0.40 | 0.50 | 3.60 | 3.80 | 4.40 | 4.60 |
| 4 | 49/0.32 | 0.40 | 0.50 | 4.00 | 4.20 | 4.80 | 5.10 |
| 5 | 49/0.36 | 0.50 | 0.60 | 4.50 | 4.70 | 5.30 | 5.60 |
| 6 | 49/0.39 | 0.50 | 0.60 | 4.80 | 5.00 | 5.70 | 5.90 |

4）热电偶连接电线(补偿导线) 补偿导线是用于高温计连接热电偶与检流计的电线,导电线芯根据热电偶测温的需要采用多种合金组合成对,绝缘和护套采用聚氯乙烯或丁腈聚氯乙烯复合物。导线结构有一般结构和柔软结构两种。一般结构适用于户内固定敷设,柔软电线用于移动设备连接线。每对导线制成平型,便于安装。补偿导线的产品品种见表14-129,补偿导线线芯金属组合代号和分色标志见表14-130,补偿导线的产品结构见表14-131。

表 14-129 补偿导线产品品种

| 产品名称 | 型号 | 最高工作温度(℃) | 用途 |
|---|---|---|---|
| 聚氟乙烯绝缘和护套补偿电线<br>聚氟乙烯绝缘和护套补偿软线 | BCV<br>BCVR | 65 | 作为高温计连接热电偶与检流计的连接线 |
| 丁腈聚氯乙烯复合物绝缘和护套补偿电线<br>丁腈聚氯乙烯复合物绝缘和护套补偿软线 | BCVF<br>BCVFR | 80 | 在室内固定敷设或移动设备连接用 |

表 14-130 补偿导线线芯金属组合代号和分色标志

| 补偿线芯代号 | 每对金属的名称 | 线芯分色 |
|---|---|---|
| NM | 铜-考铜 | 红-绿 |
| NG | 镍铝合金-考铜 | 蓝-绿 |
| TK | 铜-康铜 | 红-白 |
| TN | 铜-铜镍 | 红-黑 |
| | 镍铬-镍硅 | 蓝-咖啡 |
| GK | 铁-康铜 | 黄-白 |
| G | 铁-考铜 | 黄-绿 |

表 14-131 补偿导线规格与结构

| 型号 | 导线截面积($mm^2$) | 导线结构根数/直径(mm) | 绝缘厚度(mm) | 护套厚度(mm) | 最大外径(mm) | 计算质量(kg/km) |
|---|---|---|---|---|---|---|
| BCV | 1.5 | 1/1.4 | 0.7 | 0.8 | 4.8×7.9 | 60 |
| | 2.5 | 1/0.8 | 0.9 | 1.0 | 6.2×10.1 | 98 |
| | 0.8 | 7/0.4 | 0.7 | 0.8 | 4.6×7.5 | 47 |
| BCVR | 1.4 | 7/0.5 | 0.7 | 0.8 | 5.0×7.5 | 56 |
| | 2.0 | 7/0.6 | 0.7 | 0.8 | 5.3×8.8 | 75 |
| | 2.7 | 7/0.7 | 0.9 | 1.0 | 6.5×10.8 | 108 |
| BCVF | 1.0 | 1/1.13 | | | 4.1×6.7 | |
| | 1.5 | 1/1.37 | | | 4.4×7.1 | |
| | 2.5 | 1/1.8 | | | 5.2×8.6 | |

（续表）

| 型号 | 导线截面积（$mm^2$） | 导线结构 根数/直径(mm) | 绝缘厚度（mm） | 护套厚度（mm） | 最大外径（mm） | 计算质量（kg/km） |
|---|---|---|---|---|---|---|
| BCVFR | 1.0<br>1.5<br>1.8<br>2.5 | 7/0.42<br>7/0.52<br>7/0.57<br>7/0.67 | | | 4.3×7.0<br>4.6×7.5<br>4.7×7.8<br>5.1×8.4 | |

## 四、电气装备用电缆

电气装备用电缆常采用橡皮绝缘和橡皮护层的橡套电缆，类别较多，这里介绍通用橡套电缆和一些常用的橡套电缆。

### 1. 通用橡套电缆

通用橡套电缆的导电线芯采用软铜线束绞，结构柔软，大截面的导线表面采用纸包，改善弯曲性能；绝缘采用天然丁苯橡皮，抗老化性能较好；护层采用同样橡皮，户外型产品采用全氯丁橡胶或以氯丁橡胶为主的混合橡皮，抗老化性能及机械性能均较好。产品结构分轻型、中型、重型三类。一般轻型橡套电缆适用于日用电器、小型电动设备，柔软、轻巧、弯曲性能好；中型橡套电缆普遍用于工农业：重型橡套电缆用于港口机械、探照灯、大型排灌站等场合。通用橡套电缆的产品品种及用途见表14-132，其产品规格见表14-133。

表14-132 通用橡套电缆产品品种及用途

| 名称 | 型号 | 导线长期工作最高允许温度（℃） | 用途 |
|---|---|---|---|
| 轻型通用橡套电缆 | YQ | 65 | 连接交流电压250 V及以下轻型移动电气设备和日用电器 |
| 户外型通用轻型橡套电缆 | YQW | | 同上，具有耐气候性和一定的耐油性能 |
| 中型通用橡套电缆 | YZ | | 连接交流电压500 V及以下各种移动电气设备(包括各种农用电动装置) |

（续表）

| 名　称 | 型号 | 导线长期工作最高允许温度（℃） | 用　途 |
|---|---|---|---|
| 户外型通用中型橡套电缆 | YZW | 65 | 同上，具有耐气候性和一定的耐油性能 |
| 重型通用橡套电缆 | YC | | 同YZ，但能承受较大的机械外力作用，如港口机械用 |
| 户外型通用重型橡套电缆 | YCW | | 同上，具有耐气候性和一定的耐油性能 |

注：型号含义：Y—移动式；Q—轻型；Z—中型；C—重型；W—户外型。

表14-133　通用橡套电缆产品规格

| 型　号 | 电压等级（V） | 主线芯导线截面积（$mm^2$） | 芯　数 | |
|---|---|---|---|---|
| | | | 主线芯 | 地线芯 |
| YQ、YQW | 250 | 0.3～0.75 | 2.3 | — |
| YZ、YZW | 500 | 0.5～6 | 2.3 | — |
| | | | 3 | 1 |
| YC、YCW | 500 | 2.5～120 | 1,2,3 | — |
| | | | 3 | 1 |

2. 专用橡套电缆

专用橡套电缆有电焊机用软电缆、机车车辆用电缆、无线电装置用电缆、摄影光源用软电缆、防水橡套电缆、电梯电缆、矿用电缆和船用电缆等。

1）电焊机用软电缆　电焊机用软电缆的导线采用柔软型结构，导线外包一层聚酯薄膜绝缘皮，绝缘和护套采用较好的橡皮，厚度也较大，以保证在复杂的环境条件下使用具有良好的绝缘、抗老化和机械性能。产品分铜芯橡套软电缆（YH）和铝芯橡套软电缆（YHL），铝芯电缆的线芯采用铝合金，既减轻了电缆重量，又能保证具有足够的机械强度。电焊机用软电缆用作电焊机二次侧接线及连接电焊钳的软电缆,其产品结构尺寸见表14-134,工作电压220 V。

表14-134 电焊机用软电缆结构尺寸

| 导线截面积($mm^2$) | YH | | | YHL | | |
|---|---|---|---|---|---|---|
| | 导线结构根数/直径(mm) | 绝缘厚度(mm) | 最大外径(mm) | 导线结构根数/直径(mm) | 绝缘厚度(mm) | 最大外径(mm) |
| 10 | 322/0.2 | 1.6 | 9.1 | — | — | — |
| 16 | 513/0.2 | 1.8 | 10.7 | 228/0.3 | 1.8 | 10.7 |
| 25 | 798/0.2 | 1.8 | 12.6 | 342/0.3 | 1.8 | 12.6 |
| 35 | 1 121/0.2 | 2.0 | 14.0 | 494/0.3 | 2.0 | 14.0 |
| 50 | 1 596/0.2 | 2.2 | 16.2 | 703/0.3 | 2.2 | 16.2 |
| 70 | 999/0.3 | 2.6 | 19.3 | 999/0.3 | 2.6 | 19.3 |
| 95 | 1 332/0.3 | 2.8 | 21.1 | 1 332/0.3 | 2.8 | 21.1 |
| 120 | 1 702/0.3 | 3.0 | 24.5 | 1 702/0.3 | 3.0 | 24.5 |
| 150 | 2 109/0.3 | 3.0 | 26.2 | 2 109/0.3 | 3.0 | 26.2 |
| 185 | — | — | — | 2 590/0.3 | 3.2 | 28.8 |

2) 机车车辆用电缆 机车车辆用电缆的导电线芯采用软铜线绞制的柔软结构,绝缘采用天然丁苯橡皮,护套采用耐臭氧和不延燃性的氯丁橡胶,地铁车辆用电缆采用防霉性好的配方橡皮。机车车辆用电缆分电气化车辆用电缆和地铁车辆用电缆,其产品品种及用途见表14-135,产品规格见表14-136。

表14-135 机车车辆用电缆产品品种及用途

| 名称 | 型号 | 导线长期工作最高允许温度(℃) | 用途 |
|---|---|---|---|
| 电气化车辆用橡皮绝缘非燃性橡套电缆 | DCHF | 65 | 连接直流电压500 V、1 000 V、2 000 V及以下的电气化车辆内部的电气设备用 |
| 电气化车辆用橡皮绝缘棉纱编织电线 | DCBX | | |

(续表)

| 名称 | 型号 | 导线长期工作最高允许温度(℃) | 用途 |
|---|---|---|---|
| 地铁车辆用橡皮绝缘丁腈聚氯乙烯复合物护套电缆 | DCXVF | 65（最低环境温度−35℃） | 供地下铁道机车车辆用于各种供电装置，如照明、通信、广播之用。电压级为交流500 V或直流1 000 V、3 000 V。通信、广播用的交流电压为250 V及以下 |
| 地铁车辆用橡皮绝缘氯丁护套电缆 | DCXHF | | |
| 地铁车辆用橡皮绝缘氯丁护套多芯屏蔽电缆 | DCXHFP | | |
| 地铁车辆用丁聚物绝缘聚氯乙烯护套屏蔽广播线 | DCVFVP | | |

表14-136 机车车辆用电线电缆产品规格

| 型号 | 芯数 | 导线截面积($mm^2$) | 电压(V) | |
|---|---|---|---|---|
| | | | 直流 | 交流 |
| DCHF<br>DCBX | 1 | 1.0～25<br>1.0～95<br>1.5～300 | 500<br>1 000<br>2 000 | —<br>—<br>— |
| DCXVF<br>DCXHF<br>DCXHFP<br>DCVFVP | 1<br>1<br>多芯<br>2 | 1.0～6<br>10～120<br>26×1.5+2×0.5<br>2×0.5 | 1 000、3 000<br>1 000、3 000<br>1 000<br>— | 500<br>500<br>500<br>250 |

3）无线电装置用电缆　无线电装置用电缆是供移动式无线电装置用的电缆，分为一般性的橡套电缆(SBH)和具有屏蔽作用的橡套电缆(SBHP)两种，其产品规格见表14-137。工作温度为−50～+50℃。

表 14-137 无线电装置用电缆产品规格

| 型号 | 芯 数 | 额定电压(V) | | |
|---|---|---|---|---|
| | | 250 | 500 | 3 000 |
| | | 导线截面积($mm^2$) | | |
| SBH | 2～8、10、12、14<br>2及3 | 0.35～2.5<br>4～10 | 0.75～2.5<br>4～10 | 1.5～2.5<br>— |
| SBHP | 1～8、10、12、14<br>2及3 | 0.35～2.5<br>4～10 | 0.75～2.5<br>4～10 | 1.5～2.5<br>— |

4）摄影光源用软电缆　摄影光源用软电缆的导体线芯采用多股细铜线先束后绞制成软细的柔软型结构，绝缘层及护套采用乙丙橡皮，允许工作温度为90℃，型号为GER-500，其规格与结构见表14-138。

表 14-138 摄影光源软电缆规格与结构

| 导线芯数与截面积($mm^2$) | | | | 导线结构根数/直径(mm) | 绝缘厚度(mm) | 护套厚度(mm) | | | |
|---|---|---|---|---|---|---|---|---|---|
| 单芯 | 2芯 | 2芯平型 | 4芯 | | | 单芯 | 2芯 | 2芯平型 | 4芯 |
| — | 1.0 | 1.0 | 1.0 | 32/0.2 | 1.0 | — | 1.5 | 1.5 | 1.5 |
| — | 1.5 | 1.5 | 1.5 | 48/0.2 | 1.0 | — | 1.5 | 1.5 | 1.5 |
| — | 2.5 | 2.5 | 2.5 | 77/0.2 | 1.0 | — | 1.5 | 1.5 | 2.0 |
| — | 4.0 | 4.0 | 4.0 | 126/0.2 | 1.0 | — | 1.5 | 1.5 | 2.0 |
| — | 6.0 | 6.0 | 6.0 | 189/0.2 | 1.0 | — | 2.0 | 2.0 | 2.0 |
| 10 | 10 | 10 | — | 323/0.2 | 1.2 | 1.5 | 2.0 | 2.0 | — |
| 16 | 16 | 16 | — | 513/0.2 | 1.2 | 1.5 | 2.0 | 2.0 | — |
| 25 | 25 | 25 | — | 798/0.2 | 1.4 | 2.0 | 2.5 | 2.5 | — |
| 35 | 35 | 35 | — | 1 121/0.2 | 1.4 | 2.0 | 2.5 | 2.5 | — |
| 50 | 50 | 50 | — | 1 596/0.2 | 1.6 | 2.0 | 2.5 | 2.5 | — |

5）防水橡套电缆　防水橡套电缆供向潜水电机传输电能用。交流电压500 V及以下，环境温度为－40～＋60℃，允许最高工作温度不超过65℃。电缆在长期浸水并有较大水压的工作情况下，具有良好的电气绝

缘性能。电缆柔软、弯曲性能好，能承受经常移动，型号为 JHS，其结构见表 14－139。

表 14－139 防水橡套电缆结构

| 芯数 | 芯数×截面积 (mm²) | 导线结构 根数/直径(mm) | 绝缘厚度 (mm) | 橡套厚度 (mm) | 计算外径 (mm) | 计算质量 (kg/km) |
|---|---|---|---|---|---|---|
| 单芯 | 1×4 | 49/0.32 | 1.2 | 2.0 | 9.3 | |
| | 1×6 | 49/0.39 | 1.2 | 2.0 | 9.9 | |
| | 1×10 | 49/0.52 | 1.4 | 2.0 | 12.1 | |
| | 1×16 | 84/0.49 | 1.4 | 2.0 | 13.5 | |
| | 1×25 | 133/0.49 | 1.6 | 2.5 | 16.2 | |
| | 1×35 | 133/0.58 | 1.6 | 2.5 | 17.5 | |
| | 1×50 | 133/0.68 | 1.6 | 2.5 | 19.0 | |
| | 1×70 | 189/0.68 | 1.6 | 2.5 | 21.4 | |
| 三芯 | 3×2.5 | 49/0.26 | 1.0 | 2.0 | 13.4 | 282 |
| | 3×4 | 49/0.32 | 1.0 | 2.0 | 15.5 | 386 |
| | 3×6 | 49/0.39 | 1.0 | 2.0 | 16.9 | 485 |
| | 3×10 | 49/0.52 | 1.2 | 2.5 | 22.3 | 850 |
| | 3×16 | 49/0.64 | 1.2 | 2.5 | 24.6 | 1 103 |
| | 3×25 | 98/0.58 | 1.4 | 2.5 | 31.6 | 1 774 |
| | 3×35 | 133/0.58 | 1.4 | 2.5 | 33.8 | 2 164 |
| 四芯 | | | | | 15.1 | |
| | 3×2.5+1×1.5 | 49/0.26+19/0.32 | 1.0+1.0 | 2.0 | 16.5 | 349 |
| | 3×4+1×2.5 | 49/0.32+49/0.26 | 1.0+1.0 | 2.0 | 18.9 | 425 |
| | 3×6+1×4 | 49/0.39+49/0.32 | 1.0+1.0 | 2.5 | 23.2 | 596 |
| | 3×10+1×6 | 49/0.52+49/0.39 | 1.2+1.0 | 2.5 | 25.3 | 943 |
| | 3×16+1×6 | 49/0.64+49/0.39 | 1.2+1.0 | 2.5 | 25.3 | 1 180 |
| | 3×25+1×6 | 98/0.58+49/0.39 | 1.4+1.0 | 2.5 | 32.4 | 1 895 |
| | 3×25+1×6 | 133/0.58+49/0.39 | 1.4+1.0 | 2.5 | 34.4 | 2 268 |

6）电梯电缆　电梯电缆是供高层建筑电梯及其他起重运输等设备传递信号及控制之用，是一种信号传递用控制电缆，适应自由悬吊和多次弯曲，其截面如图 14－17 所示；其品种和用途见表 14－140。

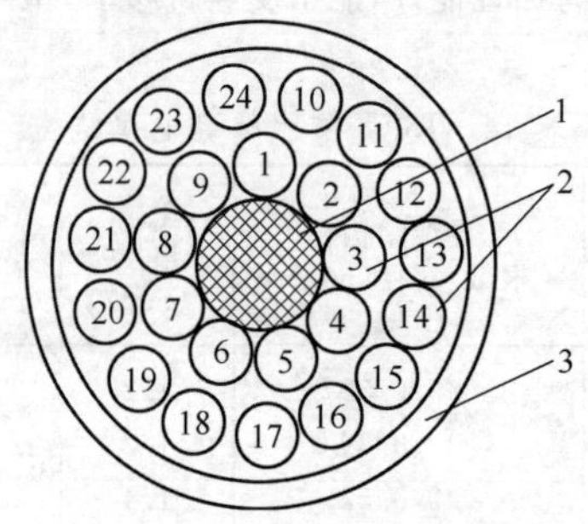


**图 14-17**　电梯电缆截面

1—尼龙加强绳；2—绝缘线芯；3—橡皮护套

表 14-140　电梯电缆品种和用途

| 产品名称 | 型　号 | 工作电压(V) | 长期工作最高温度(℃) | 规　格 | 用　途 |
|---|---|---|---|---|---|
| 电梯用信号电缆 | YT | 250 | 65 | 截面积：0.75 $mm^2$ 芯数：24、30、42 | 户内移动信号线路用 |
| | YTF | | | | 户外或接触油污及要求不延燃的移动信号线路用 |
| 电梯用控制电缆 | YTK | 500 | 65 | 截面积：1.0 $mm^2$ 芯数：8、18、24 | 同 YT 的条件，控制线路用 |
| | YTKF | | | | 同 YTF 的条件，控制线路用 |

电缆均为多芯，导电线芯要用铜绞线，绝缘层采用橡皮，成缆时中心有尼龙加强绳，以承受电缆悬吊时自重，并使之柔软，护套采用机械强度高的橡皮。

7）矿用电缆　矿用电缆是地面和井下采煤、采矿用的移动软电缆。结构根据机组配套而定，有动力芯、接地芯、控制芯、信号芯及监视芯等。煤矿安全要求较高，因此电缆的屏蔽和电气保护结构比一般电缆要求高。

矿用电缆常以配套设备或功能划分系列。电压等级划分有 300/500 V、0.66/1.14 kV 和 3.6/6 kV。常用矿用电缆的产品品种和型号见表 14-141。

表 14-141 常用矿用电缆产品品种和型号

| 产品名称 | 型号 |
|---|---|
| 采煤机用屏蔽橡套软电缆 | UCP |
| 采煤机用屏蔽监视编织加强型橡套软电缆 | UCPJB |
| 矿用移动屏蔽监视型橡套类软电缆 | UYPJ |
| 矿用移动屏蔽橡套软电缆 | UYPD |
| 矿用电钻电缆 | UZ |
| 矿用移动轻型橡套软电缆 | UYQ |
| 矿工帽灯电线 | UM |

矿用电缆 6 kV 的导体应用半导电橡皮屏蔽,屏蔽型电缆动力线芯绝缘外应有半导电层。护套颜色:红色为 3.6/6 kV;黄色为 0.66/1.14 kV;其他低电压电缆则为黑色。电缆最小弯曲半径:对 1.14 kV 的加强型软电缆为 15 倍电缆外径;其他电缆为 6 倍电缆外径。工作温度:天然丁苯橡皮绝缘的为 65℃;乙丙橡皮绝缘的为 90℃。

常用矿用电缆的产品规格见表 14-142。

表 14-142 常用矿用电缆产品规格

| 型号 | 电压(kV) | 主芯数 | 主芯截面积($mm^2$) | 地芯截面积($mm^2$) | 其他芯数 |
|---|---|---|---|---|---|
| UCP | 0.38/0.66 | 3 | 16～50 | 2.5～4 | 3～7 |
| UCPJB | 0.66/1.14 | 3 | 35～95 | 16～50 | 2 |
| UYPJ | 3.6/6 | 3 | 25～50 | 6～25 | 3 |
| UYPD | 3.6/6 | 3 | 16～50 | 16～25 | 0 |
| UZ | 0.3/0.5 | 3 | 2.5～4 | 2.5～4 | 0,1 |
| UYQ | 0.3/0.5 | 2,3 | 0.5～2.5 | — | 0 |
| UM | 5 V | 2 | 0.75～1.2 | — | 0 |

8) 船用电缆　船用电缆是各类船舶、海上平台、水上建筑等供电用的电线电缆,也包含一般控制电缆和水下作业等电缆。

船用电缆根据绝缘材料的不同可分为四个系列,即聚氯乙烯、天然丁苯橡皮、乙丙橡皮和交联聚乙烯。护套材料有氯丁橡皮、氯磺化聚乙烯、聚氯乙烯等。屏蔽层用铜丝编织,铠装层用镀锌钢丝编织,防腐蚀要求高的再加挤聚氯乙烯护套。

船用电缆产品型号的含义见表14-143。常见船用电缆的产品品种和型号见表14-144。

表14-143 船用电缆型号的含义

| 类别用途 | 导体 | 绝缘材料 | 内护套 | 外护套 | | 特性 | 燃烧特性定义代号 |
|---|---|---|---|---|---|---|---|
| | | | | 铠装代号 | 外套代号 | | |
| C：船用电缆系列 | T：铜芯(一般省略) | E：乙丙橡胶<br>J：交联聚乙烯<br>X：天然丁苯橡胶<br>V：聚氯乙烯 | V：聚氯乙烯<br>F：氯丁橡胶<br>H：氯磺化聚乙烯 | 2：双钢带<br>3：细钢丝<br>8：铜丝编织<br>9：钢丝编织 | 0：裸,无外套<br>2：聚氯乙烯<br>3：聚乙烯 | R：软结构<br>M：水密式 | D：单根燃烧<br>S：成束燃烧<br>N：耐火(单根燃烧)<br>A：有烟、有酸、有毒<br>B：低烟、低酸、低毒<br>C：无卤、低烟、低毒 |

表14-144 常用船用电缆产品品种和型号

| 产品名称 | 型号 |
|---|---|
| 聚氯乙烯绝缘聚氯乙烯护套船用电力电缆,DA型 | CVV/DA、$CVV_{80}$/DA、$CVV_{90}$/DA、$CVV_{92}$/DA |
| 天然丁苯橡皮绝缘氯丁橡皮护套船用电力电缆,DA型 | CXF、$CXF_{80}$、$CXF_{90}$、$CXF_{92}$ |
| 天然丁苯橡皮绝缘聚氯乙烯护套船用电力电缆 | CXV、$CXV_{80}$、$CXV_{90}$、$CXV_{92}$、CXFR |
| 乙丙橡皮绝缘氯丁橡皮护套船用电力电缆,DA型 | CEF/DA、$CEF_{80}$/DA、$CEF_{90}$/DA、$CEF_{82}$/DA、$CEF_{92}$/DA、CEFR/DA |
| 乙丙橡皮绝缘氯磺聚乙烯护套船用电力电缆,DA型 | CEH/DA、$CEH_{80}$/DA、$CEH_{90}$/DA、$CEH_{82}$/DA、$CEH_{92}$/DA、CEHR/DA |
| 乙丙绝缘聚氯乙烯内套船用电力电缆,DA型 | CEV/DA、$CEV_{80}$/DA、$CEV_{90}$/DA、$CEV_{90}$/DA、$CEV_{82}$/DA、$CEV_{92}$/DA |
| 交联聚乙烯绝缘聚氯乙烯护套船用电缆,DA型 | CJV/DA、$CJV_{80}$/DA、$CJV_{90}$/DA、$CJV_{92}$/DA |

船用电缆电压等级为0.6/1 kV。工作温度：聚氯乙烯绝缘的为60℃，天然丁苯橡皮绝缘的为70℃，乙丙橡皮和交联聚乙烯绝缘的为85℃。船用电缆的规格(芯数/标称截面)有：1芯/(1～300)$mm^2$；2芯/(1～120)$mm^2$；3芯/(1～185)$mm^2$；4～37芯/(1～2.5)$mm^2$(控制电缆)。

船用电缆的大部分性能与一般电缆相同，也有部分性能是特有的，如绝缘芯线浸水后电容增值，电缆纵向水密性能等。阻燃性能是船用电缆的基本要求，国际上十分重视无卤、低烟、低毒阻燃电缆的开发。

## 五、控制电缆

控制电缆是指从控制中心连接到各系统传递信号或控制操作功能的电缆，用于直流或交流50～60 Hz、额定电压600/1 000 V及以下的控制、信号、保护和测量线路。控制电缆常用于电气控制系统和配电装置中，固定敷设。在一般控制电路中，负荷不连续、电流不大，因此芯线截面较小，通常在10 $mm^2$以下。控制电缆线芯多采用铜导体。按其线芯结构型式可分为3种：A型(0.5～6 $mm^2$、单根实心)；B型(0.5～6 $mm^2$、七根单线芯绞合)；R型(0.12～1.5 $mm^2$、多芯绞合软结构、单线芯直径0.15～0.2 $mm^2$)。

控制电缆的品种主要有聚氯乙烯绝缘控制电缆、天然丁苯橡胶绝缘控制电缆和聚乙烯绝缘控制电缆三大系列，其中以聚乙烯绝缘的控制电缆性能最好，可用于高频线路。此外还有交联聚乙烯绝缘和氟塑料绝缘的控制电缆。

控制电缆的工作温度：橡胶绝缘的控制电缆为65℃，聚氯乙烯绝缘、聚乙烯绝缘和交联聚乙烯绝缘的控制电缆分别为70℃、90℃和105℃三个等级，氟塑料绝缘的控制电缆为200℃。计算机系统使用的控制电缆，一般选用聚氯乙烯、聚乙烯、交联聚乙烯及氟塑料绝缘的产品。

控制电缆型号的含义见表14-145；其产品品种和型号见表14-146；对绞式控制电缆的技术数据见表14-147；同心式控制电缆的技术数据见表14-148。

表14-145 控制电缆型号的含义

| 线芯材质 | 绝缘材料 | 护套屏蔽类型 | 外护层材质 | 派生特性 |
|---|---|---|---|---|
| T：铜芯(一般省略) | Y：聚乙烯 | Y：聚乙烯 | 02：聚氯乙烯护套 | 80：耐热80℃ |

（续表）

| 线芯材质 | 绝缘材料 | 护套屏蔽类型 | 外护层材质 | 派生特性 |
|---|---|---|---|---|
| L：铝芯 | V：聚氯乙烯<br>X：橡胶<br>YJ：交联聚乙烯<br>F：氟塑料 | V：聚氯乙烯<br>F：氯丁橡胶<br>Q：铅套<br>P：编织屏蔽 | 03：聚乙烯护套<br>20：裸钢带铠<br>22：钢带铠装聚氯乙烯护套<br>23：钢带铠装聚乙烯护套<br>29：内钢带铠装<br>30：裸细钢丝铠装<br>32：细圆钢丝铠装聚氯乙烯护套<br>33：细圆钢丝铠装聚乙烯护套 | 105：耐热105℃<br>1：铜丝缠绕屏蔽<br>2：铜带绕包屏蔽 |

表14-146 控制电缆产品品种和型号

| 名称 | 型号 |
|---|---|
| 聚氯乙烯绝缘及护套控制电缆 | KVV、KVVP、$KVVP_1$、$KVVP_2$、$KVV_{29}$ |
| 聚氯乙烯绝缘聚乙烯护套控制电缆 | KVY、KVYP、$KVYP_1$、$KVYP_2$ |
| 聚乙烯绝缘聚氯乙烯护套控制电缆 | KYV、KYVP、$KYVP_1$、$KYVP_2$、$KYV_{29}$、$KY_{22}$、$KY_{32}$ |
| 聚乙烯绝缘及护套控制电缆 | KYY、KYYP、$KYYP_1$、$KYYP_2$、$KY_{23}$、$KYY_{30}$、$KY_{33}$、$KYP_{233}$、$KYP_{232}$ |
| 交联聚乙烯绝缘聚氯乙烯护套控制电缆 | KYJV、KYJVP、$KYJV_{22}$ |
| 氟塑料绝缘和护套控制电缆 | KFF |
| 氟塑料绝缘聚氯乙烯护套控制电缆 | KFV |
| 橡胶绝缘裸铅包控制电缆 | KXQ、$KXQ_{20}$ |
| 橡胶绝缘氯丁橡套控制电缆 | KXF |
| 橡胶绝缘聚氯乙烯护套控制电缆 | KXV、$KX_{22}$、$KXQ_{02}$、$KXV_{29}$ |
| 橡胶绝缘聚乙烯护套控制电缆 | $KX_{23}$、$KXQ_{03}$ |

表 14-147 对绞式控制电缆的技术数据

| 控制电缆型号 | 线芯结构型式 | 额定电压 $U_0/U$ (V) | 标称截面积($mm^2$) | |
|---|---|---|---|---|
| | | | 0.5、0.75 | 1、1.5 |
| | | | 对数 | |
| KYY、KYV<br>KVY、KYYP<br>$KYYP_2$、KYVP<br>$KYVP_2$、KVYP<br>$KVYP_2$ | A、B | 150/250 | 2、4、7、10、14、19、24、30、37、44、48 | 2、4、7、10、14、19、24 |

表 14-148 同心式控制电缆的技术数据

| 控制电缆型号 | 线芯结构型式 | 额定电压 $U_0/U$ (V) | 线芯标称截面积($mm^2$) | | | | | |
|---|---|---|---|---|---|---|---|---|
| | | | 0.12～0.4 | 0.5～1 | 1.5 | 2.5 | 4 | 6～10 |
| | | | 芯数 | | | | | |
| KYY、KYYP、$KYYP_2$、KYV、KYVP、$KYVP_2$、KVY、KVYP、$KVYP_2$、KVV、KXV | A、B | 600/1 000 或 300/500 | | 2、4、5、6、7、8、10、12、14、16、19、24、30、37、44、48、52、61 | | 2、4、5、6、7、8、10、12、14、16、19、24、30、37 | 4、5、6、7、8、10、12、14 | 4、5、6、7、8、10 |
| $KYYP_1$、$KYVP_1$、$KVYP_1$、$KVVP_1$ | A、B | 300/500 | | 4、5、6、7 | | | | |
| $KV_{22}$、$KY_{23}$、$KV_{22}$ | A、B | 600/1 000 或 300/500 | | 6～61 | 4～61 | 4～37 | 4～14 | 4～10 |
| $KV_{23}$、$KX_{22}$、$KX_{23}$、$KYY_{30}$、$KY_{32}$、$KY_{33}$、$KYP_{32}$、$KYP_{233}$ | | | | 10～61 | 16～61 | 6～37 | 6～14 | 6～10 |

## 六、低压电力电缆

电力电缆应用在电力系统中传输或分配较大功率的电能，根据电力系统电压等级的不同，生产有不同电压等级的电力电缆。这里仅介绍35 kV及以下的低压电力电缆。

低压电力电缆主要的品种有油浸纸绝缘电力电缆、橡皮绝缘电力电缆、聚氯乙烯绝缘电力电缆和聚乙烯及交联聚乙烯绝缘电力电缆。

### 1. 油浸纸绝缘电力电缆

油浸纸绝缘电力电缆有铅护套或铝护套的铜芯或铝芯电缆等。绝缘方式有普通型、滴干型和不滴流型三种。单芯电缆的导电线芯为圆形，用电缆纸带以同心式多层绕包；多芯电缆的导电线芯制成半圆形、椭圆形或扇形，每根线芯上分别绕包多层绝缘纸带（即芯绝缘），几根线芯绞合成缆，其空隙处填有电缆麻、电缆纸绳，使之形成圆形，再绕包上一定厚度的绝缘纸带（即带绝缘）。电压稍高的电缆线芯表面及绝缘层外层采用半导电屏蔽层。纸绝缘层经浸渍处理，采用不同的浸渍剂分别制成普通型、滴干绝缘和不滴流电缆。电缆的内护层采用热压铅或铝的密封护套，根据不同敷设场合的条件，为了能承受电缆的拉力和保护电缆内护层免受机械损伤或腐蚀等破坏，电缆采用沥青浸渍电缆麻被、钢带或细钢丝铠装等外护层。10 kV及以下三芯油浸纸绝缘电力电缆的结构如图14-18所示。

**图14-18**　三芯油浸纸绝缘电力电缆结构

油浸纸绝缘电力电缆的生产范围：额定电压为1～35 kV；芯数为1～4芯；单芯的截面为2.5～800 $mm^2$、多芯的截面为2.5～400 $mm^2$，截面等级依次为2.5、4、6、10、16、25、35、50、70、95、120、150、185、240、300、400、500、630、800 $mm^2$。油浸纸绝缘电力电缆广泛应用于交流电压的输配电网中，作为传输电能用，也可用于直流，其工作电压可提高一倍。滴干绝缘和不滴流电缆用于高落差及垂直敷设场合，不滴流电缆也可用于热带地区。油浸纸绝缘电力电缆的品种及其敷设场合见表14-149，油浸纸绝缘铅包电力电缆的产品规格见表

14-150,油浸纸绝缘铝包电力电缆的产品规格见表14-151。

表14-149 油浸纸绝缘电力电缆的品种及其敷设场合

| 品种＼型号 | 单芯和多芯统包型 | | 分相铅包型 | | 外护层种类 | 敷设场合 |
|---|---|---|---|---|---|---|
| | 铝芯 | 铜芯 | 铝芯 | 铜芯 | | |
| 油浸纸绝缘铅包电力电缆 | ZLQ | ZQ | — | — | 裸铅护套 | 敷设在室内、隧道及沟管中,对电缆应没有机械外力作用,对铅护套应有中性环境 |
| | ZLQ1 | ZQ1 | — | — | 麻被层 | 同上,但可用于有腐蚀的环境 |
| | ZLQ2 | ZQ2 | ZLQF2 | ZQF2 | 钢带铠装,外麻被 | 直埋于土壤中,能承受机械外力,不能承受大的拉力 |
| | ZLQ20 | ZQ20 | ZLQF20 | ZQF20 | 裸钢带铠装 | 敷设在室内、隧道及沟管中,其余同ZLQ2 |
| | ZLQ3 | ZQ3 | — | — | 细钢丝铠装,外麻被 | 敷设在土壤中,能承受机械外力,并能承受相当的拉力 |
| | ZLQ30 | ZQ30 | — | — | 裸细钢丝铠装 | 敷设在室内及矿井中,其余同ZLQ3 |
| | ZLQ5 | ZQ5 | ZLQF5 | ZQF5 | 粗钢丝铠装,外麻被 | 敷设在水中,能承受较大的拉力 |
| 油浸纸滴干绝缘铅包电力电缆 | ZLQP2 | ZQP2 | ZLQPF2 | ZQPF2 | 钢带铠装,外麻被 | 用于一定范围内的垂直或高落差敷设 |
| | ZLQP20 | ZQP20 | ZLQPF20 | ZQPF20 | 裸钢带铠装 | |
| | ZLQP3 | ZQP3 | — | — | 细钢丝铠装,外麻被 | |
| | ZLQP30 | ZQP30 | — | — | 裸细钢丝铠装 | |
| | ZLQP5 | ZQP5 | ZLQPF5 | ZQPF5 | 粗钢丝铠装,外麻被 | |

（续表）

| 品种 \ 型号 | 单芯和多芯统包型 铝芯 | 单芯和多芯统包型 铜芯 | 分相铅包型 铝芯 | 分相铅包型 铜芯 | 外护层种类 | 敷设场合 |
|---|---|---|---|---|---|---|
| 油浸纸绝缘铝包电力电缆 | ZLL | ZL | — | — | 裸铝护套 | 敷设在室内、隧道及沟管中，对电缆应没有机械外力，对铝护套应有中性环境 |
| | ZLL11 | ZL11 | — | — | 一级防腐麻被层 | 同ZLL，但可用于对铝护层有腐蚀的环境 |
| | ZLL12 | ZL12 | — | — | 一级防腐钢带铠装，外麻被 | 直埋于对铝护层有腐蚀的土壤中，能承受较大机械外力，但不能承受拉力 |
| | ZLL120 | ZL120 | — | — | 一级防腐裸钢带铠装 | 敷设在对铝护层有腐蚀的室内、隧道及沟管中，其余同ZLL12 |
| | ZLL13 | ZL13 | — | — | 一级防腐细钢丝铠装，外麻被 | 敷设在对铝护层有腐蚀的土壤和水中，能承受机械外力和相当的拉力 |
| | ZLL130 | ZL130 | — | — | 一级防腐裸细钢丝铠装 | 敷设在对铝护层有腐蚀的室内、隧道及矿井中，其余同ZLL13 |
| | ZLL15 | ZL15 | — | — | 一级防腐粗钢丝铠装，外麻被 | 敷设在对铝护层有腐蚀的水中，能承受较大的拉力 |
| | ZLL22 | ZL22 | — | — | 二级防腐钢带铠装，外麻被 | 敷设在对铝护层和钢带或钢丝均有严重腐蚀的环境中，其余分别同{ZLL12、ZLL13、ZLL15} |
| | ZLL23 | ZL23 | — | — | 二级防腐细钢丝铠装，外麻被 | |
| | ZLL25 | ZL25 | — | — | 二级防腐粗钢丝铠装，外麻被 | |

（续表）

| 品种＼型号 | 单芯和多芯统包型 | | 分相铅包型 | | 外护层种类 | 敷设场合 |
|---|---|---|---|---|---|---|
| | 铝芯 | 铜芯 | 铝芯 | 铜芯 | | |
| 不滴流浸渍剂纸绝缘电力电缆 | ZLQD3 | ZQD3 | — | — | 细钢丝铠装，外麻被 | 敷设在土壤中，能承受机械外力并能承受相当的拉力 |
| | ZLQD30 | ZQD30 | — | — | 裸细钢丝铠装 | 敷设在室内、隧道及矿井中，其余同ZLQD3 |
| | ZLQD5 | ZQD5 | — | — | 粗钢丝铠装，外麻被 | 敷设在水中，能承受较大的拉力 |

表14-150 油浸纸绝缘铅包电力电缆的产品规格

| 型号 | 芯数 | 额定电压(kV) | | | | | |
|---|---|---|---|---|---|---|---|
| | | 1 | 3 | 6 | 10 | 20 | 35 |
| | | 导电线芯截面积($mm^2$) | | | | | |
| ZQ、ZLQ、ZQ1、ZLQ1 | 1 | 2.5～800 | 6～630 | 10～500 | 16～500 | 25～400 | 50～300 |
| ZQ2、ZLQ2、ZQ20、ZLQ20 | | 4～800 | 6～630 | 10～500 | 16～500 | — | — |
| ZQ3、ZLQ3、ZQ30、ZLQ30 | | 50～800 | 35～630 | — | — | — | — |
| ZQP2、ZLQP2、ZQP20、ZLQP20 | | 4～500 | 6～500 | 10～95 | 16～95 | — | — |
| ZQP3、ZLQP3、ZQP30、ZLQP30 | | 50～500 | 35～500 | 35～95 | 35～95 | — | — |
| ZQ、ZLQ、ZQ1、ZLQ1、ZQ2、ZLQ2、ZQ20、ZLQ20 | 2 | 2.5～150 | — | — | — | — | — |
| ZQ3、ZLQ3、ZQ30、ZLQ30 | | 25～150 | — | — | — | — | — |
| ZQP2、ZLQP2、ZQP20、ZLQP20 | | 4～120 | — | — | — | — | — |
| ZQP3、ZLQP3、ZQP30、ZLQP30 | | 25～120 | — | — | — | — | — |

（续表）

| 型　　号 | 芯数 | 额定电压(kV) | | | | | |
|---|---|---|---|---|---|---|---|
| | | 1 | 3 | 6 | 10 | 20 | 35 |
| | | 导电线芯截面积($mm^2$) | | | | | |
| ZQ、ZLQ、ZQ1、ZLQ1、ZQ2、ZLQ2、ZQ20、ZLQ20 | 3 | 2.5～240 | 4～240 | 10～240 | 16～240 | — | — |
| ZQ3、ZLQ3、ZQ30、ZLQ30、ZQ5、ZLQ5 | 3 | 25～240 | 25～240 | 16～240 | 16～240 | — | — |
| ZQF2、ZLQF2、ZQF20、ZLQF20 | 3 | — | — | — | — | 25～185 | 50～185 |
| ZQF5、ZLQF5 | 3 | — | — | — | — | 25～185 | 50～150 |
| ZQP2、ZLQP2、ZQP20、ZLQP20 | 3 | 4～150 | 6～150 | 16～150 | — | — | — |
| ZQP3、ZLQP3、ZQP30、ZLQP30、ZQP5、ZLQP5 | 3 | 25～150 | 25～150 | 16～120 | — | — | — |
| ZQPF2、ZLQPF2、ZQPF20、ZLQPF20 | 3 | — | — | 16～150 | 25～150 | — | — |
| ZQPF5、ZLQPF5 | 3 | — | — | 16～150 | 25～150 | — | — |
| ZQ、ZLQ、ZQ1、ZLQ1、ZQ2、ZLQ2、ZQ20、ZLQ20 | 4 | 4～185 | — | — | — | — | — |
| ZQ3、ZLQ3、ZQ30、ZLQ30 | 4 | 16～185 | — | — | — | — | — |
| ZQP2、ZLQP2、ZQP20、ZLQP20 | 4 | 4～120 | — | — | — | — | — |
| ZQP3、ZLQP3、ZQP30、ZLQP30 | 4 | 16～120 | — | — | — | — | — |
| ZQ5、ZLQ5 | 4 | 25～120 | — | — | — | — | — |
| ZQP5、ZLQP5 | 4 | 25～120 | — | — | — | — | — |

注：1. 单芯钢带铠装电缆仅能用于直流输配电线路中。

2. 单芯钢丝铠装电缆采取隔磁措施后，亦可应用于交流系统。

表 14-151 油浸纸绝缘铝包电力电缆的产品规格

| 型号 | 芯数 | 额定电压(kV) | | | |
|---|---|---|---|---|---|
| | | 1 | 3 | 6 | 10 |
| | | 导电线芯截面积($mm^2$) | | | |
| ZL、ZLL、ZL11、ZLL11、ZL12、ZLL12、ZL120、ZLL120、ZL22、ZLL22 | 1 | 50～625 | 50～625 | 50～500 | 50～500 |
| ZL13、ZLL13、ZL130、ZLL130、ZL23、ZLL23 | 1 | 50～625 | 50～625 | — | — |
| ZL、ZLL、ZL11、ZLL11、ZL12、ZLL12、ZL120、ZLL120、ZL22、ZLL22 | 2 | 16～150 | — | — | — |
| ZL13、ZLL13、ZL130、ZLL130、ZL23、ZLL23 | 2 | 25～150 | — | — | — |
| ZL、ZLL、ZL11、ZLL11、ZL12、ZLL12、ZL120、ZLL120、ZL22、ZLL22 | 3 | 10～240 | 10～240 | 10～240 | 16～240 |
| ZL13、ZLL13、ZL130、ZLL130、ZL23、ZLL23、ZL15、ZLL15、ZL25、ZLL25 | 3 | 25～240 | 25～240 | 16～240 | 16～240 |
| ZL、ZLL、ZL11、ZLL11、ZL12、ZLL12、ZL120、ZLL120、ZL22、ZLL22 | 4 | 10～185 | — | — | — |
| ZL13、ZLL13、ZL130、ZLL130、ZL23、ZLL23 | 4 | 16～185 | — | — | — |
| ZL15、ZLL15、ZL25、ZLL25 | 4 | 25～120 | — | — | — |

注：单芯铠装电缆仅能用于直流输配电线路中。

2. 橡皮绝缘电力电缆

橡皮绝缘电力电缆的导电线芯有铜芯和铝芯两种，橡皮绝缘，内护层有铅包、聚氯乙烯及氯丁橡胶护套，有的电缆还采用钢带铠装沥青浸渍麻被外护层。三芯橡皮绝缘电力电缆结构如图 14-19 所示。

橡皮绝缘电力电缆生产范围：额定电压为 0.5～6 kV；芯数为 1～4 芯；单芯的截面积为 1.0～500 $mm^2$、多芯的截面积为 1.5～185 $mm^2$，截面档次

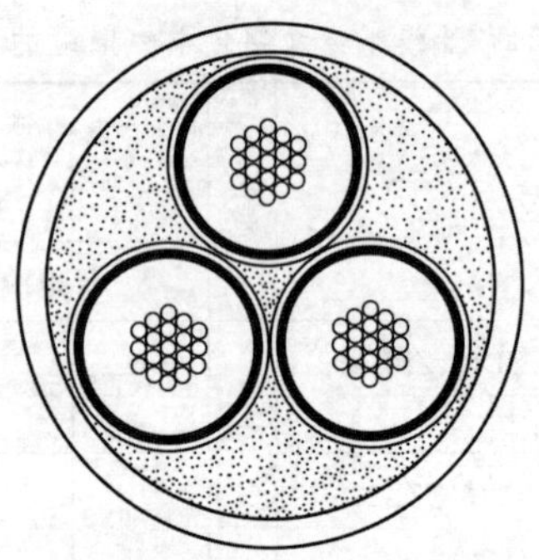

图 14－19 三芯橡皮绝缘电力电缆结构

与油浸纸绝缘电力电缆基本相同。橡皮绝缘电力电缆广泛应用于定期移动的场合，作固定敷设之用，氯丁橡胶和聚氯乙烯护套都可用于要求非燃或不延燃的场合。橡皮绝缘电力电缆的品种及其敷设场合见表 14－152，其产品规格见表14－153。

表 14－152 橡皮绝缘电力电缆的品种及其敷设场合

| 品种 | 型号 | | 外护层种类 | 敷设场合 |
|---|---|---|---|---|
| | 铝芯 | 铜芯 | | |
| 橡皮绝缘铅包电力电缆 | XLQ | XQ | 无外护层 | 敷设在室内、隧道及沟管中。不能承受机械外力和振动，对铅层应有中性环境 |
| | XLQ2 | XQ2 | 钢带铠装，外麻被 | 直埋敷设在土壤中，能承受机械外力，不能承受大的拉力 |
| | XLQ20 | XQ20 | 裸钢带铠装 | 敷设在室内、隧道及沟管中。其余同 XLQ2 |
| 橡皮绝缘聚氯乙烯护套电力电缆 | XLV | XV | 无外护层 | 敷设在室内、隧道及沟管中。不能承受机械外力 |
| | XLV29 | XV29 | 钢带铠装 | 敷设在地下，能受一定机械外力作用，但不能受大的拉力 |
| 橡皮绝缘氯丁橡套电力电缆 | XLF | XF | 无外护层 | 敷设于要求防燃烧的场合，其余同 XLV |

表 14-153 橡皮绝缘电力电缆的规格

| 型号 | 芯数 | | 额定电压(V) | |
|---|---|---|---|---|
| | 主线芯 | 接地或中性线芯 | 500 | 6 000 |
| | | | 导线截面积($mm^2$) | |
| XLV、XLF | 1 | 0 | 2.5～630 | — |
| XV、XF | | | 1～240 | — |
| XLQ | | | 2.5～630 | 4～500 |
| XQ | | | 1～240 | 2.5～400 |
| XLV、XLF | 2 | 0 | 2.5～240 | — |
| XV、XF、XQ | | | 1～185 | — |
| XLV20、XLQ、XLQ2、XLQ20 | | | 4～240 | — |
| XV29、XQ2、XQ20 | | | 4～185 | — |
| XLV、XLF | 3 | 0或1 | 2.5～240 | — |
| XV、XF、XQ | | | 1～185 | — |
| XLV20、XLQ、XLQ2、XLQ20 | | | 4～240 | — |
| XV29、XQ2、XQ20 | | | 4～185 | — |

3. 聚氯乙烯绝缘电力电缆

聚氯乙烯绝缘电缆的导电线芯有铜芯和铝芯两种，单芯电缆的导电线芯为圆形，多芯电缆的线芯有圆形、扇形或半圆形。绝缘层采用聚氯乙烯电缆绝缘料热挤压而成，多芯电缆的线芯绝缘分色标志，主线芯取黄、绿、红色，中性线芯用黑色，中性线芯也有裸导体结构；6 kV 单芯电缆的绝缘层表面及多芯电缆在成缆绕包塑料带前，绕包两层铝带或一层铜带。电缆护套是聚氯乙烯普通电缆护套料，其护层结构有三种：一是无铠装层仅有聚氯乙烯护套(VLV、VV 型)；二是由聚氯乙烯挤制或聚氯乙烯带绕包的内衬垫，其外用钢带铠装(VLV29，VV29 型)或钢丝铠装(VLV39、VV39、VLV59、VV59)，铠装层外再挤压聚氯乙烯外护套；三是只有内护层和铠装层，没有外护套的裸铠装(VLV30、VV30、VLV50、VV50)。三芯聚氯乙烯绝缘电力电缆结构如图 14-20 所示。

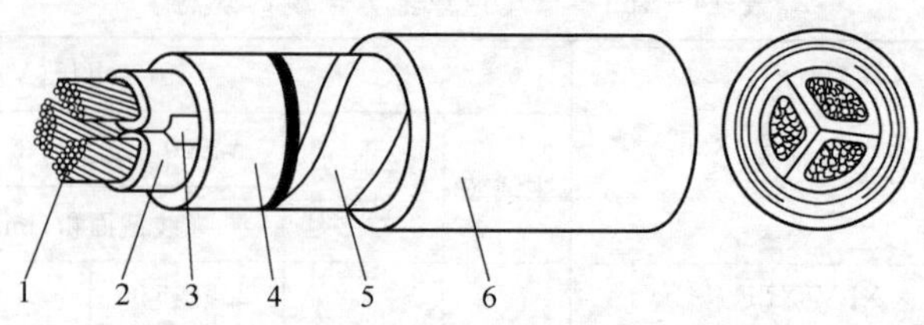


**图14-20**　聚氯乙烯绝缘电力电缆结构

1—导电线芯；2—聚氯乙烯绝缘；3—边角填充；
4—内衬垫；5—铠装钢带；6—聚氯乙烯护套

聚氯乙烯绝缘电力电缆产品范围：额定电压为1～6 kV；芯数为1～4芯；单芯的截面积为1～800 $mm^2$，多芯的截面积为1～300 $mm^2$，截面等级与油浸纸绝缘电力电缆的基本相同。聚氯乙烯绝缘电力电缆适用于交流6 kV及以下电压级的电力线路中，作为固定敷设、传输电能的干线及支线电缆，其工作温度应不超过65℃，没有敷设位差的限制。聚氯乙烯绝缘电力电缆的品种及其敷设场合见表14-154，其产品规格见表14-155。

表14-154　聚氯乙烯绝缘电力电缆的品种及其敷设场合

| 型号 | | 护层种类 | 敷设场合 |
|---|---|---|---|
| 铝芯 | 铜芯 | | |
| VLV | VV | 聚氯乙烯护套，无铠装层 | 敷设在室内、隧道及沟管中，不能承受机械外力的作用 |
| VLV29 | VV29 | 内钢带铠装，聚氯乙烯护套 | 直埋敷设在土壤中，能承受机械外力，不能承受大的拉力 |
| VLV30 | VV30 | 聚氯乙烯护套，裸细钢丝铠装 | 敷设在室内、矿井中。能承受机械外力和相当的拉力 |
| VLV39 | VV39 | 内细钢丝铠装，聚氯乙烯护套 | 敷设在水中，能承受相当的拉力 |

（续表）

| 型号 | | 护层种类 | 敷设场合 |
|---|---|---|---|
| 铝芯 | 铜芯 | | |
| VLV50 | VV50 | 聚氯乙烯护套，裸粗钢丝铠装 | 敷设在室内、矿井中，能承受较大拉力 |
| VLV59 | VV59 | 内粗钢丝铠装，聚氯乙烯护套 | 敷设在水中，能承受较大的拉力 |

表14-155 聚氯乙烯绝缘电力电缆产品规格

| 型号 | | 芯数 | 额定电压(kV) | |
|---|---|---|---|---|
| | | | 1 | 6 |
| 铝芯 | 铜芯 | | 导电线芯标称截面积($mm^2$) | |
| —<br>VLV<br>VLV29 | VV<br>—<br>VV29 | 1 | 1～800<br>2.5～800<br>10～800 | 10～500<br>10～500<br>10～500 |
| —<br>VLV<br>VLV29 | VV<br>—<br>VV29 | 2 | 1～150<br>2.5～150<br>4～150 | 10～150<br>10～150<br>10～150 |
| —<br>VLV<br>VLV29 | VV<br>—<br>VV29 | 3 | 1～300<br>2.5～300<br>4～300 | 10～300<br>10～300<br>10～300 |
| VLV39、VLV30<br>VLV59、VLV50 | VV39、VV30<br>VV59、VV50 | 3 | — | 16～300 |
| VLV<br>VLV29 | VV<br>VV29 | 4 | 4～185 | — |

注：有铠装的单芯电缆仅适用于直流系统。

4. 交联聚乙烯绝缘电力电缆

交联聚乙烯绝缘电力电缆的特点是其绝缘层采用交联聚乙烯。交联聚乙烯是聚乙烯在高能射线(如γ射线、α射线、电子射线等)或交联剂的作用下,使其大分子之间生成交联,可提高其耐热等性能。采用交联聚乙烯作绝缘的电缆,其长期工作温度可提高到90℃,能承受的瞬时短路温度可达170～250℃。

交联聚乙烯绝缘电缆产品结构与聚氯乙烯绝缘电力电缆基本相同。导电线芯有铜芯和铝芯两种,单芯电缆线芯为圆形,多芯电缆线芯为圆形或半圆形;每相绝缘分别由内屏蔽层、交联聚乙烯绝缘层及外屏蔽层所组成,导电线芯的屏蔽(内屏蔽层)采用半导电交联聚乙烯复合物挤包,绝缘屏蔽(外屏蔽层)采用双面涂胶的半导电丁基橡胶布带绕包或用半导电高分子复合物挤包。绝缘屏蔽半导体层外面均重叠绕包一层电工用韧铜带;移动式的电缆则编织一层镀锡铜丝,铜带外再绕包一层聚氯乙烯带或电缆纸;护层结构与聚氯乙烯绝缘电力电缆基本相同,采用聚氯乙烯护套、钢带或钢丝铠装,分无铠装(VJLV、VJV、VJLVF、VJVF)、内铠装(VJLV29、VJV29、VJLV39、VJV39、VJLV59、VJV59)及裸铠装(VJLV30、VJV30、VJLV50、VJV50);多芯电缆各主线芯有分色标志,采用除红色以外的彩色纤维(纱或丝)放置在外屏蔽铜带里层或在外屏蔽的半导电丁基橡胶布带上印有彩色条纹,以区别各相。交联聚乙烯电力电缆的结构如图14-21所示。

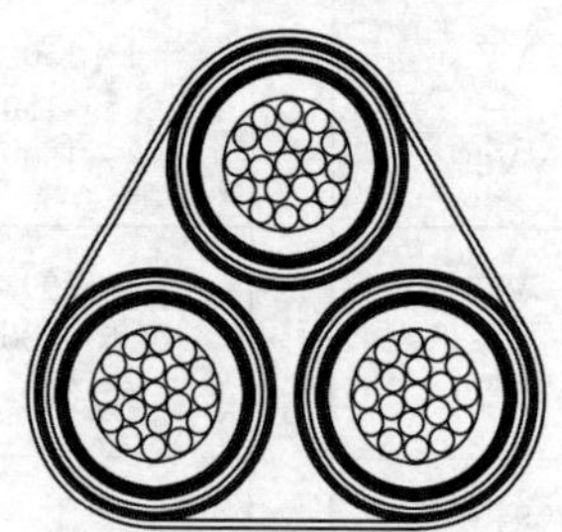

**图14-21**　交联聚乙烯绝缘电力电缆结构

交联聚乙烯绝缘电力电缆的产品范围:额定电压为6、10、20及35 kV;芯数为1及3芯;单芯的截面积为16～500 $mm^2$,三芯的截面积为16～240 $mm^2$,截面等级与油浸纸绝缘电力电缆基本相同;广泛应用于交流电压的输配电网中,用作传输电能,可替代油浸纸绝缘电力电缆,无敷设位差的限制,还可用于定期移动的固定敷设场合,除具有较高的耐热性能外,且有良好的耐寒性能。交联聚乙烯绝缘电力电缆的品种及其敷设场合见表14－156，其产品规格见表14－157，交联聚乙烯绝缘电力电缆长期连续负荷载流量见表14－158。

表14－156 交联聚乙烯电力电缆品种及其敷设场合

| 型号 | | 名称 | 敷设场合 |
|---|---|---|---|
| 铝芯 | 铜芯 | | |
| YJLV | YJV | 交联聚乙烯绝缘聚氯乙烯护套电力电缆 | 敷设在室内外、隧道内(须固定在托架上)、混凝土管组或电缆沟中，允许在松散土壤中直埋，电缆不能承受机械外力作用，但可经受一定的敷设牵引 |
| YJLVF | YJVF | 交联聚乙烯绝缘分相聚氯乙烯护套电力电缆 | 同YJV、YJLV型 |
| YJLV29 | YJV29 | 交联聚乙烯绝缘聚氯乙烯护套内钢带铠装电力电缆 | 敷设在地下，电缆能承受机械外力作用，但不能承受大的拉力 |
| YJLV30 | YJV30 | 交联聚乙烯绝缘聚氯乙烯护套裸细钢丝铠装电力电缆 | 敷设在室内、隧道内及矿井中，电缆能承受机械外力作用，并能承受相当的拉力 |
| YJLV39 | YJV39 | 交联聚乙烯绝缘聚氯乙烯护套内细钢丝铠装电力电缆 | 敷设在水中或具有落差较大的土壤中，电缆能承受相当的拉力 |
| YJLV50 | YJV50 | 交联聚乙烯绝缘聚氯乙烯护套裸粗钢丝铠装电力电缆 | 敷设在室内、隧道内及矿井中，电缆能承受机械外力作用，并能承受较大的拉力 |
| YJLV59 | YJV59 | 交联聚乙烯绝缘聚氯乙烯护套内粗钢丝铠装电力电缆 | 敷设在水中，电缆能承受较大的拉力 |

注：1. 单芯电缆不允许敷设在铁质管道中，允许在非磁性管道中敷设；

2. 一般情况下，不制造单芯钢带铠装电力电缆。

表14-157 交联聚乙烯绝缘电力电缆产品规格

| 型号 | | 芯数 | 额定电压(kV) | | | |
|---|---|---|---|---|---|---|
| | | | 6 | 10 | 20 | 35 |
| 铝芯 | 铜芯 | | 导线截面积(mm²) | | | |
| YJLV | YJV | 1 | 16～500 | 16～500 | 25～400 | 50～300 |
| YJLV | YJV | 3 | 15～500 | 16～400 | 25～185 | 50～70 |
| YJLV30<br>YJLV50 | YJV30<br>YJV50 | 3 | 16～500 | 16～400 | 25～185 | 50～150 |
| YJLV29 | YJV29 | 3 | 16～500 | 16～400 | 25～185 | 50～150 |
| YJLV39 | YJV39 | 3 | 16～500 | 16～400 | 25～185 | 50～120 |
| YJLV59 | YJV59 | 3 | 16～500 | 16～400 | 25～185 | 50～70 |
| YJLVF | YJVF | 3 | 16～500 | 16～400 | 25～185 | 50～150 |

表14-158 交联聚乙烯电缆长期连续负荷载流量 (A)

| 三芯10 kV交联聚乙烯电缆 | | | | | 单芯35 kV交联聚乙烯电缆 | | | | |
|---|---|---|---|---|---|---|---|---|---|
| 导线最高温度90℃<br>环境温度25℃<br>电缆中心距 $s=2d$<br>土壤热阻率 $g=100$(℃·cm/W) | | | | | 导线最高温度80℃<br>环境温度25℃<br>电缆中心距 $s=2d$<br>土壤热阻率 $g=100$(℃·cm/W) | | | | |
| 导线截面积(mm²) | 埋地 | | 空气 | | 导线截面积(mm²) | 埋地 | | 空气 | |
| | 铜芯 | 铝芯 | 铜芯 | 铝芯 | | 铜芯 | 铝芯 | 铜芯 | 铝芯 |
| 16 | 118 | 92 | 121 | 94 | — | — | — | — | — |
| 25 | 151 | 117 | 158 | 123 | — | — | — | — | — |
| 35 | 180 | 140 | 190 | 147 | — | — | — | — | — |
| 50 | 217 | 169 | 231 | 180 | 50 | 213 | 166 | 260 | 206 |
| 70 | 260 | 202 | 280 | 218 | 70 | 256 | 202 | 317 | 247 |
| 95 | 307 | 240 | 335 | 261 | 95 | 301 | 236 | 377 | 295 |
| 120 | 348 | 272 | 388 | 303 | 120 | 342 | 269 | 433 | 339 |
| 150 | 394 | 308 | 445 | 347 | 150 | 385 | 303 | 492 | 386 |
| 185 | 441 | 344 | 504 | 394 | 185 | 429 | 339 | 557 | 437 |

（续表）

| 导线截面积（$mm^2$） | 埋地 | | 空气 | | 导线截面积（$mm^2$） | 埋地 | | 空气 | |
|---|---|---|---|---|---|---|---|---|---|
| | 铜芯 | 铝芯 | 铜芯 | 铝芯 | | 铜芯 | 铝芯 | 铜芯 | 铝芯 |
| 240 | 504 | 396 | 587 | 461 | 240 | 495 | 390 | 650 | 512 |
| 300 | 567 | 481 | 671 | 527 | 300 | 550 | 439 | 740 | 586 |
| 400 | 654 | 518 | 790 | 623 | — | — | — | — | — |
| 500 | 730 | 580 | 893 | 710 | — | — | — | — | — |

注：上列载流量系根据计算而得，供选择时参考。

5. 电力电缆的选用

1）敷设位差的选择　选用电缆时，应考虑其最大允许敷设位差能符合线路位差的需要。各种电缆的最大允许位差见表 14-159。

表 14-159　电缆的最大允许位差

| 电缆类型 | 最大允许位差(m) | |
|---|---|---|
| | 铅护层 | 铝护层 |
| 普通粘性浸渍电缆 | | |
| 1～3 kV 铠装 | 25 | 25 |
| 1～3 kV 无铠装 | 20 | 25 |
| 6 kV | 15 | 20 |
| 10 kV | 15 | — |
| 25～35 kV | 5 | — |
| 不滴流电缆<br>塑料绝缘电缆<br>橡皮绝缘电缆 | 无限制 | |

2）导线截面的选择　根据电缆线路的传输容量及短路电流，按产品载流量选择电缆导线截面；然后再计算其在短路电流作用期间的导线温度，如不超过其允许短路温度，方可选用。

3）电缆护层的选择　合理选择护层，才能保证电缆的使用寿命，各种电缆护层的适用敷设场合见表 14-160。

表 14－160 各种电缆护层

| 序号 | 名称 | | 型号 | 适 | | | | | |
|---|---|---|---|---|---|---|---|---|---|
| | | | | 敷设方 | | | | | |
| | | | | 架空 | 室内 | 电缆沟 | 隧道 | 管道 | 竖井 |
| 1 | 裸金属护套 | 平铝护套 | L | √ | √ | √ | √ | | |
| | | 皱纹铝护套 | LW | √ | √ | √ | √ | | |
| | | 铅护套 | Q | √ | √ | √ | √ | √ | |
| 2 | 橡皮护套 | 一般橡套 | | √ | √ | √ | √ | √ | |
| | | 不延燃橡套 | F | √ | √ | √ | √ | √ | |
| | | 耐寒橡套 | H | √ | √ | √ | √ | √ | |
| 3 | 塑料护套 | 聚氯乙烯护套 | V | √ | √ | √ | √ | √ | |
| | | 聚乙烯护套 | Y | √ | √ | √ | √ | √ | |
| | | 双护套 | YV | √ | √ | √ | √ | √ | |
| 4 | 一级防腐外护层 | 铝(L 或 LW) 塑料护套 | 11 | √ | √ | √ | √ | √ | |
| | | 铅(Q) 塑料护套 | | √ | √ | √ | √ | √ | |
| | | 皱纹钢管(GW) 塑料护套 | | √ | √ | √ | √ | √ | |
| | | 裸钢带铠装 | 120 | | √ | √ | √ | | |
| | | 钢带铠装 | 12 | | √ | √ | ○ | | |
| | | 裸单层细圆钢丝 | 130 | | | | | | √ |
| | | 单层细圆钢丝 | 13 | | | | | | ○ |
| | | 裸双层细圆钢丝 | 140 | | | | | | √ |
| | | 双层细圆钢丝 | 14 | | | | | | ○ |
| | | 裸单层粗圆钢丝 | 150 | | | | | | √ |
| | | 单层粗圆钢丝 | 15 | | | | | | ○ |
| | | 裸双层粗圆钢丝 | 160 | | | | | | √ |
| | | 双层粗圆钢丝 | 16 | | | | | | ○ |
| 5 | 二级防腐外护层 | 钢带铠装 | 22 | | | | | | |
| | | 单层细圆钢丝 | 23 | | | | | | √ |
| | | 双层细圆钢丝 | 24 | | | | | | √ |
| | | 单层粗圆钢丝 | 25 | | | | | | ○ |
| | | 双层粗圆钢丝 | 26 | | | | | | ○ |

的适用敷设场合

| 用敷设场合 | | | | | | | 备注 |
|---|---|---|---|---|---|---|---|
| 式 | 环境条件 | | | | | | |
| 水下 | 埋地 | 易燃 | 移动 | 多砾石 | 一般腐蚀 | 严重腐蚀 | |
| | | √ | | | √ | | |
| | | √ | | | √ | | |
| | | √ | | | √ | | |
| | | | √ | | √ | √ | |
| | | √ | √ | | √ | √ | 耐油 |
| | | | √ | | √ | √ | 可到−50℃ |
| | √ | √ | √ | | √ | √ | 有普通、耐寒柔软等品种 |
| | √ | | √ | | √ | √ | |
| | √ | √ | √ | | √ | √ | 内护套：聚乙烯<br>外护套：聚氯乙烯 |
| | √ | √ | | | √ | √ | 推荐埋地用 |
| | | √ | | | √ | √ | |
| | √ | √ | | | √ | √ | |
| | | √ | | | √ | | |
| | √ | ○ | | √ | √ | | |
| | | √ | | | √ | | |
| √ | √ | ○ | | √ | √ | | |
| | | √ | | | √ | | |
| √ | √ | ○ | | √ | √ | | |
| | | √ | | | √ | | |
| √ | √ | ○ | | √ | √ | | |
| | | √ | | | √ | | 可承受较大拉力 |
| √ | | ○ | | | √ | | 可承受较大拉力 |
| | √ | √ | | √ | | √ | |
| √ | √ | √ | | √ | | √ | |
| √ | √ | √ | | √ | | √ | |
| √ | √ | ○ | | √ | | √ | |
| √ | | ○ | | | | √ | 可承受较大拉力 |

| 序号 | 名称 | | 型号 | 适 | | | | | |
|---|---|---|---|---|---|---|---|---|---|
| | | | | 敷设方 | | | | | |
| | | | | 架空 | 室内 | 电缆沟 | 隧道 | 管道 | 竖井 |
| 6 | 普通外护层（仅用于铅护套） | 麻被 | 1 | | √ | √ | √ | | |
| | | 裸钢带铠装 | 20 | | √ | √ | √ | | |
| | | 钢带铠装 | 2 | | √ | √ | ○ | | |
| | | 裸单层细圆钢丝 | 30 | | | | | | √ |
| | | 单层细圆钢丝 | 3 | | | | | | ○ |
| | | 裸双层细圆钢丝 | 40 | | | | | | √ |
| | | 双层细圆钢丝 | 4 | | | | | | ○ |
| | | 裸单层粗圆钢丝 | 50 | | | | | | √ |
| | | 单层粗圆钢丝 | 5 | | | | | | ○ |
| | | 裸双层粗圆钢丝 | 60 | | | | | | √ |
| | | 双层粗圆钢丝 | 6 | | | | | | ○ |
| 7 | 内铠装塑料外护层（全塑电缆用） | 钢带 | 29 | | √ | √ | √ | | |
| | | 单层细圆钢丝 | 39 | | | | | | √ |
| | | 单层粗圆钢丝 | 59 | | | | | | √ |
| 8 | 特种护层 | 防霉 | TH | 湿热带有防霉要求地区 | | | | | |
| | | 防鼠 | | 鼠类活动地区（电缆外径在15 mm以下时） | | | | | |
| | | 防白蚁 | | 白蚁活动地区 | | | | | |
| | | 防雷 | | 雷电活动地区的易遭雷击地段 | | | | | |
| | | 防辐射 | | 放射线辐射地区 | | | | | |

注：1. “√”表示适用；“○”表示外被层为玻璃纤维时适用。
2. 适用范围是根据技术性和经济性考虑的，无标记者不推荐采用。
3. 裸金属护套一级防腐外护层，由沥青复合物加聚氯乙烯套组成。
4. 铠装一级防腐外护层，由衬垫层、铠装层和外被层组成。衬垫层由两个沥渍电缆麻（或浸渍玻璃纤维）和防止粘合的涂料组成。
5. 裸铠装一级防腐外护层的衬垫层与铠装一级外护层的衬垫层相同，没有外被层。
6. 铠装二级防腐外护层的衬垫层与铠装一级外护层的衬垫层相同。钢带及面应挤包一层聚氯乙烯护套或其他同等效能的防腐涂层，以保护钢丝免
7. 单芯钢带铠装电缆不适用于交流线路。

（续表）

| 用敷设场合式 | | | | | | | 备　注 |
|---|---|---|---|---|---|---|---|
| | | 环境条件 | | | | | |
| 水下 | 埋地 | 易燃 | 移动 | 多砾石 | 一般腐蚀 | 严重腐蚀 | |
| | | | | | √ | | 淘汰产品 |
| | | √ | | | √ | | |
| | √ | | | | √ | | |
| | | √ | | | √ | | |
| √ | √ | ○ | | √ | √ | | |
| | | √ | | | √ | | |
| √ | √ | ○ | | √ | √ | | |
| | | √ | | | √ | | |
| √ | √ | ○ | | √ | √ | | |
| | | √ | | | √ | | 可承受较大拉力 |
| √ | | ○ | | | √ | | 可承受较大拉力 |
| | √ | √ | | √ | | √ | |
| √ | √ | √ | | √ | | √ | |
| √ | | √ | | √ | | √ | |
| | | | | | | | |
| | | | | | | | |
| | | | | | | | |
| | | | | | | | |
| | | | | | | | |

青复合物、聚氯乙烯带和浸渍皱纸带的防水组合层所组成。外被层由沥青复合物、浸

细钢丝铠装的外被层由沥青复合物和聚氯乙烯护套组成。粗钢丝铠装的镀锌钢丝外受外界腐蚀。

## 七、通信电缆和通信光缆

通信电缆是传输电话、电报、电视、广播、传真、数据和其他电信信息用的电缆。近年来,通信光缆已广泛用于通信系统。由于通信光缆传输衰减小、传输频带宽、重量轻、外径小,又不受电磁场干扰,因此通信光缆已逐渐替代了通信电缆。有线通信的发展趋势是脉码调制的数字通信已逐渐代替模拟通信。数字通信的抗干扰性能优良、保密性强、用途广泛,但要求传输媒质的传输频带宽,故通信光缆更适用于数字通信。

1. 通信电缆

通信电缆按元件结构类型可分为对称电缆和同轴电缆两种。

对称电缆中,线对由两根结构相同的绝缘导线组成,线对以对绞或星绞型式绞合并对称于线对纵向轴线,如图 14-22(a)(b)所示。

同轴电缆中主要元件是同轴对。它的两根导线是一根内导线在另一圆柱外导线的轴心中,如图 14-22(c)所示。

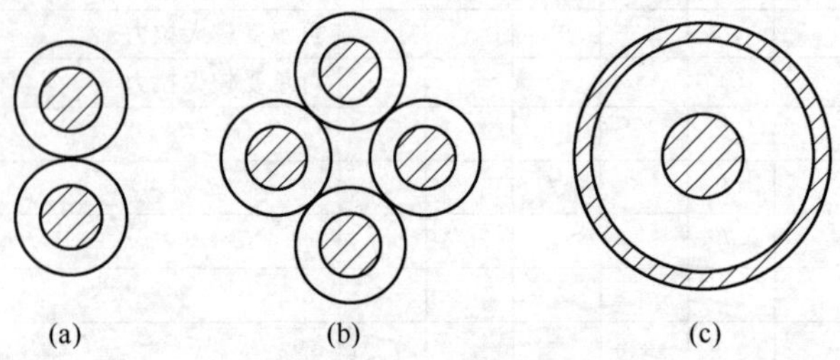


**图 14-22** 线对组成的型式

目前,公共通信网中所使用的通信电缆,按使用场合不同可分为三大类:

(1) 市内通信电缆。一般都是对称电缆,传输音频信息,适用于市内和近距离通信。

(2) 长途对称电缆。用于几十千米到上千千米距离。

(3) 同轴(干线)通信电缆。用于几百千米以上距离,传输频率可达几十 MHz。

1) 通信电缆的结构　传输信息电流的回路由两根绝缘导线组成。由于信息电流频率高,但电流值小、功率较低,因此,应采用高频电气性能良好的介质作为绝缘材料,以尽量减小传输损耗。由绝缘导线绞合成对称线对或组合成同轴对，再由它们绞合成电缆缆芯，然后在缆芯外挤包护层及铠装层，这就构成了通信电缆，其基本结构如下：

(1) 导线。通常采用 TR 软圆铜线。市内通信电缆的导线标称直径为 0.32、0.4、0.5、0.6、0.8 mm；长途对称电缆的导线标称直径为 0.8、0.9 mm；同轴电缆内导线一般为半硬铜线，标称直径为 1.2、2.6 mm；外导线是由软铜带纵包成管状结构。

(2) 绝缘。通信电缆绝缘线芯应具有较高的绝缘电阻、低的介电常数、低的传输损耗，并有一定的耐电压水平，既要满足线路传输特性的要求，又要考虑经济性，因此绝缘结构往往包含着空气，以减小传输损耗，又有足够稳定性和均匀性。

① 对称元件绝缘结构型式。其绝缘结构型式有两类：空气-纸绝缘；塑料和空气-塑料绝缘。同轴对绝缘主要由空气-塑料绝缘组成。市内通信电缆的空气-塑料绝缘是采用泡沫塑料或泡沫-实心皮塑料；长途对称电缆和 1.2/4.4 mm 小同轴通信电缆是采用聚乙烯绳管绝缘、鱼泡式绝缘和竹节式绝缘，如图 14-23 所示。2.6/9.5 mm 中同轴通信电缆是采用聚乙烯垫片式绝缘，如图 14-24 所示。表 14-161 列出了塑料、空气-塑料绝缘典型结构形式和应用情况。

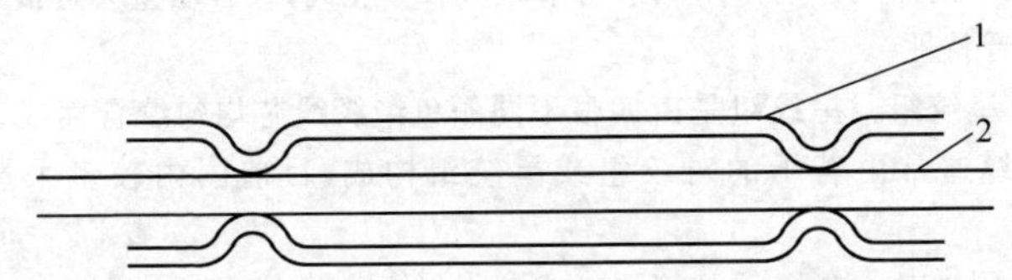


**图 14-23** 1.2/4.4 mm 小同轴对聚乙烯鱼泡式绝缘

1—聚乙烯鱼泡；2—铜线

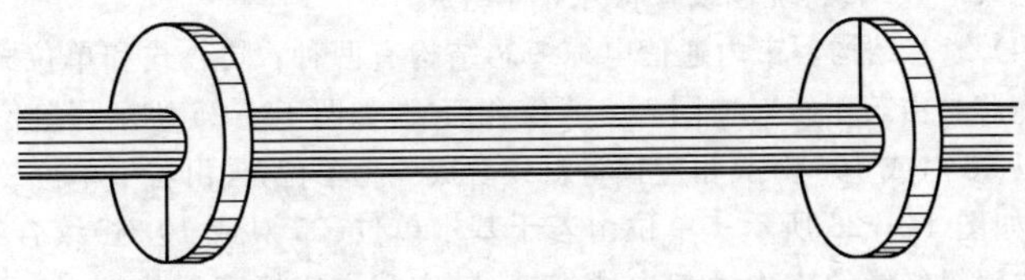

**图 14-24** 2.6/9.5 mm 中同轴对聚乙烯垫片式绝缘

表 14-161　塑料绝缘典型结构型式

| 绝缘结构 | 绝缘型式 | 适　用　电　缆 |
|---|---|---|
| 实心绝缘 | 实心聚氯乙烯 | 局用电缆,配线电缆或终端电缆 |
| | 实心聚乙烯 | 市内通信电缆,射频电缆 |
| 半空气绝缘 | 泡沫聚乙烯<br>泡沫-实心皮聚乙烯 | 市内通信电缆,长途对称电缆,综合同轴电缆中四线组,射频电缆 |
| | 聚乙烯绳和管 | 长途对称电缆,射频电缆 |
| | 聚乙烯鱼泡 | 长途对称电缆,小同轴电缆,射频电缆 |
| 空气绝缘 | 聚乙烯垫片 | 同轴电缆,射频电缆 |

② 绝缘材料。市内通信电缆绝缘材料采用聚乙烯或聚丙烯等聚烯烃材料,空气-纸绝缘已趋向淘汰;长途对称电缆和同轴电缆绝缘材料采用聚乙烯。

(3) 线对组成

① 对绞组。对绞组是由两根不同颜色绝缘线芯均匀绞合而成的线对。成品的市内通信电缆中,线对的绞合节距应不大于155 mm,每一基本单位(25对、10对)中,所有线对的绞合节距应各不相同,绞合质量会直接影响电缆的串音特性。

② 星绞组。星绞组是由四根不同颜色绝缘线芯均匀绞合而成。市内通信电缆通常由若干的对绞组或星绞组构成,目前国内较多采用对绞形式。

③ 同轴对。在聚乙烯鱼泡(或垫片)的绝缘线芯上,纵包0.15(或0.25)mm厚的软铜带,构成管状外导体,并绕包两层0.1(或0.15)mm厚屏蔽用的镀锡钢带,以及一层绝缘带,就构成了同轴对。射频电缆同轴对往往在绝缘线芯外编织、绕包或管状外导体组成。

(4) 缆芯结构。市内通信电缆缆芯结构有两种:同心式和单位式。同心式缆芯是由若干线对按同心方式绞合而成,如图14-25所示。单位式缆芯是以50对或100对及相应预备对绞合成一个单位,再由若干单位绞合成缆芯,如图14-26所示。单位由若干基本单位(25对或10对)绞合组成。填充式塑料绝缘的市内通信电缆缆芯,其空隙中应填充胶状物(如石油膏等),以防止外界水分渗入缆芯。

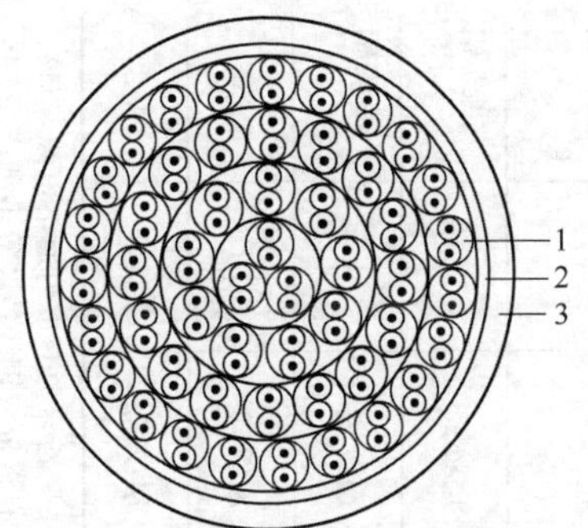


**图 14-25** 50 对同心式市内通信电缆截面图

1—绝缘线对；2—缆芯包带；3—金属护套

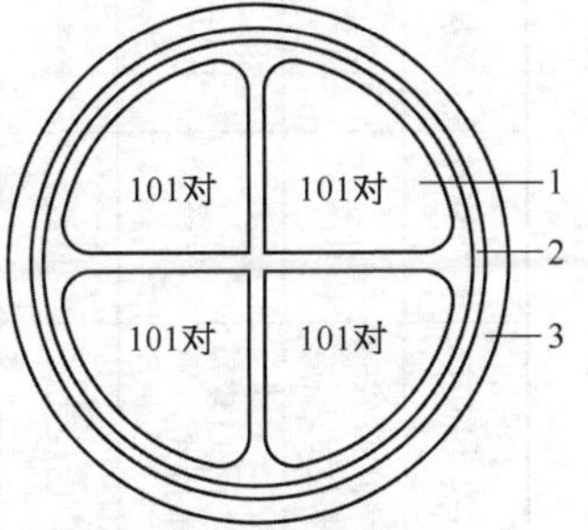


**图 14-26** 400 对单位式市内通信电缆截面图

1—缆芯单位；2—缆芯包带；3—金属护套

同轴电缆缆芯结构比较复杂的主要是综合同轴电缆，除了同轴对之外，还包含着高、低频星绞组和信号组及信号线等元件。

(5) 护层。通信电缆护层是起着机械保护、防化学腐蚀、防潮及屏蔽电磁场等作用。护层包括护套(内护套)和外护套。因敷设环境、力学性能和电气性能要求不同，护层可分为铅护套、铝护套、焊接钢管护套及聚乙烯-金属(铝或钢)粘结综合护层(又称挡潮层聚乙烯护套或 LAP 护层)。

(6) 铠装。电缆埋地敷设时，为防止外力损伤，需绕包镀锌钢带或其他镀层的钢带；若敷设于水底或需要承受拉力的场合下，电缆应绞合镀塑或镀锌钢线，以增加抗拉强度，这些统称为铠装层。

(7) 自承式结构。为了便于用户能直接架空敷设，将架空用的支撑钢绞线与电缆外护套挤包成一体，这种电缆称为 8 字形自承式电缆，如图 14-27所示。有时也可将电缆卷绕在支撑钢线上；也可将电缆与支撑钢绞线，用钢线螺旋捆扎在一起。国内较多采用 8 字形自承式结构。

2) 通信电缆的品种　通信电缆的主要品种和结构见表 14-162。

(1) 市内通信电缆。市内通信电缆主要用于市内、近郊和局部地区电话交换局之间的信息传输，又称其为中继线。作为市内通信线路相应的其他产品还有：聚氯乙烯配线电缆——用于线路的始端和终端，供连接市内通信电缆至分线箱或配线架之间，也可作为室内、外短距离布线；聚氯乙烯局用电缆——用于配线架至交换机或交换机内连接。主要品种见

表 14-162 通信电缆的主要品种和结构

| 类别 | 型号 | 电缆种类 | 导线直径(mm) | 标称对数或组数 | 线芯绝缘 | 缆芯绞合 | 线对绞合 | 护层 |
|---|---|---|---|---|---|---|---|---|
| 市内通信电缆 | HQ | 铜芯纸绝缘对绞市内通信电缆 | 0.4、0.5、0.6、0.7 | 5～1 800(对) | 空气-纸 | 同心式或单位式 | 对绞 | 铅套 |
| | HYA | 铜芯聚烯烃绝缘挡潮层聚乙烯护套市内通信电缆 | 0.32、0.4、0.5、0.6、0.8 | 10～3 600(对) | 聚乙烯(PE)或聚丙烯(PP) | 同心式或单位式 | 对绞 | LAP |
| 长途对称通信电缆 | HEQ | 铜芯纸绝缘星绞铅套高频对称电缆 | 1.2 | 1、3、4、7(组) | 空气-纸 | 层绞式 | 星绞 | 铅套 |
| | HYFQ<br>HYFL | 泡沫聚乙烯绝缘金属套高低频对称电缆 | 0.9、1.2 | 高频：3、4；低频：4～11(组) | 泡沫聚乙烯(PEE) | 层绞式 | 星绞 | 铅或铝套 |
| 同轴(干线)通信电缆 | HOQ<br>HOL | 小同轴综合通信电缆(1.2/4.4 mm) | 1.2/4.4 | 4、8(对) | 聚乙烯鱼泡 | 层绞式 | — | 铅或铝套 |
| | HOQ<br>HOL | 同轴综合通信电缆(2.6/9.5 mm) | 2.6/9.5 | 4、8(对) | 聚乙烯垫片 | 层绞式 | — | 铅或铝套 |
| 局用配线通信电缆 | HJVV | 聚氯乙烯局用电缆 | 0.5 | 12～105(对) | 聚氯乙烯(PVC) | 层绞式 | 对绞，3芯绞合 | PVC |
| | HPVV | 聚氯乙烯配线电缆 | 0.5 | 5～300(对) | 聚氯乙烯 | 层绞式 | 对绞 | PVC |

注：表中所列型号仅指产品系列中某一种，例如：HYA 表示铜芯实心聚烯烃绝缘挡潮层聚乙烯护套市内通信电缆，但该产品系列中还有泡沫聚烯烃绝缘、泡沫/实心皮绝缘、填充式与非填充式绝缘。铠装层有钢带或钢线铠装等多种产品。

表14-162。

(2) 长途对称通信电缆。长途对称通信电缆的主要品种见表 14-162。除了表中所列产品之外,还有纸绝缘高、低频综合通信电缆,长途对称数模综合通信电缆,电气铁道用综合通信电缆,海底通信电缆等。这类产品的电气性能指标比市内通信电缆的要求更高。目前,这类产品已被通信光缆所替代。

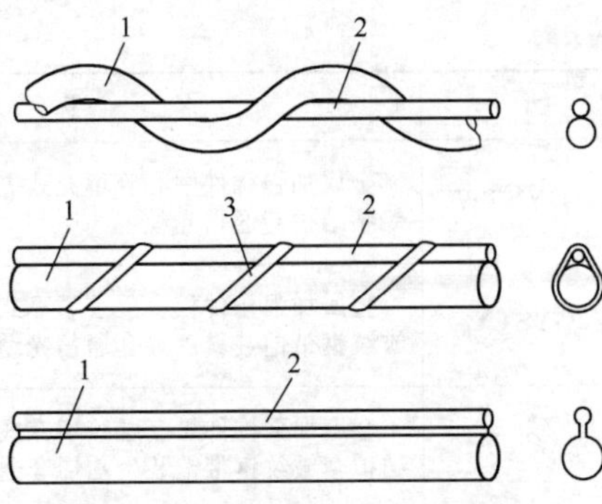


**图 14-27** 各种型式的自承式电缆

1—电缆;2—支撑钢线;3—绕包钢线

(3) 同轴(干线)通信电缆。同轴(干线)通信电缆的主要品种见表 14-162。除了表中所列产品之外,还有微同轴(0.7/2.9 mm)综合通信电缆、同轴(1.2/4.4 mm)数模综合通信电缆等。

2. 通信光缆

通信光缆用于公共通信网、专用通信网、通信设备和采用类似技术的装置中。

1) 通信光缆的品种 通信光缆的名称、型号和适用场所见表 14-163。

表 14-163 通信光缆名称、型号和适用场所

| 型号 | 名 称 | 适用场所 |
|---|---|---|
| GYSA | 金属加强构件松套层绞式铝聚乙烯粘结护套通信光缆 | 架空、管道或隧道等固定敷设 |
| GYSTA | 金属加强构件松套层绞填充式铝聚乙烯粘结护套通信光缆 | |
| GYGTA | 金属加强构件骨架填充式铝聚乙烯粘结护套通信光缆 | |
| GYDGTA | 金属加强构件光纤带骨架填充式铝聚乙烯粘结护套通信光缆 | |
| GYSTS | 金属加强构件松套层绞填充式钢聚乙烯粘结护套通信光缆 | |

（续表）

| 型号 | 名　　称 | 适用场所 |
|---|---|---|
| GYXTW | 金属加强构件中心管填充式夹带钢丝聚乙烯粘结护套通信光缆 | 架空、管道或隧道等固定敷设 |
| $GYSTY_{53}$ | 金属加强构件松套层绞填充式聚乙烯内套皱纹钢带铠装聚乙烯套通信光缆 | |
| $GYSTA_{53}$ | 金属加强构件松套层绞填充式铝聚乙烯粘结护套皱纹钢带铠装聚乙烯套通信光缆 | 直埋、架空、管道或隧道等固定敷设 |
| $GYGTA_{53}$ | 金属加强构件骨架填充式铝聚乙烯粘结护套皱纹钢带铠装聚乙烯套通信光缆 | |
| $GYSTA_{33}$ | 金属加强构件松套层绞式铝聚乙烯粘结护套细圆钢丝铠装聚乙烯套通信光缆 | 水下、竖井或直埋等固定敷设 |
| $GYSL_{03}$ | 金属加强构件松套层绞式铝套聚乙烯通信光缆 | 直埋、管道或隧道等固定敷设 |
| $GYSL_{23}$ | 金属加强构件松套层绞式铝套钢带铠装聚乙烯套通信光缆 | |
| $GYSL_{33}$ | 金属加强构件松套层绞式铝套细圆钢丝铠装聚乙烯套通信光缆 | 水下、竖井或直埋等固定敷设 |
| GYFSV | 非金属加强构件松套层绞式聚氯乙烯套通信光缆 | 有强电磁干扰的架空或室内固定敷设 |
| GYFSTY | 非金属加强构件松套层绞填充式聚乙烯套通信光缆 | 有强电磁干扰的架空或管道固定敷设 |
| GYFJV | 非金属加强构件紧套层绞式聚氯乙烯套通信光缆 | 有强电磁干扰的架空或室内固定敷设 |

2）通信光缆的结构　通信光缆的芯数：层绞式光缆有 2、4、6、8、10、12 几种；骨架式光缆有 4、6、8、10、12、14、16、18、20、22、24 几种；中心管式有 4、

6、8、10、12 几种。

通信光缆的品种多样,现举以下三例:

(1) 海底光缆。图 14-28 所示是采用单模光纤的一种深海光缆结构。光缆的设计值为:最大承受水压为 80 MPa,抗张力为 80 000 N,直流电阻 0.4 Ω/km,最高供电电压为±6 000 V。

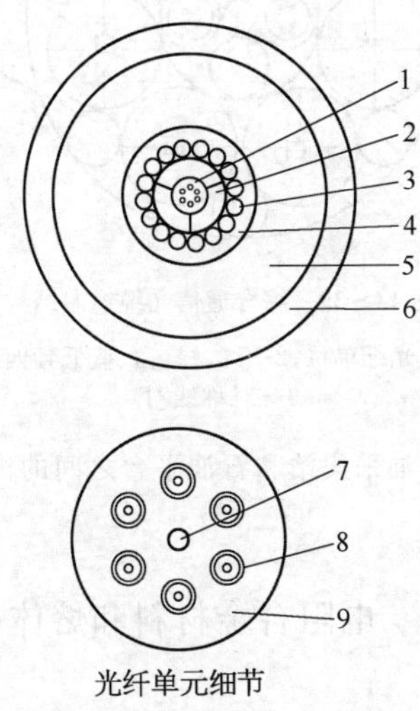


**图 14-28** 一种深海光缆结构

1—光纤单元(3.0 mm);2—三等分铝管(7.0 mm);
3—高强度钢绞线(10.4 mm);4—钢管(11.4 mm);
5—聚乙烯绝缘;6—聚乙烯护套;7—钢丝;
8—单模光纤;9—硅橡胶(3.0 mm)

(2) 专用光缆。图 14-29 所示为综合通信光缆缆芯结构,缆中含 1 个 8 芯光纤单位、7 个铜线四线组和 9 个对称线对。该光缆主要应用在铁路通信系统中,光纤作为干线用于大容量通信;四线组和线对则作为铁路的区间通信和信号传输用。

(3) 光纤复合电力电缆。由于光纤是绝缘体,它可放置在三相电力电缆缆芯的间隙中构成复合缆,既能传输电力,又能实现无感应和没有串话的

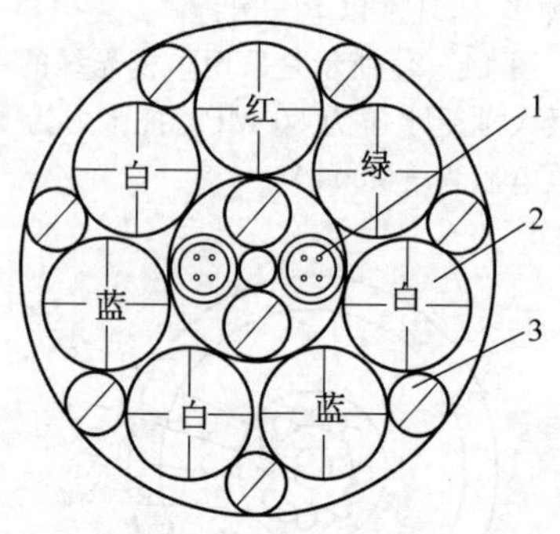


**图 14－29**　综合通信光缆缆芯结构

1—8芯光纤单位；2—红、绿、白、蓝低频四线组；
3—对称线对

数据通信。可应用于石油采集站和石油平台之间的供电、遥控、报警、工业电视和电话通信等。

## 14－2　电阻合金材料和熔体材料

### 一、电阻合金材料

电阻合金是用以制作各种电阻元件的材料，广泛用于电机、电器、仪器及电子等工业中。常用电阻合金材料的品种、性能及用途列于表14－164，其规格列于表14－165～表14－166。

电阻合金镍铬、康铜、新康铜、铁铬铝线材或带材大量用来制造各种电阻器，如Z系列大功率旋转变阻器、BY－4系列闸刀式变阻器、RXH－A(B、C、D)型滑线变阻器、ZX2、ZX9、ZX15系列变阻器等。其中ZX9、ZX15系列电阻器系用铁铬铝带材绕成螺旋形的ZY元件，或制成波浪形的ZD1～ZD4元件组成，因其具有电阻高、耐高温的特点而使电阻器体积大大减小。ZX2系列板形电阻器系由新康铜线或带材绕成的ZB1、ZB2元件组成。表14－167～表14－169为这些新材料在电阻器中应用的数据。

表 14-164 常用电阻合金材料的品种、性能及用途

| 类别 | 名称 | 主要成分(%) | 电阻率20℃($\times10^{-6}$ Ω·m) | 电阻温度系数 | | 对铜热电动势(μF/℃) | 密度($g/cm^3$) | 抗拉强度($\times10^6$ N/$m^2$) | 特点 | 用途简介 |
|---|---|---|---|---|---|---|---|---|---|---|
| | | | | $\alpha$($10^{-6}$/℃) | $\beta$($10^{-6}$/℃$^2$) | | | | | |
| 调节元件用 | 康铜(6J40) | 镍 39～41<br>锰 1～2<br>铜余量 | 0.48 | −40～+40 | | −45 | 8.9 | 392～588 | 抗氧化性良好 | 一般用作起动、分流、调节电阻器和仪器仪表中的可变电阻等 |
| | 新康铜(6J11) | 锰 10.5～12.5<br>铝 2.5～4.5<br>铁 1.0～1.6<br>铜余量 | 0.49 | (20～200℃)<br>−40～+40 | | 2 | 8.0 | 392～539 | 抗氧化性较康铜略差，价较低廉 | |
| | 镍铬20 | 铬 20～23<br>镍余量 | 1.09～1.13 | ≈70 | | 3.5～4 | 8.4 | 637～784 | 焊接性能较好 | |
| | 镍铬铁 | 铬 15～18<br>镍 55～61<br>铁余量 | 1.12～1.15 | ≈150 | | <1 | 8.2 | 637～784 | 焊接性能较好 | |
| | 铁铬铝 | 铬 12～15<br>铝 3.5～5.5<br>铁余量 | 1.25 | ≈120 | | 3.5～4.5 | 7.4 | 588～735 | 焊接性能较差 | |

（续表）

| 类别 | 名称 | | 主要成分（%） | 电阻率 20℃（$\times10^{-6}$ Ω·m） | 电阻温度系数 | | 对铜热电动势（μF/℃） | 密度（$g/cm^3$） | 抗拉强度（$\times10^6$ $N/m^2$） | 特点 | 用途简介 |
|---|---|---|---|---|---|---|---|---|---|---|---|
| | | | | | α（$10^{-6}$/℃） | β（$10^{-6}$/℃$^2$） | | | | | |
| 精密元件用 | 电工仪器用通用型锰铜 | 1级 | 锰 11～13 | 0.47 | −3～+5 | −0.7～0 | <1 | 8.4 | 392～539 | 电阻稳定性高，焊接性能好，抗氧化性能较差 | 用作仪器仪表中的电阻元件、分流器及电桥、电位差计、标准电阻中的电阻元件等 |
| | | 2级 | 镍 2～3 | | −5～+10 | | | | | | |
| | | 3级 | 铜余量 | | −10～+20 | | | | | | |
| | 电工仪器用硅锰铜 | | 锰 8～10<br>硅 1～2<br>铜余量 | 0.35 | −3～+5 | 0～0.25 | <1 | 8.4 | 392～539 | 电阻对温度曲线较平坦，宽温度范围内的阻值误差比通用型锰铜小 | |
| | 分流器用锰铜 | $F_1$级 | 锰 8～10<br>硅 1～2<br>铜余量 | 0.35 | −5～+10 | −0.25～0 | <2 | 8.7 | 392～539 | 电阻对温度曲线较平坦，在宽温度范围内的阻值误差比 $F_2$ 级小 | |
| | | $F_2$级 | 锰 11～13<br>镍 2～5<br>铜余量 | 0.44 | 0～+40 | −0.7～0 | <2 | 8.4 | 392～539 | 电阻最高点温度比通用型锰铜高 | |

（续表）

| 类别 | 名称 | | 主要成分(%) | 电阻率20℃(×10$^{-6}$ Ω·m) | 电阻温度系数 | | 对铜热电动势(μF/℃) | 密度(g/cm$^3$) | 抗拉强度(×10$^6$ N/m$^2$) | 特点 | 用途简介 |
|---|---|---|---|---|---|---|---|---|---|---|---|
| | | | | | α (10$^{-6}$/℃) | β (10$^{-6}$/℃$^2$) | | | | | |
| 精密元件用 | 高电阻率合金 | 镍铬铝铁 | 铬 18～20<br>铝 1～3<br>铁 1～3<br>镍余量 | 1.33 | −20～+20 | | <2 | 8.1 | 84～980 | 机械强度高，耐磨性好，焊接性能较差 | 用作仪器仪表中的电阻元件、分流器及电桥、电位差计、标准电阻中的电阻元件等 |
| | | 镍铬铝铜 | 铬 18～20<br>铝 2～4<br>铜 1～3<br>铁余量 | 1.33 | −20～+20 | | <2 | 8.1 | 84～980 | 焊接性能比镍铬铝铁略好，余同上 | |
| | | 镍铬锰硅 | 镍余量<br>铬 17～19<br>锰 2～4<br>硅 1～4 | 1.35 | −20～+20 | | <2 | 8.1 | 84～980 | 焊接性能比镍铬铝铜略好，余同上 | |
| | | 镍铬铝钒 | 铬 17～19<br>铝 3～5<br>钒 3～5<br>锰镍余量 | 1.70 | −30～+30 | | <5 | 8.1 | ≈1 568 | 焊接性能较差 | |
| | | 镍锰铬钼 | 锰 34～37<br>铬 7～10<br>钼、镍余量 | 1.90 | −50～+50 | | <7 | | ≈1 568 | 焊接性能较好 | |

注：表中所列参数：新康铜合金引自 GB 6149－2010；康铜、锰铜引自 GB 6145－2010；镍铬、镍铬铁、铁铬铝引自 GB 1234－2010。

表 14-165 锰铜、康铜规格

| 圆线标称直径 (mm) | 截面积 ($mm^2$) | 每米电阻值 (Ω/m) | | | | 每米标称质量 (g/m) | | | |
|---|---|---|---|---|---|---|---|---|---|
| | | 锰铜 | $F_1$ 锰铜 | $F_2$ 锰铜 | 康铜 | 锰铜 | $F_1$ 锰铜 | $F_2$ 锰铜 | 康铜 |
| 0.200 | 0.031 42 | 15.0 | 11.1 | 14.0 | 15.3 | 0.265 | 0.273 | 0.264 | 0.279 |
| 0.212 | 0.035 30 | 13.3 | 9.92 | 12.5 | 13.6 | 0.298 | 0.307 | 0.297 | 0.313 |
| 0.224 | 0.039 41 | 11.9 | 8.88 | 11.2 | 12.2 | 0.333 | 0.343 | 0.331 | 0.350 |
| 0.250 | 0.049 09 | 9.57 | 7.13 | 8.96 | 9.78 | 0.414 | 0.427 | 0.412 | 0.436 |
| 0.280 | 0.061 58 | 7.63 | 5.68 | 7.15 | 7.80 | 0.520 | 0.536 | 0.517 | 0.547 |
| 0.315 | 0.077 93 | 5.73 | 4.49 | 5.65 | 6.16 | 0.658 | 0.678 | 0.655 | 0.692 |
| 0.355 | 0.098 98 | 4.51 | 3.54 | 4.45 | 4.85 | 0.835 | 0.861 | 0.831 | 0.879 |
| 0.400 | 0.125 7 | 3.55 | 2.79 | 3.50 | 3.82 | 1.06 | 1.09 | 1.06 | 1.12 |
| 0.450 | 0.159 0 | 2.81 | 2.20 | 2.77 | 3.02 | 1.34 | 1.38 | 1.34 | 1.41 |
| 0.500 | 0.196 3 | 2.27 | 1.78 | 2.24 | 2.44 | 1.66 | 1.71 | 1.65 | 1.74 |
| 0.560 | 0.246 3 | 1.91 | 1.42 | 1.79 | 1.95 | 2.08 | 2.14 | 2.07 | 2.19 |
| 0.630 | 0.311 7 | 1.51 | 1.12 | 1.41 | 1.54 | 2.63 | 2.71 | 2.62 | 2.77 |
| 0.710 | 0.395 9 | 1.19 | 0.884 | 1.11 | 1.21 | 3.34 | 3.44 | 3.33 | 3.52 |
| 0.750 | 0.441 8 | 1.06 | 0.792 | 0.996 | 1.09 | 3.73 | 3.84 | 3.71 | 3.92 |
| 0.800 | 0.502 7 | 0.935 | 0.696 | 0.875 | 0.955 | 4.24 | 4.37 | 4.22 | 4.46 |
| 0.850 | 0.567 4 | 0.828 | 0.617 | 0.775 | 0.846 | 4.79 | 4.94 | 4.77 | 5.04 |
| 0.900 | 0.636 2 | 0.739 | 0.550 | 0.692 | 0.755 | 5.37 | 5.53 | 5.34 | 5.65 |
| 0.950 | 0.708 8 | 0.663 | 0.494 | 0.621 | 0.677 | 5.98 | 6.17 | 5.95 | 6.29 |
| 1.000 | 0.785 4 | 0.598 | 0.446 | 0.560 | 0.611 | 6.63 | 6.83 | 6.60 | 6.79 |
| 1.060 | 0.882 5 | 0.533 | 0.397 | 0.499 | 0.544 | 7.45 | 7.68 | 7.41 | 7.84 |
| 1.120 | 0.985 2 | 0.477 | 0.355 | 0.447 | 0.487 | 8.32 | 8.57 | 8.28 | 8.75 |
| 1.180 | 1.094 | 0.430 | 0.320 | 0.402 | 0.439 | 9.23 | 9.51 | 9.19 | 9.71 |
| 1.250 | 1.227 | 0.383 | 0.285 | 0.359 | 0.391 | 10.4 | 10.7 | 10.3 | 10.9 |
| 1.320 | 1.368 | 0.343 | 0.256 | 0.322 | 0.351 | 11.5 | 11.9 | 11.5 | 12.2 |
| 1.400 | 1.539 | 0.305 | 0.227 | 0.286 | 0.312 | 13.0 | 13.4 | 12.9 | 13.7 |
| 1.500 | 1.767 | 0.266 | 0.198 | 0.249 | 0.272 | 14.9 | 15.4 | 14.8 | 15.7 |
| 1.600 | 2.011 | 0.234 | 0.174 | 0.219 | 0.239 | 17.0 | 17.5 | 16.9 | 17.9 |
| 1.700 | 2.270 | 0.207 | 0.154 | 0.194 | 0.211 | 19.2 | 19.7 | 19.1 | 20.2 |

（续表）

| 圆线标称直径(mm) | 截面积($mm^2$) | 每米电阻值(Ω/m) | | | | 每米标称质量(g/m) | | | |
|---|---|---|---|---|---|---|---|---|---|
| | | 锰铜 | $F_1$ 锰铜 | $F_2$ 锰铜 | 康铜 | 锰铜 | $F_1$ 锰铜 | $F_2$ 锰铜 | 康铜 |
| 1.800 | 2.545 | 0.185 | 0.138 | 0.173 | 0.189 | 21.5 | 22.1 | 21.4 | 22.6 |
| 1.900 | 2.835 | 0.166 | 0.123 | 0.155 | 0.169 | 23.9 | 24.7 | 23.8 | 25.2 |
| 2.00 | 3.142 | 0.150 | 0.111 | 0.140 | 0.153 | 26.5 | 27.3 | 26.4 | 27.9 |
| 2.12 | 3.530 | 0.133 | 0.099 2 | 0.125 | 0.136 | 29.8 | 30.7 | 29.7 | 31.3 |
| 2.24 | 3.941 | 0.119 | 0.088 8 | 0.112 | 0.122 | 33.3 | 34.3 | 33.1 | 35.0 |
| 2.36 | 4.374 | 0.107 | 0.080 0 | 0.101 | 0.110 | 36.9 | 38.1 | 36.7 | 38.8 |
| 2.50 | 4.909 | 0.095 7 | 0.071 3 | 0.089 6 | 0.097 8 | 41.4 | 42.7 | 41.2 | 43.6 |
| 2.65 | 5.515 | 0.085 2 | 0.063 5 | 0.079 8 | 0.087 0 | 46.6 | 48.0 | 46.3 | 49.0 |
| 2.80 | 6.158 | 0.076 3 | 0.056 8 | 0.071 5 | 0.078 0 | 52.0 | 53.6 | 51.7 | 54.7 |
| 3.00 | 7.069 | 0.066 5 | 0.049 5 | 0.062 2 | 0.067 9 | 59.7 | 61.5 | 59.4 | 62.8 |
| 3.15 | 7.793 | 0.060 3 | 0.044 9 | 0.056 5 | 0.061 6 | 65.8 | 67.8 | 65.5 | 69.2 |
| 3.35 | 8.814 | 0.053 3 | 0.039 7 | 0.049 9 | 0.054 5 | 74.4 | 76.7 | 74.0 | 78.3 |
| 3.55 | 9.898 | 0.047 5 | 0.035 4 | 0.044 5 | 0.048 5 | 83.5 | 86.1 | 83.1 | 87.9 |
| 3.75 | 11.04 | 0.042 6 | 0.031 7 | 0.039 8 | 0.043 5 | 93.2 | 96.1 | 92.8 | 98.1 |
| 4.00 | 12.57 | 0.037 4 | 0.027 9 | 0.035 0 | 0.038 2 | 106 | 109 | 106 | 112 |
| 4.25 | 14.17 | 0.033 1 | 0.024 7 | 0.031 0 | 0.033 8 | 120 | 123 | 119 | 126 |
| 4.50 | 15.90 | 0.029 6 | 0.022 0 | 0.027 7 | 0.030 2 | 134 | 138 | 134 | 141 |
| 4.75 | 17.72 | 0.026 5 | 0.019 8 | 0.024 8 | 0.027 1 | 150 | 154 | 149 | 157 |
| 5.00 | 19.63 | 0.023 9 | 0.017 8 | 0.022 4 | 0.024 4 | 166 | 171 | 165 | 174 |
| 5.30 | 22.06 | 0.021 3 | 0.015 9 | 0.019 9 | 0.021 8 | 186 | 192 | 185 | 196 |
| 5.60 | 24.63 | 0.019 1 | 0.014 2 | 0.017 9 | 0.019 5 | 208 | 214 | 207 | 219 |
| 6.00 | 28.27 | 0.016 6 | 0.012 4 | 0.015 6 | 0.017 0 | 239 | 246 | 238 | 251 |
| 6.30 | 31.17 | 0.015 1 | 0.011 2 | 0.014 1 | 0.015 4 | 263 | 271 | 262 | 277 |

注：本表所列数据按下列密度及电阻率计算所得：
锰铜(6J12)　　电阻率 0.47 Ω·$mm^2$/m，密度 8.44 g/$cm^3$。
$F_1$ 锰铜(6J8)　　电阻率 0.35 Ω·$mm^2$/m，密度 8.70 g/$cm^3$。
$F_2$ 锰铜(6J13)　　电阻率 0.44 Ω·$mm^2$/m，密度 8.40 g/$cm^3$。
康铜(6J40)　　电阻率 0.48 Ω·$mm^2$/m，密度 8.88 g/$cm^3$。

表14-166　镍铬、镍铬铁、铁铬铝、新康铜规格

| 圆线标称直径(mm) | 截面积($mm^2$) | 每米电阻值(Ω/m) | | | | 每米标称质量(g/m) | | | |
|---|---|---|---|---|---|---|---|---|---|
| | | 镍　铬 | 镍铬铁 | 铁铬铝 | 新康铜 | 镍　铬 | 镍铬铁 | 铁铬铝 | 新康铜 |
| 0.200 | 0.031 42 | 34.70 | 35.65 | 39.79 | 15.6 | 0.263 9 | 0.257 6 | 0.232 5 | 0.251 3 |
| 0.212 | 0.035 30 | 30.88 | 31.73 | 35.41 | 13.9 | 0.296 5 | 0.289 5 | 0.261 2 | 0.282 4 |
| 0.224 | 0.039 41 | 27.66 | 28.42 | 31.72 | 12.4 | 0.331 0 | 0.323 1 | 0.291 6 | 0.315 3 |
| 0.250 | 0.049 09 | 22.21 | 22.82 | 25.46 | 9.98 | 0.412 3 | 0.402 5 | 0.363 2 | 0.392 7 |
| 0.280 | 0.061 58 | 17.70 | 18.19 | 20.30 | 7.96 | 0.517 2 | 0.504 9 | 0.455 7 | 0.492 6 |
| 0.315 | 0.077 93 | 13.99 | 14.37 | 16.04 | 6.29 | 0.654 6 | 0.639 0 | 0.576 7 | 0.623 4 |
| 0.355 | 0.098 98 | 11.01 | 11.32 | 12.63 | 4.95 | 0.831 4 | 0.811 6 | 0.732 5 | 0.791 8 |
| 0.400 | 0.125 7 | 8.674 | 8.913 | 9.947 | 3.90 | 1.056 | 1.030 | 0.929 9 | 1.005 |
| 0.45 | 0.159 0 | 6.853 | 7.042 | 7.860 | 3.08 | 1.336 | 1.304 | 1.177 | 1.272 |
| 0.50 | 0.196 3 | 5.551 | 5.704 | 6.546 | 2.50 | 1.649 | 1.610 | 1.453 | 1.571 |
| 0.56 | 0.246 3 | 4.588 | 4.669 | 5.075 | 1.99 | 2.069 | 2.020 | 1.823 | 1.970 |
| 0.63 | 0.311 7 | 3.625 | 3.689 | 4.010 | 1.57 | 2.618 | 2.556 | 2.307 | 2.494 |
| 0.71 | 0.395 9 | 2.854 | 2.905 | 3.157 | 1.24 | 3.326 | 3.247 | 2.930 | 3.167 |
| 0.75 | 0.441 8 | 2.558 | 2.603 | 2.829 | 1.11 | 3.711 | 3.623 | 3.269 | 3.534 |
| 0.80 | 0.502 7 | 2.248 | 2.88 | 2.487 | 0.975 | 4.222 | 4.122 | 3.720 | 4.021 |
| 0.85 | 0.567 4 | 1.991 | 2.027 | 2.203 | 0.864 | 4.767 | 4.653 | 4.199 | 4.540 |
| 0.90 | 0.636 2 | 1.776 | 1.808 | 1.965 | 0.770 | 5.344 | 5.217 | 4.708 | 5.089 |
| 0.95 | 0.708 8 | 1.594 | 1.622 | 1.763 | 0.691 | 5.954 | 5.812 | 5.245 | 5.671 |
| 1.00 | 0.785 4 | 1.439 | 1.464 | 1.592 | 0.624 | 6.597 | 6.440 | 5.812 | 6.283 |
| 1.06 | 0.882 5 | 1.280 | 1.303 | 1.416 | 0.555 | 7.413 | 7.236 | 6.530 | 7.060 |
| 1.12 | 0.985 2 | 1.147 | 1.167 | 1.269 | 0.497 | 8.276 | 8.079 | 7.291 | 7.882 |
| 1.18 | 1.093 | 1.033 | 1.052 | 1.143 | 0.448 | 9.186 | 8.967 | 8.093 | 8.749 |
| 1.25 | 1.227 | 0.920 8 | 0.937 | 1.019 | 0.399 | 10.31 | 10.06 | 9.081 | 9.817 |
| 1.32 | 1.368 | 0.826 | 0.840 | 0.913 | 0.358 | 11.50 | 11.22 | 10.13 | 10.95 |
| 1.40 | 1.539 | 0.734 | 0.747 | 0.812 | 0.318 | 12.93 | 12.62 | 11.39 | 12.32 |
| 1.50 | 1.767 | 0.639 | 0.651 | 0.707 | 0.277 | 14.84 | 14.49 | 13.08 | 14.14 |
| 1.60 | 2.011 | 0.562 | 0.572 | 0.622 | 0.244 | 16.89 | 16.49 | 14.88 | 16.08 |
| 1.70 | 2.270 | 0.498 | 0.507 | 0.551 | 0.216 | 19.07 | 18.61 | 16.80 | 18.16 |
| 1.80 | 2.545 | 0.444 | 0.452 | 0.491 | 0.193 | 21.38 | 20.87 | 18.83 | 20.36 |

（续表）

| 圆线标称直径（mm） | 截面积（$mm^2$） | 每米电阻值（Ω/m） | | | | 每米标称质量（g/m） | | | |
|---|---|---|---|---|---|---|---|---|---|
| | | 镍　铬 | 镍铬铁 | 铁铬铝 | 新康铜 | 镍　铬 | 镍铬铁 | 铁铬铝 | 新康铜 |
| 1.90 | 2.835 | 0.399 | 0.406 | 0.441 | 0.173 | 23.82 | 23.25 | 20.98 | 22.68 |
| 2.00 | 3.142 | 0.360 | 0.366 | 0.398 | 0.156 | 26.39 | 25.76 | 23.25 | 25.13 |
| 2.12 | 3.530 | 0.320 | 0.326 | 0.354 | 0.139 | 29.65 | 28.95 | 26.12 | 28.24 |
| 2.24 | 3.941 | 0.287 | 0.292 | 0.317 | 0.124 | 33.10 | 32.31 | 29.16 | 31.53 |
| 2.36 | 4.374 | 0.258 | 0.263 | 0.286 | 0.112 | 36.74 | 35.87 | 32.37 | 34.99 |
| 2.50 | 4.909 | 0.230 | 0.234 | 0.255 | 0.099 8 | 41.23 | 40.25 | 36.32 | 39.27 |
| 2.65 | 5.515 | 0.205 | 0.209 | 0.227 | 0.088 8 | 46.33 | 45.23 | 40.81 | 44.12 |
| 2.80 | 6.158 | 0.184 | 0.187 | 0.203 | 0.079 6 | 51.72 | 50.49 | 45.57 | 49.26 |
| 3.00 | 7.069 | 0.160 | 0.163 | 0.177 | 0.069 3 | 59.38 | 57.96 | 52.31 | 56.55 |
| 3.15 | 7.793 | 0.146 | 0.148 | 0.160 | 0.062 9 | 65.46 | 63.90 | 57.67 | 62.34 |
| 3.35 | 8.814 | 0.129 | 0.130 | 0.142 | 0.055 6 | 70.04 | 72.28 | 65.22 | 70.51 |
| 3.55 | 9.898 | 0.115 | 0.116 | 0.126 | 0.049 5 | 83.14 | 81.16 | 73.25 | 79.18 |
| 3.75 | 11.04 | 0.103 | 0.104 | 0.113 | 0.044 4 | 92.76 | 90.57 | 81.73 | 88.36 |
| 4.00 | 12.57 | 0.090 7 | 0.091 5 | 0.099 5 | 0.039 0 | 105.6 | 103.0 | 92.99 | 100.5 |
| 4.25 | 14.17 | 0.080 4 | 0.081 1 | 0.088 1 | 0.034 6 | 119.2 | 116.3 | 105.0 | 113.5 |
| 4.50 | 15.90 | 0.071 7 | 0.072 3 | 0.078 6 | 0.030 8 | 133.6 | 130.4 | 117.7 | 127.2 |
| 4.75 | 17.72 | 0.064 3 | 0.064 9 | 0.070 5 | 0.027 6 | 148.9 | 145.3 | 131.1 | 141.8 |
| 5.00 | 19.63 | 0.058 1 | 0.058 6 | 0.063 7 | 0.025 0 | 164.9 | 161.0 | 145.3 | 157.1 |
| 5.30 | 22.06 | 0.051 7 | 0.052 1 | 0.056 7 | 0.022 2 | 185.3 | 180.9 | 163.3 | 176.5 |
| 5.60 | 24.63 | 0.046 3 | 0.046 7 | 0.050 8 | 0.019 9 | 206.9 | 202.0 | 182.3 | 197.2 |
| 6.00 | 28.27 | 0.040 3 | 0.040 7 | 0.044 2 | 0.017 3 | 237.5 | 231.8 | 209.2 | 226.2 |
| 6.30 | 31.17 | 0.036 6 | 0.036 9 | 0.040 1 | 0.015 7 | 261.8 | 255.6 | 230.7 | 249.4 |

注：本表所列数据按下列密度及电阻率计算所得：

镍铬电阻率　$\phi$0.2～0.5 为 $1.09\times10^{-6}$ Ω·m，密度 8.4 g/$cm^3$；

　　　　　　>$\phi$0.5～3.0 为 $1.13\times10^{-6}$ Ω·m；

　　　　　　>$\phi$3.0 为 $1.14\times10^{-6}$ Ω·m。

镍铬铁电阻率　$\phi$0.2～0.5 为 $1.12\times10^{-6}$ Ω·m，密度 8.2 g/$cm^3$；

　　　　　　>$\phi$0.5 为 $1.15\times10^{-6}$ Ω·m。

铁铬铝电阻率为 $1.25\times10^{-6}$ Ω·m，密度 7.4 g/$cm^3$。

新康铜(6J11)电阻率为 $0.49\times10^{-6}$ Ω·m，密度 8 g/$cm^3$。

表 14-167 康铜带规格及每米标称电阻值(Ω/m)

| 厚度(mm) \ 宽度(mm) | 6.3 | 8.0 | 10.0 | 12.5 | 16.0 | 20.0 | 25.0 | 31.5 | 40.0 |
|---|---|---|---|---|---|---|---|---|---|
| 0.180 | 0.450 | | | | | | | | |
| 0.200 | 0.405 | | | | | | | | |
| 0.224 | 0.362 | 0.285 | | | | | | | |
| 0.250 | 0.324 | 0.255 | 0.196 | | | | | | |
| 0.280 | 0.289 | 0.228 | 0.175 | | | | | | |
| 0.315 | 0.257 | 0.203 | 0.155 | 0.124 | | | | | |
| 0.355 | 0.228 | 0.180 | 0.138 | 0.110 | | | | | |
| 0.400 | 0.203 | 0.160 | 0.122 | 0.098 0 | 0.076 5 | | | | |
| 0.450 | 0.180 | 0.142 | 0.109 | 0.087 1 | 0.068 0 | 0.054 4 | 0.043 5 | | |
| 0.500 | 0.162 | 0.128 | 0.098 0 | 0.078 4 | 0.061 2 | 0.049 0 | 0.039 2 | | |
| 0.560 | 0.145 | 0.114 | 0.087 5 | 0.070 0 | 0.054 7 | 0.043 7 | 0.035 0 | | |
| 0.630 | 0.129 | 0.101 | 0.077 7 | 0.062 2 | 0.048 6 | 0.038 9 | 0.031 1 | | |
| 0.710 | 0.114 | 0.089 9 | 0.069 0 | 0.055 2 | 0.043 1 | 0.034 5 | 0.027 6 | | |
| 0.800 | 0.101 | 0.079 8 | 0.061 2 | 0.049 0 | 0.038 3 | 0.030 6 | 0.024 5 | 0.019 4 | |
| 0.900 | 0.090 1 | 0.070 9 | 0.054 4 | 0.043 5 | 0.034 0 | 0.027 2 | 0.021 8 | 0.017 3 | |
| 1.000 | 0.081 1 | 0.063 8 | 0.049 0 | 0.039 2 | 0.030 6 | 0.024 5 | 0.019 6 | 0.015 5 | 0.012 2 |
| 1.120 | 0.072 4 | 0.057 0 | 0.043 7 | 0.035 0 | 0.027 3 | 0.021 9 | 0.017 5 | 0.013 9 | 0.010 9 |
| 1.200 | 0.067 5 | 0.053 2 | 0.040 8 | 0.032 7 | 0.025 5 | 0.020 4 | 0.016 3 | 0.013 0 | 0.010 2 |
| 1.250 | 0.064 8 | 0.051 1 | 0.039 2 | 0.031 3 | 0.024 5 | 0.019 6 | 0.015 7 | 0.012 4 | 0.009 80 |
| 1.400 | 0.057 9 | 0.045 6 | 0.035 0 | 0.028 0 | 0.021 9 | 0.017 5 | 0.014 0 | 0.011 1 | 0.008 75 |
| 1.500 | 0.054 0 | 0.042 6 | 0.032 7 | 0.026 1 | 0.020 4 | 0.016 3 | 0.013 1 | 0.010 4 | 0.008 16 |
| 1.600 | 0.050 7 | 0.039 9 | 0.030 6 | 0.024 5 | 0.019 1 | 0.015 3 | 0.012 2 | 0.009 72 | 0.007 65 |
| 1.800 | 0.045 0 | 0.035 5 | 0.027 2 | 0.021 8 | 0.017 0 | 0.013 6 | 0.010 9 | 0.008 64 | 0.006 80 |
| 2.000 | 0.040 5 | 0.031 9 | 0.024 5 | 0.019 6 | 0.015 3 | 0.012 2 | 0.009 8 | 0.007 77 | 0.006 12 |

注：1. 计算电阻值时，带材的有效面积是把厚度与宽度之积乘以如下圆角系数：宽度大于 10 mm，乘 0.98；宽度小于或等于 10 mm，乘 0.94。

2. 新康铜电阻值按上表，相应数据乘以$\frac{0.49}{0.48}$。

3. 铁铬铝电阻值按上表，相应数据乘以$\frac{1.25}{0.48}$。

表 14－168 新康铜线、带在 ZX2 板形电阻器中应用数据

| 电阻器型号 | 20℃时电阻值(Ω) | | 额定电流(A) | 电阻元件匝数 | 电阻材料尺寸(mm) | 配用电阻元件 | |
|---|---|---|---|---|---|---|---|
| | 总电阻 | 每片元件电阻 | | | | 型号 | 数量 |
| ZX2－1/0.2 | 2.0 | 0.2 | 42 | 15 | 10×1.0 | ZB1 | 10 |
| ZX2－1/0.25 | 2.5 | 0.25 | 37 | | 10×0.8 | | |
| ZX2－1/0.33 | 3.3 | 0.33 | 32 | | 10×0.6 | | |
| ZX2－1/0.4 | 4.0 | 0.4 | 29 | | 10×0.5 | | |
| ZX2－1/0.5 | 5.0 | 0.5 | 26 | | 10×0.4 | | |
| ZX2－1/0.66 | 6.6 | 0.66 | 23 | | 10×0.3 | | |
| ZX2－2/0.7 | 7 | 0.7 | 22.3 | 2×36 | 2.0 | ZB2 | 10 |
| ZX2－2/0.9 | 9 | 0.9 | 19.9 | | 1.8 | | |
| ZX2－2/1.1 | 11 | 1.1 | 17.7 | | 1.6 | | |
| ZX2－2/1.45 | 14.5 | 1.45 | 15.4 | | 1.4 | | |
| ZX2－2/1.95 | 19.5 | 1.95 | 13.8 | | 1.2 | | |
| ZX2－2/2.8 | 28 | 2.8 | 11.2 | 74 | 2.0 | | |
| ZX2－2/3.5 | 35 | 3.5 | 10.1 | | 1.8 | | |
| ZX2－2/4.4 | 44 | 4.4 | 8.9 | | 1.6 | | |
| ZX2－2/5.8 | 58 | 5.8 | 7.7 | | 1.4 | | |
| ZX2－2/8 | 80 | 8 | 6.6 | | 1.2 | | |
| ZX2－2/12 | 120 | 12 | 5.4 | 112 | 1.2 | | |
| ZX2－2/18 | 180 | 18 | 4.4 | | 1.0 | | |
| ZX2－2/21.6 | 216 | 21.6 | 4.0 | | 0.9 | | |
| ZX2－2/27.6 | 276 | 27.6 | 3.5 | | 0.8 | | |
| ZX2－2/37 | 370 | 37 | 3.1 | 150 | 0.8 | | |
| ZX2－2/48 | 480 | 48 | 2.7 | | 0.7 | | |
| ZX2－2/68 | 680 | 68 | 2.3 | | 0.6 | | |
| ZX2－2/96 | 960 | 96 | 1.9 | | 0.5 | | |
| ZX2－2/140 | 1 400 | 140 | 1.6 | | 0.4 | | |
| ZX2－2/188 | 1 880 | 188 | 1.4 | | 0.35 | | |
| ZX2－2/260 | 2 600 | 260 | 1.2 | | 0.3 | | |

表 14-169 铁铬铝带材在 ZX15 系列电阻器中应用数据

| 电阻器型号 | 允许电流(A) | 总电阻(Ω) | 电阻元件参数 | | | | |
|---|---|---|---|---|---|---|---|
| | | | 配用电阻元件型号 | 电阻带 | | | |
| | | | | 截面积($mm^2$) | 质量(kg) | 匝数 | 材料 |
| ZX15-5 | 215 | 0.10 | ZY-0.08 | 2(1.6×15) | 1.1 | 2×12 | |
| ZX15-7 | 181 | 0.14 | ZY-0.112 | 2(1.6×15) | 1.5 | 2×16 | |
| ZX15-10 | 152 | 0.20 | ZY-0.16 | 2(1.5×10) | 0.9 | 2×16 | |
| ZX15-14 | 128 | 0.30 | ZY-0.24 | 2(1.5×10) | 1.25 | 2×24 | |
| ZX15-20 | 107 | 0.40 | ZY-0.08 | 2(1.6×15) | 1.1 | 2×12 | 铬13铝4 |
| ZX15-28 | 91 | 0.56 | ZY-0.112 | 2(1.6×15) | 1.5 | 2×16 | 铁 |
| ZX15-40 | 76 | 0.80 | ZY-0.16 | 2(1.5×10) | 0.9 | 2×16 | 铬 |
| ZX15-55 | 64 | 1.2 | ZY-0.24 | 2(1.5×10) | 1.25 | 2×24 | 铝 |
| ZX15-89 | 54 | 1.6 | ZY-0.32 | 1.6×15 | 1.18 | 24 | |
| ZX15-110 | 46 | 2.1 | ZY-0.42 | 2(1.1×10) | 1.32 | 2×32 | 螺旋形 |
| ZX15-75 | 39 | 3.0 | ZY-0.62 | 1.5×10 | 0.8 | 30 | 绕制 |
| ZX15-105 | 33 | 4.2 | ZY-0.84 | 1.1×10 | 0.66 | 32 | |
| ZX15-140 | 29 | 5.6 | ZY-1.12 | 0.8×8 | 0.255 | 21 | |
| ZX15-200 | 24 | 8.0 | ZY-1.6 | 0.8×8 | 0.35 | 30 | |
| ZX15-280 | 20 | 11.0 | ZY-2.2 | 0.8×6 | 0.3 | 32 | |

## 二、熔体材料

熔体材料基本上可分为高熔点(银、铜)和低熔点(例如铝、锡、铅、锌等)两大类。对保护特性和稳定性要求较高的熔断器,熔体尽可能采用高熔点、高电导率和高热导率的材料;而在工作温度较低、结构简单无填料或半封闭式熔断器中,常利用不同成分的铋、镉、锡、铅等元素制成熔点为60～200℃的低熔点合金作为熔体。熔体的形状和尺寸是根据熔断器的额定电流,额定电压和使用场合而设计的,一般额定电流10 A及以下的熔体多采用丝状结构;大于10 A的则多采用变截面的熔片结构。本手册主要介绍常用的低熔点材料。低熔点合金的成分和熔点列于表14-170,熔断电流列于表14-171和表14-172。美英线规对照表见表14-173。

表 14-170 低熔点合金的成分和熔点

| 化学成分 | | | | | 熔点（℃） |
| --- | --- | --- | --- | --- | --- |
| 铋 | 铅 | 锡 | 镉 | 汞 | |
| 20 | 20 | — | — | 60 | 20 |
| 50 | 27 | 13 | 10 | — | 72 |
| 52 | 40 | — | 8 | — | 92 |
| 53 | 32 | 15 | — | — | 96 |
| 54 | 26 | — | 20 | — | 103 |
| 29 | 43 | 28 | — | — | 132 |
| — | 32 | 50 | 18 | — | 145 |
| 50 | 50 | — | — | — | 160 |
| 15 | 41 | 44 | — | — | 164 |
| 33 | — | 67 | — | — | 166 |
| 20 | — | 80 | — | — | 200 |

表 14-171 铅熔丝的熔断电流表

| 直径（mm） | 截面积（$mm^2$） | 近似英规线号 | 额定工作电流（A） | 熔断电流（A） |
| --- | --- | --- | --- | --- |
| 0.08 | 0.005 | 44 | 0.25 | 0.5 |
| 0.15 | 0.018 | 38 | 0.50 | 1.0 |
| 0.20 | 0.031 | 36 | 0.75 | 1.5 |
| 0.22 | 0.038 | 35 | 0.80 | 1.6 |
| 0.25 | 0.049 | 33 | 0.90 | 1.8 |
| 0.28 | 0.062 | 32 | 1.00 | 2.0 |
| 0.29 | 0.066 | 31 | 1.05 | 2.1 |
| 0.32 | 0.080 | 30 | 1.10 | 2.2 |
| 0.35 | 0.096 | 29 | 1.25 | 2.5 |
| 0.36 | 0.102 | 28 | 1.35 | 2.7 |
| 0.40 | 0.126 | 27 | 1.50 | 3.0 |
| 0.46 | 0.166 | 26 | 1.85 | 3.7 |
| 0.52 | 0.212 | 25 | 2.00 | 4.0 |
| 0.54 | 0.229 | 24 | 2.25 | 4.5 |
| 0.60 | 0.283 | 23 | 2.50 | 5.0 |

（续表）

| 直径（mm） | 截面积（$mm^2$） | 近似英规线号 | 额定工作电流（A） | 熔断电流（A） |
|---|---|---|---|---|
| 0.71 | 0.400 | 22 | 3.00 | 6.0 |
| 0.81 | 0.52 | 21 | 3.75 | 7.5 |
| 0.98 | 0.75 | 20 | 5 | 10 |
| 1.02 | 0.82 | 19 | 6 | 12 |
| 1.25 | 1.23 | 18 | 7.5 | 15 |
| 1.51 | 1.79 | 17 | 10 | 20 |
| 1.67 | 2.19 | 16 | 11 | 22 |
| 1.75 | 2.41 | 15 | 12 | 24 |
| 1.98 | 3.08 | 14 | 15 | 30 |
| 2.40 | 4.52 | 13 | 20 | 40 |
| 2.78 | 6.07 | 12 | 25 | 50 |
| 2.95 | 6.84 | 11 | 27.5 | 55 |
| 3.14 | 7.74 | 10 | 30 | 60 |
| 3.81 | 11.40 | 9 | 40 | 80 |
| 4.12 | 13.33 | 8 | 45 | 90 |
| 4.44 | 15.48 | 7 | 50 | 100 |
| 4.91 | 18.93 | 6 | 60 | 120 |
| 5.24 | 21.57 | 4 | 70 | 140 |

表14-172 铜丝的熔断电流

| 直径（mm） | 截面积（$mm^2$） | 近似英规线号 | 额定工作电流（A） | 熔断电流（A） |
|---|---|---|---|---|
| 0.234 | 0.043 | 34 | 4.7 | 9.4 |
| 0.254 | 0.051 | 33 | 5.0 | 10.0 |
| 0.274 | 0.059 | 32 | 5.5 | 11.0 |
| 0.295 | 0.068 | 31 | 6.1 | 12.2 |
| 0.315 | 0.078 | 30 | 6.9 | 13.8 |
| 0.345 | 0.093 | 29 | 8.0 | 16.0 |
| 0.376 | 0.111 | 28 | 9.2 | 18.4 |
| 0.417 | 0.137 | 27 | 11.0 | 22 |

（续表）

| 直径 (mm) | 截面积 ($mm^2$) | 近似英规线号 | 额定工作电流 (A) | 熔断电流 (A) |
|---|---|---|---|---|
| 0.457 | 0.164 | 26 | 12.5 | 25 |
| 0.508 | 0.203 | 25 | 15.0 | 29.5 |
| 0.559 | 0.245 | 24 | 17.0 | 34 |
| 0.60 | 0.283 | 23 | 20.0 | 39 |
| 0.70 | 0.385 | 22 | 25 | 50 |
| 0.80 | 0.500 | 21 | 29 | 58 |
| 0.90 | 0.60 | 20 | 37 | 74 |
| 1.00 | 0.80 | 19 | 44 | 88 |
| 1.13 | 1.00 | 18 | 52 | 104 |
| 1.37 | 1.50 | 17 | 63 | 125 |
| 1.60 | 2.00 | 16 | 80 | 160 |
| 1.76 | 2.50 | 15 | 95 | 190 |
| 2.00 | 3.00 | 14 | 120 | 240 |
| 2.24 | 4.00 | 13 | 140 | 280 |
| 2.50 | 5.00 | 12 | 170 | 340 |
| 2.73 | 6.00 | 11 | 200 | 400 |

表 14-173　英美线规对照表

| 线规号 | 相当于线规号的线径 (mm) | | 线规号 | 相当于线规号的线径 (mm) | |
|---|---|---|---|---|---|
| | A.W.G (B.S) | S.W.G | | A.W.G (B.S) | S.W.G |
| 0000 | 11.68 | 10.16 | 5 | 4.621 | 5.835 |
| 000 | 10.40 | 9.449 | 6 | 4.115 | 4.877 |
| 00 | 9.266 | 8.839 | 7 | 3.665 | 4.470 |
| 0 | 8.252 | 8.230 | 8 | 3.264 | 4.064 |
| 1 | 7.348 | 7.620 | 9 | 2.906 | 3.658 |
| 2 | 6.544 | 7.010 | 10 | 2.588 | 3.251 |
| 3 | 5.827 | 6.401 | 11 | 2.305 | 2.946 |
| 4 | 5.189 | 5.893 | 12 | 2.053 | 2.642 |

（续表）

| 线规号 | 相当于线规号的线径 (mm) | | 线规号 | 相当于线规号的线径 (mm) | |
|---|---|---|---|---|---|
| | A. W. G (B. S) | S. W. G | | A. W. G (B. S) | S. W. G |
| 13 | 1.828 | 2.337 | 32 | 0.201 9 | 0.274 3 |
| 14 | 1.628 | 2.032 | 33 | 0.179 8 | 0.254 0 |
| 15 | 1.450 | 1.829 | 34 | 0.160 1 | 0.223 7 |
| 16 | 1.291 | 1.626 | 35 | 0.142 6 | 0.214 3 |
| 17 | 1.150 | 1.422 | 36 | 0.127 0 | 0.193 0 |
| 18 | 1.024 | 1.219 | 37 | 0.113 1 | 0.172 7 |
| 19 | 0.911 6 | 1.016 | 38 | 0.100 7 | 0.152 4 |
| 20 | 0.811 8 | 0.914 4 | 39 | 0.089 69 | 0.132 1 |
| 21 | 0.722 9 | 0.812 3 | 40 | 0.079 85 | 0.121 9 |
| 22 | 0.643 9 | 0.711 2 | 41 | 0.071 12 | 0.111 8 |
| 23 | 0.573 3 | 0.609 6 | 42 | 0.063 35 | 0.101 6 |
| 24 | 0.510 6 | 0.558 8 | 43 | 0.056 41 | 0.091 44 |
| 25 | 0.454 7 | 0.508 0 | 44 | 0.050 24 | 0.081 28 |
| 26 | 0.404 9 | 0.457 2 | 45 | 0.044 73 | 0.071 12 |
| 27 | 0.360 6 | 0.416 6 | 46 | 0.039 84 | 0.060 96 |
| 28 | 0.321 1 | 0.375 9 | 47 | 0.035 47 | 0.050 80 |
| 29 | 0.285 9 | 0.345 4 | 48 | 0.031 59 | 0.040 64 |
| 30 | 0.254 8 | 0.335 3 | 49 | 0.028 13 | 0.030 48 |
| 31 | 0.226 8 | 0.294 6 | 50 | 0.025 05 | 0.025 40 |

注：S. W. G是英国标准线规，A. W. G是美国线规（明布朗·夏普线规）

## 14-3　电　刷

电刷用于电机的换向器或滑环上作为引导电流的滑动连接体。其导电、导热和润滑性能良好，并具有一定的机械强度和抑制换向性火花的特殊要求。几乎所有的直流电机及整流子电机均使用电刷，它是电机重要的组成部件。

由于电刷的材料和制造方法不同，常用的电刷可分类成石墨电刷、电化石墨电刷和金属石墨电刷三种。为保证电机的正常运行,正确选用电刷应综合考虑电刷的性能和电机对电刷的要求;电刷使用性能良好的标志为:

(1) 电刷在换向器或滑环表面能较快形成一层均匀、适度和稳定的氧化膜,使两者接触良好。

(2) 电刷具有良好的换向和集流性能,使火花抑制在允许的范围以内,且能量损耗小。

(3) 电刷运行不过热、不破损、寿命长,且不易对换向器或滑环造成触伤。

电刷的类别、型号、特征和主要应用范围见表 14-174;电刷的技术性能及运行条件见表 14-175。

表 14-174 电刷的类别、型号、特征和应用范围

| 类别 | 型号 | 基本特征 | 主要应用范围 |
|---|---|---|---|
| 石墨电刷 | S-3 | 硬度较低,润滑性较好 | 换向正常、负荷均匀、电压为80~120 V的直流电机 |
| | S-4 | 以天然石墨为基体、树脂为粘结剂的高阻石墨电刷,硬度和摩擦系数较低 | 换向困难的电机,如交流整流子电动机,高速微型直流电机 |
| | S-6 | 多孔软质石墨电刷,硬度低 | 汽轮发电机的集电环,80~230 V的直流电机 |
| 电化石墨电刷 | D104 | 硬度低,润滑性好,换向性能好 | 一般用于0.4~200 kW直流电机,充电用直流发电机,轧钢用直流发电机,汽轮发电机,绕线转子异步电动机集电环,电焊直流发电机等 |
| | D172 | 润滑性好,摩擦系数低,换向性能好 | 大型汽轮发电机的集电环,励磁机,水轮发电机的集电环,换向正常的直流电机 |
| | D202 | 硬度和机械强度较高,润滑性好,耐冲击振动 | 电力机车用牵引电动机,电压为120~400 V的直流发电机 |
| | D207 | 硬度和机械强度较高,润滑性好,换向性能好 | 大型轧钢直流电机,矿用直流电机 |
| | D213<br>D214 | 硬度和机械强度较高 | 汽车、拖拉机的发电机,具有机械振动的牵引电动机 |

（续表）

| 类别 | 型号 | 基本特征 | 主要应用范围 |
|---|---|---|---|
| 电化石墨电刷 | D214<br>D215 | 硬度和机械强度较高，润滑、换向性能好 | 汽轮发电机的励磁机，换向困难、电压在200 V以上的带有冲击性负荷的直流电机，如牵引电动机、轧钢电动机 |
| | D252 | 硬度中等，换向性能好 | 换向困难、电压为120～440 V的直流电机，牵引电动机，汽轮发电机的励磁机 |
| | D308<br>D309 | 质地硬，电阻系数较高，换向性能好 | 换向困难的直流牵引电动机，角速度较高的小型直流电机，以及电机扩大机 |
| | D373 | | |
| | D374 | 多孔，电阻系数高，换向性能好 | 换向困难的高速直流电机，牵引电动机，汽轮发电机的励磁机，轧钢电动机 |
| | D479 | | 换向困难的直流电机 |
| 金属石墨电刷 | J101<br>J102<br>J164 | 高含铜量，电阻系数小，允许电流密度大 | 低电压、大电流直流发电机，如：电解、电镀、充电用直流发电机，绕线转子异步电动机的集电环 |
| | J104<br>J104A | | 低电压、大电流直流发电机，汽车、拖拉机用发电机 |
| | J201 | 中含铜量、电阻系数较高，允许电流密度较大 | 电压在60 V以下的低电压、大电流直流发电机，如：汽车发电机，直流电焊机，绕线转子异步电动机的集电环 |
| | J204 | | 电压在40 V以下的低电压、大电流直流电机，汽车辅助电动机，绕线转子异步电动机的集电环 |
| | J205 | | 电压在60 V以下的直流发电机，汽车、拖拉机用直流起动的电动机，绕线转子异步电动机的集电环 |
| | J206 | | 电压为25～80 V的小型直流电机 |
| | J203<br>J220 | 低含铜量，与高、中含铜量电刷相比，电阻系数较大，允许电流密度较小 | 电压在80 V以下的大电流充电发电机，小型牵引电动机，绕线转子异步电动机的集电环 |

表 14-175　电刷的技术性能及运行条件

| 类别 | 型号 | 电阻率①(Ω·mm²/m) | 硬度 | | 一对电刷接触电压降③(V) | 摩擦系数不大于 | 额定电流密度(A/cm²) | 最大圆周速度(m/s) | 使用时允许的单位压力(N/cm²) |
|---|---|---|---|---|---|---|---|---|---|
| | | | 肖氏(N/mm²) | 洛氏②(N/mm²) | | | | | |
| 石墨电刷 | S-3 | 14 | | 220 | 1.9 | 0.25 | 11 | 25 | 2～2.5 |
| | S-4 | 100 | | 200 | 4.5 | 0.15 | 12 | 40 | 2～2.5 |
| | S-6 | 20 | | 39 | 2.6 | 0.28 | 12 | 70 | 2.2～2.4 |
| 电化石墨电刷 | D104 | 11 | | 60 | 2.5 | 0.20 | 12 | 40 | 1.5～2 |
| | D172 | 13 | 250 | | 2.9 | 0.25 | 12 | 70 | 1.5～2 |
| | D202 | 25 | | 310 | 2.6 | 0.23 | 10 | 45 | 2～2.5 |
| | D207 | 27 | 450 | | 2.0 | 0.25 | 10 | 40 | 2～4 |
| | D213 | 31 | | 300 | 3.0 | 0.25 | 10 | 40 | 2～4 |
| | D214 | 29 | 500 | | 2.5 | 0.25 | 10 | 40 | 2～4 |
| | D215 | 30 | 400 | | 2.9 | 0.25 | 10 | 40 | 2～4 |
| | D252 | 13 | | 170 | 2.6 | 0.23 | 15 | 45 | 2～2.5 |
| | D308 | 40 | 480 | | 2.4 | 0.25 | 10 | 40 | 2～4 |
| | D309 | 38 | 450 | | 2.9 | 0.25 | 10 | 40 | 2～4 |
| | D373 | 52 | 500 | | 2.5 | 0.20 | 15 | 50 | 3.2～3.5 |
| | D374 | 57 | | 350 | 3.8 | 0.25 | 12 | 50 | 2～4 |
| | D479 | 25 | | 160 | 2.1 | 0.25 | 12 | 40 | 2～4 |
| 金属石墨电刷 | J101 | 0.09 | | 110 | 0.2 | 0.20 | 20 | 20 | 1.8～2.3 |
| | J102 | 0.22 | | 90 | 0.5 | 0.20 | 20 | 20 | 1.8～2.3 |
| | J104<br>J104A | 0.25 | | 120 | 0.4 | 0.25 | 20 | 20 | 1.8～2.3 |
| | J164 | 0.10 | | 80 | 0.20 | 0.20 | 20 | 20 | 1.8～2.3 |
| | J201 | 3.5 | | 280 | 1.5 | 0.25 | 15 | 25 | 1.5～2 |
| | J203 | 8 | | 180 | 1.9 | 0.25 | 12 | 20 | 1.5～2 |
| | J204 | 0.75 | | 250 | 1.1 | 0.20 | 15 | 20 | 2～2.5 |
| | J205 | 6 | | 180 | 2.0 | 0.25 | 15 | 35 | 1.5～2 |
| | J206 | 3.5 | | 200 | 1.5 | 0.20 | 15 | 25 | 1.5～2 |
| | J220 | 8 | | 160 | 1.4 | 0.26 | 12 | 20 | 1.5～2 |

① 电阻系数的数值为平均值。

② 洛氏硬度，是用直径为7.94 mm的钢球压入测定。对中等硬度的试样，载荷60 kg，预压10 kg；对较软的试样，载荷30 kg，预压10 kg。表内数值为平均值。

③ 为额定电流密度下之值。表内数值为平均值。

## 一、电刷的理化特性

电刷的理化特性有电阻系数、硬度和灰分杂质。

1）电阻系数 在非金属中，碳是良好的导电材料，但导电性不如金属。电化石墨的最低电阻系数约为7 Ω·mm²/m，与铜相差400倍，但在运行中电刷电阻引起的损耗较接触电阻和摩擦引起的损耗小。一般要求电刷的电阻系数波动范围要小，根据其电阻系数值以确定它的适用范围，见表14－176。

表14－176 电刷电阻系数值及适用范围

| 电阻系数值（Ω·mm²/m） | 电刷基体类别 | 适用范围 |
|---|---|---|
| 50以上 | 树脂石墨电刷、炭黑基和木炭基电化石墨电刷 | 换向困难的电机 |
| 30～50 | 炭黑基和木炭基电化石墨电刷 | 换向困难的电机 |
| 20～30 | 焦炭基电化石墨电刷 | 一般直流电机 |
| 10～20 | 石墨电刷、焦炭基和石墨基电化石墨电刷 | 一般直流电机 |
| 10以下 | 含有25％～50％铜的金属石墨电刷 | 电压较低的电机 |
| 0.5～1 | 含有60％～75％铜的金属石墨电刷 | 低压电机 |
| 0.1～0.5 | 高含铜量金属石墨电刷 | 低压大电流电机 |

2）硬度 电刷的硬度和电阻系数，可以综合反映电刷的使用性能，它们中间之一偏离允许的极限值，就会影响使用效果。如电阻系数偏高而硬度值偏低，易产生较高的磨损；两者都偏高，易导致电压降过高，产生机械性火花；两者都偏低，则使磨损率增大，易出现电气性火花；电阻系数偏低而硬度值偏高，也易产生机械性火花。所以，要选用适当。

3）灰分杂质 电刷中含有少量极细微的灰分，能提高电刷的耐磨性能，并对换向器和集电环有磨光的效能；但若含有少量硬质磨料颗粒，则会使换向器和集电环即滑环被严重磨损甚至拉成沟槽，对电机的危害极大，必须严格检定。

## 二、电刷的结构

1）电刷的尺寸 电刷的规格用长度($l$)×宽度($b$)×高度($h$)表示。

其常用尺寸见表14－177。

表 14-177　电刷尺寸　　(mm)

| 电刷宽度 $b$ | 电刷长度 $l$ | 电刷高度 $h$ | | | | | | | |
|---|---|---|---|---|---|---|---|---|---|
| | | 12.5 | 16 | 20 | 25 | 32 | 40 | 50 | 65 |
| 4 | 5 | ○ | | | | | | | |
| | 10 | | ○ | ○ | | | | | |
| 5 | 6.5 | ○ | ○ | | | | | | |
| | 8 | | ○ | | | | | | |
| | 10 | | | ○ | ○ | | | | |
| | 12.5 | | | ○ | ○ | ○ | | | |
| 6.5 | 8 | | | ○ | ○ | | | | |
| | 10 | | | ○ | ○ | ○ | | | |
| | 12.5 | | | ○ | ○ | ○ | | | |
| | 16 | | | | ○ | ○ | | | |
| | 20 | | | | ○ | ○ | | | |
| 8 | 10 | | | ○ | ○ | ○ | | | |
| | 12.5 | | | | ○ | ○ | | | |
| | 16 | | | | ○ | ○ | | | |
| | 20 | | | | ○ | ○ | | | |
| | 25 | | | | | ○ | ○ | ○ | |
| | 32 | | | | | ○ | ○ | ○ | |
| 10 | 12.5 | | | | ○ | ○ | | | |
| | 16 | | | | ○ | ○ | | | |
| | 20 | | | | ○ | ○ | ○ | | |
| | 25 | | | | | ○ | ○ | ○ | |
| | 32 | | | | | ○ | ○ | ○ | |
| 12.5 | 16 | | | | ○ | ○ | ○ | | |
| | 20 | | | | | ○ | ○ | | |
| | 25 | | | | | ○ | ○ | ○ | |
| | 32 | | | | | ○ | ○ | ○ | |
| | 40 | | | | | | ○ | ○ | ○ |
| | 50 | | | | | | | ○ | ○ |

（续表）

| 电刷宽度 $b$ | 电刷长度 $l$ | 电刷高度 $h$ | | | | | | | |
|---|---|---|---|---|---|---|---|---|---|
| | | 12.5 | 16 | 20 | 25 | 32 | 40 | 50 | 65 |
| 16 | 20 | | | | | ○ | ○ | | |
| | 25 | | | | | ○ | ○ | ○ | |
| | 32 | | | | | ○ | ○ | ○ | |
| | 40 | | | | | | ○ | ○ | ○ |
| | 50 | | | | | | | ○ | ○ |
| 20 | 25 | | | | | ○ | ○ | ○ | |
| | 32 | | | | | | ○ | ○ | ○ |
| | 40 | | | | | | | ○ | ○ |
| | 50 | | | | | | | ○ | ○ |
| 25 | 32 | | | | | ○ | ○ | ○ | ○ |
| | 40 | | | | | | ○ | ○ | ○ |
| | 50 | | | | | | | ○ | ○ |
| 32 | 40 | | | | | | | ○ | ○ |
| | 50 | | | | | | | ○ | ○ |

注：○表示可选用的尺寸。

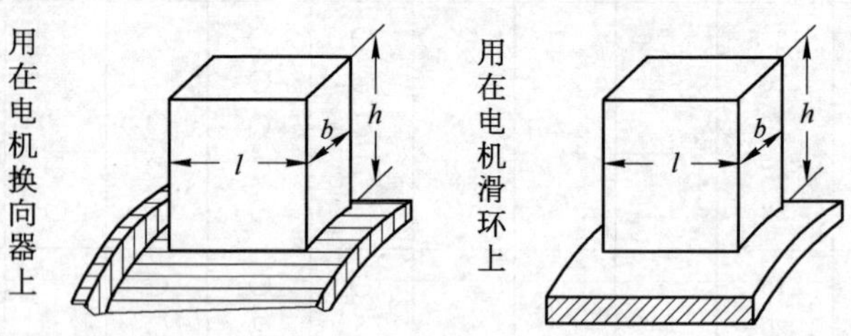


**表 14－177 附图　电刷尺寸**

2）电刷的外形　电刷的外形有：辐射式、前倾式、后倾式及分层电刷等。

(1) 辐射式电刷：又称径向式电刷。有两种型式：一种是平顶面辐射式电刷，适用于单向运转和正反向运转的电机；一种是上端面倾斜的辐射式电刷，适用于单向运转的电机，由于电刷与刷握前壁紧靠，可保证稳定运行。

(2) 前倾式及后倾式电刷：电刷对换向器倾斜一定角度，前倾式的倾角约 30°，后倾式的倾角约 15°，刷顶可采用平顶面或倾斜面。

(3) 分层电刷：有很多型式：两块电刷拼合的称双子电刷，适用于高速、振动大和换向困难的电机，如电力机车和内燃机车，这种电刷易与换向器保持良好的吻合；中间粘结并互相绝缘的为多层粘合电刷，这种电刷的横向电阻大，对改善换向可以起到良好作用。

3) 电刷引出导线的装配方式　通常有填塞法、扩铆法、焊接法和压入法等方式，要求装配牢固，与电刷接触良好。

表 14-178 及表 14-179 为特种电机用弹簧电刷和汽车电机用电刷的规格，表 14-180 为国产与国外部分电刷型号的对照表。

表 14-178　特种电机用弹簧电刷的规格

| 电刷型号 | 规 格 (mm) | 单重 (g) | 结构型式 | 导线截面积 ($mm^2$) | 导线长度 (mm) | 适用电机 |
|---|---|---|---|---|---|---|
| D214 | 4×4×24 | 2 | $T_{21}$ | | | 微型电动机 |
| D214 | 5.4×5.4×20 | 2 | $T_{21}$ | 0.16 | 32 | 串励电动机 |
| D214 | 6.4×6.4×20 | 2 | $T_{21}$ | 0.16 | 35 | 奇异电扇 |
| D214 | 6×8×25 | 3 | $T_{21}$ | 0.3 | 35 | 微型直流电机 |
| D214 | 3.8×9×22 | 3 | $T_{21}$ | 0.16 | 35 | SU930 串励电动机 |
| D214 | 5×10×25 | 4 | $T_{21}$ | 0.3 | 35 | 微型直流电机 |
| D214 | 6×6.5×26 | 3 | $T_{21}$ | 0.3 | 35 | 直流电扇(上扇厂) |
| D104 | 7×12×34 | 6 | $T_{21}$ | 0.5 | 48 | 3 kW 励磁机(老式) |
| D308 | 4×7×18 | 3 | $T_{21}$ | 0.16 | 25 | 微型直流电机 |
| J204 | 7×7×18 | 6 | $T_{21}$ | 0.5 | 38 | 16 mm 电影放映机用 |
| D308 | 4×8×14 | 2 | $T_{21}$ | 0.3 | 30 | 10 mm 电钻(沈阳) |

表14－179　汽车电机用电刷的规格

| 电刷型号 | 规格(mm) | 单重(g) | 结构型式 | 导线截面积($mm^2$) | 导线长度(mm) | 其　他 | 适用电机 |
|---|---|---|---|---|---|---|---|
| D252 | 6.4×16×21 | 5 | $T_5$ | 1.5 | 60 | 绝缘套管（各半） | F－330汽车发电机 |
| D252 | 6.5×22.3×23.5 | 7 | $T_5$ | 1.5 | 60 | | F－31汽车发电机 |
| J213 | 8.8×19.2×14 | 20 | $T_9$ | 4 | 100 | 绝缘套管无接头（长瓣） | ST－8、ST－9型汽车起动机 |
| J213 | | 16 | $T_9$ | 4 | 55 | 绝缘套管（短瓣） | |
| J213 | | 16 | $T_9$ | 4 | 55 | 无套管（短瓣） | |
| J204 | 12×32×27 | 55 | $T_6$ | 6 | 62 | 顶部有槽 | ST－700、ST－710型汽车起动机 |
| J213 | 10×18×20 | 20 | $T_9$ | 2.5 | 50 | 绝缘套管（各半） | ST－60、ST－62型汽车起动机 |
| J205 | 10×18×20 | 18 | $T_9$ | 2.5 | 50 | | ST－604、ST－614汽车起动机 |
| J204 | 7×16×20 | 13 | $T_3$ | 4 | 40 | 顶部有槽 | ST－812型汽车起动机 |
| J201 | 5×7×14 | 3 | $T_3$ | 0.5 | 35 | | JF11、12硅整流汽车发电机（长沙） |
| D252 | 5×7×14 | 2 | $T_3$ | 0.5 | 35 | | JF11、12硅整流汽车发电机（上海） |
| D104 | 7×16×23 | 6 | $T_3$ | 1.5 | 60 | 绝缘套管（各半） | F－33汽车发电机 |

表14－180　国产与国外部分电刷型号对照表

| 类别＼国家 | 国产 | 原苏联 | 美国 | 英国 | 德国 | 日本 | 其他 |
|---|---|---|---|---|---|---|---|
| 天然石墨类 | S1<br>S3 | Γ－1<br>Γ－3 | | A－B | C274<br>C189<br>（原民主德国） | | |
| 电化石墨类 | D104，<br>D172 | ЭΓ4，<br>ЭΓ72 | 258，<br>Ni | | | GHS431（日立） | |
| | D214，<br>D215 | ЭΓ14 | SA35<br>234 | EG12<br>（摩根） | | GH45（日立） | |
| | D308 | ЭΓ61A | SA35 | EG14G<br>（摩根） | E55<br>（S＋E） | GH4501（日立） | EG6754（法，罗兰） |
| | D374<br>D374B<br>D374D | ЭΓ841<br>ЭΓ51A | SA40<br>DE7 | EG259<br>（摩根） | E46（S＋E）<br>E46x（S＋E）<br>RE59<br>（林斯道夫） | GH4001（日立）<br>GH4003（日立）<br>TD2703（东海） | EG367（法，罗兰） |
| | D376<br>D376N | | SA50<br>SA45 | | | GH4522（日立）<br>TD602（东海）<br>TD212（东海） | |
| 金属石墨类 | J102，<br>J164 | MΓ2<br>MΓ64 | 53 | | | MH31（日立）<br>FM131（富士） | G75（捷克斯洛伐克） |
| | J204<br>J213<br>J230 | MΓ4 | 39 | CM5<br>（摩根） | | MH32（日立）<br>FM184（富士）<br>TDM66（东海） | CG4（捷克斯洛伐克） |
| | J205<br>J201<br>J240 | MΓC－5<br>M1 | | CM9<br>（摩根） | M17 | MH35（日立）<br>MH55（日立） | CG50（捷克斯洛伐克） |

## 三、电刷的使用、维护与故障处理

1）电刷的安装　同一台电机应采用同一种型号的电刷，并将引出导线均匀地紧固在刷杆上，使每块电刷的电流分布均匀，以免产生过热和火花现象；对电流大、换向困难的电机，可采用双子电刷，其滑入边配用电流密度大或润滑性能好，滑出边则配用换向性能好的电刷，从而使电机运行状况得到改善。

2）电刷的更换与磨合　经过长期运行的电刷，引出导线和金属附件有氧化、腐蚀或刷体磨耗长短不齐时，则需更换。电刷宜一次全部更换，不能新旧混用，否则会出现电流分布不均的现象。对中小型电机，在更换电刷前，先将换向器磨光研平，再用细玻璃砂纸（不可用金刚砂纸）沿电机运转方向研磨电刷；研磨后，先以20%～30%负荷电流运转数小时，使电刷与换向器表面磨合，形成表面薄膜，再逐步提高电流至额定负荷。对于大型电机，可不停机，每次更换20%的电刷，每次间隔1～2周；待磨合后，再逐次更换其余电刷，以保证机组正常持续运行。

3）电刷运行中常见故障与处理方法　电刷运行中常见故障与处理方法见表14-181。

表14-181　电刷运行中常见故障与处理方法

| 序号 | 故障现象 | 产生故障的原因 | 处理方法 |
| --- | --- | --- | --- |
| 1 | 电刷磨损异常 | 电刷选型不当；换向器偏摆、偏心；换向片、绝缘云母凸起等 | 应根据电机的运行条件选配合适的电刷，并排除故障 |
| 2 | 电刷磨损不均匀 | 电刷质量不均匀或弹簧压力不均匀 | 更换电刷或调整弹簧压力 |
| 3 | 电刷下出现有害火花 | 1. 机械原因如：换向器偏摆、偏心，换向片、绝缘云母凸起和振动等。<br>2. 电气原因如：负荷变化迅速、电机换向困难、换向极磁场太强或太弱 | 1. 排除外部机械故障；<br>2. 选用换向性能好的电刷；调整气隙，移动换向极位置等 |

（续表）

| 序号 | 故障现象 | 产生故障的原因 | 处理方法 |
|---|---|---|---|
| 4 | 电刷导线烧坏或变色 | 1. 电刷导线装配不良<br>2. 弹簧压力不均 | 1. 更换电刷<br>2. 调整弹簧压力 |
| 5 | 电刷导线松脱 | 1. 振动大<br>2. 电刷导线装配不良 | 1. 排除振源<br>2. 更换电刷 |
| 6 | 换向器面拉成沟槽 | 电刷工作表面有研磨性颗粒，包括外部混入杂质；长期轻载、过冷，严重油污、有害气体损害接触点间表面薄膜的形成 | 清扫电刷；更换电刷；排除故障 |
| 7 | 电刷或刷握过热 | 1. 弹簧压力太大或不均匀<br>2. 通风不良或电机过载<br>3. 电刷的摩擦系数大<br>4. 电刷型号混用<br>5. 电刷安装不当 | 1. 降低或调整弹簧压力<br>2. 改善通风或减小电机负荷<br>3. 选用摩擦系数小的电刷<br>4. 换用同一型号的电刷<br>5. 正确安装电刷 |
| 8 | 刷体破损，边缘碎裂 | 1. 振动大<br>2. 电刷材质软、脆 | 1. 排除振源<br>2. 选用韧性好的电刷<br>3. 采取加缓冲压板等防振措施 |
| 9 | 电机运行中出现噪声 | 电刷的摩擦系数大；电机及刷握振动大；空气湿度低 | 选择摩擦系数小的电刷；排除振源；调整湿度 |
| 10 | 电刷表面“镀铜” | 1. 由于电刷与换向器间接触不好而产生电镀作用，在电刷表面粘附铜粒<br>2. 由于产生火花，使铜粒脱落，并积聚在电刷面上<br>3. 局部电流密度过高 | 1. 排除换向器偏摆、电刷跳动、弹簧压力低而不均等故障<br>2. 消除产生火花的原因<br>3. 排除电流密度不均的故障 |

## 14-4 磁性材料

磁性材料按其性能可分为软磁材料和硬磁材料两种。

1. *软磁材料*

具有狭长的磁滞回线特性。磁导率高,矫顽力和剩磁感应强度都很小;回线所包围的面积较小,因而磁滞损耗较小。它主要用在电机、电器和变压器上作铁心导磁回路,例如电工用纯铁和硅钢片。在小变压器、扼流圈和继电器作铁心的铁镍合金(坡莫合金)和铁、铝、硅合金等,以及在很高频率范围内通讯系统用的软磁铁氧体等。

2. *硬磁材料*

具有大面积的磁滞回线特性,矫顽力和剩磁感应强度都很大。这种材料在外磁场中充磁,撤除外磁场后仍能保留较强的剩磁,形成恒定持久的磁场,故又称为永磁材料。它主要用作储藏和提供磁能的永久磁铁,例如磁电式仪器用的钨钢和铬钢;测量仪表和微电机用的铝镍钴、硬磁铁氧体、稀土永磁材料等。

### 一、电工硅钢片

硅钢片是电机、仪表、电信等工业部门广泛应用的重要软磁材料,使用量占磁性材料的百分之九十以上。它的分类、用途和特性分述如下:

1) 热轧硅钢片　热轧硅钢片是将Fe-Si合金用平炉或电炉熔融,进行反复热轧成薄板,最后在800~850℃退火后制成。热轧硅钢片主要用于发电机的制造,故又称热轧电机硅钢片。但其可利用率低,能量损耗大,近年相关部门已强力要求淘汰,实施“以冷轧代热轧”的计划。

冷轧硅钢片分晶粒取向和无取向两种,前者应用时使磁路顺着晶粒取向才能有较高的电磁性能,冲剪后要进行热处理。

2) 冷轧无取向硅钢片　冷轧无取向硅钢片最主要用于发电机制造,故又称冷轧电机硅钢。其含硅量0.5%~3.0%,经冷轧至成品厚度,供应态多为0.35 mm和0.5 mm厚的钢带。冷轧无取向硅钢的Bs高于取向硅钢;与热轧硅钢相比,其厚度均匀,尺寸精度高,表面光滑平整,从而提高了填充系数和材料的磁性能。主要性能数据见表14-182。

表14-182 无取向冷轧电工硅钢带(片)主要性能数据

| 牌　号 | 公称厚度(mm) | 理论密度(kg·dm$^{-3}$) | 50 Hz | | 最小弯曲次数 | 最小叠装系数(%) |
|---|---|---|---|---|---|---|
| | | | 最大铁损(W·kg$^{-1}$)① | 最小磁通密度(T)② | | |
| | | | $P_{1.5/50}$① | $B_{50}$② | | |
| 35W230 | 0.35 | 7.60 | 2.30 | 1.60 | 2 | 95 |
| 35W250 | | 7.60 | 2.50 | 1.60 | 2 | |
| 35W270 | | 7.65 | 2.70 | 1.60 | 2 | |
| 35W300 | | 7.65 | 3.00 | 1.60 | 3 | |
| 35W330 | | 7.65 | 3.30 | 1.60 | 3 | |
| 35W360 | | 7.65 | 3.60 | 1.61 | 5 | |
| 35W400 | | 7.65 | 4.00 | 1.62 | 5 | |
| 35W440 | | 7.70 | 4.40 | 1.64 | 5 | |
| 50W230 | 0.50 | 7.60 | 2.30 | 1.60 | 2 | 97 |
| 50W250 | | 7.60 | 2.50 | 1.60 | 2 | |
| 50W270 | | 7.60 | 2.70 | 1.60 | 2 | |
| 50W290 | | 7.60 | 2.90 | 1.60 | 2 | |
| 50W310 | | 7.65 | 3.10 | 1.60 | 3 | |
| 50W330 | | 7.65 | 3.30 | 1.60 | 3 | |
| 50W350 | | 7.65 | 3.50 | 1.60 | 5 | |
| 50W400 | | 7.65 | 4.00 | 1.61 | 5 | |
| 50W470 | | 7.70 | 4.70 | 1.62 | 10 | |
| 50W540 | | 7.70 | 5.40 | 1.65 | 10 | |
| 50W600 | | 7.75 | 6.00 | 1.65 | 10 | |
| 50W700 | | 7.80 | 7.00 | 1.68 | 10 | |
| 50W800 | | 7.80 | 8.00 | 1.68 | 10 | |
| 50W1000 | | 7.85 | 10.00 | 1.69 | 10 | |
| 50W1300 | | 7.85 | 13.00 | 1.69 | 10 | |

（续表）

| 牌　号 | 公称厚度(mm) | 理论密度($kg\cdot dm^{-3}$) | 50 Hz 最大铁损($W\cdot kg^{-1}$)① $P_{1.5/50}$① | 50 Hz 最小磁通密度(T)② $B_{50}$② | 最小弯曲次数 | 最小叠装系数(%) |
|---|---|---|---|---|---|---|
| 65W600 | 0.65 | 7.75 | 6.00 | 1.64 | 10 | 97 |
| 65W700 | | 7.75 | 7.00 | 1.65 | 10 | |
| 65W800 | | 7.80 | 8.00 | 1.68 | 10 | |
| 65W1000 | | 7.80 | 10.00 | 1.68 | 10 | |
| 65W1300 | | 7.85 | 13.00 | 1.69 | 10 | |
| 65W1600 | | 7.85 | 16.00 | 1.69 | 10 | |

① $P_{1.5/50}$表示频率为50 Hz、波形为正弦波、磁感应强度峰值为1.5 T的单位质量铁损耗值。

② $B_{50}$右下角表示在该场强(A/cm)值下的磁感应强度$B$。

3）冷轧取向硅钢片　冷轧取向硅钢带最主要用于变压器制造，所以又称冷轧变压器硅钢。与冷轧无取向硅钢相比，取向硅钢的磁性具有强烈的方向性；在易磁化的轧制方向上具有优越的高磁导率与低损耗特性。取向钢带在轧制方向的铁损仅为横向的1/3，磁导率之比为6∶1，其铁损约为热轧带的1/2，磁导率为后者的2.5倍。主要性能数据见表14－183及表14－184。

表14－183　一般晶粒取向硅钢片的牌号及性能数据

| 厚度(mm) | 牌号 | GB/T 2521－1996 最大铁损 $P_{1.7/50}$ (W/kg) | GB/T 2521－1996 最小磁感 $B_{800}$ (T) | 典型磁性 铁损 $P_{1.7/50}$ (W/kg) | 典型磁性 磁感 $B_{800}$ (T) |
|---|---|---|---|---|---|
| 0.27 | 27Q120<br>27Q130<br>27Q140 | 1.20<br>1.30<br>1.40 | 1.78<br>1.78<br>1.75 | 1.16<br>1.28<br>1.38 | 1.84<br>1.84<br>1.83 |

（续表）

| 厚度(mm) | 牌号 | GB/T 2521-1996 | | 典型磁性 | |
|---|---|---|---|---|---|
| | | 最大铁损 $P_{1.7/50}$ (W/kg) | 最小磁感 $B_{800}$ (T) | 铁损 $P_{1.7/50}$ (W/kg) | 磁感 $B_{800}$ (T) |
| 0.30 | 30Q120 | | | 1.18 | 1.84 |
| | 30Q130 | 1.30 | 1.78 | 1.25 | 1.83 |
| | 30Q140 | 1.40 | 1.78 | 1.35 | 1.83 |
| | 30Q150 | 1.50 | 1.75 | 1.45 | 1.82 |
| 0.35 | 35Q135 | 1.35 | 1.78 | 1.33 | 1.83 |
| | 35Q145 | 1.45 | 1.78 | 1.42 | 1.82 |

表14-184 冷轧晶粒取向硅钢薄带的牌号及性能数据

| 厚度(mm) | 牌号 | 典型磁感(T) | | | | 典型铁损(W/kg) | |
|---|---|---|---|---|---|---|---|
| | | $B_{50}$ | $B_{400}$ | $B_{1000}$ | $B_{2500}$ | $P_{1.0/400}$ | $P_{1.5/400}$ |
| 0.15 | DG3 | 0.95 | | 1.69 | | | 17.90 |
| | DG4 | 1.12 | | 1.70 | | | 16.90 |
| | DG5 | 1.13 | | 1.77 | | | 15.90 |
| | DG6 | 1.15 | | 1.77 | | | 15.30 |
| | DG7 | 1.16 | | 1.78 | 1.89 | | 15.00 |
| 0.20 | DG3 | | 1.53 | 1.69 | 1.85 | 9.65 | 22.45 |
| | DG4 | | 1.60 | 1.74 | 1.87 | 8.80 | 20.50 |
| | DG5 | | 1.66 | 1.75 | 1.88 | 7.80 | 18.50 |

4）高磁感冷轧取向硅钢片　高磁感冷轧硅钢带皆为单取向钢带，主要用于电信与仪表工业中的各种变压器、扼流圈等电磁元件的制造。其应用场合有两个主要特点：一是小电流即弱磁场条件下，要求材料在弱磁场范围内具有高的磁性能，即高的 $\mu_0$ 值和高的 $B$ 值；第二个特点是使用频率高，通常都在 400 Hz 以上，甚至高达 2 MHz。为减小涡流损耗和交变磁场下

的有效磁导率，一般使用0.05～0.20 mm的薄带。主要性能数据见表14-185。

表14-185 高磁感冷轧取向硅钢片牌号及性能数据

| 厚度(mm) | 牌号 | GB/T 2521-1996 | | 典型磁性 | |
|---|---|---|---|---|---|
| | | 最大铁损 $P_{1.7/50}$ (W/kg) | 最小磁感 $B_{800}$ (T) | 铁损 $P_{1.7/50}$ (W/kg) | 磁感 $B_{800}$ (T) |
| 0.27 | 27QG100 | 1.00 | 1.85 | 0.96 | 1.90 |
| | 27QG110 | 1.10 | 1.85 | 1.05 | 1.90 |
| | 27QG120 | | | 1.16 | 1.90 |
| | 27QG130 | | | 1.25 | 1.90 |
| 0.30 | 30QG100 | | | 0.98 | 1.90 |
| | 30QG105 | | | 1.03 | 1.90 |
| | 30QG110 | 1.10 | 1.85 | 1.05 | 1.90 |
| | 30QG120 | 1.20 | 1.85 | 1.16 | 1.90 |
| | 30QG130 | 1.30 | 1.85 | 1.25 | 1.90 |
| 0.35 | 35QG125 | 1.25 | 1.85 | 1.23 | 1.90 |
| | 35QG135 | 1.35 | 1.85 | 1.30 | 1.90 |

**二、电工纯铁**

电工纯铁的含铁量高达99.9%。由于纯铁的电阻率太小，涡流损耗太大，一般轧制成不大于4 mm厚的板材，用于直流或脉动成分不大的电器和电信元件中作为导磁铁心。电工纯铁的牌号、规格及用途列于表14-186，电磁性能列于表14-187。

表14-186 电工纯铁的牌号、规格及用途

| 种类 | 牌号 | 规格 | 用途 |
|---|---|---|---|
| 原料纯铁 | DT1、DT2 | 纯铁材料断面小于250 $mm^2$，纯铁薄板最大厚度为4 mm | 不保证磁时效的磁性元件和炉料(DT1为一般;DT2为高纯度) |
| 铝镇静纯铁 | DT3、DT3A、DT4 | | 不保证磁时效的一般电磁元件 |
| 硅铝镇静纯铁 | DT5、DT5A | | |
| 铝镇静纯铁 | DT4、DT4E、DT4C | | 在一定时效工艺下保证无时效的电磁元件 |
| 硅铝镇静纯铁 | DT6、DT6A、DT6E、DT6C | | 在一定时效工艺下保证无时效,磁性范围较稳定的电磁元件 |

表14-187 电工纯铁的牌号和性能

| 牌号 | 等级 | 试样状态 | 最大磁导率 $\mu_m$ (H/m)×$10^{-3}$ 不小于 | 矫顽力 $H_c$ (A/m) 不大于 | 不同场强下的磁感应强度(T) | | | | |
|---|---|---|---|---|---|---|---|---|---|
| | | | | | $B_5$ | $B_{10}$ | $B_{25}$ | $B_{50}$ | $B_{100}$ |
| DT1、DT2<br>DT3、DT4<br>DT5、DT6 | 普级 | 不退火 | 7.5 | 96 | 1.4 | 1.5 | 1.62 | 1.71 | 1.80 |
| DT3A、DT4A<br>DT5A、DT6A | 高级 | | 10.00 | 72 | | | | | |
| DT4E<br>DT6E | 特级 | | 12.50 | 48 | | | | | |
| DT4C<br>DT6C | 超级 | | 18.75 | 32 | | | | | |
| DT1、DT2<br>DT3、DT4<br>DT5、DT6 | 普级 | 退火 | 7.5 | 96 | 1.45 | 1.55 | 1.65 | 1.75 | 1.85 |

（续表）

| 牌　　号 | 等级 | 试样状态 | 最大磁导率 $\mu_m$ (H/m)×$10^{-3}$ 不小于 | 矫无力 $H_c$ (A/m) 不大于 | 不同场强下的磁感应强度(T) | | | | |
|---|---|---|---|---|---|---|---|---|---|
| | | | | | $B_5$ | $B_{10}$ | $B_{25}$ | $B_{50}$ | $B_{100}$ |
| DT3A、DT4A DT5A、DT6A | 高级 | 退火 | 8.75 | 80 | 1.45 | 1.55 | 1.65 | 1.75 | 1.85 |
| DT4E DT6E | 特级 | | 11.25 | 56 | | | | | |
| DT4C DT6C | 超级 | | 15.00 | 32 | | | | | |

注：表中 $B_5$、$B_{10}$、$B_{25}$、$B_{50}$、$B_{100}$ 分别表示磁场强度为 5、10、25、50、100 A/cm 时的磁感应强度，下同。

## 三、软磁合金

软磁合金又称精密合金，它包括铁镍合金和铁铝合金两大类。铁镍合金又称坡莫合金。其优点是在低磁场下有极高的磁导率、很低的矫顽力和更好的高频特性（一般最高工作频率在 1 MHz 左右）。铁铝合金是一种新型软磁合金材料，用它来代替铁镍合金可以节省贵重金属镍。铁铝合金具有极高的电阻率，有利于高频下使用，而且密度小、硬度高、耐磨性好、抗振动冲击性能好、对机械应力的敏感性小。常用铁镍合金和铁铝合金的规格、特点及用途见表 14－188，电磁性能见表 14－189。

表 14－188　铁镍和铁铝合金的规格、特点及用途

| 名称 | 牌号 | 含镍(或铝)量(%) | 厚度(mm) | 特　点 | 用　途 |
|---|---|---|---|---|---|
| 铁镍合金 | 1J34<br>1J46<br>1J50 | 33～35<br>45～47<br>49～51 | 0.005～0.20<br>0.02～0.50<br>0.02～2.50 | 饱和磁感应强度高，磁导率较低和矫顽力较大 | 中小功率变压器、扼流圈和控制微特电机的铁心 |

（续表）

| 名称 | 牌号 | 含镍(或铝)量(%) | 厚度(mm) | 特点 | 用途 |
|---|---|---|---|---|---|
| 铁镍合金 | 1J51 | 49～51 | 0.005～0.10 | 磁滞回线呈矩形，其余同1J50 | 高灵敏磁放大器、中小功率脉冲变压器的铁心，微机记忆元件 |
| | 1J67<br>1J79 | 66～68<br>78～80 | 0.02～0.50<br>0.01～2.5 | 低磁场下最大磁导率很高，矫顽力很低，饱和磁感应强度不高 | 低磁场下高灵敏小功率变压器、磁放大器继电器、扼流圈等 |
| | 1J85<br>1J86 | 79～81<br>79～81 | 0.005～0.34<br>0.005～0.50 | 起始磁导率最高，矫顽力极低和最大磁导率很高，对弱信号反应灵敏，电阻率较高 | 仪表和电信工业中的扼流圈、音频变压器、快速磁放大器和精密电桥的定动片、精密电桥变压器 |
| 铁铝合金 | 1J6 | 5.5～6.0 | 0.2～1.0 | 同类中饱和磁感应强度最大，抗腐蚀性好 | 做控制微特电机、电磁阀铁心 |
| | 1J12 | 11.6～12.4 | 0.2～1.0 | 磁导率和饱和磁感应强度适中，电阻率大 | 做音频变压器、继电器铁心 |
| | 1J16 | 15.5～16.3 | 0.2～1.0 | 在同类中磁导率最大，矫顽力最小，饱和磁感应强度最小 | 弱磁场中小型变压器、磁放大器、互感器的铁心，做磁屏蔽 |

表14-189 常用铁镍和铁铝软磁合金的电磁性能

| 牌号 | 厚度 (mm) | 初磁导率 $\mu_0$ ($10^{-3}$ H/m) | 最大磁导率 $\mu_m$ ($10^{-3}$ H/m) | 矫顽力 $H_c$ (A/m) 不大于 | 饱和磁感应强度 $B_s$(T) 不小于 | $H_r$ 80 A/m 时 $B_r/B_m$ 不小于 |
|---|---|---|---|---|---|---|
| 1J34 | 0.005～0.01 |  | 62.5 | 20 | 1.5 | 0.9 |
|  | 0.02～0.04 |  | 75 | 16 |  | 0.9 |
|  | 0.05～0.09 |  | 112.5 | 9.6 |  | 0.9 |
|  | 0.10～0.20 |  | 137.5 | 8 |  | 0.87 |
| 1J46 | 0.02～0.04 | 2.5 | 162.5 | 32 | 1.5 |  |
|  | 0.05～0.09 | 2.875 | 275 | 24 |  |  |
|  | 0.10～0.19 | 3.5 | 312.5 | 20 |  |  |
|  | 0.20～0.34 | 4.0 | 375 | 16 |  |  |
|  | 0.35～0.50 | 4.5 | 375 | 12 |  |  |
| 1J50 | 0.02～0.04 | 2.75 | 250 | 24 | 1.5 |  |
|  | 0.05～0.09 | 3.5 | 350 | 20 |  |  |
|  | 0.10～0.19 | 4.0 | 400 | 14.4 |  |  |
|  | 0.20～0.34 | 4.5 | 500 | 11.2 |  |  |
|  | 0.35～1.0 | 5.625 | 625 | 9.6 |  |  |
|  | 1.1～2.5 | 6 | 562.5 | 9.6 |  |  |
| 1J51 | 0.005～0.01 |  | 312.5 | 24 | 1.5 | 0.9 |
|  | 0.02～0.04 |  | 437.5 | 20 |  |  |
|  | 0.05～0.09 |  | 625 | 16 |  |  |
|  | 0.19 |  | 750 | 14.4 |  |  |
| 1J67 | 0.02～0.04 |  | 2 000 | 6.4 | 1.2 | 0.9 |
|  | 0.05～0.09 |  | 2 500 | 4.8 |  |  |
|  | 0.10～0.19 |  | 3 125 | 4.0 |  |  |
|  | 0.20～0.50 |  | 4 375 | 3.2 |  |  |
| 1J79 | 0.01～ | 15 | 875 | 4.8 | 0.75 |  |
|  | 0.02～0.04 | 18.75 | 1 125 | 4.0 |  |  |
|  | 0.05～0.09 | 22.5 | 1 375 | 2.8 |  |  |
|  | 0.10～0.19 | 25 | 1 875 | 2.0 |  |  |
|  | 0.20～0.34 | 27.5 | 2 250 | 1.6 |  |  |
|  | 0.35～1.0 | 30 | 2 500 | 1.2 |  |  |
|  | 1.1～2.5 | 27.5 | 2 250 | 1.6 |  |  |

（续表）

| 牌号 | 厚度 (mm) | 初磁导率 $\mu_0$ ($10^{-3}$ H/m) | 最大磁导率 $\mu_m$ ($10^{-3}$ H/m) | 矫顽力 $H_c$ (A/m) 不大于 | 饱和磁感应强度 $B_s$(T) 不小于 | $H_r$ 80A/m 时 $B_r/B_m$ 不小于 |
|---|---|---|---|---|---|---|
| 1J85 | 0.005～0.01<br>0.02～0.04<br>0.05～0.09<br>0.10～0.19<br>0.20～0.35 | 20<br>22.5<br>35<br>37.5<br>50 | 875<br>1 000<br>1 375<br>1 875<br>2 250 | 4.8<br>3.6<br>2.4<br>1.6<br>1.2 | 0.70 | |
| 1J86 | 0.005～0.01<br>0.02～0.04<br>0.05～0.09<br>0.10～0.19<br>0.20～0.50 | 12.5<br>37.5<br>50<br>62.5<br>75 | 1 000<br>1 375<br>1 875<br>2 250<br>2 750 | 4.0<br>2.4<br>1.44<br>1.20<br>0.72 | 0.60 | |
| 1J16 | 0.2～0.35<br>0.35～1.0 | 5<br>7.5 | 62.5<br>37.5 | 3.2<br>3.2 | 0.65<br>0.65 | |
| 1J12 | 0.2～1.0 | 3.1 | 31.3 | 12 | 1.3 | |
| 1J6 | 0.1～0.5<br>8～100 | | | 48<br>6.4 | 1.35<br>1.30 | |

## 四、永磁材料

永磁材料即硬磁材料，它能在较长时间内保持强的和稳定的磁性。衡量永磁材料性能的技术指标为其退磁曲线上的剩磁感应强度(T)、矫顽力(A/m)及最大磁能积(kJ/m$^3$)等。

常用的永磁材料可分为铸造铝镍钴系永磁材料、粉末烧结铝镍钴系永磁材料、铁氧体永磁材料、稀土永磁材料及塑性变形永磁材料等。

常用永磁材料部分品种的磁性能和主要用途见表14-190。

### 1. 铝镍钴系永磁材料

铸造铝镍钴系永磁材料的剩磁较大，磁感应温度系数很小，居里点温度

表 14-190 常用永磁材料部分品种

| 种类 | 系列 | 品种名称 | 剩磁 $B_r$ （$Wb/m^2$） | 矫顽力 $H_c$ （kA/m） |
|---|---|---|---|---|
| 铸造铝镍钴系永磁材料 | 各向同性 | 铝镍钴 13 | 0.68 | 48 |
| | 热磁处理各向异性 | 铝镍钴 32 | 1.20 | 44 |
| | | 铝镍钴 32H | 1.10 | 56 |
| | | 铝镍钴钛 32 | 0.80 | 100 |
| | | 铝镍钴钛 40 | 0.72 | 140 |
| | 定向结晶各向异性 | 铝镍钴 52 | 1.30 | 56 |
| | | 铝镍钴 60 | 1.35 | 60 |
| | | 铝镍钴钛 56 | 0.95 | 104 |
| | | 铝镍钴钛 70 | 0.90 | 145 |
| | | 铝镍钴钛 72 | 1.05 | 111 |
| | | 铝镍钴钛 85 | 1.08 | 120 |
| 粉末烧结铝镍钴系永磁材料 | 各向同性 | 烧结铝镍 9 | 0.5 | 35 |
| | 热磁处理各向异性 | 烧结铝镍钴 25 | 1.05 | 46 |
| | | 烧结铝镍钴钛 28 | 0.70 | 95 |
| 铁氧体永磁材料 | 各向同性 | 铁氧体 10T | 0.20 | 128～160 |
| | 各向异性 | 铁氧体 15 | 0.28～0.36 | 128～192 |
| | | 铁氧体 20 | 0.32～0.38 | 128～192 |
| | | 铁氧体 25 | 0.35～0.39 | 152～208 |
| | | 铁氧体 30 | 0.38～0.42 | 160～216 |
| | | 铁氧体 35 | 0.40～0.44 | 176～224 |
| 稀土钴永磁材料 | 各向异性 | 铈钴铜 60 | 0.55～0.70 | 270～400 |
| | | 混合稀土钴 95 | 0.70～0.80 | 320～480 |
| | | 混合稀土钴 110 | 0.80～0.95 | 440～550 |
| | | 钐 钴 125 | 0.82～0.95 | 500～660 |
| 塑性变形永磁材料 | 各向同性 | 铁铬钴 15 | 0.85 | 44 |
| | 各向异性 | 铁铬钴 30 | 1.10 | 48 |
| 稀土钕铁硼永磁材料 | | | 1.28 | 756 |

的磁性能和主要用途

| 最大磁能积 $(BH)_{max}$ ($kJ/m^3$) | 回复磁导率 $\mu_{rec}$ ($10^{-6}$ H/m) | 磁温度系数 $\alpha_B$ (%/℃) | 居里点 $T_c$ (℃) | 主要用途 |
|---|---|---|---|---|
| 13 | 7.5～8.5 | | 810 | 一般磁电式仪表、永磁电机、磁分离器、微电机、里程表 |
| 32 | 4.4～6.0 | −0.016 | 890 | 精密磁电式仪表、永磁电机、流量计、微电机、磁性支座、传感器、扬声器、微波器件 |
| 32 | 4.0～5.7 | | | |
| 32 | 3.0～4.5 | −0.020 | 850 | |
| 40 | | | | |
| 52 | 3.0～4.5 | −0.016 | 890 | 精密磁电式仪表、永磁电机、微电机、地震检波器、磁性支座、扬声器、微波器件 |
| 60 | 3.0～4.5 | | 890 | |
| 56 | 3.0～4.5 | −0.020～−0.025 | 850 | |
| 70 | | | | |
| 72 | 2.5～4.0 | −0.020～0.025 | 850 | |
| 85 | 2.5～3.8 | | 850 | |
| 9 | 7.5～8.5 | | 760 | 微电机、永磁电机、继电器、小型仪表 |
| 25 | 4.0～5.4 | | 890 | |
| 28 | | | 850 | |
| 6.4～9.6 | 1.3～1.6 | −0.18～−0.20 | 450 | 永磁点火电机、永磁电机、永磁选矿机、永磁吊头、磁推轴承、磁分离器、扬声器、微波器件、磁医疗片 |
| 14.3～17.5 | 1.3～1.6 | −0.18～−0.20 | 450 | |
| 18.3～21.5 | 1.3～1.6 | −0.18～−0.20 | 450 | |
| 22.3～25.5 | 1.3～1.6 | −0.18～−0.20 | 450 | |
| 26.3～29.5 | 1.3～1.6 | −0.18～−0.20 | 450 | |
| 30.3～33.4 | 1.3～1.6 | −0.18～−0.20 | 450 | |
| 60.0～80.0 | 1.1～1.4 | −0.09～−0.125 | ≈500 | 低速转矩电机、启动电机、力矩电机、传感器、磁推轴承、助听器、电子聚集装置 |
| 95～110 | 1.3～1.5 | −0.04～−0.07 | ≈475 | |
| 110～130 | 1.3～1.5 | −0.045～−0.06 | ≈525 | |
| 125～160 | 1.3～1.4 | −0.03～−0.05 | ≈725 | |
| 13.5～16.0 | 6.9～8.0 | −0.052 | | 里程表、罗盘仪 |
| 27.0～35 | 5.0～6.0 | −0.035<br>−0.045 | | |
| 242 | | −0.123 | | 永磁电动机、发电机、励磁机等 |

高，其矫顽力和最大磁能积在永磁材料中可达到中等以上水平，组织结构稳定。目前在电机工业如永磁电机及微电机中应用很广泛，此外在电讯工业如扬声器、微波器件及磁性支座应用也很多。

粉末烧结铝镍钴永磁材料无铸造缺陷，磁性略低，特性与铸造铝镍钴系永磁材料相似。适宜作体积小及工作磁通均匀性高的永磁体，其表面光洁，不需磨削加工，材料省。

铝镍钴系永磁合金材料的磁性能见表 14－191。

表 14－191 铝镍钴系永磁合金的磁性能

| 类别 | 牌号 | 最大磁能积 $(BH)_{max}$ (kJ/mm$^3$) | 剩磁 $B_r$ (kT) | 矫顽力 | | 相对回复磁导率 $\mu_{rec}$（$\times 10^6$ H/m） | 密度 (g/cm$^3$) | 备注 | |
|---|---|---|---|---|---|---|---|---|---|
| | | | | $H_{cB}$ (kA/m) | $H_{cJ}$ (kA/m) | | | | |
| | | 最小值 | | | | 典型值 | | | |
| 铸造铝镍钴系 | LN9 | 9.0 | 680 | 30 | 32 | 6.0～7.0 | 6.9 | 等轴晶 | 各向同性 |
| 铸造铝镍钴系 | LN10 | 9.6 | 600 | 40 | 43 | 4.5～5.5 | 6.9 | 等轴晶 | 各向同性 |
| 铸造铝镍钴系 | LNG12 | 12.0 | 700 | 40 | 43 | 6.0～7.0 | 7.0 | 等轴晶 | 各向同性 |
| 铸造铝镍钴系 | LNG16 | 16.0 | 780 | 52 | 54 | 5.0～6.0 | 7.0 | 等轴晶 | 各向异性 |
| 铸造铝镍钴系 | LNG34 | 34.0 | 1 200 | 44 | 45 | 4.0～5.0 | 7.3 | 等轴晶 | 各向异性 |
| 铸造铝镍钴系 | LNG37 | 37.0 | 1 200 | 48 | 49 | 3.0～4.5 | 7.3 | 等轴晶 | 各向异性 |
| 铸造铝镍钴系 | LNG40 | 40.0 | 1 250 | 48 | 49 | 2.5～4.0 | 7.3 | 半柱晶 | 各向异性 |
| 铸造铝镍钴系 | LNG44 | 44.0 | 1 250 | 52 | 53 | 2.5～4.0 | 7.3 | 半柱晶 | 各向异性 |
| 铸造铝镍钴系 | LNG52 | 52.0 | 1 300 | 56 | 57 | 1.5～3.0 | 7.3 | 柱晶 | 各向异性 |
| 铸造铝镍钴系 | LNGT28 | 28.0 | 1 000 | 58 | 59 | 3.5～5.5 | 7.3 | 等轴晶 | 各向异性 |
| 铸造铝镍钴系 | LNGT32 | 32.0 | 800 | 100 | 102 | 2.0～3.0 | 7.3 | 等轴晶 | 各向异性 |
| 铸造铝镍钴系 | LNGT38 | 38.0 | 800 | 110 | 112 | 1.5～2.5 | 7.3 | 等轴晶 | 各向异性 |
| 铸造铝镍钴系 | LNGT60 | 60.0 | 900 | 110 | 112 | 1.5～2.5 | 7.3 | 柱晶 | 各向异性 |
| 铸造铝镍钴系 | LNGT72 | 72.0 | 1 050 | 112 | 114 | 1.5～2.5 | 7.3 | 柱晶 | 各向异性 |
| 铸造铝镍钴系 | LNGT36J | 36.0 | 700 | 140 | 148 | 1.5～2.5 | 7.3 | 等轴晶 | 各向异性 |

（续表）

| 类别 | 牌号 | 最大磁能积 $(BH)_{max}$ (kJ/mm³) | 剩磁 $B_r$ (kT) | 矫顽力 $H_{cB}$ (kA/m) | 矫顽力 $H_{cJ}$ (kA/m) | 相对回复磁导率 $\mu_{rec}$ (×10⁶ H/m) | 密度 (g/cm³) | 备注 |
|---|---|---|---|---|---|---|---|---|
| | | 最小值 | | | | 典型值 | | |
| 粉末烧结铝镍钴系 | FLN8 | 8.0 | 520 | 40 | 43 | 4.5～5.5 | 6.7 | 各向同性 |
| | FLNG12 | 12.0 | 700 | 40 | 43 | 6.0～7.0 | 7.0 | |
| | FLNG28 | 28.0 | 1 050 | 46 | 47 | 4.0～5.0 | 7.0 | 各向异性 |
| | FLNG34 | 34.0 | 1 120 | 47 | 48 | 3.0～4.5 | 7.0 | |
| | FLNG31 | 31.0 | 760 | 107 | 111 | 2.0～4.0 | 7.0 | |
| | FLNGT33J | 33.0 | 650 | 136 | 150 | 1.5～3.5 | 7.0 | |

注：1. 牌号名称系根据 GB 4753-84 的规定。
2. 居里点($T_c$)：1 031～1 180 K。
3. 温度系数：在 273～373 K(即 0～100℃)时
(i) $\alpha(B_r)-0.02\%/K$；
(ii) $\alpha(H_{cJ})+0.03\%/K\sim0.07\%/K$。

2. 铁氧体永磁材料(钡和锶铁氧体)

铁氧体永磁材料的矫顽力很高，但剩磁较小，其最大磁能积较低，但最大回复磁能积却较大，故适宜作动态工作小型发电机和电动机的永磁体。由于剩磁小、磁感应温度系数很高，不宜用于测量仪表。永磁铁氧体材料的主要磁性能见表 14-192，其他性能列于表 14-193。

表 14-192 铁氧体永磁材料磁性能

| 材料牌号 | 剩余磁感应强度 $B_r$(T) | 磁感应矫顽力 $BH_c$(kA/m) | 最大磁能积 $BH_{max}$(kJ/m³) | 温度范围 (℃) |
|---|---|---|---|---|
| Y10T | ≥0.02 | 128～160 | 6.4～9.6 | −40～+85 |
| Y15 | 0.28～0.36 | 128～192 | 14.3～17.5 | |
| Y20 | 0.32～0.38 | 128～192 | 18.3～21.5 | |
| Y25 | 0.35～0.39 | 152～208 | 22.3～25.5 | |
| Y30 | 0.38～0.42 | 160～216 | 26.3～29.5 | |
| Y35 | 0.40～0.44 | 176～224 | 30.3～33.4 | |
| Y15H | ≥0.31 | 232～248 | ≥17.5 | |
| Y20H | ≥0.34 | 248～264 | ≥21.5 | |
| Y25BH | 0.36～0.39 | 176～216 | 23.9～27.1 | |
| Y30BH | 0.38～0.40 | 224～240 | 27.1～30.3 | |

注：(1) 永磁铁氧体牌号的组成如下表。

| 第一部分 | | 第二部分 | | 第三部分 | |
|---|---|---|---|---|---|
| 代号 | 意义 | 代号 | 意义 | 代号 | 意义 |
| Y | 代表永磁铁氧体材料 | 阿拉伯数字 | 材料的 $(BH)_{max}$ 值取整数 | T | 同性材料 |
| | | | | H | 高 $BH_c$ 材料 |
| | | | | B | 高 $B_r$ 材料 |

(2) 永磁铁氧体材料新旧牌号对照如下表列。

| 新牌号 | Y10T | Y15 | Y20 | Y25 | Y30 | Y35 | Y15H | Y20H | Y25BH | Y30BH |
|---|---|---|---|---|---|---|---|---|---|---|
| 旧牌号 | H10 | — | H25 | — | H35 | H40 | HC30 | HC32 | — | — |

(3) 标记示例：牌号为 Y10T 的永磁铁氧体，其标记为：
永磁铁氧体 Y10T SJ285－77（永磁铁氧体材料及技术条件应符合 SJ285－77 电子工业部标准的规定）

表 14－193 铁氧体永磁材料其他参考性能

| 材料牌号 | 电阻率 $\rho$ ($\Omega \cdot cm$) | 密度 $d$ ($g/cm^3$) | 居里点 $\theta_f$ (℃) | 回复磁导率 $\mu_{rec}$ | 剩磁温度系数 $\alpha_{Br}$ ($\times 10^{-2}$℃$^{-1}$) | 线膨胀系数 $r$ ($10^{-6}$℃$^{-1}$) |
|---|---|---|---|---|---|---|
| Y10T | $10^4 \sim 10^8$ | 4.0～4.9 | 450 | 1.05～1.3 | －0.18～－0.20 | ＋9～15 |
| Y15 | $10^4 \sim 10^8$ | 4.5～5.1 | 450～460 | 1.05～1.3 | －0.18～－0.20 | ＋9～15 |
| Y20 | $10^4 \sim 10^8$ | 4.5～5.1 | 450～460 | 1.05～1.3 | －0.18～－0.20 | ＋9～15 |
| Y25 | $10^4 \sim 10^8$ | 4.5～5.1 | 450～460 | 1.05～1.3 | －0.18～－0.20 | ＋9～15 |
| Y30 | $10^4 \sim 10^8$ | 4.5～5.1 | 450～460 | 1.05～1.3 | －0.18～－0.20 | ＋9～15 |
| Y35 | $10^4 \sim 10^8$ | 4.5～5.1 | 450～460 | 1.05～1.3 | －0.18～－0.20 | ＋9～15 |
| Y15H | $10^4 \sim 10^8$ | 4.5～5.0 | 460 | 1.05～1.3 | －0.18～－0.20 | ＋9～15 |
| Y20H | $10^4 \sim 10^8$ | 4.5～5.0 | 460 | 1.05～1.3 | －0.18～－0.20 | ＋9～15 |
| Y25BH | $10^4 \sim 10^8$ | 4.5～5.0 | 460 | 1.05～1.3 | －0.18～－0.20 | ＋9～15 |
| Y30BH | $10^4 \sim 10^8$ | 4.5～5.0 | 460 | 1.05～1.3 | －0.18～－0.20 | ＋9～15 |

永磁铁氧体材料的典型退磁曲线如图 14－30 和图 14－31 所示。

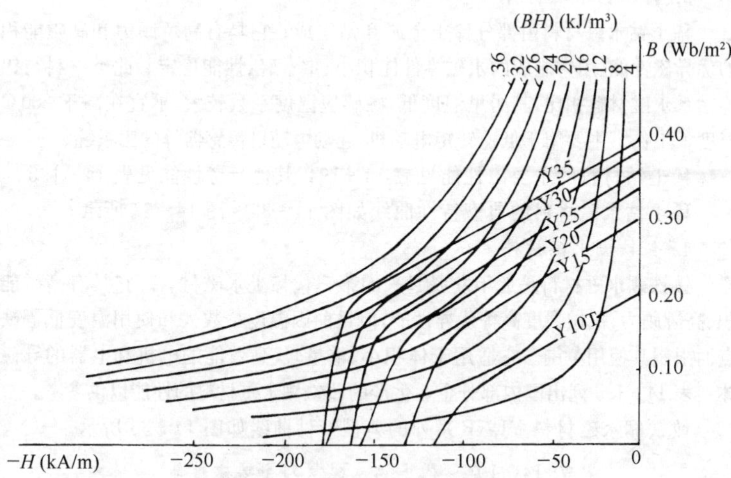


图 14－30 永磁铁氧体退磁曲线(一)

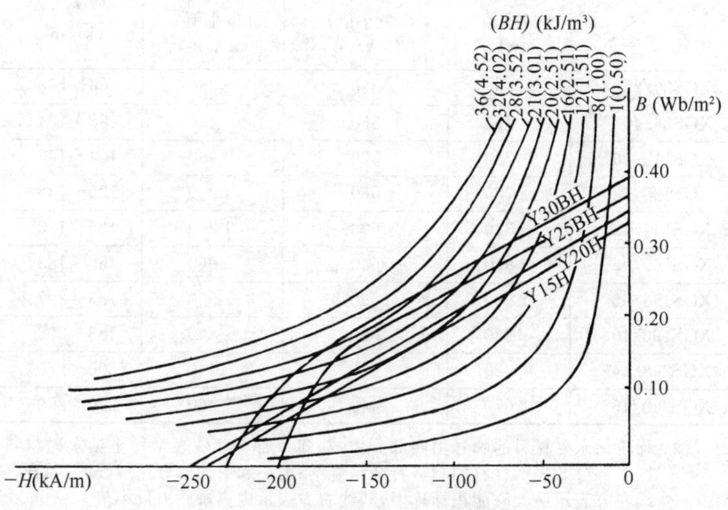


图 14－31 永磁铁氧体退磁曲线(二)

3. 稀土钴永磁材料

稀土钴永磁材料由部分稀土金属和钴组成。它具有高矫顽力和高磁能积的优异磁性能,用它制成的永磁零件体积小、重量轻、性能稳定。此类材料与铝镍钴系永磁材料相比,其居里温度低,磁感应温度系数较大,不宜在高于200℃温度下工作。主要用于低速转矩电动机,起动电动机传感器等的磁系统。

稀土钴材料的主要磁性能见表14-194,其他参考性能见表14-195。

稀土钴永磁材料的典型特性曲线如图14-32～图14-34所示。

4. 钕铁硼永磁材料

钕铁硼永磁材料是近年发展起来的第三代稀土永磁材料。它具有高磁能积、高矫顽力、机械强度高等优异性能,但目前因温度系数大和使用温度低等缺点而限制其使用范围。它适用于体积小、重量轻、高效能的电机和电器的导磁体。表14-195列出国内部分企业生产的钕铁硼永磁材料的性能以供参考。

钕铁硼永磁材料YLNF系列的典型特性曲线如图14-35所示。

表14-194 稀土钴永磁材料主要磁性能

| 性能<br>牌号 | 剩磁<br>$B_r$<br>(最小值)<br>(mT) | 磁通密度矫顽力<br>$H_{cB}$<br>(最小值)<br>(kA/m) | 内禀矫顽力<br>$H_{cJ}$<br>(最小值)<br>(kA/m) | 最大磁能积<br>$(BH)_{max}$<br>(kJ/m³) |
|---|---|---|---|---|
| XGS80/36 | 600 | 320 | 360 | 64～88 |
| XGS96/40 | 700 | 360 | 400 | 88～104 |
| XGS112/96 | 730 | 520 | 960 | 104～120 |
| XGS128/120 | 780 | 560 | 1 200 | 120～135 |
| XGS144/120 | 840 | 600 | 1 200 | 135～150 |
| XGS160/96 | 880 | 640 | 960 | 150～183 |
| XGS196/96 | 960 | 690 | 960 | 183～207 |
| XGS196/40 | 980 | 380 | 400 | 183～200 |
| XGS208/44 | 1 020 | 420 | 440 | 200～220 |
| XGS240/46 | 1 070 | 440 | 460 | 220～250 |

注:稀土钴永磁材料的牌号由四部分组成,每一部分XG表示稀土钴永磁材料;第二部分S表示材料的制造特征是烧结;第三和第四部分用斜线"/"隔开,斜线左方表示最大磁能积标称值,斜线右方表示内禀矫顽力最小值。

标记示例:牌号为XGS80/36的稀土钴永磁材料,其标记为:

稀土钴 XGS80/36 GB4180-84

表 14-195 稀土钴永磁材料的参考性能

| 性能 / 牌号 | 平均温度系数 (0～100℃) $\frac{\Delta\beta_d/\beta_d}{\Delta t}$ ($\times10^{-2}$℃$^{-1}$) | 居里温度 $\theta_f$ (℃) | 密度 $d$ (g/cm$^3$) | 相对回复磁导率 $\mu_{rec}$ | 韦氏硬度 HV | 线胀膨系数 $\alpha$ | 电阻率 $\rho$ (Ω·cm) |
|---|---|---|---|---|---|---|---|
| XGS80/36 | −0.09 | 450～500 | 7.8～8.0 | 1.10 | 450～500 | 10 | $5\times10^{-4}$ |
| XGS96/40 | −0.09 | 450～500 | 7.8～8.0 | 1.10 | 450～500 | 10 | $5\times10^{-4}$ |
| XGS112/96 | −0.05 | 700～750 | 8.0～8.3 | 1.05～1.10 | 450～500 | 10 | $5\times10^{-4}$ |
| XGS128/120 | −0.05 | 700～750 | 8.0～8.3 | 1.05～1.10 | 450～500 | 10 | $5\times10^{-4}$ |
| XGS144/120 | −0.05 | 700～750 | 8.0～8.3 | 1.05～1.10 | 450～500 | 10 | $5\times10^{-4}$ |
| XGS160/96 | −0.05 | 700～750 | 8.0～8.1 | 1.05～1.10 | 450～500 | 10 | $5\times10^{-4}$ |
| XGS196/96 | −0.05 | 700～750 | 8.1～8.3 | 1.05～1.10 | 450～500 | 10 | $5\times10^{-4}$ |
| XGS196/40 | −0.03 | 800～850 | 8.3～8.5 | 1.00～1.05 | 500～600 | 12.7 | $9\times10^{-6}$ |
| XGS208/44 | −0.03 | 800～850 | 8.3～8.5 | 1.00～1.05 | 500～600 | 12.7 | $9\times10^{-6}$ |
| XGS240/46 | −0.03 | 800～850 | 8.3～8.5 | 1.00～1.05 | 500～600 | 12.7 | $9\times10^{-6}$ |

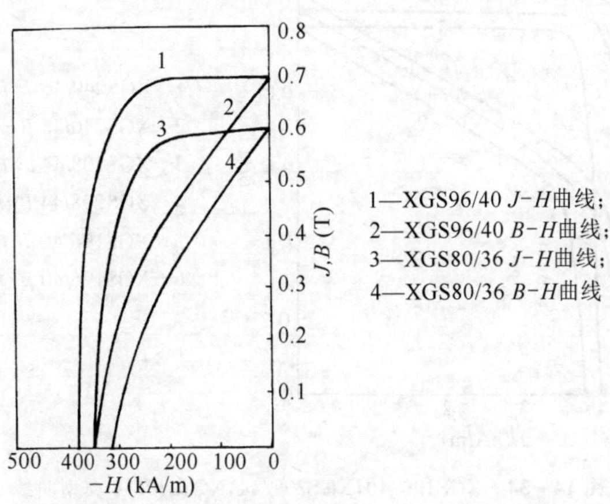


**图 14-32** XGS80/36、XGS96/40 典型曲线

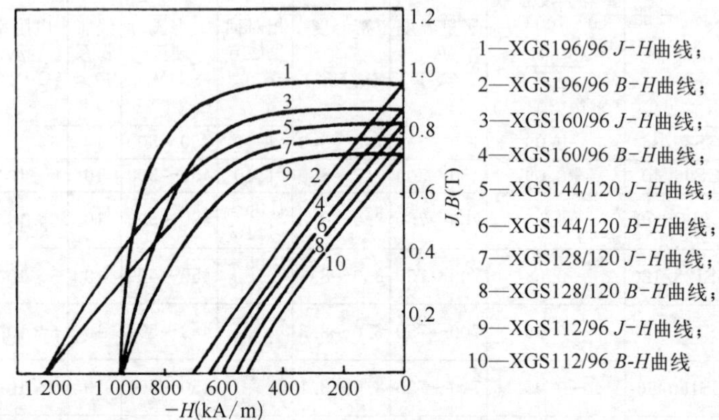


**图 14-33** XGS112/96，XGS128/120，XGS144/120，XGS160/96，XGS196/96 典型曲线

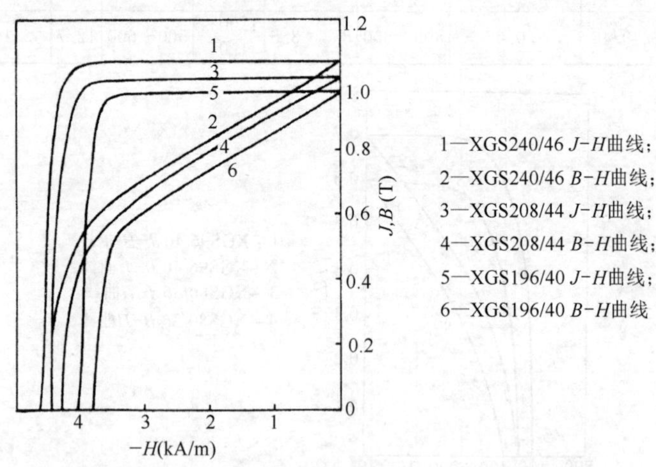


**图 14-34** XGS196/40，XGS208/44，XGS240/46 典型曲线

表 14-196 钕铁硼永磁材料性能

| 牌号 | 剩磁 $B_r$(T) 不小于 | 矫顽力 $H_{cB}$ (kA/m) 不小于 | 内禀矫顽力 $H_{cJ}$ (kA/m) 不小于 | 最大磁能积 $(BH)_{max}$ (kJ/m³) | 剩磁可逆温度系数 $\alpha_{Br}$(×$10^{-2}$℃$^{-1}$) | 居里温度 $T_c$(℃) | 密度 $\rho$ (g/cm³) 不小于 | 生产单位 |
|---|---|---|---|---|---|---|---|---|
| YLNF-175M | 0.93 | 680 | 1 120 | 160～190 | −0.12 | 310 | 7.3 | 上海跃龙有色金属有限公司 |
| YLNF-175H | 0.93 | 680 | 1 350 | 160～190 | −0.11 | 310 | 7.3 | |
| YLNF-175S | 0.93 | 680 | 1 600 | 160～190 | −0.10 | 310 | 7.3 | |
| YLNF-200L | 1.0 | 640 | 720 | 190～215 | −0.13 | 310 | 7.3 | |
| YLNF-200M | 1.0 | 720 | 1 120 | 190～215 | −0.12 | 310 | 7.3 | |
| YLNF-200H | 1.0 | 720 | 1 350 | 190～215 | −0.11 | 310 | 7.3 | |
| YLNF-200S | 1.0 | 720 | 1 600 | 190～215 | −0.10 | 310 | 7.3 | |
| YLNF-240L | 1.06 | 640 | 720 | 215～255 | −0.13 | 310 | 7.3 | |
| YLNF-240M | 1.06 | 720 | 1 120 | 215～255 | −0.12 | 310 | 7.3 | |
| YLNF-240H | 1.06 | 720 | 1 350 | 215～255 | −0.11 | 310 | 7.3 | |
| YLNF-280L | 1.16 | 640 | 720 | 255～286 | −0.13 | 310 | 7.3 | |
| YLNC-200 | 1.0 | 640 | 720 | 190～215 | −0.08 | 450 | 7.3 | |
| YLNC-240 | 1.06 | 640 | 720 | 215～255 | −0.08 | 450 | 7.3 | |

（续表）

| 牌　号 | 剩　磁 $B_r$(T) 不小于 | 矫顽力 $H_{cB}$ (kA/m) 不小于 | 内禀矫顽力 $H_{cJ}$ (kA/m) 不小于 | 最大磁能积 $(BH)_{max}$ (kJ/m$^3$) | 剩磁可逆温度系数 $\alpha_{Br}$(×$10^{-2}$℃$^{-1}$) | 居里温度 $T_c$(℃) | 密度 $\rho$ (g/cm$^3$) 不小于 | 生产单位 |
|---|---|---|---|---|---|---|---|---|
| GYRM－40 | 1.30～1.35 | 560～720 | 640～800 | 304～344 | 20～100℃时为 －0.125 |  | 7.4～7.6 | 北京钢铁研究总院 |
| GYRM－35 | 1.18～1.25 | ≥600 | ≥640 | 264～288 |  |  | 7.3～7.5 |  |
| GYRM－30C | 1.12～1.19 | ≥600 | ≥640 | 224～256 |  |  | 7.3～7.5 |  |
| GYRM－27C | 1.05～1.12 | ≥600 | ≥640 | 200～224 |  |  | 7.3～7.5 |  |
| NTB35 | 1.1～1.2 | 676 | 800 | 223～263 | －0.126 | 310 |  | 桂林电器所 |
| NTBG30 | 1.0～1.1 | 557 | 634 | 199～239 | －0.08 | 450 |  |  |
| NTBH28 | 1.0～1.1 | 634～756 | 1 194 | 199～223 | －0.12 | 310 |  |  |
| HLN－200Ⅰ | ≥0.9 | ≥718 | ≥1 117.2 | 159.6～191.5 | 20～100℃时为 －(0.060～0.070) |  |  | 包头稀土研究院 |
| HLN－200Ⅱ | ≥1.0 | ≥718 | ≥1 037.4 | 199.5～223.4 |  |  |  |  |

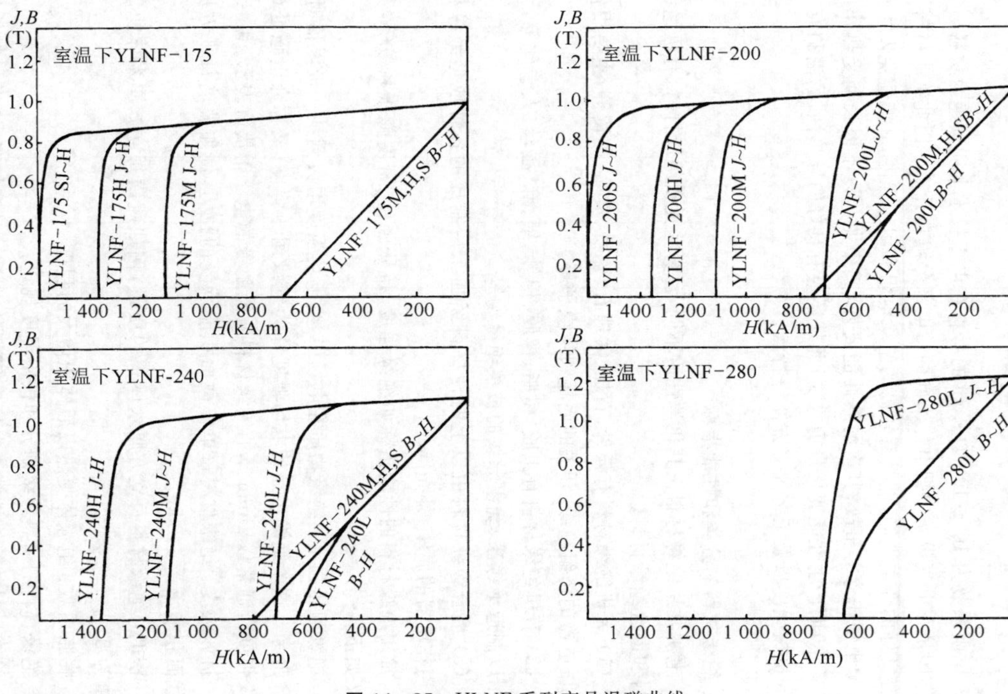


图 14-35 YLNF 系列产品退磁曲线

# 14-5 常用绝缘材料

电阻系数为 $10^9 \sim 10^{22}$ Ω·cm 的材料在电工技术上叫做绝缘材料。它的作用是在电气设备中把电位不同的带电部分隔离开来。因此绝缘材料应具有良好的介电性能,即具有较高的绝缘电阻和耐压强度,并能避免发生漏电、爬电或击穿等事故;其次耐热性能要好,其中尤其以不因长期受热作用(热老化)而产生性能变化最为重要;此外还应有良好的导热性、耐潮和有较高的机械强度以及工艺加工方便等特点。

## 一、绝缘材料的分类和性能指标

电工常用绝缘材料按其化学性质不同,可分为无机绝缘材料,有机绝缘材料和混合绝缘材料。

(1) 无机绝缘材料有云母、石棉、大理石、瓷器、玻璃、硫黄等,主要用作电机、电器的绕组绝缘、开关的底板和绝缘子等。

(2) 有机绝缘材料有虫胶、树脂、橡胶、棉纱、纸、麻、蚕丝、人造丝等,大多用以制造绝缘漆、绕组导线的被覆绝缘物等。

(3) 混合绝缘材料由以上两种材料经加工后制成的各种成型绝缘材料,用作电器的底座、外壳等。

常用绝缘材料的性能指标如绝缘强度、抗张强度、密度膨胀系数等,其意义如下:

绝缘耐压强度:绝缘物质在电场中,当电场强度增大到某一极限值时,就会击穿。这个绝缘击穿的电场强度称为绝缘耐压强度(又称介电强度或绝缘强度),通常以1 mm厚的绝缘材料所能耐受的电压千伏值表示。

抗张强度:绝缘材料每单位截面积能承受的拉力,例如玻璃每平方厘米截面积能承受140 kg。

密度:绝缘材料每立方厘米体积的质量,例如硫磺每立方厘米体积的质量为2 g。

膨胀系数:绝缘体受热以后体积增大的程度。

绝缘材料的耐热等级划分和极限温度规定:

绝缘材料的绝缘性能与温度有密切的关系。温度越高,绝缘材料的绝缘性能越差。为保证绝缘强度,每种绝缘材料都有一个适当的最高允许工作温度，在此温度以下，可以长期安全地使用，超过这个温度就会迅速老化。按照耐热程度，把绝缘材料分为 Y、A、E、B、F、H、C 等级别，各耐热等级对应的温度如下：

Y 级绝缘耐温 90℃、A 级绝缘耐温 105℃、E 级绝缘耐温 120℃、B 级绝缘耐温 130℃、F 级绝缘耐温 155℃、H 级绝缘耐温 180℃、C 级绝缘耐温 200℃以上。

把绝缘材料划分为不同耐热等级的目的是为了便于电机、电器设计、制造和维修时合理选材和使用。上面所谓"长期使用"，指绝缘材料在该耐热等级温度下使用 15～20 年时间，并保证电机电器的绝缘可靠，在运行中不出故障。

常用的电工绝缘材料的耐热等级见表 14－197。

表 14－197　常用绝缘材料的耐热等级

| 级别 | 绝　缘　材　料 | 极限工作温度（℃） |
|---|---|---|
| Y | 木材、棉花、纸、纤维等天然的纺织品，以醋酸纤维和聚酰胺为基础的纺织品，以及易于热分解和溶化点较低的塑料（脲醛树脂） | 90 |
| A | 工作于矿物油中的和用油或油树脂复合胶浸过的 Y 级材料，漆包线、漆布、漆丝的绝缘及油性漆、沥青漆等 | 105 |
| E | 聚酯薄膜和 A 级材料复合、玻璃布、油性树脂漆、聚乙烯醇缩醛高强度漆包线、乙酸乙烯耐热漆包线 | 120 |
| B | 聚酯薄膜、经合适树脂粘合式浸渍涂覆的云母、玻璃纤维、石棉等，聚酯漆、聚酯漆包线 | 130 |
| F | 以有机纤维材料补强和石棉带补强的云母片制品，玻璃丝和石棉，玻璃漆布，以玻璃丝布和石棉纤维为基础的层压制品，以无机材料作补强和石棉带补强的云母粉制品，化学热稳定性较好的聚酯和醇酸类材料，复合硅有机聚酯漆 | 155 |
| H | 无补强或以无机材料为补强的云母制品、加厚的 F 级材料、复合云母、有机硅云母制品、硅有机漆、硅有机橡胶聚酰亚胺复合玻璃布、复合薄膜、聚酰亚胺漆等 | 180 |
| C | 不采用任何有机粘合剂及浸渍剂的无机物如石英、石棉、云母、玻璃和电瓷材料等 | 180 以上 |

## 二、常用固体绝缘材料的规格和性能

电工用固体绝缘材料品种繁多，也最为广用。下面依次用表格形式列出其规格、性能及用途，见表14-198～表14-202。

1. 常用的浸渍纤维制品及电工用薄膜和制品（粘带、套管等）

表14-198 常用浸渍纤维及薄膜制品类的组成、规格及用途

| 类别 | 名称 | 型号 | 组成 | | 规格<br>标称厚度(mm) | 耐热等级 | 用途 |
|---|---|---|---|---|---|---|---|
| | | | 底材 | 绝缘漆 | | | |
| 漆布类 | 油性漆布（黄漆布） | 2010<br>2012 | 白细布 | 油性漆 | 0.15、0.17、0.20、0.24 | A | 适用于一般低压电机、电器的衬垫绝缘或线圈绝缘包扎。2010柔软性好；2012耐油性好 |
| 漆布类 | 油性漆绸（黄漆绸） | 2210<br>2212 | 薄绸 | 油性漆 | 0.04、0.05、0.06、0.08、0.10、0.12、0.15 | A | 2210适用于电机电器薄层衬垫或线圈绝缘；2212耐油性好，适用于变压器油或汽油气侵蚀的环境中工作的电机，电器的薄层衬垫或线圈绝缘 |
| 玻璃漆布类 | 油性玻璃漆布（黄玻璃漆布） | 2412 | 无碱玻璃布 | 油性漆 | 0.11、0.13、0.15、0.17、0.20、0.24 | E | 耐热性比2010、2012漆布好，适用于一般电机、电器的衬垫和线圈绝缘，以及在油中工作的变压器、电器的线圈绝缘 |
| 玻璃漆布类 | 沥青醇酸玻璃漆布（黑玻璃漆布） | 2430 | 无碱玻璃布 | 沥青醇酸漆 | 0.11、0.13、0.15、0.17、0.20、0.24 | B | 耐潮性较好，但耐苯和耐变压器油性差。适用于一般电机、电器的衬垫和线圈绝缘 |

（续表）

| 类别 | 名称 | 型号 | 组成 | | 规格<br>标称厚度(mm) | 耐热等级 | 用途 |
|---|---|---|---|---|---|---|---|
| | | | 底材 | 绝缘漆 | | | |
| 玻璃漆布类 | 醇酸玻璃漆布 | 2432 | 无碱玻璃布 | 醇酸三聚氰胺漆 | 0.10、0.12、0.15、0.18、0.20、0.25 | B | 耐油性较好，并具有一定的防霉性。可用作油浸变压器、油断路器等线圈绝缘 |
| | 醇酸玻璃-聚酯交织漆布 | 2432－1 | 玻璃纤维聚酯纤维交织布 | | | | |
| | 环氧玻璃漆布 | 2433 | 无碱玻璃布 | 环氧酯漆 | 0.13、0.15、0.17 | B | 具有良好的耐化学药品腐蚀性，良好的耐湿热性和较高的机械性能和电气性能。适用于化工电机、电器槽绝缘、衬垫和线圈绝缘 |
| | 环氧玻璃-聚酯交织漆布 | 2433－1 | 玻璃纤维聚酯纤维交织布 | | | | |
| | 有机硅玻璃漆布（有机硅薄玻璃漆布） | 2450（软型） | 无碱玻璃布 | 有机硅漆 | 0.10、0.12、0.15、0.18、0.20、0.25（0.04、0.06、0.08） | H | 具有较高的耐热性，良好的柔软性，耐霉、耐油和耐寒性好。适用于H级特种电器线圈绝缘以及H级电机槽衬绝缘，绕包绝缘 |
| | | 2451（硬型） | | | | | |
| | | （薄型） | | | | | |
| | 硅橡胶玻璃漆布 | 2550 | 无碱玻璃布 | 甲基硅橡胶瓷漆 | 0.10、0.23 | H | 具有较高的耐热性、良好的柔软性和耐寒性。适用于特种低压电机端部绝缘和导体绝缘，但耐溶性差使用时应注意 |

（续表）

| 类别 | 名称 | 型号 | 组成 | | 规格<br>标称厚度(mm) | 耐热等级 | 用途 |
|---|---|---|---|---|---|---|---|
| | | | 底材 | 绝缘漆 | | | |
| 玻璃漆布类 | 聚酰亚胺玻璃漆布 | 2560 | 无碱玻璃布 | 聚酰亚胺漆 | 0.10、0.15、0.17、0.20 | C | 耐热性很高，电气性能良好，耐溶剂和耐辐射性好，但较脆。适用于高温200℃的电机槽衬绝缘和绕包绝缘，以及电器线圈和衬垫绝缘 |
| 玻璃漆布类 | 有机硅防电晕玻璃漆布 | 2650 | 无碱玻璃布 | 有机硅防电晕瓷漆 | | H | 具有稳定的低电阻率，耐热性好，适于作高压电机定子线圈防电晕材料 |
| | 聚酯薄膜 | 6020 | 由对苯二甲酸二甲酯、乙二醇经缩聚拉伸而制成 | | 0.006～0.10<br>0.125、0.19、0.25 | E | 绝缘性、防潮性及机械性都较好，耐电晕性较差。适用于中小型低压电机槽绝缘、匝间及相间绝缘，以及其他电气绝缘用 |
| 聚酯薄膜类 | 聚四氟乙烯薄膜 | 6021－1<br>(SFM－1)<br>定向 | 由聚四氟乙烯树脂经模压、烧结毛坯后，车削辗压而成 | | 详见表14－112 | C | 可用作工作温度为－60～250℃，电容器介质、电器、仪表、无线电装置的层间衬垫绝缘和耐热电磁铁、安装线、耐油电缆、耐热导线绝缘 |
| 聚酯薄膜类 | 聚四氟乙烯薄膜 | 6021－2<br>(SFM－2)<br>{半定向<br>不定向 | 车削制成的为不定向薄膜，不定向薄膜经辗压为定向薄膜；不定向薄膜经辗压1.1～1.5倍为半定向薄膜 | | 详见表14－112 | C | |
| 聚酯薄膜类 | 聚四氟乙烯薄膜 | 6021－3<br>(SFM－3)<br>{定向<br>不定向 | 车削制成的为不定向薄膜，不定向薄膜经辗压为定向薄膜；不定向薄膜经辗压1.1～1.5倍为半定向薄膜 | | 详见表14－112 | C | |

（续表）

| 类别 | 名称 | 型号 | 组成 | | 规格<br>标称厚度(mm) | 耐热等级 | 用途 |
|---|---|---|---|---|---|---|---|
| | | | 底材 | 绝缘漆 | | | |
| 聚酯薄膜类 | 聚萘酯薄膜 | 定向 | 由聚2,6－萘甲酸、乙二醇酯缩聚而成的聚萘酯树脂挤出厚片，经定向拉伸而成 | | 0.02～0.10 | F | 耐热性比聚酯薄膜好，弹性好，断裂伸长率小。适用于中小型电机槽、线圈端部、导线绕包绝缘用 |
| | 芳香族聚酰胺薄膜 | | 由间苯二甲酰氯与间(对)苯二胺通过界面缩聚而成的芳香族聚酰胺树脂制成 | | 0.03～0.06 | H | 耐溶剂性好，熔点高。耐变压器油性能好，但耐潮性稍差。可用作F、H级电机槽绝缘以及变压器线圈绕包绝缘 |
| | 聚酰亚胺薄膜 | 6050<br>不定向 | 由均苯四甲酸二酐和二氨基二苯醚缩聚而成 | | 0.01、0.025<br>0.03、0.05<br>0.075、0.10<br>0.15、0.20 | C | 具有优异的耐高温、耐低温、耐辐射和电气与机械性能，并有优良的耐化学性能和抗燃性。能在220℃以上长期使用，适用于电机、变压器线圈绝缘层和槽衬绝缘之用 |
| 复合箔类 | 聚酯薄膜绝缘纸复合箔 | 6520 | 一层聚酯薄膜、一层绝缘纸<br>(青壳纸) | | 0.15、0.17、0.20、0.22、0.25、0.30 | E | 介电性能较高，用于小型电机槽绝缘、匝间绝缘和端部层间绝缘 |

（续表）

| 类别 | 名称 | 型号 | 组成 | | 规格<br>标称厚度(mm) | 耐热等级 | 用途 |
|---|---|---|---|---|---|---|---|
| | | | 底材 | 绝缘漆 | | | |
| 复合箔类 | 聚酯薄膜玻璃漆布复合箔 | 6530 | 一层聚酯薄膜、一层玻璃漆布 | | 0.17、0.20、0.24 | B | 具有良好的介电性能、一定的机械强度。适用于湿热带地区的电机、电器中作槽绝缘、衬垫绝缘和匝间绝缘 |
| | 聚酯薄膜芳香族聚酰胺纤维纸复合箔 | 6640<br>(NMN) | 一层聚酯薄膜、两层芳香族聚酰胺纤维纸 | | 0.20～0.35 | F | 用于F级电机槽绝缘、端端层间绝缘、匝间绝缘和衬垫绝缘 |
| | 聚酰亚胺薄膜芳香族聚酰胺纤维纸复合箔 | 6650<br>(NHN) | 一层聚酰亚胺薄膜、两层芳香族聚酰胺纤维纸 | | 0.25～0.30 | H | 机电性能高。用途同上，但适用于H级电机 |
| | 聚砜酰胺纤维纸与聚酰亚胺薄膜复合箔 | SHS | 一层聚酰亚胺薄膜、两层聚砜酰胺纤维纸 | | 0.20～0.35 | H | 机电性能高。用途同上，但适用于H级电机 |
| | 652聚芳酰胺纤维纸与聚酰亚胺薄单面复合箔 | (NH) | 一层聚酰亚胺薄膜、两层聚芳酰胺纤维纸 | | 0.10～0.15 | H | 机电性能高。用途同上，但适用于H级电机 |

表 14-199 常用浸渍纤维及薄膜制品类的技术性能参数

| 类别 | 名称 | 厚度(mm) | 抗张力(15 mm 宽)($N/mm^2$) | | 击穿电压(kV/mm) | | | 体积电阻率(Ω·cm) | | |
|---|---|---|---|---|---|---|---|---|---|---|
| | | | 纵向 | 横向 | 常态 | 受潮后 | 热态 | 常态 | 受潮后 | 热态 |
| 玻璃漆布类 | 醇酸玻璃漆布(2432) | 0.17 | 180～320 | 90～140 | 8～10 | 5～6 | 4～6 | $10^{12}$～$10^{14}$ | $10^{10}$～$10^{11}$ | $10^{0}$～$10^{11}$(130℃) |
| | 环氧玻璃漆布(2433) | 0.17 | ≥120 | ≥60 | ≥7.8 | ≥4.2 | ≥4.5 | $10^{12}$～$10^{14}$ | $10^{11}$～$10^{14}$ | $10^{10}$～$10^{12}$(130℃) |
| | 硅有机玻璃漆布(2450) | 0.17 | 150～270 | — | 6.6～10 | 3.5～10 | 4.3～9 | $10^{14}$～$10^{16}$ | $10^{13}$～$10^{14}$ | $10^{11}$～$10^{12}$(180℃) |
| | 硅橡胶玻璃漆布(2550) | 0.23 | 160～250 | — | 2～4 | ≥1.4 | 1.4～4 | $10^{12}$～$10^{14}$ | $10^{10}$～$10^{12}$ | $10^{11}$～$10^{12}$(180℃) |
| | 聚酰亚胺玻璃漆布(2560) | 0.17 | 160～400 | — | 6.5～7 | 4.5～6 | 4～6 | $10^{14}$～$10^{15}$ | $10^{13}$～$10^{14}$ | $10^{12}$～$10^{14}$(180℃) |
| 薄膜类 | 聚酯薄膜(6020) | 0.01～0.20 | ≥150 | ≥150 | ≥130 | | ≥100(130℃) | ≥1×$10^{16}$ | | ≥1×$10^{13}$(130℃) |
| | 聚酯薄膜(厚膜) | 0.125 | ≥160 | ≥160 | ≥96 | | — | ≥1×$10^{15}$ | | — |
| | 聚酯薄膜(厚膜) | 0.190 | ≥160 | ≥160 | ≥84 | | — | ≥1×$10^{15}$ | | — |
| | 聚酯薄膜(厚膜) | 0.250 | ≥160 | ≥160 | ≥72 | | — | ≥1×$10^{15}$ | | — |

（续表）

| 类别 | 名称 | 厚度(mm) | 抗张力(15 mm宽)(N/mm²) | | 击穿电压(kV/mm) | | | 体积电阻率(Ω·cm) | | |
|---|---|---|---|---|---|---|---|---|---|---|
| | | | 纵向 | 横向 | 常态 | 受潮后 | 热态 | 常态 | 受潮后 | 热态 |
| 薄膜类 | 聚萘脂薄膜(定向) | 0.02～0.10 | 140～250 | 210～250 | ≥210 | | 155(155℃) | $\geqslant 10^{16}$ | | — |
| 薄膜类 | 芳香族聚酰胺薄膜 | 0.03～0.06 | 90～120 | 80～110 | 90～130 | | 87(180℃) | $10^{13}\sim10^{14}$ | | — |
| 薄膜类 | 聚酰亚胺薄膜(不定向) | 0.03～0.05 | ≥100 | ≥100 | ≥100 | | ≥80(200℃) | $\geqslant 1\times10^{15}$ | | $\geqslant 1\times10^{12}$(200℃) |
| 复合箔类 | 聚酯薄膜绝缘纸复合箔(6520) | 0.15～0.30 | 180～330 | 120～300 | 6.5～12 | 4.5～12 | — | $10^{14}\sim10^{15}$ | $10^{12}\sim10^{13}$ | $10^{11}\sim10^{13}$ |
| 复合箔类 | 聚酯薄膜玻璃漆布复合箔(6530) | 0.17～0.24 | 250～330 | 200～300 | 8～12 | 6～10 | — | $10^{14}\sim10^{15}$ | $10^{12}\sim10^{14}$ | $10^{11}\sim10^{12}$ |
| 复合箔类 | 聚酯薄膜、芳香族聚酰胺纤维纸复合箔(6640)(NMN) | 0.20～0.35 | 120～240 | 100～200 | 6～13 | 5～12 | 5～12(155℃) | $\geqslant 1\times10^{14}$ | $\geqslant 1\times10^{12}$ | $\geqslant 1\times10^{13}$(155℃) |
| 复合箔类 | 聚酰亚胺薄膜、芳香族聚酰胺纤维纸复合箔(6650)(NHN) | 0.20～0.25 | ≥120 | — | 6～7.5 | 5～6.25 | 5～6.25(155℃) | $\geqslant 1\times10^{14}$ | $\geqslant 1\times10^{13}$ | $\geqslant 1\times10^{13}$(180℃) |
| 复合箔类 | 聚砜酰胺纤维纸与聚酰亚胺薄膜复合箔(SHS) | 0.20～0.35 | ≥190 | ≥98 | 8～10 | 8～10 | 2.5～8.5(180℃) | $\geqslant 1\times10^{12}$ | $\geqslant 1\times10^{10}$ | $\geqslant 1\times10^{11}$(180℃) |
| 复合箔类 | 652聚芳酰胺纤维纸与聚酰亚胺薄单面复合箔(NH) | 0.10～0.15 | ≥100 | — | 3～4.5 | 2.5～3.8 | 2.5～3.8(180℃) | $\geqslant 1\times10^{14}$ | $\geqslant 1\times10^{13}$ | $\geqslant 1\times10^{18}$(180℃) |

表 14－200　聚四氟乙烯薄膜的规格和技术性能数据

| 牌　号 | 分类 | 厚　度 (μm) | 厚度公差 (μm) | 宽　度 (mm) | 宽度公差 (mm) | 长度 (m) | 拉伸强度 ≥ (N/cm²) | 断裂伸长率≥ (%) | 介电损耗角正切($10^6$ Hz) ≤0.010 mm | 介电损耗角正切($10^6$ Hz) >0.010 mm | 介电常数 ($10^6$ Hz) | 击穿强度(kV/mm) 平均值 | 击穿强度(kV/mm) 最低值 | 用途 |
|---|---|---|---|---|---|---|---|---|---|---|---|---|---|---|
| 6201－1 (SFM－1) | 定向 | 8、10 | ±1.5 | 40、60 | ±0.3 | ≥50 | 3 000 | 30 | $3\times10^{-4}$ | $2.5\times10^{-4}$ | 1.8～2.2（平均值） | 200 | 40 | 用作电容器绝缘等 |
| | | 15、20 | ±2 | 40、60、90 | | | | | | | | | | |
| | | 25、30 | ±3 | | | | | | | | | | | |
| | | 35、40 | ±4 | | | | | | | | | | | |
| 6201－2 (SFM－2) | 半定向 | 10、15 | ±2 | 60、90 | | ≥100 | 2 000 | 60 | | | | 60 | 6 | 用作电线绝缘等 |
| | | 30、35 | ±3 | | | | | | | | | | | |
| | | 40、50、60 | ±5 | | | | | | | | | | | |
| | | 80、100 | | | | | | | | | | | | |
| | 不定向 | 20、25 | ±4 | | 100 以下 ±0.2 100～200 ±3.0 | ≥50 | 1 000 | 100 | | | | 40 | 4 | |
| | | 30、35、40 | ±8 | 60、90、120 | | | | | | | | | | |
| | | 50 | | | | | | | | | | | | |
| 6201－3 (SFM－3) | 定向 | 10、15 | ±2 | 40、60 | ±0.3 | ≥30 | 3 000 | 30 | $3.0\times10^{-4}$ | | 1.8～2.2 | 60 | | |
| | | 20、25 | ±3 | 40、60、90 | | | | | | | | | | |
| | | 30、35、40 | ±4 | | | | | | | | | | | |
| | | 50、60、70、80、100 | ±5 | | | | | | | | | | | |
| | 不定向 | 20、25 | ±5 | 60、90 | 100 以下 ±2.0 100～200 ±3.0 200 以上 ±4.0 | ≥20 | 1 000 | 100 | | | | 30 | | 用作电器、仪表绝缘及密封衬垫等 |
| | | 30、35、40、50 | ±8 | 60、90、120 | | | | | | | | | | |
| | | 60、70、80、90 | ±10 | 60、90、120、150 | | | | | | | | | | |
| | | 100 | | | | | | | | | | | | |
| | | 120、140、160、180 | ±20 | 60、90、120、150、200 | | | | | | | | | | |
| | | 200 | | | | | | | | | | | | |
| | | 300 | ±30 | 60、90、120、150、200、250 | | ≥5 | | | | | | | | |
| | | 400 | ±40 | | | | | | | | | | | |
| | | 500 | ±50 | | | | | | | | | | | |

表 14-201 绝缘粘带(压敏带)的规格、性能及用途

| 型号 | 名称 | 厚度(mm) | 组成 | 耐热等级 | 抗张强度($N/mm^2$)(纵向) | 击穿强度(kV/mm) | | 体积电阻率(Ω·cm) | | | 介质损耗角正切 tanδ($10^6$ Hz) | 用途 |
|---|---|---|---|---|---|---|---|---|---|---|---|---|
| | | | | | | 常态 | 热态 | 常态 | 受潮后 | 热态 | | |
| 6020-J | 聚酯薄膜粘带 | 0.055~0.17 | 聚酯薄膜、橡胶型粘剂或聚丙烯酸酯胶粘剂 | B | — | ≥100 | — | — | — | — | — | 耐热性较好,机械强度高,适于电机绕组绝缘等 |
| 6050-J | 聚酰亚胺薄膜粘带 | 0.045~0.07 | 聚酰亚胺薄膜聚胺酰亚胺树脂胶粘剂 | H | 108~125 | 190~210 | 130~150(180℃) | $\geqslant 10^{15}$ | $\geqslant 10^{15}$ | $\geqslant 10^{12}$(180℃) | 0.003 | 机电性能较高,耐热性优良,但成型温度较高(180~200℃)适于作H级电机绕组绝缘和槽绝缘 |
| | | 0.05 | 聚酰亚胺薄膜、$F_{46}$树脂胶粘剂 | C | 90~100 | ≥120 | 80(180℃) | $\geqslant 10^{16}$ | — | $\geqslant 10^{15}$(180℃) | 0.001 | 同上,但成型温度更高(300℃以上)用于H、C级电机潜油电机绕组绝缘槽绝缘 |
| 2450 | 有机硅玻璃粘带 | 0.15 | 无碱玻璃布、有机硅树脂胶粘剂 | H | >80 | ≥0.6 | — | $\geqslant 10^{11}$ | — | $\geqslant 10^{12}$ | — | 用于H级电机电器线圈绝缘和导线连接绝缘 |
| | 自粘性硅橡胶带(布) | 0.19 | 无碱玻璃布自粘性硅橡树脂 | H | 抗张力 $N>44$ | ≥20 | — | $\geqslant 10^{13}$ | — | — | — | 耐热耐潮,耐蚀,抗振。但抗张强度较低,适用高压电机绕组绝缘 |
| | | 0.25 | | | 抗张力 $N>50$ | ≥20 | — | $\geqslant 10^{13}$ | — | — | — | |

表 14－202　玻璃丝(漆)套管的规格、性能及用途

| 名称 | 型号 | 组成 | 耐热等级 | 击穿电压(kV) | | | | 用途 |
|---|---|---|---|---|---|---|---|---|
| | | | | 常态 | 缠绕后 | 受潮后 | 热态 | |
| 醇酸玻璃漆管 | 2730 | 无碱玻璃管浸醇酸漆 | B | 5～7 | 2～6 | 2.5～5 | — | 电机连线套管 |
| 聚氯乙烯玻璃漆管 | 2731 | 无碱玻璃管浸改性聚氯乙烯树脂 | — | 5～7 | 4～6 | 2.5～4 | — | 电机引出线，连接线套管 |
| 玻璃纤维定纹套管 | HTG－410 | 无碱玻璃丝编管经高温脱蜡定纹浸硅烷粘结剂而成 | 350℃ | 外观：管子圆整表面白色或黄色<br>耐热：套管在 500±10℃灼烧不硬化无烟冒出<br>剪口特性：套管截面用剪刀断后剪口平整不松散 | | | | 电机接线护套绝缘 |
| 有机硅玻璃漆套管 | 2750 | 无碱玻璃丝编管浸有机硅漆 | H | 4～7 | 1.5～4 | 2～6 | — | 电机引出连线套管 |
| 硅橡胶玻璃丝管 | 2751 | 无碱玻璃丝编管浸硅橡胶 | H | 4～9 | — | 2～7 | 3～7<br>(180℃) | 适用于 －60～＋180℃电机引出连线套管 |
| 玻璃纤维自熄套管 | SRG－514 | 无碱玻璃纤维编织管高温处理涂有机硅共聚树脂而成 | H | 外观：白色，端部平整<br>耐热：250℃经 24 h 后绕于 10 倍径棒上漆膜不脱落 | | | | 用于 H 级电机引出连线套管 |

（续表）

| 名称 | 型号 | 组成 | 耐热等级 | 击穿电压(kV) | | | | 用途 |
|---|---|---|---|---|---|---|---|---|
| | | | | 常态 | 缠绕后 | 受潮后 | 热态 | |
| 丙烯酸酯玻璃漆套管 | 2741 | 无碱玻璃丝编管，涂以B级丙烯酸酯胶 | B | 1型 2型<br>4.0 2.5 | 1型 2型<br>4.0 2.5 | 1型 2型<br>2.0 1.2 | — | 用于电机、电器引出连线套管 |
| F级丙烯酸酯玻璃漆套管 | 2740 | 无碱玻璃丝编管，涂以F级丙烯酸酯树脂漆，经加热烘干而成 | F | 中值 低值<br>4.0 2.5 | — | 中值 低值<br>1.2 0.8 | 中值 低值<br>1.6 1.0 | 用于电机、电器引出连线套管 |
| 玻璃纤维电刷软管 | VG-202 | 玻璃纤维编织管涂聚氯乙烯胶经塑化而成 | — | 套管柔软、剪口处不散 | | | | 适于碳刷辫子线护套 |
| 改性二苯醚玻璃布层压管 | XJ355 | | H | 执行标准 Q/XJ355-2000 | | | | 高的机械强度用作电机、电器设备绝缘零部件 |
| 聚胺-酰亚胺玻璃布层压管 | XJ364 | | H | 执行标准 Q/XJ364-2000 | | | | 机电性能高，耐辐射性好；H级电机电器绝缘结构零部件 |

2. *层压板*

包括纸板、布板、玻璃布板和特种层压板四种。其品种、组成、特性和用途见表 14-203；各种层压板的技术数据分别见表 14-204～表 14-207。

表 14－203　层压板的组成、规格、特性和用途

| 名称 | | 型号 | 组成 | | 标称厚度(mm) | 耐热等级 | 特性和用途 |
|---|---|---|---|---|---|---|---|
| | | | 底材 | 胶粘剂 | | | |
| 纸质 | 酚醛层压纸板 | 3020 | 浸渍纸 | 浸以甲酚甲醛树脂，经热压而制成 | 0.2～0.5(相隔0.1)<br>0.6、0.8、1.0、1.2、1.5、1.8、2.0、2.5、3.0、3.5、4.0、4.5、5.0、5.5、6.0、6.5、7.0、7.5、8.0、9.0、10.0 | E | 具有较高的介电性能、耐油性较好，适用于电机、电器设备中的绝缘结构零部件，并可在变压器油中使用<br>3021的机械强度高 |
| | | 3021 | 浸渍纸 | 苯酚或甲酚甲醛树脂 | | | |
| | | 3022 | 浸渍纸 | 甲酚甲醛树脂 | 0.4、0.5、0.6、0.8、1.0、1.2、1.6、2.0、2.5、3.0、4.0、5.0、6.0、8.0、10.0 | E | 有较高的耐潮性。适于在高湿度条件下工作的电工设备绝缘结构件 |
| | | 3023 | 浸渍纸 | 甲酚甲醛树脂 | | | 介质损耗低，适于作无线电、电话和高频设备中的绝缘结构件 |
| | | 上 3024 | 漂白棉纤维纸 | 合成橡胶改性酚醛树脂 | 0.4、0.5、0.6、0.8、1.0、1.2、1.6、2.0、2.5、3.0、4.0、5.0、6.0、8.0 | E | 具有较好的冷冲剪性能，不需预热，作电信元件、无线电、电位器等理想的结构材料 |
| 布质 | 酚醛层压布板 | 3025 | 棉布 | 苯酚甲醛树脂 | 0.3、0.5、0.8、1.0、…10.0(相隔同3020)<br>65～80(相隔5 mm) | E | 机械强度高，适用电机、电器设备中的绝缘构件并可在变压器油中应用 |
| | | 3027 | | 苯酚甲醛树脂加甲酚甲醛树脂 | | E | 吸水性小，介电性能高，适用于高频无线电装置中作绝缘构件 |

（续表）

| 名称 | | 型号 | 组成 | | 标称厚度（mm） | 耐热等级 | 特性和用途 |
|---|---|---|---|---|---|---|---|
| | | | 底材 | 胶粘剂 | | | |
| 玻璃布质 | 酚醛层压玻璃布板 | 3230 | 无碱玻璃纤维布 | 苯酚甲醛树脂 | 0.4～10.0同上 | B | 机械性及介电性能比酚醛层压布板高，耐潮湿。广泛代替前者作绝缘结构零部件，并适用于湿热带地区，亦用于变压器油中 |
| 玻璃布质 | 苯胺酚醛层压玻璃布板 | 3231 | 沃兰处理玻璃布 | 苯胺酚醛树脂 | 0.4～10.0同上 | B | 电气性能和机械性能比酚醛玻璃布板的好，粘合强度与棉布板相近。可代替棉布板用作电机、电器中的绝缘结构件 |
| 玻璃布质 | 环氧酚醛玻璃布板 | 3240 | 无碱玻璃布 | 环氧酚醛树脂 | 0.2、0.3、0.5、0.8、1.0、1.2、1.5、1.8、2.0、2.5、3.0、3.5、4.0、4.5、5.0、5.5、6.0、6.5、7.0、8.0、9.0、10.0 | F | 具有高的机械性能、介电性能耐热性和耐水性，可用于变压器油中和潮湿条件环境<br>适用于要求机电性能高的电机、电器绝缘结构件 |
| 玻璃布质 | 有机硅环氧层压玻璃布板 | 3250 | 沃兰处理玻璃布 | 有机硅环氧树脂 | 0.5、0.8、1.0、1.2、1.5、1.8、2.0、2.5、3.0、3.5、4.0、4.5、5.0 | H | 机电性能好、耐热性好。供湿热地区H级电机电器作绝缘结构件 |

（续表）

| 名称 | | 型号 | 组成 | | 标称厚度（mm） | 耐热等级 | 特性和用途 |
|---|---|---|---|---|---|---|---|
| | | | 底材 | 胶粘剂 | | | |
| 玻璃布质 | 有机硅层压玻璃布板 | 3251 | 沃兰处理玻璃布 | 有机硅树脂 | 0.4、0.5、0.6、0.8、1.0、1.2、1.6、2.0、2.5、3.0、4.0、5.0、6.0、8.0、10.0 | H | 耐热性好，机电性能与3230相近，耐辐射并耐化学药品腐蚀。可用作H级电机、电器绝缘结构件 |
| 玻璃布质 | 聚酰亚胺玻璃布层压板 | 9335 | 无碱玻璃布 | 浸以聚酰亚胺树脂热加工成型 | — | C | 用于耐高温耐辐射电机绝缘构件，用作H级电机、电器绝缘结构件 |
| 玻璃布质 | 聚胺-酰亚胺玻璃布层压板 | 3253 | 无碱玻璃布 | 聚胺酰亚胺树脂 | — | H | 耐热性高，耐辐射性好，机电性能好，用于H级电机、电器设备绝缘结构零部件 |
| 玻璃布质 | 改性双马来酰亚胺层压玻璃布板 | XJ9334 | 无碱玻璃布 | 改性双马来酰亚胺树脂 | 执行标准 Q/XB 3123-2005 | H | 优异的机电性能，高的耐热性。适用于H级电机电器绝缘结构零部件 |

（续表）

| | 名称 | 型号 | 组成 | | 标称厚度（mm） | 耐热等级 | 特性和用途 |
|---|---|---|---|---|---|---|---|
| | | | 底材 | 胶粘剂 | | | |
| 特种层压板 | 敷铜箔环氧纸层压板 | CEPCP* -21 | 棉纤维纸 | 浸以环氧树脂经热压成电工绝缘纸层压板；其一面或双面敷以铜箔 | 0.2、0.5、0.8、1.0·、1.2·、1.6、2.0·、2.4、3.2、6.4 **（0.7、1.5） | E | 通用型。主要用于制造无线电、电子设备、仪器仪表及其他电气设备中的印制电路板 |
| | | CEPCP -22F | | | | | 自熄性，用途同上 |
| | 敷铜箔酚醛纸层压板 | 3420（双面） | 棉纤维纸 | 浸以酚醛树脂经热压成电工绝缘纸层压板；其一面或双面敷以铜箔 | 0.2、0.5、0.8、1.0·、1.2·、1.6、2.0·、2.4、3.2、6.4 **（0.7、1.5） | E | 具有高的抗剥强度，较好的机电性能和机械加工性。适于作无线电、电子设备和其他设备中的印制电路板 |
| | | 3421（单面） | | | | | |
| | 敷铜箔环氧玻璃布层压板 | 3440（双面） 3441（单面） | 无碱玻璃布 | 浸以环氧酚醛树脂经热压成电工绝缘玻璃布层压板；其一面或双面敷以铜箔 | 0.2～6.4同上规定 | F | 性能用途同上；另耐水性好，可制造工作温度较高的印制电路板 |
| | 防电晕环氧玻璃布板 | | 无碱玻璃布 | 加有导电材料的环氧酚醛树脂 | | F | 具有较稳定的低电阻，适于作高压电机槽部的防晕材料 |

注：（1）** 标称厚度 0.7 mm 和 1.5 mm 用于有金属化孔和 EP 制插头的边缘连接的板。

（2）有“·”标称厚度者为非推荐规格。

表 14-204　酚醛层压纸板的技术性能数据

| 序号 | 性能名称 | 3020 | 3021 | 3022 | 3023 |
| --- | --- | --- | --- | --- | --- |
| 1 | 相对密度 | 1.3～1.45 | 1.3～1.45 | 1.3～1.45 | 1.3～1.45 |
| 2 | 吸水率(%) | 1～10 | 1.2～12 | — | — |
| 3 | 热稳定性(℃) | | | | |
| | 板厚 20 mm 以下 | 125 | 115 | 125 | — |
| | 板厚 20 mm 以上 | 100 | 90 | 100 | — |
| 4 | 抗弯强度($N/cm^2$) | 10 000～19 500 | 12 000～21 700 | 12 000～17 900 | — |
| 5 | 抗张强度($N/cm^2$) | 8 000～15 500 | 10 000～18 600 | 8 000～16 800 | 8 000～15 500 |
| 6 | 粘合力(N) | ＞3 800 | ＞3 200 | ＞3 600 | — |
| 7 | 抗冲击强度($N \cdot cm/cm^2$) | 120～350 | 150～400 | 120～350 | — |
| 8 | 表面电阻率(Ω) | | | | |
| | 常态 | — | — | $>10^{11}$ | $10^{11}\sim10^{12}$ |
| | 浸水后 | — | — | — | $10^{9}\sim10^{10}$ |
| | 浸盐水后 | — | — | $10^{8}\sim10^{11}$ | — |
| 9 | 体积电阻率(Ω·cm) | | | | |
| | 常态 | — | — | — | $10^{12}\sim10^{13}$ |
| | 浸水后 | — | — | — | $10^{9}\sim10^{10}$ |
| 10 | 平行层向绝缘电阻(Ω) | | | | |
| | 常态 | $>10^{10}$ | $>10^{9}$ | $>10^{10}$ | $>10^{11}$ |
| | 受潮后 | $>10^{8}$ | $>10^{7}$ | — | — |
| | 浸盐水后 | — | — | $10^{7}\sim10^{9}$ | $>10^{8}$ |
| 11 | 介质损耗角正切($10^6$ Hz) | | | | (浸水后) |
| | 常态 | — | — | — | ＜0.035 |
| | 浸水后 | — | — | — | ＜0.06 |

（续表）

| 序号 | 性能名称 | 3020 | 3021 | 3022 | 3023 |
|---|---|---|---|---|---|
| 12 | 垂直层向耐电压[①]（kV/mm）<br>（在变压器油中耐电压5 min）<br>20℃±5℃ | | | | |
| | 厚1 mm以下 | 25 | 16 | 17 | 33[②] |
| | 厚1.1～2 mm | 22 | 15 | 16 | 27[②] |
| | 厚2.1～3 mm;3 mm以上一面 | 19 | 13 | 14 | 25[②] |
| | 经加工至3 mm<br>90℃±5℃ | | | | |
| | 厚0.5～1 mm | 12 | — | — | — |
| | 厚1.1～2 mm | 11 | — | — | — |
| | 厚2.1～3 mm;3 mm以上一面<br>经加工至3 mm | 9 | — | — | — |
| 13 | 平行层向耐电压（kV）<br>（在变压器油中耐电压5 min） | | | | |
| | 20℃±5℃ | 16 | 14 | 14 | — |
| | 90℃±2℃ | 8 | — | — | — |

① 表中垂直层向耐电压的耐压值应按实际厚度与指标换算。
② 系击穿强度值。

表14-205 酚醛层压布板的技术性能数据

| 序号 | 性能名称 | 3025 | 3027 |
|---|---|---|---|
| 1 | 相对密度 | 1.3～1.42 | 1.3～1.42 |
| 2 | 吸水率（%） | — | 1.5～8 |
| 3 | 马丁氏耐热性（℃）不低于 | 125 | 135 |

（续表）

| 序号 | 性　能　名　称 | 3025 | 3027 |
|---|---|---|---|
| 4 | 抗弯强度(N/cm$^2$) | 11 000～16 400 | 9 000～17 300 |
| 5 | 抗张强度(N/cm$^2$) | 7 000～12 400 | 6 000～11 400 |
| 6 | 粘合力(N) | ＞5 500 | ＞5 500 |
| 7 | 抗冲击强度(N·cm/cm$^2$) | 250～550 | 200～500 |
| 8 | 表面电阻率(Ω) | | |
| | 常态 | — | $>10^{11}$ |
| | 受潮后 | — | $10^8\sim10^9$ |
| 9 | 体积电阻率(Ω· cm) | | |
| | 常态 | — | $10^{10}\sim10^{11}$ |
| | 受潮后 | — | $10^8\sim10^9$ |
| 10 | 平行层向绝缘电阻(Ω) | | |
| | 板厚 10 mm 及以上 | | |
| | 常态 | — | $>10^{10}$ |
| | 受潮后 | — | $10^7\sim10^9$ |
| 11 | 垂直层向击穿强度(kV/mm) | | |
| | 板厚 10 mm 以下(在 90℃±2℃的变压器油中试验) | | |
| | 板厚 0.5～1 mm | 4 | 8 |
| | 板厚 1.1～2 mm | 3 | 6 |
| | 板厚 2.1～3 mm 和板厚 3 mm 以上经一面加工 | 2 | 5 |
| 12 | 平行层向击穿电压(kV) | | |
| | (在 90℃±2℃的变压器油中试验) | — | 10 |

表14－206　层压玻璃

| 序号 | 性能名称 | | 酚醛玻璃布板 3230 | 苯胺酚醛玻璃布板 3231 |
|---|---|---|---|---|
| 1 | 相对密度 | | — | — |
| 2 | 吸水率(%) | | 0.2～1 | <0.5 |
| 3 | 马丁氏耐热性(℃) | | — | 150～200 |
| 4 | 热稳定性(℃) | | — | — |
| 5 | 抗弯强度(N/cm²) | | 11 000～23 400 | >25 000 |
| 6 | 抗张强度(N/cm²) | | 10 000～21 100 | 20 000～24 800 |
| 7 | 粘合力(N) | | 1 300～2 900 | 2 500～4 400 |
| 8 | 抗冲击强度(N·cm/cm²) | | 50～140 | 100～200 |
| 9 | 抗压强度(N/cm²) | | — | — |
| 10 | 表面电阻率(Ω) | 常态 | $10^{11}$～$10^{12}$ | $10^{12}$～$10^{13}$ |
| | | 180℃±2℃ | — | — |
| | | 受潮后 | $10^{10}$～$10^{11}$ | $10^{10}$～$10^{11}$（浸水后） |
| 11 | 体积电阻率(Ω·cm) | 常态 | $10^{10}$～$10^{11}$ | $10^{12}$～$10^{13}$ |
| | | 180℃±2℃ | — | — |
| | | 受潮后 | $10^{9}$～$10^{10}$ | $10^{10}$～$10^{12}$（浸水后） |

布板的技术性能数据

| 环氧酚醛玻璃布板 3240 | 有机硅环氧玻璃布板 3250 | 有机硅玻璃布板 3251 | 聚二苯醚玻璃布板 | 聚酰亚胺玻璃布板 9335 | 聚胺酰亚胺玻璃布板 3253 |
|---|---|---|---|---|---|
| 1.7～1.9 | — | — | 1.6～1.8 | 1.7 | — |
| — | 0.05～1 | 0.2～1 | <0.5 | — | <0.2 |
| 200～230 | >250 | 225～260 | >250 | — | >300 |
| — | >200 | >220 | — | — | |
| 40 000(纵) 30 000(横) | 20 000～31 000 | 11 000～20 400 | >30 000 | 18 000～39 000 | >38 000(常态)、>18 000(250℃) |
| 35 000(纵) 25 000(横) | 17 000～22 000 | 10 000～25 000 | >20 000 | — | >30 000 |
| >5 800 | 2 000～2 600 | 1 000～1 900 | >2 500 | — | >3 500 |
| 1 500(纵) 1 000(横) | 800～2 300 | 500～2 400 | >1 500 | — | >1 800 |
| — | 35 000～42 000 | — | — | — | — |
| $10^{13}$～$10^{14}$ | $10^{13}$～$10^{14}$ | $10^{12}$～$10^{15}$ | >$10^{13}$ | $10^{13}$～$10^{14}$ | >$10^{13}$ |
| — | $10^{11}$～$10^{12}$ | $10^{11}$～$10^{12}$ | >$10^{11}$ | $10^{10}$～$10^{13}$ (250℃) | $10^{10}$～$10^{13}$ (250℃) |
| $10^{11}$～$10^{12}$ (浸水后) | $10^{11}$～$10^{12}$ | $10^{10}$～$10^{11}$ | >$10^{11}$ | >$10^{11}$ | — |
| $10^{13}$～$10^{14}$ | $10^{13}$～$10^{15}$ | $10^{12}$～$10^{14}$ | >$10^{13}$ | >$10^{14}$ | >$10^{14}$ |
| — | $10^{10}$～$10^{11}$ | $10^{11}$～$10^{12}$ | >$10^{11}$ | $10^{11}$～$10^{13}$ (250℃) | >$10^{11}$ (250℃) |
| $10^{11}$～$10^{12}$ (浸水后) | $10^{11}$～$10^{12}$ | $10^{10}$～$10^{11}$ | >$10^{11}$ | >$10^{10}$ | — |

| 序号 | 性能名称 | | 酚醛玻璃布板 3230 | 苯胺酚醛玻璃布板 3231 |
|---|---|---|---|---|
| 12 | 平行层向绝缘电阻(Ω)板厚 10 mm 及以上 | | | |
| | | 常态 | $>10^9$ | $10^9\sim10^{11}$ |
| | | 浸水后 | $10^8\sim10^9$ (受潮后) | $10^7\sim10^8$ |
| 13 | 介质损耗角正切 | 常态 | — | — |
| | | 180℃±2℃ | — | — |
| | | 受潮后 | — | — |
| 14 | 相对介电系数($10^5$ Hz) | | — | — |
| 15 | 垂直板层冲击强度(kV/mm)不小于 | | | |
| | 板厚 10 mm 以下(在 90℃±2℃变压器油中) | | | |
| | 板厚 0.5～1 mm | | 14 | 22 |
| | 板厚 1.1～2 mm | | 12 | 20 |
| | 板厚 2.1～3 mm 及 3 mm 以上经一面加工 | | 10 | 18 |
| | 板厚 2 mm 以下(空气中) | | | |
| | | 常态 | — | — |
| | | 180℃±5℃ | — | — |
| | | 受潮后 | — | — |
| | 板厚 2 mm 以上至 10 mm,加工到 2 mm±0.1 mm(空气中) | | — | — |
| 16 | 平行板层击穿电压(kV) | | | |
| | 板厚 10 mm 及以上(在 90℃±20℃的变压器油中试验,电极间中心距离为 15 mm) | | 10～32 | >30 |

① 板厚 6 mm 以上。
② 在空气中试验。

（续表）

| 环氧酚醛玻璃布板 3240 | 有机硅环氧玻璃布板 3250 | 有机硅玻璃布 板 3251 | 聚二苯醚玻璃布板 | 聚酰亚胺玻璃布板 9335 | 聚胺酰亚胺玻璃布板 3253 |
|---|---|---|---|---|---|
| $10^{10}\sim10^{11}$ | — | — | — | — | — |
| $>10^{8}$ | — | — | — | — | — |
| 0.03～0.05 | 0.02～0.04 | — | <0.03 | 0.01 ($10^{6}$ Hz) | <0.05 |
| — | <0.12 | <0.05 | <0.1 | — | <0.05($10^{6}$ Hz) |
| — | <0.3 | — | <0.2 | — | — |
| — | — | — | — | 3.5 | — |
| 22 | — | — | — | — | — |
| 20 | — | — | — | — | — |
| 18 | — | — | — | — | — |
| — | 18 | 10 | 18 | 30 | 20 |
| — | 12 | — | 12 | 10(250℃) | 15(250℃) |
| — | 12 | — | 12 | 15 | — |
| — | — | 8 | — | — | — |
| 30～45① | — | 10～40② | — | — | — |

表14-207　特种层压板的技术性能数据(敷铜箔层压板的性能①)

| 序号 | 性 能 名 称 | 酚醛纸敷铜箔板3420(双面)、3421(单面) | 环氧酚醛玻璃布敷铜箔板3430(双面)、3441(单面) |
|---|---|---|---|
| 1 | 相对密度 | 1.30～1.45 | 1.70～1.90 |
| 2 | 抗弯强度($N/cm^2$) | 10 000 | 30 000 |
| 3 | 粘合面的表面电阻率(Ω) | | |
| | 常态时 | $10^9$～$10^{13}$ | $>10^{12}$ |
| | 受潮后 | $10^8$ | $10^{10}$～$10^{12}$(浸水后) |
| 4 | 平行层向绝缘电阻(Ω) | | |
| | 常态时 | $>10^9$ | $>10^{10}$ |
| | 受潮后 | $>10^8$ | $>10^8$(浸水后) |
| 5 | 介质损耗角正切($10^6$ Hz) | | |
| | 常态时 | 0.04 | 0.03 |
| | 受潮后 | 0.06 | 0.04(浸水后) |
| 6 | 表面击穿电压(kV) | | |
| | 常态时 | 1.5 | 2.0 |
| | 受潮后 | 1.2 | 1.5(浸水后) |
| 7 | 耐浸焊性(焊锡温度℃)/(浸泡时间 s) | 240±2/10不起泡、不开裂、不分层 | 260±2/20不起泡、不开裂、不分层 |
| 8 | 铜箔对基板的抗剥力(N) | | |
| | 常态时 | 12 | 15 |
| | 不同条件下连续处理后 | 10② | 12③ |
| | 浸焊后 | 10 | 12 |

① 表中第1～6项为基板性能。

② 试样在85℃±2℃下保持8 h,在40℃±2℃及相对湿度95%±3%的环境下保持24 h,在－55℃±5℃下保持6 h后,应无起泡、无分层,再测其抗剥力。

③ 试样在125℃±2℃下保持8 h,在40℃±2℃的蒸馏水中24 h,在－55℃±5℃下保持24 h,55℃±5℃下保持6 h后应无起泡、无分层,再测其抗剥力。

3. 云母制品

在电工产品中，广泛应用云母及其制品作为绝缘材料，常用有云母带、云母板、云母箔等。这些制品的技术数据见表 14 - 208～表 14 - 210。

1) 云母带　云母带是由胶粘剂粘合云母片或粉云母纸与补强材料经烘干而成。胶粘剂主要有沥青漆、虫胶漆、醇酸漆、环氧树脂漆、有机硅漆和磷酸胺水溶液等；补强材料主要有云母带纸、电话纸、绸和无碱玻璃布。

粉云母带厚度均匀，柔软，环氧粉云母绝缘的电气、机械性能好。使用粉云母带时，应根据其所用胶粘剂的胶化时间确定其成型工艺。当胶粘剂的胶化时间在 200℃ ± 2℃ 下为 1～3 min 时，成型温度为 160～170℃，模压时间为 3～6 h，液压时间为 7～10 h。绝缘厚度增加，成型时间适当延长。

云母带及粉云母带的品种、性能和用途见表 14 - 208。

表 14 - 208　云母带及粉云母带的品种、性能和用途

| 名　称 | 型号 | 耐热等级 | 厚度 (mm) | 击穿强度 (kV/mm) | 抗张力 (N) | 特性和用途 |
|---|---|---|---|---|---|---|
| 沥青绸云母带 | 5032 | A～E | 0.13、0.16 | 16～25 | 50～60 | 柔软性、防潮性和介电性能好，贮存期较长(6 个月)，作线圈包绝缘，易嵌线，但绝缘厚度偏差大，耐热性较低，可作高压电机主绝缘 |
| 沥青玻璃云母带 | 5034 | E | 0.13、0.16 | 16～25 | 50～100 | |
| 醇酸纸云母带 | 5430 | B | 0.10、0.13、0.16 | 16～25 | 30～60 | 耐热性较高，但防潮性较差，可作直流电机电枢绕组和低压电机绕组的绕包绝缘 |
| 醇酸绸云母带 | 5432 | B | 0.13、0.16 | 16～25 | 50～100 | |
| 醇酸玻璃云母带 | 5434 | B | 0.10、0.13、0.16 | 16～25 | 70～140 | |

（续表）

| 名称 | 型号 | 耐热等级 | 厚度(mm) | 击穿强度(kV/mm) | 抗张力(N) | 特性和用途 |
|---|---|---|---|---|---|---|
| 环氧聚酯玻璃粉云母带 | 5437-1 | B | 0.14、0.17 | 20～35 | 70～140 | 热弹性较高，在室温下贮存期可达6个月，但介质损耗较大，可代替醇酸云母带作电机匝间绝缘和端部绝缘，不宜作高压电机主绝缘 |
| 环氧玻璃粉云母带 | 5438-1 | B | 0.14、0.17 | 24～45 | 100～200 | 含胶量大，厚度均匀，固化后电气、机械性能较好，但贮存期较短（半个月），适用于模压或液压成型的高压电机绕组绝缘 |
| 钛改性环氧玻璃粉云母带 | 9541-1 | B | 0.14、0.17 | 24～45 | 100～200 | 柔软性好，绕包工艺性好，由于胶粘剂流动性大，故固化时间长，适宜作液压成型的高压电机的主绝缘 |
| 环氧玻璃粉云母带 | | B | 0.11、0.13 | 24～45 | 100～200 | 贮存期长，适用于整浸式中型高压电机的主绝缘 |
| 有机硅玻璃云母带 | 5450 | H | 0.10、0.13、0.16 | 16～25 | 70～170 | 耐热性高，主要用于要求耐高温的电机或牵引电机绕组绝缘 |

（续表）

| 名　称 | 型号 | 耐热等级 | 厚度（mm） | 击穿强度（kV/mm） | 抗张力（N） | 特性和用途 |
|---|---|---|---|---|---|---|
| 有机硅玻璃粉云母带 | 5450－1 | H | 0.14、0.17 | 16～30 | 70～170 | 耐热性高，主要用于要求耐高温的电机或牵引电机绕组绝缘 |
| 有机硅玻璃金云母带 | 5450－2 | H | 0.10、0.13、0.16 | 16～20 | 70～170 | 耐热性高，主要用于要求耐高温的电机或牵引电机绕组绝缘 |

2）云母板　云母板是由胶粘剂粘合云母片（或粉云母纸）与补强材料，经烘焙或烘焙热压而成。根据使用要求，由不同的材料组成，制成具有不同特点的云母板。柔软云母板在室温下柔软，可弯曲；塑型云母板在室温下坚硬，加热变软，可塑制成绝缘件；换向器云母板胶含量少，在室温下坚硬，压缩性小，厚度均匀；衬垫云母板的性能和特性与换向器云母板近似。它们的品种、性能和用途分别见表14－209及表14－210。

3）云母箔　云母箔由胶粘剂粘合云母片（或粉云母纸）与单面补强材料，经烘焙或烘焙压制而成，其厚度较薄，在室温下弹性较好，在一定温度下具有可塑性。云母箔的品种、性能及用途见表14－211。

## 三、常用液体绝缘材料——绝缘漆和绝缘油；覆盖漆和表面漆

1. 绝缘漆

一般电机、电器制造和修理用的绝缘漆，按用途可分为浸渍漆、覆盖漆、表面漆等。

1）浸渍漆　浸渍漆又分为有溶剂漆和无溶剂漆两大类。浸渍漆的组成、用途及性能数据见表14－212～表14－215。

表 14-209 柔软云母板和塑型云母板的品种、性能和用途

| 名称 | 型号 | 耐热等级 | 击穿强度(kV/mm)(常态) | | | | 体积电阻率(Ω·cm) | | 用途 |
|---|---|---|---|---|---|---|---|---|---|
| | | | 厚 0.15 mm | 厚 0.2～0.25 mm | 厚 0.3～0.5 mm | 厚 0.6～1.2 mm | 常态 | 受潮 48 h 后 | |
| 醇酸纸柔软云母板 | 5130 | B | 15～28 | 20～30 | 15～26 | — | $>10^{12}$ | $>10^{10}$ | 供作低压交直流电机槽衬和端部层间绝缘 |
| 醇酸纸柔软粉云母板 | 5130-1 | B | 16～35 | 18～55 | >16 | — | — | — | |
| 醇酸玻璃柔软云母板 | 5131 | B | 16～20 | 18～25 | 16～22 | — | $>10^{12}$ | $>10^{10}$ | 用于一般电机槽衬和端部层间绝缘 |
| 醇酸玻璃柔软粉云母板 | 5131-1 | B | 16～25 | 18～25 | 16～22 | — | — | — | |
| 沥青玻璃柔软云母板 | 5135 | E | 16～25 | 18～25 | 16～22 | — | $>10^{12}$ | $>10^{10}$ | 用于低压电机槽绝缘 |
| 环氧纸柔软粉云母板 | 5136-1 | B | >16 | >18 | >16 | — | — | — | 用于电机槽绝缘及匝间绝缘 |
| 环氧玻璃柔软粉云母板 | 5137-1 | B | >25 | >30 | >30 | — | — | — | 用于低压电机槽绝缘和端部层间绝缘或外包绝缘 |
| 环氧薄膜玻璃柔软粉云母板 | 5138-1 | B | | >35 | >35 | — | — | — | 用于高压电机定子绕组匝间和换位绝缘或其他衬垫绝缘 |

（续表）

| 名　称 | 型号 | 耐热等级 | 击穿强度 (kV/mm)(常态) | | | | 体积电阻率 (Ω·cm) | | 用　途 |
|---|---|---|---|---|---|---|---|---|---|
| | | | 厚 0.15 mm | 厚 0.2～0.25 mm | 厚 0.3～0.5 mm | 厚 0.6～1.2 mm | 常态 | 受潮 48 h 后 | |
| 醇酸柔软云母板 | 5133 | B | 25～30 | 25～32 | 25～28 | — | $>10^{3}$ | $>10^{12}$ | 用于高压电机定子绕组匝间和换位绝缘或其他衬垫绝缘 |
| 有机硅柔软云母板 | 5150 | H | >20 | >25 | >20 | — | $>10^{12}$ | $>10^{10}$ | 用于H级电机槽部或端部层间绝缘 |
| 有机硅玻璃柔软云母板 | 5151 | H | 16～26 | 18～28 | 16～26 | — | $>10^{12}$ | $>10^{10}$ | |
| 有机硅玻璃柔软粉云母板 | 5151-1 | H | >15 | >25 | >20 | — | — | — | |
| 醇酸塑型云母板 | 5230 | B | 35～50 | 35～50 | 30～40 | 25～30 | $>10^{13}$ | $>10^{12}$ | 用于电机整流子V型环和电机、电器的绝缘结构件 |
| 虫胶塑型云母板 | 5231 | B | 35～47 | 35～47 | 30～38 | >25 | $>10^{13}$ | $>10^{12}$ | |
| 醇酸塑型云母板 | 5235 | B | 35～50 | 35～50 | 30～40 | >25 | $>10^{13}$ | $>10^{12}$ | 用于温升较高、转速较快的电机整流子V型环和绝缘结构件 |
| 虫胶塑型云母板 | 5236 | B | 35～50 | 35～50 | 30～40 | 25～30 | $>10^{13}$ | $>10^{12}$ | |
| 有机硅塑型云母板 | 5250 | H | 35～50 | 35～50 | 30～40 | >25 | $>10^{13}$ | $>10^{11}$ | 用于耐热电机、电器、仪表的绝缘结构件 |

表 14－210 换向器云母板和

| 名 称 | 型号 | 耐热等级 | 击穿强度(kV/mm)(常态) | | 体积电阻率(Ω·cm) | |
|---|---|---|---|---|---|---|
| | | | 厚 0.15 mm | 厚 0.4～2.0 mm | 常 态 | 受潮 48 h 后 |
| 虫胶换向器云母板 | 5535 | B | — | 18～35 | — | — |
| 虫胶换向器金云母板 | 5535－2 | B | — | >18 | — | — |
| 环氧换向器粉云母板 | 5536－1 | B | — | 20～40 | — | — |
| 磷酸铵换向器金云母板 | 5560－2 | H | — | >18 | $5\times10^{12}$～$10^{13}$ | $5\times10^{10}$～$10^{11}$ |
| 醇酸衬垫云母板 | 5730 | B | — | 20～40 | $>10^{13}$ | $>10^{12}$ |
| 虫胶衬垫云母板 | 5731 | B | — | 20～40 | $>10^{13}$ | $>10^{12}$ |
| 环氧衬垫粉云母板 | 5737－1 | B | — | 20～40 | — | — |
| 有机硅衬垫云母板 | 5755 | H | 30～50 | >20 | $5\times10^{12}$～$10^{13}$ | $5\times10^{10}$～$10^{11}$ |
| 有机硅衬垫金云母板 | 5755－2 | H | >30 | >20 | $5\times10^{12}$～$10^{13}$ | $5\times10^{10}$～$10^{11}$ |
| 磷酸铵衬垫金云母板 | 5760－2 | H | — | >10 | $5\times10^{12}$～$10^{13}$ | $5\times10^{10}$～$10^{11}$ |

① 换向器云母板试样尺寸为 20 cm×20 cm。
② 衬垫云母板试样尺寸为 40 cm×40 cm。
③ 板厚 0.65 mm 及以下者。
④ 板厚 0.7 mm 及以上者。

衬垫云母板的品种、性能和用途

| 收缩率(%)不大于(压力 6 000 N/cm²) | | 起层率(%) 试样厚度与面积 | | | 主要用途 |
|---|---|---|---|---|---|
| 20℃±5℃ | 160℃±5℃ | 0.15 mm 20 cm×40 cm | 0.4～0.65 mm 20 cm×20 cm 或 20 cm×40 cm① | 0.7～1.0 mm 20 cm×40 cm 或 40 cm×40 cm② | |
| 9③ 7④ | 1.4 | — | 5 | 10 | 用于一般直流电机换向器绝缘 |
| 9③ 7④ | 1.4 | — | 5 | 10 | 用于一般直流电机换向器绝缘 |
| 9 | 2.5 | — | 3 | 5 | 用于汽车电机和其他小型直流电机换向器绝缘 |
| 10 | 1.0 | — | 10 | 10 | 用于耐高温电机换向器绝缘 |
| — | — | — | 5 | 10 | 用于电机、电器衬垫绝缘 |
| — | — | — | 5 | 10 | 用于电机、电器衬垫绝缘 |
| — | — | — | 3 | 5 | 用于电机、电器衬垫绝缘 |
| — | — | 5 | 10 | 10 | 用于耐高温电机、电器衬垫绝缘 |
| — | — | 5 | 10 | 10 | 用于耐高温电机、电器衬垫绝缘 |
| — | — | 5 | 10 | 10 | 用于耐高温电机、电器衬垫绝缘 |

表 14-211 云母箔的品种、性能及用途

| 名　称 | 型号 | 耐热等级 | 标称厚度(mm) | 击穿强度(kV/mm) | 用　途 |
|---|---|---|---|---|---|
| 醇酸纸云母箔 | 5830 | B | 0.15<br>0.20<br>0.25<br>0.30 | 16～35 | 用于一般电机、电器卷烘绝缘和磁极绝缘 |
| 醇酸纸粉云母箔 | 5830-1 | B | 0.17<br>0.22 | 25～40 | 用于一般电机、电器卷烘绝缘和磁极绝缘 |
| 虫胶纸云母箔 | 5831 | E～B | 0.15<br>0.20<br>0.25<br>0.30 | 16～35 | 用于一般电机、电器卷烘绝缘和磁极绝缘 |
| 虫胶纸粉云母箔 | 5831-1 | E～B | 0.15<br>0.20<br>0.25 | 25～40 | 用于一般电机、电器卷烘绝缘和磁极绝缘 |
| 虫胶纸金云母箔 | 5831-2 | E～B | 0.15<br>0.20<br>0.25<br>0.30 | 16～30 | 用于一般电机、电器卷烘绝缘和磁极绝缘 |
| 醇酸玻璃云母箔 | 5832 | B | 0.15<br>0.20<br>0.25<br>0.30 | 16～35 | 用于要求机械强度较高的电机、电器卷烘绝缘和磁极绝缘 |
| 虫胶玻璃云母箔 | 5833 | B | 0.15<br>0.20<br>0.25<br>0.30 | 16～35 | 用于要求机械强度较高的电机、电器卷烘绝缘和磁极绝缘 |
| 虫胶玻璃金云母箔 | 5833-2 | B | 0.15<br>0.20<br>0.25<br>0.30 | 16～30 | 用于要求机械强度较高的电机、电器卷烘绝缘和磁极绝缘 |
| 环氧玻璃粉云母箔 | 5836-1 | B | 0.15<br>0.20<br>0.25 | 25～50 | 用于要求机械强度较高的电机、电器卷烘绝缘和磁极绝缘 |
| 有机硅玻璃云母箔 | 5850 | H | 0.15<br>0.20<br>0.25<br>0.30 | 16～35 | 用于 H 级电机、电器卷烘绝缘和磁极绝缘 |

表 14－212　有溶剂浸渍漆的品种、组成及用途

| 名　称 | 型号 | 主要组成 | 耐热等级 | 用　途 |
|---|---|---|---|---|
| 三聚氰胺醇酸漆 | 1032<br>1038<br>A30－1 | 油改性醇酸树脂、丁醇改性三聚氰胺树脂，溶剂二甲苯、200号汽油 | B | 电机浸渍漆 |
| 环氧酯漆 | 1033<br>A30－2 | 干性植物油酸、环氧树脂、丁醇改性三聚氰胺树脂，溶剂二甲苯、丁醇 | B | 耐潮性好，适于电机浸渍漆 |
| 环氧醇酸漆 | H30－6<br>8340 | 醇酸树脂与环氧树脂共聚物，三聚氰胺树脂 | B | 电机绕组浸渍漆 |
| 环氧少溶剂漆 | H30－9 | 环氧树脂、桐油酸酐，溶剂二甲苯、乙醇混合物。固含量＞70％ | B | 电机浸渍漆 |
| 聚酯浸渍漆 | 155<br>Z30－2 | 丁醇醚化甲酚、甲醛树脂改性对苯二甲酸聚酯树脂，溶剂二甲苯、丁醇 | F | F级中、小型低压电机电器浸渍漆，尤适宜高速电机转子绕组浸渍用 |
| 酚醛改性聚酯漆 | 155－1 | 亚麻油与甘油的甘油酯、对苯二甲酸二甲酯乙二醇经缩聚而成，溶剂二甲苯，丁醇 | F | 电机浸渍漆，耐热性优良与漆包线相容性较好 |
| 亚胺环氧漆 | F130 | 环氧树脂、酸酐、亚胺树脂，溶剂二甲苯、丁醇 | F | 电机浸渍漆，粘结强度高与漆包线相容性较好 |
| 有机硅漆 | 1053<br>8703 | 有机硅树脂、溶剂二甲苯 | H | 电机浸渍漆，耐热180℃ |
| 改性有机硅漆 | 1054<br>SP931<br>W30－P | 聚酯改性有机硅树脂，溶剂甲苯、二甲苯与正丁醇(7∶3)的溶液 | H | H级电机电器浸渍漆，固化温度低 |
| 聚酰胺酰亚胺漆 | D004<br>PAI－Z<br>H71<br>190 | 聚酰胺酰亚胺树脂，溶剂二甲基乙酰胺，稀释剂二甲苯 | H | 适于耐高温电机浸渍漆 |
| 聚二苯醚浸渍漆 | 西108<br>哈1080 | 主要由二苯醚制成 | H | 可在200℃下长期使用，在高温下机械强度和耐多种溶剂能力超过H级。用于H级电机电器绕组浸渍 |

表14-213 有溶

| 序号 | 性能名称 | | 三聚氰胺醇酸漆 1032 | 环氧酯漆 1033 | 环氧醇酸 H30-6 | 环氧少溶剂漆 H30-9 | 聚酯漆 155 | 酚醛改性聚酯漆 155-1 |
|---|---|---|---|---|---|---|---|---|
| 1 | 粘度(s)(4号粘度计) 20±1℃ | | 30～60 | 30～70 | 20～35 | 20～35 | 20～50 | 20～50 |
| 2 | 固体含量(%) | | 47 | 47 | 45 | 70 | 45 | 45 |
| 3 | 干燥时间(h) | | 1.5～2 (105℃) | 1～2 (120℃) | ≤1.5 (105℃) | 2 (150℃) | ≤3 (130℃) | 3 (130℃) |
| 4 | 耐热性(h) 不少于 | | 30 (150℃) | 50 (150℃) | 60 (150℃) | — | 30 (180℃) | — |
| 5 | 击穿强度(kV/mm) | 常态 | 70～95 | 70～95 | 60～95 | 80 | 65 | 65 |
| | | 热态 | — | — | — | — | 35 (155℃) | 35 (155℃) |
| | | 受潮后 | — | — | — | — | 50 | — |
| | | 浸水后 | 40～55 | 40～60 | 30～55 | 40 | — | 50 |
| 6 | 体积电阻率(Ω·cm) | 常态 | — | $10^{14}$～$10^{16}$ | — | $10^{14}$ | $10^{14}$ | $10^{14}$ |
| | | 热态 | — | $10^{12}$～$10^{13}$ (130℃) | — | — | $10^{10}$ | $10^{10}$ |
| | | 受潮后 | — | — | — | — | $10^{12}$ | — |
| | | 浸水后 | — | $10^{13}$～$10^{14}$ | — | $10^{13}$ | — | $10^{12}$ |
| 7 | 耐热等级 | | B | B | B | B | F | F |

剂漆的技术性能数据

| 亚胺环氧　漆 F130 | 有机硅漆 1053 | 改性有机硅　漆 931 1054 | 聚酰胺酰亚胺漆 PAI－Z | 亚胺改性醇酸漆 F55 | 亚胺改性聚酯漆 H－71 (9116) | 三聚氰胺醇酸快干漆 1038 | 聚二苯醚浸渍漆 西108 哈1080 |
|---|---|---|---|---|---|---|---|
| 20～45 | 30～65 | 20～60 | 50～90 | 80～90 (23℃) | 65～75 (23℃) | 23 (23℃) | 80～100 (25℃) |
| 42 | 50 | 50～55 | 30 | 48～50 | 45～47 | 50 | 50±2 |
| 1 (130℃) | 1.5～2 (200℃) | ≤1 (180℃) | ≤1/6 (180℃) | — | — | 0.5 (105℃) | 固化时间 (s) 60～70 |
| — | 200 (200℃) | 75 (200℃) | 200 (200℃) | — | — | 30 (150℃) | 软化点 (环球法) 70～85℃ |
| 90 | 65～100 | 90 | 90～110 | ≥60 | ≥60 | 116 | ≥80 |
| 40 | 30～45 | 30 | 80～90 | ≥50 | ≥60 | 76 | ≥50 |
| (155℃) | (200℃) | (200℃) | (180℃) | (155℃) | (180℃) | (130℃) | (200±2℃) |
| — | 40～90 | 70 | 80～90 | ≥40 | ≥50 | — | ≥40 |
| 40 | — | — | — | — | — | 85 | — |
| $10^{15}$ | $10^{14}$～$10^{15}$ | $10^{15}$ | $10^{14}$～$10^{15}$ | ≥$10^{15}$ | ≥$10^{15}$ | 6.6×$10^{15}$ | ≥$10^{15}$ |
| $10^{14}$ | $10^{11}$～$10^{14}$ | $10^{11}$ | $10^{13}$～$10^{14}$ | — | — | — | ≥$10^{14}$ |
| | | | | | < | | (200±2℃) |
| — | $10^{12}$～$10^{14}$ | $10^{14}$ | — | — | — | — | — |
| $10^{12}$ | — | — | $10^{13}$～$10^{14}$ | $10^{13}$ | <$10^{15}$ | 2.2×$10^{15}$ | ≥$10^{13}$ |
| F | H | H | H | F | H | B | H |

表 14－214　无溶剂漆的品种、合成及用途

| 名　称 | 主要组成 | 耐热等级 | 特性和用途 |
| --- | --- | --- | --- |
| 环氧无溶剂漆 110 | 6101 环氧树脂,桐油酸酐,松节油酸酐,苯乙烯 | B | 黏度低,击穿强度高,贮存稳定性好。可用于沉浸小型低压电机、电器绕组 |
| 不饱和聚酯沉浸漆 J844－K | 环氧改性不饱和聚酯树脂促进剂等 | B－F | 黏度低,固化较快,贮存稳定性好。可用于沉浸小型低压电机 |
| 环氧无溶剂漆 9102 | 618 或 6101 环氧树脂,桐油酸酐,70 酸酐,903 或 901 固化剂,环氧丙烷丁基醚 | B | 挥发物小,固化较快。可用于滴浸小型低压电机、电器绕组 |
| 环氧无溶剂漆 111 8611 | 6101 环氧树脂,桐油酸酐,苯乙烯二甲基咪唑乙酸盐 | B | 黏度低,固化快,击穿强度高。可用于滴浸小型低压电机、电器绕组 |
| 环氧无溶剂漆 H30－5 | 苯基苯酚环氧树脂,桐油酸酐,二甲基咪唑 | B | 黏度低,固化快,击穿强度高。可用于滴浸小型低压电机、电器绕组 |
| 环氧无溶剂漆 594 型 | 618 环氧树脂,594 固化剂、环氧丙烷丁基醚 | B | 黏度低,体积电阻高,贮存稳定性好。可用于整浸中型高压电机、电器绕组 |
| 环氧无溶剂漆 9101 | 618 环氧树脂,901 固化剂,环氧丙烷丁基醚 | B | 黏度低,固化较快,体积电阻高,贮存稳定性好。可用于沉浸中型高压电机、电器绕组 |
| 环氧聚酯无溶剂漆 H30－11 | 环氧树脂,聚酯树脂,苯乙烯 | B | 固化快,体积电阻较高,可用于沉浸小型低压电机、电器绕组 |
| 环氧聚酯无溶剂漆 H30－18 | 环氧树脂,聚酯树脂苯乙烯 | B | 黏度低,固化较快,贮存稳定性好,可用于沉浸小型低压电机、电器绕组 |

（续表）

| 名 称 | 主 要 组 成 | 耐热等级 | 特 性 和 用 途 |
|---|---|---|---|
| 环氧聚酯酚醛无溶剂漆 5152-2 | 6101 环氧树脂、丁醇改性甲酚甲醛树脂，不饱和聚酯、桐油酸酐、过氧化二苯甲酰、苯乙烯、对苯二酚 | B | 黏度低，击穿电压高，贮存稳定性好。用于沉浸小型低压电机、电器绕组 |
| 环氧无溶剂滴浸漆 J1132-D | 环氧树脂、酸酐、促进剂 | B | 固化快，体积电阻高，贮存稳定性好。可适于滴浸小型电机、小功率电机 |
| 环氧聚酯无溶剂漆 D023，上 1130 | 环氧树脂、不饱和聚酯、酚醛树脂、苯乙烯等 | B | 击穿强度高，贮存稳定性好，可适于沉浸中小型低压电机、电器绕组 |
| 不饱和聚酯绝缘漆滴浸 J844-D | 环氧改性不饱和聚酯树脂、促进剂等 | B-F | 黏度较低，固化快，贮存稳定性好。可用于滴沉浸小型低压电机、电器绕组 |
| 环氧树脂快干漆 J831 | 环氧树脂、酸酐、促进剂等 | B | 同上特性，适用于沉浸低压电机、电器绕组 |
| 环氧聚酯无溶剂漆 EIU，112，上 1140 | 不饱和聚酯亚胺树脂、618 和 6101 环氧酯、桐油酸酐过氧化二苯甲酰、苯乙烯对苯二酚 | F | 黏度低，挥发物少，击穿电压高，贮存稳定性好。用于沉浸小型 F 级电机、电器绕组 |
| 不饱和聚酯环氧无溶剂漆 319-2；802；FT1052(9110) | 二甲苯树脂耐热不饱和聚酯、环氧树脂、苯乙烯 | B-F | 黏度低，电气性能较好，贮存稳定性好。可用于沉浸 B-F 级绝缘低压电机、电器绕组 |
| 环氧亚胺无溶剂漆 D021 | 聚酰亚胺、环氧树脂等 | F | 黏度低，体积电阻高，贮存稳定性好，可用于沉浸 F 级电机、电器绕组 |
| 亚胺—环氧无溶剂滴浸漆 D020 | 亚胺—环氧树脂组成双组份无溶剂漆，甲、乙组份分包装 | F-H | 同上特性。适于 F-H 级滴浸电机耐辐射、耐氟利昂 |

表 14-215 无溶剂漆的技术性能数据

| 序号 | 性能名称 | | 环氧无溶剂漆 110 | 不饱和聚酯沉浸漆 J844-K | 环氧无溶剂漆 9102 | 环氧无溶剂漆 8611 | 环氧漆 H30-5 | 环氧漆 594 型 | 环氧漆 9101 | 环氧聚酯漆 H30-11 | 环氧聚酯漆 H30-18 | 环氧聚酯 5152-2 |
|---|---|---|---|---|---|---|---|---|---|---|---|---|
| 1 | 黏度(s)(4号黏度计) | | 30～70<br>(20℃) | 20～90<br>(20℃) | 110～240<br>(20℃) | 30～60<br>(20℃) | 85～100<br>(25℃) | 19～25<br>(60℃) | 40～65<br>(20℃) | 120～240<br>(20℃) | 50～70<br>(25℃) | 15～20<br>(25℃) |
| 2 | 胶化时间(min) | | — | 10<br>(140℃) | 14～17<br>(130℃) | 8～12<br>(120℃) | 15～20<br>(130℃) | 5～10<br>(200℃) | 30～60<br>(140℃) | 6～12<br>(120℃) | 10～20<br>(140℃) | — |
| 3 | 贮存稳定性(月)(h) | | 4<br>— | 6<br>— | —<br>24 | —<br>30 | —<br>— | 12<br>— | 6<br>— | —<br>24 | 6<br>— | 3<br>— |
| 4 | 击穿强度(kV/mm) | 常态 | 70～85 | >20 | — | 70～90 | 80～95 | >40 | 20～30 | 20～35 | 25～35 | 70～95 |
| | | 热态 | — | — | — | — | — | — | — | 15～25<br>(120℃) | — | — |
| | | 浸水后 | 40～60 | — | — | 40～80 | 40～70 | — | 20～30 | 18～25 | 20～30 | 45～75 |
| 5 | 体积电阻率(Ω·cm) | 常态 | $10^{14}$～$10^{15}$ | >$10^{14}$ | $10^{14}$～$10^{15}$ | $10^{14}$～$10^{15}$ | <$10^{15}$ | >$10^{16}$ | $10^{16}$～$10^{17}$ | $10^{13}$～$10^{14}$ | $10^{13}$～$10^{14}$ | $10^{14}$～$10^{15}$ |
| | | 热态 | — | >$10^{10}$<br>(155℃) | $10^{11}$～$10^{12}$<br>(120℃) | — | — | $10^{12}$～$10^{13}$<br>(130℃) | $10^{13}$～$10^{15}$<br>(130℃) | $10^{10}$～$10^{11}$<br>(120℃) | $10^{10}$～$10^{11}$<br>(120℃) | — |
| | | 浸水后 | $10^{12}$～$10^{15}$ | >$10^{12}$ | — | $10^{12}$～$10^{14}$ | >$10^{18}$ | — | >$10^{15}$ | $10^{11}$～$10^{12}$ | $10^{11}$～$10^{12}$ | $10^{12}$～$10^{14}$ |
| 6 | 介质损耗角正切 50 Hz | 常态 | — | — | — | — | — | 0.025～<br>0.01 | 0.027～<br>0.02 | — | — | — |
| | | 热态 | — | — | — | — | — | 1.015～<br>0.03 | 0.01～<br>0.05 | — | — | — |
| 7 | 耐热等级 | | B | B-F | B | B | B | B | B | B | B | B |

（续表）

| 序号 | 性能名称 | | 环氧树脂漆 J1132－D | 环氧聚酯漆 D023 | 不饱和聚酯滴浸漆 J844D | 环氧快干漆 J831 | 环氧聚酯漆 EIU 1140 | 环氧聚酯漆 112 |
|---|---|---|---|---|---|---|---|---|
| 1 | 黏度(s)(4 号黏度计) | | ≯120 (25℃) | ≯60 (25℃) | 30～100 (25℃) | 45 (25℃) | 20～50 (25℃) | 60 (25±1℃) |
| 2 | 胶化时间(min) | | 13 9.5 (120℃)(130℃) | 60 (140℃) | 6 (140℃) | 12 (130℃) | — | — |
| 3 | 贮存稳定性(月) | | 6 | 6 | 6 | 6 | 6 | 3 |
| 4 | 击穿强度 (kV/mm) | 常 态 | — | 70 | 20 | 20 | 70～120 | 70 |
| | | 热 态 | — | — | — | 16 (130℃) | >30 (－155℃) | — |
| | | 浸水后 | — | 40 | — | 18 | 40～90 | 40 |
| 5 | 体积电阻率 (Ω·cm) | 常 态 | $10^{15}$ | $10^{14}$ | $10^{14}$ | $10^{14}$ | $10^{15}$～$10^{16}$ | $10^{11}$ |
| | | 热 态 | $10^{10}$ (130℃) | — | $10^{9}$ (155℃) | $10^{10}$ (130℃) | $10^{10}$～$10^{11}$ (155℃) | |
| | | 浸水后 | $10^{13}$ | $10^{12}$ | $10^{13}$ | $10^{13}$ | $10^{14}$～$10^{15}$ | $10^{12}$ |
| 6 | 介质损耗角正切(50 Hz) | 常 态 | — | — | — | — | 0.03 | — |
| | | 热 态 | — | — | — | — | — | — |
| 7 | 耐热等级 | | B | B | B－F | B | F | F |

（续表）

| 序号 | 性能名称 | | 环氧不饱和聚酯漆 802 | 环氧不饱和聚酯漆 319-2 | 环氧亚胺漆 D021 | 环氧亚胺滴浸漆 D020 | 环氧聚酯无溶剂漆 上1130 | 环氧聚酯F级无溶剂漆 上1140 | 不饱和聚酯无溶剂漆 FT1052 (9110) |
|---|---|---|---|---|---|---|---|---|---|
| 1 | 黏度(s)（4号黏度计） | | 40～60（25℃） | 30～60（25℃） | 20～70 | 80～150、30～70（60℃），（80℃） | 30～90 | 30～80 | — |
| 2 | 胶化时间(min) | | — | 180（155℃） | — | — | 10（130℃） | 10（140℃） | — |
| 3 | 贮存稳定性(月) | | 6 | 6 | 6 | 6 | 6 | 6 | — |
| 4 | 击穿强度(kV/mm) | 常态 | >20 | 20～80 | 30 | 25 | >20 | >20 | 50 |
| | | 热态 | — | — | — | — | >10（130℃） | >10（155℃） | 30（155℃） |
| | | 浸水后 | — | — | — | — | >15 | >15 | 30（受潮后） |
| 5 | 体积电阻率(Ω·cm) | 常态 | $10^{14}$ | $>10^{15}$ | $10^{15}$ | $>10^{15}$ | $>10^{15}$ | $10^{15}$ | $10^{15}$ |
| | | 热态 | $10^{10}$、$10^{11}$（155℃） | $10^{10}$～$10^{11}$（155℃） | $10^{11}$（155℃） | $10^{11}$（180℃） | $>10^{11}$（130℃） | $10^{10}$ | $10^{11}$（155℃） |
| | | 浸水后 | $10^{13}$（受潮后） | $10^{14}$～$10^{15}$ | $10^{14}$ | $10^{10}$ | $>10^{15}$ | $10^{14}$ | $>10^{9}$ |
| 6 | 介质损耗角正切(50 Hz) | 常态 | — | — | — | — | — | — | ≤0.02 |
| | | 热态 | — | — | — | — | — | — | ≤0.2（155℃） |
| 7 | 耐热等级 | | B-F | B-F | F | F-H | B | F | F |

注：贮存期指各漆组份分包装。

2）覆盖漆　覆盖漆分成瓷漆和清漆两种。不含填料和颜料的称清漆，瓷漆多用于线圈和金属表面涂覆；清漆多用于绝缘零部件表面和电器内表面涂覆。

表 14－216　常用覆盖漆的品种、合成、特性和用途

| 名　称 | 型　号 | 标准编号 | 主要组成 | 耐热等级 | 特 性 和 用 途 |
|---|---|---|---|---|---|
| 晾干醇酸漆 | 1231<br>C31－1 | JB875<br>－66 | 干性植物油或脂肪酸改性邻苯二甲酸季戊四醇酸树脂、干燥剂 | B | 晾干或低温干燥，漆膜的弹性、电气性能、耐气候性和耐油性较好。用于覆盖电器或绝缘零部件 |
| 晾干醇酸灰瓷漆 | 1321<br>C32－9 | JB877<br>－66 | 油改性醇酸树脂、干燥剂、颜料 | B | 晾干或低温干燥。漆膜硬度较高，耐电弧性和耐油性好。用于覆盖电机、电器绕组及绝缘零部件表面修饰 |
| 醇酸灰瓷漆 | 1320<br>C32－8 | JB877<br>－66 | 油改性醇酸树脂、颜料 | B | 烘焙干燥，漆膜坚硬、机械强度高，耐电弧性和耐油性好。用于覆盖电机、电器绕组 |
| 晾干环氧酯漆 | 9120<br>H31－3 | | 干性植物油酸与环氧酯化物、干燥剂 | B | 晾干或低温干燥。干燥快，漆膜附着力好，耐潮、耐油和耐气候性好，有弹性。用于覆盖电器或绝缘零部件，可用于湿热地区 |
| 环氧酯灰瓷漆 | 163<br>H31－4 | | 环氧树脂酯化物、氨基树脂、防霉剂 | B | 烘焙干燥，漆膜硬度大，耐潮、耐霉、耐油性好。用于覆盖电机、电器绕组，可用于湿热地区 |
| 晾干环氧酯灰瓷漆 | 164<br>H31－2 | | 环氧树脂酯化物、颜料、干燥剂、防霉剂 | B | 晾干或低温干燥，漆膜坚硬，耐潮、耐霉、耐油性好，用于覆盖电机、电器绕组及绝缘零部件表面修饰，可用于湿热地区 |
| 环氧聚酯铁红瓷漆 | 6341<br>H31－7 | | 环氧树脂、酚醛树脂、己二酸聚酯树脂 | B | 烘焙干燥，漆膜附着力强，耐潮、耐霉、耐油性好，用于覆盖电机、电器绕组，可用于湿热地区 |
| 晾干有机硅红瓷漆 | 167 | | 有机硅树脂、醇酸树脂、颜料 | H | 晾干或低温干燥，漆膜耐热性高，电气性能好。用于覆盖耐高温电机、电器线圈或绝缘零部件表面修饰 |
| 有机硅红瓷漆 | 1350<br>W32－3 | | 有机硅树脂、颜料 | H | 烘焙干燥，漆膜耐热性、电气性能比 167 好，且硬度大，耐油。用途同晾干有机硅红瓷漆 |

表 14-217 常用

| 序号 | 性能名称 | | 晾干醇酸漆 1231 | 晾干醇酸灰瓷漆 1321 |
| --- | --- | --- | --- | --- |
| 1 | 黏度(s)(4号黏度计)(20±1℃) | | 47～80 | 90～150 |
| 2 | 固体含量(%)不小于 | | 47 | — |
| 3 | 酸值(mg KOH/g) | | 10～18 | — |
| 4 | 硬度(摆式硬度计) | | — | 0.15～0.35 |
| 5 | 细度(刮板细度计)(μm)不小于 | | — | 30 |
| 6 | 干燥时间(h) | | 10～20 (20℃) | 20～24 (20℃) |
| 7 | 吸水率(%) | | — | 5～8 |
| 8 | 耐热性(h)(150±2℃) | | >6 | 1～5 |
| 9 | 耐油性(h) 于温度105±2℃变压器油中,不小于 | | 24 | 24 |
| 10 | 耐电弧(s) | | — | 4～8 |
| 11 | 击穿强度(kV/mm) | 常态 | 70～95 | 30～40 |
| | | 热态 | 45～60 (130℃) | — |
| | | 受潮后 | — | — |
| | | 浸水后 | 30～60 | 8～20 |
| 12 | 表面电阻(Ω) | 常态 | — | $>10^{13}$ |
| | | 热态 | — | — |
| | | 受潮后 | — | — |
| | | 浸水后 | — | $>10^{10}$ |

覆盖漆的技术性能数据

| 醇酸灰瓷　漆 1320 | 晾干环氧酯漆 9120 | 环氧酯灰瓷漆 163 | 晾干环氧酯灰瓷漆 164 | 晾干有机硅红瓷漆 167 | 有机硅红瓷漆 W32-3 |
|---|---|---|---|---|---|
| 90～110 | 50～70 | 60～240 | 120～420 | ＞40 | 40～80 |
| — | 45 | 55 | 45 | 55 | 60 |
| — | 9～15 | — | — | — | — |
| 0.35～0.65 | — | — | — | — | — |
| 30 | — | 30 | 30 | — | 30 |
| 2～3 (105℃) | ＜24 (25℃) | ＜2 (120℃) | ＜24 (25℃) | ＜24 (20℃) | ＜2 (120℃) |
| 4～5 | — | 3～5 | ＜5 | — | — |
| ＞10 | ＞6 | 10～20 | 1～5 | ＞80 | ＞80 |
| 24 | 24 | 24 | — | — | 24 |
| 4～8 | — | — | — | — | — |
| 30～60 | 30～60 | 35～45 | ＞30 | ＞30 | ＞40 |
| — | — | — | — | — | ＞16 (180℃) |
| — | — | — | — | 10 | — |
| 10～30 | 8～20 | 10～20 | ＞10 | — | ＞16 |
| $>10^{13}$ | — | $>10^{13}$ | $>10^{11}$ | $>10^{12}$ | $>10^{13}$ |
| — | — | — | — | — | $>10^{10}$ (180℃) |
| — | — | — | — | $>10^{10}$ | — |
| $>10^{10}$ | — | $>10^{11}$ | $>10^{9}$ | — | $>10^{11}$ |

3）表面漆和防锈剂 电机和电器的零部件表面最后要选择不同涂料进行涂覆防护。常用的表面漆及防锈剂的型号、用途与性能特点见表 14 -218。

表 14 - 218 表面漆及防锈剂

| 材料名称 | 型号 | 用途及性能特点 |
| --- | --- | --- |
| 表面装饰漆 | G04 - 9 | 气干或 60℃、1～3 h 干燥，适用于一般环境的电机 |
| 过氯乙烯外用磁漆 | | |
| 丙烯酸磁漆 | 115 | 气干，适用于一般环境的电机 |
| 聚氨酯清漆 | S01 - 15 (7511) | 双组份，用前混合，气干，适用于湿热带电机 |
| 氨基烘漆 | A05 - 9 | 105～120℃，2 h 干燥，适用于湿热带电机 |
| 铁红环氧酯底漆 | H06 - 2 | 气干，适用于金属件防锈作底漆用 |
| 防锈油脂 | 901 | 短期防锈 |
| | 201 | 长期防锈 |
| | F20 - 1 | 防锈层较薄，便于复核零件尺寸 |

2. 常用绝缘油的性能与用途

绝缘油分矿物油和合成油两大类，它们主要用在变压器、油开关、电容器和电缆等电工产品中，起绝缘、冷却、浸渍和填充的作用；在油开关中还起灭弧作用，在电容器中还起贮能作用。其品种及技术性能数据见表14 - 219 和表 14 - 220。

表 14-219 常用矿物油的品种和技术性能数据

| 序号 | 性能名称 | 变压器油 | | 开关油(45号变压器油) | 电容器油 | 电缆油 | | 备注 |
|---|---|---|---|---|---|---|---|---|
| | | 10号 | 25号 | | | 低压电缆油[①] (DL-1, DL-1H) | 高压电缆油 (DL-Z) | |
| 1 | 运动黏度($m^2/s$) | | | | | | | |
| | 0℃ | — | — | — | — | — | (20～50)×$10^{-6}$ | |
| | 20℃ | <30 | 20～30 | <30 | 37～45 | — | (8～18)×$10^{-6}$ | |
| | 50℃ | 7.5～9.6 | 8.5～9.6 | 6～9.6 | 9～12 | 25～27 (100℃) | (3.5～6)×$10^{-6}$ | |
| 2 | 闪点(闭口)(℃) | 135～160 | 135～155 | 135～145 | 135～175 | 250～265[②] | >125 | |
| 3 | 凝固点(℃) | −12～−10 | −28～−25 | −47～−45 | −48～−45 | −13～−12 | <−45 | |
| 4 | 酸值(mg KOH/g) | 0.006～0.05 | 0.004～0.05 | 0.003～0.05 | 0.003～0.02 | 0.003～0.1 | <0.008～0.01 (115℃,96h) | |
| 5 | 灰分(%) | 0.001～0.005 | 0.002～0.005 | 0.003～0.005 | 0.001 5 | — | — | |
| 6 | 残碳(%) | — | — | — | — | 0.5～0.6 | — | |
| 7 | 苛性钠抽出 级 | 1～2 | <2 | 2 | <1 | — | — | |
| 8 | 透明度(5℃时) | 透明 | 透明 | 透明 | 透明 | — | — | 把油样注入直径30～40 mm的玻璃量筒内,冷却至5℃时应当透明 |

（续表）

| 序号 | 性能名称 | 变压器油 | | 开关油（45号变压器油） | 电容器油 | 电缆油 | | 备注 |
|---|---|---|---|---|---|---|---|---|
| | | 10号 | 25号 | | | 低压电缆油①（DL-1<br>DL-1H） | 高压电缆油（DL-Z） | |
| 9 | 抗氧化安定性，<br>氧化后沉淀物(%)<br>氧化后酸值(mg KOH/g) | <br>0.01～0.1<br>0.02～0.35 | <br>0.06～0.1<br>0.04～0.35 | <br>0.02～0.10<br>0.048～0.35 | <br>—<br>— | <br>—<br>— | <br>—<br>— | |
| 10 | 电阻率(Ω·cm)20℃<br>100℃ | —<br>— | —<br>— | —<br>— | $10^{14}$～$10^{15}$<br>>$10^{13}$ | —<br>— | —<br>— | |
| 11 | 介质损耗角正切<br>20℃<br>70℃<br>100℃,50 Hz<br>100℃,$10^3$ Hz<br>老化后 | <br><0.005<br>0.002 5～0.025<br>—<br>—<br>— | <br>0.000 5～0.005<br>0.001～0.025<br>—<br>—<br>— | <br>—<br>—<br>—<br>—<br>— | <br>—<br>—<br><0.005<br><0.002<br>— | <br>—<br>—<br>0.01～0.03③<br>—<br>0.03～0.12③（150℃,48 h） | <br>—<br>—<br><0.001 5④<br>—<br><0.004④（115℃,96 h） | |
| 12 | 相对介电系数<br>20℃,50 Hz<br>$10^3$ Hz | <br>—<br>— | <br>—<br>— | <br>—<br>— | <br>2.1～2.3<br>2.1～2.3 | <br>—<br>— | <br>—<br>— | |
| 13 | 击穿强度(kV/cm) | 160～180 | 180～210 | — | 200～230 | 140～160③ | 200 | |

① DL-1为自石油分馏精制而得的油，DL-1H为重合油，重合油残碳允许不大于0.8%。
② 开口法闪点。
③ 测试前油样允许在100℃真空干燥2 h。
④ 测试前油样允许用真空干燥或过滤法处理。

表 14-220 合成油的主要技术性能数据

| 序号 | 性能名称 | | 十二烷基苯 | 硅油 | | | 聚异丁烯（电容器用） | 三氯联苯 |
|---|---|---|---|---|---|---|---|---|
| | | | | 甲基硅油 | 苯甲基硅油 | 乙基硅油 | | |
| 1 | 相对密度(20℃) | | 0.862 7～0.864 7 | 0.930～0.975① | 1.01～1.08① | 0.95～1.06 | 0.86 | 1.370② |
| 2 | 运动黏度($m^2/s$) | 20℃ | $(6.5\sim8.5)\times10^{-6}$ | $9\sim1\,050\times10^{-6}$① | $100\sim200\times10^{-6}$① | $(8\sim550)\times10^{-6}$ | $(13\,820)\times10^{-6}$ | — |
| | | 50℃ | $(3.0\sim4.0)\times10^{-6}$ | — | — | — | 97(100℃) | — |
| 3 | 恩氏黏度(E) | 90℃ | — | — | — | — | — | 1.145 |
| 4 | 闪点(开口)(℃) | | 125～133② | 155～300 | 280～300 | 110～250 | 165～175 | 173 |
| 5 | 凝固点(℃) | | −69～−65 | −65～−50 | −45～−40 | <−60 | −10 | −23 |
| 6 | 酸值(mg KOH/g) | 常态 | 0.004～0.008 | | | <0.01 | 0.3 | 0.002 5 |
| | | 115℃ 96 h 老化后 | 0.004～0.008 | | | | | |

（续表）

| 序号 | 性能名称 | | 十二烷基苯 | 硅油 | | | 聚异丁烯（电容器用） | 三氯联苯 |
|---|---|---|---|---|---|---|---|---|
| | | | | 甲基硅油 | 苯甲基硅油 | 乙基硅油 | | |
| 7 | 电阻率（Ω·cm） | 常态 | | $>10^{14}$ | $>10^{14}$ | $>2.5\times10^{13}$ | $10^{17}$ | |
| | | 100℃ | | | | $>1.0\times10^{13}$ | $10^{14}$（125℃） | $8\times10^{12}$ |
| 8 | 介质损耗角正切 | 常态 | | $<3.0\times10^{-4}$ | $<3.0\times10^{-4}$ | $<3.0\times10^{-4}$ | $(1\sim9)\times10^{-5}$ | |
| | | 100℃ | $5\times10^{-4}\sim1\times10^{-3}$ | — | — | $<8.0\times10^{-4}$ | $10^{-4}$（125℃） | $3\times10^{-3}\sim8\times10^{-3}$（90℃） |
| | | 115℃ 96 h 老化后 | $7\times10^{-4}\sim1\times10^{-3}$ | | | | | |
| 9 | 相对介电系数 | 常态 | | >2.6 | 2.6～2.8 | 2.35～2.65 | 2.15～2.3 | 5.6 |
| | | 125℃ | | | | — | 2.0～2.1 | 5.0（89℃） |
| 10 | 击穿强度（kV/cm） | | 240 | 150～180 | >180 | 150～180 | | 59.3③ |

注：① 25℃时测得；② 闭口法；③ 在 60℃测得。

## 四、气体绝缘介质

常用作绝缘材料的气体有空气、六氟化硫和氟利昂。

1. 空气

空气的液化温度低，击穿后有自恢复性，电气和物理性能稳定，在电气开关中广泛应用空气作为绝缘介质。空气的物理性能与电气性能见表14－221。

表14－221　空气的物理性能与电气性能

| 序号 | 性能名称 | 数值 |
|---|---|---|
| 1 | 密度(g/l)(20℃,1 atm) | 1.166 |
| 2 | 黏度(Pa·s) | $1.81\times10^{-5}$ |
| 3 | 热膨胀系数(1/℃)(0～100℃) | $3.76\times10^{-3}$ |
| 4 | 导热系数[W/(m·℃)](30℃) | $2.14\times10^{-2}$ |
| 5 | 绝热指数 | 1.4 |
| 6 | 定压比热[J/(kg·℃)](25℃,1 atm) | $1.77\times10^{3}$ |
| 7 | 体积电阻率(Ω·cm) | $10^{18}$ |
| 8 | 介质损耗角正切 | $10^{-4}$～$10^{-6}$ |
| 9 | 相对介电系数　1 atm | 1.000 58 |
|  | 20 atm | 1.011 08 |
|  | 40 atm | 1.021 8 |
| 10 | 直流击穿强度(kV/cm) | 33 |

2. 六氟化硫

六氟化硫($SF_6$)是一种无色、无臭、不燃烧、不爆炸、电负性很强的惰性气体。它具有较高的热稳定性和化学稳定性，在1 500℃时，不与水、酸、碱、卤素、氧、氢、碳、银、铜和绝缘材料等作用，500℃时仍不分解。它具有良好的绝缘性能和灭弧性能，在均匀电场中，其击穿强度为空气和氮的2.3倍；在不均匀电场中约为3倍。在3～4 atm下，其击穿强度与1 atm下的变压器油相似，在单断口的灭弧室中，其灭弧能力约为空气的100倍，也远比压缩空气强。$SF_6$气体可用于全封闭组合电器、电力变压器、电缆、电容器、避雷器和高压套管等；也可与氮或二氧化碳混合用作绝缘介质，以降低成本；采用高压力的$SF_6$气体或它的混合气体绝缘，由于其击穿场强增大，可有效地缩小设备的体积，降低造价，延长检修周期，特别适用于地下变电站等特殊条件使用的电气设备。$SF_6$的物理性能见表14－222。

表14-222　$SF_6$的物理性能

| 序号 | 性能名称 | | 数值 |
|---|---|---|---|
| 1 | 密度(g/l)(20℃),1 atm<br>2 atm<br>6 atm<br>11 atm<br>16 atm | | 6.25<br>12.3<br>38.2<br>75.6<br>119 |
| 2 | 临界状态 | 温度(℃)<br>压力($N/cm^2$)<br>密度($g/cm^3$) | 45.55<br>383.5<br>0.730 |
| 3 | 黏度(Pa·s)(30℃,1 atm) | | $1.54\times10^{-5}$ |
| 4 | 导热系数[W/(m·℃)](30℃) | | $1.4\times10^{-2}$ |
| 5 | 绝缘指数 | | 1.07 |
| 6 | 定压比热[J/(kg·℃)](25℃,1 atm) | | 665.87 |
| 7 | 蒸发热(J/g)－40℃<br>0℃<br>40℃ | | 17976<br>12600<br>4200 |
| 8 | 在油中的可溶性($cm^3/cm^3$) | | 0.297 |
| 9 | 在水中的可溶性($cm^3/cm^3$) | | 0.001 |
| 10 | 相对介电系数(25℃,1 atm) | | 1.002 |

纯$SF_6$是无毒的,但若在合成过程中净化不彻底,有可能混有有毒杂质;另外,在使用过程中,由于火花和电弧的高温作用,也会分解出氟原子和某些有毒的低氟化合物。有些低氟化合物被潮气水解,会产生氟化氢等有强腐蚀性的剧毒物;氟原子在电弧区域内能与金属蒸气作用,生成氟化铜、氟化钨、氟化铅等粉末,在有水分的情况下,这些粉末易与硅、钙和碳等作用,影响这些材料的性能和使用寿命。因此,应用$SF_6$时,要严格控制含水量,并对接触$SF_6$的各部件、容器等采取防潮措施,以保证$SF_6$气体在运行中含水量不超过$150\times10^{-6}$。同时,还应采用适当的吸附剂,以清除在使用过程中产生的低氟化合物及水分。充有$SF_6$气体的设备若安装地沟内,在没有通风条件下,工作人员不能进入,以防窒息;需要接触$SF_6$气体的人应采取劳动保护措施。

3. 氟利昂

氟利昂是氟化碳烃衍生物的总称，也叫 Fron，其分子中除氟原子外，还常引入氯、溴、氢等原子。氟利昂的种类较多，常用的几种氟利昂气体的特性见表 14-223。

表 14-223 常用几种氟利昂气体的特性

| 名称 | 分子式 | 击穿电压比（对 $N_2$） | 沸点（℃） | 临界温度（℃） | 临界压力（Pa） |
|---|---|---|---|---|---|
| F12 | $CCl_2F_2$ | 2.4～2.5 | −29.8 | 112.0 | 5 346.1 |
| F14 | $CF_4$ | 1.1～1.25 | −128.8 | −47.3 | 4 492.8 |
| F113 | $CCl_2F-CClF_2$ | 2.6 | 47.6 | 214.1 | 4 332.9 |
| F16 | $C_2F_6$ | 1.8 | −78.3 | 24.3 | 4 332.9 |
| F218 | $C_3F_8$ | 2.0～2.2 | −37.8 | 70.5 | 3 532.9 |
| FC318 | $C_4F_8$ | 2.3～2.8 | −6.04 | 115.3 | 3 559.6 |

1）F12 F12 在常温下无毒、无臭、不燃、不爆；在常态下，它是惰性气体，但在电弧放电的作用下会生成有毒的腐蚀性分解物，侵蚀金属和绝缘材料；击穿强度与绝缘油相当，它用作电气绝缘介质和冷冻机的冷媒。

2）F218、F14、F16、FC318 F218、F14、F16、FC318，它们相类似，其击穿强度和沸点随分子量增大而升高。其中 F218 是无毒、不燃、热稳定性比 $SF_6$ 好的气体，可用于工作温度较高的电器中作绝缘介质，其击穿强度和 $SF_6$ 大致相同，但受电弧放电作用时，会产生分解物，侵蚀金属和绝缘材料。

3）F113 F113 的沸点高，常温下为液体；它不燃，可用它和发热体直接接触而汽化，作为某些电工设备的冷却兼绝缘用的沸腾冷却剂；气态 F113 的击穿强度和 $SF_6$ 大致相同，一般用于电解和电气化铁道用的整流器。

## 五、成型绝缘材料——电瓷

电瓷是由矿物原料制坯经焙烧而成的电工绝缘材料。其制品对大气、湿度和化学反应剂的作用具有高度稳定性，能耐高温和具有优良的电气绝缘性能，用它可制成针式、悬式、蝶式、支柱式、穿墙式、电容式等各种绝缘子和绝缘套管，是在不同电位的电气设备或导体作电气绝缘和机械固定用的重要元器件。绝缘子按用途和结构分类见表 14-224。

表 14-224　绝缘子按用途和结构分类

| 类别名称 | 线路绝缘子 | | | 电站、电器绝缘子 | | |
|---|---|---|---|---|---|---|
| 用途 | 架空电力线路、电气化铁道牵引线路 | | | 电站和电器 | | |
| 结构 | 针式 | 盘形悬式 | 蝶式 | 隔板支柱 | 针式支柱 | 套管 |
| 可击穿型（B型） | 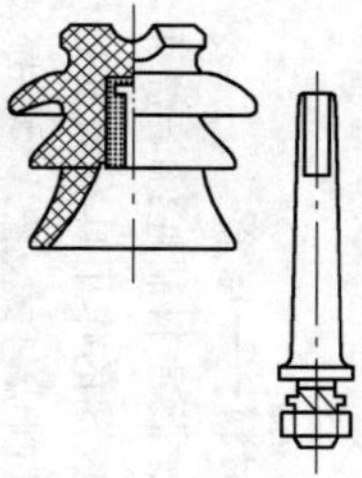 | 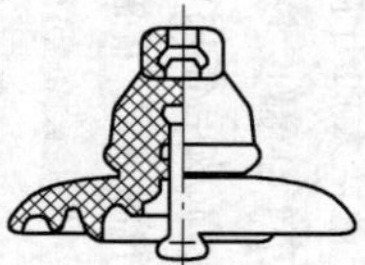 | 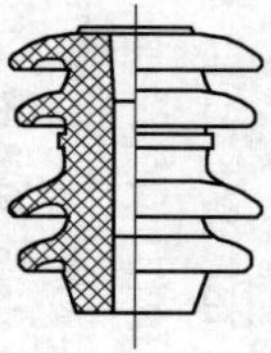 | 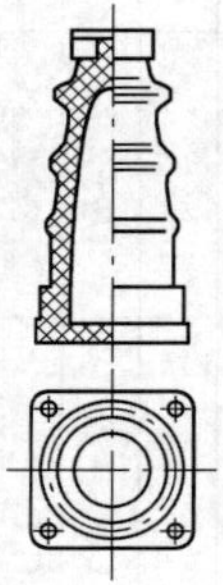 | 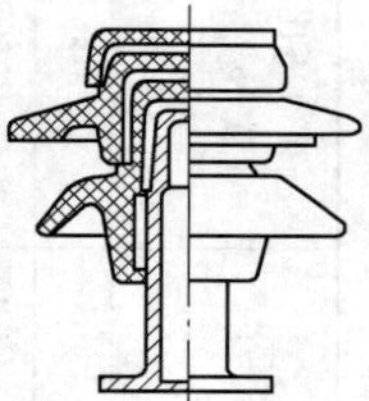 | 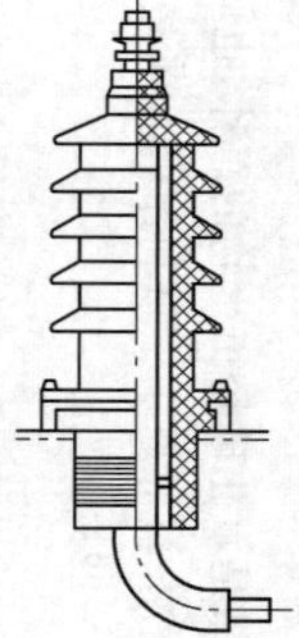 |

（续表）

| 类别名称 | 线路绝缘子 | | | 电站、电器绝缘子 | |
|---|---|---|---|---|---|
| 用途 | 架空电力线路、电气化铁道牵引线路 | | | 电站和电器 | |
| 结构 | 线路柱式 | 长棒形 | 横担 | 棒形支柱 | 空心绝缘子 |
| 不可击穿型（A型） | 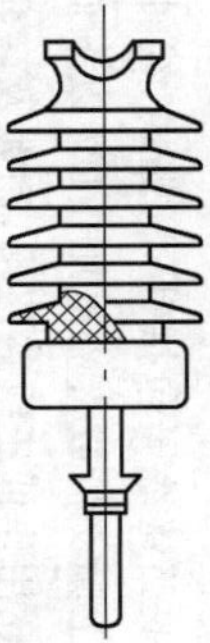 | 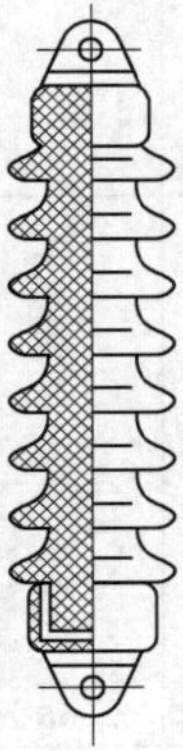 | 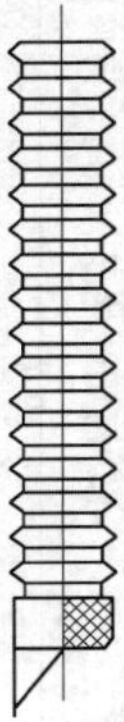 | 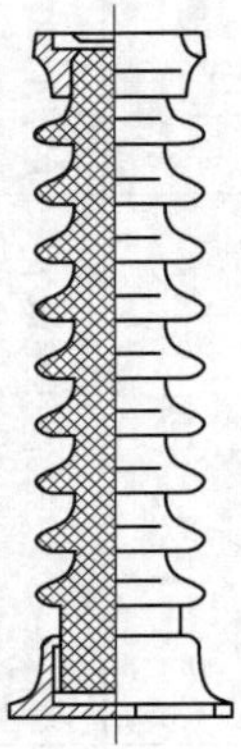 | 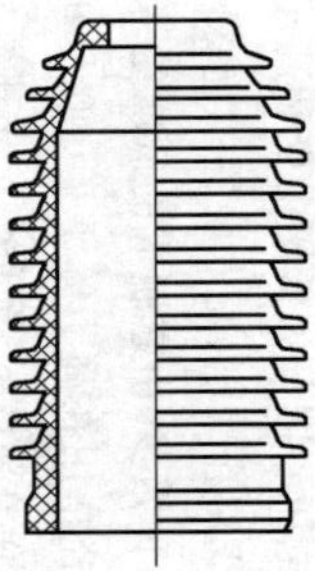 |

电瓷按电压不同分为低压电瓷和高压电瓷，低压电瓷指用在低于1 000 V的低压输电线路和变电、配电装置中绝缘子和绝缘部件的普通瓷。其工作条件迥异，故品种繁多，由它制成的低压绝缘子的类型见表14-224。

高压电瓷指用在高于等于1 000 V的高压输电线路和变电、配电装置中绝缘子和绝缘部件的普通瓷。按其额定电压，使用场合或绝缘结构分为若干类型，由它制成的高压绝缘子的分类见表14-225。

表14-225 高压绝缘子的分类

| 分类原则 | 类型 | 适用范围 |
|---|---|---|
| 按额定电压分 | 高强度绝缘子{高压绝缘子<br>超高压绝缘子<br>特高压绝缘子 | 用于1 000 V≤额定电压<330 kV的电力系统<br>用于330 kV≤额定电压<1 000 kV的电力系统<br>用于额定电压高于1 000 kV的电力系统 |
| 按使用场合分 | 线路绝缘子<br>户外绝缘子{普通型绝缘子<br>高海拔型绝缘子<br>防污型绝缘子 | 用于户内电力电器设备<br>用于一般地区<br>用于高原地区<br>用于污秽地区 |
| 按绝缘结构分 | A型(不可击穿型)绝缘子<br>B型(可击穿型)绝缘子 | 其击穿距离$\geqslant\frac{1}{2}$干闪距离<br>其击穿距离$<\frac{1}{2}$干闪距离 |
| 按可用釉类分 | 白釉绝缘子<br>棕釉绝缘子<br>天蓝釉绝缘子}绝缘釉绝缘子<br>半导体釉绝缘子 | <br><br><br>防污型绝缘子 |

1. 低压线路绝缘子

低压线路绝缘子包括针式、蝶式、线轴式、拉紧和电车线路绝缘子。前两种用于工频交流或直流电压1 kV以下低压线路中绝缘和固定导线，蝶式和线轴式还用作低压线路终端、耐张及转角杆上作为绝缘和固定导线，拉紧绝缘子作电杆拉线或张紧导线的绝缘和连接之用。

表14-226所示为低压绝缘子的产品类型。本手册主要介绍低压线路绝缘子状况及应用。

表14-226 低压绝缘子的类型

| 低压电瓷制品的应用场所 | 低压架空电力线路绝缘子 | 通信线路绝缘子 | 低压布线用绝缘子 | 低压电器用瓷件 | 电车线路用拉紧绝缘子 | 电子线路用拉紧绝缘子 | 配电装置用绝缘子 |
|---|---|---|---|---|---|---|---|
| 主要产品 | 低压针式、蝶式和线轴式绝缘子 | 通信针式绝缘子 | 鼓形绝缘子瓷夹板、瓷管 | 低压开关和熔断器等用瓷件 | 悬挂式、瓷环式绝缘子 | 四角形、八角形、蛋形 | 瓷柱、瓷环、分线盒等 |

1）低压线路针式绝缘子　低压线路针式绝缘子的技术数据见表14-227。

表14-227 低压线路针式绝缘子的技术数据

| 型号 | 瓷件弯曲负荷(kN) | 尺寸数据(mm) | | | | 工频电压(kV) | | 参考质量(kg) |
|---|---|---|---|---|---|---|---|---|
| | | 伞径 | 瓷件高度 | 螺纹直径 | 安装长度 | 干闪 | 湿闪 | |
| PD-1T | 7.8 | 80 | 80 | 16 | 35 | 35 | 15 | 1.05 |
| PD-1M | 7.8 | 80 | 80 | 16 | 110 | 35 | 15 | 1.3 |
| PD-2T | 4.9 | 70 | 66 | 12 | 35 | 30 | 12 | 0.45 |
| PD-2M | 4.9 | 70 | 66 | 12 | 105 | 30 | 12 | 0.52 |
| PD-2W | 4.9 | 70 | 66 | 12 | 55 | 30 | 12 | 0.55 |

注：PD表示低压线路针式绝缘子；半字线后数字为形状尺寸代号，“1”为最大的一种；字母为安装连接形式代号，T、M和W分别表示铁担直脚、木担直角和弯角。

2）低压线路蝶式绝缘子　低压线路蝶式绝缘子的技术数据见表14-228。

表14-228 低压线路蝶式绝缘子的技术数据

| 型号 | 主尺寸数据(mm) | | | 机电破坏负荷(kN) | 工频电压(kV) | | 参考质量(kg) |
|---|---|---|---|---|---|---|---|
| | 伞径 | 瓷件高度 | 内孔直径 | | 湿闪 | 干闪 | |
| ED-1 | 100 | 90 | 22 | 11.8 | 10 | 22 | 0.75 |
| ED-2 | 80 | 75 | 20 | 9.8 | 9 | 18 | 0.4 |
| ED-3 | 70 | 65 | 16 | 7.8 | 7 | 16 | 0.25 |
| ED-4 | 60 | 50 | 16 | 4.9 | 6 | 14 | 0.15 |

型号说明：ED表示低压线路蝶式绝缘子；半字线后数字为形状尺寸代号，“1”为最大的一种。

3）低压线路线轴式绝缘子　低压线路线轴式绝缘子的技术数据见表14－229。

表14－229　低压线路线轴式绝缘子的技术数据

| 型　号（或代号） | 主要尺寸(mm) | | | 机械破坏负荷(kN) | 工频电压(kV) | | 参考质量(kg) |
|---|---|---|---|---|---|---|---|
| | 伞径 | 瓷件高度 | 内孔直径 | | 湿　闪 | 干　闪 | |
| EX－1 | 85 | 90 | 22 | 14.7 | 9 | 22 | 0.83 |
| EX－2 | 70 | 75 | 20 | 11.7 | 8 | 18 | 0.5 |
| EX－3 | 65 | 65 | 16 | 9.8 | 6 | 16 | 0.38 |
| EX－4 | 55 | 50 | 16 | 6.8 | 5 | 14 | 0.2 |

注：EX表示低压线路线轴式绝缘子；半字线后数字为形状尺寸代号，“1”为最大的一种。

2. 低压户内布线用绝缘子

低压布线用绝缘子包括鼓形绝缘子、瓷夹板和瓷管，用于工频交流或直流电压在低于1 kV的户内低压配电线路中作绝缘和固定导线。其技术数据见表14－230～表14－232。

表14－230　鼓形瓷绝缘子技术数据

| 型　号（或代号） | 额定电压(kV) | 主要尺寸(mm) | | | 参考质量(kg) |
|---|---|---|---|---|---|
| | | 高　度 | 直　径 | 孔　径 | |
| G－25 | 0.5 | 25 | 22 | 7 | 0.03 |
| G－38 | | 38 | 30 | 8 | 0.06 |
| G－50 | | 50 | 36 | 9 | 0.14 |
| G－60 | | 60 | 45 | 10 | 0.2 |
| G－65 | | 65 | 50 | | 0.22 |
| G－75 | | 75 | 66 | | 0.45 |
| GK－50 | | 50 | 35 | | 0.15 |

注：G表示鼓形瓷绝缘子；K表示胶装木螺钉；半字线后数字为瓷件高度(mm)。

表 14-231　瓷夹板技术数据

| 型　号 | 额定电压(kV) | 主要尺寸(mm) | | | | 参考质量(kg) |
|---|---|---|---|---|---|---|
| | | 长　度 | 宽　度 | 高　度 | 孔　径 | |
| N-240 | 0.5 | 40 | 20 | 20 | 6 | 0.034 |
| N-250 | 0.5 | 50 | 22 | 24 | 7 | 0.044 |
| N-376 | 0.5 | 76 | 30 | 30 | 7 | 0.125 |

注：N表示低压布线用瓷夹板；半字线后三位数字：首位为线槽数，后两位为瓷夹板长度(mm)。

表 14-232　瓷管技术数据

| 型　号 | 额定电压(kV) | 主要尺寸(mm) | | | 参考质量(kg) |
|---|---|---|---|---|---|
| | | 长　度 | 外　径 | 内　径 | |
| U-10-150 | 0.5 | 150 | 16 | 10 | 0.045 |
| U-15-150 | | | 24 | 15 | 0.104 |
| U-25-150 | | | 36 | 25 | 0.196 |
| U-40-150 | | | 52 | 40 | 0.244 |
| U-10-270 | | 270 | 16 | 10 | 0.084 |
| U-15-270 | | | 24 | 15 | 0.184 |
| U-25-270 | | | 36 | 25 | 0.356 |
| U-40-270 | | | 52 | 40 | 0.584 |
| UW-10-150 | | 150 | 16 | 10 | 0.045 |
| UW-15-150 | | | 24 | 15 | 0.104 |
| UW-25-150 | | | 36 | 25 | 0.196 |
| UW-40-150 | | | 52 | 40 | 0.204 |
| UW-10-270 | | 270 | 16 | 10 | 0.084 |
| UW-15-270 | | | 24 | 15 | 0.184 |
| UW-25-270 | | | 36 | 25 | 0.356 |
| UW-40-270 | | | 52 | 40 | 0.584 |
| UB-10-30 | | 30 | 16 | 10 | 0.012 |
| UB-15-30 | | | 24 | 15 | 0.02 |
| UB-25-30 | | | 36 | 25 | 0.04 |
| UB-40-30 | | | 52 | 40 | 0.06 |

注：U——直瓷管；UW——弯头瓷管；UB——包头瓷管。

3. 通信线路绝缘子　通信线路绝缘子包括针式绝缘子和保护通信线路绝缘子。通信线路针式绝缘子用于架空通信线路中绝缘和固定导线，保护通信绝缘子还可限制线路中的过电压，起保护通信线路的作用。

通信线路针式绝缘子钢脚型式有铁担直脚、木担直脚和弯脚三种，分别适合铁担、木担和木质电杆上使用。以 T、M、W 为安装连接形式代号，分别表示铁担直脚、木担直脚和弯脚。其技术数据见表 14－233、表 14－234。

表 14－233　通信线路针式瓷绝缘子规格与性能技术数据

| 型　号 | 绝缘电阻(MΩ) | 主要尺寸(mm) | | | | 机械强度(kN) | 参考质量(kg) |
|---|---|---|---|---|---|---|---|
| | | 高　度 | 直　径 | 螺纹直径 | 安装长度 | | |
| TK－2T | 20 000 | 75 | 55 | M10 | 30 | 2.94 | 0.38 |
| TK－2M | | | | M10 | 85 | | 0.42 |
| TK－2MC | | | | M10 | 105 | | 0.45 |
| TK－2W | | | | $\phi$10 | 55 | | 0.43 |
| TK－4T | 40 000 | 95 | 60 | M12 | 30 | 5.88 | 0.55 |
| TK－4M | | | | M12 | 110 | | 0.62 |
| TK－4W | | | | $\phi$12 | 60 | | 0.62 |
| T－4T | | | | M12 | 30 | | 0.55 |
| T－4M | | | | M12 | 110 | | 0.61 |
| T－4W | | | | $\phi$12 | 70 | | 0.61 |
| T－5T | 50 000 | 112 | 76 | M16 | 35 | 7.84 | 1.25 |
| T－5M | | | | M16 | 110 | | 1.25 |
| T－5W | | | | $\phi$16 | 70 | | 1.33 |
| T1－5T | | 130 | | M16 | 35 | | 1.20 |
| T－5M | | | | M16 | 110 | | 1.40 |
| T－5W | | | | $\phi$16 | 85 | | 1.48 |
| TH2－5 | | 295 | 86 | | | | |

注：产品型号中的字母 T——通信线路针式绝缘子(螺纹连接)；TK——胶装的通信线路针式绝缘子。

表 14－234 低压线路瓷横担绝缘子规格、性能技术数据

| 型 号（或代号） | 额定电压（kV） | 主要尺寸（mm） | | | | | 弯曲破坏负荷（kN） | 参考质量（kg） |
|---|---|---|---|---|---|---|---|---|
| | | 长 度 | 线槽数 | 线槽宽 | 线间距离 | 安装孔径 | | |
| SD1－1 | 0.5 | 535 | 2 | 20 | 400 | 18 | 2.0 | |
| SD1－2 | | 570 | 2 | 20 | 380 | 13 | 2.0 | |
| 168501 | 0.5 | 360 | 3 | 20 | 93 | 13 | 1.7 | |
| 168502 | | 430 | 8 | | 93 | | 2.15 | |
| 168503 | | 470 | 3 | | 93 | | 1.47 | |
| 168001 | | 305 | 2 | | 155 | | 1.96 | |

4. 电子线路用绝缘子

表 14－235 线路拉紧绝缘子规格、性能技术数据

| 型 号 | 结构型式 | 主要尺寸（mm） | | | 工频电压（kV） | | 机械破坏负荷（kN） | 参考质量（kg） |
|---|---|---|---|---|---|---|---|---|
| | | 长度 | 直径 | 孔径 | 干闪 | 湿闪 | | |
| J－0.5 | 蛋 形 | 38 | 30 | | 4 | 2 | 4.9 | 0.04 |
| J－1 | | 50 | 38 | | 5 | 2.5 | 9.8 | 0.08 |
| J－2 | | 72 | 53 | | 6 | 2.8 | 19.6 | 0.2 |
| J－4.5 | 四角形 | 90 | 64 | 14 | 20 | 10 | 44 | 0.52 |
| J－9 | 八角形 | 172 | 88 | 25 | 30 | 20 | 88 | 1.9 |
| 152001 | 四角形 | 140 | 86 | 25 | | | 88 | 1.25 |
| 153001 | 八角形 | 146 | 73 | 22 | | | 70 | 1.1 |
| 153002 | | 216 | 115 | 38 | | | 160 | 3.3 |
| 153003 | | 280 | 115 | 38 | | | 160 | 4.4 |

5. 电车线路用绝缘子

表14-236 电车线路绝缘子规格、性能技术数据

| 型号 | 额定电压(kV) | 机械强度(kN) | | 主要尺寸(mm) | | | 参考质量(kg) |
|---|---|---|---|---|---|---|---|
| | | 拉伸 | 弯曲 | 长度 | 外径 | 内径 | |
| WX-01 | 0.5 | 4.9 | 1.96 | 75 | 75 | 27 | 0.8 |
| WX-02 | | | | | 115 | 27 | 0.9 |
| WH-01 | | | | 25 | 65 | 23 | 0.13 |
| WH-02 | | | | 32 | 90 | 28 | 0.32 |

注：W表示电车线路绝缘子；X表示悬挂式；H表示瓷环式，半字线后数字为形状尺寸代号。